Ihle van Kampen Nierstrasz Versluys

VERGLEICHENDE ANATOMIE DER WIRBELTIERE

Reprint

Springer-Verlag Berlin Heidelberg New York 1971

ISBN-13: 978-3-642-65105-2 e-ISBN-13: 978-3-642-65104-5
DOI: 10.1007/978-3-642-65104-5

Softcover reprint of the hardcover 1st edition 1971
Library of Congress Catalog Card Number 78-177354

Reproduktion und Druck: Strauss & Cramer, Leutershausen
Einband: Konrad Triltsch, Grafischer Betrieb, Würzburg

VERGLEICHENDE ANATOMIE DER WIRBELTIERE

VON

J. E. W. IHLE
PROFESSOR IN AMSTERDAM

P. N. VAN KAMPEN
PROFESSOR IN LEIDEN

H. F. NIERSTRASZ
PROFESSOR IN UTRECHT

J. VERSLUYS
PROFESSOR IN WIEN

AUS DEM HOLLÄNDISCHEN ÜBERSETZT

VON

G. CHR. HIRSCH
LECTOR IN UTRECHT

MIT 987 ABBILDUNGEN

BERLIN
VERLAG VON JULIUS SPRINGER
1927

Ein Wort des Übersetzers.

Wenn ein Zoologe mit physiologischen Neigungen ein anatomisches Buch übersetzt, so bedarf diese merkwürdige Inkongruenz wohl einer Erklärung. Die Ursachen sind zwiefach zu verstehen. Es schien mir subjektiv wünschenswert, einmal wieder zu den „Müttern" herabzusteigen und inmitten von Enzymuntersuchungen nachzudenken über den Unterkiefer der Anomodontier — auch in Erinnerung an das schöne Kolleg meines lieben Lehrers BLOCHMANN in Tübingen. Es ist ja heute modern, die Vergleichende Anatomie zu belächeln. Aber wie man sich auch zum logischen Werte ihrer Theorien stellen mag — selbst der Zoophysiologe wird den anatomischen Befund und die Linie der Differenzierung und Reduktion nötig haben, um den Organismus als Ganzes zu begreifen.

Noch ein Zweites führte mich zur Übersetzung. Beim Lesen des holländischen Textes ergab sich mir, daß hier in bestimmten Kapiteln originelle Ideen oder neue Befunde gegeben werden, die ältere Lehrbücher deutscher Sprache gut ergänzen. Und ich glaubte, daß dieses Neue wohl ein Anrecht hätte, einem größeren Kreise von Dozenten und Forschern vorgelegt zu werden.

Die vier Autoren haben die Fahnenabzüge, die erste Revision und die umgearbeiteten Abbildungen durchgesehen und dadurch viel zum Werke beigetragen. Meine Aufgabe habe ich neben der — ja relativ leichten — Übersetzung vor allem erblickt in einer Vereinheitlichung der zahlreichen Kapitel. Es ist natürlich, daß jeder Autor eine so wenig prinzipiell begründete Wissenschaft, wie die Anatomie, auf seine eigene Weise bearbeitet. Diese persönliche Eigenart schuf sehr verschiedene Kapitel — und diese Eigentümlichkeit durfte ich natürlich nicht zerstören. Wohl aber konnte ich die Terminologie, die äußere Stilform und Übersichtlichkeit, sowie die Beschriftung der Abbildungen vereinheitlichen und durch viele Verweisungen und ein großes Register die verschiedenen Kapitel vereinigen. Inhaltlich ist aber die Überzeugung des Autors wiedergegeben, auch dort, wo ich anderer Meinung war.

Ein besonderer Dank gebührt schließlich dem ausgezeichneten Verlage, der bis in das einzelste mithalf, das Werk zu gestalten.

Im Oktober 1926.

Gottwalt Christian Hirsch.

Inhaltsverzeichnis.

Einleitung.

Die Anatomie ist ein Unterteil der Morphologie. Sie ist eine Wissenschaft, welche den inneren Bau des tierischen Körpers und seine Organe untersucht. Während sie ursprünglich als sogenannte deskriptive Anatomie sich allein auf Beobachten und Beschreiben beschränkte, ist sie im vorigen Jahrhundert dazu übergegangen, die verschiedenen Organe einzelner Tierformen untereinander zu vergleichen: Vergleichende Anatomie. Ihr Ziel ist also, den Bau der Organe verschiedener Tierformen, der rezenten und ausgestorbenen, miteinander zu vergleichen, um dadurch zu Schlüssen zu kommen über die Verwandtschaft der Organe und über die Art und Weise, wie sie sich phylogenetisch untereinander entwickelt haben könnten.

Die vergleichende Anatomie beschäftigt sich an erster Stelle mit der erwachsenen Form. Es ist aber nicht möglich, einen vollständigen Begriff des Baues und der Verwandtschaft der Organe zu bekommen, ohne deren Entwicklung zu kennen. Darum ist die vergleichende Anatomie gezwungen, die Resultate der Ontogenie besonders zu berücksichtigen.

Aber noch in anderer Richtung muß die Vergleichende Anatomie Unterstützung suchen. Neben der Abstammung und Entwicklung ist es auch die Funktion, welche die Form des Organes mit beeinflußt. Darum kann die Physiologie (die Lehre von den Funktionen des Körpers) die vergleichende Anatomie in ihren Resultaten unterstützen. Die Abweichungen, welche die Organe während ihrer historischen Entwicklung durchlaufen haben, hängen auf das Genaueste mit dieser Funktion zusammen; daher gibt uns erst die Kenntnis der Funktion die Möglichkeit, einen Einblick in die Veränderungen und damit in die Verwandtschaft der Organe zu bekommen. So wurden z. B. bei den Vorvätern der höheren Wirbeltiere, als sie ihr Wasserleben eintauschten gegen das Landleben, an viele Organe ganz andere und neue Anforderungen gestellt; dadurch mußten sich diese in ihren alten Funktionen und damit in ihrem alten Bau verändern. Zu den wichtigsten solcher Veränderungen gehört z. B. die Entstehung der Lunge aus den Schwimmblasen der Fische: die Schwimmblase übernahm dabei die Atmungsfunktion der Kiemen. Organe, welche, wie z. B. Schwimmblase und Lunge, voneinander abzuleiten sind oder sich vielleicht aus einer gemeinschaftlichen Ausgangsform entwickelt haben: welche also morphologisch vergleichbar sind, nennt man homologe Organe. Einer solchen Homologie steht gegenüber die Analogie: wir sprechen von analogen Organen, wenn sie physiologisch vergleichbar sind, wie z. B. Kiemen und Lunge. —

Organe sind Teile eines Körpers, welche eine oder mehrere Funktionen besonderer Art besitzen. Organe, deren Zusammenarbeit durch bestimmte Lebensverrichtungen bestimmt wird, kann man zu einem System vereinigen. In diesem Buche sollen die Organsysteme hintereinander abgehandelt werden.

Diese Organsysteme sind im Körper der Vertebrata hauptsächlich bilateral-symmetrisch geordnet; das will sagen, daß wir den Körper durch eine einzige Symmetrieebene (genannt die Medianebene; s. Abb. 1) in zwei Teile zerlegen können, welche spiegelbildlich gleich sind. Organe, welche nicht in einer Medianebene liegen, sind in der Regel paarig, d. h. sie werden rechts und links angetroffen: man nennt solche Organe homotyp.

Homodyname Organe sind Organe vom gleichen Bau, welche aufeinander in der Kopf-Schwanz-Richtung folgen, z.B. die Wirbel. Diese Erscheinung wird bei verschiedenen Organen am Wirbeltierkörper angetroffen: bei Teilen des Skelets, der Muskeln, der Nerven, Blutgefäße und Excretionsorgane. Dadurch zeigen alle diese Organe eine mehr oder weniger deutliche Verteilung in Segmente (Metameren): eine Metamerie, die bei den verschiedenen Organsystemen oft miteinander korrespondiert.

Diese Segmentation steht nicht in direktem Zusammenhang mit der Einteilung des Körpers in Kopf, Rumpf und Schwanz. Jeder dieser Teile umfaßt

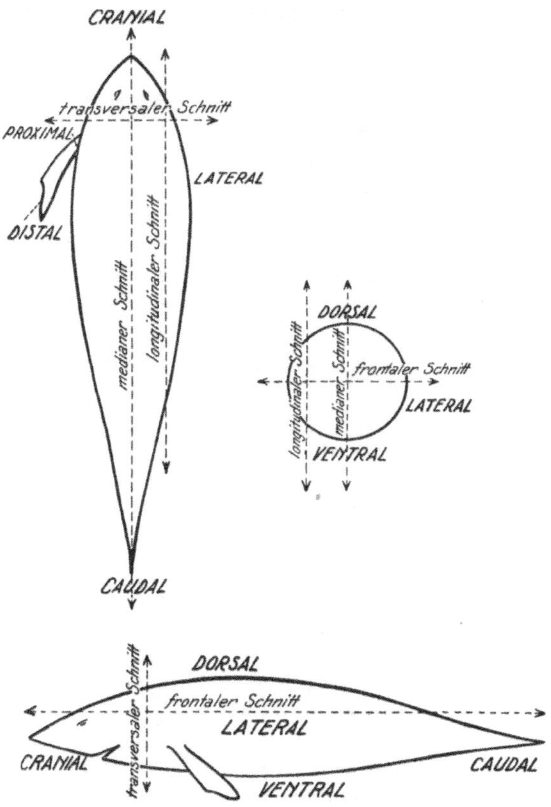

Abb. 1. Schemata zur Verdeutlichung der Schnitt- und Lagebezeichnungen. (Nach H. F. NIERSTRASZ und G. C. HIRSCH, Anleitung zu makroskopisch-zoologischen Übungen, Teil 2: Wirbeltiere. Jena, G FISCHER, 1924.) *An Stelle der Endung -l kann ein -d gesetzt werden; das bedeutet dann: in der Richtung nach. Also z. B. laterad = in der Richtung nach lateral; dorsad = nach der Rückenseite zu verlaufend.*

nämlich wieder eine bestimmte Anzahl von Metameren. Der Schwanz ist der Teil des Körpers, der sich hinter dem Darm (also postanal) erstreckt. Der Kopf entsteht aus den vordersten Metameren und verdankt seine Differenzierung vor allem der Lage des Mundes und der wichtigsten Sinnesorgane in diesem Körperteile. Die paarigen Extremitäten sind besonders spezialisierte Auswüchse des Rumpfes, in welche eine verschiedene Anzahl von Rumpfsegmenten eingehen.

Über die Schnitt- und Lagebezeichnungen, welche in diesem Buche gebraucht werden, gibt obenstehendes Schema Auskunft (Abb. 1).

Das System.

Die Vertebrata (Wirbeltiere) bilden das am höchsten entwickelte Subphylum von dem Phylum der Chordata. Die Chordata kann man kennzeichnen als: bilateral-symmetrische Tiere mit einer Chorda dorsalis und Kiemensäcken (beides wenigstens in embryonalen Stadien) und mit einem Herz, das ventral des Darmes gelegen ist.

Die Chordata kann man in drei Subphyla einteilen:

I. Tunicata (Urochordata): die Chorda liegt nur im caudalen Teile des Körpers und bleibt selten bei den erwachsenen Tieren in Funktion; keine Wirbelsäule, Kiemenspalten bleiben; der Rumpf ist nicht segmentiert.

II. Acrania (Cephalochordata): die Chorda erstreckt sich über die gesamte Länge des Körpers und ist dauernd anwesend; keine Wirbelsäule, Kiemenspalten bleibend; Körper segmentiert.

III. Vertebrata (Craniota): die Chorda reicht bis in den Kopf hinein, doch nicht bis an sein vorderstes Ende; bei den erwachsenen Tieren ist sie in der Regel ganz oder teilweise verloren gegangen; die Wirbelsäule ist mehr oder weniger entwickelt, knorpelig oder knöchern; Kiemenspalten bleiben oder verfallen später; der Körper ist segmentiert.

Die Tunicata werden hier weiter nicht besprochen.

Die Acrania mit dem wichtigsten Genus Amphioxus (Branchiostoma) bilden eine kleine Tiergruppe, welche viele primitive Eigenschaften besitzt, die bei den übrigen Vertebrata verloren gegangen sind und welche uns darum einiges über den Ursprung der Organe der Vertebrata sagen können. Aus diesem Grunde werden die Acrania weiterhin oft zur Vergleichung herangezogen werden.

Als die ursprünglichste Gruppe der uns heute bekannten Vertebrata sieht man gewöhnlich die Cyclostomata an. Sie besitzen so viele Eigentümlichkeiten in ihrem Bau, daß man ihnen oft alle anderen Vertebrata als Gnathostomata gegenüberstellt. Da jedoch die Unterschiede zwischen beiden Gruppen hauptsächlich auf negativen Kennzeichen der Cyclostomata beruhen (auf dem Fehlen deutlich ausgebildeter Kiefer und paariger Extremitäten; dem sehr schwach entwickelten Achsenskelet), welche eine Folge von Reduktion sein können, möchten wir in diesem Buche die Cyclostomata nur als eine Unterklasse der Pisces betrachten.

Die Pisces (Fische) sind Wirbeltiere, welche an das Leben im Wasser angepaßt sind. Dies äußert sich in ihrer Atmung (durch Kiemen, selten, wie bei den Dipnoi, daneben auch durch Lungen) und in dem Bau ihrer paarigen Extremitäten, welche die Form von Flossen haben, wenn sie überhaupt vorkommen.

Die übrigen Vertebrata sind ursprünglich Landtiere, auch wenn sie teilweise zum Wasserleben zurückkehren. Beim Übergang zum Landleben beobachten wir eine Rückbildung der Kiemen und eine Umbildung der Extremitäten. Diese letzte Tatsache ist die Veranlassung, daß man sie als Cheiropterygia oder Tetrapoda den Pisces gegenübergestellt hat, welche man als Ichthyopterygia oder Tetrapterygia bezeichnen kann.

Unter den Tetrapoda sind nur noch die Amphibia im Besitze von Kiemen (neben Lungen), gewöhnlich aber nur in der Jugend; wenn die Kiemen bei den erwachsenen Tieren erhalten bleiben, dann ist das in der Regel erklärbar durch ein Geschlechtsreifwerden im Larvenstadium (Neotenie). Außerdem haben die Amphibien mit den Fischen die Tatsache gemein, daß bei beiden die embryonalen Häute (Amnion, Allantois, Serosa) fehlen; darum kann man diese beiden Klassen zusammen als Anamnia oder Anallantoidea den höheren Wirbeltieren (Amniota oder Allantoidea) gegenüberstellen.

Die Veränderung in der Atmung hat bei den Amphibia eine Veränderung des Blutumlaufs zur Folge. Diese geht dann bei den Reptilia noch weiter, und führt bei den Aves und den Mammalia schließlich zu einer vollendeten Scheidung eines großen und kleinen Blutumlaufs.

Reptilia und Aves unterscheiden sich voneinander dadurch, daß die Vögel Federn besitzen; das Fehlen eines Gebisses ist für die Aves nicht kennzeichnend, da bei einer Anzahl ausgestorbener Vögel doch Zähne nachgewiesen wurden. Im übrigen sind beide Klassen nahe miteinander verwandt. Die Aves sind eine stark spezialisierte Gruppe, die sich aus den Reptilia entwickelt hat und welche ihre Herkunft noch deutlich verrät. Darum kann man beide unter dem Namen Sauropsida zusammenfassen.

Die Mammalia haben sich vermutlich aus primitiven Reptilia entwickelt. Ihr Haarkleid beschützt sie gegen zu starke Abkühlung; dieselbe Rolle spielen bei den Aves die Federn. Diese Tatsache könnte mit die Ursache sein, daß beide Klassen seit dem Tertiär über die Reptilia herrschen. Im übrigen sind die Mammalia stärker als die Vögel von ihren Vorfahren abgewichen. Sie unterscheiden sich von den Reptilia in zahlreichen Eigenschaften: z. B. in der Haut, welche reich an Drüsen ist, und in dem Skelet (doppelten Condylus occipitalis; Gelenk und Zusammensetzung des Unterkiefers; Gehörknöchelchen) usw.

Die weitere Einteilung dieser fünf Vertebratenklassen, wie sie für dieses Buch angenommen worden ist, wird in dem folgenden System dargelegt. Ausgestorbene Formen sind mit † angedeutet. Von den Genera sind nur die wichtigsten aufgezählt, welche im Texte vorkommen.

Classis 1: Pisces.

Subclassis 1: Cyclostomata	Petromyzon, Myxinidae (Myxine, Bdellostoma).
Subclassis 2: Elasmobranchii (Chondropterygii)	
Ordo 1: † Acanthodei	† Acanthodes, † Climatius.
Ordo 2: † Cladoselachii (Pleuropterygii)	† Cladoselache, † Cladodus.
Ordo 3: † Pleuracanthodi	† Pleuracanthus.
Ordo 4: Selachii	
Suborda 1: Squaliformes	Notidanidae (Hexanchus, Heptanchus), Chlamydoselachus, Heterodontus (= Cestration), Acanthias, Mustelus, Scyllium, Lamna, Carcharias, Pristiurus, Hemiscyllium, Centrophorus, Somniosus, Pristiophorus, Pliotrema.
Subordo 2: Rajiformes	Rhina, Pristis, Raja, Trygon, Rhinobatus, Torpedo.
Ordo 5: Holocephali	Chimaera, Callorhynchus.

Subclassis 3: † Ostracodermi	† Pteraspis, † Cephalaspis.
Subclassis 4: Teleostomi (Osteichthyes)	
Ordo 1: Crossopterygii	Polypterus, Calamoichthys, † Eusthenopteron. † Sauripteris, † Undina, † Osteolepis.
Ordo 2: Actinopterygii	
Subordo 1: Chondrostei	Acipenser, Polyodon, † Amblypterus.
Subordo 2: Lepidostei	Lepidosteus.
Subordo 3: Amioidei	Amia, † Osteorhachis, † Eurycormus.
Subordo 4: Teleostei[1])	Alle übrigen rezenten Fische.
Subclassis 5: Dipnoi	Neoceratodus, Protopterus, Lepidosiren, † Dipterus.
Classis 2: Amphibia.	
Ordo 1: † Stegocephala	† Temnospondyli und Rhachitomi: † Archegosaurus, † Eryops, † Cacops, † Trematops, † Capitosaurus, † Cricotus. † Phyllospondyli: † Branchiosaurus, † Melanerpeton. † Microsaurii: † Hylonomus, † Petrobates.
Ordo 2: Gymnophiona	Coecilia, Ichthyophis.
Ordo 3: Urodela	Triton, Salamandra, Salamandrella, Ranidens, Amblystoma, Onychodactylus, Desmognathus, Plethodon, Proteus, Necturus, Siren, Amphiuma, Cryptobranchus.
Ordo 4: Anura	Pipa, Xenopus, Hymenochirus, Discoglossus, Bombinator, Pelobates, Ascaphus, Hyla, Ceratophrys, Bufo, Rana, Rhacophorus, Trichobatrachus.
Classis 3: Reptilia.	
Superordo 1: † Cotylosauria	† Seymouria, † Limnoscelis, † Diadectes, † Sauravus, † Labidosaurus, † Captorhinus.
Superordo 2: Lepidosauria	
Ordo 1: † Araeoscelida	† Araeoscelis, † Kadaliosaurus.
Ordo 2: Lacertilia	
a) Lacertilia vera	Lacerta, Anguis, Trachysaurus, Seps, Lophura, Basiliscus, Iguana, Agama, Calotes, Gecko, Uroplates.
b) Varanidae	Varanus.
c) † Dolichosauridae	† Dolichosaurus.
d) † Mosasauridae	† Mosasaurus, † Platecarpus.
e) Amphisbaenidae	Amphisbaena.
f) Chamaeleontidae	Chamaeleo.

1) Oft werden alle Teleostomi, mit Ausnahme der Teleostei, zusammengefaßt unter dem Namen Ganoidei.

Ordo 3: Ophidia	Python, Tropidonotus, Boa, Crotalus, Typhlops.
Superordo 3: Diaptosauria	
Ordo 1: Rhynchocephala	Sphenodon.
Superordo 4: Archosauria	
Ordo 1: † Pseudosuchia	† Euparkeria.
Ordo 2: † Parasuchia	† Belodon.
Ordo 3: Crocodilia	Crocodilus, Caiman, Alligator, Gavialis.
Ordo 4: † Pterosauria[1]	
Subordo 1: † Rhamphorhynchoidea[2]	† Rhamphorhynchus.
Subordo 2: † Pterosauria[2]	† Pterodactylus, † Pteranodon.
Ordo 5: † Dinosauria[3]	
Subordo 1: † Saurischia[4]	† Coelurosauria († Compsognathus, † Ornithomimus), † Anthrodemus, † Sauropoda († Diplodocus, † Brontosaurus).
Subordo 2: † Ornithischia[4]	† Iguanodon, † Stegosaurus, † Ceratopsia († Triceratops).
Superordo 5: † Ichthyopterygia	
Ordo 1: † Ichthyosauria	† Ichthyosaurus, † Stenopterygius.
Superordo 6: † Sauropterygia	
Ordo 1: † Nothosauria	† Nothosaurus.
Ordo 2: † Plesiosauria	† Plesiosaurus, † Elasmosaurus.
Superordo 7: Chelonia	
Ordo 1: Testudinata	
Subordo 1: † Amphichelydia[5]	† Triassochelys.
Subordo 2: Pleurodira	Chelys.
Subordo 3: Cryptodira	Chelone, Dermochelys, Emys, Cinosternum, Testudo, Carettochelys, Trionyx.
Superordo 8: † Placodontia	
Ordo 1: † Placodontia	† Placodus.
Superordo 9: † Mesosauria	
Ordo 1: † Mesosauria	† Mesosaurus.
Superordo 10: † Theromorpha	
Ordo 1: † Pelycosauria	† Varanosaurus, † Varanops, † Ophiacodon, † Edaphosaurus, † Dimetrodon, † Palaeohatteria.
Ordo 2: † Anomodontia	† Therocephalia († Cynognathus, † Alopecodon, † Diademodon), † Moschops, † Rhopalodon, † Scymnognatus, † Dicynodon, † Udenodon.

[1]) Vermutlich diphyletisch aus den Pseudosuchia entstanden.
[2]) Eventuelle Ordnung.
[3]) Wahrscheinlich diphyletisch aus den Pseudosuchia entstanden.
[4]) Eventuelle Ordnung.
[5]) Vorläufige Gruppe zur Vereinigung primitiver Formen, welche weder Cryptodira, noch Pleurodira sind.

Classis 4: Aves.	
Subclassis 1: † Saururae	† Archaeopteryx.
Subclassis 2: Ornithurae	
Superordo 1: Ratitae (polyphyletisch)	Struthio, Rhea, Dromaeus, Casuarius, Apteryx.
Superordo 2: Carinatae	† Didus, alle übrigen rezenten Vögel.
Classis 5: Mammalia.	
Subclassis 1: † Protodonta	† Dromatherium.
Subclassis 2: † Multituberculata	† Microlestes.
Subclassis 3: Monotremata (Ornithodelphia oder Prototheria)	Ornithorhynchus, Echidna, † Desmostylus.
Subclassis 4: † Trituberculata	† Amphitherium.
Subclassis 5: Marsupialia (Didelphia oder Mesotheria)	
Ordo 1: Triconodontia	† Amphilestes.
Ordo 2: Polyprotodontia	Didelphys, Dasyurus, Myrmecobius, Choerobus, Notoryctes.
Ordo 3: Paucituberculata	Coenolestes.
Ordo 4: Diprotodontia	Phalanger, Hypsiprymnodon, Phascolomys, Macropus, Trichosurus.
Subclassis 6: Placentalia (Monodelphia oder Eutheria)	
Ordo 1: Insectivora	Centetes, Erinaceus, Talpa, Sorex, Crocidura, Chrysochloris.
Ordo 2: Chiroptera	Vespertilio, Pteropus, Vampyrus.
Ordo 3: Dermaptera	Galeopithecus.
Ordo 4: Carnivora	
Subordo 1: Fissipedia	
† Creodonta: a) † Acreodi	† Mesonyx, † Triisodon.
† Creodonta: b) † Pseudocreodi	† Oxyaena, † Lymnocyon, † Hyaenodon, † Tritemnodon.
c) Eucreodi	Viverra, Hyaena, Felis, † Miacis, † Vulpavus, Mustela, Mephitis. Ursus, Procyon, Canis.
Subordo 2: Pinnipedia	Phoca, Otaria.
Ordo 5: Cetacea	† Zeuglodon, Megaptera, Balaenoptera, Physeter, Zyphius, Platanista, Monodon, Globiocephalus, Hyperoodon, Phocaena, Neomeris, Beluga, Tursiops, Delphinus.
Ungulata: Ordo 6: † Protungulata († Condylarthra)	† Pantolambda, † Phenacodus.
Ungulata: Ordo 7: Artiodactyla	
Subordo 1: Nonruminantia	Sus, Hippopotamus.
Subordo 2: Ruminantia	Camelus, Moschus, Hydropotes, Cervus, Rangifer, Cephalophus, Bos, Antilocapra, Camelopardalis, Tragulus.

Ungulata	Ordo 8: Perissodactyla	Tapirus, Rhinoceros, Equus. † Titanotherium, † Eohippus, † Orohippus, † Mesohippus, † Neohipparion.
	Ordo 9: † Amblypoda	† Coryphodon, † Uintatherium († Dinoceras).
	Ordo 10: † Notungulata († Litopterna, usw.)	† Typotherium, † Toxodon, † Macrauchenia.
	Ordo 11: † Embrithopoda	† Arsinoetherium.
	Ordo 12: Hyracoidea	Hyrax (Procavia).
	Ordo 13: Proboscidea	Elephas, † Dinotherium.
	Ordo 14: Sirenia	Halicore, Manatus.
	Ordo 15: Tubulidentata	Orycteropus.
	Ordo 16: Rodentia	Lepus, Sciurus, Castor, Anomalurus, Spalax, Dipus, Mus, Myoxus, Hystrix.
	Ordo 17: Xenarthra	Myrmecophaga, Cycloturus, Bradypus, Choloepus, Dasypus, Tatusia, † Glyptodon, † Megalonyx, † Megatherium.
	Ordo 18: Pholidota	Manis.
Primates	Ordo 19: Prosimiae	Lemur, Chiromys, Galago, Tarsius.
	Ordo 20: Simiae	
	Subordo 1: Platyrrhina	Hapale, Ateles, Mycetes.
	Subordo 2: Catarrhina	Cynopithecus, Macacus, Anthropomorphae (Hylobates, Simia, Gorilla, Homo).

Gruppierung der Klassen.

Tetrapterygia oder Ichthyopterygia:	Pisces	Ichthyopsida (Anamnia, Anallantoidea)	
Tetrapoda oder Cheiropterygia:	Amphibia		
	Reptilia	Sauropsida	Amniota (Allantoidea)
	Aves		
	Mammalia		

I. Die Haut.

Die Funktionen der Haut.

Die Haut (Integumentum) bildet die Außenlage des Körpers. In dieser Eigenschaft hat sie verschiedene Funktionen bekommen, welche die Eigentümlichkeiten im Bau der Haut bei den verschiedenen Vertebrata uns erklären können.

Schutz. Die am meisten ins Auge fallende Funktion der Haut besteht darin, daß sie die inneren Körperteile schützt gegen schädliche Einflüsse, welche von außen auf den Körper einwirken. So ist es begreiflich, daß die Haut, um den Körper besser gegen Schädigungen verteidigen zu können, oft auf verschiedene Weise verstärkt wird: z. B. durch die Bildung einer Cuticula, einer Hornlage, von Schuppenknochen, eines Knochenpanzers usw. Die Hornlage bildet im übrigen ein gutes Schutzmittel gegen das Austrocknen; sie erreicht somit bei landbewohnenden Vertebrata eine besonders hohe Entwicklung.

Als Schutzmittel gegen das Austrocknen treten auch noch Hautsecrete in Tätigkeit, vor allem bei den Amphibia. Oft bekommen diese Secrete eine sekundäre Bedeutung dadurch, daß sie als Gift auf andere Tiere einwirken, und so ein wirksames Verteidigungsmittel gegen Feinde bilden.

Andere Einrichtungen sind die Ursache, daß die Haut eine sehr wichtige Schutzrolle bei der Regelung der Körpertemperatur spielt: Fettabsetzung, Haare und Federn vermindern die Wärmeleitung und schützen dadurch den Körper gegen Abkühlung; umgekehrt regelt das Secret der Schweißdrüsen durch seine Verdampfung die Körpertemperatur bei zu starker Erhitzung.

Schließlich kann auch den Hautpigmenten eine schützende Bedeutung für den Körper zukommen: durch sie wird das Tier in seiner Umgebung weniger auffallend und dadurch für Gegner weniger erkennbar. —

Außer dieser Hauptbedeutung, welche die Haut als Schutzmittel für den Körper besitzt, beobachten wir noch eine Anzahl von Nebenfunktionen, die ebenso mit der Tatsache zusammenhängen, daß die Haut als Außenlage des Körpers die Verbindung mit der Außenwelt aufrecht erhalten muß. So spielt die Haut eine Rolle beim Stoffwechsel, bei der Bewegung und bei der Aufnahme von Reizen.

Stoffwechsel. Obgleich die Haut der Vertebrata beim Stoffwechselvorgang nicht mehr dieselbe Rolle spielt, wie dies bei den Invertebrata meist der Fall ist, so kann doch auch diese Funktion in vieler Hinsicht wichtig sein. Eine Bedeutung für die Ernährung besitzt die Haut nicht, mit Ausnahme der Amphibia, wo beobachtet worden ist, daß sie Wasser mit darin aufgelösten Stoffen durch die Haut aufnehmen. Anders steht es mit der Excretion und der Atmung: das sind Prozesse, bei denen hauptsächlich flüssige und gasförmige Stoffe eine Rolle spielen, für welche die Haut durchdringbar ist.

Atmung durch die Haut kommt bei den Amphibia allgemein vor; in Einzelfällen ist die Haut mit dem Epithel der Mundhöhle und des Pharynx das einzige Atmungsorgan, wie z. B. bei den lungenlosen Urodela (S. 627). Für diesen Zweck muß sie leicht durchdringbar sein für Gase; sie ist darum nicht hart. Diese Weichheit der Haut ist aber schwierig mit einer beschützenden Funktion zu vereinigen;

darum beobachten wir, daß die Hautatmung im allgemeinen bei den Vertebrata in den Hintergrund tritt, vor allem bei den Landbewohnern mit ihrer wenig durchlässigen Hornschicht.

Excretion flüssiger und gasförmiger Stoffwechselprodukte kann ebenfalls teilweise durch die Haut geschehen. Bei den Vertebrata ist sie oft an bestimmte Hautdrüsen gebunden. Doch auch für das Ausscheiden von festen Produkten des Stoffwechsels besitzt die Haut ein geeignetes Organ: vor allem durch die regelmäßige Erneuerung, die sie bei den Vertebrata erfährt. Dadurch werden die in der Haut niedergeschlagenen Excrete schließlich von selbst aus dem Körper entfernt. Während sie noch in der Haut liegen, haben sie oft eine Nebenfunktion. Meist steht diese Nebenfunktion in Beziehung zu der Bedeutung, die die Haut zum Schutze des Körpers besitzt: Horn kann als ein festes Excret angesehen werden; ebenso die Guaninkrystalle und Pigmente, welche meist die Farbe der Haut bestimmen.

Bewegungen. Bei den wirbellosen Tieren spielt die Haut oft durch den Besitz von Wimpern eine Rolle bei der Fortbewegung des Körpers. Unter den Vertebraten bieten die jungen Larven von Amphioxus und der Amphibia hierfür ein weiteres Beispiel.

Aufnahme von Reizen. Reize, die aus der Umgebung auf den Körper einwirken, treffen zuerst die Haut, welche also imstande sein muß, diese Reize aufzufangen und weiterzuleiten. Diese Funktion der Haut soll bei dem Kapitel des Nervensystems durchgesprochen werden.

Allgemeiner Bau der Haut.

Man kann an der Vertebratenhaut stets zwei Teile unterscheiden: die an der Oberfläche liegende ectodermale Epidermis und das darunter liegende mesodermale Corium (Lederhaut). Dies letzte fehlt meist bei den Wirbellosen und ist in seiner starken Entwicklung und Differenzierung für die Vertebrata kennzeichnend.

In Beziehung zu den obengenannten Funktionen entwickeln sich in der Haut Organe verschiedenen Baues, an deren Zusammensetzung sowohl Epidermis wie Corium teilnehmen können.

Maurer unterscheidet darum epidermoidale und integumentale Organe, je nachdem die erste Anlage der Organe (onto- und phylogenetisch) von der Epidermis oder dem Corium ausgeht; zu den epidermoidalen Organen gehören z. B. die Hautsinnesorgane der niederen Vertebrata, die Hautdrüsen und die Haare; zu den integumentalen Organen die Hautknochen, Hornschuppen und Federn. Diese Einteilung beruht jedoch auf dem Glauben, daß die Ontogenie dieser Hautorgane stets eine genaue Wiederholung ihrer Phylogenie ist; diese Vermutung ist aber nicht unbeanstandet. Darum möchten wir bei unserer Einteilung lieber den Nachdruck auf die Zusammensetzung des erwachsenen Organs legen. Da nun diese Zusammensetzung abhängig ist hauptsächlich von demjenigen Teile der Haut, woraus das Organ entsteht, so fällt unsere Einteilung oft, wenn auch nicht immer, mit der von Maurer zusammen.

Epidermis. Die Epidermis entsteht aus dem Ectoderm des Gastrula-Stadiums; sie wird darum anfänglich aus einer einzigen Lage von epithelial angeordneten Zellen gebildet (Abb. 2). Während dieser Zustand bei den Invertebrata und auch bei den Acrania bleibt, wird die Epidermis aller anderen Vertebrata später mehrschichtig (Abb. 3). Hierdurch äußert sich ein Gegensatz zwischen den Acrania und den Craniota.

Die Zellen der einschichtigen Epidermis der Acrania sind kubisch oder cylindrisch und scheiden an der Außenseite eine Cuticula ab.

Die mehrschichtige Epidermis der Craniota entsteht durch Teilungen von Zellen aus dieser ursprünglich einschichtigen Epidermis. An der erwachsenen

Epidermis (Abb. 4) ist eine untere Zellage: die sogenannte Matrix, zu unterunterscheiden, die sich gewöhnlich durch die cylindrische Form der Zellen bemerkbar macht; sie besitzt während des ganzen Lebens das Vermögen, durch Zellteilung neue Zellagen zu formen. Darauf folgen nach außen hin eine verschiedene Zahl von Lagen mehr oder weniger isodiametrischer, gewöhnlich polygonaler

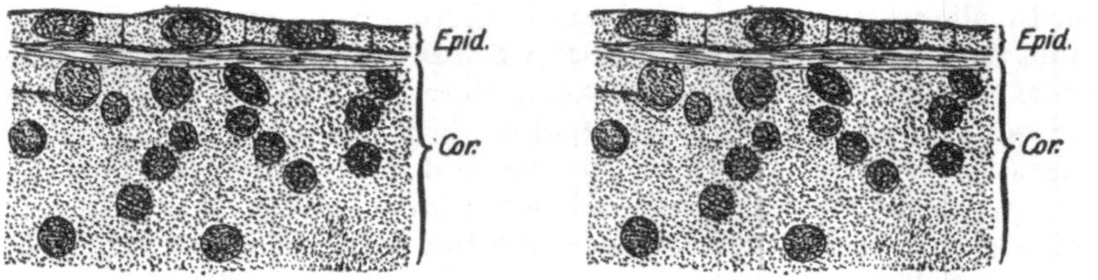

Abb. 2. Einschichtiges, Abb. 2. Einschichtiges,
Stadium der Epidermis vom Embryo des Menschen. (Nach v. BRUNN.)

Zellen und schließlich eine oder mehrere Lagen abgeplatteter Zellen. Die an die Oberfläche gekommenen Zellagen gehen allmählich zugrunde und werden durch neue ersetzt, welche immer wieder aus der Matrix entstehen.

Bei den Pisces und Amphibia scheidet die äußerste Zellenschicht der Epidermis, ebenso wie bei Amphioxus, eine dünne Cuticula ab. Einen besseren Schutz jedoch finden die meisten Wirbeltiere in einer Verhornung der äußersten Zellschichten. Dadurch entsteht in der Epidermis eine besondere Hornschicht: das Stratum corneum. Dieses ist somit von dem darunterliegenden Stratum germinativum (Stratum Malpighii oder Stratum mucosum) zu unterscheiden (Abb. 4). Da die Zellen bei dem Verhornungsprozesse sterben, ist dieser Prozeß nur bei einer mehrschichtigen Epidermis denkbar, wie sie den höheren Vertebrata eigen ist.

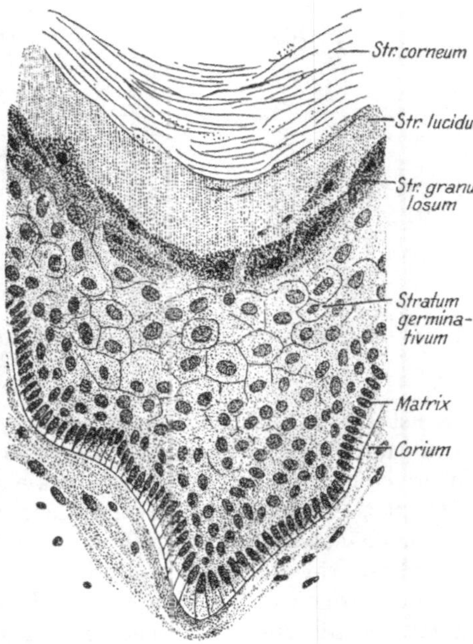

Abb. 4. Epidermis der Fußsohle des Menschen als Typus einer Mammalier-Epidermis. (Nach STÖHR.)

Neben dem Schutz gegen mechanische Einwirkung hat die Verhornung den Zweck, eine Austrocknung der darunterliegenden Teile zu verhindern. Diese Tatsache macht es begreiflich, daß die Verhornung bei landbewohnenden Vertebrata in den Vordergrund tritt. Es können auch bei den Pisces Zellen der Außenlage unter der Cuticula verhornen, aber eine vollständig zusammenhängende Hornschicht tritt erst bei den Amphibia auf. Sie ist hier noch sehr dünn, oft nur eine einzige Zellage dick (nur bei einigen Urodela finden wir sie aus einer größeren Anzahl von Zellagen zusammengesetzt). Auch kann sie hier bereits an verschiedenen Stellen des Körpers in ihrer Entwicklung variieren; so ist sie z. B. bei Necturus besonders an Händen und Füßen entwickelt.

Seine stärkste Entwicklung und größte Dicke erreicht das Stratum corneum bei den Amniota. Bei den Mammalia (Abb. 4) wird die Hornlage von dem Stratum germinativum geschieden durch eine Schicht von zwei Lagen, in denen eine fortschreitende Verhornung der Zellen stattfindet. In der unteren dieser zwei Lagen, dem Stratum granulosum, sieht man kleine Körnchen von Keratohyalin in dem Protoplasma der Zellen auftreten; die Schicht ist wenige Zelllagen dick. In der oberen dieser zwei Zellschichten haben die Zellen einen homogenen Inhalt bekommen und sind stark lichtbrechend; sie wird darum das Stratum lucidum genannt. In dem dann weiter nach außen folgenden Stratum corneum geht das Keratohyalin langsam in Hornstoff (Keratin) über. Die beiden Zwischenlagen (Stratum granulosum und lucidum) sind für die Mammalia kennzeichnend; aber sie kommen auch hier nur in denjenigen Teilen der Haut konstant vor, wo die Haut stark abgeschilfert wird.

Ständig werden die Außenlagen des Stratum corneum abgestoßen und vom Stratum germinativum durch neue ersetzt. Vor allem während des Körper-

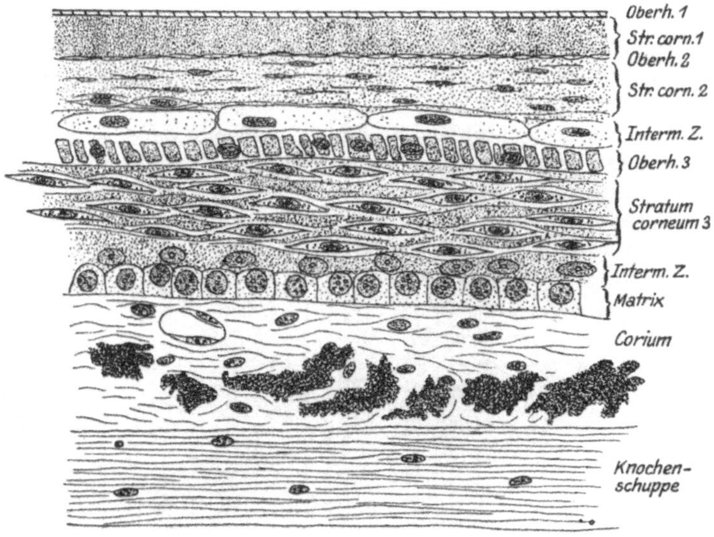

Abb. 5. Hautquerschnitt von Anguis fragilis vor der Häutung; es sind 3 Epidermisgenerationen zu beobachten. (Nach MAURER.)

wachstums ist dies notwendig, da das tote Stratum corneum dieses Wachstum nicht mitmachen kann. Das Abstoßen der Hornlage kann nun entweder in der Weise geschehen, daß sie langsam in kleinen Stücken abschilfert (Aves, Mammalia, Hornplatten der Crocodilia und Chelonia), oder auch so, daß sie in großen zusammenhängenden Teilen mit einem Male abgeworfen wird (Amphibia, Lacertilia, Ophidia). Im äußersten Falle, bei einigen Amphibia und Ophidia, wird sie in einem einzigen Stück abgestreift. Diese Häutung (Ecdysis) wird eingeleitet durch die Bildung einer neuen Hornlage in dem Stratum germinativum, welche von den früher gebildeten durch eine unverhornte Zellage geschieden ist: durch die sogenannten intermediären Zellen (Abb. 5); diese Zellen verschleimen; dadurch kann das alte Stratum corneum losgemacht und abgeworfen werden. Die neue Hornschicht kann sogleich ihren Platz einnehmen. Es können selbst mehrere von solchen „Epidermis-Generationen“ gleichzeitig in verschiedenen Stadien der Entwicklung anwesend sein (Abb. 5).

Schon im frühen embryonalen Stadium der Amniota wird die ursprünglich einschichtige Epidermis durch Teilung ihrer Zellen zweischichtig (Abb. 3). Aus der Außenlage entwickelt sich durch weitere Teilung eine Lage von oft sehr stark abgeplatteten Zellen: das sogenannte Oberhäutchen. Bei den Mammalia überdeckt dieses als Epitrichium die Haare, an deren Bildung es aber nicht teilnimmt. Das Epitrichium wird in der Regel vor der Geburt in Stücken abgestoßen; diese Stücke bilden, zusammen mit losen Stücken des Stratum corneum und vermengt mit Secreten der Hautdrüsen, eine Fettmasse (Vernix caseosa, Smegma embryonum), welche den Embryo umgibt. Nur in einigen Fällen (Bradypodidae, Myrmecophaga) bleibt das Epitrichium bis zur Geburt intakt und formt so eine Hülle um den Embryo. — Als Eponychium setzt sich das Epitrichium über den Nägeln, den Krallen und den Hufen fort; es bleibt bis kurz vor oder nach der Geburt bewahrt.

In die Epidermis können Teile fremden Ursprungs eindringen: zahlreich liegen zwischen den Zellen der Epidermis marklose Nervenausläufer, selten dagegen Blutgefäße; Lymphzellen dringen oft zwischen die Epithelzellen ein (Abb. 9.)

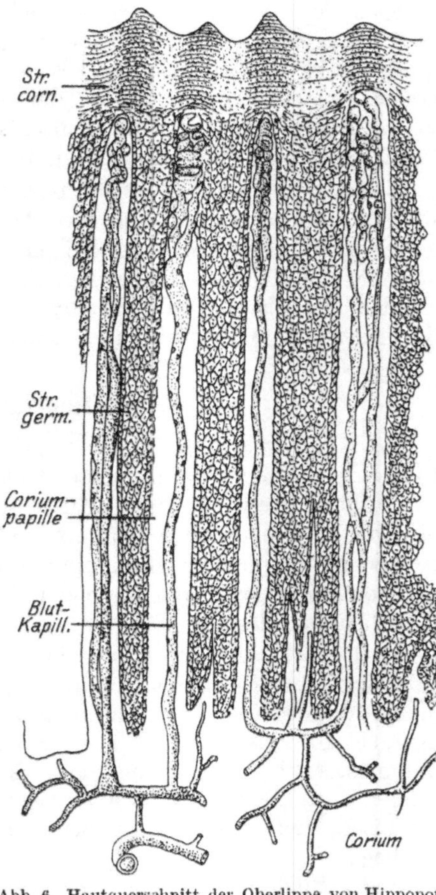

Abb. 6. Hautquerschnitt der Oberlippe von Hippopotamus. (Nach WEBER.)

Corium. Das Corium ist eine mesodermale Schicht unter der Epidermis, welche die Festigkeit der Haut stark erhöht. Bei Amphioxus ist es dünn und besteht aus einem gallertartigen Bindegewebe; bei den Vertebrata, wo es aus fibrillärem Bindegewebe zusammengesetzt ist, ist das Corium mehr entwickelt, wenn es auch große Unterschiede in seiner Stärke beobachten läßt.

Die parallelen Bündel der Bindegewebsfasern, welche den Hauptbestandteil des Corium bilden, sind bei den Pisces, Amphibia und Reptilia regelmäßig in den drei Richtungen des Raumes angeordnet: die Faserschichten verlaufen einmal parallel zur Oberfläche; zweitens ebenfalls parallel zur Oberfläche, aber senkrecht zur ersten Schicht; drittens senkrecht zur Oberfläche. Im Corium der Aves und Mammalia verlaufen die Bündel unregelmäßiger.

Außerdem kommen in dem Corium elastische Fäden und glatte Muskeln vor; es ist reich an Blut- und Lymphgefäßen, sowie an Nerven.

Daß die Haut sich meist leicht von dem tieferliegenden Gewebe trennen läßt, wird dadurch verursacht, daß zwischen beiden eine Lage von losem Bindegewebe liegt: das sogenannte Unterhaut-Bindegewebe (Tela subcutanea). Besonders bei den Anura wird eine beträchtliche Selbständigkeit der Haut dadurch erreicht, daß das Unterhaut-Bindegewebe große, mit Lymphe gefüllte Höhlen bildet, welche voneinander nur durch dünne Septen getrennt sind, die wieder die

Haut mit dem Körper verbinden. Bei den Mammalia beobachten wir in dem Unterhaut-Bindegewebe oft Fettzellen; dadurch wird dieses zu einer Speckschicht (Panniculus adiposus); das Fett dient als Reservenahrung, z. B. während des Winterschlafes, und als Schutz gegen Abkühlung. Bei den Cetacea enthält das Corium in seiner ganzen Dicke Fett.

Eine dünne, durchscheinende Basalmembran, welche ein Produkt der äußersten Lage des Corium ist, scheidet das Corium von der Epidermis.

Die nach außen gekehrte Oberfläche des Corium trägt oft, vor allem bei den Mammalia, Leisten und Papillen, die wieder in entsprechende Vertiefungen der Epidermis einpassen (Abb. 6). Dadurch wird nicht allein eine festere Verbindung zwischen Corium und Epidermis erzielt, es kann auch durch die Blutcapillaren des Corium für die Ernährung der Epidermis Sorge getragen werden, da die Epidermis ja selbst in der Regel keine Blutgefäße besitzt. Vor allem die letzte Funktion macht es uns erklärlich, daß die Länge der Papillen in Beziehung steht zur Dicke der Epidermis, und daß sie besonders groß wird bei den sogenannten Dickhäutern (z. B. bei Hippopotamus, Abb. 6), bei den Cetacea und Sirenia.

Die Leisten und Papillen des Corium kommen bei den Mammalia vor allem auf den unbehaarten Stellen vor. Den Coriumleisten entsprechen schwächere Leisten an der Oberfläche der Epidermis, was z. B. an der Handfläche und der Fußsohle der Primates besonders deutlich ist. Auf den individuellen Unterschieden, die wir im Verlaufe dieser Leisten beobachten, beruht die Möglichkeit, Fingerabdrücke von bestimmten Personen wiederzuerkennen.

Die Hautfarben.

Die Hautfarbe wird in der Regel verursacht durch bestimmte Farbstoffe (Pigmente), seltener durch andere Ursachen. Eine dieser anderen Ursachen ist z. B. Blutreichtum: er verursacht u. a. die rote Farbe der Kämme und Lappen bei den Hühnern. Weiter kann eine besondere Struktur der Hornschicht oft zusammen mit Pigmenten sogenannte Interferenzfarben entstehen lassen, wie dies z. B. vorkommt bei den Federn der Aves, seltener bei den Haaren der Mammalia (Chrysochloris).

Die Pigmente liegen sowohl in der Epidermis als im Corium. In der Regel finden wir sie in Zellen meist in der Form von Körnern, aber auch im diffusen Zustande. Während sie in der Epidermis in den gewöhnlichen Zellen vorkommen, liegen sie im Corium stets in besonderen Pigmentzellen (Chromatophoren): diese sind meist stark verzweigt und erstrecken sich mit ihren Ausläufern zwischen die anderen Bestandteile des Corium, aber auch in die Epidermis hinein. Gelegentlich (bei Pisces und Amphibia) können auch ganze Chromatophoren in der Epidermis liegen.

In der Epidermis kommt also das Pigment in verschiedenen Formen vor: in den Epidermiszellen selbst, in besonderen Chromatophoren und schließlich in Ausläufern derjenigen Chromatophoren, die im Corium gelegen sind. Schließlich kann das Pigment auch zwischenzellig abgeschieden werden. Solche zwischenzelligen Abscheidungen der Pigmente machen oft den Eindruck von verzweigten Chromatophoren und werden damit leicht verwechselt.

Eine alte Auffassung sagt, daß die Epidermis selbst keine Pigmente formen kann; ihre Chromatophoren würden dann aus dem Corium in die Epidermis eingedrungen sein und das Pigment der Epidermiszellen selbst wäre durch die Chromatophoren dort abgegeben worden. Wahrscheinlich ist das letzte jedoch nicht; es besteht kein Grund, den Epidermiszellen die Möglichkeit zur Pigmentbildung abzusprechen. Ja selbst die Möglichkeit ist heute nicht ausgeschlossen, daß die

Chromatophoren der Epidermis veränderte Epithelzellen sind. In diesem Falle würde dann alles Epidermispigment aus der Epidermis selbst stammen.

Während bei den niederen Vertebrata das Coriumpigment in den Vordergrund tritt (Abb. 7), liegt das Pigment bei den Aves und Mammalia hauptsächlich in der Epidermis, und dort wieder vor allem in dem Stratum germinativum; aber auch im Stratum corneum kann es vorkommen, so z. B. in den Federn, Haaren und im Vogelschnabel. Die Farben der Aves und Mammalia werden dann auch größtenteils durch die Pigmente von Haaren und Federn verursacht.

Die Farbe der Pigmente ist gewöhnlich schwarz, braun, gelb oder rot; irisierende Farben werden verursacht durch kleine Krystalle von Guanin (sogenannte Interferenzkörner). Danach können die Chromatophoren eingeteilt wer-

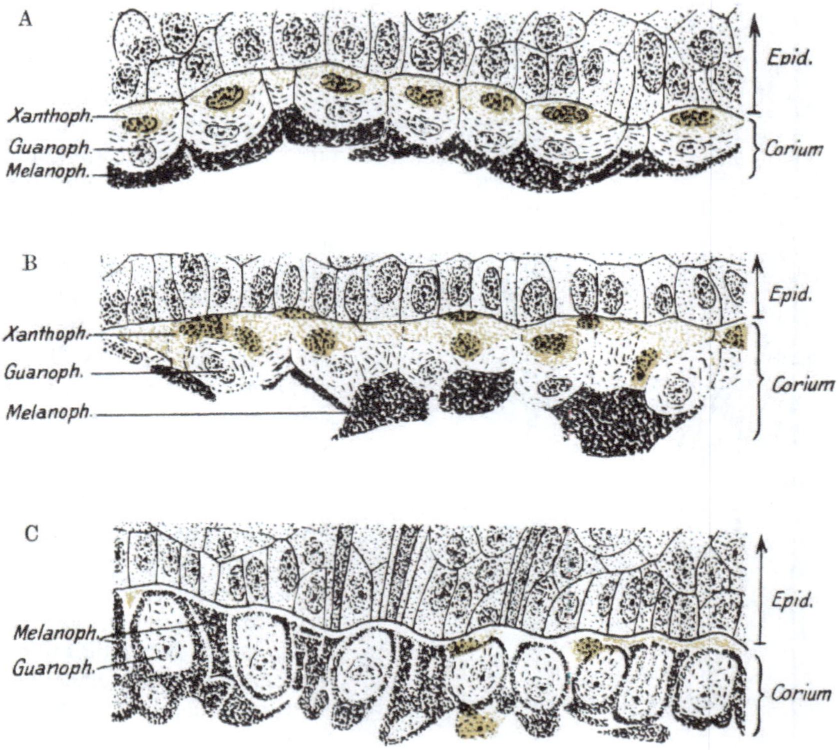

Abb. 7. Querschnitte durch die Haut von Hyla arborea. A bei grüner, B bei zitronengelber, C bei grauer Haut. (Nach W. J. SCHMIDT.)

den in Melanophoren mit körnigem braunen Pigment, das in dichterer Zusammendrängung schwarz erscheint; Xanthophoren mit gelbem, selten rotem Pigment; Guano- oder Leucophoren mit Interferenzkörnchen (Abb. 7). Die Behauptung, daß eine Vereinigung von gelbem (oder rotem) Pigment mit Interferenzkörnchen in derselben Zelle (Xantholeucophor) vorkommen soll, ist durch neuere Untersuchungen etwas zweifelhaft geworden.

Farbenwechsel, wofür das Chamäleon das bekannteste Beispiel ist, wurde auch bei anderen niederen Vertebrata sehr allgemein, aber in verschiedenem Maße beobachtet: so bei den Pleuronectidae unter den Pisces, bei Hyla unter den Amphibia, bei Calotes unter den Lacertilia usw. Der Farbwechsel beruht auf einer Ortsveränderung der Pigmente in der Haut. Man nahm früher an, daß diese Bewegung verursacht würde durch eine amöboide Beweglichkeit der Chromatophoren, welche ihre Ausläufer ausstrecken und wieder einziehen könnten; Untersucher der letzten Zeit nehmen jedoch gewöhnlich an, daß Ortsveränderungen des Pigmentes in der Zelle stattfinden, wobei die Form der Zelle unverändert bleibt. Die Veränderungen der Chromatophoren werden vom Nervensystem reguliert; man hat zwischen den Zellen feine Nervenenden beobachtet. Temperatur, Feuchtigkeit, Licht und psychischer Zustand sind die Hauptfaktoren, welche die Ortsveränderungen verursachen.

Es sind vor allem die Melanophoren, welche uns den Ortswechsel des Pigments zeigen: zieht sich das dunklere Pigment dieser Zellen in den tieferliegenden Teil des Zellkörpers um den Kern hin zurück, dann wird die Hautfarbe heller (Abb. 7B); verbreitet es sich aber in die nach der Oberfläche zu gerichteten Zellausläufer, dann tritt eine dunklere Farbe auf (Abb. 7A und C). Wenn neben den Melanophoren auch Xanthophoren anwesend sind, dann liegen diese dichter unter der Oberfläche als die Melanophoren und verursachen eine gelbe Hautfarbe, wenn gleichzeitig das Pigment der Melanophoren sich zusammenzieht (Abb. 7B). Eine graue oder schwarze Farbe entsteht dann, wenn das dunklere Pigment sich in Ausläufern ausbreitet, welche die Xanthophoren umgreifen und sie dadurch überdecken (Abb. 7C). Blaue Farben entstehen als Interferenzerscheinung, verursacht durch Guanin-Krystalle mit einem Hintergrunde von Melanophoren; grün entsteht als Mischfarbe aus einer Vereinigung dieser blauen Farbe mit dem Gelb der Xanthophoren.

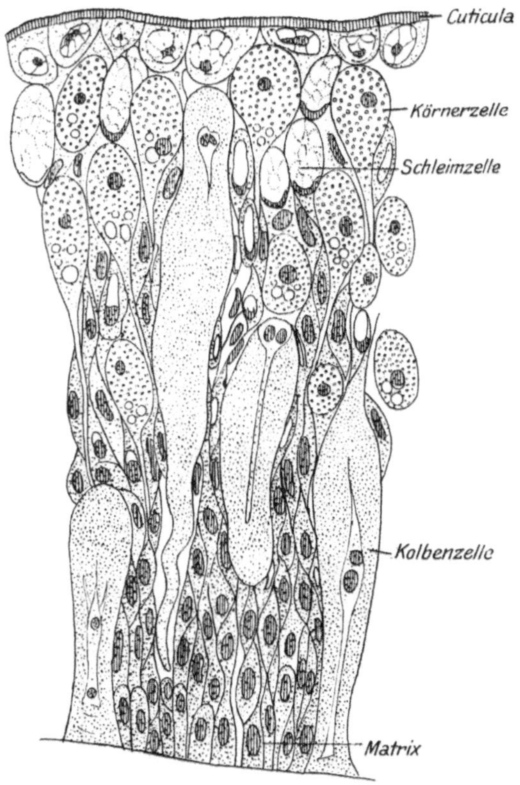

Abb. 8. Epidermis von Petromyzon fluviatilis; Querschnitt. (Nach MAURER.)

Die Hautdrüsen.

Wie schon bemerkt, wird die excretorische Funktion der Haut durch Hautdrüsen ausgeführt. Die große Bedeutung, welche die Haut als Excretionsorgan besitzen kann, ersieht man daraus, daß bei den Myxinidae alle Zellen der Epidermis zu Drüsenzellen werden. Solche einzelligen Drüsen sind ebenfalls bei Amphioxus beobachtet und auch bei den Pisces zwischen den veränderten Epithelzellen verbreitet. Oft sind sie hier so zahlreich, daß die übrigen Zellen ganz in den Hintergrund treten.

Ebenso wie alle anderen Epidermiszellen entstehen die Hautdrüsen aus der Matrix des Stratum germinativum und wandern langsam nach der Oberfläche zu.

Dort öffnet sich die Vacuole, in welcher sich das Secret befindet, und entleert damit ihren Inhalt nach außen; dadurch wird die Zelle zu einer sogenannten Becherzelle; sie geht darauf schnell zugrunde. Das Secret dieser einzelligen Drüsen besteht meist aus Schleim.

So sind die Zellen der Epidermis der Myxinidae größtenteils kleine Schleimzellen; dazwischen verbreitet liegen größere Drüsenzellen: diese sind teilweise ebenfalls Schleimzellen, teilweise andere Zellen, welche in ihrer Vacuole ein körniges Secret abscheiden und darum den Namen Körnerzellen empfangen haben.

Diese beiden Formen von Drüsenzellen: Schleim- und Körnerzellen, kommen auch sonst unter den Pisces vor. Den großen Schleimzellen der Myxinidae entsprechen die Kolbenzellen bei Petromyzon (Abb. 8) und bei den physostomen Teleostei (Abb. 9) mit Ausnahme der Salmonidae; bei den anderen Pisces fehlen sie. Ihren Namen haben diese Zellen ihrer kolbenförmigen Gestalt zu verdanken; diese Form entsteht dadurch, daß die Zelle bei dem Nach-oben-wachsen lange Zeit durch einen stielartig verschmälerten Teil mit der Basis der Epidermis

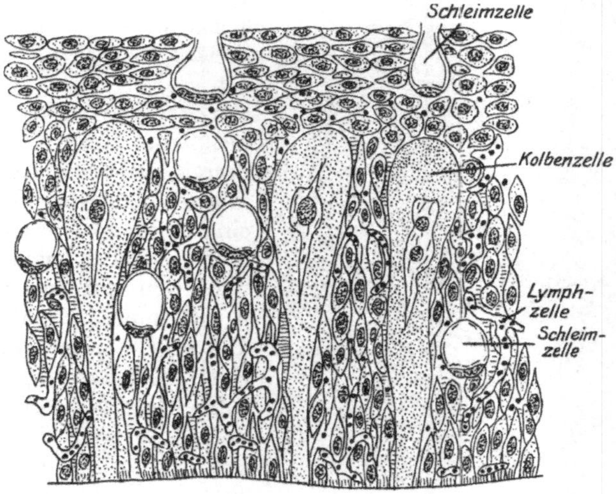

Abb. 9. Querschnitt durch die Epidermis von einem Teleostier (Barbus fluviatilis). (Nach MAURER.)

im Zusammenhange bleiben. Schließlich scheinen auch diese Zellen sich loszumachen und an der Oberfläche ausgestoßen zu werden; doch wird dieser Beobachtung auch widersprochen. Die Kolbenzellen unterscheiden sich noch in anderer Hinsicht von den anderen Schleimzellen: vor allem durch die eigenartige Weise, wodurch sie ihr Secret abscheiden, nämlich in Form einer Hülle um das zentral gelegene Protoplasma. Bei Petromyzon besitzt diese Hülle eine fibrilläre Struktur (STUDNIČKA); hier sind auch die Kolbenzellen gekennzeichnet durch den Besitz von zwei Kernen.

Die Körnerzellen werden ebenfalls bei Petromyzon beobachtet (Abb. 8); auch sie bleiben mit der Basis des Epithels in Verbindung, wenn auch nur durch sehr feine Ausläufer, bis sie dann schließlich ausgestoßen werden. Bei den übrigen Pisces werden diese Körnerzellen ersetzt durch Schleimzellen verschiedener Formen (Abb. 9).

Beim Übergang vom Wasserleben zum Landleben treten die einzelligen Hautdrüsen plötzlich stark in den Hintergrund. Unter den Tetrapoda kommen sie nur noch bei den Amphibia vor; auch hier sind sie mit Sicherheit nur bei Wasserbewohnern beobachtet. So findet man sie bei den Larven der Gymnophiona und Urodela in Form von Schleimzellen, und weiter bei den erwachsenen Perennibranchiata, welche hierin also ein Larvenkennzeichen bewahrt haben. Die großen Schleimzellen (Leydigsche Zellen) scheinen niemals die Oberfläche der Epidermis zu erreichen; wahrscheinlich entfernen sie ihr Secret durch zwischenzellige Spalten nach außen. — Die Bedeutung der sogenannten flaschenförmigen Zellen bei den erwachsenen Anura, welche man vielleicht mit einzelligen Drüsen vergleichen könnte, steht noch nicht fest. —

An Stellen, wo aus dem einen oder anderen Grunde eine stärkere Secretabscheidung notwendig ist, können die Drüsenzellen der Pisces sich in einer regelmäßigen Anhäufung vereinigen. Solche Organe sind die Leuchtorgane und die Giftdrüsen.

Die Eigenschaft der leuchtenden Organe, Licht hervorzurufen, beruht auf der Abscheidung eines leuchtenden Secretes; dies ist unter den Wirbeltieren allein bei den Pisces beobachtet worden. Die Organe sind als Drüsen anzusehen. Die secernierenden Zellen, welche den Hauptbestandteil des Organs bilden, stammen stets aus der Epidermis. Das Secret bleibt wahrscheinlich immer in der Zelle, selbst in den Fällen, wo ein Abführgang anwesend ist. Leuchtende Organe kommen bei Pisces unter den verschiedensten Familien der Elasmobranchii (Spinacidae) und Teleostei vor, hauptsächlich bei den Bewohnern der Tiefsee. Ihre Bedeutung besteht wahrscheinlich darin, daß durch ihre Hilfe die Geschlechter sich erkennen und daß durch sie Tiere angelockt werden, die als Nahrung dienen. Bei vielen Arten sind die leuchtenden Organe in großer Zahl beobachtet. Oft liegen sie in Längsreihen am Körper, oder in der Nähe der Augen, auf den Bartfäden oder den unpaaren Flossen; bei den Pediculati z. B. liegt ein leuchtendes Organ am Ende des tentakelförmigen ersten Strahles der vordersten Rückenflossen.

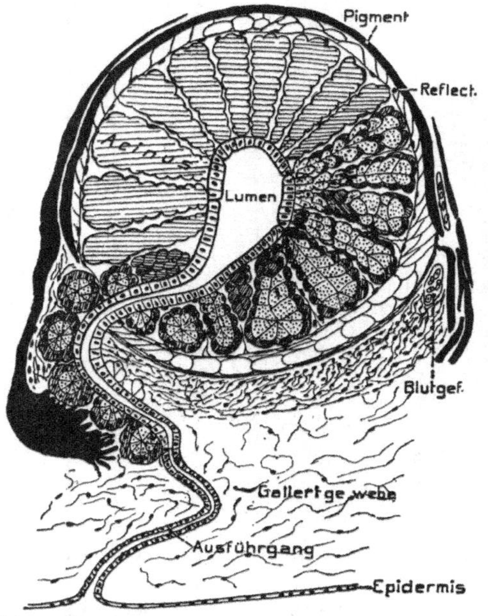

Abb. 10. Leuchtorgan von Gonostoma elongatum (Sternoptychide); von den Acini sind links nur die Umrisse angegeben. (Nach BRAUER, aus BÜTSCHLI.)

Der Bau der Leuchtorgane ist außerordentlich verschieden. Bei den Spinacidae ist die epitheliale Herkunft der leuchtenden Zellen besonders deutlich: jedes Organ besteht hier aus einer Gruppe von Zellen, welche in der Epidermis liegen und etwas in das Corium hineinragen. In anderen Fällen (einige Sternoptychidae und Scopelidae; Pediculati) bildet die Epidermis durch Einstülpung einen Gang mit einem erweiterten blinden Ende (Abb. 10), um welches die leuchtenden Zellen angeordnet sind, manchmal in Form von Bündeln (Acini). Dieser Gang kann auch seine Mündung nach außen verlieren und schließlich ganz verloren gehen; dann ist dieses Organ ganz in das Bindegewebe eingelagert und besteht aus einer Gruppe leuchtender Zellen.

Komplizierter werden die leuchtenden Organe meistens durch dazutretende

Teile, welche die Rolle spielen von Linse, Reflector oder Leuchtschirm (Abb. 10, Reflector). Die Linse liegt zwischen dem Organ und der Epidermis; sie besteht aus Zellen, die wahrscheinlich denselben Ursprung haben wie die leuchtenden Zellen. Gelegentlich (so z. B. bei der Scopelide Myctophum) wird diese Linse ersetzt durch eine linsenartige Verdickung einer Schuppe, welche über dem Organ liegt. Der pigmentierte Lichtschirm wird durch das Bindegewebe gebildet und umgibt das Organ mit Ausnahme der nach außen gekehrten Oberfläche (Abb. 10). Schon bei den obengenannten primitiven Organen der Spinacidae kommt das Pigment vor. Es absorbiert die nach innen austretenden Lichtstrahlen, soweit sie nicht schon früher durch den ebenfalls aus Bindegewebszellen gebildeten Lichtschirm zurückgestrahlt worden sind.

An den Bau von Hautdrüsen schließen sich an die durch STECHE anatomisch untersuchten leuchtenden Organe von Anomalops und Photoblepharon, Fische aus der Familie der Carangidae, welche an der Oberfläche leben. Bei diesen liegt in jeder Orbita, in einer Grube unter dem Auge, ein solches Organ; es hat die Form einer beweglichen, länglichen Platte, die zumeist aus einer großen Anzahl parallel verlaufender Drüsenröhren besteht. Als Bündel treten diese Röhren in Sammelbecken aus, welche mit einem engen Abführgang nach außen münden. Das Organ ist weiterhin im Besitze eines Reflectors und eines Pigmentmantels. Es ist biologisch interessant, daß es abgeblendet werden kann: bei Photoblepharon durch eine schwarz pigmentierte Hautfalte, die von unten her darüberhin geschoben werden kann; bei Anomalops dadurch, daß das ganze Organ nach unten in die Orbita hineingeklappt wird. —

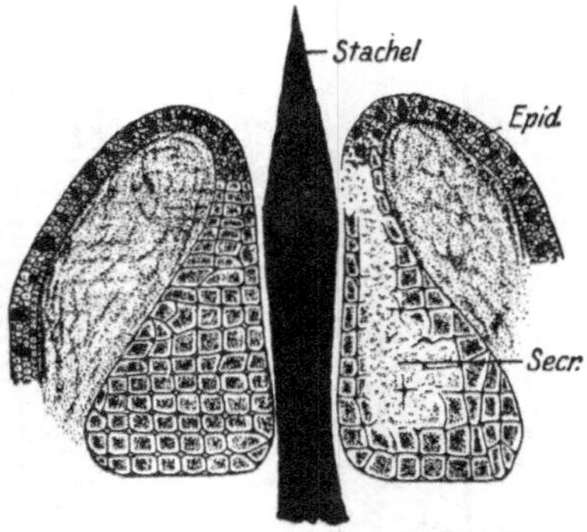

Abb. 11. Stachel mit Giftdrüse von einem Teleostier; schematisch. (Nach PAULOWSKY, aus PLATE.)

Eine Giftwirkung besitzt das Secret hauptsächlich in den Fällen, wo die Drüsenzellen in der Umgebung von Stacheln liegen, die zur Verteidigung bestimmt sind. Das Secret dieser Drüsen wird dann in die durch den Stachel verursachte Wunde eingespritzt. Um das Abfließen des Secretes zu erleichtern, besitzt der Stachel oft eine Längsrinne.

Viele einzellige Giftdrüsen liegen z. B. in der Epidermis der Stacheln, welche bei einigen Rajidae (Trygonidae) am Schwanze, bei einigen Teleostei auf dem Kiemendeckel stehen; außerdem kommen sie auf den stachelartigen Strahlen der Rückenflosse einiger Pisces vor. Bei den Teleostei können die Drüsenzellen dabei sich in solchem Maße anhäufen, daß sie in das Corium hinein anschwellende Verdickungen formen (Scorpaenidae, Trachinus, Plotosus u. a.; Abb. 11). In solchen Giftdrüsen entsteht als Folge der Secretion ein Centralraum dadurch, daß die Zellen zugrunde gehen, schon bevor sie die Oberfläche erreicht haben; dabei tritt das Secret frei in den Hohlraum. Diese Höhle öffnet sich dann an der Basis des Stachels nach außen, um das Secret abzuleiten. — Einen ähnlichen Bau zeigen uns auch die großen Schleimsäcke, welche zu beiden Seiten des Rumpfes der Myxinidae liegen.

Wir sehen hier also durch eine Anhäufung von Drüsenzellen mehrzellige Drüsen entstehen. Auf dieselbe Weise werden die mehrzelligen Drüsen der Tetrapoda gebildet; diese Vereinigung der einzelligen Drüsen zu größeren Haufen hat hier jedoch eine andere Ursache. Die Verhornung der Haut, die selbst wieder eine Folge der veränderten Lebensweise ist, bildet bei den Landvertebrata ein

Hindernis für die gleichmäßige Verbreitung einzelner Drüsenzellen; sie hat also eine stellenweise Anhäufung der Drüsenzellen zur Folge. Dabei bildete sich ein enger Abführgang aus indifferenten Epithelzellen, wodurch für jede Drüse nur eine einzige und kleine Unterbrechung des Stratum corneum nötig wurde.

Durch einen deutlichen Abführgang, aufgebaut aus indifferenten Zellen, unterscheiden sich die echten mehrzelligen Drüsen der Tetrapoda von den oben beschriebenen Drüsen der Pisces, die sich zwar auch nach außen öffnen, aber ohne einen besonderen Ableitungsgang. Sehen wir ab von den Leuchtorganen, so sind unter den Fischen allein bei den Mormyridae mehrzellige Hautdrüsen bekannt; diese besitzen einen solchen Abfuhrgang und sind darum gut mit den mehrzelligen Drüsen der Amphibia zu vergleichen. —

Diese mehrzelligen Hautdrüsen sind bei den Amphibia in der Regel mehr oder weniger kugelförmig (Abb. 12), nur in einigen Fällen cylindrisch und dann wohl auch verzweigt; dies kann z. B. der Fall sein bei jenen Drüsen, welche auf dem Daumenkissen der Anura ausmünden. Alle diese Hautdrüsen sind in das

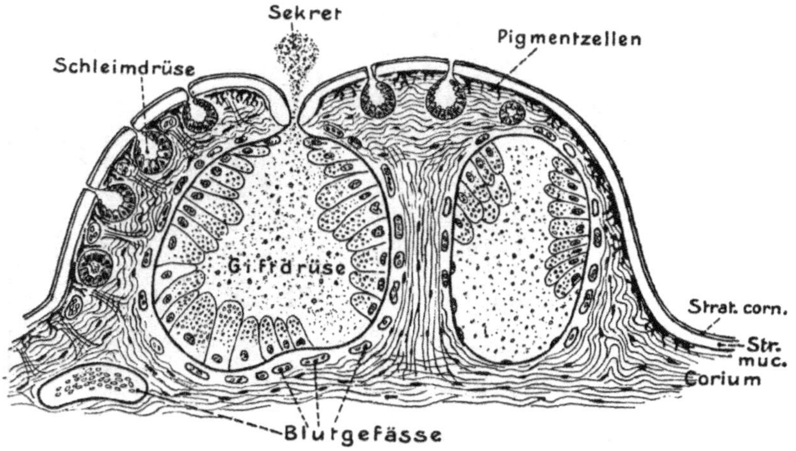

Abb. 12. Haut mit Drüsen aus der Parotis von Salamandra maculosa. (Aus BÜTSCHLI.)

Corium hineingesunken und haben einen kurzen, geraden Ableitungsgang, welcher die Epidermis durchbohrt. Die Drüsenwand besteht meist aus zwei Zellagen: die innere Schicht ist das Drüsenepithel; die Außenschicht, die auch in einigen Fällen fehlen kann, besteht aus glatten Muskelfasern. Beide Schichten scheinen aus der Matrix der Epidermis zu entstehen. Eine Contraction der Muskelfasern verursacht das Ausspritzen des Secretes, welches sich in der Drüsenhöhle angesammelt hat; bei einem schnelleren Hinausschleudern des Secretes spielen wahrscheinlich auch die glatten Muskelfasern des Corium eine Rolle.

Blicken wir auf die Art des Secretes und auf die Art und Weise der Secretion, so lassen sich unter diesen Drüsen der Amphibien zwei Formen unterscheiden: Schleimdrüsen und Gift- bzw. Körnerdrüsen. Die Schleimdrüsen scheiden ein schleimartiges Secret ab, welches homogen oder fein gekörnelt ist. Es dient dazu, um die Haut feucht zu halten, welche nur wenig verhornt ist und darum in die Gefahr geraten könnte auszutrocknen. Diese Schleimdrüsen sind merokrin, was sagen will, daß die Drüsenzellen ständig arbeiten, also bei der Abscheidung des Secretes selbst leben bleiben („vitale Secretion"). Die meistens größeren Körnerdrüsen sind holokrin („nekrobiotische Secretion"): die Drüsenzellen gehen bei der Bildung oder Ausscheidung ihrer Secrete zugrunde, sodaß eine ständige Regeneration notwendig ist.

Das Secret der Giftdrüsen ist gekörnelt und oft sehr giftig; obwohl ein giftiges Secret auch bei den Schleimdrüsen beobachtet worden ist, kommt doch wohl besonders den Körnerzellen die Bedeutung eines Abwehrmittels zu. Während die Schleimdrüsen in der Regel über den Körper verbreitet sind, werden die Giftdrüsen meist an bestimmten Stellen konzentriert: so z. B. die Parotoiden (ungenauer Parotisdrüsen genannt), welche bei den Bufonidae und Salamandra beiderseitig hinten auf dem Kopfe liegen; ebenso finden wir Giftdrüsen in den Rückenleisten: zwei Längsleisten auf dem Rücken vieler Arten von Rana. Hier und da kommen auch Mischdrüsen vor: Drüsen, welche in ihrer Wand Schleim- und Körnerzellen besitzen. Bei Salamandern ist beobachtet, daß zuerst ausschließlich Schleimdrüsen vorhanden sind, und daß sich die Giftdrüsen dann später aus ihnen entwickeln; die Giftdrüsen scheinen also phylogenetisch jünger zu sein.

Bei den Gymnophiona liegen die außerordentlich großen Giftdrüsen im vordersten Teile eines jeden Hautringes, rings um den Körper hin. Die viel kleineren Schleimdrüsen liegen dahinter (Abb. 60 auf S. 53).

Die Tatsache, daß die Hauptfunktion der Hautdrüsen die eines Excretionsorganes ist, macht es begreiflich, daß die Hautdrüsen bei den Sauropsida sehr in den Hintergrund treten. Wird doch hier derselbe Zweck erreicht durch starke Produktion von Hornstoff, welchen wir, wie bereits gesagt, als ein festes Excret ansehen können. Bei den Reptilia wird dieser Hornstoff im Stratum corneum der Haut selbst, bei den Aves in den Federn niedergeschlagen. Durch den periodischen Wechsel des Stratum corneum und der Federn wird für eine regelmäßige Abfuhr der Excrete gesorgt.

Nur dort, wo die Hautdrüsen eine sekundäre Funktion zu erfüllen haben, sind sie bei den Sauropsida erhalten; infolge davon kommen sie nur noch an bestimmten Stellen der Haut vor. In allen Fällen sind es holokrine Drüsen.

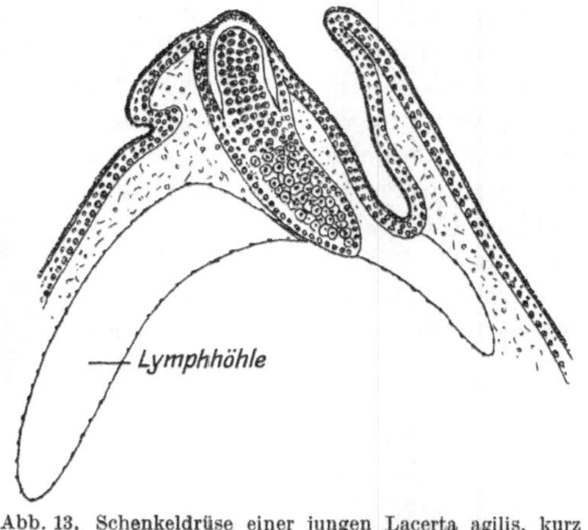

Abb. 13. Schenkeldrüse einer jungen Lacerta agilis, kurz nach dem Verlassen des Eis; Querschnitt. (Nach MAURER.)

Bei den Reptilia besitzt das Secret dieser Drüsen oft einen sehr starken Geruch. Ihre Funktion steht dann wahrscheinlich stets in Beziehung zum Geschlechtsleben. Zu diesen Drüsen gehören z. B. die Moschusdrüsen auf dem Unterkiefer der Crocodilia, vielleicht auch die „Rückenorgane" derselben Tiere und die Schenkeldrüsen vieler Lacertilia (Abb. 13, 14 und 932,3 auf S. 754). Die Schenkeldrüsen liegen in einer Reihe an der unteren Seite jedes Schenkels, oft außerdem in einer Querreihe vor dem Anus; sie münden auf Schuppen aus. Gewöhnlich kommen sie nur bei den Männchen vor, manchmal auch bei beiden Geschlechtern. Die Schenkelorgane entstehen als mehr oder weniger gelappte Einwucherungen der Epidermis in das Corium. Während der Fortpflanzungszeit können ihre Zellen verflüssigen und ein fettiges Secret bilden, so daß in diesem Falle kein Zweifel darüber besteht, daß diese Organe als Drüsen zu betrachten sind. In der anderen Zeit des Jahres findet jedoch keine Verflüssigung statt, sondern eine Verhornung der Zellen. Dadurch entsteht ein cylindrischer, verhornter Stab, dessen Ende nach außen etwas hervorragt (Abb. 14).

Bei den Aves sind Hautdrüsen ziemlich selten. Bei einigen unter ihnen kommen solche Drüsen in dem kurzen äußeren Gehörgange vor, in welchen sie

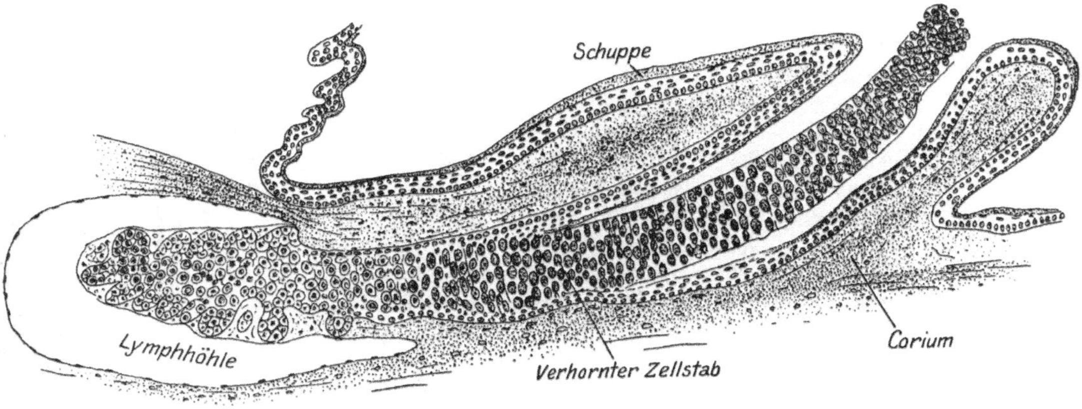

Abb. 14. Schenkeldrüse einer erwachsenen Lacerta agilis; Querschnitt. (Nach MAURER.)

ein fettiges Secret abscheiden. Allgemeiner verbreitet ist die Bürzeldrüsen (Glandula uropygii; Abb. 15—16). Diese Drüse liegt dorsal auf dem rudimentären Schwanze und scheidet ebenfalls ein fettiges Secret ab; mit ihm werden die Federn eingeschmiert, wohl um zu verhindern, daß sie feucht werden. So ist es begreiflich, daß diese Drüse bei Schwimmvögeln am stärksten entwickelt ist; bei den Ratitae und einigen anderen Vögeln (einigen Papageien und Columbidae, Otis usw.) fehlt sie. Die Drüse besteht aus zwei nebeneinander gelegenen Säcken (Abb. 16), welche

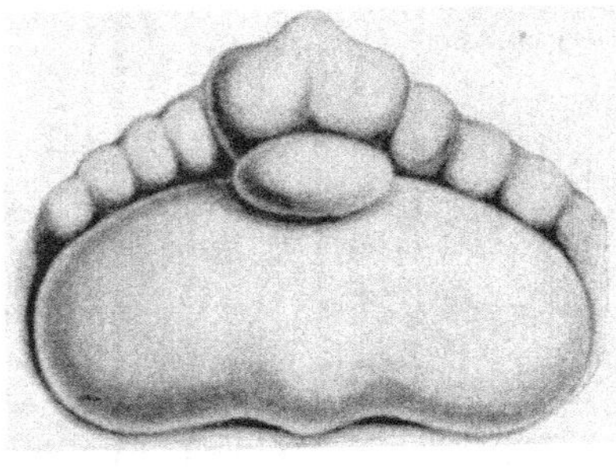

Abb. 15. Bürzeldrüse einer Merula. Der 2. mediale Wulst von oben ist die Papille, auf welcher die Mündungen der Drüse liegen. (Nach SCHUHMACHER.)

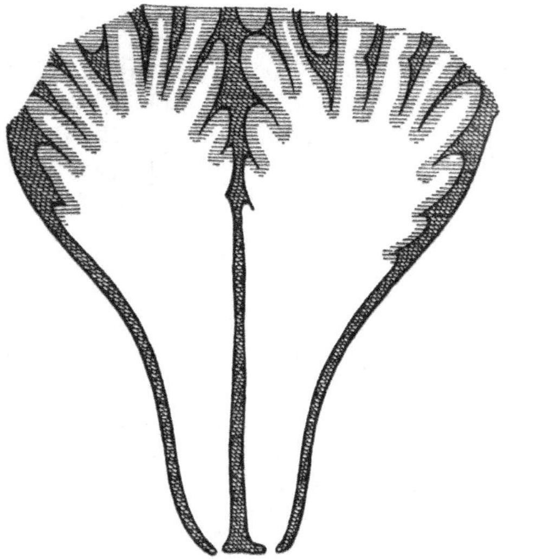

Abb. 16. Papille mit Ausfuhrgängen der Bürzeldrüse von Apus apus; Längsschnitt. (Nach SCHUHMACHER.)

aber durch Verlust der Scheidungswand sich auch miteinander vereinigen können; in diesen Säcken wird das Secret zahlreicher, manchmal verzweigter Drüsenröhren gesammelt. Nach außen münden beide Säcke auf einer gemeinschaftlichen Hautpapille aus (Abb. 15). —

Die Mammalia haben mit den Amphibia den Reichtum an mehrzelligen Hautdrüsen gemein. Und auch bei Mammalia kann man holokrine und merokrine Drüsen voneinander unterscheiden, die jedoch beide in mehr als einer Hinsicht von den Amphibia abweichen; darum steht eine Homologie keineswegs fest.

Beide Drüsenarten sind bei den Mammalia in das Corium eingesunken, bisweilen bis in das Unterhaut-Bindegewebe. Die holokrinen Drüsen sind in der Form von Talgdrüsen in alveolärer Form, die merokrinen Drüsen als Schweißdrüsen in tubulöser Form meist gleichmäßig über den Körper verteilt. Manchmal sind sie auf bestimmte Körperteile, z. B. die Fußsohlen, beschränkt. In anderen wenigen Fällen fehlen sie ganz, wie z. B. bei Chrysochloris, Choloepus und den Cetacea. Bei Manis und den Sirenia sind ausschließlich die Talgdrüsen in geringer Zahl nachgewiesen.

Die Schweißdrüsen (Abb. 17 und 41, S. 39) haben die Form von einem blind endenden Röhrchen, das meist mehr oder weniger gewunden ist; der cylindrische Ausführgang durchbohrt, oft in Form einer Spirale, die Epidermis und mündet an der Oberfläche aus. Die Wand dieses Ganges besteht aus einem indifferenten Epithel. Der secretorische Teil, der oft gar nicht oder nur ein wenig weiter ist als der Ausfuhrgang, besitzt außer dem einschichtigen Drüsenepithel noch eine Lage glatter Muskelzellen; diese Muskeln stammen aus dem Epithel und haben hier denselben Zweck, wie die homologe Schicht bei den Hautdrüsen der Amphibia: sie drücken das Secret heraus. In einigen Fällen (Ursus und einige Ungulata) kommen auch verzweigte Schweißdrüsen vor.

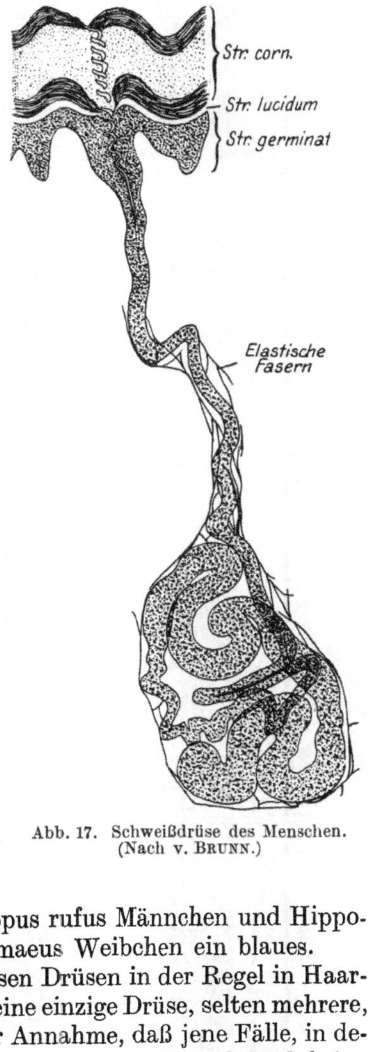

Abb. 17. Schweißdrüse des Menschen. (Nach v. BRUNN.)

Das Secret der Schweißdrüsen ist in der Regel wässerig, durch aufgelöste Bestandteile alkalisch oder sauer reagierend. Es enthält Excrete; doch dient es gleichzeitig zur Anfeuchtung der Haut und durch sein Verdampfen zur Abkühlung des Körpers. Daneben kann es in einigen Fällen besondere Funktionen bekommen: so kann es die Ursache sein des specifischen Körpergeruches. Auch die Konsistenz ist nicht stets dieselbe: es kann schleimig sein oder auch fettig (wie z. B. in dem äußeren Gehörgange); es kann schließlich gefärbt sein: so scheiden z. B. Macropus rufus Männchen und Hippopotamus ein rotes Secret ab, Cephalophus pygmaeus Weibchen ein blaues.

An den behaarten Stellen münden die tubulösen Drüsen in der Regel in Haarfollikeln aus (Abb. 41, S. 39). Gewöhnlich gehört eine einzige Drüse, selten mehrere, zu einem Follikel. Es besteht wohl Grund zu der Annahme, daß jene Fälle, in denen die Drüse direkt an der Oberfläche der Haut ausmündet, durch Reduktion des dazugehörenden Haares zu erklären sind, wie z. B. an den haarlosen Stellen (Hand- und Fußsohle) und beinahe ohne Ausnahme bei dem Menschen. Wahrscheinlich ist also diese Art und Weise der Ausmündung nicht die primäre. Histologisch hat man wohl einen Unterschied zwischen den verschiedenen Schweißdrüsen beobachtet (SCHIEFFERDECKER): bei denjenigen Drüsen, welche (bleibend oder zeitlich) mit Haaren in Verbindung treten, geht während der Secretion ein Teil des Zellkörpers verloren, ohne daß jedoch die Zelle stirbt (sogenannte apo-

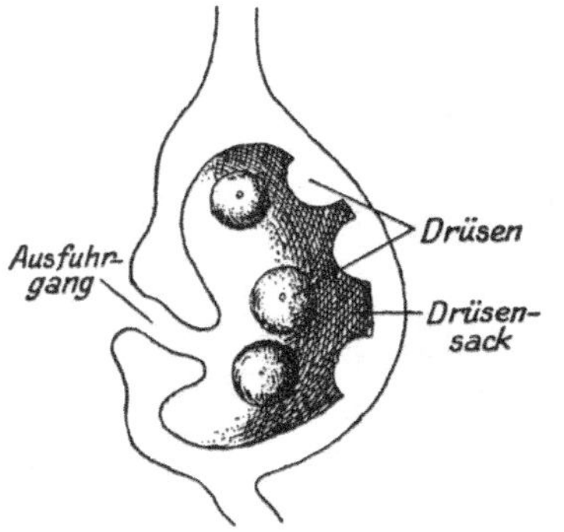

Abb. 18. Analdrüse von Felis domestica; schematischer Durchschnitt; 3 Drüsen sind im Querschnitt gezeichnet. (Nach WEBER.)

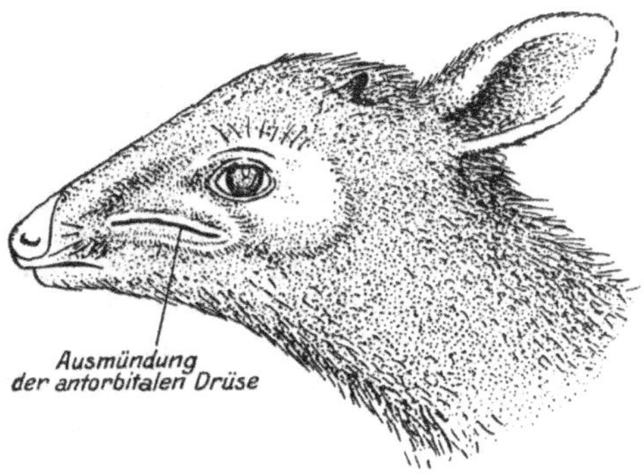

Abb. 19. Kopf von Antilope maxwelli ♀ juv. (Nach WEBER.)

krine Drüsen). Bei denjenigen Drüsen jedoch, welche nicht in Verbindung mit Haaren treten, und welche also direkt auf der Haut ausmünden, hat man keine Beschädigung ihres Protoplasmas während der Secretion gesehen; man nennt sie ekkrine Drüsen. Man kann demnach die apokrinen Drüsen als eine Art Übergang zwischen den ekkrinen und den holokrinen Drüsen ansehen.

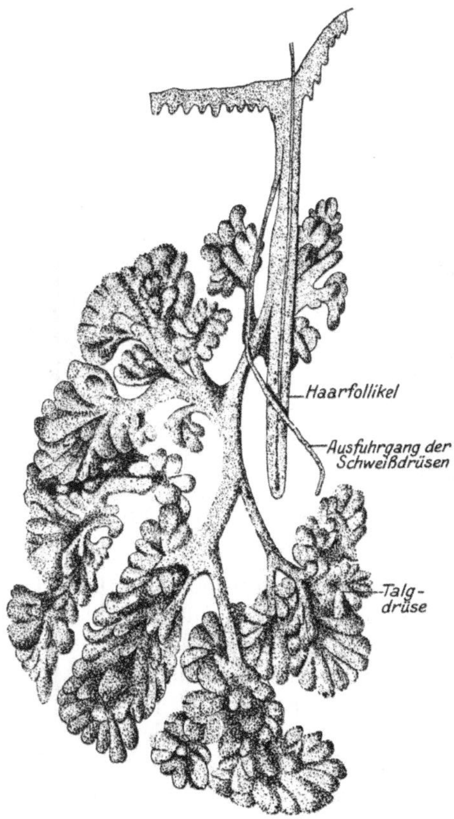

Abb. 20. Talgdrüse aus der Antorbitaldrüse einer Antilope (Catoblepas gnu). (Nach BRINKMANN.)

Die Talgdrüsen (Abb. 20 und 41, 42, S. 39 und 41) unterscheiden sich von den tubulösen Drüsen, abgesehen von dem Secretions-Mechanismus (holokrin), gewöhnlich auch in ihrer Form: der secretorische Teil ist meist erweitert und sackförmig (daher der Name acinöse Drüsen). Meist sind sie verzweigt. Das Drüsenepithel ist mehrschichtig; eine Muskelhülle umgibt die Drüse nicht. In dieser Hinsicht unterscheiden sich diese Drüsen stets von den Hautdrüsen der Amphibia; sie stimmen aber in der Form mehr mit ihnen überein als die Schweißdrüsen. In noch höherem Maße als die tubulösen Drüsen sind sie an die Haare gebunden: beinahe stets münden sie in Haarfollikeln aus (eine oder mehrere in einem Follikel); ihr fettiges Secret dient denn auch dazu, die Haare einzufetten und ihr Brüchigwerden zu verhindern. Doch gibt es auch Fälle, in denen die Talgdrüsen direkt nach außen münden: z. B. auf den Lippen und auf den Augenlidern (MEIBOMsche Drüsen).

Das Vorkommen von apokrinen Drüsen als Zwischenformen zwischen den holokrinen und ekkrinen Drüsen macht es wahrscheinlich, daß alle Hautdrüsen der Mammalia einen gemeinschaftlichen Ursprung haben; sie wären also nicht diphyletisch aus den beiden Drüsenarten der Amphibia entstanden. Man kann als Ausgangsform der Mammalierdrüsen eine acinöse Drüse annehmen, welche necrobiotisch secerniert und eine Muskellage besitzt. Die Talgdrüsen unterscheiden sich hiervon nur durch den Verlust der Muskellage, die für eine langsame Secretion unnötig erscheint. Die tubulösen Drüsen haben die Muskellage behalten, haben aber ihre Form und vor allem ihren Secretionsmechanismus verändert; das ist wieder am geringsten geschehen bei den zweifellos älteren apokrinen Drüsen.

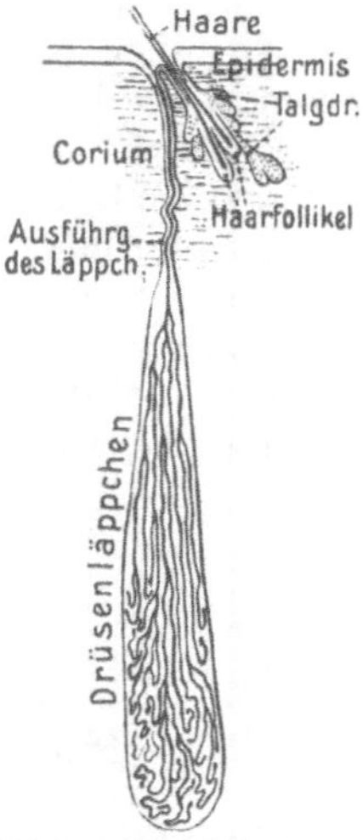

Abb. 21. Milchdrüsenläppchen von Echidna hystrix; schematisch (Nach GEGENBAUR, aus BÜTSCHLI.)

Durch eine Vereinigung acinöser oder tubulöser Drüsen, oder auch durch Vereinigung von Drüsen beiderlei Art zu größeren Haufen können zusammengesetzte Drüsen entstehen, wie sie hier und da bei den Mammalia gefunden werden. Meist münden die sie zusammensetzenden Drüsen in einen gemeinschaftlichen Drüsensack aus, welcher durch Einstülpung der Haut entsteht (Abb. 18). Das Secret häuft sich dann zeitweilig in diesem Sacke an. Es kann von verschiedener Natur sein: meist riecht es stark und dient als Verteidigungsmittel oder als Erkennungssignal für Artgenossen. So sind ein wirksames Verteidigungsmittel u. a. die Analdrüsen, welche in den Enddarm, dicht vor dem Anus, münden. Sie kommen bei einer größeren Anzahl Raubtiere vor (Abb. 18): ihr Secret kann meist durch Contraction der umgebenden, quergestreiften Muskulatur ausgespritzt werden. Das Stinktier (Mephitis) hat seinen Namen von diesen Drüsen bekommen. Andere Beispiele für zusammengesetzte Drüsen sind die Supra-, Ant- und Suborbital-Drüsen, sowie die Hufdrüsen vieler Ruminantia (Abb. 19 und 20). Weiter wären zu nennen die Präscrotaldrüsen von Viverra, worin das bekannte Civet abgeschieden wird, und die Präputialdrüsen des Moschus, welche den Moschus liefern. —

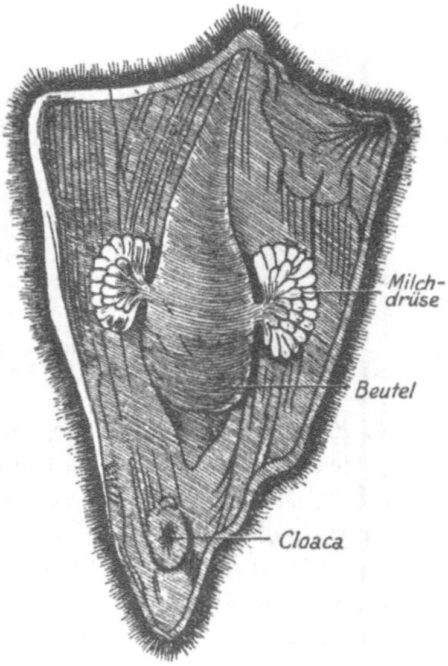

Abb. 22. Bauchwand eines brütenden Weibchens von Echidna hystrix, von innen gesehen. (Nach HAACKE, aus WIEDERSHEIM.)

Von der größten Bedeutung für die Mammalia sind jene Hautdrüsen geworden, welche als Milchdrüsen (Mammardrüsen) die Nahrung für die jungen Tiere liefern. Sie sind darum nur bei dem Weibchen gut entwickelt und kommen bei dem Männchen rückgebildet vor. Aller Wahrscheinlichkeit nach haben sie sich aus den tubulösen Drüsen entwickelt. Bei den Monotremata (Abb. 22) haben sie noch ganz den Bau von verzweigten, tubulösen Hautdrüsen mit einer Hülle glatter Muskelfasern. Bei den übrigen Mammalia haben sie zwar einen alveolären Bau; aber in dem Hauptunterschiede zwischen den beiden Formen von Drüsen stimmen sie doch mit den tubulösen Drüsen überein: sie haben einen merokrinen Abscheidungs-Mechanismus. Außerdem besitzen sie noch eine Hülle glatter Muskelfasern. Die Natur des Secretes, die Milch, gibt uns für die Herkunft der Drüsen keinen Fingerzeig, da auch andere Hautdrüsen ein sehr verschiedenes Secret liefern können.

Der topographische Verband zwischen Hautdrüsen und Haaren ist bei den Milchdrüsen der Monotremata ebenfalls zu beobachten: die Milchdrüsen münden bei ihnen in Haarfollikeln aus; derselbe Follikel trägt daneben auch Talgdrüsen (Abb. 21). Die Milchdrüsen der Monotremata liegen beiderseits am Bauche in einem Bündel (Abb. 22); die Drüsen jedes Bündels münden je für sich aus auf einem wenig behaarten Teile der Bauchhaut: dem sogenannten Drüsenfelde. Bei Ornithorhynchus unterscheidet sich dieses Drüsenfeld nur wenig von seiner Umgebung; bei Echidna aber sinkt es während der Milchperiode in ein Grübchen, das sogenannte Mammarsäckchen, ein; dieses wird durch eine Hautfalte, den Cutiswall, umgeben. In dieses Säckchen, das mit dem Drüsensack obenbeschriebener, zusammengesetzter Drüsen zu vergleichen ist, wird die Milch abgeschieden. Die Milch ist bei den Monotremata wahrscheinlich nicht flüssig, sondern von einer zäheren Konsistenz und wird durch die Jungen aufgeleckt.

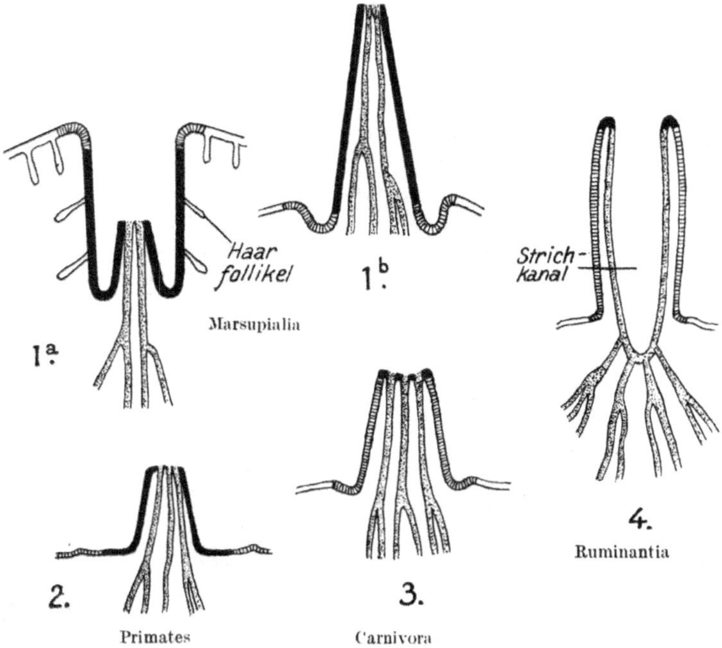

Abb. 23. Milchzitzenschemata einiger Mammalia. 1a Marsupiala vor der Milchperiode, 1b während dieser. Nach BÜTSCHLI (etwas verändert). — Wand des Mammarsackes schwarz. Cutiswall gestrichelt. Milchdrüsen punktiert.

Bei Echidna (Abb. 22) kommt das junge Tier in einen Beutel (Marsupium). Dieser ist eine sackförmige Einsenkung der Bauchhaut, welche durch einen quergestreiften Muskel (Musculus sphincter marsupii) umgeben wird. Die beiden Mammarsäckchen münden in diesen Beutel aus. Das Ei wird in den Beutel aufgenommen und das Junge bleibt darin liegen, so lange es sich mit dem Secrete der Milchdrüsen ernährt. Der Beutel ist nur während der Brutzeit zu beobachten; danach verstreicht er wieder.

Unter den viviparen Mammalia besitzen allein die Marsupialia einen Beutel; er ist hier jedoch dauernd anwesend, im Gegensatz zu den Monotremata: er wird außerhalb der Fortpflanzungszeit höchstens kleiner, ohne jedoch vollkommen zu verschwinden. Bei den männlichen Marsupialia, zeigt sich der Beutel nur rudimentär und nur in der ersten Jugendzeit. Da gerade bei den primitivsten gegenwärtigen Marsupialia, den Didelphyidae, der Beutel meist unvollständig ist und nur aus einer linken und rechten Hautfalte besteht, ja selbst ganz fehlen kann, so hat man die Homologie des Beutels der Marsupialia mit dem der Monotremata bezweifelt. Blicken wir aber auf die große Übereinstimmung zwischen beiden Organen, so scheint dieser Standpunkt wenig annehmbar. Weiterhin fehlt der Beutel bei Myrmecobius (Dasyuridae), wo jedoch das Vorkommen eines Sphincter deutlich darauf weist, daß früher ein Beutel anwesend war.

Der Beutel der anderen Marsupialia ist deutlich sackförmig mit einem Eingange entweder an der Hinterseite (die meisten Polyprotodontia) oder an der Vorderseite (Diprotodontia), schließlich auch in der Mitte (einige Dasyuridae). Dieser sackförmige Beutel entsteht aus zwei längslaufenden Hautfalten und durchläuft damit jenes Stadium, das bei den Didelphyidae dauernd bleibt. Dadurch, daß diese zwei Hautfalten sich entweder vorn oder hinten miteinander vereinigen, kommt die endgültige Form des Beutels zustande. —

Bei allen lebendig gebärenden Mammalia münden die Milchdrüsen auf Zitzen aus, die dem jungen Tiere das Saugen ermöglichen. Bei den Marsupialia liegen diese Zitzen in dem Beutel. Jede Zitze ist homolog mit einem Mammarsäckchen: ontogenetisch treten solche Säckchen auf, um erst später, auf einigermaßen verschiedene Art und Weise, sich zu Zitzen umzuformen. Bei den Marsupialia (Abb. 23, 1a, 1b), bei den Primates (2) und anderen sehen wir diese Umformung dadurch vor sich gehen, daß die Wand des Säckchens sich nach außen umstülpt; bei den Marsupialia wächst dann die Zitze erst unter dem Einfluß des Saugens zu ihrer endgültigen Größe an. Man kann diese Bildung als echte Zitzen bezeichnen. Ihnen stellt man gewöhnlich die „falschen Zitzen" gegenüber, wie sie bei den meisten anderen Mammalia vorkommen (Abb. 23, 3 und 4): sie entstehen nicht aus dem Mammarsäckchen selbst, sondern durch starkes Wachsen des Cutiswalls, wodurch das Säckchen mehr oder weniger zurückgebildet an dem Ende der Zitze zu liegen kommt. Hier münden die Drüsen aus: entweder unabhängig voneinander (3) oder, wie bei den Ungulata, nachdem sie sich vereinigt haben zu einem oder mehreren weiten Gängen: den sogenannten Strichkanälen (4). (Eine andere Auffassung sieht in diesen Strichkanälen den Rest von Mammarsäcken, was jedoch durch die Ontogenie nicht bestätigt wird).

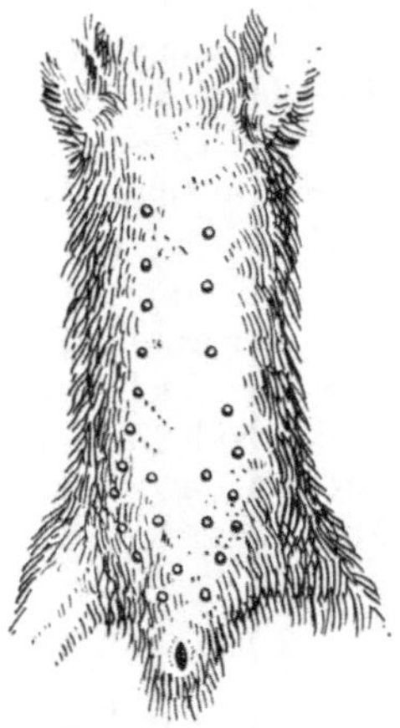

Abb. 24. Lage der Zitzen bei Didelphys Henseli. (Nach O. THOMAS, aus WEBER.)

Die Anzahl der Zitzen schwankt je nach der Art und stimmt überein mit der Anzahl von jungen Tieren eines einzigen Wurfes. Man kann eine Reihe aufstellen, beginnend bei zwei Zitzen, wie wir sie bei den Simiae und Sirenia finden, bis zu 27 bei Didelphys Henseli (Abb. 24).

Die Lage der Zitzen kann außerordentlich verschieden sein: pectoral z. B. bei den Simiae, Sirenia, Elephas, Xenarthra; inguinal bei den Perisso- und Artiodactyla, sowie bei den Cetacea; axillar bei vielen Chiroptera und Rodentia; und schließlich über einen großen Abstand an der Bauchseite verteilt. Meistens liegen die Zitzen symmetrisch rechts und links von der Medianlinie; nur bei den Marsupialia kommen auch unpaare, durch Verschmelzung entstandene Zitzen vor, wo sie schließlich auch in vier Reihen liegend beobachtet wurden (Fig. 24).

Die embryonalen Mammarsäckchen der Marsupialia, aus denen sich später die Zitzen formen, werden jedes durch ein zweites Säckchen, das sogenannte Marsupialsäckchen, umgeben. BRESSLAU ist der Meinung, daß der Beutel dadurch entsteht, daß diese Säckchen miteinander verschmelzen, wobei ihre seitlichen Wände bestehen bleiben und sich zu den beiden seitlichen Beutelfalten vereinigen.

Einen Rest der Marsupialsäckchen glaubte man bei den Monodelphia in den Milchleisten zu finden: das sind ein Paar längslaufende Epidermisleisten, welche embryonal auftreten und später in bestimmten Abständen Verdickungen bilden, von denen jede zu einem Mammarsäckchen wird. Diese embryonalen Milchleisten würden dann übereinstimmen mit den untereinander verschmolzenen Marsupialsäckchen und daher einen Rest des Beutels der Marsupialia bilden. Auch andere Reste des Beutels und seines Sphincter hat man geglaubt bei den Placentalia wiederfinden zu können. Sie sind aber recht zweifelhaft und reichen in keinem Falle aus für den Beweis, daß die Vorfahren der Placentalia einen Beutel besessen haben.

Differenzierungen des Stratum corneum.

Es ist einleuchtend, daß an Stellen, welche in besonderem Maße durch mechanischen Druck in Anspruch genommen werden, also eines besonderen Schutzes bedürfen, sich das Stratum corneum stärker entwickelt als an anderen Stellen. Wenn solche verstärkten Teile der Hornlage scharf umgrenzt sind und auch andere Hautschichten sich daran beteiligen, so entsteht ein besonderes Hautorgan.

Stark ist das Stratum corneum z. B. oft an den Fußsohlen entwickelt; bei den Mammalia bildet es hier außerdem gewöhnlich elastische dicke Kissen, die Sohlenballen; die am meisten distalgelegenen von ihnen liegen dann als Finger- oder Zehenballen unter den Phalangen. Die Aufgabe dieser Sohlenballen ist es wohl, den Stoß, der durch das Niederschlagen der Extremität auf dem Boden entsteht, aufzufangen. Vielleicht sind die sogenannten Kastanien der Pferde: verhornte Flecken in der Nähe des Tarsal- und Carpalgelenkes, Reste solcher Sohlenballen. Die Sporen der Aves sind kegelförmige Hornscheiden, die gewöhnlich durch einen Auswuchs des Laufbeines getragen werden; sie werden als Waffen gebraucht. Bei einigen Aves kommen solche Sporen auch an den Flügeln vor (Chauna, Parra).

Besonders bloßgestellte Teile des Körpers sind die Zehenenden, welche dann auch meist durch Hornscheiden geschützt werden. Schon bei einigen Urodela (Siren, Onychodactylus) und unter den Anura bei Xenopus und Hymenochirus werden solche **Krallen** angetroffen; hier jedoch nur an der Hinterextremität.

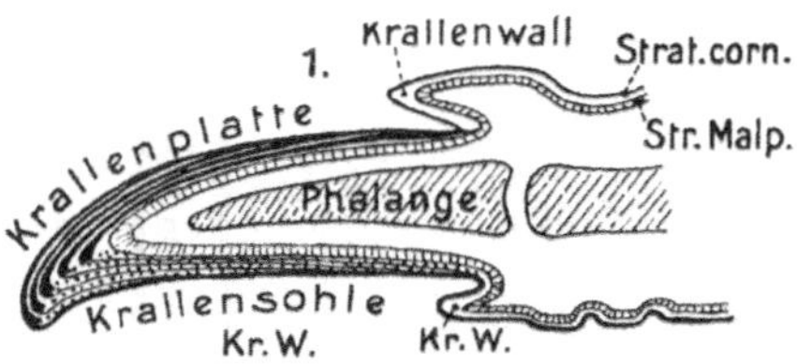

Abb. 25. Zehenspitze eines Reptils; schematischer Medianschnitt. (Aus BÜTSCHLI.)

Ganz allgemein finden wir dann Krallen bei Reptilia und Aves. Bei den letzten kommen sie in der Regel nur an der hinteren Extremität vor, was durch die veränderte Funktion der Vorderextremität begreiflich erscheint; nur der Daumen der Vorderextremität trägt in vielen Fällen eine Kralle; viel seltener sind solche Krallen an einem der anderen Finger, wie bei Struthio, Uria, Phoenicopterus. An beiden anderen Fingern sind Krallen bei den Jugendformen von Struthio, Rhea und Opisthocomus beobachtet (bei dem letzteren ist die Anwesenheit der Krallen durch die Lebensweise zu erklären: das junge Tier klettert mit ihrer Hilfe an Bäumen).

Die Sauropsiden-Kralle (Abb. 25) umschließt ebenso wie die der Amphibia das Ende der Zehen ringsum. Die Basis der Krallen wird durch eine schwache, ringförmige Hautfalte, den Krallenwall, umgeben. Meist sind diese Krallen mehr oder weniger gekrümmt, mit konvexer Oberseite und konkaver Unterfläche. Man kann also eine dorsale Krallenplatte und eine ventrale Krallensohle unterscheiden. Die Hornmasse der Krallensohle ist weicher als die der Oberseite und wird Sohlenhorn genannt.

Die große Mannigfaltigkeit in der Gebrauchsweise der Extremitäten bei den Mammalia ist wohl die Ursache einer sehr großen Verschiedenheit in der Form der Krallen, eine Verschiedenheit, die viel größer ist, als die bei den niedrigen Vertebrata. Im ursprünglichsten Falle sind die Krallen der Mammalia seitlich zusammengedrückt und ähneln denen der Sauropsida; ein Unterschied besteht

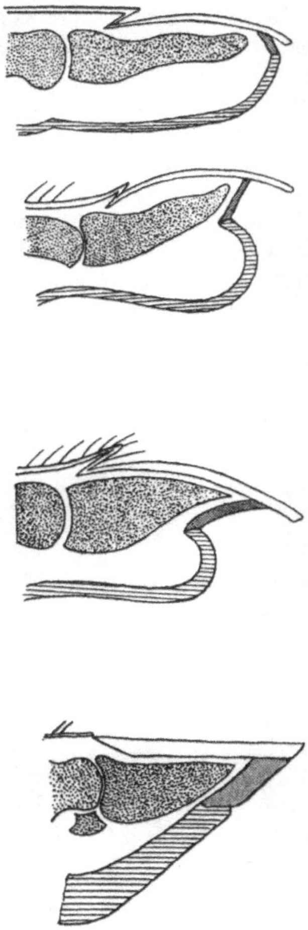

Abb. 26.

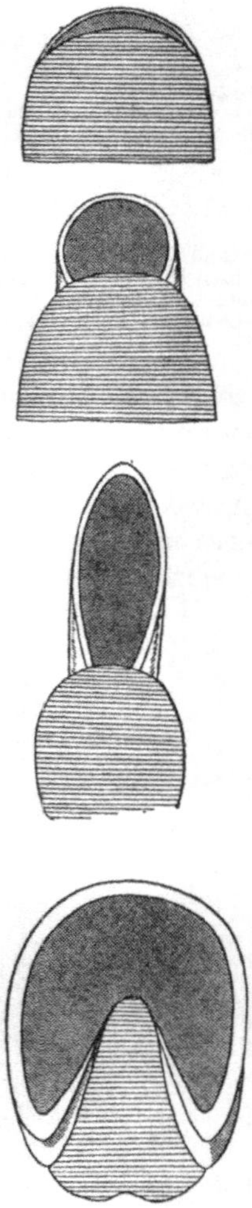

Abb. 27.

Abb. 26. Medianschnitt durch Nagel, Kralle, Huf; schematisch. (Nach Boas.) — Krallenplatte weiß; Krallensohle grau punktiert; Zehenballen (Hornstrahl) gestrichelt.

Abb. 27. Dieselben Organe, gesehen von der ventralen Seite. (Nach Boas.)

aber darin, daß die Krallensohle schwächer entwickelt ist als die Krallenplatte: die Krallenplatte umgibt dorsal und auch lateral die Endphalange (Abb. 26, 27), und die Krallensohle erstreckt sich proximal weniger weit und wird hier ersetzt durch den schwächer verhornten Zehenballen (Abb. 26, 27c). Solche Krallen sind unter den Mammalia allgemein verbreitet, vor allem unter den primitiven Gruppen.

Von dieser Grundform kann man durch Umformung nach verschiedenen Richtungen hin die Nägel und die Hufe von einigen Mammalia ableiten.

Nägel (Abb. 26, 27) unterscheiden sich dadurch von den Krallen, daß die Krallenplatte (bzw. die Nagelplatte) weniger konvex ist und das Sohlenhorn sehr wenig entwickelt ist; das letzte ist wohl eine Folge der terminalen Lage der Zehenballen, welche hier auch als Tastorgan dienen. Die Nägel sind vor allem für die Prosimiae und Simiae kennzeichnend, obwohl sie auch hier und da in anderen Gruppen angetroffen werden und umgekehrt auch Klauen bei bestimmten Vertretern dieser beiden Gruppen vorkommen können: nämlich an der 2. Zehe der Prosomiae (Abb. 28); an der 2. und 3. Zehe von Tarsius; an allen Fingern und Zehen, mit Ausnahme des Daumens, bei Chiromys; und überall mit Ausnahme der ersten Zehe bei den Hapalidae.

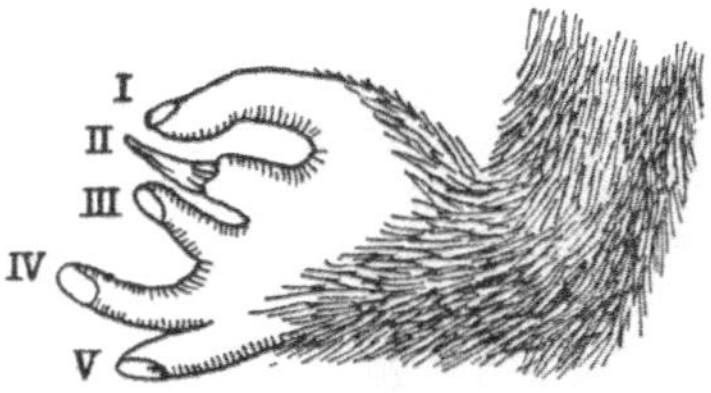

Abb. 28. Linker Fuß eines Prosimiers (Perodicticus calabarensis). (Nach HUXLEY, aus WEBER.) – I—V, die Zehen, von denen die zweite eine Klaue, die anderen Nägel tragen.

Hufe (Abb. 26, 27 und 29) sind bezeichnend für die Ungulata. Sie unterscheiden sich dadurch von den vorigen Gebilden, daß die Krallenplatte sich ventral des Hinterrandes der Krallensohle mehr oder weniger weit fortsetzt und die Krallensohle damit teilweise umschließt. Oft erstreckt sich eine Fortsetzung des Zehenballens, der sogenannte Hornstrahl, in die Krallensohle hinein, wodurch dieses schließlich verdrungen wird (Giraffe).

Bei Cetacea und Sirenia sind die Nägel gänzlich verloren gegangen, oder nur in Resten nachzuweisen.

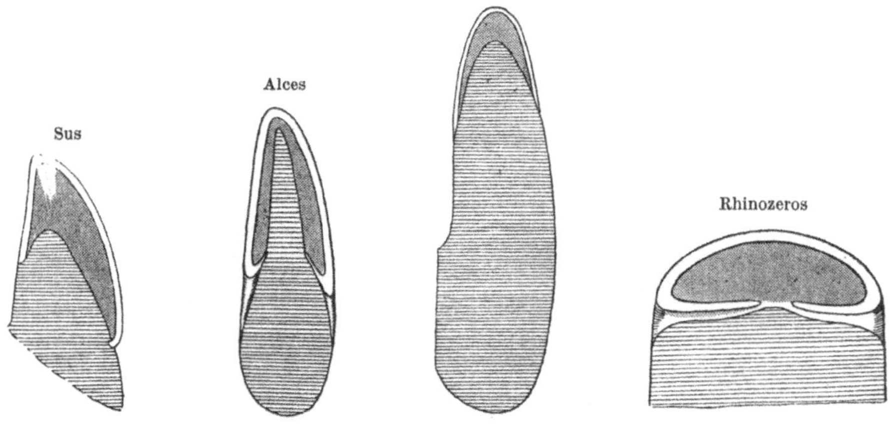

Abb. 29. Hufe. Von der ventralen Seite. Schematisch. (Nach BOAS.) — Erklärung bei Abb. 26, 27.

Stellenweise Verdickungen der Hornlage, die mehr oder weniger über den Körper verbreitet sind, werden bei den Pisces und Amphibia angetroffen, obgleich sie hier noch wenig in den Vordergrund treten. Es gehören dazu die Perlorgane der Männchen einiger Süßwasserteleostier (Cyprinidae, Salmonidae). Es sind gewöhnlich warzen- oder dornförmige Hautgebilde, die vor allem auf dem Kopfe und den Schuppen des Rückens stehen; sie werden in der Fortpflanzungszeit größer und verhornen dann stark. MAURER gibt an, daß sie sich aus zurückgebildeten Hautsinnesorganen entwickeln. Über ihre Funktion ist nichts Sicheres bekannt.

Mit ihnen zu vergleichen sind die Hautwarzen, die bei einigen Urodela und Anura während der Paarungszeit auftreten. Bei den Amphibia sind übrigens auch sonst verhornte Warzen nicht selten, besonders bei den Bufonidae. Bei den männlichen Anura kann sich während der Paarungszeit eine Daumenschwiele entwickeln: eine drüsenreiche, mit verhornten Warzen bedeckte Hautverdickung an

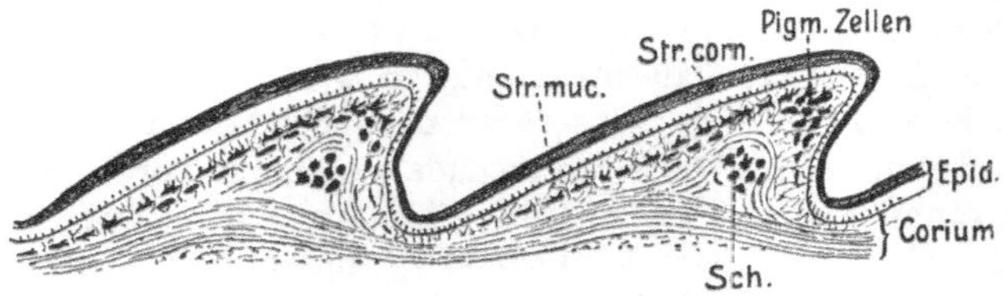

Abb. 30. Haut mit Schuppen von Lacerta agilis; Längsschnitt. (Nach MAURER, aus BÜTSCHLI.) *Sch*: vielleicht Rudiment einer Knochenschuppe.

dem ersten Finger oder an den zwei oder drei ersten Fingern. Die Daumenschwiele kann auch ersetzt werden durch verhornte Copulationsborsten auf dem Arm oder auf anderen Körperteilen; alle diese Organe gebrauchen die Tiere, um bei der Paarung sich an dem Weibchen zu befestigen. —

Die Verdickung, die wir im Stratum corneum der Reptilia an der ganzen Körperoberfläche beobachten, würde die Beweglichkeit des Körpers stark beeinträchtigen, wenn nicht dünnere, nur wenig verhornte Teile zwischen den stark verhornten Stücken übrigblieben. So entstehen Hornplatten: **Schilder**, oder **Schuppen**, welche durch wenig verhornte Nähte voneinander geschieden sind.

Am Aufbau dieser Schutzorgane nehmen Epidermis und Corium teil: die Epidermis durch starke Verhornung, das Corium durch Bildung einer Verdickung, der sogenannten Papille. Schilder liegen nebeneinander, Schuppen bedecken einander dachziegelartig (Abb. 28). Ein anderer wesentlicher Unterschied zwischen beiden besteht nicht; so sind auch Übergänge keineswegs selten. Schilder treffen wir im allgemeinen bei Crocodila und Chelonia; Schuppen vor allem bei den Lacertilia und Ophidia. Doch eine allgemeine Regel ist dies nicht: so finden wir, daß die Schuppen der Lacertilia und Ophidia auf dem Kopfe meist in Schilder übergehen, die in ihrer Anzahl und Lage schwanken (die meisten von ihnen mit den gebräuchlichsten Namen sind in der Abb. 31 angegeben). Auch dort, wo die Schuppen rückgebildet werden, rücken sie wie Schilder nebeneinander und können selbst in mehr oder weniger runde Warzen übergehen (z. B. bei den Geckonidae); anderseits können sie auch zu kegelförmigen Dornen auswachsen (z. B. bei den Iguanidae). — Ein anderes

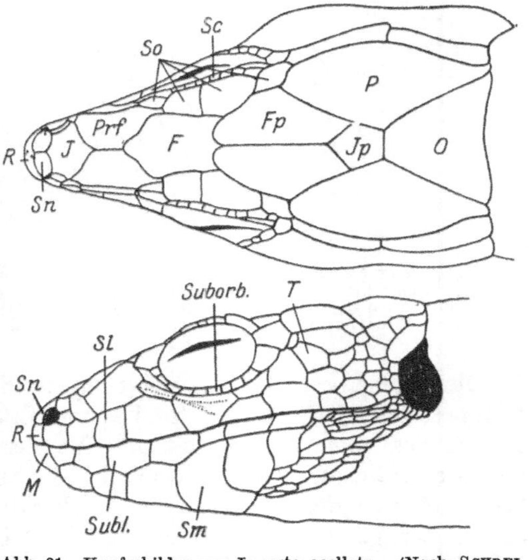

Abb. 31. Kopfschilder von Lacerta ocellata. (Nach SCHREIBER.) — *F* Frontale; — *Fp* Frontoparietale; — *J* Internasale; — *Jp* Interparietale; — *M* Mentale; — *O* Occipitale; — *P* Parietale; — *Prf* Praefrontale; — *R* Rostrale; — *Sc* Supraciliaria; *Sl* Supralabialia; — *Sm* Submaxillaria; — *Sn* Supranasale; — *So* Supraocularia; — *Subl.* Sublabialia; — *Suborb.* Suborbitalia; — *T* Temporale.

Beispiel, welches die Homologie von Schuppen und Schildern verdeutlicht, liefern uns die Chelonia: ihr knöcherner Hautpanzer (Carapax und Plastron) wird meist durch große Hornschilder bedeckt; bei Chelone imbricata, der Karettschildkröte, liegen diese Schilder dachziegelartig, und sind also schuppennartig.

Die Grenzen der Hornschilder, welche den Panzer der Chelonia bedecken (Abb. 32, 33) entsprechen nicht den darunterliegenden Knochenplatten. Sie bilden auf dem Rückenschild eine mediane Reihe von 6 Vertebralia (von denen das vorderste als eine Nuchale unterschieden wird); daneben zu beiden Seiten eine Längsreihe von 4 Costalia; und daran zu beiden Seiten anschließend 12 Marginalia (von denen das hinterste Supracaudale genannt wird). Auf dem Bauchschilde liegen in der Mitte 6 Paar Schilder hintereinander: von vorn nach hinten gerechnet die Gular-, Humeral-, Pectoral-, Abdominal-, Femoral- und Analschilder; daneben zu beiden Seiten meist eine Reihe von Inframarginalschildern; gelegentlich kommt an der Vorderseite noch ein unpaares Intergulare vor. — Bei der erwachsenen Dermochelys und bei Trionyx fehlen die Hornschilder im Panzer.

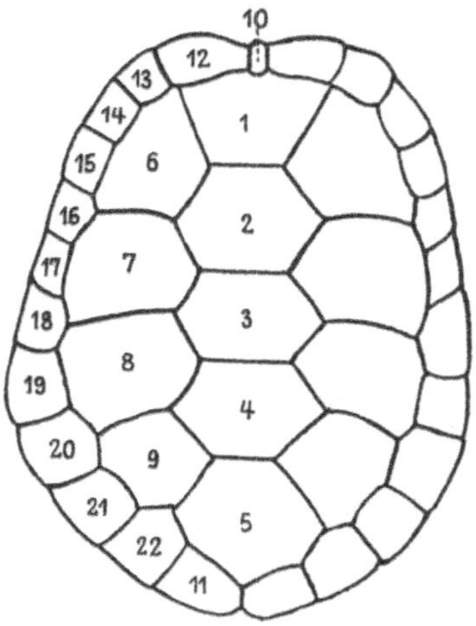

Abb. 32. Hornschilder auf dem Rückenschilde von Emys orbicularis. (Nach SCHREIBER.) — 1—5 Vertebralia; 6—9 Costalia; 10 Nuchale; 11 Supracaudale; 12—22 Marginalia.

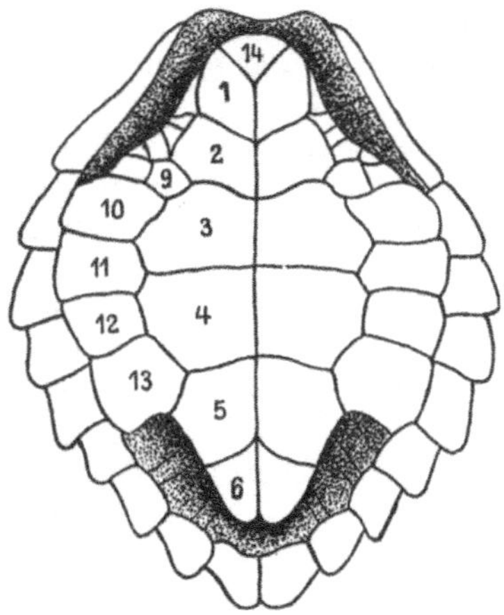

Abb. 33. Hornplatten des Bauchschildes von Thalassochelys caretta. (Nach SCHREIBER.) — 1 Gulare; 2 Humerale; 3 Pectorale; 4 Abdominale; 5 Femorale; 6 Anale; 9—13 Inframarginalia; 14 Intergulare.

Durch eine besondere Veränderung der Schuppen entsteht die Klapper der Klapperschlange (Crotalus). Sie liegt am Ende des Schwanzes und ist zusammengesetzt aus einer Anzahl lose miteinander zusammenhängender Hornkappen: bei jeder Häutung nämlich formt das Stratum corneum eine neue Kappe; diese besitzt eine ringförmige Grube, in welcher die zuerst gebildete Kappe durch einen nach innen geschlagenen Rand festgehakt bleibt. Die Klapper wächst also bei jeder Häutung; und die Ringe nehmen natürlich von hinten nach vorn an Größe zu.

Bei den Aves und Mammalia sind Hornplatten noch nicht ganz verloren gegangen, aber sie treten doch stark in den Hintergrund, was zweifellos im Verbande steht mit der Bildung von Federn und Haaren, welche bei diesen Tieren den Schutz der Haut bilden.

Bei den Aves ist die Zurückbildung am weitesten gegangen: wir finden bei ihnen kleinere und größere Hornschilder nur an den Beinen (Laufbein und Fuß), also auf nicht oder nur wenig befederten Teilen. Vielfacher werden Schuppen noch bei den Mammalia angetroffen; embryonale Überbleibsel davon sind nicht selten; man hat gemeint, sie auch bei den Menschen nachweisen zu können. Gut entwickelt jedoch findet man Hornschilder vor allem auf den kahlen oder nur sehr wenig bedeckten Teilen: z. B. am Schwanze einer großen Anzahl von Marsupialia, Insectivora, Rodentia (Abb. 34) und Prosimiae. Aber eine starke Behaarung hat nicht notwendig einen Schwund der Schuppen zur Folge; dies erhellt daraus, daß Schuppen auch auf dem sehr dicht behaarten Schwanze von Myrmecophaga jubata beobachtet werden. Im besonderen Maße entwickeln sich Schuppen bei dem Schuppentier (Manis), wo sie über den ganzen Körper, mit Ausnahme der Bauchseite, verbreitet sind; das Tier bekommt dadurch ein eidechsenartiges Aussehen. Auch in dem Besitz einer Coriumpapille und der Dachziegelabdeckung stimmen diese großen Schuppen mit Reptilienschuppen überein. Große, jedoch sich nicht überdeckende Hornschilder bedecken fernerhin den Kopf, Rücken, Schwanz und die Gliedmaßen der Dasypodidae, ihre Grenzen fallen teilweise zusammen mit den tieferliegenden Knochenplatten der Haut; die meisten von ihnen entstehen durch Verschmelzung einer Anzahl kleinerer Schuppen.

Auch die Horntuberkeln, die bei einigen Odontoceti (Zahnwalfischen) (u. a. Phocaena) auf der Rückenflosse und in deren Umgebung vorkommen, können vielleicht als Reste eines früheren Schuppenkleides gedeutet werden.

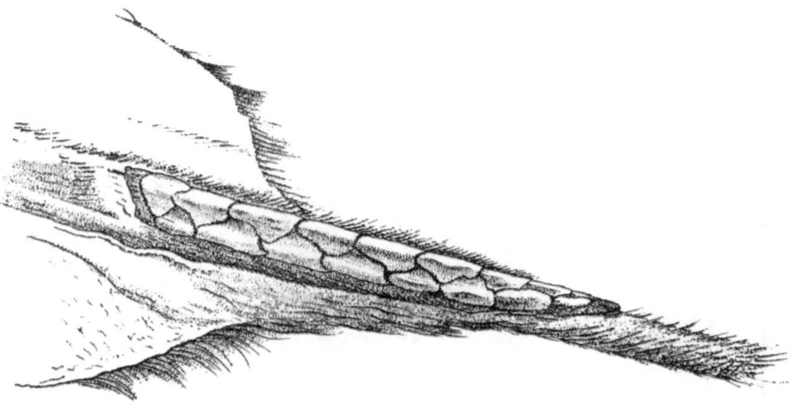

Abb. 34. Unterseite des beschuppten Schwanzes von Anomalurus. (Nach M. WEBER.)

Die starke Entwicklung der Schuppen bei Manis ist sicher sekundär; die Tatsache aber, daß Schuppen und Schuppenreste bei den Mammalia so häufig vorkommen, macht es doch sehr wahrscheinlich, daß ihre Vorfahren ein gut entwickeltes Schuppenkleid besessen haben. Daß die Schuppen der Mammalia nicht periodisch gewechselt werden, wie die typischen Reptilienschuppen, beweist nichts gegen ihre Homologie, da sich die gesamte Mammalierepidermis von der Epidermis der Reptilia durch Fehlen der Häutung unterscheidet. Ein anderes Beweisstück für die Vermutung, daß die Vorfahren der Mammalia ein Schuppenkleid besessen haben, soll später bei der Anordnung der Haare besprochen werden (S. 43).

Die Stelle des reduzierten Schuppenkleides wird bei den Aves durch die Federn, bei den Mammalia durch die Haare eingenommen. Federn und Haare haben außerdem den Vorteil, daß sie den Körper nicht allein gegen mechanische Beschädigung, sondern auch gegen die Kälte beschützen: sie halten die Luft in einer dünnen Lage an der Oberfläche der Haut fest. Sie ermöglichen mit dadurch die relativ feststehende Körpertemperatur dieser Tiere.

Die **Federn** sieht man gemeinhin als umgebildete Hornschuppen an. Diese Auffassung beruht vor allem auf dem Verlauf der ersten Entwicklung: die Feder entsteht genau wie eine Schuppe in der Form einer Coriumpapille, die mit Epithel bedeckt ist und etwas nach hinten überneigt (Abb. 35, 1). Es scheint nun kein wichtiger Unterschied, daß diese Papille von der gewöhnlich dorsoventral abgeplatteten jungen Schuppe sich durch ihre cylindrische Form unterscheidet; es gibt von dieser Regel ja auch eine Reihe von Ausnahmen: bei Dromaeus und den Pinguinen ist die junge Feder abgeplattet. Auch scheint es kein Beweis gegen die Homologie zu sein, daß die Verhornung der Feder rings um die Papille gleichmäßig geschieht, während die Schuppe allein auf der nach außen gekehrten Seite der Papille entsteht; übrigens machen auch von dieser letzten Regel die kegelförmigen Dornen einiger Reptilia eine Ausnahme. Schließlich kann es auch kein Hinderungsgrund für die obige Annahme sein, daß an den Beinen der Aves neben den Federn auch Schuppen stehen: man kann das leicht so erklären, daß diese Schuppen durch Verschmelzung kleinerer Schuppen entstanden sind und die Federn ursprünglich dazwischen gewachsen sind.

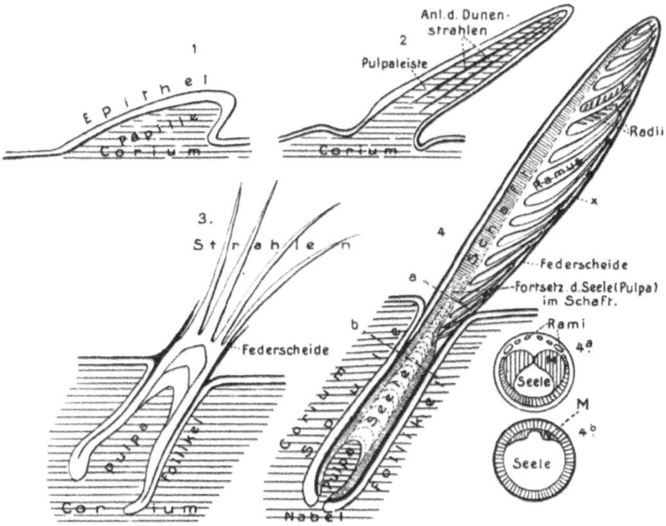

Abb. 35. Vier Entwicklungsstadien einer Feder. 1.–3. Entwicklung der embryonalen Daunenfeder. 4. Konturfeder, noch innerhalb der Federscheide. 4a und 4b. Querschnitte in der Höhe von a und b in Abb. 4 schematisch. (Aus BÜTSCHLI.)

Der weitere Verlauf der Federentwicklung ist jedoch ganz abweichend von der der Schuppe. Sogleich tritt eine Erscheinung auf, welche für die Feder kennzeichnend ist: die Federanlage sinkt tief in das Corium hinein (Abb. 35, 2–4). Die Folge davon ist, daß die Feder in einem Hautsäckchen, dem sogenannten Federfollikel liegt; sie wird dadurch besonders in der Haut befestigt. Große Federn sind dadurch beweglich, daß sich an ihre Follikel glatte Hautmuskeln ansetzen.

Die Epidermis der Federanlage bildet nun eine Hornschicht, welche als Federscheide die Papille umgibt. Innerhalb dieser Scheide, und unabhängig von ihr, entsteht dann eine zweite Hornschicht, also eine zweite „Epidermis-Generation". Diese zweite Hornschicht ist die Feder selbst. Im untersten Teile der Federanlage ist der Verlauf dieser Verhornung einfach: es wird dort ein einfacher Horncylinder gebildet um die Coriumpapille. Höher hinauf aber wird die Form komplizierter:

da erheben sich auf der Papille longitudinale Leisten, welche die Matrix vor sich herschieben und die Epidermis in der Federscheide in ebensoviel Stäbchen zerteilen; allein die Matrix überdeckt in einer zusammenhängenden Lage die Papille. Die Zellen dieser Epidermisstäbe, mit Ausnahme der Matrixzellen, verhornen nun; auf diese Weise wird eine Anzahl von Hornstrahlen gebildet, die in einem Kranze liegen; sie sind von der Federscheide umgeben. An der Basis hängen diese Strahlen mit dem dort geformten Horncylinder zusammen. Das Gewebe der Coriumpapille, das reich an Blutcapillaren ist, bildet die Pulpa der Feder (Abb, 35, 3).

Die soweit gebildete Feder ist die embryonale (primäre) Daunenfeder (Pluma); sie bricht nun durch die Federscheide durch, von der die Reste zugrunde gehen. Sie besteht also aus einem hornigen Cylinder: der Spule (Calamus), welche an ihrem freien Ende einen Kranz von Barten (Rami) trägt; oft finden wir diese Barten noch im Besitze von Seitenstrahlen. Die Pulpa zieht sich inzwischen aus der Spule zurück, stets bedeckt durch die unverhornte Matrix. Diese Matrix bildet dabei in bestimmten Abständen verhornte, querverlaufende Wände in der nun hohlen Spule; diese Wände zusammen sind bekannt unter dem Namen der Federseele (Abb. 35, 3, 4).

Die embryonalen Daunenfedern bilden das erste Federkleid, das sogenannte Nestkleid (Neoptile). Sie sind ziemlich gleichmäßig über den Körper verteilt. Dieses Nestkleid ist am besten entwickelt bei den Nestflüchtern, welche bald nach der Geburt das Nest verlassen. Bei den Nesthockern, welche einen solchen frühen Schutz weniger nötig haben, ist das Nestkleid oft zurückgebildet oder auch ganz verloren gegangen; die Jungen kommen dann nackt, oder beinahe nackt, aus dem Ei.

Dieses Nestkleid wird später ersetzt durch das endgültige Federkleid (Teleoptile). Die Federn, welche dieses Kleid bilden, entstehen auf denselben Papillen, wie die embryonalen Daunenfedern, unter ihnen und als ihre unmittelbare Fortsetzung. Die embryonale Feder kann selbst noch einige Zeit als ein Anhängsel an der Spitze der endgültigen Feder beobachtet werden (Abb. 36).

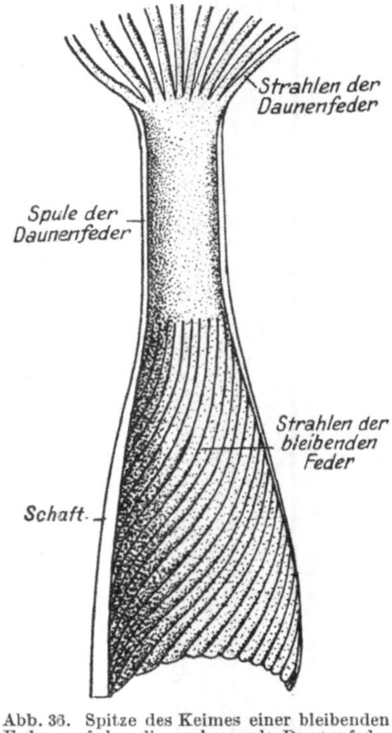

Abb. 36. Spitze des Keimes einer bleibenden Feder, auf der die embryonale Daunenfeder noch fest sitzt. Längsschnitt. (Nach DAVIES.)

Die bleibende Feder unterscheidet sich in ihrer Form wesentlich von der embryonalen. Der Unterschied beruht vor allem auf der Anheftung der Rami: diese stehen nicht in einem Kreise, sondern sind in zwei Längsreihen angeordnet, zu beiden Seiten einer Verlängerung der Spule, dem sogenannten Schaft (Rhachis) (Abb. 35, 4 und 37). Wenn man sich nun die Spule der embryonalen Daunenfeder an einer einzigen Seite stark verlängert denkt, während die gegenüberliegende Seite kurz bleiben, so wird die kreisförmige Linie, in der die Rami auf der Spule befestigt ist, zu einem langgestreckten Oval; da nun natürlich die meisten Rami dann an den langen Seiten dieses Ovals entspringen, so stehen sie scheinbar zweireihig. Auf diese Weise kann man die endgültige Feder aus der embryonalen ableiten.

Die bleibende Feder (Abb. 37) besteht also aus einer Spule, aus dem Schaft und der Federflagge, die aus den Rami zusammengesetzt ist. Die Spule ist vollkommen vergleichbar mit der embryonalen Daunenfeder und ebenso wie diese mit der Federseele gefüllt, während an der Basis die Pulpa noch etwas in sie hineinragt. Die Rami tragen stets noch zwei Reihen von Seitenstrahlen, die Radii.

Die bleibenden Federn kommen in zwei Formen vor: als Konturfedern und als bleibende Daunenfedern. Bei den Konturfedern (Pennae) wird die Flagge zu einer festen Tragfläche, wie es bei solchen Flugfedern notwendig ist. Die Festigkeit dieser Tragfläche kommt dadurch zustande, daß an den Seitenrändern der Radii kleine Häkchen (Radioli) befestigt sind (Fig. 37); diese greifen ineinander über und heften auf diese Weise die Rami fest aneinander. Nur an der Basis der Flagge fehlen die Häkchen in der Regel.

Bei den bleibenden Daunenfedern (Plumulae) fehlen die Häkchen in der ganzen Federflagge. Dadurch bekommt die bleibende Daunenfeder einen losen Bau, was mit ihrer Funktion übereinstimmt: sie dienen ausschließlich zum Schutze, vor allem gegen die Kälte, spielen also keine Rolle beim Fliegen. In einigen Fällen, z. B. bei den Pelikanen, können wir beobachten, daß der Schaft der bleibenden Daunenfeder fehlt; dann entspringen die Strahlen an dem Oberende der Spule, wodurch die Feder den Eindruck einer embryonalen Daunenfeder macht.

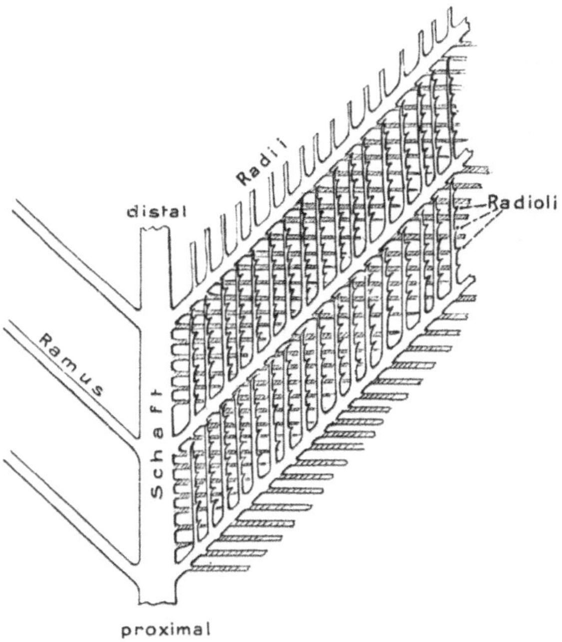

Abb. 37. Teil einer Federfahne; schematisch. (Aus BÜTSCHLI.)

Eine sehr eigentümliche Form der bleibenden Daunenfedern sind die Puder-Daunenfedern, die einen feinen Puder abscheiden. Dieser Puder besteht aus einer fettigen Substanz und wird aus den verhornten Zellen der Strahlen gebildet. Eine zweite Eigentümlichkeit dieser Federn ist es, daß sie in ihrer Basis ständig weiter wachsen. Sie kommen bei den Aves in sehr verschiedenen Gruppen vor, z. B. bei den Reihern und einigen Papageien. Oft sind sie über den Körper verteilt, in anderen Fällen stehen sie in Feldern, so wie die Deckfedern, oder in Gruppen.

Es erklärt sich aus dem Bau der erwachsenen Feder, daß die Rami in der Anlage nicht in der Länge angeordnet sind, wie das bei der embryonalen Daunenfeder der Fall ist: sie erstrecken sich vielmehr vom Schaft schräg aufwärts um die Pulpa. Ist die Federscheide durchbrochen, so breiten sie sich in einer einzigen Fläche aus; eine Seite der Flagge, und zwar diejenige, welche dem Körper zugekehrt ist, entsteht also aus der inneren Oberfläche der cylindrischen Anlage, die andere aus der Außenoberfläche. Es erhellt aus dieser Entwicklung, daß die Fläche der Federflagge und die einer Hornschuppe nicht unmittelbar miteinander zu vergleichen sind. Wir müssen die Feder auffassen als eine cylindrische Schuppe, welche längs ihrem dem Körper zugekehrten Rande in der Längsrichtung gespalten und dann flach ausgebreitet ist.

In vielen Fällen entspringt aus der Spule gegenüber dem Hauptschaft noch ein zweiter Schaft, der Nebenschaft (Hyporhachis); dieser liegt an der dem Körper zugekehrten Seite der Feder und trägt ebenfalls eine Federflagge. Meist ist die Hyporhachis kleiner als der Hauptschaft, nur bei Casuarius und Dromaeus sind beide gleich groß.

Die Form der Federn wechselt ganz außerordentlich, was wohl hauptsächlich beruht auf der verschiedenen Entwicklung der Rami in den verschiedenen Höhen des Schaftes. Manchmal kommt die Flagge nur an dem Ende vor, manchmal nur an der Basis der Rhachis; sie kann schließlich auch ganz fortfallen, so daß nur der nackte Schaft übrigbleibt. Im letzteren Falle entsteht eine Art steifes „Haar" oder Borstel, Gebilde, welche jedoch morphologisch keineswegs mit echten Haaren zu vergleichen sind.

Die Federfarben werden durch Pigmente oder durch die Struktur verursacht. So ist die glänzende Metallfarbe, meist blau oder violett, die Folge einer Interferenzerscheinung, hervorgerufen durch dünne Hornlagen. Beim durchfallenden Lichte verschwindet diese Farbe und es bleibt nur die Farbe des Pigments übrig. Auch Weiß ist eine Strukturfarbe, verursacht durch die vollkommene Brechung der Lichtstrahlen in den lufthaltigen, verhornten Zellen. Grün entsteht durch eine Vereinigung einer blauen Strukturfarbe, mit gelbem, orange oder braunem Pigment; sehr selten (Musophagidae) kommt ein grünes Pigment vor.

Abb. 38. Pterylae (punktiert) und Apteria (weiß) eines Hahnes. (Nach NITZSCH, aus PLATE.)

Die Konturfedern sind nur selten gleichmäßig über den Körper verbreitet, wie z. B. bei den Ratitae, Pinguinen, Palamedea. Wenn man die Federn von den Schuppen ableiten will, so wird man diesen Zustand als den ursprünglichen ansehen. Er ist jedoch bei den heute lebenden Aves wahrscheinlich ein sekundärer; darauf weist nämlich die Tatsache, daß bei den Strutiomorphae embryonal noch eine Anordnung der Federn in Feldern beobachtet worden ist, so wie sie für die meisten Aves im erwachsenen Zustand kennzeichnend ist; die gleichmäßige Verbreitung tritt bei den Strutionsmorphae erst sekundär auf. Die Felder (Pterylae) entstehen dadurch, daß die Konturfedern sich an bestimmten Stellen anhäufen und dazwischen unbefederte Stellen (Apteria) übrig bleiben (Abb. 38). Die Verbreitung der Daunenfedern ist weniger regelmäßig.

Eine besonders starke Entwicklung zeigen in der Regel diejenigen Konturfedern, welche an der Vorderextremität befestigt sind und damit die Flügel formen, und diejenigen, welche auf dem Pygostyl (S. 103 und Abb. 72, S. 72) stehen. Alle diese Federn haben hauptsächlich Bedeutung für das Fliegen. Unter den Flügelfedern fallen durch ihre Größe die sogenannten Schlagfedern (die Remiges) auf, die in einer Reihe am Hinterrande des Flügels befestigt sind; zum Teil stehen sie auf dem Unterarm (Ulna), zum Teil auf dem Metacarpus und den Fingern: auf diese Weise kann man Arm- und Handfedern unterscheiden (Abb. 39 und 40). Die Anzahl von Handfedern ist wenig wechselnd, sie beträgt beinahe stets zehn oder elf, selten zwölf; die Anzahl der Armfedern schwankt zwischen sechs und dreißig. Die anderen Konturfedern an dem Flügel sind klein; es sind die Flügeldeckfedern (Tectrices), die in Reihen an der Unter- und Oberseite liegen. Der rudimentäre Daumen trägt einzelne Federn (Schlagfedern und Deckfedern), welche zusammen den Daumenflügel (Alula) bilden.

An der Ober- und Unterseite liegt längs der Basis der Schlagfedern eine Reihe großer Deckfedern; diese sind so angeordnet, daß mit jeder Schlagfeder eine Deckfeder der Unter- und eine der Oberseite korrespondiert. Bei vielen Aves findet

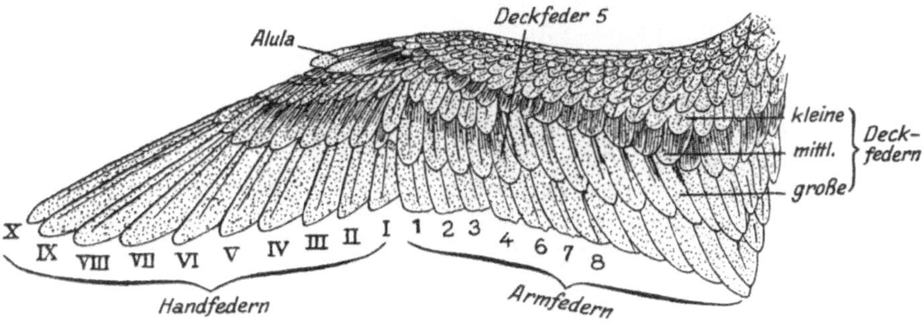

Abb 39. Anordnung der Federn auf dem Flügel einer Ente (aquintocubital). (Nach STEINER, aus PLATE.)

man dabei die Eigentümlichkeit, daß die fünfte Armfeder, von der Hand her gezählt, fehlt, obgleich die dazugehörigen Deckfedern anwesend sind. Diesen Zustand nennt man aquintocubital (Abb. 39 und 40).

Der sogenannte „Schwanz" der Aves besteht aus großen Konturfedern, den Steuerfedern (Rectrices). Bei Archaeopteryx, mit seinem noch nicht zurückgebildeten Schwanze, standen die Steuerfedern in je einer Längsreihe zu beiden Seiten der Schwanzwirbel. Als Folge von der Zurückbildung des Schwanzes bei den

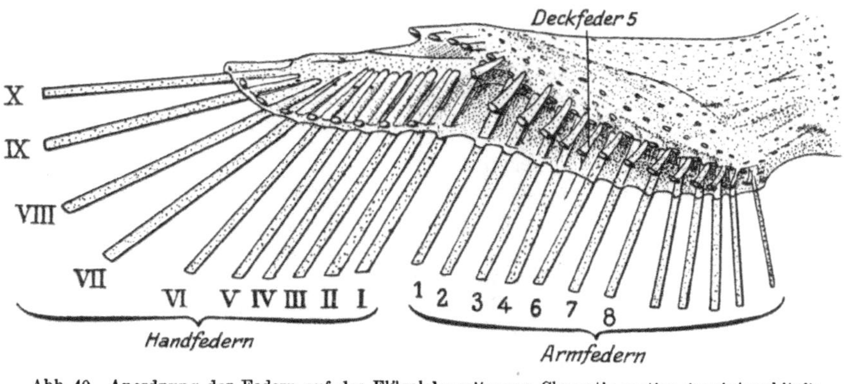

Abb. 40. Anordnung der Federn auf der Flügeloberseite von Chrysotis aestiva (aquintocubital); die Federfahnen sind abgeschnitten. (Nach STEINER, aus PLATE.)

gegenwärtigen Aves sind sie ungefähr in einer Querreihe auf dem Pygostyl angeordnet.

Ebensowenig wie die primären Daunenfedern haben die späteren Federn einen dauernden Bestand: sie werden periodisch durch neue ersetzt, die in denselben Follikeln entstehen wie ihre Vorgängerinnen. Diese werden dann ausgestoßen, auf dieselbe Weise wie die embryonalen Daunenfedern früher abgestoßen wurden. Dieser Federwechsel, die Mauser ist als ein Rest der periodischen Häutung der Reptilia anzusehen. Das Nestkleid entspricht dann der ersten Generation des Stratum corneum der Reptilia; die einander abwechselnden Generationen der Teleoptile sind dann jede mit einer weiteren Generation dieser Hornlage zu vergleichen.

Bei den Aves der gemäßigten Zone tritt gewöhnlich ein Herbst- und Frühjahrsfederwechsel auf. Zwar werden meist nur während einer dieser beiden Jahreszeiten alle Federn gewechselt, während der andere Federwechsel, wenn er überhaupt vorkommt, unvollständig ist. Bei den Zugvögeln findet der Herbstwechsel vor dem Zuge statt. Verläuft der Federwechsel schnell, wie z. B. bei vielen Schwimmvögeln, dann kann das zur Folge haben, daß der Vogel eine Zeitlang nicht fliegen kann. Meist aber ist der Federwechsel über eine lange Zeit verteilt,

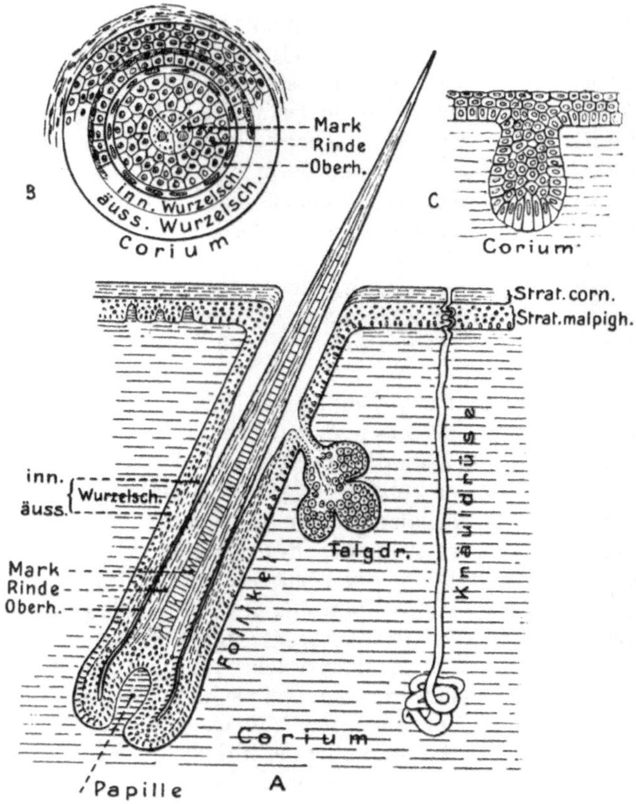

Abb. 41. Bau und Entwicklung vom Haar; schematisch.
A Längsschnitt; B Querschnitt vom Haar und Follikel; C Junger Haarkeim. (Aus BÜTSCHLI.)

in der die Federn langsam nacheinander ausfallen; dabei hat man beobchtet, daß die korrespondierenden Federn beider Körperhälften stets gleichzeitig gewechselt werden. –

Haare (Abb. 41) sind für die Mammalia ebenso kennzeichnend, wie die Federn für die Aves. Was bei anderen Vertebrata wohl auch „Haare“ genannt wird, unterscheidet sich im Bau stets scharf von den Mammalierhaaren: so z. B. die haarförmigen Federn; und weiterhin lange, fadenförmige Anhänge, die bei Trichobatrachus robustus (zu den Anura gehörend) auf den Seiten und an den Schenkeln stehen und nichts anderes darstellen, als stark ausgewachsene Hautpapillen unbekannter Funktion; in diesen formt das Corium eine Achse von Bindegewebe mit Blutgefäßen; die Epidermis ist gar nicht verändert.

Die Form der Haare ist viel einfacher als die der Federn: sie bestehen aus unverzweigten, cylindrischen bis stark abgeplatteten und verhornten Fäden: oft zeigen sie in der Länge verlaufende Gruben.

Man hat behauptet, daß die Haare ebenso wie die Federn mit den Hornschuppen homolog wären; die Gründe dafür wären folgende: die Haare nehmen bei den Mammalia die Stelle der Schuppen bei den Reptilia und der Federn bei den Aves ein; diese beiden Organe sind ebenso wie die Haare in der Hauptsache Produkte des Stratum corneum; in beide erstreckt sich eine Coriumpapille. Diese Auffassung hat man jedoch aus folgenden Gründen aufgeben müssen: schon die erste Entwicklung des Haares verläuft anders als die der Schuppen und Federn: während es bei den beiden letzten die Coriumpapille ist, die während der ersten Entwicklung des Organs in den Vordergrund tritt, geht die Bildung des Haares von der Epidermis aus: als erstes Entwicklungsstadium des Haares differenziert sich nämlich eine kleine Gruppe besonders hoher Matrixzellen, die manchmal selbst bis an die Oberfläche des Epithels reichen. Darunter liegen im Corium dicht aufeinander gehäufte Bindegewebszellen als erste Anlage des Haarfollikels; aber noch bevor es hier zur Bildung einer Papille kommt, dringt die epitheliale Anlage durch starke Vermehrung ihrer Zellen in das Corium ein (Abb. 41 c). Die Spitze dieses massiven Epithelknöpfchens wird dann bald durch eine Coriumpapille ausgehöhlt. Hierdurch wird es möglich, daß durch Blutcapillaren Nahrungsstoffe zur jungen Haaranlage transportiert werden. Das erscheint nötig, weil diejenigen Matrixzellen, welche die Papillen bedecken, sich schneller vermehren als gewöhnliche Zellen der Matrix.

Als Folge hiervon entsteht ein cylindrischer Hornstab: das Haar. Durch Auflösung der darüberliegenden Epidermiszellen bildet sich inzwischen ein Säckchen, der Haarfollikel, wodurch das Haar die Oberfläche erreicht. Der Teil des erwachsenen Haares, welcher in diesem Follikel liegt, ist die Haarwurzel. Dabei bleiben die Außenschichten der epithelialen Anlage als eine Scheide um das Haar hin sitzen: als sogenannte äußere Wurzelscheide; diese ist also, wie aus der Entwicklung erhellt, eine Fortsetzung der Epidermis. Durch sie wird umgeben die dünnere, innere Wurzelscheide (Haarscheide), eine Hülle von verhornten Zellen, welche durch denjenigen Teil der Matrix geformt wurde, welcher die Papille umkleidet und gleichzeitig mit dem Haar aufwächst. An der inneren Wurzelscheide sind drei Zellagen zu unterscheiden: von außen nach innen die HENLEsche Schicht, die HUXLEYsche Schicht und die Cuticula vaginae. Distal endigt sie mit einem freien Rande dicht unter der Ausmündung der Talgdrüsen. Diese Drüsen, welche in den Haarfollikel ausmünden (Abb. 20 auf S. 24), entstehen aus der äußeren Wurzelscheide. In vielen Fällen sind sie rudimentär oder ganz verloren gegangen.

Das Corium, welches die Wurzelscheide umgibt, bildet von sich aus eine Scheide: die Follikelscheide. Diese besteht also im Gegensatz zu den Wurzelscheiden aus Bindegewebe. Man kann auch an ihr eine innere und äußere Schicht beobachten, die sich beide voneinander in dem Verlaufe ihrer Streifung unterscheiden: in der inneren Follikelscheide verläuft die Streifung ringförmig, in der äußeren längs. Durch eine dünne Basalmembran der Matrix, das sogenannte Glashäutchen, sind Wurzel- und Follikelscheide voneinander geschieden.

Die Coriumpapille des Haares bleibt meist klein, worin sie von der Papille der Schuppe und Feder abweicht. Sie ist kein wichtiger Bestandteil des Haares: ihr Entstehen hat sie wohl nur der Rolle zu danken, welche sie bei der Ernährung der Haarwurzel zu spielen hat.

Das Haar selbst besteht also aus verhornten Zellen. Das basale Ende der

Wurzel, der sogenannte Bulbus, ist etwas dicker als der Rest des Haares und umfaßt die Papille; nur er ist unverhornt und entspricht dem Stratum germinativum der Epidermis.

In der Form der Zellen des Haares bestehen Unterschiede, die es möglich machen, am Haar selbst drei Teile zu unterscheiden: an der Oberfläche liegt das Oberhäutchen (Cuticula), welches aus einer einzigen Schicht stark abgeplatteter Zellen besteht; nach innen liegt dann die aus länglichen Zellen aufgebaute Rinde; und central beobachtet man größere, nicht vollkommen verhornte Zellen, die das sogenannte Mark bilden. Das Mark ist sehr verschieden entwickelt und fehlt in vielen Fällen, wie z. B. bei allen Haaren des Menschen mit Ausnahme der Kopfhaare; oft liegt zwischen den Zellen Luft.

Die Haarfarbe wird hervorgerufen durch Pigment, nur in wenigen Ausnahmen (Chrysochloris) ist sie eine Folge von Interferenz. Das Pigment kommt in den Zellen der Rinde und des Markes vor, teils in Körnern, teils aufgelöst. Beim Grauwerden der Haare, das außer bei den Menschen auch bei einigen anderen Mammalia im späteren Alter auftritt, wird nicht nur das Pigment durch Phagocyten entfernt, sondern auch der Luftgehalt in den Haaren vergrößert.

Die Haare haben es mit den Federn gemein, daß sie in der Regel etwas schief in der Haut stecken; dadurch entsteht eine abgeschlossene dünne Luftlage an der Oberfläche des Körpers. Auf diese Weise tragen die Haare dazu bei, die Körpertemperatur gleichmäßig zu erhalten. Wo Haare fehlen oder nur selten sind hilft sich der Körper in anderer Weise gegen die Kälte: so tritt z. B. bei den „Dickhäutern" die sehr dicke Epidermis dafür ein, bei den Cetacea die Specklage. — In den meisten Fällen können die Haare aufgerichtet werden durch die Musculi arrectores: diese Hautmuskeln bestehen aus glatten Muskelfasern, die an der Follikelscheide inserieren.

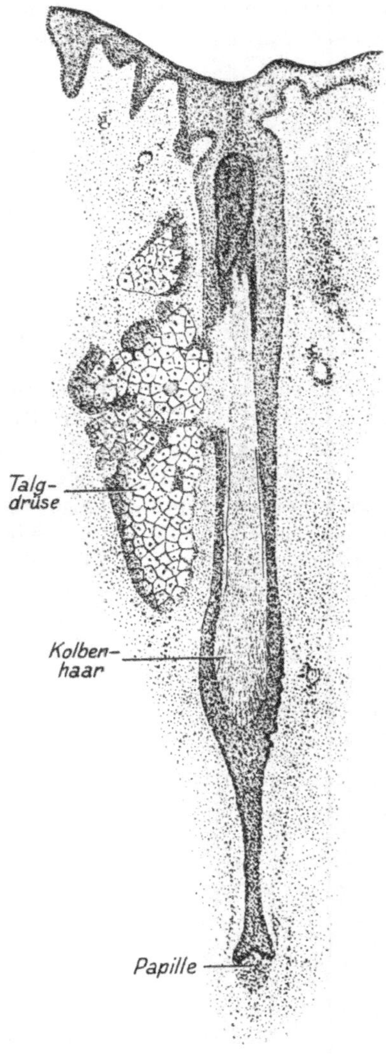

Abb. 42. Kolbenhaar des Menschen, im Begriff auszufallen; Längsschnitt. (Nach SZYMONOWICZ.)

Es sind vor allem die Wollhaare, welche den Körper gegen Abkühlung beschützen. Wollhaare sind feine, dicht nebeneinander stehende Haare, die zwischen kräftigeren und längeren Haaren zu finden sind. Sie kommen jedoch nicht stets vor und sind im besonderen bei Tieren aus kalten Zonen entwickelt.

Steife Haare können weiterhin Bedeutung bekommen als Tastorgane; bei ihnen verzweigen sich dann in der Follikelscheide zahlreiche sensible Nervenenden; teilweise können diese selbst in die äußere Wurzelscheide eindringen und dort in Tastmenisci enden. Diese Innervation des Haares ist besonders bei den Sinushaaren (Tasthaare, Vibrissae) entwickelt: Haare, die hauptsächlich am Kopfe verschiedener Mammalia stehen, jedoch auch an anderen Körperstellen vorkommen können. Sinushaare unterscheiden sich von den anderen durch den Besitz eines Blutsinus zwischen den beiden Follikelscheiden. Dies hat zur Folge, daß sie beim Anstoßen beweglich sind und dadurch die Nervenenden in der Follikelscheide reizen. Die Bedeutung dieser Haare für den Tastsinn wird oft noch erhöht durch den Umstand, daß ihre Musculi arrectores quergestreift sind und das Haar willkürlich bewegt werden kann (Schnurrhaare der Katze).

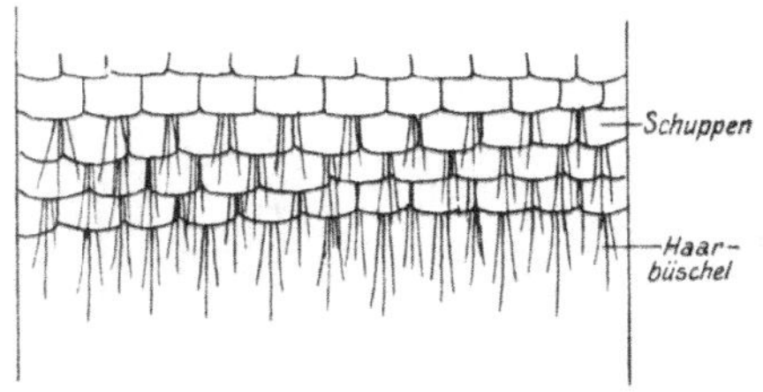

Abb. 43. Stück der Schwanzhaut von Mus musculus, mit Schuppen und Haargruppen. (Nach PLATE.)

Die Bedeutung, welche die Haut als Schutzmittel gegen mechanische Einflüsse besitzt, wird in den Haaren besonders deutlich, die dick und stark geworden sind: den Stacheln und Borsten. Stacheln sind bei verschiedenen Mammalia unabhängig voneinander entstanden, wie z. B. bei Echidna, Centetes und Erinaceus, Hystricidae.

Nur selten wachsen die Haare fortgesetzt, wie z. B. die Mähnen und die Schwanzhaare des Pferdes; in der Regel fallen sie nach kürzerer oder längerer Zeit aus und werden durch neue ersetzt. Das Ausfallen wird damit eingeleitet, daß die Wurzel an der Papille losläßt, sich abrundet und dadurch eine kolbenförmige Gestalt annimmt: daher der Name Kolbenhaar, den man solchen Haaren gegeben hat (Abb. 42). In demselben Follikel entsteht dann das neue Haar, welches bei seinem Wachstum das alte vor sich her schiebt, bis es aus dem Follikel ausgestoßen wird und abfällt. Das neue Haar bildet sich dann auf einer neuen

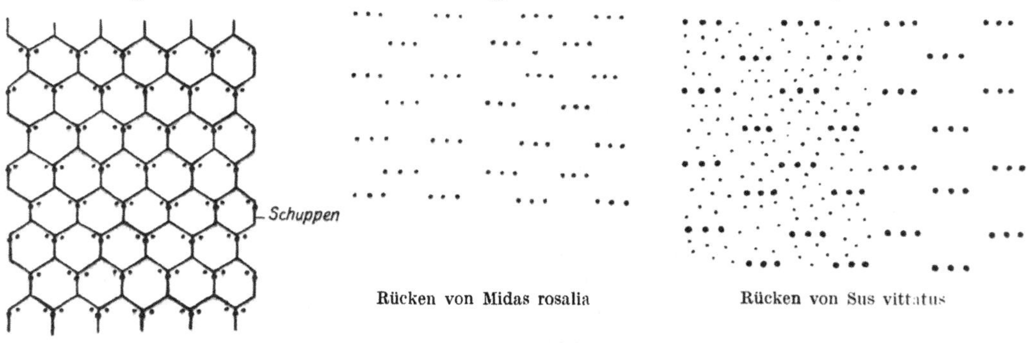

Schwanz von Ptilocercus lowi

Rücken von Midas rosalia

Rücken von Sus vittatus

Abb. 44. Schemata vom Haarstand. Bei Sus vittatus sind rechts die dünneren Haare weggelassen. (Nach DE MEIJERE.)

Papille, die aus dem Haarbeet entsteht: einer Gruppe embryonal bleibender Zellen in der Follikelwand. Nach anderer Meinung soll es jedoch in einzelnen Fällen auch auf der alten Papille selbst entstehen.

Der Haarwechsel kann entweder das ganze Jahr hindurch stattfinden (wie bei den Simiae), oder auch analog dem Federwechsel der Aves periodisch und dann in der Regel im Vorjahre; oder drittens bei Tieren mit verschiedenem Sommer- und Winterkleid zweimal im Jahre, wie z. B. bei dem Hermelin. Das erstgebildete Haarkleid (der Lanugo) wechselt bereits embryonal.

Nur sehr selten fehlen die Haare bei den Mammalia vollkommen. Zwar sind die erwachsenen Odontoceti (Zahnwalfische) beinahe ganz kahl, doch, abgesehen von wenigen Ausnahmen wie bei Beluga und Monodon, besitzen sie embryonal noch einige Haare an dem Oberkiefer; auch die Mystacoceti (Bartenwalfische) behalten während ihres ganzen Lebens einige Sinushaare auf dem Kopfe.

Im übrigen ist die Dichte des Haarkleides sehr verschieden: bei den Menschen bedeckt der Lanugo noch beinahe den ganzen Embryokörper, auch das Gesicht.

Die Anordnung der Haare auf dem Körper ist an besondere Regeln gebunden, die wohl nur durch die Annahme zu erklären sind, daß die Mammalia ursprünglich ein vollständiges Schuppenkleid besessen haben. Diese Annahme, die wir schon auf Grund des nicht seltenen Vorkommens von Schuppen bei den Mammalia machten (S. 33), wird also hierdurch wieder bestätigt. Wo diese Mammaliaschuppen, oder Rudimente davon, noch angetroffen werden, steht hinter jeder Schuppe ein Haar, oder öfter eine Gruppe von Haaren. Solch eine Gruppe besteht dann oft aus drei nebeneinander stehenden Haaren (Abb. 43, 44 A, 45, 1), von denen das Mittelhaar in der Regel etwas dicker ist als die beiden Seitenhaare. Solche Gruppen von drei Haaren sind dann schließlich auch dort oft zu finden, wo die Schuppen fehlen (Abb. 44 B, 45, 2); man kann daraus den Schluß ziehen, daß auch in diesen Fällen früher Schuppen zwischen den Haargruppen gestanden haben. Durch Bildung neuer Haare zwischen und neben den alten können diese Haargruppen sich ausbreiten. Die neuen Haare entstehen dabei entweder selbständig aus der Epidermis (Abb. 44 C, 45, 3—8); in anderen Fällen aber wächst ihr Follikel von einem schon bestehenden Follikel aus. In den letzten Fällen treten diese Nebenhaare durch dieselbe Hautöffnung wie das Stammhaar, aus dessen Follikel sie mit entstehen. Stamm- und Nebenhaare bilden zusammen ein Bündel, welches als echtes Haarbündel (Abb. 45, 9—13) zu unterscheiden ist von einem falschen Haarbündel: dieses entsteht nämlich durch sekundäre Verschmelzung der oberen Teile unabhängig voneinander angelegter Follikel. Späterhin sind die beiden Arten von Haarbündel natürlich nicht mehr zu unterscheiden. Abweichend verhalten sich die Sinushaare, die nicht in Gruppen stehen, sondern oft in Reihen, korrespondierend mit den Nervenzweigen, welche sie versorgen.

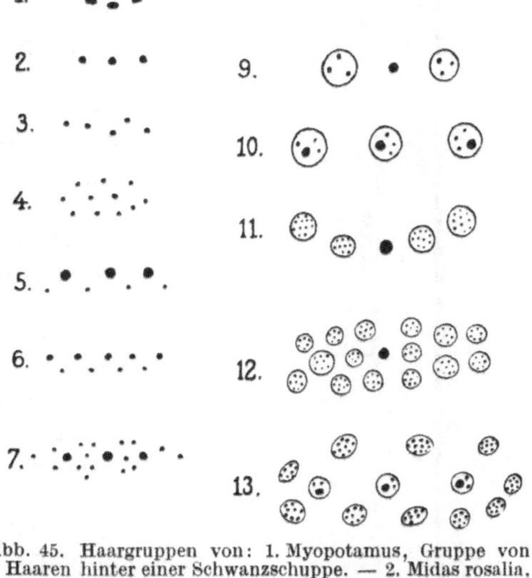

Abb. 45. Haargruppen von: 1. Myopotamus, Gruppe von 3 Haaren hinter einer Schwanzschuppe. — 2. Midas rosalia, Rücken. — 3. Cercopithecus cephus, Rücken. — 4. Ericulus nigrescens, Brust. — 5. Coelogenys paca. — 6. Tragulus javanicus. — 7. Dasyprocta aguti. — 8. Loncheres cristata. — 9. Auchenia paco: jedes Seitenhaar hat ein echtes Bündel geformt. — 10. Canis familiaris: aus den mittleren und aus den Seitenhaaren sind echte Bündel entstanden. — 11. Ornithorhynchus. — 12. Castor canadensis. — 13. Lutra vulgaris. (Nach DE MEIJERE, aus WEBER.)

Wir haben schon oben gesagt, daß das Haar nicht von einer Schuppe abgeleitet werden kann; Bau und Entwicklung sprechen dagegen. Die Meinung LEYDIGS, welcher das Haar in Verbindung bringen wollte mit den Perlorganen der Pisces, findet heute keine Anhänger mehr. Gegenwärtig nimmt man meist mit MAURER an, daß Haare sich phylogenetisch aus Haut-Sinnesorganen (den Endhügeln) der Amphibia entwickelt hätten. Die Sinneszellen dieser Organe sollen dabei zurückgebildet sein, die Stützzellen sollen zur Haarrinde geworden sein und die umgebenden Epithelzellen (Deckzellen) zur Haarcuticula. Die oben beschriebene Gruppierung der Matrixzellen in der jungen Haaranlage spricht für diese Annahme, da sie erinnert an die Lage der Zellen in einem Sinnesorgan. Auch wird durch die Anhänger dieser Meinung der Nachdruck darauf gelegt, daß Haare noch oft als Tastorgane fungieren. Es ist dies auch von Bedeutung für eine neuere Annahme von PREISS, die das Haar ebenfalls mit Hautsinnesorganen vergleicht, aber mit ganz anderen: mit den kleinen Tastborsten, die bei einigen Lacertilia auf den meisten Schuppen stehen.

Nach einer anderen Meinung (VAN KAMPEN) sind die Haare entstanden aus holokrinen Hautdrüsen, deren Drüsenzellen verhornt sind, so etwa, wie wir es bei den Schenkeldrüsen der Lacertilia beobachten. Es wird für diese Meinung angeführt, daß die erste Anlage des Haares und die einer Hautdrüse übereinstimmen: in beiden Fällen beobachten wir ein massives Einwachsen der Epidermis in das Corium. Auch das Entstehen neuer Haarfollikel aus den alten kann auf diese Weise erklärt werden: dieser Vorgang wäre mit der Verzweigung von Drüsenröhren zu vergleichen. —

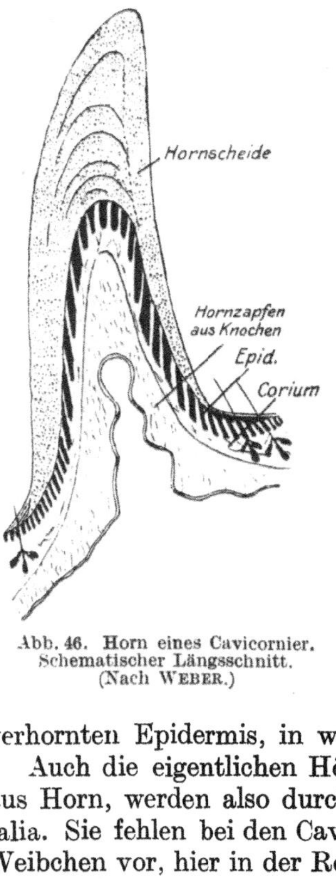

Abb. 46. Horn eines Cavicornier. Schematischer Längsschnitt. (Nach WEBER.)

Horn ist durch seine Härte ein sehr brauchbarer Baustein für Organe, die zum Angriff oder zur Verteidigung dienen. So nimmt es oft Anteil an der Zusammensetzung der Hörner, welche bestimmte Ungulata als Waffen auf dem Kopfe tragen; obwohl in anderen Fällen die Haut nicht an ihrer Bildung beteiligt ist, möchten wir doch alle Ungulatenhörner an dieser Stelle zusammen besprechen.

Nur bei dem Rhinozeros sind die Hörner ein Produkt allein der Haut. Einige Arten dieses Genus haben ein einziges Horn, das auf den Nasalia steht; andere besitzen zwei Hörner hintereinander, von denen dann das hintere auf den Frontalia ruht. Sie bestehen aus einer stark verdickten und verhornten Epidermis, in welche sehr lange Coriumpapillen eindringen.

Auch die eigentlichen Hörner, die Waffen der Cavicornia (Abb. 46), bestehen aus Horn, werden also durch die Epidermis gebildet. Sie sitzen auf den Frontalia. Sie fehlen bei den Cavicornia nur selten und kommen meist auch bei dem Weibchen vor, hier in der Regel nicht weniger entwickelt als bei dem Männchen. Kennzeichnend für diese Art Hörner ist, daß das Horn als eine Scheide einen knöchernen Auswuchs des Frontale bedeckt, welcher der Hornzapfen genannt wird. Dieser Hornzapfen wird als ein selbständiger Knochenteil, das Os cornu, angelegt. Das Os cornu verwächst früh mit einem kurzen Auswuchs des Frontale, dem Hornstiel. Diese Hörner bleiben während des ganzen Lebens des Tieres bestehen und wachsen durch die Bildung von Hornringen an der Basis. Eine Ausnahme dieser Regel bilden nur die Hörner von Antilocapra (Abb. 47), die jährlich abgeworfen werden; der knöcherne Hornzapfen bleibt jedoch bestehen, und auf ihm entwickelt sich dann die neue Hornscheide. Außerdem ist Antilocapra das einzige Genus der Cavicornia, das ein verzweigtes Horn besitzt und darin einigermaßen mit den Cervidae übereinstimmt. Diese Übereinstimmung beruht aber nur auf einer oberflächlichen Analogie.

Anders finden wir die Hörner der Giraffe (Camelopardalis) gebaut: bei ihr

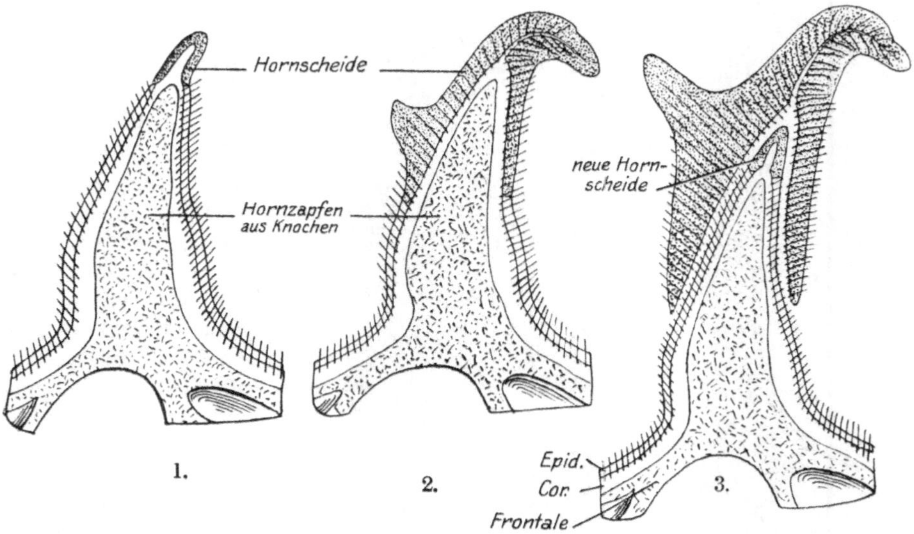

Abb. 47. Horn von Antilocapra. 1. Junge Hornscheide kurz nach dem Abwerfen der vorhergehenden Hornscheide. 2. Älteres Stadium. 3. Scheide kurz vor dem Abfallen; die folgende ist bereits gebildet. (Nach NITSCHE, aus WEBER.)

wird der Knochenkern durch eine nicht stark verhornte und stets behaarte Haut umkleidet (Abb. 48).

Darin nähern sich diese Hörner dem Geweih der Hirsche. Das Geweih verliert aber im ausgewachsenen Zustande die Haut vollkommen; es besteht also ausschließlich aus Knochen (Abb. 49). Weiterhin ist es für das Geweih kennzeichnend, daß es jährlich als Ganzes abgeworfen und durch ein neues Geweih ersetzt wird. Nur der Rosenstock entspricht dem Hornstiel der Cavicornia und sitzt ebenfalls auf dem Frontale. Der Rosenstock bleibt beim Wechsel stehen; von ihm aus entwickelt sich das neue Geweih als ein knöcherner Auswuchs, der durch unveränderte Haut bedeckt wird. Diese Haut trocknet später aus und wird abgestoßen „gefegt"; auf diese Weise kommt der Knochen frei an die Oberfläche. Das erste Geweih ist stets unverzweigt; doch in den meisten Fällen wird es bei jedem Wechsel immer differenzierter in seinem Bau. Im Gegensatz zu den Cavicornia bleibt es bei den Cervidae eine Ausnahme, daß auch das Weibchen ein Geweih trägt: nur beim Renntier (Rangifer) ist dies der Fall. Selten (bei Hydropotes und Moschus) fehlt das Geweih bei beiden Geschlechtern. —

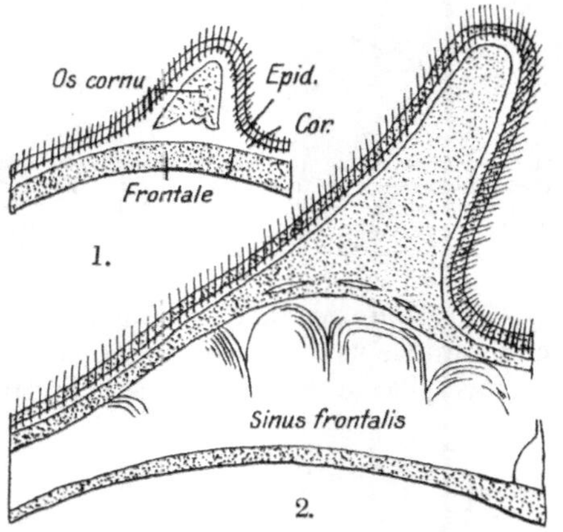

Abb 48. Zwei Entwicklungsstadien vom Horn der Giraffe. In 1. ist das Os cornu noch frei. In 2., dem erwachsenen Zustande, ist es verwachsen mit dem Frontale. (Nach NITSCHE, aus WEBER.)

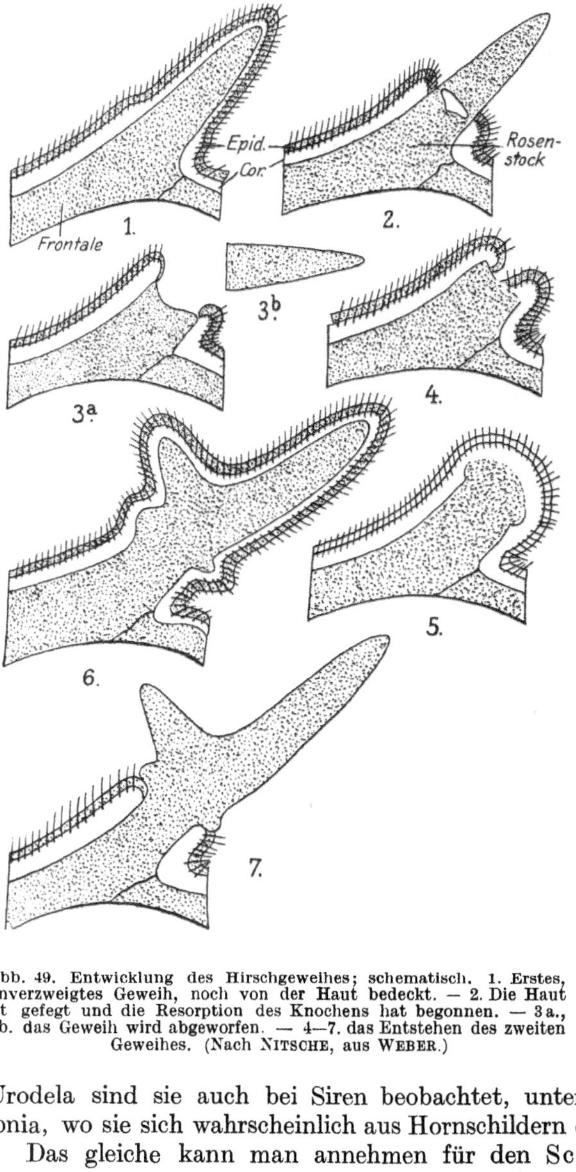

Abb. 49. Entwicklung des Hirschgeweihes; schematisch. 1. Erstes, unverzweigtes Geweih, noch von der Haut bedeckt. — 2. Die Haut ist gefegt und die Resorption des Knochens hat begonnen. — 3a., 3b. das Geweih wird abgeworfen. — 4—7. das Entstehen des zweiten Geweihes. (Nach NITSCHE, aus WEBER.)

Schließlich müssen wir noch einiger Differenzierungen der Hornschicht gedenken, die in der Umgebung des Mundes entsteht und bei der Nahrungsaufnahme eine Rolle spielten. Dergleichen Mundverhornungen treten vor allem dort auf, wo Zähne fehlen. Wir treffen sie schon an bei den Cyclostomata, wo im übrigen die Hornbildung gering ist: spitze Zähne in der Mundhöhle, die periodisch abgeworfen und durch neue ersetzt werden. welche tiefer in der Epidermis entstehen, sind kennzeichnend für diese Gruppe. Etwas Ähnliches beobachtet man bei der Larve der meisten Anura: die Hornzähnchen stehen hier in Querreihen auf den Lippen, welche den Mund umgeben; jeder „Zahn" besteht aus einer einzigen verhornten Zelle, unter der dann eine vertikale Reihe von Epidermiszellen folgt, die nacheinander an die Stelle der vorhergehenden treten (Abb. 51).

Allgemeiner kommt bei zahnlosen Tieren eine Verhornung der Kieferränder vor. Bei den Anurenlarven trifft man verhornte Kiefer neben den Hornzähnen; unter den Urodela sind sie auch bei Siren beobachtet, unter den Reptilia bei den Chelonia, wo sie sich wahrscheinlich aus Hornschildern der Lippen entwickelt haben.

Das gleiche kann man annehmen für den Schnabel der Aves. Daran erinnert uns noch die Tatsache, daß bei vielen Aves beide Schnäbel aus einigen Platten zusammengesetzt sind: im vollendetsten Falle (Diomedea, Abb. 50) sehen wir. daß beide Schnäbel, Unter- und Oberschnabel, in vier durch Nähte getrennte Stücke geteilt sind: ein medialer, zwei laterale und ein terminaler.

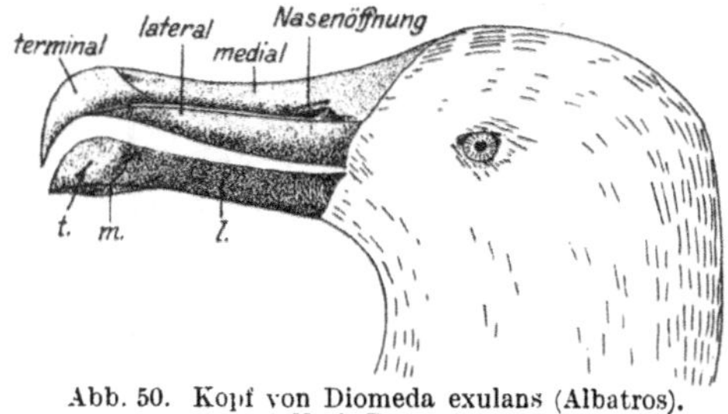

Abb. 50. Kopf von Diomeda exulans (Albatros). (Nach PLATE.)

Die Hornscheide des Vogelschnabels ist nicht stets vollständig: bei den

Lamellirostres z. B. ist die Haut des Schnabels größtenteils zart und nur an der Spitze stärker verhornt. An der Basis des Oberschnabels ist die Haut oft dick, stark gefärbt und reich an Nervenenden; in dieser **Wachshaut** liegen meist die äußeren Nasenöffnungen. Der Schnabel der Lamellirostres besitzt ein

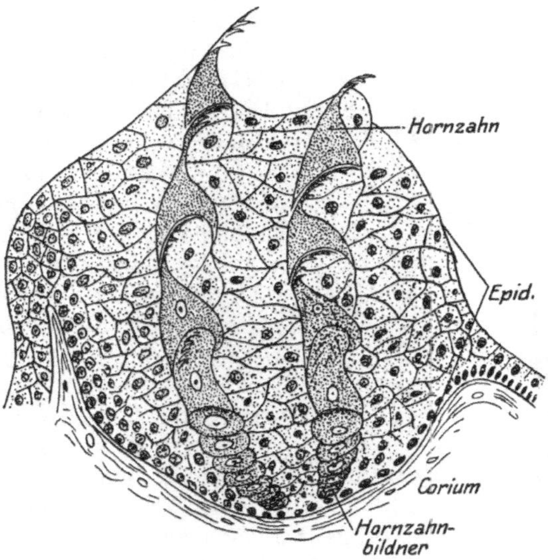

Abb. 51. Querschnitt durch zwei Zahnreihen der Larve von Alytes obstetricans. (Nach KEIFFER, aus GÖPPERT.)

Sieb, das durch zahnartige Auswüchse entsteht, Leisten, die so angeordnet sind wie die Barten der Cetacea: sie lassen Wasser durch, jedoch keine festen Bestandteile.

Die sehr verschiedenen Formen des Vogelschnabels stehen meist in Verbindung mit der Art der Nahrung; weiterhin mit der Weise, wie die Nahrung gesucht oder gefangen wird.

Unabhängig vom Vogelschnabel haben die Monotremata eine Hornbekleidung der Kiefer erhalten, während das Gebiß zurückgebildet ist.

Hautverknöcherungen.

Verknöcherungen der Haut entstehen nur im Corium; die Epidermis kann kein Knochengewebe bilden. Verknöcherungen liegen also stets unter der Epidermis, beschützen die Epidermis also nicht. Vielleicht hieraus ist es zu verstehen, daß bei den landbewohnenden Vertebrata die Hautverknöcherungen mehr und mehr in den Hintergrund treten und ersetzt werden durch Verstärkungen des Stratum corneum, welche auch die Epidermis beschützen.

Pisces. Bei den Pisces überwiegen die Hautverknöcherungen über die Verhornungen. Bei den Cyclostomata fehlen die Hautknochen; sie sind jedoch bei den Selachii gleichmäßig über die Haut verbreitet als Teile der **Placoidschuppen** (Abb. 52). Dies sind meist sehr kleine, gelegentlich, namentlich bei den Rajidae größere Körperchen, an denen man gewöhnlich eine in dem Corium liegende, rautenförmige Basalplatte (Abb. 52, 53) unterscheiden kann von dem daraufstehenden Hautzahn, welcher durch die Epidermis nach außen hinausragt. Dieser Hautzahn ist gewöhnlich caudad gerichtet. Er kann auch fehlen. In der Regel stehen die Placoidschuppen über den ganzen Körper gleichmäßig verteilt dicht beieinander, ohne jedoch einander zu überdecken (Abb. 52). Alte Placoidschuppen fallen aus; sie werden ersetzt durch neue, die zwischen den alten und unabhängig von ihnen gebildet werden (Abb. 52).

Der Zahn der Placoidschuppen besitzt eine Höhle, in welche durch die durchbohrte Basalplatte hindurch eine Coriumpapille eindringt; dieses Gewebe bildet die Pulpa der Schuppe (Abb. 53). An der Oberfläche dieser Papille liegen die Odontoblasten: das sind Zellen, die vom Corium gebildet werden, und jenes Knochengewebe abscheiden, aus dem der Zahn größtenteils besteht. Das Knochengewebe ist homolog mit dem Dentin der Zähne: es besitzt keine Zellen, nur Ausläufer der Odontoblasten in verzweigten Kanälchen (Zahnkanäle). Nach außen hin wird dieses Dentin überdeckt mit einer dünnen Lage von Schmelz (Vitrodentine): das ist ein sehr harter Stoff, härter als Knochen, was eine Folge davon ist, daß er aus Kalksalzen mit nur sehr wenig organischer Grundsubstanz aufgebaut ist. Der Ursprung dieser Schmelzlage ist ein ganz anderer als der des Dentines: die Schmelzlage wird als eine Basalmembran abgeschieden durch die Zellen der Epidermismatrix (Abb. 54). Bevor die Schuppe durch die Epidermis durchgebrochen ist, bedeckt diese Matrix die Schuppe ganz; die cylindrischen Matrixzellen sind hier besonders hoch und stark entwickelt, warum man diesem Teile der Matrix den

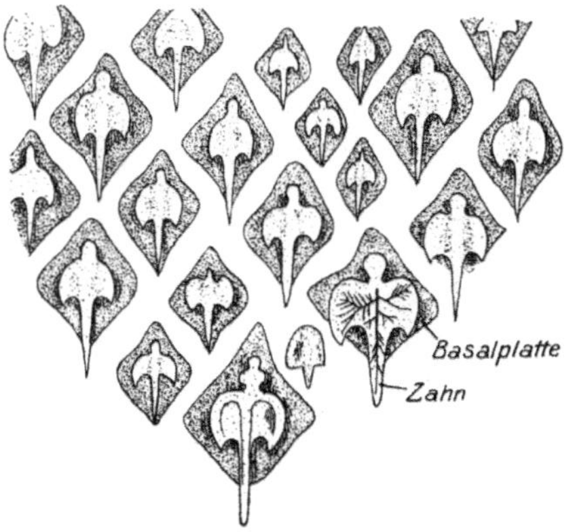

Abb. 52. Placoidschuppen von Scyllium in situ, von oben gesehen; bei einer der Schuppen sind die Zahnkanäle angegeben. (Nach KLAATSCH.)

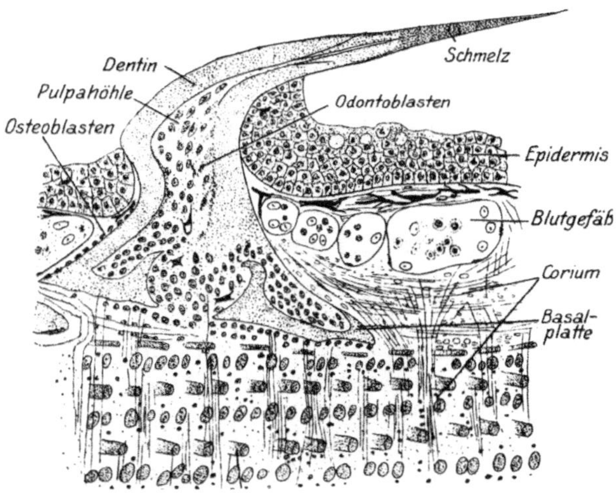

Abb. 53. Placoidschuppe von Scyllium canicula in der Haut; Medianschnitt. (Nach KLAATSCH.)

Namen „Schmelzorgan“ gegeben hat. An dem Schmelz ist die Entstehungsweise noch zu erkennen: es besteht nämlich aus nebeneinanderliegenden Prismen, von denen jedes Prisma durch eine einzige Matrixzelle abgeschieden worden ist (S. 527).

Die Basalplatte geht allmählich in den Zahn über; sie besteht ebenfalls aus Knochen ohne Knochenzellen: wir erkennen ebenfalls keine Ausläufer von Osteoblasten. Ein anderer Unterschied gegenüber dem Zahn ist der, daß die Osteoblasten der Basalplatte nicht nur an einer Seite der Platte zu erkennen sind, sondern sie von allen Seiten umgeben. Vom Corium aus dringen in die unterste Lage der Basalplatte verkalkte Bindegewebefasern hinein, wodurch eine starke Befestigung der Placoidschuppe in der Haut zustande kommt.

Stark verändert sind die Placoidschuppen, wenn sie als große Stacheln vor-

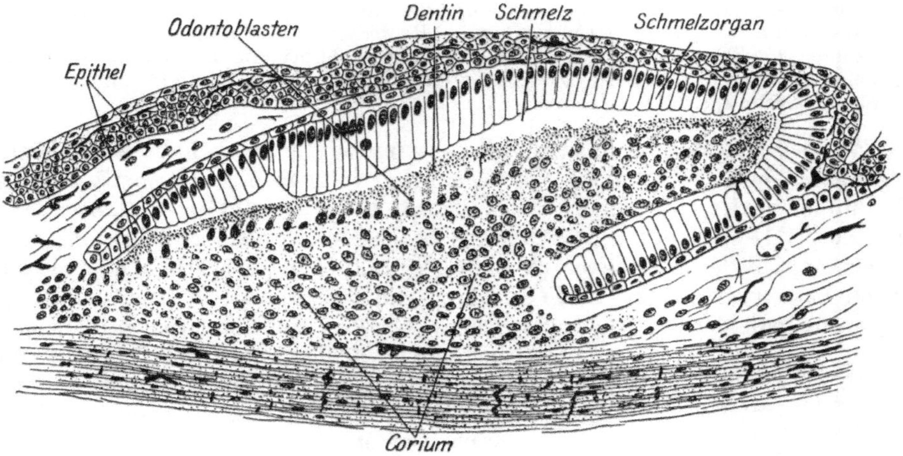

Abb. 54. Placoidschuppe in der Anlage von Scymnus spec. Medianschnitt. (Nach Klaatsch.)

kommen: dies ist bei einigen Selachii und bei Chimaera am Vorderrande der Rückenflosse zu beobachten, bei den Trygonidae am Schwanze, weiterhin bei den Zähnen in der Säge der Sägefische (Pristis, Pristiophorus).

Die Schuppen der Teleostomi liegen im Gegensatz zu den Placoidschuppen in der Regel ganz im Corium (Abb. 55). Gewöhnlich sind sie rautenförmig oder am Hinterrande abgerundet. Sie bilden Knochenblättchen, die in regelmäßigen Reihen liegen und einander dachziegelförmig überdecken. Bei den Anguillulidae sind sie sehr klein geworden, bei vielen Siluridae u.a. gänzlich verloren gegangen. Andererseits können sie auch in große Platten übergehen, wie bei Acipenser, Ostracion, Hippocampus u.a. Gelegentlich beobachtet man an der Schuppenoberfläche knöcherne Stacheln, die bei den Gymnodonten geradezu die Oberhand über die schwache Schuppenplatte erhalten.

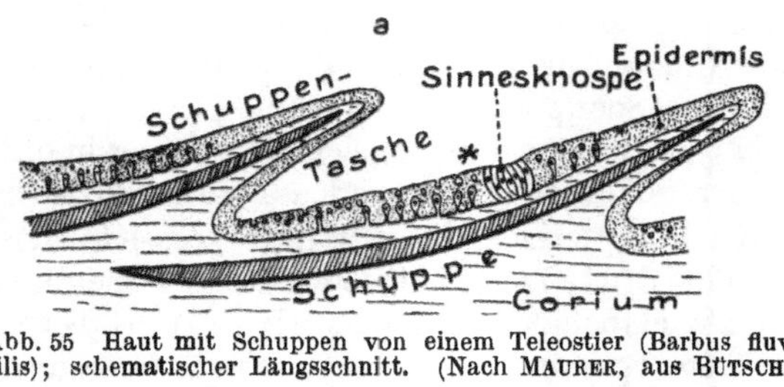

Abb. 55 Haut mit Schuppen von einem Teleostier (Barbus fluviatilis); schematischer Längsschnitt. (Nach Maurer, aus Bütschli.)

Die Frage, inwieweit die Schuppen der Teleostomi homolog sind mit den Placoidschuppen, ist nicht mit Sicherheit zu beantworten. Wichtig für diese Entscheidung ist die Tatsache, daß die Schuppen einiger Holostei (Lepidosteus, Polypterus) und einiger Teleostei auf ihrer nach außen gerichteten Oberfläche kleine Zähnchen tragen, die im Bau und in ihrer Entwicklung mit den Zähnchen der Placoidschuppen übereinstimmen (Abb. 56). Sie entstehen unabhängig von der Schuppe, können jedoch später mit ihr verschmelzen. Diese Beobachtung hat zu der Auffassung geführt, daß die Schuppen mit verschmolzenen Basalplatten von solcherlei Zähnchen übereinstimmen (O. Hertwig); das ist jedoch wenig wahrscheinlich, denn die Basalplatte einer echten Placoidschuppe ist stets nur im Verbande mit einem Zahn verknöchert und kommt niemals davon getrennt vor.

Wahrscheinlicher ist dann auch die Vorstellung, daß die Placoidschuppen und die Schuppen der Holostei zwei ganz verschiedene Dinge sind, die unabhängig voneinander entstanden sind: die eine mehr an der Oberfläche, die andere in den tieferen Lagen des Coriums. Als Folge der Entwicklung der Holostierschuppen sind die Placoidschuppen bei den höheren Pisces zurückgebildet und bis auf einzelne Reste gänzlich verschwunden. Dies ist vielleicht dadurch zu verstehen, daß die Placoidschuppen einen nur wenig vollkommenen Panzer bildeten und deshalb den Körper nicht beschützten.

Nicht ausgeschlossen ist auch eine zwischen diesen beiden Auffassungen stehende Auflösung der Frage: die Schuppenplatte und die Zähnchen von Lepidosteus, Polypterus und den Siluridae sind jede für sich durch Reduktion vollständiger Placoidschuppen entstanden; die Schuppenplatte soll dann eine Placoidschuppe sein ohne Zähne, die Zähne Placoidschuppen, an denen die Basalplatte nicht entwickelt ist; die Vereinigung beider würde dann ein sekundärer Zustand sein.

Wie sich die Dinge auch entwickelt haben mögen: in jedem Falle ist der histologische Aufbau der Schuppen, vor allem bei den Ganoidei, viel komplizierter als der Aufbau der Basalplatte der Placoidschuppe. Die typischen Ganoidschuppen, wie sie bei Lepidosteus und Polypterus beobachtet wurden, bestehen aus zwei Lagen verschiedener Struktur (Abb. 57): eine Außenlage aus Ganoin, und eine tiefere Lage aus Isopedin. Beide Schichten sind wieder geschichtet und stellen ein besonders verändertes Knochengewebe dar. Ganoin läßt durch seinen Glanz und durch das Fehlen von Knochenzellen an Schmelz denken, womit es dann auch oft verglichen ist; die Bildung des Ganoin jedoch durch Osteoblasten des Corium läßt mit Sicherheit einen Vergleich mit dem Schmelz ausschließen. Von Dentin unterscheidet sich das Ganoin durch das Fehlen von Zahnkanälchen. Isopedin dagegen schließt verkalkte Bindegewebsteile ein und besitzt Knochenzellen; es stimmt darin mit dem gewöhnlichen Knochengewebe überein. Es läßt bei Lepidosteus im Gegensatz zum Ganoin feine Zahnkanäle beobachten, welche von jenen Osteoblasten aus in das Isopedin hinein sich erstrecken, die längs der Unterseite angeordnet sind. Beide Lagen werden weiterhin durchbohrt durch weite Haversche Kanäle, durch welche Blutgefäße laufen und die in der Hauptsache senkrecht zur Schuppenfläche stehen. Die Kanäle münden auf beiden Schuppenflächen aus; sie erstrecken sich dann ferner in die Pulpahöhle der Hautzähne, die auf der Schuppe stehen und auf diese Weise mit Blut versehen werden.

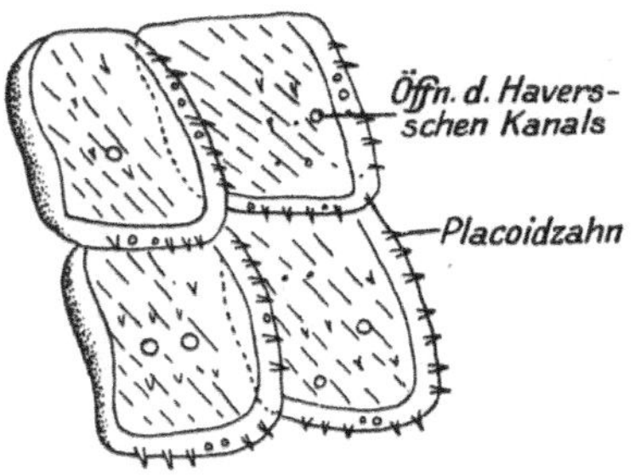

Abb. 56. Schuppen von Lepidosteus osseus. (Nach PLATE.)

Bei Polypterus (Abb. 57) liegt zwischen der Ganoin- und Isopedin-Schicht noch eine dritte Lage, welche wieder aus einer anderen Form von Knochengewebe besteht. man hat sie als Cosminschicht bezeichnet. Bei den ausgestorbenen Crossopterygii war diese Cosminschicht besonders stark entwickelt. Für sie sind bezeichnend zahlreiche verzweigte Enden von Zahnkanälchen, die in Bündeln nebeneinander stehen. Die Osteoblasten, welche ihre Ausläufer in diese Kanäle senden, liegen nicht an der Oberfläche der Schuppe, sondern in Höhlen, die mit den Haversschen Kanälen zusammenhängen; dadurch erhält diese Lage ein schwammartiges Aussehen. Wir sehen also, daß diese Höhlen mit den davon ausstrahlenden Zahnkanälchen den Pulpahöhlen und Zahnkanälchen der Placoidschuppen gleichen: daraus hat man sich die Meinung gebildet, daß die Cosminschicht durch Verschmelzung von Hautzähnchen entstanden sein soll (WILLIAMSON). Für diese Auffassung besteht jedoch weiter kein Grund, und das Vorkommen freier Hautzähnchen bei Polypterus ist damit nicht in Übereinstimmung zu bringen.

Die mehr oder weniger rautenförmigen Schuppen der Holostei bedecken den Körper ganz und greifen am Rande ein wenig übereinander. Bei den Chondrostei ist das Schuppenkleid zurückgebildet: bei Polyodon so gut als ganz; bei Acipenser liegen in der Haut noch kleine Platten verbreitet neben fünf Längsreihen größerer Platten. Diese bestehen alle aus Knochengewebe, welches Knochenzellen und Haversche Kanäle erkennen läßt; sie sind darum vermutlich mit der Isopedinchicht der Holostei in Übereinstimmung zu bringen; dann muß man die Cosminschicht, und wahrscheinlich auch die Ganoinschicht als verloren gegangen ansehen.

Die Schuppen von Amia (Abb. 57) zeigen eine sehr vereinfachte Struktur: sie bilden dadurch eine Art Übergang zu der Schuppe der Teleostei (Abb. 57),

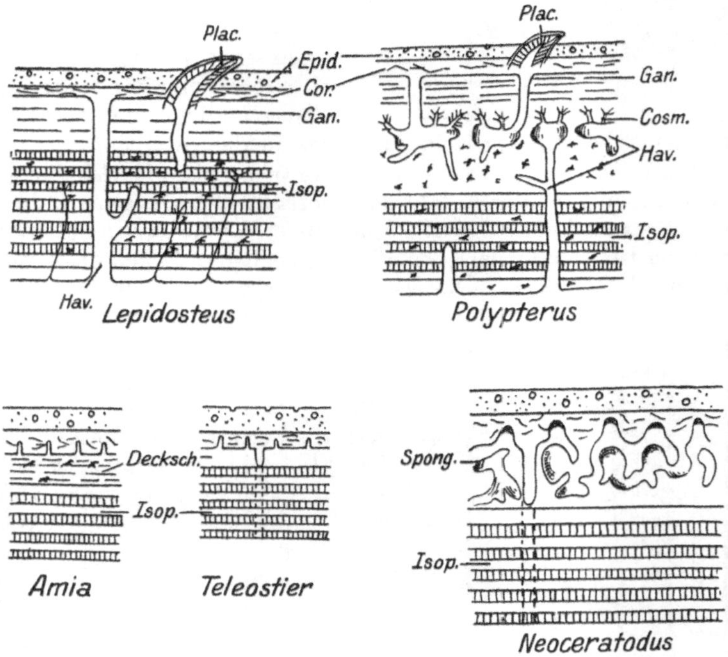

Abb. 57. Schematischer Vertikalschnitt durch verschiedene Schuppen der Pisces. (Nach PLATE.)

In beiden Fällen liegt jede Schuppe in einem Schuppensäckchen, einem mit losem Bindegewebe angefüllten Raume im Corium; in beiden Fällen fehlen Haverssche Kanäle und Zahnkanälchen. Bei den Teleostei sind schließlich auch die Knochenzellen meist verschwunden. Ferner bestehen in beiden Fällen die Schuppen aus zwei Lagen, von denen die untere wiederum eine Schichtstruktur erkennen läßt; trotzdem hier gewöhnlich keine Zellen vorkommen, kann diese untere Schicht doch mit der Isopedinschicht verglichen werden, weil wir an ihr verkalkte Bindegewebsfasern beobachten. Die obere Lage jedoch zeigt bei Amia Knochenzellen; sie kann also nicht aus der Ganoinschicht entstanden sein, sondern muß sich ebenfalls aus dem Isopedin entwickelt haben. Bei den Teleostei hat auch diese Deckschicht ihre Zellen verloren und zeigt uns eine homogene Struktur.

Einen ebenso einfachen Bau besitzen die Schuppen der rezenten Dipnoi (Neoceratodus). auch hier finden wir eine Isopedinschicht, ohne Haverssche

Kanäle; die Deckschicht von Amia und den Teleostei ist jedoch ersetzt durch eine Schicht von schwammartigem Knochengewebe ohne Knochenzellen (Abb. 57) Da die Schuppen der paläozoischen Dipnoi eine Cosminschicht besaßen, so ist die Deckschicht an der Schuppe von Neoceratodus vermutlich davon abzuleiten; sie wäre demnach nicht zu vergleichen mit der Decklage bei Amia und den Teleostei.

Die Oberfläche der Decklage bei der Teleostierschuppe ist nicht glatt; sie zeigt uns konzentrische Leisten, die meist gekreuzt werden durch radiäre Furchen. Durch diese Furchen ist die ganze Deckschicht unterbrochen: dadurch erhält die Schuppe eine gewisse Biegsamkeit, was noch bisweilen dadurch gefördert wird, daß außerdem unter den Furchen die unterste Schicht der Schuppe nicht verkalkt ist. Solche Furchen zeigt auch die im übrigen ganz anders gebaute Deckschicht der Schuppen von Neoceratodus; sie laufen allerdings nicht radiär, sondern bilden an der Schuppenoberfläche vieleckige Felder (Abb. 58).

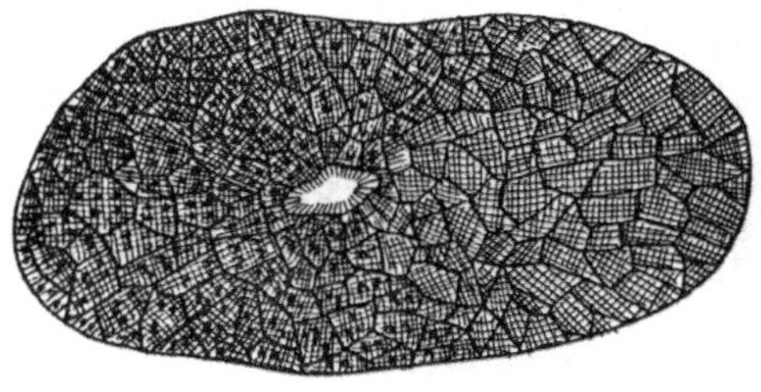

Abb. 58. Schuppe von Neoceratodus, schwach vergrößert. (Nach PLATE.)

Wächst der Körper der Teleostei, so vergrößern sich die Schuppen an ihrem Rande: dadurch nimmt die Anzahl der konzentrischen Leisten in der Decklage stets zu. Der Abstand dieser Leisten voneinander verändert sich mit der Schnelligkeit des Wachstums; und da jedenfalls in gemäßigten Zonen das Wachstum im Sommer schneller vor sich geht als im Winter, so wechseln bei den Teleostei dichter und weniger dicht aufeinanderstehende Leisten miteinander ab. Die Schuppe zeigt also „Jahresringe", welche eine Schätzung des Lebensalters zulassen.

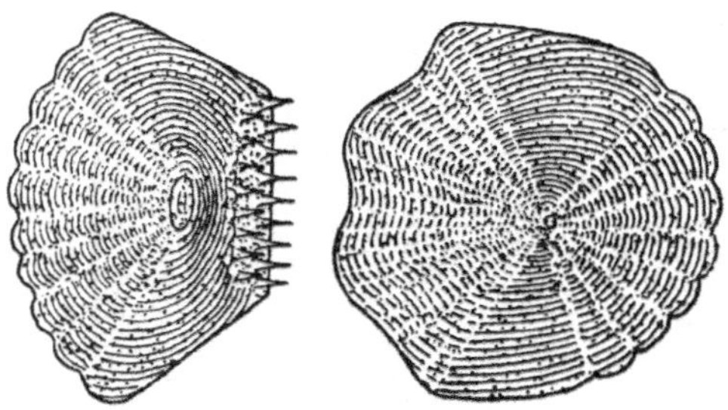

Ctenoidschuppe von Acerina — Cycloidschuppe von Squalius (Leuciscus)

Abb. 59. Schuppen von Teleostei. Der Hinterrand der Schuppen ist nach rechts gerichtet. (Nach BÜTSCHLI.)

In der Systematik der Teleostei benutzen wir jenen Unterschied, der zwischen den Cycloid- und den Ctenoidschuppen besteht: die ersten haben einen glatten, die zweiten einen gezahnten Hinterrand (Abb. 59). Cycloidschuppen sind älteren Datums; Ctenoidschuppen finden wir im allgemeinen mehr bei spezialisierten Gruppen, vor allem bei den Acanthopterygii. Mit Placoidzähnchen haben die Zähne an den Ctenoidschuppen nichts zu tun.

Amphibia. Unter den Amphibia waren die Knochenschuppen bei den Stegocephala noch gut entwickelt, wenn auch meist auf die Bauchseite beschränkt, wo sie sich übrigens auch auf die Extremitäten erstreckten; seltener kamen sie auch auf dem Rücken vor. Sie lagen in Querreihen geordnet, die größtenteils die Form eines V hatten. Ihre Form war sehr verschieden: rund, oval bis stabförmig. Oft bedeckten sie einander dachziegelartig, worin eine gewisse Übereinstimmung mit den Fischschuppen besteht.

Letzte Reste dieser Schuppen finden wir in jenen kleinen Knochenplättchen, die in der Haut einiger Gymnophiona vorkommen. Sie liegen hier allein in der hintersten Hälfte jedes Ringes, in welche die Haut durch ringförmige Gruben verteilt ist (Abb. 60). Die vorderste Hälfte eines solchen Ringes wird ganz durch die großen Giftdrüsen eingenommen. Viele solche Schuppen liegen in einem ringförmigen Schuppensäckchen. Jede Schuppe zeigt eine gewisse Überein-

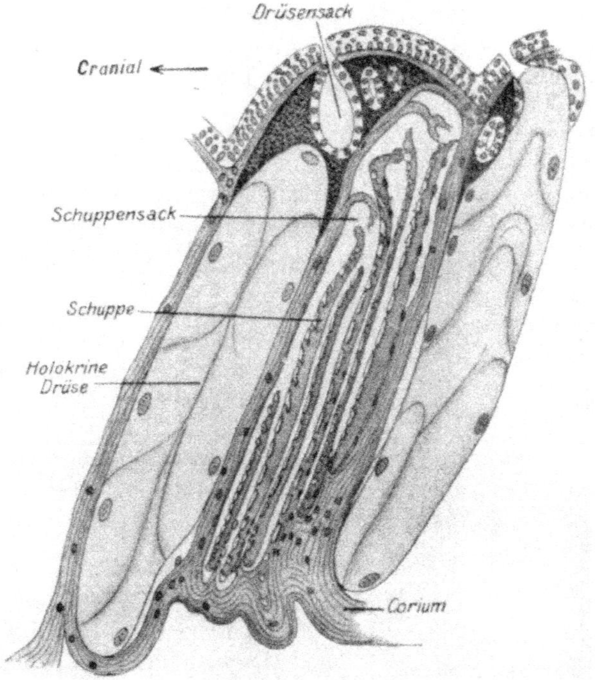

Abb. 60. Haut von Ichthyophis glutinosus: Längsschnitt. (Nach SARASIN.)

stimmung mit den Schuppen der Pisces: sie besteht aus zwei Lagen, einer unteren, weniger verkalkten, die an der Wand des Schuppensäckchens befestigt ist; und zweitens aus einer oberen Lage, die mehr verkalkt und durch Gruben in Felder verteilt ist (Abb. 61), wie wir das bei Neoceradotus gesehen haben. Solche Felder werden Squamulae genannt.

Bei den übrigen lebenden Amphibia kommen keine Schuppen mehr vor. Nur in einzelnen Fällen trifft man bei den Anura größere Knochenplatten an, die aber wahrscheinlich sekundär entstanden sind (z. B. bei Ceratophrys); oder man hat auch Kalkablagerungen in der Haut beobachtet, wie bei Bufo vulgaris und noch mehr entwickelt bei Megalophrys.

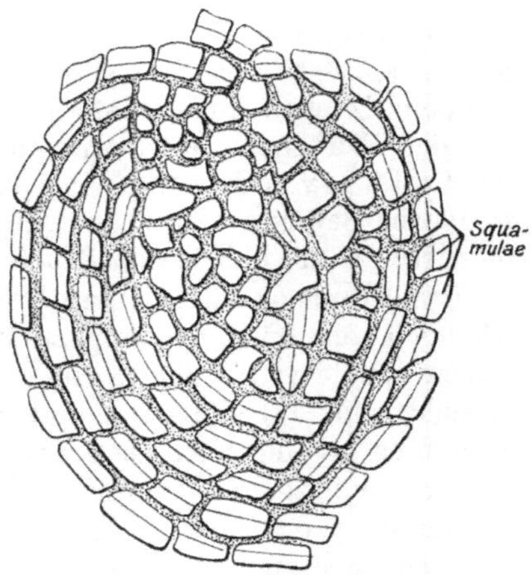

Abb. 61. Schuppe von Ichthyophis glutinosus. (Nach SARASIN.)

Reptilia. Auch bei den Reptilia ist das Hautskelet reduziert mit Ausnahme der Chelonia, wo es sich mehr entwickelt hat, was wir als eine sekundäre Erscheinung ansehen können. Ebenso wie bei einigen Pisces, können auch bei Reptilia Verknöcherungen in einer tieferen oder oberflächlicheren Lage des Corium auftreten. Auf diese Weise können wir zwei Gruppen von Hautverknöcherungen unterscheiden, die oft gleichzeitig vorkommen. Es ist aber die Frage, ob diese beiden Gruppen mit denen der Pisces übereinstimmen. Es ist auch an die Möglichkeit zu denken, daß die äußerste Lage mit der Teleostier-Schuppe übereinstimmt, also mit der tiefer gelegenen Lage der Hautverknöcherungen der Pisces; dann wäre die tiefere Lage der Reptilia neu entstanden.

Zu jenen Hautverknöcherungen der Reptilia, welche mehr an der Oberfläche liegen, gehören Knochenschuppen, welche bei den Crocodilia und einigen Lacertilia im Corium liegen; manchmal finden wir dann eine einzige Platte unter jeder Hornschuppe (Crocodilia, Anguis u. a.) oder auch mehrere Plättchen (Scincidae). Bei den meisten Lacertilia und allen Ophidia fehlen sie; wo sie bei den Crocodilia vorkommen, liegen sie (mit Ausnahme des Kaiman) nur dorsal.

Zur tieferen Lage der Hautverknöcherungen der Reptilia gehören auch die sogenannten Bauchrippen (Parasternum), die im Kapitel über das Skelet besprochen werden sollen (Abb. 135, S. 119).

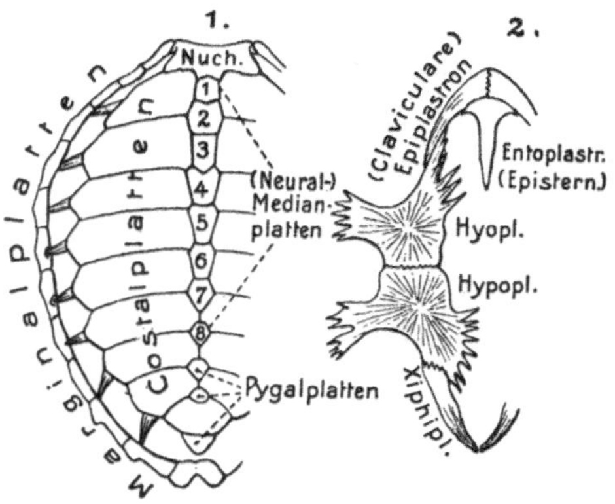

Carapax Plastron

Abb. 62. Thalassochelys caretta. (Aus BÜTSCHLI.)

Das Vorhandensein von zwei Schichten in den Hautverknöcherungen beobachten wir am deutlichsten bei den Chelonia; die untere Lage bildet hier den aus großen, flachen Platten zusammengestellten Panzer (Theca). Dieser Panzer besteht aus einem Rückenschild (Carapax) und einem Bauchschild (Plastron) (Abb. 62). Diese beiden Teile sind entweder beweglich untereinander durch unverknöcherte Haut verbunden, oder sie sind unbeweglich durch Nahtverbindungen miteinander vereinigt; das letzte scheint ein besonders spezialisierter Zustand zu sein.

Der Carapax besteht in typischen Fällen aus fünf Längsreihen, die durch einzelne Platten gebildet werden. Die medianen Platten sind meist jede verschmolzen mit dem Processus spinosus eines Wirbels; sie werden darum Neuralia genannt. Meist finden wir 8 solche Neuralia; davor liegt dann in derselben Reihe noch eine Nuchale und dahinter 1—3 Pygalia (Suprapygalia); diese sind dann nicht mit den Wirbeln verwachsen. Zu beiden Seiten der Neuralia liegt eine Reihe von Costalia, von denen jede mit einer Rippe verwachsen ist. Die äußerste Reihe zu beiden Seiten besteht aus dem sogenannten Marginalia; nach vorn schließen diese rechts und links an das Nuchale an.

Das Plastron ist aus einer kleineren Anzahl Platten zusammengesetzt: gewöhnlich aus nur einem unpaaren Stück: dem Entoplastron; und zwei Längsreihen von je vier Stücken, die von vorn nach hinten die Namen Epiplastron, Hyoplastron, Hypoplastron und Xiphiplastron tragen; zwischen dem 2. und 3. Schilde kommt öfter noch eine Platte vor, mit Namen Mesoplastron. Dieselben 2. und 3. Schilder bilden die Verbindung mit dem Rückenschild. Die vier letzten Platten kann man als veränderte Bauchrippen ansehen. Das Ento- und Epiplastron stimmt so deutlich mit der Interclavicula (Episternum) und Clavicula der anderen Reptilia überein, daß eine Homologie dieser Stücke recht wahrscheinlich ist, obgleich die Stücke bei den Chelonia mehr an der Oberfläche liegen (s. S. 144).

In vielen Fällen bleiben zwischen den Schildern dieses Panzers unverknöcherte Stellen übrig: so vor allem bei den Seeschildkröten (Thalassochelys, Abb. 62) und besonders bei der Lederschildkröte (Dermochelys). Hier ist von dem Carapax nur das Nuchale übriggeblieben; im Plastron fehlt das Entoplastron und die übrigen Platten sind zu stabförmigen Stücken zurückgebildet, die in einem Ringe liegen. Nach außen zu liegt jedoch bei Dermochelys dorsal noch ein zweiter Panzer (Epitheca), welcher aus einem Mosaik zahlreicher kleiner Knochenplatten besteht. Bei sehr jungen Tieren fehlt diese Epitheca noch; man findet an ihrer Stelle Hornschuppen, die in ihrer Anordnung mit den späteren Knochenplättchen über-

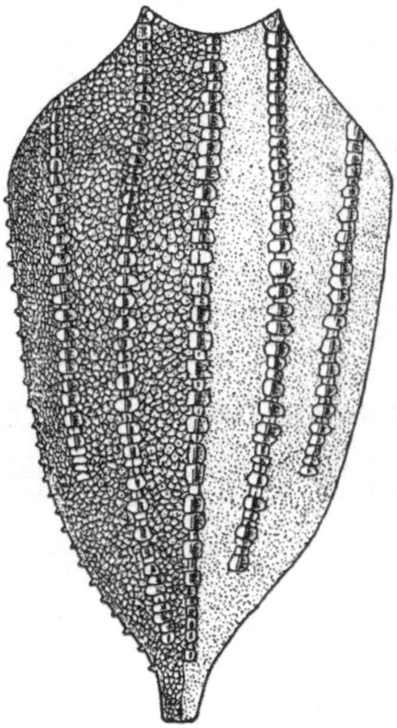

Abb. 63. Carapaxoberfläche von Dermochelys; die kleinen Platten und die äußerste Reihe der größeren Platten sind nur an der linken Seite gezeichnet. (Nach VERSLUYS.)

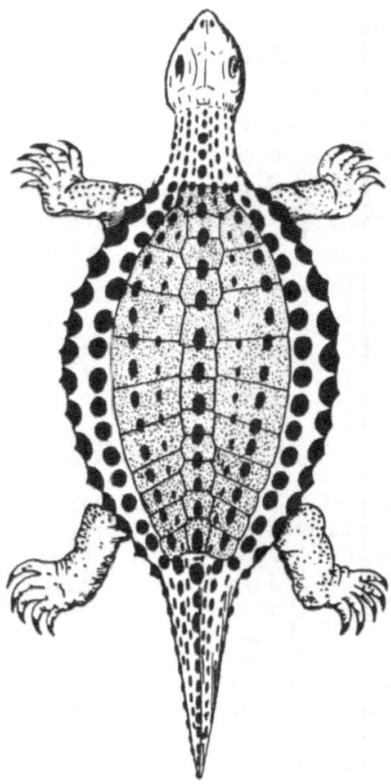

Abb. 64. Hypothetische Stammform der Chelonia. Dorsalseite; Platten der Theca punktiert, die der Epitheca schwarz. (Nach VERSLUYS.)

einstimmen. Wir können also die kleinen Beinschüppchen mit den Knochenschuppen der Crocodilia und Lacertilia vergleichen, die ja auch mit Hornschuppen bedeckt sind. Später verschwinden die Hornschuppen und die erwachsene Epitheca besteht nur aus Knochenschuppen; an ihr sind sieben Längsreihen von etwas größeren Platten zu unterscheiden (Abb. 62).

Diese Tatsachen machen es wahrscheinlich, daß der Hautpanzer früherer Chelonia aus Theca und Epitheca bestanden hat (Abb. 64). Die Epitheca ist dann vielleicht aus kleinen Knochenplatten zusammengesetzt gewesen, von denen jede eine Hornschuppe trug. Die meisten lebenden Chelonia haben nur noch die Theca vollständig bewahrt; von der Epitheca haben sie nur die Hornschuppen behalten, die sich zu Hornplatten vergrößerten; wahrscheinlich können wir auch die Marginalia von Teilen der Epitheca ableiten. Nur Dermochelys besitzt eine vollständige Epitheca; da aber Dermochelys im übrigen keine primitive Form ist, so kann man annehmen, daß sich ihre Epitheca sekundär entwickelte: vielleicht dadurch, daß sich die übriggebliebenen Reste der Epitheca ihrer Voreltern ausbreitete.

Mammalia. Während Hautverknöcherungen bei den Aves fehlen, sind sie bei den Mammalia, wenn auch nur in einer einzigen Ordnung, zur besonderen Blüte gelangt. Einen gut entwickelten Hautpanzer besitzen einige Xenarthra, unter den heute lebenden nur die Dasypodidae. Bei diesen besteht in der Jugend der Panzer nur aus einzelnen Knochenstücken des Corium, welche über den ganzen Körper verbreitet sind. Sie entstehen in Papillen der Lederhaut und sind mit Hornplatten bedeckt. Dieses Verhalten erinnert uns an die Schuppen in der oberflächlichen Lage des Hautskelets bei den Reptilia. Später wird das ventrale Skelet reduziert, während die Knochenstücke des dorsalen Panzers sich meist zu größeren Schildern vereinigen, die untereinander beweglich verbunden sind. Auf diese Weise kann man ein Kopf-, ein Rücken- und ein Schwanzschild unterscheiden; von diesen ist das Rückenschild wieder in ein Vorder- und ein Hinterstück verteilt, welche durch drei oder mehr bewegliche Gürtel voneinander geschieden sind. Bei den Glyptodontidae fehlten diese Gürtel; somit war ihr Rückenpanzer unbeweglich.

Kleine Reste von einem vielleicht früher stärker entwickelten Panzer wurden in der Haut des Delphiniden Neomeris beobachtet, wo sie am Rücken in der Form von Knochenschuppen mit Horntuberkeln vorkommen. Nur die Hornteile finden wir gelegentlich bei anderen Odontoceti (Zahnwalfischen).

Literatur zum Abschnitt Haut[1]).

Boas, J. E. V.: Ein Beitrag zur Morphologie der Nägel, Krallen, Hufe und Klauen der Säugethiere. Morphol. Jahrb. Bd. 9. 1884. — Ders.: Zur Morphologie der Wirbeltierkralle. Ebenda. Bd. 21. 1894.

Brauer, A.: Über die Leuchtorgane der Knochenfische. Verhandl. d. dtsch. zool. Ges. 1904. — Ders.: Die Tiefseefische. II. Anat. Teil. Wissensch. Ergebn. d. dtsch. Tiefsee-Exp. Valdivia. Bd. 15. 1908.

Bresslau, E.: Die Entwicklung des Mammarapparates der Monotremen, Marsupialier und einiger Placentalier. I. Entwicklung und Ursprung des Mammarapparates von Echidna. Semon, Zoologische Forschungsreisen in Australien. Bd. 4. 1907.

Brinkmann: Die Hautdrüsen der Säugetiere (Bau und Secretionsverhältnisse). Ergebn. d. Anat. u. Entwicklungsgesch. Bd. 20. 1911.

Brunn, A. von: Haut. Handb. der Anatomie des Menschen. Herausgeg. v. K. von Bardeleben. Bd. 5, Abt. 1. Jena 1897.

Burckhardt, R.: Die Entwickelungsgeschichte der Verknöcherungen des Integuments und der Mundhöhle der Wirbeltiere. Handb. der vergl. u. exper. Entwickelungslehre der Wirbeltiere. Herausgeg. v. O. Hertwig. Bd. 2, Tl. 1. Jena 1906.

Davies, H. R.: Die Entwicklung der Feder und ihre Beziehungen zu anderen Integumentgebilden. Morphol. Jahrb. Bd. 15. 1889.

Fuchs, R. F.: Der Farbenwechsel und die chromatische Hautfunktion der Tiere. Handb. der vergl. Physiologie. Herausgeg. von H. Winterstein. Bd. 3, 1. Hälfte, Tl. 2. Jena 1914.

Göppert, E.: Zur Phylogenese der Wirbeltierkralle. Morphol. Jahrb. Bd. 25. 1898. — Ders.: Die Entwickelung des Mundes und der Mundhöhle mit Drüsen und Zunge. Handb. der vergl. u. exper. Entwickelungslehre der Wirbeltiere. Herausgeg. v. O. Hertwig. Bd. 2, Tl. 1. Jena 1906.

[1]) Diese Liste umfaßt (wie auch alle anderen Literaturübersichten dieses Buches) nur die im Text genannten Abhandlungen, und diejenigen aus denen die Abbildungen genommen sind. Daneben sind einige wichtigere Werke genannt, vor allem neuere, in denen weitere Literaturangaben nachzusehen sind.

GOODRICH, E. S.: On the Scales of Fish, Living and Extinct. Proc. Zoolog. Soc. London. 1907.

HERTWIG, O.: Über den Bau und die Entwickelung der Placoidschuppen und der Zähne der Selachier. Jenaische Zeitschr. f. Naturwiss. Bd. 8. 1874.

KEIBEL, F.: Ontogenie und Phylogenie von Haar und Feder. Ergebn. der Anat. u. Entwicklungsgesch. Bd. 5. 1895.

KEIFFER, H.: Recherches sur la structure et le développement des dents et du bec cornés chez Alytes obstetricans. Arch. biol. T. 9. 1889.

KERBERT, C.: Über die Haut der Reptilien und anderer Wirbeltiere. Arch. f. mikr. Anat. Bd. 13. 1877.

KLAATSCH, H.: Zur Morphologie der Säugethier-Zitzen. Morphol. Jahrb. Bd. 9. 1884.

Ders.: Zur Morphologie der Fischschuppen und zur Geschichte der Hartsubstanzgewebe. Morphol. Jahrb. Bd. 16. 1890.

KRAUSE, W.: Die Entwickelung der Haut und ihrer Nebenorgane. Handb. der vergl. u. exper. Entwickelungslehre der Wirbeltiere. Herausgeg. v. O. Hertwig. Bd. 2, Tl. 1. Jena 1906.

LEYDIG, F.: Integument brünstiger Fische und Amphibien. Biolog. Centralbl. Bd. 12. 1892. — Zur Deutung der epidermoidalen Organe im Integument von Säugetieren. Arch. f. mikr. Anat. Bd. 72. 1898.

MAURER, F.: Haut, Sinnesorgane, Feder- und Haaranlagen und deren gegenseitige Beziehungen. Morphol. Jahrb. Bd. 18. 1892. — Zur Phylogenie der Säugetierhaare. Morphol. Jahrb. Bd. 20. 1893. — Zur Frage von den Beziehungen der Haare der Säugetiere zu den Hautsinnesorganen niederer Wirbeltiere. Morphol. Jahrb. Bd. 20. 1893. — Die Epidermis und ihre Abkömmlinge. Leipzig. 1895. — Zur Kritik meiner Lehre von der Phylogenese der Säugetierhaare. Morphol. Jahrb. Bd. 26. 1898.

DE MEIJERE, J. C. H.: Über die Haare der Säugetiere, besonders über ihre Anordnung. Morphol. Jahrb. Bd. 21. 1894. — Über die Federn der Vögel, insbesondere über ihre Anordnung. Morphol. Jahrb. Bd. 23. 1895.

PAWLOWSKY, E.: Ein Beitrag zur Kenntnis der Hautdrüsen (Giftdrüsen) einiger Fische. Anat. Anz. Bd. 34. 1909.

PROFÉ, O.: Beiträge zur Ontogenie und Phylogenie der Mammarorgane. Anat. Hefte. Bd. 11. 1898.

REH, L.: Die Schuppen der Säugetiere. Jenaische Zeitschr. f. Naturwiss. Bd. 29. 1895.

RÖMER, F.: Über den Bau und die Entwickelung des Panzers der Gürteltiere. Jenaische Zeitschr. f. Naturw. Bd. 27. 1893.

SARASIN, P. und F.: Zur Entwicklungsgeschichte und Anatomie der ceylonesischen Blindwühle, Ichthyophis glutinosus (Epicrium glutinosum aut.). Wiesbaden 1887—90.

SCHAEFER, F.: Über die Schenkeldrüsen der Eidechsen. Arch. f. Naturgesch. 68. Jg., Bd. 1. 1902.

SCHIEFFERDECKER, P.: Die Hautdrüsen des Menschen und der Säugetiere, ihre biologische und rassenanatomische Bedeutung, sowie die Muscularis sexualis. Biol. Zentralbl. Bd. 37. 1917.

SCHMIDT, W. J.: Über das Verhalten der verschiedenartigen Chromatophoren beim Farbenwechsel des Laubfrosches. Arch. f. mikroskop. Anat. Bd. 93, 1. Abt. 1920.

SCHREIBER, E.: Herpetologia europaea. 2. Aufl. Jena 1912.

SCHUMACHER, S.: Der Bürzeldocht. Anat. Anz. Bd. 52. 1919—20.

STECHE, O.: Die Leuchtorgane von Anomalops katoptron und Photoblepharon palpebratus, zwei Oberflächenfischen aus dem Malaiischen Archipel. Zeitschr. f. wiss. Zool. Bd. 93. 1909.

VERSLUYS, J.: Über die Phylogenie des Panzers der Lederschildkröte (Dermochelys coriacea). Palaeontol. Zeitschr. Bd. 1. 1914.

WEBER, M.: Beiträge zur Anatomie und Entwickelung des Genus Manis. Zoolog. Ergebn. Reise in Niederl. Ost-Indien, herausgeg. v. M. Weber. Bd. 2. 1891. — Ders.: Bemerkungen über den Ursprung der Haare und über Schuppen bei Säugetieren. Anat. Anz. Bd. 8. 1893.

II. Das Skelet.

A. Einleitung.

Das Baumaterial und seine Entwicklung.

Das Skelet ist ein kennzeichnendes Organsystem der Vertebrata. Kennzeichnend ist es einmal durch sein Baumaterial, weiterhin durch seine Lage und seine Form. Was das Baumaterial angeht, so können wir chordales, knorpeliges und knöchernes Skelet unterscheiden. Daneben spielt auch das Bindegewebe eine wichtige stützende Rolle für den Körper, indem es feste Membranen, Bänder und Sehnen bildet; man spricht darum mit Recht von einem Bindegewebeskelet, vor allem bei den niedersten Vertebrata, bei denen das eigentliche Skelet (Knorpel und Knochen) noch sehr in den Hintergrund tritt.

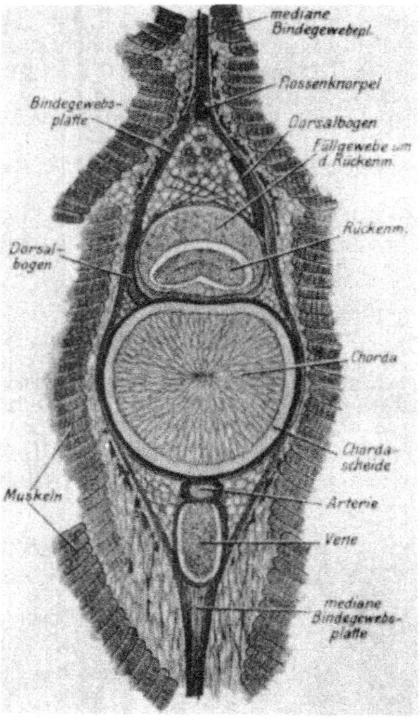

Abb. 65. Querschnitt durch die Chorda dorsalis und die angrenzenden Körperteile von Petromyzon planeri. (Nach GOETTE 1878, Tafel 20, Abb. 1.)

Neben diesem Bindegewebeskelet ist aber auch schon bei den niedersten Vertebrata ein anderes echtes Skeletorgan vorhanden: die **Chorda dorsalis.** Diese ist ein elastischer Stab, welcher die Längsachse des Körpers formt; er besteht aus großen Zellen, die stark vacuolisiert sind (SCHAFFER 1910) und einen starken Innendruck (Turgor) besitzen. Die Chorda wird durch eine Scheide umgeben, welche durch die Chordazellen selbst abgeschieden wird. Dazu gesellt sich noch eine starke äußere Scheide, die aus Bindegewebe besteht; sie ist von GEGENBAUR die skeletogene oder von andern die perichordale Bindegewebsschicht genannt worden (Abb. 65).

Das Chordagewebe ist in der Chordascheide zusammengepreßt, wobei die Aufnahme von Flüssigkeit in die Chordazellen für den Turgordruck von besonderer Bedeutung ist. Wie eine unter Druck mit Wasser gefüllte Gummiröhre sich zu strecken versucht, aber biegsam und elastisch bleibt, so ist das auch der Fall bei der Chorda mit ihrem Turgorgewebe.

Die Chorda liegt dorsal der Leibeshöhle, ventral des Gehirnes und des Rückenmarkes (Abb. 65, 66). Sie bildet bei allen Vertebrata embryonal einen wichtigen Teil des Skeletes; später bleibt sie dann entweder während des gesamten Lebens gut entwickelt (Amphioxus, Cyclostomata, Acipenser und Dipnoi); oder wir finden sie nur noch in Resten zurück. Sie kann embryonal nicht vollkommen verschwinden, weil sie die Grundachse bildet, um die sich später die Wirbelsäule entwickelt.

Zur Chorda dorsalis und zum Bindegewebeskelet tritt bei den Vertebrata **Knorpel**; weiterhin auch Knochen, außer bei den Cyclostomata und Elasmobranchii. Der Knorpel entsteht durch stellenweise Umbildung des Bindegewebes; und zwar dadurch, daß um die Zellen hin ein fester Zwischenstoff abgeschieden wird. Mehr oder weniger zahlreiche Bindegewebsfasern können in dem Knorpel vorhanden sein, so daß eine Vereinigung von Bindegewebe und Knorpel entsteht, welche man fibrillären Knorpel genannt hat. Man kann hier wieder zwei Arten unterscheiden: sind die Fibrillen elastisch, so spricht man von elastischem Knorpel, sind sie kollagen, vom kollagenen (oder Faser-) Knorpel. Aber in der am meisten vorkommenden und reinsten Form des Knorpels fehlen die Fibrillen; der knorpelige Grundstoff ist also homogen und durchscheinend: der hyaline Knorpel.

Eine mehr oder weniger dichte Bindegewebelage umgibt den Knorpel und wird das Perichondrium genannt. Die Entstehungsart des Knorpels kennzeichnet

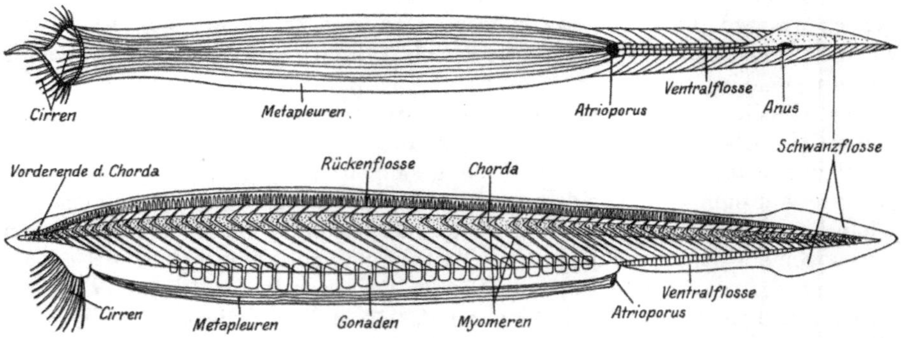

Abb. 66. Amphioxus, von ventral und lateral gesehen, um die Lage der Chorda und der Flossen zu zeigen. Nach KIRKALDY, aus HERDMANN, 1904, Abb. 70 A, B. Die Chorda ist eingefügt.

den Knorpel als ein Produkt des Mesoderm oder des mittleren Keimblattes; damit ist aber noch nichts über die Frage ausgesagt, ob die knorpelbildenden Zellen selbst nun stets von diesem Keimblatte herkommen. Bei den Cyclostomata scheint das Knorpelskelet der Kiemenbogen aus dem Ectoderm zu entstehen (v. KUPFFER 1895).

Die Grundmasse des Knorpelgewebes ist ziemlich druck- und zugfest; in der Form des hyalinen Knorpels jedoch, den wir am meisten antreffen und der arm an Bindegewebefibrillen ist, reißt die Masse ziemlich leicht. Skeletstücke, die aus hyalinem Knorpel aufgebaut sind, dürfen also nicht zu klein sein und nicht zu dünn, wenn sie ein gewisses Widerstandsvermögen besitzen sollen. Sehr verstärkt wird der Knorpel durch Einlagerung von Kalk, der viel gefunden wird und dem Knorpel ein weißkörniges Aussehen gibt (z. B. bei Skeletteilen der Selachii). Auch das umgebende Bindegewebe kann durch Membranbildung sehr zur Verstärkung dieses knorpeligen Skelets beitragen.

Knorpel wird während der Entwicklung schon frühzeitig angelegt: die Zellen embryonalen Bindegewebes vermehren sich an bestimmten Stellen, werden zu dichten Massen aufgehäuft; diese Massen nennen wir das Blastem. Die Zellen dieses Blastems scheiden dann die Grundsubstanz, den Knorpel, ab. Das Blastem zeigt oft einen mehr ursprünglichen Zusammenhang und eine ursprünglichere Form als das spätere Knorpelskelet; es ist darum manchmal ein wichtiges Hilfsmittel bei der Suche nach ursprünglichen Verhältnissen im Skelet.

Das Knorpelgewebe entsteht überall im Körper, wo es nötig ist, auch in tieferen Teilen, wie z. B. um die Chorda, um das Gehirn und das Rückenmark. Es ist ein typisches Innenskelet.

Bei der Mehrzahl der Fische (Teleostomi, Ostracodermi, Dipnoi) tritt neben dem Knorpel auch ein **knöchernes Skelet** auf. Dieses können wir mit Sicherheit von dem Schuppenkleid dieser Tiere ableiten, d. h. von ihrem Hautskelet (s. S. 47). Aus den Schuppen entstehen an bestimmten Stellen große Knochenplatten als Hautverknöcherungen; und zwar an Stellen, wo eine starke Panzerung zum Schutze des Körpers von Vorteil ist. Das Knochenskelet liegt dann auch ursprünglich oberflächlich, dicht unter der Oberhaut. Die nach außen gekehrte Seite dieser oberflächlich gelegenen Knochenplatten ist meist stark und unregelmäßig mit Rinnen versehen, wie wir das auch bei den Schuppen gesehen haben; in diesen Rillen liegen die Blutgefäße, welche den Knochen von der Außenseite her ernähren und zwischen Epidermis und Knochen keinen anderen Raum finden. Sobald eine dickere Bindegewebelage den Knochen von der Epidermis scheidet, verschwindet diese eigenartige mit Rillen versehene Oberflächenskulptur: die Außenfläche des Knochens wird glatt, wie das auch an der Innenfläche der Fall ist. — Eine dichtere Bindegewebelage umgibt die Knochen; sie wird die Knochenhaut oder das Periost genannt.

Die Knochen sind während der Skeletentwicklung im Laufe der Zeiten nicht nur auf die Oberfläche des Körpers beschränkt geblieben. Sie haben sich von der Haut losgemacht und sind in die Tiefe gesunken: wie wir das bei der Clavicula, dem Squamosum u. a. Schädelknochen beobachten. Aber es treten auch in der Tiefe Knochen auf, die niemals Hautverknöcherungen waren, z. B. die Verknöcherungen der Wirbel, der Rippen, des Tentorium und die Penisknochen. Ursprünglich sind jedoch die Knochen unabhängig von dem Knorpelskelet entstanden. Wo knorpelige Skeletteile direkt unter der Haut liegen, liegt der Knochen oft dicht auf dem Knorpel; das beobachten wir z. B. bei dem Schädel- und dem Schultergürtel. In allen solchen Fällen aber sind beide doch ursprünglich durch eine Bindegewebelage voneinander geschieden, wie z. B. bei Acipenser.

In der Regel aber ist die Selbständigkeit des Knochens gegenüber dem Knorpel aufgehoben und beide treten in eine enge Verbindung miteinander. Der erste Schritt in dieser Richtung besteht darin, daß der Knochen unmittelbar auf dem Knorpel gebildet wird, im Perichondrium. Der Knochen bedeckt oder umgibt dann den Knorpel wie ein enger Mantel. Diese Knochenbildung wird die perichondrale genannt. Ein zweiter Schritt besteht darin, daß der Knochen in den Knorpel hineinwächst: der Knorpel wird resorbiert und an seiner Stelle wird Knochen abgeschieden. Einen dritten Schritt können wir darin beobachten, daß nur Knochen bildendes Gewebe in den Knorpel eindringt und gleich in der Tiefe des Knorpels der Knochen gebildet wird. Der Knorpel wird an solchen Stellen also von innen her aufgelöst und durch Knochen ersetzt. In den zwei letzten Fällen, wo der Knochen den Knorpel ersetzt (sei es von der Oberfläche aus, sei es von der Tiefe her), spricht man von einer enchondralen Verknöcherung. Alle solche Knochen, welche knorpelige Skeletstücke während des Wachstums ersetzen, nennen wir knorpelig präformierte Knochen.

Diese Arten der Knochenbildung gehen ineinander über: ein Knochen kann ursprünglich als Hautknochen angelegt werden, in seiner Phylogenese später perichondral und schließlich enchondral gebildet werden. Auch die verschiedenen

Teile eines einzigen Knochens können sich in der Bildungsweise voneinander unterscheiden. Besonders bei den Teleostomi finden wir viele solcher Übergänge (VROLIK 1873, VAN WIJHE 1882, GAUPP 1903). Darum ist die embryonale Knochenentstehung kein in allen Fällen zuverlässiges Kriterium bei dem Feststellen von Knochenhomologien. Nur bei den höheren Vertebrata ist die Bauweise der verschiedenen Knochen ziemlich konstant: damit bildet sie ein Hauptkriterium zur Bestimmung der Knochenhomologien.

Wir unterscheiden auf diese Weise zwei Gruppen von Knochen, die sich beinahe stets scharf gegeneinander abgrenzen lassen: die Deckknochen und die Ersatzknochen. Die Deckknochen bilden sich im Bindegewebe und bleiben durch eine Bindegewebelage von Knorpelstücken geschieden, die vielleicht in der Nähe liegen; man nennt solche Deckknochen auch sekundäre Knochen, Hautknochen, Ossa investientia, oder Allostosen. Die Ersatzknochen entstehen dagegen in unmittelbarem Verbande mit Knorpelstücken und ersetzen diese ganz oder teilweise; sie werden auch primäre Knochen, primordiale Knochen, Knorpelknochen, Ossa substituentia oder Autostosen genannt. Die gebräuchlichen Namen: primäre und sekundäre Knochen, sind schlecht gewählt, weil gerade die sekundären Knochen die ursprüngliche Form der Knochen darstellen, also eigentlich die primäre Form bilden. Der Unterschied zwischen Deckknochen und Ersatzknochen verliert aber etwas an Wert durch die Beobachtung, daß bei ursprünglich knorpelig präformierten Knochen der Knorpel verschwinden kann, wie das z. B. bei den Rippen eines Teiles der Teleostei gesehen wurde; andererseits ist auch beobachtet, daß ausnahmsweise sekundärer Knorpel in Deckknochen auftreten kann (GAUPP 1907, dagegen FUCHS 1909 A).

Das Knochenskelet gehört also auch zu den Mesodermbildungen; KLAATSCH aber ist der Meinung, daß die knochenbildenden Zellen (Skleroblasten) ebenso wie die Knorpelzellen von ectodermalem Ursprunge sind (KLAATSCH 1894).

Für die vergleichende Analyse des Skelets, welche die verschiedenen Skeletteile durch die Reihe der Vertebrata verfolgen will, ist es von Wichtigkeit, zu entscheiden, ob Skeletstücke leicht neu entstehen können; man könnte sich vorstellen, daß dies der Fall ist an Stellen, wo ein Knochen für den Organismus notwendig ist: z. B. dort, wo das Bindegewebe mechanischen Einflüssen ausgesetzt ist, so daß hier das Bindegewebe stellenweise in Skelet übergeht. GEGENBAUR hat stets den Standpunkt eingenommen, daß ein solches Neuauftreten niemals geschieht, daß also jedes Skeletstück seine eigene Geschichte hat und von einem älteren, bei den Vorfahren vorhandenen Skeletstück abgeleitet werden muß. Von theoretischer Bedeutung ist diese Frage vor allem bei der Ableitung des Skeletes der Extremitäten und der unpaaren Flossen.

Als Material zum Skeletaufbau ist Knochen sicher geeigneter als Knorpel. Der Knochen reißt weniger leicht, und ist viel fester gegen Zug, Biegung und Druck. Das Widerstandsvermögen des Knorpels gegen Druck ist nur ungefähr $^1/_6$ bis $^1/_7$ des Widerstandsvermögens des Knochens. Ein knorpeliges Skeletstück muß also viel umfangreicher sein als ein Knochenstück, soll es auch nur einigermaßen dieselbe Festigkeit dem Körper verleihen. Bei Landtieren, bei denen Gewicht und Größe des Körpers von Bedeutung sind, ist dann auch größtenteils ein knöchernes Skelet festzustellen. Bei Wassertieren aber erscheint ein Knochenskelet weniger notwendig: in dem schwereren Wasser sind Umfang und Körpergewicht nicht von solcher Bedeutung. So finden wir denn auch bei vielen Pisces ein Knorpelskelet. Die im Wasser lebenden Tetrapoda besitzen auch mehr Knorpel, als wir es bei ihren auf dem Lande lebenden Verwandten finden. Die Verknöcherung wird bei vielen im Meere lebender Amniota verzögert, so daß erst im späteren Lebensalter eine vollständige Verknöcherung zu finden ist; ein Nachteil scheint damit für diese Tiere nicht verbunden zu sein. So ist z. B. der Reichtum an Knorpel auffallend bei den Ichthyosauria und anderen Meeresreptilien, wie z. B. bei der Lederschildkröte (Dermochelys coriacea) (Völker 1913, Fuchs 1920). Die guten Schwimmer unter den Pisces besitzen entweder ein Knochenskelet oder ein Knorpelskelet, das teilweise verkalkt ist. Pisces mit einem beinahe unverkalkten Knorpelskelet sind träge Schwimmer, wie z. B. Acipenser und unter den Selachii Somniosus.

Es ist merkwürdig, daß dort, wo das Skelet bei einem erwachsenen Tiere fast ganz verknöchert ist, es bei dem Embryo doch beinahe stets und nicht allzu unvollständig als ein Knorpelskelet angelegt wird. Die gewöhnliche Erklärung, die wir nach Haeckels „Biogenetischem Grundgesetz" dafür geben, daß während des embryonalen Lebens Zustände der Vorfahren durchlaufen würden, befriedigt nicht ganz. Vor allem darum, weil das Knorpelstadium des Skelets während der Ontogenese von viel längerer Dauer ist und die Knorpelstücke eine viel zu gute Entwicklung erreichen, als daß man sie durch einen Umstand erklären könnte, der auf die Trägheit der Natur zurückzuführen wäre. Der Grund für diese Erscheinungen ist dann wohl auch viel mehr zu suchen in einem Unterschiede der Wachstumsweise und Wachstumsschnellheit zwischen Knochen und Knorpel: Knorpel wächst durch Zunahme der Grundmasse (interstitiell); dieses Wachstum kann schnell geschehen, und die Form des Skeletstückes wird dabei nicht verändert; zwei Punkte, die bereits gebildet worden sind, wie z. B. zwei Auswüchse, können bei dem Wachstum weiter auseinander weichen. Beim Knochen dagegen kann die einmal gebildete Grundmasse sich nicht vergrößern: zwei Teile eines Knochens bleiben stets auf demselben Abstand voneinander liegen, weil das Wachstum an der Oberfläche geschieht durch Hinzufügen neuer Schichten; es geht darum recht langsam. Bei frühem Ersatz des gesamten Knorpels durch Knochen, oder bei einer vollständigen Bedeckung der Knorpelstücke mit einem Knochenmantel, würde also das Wachstum des Skelets stark verlangsamt werden; es könnte also nicht Schritt halten mit dem schnellwachsenden Embryo, oder es müßte das embryonale Wachstum sehr verlangsamt werden; dies aber würde wieder eine gefährliche Verlängerung des weniger wehrhaften Jugendstadiums bedeuten. Darum wird bei Tieren, deren erwachsenes Skelet ganz aus Knochen besteht, während der Wachstumszeit eine Vereinigung von knochigem und knorpeligem Skelet gefunden; dabei sorgt der Knochen für die Festigkeit, der Knorpel für das schnelle Wachstum. Der Knorpel reserviert also auch den Raum, welchen der viel zu langsam wachsende Knochen später einnehmen soll. So ist der Knorpel ein ontogenetisches Vorbereitungsmittel für das Knochenskelet (Jaeckel 1902).

Bei den langen Knochen unserer Gliedmaßen z. B. (Abb. 67) finden wir die erste Knochenbildung als einen zylindrischen Mantel um das Mittelstück des zunächst gebildeten Knorpels; daran schließt sich bald eine centrale Verknöcherung. Die von Knochen unbedeckten Enden des Knorpelstückes verknöchern später selbständig, und zwar enchondral. Dieser Vorgang hindert nicht das Wachstum der umgebenden Knorpelmassen und gibt doch eine gewisse Festigkeit.

Die eben genannten Endstücke nennt man Epiphysen (Abb. 67), das längere Mittelstück die Diaphyse. Zwischen der Diaphyse und den Epiphysen bleibt eine Knorpelzone; dort wächst der Knochen in die Länge. Erst dann, wenn das Wachstum abgeschlossen ist, verwachsen Epiphyse und Diaphyse. Ein Knochen kann eine, zwei oder mehrere Epiphysen besitzen, je nach seiner Form. Größere Knorpelstücke verknöchern beinahe stets von mehreren Punkten aus; dadurch wird die Verknöcherung beschleunigt. Bei Skeletteilen von zusammengesetzter Form oder bei ringförmigen Skeletteilen (Wirbel) ist eine Verknöcherung von mehreren

Punkten aus notwendig für das Wachstum und den Formbestand während des Wachstums. Allgemein finden wir knöcherne Epiphysen bei den Mammalia, vermutlich auch bei den Reptilia, wo sie aber noch nicht genügend untersucht worden sind (Dollo 1884 A, Fuchs 1908 A, Moodie 1908). Eine besondere Art und Weise von Verknöcherungen der Epiphysen scheint bei den Chelonia und bei den Plesiosauria vorzukommen. Bei Amphibia und Teleostei kommen knöcherne Epiphysen gar nicht oder nur als Ausnahme vor.

Für das Beibehalten des Knorpels im Skelet besteht wohl auch ein zweiter Grund: Skeletteile müssen durch Gelenke verbunden sein, um die Bewegungen der Tiere möglich zu machen; dies gilt im besonderen von den höheren Vertebrata. Nun ist aber Knochen gar nicht geeignet als ein Material für die Auskleidung von Gelenkflächen. Knorpel dagegen ist wohl geeignet. Und darum beobachten wir denn auch, daß der Knorpel bestehen bleibt bei allen gut entwickelten Gelenken, sei es auch nur in einer dünnen Lage.

Bei den höheren Vertebrata wird auch in den Diaphysen, wo ursprünglich in dem knöchernen Mantel Knorpel liegt, der Knorpel resorbiert. An Stelle

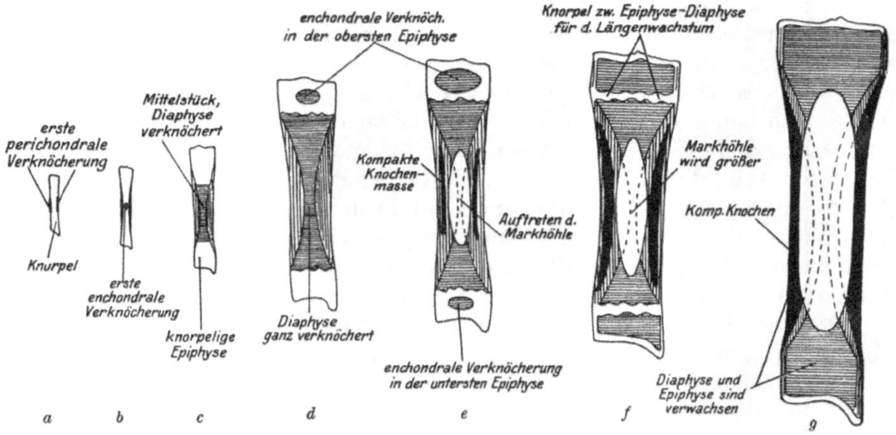

Abb. 67. Enchondrale und perichondrale Verknöcherung an einem langen Knochen eines Mammaliers. *a* Jüngstes Stadium, mit beginnender perichondraler Verknöcherung. — *b* Anfang der enchondralen Verknöcherung. — *c* Fortgeschrittenes Wachstum und Verknöcherung. — *d* Auftreten der Verknöcherung in einer Epiphyse. — *e* Verknöcherung in der anderen Epiphyse und Auftreten der Markhöhle. — *f* Bis auf die Gelenkflächen und die Verbindung der Epiphysen mit der Diaphyse ist alles verknöchert. — *g* Die Epiphysen sind mit der Diaphyse verwachsen; die Markhöhle ist groß; das Wachstum des Knochens ist beendigt. (Nach Duval, 1900, Abb. 222, 226, 227.)

des Knorpels tritt Knochengewebe, das oft mit großen Höhlen (Markhöhlen) versehen ist (Amniota; nach Seitz 1907 auch bei den Stegocephala); auch bei Rana finden wir in den langen Knochen eine große Markhöhle. Bei den Teleostei kommen wohl auch in den größeren Knochen Höhlen vor; diese sind dann aber nicht mit Markgewebe, sondern mit verschiedenen Arten von Bindegewebe erfüllt.

Aber auch ein fertig gebildeter Knochen kann, wenigstens bei den höheren Vertebrata, wieder resorbiert werden. Das ist wichtig, da der einmal gebildete Knochen sonst seine Form nicht mehr verändern könnte; diese Formveränderung wird aber oft durch das Wachstum des Körpers verlangt. So paßt z. B. das stark gebogene Os frontale des eben geborenen Menschen nicht in das wenig gewölbte des erwachsenen Menschen. Die Formveränderung ist nur durch wiederholte Resorption und Neubildung von Knochen möglich. Durch diese Resorption des Knochengewebes wird bei vielen Mammalia auch erreicht, daß die Knochen nicht vollständig kompakt sind und dadurch leichter werden. Durch ständige Hinzufügung stets neuer Knochenlagen an der Oberfläche würde die kompakte Knochenmasse immer dicker werden; sie wird aber von innen wieder resorbiert durch die Osteoklasten: besondere Zellen, die längs den Blutgefäßen eindringen. Der resorbierte Knochen wird dann entweder ersetzt durch neu gebildeten, ziemlich kompakten Knochen; zum Teil aber durch einen sehr porösen Knochen, der aus einen Netzwerk von Balken besteht: die Spongiosa. Zwischen den Knochenbalken liegt das Mark. Bei größeren Knochen tritt in der Spongiosa oft noch eine besondere Markhöhle auf. Bei kleineren Mammalia aber bleibt das Skelet aus einfach gebauten kompakten Knochen bestehen, es wird also keine Spongiosa gebildet. Dies ist auch der Fall bei den geologisch älteren Formen unter den Mammalia und bei einzelnen großen Formen, die vielleicht in dieser Hinsicht primitiv geblieben sind (Elephas). Bei den größeren Formen aber unter den Mammalia, wo die Belastung des Skelets im Verhältnis viel größer ist als bei den kleinen Tieren, sind kompakte Knochen mit ihrem großen Gewichte besonders ungünstig. So finden wir denn auch bei den größeren rezenten Mammalia viel Spongiosa in den Knochen; bei größeren und langen Knochen auch Markhöhlen. Wir wissen ja seit CULMANN, daß dieselbe Masse Material in Form eines soliden Stabes viel weniger Gewicht tragen kann und viel weniger biegungsfest ist als in der Form eines hohlen Zylinders. Die Spongiosa bildet so ein System von Festigkeitsbalken, wodurch gleichzeitig die kompakte Knochenmasse vermindert wird. Diese Bedeutung der Spongiosabalken wird sehr erhöht durch ihre Anordnung, die nicht regellos ist: die am meisten belasteten Teile der Knochen (z. B. die Gelenkenden oder Stellen, wo Muskeln Ansatz finden) zeigen einen Balkenverlauf in der Richtung des größten Druckes oder Zuges; sie verteilen Druck und Zug auf eine große Oberfläche der kompakten Außenlage. Durch all diese Umstände wird bei den meisten rezenten Mammalia ein leicht gebautes Skelet hergestellt, das doch sehr tragfähig ist.

Knochen können auch auf andere Weise ausgehöhlt sein: bei vielen Mammalia und Aves verschwindet die Spongiosa einiger Schädelknochen; durch Auseinanderweichen der kompakten Grenzlagen entsteht eine größere Höhle; in diese dringt die Schleimhaut der Nasenhöhle oder der Paukenhöhle ein und kleidet den Raum von innen aus. Man nennt dies die Pneumatisierung der Knochen. Die Höhlen, Sinus oder Cellulae genannt, stehen durch die Nasen- oder Paukenhöhle in direkter Verbindung mit der Außenwelt und sind mit Luft gefüllt. Auf diese Weise wird ebenfalls eine Material- und Gewichtsersparung erzielt.

Daneben wird bei den Aves auch eine Pneumatisierung sehr vieler Knochen beobachtet, die von den Lungen ausgeht; und zwar in sehr verschiedenem Maße: wir finden sie bei Wirbeln, Rippen und Gliedmaßenknochen. Die Ratitae unter den Aves zeigen keine Pneumatisierung; aber wir finden viel Spongiosa in ihren Knochen, wobei die Balken dieselbe Anordnung in Druck- und Zuglinien zeigen können wie bei den Mammalia (GADOW). Auch bei verschiedenen Dinosauria (z. B. bei den sehr vogelähnlichen Coelurosauria (z. B. Compsognathus) und bei den riesigen Sauropoda sind hohle, vermutlich auch pneumatisierte Knochen beobachtet worden. Die Bedeutung der Pneumatisierung besteht wohl hier in der Gewichtsersparnis, welche in vielen Fällen eine besondere Größenzunahme der Knochen ermöglicht. Sehr deutlich ist dies auch bei den Gesichtsknochen der Elefanten, wo die sehr kräftigen Rüsselmuskeln eine große Ursprungsfläche finden müssen. Auch bei den Sauropoda hat die Pneumatisierung wahrscheinlich dieselben Gründe: es sind riesige Tiere, bei denen z. B. ein Halswirbel von 111 cm Länge und 72 cm Höhe bekannt ist. — Bei Vertebrata, die das Wasser niemals verlassen, wird die Größenzunahme natürlich nicht durch das Skeletgewicht verhindert: so können sie viel größer werden als die landbewohnenden Vertebrata ohne daß Pneumatisierung der Knochen auftreten muß (Cetacea).

Die Verbindung der Skeletteile untereinander; die Gelenke.

Über das Entstehen der Gelenke im Laufe der Zeiten wissen wir sehr wenig; unsere Kenntnis der Verbindungen von Skeletteilen bei niederen Vertebrata ist ebenfalls noch sehr beschränkt.

Da knorpelige und knöcherne Skeletstücke durch Umbildung von Bindegewebe entstehen, so müssen sie natürlich auch im Bindegewebe liegen. Wo nun zwei Skeletstücke dicht zusammen liegen, sind sie auch ursprünglich durch Bindegewebe verbunden; das Bindegewebe erlangt dann eine besondere Dichtigkeit und Festigkeit (Abb. 68a). Solche einfache Verbindung wird Syndesmosis genannt. Werden Knochen durch einen schmalen Saum vom Binde-

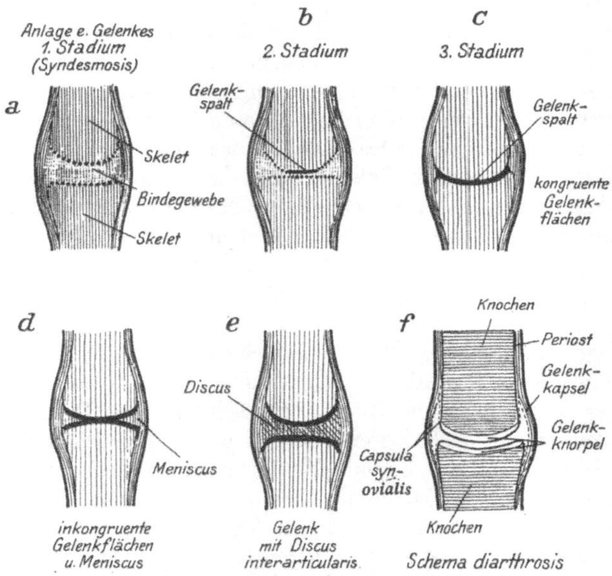

Abb. 68. Schemata, um die Umformung einer Syndesmosis in ein Gelenk zu verdeutlichen. (Nach GEGENBAUR, 1895 B, Abb. 101 bis 104.)

gewebe verbunden, dann spricht man wohl auch von einer Naht oder Sutura. Diese ist kennzeichnend für viele Schädelknochen. Die Bedeutung der Nähte ist wohl die, daß in den Nähten die Schädelknochen weiter wachsen können, während der Zusammenhang der Knochen doch fest bleibt.

Knochen können ferner auch durch Knorpel verbunden sein: Diese Verbindung entsteht dadurch, daß in einem Knorpelstück die Verknöcherung an mehreren Punkten stattfindet; die Knochen wachsen dann auf einander zu, bis ihre Ränder nur durch eine schmale Knorpelschicht geschieden sind. Man nennt dies eine Synchondrosis. Sie ist wichtig für das Wachstum von Knochen zusammengesetzter Form, welche knorpelig angelegt werden: die Wirbel, das Becken und der Hinterhauptteil des Schädels.

Knochen, die durch Syndesmosis oder Synchondrosis verbunden sind, können miteinander verwachsen: Die Verknöcherung greift auf das verbindende Bindegewebe oder den verbindenden Knorpel über. Dadurch entsteht eine Synostosis.

Dies ist eine allgemein beobachtete Verbindung bei ausgewachsenen Knochen allerlei Tiergruppen. Die Verbindung zeigt, wie eng in vielen Fällen der Zusammenhang von Sutura und Synchondrosis mit dem Wachstum des Skelets ist.

Bei der Syndesmosis und Synchondrosis liegt zwischen beiden Skeletstücken ein anderes, in die Skeletstücke übergehendes Gewebe. Man nennt dies mit dem allgemeinen Namen eine Synarthrosis. Die Verbindung von zwei Skeletstücken kann aber auch dadurch unterbrochen werden, daß eine spaltförmige Höhle zwischen beiden liegt: die Verbindung der Skeletstücke geschieht dann durch Bindegewebe, welches den Spalt am Rande umschließt (Abb. 68c). Man spricht dann von einer Diarthrosis, oder einem Gelenk (Articulatio). Die Beweglichkeit der Skeletstücke, welche durch Synarthrosis miteinander verbunden sind, ist natürlich ziemlich gering. Skeletstücke aber, welche durch Diarthrosis miteinander verbunden sind, können eine große und vielseitige Bewegungsmöglichkeit besitzen. Darum steht die Diarthrosis mechanisch höher als die Synarthrosis: die erste ist aus der zweiten entstanden an Punkten, wo höhere Anforderungen an Beweglichkeit und Festigkeit Verbindung beider der Skeletstücke untereinander gestellt wurden. Wo der Gelenkspalt liegt, stoßen die Skeletstücke mit ihren Endflächen direkt gegeneinander; diese Flächen sind stets knorpelig, d. h. die Knochenenden sind mit einer mehr oder weniger dicken Lage von Knorpel überzogen. Knochen scheint weniger geeignet zu sein, um Gelenkflächen zu bekleiden, wahrscheinlich weil er nicht glatt und elastisch genug ist. Wir finden somit Gelenke beinahe stets zwischen knorpelig angelegten Knochen; nur in seltensten Fällen beteiligt sich ein Deckknochen an der Bildung eines Gelenkes; in solchen Fällen ist dann die Gelenkfläche durch neu gebildeten Faserknorpel überzogen. Wir finden dergleichen z. B. zwischen dem Squamosum und dem Dentale, welche das Unterkiefergelenk der Mammalia bilden.

Das Bindegewebe, welches die beiden Skeletstücke miteinander verbindet und um die Gelenkspalte hinläuft, bildet die Gelenkkapsel. Diese Kapsel besteht aus einer äußeren festen Bindegewebsschicht: der Capsula fibrosa, und einer inneren zellreichen und loseren Schicht: der synovialen Membran, Capsula synovialis (Abb. 68f.). Die synoviale Membran umkleidet den Gelenkspalt mit Ausnahme derjenigen Gelenkflächen, welche mit Knorpel bedeckt sind. Die Membran scheidet in den Gelenkspalt eine kleine Menge Flüssigkeit ab, welche zähe und gelb ist: die Synovia; diese hält als Schmiere die Gelenkflächen glatt und erleichtert dadurch das Gleiten. Die Gelenkkapsel ist vergleichbar mit dem Bindegewebe, das bei einer Syndesmosis beide Skeletstücke verbindet. Bei einer Diarthrosis entsteht in diesem Bindegewebe der Gelenkspalt; die Knorpel- und Knochenbildung setzt sich fort bis an den Spalt, so daß allein die äußere Gelenkkapsel übrig bleibt. In einigen Fällen bleiben auch noch Teile des verbindenden Bindegewebes übrig und bilden Falten der synovialen Membran, welche in dem Gelenkspalt liegen. Oder aus dem Bindegewebe entstehen Ringe oder Scheiben, welche aus Faserknorpel bestehen: die Menisci, welche auf verschiedene Weise zur Vervollkommnung des Gelenkes beitragen.

Die Bewegungsmöglichkeit der Gelenke ist sehr verschieden. In einzelnen Fällen ist die Bewegung recht kompliziert; selbst individuell kann sie verschieden sein. Man kann Bewegungen um eine Querachse und um eine Längsachse unterscheiden: die um eine Querachse besteht in Beugung (Flexio) und Streckung (Extensio). Die Bewegung um die Längsachse besteht in Drehungen (Rotatio). Auch Schubbewegungen in einer Ebene, die parallel mit den Gelenkflächen läuft, können vorkommen. Natürlich hängt mit diesen Bewegungen die Form der Gelenkenden zusammen. Diese Form ist oft so kennzeichnend für eine bestimmte

Tiergruppe, so wechselnd von Gruppe zu Gruppe, daß man oft an einer Gelenkfläche ein selbst kleines Skeletfragment erkennen kann.

Der starke Wechsel in Form und Funktion macht eine Typisierung der Gelenke sehr schwierig; wir können hier nur die Haupttypen angeben. Zunächst muß man unterscheiden zwischen dem einfachen Gelenk (Articulatio simplex), in welchem zwei Knochen miteinander ein Gelenk bilden, und dem zusammengesetzten Gelenk (Articulatio composita), an welchem mehrere Knochen teilnehmen (Ellenbogengelenk).

Bei den meisten Gelenken mit einer krummen Gelenkfläche ist das Gelenkende von dem einen Skeletstück zu einem runden Gelenkkopf oder Halbcylinder umgebildet; das gegenüberliegende Skeletstück nimmt dann eine napf- oder rinnenförmige Gestalt an: die Gelenkpfanne. Es kommen aber auch Gelenke vor, bei denen die korrespondierenden Gelenkflächen nicht aufeinander passen. Die Bewegungen in Gelenken mit krummen Ebenen finden statt um Achsen, welche man sich durch den Gelenkkopf gezogen denken muß.

Folgende Einteilung der Gelenke ist gebräuchlich:

1. Gelenke mit hauptsächlich Querachsen. a) Mit einer einzigen Querachse. Die Bewegung ist dann eine Beuge- und Streckbewegung in einer einzigen Ebene. Dieses Gelenk ist das typische Scharniergelenk (Ginglymus): mit cylinderartigem Gelenkkopf und mit damit übereinstimmendem vertieften Gelenknapf. Je mehr der Gelenknapf den Kopf umschließt, um so kleiner ist die Bewegungsgröße. Besondere Kämme, welche in Gruben der korrespondierenden Gelenkebene passen, sorgen weiterhin für ein Festlegen der Bewegung: sie schließen seitliche Bewegungen noch mehr aus. Stehen dergleichen Kämme und Gruben schief und sind sie spiralig geworden, dann findet bei Beugung und Streckung eine seitliche Verschiebung der Skeletstücke gegeneinander statt. Man spricht in solchen Fällen von einem Schraubengelenk.

b) Mit zwei Querachsen. Die Bewegungen finden dann hauptsächlich in zwei senkrecht einander kreuzenden Ebenen statt. Man unterscheidet hierbei das Eigelenk und das Sattelgelenk.

Das Eigelenk (Articulatio ellipsoidea) hat eine ovale Gelenkfläche; die Krümmung in beiden senkrecht aufeinander stehenden Achsen ist gleich gerichtet: in beiden Richtungen konvex oder konkav.

Das Sattelgelenk (Articulatio sellaris) besitzt eine Krümmung, welche in zwei senkrecht aufeinander stehenden Richtungen verschieden ist: in der einen Richtung konvex, in der anderen konkav. Mit dieser sattelförmigen Krümmung der einen Gelenkebene wechselt die der anderen ab. Auf diese Weise werden Drehbewegungen ausgeschlossen, welche bei dem Eigelenk noch möglich sind.

c) Mit vielen Querachsen. Hier wären zu nennen die freien Gelenke oder Arthrodiae. Gelenkkopf und -napf sind hier hauptsächlich kugelförmig gekrümmt: dadurch wird eine Beweglichkeit nach allen Richtungen hin ermöglicht, gepaart mit Drehbewegungen. Die gewöhnliche Form ist das einfache Kugelgelenk (Articulatio globoidea). Hier ist die kugelförmige konvexe Gelenkebene viel größer als der Gelenknapf: auf diese Weise entsteht genug Raum für das Gleiten auf der kleineren Napffläche. Bei dem Nußgelenk (Enarthrosis) umfaßt der Gelenknapf mehr als die Hälfte des Gelenkkopfes: dadurch werden die Bewegungen stark beschränkt. — Typisch für all diese Gelenkformen ist es, daß der sich bewegende Knochen einen Kegelmantel beschreiben kann.

2. Gelenke mit einer Längsachse. Die Längsachse läuft parallel der Längsachse der Skeletstücke, welche das Gelenk formen. Dies sind Drehgelenke (Articulatio trochoidea): das eine Skeletstück dreht sich gegenüber dem anderen

um die Längsachse beider Knochen (z. B. bei dem Gelenk zwischen dem ersten und zweiten Halswirbel).

3. Schlittengelenke. Die Bewegungen erfolgen in paralleler Richtung mit den Gelenkebenen. Rinnenform der einen Gelenkebene, Rollenform der anderen Ebene geben diesem Gelenk oft die Form eines Scharniergelenks; aber dadurch, daß das Gelenk in seiner Bewegung gebunden ist an ein zweites gleich gebautes Gelenk, weiterhin durch den Stand der Gelenkebenen und durch die Richtung des Muskelzuges wird die ganze Bewegung eine schiebende (z. B. die Gelenke zwischen den Processus articulares der Wirbel).

4. Gelenke mit ziemlich flachen, stark übereinstimmenden Gelenkebenen und mit kräftigen Bändern, die nur sehr wenig Bewegungen zulassen. Dies sind die straffen Gelenke oder Amphiarthroses. Als Beispiel kann das Gelenk zwischen dem Becken und dem Os sacrum dienen. Da die Gelenke in der Regel wohl unter dem Einfluß der Muskeln durch die Bewegung entstanden sind, so kann man für solche straffen Gelenke annehmen, daß sie aus den freieren Gelenken sich entwickelt haben.

Die Abschnitte des Skelets.

Das Knorpelskelet ist bei den Cyclostomata gering entwickelt: sie besitzen ein Kopf- und Kiemenskelet, außerdem die Petromyzontes auch Knorpelstücke um das Rückenmark und die Chorda dorsalis, sowie zur Stütze der unpaaren Flossen (Abb. 69). Die eigentliche Stütze aber für den Gesamtkörper wird, wie ja auch bei Amphioxus, durch die Chorda dorsalis geboten, zusammen mit

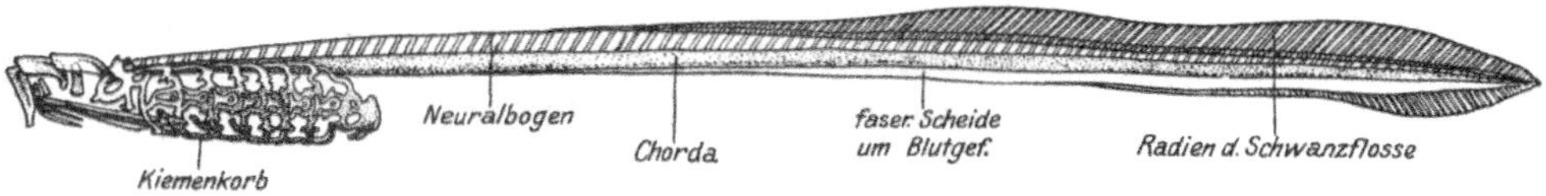

Abb. 69. Skelet eines Cyclostomen (Petromyzon).

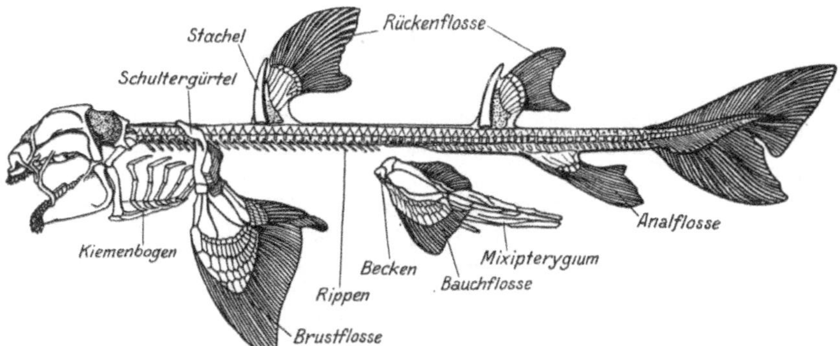

Abb. 70. Skelet eines Elasmobranchiers (Cestracion). (Beide nach DEAN, 1895, Abb. 69 A und 84.)

dem Bindegewebe. Von einer eigentlichen Wirbelsäule kann also nicht gesprochen werden. Da die paarigen Flossen fehlen, fehlen natürlich auch die dazugehörigen Skeletstücke.

Erst bei den gnathostomen Pisces finden wir das Skelet in seinen Hauptteilen. Es treten hier auf (vgl. Abb. 70):

1. Das Kopfskelet. Es wird gebildet erstens aus einer Kapsel für das Gehirn und für die Sinnesorgane: dem Neurocranium; zweitens aus einer Anzahl von Skeletbogen um den Vorderteil des Darmes: die visceralen Bögen, von denen der erste als Kiefer gebraucht wird, die anderen als Kiemenbogen die Kiemenregion stützen.

2. Die Wirbelsäule und die damit zusammenhängenden Rippen.

3. Skeletstrahlen oder Radien, welche die unpaaren Flossen stützen. Diese gehen bei der Schwanzflosse stets von der Wirbelsäule aus; bei den anderen unpaaren Flossen (Rückenflosse, Analflosse) manchmal nicht, manchmal wohl.

4. Das Skelet der paarigen Flossen: dies besteht aus einem Skelet in den Flossen selbst und aus einem Stützskelet in den Rumpfmuskeln: dem Schulter- und Beckengürtel; an diesen sind die Flossen beweglich befestigt.

Das Skelet hat zwei Bedeutungen. Es bildet einen Schutz für wichtige Organe, z. B. für das Zentralnervensystem und die Sinnesorgane gegen den Druck benachbarter Organe und gegen Schädigungen, die von außen einwirken. Zweitens ist das Skelet ein Stützorgan, an welchem sich die Muskeln ansetzen und von dem sie entspringen, welches die Kiefer bildet, die Zähne trägt und dadurch das Greifen von Nahrung mit dem Munde ermöglicht. Bei den Pisces stützt das Skelet weiterhin als Kiemenbogenskelet die Kiemen, die Kiemenspalten und die dazugehörigen Muskeln; auf diese Weise sind die Muskeln imstande, durch Vergrößerung und andererseits durch Zusammendrücken des Kiemendarmes das Atmungswasser anzusaugen und längs den Kiemen herauszupressen. — Hauptsächlich aber ist das Skelet als Stützorgan wichtig bei der Fortbewegung: bei den Pisces ist das Hauptfortbewegungsorgan die Schwanzflosse, welche durch starke seitliche Krümmungen des Körpers bewegt wird, hauptsächlich des caudalen Teiles. Die Rumpfmuskeln finden die für diese Bewegungen notwendige Stütze in der Wirbelsäule. Die auf diese Weise vorwärts stoßende Kraft wäre jedoch nicht imstande, das Tier mit Schnelligkeit und Sicherheit in einer bestimmten Richtung zu treiben, wenn keine Wirbelsäule und kein Kopfskelet anwesend wären. Erst Wirbelsäule und Kopfskelet machen den Vorderteil des Körpers zu einem festen Ganzen, geeignet das Wasser zu durchbohren. Die Wirbelsäule überträgt den von der Schwanzflosse ausgehenden Druck auf den Kopf: sie ist denn auch fest mit dem Kopf verbunden ohne ein bewegliches Hinterhauptgelenk. Die Rücken- und Analflossen sowie die paarigen Flossen dienen der Steuerung; nur selten haben sie einen Anteil an der Fortbewegung selbst. Ihre Verbindung mit dem Achsenskelet pflegt darum auch lose zu sein; oft fehlt diese Verbindung ganz, so daß eine Befestigung der Flossen in und durch die Rumpfmuskelmasse genügend erscheint. Nur bei den Brustflossen, die für das Steuern und für eine langsame Fortbewegung oft wichtig werden, ist eine gewisse „Neigung" zu beobachten, mittels des Schultergürtels einen festeren Zusammenhang mit dem Kopfskelet zu erreichen. Bei Formen, die ausschließlich mit den Brustflossen schwimmen, entsteht dann auch eine feste Verbindung mit der Wirbelsäule (z. B. bei den Rajidae).

Die Bewegungen im Fischskelet bestehen aus den genannten Gründen vorwiegend in Beugungen: der Aufbau aus zahlreichen Skeletstücken, welche nur durch Bindegewebe miteinander verbunden sind (syndesmotisch), erscheint hierfür geeignet. Das Skelet ist sehr elastisch. Gut entwickelte Gelenke mit einem Gelenkspalt (Diarthrosen) sind nicht zahlreich: sie wurden z. B. bei dem Unterkiefergelenk beobachtet und bei den Gelenken der paarigen Flossen mit dem Schulter- und Beckengürtel (LUBOSCH 1910).

Bei den Landtieren ändern sich die Ansprüche, die an das Skelet gestellt werden (Abb. 71). Das Skelet muß wegen des größeren Körpergewichtes in der

Luft viel fester werden. Es muß also der weitaus größte Teil des Skelets aus Knochen bestehen. Zweitens muß an Gewicht gespart werden; darum kann die erhöhte Festigkeit des Skelets nicht durch eine größere Dicke der Skeletteile erreicht werden. Wir beobachten in diesem Zusammenhang, daß die Skeletstücke schlank werden.

Die Fortbewegung geht natürlich aus von den Extremitäten (Füßen), welche den Körper heben und fortdrücken oder anziehen müssen. An Stelle von elastischen Flossen finden wir Hebelsysteme, deren Teile durch Gelenke miteinander verbunden sind, und welche durch Zehen am Boden festen Halt bekommen können. Am kräftigsten sind die Hinterextremitäten gebaut: die von ihnen ausgehende fortdrückende Kraft wird auf die Wirbelsäule übertragen; hiermit hängt es zusammen, daß das Becken mit einem oder mehreren Wirbeln fest verbunden ist (Beckenwirbel oder sacrale Wirbel). Die Vorderextremitäten sind weniger wichtig für die Fortbewegung: damit im Zusammenhang ist denn auch der Schultergürtel nur durch Muskeln mit dem Rumpfskelet verbunden. Die unpaaren Flossen sind natürlich verschwunden. Der hinter dem Becken liegende Körperteil: der Schwanz, dient als Balanzierorgan, und unterstützt wohl auch durch seine Bewegungen das Fortkommen, wie bei den Lacertilia; ferner kann er ein Greiforgan sein. In jedem Falle aber ist der Schwanz weniger wichtig wie bei den Pisces und

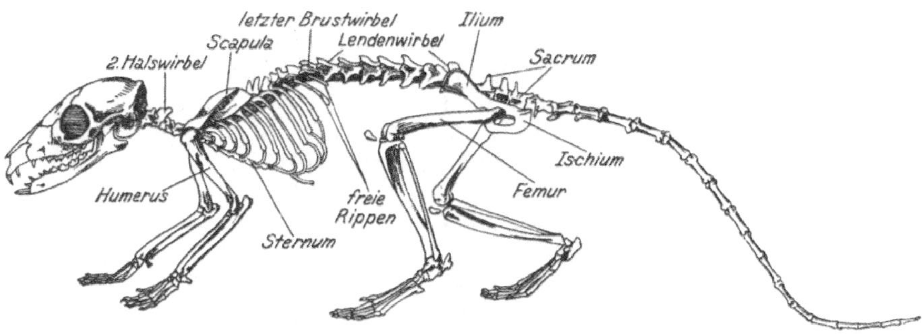

Abb. 71. Skelet von einem Mammalier (Tupaja), der auf Bäumen läuft. (Nach GREGORY, 1910, Abb. 22 A.)

wird häufig zu einem Anhängsel des Rumpfes zurückgebildet. Bei der kriechenden Fortbewegung beobachten wir mehr oder weniger starke und schnelle Krümmungen der Wirbelsäule: im Zusammenhang damit entstehen zwischen den Wirbeln Gelenke. Die Elastizität der Wirbelsäule, welche so wichtig ist für die schwimmende Fortbewegung mit dem Schwanze, wird stark vermindert. Die Verbindung zwischen Kopf- und Wirbelsäule wird durch die Bildung von einem Hinterhauptsgelenk in eine bewegliche umgebildet: dadurch entsteht eine größere und schnellere Beweglichkeit des Kopfes, welche für das Greifen der Beute, zur Abwehr und zum Angriff von Vorteil ist. Die Beweglichkeit des Kopfes wird bei den höheren Landtieren noch dadurch vermehrt, daß der Schultergürtel seine Lage dicht hinter dem Kopf aufgibt und mehr caudal zu liegen kommt: dadurch entsteht zwischen Kopf und Rumpf ein besonders beweglicher Hals.

Eine weitere Komplikation tritt dadurch auf, daß bei den Amnioten ein Brustkasten entsteht: ein beweglicher Pumpapparat für die Lungenatmung; im Zusammenhang hiermit beobachten wir, daß die Rippen einer Anzahl vorderer Rumpfwirbel lang werden und weiterhin ventral ein Sternum bilden. So sehen wir die Wirbelsäule, welche bei den Pisces nur aus Rumpf- und Schwanzregion besteht, sich bei den Landwirbeltieren aufteilen in eine Hals-, Brust-, Lenden-, Becken- und Schwanzregion.

Gleichzeitig mit dem Aufgeben der Kiemenatmung sehen wir eine Rückbildung des Kiemenskelets auftreten. Es verschwindet jedoch nicht ganz, da es neue Aufgaben übernehmen muß: als Zungenbeinskelet, als Teil des Kehlkopfes und als Gehörknöchelchen: alles Organe, die mit dem Landleben im Zusammenhang stehen.

Die schnelleren Bewegungen auf dem Lande, die festere und doch bewegliche Verbindung der einzelnen Skeletteile, welche durch das größere Körpergewicht in der Luft notwendig werden —: beide lassen in zunehmendem Maße hoch entwickelte Gelenke entstehen.

In diesen Besonderheiten müssen wir Anpassungen an das Landleben sehen. Das wird bewiesen durch Veränderungen, welche auftreten, wenn Landwirbeltiere wieder zum Wasserleben übergehen: sie passen sich dann in einer Weise an, die sie den Pisces ähnlich macht. Solches beobachten wir z. B. bei den Cetacea und den Ichthyosauria, die auch mit Hilfe einer Schwanzflosse schwimmen: die Hintergliedmaßen verlieren dann mehr an Bedeutung und werden gleichzeitig mit dem Becken rückgebildet. Dadurch verschwinden auch die Sacralwirbel. Der Kopf muß wieder fest an dem Rumpfe befestigt sein: die Halswirbelsäule wird also reduziert durch Verkürzung und Verschmelzung der Halswirbel. Die Gelenke der Wirbelsäule verschwinden: dicke Bindegewebescheiben erhöhen die zurückschnellende Elastizität der Wirbelsäule (Cetacea). Die vorderen Gliedmaßen, bei Nichtverschwinden auch die hinteren Gliedmaßen, werden zu elastischen Flossen umgebildet: dies geschieht durch Verkürzung der langen Knochen und Vermehrung der Fingerskeletteile. Im Verband damit werden die Gelenke umgebildet zu straffen Gelenken (Amphiarthroses). Die Struktur des Knochengewebes wird loser (poröser) unter dem Einfluß der geringeren Anforderungen, die im Wasser an seine Festigkeit gestellt werden.

Schwimmen die Tiere im Gegensatz dazu nicht mit einer Schwanzflosse, sondern mit ihren Gliedmaßen (Plesiosauria, einige Wasserschildkröten), dann entstehen teilweise andere Anpassungen an das Wasserleben: Schultergürtel und Becken werden dann sehr kräftig, der Hals bleibt oft gut entwickelt. Eine Zurückkehr zu einem fischähnlichen Bau tritt in solchen Fällen nicht auf. Das ist wohl ein Beweis dafür, daß der fischähnliche Bau zu der Fortbewegung durch eine Schwanzflosse in Beziehung steht.

Eine besonders wichtige Anpassung ist die Anpassung der Aves an ihre fliegende Lebensweise (Abb. 72). Ersparung an Knochenmaterial, um das Gewicht zu verringern, scheint die erste Notwendigkeit zu sein: so beobachten wir eine starke Pneumatisierung größerer oder kleinerer Skeletteile; nur das Os jugale und die Scapula sind niemals pneumatisch. Andererseits ist die Belastung des Skelets durch die schnelle Fortbewegung und die enorme Kraft der Flugmuskeln sehr groß; somit ist das Skelet sehr fest gebaut: Nähte zwischen den Knochen verschwinden, sobald das Wachstum es zuläßt. Die Umbildung der Vorderextremitäten zu Flügeln hat noch weitere direkte und indirekte Folgen für andere Skeletteile. Ein besonders fester Brustkasten wird notwendig für den Ursprung der Flugmuskeln und wegen des großen Druckes, welchen der Luftwiderstand beim Fliegen auf den Brustkasten ausübt; andererseits muß er für die schnelle Atmung beweglich bleiben. Die Vorderextremitäten fallen für das Laufen fort: somit ruht das gesamte Körpergewicht auf den Hinterextremitäten; im Verbande damit entsteht ein sehr großes Becken, welches mit auffallend viel Wirbeln verbunden ist. Auch muß bei dem Gang auf den Hinterextremitäten der Rumpf vorn kurz sein, um den Schwerpunkt soweit als möglich nach hinten zu verlegen; das ist um so mehr notwendig, weil der Schwanz, welcher ein Gegengewicht bilden könnte, sehr kurz ist; diese Kürze steht wieder im Zusammenhang mit der Bedeutung des Schwanzes als Steuerorgan während des Fluges. Da die

Nahrung nicht durch die Vorderextremitäten ergriffen werden kann und die Tiere ziemlich hoch auf ihren Hinterextremitäten stehen, muß der Hals lang und beweglich sein; der Kopf ist damit im Zusammenhang leicht gebaut und nicht zu groß. So sehen wir, daß fast alle Skeletstücke bei den Aves durch das neu erworbene Flugvermögen und durch den Gang auf den Hinterextremitäten beeinflußt werden.

Jede Veränderung der Lebensweise hat eine Veränderung des Skeletbaues zur Folge. Wir beobachten Anpassungen an die kriechende, laufende, grabende,

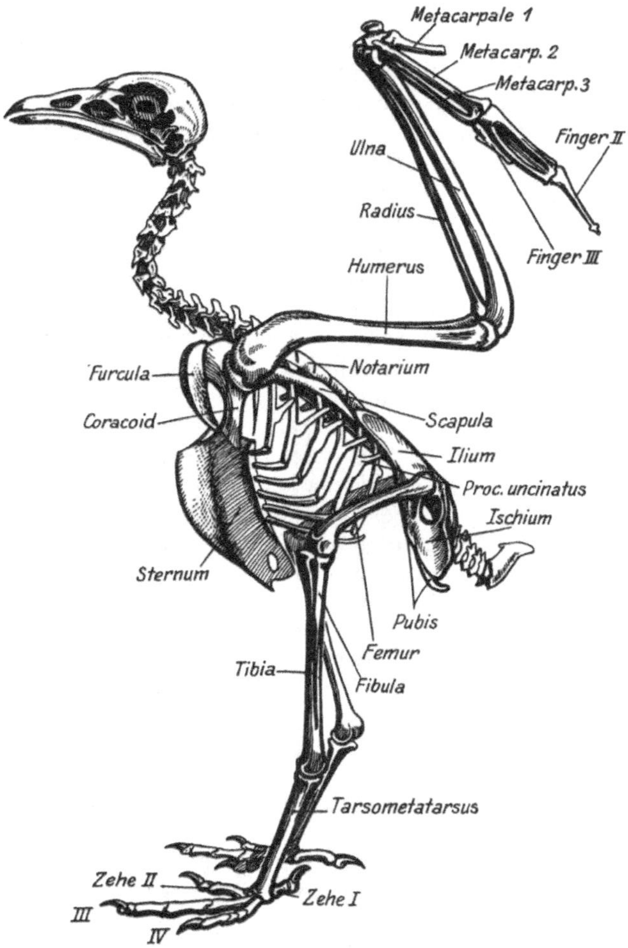

Abb. 72. Skelet von Neophron percnopterus. (Nach Claus-Grobben, 1917, Abb. 946.)

schwimmende, flatternde und schließlich fliegende Lebensweise. Zu solchen Lebensweisen sind Tiere aus den verschiedensten Stämmen übergegangen; die Lebensweise hat also umformend eingewirkt auf verschieden gebaute Skelette; so kommt es, daß das Ergebnis nicht überall dasselbe sein kann. In diesen parallelen oder konvergenten Umbildungen kommt aber gerade das Wesentliche der Anpassungen besonders deutlich zum Ausdruck. In diesem Buch können wir auf diese Anpassungsfrage nicht sehr tief eingehen; wer sich darüber unterrichten will, vergleiche Abel 1912 und Hilzheimer-Haempel 1913.

B. Die Wirbelsäule.

Die Chorda dorsalis oder Notochord.

Über die Herkunft der Chorda dorsalis wissen wir sehr wenig. Bei einzelnen isoliert stehenden Gruppen der wirbellosen Tiere, bei den Pterobranchia und den Enteropneusta, beobachten wir einen Darmanhang, welcher vielleicht mit der Chorda homolog ist. Bei den Tunicata und bei Amphioxus (Abb. 621 a. S. 514) entsteht die Chorda embryonal aus einem mediodorsalen Streifen des Entoderms, also auch aus der Darmwand; diese Entstehungsweise ist noch weiterhin erkennbar bei den Cyclostomata und Amphibien. Bei den meisten Vertebrata dagegen hat die Chorda ihren deutlichen Zusammenhang mit dem Entoderm verloren; sie wird in Verbindung mit dem Mesoderm direkt aus dem Ectoderm angelegt. Man darf annehmen, daß in diesem letzten Falle sich die Bildung der Keimblätter unter dem Einfluß des großen Dotterreichtums im Ei stark geändert hat; dann wäre die Bildung vom Entoderm aus, wie wir sie bei Amphioxus und dem niederen Vertebrata beobachten, die mehr ursprüngliche. Hieraus würden wir also den Schluß ziehen können, daß die Chorda eine Differenzierung der dorsalen Darmwand ist. Wir wissen aber nicht, ob sie schon bei ihrem ersten Entstehen die Funktion eines Stützorgans besaß.

Die Chorda ist nicht überall gleichmäßig entwickelt: bei den Tunicata liegt sie nur im hinteren, schwanzförmigen Körperteil und dringt gar nicht oder nur wenig in den Rumpf (Urochordata). Sie ist hier bei den meisten Formen ein Larvenorgan, da der Schwanz meist abgeworfen wird; nur bei den Appendicularia ist die Chorda ebenso wie der Schwanz bleibend.

Bei Amphioxus (Abb. 66, S. 59) erstreckt sich die Chorda über den ganzen Körper: von vorderster Körperspitze, bis zum Ende des Schwanzes (Cephalochordata).

Bei den Vertebrata reicht die Chorda nicht bis zum Körpervorderende, sondern nur bis zur Höhe der Augen, dicht hinter der Hypophyse, mit deren Anlage sie im Zusammenhang steht (Woerdeman 1913). Diese Tatsache kann in Verbindung gebracht werden mit der Entwicklung des Kopfes, vor allem des Gehirnes, der Sinnesorgane und der Kiefer, welche cranial der Chordaspitze Raum für ihre Ausdehnung finden.

Bei dem Embryo der Pisces und Amphibia ordnen sich die Chordazellen in einer Reihe hintereinander, wobei sie eine stark abgeplattete Form annehmen; sie liegen dann wie die Münzen einer Geldrolle hintereinander (Abb. 73). Die Centrosomen ordnen sich gleichzeitig hintereinander in der Längsachse; von ihnen geht eine starke Strahlung des Protoplasmas aus. Der Querschnitt der Chorda wird somit fast rund. Die Chorda ist bereits in diesem Zustande ein Stützorgan für den Embryokörper, auf einem Stadium, in welchem noch kein festes Bindegewebe oder Knorpel gebildet ist. Vielleicht ist die Chorda auf diesem Stadium auch für das Längenwachstum des Körpers von Bedeutung. Später treten in einem Teile der Zellen große Vacuolen auf; die anderen Zellen kommen am Rande der Chorda zu liegen und bilden so einen Mantel: das sogenannte Chordaepithel (Abb. 75). Nun bekommt die Chorda einen starken Turgordruck durch Bildung von Vacuolen in den Zellen; dazu tritt bei den Tetrapoda wahrscheinlich auch eine Abscheidung von einer Turgorflüssigkeit zwischen den Zellen (Field 1895).

Daraufhin beginnt die Chorda eine feste Scheide zu bilden. Der Anfang der Chordascheide ist als eine dünne Cuticula bereits vorhanden während der Vacuolenbildung (Abb. 74). Später scheidet das Chordaepithel an der Innenseite dieser

Cuticula eine fibrilläre Innenwand ab: die sekundäre Chordascheide (KLAATSCH 1895, 1897). Die bereits vorhandene Cuticula wird zur äußeren elastischen Chordascheide (Membrana elastica externa oder primären Scheide; KLAATSCH) (vgl. Abb. 73, 74). Beide Scheiden sind bei ihrer Bildung zellfrei. Die Dicke der faserigen sekundären Scheide beträgt bei größeren Pisces oft mehrere Millimeter, z. B. bei Acipenser.

Bei den Tetrapoda besitzen die Chordascheiden eine viel geringere Dicke als bei den Pisces; dies steht in Beziehung zu der geringeren Bedeutung der Chorda. Außerhalb der Chordascheiden bildet bei allen Vertebrata das umgebende Bindegewebe eine dichtere, kernreiche Schicht (Abb. 76). In ihr findet die Skeletbildung statt (skeletoblastische Schicht, SCHAUINSLAND 1905); diese Schicht ist sehr verschieden entwickelt. Zellen dieser Schicht dringen häufig in die sekundäre Chordascheide ein und verändern sie zu einer zellreichen Gewebslage.

Die Chorda ist die Achse, um welche sich die Wirbelkörper bilden: diese Körper ergänzen ihre Funktion als Stützorgan und übernehmen sie schließlich gänzlich. Somit ist die Chorda überall schlecht entwickelt, wo die Wirbel gut entwickelt sind. Wir finden eine gut entwickelte Chorda bei Amphioxus, den Cyclostomata, Acipenseridae und Dipnoi: alles träge, langsame Schwimmer,

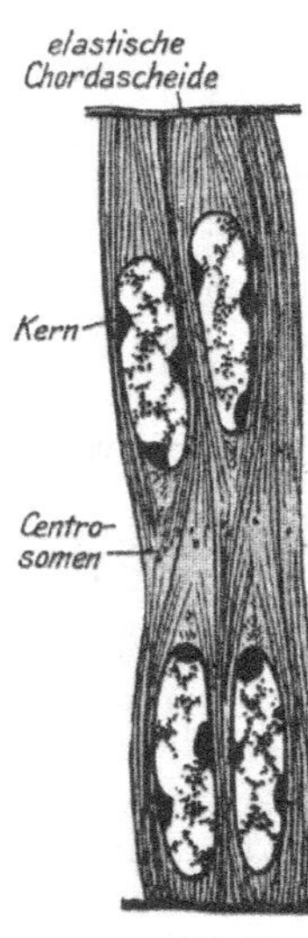

Abb. 73.

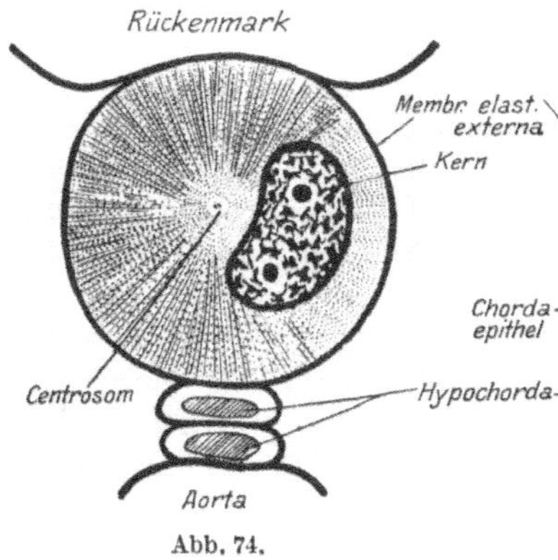

Abb. 74.

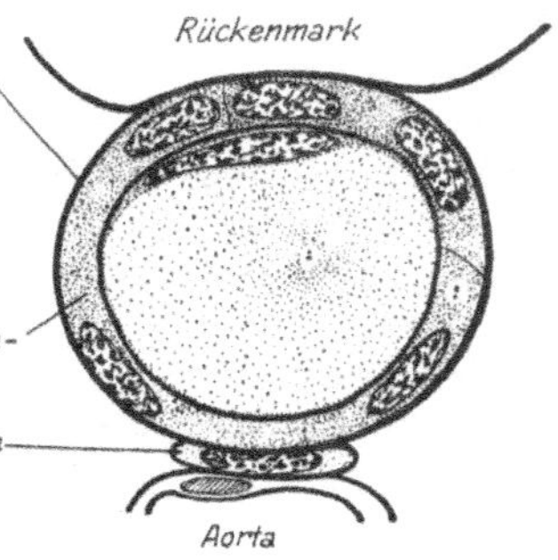

Abb. 75.

Abb. 73—75. Entwicklungsstadien der Chorda dorsalis.

Abb. 73. Geldrollenstadium eines Embryos von Acanthias, Längsschnitt. In den Chordazellen sind noch keine Vacuolen vorhanden und die primäre Chordascheide ist äußerst dünn. — Abb. 74. Geldrollenstadium eines Embryos von Muraena, Querschnitt. — Abb. 75. Älteres Stadium von Muraena, Querschnitt, mit Vacuolen und Chordaepithelzellen. (Nach BOEKE, 1908, Abb. 7 und 1902, Abb. 2, 7.)

an deren Skelet keine hohen Anforderungen gestellt werden. Aber schon bei den Selachii, welche sehr schnelle Schwimmer sind, beobachten wir gut entwickelte Wirbelkörper; somit tritt die Chorda stark zurück. Der Selachier Somniosus microcephalus läßt indirekt erkennen, daß die Anforderungen der Fortbewegung die Bildung von Wirbelkörpern beeinflussen: er lebt als große Form im tiefen Wasser; damit im Zusammenhang ist die Chorda wieder sekundär sehr gut entwickelt; das Knorpelskelet ist zurückgebildet, weich und unverkalkt, wie wir es bei trägen Schwimmern beobachten.

Bei ausgestorbenen primitiven Landwirbeltieren war vielleicht noch eine gut entwickelte Chorda vorhanden, da die Wirbelkörper oft als hohle Knochencylinder gefunden werden; doch ist es recht zweifelhaft, ob die Chorda hier wirklich kräftig normal entwickelt war, denn wir wissen nicht, wieviel Knorpel bei diesen fossilen Formen in der Wirbelsäule steckte; auch die knöchernen Wirbelkörper einiger lebender Reptilia sind ja durchbohrt, doch läuft die Chorda hier nicht durch, da sie in der Mitte der Wirbelkörper durch einen Knorpel unterbrochen wird, den Chordaknorpel. Über den Ursprung dieses Knorpels ist man nicht einig: einige Untersucher betrachten ihn als abstammend von den vacuolisierten Chordazellen (GEGENBAUR 1862, GOETTE 1875, 1894, PUSANOW 1913); andere erblicken in ihm das Produkt der Chordaepithelzellen (SCHAUINSLAND 1905, GEORGI 1911, 1). Stammt, wie GEORGI meint, das Chordaepithel vom Mesoderm, so wäre der Chordaknorpel auch mesodermal, also kein Produkt echter, entodermaler Chordazellen.

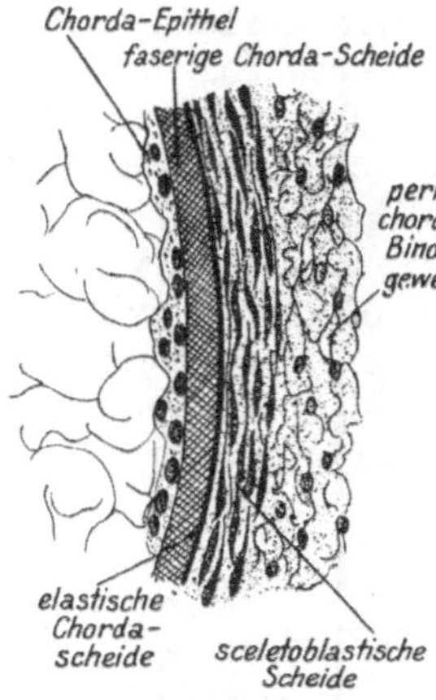

Abb. 76. Chordascheiden bei einer 41 mm langen Larve von Alytes obstetricans, Querschnitt. (Nach BERGFELDT aus SCHAUINSLAND, 1905, Abb. 279.)

Das Landleben verlangt eine gut entwickelte Wirbelsäule: die Chorda wird zurückgebildet zu größeren oder kleineren Resten. Diese Reste liegen entweder zwischen den Wirbelkörpern oder in ihnen; zwischen den Wirbelkörpern z. B. als Nucleus pulposus in den Zwischenwirbelscheiben der Mammalia. Als ein Stützorgan spielt die Chorda bei allen lebenden Amniota keine Rolle mehr; sie bildet keine feste Scheide. Die merkwürdige Tatsache, daß die Chorda stets angelegt wird, findet vielleicht ihre Erklärung darin, daß die Chorda eine Rolle spielt als ein Stützorgan für den Embryo und als ein Organ, um welches sich die Wirbelkörper bilden.

Unter der Chorda und mit ihr parallel verlaufend finden wir bei den Embryonen der Anamnia ein schlankeres stabförmiges Organ: die Hypochorda (Abb. 74, 75). Sie bildet sich nach der Chorda aus dem Entoderm der dorsalen Darmwand. Wir beobachten an ihr eine oberflächliche Scheide. Sie ist bekannt bei Vertretern aller großen Gruppen der Anamnia, fehlt aber bei Amphioxus. Vielleicht wird sie auch noch bei einigen Amniota angelegt (USSOFF 1906). Die Bedeutung der Hypochorda ist unbekannt und vermutlich nicht groß, da sie bald nach ihrer Anlage wieder verschwindet.

Die knorpelige und knöcherne Wirbelsäule der Pisces.

Bei den Cyclostomata, bei welchen noch keine eigentlichen Wirbel vorkommen, wird das Rückenmark dadurch gegen Druck beschützt, daß es in einem Raum liegt, welcher durch ein festes Bindegewebe umgeben wird; mit lockerem Bindegewebe ist der Raum dann angefüllt (Abb. 65, S. 58). Dasselbe feste Bindegewebe bildet unter der Chorda, soweit die Leibeshöhle sich ausstreckt, eine paarige Leiste, welche nach unten und zur Seite hinausragt; auf diese Weise entsteht eine Grube, worin die dorsale Aorta und eine Vene liegen und beschützt werden. Nach hinten von der Leibeshöhle sind diese Leisten zu einem Kanal geschlossen, in welchem sich die Blutgefäße befinden.

Ein solches Bindegewebeskelet muß als ursprünglich für alle Vertebrata angenommen werden: in einem derartig angeordneten Bindegewebe entstand nämlich bei allen Vertebrata das Skelet der Wirbelsäule. Wenn die Wirbelsäule sich mehr und mehr entwickelt, tritt das Bindegewebe in den Hintergrund.

Schon bei den Cyclostomata finden wir knorpelige Skeletstücke in dem Bindegewebsskelet: bei den Petromyzontes, nicht bei den Myxinoidea. Die Skeletstücke sind unregelmäßig stabförmig, vertikal gerichtet; sie liegen in jener Bindegewebsmembran, welche den Kanal für das Rückenmark bildet (Abb. 65 auf S. 58 und Abb. 69 auf S. 68). Durch diese paarigen Stücke wird die Wand des Kanals gestützt. Man nennt diese Knorpelteile wegen ihrer Bogenform und ihrer Lage um das Rückenmark neurale (oder obere) Bogenstücke. Sie bilden zusammen den neuralen (oder oberen) Bogen. Es ist eigentümlich, daß bei jedem Körpersegment (angegeben durch die Myomeren, durch die segmentalen Blutgefäße und durch die Spinalnerven) nicht ein, sondern zwei solcher Bogenstücke an jeder Seite des Rückenmarks liegen: also doppelt so viel Paare als Körpersegmente vorhanden sind. Am kräftigsten sind die neuralen Bogenstücke hier in dem caudalen Teile des Rumpfes und am Schwanze entwickelt. Cranial werden sie kleiner und unregelmäßiger. Dicht hinter dem Kopf sind die Bogenstücke wieder größer und regelmäßiger.

Auch das Achsenskelet des Acipenser wird durch Knorpelstücke in der Form von Bögen verstärkt (Abb. 77). Hier finden wir neben den neuralen Bogenstücken auch ventrale: diese werden hämale Bogenstücke genannt, da sie jene Blutgefäße umfassen, welche ventral der Chorda verlaufen. Ein Paar Bogenstücke formen zusammen den (unteren oder) hämalen Bogen. Bei Acipenser sind diese Skeletstücke viel größer als bei Petromyzontes: sie schließen dorsal und ventral der Chorda aneinander und sind durch Syndesmose miteinander verbunden. An einzelnen Stellen sind sie verknöchert; aber dieser Prozeß tritt spät auf und schreitet nur langsam fort. An beiden Seiten bleibt eine kurze Strecke lang die Chordascheide sichtbar; die Wirbelkörper fehlen noch ganz. Zwischen diesen regelmäßig segmental angeordneten Bogenstücken liegen je damit abwechselnde kleinere Knorpelstücke: die Intercalaria. Sie bilden ebenfalls Bögen: somit kommen auch bei Acipenser in jedem Körpersegment zwei Paar dorsale und zwei Paar ventrale Bogenstücke vor. In der Rumpfregion schließen die hämalen Bogenstücke nicht aneinander, so daß eine offene Rinne entsteht; in der Schwanzregion dagegen treten sie ventral der Aorta dorsalis und der Vena caudalis zusammen: auf diese Weise formen sie geschlossene hämale Bögen, ebenso wie die oberen Stücke die neuralen Bögen bilden. An die neuralen Bögen, und im Schwanze auch an die hämalen Bögen, schließt sich noch ein medianes unpaares Stück an: der Processus spinosus (Dornfortsatz). Dieser Processus ist oft an der Basis gegabelt, hat stets einen eigenen Knorpelkern und verknöchert selbständig (Abb. 77).

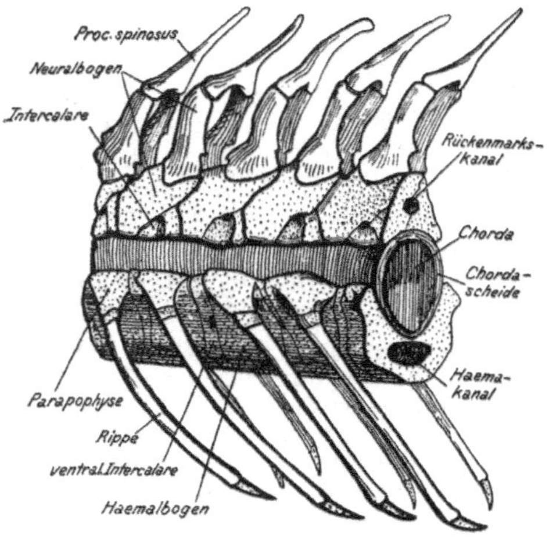

Abb. 77. Teil der Wirbelsäule von Acipenser sturio, aus dem hintersten Teil des Rumpfes. Von lateral und etwas von hinten gesehen. Der Knorpel ist punktiert, der Knochen glatt. (Nach Bridge, 1904, Abb. 115.)

Ungefähr auf derselben Höhe der Differenzierung steht die Wirbelsäule der Dipnoi und der Holocephali. Sie besitzen wie Acipenser eine gut entwickelte Chorda und keine Wirbelkörper (da Wirbelkörper auch Centra genannt werden, bezeichnet man dann solche Wirbel als acentrisch). Sie besitzen kräftige neurale und hämale Bogenstücke, zwischen denen oft mehr oder weniger regelmäßige Intercalaria liegen. Auch bei den fossilen Pisces, vor allem aus älteren Erdschichten, ist diese acentrische Form der Wirbelsäule allgemein; daraus ist zu schließen, daß dieser Wirbeltypus voraufging einem differenzierteren Typus, in welchem nun Wirbelkörper (Centra) gebildet werden; diese verdrängen die Chorda mehr und mehr. Dadurch wird die Achse der Wirbelsäule viel fester und besser geeignet, um denjenigen Druck vom Schwanz auf Rumpf und Kopf zu übertragen, welcher durch die Bewegungen der Schwanzflosse entsteht. Das Auftreten von Wirbelkörpern bedeutet somit einen bedeutenden Fortschritt im Schwimmvermögen.

Bevor wir das Entstehen der Wirbelkörper und die damit verbundene höhere Differenzierung der Wirbelsäule näher beschreiben, müssen wir noch auf eine eigentümliche Beobachtung weisen: in jedem Körpersegment finden wir nicht ein, aber meist zwei Paar hintereinander gelegene neurale und hämale Bogenstücke. Schon bei den Petromyzontes haben wir auf diese Verdoppelung hingewiesen. Bei sehr vielen Pisces zeigt sich diese Verdoppelung auch durch das Auftreten von Intercalaria zwischen den neuralen und hämalen Bögen. Wo wir diese Doppelanlage bei erwachsenen Tieren vermissen, hat sie meist embryonal nachgewiesen werden können. So ist es nicht mehr zweifelhaft, daß wir in der Verdoppelung einen primitiven Zustand erblicken müssen. In einigen Fällen sind selbst die Wirbelkörper verdoppelt, so daß dann auf jedes Körpersegment zwei vollständige Wirbel kommen: der Zustand der Diplospondyli. Wir werden später auf diese Erscheinung noch zurückkommen; sie findet sich bei den Amiodei unter den Pisces und bei einigen sehr primitiven Landvertebrata.

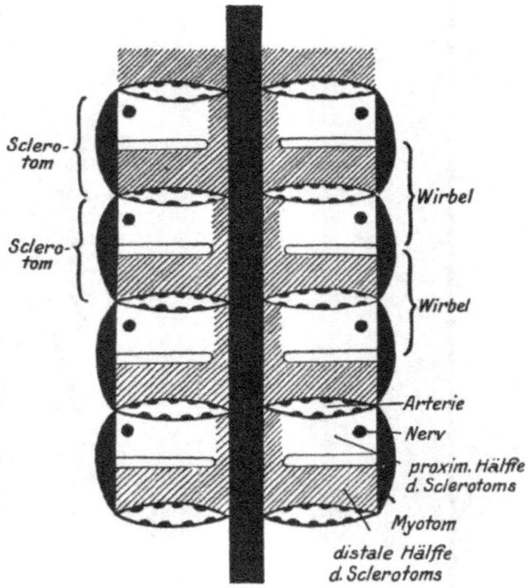

Abb. 78. Das Verhältnis der Sclerotome zu den Wirbeln. Der schwarze Strich in der Mitte ist die Chorda. (Nach BARGE aus V. D. BROEK, BOEKE en BARGE, Bd. 1, 1922, S. 42.)

Eine Erklärung für diese Verdoppelung wird vielleicht durch die Entstehungsweise der Wirbel gegeben (SCHAUINSLAND 1905): die Zellbausteine, aus denen das Wirbelsäulenskelet aufgebaut wird, entstehen aus den Ursegmenten, und zwar aus der ventralen Hälfte ihrer medialen Wand, die der Chorda zugekehrt ist. An dieser Stelle werden die Zellen nicht zu Muskelzellen umgeformt, nehmen also keinen Anteil am Aufbau der Myotome. Dieser Teil der Ursegmentwand fällt vielmehr auseinander und umwuchert unter starker Zellteilung die Chordascheide und das Centralnervensystem. Aus diesen Zellen entsteht später das Skelet der Wirbelsäule: man nennt darum diese Zellwucherung das Sclerotom (SCHAUINSLAND 1905, SUNIER 1911). Das Gewebe, welches aus der Zellwucherung entsteht, ist das scleroblastische Gewebe. Oft tritt bei der Bildung der Sclerotome in der medialen Wand der Ursegmente ein senkrechter Spalt auf: der Urwirbelspalt; dieser teilt dann jedes Sclerotom in zwei hintereinander liegende Zellmassen. In diesem Prozesse könnte man die Ursache der Doppelanlage der Bogenstücke erkennen; aber sicher ist das nicht, da der Urwirbelspalt schnell wieder verschwindet, und die Scleroblastenschicht vor der Skeletbildung kein erkennbares Zeichen von Segmentierung zeigt. Weiter ist es wichtig, daß, wenn später die Skeletbildung beginnt, ihre Gliederung nicht übereinstimmen kann mit der vorhandenen Einteilung der Ursegmente bzw. Sclerotome, sondern damit abwechseln muß: diese Muskeln müssen nämlich, um gut funktionieren zu können, stets von Wirbel zu Wirbel verlaufen, also über die Wirbelgrenzen hinaus; darum muß die Skeletbildung, welche später entsteht, in ihrer Segmentation abwechseln mit den Ursegmenten. Auf diese Weise wird ein einziger Wirbel aufgebaut aus dem Material zweier aufeinander folgender Ursegmente: jedes Ursegment teilt sich in zwei Hälften, welche in verschiedene Wirbel aufgenommen werden (Abb. 78).

Dieser Ursprung des scleroblastischen Mutterbodens eines einzigen Wirbels aus zwei Ursegmenten kann wohl die Ursache sein für die doppelte Anlage der Bogenstücke: der Urwirbelspalt stimmt ungefähr überein mit der späteren Grenze zwischen zwei Wirbelgebieten.

Aber sicher ist es keineswegs, daß die Ursache für jene Verdoppelung in diesen ontogenetischen Tatsachen gesucht werden muß. Man kann auch rein mechanische Faktoren zur Erklärung heranziehen. Vielleicht ist es auch eine Ver-

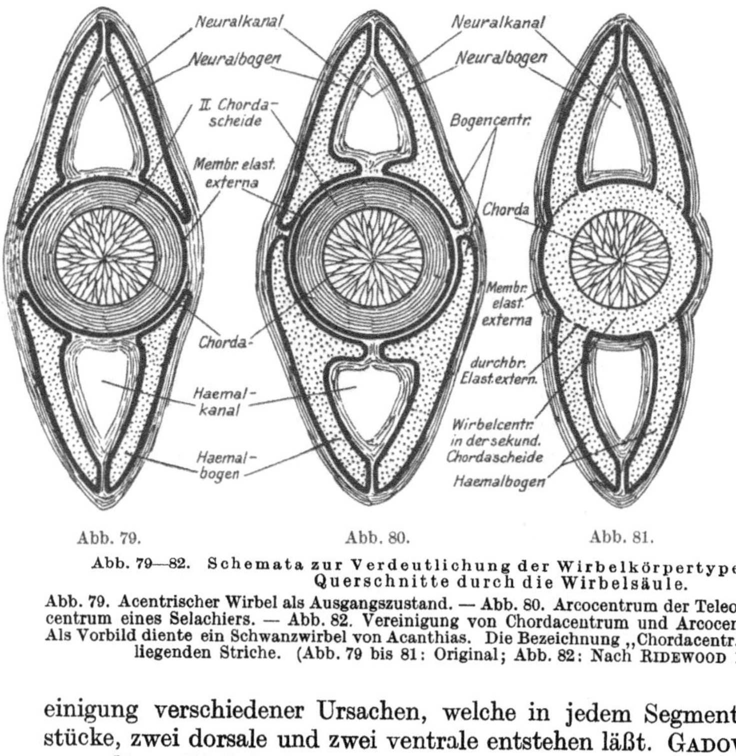

Abb. 79. Abb. 80. Abb. 81.

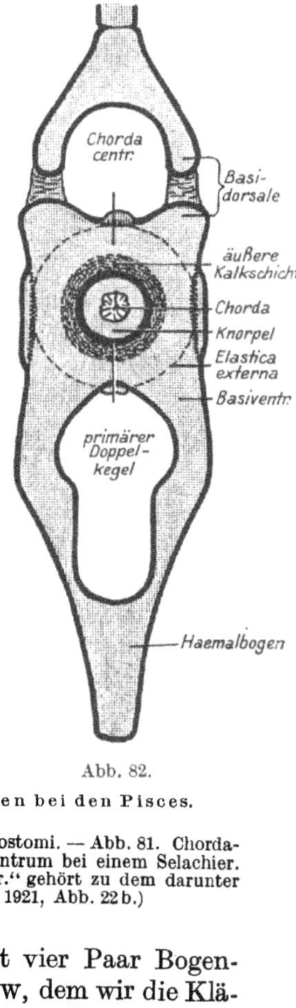

Abb. 82.

Abb. 79—82. Schemata zur Verdeutlichung der Wirbelkörpertypen bei den Pisces. Querschnitte durch die Wirbelsäule.

Abb. 79. Acentrischer Wirbel als Ausgangszustand. — Abb. 80. Arcocentrum der Teleostomi. — Abb. 81. Chordacentrum eines Selachiers. — Abb. 82. Vereinigung von Chordacentrum und Arcocentrum bei einem Selachier. Als Vorbild diente ein Schwanzwirbel von Acanthias. Die Bezeichnung „Chordacentr.“ gehört zu dem darunter liegenden Striche. (Abb. 79 bis 81: Original; Abb. 82: Nach RIDEWOOD 1921, Abb. 22b.)

einigung verschiedener Ursachen, welche in jedem Segment vier Paar Bogenstücke, zwei dorsale und zwei ventrale entstehen läßt. GADOW, dem wir die Klärung dieser Verhältnisse verdanken, nannte diese vier paarigen Knorpelcentra (Arcualia) das Basidorsale, Basiventrale, Interdorsale und Interventrale: die beiden ersten sind der neurale und hämale Bogen, die beiden letzten das dorsale und ventrale Intercalare (GADOW und ABBOTT 1895, GADOW 1896). Die Intercalaria entstehen aus der hintersten Hälfte jedes Sclerotom, die eigentlichen Bogenstücke aus der vorderen Hälfte des folgenden Sclerotom: somit gehören die Intercalaria zu denjenigen Bogenstücken, welche caudal von ihnen liegen. Die bindegewebigen Septa oder Myocommata, welche die aus den Ursegmenten entstehenden Muskelsegmente oder Myomere voneinander trennen, setzen sich an den Hinterrand der unteren und oberen Bogenstücke an, nicht an die Intercalaria und nicht zwischen diesen Skeletstücken. Daß diese Sehnen nicht zwischen diesen

Skeletstücken sich ansetzen, ist begreiflich, da die Myocommata eine feste Verbindung mit der Wirbelsäule nötig haben; und eine Skeletbildung an der Wirbelsäule können wir aber vor allem an den Punkten erwarten, wo das häutige Skelet der Wirbelsäule besonderen Spannungen ausgesetzt ist, d. h. dort, wo die Myocommata sich mit ihr verbinden. Der Aufbau des endgültigen Wirbels aus den embryonal angelegten Bogenstücken kann auf verschiedene Weise durch Kombination dieser Stücke gedacht werden. GADOW kam in dieser Hinsicht zu komplizierten Ergebnissen, SCHAUINSLAND jedoch zu einer viel einfacheren Vorstellung; wir werden weiterhin in diesem Punkte SCHAUINSLAND folgen.

Wir haben oben gesagt, daß die acentrische Wirbelsäule die ursprünglichere Form ist; die Wirbelkörper entstanden wohl erst, nachdem sich die Pisces differenziert hatten in Elasmobranchii und Teleostomi. Ist das richtig, so müssen wir annehmen, daß die Wirbelkörper in diesen beiden Hauptgruppen der Pisces unabhängig voneinander entstanden sind. Diese Meinung wird dadurch gestützt, daß sich die Wirbelkörper in beiden Gruppen auf verschiedene Weise bilden! Bei den Teleostomi entstehen die Wirbelkörper (Centra) ausschließlich in dem Bindegewebe, welches die Chordascheide umgibt, also in der sogenannten scleroblastischen Schicht, außerhalb der primären Chordascheide. Das Skelet entsteht an der Basis der hämalen Bogen und der dorsalen Intercalaria, in viel geringerem Maße an den neuralen Bogenstücken und den ventralen Intercalaria. Von hier aus umwächst das Skelet, knochig oder knorpelig, in der skeletogenen Schicht verbleibend die Chordascheide (Abb. 80). Daneben tritt eine ergänzende direkte Verknöcherung der skeletogenen Schicht auf, zwischen den Fußpunkten der Bogenstücke; diese Verknöcherung ist selbständig, aber von wechselnder Bedeutung (SCHAUINSLAND 1905).

Bei den Elasmobranchii, besonders bei den Selachii, finden wir zunächst dieselben Urstücke des Wirbelkörpers: Auswachsen der Bogenstücke um die Chorda hin und selbständige Skeletbildungen zwischen den Bogenstücken (die Intermedialia bei RIDEWOOD 1921). Daneben aber finden wir eine sehr wichtige Verknorpelung der Chordascheide; von den Bogenstücken aus dringen knorpelbildende Zellen (Chondroblasten) durch die primäre Chordascheide in die sekundäre Scheide ein; sie vermehren sich dort sehr stark und verändern nun ganz selbständig die Chordascheide in Knorpel. Auf diese Weise entstehen ringförmige Knorpelstücke um die Chorda. Diese Ringe korrespondieren meist mit den neuralen oder hämalen Bogenstücken (Basidorsalia, Basiventralia v. GADOW); sie stimmen also in ihrer Lage nicht mit den Intercalaria überein. Es besteht jedoch eine gewisse Selbständigkeit gegenüber den Bogenstücken.

Auf diese Weise können wir unterscheiden zwischen den Chordacentra: in der Chordascheide gebildete Wirbelkörper — und den Arcocentra: außerhalb der Chordascheide gebildete Wirbelkörper (GADOW und ABBOTT, RIDEWOOD). In Abb. 80 und 81 ist dieser Unterschied in schematischer Form angegeben. Man muß die Bedeutung dieses Unterschiedes aber auch nicht überschätzen, denn bei den Selachii entwickelt sich oft ein ansehnlicher Teil des Wirbelkörpers außerhalb der Chordascheide: dieser Prozeß kann von den Bogenstücken ausgehen, aber auch von selbständig dazwischen gelegenen Stücken, den Intermedialia (RIDEWOOD) (Abb. 82). Vielfach kann man bei diesen Tieren noch längere Zeit deutlich eine Grenze beobachten zwischen dem Chordacentrum einerseits und den ergänzenden Arcocentra und Intermedialia andererseits: Wir finden dann auf dieser Grenze Reste der äußeren elastischen Chordascheide (Abb. 82). Bei dem Lungenfisch Neoceratodus wachsen die Bogenstücke in die Chordascheide hinein: so sehen wir bei einem Tier, das nicht zu den Elasmobranchii gehört, eine erste Andeutung der Chordacentra auftreten.

Über die Wirbelsäule der **Elasmobranchii** läßt sich nun folgendes sagen. Die primitivsten ausgestorbenen Vertreter besaßen noch keine Wirbelkörper (Pleuracanthodi; soweit bekannt auch die Acanthodi und Cladoselachii). Dasselbe finden wir bei den Holocephali, deren Chorda allerdings auch verstärkt wird durch schmale, ringförmige Verkalkungen der Chordascheide, mehrere in jedem Körpersegment; sonst ist ihre Chorda gleichmäßig gut entwickelt. Es ist nicht auszuschließen, daß bei den Holocephali die Wirbelkörper zurückgebildet worden sind: die jetzt lebenden Vertreter sind nämlich Bodenfische, welche mit Hilfe ihrer paarigen Flossen schwimmen, so daß der Schwanz seine Funktion als Hauptbewegungsorgan verloren hat. Die verkalkten Ringe werden durch Zellen geformt, die aus der skeletogenen Lage entstammen und in die Chordascheide eindringen.

Unter den Elasmobranchii haben nur die Selachii (Squaliformes und Rajiformes) eine gut entwickelte Wirbelsäule mit Wirbelkörpern. Die Wirbelkörper sind Chordacentra, die auf einem jungen Entwicklungsstadium angelegt werden, die Chorda ringförmig umgeben und dadurch diese in ihrem Dickenwachstum hindern. Zwischen den Wirbelkörpern wächst die Chorda sowohl in die Länge als in die Dicke: so bekommt jeder Wirbelkörper eine doppelte, trichterförmige Aushöhlung. Dergleichen Wirbel werden amphicöl genannt. Sie besitzen eine enge Durchbohrung der beiden Trichterspitzen, durch welche die Chorda dorsalis läuft (Abb. 83). Diese Verbindung kann auch durch Knorpelbildung des Wirbelkörpers ganz abgeschnürt werden.

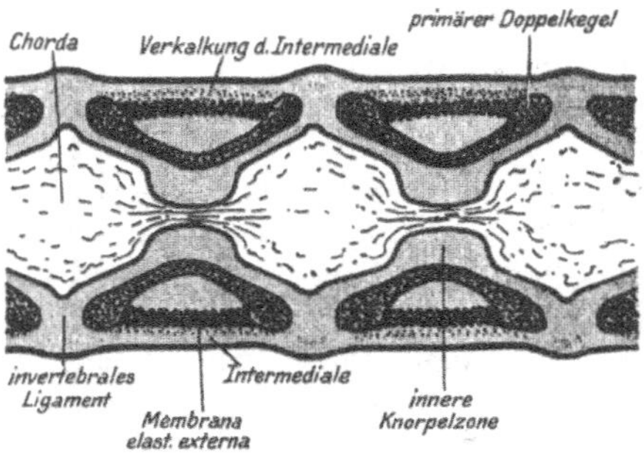

Abb. 83. Horizontaler Längsschnitt durch die Schwanzwirbelsäule eines Selachiers, Mustelus vulgaris; alter Embryo. Der verkalkte Knorpel ist dunkel punktiert. (Nach RIDEWOOD, 1921, Abb. 7b.)

Der Neuralkanal wird bei den Selachii vollständig umgeben durch die hämalen Bogen (Basidorsalia, oder auch als Fortsätze der Wirbelkörper Neurapophysen genannt) und die Intercalaria. Die Intercalaria pflegen gut entwickelt zu sein; oft sind sie selbst größer als die eigentlichen Bogenstücke. Die Lage dieser Skeletstücke im Verhältnis zu den Wurzeln der Rückenmarksnerven ist sehr verschieden: es wird dadurch auch zweifelhaft, ob die als neurale Bogenstücke bzw. als Intercalaria gedeuteten Stücke bei allen Selachii homolog sind (VAN WIJHE 1922). Auf den Bogenstücken und den Intercalaria liegen unpaare Knorpelstücke, die man Schlußknorpel (Supradorsalia und Supra-interdorsalia) nennt (Abb. 84 und 85).

Ventral der Chorda finden wir ebenfalls Bogenstücke: die hämalen Bogen (Basiventralia oder Hämapophysen). Diese umschließen am Schwanze als echte hämale Bogen den Blutkanal; am Rumpfe aber weichen die Stücke jederseits auseinander: sie bilden auf diese Weise freie, seitlich ausspringende Querfortsätze: die Processus transversi oder Parapophysen (Abb. 77, 84); von diesen gehen die Rippen aus. Oft finden wir auch ventrale Intercalaria (Interventralia); sie kommen aber nicht so regelmäßig vor wie dorsal. Zwischen den hämalen Bogen bleiben öfter Zwischenräume übrig, die dann durch eine Membran geschlossen sind.

Die Processus spinosi (Dornfortsätze) sind mediane Verlängerungen der neuralen und hämalen Bogen; sie fehlen im allgemeinen bei den Selachii. Nur im ventralen Teile der Schwanzflosse finden wir eine Verlängerung der hämalen Bogen in einem langen Fortsatz (s. Weiteres bei den unpaaren Flossen und in Abb. 85).

In der Schwanzwirbelsäule finden wir viel Unregelmäßigkeit in der Segmentation: oft können hier zwei, oder auch mehrere Neuromeren und Myomeren vereinigt werden, während ein Teil der Spinalnerven rückgebildet wird. So kommt es denn, daß zwei oder auch mehrere Wirbel auf ein einziges Muskel- und Nervensegment kommen: auf diese Weise entsteht eine sekundäre Diplospondyli oder Polyspondyli. Diese sind nicht mit der primären Diplospondyli zu verwechseln, da diese auf der Anlage von zwei hintereinander liegenden Wirbeln in jedem primären Körpersegment beruht (S. 77 und 85—86).

Sehr unregelmäßig ist die Wirbelsäule bei Somniosus microcephalus gebaut: hier liegen die Wirbelkörper weit auseinander, zahlreiche Intercalaria werden zwischen den Bogenstücken gefunden. Zwischen rechts und links bestehen wieder Unterschiede. Die Chorda ist gut entwickelt. Die Chordacentra bestehen aus schwach entwickelten Knorpelringen; wo sie liegen wird stets in der Chorda eine eigenartige fibrilläre Querwand beobachtet. Die um die Chorda liegenden Teile

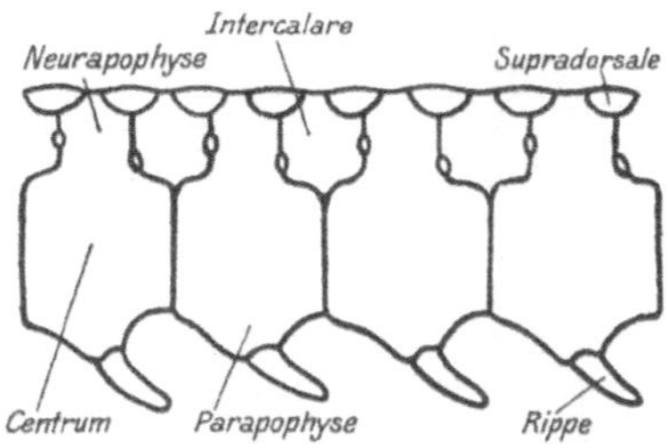

Abb. 84.

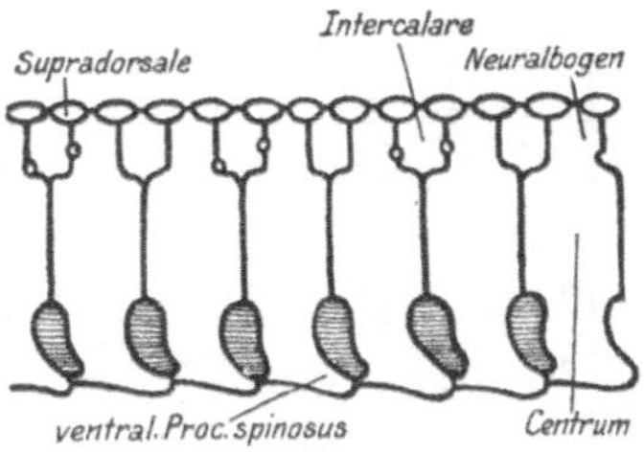

Abb. 85.

Abb. 84—85. Wirbelsäule von Scyllium von der linken Seite.
Abb. 84. Rumpfwirbel mit Rippen; ventrale Intercalaria sind nicht vorhanden. — Abb. 85. Schwanzwirbel. (Nach BRIDGE, 1904, Abb. 111.)

der Wirbelkörper herrschen stark vor gegenüber diesen Chordacentra. Beide sind in ihrer Lage ganz unabhängig voneinander. Wir haben es hier offenbar nicht mit ursprünglichen Zuständen, sondern mit einer Rückbildung zu tun. Auch die gute Entwicklung der Chorda bei Echinorhinus, bei den Notidanidae und bei Chlamydoselachus ist wahrscheinlich sekundär. Sie geht Hand in Hand mit einer Rückbildung der Wirbelkörper. Alle diese Tiere sind entweder träge oder (z. B. Chlamydoselachus) aalartig lang gestreckt; im letzten Falle hat die Schwanzflosse nur eine geringe Bedeutung für die Fortbewegung. Hierauf weisen noch zwei Beobachtungen: die ungleiche Entwicklung der Wirbelkörper bei nahe verwandten Formen (Somniosus rostratus und microcephalus) und zweitens das Auftreten gut entwickelter spezialisierter Wirbelkörper in dem Schwanz (HELBING 1904, RIDEWOOD 1921).

Die Wirbelsäule der Selachier besitzt keine Gelenke. Feste intervertebrale Ligamente verbinden die Ränder der trichterförmig ausgehöhlten Wirbelkörper; an der Bildung dieser Ligamente nehmen Reste der fibrillären Chordascheide einen überwiegenden Anteil. Da das Knorpelskelet der Bogen aus einer großen Anzahl syndesmotisch verbundener Stücke besteht, so ist die Wirbelsäule als Ganzes ein elastischer und ziemlich biegsamer Stab: um so biegsamer, je kürzer und zahlreicher die Wirbelkörper sind.

Die Festigkeit der Wirbelkörper wird stark erhöht durch Ablagerung von Kalk im Knorpel. Diese Verkalkung hat übrigens mit Verknöcherung nichts zu tun; sie unterscheidet sich von der Verknöcherung dadurch, daß das Knorpelgewebe (Zellen und Grundmasse) intakt bleibt; bei der Verknöcherung dagegen wird der Knorpel vernichtet und die knochenbildenden Zellen scheiden Knochengewebe ab. Das hier beobachtete Ablagern von Kalk findet nicht überall statt und ist auch nicht unregelmäßig, sondern es folgt einem ganz bestimmten System, das bei den verschiedenen Formen der Selachier jedoch wechselt. Aber auch in den verschiedenen Teilen ein und derselben Wirbelsäule besteht ein Unterschied in der Ausbreitung und in der Form der verkalkten Teile (HASSE 1879—82; RIDEWOOD 1921). Im allgemeinen kann man in dem Knorpel der Wirbelkörper drei Zonen unterscheiden: der mittlere Teil ist verkalkt und hat übereinstimmend mit dem amphicölen Bau der Wirbel die Form einer Sanduhr (eines doppelten Kegels) (Abb. 83); dies ist die zuerst auftretende

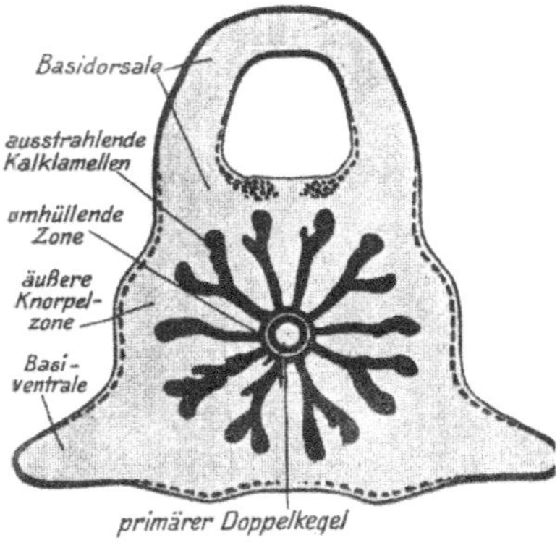

Abb. 86.

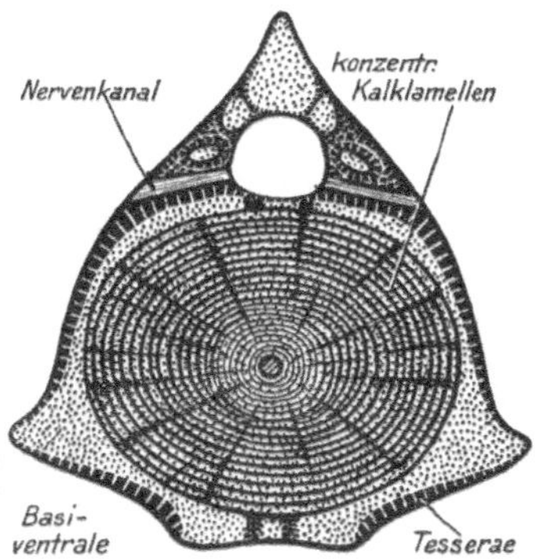

Abb. 87.

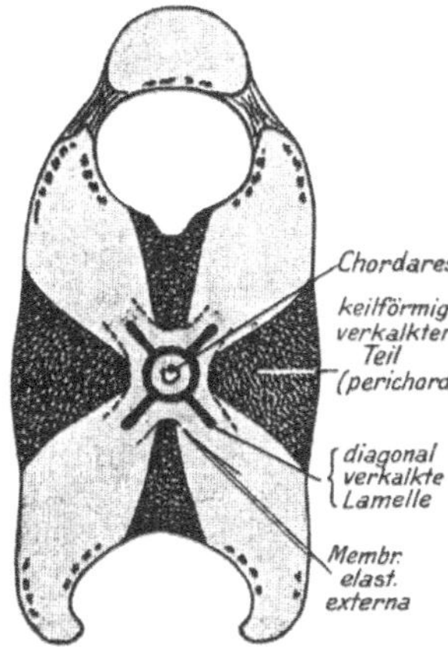

Abb. 88.

Abb. 86—88. Querschnitt durch die Mitte eines Wirbelkörpers bei einigen erwachsenen Selachiern, um die Verkalkung (schwarz) zu zeigen. Die Chorda ist dort am meisten eingeschnürt und der primäre Doppelkegel ist nur als ein kleiner Kreis getroffen.

Abb. 86. Rumpfwirbel von Cestracion philippi; der primäre Doppelkegel wird, wie so oft, durch eine in der äußersten Zone liegende Kalklage verstärkt: die umhüllende Zone. Vom zentralen, primären Doppelkegel strahlen sternförmig verkalkte Lamellen aus (astrospondyler Wirbel). — Abb. 87. Rumpfwirbel von Squatina mit konzentrischen, verkalkten Lamellen (tectospondyler Wirbel) und starker Oberflächenverkalkung (Tesserae). — Abb. 88. Postcloacaler Wirbel von Mustelus vulgaris mit keilförmigen Verkalkungen in den Intermedialia. (Nach RIDEWOOD, 1921, Abb. 4a, 25a, 8a)

und am meisten vorkommende Verkalkung: man kann sie den primären Doppelkegel nennen. Die innere Knorpelzone, welche durch ihr Wachstum die Chorda einschnürt, verkalkt nicht. Die äußere Zone wird meist sehr dick und zeigt sehr verschiedene Verkalkungen: so können z. B. plattenartige Teile verkalken, welche in der Wirbellängsachse und senkrecht zum primären Doppelkegel stehen; sie strahlen von ihm aus, so daß auf Querschnitten eine sternförmige Figur entsteht (Abb. 86). Zweitens kann die Verkalkung in Form von konzentrischen Cylindern um den primären Doppelkegel hin auftreten: auf diese Weise entstehen bei einem Querschnitte konzentrische Ringe (Abb. 87). Dazu treten dann drittens noch beinahe stets oberflächliche Verkalkungen: meist vier keilförmige Zonen, eine dorsale, eine ventrale und zwei seitliche, deren Basis an der Oberfläche liegt (Abb. 88); wir finden sie nur dort, wo selbständige Intermedialia das Chordacentrum umgeben. Schließlich kann die Verkalkung auch kompakte scheibenförmige Gebilde formen, versehen mit einer sanduhrförmigen Höhle

(Pristis cuspidatus). Allgemein kommt weiterhin noch eine oberflächliche Verkalkung vor, der Centra und der Bogen: diese ist kompakt oder bildet ein Balkennetzwerk (die Tesserae) (Abb. 87).

Die treibende Kraft der Schwimmbewegungen, welche von der Schwanzflosse ausgeht, wird durch die Wirbelsäule auf den Kopf übertragen. Daraus wird deutlich, daß der Kopf fest mit der Wirbelsäule verbunden sein muß. Wir finden somit bei den Pisces im allgemeinen keine Hinterhauptsgelenke; sehr oft verschmelzen die vorderen Wirbel mit dem Kopf. Eine Ausnahme dieser Regel bilden nur die Rajidae und die mit ihnen verwandten Sägefische (Pristidae) und Pristiophoridae. Wir beobachten bei diesen Tieren ein gut entwickeltes paariges Hinterhauptsgelenk, welches dorsoventrale Bewegungen zuläßt, aber keine Drehbewegungen. Diese Bildung steht in Beziehung zu einer großen Verlängerung des Kopfvorderteiles: hier wird ein langes Rostrum gebildet, mit dem vermutlich der Boden umgewühlt wird. Bei den Rajidae dienen diese Kopfbewegungen dazu, um während des Schwimmens zu steuern und um sich in den Boden einzugraben. Die Verwandtschaft dieser drei Fischformen macht es wahrscheinlich, daß dieses merkwürdige Gelenk bei diesen drei Formen homolog ist (L. HOFFMANN 1912).

Die Wirbelsäule der **Teleostomi** unterscheidet sich von der der Elasmobranchii in zwei Hauptpunkten:

1. Durch Fehlen einer Skeletbildung in der Chordascheide: es entsteht also kein Chordacentrum, sondern die Wirbelkörper werden von den Bogenstücken und den Intercalaria gebildet: Typus des Arcocentrum. Daneben entstehen die Wirbelkörper auch teilweise selbständig als Intermedialia (RIDEWOOD 1921).

2. Durch das Auftreten von Knochen, welcher den Knorpel größtenteils oder ganz ersetzt. Hiervon machen nur die Chondrostei eine Ausnahme, bei welchen der Knorpel überwiegt. Die Wirbel werden dabei oft nicht vollständig knorpelig angelegt, der Knorpel ist vielmehr mehr oder weniger zurückgebildet: bestimmte Teile des Wirbelkörpers entstehen durch unmittelbare Verknöcherung des Bindegewebes in der skeletogenen Schicht. Durch diese Verknöcherung kann das Achsenskelet der Teleostomi viel schlanker sein als das der Elasmobranchii.

Wir sagten schon oben (S. 79), daß bei geologisch alten, primitiven Teleostomi die Wirbelkörper fehlten. Dabei dürfen wir nicht übersehen, daß bei der Versteinerung dieser Tiere oft wichtige Knorpelbildungen verloren gegangen sein können. Darum besteht die Möglichkeit, daß in einzelnen Fällen dort bereits knorpelige Wirbelkörper von kleinem Umfange vorhanden gewesen sind. Ringförmige knöcherne Centra sind bereits bei devonischen Teleostomi bekannt. Es scheint aber, daß bei diesen älteren Formen die Chorda nicht eingeschnürt war.

Die typische Wirbelsäule der Teleostei ist folgendermaßen gebaut. Die Wirbel sind größtenteils oder vollständig knöchern. Der Wirbelkörper besteht aus einem einzigen Stück, ohne selbständige Intercalaria. Die Fußpunkte der neuralen und hämalen Bogen können knorpelig bleiben (Abb. 90). Die Wirbelkörper sind meist tief amphicöl; sie schließen mit schmalen Rändern durch Bandverbindung (Syndesmose) aneinander, ebenso wie bei den Elasmobranchii. Die Chorda bleibt in den Zwischenräumen, also intervertebral, erhalten; sie ist in der Mitte der Wirbelkörper zu einem dünnen Strange eingeschnürt.

Bei Lepidosteus, einer abweichenden Form unter den Teleostomi, sind die Wirbelkörper kompakt: vorn konvex, hinten konkav; eine solche Form wird optisthocöl genannt. Die Wirbelkörper werden hier durch typische Gelenke (Diarthrosen) verbunden; das ist weiter bei keinem einzigen der lebenden Pisces bekannt. Die Bedeutung hiervon ist nicht deutlich. Der Wirbelkörper wird auch hier, wie bei allen Teleostomi, außerhalb der Chorda gebildet; die Chorda aber und ihre Scheide verschwinden später beinahe ganz. Außerdem besitzt das Tier noch ein gut entwickeltes Hinterhauptsgelenk. — Auch noch bei einem anderen Teleostomer finden wir opisthocöle Wirbel: bei Anguilla; die Wirbel sind vorn platt und sogar etwas konvex.

Beim Wachstum der Wirbelkörper wird bei allen Teleostii nur im Anfange kompakter Knochen gebildet, später aber eine spongiöse Balkenmasse. In den Höhlen dieses Balkensystems liegt Bindegewebe und selbst in einigen Fällen

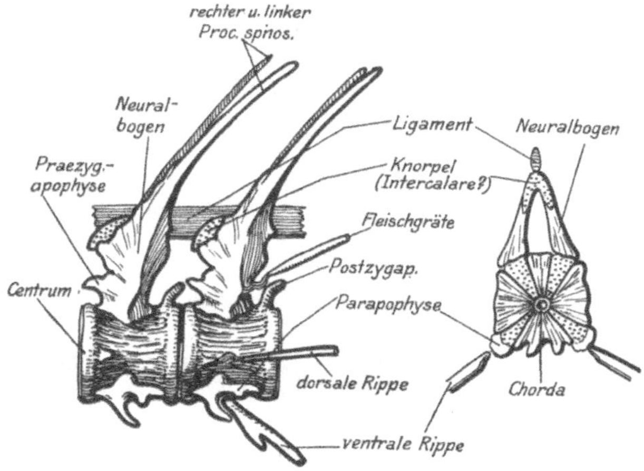

Abb. 89. Abb. 90.

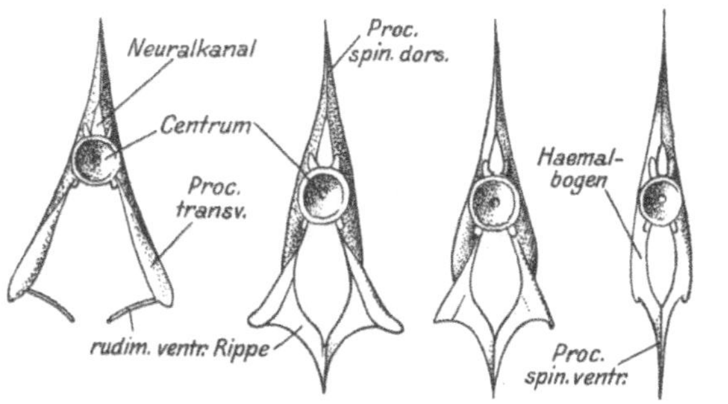

a b c d

Abb. 91.

Abb. 89—91. Wirbel der Teleostei.

Abb. 89. Zwei Rumpfwirbel von Esox lucius, von links. — Abb. 90. Querschnitt durch die Mitte eines Rumpfwirbels von Esox lucius. — Abb. 91. Vier Wirbel von Gadus aeglefinus, von hinten gesehen: *a* letzter Rumpfwirbel; *b*, *c*, *d* erster bis dritter Schwanzwirbel. — (Abb. 89 u. 90 nach GOODRICH, 1909, Abb. 336; Abb. 91 nach SCHAUINSLAND, 1905, Abb. 273.) In Abb. 89 und 90 ist der Knorpel punktiert.

hyaliner Knorpel (z. B. bei Monacanthus); die Herkunft dieses Knorpels ist unbekannt. Die Fußstücke der Bogenhälften werden durch den Knochen des Wirbelkörpers umwachsen.

Die neuralen (oberen) Bogen sind schlank; sie laufen in lange Processus spinosi (Dornfortsätzen) aus (Abb. 89 und 91b). Diese bleiben entweder paarig oder verschmelzen miteinander, wobei dann Furchen den paarigen Ursprung noch andeuten können. Die hämalen (unteren) Bogenstücke bilden am Schwanz stets geschlossene hämale Bogen; diese vereinigen sich ebenfalls zu paarigen oder unpaaren Dornfortsätzen. Im Rumpfe dagegen weichen wie immer die Enden der unteren Bogenstücke auseinander und bilden so latero-ventrale Fortsätze: die Parapophysen (Abb. 89 und 90); an diesen entspringen auch hier die Rippen. Es kann aber auch durch andere Fortsätze, die medial aus den Parapophysen hervorwachsen, im Rumpf noch ein Knochenkanal um die großen Blutgefäße, ventral der Wirbelsäule, gebildet werden. Der direkte Übergang der hämalen Bogen und ihrer Dornfortsätze innerhalb der Schwanzregion in die Parapophysen und Rippen in der Rumpfregion ist oft bei den Teleostei sehr deutlich; darum kann an einer Homologie dieser Skeletstücke nicht gezweifelt werden (Abb. 91). Bei den Elasmobranchii ist aber diese Homologie nicht vollständig, da ihre Rippen nicht homolog sind mit den Rippen der Teleostii (siehe S. 108), trotzdem sie auch von hämalen Bogenstücken abzuleiten sind.

Die schlanken neuralen Bogen lassen ziemlich breite Zwischenräume, welche durch eine Membran geschlossen werden. Die aufeinander folgenden Bogen treten in eine Gelenkverbindung (Diarthrose) miteinander: sie bilden Fortsätze, die cranial und caudal gerichtet sind und miteinander gelenken. Man nennt diese Gelenkfortsätze Prä- und Postzygapophysen (Abb. 89).

Bei den Amioidei, einer sehr alten und primitiven Gruppe der Teleostomi, beobachten wir eigenartige Zustände der Wirbelkörper: sie sind darum besonders interessant, weil sie in ähnlicher Weise bei einigen ursprünglichen Tetrapoda gefunden werden und dadurch vielleicht ein Licht werfen auf den Bau der ersten Halswirbel der Amniota: den Atlas und den Epistropheus. Amia ist der einzige lebende Vertreter dieser Gruppe. Wir finden in der Schwanzregion seiner Wirbelsäule Wirbelkörper, welche ringförmig knöchern gebildet sind; sie tragen in regelmäßiger Abwechslung einmal einen neuralen und hämalen Bogen und am folgenden Wirbel keine Bogen (Abb. 92b): auf diese Weise kann man eigentliche Wirbel und Zwischenwirbel unterscheiden. Es ist embryologisch bewiesen, daß auch die Anlage der Zwischenwirbel von Bogenstücken ausgeht; solche Bogenstücke sind dann vergleichbar mit den Intercalaria, obwohl sie klein bleiben. Jedem Körpersegment entspricht ein eigentlicher Wirbel und ein cranial davon liegender Zwischenwirbel; die Grenzen der Muskelsegmente fallen zusammen mit den normalen neuralen und hämalen Bögen und weiter mit dem Hinterrande der dazugehörigen Wirbelkörper. Im Rumpfe fehlen die Zwischenwirbel; wir finden dort viel längere Wirbelkörper (Abb. 92). Wie ist dies zu erklären? Im Rumpfe werden wie im Schwanze zwei Paar obere und zwei Paar untere knorpelige Bogenstücke in jedem Segment gebildet, von welchen die Verknöcherung ausgeht. Aber im Rumpfe verschmelzen die Knochencentra zu einem einzigen Wirbelkörper, während sie im Schwanze zwei Wirbelkörper bilden.

Bei einigen fossilen Amioidei (die Gruppe beginnt in dem obersten Perm und blüht vor allem im Jura) finden wir im Schwanze dieselben doppelten Wirbelkörper wie bei Amia; aber im Rumpfe zeigen sie im Gegensatz zu Amia Wirbelkörper, die aus zwei Stücken bestehen; diese beiden Stücke liegen nicht regelmäßig hintereinander, sondern greifen keilartig ineinander (Abb. 93). Das untere Stück hat wohl sicher die Chorda und ihre Scheiden von unten her bogenförmig umfaßt; es hängt zusammen mit den echten hämalen Bogenstücken und trägt denn auch die Rippen. Dieses untere Stück kann die Wirbelsäule auch vollkommen umfassen, also auch bis zu dem echten neuralen Bogen reichen. Von den Fußpunkten der neuralen Bogen geht dann auch nur eine geringe Verknöcherung aus. Dazwischen greifen keilförmig von oben her Knochenstücke ein, die wohl im Anschluß an die oberen Intercalaria entstanden sind. Die unteren Intercalaria sind nicht durch eine selbständige Verknöcherung angedeutet. Man hat diese beiden Knochenstücke, die zusammen den Wirbelkörper bilden, unterschieden als das Hypocentrum, welches von den unteren Bogenstücken ausgeht; andererseits das Pleurocentrum, das mit den oberen Intercalaria zusammenhängt. Beide werden sicher paarig angelegt; später aber verschmelzen sie zu unpaaren Stücken (Abb. 94). Bei einigen Amioidei zeigt die ganze Wirbelsäule auch am Schwanze solche zusammengestellten Centra an Stelle der Doppelwirbel bei Amia (L. Schmidt 1892; Schauinsland 1905). Wir haben es also bei der Schwanzwirbelsäule von Amia mit einem typischen Fall echter Diplospondylie zu tun; die Diplospondylie beruht auf dem Aufbau der Wirbel aus vier Paar Bogenstücken (siehe S. 77).

Da diese doppelte Anlage ein allgemein vorkommender primitiver Zustand für die Arcocentra der Teleostomi ist, so können wir Doppelwirbel, wenigstens in der Anlage, auch bei anderen Teleostomi erwarten. Beschrieben sind sie nur selten: so sollen bei

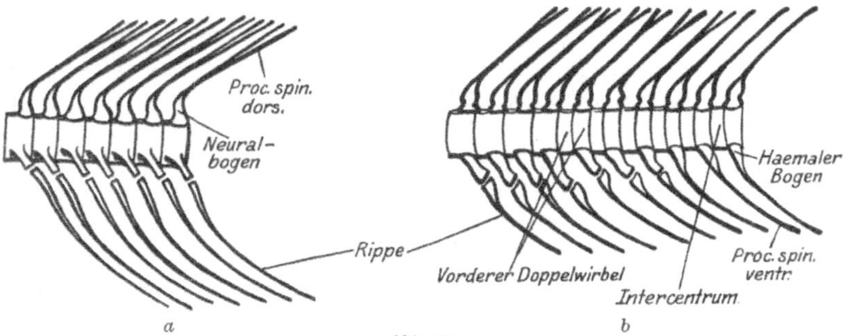

Abb. 92.

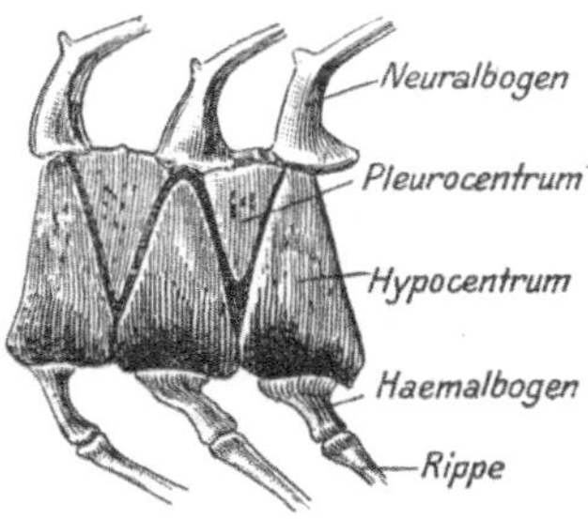

Abb. 93.

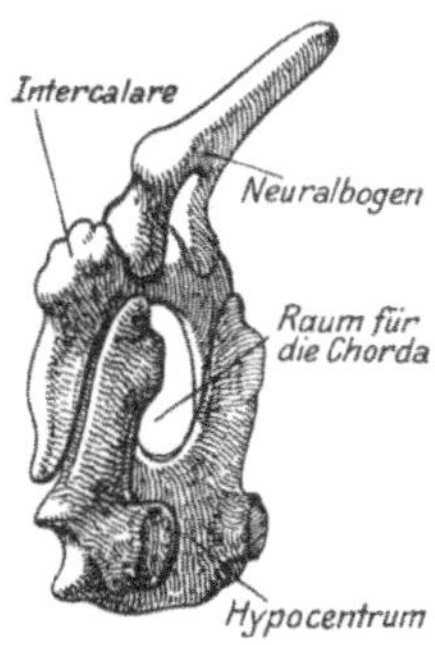

Abb. 94.

Abb. 92—94. Wirbel der Amioidei.

Abb. 92 *a* Einige Rumpfwirbel und *b* einige Schwanzwirbel von Amia calva, von links. Der Zwischenwirbel ist mit Intercentrum bezeichnet. (Nach L Schmidt, 1892, Taf 34, Abb 1, 2 bis 6.) — Abb. 93. Einige Rumpfwirbel von Eurycormus speciosus, von links (Nach Zittel-Broili, 1923, Abb. 206*a*.) – Abb 94. Wirbel von Osteorhachis Leedsi, schief von links und hinten Für Intercalare wird meist Pleurocentrum gesagt. (Nach Goodrich, 1909, Abb. 307*a*.)

Coregonus embryonal Doppelwirbel vorkommen; jeder Wirbelkörper soll erst aus zwei aufeinander folgenden Knochenringen bestehen, die später miteinander verschmelzen (A. Albrecht 1902). Schwanzwirbel mit doppelten neuralen und hämalen Bogen sind von verschiedenen Teleostei bekannt; wahrscheinlich jedoch beruht diese Verdoppelung auf einem Verwachsen zweier vollständigen Wirbel; wir hätten es also mit einer „falschen“ Diplospondylie zu tun (Schauinsland 1905).

Die Anzahl der Wirbel ist bei Pisces außerordentlich verschieden. Bei den Selachii ist die Zahl wohl die größte: von 120 bis mehr als 400. Bei den primitiven Teleostomi ist ebenfalls die Anzahl groß: z. B. 77 bei Polypterus, 110 bei Calamoichthys, 95 bei Amia. Bei den Teleostei finden wir in der Regel 48—60 bei den primitiven Formen (Clupeidae und andere Physostome). Bei den Anguillidae steigt die Anzahl wieder bis zu 200. Im allgemeinen geht mit einer höher differenzierten Form der Teleostei eine Verminderung der Wirbel Hand in Hand: bei vielen Formen sinkt die Anzahl bis auf 24, und zwar 10 im Rumpfe, 14 im Schwanz. In einzelnen Fällen, wo die Tiere nicht mehr in der normalen Weise schwimmen, sinkt die Anzahl noch mehr: die gepanzerten Ostraciontidae (Kofferfische) besitzen nur 14, und Orthagoriscus (der Mondfisch), welcher sich selten aktiv fortbewegen kann, hat nur 17 Wirbel.

Im allgemeinen haben Tiefseefische und Flußfische eine größere Anzahl Wirbel als verwandte Küstenformen. Außerdem fällt es auf, daß auch ein Zusammenhang mit der Temperatur des Seewassers besteht: bei nahe verwandten Arten ist allgemein die Wirbelzahl bei tropischen Formen kleiner als bei Formen, welche in den gemäßigten oder polaren Zonen vorkommen; je weiter eine Art dieser bestimmten Gruppe von den Tropen entfernt ist, um so mehr Wirbel besitzt sie (D. S. JORDAN 1893).

Allgemeine Bemerkungen über die Wirbelsäule und den primitiven Wirbelbau der Tetrapoda.

Wir haben schon oben darauf hingewiesen (S. 70—71), daß das Landleben andere und schwerere Anforderungen an die Wirbelsäule stellt wie das Wasserleben. Dies hat zur Folge, daß die Wirbelsäule der Tetrapoda sich in vieler Hinsicht von der der Pisces unterscheidet. So ist sie ganz oder größtenteils aus Knochen aufgebaut; ein Knorpelstadium wird nur während der embryonalen Zeit durchlaufen, wenn die Tiere noch klein sind und sich gar nicht oder nur wenig bewegen, oder wenn sie als Larven im Wasser leben. Die höheren, mehr wechselnden Anforderungen der Bewegungen auf dem Lande führen außerdem zu einer stärkeren Differenzierung und Modellierung der Wirbel, deren Fortsätze kräftiger werden. Sie führen weiterhin zu einer Verbindung der Wirbelkörper durch Gelenke: die bei den Pisces als elastischer Stab gebaute Wirbelsäule wird bei den Tetrapoda zu einer festen Körperachse, die aus gelenkig miteinander verbundenen Kettenstücken besteht. Die Anzahl der Wirbel ist dabei in der Regel ziemlich klein; sie erreicht nur unter besonderen Umständen hohe Ziffern, wie z. B. bei den Ophidia.

Der Rumpf der Tetrapoda zählt meist 15—25 Wirbel. Diese Zahl darf nicht allzu gering werden, soll der Rumpf biegsam genug bleiben. Rumpfkrümmungen sind besonders wirksam bei der Fortbewegung. Bei den niederen Tetrapoda, z. B. bei den Urodela, hängt der Rumpf zwischen den Extremitäten: so müssen diese Tiere beim Heben und Versetzen ihrer Extremitäten auch stets den Schwerpunkt ihres Rumpfes verlagern, soll dieser nicht auf den Boden sinken. Dadurch werden Krümmungen der Wirbelsäule notwendig; dies ist wieder von Einfluß auf die Anzahl der Wirbel: besäße das Tier nur wenige Wirbel, dann würde der Rumpf zu steif werden; besäße es sehr viele Wirbel, dann würde der Rumpf biegsamer sein als es nötig ist. So versteht man, daß wir bei einer Abänderung in der Fortbewegung auch zuweilen eine Änderung in der Anzahl der Rumpfwirbel feststellen können (vgl. auch S. 101).

Bei den Pisces konnten wir nur einen Rumpf- und einen Schwanzteil der Wirbelsäule unterscheiden; bei den Landvertebrata dagegen ist die Wirbelsäule stark differenziert in fünf Regionen: Hals, Brust, Lenden, Becken und Schwanz (Regio colli, thoracis, lumbalis, sacralis und caudalis) (vgl. S. 70—71).

Während der embryonalen Entwicklung der Tetrapodenwirbelsäule treten frühzeitig knorpelige neurale und hämale Bogenstücke auf; mit den hämalen stehen die Rippen im Zusammenhang. Die Intercalaria treten stark in den Hintergrund. Die Anlage der Wirbelkörper (Centra) ist stets eine perichordale; ein Chordacentrum wird also nicht gebildet. Die Anlage geht nur zum Teil von den Bogenstücken aus, sie ist vielmehr zum großen Teile selbständig, wie wir das ja auch bei den Intermedialia der Fischwirbel gesehen haben (siehe S. 79). Die knorpelige Anlage der Wirbelkörper ist deutlich entwickelt bei den Anura und den Mammalia; sie ist aber mehr oder weniger zurückgebildet bei den Urodela und den Sauropsida: auf diese Weise geht die Knochenbildung oft in eine direkte über. Aber auch bei den Urodela und den Sauropsida tritt stets etwas Knorpel auf, teilweise im Zusammenhang mit den obersten Bogenstücken. Intervertebral wird stets reichlich Knorpel gebildet: dieses ist darum so konstant anwesend, weil der Knorpel die Gelenkflächen für die Gelenke der Wirbelkörper bilden muß. Dieser Knorpel bildet bei den Amphibia und Sauropsida Scheiben, welche die Chorda zusammendrücken und worin ein Gelenkspalt auftritt (Abb. 95). Bei den Mammalia, wo die Wirbelkörper in der Regel nicht durch echte Gelenke verbunden sind, fehlen dann auch die intervertebralen Knorpelbildungen.

Es ist möglich, dergleichen intervertebrale Knorpelscheiben von Intercalaria abzuleiten. Aber sie entstehen selbständig und könnten darum auch vielleicht mit den Intermedialia der Fischwirbel verglichen werden.

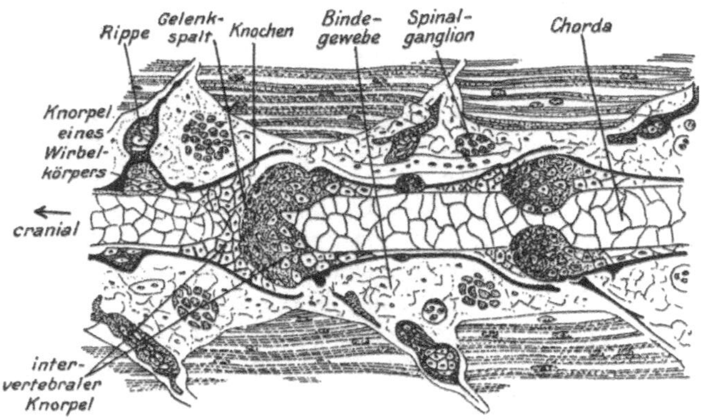

Abb. 95. Horizontaler Medianschnitt durch einen Teil der Wirbelsäule von einer 16 mm langen Tritonlarve, Mitte des Rumpfes. (Nach SCHAUINSLAND, 1905, Abb. 282.)

Unter den lebenden Tetrapoda sind die Wirbel nur in Ausnahmefällen amphicöl, und zwar bei den Perennibranchiata unter den Urodela; ferner in den Rumpfwirbeln von Sphenodon und bei den Geckonidae und Uroplatidae unter den Lacertilia.

Beinahe stets besitzen die Wirbelkörper keine doppelseitige Aushöhlung der Endflächen; sie sind vielmehr massive Körper, die an den Endflächen entweder konvex, konkav oder eben gebaut sind. Man kann somit verschiedene Typen von Wirbelkörpern unterscheiden: vorn konkav hinten konvex nennen wir procöl (konkavo-konvex), vorn konvex und hinten konkav nennen wir opisthocöl (konvexo-konkav); an beiden Enden eben nennen wir platycöl (biplan). In ein und derselben Wirbelsäule können diese Formen nebeneinander vorkommen; dann bekommt der Übergangswirbel eine abweichende Form: er kann an beiden Enden konvex, also bikonvex oder an beiden Seiten konkav, also bikonkav sein. Der bikonkave Wirbel unterscheidet sich grundsätzlich von dem amphicölen: er besitzt ein gut entwickeltes Centrum, welches für die Gelenkbildung an beiden Seiten etwas ausgehöhlt ist; der amphicöle Wirbel dagegen ist tief trichterförmig ausgehöhlt und bildet keine Gelenke (Diarthrose) mit den angrenzenden Wirbeln.

Wir kennen unter den geologisch ältesten Tetrapoda nämlich unter den Stegocephala eine Gruppe, bei denen die Wirbelkörper nicht aus einem Stücke bestehen; das ist vergleichend anatomisch von großer Bedeutung. Wir finden dergleichen Wirbelkörper bei den Rhachitomi oder Temnospondyli, welche im Untercarbon beginnen und im Trias aussterben. An Stelle gut entwickelter knöcherner Wirbelkörper der anderen Tetrapoda finden wir hier meist Wirbelkörper, die aus drei Paar Knochenstücken aufgebaut sind (Abb. 96a). Diese drei Paar Knochenstücke sind homolog mit den neuralen Bogenstücken, den hämalen Bogenstücken und den dorsalen Intercalaria. Gelegentlich kommt auch noch ein viertes paariges Knochenstück hinzu, welches dann mit den ventralen Inter-

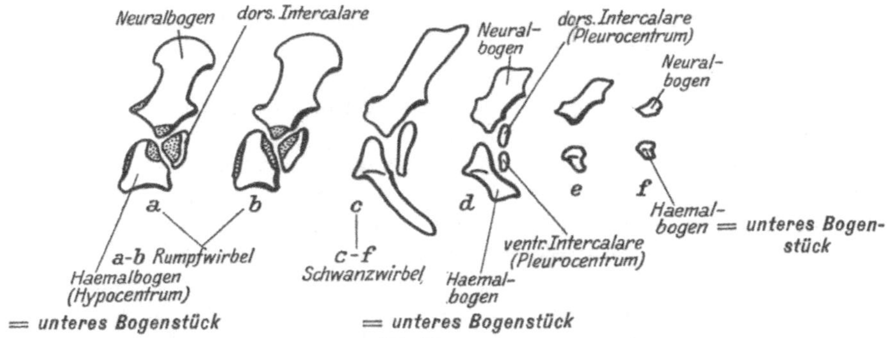

Abb. 96.

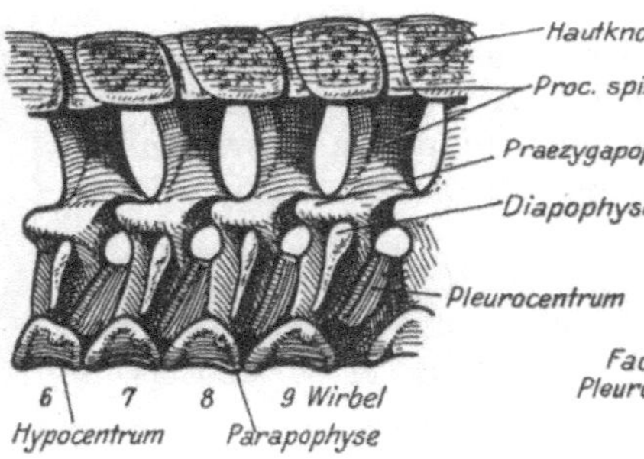

Abb. 97.

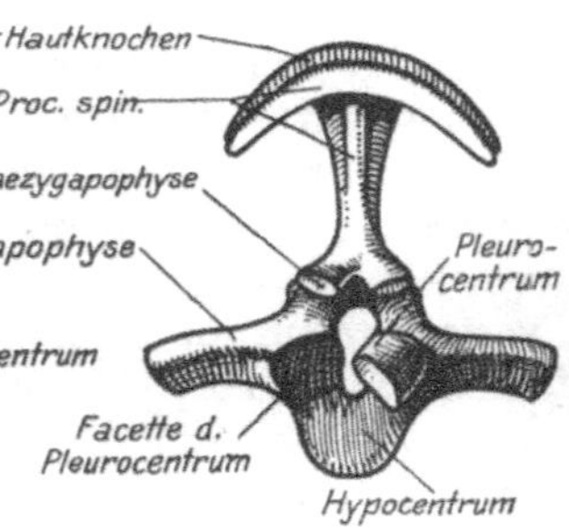

Abb. 98.

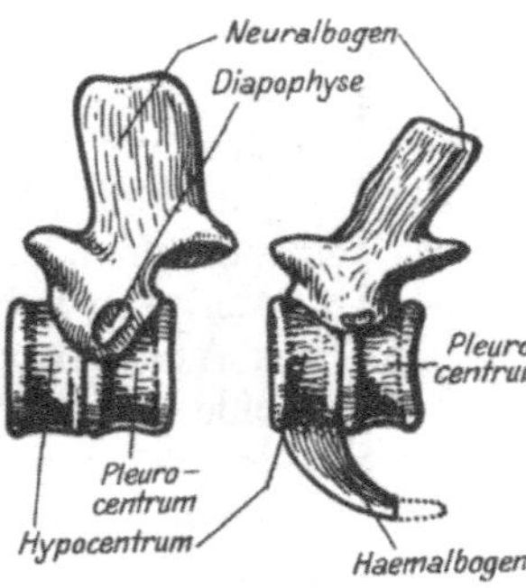

Abb. 99.

Abb. 96—99. Wirbel von temnospondylen Stegocephala.

Abb. 96. Einige Rumpf- und Schwanzwirbel von Archegosaurus decheni, rekonstruiert: *a* und *b* sind Rumpfwirbel, *c—f* Schwanzwirbel. Von links gesehen. Die punktierte Oberfläche gibt den Ursprung der abgebrochenen Processus transversi an. (Nach JAEKEL, 1911, Abb. 120.) — Abb. 97. Der 6. bis 9. Rumpfwirbel von Cacops, von links. — Abb. 98. Der 12. Rumpfwirbel von Cacops von vorn. Das rechte Pleurocentrum ist entfernt. — (Abb 97 u. 98 nach WILLISTON 1911 B, Taf. 18 u. 21, Abb. 5.) — Abb. 99. Rumpf- und Schwanzwirbel von Cricotus, von links. (Nach WILLISTON aus ABEL, 1919, Abb. 174.)

calaria homolog ist (Abb. 96d). Man nennt solche Wirbel **temnospondyle (rhachitome) Wirbel**. Wir können hier eine auffällige Übereinstimmung mit den Wirbeln der primitiven Amioidei feststellen: ebenso wie bei diesen nennt man auch hier die Knochenstücke der hämalen Bogen Hypocentrum, die der Intercalaria Pleurocentrum. Das Hypocentrum (hämale Bogenstücke) war durch Verschmelzung oft unpaar und umfaßte als ein bogenförmiges Stück von ventral und lateral her einen Kanal, in welchem beim lebenden Tier die Chorda und wahrscheinlich auch Knorpel lag. Die dorsalen Intercalaria (Pleurocentra) blieben meist paarig und lagen dorsal und lateral von der Chorda. Die nur selten auftretenden ventralen Intercalaria lagen lateral und ventral der Chorda. Das

Hypocentrum (hämalen Bogenstücke) bildete in dem Schwanz die unteren Bogen (Abb. 96).

Ein etwas anderer Typus entsteht dadurch, daß die hämalen und neuralen Bogen einerseits und die dorsalen Intercalaria andererseits die Chorda vollständig umwachsen: auf diese Weise entstehen zwei hintereinander gelegene Wirbelkörper, wovon eins mit neuralen und hämalen Bögen. Das ist eine typische Diplospondylie. Man nennt diese Wirbel embolomere Wirbel (Abb. 99); sie stimmen vollständig überein mit den Schwanzwirbeln von Amia (Abb. 92b), kommen jedoch bei einigen Stegocephala auch im Rumpfe vor.

Die embolomeren Wirbel sind selten; es besteht aber die Möglichkeit, daß sie noch primitiver sind als die temnospondylen Wirbel. Bei den Amioidei kommen bereits beide Wirbeltypen vor, ja selbst bei ein und demselben Tiere temnospondyle Wirbel im Rumpfe, embolomere im Schwanz. Wahrscheinlich sind beide Wirbeltypen auch schon bei den primitiven Stegocephala vorhanden gewesen; sie wurden von den primitiven Teleostomi geerbt, von denen auch die Amioidei ihre Wirbel erhalten haben.

Die Wirbel der Temnospondyli sind also wahrscheinlich ein sehr alter Typus. Diese Meinung wird dadurch gestützt, daß auch in den Wirbeln der Amniota, vor allem im Atlas, der temnospondyle Wirbelbau noch erkennbar ist. Daraus können wir schließen, daß dieser Wirbelbau den Ausgangspunkt für die Wirbel aller Tetrapoda bildet! Demnach hätten die ältesten Landtiere eine Wirbelsäule besessen, welche nach dem Typus der primitiven Amioidei gebaut war: sie besaßen keine echten Wirbelkörper; ihre Chorda war ziemlich gut entwickelt und vielleicht durch Knorpel teilweise eingeschnürt.

Eine solche Wirbelsäule ist aber wohl zu schwach für Landtiere. Und so sehen wir denn auch bald Formen entstehen, welche die temnospondylen Stegocephalen verdrängten und gut entwickelte Wirbelkörper besaßen. Die Wirbelkörper entstanden aber in der zu den rezenten Amphibia führenden Entwicklungsreihe in anderer Weise als in dem Stamme, der zu den Amniota führte. Der Unterschied zwischen beiden ist folgender:

Bei den Amphibia verschwanden die Intercalaria (Pleurocentra); es entstanden hohle, cylinderförmige Wirbelkörper, welche aufgebaut sind aus einer paarigen dorsalen und einer paarigen ventralen blattförmigen Verknöcherung; diese Verknöcherungen stimmen überein mit den neuralen und hämalen Bogen. Diesen Zustand zeigen unter den Stegocephala die Phyllospondyli (Branchiosaurus). Die Wirbel der heutigen Amphibia können hiervon abgeleitet werden. Ihre Wirbelkörper entstehen also aus den hämalen und neuralen Bögen, wobei manchmal der erste, manchmal der zweite bei der Verknöcherung die Hauptrolle spielt. Diese Wirbelkörper tragen die Rippen meist ungefähr in der Mitte ihrer Länge, da die Rippe bei den Temnospondyli von den hämalen Bogen ausging. Im Schwanze gehen die hämalen Bogen ebenfalls von der Mitte der Wirbelkörper aus.

Die Wirbelkörper der Amniota entstanden dagegen aus dem dorsalen Intercalare (Pleurocentrum). Der hämale Bogen (Hypocentrum) wurde von der Wirbelkörperbildung ausgeschlossen; er besteht im rudimentären Zustande manchmal als ein selbständiges ventrales Knochenstückchen fort: das Intercentrum, das an der Grenze von zwei Wirbelkörpern gefunden wird. Ebenso entspringen die hämalen Bogen des Schwanzes, wie auch mehr oder weniger deutlich die Rippen, an der Grenze der Wirbelkörper. Solche Wirbel sind schon bei einem Teile der Stegocephala entstanden, und zwar gerade bei den Formen, die am meisten den Reptilia gleichen, nämlich den Hylonomidae und Microbrachidae (Gadow 1896, Jaekel 1904, Schwarz 1908, Abel 1919).

Die Wirbelsäule der rezenten Amphibia.

Die rezenten Amphibia besitzen eine gut entwickelte knöcherne Wirbelsäule. Selten wird noch Knorpel in größeren Mengen in den Wirbelkörpern erwachsener Tiere beobachtet. Das Becken wird an der Wirbelsäule durch einen, selten durch zwei Wirbel befestigt; diese Wirbel werden Becken- oder Sacralwirbel genannt. Auf diese Weise wird die Wirbelsäule in eine Rumpf- und Schwanzregion geteilt. Obwohl zwischen dem Kopfe und den Vorderextremitäten der Körper oft etwas schlanker ist als hinten, so besteht doch meist keine eigentliche Halswirbelsäule; das hat seinen Grund darin, daß der Schultergürtel beinahe stets dicht hinter dem Kopfe liegt. Ein typischer Hals ist dagegen schon bekannt bei Cricotus, einem Stegocephalen aus dem Perm. Zur Befestigung des Kopfes ist der vorderste Wirbel besonders umgebildet: sein Wirbelkörper ist verbreitert und bildet ein paariges Gelenk mit den beiden Condyli des Hinterhauptes. Der zweite Wirbel ist normal; also fehlt bei den Amphibia die bekannte Differenzierung der beiden vordersten Wirbel in einen Atlas und Epistropheus, die beide typisch für die Amniota sind. Die Grenze zwischen Schädel und Wirbelsäule ist bei den Amphibia wahrscheinlich nicht übereinstimmend mit der Grenze bei den Amniota: bei den Amniota nämlich sind einige vordere Wirbel in den Schädel aufgenommen (siehe S. 264). Der vorderste Wirbel der Amphibia ist also nicht homolog mit dem der Amniota; man sollte darum lieber den Namen Atlas für den ersten Wirbel der Amphibia nicht gebrauchen.

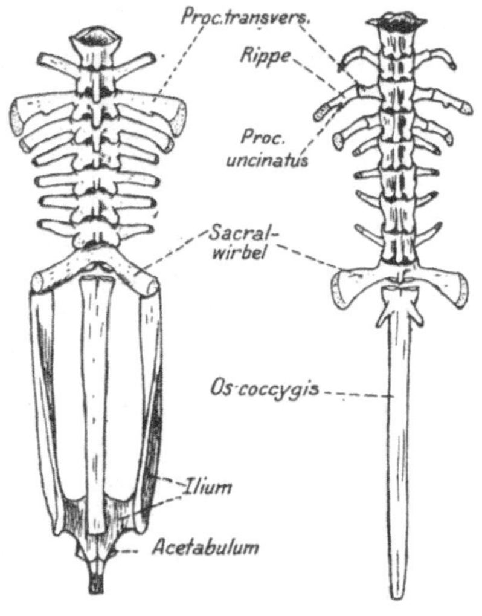

Abb 100. Abb. 101.

Abb. 100—101. Wirbelsäule der Anura von oben gesehen.

Abb. 100 Von Rana esculenta. (Nach GAUPP, 1896 bis 1904, Bd. 1, Abb. 5.) — Abb 101. Discoglossus pictus, mit freien Rippen. (Nach WIEDERSHEIM, 1906, Abb. 42.)

Die Anzahl der Wirbel wechselt bei den lebenden Amphibia: bei den Urodela finden wir meist 15 bis 20 Rumpfwirbel (der Beckenwirbel wird hierbei als Rumpfwirbel mitgezählt) und 25 bis 30 Schwanzwirbel. Die Anzahl nimmt stark zu bei einigen dauernd das Wasser bewohnenden Urodela mit einem verlängerten Körper: so hat der Olm (Proteus) 32 Rumpfwirbel und 36 Schwanzwirbel, Siren ungefähr 63 Rumpfwirbel und 35 Schwanzwirbel, der aalförmige Amphiuma sogar gegen 100 Wirbel im ganzen (NOPCSA 1923 C). Die Anura (Abb. 100 und 101) haben sich an eine springende Fortbewegung angepaßt: dabei ist der Sacralwirbel nach vorn verlegt und die Wirbelsäule ist sehr verkürzt. Es kommen meist 8 freie Rumpfwirbel vor; der 9. Wirbel ist Sacralwirbel, dann folgt ein Knochenstück (Os coccygis), das aus 12 oder mehr vollständig miteinander verwachsenen Wirbeln besteht. — Bei Pipa wird das Sacrum durch den 8. Wirbel und den Vorderteil des Os coccygis gebildet. Diese Verschiebung des Sacrum cranial ist wahrscheinlich die Folge einer Verwachsung des ersten und zweiten Rumpfwirbels; das kommt bei den Anura auch anderweitig vor (ADOLPHI 1893, RIDEWOOD 1897). Palaeobatrachus besaß nur 5 freie Rumpfwirbel und 3 Sacralwirbel. Hymenochyrus hat auch nur 5 freie Rumpfwirbel; durch Verwachsung der hinteren Rumpfwirbel mit den Os coccygis sind daneben nur 2 eigentliche freie Sacralwirbel übrig geblieben, manchmal auch nur einer

(Fejervary 1917, 1921, Bolkay 1922). Hierbei scheint eine Verschiebung des Beckens längs der Wirbelsäule nach vorn zu eine Rolle zu spielen, vielleicht auch bei der Verwachsung der postsacralen Wirbel zu einem Os coccygis. Obwohl dieses Os coccygis die Schwanzwirbelsäule darstellt, liegt es doch ganz im Rumpf (präanal); die Wirbel, aus denen es aufgebaut ist, werden wahrscheinlich urpsrünglich zur Rumpfwirbelsäule gehört haben. — Bei den wurmartigen Gymnophiona ist die Anzahl der Wirbel sehr groß und kann auf 200 bis 300 steigen. Sacrale Wirbel bestehen nicht, weil ja auch keine Gliedmaßen entwickelt sind. Schwanzwirbel sind nach dem Bau zu urteilen auch nur in geringer Zahl anwesend. Alle anderen Wirbel gehören zum Rumpfe.

Der Bau der Wirbel ist bei den Amphibien recht verschieden. Bei den **Urodela** ist der Wirbelkörper ziemlich lang gereckt und sanduhrförmig. Der neurale Bogen ist breit und fest gebaut; er ist im Verhältnis zum Wirbelkörper wesentlich größer als bei den meisten Pisces. Die neuralen (oberen) Bogen sind ungefähr ebenso lang wie die Wirbelkörper; sie zeigen gut entwickelte Prä- und Postzygapophysen (vordere und hintere Gelenkfortsätze). Die Postzygapophysen passen von oben her auf die Präzygapophysen des caudal folgenden Wirbelbogens. Die Verbindung besteht aus einer Diarthrose, die viel besser entwickelt ist als bei den Teleostei. Obere Processus spinosi sind nur im Schwanze gut entwickelt; dort finden wir auch hämale Bogen mit ventralen Dornfortsätzen.

An den Rumpfwirbeln und an den vorderen Schwanzwirbeln sind kräftige Querfortsätze entwickelt; sie tragen im Rumpf kurze Rippen. Die Querfortsätze entspringen ziemlich hoch am Wirbel, vor allem in der Rumpfregion, wo sie von den neuralen Bogen ausgehen. Man darf hieraus nicht den Schluß ziehen, daß diese Querfortsätze nicht homolog wären mit denen der Pisces, von denen wir gesehen haben (siehe S. 80), daß sie aus den hämalen Bögen entstehen. Aus ontogenetischen Untersuchungen hat sich nämlich ergeben, daß das Material für die Querfortsätze nicht von den neuralen Bögen herkommt, sondern ganz selbständig angelegt wird als Rippenträger. Diese Anlagen verschieben sich in der Ontogenie dorsal, wobei sie von hämalen Bögen ihren Ursprung nehmen sollen (Göppert 1896; siehe auch Gamble 1922). Da die Rippen an ihren proximalen Enden gegabelt sind, so sind es die Querfortsätze auch; in anderen Fällen sind sie ganz in obere und untere Querfortsätze aufgeteilt: in Diapophysen und Parapophysen. Die Parapophyse ist meist viel weniger entwickelt als die Diapophyse, so daß die Diapophyse den eigentlichen Querfortsatz bildet. Dieser Zustand ist bei Tetrapoda ziemlich allgemein. Der Sacralwirbel besitzt kräftige Querfortsätze mit kurzen aber starken Rippen, an welchen das Becken befestigt ist.

Die Verbindung der Wirbelkörper kommt bei den Urodela zustande durch intervertebrale Knorpelscheiben. Diese sind in der Regel durch einen deutlichen Gelenkspalt geteilt und bilden dann kräftige, nach vorn gerichtete Gelenkköpfe (opisthocöle Wirbel). Diese Gelenkköpfe können durch Verkalkung des Knorpels noch fester werden. In anderen Fällen kann die Bildung einer Diarthrose auch fortfallen: die Beweglichkeit zwischen den Wirbeln wird dann durch die Biegsamkeit des Knorpels der intervertebralen Scheiben erreicht; der Knorpel ist in solchen Fällen weniger entwickelt, weicher und verschwindet somit bei der Maceration: auf diese Weise erscheinen dann die Wirbel amphicöl. Nur in seltenen Fällen treffen wir bei den Urodela noch echte amphicöle Wirbel: so bei den neotenischen Perennibranchiata.

In der Mitte der Wirbelkörper tritt Chordaknorpel auf (siehe S. 75), wodurch das Chordagewebe verdrängt wird. Da die Chorda weiterhin intervertebral durch die Gelenkbildung besonders stark eingeschnürt wird (Abb. 95 auf S. 88), so sind die Reste der Chorda beim erwachsenen Wirbel ziemlich gering.

Die Wirbel der Gymnophiona sind lang; sie besitzen einen schlanken, sanduhrförmigen Wirbelkörper, dazu breite neurale Bogen, ohne Processus spinosi. Die Zygapophysen sind gut entwickelt. Ventral von jedem Wirbelkörper beobachten wir einen medianen Auswuchs, welcher sich caudad erstreckt; dieser Auswuchs legt sich gegen den folgenden Wirbelkörper an, zwischen die nach vorn gerichteten Parapophysen. Die Verbindung der Wirbel untereinander wird dadurch besonders fest; vielleicht ist dies im Verbande mit der wurmartigen bohrenden Lebensweise zu verstehen.

Die Wirbel der **Anura** sind kürzer als die der Urodela und besitzen einen etwas besser entwickelten Wirbelkörper von mehr cylindrischer Form. Die Verbindung der Wirbelkörper geschieht durch gut entwickelte Gelenke. Meist sind die Wirbel procöl; eine Ausnahme davon bildet der Beckenwirbel, welcher bikonvex ist; dann muß der letzte Rumpfwirbel natürlich bikonkav sein. Bei den Aglossa, Discoglossidae und einigen Pelobatidae sind die Wirbel alle opisthocöl. Die Querfortsätze sind lang, in einigen Fällen sogar auffallend lang; meist tragen sie keine selbständigen Rippen, nur bei den Discoglossidae sind Rippen beobachtet worden, wenn auch nur gering entwickelt (Abb. 101). Bei den Aglossa werden Rippen am 2., 3. und 4. Wirbel angelegt; aber sie verschmelzen ganz mit den Querfortsätzen, welche dann auch am 3. und 4. Wirbel besonders lang werden. Bei dem Sacralwirbel fehlen die Rippen; das Becken ist unmittelbar mit den Querfortsätzen des Beckenwirbels verbunden.

Sehr eigentümlich ist es, daß bei vielen Anura die Wirbelkörper sich nicht um die Chorda herum formen, sondern größtenteils dorsal von ihr. Auf diese Weise kommt die Chorda ventral der Wirbelkörper zu liegen; sie bildet dann ein abgeplattetes Band, welches schließlich ganz verschwindet. Man bezeichnet solche Wirbel als notozentrische oder epichordale. Wir finden sie bei Pipa, Xenopus, Bombinator, Pelobates, Discoglossus und Alytes. Bei anderen Anura, z. B. bei Rana, liegt die Chorda normal im Centrum der Wirbelkörper. In dem Schwanz der Anurenlarven bildet sich wohl eine gut entwickelte Chorda, aber kein Knorpel oder Knochen.

Die knöchernen Wirbel der heute lebenden Amphibia sind aus einem einzigen Stück aufgebaut; es besteht nämlich keine Grenze zwischen Bogen und Wirbelkörper. Die ersten Entwicklungsstadien sind nicht genügend bekannt. Im allgemeinen verknöchert der neurale Bogen unabhängig vom Wirbelkörper; bei den Urodela jedoch verschmelzen beide früh, oder es besteht auch vielleicht nur eine einzige Verknöcherung, welche vom neuralen Bogen ausgeht. Durch Fortfallen einer ventralen Verknöcherung, welche dann den hämalen Bogenstücken (Hypocentrum) entsprechen müßte, können auch die epichordalen Wirbel obengenannter Anura erklärt werden.

Die Tatsache, daß embolomere Wirbel bei einigen Stegocephala vorkommen, stellt uns die Frage, ob bei den rezenten Amphibia noch Hinweise auf eine Diplospondylie gefunden werden können. Sie sind in der Tat gefunden: doppelte neurale und hämale Bögen auf einem einzigen Wirbelkörper wurden entdeckt in den Schwanzwirbeln von Salamandra und von Axolotllarven (SCHAUINSLAND 1905, S.500). Man könnte auch die intervertebralen Knorpelscheiben als Zwischenwirbel auffassen; aber ein Beweis ist keineswegs dafür gegeben; die eben genannten zwischengefügten Bogen bei Salamandra zeigen keinen Zusammenhang mit den intervertebralen Scheiben.

Die Wirbelsäule der Sauropsida.

Die Reptilia besitzen eine fast vollständig verknöcherte Wirbelsäule mit einer beinahe stets stark zurückgebildeten Chorda. Auf einem primitiven Zustande sind die Wirbelkörper tief amphicöl, versehen mit einer centralen Durchbohrung für die Chorda. Dieser Typus wird notochordal genannt. Wir finden ihn bei den Cotylosauria (den Stammreptilia) und bei den Pelycosauria.

Der folgende Schritt in der Entwicklung der Wirbel besteht in einem Schließen des centralen Kanales für die Chorda: dies kann geschehen durch Chordaknorpel, welcher später verknöchert; oder dadurch, daß der knöcherne Wirbelkörper während seines Wachstums die Chorda in der Wirbelmitte verdrängt. Alle diese Wirbel sind typisch amphicöl. Wir finden sie bei einer Anzahl ausgestorbener Reptilia, u. a. bei primitiven Chelonia, im Hals und im Schwanz der Anomodontia, bei den Geckonidae und Uroplatidae, und schließlich bei Sphenodon; bei Phyllodactylus sind in dem Rumpfe sogar notochordale Wirbel gefunden (GADOW 1896). — Bei den heute lebenden Formen wird der Raum zwischen den amphicölen Wirbelkörpern in der Hauptsache durch die Chorda angefüllt. Man kann annehmen, daß dies auch bei den amphicölen und notochordalen Wirbeln der genannten ausgestorbenen Reptilia der Fall war. Das Chordagewebe wird zum Teil zurückgebildet; auf diese Weise entstehen Hohlräume an der Grenze der Centra.

Als ein höherer und typischer Zustand der Wirbelverbindung tritt eine Gelenkverbindung (Diarthrose) der Wirbelkörper auf. Diese Gelenkbildung entsteht auch hier wie bei den rezenten Amphibia durch eine embryonale Bildung intervertebraler Knorpelscheiben. In den Knorpelscheiben entsteht ein Gelenkspalt; die so gespaltene Knorpelmasse verschmilzt mit den Wirbelkörpern. Die Wirbelkörper sind meist procöl; diese Form können wir als die normale bei den Reptilia ansehen. Wo besondere Anforderungen an die Beweglichkeit gestellt werden, kann dieser Typus der Gelenkbildung abgeändert werden: so sind bei den Chelonia die vorderen Halswirbel opisthocöl; dasselbe finden wir bei den Halswirbeln und vielfach auch bei den Rumpfwirbeln der Dinosauria. Im Hals hängt diese Umbildung zusammen mit der großen Beweglichkeit; im Rumpfe der Dinosauria ist diese Tatsache wohl durch jene komplizierten Bewegungen in der Wirbelsäule zu erklären, die mit dem Laufen auf den Hinterextremitäten im Zusammenhang stehen, Bewegungen, die der Gleichgewichtshaltung dienten. Wo die Beweglichkeit der Wirbelsäule wieder vermindert oder ganz aufgehoben ist, da finden wir die Gelenkflächen der Wirbelkörper platt (biplan), während der Gelenkspalt in dem verbindenden Knorpel verschwinden kann; das ist beobachtet bei vielen Beckenwirbeln und in den unbeweglichen Rumpfwirbeln der Chelonia, welche mit dem Panzer verwachsen. Biplane oder schwach bikonkave Wirbel finden wir auch bei einer Anzahl ausgestorbener Bewohner des Wassers.

Für die Fortbewegung vieler Reptilia, vor allem der meisten Lacertilia, sind starke und schnelle Seitenbiegungen des Rumpfes notwendig. Damit steht die gute Entwicklung der Gelenke im Zusammenhang, ebenso wie die procöle Form der typischen Reptilienwirbel. An der Verbindung der procölen Wirbelkörper der Crocodilia nimmt eine intervertebrale Scheibe teil, welche aus Bindegewebe und Knorpel besteht: der sogenannte Meniscus. Dieser Meniscus geht in den Knochen des Wirbelkörpers über, so daß kein Gelenkspalt vorhanden ist: die Verbindung ist also keine Diarthrose, sondern eine Syndesmose. Die Crocodilia krümmen ihre Wirbelsäule bei dem Laufen ja auch sehr wenig. Ebensolche, aber viel schwächer entwickelte Zwischenscheiben kommen bei einer Anzahl Lacertilia und gelegentlich auch bei Chelonia vor; vielleicht waren sie auch bei den Pelycosauria vorhanden. Solche Menisken finden wir auch bei den Mammalia, wenn sie dort auch etwas anders entwickelt sind. Es ist nicht bekannt, wie weit diese Scheiben jedesmal Neubildungen sind oder ob sie auf einen gemeinschaftlichen primitiven Zustand zurückgeführt werden können.

Die kräftig entwickelten neuralen Bögen verknöchern selbständig, sie bleiben oft während des ganzen Lebens durch eine knorpelige Naht vom Wirbelkörper getrennt. Die oft gut entwickelten Processus spinosi sind in einzelnen Fällen sehr stark verlängert, z. B. bei den Rumpfwirbeln und den vorderen Schwanzwirbeln von Lophura und Basiliscus unter den Lacertilia; noch besser entwickelte Processus spinosi finden wir bei einigen Pelycosauria. Wahrscheinlich hängt die auffallende Länge dieser Fortsätze mit der Bildung eines hohen Kammes auf dem Rücken zusammen.

Die Zygapophysen (Gelenkfortsätze) sind gut entwickelt. Bei den Cotylosauria liegen ihre Gelenke ungefähr horizontal; aber in allen anderen Fällen sind sie mehr oder weniger schief gestellt bis zur vertikalen Lagerung (Abb. 102 und 104). Eine festere Verbindung der Wirbel wird dadurch erreicht, daß dorsal des Rückenmarkkanals noch mediane Fortsätze auftreten, welche in eine Aushöhlung des gegenüberliegenden Wirbels passen. Ist ein solcher Fortsatz nach vorn gerichtet, so nennt man ihn Zygosphen, und die zu ihm passende Aushöhlung das Zygantrum; wir finden dergleichen bei den Ophidia und einigen Lacertilia und Mosasau-

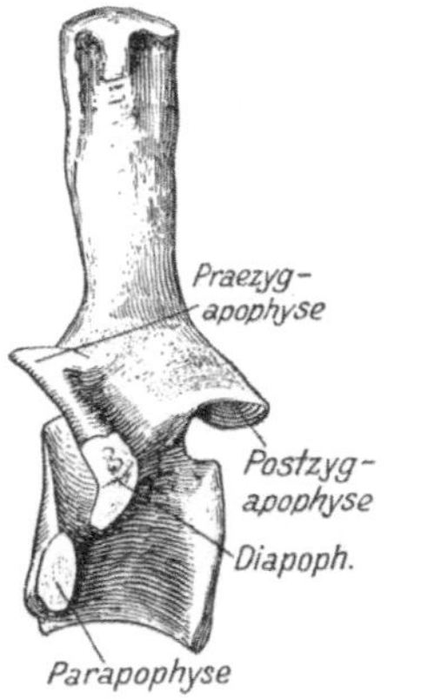

Abb. 102. Wirbel von Nothodon lentus, einem Cotylosaurier, von links. (Nach WILLISTON, 1912 A, Taf. 36, Abb. 2.)

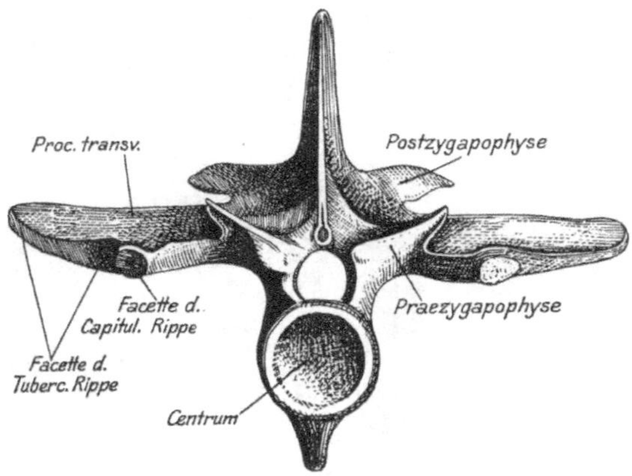

Abb. 103. Rumpfwirbel eines Crocodiliers, von cranial gesehen. (Nach ZITTEL, 1876 bis 1893, Bd. 3, Abb. 579.)

ridae. Ist der Fortsatz caudad gerichtet, so wird er Hyposphen genannt, seine Aushöhlung Hypantrum (z. B. bei Diadectes unter den Cotylosauria, bei Placodus [DREVERMANN 1915] und bei vielen Dinosauria). Solche akzessorische Verbindungen werden vor allem dort beobachtet, wo Festigkeit mit großer Beweglichkeit der Wirbelsäule verbunden sein muß, wie bei den Ophidia und den Lacertilia.

Die Processus transversi (Querfortsätze) sind meist sehr kräftig entwickelt; sie entspringen am neuralen Bogen und tragen die Rippen. Wir können bei ihnen oft zwischen einer Diapophyse und einer Parapophyse unterscheiden (Abb. 102), da die Rippen gabelförmig an zwei Punkten mit den Wirbeln verbunden sind: mit den eigentlichen Querfortsätzen (Diapophyse) und ventral davon mit dem Wirbelkörper; dieser bildet dann einen kurzen Fortsatz (die Parapophyse). Zwischen beiden Fortsätzen liegt das Foramen costotransversarium, durch welches die Arteria vertebralis läuft (Abb. 120, 121 auf S. 104, 105 und Abb. 126 auf S. 110). In einigen Fällen besteht auch nur eine einzige Verbindung zwischen Wirbel und Rippe; oder es können auch beide gabelförmigen Enden der Rippen sich an den Processus transversus anschließen, wie wir es bei den Rumpfwirbeln der Crocodilia beobachten (Abb. 103).

An der Unterseite der Wirbelkörper liegen bei vielen Reptilia zwischen den Centren unpaare selbständige Knochenstücke, welche Intercentra genannt werden (Abb. 104, 106). In der Schwanzwirbelsäule gehen diese Intercentra über in hämale Bogen (wohl auch Chevrons genannt) (Abb. 108). Diese Intercentra sind alte Stücke der Wirbelsäule: sie sind homolog mit den Hypocentra (hämalen Bögen) der rachitomen Wirbel der Temnospondyli unter den Stegocephala (Abb. 92—94 auf S. 86 und Abb. 104—107; vgl. S. 89) (GADOW 1896, GOETTE 1897, SCHMIDT 1892, OSBORN 1899 B, 1900 B, WILLISTON 1918). Die Intercentra sind beinahe stets unpaar; ihre knorpelige Anlage aber ist paarig. Intercentra und Chevrons verwachsen meist mit den vorhergehenden Wirbelkörpern; aus dem Grunde werden sie von einigen Untersuchern zu ihnen gerechnet, aber sie gehören tatsächlich zu dem folgenden Wirbel, weil das Intercentrum als hämaler Bogen zu dem neuralen Bogen des folgenden Wirbels gerechnet werden muß.

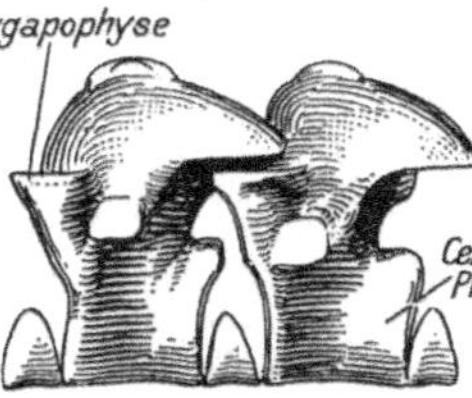

Abb. 104.

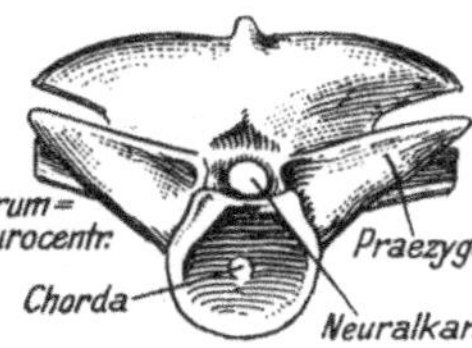

Abb. 105.

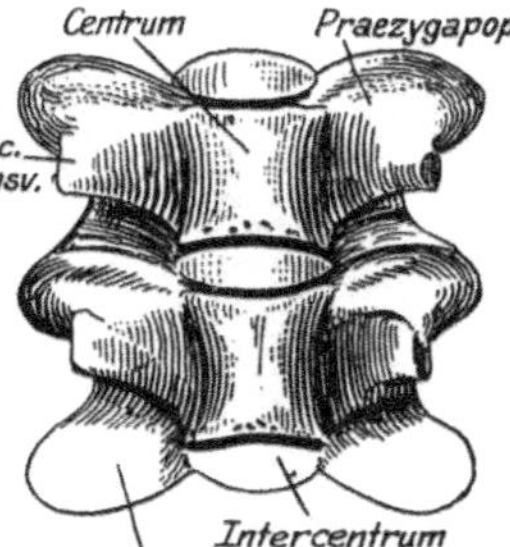

Abb. 106.

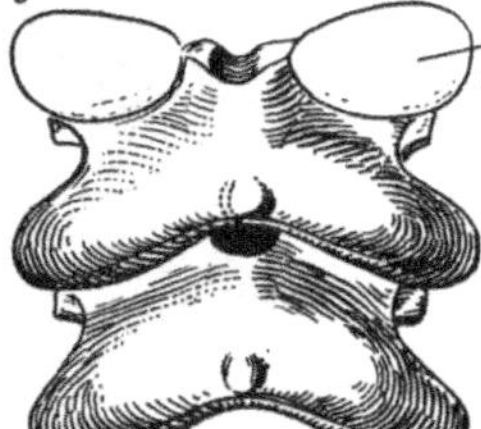

Abb. 107.

Abb. 104—107. **Rumpfwirbel von Seymouria, einem sehr primitiven Reptil.**

Abb. 104. Zwei Wirbel von einem jungen Individuum, von links. — Abb. 105. Einer der vordersten Rumpfwirbel von vorn. — Abb. 106 u. 107. Zwei Wirbel hinten aus dem Rumpf, von unten und von oben. (Nach WILLISTON, 1912 A, Taf. 13, Abb. 8, 5, 6, 7.)

Wir haben schon auf S. 90 darauf hingewiesen, daß die Wirbelkörper der Reptilia entstanden sind aus dem dorsalen Intercalare (Pleurocentrum) der rachitomen Wirbel (Abb. 93 auf S. 86 und Abb. 104 bis 107). Da nun die Rippen ursprünglich nicht mit diesem dorsalen Intercalare in Verbindung stehen, sondern mit dem neuralen und dem hämalen Bogen (Hypocentrum), so liegt ursprünglich auch die Parapophyse bei den Reptilien auf dem Intercentrum. Durch eine Verschiebung der Rippe und eine Zurückbildung des Intercentrums verändert sich dieser Zustand nun aber allgemein bei den Reptilia. Es bleibt jedoch eine gewisse Neigung bestehen, die Parapophyse an den Vorderrand der Wirbelkörper zu setzen. Dies bildet einen Gegensatz zu den Amphibia, wo die Parapophyse in der Mitte des Wirbelkörpers zu liegen pflegt. Wir müssen dabei im Auge behalten, daß sich der Wirbelkörper der Amphibia aus dem hämalen Bogen (Hypocentrum) entwickelt.

Nicht selten finden wir noch einen anderen Fortsatz bei den Reptilia. Er liegt medial und ist ventrad gerichtet, so daß er einem ventralen Proc. spinosus gleicht. Dergleichen Fortsätze haben aber nichts mit den hämalen Bögen zu tun; sie sind neu entwickelt. Man nennt sie Hypapophysen. Sie bilden eine vergrößerte Ansatzoberfläche für die hypaxonischen Muskeln. Ihr Ursprung liegt oft an dem Hinterrande der Wirbelkörper; dadurch kann eine Verwechslung mit echten hämalen Bögen (Intercentra)' entstehen. Diese Intercentra selbst können auf der Spitze der Hypapophysen liegen (Abb. 109). — Die Hypapophysen finden wir vor allem gut entwickelt bei den Ophidia und den Lacertilia.

Die beiden ersten Halswirbel, welche die Drehbewegungen des Kopfes um seine Längsachse ermöglichen, zeigen bei den Reptilia abweichende Formen, wie denn überhaupt bei den Amniota. Die Mechanik ist folgendermaßen eingerichtet: der zweite Wirbel, welcher Epistropheus genannt wird, paßt mit einem zahnförmigen Fortsatze (Dens epistrophei) in den unteren Teil des ringförmigen ersten Wirbels, des Atlas. Auf diese Weise kann der Atlas um den Dens gedreht werden. Drehbewegungen in dem eigentlichen Hinterhauptsgelenk (zwischen Condylus occipitalis und Atlas) können durch diese Neubildung erweitert oder ersetzt werden (Abb. 111). Eine nähere Untersuchung hat nun ergeben, daß der Dens der Wirbelkörper des Atlas ist; er besitzt einen selbständigen Verknöcherungskern (Abb. 112 u. 113). Der ringförmige Atlas besteht erstens aus dem neuralen Bogen welcher stets paarig angelegt wird; zweitens aus dem ventralen Schlußstück: das gut entwickelte Intercentrum des Atlas. Wir haben es hier also zu tun mit einer sehr eigentümlichen Trennung des neuralen Atlasbogens von seinem Wirbelkörper, dem Dens, und gleichzeitig mit einer Verbindung dieses neuralen Bogens mit dem Intercentrum —: das erscheint ein neuer Zustand; wir können ihn aber ableiten von den rachitomen Wirbeln primitiver Tetrapoda (vgl. Abb. 111—113 mit Abb. 97 auf S. 89). Der Atlas in seinem ursprünglichen Zustande unterscheidet sich nur dadurch von einem rachitomen Wirbel, daß sein Wirbelkörper (welcher ja aus dem dorsalen Intercalare [Pleurocentrum] entstand) groß und unpaar ist; bei den primitiven Wirbeln sind dagegen die dorsalen Intercalaria (Pleurocentra) paarig, viel kleiner und lassen einen Raum zwischen sich für die Chorda. Das Schlußstück oder Intercentrum des Atlas ist der untere (hämale) Bogen (Hypocentrum) der rachitomen Wirbel. Bei einem rachitomen Wirbel kann viel leichter eine Bewegung zwischen dem neuralen Bogen und dem dorsalen Intercalare entstehen als bei einem Wirbel, wo diese beiden Stücke bereits verwachsen sind; wo aber eine Bewegung stattfindet, entsteht auch leicht ein Gelenk. Bei den Amphibia, wo die Pleurocentra zurückgebildet werden, war eine entsprechende Entwicklung nicht mehr möglich.

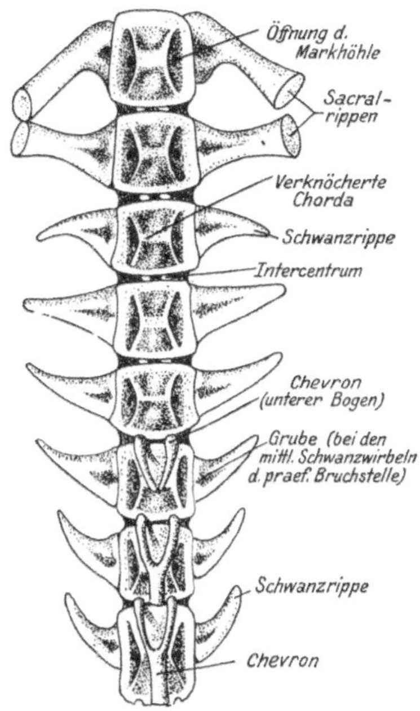

Abb. 108. Vorderstes Stück der Schwanzwirbelsäule von einem Sphenodonembryo, von der ventralen Seite. (Nach SCHAUINSLAND, 1900, Taf. 32, Abb. 1.)

Eine weitere Spezialisierung der ersten beiden Halswirbel besteht bei den

Reptilia in einem Kleinerwerden des Dens: auf diese Weise tritt der Atlasring in eine unmittelbare Gelenkverbindung mit dem Wirbelkörper des zweiten Halswirbels, des Epistropheus. So etwas wäre bei den primitiven Reptilia durch die bedeutende Größe des Dens nicht möglich (Abb. 113).

Bei den Ichthyosauria (Abb. 116) und den Plesiosauria, weiterhin bei einem Teile der Chelonia (viele Pleurodira und Carettochelys) ist der typische Bau des Gelenkes zwischen erstem und zweitem Halswirbel verloren gegangen: der Dens als der Wirbelkörper des Atlas verbindet sich als ein normaler Wirbelkörper mit dem Atlasbogen. Die Ursache dafür können wir bei den erstgenannten Formen im Wasserleben erblicken; bei den Chelonia spielt dann die große Beweglichkeit des Atlas auf dem runden Hinterhauptscondylus eine Rolle; die Bewegung des Atlas gegen den Epistropheus wird dadurch überflüssig.

Zwischen dem Schädel und dem Atlas kann noch ein paariges, bogenförmiges Knochenstück auftreten: der Proatlas; er liegt dann lateral und dorsal des

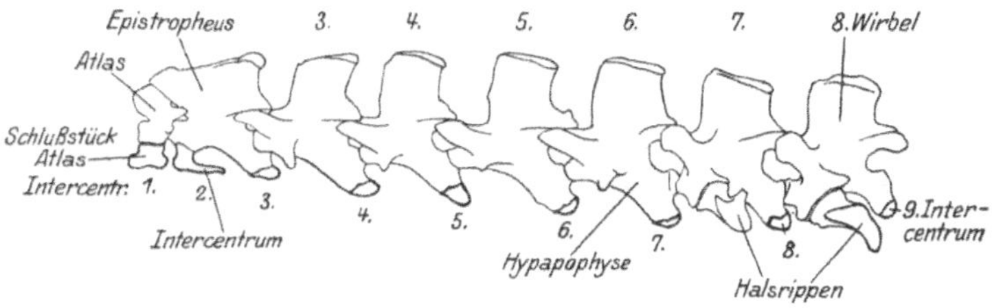

Abb. 109.

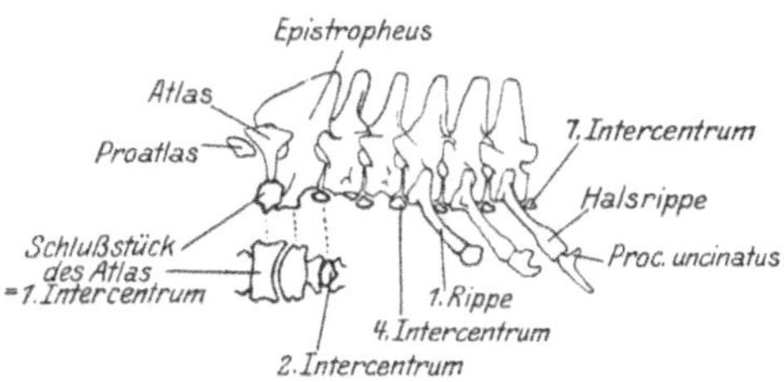

Abb. 110.

Abb. 109. Halswirbelsäule von Varanus mit Hypapophysen und darauf verschobenen Intercentra. — Abb. 110. Halswirbelsäule von Sphenodon. (Nach OSBORN, 1900A, Abb. 6B und D.)

Rückenmarkkanales (Abb. 110 und 113). Dieser Proatlas wird angesehen als der neurale Bogen eines vor dem Atlas liegenden Wirbels (P. ALBRECHT 1880). Für diese Auffassung spricht seine knorpelige Anlage, der Verlauf des ersten Spinalnerven und schließlich seine recht allgemeine Verbreitung bei den Reptilien: er ist u. a. bekannt bei den Cotylosauria, Pelycosauria, Crocodilia, Rhynchocephalia, Triassochelys (Chelonia) und beim Chamaeleon. Der Wirbelkörper dieses Wirbels ist dann vermutlich in den Körper des Atlas aufgenommen und liegt wahrscheinlich an der Spitze des Dens.

Eigentümlicherweise finden wir bei den meisten Lacertilia, bei Sphenodon und den Mesosauria eine präformierte Bruchstelle in Schwanzwirbeln, die in der mittelsten, oft auch hinteren Schwanzregion liegen. Sie ermöglicht es, bei Gefahr den hintersten Teil des Schwanzes spontan abzubrechen. Meist liegt die Stelle vor dem neuralen Bogen und den Proc. spinosi; bei den Geckonidae und bei Sphenodon liegt sie jedoch in der Mitte des Wirbelkörpers und setzt sich auf die neuralen Bogen und Querfortsätze fort (Abb. 108). Äußerlich ist sie angedeutet durch einen Spalt in den oberflächlichen Knochenlagen, inwendig durch einen Markraum. Man hat in ihr auch die Grenze zwischen zwei Halbwirbeln gesehen: dabei verglich man sie mit den embolomeren Doppelwirbeln einiger Stegocephala und Amioidei (GOETTE 1897); diese Meinung ist jedoch sicher falsch: der vordere Wirbelkörper des embolomeren Wirbels stellt bei den Reptilia ein selbständiges Intercentrum dar. Wir müssen in den Bruchstellen eine Neubildung sehen.

Die Regionen der Wirbelsäule zeigen bei den Reptilia meist eine starke Spezialisierung. Der Schultergürtel, das Herz, die Eingeweide usw. sind nach hinten geschoben: auf diese Weise ist bei den Reptilia eine gut entwickelte Halswirbelsäule entstanden. Die Halswirbel (Vertebrae cervicales; Abb. 109) sind meist kurz und breit mit festen Dornfortsätzen; ihre Zygapophysen liegen weit auseinander. Besonders bezeichnend ist es, daß die Rippen hier zurückgebildet sind. Die Beweglichkeit der Rippen ist beschränkt durch eine zweiköpfige (mit Diapophyse und Parapophyse) oder verbreiterte Gelenkverbin-

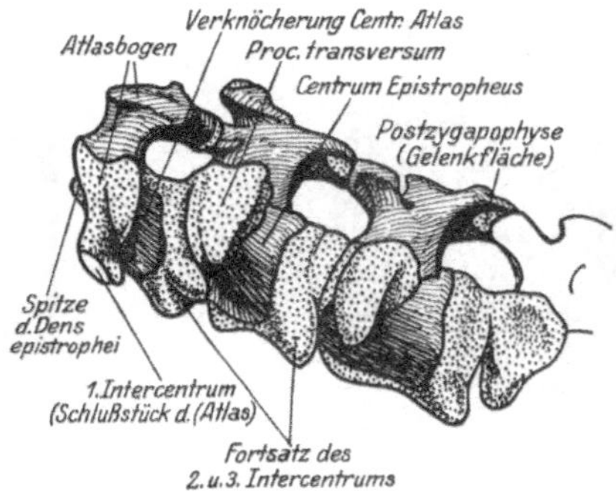

Abb. 111.

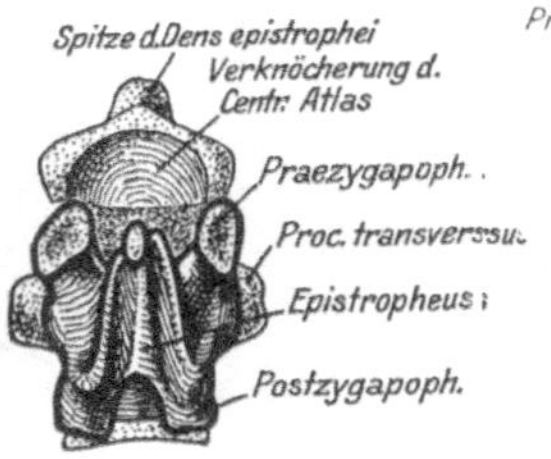

Abb. 112.

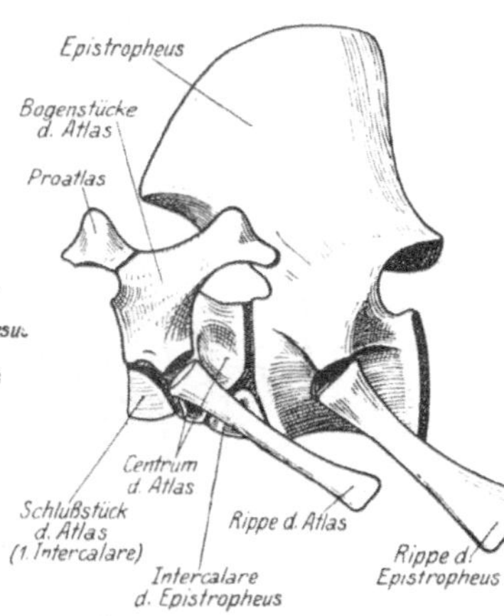

Abb. 113.

Abb. 111—113. Primitive Formen des Atlas und Epistropheus bei den Reptilia.

Abb. 111. Die drei vordersten Halswirbel von Dermochelys, von links. — Abb. 112. Epistropheus und Centrum des Atlas (dens) von Dermochelys, von oben. — Abb. 113. Proatlas, Atlas und Epistropheus von Ophiacodon, von links. — (Abb. 111 u. 112 nach VÖLKER, 1913, Taf. 31, Abb. 3 und Taf. 32, Abb. 9. Abb. 113 nach WILLISTON, 1912B, Abb. 1.) In Abb. 111 und 112 ist der Knorpel punktiert.

dung mit dem Wirbel; diese Verbindung liegt tief ventral auf dem Wirbelkörper (Abb. 110). Oft verwachsen die rudimentären Rippen mit den Wirbeln; sie sind dann durch die Anwesenheit eines Foramen costotransversarium erkennbar (vgl. S. 95 und Abb. 119 auf S. 104). Nicht selten finden wir an der Halswirbelsäule Intercentra (Abb. 109 und 110).

Die Grenze zwischen Hals- und Brustwirbelsäule wird dadurch bestimmt, daß man den ersten Wirbel, welcher durch eine Rippe mit dem Sternum verbunden ist, als ersten Rumpfwirbel zählt; ein anderes brauchbares Kennzeichen ist nicht bekannt. So kommt es, daß die Grenze zwischen Hals und Brust bei Ophidia und fußlosen Lacertilia nicht scharf angegeben werden kann, da sie kein Sternum besitzen. Die Grenze ist ebenfalls schwierig zu bestimmen bei vielen fossilen Reptilien, wo die knorpeligen ventralen Teile der Rippen fehlen.

Die Brustwirbel (Vertebrae dorsales oder thoracales; Abb. 103 und 114) sind sehr kräftig gebaut; meist werden sie etwas länger als die Halswirbel und besitzen lange und kräftige Processus transversi. Die Rippen sind hier besonders gut entwickelt; sie entspringen, wie auch die Processus transversi, viel höher an dem Wirbel als bei den Halswirbeln: also mehr am neuralen Bogen. Selten können wir zwischen Diapophyse und Parapophyse unterscheiden. Intercentra sind an den Brustwirbeln sehr selten, kommen jedoch bei primitiven Formen vor, u. a. bei Sphenodon.

Einige der letzten Rumpfwirbel können durch Verlust der Rippen zu einer besonderen Abteilung der Wirbelsäule werden: zu den Lendenwirbeln (Vertebrae dorsolumbales; Abb. 282 auf S. 205). Statt eines Verlustes der Rippen beobachten wir auch oft nur eine starke Zurückbildung und ihre Verwachsung mit den Processus transversi. In jedem Falle erhöht diese Rückbildung der Rippen die Beweglichkeit des Rumpfes gegenüber dem Becken.

Die Beckenwirbel (Vertebrae sacrales) werden zusammen das Sacrum genannt. Sie sind dadurch gekennzeichnet, daß sie mit dem Becken verbunden sind (Abb. 115). Es sind in jedem Falle sehr kräftige Wirbel, welche unter dem Einfluß der festen Verbindung mit dem Becken die Beweglichkeit ihrer Wirbelkörper verloren haben: dadurch sind sie biplan geworden und synchondrotisch oder selbst synostotisch miteinander verbunden. Die Verbindung mit dem Becken geschieht beinah stets durch sehr kurze, aber kräftige Rippen: die Sacralrippen.

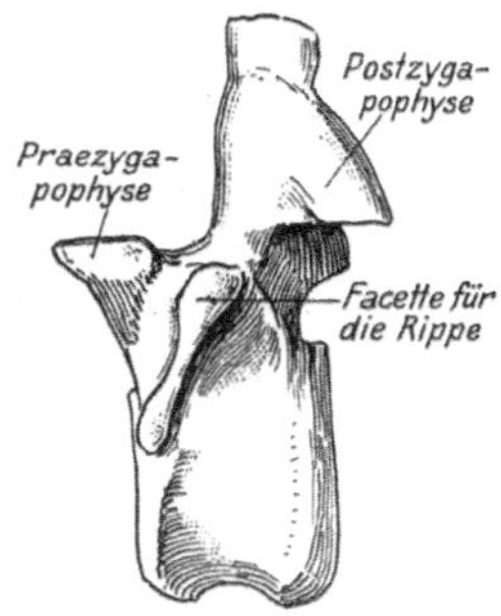

Abb. 114. Brustwirbel von Limnoscelis von links. (Nach WILLISTON, 1912 A, Abb. 9b.)

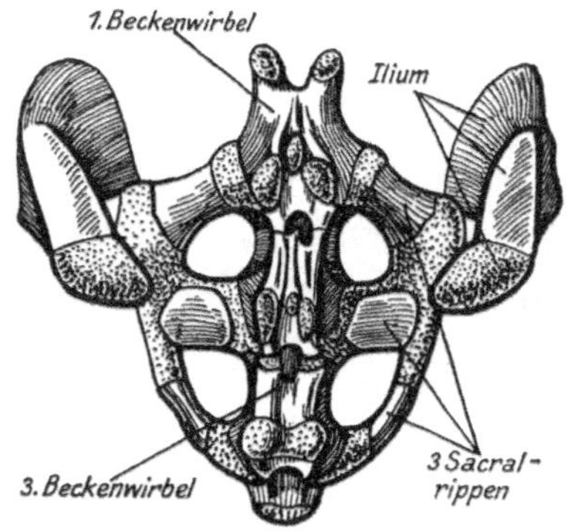

Abb. 115. Beckenwirbel von Dermochelys, von oben. Knorpel punktiert. (Nach VÖLKER, 1913, Taf. 32, Abb. 10.)

Diese sind entweder durch eine Naht oder durch vollkommene Verschmelzung mit den Wirbeln verbunden. Processus transversi können auch an dieser Verbindung teilnehmen oder fortfallen. Die Verbindung geschieht mit den Wirbelkörpern, ist also nicht dorsad verschoben. Die Lacertilia haben die Sacralrippen verloren (MOODIE 1907). Die Processus spinosi sind an den Beckenwirbeln kräftiger als an den angrenzenden Wirbeln; das hängt zusammen mit der großen Bedeutung des Sacrum für den Ursprung wichtiger Muskelgruppen des Rumpfes und des Schwanzes.

Sehr ursprüngliche Formen unter den Reptilia besitzen nur einen einzigen Beckenwirbel, z. B. Seymouria und Limnoscelis. Bei den anderen primitiven Formen finden wir zwei Beckenwirbel; das ist dann auch die normale Anzahl bei den Reptilia. Bei den wasserbewohnenden Reptilia, welche mit ihrem Schwanze schwimmen, beobachten wir nur einen einzigen Beckenwirbel oder schließlich ein vollständiges Verschwinden des Sacrum; wohl sicher steht dieser Rückbildungsvorgang mit ihrer Lebensweise im Zusammenhang: denn bei Schwanzschwimmern haben die hinteren Gliedmaßen keine oder nur sehr geringe Bedeutung (z. B. bei den Ichthyosauria, Mosasauridae u. a.). Dieselbe Rückbildung zeigen die Ophidia und die schlangenähnlichen Lacertilia.

Die Anzahl der Beckenwirbel ist oft vermehrt auf Kosten der Rumpf- und Schwanzwirbelsäule. Eine solche zweite Generation von Beckenwirbeln werden als sekundäre Sacralwirbel den primären zwei oder drei gegenübergestellt. Es sind nämlich oft recht ansehnliche Unterschiede im Bau dieser beiden Generationen beobachtet worden: vor allem hatten die sekundären Sacralwirbel ihre Rippen bereits verloren, als sie zu Beckenwirbeln wurden.

Bei vielen Dinosauria tritt eine sehr starke Verwachsung der Beckenwirbel untereinander auf; selbst eine vollkommene Verschmelzung der oberen Bogen ist beobachtet. Dieser Vorgang hängt zweifellos mit der enormen Körpergröße zusammen und mit dem aufrechten Gange auf den Hinterfüßen: beides mußte eine schwere Belastung des Beckens verursachen. Man findet bei den Pterosauria ebenfalls eine solche Verwachsung, wo sie aber wahrscheinlich im Zusammenhang steht mit der Bildung einer Flughaut, da diese Flughaut auch die hinteren Gliedmaßen umfaßt.

Die Schwanzwirbel (Vertebrae caudales; Abb. 108) tragen typische Hämalbogen (Chevrons). Dagegen fehlen meist die Rippen oder sind nur auf die vorderen Schwanzwirbel beschränkt. Die Wirbelkörper sind lang. Die Wirbel bleiben schmal, mit dicht neben der Medianebene liegenden Zygapophysen; dadurch ist eine starke Seitenkrümmung des Schwanzes ermöglicht. Die Neuralbögen sind meist schlank, ja oft sehr schwach entwickelt; kräftig entwickelt finden wir sie nur bei den Formen, die mit Hilfe eines langen Schwanzes schwimmen (Mosasauridae, Crocodilia).

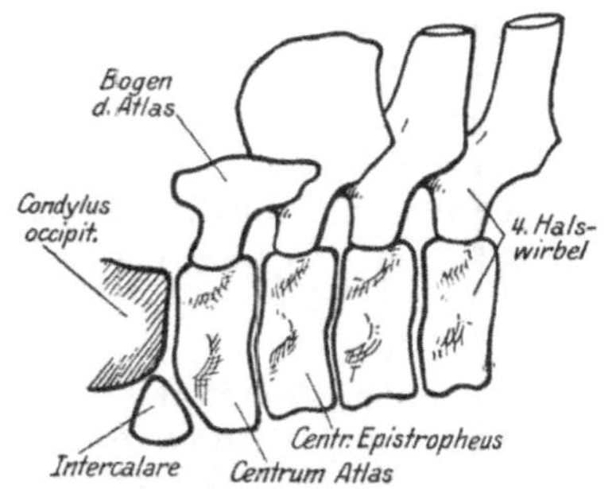

Abb. 116. Halswirbelsäule eines Ichthyosauriers, von links. Man achte auf die geringe Länge der Wirbelkörper und auf das Centrum vom Atlas, das sich nicht von den folgenden Centren unterscheidet. (Nach JAEKEL, 1912, Abb. 4.)

Die Gesamtzahl der Wirbel wechselt bei den Reptilia stark. Primitive Landbewohner haben von etwa 44 (Seymouria) bis ungefähr 90 (Varanosaurus) Wirbel. Eine geringe Anzahl der Wirbel finden wir bei einigen Chelonia (32) und bei den Pterosauria (Pteranodon besitzt nur 35 Wirbel). Die höchsten Zahlen wurden bei den langschwänzigen Lacertilia festgestellt (Iguana ungefähr 90), bei den schlangenartigen Lacertilia (165 bei Ophisaurus) und bei den Ophidia (192 bei Typhlops, 435 bei Python molurus [NOPCSA 1923 C]). — Auch bei den in der See lebenden Reptilia finden wir eine Vermehrung der Wirbel. Während z. B. die Varanidae ungefähr 100 Wirbel haben, zeigen die verwandten Mosasauria bis zu 140, von denen 110 auf den Schwimmschwanz kommen. Die Ichthyosauria haben 120 bis vielleicht 200 Wirbel; von denen sind meist 40—50 präsacrale Wirbel, nur gelegentlich mehr. Die Plesiosauria zeigen eine Wirbelvermehrung bis zu 100; bei ihnen steigt dann die Anzahl der präsacralen Wirbel oft stark.

Die Körperlänge nimmt dabei keineswegs immer im Verhältnis zur Wirbelvermehrung zu: oft sehen wir gerade bei schwimmenden Formen die Anzahl der Wirbel zunehmen und die Wirbellänge abnehmen. Dadurch entsteht eine elastische und biegsame Wirbelsäule mit kurzen scheibenförmigen Wirbeln; wir können sie mechanisch mit der der Selachii vergleichen (Abb. 116).

Die Anzahl der Schwanzwirbel kann während des Wachstums stark zunehmen; dadurch steigt dann natürlich auch die Anzahl der Gesamtwirbel. So wurde bei einem Ichthyosaurier eine Vermehrung der Wirbel von 127 auf 160 beobachtet (E. FRAAS 1891).

Noch wichtiger ist die Anzahl der präsacralen Wirbel bei den Reptilia, da sie weniger wechselt und auch während des Lebens vollkommen konstant bleibt. Die ursprüngliche Anzahl für die Amniota muß 23—25 gewesen sein (OSBORN 1903, WILLISTON 1912B); dieselbe Anzahl finden wir denn auch bei den Stegocephala. Die Zahl kann sinken durch Aufnahme von Rumpfwirbeln in das Sacrum. Die Lacertilia zeigen meist 26 oder mehr präsacrale Wirbel.

In der Regel sind von den präsacralen Wirbeln die acht vordersten Halswirbel. Da die Stegocephala noch keine Halswirbelsäule besaßen (nur eine einzige Ausnahme kennen wir bei Cricotus), so müssen wir annehmen, daß die Stammreptilien die Halswirbelsäule erworben haben. Die Anzahl der Halswirbel wird bei den ältesten Reptilia klein gewesen sein. Mit Sicherheit können wir jedoch die Anzahl der Halswirbel bei diesen nur fossil bekannten Tieren nicht bestimmen: bei den Cotylosauria scheint die Zahl von 2 bis 9 zu wechseln (WILLISTON 1912 B). Die Anzahl steigt bei einigen Gruppen nicht unbeträchtlich: die Dolichosauridae besaßen 12 Halswirbel, die Plesiosauria noch viel mehr. Die Anzahl der Lendenwirbel wechselt sehr stark: viele primitive Reptilia, aber auch andere, haben gar keine Lendenwirbel, da alle Rumpfwirbel Rippen tragen. Die Crocodilia haben 2—4 Lendenwirbel. Die normale Zahl der Sacralwirbel beträgt, wie oben schon gesagt wurde, 2; sie kann bis zu 10 steigen bei den Ceratopsia unter den Dinosauria und bei Pteranodon.

Die schwankende Anzahl der Schwanzwirbel ist meist höher als die der präsacralen Wirbel. Bei primitiven Reptilia, welche sich bei der noch ziemlich unbeholfenen Fortbewegung wenig ihres Schwanzes bedienen, ist die Anzahl der Schwanzwirbel klein (z. B. bei Captorhinus 25, bei Labidosaurus nur 17). In solchen Fällen ist dann die Anzahl der präsacralen Wirbel größer als die der Schwanzwirbel. Bei den Chelonia ist die Zahl auch niedrig: wir zählen hier 35 bis 14 Schwanzwirbel.

Die **Aves** besitzen eine sehr stark spezialisierte Wirbelsäule: das hängt zusammen mit den Anforderungen des Fluges und des aufrechten Ganges auf den Hinterfüßen (Abb. 72 auf S. 72).

Die Wirbel haben massive Wirbelkörper. Sie sind meist durch Sattelgelenke untereinander verbunden: eine festere und doch gleichzeitig beweglichere Verbindung, als bei den gewöhnlichen procölen Wirbeln der Reptilia. Man nennt solche Wirbel, die nach der einen Richtung konkav, nach der anderen konvex sind, heterocöl. Archaeopteryx ist der primitivste Vogel den wir kennen; er besitzt bikonkave oder biplane Wirbel. Nicht selten sind die Rumpfwirbel der Aves opisthocöl; dieselbe Form wird auch bei den Schwanzwirbeln gefunden. Die Verbindungen bestehen in Diarthrosen: diese besitzen einen selbständigen knorpeligen Meniscus, durch dessen Mitte ein Ligament von Wirbel zu Wirbel verläuft. Das sind Verhältnisse, die sich an die der Crocodilia anschließen (S. 94). Alle Fortsätze sind kräftig entwickelt; im besonderen sind auch medio-ventrale Hypapophysen ausgebildet. Von Intercentra sind cranial das Schlußstück des Atlas und an den Schwanzwirbeln Hämalbogen beobachtet (Chevrons).

Die Verbindung der Rippen ist doppelt: mit einem Processus transversus (Diapophyse) und mit einer Parapophyse des Wirbelkörpers.

Die Anzahl der Wirbel wird ursprünglich etwa 50 betragen haben, eine Zahl, die wir auch bei Archaeopteryx beobachten. Jetzt wechselt die Anzahl zwischen 39 und 64. Hiervon kommen 13 bis 25 auf den langen und sehr beweglichen Hals. Freie Halsrippen beobachten wir bei einigen primitiven Formen (den sogenannten Ratitae); meist sind aber nur die zwei letzten Halsrippen lang und frei, die anderen sind dann unter Bildung weiter Foramina costotransversaria mit den Wirbeln verschmolzen. Die Anzahl der Brustwirbel beträgt 6 bis 10; sie ist so gering, weil eine bestimmte Zahl von Rumpfwirbeln sich sekundär mit dem Becken verbindet (Abb. 117). Ein sehr starker Brustkasten erscheint notwendig, um den starken Flugmuskeln eine genügend feste Ursprungsfläche zu geben; damit im Zusammenhang finden wir die Brustwirbel nur wenig untereinander beweglich, ja sie können vielfach untereinander zu einem einzigen Stücke verschmelzen: dem Notarium. Dasselbe finden wir auch bei bestimmten Pterodactyloidea (Abb. 72 auf S. 72 und Abb. 130 auf S. 116). Die Rippen setzen sich an den Processus transversi und den Parapophysen an. Die Parapophysen sind oft auf die oberen Bögen dorsad verschoben.

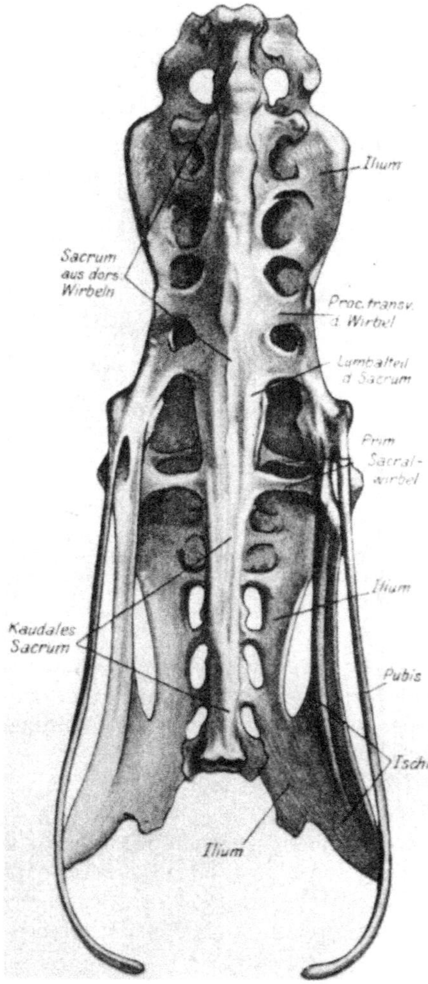

Abb. 117. Sacrum und Becken von einem Vogel (Sula), von ventral gesehen. (Nach MIVART, 1879 A, Taf. 60, Abb. 3.)

Das Sacrum (Abb. 117) ist sehr groß; es umfaßt zahlreiche vollkommen verwachsene Wirbel, 9 bis 22. Von diesen sind oft noch 2 als primäre Sacralwirbel zu erkennen; die anderen sind in Verbindung mit der Ausbreitung des Ilium nach vorn und hinten zu sekundären Sacralwirbeln geworden; sie stammen ursprünglich aus den Brust- und Schwanzwirbeln. Archaeopteryx besaß noch 20 freie Schwanzwirbel, so daß der Schwanz ungefähr so lang war wie der Rumpf; bei den heute lebenden Aves ist jedoch die Anzahl der freien Schwanzwirbel viel geringer. Die letzten 6 bis 10 Schwanzwirbel sind zu einem einzigen Knochenstück verwachsen: dem Pygostyl, welches die Steuerfedern des Schwanzes trägt. Zwischen Sacrum und Pygostyl liegen 8 bis 6 freie Schwanzwirbel.

Die Wirbel werden bei dem Embryo vollständig knorpelig angelegt und verknöchern enchondral.

Die Wirbelsäule der Mammalia.

Die Wirbelsäule der Mammalia stimmt in den großen Linien mit der der Reptilia überein; wir können uns deswegen damit begnügen, auf die Hauptunterschiede beider Formen hinzuweisen.

Die kräftig entwickelten Wirbelkörper sind sehr schwach bikonkav gebildet. Bei vielen Ungulata aber sind die Halswirbel opisthocöl, manchmal auch Brustwirbel bis zu den Lendenwirbeln, wenn auch in schwächerem Maße. Die Wirbelkörper sind verbunden durch intervertebrale Bindegewebsscheiben, welche elastisch sind und dadurch die Wirbelsäule zu einem biegsamen Stabe machen. Es bestehen also keine Diarthrosen zwischen den Wirbelkörpern; eine Ausnahme davon bildet nur die Verbindung zwischen Atlas und Epistropheus. Das Fehlen der Diarthrose weist darauf, daß die Wirbelsäule der Mammalia eine geringere Biegsamkeit besitzt als die der Reptilia. Diese Tatsache steht wohl im Verband mit der laufenden Fortbewegung der Mammalia, bei welcher Pendelbewegung der Extremitäten viel schwächere Krümmungen des Rumpfes vorkommen als bei dem kriechenden Gange der Lacertilia, deren Wirbel denn auch wohl diarthrotisch verbunden sind.

Die Chorda ist während des embryonalen Lebens nur schwach entwickelt. Sie wird in den Wirbelkörpern vollständig verdrängt, während sie in den intervertebralen Bindegewebsscheiben als eine centrale gallertartige Masse übrigbleibt (Nucleus pulposus).

Eigentümlich ist es bei den Mammalia, daß die knorpelige Anlage der Wirbelkörper viel früher entsteht und viel früher fertig ist als die der Neuralbogen: eine Reihenfolge, die gerade umgekehrt ist wie bei den anderen Vertebrata, also wahrscheinlich auch umgekehrt wie die phylogenetische Entwicklung. Wir beobachten hier eine theoretisch wichtige Verschiebung in der Reihenfolge der Entwicklung. Der Wirbelkörper entsteht somit bei den Mammalia selbständig und unabhängig von den Neuralbogen.

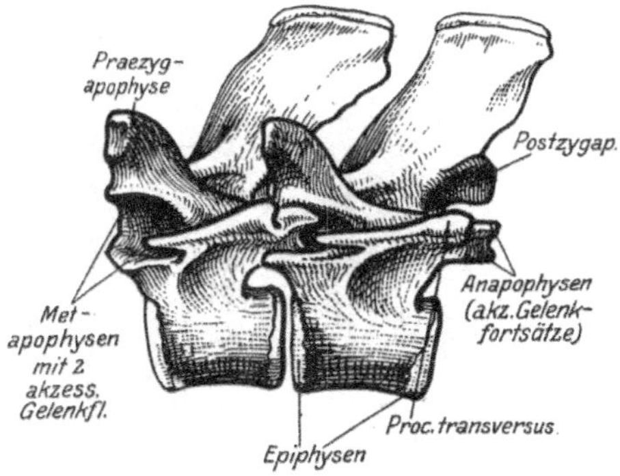

Abb. 118. Erster und zweiter Lendenwirbel von Myrmecophaga jubata. Die Epiphysen sind noch nicht mit dem Centrum verwachsen. (Nach WEBER, 1904, Abb. 65; Erklärung zum Teil verändert.)

Die Verknöcherung der knorpelig präformierten Wirbel geschieht ausschließlich enchondral. Die Verknöcherung beginnt also nicht perichondral wie wir das bei den Reptilia regelmäßig beobachten. Das Verknöcherungscentrum des Neuralbogens ist paarig; das des Wirbelkörpers ist unpaar und liegt erst dorsal der Chorda, um später die Chorda gänzlich zu umwachsen. Zwischen dem Wirbelkörper und dem neuralen Bogen beobachten wir noch lange Zeit eine feine Naht; ebenfalls auch zwischen der linken und rechten Hälfte des Bogens, oberhalb des Rückenmarkkanales. Die Processus der Wirbel pflegen selbständige Verknöcherungskerne zu besitzen. Hierbei ist

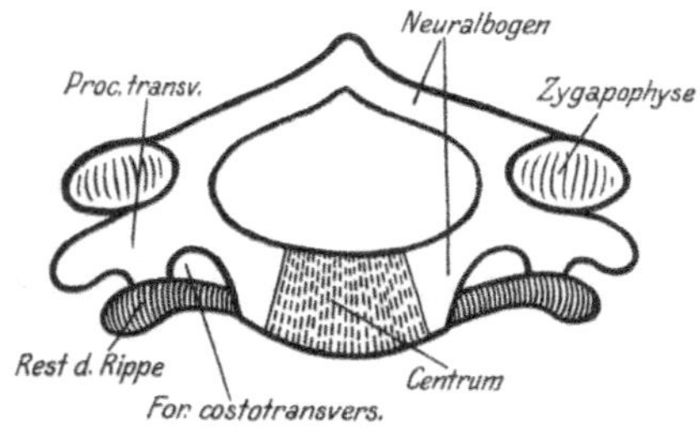

Abb. 119. Schema eines Halswirbels der Amniota. Das Centrum ist hell, der Rippenrest dunkel gestrichelt. (Nach WEBER, 1904, Abb. 64.)

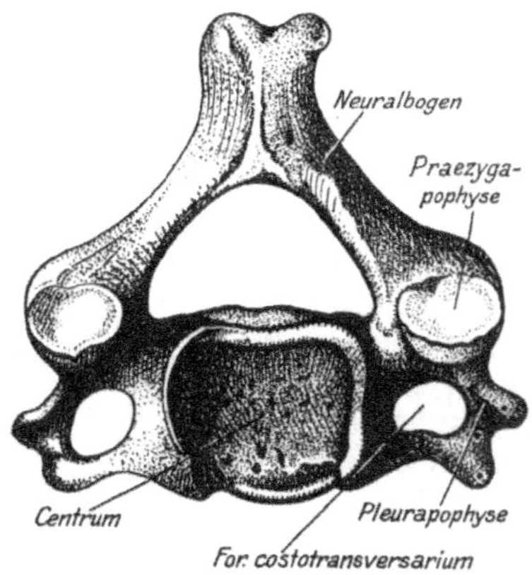

Abb. 120. Vierter Halswirbel des Menschen, von cranial. (Nach VAN DEN BROEK, BOEKE EN BARGE, Bd. 1, 1922, Abb. 54.)

wichtig, daß an der Vorder- und Hinterfläche eines jeden Wirbelkörpers eine selbständige Epiphyse auftritt, welche die Form einer dünnen Scheibe besitzt (Abb. 118). Diese Epiphysen bleiben bei den Cetacea selbständig; bei den anderen Mammalia verschmelzen sie früher oder später mit dem Centrum. Dergleichen Bildungen sind typisch für die Wirbel der Mammalia; sie werden in keiner anderen Vertebratengruppe gefunden, auch nicht bei den säugetierähnlichen Theromorpha. Bei den Monotremata sind sie nur an den Schwanzwirbeln bekannt.

Die Fortsätze der Wirbel stimmen im allgemeinen mit denen der Reptilia überein. Sind mit den Processus transversi noch Reste von Rippen verbunden, so spricht man von Pleurapophysen. Diese können dann durch ein großes Foramen costotransversarium durchbohrt werden (Abb. 119 und 120). Oft fehlen auch erkennbare Reste von Rippen; dann liegt die Durchbohrung ausschließlich in der Diapophyse; man nennt dergleichen Öffnungen Foramen transversarium.

Neben den normalen Zygapophysen können noch besondere paarige Fortsätze vorkommen; wir finden sie dort, wo besondere Anforderungen an die Festigkeit der Wirbelverbindung gestellt werden. Solche nach vorn zugekehrten Fortsätze werden Metapophysen genannt, die nach hinten gerichteten Anapophysen. Sehr kräftig und differenziert sind diese akzessorische Gelenkverbindungen bei den Xenarthra (Faultieren, Ameisenfressern und Gürteltieren; Abb. 118). Diese Verbindung nennt man xenarthral; dazu im Gegensatz steht die normale Gelenkverbindung oder die nomarthrale.

Hypapophysen finden wir an den Halswirbeln der Ungulata.

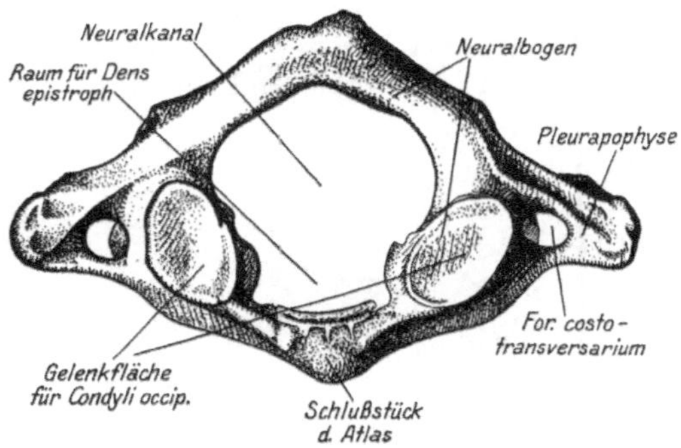

Abb. 121. Atlas des Menschen, von caudal gesehen. Die paarigen Gelenkflächen gelenken mit dem Epistropheus. (Nach VAN DEN BROEK, BOEKE EN BARGE, Bd. 1, 1922, Abb. 51.)

Von den Intercentra ist nur noch das ventrale Schlußstück des Atlasringes übrig geblieben. Hämalbögen (Chevrons) kommen am Schwanze ziemlich viel vor.

Die Anzahl der Halswirbel beträgt bei den Mammalia beinahe stets 7. Nur einzelne Ausnahmen bestehen davon: so hat Manatus und Choloepus 6; 9 oder 10 finden wir bei Bradypus. Der Wirbelkörper der Halswirbel ist breiter als hoch: eine Folge des weiten Rückenmarkkanales. Sie tragen keine freien Rippen, wohl aber sehr häufig Pleurapophysen mit einem großen Foramen costotransversarium (Abb. 119 und 120); in anderen Fällen fehlt ein Rippenrudiment, so daß die Processus transversi aus einer Diapophyse bestehen, welche durch ein Foramen transversarium durchbohrt ist. Der Atlas (Abb. 121) besitzt die gewöhnliche Ringform; eine Grenze zwischen dem Schlußstück und den Bogenstücken vermissen wir in der Regel bei dem erwachsenen Tiere. Das Schlußstück des Atlas fehlt bei vielen Marsupialia und wird dann durch ein Ligament ersetzt. Der Atlas trägt eine deutliche Pleurapophyse mit Foramen costotransversarium. Die Gelenkebenen für die Verbindung mit dem Schädel sind paarig (im Gegensatz zu den Reptilien und Aves, wo die Verbindung unpaar ist (GAUPP 1908). Der Wirbelkörper des Atlas (Dens) ist zu einem Fortsatz des Epistropheus rückgebildet. Reste eines Proatlas sind nur bei Erinaceus beobachtet und vielleicht auch bei Manis.

Die Anzahl der Brustwirbel wechselt bei den Mammalia von 9 (beim Gürteltier Tatusia und beim Walfisch Hyperoodon) bis zu 24 (bei Choloepus). Die am häufigsten vorkommende Zahl ist 12 bis 15, meist 13. Der Wirbelkörper ist cylindrisch und nicht so stark abgeplattet, wie wir es bei den Halswirbeln finden. Die Processus spinosi sind meist sehr kräftig entwickelt. Für die stets bewegliche Verbindung mit den Rippen bestehen typische Diapophysen, welche vom neuralen Bogen entspringen; außerdem eine Parapophyse, die auf der Grenze zwischen dem neuralen Bogen und dem Wirbelkörper zu liegen pflegt (Abb. 122 und 123).

Die Lendenwirbel tragen sehr kräftige Processus transversi, mit denen Rippenreste verschmolzen sind (Pleurapophysen). Die Processus spinosi sind meist kräftig und ziemlich lang. Die Anzahl der Lendenwirbel beträgt von 2 bis 9, meist 6 bis 7. Bei den Carnivora ist ihre Zahl größer als bei den Ungulata: das ergibt die größere Biegsamkeit des Rumpfes, auch gegenüber dem Becken, die wir bei den Carnivora antreffen.

Die Gesamtzahl der präsacralen Wirbel betrug bei den Mammalia ursprünglich 26. Bei den meisten Gruppen besteht aber eine gewisse Neigung, diese Anzahl zu vermehren, während bei den Primates meist eine Verminderung der Anzahl beobachtet wird.

Die Beckenwirbel sind zu einem Sacrum (Kreuz) verschmolzen. Typisch sind hier zwei primäre Sacralwirbel gebildet mit sehr kräftigen Processus transversi, mit denen kurze kräftige Rippen verschmolzen sind; doch kann die Anzahl der primären Beckenwirbel bis zu sechs steigen. Sie sind dadurch gekennzeichnet, daß sie mit dem Ilium verbunden sind durch eine Diarthrose. Außerdem können noch sekundär eine Anzahl Schwanzwirbel mit dem Sacrum verschmelzen: die sekundären Beckenwirbel (pseudosacralen Wirbel); diese sind nicht mit dem Ilium verbunden, aber sie können wohl eine Verbindung mit dem Ischium eingehen (Pteropus und Xenarthra). Bei einigen Mammalia ist nur ein einziger Beckenwirbel gefunden worden, also ähnlich wie bei den Amphibia und bei einzelnen sehr primitiven Reptilia. Die Tatsache aber, daß weitaus die meisten Stammreptilia (Cotylosauria) und die Theromorpha zwei und mehr Beckenwirbel besitzen, macht es doch unwahrscheinlich, daß die ältesten Mammalia nur einen einzigen Beckenwirbel besessen haben sollen. Unter den Marsupialia besitzen ausschließlich die Macropodidae einen einzigen Beckenwirbel; hier könnte der aufrechte Gang, der eine große Beweglichkeit des Rumpfes gegen das Becken verlangt, die Ursache gewesen sein für eine Verminderung der Beckenwirbel von zwei zu eins. Andere primitive Mammalia haben stets mehr als einen Sacral-

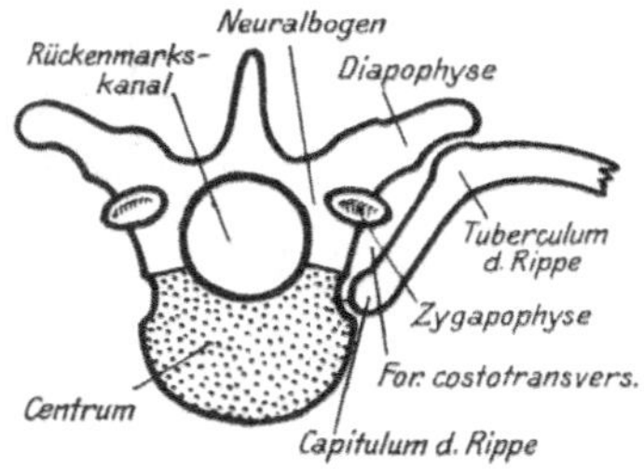

Abb. 122. Brustwirbel eines Mammaliers, von cranial gesehen. Schema. Das Centrum ist punktiert, der neurale Bogen nicht. (Nach WEBER, 1904, Abb. 70.)

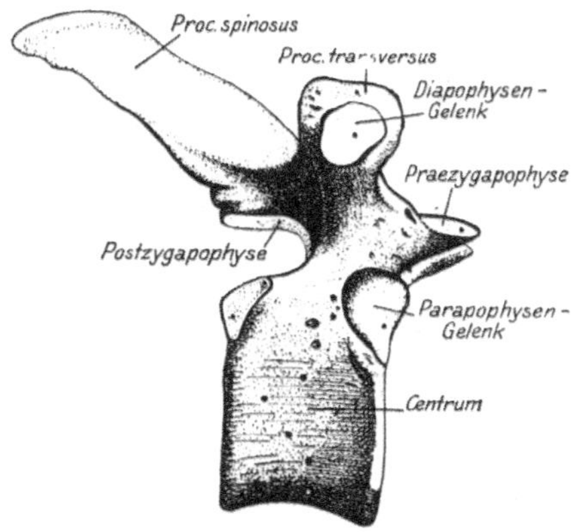

Abb. 123. Der 7. Brustwirbel des Menschen, von rechts. (Nach VAN DEN BROEK, BOEKE EN BARGE, Bd. 1, 1922, Abb. 44.)

wirbel. Gar keine Beckenwirbel besitzen weiterhin die Cetacea; wir können dann den ersten Wirbel, der einen hämalen Bogen trägt, ziemlich willkürlich als den ersten Schwanzwirbel ansehen.

Die Anzahl der Schwanzwirbel wechselt von 3 (Chiroptera und Hylobates) bis zu 49 (Manis macrurus). Meist finden wir zwischen 15 bis 30 Wirbel. Der Rückenmarkkanal ist in den Schwanzwirbeln der Mammalia sehr eng; das wird dadurch ermöglicht, daß das eigentliche Rückenmark im Sacrum endigt und im Schwanz nur eine Anzahl Nerven verlaufen (die Cauda equina); dazu tritt ein fadenähnliches Endstück des Rückenmarks, das Filum terminale. Dies ist nicht nur eine Folge der Zurückbildung des Rückenmarks zu jenem Filum terminale; sicher kommt als Grund noch hinzu, daß das Rückenmark früher aufhört in die Länge zu wachsen als die Wirbelsäule (Kappers 1920—21, Teil 1). Ähnliche Verhältnisse findet man nicht bei den Reptilia, wohl aber bei den Anura und einzelnen Telostei.

Die vorderen Schwanzwirbel besitzen gut entwickelte Neuralbögen und Processus transversi, ventral häufig auch noch Chevrons; das steht im Zusammenhang mit den ziemlich kräftigen Muskeln in der Schwanzwurzel. Aber in der Regel verschwinden nach der Mitte des Schwanzes zu alle Fortsätze, ja selbst die neuralen Bögen; auf diese Weise bleibt von den Wirbeln nur noch der langgestreckte zylindrische Wirbelkörper übrig. Nur bei denjenigen Mammalia, welche ihren Schwanz als Greifschwanz benutzen, finden wir diese auffällige Vereinfachung der Schwanzwirbel nicht.

Die Unterschiede in der Wirbelzahl.

Wir haben wiederholt auf die sehr verschiedene Anzahl Wirbel hingewiesen, aus denen die Wirbelsäule bei den Vertebrata aufgebaut ist; es entsteht dadurch die Frage, wie diese Unterschiede entstanden sein mögen.

Für die Schwanzwirbel ist eine Zurückbildung oder eine Vermehrung der Wirbel an dem freien Ende des Schwanzes eine genügende Erklärung. Aber schwieriger wird es, die Unterschiede in der Anzahl präsacraler Wirbel zu erklären. Sie können einmal die Folge sein einer Verschiebung des Beckens oder des Schultergürtels; dabei treten dieselben Wirbel in anderer Form auf: als Hals- oder Brustwirbel, als Lenden- oder Beckenwirbel. Dann wären die Wirbel bei den verschiedenen Individuen oder Arten homolog, wenn sie von vorn ab gezählt dieselbe Nummer tragen, auch wenn sie sehr verschieden in Form sind und einer anderen Region angehören (Rosenberg 1899, 1920). Man kann aber auch an eine Interkalation oder Exkalation von Wirbeln denken: dann brauchten Wirbel mit der gleichen Nummer nicht mehr homolog zu sein; wir müßten dann vielmehr die spezielle Form eines Wirbels für die Beurteilung seiner Homologie als Kriterium gelten lassen (von Ihering 1876; Baur 1891, 1897). Drittens kann man annehmen, daß eine bestimmte Strecke der Wirbelsäule in eine wechselnde Anzahl von Wirbeln eingeteilt werden kann: dann kämen z. B. 6 Wirbel des einen Falles überein mit 7 Wirbeln eines anderen Falles; das ist eine initiale Variation nach dem Prinzip einer Nonius-Einteilung (Welcker 1878; Bateson 1894).

An die zwei letzten Möglichkeiten wird man vor allem denken, wenn im Vorderteil der Wirbelsäule Unterschiede auftreten in der Wirbelanzahl, während nach hinten zu die Wirbelsäule unverändert ist; man kann dabei an den Fall denken, wo beim Menschen 6 Halswirbel vorkommen und weiterhin die gesamte Wirbelsäule normal ist (Bolk 1900). Für diese zwei Möglichkeiten werden Fälle aufgeführt, bei denen die Anzahl der Wirbel in einer bestimmten Region der Wirbelsäule stark zugenommen hat: z. B. die Vermehrung der Halswirbel bei den Plesiosauria bis zu 40, ja selbst bei Elasmosaurus bis zu 72, während die Anzahl der dorsalen Wirbel von 20 bis 26 variiert und stets zwei Beckenwirbel vorkommen (BAUR). Nach dem Grundsatze von ROSENBERG müßte man hier eine sehr starke Verschiebung annehmen. Ein Beispiel für eine Anzahlveränderung durch Verschiebung des Beckens während des Wachstums ist beobachtet bei Branchiosaurus: während die Länge der Larven von 19 bis 56 mm stieg, wurde gleichzeitig eine Zunahme der präsacralen Wirbel von 20 auf 26 oder 27 beobachtet (CREDNER 1881—1893). Man darf auch nicht aus dem Auge verlieren, daß der Anstoß zur Umbildung eines Wirbels zu einem Sacralwirbel während der Ontogenese vom Becken aus geht: aus Mißbildungen erhellt, daß verschiedene Wirbel in der Beckenregion die Potenz besitzen, sich zu einem normalen Sacralwirbel zu entwickeln (BATESONS Homeosis, M. FÜRBRINGERS imitatorische Homodynamie 1879; siehe WINSLOW 1904). Durch diese Beobachtung wird die Möglichkeit bewiesen, daß das Becken längs der Wirbelsäule sich verschieben kann. Theoretisch scheinen also alle drei obigen Auffassungen möglich zu sein; die Fälle von V. JHERING und WELCKER sind dabei durch Wahrnehmung nicht gut gegeneinander abzugrenzen. Die Anwendung des Begriffes Homologie scheint hier außerordentlich schwer zu sein.

C. Rippen, Sternum und Bauchrippen.

Pisces. Die Rippen (Costae) fehlen bei den Cyclostomata und bei den Holocephali. Bei den Selachii sind sie vorhanden, ebenso bei allen Teleostomi und den Tetrapoda. Die Rippen sind jedoch nicht stets homolog: wir müssen nämlich zwei Arten von Rippen unterscheiden, deren Lage einigermaßen verschieden ist. Das Gemeinschaftliche ist, daß alle Rippen in den Myosepta liegen, den bindegewebigen Zwischenwänden, welche die große Rumpfmuskelmasse in Muskelsegmente einteilen. Aber in diesen Septen liegen die Rippen sehr verschieden. Bei den Selachii liegen die Rippen dort, wo die Myosepta gekreuzt werden durch ein horizontales Bindegewebsseptum, welches die Rumpfmuskelmasse in eine dorsale und ventrale teilt (epaxonische und hypaxonische Muskelmasse in Abb. 124). Bei den Teleostomi und den Dipnoi liegen die Rippen ventral dieses Horizontalseptums; sie liegen mit ihrem distalen Ende direkt unterhalb des Peritoneum (ventrale Rippe

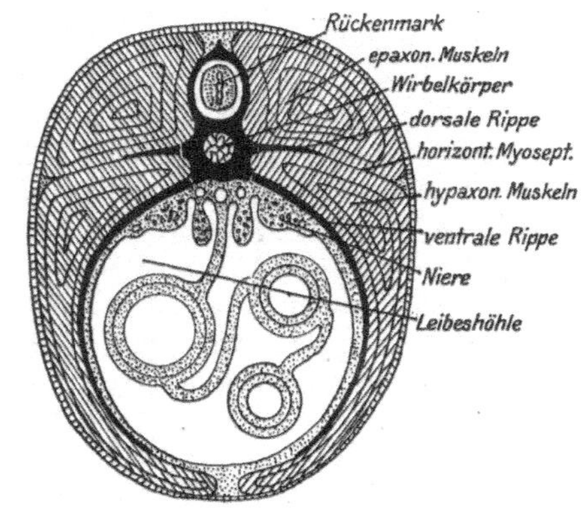

Abb. 124. Schematischer Querschnitt durch den Rumpf eines Fisches, um die Lage der dorsalen und ventralen Rippen zu zeigen. (Nach KINGSLEY, 1912, Abb. 131)

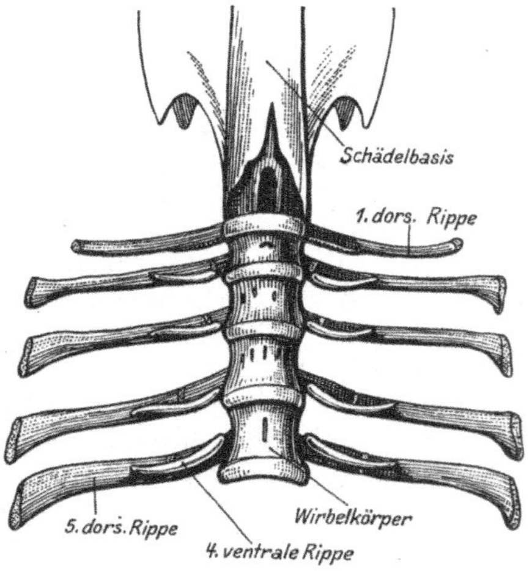

Abb. 125. Die dorsalen und ventralen Rippen an einigen der vordersten Wirbel von Polypterus, von ventral. (Nach WIEDERSHEIM, 1909, Abb. 55)

auf der Abb. 124). Bei den Crossopterygii finden wir beide Arten von Rippen nebeneinander in den gleichen Körpersegmenten. Daraus können wir mit Sicherheit schließen, daß man zweierlei Rippen unterscheiden muß: dorsale und ventrale (Abb. 124 und 125).

In einzelnen Fällen finden wir noch rudimentäre Dorsalrippen bei den Teleostei (Abb. 89 auf S. 84). Die Ventralrippen der Teleostomi sind meist ziemlich lang; sie biegen dann so um, daß sie die Leibeshöhle umgreifen. Beim Übergang vom Rumpf in den Schwanz biegen sich ihre ventralen Enden stets mehr einander zu; die Rippen setzen sich in die Hämalbogen der Schwanzwirbel fort (Abb. 91 auf S. 84): daraus erhellt, daß diese Ventralrippen mit den hämalen Bögen der Schwanzwirbelsäule homolog sind. Wir müssen sie als Auswüchse der hämalen Bögen betrachten, weil sie sich auch bei dem Embryo im Zusammenhang mit den hämalen Bogenstücken anlegen; erst später entsteht eine Grenze zwischen Rippe und Hämalbogenstück. Der Bogen bildet in der Regel einen Fortsatz, mit welchem die Rippe gelenkt: der Basalstumpf oder der Processus transversus genannt. In Übereinstimmung mit ihrem Ursprung aus den hämalen Bögen entspringen die Ventralrippen an der Übergangsstelle zwischen der lateralen und ventralen Fläche der Wirbelkörper (Abb. 89 und 90 auf S. 84).

Bei den Dipnoi und den Acipenseriden bleiben die Rippen knorpelig, besitzen aber eine perichondrale Knochenscheide; bei den anderen rezenten Teleostomi sind die Rippen meist ganz verknöchert.

Von den Rippen unterscheiden sich die sogenannten Fleischgräten der Teleostei: es sind direkte Verknöcherungen des Bindegewebes in den Myosepta; sie werden also nicht knorpelig angelegt wie die Rippen. Die Fleischgräten liegen in drei Höhen: erstens stark dorsal, zweitens auf der Höhe des horizontalen Myoseptum und schließlich ventral davon. Die Frage, ob diese Fleischgräten wohl stets scharf von echten Rippen, und zwar von dorsalen, zu unterscheiden sind, ist ungelöst; es hat sich nämlich herausgestellt, daß die Fleischgräten des horizontalen Myoseptem bei Monacanthus knorpelig vorgebildet werden und mit Fortsätzen der Wirbel gelenken; früher hat man sie für Fleischgräten gehalten, jetzt aber muß man sie als echte dorsale Rippen ansehen (GOETTE 1879, GOEPPERT 1895).

Bei den Selachii finden wir nur dorsale Rippen (Abb. 84 auf S. 81). Sie liegen als knorpelige Stäbe in dem horizontalen Myoseptum, ganz eingebettet in die Muskelmasse des Rumpfes (Abb. 124). Ebenso wie die ventralen Rippen der Teleostomi und Dipnoi entspringen sie von den hämalen Bogenstücken, welche hier ebenso Processus transversi bilden; mit deren Enden sind die Rippen syndesmotisch verbunden. Embryonal entstehen die dorsalen Rippen der Selachii als Auswüchse der hämalen Bögen, also in gleicher Weise wie die ventralen Rippen (GOEPPERT 1895). Caudal gehen die dorsalen Rippen aber nicht in Hämalbogenstücke über; sie bleiben, soweit sie überhaupt noch in der Schwanzwurzel vorkommen, neben den hämalen Bögen selbständig (Pristiurus, Torpedo). Sie können ihre unmittelbare Verbindung mit der Wirbelsäule aufgeben; dann sind sie nur noch lose durch ein Ligament mit der Wirbelsäule verbunden.

Bei Raja und anderen Rajidae finden wir nur vorn im Rumpfe Rippen; hier ist keine Grenze zwischen Rippe und Processus transversus zu entdecken. Daß die Rippen sich in der Regel gegen die Wirbel abgrenzen, ist eine Folge der Bewegungen in der Rumpfmuskelmasse; das Wegfallen jener Grenze bei den Rajidae kann also mit den ganz anderen Bewegungen der Rumpfmuskeln in Zusammenhang gebracht werden.

Bei vielen Selachii verschieben sich die hämalen Bogenstücke und Processus transversi während des Wachstums auf den Wirbelkörpern dorsad, bis sie gegen die Basis der neuralen Bögen zu liegen kommen. Diese Verschiebung machen die Rippen mit: dadurch können sie ziemlich hoch entspringen und selbst von den Fußpunkten der dorsalen Bögen ausgehen. Man kann durch dieses merkwürdige Lageverhältnis den Eindruck erhalten als ob die Rippen zu den dorsalen Bögen gehörten. Eine gleiche Erscheinung treffen wir auch bei den ventralen Rippen einiger Teleostei und von Amia.

Andeutungen solcher Rippen, die von den ventralen Intercalaria ausgehen, sind mehrfach vorhanden. Die Frage, ob die Stammformen der Selachii auch ventrale Rippen besaßen, wird durch GOEPPERT mit ja beantwortet: sie sollen hier verloren gegangen sein und bis auf kleine Reste, welche bei einzelnen Formen am Rumpfende und am Beginn des Schwanzes liegen.

Die Bedeutung der Rippen bei den Pisces besteht wohl darin, daß sie der großen Rumpfmuskelmasse einen festeren Ursprung geben und sie dadurch stützen. Dies ist vor allem wichtig in derjenigen Region, wo die Leibeshöhle liegt, weniger in der kompakten Muskelmasse des Schwanzes: so finden wir denn auch in der Schwanzgegend keine oder doch nur schlecht entwickelte Rippen im cranialen Teil des Schwanzes. Die ventralen Proc. spinosi der Wirbelsäule ersetzen in dieser Hinsicht mehr oder weniger die Rippen.

Die Rippen der **Tetrapoda** sind zweifellos Dorsalrippen. Ihr proximaler Teil liegt im horizontalen Myoseptum; ihr distaler Teil verläßt das Septum und biegt sich ventrad um die Körperhöhle hin. Dorsale Rippen finden wir gerade gut entwickelt bei den Crossopterygii; diese sind ein sehr alter Typus der Pisces, welcher sich in vielen Punkten den Amphibia nähert. Darum können wir wohl hier die Rippen der Landvertebrata anschließen. Dann macht auch die Tatsache, daß die Dipnoi keine dorsalen Rippen besitzen, weiterhin keine Schwierigkeit.

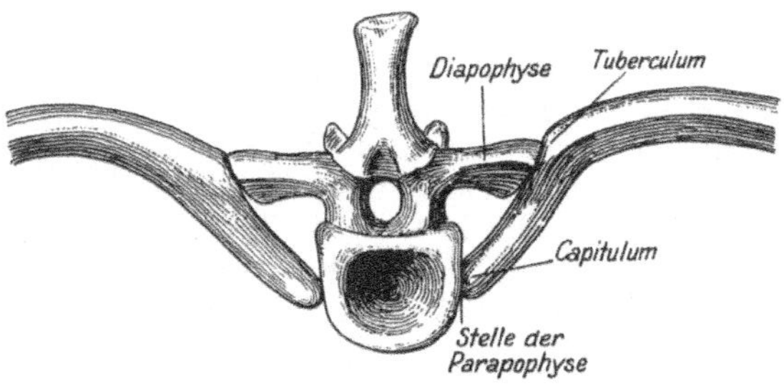

Abb. 126. Verbindung einer zweiköpfigen Rippe mit einem Wirbel im Rumpf von Casea, einem primitiven Pelycosaurier. (Nach WILLISTON, 1912 A, Taf. 17, Abb. 1.)

Die Rippen der Tetrapoda entspringen, oft vor allem im Rumpfe, von den neuralen Bögen, nicht von den Wirbelkörpern. Ontogenetisch hat sich aber herausgestellt, daß bei den Amphibia die Rippen doch genetisch mit den hämalen Bögen im Zusammenhang stehen; wir beobachten eine dorsade Verschiebung der Processus transversi und der Rippen. Man kann dieselbe Erklärung für den Ursprung der Rippen von den neuralen Bögen für alle anderen Tetrapoda annehmen, wenn wir auch in der Ontogenese eine dorsade Verschiebung der ventralen Bogenstücke nicht oder nur undeutlich erkennen. Die Ursache für die Verschiebung kann vielleicht im Erweitern der Leibeshöhle gesucht werden; bei den Urodela und Gymnophiona kann dagegen die geringe Größe der Wirbelkörper gegenüber den neuralen Bögen diese Verschiebung befördert haben.

Die Rippen der Tetrapoda verbinden sich mit den Wirbeln in der Regel nicht mehr mit einer ungefähr kreisförmigen Ebene, wie es bei den Pisces der Fall ist; vielmehr ist die Verbindung gestreckt, lang oval oder hat sich gar in zwei Verbindungen geteilt. Diese zwei Verbindungen liegen dann übereinander: die untere meist etwas mehr cranial als die obere. Hiermit geht die schon oben beschriebene Teilung des Processus transversus in Diapophyse und Parapophyse Hand in Hand. Die Parapophyse liegt dann in der Regel auf dem Wirbelkörper, bei den primitiven rachitomen Wirbeln dagegen auf dem Oberrande des hämalen Bogens (Hypocentrums) (Abb. 97 auf S. 89). Das proximale Ende der Rippe, welches mit der Parapophyse gelenkt, wird Capitulum genannt; die Verbindung mit der Diapophyse nennt man Tuberculum (Abb. 126). Vor allem bei den vorderen Rippen finden wir diese doppelte Verbindung; nach hinten zu jedoch werden die Rippen meist einköpfig und sind an einem ungeteilten Processus transversus befestigt. — Die Verbindung der Rippe mit den Wirbeln ist bei den Tetrapoda normal eine Diarthrose; Diapophyse und Parapophyse formen dabei schwach ausgehöhlte Gelenkebenen, welche durch Knorpel bekleidet sind. Die Bedeutung der zweiköpfigen oder stark verbreiterten Verbindung von Rippe und Wirbel besteht wahrscheinlich darin, daß sie ein Niederdrücken der Rippen durch das Gewicht der Eingeweide verhindert; auf diese Weise können die Rippen ihren Stand gegenüber der Wirbelsäule mit einer nur geringen Muskelarbeit erhalten. Andererseits bleiben die Rippen genügend beweglich für die normale Atembewegung und für die Krümmungen des Rumpfes bei kriechender Fortbewegung.

Amphibia. Unter den Amphibien finden wir ziemlich gut entwickelte Rippen bei den Stegocephala, Urodela und Gymnophiona. Bei den Anura sind die Rippen stark zurückgebildet; in der Regel fehlen sie hier als selbständige Skeletteile, vielleicht weil sie mit Querfortsätzen verschmolzen sind. Als selbständige Stücke kommen die Rippen aber bei den Discoglossidae vor (von Fejervary-Langh 1918). Bei einigen Stegocephala sind kurze Rippen an dem Schwanze bis über seine Mitte hin beobachtet worden (Abb. 240 auf S. 181); bei den Urodela sind die Rippen auf den Rumpf beschränkt. Bei den Gymnophiona liegt der Anus ganz hinten im Körper und der Schwanz ist sehr kurz; damit im Verbande finden wir Rippen bis in den hintersten Abschnitt des Körpers; aber diese Rippen sind Rumpfrippen. Die Rippen der Amphibia sind beinahe stets etwas gekrümmt, da sie die Leibeshöhle mehr oder weniger umgreifen. Bei den Stegocephala ist eine starke Abplattung und ein Breiterwerden der Rippen zu beobachten, wohl auch eine Gabelung ihres freien Endes.

Oft ist die Rippe in der Mitte zu einem platten, caudaden Fortsatz verbreitert: dem Processus uncinatus (recurvatus). Ein solcher Fortsatz kommt auch bei den zurückgebildeten Rippen der Anura vor und bei einigen Reptilia, u. a. bei Sphenodon (siehe Abb. 100 auf S. 91). Der Fortsatz dient dazu, den Muskeln eine größere Ursprungsfläche zu bilden. Dergleichen Auswüchse können bei einigen Stegocephala sich von der Außenseite gegen die folgende Rippe anlegen; dadurch wird dann die Festigkeit der Brusthöhlenwand erhöht. Das finden wir auch bei den Aves, welche einen ähnlichen Auswuchs der Rippen zeigen (Abb. 72 auf S. 72) (v. Fejervary 1921).

Bei den lebenden Amphibia endigen die Rippen distal vollkommen frei, ohne eine Verbindung mit dem Sternum; sie umschließen auf diese Weise die Leibeshöhle nur zum Teil. Ein Sternum ist jedoch wohl vorhanden. Bei den ja nur fossil bekannten Stegocephala können wir nicht beurteilen, ob vielleicht in einigen Fällen knorpelige Endstücke der Rippen gebildet worden sind; war das der Fall, dann haben die Rippen die Leibeshöhle ganz umgriffen und auch, wenigstens teilweise, mit dem Sternum in Verbindung gestanden. Die knöchernen Rippen der Stegocephala sind meist kurz (Abb. 240 auf S. 181); bei den Microsauria sind jedoch oft auch recht lange Rippen beobachtet worden. Gegenbaur war der Meinung, daß die Stammformen der Amphibia lange Rippen besaßen, welche in der Brustregion die Leibeshöhle ganz umschlossen; sie sollen mit einem Sternum in Verbindung gestanden haben. Wahrscheinlich ist diese Meinung richtig, denn auf andere Weise ist die Anwesenheit eines Sternum bei den Amphibia nicht gut zu erklären: bei den Amniota entsteht nämlich das Sternum stets aus Rippen; und in seiner Lage und in seiner Verbindung mit dem Schultergürtel stimmt das Sternum der Amphibia mit dem der Amniota überein; auch ist die Anlage in beiden Fällen paarig; schließlich erinnert bei Bombinator das Sternum durch seine Form an ein Paar Rippen (Abb. 160 auf S. 134). Andererseits konnte eine Verbindung des Sternum mit Rippen ontogenetisch nicht nachgewiesen werden. Trotzdem ist es wahrscheinlich, daß eine solche Verbindung bei den Stammformen der Amphibia bestand.

Das Sternum (Brustbein) entsteht bei den Amphibia aus einigen paarigen Knorpelstücken, die in den Myosepta der Bauchseite auftreten. Da auch die Rippen in den (vertikalen) Myosepten entstehen, so können diese Knorpelstückchen wohl mit Rippen homolog sein (BRAUS 1919; DE VILLIERS 1922). Warum die Rippen zurückgebildet wurden und sie dadurch die Verbindung mit dem Sternum verloren, ist heute noch nicht ausgemacht; vielleicht liegt die erste Ursache darin, daß die Stammformen der Urodela und Anura zeitweise wieder mehr das Wasser aufsuchten (VERSLUYS 1909, 1923, SMITH 1912). Die sehr starke Zurückbildung bei den Anura könnte daneben eine Folge der springenden Fortbewegung sein, einer Bewegung, welche die Rumpfmuskeln für die Fortbewegung größtenteils ausschaltet.

Das Sternum der Urodela (Abb. 161 auf S. 134) ist ganz knorpelig und platt, es liegt caudal des Schultergürtels, ist mit seinem Vorderrande auf und unter den Schultergürtel geschoben und ziemlich fest durch Bindegewebe mit ihm verbunden. Bei den Anura (Abb. 158—160) gibt es eine ebensolche knorpelige Platte: das Xiphisternum; dies kann jedoch nach vorn in einen schmäleren, knöchernen Teil auslaufen. Außerdem zeigen die Anura cranial des Schultergürtels noch ein größeres oder kleineres medianes Knorpelstück, welches auch verknöchert sein kann; es ist das Omosternum, das auch in den ventralen Myosepten entsteht und nicht aus dem Schultergürtel (DE VILLIERS 1922).

Die Gymnophiona besitzen kein Sternum, da die vorderen Gliedmaßen und der Schultergürtel fehlen.

Amniota. Bei den Amniota bilden die Rippen und das Sternum einen festen Brustkasten. Dieser hat in zweierlei Hinsicht Bedeutung: einmal gibt er dem Schultergürtel und den vorderen Gliedmaßen eine feste Stütze; diese ist für die schnelle und langdauernde Bewegung der Amniota notwendig, im Gegensatz zu den Amphibia, die sich auf dem Lande entweder viel langsamer oder springend auf den hinteren Extremitäten fortbewegen. Zweitens erweitert und verengt der Brustkasten durch seine Bewegungen die Brusthöhle im Dienste der Atmung: die Amphibia schlucken die Atmungsluft, und ihre Leibeshöhle wird dabei passiv vergrößert; die Amniota dagegen saugen mit Hilfe der Brustkastenbewegungen Luft in die Lungen. Der Brustkasten muß dazu fest sein: somit beobachten wir lange Rippen, die mit dem Sternum verbunden sind. Auch sind die Rippen für diese Atmungsbewegung gegliedert: sie bestehen aus einem stets verknöcherten dorsalen Stück (Costa vertebralis) und einem ventralen Stück (Costa sternalis); dies letzte ist entweder knöchern oder knorpelig, meist verkalkt. Zwischen beiden Rippenteilen legt sich bei den Amniota noch oft ein drittes Stück an: die Costa intermedia; sie ist knorpelig oder knöchern (GESSNER 1921). Die Stücke bilden einen Winkel miteinander: bei Streckung des Winkels wird das Sternum von der Wirbelsäule entfernt.

Jene Rippen, welche mit dem Sternum verbunden sind, nennt man „wahre Rippen" (Costae verae). Auf sie folgen caudal andere Rippen, welche das Sternum nicht erreichen; sie sind jedoch oft distal mit den vorhergehenden Rippen und dadurch mittelbar mit dem Sternum verbunden (Abb. 127); in den meisten Fällen aber endigen sie frei. Man nennt solche Rippen „falsche Rippen“ (Costae spuriae, richtiger Costae vertebralis); endigen sie frei, so spricht man auch von schwebenden Rippen (Costae fluctuantes; Abb. 71 auf S. 70). Sehr selten sind die falschen Rippen ein und desselben Wirbels ventral mit einander verbunden (Chamaeleo). Die schwebenden Rippen sind entweder gegliedert wie die echten Rippen oder einfach gebaut (vor allem die hinteren); manchmal wurde bei ihnen ein knorpeliges Endstück beobachtet.

Bei primitiven Reptilia finden wir lange, manchmal auch sehr lange knöcherne Rippen; sie besaßen offenbar ein kurzes knorpeliges Endstück und sind nicht gegliedert. Die Anpassung ihres Brustkastens an die Atmung kann also nicht so vollständig gewesen sein wie bei den späteren Reptilia (WILLISTON 1912), bei denen die Gliederung der Rippen zusammenhängt mit der zunehmenden Differenzierung der Thoraxmuskeln.

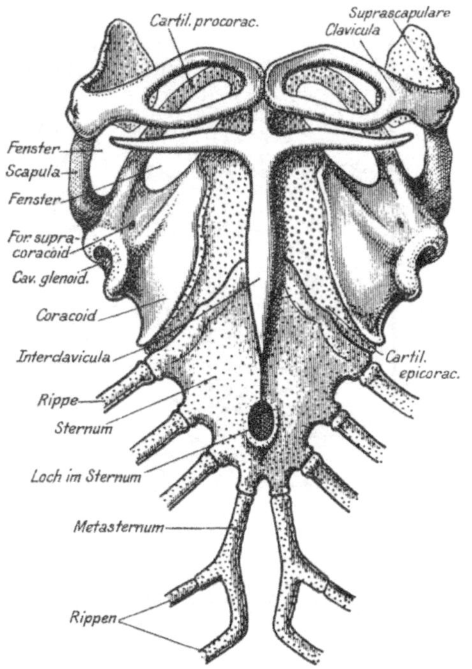

Abb. 127. Sternum und Schultergürtel von Lacerta Simonyi, von ventral. Knorpel punktiert, auch wo er verkalkt ist; Knochen glatt. (Nach SIEBENROCK, 1894, Taf. 4, Abb. 24, etwas verändert.)

Den größten Umfang bekommt der Brustkasten, wenn die ziemlich stark gebogenen Rippen soweit als möglich quer zur Längenachse des Brustkastens stehen. Das Volumen wird um so kleiner, je mehr die Rippen mit ihrem Mittelteil caudad gedreht sind. Diese Bewegung verlangt eine bewegliche Verbindung der Rippen mit dem Sternum. Zusammengesetzter werden die Formveränderungen des Brustkastens dadurch, daß die Rippen schief stehen; dann kann ihre Verbindung mit dem Sternum caudal oder cranial von der Verbindung mit dem Wirbel liegen. Die Drehung der Rippen nach außen zu bei der Einatmung hat wohl auch zur Folge, daß das Sternum sich cranial verschiebt; beim Menschen wird das Sternum dadurch gehoben.

Der Brustkasten ist bei den typisch kriechenden Reptilia abgeplattet; die Tiere liegen ja mit ihrem Rumpfe meist auf dem Boden; die Form des Brustkastens ist dann breiter als hoch. Bei Tieren, die ihren Rumpf dauernd durch die Extremitäten erheben, muß natürlich die Bauchwand fortgesetzt das Gewicht der Eingeweide tragen; dann ist der Brustkasten schmaler als hoch, auf einem Querschnitt herzförmig; dies beobachten wir bei den meisten Mammalia, den Dinosauria und den Chamaeleontidae; bei den letzten liegt hierin auch eine Erklärung für die medio-ventrale Verbindung der Rippen, von der oben gesprochen wurde. In anderen Fällen, wie bei den Aves, ist der Querschnitt des Brustkastens tonnenförmig. Bei den Pterosauria pflegt der Brustkasten abgeplattet zu sein oder ungefähr so hoch wie breit. Die fischähnlichen Ichthyosauria, die Mosasaurida, die Sirenia und Cetacea haben im Zusammenhang mit dem Wasserleben einen tonnenförmigen Brustkasten. Ein gleiches beobachten wir bei springenden und kletternden Mammalia —: also allgemein bei Formen, bei denen das Körpergewicht nicht auf den vier Extremitäten ruht (WEBER 1904).

Das Capitulum der Rippen gelenkte ursprünglich mit dem Intercentrum (Hypocentrum der Stegocephala). Aber mit der allgemeinen Rückbildung der Intercentra zu kleinen, ganz ventral gelegenen Anhängen der Wirbelsäule mußte dieser Zustand sich verändern: die Rippen erreichen dann das Intercentrum nicht mehr. Aber die Parapophyse, mit welcher das Capitulum der Rippe gelenkt, liegt am Vorderrande des Wirbelkörpers (Abb. 102 auf S. 95); ja die Parapophyse kann selbst ganz intervertebral liegen, so daß sie über zwei Wirbel verteilt ist (Abb. 123 auf S. 106): beide Tatsachen können als eine „Erinnerung“ an einen alten Zustand angesehen werden. Besonders deutlich ist die Gelenkverbindung des Capitulum mit dem Intercentrum (Schlußstück) des Atlas bei den Crocodilia: die zweite Halsrippe gelenkt hier auf der Grenze des Atlaskörpers und des Epistropheus. Der tiefe Ursprung dieser Rippen an den Wirbelkörpern ist primitiv (Abb. 128; Boschma 1920).

Über die Rippen in den verschiedenen Regionen der Wirbelsäule bei den Amniota wollen wir noch das Folgende mitteilen: Im Hals sind die Rippen stets kurz; sie behalten meist ihren zweiköpfigen Bau; dieser ist, wenn die Rippenreste mit den Wirbeln verschmolzen sind, erkennbar an dem Vorkommen eines Foramen costotransversarium.

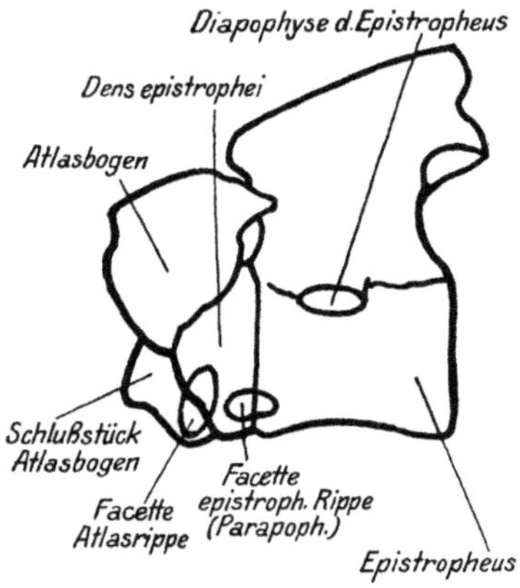

Abb. 128.

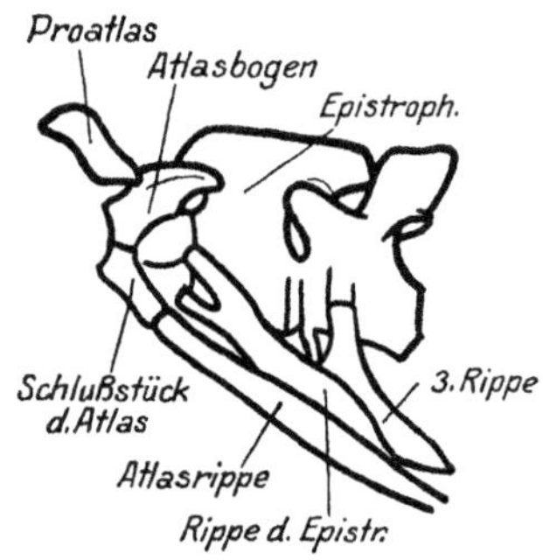

Abb. 129.

Abb. 128—129. Die Verbindung der vordersten Halsrippen mit dem Atlas und dem Epistropheus bei den Crocodilia.

Abb. 128. Bei Metriorhynchus; die Halsrippen sind nicht vorhanden, ihre Verbindungsflächen an den Wirbeln sind aber angegeben. — Abb. 129. Bei Caiman sclerops. (Beide nach Boschma, 1920, Abb. 15, 16.)

In der Brust bleiben die Rippen zweiköpfig, bei denjenigen Formen, bei denen die Rippen das Gewicht der Eingeweide ständig tragen müssen: z. B. bei den Theromorpha, den Dinosauria, den Mammalia und den Aves. Wo dagegen der Rumpf vielfach auf dem Boden ruht, verliert die Zweiköpfigkeit der Rippen viel von ihrer Bedeutung und verschwindet. Diese Zurückbildung kommt auf zweierlei Weise zustande: entweder wird das Capitulum mehr nach dem Tuberculum zu geschoben und beide verschmelzen: so gelenkt die einköpfige Rippe mit der Endfläche des Processus transversus (z. B. bei den Crocodilia). Oder es kann die Einköpfigkeit dadurch entstehen, daß das Capitulum zurückgebildet wird und dann entweder durch ein Ligament ersetzt ist oder vollständig verschwindet (viele Lacertilia, Ophidia). Diese Umbildung ist meist an den vorderen Brustrippen gar nicht oder nur in geringerem Maße vorhanden; stärker bei den mehr caudal gelegenen Brustrippen; auf diese Weise erlangt der Brustkasten vorn eine größere Festigkeit als hinten. Die einköpfigen Rippen sind viel beweglicher; dadurch entsteht der Vorteil, daß der Brustkasten bedeutend mehr erweitert werden kann. Diese neue Möglichkeit erscheint besonders bei den wasserlebenden Amniota von

Vorteil zu sein, da sie auf diese Weise mehr Luft in die Lungen aufnehmen können; andererseits besitzt das Gewicht der Eingeweide im Wasser keinen Einfluß auf die Rumpfwand. So sehen wir denn auch die Rippen der meisten im Wasser lebenden Amniota durch den Verlust des Capitulum einköpfig werden: bei den Sauropterygia, bei einigen Ichthyosauria und den Cetacea.

Das Einköpfigwerden der Rippen beginnt hinten im Brustkasten und schreitet craniad fort. Der Ursprung der Rippen vom Ende der Processus transversi trägt auch zur Vergrößerung des Brustkastens bei: um so mehr, je dorsaler die Processus transversi am Wirbel entspringen. Man sieht denn auch gerade bei den Brustwirbeln, daß die Processus transversi hoch am neuralen Bogen entspringen.

Eigentümlich verlängert sind mehrere der hinteren Rumpfrippen bei Draco (Flugeidechse); sie stützen hier eine Flughaut. Es sind mehrere Übergänge vom normalen Zustand zu dieser Spezialisierung beobachtet: die hinteren Rippen einiger baumbewohnenden Geckos, Iguanidae und Chamaeleones sind ebenfalls verlängert: (HILZHEIMER und HAEMPEL 1913).

Die Rippen der hinteren Rumpfwirbel sind meist wenig entwickelt. Sie sitzen mit einem einzigen Kopfe auf dem Ende der Processus transversi und verschmelzen oft mit ihnen. In vielen Fällen fehlen sie ganz; die letzten Rumpfwirbel werden dann zu Lendenwirbeln.

Über die Rippen der Beckenwirbel wurde schon oben das Nötige gesagt. Ebenso wurde schon von den Schwanzrippen gesprochen, welche noch ziemlich allgemein bei den permo-carbonischen Reptilia gefunden werden; es können bis zu 10 Paar vorkommen. Sie sind stets kurz und oft durch eine Naht unbeweglich mit den Processus transversi verbunden. In der Beckenregion werden bei den Ophidia und verschiedenen schlangenartigen Lacertilia Lymphapophysen gefunden: das sind frei endende Fortsätze an 2 bis 8 Rippen oder Processus transversi, welche sich über die dort liegenden Lymphherzen hinneigen.

Zusammenfassend kann man sagen, daß wichtige Veränderungen bei den Rippen der Amniota während ihrer phylogenetischen Entwicklung stattgefunden haben. Die primitiven Amniota besaßen bewegliche Rippen an allen Wirbeln mit Ausnahme der hintersten Schwanzwirbel. Diese Rippen waren zweiköpfig oder besaßen eine langgestreckte Verbindung mit dem Wirbel. Die Rippen waren am längsten ausgebildet in der Brustregion und wahrscheinlich durch knorpelige Stücke mit dem Sternum verbunden. Die Entwicklung führte nun zu folgenden Veränderungen: die Halsrippen wurden kürzer und von vorn her zurückgebildet; sie verschmolzen oft mit den Wirbeln oder verschwanden ganz; die Brustrippen wurden gegliedert und oft in Verbindung mit größerer Beweglichkeit einköpfig; die letzten Rumpfrippen wurden wieder zurückgebildet, einköpfig und verschmolzen mit den Processus transversi oder verschwanden. Im Schwanze wurden die Rippen schnell ganz zurückgebildet.

Das **Sternum** (Brustbein) ist bei den Amniota meist gut entwickelt (W. K. PARKER 1868; HOFFMANN 1879). Es steht in enger Verbindung mit den Rippen und muß als ein Produkt der Rippen selbst angesehen werden. Embryonal entsteht es durch Verwachsung der freien ventralen Rippenenden: dabei wird zuerst ein paariger, längsgerichteter Knorpelstab gebildet, welcher jederseits die Enden der Rippen verbindet; späterhin verschmelzen diese beiden Hälften des embryonalen Sternum von vorn her ganz oder teilweise. Eine Grenze zwischen den Rippen und dem Sternum entsteht erst, nachdem diese Teile knorpelig geworden sind, unter dem Einfluß der Brustkastenbewegung. Einzelne Rippen grenzen sich nicht gegen das Sternum ab (RATHKE 1838, 1853, 1866; GOETTE 1877; VAN GELDEREN 1921).

Das Sternum der gegenwärtigen Reptilia besteht ganz oder größtenteils aus Knorpel; in vielen Fällen ist es verkalkt. Es besteht aus einer viereckigen oder runden Platte, welche direkt hinter dem Schultergürtel liegt; diese Platte formt nach hinten meist einen paarigen Fortsatz, mit dem sich noch einzelne Rippen verbinden: das Xiphisternum (oder Metasternum; Abb. 127). Die Anzahl der Rippen, welche bei den Reptilia mit dem Sternum in Verbindung stehen, ist nicht groß: meist drei oder vier; dazu können noch einige mit dem Xiphisternum verbundene Rippen treten (Abb. 135 auf S. 119 und auch Abb. 166 auf S. 138). Das Sternum schiebt sich craniad zwischen die Coracoidea: auf diese Weise kann es diese median vollkommen scheiden (Crocodilia; Abb. 167 auf S. 139).

Die Chelonia besitzen kein Sternum; die Rippen sind hier ventral reduziert, wohl im Zusammenhang mit der Panzerbildung.

Vom Sternum der fossilen Reptilia wissen wir sehr wenig. Vermutlich war es beinahe stets ganz knorpelig, ist uns also darum nicht mehr erhalten. Bei den

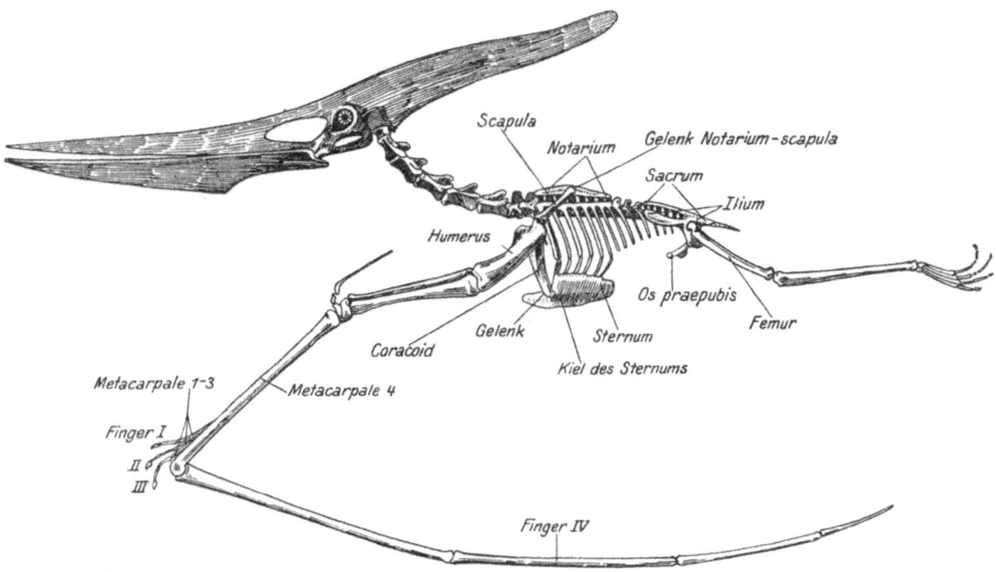

Abb. 130. Skelet von Pteranodon; die rechte Vorder- und Hinterextremität sind fortgelassen. (Nach EATON, 1910, Taf. 31.)

flatternden oder schwebenden Pterosauria (Abb. 130) hatten die kräftigen Brustmuskeln für die Bewegung der Vorderbeine auch einen festen Ursprung nötig: wohl damit im Zusammenhang ist das Sternum verknöchert; es bildet eine Platte, welche ungefähr ebenso breit als lang, mit einem ventralen Kiel versehen ist, ähnlich wie das Sternum der Aves. Mit dem Seitenrande sind einige Rippen verbunden (Abb. 130).

Bei den Aves finden wir stets ein gut verknöchertes Sternum; es zeigt eine große Ähnlichkeit mit dem der Pterosauria: ein Beispiel dafür, daß gleiche Anforderungen unabhängig voneinander die gleiche Spezialisierung eines Knochens entstehen lassen. Das Sternum der Aves (Abb. 131) ist platt, nach den Seiten gewölbt, breit, meist länger als breit, mit parallelen Seiten; die beiden vorderen Winkel sind schräg abgeschnitten und bilden die Gelenkflächen mit den Coracoidea. Caudal ist das Sternum oft eingeschnitten oder zeigt Fenster, die im höheren Lebensalter oft durch Knorpel oder Knochen angefüllt werden. Bei allen fliegenden Aves trägt das Sternum einen kräftigen ventralen Kiel (Carina);

er dient zur Oberflächenvergrößerung für den Muskelursprung. Der Kiel fehlt bei den nichtfliegenden Aves, z. B. bei den Sträußen, Dodo, Stringops (Nachtpapageien) u. a.; in anderen Fällen kann der Kiel sehr klein sein (Notornis und Ocydromus).

Vergleichen wir das Sternum der Reptilia und Aves mit dem der Mammalia, so finden wir, daß die letzten einen eigenen Typus gebildet haben (Abb. 132). Das Sternum ist schmal, langgestreckt und besteht meist aus Knochenstücken, welche durch Synchondrosis verbunden sind, selten durch einen Gelenkspalt (Xenarthra); solche Knochenstücke werden Sternebrae genannt (Abb. 132). Das vordere und das hintere Stück unterscheiden sich in der Form von den anderen Sternebrae und bleiben größtenteils knorpelig: das caudale Stück ist das obengenannte Xiphisternum (Schwertfortsatz oder Processus xiphoides, Abb. 132). Das craniale Stück ist meist verbreitert und viel größer als die Sternebrae: es wird Praesternum (Manubrium sterni) genannt; die vordere Brustrippe ist mit ihm verbunden; es reicht bis zur zweiten Rippe.

In der besonderen Form zeigen die Mammalia untereinander große Unterschiede.

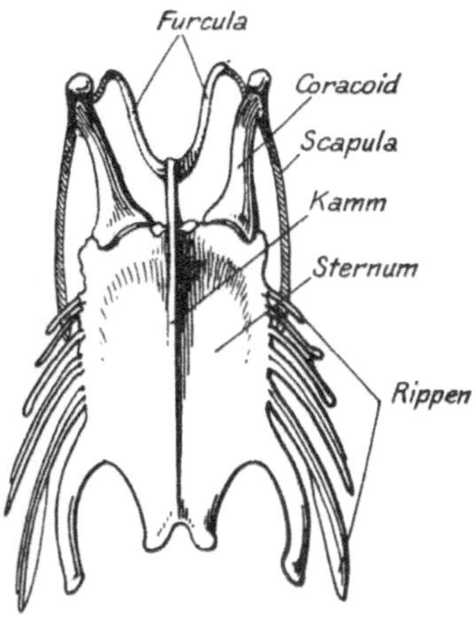

Abb. 131. Sternum und Schultergürtel von Podiceps rubricollis, von ventral. (Nach GADOW, 1891, Taf. 15, Abb. 11.)

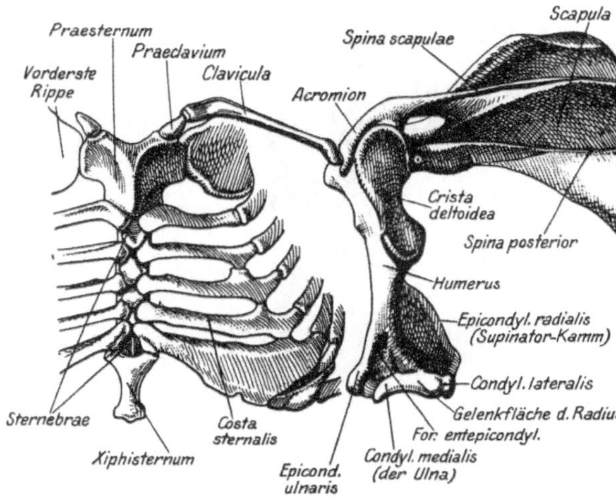

Abb. 132. Sternum, linker Schultergürtel und Humerus von Tatusia, von ventral. Die Scapula ist nach außen gedreht. (Nach WEBER, 1904, Abb. 73.)

Bei den Mammalia ist ja das Coracoid stark zurückgebildet, mit Ausnahme der Monotremata; es kann darum nicht mehr für eine feste Verbindung des Sternum mit dem Schultergürtel sorgen. Das Sternum verbindet sich dann aber cranial mit den Claviculae durch eine Diarthrose. Gelegentlich ist hier auch ein kleines Skeletstück dazwischen gefügt: das Praeclavium. Bei den Reptilia trennen die Coracoidea das Sternum von den Claviculae; dasselbe finden wir dann auch bei den Monotremata (Abb. 133). Fehlt die Clavicula, so ist auch das Praesternum zurückgebildet; es ist dann nicht größer als eine der Sternebrae und bleibt knorpelig (z. B. bei den Ungulata). — Das Praesternum ist bei den Chiroptera groß, schwer gebaut und besitzt einen schwachen Kiel. Die Länge des Sternum ist sehr verschieden; ebeno die Anzahl der Rippen, welche mit ihm verbunden sind: es sind in der Regel 5 bis 7 (also mehr als typisch bei den Reptilia), die Anzahl kann aber auch bis auf 12 und mehr steigen (Choloepus 24), andererseits bis auf eine einzige Rippe sinken, wie bei den Mystacoceti, wo fast alle Rippen schwebend sind; dadurch wird eine große Ausdehnbarkeit des Brustkastens erreicht und damit eine große Atmungskapazität.

Bei den Ungulata ist das Xiphisternum groß; es verstärkt die Bauchwand, welche die schweren Eingeweide tragen muß. Bei den Manidae ist es knorpelig und verlängert, bei Manis tricuspis selbst so sehr verlängert, daß es bis hinten in die Bauchhöhle zu liegen kommt, dort dorsad umbiegt und längs der Rückenseite wieder ein Stück weit nach vorn reicht. Dieser auffallende Bau steht im Zusammenhang mit den Musculi sternoglossi, welche das Xiphisternum umgeben: sie bekommen durch seine Verlängerung ihre notwendige Ausdehnung für die Bewegung der langen Rollzunge.

Bei den Menschen, bei den Anthropoidea und noch mehr bei den Hylobatidae ist das Sternum verbreitert, verkürzt und abgeplattet; das hängt zusammen mit der sehr kräftigen Entwicklung der vorderen Gliedmaßenmuskulatur und weiterhin mit dem Ursprung des Musculus sterno-cleido-mastoideus. Die Sternebrae verschmelzen dabei zu einem Ganzen. Bei den Cetacea und Sirenia ist das Sternum in verschiedenem Maße reduziert. –

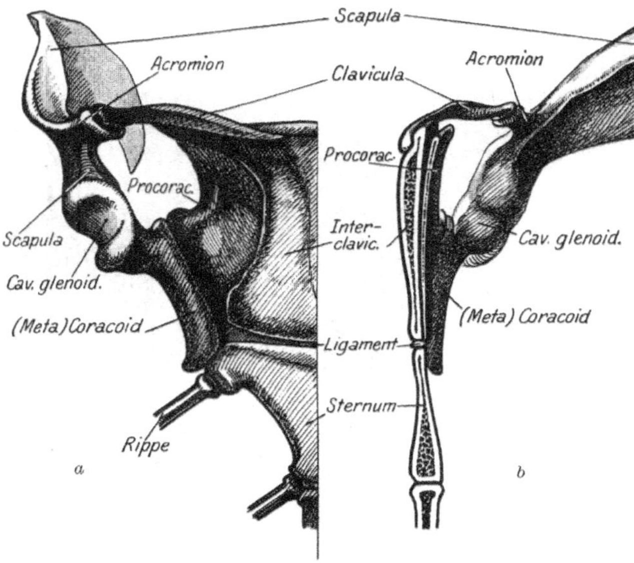

Abb. 133. Rechter Schultergürtel und rechte Hälfte des Sternum von Ornithorhynchus. *a* von der ventralen Seite. — *b* von median gesehen, mit medianem Schnitt durch Sternum und Schultergürtel. (Original, nach einem Entwurfe von G. C. Hirsch.)

Die **Bauchrippen** (Gastralia, abdominale Rippen, Parasternum) stimmen durch ihre Lage in der Bauchwand mit den echten Rippen überein (Abb. 134 und 135). Sie helfen mit die Bauchwand zu stützen. Aber ihr Ursprung ist ein ganz anderer: sie entstehen durch Verknöcherung des Bindegewebes; sie werden also nicht knorpelig angelegt wie die Rippen.

Die Bauchrippen liegen vom Sternum bis zum Becken in der ventralen Bauchwand. Sie sind beobachtet bei Sphenodon, den Crocodilia, vielen ausgestorbenen Reptilia, bei Archaeopteryx und schließlich in rudimentärer Form bei einzelnen Lacertilia (Voeltzkow und Doederlein 1902, Beddard 1904, 1906, Daiber 1920). Sobald die Haut abpräpariert wird, sieht man die Bauchrippen in der oberfächlichsten Muskellage liegen, im Musculus rectus ventralis. Embryonal bilden sie sich in der Haut, erhalten also erst später ihre Verbindung mit der Muskulatur.

Wir müssen die Bauchrippen zurückführen auf den Bauchpanzer, welcher in Gestalt von Knochenschuppen die Bauchfläche bei vielen Stegocephala und bei einigen primitiven Reptilia bedeckte (Credner 1891–93, X; für die primitiven Reptilia vergleiche Labidosaurus und vielleicht Limnoscelis bei Williston

1912 A und CASE 1911 B). Diese Schuppen haben oft die Form dünner Spulen; sie liegen in Längsreihen aneinander geschlossen, welche schräg verlaufend vorn kon vergieren; sie treffen median zusammen. Oft ist zwischen den aufeinander fol-

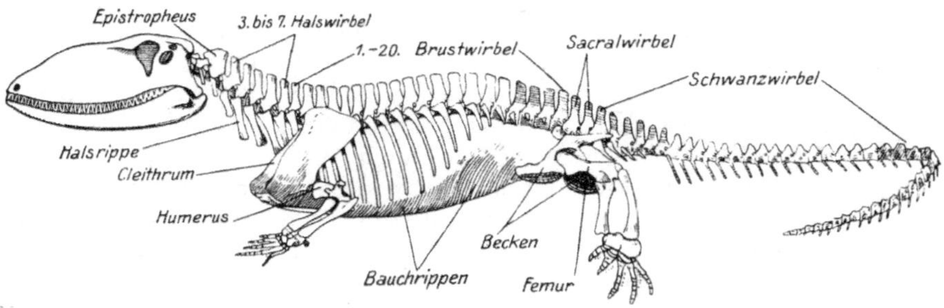

Abb. 134. Skelet von Ophiacodon, um die Lage der einen Bauchpanzer formenden Bauchrippen zu zeigen. (Nach CASE, WILLISTON und MEHL, 1913, Abb. 36.)

genden Reihen ein Zwischenraum entstanden, so daß die Reihen isoliert erscheinen. Denkt man sich die Schuppen in die Muskellage eingesunken, so würde ein System von Bauchrippen entstehen. Bei den primitiven Reptilia sind somit die Bauchrippen auch sehr zahlreich: Kadaliosaurus hat im ganzen 80, 5 oder 6 in jedem Rumpfsegment (Wirbel); jede Bauchrippe besteht aus mehreren schlanken Knochenstücken. Sehr zahlreich sind weiterhin die kleinen Bauchrippenstäbchen bei Ophiacodon (Abb. 134).

Die Anzahl der Bauchrippen nimmt bei der weiteren Entwicklung der Reptilia ab; ebenso reduziert die Anzahl der Stücke, aus denen jede Bauchrippe besteht. Sphenodon besitzt noch eine ziemlich große Anzahl von 24 Bauchrippen: zwei in jedem Körpersegment; jede Bauchrippe besteht aus drei Stücken: einem medianen, winkelig gebogenen Stück und ein Paar Seitenstücken (Abb. 135). Diese Bauchrippen endigen abwechselnd frei oder sind mit den Enden der halb so zahlreichen Rippen mittels Bindegewebe verbunden.

Bei den Crocodilia beobachten wir nur 8 Bauchrippen: eine Rippe in jedem Segment; jede Rippe besteht aus vier Stücken: 2 links und 2 rechts; ein medianes Stück fehlt.

Bei Archaeopteryx bestand jede Bauchrippe aus einem paarigen Stück; ein medianes Stück fehlte; die Anzahl der Bauchrippen war gering. Von den rezenten Aves und den Mammalia sind keine Bauchrippen bekannt.

Sehr stark entwickelt sind die Bauchrippen bei den Plesiosauria.

Das Plastron der Chelonia hat den gleichen Ursprung wie die Bauchrippen. Aber es liegt in der Haut vollkommen oberflächlich, zu vergleichen etwa dem Bauchschuppenkleide von Labidosaurus und Limnoscelis. (Nähere Einzelheiten siehe unten.)

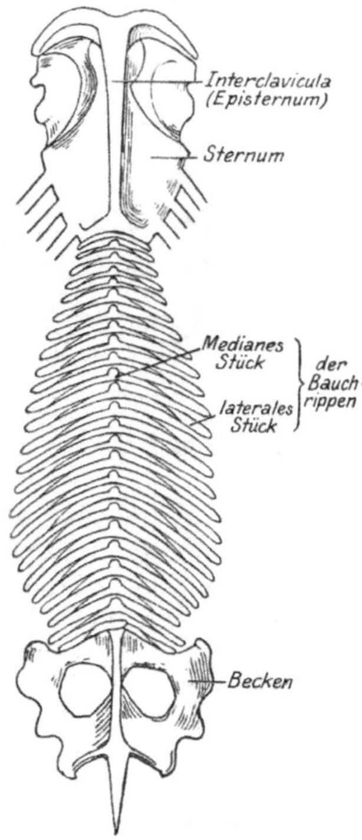

Abb. 135. Bauchrippen von Sphenodon, von ventral. (Nach GEGENBAUR, 1898, Abb. 185.)

Die Bauchrippen stützen die Bauchwand; doch ist die funktionelle Bedeutung in den Einzelheiten noch unbekannt.

D. Das Skelet der unpaaren Flossen.

Bei den Pisces und bei vielen im Wasser lebenden höheren Vertebrata finden wir unpaare Flossen; sie werden auch Pinnae genannt. Diese tragen zunächst caudal dazu bei, den Schwanz zu verbreitern: auf diese Weise besteht ein geeignetes Fortbewegungsorgan für das Schwimmen. Mehr cranial liegen die unpaaren Flossen als kammförmige Erhebungen auf dem Rücken und dem Bauche; sie dienen dem Richtunghalten und der Erhaltung der Körperstellung wie ein Kiel an einem Schiff. Bei bandförmigen Pisces, welche durch Wellenbewegung des Gesamtkörpers schwimmen, tritt die Schwanzflosse weniger hervor; eine um so größere Rolle spielen dann die Rücken- und Bauchflossen. Da die Schwimmart der Pisces und höheren Vertebrata sehr verschieden ist, so finden wir auch recht verschiedene Formen von Flossen (ABEL 1912 A).

Sehr einfach sind die unpaaren Flossen bei Amphioxus (Abb. 66 auf S. 59). Sie bestehen aus einer Hautfalte, die sich über den ganzen Rücken erstreckt: sie beginnt am Vorderrande des Körpers, setzt sich über den Schwanz auf die ventrale Seite hin fort und läuft craniad bis zum Atrioporus. Dort beginnt eine paarige Hautfalte, die Metapleuren: diese erstrecken sich bis zur Mundöffnung. Die unpaare Hautfalte ist in der Gegend des Schwanzes etwas höher, sie bildet dadurch eine Art Schwanzflosse. Knorpeliges oder knöchernes Skelet finden wir in den Flossen von Amphioxus nicht.

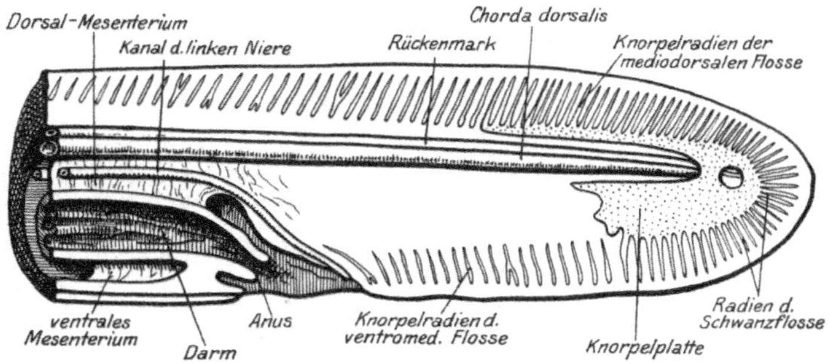

Abb. 136. Schwanzskelet von Myxine glutinosa, auf einem Medianschnitt. (Nach GOODRICH, 1909, Abb. 19.)

Bei den **Cyclostomata** ist ebenfalls eine mediane Flosse vorhanden, welche um das Schwanzende verläuft (Abb. 136); aber diese bleibt auf den hinteren Teil des aalähnlichen Körpers beschränkt (Abb. 69 auf S. 68). Die Flosse kann ventral bis kurz vor die Cloakenöffnung reichen (Myxine; Abb. 136). Dorsal kann sie sich zu zwei Rückenflossen erheben, von denen die vordere selbständig ist (Petromyzon). Diese Flossen werden alle durch ein Knorpelskelet gestützt: es besteht aus schlanken Knorpelstäbchen, deren basaler Abschnitt in der Rumpfmuskelmasse liegt; sie reichen bis zum Bindegewebsskelet um den neuralen Kanal (Abb. 65 auf S. 58; Abb. 69 auf S. 68; Abb. 136). In der Schwanzflosse sind diese Knorpelstäbe mit ihren Fußstücken verschmolzen; außerdem hängen sie zusammen mit dem Skelet der Wirbelsäule, welches dort aus einer zusammenhängenden Platte besteht. Die Stäbchen stimmen in ihrer Lage überein mit den Processus spinosi der Wirbel; ihre Anzahl beträgt aber vier Stück in jedem Segment und stimmt nicht mit der Anzahl der Proc. spinosi überein.

Bei den **gnasthostomen Pisces** finden wir typisch keine durchlaufende unpaare Flosse, sondern verschiedene selbständige Flossen: ein oder zwei Rückenflossen, die Schwanzflosse und eine Analflosse (selten zwei: bei Pleuracanthus), welche ventral hinter dem Anus liegt. Die Form der Schwanzflosse wechselt mit der Schwimmweise (DOLLO 1904, WHITEHOUSE 1910, ABEL 1912 A). Bei Amphioxus spitzt sich das Schwanzende des Körpers langsam zu; das Tier besitzt eine ziemlich gleich entwickelte dorsale und ventrale Hautfalte, ungefähr gleichend einer abgeplatteten Lanzenspitze (Abb. 66, S. 59). Dieser Typus der Schwanz-

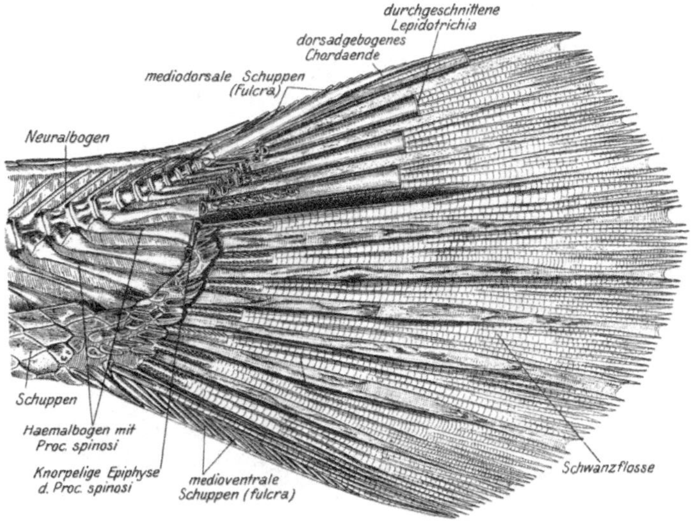

Abb. 137. Skelet einer homocerken Schwanzflosse von Lepidosteus. (Nach KÖLLIKER, 1860, Taf. 3, Abb. 1.)

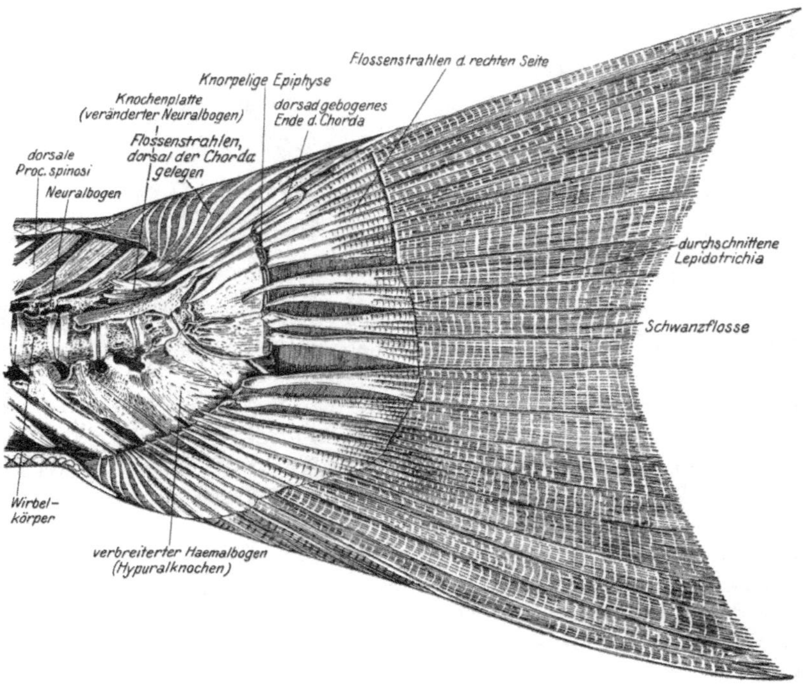

Abb. 138. Dasselbe wie Abb. 137 von SALMO. (Nach KÖLLIKER, 1860, Taf 4, Abb. 1)

flosse kommt allgemein embryonal bei den Pisces vor; später verändert er aber. Wir nennen diesen primitiven Typus der Schwanzflosse protocerk (diphycerk). — Geologisch sehr früh entsteht hieraus ein Schwanzflossentypus, bei welchem das caudale Körperende dorsad aufgebogen ist; dadurch wird der dorsale Teil der Flosse kräftiger entwickelt als der ventrale. Dieser Typus wird der heterocerke genannt (Abb. 70 auf S. 68; Abb. 217 auf S. 165). Das emporgehobene Schwanzende des Körpers verleiht der Schwanzflosse mehr Halt und läßt sie so den Körper leichter vorwärtstreiben. Bei der Fortbewegung treibt diese Form der Flosse den Fisch mit dem Kopf nach unten: sie arbeitet also epibatisch. Um eine kräftige Schwanzflosse zu erhalten, kann das Körperende auch ventrad

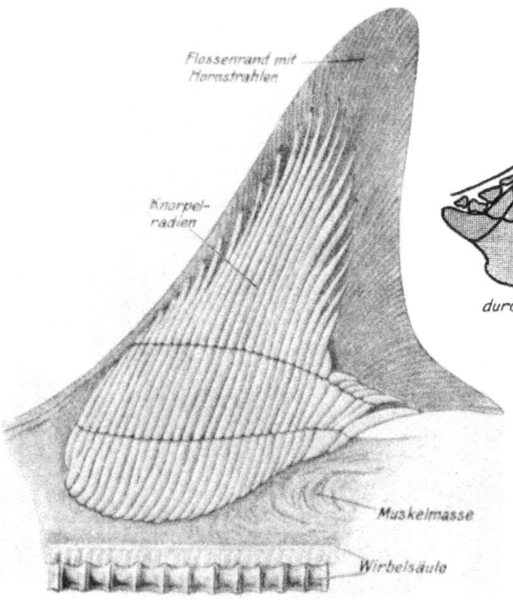

Abb. 139.

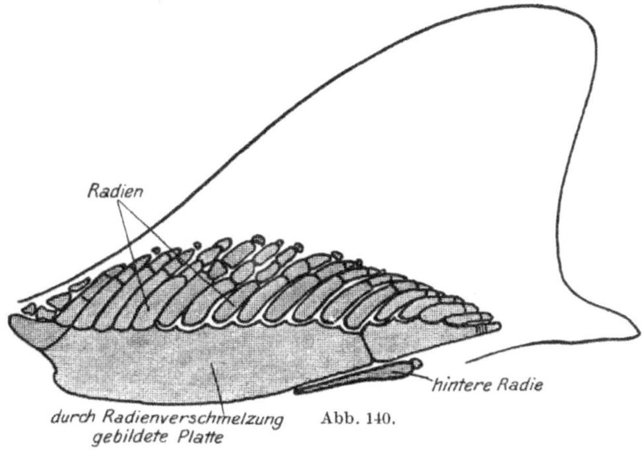

Abb. 140.

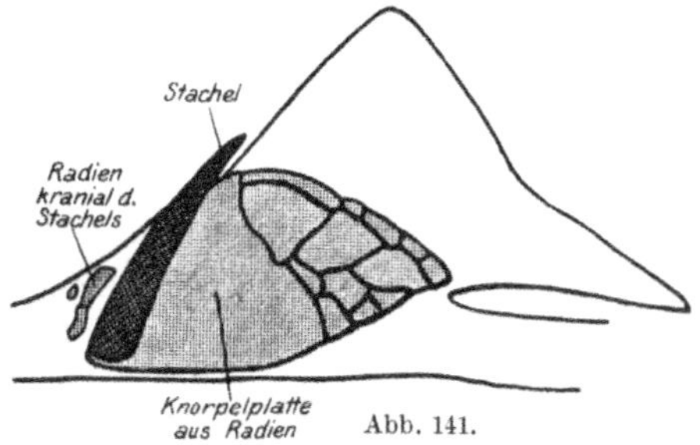

Abb. 141.

Abb. 139—141. Skelet der vorderen Rückenflossen der Selachii.
Abb. 139. Von Zygaena malleus. (Nach MIVART, 1879 B, Taf 74, Abb. 1.) — Abb. 140. Von Heptanchus cinereus. (Nach K. FÜRBRINGER, 1904, Abb. 1.) — Abb. 141. Von Acanthias. (Nach K. FÜRBRINGER, 1904, Abb. 20.)

gebogen werden. Das geschieht nicht bei den Pisces, wohl aber bei einigen Seereptilia: bei einem Teil der Ichthyosauria und der Crocodilia. Der ventrale Teil des Schwanzes ist dann der kräftigere: so drückt die Schwanzbewegung das Tier mit dem Kopfe nach der Oberfäche hin. Die Flosse wird in ihrer Arbeitsleistung hypobatisch genannt.

Die Schwanzflosse wird vom heterocerken Typus aus oft äußerlich wieder symmetrisch (Abb. 137 und 138). Inwendig aber zeigt das Skelet durch die dorsade Biegung des Wirbelsäulenendes noch immer mehr oder weniger den Ursprung aus dem heterocerken Zustande. Man nennt eine solche sekundär symmetrische Schwanzflosse homocerk; sie kommt bei den Teleostomi sehr allgemein vor. Das Chordaende wird durch eine knöcherne Scheide umgeben, die Urostyl genannt wird; das Urostyl vergegenwärtigt die letzten miteinander verwachsenen Wirbel im rudimentären Zustande. Die innere Asymmetrie, welche zusammenhängt mit dem Aufbiegen der Wirbelsäule, verschwindet gelegentlich beinahe ganz (Abb. 138). Eine solche Schwanzflossenform treibt den Fisch ausschließlich in der Körperlängsachse vorwärts, sie funktioniert also isobatisch. Sekundär kann sie dadurch selbst hypobatisch werden, daß der ventrale Lappen der Flosse größer wird als der dorsale: solches finden wir z. B. bei dem fliegenden Fisch Exocoetus; die Wirbelsäule bleibt dann natürlich doch dorsad gebogen.

Wenn die Tiere nicht mehr mit ihrer Schwanzflosse schwimmen, sondern mit Hilfe ihrer paarigen Flossen oder durch schlangenartige Bewegungen des Gesamtkörpers (viele aal- und bandförmige Pisces; die rezenten Dipnoi), so wird in solchen Fällen die Schwanzflosse zurückgebildet. Dabei beobachten wir oft gleichzeitig die Umformung des Körperendes zu einem fadenförmigen Anhängsel: z. B. bei den Holocephali. Bei einer solchen Form kann durch Verlängerung und Vereinigung der Rückenflosse mit der Analflosse wiederum eine neue Schwanzflosse entstehen; diese ähnelt dann sehr dem protocerken Typus; aber weil sie sekundär ist, so wird sie gephyrocerk genannt (Abb. 142 auf S. 123).

Die Entwicklung der Schwanzflosse der Pisces begann mit dem protocerken oder diphicerken Zustande. Daraus entstand frühzeitig die heterocerke Form, welche für die Elasmobranchii und für die geologisch ältesten Crossopterygii, Actinopterygii und Dipnoi kennzeichnend ist. Aus dem heterocerken Zustande entstand dann die homocerke Form; beide können zum gephyrocerken Typus umgebildet werden[1]).

Das gut entwickelte Flossenskelet der unpaaren Flossen bei den gnathostomen Pisces wird knorpelig angelegt; bei den Dipnoi und den Teleostomi verknöchert es ganz oder teilweise. Das Skelet besteht aus meist stabförmigen Stücken, den **Radien** (Radia). Diese liegen an dem Fußpunkte der Flossen, strecken sich mehr oder weniger weit darin aus und dringen andererseits auch in die Muskelmasse des Rumpfes ein (Abb. 139—141). Dabei können sie auch mit der Wirbelsäule in Verbindung treten. Sie verbinden also die Flossen mit dem

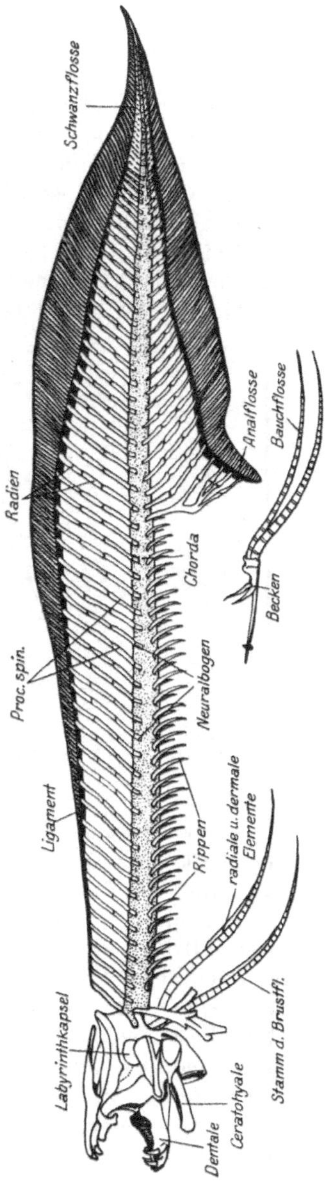

Abb. 142. Skelet von Protopterus annectens. (Nach DEAN, 1895, Abb. 122.)

[1]) Die funktionelle Bedeutung der verschiedenen Schwanzflossenformen ist in ABEL 1912 A ausführlich abgehandelt; darauf kann hier verwiesen werden. Dort findet man auch eine Übersicht über die Schwanzflossen der sekundär im Wasser lebenden Tetrapoda, welche, abgesehen von ihrem Achsenskelet, ohne Skelet sind; sie können hier nicht näher besprochen werden.

Rumpfe und festigen sie. Die Flossen werden weiterhin gestützt durch Hornstrahlen, welche bis an den freien Rand der Flossen reichen (Elasmobranchii, Abb. 139; Dipnoi). Bei den Teleostomi dagegen werden die Flossen gestützt durch knöcherne Flossenstrahlen, welche aus Reihen von Schuppen entstehen. Wo diese knöchernen Flossenstrahlen gut entwickelt sind, treten die Radien nicht mehr in die Flossen selbst ein; sie bleiben vielmehr an der Basis der Flossen in der Rumpfmuskelmasse liegen.

Die Radien der Rücken- und Analflossen, sowohl die knorpeligen als auch die knöchernen, bestehen meist aus drei Stücken (Abb. 139). Ursprünglich waren die Radien wahrscheinlich segmental angeordnet (Abb. 142); oder es haben auch zwei Radien in jedem Segmente gelegen, was dann mit der Diplospondylie übereinstimmen würde. Diese Anordnung wurde jedoch durch Zusammenschieben und Verschmelzen der Radien oft verwischt, vor allem bei den Selachii (Abb. 139 bis 141). Bei den Actinopterygii sind die Radien der Rücken- und Analflossen meist ganz und gar verknöchert; sie bestehen dann in der Regel aus einem einzigen großen ventralen

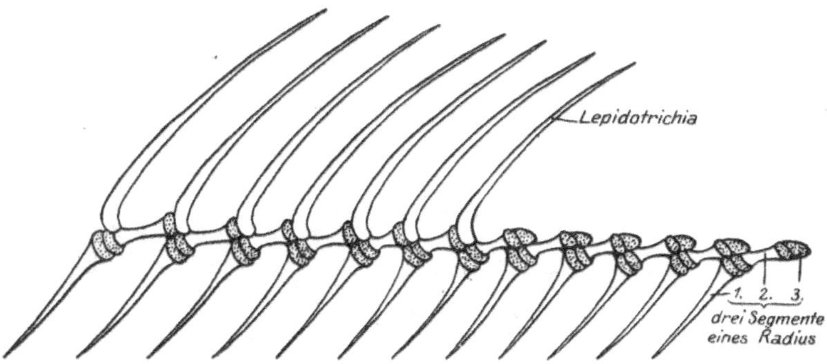

Abb. 143.

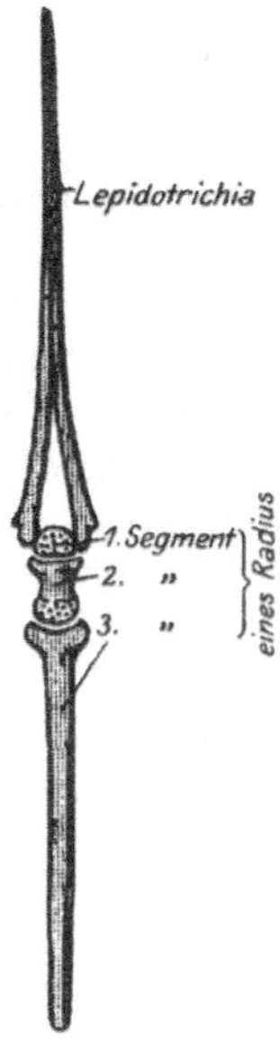

Abb. 144.

Abb. 143. Dreiteilige Radien und die knochigen Flossenstrahlen aus einem Teil der Rückenflosse von Amia, von links. (Nach BRIDGE, 1904, Abb. 136.) — Abb. 144. Radius und Flossenstrahl (Lepidotrich) von Esox lucius, von vorn gesehen. (Nach GOODRICH, 1909, Abb. 301 B.)

Stück und zwei kurzen distalen Stücken; von diesen ist das am meisten distal gelegene Stück mit einem knöchernen Flossenstrahl gelenkig verbunden (Abb. 143: Lepidotrichium). Die knöchernen Flossenstrahlen und die Radien stimmen dann in Anzahl und Lage miteinander überein; die Radien werden darum auch Flossenstrahlträger genannt. Bei den Acanthopterygii unter den Teleostei ist in vielen Fällen eine Verminderung der Stücke beobachtet, aus denen die Radien bestehen: eine Verminderung von drei auf zwei und selbst auf ein Stück; es sind stets die kleinen distalen Stücke, welche verschwinden; die Flossenstrahlen bekommen nämlich eine größere Festigkeit, indem sie direkt mit dem großen Stück der Radien gelenken.

Die Radien können bei einer regelmäßig segmentalen Anordnung mit den Processus spinosi der Wirbel verbunden sein (Abb. 142). Aber meist besteht dieser Zusammenhang nicht, auch nicht in solchen Fällen, in denen die segmentale Anordnung übereinstimmt. Sekundär kann das Flossenskelet eine Stütze auf der Wirbelsäule suchen, wenn an der Flosse ein kräftiger Dorn oder Stachel entwickelt ist, so wie wir es bei der Rückenflosse der Holocephali und bei Acanthias beobachten (Abb. 141).

In der Schwanzflosse sind die Radien stets schlechter entwickelt als in den übrigen unpaaren Flossen; diese Tatsache findet wohl darin ihre Erklärung, daß das Achsenskelet durch seine stark verlängerten Processus spinosi einen großen Anteil bei der Bildung des Stützskelets für die Schwanzflosse übernimmt. Bei der primitiven heterocerken Schwanzflosse liegt ja die Flosse hauptsächlich ventral (ventro-caudal) der Wirbelsäule; so sind es denn vor allem die ventralen Processus spinosi, welche am Bau des Flossenskelets teilnehmen (Abb. 137). Selbständige Radien finden sich in guter Entwicklung in der Schwanzflosse der Dipnoi und bei Pleuracanthus unter den Elasmobranchii; aber diese Formen haben eine gephyrocerke Schwanzflosse, welche also wahrscheinlich sekundäre Verhältnisse zeigt (vgl. S. 123). Bei der heterocerken Schwanzflosse sind die Radien entweder nicht anwesend oder sehr schwach entwickelt; am besten finden wir sie noch dorsal der Wirbelsäule (Abb. 145).

Ob die Radien abstammen von dem Achsenskelet oder ob sie selbständig entstanden sind: darüber ist sehr viel gestritten worden. GEGENBAUR hat stets die erste Auffassung verteidigt. Nach ihm zu urteilen, sind die Radien selbständig gewordene Stücke der stark verlängerten Processus spinosi; dieser Vorgang soll mit der Flossenbildung Hand in Hand gegangen sein. Für diese Auffassung spricht, daß offenbar die Radien ursprünglich regelmäßig segmental angeordnet sind: entweder ein Stück pro Segment oder zwei Stücke pro Segment; und weiter, daß

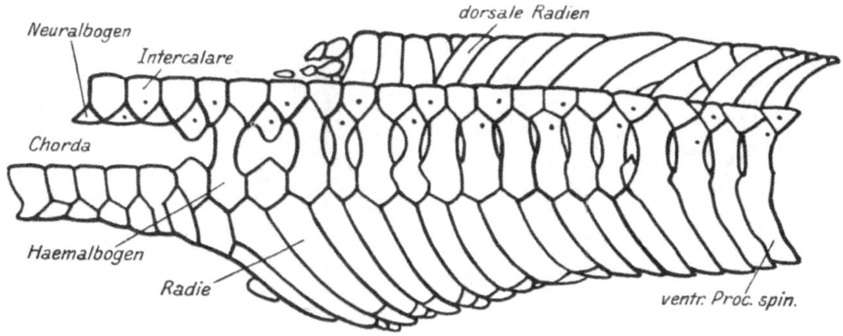

Abb. 145. Vorderer Teil des Schwanzflossenskeletes von Chlamydoselachus. Die Foramina, durch die sich die Rückenmarksnerven austreten, sind angegeben. (Zusammengestellt aus Abb. 17 *a* und *b* von K. FÜRBRINGER 1904.)

sie eine direkte Fortsetzung der Processus spinosi bilden können (Pleuracanthus; Dipnoi Abb. 142). In der Schwanzflosse vieler Selachii ist der distale Teil der ventralen Processus spinosi deutlich abgegrenzt (Abb. 145); die Radien entstehen auch als direkte Auswüchse der hämalen Bogenstücke (BRAUS 1904): die Processus spinosi sind hier also als Radien entwickelt. In solchen Fällen scheint die Herkunft der Radien aus den Processus spinosi nicht zweifelhaft zu sein. Bei den dorsalen Radien der Schwanzflosse, bei den Radien der Rückenflosse und der Analflosse besteht jedoch bei den Selachii keine direkte Verbindung mit der Wirbelsäule; wohl aber finden wir Andeutungen eines früheren Zusammenhanges: so befindet sich zwar bei Chlamydoselachus die Rückenflosse ohne jeden Zusammenhang mit der Wirbelsäule; es fehlen jedoch an einigen Wirbeln, dort wo die Rückenflosse liegt, jene Deckstücke, welche Fortsetzungen der neuralen Bogen sind und zwischen den dorsalen Intercalaria liegen (Abb. 84 und 85 auf S. 81); und zwar fehlen gerade soviel Deckstücke als Flossenradien beobachtet sind, nämlich 26. Eine ähnliche Übereinstimmung konnte auch bei der Analflosse gezeigt werden (K. FÜRBRINGER 1904). All dies spricht für einen früheren Zusammenhang des Flossenskelets mit dem Achsenskelet. Dieser Zusammenhang wurde dann sekundär gestört. Die Rücken- und Analflossen der Selachii funktionieren als Steuerflossen und haben keinen Anteil an der eigentlichen Fortbewegung des Tieres; in solchen Fällen hat offenbar das Skelet der Flossen sich freigemacht von der Wirbelsäule, mit der es ursprünglich zusammenhing. — Auch die Cyclostomata zeigen einen unmittelbaren Zusammenhang des Flossenskelets mit der Wirbelsäule (Abb. 136 auf S. 120).

Eine Anzahl anderer Untersucher verneinen diesen primitiven Zusammenhang und leugnen eine Herkunft der Flossenradien vom Achsenskelet. Sie sehen in den Radien selbständig entstandene Skeletstücke. Die Radien sollen dann sekundär in eine Verbindung mit der Wirbelsäule getreten sein (Thacher 1878, Mivart 1879 B, Dohrn 1884). Uns erscheint es nicht möglich, auf diese Frage eine bestimmte und allgemeine Antwort zu geben, weil wir nur über mittelbare Hinweise verfügen.

Die Flossen werden weiterhin gestützt durch Hornstrahlen oder knöcherne Flossenstrahlen; dies gilt auch für die paarigen Flossen, welche wir später besprechen werden. Die Hornstrahlen (Ceratotrichia) bestehen aus einem hornartigen Stoff; sie stehen in den Flossen meist schief vertikal (Abb. 139 und 142;

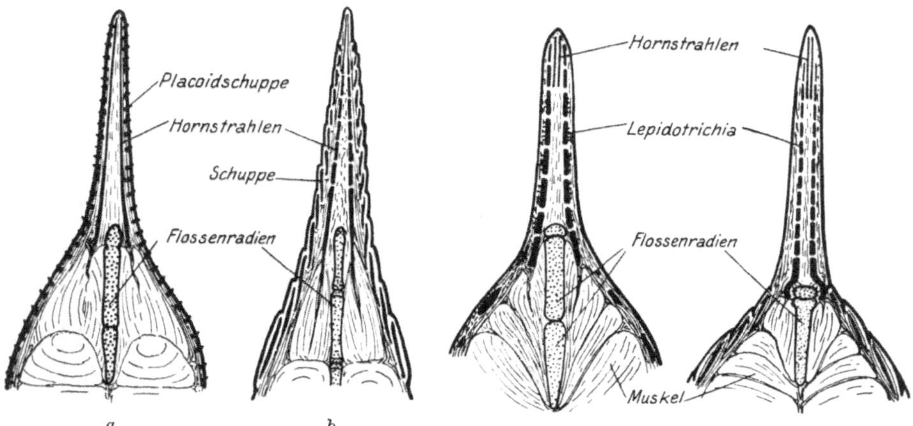

Abb. 146. Abb. 147.

Abb. 146—147. Schematischer Querschnitt durch die Rückenflosse einiger Piscestypen, um die verschiedenen Arten von Flossenstrahlen zu zeigen.

Abb. 146. *a* Von einem Hai (Scyllium). — *b* Von einem Lungenfisch (Neoceratodus). — Abb. 147. *a* Von einem primitiven Actinopterygier (Acipenser). — *b* Von einem spezialisierten (Teleostier). (Nach Goodrich, 1903, Textabb. 1, 5, 3, 4.)

Goodrich 1903): die Hornstrahlen sind viel zahlreicher als die Radien und liegen stets in einer linken und rechten Schicht, niemals median (Abb. 146). Sie entstehen oberflächlich in der Nähe der Basalmembran der Epidermis in dem Bindegewebe der Haut, gebildet durch Secretion bestimmter in diesem Bindegewebe liegenden Zellen. Bei ihrem weiteren Wachstum können sie oft tiefer in das Bindegewebe eindringen; sie sind dann umgeben durch einen Zellmantel, dessen Herkunft noch nicht aufgehellt ist; er kann entweder aus der Epidermis (Klaatsch 1894) oder aus dem Mesoderm stammen (Goodrich 1903).

Die Hornstrahlen sind sicher sehr alte Bildungen. Sie fehlen zwar bei Amphioxus und bei den Cyclostomata, aber wir finden sie unter allen Gruppen der gnathosthomen Pisces. Gut entwickelt sind sie bei den Elasmobranchii und den Dipnoi; die Flossen dieser Formen gewinnen durch die Hornstrahlen sehr an Festigkeit und Elastizität. Bei den Dipnoi enthalten die Hornfäden Zellen; sie sind gegliedert und können mit zunehmendem Alter verkalken; man nennt sie darum wohl auch mit einem besonderen Namen Camptotrichia (Abb. 146),

Bei den Teleostomi sind die Hornstrahlen in den Flossen embryonal gut entwickelt; später werden sie jedoch zurückgebildet; bei den erwachsenen Pisces finden wir sie nur noch im Saume der Flossen (nur einige Pisces machen hierin eine Ausnahme: so bleiben die Hornstrahlen z. B. gut entwickelt in der Fettflosse der Salmonidae).

Diese allgemeine Zurückbildung hängt zusammen mit dem Auftreten knöcherner Flossenstrahlen, welche die Hornstrahlen in ihrer Leistung ersetzen; sie werden auch Lepidotrichia genannt, was ausdrücken soll, daß sie aus Schuppen entstanden sind. Diese Schuppen wurden auf den Flossen in regelmäßigen parallelen Reihen angeordnet; diese Reihen teilten sich dann in der Regel distad dichotomisch in mehrere Reihen, während die Schuppen immer kleiner wurden (Abb. 148). Die Schuppen einer einzigen Reihe sind ziemlich fest miteinander verbunden zu einem Flossenstrahl, in welchem die ursprünglichen Schuppengrenzen eine Gliederung bilden. Der Zusammenhang mit den angrenzenden Schuppenreihen ist lose geworden.

Da die knöchernen Flossenstrahlen vom Schuppenkleide abstammen, so bilden sie sich embryonal natürlich an beiden Seiten der Flosse, liegen also in zwei

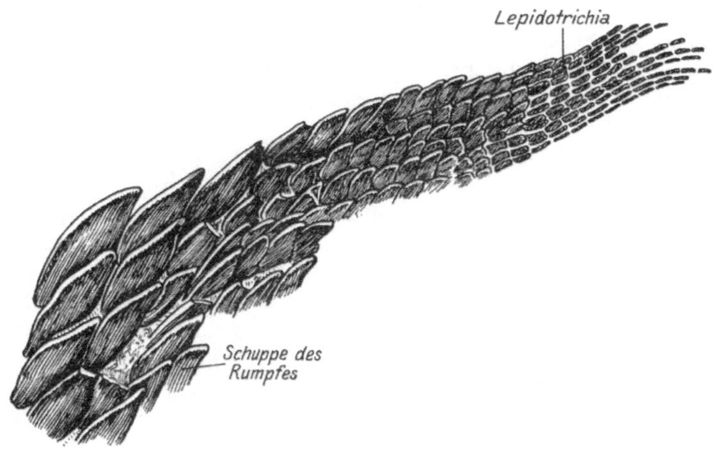

Abb. 148. Übergang der Schuppen in Lepidotrichia; Schwanzflosse von Amblypterus, einem primitiven, ausgestorbenen Chondrostier. (Nach GOODRICH, 1903, Taf. 40, Abb. 55b.)

Schichten. Sie liegen oberflächlicher als die mehr oder weniger zurückgebildeten Hornstrahlen (Abb. 147). Ihre erste Anlage erfolgt an der Basalmembran der Epidermis; später sinken sie während ihrer Entwicklung von der Epidermis fort in die Tiefe. Schließlich legen sich linke und rechte Knochenstrahlen paarweise aneinander: sie verschmelzen so zu medianen unpaaren Flossenstrahlen, welche an ihrem Fußpunkt jedoch noch gespalten sind (Abb. 144). Durch ihre zahlreichen Glieder sind die Flossenstrahlen zuerst ziemlich biegsam (Abb. 51). Bei vielen Teleostomi verschwindet aber die Gliederung später: auf diese Weise entstehen feste knöcherne Strahlen, welche auch nicht mehr verzweigt sind (Abb. 143). Man unterscheidet danach unter den Teleostei die weichstrahligen (Malacopterygii) und die hartstrahligen (Acanthopterygii).

Bei den primitiven Teleostomi (z. B. Lepidosteus und Polypterus) stimmen die Segmente des Flossenstrahls in ihrer Struktur überein mit einer normalen Körperschuppe; dasselbe finden wir auch bei den Siluridae unter den Teleostei. Bei den höheren Teleostei, aber wo die Körperschuppen cycloid und ctenoid geworden sind, weichen die Knochenstrahlen oft in der Struktur von den Körperschuppen ab, da sie einen primitiveren Bau beibehalten.

Die knöchernen Flossenstrahlen verleihen der Flosse eine so große Festigkeit, daß eine Fortsetzung der Radien in die Flosse nicht mehr nötig ist: so sehen wir denn auch die Radien aus den Flossen zurücktreten; sie reichen schließlich nur noch bis an die Fußstücke der Knochenstrahlen.

Ursprünglich sind die Knochenstrahlen zahlreicher als die Radien. Aber bei den höheren Teleostei nimmt ihre Anzahl ab, so daß auf jede Radie ein einziger (paariger) Knochenstrahl kommt. Dieser Knochenstrahl tritt dann basal mit einer Radie in Verbindung unter Bildung eines Gelenkes. Durch besondere Muskeln können die Flossenstrahlen und damit die gesamte Flosse niedergelegt und aufgerichtet werden durch Bewegungen in den eben genannten Gelenken.

Bei einer kleinen Anzahl Elasmobranchii werden die unpaaren Flossen an ihrem Vorderrande gestützt durch einen massiven langen Stachel; dadurch wird erreicht, daß die Flosse viel besser als Steuerorgan dienen kann; so finden wir einen solchen Stachel niemals an der Schwanzflosse. Da nun vor dem Stachel in der Muskelmasse noch zurückgebildete Radien zu liegen pflegen, so ist es deutlich, daß der Stachel phylogenetisch jünger ist als die Flosse; daraus ergibt sich, daß die Flosse nicht im Anschluß an den Stachel caudal entstanden ist, sondern, daß umgekehrt der Stachel im Anschluß an die Flosse entstanden ist (Abb. 141 auf S. 121). Die Stacheln der Elasmobranchii entstehen meist aus einem der vorderen Radien: dieser wird dann besonders kräftig; Placoidschuppen verschmelzen auf ihm zu einer einzigen kräftigen Schicht.

E. Das Skelet der paarigen Extremitäten.

Bei Amphioxus und den Cyclostomata beobachten wir keine Spur paariger Extremitäten (Gliedmaßen). Dagegen finden wir bei den gnasthostomen Vertebrata typisch zwei Paar: die Vorder- und Hinterextremitäten (Brust- und Bauchgliedmaßen). Die Vorderextremitäten liegen ursprünglich dicht hinter dem Kopfe, die Hinterextremitäten vor dem Anus; durch Verschiebung kann sich dieser typische Zustand ändern.

Die paarigen Gliedmaßen treten zuerst auf in der Form von Flossen: den sogenannten Ichthyopterygia. Diese zeigen im Bau viel Übereinstimmung mit den unpaaren Flossen; sie unterscheiden sich aber von ihnen dadurch, daß zu ihnen ein Gürtelskelet gehört, welches im Rumpfe gelegen ist. Die Extremitäten sind mit diesem Gürtel beweglich verbunden und finden an ihm die Stütze, die sie als Fortbewegungs- oder Steuerorgane nötig haben. Diese eigentlichen Extremitäten oder paarigen Flossen werden auch Pterygia genannt, im Gegensatz zu den unpaaren Flossen, welche Pinnae heißen. Jener Gürtel, der zur vorderen Extremität gehört, wird Brust- oder Schultergürtel genannt; der Gürtel der hinteren Extremität Beckengürtel oder kurz Becken.

Wir werden zunächst den Bau des Schultergürtels und des Beckens besprechen, danach den der freien Extremitäten.

Der Schultergürtel der Pisces.

Der Schultergürtel der Pisces besteht in seinem ursprünglichsten Zustande aus Knorpel. Dieser hat die Form eines Bogens, welcher dorsal offen ist und dessen Enden frei in der Rumpfmuskulatur liegen. So finden wir ihn bei den meisten Elasmobranchii (Abb. 70 auf S. 68; Abb. 149). Der Schultergürtel wird paarig angelegt; seine rechte und linke Hälfte verbinden sich jedoch frühzeitig an der ventralen Seite und verschmelzen hier meist miteinander. Zur Verbindung mit der Brustflosse dient ein etwas herausstehender Gelenkfortsatz. Wir können auf diese Weise zwei Teile am Schultergürtel unterscheiden: dorsal des Gelenkfortsatzes die Pars scapularis, die mit der Scapula höherer Vertebrata homolog ist; und ein ventraler Teil: die Pars coracoidalis, welche mit dem Coracoid homolog ist. Bei Pleuracanthus sind beide Hälften des Schultergürtels selbständig: jede Hälfte besteht aus einem großen Mittelstück und zwei kleinen Stücken dorsal und ventral (Abb. 149). Bei dem schon im Devon lebenden Elasmobranchier Cladoselache besteht der ventrale Teil des Schultergürtels aus Stücken, welche radienähnlich sind; hierin wird ein ursprünglicher Zustand gesehen (DEAN 1909; vgl. auch hier Abb. 228 auf S. 172). Da jedoch bei allen anderen Elasmobranchii (auch bei den sonst abweichenden, schon aus dem oberen Silur bekannten Acanthodi) ein gut entwickelter Schultergürtel bekannt ist und schließlich auch bei den Teleostomi und Dipnoi: so ist es unwahrscheinlich, daß die bei Cladoselache beschriebene Form wirklich eine ursprüngliche ist.

Bei den Rajidae finden wir außerordentlich entwickelte Brustflossen (Abb. 223 auf S. 168); damit im Zusammenhang ist der Schultergürtel sehr kräftig entwickelt, hoch differenziert und fest verbunden mit der Wirbelsäule; damit wieder im Verbande ist dieses Stück Wirbelsäule durch Verschmelzung aller Bogen-

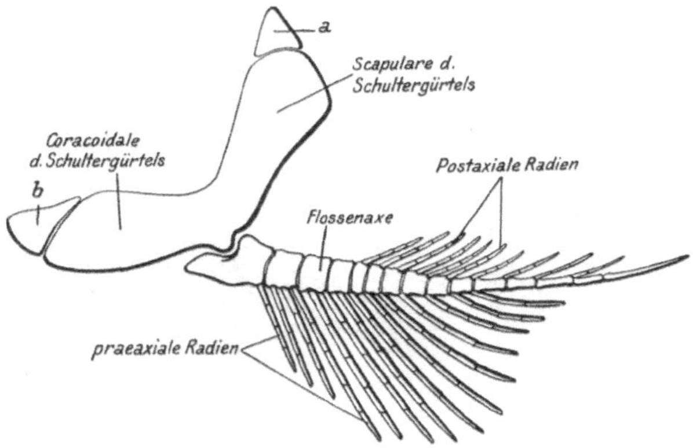

Abb. 149. Linker Schultergürtel und Brustflosse von Pleuracanthus, von außen gesehen. (Nach FRITSCH, aus GOODRICH, 1909, Abb. 148.)

stücke zu einer geschlossenen Knorpelröhre umgebildet. Bei den übrigen Selachii ist der Schultergürtel niemals mit der Wirbelsäule verbunden; aber der Schultergürtel stützt hier den Kiemenbogenapparat dadurch, daß der letzte Kiemenbogen sich eng an ihn anlegt; auf diese Weise wird auch umgekehrt der Schultergürtel mehr befestigt (Abb. 70 auf S. 68).

Die Teleostomi besitzen einen knorpelig angelegten, teilweise oder ganz verknöcherten Schultergürtel. Er ist homolog mit dem der Elasmobranchii. Aber zu diesem ursprünglichen Schultergürtel treten noch einige kräftige Hautverknöcherungen. Man unterscheidet auf diese Weise den knorpelig angelegten Teil des Schultergürtels als den primären Schultergürtel von demjenigen Teil, welcher aus den Hautverknöcherungen entsteht: dem sekundären Schultergürtel. Der primäre Schultergürtel tritt nun meist mehr oder weniger in den Hintergrund gegenüber dem sekundären. Aber stets bildet der primäre Schultergürtel den Gelenkfortsatz für die Flosse: somit bleibt stets ein ansehnliches Stück des primären Schultergürtels bewahrt (Abb. 150—153). Bei den Chondrostei ist der primäre Schultergürtel groß und vollständig knorpelig (Abb. 150); außerdem ist noch ein kleines Stück dorsal durch eine Gliederung abgegrenzt. Bei einzelnen Crossopterygii wird nur eine einzige Verknöcherung gefunden (WATSON 1917). Aber in der Regel besitzen die Teleostomi zwei Verknöcherungen in dem primären Schultergürtel (Abb. 151): die eine Verknöcherung umfaßt den Teil ventral des Gelenkfortsatzes und wird Coracoid genannt. Solche Verknöcherung ist homo-

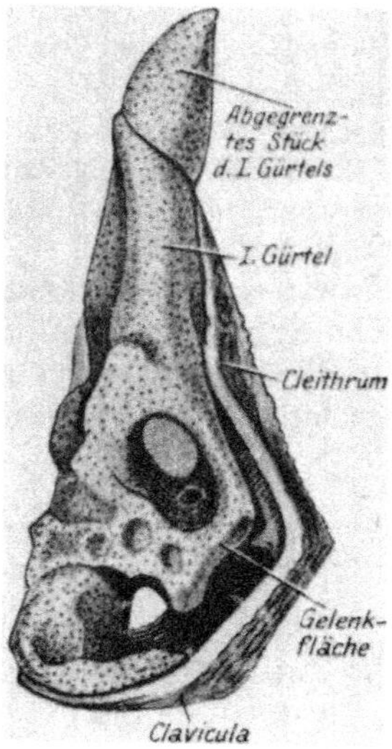

Abb 150.

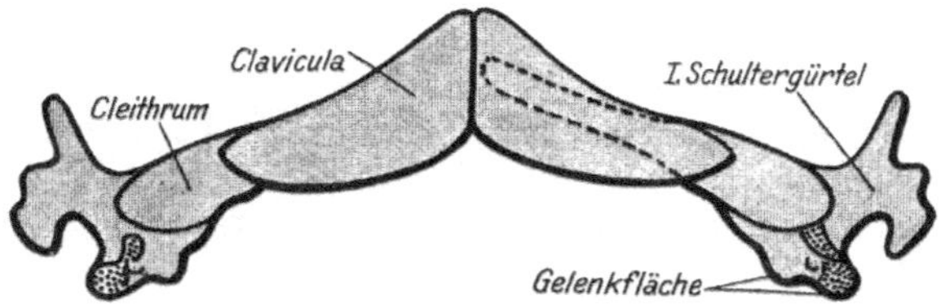

Abb. 152.

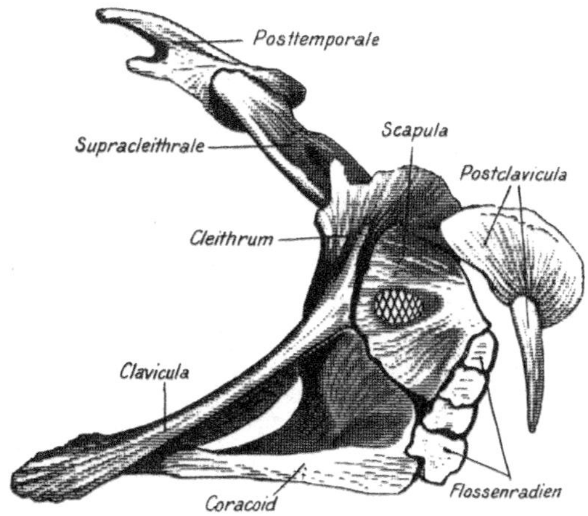

Abb. 153.

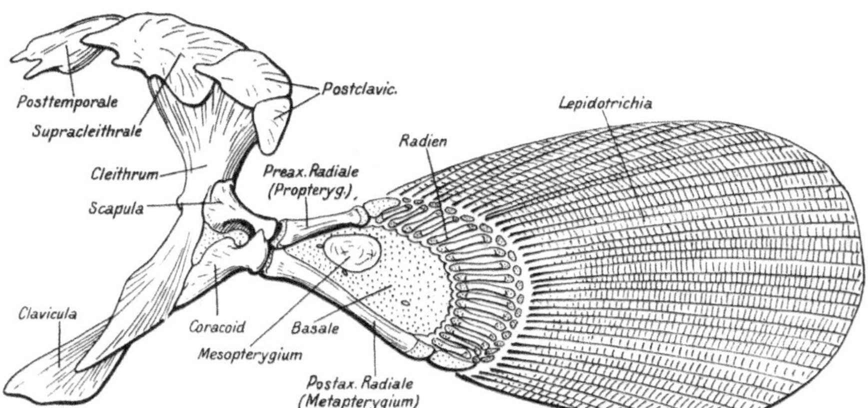

Abb. 151.

Abb. 150—153. Schultergürtel einiger Teleostomi.
Knorpel punktiert. (I. Gürtel bedeutet: Primärer Schultergürtel.)

Abb. 150. Vom Acipenser, rechte Hälfte von hinten gesehen. (Nach GEGENBAUR, 1865, Taf. 6, Abb. 2B) — Abb. 151. Von Polypterus bichir.; rechte Hälfte mit Brustflosse von median. Das Posttemporale ist ein Knochen vom Schädel. (Nach GOODRICH, 1909, Abb. 263.) — Abb. 152. Von Polypterus, von ventral. (Nach GEGENBAUR, 1898, Abb. 297b.) — Abb. 153. Von Channa, einem Teleostier; rechte Hälfte von der medianen Seite. (Nach W. K. PARKER, 1868, Textabb. 6 D.)

log mit dem Processus coracoideus am Schultergürtel der Mammalia. Die zweite Verknöcherung liegt dorsal des Gelenkfortsatzes und wird Scapula genannt, weil sie mit der Scapula (dem Schulterblatt) der Mammalia homolog ist. Die Grenze zwischen den beiden Knochen läuft über den Gelenkfortsatz hin. Einige schon bei den Selachii vorhandene Kanäle werden bei den Teleostomi vielfach zu großen Fenstern im primären Schultergürtel; hier befestigen sich Muskeln (Abb. 150 und 153).

Der sekundäre Schultergürtel stammt von Hautverknöcherungen ab, welche den primären Gürtel von außen und von der Kiemenhöhle her bedecken. Bei Acipenser z. B. liegen diese Verknöcherungen noch ganz in der Haut; sie besitzen darum die oberflächliche rauhe Skulptur der anderen Hautverknöcherungen. Sie breiten sich auch weiter aus als der unter ihnen liegende primäre Schultergürtel (Abb. 150). Auf diese Weise wird die Selbständigkeit der Hautverknöcherungen gegenüber dem primären Schultergürtel besonders deutlich. In der Regel liegt der sekundäre Schultergürtel bei den Teleostomi nicht mehr so oberflächlich wie bei Acipenser. Er liegt unter der Haut und hat seine eigenartige Oberflächenskulptur verloren; die Knochen sind glatt. — Der sekundäre Schultergürtel besteht aus mehreren Knochenstücken. Die wichtigsten von ihnen sind: 1. die Clavicula (das Schlüsselbein); sie liegt am meisten ventral und bildet die mediane Verbindung beider Hälften des Schultergürtels (Abb. 152); 2. das Cleithrum (GEGENBAUR 1895 A); es stützt denjenigen Teil des primären Gürtels, mit dem die Brustflosse gelenkt wird (Abb. 151). Dorsalwärts schließen sich dann weiterhin noch einige Knochenstücke an, welche den Schultergürtel am Schädel befestigen (Supracleithralia) (Abb. 151, 153). Der sekundäre Schultergürtel hat mit seiner tieferen Lage unter der Haut auch eine Verbindung mit den Rumpfmuskeln erhalten; diese Muskeln entspringen an seiner Oberfläche. So gewinnt der sekundäre Schultergürtel immer mehr an Bedeutung gegenüber dem primären, so daß schließlich bei den meisten Teleostomi der primäre Gürtel zu einem Anhang des Cleithrum zurückgebildet ist. Bei den Teleostei bekommt das Cleithrum eine immer größere Ausbreitung nach der ventralen Medianlinie: auf diese Weise wird in vielen Fällen die Clavicula verdrängt, so daß sie oft ganz verschwindet.

Der Schultergürtel der Dipnoi läßt einen ziemlich gut entwickelten primären Gürtel aus Knorpel beobachten. Die linke und rechte Hälfte dieses Gürtels stoßen ventro-median aneinander. Weiterhin sind Cleithrum und Clavicula entwickelt, beide ungefähr gleich groß. Supracleithralia fehlen. Der sekundäre Schultergürtel liegt stets unter der Haut. Die Oberfläche der Knochen ist glatt. Bei Lepidosiren ist das ventro-mediane Knorpelstück des Gürtels durch einen großen Zwischenraum geschieden von dem latero-dorsalen Stück, welches die Gelenkfläche für die Flosse bildet.

Der Schultergürtel der Landtiere.

Bei den Landtieren wird der Schultergürtel in anderer Weise beansprucht wie bei den Pisces; somit geht seine Entwicklung auch in einer anderen Richtung weiter. Bei dem Kriechen auf dem Lande ruht ein ansehnliches Gewicht auf den Vorderfüßen und drückt die beiden Hälften des Schultergürtels auseinander. Dadurch ist eine kräftigere mediane Verbindung notwendig. Der mediane Teil des primären Schultergürtels bleibt denn auch bei allen kriechenden Landwirbeltieren gut entwickelt. Zu einer Verschmelzung in der ventralen Medianlinie kommt es jedoch nicht, da die abwechselnde Bewegung der Vorderfüße eine gewisse Beweglichkeit beider Gürtelhälften gegeneinander notwendig macht. Die mediane Verbindung wird jedoch gestützt durch einen medianen Hautknochen, die Interclavicula; weiterhin wird sie gestützt durch die Claviculae, welche hier wichtiger sind als das Cleithrum. Supracleithralia fehlen; eine Verbindung des Schultergürtels mit dem Kopfe ist also nicht vorhanden. Die notwendige Stütze findet der Schultergürtel durch Anlehnung an den festen Brustkasten: der medio-caudale Rand des Schultergürtels paßt in eine Grube am Rande des Sternum (Sulcus articularis coracoidei; Abb. 166 auf S. 138); in dieser Grube ist der Schultergürtel etwas verschiebbar. In einzelnen besonderen Fällen verbindet sich der Schultergürtel mit der Wirbelsäule (einzelne Pterosauria; siehe Abb. 130 auf S. 116). Es ist auffallend, daß zur Verbindung mit der Vorderextremität der Schultergürtel der Tetrapoda keinen Gelenkfortsatz bildet wie bei den Pisces; es ist im Gegenteil eine Gelenkgrube vorhanden, in welche der Kopf des Humerus paßt (Fossa glenoidalis). Diese Form des Gelenkes verringert vielmehr die Gefahr einer Luxation wie der Zustand bei den Pisces. Ein solches Gelenk kommt übrigens auch bei einigen Crossopterygii vor, von denen man wahrscheinlich die Tetrapoda ableiten kann (Megalichthys, Sauripteris (vgl. Abb. 239 auf S. 180). Die Veränderung im Gelenk bei diesen fossilen Tieren weist auf einen anderen Gebrauch der Brustflossen wie bei den meisten Pisces.

Amphibia. Bei den primitiven Tetrapoda war das Schultergelenk meist kompliziert, etwas schraubenförmig. Diese Gelenkform beschränkte die Bewegungen des Humerus (vgl. Abb. 157; WATSON 1917). Bei den Stegocephala (Abb. 154 bis 157), die wir als die ursprünglichsten Landtiere ansehen, war der primäre Schultergürtel oft sehr wenig verknöchert; darum kennen wir ihn nur ungenau (Abb. 156). Bei einigen größeren Formen jedoch wurden sehr hohe Anforderungen an den Schultergürtel gestellt, da der Gang sehr gespreizt war und der Kopf sehr schwer; hier finden wir den primären Schultergürtel verknöchert; er ist offenbar sehr kräftig gewesen (Eryops, Cacops, Archegosaurus, alles temnospondyle Stegocephalen). Seine Form war die eines vertikal gestellten Gürtels. Die Scapula hat den typischen Bau eines Schulterblattes, aber ohne Spina oder Acromion (Abb. 157); bisweilen erkennen wir einen selbständigen Teil an ihrem dorsalen Rande, welcher knorpelig ist oder teilweise verkalkt; er wird das Suprascapulare genannt (Abb. 154). Ventral wird der primäre Schultergürtel sehr kräftig und breit. Er verknöchert hier entweder gemeinsam mit der Scapula von einem einzigen Centrum aus (bei den ältesten temnospondylen Stegocephala) oder von zwei Centren aus: in diesem Falle wird das hintere Centrum Coracoid (Metacoracoid) genannt, das vordere Stück Procoracoid. Beide Stücke sind dem Coracoid der Teleostomi homolog (Abb. 154, 157). Die Coracoidea berühren sich in der Medianlinie nicht; es besteht stets ein Zwischenraum, welcher darauf hinweist, daß ein Teil des primären Schultergürtels knorpelig blieb (Cartilago epicoracoides). — Der sekundäre Schultergürtel ist bei allen Stegocephala sehr gut entwickelt. Die Flächenskulptur seiner Knochen beweist oft, daß die Knochen in primitiver Weise oberflächlich in der Haut lagen (Abb. 154). Die Clavicula ist groß; sie stützt den Schultergürtel in der Brustregion. Das Cleithrum stützt den Vorderrand und oft auch das Ende des Schulterblattes; es ist ursprünglich recht groß; trotzdem ist es nicht so wichtig wie die Clavicula und meist kleiner. Ein anderer wichtiger Deckknochen ist die Interclavicula. Sie trägt ihren Namen davon, daß sie zwischen den Claviculae liegt. Mit den Claviculae gehört sie zu derselben Kategorie. (Der Name Episternum, der auch vielfach gebraucht wird, ist ungeeignet, denn dieser Knochen hat einen ganz anderen Ursprung als die Sternalbildungen, welche aus den Rippen entstehen und knorpelig angelegt werden.) Die mediane Verbindung beider Hälften des Gürtels wird durch die Interclavicula bedeutend fester. Wir wiesen schon darauf hin, wie wichtig diese Verbindung für die kriechenden Tetrapoda ist; hier ist diese Interclavicula denn auch stets gut entwickelt. Sie ist bei den Stegocephala rautenförmig oder rund; öfter kommt ein caudales Verlängerungsstück vor (Abb. 156), so daß schließlich der Knochen T-förmig werden kann.

Wenn wir von den temnospondylen Stegocephala übergehen zu den **rezenten Amphibia**, so finden wir keine fortschreitende Entwicklung des Schultergürtels, vielmehr eine Rückbildung. Schon bei kleineren Formen unter den Stegocephala

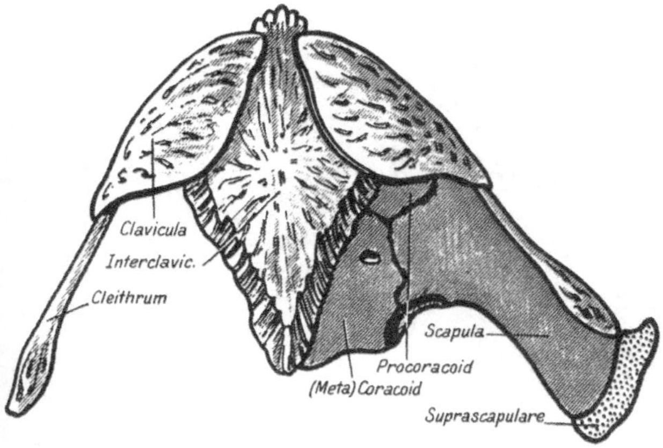

Abb. 154.

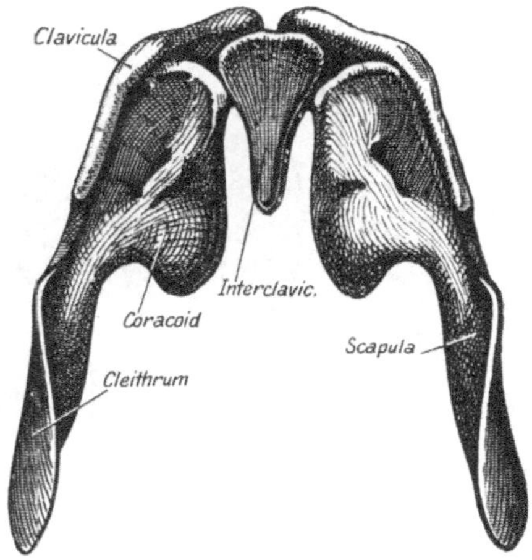

Abb. 155.

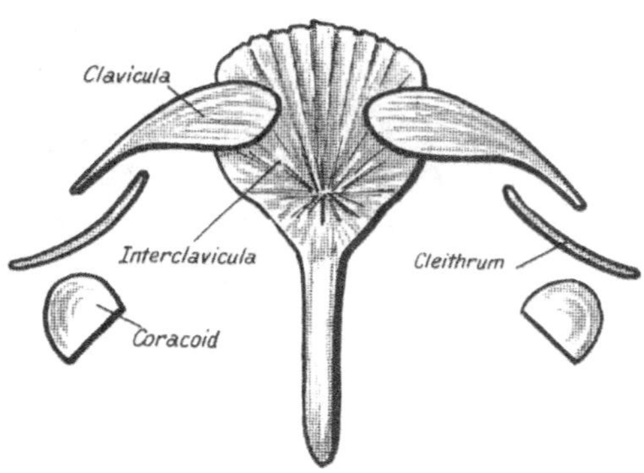

Abb. 156.

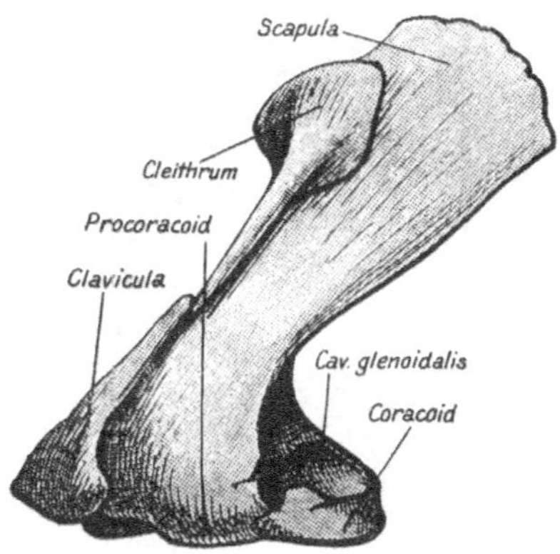

Abb. 157.

Abb. 154–157. Schultergürtel der Stegocephala.

Abb 154. Von Archegosaurus, von ventral. Der primäre Schultergürtel ist nur rechts in der Abbildung angegeben. (Nach JAEKEL, aus ABEL, 1919, Abb. 196.) — Abb. 155. Von Cacops aspidephorus, von dorsal. (Nach WILLISTON, aus ABEL, 1919, Abb. 195.) — Abb. 156. Von Melanerpeton, von ventral. (Nach CREDNER, aus ZITTEL-BROILI, 1925, Abb. 283 B.) — Abb. 157. Von Eryops, linker Gürtel von der Seite. (Nach GREGORY, 1915, Abb. 13a.)

ist häufig der primäre Gürtel wenig verknöchert; die Scapula ist ganz knorpelig; im ventralen Teile liegt dann ein kleines Coracoid (Abb. 156). Der Schultergürtel stand hier auf einer Entwicklungshöhe, die er bei den größeren Formen (z. B. beim Archegosaurus) während des Wachstums durchlief. Die Hautverknöcherungen des sekundären Gürtels bleiben bestehen, aber das Cleithrum pflegt schlank und klein zu sein.

Die Anura (Abb. 158—160) (SCHMALHAUSEN 1917 A, BRAUS 1919, DE VILLIERS 1922) besitzen einen schlanken, nicht sehr festen Schultergürtel; er weicht stark ab vom kraftvollen Typus der Stegocephalen. Der ventro-mediale Teil (die Pars coracoidalis, vgl. S. 129) ist durch ein großes Fenster geschieden in zwei Teile: einen kräftigen caudalen Balken, welcher stets als Coracoid verknöchert; und in einen vorderen schlanken Balken, das Procoracoid (da dieses Stück nicht verknöchert ist, sollte man es richtiger die Pars procoracoidalis nennen). Eine Knorpelspange, welche beide Balken median verbindet, heißt Cartilago epicoracoidalis (Abb. 159,

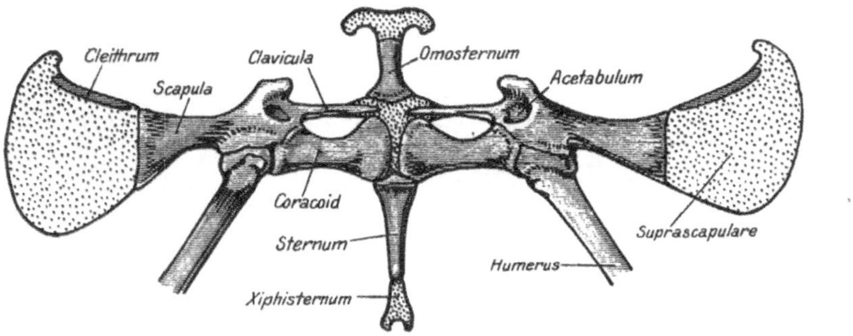

Abb. 158.

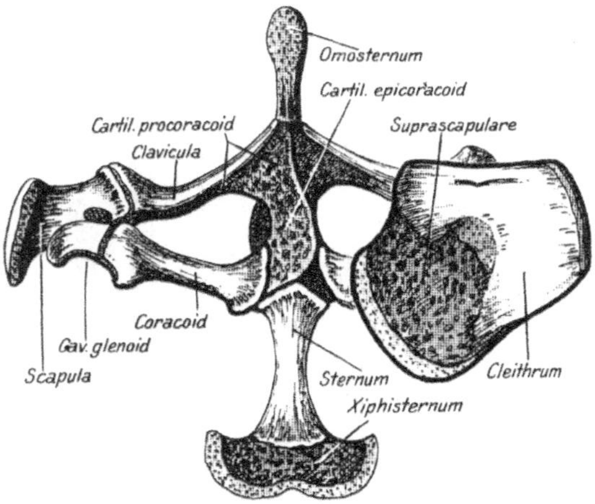

Abb. 159.

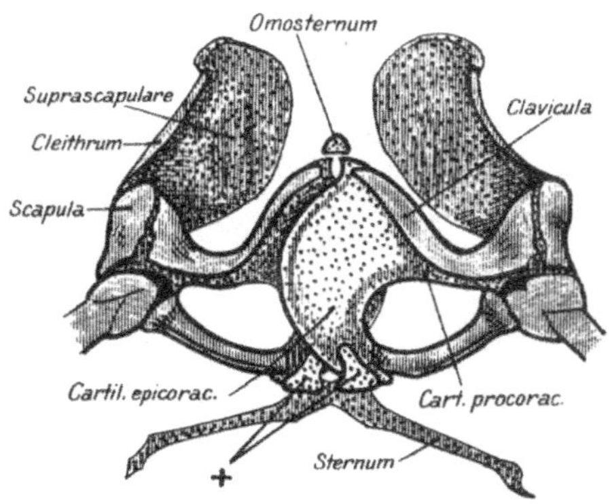

Abb. 160.

Abb. 158—160. Schultergürtel der Anura.

Abb. 158. Firmisterner Gürtel bei Rana natatrix, von dorsal gesehen; in einer Fläche ausgebreitet. (Nach BRAUS, 1919, Textabb. 8.) — Abb. 159. Arciferer Gürtel von Cystignathus, von dorsal. Das linke Suprascapulare ist fortgelassen. (Nach W. K. PARKER, 1869, Taf. 7, Abb. 2.) — Abb. 160. Arciferer Gürtel von Bombinator pachypus, von ventral. (Nach BRAUS, 1919, Taf. 1, Abb. 1.)

160). Das linke und das rechte dieser Knorpelstücke liegen oft median übereinander und sind dann ziemlich lose verbunden (Abb. 159, 160). Man nennt diesen Typus des Schultergürtels den arciferen Typus.

Bei einem anderen Typus legen sich besagte Knorpelstücke mit ihren Rändern gegeneinander; sie sind durch eine Naht verbunden, an deren Stelle auch gelegentlich ein medianer selbständiger Knorpelstreifen eingefügt sein kann. Diese Verbindung ist viel kräftiger. Man nennt diese Form den firmisternen Typus (Abb. 158). Alle Anura besitzen als Larven einen arciferen Schultergürtel; so kann man beide

Typen nicht scharf voneinander trennen. Es sind auch einzelne Übergänge bei den erwachsenen Anura bekannt (NOBLE 1922). Über den Zusammenhang von Bau und Funktion beim Schultergürtel der Anura ist nichts publiziert; es ist aber anzunehmen, daß die Anforderungen an die Festigkeit des Schultergürtels hier kleiner sind als bei den temnospondylen Stegocephala, da die Anura keine kriechenden Tiere sind.

Die Scapula der Anura ist groß, stark gebogen und besteht aus einer knöchernen eigentlichen Scapula und dem dorsalen Suprascapulare; dieses ist meist groß und besteht aus verkalktem Knorpel (Abb. 158). Durch einen Streifen weichen Knorpels wird eine gewisse Beweglichkeit des Suprascapulare gegenüber der Scapula erreicht (in Abb. 159 ist links das Suprascapulare in diesem Streifen von der Scapula losgemacht).

Der sekundäre Schultergürtel der Anura zeigt im Vergleich mit dem der Stegocephala eine auffallend geringe Entwicklung. Die Interclavicula ist verschwunden. Die Clavicula ist ein schlanker Knochen, der auf der knorpeligen Pars procoracoidalis des primären Schultergürtels liegt; er umgreift diese Pars

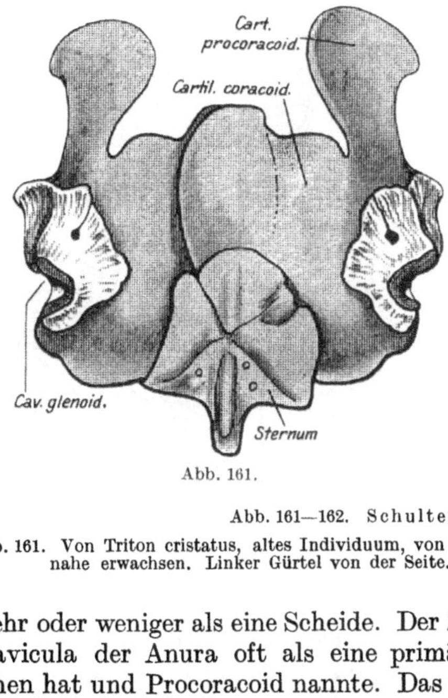

Abb. 161.

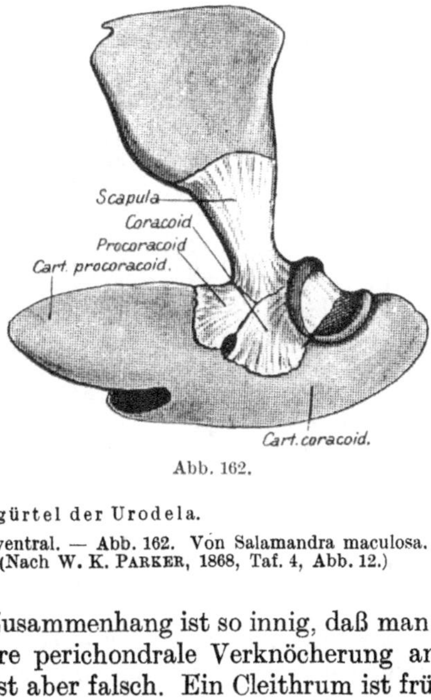

Abb. 162.

Abb. 161—162. Schultergürtel der Urodela.

Abb. 161. Von Triton cristatus, altes Individuum, von ventral. — Abb. 162. Von Salamandra maculosa, beinahe erwachsen. Linker Gürtel von der Seite. (Nach W. K. PARKER, 1868, Taf. 4, Abb. 12.)

mehr oder weniger als eine Scheide. Der Zusammenhang ist so innig, daß man die Clavicula der Anura oft als eine primäre perichondrale Verknöcherung angesehen hat und Procoracoid nannte. Das ist aber falsch. Ein Cleithrum ist früher bei den Anura nicht beschrieben; aber BRAUS hat 1919 angegeben, daß eine Verknöcherung, welche am Vorderrande des Suprascapulare gefunden wird (Abb. 158, 160) oder welche das Scapulare wie eine Scheide teilweise umgibt (Abb. 159), ein selbständiger Deckknochen ist; dieser Deckknochen ist dann homolog mit dem Cleithrum. Clavicula und Cartilago procoracoidalis können fehlen.

An den Schultergürtel der Anura schließt sich in der Regel caudal ein Sternum an. Cranial liegt meist ein anderes Sternalstück: das Omosternum (vgl. S. 112).

Der Schultergürtel der Urodela (Abb. 161, 162) besteht beiderseits aus einer großen dünnen Knorpelplatte; diese bildet lateral und dorsal eine Scapula. Der ventro-mediale Teil dieser Platte wird meist durch eine Einkerbung geteilt in eine Pars procoracoidalis und eine Pars coracoidalis; beide Teile sind dann meist durch eine Membran verbunden. Ein Fenster und eine Cartilago epicoracoidalis, die wir bei den Anura fanden, fehlt bei den Urodela. Drei Verknöcherungen treten hier auf: Scapula, Coracoid und Procoracoid; sie pflegen bei den erwachsenen Individuen zu verschmelzen (Abb. 161 und 162). Die Verknöcherung der Scapula beginnt schon frühzeitig bei den Larven; die beiden anderen Stücke verknöchern viel später. — Bei den derotremen und perennibranchiaten Urodela steht der Schultergürtel in der Regel auf der Entwicklungshöhe der Larven: wir beobachten eine Verknöcherung nur bei der Scapula. Siren und Amphiuma besitzen daneben ein selbständiges Coracoid. — In der Medianebene greifen die Coracoidplatten übereinander, wie wir das schon von den arciferen Anura mitteilten; ihr Hinterrand paßt in den Vorderrand des Sternum (Abb. 161). Ein Omosternum fehlt.

Der sekundäre Schultergürtel fehlt bei den Urodela gänzlich. Die Stegocephala mit ihrem so auffallend kräftigen sekundären Schultergürtel beweisen, daß wir es bei den Urodela mit einer Rückbildung zu tun haben und nicht mit einem ursprünglichen undifferenzierten Zustand. Die Gründe

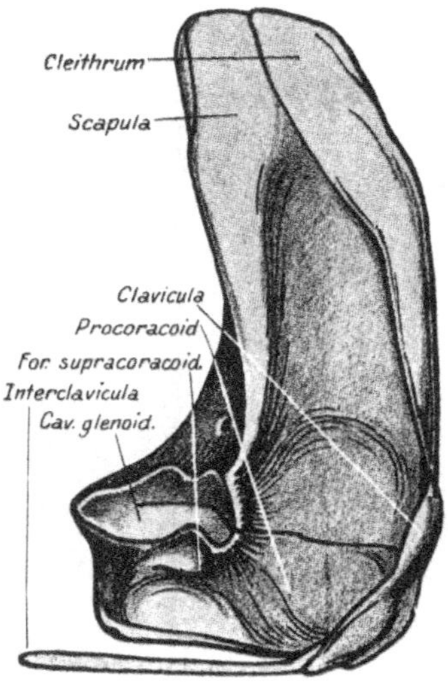

Abb. 163.

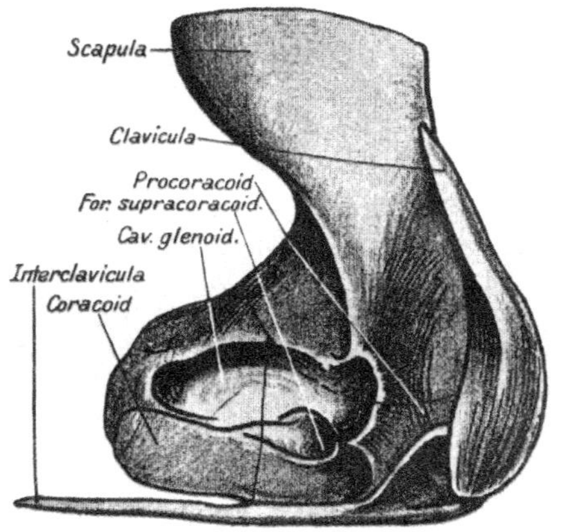

Abb. 164.

Abb. 163—164. Schultergürtel der Cotylosauria, von rechts.
Abb. 163. Von Diadectes, Coracoid und Procoracoid sind nicht getrennt. — Abb. 164. Von Labidosaurus. (Nach ROMER, 1922, Taf. 38, Abb. 2, 8.)

für diese Rückbildung sind wahrscheinlich folgende: einmal die geringeren Anforderungen, welche die langsame Fortbewegung dieser kleinen Tiere auf dem Lande an den Schultergürtel stellte; ferner wahrscheinlich der Einfluß des Wasserlebens: die Stammformen der Urodela lebten ja mehr im Wasser als die primitiven Tetrapoda (VERSLUYS 1909 A, 1923). — Die Gymnophiona besitzen keine vorderen Gliedmaßen; im Zusammenhang damit ist der Schultergürtel verloren gegangen.

Sauropsida. Der Schultergürtel der Sauropsida schließt sich nicht an bei dem der lebenden Amphibia, wohl aber bei dem der primitiven Stegocephala.

Die Stammreptilia (Cotylosauria) (Abb. 163 und 164) und die Pelycosauria zeigen in ihrem Schultergürtel große Übereinstimmungen mit dem Gürtel von Eryops, Cacops und Archegosaurus: der primäre Schultergürtel ist kräftig verknöchert; der sekundäre gut entwickelt (vgl. Abb. 163 mit Abb. 154—157). Der primäre Gürtel bildet hier eine geschlossene Platte, die größtenteils verknöcherte; Fenster, wie wir sie bei den Anura und vielen rezenten Reptilia beobachten, treten hier nicht auf. Bei den ältesten Cotylosauria beobachten wir nur einen einzigen Knochen: das Scapula-Coracoid. Ähnliches fanden wir auch bei einigen Stegocephala. Es ist möglich, daß diese Form der älteste Zustand ist (WATSON 1917). In anderen Fällen, u. a. bei der sehr ursprünglichen Form Seymouria, sind Scapula und Coracoid jedoch voneinander getrennt. Auch kommen zwei Coracoide vor, welche ebenso wie bei den Stegocephala als Procoracoid und Coracoid (Metacoracoid) unterschieden werden (Abb. 163, 164). Die Gelenkhöhle für den Humerus, die Fossa gleniodalis, liegt am Hinterrande des Gürtels; sie ist aber ventro-laterad und nur wenig caudad gerichtet. Die gestreckte und unregelmäßige Form dieser Fossa läßt erkennen, daß die Bewegungsmöglichkeit des Humerus eine beschränkte gewesen sein muß, und daß der Humerus beinah horizontal stand, quer zur Rumpfachse (Abb. 163, 165). Der Rumpf hing zwischen den weitgespreizten Vorderfüßen (Abb. 165). Somit muß der ventromediane Teil des Schultergürtels sehr kräftig gewesen sein; Clavicula und Interclavicula waren denn auch gut entwickelt. Die knöchernen Coracoidea waren von links und rechts ventromedian meist ziemlich weit voneinander geschieden. An dieser Stelle kann ein knorpeliger Teil des primären Schultergürtels gelegen haben. Ferner schob sich von caudal her zwischen die Coracoidea vielleicht ein Sternum ein. Ein Cleithrum war meist vorhanden (Abb. 163), aber nur selten groß, meist kleiner als die Clavicula. —

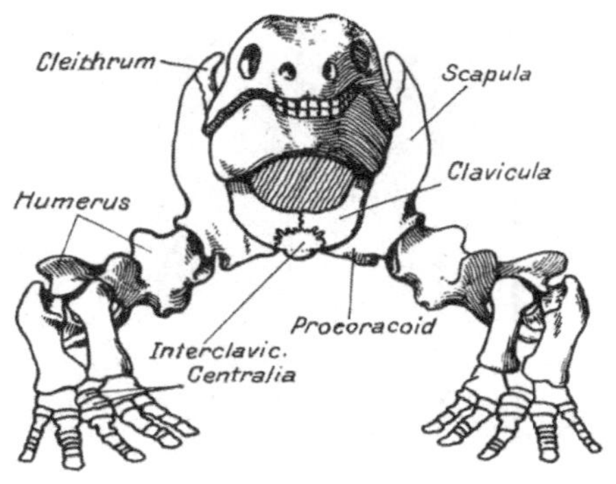

Abb. 165. Skelet von Diadectes, von vorne. Rekonstruktion. (Nach CASE, 1911 A, Taf. 14.)

Bei dieser Beschreibung dürfen wir nicht aus dem Auge verlieren, daß bei diesen sehr alten fossilen Formen nur kräftig entwickelte und stark verknöcherte Teile erhalten blieben; und wir darum auch nur ziemlich große und kräftig gebaute Formen kennen. Bei kleineren Formen, die ebenfalls gelebt haben, war der Schultergürtel wahrscheinlich viel leichter gebaut und weniger verknöchert. Aber im Typus wird er sich nicht wesentlich von dem eben beschriebenen unterschieden haben.

Bisweilen wird angenommen, daß die Pars coracoidalis bei den Reptilia von drei Centra aus verknöchern kann, die als Pro-, Meso- und Metacoracoid unterschieden werden. Es ist aber kein Beispiel bekannt, daß diese sicher alle drei gleichzeitig auftreten.

Von den primitiven Cotylosauria ausgehend entwickelte sich der Schultergürtel der Reptilia in recht verschiedenen Richtungen, je nach der Art der Fortbewegung und der Umwelt, in welcher die Tiere lebten. Wir werden uns auf die Besprechung einiger der wichtigsten Formen beschränken müssen.

Das noch lebende Sphenodon ist ein träges Tier; in der Art seiner Fortbewegung stimmt es in den Hauptzügen mit den Cotylosauria überein: der Rumpf hängt zwischen den Extremitäten; die Füße schieben den Rumpf auf dem Boden vorwärts, wobei der Bauch nur bei schneller Bewegung ein wenig vom Grunde emporgehoben wird. Der Schultergürtel zeigt denn auch keinen besonders abweichenden Bau; nur fällt auf, daß der Gürtel nicht massiv gebaut ist und nicht vollständig verknöchert; das hängt wohl mit der mittleren Größe des Tieres zusammen und mit seinem ziemlich leichten Bau. In der Pars coracoidalis finden wir nur eine einzige Verknöcherung: es ist das Procoracoid der Cotylosauria, nicht das Metacoracoid; das wird bewiesen durch das Auftreten eines Foramen supracoracoideum, durch welches der Nervus supracoracoideus und ein gleichnamiges Blutgefäß hindurchtreten. Median und cranial vom Procoracoid bleibt ein großer Teil der Pars coracoidalis knorpelig. Durch Verkalkung wird dieser Teil oft ziemlich fest. Die Clavicula ist schlank und in ihrem ventralen Teile durch einen schmalen Zwischenraum vom primären Gürtel geschieden; dieser Zwischenraum ist durch eine Membran geschlossen. Wo die Clavicula mit der Scapula verbunden ist, bildet die Scapula einen kleinen Auswuchs: das Acromion; bei den Cotylosauria fehlt es, bei den modernen Reptilia ist es ziemlich allgemein verbreitet. Ein Cleithrum fehlt. Die Interclavicula ist T-förmig.

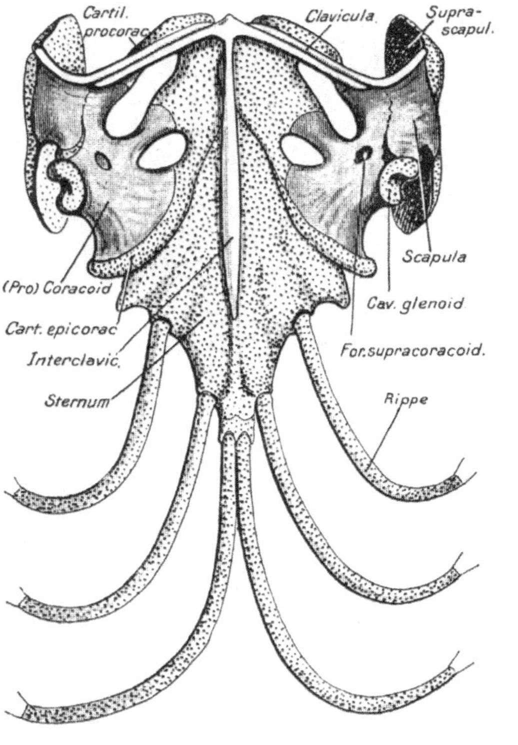

Abb. 166. Schultergürtel von Varanus dracaena, von ventral. Knorpel punktiert, Knochen gestrichelt. (Nach OSBORN, 1899 A, Textabb. 10.)

Von diesen Eigentümlichkeiten des Schultergürtels bei Sphenodon sind folgende kennzeichnend für die meisten modernen Reptilia: einmal die Anwesenheit nur eines einzigen Coracoides, welches mit dem Procoracoid der primitiven Tetrapoda homolog ist; ferner das Loslösen der Clavicula vom Vorderrande des primären Schultergürtels und ihre häufig auftretende Verbindung mit einem Acromion; schließlich das Fehlen eines Cleithrum.

Die Lacertilia haben meist nicht mehr den Wackelgang der Stammreptilia. Sie erheben ihren Körper beim Kriechen nur wenig, so daß sie mit der Bauchfläche immer wieder über den Boden schleifen; sie unterstützen die Fortbewegung durch sehr kräftige seitliche Krümmungen des Rumpfes und des Schwanzes. Damit im Zusammenhang ist der Schwanz viel stärker entwickelt als bei den Cotylosauria. Rumpf und Schwanz sind dann auch in der Regel länger und schlanker wie bei den Cotylosauria, die Füße sind kürzer und weniger kräftig. Da die Lacertilia im übrigen kleiner sind als die uns bekannten Cotylosauria, so sind im ganzen die Anforderungen, welche an den Schultergürtel gestellt werden, bei den Lacertilia viel geringer als bei den Cotylosauria. So finden wir denn auch den Schultergürtel leicht gebaut; die Pars coracoidalis ist meist durch Bildung von Fenstern zu platten Balken rückgebildet, welche durch eine Membran miteinander verbunden sind (Abb. 166). Es besteht nur ein einziges Coracoid, homolog mit dem Procoracoid. Eine mediane breite Strecke bleibt knorpelig (Cartilago epicoracoidalis); sie geht cranial in eine Cartilago procoracoidalis über. Das Sternum kann beide Partes coracoidales vollkommen scheiden; aber in den meisten Fällen ist das nicht der Fall, so daß die beiden Teile einander überdecken, wie bei den arciferen Anura. Die Interclavicula ist mehr oder weniger T-förmig; ihr hinterer Teil liegt auf dem Sternum, wodurch der Zusammenhang der Schultergürtelteile untereinander erhöht wird. Die Coracoidea bleiben jedoch gegen das Sternum in den Sulci articulares verschiebbar. Die knöcherne Scapula ist klein, ein großer Teil bleibt knorpelig, kann wohl auch verkalken und bildet ein Suprascapulare. Ein Acromion besteht meist nicht. Die Gelenkhöhle für den Humerus liegt am Hinterrande des Schultergürtels; sie ist latero-caudad gerichtet und einfach in ihrer Form. Auf diese Weise ist die Beweglichkeit des Humerus größer als sie bei den Stammreptilia gewesen ist.

Bei fußlosen Lacertilia ist der Schultergürtel zurückgebildet oder verschwunden. Stets reduziert dabei zuerst der sekundäre Schultergürtel. Wo ein Humerus fehlt, bildet sich am Gürtel auch keine Gelenkhöhle mehr (M. FÜRBRINGER 1870).

Bei den Chamaeleontidae, welche sich langsam und greifend an den Baumzweigen fortbewegen, ist der sekundäre Schultergürtel verschwunden; die Coracoidea werden in der Medianlinie durch das Sternum ganz geschieden. Diese Umbildung steht zweifellos im Zusammenhang mit den geringeren Anforderungen an den Schultergürtel.

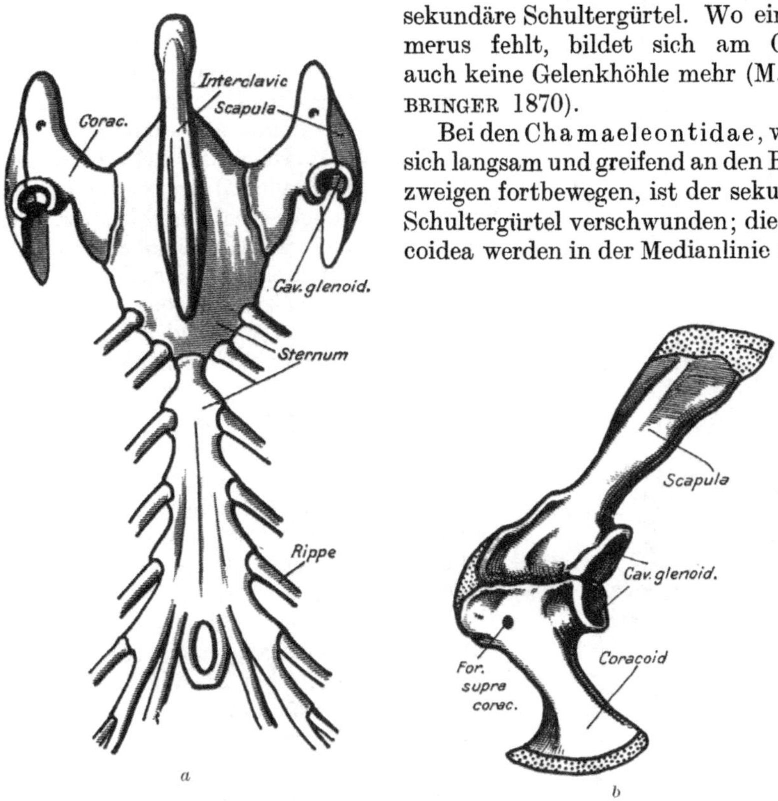

Abb. 167. Schultergürtel von Caiman sclerops. *a* mit Sternum, von ventral. *b* linker Gürtel, von lateral. (Nach M. FÜRBRINGER, 1900, Abb. 65, 64.)

Die Crocodilia richten sich auf dem Lande bei schneller Fortbewegung ziemlich hoch auf ihren vier Extremitäten auf, so daß der Rumpf über dem Boden schwebt. Die Anforderungen an die Festigkeit des Schultergürtels sind dabei sehr ansehnlich, auch weil die Tiere groß und schwer sind. Der Schultergürtel (Abb. 167) ist damit im Zusammenhang fest und stark verknöchert; die Scapula und das Coracoid (Procoracoid) sind stark entwickelt; das Sternum scheidet die Coracoidea ganz; auf dem Sternum liegt eine lange schmale Interclavicula. Es ist jedoch auffallend, daß die Clavicula fehlt und daß die Muskeln dieses Gebietes etwa auf dieselbe Weise spezialisiert sind wie die Schultermuskeln der

Aves (M. FÜRBRINGER 1876). Die schwimmende Fortbewegung gibt für diese Tatsache keine Erklärung, auch schon darum, weil die Tiere sehr viel an das Land gehen, also ihr Schultergürtel noch vollkommen den Anforderungen des Landlebens gewachsen sein muß. Es läßt sich darum vermuten, daß der Verlust der Clavicula und die Umbildung der Schultermuskeln nicht durch die eigentlichen Crocodilia erreicht wurde, sondern durch ihre Vorfahren, welche eine andere Lebensweise führten. Die Voreltern der Crocodilia sind die Pseudosuchia. Unter diesen gibt es Formen, die auf den Hinterfüßen liefen, was auf die Dauer einen Verlust der Clavicula zur Folge hat. Dasselbe beobachten wir bei den verwandten Dinosauria, wo auch die langgestreckte Form des Coracoid an diesen Knochen bei den Crocodilia erinnert. Wir kommen auf diesen Punkt noch zurück bei der Besprechung des Beckens und der Extremitäten.

Bei den Dinosauria, welche auf den Hinterfüßen liefen, waren die vorderen Extremitäten zurückgebildet; sie wurden im Laufe der Entwicklung immer kleiner. Der Schultergürtel (Abb. 168) zeigt damit auch einen sehr einfachen Bau: der gesamte sekundäre Schultergürtel (Clavicula und Interclavicula) ist verschwunden. Die Scapula war langgestreckt und kräftig. Das Coracoid finden wir als einen ziemlich kräftigen, runden Knochen mit einem knorpeligen Rande, welcher medial gelegen ist. Coracoid und Scapula waren oft verschmolzen. Der Stand des primären Schultergürtels war nicht mehr ungefähr vertikal, sondern die Scapula war von ihrer Gelenkhöhle aus dorso-caudad gerichtet. Die mediane Verbindung beider Hälften des Schultergürtels kann nur ziemlich lose gewesen sein, um so mehr, da das Sternum nur sehr unvollständig verknöcherte. Dieser lose Bau wird bei diesen meist großen Tieren allein dadurch ermöglicht, daß ihre Vorderfüße das Körpergewicht nicht mehr zu tragen hatten. Kehrten die Dinosauria zur Fortbewegung auf allen vier Füßen zurück, so erlangten sie damit eine laufende Bewegung, bei welcher die Vorderfüße unter dem Rumpf gestreckt standen; kriechend haben sie sich niemals wieder fortbewegt. Wir beobachten diese Umbildung bei den Sauropoda, Ceratopsia und Stegosauria. Bei dieser neuen Fortbewegung wurden an die mediane Verbindung des Schultergürtels ebenso geringe Anforderungen gestellt; so bleibt diese schwach. Der Schultergürtel als Ganzes bleibt auch ziemlich unverändert, er wird nur wieder größer und kräftiger (Abb. 168); keiner der verschwundenen Deckknochen des Gürtels kommt wieder zurück.

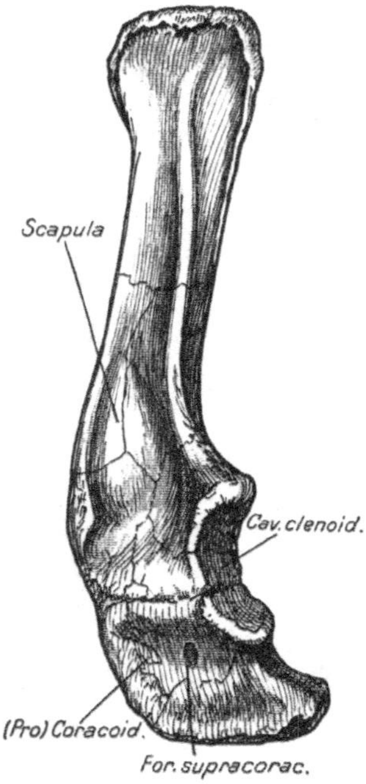

Abb. 168. Linker Schultergürtel von Triceratrops prorsus, von lateral. (Nach MARSH, 1896, Taf. 66, Spiegelbild.)

Bei den Pterosauria ist ebenfalls der sekundäre Schultergürtel verschwunden. Der primäre war gut verknöchert (vgl. Abb. 130 auf S. 116): er bestand aus einer langen säbelförmigen Scapula, welche caudad gerichtet war und dem Coracoid, das kräftig und ventro-medial mit dem stark verknöcherten Sternum durch ein Gelenk verbunden war. Bei einigen der Pterodactyloidea, welche am meisten spezialisiert waren (u. a. Pteranodon, Abb. 130 auf S. 116), lag die Scapula mit ihrem dorsalen Ende gegen ein Notarium an, welches durch Verschmelzung einiger Brustwirbel gebildet wurde; das Notarium bildete eine Gelenkhöhle für die Scapula, welche somit fest und doch beweglich mit dem Rumpfskelet verbunden war.

Bei den Archosauria schließen sich die Aves an. Durch Umbildung der Vorderfüße zu Flügeln wird hier ein sehr kräftiger Schultergürtel notwendig (M. FÜRBRINGER 1888); das Fliegen verlangt hauptsächlich eine feste mediane Verbindung zur Stütze der Gelenkhöhle (Cavitas glenoidalis) für den Humerus. Diese Gelenkhöhle ist dorsal verschoben, so daß sie höher liegt als der Schwerpunkt des Tieres. Dadurch ist das Coracoid zu einem ziemlich langegstreckten Knochen ausgewachsen (s. Abb. 72 auf S. 72 und Abb. 131 auf S. 117). Dieselbe Verschiebung des Gelenkes und Streckung des Coracoid zeigen die Pterosauria. Die Scapula findet auf diese Weise dorsal des Flügelgelenkes nicht mehr viel Raum: sie streckt sich darum caudad bis in die Beckenregion und wird zu einem langen, säbelförmigen Knochen. Coracoid und Scapula sind synostotisch verbunden.

Eine Interclavicula fehlt. Sie wird funktionell ersetzt durch die vollständige Verknöcherung des Sternum und durch Bildung einer Carina auf ihm. Weiterhin beobachten wir einen bogenförmigen Knochen: die Furcula (Gabelbein); diese wird angesehen als homolog mit den beiden Claviculae. Der Stand dieser Claviculae ist durch die dorsale Verschiebung des Flügelgelenkes auch etwas verändert: sie liegen nicht mehr hauptsächlich in der ventralen Körperwand, biegen vielmehr dorsal um, bis sie auf der Höhe der Wirbelsäule den primären Schultergürtel erreichen. Die beiden Claviculae stoßen dadurch aneinander und bilden einen spitzen Winkel zwischen sich; an diesem Punkte verschmelzen sie miteinander. Oft setzen sich die Claviculae gemeinsam fort in einen unpaaren, nach der Carina des Sternum zu gerichteten Fortsatze: auf diese Weise entsteht eine typische Gabelform, welche dem Knochen den deutschen Namen gegeben hat. Dieses Gabelbein erreicht nicht stets das Sternum; es ist dann mit ihm durch ein Ligament verbunden. Nicht selten bleibt ein Teil, welcher medioventral gelegen ist, ligamentös; wir finden das in der Regel, aber nicht ausschließlich, bei schlechten Fliegern. Dieses Gabelbein stimmt mit den beiden Claviculae überein in seiner Lage und in seiner Entwicklung durch direkte Verknöcherung des Bindegewebes. Aber in anderen Punkten unterscheidet sich dieser Vogelknochen doch von den normalen Claviculae: sein dorso-laterales Ende verbindet sich hauptsächlich mit dem Coracoid, während eine direkte Verbindung mit der Scapula nicht zustande kommt; diese Verbindung wird ersetzt durch ein Band. Auch die mediane Verbindung mit dem Sternum ist eigentümlich: es ist häufig eine Bandverbindung, stets mit der neu aufgetretenen Carina. Wegen dieser Unterschiede ist die Homologie der Furcula mit der Clavicula verneint worden (NOPCSA 1923 A). Tatsächlich ist eine Neubildung des Gabelbeines durch Verknöcherung eines Ligamentes nicht ausgeschlossen. Dann würden die Claviculae bei den Aves gänzlich fehlen. Die Ursache dieser Rückbildung wäre dann in dem aufrechten Gange bei den Stammformen der Aves zu suchen: durch diesen Gang wäre auch die Interclavicula zurückgebildet worden, bevor die Tiere das Flugvermögen erlangt hatten (NOPCSA).

Aves, welche das Flugvermögen verloren haben, zeigen eine Rückbildung des Schultergürtels: das Coracoid und die Scapula werden kürzer und kleiner; das Flügelgelenk nimmt eine mehr ventrale Lage ein. Die Furcula wird rudimentär (z. B. Dromaeus) oder verschwindet ganz; sie ist überflüssig geworden. In einzelnen Fällen (Struthio) beobachten wir ein Fenster in dem Coracoid; es ist jedoch als sekundäre Bildung ohne vergleichend-anatomische Bedeutung.

Archaeopteryx besaß einen Schultergürtel, der schon in allen Hauptzügen den gewöhnlichen Typus der Aves zeigt: eine langgestreckte Scapula, eine Furcula ohne Interclavicula. Aber das Coracoid besitzt eine viereckige Form; es ist nicht gestreckt. Die Furcula ist noch kürzer als bei den Ornithurae (PETRONIEVICS und SMITH WOODWARD 1917).

Sehr eigentümlich war der Schultergürtel der Plesiosauria (Abb. 169, 170). Diese Tiere schwammen nicht mit ihrem Schwanze, sondern mit ihren paarigen Extremitäten. Die Brustflossen mußten zu diesem Zwecke sehr starke Muskeln besitzen. Es sind vor allem die ventralen, am Schultergürtel entspringenden Muskeln, welche die kräftigen Schwimmbewegungen der Vorderfüße möglich machten. So finden wir die Coracoidea zu sehr großen Knochenplatten umgebildet, welche durch eine lange mediane Naht fest miteinander verbunden waren (Abb. 169). Ein Sternum ist nicht bekannt; es muß stark zurückgebildet gewesen sein oder ganz knorpelig. Von der Scapula war der ventrale Teil, welcher einen Teil der Gelenkhöhle für den Humerus bildete, gut entwickelt; der dorsale Teil dagegen war reduziert. Der Fortbewegungsdruck der Brustflosse wurde in dem Schultergelenk übertragen auf

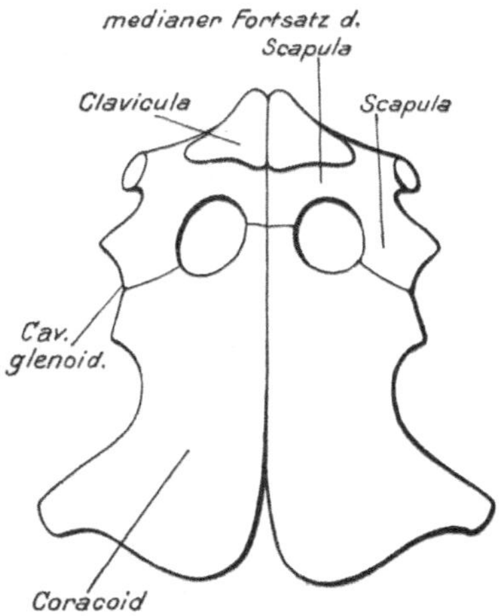

Abb. 169.

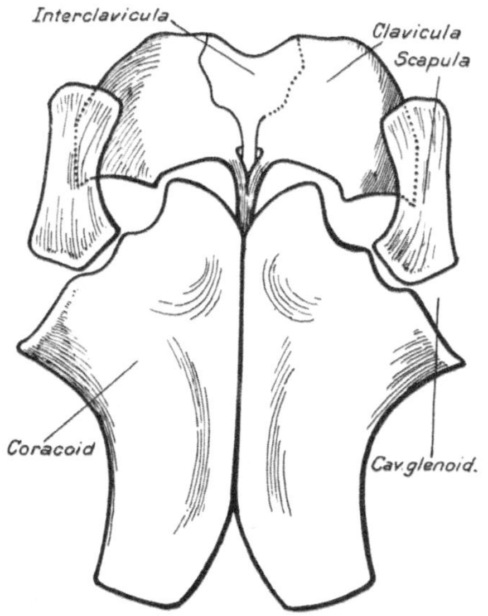

Abb. 170.

Abb. 169—170. Schultergürtel der Plesiosauria, von ventral.
Abb. 169. Von Cryptocleidus oxoniensis. (Nach ANDREWS aus WOODWARD, 1898, Abb. 102 E.) — Abb. 170. Von Plesiosaurus macrocephalus. (Nach WATSON, 1911, Abb. 1.)

diesen ventralen Gelenkteil der Scapula; so mußte dieser besonders kräftig entwickelt sein: wir beobachten, wie die Scapula craniad und mediad auswuchs und in Anlehnung an die Claviculae eine Stütze fand. Schließlich entsteht selbst eine ventro-mediane Verbindung der linken und rechten Scapula (Abb. 169). Wegen dieser Lage hat man hier Procoracoide entdecken wollen; aber wir haben es sicher mit einem neu gebildeten Fortsatze der Scapula zu tun, nicht mit einer Verknöcherung der Pars coracoidalis des Schultergürtels. In einzelnen Fällen fehlt dieser Fortsatz noch (Abb. 170). Auch die Claviculae und die Interclavicula breiten sich aus zu platten Knochen; sie legen sich gegen den neu entstandenen Auswuchs der Scapula an. Die Interclavicula ist meist mehr oder weniger zurückgebildet. Kennzeichnend für den Schultergürtel der Plesiosauria ist die Rückbildung des dorsalen Teiles und die fortschreitende Entwicklung des ventralen Teiles zu einem langgestreckten platten Knochen. In der Form der Knochen bestehen zwischen den verschiedenen Gattungen der Plesiosauria große Unterschiede.

Einen ganz selbständigen Typus bildet der Schultergürtel der Chelonia (Abb. 171—173). Die Hauptursache für die Umbildung haben wir in dem Entstehen eines festen Hautpanzers zu suchen. Die Claviculae und die Interclavicula wurden in diesen Hautpanzer aufgenommen (Epiplastron und Entoplastron; Abb. 171 und Abb. 62 auf S. 54). Der primäre Schultergürtel wurde in den Rumpf hinein innerhalb der Rippen verlagert; damit ging der Zusammenhang des primären Schultergürtels mit den Claviculae und der Interclavicula verloren. Die Chelonia erlangten mehr und mehr die Eigenschaft, ihren Hals, den Kopf und die Vorderfüße in den Rumpfpanzer zurückzuziehen. Man muß annehmen, daß der primäre Schultergürtel damit gleichzeitig von vorn in den Brustkasten hinein geschoben wurde und daß damit vielleicht einige vordere Brustrippen verloren gingen. Von dieser ganzen Umbildung kennen wir jedoch keine Stufen; wir können uns darum auch von ihr keine bestimmtere Vorstellung machen. Aber es ist klar, daß der Zusammenhang der Clavicula und Interclavicula mit dem primären Schultergürtel verloren gehen mußte, weil die Clavicula und die Interclavicula in dem Bauchpanzer fixiert

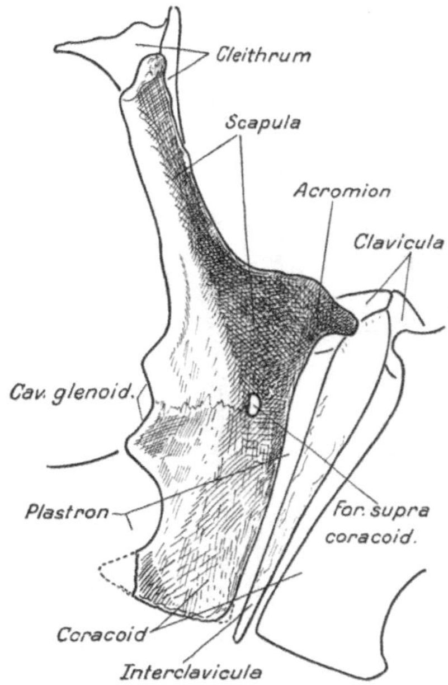

Abb. 171.

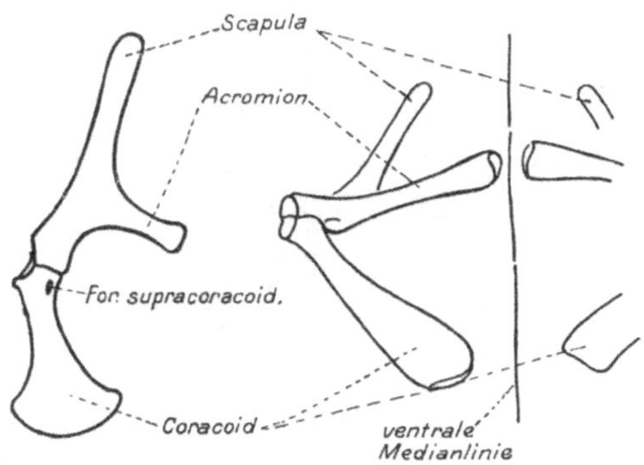

Abb. 172. Abb. 173.

Abb. 171—173. Schultergürtel der Chelonia.

Abb. 171. Linker Schultergürtel von Triassochelys, restauriert, von dorsal. Die Clavicula und Interclavicula liegen im Plastron. — Abb. 172. Linker Gürtel von Eurysternum Wagleri, von dorsal. — Abb. 173. Rechter Gürtel von Sternothaerus niger, von ventral. (Nach JAEKEL, 1918, Abb. 16, 18 A und 18 C.)

wurden. Das Cleithrum ging noch mit der Scapula mit, bis es in dem Brustkasten lag (Triassochelys, Abb. 171); es wurde jedoch frühzeitig rückgebildet, so daß es bei allen heute lebenden Chelonia fehlt.

Infolge der Verlagerung des Schultergürtels in den Rumpf bekommen die Füße einen eigentümlichen Stand; damit steht vermutlich eine zweite weitere Umbildung des Schultergürtels im Zusammenhang. Das Acromion der Scapula wuchs aus zu einem langen Fortsatz, welcher ventro-mediad gerichtet war und die Form eines Stabes besaß. Er wird richtig Processus acromialis genannt (Abb. 172, 173). Früher sah man diesen Fortsatz als ein Procoracoid an; das kann aber nicht richtig sein, da der Fortsatz kein altes Element ist: der Processus acromialis ist nämlich bei Triassochelys noch klein und deutlich als Acromion erkennbar (JAEKEL 1916). Wir haben es also hier zu tun mit einem ähnlichen medialen Processus der Scapula, wie wir ihn eben bei den Plesiosauria beobachteten; aber dieser Processus besitzt eine andere Form und ist ganz unabhängig entstanden.

Auch die Muskeln des Schultergürtels wurden durch seine Lage im Brustkasten und die eigentümliche Bewegung der Extremitäten stark verändert. Dies muß drittens den Bau des Schultergürtels beeinflußt haben. So entspringen bei den Chelonia drei Knochenspangen von der Gegend der Gelenkhöhle für den Humerus: der erste medio-dorsad bis zur Wirbelsäule und dem Rückenpanzer ist die Scapula; die beiden anderen erstrecken sich medio-ventrad: der caudale von ihnen ist das Coracoid, der craniale der Processus acromialis (Abb. 172, 173). Die beiden Coracoidea können sich in der Medianlinie berühren: dann legen sie sich etwas übereinander, ohne festere Verbindung. Ein Sternum fehlt. Der Processus acromialis legt sich mit seinem distalen Ende gegen das Plastron an, ungefähr auf der Grenze zwischen Entoplastron und Epiplastron.

Der Processus acromialis der Chelonia wurde lange für einen selbständigen Knochen des Schultergürtels gehalten; er wurde als Procoracoid angesprochen. Dieselbe Ansicht hatte

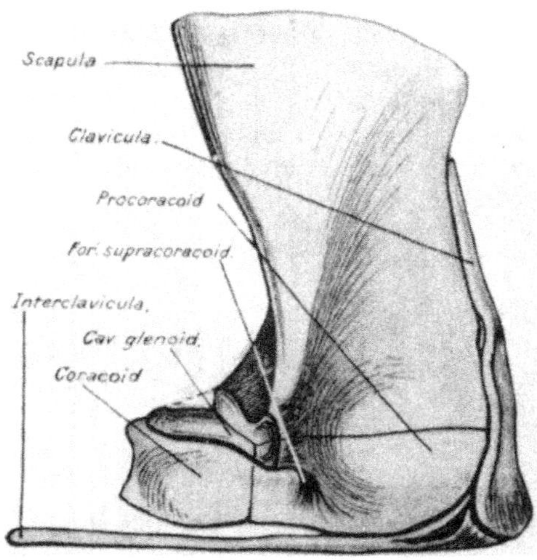

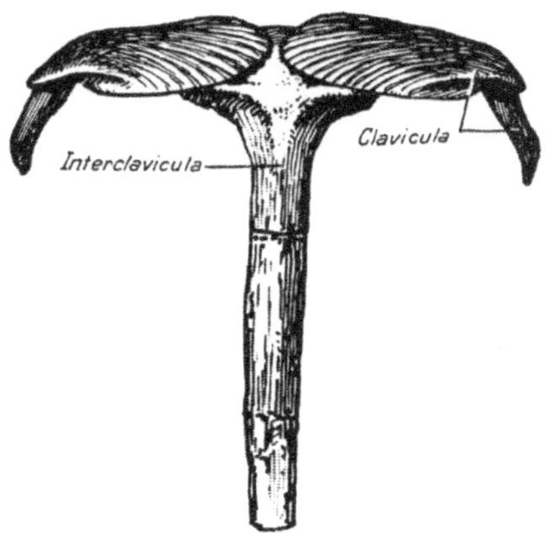

Abb. 175.

Abb. 174—175. Schultergürtel von Ophiacodon.

Abb. 174. Rechter Gürtel, von lateral. (Nach ROMER, 1922, Taf. 33, Abb. 5.) — Abb. 175. Sekundärer Gürtel, von ventral. (Nach CASE, WILLISTON und MEHL, 1913, Abb. 29a.)

man über den oben genannten ventro-medialen Fortsatz der Scapula bei den Plesiosauria (vgl. S. 142). Vor allem durch diese Beobachtung kam man dazu, allgemein für die Reptilia den Besitz eines Procoracoid anzunehmen (VAN GELDEREN 1921). Das ist aber falsch. Nur die primitiven Reptilia, die Cotylosauria und die Theromorpha, besaßen zwei Coracoide: ein Proto- und ein Metacoracoid; von diesen ging das Metacoracoid bei der großen Masse der Reptilia frühzeitig verloren; somit ist das Coracoid der Chelonia, der Lacertilia, des Sphenodon, der Crocodilia und Aves wahrscheinlich stets das Procoracoid der primitiven Reptilia! Es wird stets durchbohrt durch ein Foramen supracoracoideum; dieses liegt bei den Cotylosauria im Procoracoid.

Einen besonderen Entwicklungsweg schlägt der Schultergürtel der **Theromorpha** ein, Reptilia, die in vielen Punkten mit den Mammalia übereinstimmen. Die ältesten Vertreter dieser Formen sind schon im Perm als Pelycosauria beobachtet; sie entstanden aus den Cotylosauria. Diese Pelycosauria hatten denselben Gang wie ihre Vorfahren, die Cotylosauria: der Rumpf hing zwischen den

Extremitäten. Ihr Schultergürtel besaß wohl auch ziemlich denselben Bau wie bei den Cotylosauria (Abb. 174, 175): es war ein massiver, stark verknöcherter Gürtel, welcher eine große, vertikal stehende Scapula besaß. Der primäre Gürtel bestand aus einer Scapula und aus einem Pro- und Metacoracoid. Das Metacoracoid war kleiner als das Procoracoid. Es konnte selbst fehlen; dann blieb ein kleiner caudaler Teil der Pars coracoidalis knorpelig (Abb. 176a). Der sekundäre Schultergürtel (Abb. 175) bestand aus einer Clavicula, einer T-förmigen Interclavicula und meist aus einem Cleithrum.

Bei den späteren Vertretern der Theromorpha, den Anomodontia, finden wir keine grundsätzlichen Veränderungen in dem Schultergürtel; nur das Metacoracoid wurde größer, ja in vielen Fällen sogar größer als das Procoracoid. Das Procoracoid wurde dadurch je länger je mehr von der Bildung der Gelenkhöhle für den Humerus ausgeschlossen (Abb. 176). Bei den geologisch jüngsten Formen wird ein Acromion beobachtet und wohl auch ein Kamm auf der Scapula, der wahrscheinlich mit der Spina scapulae der Mammalia homolog ist; ein solcher Kamm dient zur Vergrößerung der Ursprungsfläche von Muskeln. Gelegentlich kam parallel mit dem Hinterrande der Scapula noch ein zweiter Kamm vor, welcher Spina posterior genannt werden kann (Abb. 176f). Der Schultergürtel

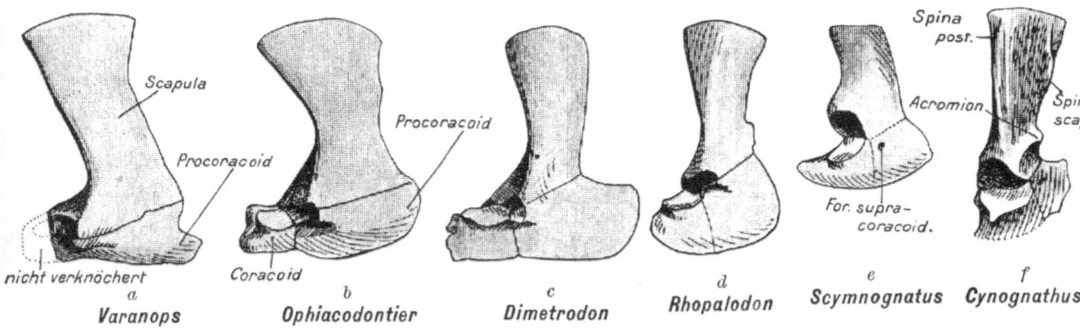

Abb. 176. Rechter primärer Schultergürtel der Theromorpha von lateral.
Die Abbildung gibt ein Bild von der Veränderung des Schultergürtels bei den Theromorpha, bis beinahe der Zustand der Monotremata erreicht ist. Man sieht die zunehmende Größe des Metacoracoid, das Auftreten eines Acromion, einer Spina scapulae und die Veränderung im Stande der Cavitas glenoidalis. (Nach WATSON 1917, Abb. 26.)

wurde weniger plump, differenzierter in seiner Form. Mit Ausnahme des Cleithrum, welches oft fehlt, bleiben alle Schultergürtelelemente gut entwickelt. Die Fortbewegung dieser Tiere kann, nach ihrem Gesamtbau zu urteilen, nicht wesentlich anders gewesen sein als bei den Pelycosauria. Wohl veränderte die Lage der Gelenkhöhle für den Humerus: bei den primitiven Theromorpha war sie ganz laterad gekehrt, bei den späteren Formen schaute sie jedoch einigermaßen caudad (Cynognathus und noch mehr bei Dicynodon; Abb. 176f). Diese Lage weist auf eine Richtungsänderung des Humerus: er wurde weniger quer zur Rumpfachse gerichtet, sondern stand mehr caudad; dadurch kam das Ellenbogengelenk dem Rumpf näher. Schließlich hat das zur Folge, daß die Tiere nicht mehr so gespreizt gingen. Der Rumpf wurde wahrscheinlich auch etwas höher auf den Füßen getragen, aber er blieb zwischen den Extremitäten hängen; im Zusammenhang damit blieb der ventrale Teil des Schultergürtels sehr kräftig.

Mammalia. An die Theromorpha schließen sich die primitiven Mammalia an: die Monotremata; beide Gruppen stimmen im Bau des Schultergürtels vollständig überein (Abb. 133, S. 118). Meta- und Procoracoid sind vorhanden.

Das Procoracoid nimmt nicht mehr teil an der Bildung der Gelenkhöhle für den Humerus. Oft wird das Metacoracoid der Monotremata Coracoid genannt; bei den meisten Reptilia ist aber der Coracoid genannte Knochen ein Procoracoid; er ist also nicht homolog mit dem Coracoid der Monotremata (WATSON 1917, ROMER 1922). Die Scapula der Monotremata besitzt ein Acromion. Eine Spina scapulae fehlt bei Echidna; bei Ornithorhynchus ist sie nur angedeutet. Zwischen der Clavicula und dem Procoracoid liegt ein großes Fenster, welches durch eine Membran geschlossen ist. Bei den Anomodontia ist auch ein solches Fenster gelegentlich angedeutet; es wurde hier nämlich ein spaltartiger Raum zwischen Clavicula und Procoracoid beobachtet. Das Sternum liegt ganz caudal der Coracoidea und der Interclavicula; es besitzt also keine direkte Verbindung mit den Claviculae. Cleithra fehlen. Die Gelenkhöhle für den Humerus schaut laterocaudad, wie wir es bei den jüngeren Anomodontia beobachteten.

Bei den Marsupialia und den Placentalia finden wir einen ganz anders gebauten Schultergürtel (Abb. 132 auf S. 117). Das Meta- und Procoracoid sowie die Interclavicula sind zurückgebildet. Dadurch ist der ventro-mediale Zusammenhang der beiden Hälften des Schultergürtels sehr lose; er wird ausschließlich durch die Claviculae gebildet. Dieser Bau kann erklärt werden durch die Fortbewegungsweise dieser Mammalia: der Rumpf hängt nicht mehr zwischen den Extremitäten; der Ellenbogen ist caudad gedreht, das Knie craniad: dadurch sind die Extremitäten größtenteils unter den Rumpf gebracht. Auf diese Weise wird der Rumpf ganz vom Boden aufgehoben und ruht nur noch auf den Extremitäten: die Tiere kriechen nicht, sie laufen. Das Körpergewicht drückt bei diesem Stande die beiden Hälften des Schultergürtels nicht auseinander, wie dies bei den Reptilia der Fall ist; dadurch werden an die ventro-mediale Verbindung beider Schultergürtelhälften geringere Anforderungen gestellt: die Pars coracoidalis wurde stark zurückgebildet und verlor ihren medianen Zusammenhang. Zur Erklärung des Überganges vom Kriechen zum Laufen muß an den Einfluß des Lebens auf Bäumen gedacht werden, da die primitiven Marsupialia und Placentalia wahrscheinlich auf Baumzweigen liefen: die Tiere konnten nicht mehr gespreizt kriechen, weil Zweige dazu zu schmal sind; so mußten die Extremitäten ganz unter den Körper gebracht werden, sollte ein schneller und sicherer Gang möglich sein. Das Laufen auf Zweigen verlangt andererseits auch eine größere Beweglichkeit der Vorderextremitäten: so sehen wir, wie, neben dem Schwunde der medianen Coracoidverbindung, zwischen Scapula und Clavicula als Verbindung eine sehr gut entwickelte Diarthrose entstand; auf diese Weise wird eine besonders große Beweglichkeit des Schultergürtels erreicht (MATHEW 1904, GREGORY 1920).

Die Claviculae sind oft zu einem Band zurückgebildet; vor allem bei denjenigen Mammalia, die ihre Extremitäten ausschließlich zum Laufen gebrauchen. Dienen die Vorderfüße auch zum Klettern, zum Graben oder zum Greifen, dann ist die mediane Verbindung des Schultergürtels mit dem Sternum von Bedeutung: eine Clavicula ist meist anwesend.

Der wichtigste Teil im Schultergürtel der Mammalia ist die Scapula; sie überträgt nämlich den Druck des Körpers auf den Humerus. Die Muskeln der Scapula sind somit kräftig und besonders differenziert; die Scapula selbst ist stark modelliert: sie trägt an ihrer Außenseite einen kräftigen Knochenkamm, die Spina scapulae, welche bei der Gelenkhöhle (Cavitas glenoidalis) mit einem Vorsprung endet, welcher Acromion genannt wird. Das Acromion dient zur Verbindung mit der Clavicula (Abb. 132 auf S. 117). Die Gelenkhöhle ist sehr flach und schaut ventro-caudad.

Ferner zeigt die Scapula bei der Gelenkhöhle einen Fortsatz, welcher cranio-ventrad gerichtet ist: dies ist der Processus coracoideus (Rabenschnabelfortsatz, genannt nach seiner Form bei dem Menschen). Dieser Processus ist ein Rest der Pars coracoidalis. Er hat einen wichtigen Anteil bei der Bildung der Gelenkhöhle für den Humerus (Abb. 177 u. 178: Procoracoid). Dieser Fortsatz verknöchert von einem einzigen Zentrum aus, gelegentlich auch von zweien; diese beiden Zentra sind dann mit dem Procoracoid und mit dem Metacoracoid homolog.

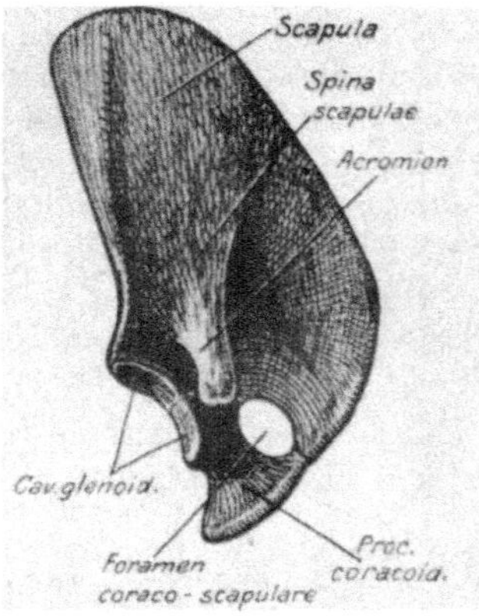

Abb. 177.

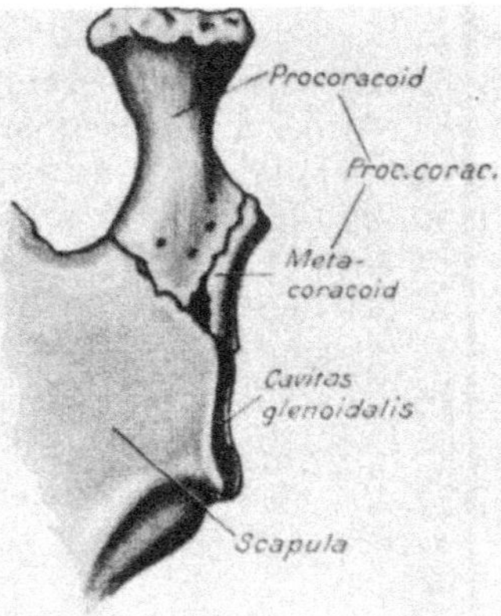

Abb. 178.

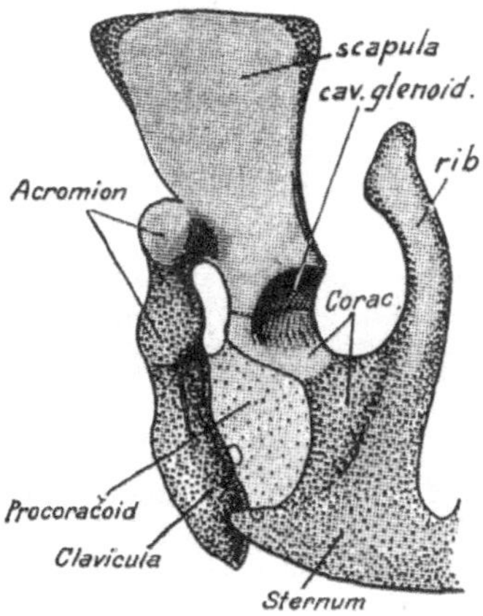

Abb. 179.

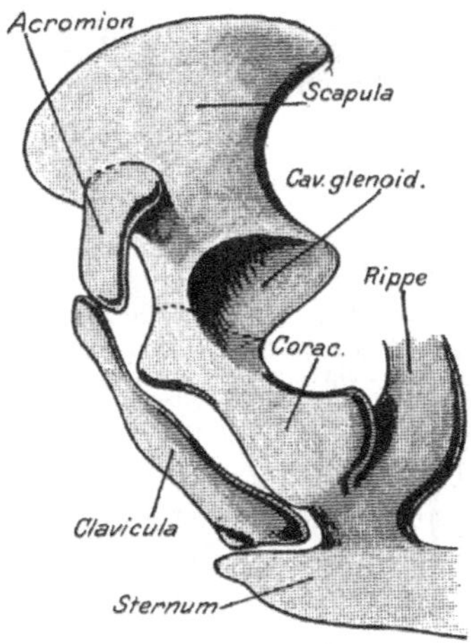

Abb. 180.

Abb. 177—180. Reste des Coracoid bei den Mammalia.

Abb. 177. Rechte Scapula von Bradypus, von lateral. (Nach LYDEKKER, 1893, Abb. 1.) — Abb. 178. Linke Scapula von Megalonyx, von der medialen Seite. (Nach LEIDY, aus WEBER, 1904, Abb. 76.) — Abb. 179. Schultergürtel eines Embryo von Trichosurus, $8\frac{1}{2}$ mm lang; linke Hälfte von ventral und lateral. Das Procoracoid ist eine schwache Verdickung des Mesenchyms, ein Blastem, das nach diesem Stadium wieder verschwindet. Die Erklärung hierfür als Anlage eines Skelets ist nicht sicher. Das dicht punktierte Gewebe ist Blastem, das unpunktierte Knorpel. — Abb. 180. Schultergürtel eines Beuteljungen von Trichosurus, linke Hälfte von ventral und lateral. Das Skelet ist knorpelig. (Abb. 179 u. 180 nach BROOM, 1900, Abb. 1 u. 5.)

Meist verwachsen beide Zentra vollständig mit der Scapula; nur bei den Bradypodidae und bei einigen fossilen Xenarthra bleiben die beiden Zentra bisweilen durch eine Naht von der Scapula getrennt (Abb. 177 u. 178). Bei den Marsupialia ist auf dem Entwicklungsstadium, in welchem sich die Individuen im Beutel befinden, eine gut entwickelte Pars coracoidalis beobachtet (Abb. 180);

sie erreicht das Sternum. Bei einem Embryo von Trichosurus ist die Anlage eines Pro- und Metacoracoid beschrieben (Abb. 179).

Die Scapula der Mammalia findet ihre Stütze an den Rippen und ventral an der Clavicula; sie wird weiterhin fixiert durch Muskeln. Somit ist die Scapula nicht vollkommen unbeweglich. Durch diese Möglichkeit einer Lageveränderung wird die Beweglichkeit der Vorderextremitäten erhöht. Die Längsachse der Scapula steht schief; ihr dorsales Ende liegt mehr caudal als das ventrale Ende, welches in der Cavitas glenoidalis ausläuft.

Die Claviculae entstehen bei den Monotremata und den Marsupialia rein als Deckknochen; bei den Placentalia jedoch nimmt hyaliner Knorpel oder wenigstens knorpelähnliches Gewebe Anteil am Wachstum der Claviculae (Fuchs 1912, Hommes 1921). Die Knorpelmasse ist gerade an den beiden Enden der Clavicula gut entwickelt: darum ist es möglich, daß sie für ein schnelles Längenwachstum dieses Knochens sorgt. Der Knorpel ist wahrscheinlich eine Neubildung: dafür spricht sein etwas abweichender histologischer Bau und seine selbständige Anlage gegenüber dem primären Schultergürtel. Man hat auch in dem Knorpel Reste des primären Gürtels gesehen: nämlich Reste eines Procoracoid (Gegenbaur, Fuchs); aber diese Homologie ist in keinem Falle eine vollständige, da

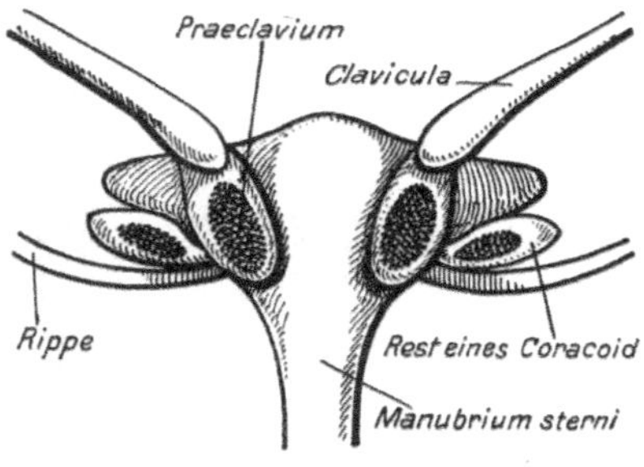

Abb. 181.

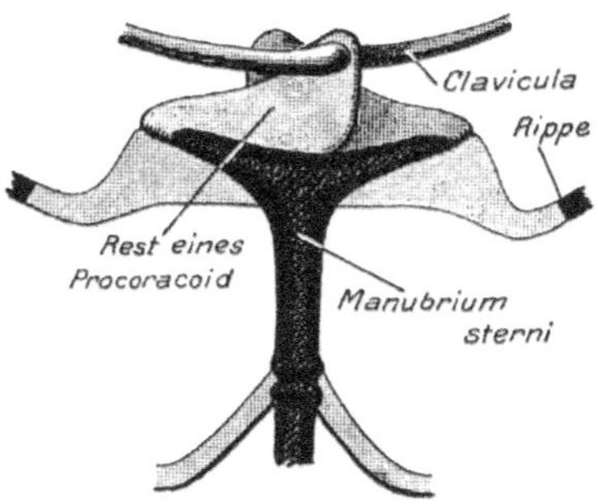

Abb. 182.

Abb. 181—182. Die Verbindung der Clavicula mit dem Sternum bei den Placentalia.
Abb. 181. Bei Myodes lemmus, einem Rodentier, erwachsen; von dorsal. Die Knochenkerne in den knorpeligen Coracoidresten sind dunkel punktiert. — Abb. 182. Bei Microgale Dobsoni, einem sehr primitiven Insectivor; von dorsal. Knochen schwarz, Knorpel grau. (Nach Oehngren, 1919, Abb. 20 u. 2.)

das Procoracoid auch von dem Processus procoracoideus und dem Ligamentum coraco-claviculare vertreten wird (Broom 1900). Andererseits hat man daran gedacht, diesen Knorpel von der Pars coracoidalis, eventuell von einer Cartilago epicoracoides abzuleiten: aber sicher ist diese Homologie keinesfalls. Man hat auch wohl die Clavicula der Anura zum Vergleich herangezogen; aber mehr als eine Parallelentwicklung kann auch hier nicht angenommen werden.

Bei den Marsupialia und den Placentalia wird wie gesagt die Pars coracoidalis und die Interclavicula zurückgebildet. Damit im Zusammenhang setzt sich das Sternum craniad bis an die Claviculae fort und verbindet sich damit. Diese Verbindung ist oft indirekt; sie wird zustande gebracht durch ein selbständiges paariges Knorpelstück, das verknöchern kann und Praclavium genannt wird (Abb. 181). Nicht selten gesellt sich hierzu noch ein zweites Knorpelstück, das meist paarig ist, bisweilen auch unpaar und in welchem ebenfalls eine Verknöcherung auftreten kann (Abb. 181); in diesem zweiten Stück sah schon Gegenbaur (1864 A) den Rest einer Pars coracoidalis des Schultergürtels. Auch für das Praeclavium ist dies wahrscheinlich, es kann nämlich eine Knorpelplatte bilden, wobei linke und rechte Platte in der Medianlinie gerade so übereinander greifen wie die Pars coracoidalis es bei den Monotremata und anderen Tetrapoda oft tut (Abb. 182). Ein Vergleich mit der Interclavicula führt zu keinem Ergebnis, da die Interclavicula nicht knorpelig angelegt ist und nur unpaar vorkommt (nur bei einigen Reptilia ist eine paarige Anlage beobachtet). Der Name Episternum, ein Synonym für die Bezeichnung Interclavicula, ist also für das Praeclavium zu verwerfen. Wahrscheinlich bleiben bei der Zurückbildung der Par coracoidalis einige kleine Stücke median erhalten, da sie bereits die Verbindung der Clavicula mit dem Sternum bildeten. Die Knochenkerne des Praeclavium und des Coracoidrestes, welcher gegen das Sternum zu liegt, sind wahrscheinlich Neubildungen. Das Praeclavium kann zu einem knorpeligen Meniscus rückgebildet sein, welcher im Gelenk zwischen Clavicula und Sternum liegt, z. B. bei dem Menschen; es kann auch ganz verschwinden.

Die Unterschiede im Bau, welche der Schultergürtel der Placentalia im Zusammenhang mit der Lebensweise uns zeigt, sind nicht so groß, wie die Unterschiede, welche wir bei den Sauropsida und bei den Amphibia beobachten. Es wurde bereits gesagt, daß vielfach die Clavicula zurückgebildet sein kann; übrigens haben auch die Cetacea, welche mit ihrem Schwanz schwimmen, keine Claviculae. Bei Talpa ist die Clavicula ganz besonders kräftig entwickelt; sie bildet ein Gelenk mit dem Humerus, so daß das Schultergelenk mehr fixiert ist und der sehr kräftig ausgebildete Musculus pectoralis besser arbeiten kann. Bei vielen grabenden Mammalia wird ein zweiter Kamm auf der Scapula beobachtet: die Spina posterior; sie dient dazu, dem kräftig entwickelten Musculus triceps brachii eine größere Ursprungsfläche zu geben (vgl. Abb. 132 auf S. 117).

Der Beckengürtel der Pisces.

Der Beckengürtel (Pelvis) dient bei den Pisces zur Befestigung der Bauchflossen; gleichzeitig bildet er eine Ursprungsfläche für Muskeln, welche die Bauchflossen bewegen. Da die Bedeutung der Bauchflossen für die Fortbewegung gering ist, so ist auch das Becken nicht groß. Es liegt vor dem Anus oder der Cloakenöffnung und ist eingebettet in die Muskelmasse des Rumpfes. Ein Zusammenhang mit dem Skelet der Wirbelsäule besteht in keinem Falle.

Die Anlage des Beckens ist stets paarig, aber beide Hälften verschmelzen recht häufig. Bei den Selachii ist das Becken ein Knorpelstab, welcher quer zur Längsachse des Körpers gerichtet ist; lateral erheben sich an diesem Stab die Gelenkflächen für die Bauchflossen (Abb. 183). Ein größerer oder kleinerer Fortsatz kann sich dorsal des Gelenkes bilden und erstreckt sich in die Muskelmasse des Rumpfes. Er wird Processus iliacus genannt; er ist bei den Rajidae stark entwickelt, bei den Selachii kleiner oder auch ganz verschwunden. Dieser dorsale Teil ist homolog mit der **Pars iliaca** des Tetrapodenbeckens. Ein Unterschied besteht jedoch darin, daß dieser dorsale Teil hier viel kleiner ist und sich niemals mit der Wirbelsäule verbindet.

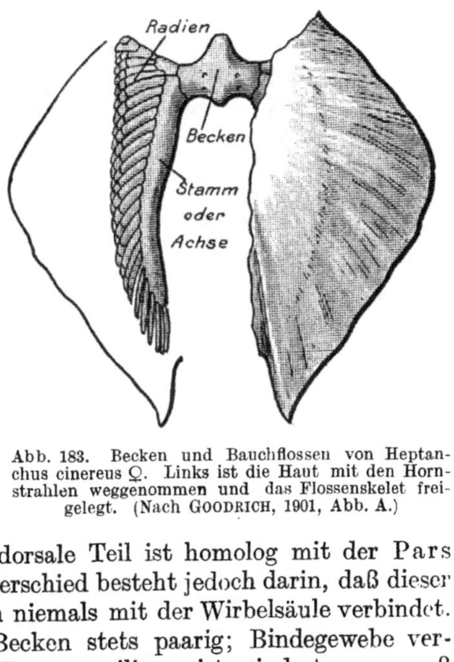

Abb. 183. Becken und Bauchflossen von Heptanchus cinereus ♀. Links ist die Haut mit den Hornstrahlen weggenommen und das Flossenskelet freigelegt. (Nach GOODRICH, 1901, Abb. A.)

Bei den **Holocephali** bleibt das Becken stets paarig; Bindegewebe verbindet die beiden Hälften. Der dorsale Processus iliacus ist mindestens so groß wie der ventrale Teil jeder Beckenhälfte; dadurch stimmt das Becken in seiner Form einigermaßen mit dem Schultergürtel überein. Die Bauchflossen sind hier ebenfalls gut entwickelt und dienen hier ebenso wie die Brustflosse zur Fortbewegung; die Schwanzflosse dagegen ist zurückgebildet.

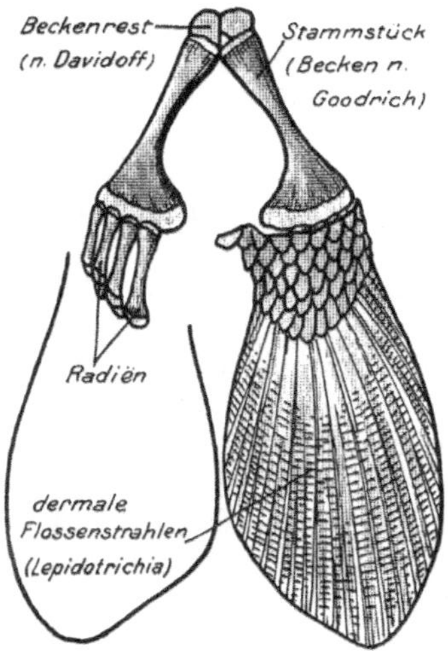

Abb. 184.

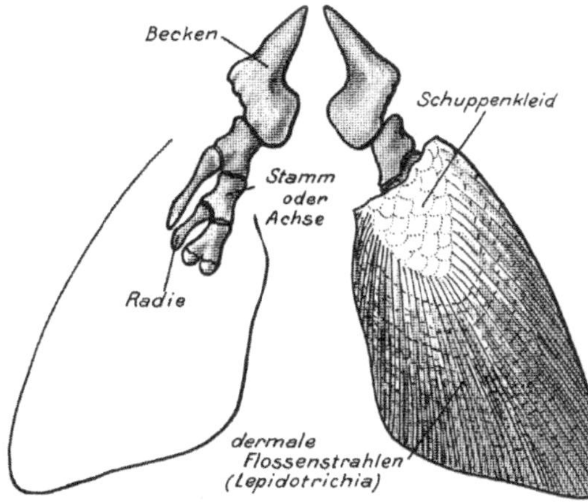

Abb. 185.

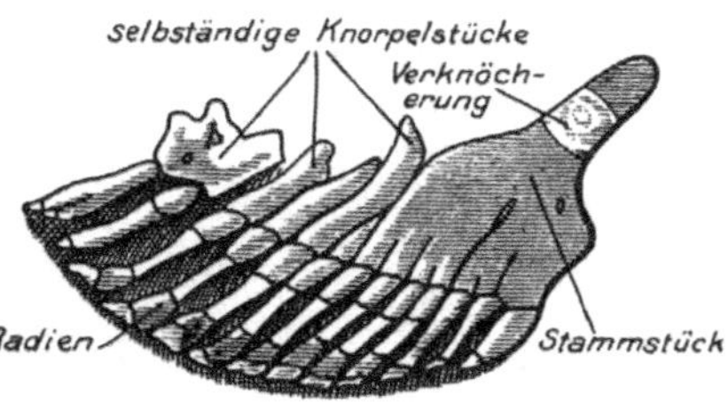

Abb. 187.

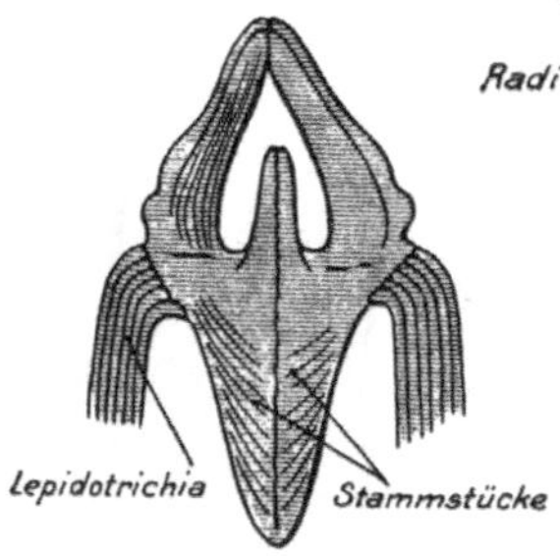

Abb. 186.

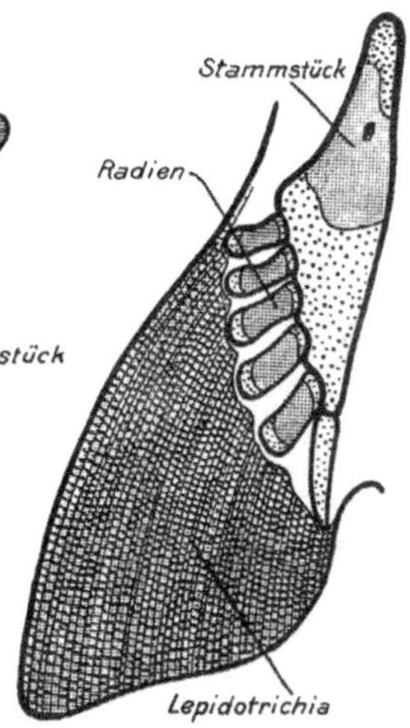

Abb. 188.

Abb. 184—188. Becken- und Bauchflossenskelet von Teleostomi.

Abb. 184. Polypterus bichir. (Nach GOODRICH, 1901, Abb. G.) — Abb. 185. Eustenopteron Foordi. (Nach GOODRICH, 1901, Abb. F.) — Abb. 186. Trigla (Teleostier). (Nach GEGENBAUR, 1898, Abb. 371.) — Abb. 187. Polyodon folium, junges Individuum, 73 cm lang. Rechte Hälfte. (Nach VON RAUTENFELD, 1882, Taf. 1, Abb. 5.) — Abb. 188. Acipenser sturio, altes Individuum. Knorpel punktiert, Knochen grau. (Original.)

Getrennt bleiben auch die beiden Beckenhälften bei den Pleuracanthodi (Abb. 222 auf S. 167). Das Becken der Acanthodei und Cladoselachii ist unvollkommen bekannt.

Bei den Teleostomi ist nach der allgemein herrschenden Auffassung das eigentliche Becken sehr klein: es besteht nur aus einzelnen kleinen Knorpelstücken (Abb. 184) oder fehlt ganz (Abb. 186); DAVIDOFF 1880, 1884, GEGENBAUR 1898, BRIDGE 1904 u. a.). Das eigentliche Becken wird funktionell ersetzt durch ein ziemlich langgestrecktes Skeletstück, welches meist ganz verknöchert; wir wollen es das Stammstück nennen. Es wird als Teil des eigentlichen Flossenskelets aufgefaßt (Abb. 184—188), obgleich es ganz im Rumpf liegt. Bei jungen Acipenseriden besteht das Stammstück aus einer Anzahl Knorpelstücken (Abb. 187), von denen das am meisten caudale Stück an die Basalia von Radien erinnert (BRAUS 1900). Andere erblicken hierin ein Becken, welches noch im Anfangsstadium seines Entstehens ist (WIEDERSHEIM 1892 A). Aber beim älteren Acipenser (Abb. 188) sind alle diese Knorpelstücke verschmolzen zu einem einzigen Stammstück; dieses verknöchert auch noch zu einem großen Teil, so daß der erwachsene Zustand bei Acipenser ziemlich mit dem der übrigen Teleostomi ohne Beckenrest übereinstimmt. Bei dem träge schwimmenden Acipenser, dessen Skelet nur wenig in Anspruch genommen wird und somit auch größtenteils knorpelig bleibt, verläuft scheinbar die Bildung des Stammstückes langsamer als bei den anderen Teleostomi; somit gehen embryonale unvollkommene Zustände erst sehr spät in die entgültige Form über. Dieser Zustand ist nicht ursprünglich, da er als eine Zurückbildung angesehen werden muß. Wohl kann man annehmen, daß das lange Festhalten am Jugendzustand primitive Eigenschaften anzeigt und einen ursprünglichen Aufbau des Stammstückes durch Verschmelzung von Radien rekapituliert.

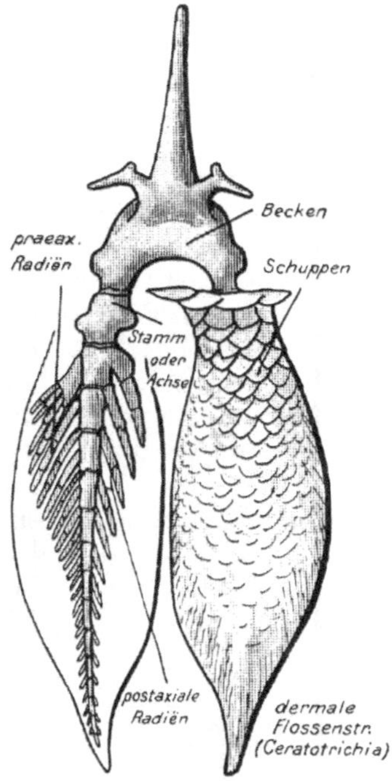

Abb. 189. Becken und Bauchflossen von Neoceratodus. Links ist das Flossenskelet freigelegt. (Nach VON DAVIDOFF und GOODRICH, aus GOODRICH, 1901, Abb. K.)

Diese Auffassung, daß das eigentliche Becken reduziert und in seiner Leistung ersetzt wird durch ein anderes Skeletstück, nämlich das Stammstück, wird nicht durch alle Untersucher geteilt. Es besteht in der Tat kein ersichtlicher Grund, warum das Becken durch ein Stammstück ersetzt werden soll, welches in Lage und oft auch in Form damit stark übereinstimmt. Darum verdient eine andere Auffassung, welche u. a. durch GOODRICH (1901) verteidigt worden ist, alle Aufmerksamkeit: diese Ansicht behauptet die Homologie des Stammstückes mit dem eigentlichen Becken. GOODRICH stützt sich dabei auch auf die Ähnlichkeit, welche das Becken von Eusthenopteron (einem primitiven teleostomen Fisch aus der Gruppe der Crossopterygii) nach zwei Richtungen hin zeigt: einerseits mit dem Becken von Pleuracanthus unter den Elasmobranchii (Abb. 222 auf S. 167), andererseits mit dem Stammstück von Polypterus (auch einem Crossopterygier) und anderer Teleostomi. Es ist demnach wahrscheinlich, daß das Stammstück mit der Hälfte des Beckengürtels homolog ist.

Bei den Teleostei verbinden sich die beiden Stammstücke median oft miteinander. Dadurch wird eine Knochenplatte gebildet, welche zwischen den Bauchflossen liegt. Oft zeigt diese Platte Fortsätze oder ein medianes Fenster (Abb. 186). So ähnelt sie stark der ventralen Beckenhälfte einiger Tetrapoda; aber das ist sicher eine Konvergenzerscheinung ohne genetischen Zusammenhang.

Bei den Dipnoi beobachten wir ein Becken in der Form einer unpaaren medianen Platte (Abb. 189). Diese trägt seitlich die Bauchflossen und sendet nach vorn einen langen medianen Fortsatz; außerdem kommen kleinere Fortsätze vor.

Das Becken der Tetrapoda.

Bei den Tetrapoda hat das Becken eine viel größere Bedeutung als bei den Pisces: die Hinterextremitäten werden ja hier zu den wichtigsten Organen der Fortbewegung. Sie tragen hier nicht nur einen großen Teil des Körpergewichts, sondern sie sind es auch, die vor allem den Körper vorwärts bewegen, in weit höherem Maße als die Vorderfüße. Dadurch bekommen die Muskeln des Hüftgelenkes eine besondere Bedeutung. Und damit wieder muß das Becken besonders ansehnlich werden, um jenen Fortbewegungsmuskeln eine größere Ursprungsfläche zu bieten. Zweitens muß das Becken kräftig gebaut sein: so sehen wir denn, daß die linken und rechten Hälften, welche ebenso wie bei den Pisces, getrennt angelegt werden, ventro-median miteinander verschmelzen zu einer einzigen Platte. Ein sehr wichtiger Unterschied gegenüber den Pisces beruht weiterhin darin, daß das Becken mit der Wirbelsäule in Verbindung tritt: dazu dient einmal die starke Entwicklung der dorsal des Femurgelenkes gelegenen Pars iliaca, deren Verbindung mit der Wirbelsäule von einer oder mehreren Sacralrippen vermittelt wird. Dadurch kann der fortstoßende Druck, welchen die Hinterextremitäten erzeugen, direkt auf das Achsenskelet übertragen werden.

Die Pars iliaca (Processus iliacus) wurde, wie gesagt, bei einer Anzahl Elasmobranchii beobachtet; sie wird bei einigen Selachii embryonal angelegt, wo sie bei der erwachsenen Form fehlt —: daraus kann man schließen, daß die Pars iliaca ein alter Bestandteil des Beckens ist. Die Dipnoi und Crossopterygii besitzen jedoch keinen Processus iliacus. Da nun dieses diejenigen Pisces sind, von denen wir die Stammform der Tetrapoda ableiten, so müssen wir auch eine Neubildung der Pars iliaca bei den Tetrapoda für möglich erachten.

Amphibia. Das Becken der primitiven Tetrapoda: der Stegocephala, bestand aus einer ventralen Platte und einer dorsad gerichteten Pars iliaca (Abb. 190—191). Diese Pars war mit einer kurzen, oft stark verbreiterten Sacralrippe verbunden. Linke und rechte Hälfte dieser ventralen Platte stießen ventro-median zusammen; sie bildeten dabei meist einen stumpfen Winkel, selten einen spitzeren. Wir kennen dieses Becken recht gut, weil

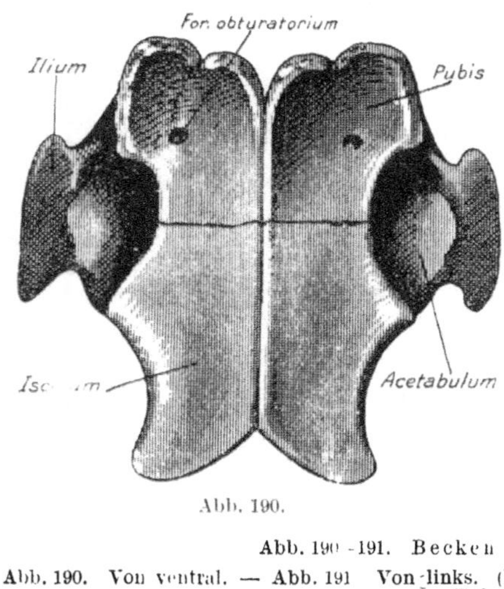

Abb. 190.

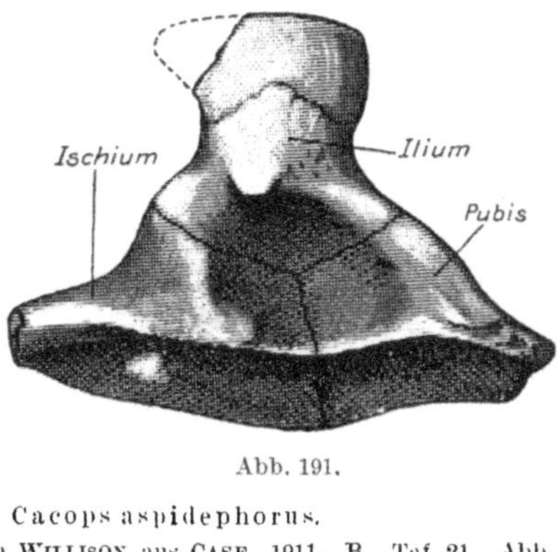

Abb. 191.

Abb. 190–191. Becken von Cacops aspidephorus.

Abb. 190. Von ventral. — Abb. 191 Von links. (Nach WILLISON aus CASE, 1911, B. Taf. 21. Abb. 4 und Taf. 12, Abb. 1.)

es bei einigen größeren, schwergebauten Stegocephala ganz verknöchert war (Abb. 190 u, 191). Die Verknöcherung ging von drei Zentren aus: die Pars iliaca verknöcherte als Ilium (Os ilei); die ventrale Platte bildete caudal das Ischium (Os ischii), cranial das Os pubis. Für das Femur war eine Gelenkgrube vorhanden, die auffallend groß war; sie wird Acetabulum genannt. Der Dorsalrand des Acetabulum trat etwas hervor, so daß er auf dem Caput des Femur ruhte. Bei vielen, meist kleineren Formen unter den Stegocephala fehlte das Os pubis. Es blieb dann der craniale Teil der ventralen Beckenplatte knorpelig.

So ist auch das Becken der Urodela gebaut (Abb. 192). das Ilium ist hier schlank; die Verbindung mit der Sacralrippe ist sehr lose. Die geringere Verknöcherung und lose Verbindung mit der Wirbelsäule hängen wohl zusammen mit dem geringeren Körpergewicht und der langsamen Fortbewegung dieser Tiere auf dem Lande.

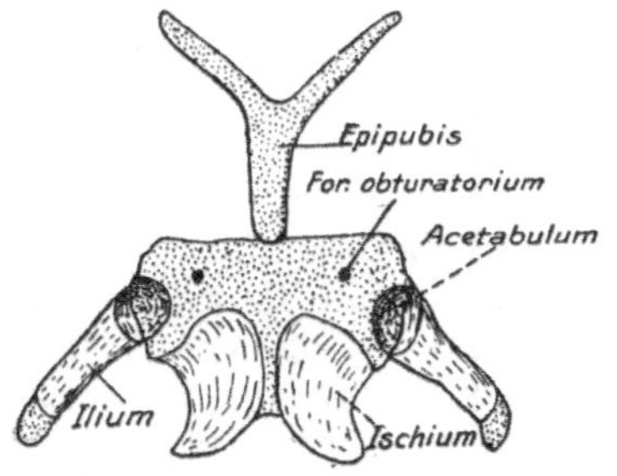

Abb. 192. Becken von Salamandra maculosa, von ventral. Knorpel punktiert, Knochen glatt. (Nach WIEDERSHEIM, 1909.)

Bei den Stegocephala und Urodela wird das Os pubis durchbohrt durch ein Loch: das Foramen obturatorium; es dient zum Durchtritt des Nervus obturatorius. Dieser Zustand kann auf eine ähnliche Durchbohrung bei den Selachii zurückgeführt werden. Die Pars iliaca, welche bei den Stegocephala wenigstens noch ziemlich vertikal stand (Abb. 191), steht bei den Urodela schief:

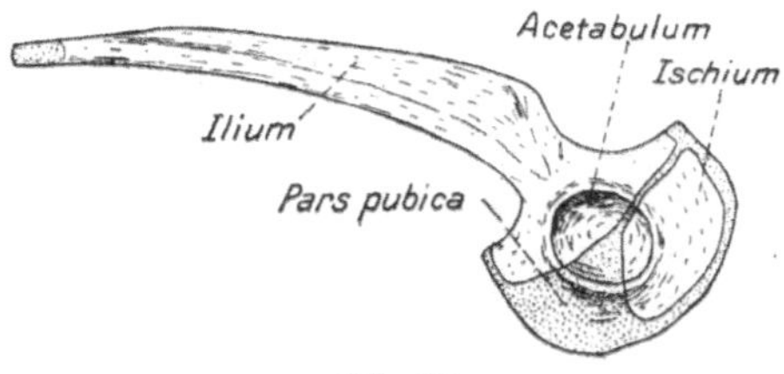

Abb. 193.

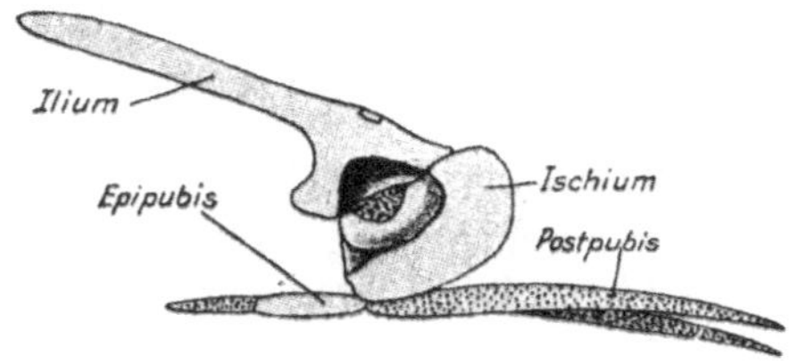

Abb. 194.

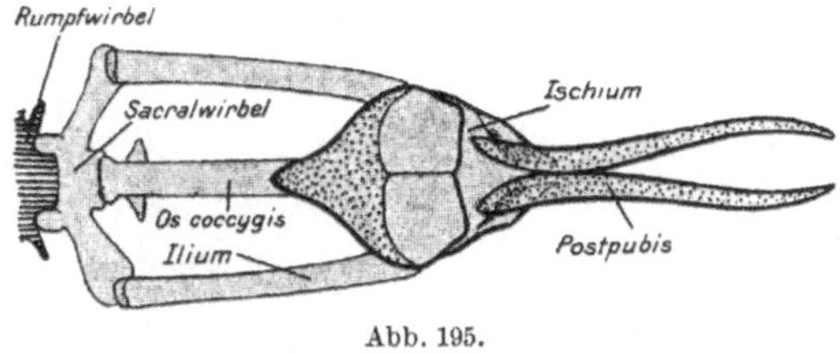

Abb. 195.

Abb. 193—195. Becken der Anura.

Abb. 193. Rana, linke Beckenhälfte von lateral. (Nach GAUPP, 1896—1904, Bd. 1, Abb. 48.) — Abb. 194 und 195. Ascaphus: Abb. 194 von links, Abb. 195 von ventral gesehen. (Nach NOBLE, 1922, Tafel 7, Abb. 1 u. 3.) Knorpel punktiert.

das dorsale Ende liegt weiter caudal als das Acetabulum. Einen solchen Stand finden wir bei den kriechenden Tetrapoda sehr allgemein.

Die Urodela lassen an ihrem Becken häufig einen craniad gerichteten ventromedianen Fortsatz erkennen: er ist meist schlank Y-förmig und wird Epipubis oder Cartilago ypsiloides genannt. Dieser Fortsatz ist meist beweglich mit dem eigentlichen Becken verbunden; in anderen Fällen ist die Verbindung eine durchgehend knorpelige. Die Bedeutung dieses Fortsatzes ist hydrostatisch: durch ihn kann ein Druck auf den hinteren Teil der stark verlängerten Lungen ausgeübt werden; diese Lungen dienen gleichzeitig als hydrostatische Organe; durch den Druck kann also der Unterstützungspunkt der Tiere verschoben werden. Entsprechend dieser Funktion fehlt dieser Fortsatz bei den Plethodontidae, eine Familie, die nur typische Landsalamander umfaßt. — Die Epipubis ist nicht vom Becken abzuleiten; sie entsteht vielmehr bei älteren Larven durch eine selbständige Knorpelbildung in der Linea alba und in einem der Myosepta des Musculus rectus abdominis. Er fehlt auch bei den perennibranchiaten Urodela, welche auf einem Larvenstadium stehen bleiben (WHIPPLE 1906).

Das Becken der Anura fällt vor allem durch die außerordentliche Verlängerung des Ilium auf (Abb. 193—195). Diese Verlängerung geht Hand in Hand mit der craniaden Verschiebung der Sacralwirbel. Sicher hat diese Lage der Sacralwirbel ihre Bedeutung bei der springenden Fortbewegung: der Punkt, welcher beim Springen den Stoß von den Hinterextremitäten auf die Wirbelsäule überträgt, wird dadurch nach vorn gebracht. Der ventrale Teil des Beckens ist hier mehr oder weniger stark seitlich zusammengedrückt: er bildet eine runde, dicke Skeletplatte, welche vertikal steht (Abb. 193 u. 194, Abb. 100 auf S. 91). Diese Platte verknöchert teilweise vom Ilium aus. Die hintere Hälfte bilden die miteinander verwachsene Ischia. Die kleine Pars pubica bleibt knorpelig und verkalkt; nur selten, z. B. bei Xenopus und Pelobates, verknöchert sie zu einem Os pubis. Discoglossidae und Aglossa besitzen ein viel weniger stark seitlich zusammengedrücktes Becken als Rana und die anderen typischen Anura. Gelegentlich kommt auch ein Epipubis vor, z. B. bei Xenopus und Ascaphus. Ascaphus besitzt auch einen eigenartigen, paarigen Fortsatz, der caudad gerichtet ist und Postpubis genannt wird (Abb. 194 u. 195).

Die Gymnophiona besitzen kein Becken.

Sauropsida. Die Cotylosauria (Stammreptilia) besaßen ein Becken, welches in allen Hauptpunkten mit dem des Stegocephalen Cacops übereinstimmte (vgl. Abb. 196 u. 190). Der ventrale Teil besaß die Form einer Platte; er wird nur durch ein kleines Foramen obturatorium in der Pars pubica durchbohrt. Das Becken

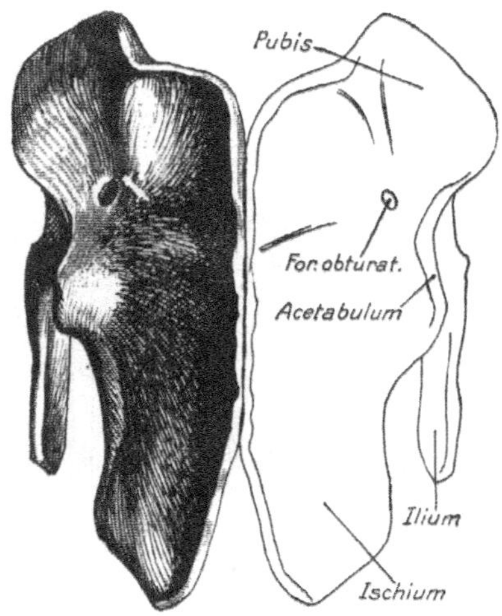

Abb. 196.

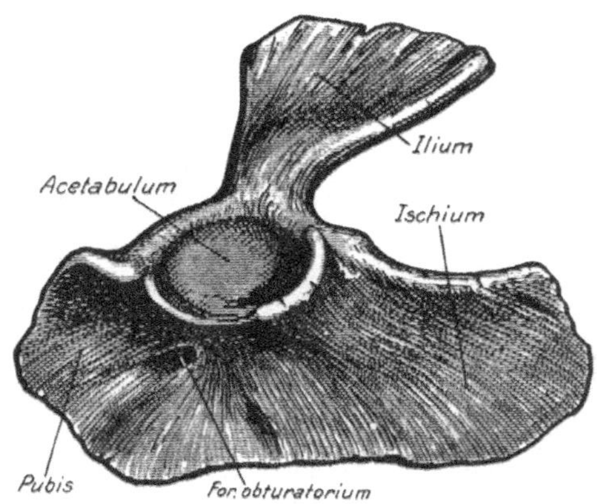

Abb. 197.

Abb. 196—197. Becken eines Cotylosauriers: Labidosaurus hamatus.
Abb. 196. Von ventral. — Abb. 197. Linke Hälfte von lateral. (Nach BROILI, 1904, Taf. 9, Abb. 9d u. 9a.)

war in der Regel fast ganz verknöchert. Ossa pubica waren stets vorhanden. Die Pars iliaca stand annähernd vertikal; aber ihr caudaler Teil war etwas mehr entwickelt als ihr cranialer, woraus eine etwas schiefe Haltung resultierte (Abb. 197). Die Anzahl der Wirbel, mit deren Rippen das Becken verbunden war, war typisch zwei, gelegentlich mehr, selten nur ein Wirbel (Limnoscelis, Seymouria).

Das ventral plattenförmige Becken mit dem Foramen obturatorium, aber ohne Fenster, wird bei allen permocarbonischen Reptilia gefunden, außer den Cotylosauria auch noch bei den Pelycosauria und den Mesosauria. Bei den weniger alten Reptilientypen und bei allen lebenden Reptilia ist in der ventralen

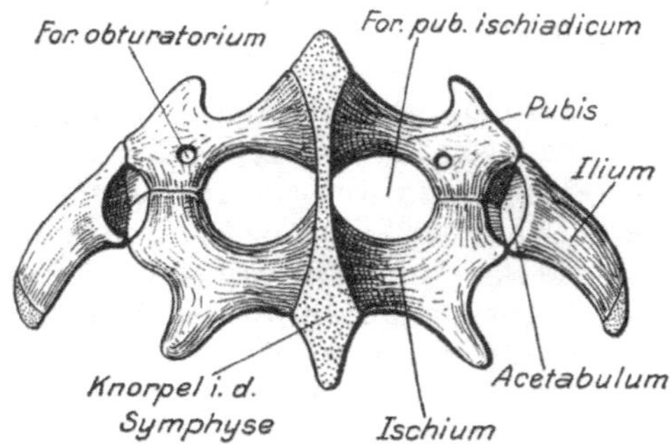

Abb. 198.

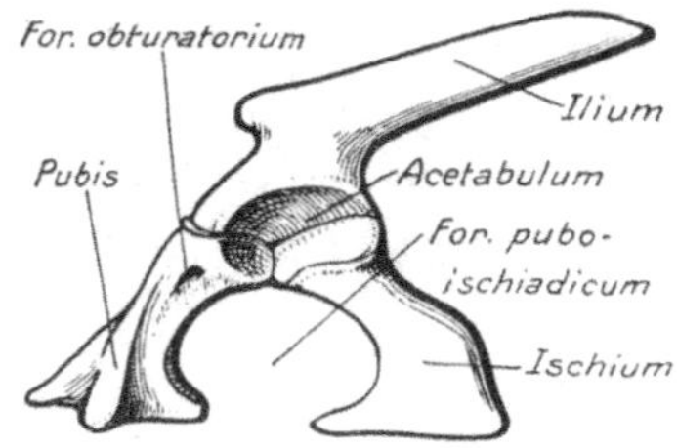

Abb. 199.

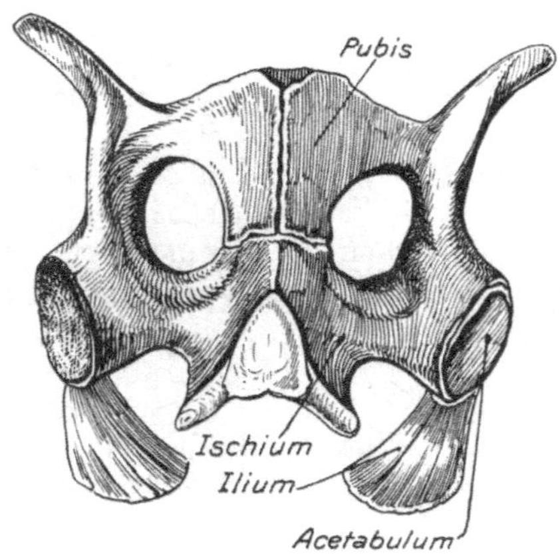

Abb. 200.

Abb. 198—200. Becken von recenten Reptilia.

Abb. 198. Von Sphenodon, von ventral. Knorpel punktiert. Die Ilia sind aus ihrer natürlichen Lage seitlich umgelegt. (Nach WIEDERSHEIM, 1909, Abb. 137b.) — Abb. 199. Varanus, linke Hälfte von lateral. (Nach GEGENBAUR, 1898, Abb. 352.) — Abb. 200. Testudo, von ventral. (Nach C. K. HOFFMANN, 1890, Taf. 11, Abb. 2.)

Beckenplatte eine paarige Durchbrechung entstanden: sie liegt zwischen dem Os pubis und dem Ischium und wird Foramen pubo-ischiadicum genannt. Das Foramen wird durch eine Membran geschlossen (Abb. 198—200). Das Foramen obturatorium bleibt meist neben dem Foramen pubo-ischiadicum selbständig bestehen. Es kann sich aber auch mit ihm vereinigen; dann wird die Durchbrechung Foramen obturatum genannt, z. B. bei den Chelonia und den Anomodontia.

Median pflegen beide Beckenhälften durch eine Knorpelstrecke verbunden zu sein. Derselbe Knorpel scheidet auch die beiden Foramina pubo-ischiadica.

In anderen Fällen ist dieser Knorpel verknöchert: dann beobachten wir eine mediane Nahtverbindung. Wieder in anderen Fällen ist er rückgebildet zu einem Ligament.

Durch das Foramen pubo-ischiadicum wird die ventrale Beckenplatte aufgelöst in zwei paarige knöcherne Balken: durch diesen Prozeß wird das Becken fester, während doch Material erspart wird.

Ventro-median kann ein Knorpelrest einen nach vorn gerichteten Fortsatz bilden. Dieser wird Cartilago epipubis genannt; er besitzt aber keine selbständige Bedeutung. Verschiedene Fortsätze können dem Becken eine sehr komplizierte Form geben (Abb. 198–200). –

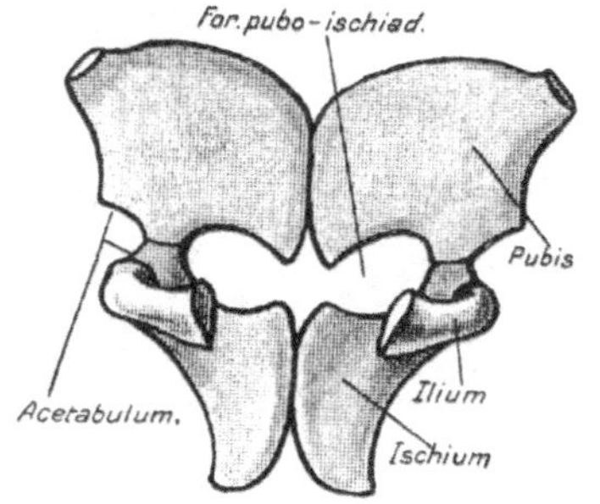

Abb. 201. Becken von Muraenosaurus, einem Plesiosaurier, von dorsal gesehen. Nur der Knochen ist bewahrt: das Acetabulum wurde anscheinend zum großen Teile von Knorpel gebildet. (Nach ANDREWS, aus WILLISTON, 1903, Taf. 18, Abb. 7.)

Bei den Wasserreptilia sind die Hinterextremitäten nicht mehr die wichtigsten Organe zur Fortbewegung; außerdem ruht das Körpergewicht nicht mehr auf den Extremitäten. Durch beide Veränderungen wird das Becken weniger belastet. Damit im Zusammenhang verändert sich das Becken in vieler Hinsicht: es verknöchert langsamer und nicht vollständig (die Lederschildkröte Dermochelys); die Verbindung mit der Wirbelsäule wird schwächer; das Ilium wird kleiner. So beobachten wir Verhältnisse, die an die Pisces erinnern, wo die Pars iliaca klein ist oder sogar meist fehlt.

Man kann nach der Schwimmweise zwei verschiedene Becken unterscheiden: sind die paarigen Extremitäten weiter als Fortbewegungsorgan im Dienste, dann bleibt der ventrale Teil des Beckens gut entwickelt (Seechelonia; Plesiosauria, Abb. 201). Bei Tieren aber, welche mit dem Schwanz schwimmen (Ichthyosauria) ist die Bedeutung der Hinterextremitäten sehr gering: damit im Zusammenhang wird das Becken immer mehr zurückgebildet. Bei primitiven Ichthyosauria ist das Becken noch ziemlich gut entwickelt, vor allem in seinem ventralen Teile; bei den geologisch jüngeren ist das ganze Becken aber stark zurückgebildet. –

Eigentümliche Umbildungen des Beckens, insonderheit der Ossa pubis, finden wir bei einer Gruppe der Reptilia, welche als ***Archosauria*** zusammengefaßt werden. Diese Umbildungen können in Beziehung gebracht werden zu einer Änderung in der Fortbewegungsart. Wir finden bei den primitiven Archosauria (Pseudosuchia) erstens vollkommen normal gebaute Reptilienbecken, welche dem Becken von Sphenodon und der Lacertilia gleichen (Abb. 199). Andererseits finden wir darunter auch Formen, bei denen die Ossa pubis caudad gekrümmt sind und auch die Ischia caudad gerichtet sind (Abb. 202). Dies bedeutet eine Verschiebung des Ursprungs vieler Muskeln der Hinterextremitäten: einmal hinsichtlich des Acetabulum und zweitens hinsichtlich ihrer Insertion am Femur. Eine solche Veränderung hat wohl zweifellos ihre Ursache in einem veränderten Stande und einer veränderten Bewegung der Femora gegenüber dem Rumpfe. Welchen Stand und welche Bewegung die Femora hatten, wissen wir nicht genau. Unter den Pseudosuchia aber befanden sich sicher Formen, welche auf ihren Hinterextremitäten laufen konnten; dabei waren die Femora stark nach vorn gedreht und die Knie waren dicht an den Rumpf gebracht. Ob diese Körperhaltung auch die erste Ursache für die Veränderung im Stand des Os pubis war, wissen wir nicht genau.

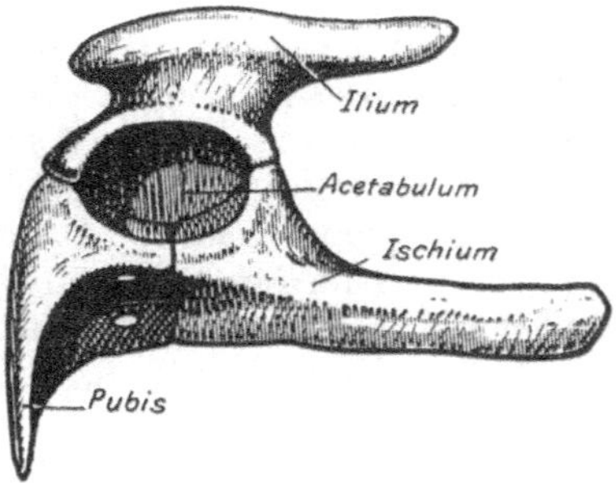

Abb. 202.

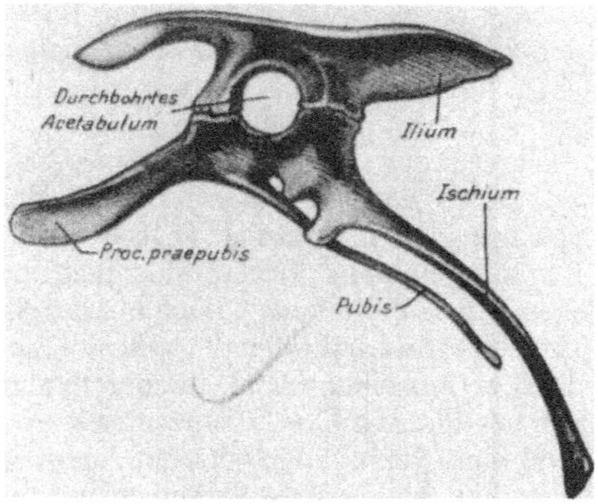

Abb. 203.

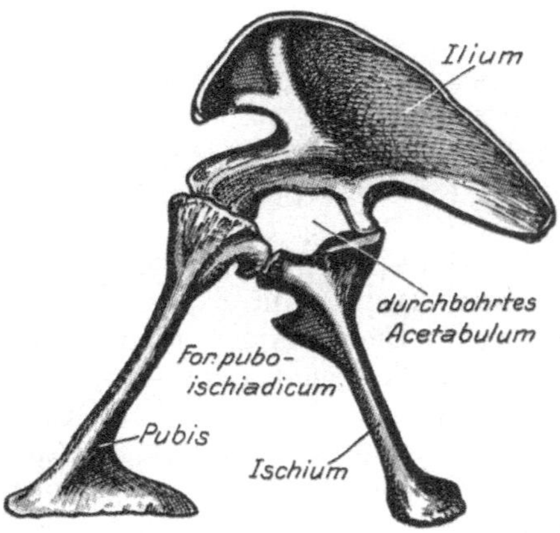

Abb. 204.

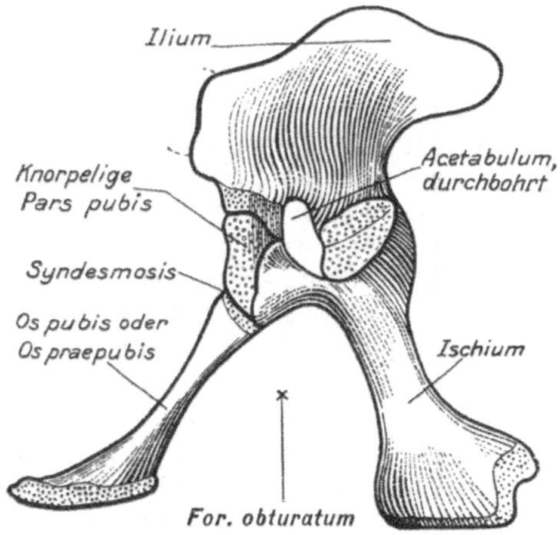

Abb. 208.

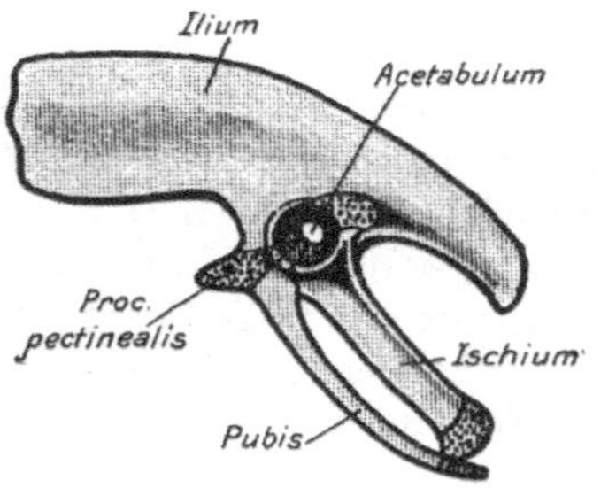

Abb. 205.

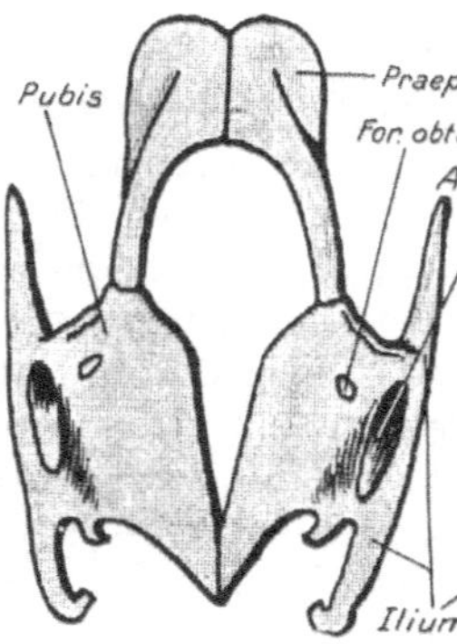

Abb. 206.

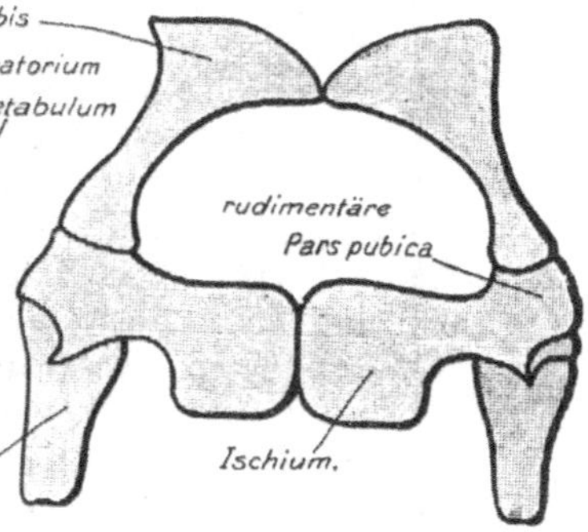

Abb. 207.

Abb. 202—208. Das Becken der Archosaurier und von Apteryx.

Abb. 202. Von Euparkeria, einem Pseudosuchier von links. (Nach HEILMANN aus ABEL, 1919, Abb. 419 B.) — Abb. 203. Von Iguanodon, einem Ornithischier, von links. (Nach DOLLO, 1883 B, Taf. 3, Abb. 2.) — Abb. 204. Von Anthrodemus (Allosaurus), einem Saurischier, von links. (Nach MARSH, 1896, Taf. 10, Abb. 2.) — Abb. 205. Von Apteryx, von links. (Nach T. J. PARKER, 1891, Taf. 18, Abb. 278.) — Abb. 206. Von Dimorphodon, einem Pterosaurier, von ventral. (Nach SEELEY, 1891, Abb. 13.) — Abb. 207. Von Alligator, von ventral, Knorpel weggelassen. (Nach SEELEY, 1891, Abb. 14.) — Abb 208. Von einem jungen Alligator lucius, von links. (Nach WIEDERSHEIM, 1909, Abb. 140 b.) Knorpel punktiert.

Die abweichende Entwicklung dieses Beckens ging jedoch sicher weiter bei denjenigen Formen, die ausschließlich auf ihren Hinterextremitäten liefen, also einen aufrechten Gang hatten: bei den Ornithischia und den Aves. Die Ossa pubis wurden hier schlanke Knochen, welche ziemlich parallel mit den Ischia ventro-caudad liefen (Abb. 203 u. 209). Eine zweite Änderung des Beckens zeigten die Ornithischia: von der Basis der Ossa pubis erstreckte sich ein fester paariger Fortsatz craniad (Processus praepubis oder pseudopectinealis). Diese Fortsätze nahmen ungefähr den gleichen Stand ein, wie normale Ossa pubis; aber sie weichen dadurch von ihnen ab, daß sie nach außen und vorn stark divergieren. Diese Fortsätze stützten die ventrale Bauchwand. Ihr Entstehen ist vielleicht dadurch zu begreifen, daß bei dem aufrechten Gange das Gewicht der schweren Eingeweide dieser großen Pflanzenfresser auf die Bauchwand drückte. Der Fortsatz muß eine Neubildung sein, ein Auswuchs der Ossa pubis. Bei den Aves ist gelegentlich eine schwache Andeutung eines solchen Fortsatzes zu beobachten: der Processus pectinealis (Abb. 206.) Er verknöchert aber nur bei Apteryx von dem Os pubis aus; bei Struthio verknöchert er selbständig; in anderen Fällen verknöchert er stets von dem Ilium aus: daraus ersehen wir, daß die Homologie keineswegs sicher ist. Darum wird dieser Fortsatz bei den Ornithischia wohl auch Processus pseudopectinealis genannt.

Die Ceratopsia unter den Ornithischia sind von dem aufrechten Gange zu einem vierfüßigen schreitenden übergegangen; damit im Zusammenhang ist das eigentliche Os pubis zurückgebildet. Bei den ebenfalls sekundär vierfüßigen Stegosauria schloß sich das Os pubis eng an das Ischium an und bildete funktionell damit ein Ganzes.

Bei den Saurischia unter den Dinosauria hat das Os pubis den normalen Stand: es ist craniad und ventro-mediad gerichtet. Das Ischium dagegen besaß eine caudade und ventro-mediade Lage (Abb. 204). Diese Formen müssen von sehr primitiven Pseudosuchia abstammen, welche ein normales Reptilienbecken besaßen. Die Saurischia waren schnelle Raubdinosauria, welche auf den Hinterfüßen liefen; sie liefen auf eine andere Weise als die Ornithischia: sie machten eine schmale Fußspur, die Ornithischia dagegen eine breite, was auf einen viel plumperen und mehr wackelnden Gang weist. Die Saurischia erhielten nicht die Anpassung des Beckens, welche bei den Ornithischia und den Aves in der eigenartigen Umbildung der Ossa pubis gegeben ist; wir wissen aber nicht warum.

Die ebenfalls zu den Archosauria gehörenden Pterosauria bewegten sich ziemlich ausschließlich flatternd und schwebend fort; sie besaßen ein leichtgebautes und ganz verknöchertes Becken, von welchen kraniad ein ventro-medialer Knochen sich fortsetzte; er war beweglich mit dem Becken verbunden (Abb. 206). In seiner Lage stimmte dieser Knochen überein mit dem Os pubis eines normalen Beckens. Es ist jedoch bei den Pterosauria am eigentlichen Becken ein typisches Foramen obturatorium vorhanden; nach seiner Lage und seinem Anteil an der Bildung des Acetabulum muß der umgrenzende Beckenteil das eigentliche Os pubis darstellen. Somit muß der selbständige Knochen eine Neubildung sein; er wird Os praepubis genannt. Die Herkunft dieses Knochens ist unbekannt. Seine Bedeutung lag wohl darin, daß er die Bauchwand stützte, nachdem das Os pubis durch seine Rückbildung nicht mehr die nötige Stütze verlieh; vielleicht hängt das mit einer ventro-caudad gerichteten Drehung des Pubis bei den Stammformen zusammen.

Am Becken der Crocodilia (Abb. 207 und 208) fallen die Ossa pubica auf, welche wohl die Normallage zeigen, aber doch in einzelnen Punkten davon abweichen; sie nehmen keinen Anteil an der Bildung des Acetabulum, sondern bleiben von ihm durch eine Knorpelmasse geschieden, welche sehr spät vom Ischium aus verknöchert; auch umgreifen sie nicht das Foramen obturatorium. Dieses Foramen ist mit dem sehr großen Foramen pubo-ischiadicum vereinigt zu einem Foramen obturatum. Weiterhin sind diese Knochen beweglich durch eine Syndesmosis mit dem übrigen Becken verbunden. Sie können nicht das ganze Os pubis sein, sondern nur sein distaler Teil, der sekundär beweglich geworden ist gegen den proximalen Teil. Der proximale Teil ist knorpelig geblieben. Es besteht aber eine weitgehende Übereinstimmung mit dem Os praepubis der Pterosauria; eine Homologie damit ist wohl möglich. Das eigentliche Os pubis würde dann rudimentär geworden sein. Für solch eine Umbildung spricht auch das Fehlen von verschiedenen Muskeln bei den Crocodilia, welche bei anderen Reptilia vom Os pubis entspringen.

Welchen Weg nun diese Umformung eingeschlagen hat, darüber unterrichten uns die Crocodilia nicht mehr als die Pterosauria. Wohl weist der abweichende Bau des Beckens darauf, daß in der Vorgeschichte der Crocodilia sich der Gang änderte: denn nur eine solche Veränderung kann eine so starke Umbildung des Beckens und der Muskeln hervorrufen. Diese würden dann später bei der Annahme der amphibischen Lebensweise wieder verschwunden sein. Früher sind die Crocodilia vielleicht aufrecht auf den Hinterextremitäten gelaufen: dafür sprechen das Fehlen der Clavicula am Schultergürtel und die auffallend schweren Hinterextremitäten und kleinen Vorderextremitäten. Auch die Digitigradie der Vorderextremitäten und die eigentümliche Verlängerung der Handwurzel bei den Crocodilia können dadurch erklärt werden. So sprechen allerlei Gründe dafür, daß die Ossa praepubis der Crocodilia eine Neubildung sind, vielleicht homolog mit dem Os pubis der Pterosauria; diese Neubildung würde dann hervorgerufen sein in Anpassung an den aufrechten Gang und eine darauf folgende Zurückkehr zur kriechenden Fortbewegung (Seeley 1891; von Huene 1908, 1914). Gewißheit kann nur das Auffinden von Übergangsformen von den primitiven Archosauria zu den Crocodilia erbringen. Die Beweglichkeit der Ossa praepubis muß eine Folge sein der Bewegungen der Bauchwand und des darin gelegenen Parasternum: mit diesem Parasternum sind die Ossa praepubis eng verbunden.

Das Acetabulum der meisten Archosauria ist auffallenderweise durchbohrt (Abb. 203—205); die Bedeutung hiervon ist unbekannt. Die Parasuchia mit einem normalen Reptilienbecken besitzen ein undurchbohrtes Acetabulum; ebenso die Pterosauria.

Unter den ausgestorbenen Archosauria war das Ilium oft sehr kräftig; es war craniad und caudad verbreitert und stand mit einer großen Anzahl (3—10) Sacralwirbeln in fester Verbindung. Diese Entwicklung des Ilium finden wir vor allem bei den Dinosauria; aber sie begann schon bei einigen Pseudosuchia. Wir haben in dieser Form eine Anpassung auf den aufrechten Gang zu erblicken; dabei ruhte das ganze Körpergewicht auf dem Becken. Weiterhin besaßen auch die Pterosaurier eine langgestreckte Pars iliaca des Beckens, welche mit vielen Sacralwirbeln verbunden war. —

Sehr stark nach vorn und nach hinten breitet sich das Ilium der ***Aves*** aus (Abb. 205 und 209—210). Ischium und Os pubis sind schlanke caudad gerichtete Knochen. Bei den erwachsenen Aves sind die Beckenknochen stets zu einem Ganzen verschmolzen (Os innominatum).

Das Becken der Aves ist ventral ohne Symphyse; es ist offen. Eine Ausnahme davon machen nur Struthio und Rhea. Bei Rhea bilden die Ischia eine Symphyse, welche jedoch dorsal des Darmes liegt und darum als eine sekundäre Symphyse angesehen werden muß. Bei Struthio bilden die Ossa pubis eine lange Symphyse ventral des Darmes; auch dieser Vorgang ist wahrscheinlich sekundär, da er bei den Embryonen fehlt und erst spät während der Entwicklung zustande kommt.

Eigentümlich ist bei den Aves eine Symphyse der Ilia; sie geschieht dorsal der Wirbelsäule und ist präacetabulär, bei den Ratitae auch postacetabulär. Die

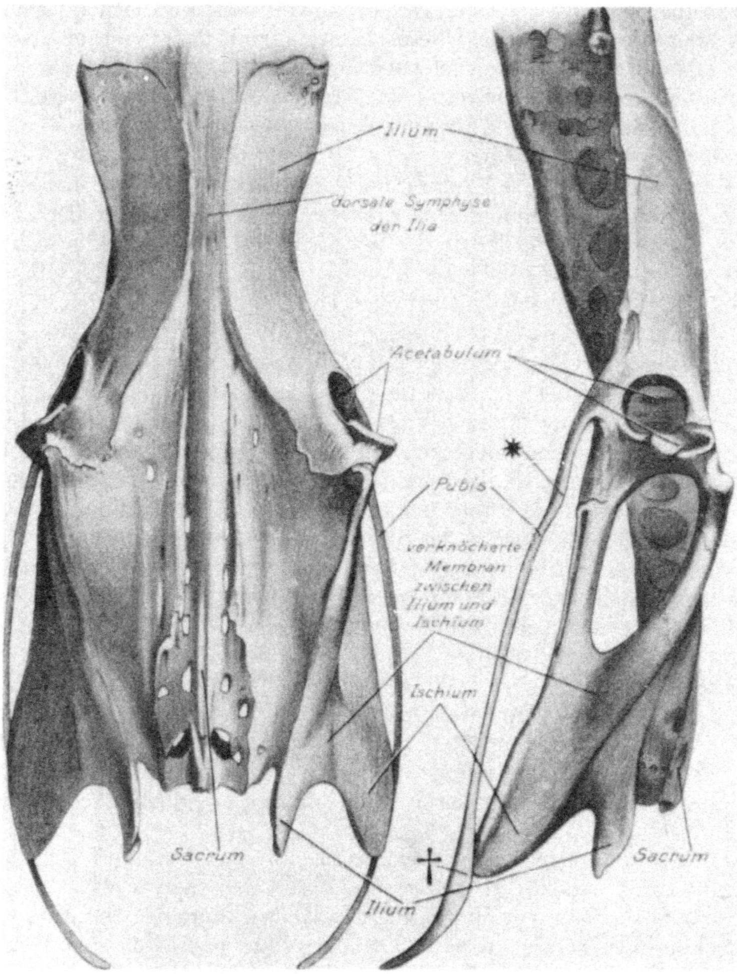

Abb. 209. Abb. 210.

Abb. 209—210. Becken der Aves (Pelecanus).
Abb. 209. Von dorsal. — Abb. 210. Von links. Bei * und † zeigen viele Aves eine Verbindung des Os pubis mit dem Os ischium. (Nach MIVART. 1879, Taf. 59, Abb. 1, 2.)

Ossa pubis und die Ischia können sekundär miteinander verbunden sein durch eine Knochenbrücke, deren Stelle in Abb. 210 durch einen Stern angegeben ist; auf diese Weise entsteht ein Fenster, welches zu Unrecht Foramen obturatorium genannt wird; es liegt zwischen beiden Knochen. Eine zweite, noch mehr distale Verbindung kommt gelegentlich vor: sie grenzt das sogenannte Foramen oblongum ab; ihre Stelle ist in Abb. 210 durch ein † wiedergegeben. Das Os ischii legt sich oft mit seinem oberen Rande gegen das Ilium an; hier kann durch Verknöcherung des Bindegewebes ein Zusammenhang entstehen (Abb. 209).

Das Verschwinden der ventralen Beckensymphyse bei den Aves ist wahrscheinlich eine Folge ihrer großen und hartschaligen Eier. Daß in seltenen Ausnahmefällen eine ventrale Symphyse doch auftritt, muß der größeren Festigkeit zugeschrieben werden, welche dadurch entsteht; ist doch das Becken schwer durch das Laufen auf den Hinterextremitäten belastet. Einer gleichen Beckenfestigkeit können die Verbindungen von Os pubis und Os ischium und schließlich von Os ischium mit dem Os ilium dienen.

Bei Struthio ist noch ein viertes Verknöcherungszentrum des Beckens gefunden worden: es liegt am Vorderrande der Pubiswurzel. Dies ist der Platz, wo bei den Pterosauria die Ossa praepubis am Os pubis befestigt sind. Aber dies beweist noch keine Homologie mit diesem Knochen. Bei anderen Aves finden wir an Stelle dieses Knochens noch gelegentlich einen Fortsatz, den Processus pectinealis, welcher meist vom Os ilium aus verknöchert, bei Apteryx jedoch vom Os pubis aus (Abb. 205). Das Os pubis der Aves wird embryonal in der Haltung angelegt, welche für die Sauropsida normal ist: ventro-craniad gerichtet. Während der Ontogenese dreht sich der Knochen dann, so daß er mit dem freien Ende mehr und mehr caudal des Acetabulum zu liegen kommt und gleichzeitig näher dem Os ischium. Ein Vergleich mit den Pseudosuchia läßt erkennen, daß diese Lageveränderung tatsächlich auch phylogenetisch stattgefunden hat. Damit ist also das Os pubis der Aves homolog mit dem der Reptilia.

Mammalia. In der Reihe der Theromorpha und daran anschließend bei den Mammalia finden wir eine eigene Entwicklung der Beckenform; es entsteht der Typus des Mammalierbeckens. Bei den Pelycosauria zeigt das Becken denselben Typus wie bei den Cotylosauria (man vergleiche zu dem Zwecke Abb. 134 auf S. 119 mit Abb. 196 auf S. 154). Die Ossa ischii und pubis sind platt; sie besitzen kein Foramen pubo-ischiadicum; die Verbindung mit dem Sacrum steht ziemlich senkrecht über dem Acetabulum. Die beiden Hälften der ventralen Beckenplatte treten in der Symphyse unter einem Winkel zusammen; dadurch liegt die Symphyse deutlich mehr ventral als der Unterrand des Acetabulum.

Bei den jüngeren Theromorpha, nämlich bei den Anomodontia finden wir, daß dieser primitive Typus langsam verändert. Bei einem Teil der Formen ist das Foramen obturatorium bis zur Grenze des Os pubis und des Os ischium verschoben; außerdem ist es vergrößert, so daß das Becken ein Fenster erhält (Abb. 211—213), wie bei anderen Reptilia. Aber während das Fenster bei den meisten Reptilia ein Foramen pubo-ischiadicum ist, welches neben dem Foramen obturatorium selbständig entstand, beobachten wir bei den Anomodondia gerade eine Vergrößerung des Foramen obturatorium. Man nennt dieses Fenster darum bei den Anomodontia ein Foramen obturatum (s. oben). Das Os ilium der Anomodontia ist oberhalb des Acetabulum schmal; sein dorsaler Teil verbreitert sich craniad und etwas weniger auch caudad. Da ferner die Ossa pubis klein bleiben und die Ossa ischii stark caudal des Acetabulum vorspringen, bekommt das Becken eine Längsachse, welche von dorso-cranial nach ventro-caudal verläuft. Damit erhält das Becken gerade einen umgekehrten Stand wie bei den typischen Reptilia, bei welchen wir eben sahen, daß das Sacrum postacetabulär liegt (man vergleiche zu diesem Zwecke Abb. 134, 135 auf S. 119 mit Abb. 212). Diese neue Lage des Beckens steht in Verbindung mit einer Änderung in der Fortbewegung: von einer kriechenden, vorwärtsschiebenden Bewegung zu einer laufenden; dabei wird der

Rumpf frei über dem Boden getragen. Diese neue Körperhaltung verlangte eine andere Entwicklung der Muskeln und dadurch eine Formveränderung des Beckens, welches die Ursprungsfläche dieser Muskeln bildete.

Diese Entwicklungsrichtung des Beckens, welche wir hier bei den Anomodontia beobachten, geht bei den Mammalia weiter. Das Ilium hat gewöhnlich keinen postacetabulären Teil mehr; es ist ziemlich langgestreckt und schlank (Abb. 214—216). Von dem Acetabulum aus ist das Ilium dorso-craniad gerichtet; dadurch kommt die ileo-sacrale Verbindung mehr cranial zu liegen als das Acetabulum; diese Verbindung liegt also präacetabulär. Das Wegfallen einer Verbreiterung des Ilium in caudaler Richtung steht wahrscheinlich in Verband mit einer Zurückbildung des Schwanzes: der Schwanz behält nur eine geringe Bedeutung für die Fortbewegung; er ist zu einem scharf abgesetzten, schlanken Anhängsel des Rumpfes geworden. Dadurch sind die Muskeln,

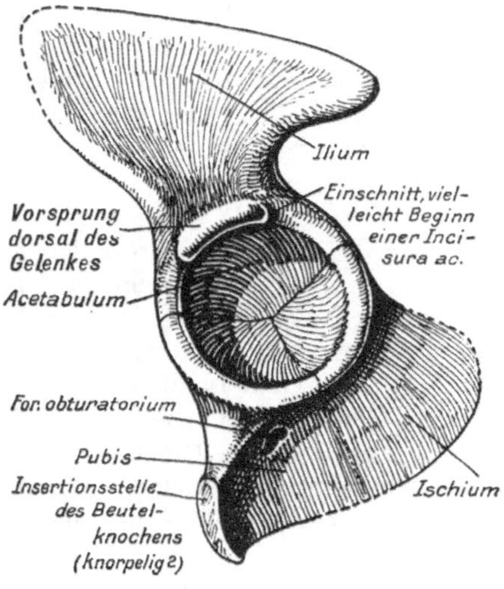

Abb 211.

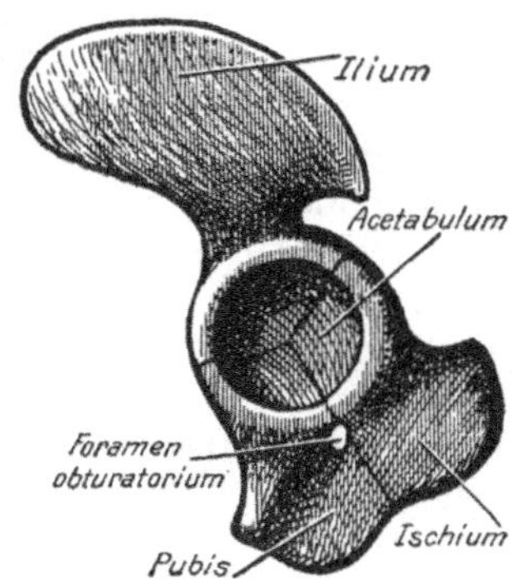

Abb. 212.

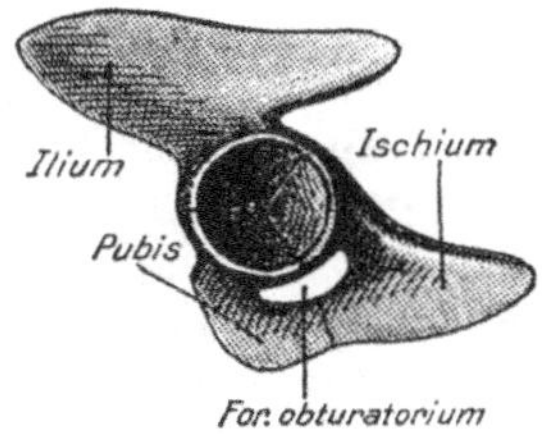

Abb. 213.

Abb. 211—213. Das Becken der Anomodontia, von links.

Abb. 211. Von Moschops capensis. (Nach Broom, 1915, Taf. 2, Abb. 12, Spiegelbild.) — Abb. 212. Von Udenodon. (Nach Broom, 1908, Abb. 247 c.) — Abb. 213. Von Diademodon. (Nach Broom, 1915, Taf. 10. Abb. 6.)

welche vom Ilium zum Schwanz verlaufen, schwach entwickelt. Das Foramen obturatum ist bei den Mammalia groß geworden, mit Ausnahme der Monotremata (Abb. 214—216). Nur selten ist der Vorderteil des Foramen abgeschieden durch eine sekundäre Knochenbrücke: dadurch entsteht ein besonderes Loch für den Nervus obturatorius (Crocidura, Cyclothurus, Otaria).

Neben den drei typischen Beckenknochen finden wir allgemein bei den Mammalia im Acetabulum noch eine kleine vierte Verknöcherung: das Os acetabuli (Abb. 216). Dieser Knochen bildet einen Teil des Acetabulum, und zwar jenen, welcher sonst durch das Os pubis gebildet wird; dadurch wird das Os pubis von der Bildung des Acetabulum ausgeschlossen. Das Os acetabuli verwächst bald mit einem der größeren Beckenknochen. Nachher verschmelzen sämtliche Beckenknochen zu einem einzigen Knochen: dem Os coxae.

Nur bei Echidna ist das Acetabulum durchbohrt. Im ventralen oder caudalen

Rande des Acetabulum finden wir bei allen Mammalia, mit Ausnahme der Monotremata, einen Einschnitt: die Incisura acetabuli (Abb. 215). Diese hängt zusammen mit dem Vorkommen eines kräftigen Bandes, welches den Kopf des Femur mit dem Acetabulum verbindet und im Gelenk liegt (Ligamentum teres). Bei primitiven Tetrapoda finden wir allgemein einen vorspringenden Rand; dieser liegt am Ober- oder am Hinterrande des Acetabulum, und endet caudal mit einer Einkerbung. Das kommt schon bei Stegocephala und Anomodontia vor (Abb. 191 auf S. 152 und Abb. 211 auf S. 162). Diese Einkerbung weist wahrscheinlich auf die Anwesenheit eines Ligamentes, welches bei den Mammalia dann zum Ligamentum teres geworden sein kann; die veränderte Lage der Einkerbung (nämlich ventro-caudal des Acetabulum) kann bei den Mammalia mit der veränderten Lage des Femur zusammenhängen (Broili 1908, Romer 1922).

Die Verbindung der linken und rechten Beckenhälfte geschieht ventral in der Symphyse durch Knorpel; oder sie kann auch durch eine Naht zustande kommen, welche reich ist an Bindegewebe und einige Bewegung zuläßt. Diese Beweglichkeit erscheint wichtig, da bei der Geburt der sehr großen Embryonen sich der Durchmesser des Beckens notwendig vergrößern muß. Die Ossa ischii sind bei einem Teil

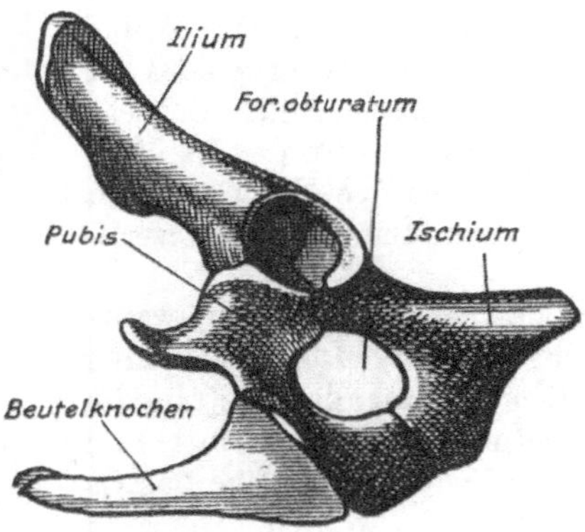

Abb. 214.

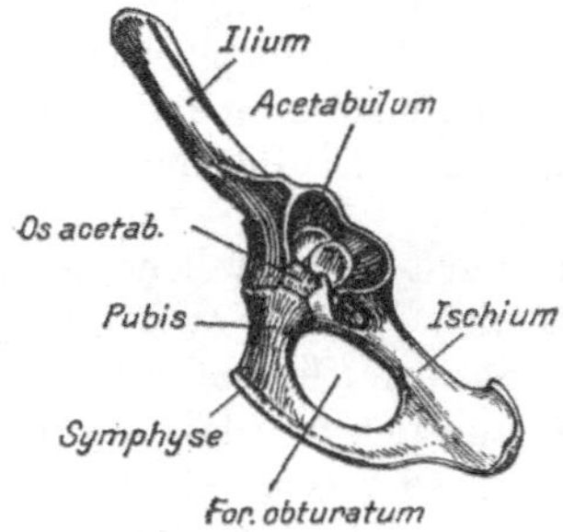

Abb. 215.

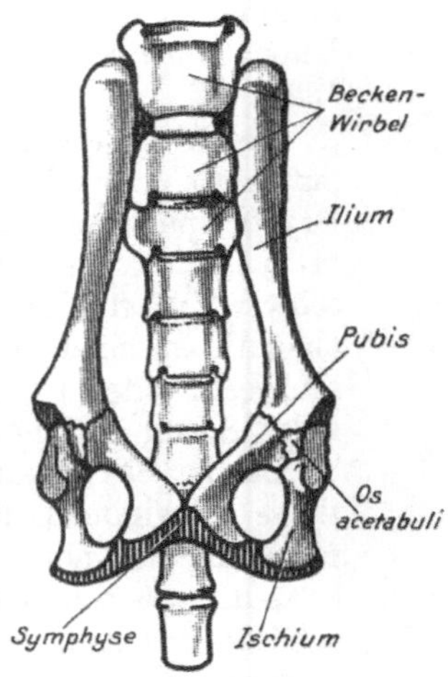

Abb. 216.

Abb. 214—216. Mammalierbecken.

Abb. 214. Von Ornithorhynchus, von links. (Nach Boas, 1913, Abb. 389.) — Abb. 215. Von Lepus cuniculus, von links. Am Unterrand des Acetabulum liegt die Incisura acetabuli. (Nach Krause, 1884, Abb. 58.) — Abb. 216. Von Galeopithecus volans, jun., von ventral. (Nach Leche, aus Weber 1904, Abb. 86.)

der Mammalia von der Bildung der Symphyse ausgeschlossen. Dadurch wird die Symphyse allein von den Ossa pubis gebildet (Prosimiae, Simiae, verschiedene Rodentia, einzelne Carnivora usw.). Bei einem Teil der Insectivora wird die Symphyse durch Knorpel gebildet: die Cartilago interpubica. Bei anderen Insectivora, z. B. bei Talpa und Sorex besteht gar keine Symphyse; hier ist das Becken so stark verengt, daß die Eingeweide keinen Platz mehr finden.

Das Ischium hat sich durch den Stand des Mammalierbeckens von ventral dicht der Wirbelsäule genähert; von seinem dorsalen Rande aus geht ein Ligament nach vorn zu denjenigen Schwanzwirbeln, welche zu den pseudosacralen Wirbeln verschmolzen sind. Dieses Ligament kann verknöchern (Pteropus; Xenarthra).

Bei den Monotremata und Marsupialia finden wir Beutelknochen (Ossa marsupialia). Sie sind paarig und sitzen dem Vorderrande der Ossa pubis an, dorsocraniad gerichtet. Sie stützen den ventralen Teil der Bauchwand. Knorpelig angelegt verknöchern sie stets mit Ausnahme bei Thylacinus. Unter den Anomodontia haben einige Cynodontia wahrscheinlich Beutelknochen besessen (BROOM 1915; vgl. Abb. 211 und 282 auf S. 205).

Die Herkunft der Ossa marsupialia ist unbekannt. Man hat sie mit der Cartilago ypsiloides der Urodela verglichen. Aber hierfür ist kein genügender Beweis erbracht; die Homologie ist sogar unwahrscheinlich, da besagte Cartilago in den tieferen Schichten der Bauchmuskelwand liegt, die Beutelknochen aber oberflächlicher; auch sind die Beutelknochen typisch paarig angelegt und die genannte Cartilago ist unpaar (WIEDERSHEIM 1892 B, WHIPPLE 1906). Wahrscheinlich sind die Beutelknochen Neubildungen der Anomodontia; sie entstanden wohl im Zusammenhang mit der Differenzierung der Bauchmuskulatur. Vielleicht entstanden sie auch aus ein paar letzten Bauchrippen; aber die knorpelige Anlage der Beutelknochen spricht dagegen (VOELTZKOW und DOEDERLEIN 1902). Bei den Placentalia fehlen die Beutelknochen; vielleicht sind sie in Resten noch zu erkennen in den paarigen oder unpaaren Knochenkernen, welche im Knorpel der Symphyse verschiedener Xenarthra und der Chiroptera beobachtet worden sind. An der Stelle, wo die Beutelknochen liegen, finden wir bei den Canidae starke Ligamente. — Der Name Beutelknochen ist insofern nicht ganz richtig, als die Knochen bei Echidna in keinem direkten Verbande mit dem Beutel stehen (RUGE 1895). —

Das Ilium der Mammalia gibt in einigen Fällen seine schlanke Stabform wieder auf und entwickelt sekundär einen postacetabulären Teil. Das kommt z. B. bei Orycteropus vor. Auch das Os ilium des Menschen und der Anthropoidea ist breit und kurz, was im Zusammenhang mit dem aufrechten Gange steht. Bei sehr schwer gebauten Mammalia, bei Elephas und Hippopotamus, wird das Os ilium ebenfalls zu einer breiten Platte umgeformt; damit liegt das Acetabulum wieder senkrecht unter dem Sacrum: das Becken hat also wieder seinen primitiven vertikalen Stand eingenommen.

Bei den Sirenia und den Cetacea, welche, wie bekannt, mit Hilfe ihrer Schwanzflosse schwimmen, ist das Becken natürlich zurückgebildet. Die Verbindung mit dem Sacrum wird schwach (Sirenia) oder verschwindet ganz; das Acetabulum ist nur noch schwach angedeutet; das Foramen obturatum wird kleiner und schließt sich ganz. auf diese Weise entsteht eine Knochenplatte, welche das Os ischium und pubis vertritt. Die Pars iliaca kann sehr klein werden. Übrigens zeigt das Becken eine auffallend große individuelle Variabilität (SCHMIDTGEN 1912, ABEL 1912 A, STROMER 1921).

Die freien Extremitäten (Pterygia) der Pisces.

Die vorderen und hinteren paarigen Piscesextremitäten zeigen meist eine auffallende Übereinstimmung im Bau; weiterhin ähneln sie bei den Pisces auch stark den unpaaren Flossen. Diese Ähnlichkeit kann eine Folge eines gemeinsamen Ursprungs sein; andererseits kann man sich vorstellen, daß der gleiche Bau unter dem Einfluß von mehr oder weniger gleichen Anforderungen entstanden ist. Es spricht z. B. für den großen Einfluß der Funktion auf den Bau, daß die vorderen und hinteren Extremitäten ihre Übereinstimmung auch behalten bei der Umbildung der Flossen zu Füßen und bei der weiteren Spezialisierung der Füße. Diese gleichgerichtete Umformung bildet weiterhin ein gutes Beispiel für das Band, welches zwischen Organen besteht, die sich in der Längsachse des Körpers wiederholen (homodyname Organe). Diese Übereinstimmung im Bau ist so groß und wird nur so selten unter dem Einfluß besonderer Anpassungen wesentlich gestört, daß wir das Skelet der vorderen und hinteren Extremitäten gleichzeitig behandeln können.

Die paarigen Flossen der Pisces besitzen in ihrer undifferenzierten Form ein Knorpelskelet, welches gestützt wird durch Hornfäden (Ceratotrichia; vgl. S. 126); wir finden eine solche Form bei den Elasmobranchii und Dipnoi. Bei den Teleostomi tritt eine Verknöcherung des inwendigen Skelets auf: gleichzeitig wird dieses (wie auch die Hornstrahlen) ersetzt durch die knöchernen Flossenstrahlen oder Lepidotrichia, die aus Reihen von Schuppen entstehen. Diese Entwicklung läuft also parallel mit der der unpaaren Flossen (S. 127). In der besonderen Form aber des inneren knorpelig angelegten Skeletes finden wir nur eine geringe Übereinstimmung mit dem Skelet der unpaaren Flossen. Die unpaaren Flossen bestehen ja aus parallelen Radien und besitzen typisch eine breite Basis. Die Basis der paarigen Extremitäten ist aber verschmälert, so daß hier die Skeletstücke sich zusammenfügen zur Bildung einer wenig ausgebreiteten Gelenkfläche, welche zur Verbindung mit dem Gürtel dient.

In den Einzelheiten des inneren Skeletbaues beobachten wir viele Unterschiede. Es ist daher schwierig zu unterscheiden, welcher der verschiedenen Typen der ursprüngliche ist. GEGENBAUR war der Meinung, daß das ursprüngliche Flossenskelet einen kräftigen Stamm als Achse besaß, welcher aus einer Anzahl aufeinanderfolgender Stücke bestand; von ihm aus gingen nach beiden Seiten kurze Radien aus, welche mehr oder weniger gegliedert waren; ein solches Flossenskelet nannte er das biseriale Archipterygium. Wir finden eine solche Flosse bei den permo-carbonischen Pleuracanthodi unter den Elasmobranchii (Abb. 149 auf S. 129), ferner bei Neoceratodus unter den lebenden Dipnoi (Abb. 189 auf S. 151) und schließlich bei den primitiven Teleostomi (den devo-

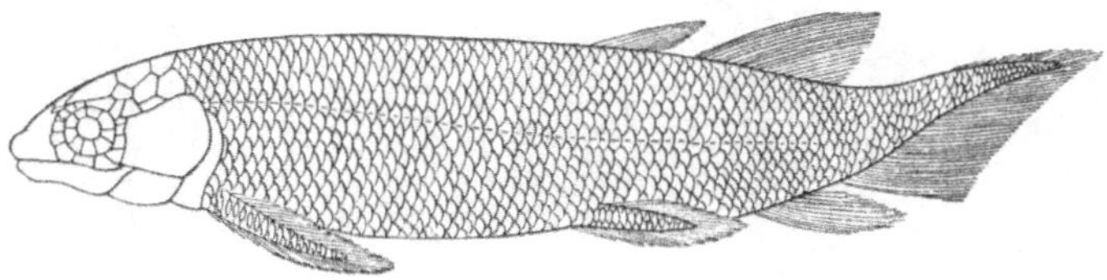

Abb. 217. Dipterus valenciennensis, devonischer Lungenfisch. (Nach TRAQUAIR, aus WOODWARD, 1898, Abb. 49.)

nischen Crossopterygii). Wir haben es hier ohne Zweifel mit einem sehr alten Typus des Flossenskeletes zu tun; kommt er doch bei allen drei großen Abteilungen der Pisces vor, welche paarige Flossen besitzen. Gerade das können wir von einem ursprünglichen Flossenskelet erwarten! Der Typus ist bei den Brustflossen deutlicher als bei den Bauchflossen, bei denen die Radien in der Regel nur an einer einzigen Seite des Stammes entspringen; dadurch wird das sogenannte uniseriale Archipterygium gebildet (Abb. 185 auf S. 150; Abb. 222). Es spricht weiterhin für den primitiven Charakter des biserialen Archipterygium, daß es bei den vorderen und hinteren Extremitäten vorkommt; bei allen anderen Typen besteht nämlich ein Unterschied zwischen den vorderen und hinteren Extremitäten, was vor allem bei den Selachii auffällt. Weiterhin weist das Vorhandensein eines kräftigen Stammes und die langgestreckte Form auf eine Flosse, die nicht nur allein zum Steuern, sondern auch zur Fortbewegung diente. Das finden wir natürlich besonders bei Pisces, die keine guten Schwanzschwimmer waren; und das dürfen wir gerade wieder bei den ursprünglichsten Pisces erwarten, welche proterocerk oder schwach heterocerk waren (Abb. 217).

Solche Tiere sind vermutlich Bewohner untiefer Küsten und Flußmündungen gewesen. Mit der Vervollkommnung der heterocerken Flosse sind die Tiere wahrscheinlich schnellschwimmende Bewohner der offenen See geworden; damit wurden die Extremitäten mehr und mehr zu reinen Steuerorganen. Diese Funktion konnten sie besser erfüllen, indem sie kürzer und breiter wurden.

Es spricht auch für den primitiven Charakter des biserialen Archypterygium, daß man leicht die verschiedenen anderen bekannten Skeletformen der Extremitäten hiervon ableiten kann. Über andere Auffassungen werden wir später das eine oder andere mitteilen. Wir werden hier zunächst von dem biserialen Archipterygium ausgehen als einem Typus des Flossenskeletes, von dem man die Flossen der rezenten Fische ableiten kann.

Bei den haifischartigen Selachii finden wir meist keinen typischen Stamm der paarigen Extremitäten. Bei der Brustflosse beobachten wir in der Regel drei große basale Knorpelstücke; diese bilden alle drei zusammen die Gelenkfläche für die Verbindung mit dem Schultergürtel. Sie werden Pro-, Meso- und Metapterygium genannt (Abb. 218) (GEGENBAUR 1865). In einzelnen Fällen finden wir auch nur ein einziges großes Basalstück, manchmal auch zwei (Abb. 219). Das Metapterygium liegt am caudalen Rande der Flosse. Von dem distalen Rande dieser basalen Skeletstücke, welcher also vom Körper weggekehrt ist, gehen eine Anzahl schlanker Radien aus; dabei ist meist zu beobachten, daß ein größeres Skeletstück sich anschließt an das Metapterygium und mit diesem einen kurzen Stamm des Flossenskelets andeutet (Abb. 218). Bei den Brustflossen einiger Selachii, vor allem bei Centrophorus, setzt sich das langgestreckte Metapterygium in ein großes zweites Stück fort; auf diese Weise entsteht ein typischer Stamm, welcher neben den gewöhnlichen zahlreichen präaxialen Radien auch einige postaxiale Radien trägt (Abb. 219); diese Brustflossen weisen darauf hin, daß der kurze Stamm in der Tat mit dem Stamm des biserialen Archypterygium homolog ist. Der Anschluß an das biseriale Archipterygium ist auf diese Weise gegeben. Das Metapterygium stellt also die Stammbasis des Archipterygium dar. Pro- und Mesopterygium können durch Verschmelzung von Radien entstanden sein; auf diese Weise entsteht ein breiterer und dadurch festerer Anschluß der Flosse an den Schultergürtel.

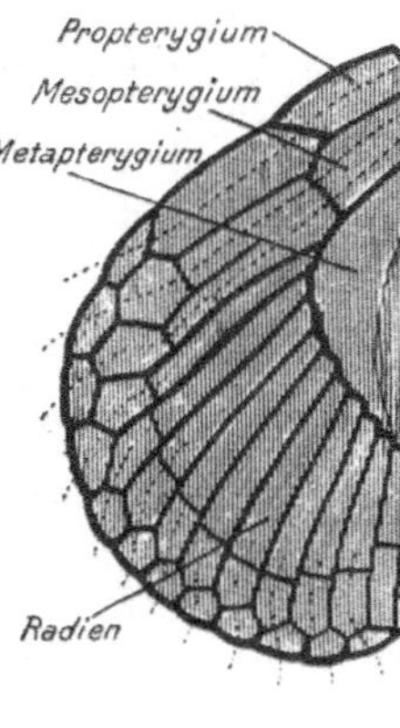

Abb. 218.

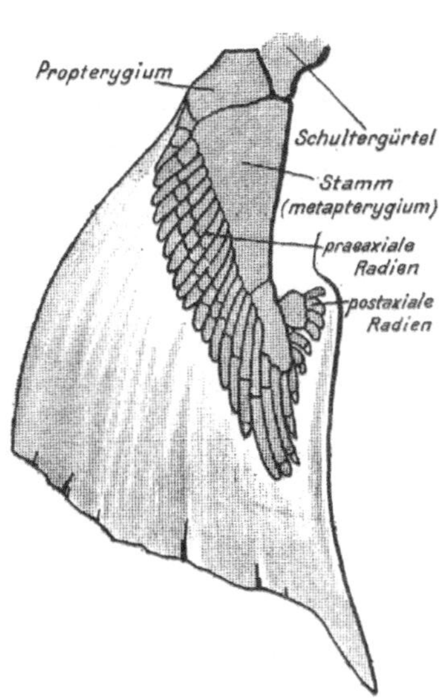

Abb. 219.

Abb. 218—219. Linkes Brustflossenskelet einiger Selachii, von dorsal.

Abb. 218. Hemiscyllium plagiosum. Die punktierten Linien geben die Radien an. (Nach GEGENBAUR, 1870, Taf. 16, Abb. 27.) — Abb. 219. Von einem ausgewachsenen Embryo von Centrophorus granulosus. (Nach BRAUS, 1904, Abb. 204.)

Die Bauchflossen der Elasmobranchii sind bei keinem einzigen bekannten

Vertreter als biseriales Archipterygium entwickelt. Bei Pleuracanthus, wo die Brustflosse ein typisch gebautes biseriales Archipterygium ist (Abb. 149 auf S. 129), ist die Bauchflosse ein uniseriales Archipterygium (Abb. 222), welches sonst der Vorderflosse sehr ähnelt. Hierbei schließen sich die rezenten Selachii an: ein deutlicher Stamm ist ebenfalls zu beobachten, von welchem nur nach einer einzigen Seite eine große Anzahl von Radien abgehen; sie liegen präaxial. Der Stamm besteht hier nur aus einzelnen Stücken (Abb. 220). In jedem Falle gehen einige vordere Radien nicht vom Stamm ab, sondern entweder direkt von dem Becken aus (Abb. 220), oder von einem Knorpelstück, das selbständig vor dem Stamm liegt; dieses Knorpelstück wird nach Analogie mit der Brustflosse Propterygium genannt (Abb. 183 auf S. 149).

Bei den männlichen Vertretern der Elasmobranchii ist der distale Teil der Bauchflossen umgebildet zu einem Kopulationsorgan (vgl. S. 775). Dieses Organ wird durch ein recht kompliziertes Knorpelskelet gestützt, welches aus

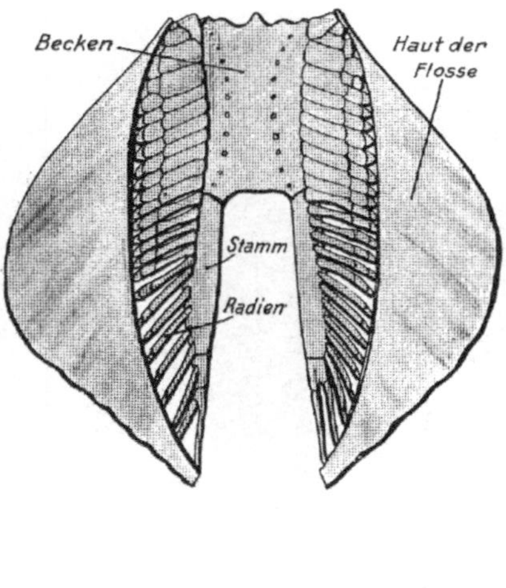

Abb. 220.

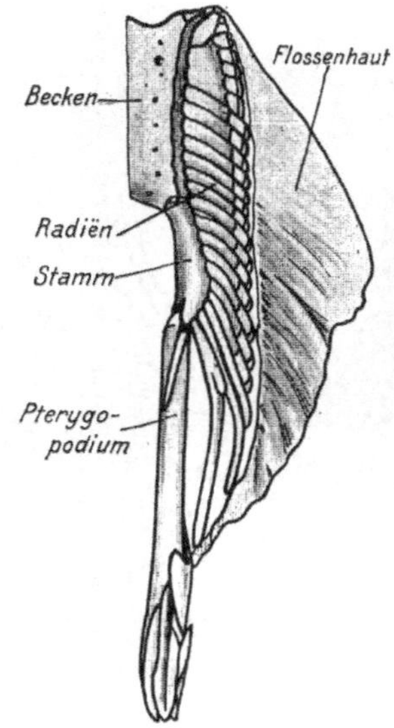

Abb. 221.

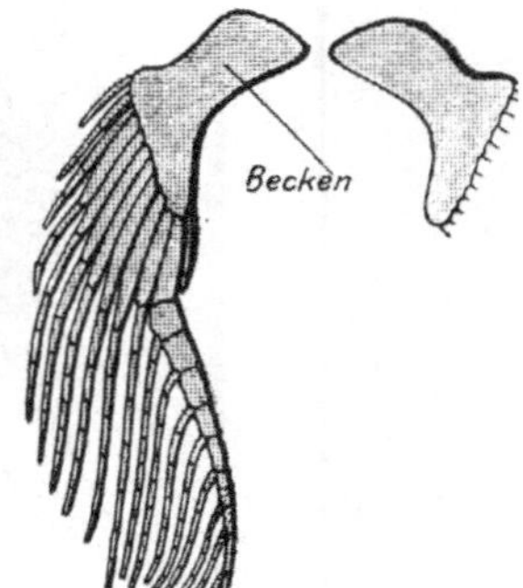

Abb. 222.

Abb. 220—222. Bauchflossenskelet und Becken von Elasmobranchii.

Abb. 220. Von Chlamydoselachus anguineus, ♀. (Nach GOODRICH, 1909, Abb. 101 G.) — Abb. 221. Rechte Bauchflosse von Chlamydoselachus anguineus ♂. (Nach GOODEY, 1910, Taf. 46, Abb. 22.) — Abb. 222. Von Pleuracanthus Oelbergensis ♀. (Nach FRITSCH, aus GOODRICH, 1909, Abb. 150.)

einer Anzahl von Stücken besteht; dies Skelet ist die unmittelbare Fortsetzung des Stammes der Flosse (Abb. 221). Dieser umgebildete Teil der Brustflosse wird Pterygopodium genannt. Eine solche Bauchflosse besitzt neben der typischen Bedeutung als Flosse noch die wichtige zweite Funktion als Kopulationsorgan; sie wird darum Mixipterygium genannt (GEGENBAUR). Die Holocephali und Pleuracanthidae besitzen ebenfalls ein Pterygopodium. Für die Cladoselachii ist dies zweifelhaft, bei den Acanthodei unbekannt. —

Außerordentlich vergrößert und stark im Bau verändert sind die Brustflossen der Rajidae (Rochen; Abb. 223). Diese Tiere schieben sich, während sie ihre Nahrung suchen, über den Boden hin mit Hilfe ihrer Brustflossen. Diese Flossen erstrecken sich neben dem Kopf und dem Rumpfe aus bis an die Bauchflossen in Form eines breiten, beweglichen Bandes; dessen wellenförmige Bewegungen dienen zur Fortbewegung des Tieres. In Übereinstimmung hiermit sind sehr zahlreiche Radien vorhanden; diese spalten sich distal, sind gegliedert und vor allem in der Mitte der Flosse auffallend lang. Sie entspringen von großen basal liegenden Knorpelstücken. Von dem Schultergelenk aus verlaufen diese Knorpelstücke als ein Stamm craniad und caudad; sie werden als Pro- und Metapterygium aufgefaßt (GEGENBAUR). An der cranialen Spitze tritt dieses Skelet durch Bindegewebe mit dem Rostrum des Schädels in Verbindung. Durch ein besonderes Stück, dem Schädel-Flossen-Knorpel, verbindet sich das Skelet auch mit den Nasenkapseln (L. HOFFMANN 1912).

Bei den Elasmobranchii werden die paarigen Flossen stets gestützt durch gut entwickelte Hornfäden (Ceratotrichia; vgl. S. 126).

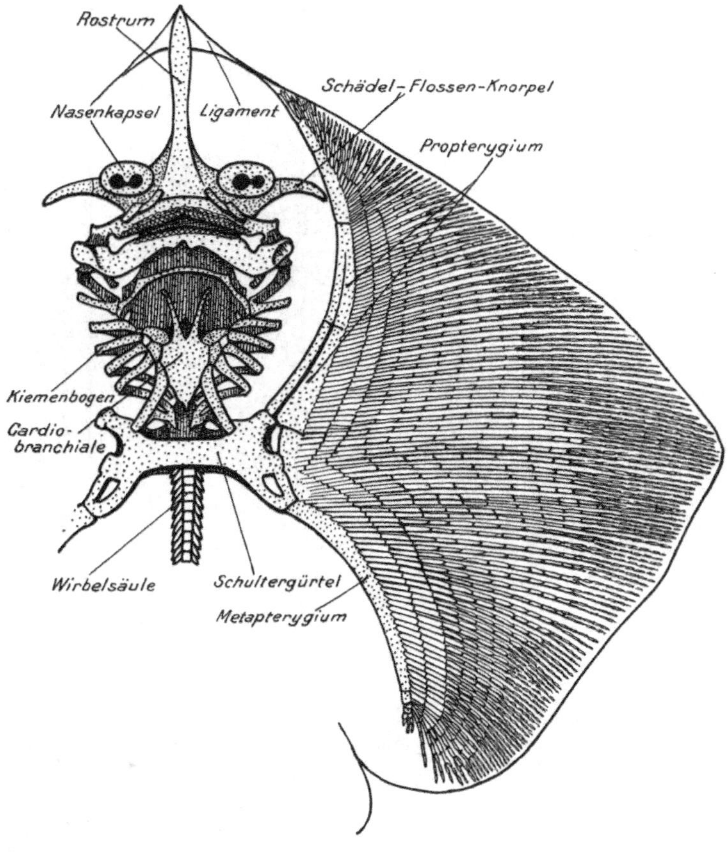

Abb. 223. Schädel, Schultergürtel und Skelet der linken Brustflosse von Raja, von der Bauchseite. (Nach CHUNS Wandtafel über Wirbeltiere, Taf. 13, Abb. 4, etwas verändert.)

In der großen Abteilung der Teleostomi finden wir bei den primitiven Formen ein gut entwickeltes primäres Flossenskelet; es kommt, wie bereits bemerkt, vor allem bei den ausgestorbenen Crossopterygii vor. Dieses Flossenskelet ist in der Brustflosse ganz nach dem Typus des biserialen Archipterygium gebaut. Die Bauchflosse besitzt geringere Bedeutung, ist somit auch schwächer entwickelt: neben einem Stamm finden wir nur präaxiale Radien (Abb. 185 auf S. 150). Die beiden noch lebenden Gattungen der Crossopterygii, Polypterus und Calamoichthys, besitzen beide in den Brustflossen ein gut entwickeltes primäres Skelet; aber es ist nicht nach dem Typus des biserialen oder uniserialen Archipterygium gebaut. In der Flossenbasis liegen drei Skeletstücke (Abb. 151 auf S. 130): in der Mitte ein Basale genanntes Stück, welches dreieckig ist, knorpelig mit einer zentralen Verknöcherung; weiterhin zu beiden Seiten ein gestrecktes Knochenstück, Pro- und Metapterygium genannt. Diese beiden letzteren sind aber nicht mit den gleichnamigen Stücken der Selachii homolog. Vom distalen Rande dieser Stücke gehen die Radien aus, welche meistenteils verknöchert sind. Das Basale stellt wohl den sehr verkürzten Stamm des Archipterygium dar. Pro- und Metapterygium sind Radien, welche besonders kräftig entwickelt am meisten basal liegen; sie entspringen nicht mehr vom Stamm, sondern direkt von dem Schultergürtel: dadurch schließen sie das Basale sekundär von einer direkten Verbindung mit dem Schultergürtel aus.

Der größte distale Teil der Flosse besitzt keine Radien; er erhält die notwendige Festigkeit durch knöcherne Flossenstrahlen (Lepidotrichia: Abb. 151 auf S. 130). Der proximale Teil der Flosse wird bedeckt durch eine normale beschuppte Haut; er bildet eine Art Stumpf, an welchem der biegsamere Flossenteil aufsitzt, der keine Muskeln, nur Knochenstrahlen besitzt. Dadurch entsteht die Ähnlichkeit mit einem Pinsel, welche den Tieren den Namen Crossopterygii oder Quastenflosser verschafft hat.

Die Bauchflossen des Polypterus (Abb. 184 auf S. 150) sind klein. Ihr Skelet be-

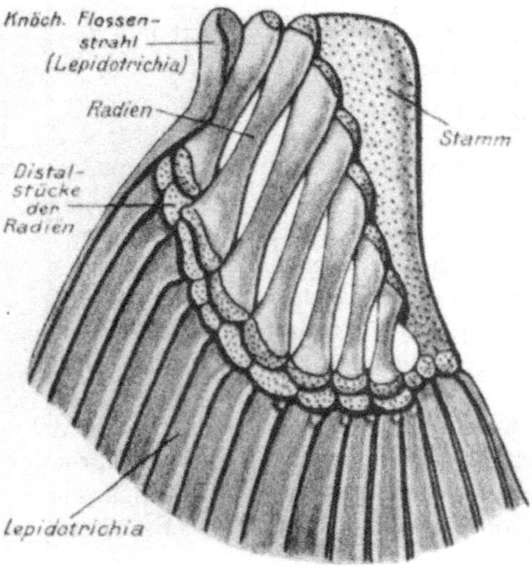

Abb. 224.

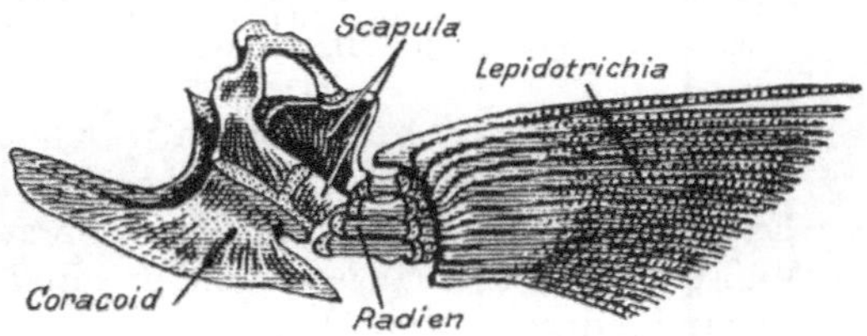

Abb. 225.

Abb. 224. Skelet der rechten Brustflosse von Amia calva, von der ventralen (medialen) Seite. Der periphere Teil ist fortgelassen. Knorpel punktiert. (Nach GEGENBAUR, 1865, Taf. 8, Abb. 7.) — Abb 225. Linke Brustflosse und primärer Schultergürtel von Salmo salar, von der medianen Seite. (Nach PARKER and HASWELL, 1897, Abb. 815, vereinfacht.)

steht aus einem Stammstück, welches im Rumpf selbst liegt und nach GOODRICH dem Becken entspricht. Weiterhin finden wir in der Bauchflosse vier Radien, während der größte Teil der Flosse nur durch die Knochenstrahlen gestützt wird; somit ist die Flosse eine typische Pinselflosse. Der aalartige Calamoichthys besitzt keine hinteren Extremitäten.

Bei den Actinopterygii sehen wir das primäre Flossenskelet je länger je mehr zurücktreten. Dadurch herrscht immer mehr der Skeletteil, welcher durch die Knochenstrahlen gebildet wird. Diese reichen dadurch beinahe bis an den Rumpf, so daß äußerlich von einem Stamm, wie bei den Dipnoi und Crossopterygii, nichts mehr zu sehen ist. Bei den Chondrostei, Lepidostei und Amioidei zeigt das primäre Skelet der Brustflosse noch einen kurzen Stamm, das Metapterygium. Außerdem beobachten wir einige präaxiale Radien, von denen die am meisten proximalen direkt mit dem Schultergürtel verbunden sind (Abb. 224). Bei den Teleostei ist kein Stamm mehr vorhanden; so stehen die wenigen Radien alle unmittelbar mit dem Schultergürtel in Verbindung (Abb. 225). Die Radien sind meist kurz, oft viereckige Platten, die aus Knochen bestehen (Abb. 153 auf S. 130); diese schließen sich eng an den Schultergürtel an; ihre Funktion besteht nur darin, daß sie die Gelenkverbindung von dem Flossenskelet mit dem Schultergürtel bilden; wird doch hier das Flossenskelet praktisch nur von den Lepidotrichia geformt.

Das Skelet der Hinterextremitäten bei den Actinopterygii besteht aus einem Stammstück, welches wohl als Becken aufgefaßt wird (GOODRICH). Weiterhin beobachten wir einige Radien, welche bei Acipenser noch ziemlich gut entwickelt sind (Abb. 187, 188), bei allen anderen Actinopterygii jedoch zu kleinen Knorpelstückchen oder Knochenstücken zurückgebildet sind. Bei einem Teil der Teleostei fehlen die Radien sogar vollständig; dadurch gelenken die Knochenstrahlen direkt mit dem Stamm (Abb. 186).

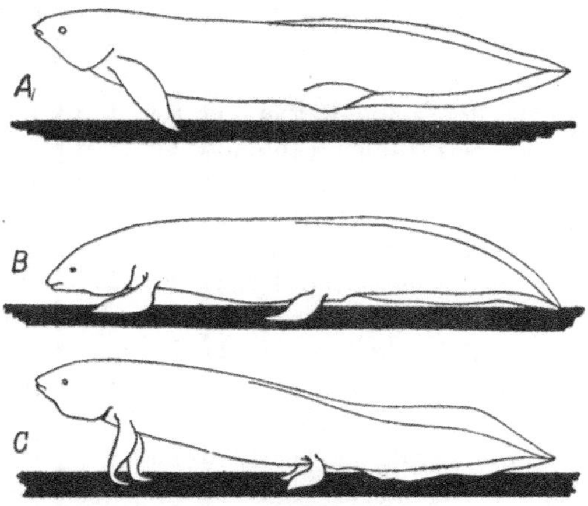

Abb. 226. Neoceratodus Forsteri; auf dem Boden eines Aquariums werden die paarigen Flossen als Extremitäten gebraucht. *A* vorwärts, *B* rückwärts kriechend, *C* ruhend auf den vier Flossen. (Nach DEAN, 1906, Abb. 4, 8, 10.)

Das Flossenskelet des Neoceratodus wurde bereits besprochen: es ist ein biseriales Archipterygium. Bei Protopterus und Lepidosiren, welche aalartig sind, wurden die paarigen Extremitäten zu drahtförmigen Anhängen zurückgebildet. Protopterus besitzt keine postaxialen Radien mehr. Bei Lepidosiren sind die Radien ganz verlorengegangen, so daß nur ein Stamm anwesend ist, welcher aus einer Anzahl Knorpelstückchen besteht. Eine Bedeutung für das Schwimmen besitzen diese Extremitäten nicht mehr; die Tiere gebrauchen sie, ebenso wie Neoceratodus, als Füße, wenn sie sich langsam über den Boden hinwegschieben, oft durch Pflanzengewirr hindurch (Abb. 226).

Wie sind diese Flossen, paarige und unpaare entstanden? Diese Frage hat oft die Aufmerksamkeit der Untersucher auf sich gelenkt und hat zu vielerlei Spekulationen geführt. Amphioxus besitzt Flossen in der Form einer Hautfalte, die kein festes Skelet besitzt (Abb. 66 auf S. 59). So kann man sich auch die ersten Piscesflossen als Hautfalten vorstellen. Diese Hautfalten würden dann, wie bei Amphioxus, um den ganzen Körper herum gelaufen sein: dorsal hinter dem Kopf beginnend hätten sie sich auf dem Rücken um den Schwanz hin erstreckt bis zum Anus. Dort hätten sie sich in eine paarige, ventro-laterale Falte geteilt; diese wäre dann bis zum Kopfe verlaufen. Aus einer solchen Falte kann man sich durch das Wegfallen von einigen Teilen die isolierten Flossen entstanden denken: die paarigen und die unpaaren. Zur Stütze dieser Hypothese kann man u. a. anführen, daß die Anlage der Flossen beim Embryo sich meist über einen viel längeren Teil des Rumpfes erstreckt als bei den erwachsenen Tieren: auf diese Weise entsteht eine lange Leiste, welche bei den paarigen Flossen die Extremitätenleiste genannt wird. Eine wirklich vollständig durchlaufende Flossenfalte aber, welche auch die paarigen Extremitäten in sich schließt, ist bei den Fischen nirgends bekannt. Bei einigen Selachii und Rajidae z. B. ist die Flossenfalte recht gut entwickelt; doch ist kein Zusammenhang der paarigen Flossenfalte (Anlage der Extremitäten) mit der unpaaren postanalen Falte zu bemerken (Abb. 227). Bei

Amphioxus geht die unpaare Flossenfalte auch meist nicht in die paarige Falte über; nur bei Asymmetron ist ein solcher Zusammenhang beobachtet. Im übrigen ist es unsicher, ob die paarigen Flossen (Metapleuren) der Cephalochordata wirklich mit den Flossenfalten der Extremitäten bei den Vertebrata homolog sind.

Der eigentliche Kern des Problems liegt aber in der Frage: wie soll man sich den Ursprung des Skeletes in den Flossen vorstellen? Denn erst das Skelet und die damit verbundenen Muskeln machen die Flosse zu einem selbständigen, beweglichen Organ, welches für die Fortbewegung und für das Steuern von wesentlicher Bedeutung ist. Wir haben schon oben gesagt, daß nach Ansicht einer bestimmten Theorie, welche annimmt, daß die Flossen alle aus einer Hautfalte entstanden sind, das Skelet der Flossen an Ort und Stelle entstanden sein muß. Dies muß dann auch für die paarigen Extremitäten und ihr Gürtelskelet gelten. Den Anfang dieser Neubildung würden parallele Knorpelstäbe gebildet haben, die Radien. Diese würden im Zusammenhang mit dem segmentalen Bau der Rumpfmuskelmasse eine regelmäßige segmentale Lage erhalten haben. Bei den unpaaren Flossen würden die Radien dann sekundär in Verbindung mit der Wirbelsäule getreten sein; und zwar immer bei der Schwanzflosse, oft auch bei den Rücken und Analflossen (s. S. 127). Bei den paarigen Flossen würden aus dem basalen Teile der Radien durch Verschmelzung größere Skeletstücke entstanden sein: so wären das Becken und der Schultergürtel aufgebaut worden. Für diese Auffassung wird der Bau des Skelets der Hinterextremitäten bei Acipenser angeführt, im beson-

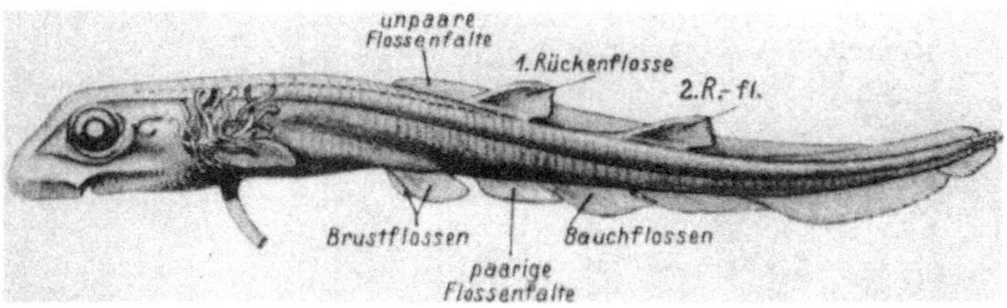

Abb. 227. Embryo mit Flossenfalten von Scyllium canicula. (Nach MAYER, 1886, Taf. 15, Abb. 1.)

deren der Aufbau des als Becken betrachteten Stammstückes aus basalen Teilen der Radien (Abb. 187 auf S. 150). Ist das Stammstück das Becken, was nicht unwahrscheinlich ist, dann würde hier in der Tat eine Bildung des Beckens aus Radien zu beobachten sein. Es ist kein Gegenargument, daß der Zustand bei Acipenser auf einer Zurückbildung beruhen muß, da bei der Zurückbildung sehr wohl wieder primitivere Zustände an den Tag treten können. Aus einer Flosse, die durch Faltung entstanden war und eine Anzahl paralleler Radien besaß, würde dann zuerst eine Flosse entstanden sein mit einem Stamm und präaxialen Radien, also ein uniseriales Archipterygium; diesen Zustand zeigen uns heute die Bauchflossen der Selachii und von Acipenser. Hieraus hätten sich dann die anderen Flossentypen entwickelt, u. a. das biseriale Archipterygium. Diese Theorie ist zuerst aufgestellt durch THACHER (1878), MIVART (1879 B), BALFOUR (1881) und DOHRN (1884); sie ist besonders ausgearbeitet durch WIEDERSHEIM (1892A). Eine weitere Stütze findet diese Auffassung im Bau der paarigen Flossen des sehr alten Elasmobranchiers Cladoselache (Oberdevon und Carbon): hier besteht das Flossenskelet nur aus einer Anzahl paralleler Radien; ein Stamm scheint nicht anwesend zu sein (Abb. 228). Daneben scheint der Schultergürtel hier teilweise noch durch unvollständig verschmolzene basale Stücke der Radien gebildet zu werden. Es ist jedoch schwierig, bei den fossilen Formen mit Sicherheit festzustellen, ob das, was sichtbar ist, auch in jeder Hinsicht den Bau des lebenden Tieres wiedergibt. Es ist somit nicht ausgeschlossen, daß Cladoselache einen

Stamm an den Flossen besaß. Die verwandte Art Cladodus besitzt an den Brustflossen einen deutlichen Stamm. Auch ist es im Auge zu behalten, daß Cladoselache einen stark heterocerken Schwanz besitzt: daraus können wir schließen, daß die Schwimmfähigkeit bereits „in hohem Maße vervollkommnet" war; damit aber wäre die Bedeutung der Flossen schon möglicherweise zurückgegangen und ihr Bau könnte demnach nicht mehr ohne weiteres als rein primitiv angesehen werden.

Die Acanthodei, die im Obersilur und im Devon lebten, zeigen an Stelle der Flossen nur große Stacheln. Es ist unbekannt, ob hier ein eigentliches Flossenskelet anwesend und wie es gebaut war.

Die Seitenfaltentheorie ist sicherlich unserer vollen Aufmerksamkeit wert. Aber es ist schwierig, ihre Richtigkeit zu beurteilen. Es spricht wohl viel für das Entstehen aller Flossen aus einer Hautfalte. Aber das, was durch die Anhänger dieser Theorie über den Ursprung und die Umbildung des Flossenskeletes angenommen wird, ist nicht genügend begründet. Es ist unwahrscheinlich, daß das Skelet der Schwanzflosse ganz unabhängig von der Wirbelsäule entstand: die neuralen und vor allem die haemalen Bogen gehen ja gelegentlich unmittelbar in Radien über (Abb. 145 auf S. 125). Auch im Skelet der anderen unpaaren Flossen ist oft ein Zusammenhang mit der Wirbelsäule beobachtet; daß dies ein sekundärer Zustand

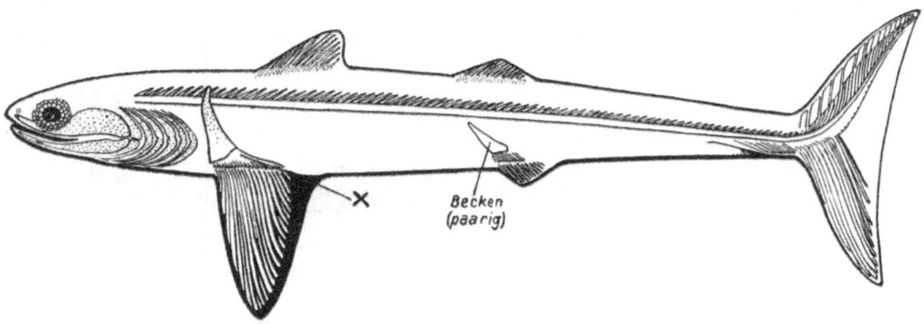

Abb. 228. Rekonstruktion des Skelets von Chladoselache: X ein aus unvollständig verschmolzenen basalen Stücken der Radien bestehender Teil des Schultergürtels. (Nach DEAN, 1909, Abb. 41.)

ist, hat man nicht immer zeigen können. Andere Gründe, welche gegen diese Theorie sprechen, findet man vor allem bei BRAUS (1906).

GEGENBAUR dachte sehr skeptisch über die Möglichkeit von Neubildungen bei Vertebraten-Skeletteilen. Er glaubte darum auch nicht an ein selbständiges Entstehen des Flossenskeletes. Das Skelet der unpaaren Flossen leitete er ab vom Skelet der Wirbelsäule: es sollte durch Abgliederung von den Dornfortsätzen entstanden sein, wie das ja auch bei der Schwanzflosse der Selachii wirklich wahrgenommen worden ist (vgl. S. 122). Das Skelet der paarigen Flossen und ihrer Gürtel glaubte er aus Kiemenbogen herleiten zu können. Dabei wären natürlich die Bauchflossen sehr stark caudad verschoben. Schultergürtel und Becken homologisierte er mit den Kiemenbogen selbst; das eigentliche Flossenskelet leitete er ab von den Kiemenstrahlen, welche auf den Kiemenbogen vorkommen: es ist nämlich beobachtet, daß oft der mittelste Kiemenstrahl besonders kräftig entwickelt ist und daß ein angrenzender Kiemenstrahl unmittelbar von diesem kräftigen entspringt. Von solchen Zuständen ging GEGENBAUR in seiner Theorie aus; das Weitere ist in Abb. 229 schematisch dargestellt: der starke mittlere Kiemenstrahl wird dabei zum Stamm der Flosse; von ihm aus gehen nach beiden Seiten eine Anzahl Radien aus. Auf diese Weise bekommt man ein Flossenskelet, das dem biserialen Archipterygium entspricht. Zugunsten dieser Hypothese wird folgendes angeführt: das biseriale Archipterygium ist sicher ein sehr alter Typus, wahrscheinlich der älteste, den wir kennen (dabei lassen wir den Zustand bei Cladoselache außer Betracht, da wir ihn noch nicht vollkommen beurteilen können); zweitens ist das biseriale Archipterygium unter den geologisch alten Formen am meisten verbreitet; es ist weiterhin eine Skeletform, welche die Tiere leicht zur Eigenfortbewegung benützen könnten; darum wäre dieser Typus wohl geeignet bei Tieren, welche eine wenig differenzierte Schwanzflosse besaßen, wie wir das für die primitivsten Fische annehmen müssen. Weiterhin paßt das biseriale Archipterygium zur Lebensweise der primitiven Gnathostomata in untiefen Küstengewässern: hier muß das Tier mehr mit seinen Flossen als mit seinem Schwanze schwimmen, eine Lebensweise, die wahrscheinlich die meisten primitiven Pisces besessen haben (vgl. das Kapitel über die Schwimmblase, S. 616). Und schließlich ist es auch von Bedeutung, daß nur bei Pisces mit einem biserialen Archipterygium die Brust- und Bauchflossen miteinander im Bau vollkommen übereinstimmen (Neoceratodus); jedenfalls scheint eine solche Übereinstimmung ursprünglicher zu sein als ein differenzierter Zustand mit verschieden gebauter Brust- und Bauchflosse. Diese Übereinstimmung im Bau ist zu erwarten bei Tieren, die mit den Extremitäten schwammen; je mehr der Schwanz das Fortbewegungsorgan des Tieres wurde, um so mehr wird sich die Funktion der Brust-

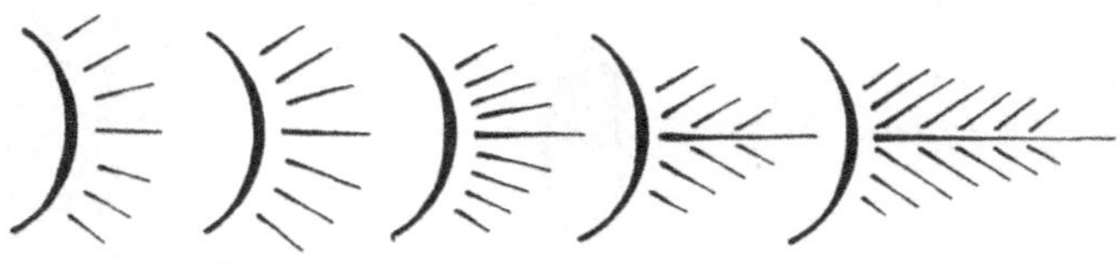

Abb. 229. Schemata zu GEGENBAURs Ableitung des paarigen Flossenskelets aus den Kiemenstrahlen. *a*, *b*, *c*, *d* Kiemenbogen und Strahlen von Selachii, *e* Archipterygiumform eines Flossenskelets. (Nach GEGENBAUR, 1898, Abb. 292.)

und Bauchflosse verschieden entwickelt haben; das würde auch ihren Bau differenziert haben, gegebenenfalls durch eine Rückbildung des Skelets bei den Bauchflossen.

Sowohl für die Theorie von THACHER und MIVART, wie auch für die von GEGENBAUR sprechen bestimmte Argumente. Aber beide Theorien sind schließlich aufgestellt, um eine Lücke in der Reihe der beobachteten Tatsachen zu überbrücken; gerade dadurch läßt sich nicht mit Sicherheit entscheiden, welche Theorie richtig ist. Die Faltenflossentheorie zieht uns dadurch an, daß sie eine Erklärung für das allererste Entstehen der Flossen bei den uns noch unbekannten primitivsten Gnathostomata gibt; aber sobald wir den Flossenbau bei den uns heute bekannten Pisces näher betrachten, so genügt uns diese Hypothese nicht mehr, da die gefundenen Tatsachen die Hypothese nicht genügend stützen. Dann scheint vielmehr die Auffassung von GEGENBAUR mit den Tatsachen in Übereinstimmung zu sein: das biseriale Archipterygium sei die primitive Form der paarigen Flossen. Darum sind wir auch bei unserer Schilderung von dem biserialen Archipterygium ausgegangen. Welcher Flossenbau dem biserialen vorherging und woher das Flossenskelet stammt: das ist eine Frage, die noch heute offen ist.

Allgemeines über die Extremitäten der Tetrapoda.

Die Extremitäten der Landvertebrata zeigen einen völlig abweichenden Bau von dem der Flossen. Man nennt sie Cheiropterygium im Gegensatz zum Ichthyopterygium. Der große Bauunterschied steht im Zusammenhang mit den ganz anderen Anforderungen, welche das Landleben an die Extremitäten stellt. diese müssen ja den auf dem Lande viel schwereren Körper fortschieber und emporheben. In Übereinstimmung damit ist das Skelet stets ganz oder größtenteils knöchern. Das sekundäre Flossenskelett ist verschwunden. Die Extremitäten bilden ein Hebelsystem: sie sind gegliedert durch die Entwicklung des Ellenbogengelenkes bzw. des Kniegelenkes: dadurch können sie sich biegen und strecken und dadurch wieder den Körper fortziehen oder fortstoßen. Zur festen Verankerung auf dem Boden teilt sich die Extremität distal in typisch fünf Finger oder Zehen; diese sind durch Hand- oder Fußwurzelknochen (Carpus, Tarsus), welche in zwei oder drei Reihen liegen, gelenkig mit dem eigentlichen Hebelsystem verbunden. Diese Hand- bzw. Fußwurzelknochen waren offenbar

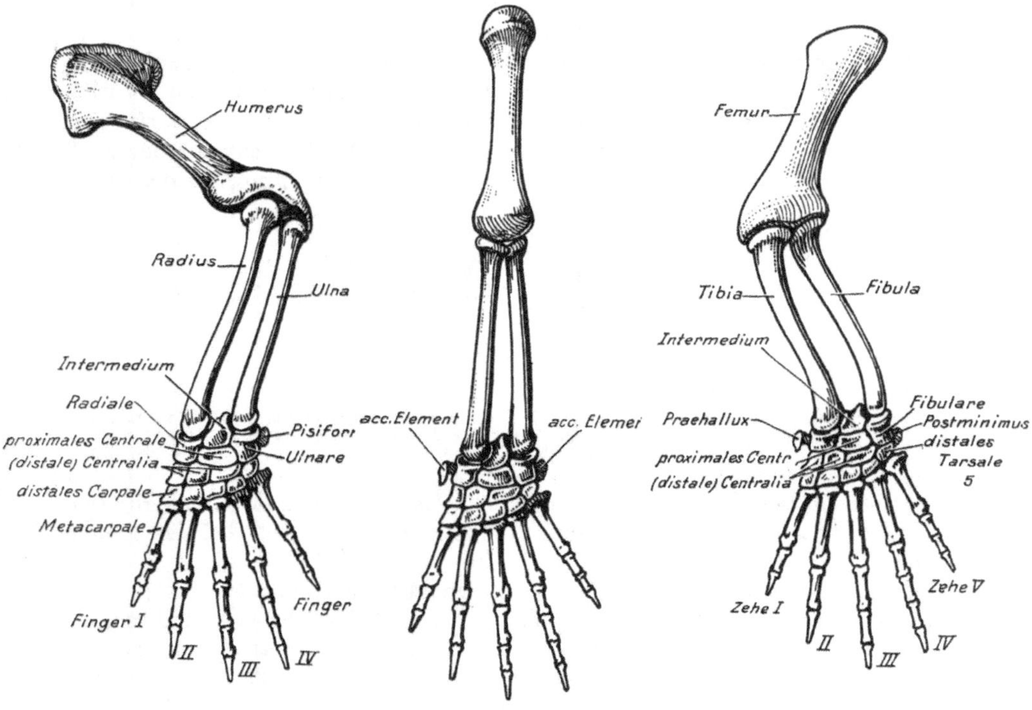

Abb. 231. Abb. 232.

Abb. 230—232. Schemata der Extremitätenskelete in ihrem ursprünglichen Bau. Abb. 230. Vorderextremität. — Abb. 231. Indifferenter Zustand. — Abb. 232. Hinterextremität. Original.

bei den ursprünglichsten Tetrapoda durch Bindegewebe syndesmotisch verbunden. Bald jedoch entstanden zwischen ihnen mehr und mehr typische Diarthrosen als Gelenkverbindungen. Bei den Fischen sind die aneinander grenzenden Radien stets syndesmotisch, also ohne Gelenkbildung, verbunden.

Das Skelet der Vorder- und Hinterextremität zeigt große Übereinstimmung, wenn wir von Fällen einseitiger Spezialisierung absehen; darum kann für beide Extremitätenpaare dasselbe Schema gelten (Abb. 230—232). Wir beobachten proximal einen längeren Knochen: den Humerus bzw. das Femur; beide passen durch ein gewölbtes Caput in eine Gelenkpfanne des Schultergürtels (Cavitas glenoidalis) bzw. des Beckens (Acetabulum). Als zweiter distaler Hebel folgen Radius und Ulna bzw. Tibia und Fibula; dadurch, daß zwei Knochen im distalen

Hebel liegen, wird eine viel größere Beweglichkeit der Hand bzw. des Fußes gegenüber dem Ellenbogen- und Kniegelenk erreicht: wenn das Tier sich vorwärts bewegt, bilden Hände bzw. Füße die festen Punkte auf dem Boden; Schulter bzw. Hüfte verändern ihren Stand; darum müssen Hand und Fuß gegen den Humerus bzw. das Femur etwas gedreht werden können. Das wird ermöglicht durch eine Lageveränderung der beiden Knochen des distalen Hebels gegeneinander: dabei dreht das proximale Ende des Radius um die Ulna, das Ende der Tibia um die Fibula.

In der Hand- bzw. Fußwurzel lagen ursprünglich drei Reihen von Knöchelchen: eine proximale Reihe, welche aus drei Knochen bestand, eine distale Reihe von meist fünf Knochen und zwischen diesen beiden Reihen meist noch vier Knöchelchen. Die Namen dieser Knochen entstammen meist der menschlichen Anatomie und sind nach der Form ausgesucht, welche diese Knochen beim Menschen haben. Es ist nicht wünschenswert, diese Namen auch in der vergleichenden Anatomie zu gebrauchen, da die Knöchelchen natürlich bei anderen Tieren ganz andere Formen haben. GEGENBAUR (1864 B) hat hier eine neue Nomenklatur eingeführt, welche leicht eine Vergleichung zuläßt; sie ist jetzt allgemein angenommen; in nachstehender Tabelle sind die vergleichend-anatomischen Namen neben den Namen der menschlichen Anatomie wiedergegeben.

Tabelle der Nomenklatur der Carpus- und Tarsus-Elemente.
(GEGENBAUR 1898).

Carpus		Tarsus	
Mensch	Primitive Form	Primitive Form	Mensch
Scaphoid oder Naviculare	Radiale	Tibiale	Astragalus, Talus
Lunatum	Intermedium	Intermedium	
Triquetrum	Ulnare	Fibulare	Calcaneus
Centrale	Centrale 1—4[1]	Centrale 1—4[1]	Naviculare, Scaphoid
Trapezium	Carpale 1	Tarsale 1	Cuneiforme 1, Entocuneiforme
Trapezoides	„ 2	„ 2	Cuneiforme 2, Mesocuneiforme
Capitatum	„ 3	„ 3	Cuneiforme 3, Ectocuneiforme
Hamatum	„ 4	„ 4	Cuboideum
	„ 5	„ 5	

Auf die Hand- bzw. Fußwurzel folgen die gestreckten Knochen der Finger bzw. Zehen: zuerst die Metacarpalia bzw. Metatarsalia; darauf die Phalangen, deren Zahl außerordentlich wechselt; die ursprünglichste Zahl ist wahrscheinlich 2, 2, 3, 4, 3 gewesen. Zu diesen Elementen treten oft noch einige akzessorische Knochen, welche am Rande der Hand- und Fußwurzel liegen (Abb. 230—232): so kommt ziemlich allgemein am ulnaren Rand der Hand ein Skeletstück vor, das den Namen Os pisiforme trägt; gelegentlich ein kleines Knochenstück am radialen Rande, der Präpollex. Am Fuße kommen an dem tibialen Rande wohl auch bis zu drei Knöchelchen vor, welche zusammen Prähallux genannt werden; am fibularen Rande findet man gelegentlich einen kleinen Knochen, der Postminimus genannt wird. Die Namen Präpollex und Prähallux deuten eine Vergleichung an mit einem zurückgebildeten Finger bzw. einer solchen Zehe. Ebenso hat man auch im Os pisiforme und im Postminimus einen rudimentären Finger bzw. eine Zehe gesehen. Dann würden ursprünglich sieben Finger und Zehen vorhanden

[1]) GEGENBAUR kannte zwei Centralia. Spätere Untersuchungen zeigten aber, daß ursprünglich vier Centralia in Hand und Fuß anwesend waren: ein proximales (das unter dem Intermedium lag) und drei distale (Abb. 243).

gewesen sein. Es ist aber kein einziger Fall bekannt, wo an einer primitiven Hand bzw. an einem primitiven Fuß mehr als fünf normal ausgebildete Finger bzw. Zehen beobachtet worden wären; kommen mehr als fünf vor (z. B. bei den Ichthyosauria) so ist das ohne Zweifel ein sekundärer Zustand. Es ist somit sehr unwahrscheinlich, daß die primitiven Landtiere mehr als fünf Finger bzw. Zehen besaßen. Die akzessorischen Knochen kann man, soweit sie keine Neubildungen sind, als Reste aus der Zeit ansehen, wo die Extremitäten noch Flossen waren und eine größere Anzahl Radien besaßen als fünf; sie stellen somit keinen zurückgebildeten Finger und keine zurückgebildeten Zehen vor. Wir beobachten beim Carpus und beim Tarsus während der zunehmenden Differenzierung meist eine fortschreitende Verminderung in der Anzahl der Skeletstücke. Die ursprünglich große Anzahl der Stücke mag zugeschrieben werden der Herkunft der Extremitäten von Flossen, welche zahlreiche Skeletstücke besaßen.

Zwischen der Stellung der Vorder- und Hinterextremität besteht ein Unterschied; dieser hängt zusammen mit der verschiedenen Art und Weise, in der die beiden Extremitätenpaare bei der Fortbewegung arbeiten. Bei den Mammalia, als bei echten laufenden Tieren ist der Ellenbogen caudal, das Knie cranial gerichtet. Bei primitiv kriechenden Tetrapoda hängt, wie oben gesagt, der Rumpf zwischen den Extremitäten (Abb. 165 auf S. 137 und Abb. 240, 241 auf S. 181); so kommt es, daß die Extremitäten mehr quer stehen als bei den Mammalia; und doch ist hier schon derselbe Unterschied im Stand zwischen Ellenbogen und Knie angedeutet. Der Humerus wird bei der Fortbewegung zuerst etwa horizontal und quer zur Rumpfachse gestellt; mehr craniad konnte er bei den primitiven Tetrapoden nicht bewegt werden; dann ward er caudad gedreht, so daß der Ellenbogen nach hinten sah. Bei der Hinterextremität wurde das Femur craniad gedreht, so daß das Knie weiter nach vorn zu liegen kam als das Acetabulum, dann drehte das Knie nach außen und caudad, so daß vom Fuße aus (als dem festen Punkte) das Becken craniad gestoßen wurde. Der Rumpf wurde durch die Hinterextremität vorwärts gedrückt, durch die Vorderextremität aber vorwärts gezogen; dieser Unterschied ist jedoch bei den primitiven kriechenden Formen viel weniger deutlich als bei den Mammalia.

Die Füße und Hände dienen dazu, um die Extremitäten auf dem Boden zu verankern. Da die Extremitäten selten vertikal auf dem Boden stehen, vielmehr meist etwas schief, so wird der Druck des Körpergewichts auf die Extremitäten in zwei Komponenten geteilt: in eine vertikale und eine horizontale. Je nach der Größe des Winkels, unter welchem die Extremitäten auf dem Boden stehen, wird die horizontale Komponente größer oder kleiner sein. Die vertikale Komponente wird durch den Boden getragen; die horizontale Komponente (Transversaldruck bei Nopcsa) muß durch Reibung des Fußes auf dem Grunde aufgehoben werden, wenn das Tier nicht ausgleiten soll.

Das Tier bewegt sich durch die Hinterextremitäten gestoßen vorwärts; in diesem Falle nimmt der Transversaldruck dadurch zu, daß der Schwerpunkt gleichmäßig verschoben wird. Weiterhin spielt auch das Trägheitsmoment eine Rolle, welches bei den vorstoßenden Hinterextremitäten ein Ausgleiten nach hinten zu möglich macht; im Gegensatz dazu entsteht bei den Vorderextremitäten, welche den Körper nicht fortstoßen, die Gefahr eines Ausgleitens nach vorn; und zwar durch den Druck, welchen der vorwärts bewegte Rumpf stets auf die Vorderextremität ausübt. Die Resultante dieser Komponenten ist eine horizontale Kraft, welche die Füße in die Gefahr bringt, auszugleiten. Die Kraft ist für die Vorderextremitäten schräg nach vorn außen gerichtet, für die Hinterextremitäten schräg nach hinten und außen. Bei den primitiven Stegocephala ist der Stand der Hände und Füße von der Art, daß die Kraft ungefähr parallel mit der Hand- bzw. Fußachse verläuft. Die Kraftlinie geht also durch den mittleren Finger bzw. die mittlere Zehe, bei den Formen mit vier Fingern aber zwischen dem zweiten und dritten Finger bzw. den entsprechenden Zehen hindurch. So ist denn auch zu beobachten, daß die mittleren Zehen die längsten und kräftigsten sind; die erste und fünfte wird wesentlich kürzer. Die Anzahl der Phalangen betrug z. B. 2, 2, 3, 4, 3; bei den Urodela an der Hand mit vier Fingern oft 2, 2, 3, 2, am Fuße dagegen 2, 2, 3, 3, 2. Um die Reibung am Boden zu erhöhen, waren die Zehen gespreizt. Dadurch wurde erreicht, daß vor allem der erste und letzte Finger quer zur Handachse standen, d. h. quer zur Richtung des Ausgleitens; die Reibung wird aber größer, je mehr eine Zehe quer zur Richtung des Ausgleitens steht.

Frühzeitig begann bei den Tetrapoda eine Drehung der Hände und Füße aus dem Querstande nach vorn zu. Dadurch läuft dann die Resultante des Transversaldruckes und des Trägheitsmomentes nicht mehr durch den Mittelfinger bzw. die Mittelzehe (oder bei den Händen mit vier Fingern zwischen Finger 2 und 3 hindurch); die Resultante verlief in solchen Fällen mehr lateral, d. h. durch den vierten Finger bzw. die vierte Zehe oder selbst zwischen dem vierten und fünften Finger bzw. der entsprechenden Zehen hindurch. So kommt es, daß der vierte Finger bzw. die vierte Zehe am meisten zu tragen hat; im Zusammenhang damit wird dieses Glied das kräftigste und längste. Der Lateraldruck beeinflußt bei allen kriechenden Tetrapoda die Länge und den Stand der Finger bzw. Zehen am allermeisten. Die Anzahl der Phalangen steigt dann in der Regel für Hand und Fuß auf 2, 3, 4, 5, 3, (Nopcsa 1923b).

Die Ableitung des Cheiropterygium von dem Ichthyopterygium.

Von allen uns bekannten Tetrapoda besaßen die ursprünglichsten bereits typische Cheiropterygia; wir kennen also keine Übergangsform zwischen Flosse und Tetrapoden-Extremität. Verschiedene Untersucher haben versucht, diese Lücke unserer Kenntnis durch eine theoretische Ableitung zu überbrücken. Das Problem dieser Ableitung ist so wichtig, daß es mir wünschenswert erscheint, über diese Frage das eine oder andere mitzuteilen.

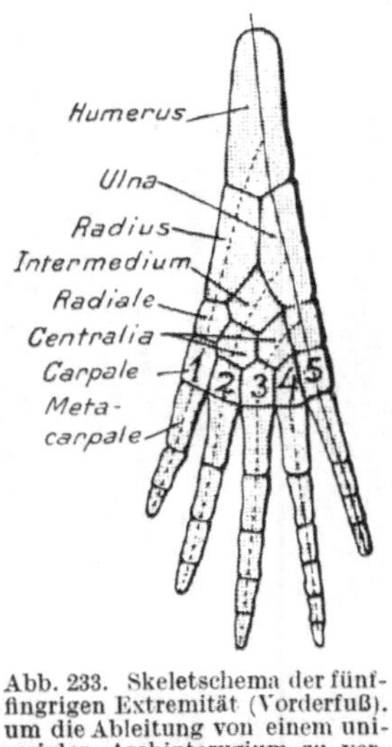

Abb. 233. Skeletschema der fünffingrigen Extremität (Vorderfuß), um die Ableitung von einem uniserialen Archipterygium zu verdeutlichen. Es wird angenommen, daß die Achse durch den ulnaren Rand der Extremität und durch den 5. Finger geht. (Nach Gegenbaur, 1898, Abb. 330.)

Die Tetrapoda stammen zweifellos von teleostomen Pisces ab; wahrscheinlich sind die primitiven Crossopterygii die Stammformen. Die Flossen dieser Tiere waren als ein biseriales Archipterygium gebaut. Dadurch ist eine etwas gestreckte Form gegeben; weiterhin eine Achse oder ein Stamm der Extremität, welche beide nötig sind, wenn ein Fisch sich auf dem Lande mit Hilfe seiner Flossen fortbewegen will. Das langgestreckte biseriale Archipterygium von Neoceratodus besteht aus einer großen Anzahl Knorpelstücke; es ist wohl geeignet, um im Wasser das Tier über den Boden hin fortzubewegen (Abb. 226 auf S. 170); aber es ist zu biegsam, um einen Fisch auf dem Lande fortschieben zu können. So nahm denn auch schon Gegenbaur (1870, 1876) eine verkürzte Form des Flossenskeletes mit kräftigen basalen Skeletstücken als denjenigen Typus des Archipterygium an, von welchem man die Tetrapoden-Extremitäten ableiten könne. Den Stamm dieses Archipterygium legte er an den Rand, weil auf den Humerus bzw. das Femur distal zwei Knochen folgen. Von diesem Stamm gingen dann nur nach einer Seite hin die Knochenstücke ab; auf diese Weise wurde als Grundform ein uniseriales Archipterygium angenommen (Abb. 233). Es war nach GEGENBAUR gleichgültig, an welchem Rande man den ursprünglichen Stamm sich vorstellte.

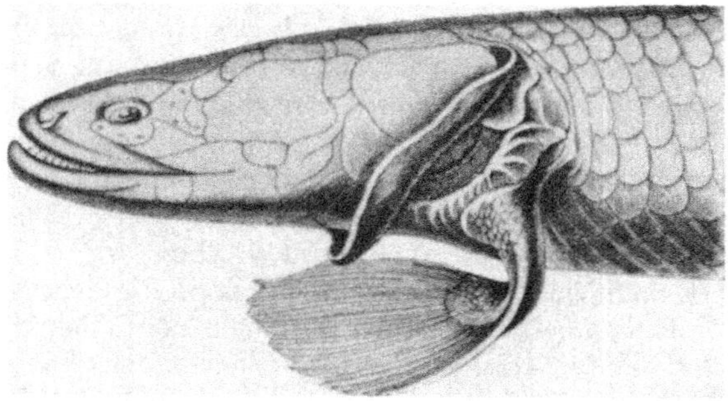

Abb. 234. Vorderstes Körperstück von Polypterus mit auf dem Boden ruhender Brustflosse. (Nach KLAATSCH, 1896, Abb. 6.)

EMERY (1894) und KLAATSCH (1896) suchten einen näheren Anschluß der Tetrapodenextremität, an die Flossen der heute lebenden Crossopterygii. Es ist auffallend, daß die Brustflosse von Polypterus einen gekrümmten Stand annimmt, wenn sie gebraucht wird, um den Körper unter Wasser am Boden zu

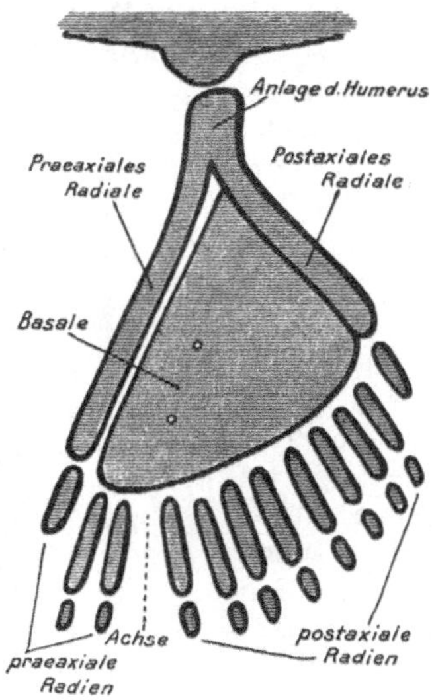

Abb. 235.

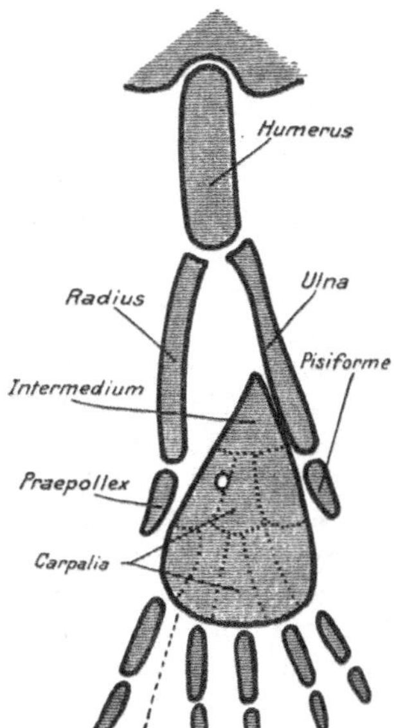

Abb. 236.

Abb. 235. Skeletschema der Brustflosse von Polypterus, und Abb. 236. Von ihrem Übergang zum Cheiropterygium. (Nach KLAATSCH, 1896, Abb. 31 u. 32; die Namen sind verändert.)

tragen (Abb. 234). Auf diese Weise ruht die Flosse auf dem Boden wie ein Fuß, wobei das distale Ende craniad gerichtet ist. Bei Zurückbildung desjenigen Teiles der Flosse, welcher aus den Lepidotrichia aufgebaut ist, würde eine beinähnliche Extremität übrig bleiben. Diese Ableitung hat den Vorteil, daß die beiden großen prä- und postaxialen Radien mit Radius und Ulna verglichen werden können; dadurch ist der Aufbau des Unterarmskeletes aus zwei Knochen gegeben (Abb. 151 auf S. 130 und Abb. 235). KLAATSCH nahm weiterhin an, daß das Basale als das eigentliche Stammstück in verschiedene Stücke auseinanderfiel, aus denen die Carpalia mit dem Intermedium entstanden. Für den Humerus kann eine Neubildung angenommen werden, welche durch Verschmelzung der proximalen Endstücke der großen prä- und postaxialen Radien entstand. Die Metacarpalia können dann weiterhin von den Radien abgeleitet werden, deren Anzahl verkleinerte. Die Umbildungen, die man annehmen muß, sind bei dieser Hypothese recht zahlreich; die Entstehung des Humerus ist unbefriedigend.

BRAUS dagegen kam 1900 zu dem Schlusse, daß die Flossen von Neoceratodus einen besseren Ausgangspunkt für die Vergleichung mit dem Cheiropterygium bilden. Das kann uns nicht verwundern, da der Ursprung der Tetrapoda ja bei den primitiven Crossopterygii gesucht werden muß; und bei diesen stimmte die Flosse sicherlich mehr mit einem biserialen Archipterygium überein als die bereits spezialisierte Brustflosse des Polypterus. Auch weist die große Übereinstimmung im Bau der Vorder- und Hinterextremität auf eine Herkunft von ungefähr gleichgebauten Brust- und Bauchflossen; diese sind aber nur bei Pisces mit einem biserialen Archipterygium gleichgebaut. Bei Neoceratodus ist auch das basale Glied des Stammes kräftig entwickelt und besitzt eine gewisse Selbständigkeit gegenüber dem weiteren Stamm; auf diese Weise können wir es mit dem Humerus bzw. dem Femur vergleichen. Das Gelenk zwischen diesem ersten und dem folgenden Stammstücke ist vergleichbar mit dem Ellenbogen- bzw. Kniegelenk (Abb. 189 auf S. 151). Das zweite Stück des Stammes ist dann mit der Ulna bzw. der Fibula vergleichbar. Der Radius bzw. die Tibia können abgeleitet werden von einem sehr kräftigen Basalgliede in der am meisten proximalen Flossenradie. Diese Radie muß nach BRAUS eine präaxiale gewesen sein; d. h. sie muß bei dem aufgeklappten Ruhezustand der Neoceratodusflosse eine dorsale Radie gewesen sein. BRAUS kommt zu einer Ableitung, die in Abb. 237, 238 wiedergegeben ist. Die Anzahl der Skeletstücke in Hand und Fuß sind in diesem Schema kleiner als bei den Tetrapoda; man muß also hier eine sekundäre Vermehrung der Teile annehmen. Dagegen kann man grundsätzlich nichts einwenden.

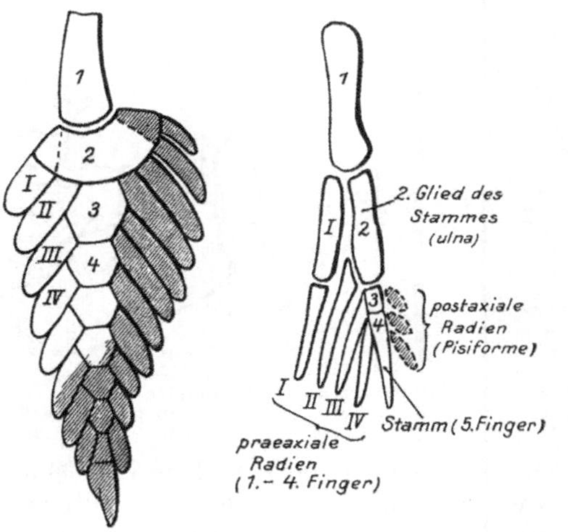

Abb. 237. Abb. 238.

Abb. 237—238. Vergleich zwischen biserialem Archipterygium und der primitiven fünffingrigen Extremität. Die Radien, die bei der Umformung wegfallen oder nur durch kleine Skeletstücke vertreten werden, sind durch Strichelung angedeutet. Es sind die postaxialen Radien. (Nach BRAUS, 1900, Abb. 25 b, c.)

Unsere Kenntnis des Flossenskelets ausgestorbener, primitiver Crossopterygii ist nicht so groß, daß wir obige Hypothesen an den Tatsachen genügend prüfen könnten. Auch sind die uns bekannten Formen wohl noch schwimmende Wasserbewohner gewesen; also waren ihre Flossen nicht in der Richtung des Cheiropterygium umgebildet. Doch nähern sich die Flossen einzelner dieser Tiere in einiger Hinsicht dem Bau der Tetrapoden-Extremitäten. So ist z. B. bei der Brustflosse von Eusthenopteron und bei Sauripteris, welche beide im Oberdevon vorkommen, das Skelet größtenteils verknöchert. Weiterhin gelenkt das am meisten basale Stammstück hier mit einem deutlichen Gelenkkopf in einer Gelenkpfanne des Schultergürtels, gerade wie der Humerus. Bei den Pisces dagegen hatten wir gesehen, wie gerade umgekehrt das Flossenskelet mit einem herausspringenden Gelenkfortsatz des Schultergürtels gelenkt (Abb. 239 bei ×). Wichtig ist bei Sauripteris weiterhin, daß sich distal an diesen Basalknochen auf ein und derselben Höhe zwei Skeletstücke anschließen: eine Teilung des Extremitätenskeletes in zwei Knochen vergleichbar mit Radius und Ulna. Weiterhin könnte dadurch ein Ellenbogengelenk gebildet werden. Lepidotrichia sollen am ventralen Rande der Flosse fehlen (Broom 1913 A hat zuerst auf diese interessante Besonderheiten hingewiesen). Eine Erklärung hierfür kann nur in einem abweichenden Gebrauch der Brustflossen gesucht werden: entweder in einem Vorwärtsschieben des Fisches über den Boden oder in einem Eingraben in den Boden; jedenfalls in einer Tätigkeit, die mit der der Tetrapodenextremität Ähnlichkeit hat. Hier würde also

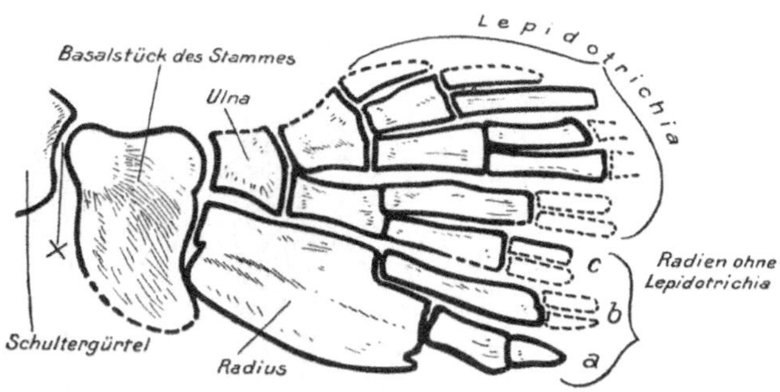

Abb. 239. Brustflossenskelet von Sauripteris Taylori. × Schultergelenk; *a*, *b*, *c*, Radien ohne Lepidotrichia. (Nach Broom, 1913, Abb. 5.)

ein sehr interessanter kombinierter Zustand der Brustflosse gegeben sein, die sowohl eine Flosse als auch ein primitiver Fuß wäre. Man kann die Flosse deswegen für eine Ausgangsform halten, wie man sie für die fischähnlichen Stammformen der Tetrapoda annehmen muß. Gregory (1915) meint, daß Sauripteris wohl Knochenstrahlen an den ventralen Radien getragen haben kann.

Diese Tatsachen sind für die Auffassung von Gegenbaur und Braus günstig. Man kann also mit ihnen annehmen, daß das Cheiropterygium entstanden ist aus einem biserialen Archipterygium. Bei diesem hätten sich dann die präaxialen Radien stärker entwickelt, während die postaxialen größtenteils verschwanden. Die präaxialen Radien wurden unter Drehung der Extremität um ihre Längsachse auf den Boden gesetzt; so entwickelten sich aus ihnen die Finger bzw. Zehen. Das Archipterygium, das den direkten Ausgangszustand für die Füße bildete, ist nicht mit Sicherheit bekannt; aber man darf annehmen, daß die Elemente verknöchert waren und der Stamm verkürzt, wie wir dies bei den Crossopterygii Sauripteris und Eusthenopteron beschrieben haben. Die Gliederzahl derjenigen Radien, welche zu Fingern umgebildet wurden, kann dann sekundär in Anpassung an die Anforderungen des Landlebens wieder vermehrt worden sein.

Die Extremitäten der Stegocephala.

Die Stegocephala sind die primitivsten der uns bekannten Tetrapoda. Ihre Gliedmaßen sind uns aber nicht besonders gut bekannt, vor allem nicht der Carpus und der Tarsus. Wir beobachten einen oft sehr plumpen Bau, welcher auf starke Muskeln schließen läßt. Die Ursache hierfür liegt wohl in der großen Unvollkommenheit der funktionellen Anpassung. Die Füße standen quer zur Körperachse (Abb. 240); Humerus und Femur ungefähr horizontal. Unterarm und Unterbein waren vom Rumpfe nach außen gerichtet und standen unter einem spitzen Winkel auf dem Boden. Im Ellenbogen- und Kniegelenk war die Beugung nur klein. Die Tiere standen also sehr gespreizt; deswegen war eine große Muskelkraft nötig, um den Körper auch nur wenig vom Boden zu erheben. Die Muskeln arbeiteten also sehr ungünstig; sie mußten somit sehr kräftig entwickelt werden, was eine große Ursprungs- und Insertionsfläche notwendig machte. Das wieder führte zu einer starken Verbreitung und zu einem massiven Bau des Femur und vor allem des Humerus. Diese Tatsachen beobachten wir hauptsächlich bei den primitivsten Stegocephala: den Temnospondyli.

Bei der Vorderextremität dieser Formen pflegte der plumpe Humerus an beiden Enden verbreitert zu sein in Flächen, die ungefähr senkrecht zueinander standen; nur in der Mitte zeigte der Knochen einen kurzen runden

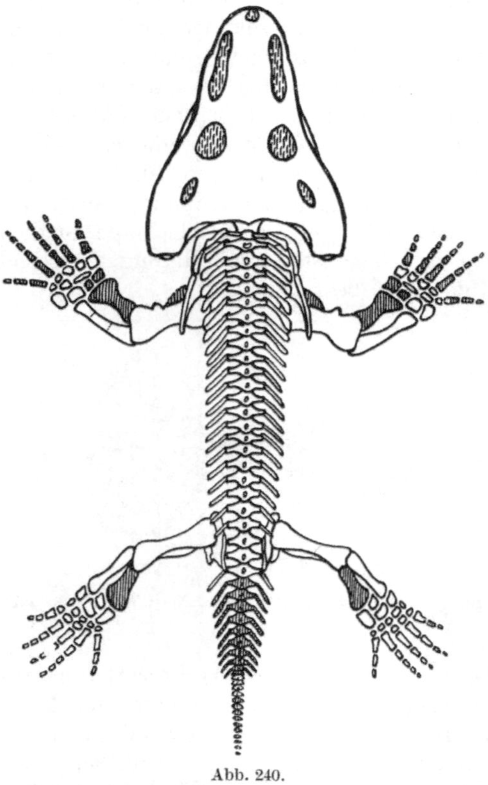

Abb. 240.

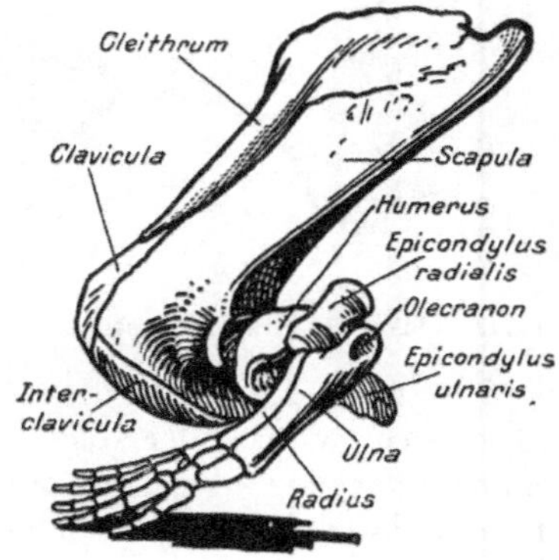

Abb. 241.

Abb. 240. Skeletrekonstruktion von Trematops Milleri, einem permischen Stegocephalen. — Abb. 241. Linker Schultergürtel und Vorderextremität von Eryops megacephalus. (Nach CASE, 1911 b, Abb. 46 u. Taf. 9, Abb. 1.) Es sind in Wirklichkeit nur vier Finger vorhanden.

Schaft (Abb. 242; WILLISTON 1910, ROMER 1922). Der Humerus machte auf diese Weise den Eindruck, als sei er eigentümlich gedreht. Das Ende des Humerus beim Schultergelenk war verbreitert in einer ungefähr horizontalen Fläche, welche jedoch vorn etwas tiefer lag als hinten (Abb. 241). Auch das Caput humeri war nicht rund wie bei den Mammalia, sondern in horizontaler Richtung gestreckt und lang oval gebaut; in einigen Fällen war es unregelmäßig gewölbt, etwa schraubenartig. Die Gelenkhöhle des Schultergürtels stimmte hiermit überein (vgl. Abb. 157 auf S. 133). Die Beweglichkeit der Vorderextremität in diesem Schultergelenk muß bei diesen primitiven Formen viel beschränkter gewesen sein als bei den späteren Tetrapoda. Das verbreiterte Distalende des Humerus lag mit seinem Vorderrande höher als mit seinem Hinterrande, mehr vertikal als horizontal. Für den Radius bestand eine deutlich gewölbte Gelenkebene; diese war durch eine Einkerbung geschieden von der Gelenkebene für die Ulna (Abb. 242); diese lag dahinter, mehr ventral, und war wenig entwickelt.

In der Verlängerung der Gelenkfläche für den Radius und die Ulna sprang der distal sehr verbreiterte Humerus vor und bildete einen Epicondylus radialis am Vorderrande, einen entsprechenden Epicondylus ulnaris am Hinterrande. Von beiden entsprangen Beugemuskeln für den Unterarm; die starke Entwicklung der Epicondyli steht mit der Entwicklung dieser Muskeln in Verbindung: diese Muskeln arbeiteten nämlich durch den schiefen und gespreizten Stand des Unterarmes sehr ungünstig; sie müssen darum sehr kräftig gewesen sein (Abb. 241, 242).

In dem Unterarm lagen Radius und Ulna, beides ziemlich schlanke Knochen, ungefähr parallel miteinander. Diese waren durch einen ziemlich breiten Zwischenraum geschieden. Ihre distalen Enden berührten einander nicht. Das Intermedium lag zwischen beiden (Abb. 230). Der Radius lag vor und etwas medial der Ulna. In einigen Fällen ragte das Oberende der Ulna über den Rand des Humerus hinaus; es bildete hier einen Fortsatz: das Olecranon (Abb. 241). Meist war jedoch das Olecranon bei den Stegocephala sehr wenig entwickelt. Das Ellenbogengelenk war anscheinend noch wenig differenziert, die Beweglichkeit also nicht groß und hauptsächlich auf Beugung und Streckung beschränkt. Eine Drehung des Radius gegen die Ulna war in viel geringerem Maße möglich als bei den höheren Tetrapoda. So war auch eine Standveränderung der Hand gegen den Ellenbogen nur in beschränktem Maße möglich.

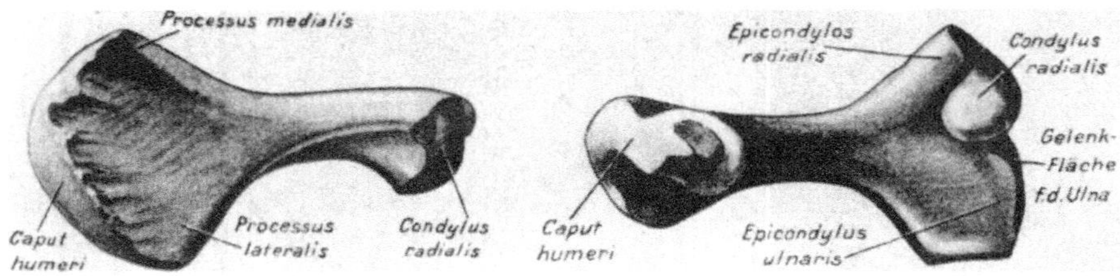

a *b*

Abb. 242. Linker Humerus von Cacops aspidephorus. *a* von dorsal, *b* von vorn. (Nach WILLISTON. 1910. Taf. 11, Abb. 3 u. 4.)

Die Handwurzel der Stegocephala war oft unvollständig verknöchert, hauptsächlich knorpelig. Aber dies war kein primitiver Zustand, sondern eine Folge der sekundären Zurückkehr zum Wasserleben. Der Carpus bestand ursprünglich aus einer ziemlich großen Anzahl Skeletstücke, welche vermutlich noch nicht durch Diarthrosen, sondern durch Syndesmosen in Verbindung standen. Wenigstens fehlen alle Hinweise auf gut entwickelte Gelenke, welche quer durch den Carpus gelaufen sein könnten. Der Carpus war nur eine etwas biegsame, elastische Platte, welche beim Niedersetzen der Füße federnd wirkte. Man kann annehmen, daß in den meisten Fällen vier proximale Carpalia anwesend waren: Radiale, Intermedium, Ulnare und Pisiforme; weiterhin zwei Centralia und fünf distale Carpalia; diese stimmten mit den fünf Fingern überein (Abb. 240). Es ist jedoch sicher, daß ursprünglich mehr Elemente vorhanden waren, da diese bei den Urodela noch in der Anlage zu beobachten sind. Andererseits war die Anzahl der Carpal-Elemente bei den Stegocephala in der Regel geringer: es werden nur vier Finger und damit auch nur vier Carpalia gefunden; ferner kann auch Verschmelzung einiger Knöchelchen stattgefunden haben. Über die Metacarpalia ist nur zu bemerken, daß sie im Verhältnis zum Carpus kurz waren.

Immer beobachten wir bei den Stegocephala vier Finger; diese Zahl ist durch

Rückbildung des fünften Fingers entstanden (STEINER 1921); sie ist also keine ursprüngliche Zahl. Über die Anzahl der Phalangen sind wir nur schlecht unterrichtet. Die Finger waren entweder so ziemlich gleich in ihrer Länge, oder die Länge war etwas verschieden; in solchen Fällen war auch die Anzahl der Phalangen verschieden. Es sind folgende Zahlen angegeben: 2, 2, 3, 4, 3 oder 2, 3, 3, 4, 3; in anderen Fällen 2, 2, 3, 3, 2 und schließlich für Formen mit vier Fingern 2, 2, 3, 3 (Abb. 230—232 und 240, 241).

Der Hinterfuß der Stegocephala (Abb. 240 auf S. 181, Abb. 243) war meist etwas länger als die Vorderextremität. Das Femur war länger und schlanker als der Humerus. Die Gelenkfläche für das Acetabulum war unregelmäßig rund und stand senkrecht zur Längsachse des Knochens; diese Tatsache steht damit in Verband, daß das Femur ziemlich senkrecht auf dem Acetabulum stand. Das distale Ende war stark verbreitert; es zeigte eine langgestreckte Gelenkfläche für die Tibia und eine kleinere Gelenkfläche für die Fibula, welche caudo-dorsal von der ersteren lag. An der ventralen Seite des Femur erhob sich ein Kamm, welcher distal nahe dem Knochenende begann und sich proximal erstreckte bis etwa über die Mitte; dort teilte der Kamm sich in einen vorderen und hinteren; so kommt es, daß der Kamm als ganzes etwa Y-förmig war. An der Stelle, wo die Teilung stattfand, war er rauh und verdickt. An dem Kamm inserierten die Adductor-Muskeln, die von dem Becken kamen; darum wird der Kamm der Adductorkamm genannt. Diese Muskeln zogen das distale Ende des Femur ventrad; so hielten sie das Femur in horizontalem Stande, wenn das Tier seinen Rumpf vom Boden aufhob.

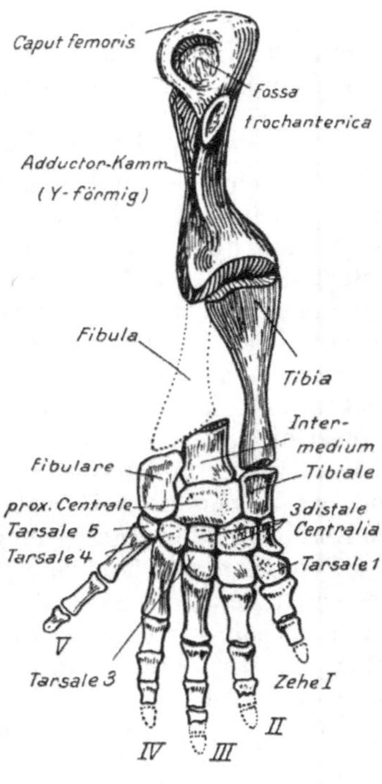

Abb. 243. Skelet der linken Hinterextremität von Trematops Milleri, gestreckt und von der ventralen Seite gesehen. Die Fibula ist nicht vorhanden. Nach CASE, WILLISTON u. MEHL, 1913, Abb. 35.)

Die Tibia und die Fibula waren ungefähr gleich kräftig entwickelt; sie lagen parallel und waren nur wenig gegeneinander drehbar: so kam es, daß der Stand des Fußes gegen die Extremität nur in geringem Maße veränderlich war. Die Tibia war proximal verbreitert, die Fibula distal.

Der Tarsus (Abb. 243) bestand aus drei proximalen Tarsalia: einem Tibiale, das mit der Tibia verbunden war, und einem Intermedium und Fibulare, welche mit der Fibula verbunden waren. Distal des Intermedium zwischen Tibiale und Fibulare lag bisweilen noch ein Knochenstück, welches man das centrale proximale nennen kann (SCHMALHAUSEN 1910, 1917 B; JAEKEL 1909 A). — Dann folgten drei distale Centralia, von denen das eine an dem medialen Rande des Fußes lag. Weiterhin sind fünf distale Tarsalia beobachtet. Im Mittelfuße lagen fünf Metatarsalia, in Verbindung mit den fünf vorhandenen Zehen. Die Anzahl der Phalangen war meist 2, 2, 3, 4, 3, also ebenso wie bei der Hand; Trematops (Abb. 243) besaß vermutlich 2, 3, 4, 4, 2 (oder 3) Phalangen; ebenso einige andere Stegocephala (STEINER 1921).

Warum nun gerade diese Anzahl der Phalangen an Hand und Fuß vorkommen, ist nicht mit Sicherheit anzugeben. Wir kennen ja nicht den Ausgangszustand, bei welchem vielleicht die Anzahl der Phalangen geringer war; die Anzahl wurde wahrscheinlich erst später vermehrt, worin wir eine Anpassung an die Unebenheit des Bodens erblicken können. Die Länge der Zehen war wenig verschieden; wir können nur beobachten, daß je nach Länge der Zehen auch die Anzahl der Phalangen größer wurde. Krallen, welche die Verankerung im Boden noch vermehrt hätten, waren bei den Stegocephala nicht vorhanden; das kann man deutlich aus den platten, wenig zugespitzten Endphalangen schließen.

Hand und Fuß waren im Verhältnis zur Extremität groß; vor allem Carpus und Tarsus waren ansehnlich. Der gesamte Fuß ruhte auf dem Boden. Schon innerhalb der Gruppe der Stegocephala wurde der primitive gespreizte Gang durch eine stärkere Beugung des Knies und des Ellenbogens verbessert; dazu tritt dann, daß die Tiere ihre Hände und Füße etwas nach vorn brachten (Abb. 241 auf S. 181). In einigen Fällen ist die Verknöcherung des Skelets vermindert; das wird besonders bei den Branchiosaurida beobachtet, und stand wahrscheinlich unter dem Einflusse ihres Wasserlebens.

Die Extremitäten der lebenden Amphibia.

Unter den rezenten Amphibia sind die Extremitäten der Urodela am primitivsten gebaut, sie schließen sich bei den Stegocephala an. Die Tiere sind klein, die größten unter ihnen sind ständige Wasserbewohner: somit werden an die Festigkeit der Gliedmaßen nur geringe Anforderungen gestellt. Damit steht in Zusammenhang, daß das Extremitätenskelet leichter gebaut und weniger differenziert ist als bei den großen Stegocephala.

Carpus und Tarsus (Abb. 244—246) bestehen noch aus zahlreichen Knochenstücken, unter denen sich zwei, drei, ja selbst vier Centralia befinden; von diesen ist dasjenige, welches am meisten medial liegt, früher zu Unrecht für das erste Carpale bzw. erste Tarsale gehalten worden; das ist eine Folge der Verschmelzung des kleinen ersten Carpale (Tarsale) mit dem zweiten; dadurch hat es öfters den Anschein, als ob der erste Finger bzw. die erste Zehe von dem medialen Centrale ausgehen. An der Hand sind Intermedium und Ulnare meist verwachsen. Die Übereinstimmung im Bau des Carpus und Tarsus ist sehr groß: so sind z. B. das distale Carpale 1 und 2 bzw. Tarsale I und 2 miteinander verschmolzen; in beiden Fällen liegt ferner das Centrale am medialen Rande. Das ist wichtig, weil man daraus schließen kann, daß an der Hand nicht der erste Finger fehlt, wie oft angenommen worden ist, sondern der fünfte. Ebenso fehlt bei einigen Urodela am Fuß die fünfte Zehe; dabei stimmt dann der Tarsus ganz mit dem Carpus überein. Bei den Larven der Urodela kann die Anzahl der Skeletstücke beim Carpus und Tarsus noch größer sein als bei den erwachsenen Tieren. Schmalhausen (1917 B) fand bei Salamandrella und bei Ranidens, beide primitive Urodela, in einigen Fällen ein selbständiges proximales Centrale und drei distale Centralia; dies stimmt vollkommen überein mit dem Zustand bei Trematops (man vgl. Abb. 246 mit Abb. 243). Durch Verschmelzung vermindert die Anzahl der Elemente im Carpus und Tarsus. Ein Prähallux und ein Postminimus sind als kleine Stücke vorhanden; ein Pisiforme fehlt.

Die Anzahl der Phalangen beträgt an der Hand meist 2 (oder 1) 2, 3, 2; an dem Fuße 2 (oder 1), 2, 3, 3, 2; bei einem vierzehigen Fuße 2 (1), 2, 3, 2.

Proteus, Siren und Amphiuma sind sekundär zu ständigen Wasserbewohnern geworden; die Bedeutung der Extremitäten für die Fortbewegung ist bei ihnen sehr gering. Damit im Zusammenhang beobachtet man ein stark zurückgebildetes und vereinfachtes Skelet. Bei der aalförmigen Amphiuma variiert die Anzahl der Finger und Zehen an den sehr kurzen Extremitäten individuell von 1 bis 3; auch die Anzahl rechts und links kann verschieden sein —; beides ein Beweis dafür, daß wir es hier mit einem Rückbildungszustande zu tun haben. Im Wasser läuft das Tier kaum Gefahr, mit den Füßen auszugleiten; so ist denn eine größere Anzahl Zehen nicht mehr notwendig. Typhlomolge aus den unterirdischen Gewässern in Texas hat lange, aber sehr zarte Extremitäten, welche das Tier auf dem Lande nicht mehr tragen können.

Die Anura bewegen sich auf dem Lande typisch mit den Hinterextremitäten springend fort. Wohl sind eine Anzahl kriechender Formen unter ihnen bekannt, aber diese besitzen in ihrem Bau noch durchaus die Anpassungen an die springende Fortbewegung und haben diese Bewegung doch wieder verloren. Das Springen ist von großem Einfluß auf das Skelet der Extremitäten gewesen. Der Bau der Vorder- und Hinterextremität ist im Zusammenhang mit dem verschiedenen Gebrauch recht verschieden. Die Vorderextremitäten sind kurz, kräftig und gekrümmt; der Ellenbogen ist nach außen gekehrt, die Hand nach innen. Radius und Ulna sind verschmolzen; offenbar ist bei der veränderten Fortbewegung eine Drehung der Hand gegen den Arm (vgl. S. 177) nicht mehr nötig. Der Carpus zeigt bei primitiven Formen noch ziemlich zahlreiche Knochen, die in ihrer Anordnung mit denen der Urodela übereinstimmen (Abb. 247). Das kleine Intermedium verschmilzt mit dem Ulnare; so kommt es, daß nur zwei proximale Carpalia anwesend sind: das Radiale und das Ulnare. Vier gut entwickelte Metacarpalia sind zu beobachten; damit im Zusammenhang vier Finger, die jeder an einem Carpale entspringen; der vierte Finger ist der größte. An dem

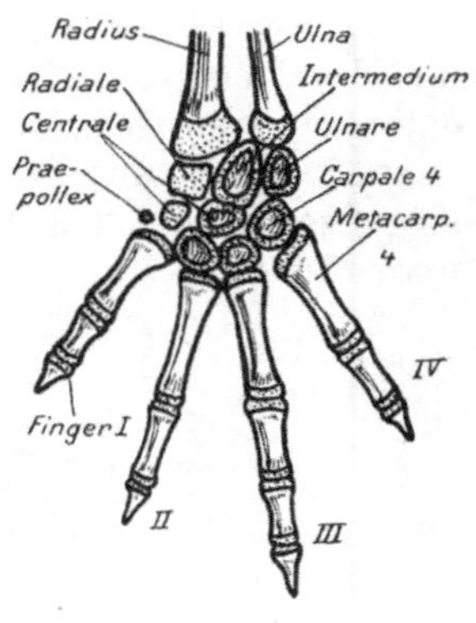

Abb. 244.

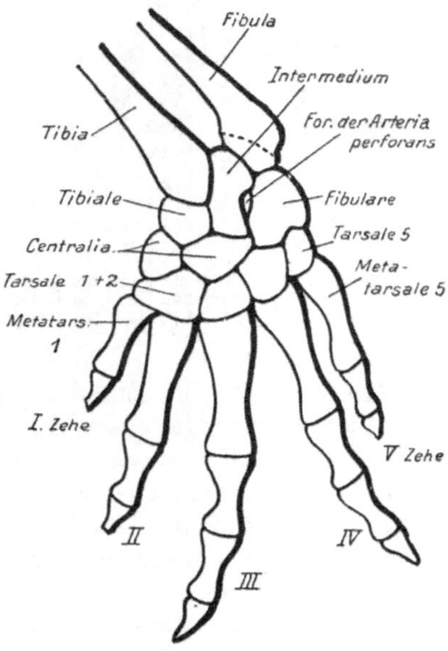

Abb. 245.

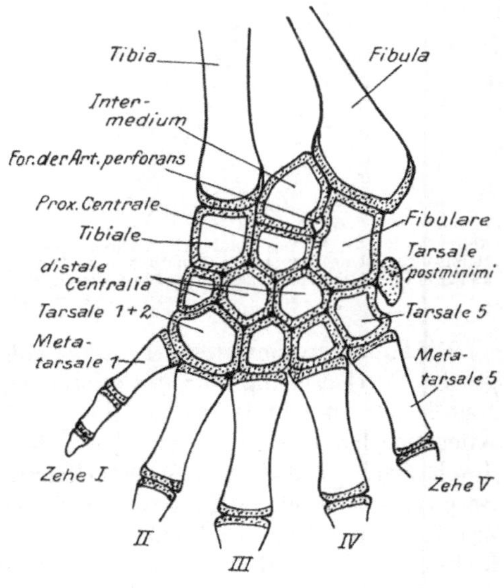

Abb. 246.

Abb. 244. Handskelet von Amblystoma opacum (rechte Hand im Spiegelbild). (Nach STEINER, 1921, Abb. 8.) — Abb. 245. Fußskelet von Salamandra maculosa (rechter Fuß im Spiegelbild). (Nach VERSLUYS, 1912, Abb. 5.) — Abb. 246. Fußskelet von Ranidens sibiricus, erwachsenes Individuum (rechter Fuß im Spiegelbild). (Nach SCHMALHAUSEN, 1917 B, Abb. 4.) Knorpel punktiert.

medialen (radialen) Rande liegt ein Knochen, welcher sicher mit dem distalen Centrale 1 der Urodela übereinstimmt. Einige sich daran anschließende Skeletstücke bilden einen Präpollex; er wird bei den Urodela in der gleichen Lage gefunden (Emery 1890; Steiner 1921). Diese Knochenstücke werden meist als Daumen aufgefaßt; aber diese Auffassung erweist sich als unrichtig, wenn wir diese Knochen mit der Hand und mit dem fünffingerigen Fuße der Urodela vergleichen. Auch bei den Anura zählt ja die Hand vier Finger; der fünfte Finger fehlt, gerade wie bei den Urodela. Bei den meisten Anura ist die Anzahl der Carpusstücke noch kleiner geworden, und zwar durch Verwachsung des Carpale 2, 3 und 4 zu einem ziemlich großen Knochen.

Der Präpollex ist meist gut entwickelt; er besteht aus einem oder zwei Knöchelchen und liegt direkt gegen den ersten Finger (Daumen) an; er verbreitert die Hand, was für das Schwimmen von Bedeutung ist.

Die vier Finger haben 2, 2, 3, 3 Phalangen. Bei einigen kletternden Hylidae und Ranidae (z. B. Racophorus) sind die Zehen mit Saugscheiben versehen; dann wird ein Gelenkknorpel der Finger vergrößert zu einer selbständigen Phalange, so daß hier 3, 3, 4, 4 Phalangen anwesend sind. —

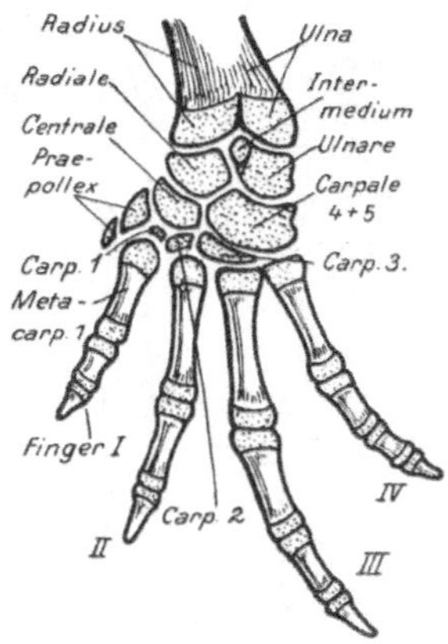

Abb. 247.

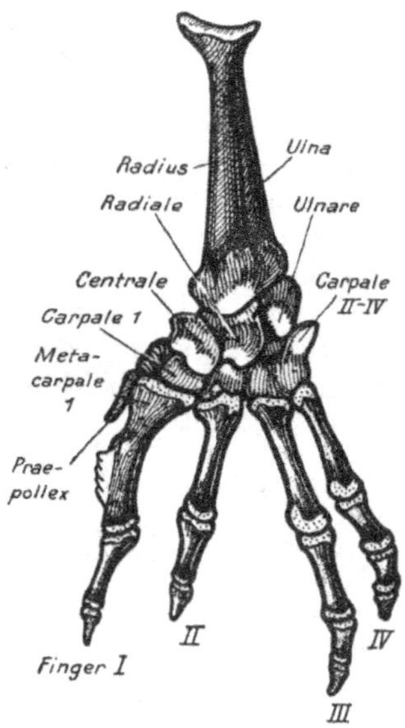

Abb. 248.

Abb. 247. Handskelet von Bombinator pachypus; sehr junges Exemplar mit Schwanzrest, 1,6 cm lang. Die Handwurzel ist noch knorpelig (punktiert). (Nach Steiner, 1921, Abb. 11.) — Abb. 248. Rechtes Unterarm- und Handskelet von Rana esculenta, ♂ von dorsal. (Nach Gaupp, 1896—1904, Bd. 1, Abb. 43.) Der Praepollex ist dazu gezeichnet.

Die Hinterextremitäten der Anura (Abb. 249, 250) sind in Verband mit der springenden Fortbewegung sehr stark verlängert; ihr Bau ist daher recht abweichend. Das Femur ist sehr lang und schlank. Tibia und Fibula sind zu einem langen Knochen (dem Os cruris) verwachsen; dessen Aufbau aus zwei Knochen wird noch durch zwei parallel laufende Markhöhlen angegeben. Scheinbar ist bei dem Springen eine Drehung dieses Os cruris gegen den Fuß nicht notwendig; so konnten Tibia und Fibula miteinander verschmelzen, wodurch eine größere Festigkeit gewonnen wurde. Das proximale Stück des Tarsus besteht aus dem Tibiale und dem Fibulare; durch großes Längenwachstum dieser Knochen ist hier ein dritter Hebel an der Extremität entstanden; er ist durch Diarthrosen gegen das Os cruris und den Fuß abgegrenzt (Abb. 249). Tibiale und Fibulare sind mit ihren beiden Enden verwachsen oder oft auch ganz verschmolzen. Ein Intermedium fehlt. Die distalen Tarsalia sind kleine Scheiben von verkalktem Knorpel, welche sich eng mit den sehr langen Metatarsalia verbinden. Das mediale (tibiale) Centrale ist vorhanden; es trägt einen Prähallux, welcher ziemlich groß werden und aus drei phalangenartigen Teilen bestehen kann. Diese tragen zur Verbreiterung des Fußes bei, was mit dem Graben und Schwimmen im Zusammenhang steht. Die fünf Zehen sind sehr lang; die vierte Zehe ist die längste. Die Anzahl der Phalangen ist 2, 2, 3, 4, 3. Dazu kann bei kletternden Formen noch eine Phalange treten, wie das auch bei der Hand beschrieben ist.

Bei denjenigen Anura, welche nicht mehr springen, werden die Hinterextremitäten im Verhältnis kürzer. Es gibt weiterhin Formen, die periodisch im Wasser leben oder auch vollständig zum Wasserleben übergegangen sind. Sie gebrauchen ihre Hinterextremitäten zum Schwimmen; diese sind durch die Kraft und Schnellheit, womit sie gestreckt werden können, dazu in besonderem Maße geeignet. Außer der großen Länge und der Spreizbarkeit der Zehen, um die Schwimmflossen zu spannen, sind besondere Anpassungen an das Schwimmen nicht beobachtet.

Die Hauptgelenke der Extremitäten sind bei den Anura gut entwickelt; sie lassen vor allem bei den Hinterextremitäten eine viel stärkere Beugung zu als bei den Urodela und den Stegocephala.

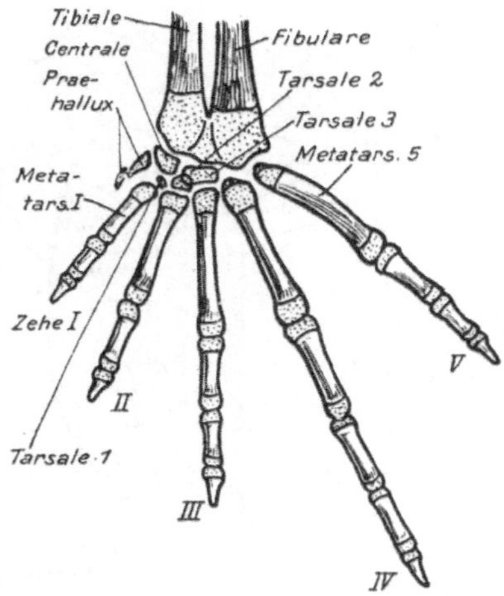

Abb. 249.

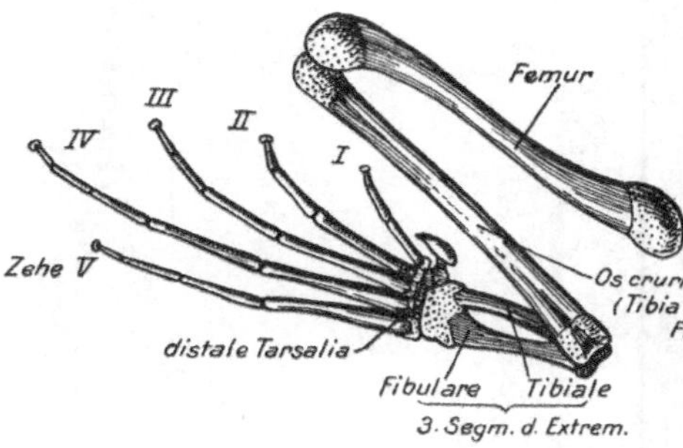

Abb. 250.

Abb. 249. Skelet des linken Hinterfußes von Rana. (Nach Howes, 1885, Taf. 4, Abb. 1.) Verändert. — Abb. 250. Fußskelet von Bombinator pachypus; sehr junges Exemplar mit Schwanzrest, 1,5 cm lang (rechter Fuß im Spiegelbild). (Nach Steiner, 1921, Abb. 12.)

Die im Boden wühlenden und bohrenden Gymnophiona besitzen keine Extremitäten; ein Rest ihrer Gliedmaßen wurde nicht beobachtet.

Die Extremitäten der Sauropsida.

Allgemeines. Bei den primitiven Reptilia, den Cotylosauria und den Pelycosauria finden wir in der Regel schwer gebaute Knochen in den Extremitäten, welche auf starke Muskeln und einen unbeholfenen Gang hinweisen. Femur und Humerus standen quer zur Rumpfachse, mehr oder weniger horizontal. Radius und Ulna bzw. Tibia und Fibula standen aber nicht mehr quer ab; sie waren mehr parallel zur Medianebene gebracht, wie dies schon bei einem Teil der Stegocephala beobachtet wurde, und zwar Radius und Ulna craniad, Tibia und Fibula caudad (Abb. 134 auf S. 119 und Abb. 165 auf S. 137).

Der Humerus gleicht in seiner Form bei den größeren Formen unter diesen primitiven Reptilien aber dem der temnospondylen Stegocephala (Abb. 67): das proximale und distale Ende waren stark verbreitert, in Flächen, die ungefähr senkrecht zueinander standen. Es kam aber bei den Reptilia die distale Verbreiterung mehr und mehr in einer horizontalen Ebene zu liegen; so wurde sie parallel der proximalen Verbreiterung. Scheint der primitive Humerus „gedreht“, (vgl. S. 177), so spricht man jetzt von einer „Entdrehung“. Dies steht wahrscheinlich im Verbande mit dem Stande des Unterarmes, welcher erst schief craniad gerichtet unter einem Winkel von ungefähr 30° auf dem Boden stand (wie in Abb. 134 auf S. 119); später stand er mehr vertikal (wie in Abb. 282 auf S. 205), wobei gleichzeitig die Lage der distalen Verbreiterung sich von schief zu horizontal veränderte (WATSON 1917, ROMER 1922). Das Caput humeri war lang gestreckt und oft kompliziert gebaut; es war meist durch einen Kamm in zwei Teile geteilt. So ähnelt der Humerus der primitiven Reptilia sehr dem der Stegocephala. Man kann sie aber meist dadurch unterscheiden, daß bei den Reptilia ein oder zwei Foramina im distalen verbreiterten Teile zu finden sind (Abb. 251—254). Das eine Foramen liegt in dem Epicondylus ulnaris (s. S. 182); es wird Foramen

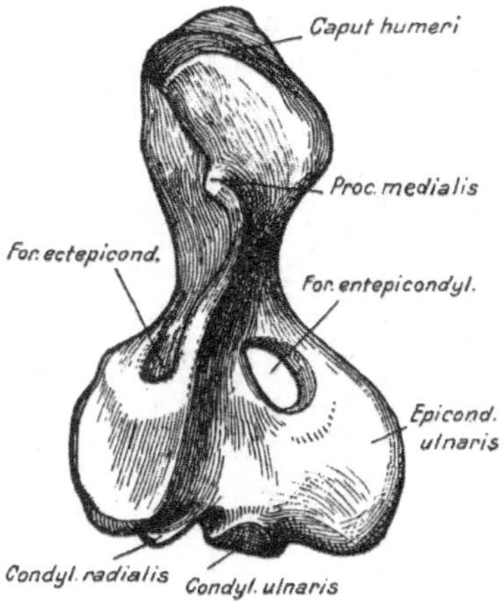

Abb. 251.

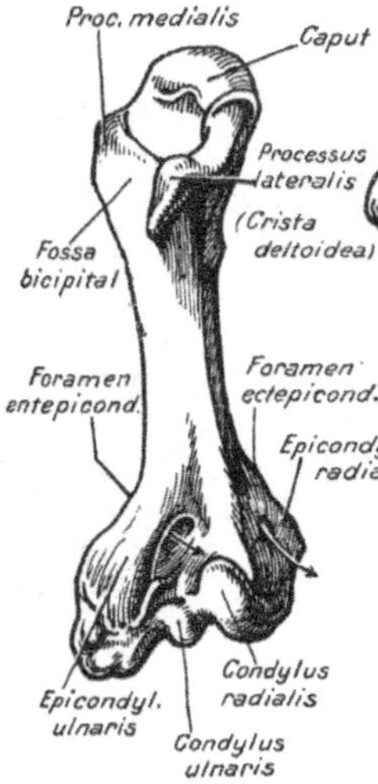

Abb. 252.

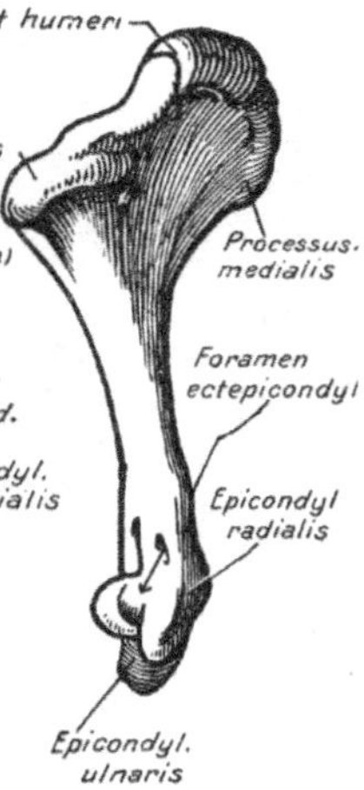

Abb. 253.

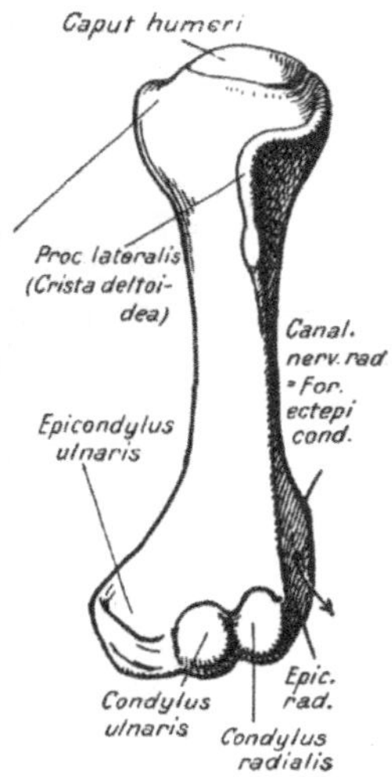

Abb. 254.

Abb. 251—254. Humerus der Reptilien.

Abb. 251. Primitive Form von Edaphosaurus, einem Pelycosaurier aus dem Perm. Linker Humerus von dorsal. (Nach WILLISTON, 1918 B, Abb. 12.) — Abb. 252, 253. Linker Humerus von Sphenodon, von ventral und lateral. (Nach M. FÜRBRINGER, 1900, Abb. 51 u. 52.) — Abb. 254. Linker Humerus von Varanus niloticus, von ventral. (Nach M. FÜRBRINGER, 1900, Abb. 40.)

entepicondyloideum genannt (oder Foramen supracondyloideum mediale oder auch Foramen entepicondylum); dieses Foramen dient dem Durchgange des Nervus medianus und der Arteria brachialis. Das andere Foramen liegt in dem Epicondylus radialis; es wird Foramen ectepicondyloideum genannt (Foramen supracondyloideum lateralis oder Foramen ectepicondylum); es läßt den Nervus radialis durch oder einen Zweig von ihm, den Nervus profundus.

Die Namen F. ectepicondylum und entepicondylum werden begreiflich, wenn man bedenkt, daß bei den mehr rezenten Amniota das distale Ende des Humerus kaudad nach dem Rumpf zu gedreht ist; dadurch liegt der Epicondylus radialis an der Außenseite, der Epicondylus ulnaris an der Innenseite, dem Rumpfe zugekehrt (DOLLO 1884 B; M. FÜRBRINGER 1886 B; WILLISTON 1910).

Die Cotylosauria und Pelycosauria besaßen in der Regel kein Foramen ectepicondyloideum; dagegen besaßen sie wohl ein Foramen entepicondyloideum. Die Amphibia zeigen höchst selten ein Foramen entepicondyloideum (nur bei zwei

Arten der Stegocephala ist es bekannt). Ein Foramen ectepicondyloideum tritt bei der Amphibia niemals auf. Das Entstehen dieser Foramina ist wohl eine Folge der starken Entwicklung der Epicondyli radialis und ulnaris. Die Bildung dieser Epicondyli hängt wieder zusammen mit der starken Entwicklung der Beugemuskeln des Ellenbogengelenks, die bei dem schiefen Stande des Unterarmes nicht ökonomisch arbeiten. Kommt der Unterarm mehr vertikal zu stehen, dann können diese Muskeln schwächer entwickelt sein und damit auch die Epicondyli: in solchen Fällen verschwinden die Foramina. Unter den lebenden Reptilia besitzt Sphenodon (Abb. 252) beide Foramina. Die Lacertilia und Chelonia

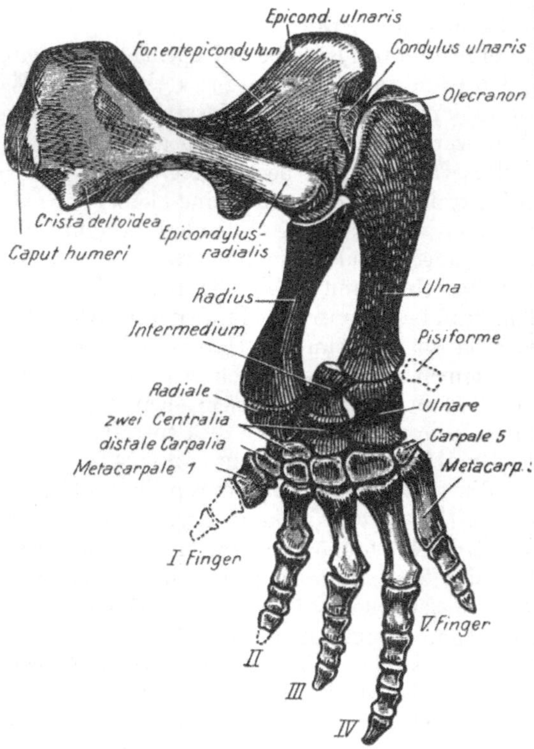

Abb. 255.

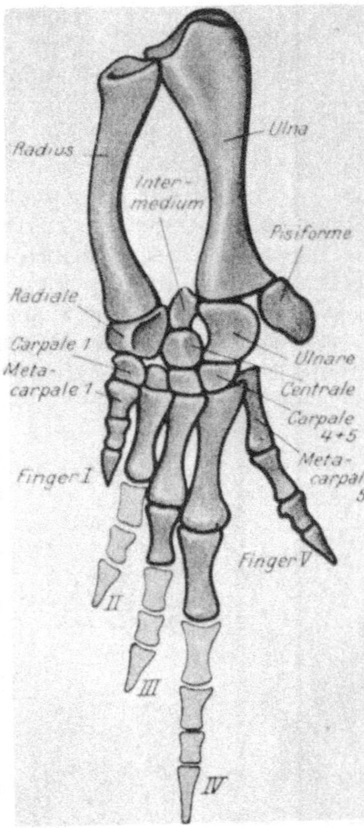

Abb. 256.

Abb. 255. Vorderfußskelet eines primitiven Reptils, Ophiacodon, von vorne. (Nach WILLISTON, 1911, Abb. 3.) Spiegelbild des rechten Fußes. — Abb. 256. Skelet von Hand und Unterarm von Varanosaurus, von dorsal. Die fehlenden Phalangen sind in hellerer Tönung dargestellt. (Nach WILLISTON, 1912 A, Taf. 8.)

haben noch meist ein Foramen ectepicondyloideum oder eine Grube, die damit übereinstimmt; die Crocodilia besitzen keine Foramina mehr.

Die proximale Verbreiterung des Humerus führt zu zwei großen Fortsätzen: dem Processus lateralis, welcher vorn und etwas ventral liegt, und dem Processus medialis, welcher caudal und etwas mehr dorsal liegt. Diese Processus sind bereits bei den Stegocephala vorhanden (man vgl. Abb. 242 auf S. 182 mit Abb. 251—254). Der Processus lateralis ist wichtig, da sich an ihn der Musculus pectoralis und der Musculus deltoideus ansetzen; er geht über in die kammförmige Crista deltoidea der höheren Reptilia und der Mammalia.

Die Umbildung des Humerus bei den Reptilia besteht darin, daß er dünner wird und daß die Verbreiterung der beiden Enden zurückgeht; auf diese Weise entsteht ein schlanker Schaft. Das Caput humeri wird mehr halbkugelförmig; das weist auf eine größere Beweglichkeit der Vorderextremitäten gegen den Rumpf (Abb. 254). Diese Veränderung des Humerus steht im Verbande mit einem schlankeren Bau des ganzen Tieres und einem viel weniger gespreizten Gang, was durch eine stärkere Beugung des Ellenbogengelenks hervorgerufen wurde; der Ellenbogen wurde dabei dichter an den Rumpf gebracht. Kleine Formen haben schon unter den Cotylosauria einen schlanken Humerus (z. B. Sauravus).

Radius und Ulna lagen bei den Stammreptilia nebeneinander und waren nur im geringen Maße gegeneinander beweglich, Ein Fortsatz, welcher einem Olecranon gleicht, war ursprünglich an der Ulna nicht anwesend (Abb. 256), trat jedoch schon bei sehr alten Formen auf (Abb. 255).

Die Verbindung der Hand mit dem Unterarm ist bei den Reptilia meist wenig beweglich. Der Carpus war bei den primitiven Reptilia gut verknöchert. Wo das nicht der Fall war, kann man an einen Einfluß des Wasserlebens denken. Die Anzahl der Handwurzelknochen war ursprünglich ziemlich groß (Abb. 255, 256). Oft wird ein gut entwickeltes Os pisiforme beobachtet. Meist gibt es nur ein einziges Centrale oder zwei Centralia, von denen das eine bleibende in der Mitte des Carpus liegen bleiben kann, so wie der Name Centrale es angibt. Gelegentlich liegen auch zwei Centralia übereinander, so daß das eine mit dem proximalen Centrale der Amphibia übereinstimmt (Abb. 165 auf S. 137). Da gelegentlich auch an dem radialen Handrande ein Centrale gefunden wird (Abb. 255), so müssen wohl drei oder vier Centralia für die primitive Hand der Reptilia angenommen werden, ähnlich wie wir es schon bei den Stegocephala beschrieben haben. In ihrer Anordnung stimmten die Centralia mit dem Fuß von Trematops überein (Abb. 243).

Wir finden bei den Stammreptilia fünf distale Carpalia; ihre Zahl kann durch Verwachsung des Carpale 4 und 5 auch auf vier reduziert sein. Von den fünf Metacarpalia waren das erste und (meist auch) das fünfte verkürzt. Fünf Finger mit ursprünglich wahrscheinlich 2, 3, 4, 5, 3 (4) Phalangen stellen den primitiven Zustand dar. Dies ist die Formel, die in der Regel mit einer kriechenden Fortbewegung im Zusammenhang steht, wobei die Hand schief nach vorn und außen gekehrt war (vgl. S. 177). Die vierte Zehe ist dann die längste und kräftigste; sie besitzt die meisten Phalangen. Krallen, welche die Hand auf dem Boden im besonderen Maße verankern, treten auf, aber sie sind nicht bei allen Cotylosauria beobachtet (oder bei Fußspuren, von denen wir wenigstens glauben, daß sie von den Cotylosauria herrühren). —

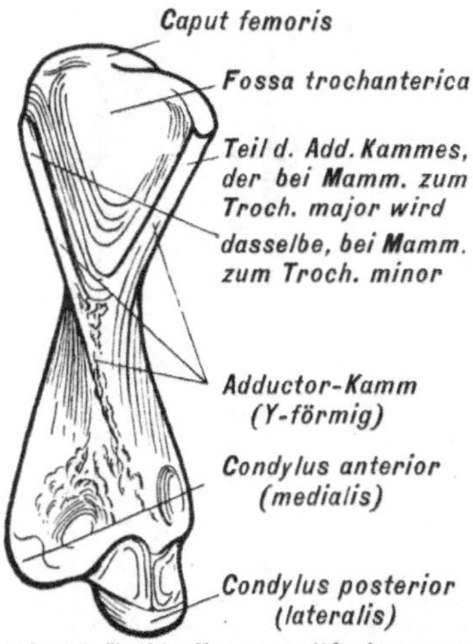

Abb. 257. Rechter Femur von Edaphosaurus, (Naosaurus), von ventral. (Nach RÖMER, 1922, Taf. 46.)

Die hinteren Extremitäten der primitiven Reptilia stimmen in allen Hauptzügen mit denen der Stegocephala überein. Sie sind beinah stets länger und kräftiger gebaut als die Vorderextremitäten. Das Femur stand horizontal, quer zur Rumpfachse. Es trug an seiner ventralen Seite denselben Y-förmigen Adductorkamm, wie wir ihn bei den Stegocephala fanden (Abb. 257; man vergleiche diese mit Abb. 243 auf S. 183). — Bei den lebenden Reptilia sind die Füße dichter an den Rumpf gezogen; damit geht eine ökonomischere Arbeitsleistung der Muskeln Hand in Hand; damit wieder steht in Verband, daß das Femur schlanker wurde und der Y-förmige Adductorkamm zurückgebildet wurde. Es bleiben jedoch Teile des Kammes erhalten, welche tuberkelförmig heraus-stehen und die Trochanteren formen; deren Ableitung von dem Adductorkamm kann dadurch begründet werden, daß die Muskeln ziemlich wenig verändert scheinen: der vordere Zweig des Y wurde zu dem vorderen Trochanter der rezenten Reptilia; der hintere Zweig zeigt keine besondere Entwicklung. Die Stelle, wo der Kamm sich in die zwei Äste des Y teilt, bildet stets die Insertionsstelle für den Musculus caudo-femoralis und dem Musculus ischio-femoralis. Wo diese Muskeln kräftig entwickelt sind, finden wir bei den Reptilia einen vierten Trochanter, der aus der eben genannten Stelle entsteht. Dieser vierte Trochanter darf nicht verwechselt werden mit dem dritten Trochanter der Mammalia; an diesem nämlich inseriert ein ganz anderer Muskel: ein Teil des Musculus glutaeus magnus, welcher von dem Ilium und den vorderen Schwanzwirbeln entspringt.

Tibia und Fibula entwickeln sich bei den Reptilia verschieden. Die Tibia ist der vordere und mehr mediale Knochen; er muß den größten Teil des Körpergewichts tragen. Dadurch wird er zu dem wichtigsten dieser Knochen. Auch inserieren sich die meisten von dem Femur kommenden Muskeln an der Tibia. Die Fibula wurde ein ziemlich schwacher Knochen und dient hauptsächlich als Ursprungsfläche von Muskeln, welche zum Fuße verlaufen.

Auch für das Kniegelenk ist die Tibia der wichtigste Knochen. Die ursprünglich einfache und langgestreckte Gelenkfläche des Femur für die Tibia (Abb. 243 auf S. 183) teilte sich schon bei vielen Stegocephala in zwei Teile. Bei den Reptilia zeigt sie stets zwei Condyli, mit denen zwei Gelenkflächen der Tibia übereinstimmen. Die Fibula verbindet sich mit der Außenseite des hinteren (lateralen) Condylus.

Der Fuß der Reptilia zeigt meist wichtige Veränderungen gegenüber dem Stegocephalenfuße. Er weicht auch stets im Bau von der Hand ab. Die Anzahl der Teile ist im Vergleich mit den Stegocephala beinah stets verkleinert. Seymouria ist das primitivste Reptil welches wir kennen; es besitzt noch drei ungefähr gleich große proximale Tarsalia: Tibiale, Intermedium und Fibulare; ebenso einige Seereptilien. Bei allen anderen bekannten Reptilia gibt es nur zwei proximale Knochen; von diesen wird seit GEGENBAUR der eine meist als das Tibiale aufgefaßt, mit welchem ein zurückgebildetes Intermedium verschmolzen sei; der zweite soll das Fibulare sein. Man nennt sie auch Astragalus bzw. Calcaneus; es ist jedoch nicht nicher, daß der Astragalus aus zwei Skeletelementen aufgebaut ist; darum nimmt man auch meist einen Verlust des Intermedium an. Diese Auffassung GEGENBAURS wird aber u. a. durch BAUR, LEBOUCQ und EMERY bestritten; sie wird auch nicht gestützt durch die neueren Funde bei primitiven Tetrapoda (JAEKEL 1909 A, BROOM 1921): es besteht hier nämlich in bestimmten Fällen ein kleines Tibiale neben einem großen Intermedium; dieses Intermedium stimmt gut überein mit dem Astragalus. Die wenigen Beobachtungen, welche bisher gemacht worden sind, sprechen mehr für eine Rückbildung des Tibiale. Das typische Foramen für ein Blutgefäß, welches schon bei den Stegocephala zwischen Intermedium und Fibulare gefunden wird, ist ebenfalls zwischen diesem Calcaneus und Astragalus wiedergefunden; das erhöht die Wahrscheinlichkeit dieser Homologie des Astragalus mit dem Intermedium (man vgl. Abb. 258 mit 259). Die hier bestehende Unsicherheit läßt es also nicht wünschenswert erscheinen, den Namen Tibiale zu behalten. Wir werden hier darum weiterhin den Namen Astragalus gebrauchen.

Wir sagten eben, daß bei einigen Seereptilia ein Intermedium und ein Tibiale auftritt; das kann kein ursprünglicher Zustand sein. Die Extremitäten sind ja hier zu Flossen geworden; darum müssen wir an eine sekundäre Anpassung des Tarsus denken. Dabei besteht aber die Möglichkeit, daß primitive Verhältnisse wieder zum Vorschein kamen.

Bei den Reptilia kennen wir ursprünglich zwei Centralia, von denen das eine an dem tibialen Rande des Fußes liegt (Abb. 259). Die Größe des vierten Tarsale läßt daran denken, daß vielleicht mit ihm noch ein primitives drittes Centrale verschmolzen sei. Ein proximales Centrale wurde im Fuße der Reptilia nicht mehr gefunden.

Bei primitiven Reptilia verschwindet jedoch meist das eine der beiden Cen-

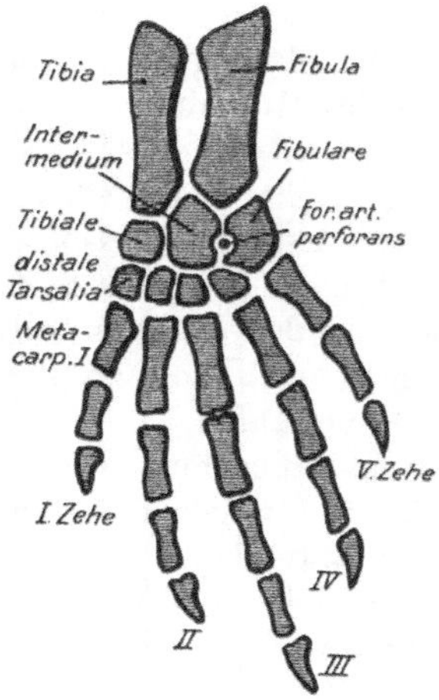

Abb. 258.

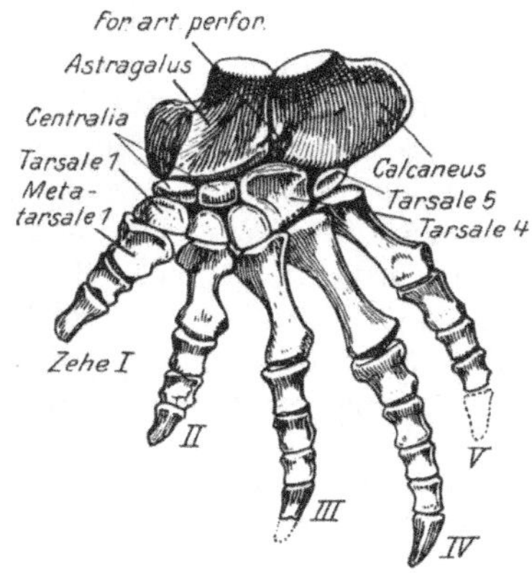

Abb. 259.

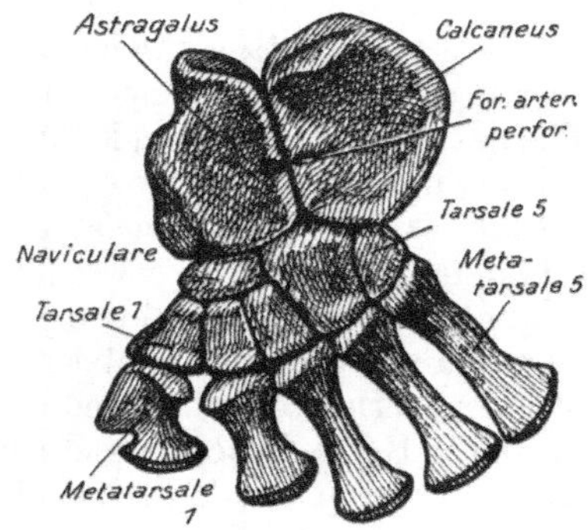

Abb. 260.

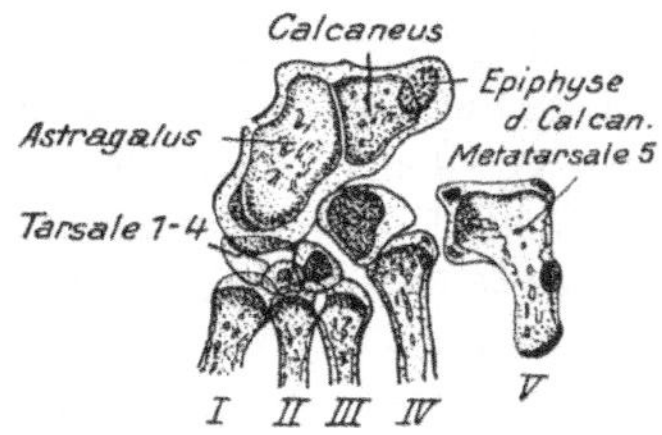

Abb. 261.

Abb. 258. Fußskelet von Scincosaurus crassus, einem Microsaurier (reptilartiger Stegocephale). Das Tibiale ist klein, das Intermedium ist groß. (Nach JAEKEL, 1909 A, Abb. 9 b.) — Abb. 259. Fußskelet von Ophiacodon mirus. (Nach CASE, WILLISTON and MEHL, 1913, Abb. 34.) Spiegelbild vom rechten Fuß. — Abb. 260. Fußwurzel von Casea broili. (Nach WILLISTON, 1912 A, Taf. 23, Abb. 1.) Spiegelbild vom rechten Fuß. — Abb. 261. Tarsus von einem erwachsenen Sphenodon. (Nach HOWES and SWINNERTON, 1901, Taf. 6, Abb. 18.) Rechter Tarsus von oben, im Spiegelbild.

tralia und es bleibt nur dasjenige über, welches am tibialen Rande liegt (Abb. 260) Aber auch dieses Centrale gibt bei weitaus den meisten rezenten Reptilia seine Selbständigkeit auf und verwächst mit dem Astragalus. Dies hängt zusammen mit der Bildung eines Quergelenkes im Fuß, welches zwischen den proximalen und distalen Tarsalia auftritt; bei dieser Bildung können selbständige Centralia nur hinderlich sein. Dieses intertarsale Gelenk ist typisch für alle rezenten und weitaus die meisten fossilen Reptilia (Abb. 263). Nur bei den Theromorpha tritt ein solches Gelenk nicht auf; es bleiben hier vielmehr ursprüngliche Verhältnisse bewahrt: das tibiale Centrale bleibt erhalten. Hieran schließt sich der Fuß der Mammalia an.

Das intertarsale Gelenk der Reptilia ruft meist noch einen Anschluß der distalen Tarsalia an die Metatarsalia hervor; dabei werden diese Tarsalia meist zu kleinen Platten zurückgebildet (Abb. 263). Weiterhin verschmelzen die beiden proximalen Tarsalia meist zu einem einzigen Knochen; auf diese Weise wird eine festere Gelenkebene gebildet (Lacertilia, Sphenodon, ein Teil der Chelonia).

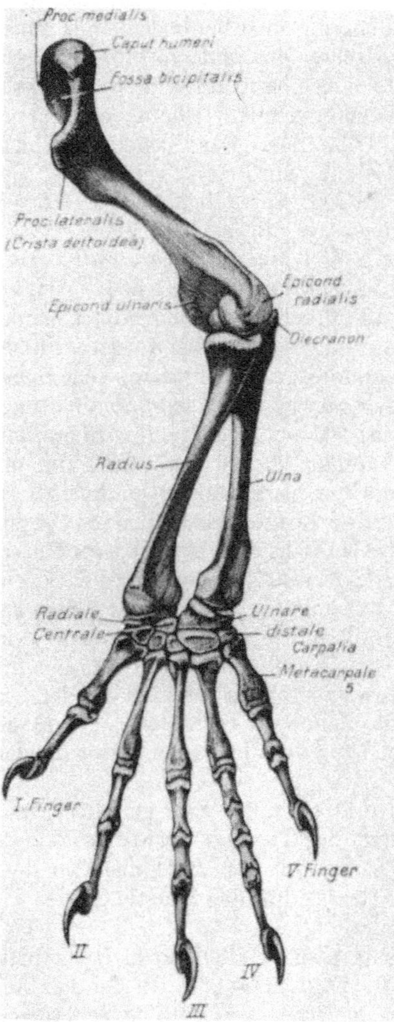

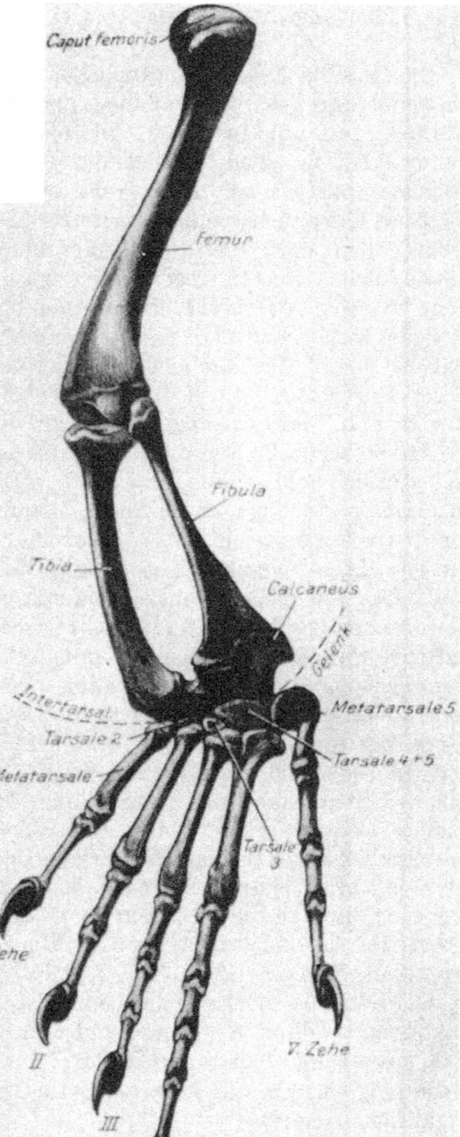

Abb. 262. Abb. 263.

Abb. 262. Skelet der linken Vorderextremität, Abb. 263 der linken Hinterextremität von einem Lacertilier; schematisch, vor allem nach Varanus. Die Patella ist weggelassen; Hand und Fuß sind nach unten umgebogen. Original.

Eine Verkürzung und hakenförmige Krümmung des 5. Metatarsale steht mit dieser Bildung des intertarsalen Gelenkes in Verbindung (Abb. 261 und 263; GOODRICH 1916).

Die Formel für die Phalangen bei den primitiven Reptilia war sehr wahrscheinlich für die Hand 2, 3, 4, 5, 3 und für den Fuß 2, 3, 4, 5, 4 (WILLISTON 1911). Die vierte Zehe ist am kräftigsten und längsten entwickelt; über ihre funktionelle Bedeutung vergleiche das oben Gesagte.

Die Reptilia haben ursprünglich eine schwerfällige, schiebende oder laufende Fortbewegung gehabt. Von hier aus wird die Bewegung in verschiedene Richtungen spezialisiert. Die typische Entwicklung der Extremitäten bestand dabei in einem Drehen des Ellenbogengelenkes caudad und des Kniegelenkes craniad; auf diese Weise standen die Füße dichter beim Rumpfe; die Tiere liefen also weniger gespreizt. Die Beugung im Ellenbogen- und Kniegelenk blieb stark; und der Rumpf blieb zwischen den Extremitäten hängen. Einen solchen Zustand beobachten wir heute bei Sphenodon und einer Anzahl träge laufender Lacertilia. Der Carpus bleibt dabei primitiv gebaut; der Tarsus dagegen wird schon etwas mehr verändert (Abb. 261). Das Skelet der Gliedmaßen, deren Muskeln viel günstiger arbeiteten, wurde viel schlanker. Bei dieser Entwicklung erreicht das Tier eine größere Schnelligkeit: der Körper streckt sich; der Schwanz wird lang; und das Tier unterstützt beim Laufen die Arbeit der Füße durch kräftige und schnelle Wellenbewegungen des Körpers und seitliche Schläge des Schwanzes. Damit im Zusammenhang sind die Wirbel gleichzeitig von dem amphicölen Zustande aus procöl geworden; die Gelenke der Wirbelkörper sind gut entwickelt. Diese neue Fortbewegungsart finden wir bei vielen typischen Lacertilia. Die Extremitäten sind kräftig, aber meist kurz. Das Ellenbogengelenk wird durch ein gut entwickeltes Olecranon in seinen Bewegungen beschränkt und gleichzeitig fester gestaltet. Die Hand wird craniad gedreht; das Ellenbogengelenk umgekehrt caudad; damit verändert die ursprünglich parallele Lage des Radius und der Ulna in eine etwas gekreuzte. In dem Ellenbogengelenk liegt jetzt die Ulna medial des Radius, bei dem Carpus lateral des Radius (Abb. 262). Auf diese Weise entsteht eine Drehung im Unterarm von etwa 90°; sie umfaßt auch Nerven, Blutgefäße und Muskeln. Im Carpus verschwindet das Intermedium oder ist stark zurückgebildet; nur ein einziges Centrale bleibt übrig. Unter dem Einfluß der schnellen Rumpf- und Schwanzbiegungen ist der Transversaldruck (vgl. S. 176) sehr groß; damit wird die Möglichkeit eines Ausgleitens der Füße auch wesentlich erhöht: um dem zu begegnen, werden die Finger und vor allem die Zehen oft recht lang, vor allem der vierte; sie sind stark gespreizt. Die Formel für die Phalangen bleibt die der primitiven Reptilia: 2, 3, 4, 5, 3 (4).

Da die Füße dichter beim Rumpf stehen und oft nach vorn gerichtet sind, so können sie durch Streckung in der Fußwurzel das Tier mit vorwärtsschieben. Das wäre beim Querstande der Füße (vgl. z. B. Abb. 240, 241) nicht in dem Maße möglich. Hierin liegt vermutlich der Grund für das Entstehen des intertarsalen Gelenkes. —

Verändert aber dieser typische Bewegungsmechanismus bei einem Lacertilier, dann verändert oft auch der Bau von Hand und Fuß. Das ist z. B. bei den laufenden und kletternden Chamaeleontidae zu beobachten; weiterhin bei Schlangenähnlichen Formen mit sehr kleinen Gliedmaßen (z. B. Seps).

Auch die Geckonidae bewegen sich anders: sie besitzen besondere Haftorgane an den Zehen; sie krümmen also ihren Rumpf und Schwanz beim Laufen nicht sehr stark; damit steht im Zusammenhang, daß sie amphicöle Wirbel besitzen, daß der Stand der Hände und Füße ein anderer ist als bei den typischen Lacertilia mit mehr nach vorn gekehrten Zehen; und daß schließlich die Zehen von etwa gleicher Länge sind.

Viele träge Lacertilia mit kurzem Schwanz zeigen ebenfalls nicht die typischen Längenverhältnisse der Zehen. So hat z. B. Trachysaurus, eine Eidechse mit einem sehr kurzen Schwanz und kurzen Extremitäten, mit nach vorn gekehrten Händen und Füßen, etwa gleich lange Zehen und eine Phalangenformel 2, 3, 3, 3, 2 für die Vorder- und Hinterextremität.

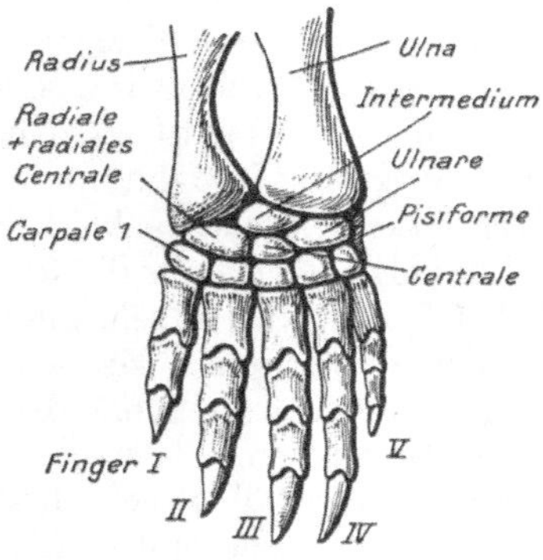

Abb. 264.

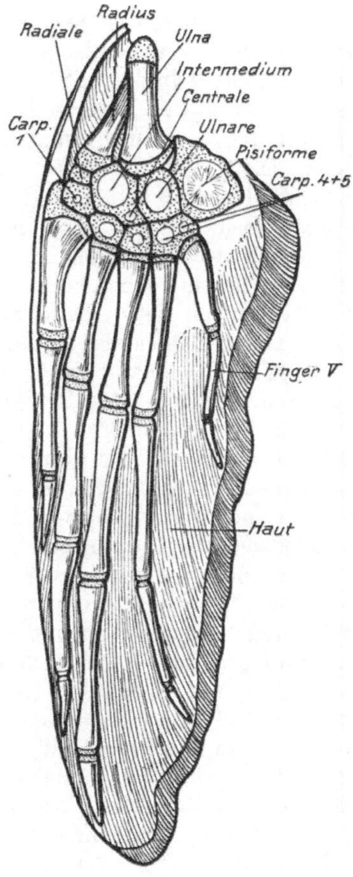

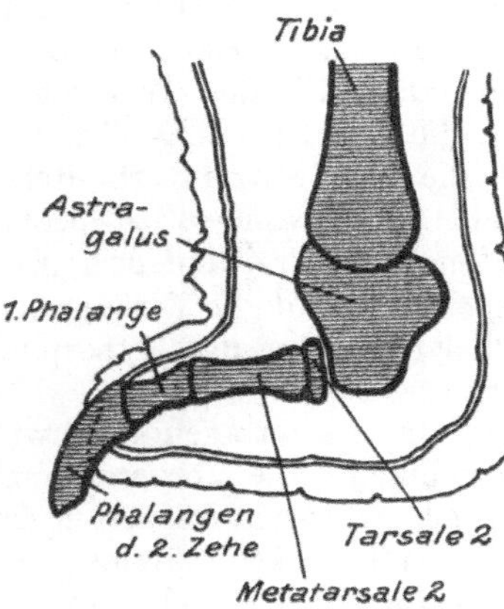

Abb. 265.

Abb. 266.

Abb. 264—266. Fußskelet der Chelonia.

Abb. 264. Linker Carpus von Chelydra, gestreckt. (Nach GEGENBAUR, 1864, Taf. 2, Abb. 1.) — Abb. 265. Medianschnitt durch den Fuß von Testudo. (Nach HAY, 1910, Abb. 1.) — Abb. 266. Linke Vorderextremität von Dermochelys, ohne Humerus. (Nach VÖLKER, 1913, Taf. 32, Abb. 17.)

Bei den **Chelonia** (Abb. 264—266) finden wir eine etwas andere Gliedmaßenentwicklung als bei den Lacertilia. Hier bleiben teilweise primitive Verhältnisse bewahrt. Der Panzer dieser Tiere macht es auf dem Lande unmöglich, daß sie sich anders fortbewegen als durch langsames Fortschieben und Laufen. Auch muß der Oberarm mehr nach vorn gerichtet sein, um aus dem Panzer heraustreten zu können. So ist der Unterarm gedreht und steht vertikal, gleichzeitig etwas nach außen. Das Ellenbogengelenk ist auf sehr abnorme Weise nach vorn gekehrt. Der Humerus ist stark gekrümmt. Die Hinterextremität dagegen brauchte nicht in dem Maße umgeändert zu werden. Primitiv bleibt an der Vorderextremität die Lage der Ulna: sie läuft parallel mit dem Radius und zeigt keine Kreuzung; ihr Olecranon ist nur gering entwickelt (vielleicht ist dies jedoch eine sekundäre Folge von dem anderen Stande des Ellenbogengelenkes). Der Carpus bleibt aus zahlreichen Knochen aufgebaut; Radiale, Intermedium und Ulnare bleiben geschieden. Zwei Centralia werden angelegt, von denen das am meisten radiale den radialen Rand der Hand nicht erreicht und stets mit dem Radiale verschmilzt. Weiter werden ein Os pisiforme und fünf distale Carpalia beobachtet. Der Carpus besitzt also einen ziemlich ursprünglichen Bau.

Am Fuße der Chelonia fehlt ein selbständiges Centrale; ein einziges Centrale wird wohl angelegt, verschmilzt jedoch mit dem Astragalus, wie wir das gewöhnlich bei den Reptilia finden. Das Fibulare (Calcaneus) verwächst nicht mit dem Astragalus. Vier distale Tarsalia sind vorhanden; das fünfte fehlt, da es offensichtlich mit dem vierten verwachsen ist. Das intertarsale Gelenk ist schwach entwickelt. Die Finger und Zehen sind meist kurz. Die Formel für die Phalangen beträgt für die Hand und auch für den Fuß 2, 3, 3, 3, 3 (2); das ist sehr interessant, weil es eine Folge der Gangveränderung ist: der Schwerpunkt wird nicht verschoben, der Transversaldruck ist sehr gering; somit brauchen der dritte und vierte Zehen nicht mehr besonders lang und kräftig zu sein.

Die Testudinidae heben beim Laufen ihren Körper höher vom Boden als die meisten anderen Chelonia; sie laufen teilweise auf den Zehenspitzen (Abb. 265) Damit im Zusammenhang sind die Metacarpalia und Tarsalia sowie die Phalangen sehr verkürzt. Die Phalangenformel der Hand wechselt von 2, 2, 2, 2, 2 bis zu 0, 2, 2, 2, 1, im Fuß beträgt sie meist 2, 2, 2, 2, 0.

Unter den heute lebenden Reptilia sind nur bei den Chelonia einige Extremitäten zu Flossen umgebildet, eine Anpassung an das Schwimmen: bei den Trionychidae, bei Dermochelys und den Chelonidae. Bei den Trionychiden ist die Veränderung der Extremität noch gering: die Hand ist vergrößert und das Os pisiforme springt stark hervor, wodurch die Handwurzel verbreitert wird. Weiterhin ist eine Vermehrung in der Anzahl der Phalangen zu beobachten (Hyperphalangie): am vierten und fünften Finger von drei und drei (zwei) erhöht auf fünf und vier. Bei anderen Trionychidae wird die Verlängerung der Finger erreicht durch eine größere Länge der Phalangen, ohne daß Hyperphalangie auftritt. Der Fuß der Trionychidae ist wenig verändert.

Die Chelonidae und Dermochelys (Abb. 266) sind hervorragende Schwimmer; die Extremitäten sind damit viel stärker umgebildet. Die Vorderextremitäten sind sehr große und kräftige Flossen mit folgenden typischen Anpassungserscheinungen: Der Humerus ist sehr kurz und massiv, mit starken Kämmen versehen für die Insertion kräftiger Muskeln; die Unterarmknochen sind ebenfalls kurz und kräftig. Der Carpus ist verbreitert, vor allem durch Vergrößerung des Os pisiforme; seine Knochenstücke sind platt geworden und bestehen aus vielseitigen Knorpelscheiben mit runden, platten Verknöcherungen. Die Finger sind sehr lang, vor allem der zweite bis vierte Finger; die große Biegsamkeit in den Phalangengelenken, die wir sonst bei den Chelonia beobachten, ist hier aufgehoben. Krallen fehlen, denn sie haben bei diesen schwimmenden Tieren keine Bedeutung mehr. Die Hand ist wesentlich länger als der Ober- und Unterarm zusammen: Ober- und Unterarm bilden nämlich zusammen nur den Stiel der Flosse, dessen Verkürzung die Flosse dichter an den Körper heranbringt. Da der Humerus in dem gepanzerten Rumpfe liegt, so ist das Ellenbogengelenk das wichtigste Bewegungsgelenk für die Flosse; das Schultergelenk tritt dagegen an Bedeutung zurück. Alle übrigen Diarthrosen sind zu straffen Gelenken (Amphiarthrosen) umgebildet; dadurch ist die Flosse eine elastische und biegsame Platte geworden. Die Hinterextremitäten sind in gleicher Weise umgebildet, aber viel weniger stark.

Bei verschiedenen Gruppen ausgestorbener **Seereptilia**, wie z. B. bei den Mosasauria, den Ichthyosauria, den Plesiosauria, waren die Extremitäten ebenfalls zu Flossen umgebildet (Abb. 267—269). Die Entwicklung geht vielfach parallel mit den See-Chelonia. Alle Gelenke waren Amphiarthrosen, auch das Ellenbogen und Kniegelenk; nur das Schulter- und Hüftgelenk waren Diarthrosen, da in ihnen die Bewegung der Flosse bei diesen nicht gepanzerten Tieren stattfand. Weiterhin waren die langen Gliedmaßenknochen sehr verkürzt und oft abgeplattet; damit wurden die Extremitäten vom Rumpfe ab verbreitert und platt.

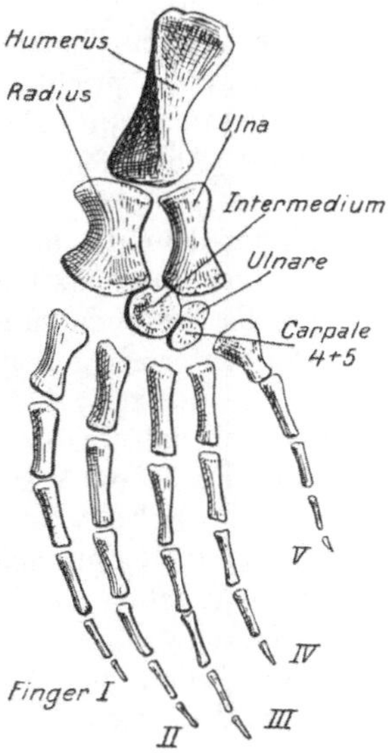

Abb. 267.

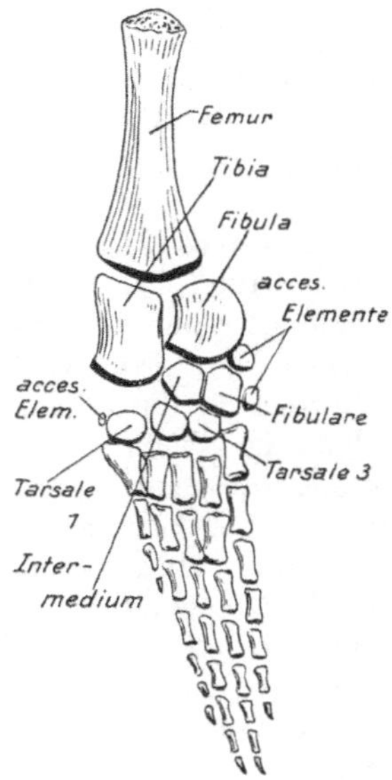

Abb. 268.

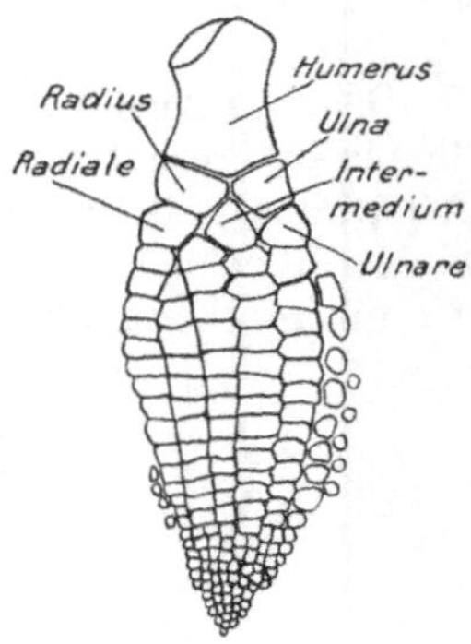

Abb. 269.

Abb. 267—269. Zu Flossen umgeformte Extremitätenskelete bei marinen Reptilia.

Abb. 267. Vorderfuß von Platecarpus, einem Mosasaurier: mit sehr unvollkommener Verknöcherung des Carpus. (Nach ABEL, 1912 A, Abb. 105.) — Abb. 268. Hinterfuß von Taumatosaurus, einem Plesiosaurier, mit Hyperphalangie. (Nach E. FRAAS, aus ABEL, 1912 A, Abb. 98.) — Abb. 269. Vorderfuß von Ichthyosaurus communis. Mit Hyperdactylie und mit wiederum vollkommener Verknöcherung des Carpus. (Nach von ZITTEL, aus ABEL. 1912 A, Abb. 86 A.)

Carpus und Tarsus wurden dadurch verbreitert, daß die Knochen zu platten Scheiben wurden und alle Teile selbständig blieben, auch dort, wo sie bei den Stammformen miteinander verschmolzen waren; selbst zwei Knochen treten auf, die mit einem Tibiale bzw. mit einem Intermedium zu vergleichen sind. Die Finger und Zehen konnten etwas auseinanderweichen, vor allem der fünfte Finger und Zehen. Sie stützten eine offenbar breite Schwimmhaut (Abb. 267).

In anderen Fällen lagen die Finger und Zehen auch dicht aneinander geschlossen, so daß schließlich die Phalangen der angrenzenden Finger miteinander durch straffes Bindegewebe verbunden waren (Abb. 269). Die Phalangen waren dann zu Scheiben verkürzt und verbreitert; ihre Anzahl war oft stark vermehrt (Hyperphalangie), was die Biegsamkeit der Flosse erhöhte. Die Anzahl der Finger wurde auch wohl vermehrt (Hyperdactylie), was die Flosse bedeutend breiter werden ließ. Die Hyperphalangie war wohl eine Folge des fortgesetzten terminalen Wachstums bei Fingern und Zehen; weiterhin kann aber auch ein Selbständigwerden von Epiphysen oder von Gelenkknorpeln eine Ursache für die Hyperphalangie sein. Die Hyperdactylie war dagegen eine Folge der Fingerteilung; besonders der mittelste Finger teilte sich. Weiterhin entstanden wohl auch neue Fingerstrahlen an den Rändern, wobei ein Strahl vom Os pisiforme ausgehen könnte. Auch seitliche Teilung der Phalangenstücke könnte zu einer Vermehrung der Finger führen.

Auffallend ist der Reichtum an Knorpel in den Gliedmaßen vieler Seereptilia (Abb. 266); im Carpus und Tarsus wurden die Knochen dadurch zu runden Scheiben, welche in einer polygonalen Knorpelplatte lagen. Dieser Knorpelreichtum ist nicht nur auf die Extremitäten beschränkt: er steht offenbar im Zusammenhang mit dem Seeleben: durch dieses Leben scheint nämlich die Verknöcherung wesentlich verlangsamt zu werden und selbst zum Stillstand kommen zu können (VÖLKER 1913). Diese Erscheinung muß nicht unbedingt eine Anpassung sein; sie kann auch eine Folge der anderen Umstände des Seelebens sein gegenüber dem Landleben. Für diese Auffassung spricht, daß der Knorpelreichtum bei den späteren Vertretern der Ichthyosauria und Plesiosauria wieder durch vollständige Verknöcherung ersetzt wird (Abb. 269).

Bei den **Crocodilia** ist die Hinterextremität ziemlich nach dem allgemeinen Typus der rezenten Reptilia gebaut. Das Intertarsalgelenk ist gut entwickelt. Astragalus und Calcaneus sind getrennt; die distalen Tarsalia bestehen nur in einigen Knöchelchen. Die fünfte Metatarsale ist kurz und hakenförmig gebogen; die fünfte Zehe fehlt. Die Formel für die Phalangen des Fußes ist 2, 3, 4, 5, 0. Das Knie ist aber nach vorn gekehrt, so daß das Femur nicht mehr quer zur Rumpfachse steht. Da bei der Vorderextremität der Ellenbogen nach hinten gedreht ist, so steht auch der Humerus nicht mehr quer zur Rumpfachse. Wenn die Crocodilia schnell laufen, so erheben sie ihren Rumpf ziemlich weit vom Boden. Der Schwanz spielt bei der Fortbewegung auf dem Lande keine bedeutende Rolle; die Tiere bewegen sich also ganz anders fort als die Lacertilia.

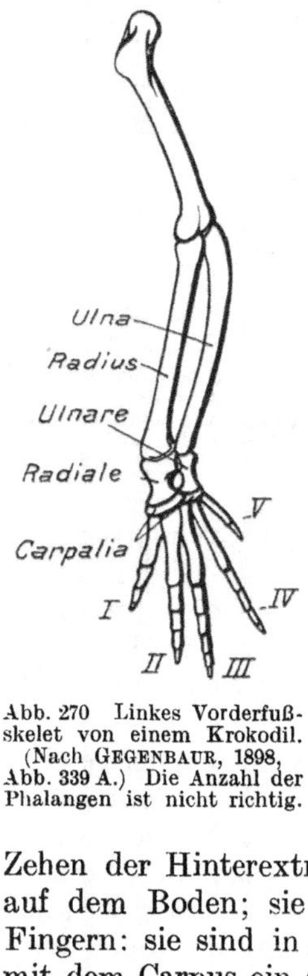

Abb. 270 Linkes Vorderfußskelet von einem Krokodil. (Nach GEGENBAUR, 1898, Abb. 339 A.) Die Anzahl der Phalangen ist nicht richtig.

Die Vorderextremität der Crocodilia zeigt einige Besonderheiten (Abb. 270). An der Ulna fehlt das Olecranon, bei einer Streckung der Extremität wird die Ulna proximad geschoben und zieht dabei die Hand an der ulnaren Seite mit, dadurch wird die Hand etwas nach außen gedreht. In dem Carpus sind Radiale und Ulnare verlängert. Sonst sind nur drei Elemente in dem Carpus zu beobachten: erstens wahrscheinlich das Carpale 1 und ein damit verschmolzenes Centrale; zweitens das Carpale 2; und drittens ein Knochen, der durch Verschmelzung der Carpalia 3, 4 und 5 entstanden ist. Ein Os pisiforme ist wohl anwesend, dagegen kein Intermedium. Die Formel für die Phalangen der Hand beträgt 2, 3, 4, 4, 3. Der vierte und fünfte Finger sind schwächer entwickelt als die anderen und tragen keine Krallen. Ebenso fehlt am vierten Zehen der Hinterextremität die Kralle. Carpus und Metacarpalia ruhen nicht auf dem Boden; sie sind aufgerichtet. Die Crocodilia laufen also auf ihren Fingern: sie sind in der Hand digitigrad. Die Metacarpalia bilden zusammen mit dem Carpus ein deutliches Segment der Extremität, welches durch ein Gelenk gegen den Unterarm beweglich ist. Dieses funktionell geschlossene Segment erreicht durch Verlängerung des Radiale und Ulnare eine ziemlich ansehnliche Länge. Das Körpergewicht ruht vor allem auf dem dritten Finger, daneben auch auf dem ersten und zweiten, weniger auf dem schwachen vierten und fünften Finger. Die Hand ist nach vorn gerichtet. Diese Eigentümlichkeiten der Extremitäten weisen auf eine besondere Anpassung: eine Verlängerung der Vorderextremität, die erreicht wird durch Streckung des Ulnare und Radiale und durch Digitigradie. Bei der Hinterextremität ruht der gesamte Fuß auf dem Boden, er bleibt also plantigrad.

Diese Verhältnisse weisen auf Stammformen mit verkürzten Vorderextremitäten. Die Gründe für eine solche Verkürzung können in erster Linie in einem aufrechten Gange auf den Hinterextremitäten gesucht werden; solches finden wir bei einer Anzahl Verwandten der Crocodilia, u. a. bei den Dinosauria und einzelnen Formen unter dem primitiven Pseudosuchia. Bei einer Zurückkehr zum vierfüßigen Gange konnten die kurzen Vorderextremitäten den Kopf nicht hoch genug aufrichten; so wurden die Tiere vorn digitigrad, und ihr Carpus wurde in der eben beschriebenen eigentümlichen Weise verlängert. Die Hinterextremitäten sind auch unverhältnismäßig kräftiger entwickelt als die Vorderextremitäten. Weiterhin ist zu beachten, daß die Hand der Crocodilia ziemlich starke Unterschiede im Bau zeigt; das weist auf eine rezente Anpassung (von Huene 1913 A, Abel 1919). Die schwache Entwicklung des vierten und fünften Fingers wird allgemein auch bei den Dinosauria gefunden, welche auf ihren Hinterextremitäten aufgerichtet liefen. So können wir auch bei den Crocodilia diese Erscheinung durch einen aufrechten Gang ihrer Stammformen erklären. Dasselbe wird aber, gleichzeitig mit dem Verluste der Krallen, auch bei den schwimmenden Trionychidae unter den Chelonia gefunden; somit kann diese Erscheinung auch in Anpassung an das Wasserleben der Crocodilia entstanden gedacht werden.

Der Einfluß des aufrechten Ganges auf den Bau der Vorderextremitäten ist besonders deutlich bei den **Dinosauria** die, wie gesagt, auf den Hinterextremitäten liefen (Abb. 271). Die Arme waren sehr kurz, die vierten und fünften Finger waren schwach oder fehlten; nur der erste bis dritte Finger trugen gut entwickelte Krallen. In diesen Punkten stimmen die Tiere auffallend mit den Crocodilia überein. Die Handwurzel der Dinosauria war sehr kurz und bestand oft aus platten Knochen; der Carpus hatte hier seine ursprüngliche Bedeutung als eine elastische bewegliche Verbindung der Hand mit dem Unterarm verloren; eine solche wäre ja bei dem aufrechten Gange zwecklos.

Jene Dinosauria, welche von dem bipeden Gang zum vierfüßigen zurückgekehrt sind (Sauropoda, Stegosauria, Ceratopsia) zeigen ebenfalls eine Digitigradie der Vorderextremitäten; sie stimmen also auch in diesen Punkten mit den Crocodilia überein (Abb. 272). Die Metacarpalia waren in diesen Fällen lang und kräftig, die Finger sehr kurz. Die Formel für die Phalangen war 2, 1, 1, 1, 1 (Brontosaurus) oder 2, 1, 1, 1, 0 (Stegosaurus). Die Hand wurde durch steiles Aufrichten der Metacarpalia und durch Zurückbildung der Finger elefantenartig. Man muß annehmen, daß ein kräftiges Sohlenkissen, aufgebaut aus elastischem Bindegewebe, die Metacarpalia stützte (Abel 1912 A, Janensch 1922).

Dieser aufrechte Gang der Dinosauria hat auch seinen Einfluß auf den Bau der Hinterextremitäten ausgeübt (Abb. 274). Diese waren sehr kräftig entwickelt und mehr als doppelt solang wie die Vorderextremitäten. Das Femur ging vom Acetabulum aus ventro-craniad; in Anpassung an diese Haltung ragte das Caput femoris in medialer Richtung vom Schafte des Femur heraus

(Abb. 273). Ein großer vierter Trochanter war gebildet als Insertionspunkt des Musculus caudo-femoralis und ischio-femoralis: beide zogen das Femur nach hinten und fixierten es; dadurch sind sie für den aufrechten Gang besonders wichtig (Abb. 273; vgl. auch DOLLO 1883 A). Wurde bei den Dinosauria der aufrechte Gang wieder aufgegeben, so wurde der vierte Trochanter wiederum rudimentär. Die Tibia war kräftig entwickelt, die Fibula schwach. Das intertarsale Gelenk ist sehr deutlich. Astragalus und Calcaneus schlossen sich mehr oder weniger unbeweglich an die Tibia und Fibula an. Auf diese Weise bildeten diese vier Knochen ein Ganzes: einen Tibiotarsus; ein solcher ist für die Aves typisch, aber auch bei den Dinosauria finden wir ihn mehr oder weniger vollständig. Der Fuß war nach vorn und ein wenig nach außen gerichtet.

Die Achse des Fußes lief durch die dritte Zehe, also mitten durch den Fuß: damit im Zusammenhang ist dieser Zehen am kräftigsten entwickelt; der Fuß ist also mesaxonisch. Die zweite und dritte Zehe waren auch gut entwickelt, während die fünfte Zehe stets schwach war oder gänzlich

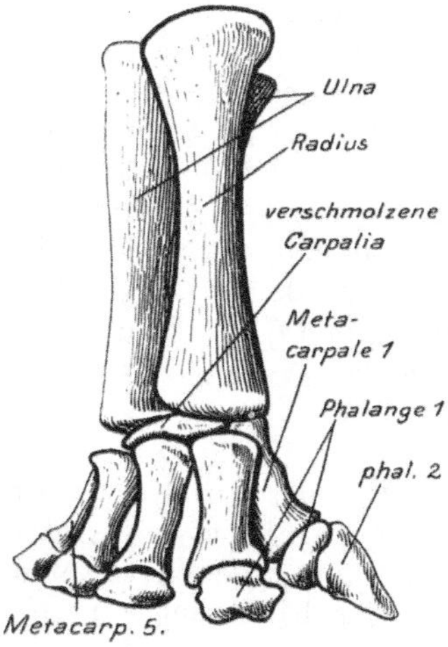

Abb. 271.

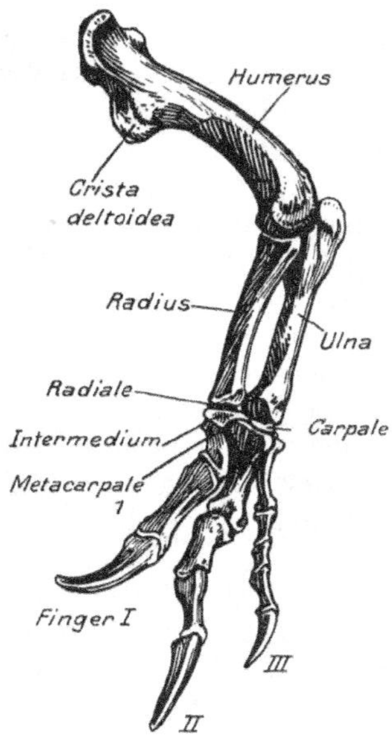

Abb. 272.

Abb. 271. Vorderfußskelet von Anthrodemus valens; rechter Fuß im Spiegelbild. (Nach GILMORE, 1920, Abb. 40.) — Abb. 272. Skelet des rechten Unterarmes und der Hand von Brontosaurus. (Nach HATCHER, aus ABEL, 1919, Abb. 480.)

fehlte. Die erste Zehe war entweder mittelmäßig entwickelt oder zurückgebildet; in einzelnen Fällen war sie auch nach hinten gekehrt und vielleicht opponierbar, so daß auf diese Weise ein Greiffuß entstand. Die Formel für die Phalangen war typisch 2, 3, 4, 5, 0. Die Zehenlänge stimmte jedoch damit nicht überein, da die vierte Zehe nicht länger war als die dritte. Zehen 1 bis 4 oder 2 bis 4, trugen gut entwickelte Krallen. Auch die Metatarsalia 1 und 5 waren mehr oder weniger zurückgebildet. Die drei mittelsten Metatarsalia waren kräftig, eng zusammengeschlossen. manchmal auch verwachsen; in vielen Fällen waren sie so stark verlängert wie das Laufbein der Aves (Abb. 275). Die Hinterextremität der Dinosauria war also stark vogelähnlich gebaut, vor allem bei den schlanken und schnellaufenden Raubdinosauria, z. B. Compsognathus und Ornithomimus.

Bei den **Pterosauria** zeigen die Extremitäten im Zusammenhang mit der Entwicklung einer Flughaut einen sehr eigentümlichen Bau (Abb. 130 auf S. 116). Die

Vorderextremität hatte als Hauptaufgabe die Flughaut zu stützen und zu spannen; sie war stark verlängert, hauptsächlich in ihrem distalen Teile: nämlich an den Metacarpalia und an einem einzigen Finger. Der Unterarm war viel weniger, der Humerus garnicht verlängert. Dieses merkwürdige Mißverhältnis kann damit zusammenhängen, daß nicht diejenigen Teile des Armes verlängert werden konnten, an denen die Muskelmassen für die aktive Bewegung der Flughaut lagen; dann würde nämlich die Extremität zu schwer geworden sein. Wohl aber konnten die distalen Teile verlängert werden, welche weniger Muskeln besaßen und neben den Knochen hauptsächlich aus Sehnen bestanden. Die Metacarpalia lagen dicht zusammen: das erste bis dritte Metacarpale waren

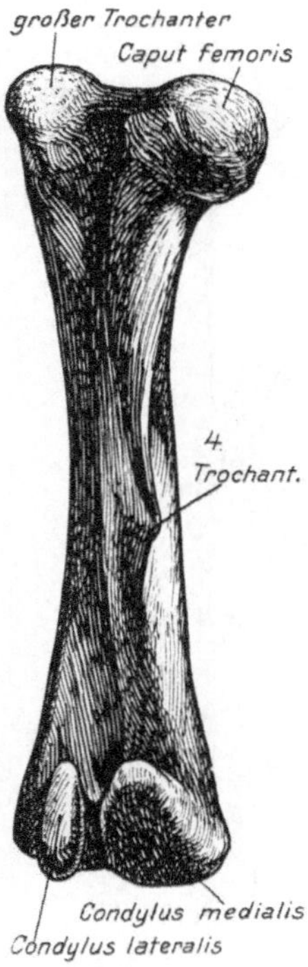

Abb. 273.

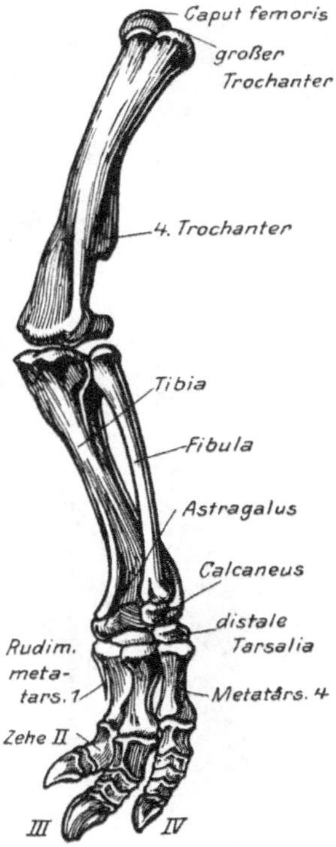

Abb. 274.

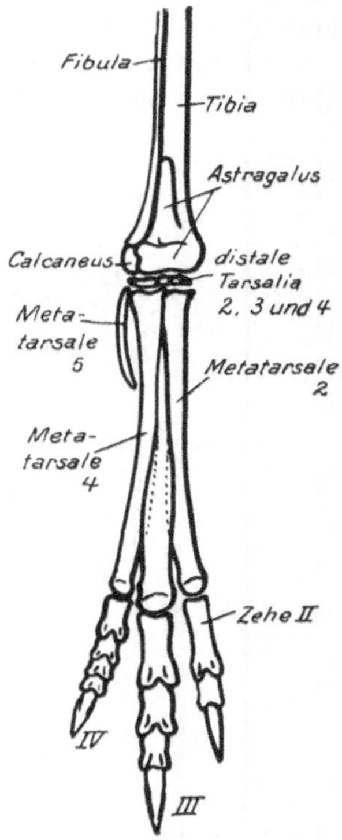

Abb. 275.

Abb. 273. Linkes Femur von Iguanodon, von hinten gesehen. (Nach DOLLO, 1883 A, Taf. 1, Abb. 2.) — Abb. 274. Linkes Hinterfußskelet von Iguanodon. (Nach DOLLO, 1882, Taf. 9, Abb. 4.) — Abb. 275. Rechtes Fußskelet von Ornithomimus; der Astragalus besitzt einen langen tibialen Fortsatz. (Nach LAMBE, aus ABEL, 1912a, Abb. 106.)

schlank und trugen kurze Finger mit festen Krallen. Metacarpale 4 war sehr kräftig und trug den enorm verlängerten vierten Finger, der am Seitenrande der Flughaut lag. Der fünfte Finger fehlte. Die Formel für die Phalangen war 2, 3, 4, 4. Einige der Untersucher sind der Ansicht, daß der fünfte Finger der Flugfinger war; aber die Formel der Phalangen weist mit Sicherheit darauf, daß es der vierte Finger war. Außerdem spricht dafür die Beobachtung, daß dieser bei den kriechenden Reptilia allgemein der stärkste und längste war, während der fünfte viel schwächer sich entwickelte. Daß der Flugfinger stets nur vier Phalangen trug, kann durch den Verlust der Kralle erklärt werden, wodurch die Nagelphalange ihre Bedeutung verlor (ABEL 1919). Denselben Verlust der terminalen

Phalangen finden wir übrigens auch bei den Fingern in der Flughaut der Chiroptera (WILLISTON 1911).

Die Hinterextremitäten der Pterosauria waren in die Flughaut aufgenommen. Dadurch wurden sie recht wenig geeignet zur Fortbewegung auf dem Boden. Sie waren lang und schlank gebildet, vor allem bei den späteren, mehr spezialisierten Typen. Einige Veränderungen im Bau traten denn auch auf, aber sie sind für uns nicht weiter von Bedeutung.

Eine starke Umbildung der Gliedmaßen zeigen die **Aves**. Sie stammen sicher von primitiven Archosauria ab (OSBORN 1900 B, ABEL 1911, NOPCSA 1923 A). Das Auffallendste bei den Extremitäten ist natürlich die Umbildung der Vorderextremitäten zu Flügeln; dies verursachte vor allem in der Hand recht große Veränderungen. Der Humerus ist kräftig und recht verschieden in seiner Länge; er besitzt eine starke Crista deltoidea zur Insertion des

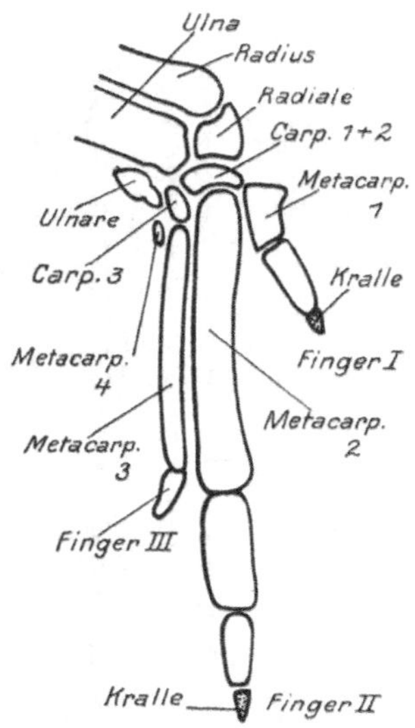

Abb. 276.

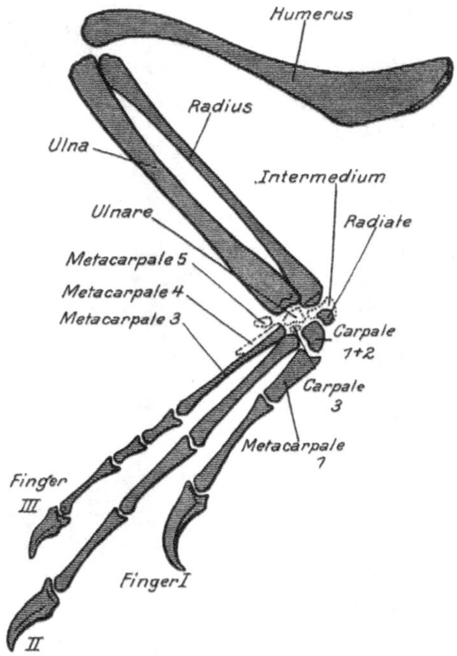

Abb. 277.

Abb. 276. Handskelet eines Vogelembryos (Sterna) mit beginnender Verknöcherung. (Nach WIEDERSHEIM, aus HAASE, 1913, Abb. 58; die Erklärung ist verändert.) — Abb. 277. Rechtes Flügelskelet von Archaeopteryx Siemensii. (Nach JAEKEL, 1915, Abb. 6A.)

kräftigen Musculus pectoralis: dieser Muskel bewirkt die niederschlagende Bewegung der Flügel beim Fluge (Abb. 72 auf S. 72). Radius und Ulna sind beide gut entwickelt und lang; die Ulna ist besonders kräftig. An den Carpus sind selbständige Radiale und Ulnare zu unterscheiden; ein Intermedium fehlt. Selbständige distale Carpalia fehlen ebenfalls; sie werden wohl angelegt, verschmelzen aber mit den Metacarpalia zu einem Carpo-Metacarpus (STEINER 1922). Drei selbständige Metacarpalia werden angelegt: vom ersten, zweiten und dritten Finger; das erste Metacarpale bleibt kurz, das zweite und dritte wird lang, wobei wieder das dritte am kräftigsten gebaut ist. Metacarpale 2 und 3 verschmelzen mit ihren Enden (Abb. 72 auf S. 72 und Abb. 276). Der erste Finger besitzt ein oder zwei Phalangen, der zweite zwei Phalangen, der dritte eine, gelegentlich auch zwei (wie bei Struthio). Krallen sind oft an dem ersten Finger zu beobachten, selten auch am zweiten (Palamedea und einige Struthiomorpha). Die Hand ist also sehr vereinfacht, aber dennoch kräftig gebaut; sie ist oft viel länger als der Unterarm oder der Oberarm; das hängt wohl zusammen mit der Anwesenheit von großen Schlagfedern auf der Hand, welche hier eine feste Basis finden. In dem Ellenbogengelenk und im Gelenk zwischen Unterarm und Hand ist die Biegsamkeit sehr groß; das ist nötig zum Zusammenklappen der großen Flügel. Die Gelenke in den Phalangen sind dagegen sehr wenig biegsam, nur soweit, daß die Hand elastisch ist.

Archaeopteryx (Abb. 277) besitzt in den Hauptzügen denselben Flügelbau wie die rezenten Aves. Die speziellen Anpassungen waren aber weniger vollkommen entwickelt. Das Tier besaß drei Finger, deren Metacarpalia selbständig blieben, ohne zu verschmelzen. Die Formel für die Phalangen war 2, 3, 4. Der erste Finger war am kräftigsten entwickelt, der zweite war der längste und der dritte der schwächste; alle drei Finger trugen Krallen.

Ein Beweis dafür, daß diese drei Finger der erste bis dritte sind, liefern uns die Dinosauria: bei diesen werden stets der vierte und fünfte Finger zurückgebildet und verschwinden oft ganz (s. S. 199). Die Stärke und Länge der drei Finger und die Phalangenformel 2, 3, 4 (3) stimmen bei Aves und Dinosauria überein. Der erste Finger besitzt die stärkste Kralle. Die Übereinstimmung der Hand von Archaeopteryx mit der Hand vieler Dinosauria ist so groß, daß daraus die Homologie der drei Finger bei allen Aves mit dem typischen ersten bis dritten Finger sicher geschlossen werden kann (Abel 1912 A). Neben vielerlei anderen parallelen Anpassungen im Skelet weist also auch die Hand der Aves auf eine Stammform, welche auf den Hinterextremitäten lief, wie das ja auch die meisten Dinosauria taten, und deren Vorderextremitäten auf dieselbe Weise umgebildet waren wie bei den Dinosauria.

Bei Laufvögeln, welche das Flugvermögen verloren haben, sind die Flügel stark zurückgebildet; dann können oft nur ein oder zwei Finger vorhanden sein. Bei den Dinornithidae scheinen die Flügel ganz gefehlt zu haben.

Sehr stark spezialisiert sind auch die Hinterextremitäten der Aves. Müssen sie doch allein den ganzen Körper tragen und im Laufen fortbewegen. Das Knie ist nach vorn gebracht; damit erhält das Femur einen besonderen Stand; wieder damit steht im Zusammenhang, daß das Caput femoris stark mediad herausspringt, um in das Acetabulum passen zu können (Abb. 278 und 279). Der große Trochanter ist kräftig entwickelt. An der Unterseite (Hinterfläche) des Femur läuft vom proximalen Caput aus bis zur halben Länge (oder noch weiter) vielfach ein Kamm: er ist schwach entwickelt und endigt in einer rauhen mehr oder weniger herausspringenden Erhebung; diese wird der vierte Trochanter genannt (Dollo 1883 A). An diesem Kamme inseriert der Musculus ischio-femoralis; an dem vierten Trochanter dagegen der Musculus caudo-femoralis. Beide Muskeln sind von großer Bedeutung für das Fixieren des Femur in seiner schiefen Lage und für ein Rückwärts-Ziehen dieses Knochens (Abb. 279). Der Musculus caudo-femoralis ist sonst bei den Aves von geringer Stärke, da der Schwanz zurückgebildet ist; darum ist auch der vierte Trochanter so schwach entwickelt. Bei den Dinosauria mit ihrem kräftigen Schwanz ist der vierte Trochanter groß (Abb. 273); es war also auch der Musculus caudo-femoralis viel kräftiger entwickelt.

Die cranio-ventrade Lage des Femur bringt das Kniegelenk und damit auch den Fuß mitten unter den Rumpf. Dadurch liegt der Fuß direkt unter dem Schwerpunkt, was beim Stehen auf der Hinterextremität wesentlich ist. Das Femur wird dabei größtenteils in den Rumpf aufgenommen: damit wird die Extremität erst vom Knie ab wirklich frei beweglich.

Das Gewicht des Vogels wird in dem Unterbein getragen von der Tibia. Diese ist denn auch sehr kräftig entwickelt, während die Fibula schlank ist. Die Fibula erreicht mit ihrem distalen Ende den Fuß nicht mehr, sondern erstreckt

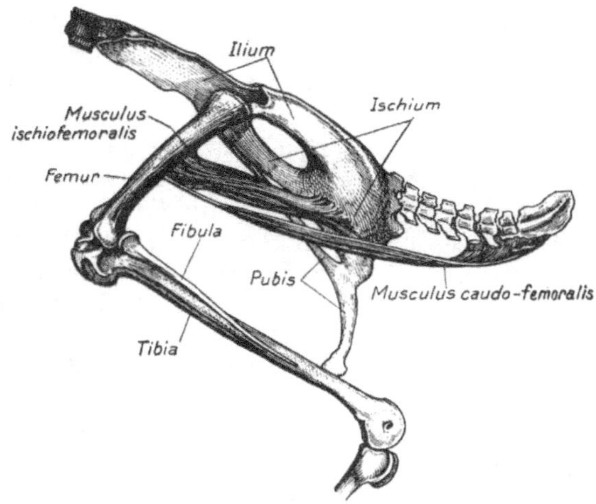

Abb. 279.

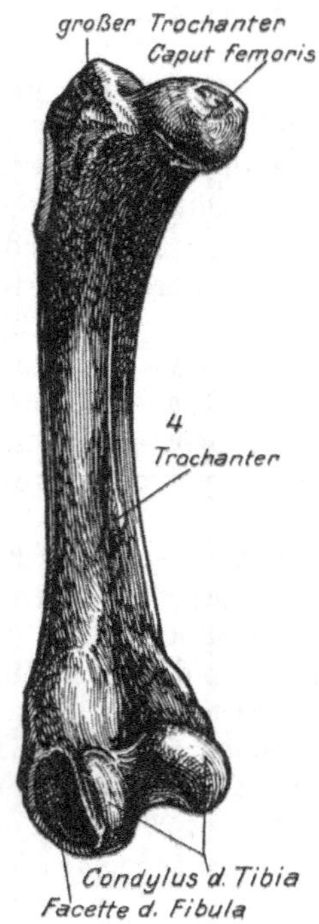

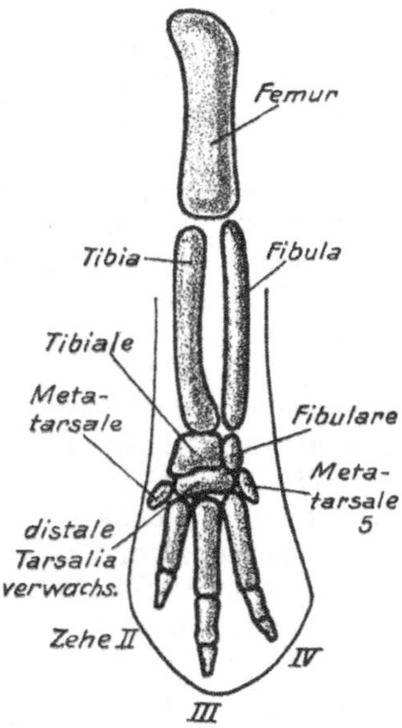

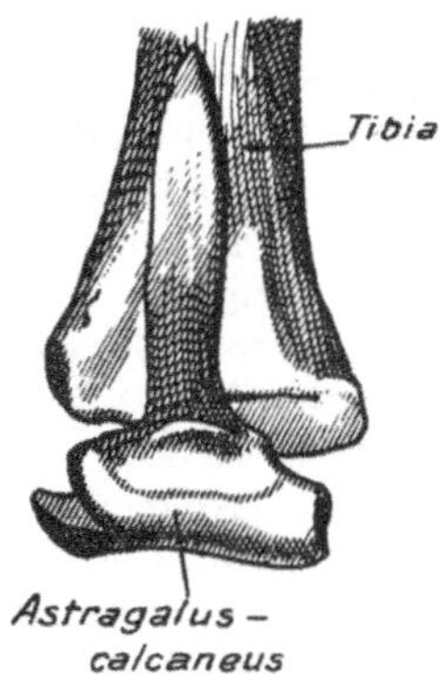

Abb. 278. Abb. 280. Abb. 281.

Abb. 278—281. Hinterfuß der Aves.

Abb. 278. Linkes Femur von Cygnus atratus von der Hinterseite (Unterseite). Nach DOLLO, 1883 A, Taf. 1, Abb. 1.) — Abb. 279. Hinterer Abschnitt des Skeletes von Anas boschas, um den Stand des Femur und die Bedeutung des M. ischio-femoralis und des M. caudo-femoralis sehen zu lassen. (Nach DOLLO, 1883 A, Taf. 1, Abb. 7.) — Abb. 280. Embryonales Fußskelet von Apteryx. Nach T. J. PARKER, 1891, Taf. 18, Abb. 280.) — Abb. 281. Das proximale Tarsale (die miteinander verwachsenen Calcaneus und Astralagus) und die Tibia eines jungen Struthio. (Nach BAUR, aus OSBORN, 1900 B, Abb. 1.)

sich nur bis zur Mitte der Tibia. In dem Fuße ist das intertarsale Gelenk sehr gut entwickelt. Damit im Zusammenhang verschmelzen die zwei proximalen Tarsalia zu einem einzigen Knochen, welcher wieder mit der Tibia zu einem einzigen Tibiotarsus verschmilzt. Nur bei Apteryx bleibt der Tarsalknochen durch eine Grenzlinie von der Tibia geschieden (Abb. 72 auf S. 72, Abb. 280 und 281). Ein kurzer oder langer Fortsatz des Tibiotarsus legt sich längs der Vorderseite der Tibia; dadurch wird eine festere Verbindung erreicht (Abb. 281). Ein ebensolcher Fortsatz ist an dem Astragalus der theropoden Dinosauria beschrieben (Abb. 275).

Die distalen Tarsalia werden beinahe stets nicht mehr einzeln, sondern als ein Ganzes angelegt; bei Apteryx beobachten wir aber noch die Anlage von fünf selbständigen Metatarsalia, von denen das erste und zweite rudimentär sind. Die drei mittelsten Metatarsalia verschmelzen dann zu einem einzigen Knochen; hiermit verschmelzen wieder die distalen Tarsalia; auf diese Weise entsteht der Tarso-Metatarsus (das Laufbein). Die distalen Enden der drei Metatarsalia bleiben jedoch selbständig und ragen als Auswüchse heraus, welche das Rollengelenk für die zweite bis vierte Zehe bilden. Das erste Metatarsale ist oft ein Anhängsel, welches an der Hinterseite des Tarso-Metatarsus liegt; es trägt die kurze erste Zehe. Das fünfte Metatarsale fehlt bei den erwachsenen Aves stets; ebenso die fünfte Zehe. Es besteht also bei den erwachsenen Aves kein selbständiger Tarsus mehr: eine Folge der scharfen Differenzierung des intertarsalen Gelenkes.

Bei den Pinguinen ist der Tarso-Metatarsus sehr breit; die drei Metatarsalia des Tarso-Metatarsus liegen nebeneinander und sind sogar durch kleine Zwischen-

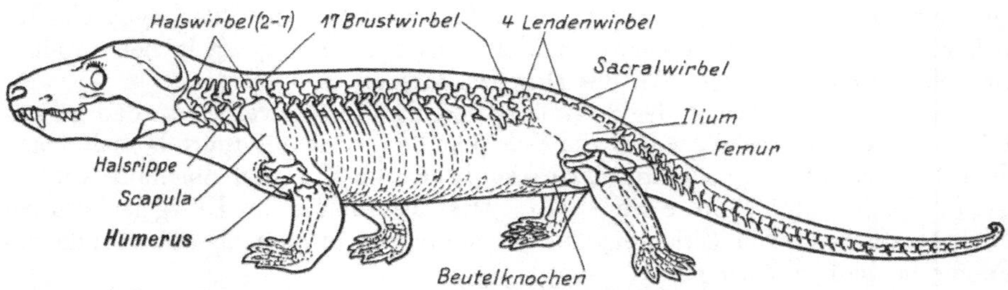

Abb. 282. Rekonstruktion des Skelets von einem Anomodontier, Cynognathus crateronotus. (Nach GREGORY and CAMP, 1918, Abb. 13B.)

räume voneinander geschieden. Auch werden die drei distalen Tarsalia selbständig angelegt. Dieser Zustand des Metatarsus ist auch bei Ceratosaurus unter den Dinosauria gefunden worden und trägt einen ursprünglichen Charakter. Die Verwandtschaft der Pinguine mit anderen Aves schließt es aber aus, daß wir es bei den Pinguinen mit einem wirklich ursprünglichen Zustande zu tun haben. Wahrscheinlich sind die Pinguinen nur zu den ursprünglichen Verhältnissen zurückgekehrt, indem sie auf einem bestimmten embryonalen Entwicklungsstadium stehen blieben. Das hängt wahrscheinlich zusammen mit ihrer schwimmenden Lebensweise. Auch bei kletternden Papageien ist etwas ähnliches angedeutet.

Die Formel für die Phalangen ist bei den vier Zehen der Aves 2, 3, 4, 5; sie stimmt also überein mit der Formel bei den primitiven Reptilia. Die erste Zehe fehlt oft; sie ist, wenn vorhanden, nach hinten gerichtet und opponierbar; das hat ABEL 1911 mit einer Greiffunktion bei den Vogelstammformen in Verband gebracht, welche auf Bäumen lebten.

Die Aves besitzen beinahe stets eine Kniescheibe (Patella). Diese wird bei den Columbidae sehr groß und kegelförmig; die Tibia bewegt sich nämlich beim Schwimmen gegen die Kniescheibe in Drehbewegung.

Die Spezialisierung der Extremitäten bei den Aves zeigt viel Übereinstimmung mit der der Dinosauria. Das wird in erster Linie durch Convergenz zu deuten sein. Die Hinterextremität von Archaeopteryx ist ganz so wie die der rezenten Aves gebaut; sie ist mehr spezialisiert als das Armskelet. Das weist darauf hin, daß Archaeopteryx schon aufrecht lief, während sein Flugvermögen noch gering entwickelt war.

Unter den **Theromorpha** zeigen die Pelycosauria noch einen sehr ursprünglichen Bau der Gliedmaßen (Abb. 255, 256; 259, 260); der Bau stimmt etwa mit dem der Cotylosauria überein. Die Anomodontia aber schlugen unter den Reptilia einen eigenen Weg ein bei der Entwicklung der Fortbewegung; dadurch sind auch ihre Gliedmaßen in einer eigenartigen Richtung entwickelt. Sie verbesserten nicht die kriechende Fortbewegung wie die meisten Lacertilia, sondern hoben ihren Rumpf mehr und mehr vom Boden; so wurden sie zu laufenden Tieren. Bei denjenigen Formen unter den Anomodontia, welche mehr den Mammalia ähneln, wurden die Extremitäten auch dichter an den Rumpf gebracht. Dabei wurde das Ellenbogengelenk nach hinten, das Kniegelenk nach vorn gedreht; gleichzeitig konnte eine Streckung von diesen Gelenken stattfinden. Auf diese Weise gingen die Tiere mehr und mehr zu einer laufenden Gangart über (Abb. 282, in welcher die Streckung der Extremitäten noch ziemlich gering ist).

Der Körper hängt hier also nicht mehr zwischen den Extremitäten, sondern er wird darauf getragen. Dies verlangt eine viel geringere Arbeitsleistung der Extremitätenmuskulatur; damit im Zusammenhang können die Knochen der Gliedmaßen viel schlanker werden: wir beobachten einen langen Schaft mit nur gering verbreiterten Enden. Vor allem die Flexormuskeln des Ellenbogengelenkes bekommen auf diese Weise eine leichtere Aufgabe; dies spiegelt sich in einer Zurückbildung der Epicondyli des Humerus wieder.

Der Humerus ist von der Scapula ab mehr und mehr ventro-caudad gerichtet; so ist es zu verstehen, daß die Gelenkhöhle des Schultergürtels mehr nach dem Hinterrande des Schulterblattes zu liegen kommt und ebenfalls ventrocaudad blickt (Abb. 176d, e auf S. 145). Das Acetabulum des Hüftgelenkes aber blieb ziemlich seitlich gerichtet; darum mußte das proximade Gelenkende des Femur mediad vorspringen.

Wichtig ist weiterhin der Bau der Hand und des Fußes bei den Anomodontia. Bei laufenden Tieren, welche ihren Schwerpunkt nicht mehr durch Krümmungen der Wirbelsäule seitlich hin und her werfen, ist auch kein Transversaldruck mehr vorhanden (vgl. S. 176). Damit ist die Notwendigkeit eines mehr oder weniger seitlich gerichteten Standes der Hand und des Fußes weggefallen. Hand und Fuß vieler Anomodontia waren denn auch nach vorn gedreht. Die größere Länge des dritten und vor allem des vierten Fingers bzw. der Zehe gegenüber dem zweiten Finger bzw. der Zehe wurde nachteilig und der Längenunterschied wurde aufgehoben. Die Formel für die Phalangen, welche bei den Pelycosauria noch 2, 3, 4, 5, 4 (3) war, wurde hier zu 2, 3, 3, 3, 3. Einen Übergangszustand finden wir bei einigen Vertretern der Anomodontia; die Formel ist hier wohl noch 2, 3, 4, 5, 3; aber einzelne Phalangen des dritten und vierten Fingers sind hier zu sehr kurzen Scheiben zurückgebildet, wodurch der Unterschied in der Länge der drei Mittelfinger klein wird (Abb. 286). Die Tiere blieben plantigrad.

Der Carpus blieb aus zahlreichen Knöchelchen bestehen; u. a. enthielt er zwei Centralia und ein Os pisiforme; auch ein Präpollex ist gefunden worden (Abb. 283–286).

In dem Tarsus beobachten wir im allgemeinen ursprüngliche Verhältnisse. Es ist nur ein einziges Centrale am medialen (tibialen) Fußrande vorhanden; es stimmt also ziemlich überein mit dem Naviculare der Mammalia. Das Tarsale 5 fehlt; es kann mit Tarsale 4 verschmolzen sein wie bei den Mammalia, wo das Cuboid mit dem Tarsale 4 und 5 übereinstimmt. Der Fuß der Anomodontia kann dadurch sowie durch die Anordnung und Größe der Knochenstücke dem der Mammalia ähneln.

Vom intertarsalen Gelenk, welches für die rezenten Reptilia so typisch ist,

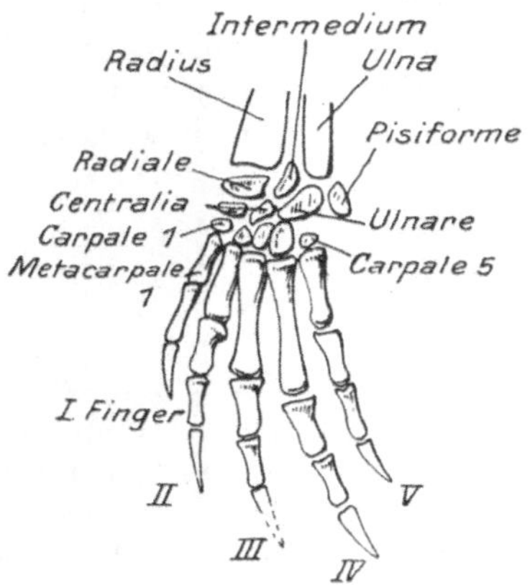

Abb. 283.

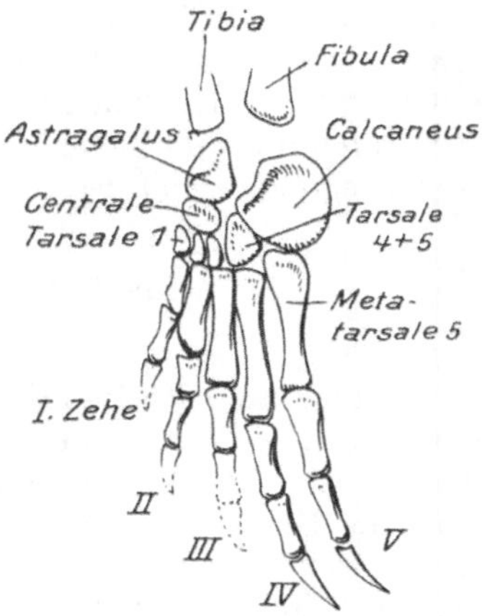

Abb. 284.

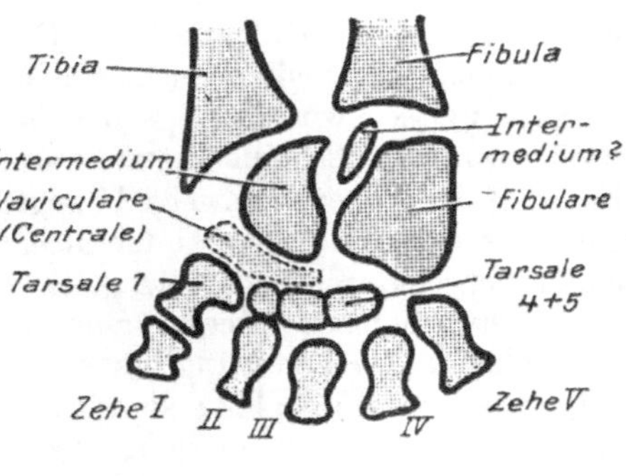

Abb. 285.

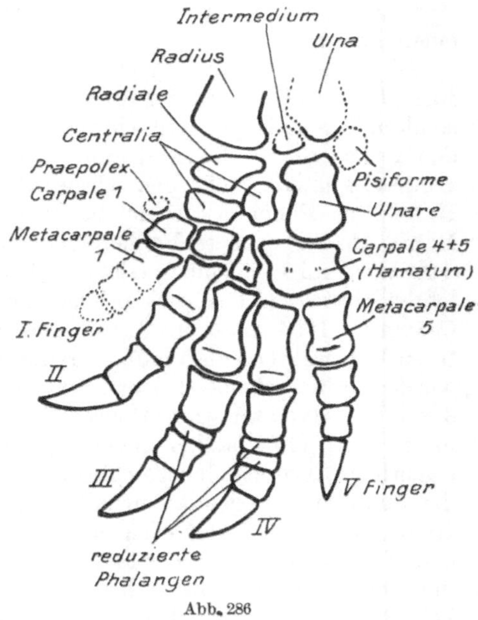

Abb. 286

Abb. 283—286. Hand- und Fußskelete von Anomodontia.

Abb. 283. (Hand von Galechirus Scholtzi. (Nach BROOM, 1915, Taf. 4, Abb. 38.) Spiegelbild der rechten Hand. — Abb. 284. Fuß von Galechirus Scholtzi. (Nach BROOM, 1915, Taf. 4, Abb. 39.) Spiegelbild des rechten Fußes. — Abb. 285. Tarsus von Oudenodon trigoniceps. (Nach BROOM, 1904 A, Taf. 7, Abb. 8.) Das große, Intermedium genannte Stück, nennt BROOM Tibiale. — Abb. 286. Linke Hand von Scymnognathus tigriceps. (Nach BROOM, 1913 B, Abb. 231.)

sehen wir hier nichts. Das Hauptgelenk zwischen Unterbein und Fuß lag zwischen Tibia und Fibula einerseits und dem Astragalus und Calcaneus andererseits.

Wie schon gesagt wurde das Ellenbogengelenk nach hinten gedreht; diese Drehung hätte zur Folge haben müssen, daß das proximale Ende der Ulna medial des Radius zu liegen kam; lag doch dieses Ende ursprünglich caudal des Radius. Wir beobachten aber bei den Pelycosauria, daß die Ulna lateral des Radius gebracht wurde, noch bevor die Drehung stattfand (Abb. 255 auf S. 189). Das hatte zur Folge, daß das proximale Ende der Ulna (Olecranon) bei der Drehung mehr caudal als medial des Radius zu liegen kam. Schon früher war die Hand nach vorn gedreht, wobei das distale Ende der Ulna lateral des Radius zu liegen kam. Die Folge war eine Kreuzung des Radius und der Ulna. Diese wird etwas vermindert durch die Verschiebung des proximalen Ulnaendes bis dieses lateral und nach der Drehung caudal des Radius lag.

Die Extremitäten der Mammalia.

1. Der allgemeine Typus.

Die Extremitäten der Mammalia schließen sich in ihrem Bau an die der Anomodontia an. Man braucht dabei nicht an eine direkte Abstammung zu denken, es ist vielmehr teilweise eine Parallelentwicklung wahrscheinlich; da wir aber die Gliedmaßen der primitiven Mammalia aus dem Trias noch nicht kennen, so können wir dies noch nicht mit Sicherheit entscheiden Die Monotremata sind jedoch in ihrer Fortbewegungsweise weniger weit entwickelt, als scheinbar die am meisten mammalierartigen Anomodontia. Wir kommen später noch auf die Monotremata zurück; jetzt wollen wir erst die Gliedmaßen der Marsupialia und Placentalia besprechen, welche miteinander auffallend übereinstimmen.

Die Mammalia sind typische Lauftiere; ihre Gliedmaßen sind unter den Rumpf gebracht, so daß der Rumpf nicht mehr zwischen den Extremitäten hängt, sondern durch sie getragen wird (Abb. 71 auf S. 70). Die Vorderextremität zieht den Körper durch Beugung des Ellenbogengelenkes und der Handwurzel; die Hinterextremität stößt den Körper durch Streckung des Kniegelenkes. Diese Umbildung finden wir schon bei den Anomodontia, aber sie erreicht bei den Mammalie eine größere Vollkommenheit. Dabei müssen wir im Auge behalten, daß die primitiven Marsupialiaund Placentalia sehr wahrscheinlich auf Bäumen lebten, wobei die Tiere sich auf den vier Füßen laufend über die Zweige bewegten (Matthew 1904, Gregory 1910). Dabei hielten sie sich mit ihren Hinterextremitäten fest, während die Vorderextremitäten abwechselnd weit nach vorn gestreckt wurden. Ein seitliches Hin- und Herwerfen des Schwerpunktes unter Krümmungen der Wirbelsäule, wie wir es typisch für die kriechende Fortbewegung beschrieben haben (s. S. 176), ist bei diesem Laufen auf Zweigen unmöglich; so wird das eigentliche Kriechen ausgeschlossen. Die Hände und Füße mußten, um auf den dünneren Zweigen laufen zu können, ganz unter den Körpergebracht werden. Hierin dürfte der Anlaß liegen für die weitere Vollendung des Laufganges bei den Marsupialia und Placentalia So läuft z. B. Didelphys, dessen Extremitäten unter den Mammalia mit zu den primitivsten gehören, auf Bäumen. Wie wir schon bei den Anomodontia sahen ist bei dem Laufgange eine viel geringere Stärke der Extremitätenmuskulatur notwendig; die langen Extremitätenknochen sind damit im Verband auch schlank; ihre Kämme und Trochanteren sind nicht besonders gut entwickelt.

Über die Vorderextremität (Abb. 287) ist das Folgende zu berichten. Am Humerus bildet das Caput humeri für das Schultergelenk eine halbkugelige Gelenkfläche; dadurch sind recht vielseitige Bewegungen im Schultergelenk möglich, wie dies das Laufen auf sich krümmenden Zweigen auch erfordert. Dient die Vorderextremität ausschließlich zur Stütze oder zur Fortbewegung auf dem Boden, dann wird die vielseitige Beweglichkeit wieder beschränkt durch

Bänder und Muskeln; wir beobachten das z. B. bei den Ungulata. Das Caput humeri liegt nicht mehr rein terminal, sondern ist in verschiedenem Grade mediad und caudad gerichtet. Es müßte infolge des veränderten Standes des Humerus eigentlich noch viel mehr mediad gerichtet sein, wenn nicht die Cavitas glenoidalis des Schultergürtels stark ventrad gerichtet wäre statt wie bei den Reptilia laterad. Eine Crista deltoida ist vorhanden; bei grabenden Formen wird sie sehr kräftig (Abb. 132 auf S. 117). Der Epicondylus radialis ist meist schwach entwickelt; ein Foramen ectepicondyloideum fehlt stets. Dagegen ist der Epicondylus ulnaris meist ziemlich stark geformt. Oft finden wir ein sehr weites Foramen entepicondyloideum (Abb. 287). Das distale Ende des Humerus zeigt ursprünglich eine scharf umschriebene Gelenkfläche, welche ungefähr halbzylindrisch gebogen ist; sie wird die Trochlea genannt; sie dient zur Gelenkung mit der Ulna. Lateral und cranial der Trochlea finden wir einen runden Gelenkkopf für den Radius. Das gut entwickelte Olecranon der Ulna muß bei Streckung im Ellenbogengelenk gegen die Hinterseite des Humerus stoßen. Um nun eine möglichst weite Streckung in diesem Gelenk zu ermöglichen, finden wir an der Hinterseite des Humerus oberhalb der Trochlea eine Grube, die Fossa olecrani; sie dient dazu, das Olecranum aufzunehmen. An der Vorderseite tritt eine zweite Grube auf, welche bei starker Beugung den Radius aufnimmt. Durch beide Gruben kann in einigen Fällen auch eine Durchlöcherung des Humerus entstehen.

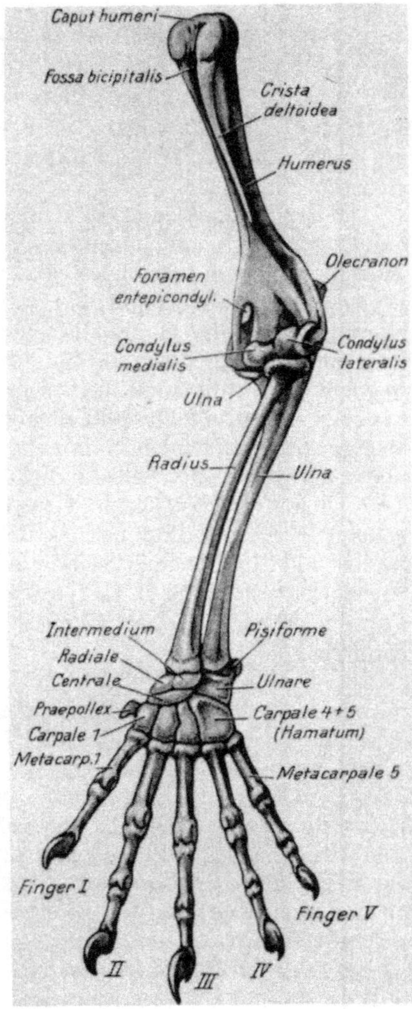

Abb. 287. Skelet der linken Vorderextremität eines baumlaufenden primitiven Mammaliers, Didelphis marsupialis; von vorn und etwas von außen gesehen. Die Hand ist gestreckt und ein wenig nach außen gedreht. Original.

Im Unterarm der Mammalia sind Radius und Ulna meist gut entwickelt und ziemlich gleich stark. Die Ulna ist an der Basis des Olecranon eingekerbt, so daß eine zylindrische Gelenkfläche für die Trochlea des Humerus gebildet wird. Der durch den Radius gebildete Teil des Ellenbogengelenkes besitzt gegenüber dem ulnaren Teile eine ziemliche Selbständigkeit; dies läßt Drehungen des Radius um seine Längsachse zu. Der Radius kann dadurch bei primitiven Mammalia besonders stark gegen die Ulna bewegt werden, wobei sein distales Ende um das der Ulna dreht. Der Radius nimmt dabei die Hand mit, so daß der Daumen von medial nach vorn und schließlich laterad gerichtet werden kann. Damit kann die Sohlenfläche oder die Handfläche mediad und schließlich dorsad gestellt werden. Man nennt diese letzte Haltung der Hand die Supinatio. Der primitive Stand der Hand, in welchem der Daumen mediad und die Handfläche ventrad oder caudad gerichtet war, wird Pronatio genannt. Bei der Supinatio liegt der Radius ganz an der Außenseite der Ulna und läuft mit ihr parallel. Bei den Pronatio kreuzen sich die beiden Knochen. Wir haben bereits auf S. 206 darauf hingewiesen, daß eine solche Kreuzung schon bei den Anomodontia gefunden wird und daß sie eine notwendige Folge ist der caudaden Drehung des Ellenbogens nach dem Rumpf zu und der Hand in der entgegengesetzten Richtung craniad. Ein solcher gekreuzter Stand ist für die Mammalia primtiv; wir finden ihn u. a. bei den Marsupialia, den Insectivora, den primitiven Rodentia, bei Orycteropus und den Primates. Das Olecranon wird mehr oder weniger aus seiner Lage medial des proximalen Radiusendes verschoben, bis es hinter dem Radius liegt; diese neue Stellung ermöglicht eine bessere Arbeitsleistung des Musculus triceps (extensor brachii), welcher an dem Olecranon inseriert; auf diese Weise wirkt er median auf das Ellenbogengelenk ein, nicht mehr an einer Seite.

Die Möglichkeit, die Hand aus der Pronatio in die Supinatio zu bringen, finden wir bei baumbewohnenden Formen, wie z. B. bei Didelphys. Sie entwickelte sich noch mehr bei kletternden Formen mit einer Greifhand (Primates). Diese große Beweglichkeit des Radius gegen die Ulna muß bei den primitiven baumbewohnenden Mammalia entstanden sein aus der geringeren Beweglichkeit, welche beide Knochen bei niederen Tetrapoda besitzen. Eine solche Beweglichkeit ist wahrscheinlich sehr früh bei den Mammalia entstanden; Fälle, in denen sie heute fehlt, sind als sekundäre Zustände zu betrachten. Bei den laufenden erdbewohnenden Mammalia hat die Supinatio keine Bedeutung, sie verschwindet hier. Die Selbständigkeit des Radius-Humerus-Gelenkes gegenüber dem Ulna-Humerus-Gelenk wird aufgegeben; der Radius nimmt je länger je mehr teil an der Bildung des Scharniergelenkes mit der Humerus-Trochlea. Radius und Ulna verwachsen dann proximal miteinander. Dadurch wird das Ellenbogengelenk zu einem einfachen Scharniergelenk: die Bewegung wird nur in einer einzigen Ebene zugelassen; diese Ebene steht parallel zur Medianfläche des Rumpfes.

Die Drehungen des Unterarmes aus der Pronatio in die Supinatio werden teilweise durch den Musculus supinator ausgeführt; wir finden diesen Muskel dann auch oft bei den Mammalia besonders gut entwickelt. Im Zusammenhang damit tritt am Humerus ein starker Kamm auf, die Crista supinatoris; er dient zum Ursprung des Musculus supinator am Humerus und verläuft bis zum Epicondylus radialis (Abb. 132 auf S. 117). Die Crista supinatoris ist zurückgebildet bei den höheren Primates; sie verschwindet bei den Menschen, obwohl der Musculus supinator brevis (Musculus humero-radialis) als Dreher des Radius noch gut ent wickelt ist. Bei grabenden Mammalia kann die Crista supinatoris sehr gut entwickelt sein.

Ist die Möglichkeit der Supinatio gut ausgebildet, so hängt die Hand größtenteils am Radius. Dieser ist dann distal verbreitert, während die Ulna distal dagegen schlank bleibt (z. B. bei dem Menschen).

Der Carpus der primitiven Mammalia besteht aus neun Knochen (Abb. 288, 289). In der ersten Reihe liegen Radiale, Intermedium und Ulnare (sie werden bei den Mammalia Scaphoid, Lunatum und Triquetrum genannt). Daran schließt sich eine Os pisiforme. Das Centrale kommt nur in der Einzahl vor; es erreicht den medialen Rand der Hand nicht; es fehlt als selbständiges Skeletstück bei dem Menschen fast stets. Weiter sind vier distale Carpalia zu beobachten; Carpale 4 und 5 sind nämlich zu einem einzigen Knochen verschmolzen (bei dem Menschen [vgl. S. 175]: Trapezium oder Multangulum majus, und Trapezoid oder Multangulum minus, Capitatum, Hamatum). Oft sind Radiale und Intermedium zu einem einzigen Knochen verschmolzen (das Scapholunatum bei den meisten Carnivora, Rodentia und den Monotremata).

An zurückgebildeten oder überzähligen, randständigen Knochen ist neben dem Os pisiforme noch ein fingerartiger Praepollex bekannt; dieser kann vom Radiale oder von Carpale 1 ausgehen. Ob der Praepollex eine Neubildung oder ein altes Element ist, steht nicht fest.

Die Metacarpalia zeigen nichts Besonderes; es sei erwähnt, daß die Gelenke mit den Carpalia und Phalangen sehr gut entwickelt sind und dadurch eine beträchtliche Bewegungsfreiheit gegeben ist. Die Formel für die Phalangen ist 2, 3, 3, 3, 3. Der zweite bis fünfte Finger unterscheiden sich ursprünglich wenig in ihrer Länge; aber der dritte und vierte sind am längsten und kräftigsten entwickelt. Die Handachse geht offenbar ursprünglich zwischen dem dritten und vierten Finger durch.

Die Finger sind verlängert im Vergleich mit den kurzen Fingern der Anomodontia. Dadurch können die Tiere bei dem Laufen auf Zweigen sich besser halten. Der Daumen ist bei primitiven Mammalia scheinbar stark abduzierbar; oft ist das heute noch der Fall; man kann darin eine wichtige Anpassung an die Greif-

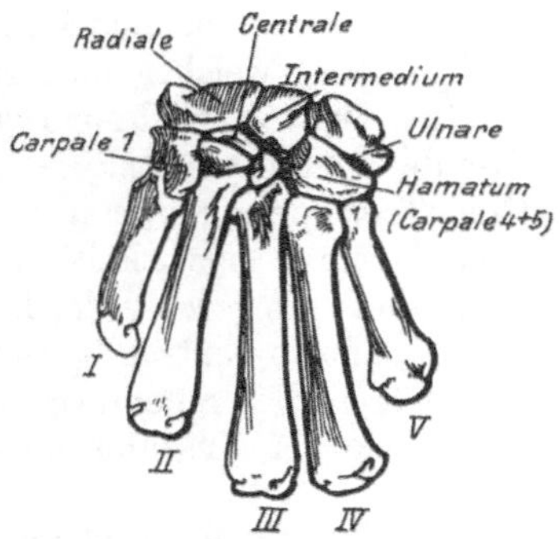

Abb. 288. Handskelet von Tritemnodon agilis, einem primitiven Carnivor (Creodonta). (Nach MATTHEW, 1909, Abb. 85.) Spiegelbild der rechten Hand.

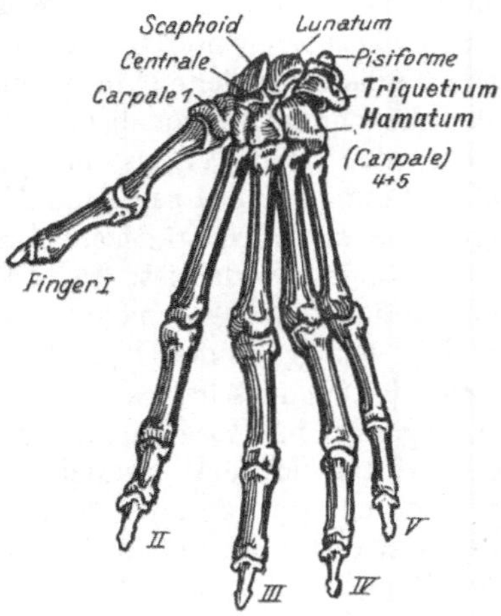

Abb. 289. Handskelet von Macacus nemestrinus. Die Hand ist Greifhand und dient zugleich zum Laufen. (Nach GREGORY, 1920, Abb. 4.) Spiegelbild der rechten Hand.

funktion des Baumlebens erblicken. — Oft sind ganze Finger oder Phalangen zurückgebildet. Eine Hyperphalangie dagegen kommt vor bei den Cetacea.

Die Gelenke der Fingerknochen sind gut entwickelte Rollgelenke, welche eine starke Beugung zulassen. Die Endphalange, welche den Nagel trägt, besitzt eine sehr verschiedene Form, je nach Form und Größe des Nagels. Ist die Kralle sehr groß, wie bei einigen Carnivora und grabenden Formen, dann ist die Nagelphalange oft vertikal gespalten; damit wird eine stärkere Befestigung der Kralle erreicht (einige ausgestorbene Carnivora, Talpa, Chrysochloris usw.; vgl. auch Abb. 321 auf S. 225).

In den Gelenkkapseln der metacarpalen und phalangealen Gelenke treten oft an der Unterseite Verknöcherungen auf. Man nennt sie Sesamknochen. Die ungewöhnlich große Zahl solcher Sesamknochen, welche auch an den Füßen vorkommen, ist eine Eigentümlichkeit der Mammalia. —

Von den Hinterextremitäten sind folgende Einzelheiten von größerem Interesse. Das Femur steht parallel mit der Medianfläche des Tieres; es paßt von ventral und von cranial in das Acetabulum des Beckens; ein Stand, der ganz anders ist als bei den kriechenden Tieren. Wohl paßt das Acetabulum sich an dieses Verhältnis insofern an, als es nicht mehr rein laterad gerichtet ist, sondern mehr latero-ventrad; aber doch ist eine deutliche mediade Beugung des Caput femoris beinahe stets nötig, soll das Caput in das Acetabulum passen. Das Caput femoris selbst ist mehr oder weniger halbkugelförmig gebaut und ist meist durch einen verengten Hals mit dem Schafte des Femur verbunden (Abb. 290, 291). Nur bei den Monotremata, bei denen das Femur eine andere Lage hat, ferner bei einzelnen Xenarthra und Ungulata liegt der Gelenkkopf in der Achse des Femur. An dem Rande des Caput liegt eine tiefe Grube (Fovea capitis), welche zur Insertion des Ligamentum teres dient.

Wir haben oben gesehen, daß an dem Femur der primitiven Tetrapoda und auch noch bei den Pelycosauria ein Y-förmiger Kamm für den Musculus adductor gefunden wird (Abb. 243 auf S. 183 und Abb. 257 auf S. 190). Aus diesem Kamm haben sich bei den Mammalia die beiden proximalen Enden zu den zwei Trochanteren entwickelt: dem Trochanter major, welcher latero-caudal liegt, und dem Trochanter minor, welcher antero-medial liegt. Weiter wird als Rest des Kammes eine etwas hervorragende Kante am Schafte beobachtet (Crista glutaea) oder nur eine rauhe Oberfläche (Linea aspera). Diese Kante oder Linea asp. verläuft von dem Trochanter major distad; auf ihr erhebt sich distad oft ein Auswuchs, der Trochanter tertius (Perissodactyla, Dasypodidae, Primates; vgl. Abb. 291). Trochanter major, Linea aspera und Trochanter tertius dienen bei den Mammalia zur Insertion des sehr kräftigen Musculus ileo-femoralis, welcher hier zu den Musculi glutaei geworden ist. Der Trochanter tertius dient speziell zur Insertion für den Musculus glutaeus magnus und dem Musculus quadratus femoris. Durch die mediale Abbiegung des Caput femoris liegt der Trochanter major in der Verlängerung des Femurschaftes. Dieser Trochanter ist stark entwickelt, was mit dem Laufgange im Zusammenhang steht; diese Bewegungsweise fordert besonders kräftige Musculi glutaei, welche an dem antero-ventrad gerichteten Femur hoch entspringen müssen; sie können sich wegen dieser Femurlage nicht mehr so weit distad an diesem Knochen ausbreiten wie der Musculus ileo-femoralis der Reptilia (Romer 1922).

Die Gelenkfläche für die Tibia am distalen Ende des Femur trägt zwei oder mehrere parallele Kämme: den Condylus lateralis und medialis (Abb. 291). Dadurch wird die Bewegung der Tibia ziemlich auf eine einzige Ebene beschränkt, Zwischen beiden Kämmen liegt an der Vorderseite die Fossa intercondylea; in dieser liegt die Patella (Kniescheibe). Die Patella ist eine Sehnenverknöcherung und liegt dort, wo die Sehne des Musculus triceps femoris über das Kniegelenk läuft. In einigen Fällen bleibt die Kniescheibe knorpelig (Macropodidae); bei den Chiroptera und bei den meisten Marsupialia fehlt sie. Die Fibula hat nur einen sehr beschränkten Anteil an der Bildung des Kniegelenkes; sie liegt nur an der Außenseite des Condylus lateralis (Insectivora, einige Marsupialia, Monotremata). Bei den meisten Mammalia ist auch dieser geringe Anteil verloren gegangen.

Die Tibia ist der kräftigste Knochen, die Fibula ist viel schlanker. Da die Fibula in dem Kniegelenk lose mit dem Femur verbunden ist, so kann sie kleine Drehungen gegenüber der Tibia ausführen. Dadurch wird die Beweglichkeit des Fußes etwas erhöht (man vgl. z. B. die Stellung des Fußes in Abb. 290 auf S. 213). Die Tibia bildet in der Regel einen deutlichen Fortsatz an ihrem Unterende. Dieser springt am medialen Rande des Astragalus ventrad heraus und wird Malleolus medialis genannt. Weniger allgemein kommt ein solcher Fortsatz der Fibula am lateralen Rande des Fußes vor (Malleolus lateralis). Die Fibula ist oft zurückgebildet. Sie kann sich eng an die Tibia anschließen und sogar damit verwachsen. Der distale und mittlere Teil der Fibula verschwinden dann. Ein

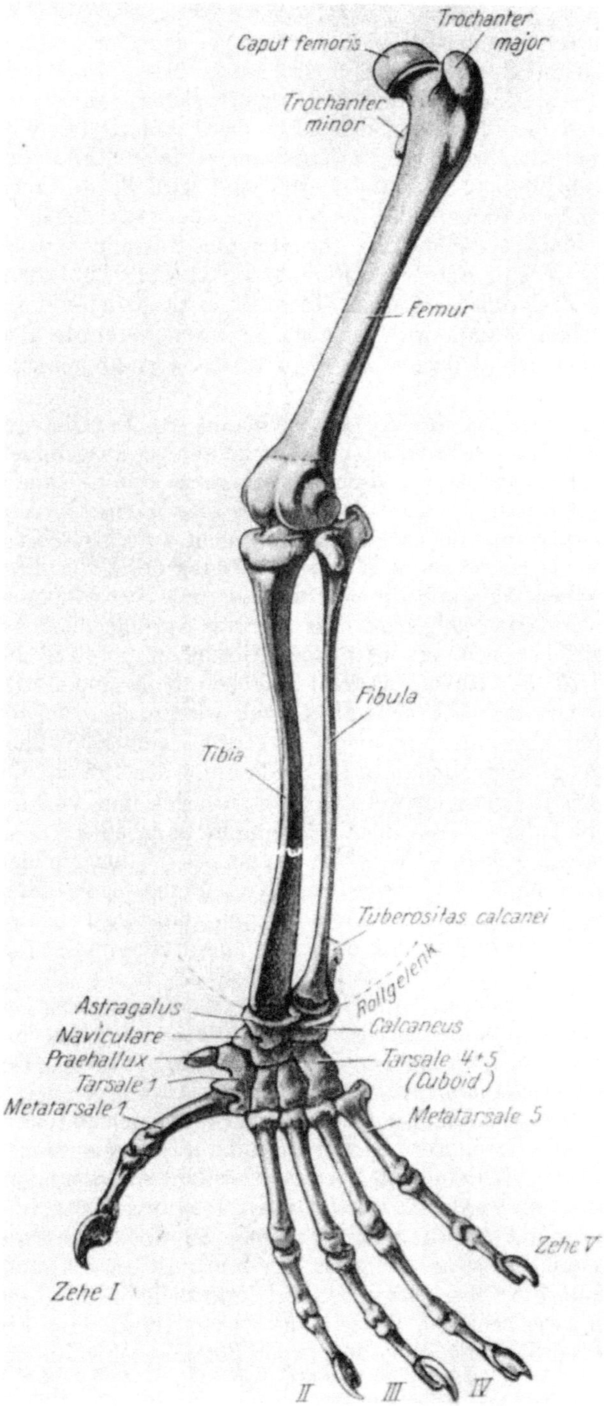

Abb. 290.

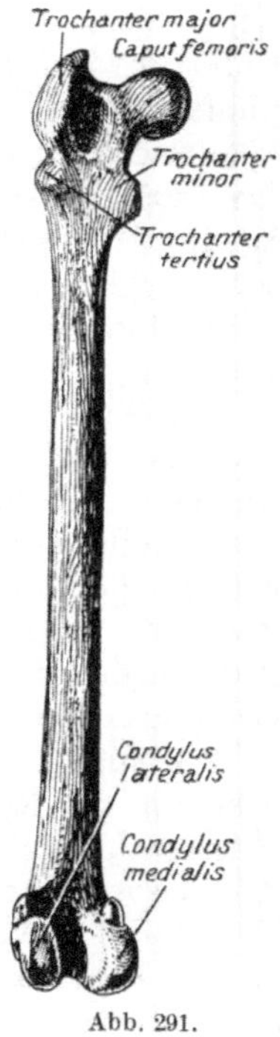

Abb. 291.

Abb. 290. Skelet der linken Hinterextremität von Didelphys marsupalis, von vorn und etwas von der Seite gesehen. Der Fuß ist maximal gestreckt und etwas nach außen gedreht. Original. — Abb. 291. Femur von Lemur mongoz. von hinten gesehen, mit drittem Trochanter. (Nach GREGORY, 1920, Abb. 16, 3) Rechtes Femur im Spiegelbild.

selbständiger distaler Rest der Fibula kann in einzelnen Fällen als Os malleolare auftreten (Rind).

Der Fuß schließt sich in seiner ursprünglichsten Form bei dem der Anomodontia an (s. Abb. 283—286 auf S. 207 und Abb. 290 auf S. 213). Zwei proximale Tarsalia sind zu beobachten: der Astragalus (Talus), welcher wahrscheinlich das Intermedium ist; und der Calcaneus, der sicher das Fibulare darstellt. Weiterhin ist ein einziges Centrale vorhanden, welches am medialen Rande des Fußes liegt; es besitzt eine typisch abgeplattete Form und wird darum auch Naviculare genannt. Bei einigen Marsupialia werden zwei Centralia angelegt, welche dann zu dem Naviculare verschmelzen. An distalen Tarsalia werden nur vier beobachtet (Ento-, Meso-, Ectocuneiforme, Cuboid; vgl. Abb. 290). Das Cuboid ist größer als die drei anderen distalen Tarsalia; es trägt den vierten und fünften Zehen; in einzelnen Fällen wird es noch als zwei getrennte Elemente angelegt; wahrscheinlich ist es darum mit dem Tarsale 4 und 5 homolog (Emery 1895, 1897).

Das intertarsale Gelenk ist bei der größten Mehrzahl der Reptilia gut entwickelt (vgl. S. 192); bei den Mammalia dagegen ist es viel weniger ausgebildet. Wohl ist eine beschränkte Beweglichkeit zwischen Astragalus mit Calcaneus einerseits und Naviculare mit Cuboid andererseits möglich (das untere Sprunggelenk); ja bei den Artiodactyla entsteht selbst ein Rollgelenk zwischen Astragalus und Naviculare. Aber das Hauptgelenk für die Bewegung des Fußes liegt bei den Mammalia doch zwischen Tibia und Fibula einerseits und Astragalus und Calcaneus andererseits; es wird das Rollgelenk oder (oberes) Sprunggelenk genannt (Abb. 290; man vergleiche auch das intertarsale Gelenk in Abb. 263 auf S. 193). Der wichtigste Teil für das Rollgelenk liegt zwischen Tibia und Astragalus; der Anteil der Fibula und des Calcaneus am Gelenk wird in den meisten Entwicklungsreihen der Mammalia immer geringer; er verschwindet schließlich ganz. Das hängt zusammen mit der abnehmenden Bedeutung der Fibula; dadurch kommt das Rollgelenk nur zwischen zwei Knochen zu liegen und wird dadurch fester. Die Beweglichkeit des Fußes allerdings nimmt dadurch ab. Das Rollgelenk wird durch eine stark gewölbte Trochlea auf dem Astragalus gebildet.

Für den Calcaneus der Mammalia ist typisch das Auftreten eines nach hinten gerichteten Fortsatzes (Tuberositas calcanei). Er bildet eine günstige Insertion für die Achillessehne, die mit den wichtigsten Streckmuskeln des Fußes im Sprunggelenk zusammenhängt.

Die Zehen sind nach vorn gerichtet. Auffallend ist eine Neigung zur Zurückbildung des Hallux. Offenbar konnte der Hallux primitiver Marsupialia und Placentalia stark abduziert werden, noch mehr als der Daumen an der Hand. Der Fuß dieser Tiere war ja ein Greiforgan. Daß auch bei einer Anzahl primitiver Bodenbewohner unter den Mammalia der Hallux mehr oder weniger abduziert werden kann, weist darauf, daß sie von Formen mit einem Greiffuße abstammen (Gregory 1920, Matthew 1909). Der Greiffuß aber muß als eine Anpassung an das Laufen auf Zweigen betrachtet werden. Der abduzierte Hallux ist kurz; die vier anderen Zehen sind lang und ursprünglich nicht sehr verschieden in ihrer Länge: der dritte und vierte sind meist am längsten; der fünfte ist am schwächsten entwickelt. Die Fußachse ging ebenso wie bei der Hand nicht mehr durch den dritten Zehen, sondern zwischen dem dritten und vierten hindurch. Ein Praehallux ist ziemlich oft vorhanden (Abb. 290); auch Sesamknochen an der Unterseite der Zehen.

Hände und Füße werden während des Laufens auf Zweigen ungefähr in der gleichen Weise gebraucht; so finden wir eine starke Übereinstimmung zwischen beiden Skeleten bei den primitiven Marsupialia und bei den Placentalia (Abb. 287

und 290). Beide müssen als Greiforgane gut entwickelt sein: Die Knochen des Carpus und Tarsus entwickeln unter sich gute Gelenke und verwachsen nicht miteinander; dadurch bleiben Carpus und Tarsus sehr beweglich, so daß ein festes Anschmiegen an die Äste möglich wird. Das Baumleben wirkt somit erhaltend auf den Carpus und Tarsus, so daß diese sich nicht viel unterscheiden von denen der Anomodondia aus dem Trias.

2. Die einzelnen Anpassungen.

Von diesem Typus der Extremitäten weicht der der **Monotremata** stark ab. Ein Hinweis auf ein früheres Baumleben ist bei ihnen nicht mehr zu finden. Der Rumpf hängt zwischen den Extremitäten wie bei den meisten Reptilia; Humerus und Femur stehen ziemlich horizontal und senkrecht zur Rumpfachse. Hiermit im Zusammenhang ist der Bau des Schultergürtels ebenfalls reptilienartig; er besitzt also nicht die Anpassungen der anderen Mammalia. Humerus und Femur sind keine schlanken Knochen; vor allem der Humerus ist an beiden Enden stark verbreitert. Ellenbogen und Knie sind gebogen; die Hand ist craniad gerichtet, der Fuß aber latero-caudad: alles Verhältnisse, die wir auch bei den Anomodontia finden (Abb. 282 auf S. 205). Dies macht es uns wahrscheinlich, daß wir

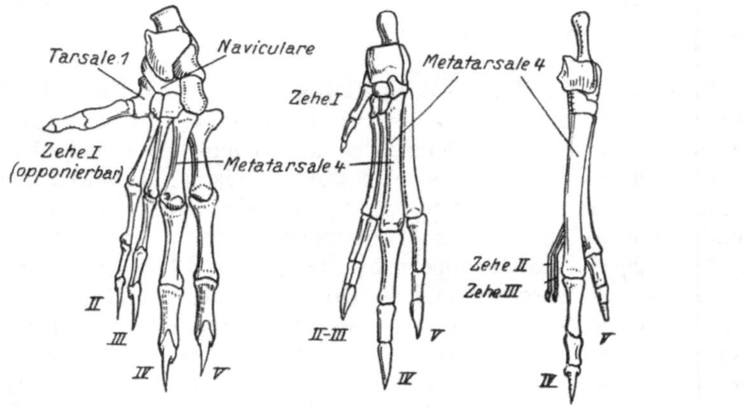

Abb. 292. Fußskelet der Marsupialier. Links von Trichosurus, in der Mitte von Hypsiprimnodon, rechts von Macropus. (Nach DOLLO, 1899, Taf. 12, Abb. 14, 15, 16.)

bei den Monotremata einen primitiven Zustand vor uns haben. Im Bau des Carpus und Tarsus sind die Monotremata mammalierartig und nicht ursprünglicher als einige Marsupialia. Eigentümlich ist es, daß die Tuberositas calcanei nicht nach hinten, sondern ventrad und nach vorn gerichtet ist. Ferner fällt auf, daß die Fibula proximal durch einen besonderen Fortsatz verlängert ist; auf diese Weise ragt sie weit über das Kniegelenk hinaus. Dieser Fortsatz erinnert an das Olecranon des Ellenbogengelenkes und wird Peronecranon genannt.

Offenbar sind die Monotremata sehr früh ihren eigenen Entwicklungsweg gegangen, zur Zeit als die primitiven Mammalia noch Bodenbewohner waren. Die Stammformen der anderen Mammalia sind in dieser Zeit zu Baumbewohnern geworden. Weiterhin hat die schwimmende und grabende Lebensweise der Monotremata zu bestimmten Veränderungen der Extremitäten geführt; diese erschweren es, primitive Eigenschaften von sicher auch vorhandenen rezenten Anpassungen zu unterscheiden. Eine nähere Besprechung würde hier zu weit führen.

Bei den baumbewohnenden Marsupialia und Placentalia finden wir wiederholt eine fortschreitende Anpassung an das Baumleben. Eigentümlich ist dabei die Verlängerung der vierten Zehe am Fuße unter gleichzeitiger Verkürzung der zweiten und dritten (Abb. 292). Umspannt der Fuß den Zweig, so ist offenbar gegenüber dem Hallux die vierte Zehe die wichtigste; sie wird also länger. Die fünfte Zehe hat auch eine günstige Lage für das Umspannen dickerer Zweige; sie ist aber ursprünglich schwächer als die vierte Zehe und dadurch weniger geeignet. Die zweite und dritte Zehe liegen mit ihrer Basis zu nahe bei dem Hallux. Darum ist es der vierte Zehe, welcher beim spezialisierten Greiffuße verlängert wird. Bei den Marsupialia führt dies zu einer sehr eigentümlichen Spezialisierung: die zweite und dritte Zehe werden schwach, die vierte und fünfte bleiben kräftig (Abb. 292: Trichosurus). Aus Formen mit einem solchen Fuße entstand der Fuß der Macropodidae (Känguruh): hier wurde der Greiffuß an die springende Lebensweise angepaßt. Die Fußachse wurde dabei durch den kräftigsten Zehen, den vierten, gelegt; der zweite und dritte Zehen werden eng aneinander geschlossen und bilden äußerlich nur einen einzigen Zehen (Abb. 292: Hypsi primnodon und Macropus). Der abduzierte große Zehen ist auf dem Boden überflüssig; er wird klein oder verschwindet ganz. So entsteht ein funktionell dreizehiger Fuß, welcher aber tatsächlich vierzehig ist; der vierte Zehen ist dann der mittelste und kräftigste (Dollo 1899). Zehen 2 und 3, miteinander verwachsen oder auch nicht verwachsen, werden gebraucht, um den Pelz zu reinigen; diese Funktion verhindert eine stärkere Zurückbildung bei Macropus und anderen Formen (Boas 1918).

Noch bevor eine besondere Spezialisierung der Hand und des Fußes erreicht war, und beide noch ungefähr so wie bei Didelphys gebaut waren, gingen verschiedene Male primitive Mammalia vom Baumleben zum **Bodenleben** über.

Die ersten Bodenbewohner hatten von ihren Vorfahren den plantigraden Gang mitbekommen (die ganze Hand- und Fußsohle wurde auf den Boden gesetzt). Da Hand und Fuß nach vorn gerichtet waren, so konnte durch Streckung in den Carpal- und Tarsalgelenken das Tier aufwärts und vorwärts gestoßen werden; damit wurde der Gang schneller. Carpus und Tarsus wurden dabei vom Boden erhoben. In verschiedenen Entwicklungsreihen der Mammalia führte dies zu einem Erheben des Carpus und Tarsus vom Boden auch in der Ruhe. Die Tiere wurden dadurch semiplantigrad. Bei Schnelläufern werden nun auch die Metacarpalia und Metatarsalia vom Boden frei gemacht, so daß die Tiere ausschließlich auf den Fingern laufen; man nennt diesen Gang digitigrad. Schließlich entstanden Formen, die allein auf den Spitzen ihrer Finger und Zehen, auf den Nagelphalangen, liefen; sie werden unguligrad genannt.

Dieses Emporheben der Füße vom Boden hat den Vorteil, daß die Extremitäten, welche ja als Hebel wirken, verlängert werden. Eine Verlängerung des Ober- und Unterarmes bzw. des Oberschenkels und Unterbeines ist nicht so günstig, weil dann auch längere und schwerere Muskelmassen nötig wären. In der Hand und im Fuß treten ja die Muskeln gegenüber den Sehnen stark zurück. So kommt es, daß die digitigraden und unguligraden Hände und Füße gleichzeitig einen leichten Bau der Extremitäten ergeben. Es ist eine allgemeine Regel, daß Hand und Fuß sich in der gleichen Weise an das Schnellaufen anpassen; dabei geht der Fuß voran und die Hand folgt. Dies kann erklärt werden durch die größere Bedeutung der Hinterextremität für die Fortbewegung. So ist auch das Sprungegelenk des Fußes von Beginn an mehr entwickelt als das Gelenk zwischen Unterarm und Hand (das Pulsgelenk). Ist der Fuß bereits in Anpassung an das Baumleben spezialisiert, wie wir das z. B. bei vielen Marsupialia finden, dann können bei der Anpassung an das Bodenleben Unterschiede zwischen Hand und Fuß entstehen: so geht z. B. bei dem vierfüßigen, unguligraden Marsupialier Choeropus die Handachse zwischen dem zweiten und dritten Finger durch, während am Fuße jedoch die Achse durch den vierten Zehen läuft. Die anderen Finger oder Zehen sind hier zurückgebildet oder fehlen.

Von den Umbildungen des Extremitätenskelets in Anpassung an das Laufen auf dem Boden wollen wir nur das Skelet der Carnivora und Ungulata besprechen.

Die **Carnivora** (MATTHEW 1909) stammen ab von primitiven baumlaufenden Mammalia: Insectivora, welche offenbar wenig differenziert waren. Die primitiven Carnivora waren im Anfang selbst noch baumlebende Tiere. Pollex und Hallux der Stammformen waren abduziert und mehr oder weniger opponierbar. Hand und Fuß waren fünfzehig, plantigrad, mit sehr beweglichem Carpus und Tarsus. Die Fibula besaß noch eine gut entwickelte

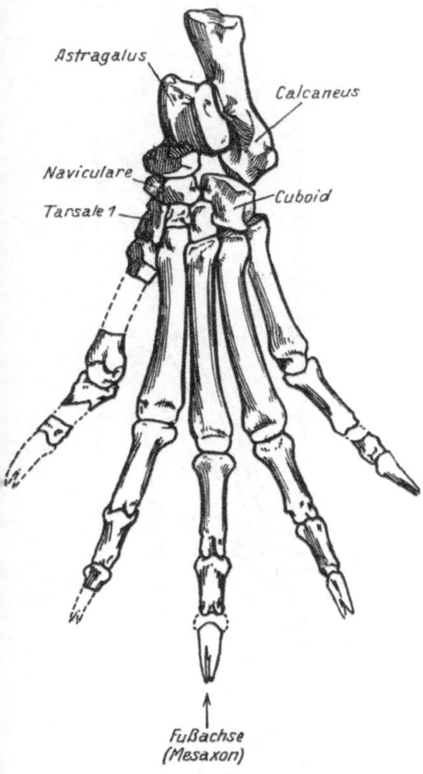

Abb. 293.

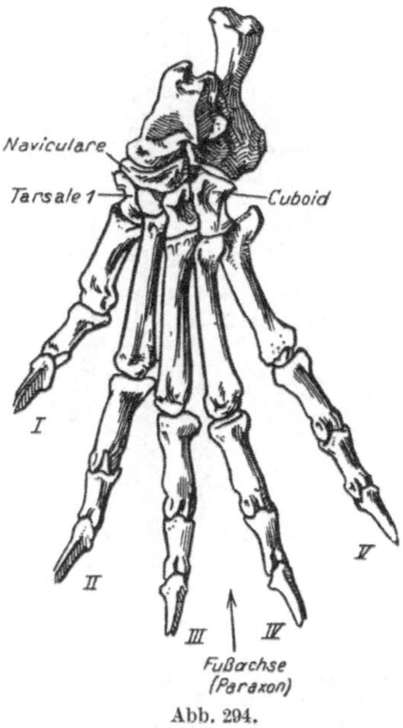

Abb. 294.

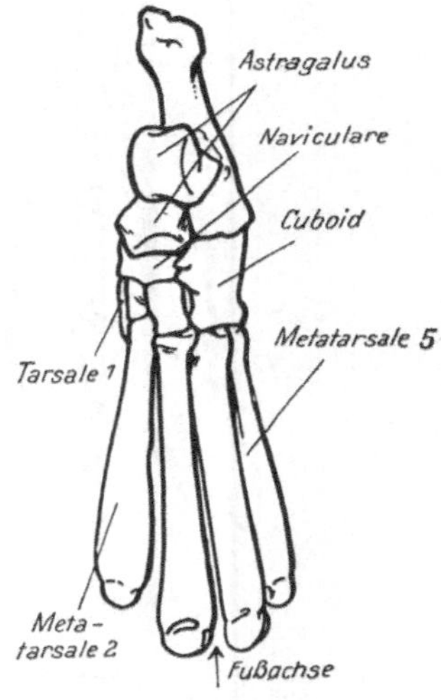

Abb. 295.

Abb. 293—295. Fußskelet der primitiven Carnivora (Creodonta).

Abb. 293. Mesaxonischer Fuß von Lymnocyon. — Abb. 294. Paraxonischer Fuß mit schwachem und etwas abzudiertem Hallux von Vulpavus — Abb. 295. Paraxonischer Fuß mit nur vier Zehen, ohne Hallux, von Mesonyx. (Nach MATTHEW, 1909, Abb. 58, 31, 96.)

Verbindung mit dem Calcaneus. Eine ziemlich starke Pronatio der Hand und eine etwas mehr beschränkte Pronatio des Fußes waren ermöglicht. Das sind alles primitive Kennzeichen; hierin stimmen Hand und Fuß der ältesten Carnivora (aus dem basalen Eocän) mit denen der primitiven Marsupialia und Insectivora überein.

Aus diesen primitiven baumlebenden Carnivora entstanden mehrere Male Bodenbewohner. Es ist wichtig, daß dabei zwei Typen in Hand und Fuß auftraten: Bei den Oxyaenidae und den Hyaenodontidae waren die gut entwickelten Pollex und Hallux wieder aus dem abduzierten Stande nach vorn gebracht; sie lagen also symmetrisch mit dem fünften Finger bzw. der fünften Zehe und waren ungefähr ebenso groß als diese. Der dritte Finger bzw. die entspr. Zehe war am längsten und kräftigsten; die Hand- und Fußachse lief deutlich durch diesen dritten Finger bzw. die dritte Zehe: Hand und Fuß waren also mesaxonisch (Abb. 293). — Bei den Miacidae und Mesonychidae dagegen waren Pollex und Hallux offenbar zu stark abduziert, um bei dem neuen Bodenleben wieder schnell genug symmetrisch zum fünften Finger bzw. zur fünften Zehe ihren Platz zu finden; sie blieben abduziert. Der fünfte Finger bzw. die fünfte Zehe waren in diesem Falle viel kräftiger als der erste; so kommt es, daß das Tier vor allem auf dem zweiten bis fünften Finger lief. Dabei waren der dritte und vierte Finger bzw. die entsprechende Zehe am längsten und ungefähr gleich kräftig; der zweite und fünfte waren etwas kürzer, der erste viel kleiner. Die Hand- und Fußachse lief also zwischen dem dritten und vierten Finger bzw. Zehen hindurch: Hand und Fuß waren paraxonisch (Abb. 294). Dieser Zustand führte bei

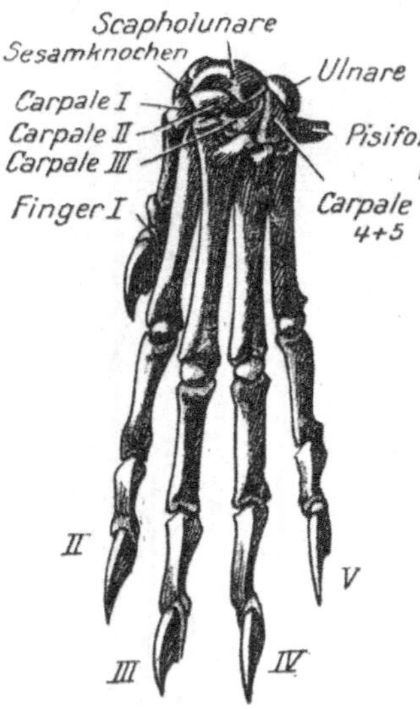

Abb. 296.

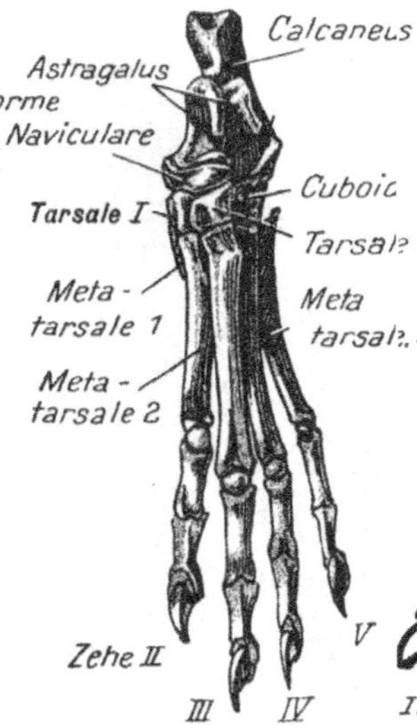

Abb. 297.

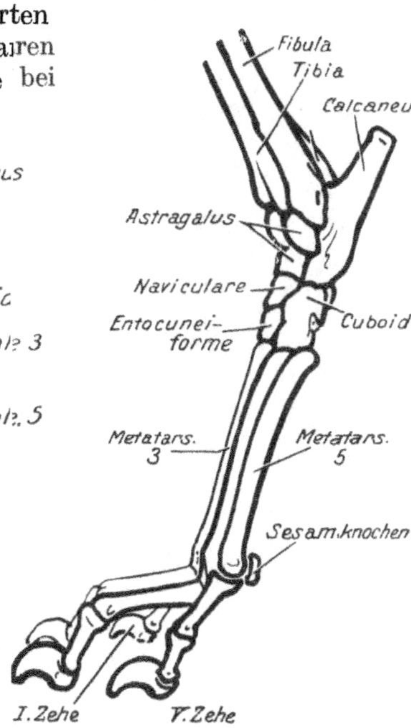

Abb. 298.

Abb. 296—297. Skelet der linken Hand und des linken Fußes von Felis catus, von vorn. (Nach DAVISON, 1903, Abb. 36 A u. 43.) — Abb. 298. Skelet vom linken Fuß eines Hundes, von der Seite. Statt 1 Zehe lies II. Zehe. (Nach MARTIN, 1912—1919, Vol. 3, Abb. 17 a.)

den Mesonychidae zu einem frühzeitigen Verluste des Pollex und Hallux; auf diese Weise entstand eine vierfingerige Hand und ein vierzehiger Fuß (Abb. 295).

Die modernen Carnivora stammen von den paraxonischen Miacidae ab. Hier ging nun die Entwicklung laufender Formen weiter. Ursidae, Mustelidae und Procyonidae sind plantigrade Tiere mit beinahe stets fünf Fingern bzw. Zehen. Ihr Pollex und Hallux sind etwas kürzer als die übrigen Finger bzw. Zehen. Diese Tiere sind in der Hauptsache Baumbewohner, bei welcher Lebensweise Hand und Fuß auf einem primitiven Stadium stehen blieben. Der Fuß ist durch eine Verkürzung von Pollex und Hallux paraxonisch. — Bei den übrigen rezenten Carnivora wird nun der Fuß aufgerichtet: noch wenig bei den semi-digitigraden Viverridae, mehr bei den springenden Felidae und den schnellaufenden Canidae, welche ganz digitigrad werden (Abb. 298). Hiermit geht Hand in Hand eine vollständige Reduktion des Hallux; seltener finden wir eine solche des Pollex; der dritte und vierte Finger bzw. die entsprechende Zehe erhalten das Übergewicht über den zweiten und fünften Finger bzw. die entsprechende Zehe. Der zweite und fünfte Finger- bzw. Zehe werden mehr nach hinten verlagert als die zwei mittleren Finger bzw. Zehen (Abb. 298). So wird bei den Canidae ein aufgerichteter paraxonischer Fuß aufgebaut; er stimmt grundsätzlich mit dem Fuß der Artiodactyla überein (Boas 1909). Wir sehen also bei den Carnivora unter den lebenden Tieren eine Umbildungsreihe der Extremitäten, welche wir für die Artiodactyla auch aus früheren Perioden annehmen müssen. Die Artiodactyla stammen sehr wahrscheinlich von primitiven paraxonischen Carnivora ab. Der Anreiz für den paraxonischen Bau in Hand und Fuß der primitiven Artiodactyla ist das Baumleben ihrer Vorfahren; das lehren uns die Carnivora. Dadurch nur wurden bei den primitiven Placentalia Pollex und Hallux abduziert; und dadurch entstanden aus den primitiven, mesaxonisch gebauten Hand und Fuß die paraxonischen.

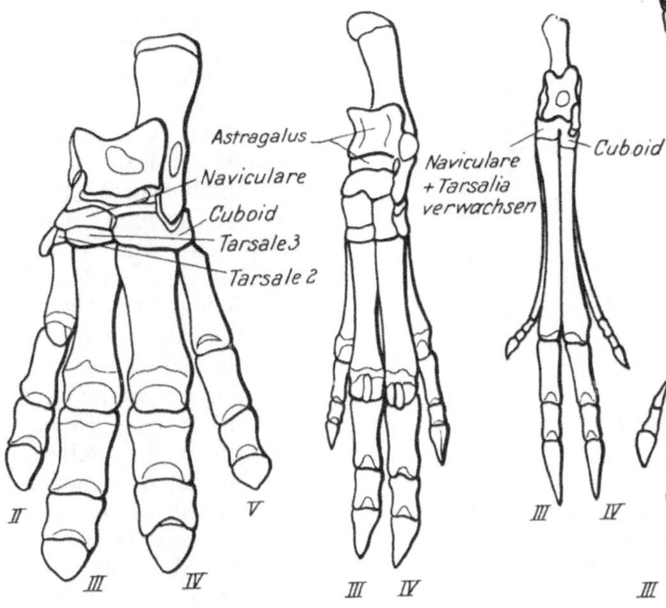

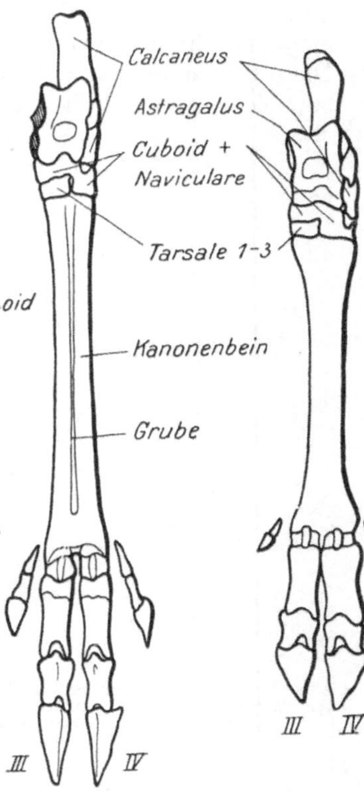

Abb. 299. Abb. 300. Abb. 301. Abb. 302. Abb. 303.

Abb. 299—303. Skelet vom linken Fuß der Artiodactyla.

Abb. 299. Hippopotamus amphibius. — Abb. 300. Sus scrofa. — Abb. 301. Tragulus. — Abb. 302. Cervus alces. — Abb. 303. Bos indicus. In Abb. 299 sieht man, daß bei primitiven Artyodactyla Zehe 3 noch etwas stärker und länger ist als Zehe 4. (Nach Leuthardt, 1891, Taf. 16, Abb. 1, 2; Taf. 17, Abb. 1, 2, 3.)

Ungulata. Bei den Artiodactyla[1]) ist das Hand- und Fußskelet dadurch umgebildet worden, daß Pollex und Hallux verloren gingen und der dritte und vierte Finger je länger je mehr das Übergewicht bekamen über den zweiten und fünften. Gleichzeitig wurden Hand und Fuß zuerst digitigrad und später unguligrad (Abb. 299—303). Der zweite und fünfte Finger bzw. die entsprechenden Zehen sind bei Hippopotamus und auch bei den meisten Suidae noch wichtig, da sie auf dem weichen Boden, worauf diese Tiere oft leben, den Boden noch er-

[1]) Für eine Betrachtung über den vierfüßigen Gang der Ungulata vergleiche man Gregory, 1912.

reichen; sie verhindern durch Verbreiterung der Hand und des Fußes ein Einsinken. Bei denjenigen Artiodactyla, die auf festerem Grunde leben, wie vor allem die Antilopen, Bovidae und Cervidae, erreichen die kurzen Seitenzehen den Boden nicht mehr; sie haben also ihre Bedeutung verloren und werden zurückgebildet (Abb. 302, 303). Die in manchen Punkten ursprünglichen Tragulidae zeigen einen Übergang zwischen beiden Typen des Fußskeletes. Auch die Metacarpalia bzw. Metatarsalia 2 und 5 verschwinden; die Metacarpalia bzw. Metatarsalia 3 und 4 verwachsen zu einem einzigen kräftigen Knochen (dem Kanonenbein), auf dessen Vorderseite eine Grube noch den paarigen Ursprung erkennen läßt (Abb. 301, 302).

Eine andere Anpassungsreihe an das schnelle Laufen zeigen unter den Ungulata die Perissodactyla (Abb. 306—317). Hier sind Hand und Fuß mesaxonisch: die Achse geht durch den dritten Finger bzw. Zehen hindurch. Diese bekommen dadurch ein stets größeres Übergewicht über die anderen Finger bzw. Zehen, so daß die anderen zurückgebildet werden; sie verschwinden bei den am meisten spezialisierten Formen vollkommen. Die Perissodactyla stammen wahrscheinlich ab von den Phenacodontidae, sehr alten Ungulata; bei diesen war bereits an Hand und Fuß der dritte Finger bzw. Zehen am größten und stärksten entwickelt; er zeigte eine rein mediane Lage (Abb. 304, 305). Diese Phenacodontidae müssen wieder abgeleitet werden von primitiven mesaxonischen Carnivora, bei denen die Abduktion des Pollex und Hallux in Anpassung an das Bodenleben wieder aufgehoben war (Lymnocyon; vgl. Abb. 293 auf S. 217). Die Tiere richteten nun in derselben Weise wie bei den Artiodactyla die Hand und den Fuß auf von plantigrad zu unguligrad. Der einzige wichtige Unterschied ist der, daß der dritte Finger bzw. Zehen, durch welchen ja die Achse der Extremität lief, am stärksten entwickelt wurde; gleichzeitig wurde er im Verhältnis zu anderen Fingern bzw. Zehen stets länger. Pollex und Hallux wurden bald zurückgebildet. Keine einzige Form unter den Perissodactyla zeigt noch einen Pollex oder Hallux (MATTHEW 1917). Früh werden auch die fünften Zehen des Fußes zurückgebildet: so entsteht eine Hand mit vier Fingern und ein Fuß mit drei Zehen; solches zeigen noch gegenwärtig die Tapire (Abb. 306, 307). Die rezenten Rhinocerotidae besitzen drei Finger und drei Zehen, einzelne ausgestorbene Vertreter noch vier Finger.

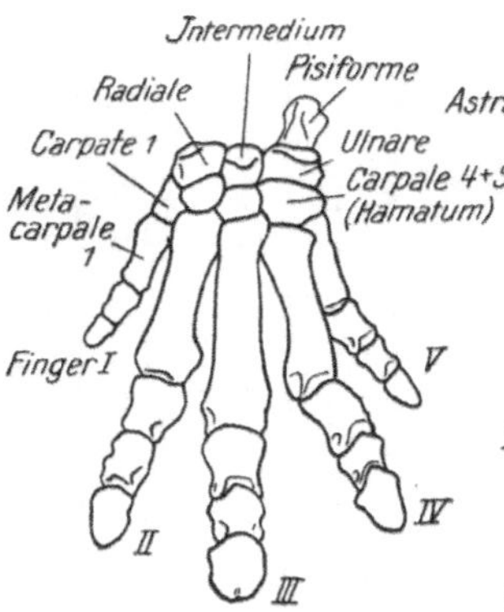

Abb. 304.

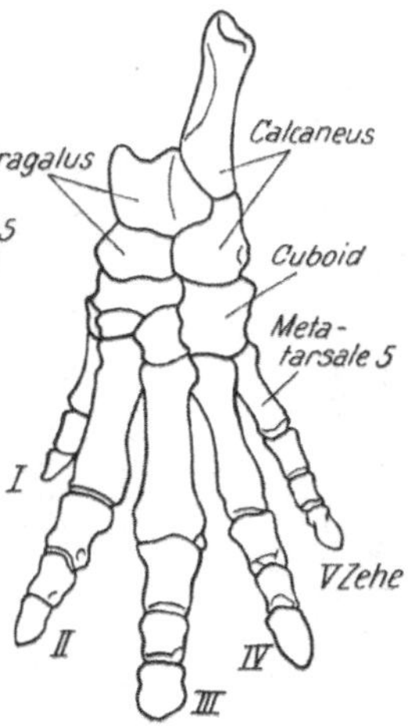

Abb. 305.

Abb. 304. Skelet der linken Hand; Abb. 305. Skelet des linken Fußes von Phenacodus, einem primitiven Huftier, das noch eng mit den Creodonta verwandt war. Der Bau ist mesaxonich. (Nach LULL, 1907, Abb. 3.)

Die Equidae beginnen im Eocän mit einer Form, welche Eohippus genannt wird; diese besaß vier Finger und vier Zehen, aber dabei war der fünfte Zehen zurückgebildet zu einem schlanken Metatarsale ohne Phalangen (Abb. 308, 309). Orohippus, ebenfalls aus dem Eocän, hatte vier Finger und drei Zehen (Abb. 310,

311). In dem Oligocän hatten die Pferde drei funktionierende Finger bzw. Zehen; von denen war der mittlere viel stärker als die seitlichen entwickelt; außerdem ist ein Rudiment des fünften Metacarpale beobachtet (Mesohippus; Abb. 312, 313). Bei den miocänen Pferden ist dann das Metacarpale 5 ganz verschwunden. Es beginnt eine Zurückbildung der lateralen Finger bzw. Zehen. Auf diese Weise entsteht eine funktionell einfingerige bzw. einzehige Form (Neohipparion; Abb. 314, 315). Hier schließen sich dann die rezenten Equidae an. Deren laterale Zehen sind nur durch rudimentäre Metacarpalia und Metatarsalia vertreten; diese ziemlich langen Knochen werden Griffelbeine genannt (Abb. 316, 317).

Bei den primitivsten Perissodactyla war übrigens offenbar der mesaxonische Charakter der Hand manchmal nicht stark ausgesprochen; so ist z. B. bei den Titanotheriinae, mit einem typisch dreizehigen und mesaxonischem Fuße, die Hand vierfingerig und paraxonisch, wie bei den Artiodactyla.

Die Umbildungen der Hand und des Fußes blieben bei den Ungulata nicht beschränkt auf eine Reduktion eines Teiles der Finger und Zehen. Auch im Carpus und Tarsus beobachten wir Veränderungen. Der primitive Aufbau aus einer großen Anzahl Knochen ist ungeeignet bei digitigraden und unguligraden Tieren; da außerdem die Extremitäten der Ungulata nur einseitig zum Laufen gebraucht werden, ist eine große Beweglichkeit der Hand- bzw. Fußwurzel, also eine größere Knochenanzahl, unnötig. Wir finden denn auch eine Umbildung von zweierlei Art: eine veränderte Anordnung der Knochen und zweitens einen Zurückgang in ihrer Anzahl durch Verschmelzung der Teile.

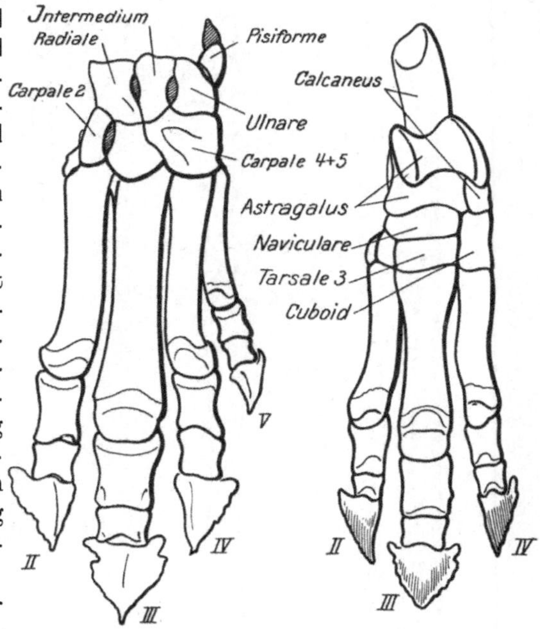

Abb. 306. Abb. 307.

Abb. 306. Skelet der Hand; Abb. 307. Skelet des Fußes von Tapirus indicus. (Nach LEUTHARDT, 1891, Taf. 1, Abb. 4 und Taf. 5, Abb. 2.) Rechte Hand und Fuß Spiegelbild.

Die ursprüngliche Anordnung der Carpus- und Tarsusknochen ist so, daß die Knochen der proximalen Reihe mit derjenigen der distalen Reihe abwechseln wie die Backsteine eines Hauses (Abb. 318): dies ist die diplarthrale Anordnung. Der Vorteil dieser Gliederung ist eine größere Beweglichkeit und Elastizität in den Gelenken des Carpus und Tarsus. Bei digitigraden und unguligraden Tieren aber übt das Körpergewicht einen starken Druck auf die Gelenke aus; dadurch werden die Bänder bei dem schiefen Stande der Gelenke zu stark belastet. Wir sehen damit im Zusammenhang eine Verschiebung der distalen Carpalia und Tarsalia auftreten, so daß sie nun mit den proximalen Knochen in ihrer Grenzlinie übereinstimmen: die Anordnung wird serial (Abb. 319). Dabei werden die Knochen öfters ungefähr gleich groß.

Wir beobachten diese Umbildung in verschiedenen Reihen der Ungulata. Sie ist deutlicher in der Hand als im Fuße, wo das große Naviculare die Verhältnisse weniger einfach gestaltet. Bei Phenacodus ist die Anordnung schon ziemlich vollständig serial (Abb. 304, 305). Bei den Rhinocerotidae und Tapiridae (Abb. 306, 307) ist das noch nicht der Fall. Für eine rein seriale Anordnung ist es weiterhin notwendig, daß die Metacarpalia und Metatarsalia mit dem dazugehörigen distalen Carpale bzw. Tarsale in ihrer Lage übereinstimmen. Das ist nicht stets der Fall,

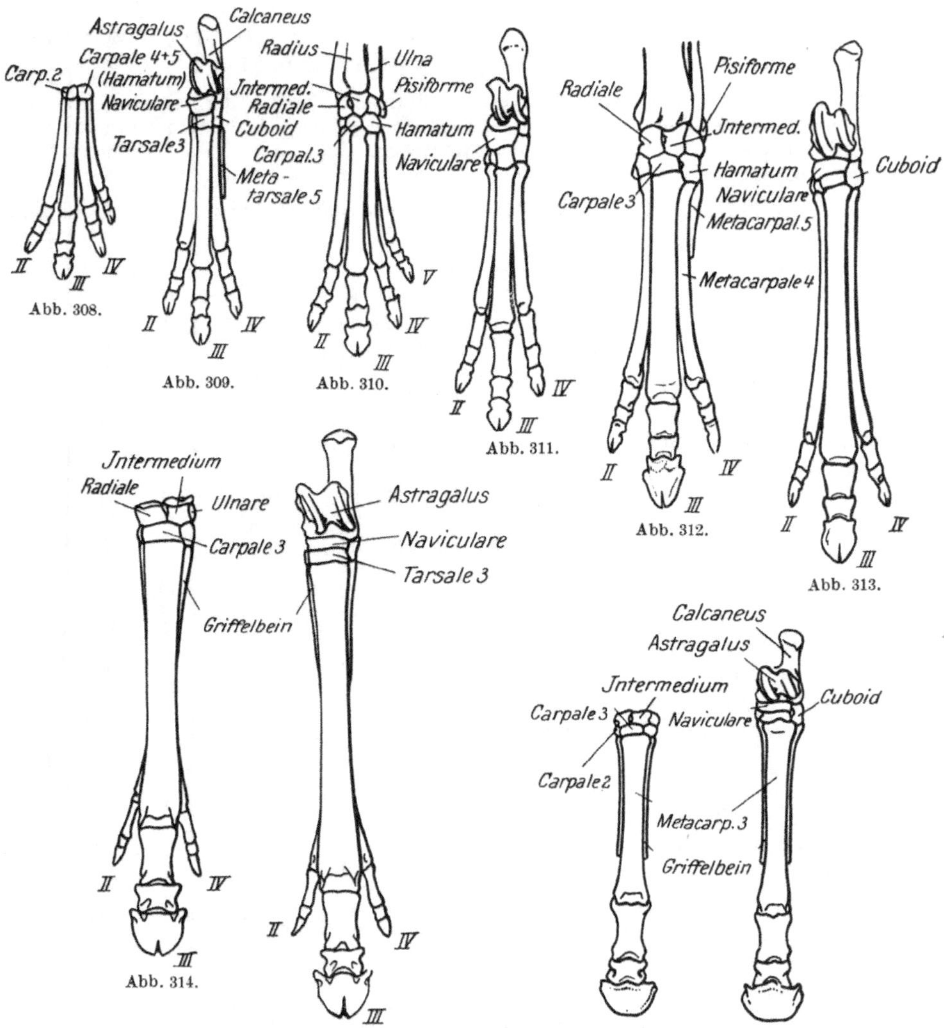

Abb. 308–317. Umformung von Hand- und Fußskelet bei den Equiden.

Abb. 308—309. Hand und Fuß von Eohippus. — Abb. 310—311. von Orohippus. — Abb. 312—313. von Mesohippus. — Abb. 314—315. von Neohipparion. — Abb. 316—317. von Equus caballus. (Alle Abbildungen nach LULL, 1907, Abb. 7, 8, 9, 14 u. 16.) In Abb. 308 ist das Metacarpale 1 weggelassen, da es nicht vorhanden war.

da die Metacarpalia und Metatarsalia gegenüber den Carpalia und Tarsalia etwas verschoben sind. So gelenkt z. B. das Metacarpale 3 oft auch mit dem Carpale 4 + 5 (Hamatum); ein gleiches ist im Fuß beobachtet: das Metatarsale 3 gelenkt mit dem Tarsale 4 + 5 (Cuboid); solches tritt hauptsächlich bei primitiven Carnivora auf (Abb. 288 auf S. 211 und Abb. 294, 295 auf S. 217). Auch in dieser Hinsicht wird bei den unguligraden Formen oft eine mehr seriale Anordnung beobachtet; man vergleiche z. B. Abb. 312 oder 313 mit 314 und 315. Sehr typisch ist die seriale Anordnung in der Hand der Elephantidae. Das fällt vor allem auf, wenn man die diplarthrale vom Uintatherium damit vergleicht, einem Vertreter der sehr primitiven Ungulatengruppe Coryphodontidae (Abb. 318, 319); das waren sehr große, schwer gebaute Tiere, welche ungefähr in derselben Weise digitigrad waren wie die Elephantidae (Näheres bei MATTHEW 1897 und OSBORN 1898). — Bei den Artiodactyla bleiben Hand und Fuß diplarthral. Aber im Fuße, welcher am schwersten belastet ist, tritt eine Verwachsung der Tarsalia auf: das Cuboid verwächst mit dem Naviculare und die Tarsalia 1 bis 3 verwachsen untereinander; so wird der diplarthrale Zustand hier praktisch doch aufgehoben (Abb. 302, 303 auf S. 219). Bei Tragulus verschmelzen die distalen Tarsalia und das Naviculare zu einem einzigen Knochen (Abb. 301). Das Sprunggelenk wird dadurch sehr fest.

Eine Reduktion der Carpusknochen kommt bei den Ungulata nur wenig vor. So ist bei Equus in der Regel noch das distale Carpale 1 (Trapezium) vorhanden; das Gleiche gilt von Sus, nicht aber von den mehr differenzierten Artiodactyla. Das distale Carpale 2 bzw. Tarsale 2 sind stets vorhanden; ebenso Carpale 4 + 5 (Hamatum) und Tarsale 4 + 5 (Cuboid).

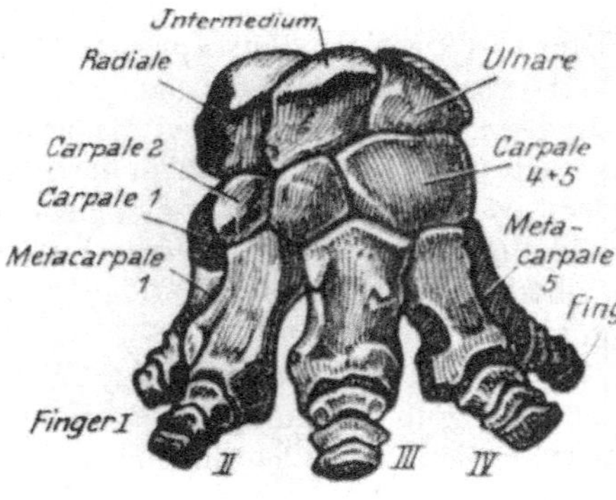

Abb. 318.

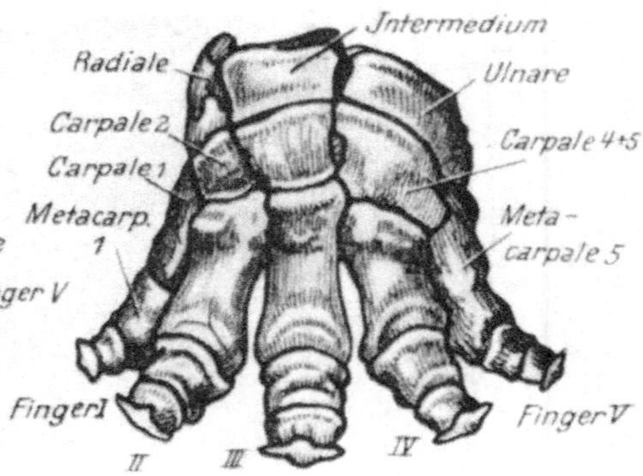

Abb. 319.

Abb. 318. Skelet der linken Hand von Uintatherium (Dinoceras) mit abwechselnder oder diplarthraler Ordnung der Carpalia und Metacarpalia. — Abb. 319. Skelet der linken Hand von Elephas mit serialer Anordnung der Carpalia und Metacarpalia. (Nach MARSH, 1893, Taf. 5, Abb. 3 u. 5)

Bei den höheren Ungulata werden die Gliedmaßen nur in einseitiger Weise bewegt; so ist in den Gelenken auch nur eine Bewegungsebene möglich, indem Rollgelenke mit Kielen und Gruben entwickelt sind (s. z. B. Abb. 302, 303 auf S. 219; die Gelenke zwischen dem Kanonenbein und den Metatarsalia). Die einseitige Weise des Gebrauches der Extremitäten macht eine Drehung der Hand (Supinatio) und des Fußes überflüssig; die Ulna und die Fibula werden also zurückgebildet, vor allem in ihrer Mitte und ihrem distalen Teile. Sie schließen sich dicht an den Radius bzw. die Tibia an, so daß Unterarm und Unterbein praktisch nur einen einzigen Knochen besitzen.

Bei sehr schweren Formen unter den Ungulata beobachten wir eine Streckung der Gliedmaßen in den Gelenken, so daß die Extremitäten schließlich eine annähernd gerade Säule bilden. Auf diese Weise wird das Körpergewicht durch vertikale Pfeiler getragen. Die Gelenkebenen werden dabei so weit verschoben, bis sie ungefähr senkrecht zur Längsachse der langen Knochen stehen (OSBORN 1910 C). Unter den lebenden Ungulata finden wir eine solche Streckung bei den Proboscidea.

Unter den Füßen ist ein festes Bindegewebskissen gebildet, welches durch den Carpus bzw. Tarsus das Körpergewicht trägt; die Hufe spielen eine sehr geringe Rolle (WEBER 1898). Ungefähr denselben Zustand zeigen uns die ausgestorbenen Amblypoda und Titanotheriidae, welche die Größe der Proboscidea erreichen. Bei den riesigen vierfüßigen Sauropoda unter den Dinosauria waren die Extremitäten ebenfalls säulenförmig gestreckt, wenigstens bei der hinteren Extremität.

Einzelne Mammalia sind weiterhin zu einer **springenden Fortbewegung** auf dem Boden übergegangen. Dabei ist eine Verlängerung der Hinterextremitäten zu beobachten, und zwar stets durch eine starke Verlängerung der Metatarsalia. Der Fuß wurde dabei mesaxonisch, bekam also ganz den perissodactylen Typus. Der zweite und fünfte Zehen erreichen den Boden nicht; sie wurden zurückgebildet; so entstand ein vier- oder dreizehiger Fuß. Das ist zu beobachten bei den Macroscelidae (Springmäusen, Insectivora) und bei Dipus (Rodentia). Bei Dipus sind die drei vorhandenen Metatarsalia verwachsen zu einem einzigen Knochen, so daß dieser an das Laufbein der Aves erinnert; es sind jedoch die distalen Tarsalia darin nicht aufgenommen. (Über den Fuß der Macropodidae [Känguru] vergleiche man S. 216.)

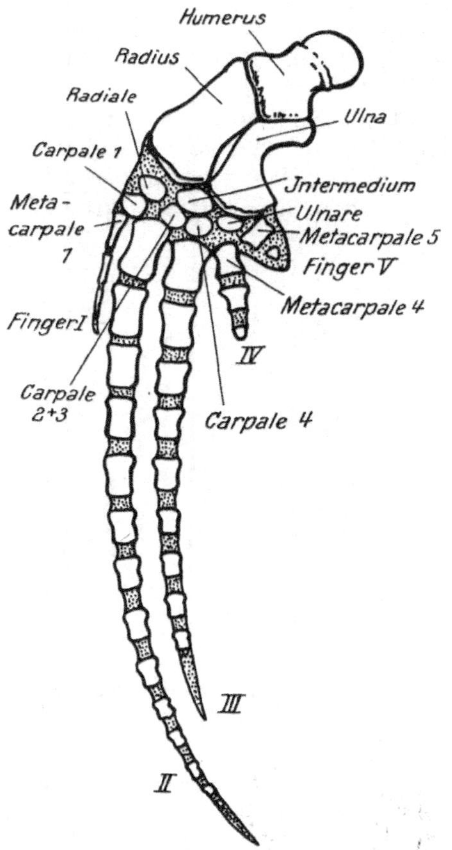

Abb. 320. Flossenskelet von Globiocephalus melas, von dorsal. Knorpel dunkel punktiert. (Nach ABEL, 1912 A, Abb. 127.) Rechte Flosse im Spiegelbild.

Auf eine sehr merkwürdige Weise ist der Fuß verlängert bei einigen springenden, baumbewohnenden Prosimiae: bei den Galaginae und bei Tarsius. Hier sind der Calcaneus und das Naviculare länger geworden, während die distalen Tarsalia und Metatarsalia normal geblieben sind. Dadurch wird der Fuß verlängert, während der eigentliche Greiffuß mit dem opponierbaren Hallux unverändert bleibt, welcher ja gerade bei diesen springenden Baumbewohnern sehr wichtig ist (ABEL 1912 A).

Bei den **Chiroptera** finden wir wichtige Umbildungen der vorderen Gliedmaßen. Der Humerus ist lang. Der Unterarm ist sehr stark verlängert mit kräftigem Radius; die Ulna dagegen ist zurückgebildet und mit dem Radius verschmolzen. Das Ellenbogengelenk ist ein einfaches Scharniergelenk, nur geeignet für Streck- und Beugebewegungen, welche für das Entfalten und Zusammenklappen der Flughaut notwendig sind. Auch in dem Pulsgelenk und in dem carpa-metacarpalen Gelenk können starke Beugungen stattfinden. Damit im Zusammenhang zeigt der Carpus besondere Umbildungen: so sind z. B. das Scaphoid, das Lunatum und das Centrale zu einem einzigen Knochen verschmolzen. Der Pollex bleibt meist frei von der Flughaut; er ist kurz, kräftig und endigt in einer Kralle. Zwischen den vier übrigen Fingern ist ein großer Teil der Flughaut ausgespannt; sie sind enorm verlängert, sowohl in den Metacarpalia als in den Phalangen. Finger 2 bis 5 tragen keine Nägel mehr; die Endstücke ihres Skelettes sind meist knorpelig. Dabei ist es ungewiß, ob diese Knorpelstücke eine Nagelphalange darstellen oder einen Teil der zweiten Phalangen, so daß die Nagelphalangen fehlen. In einigen Fällen sind drei verknöcherte Phalangen beobachtet und ein knorpeliges Endstück; ist das letztere eine Phalange, dann müßten an jedem Finger vier Phalangen sein; das würde eine Hyperphalangie bedeuten. Die Anpassungen der Hinterextremitäten bei den Chiroptera sind weniger auffallend: Astragalus und Calcaneus sind etwas verlängert; vom Calcaneus geht häufig ein knöcherner Sporn (Calcar) ab.

Häufig sind Mammalia zu **schwimmenden Wasserbewohnern** geworden. Ihre Gliedmaßen zeigen mancherlei Anpassungen an die neu erworbene Funktion. Am vollendetsten ist diese Anpassung bei den Cetacea. Die Vorderextremität ist hier eine typische Flosse; sie kann in einigen Fällen eine recht ansehnliche Länge erreichen, womit Hyperphalangie an den mittleren Fingern Hand in Hand geht (Abb. 320). Umbildungen bestehen weiterhin in einer starken Verkürzung von Humerus, Radius und Ulna; weiterhin in einer Veränderung aller Gelenke zu straffen Gelenken; und schließlich darin, daß bis in ein hohes Alter der Tiere Knorpel in ihrem Skelet erhalten bleibt, was dadurch erreicht wird, daß die Verknöcherung sehr langsam vor sich geht. Die Carpalknochen sind mehr oder weniger abgerundete und platte Scheiben. So wird die Flosse zu einer ziemlich elastischen und biegsamen Platte, beweglich im Gelenk mit dem Schultergürtel, welches Gelenk gut entwickelt bleibt. Der Parallelismus in dieser Umbildung der Gliedmaßen zu Flossen mit verschiedenen Gruppen der Reptilia ist sehr auffallend.

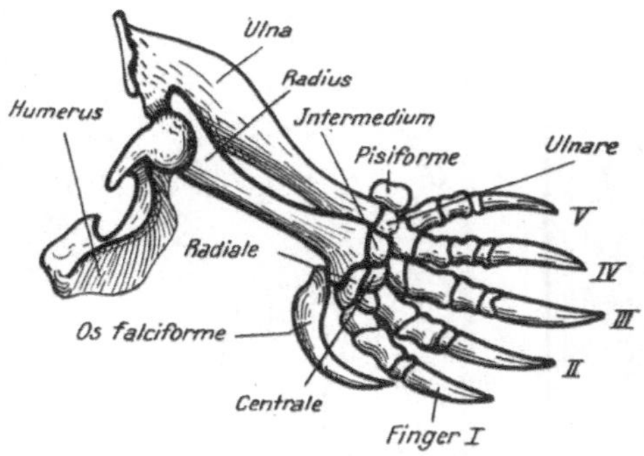

Abb. 321. Vorderfußskelet von Talpa. (Nach ABEL, 1912 A, Abb. 255.) Rechter Vorderfuß im Spiegelbild.

Sehr eigentümlich ist die gelegentlich bei der Schwimmextremität auftretende Abspaltung der seitlich liegenden Stücke der Phalangen; auf diese Weise wäre auch bei Cetacea der Anfang gegeben einer Hyperdactylie: der Bildung eines sechsten Fingers, die sonst von marinen Reptilia, aber nicht von Cetacea bekannt ist.

Die Hinterextremitäten der Cetacea sind äußerlich ganz verschwunden; ihr Skelet wird nur durch einen Rest des Femur, gelegentlich auch der Tibia, und durch einen Beckenrest dargestellt. Die Zurückbildung der Hinterextremitäten hängt zusammen mit der horizontalen Lage der Schwanzflosse, wodurch die Hinterextremitäten überflüssig werden. Die Sirenia besitzen ebenfalls eine horizontale Schwanzflosse; auch sie zeigen äußerlich keine hinteren Extremitäten mehr; innerlich sind vom Skelet .ur noch sehr geringe Überreste beobachtet.

Grabende Mammalia fallen auf durch den kräftigen und gedrungenen Bau ihrer Vorderextremitäten. Der Humerus entwickelt starke Kämme und erinnert

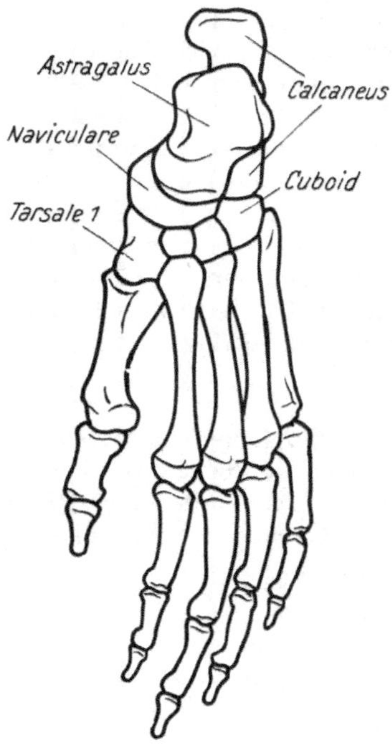

dadurch in seiner Form an den der primitven Tetrapoda. Leben die Tiere unter der Erde grabend (Talpa, Chrysochloris, Notoryctes), so sind die Vorderextremitäten sehr verkürzt, die Knochen kräftig, die Hand ist breit und die Krallen sind gut entwickelt.

Bei Talpa (Abb. 321) ist die Hand sehr breit, wozu ein großer, sichelförmiger Sesamknochen am radialen Handrande beiträgt (Os falciforme). Der Humerus ist ziemlich stark dorsad gerichtet; die Volarfläche der Hand sieht caudad. Die Hinterextremität ist bei Talpa weniger verändert, nur verkürzt. — Bei Chrysochloris ist vor allem auffallend das Auftreten eines dritten Knochens im Unterarm: er liegt hinter der Ulna und ist entstanden durch Verknöcherung einer Sehne des Musculus flexor digitorum profundus. — Bei Notoryctes (Beutelmaulwurf) sind sehr eigentümliche Umbildungen auch bei der Hinterextremität beobachtet (ABEL 1912 A). —

Aus den primitiven auf den Bäumen laufenden Mammalia entstanden die Simiae und Prosimiae als **kletternde Baumbewohner**; sie be-

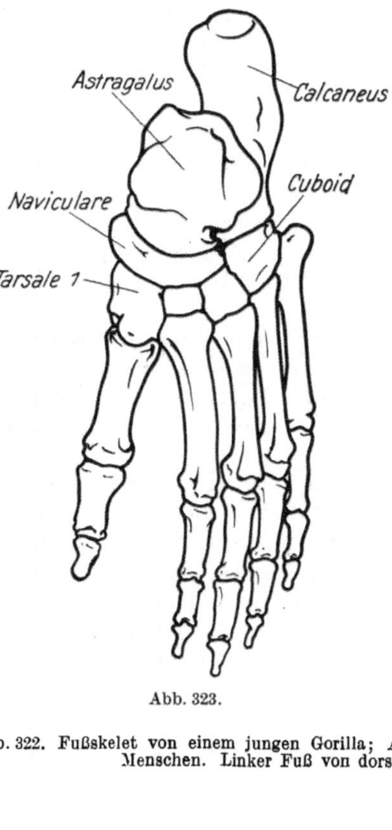

Abb. 323.

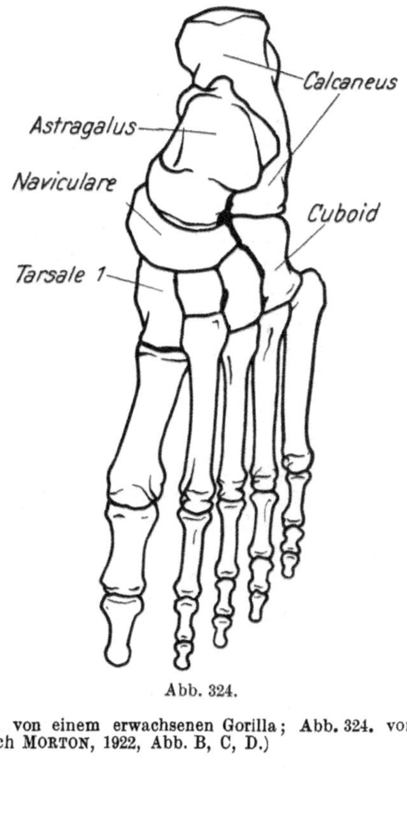

Abb. 324.

Abb. 322. Fußskelet von einem jungen Gorilla; Abb. 323. von einem erwachsenen Gorilla; Abb. 324. vom Menschen. Linker Fuß von dorsal. (Nach MORTON, 1922, Abb. B, C, D.)

wegen sich mit Hilfe ihrer Hände von Zweig zu Zweig fort, oft hängend. Die Hand ist zu einer Greifhand geworden mit stark opponierbarem Daumen. Die Supinatio der Hand ist noch weitergehend wie gewöhnlich: die Drehbarkeit des Radius im Ellenbogengelenk gegenüber der Ulna hat nämlich zugenommen. Einige dieser Tiere bewegen sich vorwiegend an den Armen hängend fort; dann werden die Arme sehr lang, oft länger als die Hinterextremitäten und können ganz gestreckt werden. Da die Tiere dann an den gebogenen vier Fingern hängen, so ist der Daumen unnötig geworden und zeigt Rückbildungen. Auch die große Zehe wird oft reduziert, da bei dem hängenden Klettern der Fuß seine Bedeutung als Greiforgan verloren hat.

Die Anthropomorphae behalten die Greifhand und den Greiffuß mit dem sehr stark abduzierbaren und opponierbaren Pollex und Hallux. Das Skelet der Extremitäten ist denn auch nach einem recht ursprünglichen Typus gebaut. Nicht selten richten diese Formen sich zeitweise auf den Hinterextremitäten auf; dabei klemmen sie sich mit den Füßen auf dickeren Zweigen fest, so daß die Hände frei bewegt werden können. Die Achse des Fußes geht dabei nicht mehr durch die dritte Zehe oder zwischen der dritten und vierten Zehe hindurch, sondern sie liegt zwischen dem Hallux und der zweiten Zehe.

Von solchen im Baumleben aufgerichteten primitiven Anthropomorphae kann man auch den Menschen ableiten. Die Hand blieb ziemlich unverändert; das Centrale verschwand, wie auch bei Simia und Gorilla. Der Fuß wurde in Anpassung an das Laufen mehr verändert: er blieb kein Greiffuß; die zweite bis fünfte Zehe wurden kürzer, die erste Zehe verlor ihre Abduktion und Opponierbarkeit und schloß sich schließlich bei den anderen, nach vorn gerichteten Zehen an. Die Achse des Fußes verläuft weiterhin zwischen Hallux und zweiter Zehe. Der Hallux ist die kräftigste Zehe; sie nahm so an Länge zu, daß sie ziemlich ebenso lang wird wie die zweite Zehe (Abb. 324).

Der Gorilla lebt in seiner Jugend auf Bäumen, läuft aber als erwachsenes Tier hauptsächlich auf dem Boden; er kann auch kurze Zeit aufgerichtet auf den Hinterextremitäten laufen, aber nicht für längere Zeit. Der Fuß des Gorilla zeigt während des Wachstums eine zunehmende Anpassung an das Laufen auf dem Boden, eine Anpassung, die in gleicher Richtung verläuft wie die beim Menschen (Abb. 322—324). Die Opponierbarkeit des Hallux wurde viel geringer; die relative Länge der Zehen nähert sich mehr und mehr der beim Menschen.

F. Das Kopfskelet.

Einleitung. Kopfskelet der Cyclostomata und Elasmobranchii, Schädelprobleme.

An das Kopfskelet oder Cranium werden sehr vielseitige Anforderungen gestellt. Damit im Zusammenhang hat sich ein sehr komplizierter Bau entwickelt. Es besteht grundsätzlich aus zwei Teilen: erstens dem eigentlichen Schädel oder Neurocranium, welches das Gehirn und die Sinnesorgane umgibt und beschützt. Der zweite Skeletteil besteht aus einer Anzahl Skeletstäben, welche in ihrer ursprünglichen Form bogenartig das Vorderende des Darmkanales umgeben; dieser Teil wird das Visceralskelet oder Splanchnocranium genannt. Bei den Pisces erstreckt es sich über die Länge des Kiemendarmes nach hinten aus; es dient in diesem Falle dazu, den Atmungsmuskeln des Kiemendarmes die nötige Stütze zu geben: deswegen reicht es oft viel weiter nach hinten als das Neurocranium und tritt teilweise in den Rumpf ein.

Amphioxus besitzt kein Kopfskelet. Ein solches entsteht zuerst bei den primitiven Pisces. Die ursprünglichste Form des Kopfskeletes finden wir bei den Cyclostomata und Selachii. Wir wollen zunächst diese Formen besprechen und daran eine Besprechung einiger allgemeiner Fragen des Kopfskeletes anknüpfen.

Das **Kopfskelet der Cyclostomata** (Abb. 325) wird ausschließlich durch weichen Knorpel gebildet, wie auch das andere Skelet dieser Tiere; es verkalkt nicht. Das Neurocranium besteht aus einer basalen Platte, welche ventral des Gehirnes liegt; in ihr steckt das Vorderende der Chorda. An beiden Seiten ist mit dieser Platte eine Knorpelkapsel verbunden, welche das häutige Labyrinth umgibt: die Labyrinthkapsel. Von der basalen Platte geht rechts und links von der Hypophyse ein paariger Knorpelstab nach vorn, welcher unter den Augennerven durchläuft: die Trabeculae cranii. Bei den Myxinidae fehlt eine weitere knorpelige Wand der Gehirnkapsel; diese bleibt also größtenteils häutig. Bei Petromyzon (Abb. 325) aber ist eine Seitenwand vorhanden, von welcher zwischen den Labyrinthkapseln eine Brücke dorsal des Gehirns ausgehen kann. Vor dem Gehirn liegt die unpaare, dorsal ausmündende Nasengrube, welche auch durch eine Knorpelkapsel umgeben wird, die oft auch nur aus Stäben besteht. Ventral da-

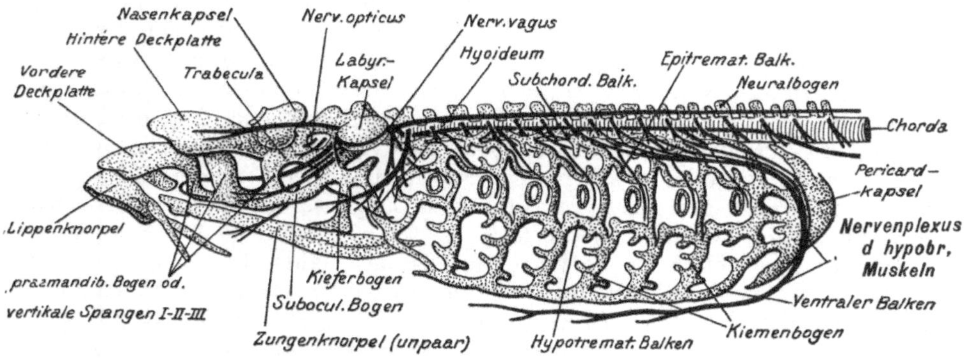

Abb. 325. Kopfskelet von Petromyzon, von links; schematisch. Die dicken Linien sind Nerven. Der Lippenknorpel ist ringförmig. (Größtenteils nach GOODRICH, 1909, Abb. 20; weiter nach NEUMAYER, 1898, Abb. 2.)

von setzen sich die Trabeculae fort in ein sehr verschieden gebautes Skelet. Bei den Petromyzonten gehen sie vorn über in eine große unpaare und horizontale Knorpelplatte: die hintere Deckplatte. Noch mehr nach vorn und teilweise unter dieser Platte liegt eine vordere Deckplatte, welche zum Splanchnocranium gehört.

Dies Splanchnocranium zeigt um den Mund herum eine eigenartige Entwicklung: Kiefer bestehen nicht; der Mund ist ein Saugmund, welcher durch ein Lippenskelett gestützt wird, das aus mehreren Stücken besteht, u. a. aus der genannten vorderen Deckplatte. Wichtig ist vor allem ein mehr oder weniger ringförmiges Knorpelstück in dem Mundrande, welches durch drei vertikale Balken gestützt wird (Abb. 325). Zu der sehr großen und beweglichen Zunge gehören mehrere Skeletstücke, welche Zungenknorpel heißen.

Der hintere Teil des Splanchnocranium besteht bei Petromyzon aus einem Netzwerk von Knorpelstäben. Diese stützen die Kiemensäcke und bilden somit das eigentliche Branchialskelet. Man kann auf diese Weise acht vertikale Stäbe unterscheiden: die Kiemenbögen oder Branchialbögen; zwischen ihnen liegen die sieben Kiemenöffnungen. Weiterhin bilden sich vier longitudinale Verbindungen: die erste liegt dorsal an der Chorda als subchordaler Balken; eine zweite liegt dorsal jeder Kiemenöffnung und eine dritte ventral davon (epi- und hypotrematischer Balken); viertens besteht ein ventraler Balken. Dieser letzte Balken wird paarig angelegt; er kann aber durch Verschmelzung mit den Balken der anderen Seite zu einem unpaaren Stabe werden, welcher in der ventralen Medianlinie liegt. Der hinterste Kiemenbogen ist umgeformt zu einer platten Kapsel für das Pericard. Das Kiemenskelet liegt außerhalb der Kiemensäcke und des Aortabogens, teilweise unmittelbar unter der Haut.

An diesen Kiemenkorb schließen sich cranial noch zwei vertikale Spangen an, welche durch Querverbindungen mit dem Korb verbunden sind. Die hinterste dieser Spangen wird als vorderer Kiemenbogen angesehen; die vordere, welche ventral mit dem Zungenskelet zusammenhängt, wird Hyoidbogen (Zungenbein) genannt; diese Namen beruhen auf einer Vergleichung mit den Gnathostomata. Dieser Hyoidbogen läuft dorsal aus in einen unter dem Auge liegenden subokulären Bogen; dieser hängt caudal mit der Basalplatte der Gehirnkapsel zusammen, cranial mit dem Lippenskelet (Spange III). Man erblickt in ihm ein Homologon zu den Kieferbögen der Gnathostomata. Wir kommen nach der Besprechung des Kopfskelets der Selachii auf dergleichen Homologien noch einmal zurück.

Das Kiemenskelet der Myxinidae weicht in wichtigen Punkten von dem bei Petromyzon ab. Es besteht nur aus einzelnen vorderen Kiemenbogen. Wir wissen nicht, ob dieser Zustand ursprünglich ist; vielleicht ist er durch Zurückbildung eines mehr vollkommenen Kiemenkorbes entstanden.

Wir können das **Neurocranium der Elasmobranchii** gelten lassen als den Typus des ursprünglichen Neurocranium der Gnathostomata (Abb. 326, 327). Es ist knorpelig, kann in einzelnen Teilen verkalken, aber verknöchert nie. Stets besteht es aus einem einzigen Stück; es umschließt das Gehirn, das Labyrinth und das Riechorgan und nimmt in einer bestimmten Einbuchtung das Auge auf. Das Dach der Gehirnhöhle ist etwas unvollständig, da es eine große Öffnung, das Foramen praefrontale, besitzt; eine zweite kleinere Fontanella ist in einigen Fällen im caudalen Teile des Daches beobachtet; nur ausnahmsweise (z. B. bei Trygon) ist das Dach recht unvollständig. Der Boden der Gehirnkapsel ist vollständig geschlossen; für die Hypophyse besteht keine Durchbrechung, sondern nur eine Grube (Fossa hypophyseos oder Sella turcica). Nur selten füllt das Gehirn die Gehirnhöhle nahezu vollständig aus; meist liegt ein ziemlich großer Raum dorsal des Gehirns.

Die Form des Neurocranium ist aus Abb. 326 ersichtlich: der Schädel ist verbreitert in der Gegend der Labyrinth- und Nasenkapsel; der dazwischen liegende schmälere Teil bildet die Orbita und dient teilweise als Ursprungsfläche für Kaumuskeln. Vorn bildet sich ein vorspringendes Rostrum, welches meist aus drei Knorpelstäben besteht, die an der Spitze zusammenstoßen; in anderen Fällen besteht es aus einer großen gebogenen, ausgehöhlten Platte. Auffallend lang ist das Rostrum bei den meisten Rajidae, vor allem bei der Pristidae und Pristiophorus.

Hinter der Labyrinthkapsel liegt noch ein schmaler, ringförmiger Schädelteil: die Occipitalregion. Sie schließt die Gehirnkapsel caudal ab und umgreift das Foramen occipitale (Hinterhauptsloch); durch dieses Foramen stehen Rückenmark und Gehirn in Verbindung.

So kann man an dem Neurocranium vier Regionen unterscheiden: 1. die Regio occipitalis; 2. die Regio labyrinthica; 3. die Regio orbito-temporalis, in welcher die Augen- und Kaumuskeln liegen; 4. eine Regio ethmoidalis, in welcher die Nasenkapseln liegen. Vorn schließt sich daran das Rostrum. Die Regio orbito-temporalis zeigt einen vorderen lateralen Fortsatz (Processus praeorbitalis) und einen hinteren lateralen Fortsatz (Processus postorbitalis). Die Chorda liegt im Boden der Gehirnhöhle und reicht bis an die Fossa hypophyseos; sie erstreckt sich durch die Regio occipitalis und Regio labyrinthica.

Die Regio occipitalis verbindet das Neurocranium mit der Wirbelsäule. Wir haben früher schon darauf hingewiesen, daß diese Verbindung bei den Selachii beinahe stets straff ist und nur selten eine echte Diarthrose (Rajidae);

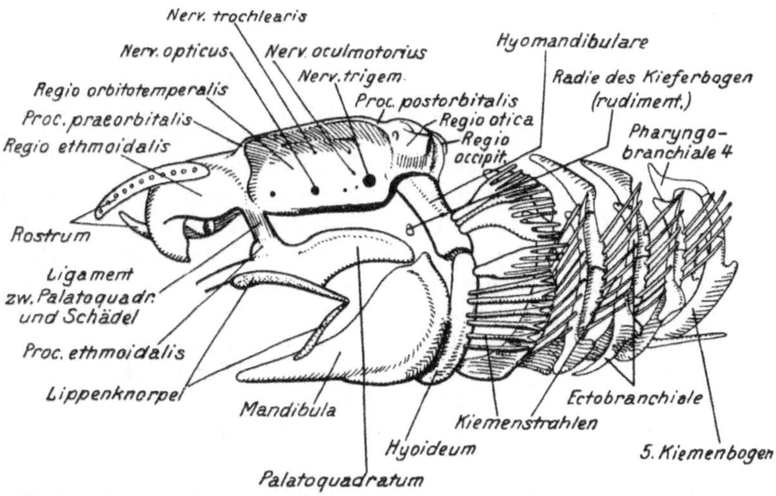

Abb. 326. Kopfskelet vom Hai, Scyllium canicula, von links. (Nach W. K. PARKER, 1878, aus GRAHAM KERR, 1921, Abb. 133.)

in dem letzteren Falle bildet die Regio occipitalis einen paarigen Condylus für das Gelenk.

In der Regio orbito-temporalis entspringt von der Schädelwand meist ein kurzer Knorpelstiel und trägt das Auge.

Um den Aufbau des Neurocranium besser zu begreifen, ist ein Hinweis auf einige Öffnungen notwendig, durch welche Gehirnnerven den Schädel verlassen

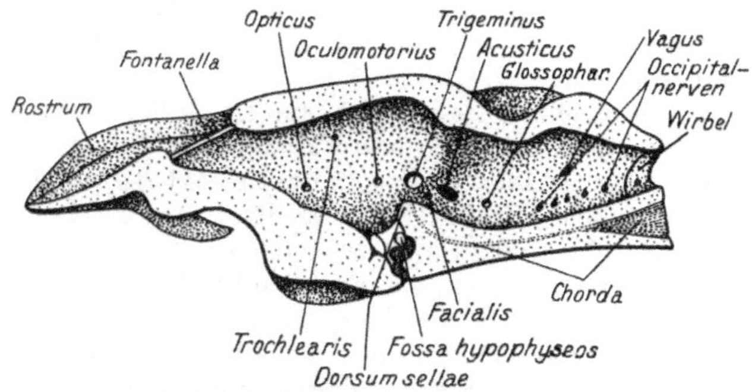

Abb. 327. Medianer Längsschnitt durch das Neurocranium von Heptanchus. (Nach GEGENBAUR, 1898, Abb. 191.)

(Abb. 326, 327). Vorn treten aus der Gehirnkapsel der Tractus olfactorius und der N. terminalis zu den Riechorganen; sie treten nicht aus dem Neurocranium aus. In der Regio orbito-temporalis treten aus der N. opticus und die Nerven der Augenmuskeln (N. oculomotorius, trochlearis, abducens); ferner der N. trigeminus. Direkt hinter dem N. trigeminus liegt das Foramen für den N. facialis, welcher am Vorderrande der Labyrinthkapsel austritt. Der N. octavus (acusticus) tritt direkt in die Labyrinthkapsel, verläßt das Neurocranium also nicht. An dem ventralen Rande der Labyrinthkapsel tritt der N. glossopharyngeus aus; am caudalen Rande der Labyrinthkapsel der N. vagus, dessen Foramen die Grenze angibt zwischen der Regio labyrinthica und der R. occipitalis. Bei den Cyclostomata schließt das Cranium hinten mit der Labyrinthkapsel ab; darum verlaufen N. vagus und (wenn vorhanden) der N. glossopharyngeus caudal des Schädels. Das ist ein wichtiger Unterschied, da man hieraus erkennen kann, daß die Regio occipitalis der Selachii eine Bildung ist, welche bei den Cyclostomata fehlt; diese Tiere stehen hierin wie auch in anderer Hinsicht auf einer viel niedrigeren Entwicklungsstufe als die Selachii und alle anderen Gnathostomata. Bei den Selachii treten durch die Regio occipitalis noch eine Anzahl feiner Nerven aus: die spino-occipitalen Nerven. Diese sind ihrer Herkunft nach Rückenmarksnerven, welche zurückgebildet sind; sie gehören ursprünglich, und zwar noch bei den Cyclostomata, zu Rumpfsegmenten, nicht zum Kopf. Darum muß die Regio occipitalis betrachtet werden als ein Teil der Wirbelsäule, welcher sekundär dem Schädel beigefügt wurde. Der Schädel der Gnathostomata ist also auf Kosten der Wirbelsäule nach hinten verlängert.

So kann man an dem Neurocranium zwei Teile unterscheiden: 1. das Paläocranium, welches caudal mit der Labyrinthkapsel abschließt; 2. das Neocranium, d. h. die später in den Schädel aufgenommenen Wirbel, welche die Regio occipitalis bilden. Die Anzahl der aufgenommenen Wirbel war ziemlich groß. Die spino-occipitalen Nerven zerfallen in zwei Gruppen, in eine stark zurückgebildete vordere und eine besser entwickelte hintere Gruppe. Dieser Unterschied zwischen beiden Gruppen weist uns darauf, daß zuerst bei den Stammformen der Gnathostomata eine Aufnahme von mindestens fünf Wirbeln stattgefunden hat; späterhin wurde dann bei vielen, aber nicht bei allen Selachii, eine zweite Gruppe Wirbel einbezogen. Man unterscheidet danach erstens ein protometameres Neocranium: es wird gebildet durch die erste Gruppe aufgenommener Wirbel; 2. ein auximetameres Neocranium: gebildet durch später einbezogene Wirbel. Die Anzahl der auximetameren Wirbel beträgt bei den Selachii höchstens drei, bei den Teleostomi meist ein bis drei, bei den Chondrostei dagegen sechs (Gegenbaur 1872, 1888, M. Fürbringer 1897, Gaupp 1897).

Ist das Palaeocranium auch aus verschmolzenen Wirbeln entstanden? An dem knöchernen Schädel meinte man früher einen Aufbau aus sechs Wirbeln feststellen zu können (Goethe 1824, Oken 1807); aber diese Auffassung wurde 1858 durch Huxley widerlegt. Die Hypothese ging von dem knöchernen Schädel bei den höchsten Formen unter den Vertebrata aus; es ist jedoch nur am Knorpelskelet der niederen Formen eine Antwort auf diese Frage möglich. Bei diesen niederen Formen aber finden wir keinen einzigen Hinweis dafür, daß das Palaeocranium aus einer Anzahl Segmente aufgebaut ist, welche mit Wirbeln übereinstimmten. Auch die Entwicklung des Schädels beim Embryo gibt keinen Hinweis in dieser Richtung. Das knorpelige Neurocranium bildet sich embryonal von einer bestimmten Anzahl Verknorpelungszentren aus, welche nicht segmental angeordnet sind.

Wir besprechen jetzt die **Entwicklung des Neurocranium** und kommen dann später noch kurz auf die Frage der Segmentierung zurück. Bei allen Vertebrata, auch bei den Cyclostomata, beginnt die Schädelanlage mit einem Streifen Knorpel beiderseits der Chorda und seitlich der Hypophyse. Bei den Larven von Petromyzon (Abb. 328, 329) entstehen diese Streifen von drei Punkten aus: das vordere Stück liegt seitlich der Hypophyse und bildet die Trabeculae. Die beiden anderen Stücke liegen hintereinander neben der Chorda und bilden zusammen das Parachordale; es formt durch beiderseitige Verwachsung den Boden für den chordalen Teil des Schädels. Dieser Aufbau von drei Punkten her stimmt keineswegs mit einer Segmentation überein, wie wir sie in den Nerven und in der Anlage der Segmente im Rumpfe finden. Etwas später bilden sich selbständig die Labyrinthkapseln und wahrscheinlich auch selbständig die Nasenkapseln. Von den Trabeculae und den Parachordalia aus wächst das Skelet der Gehirnkapsel, bildet die Seitenwand und tritt in Zusammenhang mit den Labyrinth- und Nasenkapseln. Weiterhin vereinigen sich die Trabeculae vor der Hypophyse; auf diese Weise entsteht eine von allen Seiten knorpelig umfaßte Öffnung: die Fenestra basicranialis anterior (Abb. 329).

Bei den Selachii und allen anderen Gnathostomata verläuft die erste Schädelentwicklung in den Hauptzügen wie bei Petromyzon. Stets legen sich zuerst Parachordalia und Trabeculae an (Abb. 330; SEWERTZOFF 1899, VAN WIJHE 1922). Als Folge der starken ventralen Beugung des Kopfes beim Embryo stehen die Trabeculae zuerst vertikal und bilden einen ungefähr rechten Winkel mit den Parachordalia. Aber dies ist ein vorübergehender Zustand, da die Beugung später aufgehoben wird. Zwischen den Trabeculae und den Parachordalia liegt ein kleines Knorpelstück, Polknorpel genannt.

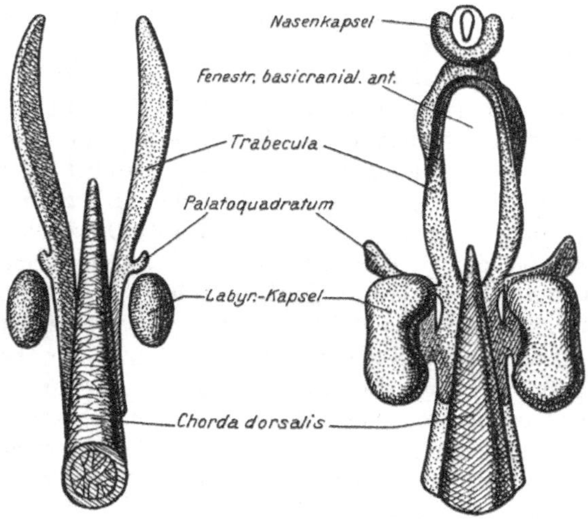

Abb. 328. Abb. 329.

Abb. 328—329.
Entwicklung des Neurocranium von Petromyzon.
Abb. 328. Anlage bei einem 7,8 mm langen Embryo von P. PLANERI. — Abb. 329. Neurocranium bei einer ungefähr 18 cm langen Larve von P. fluviatilis. (Nach W. K. PARKER, aus GAUPP, 1905 A, Abb. 326 u. 327.)

Schnell beginnt auch eine selbständige Knorpelbildung in der Seitenwand des Neurocranium; sie liegt vor der Labyrinthkapsel und wird Pleurosphenoidknorpel genannt (Cart. sphenolateralis bei GAUPP). Auch im vorderen und hinteren Teile der Labyrinthkapsel bildet sich Knorpel. Von allen diesen Punkten aus beginnt nun die Bildung des Palaeocranium. Die stets größer werdenden Knorpelstücke begegnen einander, verschmelzen und bilden dadurch die Seitenwand und viel später auch das Dach der Schädelhöhle. Die Nasenkapseln und weitere Teile der Regio ethmoidalis und schließlich das Rostrum entstehen nicht selbständig; sie werden vielmehr von den Trabeculae und den Pleurosphenoidknorpeln aus gebildet. Die Labyrinthkapseln entstehen teilweise von den Parachordalia aus, teilweise aus den zwei eben genannten eigenen Knorpelcentra. Die Basis der Gehirnhöhle ist schließlich vollständig geschlossen. Wenn die genannte ventrale Kopfbeuge aufgehoben wird, wird der durch die Trabeculae gebildete Teil der ventralen Schädelwand aus seinem vertikalen Stand in den horizontalen gebracht. Nur beim Übergang in die Parachordalia bleibt der am meisten caudal liegende Teil der Trabeculae vertikal stehen. Dadurch entsteht eine plötzliche Biegung am Boden der Schädelhöhle, welche direkt hinter der Hypophyse liegt (Abb. 327). Der Vorderrand des durch die Parachordalia gebildeten Schädelteiles springt dadurch nach innen und vorn in die Schädelhöhle aus; damit wird das Dorsum sellae gebildet, die Hinterwand der Sella turcica. Die Parachordalia werden hinter der Labyrinthkapsel verlängert; hier umwachsen sie dorsad das Nervensystem und bilden damit die Regio occipitalis. SEWERTZOFF beschrieb hier Hinweise auf eine Segmentation; VAN WIJHE bestreitet dies. Die Segmentierung, ja selbst Andeutungen davon, scheint also im Skelet ganz verschwunden zu sein.

Die Chorda durchläuft die Schädelbasis bis zur Sella turcica; das weist auf eine gewisse Übereinstimmung mit der Wirbelsäule. Es ist jedoch kein weiterer Grund vorhanden, um diesen vor der Regio occipitalis liegenden chordalen Teil des Schädels als ein Verschmelzungsprodukt von Wirbeln anzusehen! Man muß nämlich annehmen, daß der Kopf älter ist, oder wenigstens keinesfalls jünger als das Auftreten eines gut entwickelten Skeletes. Als das Skelet entstand, muß es also von Anfang an im Kopf und Rumpf unter verschiedenen Verhältnissen entstanden sein. Darum müssen Palaeocranium und Wirbelsäule auch von Anfang an verschieden gebaut gewesen sein. Der Kopf verlangte ein festes unsegmentiertes Skelet; die Wirbelsäule dagegen mußte, um biegsam sein zu können, aus einer großen Anzahl Stücken bestehen, war also segmental aufgebaut.

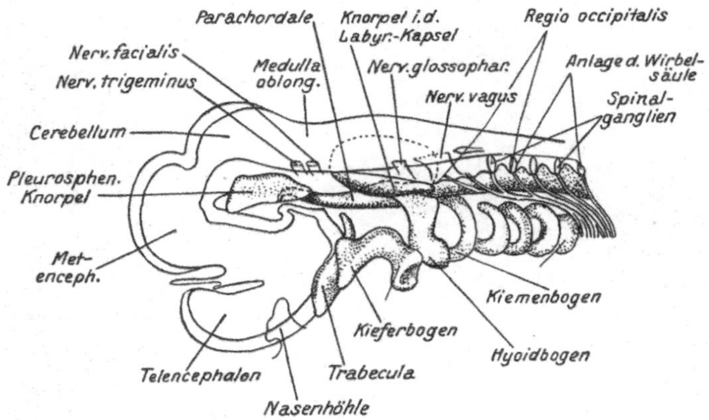

Abb. 330. Graphische Rekonstruktion des Kopfskelets und des Gehirns eines Embryos von Acanthias vulgaris. Die Kiefer- und Hyoidbögen bestehen aus sehr jungem Knorpel; die 5 Kiemenbögen aus einem Übergangsgewebe von Blastem zu jungem Knorpel (prochondrales Gewebe). Die segmentalen Einbuchtungen des Occipitalstreifens der Parachordalia bestehen nach VAN WIJHE nicht. (Nach SEWERTZOFF, 1899, Taf. 29, Abb. 5.)

Bei Amphioxus reicht die Chorda bis zur äußersten Spitze des Körpers; bei den Pisces reicht sie nur bis zur Hypophyse. Eine Erklärung dafür ist nicht in einer Verkürzung der Chorda zu suchen, sondern in einem Auswachsen des Kopfes nach vorn; ein größeres Gehirn und umfangreichere Sinnesorgane veranlaßten diese Kopfvergrößerung. Somit ist dieser Kopfteil eine sekundäre Bildung und ein ursprünglicher segmentaler Bau kann hier nicht erwartet werden. So können wir mit GEGENBAUR annehmen, daß das Palaeocranium ein von Anfang an unsegmentierter Skeletteil gewesen ist, welcher selbständig entstand. Das Neocranium dagegen entstand aus der Wirbelsäule, wurde erst später dem Schädel beigefügt, besaß also ursprünglich einen segmentalen Aufbau. Eine Aufnahme von Wirbeln in den Schädel muß dadurch erleichtert worden sein, daß die Pisces meist kein Occipitalgelenk besaßen. Ist ein solches Gelenk vorhanden, so wird die Aufnahme von Wirbeln in den Schädel sicher erschwert.

Das Splanchnocranium der Elasmobranchii besteht aus sieben bis neun gut entwickelten Visceralbogen; fernerhin aus den vor dem Munde gelegenen Lippenknorpeln (GEGENBAUR 1872, GAUPP 1905 B). Der vordere Bogen bildet die Kiefer: er wird darum Kieferbogen genannt. Den zweiten Bogen nennt man Hyoidbogen. wegen seiner Beziehungen zum Zungenskelet der höheren Vertebrata. Die folgenden fünf bis sieben Bogen sind eng mit dem Kiemenapparat verbunden und heißen darum Kiemenbogen (Branchialbogen).

Ein typischer Kiemenbogen besteht aus vier Stücken, die beweglich, synarthrotisch, miteinander verbunden sind (Abb. 326, 331, 332): dorsal des Kiemendarmes liegt ein kleines Pharyngobranchiale, welches bis zur Wirbelsäule reicht; das Epibranchiale ist lang und liegt lateral und dorsal den Kiemen; dann folgt das ventral und lateral liegende Ceratobranchiale; und viertens das Hypobranchiale, ein kleines ventral gelegenes Stück. In der ventralen Medianlinie sind die Kiemenbogen verbunden durch kleinere mediane Knorpelstücke, die Copulae; diese pflegen sich ursprünglich von einem Kiemenbogenpaar zu dem folgenden Paar zu erstrecken (Abb. 331); meist aber sind sie unregelmäßiger geworden (Abb. 332). Die hinterste Copula ist stets groß, oft sehr groß; sie liegt dorsal des Herzens und wird darum Cardiobranchiale genannt; wahrschein-

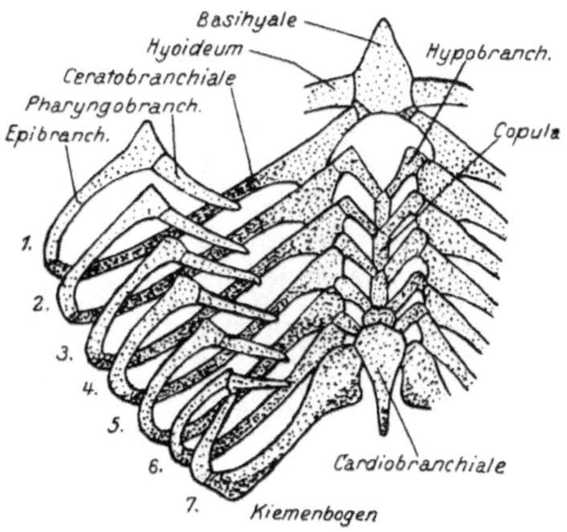

Abb. 331.

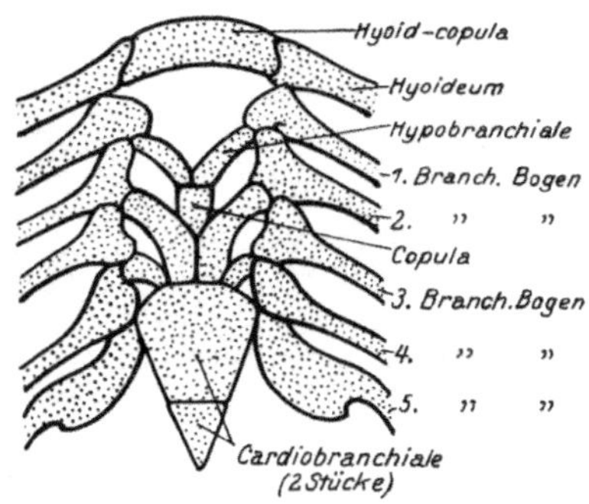

Abb. 332.

Abb. 331. Kiemenbögen von Heptanchus, von dorsal; rechte Hälfte zum Teil weggelassen. (Nach GEGENBAUR, 1872, Taf. 18, Abb. 1.) — Abb. 332. Copulae der Kiemenbögen von Acanthias. (Nach VAN DEINSE, 1916, Abb. 1.)

lich ist sie durch Verschmelzung von zwei oder mehr Copulae entstanden (u. a. VAN DEINSE 1916). Bei den Rajidae ist das Cardiobranchiale besonders groß, während die übrigen Copulae verschwunden sind (Abb. 223 auf S. 168).

Zur Stütze der Kiemenmembranen gehen von dem lateralen Rande der Cerato- und Epibranchialia selbständige Knorpelstäbe aus: die Kiemenstrahlen oder Radien (Abb. 326). Die mittleren Radien pflegen die größten zu sein; sie können verzweigt sein oder einige kleinere Radien tragen. Am freien, distalen Ende der Radien liegen oft noch bogenförmige Skeletstücke, die Ectobranchialia; auf jeden Kiemenbogen kommt meist ein dorsales und ein ventrales Ectobranchiale. Diese Knorpelstücke stützen ebenfalls die Wand der Kiementaschen. Ob sie von Radien abstammen, ist nicht bekannt.

Der letzte Kiemenbogen der Selachii pflegt vereinfacht zu sein. Er besteht nur aus zwei Stücken: dem Epi- und dem Ceratobranchiale. Das Epibranchiale verbindet sich dorsal mit dem Pharyngobranchiale des vorletzten Kiemenbogens; das Ceratobranchiale heftet sich ventral direkt an das Cardiobranchiale an. Pharyngo- und Hypobranchiale fehlen also; wahrscheinlich ist dies die Folge einer Zurückbildung im Zusammenhang mit der besonderen Bedeutung dieses letzten Kiemenbogens, welcher stets das Kiemenskelet an dem Schultergürtel befestigt. —

Der **Hyoidbogen** besteht aus zwei gut entwickelten Stücken: dem Hyomandibulare, welches mit einem Epibranchiale homolog ist; und einem Hyoideum, welches mit einem Ceratobranchiale übereinstimmt. Ventral sind rechter und linker Hyoidbogen verbunden durch eine mediane Copula: das Basihyale. Das dorsale Ende des Hyomandibulare ist beweglich mit der Labyrinthkapsel des Neurocranium verbunden. Außerdem ist ein zurückgebildetes Pharyngohyale beobachtet, ja selbst in einzelnen Fällen Spuren eines Hypohyale; sie sind mit dem Pharyngo- und Hypobranchiale eines normalen Kiemenbogens homolog (SEWERTZOFF 1923). Der Hyoidbogen besaß also ursprünglich denselben Aufbau aus vier Stücken wie die Kiemenbogen. Auch er trägt Radien. Daraus können wir schließen, daß der Hyoidbogen ursprünglich ein gewöhnlicher Kiemenbogen war. Er besitzt aber nur sehr selten den schlanken, stabförmigen Bau der Kiemenbogen (u. a. bei den Notidanidae). In der Regel legt sich das Hyomandibulare stützend gegen den Kieferbogen und ist dementsprechend stark verdickt (Abb. 326, 333).

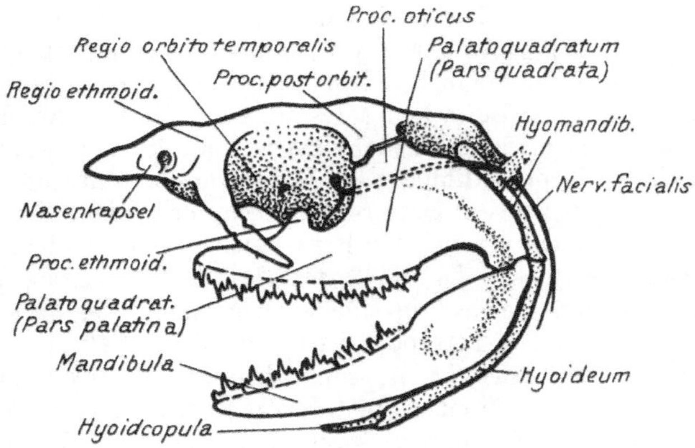

Abb. 333. Neurocranium, Kieferbogen und Hyoidbogen von Heptanchus, von links; schematisch. (Nach GOODRICH, 1909, Abb. 59 A.)

Bei den Rajidae wurde das Hyoideum nach oben an den Hinterrand des Hyomandibulare geschoben; es macht sich oft vom Hyomandibulare gänzlich frei. Dadurch kommt das Hyoideum ebenso weit dorsal zu liegen wie die Kiemenbogen und hat auch dieselbe Gliederung in vier Stücke erhalten. Nach der Meinung einiger Untersucher soll das Hyoideum der Rajidae darum auch ein vollständiger Kiemenbogen sein und das eigentliche Hyoideum soll fehlen. Diese Auffassung ist jedoch nicht annehmbar, da bei Torpedo sich ein unverkennbares Übergangsstadium findet und der Verlauf der Nerven ebenfalls dagegen spricht. —

Der **Kieferbogen** besteht ebenso wie der Hyoidbogen aus zwei Stücken: einem Palatoquadratum, welches den Oberkiefer bildet, und der Mandibula, welche den Unterkiefer bildet. Da beide funktionell Kiefer sind, so liegen sie nicht mehr in einer Linie wie die zwei größten (mittelsten) Stücke der Kiemenbogen und des Hyoidbogens; die beiden Kiefer sind vielmehr parallel miteinander gelagert, craniad und quer zum Körper gerichtet und ventral der Regio ethmoidalis des Neurocranium gelagert. Median sind die gegenseitigen Stücke sehr fest miteinander verbunden. Beide Kiefer umgreifen die Mundöffnung, welche quer unter dem Kopf gelegen ist. Palatoquadratum und Mandibula sind durch ein gut entwickeltes Unterkiefergelenk verbunden.

Am Palatoquadratum unterscheidet man den verdickten hinteren Teil, welcher das Unterkiefergelenk bildet; er wird die Pars quadrata genannt; ferner den vorderen Teil, welcher schlanker bleibt und den eigentlichen Oberkiefer bildet (Pars palatina). Die Verbindung des Palatoquadratum mit dem Neurocranium ist bei den Selachii beweglich. Wir finden vorn zwei Verbindungsstellen: erstens beobachtet man eine solche mit der Schädelbasis in Form einer Bandverbindung oder eines Gelenkes, die gebildet wird durch einen stumpfen Fortsatz der Pars palatina, den Processus ethmoidalis. Vom Schädel nimmt entweder die Regio ethmoidalis oder, wenn die Verbindung mehr nach hinten liegt, die Regio orbitotemporalis an der Verbindung teil. — Zweitens ist das Palatoquadratum hinten auf zweierlei Weise befestigt. Bei der großen Mehrheit der Selachii wird der Kieferbogen hier nur indirekt angehängt, nämlich durch Vermittlung des Hyomandibulare (Abb. 326 auf S. 230); man nennt diesen Zustand Hyostylie. Bei den Notidanidae dagegen ist die Pars quadrata des Palatoquadratum sehr hoch und bildet einen Fortsatz, den Processus oticus; dieser legt sich gegen den Processus postorbitalis des Neurocranium an, am Vorderrande der Labyrinthkapsel. Bei Heptanchus ist diese Verbindung gelenkartig (Abb. 333). Daneben hat auch das hier schlanke Hyomandibulare einen geringen Anteil an der Befestigung des Palatoquadratum. Wegen dieser doppelten Verbindung spricht man hier von Amphistylie.

Ein dritter Typus der Befestigung des Palatoquadratum am Schädel ist die sogenannte Autostylie. In solchen Fällen ist das Palatoquadratum unmittelbar ohne Anteil des Hyomandibulare am Neurocranium befestigt. Dieser Typus ist bei den Selachii nirgends in ganz reiner Form vorhanden. Er kommt nur bei den Dipnoi und in etwas veränderter Form auch bei den Holocephali vor (vgl. S. 240); ferner ist er typisch für die Tetrapoda. Bei den Holocephali und den Dipnoi beobachtet man gleichzeitig eine Verschmelzung der Pars quadrata und des Neurocranium; bei den Tetrapoda ist das nicht der Fall.

Welcher dieser drei Typen der ursprünglichste sei, ist schwer zu beantworten. Hiermit ist nämlich die zweite Frage verbunden, wo das ursprüngliche dorsale Ende des Kieferbogens gesucht werden muß. Vielleicht ist es der Processus oticus der Notidanidae (Abb. 333), wie es GEGENBAUR betont hat; unter den ausgestorbenen primitiven Elasmobranchii kommt diese Verbindung vor bei den Pleuracanthodi und den Acanthodi. HUXLEY war dagegen der Meinung, daß es der Processus ethmoidalis ist. Ist diese Auffassung HUXLEYS richtig, dann ist der Processus oticus eine Neubildung; ist die Meinung GEGENBAURS richtig, so muß die Pars palatina neu sein. Sicher ist wenigstens, daß der am meisten mediane Teil des Oberkiefers nach vorne von dem Processus ethmoidalis neu ist; seine sehr späte embryonale Bildung nämlich weist hierauf. SEWERTZOFF (1923) hat wahrscheinlich gemacht, daß die Spitze des Kieferbogens im Processus ethmoidalis gesucht werden muß: er fand nämlich, daß das dorsale Ende bei dem Embryo unter der Regio ethmoidalis des Neurocranium liegt; das ist auch erkennbar an der Anlage der Muskeln. Der Processus oticus ist also eine Neubildung, die Pars palatina ist bis an den Processus ethmoidalis alt. Als das Palatoquadratum in seiner Funktion als Oberkiefer neben der ethmoidalen Verbindung mehr Stütze nötig hatte, hat es diese im Hyoidbogen gefunden; das oberste Stück hiervon, das Hyomandibulare, wurde in Anpassung daran verdickt. Bei den Notidanidae entstand eine direkte Verbindung mit dem Neurocranium durch den Processus oticus; eine besondere Verstärkung des Hyomandibulare wurde dadurch nicht nötig. Wo besondere Anforderungen an die Befestigung des Palatoquadratum gestellt werden, tritt Autostylie auf, unter Verschmelzung des Palatoquadratum mit dem Neurocranium.

Das Palatoquadratum trägt häufig an seinem Hinterrande einige Radien, welche in der Wand des Spiraculum, des rudimentären vorderen Kiemenspaltes, liegen. Bei den Rajidae formen diese Radien ein kräftiges Knorpelstück, welches eine Schlußklappe des Spiraculum stützt.

Der Aufbau des Kieferbogens aus nur zwei Stücken wird allgemein als der primitive Zustand angesehen. Es ist jedoch sehr wohl möglich, daß der Kieferbogen früher ebenso gegliedert war als ein Kiemenbogen, bevor er nämlich die Kiefer bildete. Dann würden später Pharyngo- und Hypomandibulare zurückgebildet worden sein. Hinweise auf ein selbständiges Hypomandibulare wurden in Form eines kleinen Knorpelstückchens gefunden bei Hexanchus und Somniosus. SEWERTZOFF meinte 1923, daß der Processus ethmoidalis (er nennt ihn Processus orbitalis) des Palatoquadratum der Rest eines Pharyngomandibulare sei.

So würden Kieferbogen und Hyoidbogen ursprünglich denselben Aufbau aus vier Stücken besessen haben, wie wir ihn bei den Kiemenbogen beobachten. Erst später hätten sie ihren besonderen Bau erhalten. Dies weist wiederum darauf hin, daß beide Bogen als umgebildete Kiemenbogen betrachtet werden müssen. —

An der Außenseite der Kiefer, in den Mundecken, liegen bei allen Selachii und einigen Rajidae noch einige besondere Knorpelstücke: die Lippenknorpel (Labialia). Am Oberkiefer pflegen zwei Stücke hintereinander zu liegen; am Unterkiefer liegt nur ein Stück, welches mit dem hinteren der zwei oberen Stücke verbunden ist (Abb. 326; das vordere der dorsalen Knorpelstücke fehlt hier). Bei den Holocephali meint SEWERTZOFF, daß der hintere Bogen aus drei, der vordere aus zwei Stücken besteht.

Die Bedeutung der Lippenknorpel ist strittig. Man hat in ihnen Reste eines ursprünglichen, um den Mund liegenden Lippenskeletes gesehen, etwa so, wie wir es bei den Cyclostomata (Abb. 325) finden und bei dem devonischen Fisch Palaeospondylus, von unbekannter Verwandtschaft. Als Reste der Lippenknorpel hat man Knorpelstücke betrachtet, welche mit Tentakeln verbunden bei Acipenseridae und vielen Teleostei vorkommen. Auch bei den Selachii, Holocephali, den Dipnoi und Crossopterygii sind Lippenknorpel gefunden worden (POLLARD 1894—95, GEGENBAUR 1898).

Eine andere Möglichkeit besteht darin, daß die Lippenknorpel rudimentäre Visceralbogen sind, welche vor dem Kieferbogen lagen. Bei den Cyclostomata finden wir drei gut entwickelte Skeletstücke, welche vor dem Kieferbogen liegen (Abb. 325; prämandibuläre Bogen); sie gehören nicht zu dem eigentlichen Lippenskelet, welches um den Mund liegt. Diese Stücke sind wahrscheinlich zwei oder drei prämandibuläre Visceralbogen. Die Lippenknorpel der Elasmobranchii und Dipnoi könnten nun sehr wohl Reste von zwei solchen prämandibulären Bogen sein. Der Mund der Cyclostomata liegt einige Körpersegmente weiter nach vorn als der der Gnathostomata; es ist also Platz für einige prämandibuläre Visceralbogen gewesen. Dabei ist zu bedenken, daß der Kieferbogen vielleicht auch einmal ein Kiemenbogen war, d. h. nicht direkt als Kieferbogen entstand. Auch das Nervensystem liefert einige Tatsachen, die darauf weisen, daß einige Visceralbogen vor dem Kieferbogen rudimentär geworden sind: der N. trigeminus z. B. ist nicht aus einem einzigen Segment aufgebaut, d. h. nicht allein aus dem Branchiomer des Kieferbogens: er umfaßt auch Nervenzweige von ein oder zwei Branchiomeren, die mehr nach vorn gelegen haben. Auch der Ramus ophthalmicus profundus und der N. thalamicus weisen hierauf (SEWERTZOFF 1914, 1924).

Ohne daß wir es heute mit Sicherheit beurteilen können, möchten wir doch derjenigen Hypothese den Vorzug geben, welche die Lippenknorpel als rudimentäre

Visceralbogen ansieht; wir möchten also in ihnen nicht Überreste eines sehr alten Lippenskeletes erblicken, das vor dem Munde der Gnathastomata lag und präorales Skelet genannt werden könnte.

Mit noch größerer Wahrscheinlichkeit können wir solche rudimentären Visceralbogen hinter dem letzten, gut entwickelten Kiemenbogen nachweisen. Bei Hexanchus, Heptanchus, Chlamydoselachus, Heterodontus u. a. sind ein Paar oder auch zwei Paar selbständige Knorpelstücke gefunden worden, die wir als Rudimente weiterer Kiemenbögen betrachten müssen. Auch der eigentümliche „suprapericardiale Körper“ weist hierauf; er ist sicher von einer Kiemenspalte abzuleiten; diese liegt dann hinter dem letzten, gut entwickelten Kiemenbogen, bei Heptanchus sogar zwei Segmente (Branchiomere) caudal davon. Es hat Reduktion in der Anzahl Kiemenbogen am Hinterrande des Kiemenkorbes im Verlaufe der Entwicklung stattgefunden. Bei den anderen Pisces und bei den Tetrapoda ging diese Zurückbildung noch weiter.

Die Anzahl der Kiemenbogen bei den Selachii wechselt von sieben (Heptanchus) über sechs (Hexanchus, Chlamydoselachus und Pliotrema) bis zu fünf (die meisten Selachii). Auch hier kann man eine fortschreitende Rückbildung der hinteren Kiemenbögen annehmen. Diese Hypothese stößt aber auf die Schwierigkeit, daß der letzte Kiemenbogen aller Selachii beinahe stets auf die gleiche typische Weise spezialisiert ist: er ist angepaßt an die Funktion, den Kiemenkorb hinten am Schultergelenk zu befestigen. Dies macht es unwahrscheinlich, daß gerade bei ihm eine Rückbildung eingetreten ist, da man dann annehmen müßte, daß der Bogen direkt ersetzt wurde durch den vorhergehenden, welcher dann seine spezielle Funktion übernahm. Diese und andere Gründe machen es wahrscheinlich, daß bei den rezenten Selachii die Reduktion der Kiemenbogen von sieben auf fünf nicht von hinten nach vorn vorgeschritten ist. Man kann vielmehr ein zweimaliges Wegfallen eines der mittleren, nicht spezialisierten Kiemenbogen annehmen. Man hat ja auch an eine ähnliche sprungweise Veränderung in der Anzahl der Wirbel mit guten Gründen angenommen (s. S. 107 und VERLSUYS 1922).

Das Neurocranium ist in seinem Hauptteil, dem Palaeocranium, unsegmentiert. Im Gegensatz dazu ist das Visceralskelet typisch metamer aufgebaut; es stimmt darin mit dem segmentalen Bau des Nervensystems überein. Jeder Kiemenbogen mit seinen Muskeln usw. bildet nämlich ein Branchiomer; ein solches wurde ursprünglich durch einen einzigen segmentalen, dorsalen Rückenmarksnerv (bzw. Gehirnnerv) inerviert. Die Branchiomerie stimmte ursprünglich mit der allgemeinen Metamerie des Körpers überein. Jetzt ist diese Übereinstimmung aufgehoben: die Anzahl der Branchiomeren ist nicht mehr homolog mit der Anzahl der Myomeren (Muskelsegmente) in der Kiemenregion. Dabei muß man im Auge behalten, daß die Branchialmuskeln nicht von den Ursegmenten abstammen; sie bilden also nicht einen Teil der allgemeinen Rumpfmuskelmasse, sondern sie stammen von der Darmwand ab; es sind also Visceralmuskeln, welche von vornherein eine große Selbständigkeit gegenüber der Rumpfmuskelmasse besaßen. Dadurch sind Verschiebungen erleichtert; die es uns erklären, daß die Branchiomerie nicht mit der weiteren Metamerie des Körpers übereinstimmt.

Hieran können wir die Frage anschließen: Ist das Visceralskelet als Ganzes ein Teil des Kopfes oder ist es, wenigstens teilweise, hinter dem Kopfe entstanden? Gerade bei primitiven Formen, den Selachii und Cyclostomata, breitet sich das Splanchnocranium viel weiter caudad aus als das Neurocranium. Bei

Amphioxus nimmt der Kiemenapparat selbst einen großen Teil des Rumpfes ein; doch könnte dieses die Folge einer weiteren Ausbreitung der Kiemenregion sein, die immer mehr in den Rumpf eindrang. Bei den Holocephali und den Teleostomi, welche doch auch sehr alte Formen sind, liegt das Visceralskelet ganz unter dem Neurocranium, im Kopf. Für die Auffassung, daß der ganze Kiemenbogenapparat ursprünglich zum Kopf gehörte, wird weiterhin angeführt, daß die Nerven des Kiemenapparates alle Gehirnnerven sind. Der hinterste Nerv ist der N. vagus. Auch laufen diejenigen Zweige der Rückenmarksnerven, die ventral des Kiemenapparates die Rumpfmuskeln innervieren, in einem großen Bogen um den Kiemenapparat hin; dies macht den Eindruck, als ob sie caudad verschoben wären (Abb. 325 auf S. 228). Diese Gründe sind jedoch nicht beweisend, weil der N. vagus kein reiner Gehirnnerv ist, sondern ein Verschmelzungsprodukt von einem oder mehreren Gehirnnerven mit je einem Ast mehrerer darauffolgender, dorsaler Rückenmarksnerven; er ist also ein sogenannter N. collector (S. 468). Hieraus ist zu schließen, daß der hintere Teil des Kiemenapparates ursprünglich durch Rückenmarksnerven innerviert wurde. Die Kiemenregion muß also teilweise zum Kopf, teilweise zum Rumpfe gerechnet werden.

Nachdem wir jetzt bei den Selachii den primitiven Bau des Visceralskeletes der Gnathostomata überhaupt kennen gelernt haben, wollen wir damit das **Splanchnocranium der Cyclostomata** vergleichen. Die erste Frage ist, ob beide überhaupt homolog sind, eine Frage, die dadurch entsteht, daß die Kiemenbogen eine so sehr verschiedene Lage haben. Sie liegen bei den Gnathostomata medial der Kiemensäcke, bei den Cyclostomata (Petromyzonten) lateral davon. Dieser Unterschied kann aber durch eine Verschiebung erklärt werden. So hält man doch allgemein eine Homologie für recht wahrscheinlich. Man hat dann weiter den Kieferbogen und den Hyoidbogen der Gnathostomata bei den Cyclostomata wiederfinden wollen. Der suboculäre Bogen (Abb. 325 auf S. 228) wurde dabei meist als Palatoquadratum aufgefaßt. Als Hyoidbogen hat man jenen Bogen gedeutet, der vom caudalen Stück des suboculären Bogens ventral verläuft. Es ist aber wahrscheinlicher, daß dieses ventrale Stück der Kieferbogen ist; als solcher ist er auch in Abb. 325 angegeben. Der Hyoidbogen liegt dahinter als vorderster Bogen des eigentlichen Kiemenskeletes (SEWERTZOFF 1914.) Die nach vorn von dem suboculären Bogen liegenden vertikalen Balken sind prämandibuläre Bogen, stimmen also mit den Lippenknorpeln der Selachii überein (S. 237).

Der Kieferbogen bei den Cyclostomata geht also gleichmäßig in das Neurocranium über; das ist keine Besonderheit, da eine solche Verschmelzung auch bei den Gnathostomata oft vorkommt. Die eigentümliche Verbindung der Kiemenbogen untereinander durch die verschiedenen, oben angegebenen Balken fehlt bei den Gnathostomata. Wahrscheinlich ist der suboculäre Bogen auch ein epitrematischer Balken. —

Was wir weiterhin von dem Kopf- und Visceralskelet der fossilen Pisces wissen, wirft kein helleres Licht auf die eben besprochenen Fragen. Unsere Kenntnis ist hier unvollständig. Ursprüngliche Verhältnisse, die vielleicht die Kluft zwischen den Cyclostomata und Gnathostomata überbrücken könnten, sind nicht bekannt. Wohl wissen wir, daß einige der ältesten Fischtypen nicht gnathostom waren, so z. B. Palaeospondylus und die Ostracodermi, die ältesten aus dem Silur bekannten Fische (JAEKEL 1919).

Bei einzelnen Acanthodi (eine devonisch-carbonische, abweichende Gruppe der Elasmobranchii) fand JAEKEL 1921 ein Palatoquadratum aus drei Stücken und die Mandibula aus zwei Stücken. Dieses stimmt nicht mit der oben wiedergegebenen Auffassung eines primitiven Kieferbogens überein und könnte vielleicht zu einer Revision dieser Auffassung führen. –

Das Kopfskelet der **Holocephali** weicht in drei wichtigen Punkten von dem der Selachii ab. Erstens liegen die Kiemenbogen ganz unter dem Kopf. Zweitens ist das Palatoquadratum vollständig mit dem Neurocranium verschmolzen; dadurch ist der Schädel autostyl geworden. Das Hyomandibulare ist aber vielleicht auch mit verschmolzen, so daß wir es hier eigentlich nicht mit einer reinen Autostylie, sondern mit einer veränderten Hyostylie zu tun haben. Und drittens ist das Neurocranium in der Regio orbitotemporalis zusammengedrückt zu einer runden, häutigen Wand, einem Septum interorbitale; es liegt dorsal der vorderen Schädelhöhle und des Gehirns; die Umwandlung diente offensichtlich dazu, den sehr großen Augen Platz zu machen.

Schließlich müssen wir darauf hinweisen, daß ein enger Zusammenhang besteht zwischen der Form des Kopfskelettes und der Lebensweise. Hierauf kann nur an einigen Stellen hingewiesen werden; unsere Kenntnisse dieses Zusammenhanges sind noch recht gering (VAN BEMMELEN 1909, LUTHER 1913).

Das Kopfskelet der Teleostomi und Dipnoi.

Die Grundlage des Schädels der Teleostomi wird gebildet durch eine knorpelige Schädelkapsel. Diese stimmt in den Hauptzügen überein mit der der Selachii. Aber ein wichtiger Unterschied ist vorhanden in dem Auftreten von Knochen. Diese Verknöcherungen finden wir sowohl in dem knorpeligen Schädel wie als selbständige Deckknochen (Abb. 334, 335). Durch das Erscheinen selbständiger

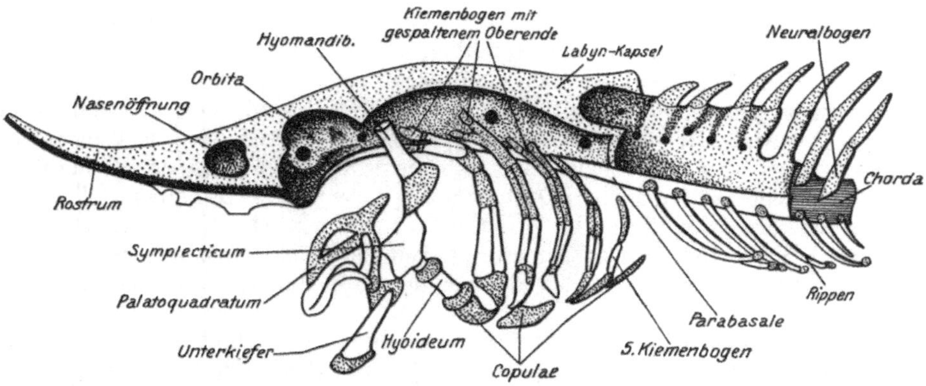

Abb. 334. Primordialcranium von Acipenser, nach Wegnahme der Deckknochen des Schädeldaches. Knorpel punktiert; Knochen glatt. (Nach WIEDERSHEIM, 1909, Abb. 74.)

Deckknochen tritt der knorpelige Schädel immer mehr zurück. Der Knorpelschädel bleibt aber der zuerst gebildete Schädelteil; er ist phylogenetisch der ältere und wird darum auch Primordialcranium genannt. Auch das knorpelig angelegte Visceralskelet ist hierhin zu rechnen.

Die **Deckknochen** formen hauptsächlich ein Dach über dem Neurocranium: ein sekundäres Schädeldach. Es bedeckt die Oberfläche des Kopfes und läßt nur bestimmte Öffnungen übrig für die Augen, die Riechorgane und das Spiraculum (soweit es anwesend ist). Bei sehr primitiven Formen kommt weiterhin noch eine medio-dorsale Öffnung vor: das Foramen pineale; es dient für das Pinealauge (Abb. 351 auf S. 255). Die Knochen liegen ursprünglich ebenso oberflächlich wie die Schuppen und zeigen dieselbe Struktur und Oberflächenskulptur. Sie sind sicher Schuppen, welche zu Knochenplatten vergrößert worden sind. Ihr Umfang ist sehr verschieden. Der Zusammenhang mit dem darunter liegenden Primordialcranium ist ursprünglich lose; so ist es z. B. bei Acipenser leicht, die Knochenplatten vom Primordialcranium zu entfernen, da stets eine ziemlich dicke Bindegewebslage zwischen Primordialcranium und Knochenplatte liegt. Auch der gegenseitige Zusammenhang der Knochen ist oft nicht fester als bei gewöhnlichen Schuppen; an anderen Stellen sind die Knochenplatten mit einer Nahtverbindung verbunden.

Die Knochen des Schädeldaches verändern sich zunächst durch Verminderung ihrer Anzahl. Dies kann erstens durch Verschmelzung geschehen, zweitens durch Wegfallen von Knochen. Es bleibt also eine kleinere Anzahl größerer Knochen übrig. Zweitens verändern sie sich dadurch, daß sie tiefer in die Haut einsinken, teilweise in einen festen Zusammenhang mit dem Primordialcranium treten und in den Knorpel eindringen. Auf diese Weise können sie von Deckknochen (Allostosen) zu gemischten Knochen werden; ja selbst reine Ersatzknochen (Autostosen) können daraus entstehen.

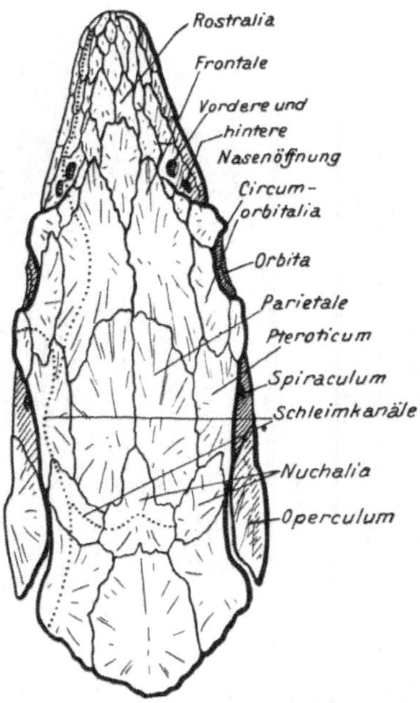

Abb. 335. Schädeldach des Acipenser, von oben. (Nach GOODRICH, 1909, Abb. 298.)

In der sehr wechselnden Anzahl der Knochen treten einige größere typisch hervor. Diese hat man mit einigen Knochen im Schädeldach der Tetrapoda verglichen. Es sind vor allem die Nasalia, Frontalia und Parietalia (Abb. 336—339). Hinter den Parietalia liegen einige kleinere Knochen, die meist Nuchalia genannt werden. Wichtig ist weiterhin das Auftreten von Knochen am Rande der Kiefer: das paarige Praemaxillare (Intermaxillare) und das dahinter liegende paarige Maxillare treten am Oberkiefer auf; funktionell wird der Oberkiefer meist durch sie gebildet und nicht, wie bei den Elasmobranchii, durch das Palatoquadratum. Kleinere Knorpelstücke, an welche sich die Kieferknochen anlegen, werden mit den Lippenknorpeln verglichen.

Im Unterkiefer bildet ein großer Knochen, das Dentale, den eigentlichen Kieferrand. Diese knöchernen, zahntragenden Kiefer sind sehr typisch für die Teleostomi. Sie sind homolog mit denen der Tetrapoda. Bei den anderen Knochen des Schädeldaches ist das nicht stets der Fall. Hier muß vielmehr bei den Teleostomi und den Tetrapoda angenommen werden, daß durch eine parallel gehende Rückbildung und Umbildung mehrere kleinere Knochen zu weniger zahlreichen größeren Knochen umgeformt worden sind; diese Umbildung ist vermutlich nicht überall die gleiche gewesen!

Um die Orbita liegt ein Kranz von Knochen: die Circumorbitalia. Von diesen können die hintersten Knochen stark verbreitert sein (Postorbitalia). Ein anderer dieser Circumorbitalia, welcher vor dem Auge liegt, wird Lacrimale genannt. Caudal schließen sich an die Circumorbitalia Deckknochen an, die am Vorderrande des Kiemendeckels liegen und im Kiemendeckel selbst; diese stützen sich auf das Hyomandibulare und das Palatoquadratum: man unterscheidet hier ein Praeoperculum, welches am Vorderrande liegt; zweitens ein Operculum, das dorsal im Kiemendeckel liegt; drittens ein Suboperculum; schließlich viertens ein Interoperculum, am meisten ventral (Abb. 339, 340). Ventral setzt sich der Kiemendeckel fort in eine Membran, die vom Hyoidbogen ausgeht und durch eine Reihe verknöcherter Radien (Radii branchiostegi) gestützt wird.

Dorsal der Labyrinthkapsel liegen in der Regel noch einige Hautverknöcherungen: vorn das Sphenoticum, hinten das Pteroticum. Diese dringen oft in den Knorpel der Labyrinthkapsel ein und bilden so gemischte Knochen.

Abb. 336.

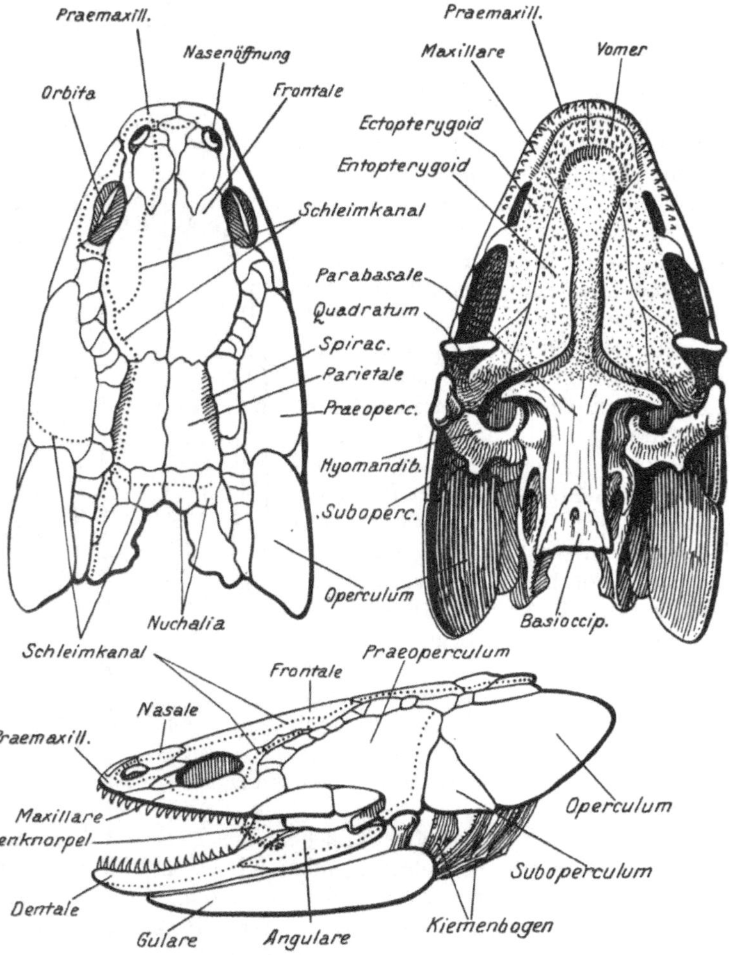

Abb. 337.

Abb. 338.

Abb. 336—338. Schädel von Polypterus bichir.
Abb. 336. von oben; Abb. 337. das Munddach nach Wegnahme des Unterkiefers; Abb. 338. von links. (Nach GOODRICH, 1909, Abb. 266.)

Deckknochen entwickeln sich auch in der Schleimhaut der Mundhöhle. An der ventralen Seite des Neurocranium liegt ein großer unpaarer Deckknochen: das Parabasale (Parasphenoid; Abb. 338); er bedeckt das Neurocranium beinah ganz; dieser Knochen kann sich nach hinten zu bis auf die Unterseite der vorderen Wirbel erstrecken, wie z. B. bei Acipenser. — Vor dem Parabasale liegt der paarige Vomer; er beschützt die Nasenkapseln von der Mundseite.

Auf dem Palatoquadratum liegen an der Mundseite drei Deckknochen: das Ecto- und Entopterygoid; vorn das Palatinum, welches ein gemischter Knochen zu sein pflegt (Abb. 337 und 340).

Der Unterkiefer wird nach außen zu gebildet durch das bereits genannte Dentale, das nach hinten zu ergänzt wird durch ein Dermarticulare, einen Deckknochen, der mit dem Articulare (s. unten) zusammenhängt (Abb. 339, 344 auf S. 246); daran schließen sich an ein Subangulare und in einzelnen Fällen an der Innenseite ein Spleniale. Zwischen den Unterkieferhälften in der ventralen Haut liegt bei primitiven Teleostomi eine Reihe von Knochen medial entlang

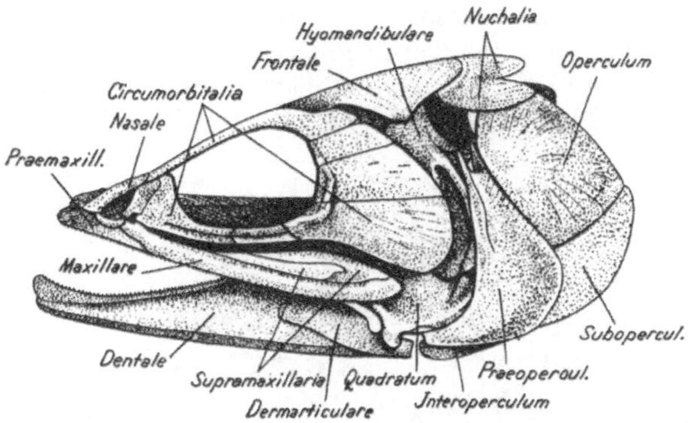

Abb. 339. Schädel von Elops saurus, einem Teleostier; von links (rechte Seite im Spiegelbild). (Nach RIDEWOOD, 1904. Abb. 9.)

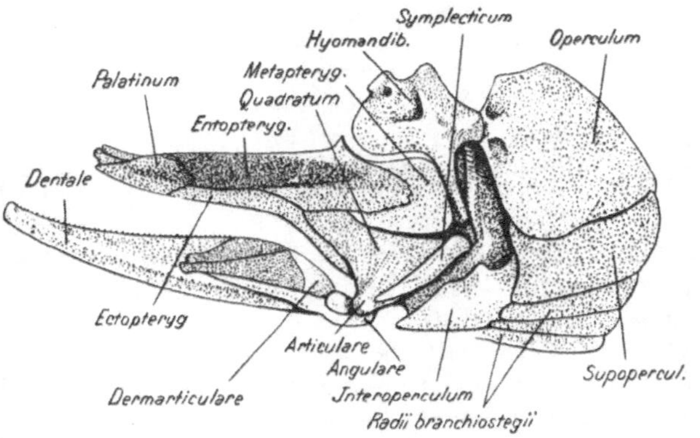

Abb. 340. Elops saurus, die beiden Kiefer, ihr Aufhängeapparat und das Operculum; rechte Seite, von medial. (Nach RIDEWOOD, 1904, Abb. 9.)

dem Unterkiefer: die Gularia; und weiter eine große paarige mediale Platte, das ventrale Gulare (Abb. 338). Meist sind diese Knochen zurückgebildet. —

Unter den bedeckenden dermalen Knochen liegt das alte **Neurocranium.** Es wird verstärkt und bedeckt durch diese Deckknochen und ist damit im Zusammenhang oft mehr oder weniger zurückgebildet. Bei primitiven Formen, z. B. bei Acipenser (Abb. 334 auf S. 240) ist es noch ziemlich vollständig entwickelt. Aber in der Regel ist das Dach unvollständig, ebenso die Orbitalregion und der Boden (Abb. 341). Dadurch wird das Primordialcranium in der Regio orbitotemporalis bis auf zwei Paar Knorpelspangen zurückgebildet: beiderseits eine ventrale Trabecula und eine dorsale Taenia marginalis. — Die Orbitae sind sehr weit; zwischen ihnen ist der Schädel öfters zu einem dünnen, vielfach häutigen Septum interorbitale zusammengedrückt. Die beiden Trabeculae verschmelzen dann cranial zu einem unpaaren, medianen Stabe, welcher den Unterrand des Septum interorbitale bildet (Abb. 341). Dieser Schädelteil hat dann eine sehr schmale Basis; der Schädel selbst wird darum tropibasisch genannt. Bleibt die Schädelbasis in ihrer ganzen Länge ziemlich breit, dann nennt man den Schädel platybasisch (GAUPP). Das Septum kann zweierlei Lagen haben: entweder ventral der Schädelhöhle, so daß der Tractus olfactorius dorsal des Septum verläuft; oder die Schädelhöhle und das Gehirn sind ganz durch das Septum nach hinten gedrängt, so daß oft die Riechnerven frei durch die Orbita verlaufen (z. B. Erithrinus unter den Teleostei). Diese Unterschiede im Zusammenhang mit dem Fehlen eines Septum bei den primitiven Teleostomi weisen darauf hin, daß das Septum bei diesen Pisces öfter unabhängig entstand oder in jedem Falle unabhängig sich ausbildete. Der Boden des Primordialcranium ist unvollständig in

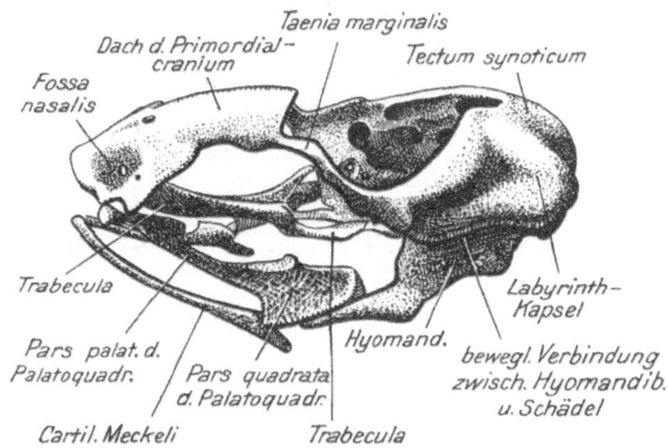

Abb. 341. Neurales Primordialcranium mit Kieferbogen und Hyomandibulare von einem 25 mm langen Embryo von Salmo salar. Von links und etwas von oben gesehen, nach einem Modell. (Nach GAUPP, 1905 A, Abb 341.)

der Region der Hypophyse; hier ist ein Hypophysenfenster gebildet (Fenestra hypophyseos), welches oft nach hinten zu übergeht in ein zweites Fenster (Fenestra basicranialis posterior).

Im Schädel der Teleostei tritt als besondere Eigentümlichkeit in der Schädelbasis ein weiter, paariger Kanal auf; er dient für die vier Musculi recti unter den Augenmuskeln und wird Augenmuskelkanal oder Myodom genannt (Abb. 342). Die Ursprungsstelle dieser Muskeln wird in einem primitiven Zustande durch den Vorderrand der Schädelbasis gebildet, welche Basis aus den Parachordalia entsteht. Bei Amia aber und den Teleostei ist der Ursprung dieser Muskeln durch Aushöhlung der Schädelbasis nach hinten zu in die Tiefe verlegt. Der Kanal kann teilweise nur durch eine Membran gegen die Schädelhöhle abgegrenzt sein.

Ein Rostrum, das über dem Munde vorspringt, ist für die Selachii besonders kennzeichnend; es ist bei den Teleostomi nur sehr selten und dann wenig entwickelt, am meisten noch das Rostrum bei Acipenser (Abb. 334 auf S. 240).

Das Primordialcranium verknöchert in sehr verschiedener Weise. Bei Acipenser tritt eine Verknöcherung der Schädelkapsel nur im höchsten Alter auf, und dann auch nur in sehr geringer Ausdehnung. Hierin können wir wahrscheinlich eine sekundäre Bildung sehen; vielleicht hat dabei gleichzeitig die Knorpelbildung zugenommen. Fossile Verwandte von Acipenser zeigen nämlich eine stärkere Verknöcherung des Skeletes. Bei den Crossopterygii, Holostei und

Teleostei finden wir stets eine Anzahl von Verknöcherungen im Primordialcranium; hiervon sind die folgenden am wichtigsten (Abb. 342, 343): in der Regio occipitalis finden wir eine baso-mediane Verknöcherung, das Basioccipitale; lateral ein paariges Exoccipitale (Pleurooccipitale oder Occipitale laterale); schließlich bei den Teleostei auch eine medio-dorsale Verknöcherung: das Supraoccipitale. — In der Labyrinthkapsel bildet sich hinten ein Opisthoticum; vorn ein Prooticum; dorsal ein Epioticum. Oben wurde bereits gesagt, daß Deckknochen in den dorsalen Teil dieser Regio einwuchern können.

Vor dem Basioccipitale bildet sich in einzelnen Fällen ein Basisphenoid in der Umgebung der Fenestra basicranialis posterior und der Fenestra hypophyseos. Vor der Labyrinthkapsel auf der Taenia marginalis entsteht eine kleine Verknöcherung in der Seitenwand der Schädelhöhle: das meist Ali-

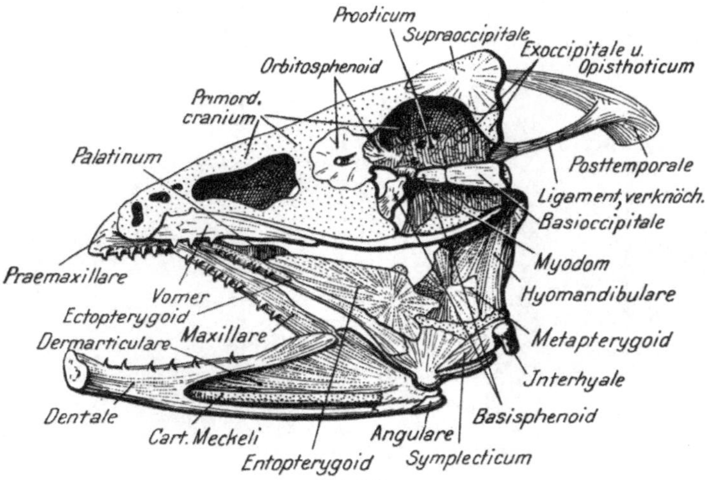

Abb. 342.

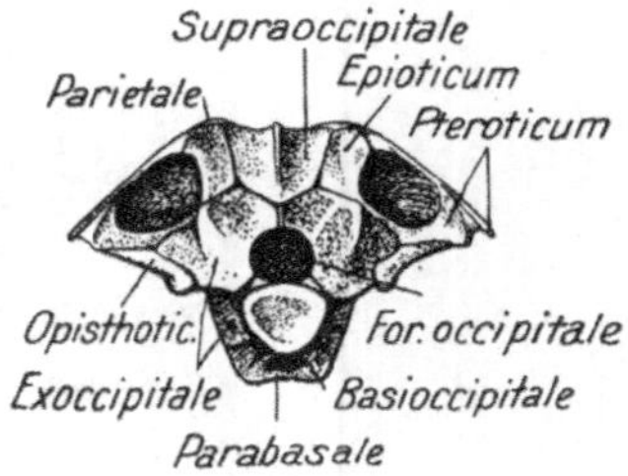

Abb. 343.

Abb. 342. Primordialcranium vom Salmo salar; Längsschnitt, die rechte Hälfte von medial gesehen. Schematisch, Knorpel punktiert. (Nach BRUCH und GOODRICH, aus GOODRICH, 1909, Abb. 302.) — Abb. 343. Primordiales Neurocranium von Elops saurus, von hinten. (Nach RIDEWOOD, 1904, Abb. 8B.)

sphenoid, besser aber Laterosphenoid genannt wird (vgl. S. 270). In dieser oft teilweise häutig bleibenden Seitenwand und in dem Septum interorbitale entsteht ein Orbitosphenoid.

In der Regio ethmoidalis treten ein oder zwei paarige Verknöcherungen auf, die Ethmoidalia. Dorso-medial finden wir ein Supraethmoidale, welches in den Knorpel zwischen den Nasenkapseln einwuchern kann. In der Schädelbasis dringt oft das Parabasale (Parasphenoid) tief in den Knorpel ein; es schließt die Fenestra hypophyseos und die Fenestra basicranialis posterior gegen die Mundhöhle zu ab; weiterhin hat es oft bedeutenden Anteil an der Bildung der Wand für die Myodome. Die Deckknochen des Schädeldaches umschließen dorsal die Schädelhöhle, soweit das Dach des Primordialcranium zurückgebildet ist.

Die Frage nach der Herkunft der Schädelknochen ist schwierig zu beantworten (u. a. PEHRSON 1922). Viele Deckknochen des Schädeldaches stehen im engen Zusammenhang mit den Schleimkanälen auf dem Kopfe. Aber in anderen Fällen sind dieselben Knochen wieder ganz frei von ihnen (Teleostei); die Schleimkanäle verlaufen dann in eigenen kleinen Verknöcherungen.

Die typischen enchondralen Verknöcherungen entstehen selbständig; es ist nicht geglückt, sie von Deckknochen abzuleiten (GAUPP). Die Occipitalia werden oft als Verknöcherungen aufgefaßt, die erst mit der Aufnahme von verknöcherten Wirbeln in den Schädel zu Schädelknochen wurden, die Teleostomi besitzen nämlich ein auximetameres Neocranium. Das Supraoccipitale würde dann z. B. auf Processus spinosi dorsales zurückzuführen sein. Aber auch diese Homologie steht nicht fest. Wohl ist in einigen Fällen der hintere Teil der Regio occipitalis der Teleostei sehr wirbelartig; dies könnte man vielleicht als eine Folge einer späteren Aufnahme von Wirbeln erklären. Eine solche Erklärung braucht aber nicht auch für den allerersten Ursprung der Occipitalia zutreffend zu sein. — Oft scheinen auch mechanische Einflüsse, Zug oder Druck, die Verknöcherung des Knorpels beeinflussen zu können.

Vom **Splanchnocranium** ist folgendes zu sagen: Der Kieferbogen ist ziemlich schwach; dies wird dadurch ermöglicht, daß die Zähne durch die Deckknochen getragen werden. Am Palatoquadratum beobachten wir eine schlanke Pars palatina; diese legt sich ganz vorn gegen die Nasenkapsel. Die linke und rechte

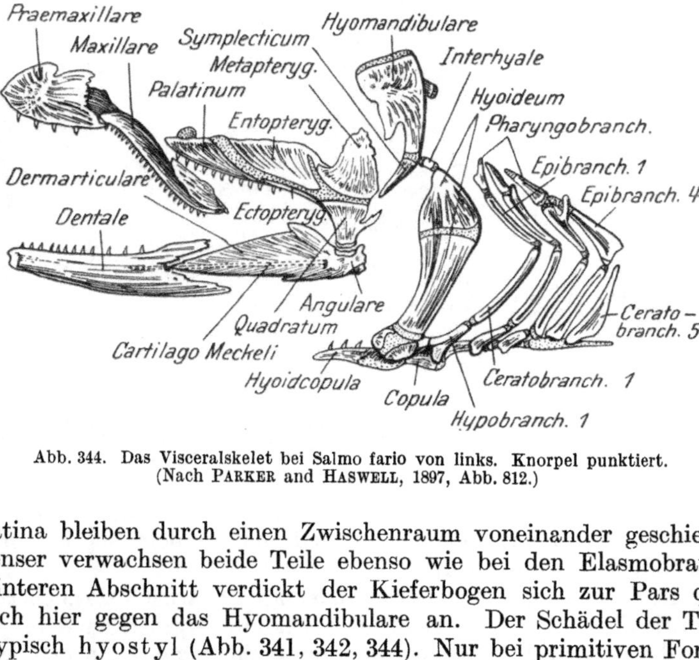

Abb. 344. Das Visceralskelet bei Salmo fario von links. Knorpel punktiert. (Nach PARKER and HASWELL, 1897, Abb. 812.)

Pars palatina bleiben durch einen Zwischenraum voneinander geschieden; nur bei Acipenser verwachsen beide Teile ebenso wie bei den Elasmobranchii. In seinem hinteren Abschnitt verdickt der Kieferbogen sich zur Pars quadrata; er legt sich hier gegen das Hyomandibulare an. Der Schädel der Teleostomi ist also typisch hyostyl (Abb. 341, 342, 344). Nur bei primitiven Formen legt sich die Pars quadrata unvermittelt gegen die Schädelbasis; sie bildet dann ein Gelenk, welches Basipterygoid-Gelenk genannt wird. Die Schädelbasis bildet dann dicht vor der Labyrinthkapsel einen stumpfen Fortsatz, den Processus basipterygoideus (Lepidosteus und einige fossile Crossopterygii). Der Schädel ist in solchen Fällen nicht hyostyl, sondern amphistyl. — Es steht übrigens nicht fest, wie weit diese Basipterygoidverbindung homolog ist mit dem Processus ethmoidalis der Selachii.

Die Mandibula ist sehr schlank und wird Cartilago Meckeli genannt, welcher Name aus der Embryologie stammt.

Das Hyomandibulare ist groß; es läuft meist nach unten in eine Spitze aus, welche sich gegen den Hinterrand des Palatoquadratum anlegt und diesen stützt. Das Oberende des Palatoquadratum legt sich gegen den Unterrand der

Labyrinthkapsel und ist mit ihr beweglich verbunden. Das ganze System: Hyomandibulare, Palatoquadratum und Mandibula, zusammen mit ihren Deckknochen, ist beweglich mit dem Neurocranium und seinen Deckknochen verbunden. Dies ist wichtig für das Öffnen des Mundes: die Mundöffnung wird dabei nach vorn gebracht, indem das Palatoquadratum sich gegenüber der Schädelbasis verschiebt. Meist wird dabei der Stand der Oberkieferknochen verändert von horizontal in nach vorn aufsteigend. Für das Greifen von beweglicher Nahrung ist dieses Nachvornbringen der Mundöffnung von großer Bedeutung.

Bei einigen ausgestorbenen Crossopterygii (Osteolepidae und Coelacanthidae) scheint dieser Mechanismus noch vollendeter gewesen zu sein: es bestand nämlich eine bewegliche Verbindung zwischen den Parietalia und Frontalia transversal durch das Schädeldach; das weist darauf hin, daß der Vorderteil des Schädels gehoben werden konnte (WATSON 1921). Dieses Aufheben muß Hand in Hand gegangen sein mit einem Öffnen des Mundes. Wir kommen hierauf bei der Besprechung des Streptostylie-Problems des Reptilienschädels noch einmal zurück (S. 275).

Der Knorpel des Palatoquadratum (Abb. 340, 344) verknöchert in der Pars quadrata dorsal und vorn als Metapterygoid. Ventral, bei dem Unterkiefergelenk, finden wir das Quadratum. Ganz vorn in der Pars palatina dringt das Palatinum, welches als Deckknochen entstand, in den Knorpel ein. Die Deckknochen, Ecto- und Entopterygoid, wurden bereits oben erwähnt.

Von der Cartilago Meckeli verknöchert das verdickte hintere Ende, welches die Gelenkfläche für das Kiefergelenk bildet: das Articulare. Damit ist in der Regel ein Knochen verschmolzen, welcher als Deckknochen entsteht. Beide Bestandteile wurden durch VAN WIJHE (1882) als Auto- und Derm-Articulare unterschieden (diese Vorsilben gebraucht man auch bei anderen Mischknochen, deren beide Komponenten eine gewisse Selbständigkeit gegeneinander besitzen; so spricht man z. B. auch von einem Dermo- und einem Autopalatinum.) In dem Unterkiefer tritt weiter als Verknöcherung der Cartilago Meckeli noch ein Retroarticulare auf (der hierfür auch benutzte Name Angulare ist zu verwerfen, da er bei den Tetrapoda einem Deckknochen gegeben ist, welcher auf etwa derselben Stelle gegen das Articulare anliegt). Das Dentale, der größte der Deckknochen des Unterkiefers, kann in die Cartilago Meckeli eindringen.

Das Hyomandibulare verknöchert zu einem großen eigentlichen Hyomandibulare, das dorsal liegt. Sein ventraler Fortsatz, welcher nach dem Kiefergelenk zu gerichtet ist, verknöchert als das Symplecticum. Dieser Knochen kann gegenüber dem Hyomandibulare eine große Beweglichkeit erlangen; dies kann schon durch Gelenkung im Knorpel geschehen (Acipenser; Abb. 334).

Die zähnetragenden Knochen der Kiefer und der Mundhöhle sind ungemein zahlreich: Parabasale (Parasphenoid), Vomer, Palatinum, Ento-, Ecto- und Metapterygoid, Praemaxillare, Maxillare; am Unterkiefer Dentale und in einigen Fällen auch das Spleniale. Diese Kochen bilden sich teilweise im engen Zusammenhang mit den Zähnen und bieten oft den Zähnen eine feste Grundlage. Dieses ist jedoch nicht ihre einzige Bedeutung, da diese Knochen auch in solchen Fällen gut entwickelt bleiben, wo sie keine Zähne tragen. —

Das Hyoideum (Abb. 344) hat sich an die Kiemenbogen angeschlossen; es bildet mit diesen ein Stützskelet für die Kiemen. Das Hyoideum hängt durch ein kleines Verbindungsstück am Hinterrande des Hyomandibulare; dieses Stück wird Stylohyale oder Interhyale genannt. Weiterhin besteht das Hyoideum aus drei Stücken, welche man Epi-, Cerato- und Hypohyale nennt. Da das Hyomandibulare mit einem ursprünglichen Epihyale homolog ist, so ist der Name Epihyale für das eine Stück des Hyoideum nicht richtig. Das alte Ceratohyale ist hier offenbar sekundär in zwei Stücke geteilt, wahrscheinlich in Übereinstimmung mit den Bewegungen der Kiemenbogen. Bei den Rajidae fanden wir eine ähnliche sekundäre Gelenkung.

Auf den Hyoidbogen folgen bei den Teleostomi und Dipnoi fünf Kiemenbogen, niemals mehr. Sind die Bogen vollständig entwickelt, so bestehen sie aus denjenigen vier Stücken, welche wir bereits von den Selachii kennen: Pharyngo-, Epi-, Cerato- und Hypobranchiale. Der fünfte Bogen dient nicht, wie bei den Selachii, zur Befestigung des Kiemenbogenapparates an dem Schultergürtel; er ist bei den Teleostomi stets etwas zurückgebildet und pflegt nur aus einem einzigen Stücke, einem Ceratobranchiale, zu bestehen. Bei einer Anzahl Teleostei ist der fünfte Bogen ein fester, zahntragender Knochen; er bildet dann die Ossa pharyngea inferiora (u. a. bei den Cyprinoidea). In einigen Fällen sind Reste von dorsalen Stücken des fünften Bogens beobachtet. Der fünfte und meist auch der vierte Bogen besitzen kein Hypobranchiale. Der vierte Bogen heftet sich dorsal an das Pharyngobranchiale des dritten Bogens an und besitzt also kein eigenes Pharyngobranchiale.

Die ventro-medialen Copulae beginnen vorn mit der Hyoidcopula (Basihyale); dies kann sehr klein, in anderen Fällen sehr groß sein; im letzteren Falle ragt es als Glossohyale in den Mundboden hinein. Caudal folgen einige Copulae der Kiemenbogen (Basibranchialia); diese können knorpelig bleiben, vor allem die letzten Copulae; die ersten dagegen verknöchern meist.

Die Kiemenbogen sind dicht zusammengeschoben und liegen meist ganz unterhalb des Kopfes. An ihrer dem Darm zugekehrten Oberfläche tragen sie in der Regel an bestimmten Stellen Zähne. Zur Befestigung dieser Zähne treten Hautverknöcherungen auf, welche mit der enchondralen Verknöcherung der Kiemenbögen mehr oder weniger vollständig verschmelzen.

Die hier skizzierte Übersicht über den Schädelbau bei den Teleostomi kann keine Vorstellung geben von dem außerordentlichen Formenreichtum, welcher bei dieser großen Fischgruppe gefunden wird. Es ist aber unmöglich, im Umfange dieses Lehrbuches auch nur die wichtigsten Schädeltypen zu überblikken. Wohl aber müssen wir darauf hinweisen, daß in der letzten Zeit unsere Kenntnis des Primordialcranium primitiver, **fossiler Crossopterygii** sehr vermehrt ist, von Tieren, welche dem Devon, Permocarbon und dem Trias angehören (Bryant 1919, Watson 1921, Stensiö 1922). Unter diesen Schädeln befinden sich solche mit einem vollständig verknöcherten Primordialcranium; das ist sehr auffallend. Bei Eustenopteron war ziemlich viel Knorpel im Schädel vorhanden; wohl wurden hier Basi- und Exoccipitalia beobachtet, dagegen kein Supraoccipitale. In der Labyrinthkapsel befanden sich Prooticum und Opisthoticum und weiterhin noch einige kleinere dorsale Verknöcherungen (Bryant). Eine große Fenestra basicranialis posterior war vielleicht im Leben knorpelig geschlossen. Ein sehr großer, unpaarer Knochen (Sphenoid) trat auf in der Regio orbito-temporalis und im cranio-ventralen Teil der Regio otica; dieser Knochen stimmt in seiner Ausbreitung ungefähr überein mit dem Basisphenoid, den Latero- oder Alisphenoidea und den Orbitosphenoidea bei den gegenwärtigen Teleostei; der ventrale Teil dieses Knochens, welcher in der Regio otica lag, trägt Basipterygoid-Fortsätze für die Gelenkung mit dem Palatoquadratum. Der vordere Teil bildet ein Septum interorbitale; dieses teilt sich vor der nach hinten zurückgedrängten Schädelhöhle in einen linken und rechten Flügel; diese Flügel umgeben den vorderen, schmalen Teil dieser Höhle. Das Parabasale liegt unten gegen das Septum interorbitale; es ist entweder schmal (Eustenopteron) oder verbreitert; im letzteren Falle ist der tropibasische Typus des Schädels verschleiert. In der Regio ethmoidalis, vor dem Sphenoid, lag ein paariger Knochen, welcher Exethmoideo-praeethmoid genannt wird.

Wichtig waren auch die Deckknochen des Schädeldaches bei diesen Formen; gehören doch diese Tiere zu einer Gruppe der Pisces, mit welcher die Stammformen der Tetrapoda wahrscheinlich eng zusammenhingen. Das Dach ist gut bekannt bei Eusthenopteron (Abb. 351). Es ähnelt dort ziemlich dem von Polypterus, dem rezenten Crossopterygier; aber die Anordnung der Knochen nähert sich mehr der der primitiven Tetrapoda, als dies bis jetzt bei den Pisces gefunden wurde. —

Der Schädel der **Dipnoi** ist stark abweichend (Abb. 345, 346). Der Knorpel der Schädelkapsel ist sehr gut entwickelt, vor allem bei Neoceratodus. Bis auf die

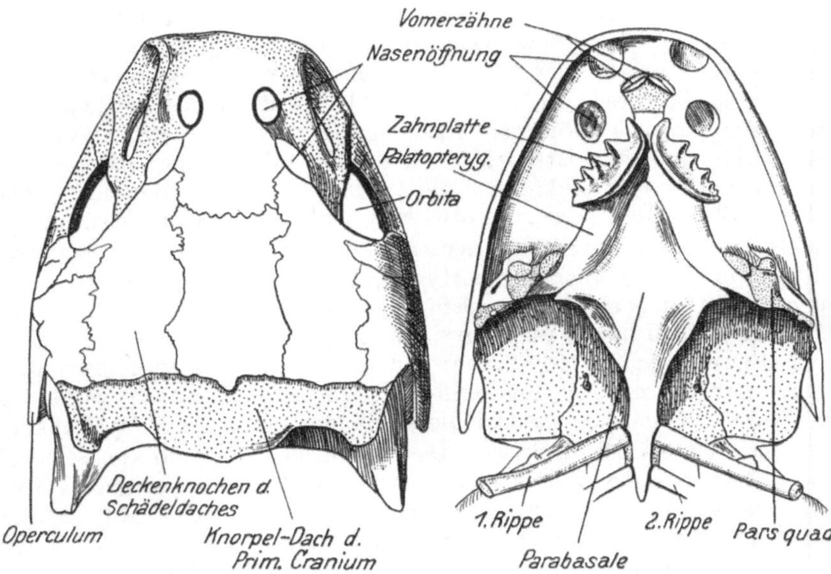

Abb. 345. Abb. 346.

Abb. 345–346. Schädel von Neoceratodus.
Abb. 345. von oben; Abb. 346. das Dach der Mundhöhle. Knorpel punktiert.
(Nach GÜNTHER, aus ABEL, 1919, Abb. 8.)

Exoccipitalia fehlen alle enchondralen Verknöcherungen. Bei geologisch älteren Dipnoi ist eine stärkere Verknöcherung bekannt, u. a. bei Dipterus. Die wichtigste Veränderung im Gegensatz zu den anderen Teleostomi besteht in einer vollständigen Verschmelzung des Palatoquadratum mit dem Neurocranium. Dies geht Hand in Hand mit der Entwicklung eigentümlicher großer Zahnplatten auf dem Palatinum und dem Pterygoid (Abb. 346); diese beiden Knochen verschmelzen. Es ist dies eine Folge der Nahrung, die besteht aus hartschaligen Tieren, Gastropoda und Crustacea. Schon bei den ältesten bekannten Dipnoi finden wir solche Zahnplatten, sei es auch weniger vollkommen. Ein Os quadratum und ein Metapterygoid fehlen.

Das knöcherne Schädeldach bestand bei den ältesten Dipnoi noch aus einer Anzahl kleiner Platten. Diese wurden nach den rezenten Formen zu immer geringer in ihrer Anzahl; dafür nahmen sie an Umfang zu. So besitzt Neoceratodus ein ziemlich vollständiges Schädeldach, welches nur aus wenigen Knochen besteht (Abb. 345). Zwischen diesem Knochendach und dem Knorpeldach des

Primordialcranium finden wir bei Neoceratodus einen spaltförmigen Raum; dieser reicht nach vorn zu bis in die Regio orbito-temporalis; die Kau- und Rumpfmuskeln dringen hier ein. Nur median liegt das Schädeldach auch hinten auf dem Neurocranium: und zwar durch die Vermittlung einer schmalen, vertikalen Knochenplatte, die einen etwas verbreiterten Fuß hat. Bei Lepidosiren und Protopterus ist das freie Schädeldach zurückgebildet zu einer langen, paarigen Knochenzunge. Gleichzeitig ist der Fuß der medianen Lamelle über dem Primordialcranium unter den Muskeln sehr stark ausgebreitet. Man nennt diese Knochenplatte das Frontoparietale; das ist falsch, da zu diesem Knochen der Tetrapoda keine nähere Homologie besteht. Auf die Deckknochen weiter einzugehen, ist unnötig; sie weichen teilweise stark von den Deckknochen anderer Telostomi ab, sind also schwierig damit zu vergleichen.

Der Schädel ist auximetamer. Von den drei letzten in den Schädeln aufgenommenen Wirbeln trägt der hinterste noch eine gut ausgebildete Rippe; diese geht also vom Schädel aus; sie wird die Kopfrippe genannt.

Der Unterkiefer ist sehr fest. Das Dentale ist bei den älteren fossilen Dipnoi noch ziemlich groß, bei Neoceratodus klein und zahnlos, bei Lepidosiren und Protopterus gänzlich zurückgebildet. Dagegen besteht ein großes Spleniale, welches eine kräftige Zahnplatte trägt; diese paßt auf die Oberkieferplatte am Pterygopalatinum. Als Deckknochen des Unterkiefers tritt weiter ein Angulare auf. Die Cartilago Meckeli ist gut entwickelt, verknöchert aber nicht.

Der Hyoidbogen besteht bei Neoceratodus aus einem festen, knöchernen Ceratohyale und einem knorpeligen Hypohyale mit Hyoidcopula. Dorsal des Ceratohyale liegt ein kleines Knorpelstück: das Epi- oder Interhyale; von ihm geht ein kurzes Band dorsal zur Labyrinthkapsel (Abb. 446 auf S. 314). Gegen dieses Band liegt lateral ein sehr kleines und knorpeliges Hyomandibulare; dieses blieb beim Entstehen der Autostylie des Kieferbogens selbständig, wurde aber zurückgebildet. Medial und ventral dieses Bandes, nach der Labyrinthkapsel zu, liegt ein kleines Pharyngohyale. Das Oberende des Hyoidbogens ist also gespalten; dieser Zustand ist aber nicht überraschend, denn er ist auch von den vorderen Kiemenbogen bei Acipenser bekannt (Abb. 334 auf S. 240); Schmalhausen nennt 1923 diese Stücke Supra- und Infra-pharyngobranchiale. Bei Lepidosiren und Protopterus ist das dorsale Ende des Hyoidbogens noch mehr zurückgebildet.

Die Kiemenbogen der rezenten Dipnoi sind schwach entwickelt. Am festesten sind sie noch bei Neoceratodus. Fünf Bogen sind beobachtet, welche bei Lepidosiren und Protopterus zu ungegliederten Knorpelstäben zurückgebildet sind; auch die Copulae fehlen dort.

Als Ganzes ist der Schädel der Dipnoi in sehr eigentümlicher Weise umgebildet. Er wich während seiner Entwicklung immer mehr vom Schädel der anderen Teleostomi ab. Mit dem Schädel der Tetrapoda stimmt er in keinen wichtigen Punkten überein; die Unterschiede sind vielmehr sehr groß.

Das Kopfskelet der Amphibia.

Das Kopfskelet der Amphibia unterscheidet sich in wichtigen Zügen von dem der rezenten Pisces. In verschiedener Hinsicht überbrücken aber fossile Formen, nämlich die ältesten Stegocephala, die Kluft; es besteht nämlich hier eine teilweise Übereinstimmung mit dem Schädelbau der fossilen Crossopterygii.

Schon bei den Teleostomi begann ein näherer Anschluß des Palatoquadratum und der Oberkieferknochen an das Neurocranium. Dieser Anschluß ist bei den Amphibia und allen anderen Tetrapoda weiter durchgeführt. Darum muß der

Kieferbogen hier als ein integrierender Bestandteil mit dem Neurocranium zusammen beschrieben werden. Die Amphibia sind autostyl. Das Hyomandibulare ist bei allen Tetrapoda zurückgebildet; es bekommt eine neue Funktion als Gehörknochen.

Das Hyoideum schließt sich, wie bei den Teleostomi, an das Kiemenbogenskelet an; es wird zusammen mit den Kiemenbogen beim Verlust der Kiemenatmung zum Hyoidskelet umgebildet (s. unten). –

Die Grundlage für das Kopfskelet bildet das **Primordialcranium.** Es stimmt in den allgemeinen Zügen mit dem der Teleostomi überein (Abb. 347, 348). Es

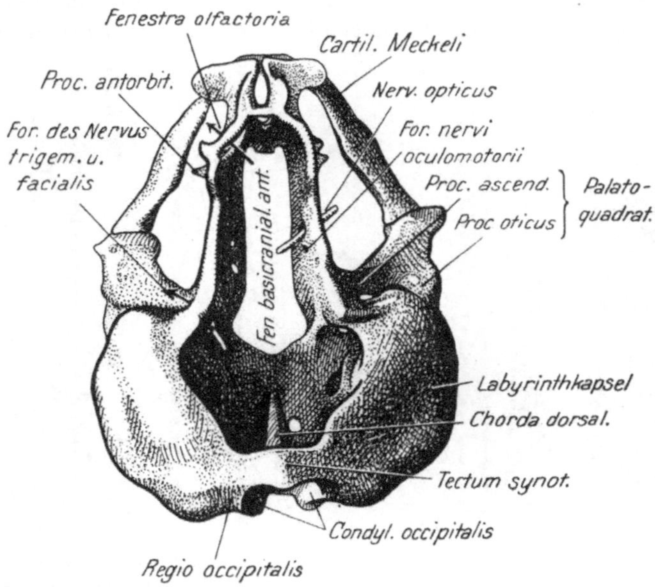

Abb. 347. Primordialcranium einer 2 cm langen Larve von Triton, von dorsal. (Nach GAUPP, 1905 A, Abb. 349.)

ist primitiv, soweit es ein protometameres Neocranium ist. Eine rezente Aufnahme von Wirbeln in den Schädel hat nämlich nicht stattgefunden; die Regio occipitalis besteht nur aus drei sehr früh in den Schädel aufgenommenen Wirbeln. Hieraus ist zu verstehen, daß diese Regio klein ist, so klein, daß der N. vagus der letzte Kopfnerv ist, welcher den Schädel verläßt; nur bisweilen tritt noch ein Occipitalnerv hinzu. Es sind aber keine occipitospinalen Nerven beobachtet (u. a. GOODRICH 1911; siehe aber die Bemerkung bei dem Stegocephalenschädel auf S. 261.)

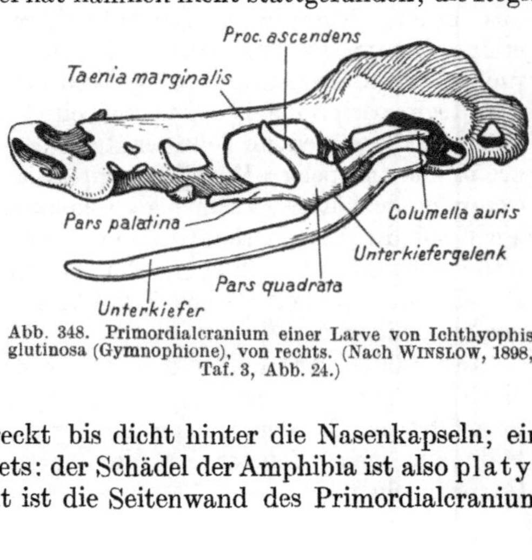

Abb. 348. Primordialcranium einer Larve von Ichthyophis glutinosa (Gymnophione), von rechts. (Nach WINSLOW, 1898, Taf. 3, Abb. 24.)

Wichtig ist weiterhin, daß die Schädelhöhle sich nach vorn ausstreckt bis dicht hinter die Nasenkapseln; ein Septum orbitale fehlt also beinahe stets: der Schädel der Amphibia ist also platybasisch. Im Zusammenhang damit ist die Seitenwand des Primordialcranium in der Regio orbito-temporalis meist vollständig knorpelig. Nur bei den Gymnophiona (Abb. 348) ist sie zu einer Trabecula und einer Taenia marginalis zurückgebildet.

Ein Dach des Primordialcranium fehlt größtenteils. Nur eine Strecke zwischen den Labyrinthkapseln ist stets anwesend, welche ganz oder teilweise zur Regio occipitalis gehört (Tectum synoticum bei GAUPP). Auch der Boden ist oft recht unvollständig. Zwar fehlt eine Fenestra basicranialis posterior (vgl. S. 244); aber von der Fenestra hypophyseos erstreckt sich nach vorn zu eine sehr weite Fenestra basicranialis anterior; sie wird nur bei den Anura später durch Knorpel geschlossen. In diesen Lacunen zeigt sich jetzt der Einfluß der Deckknochen, welche die Wand der Schädelkapsel mit bilden helfen. Die erste Anlage des Primordialcranium stimmt überein mit der der primitivsten Pisces. Parachordalia und Trabeculae werden angelegt. Daneben tritt Knorpel in der Labyrinthkapsel auf.

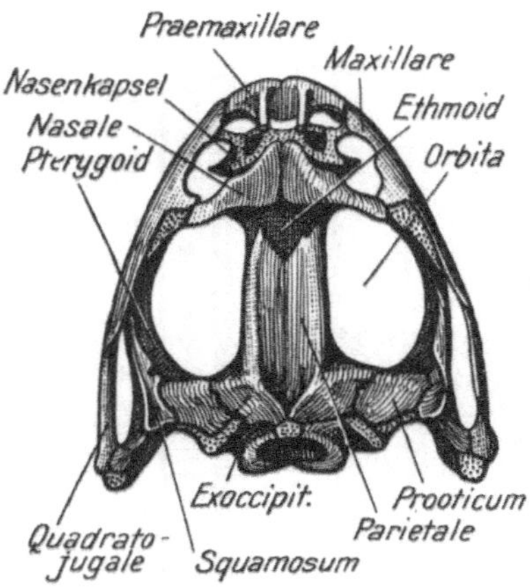

Abb. 349.

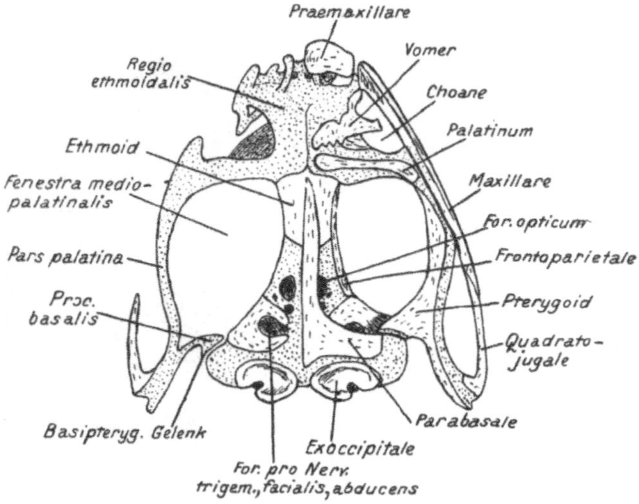

Abb. 350.

Abb. 349—350. Schädel von Rana.
Abb. 349. von dorsal; Abb. 350. von ventral nach Entfernung des Unterkiefers und der Deckknochen von der linken Seite. Knorpel punktiert. (Nach GAUPP, 1896—1904, Abb. 15, 16.)

Die Regio occipitalis wird selbständig angelegt, was mit ihrem Ursprung aus vorderen Rumpfwirbeln übereinstimmt (man vergleiche über das Primordialcranium weiter PEETERS 1910 und VAN SETERS 1921). Auffallend ist bei den Amphibia die geringe Anzahl von Verknöcherungen im Knorpel (Abb. 349, 350). In der Regio occipitalis ist stets nur ein paariges Exoccipitale vorhanden; dieses läßt nur kleine mediale Teile der Regio occipitalis dorsal und ventral des Foramen occipitale knorpelig. Diese Exoccipitalia bilden den hervorragenden, paarigen Condylus occipitalis, welcher als Gelenk für den ersten Wirbel dient; sie greifen auch auf die Labyrinthkapsel über; dieser Teil stimmt dann in der Lage mit einem Opisthoticum überein. Ein selbständiges Opisthoticum fehlt aber in der Regel; nur bei den Stegocephala (Abb. 357—359) und bei Necturus wurde ein solches beobachtet.

Der größte vordere Teil der Labyrinthkapsel verknöchert als Prooticum; ein Basisphenoid ist bei einigen Stegocephala vorhanden, bei den Anura und Urodela fehlt es. In der Außenwand der Labyrinthkapsel treffen wir zum ersten Male ein ovales Fenster an: die Fenestra ovalis; in diese Fenestra paßt der Gehörknochen.

In der Regio orbito-temporalis pflegt im allgemeinen eine Verknöcherung aufzutreten: das Ethmoid (Sphenethmoid); dieses ist entweder auf die Seitenwand beschränkt oder umgibt als ein Ring den vorderen Teil der Schädelhöhle (Gürtelknochen, Os en ceinture bei den Anura). Dieser Knochen ist wahrscheinlich homolog mit dem Sphenoid der primitiven Crossopterygii; aber seine Ausbreitung ist kleiner. Bei den Urodela liegt diese Verknöcherung mehr caudal und wird darum Orbitosphenoid genannt.

Die Regio ethmoidalis bleibt ganz knorpelig. Sie umschließt ziemlich vollständig die Riechorgane. Diese Organe besitzen bei den Tetrapoda stets auch eine in die Mundhöhle führende Öffnung: die Choane. Bei den Amphibia liegt die Choane im Munddach nahe dem Oberkiefer (Abb. 349, 350, 360).

Es fällt auf, daß eine Anzahl wichtiger Verknöcherungen des Primordialcranium fehlen, die wir sonst bei den Teleostomi und auch bei den Amniota allgemein antreffen: z. B. das Basi- und Supraoccipitale, das Basisphenoid und oft auch das Opisthoticum. Wir werden gleich sehen, daß diese Knochen wohl bei den primitiven Stegocephala gefunden werden. —

Das Palatoquadratum besteht aus einer schlanken Pars palatina und einer ziemlich umfangreichen Pars quadrata. Ist die Pars palatina vollständig, dann läuft sie nach vorn zu bis etwas hinter die Nasenkapsel und verschmilzt dort mit der Regio ethmoidalis (Anura; einige primitive Urodela). Bei den meisten Urodela und bei den Gymnophiona ist die Pars palatina aber zurückgebildet zu einem Fortsatze der Pars quadrata; dieser Fortsatz endigt nach vorn zu frei (Processus pterygoideus; Abb. 347, 348 und 362 auf S. 261).

Die Pars quadrata ist typisch an drei Stellen mit dem Neurocranium verbunden (GAUPP, EDGEWORTH 1923). Die erste Verbindung liegt an der Außenseite der Labyrinthkapsel und wird darum Processus oticus genannt (Abb. 347); es kommt hier, u. a. bei den Anura, oft zu einer vollständigen Verschmelzung. Der Processus oticus fehlt bei den Gymnophiona und bei den Stegocephala; er ist wahrscheinlich eine Neubildung der Anura und Urodela. — Die zweite Verbindung liegt ventral an der Schädelbasis und wird darum Processus basalis genannt. Da sie am Vorderrande der Labyrinthkapsel liegt, stimmt sie überein mit der Basipterygoidverbindung, die wir schon bei einigen Holostei und primitiven Crossopterygii kennen gelernt haben (Abb. 350). Diese Verbindung ist meist eine Diarthrose. Wir haben es hier mit einem primitiven Zustande zu tun, welcher bei Vertretern aller Amphibienordnungen gefunden wird, auch bei einigen primitiven Stegocephala. Meist jedoch kommt es zu einer Verschmelzung und zu einer festen Nahtverbindung der Deckknochen (Parabasale und Pterygoid). — Die dritte Verbindung finden wir in einem schlanken Fortsatze, welcher nach vorn und dorsad gerichtet ist; er legt sich mit seinem Ende gegen den Seitenrand des Neurocranium an, oft ziemlich weit dorsal (Abb. 347, 348); man nennt ihn den Processus ascendens. Diese Verbindung ist vor allem bei den Larven gut entwickelt; bei den erwachsenen Anura fehlt sie; dasselbe gilt von den meisten Urodela mit Ausnahme der neotenischen Perennibranchiata, bei denen dieser Processus noch rudimentär erkennbar ist. Bei den Gymnophiona verliert der Processus dadurch seine Selbständigkeit, daß er in eine Knochenplatte eintritt, welche durch das Pterygoid gebildet wird; diese Knochenplatte reicht dorsal bis zum unteren Rand des Parietale. Der Fortsatz ist auch von einigen Stegocephala bekannt; die Verhältnisse scheinen dort oft mit denen der Gymnophiona übereinzustimmen (Abb. 357—359 auf S. 259). Die Pars quadrata wird auch noch gestützt durch das Schädeldach, welches von der Außenseite dagegen liegt. Dies ist besonders wichtig bei den Stegocephala und den Gymnophiona, wo der Processus oticus fehlt. Mit der Zurückbildung des Schädeldaches tritt bei den Anura und den Urodela der Processus oticus auf.

Schon oben wurde gesagt, daß die Amphibia autostyl sind, ihr Palatoquadratum also nicht mehr gestützt wird durch das Hyomandibulare, welches zum Gehörknochen geworden ist. Die Hyostylie der Teleostomi ist also verschwunden; im gewissen Sinne kehrt sie aber zurück bei den Gymnophiona und Urodela: dort liegt das distale Ende des Gehörknochens nämlich des Hyomandibulare gegen den Hinterrand der Pars quadrata an; bei den Gymnophiona können wir annehmen, daß er sogar zur Stütze der Pars quadrata beiträgt (Abb. 440 auf S. 311).

Am Palatoquadratum beobachten wir stets nur eine einzige Verknöcherung: das Quadratum. Dadurch verknöchert bei den Gymnophiona die ganze Pars quadrata und selbst noch ein Teil des Processus ascendens; bei den Urodela und bei den Anura dagegen verknöchert nur der ventrale Teil der Pars quadrata bei der Gelenkfläche für den Unterkiefer. Bei den Stegocephala scheint die Ausdehnung der Verknöcherung mit der der Gymnophiona übereinzustimmen; nur in einzelnen Fällen ist eine selbständige Verknöcherung des Processus ascendens beobachtet worden.

Das Palatoquadratum wird weiterhin gestützt durch einen Deckknochen: das Pterygoid; es liegt als ein knöcherner Mantel um den Knorpel des Processus pterygoideus.

Die Anura, viele Stegocephala und auch viele Urodela haben einen sehr platten und hinten breiten Kopf. Die Labyrinthkapseln springen stark seitlich heraus; auch das Palatoquadratum trägt zu dieser Verbreiterung bei. Im Zusammenhang damit werden die Pars palatina und das Pterygoid, welches darauf liegt, meist weit seitlich der Schädelbasis gelagert (Abb. 350, 361). Dadurch bekommt das Munddach der meisten Amphibia einen sehr typischen Bau. Die Orbitae sind gegen die Mundhöhle nur wenig durch Skelet abgegrenzt: nämlich durch das Pterygoid und die Pars palatina des Palatoquadratum. Medial davon bis an die Basis des Neurocranium liegt ein sehr weites Fenster: die Fenestra palatinalis (Abel 1919, Boas 1914). Dieses Fenster wird nach hinten begrenzt durch den Processus basalis, der mit dem Pterygoid durch die Basipterygoidverbindung im Zusammenhang steht. Lateral des Pterygoid liegt ein Fenster, durch welches die Kaumuskeln aus der Schläfenhöhle zum Unterkiefer ziehen; es wird Fenestra basitemporalis (Abel) genannt (auch ventrale Schläfengrube). Die Gymnophiona, viele Urodela und ein Teil der Stegocephala zeigen dieses typische Bild jedoch nicht; es ist hier nämlich das mediopalatine Fenster schmaler und das knöcherne Munddach vollständiger gebaut.

Das Primordialcranium wird weiterhin ergänzt durch **Deckknochen.** Nach der Mundhöhle zu wird es bedeckt durch ein großes Parabasale (Parasphenoid); dieses schließt die Fenestra basicranialis anterior ab, sofern dieses Fenster vorhanden ist. Der Vomer ist paarig (Abb. 350, 362). Am Palatoquadratum bilden sich ein Pterygoid und meist ein Palatinum. Das Palatinum ist ein reiner Deckknochen und nicht, wie das bei den Teleostomi vorkommt, ein Mischknochen. Bei einigen Stegocephala liegt hinter dem Palatinum, lateral des Pterygoid, noch ein Deckknochen; dieser ist der Lage nach homolog mit dem Ectopterygoid der Teleostomi; er wird Transversum oder Ectopterygoid genannt. Das eigentliche Pterygoid entspricht dann dem Entopterygoid der Pisces. Der Oberkiefer wird gebildet durch das Praemaxillare (Intermaxillare) und das Maxillare; diese liegen am Außenrande des Schädeldaches.

Das sekundäre Schädeldach ist sehr verschieden gebaut. Es kann sehr unvollständig sein, es kann aber auch als ein geschlossener Panzer den ganzen

Kopf bedecken; dann ist dieser Panzer nur durchbrochen von Öffnungen für Nase, Auge und das Parietalorgan. Wir finden diesen letzten Zustand bei den Stegocephala, sicher ursprüngliche Verhältnisse, die wir anschließen können bei den Teleostomi. Bei den Stegocephala fällt jedoch ein Einschnitt auf, der beiderseits am Hinterrande des Schädeldaches liegt; dieser kann auch ein Fenster bilden. Er dient als Rahmen für das Trommelfell (Abb. 351—353, 359).

Die Knochen des Daches sind durch eine Naht fest miteinander verbunden, fester, als es bei Fischen die Regel ist.

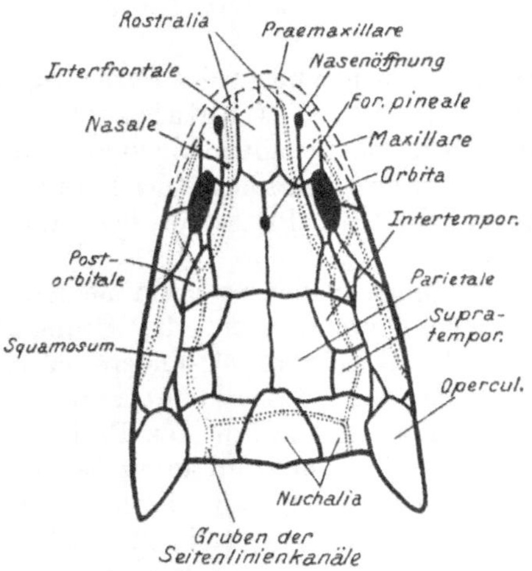

Abb. 351.

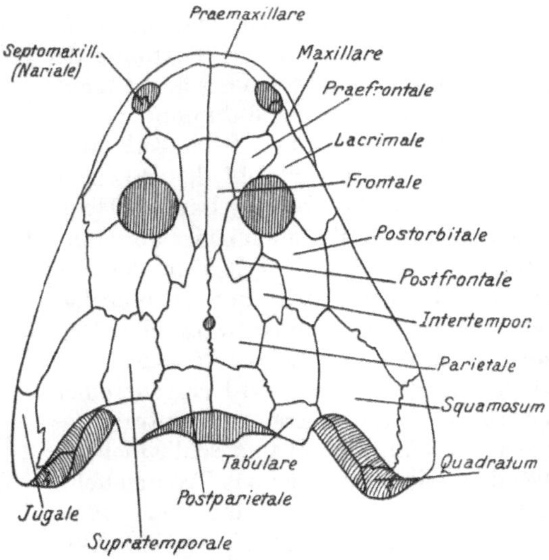

Abb. 352.

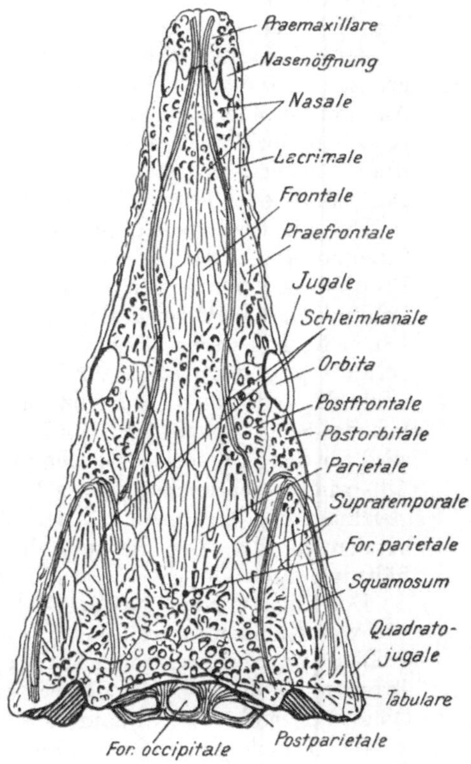

Abb. 353.

Abb. 351. Schädeldach von Eusthenopteron Foordi, eines devonischen Crossopterygiers, von dorsal. (Nach Stensiö, 1922, Abb. 4) — Abb. 352. Schädeldach von Trimerorhachis insignis, einem Stegocephalen. (Nach Abel, 1919, Abb. 202.) — Abb. 353. Schädeldach von Trematosaurus Brauni, einem Stegocephalen, mit Schleimkanälen. (Nach Jaekel, 1911, Abb. 126.) Die Oberflächenskulptur der Knochen ist in Abb. 351 und 352 weggelassen und in 353 angegeben.

Das sekundäre Schädeldach ruht median direkt auf dem Primordialcranium und ersetzt das zum großen Teil fehlende primäre Dach der Schädelhöhle.

Die Anzahl der Knochen im Schädeldach der Stegocephala ist recht groß. Wir finden hier eine ziemlich große Übereinstimmung mit bestimmten Crossopterygii (Abb. 351—353). Eine Anzahl kleinerer Schädeldachknochen der Pisces fehlt jedoch bei den Stegocephala; ebenso vermissen wir die Knochen des Kiemendeckels: das Operculum usw. Die Knochen treten konstanter auf als bei den Teleostomi; ihre Homologie mit den Knochen der Amniota läßt sich beinahe in allen Fällen feststellen; deshalb können die Knochennamen des menschlichen Schädels oder des Reptilienschädels auf die Stegocephala wohl übertragen werden. Wir haben schon früher darauf hingewiesen, daß dies für die Knochen der Teleostomi meist nicht möglich ist.

Die Knochen des Schädeldaches sind folgende: dorsal und in der Mitte liegen hintereinander drei Knochenpaare: das Parietale, das Frontale und das Nasale. Die Parietalia und Frontalia schließen die Schädelhöhle dorsal ab. Zwischen den Parietalia liegt ein medianes Loch für das Pinealauge: das Foramen pineale (parietale); es kommt auch bei einigen primitiven Pisces vor, liegt dann aber dort zwischen den Frontalia (Abb. 351).

Zwischen den Frontalia und Nasalia liegt in einigen Fällen noch ein medianer Knochen; er wird verschieden beurteilt: einige halten ihn für das Ethmoid (BRIOLI 1916), welches ja auch bei den Anura dorsal sichtbar ist; andere halten ihn für einen selbständigen Deckknochen und nennen ihn das Interfrontale.

An die Nasalia schließen sich vorn die Praemaxillaria an. Die Parietalia grenzen hinten an ein Paar Knochen, die in ihrer Lage an das Supraoccipitale der Amniota erinnern. Gegen diese Homologie spricht aber, daß die fraglichen Knochen Deckknochen sind und daß die richtigen Supraoccipitalia als enchondrale Verknöcherungen bei den Stegocephala bekannt sind; sie werden Derm-Occipitalia oder besser Postparietalia genannt.

Um die Orbitae liegt ein Kranz von Knochen, übereinstimmend mit den Circumorbitalia der Teleostomi. Zwei solcher Knochen liegen beiderseits des Frontale; sie werden Prae- und Postfrontale genannt. Am Hinterrande der Orbita liegt ein Postorbitale, am Vorderrande ein Lacrimale; (dieses letzte erhält seinen Namen durch einen Tränenkanal, welcher das Lacrimale durchbohrt und verläuft von der Orbita zur Nasenhöhle). Doch kann dieses Verhältnis auch wechseln und fehlen: es ist darum zweifelhaft, ob nicht vielleicht das Praefrontale der Stegocephala mit dem Lacrimale der Mammalia übereinstimmt. Darum wird für diesen Knochen bei den Stegocephala und Reptilia auch meist der Name Adlacrimale gebraucht (GAUPP 1910). Die Schwierigkeit liegt hier in der Vergleichung des Lacrimale bei den Mammalia mit dem entsprechenden Knochen bei den Reptilia. Die Theromorpha geben hier keine sichere Antwort; ihre Verhältnisse sprechen aber mehr für die alte Auffassung (GREGORY 1913 A).

Der hintere Rand des Schädeldaches in der Regio otica wird eingenommen von vier Knochen: durch das Quadrato-jugale (ganz lateral und ventral), das große Squamosum, das Supratemporale (klein, dorsal) und schließlich ein Tabulare (in der dorsalen Hinterecke über dem Einschnitt für das Trommelfell). Quadrato-jugale und Squamosum bedecken das Palatoquadratum von außen.

Die Homologie des Squamosum der Amphibia mit dem gleichnamigen Knochen des Menschen steht nicht fest. Man nimmt auch an, daß das Supratemporale mit dem menschlichen Squamosum homolog ist. Wir sind hier der Auffassung gefolgt, daß es ein typisches Zeichen für ein Squamosum ist, daß es einen Deckknochen auf dem Quadratum bildet (bei den Mammalia-Embryonen liegt das Squamosum auf dem Incus, der dem Quadratum homolog ist; THYNG 1906). Man hat darum dem Knochen den Namen Paraquadratum gegeben. Das Praeoperculum der Pisces würde dann mit dem Squamosum homolog sein können.

Bei einigen Stegocephala liegt vor dem Supratemporale und hinter dem Postorbitale und Postfrontale noch ein sogenanntes Intertemporale (Abb. 352).

Im Boden und am Unterrande der äußeren Nasenöffnung liegt ein kleiner Deckknochen, das Septomaxillare. Es kann auch teilweise an der Oberfläche des Schädels liegen (Abb. 352 auf S. 255 und Abb. 363 auf S. 262). Dieser Knochen kommt bei den Teleostomi vor und allgemein bei den Amniota. Der Name Septomaxillare ist nicht glücklich gewählt; dieser Knochen hat nämlich fast keine Beziehung zum Nasenseptum und ist auch nicht mit dem Maxillare verbunden. Darum ist neuerdings der viel bessere Name Os nariale vorgeschlagen (WEGNER 1922).

Diese Deckknochen zeigen deutliche Homologien mit den Deckknochen von Eusthenopteron (einem devonischen Crossopterygier; Abb. 351). Vor allem die Knochen zwischen der Orbita und dem Hinterrande des Schädeldaches stimmen überein: Postorbitale, Intertemporale, Supratemporale und Squamosum sind bei Eusthenopteron erkennbar. Mit den Postparietalia und Tabularia sind die Nuchalia homolog. In der Regio ethmoidalis ist die Anzahl der Deckknochen bei Eusthenopteron größer, da neben den Nasalia und den Praemaxillaria noch einige Rostralia auftreten; bei anderen Crossopterygii ist aber eine Verschmelzung dieser Knochen festgestellt.

Die Oberflächenskulptur der Schädeldachknochen beweist ihre sehr oberflächliche Lage in der Haut. Dafür sprechen auch Gruben für die Kanäle der Seitenorgane, welche übereinstimmen mit denen der Teleostomi (Abb. 353, s. S. 255). Diese Organe sind übrigens an das Wasserleben gebunden und weisen uns damit darauf hin, daß viele erwachsene Stegocephala zum Wasserleben zurückgekehrt waren.

Bei den rezenten Amphibia ist die Anzahl der Deckknochen im Schädeldach stets viel geringer; das Dach ist auch meist stark zurückgebildet. Die Knochen selbst liegen tiefer unter der Haut und zeigen nicht mehr jene Oberflächenskulptur. Wir kommen auf das Schädeldach der rezenten Amphibia noch zurück.

Der Unterkiefer (Abb. 354—356) läßt eine sehr gut entwickelte Cartilago Meckeli erkennen. Ihr Hinterende verknöchert als Articulare; am Vorder-

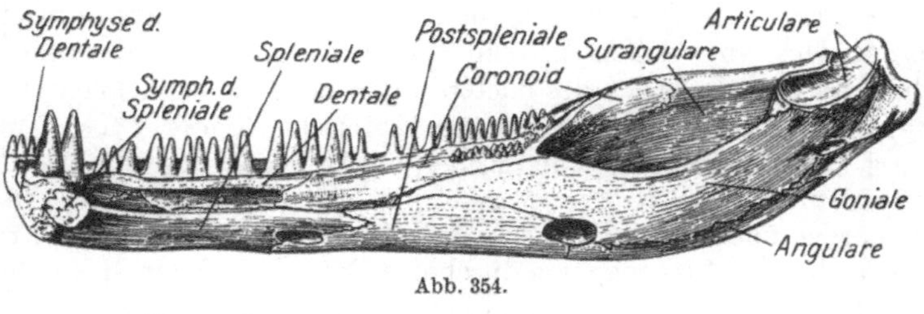

Abb. 354.

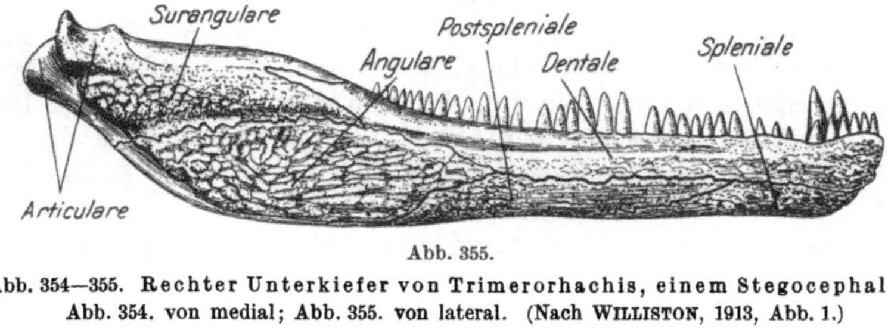

Abb. 355.

Abb. 354—355. Rechter Unterkiefer von Trimerorhachis, einem Stegocephalen Abb. 354. von medial; Abb. 355. von lateral. (Nach WILLISTON, 1913, Abb. 1.)

rande tritt eine kleine Verknöcherung auf: das Mentomandibulare, welches meist mit dem Dentale verschmilzt (Anura). Die Anzahl der Deckknochen im Unterkiefer ist bei den rezenten Amphibia gering: ein Dentale, ein Goniale (Dermarticulare) und schließlich bei den Gymnophiona, den Perennibranchiata und den Urodelenlarven noch an der Innenseite des Unterkiefers ein Spleniale (Operculare; vielleicht ist es ein Coronoid).

Bei den Stegocephala sind die Deckknochen des Unterkiefers viel zahlreicher; es ist darum nicht leicht, ihre Homologie mit den Deckknochen der Teleostomi und Reptilia festzustellen. Die grundlegende Beschreibung finden wir bei CUVIER (1835—37) für die Crocodilia unter den Reptilia: er beschrieb sechs Knochen; aber später stellte sich heraus, daß bei anderen Formen noch ein, ja selbst zwei Knochen mehr auftreten. Bei den Stegocephala kommen alle acht Knochen zusammen vor: Articulare (kein Deckknochen), Surangulare, Angulare, Coronoid (oder Complementare), Spleniale (oder Operculare), Dentale, Postspleniale und Goniale (oder Dermarticulare) (KINGSLEY 1905, GAUPP 1911, WILLISTON 1913).

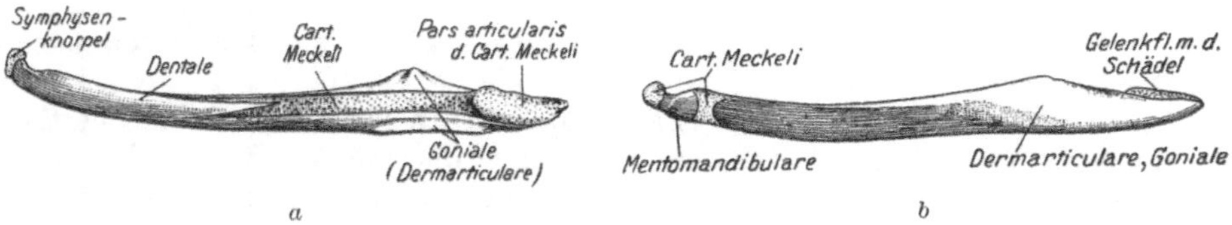

Abb. 356. Rechter Unterkiefer von Rana esculenta, var. hungarica. *a* von medial; *b* von lateral (Nach GAUPP, 1911, Abb. 8 u. 9.)

Abb. 354 und 355 geben uns ein Bild von der Lage dieser Knochen. Das Angulare lag hinten am Unterrande und der Außenseite; darüber lag an der Außenseite das Surangulare. An der Innenseite des Articulare lag das Goniale, welches sich oft weit nach vorn erstreckte und oft mit dem Articulare verschmolzen war. Zwischen Surangulare und Goniale befand sich ein weiter Zugang zum Kieferkanal, in diesem lag die Cartilago Meckeli und in ihm verliefen Nerven und Blutgefäße. Der Oberrand des vorderen Kieferteiles wird wie immer gebildet durch das Dentale. In der Kiefermitte lag das Coronoid gegen die Innenseite des Dentale und des Surangulare; es konnte sich weiter dorsal fortsetzen in einen Processus coronoideus, an welchem sich ein Teil der Kaumuskeln ansetzte (Musculus temporalis). An der Innenseite des Kiefers lagen ganz vorn das Spleniale, dahinter das Postspleniale. Das Articulare konnte hinter dem Unterkiefergelenk herausspringen als Processus retroarticularis, der zur Insertion des Musculus depressor mandibulae diente, nämlich eines Muskels, der den Mund öffnete. Die Verbindung der Vorderenden beider Unterkieferhälften, die Symphyse, ist meist eine Naht; sie wird bei den Stegocephala durch das Dentale und das Spleniale gebildet. Die Cartilago Meckeli reicht bis zu dieser Symphyse.

Bei den Amphibia können folgende Knochen Zähne tragen: das Parasphenoid, Palatinum, Vomer, Praemaxillare, Maxillare und schließlich am Unterkiefer das Dentale, Spleniale und Coronoid. Bei den Anura tragen in der Regel nur Vomer, Praemaxillare und Maxillare die Zähne, nur selten das Palatinum und sehr selten das Parabasale (Parasphenoid); ihr Unterkiefer ist meist zahnlos. Einige Aglossa haben überhaupt keine Zähne.

Das Hyobranchialskelet und der Gehörknochen sollen später besprochen werden.

Nach dieser allgemeinen Übersicht ist es wünschenswert, noch das eine oder andere über den **Schädel in den verschiedenen Ordnungen der Amphibia** mitzuteilen.

Für den Schädel der Stegocephala (u. a. DREVERMANN 1920) ist hauptsächlich das geschlossene Schädeldach kennzeichnend, welches aus zahlreichen

Deckknochen aufgebaut ist. Daneben ist auch die Bildung des Hinterhauptes sehr typisch und verlangt noch eine besondere Beschreibung (Abb. 357—359). Zu beiden Seiten des Foramen occipitale steigen je zwei Pfeiler zum Schädeldach auf. Diese Pfeiler verknöcherten wahrscheinlich stets selbständig gegenüber dem Exoccipitale und auch gegenüber den Knochen des Schädeldaches; wir können das annehmen, wenn auch meist keine Grenze mehr sichtbar ist

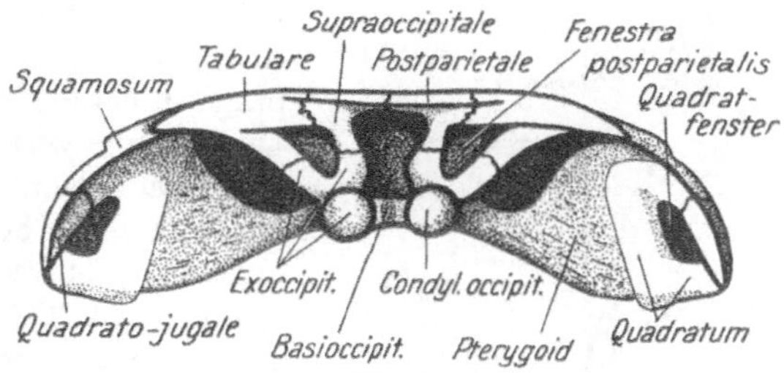

Abb. 357.

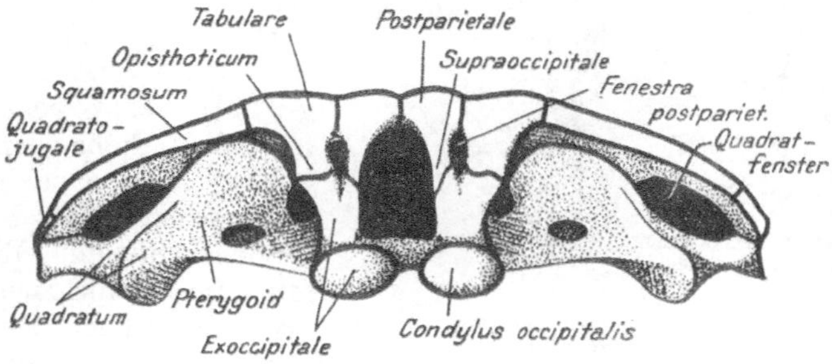

Abb. 358.

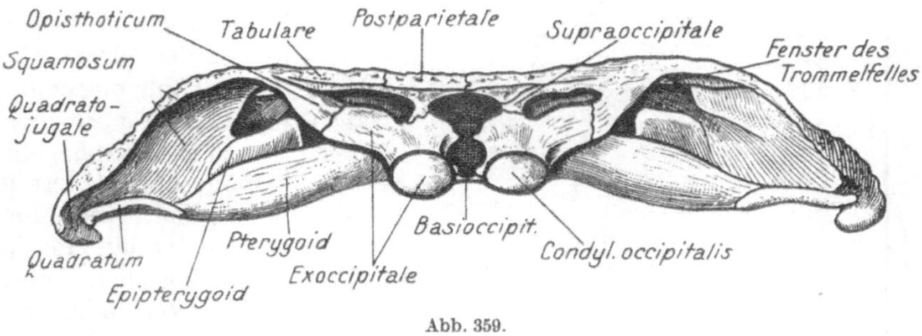

Abb. 359.

Abb. 357—359. Schädel der Stegocephala von hinten.

Abb. 357. Von Capitosaurus. (Nach WOODWARD.) — Abb. 358. Von Anaschisma Browni. (Nach BRANSON.) — Abb. 359. Von Cyclotosaurus posthumus. (Nach E. FRAAS.) — (Abb. 357 u. 358 aus VERSLUYS, 1912 B, Abb. *G* und *W*; Abb. 359 aus ABEL, 1919, Abb. 189.)

(VON HUENE 1912, WIMAN 1913). Der äußere Pfeiler ist das Opisthoticum, der innere muß das Supraoccipitale gewesen sein, welches dann paarig war. Das Foramen occipitale ist sehr weit; es wurde aber im Leben sicher durch ventralen und dorsalen Knorpel verkleinert. In den dorsalen Knorpel konnte das Supraoccipitale so weit einwuchern, daß er ganz verknöcherte; im ventralen Knorpel konnte ein Basioccipitale auftreten (Eryops). Vielleicht war ein kleines Basioccipitale allgemein vorhanden (VON HUENE 1913 B). Das Fenster zwischen den beiden Pfeilern führte dorsal der Labyrinthkapsel in die Schläfenhöhle (Fenestra posttemporalis). Stieg nun dieses Opisthoticum schief nach außen in die

Höhe, dann wurde diese Fenestra größer. Bei den rezenten Amphibia fehlt das Fenster, aber bei den Reptilia finden wir es wieder.

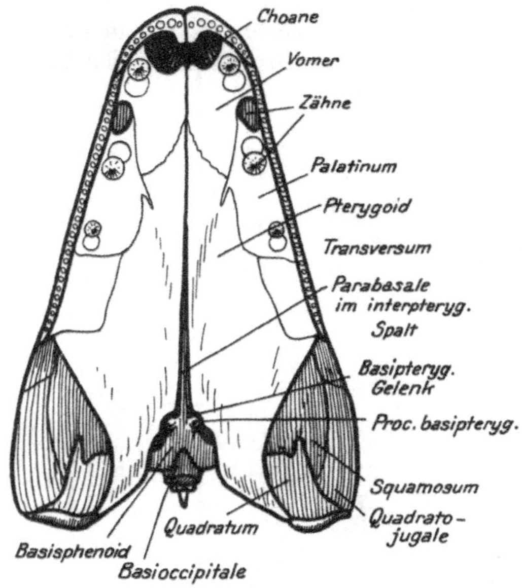

Abb. 360. Munddach von Loxomma. (Nach WATSON, 1912 A, Abb. 1.)

Abb. 357—359 gibt uns weiterhin ein Bild von der Weise, wie das Hinterende des Palatoquadratum befestigt war. Wir sehen, daß es ganz frei war von der Labyrinthkapsel; es fehlte also eine Verbindung, welche mit dem Processus oticus homolog sein könnte. Das Quadratum wird befestigt durch das Schädeldach; in einigen Fällen lag zwischen beiden noch eine eigenartige Öffnung, das Quadratfenster (Abb. 357, 358). Das Pterygoid scheint dorsal so hoch gereicht zu haben, daß es mit dem Schädeldach zusammenhing; diese Verbindung ist homolog mit dem Processus ascendens; nur in einigen Fällen fehlte diese Verbindung (Abb. 358). Neben dem Pterygoid konnte auch eine selbständige Verknöcherung des Processus ascendens auftreten; diese konnte mit dem Schädeldach in Verbindung treten oder auch nicht (Abb. 359, Epipterygoid). Der Raum zwischen dem Palatoquadratum und der Labyrinthkapsel enthielt den Gehörknochen; er wurde bei den lebenden Tieren durch die Paukenhöhle eingenommen.

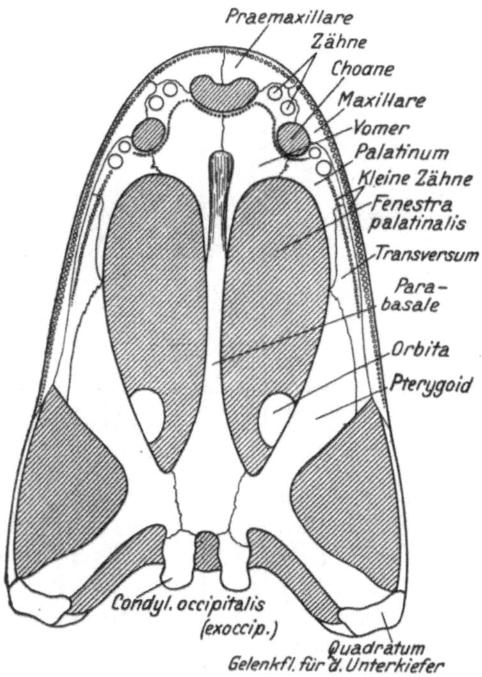

Abb 361. Typisches Munddach eines Stegocephalen (Cyclotosaurus robustus). (Nach VON HUENE, 1920, Abb. 12.)

Das Pterygoid war vorn und ventral meist mit dem Basisphenoid und Parabasale (Parasphenoid) fest durch eine Naht verbunden: eine unbewegliche Basipterygoidverbindung (Abb. 361). Wir haben schon oben darauf hingewiesen, daß diese Verbindung bei vielen rezenten Amphibia und bei einigen Stegocephala ein durchaus typisches Gelenk ist; dies fällt vor allem auf bei den ältesten Stegocephala aus dem Carbon. Diese weichen nämlich in wichtigen Punkten vom allgemeinen Typus ab (Abb. 360). Die Pterygoidea waren sehr breit, so daß man an Stelle einer sehr weiten Fenestra palatinalis nur einen schmalen medianen Spalt findet (Munddachspalt oder interpterygoidaler Spalt). In einigen Fällen scheint das Parabasale (Parasphenoid) in der Regio orbito-temporalis sehr schmal gewesen zu sein; es bildete dann den Unterrand des Septum interorbitale. In solchen Fällen war dann der Schädel nicht platybasisch, sondern tropibasisch.

Wichtig ist weiterhin, daß Loxomma und einige andere Vertreter dieser alten Stegocephala einen unpaaren Condylus occipitalis besaßen, welcher teilweise durch das Basioccipitale geformt wurde (WATSON 1912). Durch alle diese Abweichungen fällt der Schädel dieser Tiere aus dem Rahmen des gewöhnlichen Amphibientypus; andererseits aber bekommen wir durch ihn Übergänge zwischen dem Amphibienschädel und dem der Crossopterygii; Loxomma stimmt in vielen Punkten mit den Pisces überein und unterscheidet sich von den typischen Amphibia in folgenden Punkten: es besaß ein Basisphenoid, einen medianen unpaaren Condylus occipitalis; sein Schädel war tropibasisch. Die typischen Eigenschaften des Amphibienschädels fehlen also bei den ältesten bekannten Vertretern dieser Gruppe! Da das Basioccipitale mit dem Condylus einem Wirbelkörper sehr ähnlich ist, so entstehen selbst Zweifel, ob diese Tiere ein protometameres Neocranium besaßen, wie wir es bei der großen Masse der Amphibia finden. Vielleicht war das Neocranium dieser Tiere auximetamer.

Die Anzahl der Knochen im Primordialcranium der primitiven Stegocephala ist also größer als bei den typischen Amphibia; auch diese Tatsache bildet eine Brücke zu den Pisces. Wichtig ist, daß in allen diesen Punkten die ältesten Stegocephala auch mit den Cotylosauria, den Stammreptilien übereinstimmen; so wird wieder eine Brücke geschlagen von den primitiven Teleostomi zu den Reptilia. Die typischen Amphibia dagegen besitzen einen in besonderer Weise spezialisierten Schädel. Es wird dadurch auch klar, daß die geringe Anzahl Schädelknochen bei den rezenten Amphibia durch Zurückbildung erklärt werden muß; sie ist keine primitive Eigenschaft. —

Bei den Urodela (Abb. 362) ist das Schädeldach über den Schläfenhöhlen und um die Orbitae herum größtenteils verschwunden. Praefrontale, Lacrimale und Septomaxillare sind oft noch vorhanden. In der Regio temporalis ist von allen Deckknochen nur ein Squamosum übrig geblieben. Die Schläfengrube ist meist unbedeckt; nur in einzelnen Fällen ist ein dorsal liegender Jochbogen beobachtet, welcher durch das Squamosum und das Frontale gebildet wird.

Das Kopfskelet wird bei der Metamorphose dieser Tiere nicht stark umgebildet: wichtig ist, daß die Verbindung des Palatoquadratum mit der Regio ethmoidalis dabei aufgehoben wird, wobei dann gleichzeitig das Palatinum verschwindet. Weiterhin dreht die Pars quadrata caudad, so daß die Mundöffnung größer wird. Bei den Perennibranchiaten bleibt der Schädel larval; bei den Derotrematen[1]) ist der Schädel auf verschiedener Höhe der Metamorphose stehen geblieben. —

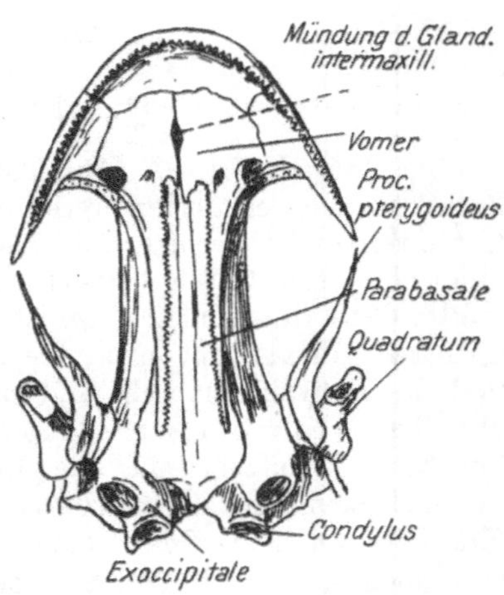

Abb. 362. Schädel von Triton cristatus, von ventral, ohne Unterkiefer. (Nach WIEDERSHEIM, aus VERSLUYS, 1912 A, Abb. 23 A.)

[1]) Perennibranchiate Salamander sind einige nicht näher miteinander verwandte Formen, deren Metamorphose unterdrückt ist und die zeitlebens die äußeren Kiemen behalten. Derotreme Salamander sind Formen, die in der Metamorphose stehen bleiben, ohne sie zu vollenden.

Bei den Anura (Abb. 349, 350 auf S. 252) sind die Deckknochen des Schädeldaches noch mehr zurückgebildet als bei den Urodela. Wir beobachten einen paarigen oder unpaaren Knochen: das Frontoparietale; es nimmt den Platz der Frontalia und Parietalia ein. Weiterhin gibt es hier ein paariges Nasale, ein Septomaxillare und ein Squamosum. Ein Jochbogen verbindet das Unterende des Quadratum mit dem Supramaxillare und wird gebildet durch das Quadratojugale oder ein Jugale; er gibt den Rand des früher geschlossenen Schädeldaches an. Der Pterygo-Palatinumbogen bleibt vollständig; das Palatinum fehlt selten.

Bei einigen Anura (z. B. bei bestimmten Arten von Bufo und bei Pelobates cultripes) treten in der Haut des Kopfes neue Verknöcherungen auf: die Crusta calcarea. Diese bilden von neuem ein ziemlich geschlossenes Schädeldach (Boas 1914, von Feyervary 1921 B).

Die Larven der Anura besitzen einen Saugmund; damit im Zusammenhang ist ihr Kopfskelet, vor allem der Kieferbogen, sehr stark spezialisiert. Da die Schädelentwicklung der Urodela und Gymnophiona in der Hauptsache direkt verläuft mit ganz geringen Veränderungen während der Metamorphose, so muß die starke Spezialisierung der Kopfskeletes bei den Anurenlarven wohl sekundär sein. —

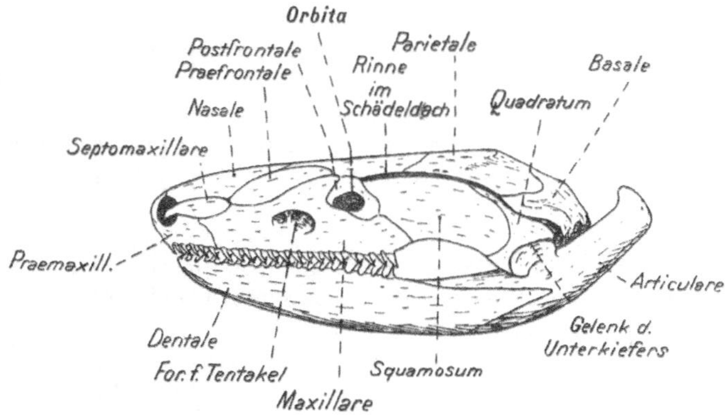

Abb. 363. Schädel von Ichthyophis glutinosa, von rechts. (Nach Sarasin, 1890, Taf. 15, Abb. 3.)

Die Gymnophiona (Abb. 363) weichen in ihrem Kopfskelet in wichtigen Zügen ab von den übrigen rezenten Amphibia. Dies steht zweifellos im Verbande mit ihrer unterirdischen und bohrenden Lebensweise (Peter 1898). Diese verlangt einen sehr festen Schädel, welcher nicht abgeplattet ist. Die ganze hintere Hälfte des Primordialcranium ist verknöchert zu einem paarigen Knochen: dem Os basale; dieses liegt in der Regio occipitalis, umfaßt die ganze Occipitalregion und die Labyrinthkapseln und erstreckt sich selbst bis zum Foramen opticum. Mit diesem Knochen kann dann sogar noch das Parabasale (Parasphenoid) verknöchern. Weiterhin sind die Deckknochen des Schädeldaches stark entwickelt und bedecken meist den ganzen Kopf. Die Orbitae sind sehr klein. Die Anzahl der Knochen, welche das Schädeldach bilden, ist viel geringer als bei den Stegocephala; es ist nicht ausgeschlossen, daß das Dach teilweise eine Neubildung ist, entstanden als Anpassung an die bohrende Lebensweise durch Vergrößerung der nur wenigen vorhandenen Knochen. So wird z. B. die Regio temporalis nur durch das große Squamosum bedeckt. Es fällt weiterhin auf, daß sich im Schädeldach ein schmaler, unverknöcherter Streifen befindet, welcher zwischen Squamosum und Parietale liegt (Abb. 363). Auf diese Weise schneidet dorsal längs dem Quadratum eine Furche in das Schädeldach ein, welche bis dicht hinter die Orbita verläuft.

Da eine direkte Verbindung des Palatoquadratum mit der Labyrinthkapsel fehlt; und da die Basipterygoidverbindung ein Gelenk ist, oder ebenfalls fehlt —: so sind offensichtlich hier geringe Bewegungen des Quadratum und Squamosum gegen das Neurocranium möglich. Wir haben es wohl mit Resten einer alten Beweglichkeit des Palatoquadratum gegen das Neurocranium zu tun. Eine solche fanden wir bereits bei den Teleostomi.

Das Kopfskelet der Reptilia.

Das Kopfskelet der permischen Cotylosauria, der Stammreptilia, schließt sich gut an bei den primitiven carbonischen Stegocephala. Die weitere Entwicklung des Kopfskeletes divergierte jedoch schnell bei den Amphibia und den Reptilia.

Die Schädelform der Cotylosauria ist bisweilen noch breit und platt; jedoch niemals so stark abgeplattet wie bei den Amphibia. Andere Cotylosauria besaßen einen viel schmäleren Schädel mit langer Schnauze. Und diese Schädelform haben dann die meisten Reptilia beibehalten.

Die Schädelhöhle ist klein, bei den primitiven Reptilia selbst sehr klein im Vergleich mit dem gesamten Schädel (Abb. 387 auf S. 278). Vergleichen wir aber diese Schädelhöhle mit der Höhle der Teleostomi und Amphibia, so können wir eine langsame Zunahme ihrer relativen Größe bemerken.

1. Das Primordialcranium und das Palatoquadratum.

Das **Primordialcranium** der Sauropsida ist meist zurückgebildet; vor allem das Dach und die Regio orbito-temporalis pflegen unvollständig zu sein. Gewöhnlich verknöchern nur die Regio occipitalis und Regio otica; das Primordialcranium bleibt also in den beiden vorderen Regionen knorpelig. Auffallend vollständig ist das Primordialcranium bei Dermochelys: hier ist ein ziemlich vollständiges Knorpeldach der Schädelhöhle beobachtet. Vermutlich ist hier das Primordialcranium durch spätere Vermehrung des Knorpels wieder vollkommen geworden.

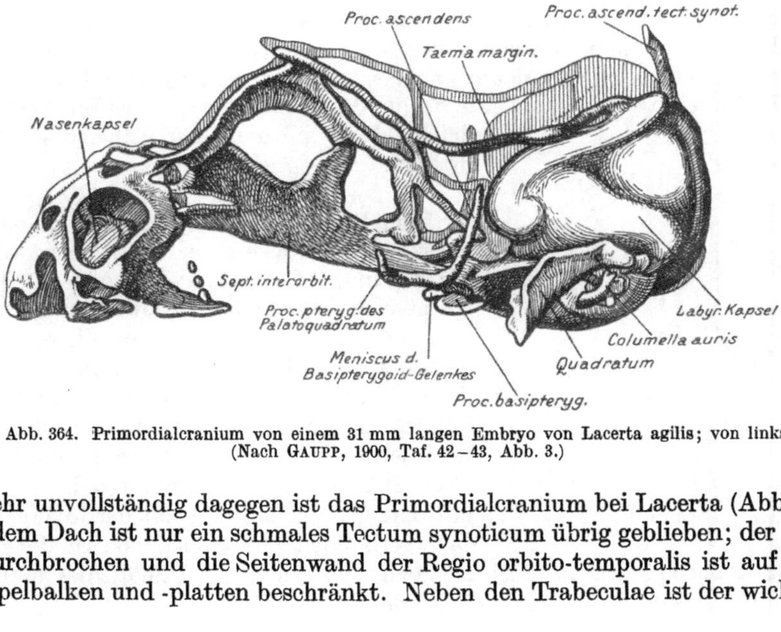

Abb. 364. Primordialcranium von einem 31 mm langen Embryo von Lacerta agilis; von links. (Nach GAUPP, 1900, Taf. 42–43, Abb. 3.)

Sehr unvollständig dagegen ist das Primordialcranium bei Lacerta (Abb. 364). Von dem Dach ist nur ein schmales Tectum synoticum übrig geblieben; der Boden ist durchbrochen und die Seitenwand der Regio orbito-temporalis ist auf einige Knorpelbalken und -platten beschränkt. Neben den Trabeculae ist der wichtigste dieser Balken die Taenia marginalis, welche den Oberrand bildet. Bei den anderen rezenten Reptilia liegt die Vollständigkeit des Primordialcranium zwischen dem Zustande bei Dermochelys und Lacerta (Abb. 374).

Das Primordialcranium der Reptilia besitzt ein gut entwickeltes Septum interorbitale; es ist also tropibasisch. Das ist ein wichtiger Unterschied gegenüber dem typischen platybasischen Schädel der Amphibia. Durch das Auftreten eines tropibasischen Schädels bei einigen primitiven Stegocephala wird jedoch diese Kluft überbrückt.

Die Regio occipitalis ist immer gut entwickelt; sie läßt hinter dem N. vagus noch den N. hypoglossus durch: dieser ist homolog mit drei Spinalnerven (S. 470), es sind also drei Segmente (Wirbel) späterhin dem Schädel noch zugefügt; somit ist das Neocranium auximetamer (vgl. GEGENBAUR 1888, 1898; FÜRBRINGER 1897, GAUPP 1897). Dies ist der zweite wichtige Unterschied gegenüber den Amphibia, welche ein protometameres Neocranium besitzen. Dieser Unterschied ist um so wichtiger, weil er offenbar der einzige ist, der noch beinah allgemein gilt. Denn bei den primitivsten Reptilia und Amphibia fallen so ziemlich alle anderen Unterschiede fort. Aber auch dieser Unterschied scheint nicht mehr im vollen Umfange aufrecht erhalten werden zu können (S. 261).

Das Occipitalgelenk der Reptilia — und dies gilt für alle Amniota — liegt also drei Rumpfsegmente weiter nach hinten als bei den Amphibia. Beide Gelenke können also nicht vollständig homolog sein. Ob das Occipitalgelenk bei den Amphibia und Reptilia unabhängig voneinander entstanden ist, oder ob wir den Zustand bei den Reptilia aus dem der Amphibia ableiten können —: das ist heute noch eine ungelöste Frage. Für die zweite Auffassung spricht die große Ähnlichkeit im Schädelbau der carbonischen Stegocephala und der Cotylosauria. Aber wir wissen nicht, wie die Umbildung vor sich gegangen ist. Vielleicht ist die Regio occipitalis von Pareiasaurus in einem Übergangsstadium (GOODRICH 1911).

Von der Regio occipitalis und der Labyrinthkapsel erstreckt sich ein meist langer und fester Fortsatz laterad: der Processus paroticus (Abb. 383 auf S. 276). Sein Ende wird in der Regel durch das Opisthoticum gebildet; nur wenn dieses klein bleibt, tritt hier das Exoccipitale auf. Dieser Processus ist homolog mit dem lateralen Pfeiler am Hinterhaupt der Stegocephala (Abb. 357—359 auf S. 259), welcher durch das Opisthoticum gebildet wird; er verläuft aber bei den Stegocephala selten so stark lateral wie bei den Reptilia. Sein distales Ende stützt das Schädeldach und dient der Anheftung des Quadratum.

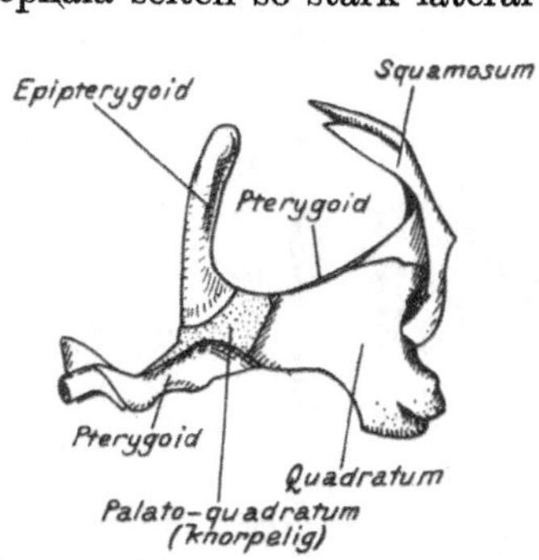

Abb. 365. Palatoquadratum von Sphenodon, alter Embryo, von lateral. (Nach HOWES & SWINNERTON, 1901, Taf. 4, Abb. 11.)

Vom **Palatoquadratum** ist der caudale Teil meist gut entwickelt; er verknöchert als das Quadratum. Die Pars palatina oder der Processus pterygoideus sind mehr oder weniger zurückgebildet. Ein direkter Zusammenhang mit der Regio ethmoidalis ist nicht bekannt. Selbst der Zusammenhang mit der Pars quadrata kann unterbrochen sein: auf diese Weise bleiben einige Knorpelstücke hinten in der Regio orbitalis übrig (Abb. 364); diese sind dann durch das Pterygoid mit dem Quadratum und mit der Regio ethmoidalis verbunden. Bei Sphenodon ist der hintere Teil des Palatoquadratum noch ziemlich vollständig (Abb. 365); dies muß auch für die Cotylosauria angenommen werden.

Das Palatoquadratum der Sauropsida besitzt drei Verbindungen mit dem Neurocranium: eine Basipterygoidverbindung, welche ursprünglich ein Gelenk ist (Abb. 370, 371). Dann ist zweitens ein Processus ascendens vorhanden, welcher sich mit dem Oberrande der Taenia marginalis und der Unterfläche des Schädeldaches verbindet (Abb. 364). Beide Verbindungen fanden wir schon bei den Amphibia. Der Processus ascendens der Reptilia ist jedoch bei den rezenten Formen weniger zurückgebildet als bei den Amphibia; er verknöchert häufig als selbständiges Epipterygoid und wird wegen seiner schlanken Form auch Columella cranii genannt. — Die dritte Verbindung wird vom Dorsalende des Quadratum mit dem distalen Teile des obengenannten Processus paroticus gebildet; das Quadratum legt sich gegen die Vorderfläche des Processus an (Abb. 383). Diese Verbindung ist ursprünglich ziemlich lose; sie bildet embryonal bei den Lacertilia und bei Sphenoden eine eigentümliche Gelenkverbindung. Gegen die Vorderseite des Processus paroticus liegt da eine Knorpelscheibe: das Intercalare. Zwischen diesem Intercalare und dem Quadratum liegt eine Diarthrose mit deutlichem Gelenkspalt. Das Intercalare entsteht embryonal als ein Fortsatz des Hyoidbogens; dieser Fortsatz wächst dorsad zwischen Quadratum und Processus paroticus hinein; er wird Processus dorsalis genannt (Abb. 441—443 auf S. 313 und Abb. 444 auf S. 314). Das eigentliche Gelenk liegt also zwischen dem Quadratum und einem Abkömmling des Hyoidbogens (vermutlich dem Hyomandibulare). Die genannten Reptilia sind also embryonal amphistyl: das Palatoquadratum ist nicht nur direkt, sondern auch teilweise durch ein, sei es auch zurückgebildetes, Hyomandibulare am Neurocranium befestigt. Bei erwachsenen Lacertilia finden wir hiervon noch oft deutliche Spuren (Versluys 1903, 1912). Diese eigentümlichen Verhältnisse lassen einen Anschluß an die Amphistylie bei den Crossopterygii zu; sie können kaum sekundär entstanden sein. Wir haben es hier offenbar zu tun mit einer alten beweglichen Befestigung des Quadratum am Neurocranium durch das Hyomandibulare: mit einem Zustand, der von den Pisces her beibehalten wurde, wenn auch nicht ganz unverändert.

Das Palatoquadratum der Reptilia ist also ursprünglich durch Gelenke und Bandverbindung mit dem Neurocranium verbunden gewesen. Eine festere Verbindung durch Verschmelzung des Knorpels kommt nicht vor; wohl aber kommt vielfach eine solche größere Festigkeit durch Nahtverbindung der Knochen zustande: u. a. eine Verbindung des Pterygoid mit der Schädelbasis und des Quadratum mit dem Processus paroticus. Dies ist jedoch ein sekundärer Zustand. Abb. 365 gibt ein typisches Bild des Palatoquadratum bei den Reptilia in ziemlich ursprünglicher Entwicklung. Noch primitivere Verhältnisse zeigt die Abb. 387 auf Seite 278.

Die Anzahl der Verknöcherungen im Primordialcranium ist größer als bei den typischen Amphibia; wir wollen sie zusammen mit den Deckknochen besprechen.

2. Die Verknöcherungen.

Die Deckknochen bilden ein Dach über dem Schädel, das ursprünglich vollkommen geschlossen war bis auf jene Öffnungen, die wir schon bei den Stegocephala antrafen. In der Regio orbito-temporalis sind die Deckknochen jedoch zu einigen Spangen, den Jochbogen, zurückgebildet; ja, sie können selbst ganz fehlen. Weiterhin finden wir die uns von den Amphibia bekannten Deckknochen des Munddaches, des Palatoquadratum und des Unterkiefers.

Wir werden nun nacheinander die Regio occipitalis, das Munddach, die Seitenwände des Neurocranium, das Schädeldach und den Unterkiefer besprechen.

Die **Regio occipitalis** ist ganz verknöchert (Abb. 383). Wir finden neben dem paarigen Exoccipitale stets ein unpaares Supra- und Basioccipitale. Oft verwachsen diese vier Knochen zu einem einzigen Os occipitale Das Basioccipitale bildet das mediane unpaare Stück des Condylus occipitalis; die Exoccipitalia bilden je das paarige Seitenstück (Abb. 366—369, 383): so entsteht ein dreiteiliger unpaarer Condylus, der öfter nierenförmig oder rund sein kann. Er bildet einen wichtigen Unterschied gegenüber dem paarigen Condylus der Amphibia. Der Anteil der Exoccipitalia und des Basioccipitale wechselt bei den Reptilia: bei den Anomodontia tritt der Anteil des Basioccipitale zurück; dadurch wird bei einzelnen Formen der Condylus zweiteilig, ja oft beinahe

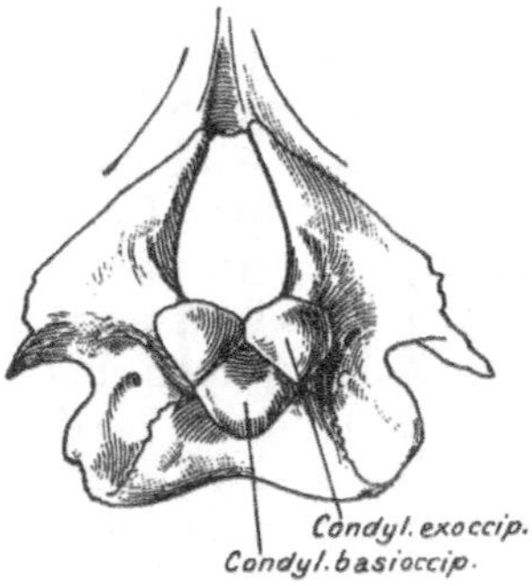

Abb. 366.

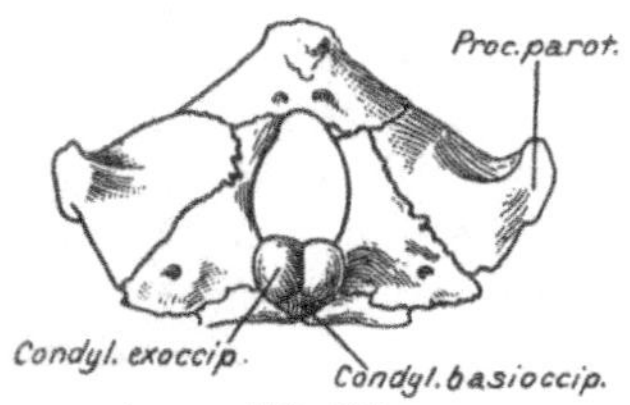

Abb. 367.

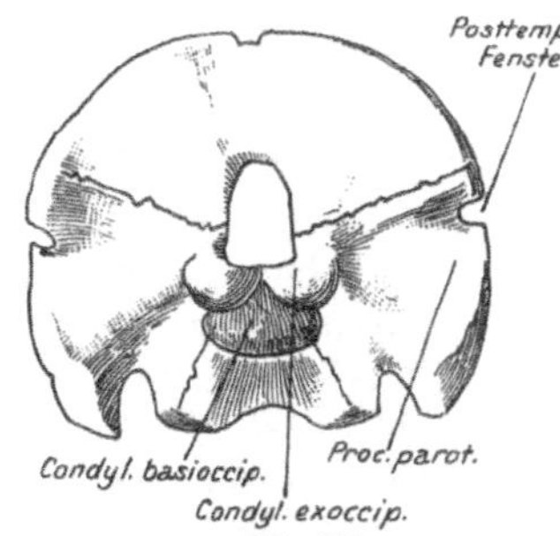

Abb. 368.

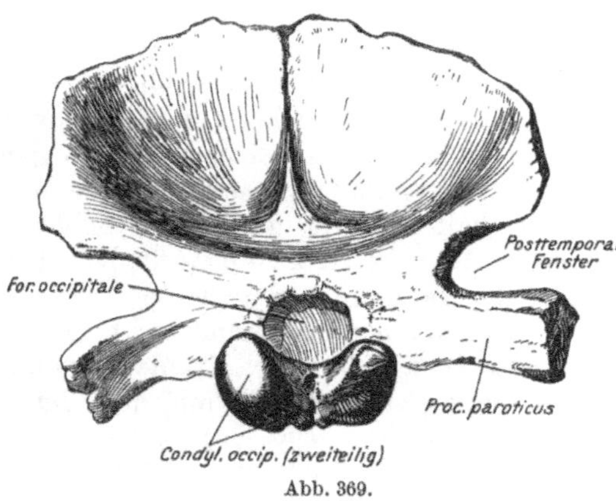

Abb. 369.

Abb. 366—369. Condylus occipitalis von Reptilia, von caudal gesehen. Abb. 366. Chelone. — Abb. 367. Testudo. — Abb. 368. Dicynodon. — Abb. 369. Cynognathus. (Aus OSBORN, 1900 A, Abb. 1; Abb. 368 nach LYDEKKER; Abb. 369 aus SEELY, 1896, Abb. 26.)

paarig: ein Zustand, der sehr erinnert an den doppelten Condylus der Mammalia (Abb. 369, OSBORN 1900).

Typisch für die Regio occipitalis der Reptilia ist weiterhin ein lang und horizontal gestreckter Processus paroticus, der schon oben erwähnt wurde. Zwischen diesem Processus und dem Schädeldach liegt die meist weite Fenestra posttemporalis (Abb. 383). Durch die ansehnliche Länge des Processus paroticus bleibt das Quadratum, welches an seinem Ende befestigt ist, ziemlich weit von der Labyrinthkapsel entfernt. —

Das **Munddach** ist sehr verschieden gebaut. Ein primitiver Typus wird gekennzeichnet durch den tropibasischen Charakter des Schädels. Das Parabasale (Parasphenoid) ist damit im Zusammenhang zurückgebildet zu einem schmalen dolchförmigen Knochen: dem Rostrum parabasale (oder R. parasphenoidale, oder Processus cultriformis). In der Regio otica wird das Parabasale als Knochen der Schädelbasis ersetzt durch ein gut entwickeltes Basisphenoid und Basioccipitale. Ein hinteres Stück des Parabasale pflegt mit dem Basisphenoid zu verschmelzen; aus diesem Grunde wurde früher die Ausbreitung eines Parabasale bei den Reptilia stets für viel geringer gehalten, als sie in Wirklichkeit oft ist. Man sah in dieser geringen Ausbreitung einen wichtigen Unterschied gegenüber den Amphibia. Aber das Parabasale ist bei den Reptilia in vielen Fällen recht groß, z. B. bei gewissen Chelonia (VERSLUYS 1909 B, NICK 1912); es ist aber andererseits klein bei gewissen Stegocephala, z. B. Loxomma. Die Fenestra hypophyseos und andere Fenster der Schädelbasis werden durch das Parabasale geschlossen.

Das Basisphenoid zeigte in sehr vielen Fällen einen paarigen Fortsatz: den Processus basipterygoideus, der die Basipterygoidverbindung mit dem Palatoquadratum bildet. Er gehört zu dem primitiven Typus des Munddaches der Reptilia. Vorn gehen von dem Basisphenoid die Trabeculae ab, welche die Fenestra hypophyseos umschließen und weiterhin in den verdickten Unterrand des Septum interorbitale übergehen. Die Verknöcherung des Basisphenoid kann weit in die Trabeculae eindringen; dadurch entsteht dann ein Rostrum, welches durch das Basisphenoid gebildet wird. Für den Aufbau des Rostrum sphenoidale gibt es also drei Möglichkeiten: es kann entweder durch das Parabasale allein gebildet werden (Rostrum parabasale z. B. bei Sphenodon und den Lacertilia); oder es wird allein durch das Basisphenoid gebildet (Rostrum basisphenoidale der Crocodilia und bei Chelone); oder drittens bauen beide Knochen zusammen das Rostrum auf. Bei Chelone ist das Rostrum aus drei verschmolzenen Balken erbaut, da neben den paarigen Trabeculae noch eine unpaare Intertrabecula auftritt (W. K. PARKER 1880, NICK 1912).

Das Munddach der Reptilia unterscheidet sich noch in einer anderen wichtigen Hinsicht von dem der meisten Amphibia. Bei den Amphibia bildet nämlich die Unterseite des platybasischen Schädels einen breiten Mittelteil des Munddaches; ziemlich weit lateral davon liegen erst die Pterygoidea; die Fenestra palatinalis ist also breit. Bei den Reptilia dagegen lassen die Pterygoidea nur eine schmale Fenestra palatinalis zwischen sich: den Munddachspalt. In der Mitte dieses Spaltes liegt der schmale Unterrand des Septum interorbitale mit dem Processus cultriformis (Abb. 370, 371). Dieser Spalt kann kurz sein oder sich auch nach vorn bis zwischen die Palatina und selbst die Vomeres fortsetzten. Dieser primitive Typus des Munddaches der Reptilia schließt sich an bei den ältesten Stegocephala (Abb. 360). Die Pterygoidea schließen sich vorn an die Vomeres an, welche die Choanen trennen. Lateral des Pterygoid liegt das Transversum; mehr nach vorn das Palatinum. Zwischen beiden Knochen liegt oft eine laterale Fenestra des Munddaches (Abb. 371).

Neben diesem primitiven Munddachtypus kommen nun allerlei spezialisierte Formen vor. Die wesentliche Aufgabe besteht darin, das Munddach fester zu gestalten. Die Pterygoidea schließen sich zu diesem Zwecke median aneinander und treten nach hinten zu in eine Nahtverbindung mit der Schädelbasis. Der Munddachspalt und die Basipterygoidgelenke verschwinden. Zwischen den Pterygoidea kann die Schädelbasis sichtbar bleiben. In anderen Fällen schließen die Pterygoidea so vollständig aneinander, daß sie ziemlich die ganze Schädelbasis bedecken (Abb. 372, 373).

Eine besonders wichtige Umbildung des Munddaches finden wir bei einigen Gruppen der Reptilia: ventral des primären Munddaches wird ein sekundäres Munddach gebildet. Dieses letzte besteht aus plattenförmigen Auswüchsen an

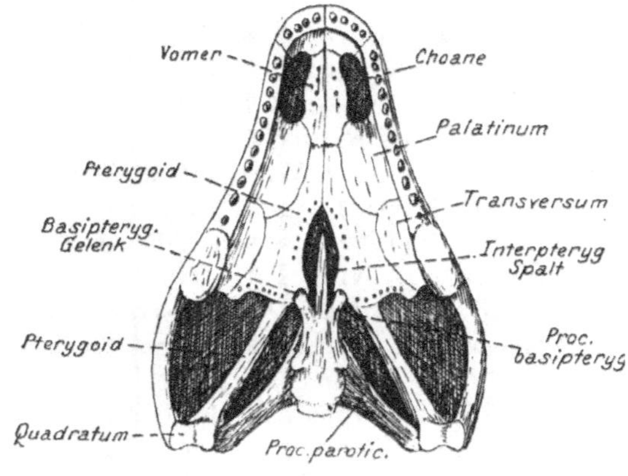

Abb. 370.

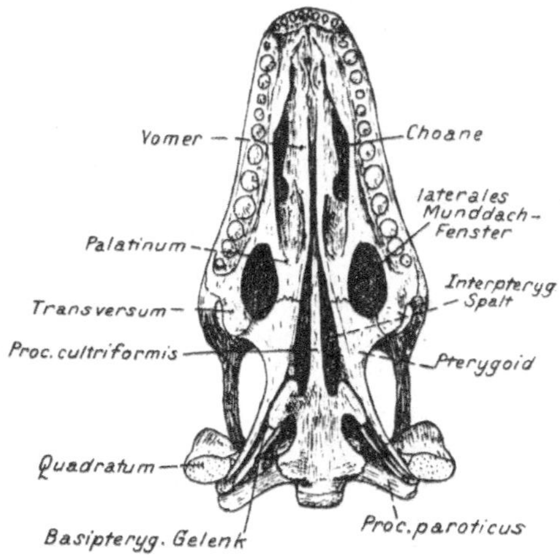

Abb. 371.

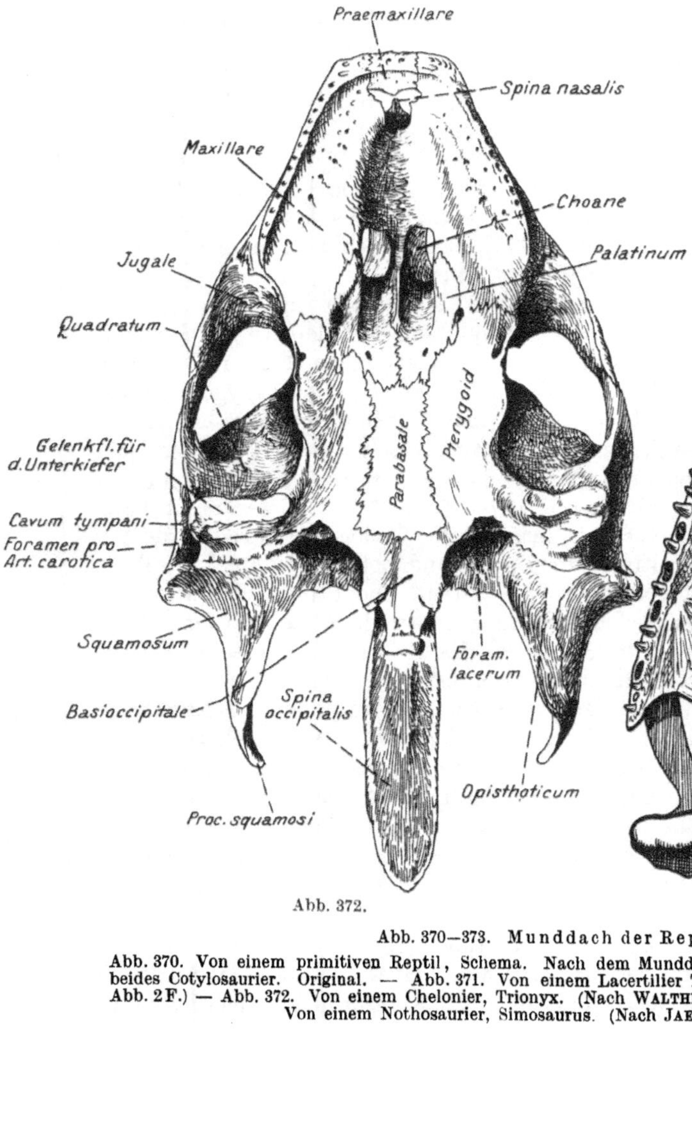

Abb. 372.

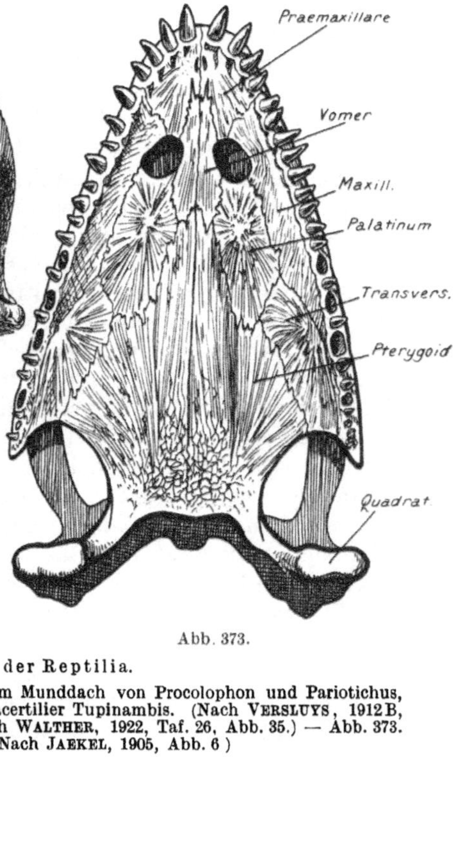

Abb. 373.

Abb. 370—373. Munddach der Reptilia.

Abb. 370. Von einem primitiven Reptil, Schema. Nach dem Munddach von Procolophon und Pariotichus, beides Cotylosaurier. Original. — Abb. 371. Von einem Lacertilier Tupinambis. (Nach VERSLUYS, 1912 B, Abb. 2 F.) — Abb. 372. Von einem Chelonier, Trionyx. (Nach WALTHER, 1922, Taf. 26, Abb. 35.) — Abb. 373. Von einem Nothosaurier, Simosaurus. (Nach JAEKEL, 1905, Abb. 6.)

der Innenseite der Maxillaria, der Palatina und selbst der Pterygoidea. Diese Auswüchse bedecken die ursprünglichen Choanen und verursachen eine Verschiebung der Nasenhöhlenmündung nach unten; auch wird ein dorsaler Teil der Mundhöhle den Nasenhöhlen funktionell beigefügt. Dieses sekundäre Munddach ist sehr verschieden gebaut; es ist auch mehrere Male bei den Reptilia entstanden. Es kommt vor bei den Crocodilia, wo die Choanen sehr weit nach hinten verschoben sind (Abb. 394—396 auf S. 284); ferner bei einigen Chelonia, wo aber dies sekundäre Munddach geringer entwickelt ist. Bei den Lacertilia wird die Verschiebung der Choanen nach hinten dadurch erreicht, daß die Schleimhaut Falten bildet; in diesen Falten wachsen knöcherne Leisten.

Auch bei den Anomodontia kommt die Bildung eines sekundären Munddaches vor, wodurch ein säugetierähnlicher Zustand gegeben ist (Abb. **414**, **414** auf S. 300). Die Anforderungen der Lungenatmung und die Art der Nahrungsverarbeitung sind wohl der erste Anreiz für das Entstehen eines solchen sekundären Munddaches gewesen. —

Die Zähne des Munddaches pflegen bei den Reptilia zurückzutreten und bleiben ziemlich klein. Sie können auf den Pterygoidea, Palatina und den Vomeres vorkommen, selten auf dem Parabasale (Triassochelys).

In der **Seitenwand des Neurocranium** (Abb. 374) verknöchert der hintere Teil meist ganz. Am meisten nach hinten liegt das Exoccipitale; die Labyrinthkapsel

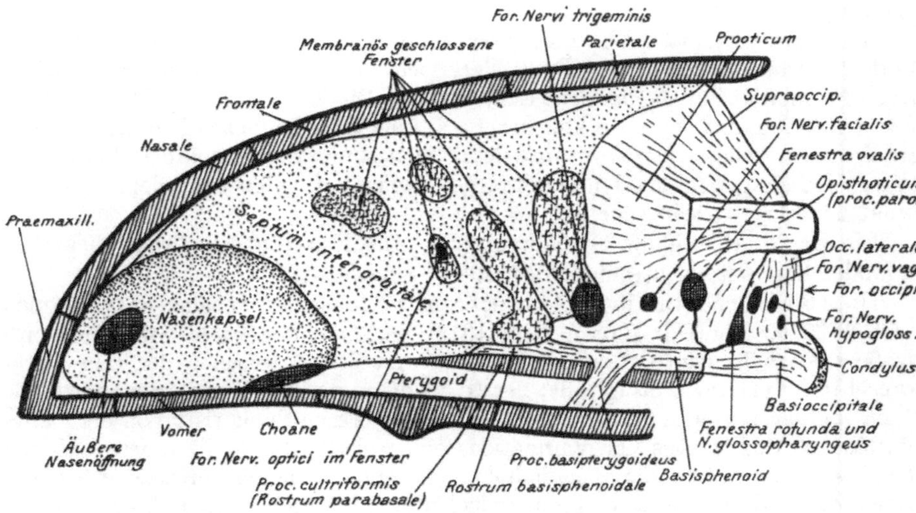

Abb. 374. Seitenwand des Neurocranium eines primitiven Reptils, von lateral. Schema. Original.

verknöchert durch das Opisthoticum und das Prooticum. Nach der Schädelhöhle zu bleibt die Wand der Labyrinthkapsel noch oft teilweise knorpelig. In den dorsalen Teil der Labyrinthkapsel dringt das Supraoccipitale ein (nach der Meinung von W. K. PARKER, 1879 und 1883, soll dieser Teil des Supraoccipitale selbständig entstehen und ein Epioticum bilden; doch ist diese Meinung nicht bestätigt worden.) Das Opisthoticum verschmilzt oft mit dem Exoccipitale. Das Prooticum reicht nach vorn bis zum Foramen nervi trigemini; es kann dies Foramen ganz umwachsen. Vorn bleibt die Seitenwand bei den primitiven Formen oft ganz knorpelig, versehen mit Fenstern, welche häutig geschlossen sind (Abb. 374). Es treten jedoch auch Verknöcherungen auf: von diesen nennt man einen nach hinten zu gelegenen Knochen das Alisphenoid, einen mehr nach vorn gelegenen Knochen das Orbitosphenoid. In diesem Namen wird eine Homologie mit dem gleich benannten Mammaliaknochen ausgedrückt; sie stimmt jedoch für das Alisphenoid nicht: dieses ist vielmehr bei den Mammalia ein Knochen, welcher sekundär der Schädelkapsel eingefügt wird und welcher stets außerhalb der alten Wand des Primordialcranium liegt. Das Alisphenoid der Reptilia dagegen ist eine Verknöcherung dieser Wand selbst; es muß also anders genannt werden; von Huene (1912 A) schlug den brauchbaren Namen Laterosphenoid vor. Solche Latero- und Orbitosphenoidea besitzen u. a. die Crocodilia, ein Teil der Dinosauria und schließlich unter den Lacertilia die Amphisbaenidae. Teilweise wird die Wand des Primordialcranium hinter den Orbitae beschirmt durch den Processus ascendens des Palatoquadratum; dieser verknöchert als Epipterygoid (s. unten). Dies Epipterygoid kann sich dicht an die Seitenwand des Primordialcranium anschließen (Sphenodon); bei den Anomodontia wird es selbst ganz in diese Wand aufgenommen, ist ziemlich breit und bildet einen wichtigen Teil der Gehirnkapsel.

Das Septum interorbitale ist meist groß. Es verschwindet bei den Ophidia und den Amphisbaenidae; bei diesen reicht die Gehirnkapsel nach vorn bis zur Nasenkapsel; der Schädel dieser Tiere ist also sekundär platybasisch. Bei den Amphisbaenidae ist dies vielleicht eine Anpassung an die bohrende Lebensweise im Boden, Baummull usw., da die Regio ethmoidalis dabei einen festeren Anschluß nach hinten zu nötig hat. Bei den Ophidia ist der Grund für diese Anpassung unbekannt.

Bei anderen Reptilia wird eine größere Festigkeit des Schädels erreicht durch Verknöcherung des Septum. Diese Verknöcherung tritt schon bei recht primitiven Formen auf: z. B. bei dem Cotylosaurier Diadectes und den Pelycosauria. Es ist möglich, daß diese Verknöcherung auf ein ursprüngliches Ethmoid zurückzuführen ist, welches homolog ist mit dem Sphenethmoid der Amphibia. Bei Pareiasaurus und einigen Anomodontia tritt ein Knochen auf, welcher mit dem Sphenethmoid homolog zu sein scheint.

Die Regio ethmoidalis bleibt knorpelig. Die Nasenkapseln liegen dicht beieinander und werden geschieden durch ein Septum nasi.

Über die Foramina in der Schädelwand ist folgendes zu sagen (Siebenrock 1892, 1897, Gaupp 1900, 1905 A, Nick 1912): embryonal beobachtet man stets eine große spaltenähnliche Öffnung, die Fissura metotica, zwischen der Labyrinthkapsel und der Regio occipitalis; der N. vagus und glossopharyngeus, sowie die Vena jugularis interna treten durch sie aus. In diesen Spalt tritt von der Labyrinthkapsel der Ductus perilymphaticus ein, welcher durch die innere Öffnung der Fissura metotica die Schädelhöhle erreicht. Ziemlich unverändert bleibt dieser Zustand bei den erwachsenen Chelonia. Aber meist teilt sich die Fissura, so daß der N. vagus und die Vena je einen eigenen Kanal besitzen. In anderen Fällen verschwindet die Vena, so daß dann ein Raum übrigbleibt, in welchem der Ductus perilymphaticus und der N. glossopharyngeus verlaufen. Dieser Raum wird Recessus scalae tympani genannt. Der Ductus perilymphaticus erreicht dann die Schädeloberfläche in diesem Recessus durch eine Aussackung, den Saccus perilymphaticus; der Ductus legt sich hier gegen die Schleimhaut der Paukenhöhle an. So kommt bei einem Teil der Sauropsida eine Fenestra rotunda zustande; diese ist durch eine Membran geschlossen (Membrana tympani secundaria; Versluys 1898). –

Das vollständige **Schädeldach** der Stegocephala finden wir wieder bei den Cotylosauria oder Stammreptilien. Das Vorhandensein einer oberflächlichen

Skulptur weist auf eine gleiche oberflächliche Lage dieser Schädelknochen. Gruben für die Schleimkanäle sind jedoch bei diesen Landbewohnern nicht mehr zu beobachten. Am Hinterrande tritt in einzelnen Fällen noch die gleiche Einbuchtung für das Trommelfell auf, welche man bei den Stegocephala beobachtet (Abb. 375). Anzahl und Anordnung dieser Schädelknochen stimmen mit denen der Stegocephala überein. Bei Seymouria ist selbst ein Intertemporale vorhanden. Sehr deutlich ist es, daß die Postparietalia nicht homolog sind mit dem Supraoccipitale; das letzte ist nämlich selbständig und in der Regel deutlich gegen die Postparietalia abgegrenzt (Abb. 387 und 390).

Auch Septomaxillaria sind von einigen Cotylosauria und anderen Reptilia bekannt. Sie liegen jedoch tief und haben nur bei einigen Theromorpha Anteil an der Bildung der Schädeloberfläche.

Ein geschlossenes Schädeldach besitzen unter den Reptilia noch einige Chelonia. Das Dach besteht hier jedoch aus weniger zahlreichen Knochen als bei den Cotylosauria. Es ist in der Regio temporalis meist an der Unter- und Oberseite eingeschnitten. Bei den in der See lebenden Chelonia ist das Dach vielleicht sekundär wieder vollständiger geworden. Bei Triassochelys aus dem Trias dürfte es ursprünglich sein (van Bemmelen 1895, Nick 1912, Jaekel 1915).

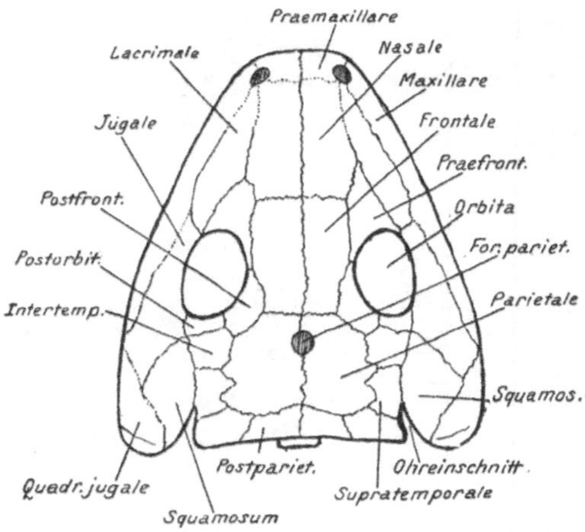

Abb. 375. Schädeldach von Seymouria baylorensis. Die punktierten Linien geben auf den beschädigten Stellen den vermutlichen Verlauf der Knochengrenzen an. (Nach Broili, 1904 A, Abb. 2.)

In diesem primitiven Schädeldach können nun mancherlei Veränderungen auftreten. Die Oberflächenskulptur verschwindet, da die Knochen tiefer in die Haut sinken. Durch Verwachsung können Knochen unpaar werden: z. B. das Parietale und das Frontale. Knochen können auch ganz verschwinden: so z. B. meist die Postparietalia, Tabularia und Supratemporalia. An der Oberfläche des Primordialcranium können die Knochen weiterhin Lamellen bilden, welche tiefer liegen und durch Muskeln bedeckt sind; dies geschieht z. B. in der Temporalhöhle.

Von großer Bedeutung, auch in systematischer und phylogenetischer Hinsicht, ist die Zurückbildung des Schädeldaches, welches über der Temporalhöhle liegt. Dieses Schädeldach kann durch Auftreten von einem oder mehreren Temporalfenstern (Schläfenfenstern) zu Jochbogen zurückgebildet werden. Ein gleiches kann geschehen durch Einschneiden des Hinter- und Unterrandes. Schließlich können auch die Jochbogen verschwinden, so daß die Temporalgrube ganz offen liegt und nur wenige der ursprünglichen Deckknochen übrigbleiben.

Einen Schädel mit einem vollständig geschlossenen Temporaldach nennt man stegocrotaph (stegal), ein Schädel mit Jochbogen heißt zygocrotaph (zygal); besitzt er zwei Jochbogen, dann wird er dizygocrotaph (dizygal) genannt, z. B. bei Sphenodon in Abb. 376; besitzt der Schädel nur einen einzigen Jochbogen, so ist er monozygocrotaph (monozygal), z. B. bei den Lacertilia. Ein Schädel ohne Jochbogen mit offener Temporalgrube heißt gymnocrotaph (Gaupp 1894, Jaekel 1909 B). Diese Schädeltypen besitzen eine große Bedeutung in der Systematik (COPE 1892, SMITH WOODWARD 1898). Es war darum wichtig, ihre phylogenetische Entwicklung zu verfolgen. Dabei hat sich herausgestellt, daß aus dem ursprünglich stegocrotaphen Schädeldach der Cotylosauria mehrere Male und zwar auf verschiedene Weise zygocrotaphe Schädel entstanden sind (OSBORN 1903, WILLISTON 1904, VERSLUYS 1919).

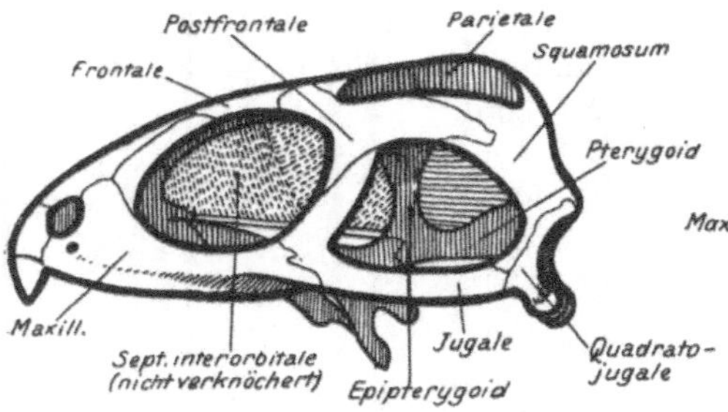

Abb. 376.

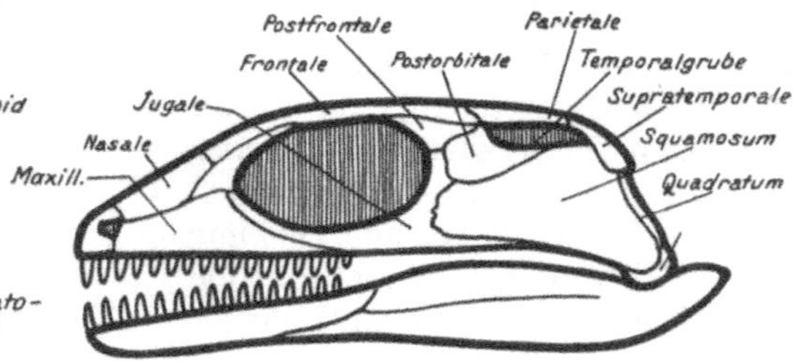

Abb. 377.

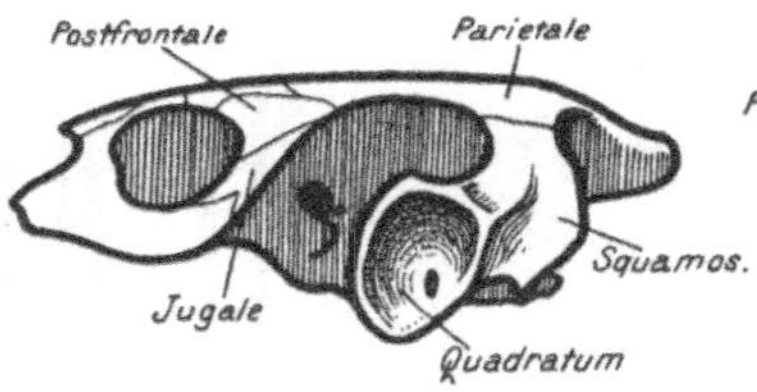

Abb. 378.

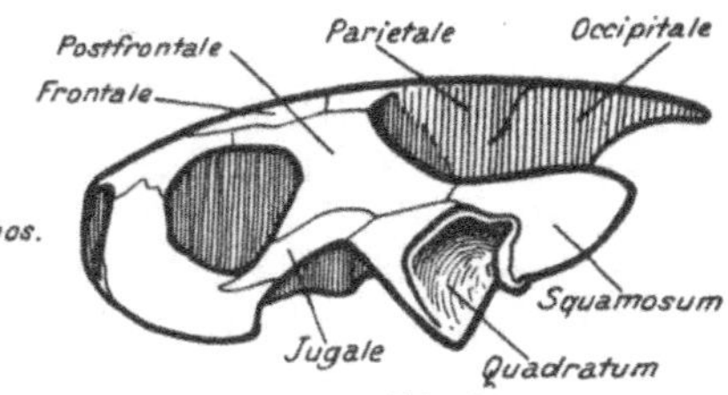

Abb. 379.

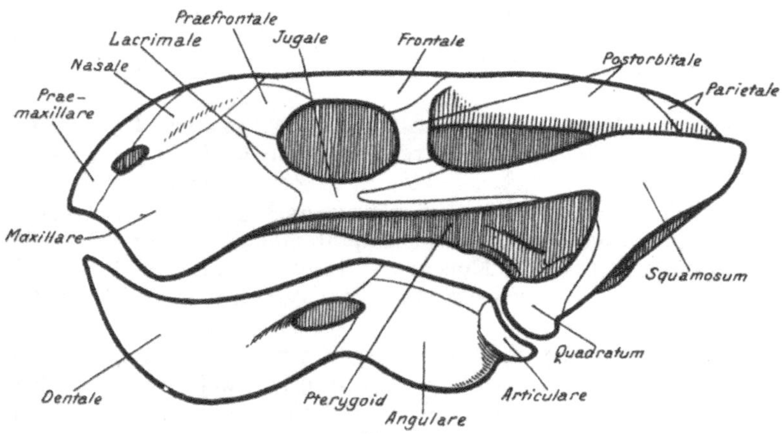

Abb. 380.

Abb. 376—380. Typen der Fenestrae temporales und Jochbogen bei Reptilia.

Abb. 376. Der diapside Typus bei Sphenodon. (Nach GADOW, 1901, Abb. 59 c.) — Abb 377. Anfang des parapsiden Typus bei Araeoscelis. (Nach WILLISTON, aus ABEL, 1919, Abb. 517.) — Abb. 378. Der synapside Typus der Theromorpha, von Udenodon. (Nach BROOM, aus VERSLUYS, 1919, Abb. 4b.) – Abb. 379. Der Cheloniertypus bei Emys. (Nach FUCHS, vereinfacht, aus VERSLUYS, 1919, Abb. 12.) – Abb. 380. Abweichender Cheloniertypus bei Elseya dentata. (Nach BOULENGER, aus VERSLUYS, 1919, Abb. 14.)

Der dizygocrotaphe Typus ist besonders wichtig (Abb. 376). Wir beobachten einen oberen und einen unteren Jochbogen. Außerdem wird das obere Temporalfenster nach hinten zu begrenzt durch einen posttemporalen Bogen; dieser wird gebildet durch das Parietale und das Squamosum. Der untere Jochbogen wird gebildet durch das Quadrato-jugale und das Jugale, in einigen Fällen auch durch das Squamosum. Den oberen Jochbogen bildet das Postorbitale bzw. Postfrontale und das Squamosum. Einen solchen Typus mit zwei horizontalen Jochbogen nennt man den *diapsiden Typus*. Er wird gefunden bei den Archosauria und den Rhynchocephalia.

Die Lacertilia besitzen einen Schädeltypus, der dem dizygocrotaphen ähnelt, aber keinen unteren Jochbogen geformt hat. Früher meinte man stets, daß dieser Typus durch Zurückbildung eines unteren Jochbogens aus dem diapsiden Typus entstanden sei. Es besitzen jedoch die Araeoscelidia, primitive Vorläufer der Lacertilia, kein unteres Temporalfenster; dagegen beobachtet man eine Einbuchtung am Unterrande des Temporaldaches. Denkt man sich nun diese Einbuchtung stets weiter eingeschnitten, dann kann man sich hieraus den Jochbogenypus bei den Lacertilia entstanden denken (Abb. 377). Man nennt ihn den *parapsiden Typus*. Durch Zurückbildung des Jochbogens und des posttemporalen Bogens entstanden hieraus wieder die gymnocrotaphen Schädel der Amphisbaenidae und Ophidia.

Ein dritter sehr wichtiger Typus ist der *synapside*. Hier beobachtet man (Abb. 378) ein dorsales Temporalfenster; dieses wird nach unten begrenzt durch einen Jochbogen, welcher aus Squamosum und Jugale besteht. Dieser Jochbogen verläuft schräg und liegt vorn tiefer als hinten. Der Unterrand des Temporaldaches ist eingeschnitten, manchmal ziemlich stark, so daß das Unterende des Quadratum dann ventral des Jochbogens vorspringt. Dieser Typus entstand bei den Pelycosauria; wir finden ihn weiter bei den Anomodontia und schließlich bei den Mammalia. Der Name synapsid will sagen, daß der eine Jochbogen durch Schließung des einen ventralen Temporalfensters aus zwei Jochbogen entstanden sein soll; aber das ist nicht richtig. Synapsid sind ja auch die Sauropterygia und Placodontia, aber ihr Temporalfenster liegt hier etwas anders und ist wahrscheinlich selbständig in einem stegocrotaphen Dach entstanden. Man kann dieses den zweiten synapsiden Untertypus nennen.

Einen eigenen Typus bilden schließlich die *Chelonia*. Hier sind keine Temporalfenster entstanden; das primitive Dach ist vielmehr an seinem Hinterrande oberhalb des posttemporalen Fensters und an seinem Unterrande eingeschnitten; dieser Einschnitt kann so stark sein, daß nur ein schlanker Jochbogen übrig blieb (Abb. 379). Diese Bildung ähnelt dem Jochbogen bei dem synapsiden Typus; aber wir beobachten hier keinen posttemporalen Bogen. Darin liegt ein grundsätzlicher Unterschied, welcher erklärt wird durch die oben angegebene, verschiedene Umbildungsweise des Schädeldaches. In einigen Fällen wird der Einschnitt vom Unterrande her stärker und verschiebt den Jochbogen dorsocaudad; auf diese Weise kann schließlich ein Bogen vom Quadratum zum Parietale entstehen (Abb. 380). Der Bogen ähnelt dann einem posttemporalen Bogen. Er kann aber auch verschwinden: dann wird der Schädel gymnocrotaph.

Außer dem primitiven stegocrotaphen Typus kann man also *fünf weitere Typen* unterscheiden; den diapsiden, parapsiden Typus, zwei synapside Typen und schließlich den Cheloniatypus. Vermutlich bilden die Ichthyosauria mit einem einzigen dorsal liegenden Temporalfenster noch einen weiteren Typus. Bei den primitiven Pelycosauria waren die Temporalfenster recht verschieden; von ihnen müssen wir den synapsiden und vielleicht auch den diapsiden Typus ableiten. Die anderen Typen gehen vermutlich alle auf die Cotylosauria zurück.

Über die Ursachen des *Entstehens der Temporalfenster* wissen wir nichts. Man kann annehmen, daß einer der Gründe darin bestanden hat, für die Kaumuskeln Raum zu bekommen. Als der Reptilienschädel, indem er leichter und beweglicher sich gestaltete, schmaler wurde, da wurden die Temporalgruben auch kleiner; Raum wurde dann geschaffen durch die Bildung von Temporalfenstern. Sicher ist, daß die Größe der Temporalfenster korrespondiert mit der Entwicklung der Kaumuskeln. Deren Ausbildung steht wieder mit der Nahrung im Verbande: die Theromorpha haben als Raubtiere anders entwickelte Kaumuskeln wie die insektenfressenden Lacertilia. Damit kann teilweise die andere Form der Temporalfenster und der Jochbogen zusammenhängen (VERSLUYS 1919). Daß meist Jochbogen bleiben, liegt wohl daran, daß sie übrigbleibende Teile des Schädeldaches zusammenhalten und vor allem das Quadratum stützen, welches ja das Unterkiefergelenk trägt. Hier herrscht beim Beißen oft ein starker Kaudruck; das muß den Stand und die Ausbildung der Jochbogen beeinflussen. —

Es ist noch eine zweite Durchbrechung des Schädeldaches beobachtet: das präorbitale Fenster (Fenestra antorbitalis). Diese Durchbrechung kommt bei den Archosauria oft vor; sie liegt dicht vor der Orbita. Auch bei den Aves ist sie vorhanden. Sie kann sehr groß werden bei den Dinosauria, wo selbst zwei solcher Durchbrechungen beobachtet sind. Andererseits ist das Fenster bei den Crocodilia zurückgebildet und nur noch selten als kleine Öffnung vorhanden. Das Fenster wird umschlossen durch das Maxillare, Jugale und Lacrimale. Die Bedeutung ist nicht bekannt. —

Das Palatoquadratum ist schon bei der Besprechung des Primordialcranium und des Munddaches erwähnt (S. 264). Das Trommelfell liegt unmittelbar hinter dem Quadratum und legt sich mit seinem Vorderrande an diesen Knochen an; damit im Zusammenhang zeigt das Quadratum in seinem Bau mancherlei Veränderungen. Der Außenrand des Quadratum hängt in der Regel zusammen mit dem Schädeldach: mit dem Squamosum und dem Quadrato-jugale. Diese Verbindung ist eine feste Nahtverbindung, wie wir sie schon bei den Stegocephala beobachten. Häufig, z. B. bei Sphenodon, liegt zwischen beiden eine Öffnung: das Quadratfenster, welches ebenfalls bei den Stegocephala erwähnt wurde (Abb. 376).

Der **Unterkiefer** der Reptilia (Abb. 388, 389) schließt sich an bei den Stegocephala. Die Deckknochen pflegen gut entwickelt zu sein; sie umschließen einen Kanal, in welchem oft noch die ziemlich dicke Cartilago Meckeli liegt, zusammen mit Blutgefäßen und Nerven. Der hintere Teil dieses Kanals bleibt nach oben zu mehr oder weniger offen. Bei den Reptilia sind dieselben sieben Deckknochen des Unterkiefers bekannt, die wir bei den Stegocephala antreffen: Dentale, Coronoid, Angulare, Surangulare, Goniale, Spleniale und Postspleniale. Das Postspleniale ist jedoch nur von Seymouria bekannt; das Goniale verschmilzt meist früh mit dem Articulare, ist also selten selbständig vorhanden; es kann auch gänzlich fehlen wie bei den Crocodilia. Fehlen kann ebenfalls das Spleniale, z. B. bei Sphenodon.

Die Verbindung der beiden Unterkieferhälften geschieht meist durch eine Naht. Sie können aber auch vollständig miteinander verwachsen wie bei den Pterosauria. Andererseits kann die Verbindung eine ganz lose werden. bei den Ophidia durch eine elastische Bandverbindung.

8. Das kinetische oder Streptostylie-Problem.

Die ursprüngliche Fixierung des Quadratum durch das Schädeldach kann nun durch die Rückbildung des Temporaldaches beeinflußt werden: sie wird dadurch weniger fest und kann gleichzeitig zu einer gelenkartigen Verbindung zwischen dem Quadratum und dem Squamosum umgeformt werden (Lacertilia, Ophidia und ein Teil der Dinosauria). Man nennt solche Beweglichkeit Streptostylie. Ist diese Verbindung aber fest und unbeweglich, wie unter den lebenden Reptilia bei Sphenodon, den Crocodilia und den Chelonia, so spricht man als

Gegensatz zu Streptostylie von Monimostylie. Diese Termini stammen von Stannius (1856); er bemerkte dabei, daß im streptostylen Schädel auch das Pterygoid gegen die Schädelbasis beweglich ist, bei dem monimostylen Schädel aber nicht. In der Systematik hat man auf diesen Unterschied großen Wert gelegt.

Welcher der beiden Zustände ist der ursprünglichere? Die primitiven Reptilia besaßen ein festes stegocrotaphes Schädeldach; mit diesem war das Quadratum unbeweglich verbunden: darum kann der streptostyle Zustand nicht der ursprüngliche sein (Gadow 1902). Man kann jedoch auch nicht von einem monimostylen Zustande ausgehen: erstens weil in einem bereits ganz fest gebauten Schädel das Beweglichwerden des Pterygoid und des Quadratum schlecht vorstellbar ist; zweitens weil eine bewegliche Verbindung des Pterygoid mit der Schädelbasis offenbar ursprünglich ist, denn das Basipterygoidgelenk ist ein altes Gelenk, das von den Crossopterygii vererbt wurde auf die primitiven Stegocephala und Cotylosauria (Abb. 360 auf S. 260 und 370 auf S. 268). Drittens ist die Muskelgruppe, welche bei den Pisces als Musculus levator maxillae superioris das Palatoquadratum gegen das Neurocranium bewegt, bei den Tetrapoda nicht verschwunden, wie es bei einem monimostylen Zustand eintreten müßte: sie wird vielmehr als Musculus protractor und levator pterygoidei wiedergefunden bei den Gymnophiona, Lacertilia, Ophidia und Aves, in der Anlage ist sie auch bei Sphenodon gefunden worden. — Wir müssen also von einem Schädel ausgehen, bei welchem eine Verschiebung des Palatoquadratum gegen die Schädelbasis möglich war. Ein solcher Schädel war jedoch weder monimostyl noch streptostyl; er kann aber wegen seiner inneren Beweglichkeit kinetisch genannt werden (Versluys 1910, 1912 B); im Gegensatz dazu ist ein Schädel ohne innere Beweglichkeit akinetisch.

Der Ursprung dieses kinetischen Schädels bei den Reptilia liegt in der Beweglichkeit des Palatoquadratum gegenüber dem Neurocranium. Eine solche Beweglichkeit ist bei den Selachii und Teleostomi allgemein vorhanden. Sie ermöglicht es, daß diese Tiere beim Öffnen des Mundes den Mundrand weiter nach vorn bringen und weiter öffnen. Der Mund wird dadurch in eine günstigere Stellung gebracht für das Greifen beweglicher Beute, bei den Teleostomi meist ganz vorn an dem Kopf. Das Palatoquadratum ist bei den Teleostomi mit den Maxillaria und den Deckknochen des Schädeldaches und schließlich mit den Gaumenknochen verbunden; aber diese Verbindung schließt eine Beweglichkeit keineswegs aus, weil diese Deckknochen untereinander mehr oder weniger beweglich sind. Bei einigen Crossopterygii (S. 247) finden wir ein ziemlich fest gewordenes sekundäres Schädeldach; in diesem Schädeldach läuft quer eine Grenzlinie, in welcher die Knochen nicht durch eine Naht, sondern durch ein Ligament miteinander verbunden waren: dies ist eine Anpassung an Beweglichkeit innerhalb des Schädels, wobei der Vorderteil des Schädeldaches mit dem Oberkiefer emporgehoben werden konnte. Nirgends finden wir hier eine feste Verbindung zwischen dem Vorder- und Hinterstück des Neurocranium; somit konnte die Regio ethmoidalis mitbewegt werden (Watson 1921).

Diese Schädelbewegungen der Teleostomi wurden ererbt von den primitiven Tetrapoda; wir finden sie auch bei den streptostylen Reptilia und Aves und bei den Gymnophiona, wo sie aber nur unvollständig bekannt sind. Die Bedeutung bleibt unverändert, sie besteht im Aufheben des Oberkiefers beim Öffnen des Mundes. Es scheint zunächst, daß die Stegocephala und Cotylosauria mit ihrem geschlossenen festen Schädeldach akinetisch sein mußten. Aber die Lacertilia geben uns die Auflösung für diese Schwierigkeit: der knöcherne Schädel besteht hier aus zwei Teilen, die nirgends fest miteinander verbunden sind. Es besteht erstens ein Occipitalteil: dieser umfaßt die Regio occipitalis und die Regio otica;

nach vorn zu endigt dieser Teil mit dem Processus cultriformis des Parabasale. Das zweite Stück wird Maxillarteil genannt: es umfaßt die Regio ethmoidalis,

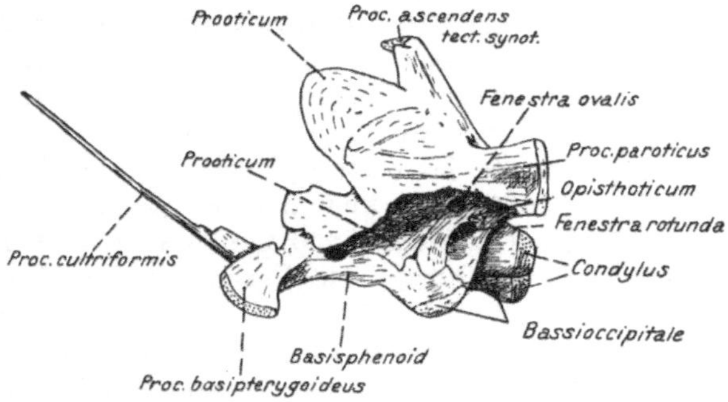

Abb. 381.

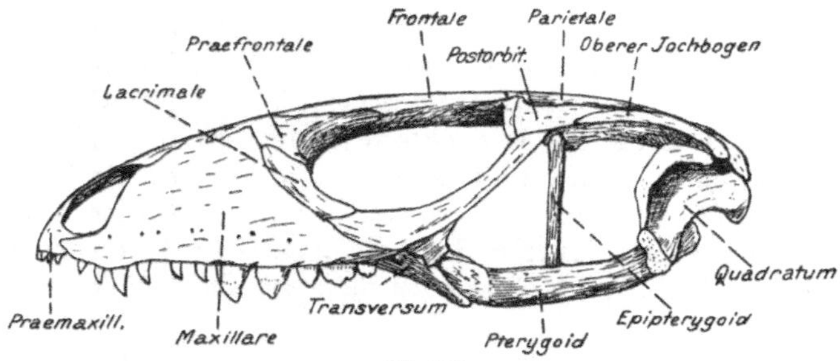

Abb. 382.

Abb. 381—382. Die beiden Bewegungsteile des Lacertilierschädels nach Tubinambis teguixin. Abb. 381. Das occipitale Segment. — Abb. 382. Das maxillare Segment. (Nach VERSLUYS, 1912 B. Abb. N′ u. O′.)

das Palatoquadratum und das ganze sekundäre Schädeldach (Abb. 381—383). Die Regio orbito-temporalis des Neurocranium ist dünnwandig, knorpelig und häutig; sie ermöglicht die Bewegungen beider Teile gegeneinander. Das Dach des Primordialcranium ist zurückgebildet; das sekundäre Schädeldach findet nur ganz hinten einen Stützpunkt auf dem Tectum synoticum, welches als Supraoccipitale verknöchert; zu einer Nahtverbindung kommt es hier aber nicht. Überall ist Knorpel oder Bindegewebe dazwischen gefügt. Wenn ein Lacertilier den Mund öffnet, so ziehen die Musculi protractores pterygoidei das Palatoquadratum und seine Deckknochen im Basipterygoidgelenk nach vorn. Durch die Palatina, Vomeres und Ossa transversa wird der Druck übertragen

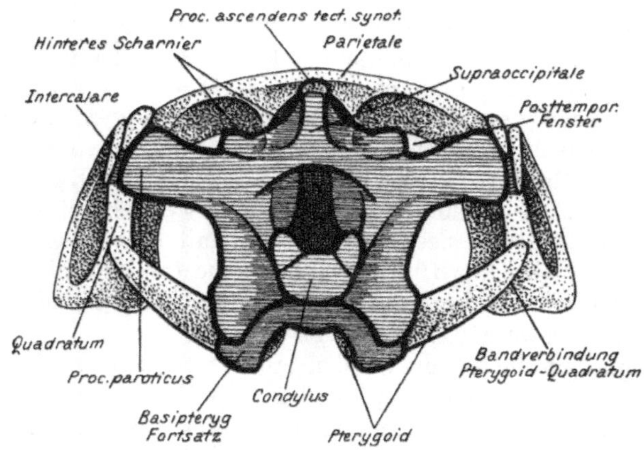

Abb. 383. Schädel eines Lacertiliers, von caudal, um die hinterste Beugungslinie und die zwei Segmente in ihrem Zusammenhange zu zeigen. Das occipitale Segment ist gestrichelt, das maxillare punktiert. (Nach VERSLUYS, 1912 C, Abb. 3.)

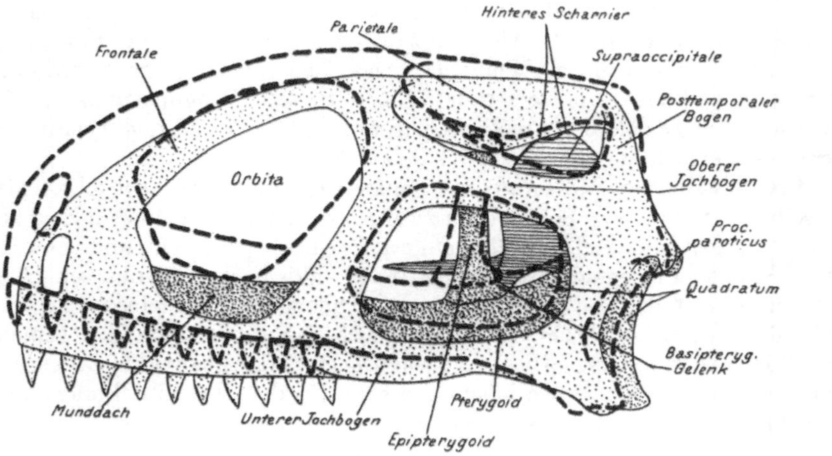

Abb. 384.

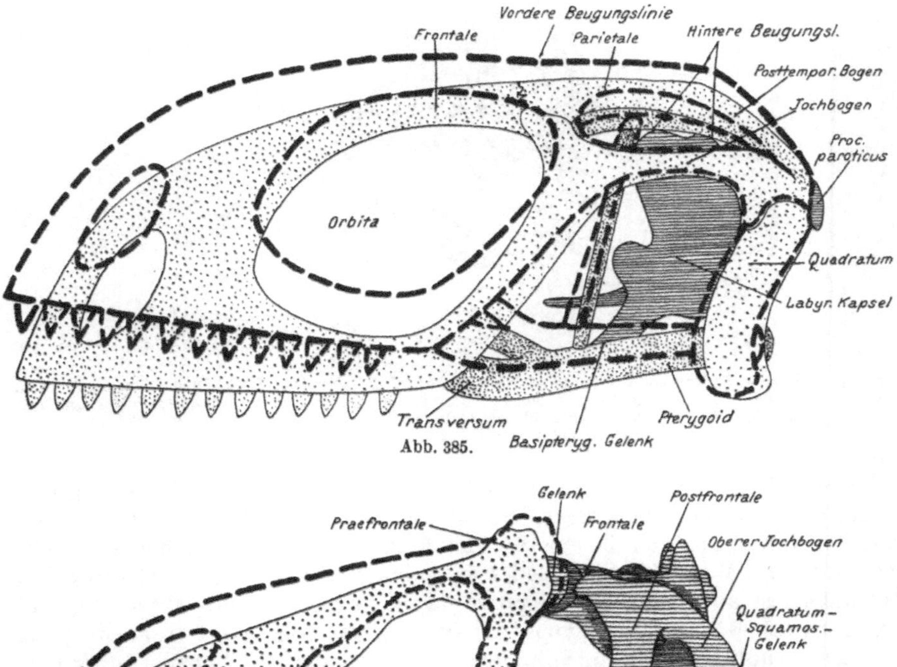

Abb. 385.

Abb. 386.

Abb. 384. Schema der Schädelbewegungen eines primitiven Rhynchocephaliers; metakinetischer Zustand. (Nach VERSLUYS, 1912 C, Abb. 5.) – **Abb 385.** Schema der Schädelbewegungen eines Lacertiliers mit vorderer und hinterer Beugungslinie im Schädeldach; amphikinetischer Zustand. (Nach VERSLUYS, 1910, Taf. 12, Abb. 1, vereinfacht.) – **Abb. 386.** Schema der Schädelbewegungen eines Raubdinosauriers (Creosaurus). (Nach VERSLUYS, 1912 C, Abb. 4.) Das occipitale Segment ist gestrichelt, das bewegliche maxillare punktiert; die dicke durchbrochene Linie zeigt das Aufheben dieses Segmentes beim Öffnen des Maules.

auf die Nasenkapseln und den Oberkiefer. Diese Knochen folgen dem Druck und werden gehoben. Bei einer Anzahl Lacertilia wird diese Bewegung vom ganzen Schädeldach mitgemacht. Das erste Scharnier liegt dann zwischen den Parietalia und dem Supraoccipitale. Einen zweiten Beugungspunkt finden wir zwischen den Enden der Processus parotici einerseits und dem Quadratum mit dem Schädeldach andererseits (Abb. 383, 385).

Der Schädel von Sphenodon ist akinetisch; und doch beobachtet man hier dieselbe Aufteilung des Schädels in zwei Abschnitte, deren Verbindung ziemlich lose ist. Auch sind noch ein rudimentäres Basipterygoidgelenk und beim Embryo auch Schädel-Pterygoidmuskeln beobachtet. Wir müssen hieraus schließen, daß bei den unmittelbaren Stammformen von Sphenodon Schädelbewegungen stattgefunden haben, obgleich das Schädeldach bei Sphenodon mit seinen zwei Jochbogen sehr fest ist. Diese hypothetischen Schädelbewegungen waren dann aber nur an derselben Stelle möglich, die wir bei den Lacertilia finden: zwischen den Parietalia und dem Supraoccipitale (Abb. 384).

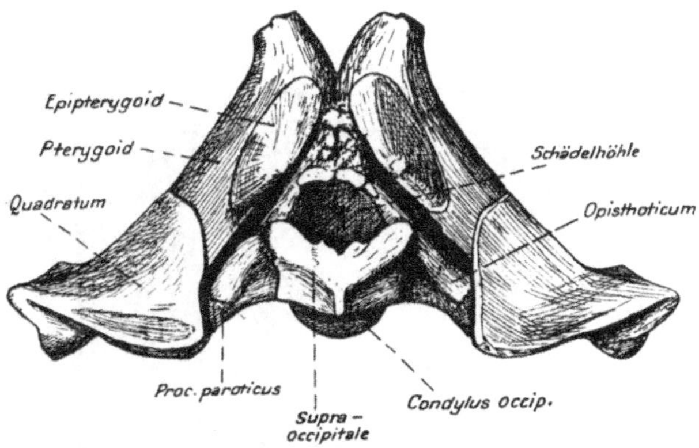

Abb. 387. Hinterster Schädelteil von Labidosaurus hamatus, ohne sekundäres Schädeldach, von oben gesehen. Das Schädeldach ruhte scheinbar lose auf dem Supraoccipitale und den Labyrinthkapseln. Das Quadratum und das Pterygoid waren ebenfalls nirgends fest mit dem Neurocranium verbunden. (Nach WILLISTON aus VERSLUYS, 1912 B, Abb. J'.)

Einen solchen kinetischen Schädel können auch die Cotylosauria besessen haben, deren festes Schädeldach jede andere innere Bewegung ausschloß; auch hier finden wir nämlich in einzeln Fällen eine Teilung des Schädels in einen Occipital- und Mandibularteil; es ist weiterhin beobachtet, daß gelegentlich die Parietalia lose auf dem Supraoccipitale lagen, so daß hier ein Scharnier gebildet wurde (Abb. 387). Dieser Typus des kinetischen Schädels war auch möglich bei den primitiven Stegocephala mit tropibasischem Schädel und einem Basipterygoidgelenk. Einen solchen Schädel nennen wir metakinetisch, weil sein Scharnier am Hinterrande des sekundären Schädeldaches liegt. Diese hintere Lage hat den Vorteil, daß selbst eine beträchtliche Bewegung des Oberkiefers doch nur eine geringe Biegung in dieser Linie hervorruft. Für die Frage nach dem Entstehen dieses metakinetischen Zustandes ist es wichtig, daß das sekundäre Schädeldach ursprünglich nicht unmittelbar auf dem Knorpeldach des Primordialcranium gelegen haben muß; beobachtet man doch z. B. bei Neoceratodus zwischen beiden einen Zwischenraum.

Aus dem kinetischen Charakter des primitiven Cotylosaurierschädels verstehen wir mancherlei: seinen Aufbau aus zwei Teilen, das Auftreten eines hinteren Scharniers, die Beweglichkeit der Pterygoidea und Quadrata gegen den occipitalen Schädelteil, das Ausbleiben von Verknöcherungen in der Vorderwand der Schädelkapsel und im Septum interorbitale; das Auftreten von Epipterygoidea, welche bis zum Schädeldach emporsteigen und einen festen Pfeiler bilden im Maxillarsegmente. Wir werden sehen, daß diese Eigentümlichkeiten des Schädels verschwinden, wenn der Schädel aufhört, kinetisch zu sein, oder die Schädelbewegungen sich verändern.

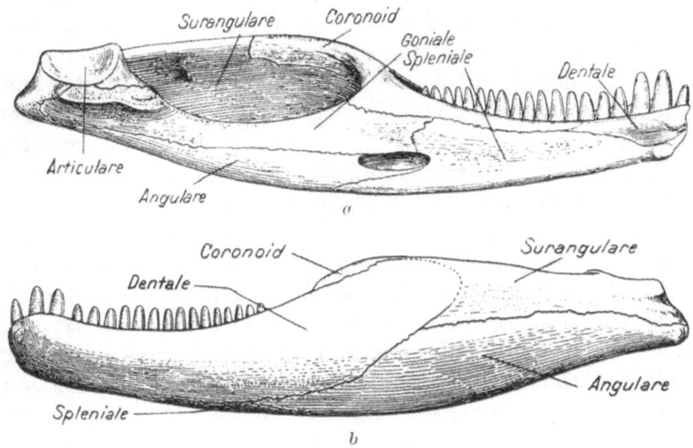

Abb. 388. Unterkiefer von Labidosaurus hamatus. *a* von medial; *b* von lateral. (Nach WILLISTON, 1913.)

Die Schädelbewegungen haben sich bei den Reptilia im Laufe der Zeiten geändert, so daß ein reiner metakinetischer Schädel unter den lebenden Formen nicht mehr vorkommt. Das Schädeldach wurde ja unter Bildung von Temporalfenstern zurückgebildet und dadurch weniger fest; damit konnte die Lage des

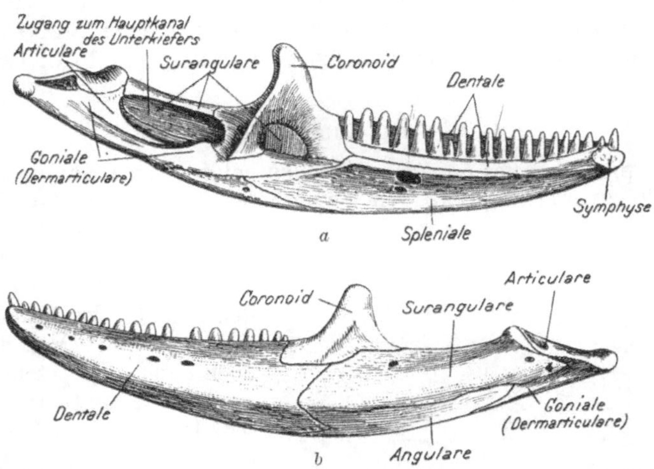

Abb. 389. Unterkiefer von Lacerta agilis. *a* von medial; *b* von lateral. (Nach GAUPP, 1911, Abb. 11 u. 10.)

Scharniers sich verändern. Dies ist der Fall bei vielen Lacertilia: hier liegt das Scharnier zwischen den Parietalia und den Frontalia; es wird in diesem leichtgebauten Schädeldach durch die Nähte dieser Knochen gebildet. Auf diese Weise entsteht ein zweites Scharnier. Je mehr dieses zweite in den Vordergrund tritt, desto mehr tritt das hintere Scharnier zurück; es wird dann das Dach der Gehirnkapsel fester mit dem Supraoccipitale und den Labyrinthkapseln verbunden.

Ein Schädel, bei welchem das Scharnier vorn im sekundären Schädeldach liegt, wird **mesokinetisch** genannt. Sind beide Scharniere in Tätigkeit, wie bei vielen Lacertilia, dann nennen wir den Schädel **amphikinetisch**. Der mesokinetische Schädel bietet den großen Vorteil, daß hier eine feste Schädelkapsel für das Gehirn gebildet werden kann, ohne daß die Möglichkeit den Oberkiefer zu heben verloren gehen muß. Wir finden solche mesokinetischen Schädel bei einem Teil der Dinosauria (Abb. 386), bei den Aves, Amphisbaenidae und, mit allerlei Besonderheiten, bei den Ophidia. Bei dieser Umbildung entstanden jedoch Spannungen in den Jochbogen und vor allem zwischen dem Quadratum einerseits und dem Squamosum mit dem Pterygoid andererseits. Diese Spannungen bewirkten ein Loserwerden dieser Verbindungen; sie führten schließlich zu einer Entwicklung von gelenkartigen Verbindungen des Quadratum mit dem Squamosum. Damit wurde dann die typische Streptostylie erreicht.

Der Wert der Schädelbewegungen liegt für die Reptilia darin, daß durch das Aufheben des Oberkiefers ein leichteres Greifen beweglicher Beute ermöglicht wird (Insecta und andere Arthropoda). Dies wird dadurch bestätigt, daß bei Nahrungsänderung die Schädelbewegungen verschwinden: Pflanzenfresser, Muschel- und Schneckenfresser haben einen akinetischen Schädel. Formen mit einem einfachen, primitiven Greifgebiß haben meist einen kinetischen Schädel. Andererseits haben Formen mit einem veränderten Gebiß auch meist einen akinetischen Schädel. Der Schädel wird auch oft akinetisch, wenn die Lebensweise einen festen Schädel erfordert: z. B. bei marinen Formen wie die Ichthyosauria und Plesiosauria.

Diese Umbildung des kinetischen Schädels zu einem akinetischen bei den Reptilia geschah des öfteren in unabhängigen Linien und auf verschiedene Weise. In einigen Fällen begann die Umbildung mit einer Veränderung des Munddaches: dann wurde das Basipterygoidgelenk durch eine feste Nahtverbindung ersetzt (Abb. 370—373 auf S. 268). In anderen Fällen wurde zuerst das Hinterhaupt versteift durch Verwachsung des Processus paroticus mit dem Quadratum und mit dem Schädeldach. Weiteres werden wir unten bei der Besprechung der besonderen Schädeltypen angeben (NITSCH 1822, VERSLUYS 1910, 1912 B, C).

4. Die einzelnen Schädeltypen.

Eine Besprechung des Schädels bei allen zahlreichen Ordnungen der Sauropsida würde zu weit führen. Wir beschränken uns auf einige Bemerkungen über den Schädel der Cotylosauria, Rhynchocephalia, Lacertilia, Ophidia, Crocodilia und Chelonia. Über den Schädel der Anomodontia soll später beim Mammalierschädel noch einiges mitgeteilt werden.

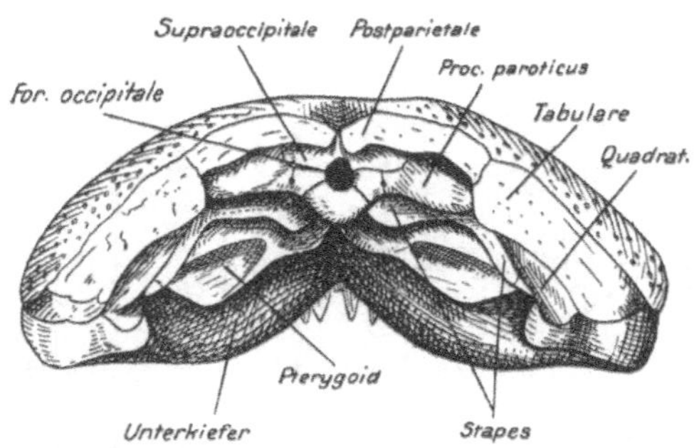

Abb. 390. Schädel von Labidosaurus hamatus von hinten gesehen. (Nach WILLISTON, aus VERSLUYS, 1912 B, Abb. Z.)

Den primitivsten Reptilienschädel finden wir bei den **Cotylosauria.** Er ist gekennzeichnet durch ein geschlossenes stegocrotaphes Schädeldach mit zahlreichen Deckknochen; durch seine ursprüngliche metakinetische Bewegungsform; durch seinen tropibasischen Bau mit Septum interorbitale und durch das Basipterygoidgelenk (Abb. 370). Die Schädelkapsel war nach vorn zu nur häutig oder knorpelig geschlossen; auch das Septum interorbitale war so gebaut. Die Gehirnkapsel war sehr klein im Verhältnis zum Palatoquadratum und dem Schädeldach (Abb. 387, 390). Die Epipterygoidea waren bisweilen sehr kräftig entwickelt.

Einige Cotylosauria besaßen einen akinetischen Schädel mit einer stärkeren Verknöcherung in der Regio orbito-temporalis. —

Unter den lebenden Sauropsida besitzt **Sphenodon** den primitivsten Schädel (HOWES and SWINNERTON 1901, SCHAUINSLAND 1900, 1903). Er ist akinetisch: offenbar jedoch eine rezente Veränderung, da der Schädelbau noch in allen Hauptzügen mit einem metakinetischen Schädel übereinstimmt. Lebensweise und Nahrung sind verändert: das Tier lebt teilweise im Meere, teilweise in Höhlen; es gräbt und es ißt Gastropoden. Das Gebiß ist kein Fanggebiß, sondern angepaßt an das Zertrümmern der Gastropodenschale. Wahrscheinlich alle diese Faktoren ließen den Schädel fester und akinetisch werden; aber die Umbildungen stehen noch im Anfang. Das Epipterygoid ist durch Bindegewebe fest mit der Seitenwand des Neurocranium verbunden.

Abb. 376 gibt ein etwas schematisches Bild des Sphenodonschädels: zwei Temporalfenster, zwei Jochbogen und ein Posttemporalbogen sind zu beobachten. Supratemporalia, Postparietalia und Tabularia fehlen. Das Palatoquadratum bildet ein festes Ganzes; es ist in Abb. 365 auf S. 264 abgebildet. —

An den primitiven metakinetischen Schädel schließt sich der Schädel der **Lacertilia** an, da auch er aus zwei Teilen aufgebaut ist (Abb. 381, 382). Aber durch Zurückbildung des Schädeldaches hat der ganze Schädel eine lose Konstruktion bekommen. Nur ein einziger, oberer Jochbogen ist zu beobachten. Das Quadratum ist nur durch eine kurze Nahtverbindung oder durch eine lose Bandverbindung mit dem Squamosum verbunden: dadurch wird der Schädel streptostyl. Daß der Schädel meist amphikinetisch ist, wurde bereits oben gesagt (S. 275, 279). Durch die Verschiebung des Scharniers sind Veränderungen im Maxillarteil entstanden, wodurch Beugungen auftreten. Diese Beugungen haben eine bewegliche Verbindung des Quadratum mit dem Pterygoid und mit dem Squamosum hervorgerufen. Weiterhin ist dadurch ein Gelenk zwischen dem Unterende des Epipterygoid und einem Rest des Palatoquadratum entstanden. Der interpterygoidale Spalt ist schmal und reicht ziemlich weit nach vorn (Abb. 371). Die Parietalia und Frontalia verwachsen meist paarweise. Ein Foramen parietale ist oft zu beobachten. Im posttemporalen Bogen zwischen Parietale und Squamosum liegt ein kleines Supratemporale. Postorbitale und Postfrontale sind meist nur durch einen einzigen Knochen vertreten. In einigen Fällen liegt dorsal der Orbita ein selbständiges Supraorbitale, eine Neubildung, welche bei den Lacertilia nicht isoliert vorkommt, da eine Crusta calcarea oder andere selbständige Hautverknöcherungen auf dem alten Schädeldach ziemlich oft beobachtet sind. Die Temporalgrube kann dadurch teilweise ein neues Knochendach bekommen (BOAS 1914, VON FEJERVARY 1921 B; andere Mitteilungen über den Lacertiliaschädel findet man bei W. K. PARKER 1879, C. K. HOFFMANN 1890 und SIEBENROCK 1892, 1894). —

Die **Ophidia** besitzen einen stark verknöcherten Schädel (Abb. 391, 392); dieser ist durch Ausbreitung der Gehirnkapsel nach vorn zu sekundär platybasisch geworden. Die orbito-temporale Schädelwand ist ganz knöchern geschlossen: dies kommt dadurch zustande, daß von den Parietalia und den Frontalia Knochenplatten nach unten wachsen bis zur Schädelbasis. Die Parietalia sind fest mit der Labyrinthkapsel und dem Supraoccipitale verwachsen. Processus parotici fehlen. Der Schädel ist gymnocrotaph.

Ein schlankes Squamosum (oder Supratemporale?) läuft vom Parietale laterocaudad; es trägt an seinem distalen Ende das Quadratum mit einer beweglichen Bandverbindung. Dies ist der Rest eines posttemporalen Bogens.

Merkwürdige und recht verschiedene Anpassungen zeigt der Ophidierschädel in seinen inneren Bewegungen. Die einfachsten Verhältnisse zeigen in dieser Hinsicht die Pythoniden und ihre Verwandten (Abb. 393). Ein Basipterygoidgelenk ist wohl anwesend; aber die Gelenkkapsel besteht aus so langen elastischen Bändern, daß die Pterygoidea in der Schädelbasis weit zur Seite bewegt werden können.

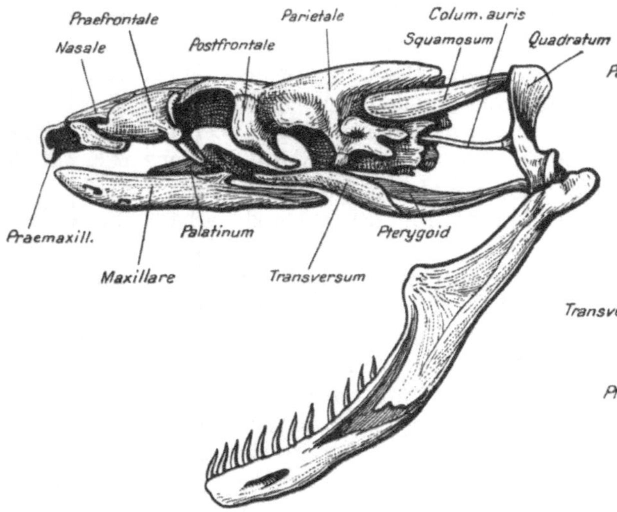

Abb. 391.

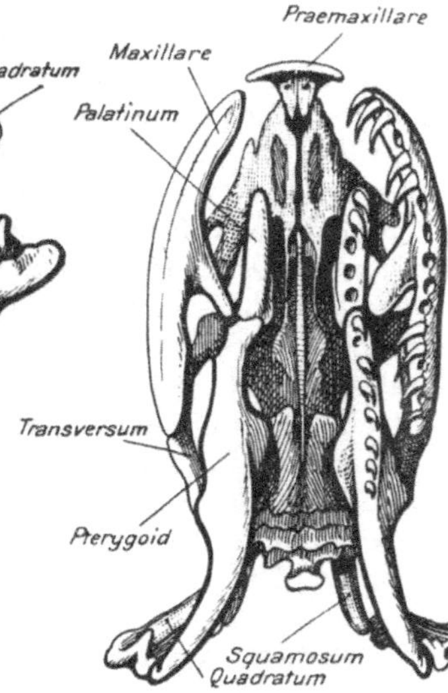

Abb. 392.

Abb. 391—392. Schädel von Eunectes murinus.
Abb. 391. Von links. — Abb. 392. Von der Unterseite ohne Unterkiefer; die Zähne sind nur rechts angegeben. (Nach GADOW, 1901, Abb. 155, 156 A.)

Eine mediane Verbindung der Pterygoidea und Palatina fehlt. Diese sind auch nur sehr lose mit den Nasenkapseln und den Vomeres verbunden. Auch die Quadrata sind durch ihre oben beschriebene Verbindung mit dem Schädel äußerst beweglich. Weiterhin haben die Maxillaria sich größtenteils aus dem Verbande der anderen Schädelknochen losgemacht: ihr Zusammenhang ist nämlich beschränkt auf

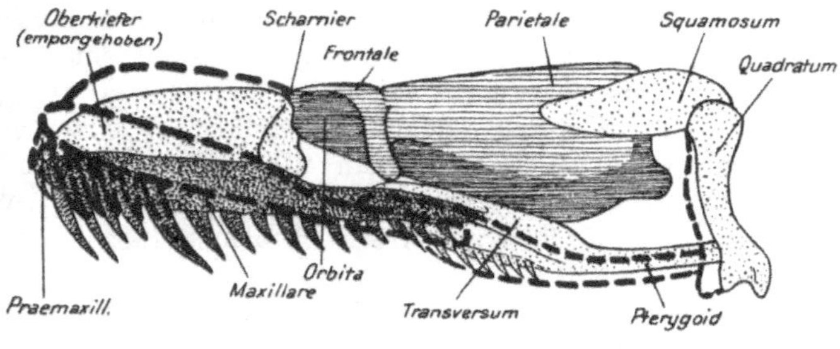

Abb. 393. Bewegungen im Schädel von Python: Schema. Das occipitale Segment ist gestrichelt; das max. bewegliche Segment ist punktiert; der Oberkiefer ist dunkel punktiert. Die dicke, durchbrochene Linie gibt das Aufheben des maxillaren Segmentes an, wenn das Pterygoid nach vorn geschoben wird. (Nach VERSLUYS, 1912 B, Textabb. H2.)

eine schmale Bandverbindung mit dem Unterrande des Praefrontale (Lacrimale?). Wird nun ein Pterygoid nach vorn bewegt, dann drückt es mittels des Transversum das Hinterende des Maxillare hinunter. Dieses Maxillare aber dreht sich dann um seine Verbindung mit dem Postfrontale; dadurch wird sein Vorderende emporgehoben und die Zahnspitzen blicken nach unten statt nach hinten (Abb. 393).

Die Regio ethmoidalis des Schädels kann auch emporgehoben werden; sie ist auch nur im Schädeldach mit der Gehirnkapsel verbunden, obgleich sie sich bei Druck von vorn oder oben dagegen legt. Der Schädel ist mesokinetisch: das Scharnier liegt vor den Orbitae.

Die große Beweglichkeit der Quadrata und Palatina bewirkt es, daß die meisten Ophidia ihren Mund sehr weit aufmachen können; die lose Symphyse des Unterkiefers trägt weiterhin dazu bei. Dadurch können diese Tiere eine relativ sehr große Beute als Ganzes verschlingen. Dabei ziehen sie sich durch die Bewegungen ihrer Palatina gewissermaßen über die Beute hin: die Knochen der linken und rechten Seite werden abwechselnd nach vorn gebracht; die stark nach hinten gebogenen spitzen Zähne verhindern dabei ein Zurückgleiten der Beute.

Bei den Giftschlangen ist das Maxillare zu einem kurzen, beinah viereckigen Knochen geworden, welcher die Giftzähne trägt. Wird das Pterygoid nach vorn gezogen, dann dreht sich das Maxillare in der Verbindung mit dem Praefrontale: so ragt die Spitze des Giftzahnes, welcher in der Ruhe nach hinten gerichtet ist, nach vorn aus dem Munde. —

Der Schädel der **Crocodilia** ist akinetisch und monimostyl. Die Schädelkapsel ist durch Verknöcherungen in der Orbito-temporalwand geschlossen; dies geschieht durch die paarigen Laterosphenoidea und Orbitosphenoidea. Das Septum interorbitale ist klein, das knöcherne Rostrum basisphenoidale ist kurz. Ein Parabasale fehlt. Pterygoidea und Palatina haben sich median aneinander geschlossen; sie bedecken die Schädelbasis bis weit nach hinten (Abb. 394). Beide Knochen haben weiterhin durch eine laterale Lamelle, welche ventrad und dann mediad sich umbiegt, einen sekundären Gaumen gebildet: dadurch liegen die sekundären Choanen auf der Höhe des Basisphenoid.

Bei primitiven fossilen Crocodilia aus dem Jura und der Kreide liegen die Choanen im knöchernen Schädel weiter vorn, am Hinterrande der Palatina; von dort aus geht eine offene Gaumenrinne nach hinten zu, die im Leben vermutlich teilweise durch einen weichen Gaumen geschlossen wurde (Abb 395). Primitivere Zustände sind bei fossilen Crocodilia noch nicht bekannt. Wir müssen aber vermuten, daß noch weniger vollkommene sekundäre Gaumen bestanden haben; diese hätten dann etwa übereingestimmt mit dem sekundären Gaumen bei den Parasuchia, wo auch die Palatina noch keinen geschlossenen Kanal bilden und die primitiven Choanen noch sichtbar sind (Abb. 396).

Die Pterygoidea sind bei den Crocodilia durch eine feste Nahtverbindung mit der Schädelbasis verbunden. Dabei bleiben einige enge Kanäle ausgespart, welche u. a. eine Verbindung der Paukenhöhle mit der Mundhöhle bilden. Diese Verbindung stimmt wohl funktionell mit der Tuba Eustachii der Mammalia überein, ist aber damit nicht homolog. Das Quadratum ist gekrümmt und bildet eine beinah vollständige Umrandung für das Trommelfell. Das Schädeldach ist sehr fest und zeigt die typische Oberflächenskulptur der Hautverknöcherung, wahrscheinlich, weil eine Crusta calcarea vorhanden ist. Der Schädel ist diapsid. Der Gesichtsschädel ist außerordentlich stark verlängert, indem durch Verlängerung der Maxillaria und Nasalia eine lange Schnauze geformt wird. —

Die **Chelonia** (SIEBENROCK 1897; NICK 1912, FUCHS 1920) besitzen ebenfalls einen monimostylen Schädel. Die Gehirnkapsel ist meist beinahe ganz knöchern geschlossen. Die knöcherne Wand in der Regio orbito-temporalis liegt jedoch außerhalb der ursprünglichen Wand des Primordialcranium; sie wird gebildet durch eine knöcherne, paarige Lamelle, welche vom Pterygoid aufsteigt bis zum Parietale und geformt wird aus einer abfallenden Platte des Parietale, aus einer kleinen selbständigen Verknöcherung (Epipterygoid) und aus einem Fortsatz des Pterygoid (Descensus parietalis). Die knöchernen äußeren Nasenöff-

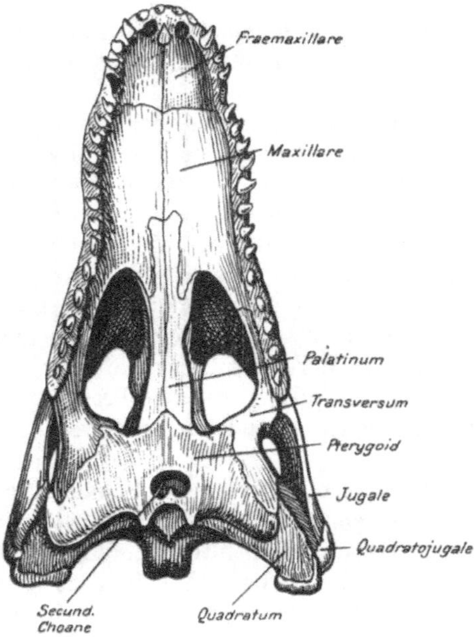

Abb. 394.

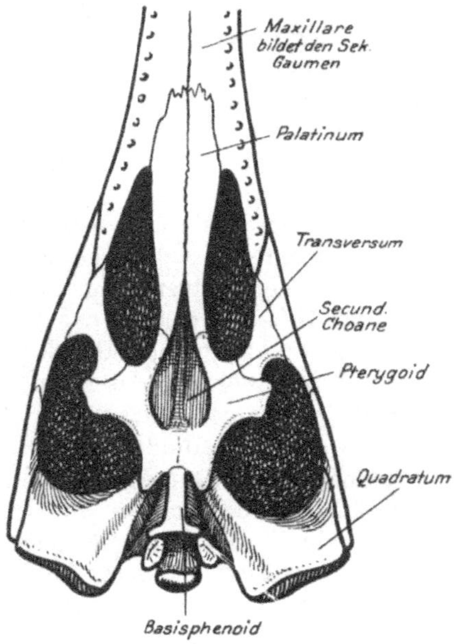

Abb. 395.

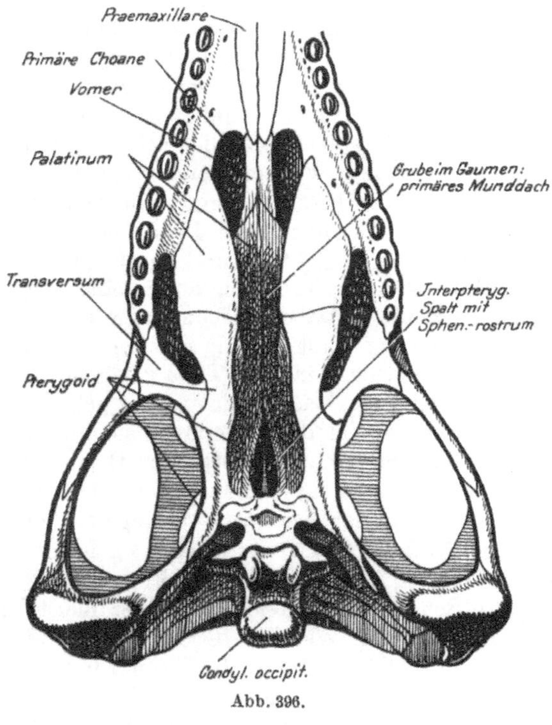

Abb. 396.

Abb. 394. Munddach von einem Krokodil. (Nach C. K. HOFFMANN, 1890, Taf. 71, Abb. 5.) — **Abb. 395.** Rekonstruktion eines Munddaches von einem Krokodil aus der Juraperiode, Pelagosaurus-Typus. (Nach JAEKEL, 1910, Abb. 19.) — **Abb. 396.** Ein noch primitiverer Zustand des sekundären Munddaches bei einem Parasuchier, Mesorhinus Fraasi. (Nach JAEKEL, 1910, Abb. 5.)

nungen sind bei den Chelonia beinahe stets zu einer einzigen Öffnung vereinigt. Nasalia und Lacrimalia fehlen; sie sind nur bei einigen meist recht ursprünglichen Formen beobachtet.

Das Schädeldach der Regio temporalis wurde bereits besprochen (S. 273).

Das Quadratum bildet meist einen geschlossenen, trichterförmigen Ring; in diesem ist das Trommelfell ausgespannt. In der Tiefe des Trichters liegt eine Öffnung für den Gehörknochen. In einigen Fällen ist der Ring nicht vollständig geschlossen, z. B. bei den Seeschildkröten.

Das Kopfskelet der Aves.

Der Schädel der Aves schließt sich eng an bei dem Schädel der Reptilia; beide stimmen in wichtigen Charakterzügen überein: beide sind tropibasisch, besitzen ein auximetameres Neocranium und einen unpaaren Condylus occipitalis. Der Schädel der Aves (Abb. 397, 398) zeigt aber einige Besonderheiten, die zu-

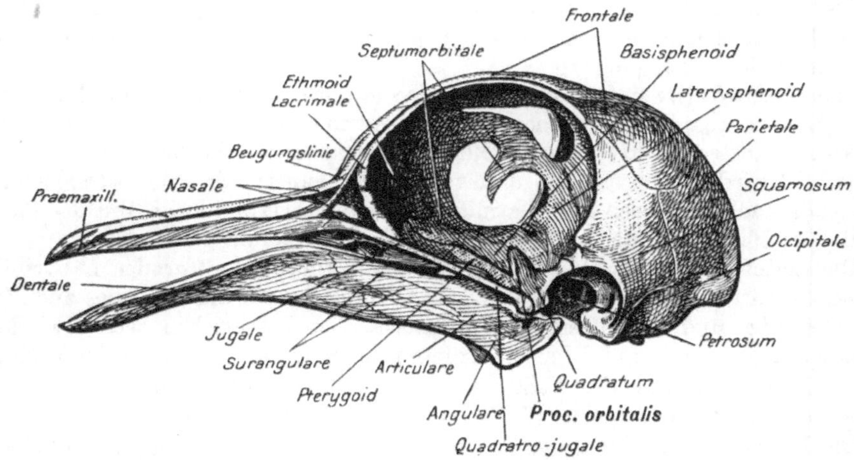

Abb. 397. Schädel einer jungen Taube, von links. (Nach ZUR STRASSEN, 1911.)

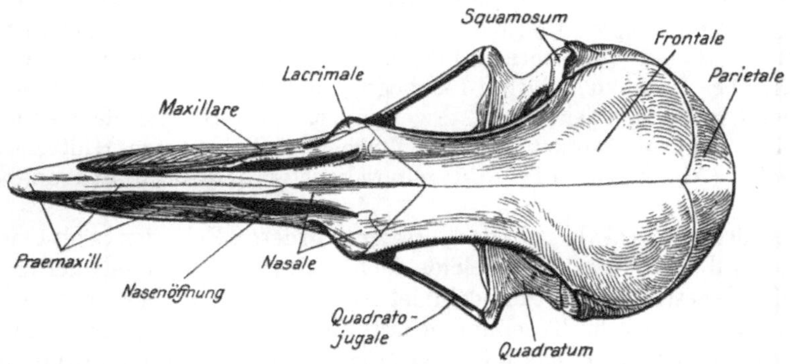

Abb. 398. Schädel einer jungen Taube, von oben. (Nach ZUR STRASSEN, 1911.)

sammenhängen mit der außerordentlichen Größe des Gehirnes und dadurch der Schädelkapsel, und weiterhin mit der fliegenden Fortbewegung, welche einen festen aber leichten Schädel verlangt; und schließlich drittens mit der Bildung eines Schnabels. Die Vergrößerung der Schädelkapsel wird erreicht durch Erweiterung des sekundären Schädeldaches, welches sich stark wölbt. Im Zusammenhang damit liegt die Labyrinthkapsel sehr tief in der seitlichen Schädelwand. Die Nasenhöhlen sind beinah stets klein. Der Kopf muß auch leicht sein, weil er auf einem langen und beweglichen Hals ruht; dieses steht dann wieder im Zusammenhang mit dem Laufen auf den Hinterextremitäten und mit der Spezialisierung der Vorderextremitäten zu Flügeln.

Die Orbitae sind sehr groß, und damit auch das Septum interorbitale.

Die Knochen des Kopfskeletes sind dünn; sie enthalten oft Lufthöhlen (vgl. S. 101). Und doch ist der Schädel sehr fest, da die Knochen sehr früh verwachsen; dabei vereinigen sich Ersatz- und Hautknochen ohne Unterschied zu einem festen Ganzen. Bei den Ratitae und Crypturi bleiben die Nähte mehr oder weniger sichtbar.

In der Regio occipitalis wird das Supraoccipitale paarig angelegt, was wohl eine Anpassung an den großen Umfang des Gehirnes darstellt; durch diese Größe wird die Schädelkapsel dorsal erst spät geschlossen und die Knochen müssen stark wachsen. Ein Processus paroticus fehlt. Der Condylus occipitalis wird gebildet durch das Basioccipitale und die Exoccipitalia; er ist stark gewölbt und läßt eine vielseitige Bewegung zu.

In der Schädelbasis liegt vor dem Basioccipitale ein gut entwickeltes Basisphenoid. Das Parabasale (Parasphenoid) ist ziemlich weit zurückgebildet; es bildet ein kurzes Rostrum und ist hinten auf dem Basisphenoid flügelartig verbreitert; dieser Teil wird paarig angelegt und verschmilzt häufig mit dem Basisphenoid; dies ist ja auch bei vielen Reptilia mit dem hinteren verbreiterten Teil des Parabasale der Fall (der paarige Teil wird oft Basitemporale genannt).

Die Seitenwand der Schädelkapsel ist ganz knöchern. Vor der Labyrinthkapsel treten ein Laterosphenoid und ein Orbitosphenoid auf, wie dies auch für die Crocodilia und einen Teil der Dinosauria oben beschrieben ist. Zwischen Prooticum, Alisphenoid und Parietale nimmt das Squamosum teil an der Bildung der Schädelkapselwand; das steht wohl im Zusammenhang mit der starken Vergrößerung der Gehirnkapsel. W. K. Parker beobachtete auch ein Epioticum.

Die Parietalia und Frontalia bilden das Dach und teilweise auch die Seitenwand der Schädelkapsel. Das Dach der Temporalhöhlen ist stark zurückgebildet. Stets finden wir nur einen einzigen unteren Jochbogen, gebildet durch Quadrato-jugale und Jugale. Von den Deckknochen der Regio temporalis ist weiter nur noch das Squamosum übrig geblieben; bei einer kleinen Anzahl Aves bildet dieser Knochen noch einen oberen Jochbogen, welcher sich an dem dorso-caudalen Rand der Orbita mit dem Frontale verbindet. Das Temporalfenster ist gegen die Orbita nicht abgegrenzt, da eine knöcherne Brücke am Hinterrande der Orbita fehlt (Abb. 397). Ein Posttemporalfenster und ein Posttemporalbogen fehlen.

Neben dem Frontale liegt in der dorsalen, vorderen Ecke der Orbita ein Lacrimale. Lateral und vorn ist das Schädeldach auch ziemlich unvollständig, da hier eine große Fenestra antorbitalis gebildet ist, welche nicht mehr von der Orbita getrennt ist; eine solche Trennung wurde aber bei Archaeopteryx beobachtet. Unter den Frontalia liegt das große Septum interorbitale; dieses kann entweder ganz verknöchern oder größtenteils membranös und knorpelig bleiben.

Der Oberschnabel wird geformt durch die Nasalia, die Praemaxillaria und die ziemlich kleinen Maxillaria; die Praemaxillaria können sich zwischen die Nasalia bis an die Frontalia fortsetzen. Die knöchernen äußeren Nasenöffnungen sind meist sehr groß; da auch die Fenestrae antorbitales sich ziemlich weit nach vorn erstrecken, so erhält der Oberschnabel oft einen sehr leichten Bau. Im wohl ausgebildeten Nasenseptum kann der hintere Teil als Ethmoid verknöchern.

Der Oberschnabel ist nur durch das dorsale Schädeldach mit der Schädelkapsel verbunden. Das knöcherne Nasenseptum steht in keinem unmittelbaren Zusammenhang mit dem Vorderrande des knöchernen Septum interorbitale. Lateral macht die große Fenestra antorbitalis den Oberschnabel frei von der Schädelkapsel. Zwei Knochenspangen gehen jederseits vom Hinterrande des Oberschnabels aus, welche ihn mit dem Quadratum verbinden (Abb. 397, 400, 401). Die äußere Knochenspange ist der Jochbogen. Die mediale Knochenspange wird gebildet aus dem Palatinum und dem Pterygoid. Der Vomer ist paarig angelegt, wird aber später unpaar; er ist median mit den Palatina verbunden und legt sich gegen den Unterrand des knöchernen Septum interorbitale, wobei die Verbindung beweglich bleibt. Das Quadratum ist durch ein Gelenk mit dem Squamosum beweglich verbunden: ein streptostyler Zustand. Die Verbindungen des Quadratum mit dem Pterygoid und mit dem untersten Jochbogen (dem Quadratojugale) sind ebenfalls lose geworden, wodurch geringe Bewegungen ermöglicht werden.

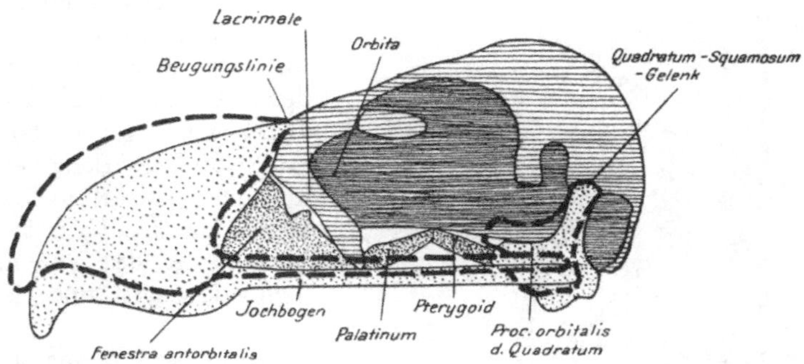

Abb. 399. Bewegungen im Vogelschädel. Das occipitale Segment ist gestrichelt, das maxillare punktiert. Die dicke durchbrochene Linie gibt die Bewegungen im Maxillarteile an. (Nach VERSLUYS, 1910 Taf. 12, Abb. 2, etwas verändert.

Das Quadratum sendet einen Fortsatz nach vorn in die Temporalgrube; er wird Processus orbitalis genannt und dient zum Ansatz des Musculus orbito-quadratus (Abb. 397). Bei den Struthiomorpha dient dieser Processus noch zur Verbindung des Quadratum mit dem Pterygoid; somit ist dieser Fortsatz offenbar homolog mit einem bei den Reptilia ziemlich allgemein auftretenden platten Fortsatz des Quadratum nach vorn, welcher sich entlang dem Pterygoid nach vorn erstreckt; dieser Fortsatz entsteht durch Verknöcherung der Basis der Pars palatina.

Der Musculus orbito-quadratus zieht den Processus orbitalis nach oben; dadurch wird das Unterende des Quadratum nach vorn gezogen. Diese Bewegung wird auf den Oberschnabel übertragen durch den Jochbogen und durch das Pterygoid und Palatinum. Dadurch wird der Oberschnabel emporgehoben (Abb. 399). Das Schädeldach biegt sich dabei am Vorderrande der Orbita durch: der Schädel ist also mesokinetisch. Meist biegt sich das Schädeldach in einer bestimmten Länge durch, hauptsächlich in den Nasalia und Praemaxillaria. Lateral fällt die Beugungsstelle oft mit einer Naht zwischen Lacrimale und Nasale zusammen; aber der große Mittelteil ist doch stets unabhänig von dieser Naht. In einigen Fällen tritt ein sehr scharf abgesetztes Scharnier auf, vor allem bei den Papageien, wo auch eine tiefe Furche im Schädeldach beobachtet wird, die einem Gelenk ähnelt. Aber in der Tiefe läuft eine mediane Knochenplatte durch und verbindet so Oberschnabel und Schädeldach. Der untere Jochbogen ist für die Schädelbewegungen der Aves wichtig, weil die Bewegung vom Quadratum ausgeht.

Der Jochbogen läuft unter der Orbita und der Fenestra antorbitalis durch bis zum Oberschnabel ohne mit anderen Knochen verbunden zu sein.

Der Musculus orbito-quadratus ist homolog mit den Schädel-Pterygoid-Muskeln der Reptilia (VERSLUYS 1912 B). Die Schädelbewegungen der Aves stimmen überein mit den Bewegungen bei einigen Raubdinosauria, welche ebenfalls einen mesokinetischen Schädel besaßen. Das Scharnier lag aber bei diesen Dinosauria auf der Höhe des Hinterrandes der Orbita und fiel zusammen mit der Naht zwischen Parietalia und Frontalia. Wird beim mesokinetischen Zustande der Oberkiefer gehoben, so verändert sich die Lage des Quadratum gegenüber dem Squamosum, dem Pterygoid und dem unteren Jochbogen (vgl. S. 286). Darum mußte auch bei den Aves ein Squamosum-Quadratum-Gelenk entstehen, gleichzeitig mit einer losen Verbindung des Quadratum mit dem Jochbogen und dem Pterygoid.

Im Zusammenhang mit den Schädelbewegungen wird auch das Munddach der Aves umgebildet. Im ursprünglichen Zustande hat die Schädelbasis gut entwickelte Processus basipterygoidei; hier legt sich jene Brücke an, welche aus Pterygoid und Palatinum gebildet wird. So wird hier ein Basi-

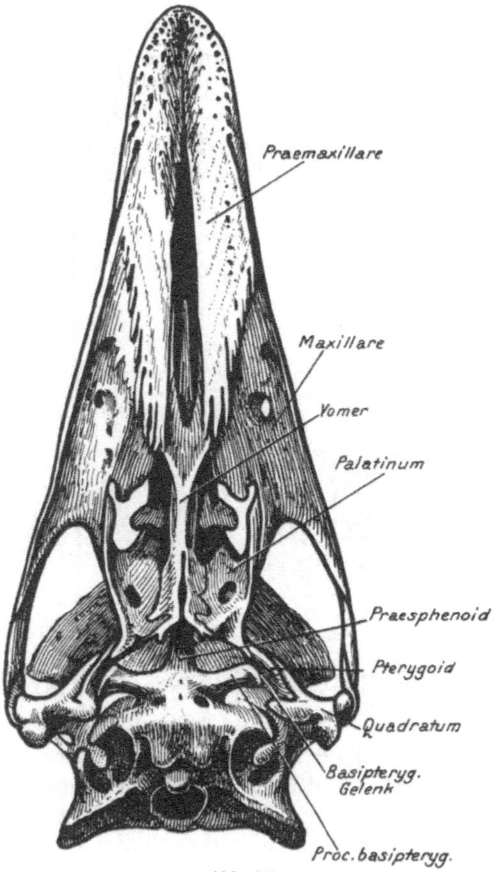

Abb. 400.

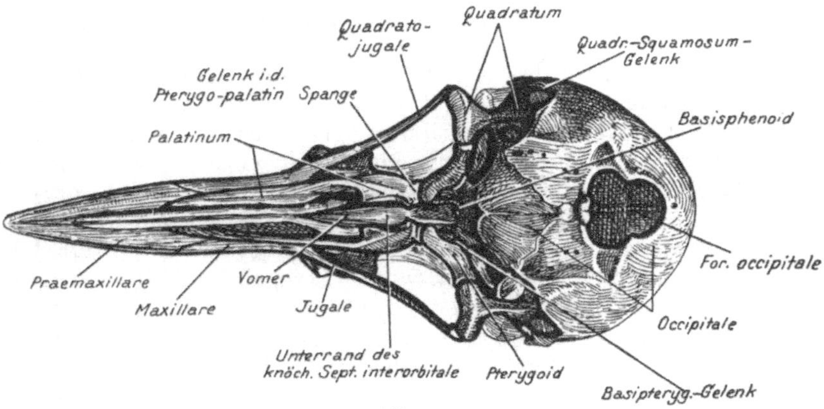

Abb. 401.

Abb. 400. Munddach von Rhea americana (paläognather Typus). (Nach PYCRAFT, 1900, Taf. 42, Abb. 5.) — Abb. 401. Munddach einer Taube (neognather Typus). (Nach ZUR STRASSEN, 1911.)

pterygoidgelenk geformt. Neben diesem alten Stützpunkte tritt bei den Aves weiter vorn ein zweiter Stützpunkt auf: der Vomer legt sich gegen den Unterrand des knöchernen Septum interorbitale und kann auf dessem Rande vor- und rückwärts gleiten (Abb. 400). Dieser zweite Stützpunkt wird nun bei den meisten Aves der wichtigste; er ersetzt mehr oder weniger das Basipterygoidgelenk. Dies Gelenk wird dann zurückgebildet, die Processus basipterygoidei werden nach vorn verschoben, werden sehr kurz und verschwinden schließlich bei vielen Aves mit ihrem Gelenk (Abb. 401). Neben dieser Umbildung entwickelt sich ein besonderes Gelenk in der Pterygo-palatinum-Brücke: es liegt nicht an der Grenze von Pterygoid und Palatinum, sondern im Pterygoid selbst: von diesem wird dadurch ein kleines vorderes Stück abgegrenzt und verschmilzt mit dem Palatinum.

Man nennt diesen letzten Typus des Munddaches den neognathen Typus. Der zuerst beschriebene ursprünglichere Typus wird der paläognathe Typus genannt (Abb. 401, 400). Bei diesem ist der Vomer groß; er scheidet die Palatina median. Bei dem neognathen Typus ist dagegen das Vomer klein; dann können die Palatina median miteinander in Verbindung treten. In vielen Fällen geschieht das aber nicht, so daß das Munddach keinen festen medianen Zusammenhang besitzt und gespalten ist.

Nur selten werden die Schädelbewegungen stark reduziert (Caprimulgus); gering auch sind die Bewegungen bei den Struthiomorpha. In einigen Fällen wird die Beugungsstelle noch weiter nach vorn in den Schnabel verlegt: dies wird dadurch ermöglicht, daß der Seitenrand des Schnabels (Maxillare und ein Fortsatz des Praemaxillare) selbständig bleibt gegenüber dem medianen Rücken des Schnabels. Der vom Quadratum ausgehende Druck wird dann zuerst auf die Schnabelspitze übertragen; wenn nun die Schnabelwurzel ziemlich fest mit dem Schädeldach verbunden ist, der Schnabelrücken aber schmal und dünn, dann biegt der Schnabelrücken selbst durch (Schnepfen, Apteryx, Colibri). Der Erfolg ist, daß der lange Schnabel dadurch allein an seiner Spitze geöffnet wird. Diese Anpassung steht im Zusammenhang mit einem Aufbau des Hornschnabels aus einem Mittelstück und einem Randstück, das gegen das Mittelstück etwas beweglich ist (weitere Eigentümlichkeiten der Schädelbewegung lese man nach bei Nitsch 1816).

Der Unterkiefer der Aves ist meist schlank; er besitzt, wie auch bei den Reptilia, ziemlich viele Deckknochen: Dentale, Coronoid, Angulare, Goniale und Spleniale. Das Articulare ist stets gut entwickelt, während das Vorderende der Cartilago Meckeli als Mentomandibulare verknöchert.

Das Primordialcranium der Aves wird, soweit bekannt, ziemlich vollständig angelegt, besonders in seinem Boden und seinen Seitenwänden. Aber im Zusammenhang mit dem schnellen Wachstum des Telencephalons bleibt das Primordialcranium dorsal ganz offen (W. K. Parker 1870, Suschkin 1896, 1899, T. J. Parker 1891, Tonkoff 1900, Sonies 1907).

Das Kopfskelet der Mammalia.

1. Allgemeines.

Wir sahen eben, daß der Schädel der Aves in den großen Linien durchaus ein Sauropsidenschädel geblieben ist; dagegen hat der Schädel der Mammalia seinen eigenen Typus bekommen und unterscheidet sich wesentlich von dem der Reptilia. Der Schädel der ausgestorbenen Theromorpha zeigt aber in allen Hauptpunkten Übergänge zwischen dem Schädel der primitiven Reptilia und dem der Mammalia. Dadurch kennen wir die Umbildungen des ursprünglichen Amniotenschädels zum Schädel der Mammalia in den Hauptzügen.

Der Mammalierschädel besitzt eine gut entwickelte Regio occipitalis; das Neocranium ist auximetamer. In diesen Zügen stimmt der Mammalierschädel mit dem der Reptilia überein. Die Grenze des Schädels und der Wirbelsäule ist bei beiden dieselbe, so daß die Occipitalgelenke in beiden Gruppen miteinander homolog sind. Im Condylus occipitalis finden wir aber doch insofern einen Unterschied, daß er bei den Mammalia paarig ist und durch die Exoccipitalia gebildet wird, während der Condylus der Sauropsida unpaar ist und durch das Basioccipitale gebildet wird. Die Theromorpha zeigen jedoch in ihrem meist zweiteiligen Condylus einen Übergangszustand. Bei vielen Mammalia wird der paarige Condylus auch noch zum kleinen Teil durch das Basioccipitale gebildet; bei Echidna sind die beiden Condyli sogar noch durch einen Knorpelstreifen miteinander verbunden und der Gelenkspalt ist noch ungeteilt (GAUPP 1908; vgl. hier Abb. 369 und 406–411).

Der Schädel der Mammalia ist platybasisch; auch darin unterscheidet er sich von den Sauropsida. Daß dies ein neuer Zustand ist, können wir aus dem Auftreten eines kleinen Septum interorbitale beim embryonalen Mammalierschädel schließen (FISCHER 1901). Die Theromorpha besaßen soweit bekannt ein gut entwickeltes Septum interorbitale. Das Parabasale (Parasphenoid) ist bei den Mammalia stark zurückgebildet, ein Rostrum parabasale ist nur embryonal von einigen Formen bekannt (PARKER, FUCHS 1908 B, VAN KAMPEN 1922); in diesem Punkte stimmt der Mammalierschädel wieder im Prinzip mit dem tropibasischen Reptiliënschädel überein. Der platybasische Charakter des Mammaliaschädels ist also sekundär; man kann annehmen, daß er eine Folge ist der starken Vergrößerung des Gehirnes und der Riechorgane; beide Vergrößerungen verlangten eine Ausbreitung der Schädelhöhle und der Nasenkapsel auf Kosten der Regio orbitalis; so ist das Septum interorbitale verschwunden. Dadurch wurde der Schädel zu einem festen Ganzen: Gehirnkapsel und Gesichtsschädel sind vereinigt.

Innere Schädelbewegungen kommen bei den Mammalia nicht vor; ihr Schädel ist akinetisch, aber nicht monimostyl, wie wir das bei der Besprechung der Gehörknöchelchen sehen werden.

Die Vergrößerung der Gehirnkapsel ähnelt sehr den Aves: wir beobachten eine ähnliche starke Wölbung und eine Größenzunahme des Schädeldaches, welches durch die Deckknochen gebildet wird. Das Tectum synoticum steht ungefähr vertikal; die Schädelhöhle des Primordialcranium ist dorsal ganz offen (Abb. 404, 405). Die Labyrinthkapsel bleibt klein und liegt latero-ventral in der Schädelbasis. Auch die Orbita ist klein; sie ist nach hinten zu meist nicht knöchern umrandet und nicht vollständig gegen die Temporalgrube abgegrenzt (Abb. 402, 403).

Das Schädeldach der Temporalgrube ist reduziert zu einem Jochbogen. Dieser wird durch das Squamosum und das Jugale gebildet, stimmt also ganz überein mit dem Jochbogen des synapsiden Typus der Theromorpha (Abb. 378 auf S. 272, Abb. 402).

Ein sehr wichtiges Kennzeichen der Mammalia ist die Umbildung des Unterkiefergelenkes. Das Quadratum hat an der Gelenkbildung keinen Anteil mehr; es ist zurückgebildet zu einem Gehörknochen: dem Incus. Der Unterkiefer ist ebenfalls stark verändert: er wird gebildet durch das Dentale und einen Rest der Cartilago Meckeli. Die Cartilago steht aber nicht mehr im Zusammenhang mit dem Articulare, denn das Articulare ist ebenfalls zum Gehörknochen geworden, und zwar zum Malleus. Das ursprüngliche Unterkiefergelenk liegt also bei den

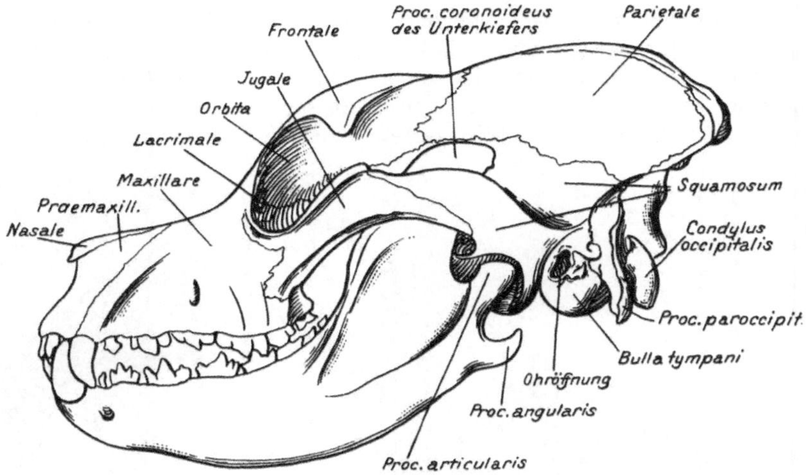

Abb. 402.

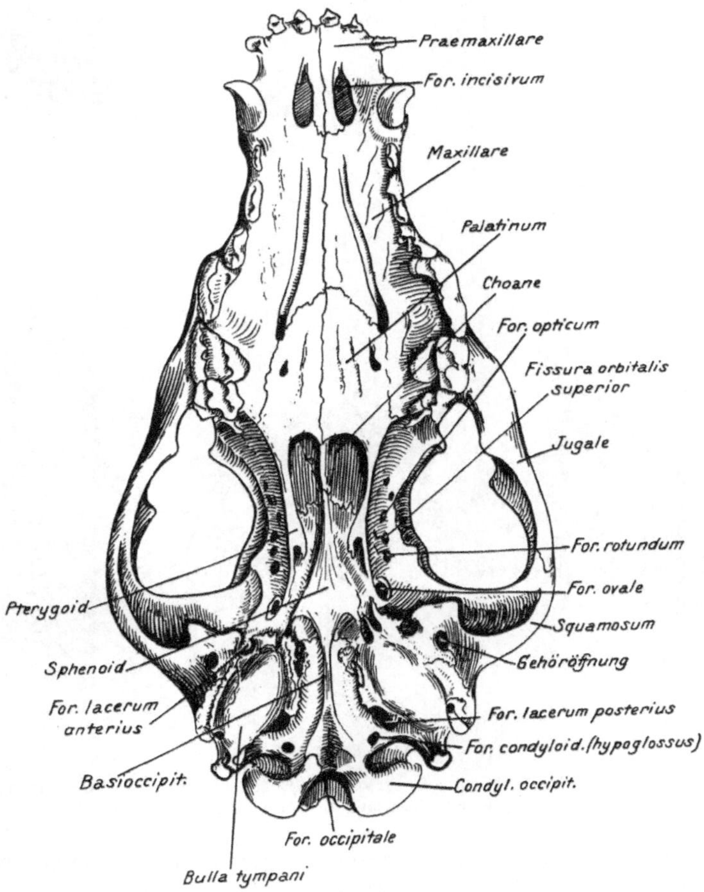

Abb. 403.

Abb. 402—403. **Hundeschädel.**
Abb. 402. Von links. — Abb. 403. Von der Unterseite, ohne Unterkiefer.
(Nach MARTIN, 1912—1919, Bd. 3, Abb. 29 u. 34.)

Mammalia zwischen zwei Gehörknochen: also muß ihr Kiefergelenk eine Neubildung sein; dafür spricht auch, daß es liegt zwischen dem Squamosum und dem Dentale. Diese Umbildung ist uns in verschiedenen Stadien von den Anomodontia her bekannt. Es ist hier deutlich zu sehen, wie das Quadratum stets kleiner wurde und wie es schließlich als ein kleiner Knochen von unregelmäßiger

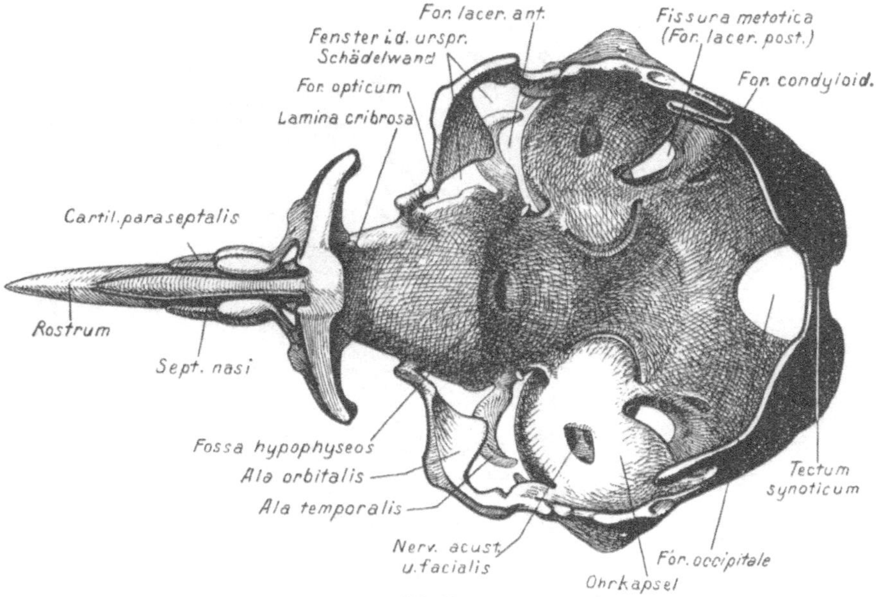

Abb. 404.

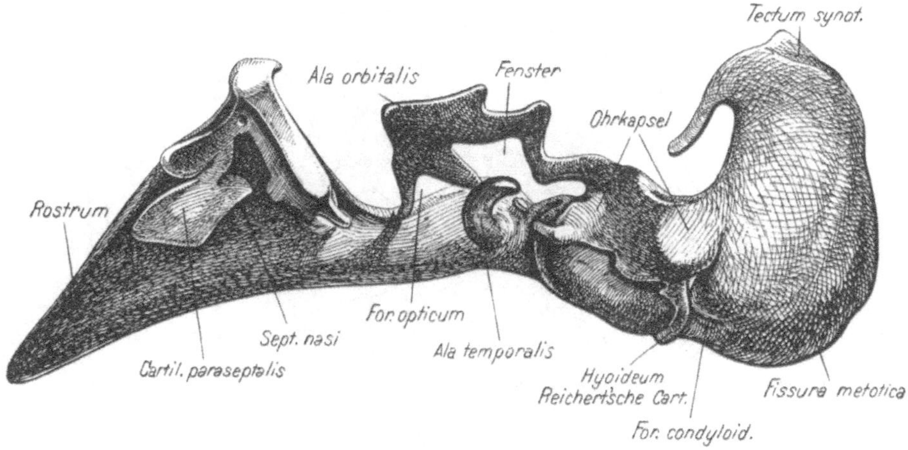

Abb. 405.

Abb. 404—405. Primordialcranium eines Embryos von 92 mm Länge von Phocaena communis. Abb. 404. Von dorsal. — Abb. 405. Von lateral. (Nach DE BURLETT, 1913, Taf. 1 u. 3.)

Form unter dem Squamosum hing. Dabei bekam das Squamosum einen stets größeren Anteil an der Bildung der Gelenkfläche für den Unterkiefer. Schließlich wurde diese Gelenkfläche ausschließlich durch das Squamosum gebildet (Abb. 415). Zugleich wurde bei den Anomodontia das Dentale größer; es hatte die anderen Knochen des Unterkiefers verdrängt (s. S. 302).

Weiterhin ist für den Schädel der Mammalia ein sekundärer Gaumen kennzeichnend.

Das Primordialcranium der Mammalia (Abb. 404, 405) ist nicht wesentlich anders als das der Sauropsida. Das ziemlich breite Tectum synoticum steht vertikal als eine Folge der Vergrößerung der Schädelkapsel. Es kann selbst etwas nach hinten überhängen. Alles dies sind Verhältnisse, die auch der Schädel der erwachsenen Tiere uns anzeigt. Von dem kleinen Septum interorbitale wurde bereits gesprochen. Das Palatoquadratum ist klein; seine Pars quadrata liegt an normaler Stelle in der Nähe des Vorderrandes der Labyrinthkapsel. Der Processus pterygoideus ist stark zurückgebildet; aber es ist ein Epipterygoid zu beobachten, welches als Alisphenoid zu neuer Entwicklung kommt, wie wir das noch später sehen werden. Die Nasenkapseln sind gut entwickelt. Beiderseits des Nasenseptum ist ein Knorpel selbständig geworden: er bildet die Cartilago paraseptalis und dient zum ventralen Schutz des Jacobsonschen Organes; dies ist auch von einigen Reptilia bekannt (Abb. 404, 405. Weiteres siehe bei Fischer 1901, Noordenbos 1905, de Burlet 1913).

2. Die Schädelkapsel und das Munddach.

Nach dieser Aufzählung der Hauptzüge des Mammaltierschädels möchten wir nun den Bau mit seinen Besonderheiten schildern.

Das Hinterhaupt bildet einen ganz eigenen Typus. Die große Fenestra posttemporalis, der Processus paroticus, der posttemporale Bogen: alle diese typischen Eigentümlichkeiten des primitiven Reptilienschädels sind verschwunden. Das ganze Hinterhaupt ist bei den Mammalia knöchern geschlossen. Diese Umbildung ist eine Folge der Schädelkapselvergrößerung, wodurch das kleine Supraoccipitale der Reptilia zu einer großen Hinterwand geworden ist. Die Fenestra posttemporalis wurde dabei stets kleiner und immer mehr laterad gedrängt. Diese Umbildung beginnt schon bei den Pelycosauria und läßt sich, mit allerlei Veränderungen, verfolgen über die Anomodontia bis zu den Mammalia. Bei den Monotremata ist das Fenster noch als Canalis temporalis zu beobachten. Vor allem bei Ornithorhynchus ist es deutlich erkennbar als ein ziemlich weiter Kanal an der Wurzel des Jochbogens (van Bemmelen 1901). In Abb. 406—411 ist diese Umbildung angegeben.

Dadurch hat natürlich auch der Processus paroticus seine Selbständigkeit verloren; er ist in die große Knochenplatte, welche die Regio occipitalis bildet, eingegangen. Schon bei den Anomodontia hat das Opisthoticum keinen Anteil mehr an der Bildung dieses Processus. Wohl bildet das Exoccipitale nicht selten einen kurzen ventrad gerichteten, lateralen Fortsatz: den Processus paroccipitalis (paramastoideus); er erreicht bei den Rodentia, bei einigen Ungulata (u. a. bei den Suidae) eine besonders große Länge. Er dient dem Ursprung von Muskeln (Abb. 402).

Die Occipitalia pflegen bei den Mammalia zu verschmelzen; sie bilden dann einen einzigen Knochen: das Os occipitale. Das Supraoccipitale verknöchert von mehreren Punkten aus. Das könnte die Folge seiner ansehnlichen Größe sein; eine Verknöcherung von einem Punkte aus würde zu langsam fortschreiten. Dieselbe Erklärung muß man geben für die Tatsache, daß das Supraoccipitale sich paarig im Tectum synoticum anlegt. Der dorsale Teil des Occipitale bildet sich aber dorsal dieses Tectum synoticum als Bindegewebsverknöcherung; hierin hat man in der letzten Zeit die Postparietalia und die Tabularia der primitiven Reptilia erblickt (von Huene 1912 C, Broili 1916). Diese Knochen, welche bei der großen Masse der Tetrapoda frühzeitig verschwinden, blieben nämlich bei den Theromorpha bestehen; aber sie gaben ihre oberflächliche Lage auf und legten sich längs dem Oberrande des Supraoccipitale auf die Hinterseite des Schädels (Abb. 406—411). Der damit übereinstimmende Teil der Regio occipitalis der Mammalia entwickelt sich von zwei paarigen Verknöcherungspunkten im Bindegewebe aus: der mediale ist mit dem Postparietale homolog; der laterale mit dem Tabulare.

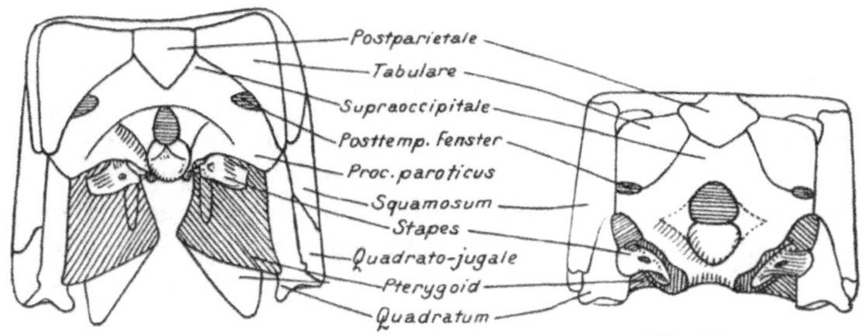

Abb. 406. Abb. 407.

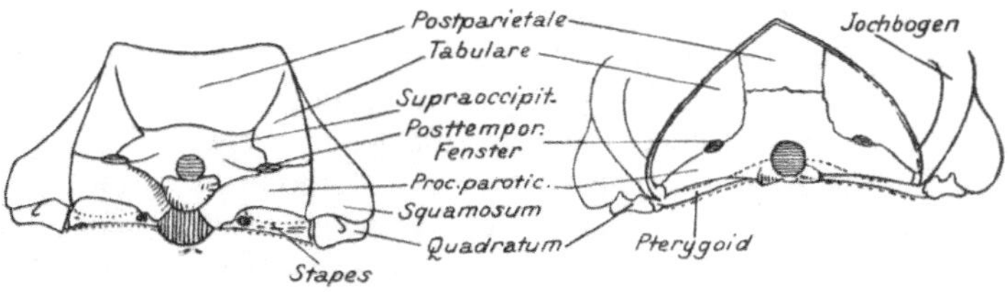

Abb. 408. Abb. 409.

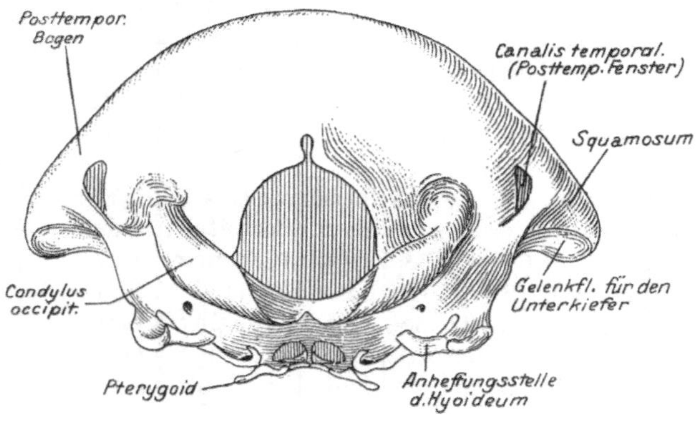

Abb. 410.

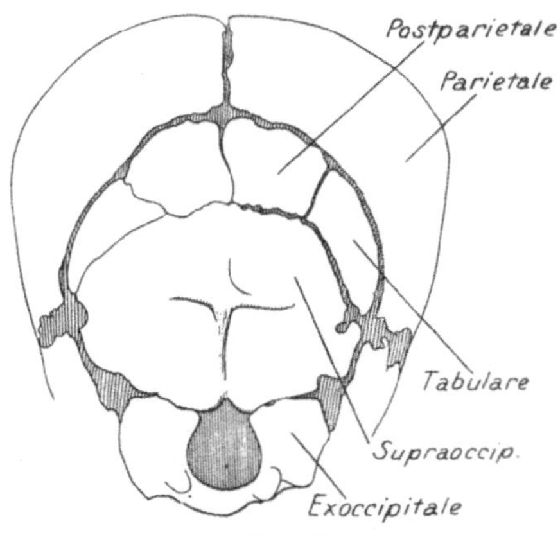

Abb. 411.

Abb. 406—411. Die Umformung des Hinterhauptes der primitiven Reptilia in das der Mammalia; alle Schädel von caudal gesehen.

Abb. 406. Schädel von Dimitrodon. — Abb. 407 Von Varanosaurus acutirostris. — Abb. 408. Von Arctops. einem Anomodontier. — Abb 409. Von Diademodon, einem mehr säugetierähnlichen Anomodontier. — Abb. 410. Von Ornithorhynchus. Abb 411. Von einem eben geborenen Kind Man vergleiche wegen der lateralen Lage der posttemporalen Fenster auch Abb 369. (Abb 406—409 nach WATSON, 1919, Textabb. 15. — Abb. 410 nach BOAS, 1914. Abb 83. — Abb. 411 nach BROILI. 1916. Abb. 5.)

Oft bleiben diese Knochen selbständig und tragen den Namen Os incae. das mediane Paar den Namen Os interparietale. Dieses Os interparietale kommt häufig unpaar vor, das stimmt mit dem häufig ebenfalls unpaaren Postparietale der Theromorpha überein. Der Name Supraoccipitale ist also für den dorsalen Teil des Os occipitale der Mammalia nicht vollkommen richtig; man sollte besser den beim Menschen gebräuchlichen Namen Squama occipitalis gebrauchen (näheres bei RANKE 1899).

Auch durch das Kleinerwerden des Quadratum verändert sich die Form der Schädelhinterseite bei den Theromorpha; auch dadurch wurde dieser Schädel mehr dem der Mammalia ähnlich (Abb. 406—411).

Die Basis des Schädels (Abb. 402, 403, 412) verknöcherte hinten als Basioccipitale; an dieses schließt sich vorn ein gut entwickeltes Basisphenoid an. Noch mehr vorn, unter der Fossa hypophyseos, tritt eine selbständige Verknöcherung des Basalknorpels auf: das Praesphenoid. Dieses ist das selbständig verknöcherte Rostrum basisphenoidale der Reptilia.

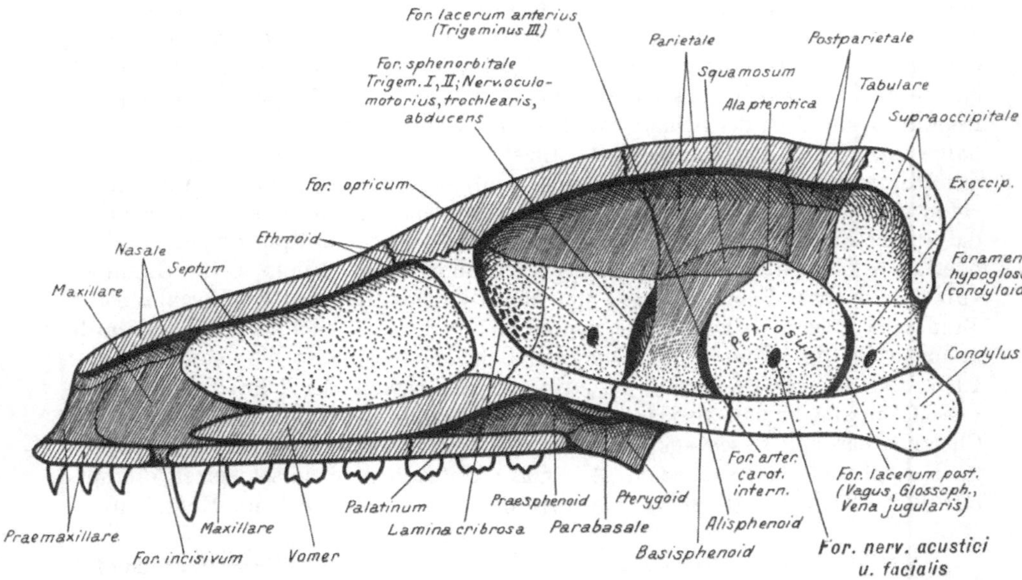

Abb 412. Medianer Längsschnitt durch den Schädel eines Mammaliers, von medial; Schema. Deckknochen gestrichelt; primäre Knochen punktiert: das Alisphenoid ist ein gemischter Knochen. (Original.)

Seitlich von diesem Knochen liegt die Labyrinthkapsel; sie bildet den unteren Teil der Schädelseitenwand. Weiter vorn treffen wir flügelartige Verbreiterungen des Basisphenoid und des Praesphenoid. Die Labyrinthkapsel verknöchert hauptsächlich als Prooticum; ein kleiner oder sehr kleiner hinterer Teil verknöchert als Opisthoticum (Mastoid). Beide Knochen verschmelzen frühzeitig zum Os petrosum; dieser Knochen kann sich dorsal der Labyrinthkapsel als eine flache Knochenplatte in der Wand der Schädelkapsel ausbreiten: dies ist die knorpelig angelegte Ala pterotica.

Die flügelartige Verbreiterung des Basisphenoid nennt man Alisphenoid (Ala temporalis oder Ala magna); die Verbreiterungen des Praesphenoid werden Orbitosphenoid genannt (Ala orbitalis oder Ala minor). In der Regel ist die Ala magna kleiner als die Ala minor; diese Namen stammen nämlich von der menschlichen Anatomie, wo sie das Größenverhältnis richtig angeben.

Das Orbitosphenoid ist eine Verknöcherung der ursprünglichen Wand des Primordialcranium; das Alisphenoid ist aber keine Wandverknöcherung. Nerven und Blutgefäße, welche bei den Reptilia außerhalb der Schädelkapsel liegen, liegen bei den Mammalia medial des Alisphenoid in der Schädelkapsel; das gilt hauptsächlich vom Ursprung der drei Zweige des N. trigeminus und dem Ganglion

Gasseri. Es liegt bei den Reptilia ein bestimmtes Gebiet des Kopfes außerhalb der Schädelwand, bei den Mammalia aber innerhalb der knöchernen Schädelwand, dieser Schädelraum (Cavum epiptericum, GAUPP) wird bei den Reptilia folgendermaßen begrenzt: medial durch die Wand des Primordialcranium, lateral durch das Epipterygoid, ventral durch den Processus basipterygoideus des Basisphenoid. Bei den Mammalia wird die ursprüngliche Wand des Cranium angegeben durch die Dura mater; aus dieser treten in der gewöhnlichen Weise durch eigene Öffnungen folgende Nerven aus: N. oculomotorius, abducens, trochlearis und trigeminus. Der N. trigeminus teilt sich außerhalb der Dura mater in seine drei Zweige, nachdem er erst sein Ganglion gebildet hat. Aus der knöchernen Schädelkapsel tritt nun der dritte Zweig des N. trigeminus an den Hinterrand des Alisphenoid. Alle anderen genannten Nerven verlaufen am Vorderrande des Alisphenoid und treten aus durch eine einzige spaltförmige Öffnung: die Fissura orbitalis superior (Foramen sphenorbitale). Bei erwachsenen Mammalia ist dieses Verhältnis oft weniger deutlich, da diese Fissura in verschiedene Öffnungen geteilt ist; aber embryonal ist dieser Zustand ganz deutlich. Das Alisphenoid ist also ein fremder Bestandteil der Schädelwand; damit stimmt überein, daß es ganz außerhalb dieser Wand als Knorpelplatte angelegt wird: es ist zuerst ventro-laterad, dann dorso-laterad gerichtet (Abb. 404, 405). GAUPP (1902) sah im Alisphenoid einen stark vergrößerten Processus basipterygoideus. Es ist jedoch auch möglich, daß dieser Knochen außer diesem Fortsatz auch noch das Epipterygoid umfaßt oder auch allein durch das Epipterygoid gebildet wird (FUCHS 1910, GREGORY 1913 B). Neuere Beobachtungen bei den Anomodontia, also bei Vorfahren der Mammalia, zeigen, daß das Epipterygoid hier nicht zurückgebildet war; es wurde vielmehr in die Wand der knöchernen Schädelkapsel aufgenommen (WATSON 1916, 1921 B); dieses spricht also für die Richtigkeit der letzten Auffassung. Die Mammalia ähneln also dann in diesem Punkte den Chelonia; aber bei den Chelonia hat der Descensus parietalis das Epipterygoid verdrängt (S. 283).

Basisphenoid, Praesphenoid, Ali- und Orbitosphenoid verschmelzen oft miteinander; sie bilden dann das Os sphenoidale, wie z. B. beim Menschen.

Dorsal der Labyrinthkapsel und des Alisphenoid wird die **Wand der Schädelkapsel** gebildet durch das Sqamosum; dieses ist dann meist auch an der Innenseite des Schädels sichtbar (Abb. 412); die Ala pterotica kann aber das Squamosum teilweise oder ganz bedecken. Auch hier hat also das Squamosum seinen Anteil an der Bildung der Schädelkapsel; dieses ist, wie bei den Aves, eine Folge der Vergrößerung dieser Kapsel. Ein Fortsatz an der Außenfläche des Squamosum ist der Processus zygomaticus: er bildet den hinteren Teil des Jochbogens; ventral, an seiner Wurzel, liegt die Gelenkfläche für den Unterkiefer (Fossa glenoidalis). Das Jugale und das Alisphenoid können auch teilhaben an der Bildung dieser Gelenkfläche; sie ist mehr oder weniger ausgehöhlt, was im Gegensatz steht zu dem beinah stets konvexen Condylus am Quadratum der anderen Tetrapoda. Die Form ist bei den Mammalia sehr verschieden und steht im Zusammenhang mit den Bewegungen des Unterkiefers beim Kauen: ursprünglich stand die Längsachse quer zur Schädelachse; dann ist das Gelenk ein einfaches Scharniergelenk; der Condylus des Unterkiefers ist dann rollenförmig, in einzelnen Fällen rund. Bei Pflanzenessern aber, welche ihre Nahrung mahlen, ist die Bewegungsmöglichkeit viel größer: es treten Gleitbewegungen auf, nach vorn und nach hinten oder seitlich. Bei der Bewegung nach vorn und hinten ist die Fossa glenoidalis von vorn nach hinten gerichtet und ausgehöhlt (Rodentia, Proboscidea). Viele Ungulata besitzen weiterhin eine seitliche Kaubewegung mit einem rollenförmigen Condylus (WEBER 1904, MEYERHOFF 1920).

Bei dem Menschen und vielen anderen Mammalia verschmilzt das Squamosum frühzeitig mit dem Petrosum: so entsteht das Os temporale; in diesem Knochen wird auch noch ein dorsales Stück des Hyoidbogens aufgenommen: der Processus styloideus. So können am Hinterrande des Petrosum drei Fortsätze auftreten: neben dem Processus styloideus noch die beiden Processus mastoideus und paroccipitalis. Einen vierten Bestandteil des Os temporale bildet oft das Os tympanicum (Annulus tympanicus), z. B. bei dem Menschen.

Dieses Os tympanicum ist ein Deckknochen; seine ursprüngliche Form beobachten wir bei niederen Mammalia (z. B. bei den Monotremata) und im embryonalen Zustande. Dann hat es die Form eines unvollkommenen, schmalen Ringes, in welchem das Trommelfell ausgespannt ist (Abb. 419). Oft findet aber im weiteren Verlauf der Entwicklung eine Verbreiterung des Ringes statt; dadurch wird das Tympanicum einerseits zu einem kürzeren oder längeren knöchernen Gehörgang; andererseits umgibt es die Trommelhöhle ventral; dabei kann es aufschwellen zu einer blasenförmigen Bulla ossea; diese umschließt eine ventrale Aussackung der Paukenhöhle (den Sinus hypotympanicus). Vor allem bei vielen Rodentia, Ungulata und Carnivora ist diese Bulla stark entwickelt. Zwischen ihrem Rande und dem Os petrosum bleibt eine Öffnung für die Tuba Eustachii.

In anderen Fällen kann die ventrale Wand der Paukenhöhle häutig bleiben oder auch ganz oder teilweise durch andere Knochen gebildet werden. Auf diese Weise entsteht gleichfalls eine mehr oder weniger entwickelte Bulla. Meist geschieht das dann durch plattenartige Fortsätze der nachbarlichen Knochen. z. B. durch das Petrosum (Prosimiae und Simiae), das Alisphenoid (Marsupialia), oder durch das Basisphenoid oder das Squamosum. In einigen Fällen geschieht es durch einen selbständigen Knochen: das Entotympanicum. Dieses ist am besten entwickelt bei den Tupajidae, vielen Xenarthra und einigen Carnivora (Herpestoidea). In allen Fällen, in denen die Entwicklung des Entotympanicum gut bekannt ist, wird dieser Knochen knorpelig angelegt; in einigen Fällen bleibt er ganz oder teilweise knorpelig.

Das Tympanicum entsteht embryonal als eine Knochenplatte gegen das Hinterende der Cartilago Meckeli (Abb. 419; vgl. auch BROMAN 1899). Sein Homologon bei niederen Vertebrata ist wohl in einem Deckknochen des Unterkiefers zu suchen, und zwar sehr wahrscheinlich im Angulare (VAN KAMPEN 1904, 1905; vgl. hier S. 319).

Daß auch das Entotympanicum einen Vorläufer bei niedrigen Vertebrata gehabt haben soll, ist dagegen zweifelhaft; fehlt es doch gerade bei den niedrigsten Mammalia, z. B. bei den Monotremata. Wahrscheinlich hat es sich erst später bei den Mammalia entwickelt im Zusammenhang mit der Bildung einer ventralen Wand der Paukenhöhle. Ontogenetisch ist nachgewiesen, daß das Entotympanicum nicht stets dasselbe ist; es sind vielmehr zwei Entotympanica zu unterscheiden, das eine mehr cranial, das andere mehr caudal gelegen. Das erste könnte sich vom Knorpel der Tuba Eustachii abgeschnürt haben, das letztere vom Hyoidbogen (VAN DER KLAAUW 1922).

Das Dach der Schädelhöhle wird gebildet durch die stark gewölbten Parietalia und Frontalia. Nach vorn wird diese Höhle abgeschlossen durch das Ethmoid. Das Ethmoid verdankt seinen Namen der Tatsache, daß es durchbohrt wird durch zahlreiche kleine Öffnungen, die von der Schädelhöhle in die Nasenhöhle führen (Lamina cribrosa;) hierdurch verlaufen viele Fila olfactoria (S. 462). Bei Ornithorhynchus und vielen Simiae beobachtet man eine paarige Öffnung für den Riechnerven; es fehlt hier also die siebartige Durchlöcherung. Das Ethmoid sendet eine mediane Knochenplatte nach vorn: die Verknöcherung der Nasenscheidewand (Septum narium). Durch die Lamina cribrosa erhält das Ethmoid der Mammalia einen besonderen Typus; aber es ist doch wahrscheinlich homolog mit dem Sphenoid der Crossopterygii und mit dem Sphenethmoid der Amphibia. Dieser Knochen wurde nämlich auch bei den Cotylosauria und Anomodontia gefunden; er hat bei den Anomodontia eine gewisse Ähnlichkeit mit dem Ethmoid der Mammalia (SOLLAS 1914, WATSON 1914).

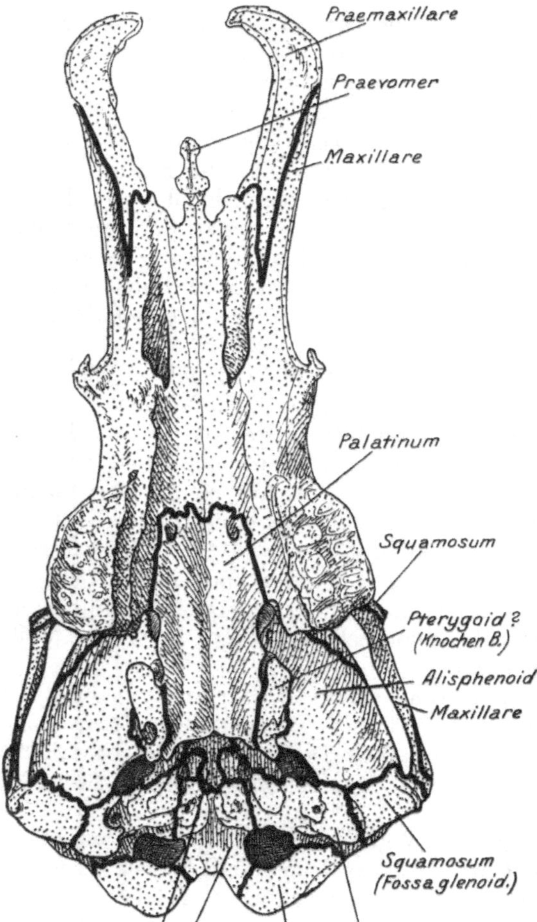

Abb. 413. Schädel von Ornithorhynchus, von der Unterseite, ohne Unterkiefer. Der Knorpel ist nicht mit angegeben. (Nach VAN BEMMELEN, 1901, Taf. 30, Abb. 3.)

Die Nasenkapseln werden bedeckt durch die Nasalia, Maxillaria und Praemaxillaria. Die Praemaxillaria verschmelzen beim Menschen frühzeitig mit den Maxillaria. Beide Nasenöffnungen sind bei den Mammalia zu einer einzigen Öffnung vereinigt. Am oberen Vorderrande der Orbita liegt das Lacrimale.

Ein Septomaxillare, oder besser gesagt ein Os nariale, ist gefunden bei den Monotremata und bei den Dasypodidae. Bei den Monotremata verschmilzt es früh mit dem an dem Außenrande der äußeren Nasenöffnung liegenden Processus extranasalis. Bei den Dasypodidae bleibt es selbstständig und einigermaßen beweglich; hier spielt es dann eine Rolle beim Schließen der äußeren Nasenöffnungen, was bei diesen Tieren möglich ist. Bei allen anderen Mammalia scheinen die Ossa narialia zu fehlen (WEGNER 1922).

Das Jugale beginnt unter der Orbita und steigt dann schräg nach hinten auf bis zum Processus zygomaticus des Squamosum, und formt mit diesem einen meist kräftigen Jochbogen. Das Maxillare kann an der Bildung des Jochbogens teilnehmen. Bei Ornithorhynchus ist das Jugale rudimentär; es sitzt dann als ein kleiner Knochen hinter der Orbita auf dem Jochbogen, welcher durch Maxillare und Squamosum gebildet wird. Bei Echidna fehlt das Jugale.

Gegen den Unterrand des Septum narium liegt ein langgestreckter Vomer. Dieser Knochen reicht weiter nach hinten, als wir es meist bei den Sauropsida fanden; er berührt das Praesphenoid (Abb. 412); dadurch kommt er teilweise in das Gebiet des Rostrum parabasale (parasphenoidale). Sein Hinterende liegt mitunter sogar auf dem Basisphenoid (Abb. 413). Dadurch entsteht die Frage, ob das unpaare Vomer der Mammalia vielleicht homolog sei mit dem Parabasale, also nicht mit dem paarigen Vomer der Sauropsida. Bei Ornithorhynchus, Miniopterus (einem Chiropteren) und einer Anzahl Anomodontia liegt vor dem Vomer und unter dem Nasenseptum und der Cartilago paraseptalis (welche das JACOBSONsche Organ umgibt) noch ein kleiner paariger Deckknochen. Dieser Knochen ist durch BROOM Praevomer genannt. Er könnte das Homologon des paarigen Vomer der Reptilia sein (BROOM 1902, 1915). Da ein rudimentäres Parabasale unter dem Basisphenoid auch bei einigen Mammalia gefunden wurde (FUCHS 1908), so kann der Vomer der Mammalia nicht mit dem ganzen Parabasale homolog sein, sondern nur mit seinem vorderen Teil.

Gegen diese Homologie spricht jedoch, daß der Vomer der Chelonia, ein echter Reptilienvomer, in seiner Lage mit dem Vomer der Mammalia übereinstimmt (VERSLUYS 1909 B). Damit wird die Theorie von BROOM aber keineswegs vollständig ausgeschlossen. Unsere Kenntnis der Theromorpha ist in dieser Hinsicht ungenügend. Es scheint jedoch besser, zunächst an der alten Auffassung festzuhalten, daß der Vomer der Mammalia homolog ist mit dem Vomer der Reptilien und daß das Parabasale (Parasphenoid) ganz zurückgebildet ist. Der Praevomer muß dann als eine Neubildung betrachtet werden, vielleicht als ein selbständig gewordener Teil des Vomer, vielleicht auch als ein Teil des Praemaxillare.

Am **Munddach** der Mammalia fällt auf, daß es vollkommen geschlossen ist, und zwar durch Entwicklung horizontaler Lamellen der Praemaxillaria, Maxillaria und Palatina. Alle diese Lamellen bilden zusammen einen sekundären knöchernen Gaumen. Nach hinten wird dieses sekundäre Munddach fortgesetzt durch einen weichen Gaumen; dieser wird an dem Rande gestützt durch eine vertikale paarige Knochenplatte, welche durch das Pterygoid gebildet wird. Pterygoid und Palatinum sind mit der Unterseite des Neurocranium durch eine Naht fest verbunden: und zwar das Pterygoid durch eine verbreiterte Basis mit dem Seitenrande des Basisphenoid und mit dem Unterrande des Alisphenoid, das Palatinum mit dem Vomer. Das hinterste Stück des Pterygoid bildet ja bei den Reptilia die Verbindung mit dem Quadratum; bei den Mammalia dagegen ist dieses Stück verloren gegangen. Bei den Anomodontia aber setzte sich das Pterygoid in der Regel auch noch fort als eine dünne vertikale Knochenplatte bis zum Quadratum. Das Quadratum ist hier wohl etwas zurückgebildet, aber nicht zum Gehörknochen umgeformt (Abb. 414). Nur bei den am meisten mammalierartigen Anomodontia endigt das Pterygoid ungefähr auf derselben Höhe wie bei den Mammalia. Das Pterygoid ist in diesen Fällen nur indirekt durch das Alisphenoid mit dem stark reduzierten Quadratum verbunden. Dabei ist zu beachten, daß das Alisphenoid als Epipterygoid ein Rest des Palatoquadratum ist (Abb. 415).

Neben dem Pterygoid ist noch ein zweiter Knochen hinter dem Palatinum gefunden: bei den Embryonen der Monotremata und bei embryonalen oder jungen Schädeln von Tatusia novemcincta, Tamandua tetradactyla, Galeopithecus und von Marsupialia (GAUPP 1905, 1910; BROOM 1915; VAN KAMPEN 1922). Die Feststellung der Homologie des Pterygoid wird dadurch recht unsicher. Bei Echidna kommen nach GAUPP zwei Pterygoidea vor: ein neu entdeckter dorsaler Knochen wird von GAUPP mit dem Pterygoid der Mammalia homologisiert; dazu soll dieser Knochen weiterhin Teile eines Parabasale der Reptilia enthalten. In dem schon von früher her bekannten ventralen Knochen erblickt GAUPP ein Homologon mit dem Pterygoid der Reptilia; es soll bei den meisten Mammalia fehlen; dann müßte das Pterygoid der Reptilia einen neuen Namen bekommen. Andere Untersucher, wie BROOM, WATSON, VAN KAMPEN, halten jedoch an der Homologie des Pterygoid der Reptilia mit dem der Mammalia fest. Aber ihre Meinungen sind sehr verschieden über eine Homologie dieser zwei Knochen, die bei den Monotremata und einigen anderen

Mammalia gefunden wurden: BROOM erblickt in dem dorsalen Knochen das Pterygoid der Mammalia und der Reptilia; in dem ventralen Knochen das Transversum, welches tatsächlich in einer ähnlichen Lage bei den Anomodontia gefunden wird (Abb. 416 und 417). VAN KAMPEN dagegen sieht in dem neuen, dorsalen Knochen ein Homologon zu

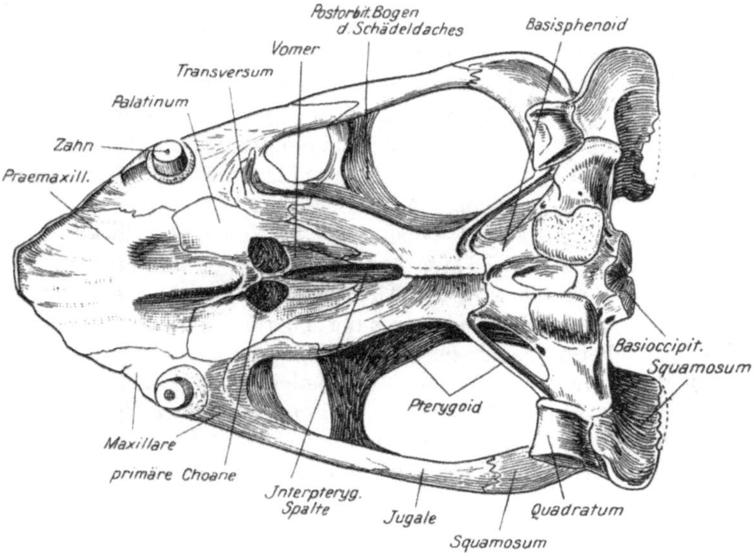

Abb. 414.

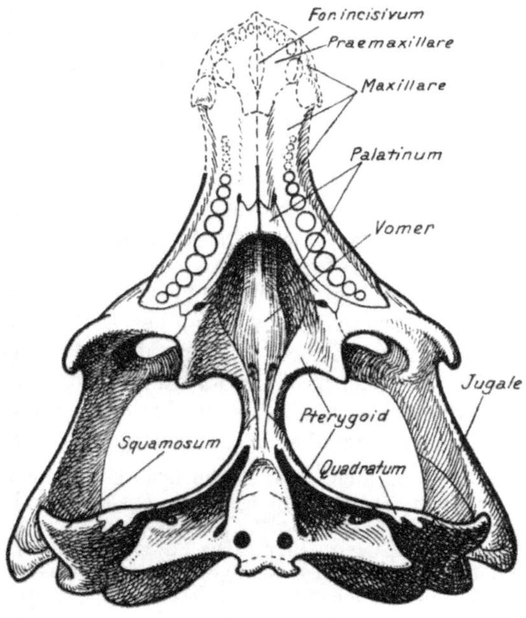

Abb. 415.

Abb. 414. Munddach von Dicynodon. Ein sekundärer Gaumen ist noch nicht vorhanden; das Pterygoid erstreckt sich bis zum Quadratum, das noch ziemlich gut entwickelt ist und eine Gelenkfläche für den Unterkiefer formt. (Nach VON HUENE, 1922, Abb. 3.) — Abb 415. Munddach von Diademodon (Gomphognatus). Hier ist ein sekundärer Gaumen vorhanden und das Pterygoid ist hinten reduziert. Das Quadratum ist sehr klein und das Squamosum bildet in der Hauptsache die Gelenkfläche für den Unterkiefer. (Nach BROOM, 1911, Textabb. 177.)

einem Teile des Parabasale der Sauropsida (Basitemporalia von PARKER); hiermit soll bei den Mammalia der ebenfalls als Deckknochen entstehende Proc. tympanicus des Basisphenoid homolog sein. Der von altersher bekannte ventrale Knochen der Monotremata wird durch VAN KAMPEN als ein Homologon mit dem Pterygoid der Sauropsida und der Mammalia angesehen. Welche dieser Meinungen zu Recht besteht, kann vielleicht erst eine nähere Untersuchung der Anomodontia uns lehren.

Das Munddach zeigt ganz vorn an der Grenze von Praemaxillare und Maxillare noch eine Öffnung: das Foramen incisivum (Canalis nasopalatinus). Hier mündet der STENSONsche Gang, welcher das JACOBSONsche Organ mit der Mundhöhle verbindet.

Über die Öffnungen in der Schädelwand ist noch folgendes mitzuteilen (Abb. 402—405, 412). Dicht vor dem Condylus occipitalis tritt der N. hypoglossus aus, und zwar durch ein bis drei Öffnungen (Foramina condyloidea). Bei dem Embryo ist zwischen der Regio occipitalis und der Labyrinthkapsel eine weite, spaltförmige Öffnung zu beobachten. Wir lernten eine solche bei den Sauropsida als Fissura metotica kennen. Durch diese Öffnung treten hindurch: die Vena jugularis, der N. vago-accessorius und der N. glossopharyngeus (Foramen lacerum posterius der erwachsenen Mammalia). Die Fenestra rotunda (F. cochleae) liegt etwas weiter nach vorn; sie hat sich abgeteilt von der Fissura metotica. Weiter vorn und etwas höher liegt die Fenestra ovalis (Fenestra vestibuli) für den Stapes.

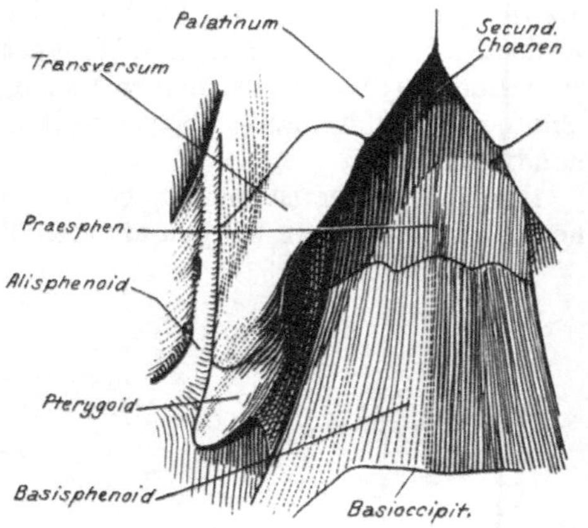

Abb. 416. Die Mitte des Munddaches von einer zu $^{2}/_{3}$ ausgewachsenen Tatusia novemcincta mit zwei Pterygoidea (Pterygoid und Transversum), nur links angegeben. (Nach BROOM 1915, Taf. 7, Abb. 78.)

Durch den vorderen Teil der Labyrinthkapsel tritt der N. facialis aus. Dieser Nerv verläuft jedoch an der Außenseite der Labyrinthkapsel caudad in einem knöchernen Kanal (Canalis Fallopii); wenigstens ist dies bei den meisten Mammalia der Fall; infolge dieses Kanals kommt der Nerv erst am Hinterrande der Labyrinthkapsel zum Vorschein. Zwischen dem Petrosum und dem Alisphenoid liegt ebenfalls eine spaltförmige Öffnung: das Foramen lacerum anterius (medius); hier tritt meist der dritte Ast des N. trigeminus aus; dieser kann jedoch sekundär durch ein Foramen ovale den Schädel verlassen, welches etwas weiter nach vorn liegt. Zwischen dem Alisphenoid und dem Orbitosphenoid finden wir das spaltähnliche Foramen sphenorbitale; wir haben es als Fissura orbitalis superior schon auf S. 296 kennen gelernt; durch dieses Foramen treten aus die zwei vordersten Äste des N. trigeminus und die drei Nerven der Augenmuskeln. Der zweite Ast des N. trigeminus besitzt oft eine eigene Öffnung im Alisphenoid (Foramen rotundum). Weiterhin kann der N. opticus durch das Foramen sphenorbitale austreten; aber in den meisten Fällen besitzt er ein eigenes Foramen opticum, welches in dem ventralen Teile des Orbitosphenoid liegt, beiderseits des Praesphenoid; besonders bei niederen Mammalia ist das zu beobachten. Eine Verschmelzung des linken und rechten Foramen opticum ist nicht selten.

Die Carotis interna tritt bei den Vertebrata durch die Schädelbasis in die Fossa hypophyseos; sie durchbohrt also das Basisphenoid. Bei den meisten Mammalia liegt das Foramen caroticum jedoch ziemlich weit lateral und kann dadurch sekundär verschmelzen mit dem Foramen lacerum anterius.

Größere Mammalia, z. B. die Ungulata, erreichen eine Gewichtsverminderung des Schädels durch Lufthöhlen in den Knochen (vgl. S. 64). Dadurch wird eine Vergrößerung des Schädels ermöglicht, z. B. um einem größeren Gebiß oder einer größeren Ursprungsfläche für Muskeln Raum zu verschaffen; weil aber gleichzeitig mit einer solchen Vergrößerung Lufthöhlen auftreten, wird die Gesamtmasse nicht schwerer. Die Lufträume stehen meist mit der Nasenhöhle in Verbindung; sie werden durch die Schleimhaut ausgekleidet. Von der Paukenhöhle aus kann auch eine Lufthöhle in das Mastoid eindringen; dieses kann dann dadurch an Größe stark zunehmen.

3. Der Unterkiefer.

Der Unterkiefer der Mammalia ist für diese Gruppe typisch. Er besteht nur aus einem einzigen-Knochen von besonderer Form: dem Dentale (Abb. 402). Meist beobachten wir an dem Dentale einen breiten und hohen Processus coronoideus. An dessen Hinterrand entspringt der Processus articularis für das Kiefergelenk, am unteren Winkel trägt er den Processus angularis. Ein Processus retroarticularis, den wir so oft bei Amphibia und Sauropsida fanden, fehlt bei den Mammalia; ebenso fehlt der hier inserierende Musculus depressor mandibulae.

Der Unterkiefer ist massiv, er besitzt also keinen Hauptkanal (Canalis primordialis) in welchem bei den anderen Tetrapoda die Cartilago Meckeli liegt.

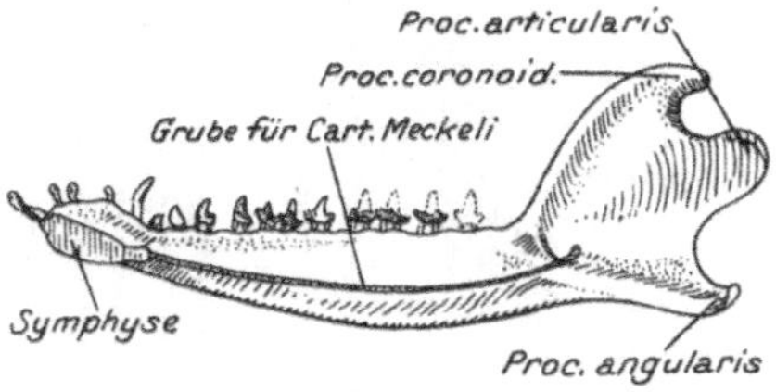

Abb. 417.

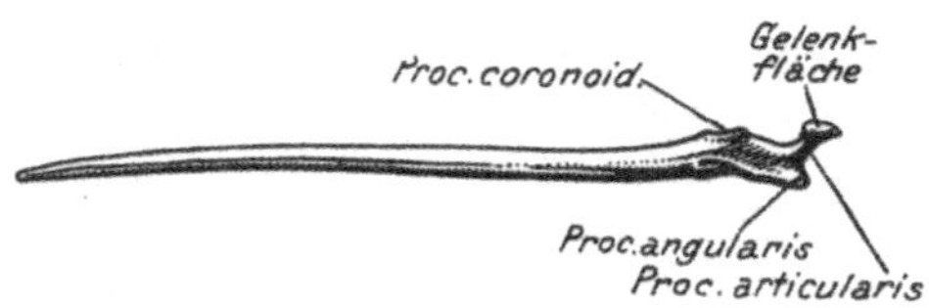

Abb. 418.

Abb. 417. Rechter Unterkiefer von Amblotherium, einem Trituberculaten aus dem Jura, von der Innenseite. (Nach OSBORN, 1907, Abb. 23.) — Abb. 418. Unterkiefer von Proechidna Bruyni. (Nach WEBER 1904, Abb. 55, 1.)

Diese Cartilago wird wohl gebildet, aber sie liegt bei dem Embryo in einer Rinne an der Innenseite des Dentale; diese Grube ist bei sehr primitiven Mammalia auch bei den erwachsenen Tieren beobachtet (Abb. 417, 419). Die Cartilago Meckeli

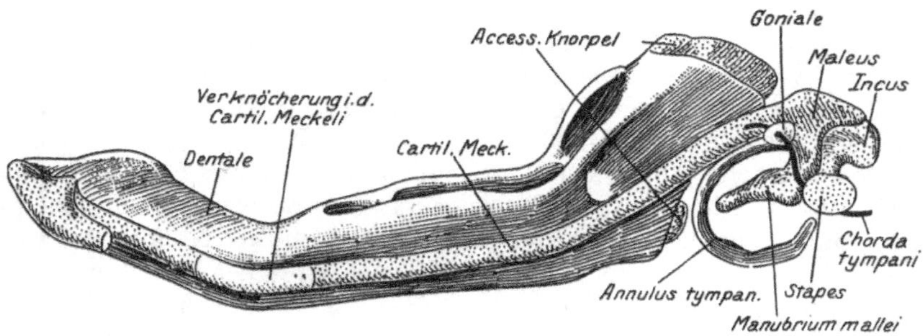

Abb. 419. Rechter Unterkiefer eines Embryos von Lepus cuniculus, mit Malleus, Incus, Stapes und Tympanicum, von innen gesehen. (Nach einem Modell von VOIT, aus GAUPP, 1911, Abb 23.)

verknöchert frühzeitig und verschmilzt anscheinend ganz mit dem Dentale, wenigstens bei den rezenten Mammalia. Ihr Hinterende verdickt sich und verknöchert: ein Stück, welches sicher mit dem Articulare der Reptilia homolog ist; aber dieses Articulare liegt hinter dem eigentlichen Unterkiefer, wird also nicht in den Unterkiefer aufgenommen; es wird zu dem Gehörknochen Malleus.

Die anderen bei den Reptilia vorhandenen Deckknochen haben keinen Anteil an der Bildung des Unterkiefers der Mammalia; eine Ausnahme hiervon macht vielleicht nur das Spleniale. Die meisten Deckknochen sind verschwunden. Das Angulare ist sehr wahrscheinlich umgebildet in das Tympanicum (VAN KAMPEN 1904, 1905), das Dermarticulare oder Goniale wurde zum Processus folii des Malleus (GAUPP 1905 C); wir kommen hierauf noch einmal zurück (S. 318).

Das Dentale (Os mandibulare der menschlichen Anatomie) ist ein großer Knochen von komplizierter Form. Es verknöchert von einem oder zwei Punkten aus; dabei geht der Verknöcherung oft eine Knorpelbildung voraus (Abb. 419). So entsteht die Frage, ob nicht noch andere Knochen, außer dem Dentale (und Spleniale), in den Unterkiefer der Mammalia eingegangen sind (FUCHS 1909 C;

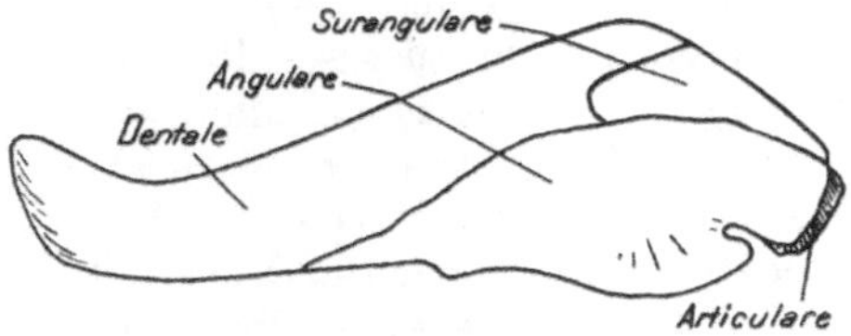

Abb. 420.

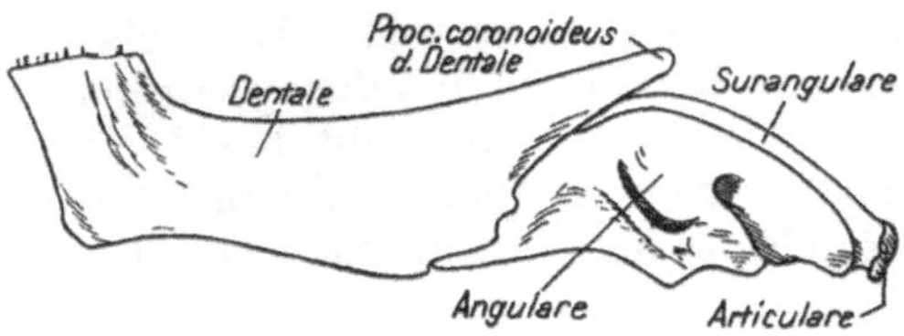

Abb. 421.

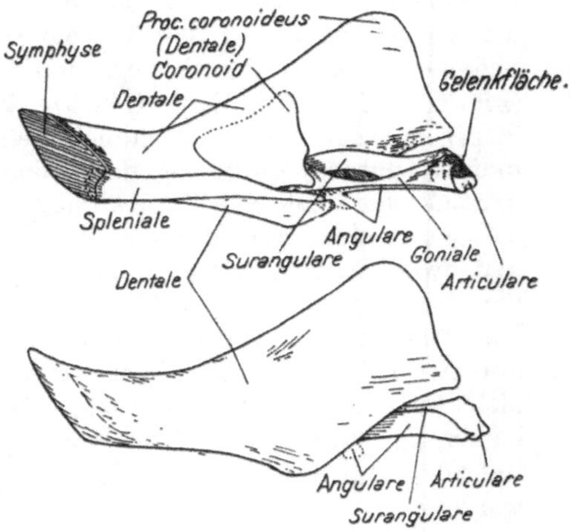

Abb. 422 u. 423.

Abb. 420–423. Der Unterkiefer der Theromorpha.

Abb. 420. Von Dimetrodon, einem Pelycosaurier: rechter Kiefer von lateral. Der Unterkiefer war noch nicht in der Richtung der Mammalia umgeformt. – Abb. 421. Von Scymnosuchus, einem primitiven Anomodontier. Der Unterkiefer begann sich in der Richtung der Mammalia umzuformen; der Proc. coronoideus wird bereits ausschließlich durch das Dentale geformt. – Abb. 422 u. 423. Von Cynognathus, einem säugetierähnlichen Anomodontier. Das Dentale bildete einen großen Proc. coronoideus, an dem der Musc. temporalis und der Musc. masseter inseriert haben müssen. (Nach WATSON 1912 B, Abb. 1, 3, 4.)

dagegen GAUPP 1913). Aus dem Bau des Unterkiefers bei den Anomodontia ergibt sich aber deutlich, daß tatsächlich das Dentale die anderen Deckknochen mehr und mehr verdrängt hat. Die anderen Knochen bilden schließlich mit dem Articulare zusammen nur noch ein Anhängsel des Unterkiefers. Das Dentale dagegen ähnelt immer mehr dem Unterkiefer der Mammalia (Abb. 420—423). Zugleich wurde auch das Quadratum zurückgebildet; es beteiligte sich nicht mehr am Unterkiefergelenk, sondern das Squamosum trat funktionell an seine Stelle (Abb. 414, 415). Bei den späteren Anomodontia, z. B. bei Cygnognathus, tritt jedoch etwas Eigentümliches auf: das Dentale hatte kaum Anteil an dem Unterkiefergelenk; sondern dieses Gelenk lag zwischen dem Squamosum mit dem rudimentären Quadratum und dem Articulare (Fig. 422, 423). Man muß annehmen, daß bei Cynognathus die Kaumuskeln beinah ausschließlich an dem Dentale inserierten; dabei war dieses Dentale nur schwach mit dem hinteren Teil des Unterkiefers verbunden; wie das Dentale die nötige Stütze beim Beißen und Kauen empfing, ist unklar (WATSON 1912 B, PETRONIEVICS 1919).

Bei Mammalia, welche nicht beißen oder kauen, z. B. bei den Cetacea und bei Echidna, wird der Unterkiefer niedrig und seine Fortsätze verschwinden (Abb. 418).

Linke und rechte Unterkieferhälfte sind in der Symphyse meist kräftig verbunden: eine rauhe Oberfläche ist durch eine Naht, durch Knorpel oder ein Band mit der Gegenseite vereinigt. Oft kommt es hier zu einer vollständigen Verschmelzung, manchmal schon frühzeitig, meist erst in späteren Jahren. Bei den Rodentia, Ruminantia und Macropodidae werden die Unterkieferhälften während der komplizierte Kaubewegungen gegeneinander bewegt; dann ist die Symphyse eine lose Bandverbindung. Bei einigen Rodentia finden wir eine Rotation der Unterkieferhälften um ihre Längsachse.

Die oben gezeigte Umbildung des Unterkiefergelenkes ist für die Mammalia typisch; die Bedeutung dieser Umbildung liegt wahrscheinlich in einer größeren Festigkeit; eine solche ist bei dem hohen Kaudruck in dem Gelenk verständlich. Bei einem akinetischen Schädel besitzt das Quadratum eine geringe Bedeutung: wir sehen, wie es bei den Theromorpha erst kürzer wird und schließlich als Zwischenstück im Gelenk liegt und funktionell ganz wohl ausgeschaltet wird (Fig. 406—411, 414, 415). Gleichzeitig inserieren die Kaumuskeln offenbar je länger je mehr direkt am zähnetragenden Dentale; früher inserierten sie aber indirekt durch Vermittlung der anderen Deckknochen des Unterkiefers. Diese Veränderung läßt eine Zurückbildung der anderen Deckknochen und des Articulare begreifen. Bei dieser Umbildung entstand vielleicht eine gewisse Beweglichkeit zwischen dem Dentale und den anderen Knochen des Unterkiefers. Aber die Verhältnisse bei den Theromorpha weisen uns darauf hin, daß das neue Unterkiefergelenk sich im Anschluß an das alte Gelenk entwickelte. Wir stehen also hier nicht vor einer völligen Neubildung. Weiterhin fällt auf, daß das Gelenk nicht weit vor dem alten quadrato-articularen Gelenk entstand. Auf diese Weise kamen Quadratum und Articulare an den Innenrand des neuen Kiefergelenkes frei zu liegen und konnten ihrer neuen Aufgabe als Gehörknochen angepaßt werden.

4. Spezielle Formen.

Die Form des jetzigen Mammalierschädels ist in den Gruppen nicht so stark differenziert wie bei den Sauropsida; es ist darum nicht notwendig, hier näher auf Einzelheiten einzugehen. Nur einige Ergänzungen seien noch gebracht.

Bei den Mammalia finden wir in einigen Fällen eine knöcherne Brücke, welche die Orbita gegen die Temporalgrube abgrenzt; in anderen Fällen fehlt diese Brücke. Bei den Sauropsida, auch bei den Theromorpha, ist diese Brücke gewöhnlich vorhanden; es liegt darum auf der Hand, in der Anwesenheit dieser Brücke auch bei den Mammalia einen primitiven Zug zu erblicken. Es ist jedoch zu beachten, daß diese Brücke bei ziemlich allen primitiven Formen unter den Mammalia fehlt: bei den Monotremata, den Marsupialia und den Insectivora. Sie tritt erst auf bei den mehr spezialisierten Gruppen. Daraus muß man schließen, daß diese Brücke bei den Mammalia zuerst fehlte und später wiederum auftrat.

An dem Unter-Vorderrande der Orbita liegt eine kleine Öffnung, genannt das Foramen infraorbitale. Es dient zum Durchtritt von Blutgefäßen und Nerven, welche aus der Orbita zur Haut des Oberkiefers ziehen. Bei den Rodentia haben bestimmte Bündel des Musculus masseter von diesem Foramen Gebrauch gemacht: sie verlaufen durch dieses Loch, um nach vorn am Oberkiefer Ursprungsfläche zu gewinnen. Dadurch wird das besagte Foramen bei einem Teile der Rodentia sehr groß.

Eigentümlich ist weiterhin eine knöcherne Wand, welche bei einigen Mammalia (u. a. Carnivora) von der Squama occipitalis in die Schädelhöhle einspringt. Diese Wand liegt in dem Tentorium der Dura mater; sie wird darum Tentorium osseum genannt. Dieser Knochen ist ein Beispiel für eine Bindegewebsverknöcherung, die wir nicht von einer Hautverknöcherung ableiten können; sie besitzt dadurch einiges theoretisches Interesse. —

Der Schädel der Cetacea ist auffallend stark verändert; das Leben im Wasser, die Veränderung der Nahrung, zusammen mit dem Verluste des Kauvermögens, haben hier umändernd gewirkt. Die Kiefer sind sehr lang. Am Primordialcranium ist ein Rostrum entwickelt (Abb. 404 und 405 auf S. 292). Der Gesichtsteil des Schädels tritt stark in den Vordergrund, so daß in einzelnen Fällen die Gehirnkapsel im Verhältnis zum Gesamtschädel auffallend klein wird. Die Schädelkapsel ist kurz und kugelförmig. Die Squama occipitalis ist sehr groß; sie verdrängt die Parietalia nach der Seitenwand und kann in einigen Fällen selbst die Frontalia erreichen. Der Jochbogen ist besonders dünn. Das Petrosum, zusammen mit dem als große Bulla ossea entwickelten Tympanicum, sind mit dem weiteren Schädel nur durch Bindegewebe verbunden; dadurch werden sie isoliert; dies steht in Verbindung mit der Art des Hörens bei diesen Wasserbewohnern. Sehr eigentümlich ist weiterhin die Asymmetrie des Walfischschädels: die rechte Seite überwiegt oft sehr stark über die linke Seite. —

Eine besondere Form zeigt der Schädel der meisten Simiae und des Menschen. Der Gesichtsschädel wird hier meist sehr klein, während die Gehirnkapsel bedeutend an Größe zunimmt und sich nach vorn über die Riechorgane hin ausbreitet. Dies ist eine Folge der zunehmenden Entwicklung des Telencephalon, begleitet von einem Rückgang der Geruchsorgane. So kommt es, daß die Nasenkapseln unter der Gehirnkapsel liegen, anstatt davor. Gleichzeitig verschwindet größtenteils oder ganz die herausspringende Schnauze; die Kiefer werden kurz. Kennzeichnend ist weiterhin für die Primates, daß die Orbitae mehr oder weniger von der lateralen Seite auf die vordere Seite des Schädels verschoben worden sind. Auf diese Weise treten ihre Innenränder oberhalb der Schnauze dicht zusammen. Dies hängt damit zusammen, daß die Augen nach vorn gerichtet sind, an Stelle ihrer früheren lateralen Lage. Die Orbitae sind bei diesen Formen an ihrem Außenrande (Hinterrande) stets knöchern geschlossen; sie werden bisweilen größtenteils durch eine knöcherne Wand gegen die Temporalgrube abgegrenzt.

Das Hyobranchialskelet der Tetrapoda.

Das Hyobranchialskelet der rezenten **Amphibia** besteht aus einem gut entwickelten Hyoidbogen, welcher mit dem Hyoideum der Pisces homolog ist; weiterhin treten dazu vier bis zwei Kiemenbogen. Große Unterschiede finden wir zwischen dem Kiemenbogenskelet der erwachsenen Tiere und der Larven. Das steht natürlich im Zusammenhang mit der Kiemenatmung der Larven. Die erwachsenen Tiere besitzen dagegen eine muskulöse mehr oder weniger ausstülpbare Zunge: dadurch wird das Hyobranchialskelet teilweise zu einem Zungenbeinskelet (Hyoidskelet). Der dritte und vierte Kiemenbogen verschwinden meist bei der Metamorphose. Auf dem Hyoidskelet ruht der Larynx; er ist mit ihm durch Bänder und Muskeln verbunden (Abb. 629b auf S. 522; Abb. 793 auf S. 641).

Bei den Urodela besitzen die Larven neben dem Hyoidbogen noch vier knorpelige Kiemenbogen (Abb. 424); die erwachsenen Tiere dagegen haben ein Hyoidskelet mit drei Bogen, welche teilweise verknöchern; diese werden Cornua hyalia genannt (Abb. 425). Die Perennibranchiaten (vgl. S. 261, Fußnote) besitzen als Kiemenatmer ziemlich dasselbe Hyobranchialskelet wie die Larven, es verknöchert jedoch teilweise. Die Derotrematen (vgl. S. 261, Fußnote) zeigen einen Übergangszustand: Cryptobranchus alleghaniensis besitzt einen bleibenden Kiemenspalt und vier Kiemenbogen (Abb. 426); Megalobatrachus maximus schließt dagegen alle Kiemenspalten und behält nur zwei Kiemenbogen; dieser Zustand nähert sich dem der erwachsenen typischen Urodela, während der Hyoidbogen beim Megalobatrachus mehr larval bleibt (Abb. 427). Diese Wasserbewohner besitzen keine Zunge. Ihr Hyobranchialskelet verknöchert größtenteils.

Die Larven der Anura besitzen einen kurzen, festen Hyoidbogen und vier Kiemenbogen; diese sind durch eine mediane Platte verbunden; die Kiemenbogen sind auch dorsolateral verbunden. Das ganze Skelet ist knorpelig und ungegliedert. Bei der Metamorphose tritt nun eine sehr starke Resorption und Neu-

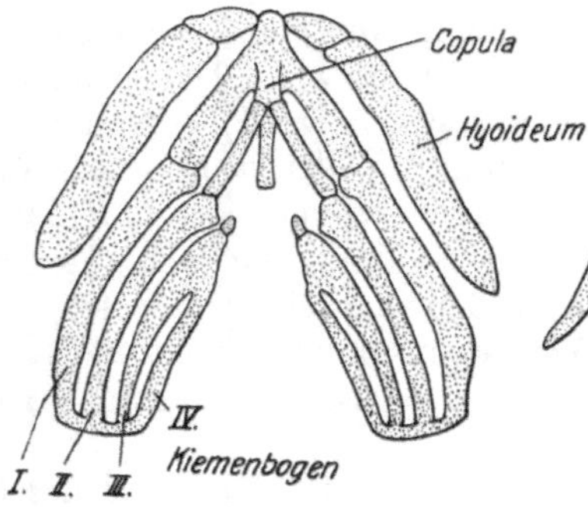

Abb. 424.

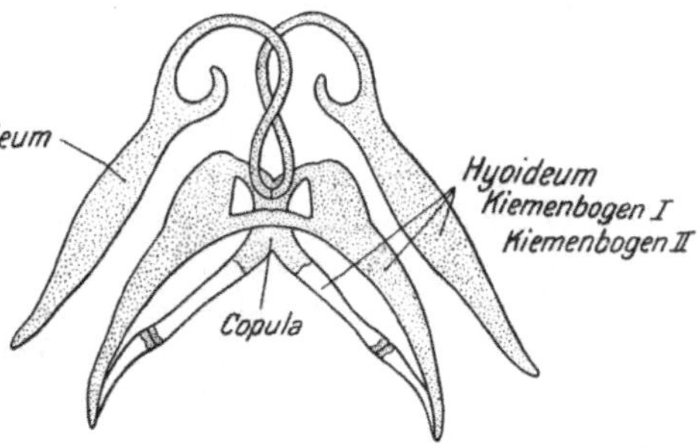

Abb. 425.

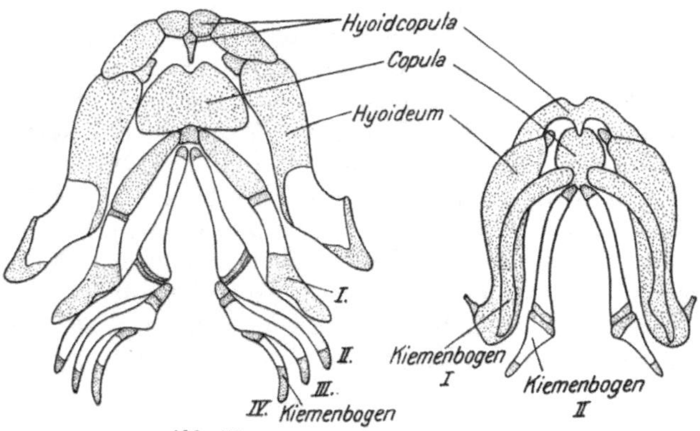

Abb. 426. Abb. 427.

Abb. 424—427. Das Hyobranchialskelett der Urodela.

Abb. 424. Von einer 30 mm langen Larve von Hynobius nebulosus, von dorsal. (Nach EDGEWORTH, 1923 B, Abb. 12.) — Abb. 425. Von einem erwachsenen Hynobius nebulosus. (Nach WIEDERSHEIM, aus EDGEWORTH, 1923 B, Abb. 13). — Abb. 426. Von einem erwachsenen Cryptobranchus alleghaniensis. (Nach W. K. PARKER, aus EDGEWORTH, 1923 B, Abb. 8.) — Abb. 427. Von einem erwachsenen Megalobatrachus maximus. (Nach SCHMIDT, GODDARD und VAN DER HOEVEN, aus EDGEWORTH, 1923 B, Abb. 3.) Knorpel punktiert, Knochen hell.

bildung auf: Es entsteht ein Os hyoides (Zungenbein) (Abb. 428), welches eine große mediane Platte und seitliche Fortsätze zeigt. An der Vorderseite tritt aus dem medianen Corpus hyoideum ein schlankes und langes Cornu hyale, welches nun nicht mehr an dem Palatoquadratum hängt, wie bei der Larve, sondern an der Labyrinthkapsel befestigt ist. Von den weiteren Fortsätzen ist nur der hinterste stets gut entwickelt; er wird Processus thyreoideus genannt; er verknöchert meist, während der ganze andere Apparat knorpelig bleibt. Dieser paarige Processus thyreoideus entsteht bei der Metamorphose ganz neu, also nicht aus einem der larvalen Kiemenbögen; dadurch wird es recht unsicher, ob er mit einem Kiemenbogen (vielleicht dem zweiten) homolog ist.

Bei den Gymnophiona ist das Hyobranchialskelet der erwachsenen Tiere sehr einfach gebaut (Abb. 429). Es besteht aus vier hintereinander liegenden Bogenstücken: dem Cornu hyale und drei Kiemenbogen; diese Bogen gehen alle ventral in die der anderen Seite über, während die beiden vorderen auch durch ein medianes Stück ohne Gelenkung miteinander verbunden sind. Der letzte Bogen teilt sich dorsal; in dem hintersten Stückchen dieser Teilung kann man einen Rest des vierten Kiemenbogens erblicken; es ist auch fast selbständig beobachtet worden. Soweit wir die Larven kennen, sind neben den Cornu hyale vier Kiemenbogen beobachtet; von denen ist der letzte rudimentär. Die geringe Differenzierung des Hyobranchialskeletes bei den Gymnophiona wird wohl zusammenhängen mit der recht geringen Entwicklung der Zungenmuskeln und dem großen Drüsenreichtum der Zunge, welche nur wenig beweglich ist.

Das Skelet des Larynx der Amphibia (Abb. 789—794 auf S. 640) ist wahrscheinlich aus einem noch mehr nach hinten liegenden Kiemenbogen entstanden: aus dem fünften oder aus dem sechsten Bogen (letzte Angabe nach DRÜNER 1901—1904).

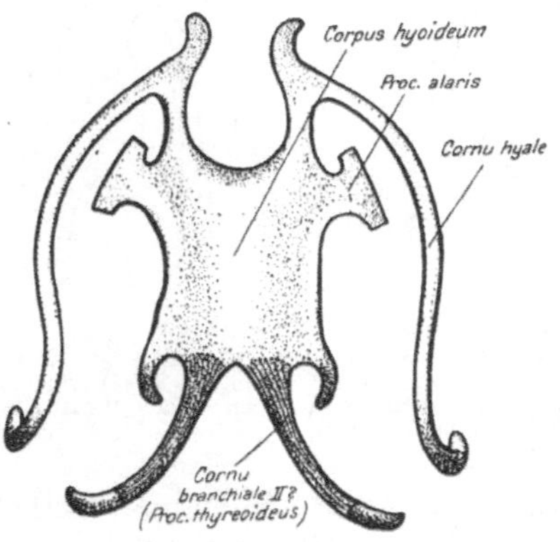

Abb. 428.

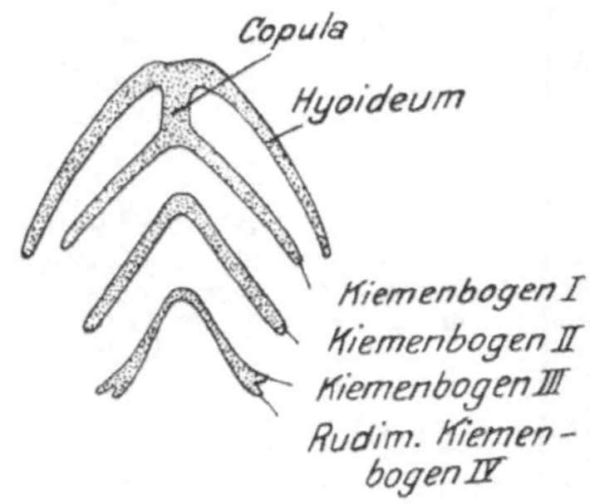

Abb. 429.

Abb 428. Os hyoides einer ausgewachsenen Rana esculenta von der Unterseite. (Nach GAUPP, 1905 A, Abb 376.)
Abb. 429. Hyoidbogen und Kiemenbogen einer erwachsenen Ichthyophis glutinosa. (Nach SARASIN, aus M. FÜRBRINGER, 1922, Taf. 12, Abb. 260.)

Das Hyobranchialskelet der Amniota unterscheidet sich in wichtigen Zügen von dem der Amphibia: hauptsächlich dadurch, daß es auch während der Entwicklung nicht als Kiemenskelet funktioniert. Es entwickelt sich auch direkt, ohne Metamorphose. Das Hyobranchialskelet ist — soweit es sich nicht dem Larynx anschließt — ausschließlich Hyoidskelet.

Das Os hyoides der **Sauropsida** (Abb. 430—433 u. Abb. 795—796 auf S. 643) wird aufgebaut aus dem Hyoidbogen (in der Embryologie genannt der REICHERTsche Knorpel) und dem ersten und zweiten Kiemenbogen. Ihre Copulae bilden ein unpaares, medianes Skeletstück, das meist platt ist; es wird das Corpus hyoideum (Zungenbeinkörper) genannt. Hieran schließen sich seitlich die drei Bogen: Cornu hyale und Cornu branchiale 1 und 2. Von dem Corpus erstreckt sich ein medianer Fortsatz nach vorn in die Zunge: der Processus lingualis oder entoglossus. Auf dem Os hyoides ruht der Larynx (Abb. 796 auf S. 643), wie wir es schon bei den Amphibia beobachteten. Von dieser Grundform ausgehend, finden wir bei den Reptilia große Unterschiede; diese beruhen in der Form, in der Verknöcherung und selbst in einer Zurückbildung der Bogen.

Bei Sphenodon und einigen Lacertilia [Abb. 932,4 auf S. 754] (u. a. den Geckonidae) ist das Cornu hyale dorsal am Schädel befestigt, und zwar am Ende des Processus paroticus. Auch dort, wo dies nicht der Fall ist, ist das Cornu hyale doch meist gut entwickelt. Auch das Cornu branchiale 1 pflegt ziemlich lang zu sein. Das Cornu branchiale 2 ist bei den Lacertilia meist kurz; es kann auch fehlen; aber nicht selten ist noch ein dorsales selbständiges Stück des zweiten Kiemenbogens beobachtet, welches mit seinem oberen Ende bis in die Trommelhöhle reicht. Das Corpus ist meist klein; die größte Länge liegt quer. Die einzige allgemein auftretende Verknöcherung liegt im Cornu branchiale 1.

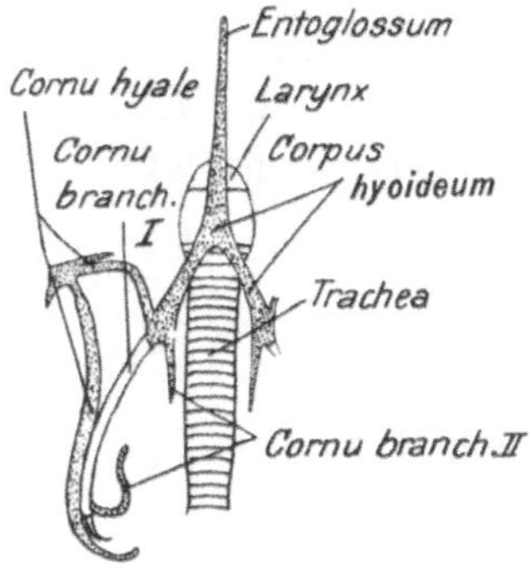

Abb. 430.

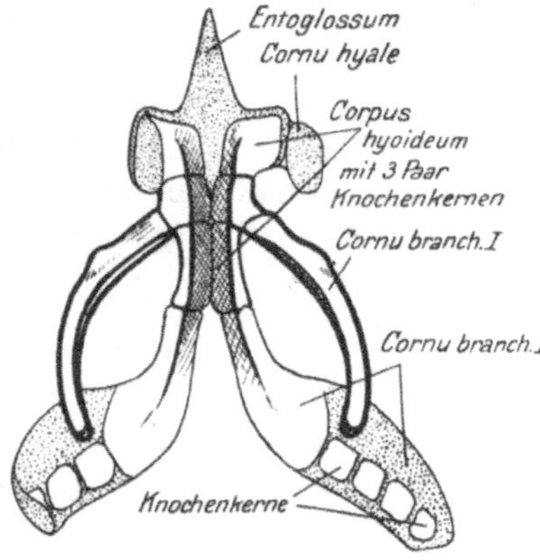

Abb. 431.

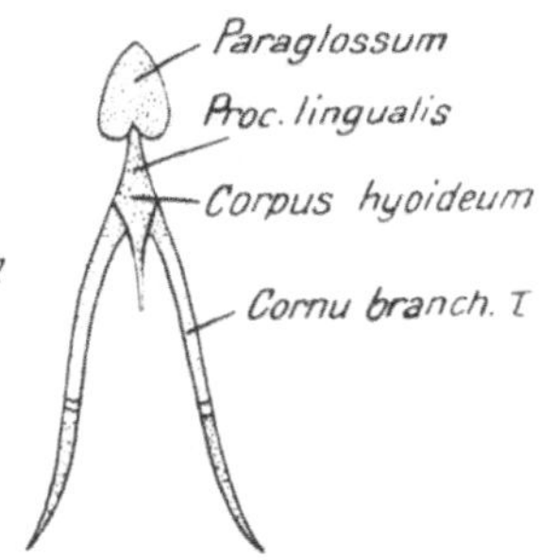

Abb. 432.

Abb. 430—432. **Os hyoides der Sauropsida, von oben gesehen.**
Abb. 430. Von einer Geckonide, Ptyodactylus lobatus. (Nach M. FÜRBRINGER, 1922, Taf. 1, Abb. 7.) — Abb. 431. Von einem sehr jungen Trionyx japonicus (Nach OGUSHI, 1913, Abb. 1.) Die Verknöcherung ist noch unvollkommen. Knorpel punktiert. — Abb. 432. Von Dromaeus irroratus. (Nach W. K. PARKER, aus M. FÜRBRINGER, 1922, Taf. 6, Abb. 132.)

Bei den **Ophidia** ist das Os hyoides stark zurückgebildet; es besteht meist nur aus einem einzigen Paar Bogen (Cornua branchialia), ohne daß ein Zungenbeinkörper entwickelt wäre.

Die **Chelonia** (Abb. 431 und Abb. 795—796 auf S. 643) besitzen ein großes und meist breites Corpus hyoideum. Das Cornu hyale ist sehr kurz; dadurch bleiben nur zwei deutliche Bogen übrig, welche verknöchern können. Das Corpus kann ebenfalls größtenteils verknöchern, und zwar von einigen paarigen Centra aus. Das Entoglossum ist kurz. Unter dem Os hyoides liegt in der Regel eine Platte aus hyalinem Knorpel,

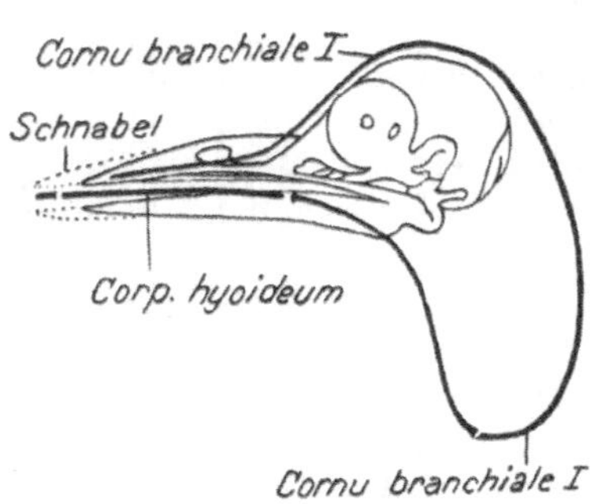

a

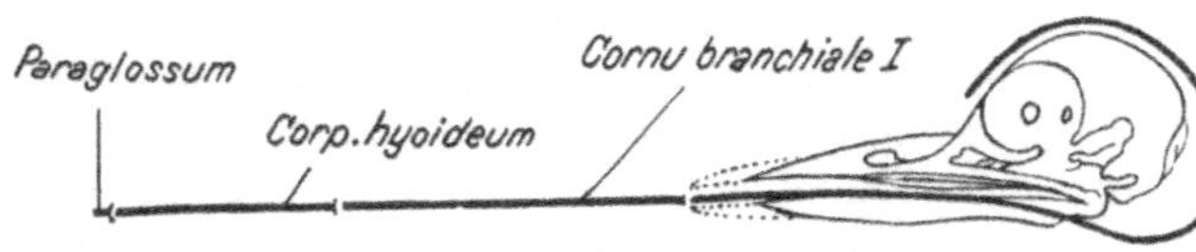

b

Abb. 433 *a* und *b*. **Lage des Os hyoides bei Picus (Specht)**
a bei zurückgezogener, *b* bei ausgestreckter Zunge. Etwas schematisch. (Nach LEIBER, aus M. FÜRBRINGER, 1922, Taf. 9, Abb. 196, 197.)

genannt das Hypoglossum (M. FÜRBRINGER); es wurde früher Entoglossum genannt; aber dieser Name kann zu Verwechslungen führen, da diese Platte mit dem Processus entoglossus des Corpus nichts zu tun hat. Das Hypoglossum ist eine Neubildung in dem Bindegewebe, welches unter der Zunge liegt.

Die Crocodilia besitzen ein großes, plattes Corpus, daran nur ein Paar Bogen: die Cornua branchialia 1. Ein Processus lingualis fehlt. Eine Verknöcherung tritt nur in den Bogen auf.

Die Aves besitzen ein schlank gebautes Os hyoides (Abb. 432 und Abb. 800 auf S. 800). Es zeigt ein auffallend schmales und langes Corpus mit einem meist gut entwickelten Processus lingualis. Hieran sitzt nur ein Bogen: das Cornu branchiale 1; es ist lang, oft sehr lang und verknöchert in zwei Stücken. Die Länge ist nämlich abhängig von der Ausstülpbarkeit der Zunge. Bei den Picidae (Spechte), wo diese Ausstülpbarkeit sehr groß ist, läuft das Cornu branchiale erst nach unten in den Hals, biegt dann dorsal um und läuft wieder unter der Kopfhaut über den Schädel bis in den Schnabel (Abb. 433). Im Gebiet der Zunge tritt bei den Aves noch eine besondere Skeletbildung auf: das Paraglossum. Dieses entsteht erst während der Entwicklung, und zwar paarig; erst spät verbindet es sich mit dem eigentlichen Os hyoides. Es liegt dorsal des Processus lingualis. Wahrscheinlich haben wir es hier mit einer Neubildung bei den Aves zu tun, also nicht mit einem alten Teile des Hyobranchialskelets.

Im Auftreten nur eines einzigen Zungenbeinhornes stimmen die Aves überein mit den Crocodilia. Beide Gruppen zeigen weiterhin die Eigentümlichkeit, daß ein dorsales Stück des Cornu hyale bestehen bleibt außerhalb der Verbindung mit dem Os hyoides: das ist ein meist kleiner Knorpelstab, welcher dorsal mit dem Gehörknochen zusammenhängt. Sein ventrales Ende findet eine gewisse Stütze durch eine Verbindung mit dem Articulare des Unterkiefers (Abb. 443). Das ventrale Stück des Cornu hyale ist ganz verschwunden.

Durch die meist unvollständige Verknöcherung ist das Os hyoides der ausgestorbenen Reptiliengruppen schlecht bekannt. Man darf aber annehmen, daß bei den Cotylosauria und den Theromorpha noch ein dritter Kiemenbogen vorkam, da dieser bei den Mammalia gefunden wird.

Das Hyobranchialskelet der **Mammalia** ist auf andere Weise zu einem Os hyoides und einem Larynx umgebildet als bei den rezenten Sauropsida. Wir sahen soeben, daß das Os hyoides der Sauropsida aus dem Cornu hyale und zwei Branchialbogen aufgebaut ist; das Skelet des Larynx muß hier auf den fünften Kiemenbogen zurückgeführt werden. Unter den Mammalia besitzen die Monotremata das ursprünglichste Hyoidskelet; es ist umfangreicher als bei den Reptilia, da es durch den Hyoid- und drei Branchialbogen aufgebaut wird, von denen die beiden letzten den Larynx stützen (Dubois; vgl. weiterhin Abb. 434 a und b).

Bei den übrigen Mammalia aber wird in diesem Skelet eine Teilung beobachtet. Nur das Cornu hyale und der erste Branchialbogen bilden noch das Os hyoides; die beiden hinteren branchialen Bogen haben sich vom Hyoid freigemacht und bilden als Cartilago thyreoidea einen Teil des Larynx (Abb. 435 und 436). Das Os hyoides besteht dann aus einem quer liegenden Corpus und zwei Paar Bogen.

Die Cornua hyalia, das vordere Bogenpaar, sind ursprünglich lang und dorsal am Schädel befestigt durch den Processus styloideus des Os temporale; in diesem Processus müssen wir ein dorsales Stück des Hyoidbogens erblicken. Bei den Monotremata ist dieser Bogen vollständig knorpelig und knöchern entwickelt, wie bei den Anura und einigen Sauropsida; bei den anderen Mammalia aber ist ein großer oder kleiner Teil des Hyoidbogens zu einem Ligament zurückgebildet. Dieses Ligament kann sehr lang sein, wodurch das Cornu hyale sehr kurz wird; das ist z. B. beim Menschen der Fall, wo nur kleine ventrale Stücke als Cornua minora übrig bleiben. Das Cornu hyale kann aber auch sehr gut entwickelt sein und aus mehreren knöchernen Stücken bestehen: man unterscheidet dann Cerato-,

Epi- und Stylohyale. Diese Namen sind wenig glücklich gewählt, da sie an die Einteilung des Kiemenbogens bei den Pisces in Cerato- und Epibranchiale denken lassen; hiermit haben aber diese Glieder bei den Mammalia nichts zu tun, da das Epibranchiale übereinstimmt mit dem Hyomandibulare, welches bei den Mammalia zum Stapes geworden ist.

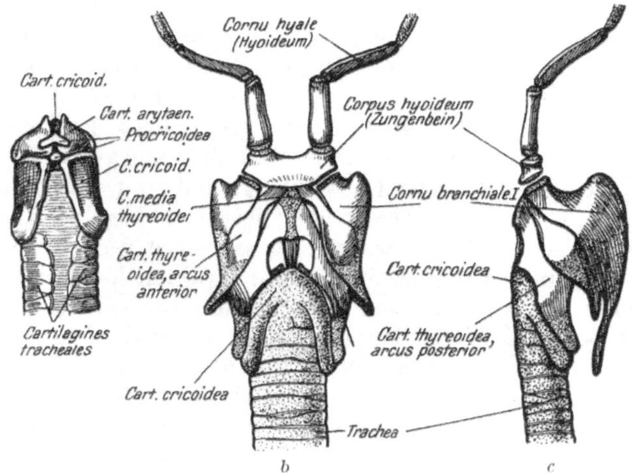

Abb. 434.

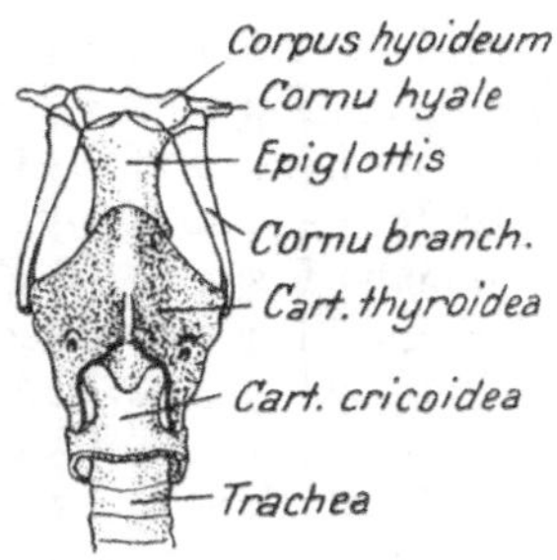

Abb. 435.

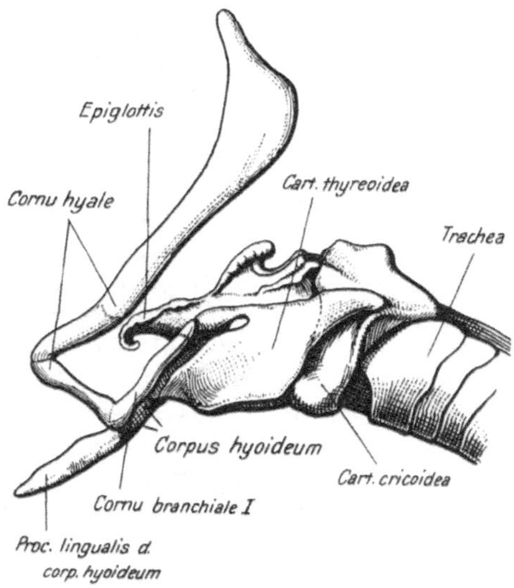

Abb. 436.

Abb. 434, 435, 436. Os hyoides und Cartilago thyreoidea der Mammalia.
Abb. 434. Von Ornithorhynchus. (Nach DUBOIS, aus M. FÜRBRINGER, 1922, Taf. 10.) — **Abb. 435.** Von Elephas indicus, von ventral (Nach MAYER aus M. FÜRBRINGER, 1922, Taf. 10, Abb. 221.) — **Abb. 436.** Von Equus caballus. (Nach ELLENBERGER und BAUM, 1915, Abb. 643.)

Der hintere Bogen (Cornua branchialia) ist oft am längsten entwickelt und wird darum Cornu majus genannt, z. B. beim Menschen. Er verknöchert in einem einzigen Stück und ist auch meist mit dem Corpus hyoideum verschmolzen. Das dorsale Ende pflegt vermittels eines Bandes mit der Cartilago thyreoidea verbunden zu sein: ein Rest eines früheren Zusammenhanges (daraus ist der Name Thyreohyoid entstanden).

Vom Corpus hyoideum kann nach vorn zu ein kleiner Processus lingualis ausgehen; aber meist fehlt er. Bisweilen ist das Corpus ziemlich groß und ebenso lang wie breit (Cetacea, einige Simiae). Bei vielen Simiae findet sich in dem ventral gewölbten Corpus ein großer Kehlsack; dann kann es zu einer großen und dorsal offenen Knochenblase umgebildet sein; diese bildet dann einen Resonanzboden (vgl. S. 649).

Die Gehörknöchelchen der Tetrapoda.

Bei den Pisces werden die Wasserschwingungen auf die Schädelknochen übertragen; von diesen auf das häutige Labyrinth des Gehörorgans. Die Tetrapoda können nicht in dieser Weise hören, da die Luft zu dünn ist, um ihre Schwingungen auf die Schädelknochen wirksam zu übertragen. Damit im Zusammenhang ist das Trommelfell entstanden. Von dem Trommelfell tritt eine Kette von Skeletstückchen zur Fenestra ovalis der Labyrinthkapsel; diese Skeletstücke liegen in der sogenannten Trommelhöhle; sie werden Gehörknöchelchen genannt, auch Columella auris oder Ossicula auditus. Im Bau sind sie sehr verschieden.

1. Die descriptive Anatomie.

Unter den lebenden **Amphibia** beobachten wir ein normal arbeitendes Gehörknöchelchen mit Trommelfell nur bei den meisten Anura (Abb. 437). Es besteht hier aus einem Knochenstab, welcher mit einer verbreiterten, knöcher-

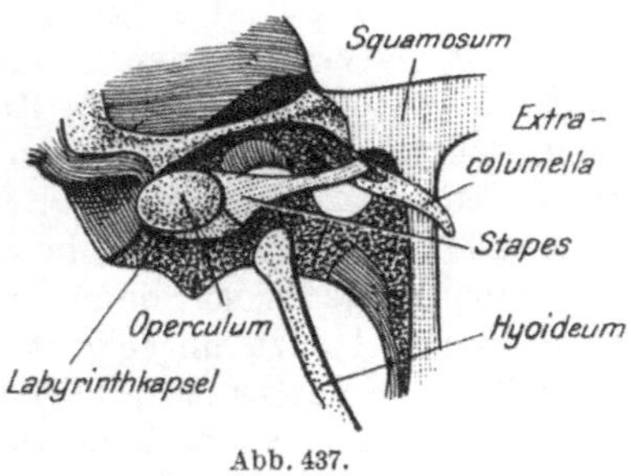

Abb. 437.

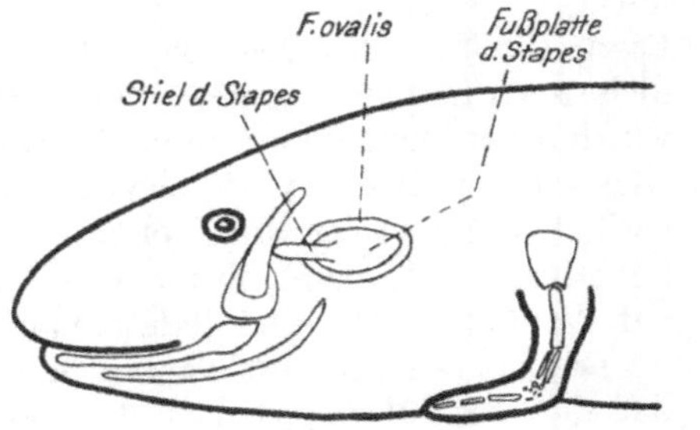

Abb. 438.

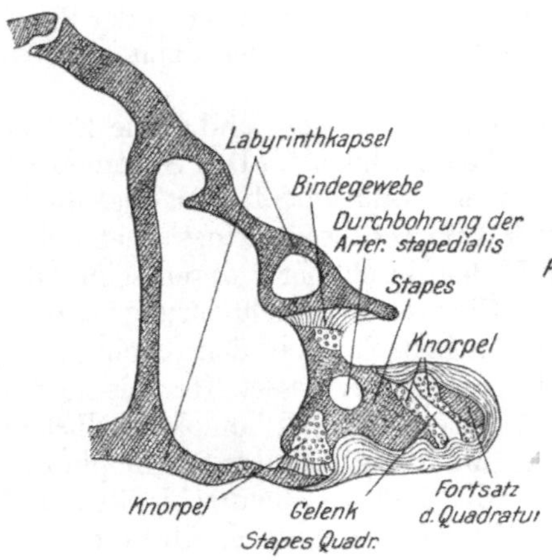

Abb. 440.

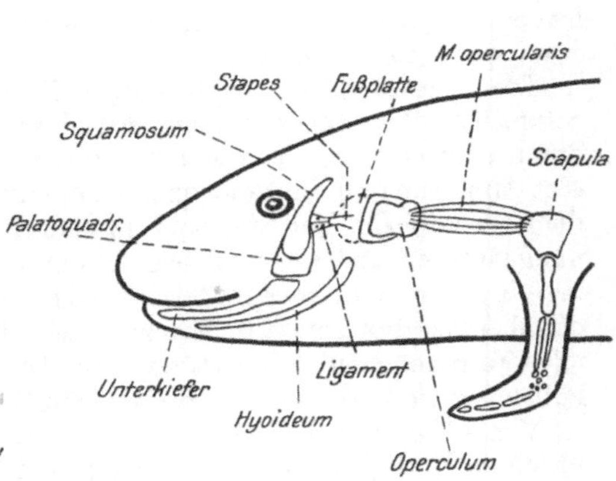

Abb. 439.

Abb. 437–439. Die Columella auris der Amphibia.

Abb. 437. Columella auris von Rana fusca, von caudal gesehen. (Nach GAUPP, 1896 1904, Bd. 3, Abb. 175.) — Abb 438. Columella auris von einer Larve eines Urodelen. — Abb. 439. Dasselbe von einem erwachsenen Urodelen. Schematisch. (Nach KINGSBURY und REED, 1909, Textabb. 21, etwas verändert.) — Abb. 440. Columella auris von Ichthyophis glutinosa auf einem Querschnitt durch den Kopf. (Nach SARASIN, aus GAUPP, 1898, Abb. 6.)

nen oder knorpeligen Fußplatte in die Fenestra ovalis paßt; es liegt mit seinem distalen knorpeligen Stück in dem Trommelfell. Dieses Knorpelstück ist quer zur Längsachse des Gehörknochens gerichtet; es erstreckt sich vom Ober-Hinterrand bis zur Mitte des Trommelfells; außerdem ist es durch einen nach vorn und dorsal gerichteten Processus ascendens an der Gehörkapsel befestigt. Der Stab und die Fußplatte werden Stapes genannt, nach ihrer Form bei den Mammalia; das distale Knorpelstück ist die Extracolumella. Das Ganze bildet die Columella auris. Daneben findet sich noch ein zweites Skeletstück, welches als Knorpelplatte hinter der Fußplatte des Stapes in der Fenestra ovalis liegt. Es bildet die Ursprungsfläche für ein Bündel des Musculus levator scapulae: dem sogenannten Musculus opercularis; dieses zweite Skeletstück wird Operculum genannt. Stapes und Operculum können in einen so engen Zusammenhang treten, daß keine Grenze mehr sichtbar ist.

Bei den Urodela (Abb. 438 u. 439) ist niemals ein Trommelfell vorhanden. Die Columella auris ist kurz und besteht nur aus dem Stapes. Dieser Stapes liegt mit seinem Distalende an der Pars quadrata des Palatoquadratum. In anderen Fällen ist er so kurz, daß er damit nur durch ein Band verbunden ist; ja es kann von dem Stapes nur die Fußplatte übrig bleiben. Das Operculum ist gut entwickelt und mit einem Musculus opercularis verbunden; es kann mit dem Stapes zu einem Ganzen verwachsen, so daß es hauptsächlich die Fußplatte des Stapes bildet. Aber in der Anlage sind beide Skeletelemente selbständig. Das Operculum ist nämlich herzuleiten von der Wand der Gehörkapsel; die Columella auris dagegen wird selbständig angelegt (Kingsbury and Reed 1909, Reed 1920). Es ist deutlich, daß die Columella auris der erwachsenen Urodela nicht mehr im ursprünglichen Sinne arbeitet. Daß sie noch oft eine ziemliche Entwicklung erreicht, kann dadurch erklärt werden, daß sie bei den Larven wohl eine wichtige Rolle spielt, ebenso wie bei den neotenischen Wasserformen: Sie verläuft dann in der Regel ohne ligamentösen Abschnitt vom Squamosum zur Fenestra ovalis; dann überträgt sie die Wasserschwingungen vom Squamosum auf das Labyrinth. Das Palatoquadratum ist als Knorpel dazu ungeeignet.

Die Larven der Urodela besitzen kein Operculum; daraus ist zu schließen, daß das Operculum erst nach der Metamorphose auf dem Lande eine Bedeutung gewinnt, im Zusammenhang mit dem Musculus opercularis; welche Bedeutung, ist jedoch unbekannt. Bei den Anura tritt das Operculum stets oder in der Regel früher auf, nämlich schon bei der Larve; es folgt daraus aber nicht, daß es dann schon funktioniert.

Die Gymnophiona (Abb. 440) besitzen kein Trommelfell und keine Extracolumella. Der Stapes ist kurz mit einer großen Fußplatte. Das Stielende ist durch ein Gelenk mit dem Quadratum verbunden; wahrscheinlich ist dies durch eine Anpassung an die Bewegungen des Quadratum bei diesem kinetischen Schädel zu verstehen. Der Stapes ist in einigen Fällen durchbohrt; durch seine Öffnung läuft eine Arterie, ein Zweig der Carotis. Eine solche Durchbohrung ist auch bei vielen Amniota bekannt; sie ist auch bei dem Urodelen Ranidens beobachtet; offenbar ist dies eine alte Eigentümlichkeit des Stapes, dessen Homologie bei allen Tetrapoda dadurch gestützt wird. Die Arterie ist überall homolog, selbst in Fällen, wo sie Variationen aufweist. Ein Operculum fehlt bei den Gymnophiona.

Von einer Anzahl Stegocephala wissen wir, daß sie einen schlanken und knöchernen Stapes besaßen. Dieser endigte distal frei in einigem Abstande von dem Ohreinschnitte oder von einer ovalen Öffnung im Schädeldach, welche wohl sicher vom Trommelfell eingenommen wurde (Abb. 352 auf S. 255, Abb. 358 auf S. 259). Mit diesem Trommelfell muß der Stapes durch eine knorpelige Extracolumella verbunden gewesen sein wie bei den Anura. Ein Operculum ist bei den Stegocephala nicht bekannt. Daraus können wir schließen, daß das Operculum erst später erworben wurde, als eine Anpassung an das Auf-dem-Landeleben, die nicht hinderlich war im Wasser. Es wurde vielleicht schon bei den gemeinsamen Stammformen der Urodela und Anura gebildet, welche vielleicht zu den Stegocephala zu rechnen sind.

Bei den **Sauropsida** ist allgemein eine schlanke Columella auris zu beobachten. Sie besteht ebenso wie bei den Anura aus einem knöchernen Stapes und einer knorpeligen Extracolumella. Ein Operculum fehlt. Die Extracolumella zeigt oft einen ziemlich verwickelten Bau mit verschiedenen Fortsätzen. Einfach gebaut ist sie bei den Chelonia, sie fehlt jedoch bei den Ophidia und den Amphisbaenidae, wo nur ein Stapes beobachtet wurde. Die Verbindung der Extracolumella mit dem Stapes ist oft eine Diarthrose, so daß hier Bewegungen stattfinden können (VERSLUYS 1899). Von der Form der Columella auris bei den Sauropsida geben Abb. 441—443 ein Bild. Bei den Geckoniden unter den Lacertilia und auch bei einigen Aves ist der Stapes dicht oberhalb der Fußplatte durch eine Arterie durchbohrt. Ein homologes Loch ist auch bei den Theromorpha bekannt (Abb. 441). Die Form des Stapes war übrigens bei vielen Theromorpha recht eigentümlich und nicht stabähnlich.

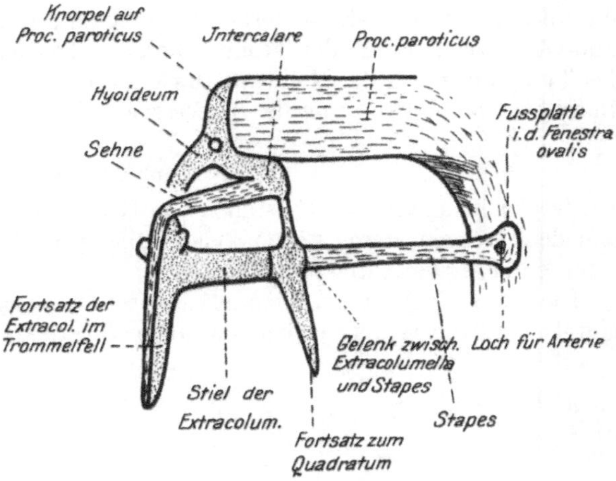

Abb. 441.

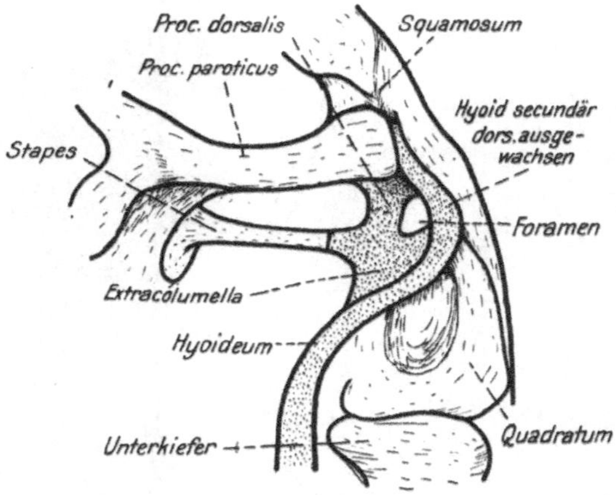

Abb. 442.

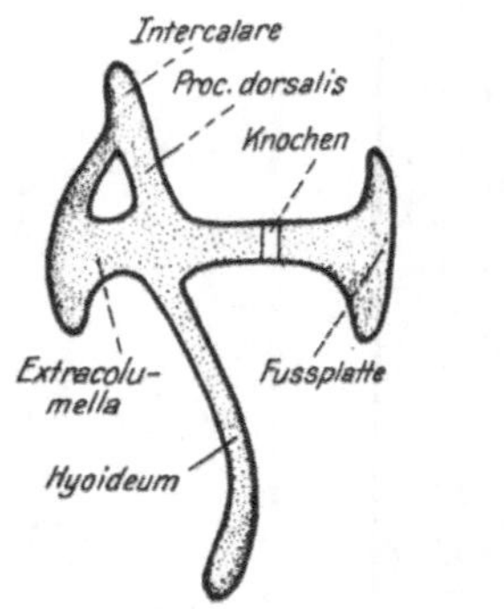

Abb. 443.

Abb. 441—443. Die Columella auris der Sauropsida.

Abb. 441. Von einem Lacertilier, Schema. (Nach VERSLUYS, 1903, Taf. 8, Abb. 1.) — Abb. 442. Rechte Columella auris von Sphenodon, von caudal gesehen. (Nach PETERS aus VERSLUYS, 1903, Textabb. J.) — Abb. 443. Linke Columella auris eines alten Embryos von Tinnunculus alaudarius, einem Falken, von ventral und caudal. (Nach SUSCHKIN, aus VERSLUYS, 1903, Taf. 11, Abb. 33.)

Ganz abweichend von den bisherigen sind die Gehörknöchelchen der **Mammalia** gebaut. Wir beobachten stets drei Skeletstücke, die alle verknöchert sind und vermittels Diarthrosen in Verbindung stehen (Abb. 604 auf S. 496 und Abb. 419 S. 302). Das Trommelfell ist nach innen zu gewölbt, während es bei allen anderen Tetrapoda entweder flach oder nach außen gewölbt ist. Die drei Knochen werden Stapes (Steigbügel), Incus (Amboß) und Malleus (Hammer) genannt. Der Stapes ist in vielen Fällen durchbohrt von der Arteria stapedialis; ist diese Öffnung groß, so bekommt der Stapes die Form eines Steigbügels, daher sein Name. Der Stiel ist stets kurz. Am Malleus ist stets ein im Trommelfell liegender Fortsatz, das Manubrium, zu beobachten; ferner ein Processus folianus (anterior), welcher sich zum Ober-Vorderrande der Trommelhöhle erstreckt; er verläuft am Innenrande des Tympanicum in der Richtung des Unterkiefers. Die Gehörknöchelchen sind knorpelig vorgebildet; nur der Processus folianus ist ein Deckknochen.

2. Die Homologien.

Vergleichend-anatomisch stellen die Gehörknochen der Tetrapoda uns verschiedene Fragen, deren Lösung viel Mühe gemacht hat und über welche noch keine einheitliche Auffassung herrscht.

Die erste Frage ist: wo kommt die Kette der Gehörknochen her? Die zweite lautet: sind die Gehörknochen bei allen Tetrapoda homolog?

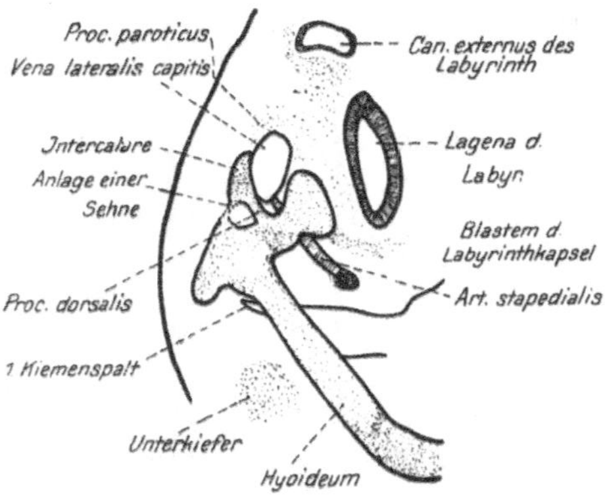

Abb. 444.

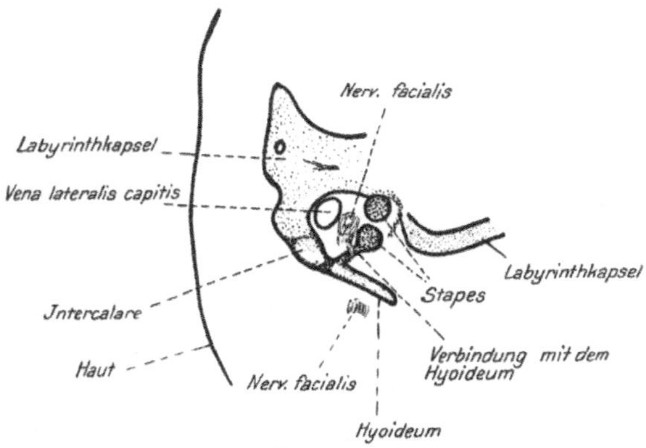

Abb. 445.

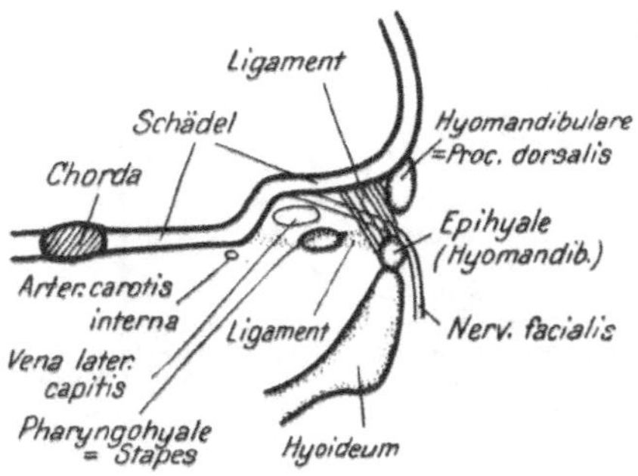

Abb. 446.

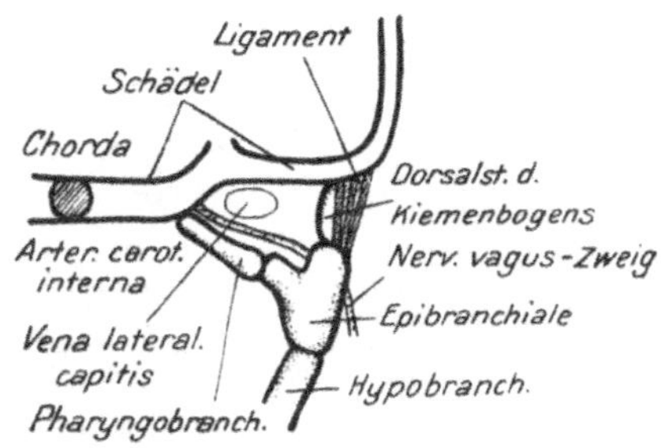

Abb. 447.

Abb. 444. Linke Columella auris und Hyoidbogen eines Embryos von Platydactylus. (Nach VERSLUYS, 1903, Taf. 10, Abb. 20) — Abb. 445. Stapes, Intercalare und Hyoidbogen eines menschlichen Embryos. Frontalschnitt, linke Seite. (Nach BROMAN aus VERSLUYS, 1903, Taf. 11, Abb. 34.) — Abb. 446. Hyoidbogen, dorsales Endstück eines alten Embryos von Neoceratodus. (Nach SCHMALHAUSEN. 1923, Abb. 1). — Abb. 447. Das dorsale Endstück des vordersten Kiemenbogens von Acipenser (Nach SCHMALHAUSEN, 1923, Abb. 4). — In Abb. 444 u. 445 besteht das Skelett noch aus Blastem und sehr jungem Knorpel; in Abb. 446 u. 447 aus Knorpel. (In Abb. 447 liegt die Arteria carotis int. auf demselben Platze wie in Abb. 446.)

Für die **Columella auris** der Amphibia und Sauropsida bestehen dreierlei Auffassungen: Sie soll ein Fortsatz der Labyrinthkapsel sein, zweitens das dorsale Stück des Hyoidbogens, oder drittens soll sie aus beiden entstehen. Da unsere Kenntnis der Gehörknöchelchen bei ausgestorbenen Formen gering ist und keinerlei Antwort auf diese Frage gibt, so sind wir ganz angewiesen auf anatomische und embryologische Beobachtungen. Diese zeigen, daß embryonal oft ein Zusammenhang besteht zwischen dem Cornu hyale des Zungenbeines (Os hyoides) einerseits und der Columella auris der Reptilia und dem Stapes der Mammalia andererseits (Abb. 444—445). Die erste Anlage dieser Stücke besteht nämlich in vielen Fällen in einer ununterbrochenen Gewebeverdichtung (einem Blastemstabe). Diese Verdichtung wird dann bald von verschiedenen Punkten aus knorpelig; und dabei wird meist der Zusammenhang des Cornu hyale mit der Columella unterbrochen (Lacertilia, Mammalia). Aber bei den Crocodilia besteht der Zusammenhang der Columella mit dem dorsalen Stücke des Hyoidbogens zuerst in einer zusammenhängenden Knorpelmasse, welche dann erst später in einige Knorpelstücke auseinander fällt. Bei Sphenodon bleibt ein knorpeliger Zusammenhang dadurch bestehen, daß die embryonalen Verhältnisse hier teilweise wieder dauernd wurden. Auch bei einer Anzahl Aves bleibt der Zusammenhang bestehen: Hier bleibt ein selbständig gewordener dorsaler Teil des Hyoidbogens dauernd an der Columella befestigt als ein ventrad gerichteter Fortsatz. Das Unterende dieses Fortsatzes ist am Unterkiefer befestigt (Abb. 442—443, vgl. VERSLUYS 1903).

Andererseits wird die Columella meist deutlich selbständig angelegt gegenüber der Labyrinthkapsel. Wenn die Blasteme der ersten Anlage ungefähr gleichmäßig dicht sind und sich aneinander schließen, ist zwar bisweilen eine Grenze nicht aufzufinden; aber stets ist die Knorpelbildung vollständig selbständig, auch für die Fußplatte, welche in der Fenestra ovalis liegt (VERSLUYS, BENDER 1912 u. a.). Alle diese Beobachtungen weisen deutlich auf eine Abstammung der Sauropsiden — Columella von dem Hyoidbogen.

In eine ganz andere Richtung schienen lange Zeit die Beobachtungen zu deuten, welche bei den Amphibia gemacht wurden. Dort wurde nämlich ein enger Zusammenhang der Fußplattenanlage des Stapes mit der Labyrinthkapsel beschrieben. Andererseits wurde kein oder nur ein sehr schwacher Blastemzusammenhang mit dem Hyoidbogen gefunden. Erst die Untersuchungen von KINGSBURY and REED haben 1920 diese Frage aufgehellt. Die obige Deutung beruhte auf einer Verwechslung der Stapes Fußplatte mit dem Operculum. Das Operculum entsteht sicher aus der Wand der Labyrinthkapsel, aber es ist eine besondere Bildung der Urodela und Anura, die bei den Gymnophiona und Stegocephala nicht bekannt ist und bei allen Amniota fehlt. Die Columella auris ist dagegen eine stets selbständige Bildung, welche auch bei den Amphibia nicht aus der Labyrinthkapsel entsteht.

Durch Verwachsung des Stapes mit dem Operculum entsteht bei einigen Urodela der Eindruck, daß die Fußplatte des Stapes und das Operculum ein und dasselbe Skeletelement wären. Aber diese Auffassung ist falsch: Die Fußplatte ist hier vielmehr zurückgebildet und durch das Operculum ersetzt. Dann besitzt also der Gehörknochen einen gemischten Ursprung; aber sicherlich ist das ein besonderer Zustand. Die echte Columella ist bei den Amphibia embryonal ebenso selbständig hinsichtlich der Labyrinthkapsel wie bei den Amniota.

Wohl ist der Zusammenhang der Columella und des Hyoidbogens bei den Embryonen und Larven der Amphibia meist so undeutlich, daß er als Beweis für die Herkunft der Columella vom Hyoidbogen nicht angeführt werden kann. Aber die Homologie der Columella der Amphibia und Amniota ist nicht zweifelhaft; das gilt vor allem vom Stapes, wo die Durchbohrung durch eine homologe Arterie für die Homologie spricht. Ist diese Homologie richtig, so muß auch für die Amphibia ein ursprünglicher Zusammenhang zwischen Columella und Hyoidbogen angenommen werden. Dieser Zusammenhang ist auf ein Minimum reduziert; dasselbe finden wir bei einigen Amniota; es ist also nichts Besonderes. Hier dürfte die Metamorphose Einfluß gehabt haben: Das Gehörknöchelchen macht ja die Metamorphose mit, da es sich bei den im Wasser lebenden Larven nicht in normaler Weise direkt bilden kann; dadurch kann leicht die Ontogenie verändert werden.

Man hält nicht selten den Zustand der Urodela, wo ein Trommelfell fehlt und die Columella sehr kurz ist, für einen sehr ursprünglichen Zustand. Das Auftreten einer gut entwickelten Columella auris und eines Trommelfells bei den Anura und bei den Stegocephala zwingt uns jedoch, anzunehmen, daß die Stammformen der Urodela auch ein Trommelfell und eine funktionierende Columella besaßen; diese wären dann später zurückgebildet. Die große Veränderlichkeit in der Entwicklung der Columella bei den Urodela stimmt hiermit überein; ebenfalls spricht die Tatsache dafür, daß die Columella hier nicht mehr funktioniert, was wohl der Fall hätte sein müssen, wenn wir hier primitive Zustände einer Columella auris anträfen.

Die Ursache dieser Zurückbildung ist wohl im Wasserleben zu suchen; diese Lebensweise ist ja bei den Stammformen der Urodela wieder mehr in den Vordergrund getreten (Versluys 1909 A, 1923). Die Gymnophiona besitzen ebenfalls eine zurückgebildete Columella und kein Trommelfell; hier muß die Ursache der Reduktion in der unterirdischen Lebensweise gesehen werden: Die Bedeutung der Luftschwingungen tritt zurück; damit im Zusammenhang werden Trommelfell und Columella reduziert. Die Schwingungen des Erdbodens werden auf die Schädelknochen übertragen; sie gehen dann wahrscheinlich durch den Stapes, welcher dazu mit dem Quadratum in Verbindung steht; von hier aus werden sie auf das häutige Labyrinth übertragen (Abb. 440).

Wahrscheinlich aus ähnlichen Gründen führt das Wasserleben allgemein zu einer Zurückbildung des Trommelfells, welches im Wasser nicht funktionieren kann. Die Columella und (bei den Cetacea) die Gehörknochenreihe können dann wohl weiterhin funktionieren, indem sie eine knöcherne Brücke bilden von den oberflächlichen Schädelknochen zum Labyrinth; sie nehmen nämlich deutlich an Umfang zu, z. B. bei den Ichthyosauria und den Cetacea. Bei dem Mosasaurier Plioplatecarpus ist das Trommelfell verkalkt und die Extracolumella ist verknöchert; auf diese Weise wird auch eine knöcherne Brücke zur Fenestra ovalis gebildet, welche die Schwingungen des Wassers auf das Labyrinth überträgt (Boenninghaus 1904, Dollo 1907).

Die Ophidia besitzen kein Trommelfell und keine Extracolumella; wohl aber finden wir einen Stapes, dessen distales Ende am Quadratum befestigt ist. Eine Erklärung für diese Zurückbildung ist noch nicht gegeben.

Wir müssen also in den einfachen Verhältnissen der Columella auris und im Fehlen des Trommelfells bei den Urodela einen sekundären Zustand erblicken. Da bei den Anura die Metamorphose gerade in der Region des Palatoquadratum und des Hyoid vielerlei Veränderungen in der Ontogonie hervorruft, so müssen wir auf die Ontogenese der Columella bei den Sauropsida besonderen Wert legen. Die Ontogenese bei diesen Tieren weist darauf hin, daß die Columella entstand aus dem Dorsalende des Hyoidbogens. Man hat denn auch schon lange im Hyomandibulare der Pisces das Homologon für die Columella gesehen. Auf diese Auffassung fiel neues Licht durch die Untersuchungen von Schmalhausen 1923 und Edgeworth 1923 C: das Dorsalende des Hyoidbogens bei den Pisces, insonderheit bei Neoceratodus, stimmt in seiner embryonalen Anlage deutlich mit der Columella auris der Tetrapoda überein. Es ist lange bekannt, daß das

Dorsalende des Hyoidbogens sich bei den Embryonen der Amniota teilt in einen mediad gerichteten Zweig: den Stapes; und einen dorsad gerichteten Zweig: den Processus dorsalis (Abb. 444 und 445). Der Processus dorsalis wird mehr oder weniger zurückgebildet; er bleibt jedoch oft als ein Knorpelstückchen bewahrt, welches sich an den Processus paroticus anlegt; bei den Mammalia legt sich dieses Knorpelstück gegen die Labyrinthkapsel an (Intercalare; Abb. 441). Bei vielen Lacertilia wird embryonal das Quadratum mittels dieses Knorpelstückchens am Processus paroticus befestigt (vgl. S. 274; näheres siehe bei DREYFUSS 1893, BROMAN 1899, VERSLUYS 1903). Es ist nun von großem Interesse, daß dieselbe Gabelung des Dorsalendes im Hyoidbogen auch bei Neoceratodus gefunden worden ist. Hierin können wir für die Pisces einen primitiven Zustand erblicken (Abb. 446, 447; SCHMALHAUSEN 1923). Eine ebensolche Teilung ist bekannt von vorderen Kiemenbogen bei Acipenser (Abb. 334 auf S. 240). Hieraus ergibt sich, daß der Vergleich der Columella auris mit dem dorsalen Teil des Hyoidbogens der Pisces richtig ist. Der Stapes ist dann also homolog mit einem Pharyngohyale. Der Processus dorsalis ist homolog mit dem Hyomandibulare oder mit einem Teil davon. Das nicht gespaltene Stück der Columella ist homolog mit einem Epihyale oder mit einem Teil des Hyomandibulare.

GAUPP hat die Hypothese aufgestellt, daß die Columella auris der Amphibia keine Extracolumella umfaßt; damit müßte die Columella der Amphibia kürzer sein als die Columella der Sauropsida, und zwar um ein Stück, welches dem Hyoidbogen entnommen ist. GAUPP meint denn auch, daß das Trommelfell bei beiden Gruppen unabhängig voneinander entstanden ist. Es besteht jedoch kein Grund, warum wir in dem distalen Knorpelteil der Columella bei den Anuren keine Extracolumella sehen sollen: Dieses Knorpelstück ist nicht kleiner als die Extracolumella der Chelonia; weiterhin ist ein embryonaler Zusammenhang mit dem Hyoidbogen auch bei den Sauropsida nicht immer angedeutet, z. B. nicht bei den Chelonia. Es ist wahrscheinlich, daß das Trommelfell der Stegocephala auf die Anura und auf die Sauropsida überging. Die Untersuchungen von SCHMALHAUSEN haben erneut gezeigt, daß gerade bei den Sauropsida primitive Zustände gefunden werden, welche sich anschließen bei den Dipnoi und den Teleostomi. Bei den rezenten Amphibia dagegen finden wir mehr Abweichungen, vielleicht als Folge der zunehmenden Metamorphose; ebenfalls bei den Urodela und Gymnophiona infolge Rückbildung im Zusammenhang mit dem Verlust des Trommelfelles.

Ein schwieriges Problem war lange Zeit die Homologie der Gehörknöchelchen bei den **Mammalia**. Sind diese drei Knochen als Ganzes homolog mit der Columella auris der Sauropsida? Oder sind Malleus und Incus abzuleiten vom Kieferbogen und homolog mit dem Articulare und dem Quadratum? Dann würde nur der Stapes von der Columella der Reptilia abzuleiten sein.

Die Ontogenie spricht durchaus zugunsten der letzten Auffassung, welche von REICHERT begründet ist. Die Cartilago Meckeli geht nämlich embryonal direkt in den Malleus über (Abb. 419 auf S. 302). Aber eine Verlagerung des Kiefergelenkes erscheint so merkwürdig, eine solche Umbildung ist so schwer denkbar, daß stets wieder Zweifel ausgesprochen wurden und auch noch heute einige Untersucher diese Theorie verwerfen (DRÜNER 1904, FUCHS 1909, BOAS 1914).

Nachdem jedoch unsere Kenntnis der Ontogenie der Gehörknöchelchen immer vollständiger geworden ist und wir auch die Übergangszustände teilweise schon bei den Anomodontia kennen gelernt haben, so wird die REICHERTsche Theorie immer mehr bestätigt (BROOM 1912, PALMER 1913). Die Umbildung des Quadratum und des Hinterendes vom Unterkiefer, gleichzeitig die Bildung eines neuen Unterkiefergelenkes, kann bei den Anomodontia in verschiedenen Stufen verfolgt werden (vgl. S. 303 und Abb. 420–423). Quadratum, Articulare und einige Deckknochen des Unterkiefers wurden dabei an dem Innenrand und unter dem neuen Kiefergelenk frei; dadurch konnten sie zweifellos an eine neue Funktion angepaßt werden (Abb. 448—451). Das Trommelfell der Sauropsida heftet sich stets

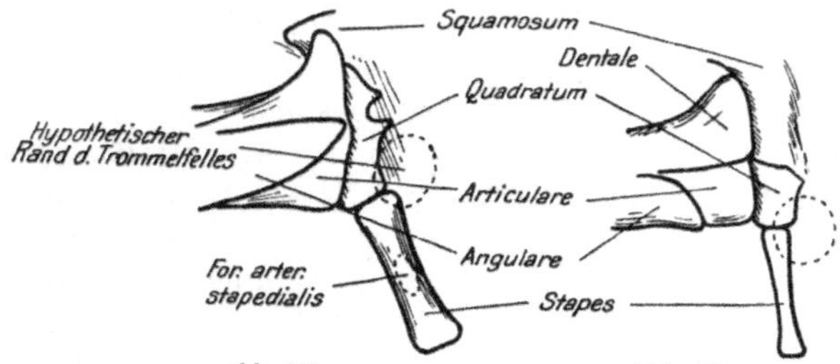

Abb. 448. Abb. 449.

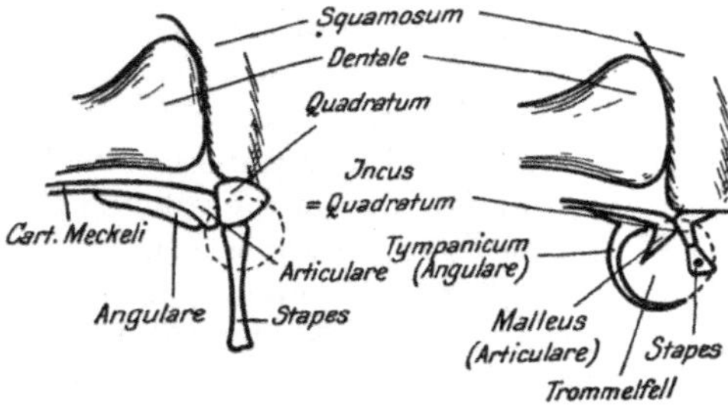

Abb. 450. Abb. 451.

Abb. 448–451. Ableitung der Gehörknochen der Mammalia von dem Stapes, dem Quadratum und dem Articulare der Anomodontia.

Abb. 448. Cynognathus. — Abb. 449 u. 450. Hypothetische Übergangsstadien. — Abb. 451. Mammalia; schematisch. — In Abb. 450 haben Quadratum und Articulare keinen Anteil mehr an der Bildung des Unterkiefergelenks. (Nach BROOM, 1912, Abb. B, C, D, F.)

an das Quadratum an; es ist weiterhin durch ein schmales Stückchen Haut am Hinterende des Unterkiefers, am Articulare und seinen Deckknochen befestigt: daraus ergibt sich, daß diese Knochen durch Lageveränderung einen Einfluß auf die Spannung des Trommelfells erhalten konnten und Schwingungen übertragen. Zum

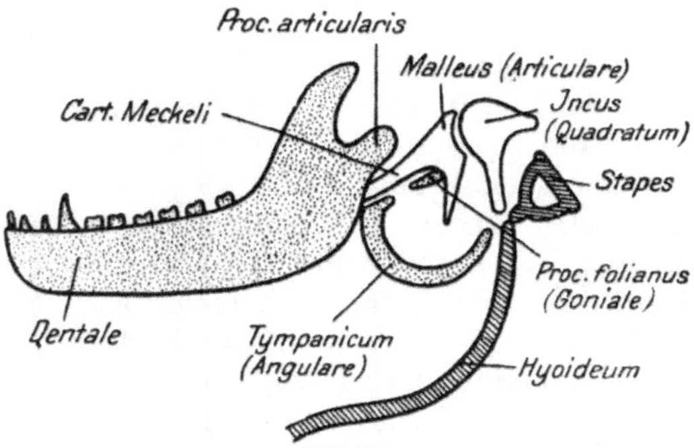

Abb. 453.

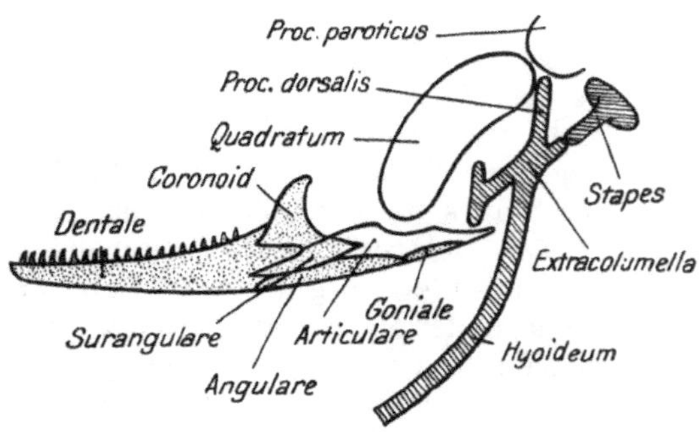

Abb. 452.

Abb. 452. Schemata vom Verhältnis des Kiefergelenks und der Gehörknochen bei den Sauropsida. — Abb. 453. Bei den Mammalia, nach der Theorie von REICHERT. (Nach GAUPP, 1913, Abb. 144), etwas verändert.

Übertragen der Schwingungen war nun weiterhin notwendig, daß eine direkte Verbindung des Quadratum (Incus) mit dem Stapes vorhanden war. Diese war jedoch wahrscheinlich schon bei einigen Anomodontia ausgebildet (Abb. 448). Der Processus folianus ist dann sehr wahrscheinlich das Dermarticulare oder

Goniale; diese Homologie ist leicht zu erkennen an der eigentümlichen Durchbohrung für die Chorda tympani. Der Annulus tympanicus wird durch VAN KAMPEN mit dem Angulare verglichen, eine Auffassung, die sehr wahrscheinlich richtig ist. Der Stapes der Mammalia ist zweifellos homolog mit dem der übrigen Tetrapoda. Die Extracolumella ist durch Malleus und Incus ersetzt; sie wurde also reduziert; einige kleine Knorpelstückchen zwischen Stapes und Hyoidbogen sind als Reste der Extracolumella aufzufassen (VAN DER KLAAUW 1923).

So muß man wohl annehmen, daß die REICHERTsche Theorie richtig ist, wenn auch noch einige Punkte erhellt werden müssen. Abb. 452—453 geben einen Vergleich der Columella auris bei den Sauropsida mit den Gehörknöchelchen der Mammalia. Wir bekommen dadurch eine Vorstellung von den Veränderungen im Unterkiefer.

Literatur zum Abschnitt Skelet.

ABEL, O.: Die Vorfahren der Vögel und ihre Lebensweise; Verhandl. d. zool.-botan. Ges. Wien. Bd. 61. 1911. — Ders.: Grundzüge der Palaeobiologie der Wirbeltiere. Stuttgart. 1912 A. — Ders.: Über den Erwerb des Flugvermögens. Vorträge des Vereins zur Verbreitung naturwiss. Kenntnisse in Wien. Jg. 52, H. 8. 1912 B. — Ders.: Die Stämme der Wirbeltiere. Berlin und Leipzig 1919.

ADOLPHI, H.: Die Variationen der Spinalnerven und der Wirbelsäule der Amphibien: Morphol. Jahrb. Bd. 19. 1893.

ALBRECHT, A.: Zur Entwicklung des Achsenskelettes der Teleostei. Dissertat. Straßburg 1902.

ALBRECHT, P.: Über den Proatlas usw. Zool. Anz. Bd. 3. 1880.

BALFOUR, F. M.: On the development of the skeleton of the paired fins of Elasmobranchii. Proc. Zool. Soc. London. 1881.

BATESON, W.: Materials for the study of variation. London 1894.

BAUR, G.: The intercalation of vertebrae. Journ. of morphol. Vol. 4. 1897. — Ders.: Remarks on the question of intercalation of vertebrae. Zool. bull. Vol. 1. 1897.

BEDDARD, F. E.: On the presence of a parasternum in the Lacertilian genus Tiliqua etc. Proc. zool. soc. London. Vol. II. 1904. — Ders.: On abdominal ribs in a Skink (Trachysaurus rugosus). Ibid. I. 1906.

BEMMELEN, J. F. VAN: Bemerkungen zur Phylogenie der Schildkröten. Cpt. rend. 3. Congrès internat. de Zoologie. Leyde 1893. — Ders.: Der Schädelbau der Monotremen. Semon, Zoolog. Forschungsreisen. Bd. 3 (Jenaische Denkschr. Bd. 6). — Ders.: Über den Unterschied zwischen Hasen- und Kaninchenschädeln. Tijdschr. Nederl. Dierk. Vereen., Ser. 2, Vol. 11.

BOAS, J. E. V.: Der Fuß der Carnivoren. Anat. Anz. Bd. 34. 1909. — Ders.: Lehrbuch der Zoologie. Jena 1913. 7. Aufl. — Ders.: Die Schläfenüberdachung und das Palatoquadratum in ihrem Verhältnis zum übrigen Schädel bei den Dipnoern und den terrestren Wirbeltieren. Morphol. Jahrb. Bd. 49. 1914. — Ders.: Zur Kenntnis des Hinterfußes der Marsupialier. Kgl. Danske Videnskab. Selskab, Biolog. Meddel. Bd. 1. 1918.

BOECKE, J.: Über die ersten Entwicklungsstadien der Chorda dorsalis. Petrus Camper. Bd. 1. 1902. — Ders.: Das „Geldrollenstadium" der Vertebraten-Chorda. Anat. Anz. Bd. 33. 1908.

BOENNINGHAUS, G.: Das Ohr des Zahnwales. Zool. Jahrb., Abt. f. Anat. Bd. 9. 1904.

BOLK, L.: Über eine Wirbelsäule mit nur sechs Halswirbeln. Morphol. Jahrb. Bd. 29. 1900.

BOLKAY, ST. J.: Answer upon von Fejervary's Kritische Bemerkungen zur Osteologie, Phylogenie und Systematik der Anuren. Glasnika zemaljskog Muzeja u Bosni i Hercegovini. Bd. 33 (1921). 1922.

BOSCHMA, H.: Das Halsskelet der Krokodile. Tijdschr. Nederl. Dierk. Vereen. Ser. 2, Vol. 18. 1920.

BRAUS, H.: Muskeln und Nerven der Ceratodusflosse. Semon, Zool. Forschungsreisen. Bd. 1 (Jenaische Denkschr. Bd. 4). 1900. — Ders.: Die Entwickelung der Form der Extremitäten und des Entrem.-Skeletts. Hertwigs Handbuch, Entwicklungslehre der Wirbeltiere. Bd. 3. 1904. — Ders.: Über den embryon. Kiemenapparat von Heptanchus. Anat. Anz. Bd. 29. 1906. — Ders.: Der Brustschulterapparat der Froschlurche. Festschr. M, Fürbringer, Sitzungsber. d. Heidelberger Akad. d. Wiss., Mathem.-naturw. Klasse, Abt. B.

BRIDGE, T. W.: Fishes. Cambridge Nat. History. Vol. 7. 1904.

BROEK, VAN DEN, BOEKE EN BARGE: Leerboek der beschrijv. Ontleedkunde v. d. Mensch. Vol. 1. Utrecht 1922.

BROILI, F.: Stammreptilien. Anat. Anz. Bd. 25. 1904 A. Ders.: Permische Stegocephalen und Reptilien aus Texas. Palaeontographica. Bd. 51. — 1904 B. Ders,: Ein Dicynodontierrest aus der Karrooformation. Neues Jahrb. Mineral. usw. Jg. 1908, Bd. I. 1908. — Ders.: Unpaare Elemente im Schädel von Tetrapoden. Anat. Anz. Bd. 49. 1916.

BROMAN, J.: Die Entwicklungsgeschichte der Gehörknöchelchen beim Menschen. Anat. Hefte, 1. Abt., Bd. 11, H. 4. 1899.

BROOM, R.: On the development and morphology of the Marsupial shouldergirdle. Transact. Roy. Soc. Edinburgh. Vol. 39. 1900. — Ders.: On the early condition of the shouldergirdle in the polyprotodont Marsupials Dasyurus and Perameles. Proc. Linnean Soc. N. S. Wales. Vol. 28. 1902. — Ders.: On the mammalian and reptilian vomerine bones. Ibid. 1902. part. 4. 1903. — Ders.: On the origin of the mammalian carpus and tarsus. Transact. South African. Philos. Soc. Vol. 15. — 1904A. Ders.: On the structure of the theriodont mandible, and on its mode of articulation with the skull; Proc. zool. soc. London. Vol. 1. 1904B. — Ders.: On some points in the anatomy of the theriodont Reptile Diademodon. Ibid. Vol. 1. 1905. — Ders.: The origin of the mammal-like Reptiles. Ibid. for 1907. 1908. — Ders.: On the structure of the skull in cynodont Reptiles. Ibid. 1911. — Ders.: The structure of the internal ear and the relations of the basicranial nerves in Dicynodon, and on the homologies of the Mammalian auditory ossicles. Ibid. Vol. 1. 1912. — Ders.: On the origin of the cheiropterygium. Bull. Amer. Mus. Nat. Hist. Vol. 32. 1913A. — Ders.: On the origin of the mammalian digital formula. Anat. Anz. Vol. 43. 1913B. — Ders.: Origin of Mammals. Philos. Transact. Roy. Soc. London. Vol. 206B. 1915. — Ders.: On the structure of the reptilian tarsus. Proc. Zool. Soc. London. Vol. 1. 1921. —

BRYANT, W. C.: On the structure of Eusthenopteron. Buffalo Soc. Nat. Sci., Bull. Vol. 13. 1919.

BURLET, H. M. DE.: Das Primordialcranium eines Embryo von Phocaena communis. Morphol. Jahrb. Bd. 47 (zie ook Vol. 45, 49, 50). 1913.

BÜTSCHLI, O.: Vorlesungen über vergleichende Anatomie. Leipzig. 1. Lief. 1910.

CASE, E. C.: A revision of the Cotylosauria of North America. Carnegie Instit. Washington Publication 145. 1911A. — Ders.: Revision of the Amphibia and Pisces of the Permian of North America. Ibid. Public. 146. 1911B.

CASE, WILLISTON and MEHL: Permo-carboniferous Vertebrates from New Mexico. Ibid. Public. 181. 1913.

CLAUS und GROBBEN: Lehrbuch der Zoologie. Marburg. 3. Auflage. 1917. —

COPE, E. D.: On the homologies of the posterior cranial arches in the Reptilia. Transact. Amer. Philos. Soc. Vol. 17. 1892.

CREDNER, H.: Die Stegocephalen und Saurier aus dem Rotliegenden des Plauenschen Grundes bei Dresden, 1—10. Zeitschr. d. dtsch. geolog. Ges. Bd. 33—45. 1881—93.

CUVIER, G.: Recherches sur les ossements fossiles. Paris. 4. ed. 1835—37.

DAIBER, MARIE: Das Bauchrippensystem von Sphenodon punctatus Gray. Anat. Anz. Bd. 53. 1920.

DAVIDOFF, M. VON: Über das Skelett der hinteren Gliedmaße der Ganoidei holostei und der physostomen Knochenfische. Morphol. Jahrb. Bd. 6. 1880. — Ders.: Beiträge zur vergl. Anatomie der hinteren Gliedmaße der Fische. Ibid. Bd. 9. 1884.

DAVISON, A.: Mammalian anatomy with special reference to the Cat. London 1903.

DEAN, B.: Fishes living and fossil. New York 1895. — Ders.: Notes on the living specimens of the Australian Lungfish, Ceratodus forsteri. Proc. zool. soc. London. Vol. 1. 1906. — Ders.: Studies on fossil Fishes. Mem. americ. mus. nat. hist. Vol. 9, prt. 5. 1909.

DEINSE, A. B. VAN: Über Variationen im Visceralskelett von Acanthias vulgaris. Anat. Anz. Bd. 49. 1916.

DOHRN, A.: Die paarigen und unpaaren Flossen der Selachier. Mitt. zool. Stat. Neapel. Bd. 5. 1884.

DOLLO, L.: Première note sur les Dinosauriens de Bernissart. Bull. mus. roy. hist. nat. Belge. Vol. 1. 1882. — Ders.: Note sur la présence chez les Oiseaux du „troisième trochanter“ des Dinosauriens. Ibid. Vol. 2. 1883A. — Ders.: Troisième note sur les Dinosauriens de Bernissart. Ibid. Vol. 2. 1883B. — Ders.: Quatrième note sur les Dinosauriens de Bernissart. Ibid. Vol. 2. 1883G. — Ders.: Les épiphyses des Lacertiliens. Zool. Anz. Vol. 7. 1884A. — Ders.: Première note sur le Simoedosaurien d'Erquelinnes. Bull. mus. roy. hist. nat. Belge. Vol. 3. 1884B. — Ders.: Les ancêtres des Marsupiaux étaient-ils arboricoles? Travaux stat. zool. Wimereux. Vol. 7. 1899. — Ders.: Poissons de l'expédition antarctique Belge. Resultats Voyage Belgica en 1897, 98, 99. Anvers (zie ook Proc. zool. soc. London 1910). 1904. — Ders.: L'audition chez les Ichthyosauriens. Bull. soc. belge de géol., palaeont. et d'hydrol. Vol. 21. 1907.

Drevermann, F.: Über Placodus. Zentralbl. Miner. usw. Jg. 1915. — Ders.: Über einen Schädel von Trematosaurus brauni Burm. Senckenbergiana. Bd. 2. 1920.

Dreyfuss, R.: Beiträge zur Entwicklungsgeschichte des Mittelohrs und des Trommelfells des Menschen und der Säugethiere. Morphol. Arbeiten Schwalbe. Bd. 2. 1893.

Drüner, L.: Studien zur Anatomie der Zungenbein-, Kiemenbogen- und Kehlkopfmuskeln der Urodelen. Zool. Jahrb., Abt. f. Anat. Bd. 15—19. 1901—04. — Ders.: Über die Anatomie und Entwicklungsgeschichte des Mittelohrs beim Menschen und bei der Maus. Anat. Anz. Bd. 24. 1904.

Duval, M.: Précis d'Histologie. Paris 1900.

Eaton, G. F.: Osteology of Pteranodon. Mem. conn. acad. arts and sci. Vol. 2. 1910.

Edgeworth, F. H.: On the quadrate in Cryptobranchus, Menopoma and Hynobius. Journ. of anat. Vol. 57. Cambridge 1923A. — Ders.: On the larval hyobranchial skeleton and musculature of Cryptobranchus, Menopoma and Ellipsoglossa. Ibid. Vol. 57. 1923B. — Ders.: On the development of the hypobranchial, branchial and laryngeal muscles of Ceratodus, with a note on the development of the quadrate and epihyal. Quart. journ. of microscop. science. Vol. 67. 1923C.

Emery, C.: Zur Morphologie des Hand- und Fußskeletts. Anat. Anz. Bd. 5. 1890. — Ders.: Studi sulla morfologia dei membri degli Anfibi, sulla filogenia del chiropterigio. Ricerche Labor. Anat. Roma e altri Labor. Biologici. Vol. 4. Zie ook: Anat. Anz. Bd. 13, 1897. 1894. — Ders.: Sulla morfologia del tarso dei Mammiferi. Rendic. d. r. accad. d. Lincei. Vol. 4, 2. sem. 1895. — Ders.: Entwicklungsgeschichte der Morphologie des Hand- und Fußskeletts der Marsupialier. Semon, Zool. Forschungsreisen. Bd. 2 (Jenaische Denkschr., Bd. 5). 1897.

Fejerváry, G. J. de: Anoures fossiles des couches préglaciaires de Püspökfürdö en Hongrie en considération spéciale du développement phylétique du sacrum chez les Anoures. Foldtani Közlöny, 1917. Vol. 47. 1917. — Ders.: Kritische Bemerkungen zur Osteologie, Phylogenie und Systematik der Anuren. Arch. f. Naturgesch. 87. Jg., Abt. A. 1921A. — Ders.: Phylogenetical and morphological notes on the primary and secondary dermal bones of the skull. Ebenda 1922, Abt. A. 1921B.

Fejerváry-Lángh, A. M. von: Über die rudimentären Rippen der anuren Batrachier. Verhandl. d. zool.-botan. Ges. Wien. 1918.

Field, H. H.: Bemerkungen über die Wirbelsäule bei den Amphibien. Morphol. Jahrb. Bd. 22. 1885.

Fischer, E.: Das Primordialcranium von Talpa europaea. Anat. Hefte, Abt. 1. Bd. 17. 1901.

Flower and Gadow: Osteology of the Mammalia. London 1885.

Fuchs, H.: Über das Vorkommen selbständiger knöcherner Epiphysen bei Sauropsiden. Anat. Anz. Bd. 32. 1918A. — Ders.: Über einen Rest des Parasphenoids bei einem rezenten Säugetiere. Ebenda Bd. 32. 1908B. — Ders.: Über die Entwicklung einiger Deckknochen (Vomer, Pterygoid, Maxillare) bei Säugetieren. Verhandl. d. anat. Ges. in Gießen; Ergänzungsheft zu Anat. Anz. Bd. 34. 1909A. — Ders.: Betrachtungen über die Schläfengegend am Schädel der Quadrupeda. Anat. Anz. Bd. 35. 1909B. — Ders.: Über Knorpelbildung in Deckknochen, nebst Untersuchungen und Betrachtungen über Gehörknöchelchen, Kiefer und Kiefergelenk der Wirbeltiere. Arch. f. Anat. u. Entwicklungsgesch., Suppl. 1909C. — Ders.: Über das Pterygoid, Palatinum und Parasphenoid der Quadrupeden, insbesondere der Reptilien und Säugetiere. Anat. Anz. Bd. 36. 1910. — Ders.: Über die Beziehungen zwischen den Theromorphen Copes bzw. den Therapsiden Brooms und den Säugetieren. Zeitschr. f. Morphol. u. Anthropol. Bd. 14. 1911. — Ders.: Beiträge zur Entwicklungsgesch. und vergl. Anatomie des Brustschulterapparates der Wirbeltiere. Ebenda Sonderheft 2. 1912. — Ders.: Über den Bau und die Entwicklung des Schädels der Chelone imbricata, I. Voeltzkow, Reise in Ostafrika. Bd. 5. 1915. — Ders.: Über die Verknöcherung des Innenskelettes am Schädel der Seeschildkröten. Anat. Anz. Bd. 52, 53. 1920.

Fürbringer, K.: Morphologie des Skelettes der Dipnoer Semon, Zool. Forschungsreisen. Bd. 1 (Jenaische Denkschr. Bd. 4). 1904.

Fürbringer, M.: Die Knochen und Muskeln der Extremitäten der schlangenähnlichen Saurier, Leipzig 1870. — Ders.: Zur vergl. Anatomie der Schultermuskeln. Morphol. Jahrb. Bd. 1. 1876. — Ders.: Zur Lehre von den Umbildungen der Nervenplexus. Ebenda Bd. 5. 1879. — Ders.: Nervenkanäle im Humerus der Amnioten. Morphol. Jahrb. Bd. 11. 1886. — Ders.: Untersuchungen zur Morphologie und Systematik der Vögel. Bijdragen tot de Dierkunde. Amsterdam 1888. — Ders.: Über die spino-occipitalen Nerven. Festschr. f. Carl Gegenbaur. Bd. 3. 1897. — Ders.: Zur vergleich. Anatomie des Brustschulterapparates und der Schultermuskeln. Jenaische Zeitschr. f. Naturwiss. Bd. 34. 1900. — Ders.: Das Zungenbein der Wirbeltiere. Abh. d. Heidelberger Akad. d. Wiss., Mathem.-naturwiss. Klasse, Abt. B. 1922.

GADOW, H.: On the evolution of the vertebral column of Amphibia and Amniota. Philosoph. transact. roy. soc. London. Vol. 187B. 1896. — Ders.: Amphibia and Reptiles. Cambridge Nat. History. Vol. 8. 1901. — Ders.: The origin of the Mammalia. Zeitschr. f. Morphol. u. Anthropol. Bd. 4. 1902.

GADOW and ABBOTT: On the evolution of the vertebral column of Fishes. Philosoph. transart. roy. soc. London. Vol. 186B. 1895.

GAMBLE, D. L.: The morphology of the ribs and transverse processus in Necturus maculatus. Journ. of. morphol. Vol. 36. 1922.

GAUPP, E.: Primordialcranium und Kieferbogen von Rana fusca. Morphol. Arbeiten von Schwalbe. Bd. 2. 1893. — Ders.: Zur vergleich. Anatomie der Schläfengegend am knöchernen Wirbeltierschädel. Ebenda Bd. 4. 1894. — Ders.: Ecker und Wiedersheims Anatomie des Frosches. 3. Aufl. Braunschweig 1896—1904. — Ders.: Die Metamerie des Schädels. Ergebn. d. Anat. u. Entwicklungsgesch. von Merkel u. Bonnet. Bd. 7. 1897. — Ders.: Ontogenese und Phylogenese des schalleitenden Apparates bei den Wirbeltieren. Ebenda Bd. 8. 1899. — Ders.: Das Chondrocranium von Lacerta agilis. Anat. Hefte, 1. Abt. Bd. 14. 1900. — Ders.: Über die Ala temporalis des Säugetierschädels und die Regio orbitalis einiger anderer Wirbeltierschädel. Ebenda Bd. 19. 1902. — Ders.: Zur Entwicklung der Schädelknochen bei Teleostiern. Verhandl. d. anat. Ges. in Heidelberg; Ergänzungsheft zu Anat. Anz. Bd. 23. 1903. — Ders.: Die Entwicklung des Kopfskelettes. Hertwigs Handbuch d. Entwicklungslehre Bd. 3. 1905A. — Ders.: Das Hyobranchialskelet der Wirbeltiere. Ergebn. d. Anat. u. Entwicklungsgesch. von Merkel und Bonnet Bd. 14. 1905B. — Ders.: Die Nichthomologie des Unterkiefers in der Wirbeltierreihe. Anat. Anz. Bd. 27. 1905C. — Ders.: Knorpelbildung in Deckknochen. Verhandl. d. anat. Ges. in Würzburg; Ergänzungsheft zu Anat. Anz. Bd. 30. 1907. — Ders.: Über die Kopfgelenke der Säuger und des Menschen. Verhandl. d. anat. Ges. in Berlin. Ebenda Bd. 32. 1908. — Ders.: Das Lacrimale des Menschen und der Säuger und seine morphol. Bedeutung. Anat. Anz. Bd. 36. 1910. — Ders.: Beiträge zur Kentnis des Unterkiefers der Wirbeltiere. Ebenda Bd. 39. Ebenda Bd. 40, 1912. .1911. — Ders.: Die Reichertsche Theorie. Arch. f. Anat. u. Entwicklungsgesch. Jg. 1912, Supplement. 1913.

GEGENBAUR, C.: Untersuch. zur vergleich. Anatomie der Wirbel bei Amphibien und Reptilien. Leipzig 1862.—Ders.: Über die episternalen Skeletteile und ihr Vorkommen bei den Säugetieren und beim Menschen. Jenaische Zeitschr. f. Naturwiss. Bd. 1. 1864A. — Ders.: Untersuch. zur vergleich. Anat. der Wirbelthiere. Heft 1, Carpus und Tarsus. 1864B. — Ders.: Ebenda Heft 2, Schultergürtel der Wirbelthiere; Brustflosse der Fische. 1865. — Ders.: Über das Skelett der Gliedmaßen der Wirbeltiere im allgemeinen und der Hintergliedmaßen der Selachier insbesondere. Jenaische Zeitschr. f. Naturwiss. Bd. 5. 1870. — Ders.: Untersuch. zur vergleich. Anat. d. Wirbelthiere. Heft 3, Das Kopfskelett der Selachier. 1872. — Ders.: Zur Morphologie der Gliedmaßen der Wirbeltiere. Morphol. Jahrb. Bd. 2. 1876. — Ders.: Die Metamerie des Kopfes. Ebenda Bd. 13. 1888. — Ders.: Clavicula und Cleithrum. Ebenda Bd. 23. 1895A. — Ders.: Lehrbuch der Anatomie des Menschen. Bd. 1, 6. Aufl. Leipzig 1895B. — Ders.: Vergleich. Anatomie der Wirbelthiere. Bd. 1. Leipzig 1898.

GELDEREN, CHR. VAN: On the development of the sternum in Reptiles. Proceed. Kon. Akad. Wetensch. Amsterdam. Vol. 24. 1921. — Ders.: Over de ontwikkeling van schoudergordel en episternum bij Reptiliën. Verslag. Vergad. Wis-Natuurkund. Afd. Kon. Akad. Wetensch. Amsterdam. Vol. 31. 1922.

GEORGI, W.: Zur Genese des Chordaepithels. Anat. Anz. Bd. 38. 1911.

GESSNER, J.: Über die Gliederung der Rippen bei den Säugetieren. Anat. Anz. Bd. 54. 1921.

GILMORE, CH. W.: Osteology of the armored Dinosauria. U. S. National Museum, Bull. 89. 1914.

GOEPPERT, E.: Untersuchungen zur Morphologie der Fischrippen. Morphol. Jahrb. Bd. 23. 1895. — Ders.: Die Morphologie der Amphibienrippen. Festschr. f. Carl Gegenbaur. 1896.

GOETHE, J. W.: Das Schädelgerüst aus sechs Wirbelknochen auferbaut; zur Naturwissenschaft überhaupt, besonders zur Morphologie II, 2. 1824.

GOETTE, A.: Die Entwicklungsgeschichte der Unke. Leipzig 1875. — Ders.: Beiträge zur vergleich. Morphol. des Skelettsystems der Wirbeltiere. Arch. f. mikroskop. Anat. Bd. 14. 1877. — Ders.: Die Wirbelsäule und ihre Anhänge, 1. Die Cyclostomen. Ebenda Bd. 15. 1878. — Ders.: Dass. Die Teleostier. Ebenda Bd. 16. 1879. — Ders.: Über die Zusammensetzung der Wirbel bei den Reptilien. Zool. Anz. Bd. 17. 1894.

— Ders.: Über den Wirbelbau bei den Reptilien und einigen anderen Wirbeitieren. Zeitschr. f. wiss. Zool. Bd. 62. 1897.

Goodey, T.: A contribution to the skeletal anatomy of the Frilled Shark, Chlamydoselachus anguineus. Proc. zool. soc. London 1910.

Goodrich, E. S.: On the pelvic girdle and fin of Eusthenopteron. Quart. journ. of microscop. science. Vol. 45. 1901. — Ders.: On the dermal fin-rays of Fishes. Ibid. Vol. 47. 1903. — Ders.: Cyclostomes and Fishes. Treatise on Zoology, ed. by Ray Lankester. London 1909. — Ders.: On the segmentation of the occipital region of the head in the Batrachia Urodela. Proz. zool. soc. London. 1911. — Ders.: On the classification of the Reptilia. Proc. of the roy. soc. of London (B.) Vol. 89. 1916.

Graham, Kerr. J.: Zoology for medical students. London 1921.

Gregory, W. K.: The orders of Mammals. Bull. amer. mus. nat. hist. Vol. 27. 1910. — Ders.: Notes on the principles of quadrupedal locomotion and on the mechanism of the limbs in hoofed animals. Annals New York acad. sci. Vol. 22. 1912. — Ders.: Homology of the lacrimal and of the alisphenoid in recent and fossil Reptiles. Bull. geol. soc. amer. Vol. 24. 1913A. — Ders.: Critique of recent work on the morphology of the Vertebrate skull, especially in relation to the origin of Mammals. Journ. of morphol. Vol. 24. 1913B. — Ders.: Present status of the problem of the origin of the Tetrapoda. Annals New York acad. sci. Vol. 26. 1915. — Ders.: On the structure and relations of Notharctos. Mem. amer. mus. nat. hist. New ser. Vol. 3. 1920.

Gregory and Camp: Studies in comparative myology and osteology, Nr. 3. Bull. amer. mus. nat. hist. Vol. 38. 1918.

Hase, A.: Skelett der Tiere. Handwörterbuch der Naturwiss. Bd. 9.

Hasse, C.: Das natürliche System der Elasmobranchier auf Grundlage des Baues und der Entwicklung der Wirbelsäule. Jenaisches Ergänzungsheft 1885. 1879—82.

Hay, O. P.: On the manner of locomotion of the Dinosaurs. Proc. Washington acad. sci. Vol. 12. 1910.

Helbing, H.: Beiträge zur Anatomie und Systematik der Laemargiden. Nova Acta Leopold. Carol. Akad. Bd. 82. 1904.

Herdman, W. A.: Ascidians and Amphioxus. Cambridge Nat. Hist. Vol. 7. 1904.

Hilzheimer und Haempel: Handbuch der Biologie der Wirbeltiere. Stuttgart 1913.

Hoffmann, C. K.: Zur Morphologie des Schultergürtels und des Brustbeines bei Reptilien, Vögeln, Säugetieren und dem Menschen. Niederl. Arch. für Zoologie. Vol. 5. 1879. — Ders.: Reptilien. Bronns Klassen und Ordnungen des Thier-Reichs. Bd 6. Abt. 3. 1890.

Hoffmann, L.: Das Neurocranium der Pristiden und Pristiophoriden. Zool. Jahrb. Abt. f. Anat. Bd. 33. 1912.

Hommes, J. H.: De ontwikkeling der clavicula en van het sternum bij Vogels en Zoogdieren. Dissertatie Groningen 1921.

Howes, G. B.: Atlas of practical elementary biology. 1885.

Howes and Swinnerton: On the development of the skeleton of the Tuatara, Sphenodon punctatus. Transact. zool. soc. London. Vol. 16, Prt. 1. 1901.

Huene, F. von: Beiträge zur Lösung der Praepubisfrage bei Dinosauriern und anderen Reptilien. Anat. Anz. Bd. 33. 1908. — Ders.: Beiträge zur Kenntnis des Ceratopsidenschädels. Neues Jahrbuch f. Mineral. usw. Jg. 1911. Bd. 2. 1912A. — Ders.: Beiträge zur Kenntnis des Schädels von Eryops. Anat. Anz. Bd. 41. 1912B. — Ders.: Die Herkunft des Os interparietale der Mammalia. Ebenda Bd. 42. 1912C. — Ders.: Beobachtungen über die Bewegungsart der Extremitäten bei Krokodilen. Biol. Zentralbl. Bd. 33. 1913A. — Ders.: The skull elements of the permian Tetrapoda in the Amer. mus. of natur. history. Bull. amer. mus. nat. hist. Vol. 32. 1913B. — Ders.: Beiträge zur Geschichte der Archosaurier. Geol-palaeont. Abhandl. Bd. 17. 1914. — Ders.: Gonioglyptus, ein alttriassischer Stegocephale aus Indien. Acta zoologica. 1920. — Ders.: Zur Osteologie des Dicynodon-Schädels. Palaeont. Zeitschr. Bd. 5. 1922.

Huxley, T. H.: On the theory of the Vertebrate skull; the Croonian Lecture. Proc. of the roy. soc. of London. Vol. 9. 1858. — Ders.: On Ceratodus Forsteri. Proc. of the roy soc. of London. Vol. 9. 1858. — Ders.: On Ceratodus Forsteri. Proc. zool. soc. Londen 1876.

Ihering, H. von: Das peripherische Nervensystem der Wirbelthiere als Grundlage für die Kenntniss der Regionenbildung der Wirbelsäule. Leipzig 1878.

Jaekel, O.: Über verschiedene Wege phylogenetischer Entwicklung. Jena 1902. — Ders.: Über die Bildung der ersten Halswirbel und die Wirbelbildung im allgemeinen. Zeitschr. d. dtsch. geolog. Ges. Bd. 56. 1904. — Ders.: Über die Mundbildung der Wirbeltiere. Sitzungsber. d. Ges. naturforsch. Freunde, Berlin. 1906. — Ders.: Die ältesten Gliedmaßen der Tetrapoden. Ebenda 1909A. — Ders.: Über die Klassen der Tetrapoden. Zool. Anz. Bd. 34. 1909B. — Ders.: Über einen neuen Belodonten aus dem

Bundsandstein von Bernburg. Sitzungsber. d. Ges. naturforsch. Freunde, Berlin. 1910. — Ders.: Die Wirkeltiere. Berlin 1911. — Ders.: Die ersten Halswirbel. Anat. Anz. Bd. 40. 1912. — Ders.: Die Flügelbildung der Flugsaurier und Vögel. Ebenda Bd. 48. 1915. — Ders.: Stegochelys dux n. g. n. sp. Palaeontol. Zeitschr. Bd. 2 (naam later veranderd in Triassochelys). 1916. — Ders.: Die Mundbildung der Placodermen. Sitzungsber. d. Ges. naturforsch. Freunde, Berlin. 1919. — Ders.: Schädelprobleme. Palaeontol. Zeitschr. Bd. 3. 1921.

Jaensch, W.: Das Handskelet von Gigantosaurus robustus und Brachiosaurus Brancai. Zentralbl. f. Mineral. usw. 1922.

Jordan, D. S.: Temperature and Vertebrate; the Wilder Quarter-Century book, Ithaca N. Y. Zie ook: Proc. Un. States nation. mus. 1891.

Kampen, P. N. van: De tympanaalstreek van den Zoogdierschedel. Dissertatie Amsterdam 1904. — Ders.: Die Tympanalgegend des Säugetierschädels. Morphol. Jahrb. Bd. 34. 1905. — Ders.: Parasphenoid und Basitemporale der Säugetiere. Feestbundel voor Max Weber, Bijdragen tot de Dierkunde. Afl. 22.

Kappers, C. U. Ariens: Die vergleich. Anatomie des Nervensystems d. Wirbeltiere und des Menschen. Haarlem 1920—21.

Kingsbury and Reed: The columella auris in Amphibia. Journ. of morphol. Vol. 20. 1909.

Kingsley, J. S.: The bones of the reptilian lower jaw. Americ. naturalist. Vol. 39. 1905. — Ders.: Comparative Anatomy of Vertebrates. Philadelphia 1912.

Klaatsch, H.: Über die Herkunft der Scleroblasten. Morphol. Jahrb. Bd. 21. 1894. — Ders.: Zur Phylogenese der Chordascheiden usw. Ebenda Bd. 22. 1895. — Ders.: Die Brustflosse der Crossopterygier. Ein Beitrag zur Anwendung der Archipterygiumtheorie auf die Gliedmaßen der Landtiere. Festschr. f. Carl Gegenbaur. Bd. 1. 1896. — Ders.: Über die Chorda und die Chordascheiden der Amphibien. Verhandl. d. anat. Ges. 1897.

Klaauw, C. J. van der: Über die Entwicklung des Entotympanicums. Tijdschr. Nederl. Dierk. Vereen. Ser. 2, Vol. 18. 1922. — Ders.: Die Skelettstückchen in der Sehne des Musculus stapedius und nahe dem Ursprung der Chorda tympani. Zeitschr. f. Anat. u. Entwicklungsgesch. Bd. 69. Vgl. auch: Tijdschr. Nederl. Dierk. Vereen. Ser. 2, Vol. 19, 1922. 1923.

Kölliker, A.: Über das Ende der Wirbelsäule der Ganoiden und einiger Teleostier. Leipzig 1860.

Kothe, K.: Entwicklungsgeschichtl. Untersuchungen über das Zungenbein und die Ohrknöchelchen der Anuren. Arch. f. Naturgesch. 79. Jg. 1910.

Krause, W.: Anatomie des Kaninchens. 2. Aufl. Leipzig 1884.

Kunkel, B. W.: The Development of the skull of Emys lutaria. Journ. of morphol. Vol. 23. 1912.

Kupffer, C. von: Über die Entwicklung des Kiemenskeletts von Ammocoetes und die organogene Bestimmung des Exoderms. Verhandl. d. anat. Ges. zu Basel. 1895.

Leuthardt, F.: Über die Reduktion der Fingerzahl bei Ungulaten. Zool. Jahrb., Abt. f. Syst. Bd. 5. 1891.

Lubosch, W.: Bau und Entstehung der Wirbeltiergelenke. Jena 1910.

Lull, R. S.: Evolution of the Horse Family. Peabody Museum natur. Hist., Guide N. 1, Yale University. 1907.

Luther, A.: Beiträge zur Kenntnis des Kopfskelets der Knorpelganoiden. Acta societ. scient. Fennicae. Vol. 41. 1913.

Marsh, O. C.: Restoration of Coryphodon. Americ. journ. of science. Vol. 46. 1893 — Ders.: The Dinosaurs of North America. 16. annual Report U. S. geolog. Survey 1894—95. Prt. 1. 1896.

Martin, P.: Anatomie der Haustiere. Stuttgart 1912—19.

Matthes, E.: Neuere Arbeiten über das Primordialcranium der Säugetiere, I, II. Ergebn. d. Anat. u. Entwicklungsgesch. Bd. 23, 24. 1921—22.

Matthew, W. D.: A revision of the Puerco fauna. Bull. amer. mus. nat. hist. Vol. 9. 1897. — The arboreal ancestry of Mammalia. Amer. Naturalist. Vol. 38. 1904. — Ders.: Carnivora and Insectivora of the Bridger Basin. Mem. amer. mus. nat. hist. Vol. 9. 1909. — Ders.: Absence of the pollex in Perissodactyla. Bull. amer. mus. nat. hist. Vol. 37. 1917.

Mayer, P.: Die unpaaren Flossen der Selachier. Mitt. d. zool. Stat. Neapel. Bd. 6. 1886.

Meyerhoff, E.: Kaubewegung, Kiefergelenk und Zahnform. Inaug. Dissertation. Greifswald 1920.

Mivart, St. George: The axial skeleton of the Pelecanidae. Transact. zoolog. soc. London. Vol. 10. 1879A. — Ders.: Notes on the fins of Elasmobranchs. Ibid. Vol. 10. 1879B.

MOODIE, R. L.: The sacrum of the Lacertilla. Biol. Bulletin. Vol. 13. 1907. — Ders.: Reptilian Epiphyses. Americ. journ. of anat. Vol. 7. 1908.

MORTON, D. J.: Evulution of the human foot; Americ. journ. of physical anthropol. Vol. 5. 1922.

NEUMAYER, L.: Zur vergleich. Anatomie des Kopfskelettes von Petromyzon Planeri und Myxine glutinosa. Münch. med. Abh. 7. Reihe, H. 7. 1898.

NICK, L.: Das Kopfskelet von Dermochelys coriacea L. Zool. Jahrb., Abt. f. Anat. Bd. 33. 1912.

NITSCH, C. L.: Über die Bewegung des Oberkiefers der Vögel. Dtsch. Arch. f. d. Physiologie von Meckel. Bd. 2. Mit Suppl. in Band 2 u. 3. 1816. — Ders.: Über die Bewegung des Oberkiefers der eidechsenartigen Amphibien. Ebenda Bd. 7. 1822.

NOBLE, G. K.: The phylogeny of the Salientia, 1. Osteology and thigh musculature. Bull. amer. mus. nat. hist. Vol. 46. 1922.

NOORDENBOS, W.: Über die Entwicklung des Chondrocraniums der Säugetiere. Petrus Camper. Bd. 3. 1905.

NOPSCA, F.: On the origin of flight in Birds. Proc. zool. soc. London. 1923A. — Ders.: Die Familien der Reptilien. Fortschr. d. Geolog. u. Palaeont. H. 2. 1923B. — Ders.: Eidolosaurus und Pachyophis. Palaeontographica. Bd. 65. 1923C.

OGUSHI, K.: Bemerkung zu Siebenrocks neu erschienener Arbeit „Schildkröten aus Syrien und Mesopotamien". Anat. Anz. Bd. 45. 1913.

ÖHNGREN, S.: Über die sog. Episternalbildungen bei den Säugetieren. Anat. Anz. Bd. 52. 1919.

OKEN, L.: Über die Bedeutung der Schädelknochen. Ein Programm beim Antritt der Professur an der Gesammt-Universität in Jena. Jena 1807.

OSBORN, H. F.: Evolution of the Amblypoda. Bull. amer. mus. nat. hist. Vol. 10. 1898. — Ders.: A complete Mosasaur skeleton. Mem. amer. mus. nat. hist. Vol. 1. 1899A. — Ders.: A skeleton of Diplodocus. Ibid. Vol. 1. 1899B. — Ders.: Origin of the Mammalia, III; occipital condyles of Reptilian tripartite type. Americ. naturalist. Vol. 34. 1900A. — Ders.: Reconsideration of the evidence for a common Dinosaur-Avian stem in the Permian. Ibid. Vol. 34. 1900B. — Ders.: Angulation of the limbs of Proboscidea, etc. Ibid. Vol. 34. 1900C. — Ders.: The Reptilian subclasses Diapsida and Synapsida. Mem. amer. mus. nat. hist. Vol. 1. 1903. — Ders.: Evolution of Mammalian molar teeth. New York 1907.

PALMER, R. W.: Note on the lower jaw and ear ossicles of a foetal Perameles. Anat. Anz. Bd. 43. 1913.

PARKER, T. J.: Observations on the anatomy and development of Apteryx. Philosoph. transact. roy. soc. London. Vol. 182B. Addit. observat. Ibid. Vol. 183B. 1891.

PARKER, T. J. and HASWELL: Textbook of Zoology. Vol. 2. London 1897.

PARKER, W. K.: A monograph on the structure and development of the shouldergirdle. Ray Society. London 1868. — Ders.: On the structure and development of the skull of the common fowl (Gallus domesticus). Philosoph. transact. roy. soc. London. Vol. 156. 1870. — Ders.: On the structure and development of the skull in Sharks and Skates. Transact. zool. soc. London. Vol. 10. 1878. — Ders.: On the structure and development of the skull in the common Snake (Tropidonotus natrix). Philosoph. transact. roy. soc. London. Vol. 169. 1879. — Ders.: Report on the development of the green Turtle (Chelone viridis Schneid.). Challenger Report, Zool. Vol. 1, Prt. 5. 1880. — Ders.: On the structure and development of the skull in the Crocodilia. Transact. zool. soc. London. Vol. 11 (1885). 1883.

PEETERS, J. L. E.: Over de ontwikkeling van het chondrocranium en de kraakbeenige wervelkolom van eenige Urodela en Anura. Dissertatie Leiden 1910.

PEHRSON, T.: Some points in the cranial development of teleostomian fishes. Acta Zoologica. Band 3. 1922.

PETER, K.: Die Entwicklung und funktionelle Gestaltung des Schädels von Ichthyophis glutinosus. Morphol. Jahrb. Bd. 25. 1898.

PETRONIVICS, B.: Comparison between the lower jaws of the Cynodont Reptiles Gomphognathus and Cynognathus. Proc. zool. soc. London, 1918. 1919.

PETRONIEVICS and SMITH WOODWARD: On the pectoral and pelvic arches of the British Museum specimen of Archaeopteryx. Proc. zool. soc. London. 1917.

POLLARD, H. B.: The oral cirri of Siluroids and the origin of the head in Vertebrates. Zool. Jahrb., Abt. f. Anat. Bd. 8. 1894—95.

PUSANOW, J.: Über die Entwicklung des Chordaknorpels der Eidechse. Anat. Anz. Bd. 44. 1913.

PYCRAFT, W. P.: On the morphol. and phylog. of the Palaeognathae and Neognathae. Transact. zool. soc. London. Vol. 15, Prt. 5. 1900.

RANKE, J.: Die überzähligen Hautknochen des menschlichen Schädeldachs. Abh. d. k. bayr. Akad. d. Wiss., 2. Kl. Bd. 20, 2. Abt. 1899.

RATHKE, H.: Zur Entwicklungsgeschichte der Tiere, eine Bemerkung. Müllers Archiv. 1838. — Ders.: Über den Bau und die Entwicklung des Brustbeines der Saurier. Königsberg 1853. — Ders.: Untersuchungen über die Entwicklung und den Körperbau der Krokodile. Braunschweig 1866.

REED, H. D.: The morphology of the sound-transmitting apparatus in Caudate Amphibia and its phylog. significance. Journ. of morphol. Vol. 33. 1920.

RIDEWOOD, W. G.: On the development of the vertebral column in Pipa and Xenopus. Anat. Anz. Bd. 13. 1897. — Ders.: On the cranial osteology of the Elopidae and Albulidae. Proc. zool. soc. London. Vol. 2. 1904. — Ders.: On the calcification of the vertebral centra in Sharks and Rays. Philosoph. transact. roy. soc. London. Vol. 210B. 1921.

ROMER, A. S.: Locomotor apparatus of certain primitive mammallike Reptiles. Bull. amer. mus. nat. hist. Vol. 46. Zie ook: Anat. record. Vol. 24. 1922.

ROSENBERG, E.: Über eine primitive Form der Wirbelsäule des Menschen. Morphol. Jahrb. Bd. 27. 1899. — Ders.: Die verschiedenen Formen der Wirbelsäule des Menschen und ihre Bedeutung. 1. Teil. Jena 1920.

RUGE, G.: Die Hautmuskulatur der Monotremen und ihre Beziehungen zu dem Marsupial- and Mammarapparate. Semon, Zool. Forschungsreisen. Bd. 2 (Jenaische Denkschrift. Bd. 5). 1895.

SARASIN, P. und F.: Zur Entwicklungsgeschichte und Anatomie der ceylon. Blindwühle Ichthophis glutinosus. Wiesbaden 1887—90. 1890.

SCHAFFER, J.: Über das Verhältnis des Chordagewebes zum Knorpelgewebe. Anat. Anz. Bd. 37. 1910.

SCHAUINSLAND, H.: Weitere Beiträge zur Entwicklungsgeschichte der Hatteria. Arch. f. mikroskop. Anat. Bd. 56. 1900. — Ders.: Beiträge zur Entwicklungsgeschichte und Anatomie der Wirbeltiere. 1. Teil: Sphenodon, Callorhynchus, Chamaeleo. Zoologica Bd. 16. 1903. — Ders.: Die Entwicklung der Wirbelsäule nebst Rippen und Brustbein. Hertwigs Handbuch d. Entwicklungslehre Bd. 3. 1905.

SCHMALHAUSEN, J. J.: Die Entwicklung des Extremitätenskelettes von Salamandrella Kayserlingii. Anat. Anz. Bd. 37. 1910. — Ders.: On the dermal bones of the shoulder-girdle of the Amphibia. Rev. zool. russe. Vol. 2. 1917A. — Ders.: On the entremities of Ranidens sibiricus Kessl. Ibid. 1917B. — Ders.: Der Suspensorialapparat der Fische und das Problem der Gehörknöchelchen. Anat. Anz. Bd. 59. 1923.

SCHMIDT, L.: Untersuchungen zur Kenntnis des Wirbelbaues von Amia calva. Zeitschr. f. wiss. Zool. Bd. 54. 1892.

SCHMIDT, GODDARD EN VAN DER HOEVEN: Aanteekeningen over de anatomie van den Cryptobranchus japonicus. Haarlem 1862.

SCHMIDTGEN, O.: Neue Beiträge zur Kenntnis der hinteren Extremität von Halitherium Schinzi Kaup. Festschr. f. Spengel. Zool. Jahrb., Suppl. 15. Bd. 2. 1912.

SCHWARZ, H.: Über die Wirbelsäule und Rippen der holospondylen Stegocephalen. Beiträge Palaeont. Geolog. Österreich-Ungarns und des Orients. Bd. 21. 1908A. — Ders.: Über die Morphogenie der Wirbelsäule der Tetrapoden. Sitzungsber. d. Ges. naturforsch. Freunde, Berlin. 1908B.

SEELEY, H. G.: On the ornithosaurian pelvis. Annals Mag. nat. Hist. Ser. 6, Vol. 7. 1891. — Ders.: On the skeleton of new Cynodontia from the Karroo rocks. Philosoph. transact. roy. soc. London, 1895. Vol. 186B. 1896.

SEELEY, H. G.: und SEITZ, A. L. L.: Vergl. Studien über den mikroskop. Knochenbau fossiler und rezenter Reptilien. Nova Acta Kais. Leop. Carol. Dtsch. Akad. d. Naturforscher. Bd. 87. 1907.

SETERS, W. H. VAN: De ontwikkeling van het Chondrocranium van Alytes obstetricans voor de metamorphose. Dissertatie Leiden; außerdem in Archives de Biologie, 1922. Vol. 32. 1921.

SEVERTZOFF, A.: Die Entwicklung des Selachierschädels. Festschr. von Kupffer. Jena 1899. — Ders.: Das Visceralskelett der Cyclostomen. Anat. Anz. Bd. 45. 1914. — Ders.: Die Morphologie des Visceralapparates der Elasmobranchier. Anat. Anz. Bd. 56. 1923.

SIEBENROCK, F.: Zur Kenntnis des Kopfskeletts der Scincoiden, Anguiden und Gerrhosauriden. Annalen naturh. Hofmuseum Wien. Bd. 7. 1892. — Ders.: Das Skelett der Lacerta Simonyi Steind. und der Lacertidenfamilie überhaupt. Sitzungsber. d. k. Akad. d. Wiss. Wien, Mathem.-naturwiss. Klasse. Bd. 103, Abt. 1. 1894. — Ders.: Das Kopfskelett der Schildkröten. Ebenda Bd. 106, Abt. 1. 1897.

SMITH, B. G.: The embryology of Cryptobranchus alleghaniensis, 2, General embryology and larval development. Journ. of morphol. Vol. 23. 1912.

SOLLAS, I. B. J., and W. J.: A study of the skull of Dicynodon by means of serial sections. Philosoph. transact. roy. soc. London. Vol. 204 B. 1914.
SONIES, F.: Über die Entwicklung des Chondrocraniums und der knorpeligen Wirbelsäule bei den Vögeln. Petrus Camper Bd. 4. 1907.
STANNIUS, H.: Handbuch der Zootomie. Zootomie der Amphibien. 2. Aufl. Berlin 1856.
STEINER, H.: Hand und Fuß der Amphibien, ein Beitrag zur Extremitäten-Frage. Anat. Anz. Bd. 53. 1921. — Ders.: Die Entwicklung des Vogelflügelskelettes. Acta Zoologica. Jg. 3. 1922.
STENSIÖ, E. A.: Notes on certain Crossopterygians. Proc. zool. soc. London. 1922.
STÖHR, PH.: Zur Entwicklungsgeschichte des Urodelenschädels. Zeitschr. f. wiss. Zool. Bd. 33. 1879.
STRASSEN, O. ZUR: Vögel; Brehms Tierleben. 4. Aufl. Bd. 1. Leipzig und Wien 1911.
STROMER, E.: Neue Forschungen über fossile lungenatmende Meeresbewohner. Fortschr. naturwiss. Forschung von Abderhalden. Bd. 2. 1910. — Ders.: Untersuchungen der Hüftbeine der Sirenia und Archaeoceti. Sitzungsber. d. bayr. Akad. d. Wiss., Mathem.-phys. Klasse. 1921.
SUNIER, A. J. L.: Les premiers stades de la différentiation interne du myotome et la formation des éléments sclérotomatiques chez les Acraniens. les Sélaciens et les Téléostéens. Tijdschr. Ned. Dierk. Vereen. Ser. 2, Vol. 12. 1911.
SUSCHKIN, P.: Zur Anat. und Entwicklungsgeschichte des Schädels der Raubvögel. Anat. Anz. Bd. 11. 1896. — Ders.: Schädel von Tinnunculus. Nouv. mém. soc. impér. des natural. Moscou. Vol. 16. 1899.
THACHER, J. K.: Median and paired fins. Transact. Connecticut acad. Vol. 3. 1878.
THYNG, F. W.: The squamosal bone in tetrapodous Vertebrata. Tufts College Studies. Scientif. Series. Vol. 2. 1906.
TONKOFF, W.: Zur Entwicklungsgeschichte des Hühnerschädels. Anat. Anz. Bd. 18. 1900.
USSOFF, S. A.: Vergleich. embryolog. Studien des axialen Skelettes. Anat. Anz. Bd. 29. 1906.
VERSLUYS, J.: Die mittlere und äußere Ohrsphäre der Lacertilia und Rhynchocephalia. Zool. Jahrb., Abt. f. Anat. Bd. 12. 1898. — Ders.: Entwicklung der Columella auris bei den Lacertiliern. Ebenda Bd. 19. 1903. — Ders.: Die Salamander und die ursprünglichsten vierbeinigen Landwirbeltiere. Naturwiss. Wochenschr. Bd. 8, neue Folge. 1909A. — Ders.: Ein großes Parasphenoid bei Dermochelys coriacea Linn. Zool. Jahrb., Abt. f. Anat. Bd. 28. 1909B. — Ders.: Streptostylie bei Dinosauriern. Ebenda Bd. 30. 1910. — Ders.: Amphibia. Handwörterbuch der Naturwiss. Bd. 1. 1912A. — Ders.: Das Streptostylie-Problem und die Bewegungen im Schädel bei Sauropsiden. Festschr. f. Spengel. Ebenda Suppl. 15, Bd. 2. 1912B. — Ders.: Über Streptostylie und ähnliche Zustände bei Sauropsiden. Verhandl. d. 8. intern. Zoologen-Kongresses zu Graz 1910. 1912C. — Ders.: Über die Phylogenie der Schläfengruben und Jochbogen bei den Reptilia. Festschr. f. Max Fürbringer. Sitzungsber. d. Heidelberger Akad. d. Wiss., Mathem,-naturwiss. Klasse, Abt. B. 1919. — Ders.: Über die Rückbildung der Kiemenbogen bei den Selachii. Feestbundel Max Weber, Bijdragen tot de Dierkunde, Afl. 22. 1922. — Ders.: Over bouw en waterleven der Salamanders. Vakblad voor Biologen. Vol. 4. 1923.
VILLIERS, C. C. S. DE: Neue Beobachtungen über den Bau und die Entwicklung des Brustschulterapparates bei den Anuren. Acta Zoologica. Band 3. 1922.
VÖLKER, H.: Über das Stamm-, Gliedmaßen- und Hautskelett von Dermochelys coriacea L. Zool. Jahrb., Abt. f. Anat. Bd. 33. 1913.
VOELTZKOW und DOEDERLEIN: Zur Frage nach der Bildung der Bauchrippen. Abh. d. Senckenberg. Ges. Bd. 26. 1902.
VROLIK, J. A.: Studien über die Verknöcherung und die Knochen des Schädels der Teleostier. Niederl. Arch. f. Zool. Vol. 1. 1873.
WALTHER, W. G.: Die Neu-Guinea-Schildkröte, Carettochelys insculpta Ramsay. Nova Guinea. Vol. 13, Zoologie, Aflev. 5. 1922.
WATSON, D. M. S.: A Plesiosaurian pectoral girdle from the lower Lias. Mem. and Proc. Manchester Liter. and Phil. Soc., Session 1910—11. 1911. — Ders.: The larger coal-measure Amphibia. Ibid. Session 1912—13. 1912A. — Ders.: On some Reptilian lower jaws. Annals Mag. nat. Hist. Ser. 8, Vol. 10. 1912B — Ders.: On the skull of a Pariasaurian Reptile, and on the relationship of that type. Proc. zool. soc. London. 1914. — Ders.: The Monotreme skull. Philosoph. transact. roy. soc. London. Vol. 107B. 1916. — Ders.: The evolution of the Tetrapod shouldergirdle and fore limb. Journ. of Anat. Vol. 52. 1917. — Ders.: On Seymouria, the most primitive known Reptile. Proc. zool. soc. London for 1918. 1919. — Ders.: On the Coelacanth Fish. Ann. and Mag. nat. Hist. Ser. 9, Vol. 8. 1921A. — Ders.: The bases of classification of the Theriodontia. Proc. zool. soc. London 1921B.

WEBER, MAX: Studien über Säugetiere, 1, 2. Jena 1886—98, — Ders.: Die Säugetiere. Jena 1904.

WEGNER, R.: Der Stützknochen, Os nariale, in der Nasenhöhle bei den Gürteltieren, Dasypodidae, und seine homologen Gebilde bei Amphibien, Reptilien und Monotremen. Morphol. Jahrb. Bd. 51. 1922.

WELCKER, H.: Zur Lehre von Bau und Entwicklung der Wirbelsäule. Zool. Anz. Bd. 1. 1878.

WHIPPLE, I.: The ypsiloid apparatus of Urodeles. Biol. Bull. Vol. 10. 1906.

WHITEHOUSE, R. H.: The caudal fin of the Teleostomi. Proc. zool. soc. London 1910.

WIEDERSHEIM, R.: Das Kopfskelett der Urodelen. Morph. Jahrb. Vol. 3. 1877. — Ders.: Das Gliedmaßenskelett der Wirbeltiere. Jena 1892A. — Ders.: Die Phylogenie der Beutelknochen. Zeitschr. f. wiss. Zool. Bd. 53, Suppl. 1892. — Ders.: Vergleichende Anatomie der Wirbeltiere. 7. Aufl. Jena 1909.

WIJHE, J. W. VAN: Über das Viszeralskelett und die Nerven des Kopfes der Ganoiden. Niederl. Archiv für Zoologie. Vol. 5. 1882. — Ders.: Frühe Entwicklungsstadien des Kopf- und Rumpfskeletts von Acanthias vulgaris. Bijdragen tot de Dierkunde. Afl. 22. Feestbundel Max Weber. 1922.

WILLISTON, S. W.: North American Plesiosours. Field Columbian Mus., geological series. Vol. 2. 1903. — Ders.: The temporal arches in the Reptilia. Biolog. Bull. Vol. 7. 1904. — Ders.: Cacops, Desmospondylus; new genera of Permian Vertebrates. Bull. geol. soc. America. Vol. 21. 1910. — Ders.: The wingfinger of Pterodactyles. Journ. geol. Vol. 19. 1911. — Ders.: American Permian Vertebrates. Chicago 1912A. — Ders.: Primitive Reptiles. Journ. of morphol. Vol. 23. 1912B. — Ders.: The primitive structure of the mandible in Amphibians and Reptiles. Journ. of Geol. Vol. 21. 1913. — Ders.: The evolution of vertebrae. Centributions Walker Museum Chicago. 1918.

WIMAN, C.: Über das Hinterhaupt der Labyrinthodonten. Bull. geol. Institute Upsala. Vol. 12. 1913. — Ders.: Über Dorygnathus und andere Flugsaurier. Ebenda Vol. 19. 1923.

WINSLOW, G. M.: The chondrocranium in the Ichthyopsida. Tufts College Studies. Vol. 1, scient. series; ook: Proc. Essex Institut. Vol. 27. 1898. — Ders.: Threes cases of abnormality in Urodeles. Ibid. Nr. 8, scient. series. 1904.

WOERDEMAN, M. W.: Über einen Zusammenhang der Chorda dorsalis mit der Hypophysenanlage. Anat. Anz. Bd. 43. 1913.

WOODWARD, A. SMITH: Outlines of Vertebrate Palaeontology. Cambridge 1898.

ZITTEL, K. A.: Handbuch der Palaeontologie. München-Leipzig 1876—1893. — Ders.: Gründzüge der Palaeontologie, neu bearbeitet von F. Broili und M. Schlosser. Bd. 2. 4. Aufl. München-Berlin 1923.

III. Das Muskelsystem.

Allgemeine Bemerkungen über das Muskelsystem.

Das Muskelsystem des Skeletes dient den aktiven Bewegungen des Körpers. Es ist bei den Vertebrata umfangreich und oft sehr differenziert in seinem Bau. Bei dem Menschen beträgt das relative Gewicht der Muskeln ungefähr $^1/_3$ seines Körpergewichtes. Die Kontraktion der Skeletmuskeln ist dem Willen unterworfen; sie wird verursacht durch Reize, welche durch die motorischen Fasern der Rückenmarks- und Gehirnnerven vom zentralen Nervensystem zu den Muskeln fließen. Außerdem befinden sich in vielen anderen Organen des Vertebratenkörpers Muskeln; diese unterscheiden sich aber von den Skeletmuskeln dadurch, daß ihre Bewegung nicht dem Willen unterworfen ist, da sie stets in Tätigkeit sich befinden und ausschließlich durch das sympathische Nervensystem innerviert werden. Dieses Muskelgewebe der inneren Organe besteht in der Regel aus glatten Muskelfasern. Sie ziehen sich nur langsam zusammen, z. B. in Abständen von $^1/_2$ bis $1\,^1/_2$ Minute. Die Skeletmuskeln dagegen bestehen aus quergestreiften Muskelfasern, welche für eine Kontraktion nur den Bruchteil einer Sekunde nötig haben. Die aus quergestreiften Fasern bestehenden Muskeln verkürzen sich dabei bis auf $^1/_4$ ihrer Länge. Die glatten Muskelfasern dagegen verkürzen sich nur auf ungefähr die Hälfte ihrer Länge. Eine solche schnelle und bedeutende Verkürzung der quergestreiften Muskulatur ist unentbehrlich für das Muskelsystem der Vertebrata; es könnte sonst nicht seine Aufgabe erfüllen. Die Arthropoda erreichen ja besonders differenzierte und vollkommene Bewegungen; auch sie besitzen quergestreifte Skeletmuskeln. Die aus glatten Muskelfasern bestehenden Muskeln der Invertebrata erreichen nur selten eine größere Kontraktionsschnelligkeit. Die Querstreifung der Muskelfasern in unserem Herzen darf wohl zu der ziemlich schnellen Kontraktion in Beziehung gebracht werden; die Herzmuskeln hängen genetisch nicht mit unseren Skeletmuskeln zusammen.

Die Muskeln bestehen stets aus sehr zahlreichen Muskelfasern, welche durch Bindegewebe zu Bündeln vereinigt werden; dieses Bindegewebe wird Perimysium internum genannt. Eine oberflächlichere Bindegewebslage (Perimysium externum) umgibt den Muskel von außen. Die Blutgefäße und Nerven des Muskels verlaufen im Perimysium.

Die Muskeln inserieren und entspringen direkt oder indirekt an dem Skelet, stets mittels Bindegewebes. Die Muskelfaser selbst ist nicht imstande, sich an einem knöchernen oder knorpeligen Skeletstück zu befestigen; darum findet man an beiden Enden des Muskels eine Sehne (Tendo), welche zur Befestigung des Muskels am Skelet dient. Die Sehne besteht aus straffem, parallel verlaufenden Bindegewebsfasern. Wahrscheinlich sind Muskelfaser und Sehnenfaser Teile ein und derselben Faser; sie würden somit ohne Unterbrechung ineinander übergehen. Die Sehnenfasern können so kurz sein, daß sie kaum sichtbar sind; dadurch entsteht bei makroskopischer Betrachtung der Eindruck, als ob die Muskelfasern sich unmittelbar an des Skelet anhefteten; dies ist jedoch keineswegs der

Fall. Die Sehne ist stets dünner als der Muskel; Sehnenfasern sind nämlich stets dünner als Muskelfasern; außerdem liegen weniger Blutgefäße und Bindegewebsteile zwischen den Sehnenfasern. Bei breiten und platten Muskeln besitzt auch die Sehne eine solche Form: sie wird dann Sehnenplatte oder Aponeurose genannt.

Man unterscheidet an einem gut entwickelten Muskel folgende Teile: In der Mitte liegt der Muskelbauch (Venter); dasjenige Ende des Muskels, welches bei der Kontraktion wenig oder gar nicht bewegt wird, wird der Ursprung des Muskels (Origo) genannt; das andere Ende, welches ausschließlich oder am meisten bewegt wird, nennt man die Anheftung oder Insertion. Es ist deutlich, daß die Insertionsstelle an demjenigen Skeletteil befestigt ist, welcher nach dem Ursprung hin gehoben wird. Diese Unterscheidung ist für ein Beschreiben der Muskulatur sehr geeignet; und doch ist sie in vieler Hinsicht künstlich, da je nach der Bewegung das feste und bewegliche Ende des Muskels wechseln kann; auch ist diese Einteilung nicht von tieferer Bedeutung, da der Muskel bei der Kontraktion doch stets dasselbe tut: er zieht zwei bewegliche Skeletstücke aufeinander zu. Trotzdem wollen wir wegen einer leichteren Beschreibung an diesem Unterschied festhalten. Man hat in der Frage nach dem Ursprung und der Insertion eines Muskels meist eine traditionelle Antwort festgelegt: Bei denjenigen Muskeln, die vom Rumpfe zu den Gliedmaßen gehen, wird angenommen, daß der Ursprung am Rumpfskelet, die Insertion am Gliedmaßenskelet liegt; für die Gliedmaßenmuskulatur selbst liegt der Ursprung stets proximal, die Insertion distal.

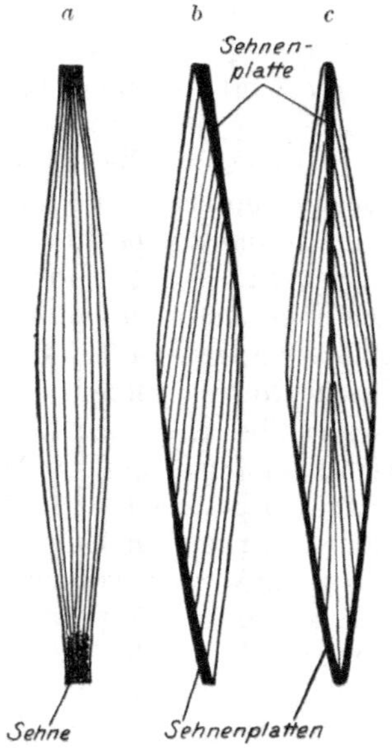

Abb. 454. Schemata von Muskeltypen, welche die verschiedene Lage und Form der Sehnen und den Verlauf der Muskelfasern angeben. — *a* Spindelförmiger Muskel mit gerade verlaufenden Fasern und am Ende ansitzender Sehne. — *b* Einmal gefederter Muskel (M. unipennatus). — *c* Doppelt gefederter Muskel (M. bipennatus). (Nach MARTIN, 1912 bis 1919, Bd. 1, Abb. 199 A.)

Da die Sehne einen viel kleineren Durchschnitt besitzt als der Muskelbauch, so kann bei einem parallelen Verlauf der Muskelfasern nur ein ziemlich kleiner Teil dieser Fasern gradlinig in die Sehne übergehen. Die meisten Fasern müssen mehr oder weniger schräg verlaufend in die Sehne übergehen; dadurch arbeiten sie weniger günstig; verschiedene Teile desselben Muskels müssen eine ungleiche Wirkung ausüben (Abb. 454a). Bei vielen Muskeln wird diese ungünstige Wirkung dadurch verhindert, daß sich die Sehnen an der einen Seite ein Stück an der Außenfläche des Muskels fortsetzen: Dadurch können alle Muskelfasern schräg aber untereinander parallel in die Sehnenfasern übergehen (Abb. 454b). Einen solchen Muskel nennt man einen einmal-gefiederten Muskel (Musculus unipennatus). Die Sehne kann auch als eine Sehnenplatte in den Muskel eindringen; dann verbinden sich die Muskelfasern mit ihren beiden Flächen, so daß ein doppelt-gefiederter Muskel entsteht (Musculus bipennatus in Abb. 454c). Auch noch verwickeltere Formen können vorkommen. In allen diesen Fällen nimmt die Anzahl der Muskelfasern zu, während das Volumen des Muskels das gleiche bleibt, da nun die Kraft des Muskels unter anderem abhängt von der Summe aller Faserquerschnitte auf einem Muskelquerschnitt, so nimmt auch bei solcher Bildung die Kraft des Muskels stark zu. Die Faserlänge nimmt dann natürlich ab und damit die Verkürzung bei der Kontraktion.

Muskelfasern pflegen nicht länger als ungefähr 15 cm zu werden. Ist der

Muskel als Ganzes länger, dann haben die Muskelfasern eben eine geringere Länge als der Muskel: Sie verbinden sich dann mit dem Perimysium internum, und eine andere Muskelfaser setzt den Verlauf der ersten fort. In solchen Fällen bildet das Perimysium oberflächliche oder intramuskuläre Sehnenplatten.

Nicht selten besitzen Muskeln mehr als eine einzige Ursprungsstelle; es können zwei oder drei, in seltenen Fällen vier Ursprungsstellen vorkommen: der Muskelbauch ist dann mehr oder weniger tief gespalten (Musculus biceps, triceps, quadriceps). Die verschiedenen Teile eines solchen Muskels pflegen auch eine verschiedene Arbeit zu leisten; daneben hat der Muskel als Ganzes wieder eine besondere Funktion. Oft sehen wir, daß nebeneinandergelegene lange und kurze Muskeln dieselbe Funktion ausüben: dann dient der kurze Muskel für die kleinen Bewegungen, da seine Verkürzung weniger Energie verbraucht; der lange Muskel dient dann für die größeren Bewegungen. Auch Muskeln mit zwei Muskelbäuchen sind beobachtet: die Muskelbäuche liegen dann hintereinander und sind durch eine Sehne verbunden. Man kann sich einen solchen Muskel entstanden denken durch Aneinanderfügen zweier selbständiger Muskeln, welche früher wahrscheinlich durch ein Skeletstück geschieden waren (Musculus digastricus; Abb. 483 auf S. 365).

Bei vielen Tieren fällt auf, daß die Muskeln einen Farbunterschied haben. Heller und dunkler rotgefärbte kommen nebeneinander vor. Dieser Unterschied beruht auf einem verschiedenen Gehalt an Hämoglobin in den Fasern dieser Muskeln. Die dunkleren Muskeln ziehen sich langsamer zusammen; sie bleiben aber länger im verkürzten Zustande als die hellroten Muskeln. Bei dem Menschen ist dieser Unterschied nicht zu beobachten; es kommen vielmehr beide Typen von Muskelfasern in den Muskeln gemischt vor. Muskeln können auch tief dunkelrot sein, weil sie sehr viel Blut enthalten (Cetacea).

Hilfsapparate der Muskeln sind die Fascien, die Sehnenscheiden, Schleimbeutel und Sesamknochen.

Jeder gut entwickelte Muskel liegt in einer Bindegewebsscheide, welche mit ihrer glatten Oberfläche nach dem Muskel zugekehrt ist; sie wird die Fascie genannt. Diese Scheide erstreckt sich auch über die Sehnen als sogenannte Sehnenfascie. Die Fascien enthalten zahlreiche elastische Bindegewebsfasern; sie sind dadurch sehr dehnbar und veränderlich in ihrer Form. Der Muskel schiebt in seiner Fascie bei den Formveränderungen hin und her. Somit sorgt die Fascie dafür, daß der Muskel in seiner Umgebung hin- und herschieben kann, in einer Umgebung, die meist aus anderen Muskeln und Skeletstücken besteht; Risse im dazwischen liegenden Bindegewebe werden dadurch vermieden. Die Fascie kann aus einigen Schichten bestehen, von welchen dann die innere Schicht mit dem Perimysium zusammenhängt. Oft werden die Fascien sehnig; sie können dann wiederum die Ursprungs- oder Insertionsfläche für andere Muskeln bilden; das sehnige Ende dieser anderen Muskeln geht dann in die Fascie über. Solche sehnigen Fascien können unmittelbar an Skeletstücke befestigt werden.

Auch Fascien für Gruppen von Muskeln sind vorhanden; weiterhin allgemeine Körperfascien zwischen den Muskeln und der Haut.

Wo eine Sehne über einen Skeletteil verläuft, entsteht natürlich die Gefahr einer starken Reibung. In solchen Fällen wird oft die Reibung aufgeboben durch Bildung eines sogenannten Schleimbeutels zwischen Sehne und Skelet. In anderen Fällen wird dasselbe Resultat dadurch erreicht, daß die Sehne in einer festen Bindegewebsscheide, Sehnenscheide, verläuft; die Sehne kann bis auf eine bestimmte Verbindung, in welcher Blutgefäße und Nerven verlaufen, frei hin- und herschieben. Die spaltförmige Höhle zwischen Sehne und Scheide ist wie eine Gelenkhöhle mit Feuchtigkeit gefüllt.

Die Sesamknochen sind Skeletbildungen der Sehnen (s. S. 330). Bei jugendlichen Personen sind diese Knöchelchen meist knorpelig, bei Erwachsenen stets knöchern. Sie kommen vor allem in der Hand und im Fuße vor, am zahlreichsten bei den Aves und den Mammalia. Stets liegen die Sesamknochen dicht bei der Insertion der Sehne am Knochen; sie verleihen damit der Sehne an dieser Stelle eine schiefe Richtung gegenüber dem Knochen; die Wirkungsrichtung der Sehne wird dadurch günstiger und die Kraft des Muskels wird erhöht.

Das Muskelsystem steht in einem engen Zusammenhang zum Skelet. Ist das Skelet noch nicht stark differenziert, so ist auch das Muskelsystem einfach, und die Bewegungen des Tieres sind wenig kompliziert. Mit einem verwickelteren Bau des Skeletes nimmt auch die Differenzierung des Muskelsystems zu. Bei den Tetrapoda besteht das Muskelsystem aus sehr zahlreichen Muskeln, vor allem, weil ihre Extremitäten als ein kompliziertes System von Hebeln arbeitet.

Die Bedeutung der Muskeln besteht nicht allein in der Bewegung. Auch für das Festhalten von Skeletelementen in einer bestimmten Stellung, und damit für die Körperstellung allgemein sind sie von der größten Bedeutung.

Man kann die Homologie der Muskeln beurteilen nach ihrer Lage, nach Ursprung und Insertion; weiterhin nach ihrer Arbeitsleistung und ihrer Form. Es entsteht aber oft eine sehr große Schwierigkeit für das Beurteilen von Homologien bei den Muskeln: die Muskeln sind ja stets auf das engste ihrer Funktion angepaßt; dadurch treten große Veränderungen, d. h. Verschiebungen, Rückbildungen und Neubildungen auf. Es ist aber dennoch möglich, die Muskeln zu homologisieren, wenn wir den Nerven im Auge behalten, welcher den Muskel innerviert; denn wie stark auch ein Muskel wechseln und sich verschieben mag, er behält doch meist denselben Nerven mit einem bestimmten Ursprung im Zentralnervensystem; dadurch bleibt er trotz aller Veränderungen erkennbar. Homologe Muskeln haben im allgemeinen eine gleiche Innervierung.

Das Muskelsystem ist ursprünglich segmental gebaut; jedes Segment besitzt einen paarigen Spinal- oder Gehirnnerven. Die Anzahl der Muskelsegmente und Nerven kann jedoch von Art zu Art wechseln; ein und derselbe Muskel kann bei verschiedenen Tierformen aus verschiedenen Segmenten entstehen, wenn wir von vorn zu zählen beginnen. Große Unterschiede entstehen in dieser Hinsicht bei den Muskeln der Extremitäten; die Gliedmaßen verändern nämlich ihre Lage gegenüber dem Rumpfe; dadurch werden in Funktion und Lage übereinstimmende Muskeln durch verschiedene Spinalnerven innerviert; sie sind also anscheinend aus verschiedenen Körpersegmenten hervorgegangen. Wir stehen hier vor demselben Homologieproblem wie bei der Wirbelsäule; dort haben wir gesehen, daß die Anzahl der Wirbel, welche einem besonders differenzierten Wirbel vorhergeht, sehr verschieden sein kann (S. 107). M. Fürbringer führte hierfür den Begriff imitatorische Homodynamie ein; hiermit wollte er ausdrücken, daß solche Muskeln nicht in dem vollen Sinne homolog sind, sondern sich einander nachgeformt haben (Fürbringer 1879, 1897). Bestimmte Faktoren lassen aus einem embryonalen Muskelsegment einen bestimmten Muskel entstehen; durch Änderung ihrer Wirksamkeit können sie genau dieselbe Umbildung bei einem anderen Muskelsegment oder einer anderen Gruppe von Segmenten hervorrufen; diese Umbildungen umfassen auch die Nerven. Dadurch besteht bei vielen Muskeln, vor allem bei den Extremitäten, nur eine teilweise Homologie, obgleich die Muskeln einander ähnlich sind und die Nerven in ihrem Verlauf durch den Körper übereinstimmen. Um nun einer vollständigen Verwirrung zu entgehen, ist es allgemein gebräuchlich, diese Muskeln doch als vollständig homolog anzusehen, ihnen also denselben Namen zu geben.

Viele Muskeln sind aus Komponenten aufgebaut, welche von mehreren Segmenten des Körpers abstammen. Die Grenzen der Muskelsegmente werden bei den niederen Vertebrata durch Bindegewebswände angegeben, welche Myocommata genannt werden. Jeder dieser Muskelsegmente wird durch einen besonderen Spinalnerv innerviert. Die Grenzen der Muskelsegmente, die Myocommata, verschwinden jedoch häufig, vor allem bei den höheren Vertebrata; dann schieben sich die Muskelfasern der verschiedenen Segmente durcheinander; auch die Endgebiete der Nerven werden durcheinander gemischt. Diejenigen Nerven, welche solch einen polysegmentalen Muskel innervieren, pflegen sich zu einem Stamm zu vereinigen; die Fasern eines solchen Stammes kommen dann aber aus mehreren Spinalnerven. Durch eine solche Mischung der Innervation entsteht der Vorteil, daß bei Beschädigung eines spinalen Nerven oder seines Rückenmarkkernes der Muskel doch normal weiterarbeiten kann.

Die Beziehung zwischen Muskel und Nerv ist sehr eng (M. FÜRBRINGER 1897). Der Zusammenhang ist offenbar schon vorhanden, noch bevor der Nerv sich vollständig ausgebildet hat; auf andere Weise können wir es wenigstens nicht erklären, daß die vom Rückenmark auswachsenden Nervenfasern stets auf demselben Wege dieselben Muskeln erreichen; dies ist auch in Fällen beobachtet, wo die Nerven einen großen Umweg machen müssen, bis sie ihren Muskel erreichen. Es ist embryonal offenbar frühzeitig eine Brücke vorhanden, welche Nerven und Muskel verbindet. Ein Muskel hat, um funktionieren zu können, stets einen Nerven nötig; dieser physiologische Zusammenhang spricht für einen frühzeitigen Zusammenhang auch in der Phylogenie.

Herkunft und Aufbau des Muskelsystems.

Das Muskelsystem der Wirbeltiere besitzt zweierlei Ursprung. Der größte Teil, insonderheit die Rumpfmuskeln, entstehen aus den Ursegmenten (Somiten, Myotomen, Sclero-Myotomen). Dies sind segmental angeordnete Zellmassen, welche beim Embryo zu beiden Seiten des Zentralnervensystems im Rücken liegen. Hieraus entstehen die somatischen oder Rumpfmuskeln. — Ein anderer, kleinerer Teil des Muskelsystems entsteht in dem Kopf und in der Kiemenregion aus den Seitenplatten des Embryo, welche die Darmwand bilden; wir können diese Muskeln als einen besonderen Teil der Darmmuskulatur betrachten, welcher sich in Anpassung an die Kiemenatmung besonders entwickelt hat; Hieraus entsteht die Muskulatur des Visceralskeletes, der Kiefer und der Kiemenbogen. Man nennt diese Muskeln darum die visceralen Muskeln.

Beide Muskelgruppen, die somatischen und die visceralen, sind dem Willen unterworfen und bestehen aus quergestreiften Muskelfasern. Man kann diese beiden Muskelgruppen außer durch ihre Entstehungsweise auch unterscheiden durch die Nerven, welche die Muskeln innervieren: Die somatischen Muskeln werden stets innerviert durch motorische Nervenfasern, welche von den Ganglien im ventralen Horn des Rückenmarkes abstammen (Abb. 455/56 und Abb. 558 auf S. 451 und Abb. 561 auf S. 453); sie verlassen das Rückenmark durch die ventrale, rein motorische Wurzel der Rückenmarksnerven. Die visceralen Muskeln dagegen werden innerviert durch motorische Fasern, deren Kerne im Gehirn liegen und homolog sind den Kernen in den Seitenhörnern des Rückenmarks; im Rückenmark treten aber aus diesen Hörnern die motorischen Fasern des sympathischen Nervensystems aus und verlaufen durch die dorsalen Wurzeln der Rückenmarksnerven zur Darmmuskulatur. Die motorischen Fasern der visceralen Muskeln treten dann auch aus durch die-

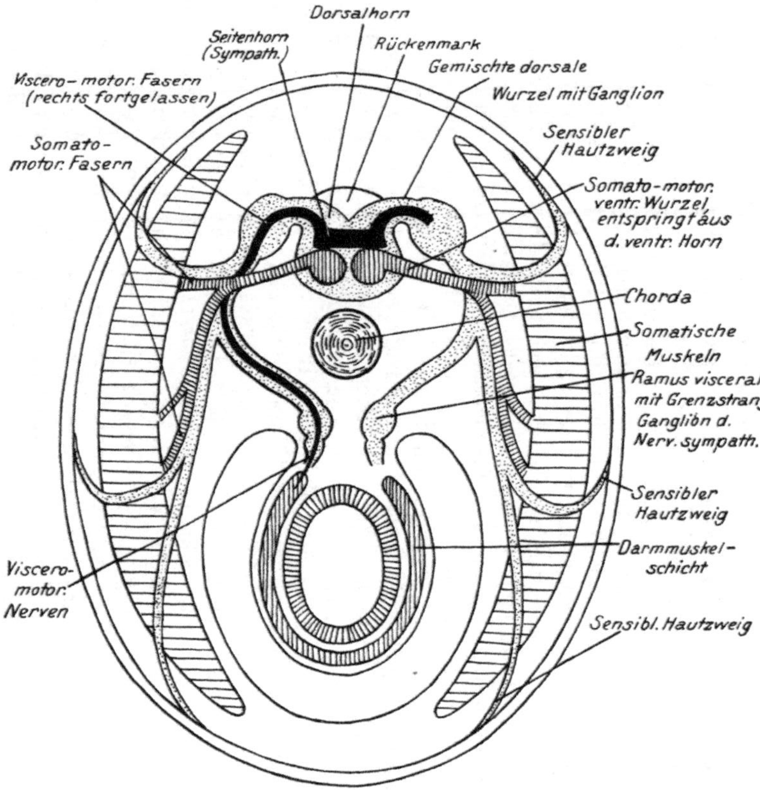

Abb. 455.

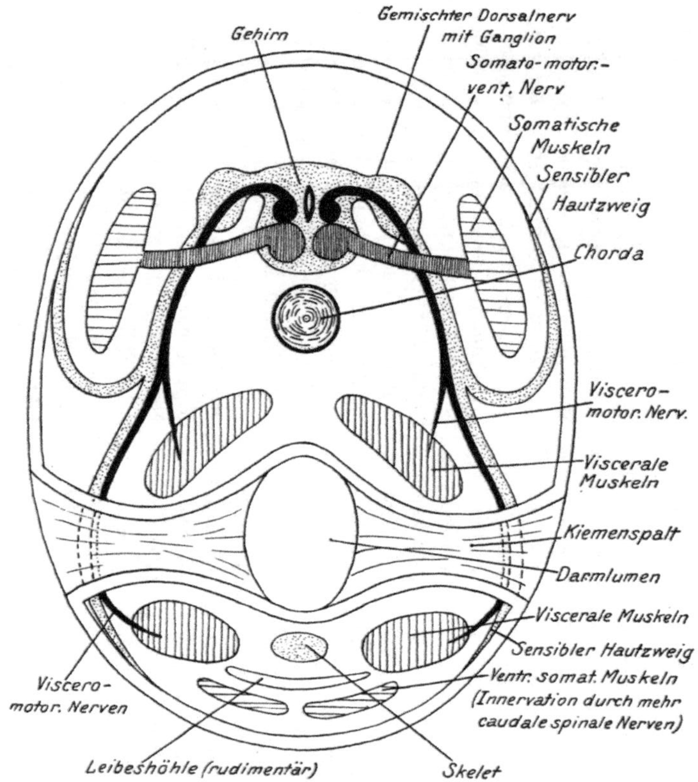

Abb. 456.

Abb. 455—456. Innervationsschemata der somatischen und visceralen Muskeln.

Abb. 455. Querschnitt durch den Rumpf mit der Innervation der somatischen Muskeln und der Darmmuskelschicht. — Abb. 456: Querschnitt durch die Kiemenregion mit der Innervation der visceralen Muskeln. Viscero-motorische Nervenfasern schwarz, somato-motorische quergestreift, sensible punktiert. (BRAUS, 1921, Abb. 322 und GOODRICH, 1909, Abb. 1B.)

jenigen Wurzeln von Gehirnnerven, welche mit den dorsalen gemischten Wurzeln von Rückenmarksnerven übereinstimmen: N. trigeminus, facialis, glossopharyngeus und vagus (nach einigen Untersuchungen auch der N. trochlearis). Diese besitzen neben den motorischen auch sensible Fasern. Man unterscheidet danach die Nervenfasern der visceralen Muskeln als viscero-motorische von den somato-motorischen Fasern, welche zu der Rumpfmuskelmasse verlaufen (Abb. 455/56 und Abb. 561 auf S. 453).

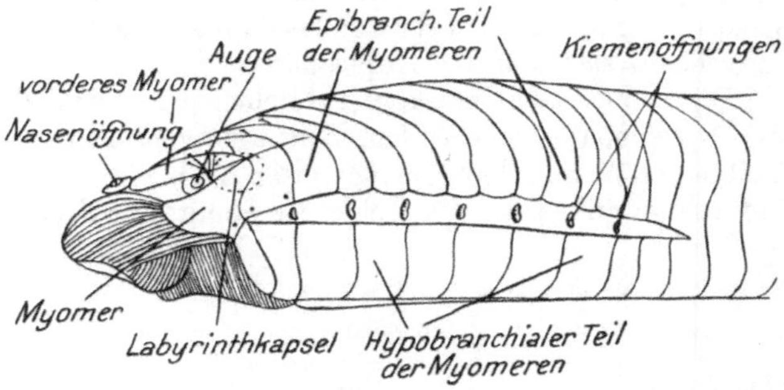

Abb. 457. Kopf- und Kiemenregion von Ammocoetes (der Larve von Petromyzon), von links, um die ursprüngliche Bedeckung der visceralen Muskeln durch die somatischen zu zeigen. Die Haut ist abgelöst. (Nach GEGENBAUR, 1898, Abb. 41.)

Die **visceralen Muskeln** liegen nach ihrer Herkunft aus der Darmwand ursprünglich tiefer als die somatischen Muskeln. Im Kopfe, wo diese somatischen Muskeln zurückgebildet sind, liegen die visceralen Muskeln jedoch oberflächlich. Auch in der Kiemenregion kommen sie mehr und mehr an die Oberfläche. Damit werden die somatischen Muskeln dorsad und ventrad verdrängt; die visceralen Muskeln breiten sich schließlich selbst unter der Haut aus, außerhalb der somatischen Muskeln (Abb. 457 und

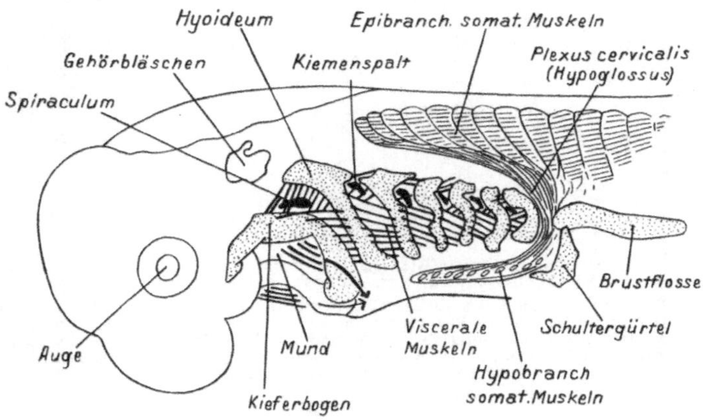

Abb. 458. Die visceralen Muskeln und die vordersten Rumpfmuskeln in der Anlage bei einem Embryo eines Selachiers, schematisch. Die visceralen Muskeln sind durch dicke Linien angegeben. (Nach BRAUS, 1921, Abb. 321.)

489 auf S. 379). Sie bilden die Kaumuskeln und die Muskeln des Hyoidbogens und der Kiemenbogen; aus ihnen entwickeln sich bei den Tetrapoda die Gesichtsmuskeln und die wichtigsten Muskeln des Os hyoides (Zungenbein). Mit Ausnahme der medio-ventralen (hypobranchialen) Muskeln und der Augenmuskeln sind alle Kopfmuskeln viscerale Muskeln. Auch inserieren viscerale Muskeln als Trapeziusgruppe am Schultergürtel.

Die **somatischen Muskeln** dagegen bilden die Muskulatur des Rumpfes und der Gliedmaßen. In der Kiemenregion sind sie nur bei Amphioxus und den Cyclostomata gut entwickelt (Abb. 457); bei allen anderen Vertebrata werden sie hier durch viscerale Muskeln in zwei Teile auseinandergedrängt: einen dorsalen Teil, welcher an der Wirbelsäule liegt: die epibranchiale Muskelmasse; und einen ventralen Teil, welcher die hypobranchialen Muskeln bildet (Abb. 458). Diese hypobranchialen Muskeln inserieren an den visceralen Bogen bis zum Unterkiefer; sie sind damit wichtige Muskeln auch für das Os hyoides der Tetrapoda. Im Kopfe werden die somatischen Muskeln wohl in der Form von Somiten angelegt; aber sie entwickeln sich nicht mehr zu Muskeln; nur die Augenmuskeln entwickeln sich aus den Kopfsomiten.

Die somatischen Muskeln entstehen ausschließlich aus der medialen Wand der Ursegmente, welche dem Zentralnervensystem zugekehrt ist; der ventrale Teil dieser Wand bildet das Sclerotom (Abb. 459). Die ersten Muskelfasern treten embryonal auf, wenn die Höhle des Somites noch durch den Ursegmentstiel mit

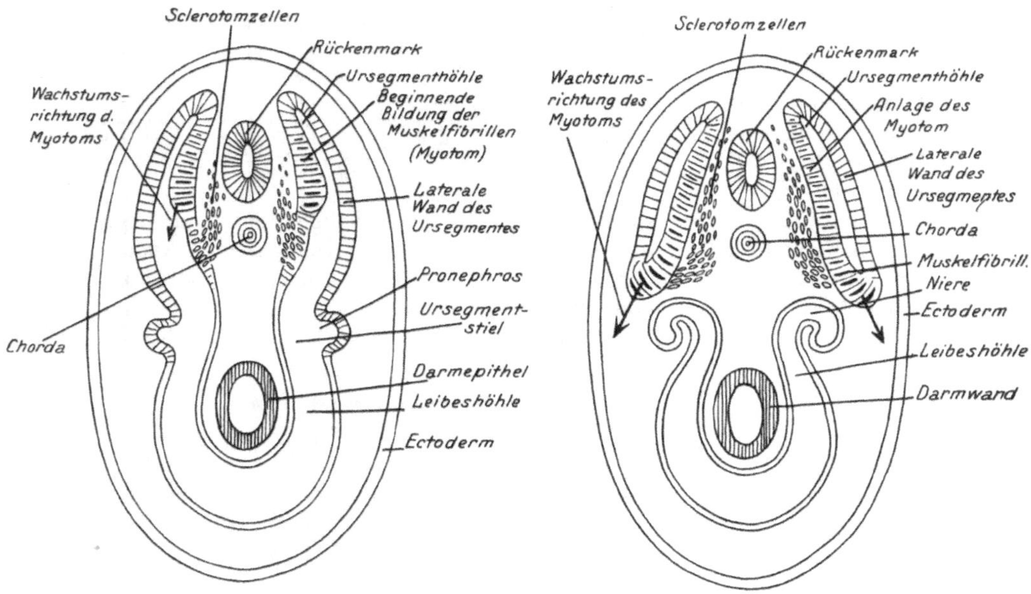

a b

Abb. 459 *a* und *b*. **Zwei Schemata zur Bildung der somatischen Muskeln bei den Embryonen der Vertebrata, auf dem Querschnitt durch den Rumpf.**
a Junges Stadium, wo die Bildung des Muskelgebietes gerade angefangen hat und das Ursegment noch mit der Seitenplatte (der Leibeshöhlenwand) verbunden ist. — *b* Älteres Stadium, wo die Verbindung des Ursegmentes mit der Seitenplatte unterbrochen ist und die Muskelmasse lateral der Körperhöhle ventral auszuwachsen beginnt, indem ventrale Myotomausstülpungen gebildet werden (angegeben durch den Pfeil). (Für diese Abbildungen sind diejenigen von VAN WIJHE, 1899, benutzt.)

der Körperhöhle zusammenhängt, deren Wand durch die Seitenplatten gebildet wird. Dieser Zusammenhang wird jedoch frühzeitig unterbrochen; nun kann die Anlage des Myotoms ventrad und laterad auswachsen (Abb. 459; man beachte dabei den Pfeil); dadurch dehnt das Myotom sich aus in den ventralen Teil des Rumpfes bis seitlich der Seitenplatte und der Leibeshöhle (Abb. 455). Auf diese Weise kommen diese Muskeln auch in die Bauchwand; aber sie stammen doch ausschließlich von den ganz dorsal liegenden Somiten. Der beim Embryo ventrad auswachsende Teil der Myotome wird der ventrale Myotomfortsatz genannt.

Obwohl die somatischen und visceralen Muskeln sich in Ursprung und Innervation sehr unterscheiden, so kommt doch eine Vereinigung beider Muskelsysteme zu einem einzigen Muskel vor: im Musculus trapezius. Dieser Muskel wird erstens durch den N. vagus innerviert; zweitens auch oft durch somato-motorische Fasern aus der ventralen Wurzel einiger Rückenmarksnerven.

Die somatischen Muskeln.

1. Allgemeines.

Die somatischen oder Rumpfmuskeln bilden im einfachsten Zustand an beiden Seiten des Körpers eine Muskelmasse: die Seitenrumpfmuskeln; sie erstrecken sich von dem Kopf bis zur Wurzel der Schwanzflosse; bei den Cyclostomata cranial bis in den Kopf, bei Amphioxus selbst bis ganz vorn im Körper. Dorsal und ventral erreicht die Seitenrumpfmuskulatur beinah die Medianlinie; sie wird nur durch eine mediane Bindegewebsplatte vom Muskel der anderen Seite geschieden. Ventral der Leibeshöhle scheidet diese Bindegewebsplatte die linke und rechte Hälfte der Bauch- und Brustmuskeln; sie wird Linea alba genannt. Nur bei Amphioxus bleibt ventral der peribranchialen Höhle ein größerer Abstand; dieser wird durch einen Muskel anderer Herkunft angefüllt.

Bindegewebige Scheidewände, Myosepta oder Myocommata verteilen die Seitenrumpfmuskulatur in eine große Anzahl Abteilungen: die Muskelsegmente oder Myomeren. Jedes Myomer stammt von einem Ursegment oder Myotom; es wird ursprünglich durch Nervenfasern einer einzigen ventralen Rückenmarkswurzel innerviert; bei den Petromyzontes und bei Amphioxus geschieht diese Innervation durch die noch selbständigen ventralen Rückenmarksnerven (Abb. 556 und Abb. 558 auf S. 451). Die Myomeren wechseln mehr oder weniger regelmäßig mit den Wirbelkörpern ab; das ist für eine günstige Arbeitsleistung der Muskelmasse notwendig; durch eine Faltung der Myomeren wird erreicht, daß sie oft mit verschiedenen Wirbeln in Verbindung treten.

Die Verteilung in Myomere ermöglicht es, daß die Seitenrumpfmuskulatur sich nicht als einzelner Muskel mit einem Male zusammenzieht, sondern in Teilen nacheinander. Dadurch kann der Rumpf in sehr verschiedener Weise und auf mehr als einer einzigen Stelle gleichzeitig gebogen werden. Ohne diese Einteilung würde eine Kontraktion wahrscheinlich stets eine totale sein müssen, welche den Körper stark nach einer Seite krümmen würde; eine solche Bewegung würde für das normale Schwimmen ungeeignet sein (über die Notwendigkeit der Myocommata bei den Pisces vergleiche CHEVREL 1913). Bei einigen Pisces, die nicht mehr in normaler Weise mit dem Schwanze schwimmen, ist eine Zurückbildung der Myocommata zu beobachten, z. B. bei den Rajidae, bei Orthagoriscus und bei Hippocampus.

Die regelmäßige, embryonale Segmentierung der Seitenrumpfmuskulatur wird nun im Laufe der Entwicklung oft gestört: dies kann durch Verschmelzung von Myomeren und durch Ausfallen von Nerven geschehen, oder dadurch, daß ein einziger Rückenmarksnerv zwei oder mehrere Myomeren versorgt, während jedes Myomer von verschiedenen Rückenmarksnerven Zweige empfängt. Die Myomeren links und rechts stimmen in der Regel in ihrer Lage überein; eine Ausnahme davon bilden nur Amphioxus und die Myxinoidea, bei denen die Myomeren gegeneinander verschoben sind.

Die Myocommata verbinden sich medial mit der Wirbelsäule; ihr Außenrand heftet sich an die Haut. Die Muskelfasern laufen ursprünglich von Myocomma zu Myocomma. Nur diejenigen Fasern, welche am dichtesten bei der Wirbelsäule liegen, besitzen eine unmittelbare Verbindung mit dem Achsenskelet. Die größte Masse der Muskelfasern besitzt also nur eine mittelbare Verbindung mit dem Skelet durch die Myocommata.

Die Myomeren entstehen embryonal als Platten, welche ungefähr senkrecht zur Längsachse der Wirbelsäule gerichtet sind; durch Faltung und Verschiebung wird jedoch die Form der Myomeren komplizierter.

Bei allen Pisces, mit Ausnahme der Cyclostomata, ist außerdem die Seitenmuskulatur durch ein horizontales Myoseptum in einen dorsalen und ventralen Teil geteilt (Abb. 462): der dorsale Teil wird der epaxonische (episomatische) genannt; der ventrale Teil ist der hypaxonische (hyposomatische). Dieses horizontale Myoseptum erstreckt sich von der Chorda oder den Wirbelkörpern bis zur Haut, welche auf der Höhe der Seitenlinie erreicht wird; die dorsalen Rippen der Pisces liegen in diesem Septum (Abb. 124 auf S. 108). — Bei den Tetrapoda aber wird die Seitenrumpfmuskulatur in zahlreiche selbständige Muskeln aufgelöst; dadurch wird das horizontale Myoseptum weniger deutlich. Die Querfortsätze der Wirbel und eine davon entspringende bindegewebige Platte (Fascia lumbodorsalis) geben jedoch noch die Lage des ursprünglichen Myoseptum an; dadurch bleibt die Trennung in dorsale und ventrale Rumpfmuskeln auch hier einigermaßen erhalten. Die Trennung ist ebenfalls an der Innervation erkennbar: die epaxonischen Muskeln werden durch den dorsalen Zweig der Rückenmarksnerven innerviert; die hypaxonischen Muskeln durch den ventralen Zweig. Die Verteilung der Seitenmuskulatur in zahlreiche Muskeln hat weiterhin zur Folge, daß die Myomeren und Myocommata zurücktreten; dies ist am stärksten bei den Mammalia zu beobachten. Wo noch Reste von Myocommata in einem höher entwickelten Muskel bestehen bleiben, nennt man sie Inscriptiones tendineae. Die Innervation ist dann aber oft keine segmentale mehr, da die Muskelmassen zwischen zwei Myocommata polysegmental umgebildet sein können: sie können durch Zweige von verschiedenen Spinalnerven innerviert werden; das ist z. B. beinah stets bei dem Musculus rectus abdominis des Menschen der Fall.

Eine wichtige Veränderung tritt bei den Gnathostomata auf: die Extremitäten werden hier von dem somatischen Muskelsystem mit Muskeln versorgt. Bei den Pisces sind diese Muskeln sehr einfach gebaut; sie beeinflussen die Seitenrumpfmuskeln nur wenig. Aber bei den Tetrapoda erreichen sie eine bedeutende Entwicklung: ausgehend vom Schultergürtel und Becken breiten sie sich auch über die Rumpfmuskelmasse aus, bedecken diese teilweise und verdrängen sie.

2. Die somatischen Muskeln bei Amphioxus.

Die somatischen Muskeln des Amphioxus sind sehr einfach und regelmäßig gebaut. Die Seitenrumpfmuskulatur beginnt ganz am Vorderende des Körpers und endigt dicht vor dem Hinterende (Abb. 66 auf S. 59). Normale Myomeren liegen bei Amphioxus auch in demjenigen Körperteil, welcher mit dem Kopf der Vertebrata homolog ist. Im Rumpfe liegt bei Amphioxus der ventrale Teil der somatischen Muskulatur in der Seitenwand der peribranchialen Höhle (Abb. 709 auf S. 587). Dieser Teil umfaßt aber diese Höhle nur zur Hälfte; ventral liegt in der Wand ein besonderer Muskel: der Musculus transversus, welcher aber wahrscheinlich mit den visceralen Muskeln der Vertebrata zusammengehört.

Die Myomeren bei Amphioxus sind V-förmig gefaltet; ihr dorsales und ventrales Ende liegt mehr caudal als die Mitte. Da die Myomeren kurz sind, werden durch diese Faltung bei einem Querschnitt durch den Rumpf stets mehrere Myomeren getroffen (Abb. 709 auf S. 587).

3. Die somatischen Muskeln der Pisces.

Bei den **Cyclostomata** bestehen die somatischen Muskeln aus einem einfachen linken und rechten Seitenrumpfmuskel. Diese sind aufgebaut aus Myomeren von wenig differenzierter Form (Abb. 457, 460 und 713 auf S. 588). Ein horizontales Myoseptum fehlt. Die Mitte der Myomeren ist schwach nach vorn gebogen, das dorsale und ventrale Endstück dagegen nach vorn gerichtet; vor allem bei den Petromyzontes ist dieses deutlich. Im Rumpfe sind die Myomeren dorsal und ventral verschieden gebaut; der ventrale Teil umfaßt nämlich die Leibeshöhle und ist dadurch an der Innenseite etwas ausgehöhlt (Abb. 461). Im Schwanze ist der dorsale und ventrale Teil der Myomeren ungefähr spiegelbildlich gleich. Bei den Myxinoidea stehen die Myomeren noch ziemlich quer zur Längsachse des Körpers; bei den Petromyzontes stehen sie mehr schief: dadurch wird im Querschnitt des Rumpfes eine etwas größere Anzahl dorsaler und ventraler Enden der Myotome getroffen.

In der Kiemenregion ist bei den Petromyzontes die Seitenrumpfmuskulatur in einer schmalen horizontalen Strecke unterbrochen; hier liegen die Kiemenöffnungen. Auf diese Weise wird die Rumpfmuskulatur hier in eine dorsale und ventrale Muskelmasse verteilt (Abb. 457). Diese beiden Teile sind soweit unabhängig voneinander, als die Grenzen der Myomeren dorsal und ventral jener

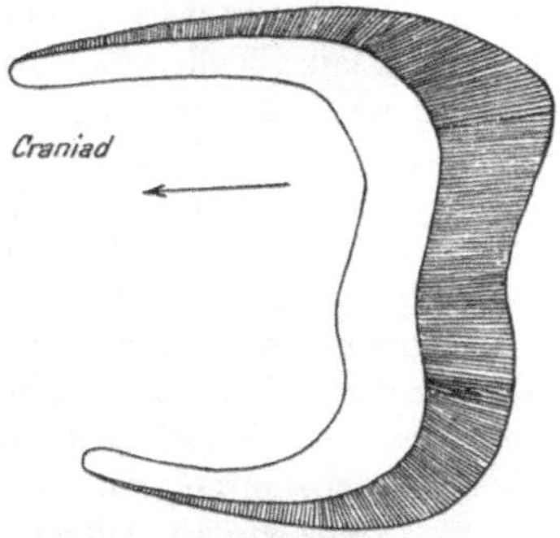

Abb. 460. Ein Rumpfmyomer von Petromyzon fluviatilis vom linken Seitenrumpfmuskel, von der Seite und cranial. Die an die Haut grenzende Oberfläche ist gestrichelt; die craniale Fläche, die sich mit dem Myocomma verbindet, ist weiß. (Nach LANGELAAN, 1904, Abb. 1.)

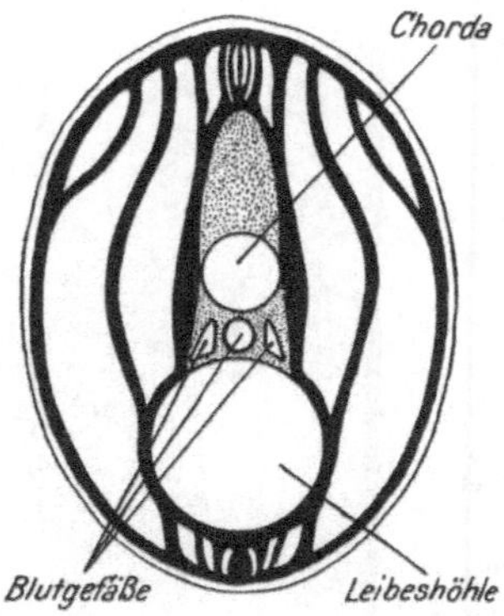

Abb. 461. Querschnitt durch den Rumpf von Petromyzon; die Muskeln sind weiß; das Bindegewebe und die Myocommata schwarz. (Nach LANGELAAN, 1904, Abb. 3.)

Unterbrechungen nicht übereinstimmen. Der Dorsalteil der Seitenrumpfmuskulatur erstreckt sich nach vorn bis in den Kopf; er bedeckt die Labyrinthkapsel und erstreckt sich bis über das Auge. Embryonal werden außerdem im Kopfe vor dem Labyrinth drei Myomeren angelegt; aus diesen bilden sich die Augenmuskeln; bei Amphioxus fehlen diese Muskeln, wie denn überhaupt das paarige Auge fehlt. Der ventrale Teil der Seitenrumpfmuskulatur erstreckt sich im Kopf bis zur Mundöffnung. Es ist schwierig zu sagen, wie weit hier eine sekundäre Verschiebung der somatischen Muskeln vom Rumpf in den Kopf stattgefunden hat; vielleicht sind diese Kopfmyomeren sekundärer Art, mit Ausnahme jener Myomeren für die Augenmuskeln.

In die unpaaren Flossen erstrecken sich Auswüchse der Myomeren; sie bilden kleine Flossenmuskeln.

Bei den Myxinoidea ist von dem ventralen Teil der Seitenrumpfmuskulatur eine oberflächliche Schicht abgeschieden. Hier verlaufen die Muskelfasern schräg zur Längsachse des Tieres und nicht parallel zu ihr wie die übrigen Muskelfasern. Diese oberflächliche Muskellage drückt die Leibeshöhle und den Darm zusammen (MÜLLER 1834).

Die Rumpfmuskelmasse der **gnathostomen Pisces** unterscheidet sich von der der Cyclostomata hauptsächlich durch das Auftreten von Muskeln an den paarigen Extremitäten. Diese Extremitätenmuskeln entstehen aus der Seitenrumpfmuskulatur; sie bilden aber beim erwachsenen Tiere eine ganz selbständige Abteilung des Muskelsystems. Ich möchte zuerst die eigentliche Seitenrumpfmuskulatur besprechen, darauf die Muskeln der paarigen Gliedmaßen.

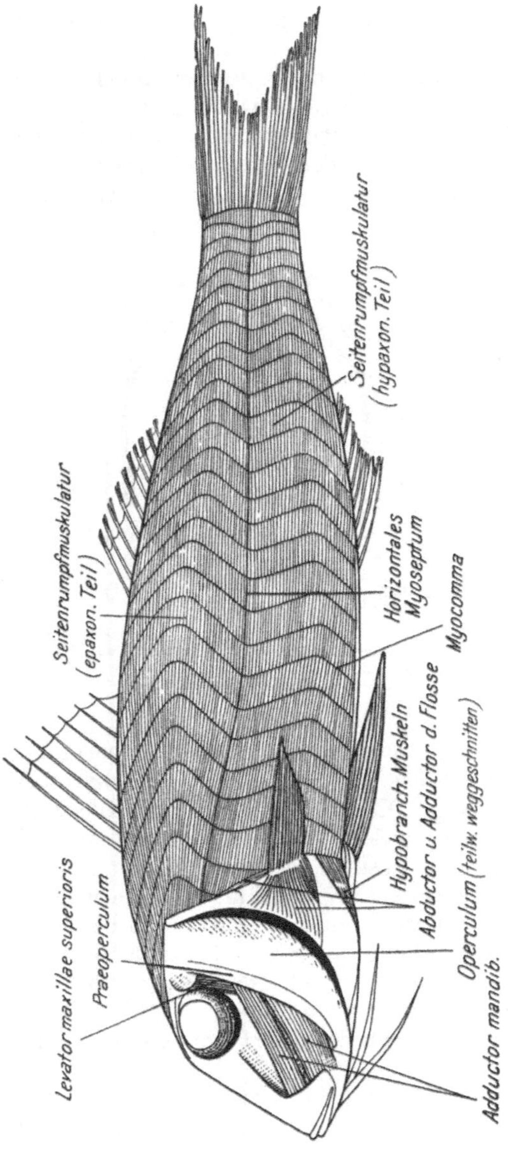

Abb. 462. Die Oberflächenmuskeln eines Teleostiers, in der Hauptsache nach Mullus surmuletus; nach dem Wegpräparieren der Haut. Der Kiemendeckel ist zum Teil weggeschnitten. Die hypobranchialen Muskeln sind ganz schematisch angegeben. (Original.)

Für die Seitenrumpfmuskulatur ist es erstens kennzeichnend, daß sie hier durch ein horizontales Myoseptum in eine epaxonische und hypaxonische Muskelmasse verteilt wird (Abb. 462). Diese Aufteilung fehlt bei den Cyclostomata. Weiterhin ist durch Faltung und Verschiebung die Form der Myomeren komplizierter geworden als bei den Cyclostomata; das gilt vor allem vom dorsalen Teil. Der oberflächliche Teil der Myomeren ist weniger gefaltet als der tiefere Teil, welcher der Wirbelsäule anliegt. Als Folge dieser Faltung heftet sich jedes Myocomma an mehrere Wirbel und ihre Processus spinosi an. Auf diese Weise zieht jedes Myomer zusammen mit anderen Myomeren an mehr als einem Wirbel. Dabei muß man im Auge behalten, daß die Wirbelgelenke bei den Pisces noch wenig entwickelt sind und daß die Wirbelsäule als ein elastischer und biegsamer Stab wirkt (Abb. 463—465).

Ebenso wie bei Cyclostomata finden wir im Schwanze den ep- und hypaxonischen Teil der Myomeren ungefähr in gleicher Weise gefaltet; beide Teile werden dadurch spiegelbildlich gleich (Abb. 465; Abb. 124 auf S. 108). Hier ist die Faltung der Myomeren oberflächlich noch wenig anders als bei den Cyclostomata; sie ist nur etwas stärker. Im Rumpfe dagegen ist der Unterschied groß zwischen dem viel stärker gefalteten epaxonischen Teil und dem bandförmigen, wenig gefalteten hypaxonischen Teil, welcher die Leibeshöhle umfaßt (Abb. 463—465). Durch die Faltung greifen die Myomeren ineinander; dadurch wird die Anzahl der Myomeren, welche auf einem Querschnitt getroffen werden, ziemlich groß (Abb. 463). Oft wird angegeben, daß die Myomeren kegelartig sich ineinander schieben; aber das ist in der Regel nicht richtig, wie man aus der Form der Myomeren in Abb. 464—465 erkennen kann. Auf einem Querschnitt durch den Rumpf sieht man zwar bei oberflächlicher Betrachtung eine Anordnung der Muskelfasern in

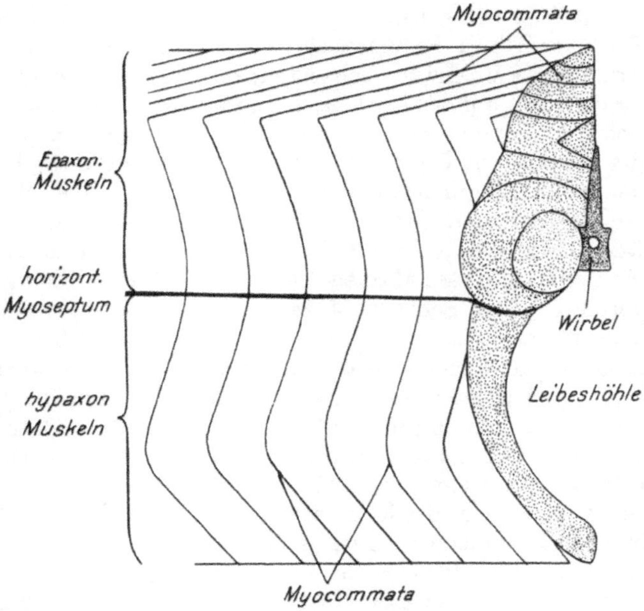

Abb. 463. Querschnitt durch den Rumpf eines Teleostiers, Box boops, mit einem Oberflächenbild vereinigt, um die Form der Myomeren zu zeigen. Die Oberfläche des Durchschnittes ist punktiert. (Nach VALLOIS, 1922. Abb. 2.)

konzentrischen Schichten; dies ist jedoch eine Folge eines verschiedenen Verlaufes der Muskelfasern; es steht nicht im Verbande mit den Grenzen der Myomeren (VALLOIS 1922). Die Faltung und Verschiebung der Myomeren ist bei den Selachii stärker als bei den Teleostei (LANGELAAN 1904).

Die Muskelfasern in den Myomeren verlaufen hauptsächlich parallel der Längsachse des Körpers. Dieser Verlauf kann besonders in der hypaxonischen Muskelmasse des Rumpfes abgeändert werden; dadurch entstehen in den Myomeren verschiedene Lagen und Abteilungen. Wichtig ist hierbei nur, daß bei den Teleostei in der hypaxonischen Muskelmasse, welche die Seitenwand der Leibeshöhle bildet, zwei Schichten entstehen:

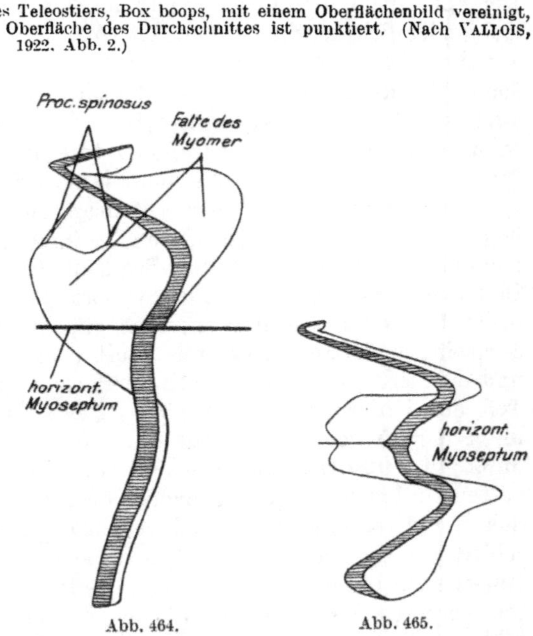

Abb. 464. Abb. 465.

Abb. 464—465. Zwei Myomeren von Gadus morrhua aus dem linken Seitenrumpfmuskel, von außen gesehen.

Abb. 464. Aus dem Rumpf. — Abb. 465. Aus dem Schwanz. Die unter der Haut liegende Oberfläche ist gestrichelt. In Abb. 464 sieht man, daß das Myomer an mehreren Proc. spinosi inseriert. (Nach DIETZ, 1913. Abb. 1. 2.)

diese sind dadurch voneinander unterschieden, daß die schräg verlaufenden Muskelfasern einander kreuzen (ähnliches geschieht bei dem Musculus obliquus internus und externus der Tetrapoda; vgl. S. 357). Bei den Pisces kommt es zwar nicht zu einer Auflösung der Seitenrumpfmuskulatur in verschiedene, voneinander getrennte Schichten oder in selbständige Muskeln, wie das für die Tetrapoda kennzeichnend ist (SHANN 1914). Es ist jedoch bei vielen Teleostei ein öberflächlicher und längs verlaufender Muskel zu beobachten: der Musculus rectus lateralis. Er liegt unter der Haut auf der Höhe des horizontalen Myoseptum. Caudal endigt er bei dem Schwanze, cranial reicht er nicht bis zum Schultergürtel. Durch Bindegewebssepta wird er in Segmente verteilt, welche in ihrer Lage mit den Myomeren der Seitenrumpfmuskulatur übereinstimmen. Der Muskel ist auffallend dunkelrot und wird darum auch der rote Muskel genannt; er besitzt also viel Hämoglobin; dies weist auf eine langsame, aber länger anhaltende Bewegung. Die Funktion dieses Muskels ist, den Schwanz seitlich zu krümmen; er vermag vermutlich den Schwanz länger in dieser Stellung zu halten als die hellrote Seitenrumpfmuskulatur (vgl. S. 331 und CHEVREL 1913).

In der Kiemenregion zeigt die Seitenrumpfmuskulatur einen wichtigen Unterschied gegenüber den Cyclostomata: sie wird nämlich durch die Kiemenbogen und die visceralen Muskeln dorsad und ventrad auseinander gedrängt. Dadurch fällt die Seitenrumpfmuskulatur cranial des Schultergürtels auseinander in einen hypobranchialen (ventralen) Teil und einen epibranchialen (dorsalen). Da die Myomeren etwas ventral des horizontalen Myoseptum geteilt werden, so umfaßt die epibranchiale Muskelmasse auch einen kleinen Teil hypaxonischer Muskeln. Durch die Ausbreitung des Schädels in caudaler Richtung auf Kosten der Wirbelsäule wird die epibranchiale Muskelmasse von vorn her zurückgebildet. Der epibranchiale Teil der hypaxonischen Muskeln ist nur noch bei einigen Selachii ziemlich deutlich entwickelt (Abb. 488 auf S. 378). Er liegt unmittelbar auf den visceralen Muskeln und den Kiemenbogen; teilweise heftet er sich als Musculi interbasales an die dorsalen Enden der Kiemenbogen an; teilweise auch als Musculus subspinalis an die Unterseite des Schädels. Meist verschwinden diese Muskeln zusammen mit den occipitalen Nerven, welche sie als Zweige des Plexus cervicalis innervieren (M. FÜRBRINGER 1897).

Der epaxonische Teil der Seitenrumpfmuskulatur läuft dorsal der Kiemenbogen ziemlich unverändert durch; er inseriert an der Hinterseite des Schädels. Die Zurückbildung der vorderen Segmente hat keinen Einfluß auf den allgemeinen Bau dieser Muskelmasse. Der hypobranchiale Teil der Seitenrumpfmuskulatur bleibt bei den Pisces stets ziemlich gut entwickelt; er entspringt von der Pars coracoidalis des Schultergürtels, läuft ventral des Visceralskeletes nach vorn zu und inseriert am ventralen Teil der Kiemenbogen, am Hyoid und am medialen Teil des Unterkiefers (Abb. 466). Diese Muskelgruppe wird zusammengefaßt unter dem Namen Musculus coraco-arcualis. Die Muskelmasse läßt sich durch die Insertion an verschiedenen Skeletstücken in eine Anzahl Muskeln verteilen: Musculus coraco-branchialis, coraco-hyoideus, coraco-mandibularis. Beim Schultergürtel ist jedoch diese Muskelmasse nicht in scharfe Muskelindividuen geschieden. Myocommata sind mehr oder weniger vollständig vorhanden. Die Innervation geschieht durch Zweige des Plexus cervico-brachialis, und zwar durch die vorderen Zweige dieses Plexus, welche den eigentlichen Plexus cervicalis bilden. Die Nervenfasern stammen von den vorderen Spinalnerven, in primitiveren Zuständen (Selachii) auch von einigen hinteren Occipitalnerven.

Die Seitenrumpfmuskulatur der Gnathostomata läßt also einen epaxonischen Teil und einen hypaxonischen Teil unterscheiden; der erste läuft vom Kopf bis zur Schwanzwurzel, der zweite vom Schultergürtel bis zur Schwanzwurzel.

Der hypaxonische Teil ist also vor dem Schultergürtel zurückgebildet; er besteht dort aus dem eben geschilderten ventralen Musculus coraco-arcualis und den dorsal vor den Kiemenbogen liegenden epibranchialen Muskeln: den Musculi interbasales und dem Musculus subspinalis, jedoch fehlen diese meist.

Die unpaaren Flossen besitzen eigene Flossenmuskeln. Im allgemeinen liegen sie rechts und links an der Flossenbasis; sie verändern den Stand der Flosse gegenüber der Medianfläche des Fisches. Bei den Teleostei sind diese Muskeln komplizierter in ihrem Bau als bei den Elasmobranchii. Es treten nämlich hier noch besondere tiefe Flossenmuskeln auf, welche die Flossenstrahlen und damit die ganze Flosse niederlegen und aufrichten können. Die Flossenmuskeln gehören zu den somatischen Muskeln. Sie entstehen embryonal oft als Knospen der Myotome. In anderen Fällen wurde gefunden, daß sie aus Gruppen von Zellen entstehen, welche einzeln aus der Wand der Myotome frei werden (Maurer 1904).

Weiterhin begegnet man bei vielen Teleostei einem schlanken, paarigen Muskel, welcher in dem Raum zwischen den unpaaren Flossen medio-dorsal und medioventral liegt; er wird Musculus carinalis genannt. Bei den Flossen selbst ist der Muskel unterbrochen; seine Funktion besteht im Aufrichten der Flossen. —

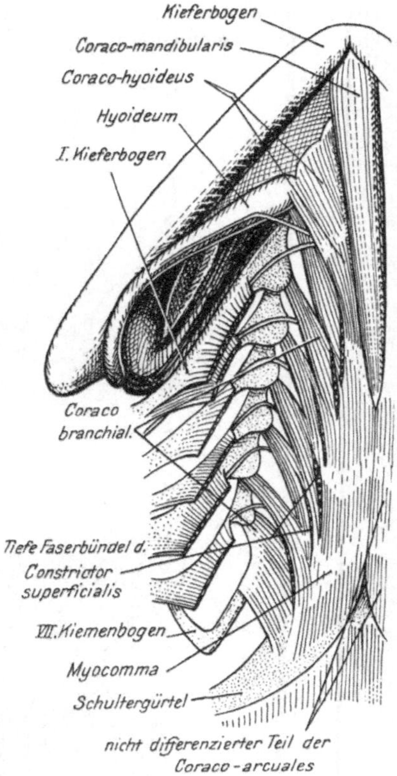

Abb. 466. Die hypobranchiale Muskelmasse von Heptanchus. Rechte Hälfte der ventralen Seite. Die visceralen Muskeln sind bis auf kleine Reste weggenommen. (Nach Vetter, 1874, Taf. 15, Abb. 9.)

Die Seitenrumpfmuskulatur der Pisces wird in ihrem Verlauf teilweise unterbrochen durch das Gürtelskelet der paarigen Extremitäten: durch den Schultergürtel und das Becken. Der Einfluß des Beckens ist unbedeutend, da es ja sehr klein ist. Bei den Teleostei ist aber auch der Einfluß des Schultergürtels gering: die Seitenrumpfmuskulatur inseriert hier wohl auch stets am Schultergürtel, aber der Bau dieser Muskulatur wird dadurch nicht beeinflußt, auch nicht in der regelmäßigen Anordnung der Myomeren (Abb. 462). Diese Eigentümlichkeit kann erklärt werden durch die Befestigung des Schultergürtels mittels der Supracleithralia direkt am Schädel. Er wird ja dadurch ziemlich gut festgehalten. Bei den Selachii aber ist der Schultergürtel nicht mit dem Kopfskelet verbunden; wir finden darum hier wohl einige Veränderungen in der Seitenrumpfmuskulatur: der von hinten an den Schultergürtel herantretende Teil besitzt öfters eine veränderte Richtung der Muskelfasern. Auf diese Weise besteht ein besonderer Schultermuskel: der Musculus lateroscapularis. In der am meisten primitiven Form wird dieser Muskel noch durch bindegewebige Septa in Segmente verteilt; diese Septa stammen von den Myocommata; sie können aber später ganz verschwinden. Bei Chimaera inseriert ein Teil des Musculus latero-scapularis an das Skelet der Flosse selbst (Gegenbaur 1898).

Bei den Selachii reicht der Schultergürtel so hoch dorsad, daß er in das Gebiet der epaxonischen Seitenrumpfmuskulatur eintritt. So ist es verständlich, daß ein lateraler Teil dieser Muskulatur sich oft zu einem selbständigen Muskel entwickelt: dem Musculus levator scapulae. Er verläuft vom Kopfe zum Schultergürtel und hat die Aufgabe, das dorsale Ende des Schultergürtels zu stützen und nach vorn zu ziehen. Noch ein anderer Muskel inseriert an dem dorsalen Teil des Schultergürtels: der Musculus trapezius; es ist aber ein visceraler Muskel, welcher noch später besprochen werden soll (S. 378).

Die Muskeln der paarigen Extremitäten bilden eine ganz selbständige Muskelgruppe, welche nicht mit der Seitenrumpfmuskulatur im Zusammenhang

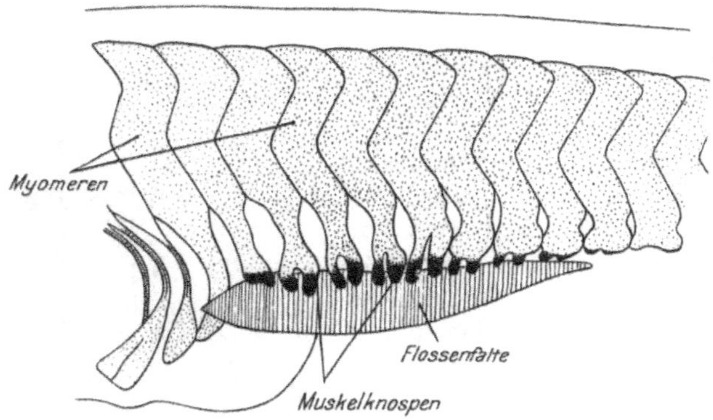

Abb. 467.

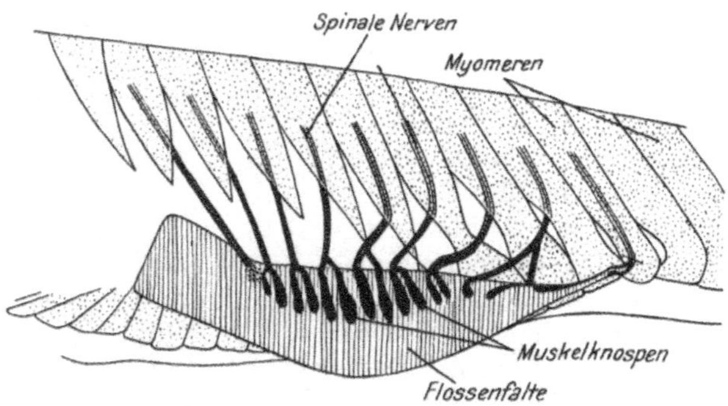

Abb. 468.

Abb. 467–468. Die Entwicklung der paarigen Flossenmuskeln als Knospen aus den Myomeren bei den Bauchflossen von Spinax. Schematisch.

Abb. 467. Erste Bildung der Knospen. – Abb. 468. Die Knospen haben sich in die Länge gestreckt; der Zusammenhang mit den Myomeren ist unterbrochen. (Nach Braus, 1899, Taf. 21, Abb. 1, 2.)

steht. Ihre Innervation durch den ventralen Zweig der Spinalnerven weist daraufhin, daß diese Extremitätenmuskeln von den Myotomen abstammen, und zwar von dem hypaxonischen Teil der Seitenrumpfmuskulatur. Diese Ansicht wird gestützt durch die Beobachtung, daß bei den Embryonen der Selachii und anderer Vertebrata die zukünftigen Extremitätenmuskeln sich knospenförmig am ventralen Rande der Myotome entwickeln (Abb. 467); ein gleiches ist auch bei den Muskeln der unpaaren Flossen zu beobachten. Die paarigen Flossen treten auf als eine ziemlich langgestreckte Hautfalte; in diese wachsen die Knospen der Myomeren hinein, welche von Epithelzellen gebildet werden. Aus jedem Myomer treten zwei hintereinander gelegene Knospen heraus; sie strecken sich in die Länge und verlieren später ihren Zusammenhang mit den Myomeren (Abb. 468). Dann teilt sich jede Knospe in zwei Schichten; gleichzeitig entstehen die ersten Muskelfasern: so entstehen aus jeder Knospe zwei aufeinanderliegende Bündel von Muskelfasern. Tritt nun das Flossenskelet auf, so kommt es zwischen diese beiden Bündelschichten zu liegen; auf diese Weise liegt an jeder Seite des Flossenskeletes die Anlage einer Muskelschicht; jede Anlage besteht aus einer Reihe von Bündeln. Jede Muskelknospe tritt also zur Hälfte in die eine Schicht, zur anderen Hälfte in die andere; somit entstehen aus jedem Myotom vier Bündel von Muskelfasern.

Die Entwicklung der Muskeln aus Knospen kann ersetzt werden durch eine solche aus Zellen: diese lösen sich, jede Zelle für sich, aus dem Verbande der Myotome. Oft ist es nicht mehr möglich, die Herkunft dieser Zellen aus Myotomen festzustellen. Diese Bildungsweise finden wir vor allem bei den Teleostei und den Tetrapoda: hier sind bei der Anlage der Extremitätenmuskulatur eigentliche Muskelknospen viel seltener als bei den Selachii.

Wie ist nun der Bau der paarigen Flossenmuskulatur bei den erwachsenen Pisces (DAVIDOFF 1879, 1880, 1884; BRAUS 1900, SHANN 1919)? Das meist sehr einfache Muskelsystem besteht nur aus zwei großen Muskeln, welche jeder eine der platten Seiten der Flosse bekleiden (Musculi pterygiales communes). Nach ihrer Einwirkung auf die Stellung der Flosse kann man diese Muskeln als Adductor und Abductor unterscheiden. Der Abductor entspringt bei der Brustflosse am Schultergürtel ventral und lateral des Schultergelenkes. Der Adductor entspringt dorsal und medial davon. Beide Muskeln ähneln einander sehr: sowohl bei derselben Flosse, als auch bei der Brust- und Bauchflosse. Jeder Muskel ist ein Ganzes, wenn wir von besonderen Fällen absehen. Er kann wohl in mehr oder weniger selbständige Lagen und Bündel aufgeteilt werden, welche einen verschiedenen Faserverlauf besitzen; aber in der Regel führt das nicht zu einer Bildung selbständiger Muskelindividuen. Die Muskelfasern entspringen teilweise vom Gürtelskelet, teilweise vom primären Skelet der Flosse selbst. Sie inserieren entweder am primären Flossenskelet oder an dem sekundären Skelet, welches durch die Ceratotrichia oder Lepidotrichia gebildet wird. Auf diese Weise entstehen vier Typen im Faserverlauf (BRAUS 1900).

Von größerer Bedeutung ist nur eine Aufteilung des Randgebietes dieser Muskeln in Faserbündel; diese verlaufen parallel mit den Radien des primären Flossenskeletes; dabei kommt ungefähr ein Bündel auf jeden Radius; diese werden Musculi radiales genannt. Alle vier Typen von Fasern werden durch sie umfaßt, aber die meisten inserieren an den Radien bzw. an den Lepidotrichia. Am besten entwickelt zu selbständigen Muskeln sind die Musculi radiales bei den Elasmobranchii. Bei den Teleostomi sind die Muskeln auch wohl erkennbar, aber noch nicht gegen die übrige Muskelmasse abgegrenzt.

Bei Neoceratodus sind die Musculi pterygiales communes besonders kräftig entwickelt. Ihre Fasern verlaufen in der Mitte parallel mit der Längsachse, d. h. mit dem Stamm der Flosse (Abb. 469); am Rande biegen sie ab und laufen ungefähr parallel mit den Radien; eine Teilung in Musculi radiales zeigen sie aber nicht. Die Mitte des Muskels wird durch ungefähr acht Inscriptiones tendineae in Abschnitte geteilt. Diese Bindegewebssepta befestigen den Muskel am Stamm der Flosse; sie sind offenbar eine Anpassung an den auffallend langen Flossenstamm mit dessen Gliedern sie abwechseln; der Stamm kann dadurch auch an jeder beliebigen Gelenkstelle gebogen werden (Abb. 470). Der Randsaum der Muskeln bewegt die Hornstrahlen. Obwohl die Muskelmasse ein Ganzes bildet, sind bei Neoceratodus ziemlich komplizierte und lokale Bewegungen ermöglicht: Beugungen der Flosse und wellenförmige Bewegungen des Randes; solches finden wir auch bei anderen Pisces. Veränderungen in der Haltung der gesamten Flosse verursachen besondere Muskelfasern, welche vom Schultergürtel zum basalen Gliede des Stammes verlaufen.

Die Innervation der Flossenmuskeln geschieht stets durch Zweige einer ziemlich großen Anzahl Spinalnerven; in einigen Fällen treten auch Occipito-Spinalnerven hinzu. Bei Neoceratodus sind an der Brustflosse 11, an der Bauchflosse 13 Spinalnerven beteiligt. Die Anzahl schwankt bei den Pisces zwischen 6 bis 12 und mehr; sie ist in der Bauchflosse meist etwas höher als in der Brustflosse. Für die Innervation gilt weiter die wichtige Regel, daß die cranial entspringenden Nerven auch den cranialen und proximalen (basalen) Teil der Flossenmuskeln innervieren; die mehr caudal entspringenden Nerven innervieren dagegen den mehr caudalen und distalen Teil der Muskulatur (Fürbringer). Diese Innervierung stimmt mit der Ontogenese des Muskels überein: hatten wir doch eben gesehen, daß dieser Muskel aus Muskelknospen aufgebaut wird, die aus einer großen Anzahl Myotome herstammen, wobei die mehr caudalen Knospen sich am meisten distal lagern. Die Innervation der Flossenmuskeln ist durch die allgemein stattfindende Plexusbildung bei den erwachsenen Pisces meist schwierig zu verfolgen; jedenfalls bisweilen ist sie aber noch ziemlich regelmäßig segmental (Acanthias).

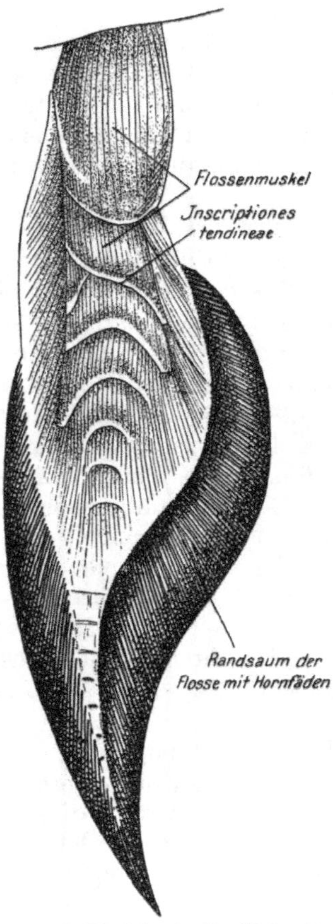

Abb. 469. Die laterale Oberfläche der rechten Brustflosse von Neoceratodus nach Entfernung der Haut. (Nach Braus, 1900, Taf. 21, Abb. 2.)

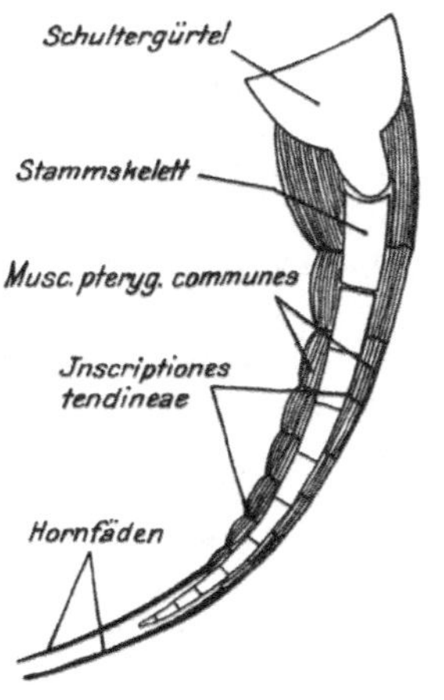

Abb. 470. Längsschnitt durch den Stamm einer Flosse von Neoceratodus. (Nach Braus, 1900, Textabb. 1; etwas verändert.)

Bei Neoceratodus wird ein besonders verwickelter Plexus gebildet; aber die Hauptnervenzweige folgen teilweise dem Inscriptiones tendineae. Dadurch entsteht die Frage, ob diese Inscriptiones vielleicht zusammenhängen mit einer sehr primitiven Segmentation, welche auf die Metamerie der Seitenrumpfmuskulatur zurückgeführt werden kann. Die Inscriptiones entstehen aber ontogenetisch erst spät; ein unmittelbarer Zusammenhang der Inscriptiones mit der Metamerie der Muskelknospen besteht also nicht. Und da auch die Innervation keine einfachen Verhältnisse erkennen läßt, so hat man es hier möglicherweise mit einer sekundären Metamerie zu tun; die Inscriptiones könnten dann in Anpassung an die Gliederung des Flossenstammes entstanden sein (siehe Braus 1900).

Die Tatsache, daß die Muskeln der Extremitäten in ihrer Anlage metamer sind, stützt die Theorie von Thacher, Mivart u. a., welche die paarigen Flossen von einer Hautfalte ableiteten (S. 171). Diese ontogenetische Beobachtung ist aber nicht ausschlaggebend: denn der metamere Bau des Seitenrumpfmuskels läßt auch bei anderer Entstehungsweise der paarigen Flossen erwarten, daß ein metamerer Bau des Muskelsystems entsteht. Die metamere Anlage der Muskeln zwingt uns darum nicht, auch eine metamere Anlage des Skeletes anzunehmen. Auch die Radien des Flossenskelets stimmen in ihrer Lagerung nicht vollständig mit der Metamerie der Flossenmuskeln überein. Soweit die Übereinstimmung reicht, macht sie den Eindruck, etwas Sekundäres zu sein. Die Seitenfaltentheorie verlangt aber eine primäre Übereinstimmung.

4. Die somatischen Muskeln der Tetrapoda.

a) Allgemeines.

Die somatischen Muskeln der Landvertebrata zeigen im allgemeinen Verhältnisse, die wir bei den Gnathostomen Pisces anschließen können. Die eigentliche Seitenrumpfmuskulatur wird durch das horizontale Myoseptum verteilt in einen epaxonischen und hypaxonischen Teil (S. 338). Der hypaxonische Teil verläuft in den Hauptzügen nur bis zum Schultergürtel; er wird weiter cranial durch die weniger umfangreichen hypobranchialen Muskeln vertreten. Die epaxonischen Muskeln inserieren an der Regio occipitalis des Schädels, dringen aber in den Kopf selbst nicht ein.

Auf den Bau der somatischen Muskeln hat jedoch das Landleben großen Einfluß; am meisten auf die Muskeln der paarigen Extremitäten, am wenigsten auf die Schwanzmuskeln.

Die epaxonischen Muskeln treten im Rumpfe in ihrem Umfange zurück gegenüber den hypaxonischen Muskeln und den Extremitätenmuskeln. Bei den Pisces sind die epaxonischen Muskeln, da sie eine vom Kopf bis zur Schwanzflosse durchlaufende Muskelmasse bilden, von größerer Bedeutung für das Schwimmen als die hypaxonischen Muskeln, welche erst vom Schultergürtel ab bis zur Schwanzflosse verlaufen. Somit ist bei den Pisces das Volumen der epaxonischen Muskelmasse größer als das der hypaxonischen (Abb. 463). Bei dem Landleben müssen sich aber die Tiere hauptsächlich mit Hilfe ihrer Extremitäten fortbewegen, hier dienen die epaxonischen Muskeln im Rumpfe nur der Krümmung und Fixierung der Wirbelsäule; sie sind nur noch mittelbar von Bedeutung für die Fortbewegung. Ihr Umfang ist somit auch viel geringer (Abb. 471/2). Sie bilden die ursprünglichen oder autochthonen Rückenmuskeln.

Die hypaxonische Muskelmasse teilt sich im Rumpfe in einige Schichten. Sie differenziert sich also in Anpassung an die Bewegungen der Rippen und der Bauchwand, die eine besondere Bedeutung für die Atmung besitzen, vor allem bei den Amniota. Weiterhin kann die Bauchwand einen Druck auf die Eingeweide ausüben. Vorn im Rumpfe, wo die Rippen gut entwickelt sind, bilden die hypaxonischen Muskeln die intercostalen Muskeln; in der Lendenregion bilden sie die Bauchmuskeln. Teile der hypaxonischen Muskelmasse können dorsad auswachsen: sie verschieben damit ihren Ursprung auf die Fascia lumbodorsalis, welche die Oberfläche der epaxonischen Muskeln bedeckt; so bedecken sie diese letzten Muskeln mehr oder weniger. Weiterhin verursachen der Schultergürtel und das Becken größere Veränderungen in der hypaxonischen Muskelmasse als bei den Pisces.

Eine große Bedeutung haben bei den Tetrapoda die Extremitätenmuskeln. Die einfachen Musculi pterygiales communes der Pisces sind in eine große Anzahl Muskeln aufgeteilt. Dabei breiten sich die Extremitätenmuskeln sekundär dorsad und ventrad über den Rumpf aus. Ventral können sie sich bis zur Mittellinie der Brust erstrecken (z. B. der Musculus pectoralis major). Dorsal erstrecken sie sich soweit, daß sie durch Vermittlung der Fascia lumbodorsalis an den Enden der Processus spinosi entspringen können (z. B. der Musculus

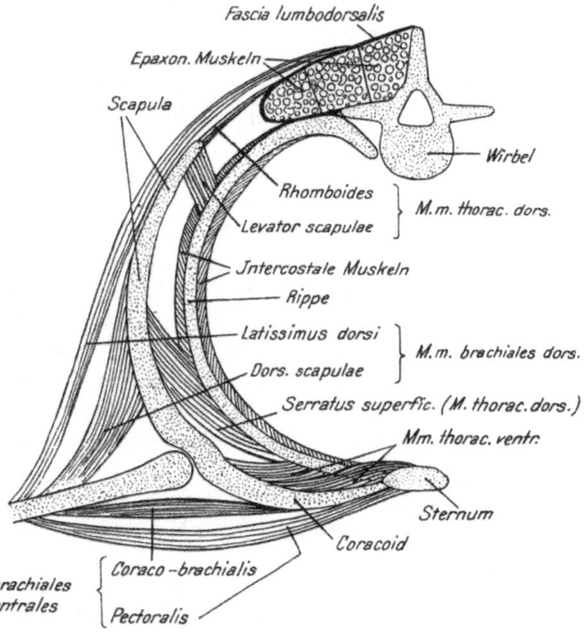

Abb. 471.

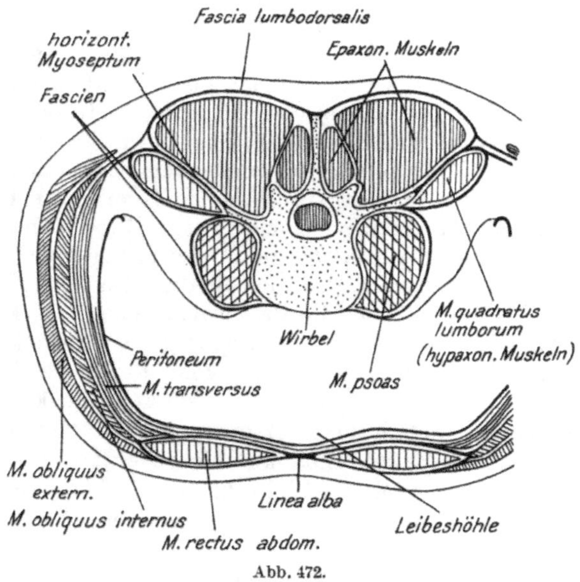

Abb. 472.

Abb. 471–472. Schematischer Querschnitt durch den Rumpf eines Mammaliers.
Abb. 471. In der Höhe des Schultergürtels, um die sekundären Schultermuskeln (Mm. thoracales) und die sekundären Rumpfmuskeln (Mm. latissimus dorsi et pectoralis) zu zeigen. — Abb. 472. In der Höhe der Lenden. (Nach Abbildungen von MAURER und BRAUS.)

latissimus dorsi; vgl. Abb. 471). Auf diese Weise werden Extremitätenmuskeln sekundär zu Rumpfmuskeln: sie bedecken dann die ursprünglichen, echten (autochthonen) Rumpfmuskeln; oft kann diese Bedeckung sehr ausgedehnt sein.

Am Schultergürtel schließen sich umgekehrt auch hypaxonische Muskeln eng an die Muskeln der Vorderextremität an; sie bilden damit einen sekundären Teil der Extremitätenmuskulatur. Beim Becken fehlen solche sekundären Gliedmaßenmuskeln; das hängt zusammen mit der kräftigen Befestigung des Beckens an der Wirbelsäule, wodurch die Muskeln einfacher bleiben.

Bei den Tetrapoda spielen eine dorsale und ventrale Krümmung der Wirbelsäule eine viel größere Rolle als bei den Pisces, bei denen die Beugung hauptsächlich seitlich erfolgt. Die epaxonischen Muskeln krümmen die Wirbelsäule dorsad, die hypaxonischen ventrad. Im Hals und in der Lendenregion sind jedoch die Rippen zurückgebildet; so sind hier die primitivən ypaxonischen Muskeln als Antagonisten der epaxonischen Muskulatur nicht geeignet. Und doch sind solche Antagonisten nötig: sie entstehen aus den hypaxonischen Muskeln an der Unterseite der Wirbelsäule als neue Muskeln: am Hals z. B. die Muskeln der Longus-Gruppe (die Musculi rectus capitis anterior, longus colli, longus capitis); in der Lendenregion entstehen der Musculus quadratus lumborum, welcher ebenfalls ein hypaxonischer Muskel ist, und der Musculus psoas, ein Gliedmaßenmuskel (Abb. 472). Die ventral gegen die Wirbelsäule liegenden hypaxonischen Muskeln bilden das subvertebrale System; ein solches tritt schon bei den Amphibia auf. Die Herkunft ergibt sich aus der Innervation: die autochthonen Rückenmuskeln werden stets innerviert durch die dorsalen Zweige der Spinalnerven, die hypaxonischen Muskeln dagegen durch die ventralen Zweige (diese ventralen Zweige werden wegen ihres Verlaufes zwischen den Rippen in der Brustregion auch Intercostalnerven genannt). Die Muskeln der Extremitäten werden innerviert durch Nerven, welche aus dem Plexus cervico-brachialis bei der Vorderextremität und aus dem Plexus lumbo-sacralis für die Hinterextremität entspringen.

Wir werden nun die verschiedenen Abteilungen der somatischen Muskeln bei den Tetrapoda besprechen: zunächst die epaxonischen, dann die hypaxonischen Rumpfmuskeln, und schließlich die Muskeln der Extremitäten.

b) Die epaxonischen Muskeln.

Die autochthonen Rückenmuskeln werden bei den Tetrapoda durch die epaxonischen Muskeln gebildet. Sie liegen zu beiden Seiten der Wirbelsäule in einem Raum, welcher begrenzt wird medial durch die Processus spinosi, ventral durch die Processus transversi und den proximalen Teil der Rippen, zwischen denen das horizontale Myoseptum ausgespannt ist. Dieses Myoseptum läuft bis zu der Haut durch; es bekleidet, dorsad umbiegend als sogenannte Fascia lumbo-dorsalis die laterale und dorsale Oberfläche der epaxonischen Muskelmasse (Abb. 471/2).

Unter den **Amphibia** ist bei den Urodela das Volumen der autochthonen Rückenmuskeln im Rumpfe viel kleiner als bei den Pisces. Das ist dadurch zu erklären, daß das horizontale Myoseptum mit den Processus transversi und dem Ursprung der Rippen stark dorsad verschoben worden ist. Sonst stimmt der Bau der Muskelmasse in vieler Hinsicht mit dem der Pisces überein; er ist der ursprünglichste unter den Landtieren.

Rechts und links beobachten wir nur je eine zusammenhängende Muskelmasse, den Musculus dorsalis trunci (Abb. 476a). Diese Masse wird durch Myocommata geteilt in ebensoviel Segmente wie Wirbel vorhanden sind. Die Myocommata sind oberflächlich in der gleichen Weise gebogen wie bei den Pisces, aber weniger stark; in der Tiefe ist ihre Faltung geringer: so kommt es, daß bei den typischen erwachsenen Salamandern (Triton) jedes Myocomma nur an einem einzigen Wirbel und seinen Fortsätzen inseriert; bei den Pisces dagegen inseriert der Muskel an mehreren Wirbeln. Dieser Unterschied wird erklärt durch den ganz anderen Bau der Wirbelsäule: bei den Pisces ein elastischer, biegsamer Stab, bei den Urodela nicht elastisch, sondern in den intervertebralen Gelenken biegbar; dasselbe finden wir auch bei den meisten anderen Tetrapoda. So kommt es, daß jeder einzelne Wirbel für sich bewegt und fixiert werden muß. Die Fasern der tieferen Lage des Musculus dorsalis trunci inserieren denn auch unmittelbar an dem Skelet; sie bilden kleine, interskeletale Faserbündel; diese verlaufen zwischen den Processus transversi, zwischen den Zygapophysen, Processus spinosi usw. Wir beobachten hier also den Beginn einer Bildung vieler tiefer, kurzer Muskeln an der Wirbelsäule! Die große Masse der Muskelfasern läuft aber noch von Myocomma zu Myocomma, ohne unmittelbare Verbindung mit der Wirbelsäule; die Fasern laufen auch hauptsächlich parallel mit der Längsachse des Körpers: ein Zustand, der sehr an die Pisces erinnert.

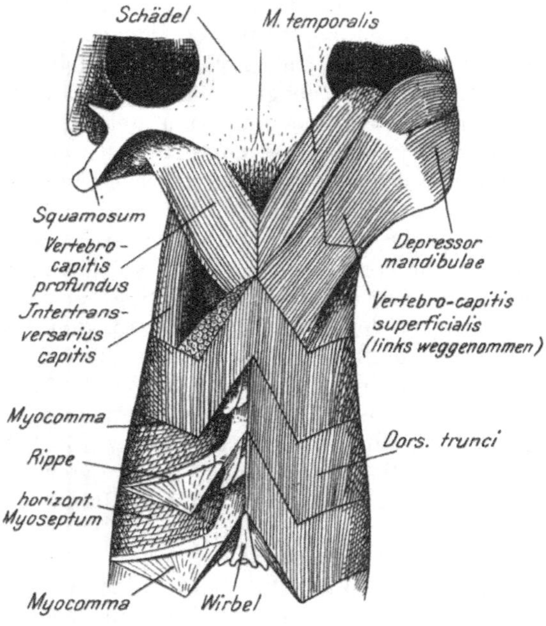

Abb. 473. Vorderster Teil der epaxonischen Muskelmasse (M. dorsalis trunci) von Triton marmoratus, von dorsal gesehen. Links unten sind zwei Myomeren wegpräpariert, um die Myocommata und das horizontale Myoseptum sehen zu lassen; links oben ist der M. capitis superfic. weggenommen. (Nach Vallois, 1922, Abb. 4.)

Eine zweite Eigentümlichkeit liegt in der Teilung des vorderen Abschnitts des Musculus dorsalis trunci in zwei oder drei Faserbündel; diese verlaufen zum Schädel. Sie stehen im Zusammenhang mit der sich entwickelnden Beweglichkeit des Kopfes im Occipitalgelenk (Abb. 473: Musculus vertebro-capitis superficialis, Musculus intertransversarius capitis, Musculus vertebro-capitis profundus). Bei den Pisces fehlt diese Beweglichkeit im allgemeinen; also ist das Vorderende der Seitenrumpfmuskulatur auch nicht weiter differenziert.

Alle diese Veränderungen bedeuten eine Anpassung an das Landleben, Anpassungen, die bei den Urodela noch nicht weit entwickelt sind. Bei den larval gebauten Perennibranchiaten inseriert jedes Myocomma noch an drei Wirbeln (Vallois). Darin stimmen diese Wassertiere also mit den Pisces überein; auch sahen wir oben, daß ihre Wirbelkörper nicht durch Gelenke, sondern durch Knorpel verbunden sind.

In dem Schwanze der Urodela liegt das Horizontalseptum gerade auf der halben Höhe des Querschnittes: also ist die epaxonische Muskelmasse ebenso groß wie die hypaxonische. Das Septum ist im Schwanz viel kräftiger als im Rumpf. Das Becken besitzt keinen besonderen Einfluß auf den Muskelbau.

Die epaxonischen Muskeln werden bei den Urodela nur zum kleinen Teil bedeckt durch die hypaxonischen Muskeln der Extremitäten oder durch viscerale Muskeln.

Bei den Anura sind die epaxonischen Muskeln im Rumpfe weit mehr spezialisiert als bei den Urodela. Die Gelenke zwischen den Wirbeln sind auch besser entwickelt; die Wirbelsäule kann dadurch dorsad und ventrad gebogen werden. was bei den Urodela nur in geringem Maße möglich ist. Die tiefere Muskelschicht tritt in enge Verbindung mit den Wirbeln: es bildet sich ein System ziemlich selbständiger, kurzer Zwischenwirbelmuskeln (Musculi intertransversarii zwischen den Processus transversi und die Musculi interneurales zwischen den Neuralbogen). Die oberflächliche Muskelmasse bildet einen langen Muskel, welcher vom Kopf durchläuft bis zum Os coccygis, zum Ilium und dem Sacralwirbel: das ist der paarige Musculus dorsalis trunci. Dieser oberflächliche Muskel wird noch in einer sehr primitiven Weise durch die Myocommata in Segmente verteilt; diese Myocommata inserieren aber nicht an den Wirbeln: dadurch wird der Muskel funktionell zu einem langen Muskel. Seine Aufgabe besteht darin, den Kopf gegen das Os coccygis und das Becken zu fixieren. Dabei wird die Wirbelsäule in geringem Maße dorsal konkav. Er ist darum von Bedeutung beim Springen, weil er es verhindert, daß die Tiere dabei vornüber fallen.

Bei den **Amniota** erreichen die epaxonischen Muskeln im Zusammenhang mit der größeren Beweglichkeit der Wirbelsäule und der weiteren Differenzierung der Bewegungsweise natürlich eine viel stärkere Aufteilung. Sie lassen sich in drei längsverlaufende Gruppen oder Systeme verteilen, welche vom

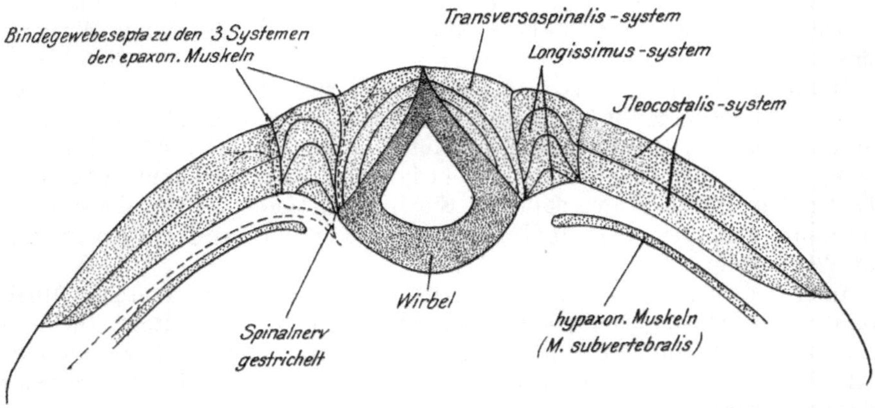

Abb. 474. Rückenmuskeln von Lacerta muralis auf einem Querschnitt durch den Rumpf mitten zwischen Schultergürtel und Becken. Die Abbildung ist insofern schematisch, als der Durchschnitt in seiner ganzen Länge denselben intercostalen Raum zu treffen scheint, während dieser ebenso wie die Rippen schräg zum Querschnitt steht. (Nach VALLOIS, 1922, Abb. 8.)

Kopf bis zum Beginn des Schwanzes verlaufen (Abb. 474): am meisten medial liegt eine Muskelgruppe seitlich der Processus spinosi: sie reicht lateral bis zu den Zygapophysen. das Transverso-Spinalis-System. Zweitens liegt dorsal der Processus transversi und der Costo-Transversal-Verbindung eine mittlere Gruppe: das Longissimus-System. Drittens verläuft noch mehr seitlich auf dem dorsalen Teile der Rippen das Ileo-Costalis-System. Diese drei Systeme werden durch longitudinale Bindegewebssepten getrennt. Da der seitliche Teil des Horizontalseptum oft schwach entwickelt ist, so ist die Grenze zwischen dem Ileo-Costalis-System und den hypaxonischen Muskeln nicht immer deutlich; und doch sind diese Muskelgruppen stets geschieden. Bei den Lacertilia pflegt die Scheidung in drei Systeme vollständig zu sein; bei Sphenodon ist dagegen die Teilung des Longissimus-Systems und des Transverso-Spinalis-Systems noch unvollständig.

Die zwei Linien, welche die drei Systeme gegeneinander abgrenzen, fallen zusammen mit zwei wichtigen Gelenkreihen: Gelenke der Zygapophysen und Gelenke zwischen Rippen und Processus transversi. Hierin kann man vielleicht den Grund für die Aufteilung in drei Systeme erblicken.

Bei den kriechenden Reptilia sind, wie wir oben gesehen haben, wellenförmige laterale Bewegungen des Rumpfes für die Fortbewegung bedeutungsvoll. Diese Bewegungen werden vor allem durch das Ileo-Costalis-System bewirkt; liegt es doch am meisten lateral und arbeitet darum am günstigsten. Somit ist auch bei den Reptilia dieses System das umfangreichste; und die gesamte Entwicklung der epaxonischen Muskeln geht hier in die Breite. Ihre Dicke bleibt gering (Abb. 474). Das Longissimus- und Transverso-Spinalis-System dienen mehr zur Streckung der Wirbelsäule. Das letzte System liefert gleichzeitig kleine, lokale Bewegungen der Wirbel.

Der metamere Aufbau, der durch die Myocommata angedeutet wird, ist oft noch sehr gut entwickelt. Aber bei vielen Lacertilia mit zurückgebildeten Extremitäten und bei den Ophidia, welche sich durch seitliche Krümmungen des Rumpfes fortbewegen, verschwinden die Myocommata in dem Ileo-Costalis-System. Hier entstehen vielmehr lange, durchlaufende Muskelbündel, welche sich über verschiedene Körpersegmente erstrecken.

Das Transverso-Spinalis-System teilt sich bei den Reptilia in mehrere Schichten: in den oberen, wichtigsten Schichten werden die Myocommata umgebildet zu Sehnen, welche an die Processus spinosi inserieren; so geht hier der Segmentalbau verloren. Die tieferen Lagen dieser Muskelmasse bestehen aus mehr oder weniger vollständig abgegrenzten kurzen Muskeln, welche von Wirbel zu Wirbel verlaufen.

Wo aber die Myocommata gut entwickelt sind, laufen viele Muskelfasern noch von Myocomma zu Myocomma; nur eine kleine Anzahl Bündel verlaufen dann von Skeletstück zu Skeletstück. Auf diese Weise steht z. B. bei Lacerta die Entwicklung der epaxonischen Muskeln in dieser Hinsicht kaum höher als bei den Urodela. Bei den Crocodilia ist die Bildung tiefer, selbständiger Muskeln viel weiter gegangen; diese finden ihren Ursprung und ihre Insertion am Skelet der Wirbelsäule.

Im Rumpfe der Chelonia unter dem Panzer sind die epaxonischen Muskeln stark zurückgebildet: nur ein einziger Muskel ist zu beobachten. Dieser entspringt von den vorderen Rippen und Costalplatten; er verläuft zu den letzten Halswirbeln. Embryonal sind die epaxonischen Muskeln viel besser entwickelt (Rathke 1848).

Die Reptilia besitzen einen Hals; das ergibt wichtige Umänderungen im vorderen Teile der epaxonischen Muskeln in Halsmuskeln. Neben den seitlichen Krümmungen des Halses kommen auch beschränkte dorsale und ventrale Krümmungen vor. Dabei wird der Kopf durch die epaxonischen Muskeln emporgehoben; als Antagonisten arbeiten dann die Muskeln der Longusgruppe, welche zu den hypaxonischen Muskeln zu rechnen sind. Auch seitliche Bewegungen des Kopfes treten auf; sie gehen Hand in Hand mit einer Aufteilung der dorsalen Muskulatur des Nackens in verschiedene Muskelbündel. Hier wird eine größere Differenzierung erreicht als bei den Amphibia. Der Musculus ileo-costalis des Halses ist viel schmaler; das steht mit der Reduktion der Rippen im Zusammenhang. Der Musculus longissimus verliert in seinem Vorderteil den metameren Bau, indem seine Myocommata verschwinden; sein Umfang dagegen nimmt zu, er teilt sich meist in zwei Schichten.

Hinten endigt das Ileo-Costalis-System eigentlich durch seine Insertion an dem Ileum, oft tritt es aber wieder in der Schwanzwurzel auf: das Longissimus- und Transverso-Spinalis-System laufen bei den Crocodilia bis beinah zum Schwanzende. Bei den Lacertilia und bei Sphenodon werden diese beiden Systeme in der Schwanzwurzel bald schlanker; sie endigen durch Insertion an einigen Wirbeln. Beide werden hier ersetzt durch einen neuen Muskel: den Musculus dorsalis caudae. Der metamere Bau bleibt bei den Schwanzmuskeln erhalten, wobei die Myomere sich oft kegelförmig ineinander schieben. Das finden wir vor allem bei den meisten **Lacertilia**: dort sind die Kegel meist alle mit ihren Spitzen nach vorn gerichtet; sie liegen in zwei bis vier Reihen an jeder Seite der Wirbelsäule. Auch die hypaxonischen Muskeln zeigen dieselben Kegel in gleicher Anzahl. Die Bedeutung dieser eigentümlichen Struktur ist unbekannt. Im Greifschwanze der **Chamäleontidae** fehlt diese Struktur; hier besitzen die vom Rumpfe durchlaufenden Transverso-Spinalis- und Longissimus-Systeme denselben Bau wie im Rücken. Der Zusammenhang der aufeinanderfolgenden Kegel untereinander ist sehr lose. Bei der Autotomie des Schwanzes geht der Bruch stets zwischen den Kegeln durch.

Bei den wenig entwickelten Schwanzmuskeln der Chelonia treffen wir den Kegelbau nur selten; kommt er vor, so ist er unvollkommen. Der Schwanz der Chelonia ist kurz; er spielt bei der Fortbewegung keine Rolle.

Bei den Aves ist die Bedeutung der epaxonischen Muskeln recht gering. Das erklärt sich daraus, daß ihr Rumpf steif ist und die Rippenbeweglichkeit beschränkt; wir haben oben gesehen, daß die Wirbel teilweise mit dem Becken verschmelzen, ja auch untereinander verschmelzen können zu einem Notarium (Abb. 72 auf S. 72). So dienen denn die epaxonischen Muskeln vorwiegend zur Fixierung der Rumpfwirbelsäule gegen das Becken; etwas weiter cranial verschwinden sie. Am besten ist im Rumpfe noch das Transverso-Spinalis-System entwickelt: es richtet das Notarium gegen das Becken auf und fixiert es. Die beiden anderen Systeme sind stark zurückgebildet und haben ihre Myocommata verloren. Ganz vorn im Rumpfe jedoch treten die epaxonischen Muskeln erneut auf. Hier bewegen sie den Hals gegen den Rumpf und fixieren ihn. Im vorderen Halsteile sind sie Strecker, im hinteren Halsteile Beuger des Halses. Im Zusammenhang mit starken, ventro-dorsalen Bewegungen des Halses ist hier das Transverso-Spinalis-System gut entwickelt; vor allem gilt das von dem oberflächlicheren Teil, dem Musculus spinalis (Näheres bei Gadow und Selenka 1891, Valois 1922).

Bei den Mammalia sind die Anforderungen an die epaxonischen Muskeln im Zusammenhang mit dem Laufgang andere als bei den kriechenden Reptilia. Wohl krümmt sich auch die Wirbelsäule der Mammalia beim Laufen zur Verschiebung des Schwerpunktes. Aber diese Bewegungen sind doch viel weniger kräftig als bei der kriechenden Fortbewegung. So kommt es, daß die epaxonischen Muskeln bei den Mammalia in der Brustregion einen noch geringeren Umfang haben als bei den Reptilia (man vgl. Abb. 474 mit 472); vor allem die Breite der Muskulatur ist viel geringer. Da nun gerade der am meisten lateral gelegene Teil dieser Muskelgruppe zur seitlichen Krümmung dient, so ist ein Zusammenhang dieses Unterschiedes in der Breite mit der neuen Art der Fortbewegung besonders deutlich. Weiterhin werden die epaxonischen Muskeln mehr und mehr bedeckt durch die Muskeln der Extremitäten, welche sich über einen immer größeren Teil des Rückens ausbreiten (Abb. 486).

In einer anderen Hinsicht nimmt jedoch die Bedeutung der epaxonischen Muskulatur bei den Mammalia zu. Die Wirbelsäule trägt nämlich hier lange Zeit das Gewicht der Eingeweide, was eine Folge der laufenden Fortbewegung ist. Dadurch hat die Wirbelsäule eine besondere Unterstützung nötig; diese wird gegeben durch die dorsalen Rumpfmuskeln. In Anpassung hieran wird die meist oberflächliche Schicht des Transverso-Spinalis-Systems zu einem selbständigen

Muskel differenziert, welcher im Rumpf bzw. im Hals liegt: der Musculus spinalis dorsi und cervicis; er verbindet die Processus spinosi verschiedener Abschnitte der Wirbelsäule untereinander. Aber vor allem in der Lendenregion sind die epaxonischen Muskeln wichtig als Halteseile der Wirbelsäule. Hier sind die Longissimus- und Ileocostalis-Systeme zu einer einzigen, kräftigen Muskelmasse vereinigt, welche die Wirbelsäule hebt und fixiert gegen das Sacrum und Ileum; diese Muskelmasse wird Musculus erector spinae genannt (Abb. 475). Bei dem aufrechten Gange des Menschen ist dieser Muskel (hier Musculus sacro-spinalis genannt) von besonderer Bedeutung für die Erhaltung des Gleichgewichtes im Rumpfe.

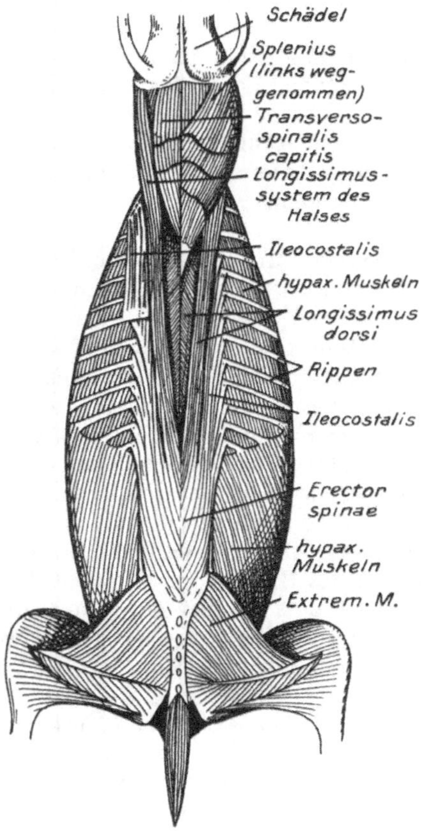

Abb. 475. Die epaxonischen Muskeln eines Mammaliers, von dorsal gesehen. Nach einer Abbildung von Erinaceus (VALLOIS, 1922, Abb. 31 v). Das ileocostale System verändert, so daß der gewöhnliche Säugetierzustand wiedergegeben ist. Der Schultergürtel und die damit verbundenen Muskeln, die sich über die Rumpfoberfläche erstrecken, sind weggenommen.

In der Brust- und Halsregion sind bei den Mammalia die drei obengenannten Langsysteme meist deutlich. Die tieferen Schichten des Transverso-Spinalis-Systems sind in noch höherem Maße in scharf begrenzte Muskelindividuen aufgeteilt als bei den Reptilia. Im allgemeinen ist der Hals der Mammalia viel beweglicher und seine Bewegungen sind mannigfaltiger als bei den Reptilia (wenn wir den besonderen Zustand der Chelonia außer Betracht lassen). Auch ist der Kopf bei den Mammalia verhältnismäßig schwer. Die Halsmuskeln sind darum kräftiger und mehr spezialisiert als bei den Reptilia; sie stimmen sonst im Bauplan etwa mit denen der Reptilia überein. Vor allem aber sind sie bei den Mammalia selbständiger gegenüber den epaxonischen Muskeln des Rumpfes. Diese Muskeln ausführlich darzulegen, würde hier zu weit führen; nur auf einen Punkt möchten wir noch hinweisen· auf das Auftreten eines kräftigen dorsalen Halsmuskels, des Musculus splenius; er entspringt von dem Processus spinosi einiger vorderer Halswirbel und gleichzeitig von einem damit verbundenen medianen Bindegewebsseptum des Nackens; er inseriert an dem Os occipitale und weiterhin ganz lateral am Mastoid (Opisthoticum); seine Fasern verlaufen also schief cranio-laterad (Abb. 475 rechts): dieser Muskel fixiert den Kopf, dreht ihn und beugt ihn laterad. Er is ein besonders spezialisierter Teil des Longissmius-Systems.

Im Schwanze der Mammalia sind die epaxonischen Muskeln sehr einfach gebaut; sie beschränken sich auf die Schwanzwurzel; im größten Teile des Schwanzes finden wir nur lange Sehnen, welche von den basalen Muskeln ausgehen. Die Schwanzmuskeln entspringen vom Becken; man kann dabei zwei lange Muskeln unterscheiden: einen medianen, welcher die Fortsetzung des Transverso-

Spinalis-Systems ist; zweitens einen lateralen, welcher das Longissimus-System fortsetzt. Beide bilden die Muskeln, welche den Schwanz emporheben. Bisweilen ist ganz seitlich noch eine kleine Muskelmasse vorhanden, die vielleieht eine Fortsetzung des Ileo-Costalis-Systems ist. Eine Übereinstimmung mit den Reptilia besteht weiterhin nicht; vor allem finden wir keine kegelförmige Ineinanderschachtelung der Myomeren.

Die Aufteilung der epaxonischen Muskulatur läßt bei den Mammalia zahlreiche Muskelindividuen entstehen: in der Tiefe kurze Muskeln und oberflächlich lange Muskeln. Die langen Muskeln sind bei den Mammalia meist nicht mehr durch Myocommata in Segmente verteilt. Bei primitiven Formen finden wir wohl noch Inscriptiones tendineae; das ist z. B. in dem Ileo-Costalis-System bei Ornithorhynchus beobachtet; auch sonst kommen einige Inscriptiones in dem Musculus splenius vor (Abb. 475).

Die autochthonen Rückenmuskeln werden ergänzt durch einige sekundäre Rückenmuskeln. Diese stammen von der hypaxonischen Muskelmasse ab, schließen sich aber dorsal der Processus transversi und der Rippen bei den autochthonen Rückenmuskeln an (bei den Amniota z. B. der Musculus serratus posterior, der Musculus rectus capitis lateralis; schließlich beim Menschen die Musculi levatores costarum). Von besonderer Bedeutung sind diese Muskeln nicht.

c) Die hypaxonischen Muskeln.

Die hypaxonischen Muskeln der Tetrapoda unterscheiden sich von den epaxonischen durch ihre Lage ventral des horizontalen Myoseptum, soweit dieses Septum deutlich ausgebildet ist. Zweitens unterscheiden sie sich durch ihre Innervation mittels ventraler Zweige der Rückenmarksnerven. Im Hals, Rumpf und Schwanz sind diese Muskeln verschieden entwickelt; dies steht im Zusammenhang mit den ganz verschiedenen Anforderungen, welche in diesen Körperteilen an diese Muskeln gestellt werden: im Rumpfe haben die Muskeln die besondere Aufgabe, die Wand der Körperhöhle zu bilden; muß doch diese Wand bei den Landtieren die Eingeweide tragen. Ihre zweite Aufgabe ist die ursprüngliche: mitzuhelfen bei den seitlichen Krümmungen des Rumpfes und gleichzeitig als Antagonisten für die epaxonischen Muskeln zu dienen. Drittens haben sie die Rippen zu bewegen, die Atmungsbewegungen zu unterstützen und die Eingeweide zusammenzudrücken. In der Halsregion finden wir abweichende Spezialisierungen. In der Schwanzregion bleibt ein einfacher Bau bestehen, welcher sich weniger vom Muskelbau der Pisces unterscheidet.

Wir möchten zuerst die **hypaxonischen Rumpfmuskeln** besprechen. Wir beginnen dabei mit den Urodela. Hier sind die Verhältnisse noch ziemlich einfach und lassen sich von denen der Teleostei ableiten. Die Muskelmasse wird durch gut entwickelte Myocommata in Myomeren verteilt, ähnliche Verhältnisse wie bei der epaxonischen Muskulatur (Abb. 476). Die primitive Segmentierung bleibt noch beinah vollständig bestehen. Die Muskelfasern laufen meist von Myocomma zu Myocomma. Die Anzahl derjenigen Fasern, welche am Skelet entspringen, oder sich dort inserieren, ist auffallend gering.

Eine Veränderung von Bedeutung gegenüber den Pisces besteht in einer Aufteilung der Muskelmasse in vier voneinander geschiedene Schichten; diese unterscheiden sich in dem Faserverlauf mehr oder weniger voneinander. Diese Aufteilung beginnt schon recht früh bei dem Embryo. Der am meisten dorsale und am meisten ventro-mediale Teil der Muskelmasse besitzt nur längsverlaufende Muskelfasern; der größte mittlere Teil der Muskelmasse teilt sich jedoch vom Beginn ab in eine Außen- und Innenschicht; hier verlaufen die Muskelfasern in recht verschiedener Weise schräg. In der Außenschicht liegt das craniale Ende

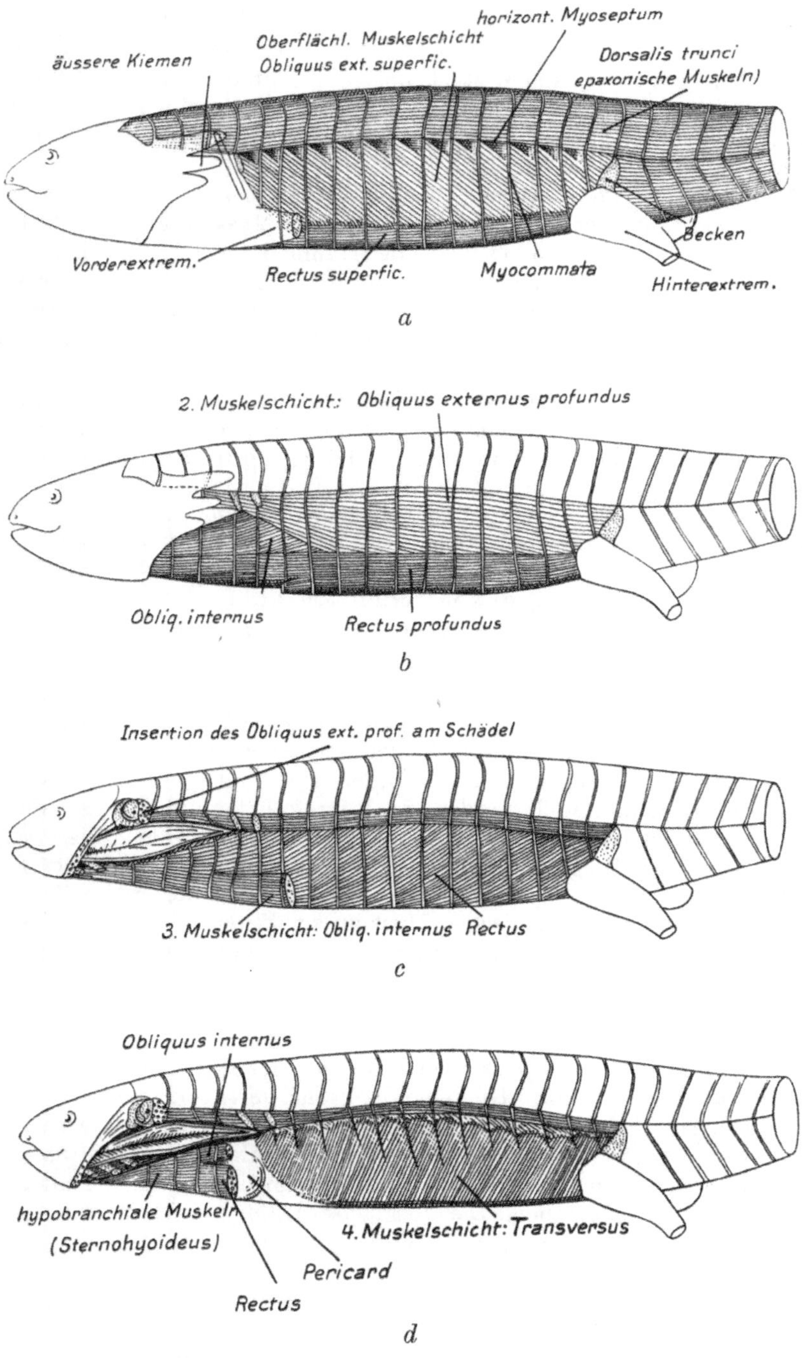

Abb. 476. Die vier Schichten der hypaxonischen Muskelmasse bei Amblystoma als Vorbild einer Urodelenlarve, kurz vor der Metemorphose. — *a* Die oberflächlichste Lage der M. obliquus externus superficialis und der M. rectus superficialis. — *b* Der M. obliquus externus profundus und der M. rectus profundus, nachdem der M. obliq. superfic. extern. und der M. rectus superfic. weggenommen sind. — *c* Auch der M. obliq. extern. profundus und der M. rectus profundus sind weggenommen, so daß der M. obliq. internus frei präpariert ist. — *d* Nachdem der M. obliq. intern. fortpräpariert ist, sieht man den M. transversus.
(Nach MAURER, 1891, Taf. 4, Abb. 1–4.)

der Muskelfasern dorsaler als das caudale Ende, so daß die Fasern dieser Muskellage von vorn nach hinten abfallen. In der innersten Schicht neigen aber die Fasern in der Richtung von hinten nach vorn. Durch diesen Faserverlauf und die Lage der zwei Schichten unterscheidet man beide als Musculus obliquus externus und internus. Ventro-medial bilden genau längsgerichtete Muskelfasern den Musculus rectus. Dorsal bleibt auch ein Teil der Muskelmasse mit längsgerichteten Fasern ungeteilt; er bildet einen undifferenzierten Teil

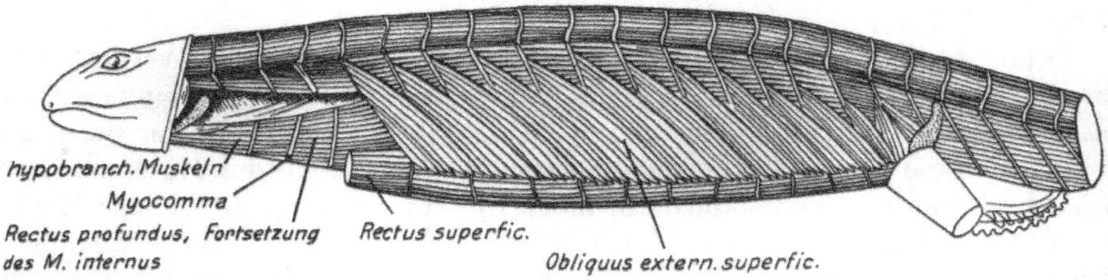

Abb. 477. Die oberflächlichen hypaxonischen Rumpfmuskeln bei Triton cristatus. (Nach MAURER, 1892, Taf. 4, Abb. 5.)

der beiden Musculi obliqui und liegt unmittelbar unter dem horizontalen Myoseptum. Bei den jungen Larven hängen diese Muskeln noch alle zusammen; bei den älteren sind sie mehr gegeneinander abgegrenzt; doch ist die Scheidung keine vollkommene. Die durchlaufenden Myocommata bewirken auch den Zusammenhang dieser Muskeln. Hinzu tritt ein weniger wichtiger Muskel, welcher von Anfang an selbständig ist; er liegt unter der Seitenlinie; in seiner Lage stimmt er etwa mit dem Musculus rectus lateralis vieler Teleostomi überein; er trägt dann auch denselben Namen (Abb. 478).

Dies ist der primäre larvale Aufbau der hypaxonischen Muskulatur bei den Urodela. Eine solche Aufteilung ist auch schon bei den Teleostei angedeutet: der Verlauf der Muskelfasern stimmt hier vollständig mit dem der Amphibienlarven überein; aber es kommt bei den Pisces nicht zur Bildung selbstständiger Schichten; der Musculus rectus lateralis ist hier der einzige selbständige Rumpfmuskel.

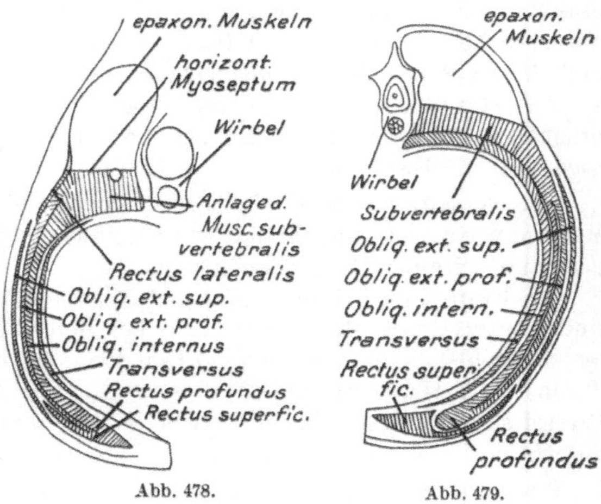

Abb. 478—479. Schematischer Querschnitt durch den Rumpf.
Abb. 478. Von einer Tritonlarve — Abb. 479. Von einem erwachsenen Triton taeniatus. (Nach MAURER, 1892, Taf. 6, Abb. 13, 14.)

Treten nun bei den Amphibienlarven die Extremitäten auf, so beginnen weitere Veränderungen der hypaxonischen Rumpfmuskeln. An der nach der Leibeshöhle zugekehrten Seite des Musculus obliquus internus treten Zellen aus und bilden eine neue Innenmuskelschicht. In dieser neuen Lage verlaufen die Muskelfasern mehr schräg ventrad, als longitudinal gerichtet: dieses ist der Musculus transversus. — In derselben Weise entsteht außerhalb des Musculus obliquus internus und aus dem Musculus rectus eine neue oberflächliche Muskellage. So kann man einen Musculus obliquus externus profundus und superficialis unterscheiden, ebenso einen Musculus rectus profundus und superficialis (Abb. 479; 476). Weiterhin entsteht aus dem dorsalen nicht gespaltenen Teil der beiden Obliquui mit längsverlaufenden Fasern ein unter der Wirbelsäule liegender **Musculus subvertebralis** (Abb. 479).

Der Musculus obliquus externus superficialis und der Musculus transversus sind bisweilen noch durch Myocommata segmentiert (Abb. 476a); in anderen Fällen ist diese Segmentierung nicht vorhanden (Abb. 477) oder unvollständig (Abb. 476d Transversus).

Der linke und rechte Musculus rectus superficialis sind in der ventralen Medianlinie voneinander durch die Linea alba geschieden. Durch dünne Sehnenplatten sind die Musculi obliqui und der Musculus transversus an der Linea alba befestigt; diese Sehnenplatten können teilweise als Fascie des Musculus rectus betrachtet werden. Ventro-median bilden die Musculi recti die einzige Muskellage der Bauchwand (Abb. 478/9). Die Befestigung der Muskeln findet hauptsächlich durch die Myocommata statt. Diese Myocommata befestigen sich wiederum an dem horizontalen Myoseptum, an dem Processus transversi und den Rippen; sie laufen weiterhin durch in die epaxonische Muskelmasse. Die Fasern des Musculus obliquus externus superficialis hängen nicht immer mit den Myocommata zusammen; sie entspringen dorsal von einer oberflächlichen Fascie, welche von den Rippenenden auf der Höhe der Seitenlinie entspringt. Der Musculus obliquus internus läuft unter dem Schultergürtel durch nach vorn bis ventral der Kiemenregion. Er schließt sich dort beim Musculus rectus an, welcher ebenfalls ventral des Schultergürtels und des Sternum nach vorn durchläuft und in die hypobranchiale Muskelmasse übergeht, dabei wird er durch den Schultergürtel nicht unterbrochen (S. 342; Abb. 476d, 477). Diese Kontinuität des Musculus rectus und der hypobranchialen Muskeln ventral des Schultergürtels kann kein primitiver Zustand sein; denn bei den Stegocephala muß das Rectus-System unterbrochen worden sein durch den sekundären Schultergürtel, der direkt unter oder sogar in der Haut lag.

Der Dorsalrand des Musculus transversus, welcher auch nicht immer mit den Myocommata zusammenhängt, wird befestigt durch eine platte Sehne, die von der Innenseite der Rippen entspringt.

Der Einfluß der Rippen auf den Muskelbau ist gering, da die Rippen sehr kurz sind. Intercostale Muskeln, welche bei den Amniota so wichtig sind, werden nicht gebildet. Der regelmäßige Bau des Musculus rectus wird caudal gestört durch die Cartilago epipubis des Beckens. Nach hinten laufen die hypaxonischen Rumpfmuskeln durch bis in den Schwanz, ohne daß das Becken sie erheblich unterbricht. Der Muskelbau ist aber im Schwanz ein ganz anderer.

Wir können somit bei den hypaxonischen Rumpfmuskeln der Urodela **primäre und sekundäre Muskeln** unterscheiden. Primär sind der Musculus obliq. internus und externus profundus; weiterhin der Musculus rectus profundus und der Musculus rectus lateralis. Sekundär sind der M. obliquus externus superficialis, der Musculus transversus, Musculus rectus superficialis und der Musculus subvertebralis. Bei der Metamorphose kann der Rectus lateralis verschwinden (Triton; Abb. 477). Auch kann bei den erwachsenen Salamandern ein ungeteilter Musculus obliquus externus an Stelle der zwei Schichten auftreten (Salamandra).

Auffallend ist es, daß bei der Metamorphose die sekundären Muskeln, welche bei den Larven sehr dünn zu sein pflegen, bedeutend an Dicke zunehmen. Gleichzeitig treten die primären Muskeln zurück, vor allem der Musculus obliquus externus profundus und der Musculus obliquus internus. Dadurch werden die ventro-lateralen Muskeln, deren Fasern am schrägsten verlaufen, kräftiger als die mit weniger schräg verlaufenden Fasern. Dadurch wird die Richtung der Fasern geeigneter, um das Gewicht der Baucheingeweide zu tragen, sie zusammenzupressen und damit einen Druck auszuüben auf den Darm, auf die Ovarien und die Lungen. Letzteres ist wichtig bei der Atmung und dient auch der Veränderung des Körpergewichtes und einer Schwerpunktsverlagerung,

Durch diese Veränderungen werden die Muskeln weniger geeignet für die seitlichen Krümmungen des Rumpfes, was doch ihre eigentliche, ursprüngliche Funktion gewesen ist. Aber da ihre Muskelfasern in entgegengesetzter Richtung schräg verlaufen, können sie durch gleichzeitige Kontraktion auch in dieser Hinsicht noch wirken. Es ist deutlich, daß die primären Muskeln geeigneter sind für die schwimmende Fortbewegung und für das Wasserleben der Larven; die sekundären Muskeln dagegen sind geeigneter für das Landleben der erwachsenen Salamander (MAURER 1892).

Bei den Anura verschwinden die primären Musculi obliqui und der Musculus rectus lateralis während der Entwicklung; auch haben sie nur einen Musculus rectus. So kommt es, daß wir nur den Musculus transversus, den Musculus obliquus externus superficialis und einen Musculus rectus wiederfinden. Der letzte Muskel bleibt in primitiver Weise segmentiert; die beiden erstgenannten Muskeln sind das nicht mehr.

Die hypaxonischen Rumpfmuskeln der Amniota (GADOW 1882, MAURER 1896) werden in ihrem Bau stark beeinflußt durch die gut entwickelten Rippen. Die Rippen biegen aus dem Gebiet des horizontalen Myoseptum ventrad um und liegen größtenteils in der hypaxonischen Rumpfmuskelmasse. Bei den Urodela dagegen sind diese Muskeln nur zum kleinen Teil mit den kurzen Rippen verbunden. Die Differenzierung der Muskellagen ist dadurch bei den Amniota meist viel größer als bei den Urodela.

Die Stammformen der Amniota besaßen ziemlich lange Rippen an allen Rumpfwirbeln; auf diese Weise herrschten für die hypaxonischen Muskeln im ganzen Rumpfe gleiche Verhältnisse. Unter den lebenden Reptilia finden wir einen solchen Zustand noch bei Sphenodon. Hier kann man in der Seitenwand der Leibeshöhle in der ganzen Rumpflänge sechs Hauptschichten an den Muskeln unterscheiden. Von denen sind vier homolog mit den vier eben besprochenen Schichten der Urodela: die beiden äußeren und die beiden inneren Schichten. Die beiden mittleren Lagen aber, welche eng mit den Rippen verbunden sind, sind neu. Die Muskelfasern dieser zwei Lagen verlaufen schräg von Rippe zu Rippe: in der äußeren Lage parallel mit den Fasern des Musculus obliquus externus, bei der inneren Schicht parallel mit dem Musculus obliquus internus. Diese beiden neuen Schichten bilden die Zwischenrippenmuskeln. (Musculus intercostalis externus und internus; Abb. 480, 481 b, c.) Bisweilen kann ein Teil der Fasern in Bündeln eine Rippe überschlagen: so entstehen Musculi intercostales longi (Abb. 481 b); dann können wir acht Muskelschichten unterscheiden. Die sechs Hauptschichten, die wir am häufigsten beobachten, werden von außen nach innen folgendermaßen benannt: der Musculus obliquus externus superficialis, der Musculus obliquus externus profundus, der Musculus intercostalis externus, der Musculus intercostalis internus, der Musculus obliquus internus und der Musculus transversus.

Abb. 481 gibt ein Bild ihrer Form bei einem primitiven Zustande. Der M. obliqu. extern. sup. ist nicht abgebildet; er gleicht vollständig dem M. obliqu. ext. prof., aber er inseriert ventral an einer oberflächlichen Sehnenplatte, der Fascie an der Außenfläche des M. rectus. Auch der M. obliqu. int. ist nicht abgebildet; er besteht aus schräg ventrad und craniad laufenden Muskelfasern. Diese entspringen von den Rippen und inserieren am Sternum und an einer sehnigen Fascie, welche die innere Oberfläche des M. rectus bedeckt. Die Fasern des M. transversus laufen genau quer zur Körperlängsachse (Abb. 481 d).

Der Musculus obliquus externus profundus zeigt einen gewissen Zusammenhang in seinem Auftreten mit dem Musculus intercostalis externus; man kann darum annehmen, daß diese beiden Muskelschichten zusammengehören. Dasselbe gilt von dem Musculus obliquus internus und dem Musculus intercostalis internus. Dadurch wird die Anzahl der Muskelschichten bei den Reptilia zurückgeführt auf vier, die mit den vier Schichten der Urodela übereinstimmen. Das Fehlen der intercostalen Muskeln bei den Urodela wird dadurch weniger auffallend; denn das Material für diese Muskeln ist dann doch in dem Musculus obliquus externus profundus und in dem Musculus obliquus internus vorhanden. Haben die Stammformen der Urodela und Anura vormals intercostale Muskeln besessen? Diese Frage hängt zusammen mit der, ob lange Rippen ursprünglich vorhanden waren; darüber wissen wir nichts Sicheres; es ist jedoch nicht unwahrscheinlich, daß lange Rippen hier einmal vorhanden waren (S. 111).

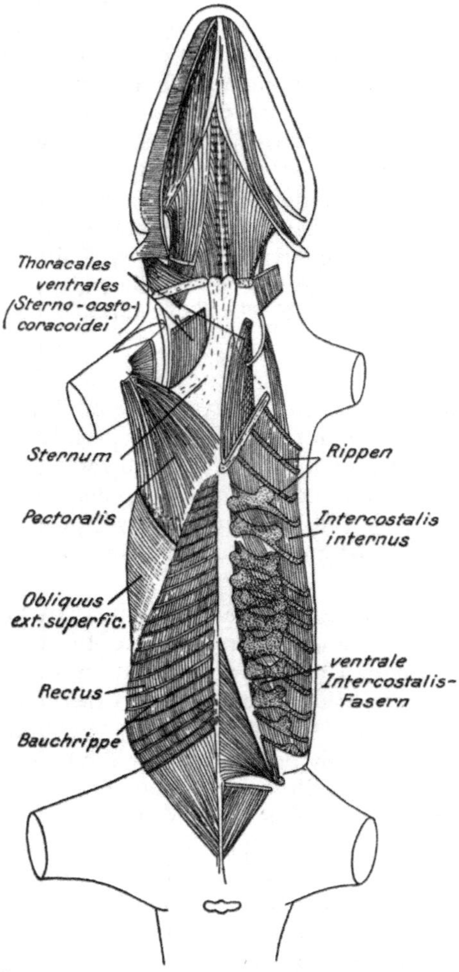

Abb. 480. Die hypaxonischen Rumpfmuskeln von Sphenodon, von ventral; links die oberflächlichen Muskeln, rechts der M. intercostalis internus. (Nach MAURER, 1896, Taf. 3, Abb. 12.)

Einen Unterschied zwischen primären und sekundären Muskellagen, der für die Urodela und die Anura so typisch ist, und dort zusammenhängt mit dem Wasserleben der Larven und der Metamorphose, würde bei den Reptilia keine praktische Bedeutung haben; er scheint denn auch zu fehlen.

Der sehr differenzierte Bau der hypaxonischen Rumpfmuskeln bei den Reptilia kann in Verbindung gebracht werden mit der mehr vollkommenen kriechenden Bewegung. Die Fortbewegung geht hier Hand in Hand mit starken seitlichen Krümmungen des Rumpfes. Dabei spielen Bewegungen der Rippen und der seitlichen Rumpfmuskulatur eine wichtige Rolle. Bei den extremitätenlosen Lacertilia und Ophidia konnten dadurch die Gliedmaßen ganz verschwinden, die Rippen übernahmen dann teilweise die Aufgabe der Extremitäten.

Die intercostalen Muskelschichten werden durch die Rippen in Segmente verteilt. Die anderen seitlichen Muskelschichten sind nicht segmentiert: sie zeigen keine Inscriptiones tendineae.

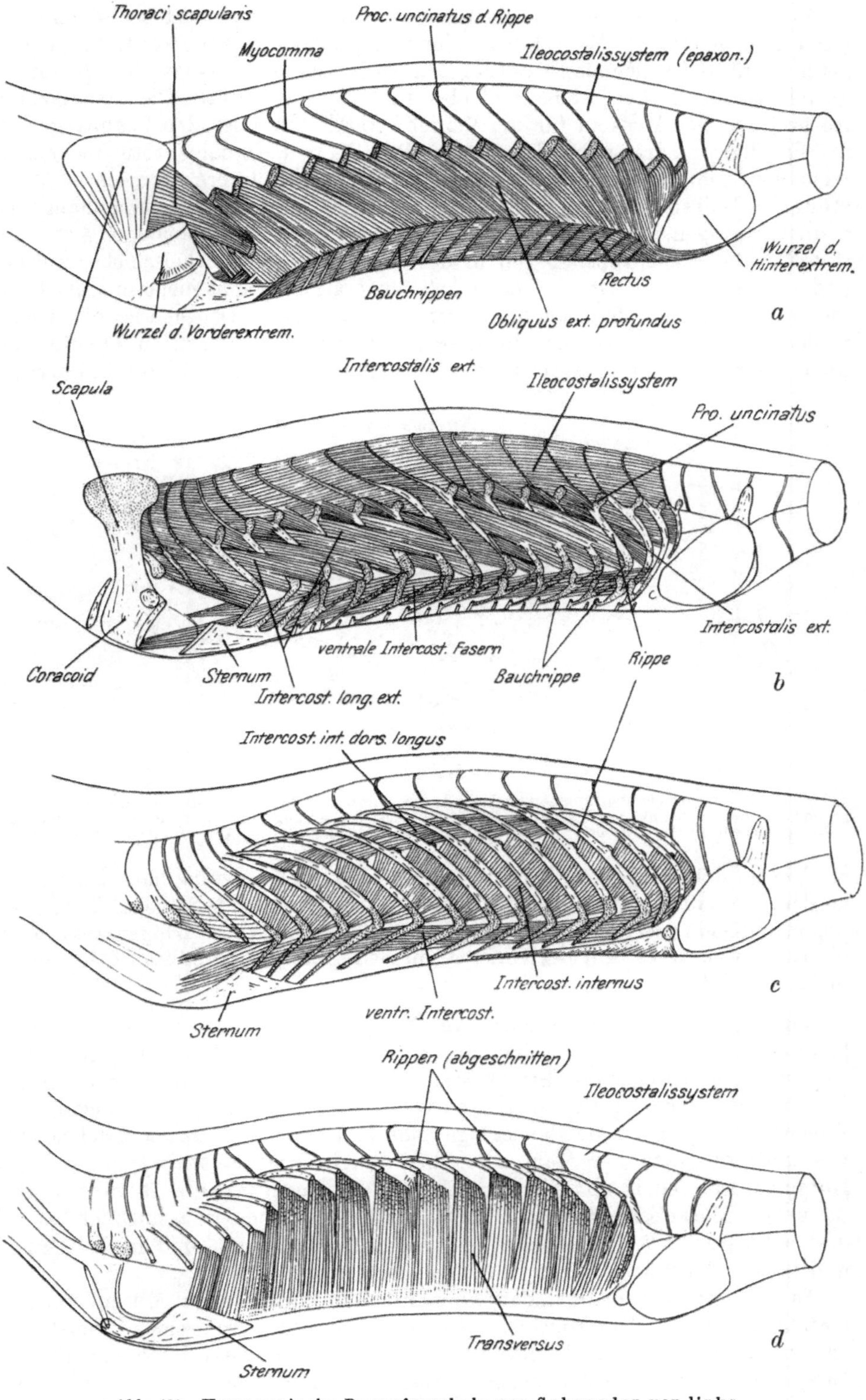

Abb. 481. Hypaxonische Rumpfmuskeln von Sphenodon von links.

a Der M. obliq. extern. prof. und der M. rectus nach Entfernung des M. obliq. extern. superfic. — b Der M. intercostalis externus, nachdem auch der M. obliq. ext. prof. und der M. rectus weggenommen sind. — c Der M. intercostalis internus, nach Wegnahme des M. intercost. ext. — d Der M. transversus, nachdem alle anderen Muskelschichten und die Rippen fortpräpariert sind. (Nach MAURER, 1896, Taf. 1, 2, Abb. 2, 3, 4, 6.)

Ventro-medial liegt das paarige Rectus-System; es besteht bei Sphenodon nur aus einem einzigen Muskel, bei anderen Reptilia kann es in zwei Muskeln aufgeteilt sein. Bei Sphenodon erstreckt sich der Musculus rectus von dem Schultergürtel bis zum Becken; er bedeckt also das Sternum ventral. Die zunehmende Ausbreitung der Muskeln für die Vorderextremitäten über den Schultergürtel und das Sternum drängt bei den anderen Reptilia den Musculus rectus mehr und mehr vom Schultergürtel fort. Schließlich reicht er nach vorn nur noch bis zum Hinterrande des Sternum. Der Musculus rectus steht im engen Zusammenhang mit den Bauchrippen, soweit diese ausgebildet sind (Crocodilia, Sphenodon: Abb. 480 u. 482). Die Bauchrippen liegen in der oberflächlichen Muskelschicht, welche dadurch segmentiert wird. Aber diese Segmentation stimmt nicht mit der Segmentation des Rumpfes überein und ist eine sekundäre. Dagegen ist die tiefere Schicht des Musculus rectus segmentiert durch primitive Inscriptiones tendineae: diese stimmen mit der ursprünglichen Segmentation der Rumpfmuskeln überein.

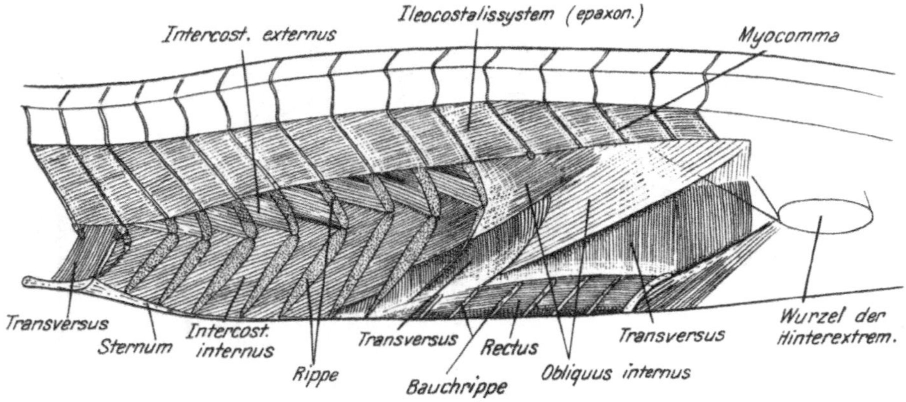

Abb. 482. Die hypaxonischen Rumpfmuskeln von Crocodilus, nachdem beide Mm. obliqui externi weggenommen sind; von links gesehen. Die Abbildung zeigt den Anfang der Scheidung der hypaxonischen Rumpfmuskeln in thoracale und abdominale. (Nach MAURER, 1896, Taf. 4, Abb. 17, etwas vereinfacht.)

Sind keine Bauchrippen vorhanden, wie z. B. bei den Lacertilia, dann finden wir an dem Musculus rectus sehr gut entwickelte Inscriptiones tendineae. Bei Sphenodon und den Lacertilia ist der Musculus rectus durch die Bauchrippen bzw. durch die Inscriptiones fest mit der Haut verbunden; bei den Crocodilia ist dies nicht mehr der Fall.

Für die Mammalia ist eine Aufteilung in Brust- und Bauchmuskulatur kennzeichnend, die noch weiter durchgeführt ist als bei den Reptilia. Die Brustmuskeln bewegen den Brustkasten, welcher durch das Diaphragma von der Bauchhöhle geschieden ist. Sie dienen vor allem den Atmungsbewegungen. Die Bauchmuskeln tragen die Baucheingeweide und können sie zusammendrücken. Der laufende Gang der Mammalia, wodurch kräftige Seitenbewegungen des Rumpfes fortfallen, hatte zur Folge, daß die Muskellagen vereinfacht wurden. Die Anzahl der Muskelschichten in der Brust- und Bauchregion wird schließlich bis auf drei reduziert; z. B. beim Menschen. Diese drei Schichten sind in der Brust- und in der Bauchwand nicht vollkommen dieselben.

In dem Brustkasten finden wir bei den Mammalia einen Musculus intercostalis externus und internus; außerdem einen Musculus transversus. Von diesen ist der Musculus intercostalis externus besonders differenziert durch eine Abspaltung neuer, oberflächlicher Muskeln, darunter befinden sich die Musculi intercostales externi longi, welche jedesmal eine Rippe überspringen. In der Bauchwand sind die drei Schichten zu beobachten: der Musculus obliquus externus und internus und der Musculus transversus; ventral ist nur ein einfacher Musculus rectus anwesend. Bei vielen Mammalia finden wir im Thorax oberflächlich noch den Musculus rectus und den Musculus obliquus externus; in ihrer ursprünglichen Form reichen sie noch bis in den Vorderteil des Rumpfes. Sie werden jedoch durch zunehmende Entwicklung der Muskulatur der vorderen Extremitäten über den Brustkasten mehr und mehr caudad weggedrängt; ein Prozeß, den wir schon bei den Reptilia beobachteten. So werden diese Rumpfmuskeln ausschließlich zu Bauchmuskeln, ebenso wie die intercostalen Muskeln ausschließlich thorakal geworden sind. Darum kann man bei den Menschen und einigen anderen Mammalia mit Recht von einem Musculus rectus abdominis sprechen, weiterhin von einem Musculus obliquus abdominis externus und internus. Den Musculus transversus verteilt man in einen Musculus transversus abdominis und einen Musculus transversus thoracis; beide sind durch den Ursprung des Diaphragma voneinander geschieden.

Der segmentale Bau der hypaxonischen Rumpfmuskeln bleibt bei den Mammalia bestehen bei den von Rippe zu Rippe verlaufenden Teilen der intercostalen Muskeln, weiterhin bei dem Musculus rectus durch seine Inscriptiones tendineae. Bei allen anderen Muskeln dieser Gruppe geht die Segmentierung mehr und mehr verloren, da die Inscriptiones in Anzahl und Regelmäßigkeit abnehmen. Auch bei dem Musculus rectus nimmt die Anzahl der Inscriptiones ab: so hat er bei Equus noch bis 11, beim Menschen nur 4—3 Inscriptiones. Die Musculi obliqui können teilweise auch durch Inscriptiones in Segmente geteilt sein, welche Inscriptiones dann mitunter direkt mit denen des Musculus rectus im Zusammenhang stehen. Das erinnert an ihren Ursprung aus gemeinschaftlichen Myocommata (RUGE 1892 A und B).

Die Fasern des Musculus transversus verlaufen bei den Amniota annähernd quer zur Längsachse des Körpers. Dieser Muskel übt einen Druck auf die Eingeweide aus. Bei den Chelonia ist er der einzige Rumpfmuskel, der gut entwickelt ist; er drückt hier die Lungen zusammen; eine Funktion, die von großer Bedeutung für die Atmung ist (OGUSHI 1913).

Im **Schwanze** der Tetrapoda unterscheiden sich die hypaxonischen Muskeln nicht wesentlich von den epaxonischen. Dies ist verständlich; bewirken doch beide gemeinsam die seitlichen Krümmungen des Schwanzes, während sie bei den ventro-dorsalen Bewegungen als einander gleichwertige Antagonisten wirken. So bilden beide Muskelgruppen eine beinah gleichgroße Muskelmasse; das horizontale Myoseptum bleibt also auf halber Höhe des Schwanzes liegen. Die stets einfachen Bewegungen des Schwanzes machen eine größere Differenzierung der Muskulatur überflüssig. Der metamere Bau bleibt bewahrt; ja wir finden bei einigen Reptilia denselben eigentümlichen Kegelbau der hypaxonischen Muskulatur, wie wir bei der epaxonischen beschrieben haben (S. 353).

Auf den vorderen Teil der hypaxonischen Schwanzmuskulatur üben Becken und Hinterextremität ihren Einfluß aus. So beobachtet man hier eine gewisse Aufteilung der Muskelmasse (GEGENBAUR 1898). Man kann z. B. einen Muskel unterscheiden, der vom Ischium ventral in den Schwanz läuft (Musculus ischiocaudalis). Andere Faserbündel entspringen von den vorderen Schwanzwirbeln und ziehen lateral von dem Musculus ischio-caudalis zum Femur (Musculus caudali-femoralis). Wieder andere Faserbündel laufen von einigen vorderen Schwanzwirbeln, vom Pubis und Ischium, zur Tibia (Musculus caudali-pubo-ischio tibialis). Diese Muskeln sind gegen die Schwanzmuskelmasse nicht weiter abgegrenzt. —

Die **hypaxonischen Halsmuskeln** der Tetrapoda weichen von denen des Rumpfes stark ab. Wir müssen hier ausgehen von dem Zustand bei den Pisces: hier sind diejenigen hypaxonischen Muskeln, welche vor dem Schultergürtel liegen, unter dem Einfluß der Kiemenbogen und ihrer visceralen Muskulatur stark zurückgebildet; nur eine kleine Gruppe hypobranchialer Muskeln bleibt übrig: die Musculi coraco-arcuales (S. 342). Diese Muskeln treten auf in der Form von ventralen Längsmuskeln, welche das Rectus-System des Rumpfes vom Schultergürtel bis zum Unterkiefer fortsetzen. Sie werden innerviert durch den Plexus cervicalis und bei den Amniota auch durch den Nervus hypoglossus. Die seitlichen hypaxonischen Muskeln des Rumpfes sind vor dem Schultergürtel ursprünglich nicht anwesend; mit der Verschiebung des Schultergürtels nach hinten zu und mit dem Auftreten des Halses bei den Amnioten nehmen die hypaxonischen Muskeln vor dem Schultergürtel an Bedeutung zu. Dann entstehen subvertebrale Muskeln als Antagonisten der epaxonischen Muskeln (s. S. 349); sie liegen an der Unterseite der Halswirbelsäule. Auch neue seitliche Halsmuskeln werden gebildet.

Bei den Urodela treten folgende hypobranchiale Muskeln auf. Der Musculus sterno-hyoideus verläuft vom Sternum und dem Coracoid zur Copula des Hyoid (Abb. 476d). Vor dem Hyoid wird dieser Muskel fortgesetzt durch den Musculus genio-hyoideus: er verläuft vom Hyoid zum Unterkiefer. Von diesem Muskel gehen auch eine Anzahl Fasern zum Boden der Mundhöhle: sie bilden als Musculus hyoglossus die Zungenmuskeln. Muskeln, welche wir mit den Musculi coraco-branchiales der Selachii vergleichen könnten, sind bei den Urodela mit Ausnahme des vordersten Muskels, verschwunden; sie sind ja schon stark zurückgebildet bei den Teleostomi. Der Musculus sterno-hyoideus wird durch einzelne Inscriptiones in Segmente verteilt: zwei davon sind mit dem Perikard verbunden und befestigen also den Musculus sterno-hyoideus daran.

Bei den Anura entspringen laterale Fasern dieser Muskelmasse von der Innenseite der Scapula; sie inserieren an der Copula des Hyoid; somit bilden sie einen selbständigen Musculus omo-hyoideus, welcher auch bei den Amniota gefunden wird.

Diese alten hypobranchialen Muskeln bleiben bei den Amniota bestehen. Durch das Auftreten eines Halses werden sie jedoch wesentlich länger. Bei den Mammalia (Abb. 483) spaltet sich die tiefere Faserschicht des Musculus sterno-hyoideus (hier genannt Musculus sterno-cleido-hyoideus) ab, und tritt in Verbindung mit der Cartilago thyroidea, wodurch sie geteilt wird in einen längeren hinteren Abschnitt, den Musculus sterno-thyreoideus, und einen kurzen vorderen, den Musculus thyreo-hoideus. Die Verbindung mit der Cartilago thyroidea findet ihre Erklärung in der Herkunft dieses Knorpels aus Kiemenbögen (S. 309). —

Wahrscheinlich stammt das Diaphragma (Zwerchfell) von hypobranchialen Muskeln, trotzdem es im Rumpfe liegt. Es tritt plötzlich bei den Mammalia auf. Auch die Reptilia werfen kein Licht auf seine Herkunft. Das Diaphragma stammt jedoch offenbar vom Hals, da es embryonal im vorderen Halsteile angelegt wird; auch der innervierende Nerv (N. phrenicus) stammt vom Plexus cervicalis, und zwar vom vierten, in einzelnen Fällen auch vom fünften und dritten Cervicalnerven. Die Anlage des Diaphragma bei dem Embryo besteht in einer ventralen Querfalte im Halse. Diese Falte entsteht im Zusammenhang mit Blutgefäßen, welche durch den Sinus venosus in das Herz einmünden. Durch diese Falte wird das Perikard von dem Rumpfcölom vollständig geschieden. Erst später treten in dieser Falte Muskeln auf, nachdem das Perikard und das Herz selbst in die Brusthöhle verlegt sind. Aber die Innervation dieser Muskeln durch einen Halsnerven zeigt, wo sie herkommen. Diese Innervation weist nun besonders auf die hypobranchialen Muskeln. Dadurch wird es so bedeutungsvoll, daß der Musculus sterno-hyoideus bei den Amphibia durch seine Myocommata mit dem Perikard zusammenhängt. Die Muskeln des Diaphragma bilden sich zuerst ventral; später breiten sie sich laterad und dorsad aus. Bei den erwachsenen Mammalia ist das Diaphragma ein Muskel, der teilweise von dem Xiphisternum, teilweise von den letzten Rippen und den Lendenwirbeln entspringt. Seine Muskelfasern verlaufen alle zu einer Sehnenplatte (Centrum tendineum) in dem Diaphragma selbst. Durch Veränderung seiner Wölbung ist das Diaphragma von großem Einfluß bei der Atmung.

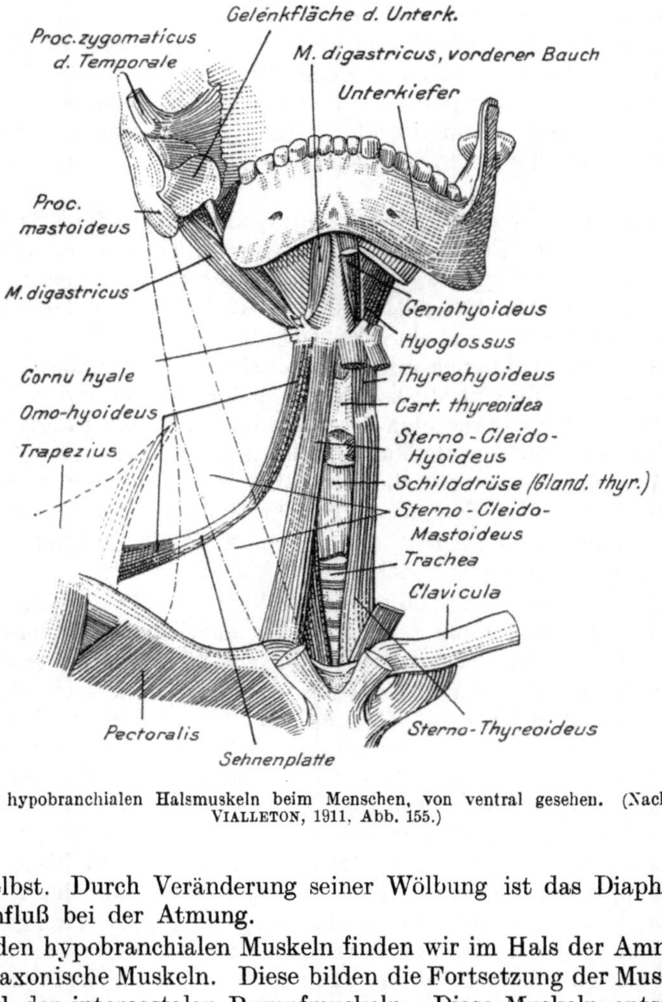

Abb. 483. Die hypobranchialen Halsmuskeln beim Menschen, von ventral gesehen. (Nach TESTUT und VIALLETON, 1911, Abb. 155.)

Neben den hypobranchialen Muskeln finden wir im Hals der Amniota einige dorsale hypaxonische Muskeln. Diese bilden die Fortsetzung der Musculi obliqui externi und der intercostalen Rumpfmuskeln. Diese Muskeln entspringen an den Processus transversi der Halswirbel und von den damit wohl oder nicht verwachsenen Halsrippen. Sie verlaufen ventro-caudad und inserieren an einer größeren oder kleineren Anzahl vorderer Rumpfrippen. Sie ziehen diese Rippen nach vorn: dadurch sind sie wichtig für die Atmung. Bei fixiertem Brustkasten dagegen drehen sie die Halswirbelsäule oder biegen sie nach unten. Sie werden die Musculi scaleni genannt. Ein wichtiger Teil dieser Muskelgruppe hat mit der Zurückbildung der Rippen seine Insertion auf den Schultergürtel verlegt und bildet sekundäre Muskeln der Extremitäten (Musculi rhomboides, levator scapulae und der Musculus serratus superficialis, Abb. 471).

Die weiteren Halsmuskeln sind Visceralmuskeln. Wir werden sie später besprechen.

d) Die Extremitätenmuskeln.

Die Extremitätenmuskeln der Tetrapoda unterscheiden sich stark von denen der Pisces. Das ist nicht anders zu erwarten, da die Extremitäten auf dem Lande als Hebelsysteme einen anderen Bau besitzen als bei den Pisces. Nur zwei große Muskeln beschrieben wir oben bei den Pisces: die Musculi pterygiales communes. Jeder von beiden bedeckt eine Seite der Flosse; ihre Randteile sind oft in mehr oder weniger selbständige Musculi radiales aufgeteilt. Bei den Tetrapoda dagegen finden wir eine große Menge Muskeln, welche die Extremitäten in den Gelenken biegen oder strecken: Flexoren und Extensoren. Außerdem bewegen Muskeln, welche vom Gürtel zur Extremität verlaufen, die Extremität als Ganzes im Schulter- bzw. Hüftgelenk; sie wirken als Adductoren und Abductoren.

Bei den am meisten ursprünglichen Tetrapoda standen die Extremitäten quer zur Körperachse. Die Flexor-Adductor-Muskeln bildeten dabei ein ventral des Extremitätenskeletes liegende Muskelmasse, welche vom ventralen Teile des Gürtels entsprang. Die Extensor-Abductor-Muskeln lagen dagegen dorsal des Skeletes und entsprangen vom dorsalen Teile des Gürtels. Dieser Aufbau aus zwei Muskelmassen stimmt überein mit den zwei Musculi pterygiales bei den Pisces; auch hier entspringt die eine Muskelmasse vom dorsalen, die andere vom ventralen Teil des Gürtels. Bei den rezenten Amphibia und Reptilia ist diese Einteilung in eine ventrale und eine dorsale Muskelmasse noch gut erkennbar; bei den Aves und den Mammalia dagegen ist die Einteilung durch den veränderten Stand der Extremitäten gegenüber dem Rumpfe nicht mehr so deutlich. Die morphologische Einteilung in Extensoren und Flexoren ist dann durch die Stellungsänderung physiologisch nicht mehr stets richtig.

Der Aufbau aus den zwei Muskelmassen drückt sich bei der Vorderextremität noch aus in einer Aufteilung des Plexus brachialis der innervierenden Nerven in eine dorsale und eine ventrale Nervenschicht. Bei der Hinterextremität fehlt jedoch eine solche Aufteilung: die Hauptzweige des Plexus sacralis innervieren dorsale und ventrale Muskeln. Dies ist nicht verwunderlich, denn die Nerven gehören zu den Myomeren und folgen dem Material, das die Myomeren für den Aufbau der Extremitätenmuskeln liefern. Und da jedes Myomer in der Regel für beide Muskellagen das Material abgibt, für die dorsale und die ventrale (S. 345), so gehen auch ursprünglich von jedem der betreffenden Rückenmarksnerven Fasern aus zur dorsalen und zur ventralen Muskelmasse. Im Plexus findet dann eine Umgruppierung der Nervenfasern statt. Dabei wird eine Aufteilung der Nerven für die dorsale und ventrale Muskellage wohl ganz durchgeführt bei den vorderen Extremitäten; bei den hinteren Extremitäten aber nicht vollständig. Die Innervation der Extremitätenmuskeln ist denn auch nicht brauchbar für eine primäre Einteilung dieser Muskeln, wenigstens nicht bei der Hinterextremität. Wohl kann man aber die Innervation gebrauchen für das Erkennen und Vergleichen von Gruppen bei den Extremitätenmuskeln.

Jeder Musculus pterygialis communis wird durch Zweige einer Anzahl Rückenmarksnerven innerviert. Bei der Aufteilung dieses Muskels werden die Teilmuskeln aufgebaut aus Bausteinen, welche von verschiedenen Myomeren abstammen; sie werden also durch verschiedene Rückenmarksnerven innerviert. Die für einen Muskel bestimmten Nervenfasern werden nicht immer zu einem einzigen Nerv vereinigt während sie den Plexus passieren. Viele Muskeln, vor allem von der Hinterextremität, werden durch zwei aus dem Plexus austretenden Nerven innerviert. Eine solche Doppelinnervation ist also in diesem Falle nicht die Folge einer Verschmelzung zweier Muskeln, sondern eine ursprüngliche Eigenschaft der Muskeln und eine Folge der Herkunft der Bausteine aus der metameren Rumpfmuskelmasse. Einer der beiden Nerven kann zurückgebildet werden. Da nun nicht stets derselbe Nerv zurückgebildet wird, so kann es geschehen, daß bei dem gleichen Muskel in dem einen Falle ein anderer Nerv übrig bleibt als in einem anderen Falle. Dadurch wird es ermöglicht, daß derselbe Muskel bei verschiedenen Tieren durch einen anderen Nerven innerviert wird.

Die Plexusbildung erschwert die Untersuchung der Innervierung erheblich. Denn es gelingt nur durch sehr vorsichtige Präparation, die Nervenfasern von den Rückenmarksnerven durch den Plexus hindurch bis zu den Muskeln zu verfolgen. Aber es wurde doch festgestellt, daß auch bei den Extremitäten die Muskeln ihre Herkunft von metameren Rumpfmuskeln noch verraten durch ihre Innervation. Die für die Flossenmuskeln oben angegebene Regel von FÜRBRINGER (S. 346) gilt auch für die Extremitätenmuskeln der Tetrapoda: auch hier sind die Muskeln polymetamer und ihre Zugehörigkeit zu Körpermetameren (wie sie durch die Innervierung angegeben wird) erstreckt sich von vorn-proximal bis nach hinten-distal (Näheres siehe bei BOLK 1894, 1895, 1898, FRETS 1910, VAN RIJNBERK 1910).

Für die Feststellung der Homologie der Extremitätenmuskeln sind ihr Ursprung und ihre Insertion, weiterhin ihre Lage hinsichtlich anderer Muskeln sehr wichtig. Diese ergänzen in wünschenswerter Weise die gerade bei den Gliedmaßenmuskeln nicht immer zuverlässigen Hinweise, welche die Innervierung uns gibt. Die Funktion der Muskeln wechselt ziemlich stark, da die Extremitäten in so sehr verschiedener Weise gebraucht werden; somit ist die Funktion als Hilfsmittel bei der Feststellung von Homologien nur mit großer Vorsicht zu gebrauchen.

Die Extremitätenmuskeln lassen sich teilen in tiefere, kurze Muskeln, zwischen deren Ursprung und Insertion nur ein einziges Gelenk liegt, und oberflächliche lange Muskeln, welche zwei, in einigen Fällen auch noch mehr Gelenke umspannen. Bei den Urodela überwiegen noch die kurzen Muskeln; bei den Amniota dagegen überwiegen mehr und mehr die langen Muskeln, da sie ihre Funktion besser verrichten können. Es bleiben allerdings auch hier bestimmte kurze Muskeln noch wichtig, vor allem in dem Schulter- und Hüftgelenk.

Die Muskeln der Vorder- und Hinterextremität sind verschieden voneinander. Die Unterschiede sind noch gering bei den Urodela; sie nehmen aber in der Reihe der Tetrapoda bedeutend zu. Dabei muß man als erste Ursache annehmen einen verschiedenen Gebrauch der Vorder- und Hinterextremität. Die Hinterextremität nämlich hat von Beginn ab die Aufgabe, den Körper vorwärts zu stoßen. Die Vorderextremität dagegen erhebt mehr den Körper; bei den Mammalia zieht sie ihn auch nach vorn. Wir hatten oben (S. 210) gesehen, wie das Ellenbogengelenk nach hinten, das Kniegelenk nach vorn gekehrt wird; auch diese Veränderung muß einen zunehmenden Unterschied im Bau der Muskulatur herbeiführen. Eine dritte Ursache liegt in einem Unterschied des Gürtelskeletes: das Becken ist an der Wirbelsäule befestigt; der Schultergürtel ist nicht direkt mit dem Rumpfskelet verbunden; so kommt es, daß der Schultergürtel ein viel stärker entwickeltes eigenes Muskelsystem besitzt; es dient der Fixation und Bewegung des Schultergürtels und ist größtenteils den Rumpfmuskeln entnommen. Bei der Hinterextremität spielen auch noch Muskeln eine Rolle, welche vom Schwanz zum Femur verlaufen; diese kommen an der Vorderextremität natürlich nicht vor. Wegen der Unterschiede im Bau möchten wir die Muskeln der Vorder- und Hinterextremität getrennt besprechen.

Die Muskeln der Vorderextremität bestehen aus zwei Systemen: den autochthonen, echten Extremitätenmuskeln und zweitens den nicht autochthonen, sekundären Muskeln. Dieses letzte System besteht wiederum aus zwei Gruppen: die eine Gruppe besteht aus den Muskeln des Trapezius-Systems: diese sind viscerale Muskeln, welche durch einen Zweig des N. vagus innerviert werden. Die andere Gruppe besteht aus Rumpfmuskeln, welche am Schultergürtel inserieren und gegen die anderen Rumpfmuskeln eine große Selbständigkeit erreicht haben (Abb. 471). Sie bilden die Musculi thoracales. Innerviert wird diese Gruppe durch Nerven, welche sich schon von der Basis des Plexus brachialis ventrad und dorsad abspalten und einen sehr selbständigen dorsalen und einen weniger selbständigen ventralen Nebenplexus bilden; man nennt sie Nervi thoracici superiores

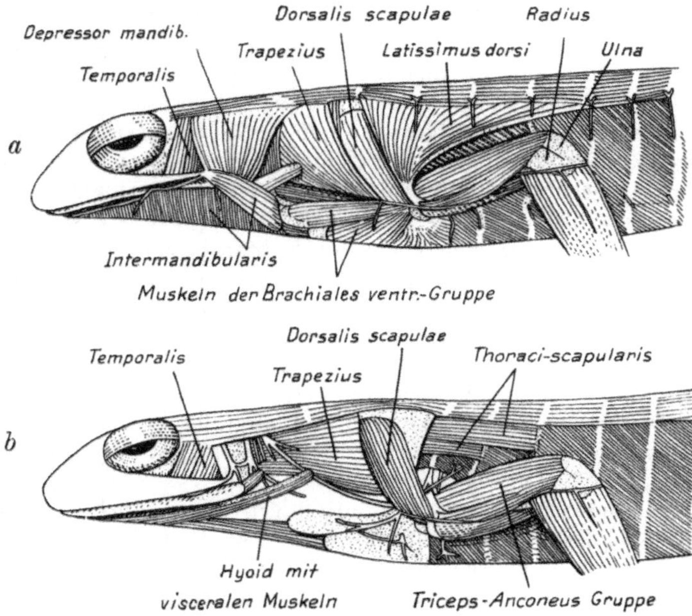

Abb. 484. Schultermuskeln von Salamandra maculosa. *a* Die oberflächlichen Muskeln. — *b* Tiefere Muskellage, nachdem die oberflächlichen Muskeln weggenommen sind. (Nach M. FÜRBRINGER. 1873, Taf. 15, Abb. 7, 10.)

und inferiores (FÜRBRINGER 1900). Die autochthonen Muskeln werden stets innerviert durch Zweige des eigentlichen Plexus brachialis. Ein zweiter Unterschied besteht darin, daß die sekundären Extremitätenmuskeln von dem Rumpf und dem Kopf zum Schultergürtel verlaufen; die autochthonen Muskeln dagegen verlaufen von dem Schultergürtel (oder sekundär vom Rumpfe aus) zu den Knochen der Extremität selbst. Die sekundären Muskeln bewegen und fixieren also den Gürtel; die autochthonen dagegen die Extremität. Die autochthonen Muskeln stammen von den Musculi pterygiales communes der Pisces; die sekundären Muskeln aber nicht.

Die Muskeln der Trapezius-Gruppe (Abb. 484a, 485a) treten von vorn und von dorsal an die Scapula heran, an deren Vorderrande sie inserieren; bei sehr primitiven Tetrapoda inserierten sie vermutlich an dem Cleithrum und an der Clavicula. Stets entspringen sie von jener dorsalen Fascie, welche die epaxonischen Rückenmuskeln bedeckt; nur der vordere Teil dieser Muskelgruppe entspringt vom Hinterrande des Kopfskelets. Ihre Funktion besteht darin, daß sie die Scapula stützen und nach vorn und dorsad ziehen. Bei der Besprechung der visceralen Muskeln kommen wir noch zurück auf diese Trapeziusgruppe; sie ist auch bei vielen Pisces vorhanden.

Die Musculi thoracales sind die somatischen sekundären Schultermuskeln; von ihnen tritt bei den Urodela am meisten eine dorsale Muskelgruppe hervor: sie beginnt hinter dem Kopf und erstreckt sich caudad bis hinter die Scapula.

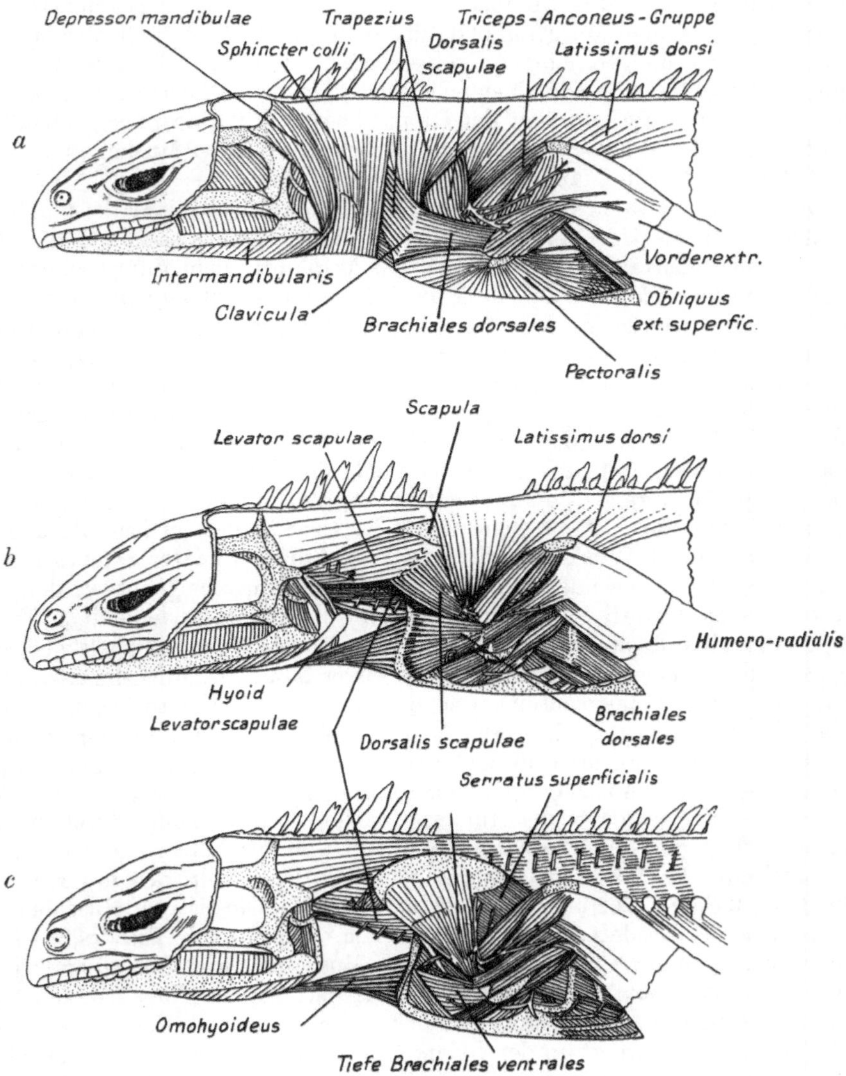

Abb. 485. Schultermuskeln von Sphenodon punctatum. *a* Oberflächliche Schultermuskeln. — *b* Tiefere Muskellage, nachdem der M. sphinctor colli und der M. trapezius weggenommen sind. — *c* Noch tiefere Muskelschicht, nachdem auch der M. levator scapulae (zum Teil) und der M. pectoralis fortpräpariert sind. (Nach FÜRBRINGER, 1900, Taf. 16, Abb. 161, 163–164.)

Dieser Muskel entspringt an den Oberenden der Rippen; sind die Rippen aber zurückgebildet, wie z. B. im Halse, dann entspringt er von den Processus transversi; er inseriert an der Scapula, vor allem an ihrer Innenfläche. Er zieht die Scapula nach oben; davon hat dieser Muskel seinen Namen Musculus levator scapulae (Abb. 485). Hinter der Scapula biegt diese Muskelgruppe ventrad um; sie besteht dann aus einer Fasermasse, welche eine direkte Fortsetzung des Musculus obliquus externus bildet; sie besitzt jedoch craniodorsad verlaufend eine selbständige Insertion an der Scapula; genannt wird dieser Muskel der Musculus thoraci-scapularis (Abb. 481 a). Dieser letzte Muskel zeigt viel Übereinstimmung mit dem Musculus latero-scapularis der Selachii (S. 343). Diese Muskelgruppe wird für einen großen Teil durch die Scapula bedeckt. Bei den Amniota ist der Musculus thoraci-scapularis selbständig gegenüber dem Musculus obliquus externus; er entspringt ziemlich tief am Thorax von einigen Rippen; seine Fasern verlaufen dorso-craniad zur Scapula (Abb. 481 a). Er wird hier auch der Musculus serratus superficialis genannt. An diesem Muskel hängt der Rumpf zwischen den Scapulae, sobald der Rumpf vom Boden erhoben wird. Dadurch bekommt dieser Muskel eine besondere Bedeutung für die Mammalia.

Neben dieser dorsalen Gruppe der Musculi thoraci-scapulares besteht noch eine kleine ventrale Gruppe, welche vom Rectus-System abstammt: die Musculi thoracales ventrales. Sie sind bei den Amphibia nicht differenziert; erst bei den Reptilia treten sie auf als Musculi sterno-costo-coracoidei. Sie liegen an der Innenfläche des Sternum und der Coracoidea; sie entspringen vom Sternum und den angrenzenden Stücken der Rippen; sie inserieren an der Pars coracoidalis des Schultergürtels. Bei den Monotremata sind sie anwesend; bei den anderen Mammalia aber sind sie gleichzeitig mit dem Coracoid zurückgebildet; ein Rest von ihnen ist ein kleiner Muskel, welcher von der ersten Rippe zur medialen Seite der Clavicula zieht: der Musculus subclavius. Diese Muskelgruppe ist vergleichend-anatomisch wichtig; bildet sie doch eine Verbindung zwischen der tieferen Schicht des Rectus-Systems im Rumpfe und im Hals (hypobranchiale Muskeln; vgl. S. 364). Von diesen letzteren müssen auch die im Brustkasten liegenden Muskeln des Diaphragma abgeleitet werden.

Die autochthonen Schultermuskeln sind homolog denjenigen Fasergruppen der Musculi pterygiales bei den Pisces, welche vom Gürtelskelet zum primären Flossenskelet verlaufen. Bei den Pisces fällt diese Muskelmasse in eine dorsale und ventrale Masse auseinander; dasselbe ist bei den autochthonen Schultermuskeln der Tetrapoda der Fall. Hiermit geht Hand in Hand eine Teilung der aus dem Plexus brachialis austretenden Nerven in eine dorsale und ventrale Schicht. Die dorsale Muskelgruppe: die Musculi brachiales dorsales (Abb. 471), inseriert an der Dorsalfläche des Humerus; sie läuft teilweise auch durch bis zum Unterarm. Die ursprüngliche Fasermasse läuft von der Außenseite der Scapula zur Dorsalseite des Processus lateralis oder der Crista deltoidea des Humerus (Abb. 255 auf S. 189; 262 auf S. 193; 287 auf S. 209). Dies ist der Musculus dorsalis scapulae der Urodela; der von der Scapula entspringende Teil des Musculus deltoides der Amniota entsteht hieraus. Der Musculus dorsalis scapulae bedeckt ursprünglich den größten Teil der Außenfläche der Scapula (Abb. 484, 485). Bei den Amniota teilt er sich in einige Muskeln. Ein anderer Teil der Musculi brachiales dorsales entspringt an der Innenfläche der Scapula und des Coracoid; er läuft längs des Hinterrandes der Scapula zum Processus medialis des Humerus (Musculus subcoraco-scapularis, Musculus subscapularis der Mammalia). Wichtig ist weiterhin nur noch, daß eine oberflächliche Faserschicht der Musculi brachiales dorsales, welche caudal des Musculus dorsales scapulae gelegen ist, ihren Ursprung auf den Rumpf verlegt hat; so wird ein oberflächlicher, sekundärer Rückenmuskel gebildet: der Musculus latissimus dorsi. Dieser Muskel entspringt mit breiter Basis durch Vermittlung der lumbodorsalen Fascie von den Processus spinosi einer Anzahl Wirbel. Der Muskel verschmälert sich stark und inseriert an der Streckseite des Humerus nicht weit vom Schultergelenk (Abb. 484a,

485a). Der Musculus latissimus dorsi ist besonders groß bei den Mammalia; er kann hier selbst bis zum Becken reichen. Er bedeckt als oberflächlicher Rumpfmuskel einen großen Teil der autochthonen Rückenmuskeln (Abb. 486).

Von der ventralen Gruppe der Schultermuskeln: den Musculi brachiales ventrales (Abb. 471), fällt am meisten auf ein oberflächlicher Muskel: der Musculus pectoralis. Dieser entspringt nicht allein vom Schultergürtel (Interclavicula), sondern breitet seinen Ursprung noch weiter aus über das Sternum und caudad über die Bauchfascie. Auf diese Weise bedeckt er einen Teil der Bauchmuskeln. Teilweise kann er andererseits durch den Musculus obliquus externus bedeckt werden (Abb. 480, 484, 485, 486). Er verdrängt bei den Amniota in größerem oder geringerem Maße den Musculus rectus abdominis und andere Bauchmuskeln vom Sternum und von den angrenzenden Teilen der Rippen. Bei den Mammalia, bei welchen die Interclavicula zurückgebildet ist, entspringt der

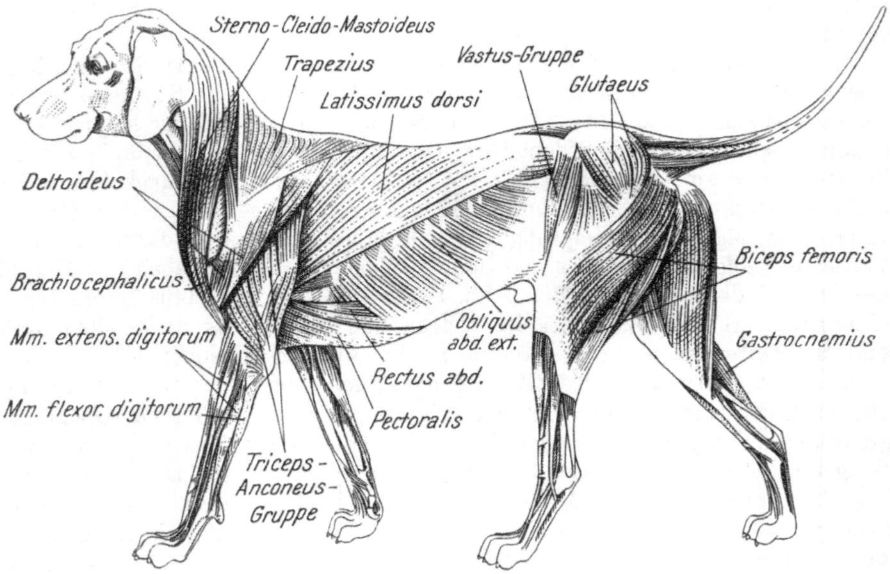

Abb. 486. Die oberflächlichen Muskeln an Rumpf und Extremitäten des Hundes. (Nach MARTIN, 1912—1919, Bd. 3, Abb. 49.)

Musculus pectoralis statt dessen von den Rippen, neben seinem Ursprung vom Sternum und von der Bauchfascie. An der ventralen Seite des Humerus inseriert er an der Unterseite des Processus lateralis (Crista deltoidea).

Nach innen von dem Musculus pectoralis liegen die tieferen Muskeln der Brachiales-Ventrales-Gruppe; diese verlaufen vom Coracoid zum Humerus und inserieren an dessen ventraler Fläche; sie werden genannt die Musculi coracobrachialis und supracoracoideus. Mit der Zurückbildung des Coracoid bei den Marsupialia und Placentalia verlegt ein großer Teil dieser Muskelmasse seinen Ursprung an die Außenfläche der Scapula und bildet hier die Musculi supra- und infraspinati. Diese verdrängen teilweise die dort ebenfalls entspringenden Muskeln der Dorso-Scapularis-Gruppe. Durch ihre Lage gehören diese Muskeln zu den Musculi brachiales dorsales; aber sie stammen sicherlich ab von den Musculi brachiales ventrales (FÜRBRINGER 1876). Die ursprüngliche Bedeutung dieser Muskeln als Adductores des Humerus geht dabei größtenteils oder ganz verloren. Sie dienen bei den Mammalia vor allem zur Fixierung der Scapula auf dem Humerus. Es ist deutlich, daß diese Musculi brachiales ventrales als Adductores bei den primitiven Tetrapoda sehr kräftig gewesen sein müssen, weil diese Tiere einen gespreizten Gang besaßen; die starke Entwicklung der Pars coracoidalis des Schultergürtels und die Verbreiterung des Proximalendes am Humerus weisen hierauf deutlich. Besonders kräftig ist der Musculus pectoralis bei den Aves: hier ist er der Adductor der Flügel und damit der wichtigste Flugmuskel. Er entspringt an dem besonders verbreiteten Sternum und seiner Carina.

Zu ihrer ursprünglichen Funktion als Abductores und Adductores des Humerus tritt bei den Musculi brachiales dorsales und ventrales mehr und mehr die Aufgabe, den Humerus und dadurch die Vorderextremität nach vorn und hinten zu bewegen; dabei können Muskeln der dorsalen und der ventralen Gruppen zusammen arbeiten. Der Hauptmuskel, welcher den Humerus nach hinten zieht, ist der Musculus latissimus dorsi (Abb. 486). Nach vorn wird der Humerus gezogen vor allem durch den Musculus deltoideus, welcher bei vielen Mammalia unterstützt wird durch einen Teil der Trapeziusgruppe: dem Musculus brachiocephalicus (Abb. 486)[1]).

Im Oberarm liegen diejenigen Muskeln, welche den Unterarm im Ellenbogengelenk bewegen. Wichtig ist davon eine dorsale Gruppe von S t r e c k m u s k e l n: die Triceps-Anconaeus-Gruppe[2]). Sie entspringt mit bis zu vier Köpfen an der Scapula, dem Coracoid und dem Humerus. Sie inseriert am Oberende der Ulna, im besonderen am Olecranon (Abb. 484, 485, 486). Die Streckmuskeln inserieren nicht am Radius, welcher dadurch beweglicher bleibt gegenüber dem Oberarm. Es ist wohl möglich, daß ursprünglich ein Teil dieser Gruppe am Radius inserierte. Von einem solchen Zustande sind dann vielleicht übrig geblieben der Musculus humero-radialis vieler Reptilia (Abb. 485b) und der Musculus supinator der Mammalia. Beides sind Muskeln, welche den Radius gegen die Ulna drehen und den Unterarm aus der Pronatio in die Supinatio bringen (S. 210).

Die B e u g e m u s k e l n des Ellenbogengelenkes entspringen bei den Amphibia nur zu einem kleinen Teil von dem Schultergürtel (Musculus coraco-radiales); größtenteils entspringen sie vom Humerus. Bei den Amniota ist der wichtigste Beugemuskel an der ventralen Seite des Humerus der Musculus biceps. Bei den Reptilien entspringt dieser Muskel vom Coracoid und inseriert an der ventralen, nach vorn gekehrten Seite des Radius und der Ulna, dicht beim Ellenbogengelenk. Bei den Mammalia entspringt dieser Muskel meist nur von der Scapula, am Vorderrande des Schultergelenkes. In einigen Fällen, u. a. bei den Menschen, besitzt dieser Muskel noch einen zweiten Ursprung (daher sein Name Biceps); dieser zweite Ursprung liegt am Processus coracoides und repräsentiert den primitiven Ursprung vom Coracoid. Bei den Mammalia inseriert er meist nur am Radius.

Am Unterarm nimmt die Anzahl der Muskeln in der Tetrapodenreihe stark zu. So hat der Mensch 19 Unterarmmuskeln. Es würde zu weit führen, selbst die wichtigsten unter ihnen hier anzuführen (wir verweisen auf die Übersicht bei RIBBING 1907; man vergleiche auch SIEGELBAUER 1904, und RABL 1916). Sie dienen vor allem den Bewegungen der Hand, der Finger und des Radius mit der Ulna gegeneinander. Ein Teil der Unterarmmuskeln entspringt vom Humerus: die Streckmuskeln vom Epicondylus lateralis (radialis); die Beugemuskeln vom Epicondylus medialis (ulnaris). Die sehr erhebliche Größe dieser Epicondyli, vor allem des Epicondylus ulnaris, bei den primitiven Tetrapoda weist auf eine starke Entwicklung dieser Muskeln, im besonderen der Beugemuskeln; mußten diese doch beim Emporheben des Körpers das Ellenbogengelenk bewegen und fixieren,

---

[1]) Eine Betrachtung über die Veränderungen der Schultermuskeln bei den Theromorpha und Mammalia im Zusammenhang mit dem veränderten Gang, bringt WATSON 1917.

[2]) In den Abbildungen ist versehentlich „Anconeus“ geschrieben.

wozu bei dem schief nach außen gerichteten Stande der Extremität eine große Kraft erforderlich war (Abb. 240—242 auf S. 181, 251—254 auf S. 188). Später veränderte sich die Stellung des Unterarmes, wie wir oben gesehen haben; gleichzeitig traten die langen Beuge- und Streckmuskeln des Ellenbogengelenkes in den Vordergrund: beides hatte bei den rezenten Reptilia eine Verminderung der kurzen Muskeln zur Folge und dadurch eine Abnahme der Größe beider Epicondyli (S. 187). Die Streck- und Beugemuskeln gehen sowohl zu den Phalangen der Finger, wie zu den Metacarpalia; es sind dies die Musculi extensores und flexores digitorum und carpi.

Weiterhin sind einige Muskeln bekannt für die Bewegungen des Radius und der Ulna gegeneinander; sie bringen dadurch die Hand in Pronatio und Supinatio. Sie verbinden die beiden Unterarmknochen oder sie entspringen vom Humerus, z. B. der obengenannte Musculus supinator. Die Supinatormuskeln stammen von den Streckmuskeln, die Pronatormuskeln von den Beugemuskeln. Die Hand besitzt eine große Anzahl kurzer Beuge- und Streckmuskeln. Es sind jedoch bei den Mammalia die kurzen Streckmuskeln verloren gegangen; sie werden ersetzt durch den hier gut entwickelten Musculus extensor digitorum des Unterarmes. Dies ist ein gutes Beispiel für den Ersatz kurzer Muskeln durch lange, welche offenbar besser arbeiten.

Die Muskeln der Hinterextremität unterscheiden sich vielfach von denen der Vorderextremität. Das Becken ist fest mit dem Rumpfskelet verbunden, namentlich bei höheren Tetrapoda. Damit im Zusammenhang fehlen besondere Muskelgruppen, welche diesen Gürtel bewegen oder fixieren. Das steht im Gegensatz zum Schultergürtel, wo solche Muskeln (die sekundären Schultermuskeln) gerade sehr wichtig sind. Natürlich steht das Becken wohl mit einer Anzahl Rumpfmuskeln in Verbindung; aber diese finden dann am Becken ihre Ursprungsfläche und dienen nicht zur Bewegung des Beckens, so daß sie Rumpfmuskeln bleiben.

Weiterhin bleiben die autochthonen Gliedmaßenmuskeln der Hinterextremität mit ihrem Ursprung viel mehr beschränkt auf das Becken und einige mit dem Becken zusammenhängende Ligamente. Nur in geringem Maße greifen die Muskeln auf die angrenzenden Teile der Wirbelsäule über (Musculus psoas).

Mit der Hinterextremität ist jedoch eine eigentümliche Muskelgruppe verbunden, dessen Homologon bei der Vorderextremität fehlt: die Musculi caudofemorales. Dies sind Schwanzmuskeln, welche eine Insertion an dem Femur erworben haben (S. 363). Die ventralen und dorsalen Muskeln, oder funktionell die Streck- und Beugemuskeln, lassen sich hier ebenso schwer voneinander scheiden wie bei der Vorderextremität.

Wir besprechen zuerst die Hüftmuskeln und Oberschenkelmuskeln (Gadow 1881, Perrin 1894). Dorsal und medial des Femur liegt oberflächlich die Vastus-Gruppe, welche aus langen Muskeln besteht: der Musculus triceps oder quadriceps femoris. Diese Muskelgruppe entspringt vom Ileum, Pubis und Femur; sie verläuft mit einer Endsehne über dem Knie zur Tibia. Diese Sehne ist uns bereits bekannt, da bei den Aves und den meisten Mammalia die Patella in ihr liegt (S. 205 und 212); die Patella verleiht dem Muskel eine bessere Hebelwirkung auf die Tibia. Diese Muskelgruppe ist für die Fortbewegung sehr wichtig, weil sie das Kniegelenk streckt.

Zu den langen Streckmuskeln des Oberschenkels gehören weiterhin der Musculus biceps femoris (oder ileo-fibularis). Dieser Muskel verläuft am Hinterrande der Vastus-Gruppe vom Ileum zum Oberende der Fibula; er unterstützt den Musculus vastus als Streckmuskel des Knies. Die kurzen Streckmuskeln, welche auf das Hüftgelenk einwirken, entspringen in drei Teilen: der vordere Teil entspringt bei den Urodela an der Oberseite jener Knochenplatte, welche durch Pubis und Ischium des Beckens gebildet wird, und dieser Teil der Muskelmasse verläuft vorne am Ileum vorbei zur Oberseite des Femur. Er bildet einen Muskel, der Musculus pubo-ischio-femoralis internus genannt wird. Er hebt das Femur auf und dreht es nach vorn. Bei den Reptilia und noch mehr bei den Mammalia liegen Pubis und Ischium für diese Funktion zu weit ventral des Hüftgelenkes, deshalb wandert der Muskelursprung teilweise dorsad auf das Ileum und im Anschluß daran auf einige Lendenwirbel. Dabei entsteht u. a. der Musculus psoas, welchen wir schon als sekundären Rumpfmuskel und als Antagonisten der epaxonischen Lendenmuskeln kennen gelernt haben (S. 349, Abb. 472).

Der mittlere Teil der kurzen Streckmuskeln entspringt an der Außenseite des Ileum; er bildet den Musculus ileo-femoralis; dieser inseriert an der Oberseite und Hinterseite des Femur. Bei den Urodela ist dieser Muskel sehr schwach; aber mit der abnehmenden Bedeutung des Musculus pubo-ischio-femoralis internus nimmt er bei den Reptilia an Umfang stark zu; eine Zunahme in der Größe des Ileum geht damit Hand in Hand. Die Insertion an das Femur muß bei primitiven Reptilia ventral und caudal begrenzt gewesen sein durch den Y-förmigen Adductorkamm (Abb. 257 auf S. 190). Da der dorsale Teil des Ileum der Reptilia postacetabulär liegt, d. w. s. weiter caudal als das Hüftgelenk, so zieht dieser Muskel das Femur nicht nur dorsad, sondern auch caudad. Der Muskel ist dadurch bei den Reptilia von Bedeutung für das Fortschieben des Tieres. Weiterhin ist dieser Muskel wichtig, weil sich bei den Marsupialia und Placentalia die Muskeln der Glutaeus-Gruppe aus ihm entwickelt haben (Abb. 486). Bei den Mammalia veränderte bekannterweise die Stellung des Femur, welches hier in einer Vertikalebene bewegt wird. Diese Veränderung hat zur Folge, daß die Insertion der Muskeln weniger weit distal reichen kann und auf und hinter dem Trochanter major konzentriert wird, nach hinten vom Hüftgelenk. Eine Erhebung mit rauher Oberfläche, genannt der Trochanter tertius (Abb. 291 auf S. 213), bezeichnet hier oft den distalen Teil dieser Insertion. Da weiterhin die Form des Ileum so geändert worden ist, daß es vor dem Hüftgelenk liegt und der Ursprung des Musculus ileo-femoralis diese Verschiebung mitgemacht hat, läuft dieser Muskel in seiner neuen Form als Glutaeus-Gruppe von vorn und dorsal hinten um das Hüftgelenk zum Femur. Er zieht den Trochanter major dorsad und craniad. Dadurch wird das distale Ende des Femur ventrad und caudad bewegt. Es ist deutlich, daß dadurch dieser Muskel sehr wichtig ist für die laufende Fortbewegung bei den Mammalia.

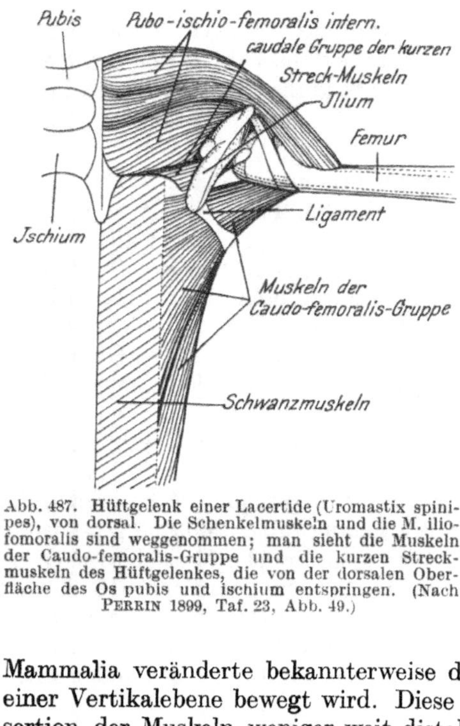

Abb. 487. Hüftgelenk einer Lacertide (Uromastix spinipes), von dorsal. Die Schenkelmuskeln und die M. iliofomoralis sind weggenommen; man sieht die Muskeln der Caudo-femoralis-Gruppe und die kurzen Streckmuskeln des Hüftgelenkes, die von der dorsalen Oberfläche des Os pubis und ischium entspringen. (Nach PERRIN 1899, Taf. 23, Abb. 49.)

Die dritte und am meisten caudal gelegene Gruppe der kurzen Streckmuskeln entspringt von der dorsalen Oberfläche des Ischium, caudal des Musculus pubo-ischio-femoralis internus. Sie verlaufen caudal des Ileum zum Proximalende des Femur, gleich hinter dem Hüftgelenk (Abb. 487: caudale Gruppe der kurzen Streckmuskeln). Diese Muskelgruppe ist nicht weiter wichtig.

Diejenigen autochthonen Extremitätenmuskeln, welche das Femur nach hinten ziehen (der Musculus ileo-femoralis ist davon der wichtigste), sind bei den Reptilia nicht sehr kräftig entwickelt. Das wird dadurch verständlich, daß bei den Reptilia eine andere Muskelgruppe gut entwickelt ist: die Caudo-Femoralis-Gruppe (PERRIN 1899), die vom Schwanze zur Hinterextremität verläuft und dabei das Femur mit großer Kraft nach hinten zieht (Abb. 487). Diese Muskelgruppe gehört nicht zu den autochthonen Extremitätenmuskeln; sie hat sich vielmehr entwickelt aus den hypaxonischen Schwanzmuskeln. Sie entspringt von der Unterseite der Wirbelkörper und der Processus transversi einiger vorderer Schwanzwirbel. Sie verläuft nach vorn zu einem bestimmten Punkte an der Unterseite des Femur, einem Punkt, der übereinstimmt mit jener Stelle, wo der Y-förmige Adductorkamm sich bei den primitiven Tetrapoda in seine drei Zweige teilt. An dieser Stelle bildet das Femur oft einen vierten Trochanter (Abb. 278, 279 auf S. 204), welcher zur Insertion des Musculus caudo-femoralis dient. Dieser Muskel ist sehr kräftig bei den Lacertilia, welche einen langen Schwanz haben. Er arbeitet hier dadurch besonders günstig, daß er durch die seitlichen Krümmungen des Schwanzes unterstützt wird, wenn er das Femur caudad zieht. Da der Fuß fest auf dem Boden steht, wird dadurch der Körper der Eidechse vorwärts getrieben. Ein Teil dieser Muskelgruppe kann von dem Ischium entspringen; sie bildet den Musculus ischio-femoralis. Bei den Aves besitzt diese Muskelgruppe eine besondere Bedeutung für den aufrechten Gang; wahrscheinlich auch bei vielen Dinosauria, soweit man das am vierten Trochanter beurteilen kann. Wenn man nämlich die Extremitäten als den festen Punkt annimmt, dann hat diese Muskelgruppe die Aufgabe, den Schwanz und das Becken hinter dem Hüftgelenk ventrad zu ziehen und dadurch den Rumpf aufzurichten (Abb. 279 auf S. 204; 273 auf S. 201). Bei den Mammalia ist diese Muskelgruppe entweder ganz verschwunden, oder sie ist zu einem unbedeutenden Muskel zurückgebildet (Musculus piriformis bei dem Menschen). Bei dem laufenden Gang der Mammalia kann diese Muskelgruppe auch kaum von größerer Bedeutung sein. Auch bei den Urodela ist diese Muskelgruppe vorhanden, aber sie ist nur schwach entwickelt.

Ventral des Femur liegen die Beugemuskeln oder Flexoren. Auch hier können wir wieder lange, eigentliche Beugemuskeln und kurze Adductoren unterscheiden, deren Wirkung einander ergänzt. Die langen Beugemuskeln entspringen an der Unterseite des Pubis und Ischium; sie inserieren an der ventralen und medialen Seite der Tibia, in einigen Fällen auch am Femur. Die kurzen Flexoren liegen tiefer; sie entspringen ebenfalls an der Unterseite des Ischium und Pubis. Der am tiefsten gelegene Teil der Muskelmasse inseriert an der Fossa trochanterica, welche Grube zwischen den beiden Schenkeln des Y-förmigen Adductorkammes liegt (Abb. 243 auf S. 183, Abb. 257 auf S. 190); bei den Mammalia inserieren sie dementsprechend zwischen dem Trochanter major und minor an der ventromedialen Seite des Femur; diese tiefliegende Muskelmasse wird genannt der Musculus obturator externus. Der oberflächlichere Teil der kurzen Flexoren des Hüftgelenkes inseriert längs dem Vorderrande des Adductorkammes oder an einer Linie, welche damit übereinstimmt, an der ventro-medialen Seite des Femur bis zu seinem Distalende am Condylus medialis.

Diese Adductoren des Femur haben bei den primitiven Tetrapoda mit ihrem gespreizten Gang sicher eine schwere Aufgabe gehabt. Der große Adductorkamm stand wohl im Zusammenhang mit der kräftigen Entwicklung dieser Muskeln.

Als die Tiere weniger gespreizt liefen, wurden auch die Anforderungen geringer, welche an die Adductoren gestellt wurden. Dies ist vor allem der Fall bei den Mammalia: hier wird es durch die Haltung der Extremitäten erreicht, daß das Körpergewicht auf eine viel günstigere Weise auf die Extremitäten übertragen wird. Doch bleiben auch hier diese Adductormuskeln kräftig, wobei als Ursache in Betracht kommt, daß sie jetzt das Femur nach hinten und dadurch den Rumpf nach vorn ziehen. In dem Oberschenkel liegen noch einige kurze Beugemuskeln, welche vom Femur entspringen und ventral des Femur zum Unterschenkel ziehen. Bei den primitiven Tetrapoda müssen diese Beugemuskeln sehr kräftig gewesen sein; aber mit der Vervollkommnung der Fortbewegungsweise nimmt ihre Aufgabe und damit ihr Umfang ab.

In dem Unterschenkel liegen die Streck- und Beugemuskeln des Fußes. Auffallend ist hierbei die starke Entwicklung der an der Hinterseite der Tibia und Fibula liegenden oberflächlichen Wadenmuskeln bei den Amniota. Bei den Urodela sind diese Muskeln noch erst wenig entwickelt; eine Streckung des Fußes gegen den Unterschenkel spielt bei ihrer Fortbewegung nur eine geringe Rolle; die langen Beugemuskeln der Zehen sind wohl vorhanden, aber nicht kräftig entwickelt. Die kurzen Beugemuskeln der Zehen sind bei den Urodela wichtiger.

Bei den Sauropsida ist dies anders geworden. Die Zehen können parallel zum Rumpf gebracht werden; weiterhin hat sich ein intertarsales Gelenk entwickelt, in welchem sich der Fuß mit Kraft ventrad bewegen kann, um als Hebel beim Fortstoßen des Körpers zu dienen (Abb. 263 auf S. 193). Hierzu sind kräftige, lange Beugemuskeln bei den Sauropsida gebildet, welche entspringen am Unterende des Femur und vom Oberende der Tibia; sie verlaufen längs der Hinterseite des Unterschenkels über das intertarsale Gelenk zur Sohlenfläche. Hier geht der Muskel über in eine Sehnenplatte, welche an dem fünften Metatarsale inseriert und sich fortsetzt in Sehnen, die an der Unterseite der Zehen zu allen Phalangen ziehen. Der Muskel wird Musculus flexor digitorum longus genannt.

Bei den Mammalia ist kein intertarsales Gelenk entstanden, vielmehr ein Rollgelenk, welches zwischen Unterschenkel und Tarsus gelegen ist (Abb. 263; Abb. 290). Die Hauptmasse der Wadenmuskeln geht nicht zu den Zehen, sondern inseriert an der Tuberositas calcanei des Fersenbeins mittels der Achillessehne; es sind der Musculus gastrocnemius, welcher von der Hinterseite des Femur etwas oberhalb des Knies entspringt und der darunter liegende Musculus soleus, der von der Tibia und Fibula entspringt. Jener Teil der Muskelmasse, welcher als Musculus flexor digitorum longus zu den Zehen verläuft, ist ein schwacher Muskel. — Die Streckmuskeln des Unterbeines erfordern keine besondere Erwähnung.

Die visceralen Muskeln.

Wir haben oben dargelegt, daß die Muskeln des Kopfes und der Kiemenbogen eine ganz selbständige Muskelgruppe bilden: sie entstehen nicht aus den Ursegmenten, sondern von der Muskulatur der Darmwand. Diese Muskelgruppe wird innerviert durch viscero-motorische Nervenfasern, welche das Gehirn durch mehrere Nerven verlassen, die homolog sind mit dorsalen Wurzeln der Rückenmarksnerven (Abb. 455, 456). Die Nerven sind: der N. trigeminus für die Muskeln des Kieferbogens; der N. facialis für die Muskeln des Hyoidbogens; der N. glossopharyngeus für die Muskeln des ersten Kiemenbogens; und schließlich der N. vagus für alle folgenden Kiemenbogen.

Diese Muskeln entstehen embryonal aus den sogenannten Seitenplatten (Abb. 459 auf S. 336); das sind diejenigen Teile der Mesodermanlage, welche ventral der Ursegmente liegen. Hier erreicht die Bildung von Muskelgewebe im Kopf und in der Region der Kiemenspalten eine viel höhere Entwicklung als weiterhin im Rumpfe; im Rumpfe nämlich entstehen hieraus nur Darmmuskeln (VAN WIJHE 1882). Diese Muskeln werden darum als Visceralmuskeln den somatischen Muskeln gegenübergestellt.

Bei Amphioxus treten um und zwischen den Kiemenspalten bei den Larven Muskeln auf, welche später wieder verschwinden; auch Amphioxides besitzt Kiemenmuskeln. Sie bestehen aus glatten Muskelfasern. Es ist deutlich, daß diese Muskeln homolog sind mit den Visceralmuskeln der Vertebrata; sie stammen nicht ab von den Somiten, sondern haben sich in der Wand des Kiemendarmes selbst gebildet. Sie bestätigen also die Ableitung der Visceralmuskeln von der Muskelschicht der Darmwand (VAN WIJHE 1914, GOLDSCHMIDT 1905). Ein näherer Vergleich ist bei dem großen Bauunterschiede in der Kiemenregion bei Acrania und Vertebrata nicht möglich (über den Musculus transversus bei Amphioxus, der vielleicht ebenfalls ein Visceralmuskel ist, vergleiche man S. 338).

Bei den Cyclostomata ist die Lage der Visceralmuskeln noch recht ursprünglich: sie werden nämlich durch die somatischen Muskeln bedeckt (Abb. 457 auf S. 335). Sie bilden hauptsächlich eine Muskellage um jeden Kiemensack (Petromyzontes) oder um alle Kiemensäcke zusammen (Myxinoidea). Diese Muskeln wirken als Constrictores, indem sie die Kiementaschen zusammenpressen. Das schwach entwickelte Kiemenbogenskelet besitzt nur einen geringen Einfluß auf den Bau der Muskeln. Nur im Zusammenhang mit dem Zungenskelet ist ein verwickelter und kräftiger Muskelapparat visceralen Ursprungs entwickelt; er wird durch Zweige des N. trigeminus innerviert. Die besondere Form des Mundes und der Zunge und das Fehlen der Kiefer machen einen weiteren Vergleich mit den Kaumuskeln der Gnathostomata unmöglich, trotzdem diese ebenfalls durch den N. trigeminus innerviert werden. Wir möchten denn auch nicht weiter auf den Bau dieser visceralen Muskeln bei den Cyclostomata eingehen (MÜLLER 1836).

Die visceralen Muskeln der Gnathostomata (GEGENBAUR 1898) erreichen um die Kiemenspalten eine oberflächliche Lage; sie verdrängen die hypaxonischen, somatischen Muskeln als epi- und hypobranchiale Muskeln dorsad und ventrad; sekundär breiten sie sich über diese Muskeln aus (S. 335). Die Visceralmuskeln sind segmentiert gebaut; das steht in Übereinstimmung mit dem segmentalen Bau ihrer Nerven, des Kiemendarmes und des Visceralskelets. Ihre Segmentation stimmt jedoch nicht mehr mit der Segmentierung des übrigen Rumpfes überein; es hat vielmehr der Rumpfsegmentierung gegenüber eine Verschiebung stattgefunden. Darum spricht man von einer besonderen Branchiomerie gegenüber der Metamerie des eigentlichen Körpers, besonders der somatischen Muskulatur. Diejenigen Visceralmuskeln, welche mit den Kiemenbogen verbunden sind, zeigen ursprünglich einen gleichmäßigen Bau; das ist z. B. bei den Selachii der Fall. Es sind dies die Muskeln, welche durch den N. vagus und den N. glossopharyngeus innerviert werden. Die Muskeln des Hyoidbogens und des Kieferbogens, innerviert durch den N. facialis und N. trigeminus, sind in so besonderer Weise umgebildet, daß sie besonders besprochen werden müssen.

Muskeln der Kiemenbogen. Wir beginnen mit den Muskeln der Kiemenbogen (VETTER 1874, 1878, TIESING 1896). Sie reichen von der ersten Kiemenspalte bis zum Schultergürtel. Wir wollen sie die **Muskeln der Vagus-Gruppe** nennen, da sie durch den N. vagus und den N. glossopharyngeus innerviert werden. Diese Muskelgruppe bildet einen großen, oberflächlichen Constrictor: den Musculus constrictor superficialis. Von ihm senken sich in die Scheidewände der Kiemenspalten Muskelschichten ein, welche Musculi interbranchiales genannt werden. Noch tiefere Teile der Muskelgruppe liegen an der Innenseite der Kiemenbogen; sie verlaufen vom Ceratobranchiale zum Epibranchiale; sie beugen den

Kiemenbogen, zu welchem sie gehören (Musculi adductores arcuum visceralium). Weiterhin liegen am Oberende der Kiemenbogen kurze Muskeln: die Musculi interarcuales; sie verbinden das Pharyngo- und Epibranchiale desselben oder der angrenzenden Bogen (Abb. 488). Dorsal schließen sich daran an die Musculi interbasales; sie verbinden die Pharyngobranchialia miteinander; dies sind epibranchiale, somatische Muskeln, die nur bei einigen Selachii vorkommen (S. 342).

Der weitaus wichtigste Muskel ist der im Anfang genannte Musculus constrictor superficialis; er bildet eine nicht dicke, aber sehr weit ausgebreitete Muskellage, deren Fasern hauptsächlich dorso-ventral verlaufen. Seine Muskelfasern entspringen dorsal von der Regio occipitalis des Schädels und von einer

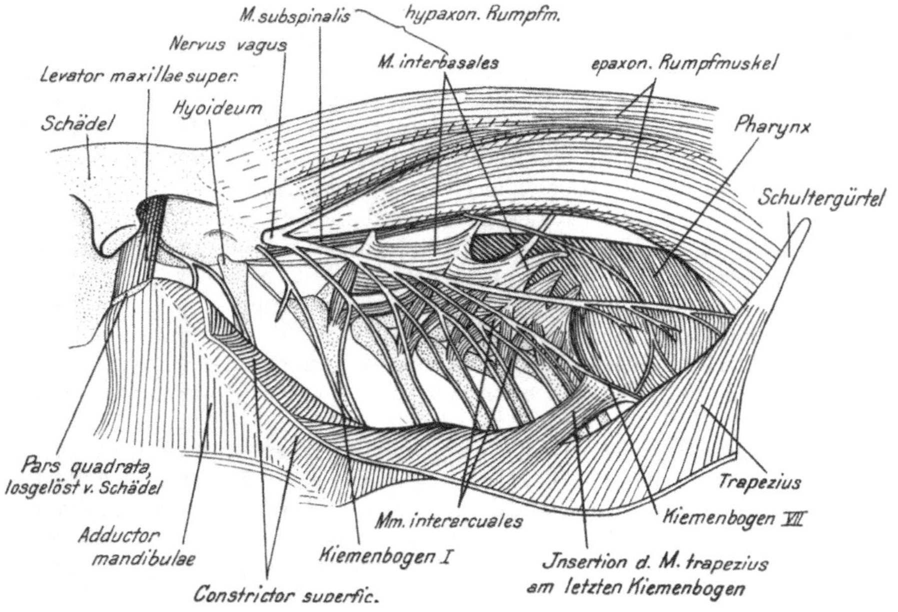

Abb. 488. Die epibranchialen und somatischen Muskeln und die tiefgelegenen dorsalen, visceralen Muskeln von Heptanchus; linke Seite. Die oberflächlichen visceralen Muskeln der Vagusgruppe (Mm. constrictor superficialis und trapezius) sind an ihrem dorsalem Rande und von den Kiemenbögen losgemacht und nach unten umgeklappt. Außerdem ist die Verbindung des Hyomandibulare und des Palatoquadratum mit dem Neurocranium gelöst; dann sind diese Skelettstücke ventrad verschoben. Nerven weiß, Knorpel punktiert. (Nach VETTER 1874, Taf. 14, Abb. 2.)

dorsalen Fascie, welche die epaxonischen Muskeln bedeckt; ventral gehen sie über in eine mediane, ebenfalls oberflächliche Fascie. Die tiefere Faserlage des Constrictor ist oft mit den Ectobranchialia verbunden; sie inseriert auch an den ventralen Stücken der Kiemenbogen. Die Kiemenspalten und Sehnenstreifen teilen den Muskel in segmentale Stücke. Bei der Kontraktion verengert dieser Muskel den Kiemendarm und schließt die Kiemenspalten.

Zu diesen Muskeln der Vagus-Gruppe gehören noch die Muskeln des Trapeziussystems. Bei den Selachii ist dieses ein Muskel, welcher entspringt hauptsächlich von der Rückenfascie und von den Myocommata der Rückenmuskeln. Vorn ist er meist bedeckt durch den Musculus constrictor superficialis. Mit ventro-caudad gerichteten Fasern inseriert er am oberen Teile des Schultergürtels und daneben noch oft am letzten Kiemenbogen; nur ausnahmsweise inseriert er an allen Kiemenbogen, z. B. bei Acanthias (dieses sind Bündel, welche in der Abb. 489 sich ventrad unter den Musculus constrictor superficialis erstrecken).

Der Musculus trapezius zieht den Schultergürtel dorso-craniad und fixiert ihn. Ebenso wirkt er auf den hinteren Kiemenbogen und in einigen Fällen auch auf alle Kiemenbogen. Die zu den Kiemenbogen verlaufenden Bündel können als Musculi levatores arcuum angedeutet werden.

Oben haben wir gesehen, wie ventral auch bestimmte somatische hypobranchiale Muskeln vom Schultergürtel zu den Kiemenbogen verlaufen (S. 342 und Abb. 466); dieses sind die Musculi coraco-branchiales des Coraco-Arcuales-Systems.

Die Muskeln der Vagus-Gruppe bei den Teleostei unterscheiden sich in wichtigen Punkten von denen der Selachii. Die Kiemenbogen liegen ja bei den Teleostei unter dem Kopf zusammengedrängt in einer einzigen Kiemenhöhle; dadurch ist der Musculus constrictor superficialis der Kiemenbogen verschwunden. Der Musculus trapezius ist noch beobachtet bei einigen primitiven Teleostomi (Acipenser); er fehlt aber bei den Teleostei. Vielleicht ist dieses Fehlen zurückzuführen auf eine Befestigung des Schultergürtels am Schädel mittels der Supracleithralia;

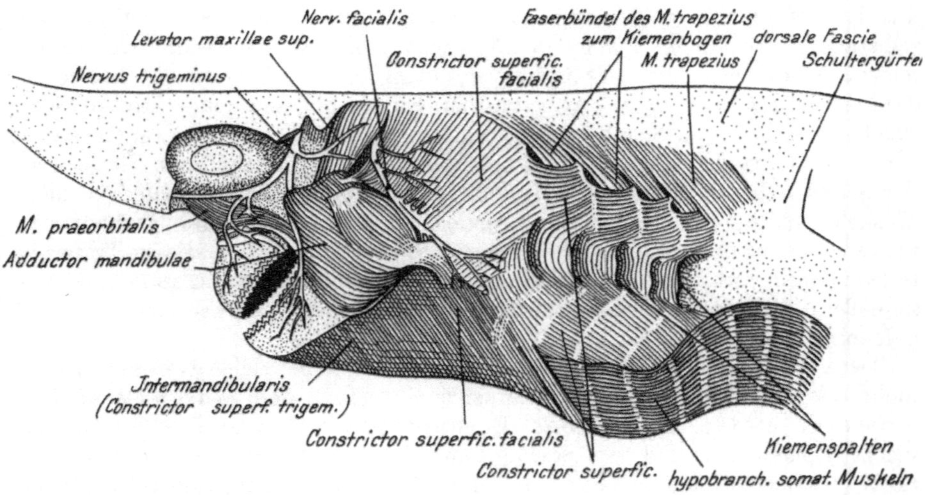

Abb. 489. Die oberflächlichen Muskeln des Kopfes und der Kiemenregion bei Acanthias, nachdem die Haut wegpräpariert ist; von links. (Nach VETTER, 1874, Taf. 14, Abb. 3.)

vielleicht auch teilweise darauf, daß dieser Muskel ersetzt wird durch ein kräftiges Faserbündel der Seitenrumpfmuskulatur, welches vom Schädel zum Schultergürtel verläuft (VETTER 1878, SHANN 1919). Ferner sind auch die Musculi adductores arcuum visceralium und die Musculi interbranchiales zurückgebildet und meist ganz verschwunden.

Dagegen sind mehrere kurze Muskeln an dem Ober- und Unterende der Kiemenbogen zu beobachten: die Musculi interarcuales dorsales, welche schon bei den Selachii vorkommen; außerdem die Musculi interarcuales ventrales, welche hier neu auftreten, vielleicht entstanden sind aus Resten des Musculus constrictor superficialis. Eine besondere ventrale Muskelgruppe dient der Bewegung der Ossa pharyngea inferiores.

Wichtig ist das Auftreten gut entwickelter Musculi levatores arcuum bei den Teleostomi. Sie entspringen von der Labyrinthkapsel und inserieren am Dorsalende der Kiemenbogen. Diese Muskeln gehören vermutlich zur Trapezius-Gruppe, welche Gruppe bei einigen Selachii auch schon Faserbündel zum dorsalen Ende aller Kiemenbogen entsendet; daß diese Muskeln bei den Teleostomi vom Schädel entspringen, kann durch die Lage der Kiemenbogen unter dem Kopf erklärt werden.

Mit dem Übergange zum Landleben und der Umbildung der Kiemenbogen zu einem Teile des Hyoidskelets und Larynx mußten auch die Visceralmuskeln der Vagus-Gruppe verändert werden und einer Rückbildung unterliegen. Bei den Larven der Amphibia und bei den Perennibranchiaten, mit ihren offenen Kiemenspalten, sind diese Muskeln noch ziemlich gut entwickelt, u. a. auch der Musculus constrictor superficialis. Aber bei der Metamorphose verschwinden diese Muskeln größtenteils (RUGE 1897, DRÜNER 1901—1904). Bei Rana bleiben Muskeln übrig, welche von der Labyrinthkapsel zum Rande des Os hyoideum verlaufen: die Musculi petrohyoidei. Sie werden durch den N. glossopharyngeus innerviert (GAUPP 1896—1904) und sind mit einem Musculus levator arcuum homolog. Bei den Amniota verschwinden auch diese Muskeln; damit sind fast alle Muskeln der Kiemenbogen zurückgebildet, nur einige Muskeln des Larynx bleiben übrig.

Gut entwickelt bleiben dagegen die Muskeln der Trapezius-Gruppe; hat doch ihre Aufgabe, den Schultergürtel zu bewegen und zu fixieren, mit dem Landleben an Bedeutung nur zugenommen. Es sind dorsale und laterale Hals- und Rumpfmuskeln, welche innerviert werden durch den N. accessorius, einem selbständig gewordenen Zweige des N. vagus (Abb. 484, 485, 486). Der Hauptmuskel ist der eigentliche Trapezius; er entspringt von der dorsalen Fascie und damit von den Processus transversi der Halswirbel und jener Rumpfwirbel, welche zwischen dem Schultergürtel liegen. Bisweilen (Mammalia) entspringt er noch weiter caudal bis zur Mitte des Rumpfes. Er inseriert am Vorderrande der Scapula, bei den Mammalia an der Spina scapulae. Der caudale Teil dieses Muskels wird bei den Mammalia innerviert durch Zweige einiger Rückenmarksnerven. Es stimmt also merkwürdigerweise die Innervation dieses Trapeziusteiles überein mit der Innervation der somatischen Muskeln; daraus kann man schließen, daß der Trapezius aus Muskelmaterial sehr verschiedener Herkunft aufgebaut ist.

Der vordere Teil der Muskelmasse des Trapezius ist bei vielen Amniota zu einem mehr oder weniger selbständigen Muskel geworden: dem Musculus sterno-episterno-cleido-mastoideus. Er entspringt von der Clavicula, der Interclavicula (Episternum) und dem Sternum und verläuft als ein oberflächlicher, lateraler Halsmuskel zum Schädel. Bei den Mammalia entspringen seine Muskelfasern vom Sternum und der Clavicula; entsprechend trägt der Muskel den Namen Musculus sterno-cleido-mastoideus. Weitherin verläuft ein Teil seiner Fasern als Musculus brachio-cephalicus vom Schädel zum Humerus (Abb. 486). Der M. episterno-cleido-mastoideus wird vor allem durch den Nervus accessorius innerviert; aber auch Fasern einiger vorderer Spinalnerven treten hinzu, vielleicht sogar Fasern, die vom N. hypoglossus herstammen.

Viscerale Muskeln des Hyoidbogens. Die visceralen Muskeln des Hyoidbogens werden durch den N. facialis innerviert; wir wollen sie darum Facialismuskeln nennen. Sie unterscheiden sich in vieler Hinsicht von den Muskeln der Kiemenbogen (RUGE 1897). Es macht sich hier unmittelbar ein Einfluß des Kieferbogens auf den Hyoidbogen und auf dessen Muskulatur geltend. Der Musculus constrictor superficialis des Hyoidbogens, der ja ein Teil des allgemeinen Musculus constrictor superficialis ist, ist stets gut entwickelt. Dagegen fehlen entweder die Homologa der anderen Kiemenbogenmuskeln (die Musculi interarcuales, levatores arcuum und adductores), oder sie sind nicht von dem Musculus constrictor superficialis des Hyoidbogens geschieden (Musculi interbranchiales).

Wichtig ist, daß eine tiefere Faserschicht am Hyoidbogen inseriert; wobei ein dorsaler und ein ventraler Teil zu unterscheiden sind. Der dorsale Teil entspringt am Schädel und inseriert am Hyomandibulare; der ventrale Teil entspringt am

Hyoideum und inseriert in der ventralen Medianlinie an der Linea alba. Diese Muskellage wird bedeckt durch die oberflächliche Faserschicht des Musculus constrictor superficialis. Weiterhin treten dadurch Veränderungen auf, daß der Kieferbogen caudad in das Gebiet des Facialis-Constrictor reicht. Dadurch bekommen seine vorderen und mehr oberflächlichen Fasern eine Insertion am Kieferbogen. Auf diese Weise verläuft ein dorsaler Teil des Facialis-Constrictor von der dorsalen Fascie zum Palatoquadratum und dem Kiefergelenk. Und ein ventraler Teil läuft vom hinteren Stücke des Mandibulare zur Linea alba; mit dem entsprechenden Muskel der anderen Seite bildet er dadurch einen von Unterkiefer zu Unterkiefer laufenden Musculus intermandibularis. Der vordere Teil dieses Musculus intermandibularis gehört zu dem Musculus constrictor des Trigeminus-Gebietes, welcher selten fehlt. Bei den Tetrapoda verschwindet der Facialisteil des Musculus intermandibularis sogar ganz; dadurch wird der ganze Musculus intermandibularis durch den N. trigeminus innerviert (DRÜNER 1901—04, LUTHER 1908). So bleibt bei den Selachii oft nur ein ziemlich schmaler Musculus constrictor superficialis des Facialis-Gebietes übrig. Bei den Teleostomi und den Dipnoi ist dieser Musculus constrictor superficialis des Facialis-Gebietes von großer Bedeutung: liefert er doch die Muskeln für die Bewegung des Kiemendeckels. Dadurch bleibt er gut entwickelt, während der Musculus constrictor von dem Vagus-Gebiet bei den Teleostomi zurückgebildet wird. Dadurch war offenbar bei dem Übergang der Stammformen der Tetrapoda zum Landleben kein Vagus-Constrictor, sondern nur ein Facialis-Constrictor vorhanden, welcher sich nun caudad in das ursprüngliche Vagus-Gebiet ausbreitete; dies mußte wohl durch das Verschwinden der Kiemenspalten und die Aufnahme des Kiemendeckels in die Halswand erleichtert werden. Auf diese Weise entstand bei den Tetrapoda ein bestimmter Muskel der Halsregion: Musculus sphincter colli genannt, welcher aus dem Facialis-Constrictor abzuleiten ist. Dieser Muskel breitet sich bei den Amniota stark aus und reicht bis zum Schultergürtel als eine dünne, unter der Haut liegende Muskellage; diese bedeckt auch den Musculus trapezius teilweise (Abb. 485). Bei den Mammalia bekommt der Musculus sphincter colli als Hautmuskel des Halses und Kopfes eine besondere Entwicklung; wir kommen darauf bei den Hautmuskeln noch zurück.

Bei den Amphibia und Sauropsida ist weiterhin noch ein gut entwickelter Dorsalteil des Facialis-Constrictor vorhanden. Er entspringt unter und vor dem Musculus sphincter colli am Schädel, zugleich an der oberflächlichen, dorsalen Fascie; er verläuft ventral zum Hinterende des Unterkiefers hinter das Kiefergelenk. Dieser Muskel wird Musculus depressor mandibulae genannt. Er zieht das Hinterende des Unterkiefers dorsad und öffnet dadurch den Mund (Abb. 485a). Bei den Mammalia verschwindet er mit der Umbildung des Kiefergelenkes. Bei den Amniota werden auch noch einige kleinere tiefliegende Facialismuskeln gefunden, deren Beschreibung wir uns hier ersparen können.

Die visceralen Kieferbogenmuskeln. Die visceralen Muskeln des Kieferbogens (Abb. 489) werden durch den N. trigeminus innerviert. Sie haben eine ganz eigene Entwicklung durchgemacht. Schon bei den Selachii treten sie auf als Kiefer- und Kaumuskeln (LUTHER 1908, 1913, 1914). Die stets umfangreiche Muskelmasse ist als Ganzes noch am besten mit dem Musculus constrictor superficialis der anderen Visceralbogen zu vergleichen. Sie ist jedoch in engem Zusammenhang mit dem Skelet des Kieferbogens getreten; dadurch wird sie in drei Abteilungen geteilt. Der ventrale Teil ist schon bei den Facialismuskeln genannt: der Musculus intermandibularis, der von Kiefer zu Kiefer laufende Muskel; er gehört hierher, soweit er durch den N. trigeminus innerviert wird. Dieser Muskel wird bei den Tetrapoda Musculus mylohyoideus genannt; er ist ein wichtiger Stützmuskel für den Boden der Mundhöhle und für die Zunge. Der mittlere Teil dieser Muskelmasse besteht hauptsächlich aus Fasern, welche vom Palatoquadratum zum Unterkiefer verlaufen, und zwar längs der Außenseite des Kieferbogens. Diese Muskelmasse bildet einen Schließmuskel des Mundes; er wird in dieser primitiven Form, wie wir ihn bei den Selachii antreffen, Musculus adductor mandibulae genannt. Eine Homologie mit den Musculi adductores arcuum visceralium der Vagus-Gruppe besteht sehr wahrscheinlich nicht. Der dorsale Teil des Trigeminus-Constrictor entspringt vom Schädel: von der Labyrinthkapsel und von Schädelteilen, welche nach vorne davon liegen. Er inseriert an der dorsalen und medialen Oberfläche des Palatoquadratum; er hebt das Palatoquadratum auf, bewegt und fixiert es gegen das Neurocranium. Diese Muskelmasse kann als Musculus constrictor trigeminus dorsalis angedeutet werden; der typische Muskel derselben ist der Musculus levator maxillae superioris (VETTER) oder Musculus levator palatoquadrati (LUTHER; vgl. Abb. 488 und 491).

Bei den Selachii kommt noch ein vierter selbständiger Muskel der Trigeminus-Gruppe vor: der Musculus praeorbitalis oder Musculus levator labii superioris. Er entspringt vor der Orbita an der Regio ethmoidalis des Neurocranium; sein Verlauf ist latero-caudad über das Palatoquadratum zum Mundwinkel, wo er inseriert an einer Sehnenplatte des Musculus adductor mandibulae (Abb. 489). Eine Insertion an die Lippenknorpel ist nur recht gering oder gar nicht vorhanden. Es ist die Frage, ob dieser Muskel nicht zu einem praemandibulären Branchiomer gehört; diese Auffassung wird u. a. durch SEVERTZOFF (1923) verteidigt; LUTHER dagegen ist der Meinung, daß der Musculus praeorbitalis ein Teil des Musculus adductor mandibulae sei und zum Kieferbogen gehört.

Von den drei Abteilungen der Trigeminusmuskeln ist der Musculus adductor mandibulae der wichtigste, es entstehen nämlich in der Reihe der Vertebrata die Schließmuskeln des Mundes, also die Kaumuskeln, stets aus dem Musculus adductor (LUTHER 1914, ADAMS 1919). Bei den Teleostomi ist der Musculus adductor mandibulae sehr verschieden entwickelt. Sein Ursprung greift hier vom Palatoquadratum über auf das Praeoperculum und auf die Seitenwand des Neurocranium hinter die Orbita. Der Ursprung am Neurocranium bietet eine festere und dadurch günstigere Ursprungsfläche wie die vom meist beweglichen Palatoquadratum und seinen Deckknochen. Diese Muskelgruppe wird bei den Teleostomi in einige mehr oder weniger selbständige Muskeln aufgeteilt. Diesen hat man die Namen der Kaumuskeln der Mammalia gegeben; aber diese Homologie ist mindestens unvollständig; darum gebraucht man am besten diese Namen hier nicht.

Die Adductor-Gruppe der Tetrapoda (Abb. 490) läßt sich in zwei Muskeln verteilen. Der wichtigste Kaumuskel ist der Musculus temporalis, welcher die Temporalgrube größtenteils anfüllt. Er entspringt von der Schädelkapsel und vom Quadratum; er inseriert am Unterkiefer, hauptsächlich durch eine kräftige Sehne am Processus coronoideus. — Der zweite Kaumuskel ist der Musculus pterygoideus. Seine Fasern entspringen am Pterygoid; sie inserieren an der Innenfläche des Unterkiefers, oder sie verlaufen auch unter dem Unterkiefer durch und inserieren an seiner Außenseite. Ist das Pterygoid fest mit dem Neurocranium verbunden, also bei einem akinetischen Schädel, dann breitet der Musculus pterygoideus seinen Ursprung auch über die Seitenwand des Neurocranium aus.

Der Musculus temporalis teilt sich bei den Mammalia in zwei Teile: einen tieferen, eigentlichen Musculus temporalis und einen oberflächlichen, vom Jochbogen entspringenden Musculus masseter; dieser inseriert an der Außenseite des Unterkiefers bis zum ventralen Rande. Der Musculus masseter ist eine Neubildung der Mammalia, die wahrscheinlich bei den Anomodontia mit ihren gleichfalls synapsiden Schädel entstand. Ähnliche Muskeln anderer Tetrapoda sind nur analoge, nicht homologe Bildungen.

Die dritte Abteilung der Trigeminusmuskeln ist die Levator-Maxillae-Superioris-Gruppe. Ihre Aufgabe besteht darin, das Palatoquadratum gegen die Schädelbasis zu bewegen. Bei den Teleostomi ist sie gut entwickelt (VETTER 1878, LUTHER 1913). Ein Teil der Muskelmasse hat hier seine Insertion verlegt auf das Hyomandibulare; auf diese Weise zieht dieser Muskel als Musculus protractor hyomandibularis diesen Knochen nach vorn. Ein weiterer Teil hat die Insertion verlegt auf das Operculum; dieser Muskel zieht den Kiemendeckel nach außen: Musculus dilatator operculi. Bei den monimostylen Dipnoi fehlt die Levator-Maxillae-Superioris-Gruppe ganz; auch ein Musculus dilatator operculi ist nicht anwesend.

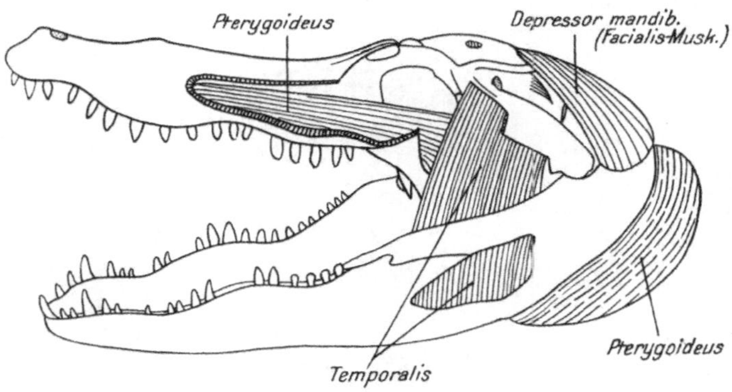

Abb. 490. Muskeln der Adductorgruppe (Kaumuskeln) eines Alligator. Der unterste Jochbogen und ein nach vorn anschließendes Stück des Schädels sind weggenommen. (Nach ADAMS, 1919, Taf. 6, Abb. 5.)

Diese Muskelgruppe ging auf die Tetrapoda über. Sie ist vor allem dort wichtig, wo die Oberkiefer- und Gaumenknochen beweglich blieben gegen das Neurocranium, also bei einem kinetischen Schädel. Bei akinetischen Schädeln ist diese Gruppe dagegen stets zurückgebildet; die typischen Muskeln dieser Gruppe sind dann meist ganz verschwunden (VERSLUYS 1912, LUTHER 1914, siehe auch EDGEWORTH 1907). Bei einigen primitiven Urodela und bei den Gymnophiona ist diese Muskelgruppe in der Gestalt eines ziemlich kräftigen Musculus levator quadrati vorhanden (Abb. 492, 493). In derselben Form finden wir die Gruppe bei den Aves: Musculus orbito-quadratus, welcher in der Tiefe der Temporalgrube vom Schädel zum Processus orbitalis des Quadratum verläuft. Bei den Lacertilia und den Ophidia ist diese Muskelgruppe sehr kräftig. Sie inseriert hier nicht am Quadratum, sondern am Pterygoid, welches durch diese Muskelgruppe gegen die Schädelbasis nach vorn und nach hinten gezogen werden kann: Musculi protractores und levatores pterygoidei (Abb. 494).

Diese Muskelgruppe hat sich nach vorne bis in die Orbita ausgebreitet und bildet dadurch den Boden der Orbita. Bei der Kontraktion dieses Muskels wird dadurch der Bulbus des Auges emporgehoben: Musculus levator bulbi. Ein anderer Teil dieser vorderen Muskelmasse zieht das untere Augenlid nach unten: Musculus depressor palpebrae inferioris (WEBER 1877; vgl. Abb. 494), Der Zusammenhang dieser Muskeln mit der eigentlichen Levator-Maxillae-Superioris-Gruppe kann verloren gehen. Durch ihre besondere Funktion bleiben diese Muskeln auch bestehen bei monimostylen Formen, wo die eigentliche Muskelgruppe zurückgebildet wird. Bei den Mammalia fehlen diese Muskeln, es sei

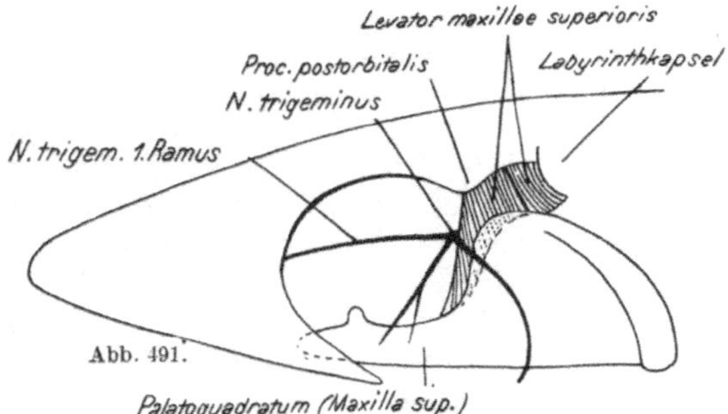

Abb. 491.

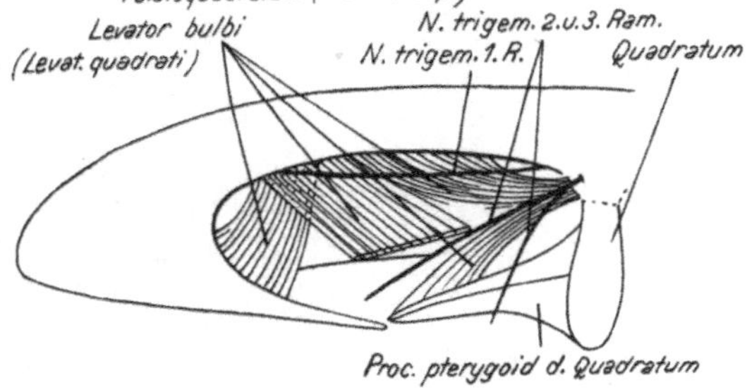

Abb. 492.

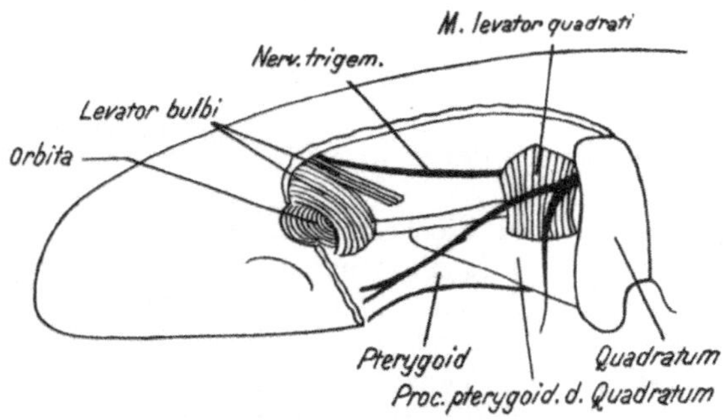

Abb. 493.

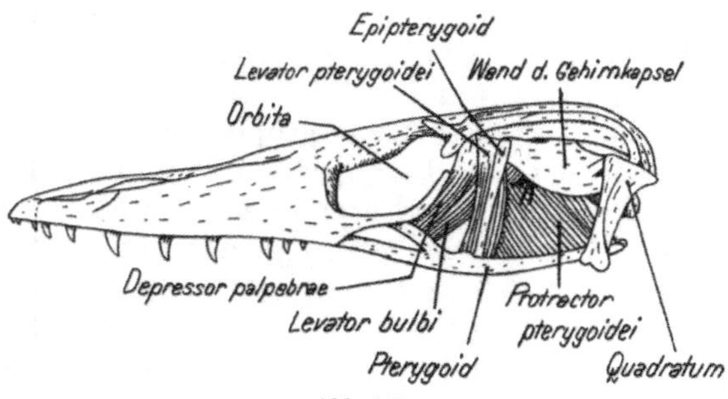

Abb. 494.

Abb. 491—494. Muskeln der Levatoris-maxillae-superioris-Gruppe.
Abb. 491. Bei den Selachii, hauptsächlich nach den Verhältnissen bei Chlamydoselache und den Notidaniden. — **Abb. 492.** Bei primitiven Urodela mit Basipterygoidgelenk zwischen der Schädelbasis und dem Pterygoid. (Hynobius und Salamandrella). — **Abb. 493.** Bei den Gymnophiona. — **Abb. 494.** Bei den Lacertilia. (Varanus). — Nach LUTHER, 1914, Textabb. 25a und nach VERSLUYS, 1912, Abb. 51.)

denn, daß wir im Musculus tensor veli palatini einen Rest dieser Muskeln vor uns haben; er wird durch den N. trigeminus innerviert; seine Aufgabe besteht darin, den weichen Gaumen zu spannen (CORDS 1919).

Die Hautmuskeln.

Bei den Pisces stehen die somatischen Rumpfmuskeln in enger Verbindung mit der Haut, da hier die Myocommata direkt in das Bindegewebe des Corium übergehen. Bei den Tetrapoda dagegen wird durch die Entwicklung des losen Unterhautbindegewebes dieser Zusammenhang viel weniger fest. Die allgemeine Rückbildung der Myocommata bei den Amniota läßt diesen Zusammenhang noch mehr verloren gehen. Eine feste Verbindung des Musculus rectus abdominis durch seine Myocommata mit der Haut ist aber noch vorhanden bei den Lacertilia und bei Sphenodon. Bei Sphenodon sind die Bauchrippen mit der Haut und mit den Myocommata sehr fest verbunden (S. 362).

Im Anschluß an den Zustand der Lacertilia erreichen dann Hautmuskeln bei den Ophidia eine hohe Entwicklung. Dies hängt zusammen mit der Bedeutung der ventralen Hautschuppen für die Fortbewegung dieser Tiere. Die Bauchseite wird bei den Ophidia meist durch große, quer gerichtete Schilder an Stelle von Schuppen bedeckt. Diese Schilder sind untereinander und andererseits mit den Rippenenden durch Muskeln verbunden. Diese Muskeln richten die Schilder auf, so daß ihr Hinterrand vorspringt und dem Tier einen Halt auf den Boden gibt. Dadurch wird ein Zurückgleiten des Rumpfes über den Boden verhindert. Auf diese Weise können seitliche Biegungen des Rumpfes diese extremitätenlosen Tiere fortbewegen.

Bei den Tetrapoda ist die Haut meist nur lose auf den Körpermuskeln befestigt; hier können dann besondere Muskeln für die Bewegung der Haut entstehen. Bei den Amphibia und Reptilia finden wir solche Hautmuskeln nur ausnahmsweise: z. B. bei Rana, wo ein Teil des Musculus pectoralis als Musculus cutaneus pectoris an der Haut inseriert; aber bei den Aves und den Mammalia sind diese Muskeln stark entwickelt. Bei den Aves haben sie die Bedeutung, die Flughaut des Flügels (Patagium) zu spannen, gleichzeitig die Konturfedern zu fixieren und aufzurichten. Zur Flughaut verlaufen Teile des Musculus pectoralis, trapezius, deltoideus, latissimus dorsi usw. Diese Muskeln haben ihre Insertion vom Skelet auf die Haut verlegt, während ihr Ursprung am Skelet erhalten blieb (FÜRBRINGER 1888, 1902).

Außergewöhnlich stark entwickelt sind die Hautmuskeln bei den meisten **Mammalia.** Sie bilden hier eine beinah geschlossene, mit der Haut verbundene Muskellage über dem Rumpf und dem Kopf, sowie über den proximalen Teil der Extremitäten (Abb. 495). Man nennt diese große Muskellage den Musculus subcutaneus (Panniculus carnosus). Wichtig ist, daß das Material dieser Muskellage von zweierlei Ursprung ist: der Rumpfteil ist abzuleiten von somatischen Muskeln; der Hals- und Kopfteil dagegen entstand aus dem Musculus sphincter colli, also aus visceralen Muskeln! Die Zusammenfassung beider Teile zu einem Panniculus carnosus ist also vergleichend anatomisch nicht richtig; sie dadiert aus einer Zeit, wo man in diesen Unterschied noch keinen Einblick hatte (RUGE 1886, 1895, 1897, 1905). Es ist darum besser, die Namen Panniculus carnosus oder Musculus subcutaneus nur zu gebrauchen für denjenigen Teil der Hautmuskeln, welcher von den somatischen Muskeln herstammt, also für den Rumpfteil. Das Material dieses Teiles stammt vom Musculus pectoralis und vom Musculus latissimus dorsi. Teilweise bleibt die Insertion am Humerus in unmittelbarer Nähe des Musculus pectoralis erhalten. Es ist hier vor allem der Ursprung der Muskeln, die von den oberflächlichen Fascien der Brust und des Rückens auf die Haut verlegt wurde; also gerade umgekehrt wie bei den Aves, wo die Insertion auf die Haut verlegt wurde. Die Bedeutung dieser Muskelschicht bei den Mammalia besteht in einer Bewegung der Haut. Die Haut ist ja durch Zurückbildung des Schuppenkleides viel beweglicher geworden. Zweitens bewegt dieser Muskel die Haare, vor allem, wenn die Haare zu Stacheln umgebildet sind; der Muskel unterstützt dann die Wirkung der aus glatten Muskelfasern bestehenden eigenen Muskeln der Haare, der Musculi arrectores pili.

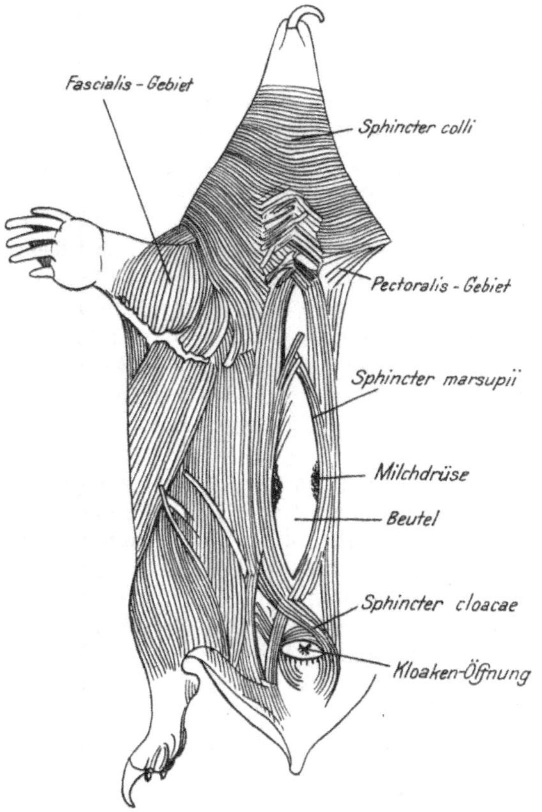

Abb. 495. Hautmuskeln von Echidna von ventral, nachdem die Haut wegpräpariert ist. (Nach RUGE aus WEBER 1904, Abb. 32.)

Schon bei den Monotremata ist der Panniculus carnosus gut entwickelt (Abb. 495). Linker und rechter Muskel berühren einander in der ventralen Medianlinie und ihre Fasern kreuzen sich dort teilweise. Bei Echidna und bei den Marsupialia bildet der Panniculus einen besonderen Ringmuskel, Sphincter marsupii, um die Öffnung des Beutels. Er bildet weiter bei den Weibchen dieser Tiere eine Muskelschicht über die Milchdrüsen, einen Musculus compressor mammae, welcher die Milchdrüsen zusammendrückt. Schließlich bildet er einen Ringmuskel um die Kloakenöffnung der Monotremata und um den Anus der anderen Mammalia. Bei Erinaceus und anderen stacheltragenden Insectivora gibt er dem Tier die Möglichkeit, sich zusammenzurollen. Bei den Anthropomorpha und bei den Menschen ist der Panniculus beinah verschwunden. Beim Menschen finden wir nur noch individuell einige kleine Hautmuskeln als seine Reste: z. B. einen kleinen Muskel des Achselbogens und einen Musculus sternalis auf dem Musculus pectoralis (RUGE 1905, 1910).

Ein anderer Teil der Hautmuskeln ist bei den Mammalia vom Musculus sphincter colli abzuleiten, also von einem durch den N. facialis innervierten Teil der Visceralmuskeln. Er entsteht durch Abspaltung einer oberflächlichen Lage dieses Muskels; seine Muskelfasern verlaufen mehr längs und nicht quer wie beim Musculus sphincter colli selbst. Dadurch entsteht ein selbständiger Muskel, welcher sich mit der Haut verbindet: die Platysma myoides. Sphincter colli und Platysma breiten sich auch nach vorn aus über den Kopf. Schon bei Echidna (RUGE 1895) reicht der Musculus sphincter colli bis zum Mundwinkel, und diese vorderen Fasern bilden einen einfachen Musculus buccinator oder Wangenmuskel. Hiervon geht aus die Bildung der Lippenmuskeln, des Ringmuskels um die Augen (Musculs orbicularis) und von anderen Gesichtsmuskeln

(Abb. 496). Auch gehen bei Echidna schon Faserbündel des Musculus sphincter colli zur Ohrmuschel. Sie bilden hier den Ausgangspunkt sehr komplizierter Muskeln, welche sich unter der Haut über den Schädel verbreiten und die Ohrmuschel

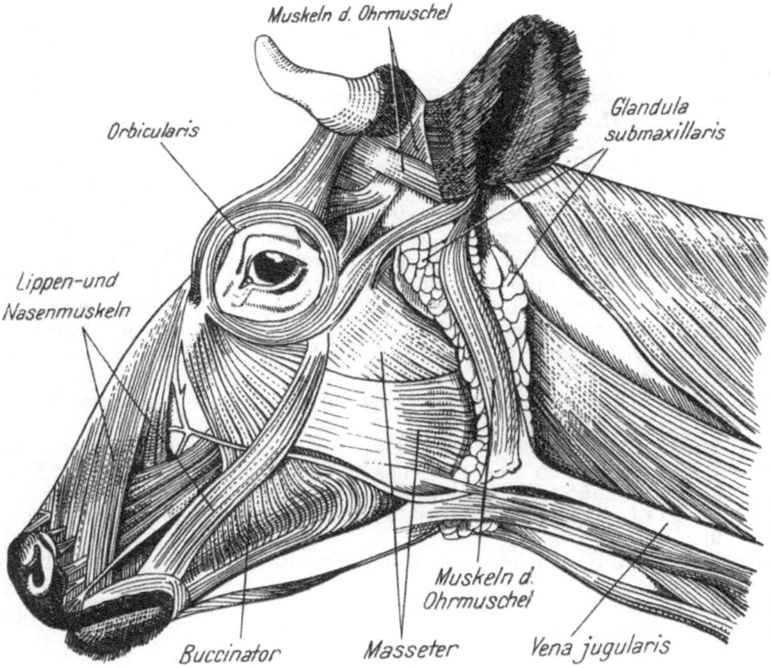

Abb. 496. Die oberflächlichen Kopfmuskeln des Rindes. (Nach MARTIN, 1912–1919, Bd. 3, Abb. 128.)

bewegen. Sie können bei einer Anzahl Formen auch die äußere Gehöröffnung schließen. Alle diese Gesichtsmuskeln bilden die mimische Muskulatur, die bei den Anthropomorpha und beim Menschen von so großer Bedeutung sind für den Ausdruck von Gemütsbewegungen. (RUGE; weiter BOAS und PAULLI 1908.)

Literatur zum Abschnitt Muskelsystem.

ADAMS, L. A.: A memoir on the phylogeny of the jaw muscles in recent and fossil Vertebrates. Annals New York acad. science. Vol. 28. 1919.

BOAS und PAULLI: Über den allgemeinen Plan der Gesichtsmuskulatur der Säugetiere. Anat. Anz. Bd. 33. 1908.

BOLK, L.: Beziehungen zwischen Skelet, Muskulatur und Nerven der Extremitäten. Morphol. Jahrb. Bd. 16. 1894. — Ders.: Rekonstruktion der Segmentierung der Gliedmaßenmuskulatur. Ebenda Bd. 22. 1895. — Ders.: Die Segmentaldifferenzierung des menschlichen Rumpfes und seiner Extremitäten. Ebenda Bd. 25. 1898.

BRAUS, H.: Über die Innervation der paarigen Extremitäten bei Selachiern, Holocephalen und Dipnoern. Jenaische Zeitschr. f. Naturwiss. Bd. 31. 1898. — Ders.: Beiträge zur Entwicklungsgeschichte der Muskulatur und des peripheren Nervensystems der Selachier. II. Die paarigen Gliedmaßen. Morphol. Jahrb. Bd. 27. 1899. — Ders.: Die Muskeln und Nerven der Ceratodusflosse. Semon, Zool. Forschungsreisen in Australien usw. Bd. 1. Jenaische Denkschr. Bd. 4. 1899. — Ders.: Anatomie des Menschen. Bd. 1. Berlin 1921.

BUFFA, P.: Musculatura cutanea dei serpenti e locomozione. Atti accad. scienze Veneto-Trento-Istriano. N. ser., Vol. 1. 1904.

Chevrel, R.: Essai sur la morphologie et la physiologie du muscle latéral chez les Poissons osseux. Arch. de zool. exp. et gén. Vol. 52. 1913.
Cords, E.: Zur Morphologie des Gaumensegels. Anat. Anz. Bd. 37. 1910.
Davidoff, M. von: Beiträge zur vergleich. Anatomie der hinteren Gliedmaße der Fische, I, II, III. Morphol. Jahrb. Bd. 5, 6, 9. 1879—80—84.
Dietz, P. A.: Über die Form der Myotome der Teleostier und ihre Beziehung zur äußeren Leibesgestalt. Anat. Anz. Bd. 44. 1913.
Drüner, L.: Studien zur Anatomie der Zungenbein-, Kiemenbogen- und Kehlkopfmuskeln der Urodelen. Zool. Jahrb., Abt. f. Anat. Bd. 15—19. 1901—04.
Edgeworth, F. H.: The development of the head-muscles in Gallus domesticus, and the morphology of the head-muscles in the Sauropsida. Quart. journ. of microscop. science Vol. 51. 1907. — Ders.: On the morphology of the cranial muscles in some Vertebrates. Ibid. Vol. 56. 1911.
Frets, G. P.: Über den Plexus lumbo-sacralis, usw. Morphol. Jahrb. Bd. 40. 1910.
Fürbringer, M.: Zur vergleich. Anatomie der Schultermuskeln. Jenaische Zeitschr. f. Naturwiss. Bd. 7. 1873. — Ders.: Dasselbe, 3. Teil. Morphol. Jahrb. Bd. 1. 1876. — Ders.: Zur Lehre von den Umbildungen der Nervenplexus. Ebenda Bd. 5. 1879. — Ders.: Untersuchungen zur Morphologie und Systematik der Vögel, zugleich ein Beitrag zur Anatomie der Stütz- und Bewegungsorgane. Bijdragen tot de Dierkunde, Amsterdam 1888. — Ders.: Über die spino-occipitalen Nerven der Selachier und Holocephalen. Festschr. f. Gegenbaur. Bd. 3. Leipzig 1897. — Ders.: Zur vergleich. Anatomie des Brustschulterapparates und der Schultermuskeln, 4. Teil. Jenaische Zeitschr. f. Naturwiss. Bd. 34. 1900.
Fürbringer, P.: Über die mit dem Visceralskelet verbundenen spinalen Muskeln bei Selachiern. Ebenda Bd. 30. 1896.
Gadow, H.: Beiträge zur Myologie der hinteren Extremität der Reptilien. Morphol. Jahrb. Bd. 7. 1881. — Ders.: Untersuchungen über die Bauchmuskeln der Krokodile, Eidechsen und Schildkröten. Ebenda Bd. 7. 1882.
Gadow und Selenka: Vögel; Bronns Klassen und Ordnungen des Tierreichs. Bd. 6, Abt. 4. 1891.
Gaupp, E.: Ecker und Wiedersheim, Anatomie des Frosches. 3. Aufl. Braunschweig 1896—1904.
Goldschmidt, R.: Amphioxides; wissensch. Ergebnisse der deutschen Tiefsee-Expedition auf dem Dampfer Valdivia, 1898—1899. Vol. 12. 1905.
Langelaan, J. W.: On the form of the trunkmyotome. Kon. Akad. v. Wetensch. Amsterdam, Proceedings Bd. 7. 1905.
Luther, Alex.: Untersuchungen über die vom N. trigeminus innervierte Muskulatur der Selachier. Acta societatis scient. Fennicae Vol. 36. 1908. — Ders.: Uber die vom N. trigeminus versorgte Muskulatur der Ganoiden und Dipneusten. Ebenda Vol. 41. 1913. — Ders.: Über die vom N. trigeminus versorgte Muskulatur der Amphibien, mit einem vergleich. Ausblick über den Adductor mandibulae der Gnathostomen usw. Ebenda Vol. 44. 1914.
Martin, P.: Lehrbuch der Anatomie der Haustiere. 2. Aufl., 3 Bde. Stuttgart 1912—19.
Maurer, F.: Aufbau und Entwicklung der ventralen Rumpfmuskulatur der Urodelen Amphibien. Morphol. Jahrb. Bd. 18 (1892). 1891. — Ders.: Die ventrale Rumpfmuskulatur einiger Reptilien. Festschr. f. Gegenbaur. Bd. 1. Leipzig 1896. — Ders.: Die Entwicklung des Muskelsystems und der elektrischen Organe. Hertwigs Handbuch d. Entwicklungslehre der Wirbeltiere. Bd. 2, 1. Teil. 1904. — Ders.: Muskeln; Anatomie d. Muskeln; Muskelsystem. Handwörterbuch der Naturwiss. Bd. 6. 1912.
Müller, J.: Vergleichende Anatomie der Myxinoiden, 1. Teil, Osteologie und Myologie. Abh. d. Kgl. Akad. d. Wissensch. Berlin aus dem Jahre 1834. 1836.
Nishi, S.: Zur vergleichenden Anatomie der eigentlichen (genuinen) Rückenmuskeln. Morphol. Jahrb. Bd. 50 (1919). 1916.
Ogushi, K.: Anat. Studien an der japanischen dreikralligen Lippenschildkröte (Trionyx japonicus), II, Muskel- und peripheres Nervensystem. Ebenda Bd. 46. 1913.
Perrin, A.: Contributions à l'étude de la myologie comparée; membre postérieur chez un certain nombre de Batraciens et de Sauriens. Bull. scient. France et Belgique. Vol. 32. 1899.
Rabl, C.: Über die Muskeln und Nerven der Extremitäten von Iguana tuberculata Gray. Anat. Hefte Bd. 53. 1916.
Rathke, H.: Über die Entwicklung der Schildkröten. Braunschweig 1848.
Ribbing, L.: Die distale Armmuskulatur der Amphibien, Reptilien und Säugetiere. Zool. Jahrb., Abt. f. Anat. Bd. 23. 1907.
Rijnberk, G. van: Versuch einer Segmentalanatomie. Ergebn. d. Anat. u. Entwicklungsgesch. von Merkel und Bonnet Bd. 18 (1908). 1910.

ROMER, A. S.: The locomotor apparatus of certain primitive and mammallike Reptiles. Bull. americ. mus. nat. hist. Vol. 46. 1922.

RUGE, G.: Über die Gesichtsmuskulatur der Halbaffen. Morphol. Jahrb. Bd. 11 1886. — Ders.: Der Verkürzungsprozeß am Rumpfe von Halbaffen. Ebenda Bd. 18. 1892A. — Ders.: Zeugnisse f. d. metamere Verkürzung des Rumpfes bei Säugetieren. Ebenda Bd. 19 (1893). 1892B. — Ders.: Die Hautmuskulatur der Monotremen und ihre Beziehungen zu dem Marsupial- und Mammarapparat. Semon, Zool. Forschungsreisen in Australien usw. Bd. 3. Jenaische Denkschr. Bd. 6. 1895. — Ders.: Über das peripherische Gebiet des Nervus facialis bei Wirbeltieren. Festschr. f. Gegenbaur. Bd. 3. Leipzig 1897. — Ders.: Der Hautrumpfmuskel der Säugetiere; der M. sternalis und der Achselbogen des Menschen. Morphol. Jahrb. Bd. 33. 1905. — Ders.: Ein Rest des Haut-Rumpfmuskels in der Achselgegend des Menschen — „Achselbogen". Ebenda Bd. 41. 1910.

SEWERTZOFF, A. N.: Die Morphologie des Visceralapparates der Elasmobranchier. Anat. Anz. Bd. 56. 1923.

SHANN, E. W.: On the nature of the lateral muscle in Teleostei. Proc. zool. soc. London. 1914. — Ders.: The comparative myology of the shoulder girdle and pectoral fin of Fishes. Transact. roy. soc. Edinburgh Vol. 52 (1921). 1919.

SIEGELBAUR, F.: Zur Anatomie der Urodelenextremität. Arch. f. Anat. u. Physiol., Abt. f. Anat. 1904.

TIESING, B.: Ein Beitrag zur Kenntnis der Augen-, Kiefer- und Kiemenmuskulatur der Haie und Rochen. Jenaische Zeitschr. f. Naturwiss. Bd. 30. 1896.

VALLOIS, H. V.: Les transformations de la musculature de l'épisome chez les Vertébrés. Arch. de morphol. gén. et exp.; Anatomie Nr. 13. 1922.

VERSLUYS, J.: Die mittlere und äußere Ohrsphäre der Lacertilia und Rhynchocephalia. Zool. Jahrb., Abt. f. Anat. Bd. 12. 1898. — Ders.: Das Streptostylie-Problem. Ebenda Suppl. 15, Bd. 2 (Festschr. f. J. W. Spengel). 1912.

VETTER, B.: Untersuchungen zur vergleich. Anatomie der Kiemen- und Kiefermuskulatur der Fische. Jenaische Zeitschr. f. Naturwiss. Bd. 8. 1874. — Ders.: Ebenda 2. Teil. Ebenda Bd. 12. 1876.

VIALLETON, ...: Eléments de Morphologie des Vertébrés. Paris 1911.

WATSON, D. M. S.: The evolution of the Tetrapod shoulder girdle and forelimb. Journ. of anat. Vol. 52. 1917.

WEBER, M.: Über die Nebenorgane des Auges der Reptilien. Arch. f. Naturgesch. Jg. 43, Bd. 1. 1877.

WIJHE, J. W. VAN: Über die Mesodermsegmente und die Entwicklung der Nerven des Selachierkopfes. Verhandel. Kon. Akad. v. Wetensch. te Amsterdam; nieuw uitgegeven te Groningen, 1915. 1882. — Ders.: Über die Mesodermsegmente des Rumpfes und die Entwicklung des Excretionssystems bei Selachiern. Arch. f. mikroskop. Anat. Bd. 33. 1889. — Ders.: Studien über Amphioxus I. Mund und Darmkanal während der Metamorphose. Verhandel. Kon. Akad. v. Wetensch. te Amsterdam. 2. Sectie, Vol. 18. 1914.

IV. Die elektrischen Organe.

Bei der Funktion der Nerven, der Muskeln und der Drüsenzellen wird stets eine geringe Menge elektro-motorischer Kraft hervorgerufen, Elektrizität von geringer Spannung. Hieraus können wir das Entstehen der sonst so rätselhaften elektrischen Organe bei einigen Pisces begreifen. Es können allerdings bei den Pisces elektrische Spannungen auftreten, welche bis zu einigen 100 Volt stark werden. Die Entladung dieser Spannungen ist willkürlich und plötzlich und dient zum Angriff und zur Verteidigung. Die schwachen elektro-motorischen Kräfte, welche in den Muskeln, Nerven und Drüsen bei ihrer normalen Funktion auftreten, würden in der Tat genügen, um die starke Entladung der elektrischen Organe hervorzurufen, wenn man nur die Elemente dieser Organe in derselben Weise hintereinander schalten könnte, wie die elektrischen Platten eines elektrischen Organes tatsächlich hintereinander geschaltet sind (GARTEN 1910—1914).

Für die Wirkung eines elektrischen Organes ist es notwendig, daß die Umgebung des Tieres ein guter Elektrizitätsleiter ist. So wird es verständlich, daß wir die elektrischen Organe nicht bei den Landbewohnern finden, sondern ausschließlich bei den Pisces. Hier treten sie bei verschiedenen Gruppen auf, welche sicherlich nicht miteinander verwandt sind: unter den Elasmobranchii besitzen die Torpedinae und verschiedene Arten des Genus Raja elektrische Organe; unter den Teleostei die Mormyridae, Gymnotus electricus, Astroscopus und Malapterurus. Alle diese Formen müssen ihre elektrischen Organe unabhängig voneinander erhalten haben! Diese Meinung wird dadurch bestätigt, daß die Organe stets wieder einen anderen Platz einnehmen. Ja selbst ihre Bausteine unterscheiden sich voneinander: in den meisten Fällen kann man die elektrischen Organe von dem Muskelsystem ableiten; bei Malapterurus aber entstehen die Organe wahrscheinlich aus Drüsenzellen der Haut.

Die bekannten elektrischen Organe besitzen stets einen ziemlich bedeutenden Umfang; das ist auch notwendig. Um eine elektrische Spannung zu erzeugen, welche stark genug ist, um auf einen Menschen eine merkliche Wirkung auszuüben, muß ein elektrisches Organ aus sehr zahlreichen hintereinanderliegenden Teilen bestehen, von denen zwar jeder Teil eine geringe Spannung produziert, die aber alle zusammen durch die Hintereinanderschaltung, wie in einer galvanischen Kette, dann eine ansehnliche Spannung bis zu mehreren 100 Volt entstehen lassen. Bei dem stärksten elektrischen Fisch: Gymnotus (Zitteraal) beträgt das Gewicht des elektrischen Organes mehr als $^1/_3$ des Körpergewichtes; bei Torpedo ungefähr $^1/_4$. Dagegen ist das Organ bei den nur schwach elektrischen Fischen, z. B. den Rajidae, viel kleiner (SACHS 1881).

Der feinere Bau der elektrischen Organe zeigt starke Übereinstimmung; dieses ist für ein polyphyletisch entstandenes Organ merkwürdig und beruht offenbar auf der Anpassung an die gleiche Funktion. Stets können wir eine große Anzahl hintereinanderliegender Platten unterscheiden: die werden elektrische Platten (Elektroplaxes) genannt. Hierin entsteht die Elektrizität. Sie liegen auch stets in größerer oder kleinerer Anzahl nebeneinander. Voneinander geschieden werden diese Platten durch ein gallertiges Bindegewebe von eigentümlichem Bau, genannt das **elektrische Bindegewebe**; es bildet regelmäßig zwischen zwei aufeinander folgenden Platten eine ungefähr ebenso dicke Lage wie die Platten selbst. Die beiden Oberflächen der elektrischen Platte (Abb. 497) sind recht verschieden gebaut. Die eine Seite pflegt zahlreiche Papillen zu bilden, die in das gallertige Bindegewebe hineinragen. Von dieser Seite gehen die Blutgefäße zur elektrischen Platte; es darf angenommen werden, daß also von dieser Seite die Ernährung stattfindet. Die andere Oberfläche ist meist glatt, jedoch nicht stets; sie wird bedeckt durch eine dünne Schicht von Epithelzellen: die **elektrische Zellenschicht**. Zu jeder elektrischen Platte läuft ein Nerv (bei Torpedo mehrere), welcher sich auf derjenigen Oberfläche in ein feines Endnetz verzweigt, welche durch die elektrische Zellenschicht gebildet wird. Eine Aus-

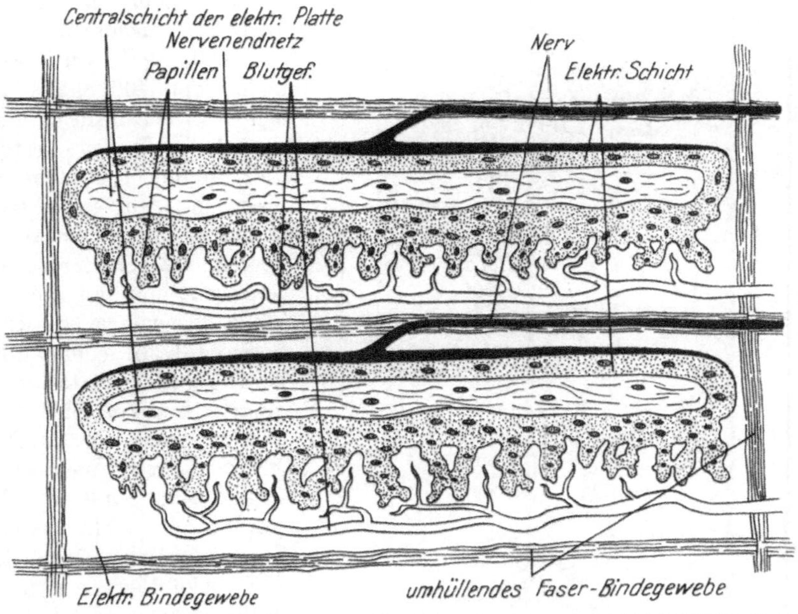

Abb. 497. Schema des feineren Baues eines elektrischen Organs: zwei elektrische Platten in dem umgebenden Bindegewebe; Querschnitt. (Original.)

nahme macht hier Malapterurus, wo nur eine einzige Nervenfaser unverzweigt in jede Platte eindringt. Während des elektrischen Schlages ist diejenige Seite der Platte negativ, welche durch die elektrische Zellenschicht bedeckt wird und auf welcher der Nerv sich ausbreitet. Nur bei Malapterurus ist gerade diese Seite positiv.

Das elektrische Organ wird durch Bindegewebe umhüllt und meist durch Septa in Säulen und Kammern verteilt. Oft liegt jede elektrische Platte mit einer Schicht elektrischen Bindegewebes in einem besonderen Fach, welches durch eine dünne Bindegewebsschicht gebildet wird (Abb. 497).

Die **Nerven** der elektrischen Organe sind sehr kräftig. Ihr Ursprung im Zentralnervensystem ist verschieden, was im Zusammenhang steht mit der verschiedenen Herkunft dieser Organe. Das Zentrum der elektrischen Organe im Zentralnervensystem ist meist durch auffallend große Ganglienzellen gebildet.

Früher unterschied man elektrische und pseudoelektrische Organe: je nachdem der Schlag für den Menschen deutlich oder schwach ist (Mormyriden und Raja). Dies ist jedoch nur ein Unterschied in der Stärke der Organe; darum ist der Name pseudoelektrische Organe nicht haltbar (BABUKHIN 1876, FRITSCH 1891, BALLOWITZ 1897B). Die elektrischen Organe besitzen wohl eine sehr verschiedene elektrische Stärke, sind aber physiologisch alle vom gleichen Typus.

Wir werden nun die verschiedenen bekannten elektrischen Organe kurz beschreiben.

Alle Torpedinae, sieben Genera und ungefähr fünfzehn Arten, besitzen ein kräftiges elektrisches Organ; man nennt die Tiere daher Zitterrochen. Das Organ liegt hier im vorderen, verbreiterten Teile des Körpers, lateral der Kiemenhöhlen (Abb. 498); es reicht von der Bauch- bis zur Rückenhaut. Es besteht aus einer großen Anzahl paralleler, vertikaler Säulen, welche wie die Zellen einer Bienenwabe nebeneinander stehen. Bei Torpedo marmorata hat man etwa 600, bei Torpedo ocellata mehr denn 400 Säulen beobachtet. Die Anzahl der Säulen wird beim Embryo festgelegt und nimmt späterhin nicht mehr zu. Jede Säule besteht aus einer großen Anzahl elektrischer Platten. Diese stehen senkrecht zur Längsachse der Säule, liegen also im Rumpfe horizontal. In jeder Säule sind bei Torpedo ocellata und marmorata etwa 400 Platten beobachtet. Auch die Anzahl der Platten nimmt nachdem das Organ beim Embryo gebildet worden ist, nicht mehr zu. Zum elektrischen Organ laufen vier dicke Nerven (Abb. 529, S. 425), welche dem N. facialis, glossopharyngeus und den beiden vorderen Vaguszweigen entspringen (MUSKENS 1893). Lage und Innervation der Organe weisen darauf hin, daß sie aus visceralen Muskeln entstanden sind: aus dem Musculus constrictor superficialis.

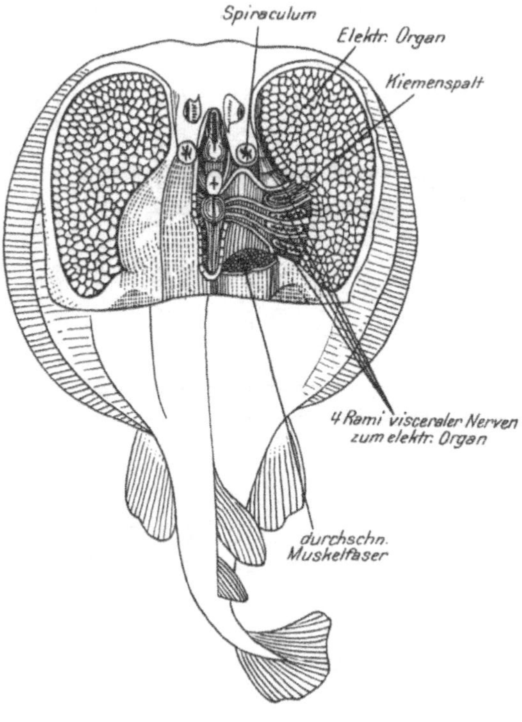

Abb. 498. Elektrisches Organ von Torpedo, nachdem die Rückenhaut weggenommen ist und rechts die Nerven des elektrischen Organs frei präpariert sind. (Nach FRITSCH, 1890, aus GARTEN, 1910–1914, Abb. 89.)

Unter den Rajidae finden wir ein elektrisches Organ bei mehreren Arten des Genus Raja (Abb. 499a). Es liegt hier im Schwanze beiderseits der Schwanzmuskeln direkt unter der Haut als ein langgestrecktes Organ. Von großer Bedeutung ist es, daß dieses Organ embryonal aus Muskelfasern besteht, deren Umbildung in elektrische Platten man Schritt für Schritt verfolgen kann. Jede elektrische Platte entsteht hier aus einer Muskelfaser. Bei einigen Arten von Raja wird diese Umbildung nicht vollständig durchgeführt: die Form einer Platte wird nicht ausgebildet, sondern die Elektroplaxe bleibt napfförmig mit einem langen Anhängsel, welches ein Rest der Muskelfaser ist. Selbst die Kontraktilität scheint bisweilen noch teilweise vorhanden zu sein (EWART 1889—1893, ENGELMANN 1894). Es ist nicht sicher, ob die histologisch weniger vollendeten

Formen dieses Organes primitiv oder degeneriert sind. Die elektrische Kraft dieser Organe ist in jedem Falle gering. Eine Beschreibung des feineren Baues dieser Organe gibt BALLOWITZ 1897 C.

Unter den Teleostiern finden wir schwache elektrische Organe bei den Mormyrides, Süßwasserfischen aus Afrika, welche zu den Malacopterygii gehören. Am besten sind sie ausgebildet bei dem aalförmigen Gymnarchus. Sie liegen zu beiden Seiten des Schwanzes und sind aus einem Teile der Seitenrumpfmuskulatur entstanden (DAHLGREN 1914 A).

Besonders kräftig ist das elektrische Organ bei dem Zitteraal Gymnotus electricus, einem Teleostier, welcher zur Gruppe der Ostariophysi gehört. Das Organ erstreckt sich hier durch den ganzen sehr langen Schwanz, welcher nicht weit hinter dem Kopf beginnt. Der größte Teil der hypaxonischen Seitenrumpfmuskulatur ist zu einem elektrischen Organ umgebildet, ebenfalls ein Teil der Flossenmuskulatur der Analflosse (Abb. 499b). Da dieser Fisch bis zu zwei Meter lang werden kann und ein Gewicht bis zu zwanzig Kilogramm erreicht, so ist auch das elektrische Organ äußerst umfangreich. Man schätzt die Anzahl der hintereinander geschalteten elektrischen Platten auf 6000. Durch diese große Zahl kann, obwohl jede Platte nur eine geringe elektro-motorische Kraft entwickelt, doch ein sehr großer Spannungsunterschied zwischen den beiden Enden des Organes entstehen. Der Schlag ist denn auch für den Menschen sehr unangenehm. Das Organ wird durch Zweige von ungefähr 350 Spinalnerven innerviert. (Nähere Einzelheiten lese man nach bei BALLOWITZ 1897 A).

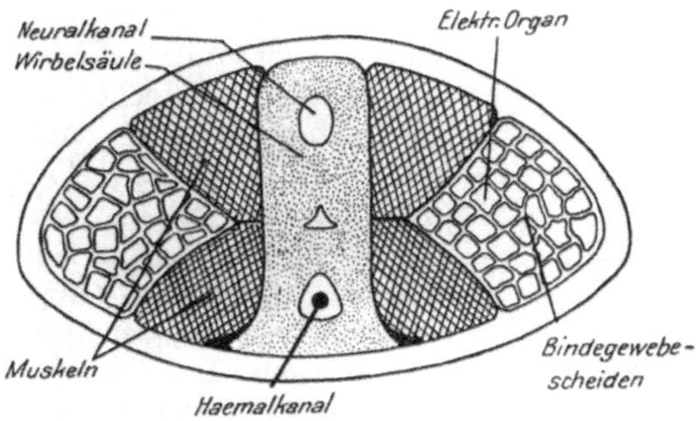

a

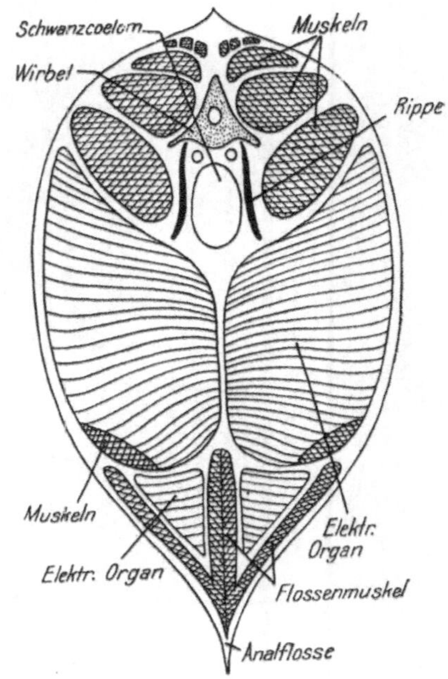

b

Abb. 499. Querschnitt durch den Schwanz. a von Raja, um die Lage des elektrischen Organs zu zeigen, b von Gymnotus. Schematisch.

Astroscopus (DAHLGREN 1914 B, DAHLGREN and SILVESTER 1906) ist ein zur Familie der Uranoscopidae unter den Acanthopterygii gehörender Teleostier. Sein elektrisches Organ liegt in den stark vergrößerten Orbitae hinter dem Auge. Es erstreckt sich vom Dach der Mundhöhle bis unter die Kopfhaut, welche über dem elektrischen Organ einen eigentümlichen kahlen Fleck zeigt. Die elektrischen Platten liegen horizontal. Die Achse des Organes steht dorso-ventral. Ungefähr 200 parallele Schichten von Platten sind zu beobachten, von denen jede Schicht aus 12 bis 16 elektrischen Platten besteht. Die sehr langen und dünnen Augenmuskeln laufen teilweise durch das Organ hindurch. Besonders interessant ist es, daß sich das Organ beim Embryo aus Teilen der Augenmuskeln entwickelt. Innerviert wird das Organ durch einen besonderen Nerven, der vermutlich ein Zweig des N. oculomotorius ist. Das Organ ist nicht groß; aber bei Berührung, vor allem wenn man einen Finger auf den kahlen Hautfleck hinter dem Auge legt, bekommt man doch einen deutlich fühlbaren Schlag.

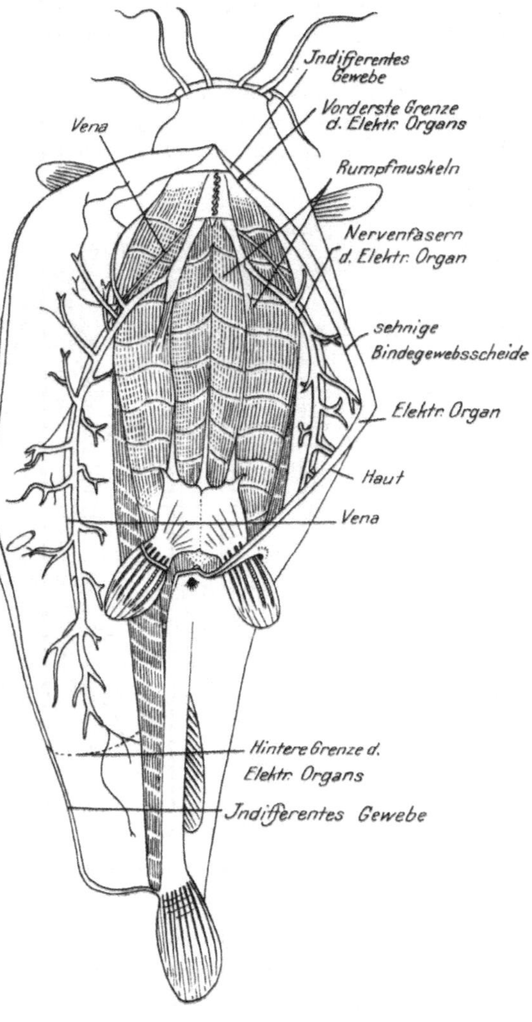

Abb. 500. Das elektrische Organ von Malapterurus electricus. Das Tier ist auf den Rücken gelegt; die Haut und das elektrische Organ sind an der Bauchseite entlang durchschnitten und auf die rechte Seite des Tieres dorsal umgeklappt. (Nach BILHARZ 1875 aus GARTEN, 1910—1914, Abb. 53.)

Weiterhin ist noch ein kräftiges elektrisches Organ bekannt bei dem Teleostier Malapterurus electricus, einem Siluriden. Das Organ bildet hier eine ziemlich dünne Schicht einer gallertigen Masse zwischen Haut- und Rumpfmuskeln (Abb. 500). Es beginnt hinter dem Schultergürtel, dorsal selbst auf dem Kopf und erstreckt sich caudad bis zur Höhe der Analflosse. Das Organ läßt sich leicht von der darunterliegenden Muskelmasse frei machen. Die elektrischen Platten sind sehr zahlreich und stehen senkrecht zur Längsachse des Tieres. Auffallend ist die Innervation: diese geht aus von ein paar sehr großen Ganglienzellen, die schon mit bloßem Auge als ein kleiner dunkler Fleck am Rückenmark sichtbar sind, direkt hinter der Medulla oblongata. Hiervon entspringt ein im Verhältnis nicht sehr dicker Achsenzylinder; seine Dicke beträgt ungefähr 8 μ. Auch die Markscheide ist nicht außergewöhnlich dick, aber die Nervenfaser selbst ist ungewöhnlich stark: bis zu mehr als einem Millimeter; dies geschieht durch zahlreiche konzentrische Bindegewebshüllen. Der Achsenzylinder verzweigt sich sehr stark und sendet einen Zweig zu jeder elektrischen Platte. Das Gesamtvolumen aller dieser Endzweige ist natürlich viel größer als das des Achsenzylinders bei seinem Austreten aus der Ganglienzelle. Eigentümlich ist es, daß keine Verzweigung der Nervenfasern zu einem Endnetz auf den elektrischen Platten zu beobachten ist, wie wir es bei anderen Fischen finden (BILHARZ 1857, FRITSCH 1887).

Es bestehen keine Hinweise, daß das elektrische Organ von Malapterurus dem Muskelsystem entstammt. Die ganz andere Innervation weist auf einen Unterschied mit den elektrischen Organen der anderen Fische, welche aus dem Muskelsystem entstanden sind. Es ist denn auch nicht unmöglich, daß dieses Organ bei Malapterurus ganz anderen Ursprunges ist und aus den Drüsenzellen der Haut entstanden ist (FRITSCH 1887). Die Konvergenz im Bau, die dann mit anderen, aus der Muskulatur entstandenen elektrischen Organen bestehen würde, ist dann wohl sehr auffallend; aber es sind doch auch nicht unwichtige Unterschiede im Bau vorhanden. So ist die Innervation recht abweichend und es ist kein Endnetz der Nervenfasern auf der elektrischen Platte vorhanden. Weiterhin ist diejenige Seite der elektrischen Platte, welche der Nervenfaser zugekehrt ist, hier positiv elektrisch, bei den anderen Fischen negativ.

Die Entdeckung der elektrischen Organe ist stets der Tatsache zu verdanken gewesen, daß sie auch für den Menschen einen fühlbaren Schlag austeilen. Es ist jedoch auch sehr gut denkbar, daß viel schwächere elektrische Organe auftreten, deren Schlag für den Menschen nicht oder kaum wahrnehmbar ist, und welche dadurch noch nicht entdeckt sind. Solche schwachen Organe könnte ein Fisch gebrauchen, um kleine Crustacea, Insecta und dergleichen Tiere zu lähmen, um sie dann zu erbeuten. Das ist wahrscheinlich auch die Bedeutung des elektrischen Organes bei Astroscopus.

Vielleicht kommt ein solches schwaches elektrisches Organ bei Steatogenys elegans vor, einem kleinen aalartigen Fisch aus der Familie der Gymnotidae; er ist also verwandt mit dem Zitteraal (LOWREY 1913). Hier liegt unter der Haut der Kehle ein paariges Filament; es beginnt dicht vor dem Schultergürtel und endigt gleich hinter dem Unterkiefer. Bei einem Fisch von 125 mm Länge ist das Filament etwa 9 mm lang und 5 mm dick. In einer festen Hülle von Bindegewebe umfaßt jedes Filament etwa 40 plattenförmigen Gebilde, welche senkrecht zur Längsachse des Filamentes stehen; diese plattenförmige Gebilde erinnern in ihrem Bau an einfache elektrische Platten. Sie werden voneinander geschieden durch eine Platte gallertigen Bindegewebes, welches übereinstimmt mit dem elektrischen Bindegewebe. Zum Filament läuft ein kräftiger Nerv, welcher Zweige zu jeder Platte abgibt und zwar stets zu der nach vorn gekehrten Seite der Platte. Nach dem Bau zu urteilen ist die Hypothese nicht unwahrscheinlich, daß jedes Filament ein elektrisches Organ umfaßt. Die Entdeckung weiterer elektrischer Organe von geringer Kraft auch bei anderen Pisces ist durchaus nicht ausgeschlossen.

Literatur zum Abschnitt Elektrische Organe.

BABUKHIN, A. J.: Übersicht der neuen Untersuchungen über Entwicklung, Bau und physiologische Verhältnisse der elektrischen und pseudoelektrischen Organe. Arch. f. Anat. u. Physiol. 1876. — Ders.: Adaptability of electric Fish to their surroundings. Nature. Vol. 28. 1883.

BALLOWITZ, E.: Zur Anatomie des Zitteraales mit besonderer Berücksichtigung seiner elektrischen Organe. Arch. f. mikroskop. Anat. Bd. 50. 1897A. — Ders.: Über die Übereinstimmung des feineren Baues der elektrischen Organe bei den stark elektrischen und schwach elektrischen Fischen. Anat. Anz. Bd. 13. 1897B. — Ders.: Über den feineren Bau des elektrischen Organs des gewöhnlichen Rochen. Anat. Hefte. Bd. 7. 1897C.

BILHARZ, TH.: Das elektrische Organ des Zitterwelses. Leipzig 1857.

DAHLGREN, U.: Origin of the electric tissues of *Gymnarchus nilcoticus*. Papers from the Tortuga's laboratory and the Carnegie Institution of Washington. Vol. 6. Carnegie Institution Washington, public. 183. 1914A. — Ders.: The habits of *Astroscopus* and the development of its electric organs. Ibid. 13th yearbook. 1914 B.

Dahlgren and Silvester: The electric organ of the Stargazer, Astroscopus (Brevoort). Anat. Anz. Bd. 29. 1906.

Engelmann, Th. W.: Die Blätterschicht der elektrischen Organe von Raja in ihren genetischen Beziehungen zur quergestreiften Muskelsubstanz. Arch. f. d. ges. Physiol. Bd. 57. 1894.

Ewart, J. C.: The electrical organ of the Skate; Philosoph. transact. roy. soc. London. Vol. 179 (1888) en Vol. 183 (1892). 1889—93.

Fritsch, G.: Die elektrischen Fische; 1. Malapterurus. Leipzig 1887. — Ders.: Dass.; 2. Die Torpedineen. Leipzig 1890. — Ders.: Weitere Beiträge zur Kenntnis der schwach elektrischen Fische. Sitzungsber. d. preuß. Akad. d. Wiss. Juni—Dez. 1891.

Garten, S.: Die Produktion von Elektrizität. Wintersteins Handbuch der vergleich. Physiologie. Bd. 3. 1910—14.

Lowrey, Anna: A study of the submental filaments considered as probable electric organs in the gymnotid Eel, Steatogenys elegans (Steindachner). Journ. of morphol. Vol. 24. 1913 A.

Muskens L. J. J.: Zur Kenntnis der elektrischen Organe. Tijdschr. Nederl. Dierkund. Vereen. Ser. 2. Vol. 4 (1893—94). 1893.

Sachs, C.: Untersuchungen am Zitteraal. Bearbeitet von Du Bois Reymond. Leipzig 1881.

Schultze, O.: Zur Frage von dem feineren Bau der elektrischen Organe der Fische. Biol. Zentralbl. Bd. 26 (Festschr. f. Rosenthal, 1). 1906.

V. Das Nervensystem.

A. Allgemeines.

Das Protoplasma als solches reagiert auf Reize der verschiedensten Art; das ist eine seiner Grundeigenschaften. Alle lebenden Zellen zeigen diese Eigentümlichkeit mehr oder weniger. Selbstverständlich können die Reize ihren Ursprung haben sowohl außerhalb, als auch innerhalb des Tierkörpers: im ersten Falle spricht man von exteroreceptiven Reizen; im zweiten Falle kann man noch den Unterschied machen zwischen interoreceptiven Reizen, bei denen die Ursache zu suchen ist in Dingen, die nicht zum Körper selbst gehören (z. B. das in dem Darm aufgenommene Futter) — und andererseits den proprioreceptiven Reizen, welche dadurch entstehen, daß Teile des Körpers aufeinander einwirken.

Um Reaktionen zu bekommen, ist es in der Regel notwendig, daß die Reize vom Orte ihrer ersten Einwirkung nach anderen Teilen des Körpers geleitet werden. Das Protoplasma muß also nicht allein imstande sein, Reize zu empfangen, sondern auch fortzuleiten; bei den mehrzelligen Tieren ist es also notwendig, daß die Reize von Zelle zu Zelle weitergeleitet werden. Bei den koloniebildenden Protozoen (z. B. Volvox) finden wir protoplasmatische, zwischenzellige Verbindungen, sogenannte Plasmodesmen; auch bei den Metazoa sind viele derartige Verbindungen bekannt. Bei den Porifera (Schwämmen) die eines Nervensystems entraten, werden die koordinierten Bewegungen, zu denen die Tiere imstande sind, wahrscheinlich nur durch solche Plasmodesmen zustande gebracht.

Bei der weitgehenden Arbeitsverteilung, die erst der vielzellige Metazoenkörper möglich macht, wird jedoch das Auffangen und Weiterleiten von Reizen mehr und mehr auf bestimmte Zellen beschränkt. Diese Zellen bilden zusammen das Nervensystem. Dieses besteht einmal aus Zellen, welche die Sinnesreize aufnehmen: den Sinneszellen; andererseits aus den tiefergelegenen Ganglienzellen, den Neuronen oder Nervenzellen im engeren Sinne; diese leiten die Reize denjenigen Körperzellen zu, welche reagieren und Effektoren genannt werden (Muskelzellen und Drüsenzellen). Nur selten finden wir im Tierreiche die Ganglienzellen ausgeschaltet; dann wird der Reiz von der Sinneszelle unmittelbar zu einer reagierenden Zelle geleitet. Bei den Vertebrata kommt dies letzte nicht vor; unter den Invertebrata hat man es nur in wenigen Fällen bei den Coelenterata und Gastropoda wahrzunehmen geglaubt.

In dem ursprünglichsten Zustande haben die Sinneszellen die Form von primären Sinneszellen (Sinnesnervenzellen) (Abb. 501 a): es sind spezialisierte Epithelzellen, die zwischen den normalen Ectodermzellen liegen (seltener zwischen den Entodermzellen). Dieser Fall ist bei den Invertebrata häufig, bei den Vertebrata seltener. Meist befinden sie sich im Besitze von mehr oder weniger nach außen hervorragenden protoplamatischen Sinneshaaren, die wahrscheinlich die Reize auffangen. An der Basis gehen sie über in einen Ausläufer (Neurit), welcher den Reiz zu anderen Zellen fortleitet.

Von solchen primären Sinnesnervenzellen hat man die gewöhnlichen Ganglienzellen abgeleitet (O. und R. Hertwig) (Abb. 501 b). Ontogenetisch entstehen die Ganglienzellen stets aus Epithelzellen und kommen erst später tiefer zu liegen. Bei den Coelenterata z. B. kommt es vor, daß der größte Teil des Zellkörpers einer Sinnesnervenzelle mit dem Kern unter das Epithel sinkt und nur durch einen schmalen Teil mit dem Epithel im Zusammenhange bleibt. Leicht kann man sich hieraus die Ganglienzellen entstanden denken: es sind primäre Sinneszellen, die ganz unter das Epithel gesunken sind, und mit ihm nur durch einen dünnen, fadenförmigen Ausläufer in Verbindung bleiben. Dieser Ausläufer, das sogenannte freie Nervenende, verzweigt sich dann zwischen den Zellen des Epithels.

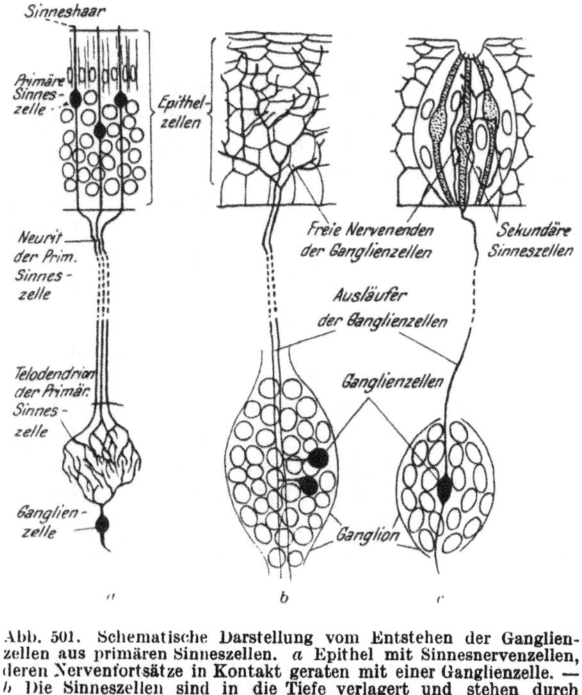

Abb. 501. Schematische Darstellung vom Entstehen der Ganglienzellen aus primären Sinneszellen. *a* Epithel mit Sinnesnervenzellen, deren Nervenfortsätze in Kontakt geraten mit einer Ganglienzelle. — *b* Die Sinneszellen sind in die Tiefe verlagert und stehen durch freie Nervenenden mit dem Epithel in Verbindung; sie sind dadurch zu Ganglienzellen geworden. — *c* Mit dem freien Nervenende sind danach sekundäre Sinneszellen (punktiert) in Verbindung getreten. (Nach Hesse.)

Mit solchen freien Nervenenden können dann benachbarte Epithelzellen in engere Verbindung treten; diese Epithelzellen werden dadurch zu sekundären Sinneszellen (Abb. 501 c). Sie unterscheiden sich von den primären Sinneszellen (Sinnesnervenzellen) durch das Fehlen eines Nervenfortsatzes. Meist sind sie durch die Zweige des Telodendrion (Endbäumchens) einer Ganglienzelle umsponnen.

Dieses Entstehen von den primären Sinneszellen (Sinnesnervenzellen) aus gewöhnlichen Epithelzellen, deren Veränderung in Ganglienzellen und die Umwandlung anderer Epithelzellen in sekundäre Sinneszellen —: das ist ein Vorgang, der sich wahrscheinlich mehrere Male in der Phylogenie abgespielt hat. Wenn das so ist, so können sekundäre Sinneszellen sich umwandeln zu Sinnesnervenzellen („primären" Sinneszellen); also ist aus der Form der Sinneszellen nicht mit Sicherheit festzustellen, ob sie wirklich primär sind.

Das Nervensystem besteht außer den Sinnes- und Ganglienzellen noch aus Epithel- und Bindegewebezellen, die eine Nebenfunktion zu verrichten haben.

Ein sehr einfaches Nervensystem, das wir als eine Ausgangsform betrachten können, besitzt Hydra. Sinneszellen kommen hier nur im Epithel verbreitet vor. Die Ganglienzellen liegen unmittelbar unter dem Epithel: unter dem Ectoderm und Entoderm. Diese Ganglienzellen besitzen verschiedene Anzahl Ausläufer, mittels deren sie mit den Sinneszellen, mit den Muskelzellen und auch untereinander in Verbindung stehen. Man spricht in solchem Falle von einem diffusen Nervensystem und nennt jenes Netzwerk, das die Ganglienzellen mit ihren Ausläufern bilden, einen Plexus. Das Eigentümliche eines solchen

Plexus besteht darin, daß alle Ausläufer der Ganglienzellen einander gleich sind. Unter den Vertebrata beobachten wir solche Plexus z. B. im sympathischen Nervensystem.

Ein solches einfaches Nervensystem entwickelt sich bei den höheren Metazoa weiter durch zwei Vorgänge:

1. Die Ganglienzellen ziehen sich vom Epithel zurück, kommen dadurch tiefer zu liegen, durch Bindegewebe vom Epithel geschieden.

2. Aus dem diffusen Nervensystem entsteht ein zentralisiertes Nervensystem; dies geschieht dadurch, daß die Nervenzellen sich zu Gruppen miteinander vereinigen. Diese Anhäufungen nennen wir Ganglia, wenn sie eine annähernd runde Form besitzen, oder Nervenstränge, wenn sie langgestreckt sind. Gleichzeitig vereinigen sich die Nervenausläufer, welche dasselbe Endgebiet mit Reizen zu versorgen haben, miteinander zu Nerven.

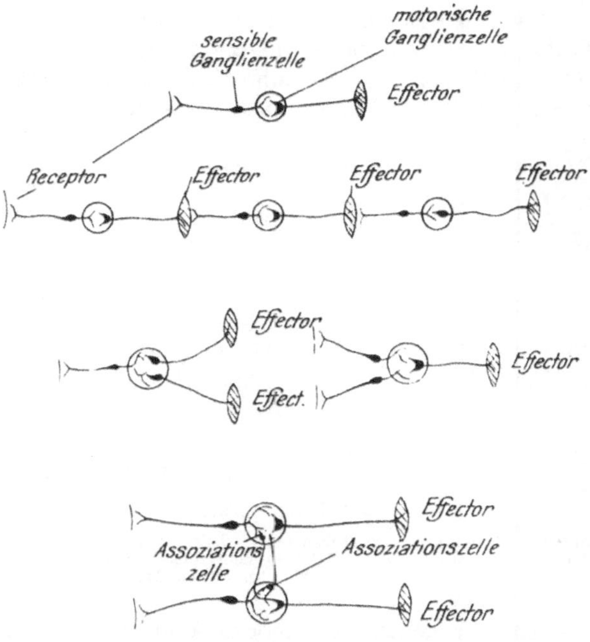

Abb. 502. Schemata verschiedener Reflexbögen. (Nach HERRICK.) — a. Assoziationszelle, e. Effector (Muskelfaser).

Die Reize werden nun nicht mehr nach allen möglichen Richtungen, sondern in festen Bahnen und in bestimmten Richtungen weitergeleitet. Unter den Ausläufern der Ganglienzellen kann man nun zwei Gruppen unterscheiden: erstens solche, welche die Reize nach der Nervenzelle zuleiten: cellulipetale, afferente Fasern, oder Dendriten; — und zweitens solche, welche die Reize von der Zelle fortleiten: cellulifugale, efferente Ausläufer, oder Neuriten, Axonen. Die Ganglienzellen sind auf diese Weise polar differenziert.

Wie die Ganglienzellen sich zu Ganglien vereinigen, so vereinigen sich nun auch oft die Sinneszellen, welche ein und dieselbe Funktion besitzen zu Sinnesorganen.

Eine Kette von Nervenzellen, die einen Sinnesreiz vom Sinnesorgan zum Effector (z. B. zum Muskel) überbringt, wird ein Reflexbogen genannt. Aus dem oben Gesagten erhellt, daß ein solcher Reflexbogen nur in den seltensten Fällen aus einer einzigen Zelle bestehen kann. Bei den Vertebrata ist ein Reflexbogen im allereinfachsten Falle aus zwei Zellen aufgebaut: einer sensiblen Ganglienzelle, welche mit ihrem freien Nervenende den Reiz auffängt und ihn durch ihren Neuriten zu einer motorischen Ganglienzelle fortleitet. Diese motorische Ganglienzelle trägt dann den Reiz zum Effector (primärer Reflex, Abb. 502, I). Dieser Vorgang kann dadurch verwickelter werden, daß die sensible Zelle durch Seitenzweige ihres Neuriten, sogenannte Collateralen, mit mehr als einer motorischen Zelle in Verbindung tritt (III). Umgekehrt kann auch eine einzige motorische Zelle Reize von vielen Seiten auffangen (IV).

Meist jedoch schieben sich zwischen die sensiblen und die motorischen Zellen noch ein oder mehrere Ganglienzellen dazwischen (V); wir nennen diese hinzugekommenen Zellen Assoziationszellen (Abb. 503). Somit sind Neuronen der ersten, zweiten usw. Ordnung zu unterscheiden. Auf diese Weise bleibt der Reflexbogen nicht auf eine einzige Zellreihe beschränkt. Die Neuronen, die den Reflexbogen bilden, stehen dann mit mehreren sensiblen und motorischen Zellen in Verbindung. Die Ausläufer der Assoziationszellen nennt man Assoziationsfasern. Auf diese Weise wird es ermöglicht, daß ein einziger Effector gleichzeitig von verschiedenen Sinneszellen Reize empfängt; umgekehrt wird es ermöglicht, daß eine einzige Sinneszelle mehrere Effectoren gleichzeitig reizt. Diese zusammengesetzten Reflexe bringen auf diese Weise koordinierte Bewegungen zustande; sie nehmen bei den höheren Vertebrata mehr und mehr zu.

Wenn das Ergebnis eines Reizes selbst wieder einen Reiz für einen zweiten Reflex bildet, und damit eine zweite Reaktion auslöst, so entsteht ein Kettenreflex (Abb. 502, II). So kann z. B. die Kontraktion einer Muskelfaser selbst wieder die Kontraktion anderer Muskelfasern verursachen.

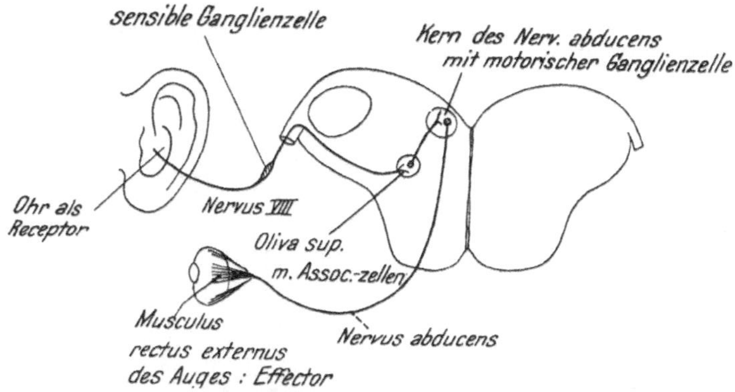

Abb. 503. Schema eines einfachen Gehörreflexes; ein Lautreiz, der durch das Ohr aufgefangen wird, wird durch den Gehörnerv (Nerv. VIII) zum Zentralnervensystem geleitet und von hier durch eine Assoziationszelle zum Nervus abducens, der das Auge in Bewegung bringt. (Nach HERRICK.)

Die hier genannten Reflexe können unabhängig vom Bewußtsein erregt werden. Bewußt wird eine Handlung allein dadurch, daß bestimmte Zellen des Gehirns in diese Ketten eingeschaltet sind (s. S. 449).

Man kann die sensiblen und die motorischen Ganglienzellen nach ihrer Funktion und ihrer Lage in den Endorganen in zwei Gruppen einteilen: die somatischen und die visceralen (splanchnischen). Die somatischen Zellen und ihre Ausläufer dienen zur Leitung von Reizen, welche von der Außenwelt kommen; sie unterhalten also die Verbindung des Tieres mit seiner Außenwelt. Die Reize dagegen, welche organische Funktionen regulieren (z. B. die Ernährung, die Atmung und den Blutkreislauf), werden durch viscerale Zellen und ihre Ausläufer weitergeleitet. Ein morphologischer Unterschied zwischen beiden besteht darin, daß die Ausläufer der somatischen Ganglienzellen enden in Körperteilen, die sich aus den Urwirbeln entwickelt haben, also in dem mesodermalen Teile der Haut und in den Rumpfmuskeln (vergl. S. 333 und Abb. 455 auf S. 334); die visceralen Ganglienausläufer dagegen endigen in jenen Organen, die aus den Seitenplatten entstanden sind, also im allgemeinen im Peritoneum und in den Eingeweiden. In der Haut enden die somato-sensiblen Ausläufer; in den Rumpfmuskeln enden die somato-motorischen. Die viscero-motorischen Ganglienausläufer innervieren in der Regel glatte Muskelfasern, aber auch die quergestreiften Muskeln der visceralen Muskulatur des Kopfes, welche sich aus den Seitenplatten entwickeln.

Jede Ganglienzelle der Vertebrata besitzt nur einen einzigen Neuriten; ausnahmsweise sind wohl auch zwei oder drei Neuriten beobachtet. Die Anzahl der Dendriten dagegen ist sehr verschieden: bei den bipolaren Ganglienzellen finden wir einen, bei multipolaren mehr als einen. Meist sind die Dendriten stärker als die Neuriten und stark verzweigt. Die Neuriten dagegen sind in der Regel viel länger, gar nicht oder nur wenig verzweigt, mit Ausnahme des äußersten Endes, welches das Endbäumchen (Telodendrion) bildet (Abb. 501). In einigen Fällen entspringt der Neurit nicht aus dem Zellkörper selbst, sondern aus einem der Dendriten, welcher dann in seiner Basis als ein Fortsatz des Zellkörpers aufzufassen ist. Kommt dieser Fall bei Ganglienzellen mit einem einzigen Dendriten vor, so entsteht eine unipolare Zelle. In solchen Fällen können die Reize, welche von der Nervenzelle weitergeleitet werden, von den Dendriten auf den Neuriten übergehen ohne den Zellkörper zu passieren.

Die Neuriten sind stets durch Scheiden umgeben, mit Ausnahme ihres Ursprunges und ihres Endes. Die Dendriten besitzen nur ausnahmsweise Scheiden. Wir unterscheiden eine dickere, weiße Myelinscheide (Markscheide); darumhin das dünne Neurilemma (SCHWANNsche Scheide). Das Neurilemma besitzt Kerne; es entsteht aus ectodermalen Zellen und wächst vom Rückenmark oder von den Spinalganglien aus um die Nervenfasern hin. Die Myelinscheide dagegen ist homogen und wird teilweise durch die Zellen des Neurilemma, teilweise durch die Axonen selbst abgeschieden. Das Neurilemma fehlt stets bei denjenigen Teilen der Nervenfasern, welche im zentralen Nervensystem liegen. Durch das Fehlen oder Vorhandensein der Myelinscheide unterscheidet man „markhaltige“ und „marklose“ Nervenfasern. Die Neuriten sind stets marklos bei Amphioxus, den Cyclostomata und im sympathischen Nervensystem und im N. olfactorius aller Tetrapoda.

Das Protoplasma der Ganglienzellen und ihrer Ausläufer besitzt feine plasmatische Fibrillen: die Neurofibrillen. Es ist möglich, aber nicht mit Sicherheit nachgewiesen, daß diese Neurofibrillen die Reize leiten. Weiterhin finden wir im Protoplasma der meisten Ganglienzellen und auch in den Dendriten die NISSLschen Körperchen (Tigroidsubstanz); in den Neuriten fehlen diese Körper. Sie bestehen aus eisenhaltigen Nucleoproteiden, welche wahrscheinlich teilweise aus dem Kern stammen. Während diese Körperchen sauer reagieren, finden wir im Achsenzylinder ziemlich viele alkalische Stoffe.

Wir haben eben gesehen, daß die Dendriten stets cellulipetal, die Neuriten cellulifugal leiten; daraus folgt, daß niemals der Neurit einer einzigen Zelle mit einem Neurit einer anderen verbunden sein kann; ebensowenig ein Dendrit von der einen Zelle mit einem Dendriten der anderen. Wo zwei Ganglienzellen zusammenhängen (Abb. 502) geschieht das beinah stets so, daß das Telodendrion (Endbäumchen) des Neuriten der einen Zelle sich verbindet mit dem Dendriten der anderen Zelle. Seltener geschieht es, daß ein Neurit unmittelbar mit dem Zellkörper einer anderen Nervenzelle in Kontakt tritt; dann wird der Zellkörper durch das Endbäumchen wie durch einen Korb umhüllt; das ist z. B. bei den Purkinje-Zellen beobachtet (s. S. 430).

Nach der hier gegebenen Vorstellung ist das Nervensystem also ganz aus Zellen, den Neuronen, aufgebaut. Dieses ist zuerst durch WALDEYER (1891) in seiner Neuronentheorie deutlich ausgesprochen. Diese Theorie sagt weiterhin, daß die Ausläufer dieser Zellen nur durch Kontakt miteinander vereinigt sind, ohne ineinander protoplasmatisch überzugehen. Das ist aber sicher nicht richtig;

es steht vielmehr fest, daß das Protoplasma der Nervenzellen untereinander und schließlich auch mit Zellen anderen Gewebes in einem direkten Zusammenhang steht. Auch die Neurofibrillen können von der einen Zelle zur anderen übergehen. Da eine solche Plasmodiumbildung jedoch auch zwischen anderen Körperzellen vielfach zu beobachten ist, so spricht diese Tatsache nicht gegen den wichtigsten Bestandteil der Neuronentheorie, welcher unverändert fortbesteht.

Bei den Vertebrata und auch vielen Invertebrata kann man unterscheiden zwischen einem zentralen und einem peripheren Nervensystem. Zum ersten rechnet man die Ganglien und Nervenstränge, soweit sie zusammen ein mehr oder weniger deutlich umschriebenes Ganzes bilden, samt der Nerven, die die Zellen untereinander verbinden. Zum zweiten gehören die vom zentralen Organ ausgehenden sensiblen und motorischen Nerven. Eine scharfe Grenze zwischen beiden Teilen ist jedoch nicht zu ziehen, vor allem, weil in die peripheren Nerven oft besonders umschriebene Ganglien eingeschaltet sind. Auch bei den Vertebrata ist dies der Fall; bei diesen ist aber das Zentralnervensystem außerdem durch Assoziationszellen besonders differenziert, was bei Invertebrata nur selten vorkommt.

B. Das Zentralnervensystem.

Das Zentralnervensystem der Vertebrata entwickelt sich aus einer bandförmigen Strecke des Ectoderms: aus der Neuralplatte (Abb. 621 auf S. 514); sie erstreckt sich bei jungen Embryonen in der dorsalen Medianlinie. Diese Platte sinkt bei der weiteren Entwicklung unter die Oberfläche und ist schließlich durch Bindegewebe vom Epithel geschieden. Erst nach dem Einsinken entwickelt sich das Nervengewebe durch Differenzierung der Epithelzellen dieser Platte.

Das Einsinken dieser Zellplatte geschieht in der Regel so, daß sich an beiden Seiten eine Falte des Ectoderms bildet (Neuralfalten); dadurch entsteht eine Neuralfurche (Abb. 622 auf S. 515). Beide Falten wachsen aufeinander zu und verschmelzen. Dadurch wird die Furche zu einer Röhre geschlossen: zum Medullarrohr, mit einem Zentralkanal. Dorsal ist das Rohr durch das Körperepithel bedeckt, ventral grenzt es an die Chorda dorsalis. Aus dem Vorderteil des Rohres entwickelt sich das Gehirn, der Rest wird zum Rückenmark (Abb. 513 auf S. 415 und Abb. 621—622 auf S. 515; Abb. 626 auf S. 520). Der Zentralkanal erweitert sich in dem Gehirn zu den Gehirnventrikeln (Abb. 626 auf S. 520).

Abweichungen von diesem Schema finden wir bei den Acrania (Abb. 621 auf S. 514) und bei den meisten Pisces. Bei den ersten bilden sich keine eigentlichen Neuralfalten: das Ectoderm verliert an beiden Seiten seinen Verband mit der Neuralplatte und verschiebt sich weiterhin mit dem freien Rande mediad über die Neuralplatte hin. Auf diese Weise berühren sich beide Ränder des Ectoderms median und verschmelzen. Doch wird auch hier sekundär ein Medullarrohr dadurch gebildet, daß die Ränder der Neuralplatte sich dorsad nacheinander zu biegen. — Unter den Pisces weichen von dem gewöhnlichen Schema ab die Petromyzontidae, die meisten Actinopterygii und einige Dipnoi (Lepidosiren, Protopterus). Hier entsteht das Medullarrohr als ein kompakter Zellenstrang, in welchem erst später ein Zentralkanal gebildet wird. Da also in diesen Fällen ein Zustand auftritt, welcher bei den meisten Vertebrata auf einem mehr direkten Wege entsteht, so kann man wohl annehmen, daß der allgemeine Entwicklungstypus auch der ursprüngliche ist; dann wäre Amphioxus in dieser Beziehung nicht primitiv.

Die Bildung der Neuralfurche und ihre spätere Schließung zum Medullarrohr findet nicht gleichzeitig in der Gesamtlänge des Körpers statt. Sie beginnt gewöhnlich zuerst da, wo später das Mesencephalon entsteht, öfter auch mehr caudal. Von diesem Punkt breitet sich dann die Verwachsung caudad und craniad aus. Eine Ausnahme macht aber Amphioxus: hier beginnt dieser Verwachsungsvorgang ganz hinten, breitet sich also nur craniad aus.

Ganz vorn bleibt noch lange eine Verbindung des Zentralkanales mit der Außenwelt bestehen: durch den sogenannten Neuroporus (Abb. 513 auf S. 415).

Die Neuralfalten überwachsen ganz hinten auch den Blastoporus. Dadurch kann zeitweise eine Verbindung des Zentralkanals mit der Darmhöhle entstehen: der Canalis neurentericus (Abb. 513 auf S. 415; Abb. 626 auf S. 520). Dieser Kanal schrumpft aber bald zusammen, so daß diese Kommunikation wieder verloren geht.

In einigen Fällen hat man bei den Embryonen von den Craniota feststellen können, daß die Neuralplatte oder das spätere Medullarrohr durch schwach querverlaufende Gruben in Segmente verteilt ist (Neuromeren); diese alternieren im Rumpfe regelmäßig mit den Muskelsegmenten. Am deutlichsten ist diese Neuromerie in dem Teil ausgebildet, welcher sich zum Gehirn entwickelt (s. S. 414).

Die Wand des Medullarrohres wird nun dicker durch starke Vermehrung ihrer Zellen, wodurch einige Zellschichten entstehen, welche sich in zwei Richtungen differenzieren: einige, die Neuroblasten genannt werden, werden zu

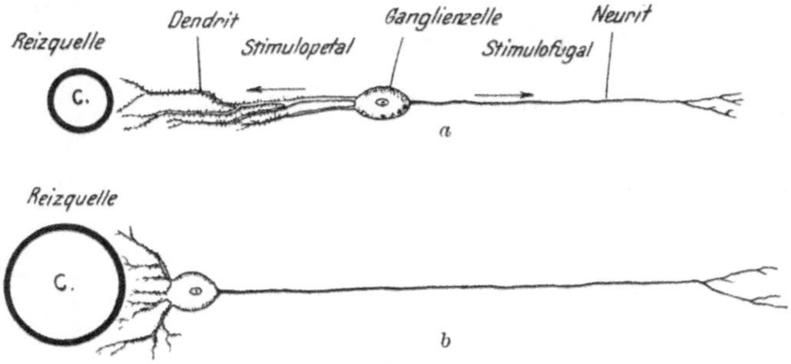

Abb. 504.

Schema zur Erläuterung der Neurobiotaxis. (Nach ARIENS KAPPERS.) — *a* Wachstum der Dendriten. *b* Verlegung des Zellkörpers in der Richtung nach dem Zentrum (*c*), von dem die Reize ausgehen.

Nervenzellen; andere differenzieren sich zu den Spongioblasten, aus welchen die Hüllzellen des zentralen Nervensystems entstehen: die sogenannten Gliazellen.

Die Neuroblasten sind zu erkennen an dem Besitz eines Ausläufers, welcher die erste Anlage des Axon bildet. Die Dendriten entstehen erst später, während der Axon weiter auswächst. Dabei kann der Axon in dem Zentralnervensystem verbleiben, oder er kann auch durch einen Nerven nach außen treten.

Die Tatsache, daß die auswachsenden Fortsätze stets in die richtige Verbindung mit anderen Zellen geraten, ist besonders bei den sehr lang werdenden Axonen schwierig zu erklären. Die Auffassung von HENSEN besagte, daß Nervenfasern entstehen aus Plasmodesmen, also nur Zellen miteinander verbinden, die schon von Anfang an zusammenhängen; diese Meinung ist aber unrichtig. Die Erklärung von HIS, nach welcher die Axonen nur auswachsen sollten in präformierten Gewebebahnen von geringem Widerstande, bedeutet nur eine Verschiebung der Schwierigkeit.

Es bleibt nur die eine Möglichkeit übrig, daß wir annehmen, daß das Endorgan einen Reiz ausübt, welcher auf die wachsenden Nervenfasern anziehend wirkt. Es liegt auf der Hand, um hier in Analogie mit anderen Beispielen eine Chemotaxis anzunehmen; das hat CAJAL auch getan. Hiermit sind aber auch nicht alle Erscheinungen zu erklären. ARIENS KAPPERS führte daher den Begriff Neurobiotaxis ein (Abb. 504): die Sinnesreize selbst bestimmen die Richtung des auswachsenden Gewebes; die Dendriten wachsen aus in derjenigen Richtung, von welcher die meisten adäquaten Reize sie erreichen; diese Richtung wird stimulopetal genannt. Der Axon dagegen wächst in der entgegengesetzten Richtung mit dem Reizstrom: stimulofugal (oder stimulokonkurrent). Eine Verschiebung des Zellkörpers in stimulopetaler Richtung geht hiermit Hand in Hand, damit also eine Verkürzung der Dendriten und eine Verlängerung des Neuriten. Dies ist physiologisch bedeutungsvoll, weil marklose Dendriten die Reize langsamer leiten als markhaltige Neuriten; es wird also als Folge der Ortsveränderung des Zellkörpers die Leitung der Reize durch die ganze Zelle in kürzerer Zeit stattfinden.

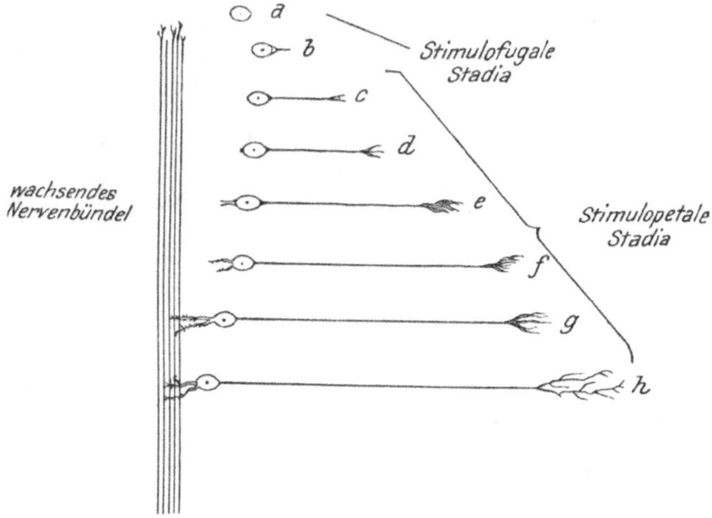

Abb. 505. Das Auswachsen von Axon (*b—h*) und Dendriten (*d—h*) unter dem Einfluß der neurobiotaktischen Reize, welche von einem noch wachsenden Nervenbündel ausgehen; *a—h* sind aufeinander folgende Stadien; anfangs ist die Zelle stimulofugal (*b*), danach stimulopetal. (Nach BOK aus ARIENS KAPPERS.)

Nach ARIENS KAPPERS sollen bei der Neurobiotaxis galvanische Vorgänge eine Rolle spielen. Tatsächlich zeigen die neurobiotaktischen Erscheinungen eine gewisse Ähnlichkeit mit den galvanotaktischen; unter anderen darin, daß beide Erscheinungen umkehrbar sind. Hierdurch gerade ist der Unterschied in der Wachstumsrichtung der Axonen und Dendriten zu erklären: der Axon entsteht in einer Periode, in welcher die Zelle noch stimulofugal ist (Abb. 505b, c); erst später wachsen die Dendriten in stimulopetaler Richtung aus (d, e) und noch später wandert der Zellkörper in derselben Richtung (f, g, h). Der Übergang zu dieser zweiten Periode fällt ungefähr zusammen mit dem Auftreten bestimmter Stoffe in der Zelle: der Axon ist gekennzeichnet durch einen hohen Gehalt an Alkalichloriden; die Dendriten und der Zellkörper erhalten gleichzeitig mit dem Entstehen des stimulopetalen Tropismus sauer reagierende NISSLsche Körperchen. KAPPERS erblickt hierin die Ursache der Reaktionsumkehr. —

Neurogliazellen sind Zellen, welche zahlreiche Fasern abscheiden die zwischen den Ganglienzellen und ihren Ausläufern ein dichtes Netzwerk bilden: die Glia oder Neuroglia. Wahrscheinlich bietet dieses Netzwerk nur eine mechanische Stütze für das Nervengewebe. Weiterhin spielen die Gliazellen eine Rolle beim Stoffwechsel des zentralen Nervensystems. Es können selbst ernährende Ausläufer dieser Zellen in die Ganglienzellen eindringen und darin ein Netzwerk formen (Trophospongium).

Eine besondere Unterart der Gliazellen bilden die Ependymzellen. Sie formen eine epithelartige Schicht, das sogenannte Ependym an der Oberfläche des Canalis centralis. Ihre freie Oberfläche trägt Wimpern. Von allen Zellen des Zentralnervensystems besitzen sie noch den ursprünglichsten Bau. Auf jungen embryonalen Stadien sind es lange cylindrische Zellen, die mit ihrer Basis die äußere Oberfläche des Medullarrohres erreichen. Bei niedrigen Vertebrata dringen sie noch im erwachsenen Zustande mit einem dünnen Ausläufer bis zur Oberfläche vor. Bei den höheren Gruppen dagegen reichen sie nach außen nicht weiter als bis zur Oberfläche der grauen Substanz. —

In einzelnen Teilen der Medullarrohrwand entwickelt sich kein Nervengewebe; so bleibt hier während des ganzen Lebens eine Art Epithel bewahrt. Das Epithel besteht auf einigen Stellen nur aus einem einschichtigen Ependym, welches nicht immer Wimpern trägt. Es hat den Charakter eines Drüsenepithels und scheidet Stoffe aus dem Blute ab in die Lymphe, welche den Zentralkanal und die Ventrikel anfüllt; umgekehrt scheidet es auch Stoffe aus der Lymphe in das Blut ab. Im Verbande mit dieser Funktion legt sich das Epithel dicht gegen die blutreiche, zarte Gehirnhaut an (Pia mater); sie bildet mit ihr die sogenannte Tela chorioidea. Zur Vergrößerung der Oberfläche bildet diese Tela oft verwickelte Falten, welche in die Ventrikelhöhlen hineinragen (Plexus chorioidei).

Man unterscheidet im Zentralnervensystem eine weiße und eine graue Substanz (Abb. 510 auf S. 411). Die weiße Substanz verdankt ihre Farbe den markhaltigen Nervenfasern, aus denen sie größtenteils besteht. Ganglienzellen liegen nicht darin: diese finden wir ausschließlich in der grauen Substanz. Diese Schicht besteht weiterhin aus den Dendriten und den proximalen, marklosen Enden der Neuriten. Alle diese marklosen Fasern der grauen Substanz formen zusammen ein feines Gewebe: das Neuropilem, in welchem die Ganglienzellen liegen.

Der Verlauf der Fasern im Zentralnervensystem bietet der Untersuchung besondere Schwierigkeiten. Man ist jedoch durch verschiedene Techniken soweit vorgedrungen, daß wir bestimmte Teile heute entwirrt haben. Dabei hat sich herausgestellt, daß die Nervenfasern nicht unregelmäßig durcheinanderlaufen, sondern daß Fasern mit gleichem Ursprungs- und Endgebiet im Gehirn und Rückenmark sich zu Bündeln vereinigen (Tractus, Fasciculi); so werden die Sinnesreize auf festen Bahnen weitergeleitet. Kommissuren werden solche Bündel genannt, wenn sie, transversal verlaufend, die Medianlinie kreuzen.

Auch die Ganglienzellen liegen im Zentralnervensystem gruppenweise beieinander. Sie bilden hier die „Kerne“ (Nuclei) (Abb. 503); weniger richtig werden solche Gruppen auch Ganglien genannt, welchen Namen man lieber nur für selbständige Gruppen von Ganglienzellen außerhalb des Zentralnervensystems gebrauchen sollte. Die Kerne kann man einteilen in primäre und Assoziationskerne. Primäre Kerne sind solche, in denen die Fasern der peripheren Nerven endigen oder beginnen; von einem solchen Kern eines sensiblen Nerven können die Reize direkt zu einem primären Kern eines motorischen Nerven weitergeleitet werden. In der Regel aber sind zwischen beiden Kernen noch andere eingeschaltet. Diese Schaltkerne werden dann Assoziationskerne genannt. In einem solcher Kerne können Fasern verschiedener primärer Kerne zusammentreffen.

Eine Ortsveränderung der Kerne, welche während der Ontogenie zu beobachten ist, beruht nach der Lehre der Neurobiotaxis auf einer Ortsveränderung der Zellen in derjenigen Richtung, aus welcher die größte Anzahl von Reizen die Ganglienkerne erreicht. Auch im Laufe der Phylogenie haben solche Verschiebungen stattgefunden. KAPPERS nimmt an, daß sie phylogenetisch sich aus denselben Gründen verändert haben wie ontogenetisch.

In vielen Fällen (Cyclostomata, Selachii, Amphibia, Mammalia) hat man eine eigentümliche Faser gefunden, welche longitudinal durch den Zentralkanal läuft; sie wird die REISSNERsche Faser genannt. Ihr Vorderende ist im Mesencephalon an der dorsalen Wand befestigt. Kaudal durchbohrt die Faser die dünne Wand des Rückenmarkendes und heftet sich außen an die Rückenmarkshaut an. Man hält diese Faser für ein Bündel stark verlängerter und veränderter Cilien der Ependymzellen vom Dache des Mesencephalon. DENDY und NICHOLLS haben beobachtet, daß diese Faser stark gespannt und elastisch ist; sie soll den Grad der Krümmung der Körperachse regeln.

Gehirn- und Rückenmarkshäute.

Das Zentralnervensystem des Amphioxus wird durch ein loses Bindegewebe umhüllt. Bei den Craniota entwickeln sich hieraus allmählich mehrere Häute: die Gehirn- und Rückenmarkshäute (Meninges). Sie umgeben das Gehirn und Rückenmark und scheiden es von der Wirbelsäule. Bei den Pisces sind zwei solcher Häute zu unterscheiden: die äußere wird Endorhachis genannt; sie ist als ein Perichondrium oder Periost anzusehen und legt sich bei allen Vertebrata dicht an die knorpelige oder knöcherne Wand des Rückenmarkkanales an. Nach innen zu liegt eine zweite Haut gegen das Gehirn und Rückenmark an; sie enthält sehr viel Blutgefäße: die Meninx primitiva. Beide Häute sind voneinander geschieden durch ein loses, gewöhnlich fettreiches Gewebe (Perimeningealgewebe), welches oft einen großen Teil des Rückenmarkkanales anfüllt.

Die Meninx primitiva teilt sich bei den Amphibia (am deutlichsten bei den Anura) und bei den Sauropsida in zwei Häute: eine Dura mater und eine nach innen zu gelegene Meninx secundaria (Pia mater primitiva). Außerdem wird das Perimeningealgewebe hier zurückgebildet bis auf einige Balken; diese verbinden die Dura mater mit der Endorhachis. Auf diese Weise entsteht eine weite peridurale Höhle.

Bei den Mammalia geht die Aufteilung der Gehirnhäute noch weiter. Wenn man die Endorhachis oder das Periost nicht mitrechnet, so kann man drei Gehirnhäute unterscheiden; diese sind von innen nach außen: die Pia mater, die Arachnoidea und die Dura mater. Pia mater und Arachnoidea sind beide aus der Meninx secundaria entstanden. Die Pia mater ist sehr blutreich und legt sich dicht an die Oberfläche des Gehirns und des Rückenmarks an. Die Arachnoidea dagegen ist arm an Blutgefäßen; sie besteht aus einem schwammähnlichen Gewebe, welches viel Lymphe enthält. Die Dura mater endlich ist ebenso wie die Pia mater reich an Blut; sie besitzt aber einen viel festeren Aufbau.

In dem Rückenmarkskanal teilt sich die Dura mater bei den Mammalia in zwei Lamellen: die innere legt sich gegen die Arachnoidea, die äußere gegen das Periost an. Eine peridurale Höhle kommt also nicht mehr vor oder ist bis auf letzte Reste zurückgebildet.

Bei allen Craniota, mit Ausnahme von Petromyzon, dringen aus der innersten Gehirnhaut (Meninx primitiva oder Pia mater) Blutgefäße in das Gehirn und Rückenmark ein; diese Gefäße sind von Bindegewebe umgeben. Außerdem beteiligt sich diese Haut an der Bildung der oben genannten Plexus und sinkt in alle Furchen an der Oberfläche des Zentralnervensystems mit ein. Die Dura mater dagegen läuft glatt über die Oberfläche des Gehirnes hin. Nur bei den Mammalia bildet sie eine sagittale Falte: die Falx ceribri, welche zwischen den beiden Hemisphären liegt; zweitens bildet sie eine querverlaufende Falte zwischen dem Groß- und Kleinhirn: das Tentorium. Diese Falten können selbst verknöchern und mit der Wand der Schädelhöhle verwachsen.

Das Rückenmark.

Form. Das Rückenmark (Medulla spinalis) hat die Form eines langen Stranges (Abb. 506 und 507). Es liegt im Rückenmarkskanal und wird durch die obengenannten Rückenmarkshäute umgeben. An beiden Seiten entspringen metamer die Rückenmarksnerven, meist mit einer dorsalen und einer ventralen Wurzel. So ist es zu begreifen, daß die Dicke des Rückenmarks unterschiedlich ist; sie richtet sich nach der Dicke der Nerven, die mit dem Rückenmark im Zusammenhang stehen. So beobachtet man gewöhnlich zwei Anschwellungen: eine Halsanschwellung (Intumescentia cervicalis) auf derjenigen Höhe, wo die Nerven der vorderen Extremität entspringen; zweitens eine Lendenanschwellung (Intumescentia lumbalis oder lumbosacralis) dort, wo die Nerven der hinteren Extremität entspringen. Bei den Pisces fehlen diese Anschwellungen, bei den Tetrapoda sind sie sehr verschieden stark und stehen im Verhältnis zur Entwicklung der Extremitäten: bei den Ophidia und den extremitätenlosen Lacertilia fehlen sie; bei den Cetacea und Sirenia ist die Lendenanschwellung schwach oder fehlt ganz; umgekehrt ist sie besonders stark entwickelt bei den Känguruhs. Auch bei den bipeden Dinosauria muß die Anschwellung groß gewesen sein, weil ihr Rückenmarkkanal auf dieser Höhe sehr stark erweitert ist, ja selbst geräumiger gefunden wird als die Gehirnhöhle. Umgekehrt beobachtet man bei den Chiroptera eine sehr starke Halsanschwellung.

Andererseits wird das Rückenmark zurückgebildet in dem wenig differenzierten Schwanz. Schon bei Amphioxus besitzt das hintere Ende nur eine Epithelwand ohne Nervengewebe und der Zentralkanal ist hier zu einer kleinen Ampulle erweitert. Dasselbe beobachtet man bei einigen Pisces, z. B. bei den Cyclostomata; in noch höherem Maße bei den Anura und den Amniota: hier ist dieser nicht nervöse Teil als Filum terminale lang und drahtförmig; bei den Anura liegt das Filum in dem Urostyl.

Bei weitergehender Rückbildung macht sich eine Verkürzung des Rückenmarkes bemerkbar: es zieht sich aus dem Hinterende des Rückenmarkkanales craniad zurück. So kommt es, daß dieser Teil des

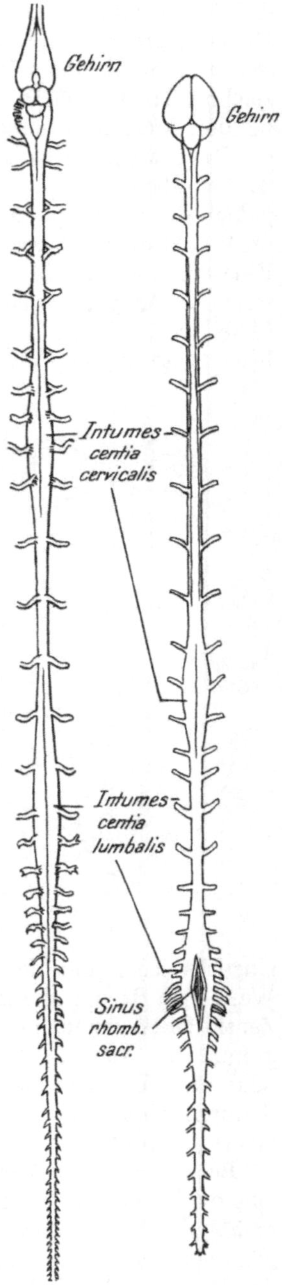

Abb. 506. Abb. 507.

Abb. 506 - 507.
Gehirn und Rückenmark (von dorsal).

Abb. 506. Von Emys europaea (nach BOJANUS). — Abb. 507. Von Gallus domesticus (nach R. WAGNER aus PLATE).

Rückenmarkkanales nur noch angefüllt wird durch ein Bündel spinaler Nerven: die Cauda equina. Diese treten durch ihre ursprünglichen Öffnungen aus dem Rückenmark aus und verlängern sich in demselben Maße wie das Rückenmark sich verkürzt. Eine solche Cauda equina ist vor allem für die Mammalia kennzeichnend; aber sie ist auch bei einigen Teleostei (Orthagoriscus, Lophius) und bei den Anura schon recht deutlich.

Das erwachsene Rückenmark besitzt Röhrenform, was aus seiner ersten Anlage zu verstehen ist (S. 402). Durch starke Entwicklung des Nervengewebes nimmt jedoch die Wand des Kanales so bedeutend an Dicke zu, daß der Zentralkanal im Verhältnis zur Wanddicke sehr eng bleibt. Dazu kommt, daß im Laufe der Entwicklung der Kanal nicht nur relativ, sondern auch absolut enger wird: schon bei Amphioxus ist er in seinem dorsalen Teile zu einem feinen Spalt verengt (Abb. 508); bei den Craniota verschwindet dieser dorsale Kanalteil dadurch, daß beide Seitenwände sich aneinanderlegen und verschmelzen. An der Stelle dieses verschwundenen Kanalteiles entwickelt sich weiterhin meist eine mediane Platte von Gliagewebe: das Septum dorsale. Ein ähnliches Septum kann auch ventral des Zentralkanales entstehen: das Septum ventrale.

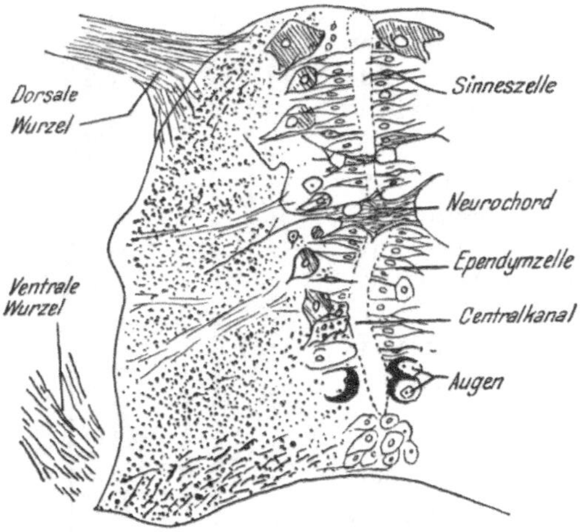

Abb. 508. Rückenmark von Amphioxus, Querschnitt. (Nach EDINGER.)

Besonders dick wird das Septum dorsale in der Lendenanschwellung bei den Aves. Es drängt dadurch die beiden Hälften des Rückenmarkes auseinander, so daß zwischen beiden eine Grube entsteht: der Sinus rhomboidalis sacralis; diese Grube wird durch das gelatinöse Gewebe des Septum gefüllt (Abb. 507).

Das Rückenmark von Amphioxus (Abb. 508) zeigt auf einem Querschnitt ungefähr die Form eines Dreiecks mit dorsad gerichteter Spitze. Bei den Craniota verdickt die Wand von Beginn ab lateral stärker als dorsal und ventral: so kommt es, daß der Zentralkanal dorsal und ventral durch eine dünne Dach- und Bodenplatte begrenzt ist. Auch in dem erwachsenen Rückenmark ist dieser Unterschied noch deutlich. Das Rückenmark der Cyclostomata (Abb. 556 auf S. 451) bekommt dadurch eine stark dorso-ventral abgeplattete Bandform. Deren Ränder sind etwas ventrad gebogen, so daß die Unterfläche schwach konkav wird.

Bei den anderen Vertebrata besitzt das Rückenmark auf einem Querschnitt eine ovale oder etwas runde Form. Dies ist eine Folge davon, daß die linke und rechte Hälfte sich nun auch in dorso-ventraler Richtung stark verbreitern. Gewöhnlich wachsen sie dabei vor allem ventrad aus (Abb. 509). Die Konkavität der Unterwand, welche bei den Cyclostomata angedeutet ist, wird dadurch noch tiefer und geht bei den Anura und Amniota über in einen tiefen und schmalen Spalt: die Fissura ventralis; hier dringt die Pia mater ein. Dorsal entsteht höchstens eine flache Grube: der Sulcus dorsalis.

Feinerer Bau. Bei Amphioxus sind alle Ganglienzellen des Rückenmarkes um den Zentralkanal angeordnet (Abb. 508). Diese zentrale Lage der Ganglienzellen finden wir bei allen Vertebrata. Bei den Cyclostomata bilden die Zellen durch die Gesamtform des Rückenmarkes eine bandförmige Masse. Bei den anderen Vertebrata nehmen sie stark in Anzahl zu; die graue Substanz erhält bei ihnen links und rechts eine dorsale und ventrale Längsleiste. Nach der Form, welche diese Leisten auf einem Querschnitte zeigen, haben sie den Namen dorsales und ventrales Horn bekommen (Columna dorsalis und ventralis, Abb. 509). Dadurch bekommt der Querschnitt der grauen Substanz die Form eines Schmetterlinges oder eines H. Die Figur wird in der Mitte durch den Zentralkanal durchbohrt. Durch die Lage des Zentralkanales entsteht eine dorsale und ventrale graue Kommissur (Abb. 509). Bei den Selachii und Teleostei legen sich die beiden dorsalen Hörner dicht aneinander, da hier die dazwischenliegende weiße Substanz beinah ganz fehlt; dadurch bekommt die graue Substanz etwa die Form eines umgekehrten Y.

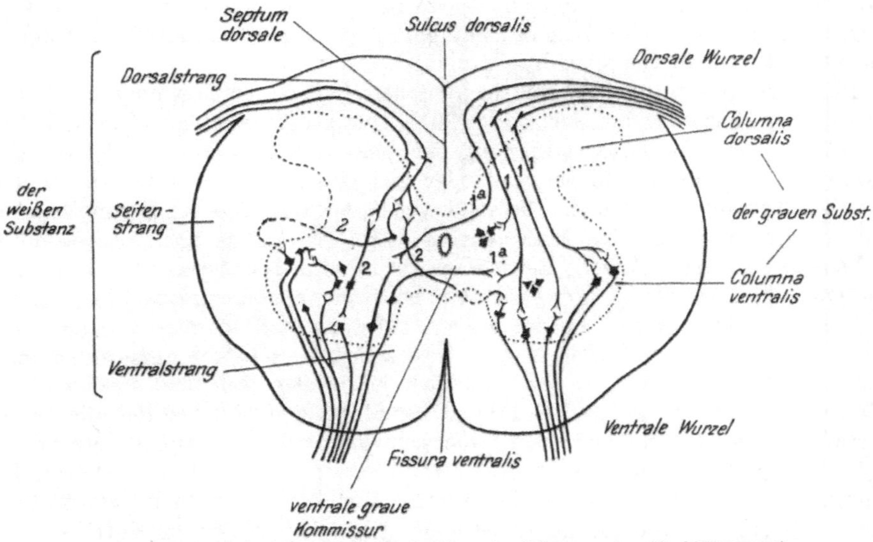

Abb. 509. Einfaches Schema der Reflexbögen im Rückenmark. (Nach HERRICK.)

In vielen Fällen zeigen die beiden vertikalen Striche der H-Form jede eine mehr oder weniger deutliche Anschwellung; diese erstreckt sich laterad. Sie werden die Seitenhörner genannt. — Lateral kann ferner auf der Grenze der grauen und weißen Substanz ein Gewebe vorkommen, in welchem beide Substanzen durcheinander gemengt sind: Formatio (Processus) reticularis. An der Spitze des dorsalen Hornes liegt bei den Mammalia ein Gewebe, welches aus zahlreichen kleinen Ganglienzellen besteht mit kurzen, sehr verzweigten Dendriten: die Substantia gelatinosa Rolando.

Die markhaltigen Axonen des Rückenmarks ordnen sich zu einer Rindenschicht. Diese besteht demnach aus weißer Substanz (Abb. 509). Diese Rinde wird durch die Schmetterlingsfigur der grauen Substanz unvollständig in vier Teile geteilt: die beiden dorsalen und ventralen Teile werden beide wieder durch das Septum dorsale und ventrale (bzw. durch die Fissura ventralis) in zwei Hälften geteilt. Dadurch kann man zu beiden Seiten der Medianlinie drei Stränge (Funiculi) der weißen Substanz unterscheiden: einen dorsalen, einen ventralen und einen Seitenstrang (Abb. 509). In diesen Strängen liegen die Fasern zu mehreren Bündeln miteinander vereinigt.

Die Ganglienzellen des Rückenmarks sind teilweise motorisch, teilweise sind es Assoziationszellen. Sensible Ganglienzellen im Rückenmark kommen nur bei Amphioxus, bei einigen Pisces und bei den Urodelenlarven vor. In allen übrigen Fällen liegen die sensiblen Zellen ausschließlich in den Spinalganglien; nur ihre Axonen dringen via die dorsalen Wurzeln (Abb. 509) in das Rückenmark ein. Die motorischen Zellen und die Assoziationszellen liegen beide in Kernen, welche sich säulenförmig in der ganzen Länge des Rückenmarks erstrecken. Die motorischen Kerne liegen in den ventralen Hörnern und den Seitenhörnern; ihre Neuriten begeben sich zur ventralen Wurzel der Spinalnerven (Abb. 455/6 auf S. 334). Gewöhnlich sind hier einige dieser Kerne zu unterscheiden, welche in Verbindung stehen mit bestimmten Muskelgruppen. Es scheint dann die Regel zu sein, daß die mehr medial gelegenen Kerne ihre Neuriten zu den Rumpfmuskeln senden; die mehr lateral gelegenen zu den Muskeln der Extremitäten. Diese lateralen Kerngruppen findet man denn auch ausschließlich in den Hals- und Lendenanschwellungen. — Zwischen den ventralen und dorsalen Hörnern und hauptsächlich in den Seitenhörnern liegen die motorischen Zellen des Sympathicus in Gruppen beieinander.

Die Nervenfasern, welche die elektrischen Organe von Gymnotus, Malapterurus und Mormyrus innervieren (S. 391), entspringen aus motorischen Zellen des Rückenmarkes. Die Abstammung der elektrischen Organe aus der Rumpfmuskulatur (Gymnotus, Mormyrus) oder aus der Haut (Malapterurus) lassen uns diese Tatsache verstehen. Die elektrischen Nervenzellen bei Gymnotus sind also somatomotorische, bei Malapterurus (Abb. 500 auf S. 394) viscero-motorische (sympathische) Zellen. Bei Malapterurus wird das Organ nur durch zwei Nervenfasern innerviert; jede dieser Fasern entspringt aus einer großen Nervenzelle.

Die Assoziationszellen der grauen Substanz sind teilweise Strang-, teilweise Kommissurzellen. Der Name Strangzellen ist dadurch entstanden, daß diese Zellen ihre Axonen zu den Strängen der weißen Substanz senden (Abb. 509 und 510: 2a und 558 auf S. 451). Diese Strangzellen bleiben mit allen ihren Verzweigungen innerhalb des Zentralnervensystems und verlaufen stets an ein und derselben Seite des Rückenmarks. Dadurch unterscheiden sie sich von den Kommissurzellen: deren Axonen kreuzen die Mittellinie des Rückenmarks (dieselben Abb.: 2), bevor sie in die Stränge der weißen Substanz eintreten; die Axonen werden darum Bogenfasern genannt. Diese Kreuzung findet statt zwischen dem Zentralkanal und der Fissura ventralis: so entsteht hier die weiße Kommissur.

Die Anordnung der Assoziationszellen ist im allgemeinen so, daß sie im dorsalen Teile der grauen Substanz liegen. Hier endigen also auch die meisten sensiblen Fasern, welche mit den Dendriten der Assoziationszellen in Berührung treten. Die Folge ist, daß man die graue Substanz einteilen kann in ein dorsales, sensibles Areal und ein ventrales, motorisches Areal. Dieses ventro-motorische Areal kann man wieder unterteilen in einen mehr ventralen Teil, in welchem die somato-motorischen Zellen liegen, und einen mehr dorsalen Teil, in welchem die viscero-motorischen Zellen liegen. Ebenso kann man auch das sensible Areal einteilen in einen dorsalen somato-sensiblen Teil und einen ventralen viscero-sensiblen Teil. In dorso-ventraler Richtung folgen also aufeinander: Assoziationszellen in Verbindung mit somato-sensiblen Fasern; Assoziationszellen in Verbindung mit viscero-sensiblen Fasern; viscero-motorische Zellen; somato-motorische Zellen (Abb. 455/6 auf S. 334).

Strang- und Kommissurzellen, neben sensiblen und motorischen Ganglienzellen, sind schon bei Amphioxus zu unterscheiden. Die Kommissurzellen (Riesenzellen oder Neurochordzellen) haben hier die Eigentümlichkeit, daß jede von ihnen teilweise in der linken, teilweise in der rechten Hälfte des Rückenmarks liegt (Abb. 508). Sie überbrücken also den Zentralkanal in seinem dorsalen, spaltähnlichen Teil. Ihre Axonen: die Neurochorde, treten entweder links oder rechts heraus, aber kreuzen dann nach der anderen Seite hinüber.

In der Mitte der weißen Substanz der Seitenstränge liegen bei den Sauropsida einige segmental angeordnete Gruppen von Ganglienzellen: die Randkerne (Nuclei marginales). Dies sind, wenigstens größtenteils, wahrscheinlich Kommissurzellen, welche von der grauen Substanz aus laterad verschoben sind.

Unter den Faserbündeln der weißen Substanz gibt es einige, deren Fasern sich nicht außerhalb des Rückenmarks erstrecken, welche also ausschließlich für Reflexe dienen können. Dieses sind die Grundbündel (Fasciculi proprii). Sie

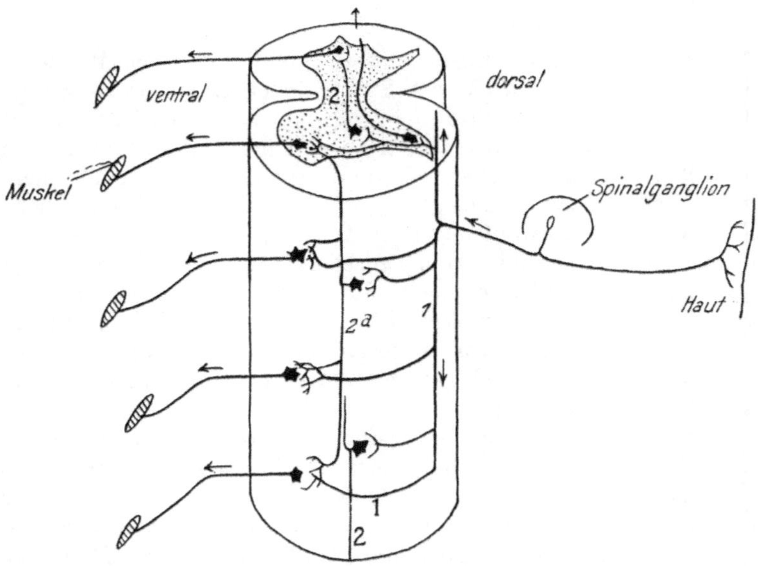

Abb. 510. Einfaches Schema der Reflexbögen im Rückenmark. (Nach HERRICK.)

liegen zentral in der weißen Substanz, also in Berührung mit der grauen Substanz. Ihre Fasern sind Axonen von Strang- und Kommissurzellen und bilden die sogenannten kurzen Bahnen des Rückenmarks.

Mehr peripher laufen die sogenannten langen Bahnen. Sie sind ebenfalls in Bündeln zusammengefaßt; ihre Fasern bleiben jedoch nicht im Rückenmark selbst, sondern dringen bis zum Gehirn vor. Diese Bahnen sind bei höheren Vertebrata stärker entwickelt als bei den niedrigen; ihre Entwicklung steht im Verbande mit der Entwicklung des Großhirnes. Aufsteigende Bahnen leiten vom Rückenmark zum Gehirn, absteigende Bahnen in umgekehrter Richtung. Man nennt diese Bahnen gewöhnlich nach ihrem Anfangs- und Endpunkte, wobei dann der Anfangspunkt zuerst genannt wird.

Zu den langen Bahnen gehören diejenigen, welche aus Fasern der sensiblen Ganglienzellen in den Spinalganglien zusammengesetzt sind (Abb. 510). Dies sind sensible Fasern, welche durch die dorsalen Wurzeln der Spinalnerven in das Rückenmark eintreten. Dort teilen sie sich jede in zwei Zweige: einen längeren aufsteigenden Zweig und einen kürzeren abfallenden; beide bleiben innerhalb der dorsalen Stränge. Einige der aufsteigenden Fasern erreichen die Medulla oblongata. Unterwegs geben sie zahlreiche Kollateralen ab, welche in das dorsale Horn der grauen Substanz eindringen (Abb. 509 und 510). Hier verhalten sie sich verschieden. Einige der Kollateralen (1) begeben sich zum ventralen Horn; hier treten ihre Endbäumchen in Verbindung mit den Dendriten der dort liegenden motorischen Zellen derselben oder der entgegengesetzten Körperhälfte (1a). Da nun die sensible Ganglienzelle im Spinalganglion selbst mit ihrem freien Nervenende Sinnesreize in der Haut empfängt (Abb. 561 auf S. 453), und an der anderen Seite der Axon der motorischen Zelle mit einem Muskel unmittelbar in Verbindung steht —: so kommt auf diese Weise ein sehr einfacher Reflexbogen zustande, welcher nur aus zwei Zellen besteht, aus einer sensiblen und einer motorischen Ganglienzelle.

Bei den Pisces und bei den Jugendformen der Amphibia unterscheiden sich die motorischen Ganglienzellen durch sehr lange Dendriten. Diese Dendriten erstrecken sich bis in das dorsale Horn und treten schon an dieser Stelle mit den sensiblen Fasern der dorsalen Wurzeln in Verbindung.

Andere Kollateralen der sensiblen Fasern in der dorsalen Wurzel stehen in Verbindung mit den Dendriten der Strang- oder Kommissurzellen (Abb. 509 und 510). Die Axonen dieser Strang- oder Kommissurzellen leiten nun den empfangenden Reiz weiter: teilweise laufen sie in den Grundbündeln (2a) und geben von dort Kollateralen ab, welche wieder in die graue Substanz eindringen und mit motorischen Zellen zusammenhängen; teilweise laufen die Axonen der Assoziationszellen zum Gehirn in aufsteigenden Bahnen, welche mehr peripher liegen.

Aus einer einzigen sensiblen Ganglienzelle kann also ein Sinnesreiz folgendermaßen weitergeleitet werden: entweder direkt oder durch Zwischenschaltung von Strangzellen erstens zu den motorischen Wurzeln verschiedener Rückenmarksnerven, zweitens zu dem Gehirn; weiterhin kann durch Zwischenschaltung von Kommissurzellen der Reiz auch geleitet werden zu den Spinalnerven der gegenüberliegenden Körperhälfte (2).

Die beiden dorsalen Stränge bestehen einmal aus den mehr zentral gelegenen Grundbündeln; hauptsächlich aber aus den oben beschriebenen aufsteigenden und absinkenden Fasern der sensiblen Zellen (1). In jedem Strange liegen diese Fasern in zwei Bündeln: am Septum dorsale liegt der Fasciculus gracilis (Strang von Goll); zwischen diesem und dem dorsalen Horn liegt der Fasciculus cuneatus (Strang von Burdach). Durch den Fasciculus gracilis verlaufen diejenigen Fasern, welche abstammen von den mehr caudalen Spinalnerven; durch den Fasciculus cuneatus verlaufen die Fasern der mehr cranial gelegenen Spinalnerven. Auch in jedem Fasciculus liegen diejenigen Fasern, welche einen mehr caudalen Ursprung haben, stets medial von den Fasern, welche mehr cranial eintreten. In dem Rückenmarke des Halses folgen also folgende Fasern von medial nach lateral geordnet aufeinander: die Fasern der Sacralregion, der Lendenregion, der Rückenregion und der Halsregion.

Wie wir oben gezeigt haben, erreicht ein Teil der aufsteigenden Fasern der Dorsalstränge die Medulla oblongata. Hier geht bei den Amniota jeder der beiden Bündel über in einen eigenen Kern (Hinterstrangkern): der Fasciculus gracilis in den Nucleus gracilis; der Fasciculus cuneatus in den Nucleus cuneatus (Abb. 530 auf S. 426). Bei den Aves ist auch ein unparer Kern beobachtet, welcher beide paarige Kerne an Größe übertrifft. Bei der Beschreibung der Medulla oblongata kommen wir auf diese Kerne zurück.

Auf Seite 409 ist gesagt, daß bei vielen Pisces die weiße Substanz zwischen den beiden dorsalen Hörnern fast ganz fehlt. Dorsale Stränge sind in solchem Falle gar nicht oder nur wenig zu beobachten. Diese Verhältnisse sind dadurch entstanden, daß die Fasern der dorsalen Wurzeln hier entweder hauptsächlich durch die Seitenstränge verlaufen, oder in zerstreuten Bündeln mitten in der grauen Substanz der dorsalen Hörner liegen. Auch bei einigen Reptilia läuft noch ein großer Teil dieser Fasern durch die Seitenstränge.

In einer Eigentümlichkeit der dorsalen Stränge unterscheiden sich die Mammalia von den anderen Vertebrata: die Stränge nehmen craniad gleichmäßig an Dicke zu. Dies wird erklärt durch die große Länge der aufsteigenden Fasern bei diesen Tieren, wodurch sie sich in dem cranialen Teil des Rückenmarks anhäufen.

Bei den Anamnia erreichen nur die Fasern der vordersten Spinalnerven das Gehirn. Daraus folgt, daß die Hinterstrangkerne noch nicht differenziert sind: sie treten zuerst bei den Reptilia auf.

Eine wichtige Gruppe der Strangzellen im Rückenmarke der Mammalia ist die CLARKsche Säule (Nucleus dorsalis). Sie verbindet die sensiblen Fasern des Rückenmarkes mit dem Kleinhirn. Diese Strangzellen liegen zu beiden Seiten der grauen Substanz an der Basis des dorsalen Hornes. Die Dendriten ihrer Zellen stehen in Verbindung mit den Kollateralen der sensiblen Fasern. Ihre Axonen begeben sich zu den Tractus spino-cerebellares (dorsalis und ventralis), welche peripher in dem Seitenstrange liegen. Durch diesen Tractus verlaufen sie zur Rinde des Kleinhirnes (Abb. 533 auf S. 429).

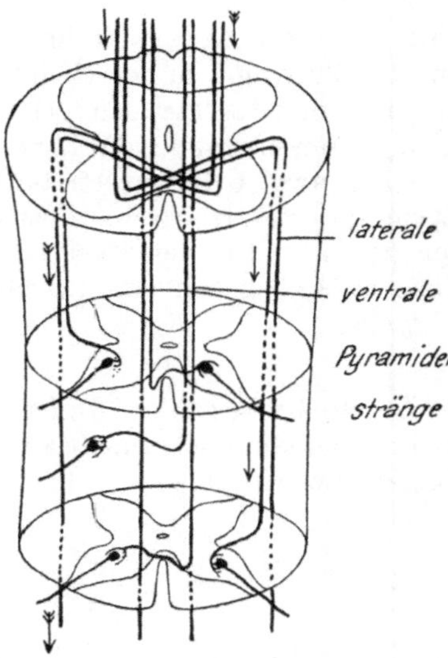

Abb. 511. Schematische Darstellung des Verlaufs der Pyramidenstränge. (Nach PLATE.)

Andere aufsteigende Bahnen des Funiculus lateralis und ventralis verbinden das Rückenmark mit dem Mittelhirn (Tractus spino-tectalis) und mit dem Zwischenhirn (Tractus spino-thalamici lateralis und ventralis). Sie bestehen aus Axonen von Kommissurzellen. Die Endbäumchen dieser Axonen stehen im Gehirn in Verbindung mit wiederum anderen Nervenzellen (Neuronen 3. Ordnung) und hierdurch mit der Rinde des Großhirnes (S. 444). Diese Bahnen leiten Reize des Rumpfes und der Extremitäten (welche Reize durch die Spinalnerven zum Rückenmark geleitet sind) weiter zum Großhirn, wo sie zum Bewußtsein kommen.

Die absinkenden Bahnen des Rückenmarkes laufen größtenteils durch die ventralen und lateralen Stränge. Sie verbinden das Gehirn mit dem Rückenmark und übertragen Reize auf die motorischen Zellen der ventralen Hörner, Reize, welche von den Kopfsinnesorganen oder von der Gehirnrinde stammen. Die Kerne, aus denen ihre Fasern entspringen, liegen im Gehirn. Von diesen Bahnen seien eben genannt: der Tr. vestibulo-spinalis, welcher statische Reize des Labyrinth-Gehörorganes zum Rückenmark leitet; der Tr. tecto-spinalis, welcher optische und akustische Reize von dem Mittelhirn überbringt; der Tr. rubro-spinalis der Aves und Mammalia, welcher aus Fasern des Nucleus ruber im Mittelhirn besteht.

Die wichtigsten der absteigenden Bahnen sind jedoch die Pyramidenstränge der Mammalia (Tr. cortico-spinalis) (Abb. 511 und 540 auf S. 434). Sie leiten willkürliche motorische Reize aus der Großhirnrinde durch die Pyramiden der Medulla oblongata zu den motorischen Ganglienzellen des Rückenmarkes. Eine Eigentümlichkeit der Fasern dieser Stränge besteht darin, daß sie während ihres Verlaufes sich stets in der Medianlinie kreuzen;

so kommt es, daß diejenigen Fasern, welche von der linken Rinde herstammen, mit motorischen Zellen aus der rechten Hälfte des Rückenmarkes in Kontakt stehen, und umgekehrt. Die Kreuzung findet bei den verschiedenen Strängen auf verschiedener Höhe statt: ein Teil der Stränge kreuzt sich in den Pyramiden und verläuft weiter im Rückenmark entweder in den dorsalen Strängen oder (bei höheren Mammalia) in den lateralen Strängen (Tr. cortico-spinalis lateralis); ein anderer Teil der Fasern, welcher bei niedrigen Mammalia nicht vorkommt, tritt ohne Kreuzung in das Rückenmark und bildet hier die beiden Tr. cortico-spinales ventrales in den ventralen Strängen. Die Fasern dieses Tractus kreuzen nacheinander durch die weiße Kommissur hindurch; sie endigen weiterhin auf verschiedenen Höhen im Rückenmark, indem sie mit Dendriten motorischer Zellen in Kontakt treten. Hierdurch nehmen diese Tractus caudad allmählich an Umfang ab.

Als ein Vorläufer der absteigenden Bahnen besitzt Petromyzon nur die MÜLLERschen Fasern: sehr dicke Axonen, welche als sechs oder acht Paar im Mittelhirn und in der Medulla oblongata entspringen und bis zum Schwanz durchlaufen. Kollateralen besitzen sie nicht; doch geben sie wahrscheinlich seitliche Impulse ab an die Dendriten der motorischen Zellen des Rückenmarkes.

Gliagewebe finden wir im Rückenmark des Amphioxus nur in Form des Ependym. Bei den Craniota ist die Glia jedoch mit ihren Zellen und Fasern in der grauen und in der weißen Substanz verbreitet. Eine starke Anhäufung des Gliagewebes liegt um den Zentralkanal hin: Substantia gelatinosa (besser: gliosa) centralis.

Das Gehirn.

Durch die besondere Differenzierung des Kopfes und durch die Lage der wichtigsten Sinnesorgane bekommt der Vorderteil des Neuralrohres eine besondere Entwicklung: aus ihm entsteht das Gehirn (Cerebrum).

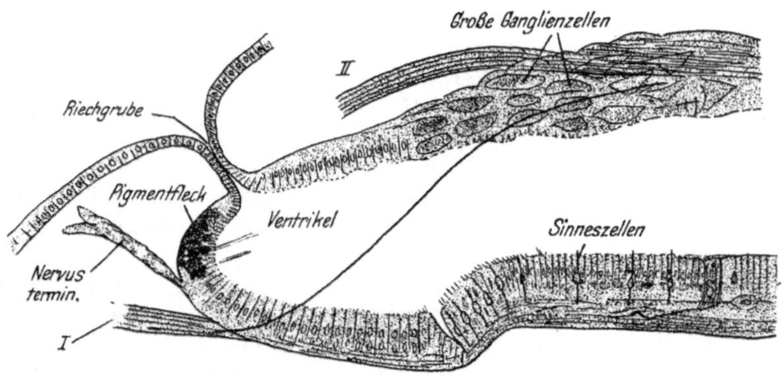

Abb. 512. Mediansschnitt durch das Vorderende des Zentralnervensystems von Amphioxus. (Nach EDINGER.)

Bei den Acrania befindet sich das Gehirn auf einer äußerst einfachen Stufe (Abb. 512). Das Neuralrohr wird cranial nicht breiter und ist einfach abgerundet. Der innere Bau ist in diesem Teil des Neuralrohres jedoch ein ganz anderer als in dem mehr caudal gelegenen Teile. Der Zentralkanal erweitert sich cranial nämlich zu einer Höhle: einem Ventrikel. Die Wand dagegen bleibt dünn und entwickelt nur wenig Nervengewebe. Das Ganze wird das Gehirnbläschen genannt. Hierauf folgt noch ein kleines Stück des Neuralrohres, welches etwas abweicht von dem weiter caudal liegenden Teile; einmal ist die Form des Zentralkanales eine andere: außer der ventralen Verbreiterung des im übrigen spaltförmigen Lumens beobachtet man auch dorsal eine solche Erweiterung; zweitens liegen in diesem Teile dorsal große Ganglienzellen besonderer Form, welche sonst im Rückenmarke nicht vorkommen. Diese Besonderheiten geben uns das Recht, dieses Stück des Neuralrohres zusammen mit dem Gehirnbläschen als einen Vorläufer des Craniotengehirnes anzusehen. Das Gehirnbläschen kann man das Archencephalon nennen, das dahinter gelegene Stück das Deuterencephalon. Beide liegen dorsal der Chorda dorsalis („epichordal"); das Vorderende der Chorda kann selbst noch etwas weiter craniad reichen als die Spitze des Archencephalon.

Dieselben beiden Teile kann man auch bei den Craniota unterscheiden. Es wird bei diesen Tieren der eben beschriebene Zustand von Amphioxus insofern bewahrt, als man dem Deuterencephalon viel deutlicher als dem Archencephalon ansehen kann, daß es ein verändertes Stück des Rückenmarkes ist. Beide Teile sind schon vor der Schließung des Neuroporus deutlich zu erkennen (Abb. 513); sie grenzen sich auch durch ihre größere Dicke vom Rückenmarke ab. Und doch ist dieser Übergang ein langsamer, so daß zwischen Deuterencephalon und Rückenmark keine scharfe Grenze zu beobachten ist.

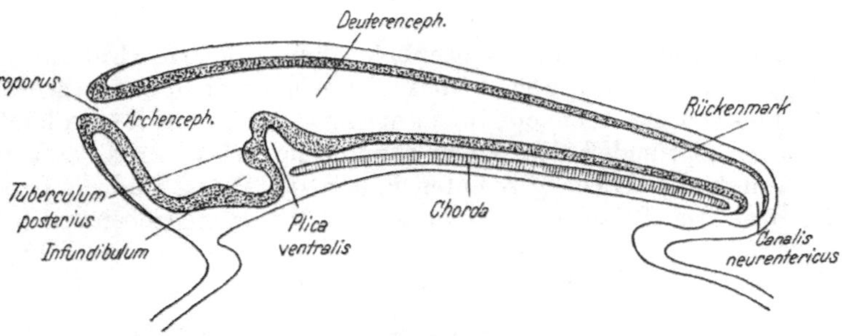

Abb. 513. Schema des embryonalen Zentralnervensystems; Medianschnitt. (Nach v. KUPFFER.)

Ein weiterer Unterschied des Craniotengehirnes gegenüber den Acrania beruht darin, daß das Archencephalon sich craniad bis über die Spitze der Chorda hin ausstreckt und hier auch ventrad ausgesackt ist. Das Archencephalon liegt hier also prächordal; das Deuterencephalon epichordal. Auch im späteren Lebensalter gibt die Chordaspitze noch die Grenze an zwischen beiden Teilen des Gehirnes. Weiterhin wird diese Grenze festgelegt durch eine Falte der ventralen Gehirnwand: die Plica ventralis; diese springt als Tuberculum posterius in die Ventrikelhöhle hinein (Abb. 513, 515). Man kann sich diese Falte entstanden denken als eine Folge der ventraden Umbiegung des Bodens im Archencephalon.

Nach einer anderen Ansicht (DELSMAN) soll jedoch das ganze Gehirnbläschen des Amphioxus mit dem Deuterencephalon der Craniota homolog sein; dann würde das Archencephalon bei den Acrania noch fehlen.

Der Neuroporus liegt in dem Vorderende des Archencephalon. Nach seiner Schließung bleibt an dieser Stelle noch einige Zeit ein Zusammenhang zwischen der Gehirnwand und dem Körperepithel bestehen. Geht diese Verbindung später verloren, so besitzt doch das Archencephalon noch zeitweise eine kleine Ausstülpung in der Richtung auf die Epidermis: den Processus neuroporicus. In diesem Fortsatze liegt eine kleine Aussackung des Ventrikels: der Recessus neuroporicus (Abb. 514—517).

Diese Einteilung des Gehirnes in zwei Teile wird alsbald differenziert zu drei hintereinander gelegenen Abteilungen: zu den drei primären Gehirnbläschen (Abb. 514); diese werden durch transversale Falten der Wand voneinander geschieden. Die neue dritte Abteilung entsteht zwischen den beiden zuerst geformten dadurch, daß die Wand interstitiell wächst. Da dieses Wachstum dorsal stärker ist als ventral, so bekommt dieses dritte Bläschen etwa die Form eines Keiles; die Spitze des Keiles schaut ventrad zur Plica ventralis. Die drei primären Gehirnbläschen werden folgendermaßen genannt: primäres Vorderhirn

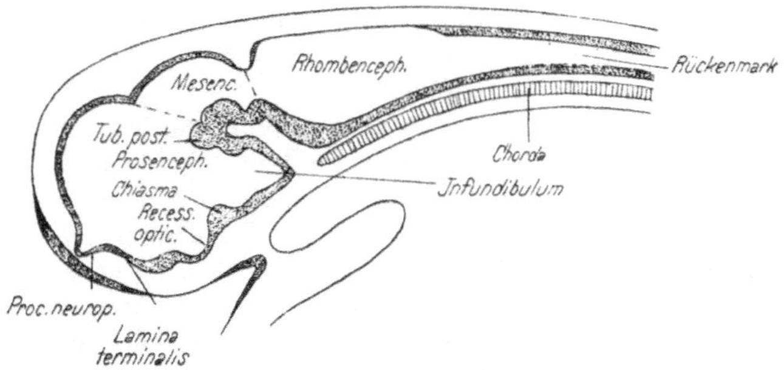

Abb. 514. Schema des embryonalen Gehirns nach dem Entstehen der primären Gehirnbläschen; Medianschnitt. (Nach V. KUPFFER.)

(Prosencephalon), Mittelhirn (Mesencephalon) und primäres Hinterhirn (Rhombencephalon). Die Falten, welche diese Bläschen voneinander scheiden, sind außen als Furchen zu erkennen; innen springen sie in die Gehirnhöhle ein, so daß auch der ursprüngliche Ventrikel dadurch in drei Ventrikel aufgeteilt wird.

Außer durch die soeben genannten Falten der Wand sind die Grenzen zwischen den primären Bläschen noch in anderer Weise angegeben: nämlich durch

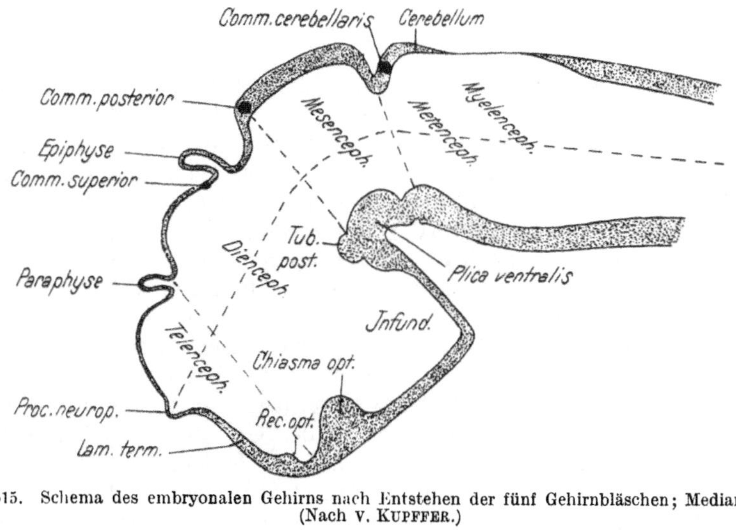

Abb. 515. Schema des embryonalen Gehirns nach Entstehen der fünf Gehirnbläschen; Medianschnitt. (Nach V. KUPFFER.)

Kommissuren (Abb. 515). Wir unterscheiden zunächst zwei Kommissuren: die Commissura posterior wird frühzeitig in der dorsalen Wand auf der Grenze des Pros- und Mesencephalon gebildet; die zweite entsteht zwischen dem Mes- und Rhombencephalon ebenfalls dorsal: sie wird die Commissura cerebellaris genannt. Vor allem wenn durch weiteres Wachstum die ursprünglichen transversalen Furchen mehr zurücktreten, dann sind diese Kommissuren für die Erkennung der Gehirngrenzen wichtig.

Durch verschiedenes Längenwachstum der dorsalen und der ventralen Wand krümmt sich die Längsachse des Gehirnes vorn ventrad; sie wird also dorsal konvex. Diese Krümmung entsteht auf der Höhe des Mesencephalon; sie wird die Kopfbeuge genannt (Abb. 516).

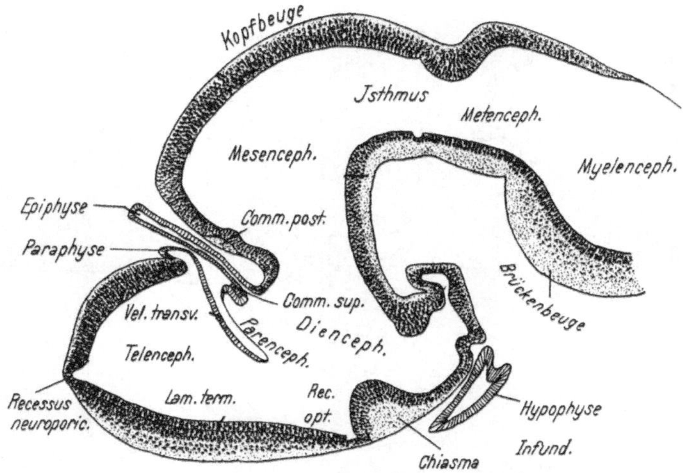

Abb. 516. Embryonales Gehirn eines Haifisches (Acanthias); Medianschnitt. (Nach v. KUPFFER.)

Später entstehen im Pros- und im Rhombencephalon je zwei hintereinander liegende Teile, so daß man nun von fünf Gehirnbläschen spricht (Abb. 515):

1. sekundäres Vorderhirn (Telencephalon)
2. Zwischenhirn (Diencephalon oder Thalamencephalon)
   } entstanden aus dem Prosencephalon;
3. Mittelhirn (Mesencephalon)
4. Hinterhirn (Metencephalon)
5. Nachhirn (Myelencephalon)
   } entstanden aus dem Rhombencephalon.

Die sehr deutliche Einschnürung zwischen dem Mes- und Metencephalon ist unter dem Namen Isthmus bekannt (Abb. 516).

Die später geformten Gehirnbläschen besitzen nicht mehr dieselbe Bedeutung wie die primären. Auf ihre Entstehung kommen wir noch bei der besonderen Besprechung auf S. 422 zurück.

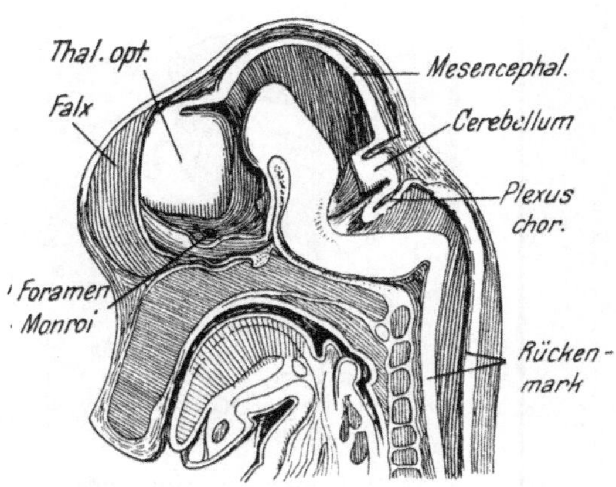

Abb. 517. Kopf eines Schweineembryos; Medianschnitt. (Nach KÖLLIKER aus GEGENBAUR.)

Auf die Kopfbeuge folgen noch zwei andere Krümmungen der Gehirnröhre: eine Nacken- und eine Brückenbeuge (Abb. 516, 517). Die Nackenbeuge ist ebenfalls dorsal konvex; sie liegt auf der Grenze des Myelencephalon und des Rückenmarkes. Die Brückenbeuge ist umgekehrt ventral konvex und liegt auf der Höhe des Metencephalon, dort, wo bei den Mammalia die Brücke entsteht.

Bei niedrigen Vertebrata gehen diese embryonalen Krümmungen im weiteren Verlaufe der Entwicklung größtenteils wieder verloren. Dadurch liegen bei dem ausgewachsenen Gehirn die fünf Bläschen ziemlich in einer geraden Linie hintereinander. Am besten erhalten bleiben die Krümmungen bei den Mammalia.

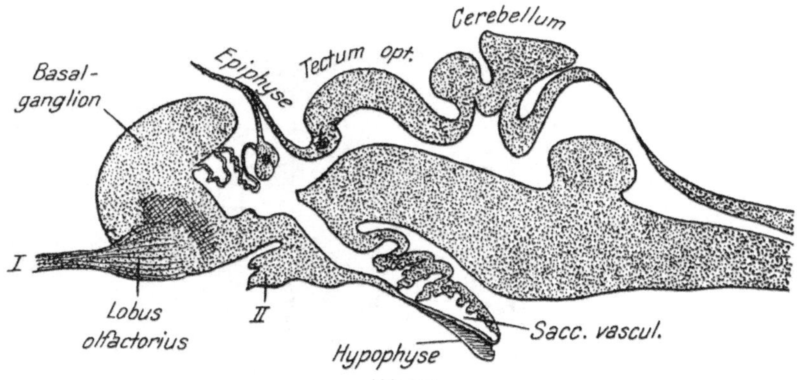

Abb. 518.

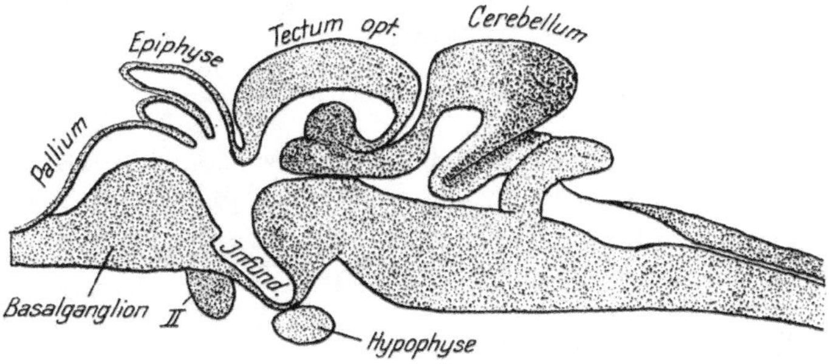

Abb. 519.

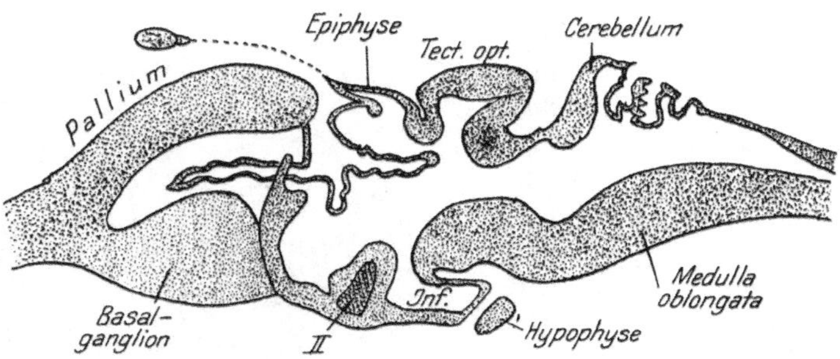

Abb. 520.

Abb. 518—520. Schematische Medianschnitte durch Gehirne.
Abb. 518. Von einem Selachier (Rajidae). — Abb. 519. Von einem Teleostier (Forelle, embryonal). — Abb. 520. Von einem Amphibium. (Nach EDINGER.)

Es herrscht übrigens noch keine einheitliche Auffassung darüber, welcher Punkt als das craniale Ende der Gehirnröhre zu betrachten ist; eine Frage, welche theoretische Bedeutung hat. Man kann diesen Punkt erblicken in dem Recessus neuroporicus; dann würde hier die zentrale Achse der Röhre endigen (von KUPFFER) (man vgl. Abb. 515 und 575a auf S. 476). Andere Gründe sprechen deutlich

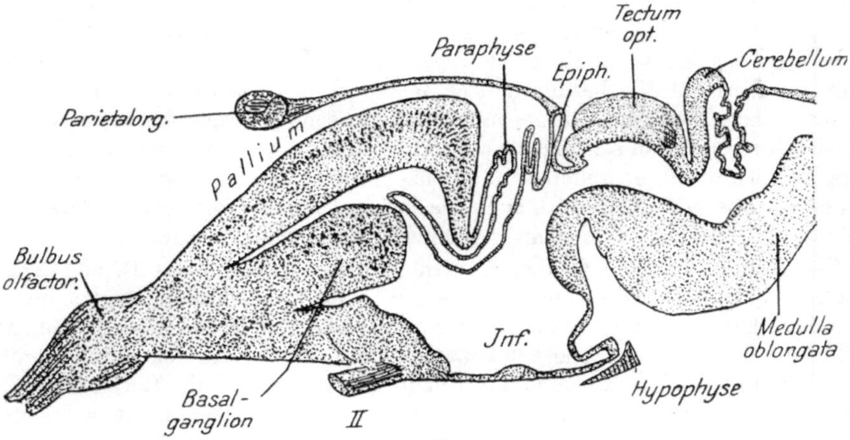

Abb. 521.

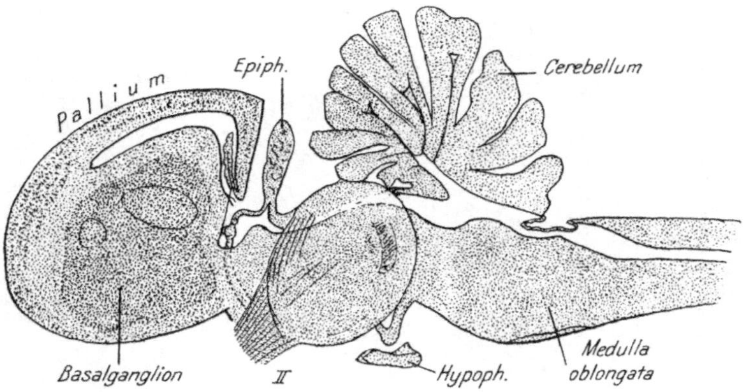

Abb. 522.

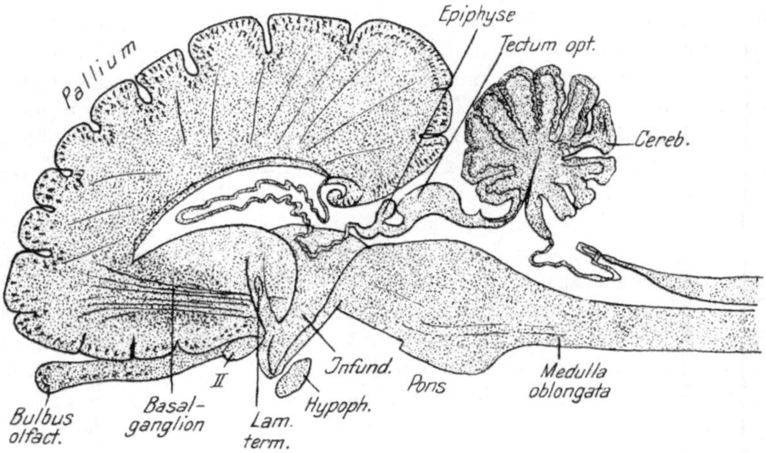

Abb. 523.

Abb. 521—523. Schematische Medianschnitte durch Gehirne.

Abb 521. Von einem Reptil. — Abb. 522. Von einem Vogel. — Abb. 523. Von einem Mammalier. (Nach EDINGER.)

dafür, daß das Achsenende mehr ventral liegt. Dann würde es in jenem Punkte liegen, wo die Grenzfläche zwischen Tel- und Diencephalon die Wand der ventralen Medianlinie schneidet: im Recessus praeopticus (KEIBEL u. a.). Denkt man sich dann eine Horizontalfläche durch diese Achse gelegt, so würde eine solche Fläche einen ventralen Teil des Gehirnes mit den motorischen Kernen trennen von einem dorsalen Teile mit den sensiblen Kernen und den Assoziationskernen. Zu diesem Dorsalteil würde unter anderem das ganze Telencephalon gehören. Die Ränder dieser theoretischen Horizontalfläche würden zusammenfallen mit dem Sulcus limitans; dieser Sulcus ist aber nicht in allen Gehirnteilen zu beobachten.

Die Wände der fünf Gehirnbläschen nehmen weiterhin an Dicke stark zu durch Bildung von Nervengewebe. Diese Bildung geschieht sehr ungleichmäßig: einmal verhalten sich in dieser Hinsicht die Bläschen recht verschieden, aber auch die verschiedenen Teile der Bläschenwand entwickeln sich unterschiedlich (vgl. Abb. 518—523). Einzelne Teile bleiben stets epithelial. Der komplizierte Bau des erwachsenen Gehirnes ist eine Folge dieses ungleichmäßigen Dickenwachstumes. Bei den höheren Vertebrata geht das soweit, daß wir den Aufbau des Gehirnes aus den ursprünglichen fünf Bläschen späterhin kaum mehr erkennen können.

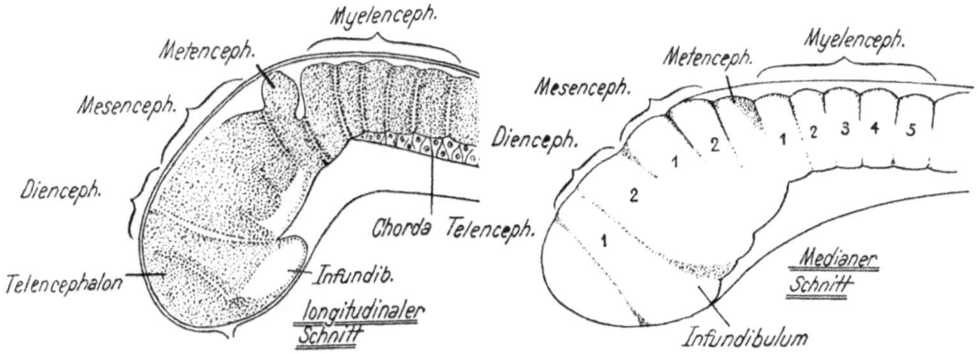

Abb. 524. Embryonales Gehirn eines Teleostiers (Salmo purpuratus). (Nach HILL aus KUPFFER.)

Diese Veränderungen stehen natürlich im Zusammenhang mit der Funktion, welche die einzelnen Gehirnteile zu erfüllen haben. Ursprünglich, z. B. bei den niedrigen Pisces, ist das Tel- und Diencephalon das Zentrum für den Geruch, das Mesencephalon für das Sehen, das Myelencephalon für das statische Organ und die Organe der Seitenlinie. Diese Differenzierung der Gehirnbläschen hat vielfach ihren Grund in der Entwicklung dieser Sinnesorgane, durch welche sich die Craniota in hohem Maße von den Acrania unterscheiden. Die Entwicklung des Metencephalon aus dem vorderen Teile des Rhombencephalon ist eine Folge der starken Entwicklung von Assoziationskernen. Erst bei den höheren Vertebrata bildet sich daneben aus einem Teil des Telencephalon ein zweites wichtiges Assoziationszentrum: das Pallium des Großhirns.

Die Anordnung der grauen und weißen Substanz ist im Gehirn dieselbe wie im Rückenmark: die Ventrikel werden durch eine Schicht grauer Substanz umgeben; daran schließt sich nach außen die weiße Substanz. Beide Schichten sind Fortsetzungen der Schichten des Rückenmarkes. In dem Metencephalon und bei den höheren Vertebrata auch im Telencephalon folgt aber nach außen auf die weiße Substanz noch eine „graue Rinde".

Die Verteilung des Gehirnes in Gehirnbläschen ist nicht homolog mit der obengenannten Neuromerie. Die meisten Gehirnbläschen entstehen durch

Verschmelzung einiger, der auf jüngeren Stadien sichtbaren Neuromeren (Abb. 524). Am deutlichsten ist die Neuromerie in der Region des späteren Metencephalon.

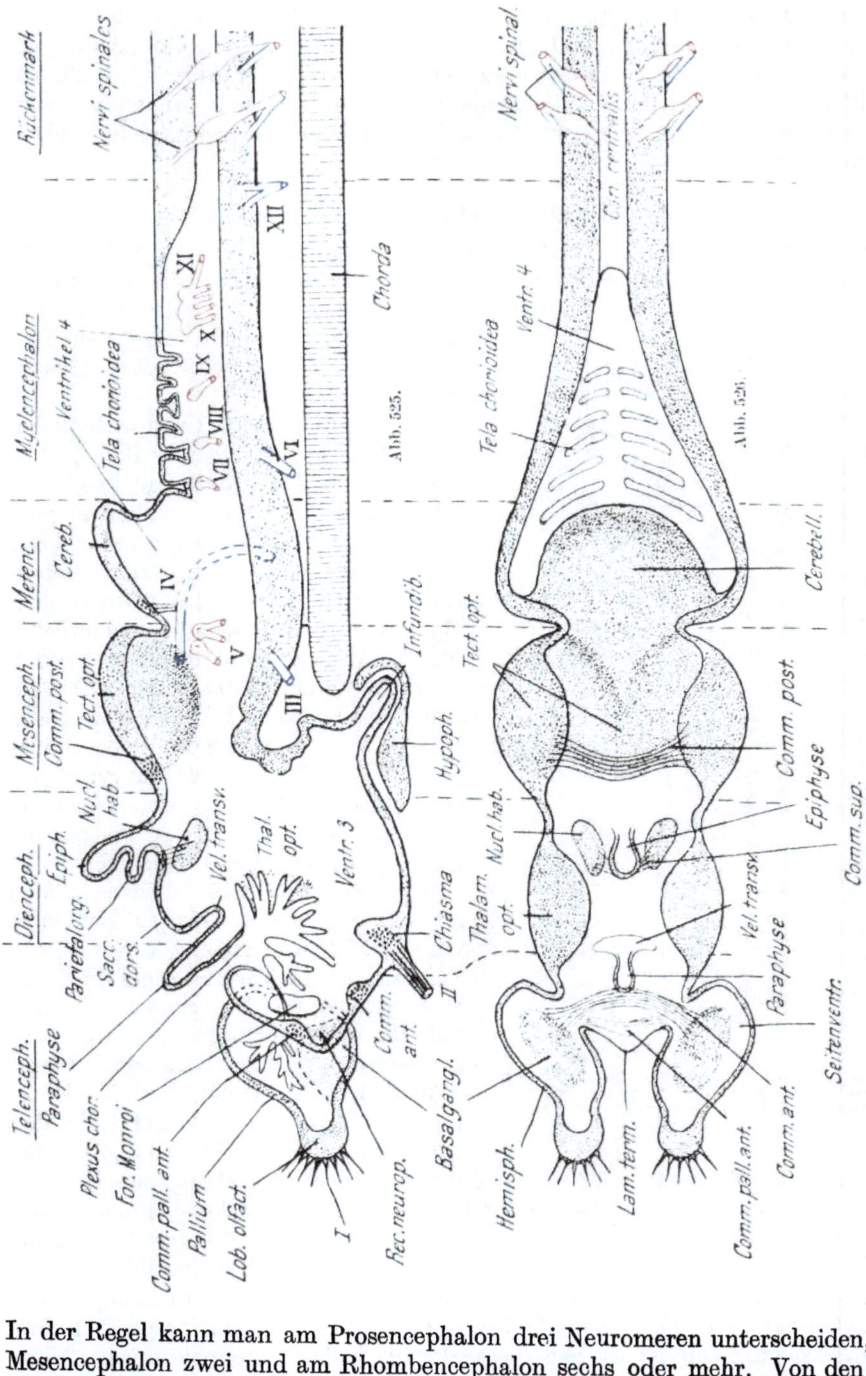

Abb. 525–526. Schema des Gehirnes mit austretenden Nerven. Abb. 525. Von der Seite. — Abb. 526. Von oben gesehen (die Wand ist durchscheinend gedacht). (Nach BÜTSCHLI und PLATE.) Ventrale Nervenwurzeln blau, dorsale rot.

In der Regel kann man am Prosencephalon drei Neuromeren unterscheiden, am Mesencephalon zwei und am Rhombencephalon sechs oder mehr. Von den drei Neuromeren des Prosencephalon wird allein das vorderste zum Telencephalon, die beiden anderen vereinigen sich zu dem Diencephalon. Das Metencephalon entsteht nur aus einem einzigen Neuromer (also ebenso wie das sekundäre Vorderhirn): nämlich aus dem vordersten derjenigen Neuromere, welche das Rhombencephalon bilden; die anderen dieser Neuromere werden zum Myelencephalon. Über alle diese Entstehungshypothesen herrscht jedoch keineswegs Einheit.

Die weitere Entwicklung und den Bau des erwachsenen Gehirnes möchten wir für jedes der fünf Gehirnbläschen besonders besprechen (vgl. Abb. 518–523, 525 bis 526). Wir beginnen dabei mit dem hintersten Bläschen, weil es ziemlich geringe Abweichungen zeigt und sich seine Beschreibung daher am besten bei dem Rückenmarke anschließt.

Myelencephalon (Medulla oblongata).

Aus dem Myelencephalon entsteht das verlängerte Mark (Medulla oblongata) (Abb. 525–527). Dieser Gehirnteil hat seinen Namen der Tatsache zu danken, daß er ohne scharfe Grenze in das Rückenmark übergeht, also den Eindruck einer Fortsetzung des Rückenmarkes macht.

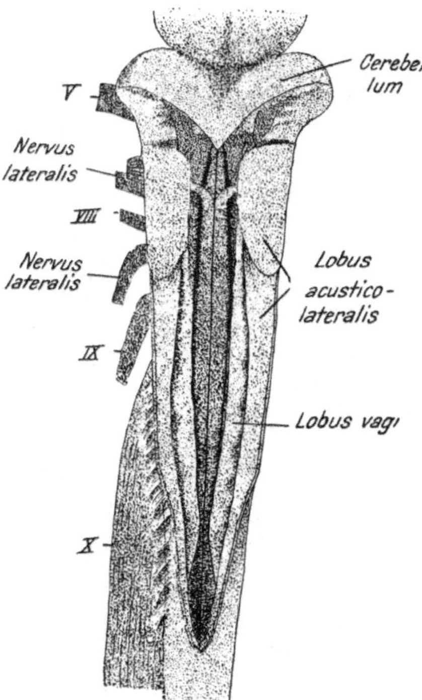

Abb. 527. Medulla oblongata und Cerebellum von Acipenser, von dorsal; der Plexus choriodeus ist entfernt und der vierte Ventrikel geöffnet. (Nach JOHNSTON.)

Die Einteilung des Rhombencephalon in ein Met- und Myelencephalon kommt dadurch zustande, daß das Dach des Rhombencephalon nur in seinem vorderen Teile Nervengewebe entwickelt: dieser craniale Teil wird zum Metencephalon; der caudale Teil dagegen zum Myelencephalon, dessen Dach epithelial bleibt. Ventral kann man nur bei den Mammalia eine Grenze zwischen beiden Abteilungen angeben, da sich hier der später zu besprechende Pons bildet (Abb. 523). Man tut darum auch gut, den ventralen Teil des Metencephalon, mit Ausnahme eben dieses Pons, noch zum Myelencephalon zu rechnen.

Cranial wird das Myelencephalon gleichmäßig breiter, bis es sich ganz vorn zu dem Isthmus verschmälert. Teilweise ist die Verbreiterung die Folge eines vermehrten Nervengewebes; aber teilweise auch entsteht sie durch eine Erweiterung des Zentralkanales. Dieser bildet nämlich im Met- und Myelencephalon einen weiten Ventrikel: den 4. Gehirnventrikel (Abb. 526). Diese Erweiterung des Zentralkanales entsteht durch eine Zurückbildung des Gewebes in den Dorsalsträngen, welche Hand in Hand geht mit einem Auseinanderweichen der dorsalen Hörner in lateraler Richtung. Das Dach des Ventrikels wird dadurch in dem Myelencephalon nur noch durch das Ependym gebildet. Dieses Ependym vereinigt sich mit der Pia mater zu einem Plexus chorioideus posterior (Tela chorioidea), welcher durch Falten in den 4. Ventrikel hineinragt (Abb. 525, 528b). Eigentümlich ist es, daß dieser Plexus kleine Durchbohrungen besitzt, wodurch der Ventrikel sich nach außen zu öffnet.

Bei niedrigen Vertebrata ist dieser 4. Ventrikel von der dorsalen Seite gesehen meist dreieckig (Abb. 526, 527, 528b); bei höheren Gruppen aber wird er rautenförmig mit einem zugespitzten Caudalende, dem Calamus scriptorius. Da bei dem Wegpräparieren der Gehirnhäute auch das Ependym leicht mit entfernt wird, so entsteht dadurch der Eindruck, als ob der Ventrikel dorsal keine eigene Wand besäße. Auf diese Weise ist der unrichtige Name Rautengrube (Fossa rhomboidea) entstanden.

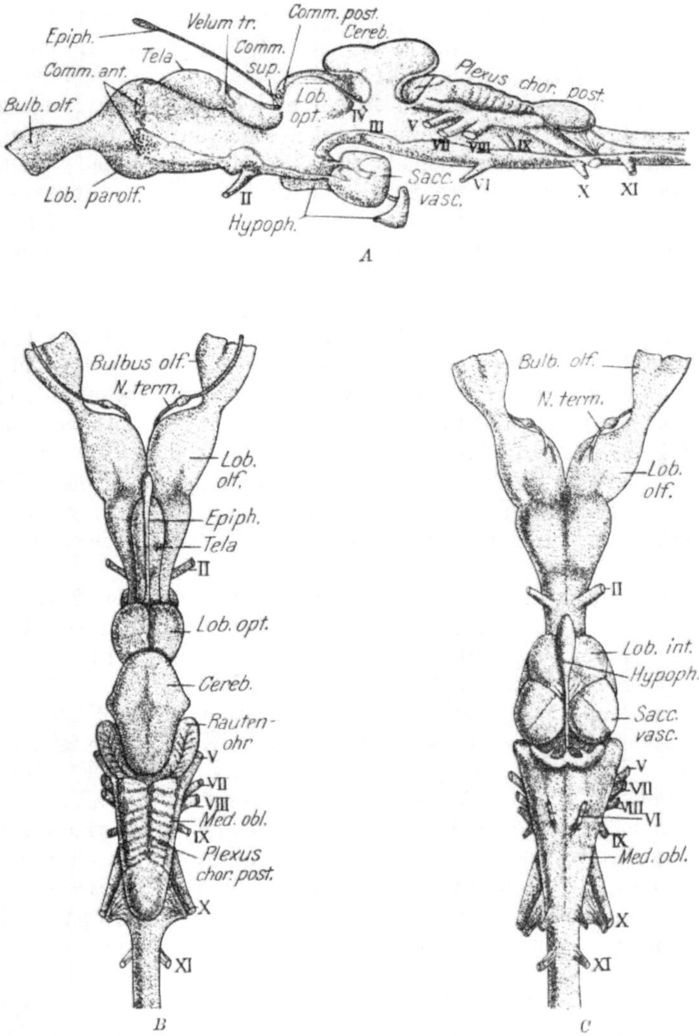

Abb. 528. Gehirn eines Haies (Scymnus lichia). *A* von der Seite; *B* von dorsal; *C* von ventral. In *A* ist der Umfang des Ventrikels durch eine rote Linie angegeben. (Nach BÜTSCHLI.)

In dem Myelencephalon setzt sich die graue Substanz des Rückenmarkes fort als Bekleidung der ventro-lateralen Wand des Ventrikels. Deutlicher als im Rückenmark sind in dem Myelencephalon die vier oben genannten Abteilungen der grauen Substanz zu unterscheiden. Als Folge des Auseinanderweichens der dorsalen Hörner liegen diese Abteilungen jedoch nicht vertikal übereinander, sondern mehr oder weniger schräg.

Die Gehirnnerven, welche dem Myelencephalon entspringen, sind veränderte Rückenmarksnerven, wie wir später noch feststellen werden. Sie haben somit ihre motorischen und sensiblen Kerne hier an Stellen, welche übereinstimmen mit der Lage entsprechender Spinalnervenkerne im Rückenmark. Es überwiegen jedoch in der Medulla oblongata die dorsalen Wurzeln und damit die sensiblen Kerne stark über die ventralen.

Die in Längsreihen gelegenen Kerne lassen die Wand der Medulla etwas in den Ventrikel hineinspringen. Auf diese Weise entstehen vier longitudinale Leisten, welche durch Rinnen voneinander geschieden sind und auf dem Boden der Rautengrube liegen (Abb. 527). Diejenige Leiste, welche am meisten dorsolateral liegt, ist der Lobus acustico-lateralis; er wird gebildet durch das somato-sensible Endgebiet. Darauf folgen hintereinander ein viscero-sensibles Gebiet in dem Lobus vagi (oder visceralis), schließlich ein viscero-motorisches und ein somato-motorisches Gebiet. Die Rinne, welche das viscero-sensible Areal scheidet von dem viscero-motorischen, ist der Sulcus limitans; dadurch wird gleichzeitig ein dorso-sensibles und ein ventro-motorisches Gebiet geschieden. Diese Rinne ist die Fortsetzung einer gleichliegenden Rinne des Rückenmarkes, die jedoch nur embryonal erkennbar ist. In der Medulla oblongata bleibt sie auch später bestehen und ist vor allem bei den niedrigen Vertebrata sehr deutlich.

Der Lobus vagi ist nur bei den Pisces als eine heraussspringende Leiste zu erkennen; bei einigen Teleostei wird er selbst sehr groß. Der Lobus acustico-lateralis besitzt die Kerne des Nervus acusticus (VIII) und des sogenannten Lateralissystems (S. 461); er ist vor allem auch bei niedrigen, wasserbewohnenden Vertebrata stark entwickelt. Bei den Pisces setzt sich der Lobus craniad fort in Form zweier oft gefalteter Lappen: den sogenannten Rautenohren (Abb. 528b). Mit der Zurückbildung der Sinnesorgane in der Seitenlinie wird auch dieser Lobus bei den höheren Vertebrata zurückgebildet; er umfaßt dann ausschließlich die Endkerne des Nervus acusticus (VIII).

Dieser Nerv leitet die in dem Gehörorgan aufgefangenen Reize: die statischen und akustischen, zum Zentralnervensystem. Hier haben diese beiden Gruppen von Fasern verschiedene Verbindungen: die statischen Fasern (Vestibularisfasern) endigen im Myelencephalon in bestimmten Kernen, in einigen Fällen auch in dem Rückenmark; von diesen Kernen ist der Deitersche Kern am meisten konstant (Abb. 533 auf S. 429). Dieser Kern empfängt auch aus anderen Teilen des Zentralnervensystems Fasern und sendet selbst Axonen aus zu dem Rückenmark (Tr. vestibulo-spinalis), zum Metencephalon (Tr. vestibulo-cerebellaris) (Abb. 533) und schließlich zum Mesencephalon, wo sie hauptsächlich mit den Kernen der Augenmuskelnerven in Verbindung treten. Durch diese Faserverbindungen kommen die willkürlichen Muskeln in allen Teilen des Körpers unter den Einfluß des statischen Organes. Mit der Rinde des Telencephalon haben die Vestibularisfasern keine direkte Verbindungen; eine Folge davon ist, daß die Bewegungen, welche das Gleichgewicht des Körpers regulieren, unbewußt sind. Wichtig sind dagegen besonders die Verbindungen mit dem Metencephalon (vgl. S. 428).

Ähnliche Verbindungen wie der Deitersche Kern besitzen bei einigen Pisces (Teleostei) und bei den Urodela zwei Zellen des Myelencephalon: sie unterscheiden sich von anderen durch ihre besondere Größe und durch die Dicke ihrer Fortsätze. Sie werden die Mauthnerschen Zellen genannt. Ihre Dendriten nehmen Reize von verschiedenen Seiten auf: unter anderen von dem statischen Organ. Ihre Neuriten laufen in dem Rückenmark bis zum Schwanze.

Im Gegensatz zu den statischen Reizen kommen die akustischen Reize wohl zum Bewußtsein. Sie werden durch die Cochlearisfasern des Nervus acusticus (VIII) geleitet. Diese Fasern haben dann auch wohl eine Verbindung mit der

Rinde des Telencephalon. Die Verbindung kommt zustande durch den sogenannten lateralen Lemniscus; dies ist eine Gehirnbahn, welche craniad läuft und im Thalamus opticus des Diencephalon endigt. Von da aus führen dann andere Fasern die akustischen Reize zum Lobus temporalis des Großhirnes. Die Lemniscusfasern entspringen aus dem Myelencephalon in einigen Endkernen der Cochlearisfasern. Sie kreuzen weiterhin bei den Mammalia vor allem in einer starken Kommissur (Corpus trapezoides) (Abb. 548 auf S. 440). Bei den Tetrapoda ist in dem Lemniscus noch zwischengeschaltet ein besonderer Kern des Myelencephalon: die Oliva superior.

Von den motorischen Kernen des Myelencephalon entspringen die motorischen Fasern der Gehirnnerven dieses Gehirnteiles; sie sind hauptsächlich viscero-motorisch. Ursprünglich liegen auch diese motorischen Kerne in der Verlängerung des übereinstimmenden Gebietes des Rückenmarkes; sie setzen also dieses Gebiet craniad fort. Das übereinstimmende Gebiet des Rückenmarkes ist das viscero-motorische bzw. somato-motorische. Im Laufe der Phylogenie treten jedoch darin Veränderungen auf: die größeren Kerne fallen teilweise zu kleineren Kernen auseinander, teilweise wandern sie an andere Orte. Diese Veränderungen können wir als neurobiotaktische Verschiebungen auffassen (S. 403).

Bei Torpedo entspringen die Nerven für das elektrische Organ (Abb. 498 auf S. 392) aus dem stark entwickelten viscero-motorischen Lappen (Lobi electrici) des Myelencephalon (Abb. 529). Diejenigen Ganglienzellen, welche in diesem Lappen liegen, und die Axonen für das elektrische Organ abgeben, sind durch ihre besondere Größe gekennzeichnet.

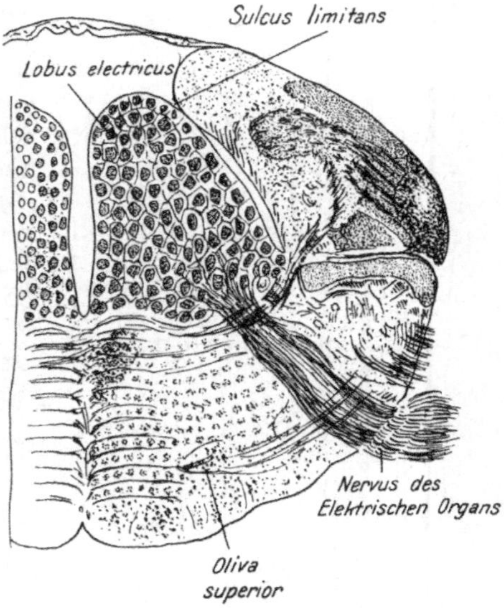

Abb. 529. Medulla oblongata von Torpedo; Querschnitt. (Nach EDINGER.)

Caudal der Rautengrube liegen bei den Amniota dorsal des Zentralkanales die schon eben genannten Hinterstrangkerne: Nucleus gracilis und Nucleus cuneatus (Abb. 530); an dieser Stelle ist der Zentralkanal noch nicht erweitert. Da das Myelencephalon und das Rückenmark hier langsam ineinander übergehen, so ist eine Grenze zwischen beiden nicht mit Sicherheit anzugeben. Daher werden durch einige Untersucher diese Nuclei auch als Teile des Rückenmarkes angesehen.

Die Zellen der Hinterstrangkerne werden umspannt durch die Endbäumchen der Fasern der Dorsalstränge (Abb. 530a); diese bringen die im Rumpfe empfangenen Reize hierher. Es sind also Neuronen zweiter Ordnung. Die Neuriten der Hinterstrangkerne verlaufen ventrad und kreuzen als Bogenfasern ventral des Zentralkanales die Mittellinie (b), (Abb. 540). Der ganze Komplex dieser kreuzenden Fasern ist unter dem Namen sensible Pyramidenkreuzung bekannt. Nach der Kreuzung verfolgen die Neuriten ihren Weg craniad in zwei Bündeln, welche bei den Pisces im Tectum opticum des Mesencephalon endigen. Bei den höheren Vertebrata jedoch verlaufen diese Fasern bis zu den Kernen des Thalamus opticus im Diencephalon: Tractus bulbo-thalamici (Abb. 530). Von hier aus werden weiterhin die Reize durch andere Neuronen zur Rinde des Telencephalon gebracht, wo sie in das Bewußtsein eintreten.

An der Ventralfläche zeigt das Myelencephalon der Mammalia ein Paar longitudinale Anschwellungen: die **Pyramiden** (Abb. 549 auf S. 441). Sie werden hervorgerufen durch die Pyramidenstränge, deren Fasern teilweise in diesen Pyramiden kreuzen (s. S. 413 und Abb. 511 auf S. 413).

Ein wichtiger Assoziationskern im Myelencephalon ist die **Oliva (inferior)** (Abb. 530 und Abb. 533 auf S. 429 und Abb. 549 auf S. 441). Sie kommt schon bei den Pisces vor und erfährt bei den Aves und Mammalia eine besondere Entwicklung. Sie liegt zu beiden Seiten dorso-lateral der Pyramidenstränge; bei den Mammalia kann sie lateral der Pyramiden eine kleine Anschwellung der Oberfläche hervorrufen. Ihre Form ist kompliziert: bei den Mammalia zeigt sie auf einem Querschnitt die Form eines stark gefalteten Hufeisens. Die Zellen dieser Oliva senden Fasern zur Rinde des Cerebellum (Tr. olivo-cerebellaris) und zum Rückenmark (Tr. olivo-spinalis) (Abb. 533 auf S. 429). An der anderen Seite stehen diese Zellen wahrscheinlich in Verbindung mit Axonenendbäumchen, welche teilweise herstammen aus dem Thalamus opticus, teilweise aus dem Rückenmark. Die Rückenmarksverbindung geschieht entweder durch die Tr. spino-olivares der ventralen Stränge (Abb. 533), oder auch indirekt durch Fasern, welche von den Kernen der Hinterstränge kommen (Abb. 533).

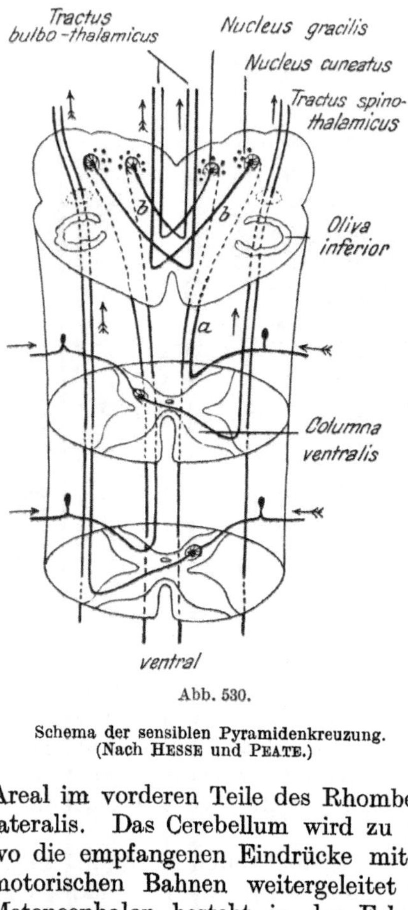

Abb. 530.

Schema der sensiblen Pyramidenkreuzung. (Nach HESSE und PEATE.)

Metencephalon.

In der Oliva inferior haben wir soeben einen Assoziationskern kennen gelernt, welcher Eindrücke von den verschiedensten Seiten vereinigt und sie teilweise zur Rinde des Cerebellum leitet. Hier treten diese Reize zusammen mit Eindrücken, welche wieder von anderen Seiten herzulaufen. Alle diese Eindrücke entstammen der somato-sensiblen Gruppe.

Das Kleinhirn oder Cerebellum ist also wohl entstanden aus dem somato-sensiblen Areal im vorderen Teile des Rhombencephalon, also aus dem Lobus acustico-lateralis. Das Cerebellum wird zu einem sehr wichtigen Assoziationszentrum, wo die empfangenen Eindrücke miteinander in Verbindung gebracht und zu motorischen Bahnen weitergeleitet werden. Die wichtigste **Funktion** des Metencephalon besteht in der Erhaltung des Muskeltonus und des Körpergleichgewichtes. Es veranlaßt die Körpermuskeln, in bestimmter Weise zusammen zu arbeiten. Das Entstehen des Cerebellum aus dem Lobus acustico-lateralis wird hierdurch verständlich, weil in diesem Lobus ja die statischen Fasern des Acusticus endigen. Auch wird es uns verständlich, daß das Cerebellum gerade bei denjenigen Tieren besonders groß ist, welche komplizierte Körperbewegungen ausführen: unter den Pisces z. B. bei guten Schwimmern, den Selachii (Abb. 519 u. 528a, b), bei Clupea u. a.; weiterhin bei den Aves und den

Mammalia (Abb. 522 u. 523). Die Bewegungen, welche unter dem Einfluß des Metencephalon entstehen, treten nicht in das Bewußtsein.

Wo das Cerebellum nur gering entwickelt ist, hat es die Form einer breiten, kurzen Platte, welche aus Nervengewebe aufgebaut ist. Sie bildet die Dorsalwand im Vorderteile des 4. Ventrikels (Abb. 525). Caudal wird das Cerebellum also durch den Plexus chorioideus der Rautengrube begrenzt. Will man in solchen Fällen ein Metencephalon unterscheiden, so fällt der Umfang mit dem Cerebellum zusammen.

Diese geringste Entwicklung besitzt das Cerebellum der Cyclostomata; bei den Myxinidae fehlt es ganz. Auch bei den meisten Dipnoi, den Amphibia (Abb. 531) und unter den Reptilia bei Sphenodon bleibt es sehr klein.

Stärker entwickelt ist das Cerebellum der Elasmobranchii und Teleostomi und des Neoceratodus unter den Dipnoi. Bei den Elasmobranchii und bei Neoceratodus entsteht der größere Umfang dadurch, daß sich das Metencephalon dorsad auffaltet: dabei legt es sich craniad über das Tectum opticum, caudad über den vorderen Teil der Rautengrube (Abb. 528a u. b). Auf eine andere Weise wird eine Vergrößerung bei den Teleostomi erreicht: erstens wächst das Metencephalon hier aus zu einer schräg caudo-dorsad gerichteten Platte; zweitens stülpt es sich als sogenannte Valvula in den 4. Ventrikel hinein

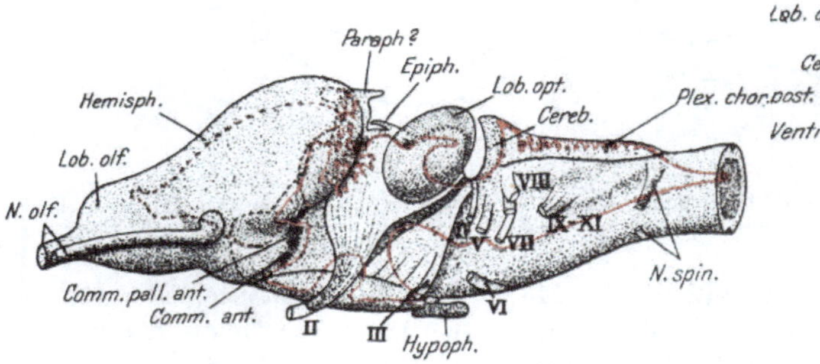

a

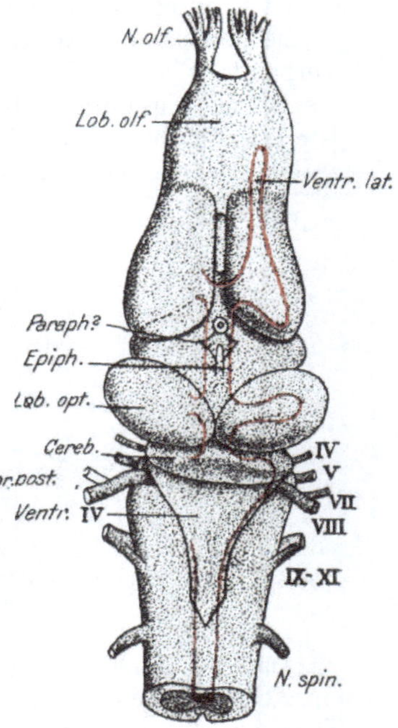

b

Abb. 531 *a*—*b*. Gehirn eines Amphibium (Rana).
a Von der Seite. *b* Von oben. Der Umfang des Ventrikels ist durch eine rote Linie angegeben. (Nach Bütschli.)

(Abb. 519): es biegt also ventrad um, gerade in der entgegengesetzten Richtung wie bei den Elasmobranchii.

Die große Bedeutung des Metencephalon für gut schwimmende Fische erhellt aus der weiteren Komplikation seines Baues bei den Elasmobranchii und einigen Ganoidei. Zunächst ist hier an der Außenoberfläche eine mediane Längsrinne erkennbar. Bei den Elasmobranchii kommen weiterhin noch eine oder mehrere Querrinnen hinzu, welche durch Faltung entstehen. Diese verteilen das Metencephalon in Lappen. Ein mehr selbständiger kleiner Lobus an beiden Seiten wird bei den Pisces als Auricula cerebelli unterschieden von dem großen Mittelstück (dem Corpus cerebelli); die Scheidung erfolgt durch einen Sulcus paraauricularis. Hauptsächlich diese Auriculae stehen mit dem Gehörorgan und den Organen der Seitenlinie in Verbindung. Sie werden auch bei den Amphibia wiedergefunden und bei den Amniota Flocculi genannt (Abb. 532; 536a, c); hier treten sie aber in den Hintergrund, da die Seitensinnesorgane fehlen.

Unter den Sauropsida besitzt das Metencephalon bei den Rhynchocephala, den Lacertilia und Ophidia die Form einer Platte (Abb. 521). Diese bedeckt entweder den 4. Ventrikel (Ophidia), oder ist vertikal aufgerichtet und selbst nach vorn umgebogen (Lacertilia). Bei den Chelonia, Crocodilia (Abb. 532) und den Aves aber (Abb. 536) biegt der Hinterrand dieser Platte ventrad um: so kann man hier ein aufsteigendes und ein absteigendes Blatt unterscheiden. Dieser Zustand erinnert an viele Pisces. Bei den Crocodilia und noch deutlicher bei den Aves treten außerdem Querfurchen auf: der Sulcus anterior und posterior. Diese Rinnen verteilen das Corpus cerebelli in einen Lobus anterior, medius und posterior. Der L. posterior hängt wieder mit dem Flocculus zusammen, von ihm geschieden durch einen Sulcus para-flocculariss (para-auricularis).

Bei den Aves (Abb. 536) ist das Cerebellum besonders groß; das steht im Verbande mit ihrer Fortbewegungsweise, welche hohe Anforderungen stellt an die richtige Zusammenarbeit der Muskeln. Außerdem nimmt die Oberfläche der Rinde dadurch stark zu, daß außer dem Sulcus anterior und posterior noch einige andere Querfurchen auftreten.

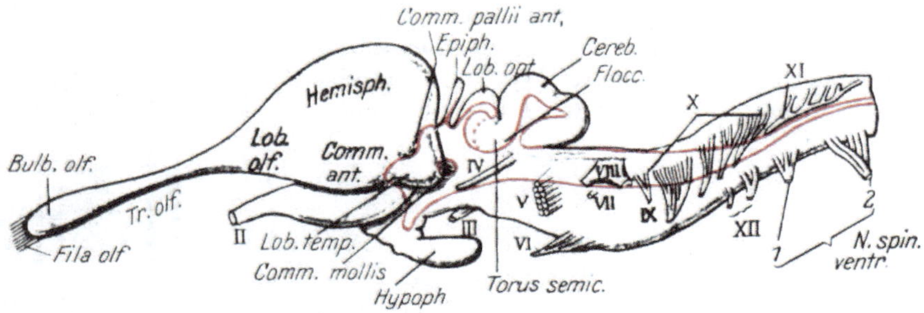

Abb. 532. Gehirn eines Reptils (Alligator mississipipensis). von der Seite; Umfang der Ventrikel durch eine rote Linie angegeben. (Nach BÜTSCHLI.)

Auch bei den Mammalia (Abb. 542, 543 u. 549) ist das Metencephalon stark entwickelt. Ebenso wie bei den Aves legt es sich gegen die Hemisphären des Telencephalon an: Di- und Mesencephalen werden auf diese Weise dorsal ganz bedeckt. Caudal überragt das Metencephalon auf dieselbe Weise das Myelencephalon auf einer kleineren oder größeren Strecke.

Die Einfaltung der Oberfläche ist bei den Mammalia noch stärker geworden als bei den Aves. Kennzeichnend für die Mammalia ist, daß außer den Querrinnen auch ein Paar longitudinale Furchen auftreten, welche das Corpus cerebelli einteilen in ein Mittelstück (Wurm, Vermis) und zwei Seitenteile (Hemisphären des Kleinhirns). Daneben sind auch die Flocculi gut entwickelt.

Die Hemisphären treten bei den Monotremata kaum auf; bei den höheren Mammalia dagegen nehmen sie stark an Umfang zu. Sie entwickeln sich hauptsächlich aus dem Lobus medius, welcher auch bei den Mammalia durch zwei Querrinnen: Fissura prima (oder Sulcus primarius) und die Fissura secunda vom Lobus anterior und posterior geschieden ist. Diese beiden Querrinnen sind die ersten, welche auftreten und gleichzeitig die tiefsten. Später entstandene Querfurchen von verschiedener Tiefe lassen auf einem Medianschnitt eine baumförmig verzweigte Figur entstehen: Arbor vitae (Abb. 522—523). Z. B. ist der Lobus posterior durch eine Querfurche verteilt in einen vorderen Lappen: die Uvula und einen hinteren Lappen: den Nodulus. Vor der Fissura secunda liegt die

Pyramis und wird cranial durch einen Sulcus praepyramidalis begrenzt; von einigen Untersuchern wird sie zum Lobus posterior gerechnet. — Ein dünner Teil des Daches, das Velum medullare anterius verbindet das Cerebellum mit dem Dache des Mesencephalon. Ein anderer Teil (V. m. posterius) bildet den Übergang zu den Tela chorioidea des Myelencephalon.

Der 4. Ventrikel setzt sich bis in das Metencephalon fort. Auch der Boden und die Seitenwände dieser Gehirnhöhle sind bei allen Vertebrata, mit Ausnahme der Mammalia, nicht vom Myelencephalon zu scheiden. Erst bei den Mammalia kann hier eine Grenze gezogen werden, weil an dieser Stelle eine starke Kommissur entsteht: die Brücke oder der Pons Varolii (Abb. 523, 548, 549). Diese bildet an der ventralen Seite eine Verdickung. Links und rechts ist sie durch ein starkes, vertikales Faserbündel: den Brückenarm (Brachium pontis) mit dem Metencephalon verbunden. Durch diesen Arm laufen Fasern des Cerebellum zum Pons und umgekehrt (Abb. 533). Die von dem Pons zum Cerebellum verlaufenden Fasern stammen ab von Ganglien, welche in dem Pons gelegen sind; sie empfangen ihre Reize von der Großhirnrinde über den Tr. cortico-pontilis. Der Pons bildet also einen Schalter zwischen dem Tel- und Metencephalon. Auf diese Weise ist der Grad der Ponsentwicklung von der Entwicklungshöhe dieser beiden Gehirnteile abhängig.

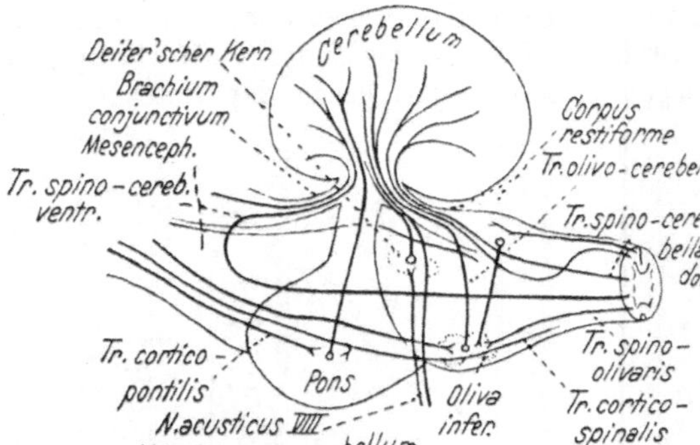

Abb. 533.

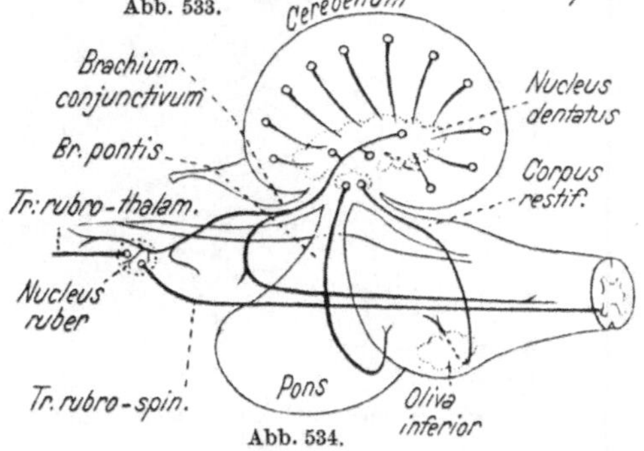

Abb. 534.

Abb. 533–534. Schemata der Kleingehirnbahnen bei Mammalia.

Abb. 533. Afferente Bahnen. — Abb. 534. Efferente Bahnen. (Nach HERRICK.)

Durch andere „Arme“ ist das Cerebellum verbunden mit dem Mesencephalon durch die Brachia conjunctiva und mit dem Myelencephalon durch die Corpora restiformia (beide Abb. 533—534). Auch die Fasern dieser „Arme“ verlaufen in beide Richtungen. Bei den Mammalia gehen z. B. die Reize von dem Cerebellum aus durch die Brachia conjunctiva zum Nucleus ruber und von dort aus zur Großhirnrinde.

Die meisten Fasern, welche Reize zum Cerebellum leiten, endigen dort in einer grauen Rindenlage, welche für das Cerebellum so kennzeichnend ist (Abb. 535). Diese Ganglienzellenschicht hat bei allen Vertebrata, mit Ausnahme der Cyclostomata, in den Hauptzügen dieselbe Struktur. Außerdem ist sie bei ein und derselben Tierart stets über die ganze Oberfläche hin gleich gebaut. Man kann nämlich von außen nach innen drei Schichten unterscheiden: die molekuläre Schicht, die Schicht der Purkinjezellen und schließlich die Körnerschicht (Abb. 535). Die für das Metencephalon kennzeichnenden Purkinjezellen fehlen allein bei den Cyclostomata, wenigstens in ihrer typischen Form. Es sind sehr große, bipoläre Ganglienzellen, welche meist in einer einzigen Schicht angeordnet sind. Diese Schicht verläuft parallel der Oberfläche, folgt also allen Falten. Die Axonen verlaufen zentralwärts durch die weiße Substanz hindurch und endigen noch im Cerebellum in Kernen, welche zur grauen Substanz gehören: vor allem im Nucleus dentatus (Abb. 534, 540 auf S. 434). Diese graue Substanz umgibt überall den Zentralkanal und die Ventrikel des Gehirnes und des Rückenmarkes.

Von diesen Kernen aus gehen efferente Bahnen (Abb. 534) durch die Brachia zu verschiedenen Teilen des Gehirnes und des Rückenmarkes (Abb- 540); sie verbinden das Metencephalon mit verschiedenen Muskeln des Rumpfes und der Gliedmaßen. Es ist nämlich gefunden, daß in der Rinde des Metencephalon bestimmte Gebiete abgegrenzt werden können, von denen jedes die Muskeln eines bestimmten Körperteiles (Kopf, Hals, Rumpf, Gliedmaßen) innerviert. Der ganze Körper ist also sozusagen in das Metencephalon projiziert.

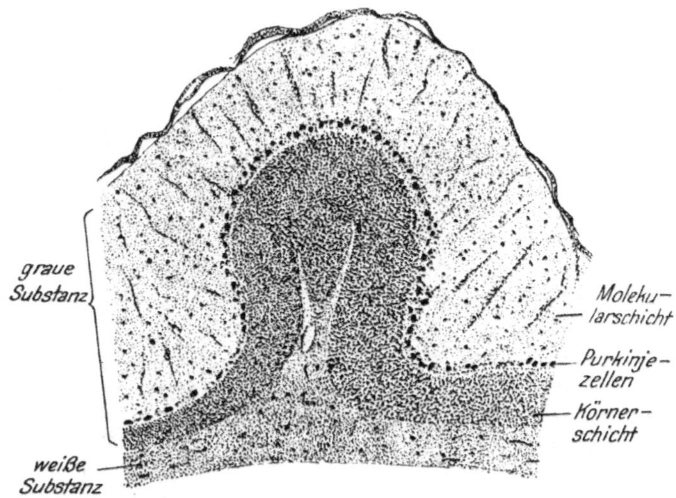

Abb. 535. Schnitt durch die Kleinhirnrinde. (Nach REISINGER aus PLATE.)

Die Dendriten der Purkinjezellen laufen zur Peripherie, liegen also in der molekulären Schicht (Abb. 534). Sie sind gekennzeichnet durch eine sehr starke Verzweigung in einer einzigen Ebene, welche longitudinal im Körper liegt, also senkrecht zur Richtung der Lappen und Furchen des Metencephalon.

Die Zellen der Körnerschicht (die Körnerzellen) sind kleine, multipoläre Ganglienzellen. Diese empfangen Reize aus den Fasern der weißen Substanz. Ihre Axonen sind marklos und dringen in die molekuläre Schicht durch, welche keine markhaltigen Fasern besitzt. Hier teilt sich jede dieser Fasern in einen nach rechts und links verlaufenden Zweig. Diese Endzweige der Axonen der Körnerzellen spielen eine wichtige Rolle in der Außenlage der Rinde, als sogenannte Parallelfasern. Sie verlaufen senkrecht zu jener Fläche, in welcher sich die Purkinje-dendriten verzweigen. Mit diesen Dendriten stehen die Parallelfasern in Verbindung: entweder direkt oder durch Zwischenschaltung anderer Ganglienzellen. Als solche Schaltzellen fallen bei den Amniota die Korbzellen am meisten auf; diese haben ihren Namen der Beobachtung zu danken, daß die Endbäumchen der Kollateralen ihrer Achsenzylinder den Zellkörper der Purkinjezellen als Körbchen umgeben.

Die afferenten Fasern (Abb. 533) leiten die Reize auf die Körnerzellen und so schließlich auf die Purkinjezellen über. Außer diesen afferenten Fasern kommen in der weißen Substanz noch andere Fasern vor, die unmittelbar mit den Dendriten der Purkinjezellen in Verbindung stehen. Es ist noch nicht vollständig bekannt, aus welchen Bahnen diese beiden Arten afferenter Fasern stammen.

Die hier beschriebene Struktur der Metencephalonrinde ist offenbar daraufhin eingerichtet, Reize, welche das Metencephalon empfängt, so viel als möglich zu verbreiten: die parallelen Fasern der Körnerzellen und die Kollateralen der Korbzellen stehen je in Verbindung mit den Dendriten einer großen Anzahl Purkinjezellen. Dazu kommt noch, daß die Axonen dieser Purkinjezellen Kollateralen abgeben, welche um andere Zellen derselben Kategorie endigen.

Mesencephalon.

Das Mesencephalon ist die einzige der fünf Gehirnabteilungen, welche sich aus einem vollständigen primären Gehirnbläschen entwickelt. Dieser Gehirnteil tritt bei den höheren Vertebrata an Volumen stark zurück gegenüber dem Tel- und Metencephalon. Bei den niedrigen Vertebrata und embryonal auch bei den höheren Vertebrata ist das Mesencephalon noch relativ größer.

Das Dach (Abb. 525) (Tectum opticum) wird bei Petromyzon median aus einem Sack gebildet, welcher nur mit der Tela chori-

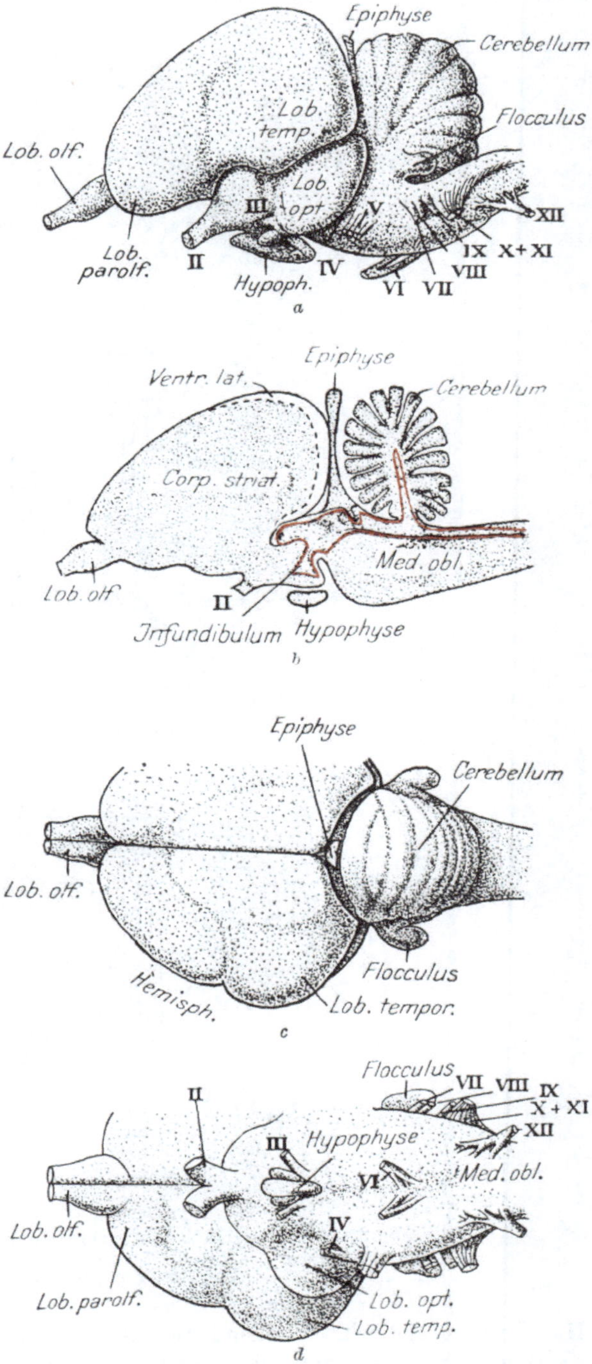

Abb. 536a—d. Gehirn eines Vogels (Anser domesticus). a Von der Seite; b Medianschnitt; c dorsal; d ventral. (Nach BÜTSCHLI.)

oidea bedeckt ist; hier wird also ein Plexus chorioideus medius geformt, welcher den hier fehlenden Plexus des Diencephalon ersetzt. Bei allen anderen Vertebrata (auch bei den Myxinidae) fehlt aber dieser Plexus des Mesencephalon.

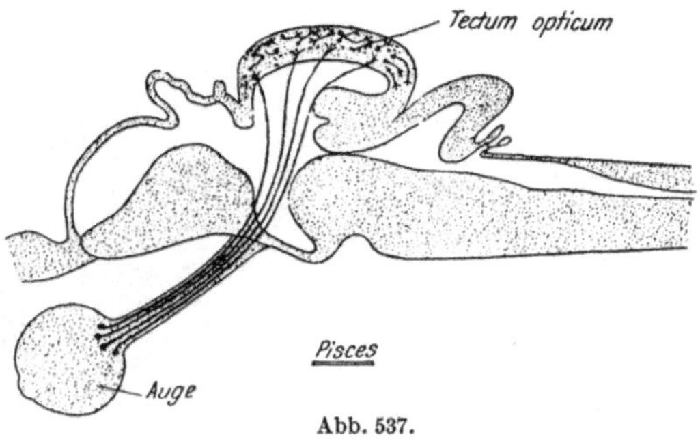

Abb. 537.

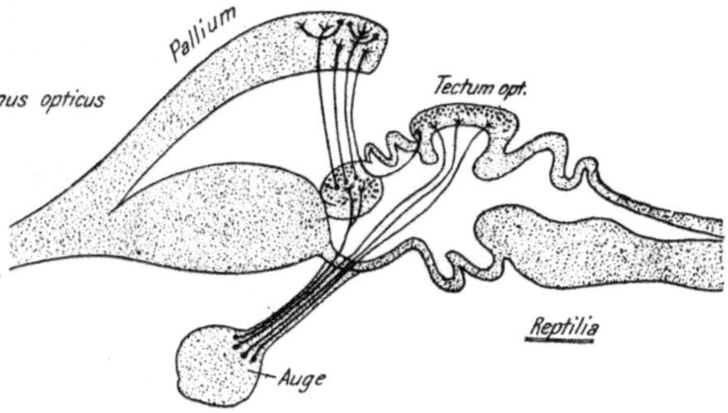

Abb. 538.

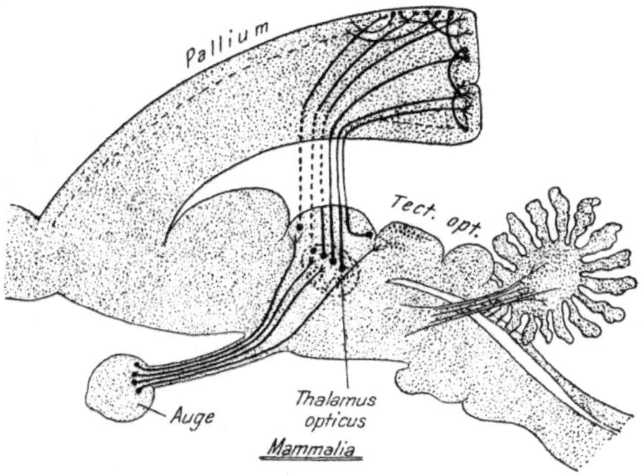

Abb. 539.

Abb. 537—539. Schemata des Verlaufs der Opticusfasern.
Abb. 537. Bei Fischen. — Abb. 538. Bei Reptilien. — Abb. 539. Bei Säugetieren.
(Nach MONAKOW aus HESSE.)

Hier besteht vielmehr die Wand aus Nervengewebe. Diese starke Bildung des Nervengewebes verursacht eine Verengerung des Zentralkanales; besonders bei den Mammalia wird hier der enge Aquaeductus Sylvii gebildet, welcher den 3. mit dem 4. Ventrikel verbindet (Abb. 542 auf S. 436 und Abb. 543 auf S. 438).

Ganz vorn im Dache des Mesencephalon liegt eine Kommissur (Comm. posterior), welche die Grenze bildet zwischen dem Di- und Mesencephalon (Abb. 525, 526).

Der Boden des Mesencephalon wird bei den Mammalia teilweise durch die Faserbündel gebildet, welche die Großhirnrinde mit dem Pons und den Pyramiden verbinden. Diese Fasern bilden zu beiden Seiten eine longitudinale Verdickung: den Gehirnstiel oder Pedunculus cerebri (Abb. 548, 549 auf S. 440/1). Vor allem bei den höheren Mammalia, bei denen sich Pons und Pyramidenstränge mehr und mehr entwickeln, nehmen auch die Bahnen im Mesencephalon bedeutend an Dicke zu.

Die Zentralhöhle des Mesencephalon wird durch eine graue Masse umgeben, welche meist durch einen deutlichen Sulcus limitans in eine ventrale und dorsale Hälfte geschieden ist. Die ventrale Hälfte ist das Tegmentum; hier liegen die motorischen Kerne zweier Augenmuskelnerven: des N. oculomotorius (III) und trochlearis (IV). Außerdem kommen noch einige andere Kerne vor, von denen vor allem der Nucleus ruber (Abb. 534, 540) der Mammalia zu nennen ist, der in der ersten Anlage auch bei den Sauropsida beobachtet wurde; er ist ein wichtiger Assoziationskern, welcher Fasern aufnimmt aus dem Cerebellum (durch die Brachia conjunctiva) und selbst Fasern aussendet zum Rückenmark (Tr. rubrospinalis), zum Thalamus opticus (Tr. rubro-thalamicus), zum Corpus striatum und schließlich zur Großhirnrinde.

Wichtig ist das Mesencephalon vor allem als optisches Zentrum: die Mehrzahl der Fasern des N. opticus endigen gewöhnlich im Tectum opticum (Abb. 537—539). Dieses Dach des Mesencephalon ist bei den Pisces, Amphibia und Sauropsida gewöhnlich durch eine Längsfurche in zwei Lappen geteilt: die Lobi optici (Corpora bigemina) (Abb. 528, 531, 536). Bei den Mammalia (unter den Reptilia auch bei den Ophidia) ist außerdem noch eine Quergrube zu beobachten, so daß hier vier Lappen zu unterscheiden sind (Corpora quadrigemina) (Abb. 542). Nur das vordere Paar dieser vier Lappen ist homolog mit den Lobi optici der niederen Vertebrata. Untersucht man nämlich auch den inneren Bau des Gehirnes, dann ergibt sich, daß schon bei den Amphibia und auch bei anderen Reptilia als bei den Ophidia das hintere Paar Lappen anwesend ist: Tori semicirculares; diese werden jedoch hier durch das Tectum opticum bedeckt und sind dadurch von außen nicht sichtbar (Abb. 542). Die Opticusfasern des Tectum endigen ausschließlich in den beiden vorderen Lappen. In das hintere Paar Lappen strahlen unter anderen auch Acusticusfasern hinein.

Diencephalon.

Das Diencephalon (Abb. 525, 526) umschließt den 3. Ventrikel, welcher lateral zusammengedrückt ist durch Verdickung der beiden Seitenwände. Diese Verdickungen sind die Thalami optici. Sind diese Thalami besonders stark entwickelt, dann verschmelzen sie median zur Commissura mollis (bei vielen Reptilia und den Mammalia) (Abb. 542, 543). In den Thalami endigt bei den Amniota ein großer Teil der Opticusfasern, bei den höheren Mammalia selbst der größte Teil (Abb. 539). — Die Thalami bilden weiterhin ein Schaltorgan zwischen der Großhirnrinde einerseits und den mehr caudal gelegenen Gehirnteilen und dem Rückenmarke andererseits (Abb. 540): von cranial und von caudal strömen Fasern in die Thalami ein; hier treten sie in bestimmten Nuclei mit anderen Neuronen zusammen. Diese Neuronen leiten dann die Reize caudad und craniad weiter. Die Verbindungsbahnen mit der Großhirnrinde verlaufen in Strahlen von den Thalami aus zu verschiedenen Teilen der Großhirnrinde (Tr. thalamocorticales, cortico-thalamici (Abb. 540). — Motorische Kerne fehlen im Diencephalon ebenso wie im Telencephalon.

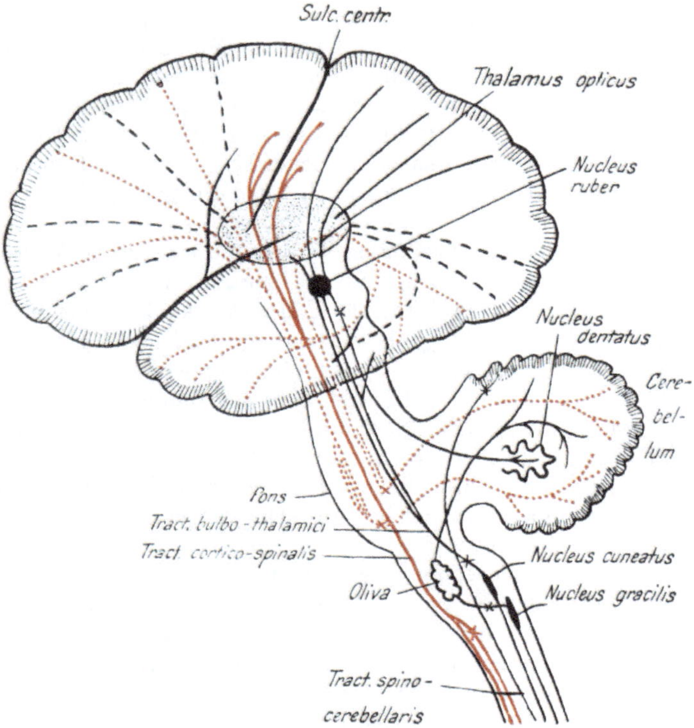

Abb. 540. Schema einiger Gehirnbahnen des Menschen. Graue Rinde von Groß- und Kleinhirn gestrichelt; Kreuzungsstellen der Fasern sind durch × angegeben; aufsteigende Bahnen durch schwarze, durchlaufende Linien, absteigende durch rote Linien bezeichnet; letztere punktiert, sofern sie Groß- und Kleinhirn miteinander vereinigen; unterbrochene schwarze Linien stellen Fasern dar, die den Thalamus mit der Rinde des Großhirns verbinden. (Nach GEGENBAUR.)

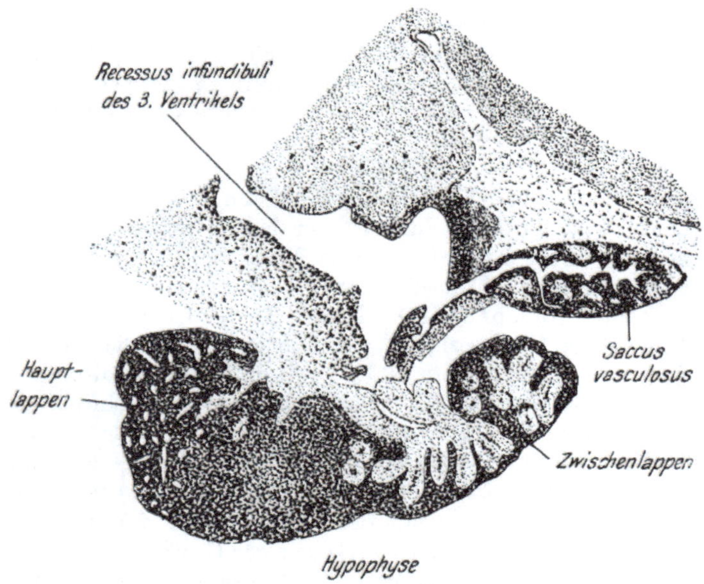

Abb. 541. Infundibulum und Hypophyse eines Teleostiers (Anguilla vulgaris); Sagittalschnitt. (Nach STENDELL.)

Derjenige Teil des Diencephalon, welcher ventral der Thalami liegt, wird Hypothalamus genannt. Dagegen wird unter dem Namen Epithalamus alles vereinigt was dorsal der Thalami liegt. Die Wand des Hypo- und Epithalamus bleibt im Gegensatz zu den Thalami selbst dünn; im Epithalamus ist die Wand sogar größtenteils epithelial. Beide, Hypo- und Epithalamus stehen mit dem Riechorgan in Verbindung.

Das epitheliale Dach des Diencephalon bildet mit der Pia mater eine Tela chorioidea (Abb. 518—523, 525), aus welcher bestimmte wichtige Organe entstehen. Cranial geht dieses Dach über in das ebenfalls epitheliale Dach des Telencephalon; eine Grenze zwischen beiden ist jedoch nur willkürlich zu ziehen: gewöhnlich nimmt man das Velum transversum als Grenze an, rechnet aber dieses Organ noch zum Diencephalon. Dieses Velum ist eine Falte der Tela, welche in den Ventrikel sich einstülpt. Da es bei den Cyclostomata fehlt, so ist bei diesen Tieren eine scharfe Dorsalgrenze zwischen Tel- und Diencephalon nicht festzustellen.

Derjenige Teil des Daches, welcher caudal auf das Velum folgt, stülpt sich in vielen Fällen blasenförmig aus; besonders stark bei einigen Pisces, z. B. Acipenser und Neoceratodus. Dieser Teil wird dann Parencephalon (Abb. 516) oder Saccus dorsalis genannt.

Hierauf folgen caudal bei den meisten Vertebrata ein oder zwei unpaare Ausstülpungen des Ependyms. Dieser Ependymteil wird caudal begrenzt durch die schon genannte Commissura posterior (Abb. 526 auf S. 421), cranial durch eine zweite Kommissur: die Commissura superior (Comm. habenularis). Diese letzte Kommissur verbindet die zwei im Epithalamus gelegenen Nuclei habenulae (Abb. 526) welche zum Riechorgane in Beziehung stehen.

Die soeben genannten unpaaren Ausstülpungen sind das Parietalorgan und die röhrenförmige Epiphyse. Die Epiphyse (Abb. 518—523; 575 auf S. 476) trägt vor allem bei den Mammalia einen drüsenartigen Charakter (Glandula pinealis) und dient der inneren Sekretion; bei einigen Mammalia, z. B. den Xenarthra, fehlt sie. In anderen Fällen entwickelt sich aus ihr ein augenähnliches Sinnesorgan: das Pinealorgan (vgl. S. 511). Einen ähnlichen Bau zeigt das Parietalorgan (S. 511).

Aus dem, was wir auf Seite 415 besprochen haben, erhellt, daß der Boden des Diencephalon sich ventrad ausstülpt. Diese Ausstülpung sinkt während der späteren Entwicklung noch tiefer ein und bildet dadurch den Trichter (Infundibulum). Dadurch stülpt sich auch der 3 Ventrikel mit aus und bildet den sogenannten Recessus infundibuli (Abb. 528—523, 525—526, 541). Bei den Pisces zeigt das Infundibulum wieder drei Ausstülpungen: zu beiden Seiten einen Lobus inferior und etwas mehr caudal den unpaaren Saccus vasculosus (Abb. 528, 541). Dieser Saccus besitzt eine meist stark gefaltete, dünne Wand, welche von Blutgefäßen umgeben ist (Abb. 518 und 541). Früher hat man ihn für eine Drüse gehalten; neuere Untersuchungen haben aber in seiner Wand Sinneszellen angetroffen (s. Abb. 584 auf S. 484). — Bei den Cyclostomata fehlt der Saccus, ebenfalls bei allen Tetrapoda.

Allgemeiner finden wir ein zweites Organ, das mit dem Boden des Infundibulum in Verbindung tritt, bei den Pisces cranial des Saccus. Es ist die Hypophyse (Gl. pituitaria), eine Drüse mit innerer Sekretion, welche das Körperwachstum mit reguliert. Der wichtigste Teil dieser Hypophyse entsteht aus der ectodermalen Mundbucht in Form eines dorsalen Blindsackes, welcher später seine Verbindung mit dem Epithel verliert (RATHKEscher Tasche). Nur selten, wie bei den Myxinidae und den Selachii, ist diese Verbindung noch durch einen Zellstrang ohne Lumen angedeutet. — Die Hypophyse der Cyclostomata entsteht übrigens nicht aus der Mundbucht, sondern aus dem Hypophysengang (s. Abb. 575 auf S. 476). Sie unterscheidet sich weiterhin dadurch, daß sie in der ersten Anlage massiv ist, was auch bei einigen Teleostei und bei den Amphibia gefunden wurde; ein Hohlraum entsteht dann erst später.

Nach der Abschnürung von dem Epithel ist dieser Blindsack ein abgeplattetes Bläschen, welches sich innerhalb der Schädelhöhle gegen das Infundibulum anlegt. Aus der Wand dieses Säckchens entwickeln sich späterhin verzweigte Drüsen, zwischen welche Bindegewebe mit Blutgefäßen eindringt. So geht der Hohlraum des Bläschens gewöhnlich verloren, während die Drüsen in Zellstränge und Zellgruppen auseinanderfallen. Bei der weiteren Entwicklung tritt ein Unterschied auf zwischen dem ventralen und dem dorsalen Teil des Organes, welch letzterer gegen das Infundibulum sich anlegt: der ventrale Teil wird zum Hauptlappen, der dorsale Teil zum Zwischenlappen der erwachsenen Hypo-

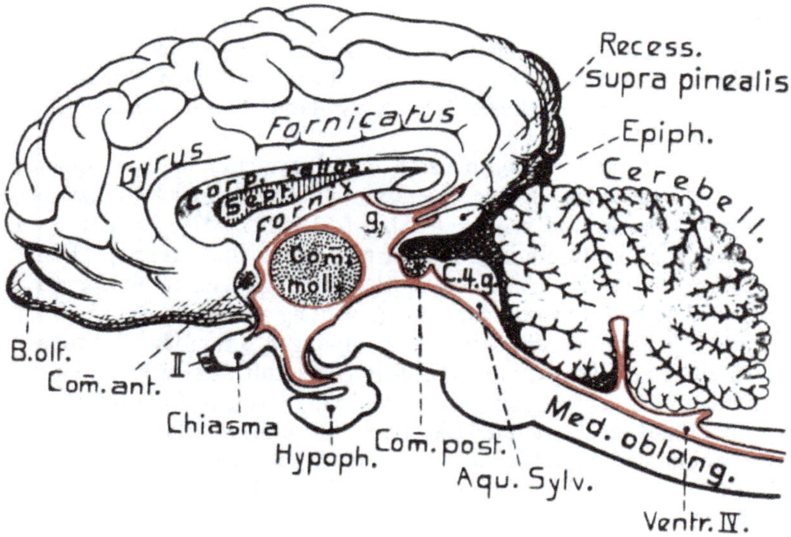

Abb. 542. Säugetiergehirn (Bos tauru juv.); Sagittalschnitt;. der Umkreis der Ventrikel ist durch eine rote Linie angegeben. (Aus BÜTSCHLI.)

physe (Abb. 541). Das Secret der Drüsenzellen in beiden Lappen unterscheidet sich voneinander: das Secret des Hauptlappens ergießt sich in die umgebenden Blutgefäße; das Secret des Zwischenlappens tritt in den Ventrikel des Diencephalon. Bei den höheren Vertebrata tritt der Zwischenlappen je länger je mehr in den Hintergrund. Das Infundibulum kommt dem Zwischenlappen bei den Pisces dadurch entgegen, daß es röhren- oder strangförmige Ausstülpungen bildet; diese dringen in den Zwischenlappen ein und nehmen das Secret auf. Bei anderen Tieren verdickt sich seine Wand zu einem dicken umfangreichen Lappen: dem Gehirnlappen der Hypophyse; dieser hängt dann in bestimmten Fällen durch einen langen hohlen Stiel mit dem übrigen Infundibulum zusammen. — [Bei den Selachii erhält die RATHKEsche Tasche eine ringförmige Einschnürung: dadurch entsteht ein ventraler und dorsaler Sackteil. Der ventrale Teil wird später zu einem stielförmigen Anhängsel der Hypophyse].

Cranial des Infundibulum bildet der Hypothalamus eine Ganglienverdickung: das Tuber cinereum. Caudal liegt eine zweite Verdickung: das Corpus mammillare, welches sich vor allem bei den Mammalia entwickelt (Abb. 543, 548, 549); bei den Simiae kommt dieses Corpus auch paarig vor; es empfängt Fasern aus dem Fornix.

Cranial des Tuber entspringen aus der Ventralwand des Diencephalon die beiden N. optici (II). Ihre Fasern endigen teilweise in den Thalami, teilweise im Tectum (Abb. 537—539, S. 432).

Telencephalon.

Aus den Betrachtungen auf S. 415 erhellt, daß die Auffassungen über den Ursprung des Telencephalon verschieden sein müssen, je nachdem man das Achsenende des Neuralrohres in dem Recessus neuroporicus erblickt oder im Recessus praeopticus. Die erste Auffassung stimmt überein mit dem Entstehen des Telencephalon aus dem vordersten Neuromer. Für die zweite Auffassung spricht, daß in dem Telencephalon keine motorischen Kerne liegen, es also in dieser Hinsicht nur mit der dorsalen Hälfte des Neuralrohres übereinstimmt.

Derjenige Wandteil, welcher zwischen Recessus neuroporicus und praeopticus liegt, ist die Lamina terminalis (Abb. 514—516). Nach der einen Auffassung gehört diese zu dem ursprünglichen ventralen Teile, nach der anderen Auffassung zum dorsalen Teile des Neuralrohres; wir möchten hier der ersten Auffassung folgen. Dorsal des Recessus neuroporicus setzt sich die Epithelwand oft noch weiter fort und geht am Vorderrande des Velum transversum in die Epithelwand des Diencephalon über.

Bei den niedrigen Vertebrata ist das Telencephalon zunächst von geringer Bedeutung und in der Hauptsache nur das Zentrum des Riechorganes. Späterhin, besonders bei den Mammalia, wird es zum größten und gleichzeitig wichtigsten Gehirnteile: zum Großhirn. Diese hohe Entwicklung ist aber ausschließlich die Folge einer Differenzierung eines einzigen Unterteiles: des Pallium. Die graue Rinde des Pallium empfängt die Eindrücke aller Sinnesorgane und verbindet sie miteinander; dadurch wird es zum wichtigsten Assoziationszentrum des Gehirnes. Man kann dieses hoch entwickelte Pallium der Mammalia als ein Neencephalon von allen übrigen Teilen des Gehirnes unterscheiden, welche man dann als Palae-encephalon zusammenfassen kann (Edinger). Das Palaeencephalon überschreitet im allgemeinen bei den höheren Tieren nicht jene Entwicklungsstufe, welche es schon bei den niedrigen Vertebrata zeigte; es dient fast ausschließlich den Reflexbewegungen. Das Ne-encephalon dagegen bildet Assoziationen und Erinnerungsbilder; es ist dadurch der Sitz des Bewußtseins und des Verstandes.

Die erste Differenzierung des Telencephalon, durch welche es sich schärfer vom Diencephalon abscheidet, steht in Beziehung zum Riechorgan: an beiden Seiten der Lamina terminalis wird eine nach vorn gerichtete hohle Ausstülpung (Lobus olfactorius) gebildet (Abb. 518, 525—526, 528, 531, 532, 536); hier treten die Riechnerven ein. Die Höhlen der beiden Lobi kommunizieren mit dem medianen Lumen des Telencephalon. Dieser Ventrikel des Telencephalon geht wieder ohne scharfe Grenze in den Ventrikel des Diencephalon über.

Auf diesem Stadium bleibt das Telencephalon der meisten Pisces stehen: z. B. der Elasmobranchii und der Teleostomi (Abb. 528). Bei den anderen Vertebrata und in der ersten Anlage auch bei den Cyclostomata und Dipnoi wird das Telencephalon teilweise in eine linke und rechte Hälfte verteilt: die beiden Hemisphären. Diese Bildung ist zurückzuführen auf eine Einstülpung der Wand in der Medianfläche. Die beiden Lobi olfactorii treten nun mehr oder weniger deutlich hervor als Anhänge dieser Hemisphären.

Auch in dem Ventrikel sind nun Abteilungen zu unterscheiden. In den caudalen Teil des Telencephalon erstreckt sich die Einstülpung der Wand nicht:

dadurch bleibt also hier auch der Ventrikel unpaar: Ventriculus impar, welcher klein und unbedeutend ist und oft als ein Teil des 3. Ventrikels betrachtet wird. In jeder Hemisphäre dagegen liegt einer der Seitenventrikel: Ventriculi laterales, oder auch 1. und 2. Ventrikel genannt. Jeder dieser Ventrikel hängt durch eine Öffnung mit dem Ventriculus impar zusammen: durch das Foramen Monroi. Die Ventrikel erstrecken sich bis in die Lobi olfactorii (Abb. 525—526).

In einigen Fällen, besonders deutlich bei vielen Selachii und Reptilia, sind an jedem der Lobi olfactorii drei Teile zu unterscheiden: ein Bulbus olfactorius, welcher unter dem Riechepithel liegt; ein proximaler Teil, der Lobus olfactorius im engeren Sinne; und ein dritter oft sehr langer Teil, der Tractus (Pedunculus) olfactorius, welcher Bulbus und Lobus miteinander verbindet (Abb. 528, 532). In einigen Fällen kann man wohl auch einen Lobus und einen Bulbus unterscheiden, aber ein Pedunculus fehlt; dann liegen Lobus und Bulbus

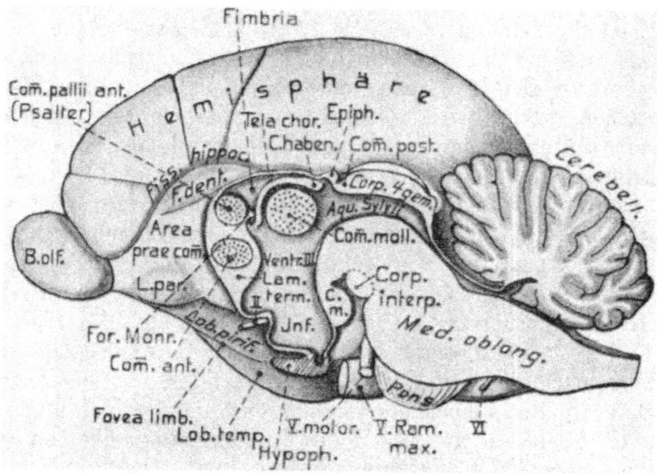

Abb. 543. Gehirn von Ornithorhynchus; Sagittalschnitt. (Nach ELLIOT SMITH aus BÜTSCHLI.)

unmittelbar gegeneinander. Bei den Anura sind beide Lobi miteinander verwachsen (Abb. 531).

Die Nervenausläufer der Riechzellen (primäre Sinneszellen) endigen in der Wand des Bulbus olfactorius. Ihre Endbäumchen stehen hier im Kontakt mit den Dendriten von Bulbus-Ganglienzellen: den Mitralzellen; mit diesen formen sie kleine Knäuel (Glomeruli). Diese Mitralzellen sind also Neuronen 2. Ordnung. Ihre Neuriten verlaufen durch den Tractus zum Lobus, wo sie endigen. Von hier aus werden die Riechreize durch Neuronen 3. Ordnung übertragen auf die ventro-laterale Wand des Telencephalon.

Dieser Wandteil ist bei den meisten Vertebrata stark verdickt. Er ragt in den Ventrikel hinein als Basalganglion (Corpus striatum). Nach dem Entstehen der Hemisphären liegen diese Ganglien in den Hemisphären (Abb. 525—526).

Nur bei den Cyclostomata fehlt das Basalganglion ganz oder fast ganz. Bei den höheren Vertebrata breitet es sich mehr und mehr über die angrenzenden Wandteile aus. Auf diese Weise kann man neben dem ursprünglichen Teile: dem Palaeostriatum noch zwei andere Teile unterscheiden: ein Epistriatum (Nucleus amygdalae der Mammalia) und ein Neo-striatum.

In dem Basalganglion der Mammalia liegen zwei wichtige Kerne: der Nucleus caudatus und lentiformis. Beide sind geschieden durch eine Fasermasse: die

Capsula interna (Abb. 544); diese Fasern verbinden das Pallium mit dem Thalamus opticus und dadurch mit anderen Gehirnteilen.

Der hier beschriebene Teil der Hemisphären steht in Beziehung zum Riechorgan; er wird darum Rhinencephalon genannt. Bei den Pisces ist dieses gut entwickelt; bei den höheren Vertebrata ist seine Differenzierung verschieden, was mit der größeren oder kleineren Bedeutung des Riechorganes zusammenhängt. Unter den Mammalia z. B. ist es groß bei den makrosmatischen Tieren (z. B. bei den Carnivora), klein bei den mikrosmatischen (z. B. dem Menschen); bei den anosmatischen, wie bei den Cetacea, ist es makroskopisch nicht erkennbar.

Oben ist gesagt, daß das Dach des Telencephalon epithelial bleibt (Abb. 545 bis 547). Es formt mit der Pia mater eine Tela chorioidea. Bei den Teleostomi, hauptsächlich bei den Teleostei, breitet sich diese Tela laterad stark aus. Auf diese Weise bildet sie die dorsale und auch laterale Wand des Ventrikels (Abb. 547). Man erklärt das durch eine sogenannte Eversion: die Basalganglien sollen sich nach außen umgelegt haben.

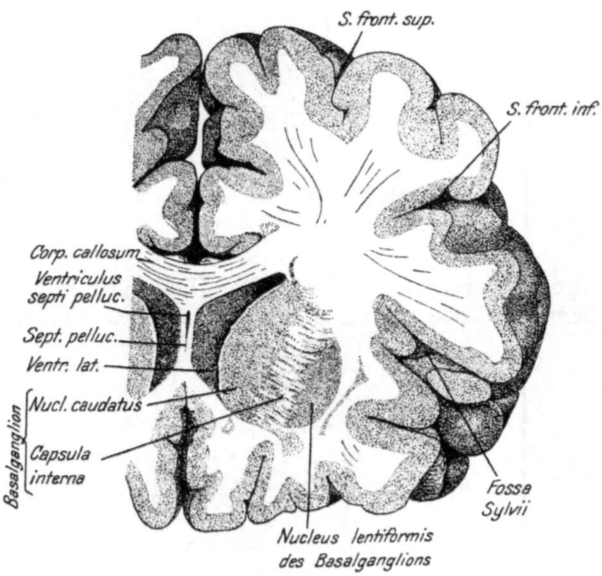

Abb. 544. Gehirn von Homo; Querschnitt in der Höhe des Corpus striatum. (Nach EDINGER.)

Oft bildet diese Tela eine dorsad gerichtete Ausstülpung, welche röhren- oder sackförmig ist mit in vielen Fällen gefalteter Wand: die Paraphyse, ein Organ von unbekannter Bedeutung. Cranial dieser Paraphyse stülpt sich die Tela meist in den Ventriculus impar hinein: der Plexus chorioideus anterior (Abb. 425/6 auf S. 421). Fortsetzungen dieses Plexus können selbst durch die beiden Foramina Monroi in die Seitenventrikel eintreten (Pl. ch. laterales).

Die Vorderwand des Ventrikels wird gebildet durch die Lamina terminalis (Abb. 426 auf S. 421). Hier liegen zwei Kommissuren: die Comm. anterior und dorsal von ihr die Comm. pallii anterior, welche bei den Dipnoi und den Tetrapoda vorkommt (Abb. 525—526, 543). Durch die Commissura anterior kreuzen unter anderen Fasern der Epistriata, durch die Commissura pallii Fasern des Pallium. Die Commissura pallii nimmt bei den höheren Vertebrata mehr und mehr an Bedeutung zu; wir kommen darauf noch später zurück.

Der dorso-laterale Teil der Wand, welcher zwischen den ventro-lateralen Basalganglien und der dorsalen Tela liegt, ist das Pallium. Im allgemeinen breitet sich dieses flach über den Basalganglien aus.

Eine stärkere Entwicklung der Hemisphären führt bei den Amphibia zu einer teilweisen Überdeckung des Diencephalon; auch bei den Dipnoi finden wir dergleichen. Bei den Reptilia wird das Diencephalon dorsal schon größtenteils bedeckt, bei den Aves geht das noch weiter. Die Basalganglien und das Pallium

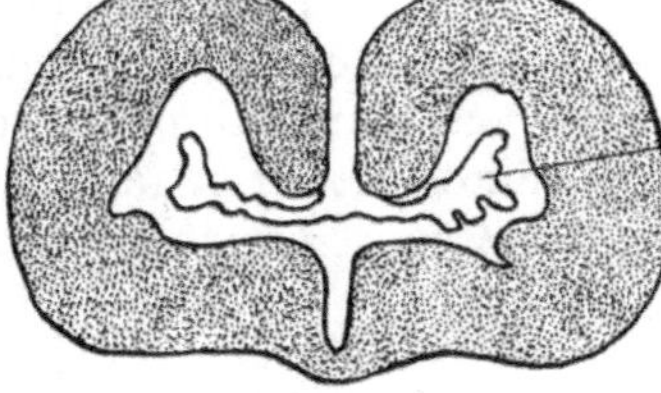

Abb. 545. Triton.

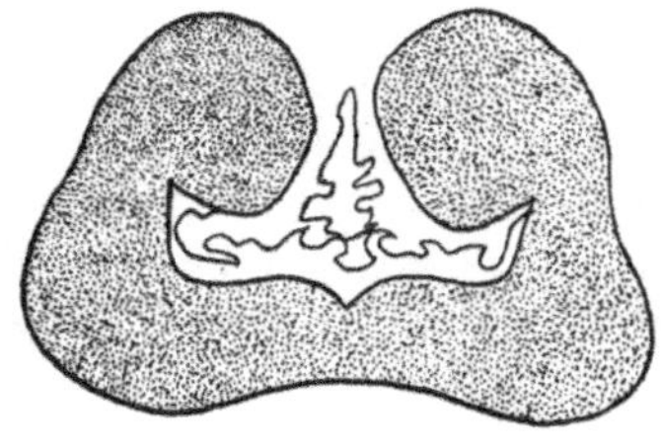

Abb. 546. Spinax.

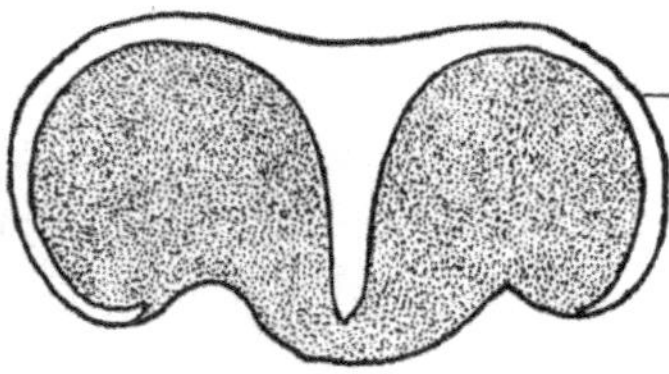

Abb. 547. Salmo.

Abb. 545—547. Querschnitte durch das Telencephalon. (Nach EDINGER.)

tragen zu dieser Vergrößerung der Hemisphären bei. Bei den Aves erreichen vor allem die Basalganglien eine sehr starke Entwicklung (Abb. 522, 536c: Corpus striatum); die Seitenventrikel werden dadurch bis zu Spalten verengt.

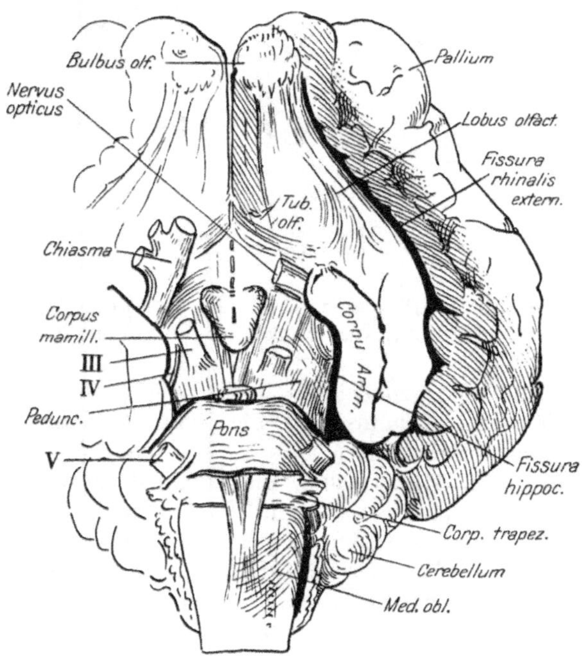

Abb. 548. Ventralseite des Säugetiergehirnes (Bos taurus juv.); der linke Nervus opticus ist durchschnitten und das Chiasma nach rechts umgeklappt. (Nach EDINGER.)

Bei den Mammalia dagegen ist die große Entwicklung des Telencephalon hauptsächlich dem Pallium zu danken; das Basalganglion und das Rhinencephalon im allgemeinen treten dagegen in den Hintergrund (Abb. 523). Die Ausbreitung des Pallium geschieht dabei caudad, craniad und laterad. Die laterade Ausbreitung über das Rhinencephalon hin läßt eine Längsgrube zwischen beiden entstehen: die Fissura rhinalis externa (Fovea limbica) (Abb. 548).

Das Rhinencephalon liegt ventral dieser Fissura. Es besteht in seinem Vorderteile aus Lobus und Bulbus olfactorius; dahinter ist es angeschwollen zum Lobus piriformis (L. hippocampi, Abb. 543); dieser schließt sich an den Thalamus opticus an. Auch in diesem Lobus piriformis endigt ein Teil der Riechfasern. — Cranial des Lobus piriformis liegt noch ein Teil des Rhinencephalon, welcher schon bei niederen Vertebrata vorkommt: der Lobus parolfactorius (Tuberculum olfactorium) (Abb. 543, 548). Er scheint ein Zentrum zu sein für die Trigeminusfasern, welche die Tastsinnesorgane der Schnauze innervieren.

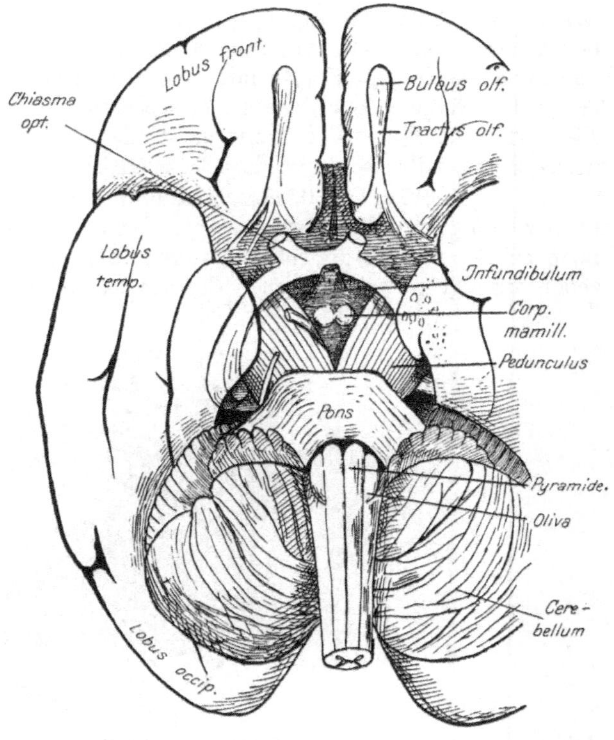

Abb. 549. Ventralseite des menschlichen Gehirnes. (Nach EDINGER.)

Die mediale Wand des Pallium ist ebenfalls ein Riechzentrum; dieses Archipallium entwickelt sich denn auch viel schwächer als der andere Teil: das Neopallium. Das Neopallium wird bei den Mammalia der Sitz hoher psychischer Funktionen und tritt damit sehr in den Vordergrund. Es wächst in dieser Gruppe stark caudad aus und bedeckt das Diencephalon und einen größeren oder kleineren Teil des Mesencephalon; selbst ein Teil des Metencephalon wird bei vielen Säugetieren dadurch bedeckt und beim Menschen vollständig überdacht. Auch craniad breitet es sich stark aus; dadurch werden schließlich auch die Bulbi olfactorii von oben her unsichtbar. Durch diese Ausbreitung des Pallium kann man daran einen vorderen Teil: den Lobus frontalis und einen hinteren Teil: den Lobus occipitalis unterscheiden; beide sind voneinander geschieden durch einen Lobus parietalis. Die Grenzen zwischen diesen Teilen sind aber nur willkürlich zu ziehen. Als ein vierter Unterteil tritt bei starker Entwicklung des Caudalgebietes noch ein Lobus temporalis hervor (Abb. 549); dieser fehlt bei den niedrigen Mammalia noch meist; er entsteht dadurch, daß das Pallium der lateralen Fläche des Lobus piriformis entlang schräg

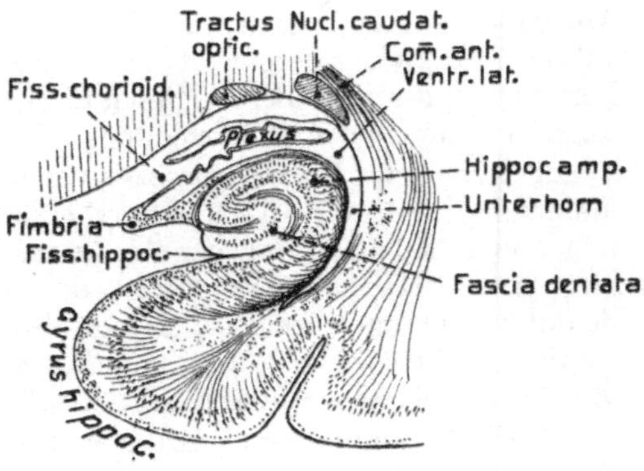

Abb. 550. Querschnitt durch Hippocampus und Umgebung beim Menschen. (Nach EDINGER aus BÜTSCHLI.)

cranio-ventrad auswächst. Gering entwickelt ist ein solcher Temporallobus bei den Sauropsida (Abb. 532, 536) und vielleicht ist er auch bei einigen Pisces (Dipnoi) und Amphibia zu erkennen.

An der Ausbreitung des Pallium nimmt auch der Lobus piriformis teil. Er wächst lateral des Thalamus opticus vor allem caudal; dabei bleibt zwischen beiden ein enger Spalt übrig: die Fissura chorioidea (Abb. 550). Dadurch, daß nun auch die Tela chorioidea mit caudad und ventrad auswächst, kann sie sich längs der Fissura chorioidea in den Seitenventrikel hineinstülpen und einen Plexus bilden: dies ist der Plexus chorioideus lateralis. Er dringt teilweise durch diesen Spalt, teilweise durch das Foramen Monroi in den Ventrikel ein.

Wir sahen oben, daß das Archipallium, die mediale Wand der Hemisphären, in Beziehung zum Riechorgan steht. Schon bei den Amphibia und deutlicher noch bei den Sauropsida führt das dazu, daß in diesem Archipallium Ganglienzellen aus der zentralen grauen Substanz mehr an die Oberfläche treten. Da-

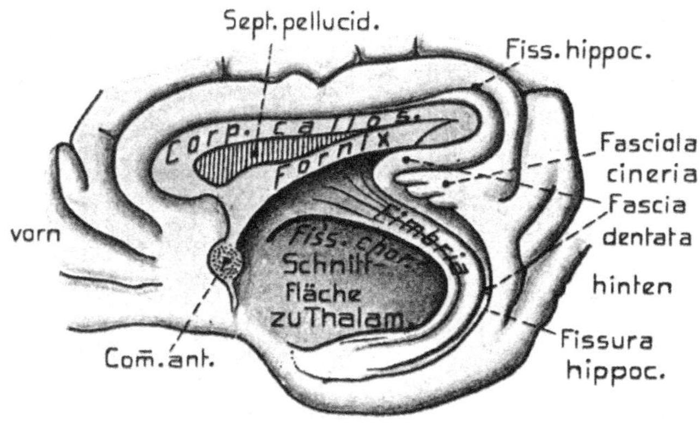

Abb. 551. Mediane Oberfläche eines Teiles der rechten Hemisphäre von einem Säugetier (Bos taurus juv.), nachdem sie durch einen sagittalen Schnitt von der linken Hemisphäre und vom Diencephalon abgeschnitten ist. (Aus BÜTSCHLI.)

durch lagern sie sich in die weiße Substanz ein. Sie bilden hier das Primordium hippocampi. Weiterhin kann dieser Wandteil als Folge seines starken Wachstumes eine Ausstülpung in die Ventrikelhöhle hinein bilden. Dieses ist die erste Anlage eines Hippocampus. Diejenige Furche, welche in dem letzten Falle an der Oberfläche sichtbar ist und in die Hippocampusfalte hineinführt, ist die Fissura hippocampi. Beide Hippocampi stehen durch Fasern der Comm. pallii anterior miteinander in Verbindung.

In stärkerem Maße entwickelt sich die Hippocampusformation bei den Mammalia (Abb. 550, 551). Die Einstülpung in die Ventrikelhöhle wird hier höher und bildet das sogenannte Ammonshorn. Die Fissura hippocampi wird also tiefer. Die ventrale Lippe der Falte ist als Fascia dentata (Gyrus dentatus) zu unterscheiden. Fasern des Hippocampus vereinigen sich in der Fimbria, welche ventral längs der Fascia dentata auf der medianen Fläche der Hemisphäre sichtbar ist (Abb. 543); die Fimbria begibt sich zur Commissura pallii.

Die Fissura hippocampi wird aber bei den Mammalia nicht allein tiefer, sondern auch länger als bei den niedrigen Vertebrata: sie verlängert sich caudad, biegt über den Lobus hippocampi ventrad und verläuft schließlich craniad. Der Hippocampus beschreibt also einen Bogen um die Fissura chorioidea. An seinem Ende liegen Fascia dentata und Fimbria natürlich dorsal der Fissura. — Bei den höheren Mammalia wird der Vorderteil des Hippocampus zurückgebildet, da sich hier der Balken besonders stark entwickelt; nur das im Lobus hippocampi gelegene Stück bleibt gut entwickelt.

Die starke Entwicklung des Hippocampus der höheren Mammalia hat eine Vermehrung derjenigen Fasern zur Folge, welche in der Commissura pallii kreuzen. Hierzu treten auch Fasern, welche aus dem Neopallium stammen. So kommt es, daß diese Kommissur sich bei den höheren Mammalia stark caudad ausbreitet, während sie bei den Aplacentalia und den niederen Placentalia noch ebenso schwach ist wie bei den niedrigen Vertebrata. Bei dieser Ausbreitung wächst die Kommissur an ihrem dorsalen und ventralen Rande aus; das hat zur Folge, daß sie auf einem Longitudinalschnitt die Form eines länglichen Hufeisens bekommt. Der ventrale Teil ist der Fornix: er nimmt die Hippocampusfasern aus den Fimbriae auf (Abb. 542, 551, 552). Der dorsale Teil ist der bedeutend entwickelte

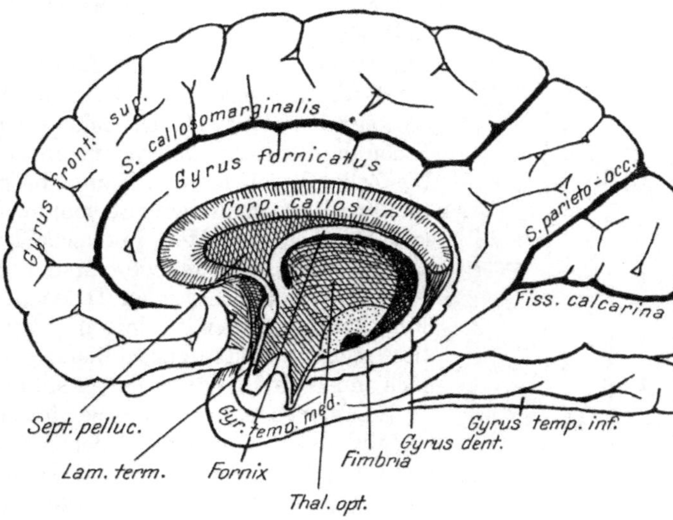

Abb. 552. Gehirn des Menschen, median durchschnitten; ein Teil des Diencephalon und alle mehr caudal gelegenen Teile sind entfernt. (Nach EDINGER.)

Balken (Corpus callosum): die Kommissur des Neopallium (Abb. 542, 544, 551, 552).

Eine Kreuzung der Fasern findet im Fornix nur an einer einzigen Stelle statt: in seinem Mittelteil, dem Psalterium. Craniad setzt sich der Fornix in den beiden Säulen fort (Columnae fornicis); das sind zwei Faserbündel, die sich längs der Lamina terminalis und dem Boden des Diencephalon zu den Corpora mammillaria begeben.

Balken und Fornix sind voneinander geschieden durch eine dünne mediane Haut: das Septum pellucidum (Abb. 544, 551, 552). Es besteht eigentlich aus zwei Häuten: den medialen Wänden der beiden Hemisphären, welche hier dünn bleiben und einen spaltartigen Raum begrenzen: den Ventriculus septi pellucidi (sogenannten V. Ventrikel). Mit den anderen Ventrikeln hat dieser natürlich nichts zu tun, da er außerhalb der Hemisphärenwand liegt.

Basalganglion, Hippocampus und schließlich die stark verdickte Wand des Pallium arbeiten bei den Mammalia zusammen um die Seitenventrikel zu verengern, bis sie spaltförmig geworden sind. Die Form dieser Ventrikel wird durch die Vergrößerung der Hemisphären komplizierter: das Foramen Monroi führt in das Vorderhorn, welches sich gewöhnlich auch in dem Lobus olfactorius fortsetzt; es bildet weiterhin eine Ausstülpung in dem Lobus occipitalis (Hinterhorn) und in dem Lobus temporalis (Unterhorn).

Oben haben wir gesehen, daß in dem Archipallium schon bei den Amphibia Ganglienzellen aus der zentralen grauen Substanz zur Peripherie wandern. Sie bilden hier eine graue Masse: den Archicortex, welcher mitten in der weißen Substanz liegt. Dieser Archicortex ist der Anfang einer grauen Rindenschicht. Bei den Reptilia breitet sich diese Rindenschicht über bestimmte Teile der Hemisphären aus: über den ganzen medialen und dorsalen Teil der Wand und teilweise auch dorso-lateral. Durch die Commissura pallii kreuzen die Fasern dieser Zellen. Erst bei den Mammalia geht die Ausbreitung der Rindenschicht noch weiter und bedeckt als Neocortex das ganze Neopallium.

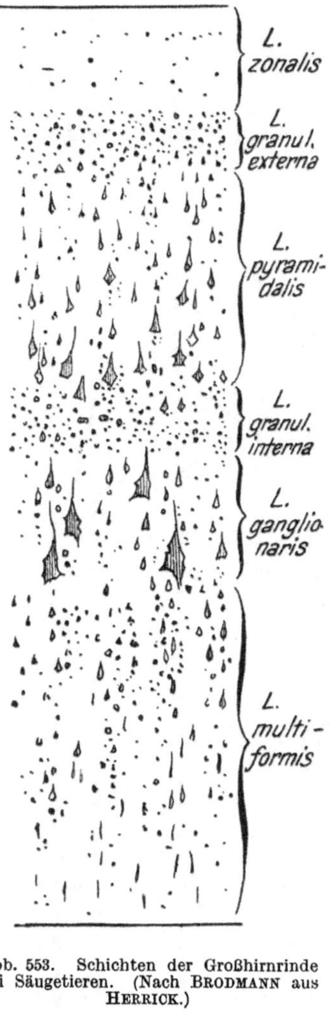

Abb. 553. Schichten der Großhirnrinde bei Säugetieren. (Nach BRODMANN aus HERRICK.)

Die Rindenzellen des Pallium sind Assoziationszellen; sie stehen mit verschiedenen Teilen des Zentralnervensystems in Verbindung. Die Zellen liegen bei den Mammalia in parallel zur Oberfläche geordneten Schichten. Man kann sechs solcher Schichten unterscheiden (BRODMANN), welche voneinander in der Form der Zellen abweichen. In allen Teilen des Neopallium können wir mit einigen Abweichungen diese sechs Schichten zurückfinden. Von außen nach innen sind es folgende (Abb. 553):

1. Lamina zonalis oder die plexiforme Schicht: Ganglienzellen von verschiedener Größe mit ihren Dendriten und Neuriten; weiterhin Ausläufer von Zellen aus tieferen Schichten.

2. Lamina granularis externa; Schicht der kleinen Pyramiden. Die Pyramidenzellen besitzen etwa die Form einer Pyramide; ihr Axon dringt in die weiße Substanz ein, nachdem er viele Kollateralen abgegeben hat. Sie haben mehrere Dendriten, aber einen einzigen Hauptdendrit; dieser entspringt an der Spitze der Pyramide und verzweigt sich in der ersten Schicht.

3. Lamina pyramidalis; Schicht der großen oder mittelgroßen Pyramiden. Außer den Pyramidenzellen liegen in dieser Schicht und in der Schicht II auch Zellen anderer Form.

4. Lamina granularis interna; Körnerschicht; hauptsächlich kleine Ganglienzellen, deren Neuriten meist in andere Rindenschichten eindringen.

5. Lamia ganglionaris; innere Schicht der großen Pyramiden.

6. Lamina multiformis; Schicht der polymorphen Zellen; Zellen von der verschiedensten Form, darunter auch Pyramidenzellen.

Da von dem Pallium keine Nerven entspringen, so empfängt es seine Reize nur aus anderen Teilen des Zentralnervensystems. Diese Reize werden hergeleitet durch Fasern, die hauptsächlich aus den Thalami optici stammen; sie dringen in das Pallium ein durch die Capsula interna des Corpus striatum. Innerhalb der Rinde werden die Reize durch die Rindenneuronen an verschiedene Stellen weitergegeben. Durch den Balken können sie auch zur anderen Hemisphäre übertragen werden. So entstehen Assoziationen. Aus diesen ergeben sich dann motorische Reize: in efferenten Fasern werden diese durch die Capsula interna zu anderen Gehirnteilen und zum Rückenmarke weiter geleitet.

Obgleich die Rinde des Großhirnes bei verschiedenen Mammalia und selbst bei denselben Tieren in verschiedenen Großhirnteilen variieren kann, so sind diese Unterschiede doch nur gering. Auch bei nahverwandten, doch in Körpergröße sehr verschiedenen Arten ist der Unterschied in der Rindendicke nur gering: so ist die Rinde bei einem größeren Gehirnvolumen relativ dünner als bei einem kleineren Gehirnvolumen. Dadurch würde also die Masse der Rinde nicht gleichmäßig mit der Masse des Gehirnes zunehmen; vergrößert sich doch das Gehirnvolumen in der dritten Potenz, die Oberfläche in der zweiten. Und doch müssen

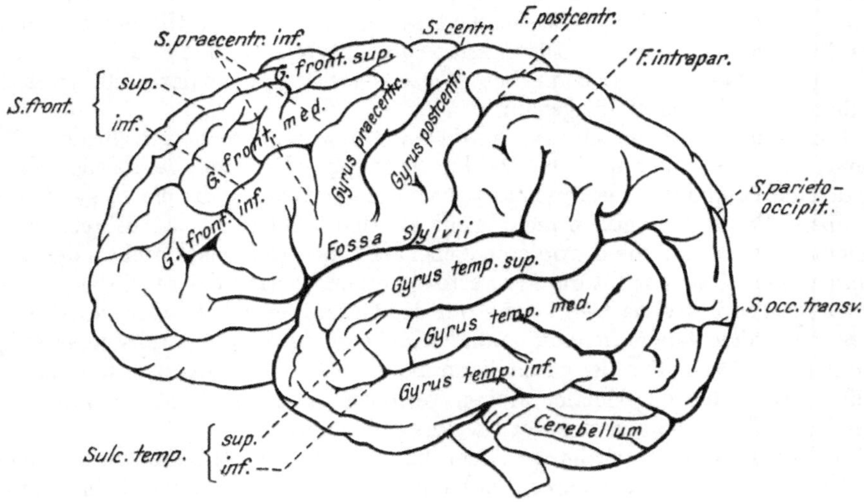

Abb. 554. Gehirn des Menschen, von links. (Nach TOLDT aus HERRICK.)

Rindenmasse und Gehirnvolumen gleichmäßig zunehmen, weil Faser- und Zellmasse voneinander abhängig sind. Die Vergrößerung der Rindenmasse wird nun dadurch erreicht, daß die Rinde Falten bildet (Gyri), welche durch tief einschneidende Furchen geschieden werden (Sulci, Fissurae) (Abb. 554). Somit wird die Oberfläche und damit auch die Rindenmasse stark vergrößert. Daß diese Vergrößerung des Volumens gerade in dieser Weise erreicht wird und nicht durch Dickenwachstum ist vielleicht dadurch zu erklären, daß bei einer Faltung die Nervenfasern der weißen Substanz leicht in die Rinde eindringen können.

So wird es verständlich, daß in der Regel kleine Mammalia glatte Hemisphären haben (lissencephal) oder nur wenige Falten besitzen; ihre größeren Verwandten dagegen zeigen Gyri und Sulci (gyrencephal). Solche Extreme sind z. B. folgende:

Marsupialia:	Didelphys	gegenüber	Macropus,
Rodentia:	Cynomys	„	Hydrochoerus,
Ungulata:	Tragulus	„	Elephas,
Prosimiae:	Tarsius	„	Indris,
Simiae:	Hapale	„	Simia.

Dadurch wird es auch verständlich, daß die Proboscidea und die Cetacea die mit am meisten eingebuchteten Gehirne besitzen.

Doch kommt hier noch ein zweiter Faktor hinzu: die Vergrößerung der Gehirnrinde ermöglicht eine Vermehrung der Assoziationen im Gehirn. So finden wir auch bei höherer Verstandesentwicklung stärker gewundene Hemisphären. Die oben genannte Regel gilt also nur für nahe Verwandte, die außer ihrer Größe sich wenig voneinander unterscheiden. Glatte Hemisphären kommen dadurch vor allem bei niedrigen Mammalia vor (Ornithorhynchus, einige Marsupialia, die Insectivora, die meisten Rodentia und Chiroptera).

Alle Mammalia, auch die lissencephalen, haben drei Fissurae gemeinsam. Von diesen sind zwei schon oben genannt: die F. hippocampi und die F. rhinalis externa. Die dritte begrenzt den Lobus parolfactorius und wird F. endorhinalis genannt. Man kann diese Furchen Primitivfurchen nennen.

Meist ist auch eine Fissura pseudosylvia anwesend: eine Furche, die infolge des Auswachsens des Lobus temporalis sich zwischen diesem und den Lobus frontalis bildet. Zuerst beobachtet man sie in der Form einer schwachen Einsenkung; bei höheren Mammalia wird sie dann zu einem scharf abgegrenzten Spalte. Schließlich wird dieser Spalt an seinem Vorder- und Hinterrande durch das Pallium überwachsen. Die Fissura pseudosylvia wird dadurch zur Fossa sylvii (Abb. 544, 554). Der auf diese Weise bedeckte („opercularisierte") Teil des Pallium wird Insula Reilii genannt.

Die übrigen Furchen sind in Anzahl und Anordnung recht verschieden. Wir können hier nur einige nennen. Die Fiss. ecto-sylvia liegt hufeisenförmig cranial, dorsal und caudal der Fiss. pseudosylvia. Bei der Bildung der Fossa sylvii wird sie überdeckt und ist außen nicht mehr sichtbar. Bei weiterer Ausbreitung geschieht dasselbe mit dem vorderen Schenkel einer anderen Furche: der Fiss. supra-sylvia; diese umgibt die Fiss. ecto-sylvia und verläuft parallel damit. Von dieser Fiss. supra-sylvia bleibt dann nur der hintere Schenkel äußerlich sichtbar; er liegt auf dem Lobus temporalis und wird jetzt Sulcus temporalis superior genannt (Abb. 554). Parallel damit kann auch ein Sulcus temporalis inferior verlaufen. Diese beiden Schläfenfurchen verteilen dann den Lobus temporalis in drei Gyri: G. temporalis superior, medius und inferior.

Auf dem Lobus frontalis sind sehr häufig drei Hauptfurchen zu erkennen: die Fiss. praesylvia (Sulcus arcuatus bei den Simiae; S. praecentralis inferior bei dem Menschen), F. coronalis und F. ansata; die beiden letzteren liegen mehr caudal als die F. praesylvia und sind nicht selten miteinander vereinigt. Bei den Simiae und dem Menschen entsteht aus dieser Vereinigung der F. coronalis und ansata der Sulcus centralis (Rolando), eine Furche, welche die Grenze bildet zwischen dem Lob. frontalis und parietalis (Abb. 554). Der S. praecentralis läuft hauptsächlich parallel des S. centralis; er ist durch den G. praecentralis davon geschieden. Der cranial davon gelegene Teil des L. frontalis entwickelt sich bei den höheren Simiae und bei dem Menschen sehr stark; er wird durch zwei Horizontalgruben (S. frontalis sup. und inf.) in drei Gyri verteilt (G. frontalis sup., medius und inf.).

Für die Carnivora ist der Sulc. cruciatus kennzeichnend: er läuft transversal längs der Oberseite des Lob. front.; gewöhnlich setzt er sich auch auf der medianen Oberfläche der Hemisphären fort.

Eine der wichtigsten Furchen des Lob. pariet. ist die Fiss. lateralis (bei den Prosimiae und Simiae wird sie F. intraparietalis genannt); sie verläuft dorsal und caudal der F. supra-sylvia mehr oder weniger longitudinal. Bei den Simiae und den Menschen biegt sie an ihrem cranialen Ende ventrad um. Dadurch geht sie über in die Fiss. postcentralis, die parallel mit dem Sulcus centralis verläuft und von diesem durch den Gyrus postcentralis geschieden ist (Abb. 554).

Die Grenze zwischen dem Lobus parietalis und occipitalis wird bei den Simiae und Menschen auf der medianen Oberfläche der Hemisphären durch den Sulc. parieto-occipitalis angegeben; dieser setzt sich noch über die Dorsalfläche des Gehirnes fort und ist lateral noch eben sichtbar (Abb. 552, 554). Er liegt hier dicht cranial des Sulcus occipit. transv., einer Querfurche, welche ausgeht vom Hinterende der Fiss. intraparietalis. Caudal davon und ungefähr parallel damit liegt der S. lunatus. Bei einigen platyrrhinen und allen catarrhinen Simiae spielt sich in diesem Gebiete der Gehirnrinde ein eigentümlicher Prozeß ab: Infolge einer Vergrößerung des Lobus occipitalis sinkt die Region zwischen dem S. occipit. transv. und dem S. lunatus in die Tiefe (in derselben Weise wie wir das oben für die Insula Reilii beschrieben haben) und nimmt dabei diese Furche mit. Die hierdurch gebildete tiefe Furche ist die Fossa simiarum. Bei den Anthropoidea und mehr noch bei den Menschen kommt dieses eingesunkene Stück sekundär wieder an die Oberfläche. Der Sulcus lunatus selbst ist bei den Menschen in der Regel verloren gegangen und kehrt nur selten wieder zurück als der sogenannte „Affenspalt".

Die Hauptfurchen an der medianen Oberfläche der Hemisphären (Abb. 553) liegen hintereinander, dorsal des Balken und parallel damit; geschieden sind sie von dem Balken durch den Gyrus fornicatus (G. cinguli). Vier solcher Furchen sind zu unterscheiden, von vorn nach hinten: S. genualis, intercalatus, parieto-occipitalis und retrosplenialis. Diese können auf verschiedene Weise miteinander vereinigt sein; so hängen bei den Carnivora und Ungulata gewöhnlich die drei hinteren zusammen und bilden den S. splenialis. Der S. calloso-marginalis der Simiae und des Menschen entspricht dagegen nur den miteinander verschmolzenen S. genualis und intercalatus; er liegt also mehr cranial als der Splenialis. Der S. parieto-occipitalis bleibt bei diesen Tieren frei oder vereinigt sich mit dem S. retrosplenialis, z. B. bei den Menschen.

Der S. retrosplenialis wird bei den Prosimiae, Simiae und dem Menschen durch eine Furche verlängert, die schon bei den Ungulata und Carnivora zu beobachten ist als ein caudad verlaufender Seitenzweig des S. splenialis. Zusammen bilden sie die F. calcarina (Abb. 553). Diese bildet eine Aussackung in das Hinterhorn des Seitenventrikels (Calcar avis).

Die große Anzahl der Nervenfasern in der Rinde und ihr verwickelter Verlauf machen es unmöglich, durch direkte mikroskopische Untersuchung die Verbindungen und Bahnen zu entwirren. Mittelbare Methoden haben jedoch allerlei Licht auf diese Verbindungen geworfen. Eine zufällige oder absichtliche Verwundung, oder eine pathologische Abweichung eines Gehirnteiles haben Einfluß auf bestimmte Körperfunktionen; daraus kann auf eine Verbindung zwischen beiden geschlossen werden. Noch mehr Resultate hat man mit der Methode von Flechsig: er fand, daß bei der Gehirnentwicklung die Nervenfasern nicht alle zur selben Zeit ihre Markscheiden erhalten; diese entstehen vielmehr nacheinander, doch so, daß in ihren Verbindungen übereinstimmende Fasern ungefähr gleichzeitig mit Markscheiden versehen werden. Auf diese Weise wird es möglich, durch genaue Untersuchung aufeinanderfolgender Stadien eine Anzahl Fasergruppen derselben Funktion zu unterscheiden.

So ist man zu der Entdeckung gekommen, daß nicht alle Teile der Rinde gleichwertig sind: es sind vielmehr verschiedene Funktionen in bestimmten Rindenfeldern lokalisiert. Auch mikroskopisch sind die Felder voneinander verschieden: durch geringe Unterschiede in der Dicke der Rinde oder ihrer Schichten, oder in der Anzahl und Anordnung der Zellen und schließlich im Verlaufe der Fasern.

Die Rindenfelder sind auf etwa elf Gebiete verteilt. Einige von ihnen: die sensu-motorischen, empfangen Reize von außerhalb des Pallium und geben sie wieder nach außen ab. Andere sind die Assoziationsgebiete, welche ausschließlich mit anderen Teilen der Rinde selbst im Zusammenhang stehen. Das möge folgende Übersicht wiedergeben (Abb. 555):

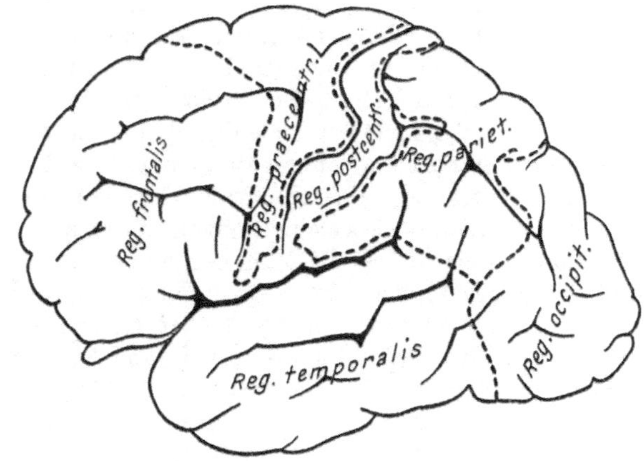

a

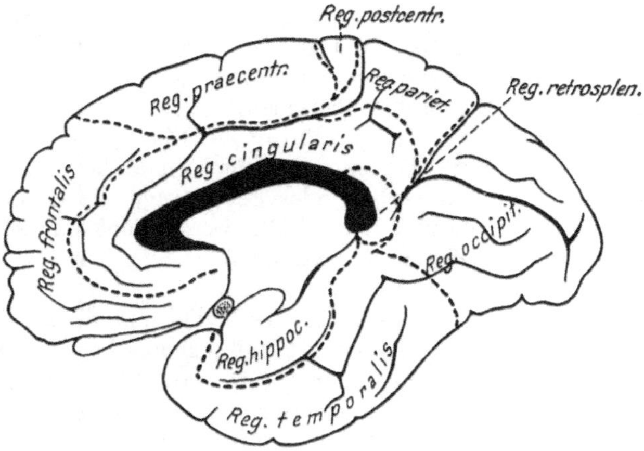

b

Abb. 555. Gebiete der Hirnrinde beim Menschen, *a* auf der lateralen, *b* auf der medialen Oberfläche der Hemisphäre. (Nach BRODMANN aus HERRICK.)

a. Sensu-motorische Gebiete.

1. Regio praecentralis.
2. „ postcentralis.
3. „ temporalis.
4. „ occipitalis.
5. Regio olfactoria.
6. „ hippocampica.
7. „ cingularis.
8. „ retrosplenialis.

b. Assoziations-Gebiete.

9. Regio frontalis.
10. „ insularis.
11. „ parietalis.

Die Grenzen dieser Gebiete sind natürlich bei den verschiedenen Mammalia nicht ganz dieselben; man ist auch über ihre genaue Abgrenzung nicht einer Meinung. Nr. 5 bis 8 liegen auf der medialen Oberfläche der Hemisphäre; die anderen liegen lateral, obwohl die meisten von ihnen sich bis über die Medialfläche erstrecken.

Zu der Regio hippocampica und olfactoria gehört der Hippocampus, der Lobus hippocampi und ein Teil des Lobus olfactorius. Wir haben schon früher gesehen, daß diese Gebiete alle in Beziehung stehen zum Geruch. Das ist auch der Fall mit der Regio retrosplenialis, welche hinter dem Corpus callosum liegt; (vielleicht steht diese übrigens auch mit dem Geschmacke in Verbindung); dasselbe gilt vielleicht für die R. cingularis (Gyrus fornicatus), deren Bedeutung sonst wenig bekannt ist.

In derselben Weise vereinigen sich Seheindrücke in der R. occipitalis, Gehöreindrücke in der R. temporalis und Gefühlseindrücke in der R. prae- und postcentralis, welche sich zu beiden Seiten längs des Sulcus centralis erstrecken.

Obgleich von allen diesen sensu-motorischen Gebieten efferente Fasern ausgehen, sind solche Fasern doch vor allem entwickelt und auch am besten bekannt in der R. praecentralis. Die motorische Bedeutung dieses Gebietes erhellt schon aus der besonderen Größe ihrer Pyramidenzellen. Man hat nachweisen können, daß auch innerhalb der Grenzen dieser R. praecentralis eine weitere Aufteilung der Funktion besteht: jeder Körperteil ist in einem kleinen Teil dieses Gebietes vertreten; die Körperteile folgen hier so hintereinander, daß der Kopf und seine Teile den ventralen Teil der Regio einnehmen; dorsad folgen darauf hintereinander: Finger, Vorderextremität, Rumpf, Hinterextremität und Zehen.

Hauptsächlich die Fasern, welche von den Pyramidenzellen dieses Gebietes herkommen, verlaufen durch die Capsulae internae zu den Pedunculi; sie bilden den Tractus cortico-spinalis, soweit sie nicht schon früher mit Dendriten der motorischen Kopfnervenzellen in Verbindung stehen. —

Nicht alle Zellen der sensu-motorischen Gebiete senden ihre Neuriten nach außerhalb des Pallium. Die meisten bleiben innerhalb des Pallium und sind zu kürzeren oder längeren Bahnen vereinigt, welche Teile der Rinde untereinander verbinden. Ein Teil davon, herstammend aus verschiedenen sensu-motorischen Feldern, läuft zu den Assoziationsgebieten der Rinde. Hier werden sie miteinander in Kontakt gebracht; hier entsteht das Bewußtsein. Das Resultat der Assoziation ist ein Reiz zu einer bewußten Handlung. Dieser Reiz wird wieder durch die sensu-motorischen Felder auf die efferenten Bahnen übertragen.

Von den drei Assoziationsgebieten nimmt das mittelste, die Regio insularis, den frontalen Teil der Insula Reilii ein; sie ist es, welche beim Menschen wahrscheinlich das Sprachzentrum bildet. Ihre Lage zwischen dem Gehörzentrum (Regio temporalis) und dem unteren Teile der Regio praecentralis, welche mit den Lippen und der Zunge zusammenhängt, ist dafür besonders günstig.

Von den beiden anderen Assoziationsgebieten scheint die Regio parietalis im besonderen mit intellektuellen Handlungen in Verbindung zu stehen, die Regio frontalis dagegen mit subjektiven Emotionen.

Oben haben wir gesehen und erklärt, daß größere Mammalia in der Regel stärker gefaltete Hemisphären besitzen als ihre kleineren Verwandten. Das Gehirnvolumen aber als Ganzes, also auch das Gehirngewicht, nimmt mit der Größe eines Tieres nur in geringem Maße zu. Dies ist begreiflich: verändern doch die psychischen Funktionen mit der Körpergröße nicht; und nur diese psychischen Funktionen machen ja eine Vermehrung der Bahnen, also eine Vergrößerung des Gehirnes notwendig.

So ist es zu erklären, daß ausschließlich die größten Mammalia, z. B. Elephas und einige Cetacea, im absoluten Gehirngewicht und in der Windungenzahl den

Menschen übertreffen. Bei einem erwachsenen europäischen Mann beträgt das Gehirngewicht durchschnittlich 1360 g, bei der Frau 1250 g; Elephas indicus verfügt über 5430 g, Balaenoptera 6700 g, ja selbst die soviel kleinere Walfischart Tursiops tursio 1886 g (M. WEBER). Das Verhältnis des Gehirngewichtes zum Körpergewicht beträgt aber bei dem Mann 1:42, bei der Frau 1:40; bei Elephas indicus 1 : c. 500, bei Tursiops 1 : c. 400, bei Megaptera boops 1 : 12 000. Ein günstigeres Verhältnis als bei dem Menschen treffen wir nur bei einigen kleinen Simiae an: Midas midas 1 : 26, Ateles ater 1 : 15; deren Gehirne sind dann wieder schwächer gefurcht, Midas ist sogar lissencephal. Doch erhellt hieraus, daß der Mensch weder in seinem absoluten noch im relativen Gehirngewicht, noch in der Anzahl seiner Windungen den ersten Platz unter den Mammalia einnimmt.

C. Das periphere Nervensystem.

Vom Gehirn und auch vom Rückenmark entspringen Nerven; man kann dementsprechend Gehirnnerven oder Cerebralnerven und Rückenmarksnerven oder Spinalnerven unterscheiden. Einige dieser Nerven oder ihre Zweige verbinden das Zentralnervensystem mit den Receptoren (meist Sinnesorganen), in welchen sie bestimmte Reize empfangen; andere stehen in Verbindung mit Effectoren, den Muskelfasern oder Drüsenzellen, wohin sie ihre Reize übertragen. Die ersten werden sensible (oder afferente) Nerven genannt; sie bestehen aus den Ausläufern (meist den Dendriten) der sensiblen Ganglienzellen. Die anderen werden motorische (efferente) Nerven genannt und sind aus den Neuriten motorischer Ganglienzellen zusammengesetzt. Die meisten Nerven sind jedoch gemischt: sie bestehen aus sensiblen und motorischen Fasern.

Das Bindegewebe der Dura mater setzt sich auf dem austretenden Nerven fort als Perineurium. Von diesem dringen Bindegewebefasern in den Nerven ein und umgeben die Nervenfasern als Endoneurium. Gewöhnlich werden die Nervenfasern durch dieses Endoneurium in eine Anzahl Bündel verteilt.

Am Außenende werden die Nerven durch wiederholte Verzweigung immer dünner. Das letzte Ende besteht schließlich nur noch aus einer einzigen Faser, welche mit einem Endorgan in Verbindung steht. Auch diese letzten Fasern werden noch durch eine Bindegewebshülle umgeben: die HENLEsche Scheide.

Die Verbindungsweise der motorischen Nervenfasern mit den Effectoren ist verschieden. Gewöhnlich legen sie sich einfach dagegen ohne besondere Differenzierungen. Komplizierter wird aber die Verbindung zwischen den Nervenfasern mit den quer gestreiften Muskelfasern bei den Mammalia und einigen Reptilia, jedoch mit Ausnahme des Herzens. Diese Muskelfasern stehen in Verband mit markhaltigen und mit marklosen (nämlich zum sympathischen Nervensystem gehörigen) Fasern. Beide sind motorisch; die markhaltigen Fasern bewirken die Kontraktion der Muskelfasern; die Funktion der sympathischen (accessorischen) Fasern ist nicht mit Sicherheit bekannt. An der Stelle, wo die quergestreiften Muskelfasern mit den motorischen Nervenfasern in Kontakt stehen, bilden sie eine kernreiche, protoplasmatische Verdickung: die Sohlenplatte. Hier endigen die Neurofibrillen mit netzförmigen Schlingen, welche sich mit einem Netz im Sarcoplasma vereinigen.

Die Verbindung zwischen den sensiblen Fasern und den Receptoren wird bei den Sinnesorganen auf S. 474 näher beschrieben.

Wir sagten oben, daß sensible und motorische Fasern in demselben Nerven vereinigt sein können. Ebenso können auch viscerale Fasern mit somatischen zusammen in einem einzigen Nerven vorkommen. Im allgemeinen aber vereinigen sich die visceralen Fasern zu selbständigen Nerven mit eigenen Ganlien; zusammen bilden sie das sympathische Nervensystem. Diesem Sympathicus werden die anderen Nerven zusammen als cerebrospinale Nerven gegenübergestellt.

In dem meist ursprünglichen Falle gehen bei den Vertebrata in jedem Körpermetamer zwei Paar Nerven vom Zentralnervensystem aus: ein dorsales und ein ventrales Paar. Schon bei den Acrania (Abb. 508 auf S. 408; Abb. 559) kann man diese unterscheiden, ebenso bei allen Craniota. Bei den Spinalnerven vereinigt sich jedoch bei den Craniota (mit Ausnahme der Petromyzontidae [Abb. 556]) stets der dorsale und ventrale Zweig zu einem einzigen Nerven (Abb. 557). Dieser Nerv entspringt also mit zwei Wurzeln aus dem Rückenmark: mit einer dorsalen und einer ventralen.

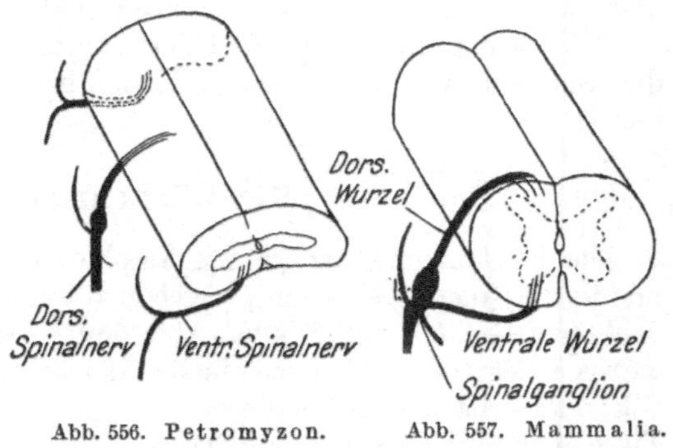

Abb. 556. Petromyzon. Abb. 557. Mammalia.

Abb. 556—557. Stück des Rückenmarks mit austretenden Nerven. (Nach JOHNSTON.)

Als allgemeine Regel für die Rückenmarksnerven der Mammalia gilt weiterhin, daß durch beide Wurzeln somatische und viscerale Fasern verlaufen. Dabei wird jedoch die Funktion so verteilt, daß die dorsale Wurzel nur sensible Fasern besitzt, die ventrale nur motorische. Dies ist die sogenannte Regel von BELL-MAGENDIE; sie gilt aber nicht für die niederen Vertebrata hinsichtlich der visceralen Fasern: visceromotorische Fasern verlaufen hier außer in der ventralen Wurzel auch in der dorsalen (Abb. 558). Bei Amphioxus und vielleicht auch bei den Cyclostomata liegen die viscero-motorischen Fasern sogar ausschließlich in der dorsalen Wurzel; bei den Selachii wenigstens größtenteils. Die ventralen Nerven, bzw. Wurzeln, sind also in ihrem Anfang rein somato-motorisch: es sind nämlich ursprünglich diejenigen Nerven, welche für die Myotome bestimmt sind (Abb. 455 auf S. 334).

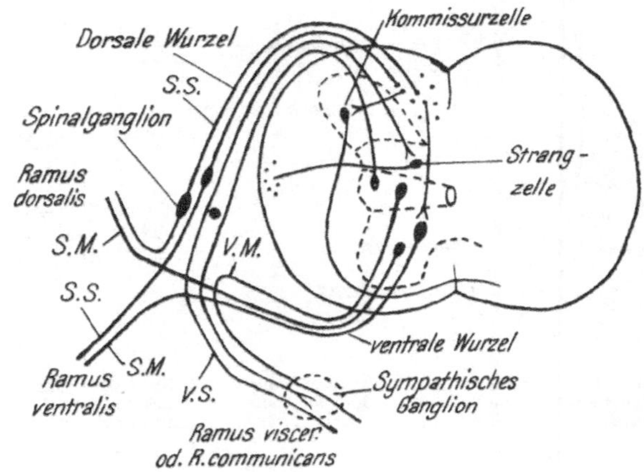

Abb. 558. Schema des Faserverlaufes in einem Spinalnerven der niederen Vertebraten. (Nach JOHNSTON.) S. M. somatisch-motorische, S. S. somatisch-sensible, V. M. visceral-motorische, V. S. visceral-sensible Fasern.

Die dorsalen Nerven waren ursprünglich bestimmt für das Corium, welches aus dem Cutisblatt der Ursegmente entsteht, und zweitens für die Seitenplatten (Splanchno- und Somatopleura). In Übereinstimmung damit waren sie gemischt, doch umfaßten sie keine somato-motorischen Elemente. Erst langsam entstand hieraus eine schärfere Scheidung im Verlaufe der sensiblen und motorischen Fasern, wie wir sie bei den Mammalia antreffen.

Der Unterschied im Endgebiete der ventralen und dorsalen Nerven erklärt auch eine Besonderheit in ihrem Ursprung, welche wir bei Amphioxus und den niederen Pisces beobachten: die ventralen Nerven entspringen dem Rückenmark gegenüber denjenigen Myomeren für welche sie bestimmt sind (Abb. 468 auf S. 344). Die dorsalen Nerven dagegen entspringen gegenüber den dazwischen liegenden Myosepten und verlaufen durch diese Myosepten zur Haut. Dorsale und ventrale Wurzeln entspringen also ursprünglich alternierend (Abb. 556).

Wir werden nun zuerst die Rückenmarksnerven näher betrachten und danach die Gehirnnerven besprechen, welche in verschiedener Hinsicht mehr differenziert sind.

Die Rückenmarksnerven.

Die Rückenmarksnerven des Amphioxus stimmen in vieler Hinsicht überein mit jenem Ausgangszustand, welchen wir uns in der vorstehenden Beschreibung dachten (Abb. 508 auf S. 408, Abb. 559). Der dorsale und ventrale Nerv eines einzigen Segmentes bleiben voneinander geschieden und ihr Ursprung alterniert. Sekundär tritt jedoch bei diesem Tiere auch eine Verschiebung der Nerven an der rechten und linken Körperhälfte auf: die dorsalen

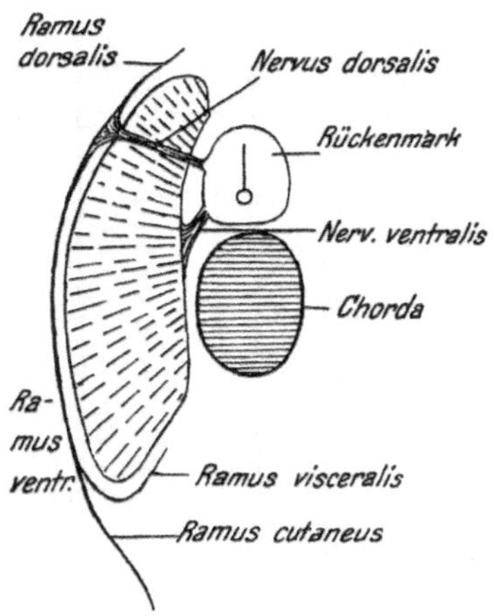

Abb. 559. Verlauf eines dorsalen und eines ventralen Spinalnervs bei Amphioxus; schematisch. (Nach HATSCHEK und nach PLATE.)

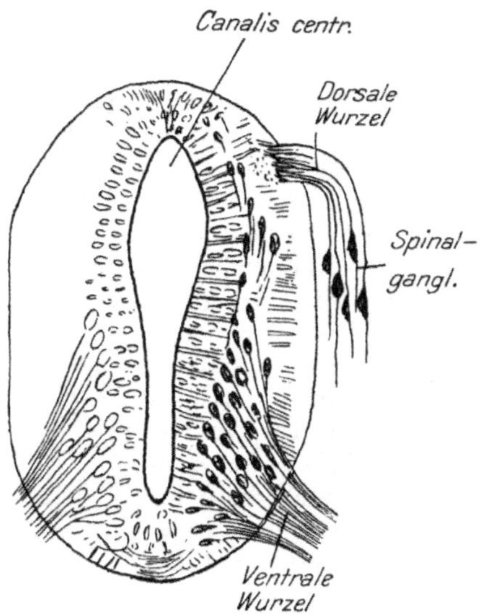

Abb. 560. Querschnitt durch das embryonale Rückenmark des Menschen, mit dorsaler und ventraler Nervenwurzel und Ganglienzellen. (Kombiniert nach HIS und EDINGER.)

Nerven der einen Seite entspringen ungefähr, jedoch selten genau, auf derselben Höhe wie die ventralen Nerven der anderen Seite. Das steht im Zusammenhang mit der Verschiebung beider Körperseiten bei diesem Tier und damit auch der Myotome und Myosepten.

Weiterhin fällt bei Amphioxus auf, daß die motorischen Nervenfasern der ventralen Wurzel sich nicht zu einem Nerven vereinigen, sondern voneinander geschieden in das jedesmal dazugehörende Myomer eintreten. Wir wissen nicht, ob diese Bildung primitiv oder sekundär ist.

Die Nervi dorsales besitzen bei Amphioxus neben den somato-sensiblen und viscero-sensiblen Fasern auch viscero-motorische. Jeder dieser Dorsalnerven teilt sich in einen dorsalen und ventralen Ramus, welche beide zur Haut verlaufen. Die visceralen Fasern vereinigen sich zu einem Seitenzweig, welcher sich zu den Eingeweiden begibt: Ramus visceralis (Abb. 559).

Bei den Craniota dagegen entspringen stets linke und rechte dorsale Wurzeln und die linken und rechten ventralen Wurzeln je auf derselben Höhe. Ein Alter-

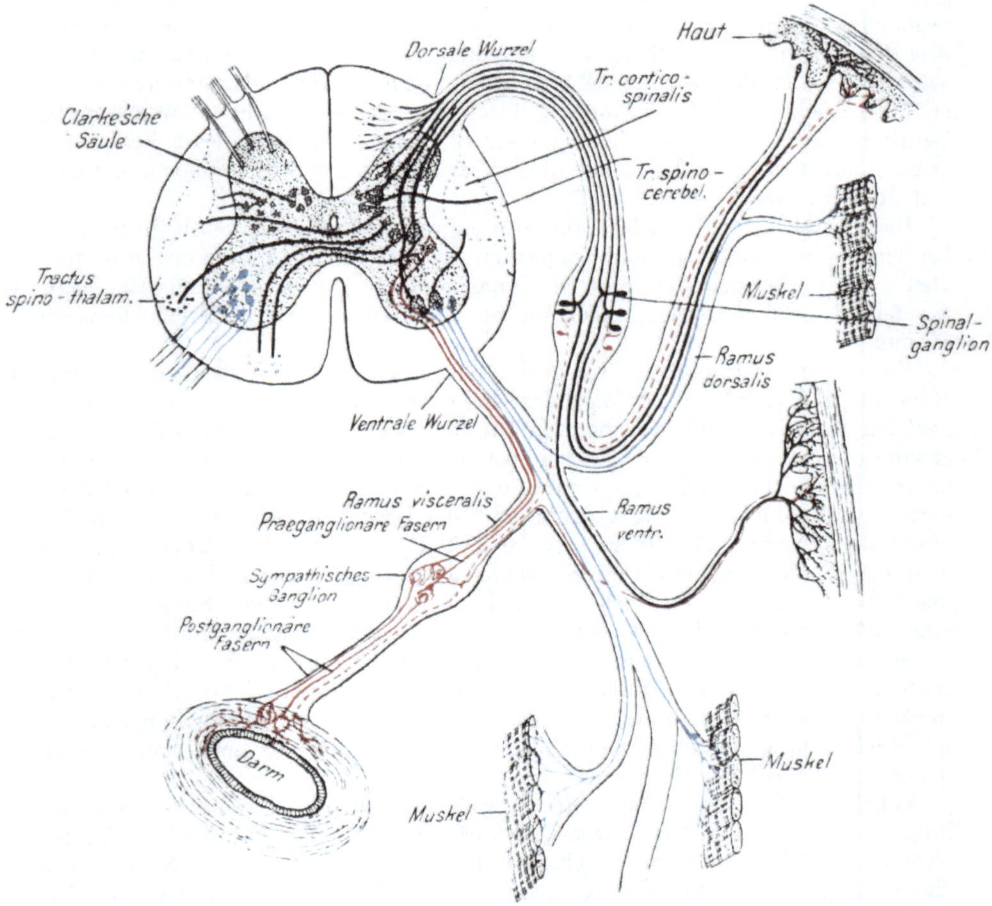

Abb. 561. Schema des Faserverlaufs in Rückenmark und Spinalnerven der Mammalia. Somato-sensible und assoziative Fasern schwarz, somato-motorische Fasern blau, Visceralfasern rot (viscero-sensible durch unterbrochene, viscero-motorische mit glatten Linien wiedergegeben). (Nach PLATE.)

nieren der dorsalen und ventralen Wurzeln ein und desselben Segmentes finden wir jedoch bei den Cyclostomata (Abb. 556), Plagiostomata und auch oft bei den Teleostei, wenn auch in geringerem Maße.

Eine wichtige Änderung im Vergleich mit den Acrania besteht darin, daß bei allen Craniota spinale Ganglien auftreten (Abb. 556—558, 560). In diesen Ganglien sind die sensiblen Ganglienzellen vereinigt; sie liegen in der dorsalen (sensiblen) Wurzel und zwar ein einziges Ganglion in jeder Wurzel. Diese dorsale Wurzel besteht ganz oder größtenteils aus Ausläufern dieser Ganglienzellen. Die ventrale Wurzel dagegen wird gebildet durch Axonen von Ganglienzellen (teilweise sympathischen), welche in dem Rückenmark selbst liegen (Abb. 509, 510 auf S. 409, 410; Abb. 560, 561).

Es bestehen verschiedene Gründe, anzunehmen, daß auch die Zellen der Spinalganglien ursprünglich im Rückenmark selbst gelegen haben; sie haben sich dann erst später längs den dorsalen Nerven zur Peripherie verschoben und sich in besonderen Ganglien vereinigt. Besonders die Ontogenie gibt in dieser Richtung einen Fingerweis. Bei dem Embryo findet man ein Paar longitudinale Zelleisten: die Neuralleisten. Sie entstehen aus dem Ectoderm, welches an die Neuralplatte grenzt. Diejenigen Teile dieser Leiste, welche auf der Höhe der Myotommitte liegen, entwickeln sich bald stärker. Die dazwischen liegenden Teile degenerieren. Aus den nun mehr verdickten Teilen schnüren sich dann die Spinalganglien ab, so daß sie neben dem Rückenmark zu liegen kommen. Sekundär treten siewieder mit dem Rückenmark in Verbindung durch die von ihren Zellen auswachsenden Neuriten (Abb. 560). Gleichzeitig erstreckt sich von jeder dieser Zellen ein Dendrit in zentrifugaler Richtung: diese Neuriten und Dendriten bilden zusammen den dorsalen Nerv.

Die sensiblen Ganglienzellen sind also ursprünglich bipolär. Sie bleiben dieses bei den Cyclostomata während des ganzen Lebens. Bei allen anderen Vertebrata aber werden sie entweder teilweise unipolär (Pisces), oder alle unipolär: beide Ausläufer vereinigen sich nämlich an der Basis zu einem kurzen gemeinsamen Stamm.

Ein anderer Grund für diese Auffassung, daß die Spinalganglien aus dem Rückenmarke stammen, ist folgender: bei einer gewissen Anzahl der Anamnia liegt ein Teil der sensiblen Ganglienzellen im Rückenmarke. Es sind dies die sogenannten Dorsalzellen von Petromyzon und den Teleostei; bei den Teleostei liegen solche Zellen außer im Rückenmark auch dicht außerhalb des Rückenmarkes, innerhalb der Meninx primitiva. Bei Urodelenlarven sind solche Zellen unter dem Namen Rohon-Beardsche Zellen bekannt. Bei Amphioxus, bei welchem ja die spinalen Ganglien fehlen, liegen dergleichen Zellen wahrscheinlich teilweise ebenfalls im Rückenmarke in der Nähe der dorsalen Nervenwurzeln; zum anderen Teil sind sie vielleicht zerstreut in den Wurzeln selbst.

Während sich also die dorsalen Wurzeln meist erst sekundär mit dem Rückenmarke vereinigen, stehen die ventralen von Anfang an mit dem Rückenmarke im Zusammenhang: sie entstehen aus Axonen, welche herauswachsen aus den im Rückenmark gelegenen motorischen Ganglienzellen; sie erstrecken sich in der Richtung auf die Myotome.

Schon bei den Myxinidae unter den Cyclostomata und weiterhin bei allen höheren Vertebrata tritt eine neue Differenzierung auf. Wir hörten eben, daß bei Petromyzon (Abb. 556) und Amphioxus die dorsalen und ventralen Nerven voneinander geschieden bleiben; bei allen anderen Craniota aber findet eine Verschmelzung des dorsalen und ventralen Nerven desselben Metamers und an derselben Körperhälfte statt (Abb. 557). Die Verschmelzung geschieht kurz nach dem Ursprung, aber distal des Spinalganglion; dieses Ganglion bleibt also in der dorsalen Wurzel liegen. Bei vielen Pisces liegt der Vereinigungspunkt außerhalb des Rückenmarkkanales, bei den höheren Vertebrata aber innerhalb. Distal dieses Punktes verzweigt sich der Nerv sofort wieder in einen Ramus dorsalis und Ramus ventralis (Abb. 557). Hier sind die leitenden Elemente in einer ganz anderen Weise vereinigt als in der dorsalen und ventralen Wurzel: beide Rami sind gemischt; sie enthalten also sensible Fasern aus der dorsalen Wurzel und motorische Fasern aus der ventralen Wurzel. Sie verlaufen zu den Rumpfmuskeln und der Haut; der dorsale Ramus innerviert bei den Pisces die dorsale Seitenrumpfmuskulatur (Abb. 455, 456 auf S. 334), bei den Tetrapoda diejenigen Muskeln, welche sich hieraus entwickeln; der ventrale Ramus versorgt die ventrale Seitenrumpfmuskulatur der Pisces und ihre Abkömmlinge bei den

Tetrapoda. Die Muskulatur der Extremitäten wird also bei den Tetrapoda durch ventrale Zweige innerviert.

Die visceralen Fasern der Nervenwurzeln begeben sich zum Ramus ventralis. Nach einem kurzen Verlauf in diesem Ramus zweigen sie sich alle ab und bilden den Ramus visceralis, welcher das sympathische mit dem zentralen Nervensystem verbindet (Abb. 558 und 561).

Unter dem Namen sympathisches (autonomes) Nervensystem oder Sympathicus faßt man diejenigen Teile des peripheren Nervensystems zusammen, welche die Eingeweide und die glatten Muskelfasern und Drüsen der Haut versorgen, und welche nicht unter dem Einfluß des Willens stehen. Es besitzt seine eigenen Ganglien und ist dadurch mehr oder weniger vom Zentralnervensystem unabhängig (daher der Name autonomes Nervensystem). Doch hängt es durch die ebengenannten Rami viscerales (Rami communicantes) mit dem Zentralnervensystem zusammen.

Jeder dieser Rami viscerales endigt in einem Hauptganglion des sympathischen Nervensystems (Abb. 558, 561: Gangl. symp.). Diese Ganglien liegen ursprünglich in metameren Paaren ventral der Wirbelsäule (Abb. 932, 49 auf S. 754); es kann jedoch die Anzahl durch Verschmelzung einiger aufeinander folgender Ganglien zurückgebildet sein. Bei allen Vertebrata, mit Ausnahme der Cyclostomata und Selachii, sind weiterhin diese Ganglien durch zwei longitudinale Nervenstränge untereinander verbunden: die Trunci sympathici oder Grenzstränge. Weitere sympathische Ganglien liegen zerstreut in den Eingeweiden des Rumpfes und im Kopfe: sie sind z. B. in das System der cerebrospinalen Nerven eingeschaltet: so das Ganglion ciliare in dem N. oculomotorius und das Ganglion sphenopalatinum im Ramus maxillaris des Trigeminus.

Ebenso wie die Zellen der Spinalganglien sind auch die Zellen der sympathischen Ganglien vom Rückenmarke abzuleiten: sie zweigen sich entweder von den Spinalganglien ab oder wandern direkt aus dem Rückenmarke längs den ventralen Wurzeln zur Peripherie (höhere Vertebrata).

Die viscero-motorischen Fasern des Sympathicus, welche von den sympathischen Zellen des Rückenmarkes ausgehen, verhalten sich in einem wichtigen Punkte anders als die somato-motorischen Fasern (Abb. 561). Die somatomotorischen Fasern (blaue Linie) erreichen ohne Unterbrechung ihr Endgebiet: die Myotome und ihre Abkömmlinge. Die viscero-motorischen Fasern (rote Linie) dagegen endigen bereits in den sympathischen Ganglien der Grenzstränge; darum heißen sie präganglionäre Fasern. In den sympathischen Ganglien der Grenzstränge stehen sie in Verbindung mit den Neuronen, deren Zellkörper in den Ganglien liegen. Diese leiten die Reize durch die zerstreuten sympathischen Ganglien zum Endgebiet weiter. Alle Zellen dieser Ganglien leiten zentrifugal; ihre Ausläufer werden postganglionäre Fasern genannt. Die viscero-sensiblen Reize, welche zum Zentralnervensystem geleitet werden (Abb. 561: rote Strichellinie), durchlaufen nur ein einziges Neuron, dessen Zellkörper im Spinalganglion (oder im Rückenmark) liegt.

Die Fasern des Sympathicus unterscheiden sich dadurch von den anderen, daß sie keine Myelinscheide besitzen. Nur die präganglionären Fasern machen hiervon eine Ausnahme. Die sympathischen Ganglienzellen sind meist multipolär mit Ausnahme der sensiblen, die unipolär sind, wie auch die anderen Ganglienzellen der spinalen Ganglien.

Die somato-motorischen Fasern jedes Spinalnerven (Abb. 561: blaue Linie) versorgen ein bestimmtes Myotom. Auch wenn diejenigen Muskeln, welche aus diesen Myotomen entstehen, im Laufe der Ontogenese verschoben werden, so bleibt doch ihre Verbindung mit demselben Spinalnerv bewahrt.

Man kann weiterhin zeigen, daß die Enden der sensiblen Fasern in der Haut metamer angeordnet sind: zu jedem Paar Spinalnerven gehört also ein Hautsegment (Dermatom); dieses wird dorsal durch die Rami dorsales, ventral durch die Rami ventrales innerviert. Scharfe Grenzen zwischen den Dermatomen sind jedoch nicht zu ziehen, da die Endgebiete der aufeinander folgenden Nerven stets mehr oder weniger übereinander greifen.

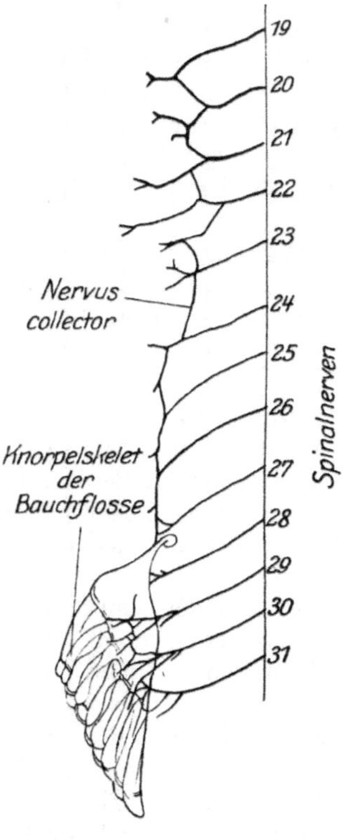

Abb. 562. Plexus lumbosacralis mit nervus collector von Acipenser sturio. (Nach v. DAVIDOFF und PLATE.)

Versucht man, die Anzahl der aufeinander folgenden Dermatome des Rumpfes mit der Anzahl der Spinalnerven in Übereinstimmung zu bringen, so ergibt sich, daß einige Dermatome fehlen: nämlich diejenigen, welche die Haut der Extremitäten bilden und dadurch größtenteils ganz vom Rumpfe ausgeschaltet sind. Hiermit stimmt überein, daß die paarigen Extremitäten stets durch die ventralen Rami mehrerer Spinalnerven innerviert werden: nämlich durch diejenigen Nerven, welche zu den ursprünglichen Rumpfmetameren gehören, die zu den Extremitäten auswachsen. Hierdurch werden die Segmente stark zusammengedrückt. Das hat dazu geführt, daß Anastomosen (Plexus) zwischen denjenigen Spinalnerven entstehen, welche zur selben Extremität gehören. So unterscheidet man einen Plexus cervico-brachialis für die vordere Extremität und einen Plexus lumbo-sacralis für die hintere Extremität (Abb. 562).

Der Plexus cervico-brachialis ist aus einer sehr verschiedenen Anzahl vorderer Spinalnerven zusammengestellt. Groß ist die Anzahl vor allem bei den langen Brustflossen der Rajidae (bei Trygon 56); hier treten außerdem noch eine Anzahl Zweige von spinalen Nerven hinein, welche selbst nicht an dem Plexus teilnehmen. Bei den Pisces vereinigen sich auch spino-occipitale Nerven mit dem Pl. cervico-brachialis. Diejenigen Nerven, welche von dem Plexus ausgehen, begeben sich in diesem Falle nicht allein zur Brustflosse, sondern auch zur hypobranchialen Muskulatur. Im allgemeinen sind dann die Nervenzweige, welche diese Muskulatur innervieren, herzuleiten von den spino-occipitalen Nerven; die Nerven der Flossen von den mehr caudal liegenden Nerven. Doch findet auch öfter eine Mischung der Fasern statt.

Bei anderen Pisces als bei den Rajidae ist die Anzahl der Nerven, welche am Plexus teilnehmen, weit kleiner: z. B. bei den Teleostei drei bis fünf; dasselbe gilt von den Amphibia, wo etwa drei bis sechs Nerven sich vereinigen.

Bei einigen Pisces und bei den Amphibia können wir an dem Plexus schon mehr oder weniger deutlich einen Pl. cervicalis und brachialis unterscheiden. Bei den Amniota wird die Scheidung vollständig: zwischen beiden treten oft ein oder mehrere Spinalnerven auf, welche nicht an der Plexusbildung teilnehmen. Die Ursache dieser Aufteilung ist zu suchen in einer caudaden Verschiebung der vorderen Gliedmaßen und im Entstehen eines Halses zwischen Kopf und Rumpf.

Am Pl. cervicalis der Amniota nimmt außer den vorderen ein bis drei Spinalnerven auch der N. hypoglossus teil.

Die Anzahl derjenigen Spinalnerven, welche bei den Amniota den Plexus brachialis bilden, also die Innervation der vorderen Extremität besorgen, beträgt gewöhnlich vier bis fünf, manchmal ein paar mehr oder weniger. Selbst bei den Ophidia und den extremitätenlosen Lacertilia ist noch ein Plexus zu beobachten als Rest früherer Zustände. Wichtig ist es, daß es nicht immer dieselben Nerven sind, welche den Plexus bilden: durch eine Verlängerung des Halses wird der Plexus caudad geschoben; am meisten bei den Aves: so liegen z. B. bei Cygnus 21 freie Spinalnerven vor dem Plexus.

Bei den Mammalia besteht der Plexus meist aus den vier letzten Halsnerven und den ersten Nerven der Rückenwirbelsäule; nur bei den Bradypodidae nehmen sieben Nerven daran teil.

Die Plexusnerven innervieren die Extremität und die Muskulatur der Schulter. In der freien Extremität der Amniota bilden die Nn. ulnaris und medianus hauptsächlich die Innervation für die Beugemuskeln, der N. radialis für die Streckmuskeln. —

Auch der Plexus lumbo-sacralis ist bei den Pisces oft viel komplizierter als bei den höheren Vertebrata. Eine verschiedene Anzahl der vorderen Nerven dieses Plexus treten dann nicht direkt in die Flosse ein, sondern in einen gemeinschaftlichen Längsnerven, welcher sich hinten mit dem Plexus vereinigt: einen N. collector (Abb. 562). Bei den Teleostei fehlt dieser Kollektor, in der Regel auch bei den Tetrapoda.

Das Vorkommen eines solchen N. collector weist auf eine caudade Verschiebung der hinteren Extremität im Laufe der Phylogenie. Bei dieser Verschiebung sind immer mehr caudal entspringende Spinalnerven in die Flosse eingedrungen, ohne daß die anderen den Zusammenhang mit der Extremität verloren haben. Bei den Teleostei mit brust- oder kehlständigen Bauchflossen muß dagegen umgekehrt eine Verschiebung craniad angenommen werden; ein N. collector ist aber nicht gebildet.

Bei den Tetrapoda können außer den Nerven für die Sacralwirbel auch bestimmte Nerven der Lenden- und Schwanzwirbelsäule an dem Plexus lumbosacralis teilnehmen. Mehr und mehr sehen wir hier eine Scheidung des Plexus auftreten in einen mehr cranialen Pl. lumbalis und einen mehr caudalen Pl. sacralis. Aus dem Pl. sacralis entspringt der stärkste Nerv der hinteren Extremität: der N. ischiadicus. Aus dem Plexus lumbalis gehen ein oder mehrere schwächere Nerven hervor: bei den Mammalia ein N. femoralis für die Streckmuskeln und ein N. obturatorius, der ebenso wie der N. ischiadicus die Beugemuskeln versieht.

Auch die Ophidia sind häufig noch im Besitz eines Pl. lumbo-sacralis.

Die Gehirnnerven.

Man unterscheidet seit langer Zeit 12 Paar Gehirnnerven, die in der folgenden Tabelle aufgezählt sind. Man beginnt bei der Bezifferung natürlich cranial. Gleichzeitig werden in der Tabelle die Gehirnabteilungen genannt, aus welchen die Gehirnnerven entspringen.

I.	N. olfactorius	Telencephalon
II.	N. opticus	Diencephalon
III.	N. oculomotorius	Mesencephalon
IV.	N. trochlearis	

V.	N. trigeminus	Myelencephalon
VI.	N. abducens	
VII.	N. facialis	
VIII.	N. acusticus	
IX.	N. glossopharyngeus	
X.	N. vagus	
XI.	N. accessorius (Willisii)	
XII.	N. hypoglossus	

Spätere Untersuchungen haben gezeigt, daß noch ein schwacher N. terminalis besteht, welcher noch cranial vor dem Olfactorius aus dem Telencephalon entspringt.

Diejenigen Veränderungen, welche der vorderste Körperteil bei den Vorformen der Vertebrata erfahren hat, und durch welche der Kopf entstanden ist — diese Faktoren haben nicht allein den Vorderteil des Neuralrohres zum Gehirn umgebildet, sondern auch die davon ausgehenden Nerven modifiziert. Die caudalen 10 Paar Gehirnnerven sind Spinalnerven, welche verändert worden sind; sie werden darum auch „spinale Gehirnnerven" genannt. Ob auch der N. terminalis ursprünglich ein Spinalnerv gewesen ist, bleibt unsicher; für den N. olfactorius und opticus ist es jedoch sehr unwahrscheinlich: entspringen beide doch aus dem primären Vorderhirn, also aus demjenigen Gehirnteile, welcher vermutlich niemals ein Teil des Rückenmarkes war.

In verschiedener Hinsicht unterscheiden die spinalen Gehirnnerven sich von den Rückenmarksnerven. Teilweise sind diese Unterschiede progressiv; teilweise sind jedoch die Verschiedenheiten darauf zurückzuführen, daß die spinalen Gehirnnerven einen ursprünglicheren Zustand bewahrt haben als die Rückenmarksnerven. Zu diesen ursprünglichen Eigenschaften gehört, daß dorsale und ventrale Nerven im Kopf voneinander geschieden sind, wie wir das oben bei den Spinalnerven der Petromyzonten sahen (Abb. 556). Die spinalen Gehirnnerven entsprechen also entweder nur einem dorsalen oder einem ventralen Nerven.

Die wichtigsten Veränderungen, welche die Kopfmetameren erfahren haben und in denen sie sich von den Rumpfmetameren unterscheiden, hängen zusammen mit der Entwicklung der Visceralbogen und der Kopfsinnesorgane; weiterhin hat die Rückbildung der Kopfmyotome eine Rolle gespielt. Alle diese Veränderungen haben auch ihren Einfluß gehabt auf die Kopfnerven.

Die Rückbildung der Myotome des Kopfes hatte zur Folge, daß die meisten ventralen Nerven verloren gegangen sind; besitzen sie doch auch im Rumpfe ausschließlich die somato-motorischen Fasern. Unter den Kopfnerven sind nur Oculomotorius, Abducens, Hypoglossus und wahrscheinlich Trochlearis als ventrale Nerven anzusehen. Oculomotorius, Abducens und Trochlearis innervieren die Augenmuskeln, welche aus den Kopfmyotomen entstanden sind. Der Hypoglossus ist ein Nerv, welcher als besonderer Kopfnerv nur bei den Amniota vorkommt; er entspricht veränderten Spinalnerven der niedrigen Vertebrata.

Von den dorsalen Kopfnerven ist der Trigeminus wahrscheinlich aus zwei Nerven zusammengesetzt; er gehört zum Kiefersegment und zu einem prämandibularen Segment. Der Facialis gehört zum Segment des Hyoidbogens; der Glossopharyngeus zum ersten Kiemenbogen. Der Vagus ist ein Komplex der Nerven aller folgender Kiemenbogen. Der Acusticus ist ein selbständig gewordener Zweig des Facialis; der Accessorius steht in demselben Verhältnis zum Vagus.

Die abgeänderte Entwicklung der dorsalen Kopfnerven, welche keine somatomotorischen Fasern besitzen, steht vor allem unter dem Einflusse der Visceralbogen und ihrer Muskulatur, welche aus quergestreiften Fasern besteht (Abb. 456 auf S. 334). Diese Muskulatur entwickelt sich aus den Seitenplatten des Embryo;

da diese Seitenplatten im Rumpfe durch viscerale Nervenfasern innerviert werden, so müssen auch die Fasern der dorsalen Kopfnerven als viscerale Fasern betrachtet werden, da sie diese viscerale Muskulatur innervieren (Vgl. Abb. 455 und 456). Diese Nerven besitzen also außer somato-sensiblen Fasern auch viscero-sensible und viscero-motorische. Unter den viscero-motorischen Fasern finden wir auch solche, welche die glatten Muskeln des Darmes und der Drüsen innervieren. Sie stimmen darin also überein mit den Dorsalwurzeln der Spinalnerven bei den meisten Vertebrata (mit Ausnahme der Mammalia). Aber sie unterscheiden sich aber dadurch, daß sie quergestreifte Muskeln innervieren. Dadurch könnte man sie leicht mit Ventralwurzeln verwechseln, wenn der Ursprung dieser quergestreiften Muskeln nicht bekannt wäre: da aber diese Muskeln aus den Seitenplatten entstehen, kann man die sie innervierenden Nervenfasern nur vergleichen mit den visceralen Fasern der Rückenmarksnerven. In den Gehirnnerven sind diese Fasern viel zahlreicher und können selbst den allergrößten Bestandteil des Nerven bilden.

Die Ursache dieser Erscheinung ist in zwei Faktoren zu suchen: einmal müssen wir die starke Entwicklung der Kiefer- und Kiemenbogenmuskulatur beachten im Vergleich mit der geringen Muskulatur, welche sich aus den Rumpfseitenplatten entwickelt. Zweitens müssen wir, im Hinblick auf die viscero-sensiblen Fasern, die Vergrößerung der Oberfläche der Schleimhaut in der Kiemenregion im Auge behalten, in welcher die sensiblen Fasern endigen.

Die gewöhnlichen somato-sensiblen Fasern für die Haut sind, im Hinblick auf die Gehirnnerven, nur im Trigeminus gut entwickelt. Dieser Nerv breitet dann auch bei den höheren Vertebrata sein Gebiet mehr und mehr über die ganze Kopfhaut aus; dabei gehen die Hautzweige der anderen sensiblen Kopfnerven zurück. Dem steht gegenüber, daß die meisten somato-sensiblen Fasern dieser anderen Kopfnerven zu besonderen Sinnesorganen in Beziehung getreten sind, und zwar zu den sogenannten Seitenorganen. Die Zurückbildung dieser Seitenorgane bei den höheren Vertebrata läßt dann auch die somato-sensiblen Fasern dieser Kopfnerven bis auf wenige Reste verschwinden. Nach Analogie mit den dorsalen Wurzeln der Spinalnerven darf man in den dorsalen Kopfnerven Ganglien erwarten: tatsächlich besitzen nun diese Nerven Ganglien; aber es steht keineswegs fest, ob diese mit den Spinalganglien zu vergleichen sind.

Die Entwicklung der Kopfganglien steht nämlich mit der eben dargelegten Homologie nicht ganz in Übereinstimmung. Die Entwicklung verläuft außerdem weniger einfach als die der Spinalnerven. Die Neuralleiste, aus welcher sich die Spinalganglien entwickeln, setzt sich zwar bis in den Kopf fort. Aber hier wird sie plötzlich unterbrochen und besteht aus bestimmten Teilen, welche aufeinander folgen und mit den dorsalen Kopfnerven korrespondieren. Die Ganglien, welche aus diesen Anlageteilen entstehen, legen sich gegen die Epidermis an. Die Epidermis formt dann an dieser Stelle eine Verdickung, eine sogenannte Plakode; diese schnürt sich ab und verschmilzt mit dem Ganglion. Dieses Ganglion, welches also aus zwei Teilen zusammengesetzt ist, ist das Hauptganglion (oder das dorso-laterale Ganglion) des Nerven.

Soweit diese Ganglien aus der Neuralleiste entstehen, scheint ein Vergleich mit den Spinalganglien möglich zu sein. Man kann aber dagegen anführen, daß sie eine andere Lage haben: liegen sie doch lateral der Ursegmente, während die Spinalganglien medial davon liegen, zwischen dem Myotom und dem Rückenmark. Dazu kommt, daß in einzelnen Fällen (Selachii) im Kopfe rudimentäre Ganglien gefunden werden; diese liegen an Stellen, wo man Spinalganglien erwarten sollte; sie sind mit einem der Gehirnnerven durch einen Seitenzweig verbunden und treten nur embryonal auf, um später wieder verloren zu gehen.

Diese Beobachtung hat zu der manchmal ausgesprochenen Auffassung geführt, daß die sensiblen Gehirnnerven in ihrem Ursprung noch mit den Spinalnerven zu vergleichen sind, daß aber die ursprünglichen Nerven in ihrem weiteren Verlauf zurückgebildet sind und die heutigen Kopfnerven sich vielmehr entwickelt haben aus mehr peripher liegenden Seitenzweigen dieser ursprünglichen Nerven.

Noch eine weitere Eigentümlichkeit müssen wir erwähnen, wodurch sich einzelne Kopfnerven unterscheiden: sie besitzen nämlich noch ein zweites Ganglion, das epibranchiale Ganglion. Dieses liegt mehr ventral als das Hauptganglion am Dorsalrande eines Kiemenspaltes. Dieses epibranchiale Ganglion entsteht ganz als eine Plakode, welche sich abschnürt und mit dem Nerven verschmilzt.

Eine einleuchtende Hypothese erblickt in den Plakoden Reste von Hautsinnesorganen, deren Sinneszellen nicht mehr als solche arbeiten, sondern zu Ganglienzellen geworden sind. Dasselbe ist dann anzunehmen für die Spinalganglien, die sich ebenfalls aus dem Epithel entwickeln, auf der Grenze der Neuralplatte. Auf diese Weise kommt man zur hypothetischen Konstruktion von drei Paar longitudinalen Reihen von Hautsinnesorganen; diese sollen sich ursprünglich an der Rückenseite erstreckt haben: eine dorso-mediane Reihe, welche zu Spinalganglien geworden ist, eine dorso-laterale und eine epibranchiale Reihe.

Eine wichtige Stütze für diese Auffassung der Plakoden beruht in dem Umstande, daß die Seitenorgane (Neuromasten) der Pisces aus der gemeinschaftlichen dorso-lateralen Plakode des Glossopharyngeus und Vagus entstehen. Diese Plakode wächst nämlich caudad und craniad aus in Form einer leistenähnlichen Epithelverdickung. Der caudad gerichtete Zweig fällt dann in mehrere Stücke auseinander; aus jedem Stück entsteht einer der Neuromasten der Rumpf-Seitenlinie. Gleichzeitig wachsen vom Hauptganglion des Vagus Nervenfasern längs der Plakode aus; sie bilden den Ramus lateralis vagi, welcher die Neuromasten innerviert.

Auf dieselbe Weise entstehen die Neuromasten des Kopfes aus einer craniaden Verlängerung der Plakode. Dieser Zweig teilt sich bei dem weiteren Auswachsen in einen Ramus supraorbitalis, einen R. infraorbitalis und einen R. hyomandibularis. Diejenigen Zweige des Facialis, welche diese Sinnesorgane innervieren, entstehen auf dieselbe Weise wie der R. lateralis vagi.

Dieselbe Plakode steht oft auch in Verbindung mit dem Dorsalganglion des Facialis; sie stülpt sich an dieser Stelle ein zu einer Grube: der Ohrgrube. Aus dieser Grube entsteht das Labyrinth. Dieses bildet sich also aus der dorsolateralen Plakode im engen Verbande mit den Organen der Seitenlinie. Zellen, welche aus der Wand dieser Ohrgrube stammen, bilden weiterhin das Ganglion für den N. acusticus (Abb. 503 auf S. 400). Die Neuralleiste nimmt also keinen Anteil an der Bildung dieses Ganglion; es entspricht also nur einem Teile eines dorso-lateralen Ganglion.

Gehörorgane und Seitenlinienorgane der meisten Pisces entspringen demnach aus einem einzigen Paar dorso-lateraler Plakoden, welche sich weit über Kopf und Rumpf ausbreiten.

Ein typischer dorsaler Gehirnnerv (Abb. 563, XI) teilt sich, ebenso wie die Rückenmarksnerven, distal seines Hauptganglion in einen Ramus dorsalis und einen Ramus ventralis. Der dorsale Zweig ist ausschließlich sensibel; er enthält in der Regel alle somato-sensiblen Elemente des Nerven und teilt sich bei den Pisces in einen R. cutaneus und einen R. lateralis. Dieser letztere ist bei den meisten Gehirnnerven für Seitenorgane bestimmt; er geht also bei den Landvertebrata verloren. Doch auch der Rest des R. dorsalis wird bei den höheren

Vertebrata mehr und mehr zurückgebildet und ist oft ganz verschwunden. Damit verschwinden also auch gewöhnlich alle somato-sensiblen Fasern.

In dem ventralen Zweige liegt bei den Pisces das epibranchiale Ganglion. Daraufhin teilt sich der Nerv in einen R. pharyngeus, einen R. praetrematicus und einen R. posttrematicus. Der erste Zweig enthält viscero-sensible Fasern für den Gaumen und den Pharynx. Der R. posttrematicus läuft ventrad durch den Visceralbogen desjenigen Segmentes, zu welchem der Nerv gehört. Der R. praetrematicus erstreckt sich an der Hinterwand des vorhergehenden Bogens; zusammen umgeben sie also eine der Visceralspalten. Auch diese beiden Zweige besitzen in der Regel nur viscerale Fasern: der R. praetrematicus nur sensible, der R. posttrematicus außerdem motorische Fasern.

Nur bei einzelnen Anamnia besitzt der R. ventralis auch somato-sensible

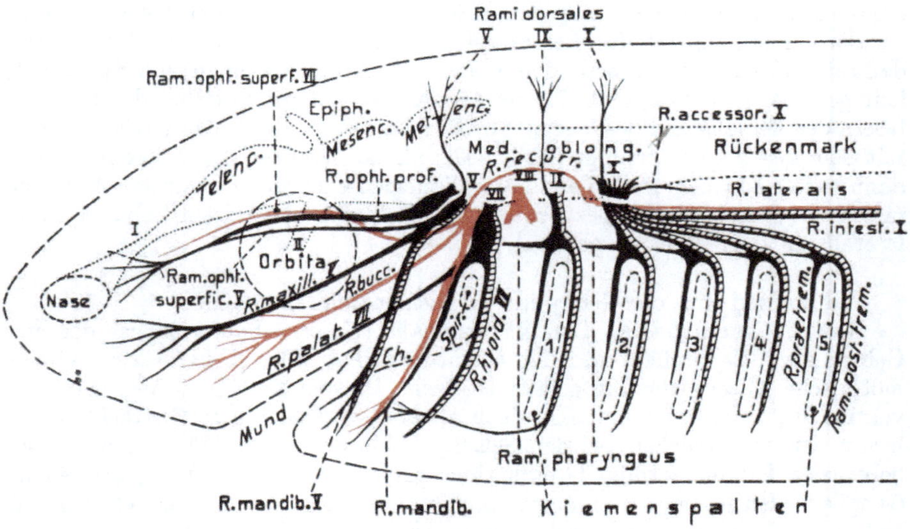

Abb. 563. Schema der Gehirnnerven bei niederen Vertebraten besonders der Chondropterygii; Lateralis-System rot, die andern sensible Nerven schwarz, die motorischen gestrichelt; die Spino-occipitalen und die spinalen Nerven sind als Ganzes schwarz gezeichnet. Augenmuskelnerven und Nervus terminalis sind weggelassen. (Aus BÜTSCHLI.)

Fasern. Bei den höheren Vertebrata ist dieser Zustand, wie schon gesagt, in dem N. trigeminus bewahrt; hier bilden die somato-sensiblen Fasern sogar die Mehrheit der gesamten Fasern: sie innervieren den größten Teil der Kopfhaut, da die somato-sensiblen Fasern der anderen Kopfnerven zurückgebildet sind.

Die Geschmacksorgane der Mundhöhle werden innerviert durch drei Paar Gehirnnerven: Facialis, Glossopharyngeus und Vagus. Die Geschmacksfasern dieser Nerven sind als viscero-sensibel anzusehen; in dem Gehirn (Myelencephalon) vereinigen sie sich alle in dem Lobus vagi. Diejenigen Sinnesknospen, welche bei den Pisces in der äußeren Haut liegen, werden stets durch den Facialis innerviert, auch dort, wo sie sich über den Rumpf ausbreiten; dadurch bekommt der Facialis eine Ausbreitung, die etwa der des Vagus entspricht, wenn dieser sich in der Seitenlinie erstreckt. —

Gegenüber diesen Sinnesknospen, welche ursprünglich vom Entoderm herstammen und darum durch viscerale Fasern innerviert werden, stehen die Hautsinnesorgane der Pisces und Amphibia: diese haben von Anfang an in der Haut gelegen; sie werden Sinneshügel oder Neuromasten genannt. Die Nervenfasern, welche diese Organe innervieren, bilden das sogenannte Lateralissystem;

sie sind als somato-sensibel aufzufassen. Sie gehören zu dem Facialis, Glossopharyngeus und Vagus, von denen sie meist besondere Zweige bilden, die sogenannten R. laterales. Diese Zweige können in einigen Fällen sehr selbständig werden und sich selbst so stark von ihrem ursprünglichen Nerven entfernen, daß sie einzeln für sich aus dem Gehirn entspringen: als N. lateralis facialis und N. lateralis vagi.

Auch der Gehörnerv ist als ein solch selbständig gewordener Zweig anzusehen (N. acusticus oder stato-acusticus, oder octavus). Wir haben oben auseinandergesetzt, daß das Gehörorgan sich aus derselben Plakode bildet wie die Organe der Seitenlinie; wie später deutlich werden soll, zeigt es auch sonst übereinstimmende Punkte mit diesen Organen und kann darum als eine Modifikation dieser Organe angesehen werden. Hiermit stimmt auch gut überein, daß der N. acusticus stets dicht bei dem N. facialis austritt, welcher ja einer von den Nerven der Seitenorgane ist; oft hat er selbst mit diesem Nerven einen gemeinschaftlichen Ursprung.

Die Selbständigkeit des Lateralissystems äußert sich aber nicht nur darin, daß seine Fasern sich zu besonderen Nerven vereinigen können; die Selbständigkeit geht sogar so weit, daß oft eine Anastomose auftritt zwischen den Lateralisfasern des Facialis und des Vagus: der R. recurrens, welcher das Facialisganglion mit dem des Vagus vereinigt (Abb. 563); als höchster Grad der Vereinigung ist dann weiter beobachtet, daß alle Lateraliselemente zusammen mit den Acusticusfasern ein gemeinschaftliches Zentrum im Gehirn besitzen: den Lobus acusticolateralis in dem Myelencephalon.

Wir werden nun die Gehirnnerven nacheinander betrachten.

N e r v u s t e r m i n a l i s. Der N. terminalis (N. praeolfactorius) ist der erste Gehirnnerv. Er ist hauptsächlich somato-sensibel; aber er kann auch visceromotorische Fasern für Blutgefäße besitzen. Obwohl sein Ursprung manchmal ventral liegt, muß man ihn also doch als eine dorsale Wurzel betrachten. Am besten ist er entwickelt bei den Selachii (Abb. 528 auf S. 423), wo er in oder neben der Lamina terminalis entspringt als ein schwacher Nerv, in welchem Ganglienzellen liegen, die zu einem Ganglion vereinigt sein können, es aber nicht stets sind. Er innerviert hier die Schleimhaut in der Nasengrube.

Sonst ist der N. terminalis auch bei mehreren anderen Pisces, Amphibia, Reptilia und Mammalia gefunden. Bei den drei letzten Tiergruppen liegen seine Enden in der Schleimhaut des JACOBSONschen Organs. Bei den Amniota ist er darum auch als N. j a c o b s o n i i bekannt. Man darf ihn nicht verwechseln mit den Riechfasern, welche dieses Organ ebenfalls besitzt. Wahrscheinlich kommt sein Homologon auch bei Amphioxus vor, in Form eines paarigen sensiblen Nerven; dieser tritt cranial des Gehirnbläschens aus, ventral des Pigmentfleckes (Abb. 512 auf S. 414); er innerviert die Haut des Rostrum.

Es ist weiterhin die Meinung geäußert, der N. terminalis sei eine Abschnürung des N. olfactorius; diese Meinung ist wahrscheinlich nicht richtig: besitzt der N. terminalis doch ein eigenes Ganglion und gelegentlich auch markhaltige Fasern.

N e r v u s o l f a c t o r i u s (I). Zusammen mit dem N. terminalis ist der Riechnerv oder N. olfactorius der einzige Nerv, welcher dem Telencephalon entspringt. Zeigt der N. terminalis noch mannigfache Übereinstimmung mit den spinalen Gehirnnerven, so ist das bei dem N. olfactorius keineswegs der Fall; ebensowenig wie der N. opticus kann er von spinalen Nerven abgeleitet werden: er ist vielmehr ein spezifischer Gehirnnerv.

Der Riechnerv besteht aus den Riechzellaxonen, welche in Bündeln zu sogenannten Fila olfactoria sich vereinigen; sie verbinden die Riechzellen mit dem

Bulbus olfactorius (Abb. 528 auf S. 423; Abb. 532 auf S. 428; Abb. 549 auf S. 441). Ihr weiterer Verlauf und die Verbindungen in dem Zentralnervensystem sind schon oben beschrieben (S. 438). Diese Axonen sind stets marklos. Wo ein JACOBSONsches Organ anwesend ist, gehen auch von den Riechzellen dieses Organes Fila olfactoria aus.

Wenn der Bulbus olfactorius dicht unter der Riechschleimhaut liegt, so bleiben die Fila von einander geschieden; dann kann man eigentlich von einem Riechnerven nicht sprechen. Einen solchen Zustand finden wir bei einigen Pisces, und zwar bei den Elasmobranchii und einigen Teleostei; merkwürdigerweise finden wir dieselben Verhältnisse bei den Mammalia (nur mit Ausnahme von Ornithorhynchus). In allen übrigen Fällen vereinigen sich die Fila beiderseits zu meist einem einzigen Bündel: dem Nervus olfactorius; nur in einzelnen Fällen kommen zwei Bündel jederseits vor, und zwar bei den Anura (Abb. 531 auf S. 427) und bei den Gymnophiona.

Bei den Cyclostomata, welche eine unpaare Riechgrube besitzen, ist der N. olfactorius jedoch paarig. Bei Amphioxus dagegen ist ein Nerv zwischen dem Wimpergrübchen und dem Gehirn nicht mit Sicherheit nachgewiesen.

Abb. 564.

Abb. 565.
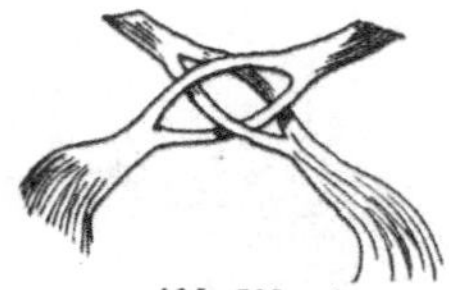
Abb. 566.
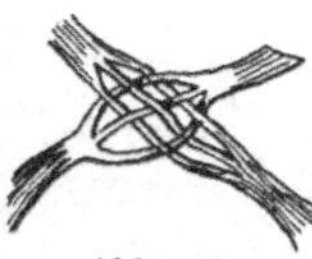
Abb. 567.

Abb. 568.

Abb. 564. Schemata des Chiasma opticum bei vielen Pisces. — Abb. 565. Bei einigen Teleostei. — Abb. 566. Lacerta. — Abb. 567. Agama. — Abb. 568. Bei höheren Mammalia. (Nach WIEDERSHEIM.)

Nervus opticus (II). Noch mehr als der N. olfactorius steht der N. opticus unter den Gehirnnerven isoliert da. Aus der später (S. 501) zu beschreibenden Entwicklung des Auges ergibt sich, daß der Augennerv mit der Retina aus der Gehirnwand gebildet wird. Daraus kann man bereits schließen, daß dieser Nerv nicht eigentlich zu den peripheren Nerven gehört, sondern als ein veränderter Teil des Zentralnervensystems anzusehen ist.

Im erwachsenen Zustande entspringen die beiden N. optici am Boden des Diencephalon (Abb. 525, 526). Ihre Fasern setzen sich in der Gehirnwand fort zu anderen Teilen des Diencephalon und zum Mesencephalon; dabei kreuzen sie sich, so daß die Fasern des linken Opticus rechts endigen und umgekehrt (Abb. 564 bis 568). Bei den Pisces geschieht die Kreuzung (Chiasma) oft innerhalb der Gehirnwand, so daß sie außen nicht sichtbar ist (Abb. 528 auf S. 423); in allen anderen Fällen aber sind es die Nervi optici selber, welche einander kreuzen (Abb. 564—568). Bei einigen Teleostei aber (564) laufen sie einfach übereinander hin und zwar meist der linke über den rechten. In anderen Fällen durchbohren sie einander: so kommt bei den Teleostei der Fall vor, daß der eine Nerv als ein Ganzes durch den anderen hindurchläuft (565); bei den Tetrapoda dagegen teilen sich beide Nerven in Bündeln, welche sich dann durcheinander schieben (566 bis 568).

Bei den Mammalia ist im Gegensatz zu den anderen die Kreuzung unvollständig, da einzelne der Fasern an der gleichen Seite verbleiben (568). Am größten ist die Zahl dieser Fasern bei Tieren mit einem binoculären Gesichtsfeld: ungefähr drei Viertel der Fasern bei den Simiae und den Menschen.

Nerven der Augenmuskeln (Oculomotorius (III), Trochlearis (IV), Abducens (VI). Wir haben oben gesagt, daß diese drei Paar Nerven als ventrale

Wurzeln anzusehen sind (Abb. 525 auf S. 421). In Übereinstimmung mit dieser Ansicht steht der Verlauf ihrer Entwicklung: sie wachsen nämlich von dem Gehirn aus und nicht von einer Neuralleiste.

Ihre Zahl stimmt überein mit der Anzahl jener Somiten, aus denen die Augenmuskeln entstehen: der Oculomotorius innerviert die Mm. rectus internus, superior und inferior und den M. obliquus inferior; der Trochlearis innerviert ausschließlich den M. obliquus superior; der Abducens den M. rectus externus und den M. retractor bulbi. Bei den Myxinidae sind diese Nerven zusammen mit den Augenmuskeln und dem Auge verloren gegangen.

Diese drei Nerven sind also aus somato-motorischen Fasern zusammengestellt und enthalten keine Ganglien. Nur der Oculomotorius kann von dieser Regel eine Ausnahme machen: in seinem Verlauf kann ein sympathisches Ganglion, das Ganglion ciliare, eingeschaltet sein (Abb. 570 u. 572): von ihm gehen viscero-

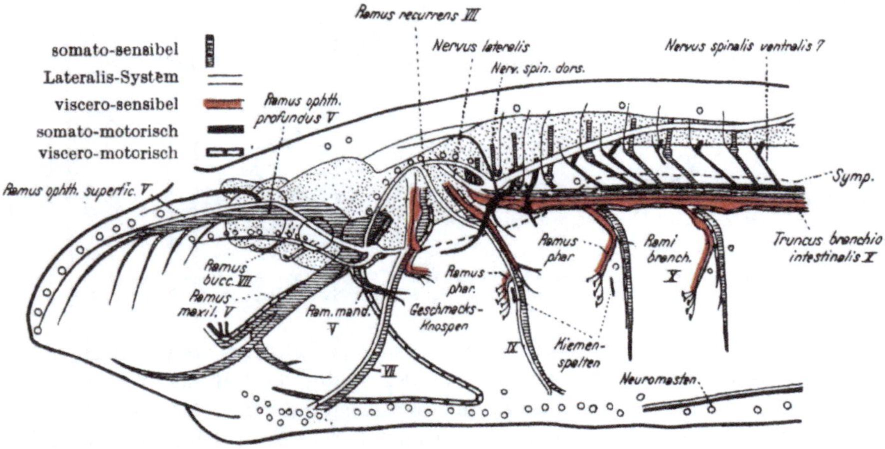

Abb. 569. Schema der Gehirnnerven und ihrer Komponenten von Petromyzon. (Nach JOHNSTON.)

motorische Fasern aus zu den Muskeln der Iris und des M. ciliaris. Auch einzelne viscero-sensible Fasern, welche aus dem Trigeminus (R. ophthalmicus profundus) stammen, gehen durch dieses Ganglion zum Auge. Bei den Mammalia wird dieses Ganglion ciliare selbständiger, aber es bleibt durch dünne Nervenzweige im Zusammenhang mit dem Oculomotorius und dem R. ophthalmicus profundus trigemini (Abb. 572). Das Ganglion verhält sich also hinsichtlich dieser beiden Gehirnnerven hauptsächlich so, wie ein sympathisches Ganglion des Grenzstranges sich verhält gegenüber der ventralen und dorsalen Wurzel eines Spinalnerven. Tatsächlich sind denn auch der N. oculomotorius und der R. ophthalmicus profundus trigemini als ventrale und dorsale Nerven ein und desselben Kopfsegmentes anzusehen.

Oculomotorius und Trochlearis sind die einzigen Nerven, welche aus dem Mesencenphalon austreten: der erste ventral; der letzte ziemlich weit dorsal, dicht an der Grenze zwischen Mes- und Metencephalon. Der Abducens entspringt am Boden des Myelencephalon (Abb. 525 auf S. 421; Abb. 532 auf S. 428).

Der Trochlearis unterscheidet sich durch seinen dorsalen Ursprung von den anderen somato-motorischen Nerven. Auch sein Kern liegt bei Petromyzon dorsal und nur bei den höheren Vertebrata mehr ventral. Seine Fasern laufen von dem Kern aus dorsad und kreuzen mitten im Gehirn mit den Fasern der anderen Seite. Diese und noch andere Eigentümlichkeiten machen es recht zweifelhaft, ob der Trochlearis wirklich so wie die beiden anderen Augenmuskelnerven ein ventraler Nerv ist. Dazu kommt noch, daß nach einigen Untersuchungen der M. obliquus superior nicht aus einem Somit, sondern aus einer Seitenplatte entstehen soll. Dann würde der Trochlearis ein viscero-motorischer Nerv sein und hätte sich vom Trigeminus getrennt. Faßt man ihn als somato-motorisch auf, dann muß er als die ventrale Wurzel des zweiten Trigeminussegmentes angesehen werden.

Der N. abducens endlich wird gewöhnlich als der ventrale Nerv des Facialissegmentes aufgefaßt.

Nervus trigeminus (V). Der N. trigeminus gehört zu den dorsalen Kopfnerven, aber unterscheidet sich in verschiedener Hinsicht von den anderen Nerven dieser Abteilung.

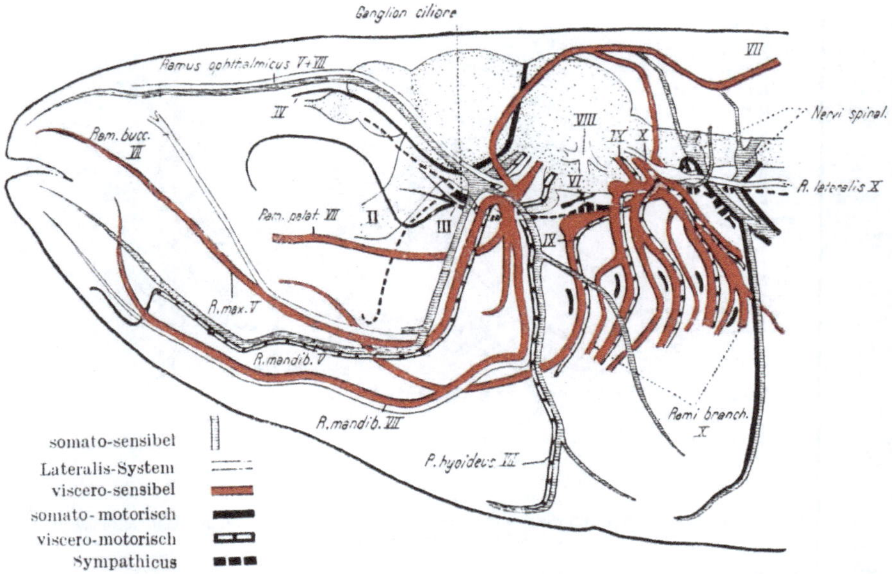

Abb. 570. Schema der Gehirnnerven und ihrer Komponenten eines Teleostiers (Menidia). (Nach HERRICK aus JOHNSTON.)

Auf den ersten Unterschied haben wir schon oben hingewiesen: sein R. ventralis besteht überwiegend aus somato-sensiblen Fasern. Er bildet den Nerven für das Kiefersegment: sein R. praetrematicus liegt also in dem Oberkiefer als sogenannter R. maxillaris; sein R. posttrematicus liegt im Unterkiefer als sogenannter R. mandibularis (Abb. 565, 569—572). Der R. maxillaris ist gewöhnlich ausschließlich somato-sensibel (Abb. 571, 572); er versorgt die Haut eines Teiles des Kopfes und die Mundgegend; außerdem ist er der sensible Nerv für die Oberkieferzähne. Der R. mandibularis besitzt außer somato-sensiblen, auch visceromotorische Fasern (Abb. 571), welche die Kaumuskeln innervieren. Bei den Mammalia gibt der R. mandibularis noch zwei wichtige Zweige ab: einen R. alveolaris für die Zähne und die Unterlippe und einen R. lingualis für die Zunge.

Direkt nach seinem Austritt aus dem Myelencephalon bildet der Trigeminus ein Ganglion: das Ganglion Gasseri (semilunare) (Abb. 572). Von diesem Ganglion entspringt ein Nervenstamm, der sich weiterhin in den R. maxillaris und R. mandibularis teilt; oder diese beiden Äste entspringen direkt aus dem Ganglion; außerdem entspringt aus dem Ganglion stets noch ein dritter Zweig (daher der Name Trigeminus): der R. ophthalmicus. Bei einigen Pisces (Elasmobranchii, Ganoidei) wird dieser Nervenast selbst durch zwei Äste vertreten: R. ophth. profundus und superficialis (Abb. 563). Der letztgenannte entspricht einem R. lateralis; er ist nämlich somato-sensibel. Er verläuft durch die Orbita zur Schnauze, wo er die Haut und die Schleimhaut der Nasengrube innerviert. Zusammen mit den Nerven des Lateralissystems geht auch er bei den höheren Vertebrata verloren.

Der R. ophthalmicus der höheren Vertebrata (Abb. 571, 572) entspricht also nur dem R. ophth. profundus der Pisces, welcher eine ganz andere Bedeutung hat als der R. ophth. superficialis. Er ist nämlich ein Rest eines besonderen Kopfnerven, welcher zu einem zurückgebildeten präoralen Kopfsegmente gehört (vgl. die Tabelle auf S. 471); er hat sich später mit dem Trigeminus, dem Nerven des Kiefersegmentes, vereinigt. Tatsächlich kommt es dann

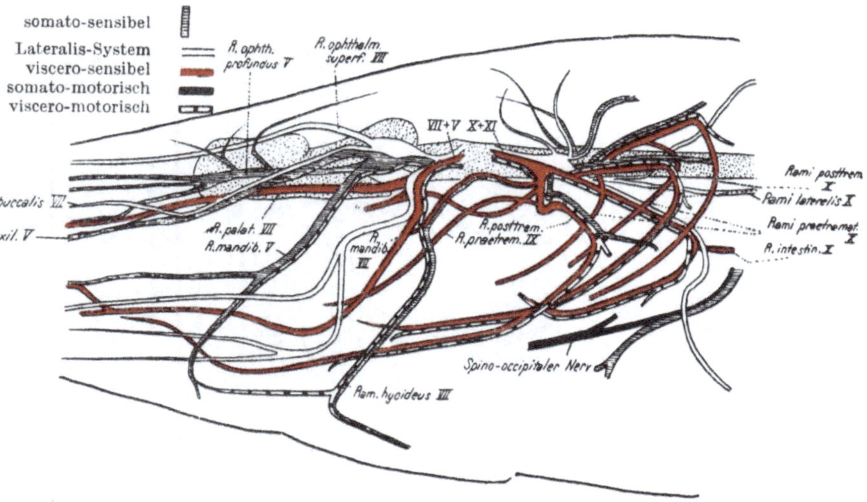

Abb. 571. **Schema der Gehirnnerven und ihrer Komponenten eines Urodels (Amblystoma). (Nach COGHILL aus JOHNSTON.)**

auch vor, daß diese Vereinigung nicht zustande kommt und der R. ophthalmicus selbständig entspringt; dies ist beobachtet bei einer Anzahl Pisces, Urodela und bei Sphenodon. Auch hat er ein eigenes Ganglion, welches jedoch beinah stets mit dem Ganglion Gasseri verschmilzt. — Auch der R. ophth. profundus ist ausschließlich somato-sensibel bis auf einige viscero-sensible Fasern, welche sich zum Ganglion ciliare begeben.

Als N. thalamicus ist in einzelnen Fällen ein viscero-sensibler Nerv beschrieben: und zwar bei der Larve von Petromyzon, bei den Selachii und den Aves. Dieser entsteht weit cranial aus der Neuralleiste zwischen dem Di- und Mesencephalon. Wahrscheinlich ist er nur ein unabhängig gewordener Teil des R. ophth. profundus; von anderen Autoren wird er auch als ein selbständiger Gehirnnerv angesehen.

Wir haben oben bei Amphioxus einen bestimmten Teil des Zentralnervensystems mit dem Deuterencephalon verglichen. Der erste Nerv, der aus diesem Gehirnteil entspringt, also der erste Nerv caudal des N. terminalis, ist rein somato-sensibel (Abb. 512 auf S. 414). Er innerviert die Haut des Rostrum und des Vorderteiles der Rückenflosse. Vielleicht entspricht er dem R. ophth. profundus. Der darauffolgende Nerv ist ebenfalls somato-sensibel, doch enthält er auch viscero-sensible Fasern; er ist wahrscheinlich mit dem R. maxillo-mandibularis des N. trigeminus zu vergleichen. Caudal folgt eine große Anzahl Nerven für die Mund- und Kiemenregion; es ist möglich, daß die vorderen dieser Nerven mit den Kiemenbogennerven der Vertebrata homolog sind. Bei Amphioxus unterscheiden sie sich aber nicht nennenswert von den weiter caudal liegenden Spinalnerven.

Nervus facialis (VII) und Nervus acusticus (VIII). Der N. facialis ist der dorsale Nerv des Hyoidbogens. Zu ihm gehört als ventraler Nerv wahrscheinlich der N. abducens.

Das Hauptganglion des Facialis ist das Ganglion geniculi (Abb. 572). Bei den Anamnia ist es gewöhnlich mit dem Ganglion Gasseri verschmolzen, bei den Amniota dagegen ist es selbständiger.

Bei den Pisces sind die meisten Äste, die wir bei einem dorsalen Gehirnnerv erwarten müssen, auch beim Facialis deutlich zu erkennen (Abb. 563, 570). So beobachtet man einen R. hyoideus im Hyoidbogen; er ist ein R. posttrematicus und somit gemischt: sensibel und motorisch. Ein R. mandibularis im Unterkiefer ist prätrematisch und sensibel. Ein R. pharyngeus (R. palatinus) ist ebenso viscero-sensibel; er innerviert die Schleimhaut der Mundhöhle.

Bei den Amniota (Abb. 572) wird der R. hyoideus zu einem Hauptast des Facialis. Er besitzt vor allem motorische Fasern und innerviert Muskeln des Hyoidbogens und diejenigen Antlitzmuskeln der Mammalia, welche davon abgeleitet werden müssen (S. 385). Der R. mandibularis ist wahrscheinlich zurückzufinden in der Chorda tympani der Mammalia (Abb. 572), welche in der Regel in einer Schleimhautfalte durch die Trommelhöhle dorsal an den Gehörknochen vorbei craniad verläuft; sie tritt in den Unterkiefer ein und innerviert die Geschmacksorgane. Der R. palatinus wurde bei den Mammalia zu dem N. petrosus superficialis major (Abb. 572); er besitzt ein sympathisches Ganglion: das Ganglion sphenopalatinum.

Bei den Pisces gibt der Facialis noch weiterhin besondere Äste ab zur Innervation der Hautsinnesorgane. Wir haben schon oben bemerkt, daß die Sinnesknospen der äußeren Haut durch den Facialis innerviert werden; dabei kann sich dieser Nerv auch über den Rumpf erstrecken. Die Fasern dieser Zweige sind viscero-sensibel. Außerdem hat aber der Facialis auch einen somato-sensiblen R. lateralis; dieses ist der einzige Rest eines R. dorsalis (Abb. 563, 569—571). Er innerviert die Sinneshügel des Kopfes; zu dem Zwecke teilt er sich in einen R. ophthalmicus superficialis, welcher dicht längs dem gleichnamigen Zweige des Trigeminus craniad verläuft und weiterhin in einen R. buccalis, welcher ventral unter dem Auge verläuft und sich bisweilen mit dem R. maxillaris des Trigeminus vereinigt. Außerdem besteht auch der R. mandibularis zum Teil aus Fasern des Lateralissystems (Abb. 563). — Über den R. recurrens vgl. S. 469.

Bei landbewohnenden Vertebrata gehen diese Zweige verloren; somit bleibt vom Lateralissystem nur der N. acusticus (VIII) übrig. Warum dieser Nerv zum Lateralissystem gerechnet werden muß, ist auf S. 460 gesagt; er bildet einen mehr oder weniger selbständig gewordenen Facialiszweig, welcher aus Lateralisfasern zusammengesetzt ist. Er teilt sich weiterhin in zwei Zweige: einen R. vestibularis, welcher die Sinneszellen des Utriculus innerviert und einen R. cochlearis für Sacculus, Lagena und Cochlea.

Nervus glossopharyngeus (IX). Dieser Nerv hat von allen dorsalen Gehirnnerven den am meisten ursprünglichen Charakter bewahrt (vgl. S. 460). Sein Ganglion ist das Ganglion petrosum der Mammalia (Abb. 572). Er besitzt weiterhin bei den Pisces (Abb. 563) in einigen Fällen noch einen sensiblen R. dorsalis (R. cutaneus); weiterhin einen gemischten, meist ausschließlich visceralen, R. posttrematicus, welcher sich längs dem ersten Kiemenbogen zur Schleimhaut der Mundhöhle und der Zunge erstreckt; daneben einen viscero-sensiblen R. praetrematicus in dem Hyoidbogen; und schließlich in einigen Fällen einen R. pharyngeus.

Bei den Amniota (Abb. 572) ist der R. posttrematicus zum Hauptast geworden. Er ist auch hier gemischt; seine motorischen Fasern innervieren Muskeln des Hyoids und des Pharynx und Drüsen (Parotis); seine sensiblen Fasern innervieren vor allem Gschmacksorgane, doch dienen sie auch dem Tastsinne im hinteren Teile der Zunge. Auch der R. pharyngeus bleibt bewahrt (N. tym-

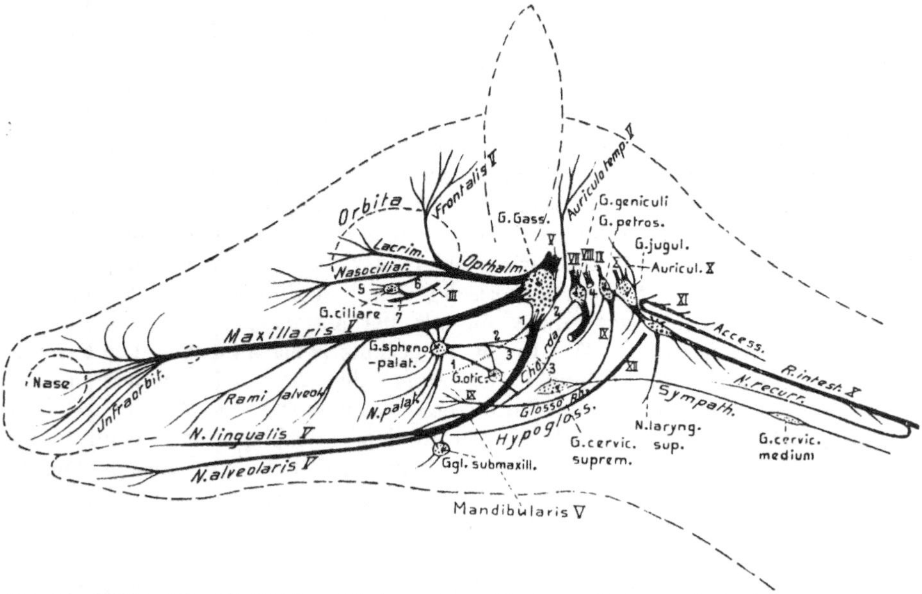

Abb. 572. Schema der Gehirnnerven eines Mammaliers; Olfactorius, Opticus und die Augenmuskelnerven (außer III) sind weggelassen. (Aus BÜTSCHLI.)

panicus der Mammalia); schließlich besitzt der Nerv auch somato-sensible Fasern, welche mit dem R. auricularis vagi zur Haut in der Ohrregion verlaufen.

Nervus vagus (X) und N. accessorius (XI). Der N. vagus ist kein einfacher Nerv, sondern zusammengesetzt aus den Spinalnerven aller Kiemenbogen, mit Ausnahme des ersten Bogens, welcher ja durch den Glossopharyngeus innerviert wird. Man kann sich den Vagus entstanden denken durch die Bildung eines Nervus collector: ein Nervenast, welcher die aufeinanderfolgenden Nerven der Kiemenbogen miteinander vereinigt hat, worauf dann diese Kiemenbogennerven ihre direkte Verbindung mit dem Rückenmarke verloren haben.

Der Vagus entspringt also bei den Pisces als ein starker, gemischter Zweig: als Truncus branchio-intestinalis (Abb. 563, 569). Er verläuft dorsal über den Kiemenbogen und besitzt ursprünglich auf der Höhe jedes Kiemenspaltes ein epibranchiales Ganglion. Aus jedem dieser Ganglien tritt dann ein Seitenzweig heraus (R. branchialis), welcher sich in einen R. prae- und einen R. posttrematicus aufteilt; diese beiden Zweige haben dieselbe Zusammensetzung wie die homologen Zweige des Glossopharyngeus. Die Anzahl der Rami branchiales ist also um eins geringer als die Anzahl der Kiemenbogen des betreffenden Tieres: also sechs bei Petromyzon, fünf oder sechs bei den Notidanidae, vier bei den übrigen

Pisces. Von jedem R. branchialis kann ein R. pharyngeus entspringen. Bei der weiteren Verkürzung, die der Kiemenapparat der höheren Pisces erfährt, nähern sich die aufeinanderfolgenden R. branchiales einander; dies hat zur Folge, daß die epibranchialen Ganglien mehr oder weniger vollständig miteinander verschmelzen.

Diese Verkürzung der Kiemenregion ist auch die Ursache dafür, daß die Anzahl der Nervenpaare, welche die Kiemenregion innervieren, im Laufe der Zeit wahrscheinlich geringer geworden ist, jedenfalls geringer, als wir es bei Amphioxus beobachten: wahrscheinlich sind die caudalen Nerven zurückgebildet. Ihre R. pharyngei sind jedoch erhalten geblieben und haben sich zu einem Seitenzweige des Vagus vereinigt: dem R. intestinalis (Abb. 563). Dieser Zweig ist eine Fortsetzung des Truncus branchio-intestinalis; er besteht aus viscero-sensiblen und -motorischen Fasern zur Innervation des vorderen Darmteiles (Ösophagus, Magen und in einigen Fällen auch noch der Anfang des Mitteldarmes), der Schwimmblase und des Herzens.

Bei den Amniota (Abb. 572) sind die Kiemenzweige und der R. lateralis verloren gegangen; hier besteht der Vagus beinah ausschließlich aus dem R. intestinalis, welcher Ösophagus, Lungen, Herz, Magen und Leber innerviert. Außer dem Hauptganglion des Vagus: dem G. jugulare der Mammalia, besitzt er hier noch ein zweites Ganglion: das G. nodosum, welches vielleicht homolog ist mit verschmolzenen, epibranchialen Ganglien.

Die eigentümliche Erscheinung, daß Baucheingeweide durch einen Kopfnerven innerviert werden, ist teilweise dadurch zu erklären, daß in diesen Kopfnerven, nämlich den Vagus, spinale Nerven aufgenommen sind; teilweise auch dadurch, daß diese Organe früher dicht bei dem Kopf gelegen haben und im Laufe der Phylogenie caudad verschoben sind.

Der R. dorsalis des Vagus kann bei den Pisces als ein sensibler Hautzweig auftreten, welcher auch bei den Amniota als R. auricularis vagi erhalten bleibt. Bei diesen Tieren ist er der einzige somato-sensible Teil des Vagus.

Bei den Pisces, den meisten Urodela, und den Larven der Anura gehört auch ein stark entwickelter R. lateralis zu dem Vagus (Abb. 563, 570, 571). Dieser Zweig erstreckt sich bis in den Rumpf und zwar in dem horizontalen Myoseptum verlaufend bis weit nach hinten, selbst bis zum Ende des Schwanzes; in einigen Fällen liegt er dicht unter der Haut. Er innerviert die Sinnesorgane der Seitenlinie. Oben ist schon gesagt, daß dieser R. lateralis auch eine größere Selbständigkeit bekommen kann (Abb. 527 auf S. 422); er kann durch den R. recurrens des Facialis mit diesem Nerven vereinigt sein (Abb. 563, 569).

Das Entstehen des R. lateralis kann wahrscheinlich in derselben Weise erklärt werden wie dasjenige des Tractus branchio-intestinalis: nämlich durch Vereinigung gleichwertiger Zweige der Spinalnerven, welche dabei den Zusammenhang mit den Spinalnerven verlieren.

Der XI. Gehirnnerv ist der Nervus accessorius Willisii. Er wird erst bei den Amniota selbständig, und auch dort nicht immer. Er entsteht aus einem Vaguszweige: dem R. accessorius (Abb. 525 auf S. 421: XI), welcher bei den Elasmobranchii und den Amphibia den M. trapezius innerviert; da nun dieser Muskel zum Visceralskelet gehört, können wir diesen Ramus als viscero-motorisch betrachten. Bei den Amniota (Abb. 562) innerviert der Accessorius denselben Muskel und den bei den Mammalia daraus entstandenen M. sterno-cleido-mastoideus.

Nervus hypoglossus (XII) und spino-occipitale Nerven. Die Ausbreitung des Kopfes durch Eingemeindung von Rumpfmetameren war wohl die Ursache, daß eine verschiedene Zahl von Rückenmarksnerven, welche ursprünglich caudal des Vagus lagen, in den Schädel aufgenommen wurden; sie entspringen dann aus dem Myelencephalon. Man nennt sie spino-occipitale Nerven (FÜRBRINGER). Caudal schließen sich dann die Rückenmarksnerven an.

Die Spinalnerven, aus denen die spino-occipitalen entstanden sind, liegen bei den Cyclostomata ganz außerhalb des Schädels (Abb. 569). Eine Ausbreitung des Schädels und damit eine Aufnahme spinaler Nerven geschah bei den Gnathostomata in zwei Schritten: bei der ersten Aufnahme (Selachii) entstand ein „protometameres“ Neocranium (vgl. S. 231); die bei diesem Prozeß aufgenommenen Spinalnerven werden *occipitale Nerven* genannt. Meist findet dann noch eine weitere Vergrößerung des Schädels zu einem „auximetameren“ Neocranium statt; die bei dieser Ausbreitung aufgenommenen Spinalnerven werden *occipito-spinale Nerven* genannt. Beide ebengenannten Nervengruppen tragen gemeinsam die Bezeichnung spino-occipitale Nerven.

Diese Nerven sind gekennzeichnet durch eine in der Regel starke Rückbildung der dorsalen Wurzel. Embryonal und in einigen Fällen auch bleibend, treten diese Wurzeln jedoch auf. GEGENBAURs ursprüngliche Auffassung, daß die spino-occipitalen Nerven die ventralen Wurzeln jener Nerven wären, deren dorsale Wurzeln zum Vagus verschmelzen, ist darum nicht mehr richtig. Die spino-occipitalen Nerven sind vielmehr ursprünglich vollständige Spinalnerven gewesen. Die Zurückbildung ihrer Dorsalwurzeln ist dadurch zu erklären, daß ihr ursprüngliches Endgebiet in den Kopf aufgenommen worden ist und nun durch Kopfnerven innerviert wird, nämlich durch den Trigeminus und den Vagus.

Die quergestreifte Muskulatur der aufgenommenen Segmente ist jedoch bewahrt: dieses sind die epi- und hypobranchialen Muskeln der Pisces (Abb. 457 und 458 auf S. 335 und Abb. 462 auf S. 340). Sie werden also durch die somatomotorischen Fasern der spino-occipitalen Nerven innerviert, welche sich nach ihrem Austritt aus dem Schädel in der Regel mit dem Plexus cervico-branchialis vereinigen. — Bei den Cyclostomata wird die entsprechende Muskulatur noch durch Spinalnerven innerviert (vgl. Abb. 457 und 569).

Die Anzahl der occipitalen Nerven ist sehr verschieden. Stets sind die vorderen Zweige am schwächsten und zeigen verschiedene Rückbildungen. Dies hat zu der Auffassung geführt, daß die occipitalen Nerven früher zahlreicher gewesen sind, jetzt aber durch den Verlust einer verschiedenen Anzahl der vorderen Nerven weniger geworden sind. Auch die occipito-spinalen Nerven variieren in ihrer Zahl: hier haben wir es jedoch nicht mit einer Rückbildung zu tun, sondern mit einer mehr oder weniger großen Ausbreitung des auximetameren Schädels.

Die Anzahl der spino-occipitalen Nerven ist folgende:

Squaliformes	2—5	occipitale,	0	occipito-spinale;
Rajiformes	0—1	„	0—2	„
Holocephali	2 embryonal 3	„	3	„
Dipnoi	3	„	1—3	„
Ganoidei	1—2	„	bis zu 8 bei Acipenser	„
Teleostei	0	„	1—3	„

Bei den Amniota werden die Zungenmuskeln und andere aus den hypobranchialen Muskeln entstandene Muskeln innerviert durch den N. *hypoglossus*. Dieser tritt aus dem Schädel aus. Er entspringt mit einer verschiedenen Anzahl ventraler Wurzeln aus dem Gehirn: gewöhnlich zwei bis drei, bei den Mammalia öfter nur eine, embryonal jedoch mehr (Abb. 532, 536, 572); auch ein bis zwei dorsale Wurzeln sind in einigen Fällen beobachtet. Auch dieser Nerv ist also aus mehreren spinalen Nerven entstanden und wahrscheinlich homolog mit den drei vorderen occipito-spinalen Nerven der Pisces.

Die Zungenmuskulatur der Amphibia wird durch freie Spinalnerven innerviert: bei Rana ein Paar, bei anderen bis zu drei Paar. Obgleich diese Nerven wahrscheinlich mit den Hypoglossuswurzeln homolog sind, sind sie doch nicht in den Schädel aufgenommen; also kann man auch von spino-occipitalen Nerven hier eigentlich nicht mehr sprechen.

Die Metamerie der Kopfnerven muß ursprünglich übereingestimmt haben mit der Metamerie der anderen Organe des Kopfes: mit den Somiten, den Visceralbogen und dem Gehirn. Die Veränderungen aber, welche diese Organe im Laufe der Phylogenie erfahren haben, lassen heute nicht mehr die ursprüngliche Metamerie mit Sicherheit zurückfinden. Wenn wir ausgehen von der Neuromerie, dann ergibt sich, daß den drei Neuromeren des Prosencephalon gar keine Somiten entsprechen und nur ein einziger Nerv hierzu gehört: nämlich der N. terminalis, wahrscheinlich ein ursprünglich spinaler Nerv, welcher mit einer dorsalen Wurzel homolog ist. Er gehört zum ersten Neuromer.

Will man den N. thalamicus als einen von Beginn ab selbständigen Nerv auffassen und nicht als einen erst später unabhängig gewordenen Trigeminusast, dann ist dieser ebenfalls ein dorsaler Nerv mit nur viscero-sensiblen Elementen. Er würde dann zu dem IV. Neuromer gehören, dem ersten Neuromer des Mesencephalon. Hiermit ist bei den Selachii auch ein Ursegment homolog: die „vordere Kopfhöhle".

Hierauf folgen diejenigen drei Somiten, aus welchen die Augenmuskeln entstanden sind, zu denen also die Augenmuskel-Nerven als ventrale Wurzeln gehören. Für den Oculomotorius und den Abducens kann man dieses wohl mit Sicherheit annehmen: dann würde der Oculomotorius zum V. Neuromer gehören, dem zweiten Neuromer des Mesencephalon; der Abducens würde dem VII. Neuromer entsprechen. Für den Trochlearis steht es jedoch nicht fest, ob er wirklich als ein ventraler Nerv aufzufassen ist.

Als Dorsalwurzeln der drei Augenmuskelnerven betrachtet man gewöhnlich den R. ophthalmicus profundus, den R. mandibulo-maxillaris trigemini und den Facialis, mit dem daraus entstandenen Acusticus. Der Trigeminus ist dann eine Vereinigung von zwei Nerven, wie oben bereits gesagt wurde. Der Kieferbogen liegt dann also in dem Bereich des VI. Neuromer, der Hyoidbogen in dem Bezirk des VII. Neuromer.

In den folgenden Kopfsegmenten, denjenigen der Kiemenbogen, fehlen die ventralen Wurzeln. Die dorsalen Wurzeln werden gebildet durch den Glossopharyngeus (1. Kiemenbogen) und die Vagusäste (alle folgenden Kiemenbogen).

Die folgende Tabelle gebe eine Übersicht über die hier gegebene Vorstellung. Dabei muß im Auge behalten werden, daß in dieser ganzen Homologiefrage noch viel Unsicherheit besteht.

Neuromer		Somit	visceraler Bogen	ventrale Wurzel	dorsale Wurzel
Prosencephalon	1	—	—	—	N. terminalis
	2	—	—	—	—
	3	—	—	—	—
Mesencephalon	4	vordere Kopfhöhle (Selachii)	—	—	N. thalamicus
	5	1	—	III	V (ophth. prof.)
Rhombencephalon	6	2	Kieferbogen	IV	V (mand.-max.)
	7	3	Hyoidbogen	VI	VII, VIII
	8	4	1. Kiemenbogen	—	IX
	9 u. f.	5 u. f.	2. u. f. Kiemenbogen	—	X, XI

Literatur zum Abschnitt Nervensystem.

BOEKE, J.: Das Infundibularorgan im Gehirne des Amphioxus. Anat. Anz. Bd. 32. 1908. — Ders.: Neue Beobachtungen über das Infundibularorgan im Gehirn des Amphioxus und das homologe Organ des Craniotengehirnes. Anat. Anz. Bd. 44. 1913.

BOK: Die Entwicklung der Hirnnerven und ihrer zentralen Bahnen. Die stimulogene Fibrillation. Folia Neurobiologica. Bd. 9. 1915.

BOLK, L.: Das Cerebellum der Säugetiere. Petrus Camper, dl. III und IV. 1905. 1907.

BRODMANN: Vergleichende Lokalisationslehre der Großhirnrinde in ihren Prinzipien dargestellt auf Grund des Zellenbaues. Leipzig 1909.

COGHILL, G. E.: The cranial nerves of Amblystoma. Journ. of Comp. Neurology. Vol. 22.

DELSMAN, H. C.: Ist das Hirnbläschen des Amphioxus dem Gehirn der Kranioten homolog? Anat. Anz. Bd. 44. 1913. — Ders.: The Ancestry of Vertebrates. Weltevreden en Amersfoort. 1922.

DUBOIS, E.: Abhängigkeit des Hirngewichtes von der Körpergröße bei den Säugetieren. Arch. f. Anthropol. Bd. 25. 1897.

EDINGER, L.: Vorlesungen über den Bau der nervösen Zentralorgane des Menschen und der Tiere. 1. Bd. Das Zentralnervensystem des Menschen und der Säugetiere. 8. Aufl. 1911; 2. Bd. Vergleichende Anatomie des Gehirns. 7. Aufl. Leipzig 1908.

FLECHSIG, P.: Die Leitungsbahnen im Gehirn und Rückenmark des Menschen. Leipzig 1876.

FRORIEP, A.: Entwicklungsgeschichte des Kopfes. Ergebn. d. Anat. u. Entwickl.-Gesch. Bd. 1 und 3. 1891, 1893.

FÜRBRINGER, M.: Über die spino-occipitalen Nerven der Selachier und Holocephalen und ihre vergleichende Morphologie. Festschr. f. Gegenbaur. Bd. 3. Leipzig 1896.

HERRICK, C. J.: Introduction to Neurology. Philadelphia 1916.

HESSE, R.: Nervensystem. Handwörterbuch der Naturwissenschaften. Bd. 7. Jena 1912.

JOHNSTON, J. B.: Das Gehirn und die Cranialnerven der Anamnier. Ergebn. d. Anat. u. Entw.-Gesch. Bd. 11. 1902. — Ders.: The Nervous System of Vertebrates. Philadelphia 1906.

KAPPERS, C. U. ARIENS: Die vergleichende Anatomie des Nervensystems der Wirbeltiere und des Menschen. 2 Teile. Haarlem 1820—21.

KUPFFER, C. VON: Entwicklungsgeschichte des Kopfes. Ergebn. d. Anat. u. Entw.-Gesch. Bd. 2 und 5. 1892, 1895.

KUPFFER, K. VON: Die Morphogenie des Centralnervensystems. Handb. der vergl. und exper. Entwickelungslehre der Wirbeltiere. Herausgeg. von O. Hertwig. Bd. 2. Teil 3. Jena 1906.

LOCY, W. A.: Contributions to the structure and development of the vertebrate head. Journ. of Morphol. Vol. 11. 1896.

NEAL, H. V.: A Summary of Studies on the Segmentation of the Nervous System in Squalus acanthias. Anat. Anz. Bd. 12. 1896. — Ders.: The Segmentation of the Nervous System in Squalus Acanthias. Bull. Mus. Comp. Zoöl. Harvard Coll. Vol. 31. 1898.

NEUMAYER, L.: Histo- und Morphogenese des peripheren Nervensystems, der Spinalganglien und des Nervus sympathicus. Handb. d. vergl. u. exper. Entwickelungslehre der Wirbeltiere. Herausgeg. von O. Hertwig. Bd. 2. Teil 3. Jena 1906.

NICHOLLS: The Structure and Development of Reissners Fibre and the Subcommissural Organ. Quart. Journ. Micr. Sc. (2). Vol. 58. 1913. — Ders.: Some experiments on the nature and function of Reissners Fibre. Journ. of comp. Neurol. Vol. 27. 1917.

STENDELL, W.: Die Hypophysis Cerebri. Lehrb. der vergl. mikroskop. Anat. der Wirbeltiere. Herausgeg. von A. Oppel. 8. Teil. Jena 1914.

STRONG, O. S.: The Cranial Nerves of Amphibia. Journ. of Morphol. Vol. 10, 1895.

WALDEYER: Über einige neuere Forschungen im Gebiete der Anatomie des Centralnervensystems. Deutsche med. Wochenschr. Bd. 17. 1891.

WEBER, M.: Vorstudien über das Hirngewicht der Säugetiere. Festschr. f. Gegenbaur. Bd. 3. Leipzig 1896.

WOERDEMAN: Vergleichende Ontogenie der Hypophysis. Arch. f. mikr. Anat. Bd. 86. 1. Abt. 1914.

ZIEHEN, TH.: Anatomie des Centralnervensystems. Handb. der Anat. des Menschen. Herausgeg. v. K. v. Bardeleben. Bd. 4. Jena 1899 ff. — Ders.: Die Morphogenie des Centralnervensystems der Säugetiere. Handb. d. vergl. u. exper. Entwickelungslehre der Wirbeltiere. Herausgeg. von O. Hertwig. Bd, 2, Teil 3. Jena 1906.

VI. Die Sinnesorgane.

Primäre Sinneszellen (Abb. 501a auf S. 398) sind bei den Vertebrata selten. Bei Amphioxus liegen sie in der Epidermis verbreitet und kommen auch zwischen den Ependymzellen des Zentralnervensystems vor (Abb. 508 auf S. 408 und Abb. 512 auf S. 414); diese Tatsache ist durch das ectodermale Entstehen des Ependyms wohl begreiflich. Bei den Craniota dagegen liegen sie weit mehr lokalisiert: im Zentralnervensystem trifft man sie hier nur in dem Saccus vasculosus (Abb. 584 auf S. 484); weiterhin sind sie auf das Riechorgan beschränkt; vielleicht können wir auch noch die Retinazellen als primäre Nervenzellen auffassen.

Daß gerade in den Riech- und Sehorganen der ursprüngliche Zustand bewahrt ist, kann dadurch erklärt werden, daß diese Sinnesorgane mit ihren Sinneszellen entweder ein Teil des Zentralnervensystems selber sind; oder daß sie wenigstens unmittelbar neben dem Zentralnervensystem liegen, ihre Axonen also kurz sind. Wird der Abstand bis zum Zentralnervensystem größer, dann sinken die Sinneszellen unter die Epidermis, wie das auf S. 398 beschrieben wurde; sie werden dadurch zu Ganglienzellen; ihre peripheren Teile verlängern sich zu einer Nervenfaser, wovon das oft stark verzweigte Ende in dem Epithel liegen bleibt: das freie Nervenende (Abb. 501a auf S. 398).

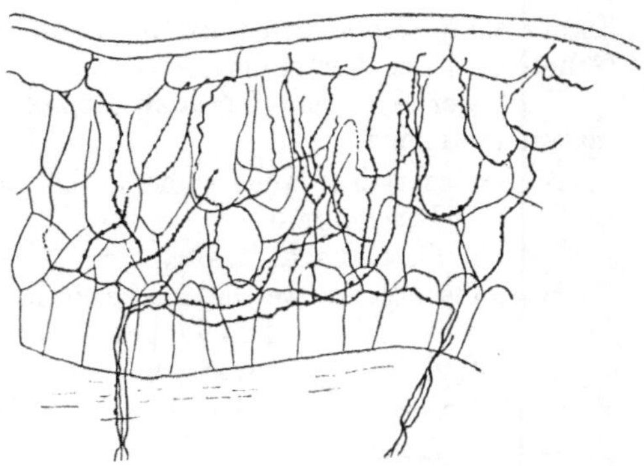

Abb. 573. Freie Nervenenden in der Epidermis von Salamandra. (Nach RETZIUS aus HESSE.)

Solche freien Nervenenden (Abb. 573) sind stets marklos. Wir finden sie bei den Vertebrata und auch bei Amphioxus nicht allein in der Haut, sondern auch in den Schleimhäuten, im Bindegewebe und in den Muskeln weit verbreitet. Ihre Funktion ist sehr verschieden. Einige von ihnen, welche im Corium und in der Epidermis, in der Zahnpulpa und in einigen inneren Organen liegen, betrachtet man als besondere „Schmerzorgane“. Andere berichten über Hunger, Durst, Hautreize oder über chemische Reize. Wieder andere stehen in Kontakt mit Muskelfasern in den sogenannten Muskelspulen, oder mit Sehnenfasern in den sogenannten Sehnenspulen: sie berichten an das Zentralnervensystem über den Tonus der Muskeln und den Spannungszustand der Sehnen.

Primäre Sinneszellen können sich auch zu Gruppen zusammenschließen. Meist vereinigen sich dann indifferente Epithelzellen (Stützzellen) mit den Sinneszellen zum sogenannten Sinnesepithel. Zusammen mit Bindegewebe, Muskeln usw., welche beschützende Hüllen und andere akzessorische Teile bilden, oft auch in Vereinigung mit besonderen Ganglienzellen, bildet dann das Sinnesepithel oft recht komplizierte Organe: die Sinnesorgane.

Auch freie Nervenenden können zu der Bildung von Sinnesorganen führen (Abb. 501c). Solche Sinnesorgane kommen dann zustande, wenn die Nervenenden durch Bindegewebshüllen umgeben werden, oder wenn sie mit umgebenden Epithelzellen in einen näheren Verband treten und damit schärfer umschriebene Organe bilden. Diese Epithelzellen, vielleicht manchmal auch Coriumzellen, können dann wieder selbst zu Sinneszellen werden, welche Reize empfangen und auf die Nervenenden übertragen. So entstehen die sekundären Sinneszellen. Sie unterscheiden sich von den primären Sinneszellen einmal durch das Fehlen eines Nervenfortsatzes, zweitens durch das Fehlen von eigenen Neurofibrillen. Die Sinneszellen der Hautsinnesorgane der Craniota sind ebenso wie diejenigen der Geschmacks- und Gehörorgane sekundär. Unter den Invertebrata besitzen wahrscheinlich nur die Arthropoda sekundäre Sinneszellen.

Da das Protoplasma stets auf verschiedene Weise reizbar ist („anelektiv"), so muß man annehmen, daß dies ursprünglich auch für das Protoplasma der Sinneszellen galt. Durch weitergehende Differenzierung passen sich jedoch diese Zellen mehr und mehr an bestimmte Arten von Reizen an. Es kommt zwar auch bei den Vertebrata vor, daß Sinneszellen imstande sind, auf verschiedene Reize zu reagieren; sie sind dann aber niemals mehr für alle Reize gleichermaßen empfänglich, sondern stets an eine einzige besondere Form von Energie im besonderen Maße angepaßt („elektiv"). Dieser Reiz wird dann für die betreffende Zelle der adäquate Reiz genannt. Alle Sinneszellen ein und desselben Sinnesorganes sind in der Regel auf denselben adäquaten Reiz eingestellt; es können jedoch auch Sinneszellen verschiedener Art in einem Sinnesorgan vereinigt sein, wie z. B. im Gehörorgan der Vertebrata.

Nach der Art des adäquaten Reizes kann man die Sinnesorgane folgendermaßen einteilen:

A. Sinnesorgane, welche chemische Reize auffangen.
   1. Riechorgane.
   2. Geschmacksorgane.

B. Sinnesorgane, welche mechanische Reize auffangen.
   3. Tast- und Druckorgane.
   4. Gehör- und statische Organe.

C. Sinnesorgane, welche optische Reize auffangen.
   5. Augen.

Besondere Sinnesorgane für das Wahrnehmen der Temperatur und des Schmerzes sind nicht mit Sicherheit bekannt. Wahrscheinlich sind es in der Regel freie Nervenenden, welche hierfür bestimmt sind.

Riechorgane.

Geruch und Geschmack werden durch chemische Reize erregt. Eine scharfe Grenze zwischen beiden ist nicht zu ziehen. Bei den Landvertebrata kann man als Unterschied gelten lassen, daß die Geschmacksorgane auf flüssige oder aufgelöste Stoffe reagieren, die Riechorgane auf gasförmige Stoffe; bei Wasserbewohnern ist dieser Unterschied nicht durchzuführen. Ein besseres Kriterium scheint in der Menge Substanz zu liegen, welche nötig ist, um die Sinneszellen zu reizen: bei den Riechorganen ist diese Menge kleiner als bei den Geschmacksorganen. Damit steht wohl im Zusammenhang, daß die Geschmacksorgane nur Reize aus der nächsten Nähe wahrzunehmen haben, z. B. die Nahrung; daß das Riechorgan aber Gegenstände schon auf sehr großem Abstand wahrnehmen kann durch die von den Gegenständen ausgehenden Riechstoffe, welche durch die Luft oder durch das Wasser verbreitet werden.

Da die Stoffe, welche diese Sinnesorgane reizen, nicht oder nur schwierig durch die Haut eindringen können, so muß ihr Sinnesepithel stets an der Oberfläche liegen, oder wenigstens in Gruben und Höhlen, die mit der Außenwelt in Verbindung stehen. Darin bewahren also Riech- und Geschmacksorgane einen ursprünglichen Zustand. Dieser äußert sich bei den Riechorganen auch darin, daß ihre Sinneszellen primär sind: sie senden ihre Nervenfortsätze direkt zum Zentralnervensystem und zwar zu den Lobi olfactorii.

Diese Riechzellen bilden mit Stützzellen zusammen das Riechepithel (Abb. 574). Alle Zellen dieses Epithels erstrecken sich von der Basis bis zur Oberfläche: das Epithel ist also einschichtig; doch kann die verschiedene Höhe, in welcher die Kerne des Epithels liegen, den Eindruck hervorrufen, als ob das Epithel mehrschichtig sei. Die Nervenfortsätze der Riechzellen bilden den Riechnerven. Die Riechzellen sind schmal und zylindrisch; an der Stelle des Kernes schwellen sie etwas auf. An ihrer freien Oberfläche, welche etwas über die umgebenden Stützzellen hinausragt, tragen sie feine Sinneshärchen. Diese „Haare" sind nach neueren Untersuchungen (VAN DER STRICHT) eingepflanzt auf einem kleinen Bläschen; dieses sitzt an der Spitze der Sinneszelle und geht aus dem Centrosom der Zelle hervor. Die Stützzellen tragen meist Wimperhaare, welche das Wasser und die Luft bewegen; auf diese Weise bringen sie immer neue Riechstoffe zu den Riechzellen.

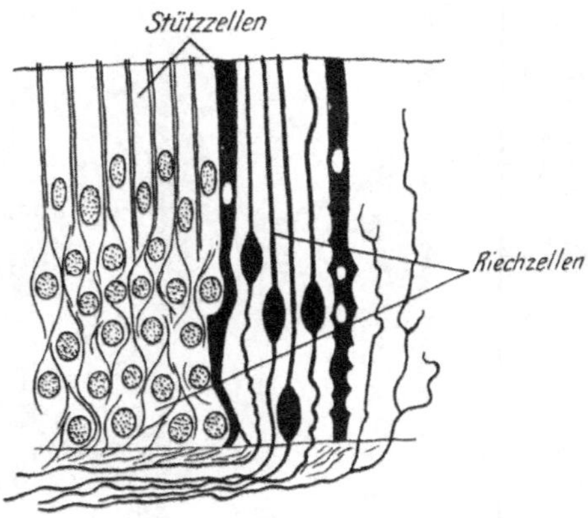

Abb. 574. Vertikalschnitt durch das Geruchsepithel eines Mammaliers; links ein Übersichtsbild, rechts die Bestandteile für sich allein gezeichnet (ganz rechts ein freies Nervenende im Epithel). (Nach HESSE.)

Meist liegen die Riechzellen in dem Riechepithel zerstreut zwischen den Stützzellen. Bei einigen Teleostei und Amphibia liegen sie jedoch in Gruppen: den Riechknospen; diese zeigen mannigfache Übereinstimmungen mit den Sinnesknospen der Invertebrata und den Geschmacksknospen der Vertebrata. Die Ontogenie macht es jedoch wahrscheinlich, daß sich diese Riechknospen sekundär geformt haben durch Anhäufung der zerstreuten Riechzellen.

Da die Hauptbedeutung der Riechorgane darin liegt, die Art der Nahrung zu erkennen, so ist es zu begreifen, daß die Riechorgane stets in der Nähe des Mundes liegen. In der ursprünglichen Form sind es Gruben: die Riech- oder Nasengruben, welche mit dem Riechepithel ausgekleidet sind; dieses Epithel ist dann eine Fortsetzung der Epidermis. Anfangs beobachtet man nur eine einzige unpaare Grube: diese sogenannte Monorhinie treffen wir nur an bei Amphioxus und den Cyclostomata. Alle übrigen Vertebrata besitzen eine Amphirrhinie: das Riechorgan ist paarig.

Die unpaare Riechgrube zeigt einen topographischen Verband mit dem Neuroporus. Vor allem bei den Acrania ist dieser Zusammenhang deutlich: das Grübchen (KÖLLIKERsche Wimpergrube) entsteht hier als eine Einsenkung des Epithels um den Neuroporus, welcher also hier ausmündet (Abb. 512 auf S. 414). Später schließt der Neuroporus sich; aber die Verbindung bleibt bestehen zwischen dem Epithel des Grübchens und dem an dieser Stelle gebildeten Recessus neuroporicus der Gehirnblase. Infolge der Entwicklung der Rückenflosse kommt das Grübchen später links der Medianlinie zu liegen. Ob es tatsächlich Sinnesepithel besitzt, steht übrigens nicht vollkommen fest.

Bei den Cyclostomata bildet sich die Riechgrube erst nach Schluß des Neuroporus, jedoch auf jenem Platze, wo der Neuroporus gelegen hat, oder wenigstens dicht dabei (Abb. 575). Das Epithel der Riechgrube ist verdickt (Riechplakode). Durch Verschiebung kommt dieses Grübchen nach einiger Zeit ventral zu liegen, cranial der Mundöffnung. Die weitere Entwicklung wird kompliziert durch die Verbindung, welche das Grübchen mit der Anlage der Hypophyse eingeht. Das Grübchen bildet schon bald hinten und vorn eine Aussackung (Abb. 575): das vordere Säckchen (Riechsäckchen) wird zum endgültigen Riechorgan; der hintere Sack wird zum Hypophysengang. Aus der Wand dieses Ganges entwickelt sich die Hypophyse. Derjenige Teil der Riechgrube, welcher zwischen diesen beiden Ausstülpungen liegt, verlängert sich in der Folge zu einer Rinne; diese verändert sich späterhin durch Verwachsung der Ränder zu einem Rohr. Dieses Rohr behält allein vorn eine Öffnung nach außen: die äußere Nasenöffnung. Bei Petromyzon liegt diese Öffnung dorsal auf dem Kopfe (Abb. 576 A). Der gesamte Komplex sinkt etwas in die Tiefe, indem sich um diese Öffnung hin das Ectoderm sekundär eingestülpt. Die Nasenöffnung führt also jetzt in ein Rohr: das Nasenrohr.

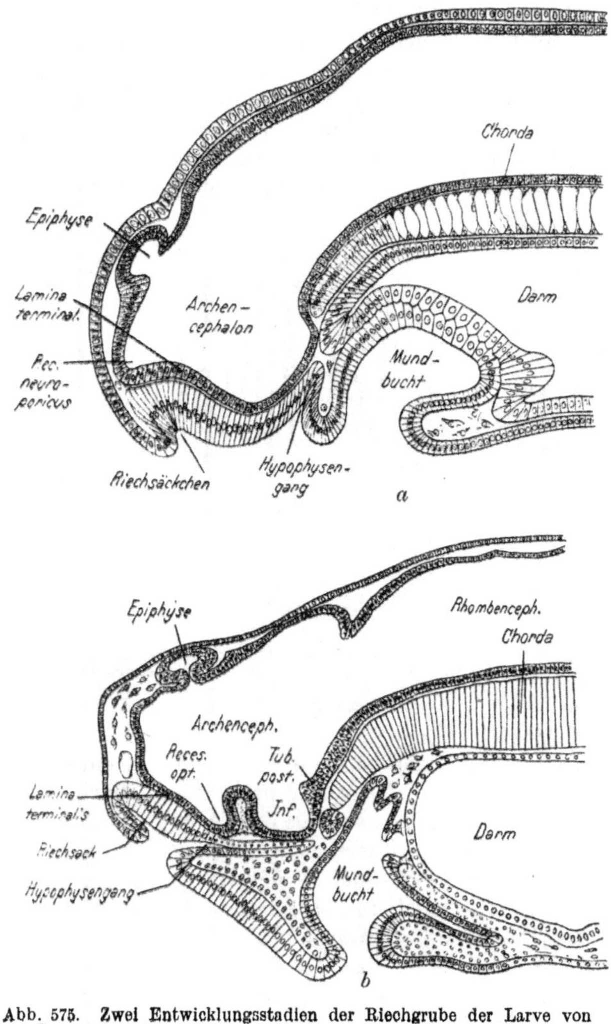

Abb. 575. Zwei Entwicklungsstadien der Riechgrube der Larve von Petromyzon (Ammocoetes). Medianschnitt. (Nach v. KUPFFER.)

Dieses Rohr wird bei den Myxinidae sehr lang (Abb. 576 B). Er setzt sich caudad fort in den Hypophysengang; dieser trägt cranial eine Aussackung: das Riechsäckchen. Bei den Myxinidae tritt der Hypophysengang sekundär in Verbindung mit dem Vorderdarm: so entsteht also eine sekundäre, direkte Verbindung zwischen dem Riechorgan und dem Darm. Bei Petromyzon kommt diese Verbindung nicht zustande: der Hypophysengang besitzt vielmehr ein blindes Ende unter der vorderen Spitze der Chorda dorsalis (Abb. 576a).

Die Verbindung zwischen Hypophysengang und Darm, die wir eben bei den Myxinidae entstehen sahen, hat übrigens zu der Hypothese geführt, daß die äußere Öffnung des Hypophysenganges der ursprüngliche Mund der Vertebrata sei: das „Palaeostoma“; der endgültige Mund soll erst später entstanden sein.

Das anfänglich unpaare Riechsäckchen der Cyclostomata wird später mehr oder weniger deutlich paarig. Die Ursache hiervon ist, daß sich zu beiden Seiten des Säckchens eine Ausstülpung bildet, und daß diese Ausstülpungen im erwachsenen Organ die Oberhand bekommen über den ursprünglichen medianen Teil. Beide sekundären Teile sind dann durch ein medianes Schott teilweise voneinander geschieden (Abb. 576 A). Die innere Oberfläche des Riechsäckchens ist mit einem Wimper- und Sinnesepithel bekleidet; sie wird durch Faltung noch bedeutend vergrößert.

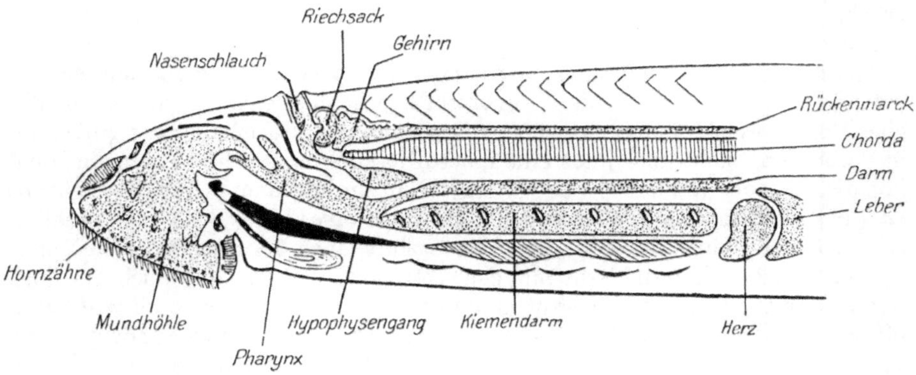

Abb. 576. Petromyzon.

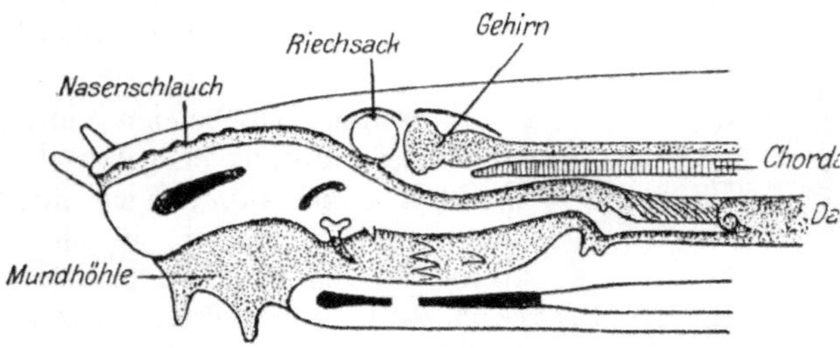

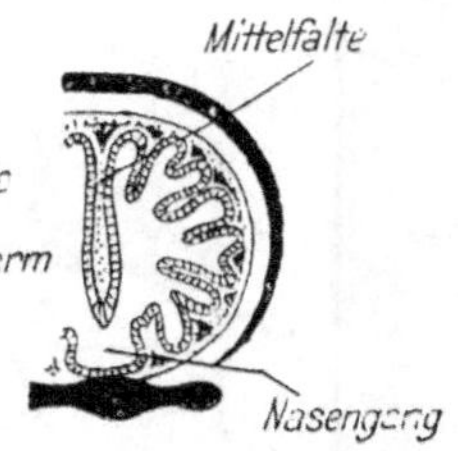

Abb. 577. Myxine. Petromyzon (Querschnitt).

Abb. 576—577. Riechorgane der Cyclostomen. (Nach BÜTSCHLI.)

Wir finden also bei den Cyclostomata einen Übergangszustand zur Amphirrhinie. Dies wird deutlicher durch die Tatsache, daß auch der N. olfactorius paarig ist. Natürlich ist es denkbar, daß die Monorrhinie der Cyclostomata sekundär ist und daß der paarige Riechsack und der N. olfactorius den ursprünglichen Zustand anzeigen. Dafür spricht übrigens, daß die Cyclostomata in vieler Hinsicht einen abgeleiteten Zustand zeigen. Doch scheint es hinsichtlich der Verhältnisse bei Amphioxus und hinsichtlich der unpaaren Anlage dieses Organes bei den Cyclostomata wahrscheinlicher, daß die Cyclostomata von Anfang an monorrhin gewesen sind.

Das Riechorgan der Gnathostomata zeigt nur selten in der Ontogenie Spuren einer monorrhinen Anlage. Auch die Verbindung mit der Hypophyse ist hier vollständig verloren gegangen.

Bei den Pisces bleiben beide Riechgruben meistens in ihrer ursprünglichen Form erhalten. Bei der Fortbewegung des Tieres strömt das Wasser an dem auch hier gefalteten Riechepithel entlang; das Epithel kommt also fortgesetzt mit frischem Wasser in Berührung. Bei den Teleostomi wird dagegen der Zugang zu jeder der beiden Gruben gewöhnlich durch eine querliegende Hautbrücke in zwei Teile geteilt: das Wasser strömt durch die craniale Öffnung hinein, durch die caudale Öffnung heraus. Beide Öffnungen liegen nicht selten weit voneinander entfernt; und häufig findet man beide an der Spitze einer Art Tentakel.

In anderer Richtung differenziert sich das Riechorgan bei den meisten Elasmobranchii. Das Riechgrübchen liegt bei diesen Tieren in den meisten Fällen an der Unterseite der Schnauze, cranial des Mundes; häufig ist es durch eine oberflächliche Rinne mit dem Mundspalte vereinigt. Nasengrube und Rinne werden gewöhnlich durch eine Hautfalte überdeckt, welche sich an dem medialen Rande erhebt; auch eine laterale Hautfalte kann in einigen Fällen noch zur Überdachung beitragen.

Sollten diese beiden Falten miteinander verwachsen, so würde ein Zustand entstehen, wie wir ihn bei den Tetrapoda beobachten: hier ist die Nasenhöhle eine Röhre, welche durch die äußere Nasenöffnung (Naris) mit der Außenwelt in Verbindung steht und durch eine innere Nasenöffnung (Choane) in die Mundhöhle einmündet (Abb. 629a auf S. 522). Nur ein bestimmter Teil der Höhle besitzt das Riechepithel. Die Nasenhöhle hat somit eine zweite Bedeutung erhalten: sie ermöglicht einen Wechsel der Atmungsluft auch bei geschlossenem Munde.

Die Dipnoi stimmen darin mit den Tetrapoda überein, daß auch bei ihnen durch Verwachsung der Riechgrubenränder eine vordere und eine hintere Nasenöffnung gebildet werden. Die Riechgruben entstehen ursprünglich vor dem Munde; durch Verschiebung kommen sie aber in die Mundhöhle zu liegen. So münden beide Öffnungen hier aus, die vordere an der Innenseite der Oberlippe.

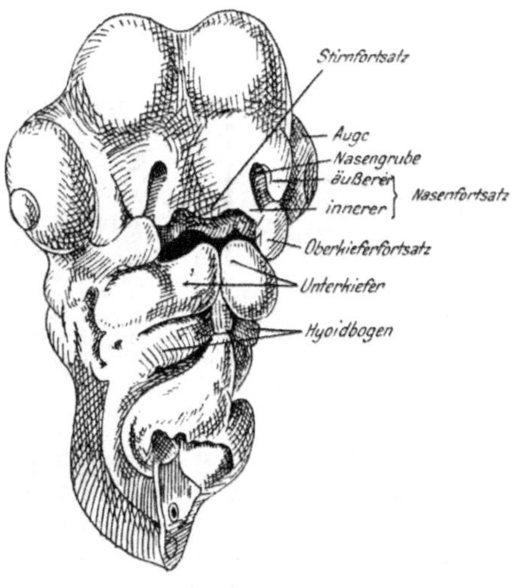

Abb. 578. Kopf eines Hühnerembryos, ventral. (Nach DUVAL aus SCHIMKEWITSCH.)

Embryonal tritt bei den Amniota ein Zustand auf, welcher dem der erwachsenen Pisces ähnlich ist; ein Paar Nasengruben hängen durch eine Rinne mit der Mundhöhle zusammen (Abb. 578). Die Leisten, welche die Grube lateral und medial begrenzen, bilden den äußeren und inneren Nasenfortsatz. Der innere Fortsatz bildet gleichzeitig den lateralen Rand des medianen Stirnfortsatzes, welcher die Mundhöhle vorn begrenzt. Die Rinne, welche die Nasengrube mit der Mundhöhle verbindet, wird umgeben durch den inneren Nasenfortsatz und einen Oberkieferfortsatz. Verschmelzen diese beiden dann später miteinander, so verwandelt sich die Rinne in ein Rohr. Eine andere Rinne läuft zwischen dem Oberkieferfortsatz und dem äußeren Nasenfortsatz von der Nasengrube zur Augenregion: hieraus entwickelt sich der Tränenkanal.

Abweichungen von diesem Schema zeigen die Amphibia (mit Ausnahme der Gymnophonia) und die Mammalia (mit Ausnahme der Monotremata). Bei diesen beiden Gruppen entsteht die Verbindung zwischen der Nasenhöhle und der Mundhöhle nicht durch Überwachsung einer Rinne, sondern mittels einer Durchbrechung der beide Höhlen scheidenden Membrane. Die Amphibia weichen außerdem noch dadurch ab, daß die Nasenhöhle durchbricht in den entodermalen Darm und nicht in die ectodermale Mundbucht.

Die auf diese Weise entstandenen primären Choanen werden bei vielen Reptilia (Ophidia, Crocodilia, Chelonia) und allen Mammalia durch sogenannte sekundäre Choanen ersetzt (Abb. 394, 395 auf S. 284 und Abb. 403 auf S. 291). Dies hängt zusammen mit dem Entstehen einer horizontal verlaufenden Zwischenwand: dem sekundären Gaumen (Abb. 412 auf S. 295 und Abb. 633 auf S. 525); hierdurch wird die Mundhöhle in eine dorsale und ventrale Abteilung geschieden. In die dorsale Abteilung, den Ductus naso-pharyngeus, münden die primären Choanen aus; caudal dagegen steht dieser Ductus durch die sekundären Choanen mit der ventralen Abteilung, der endgültigen Mundhöhle, im Zusammenhang.

Der sekundäre Gaumen entwickelt sich aus zwei Leisten, den sogenannten Gaumenfalten; diese wachsen jede von einem der beiden Oberkieferfortsätze mediad aus und verschmelzen schließlich in der Medianlinie miteinander. Solche Falten sind auch bei einigen Amphibia und weiterhin bei den Lacertilia (Abb. 630 auf S. 523) und Aves (Abb. 631 und 632 auf S. 524) zu beobachten; sie verwachsen hier aber nicht miteinander.

Der Ductus naso-pharyngeus bleibt kurz bei den Ophidia und Chelonia; länger wird er bei den Crocodilia und Mammalia. Der sekundäre Gaumen bleibt häutig bei den Ophidia; bei den anderen Gruppen wird der ganze Gaumen oder ein Teil von ihm gestützt durch knöcherne Leisten, welche von den umgebenden Knochen auswachsen. Bei den Mammalia ist auf diese Weise ein harter Gaumen (Palatum durum) zu unterscheiden von einem dahinter gelegenen weichen Gaumen (Palatum molle) (Abb. 633 auf S. 525 und Abb. 412 auf S. 295).

Nicht nur im Zusammenhang zwischen der Nasenhöhle und dem Darmkanal zeigen die Tetrapoda eine gewisse Übereinstimmung mit den Myxinidae unter den Cyclostomata; auch darin, daß die Nasenhöhle sich bei beiden Gruppen sekundär vergrößert durch Einfaltung des Epithels in der Umgebung der äußeren Nasenöffnung. Durch diese Einfaltung wird das sogenannte Atrium (oder Vestibulum) gebildet. Der Bau des atrialen Epithels unterscheidet das Atrium von der eigentlichen Nasenhöhle. Wir finden ein solches Atrium bei den Amphibia, stärker entwickelt bei den meisten Reptilia und den Mammalia.

Zwischen dem Atrium und der Choane (bzw. dem Ductus naso-pharyngeus) liegt die ursprüngliche Nasenhöhle, in welcher sich das Riechepithel befindet. Jedoch bekleidet dieses Riechepithel nur einen bestimmten Teil der Nasenwand: die Pars olfactoria. Der Rest der Nasenhöhle ist mit einem gewöhnlichen Epithel bekleidet und dient nur dazu, die für die Lungen bestimmte Luft durchzulassen und vorzuwärmen: die Pars respiratoria. Dieser Abschnitt bildet darum eine direkte Verbindung zwischen dem Atrium und der Choane, während die Pars olfactoria häufig eine Aussackung von ihm darstellt. Meist liegt die Pars olfactoria mehr oder weniger dorsal der Pars respiratoria, bei den Amphibia und einigen Reptilia dagegen hauptsächlich medial. Dies ist offenbar die Folge einer Abplattung des Kopfes bei diesen Tieren.

Bei den Pisces fanden wir in dem Riechorgan Falten der Wand zur Vergrößerung der Oberfläche. Dergleichen Schleimhautfalten, die in einigen Fällen durch Knorpel gestützt werden, beobachtet man auch bei einigen Urodela: bei Proteus und Necturus; bei den anderen Amphibia fehlen sie. Bei den Amniota dagegen treten solche Falten wieder in einer anderen Form auf: hier sind eine oder mehrere größere Leisten zu beobachten, die sogenannten Nasenmuscheln (Conchae), welche in die Nasenhöhle hineinragen, gestützt durch knorpelige oder knöcherne Fortsätze der Höhlenwand. So kommt bei den Sauropsida allgemein eine Nasenmuschel vor, welche von der lateralen Wand aus entspringt und meist mit Riechepithel umkleidet ist (Abb. 632 auf S. 524). Nur bei den Aves finden wir außer dieser Nasenmuschel noch eine zweite, welche an der Seitenwand des Atrium befestigt ist.

Besser entwickelt sind die Nasenmuscheln der Mammalia (Abb. 579 und 580). Die knorpeligen, später verknöcherten Lamellen (Turbinalia), welche die Nasenmuscheln stützen, werden genannt nach denjenigen Knochen, von welchen sie ausgehen: wir unterscheiden Maxillo- und Ethmoturbinalia. Das Maxilloturbinale liegt im vorderen Teil der Nasenhöhle und entspringt von ihrer lateralen Wand; es gehört zur Pars respiratoria. Die Ethmoturbinalia dagegen tragen Riechepithel; sie liegen hinten in der Nasenhöhle: dort, wo sich die Höhle dorsal des Ductus naso-pharyngeus zu einer blindendigenden Höhle erweitert. Die Ethmo-turbinalia sind mit der lateralen Wand des Ethmoid verwachsen. Sie kommen in einer verschiedenen Anzahl vor. Ihre Längsrichtung steht ungefähr senkrecht

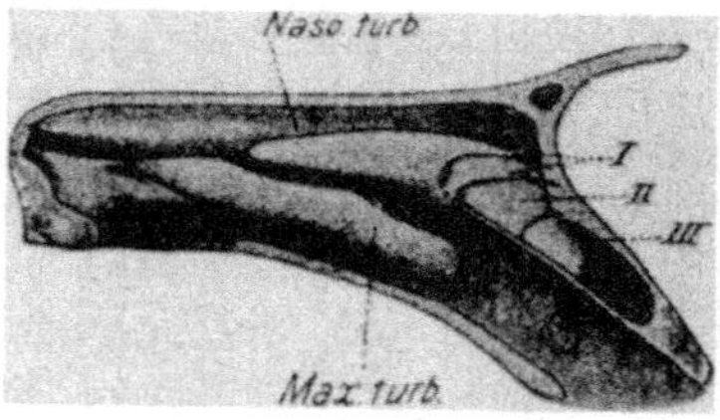

Abb. 579. Laterale Wand der Nasenhöhle von Lemur catta, von innen gesehen. (Nach SEYDEL aus GEGENBAUR.) (I—III: Ethmoturbinalia.)

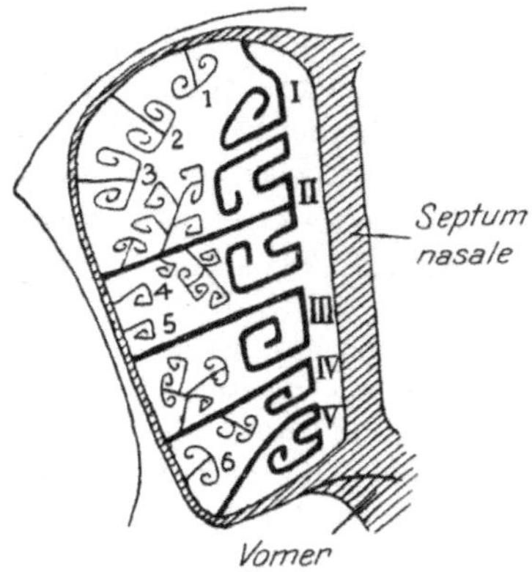

Abb. 580. Querschnitt durch den hinteren Teil der Nasenhöhle eines Säugetieres; schematisch. (Nach PAULLI aus BÜTSCHLI.) I—V Endoturbinalia; 1—6 Ectoturbinalia.

zur Siebplatte des Ethmoid (Abb. 412 auf S. 295); von der Lage dieser Siebplatte hängt es also ab, ob die Ethmoturbinalia vertikal und dann hintereinander gelagert sind, oder ob sie mehr horizontal stehen und dann übereinander liegen. Das am meisten dorsale Ethmoturbinale erstreckt sich gewöhnlich weit craniad, so daß es hier mit dem Nasale verwächst; so kommt es, daß das erste Ethmoturbinale als sogenanntes Nasoturbinale unterschieden wird.

Die Turbinalia der Mammalia sind oft stark gewunden, oft auch in zwei Lamellen gegabelt (Abb. 580); auch können sie ihre Oberfläche durch ebenfalls gewundene Seitenlamellen vergrößern. Stark gewunden ist vor allem das Maxilloturbinale; dadurch wird die Atmungsluft an einer großen Schleimhautoberfläche entlang geführt und vorgewärmt. Unter den Ethmoturbinalia unterscheidet man Endo- und Ectoturbinalia (Abb. 580). Von den ersten werden meist zu beiden Seiten fünf beobachtet; oft sind es auch durch Verwachsung weniger, oder durch Teilung mehr. Sie sind hoch- und stoßen dadurch beinah an das Nasenseptum, welches die beiden Nasenhöhlen trennt. Die Ectoturbinalia dagegen sind niedriger und bleiben dadurch auf den lateralen Teil der Nasenhöhle beschränkt.

Noch auf eine andere Weise wird bei den Crocodilia, Aves und vor allem bei den Mammalia eine Vergrößerung der Wandoberfläche in der Nasenhöhle erreicht: es bilden sich hier Sinus: das sind sackförmige Nebenhöhlen in den umgebenden Knochen. Riechepithel finden wir in diesen Sinus nicht. Ihre Bedeutung scheint nur in einer Gewichtsverminderung des Schädels zu liegen. Bei den Crocodilia liegen solche Sinus in dem Maxillare; eine von ihnen verursacht eine blasenähnliche Ausstülpung der Nasenhöhlenwand; dadurch entsteht hinter der „echten" Concha die sogenannte Pseudoconcha. Eine solche Pseudoconcha, dorsal der „wahren" Concha gelegen, tritt auch bei den Aves gewöhnlich auf; sie entsteht hier durch eine große, im Schädel gelegene Nebenhöhle.

Bei den Mammalia unterscheidet man drei Sinus: den Sinus frontalis im Frontale gelegen; den Sinus sphenoidalis im Präsphenoid und den Sinus maxillaris im Maxillare. Diese Sinus können sich von dort aus auch in andere Knochen erstrecken, ja selbst bis in die Occipitalia. Selten fehlen sie ganz. Am meisten trifft man den Sinus maxillaris an.

Bei den landbewohnenden Vertebrata entsteht das JACOBSONsche Organ (Vomero-nasal-Organ) als eine Aussackung der Nasenhöhle, welche mit Riechepithel bekleidet ist. Dieses Organ wird durch einen Ramus des N. olfactorius innerviert. Bei Siren unter den Urodela und bei den Anura mündet es dauernd ventral in die Nasenhöhle aus. Bei den Gymnophiona wird es aber durch teilweise Abschnürung von der Wand der Nasenhöhle selbständiger; doch es mündet noch an seinem Hinterende in die Nasenhöhle aus, in der Nähe der primären Choane.

Unter den Sauropsida ist das JACOBSONsche Organ in der Regel gut entwickelt bei den Lacertilia und den Ophidia; bei den anderen fehlt es, was aber bei den Chelonia noch unsicher ist. Obwohl es auch hier als eine Ausstülpung der Nasenhöhle entsteht, so schnürt es sich später doch ganz von ihr ab und mündet selbständig in die Mundhöhle aus. Gewöhnlich ist es ungefähr kugelrund; doch ist sein Lumen durch eine Ausstülpung der Wand spaltförmig verengert.

Unter den Mammalia besitzen die Monotremata, Marsupialia und einige Placentalia (Rodentia, Ungulata) noch ein gut entwickeltes JACOBSONsches Organ. Bei den anderen Mammalia wird dieses Organ wohl embryonal angelegt, aber später zurückgebildet. Die Organe liegen bei den Mammalia unter den Nasenhöhlen und münden je durch einen Kanal aus: den STENSONschen Gang (oder Canalis nasopalatinus). Dieser Gang durchbohrt den vorderen Teil des knöchernen Gaumens mittels des paarigen oder unpaaren Foramen incisivum; so entsteht eine Verbindung zwischen der Nasen- und Mundhöhle. Wir müssen diese Gänge betrachten als Reste der primären Choanen; diese haben sich bei der Bildung des sekundären Gaumens nicht vollständig geschlossen, sondern bilden auch weiterhin einen unmittelbaren Zugang des JACOBSONschen Organs zur Mundhöhle. Bei der Rückbildung des JACOBSONschen Organs gehen auch die STENSONschen Gänge gewöhnlich verloren.

Durch diese Gänge steht also das JACOBSONsche Organ sowohl mit der Nasenhöhle, als auch mit der Mundhöhle in Verbindung. Die erste Verbindung ist meist konstant; die letzte kann bei einigen Ungulata verloren gehen durch den Verlust des oralen Teiles des Ganges. Bei den Xenarthra und den Rodentia münden schließlich die JACOBSONschen Organe unmittelbar in die Nasenhöhle aus.

Während des Lebens ist das JACOBSONsche Organ bei den Landtieren nicht mit Luft gefüllt wie die Mund- und Nasenhöhle; wir finden vielmehr darin eine Flüssigkeit: das Secret von Nasenhöhlendrüsen und von Speichel- oder Tränendrüsen. Das Riechepithel dieses Organs befindet sich also noch unter denselben Umständen wie bei den Pisces: es wird von Flüssigkeit umspült. Darum hat man dieses Organ angesehen als einen Abschnitt des Riechorgans, welcher in dieser Hinsicht den alten Zustand bewahrt hat (BROMAN). Durch besondere Einrichtungen ist das Organ imstande, die darin befindliche Flüssigkeit auszupressen und eine neue Flüssigkeit aufzusaugen, welche mit Riechstoffen beladen aus der Nasen- und Mundhöhle eindringt. Bei den Mammalia spielt dabei ein Schwellkörper in der Wand des Organs eine gewisse Rolle.

Die Schleimhäute der Nasenhöhle werden bei den landbewohnenden Vertebrata durch besondere Schleimdrüsen feucht erhalten. So findet man bei den Amphibia und Sauropsida in der Regel eine lateral gelegene Glandula nasalis externa und eine JACOBSONsche Drüse (Gl. nasalis medialis), welche in das JACOBSONsche Organ ausmündet oder in seiner Nähe. Die zuerst genannte Drüse kommt am häufigsten vor, scheint aber bei den Aves oft zu fehlen. Auch bei den Mammalia sind beide Drüsen zu finden: eine mediale, welche in das JACOBSONsche Organ ausmündet und oft eine laterale: die sogenannte STENOsche Drüse. An Stelle dieser letzten Drüse können hier auch mehrere Drüsen anwesend sein. Außerdem sind meist noch zahlreiche kleine Drüsen in der Nasenhöhle verstreut, die unter dem Namen BOWMANsche Drüsen bekannt sind. — Eine äußere Nase, d. h. ein Fortsatz des Gesichtes, welcher die Nasenöffnungen trägt, ist bei einigen Mammalia entwickelt und kann auswachsen zu einem kürzeren oder längeren Rüssel (z. B. bei Elephas). Meist wird dieser Fortsatz durch Knorpel oder Knochen gestützt.

Geschmacksorgane.

Die Geschmackszellen der Vertebrata sind sekundäre Sinneszellen. Sie haben eine lange zylindrische Form; jede Zelle trägt ein kurzes Sinnesstäbchen. Die Sinneszellen werden mit zylindrischen Stützzellen zu sogenannten Geschmacksknospen oder Geschmacksbechern zusammengefaßt (Abb. 581). Stets sind die Zellen in diesen Knospen zu einer einzigen Schicht angeordnet: dadurch unterscheiden sich diese Organe scharf von dem umgebenden mehrschichtigen Epithel. Die Knospen können dieselbe Höhe erreichen wie das umgebende Epithel; oft aber liegen sie auch ausschließlich in der obersten Schicht des Epithels, z. B. bei den Pisces (Abb. 581); dann dringt eine Coriumpapille bis an den Geschmacksbecher nach außen vor. Umgekehrt ist in vielen Fällen die Oberfläche des Geschmacksbechers etwas nach unten bis unter das umgebende Epithel eingesunken, z. B. bei den Crocodilia, Aves und Mammalia. Dann liegt oberhalb des Geschmacksbechers eine kleine Grube, welche durch eine Öffnung nach außen mündet: den Geschmacksporus.

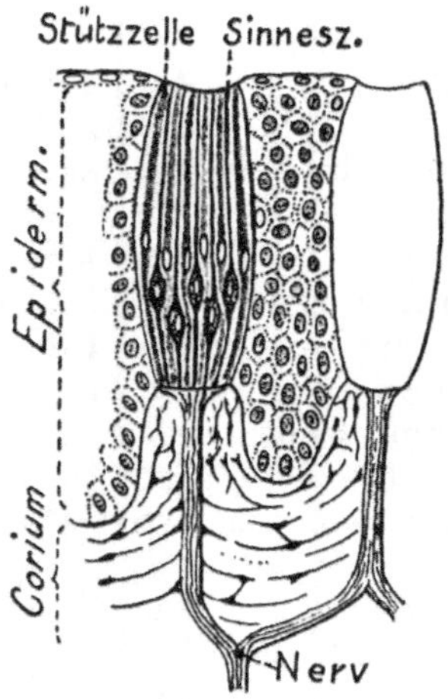

Abb. 581. Geschmacksknospen im Gaumen eines Teleostiers (Tinca). (Nach F. E. SCHULZE und MAURER aus BÜTSCHLI.) — In der linken Knospe sind die Sinneszellen dunkel, die Stützzellen heller gefärbt; von der rechten Knospe ist nur der Umriß angegeben.

Die Geschmackszellen werden umsponnen durch die Faserenden der Geschmacksnerven, welche außerdem auch in die Zellen eindringen.

In der Regel sind die Geschmacksknospen beschränkt auf die Mundhöhle. Bei den Pisces jedoch kommt ja auch die Oberfläche des Körpers selbst mit aufgelösten Stoffen in Berührung; hier liegen dann Organe desselben Baues gelegentlich auch in der äußeren Haut. Man hat auch für diese Organe eine gewisse Geschmacksfunktion mit ziemlicher Sicherheit festgestellt. Am zahlreichsten kommen sie auf dem

Kopfe vor, vor allem in den sogenannten Barteln; aber auch auf den Schuppen des Rumpfes und selbst auf den Flossen sind sie vielfach gefunden. Außerdem liegen sie bei den Pisces auch in der Mundhöhle und im Kiemendarm.

Bei den Tetrapoda liegen diese Organe ausschließlich in der Mundhöhle: auf der Zunge, im Gaumen und auf der Epiglottis. bei den Mammalia selbst bis in den Larynx. Bei dieser letzten Gruppe kann ihre Anzahl in die Tausende gehen, während sie bei den Reptilia, und vor allem bei den Aves, viel geringer ist: so sind bei den Aves höchstens etwa 300 festgestellt worden.

Die meisten Geschmacksknospen der Mammalia stehen auf der Zunge. Sie liegen hier auf kleinen Papillen, welche nach ihrer Form unterschieden werden als Papillae fungiformes, vallatae (circumvallatae) und foliatae. Die knopfförmigen P. fungiformes tragen die Sinnesorgane auf ihrer Spitze. Die P. vallatae (Abb. 583) sind mehr oder weniger zylindrisch gebaut und in die Tiefe gesunken, so daß sie durch eine schmale und wallgrabenförmige Furche umgeben werden. Sie tragen die Geschmacksbecher gewöhnlich nur an ihrer Seitenwand, also innerhalb der Ringfurche, beschützt gegen mechanische Einwirkungen des Futters. Die P. foliatae (Abb. 582) endlich bestehen aus einer verschiedenen Anzahl von Falten, welche parallel nebeneinander geordnet sind; die Geschmacksbecher stehen meist nur an den beiden Seitenflächen. Auf den P. filiformes sind keine Geschmacksbecher beobachtet.

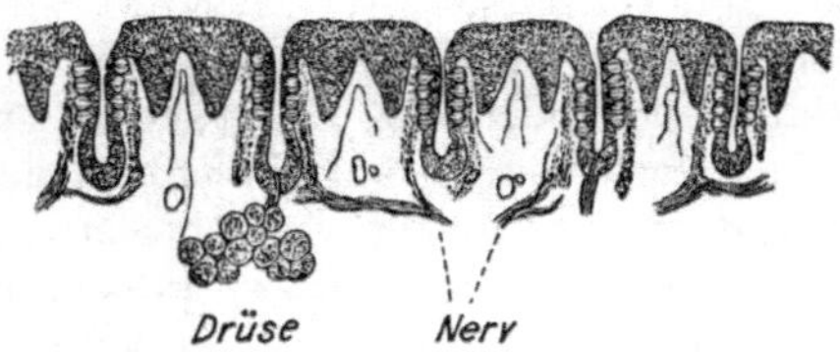

Abb. 582. Vertikalschnitt durch die Papilla foliata des Kaninchens. (Nach ENGELMANN aus BÜTSCHLI.)

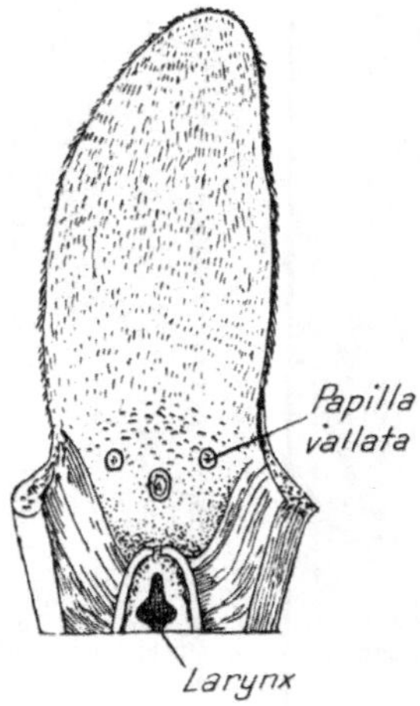

Abb. 583. Zunge von Phascolomys wombat (Marsupialia), mit drei Papillae vallatae. (Aus BÜTSCHLI.)

Die P. fungiformes sind über die Zunge verstreut; die beiden anderen Formen sind auf den caudalen Teil der Zunge beschränkt. Die Anzahl der P. vallatae beträgt manchmal nur ein, zwei oder drei. In dem letzten Falle liegen sie dann in der Form eines V mit nach hinten gerichteter Spitze (Abb. 585); in dieser Lage bleiben sie oft, wenn ihre Anzahl steigt, wie das bei den mehr spezialisierten Mammalia oft der Fall ist: bei den Carnivora, Ungulata, Sirenia, Prosimiae, Simiae.

Die P. foliatae sind, wenn sie vorkommen, stets zu zweien anwesend: je eine Papille zu beiden Seiten auf dem hinteren Teile der Zunge. Bei vielen Mammalia fehlen sie; beim Menschen sind sie zurückgebildet.

Alle Geschmacksknospen werden innerviert durch Nerven der Visceralbogen: durch den N. facialis, glossopharyngeus oder vagus. Selbst diejenigen Geschmacksorgane, welche bei den Pisces auf dem Rumpfe liegen, stehen mit einem Facialisast in Verbindung. Bei den Tetrapoda innerviert der Vagus wahrscheinlich die Organe der Epiglottis und ihrer Umgebung, weiterhin die des hinteren Teiles der Zunge. Der Facialis (Chorda tympani) innerviert die Organe des vorderen Teiles der Zunge; der Glossopharyngeus die des dazwischenliegenden Teiles der Zunge mit den P. vallatae und foliatae.

Die Tatsache, daß alle Geschmacksnerven ursprünglich Nerven der Visceralbogen sind; zweitens die Tatsache, daß die Geschmacksorgane auch bei den Pisces zuerst in dem entodermalen Teile der Mundhöhle auftreten —: beide Beobachtungen haben zu der Hypothese geführt, daß die ursprüngliche Bedeutung dieser Organe in einer Prüfung des Atmungswassers lag.

Tast- und Druckorgane.

Früher faßte man unter dem Begriff der Hautsinnesorgane zwei ganz verschiedene Arten von Sinnesorganen zusammen: einmal die eben besprochenen Sinnesknospen, soweit sie in der Haut liegen (bei den Pisces), und zweitens andere, welche nicht auf chemische, sondern auf mechanische Reize ansprechen. Physiologisch und morphologisch sind jedoch beide Arten von Sinnesorganen zu trennen.

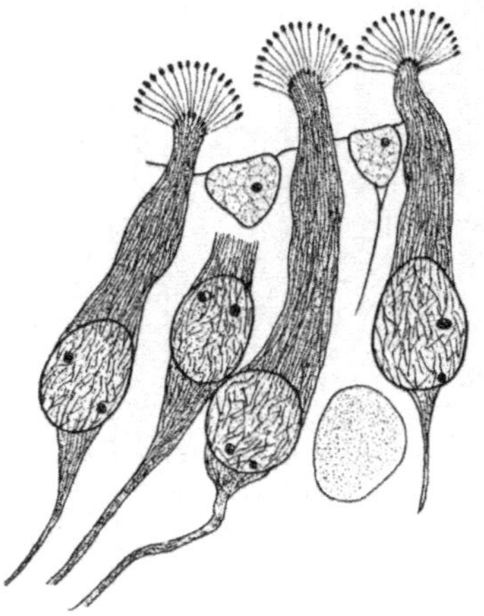

Abb. 584. Sinneszellen des Infundibularorgans von einem Teleostier (Trutta iridea). (Nach DAMMERMAN.)

Da mechanische Reize leichter als chemische durch die Oberfläche des Körpers durchdringen, so sinken die Tastsinnesorgane gewöhnlich tiefer in die Haut ein; sie sind dadurch gleichzeitig besser gegen Beschädigungen geschützt. Dieses Einsinken kann stattfinden in Gruben der Epidermis; in anderen Fällen wandern diese Sinnesorgane aus der Epidermis nach dem Corium. Außer in der Haut, liegen diese Sinnesorgane auch oft im Inneren des Körpers: sie dienen dann zum Wahrnehmen des Druckes in den Blutgefäßen oder des Kontraktionszustandes in den Muskelfasern, oder schließlich des Spannungszustandes in den Sehnenfasern; indirekt unterrichten sie also das Zentralnervensystem über die Bewegungen der Muskeln und die Stellung der Gelenke; eine gleiche Funktion haben die schon früher genannten Muskel- und Sehnenspulen.

Primäre Sinneszellen finden wir in diesen Organen nicht: ihre ursprünglichen Sinneszellen sind stets in die Tiefe gesunken und sind zu Ganglienzellen der Spinalganglien und Kopfganglien geworden. Die Tastorgane entstehen durch Komplikationen der freien Nervenenden der Dendriten dieser Ganglienzellen.

Eine Ausnahme bildet jedoch das Infundibularorgan in dem Saccus vasculosus der Pisces (Abb. 528 auf S. 423). Es besteht aus einer Gruppe primärer Sinneszellen, mit eigentümlichen steifen Sinneshaaren (Abb. 584). Man vermutet, daß dieses Organ dazu dient, den Druck im Zentralkanal des Zentralnervensystems wahrzunehmen; dadurch sollen die Tiere imstande sein, die Tiefe zu ermessen, in der sie sich befinden. Auch bei Amphioxus finden wir dasselbe Organ an demselben Orte, hinten in der ventralen Wand des Gehirnbläschens.

Die freien Nervenenden werden zunächst dadurch zu besonderen Tastorganen zusammengefaßt, daß sie eine gemeinschaftliche Bindegewebshülle empfangen: so entsteht ein scharf umschriebenes Tastkörperchen. Man findet diese Sinnesorgane in der Epidermis und auch im Corium, ja selbst tiefer gelegen. In diesen Körperchen endigen die Nervenfasern beinahe stets mit einem kleinen knäuelförmigen Netzwerk der Neurofibrillen, dem sogenannten Endreticulum.

Eine einfache Form solcher Tastkörperchen stellen die KRAUSEschen Endkolben dar. Sie kommen schon bei den Pisces vor. Bei den Mammalia liegen sie zerstreut in den Schleimhäuten der Conjunctiva, der Mundhöhle, der Nasenhöhle usw. im Bindegewebe. Sie bestehen aus unverzweigten oder verzweigten Nervenenden, welche von einer Bindegewebshülle umgeben werden.

Von diesen unterscheiden sich die sogenannten Lamellenkörperchen durch eine differenziertere Bindegewebshülle; diese ist aus mehreren konzentrischen Lamellen zusammengestellt und umgreift ein gerades, markloses Nervenende. Die geschichtete Hülle ist der sogenannte Außenkolben; innen liegt das Nervenende in einer homogenen Masse, dem sogenannten Innenkolben. Die Nervenfaser endigt in einem knopfförmigen Endreticulum. In vielen Fällen hat man gefunden, daß außer dieser Nervenfaser noch eine zweite in den Lamellenkörper eintritt, sich spiralig um die erste Faser legt und in feinen Ästen endigt.

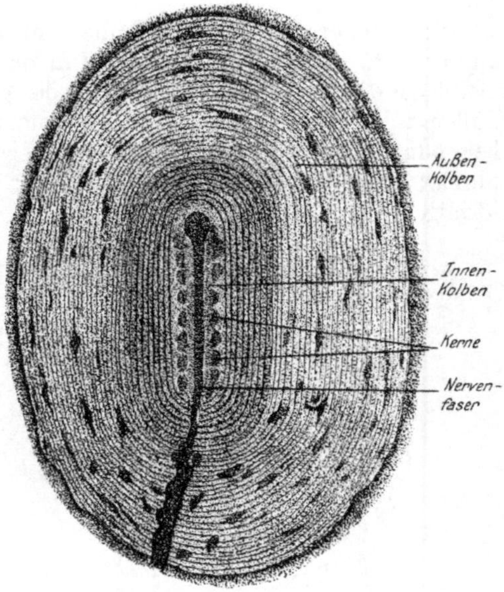

Abb. 585. HERBSTscher Körper aus der Wachshaut des Entenschnabels. (Nach SZYMONOWICZ.)

Solche Lamellenkörper kommen bei den Amniota vor. Bei den Mammalia werden sie als sogenannte VATER-PACINIsche Körperchen auffallend groß: bis zu 2 mm lang. Sie liegen in dem Unterhautbindegewebe oder auch tiefer. Die HERBSTschen Körperchen (Abb. 585) sind auch Lamellenkörper, die sich aber durch eine kernhaltige Scheide um den Innenkolben auszeichnen. Sie kommen bei den Aves vor, hauptsächlich in der Wachshaut des Schnabels und in den Federfollikeln; aber auch sonst sind sie in der Haut und im Bindergewebe nachgewiesen.

In anderen Fällen treten freie Nervenenden in Verbindung mit Zellen, welche dadurch zu sekundären Sinneszellen (Abb. 501c auf S. 398) werden. Die Verbindung kann eine so innige sein, daß die Nervenenden in die Sinneszellen eindringen; so kommt es denn, daß in den Sinneszellen Neurofibrillen liegen, die jedoch im Gegensatz zu den primären Sinneszellen nicht durch diese Zellen selbst gebildet worden sind.

Sekundäre Sinneszellen sind bezeichnend für die Seitenorgane der Pisces (Endhügel oder Neuromasten); auch bei den im Wasser lebenden Amphibia sind sie beobachtet: so bei vielen Urodela, den Larven der Gymnophiona und der Anura, schließlich bei Xenopus auch im erwachsenen Zustande. Diese Organe liegen in der Epidermis und erinnern an Geschmacksknospen; aber sie sind oft mehr ausgedehnt (Abb. 586) und werden dann nach ihrer Form auch Endplatten oder Endleisten genannt. Die sie umgebenden Epithelzellen sind oft etwas abgeändert; man unterscheidet sie dann als Deckzellen.

Die Sinneszellen der Neuromasten tragen ein Sinneshaar. Aber die am meisten kennzeichnende Eigenschaft, welche diese Sinnesorgane von den Geschmacksbechern unterscheidet, liegt in der Form der Sinneszellen: sie sind kolbenförmig und kürzer als die umgebenden Stützzellen; dadurch reichen sie basal weniger weit. In diesem Punkte stimmen sie mit den Sinneszellen des Gehörorganes (Abb. 603 auf S. 496) überein; auch andere gemeinsame Punkte zwischen beiden Organen sind gefunden: so endigen z. B. diejenigen Nervenfasern, welche die Neuromasten innervieren und zu verschiedenen Nerven gehören, alle in dem Lobus acustico-lateralis des Myelencephalon. Hier endigen aber auch die Acusticusfasern; so kommt es, daß man für beide Organe einen gemeinschaftlichen Ursprung annimmt.

Die Seitenorgane sind gewöhnlich auf dem Kopf und dem Rumpfe zu Reihen angeordnet. Anfänglich liegen sie an der Oberfläche, in der Epidermis. Dies bleibt bei den Cyclostomata während des ganzen Lebens so; aber in den meisten Fällen sinken diese Organe später mit dem umgebenden Epithel in die Tiefe. Dabei bekommt entweder jedes Organ einen eigenen Follikel, z. B. bei einigen Amphibia; oder es wird eine Reihe solcher Organe gemeinschaftlich in bläschenförmige Einstülpungen zusammengefaßt; oder sie werden auch in Rinnen kon-

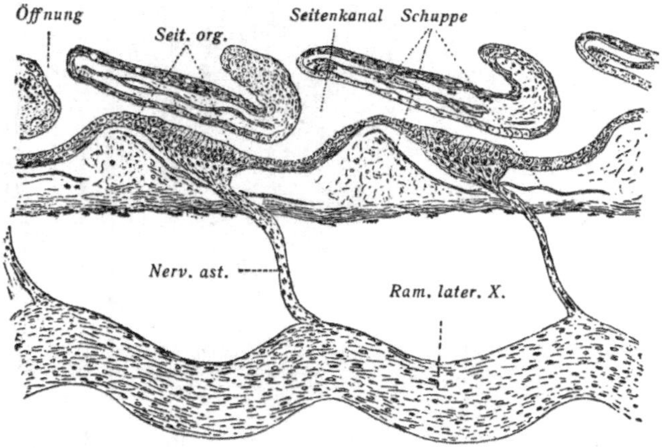

Abb. 586. Longitudinalschnitt durch den Seitenkanal von Amia calva. (Nach ALLIS aus GEGENBAUR.)

zentriert, welche sich über den Körper erstrecken (Holocephali und primitive Selachii). Ein weiterer Schritt besteht dann darin, daß die Ränder der Rinnen sich schließen; dadurch werden Röhren gebildet, die in bestimmten Abständen durch Öffnungen nach außen münden. Im Kopfe sind diese Röhren oft in die Deckknochen eingesunken, im Rumpfe in die Schuppen.

Bei den Pisces findet man gewöhnlich eine einzige Längsröhre zu beiden Seiten des Rumpfes, den sogenannten Seitenkanal. Bei den Holostei und Teleostei liegt dieser Kanal unter einer Längsreihe von Schuppen. Regelmäßig auf der Höhe jeder Schuppe gibt er einen Seitenkanal ab, welcher die Schuppe durchbohrt und an der Oberfläche nach außen mündet (Abb. 586). Cranial setzt sich der Seitenkanal über den Kopf hin fort und verzweigt sich hier (Abb. 587); auf diese Weise kann man zu beiden Seiten mehrere Zweige unterscheiden: einen oberhalb und einen unterhalb des Auges verlaufenden Zweig (Supra- und Infraorbitalkanal); einen Kanal, der längs dem Hyoidbogen und dem Unterkiefer verläuft (Hyomandibularkanal); und schließlich einen Occipitalkanal, welcher quer über den Schädel hin beide Seitenkanäle untereinander verbindet.

Neben diesen in Reihen stehenden Neuromasten kommen bei den Pisces auch noch andere vor, welche mehr oder weniger zerstreut stehen: hauptsächlich am Kopf, aber auch auf dem Rumpfe. Jede dieser Neuromasten ist in ein besonderes Grübchen eingesunken. Hierzu gehören u. a. die LORENZINIschen Ampullen der Elasmobranchii und die SAVIschen Bläschen von Torpedo.

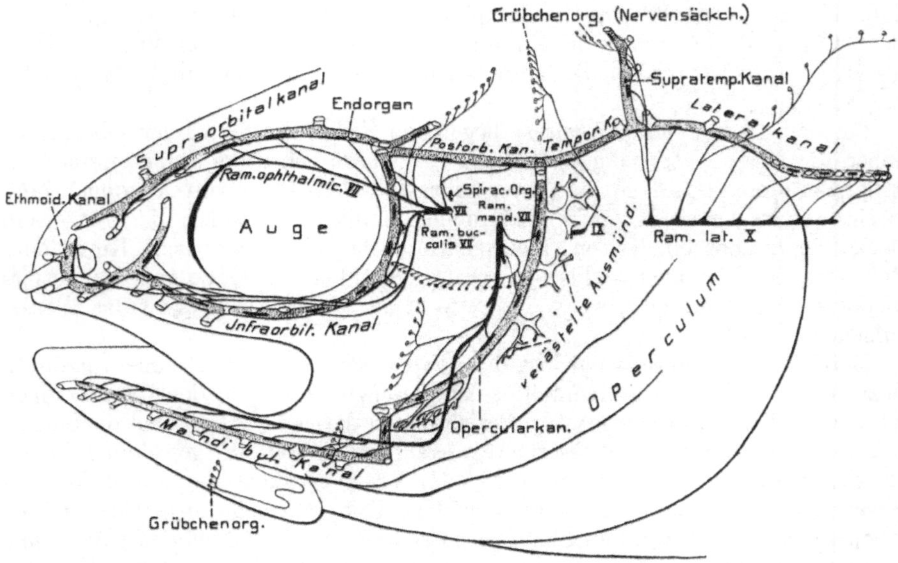

Abb. 587. Schema von der Lage der Endhügel und der sie versorgenden Äste des Facialis (VII), Glossopharyngeus (IX) und Vagus (X) bei Amia calva. (Nach ALLIS, aus BÜTSCHLI.) — Nerven schwarz, Seitenlinienkanäle punktiert, die Sinneshügel darin durch Striche, isolierte Sinnesgrübchen durch Punkte angegeben.

Die LORENZINIschen Ampullen (Abb. 588) sind röhrenförmige Hauteinstülpungen, welche mit einer gelatinösen Masse gefüllt sind. Sie liegen auf dem Kopfe, bei den Rajidae auch auf dem Rumpfe, gewöhnlich in Gruppen beieinander. Jede Ampulle mündet durch einen Porus nach außen. Am blinden Ende besitzen sie einen Kranz von Aussackungen, in deren Wand zwischen Stützzellen die kolbenförmigen Sinneszellen liegen.

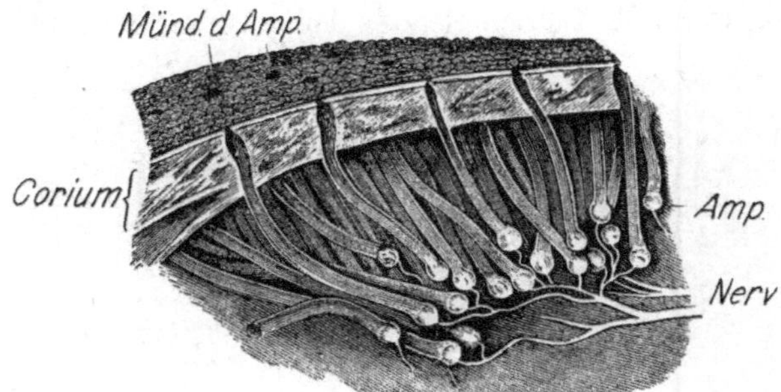

Abb. 588. LORENZINIsche Ampullen im Rostrum eines Haies (Scyllium). (Nach GEGENBAUR.)

Die SAVIschen Bläschen unterscheiden sich in einer wichtigen Beziehung von den verwandten Organen: sie sind ganz von der Außenwelt abgeschlossen und sind bekleidet mit einem einschichtigen Epithel, in welchem die Sinneszellen liegen.

Die Neuromasten der Pisces werden, soweit sie am Kopfe liegen, größtenteils innerviert durch Fasern des N. facialis, teilweise auch durch den N. glossopharyngeus und den N. vagus. Die im Rumpfe liegenden Neuromasten werden durch den R. lateralis vagi versorgt (Abb. 586, 587). Diese Fasern bilden zusammen das sogenannte Lateralissystem (Abb. 563 auf S. 461). Die Entwicklungsweise der Neuromasten ist oben besprochen worden.

Bei den Endhügeln der Amphibia ist eine ebensolche Anordnung in Reihen wahrzunehmen, wie wir sie bei den meisten Neuromasten der Pisces finden. In diesen Reihen sind die Organe in Gruppen geordnet; das ist darauf zurückzuführen, daß sie sich durch Teilung vermehren und später gruppenweise zusammenbleiben. Oft findet man bei den Amphibia zu beiden Seiten des Rumpfes drei Längsreihen: dies stimmt überein mit dem Verlaufe von drei Vaguszweigen, des R. lateralis profundus, R. lateralis superficialis (superior) und des R. lateralis inferior.

Bei den Larven der Amphibia liegen die Seitenorgane an der Oberfläche. Gehen die Tiere später zum Landleben über, dann gehen die Sinnesorgane entweder verloren (Salamandrinae, alle Anura mit Ausnahme von Xenopus), oder es sinkt jedes Organ in einen schützenden Follikel ein, wobei die Stütz- und Deckzellen verhornen (Triton, Pleurodeles); eine gemeinschaftliche Rinne oder Röhre kommt hier aber nicht vor. Die eingesunkenen Organe treten jedesmal wieder an die Oberfläche, wenn die Tiere in der Fortpflanzungszeit das Wasser aufsuchen.

Daß die Neuromasten nur bei den Wasserbewohnern vorkommen, steht in Beziehung zu ihrer experimentell nachgewiesenen Funktion: dem Wahrnehmen schwacher Wasserbewegungen. In Beziehung zu dieser Funktion sind die Sinneshaare, welche durch die Wasserbewegungen gereizt werden, gewöhnlich länger als die Stäbchen der Geschmackszellen. Das Vermögen, schwache Wasserbewegungen zu perzipieren, macht es dem Tiere möglich, feste Gegenstände schon auf einigen Abstand wahrnehmen zu können: das Tier fühlt die Strömungen, die es selbst beim Schwimmen verursacht, von den Gegenständen zurückkehren. Bei den auf dem Lande lebenden Tieren kommt ein solches „Fühlen auf Abstand" seltener vor: die Luft ist ja dafür ein weniger geeignetes Medium als das Wasser. Das Beispiel der Chiroptera lehrt aber, daß ein solch feines Fühlen auch bei Landtieren möglich ist.

Bei den landbewohnenden Vertebrata liegen die sekundären Sinneszellen mehr an beschützten Stellen: in den tieferen Lagen der Epidermis oder selbst im Corium. In dem letzten Falle ist oft ihr Entstehen in der Epidermis festgestellt; doch wahrscheinlich können auch Bindegewebszellen zu sekundären Sinneszellen werden.

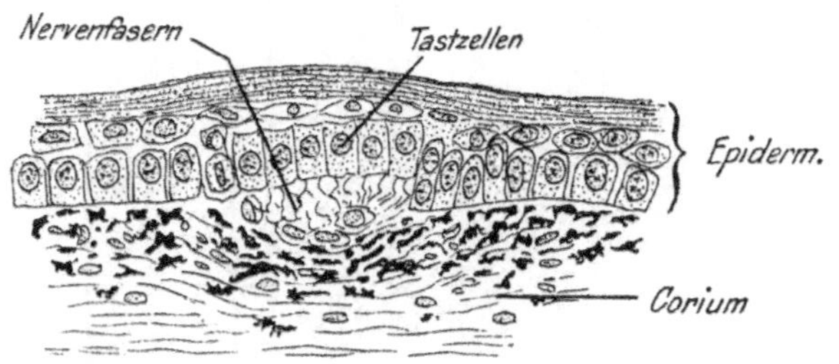

Abb. 589. Tastfleck von Sphenodon: Vertikalschnitt. (Nach MAURER.)

Oft liegen solche Sinneszellen noch zerstreut, oder in unregelmäßigen Gruppen in der Epidermis: dies sind die sogenannten MERKELschen **Tastzellen**. Das sind normale Epithelzellen, gegen welche sich scheibenförmige Endreticula (Tastscheiben oder Tastmenisci) anlegen. Sie kommen bei den Amphibia, aber hauptsächlich bei den Mammalia vor. Bei den letzten trifft man sie vor allem auf wenig oder gar nicht behaarten Hautstellen: z. B. auf der Schnauze, den Lippen usw.; aber auch in der äußeren Wurzelscheide der Haare sind sie gefunden.

Liegen mehrere solcher Zellen dicht beieinander, dann spricht man von Tastflecken. Bei Sphenodon liegen diese noch in der Matrix des Epithels (Abb. 589); meist aber sind sie in das Corium eingesunken; so z. B. schon bei den Amphibia und vielen Reptilia. Bei den Amphibia liegen sie unter verhornten Hautwarzen.

die entstehen an der Stelle der zurückgebildeten larvalen Neuromasten. Die Tastflecke der Reptilia (Lacertilia, Ophidia, Crocodilia) liegen hauptsächlich in Coriumpapillen auf der Oberseite oder am Rande der Schuppen oder Schilder; wir finden auf jeder Schuppe oder auf jedem Schilde ein oder mehrere solcher Tastflecke. Meist ist hier jeder Tastfleck zusammengesetzt aus einer oder mehreren säulenförmigen Reihen von Sinneszellen (Abb. 590).

Mit den epithelialen Tastflecken lassen sich bei den Mammalia die EIMERschen Organe vergleichen. Diese liegen in großer Anzahl in der Schnauze von Talpa (Maulwurf) und verleihen diesem Organ die bekannte Feinfühligkeit. Sie liegen in der Epidermis und bestehen aus säulenförmig angeordneten, übereinander gelegenen Zellen. Unter jedem Organ sinkt die Epidermis papillenartig in das Corium ein. Die Nervenenden dringen bei diesem Organ in die sekundären Sinneszellen ein.

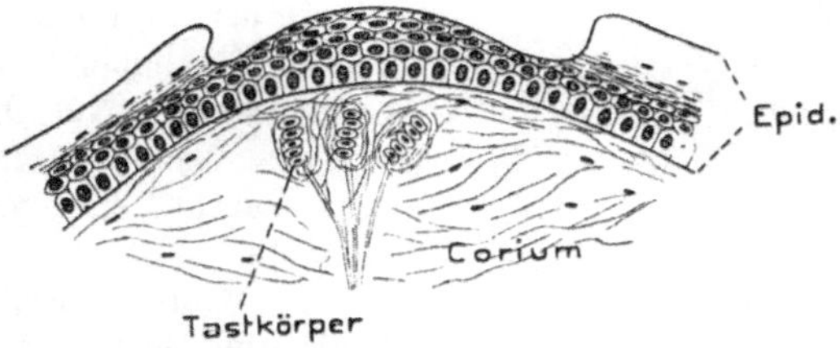

Abb. 590. Tastfleck eines Krokodils, Vertikalschnitt. (Nach MAURER aus BÜTSCHLI.)

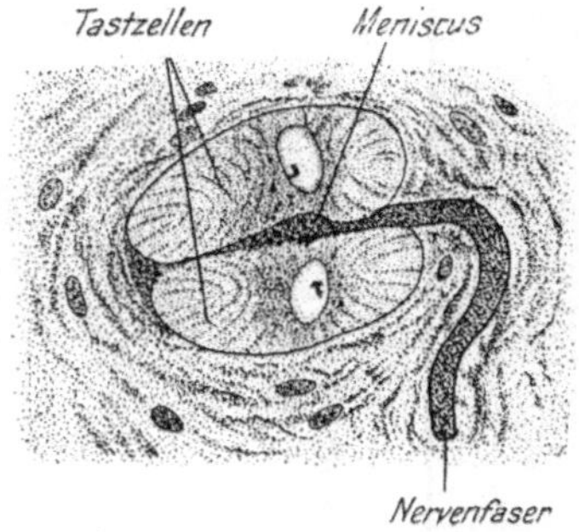

Abb. 591. GRANDRYsche Körperchen aus der Wachshaut des Entenschnabels. (Nach SZYMONOWICZ.)

Häufiger kommen bei den Mammalia und Aves Sinneszellen vor, welche im Corium liegen und durch eine Bindegewebshülle zu Tastkörperchen vereinigt sind. Einen einfachen Bau zeigen die GRANDRYschen Körperchen (Abb. 591), welche bei den Aves in der Zunge und im Corium des Schnabels und der Wachshaut vorkommen. Sie erinnern an die säulenförmigen Tastflecke der Reptilia, aber bestehen nur aus wenigen Tastzellen, in einigen Fällen sogar nur aus einer einzigen Zelle; diese werden von Bindegewebe umhüllt. Zwischen den Zellen liegen Tastmenisci. Auch hier dringen die Nervenfibrillen in die sekundären Sinneszellen ein.

Bei den Mammalia finden wir solche Organe in Form der MEISSNERschen Tastkörperchen. Sie liegen in den Coriumpapillen, vor allem an Hand und Fuß. Das Vorkommen von sekundären Sinneszellen in diesen Körperchen scheint jetzt mit Sicherheit festgestellt zu sein, trotzdem früher oft das Gegenteil behauptet wurde. Diese Zellen liegen auch hier in einer Säule, welche durch Bindegewebe umgeben wurde. Die eintretenden Nervenfasern bilden feine Netzwerke um die Zellen und dringen auch teilweise in die Zellen ein.

Gehör- und statische Organe.

Gehör- und statisches Organ sind bei den Vertebrata zu einem einzigen Organ vereinigt. Die Funktion des statischen Organs besteht darin, die Richtung der Schwerkraft wahrzunehmen. Bei den Acrania fehlen beide Organe vollständig; bei den Craniota haben sie sich wahrscheinlich aus dem System der Seitenorgane differenziert.

In der ersten Anlage erblicken wir das Organ als ein Paar dorso-laterale Plakoden, welche zu beiden Seiten des Kopfes auf der Höhe der Medulla oblongata liegen. Wie die meisten Seitenorgane sinken diese Plakoden in die

Tiefe. Sie schnüren sich dabei von der Epidermis ab und werden je zu einem Bläschen: dem Ohrbläschen. Dieses steht anfänglich durch einen Kanal mit der Außenwelt in Verbindung: durch den Ductus endolymphaticus. Bei den Elasmobranchii bleibt diese Verbindung während des ganzen Lebens bestehen: der Ductus mündet durch eine feine Öffnung nach außen, welche an der Oberseite des Kopfes gelegen ist (Abb. 592). Bei den übrigen Vertebrata endigt der Ductus bei dem erwachsenen Tiere blind. Er zeigt am Ende meistens eine mehr oder weniger starke Anschwellung innerhalb der Schädelhöhle: den Saccus endolymphaticus. Das Gehörbläschen füllt sich mit einer lymphähnlichen Flüssigkeit: der Endolymphe. Nur bei einigen Teleostei fehlt der Ductus endolymphaticus.

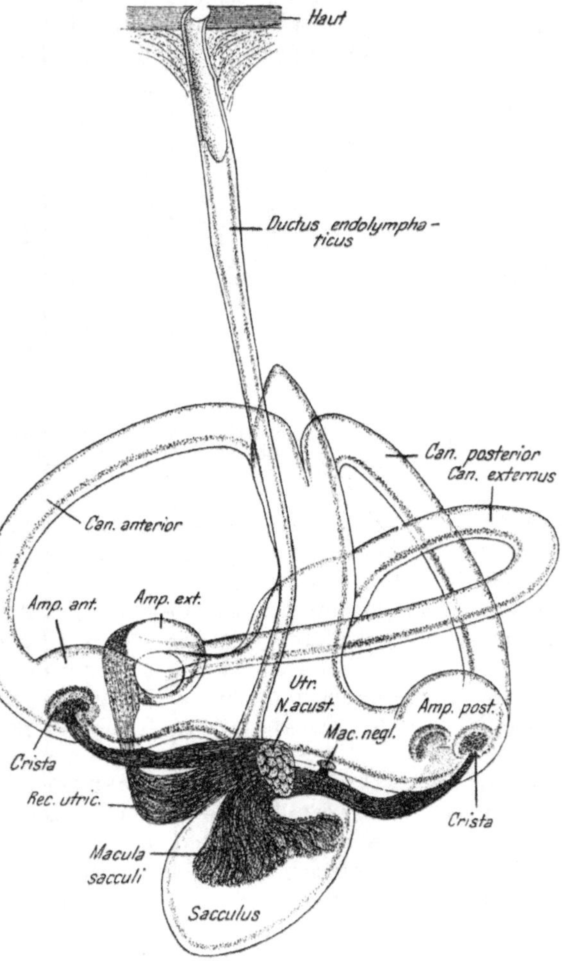

Abb. 592. Häutiges Labyrinth eines Elasmobranchiers (Chimaera monstrosa), Medianseite. In dieser Abbildung und in Abb. 597—601 ist auch der Nervus acusticus mit seinen Verzweigungen wiedergegeben. (Nach RETZIUS.)

In bestimmten Fällen wächst der Ductus endolymphaticus nachträglich stark an. Dies ist u. a. der Fall bei einigen Teleostei: und zwar bei denjenigen, welche im Besitze der WEBERschen Knöchelchen sind (Abb. 761 auf S. 618). Die beiden Ductus vereinigen sich bei ihnen unter dem Gehirn; in der Mitte des Verbindungskanales entspringt ein unparer Blindsack (der Sinus endolymphaticus), welcher nach hinten gerichtet ist. Die perilymphatische Höhle, welche diesen Sinus umgibt, steht mit den WEBERschen Knöchelchen in Verbindung.

Eine noch stärkere Entwicklung zeigt der Ductus endolymphaticus von Protopterus: er besteht hier aus einem sehr langen Sacke, welcher mit Kalkkonkrementen erfüllt ist; dieser Sack erstreckt sich längs dem Myelencephalon und dem Rückenmark bis zur Wurzel des ersten Paares der Spinalnerven.

Bei den Amphibia kann dies noch weiter gehen. Auch hier endigt jeder Ductus endolymphaticus in einem dünnwandigen Sack, welcher innerhalb der Schädelhöhle verschiedene Ausstülpungen zeigt. Sein Inhalt besteht aus feinen Krystallen von Kalziumkarbonat und ist dadurch milchweiß gefärbt. Eine dieser Ausstülpungen ist caudad gerichtet; sie setzt sich in der periduralen Höhle dorsal des Rückenmarkes bis zum VII. Wirbel fort. Dabei bildet sie seitliche Ausstülpungen, welche durch intervertebrale Öffnungen austreten. Jede dieser Ausstülpungen endigt in einem kleinen Sack, welcher sich an ein Spinalganglion anlegt: ein sogenanntes Kalksäckchen.

Unter den Reptilia kommt etwas Ähnliches vor bei den Geckonidae: der gelappte Saccus liegt bei diesen Lacertilia in der Nacken- oder Schultergegend; auch er ist mit Kalkkrystallen erfüllt.

Die Funktion aller dieser Einrichtungen ist unbekannt; es ist nicht unmöglich, daß sie nur die Bedeutung eines Kalkstapels für das Skeletwachstum haben.

Aus dem Ohrbläschen entwickelt sich der wichtigste Teil des Gehörorganes: nämlich das häutige Labyrinth; dieses ist der Sitz der Sinneszellen (Abb. 592 bis 601). Es wird mehr oder weniger vollständig durch die Schädelkapsel umschlossen; so liegt es in einer harten Hülle: dem knorpeligen oder knöchernen

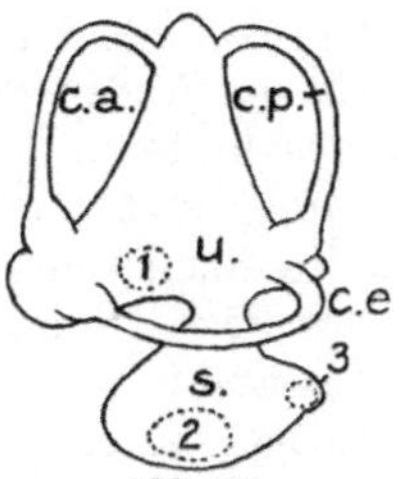

Abb. 593.

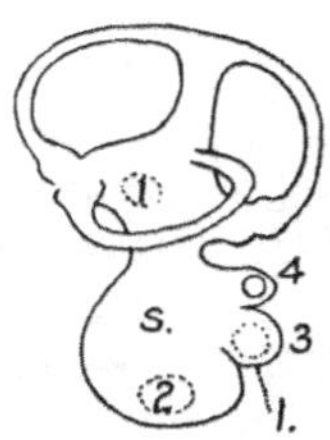

Abb. 594.

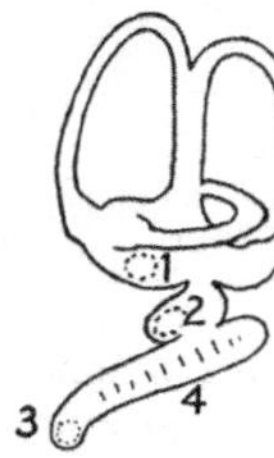

Abb. 595.

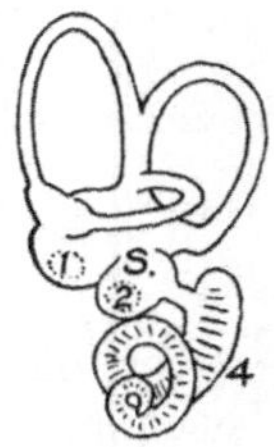

Abb. 596.

Abb. 593—596. Linkes Labyrinth von lateral gesehen. Schematisch. (Nach Hesse.)

Abb. 593. Von einem Teleostier. — Abb. 594. Von einem Anur. — Abb. 595. Von einem Vogel. — Abb. 596. Von einem Säugetier. — *1* Macula utriculi. — *2* Mac. sacculi. — *3* Mac. lagenae. — *4* Papilla basilaris oder Cortisches Organ. — *c. a.* Canalis semicircularis anterior. — *c. e.* Canalis semicircularis externus. — *c. p.* Canalis semicircularis posterior. — *l.* Lagena. — *s.* Sacculus. — *u.* Utriculus.

Labyrinth. Der Raum zwischen dem häutigen und dem harten Labyrinthe enthält Lymphe; sie wird als sogenannte Perilymphe von der oben genannten Endolymphe unterschieden. Häutiges und hartes Labyrinth formen zusammen das innere Ohr. Bei einigen Amphibia und bei den Amniota tritt dazu als Hilfsorgan für das Gehör das Mittelohr; bei den Amniota, und vor allem bei den Mammalia, beobachten wir außerdem das äußere Ohr.

Die Abänderungen, welche wir während des Entstehens des häutigen Labyrinthes aus dem Ohrbläschen beobachten können, beginnen bei allen Vertebrata (mit Ausnahme der Myxinidae und vielleicht auch von Petromyzon) mit einer Einschnürung des Bläschens. Durch diese Einschnürung kann man nun zwei Teile an den Bläschen unterscheiden (Abb. 593—596): den Utriculus und ventral von ihm den Sacculus; dies sind zwei Blasen, welche durch eine enge Röhre miteinander kommunizieren: durch den Canalis utriculo-saccularis. Im weiteren Verlauf der Entwicklung entstehen aus dem Utriculus die halbzirkelförmigen Kanäle (Canales semicirculares). Der Sacculus bildet durch eine Ausstülpung einen Blindsack: die Lagena. Was von dem Utriculus und dem Sacculus außer diesen Kanälen und dem Blindsacke übrig bleibt, wird das Vestibulum genannt. Wir können dieses einteilen in eine Pars superior, welche gebildet wird durch den Utriculus; und zweitens eine Pars inferior, die aus dem Sacculus entsteht. Beide Teile hängen zusammen durch den Canalis utriculo-saccularis. Der Ductus endolymphaticus mündet entweder in die Pars inferior oder (bei den Mammalia) in den Canalis utriculo-saccularis (Abb. 604 auf S. 496).

Die **halbzirkelförmigen Kanäle** kommen meist zu dreien vor. Jeder von ihnen mündet an beiden Enden in die Pars superior des Vestibulum. Die Ebenen, in denen die drei Kanäle liegen, stehen etwa senkrecht aufeinander: der Can. anterior und der Can. posterior liegen in einer Vertikalebene, der erste etwa longitudinae, der zweite etwa transversal. Der Can. externus liegt lateral; seine Ebene verläuft etwa frontal. Jeder dieser Kanäle besitzt an seinem Ende eine blasenähnliche Anschwellung: die Ampulla anterior, bzw. posterior, bzw. exterior. Die erste und die letzte dieser Ampullen liegen dicht beieinander. Die nicht mit Ampullen versehenen Enden des vorderen und des hinteren Kanales münden beinah stets dicht beieinander aus in einen röhrenförmigen Teil des Vestibulum.

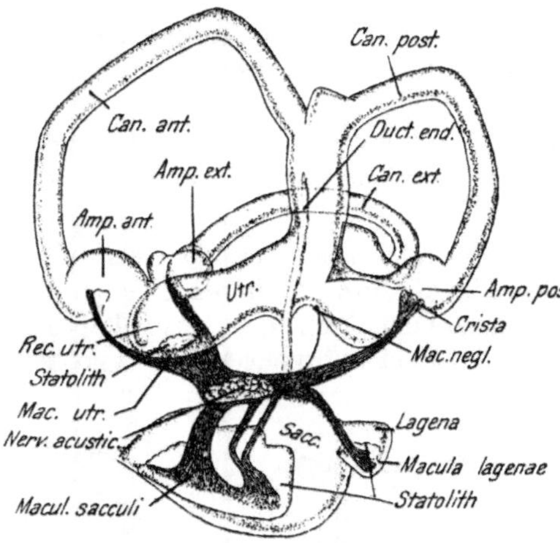

Abb. 597. Häutiges Labyrinth von einem Teleostier (Anarrhichas lupus), Medianseite. (Nach RETZIUS.)

Nur die Cyclostomata weichen von dem hier beschriebenen Zustand in wesentlichen Punkten ab: ihr Labyrinth besitzt nämlich nur einen einzigen halbzirkelförmigen Kanal (bei den Myxinidae), oder zwei (bei Petromyzon). Der einzige

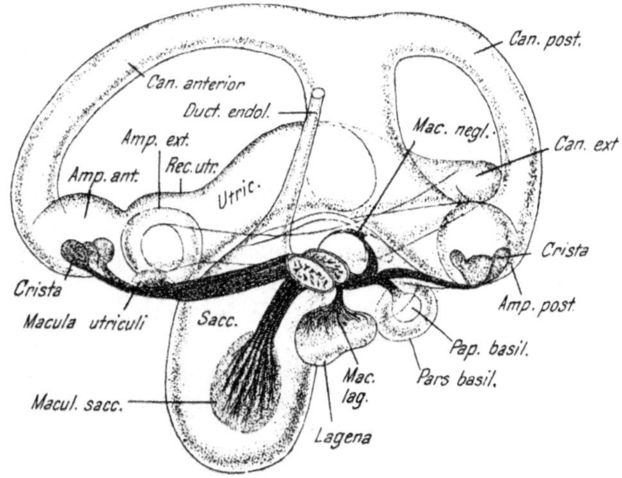

Abb. 598. Häutiges Labyrinth von Rana esculenta Medianseite. (Nach RETZIUS.)

Kanal der Myxinidae besitzt aber an seinen beiden Enden eine Ampulle: er ist darum als eine Vereinigung des Can. anterior und posterior zu betrachten. Bei den Petromyzontidae hat sich dieser Kanal in zwei Kanäle aufgeteilt; der Can. externus fehlt auch hier.

Die **Lagena** der Anamnia (Abb. 597, 598), die nur bei einem Teile der Pisces fehlt, behält die Form eines einfachen Blindsackes des Sacculus. Nur bei den

Anura zeigt die Lagena an ihrer Basis eine Ausstülpung: die Pars basilaris (Abb. 598). Bei den Amniota hängt die Lagena nur durch einen engen Canalis reuniens zusammen mit dem Sacculus (Abb. 594, 595); ihr basaler Teil mit der Pars basilaris wächst nun stärker aus und wird bei den Crocodilia, Aves und Monotremata zu einer schwach gekrümmten Röhre (Abbildung 599, 600); man kann jetzt von einem Schneckenhause sprechen: der Cochlea, oder dem Ductus cochlearis. Das nicht verlängerte Endstück der Lagena liegt nun an der Spitze der Cochlea, ist jedoch nur schwer davon zu unterscheiden. Bei den viviparen Mammalia endlich wird die Cochlea länger und ist spiralisch aufgerollt (Abb. 601): sie besteht aus $1^1/_2$ (bei Erinaceus und den Cetacea) bis zu 5 Windungen (bei Coelogenys); bei dem Menschen finden wir etwa 3 Windungen.

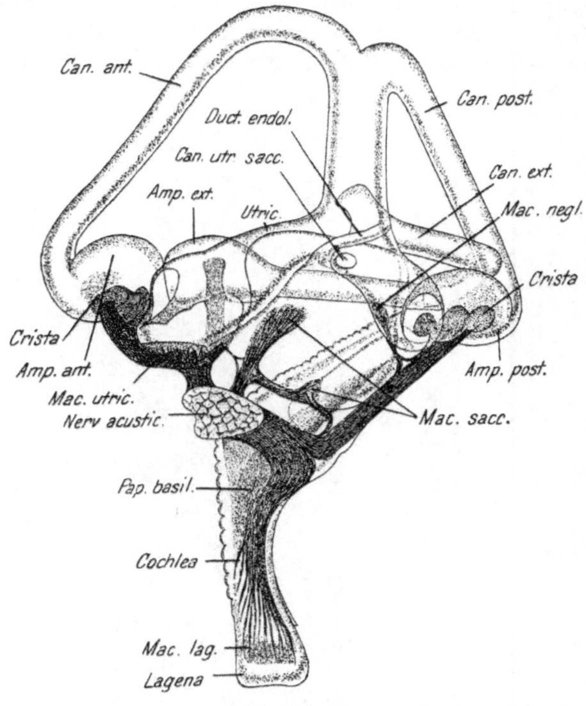

Abb. 599. Häutiges Labyrinth von einem Krokodil (Alligator mississippiensis), Medianseite. (Nach RETZIUS.)

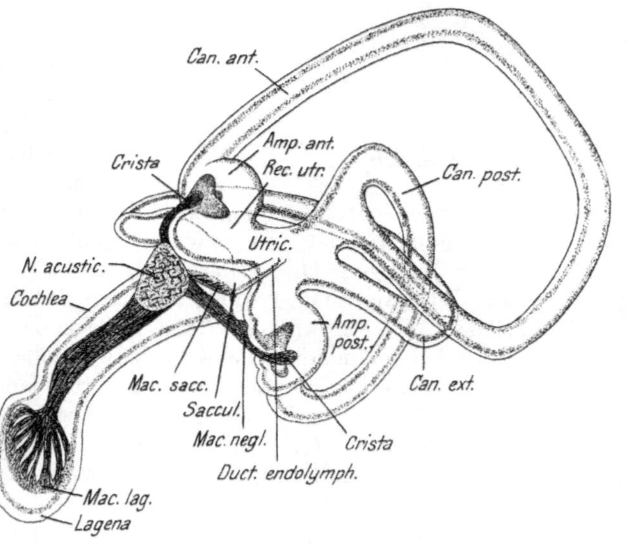

Abb. 600. Häutiges Labyrinth eines Vogels (Nucifraga caryocatactes), Medianseite. (Nach RETZIUS.)

In der epithelialen Wand des Labyrinthes liegen die Sinneszellen, vermischt mit Stützzellen, in zerstreuten Gruppen. Es sind sekundäre Sinneszellen, welche also von den Enden der Nervenfasern umsponnen werden. Jede Zelle trägt ein Bündel von Sinneshaaren, welche auch öfter miteinander zusammenkleben. Die Gruppen der Sinneszellen können unterschieden werden in Maculae acusticae und Cristae acusticae. Diese unterscheiden sich darin voneinander, daß bei den letzten das Sinnesepithel auf einer leistenförmigen Erhebung der Labyrinthwand liegt, welche bei den Maculae fehlt.

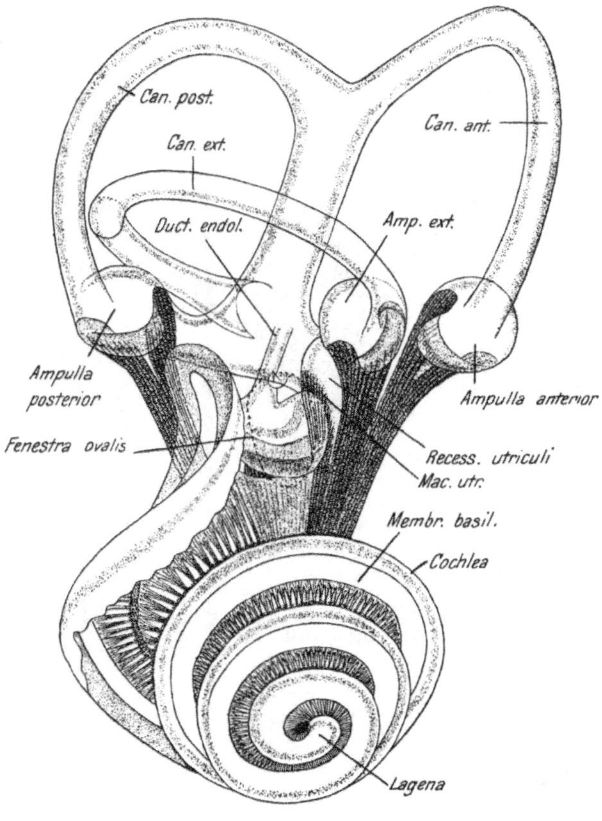

Abb. 601. Häutiges Labyrinth eines Säugetieres (Sus scrofa domestica), Lateralseite. (Nach RETZIUS.)

Von den Cristae acusticae finden wir stets in jeder Ampulle eine; das Gehörorgan der Cyclostomata besitzt also zwei, das der Gnathostomata drei. — Die Anzahl der Maculae dagegen ist mehr verschieden. In dem Gehörbläschen der Cyclostomata finden wir nur eine einzige: die Macula communis. Bei den Gnathostomata teilt diese Macula sich, so daß wir hier folgende unterscheiden können: M. utriculi, M. neglecta, M. sacculi und M. lagenae. Von diesen Maculae liegt die M. utriculi in dem Utriculus und zwar gewöhnlich in einer Aussackung von ihm: dem Recessus utriculi. Die M. neglecta ist am höchsten entwickelt bei den Amphibia; bei den erwachsenen Mammalia finden wir sie in der Regel nicht. Sie liegt ebenfalls in dem Utriculus mit Ausnahme der Selachii und Amphibia, wo sie in die Pars inferior eingesunken ist. Die Macula sacculi und lagenae entstehen durch Teilung einer anfangs noch einfachen Macula.

Bei einigen Urodela (Salamandridae) schnürt sich von der M. lagenae ein Teil ab als Papilla basilaris. Wo sich nun eine Pars basilaris der Lagena differenziert (bei den Anura und den Amniota), da wird diese Papilla basilaris dort hineinverlegt. Wenn dann weiterhin aus der Pars basilaris eine Cochlea sich entwickelt, so wächst die Papilla gleichzeitig damit aus zu einem langgestreckten Organ: dem CORTIschen Organ. Dieses Organ erstreckt sich über die ganze Länge der Cochlea längs einem bandförmigen Teil der Wand der Membrana basilaris. Es ist das eigentliche Gehörorgan.

Die Maculae acusticae (utriculi, sacculi und lagenae) tragen kleine Konkretionen kohlensauren Kalkes (Aragonit) in einer organischen Grundsubstanz.

Diese sogenannten Otokonien liegen in der Endolymphe, gestützt durch die Sinneshaare und zusammengeklebt durch eine gallertartige Masse. Nur bei den Holostei und Teleostei werden diese Kalkstückchen zu einem kompakten Ganzen verbunden: dem Gehörstein (oder Otolith, oder Statolith). Diese Gehörsteine liegen zu je einem in dem Recessus utriculi, im Sacculus und in der Lagena (Abb. 597). Sie haben eine konzentrisch geschichtete Struktur, was darauf zurückzuführen ist, daß sie mit dem Alter des Fisches an Umfang zunehmen und daß dieses Wachstum im Sommer stärker ist als im Winter.

Bei den Cristae werden die Otokonien ersetzt durch eine Cupula: eine gallertartige Masse, welche keine Kalksalze enthält; die Sinneshaare dringen in diese Masse hinein.

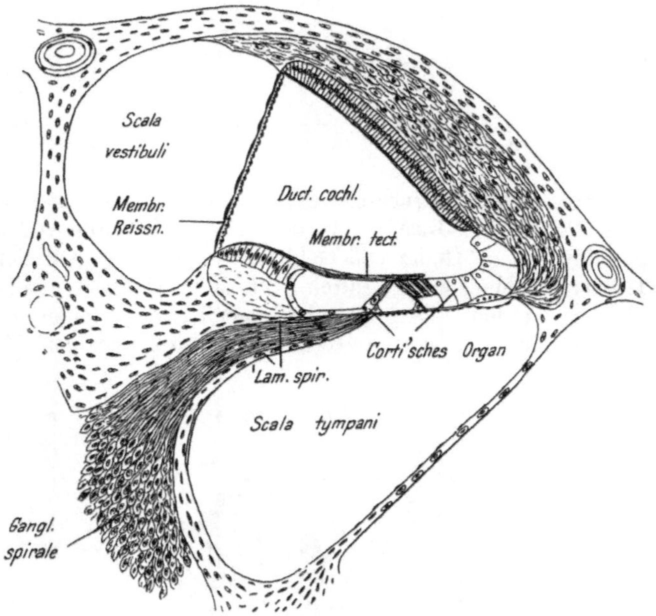

Abb. 602. Querschnitt durch die Cochlea nes Säugetieres (Fledermaus). (Nach HESSE.)

Die häutige Cochlea wird durch die knöcherne Schnecke umgeben, eine Abteilung des knöchernen Labyrinthes. Die perilymphatische Höhle scheidet die Cochlea von der Schnecke; aber nicht vollständig: an zwei einander gegenüberstehenden, longitudinalen Bändern ist die Cochlea unmittelbar an der Wand der knöchernen Schnecke befestigt. Bei den Sauropsida bildet diese Wand dazu längs diesen beiden Bändern eine besondere Leiste: die Lamina spiralis ossea. Bei den Mammalia (Abb. 602) liegt nur in der Achse der Schneckenwindungen eine solche Leiste; die Außenseite der Spirale legt sich dagegen mit einer breiten Fläche unmittelbar gegen die Wand des knöchernen Schneckenhauses an. So kommt es, daß die Cochlea bei diesen Tieren auf dem Querschnitt die Form eines Dreieckes zeigt. Durch diese Art der Anheftung scheidet die Cochlea die perilymphatische Höhle in zwei Abteilungen: die Scala tympani und vestibuli. An der Spitze der Cochlea gehen beide Höhlen durch eine Öffnung (Helicotrema) ineinander über. Die Membrana basilaris ist ausgespannt längs der Scala tympani; die häutige Wand des Ductus cochlearis, welche an die Scala vestibuli grenzt, wird bei den Mammalia die REISSNERsche Membran genannt.

Das CORTIsche Organ erreicht bei den Mammalia seine höchste Entwicklung (Abb. 603). Ebenso wie die Maculae und die Cristae besteht es aus Sinnes- und Stützzellen. Diese sind aber hier in Reihen angeordnet; Reihen, welche in der Längsachse der Cochlea verlaufen und teilweise in einer besonderen Weise ausgebaut sind. Dies gilt vor allem für die Zellen in zweien dieser Reihen: die sogenannten Pfeilerzellen, welche jede ein kutikuläres Stäbchen abscheiden; sie sind

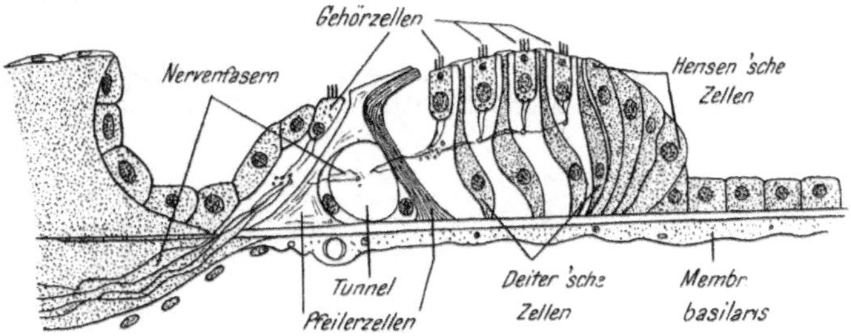

Abb. 603. Das CORTIsche Organ eines Säugetieres; schematischer Durchschnitt, senkrecht auf der Längsachse der Cochlea. Die Membrana tectoria ist weggelassen. (Nach STÖHR.)

so angeordnet, daß sie auf einem Querschnitt einen dreieckigen Kanal zwischen sich einschließen: den CORTIschen Kanal. An der axialen Seite dieses Kanales liegt gewöhnlich nur eine einzige Reihe von Gehörzellen; an der abaxialen Seite dagegen drei oder vier Reihen, welche durch Stützzellen (DEITERsche Zellen) voneinander geschieden werden. Es folgen dann noch einige Reihen zylindrischer Zellen (HENSENsche Zellen), welche weiterhin in die niedrigen Epithelzellen

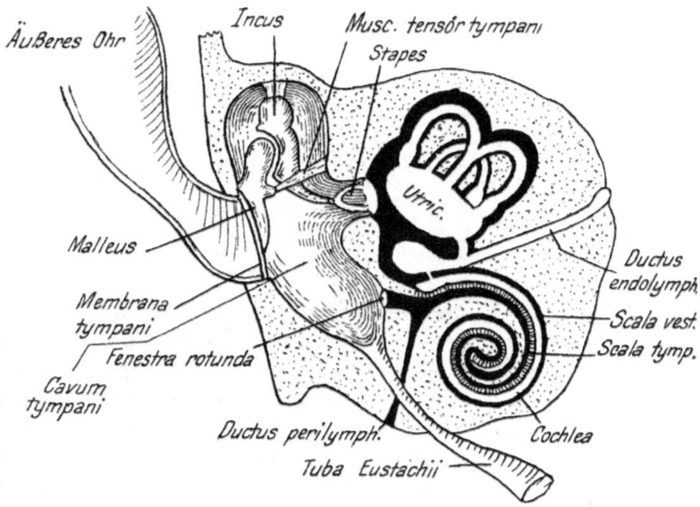

Abb. 604. Schema des Gehörorgans eines Säugetieres; Knochengewebe punktiert, perilymphatische Räume schwarz. (Nach M. WEBER.)

der Cochleawand übergehen. In der Achse der Cochlea liegt ein Ganglion des N. acusticus: das Ganglion spirale; es gibt Nervenfasern ab zu den Gehörzellen; soweit diese Fasern zu den abaxialen Gehörzellen gehören, verlaufen sie quer durch den Tunnel.

Das CORTIsche Organ wird überdeckt durch ein kutikuläres Häutchen: die Membrana tectoria. Dieses Häutchen wird sezerniert durch axial gelegene

Epithelzellen des Ductus cochlearis; es bleibt mit diesen Zellen im Zusammenhang, liegt aber sonst frei in der Endolymphe der Cochlea. Auch die Papilla basilaris besitzt diese Deckmembran. Otokonien trägt das CORTIsche Organ nicht; die Membrana tectoria ist aber zu betrachten als eine Verlängerung des organischen Zwischenstoffes der Lagena-Otokonien.

Unter dem CORTIschen Organ liegt in der Membrana basilaris eine Schicht Bindegewebsfasern; diese verlaufen senkrecht zur Längsrichtung des Ductus cochlearis nebeneinander. Nach der HELMHOLTZschen Theorie soll jede dieser Bindegewebsfasern bei einem bestimmten Tone mitschwingen; dadurch könnte die Unterscheidung verschiedener Tonhöhen durch das Gehörorgan ermöglicht werden.

Die perilymphatische Höhle steht bei den Amphibia und Amniota im Zusammenhang mit den Lymphräumen der Hirnhäute. Diese Verbindung wird zustande gebracht durch den Ductus perilymphaticus (Aquaeductus cochleae), welcher die knöcherne Hülle des Ohres durchbricht (Abb. 604). Bei dem Auswachsen des Ductus cochlearis drängt dieser die Wand des Ductus perilymphaticus vor sich her; eine Folge davon ist, daß die oben genannten Scala vestibuli und Scala tympani entstehen aus einem Teil dieses Ductus perilymphaticus. Die Scala vestibuli bleibt dabei an ihrer Basis im Zusammenhang mit den weiteren perilymphatischen Räumen des Labyrinth; die Scala tympani setzt sich dagegen in den Aquaeductus fort.

Bei den Tetrapoda entwickeln sich aus den Teilen, welche das Labyrinth umgeben, besondere Einrichtungen. Die Bedeutung dieser Einrichtungen besteht darin, die Luftschwingungen, welche den Körper berühren, aufzufangen und auf das Labyrinth zu übertragen. Zusammen bilden diese Einrichtungen das Mittelohr und das äußere Ohr (Abb. 604).

Das innere Ohr liegt bei den Pisces in der Nähe der ersten Kiementasche, welche zwischen Kiefer- und Hyoidbogen gebildet wird. Diese tritt dann von den Anura ab in eine engere Beziehung zu dem Gehörorgan: sie erweitert sich nämlich zur Paukenhöhle (Cavum tympani), welche sich gegen die Ohrkapsel anlegt. Diese Trommelhöhle entsteht daher durch Ausstülpung der Kehlhöhle. Der Zusammenhang beider Höhlen bleibt bestehen in der Tuba Eustachii (Abb. 629 auf S. 522). Nach außen bricht diese Kiementasche nicht mehr durch; sie bleibt vielmehr von der Außenwelt durch eine dünne, elastische Haut geschieden: das Trommelfell (oder die Membrana tympani). All diese Teile bilden zusammen das Mittelohr.

Drei Schichten sind an dem Trommelfell zu unterscheiden: innen die Schleimhaut der Trommelhöhle, welche von der Schleimhaut des Pharynx abstammt; außen eine veränderte Epidermis; dazwischen eine Schicht elastischen Bindegewebes: die Membrana propria. Das Trommelfell ist zwischen bestimmten Teilen des Kopfskeletes ausgespannt (Abb. 451 auf S. 318). Es wird durch die Schallwellen in Schwingungen versetzt; diese Schwingungen werden dann auf die Gehörknöchelchen übertragen, welche in der Trommelhöhle liegen (Abb. 437 [S. 311] bis 453 [S. 318]; Abb. 604). Die Gehörknochen übertragen die Schwingungen dann wieder auf die Fenestra ovalis (F. vestibuli): eine kleine Öffnung in der Wand der Ohrkapsel, welche nur durch eine Membran geschlossen ist. Von dieser Membran aus werden die Schallwellen übertragen auf die Perilymphe, welche sie zu den Maculae und Cristae weiterleitet.

Bei den Amniota finden wir außer der Fenestra ovalis noch eine zweite Öffnung in der knöchernen Ohrkapsel, welche ebenfalls durch eine Haut geschlossen ist. Dies ist die Fenestra rotunda (F. cochleae). Sie liegt an der Basis der Cochlea zwischen der Scala tympani und der Trommelhöhle.

Eine Paukenhöhle fehlt bei den Pisces; unter den Amphibia bei den Urodela, Gymnophiona und einigen Anura; ferner unter den Reptilia bei den Amphisbaenidae und den Ophidia. Da die Paukenhöhle schon bei den Stegocephala in einigen Fällen anwesend gewesen sein muß, so ist das Fehlen der Trommelhöhle bei den eben genannten Amphibia und Reptilia ein sekundärer Zustand: die Trommelhöhle war früher wahrscheinlich anwesend und ist später verloren gegangen.

In einigen Fällen ist es beobachtet, daß beide Tubae Eustachii mit einer gemeinschaftlichen Öffnung in den Pharynx münden, und zwar bei den Aglossa unter den Anura, bei den Crocodilia und den Aves.

Der Inhalt der Paukenhöhle wird oft vergrößert durch die Bildung von Nebenhöhlen. Diese hängen mit der Paukenhöhle zusammen und sind ebenfalls mit Luft gefüllt. Seltener erstrecken sich solche Nebenhöhlen von der Tuba Eustachii aus: so z. B. bei den Perissodactyla, wo jede Tuba einen großen Divertikel besitzt. Nebenräume der Paukenhöhle sind beobachtet bei den Crocodilia, Aves und vielen Mammalia. Sie erstrecken sich gewöhnlich in die umgebenden Knochen, bei den erstgenannten Gruppen sogar bis in den Unterkiefer. Bei den Mammalia kann man unterscheiden: die Sinus epitympanici, welche von der Dorsalwand der Paukenhöhle ausgehen; und die Sinus hypotympanici, welche sich von der Ventralwand aus erstrecken. Die S. epitympanici liegen gewöhnlich im Squamosum und Petrosum; sie verursachen bei dem Menschen die starke Entwicklung des Proc. mastoideus des Schädels. Der S. hypotympanicus wird durch verschiedene Knochen umschlossen: gewöhnlich durch das Tympanicum oder das Entotympanicum; so entsteht eine knöcherne Blase, die Bulla ossea, an der Unterseite des Schädels (Abb. 402 auf S. 291). Oft sind diese Nebenhöhlen bei den Mammalia durch Knochenbalken und Knochensepten in kleinere Räume aufgeteilt, welche untereinander kommunizieren. Die Cetacea besitzen gewöhnlich große, sackähnliche Ausstülpungen der Trommelhöhle, die nur eine häutige Wand besitzen.

Die Gehörknöchelchen der Amniota können oft durch kleine Muskeln bewegt werden. Ziemlich allgemein kommt z. B. ein M. tensor tympani vor, dessen Kontraktion das Trommelfell spannt (Abb. 604). Bei den Mammalia entspringt dieser Muskel an dem Petrosum und inseriert an der Basis des Manubrium mallei Daneben besitzen die Mammalia einen M. stapedius; dieser verläuft von der Caudalwand der Trommelhöhle zur Spitze des Stapes; bei seiner Kontraktion drückt er den Stapes gegen die häutige Fenestra ovalis.

Bei den Anura und vielen Reptilia liegt das Trommelfell auf der Höhe der äußeren Haut. Bei anderen Tieren sinkt es in die Tiefe. Dadurch entsteht ein äußeres Ohr. Dieses besteht erstens aus einem äußeren Gehörgang: dem Meatus auditorius externus, in dessen Tiefe das Trommelfell liegt (Abb. 604); er mündet durch die äußere Gehöröffnung nach außen. Einen kurzen äußeren Gehörgang haben einige Lacertilia, die Crocodilia und die Aves. Bei den Mammalia finden wir ihn besser entwickelt, oft sehr lang. Im allgemeinen ist der Gang hier zylindrisch und beginnt mit einer inneren Erweiterung: dem Recessus, gegen das Trommelfell zu; die Wand dieses Gehörganges wird teilweise durch die umgebenden Knochen gestützt (vor allem durch das Squamosum und das Tympanicum), mehr nach außen zu durch selbständige Knorpelringe, welche in einigen Fällen auch verknöchern können.

Die äußere Gehöröffnung wird bei den Crocodilia und Aves in einigen Fällen durch Hautfalten umgeben. Aus solchen Hautfalten kann man sich die Ohrmuschel (Auricula) der Mammalia entstanden denken (Abb. 605—607); zusammen mit dem äußeren Gehörgang bildet diese Ohrmuschel das äußere Ohr. Die Muschel besteht aus einem Hautlappen, welcher gefaltet ist und durch Knorpel gestützt wird; meist wird sie durch Hautmuskeln bewegt. Die Bedeutung der Muschel liegt in dem Auffangen von Schallwellen und im Weiterleiten zur äußeren Gehöröffnung; damit im Zusammenhang ist die nach außen gekehrte Oberfläche mit einer Anzahl Wülsten und Leisten versehen: so finden wir stets einen Wulst, den Tragus, vor der Ohröffnung; und einen anderen, den Antitragus, dahinter. Oberhalb des Tragus ist der Vorderrand der Ohrmuschel umgebogen (die Helix); eine Falte dahinter wird Antihelix genannt. Oberhalb der Antihelix folgt ein meist zugespitzter Teil der Ohrmuschel, die Scapha, welche Längsfalten trägt.

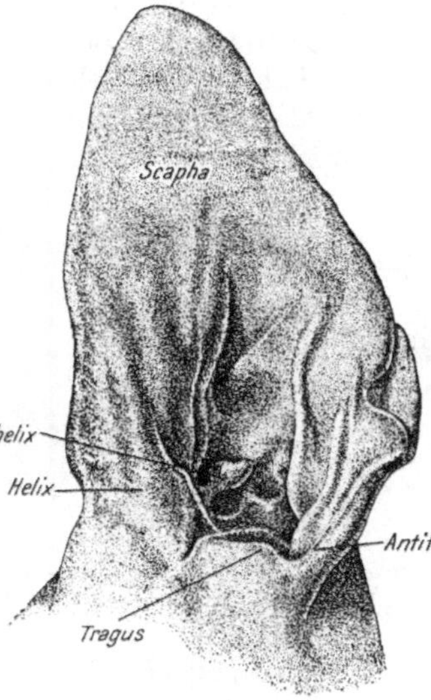

Abb. 605.

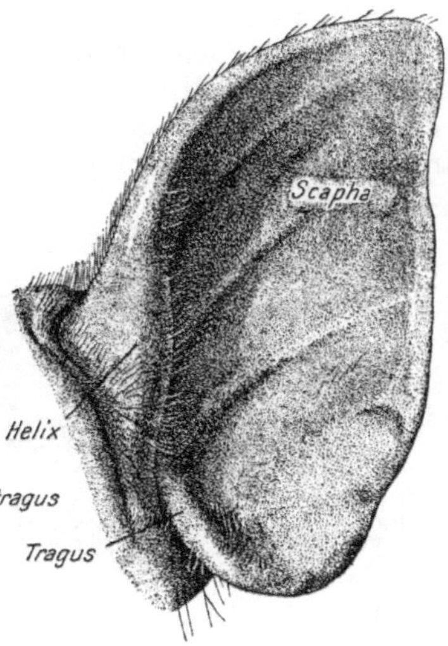

Abb. 606.

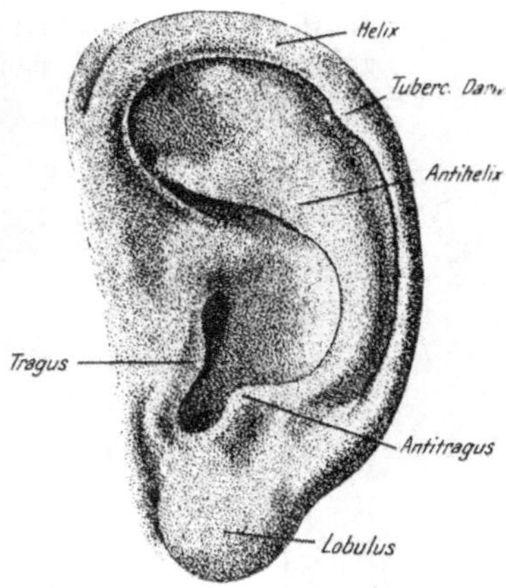

Abb. 607.

Abb. 605. Linke Ohrmuschel eines Hundes. — Abb. 606. eines Schweines. — Abb. 607. eines Menschen. (Nach ELLENBERGER und BAUM.)

Bei dem Menschen ist diese Scapha klein und abgerundet; die Helix setzt sich hier in der Regel über den gesamten Rand des Scapha fort. Als Rest der ursprünglichen Spitze der Scapha bleibt ein kleiner Fortsatz embryonal übrig, der bisweilen auch dauernd zu beobachten ist: das Tuberculum Darwini. Das Ohrläppchen (Lobulus) ist nicht durch Knorpel gestützt; es bildet einen Anhang am Unterrande der Ohrmuschel: ein kennzeichnendes Merkmal für das Ohr der anthropoiden Simiae und des Menschen.

In vielen Fällen kann die Ohrmuschel der Mammalia rudimentär werden, oder ganz verloren gehen. Vor allem finden wir dieses als Anpassung an das Wasserleben (Cetacea, Sirenia, Pinnipedia), oder an das Leben unter der Erde (Talpa, Chrysochloris); in all solchen Fällen würde ein Fortsatz außerhalb des Körpers die Fortbewegung hindern.

Augen.

Empfindlichkeit für Lichtreize ist eine der Grundeigenschaften des Protoplasmas. Daraus ist es zu verstehen, daß bei niederen Vertebrata (z. B. Petromyzon) freie Nervenenden lichtempfindlich sein können, welche in der Haut verbreitet liegen. Im übrigen ist die Lichtempfindlichkeit bei den Vertebrata beschränkt auf die Sinneszellen der Augen.

Ein Unterschied zwischen diesen Retinazellen und den meisten anderen Sinneszellen besteht darin, daß die Retinazellen ein Teil des Zentralnervensystems sind. Das ist auch bei Amphioxus der Fall. Die „Augen" sind hier äußerst einfach gebaut und nicht homolog mit den Augen der Craniota. Sie erinnern in vieler Hinsicht an einige primitive Augen der Invertebrata. Jedes solcher Augen besteht nur aus zwei Zellen: einer Sinneszelle und einer Pigmentzelle, welche die erste becherförmig umgibt (Abb. 608). Die Sinneszelle setzt sich fort in einen Neuriten, ist also eine primäre Sinneszelle. Der lichtpercipierende Teil der Zelle liegt gegenüber dem Punkte, wo der Neurit austritt, gegen den Pigmentbecher zu. Wir erkennen diesen Teil an einem Stäbchensaum. Durch die Form der Pigmentbecher wird es verursacht, daß nur diejenigen Lichtstrahlen den Stäbchensaum treffen können, welche den Zellkörper passiert haben. Die Sehzellen liegen also mit ihrer Basis in der Richtung auf die einfallenden Strahlen zu (invertierte Augen); darin besitzen diese „Augen" des Amphioxus ein Kennzeichen, das für alle paarigen Vertebratenaugen gilt.

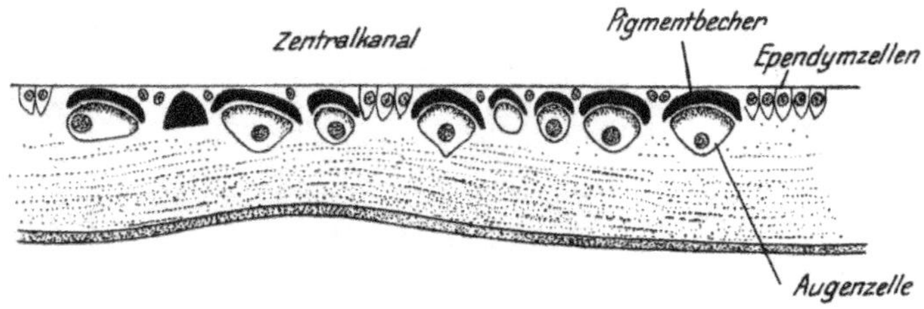

Abb. 608. Medianschnitt durch das Rückenmark von Amphioxus, ventral vom Zentralkanal, mit Ependymzellen und Augen. (Nach HESSE.)

In diesen Organen des Amphioxus ist eine Bilderzeugung nicht möglich. Sie liegen zerstreut im Rückenmark, neben und unter dem Zentralkanal (Abb. 508 auf S. 408; Abb. 608) am zahlreichsten vorn und hinten. Die Augen sind so gerichtet, daß in einigen der Pigmentbecher dorsal geöffnet ist, in anderen ventral: auf diese Weise können aus beiden Richtungen Lichtstrahlen aufgefangen werden. Die Lichtstrahlen müssen zu diesem Zwecke natürlich durch den sehr durchscheinenden Körper des Tieres hindurchdringen.

Vorn in der Wand des Gehirnbläschens liegt bei Amphioxus noch ein größerer Pigmentfleck (Abb. 512 auf S. 414). Die Lage dieses Fleckes stimmt ungefähr überein mit der der paarigen Augen der Craniota; man könnte darum diesen Pigmentfleck für einen Augenfleck halten. Es ist aber experimentell nachgewiesen, daß der Pigmentfleck nicht lichtempfindlich ist; seine Bedeutung ist dunkel.

Die paarigen Augen der Craniota entstehen als ein Paar Grübchen der Neuralplatte auf der Höhe des Prosencephalon (Abb. 609A). Wenn die Neuralplatte zur Neuralfurche wird, so sinken auch die Augengruben mit ein und liegen dann in der Wand der Furche (B). Weiterhin werden die Augengruben tiefer und bekommen Blasenform: die primäre Augenblase; diese hängt durch einen hohlen Stiel mit dem Prosencephalon zusammen (C). Anfänglich entspringt dieser Stiel dorsal aus dem Prosencephalon; bei dem weiteren Wachstum jedoch verschiebt die Anheftungsstelle sich (D) und liegt schließlich ventral (Abb. 610). Dieser Anheftungsplatz gehört zu demjenigen Teile des Prosencephalon, aus welchem sich später das vordere Neuromer des Diencephalon bildet.

Ein weiteres Stadium der Augenentwicklung (Abb. 610) besteht darin, daß die Ventralwand der Augenblase sich in die Höhle dieser Blase einstülpt. Es entsteht dadurch ein Augenbecher mit doppelter Wand, dessen Konkavität ventral gerichtet ist. Aus der Innenwand dieses Bechers entsteht später die Retina; die Außenwand wird zum Pigmentepithel, der Stiel zum Augennerven (N. opticus). Alle diese Teile gehören also ursprünglich zur Gehirnwand.

Inzwischen entsteht die Augenlinse ebenfalls aus dem Ectoderm (Abb. 610). Sie entspringt aus demjenigen Teile des Kopfepithels, gegen welchen sich der

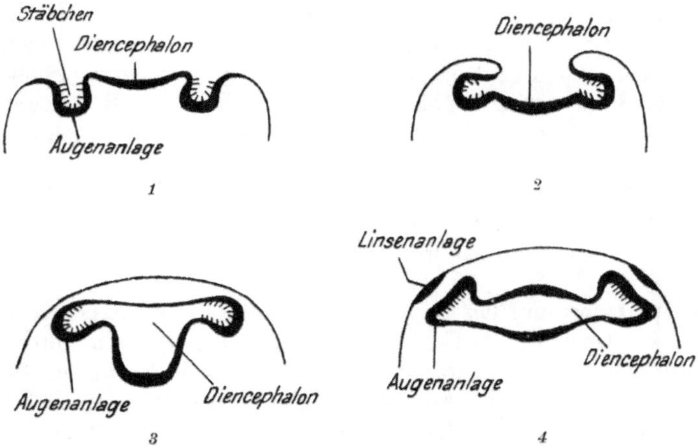

Abb. 609. Vier aufeinanderfolgende Entwicklungsstadien der paarigen Augen; schematischer Querschnitt. Die anfangs nach außen gerichtete Oberfläche des Sinnesepithels ist durch eine Reihe von Stäbchen angegeben. (Nach SCHIMKEWITSCH.)

Augenbecher legt. Zuerst ist die Linse eine Verdickung des Epithels (Abb. 609, 4); diese Verdickung stülpt sich weiterhin ein und schnürt sich ab zu einem Bläschen, dem Linsenbläschen. Dieses wird in die Öffnung eingelagert, welche in den Augenbecher führt; die Einlagerung erfolgt aber so, daß ein bestimmter proximaler Teil der Öffnung zwischen Augenstiel und Linse nicht abgeschlossen wird; dieses ist der Augenspalt oder Chorioidealspalt. Sind später Bindegewebe mit Blutgefäßen durch diesen Spalt in die Höhle des Augenbechers eingedrungen, so schließt sich diese Spalte. Teilweise aus diesem eingedrungenen Bindegewebe, teilweise auch aus feinen ectodermalen Fasern der Retina, entsteht der Glaskörper.

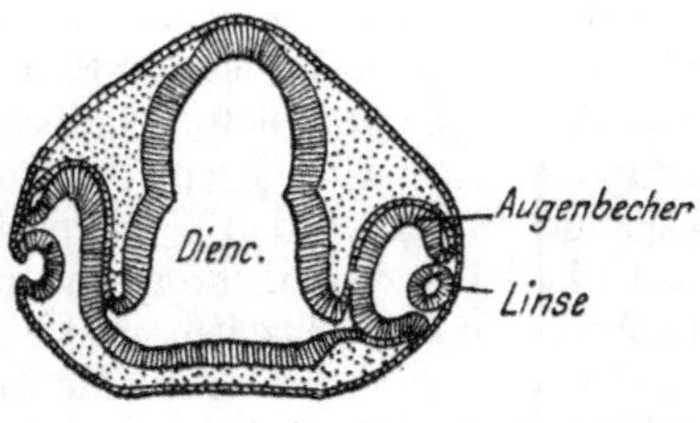

Abb 610. Späteres Stadium der Entwicklung der Augen (Querschnitt durch den Kopf eines Hühnerembryos); rechts ist das Linsenbläschen bereits von der Epidermis abgeschnürt, links noch nicht. (Nach HESSE.)

Da der Augenbecher also ein Teil der Gehirnwand ist, wird er ebenso wie diese durch die Pia und Dura mater umhüllt. Die Pia bildet die Gefäßhaut (Chorioidea), die Dura die harte Augenhaut (Sclera). Zusammen mit dem Augenbecher bilden diese Teile den Augenbulbus (Bulbus oculi).

Hilfsorgane des Auges sind die Augenmuskeln, die Augenlider und die Tränendrüsen.

Das Entstehen der Augen als oberflächliche Gruben macht es wahrscheinlich, daß ihr Zusammenhang mit dem Gehirn sekundär ist. Anfänglich würden demnach Blasen- oder Becheraugen entstanden sein, welche nur durch einen (echten)

Nerven mit dem Gehirn verbunden waren. Sekundär sind dann diese Augen zusammen mit der Neuralplatte eingesunken, wodurch sie ein Teil der Gehirnwand wurden. Sie sind dann wiederum mit dem Kopfepithel in Kontakt gekommen auf einer anderen Stelle als ihr Ursprungsplatz. Durch Einstülpung der distalen Wand der Blase haben sie darauf die gegenwärtige Form erhalten.

Es dürfte wohl kein Zufall sein, daß die Augengruben, aus denen die Augen entstehen, hinsichtlich der Neuralplatte dieselbe Stelle einnehmen wie die caudaler liegenden Neuralleisten, aus welchen die Spinalganglien und die Hauptganglien der Kopfnerven entstehen. Wir haben gesehen, daß diese Neuralleisten vielleicht als rudimentäre Sinnesorgane betrachtet werden können. Die Übereinstimmung ihrer Lage mit den Augengruben ist ein weiteres Argument für diese Hypothese. Die Augen sind dann die einzigen Sinnesorgane, welche von einer ganzen Reihe Sinnesorganen übrig geblieben sind; diese Reihe erstreckte sich früher zu beiden Seiten des Zentralnervensystems; vielleicht gehörten auch die Riechgruben hierher.

Die Augenlinse kann vielleicht ebenfalls als ein Rest eines Sinnesorgans betrachtet werden. Sie entsteht in der Reihe der epibranchialen Plakoden und als eine Epithelverdickung genau wie diese.

Der Hauptbestandteil des Auges ist die Retina. In ihr liegen die Sehzellen (Abb. 611). Als Unterteil der Gehirnwand umfaßt die Retina außerdem Ganglienzellen, Nervenfasern und Stützzellen (Gliazellen). Die Retina entsteht aus der eingestülpten Innenwand der Augenblase. Die Außenwand legt sich unmittelbar an sie an und bewahrt den Charakter eines einschichtigen Pflasterepithels; die Zellen dieser Außenwand sind gefüllt mit dunklem Pigment. Dieses Pigmentepithel schließt das Auge ab gegen alle Lichtstrahlen, welche nicht durch die Becheröffnung einfallen.

Jedoch nimmt nicht die gesamte Innenwand des Augenbechers an der Bildung der Retina teil: der distale Teil bleibt stets ein einschichtiges Epithel. Die Grenze zwischen diesem distalen Teile und der eigentlichen Retina liegt hinter der Linsenfläche und wird Ora serrata genannt.

Aus dem Entwicklungsgange des Auges folgt, daß die ursprünglich zur Peripherie gerichteten Enden der Sinneszellen in der primären Augenblase nach innen gerichtet sind (Abb. 609). Sie liegen also in dem Augenbecher als Folge der Einstülpung der Retina gegen das Pigmentepithel gerichtet. Die Retinazellen richten also ihre Basis auf das Zentrum des Augenbulbus; die Lichtstrahlen müssen also erst die Zellen durchbohren, um den lichtperzipierenden distalen Zellteil zu erreichen. Die Retinazellen sind also invertiert.

Diese Sinneszellen der Retina (Abb. 611) sind lang und schmal zylindrisch gebaut mit einer Verdickung, in welcher der Kern liegt. An ihrer Spitze ist das Cytoplasma in besonderer Weise modifiziert zum Auffangen der Lichtreize. Der Zellkörper nimmt hier die Form an eines sogenannten Stäbchens oder eines Zapfens: die Stäbchen sind länger und dünner, die Zapfen kürzer und dicker. Dieser Unterschied ist jedoch bei den primitiven Pisces noch nicht deutlich ausgebildet; er tritt erst bei den höheren Vertebrata mehr hervor. Man vermutet, daß nur die Zapfen zum Wahrnehmen von Farben dienen. Ursprünglich überwiegen zahlenmäßig die Zapfen; bei den Mammalia dagegen werden die Stäbchen zahlreicher, vor allem in dem peripheren Teile der Retina; sie fehlen vollkommen in dem Zentrum: der Area centralis, demjenigen Fleck der Retina, der am feinsten reagiert; er liegt ungefähr in der verlängerten Linsenachse. Oft besitzt diese Area in der Mitte eine kleine Grube, die Fovea centralis. Bei dem Menschen ist die Area gelb pigmentiert und wird darum Macula lutea genannt.

Von demjenigen Bilde, das durch die Linse auf der Retina gebildet wird, fängt jede Sinneszelle nur einen äußerst kleinen Teil auf. Dieser Reiz wird als ein homogener Lichtreiz auf den N. opticus übertragen und zum Gehirn geleitet. Die Wahrnehmung des Bildes kommt also zustande durch eine Vereinigung aller dieser Reize. Daraus erhellt, daß das Bild um so schärfer ist, je zahlreicher die Stäbchen und Kegel auf einer bestimmten Oberfläche sind: diese Anzahl nimmt im allgemeinen bei höheren Vertebrata zu; damit steigt die Sehschärfe.

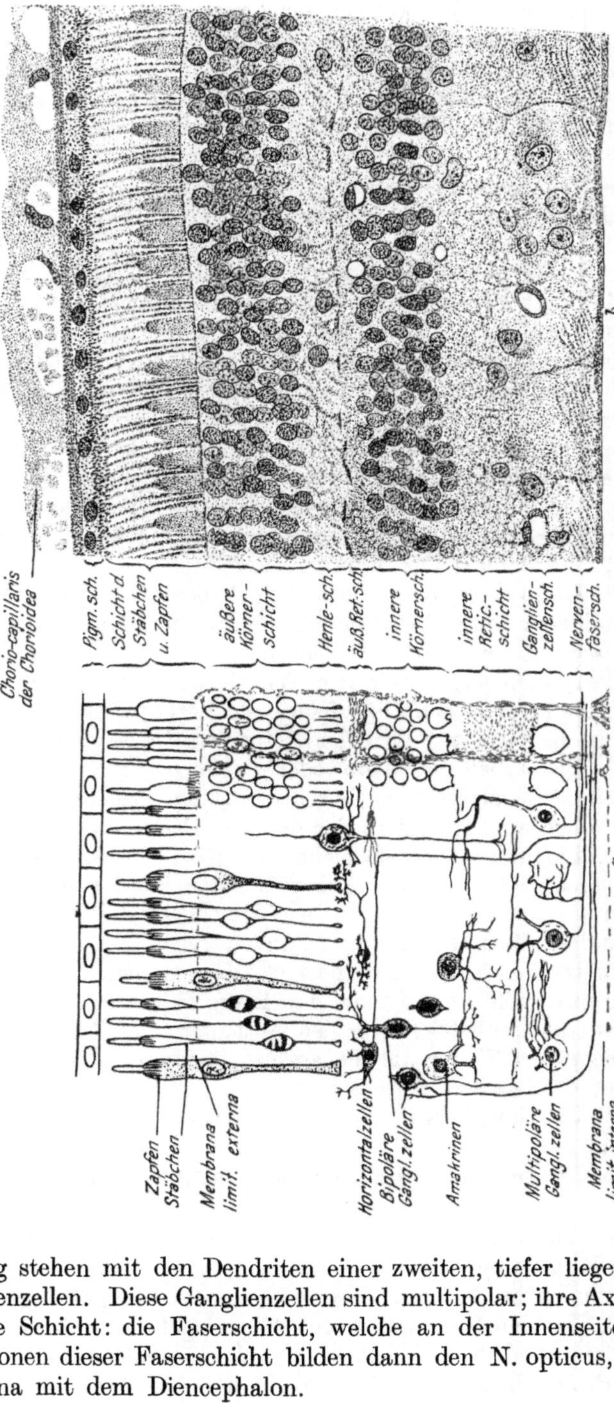

Abb. 611. Vertikalschnitt durch die Retina des Menschen, in *a* schematisch; die Stützzellen und ihre Ausläufer sind in *a* nur an der rechten Seite mit Rot angegeben. (Nach STÖHR.)

Die Ganglienzellen der Retina und ihre Ausläufer (Abb. 611) liegen in dem Augenbulbus zentralwärts von den Sinneszellen; sie bilden zusammen den größten Teil der Retina. Diese Zellen übernehmen die Lichtreize aus den Sinneszellen und leiten sie weiter. Sie liegen in regelmäßiger Weise geschichtet. So folgt unter den Retinazellen eine Schicht von bipolaren Ganglienzellen; die Dendriten dieser Zellen stehen mit den Basalenden der Sinneszellen im Kontakt. Diese bipolaren Zellen besitzen kurze Neuriten, welche wieder in Verbindung stehen mit den Dendriten einer zweiten, tiefer liegenden Schicht großer Ganglienzellen. Diese Ganglienzellen sind multipolar; ihre Axonen bilden eine besondere Schicht: die Faserschicht, welche an der Innenseite der Retina liegt. Die Axonen dieser Faserschicht bilden dann den N. opticus, verbinden also die Retina mit dem Diencephalon.

Aus der Tatsache, daß die Faserschicht an der Innenseite der Retina liegt, folgt, daß die Opticusfasern dort wo der N. opticus das Auge erreicht, ein wenig medial der Area centralis, die Retina durchbohren müssen. Die Schichten der Retina sind hier also unterbrochen, Sinneszellen fehlen; auf diese Weise entsteht ein „blinder Fleck", welcher nicht reizbar ist.

Mit Ausnahme der schon genannten Ganglienzellen kommen in der Retina noch andere vor, welche auf der Höhe der bipolaren Zellen liegen. Sie verbinden die Retinaelemente untereinander. Dies sind teilweise die sogenannten Horizontalzellen, d. h. Nervenzellen mit horizontal verlaufenden Axonen; andererseits sind es Amakrinen, d. h. Zellen mit zahlreichen kurzen Ausläufern, unter denen man keinen Neurit unterscheiden kann (Abb. 611); sie erinnern dadurch an die primitiven Ganglienzellen niedriger Metazoa.

Die Stützzellen der Retina sind langgestreckte Zellen (MÜLLERsche Fasern oder Radiärfasern); sie erstrecken sich senkrecht zur Oberfläche durch die ganze Retina, mit Ausnahme der Stäbchen- und Kegelschicht, welche keine Stützzellen besitzt (Abb. 611 A rechts mit Rot angegeben). Die Stützzellen senden feine, horizontale Ausläufer in die Retina. An ihrer Oberfläche beobachtet man kleine becherförmige Grübchen, in welche die Ganglienzellen aufgenommen werden. An ihrem proximalen und an ihrem distalen Ende sind diese MÜLLERschen Fasern miteinander verschmolzen. Dadurch wird an beiden Stellen eine dünne Haut gebildet: die Membrana limitans interna, welche an der Innenoberfläche der Retina liegt, und die Membrana limitans externa an der Basis der Stäbchen und Zapfen.

Die Schichten der Retina sind also von außen nach innen folgende (Abb. 511):

1. Die Schicht der Stäbchen und Zapfen.

2. Die äußere Körnerschicht, gebildet durch die auf verschiedener Höhe befindlichen angeschwollenen Abschnitte der Retinazellen, in welchen die Kerne (die sogenannten „Körner") liegen.

Ein schmaler, proximaler Teil dieser Schicht wird als HENLEsche Faserschicht unterschieden: hier fehlen die Kerne; diese Schicht ist also nur aus den schmalen, basalen Enden der Retinazellen zusammengesetzt.

3. Die äußere reticuläre (oder plexiforme) Schicht: sie besteht aus den Dendriten der bipolaren Ganglienzellen, aus den Ausläufern der Horizontalzellen und schließlich aus Ausläufern der radiären Fasern.

4. Die innere Körnerschicht: die „Körner" dieser Schicht sind die Kerne der bipolaren Zellen, die der Amakrinen und die der MÜLLERschen Fasern, welche auch auf dieser Höhe liegen. Auf der Grenze der vorhergehenden Schicht liegen außerdem die Kerne der horizontalen Zellen.

5. Die innere reticuläre (oder plexiforme) Schicht: sie wird gebildet aus einem Netzwerk von Neuriten der bipolaren Zellen, der Dendriten der multipolaren Zellen und schließlich von den Ausläufern der Amakrinen, ein Netzwerk, das in derselben Weise, wie die äußere reticuläre Schicht gestützt wird durch Ausläufer der radiären Fasern.

6. Die Ganglienzellschicht: die Schicht der großen, multipolaren Ganglienzellen.

7. Die Nervenfaserschicht: die Schicht der Opticusfasern.

Unmittelbar an dem Pigmentepithel der Retina liegt die Chorioidea (Abb. 612) eine Bindegewebsschicht, welche reich ist an Blutgefäßen und an Pigment. Die von außen in die Chorioidea eintretenden Blutgefäße gehen dort in Capillaren über. Bei den Mammalia liegen diese Capillaren in der inneren Schicht der Chorioidea, nämlich in der Membrana chorio-capillaris (Abb. 511 B); sie liegen also der Retina dicht an. — Bei Amia und einigen Teleostei gehen die Blutgefäße der

Chorioidea aus von einem sogenannten Wundernetz: der Chorioidealdrüse; sie liegt in der Chorioidea in der Umgebung der Stelle wo der Opticus eintritt (Abb. 613).

Die Chorioidea setzt sich auch fort über den distalen, epithelial bleibenden Teil des Augenbechers. Sie bildet hier das Corpus ciliare und vor der Linse die Iris. Diese beiden werden also nach innen zu bedeckt durch die doppelte Epithelschicht des Augenbecherrandes.

Die Iris wirkt wie ein Diaphragma; sie läßt die Lichtstrahlen nur durch eine zentrale Öffnung, die Pupille, auf die Linse fallen. Gewöhnlich ist diese Pupille rund; bei anderen Tieren jedoch auch elliptisch oder von noch anderer Form. Ebenso wie die Chorioidea, ist auch die Iris pigmentiert. Dieses Pigment, zusammen mit dem Pigmentepithel der Retina, welches die Hinterfläche der Iris bedeckt, verursacht die Augenfarbe. In hellgefärbten Augen fehlt das Pigment im Bindegewebe der Iris. Fehlt auch das Pigment in dem Pigmentepithel, wie das bei dem Albinismus vorkommt, dann sind die Augen rot gefärbt durch das Blut, welches sich in der Iris befindet.

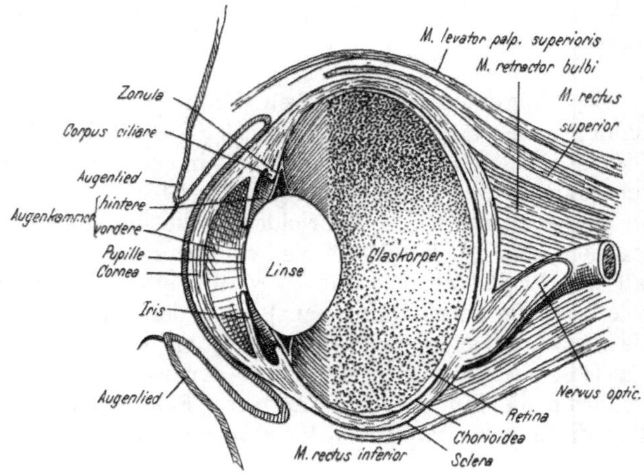

Abb. 612. Vertikalschnitt durch das Auge eines Mammaliers, halb schematisch. (Nach M. WEBER.)

Die Iris besitzt in der Regel glatte Muskelfasern; nur bei den Sauropsida sind sie quergestreift. Teilweise verlaufen diese Fasern zirkulär, ihre Kontraktion verengt also die Pupille (Musculus sphincter pupillae). Zum anderen Teile sind diese Muskelfasern radiär angeordnet und dienen zur Erweiterung der Pupille (Musculus dilatator pupillae).

In den Teleskopaugen der Tiefseefische ist die Iris sehr gering entwickelt; dadurch wird erreicht, daß das schwache Licht, in welchem diese Tiere leben, so wenig als möglich an seinem Eintritt verhindert wird.

Das Corpus ciliare umgibt die Iris ringförmig. Es fehlt nur bei den Pisces öfter. Aufgebaut ist es aus einem Kranz radiärer Falten der Chorioidea: den Ciliarfalten (Processus ciliares). In der Regel befinden sich in ihm glatte oder auch (bei den Sauropsida) quergestreifte Muskelfasern; diese verlaufen hauptsächlich radiär und bilden zusammen den Musculus ciliaris. Wie wir später sehen werden, spielt dieser Muskel eine Rolle bei der Accommodation des Auges. —

In der Chorioidea kann sich ein Tapetum lucidum entwickeln: eine Haut, welche diejenigen Lichtstrahlen zurückwirft, welche durch die Retina hindurch auf das Tapetum fallen; dadurch wird erreicht, daß die Lichtstrahlen zum zweiten Male die Retinazellen treffen. Wo ein solches Tapetum anwesend ist, besitzt das Pigmentepithel der Retina wenig oder kein Pigment; für die richtige Funktion des Tapetum ist das natürlich notwendig. Die Bedeutung des Tapetum liegt darin, daß hierdurch die Retina mehr Licht empfängt; dadurch wird das Sehen in der Dämmerung gefördert. Die zurückgeworfenen Strahlen werden dann durch das Auge hindurch nach außen reflektiert; das Tapetum ist auf diese Weise die Ursache vom Leuchten der Augen im Dunkeln.

Man kann ein Tapetum cellulosum und ein Tapetum fibrosum unterscheiden. Das Tapetum cellulosum besteht aus einer Schicht oder aus mehreren Schichten (Mammalia) abgeplatteter Zellen. Diese Zellen sind mit stark lichtbrechenden kleinsten Plättchen oder Krystallen erfüllt. Das Tap. fibrosum besteht aus dünnen Fasern. Ein Tap. cellulosum finden wir bei einigen Pisces und einigen Mammalia, namentlich den Carnivora. Ein Tap. fibrosum ist nur bei bestimmten Mammalia (Ungulata, Cetacea) beobachtet. Bei den Mammalia liegt das Tapetum außerhalb der Membrana chorio-capillaris.

In einzelnen Fällen, nämlich bei einigen Teleostei und den Crocodilia, entsteht ein Tapetum nicht aus der Chorioidea, sondern aus dem Pigmentepithel der Retina. In den Pigmentzellen werden dann Kristallkörper gebildet. — Eine ähnliche reflektierende Schicht wie das Tapetum kann bei den Pisces an der Außenseite der Chorioidea liegen, auf der Grenze der Sclera; sie wird die Argentea genannt.

Die Chorioidea wird umgeben durch die Sclera. Diese besteht aus festem Bindegewebe, das oft noch Knorpel, ja selbst Knochenplatten enthalten kann. Diese Knochenplatten liegen dann oft in einem Ringe um die Peripherie der Iris: dem sogenannten Scleroticalring (Abb. 614).

Im Gegensatz zu der Chorioidea ist die Sclera auch vor der Linse nicht unterbrochen. Natürlich muß sie hier vollkommen durchscheinend sein, um den Einfall der Lichtstrahlen nicht zu verhindern. Dieser durchscheinende Teil der Sclera ist die Cornea (Hornhaut). Von der Iris ist die Cornea geschieden durch die vordere Augenkammer. Dieser Raum ist mit einer durchscheinenden Lymphe angefüllt: dem sogenannten Humor aqueus. Zwischen Iris und Linse liegt dann weiterhin die hintere Augenkammer. Beide Räume stehen miteinander durch die Öffnung der Pupille im Zusammenhang.

Das Linsenbläschen, dessen Entstehen oben auf S. 501 beschrieben wurde (Abb. 610) wird im weiteren Verlaufe der embryonalen Entwicklung schnell verändert. Diejenigen Zellen, welche die Hinterwand des Bläschens formen, werden sehr hoch und schmal: dadurch entstehen die sogenannten Linsenfasern. Durch diese Wandverdickung wird die Höhle des Bläschens so eingeengt, daß beide Zellschichten aufeinander zu liegen kommen; die hintere Schicht wird dargestellt durch die Linsenfasern; die vordere Schicht, das Linsenepithel, wird gebildet durch Zellen, welche ihre ursprüngliche Form bewahren. Die Linsenfasern sind nicht dauernd parallel der Linsenachse angeordnet; sie beugen sich vielmehr und bilden schließlich konzentrische Schichten um den Mittelpunkt der Linse. Eine dünne Haut umgibt dieses Organ: die Linsenkapsel.

Die erwachsene Linse ist vollkommen durchscheinend und bikonvex. Kugelrund, oder wenigstens beinah kugelrund ist sie bei vielen Pisces und Urodela, bei einigen Reptilia und den in der See lebenden Mammalia (Pinnipedia, Cetacea): im allgemeinen also bei den Bewohnern des Wassers.

Hinter der Linse wird die Augenhöhle erfüllt von einer durchscheinenden Bindegewebsmasse: dem Glaskörper (Corpus vitreum). Diese Masse ist sehr wasserhaltig. Sie wird von einer dünnen Haut festerer Konsistenz umgeben: von der Membrana hyaloidea. Dort, wo diese Haut dem Corpus ciliare anliegt, ist sie durch Fasern am äquatorialen Rande der Linsenkapsel befestigt; diese Fasern werden zusammen die Zonula Zinnii oder ciliaris genannt. Die vorderen und hinteren Fasern dieser Zonula bilden zusammen einen ringförmigen

Raum um die Linse: den Canalis Petiti. Auf diese Weise wird die Linse nicht nur an der Wand des Augenbulbus befestigt, sondern sie kann auch durch Kontraktion der Fasern des M. ciliaris ihre Form verändern.

Diese Art der Accommodation scheint jedoch nur bei den Mammalia vorzukommen; bei den übrigen Vertebrata bestehen andere Einrichtungen. Bei den Pisces z. B. fehlt der M. ciliaris. Die Accommodation geschieht also hier nicht durch eine Formveränderung der Linse, vielmehr durch eine Ortsverschiebung (Abb. 613). Hierbei spielen der Proc. falciformis und die Campanula Halleri (M. retractor lentis) eine Rolle: der Proc. falciformis ist eine Leiste blutgefäßreichen Bindegewebes, welches auf einem frühen Stadium von der Chorioidea aus durch den Augenspalt in das Auge eindringt. Die Campanula Halleri ist ein Fortsatz dieser Leiste, in welchem glatte Muskelfasern vorkommen, und welcher sich an die Linsenkapsel anheftet. Bei der Kontraktion dieses Muskels wird die Linse nach hinten gezogen, wodurch sie sich der Retina nähert; auf diese Weise wird das Auge auf größeren Abstand eingestellt.

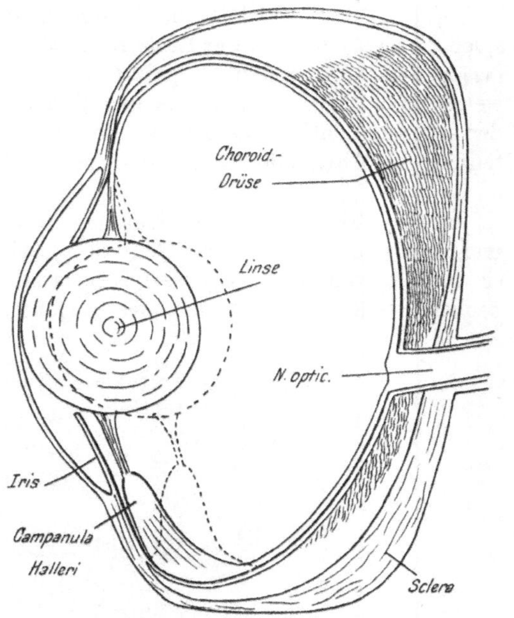

Abb. 613. Vertikalschnitt durch das Auge eines Teleostiers; (Esox). Die Umrisse der Linse und Campanula bei Kontraktion der letzteren sind punktiert angegeben. (Nach HESSE.)

Bei den Amphibia ist ein ähnlicher Muskel beschrieben worden, welcher aber die Linse nach vorn zieht: der M. protractor lentis. Durch seine Kontraktion wird also das Auge auf einen kleineren Abstand eingestellt. Denselben Erfolg erzielen die Ophidia durch den quergestreiften Ringmuskel der Iris. Bei den übrigen Sauropsida geschieht die Accomodation ebenso wie bei den Mammalia durch Veränderung der Linsenform. Diese Veränderung kommt jedoch auf eine andere Weise zustande als bei den Mammalia: die Proc. ciliares drücken bei der Kontraktion ihrer Muskelfasern auf die Linse; diese bekommt dadurch eine größere Konvexität. Eine Kontraktion der Muskelfasern hat also eine Einstellung auf kürzeren Abstand zur Folge.

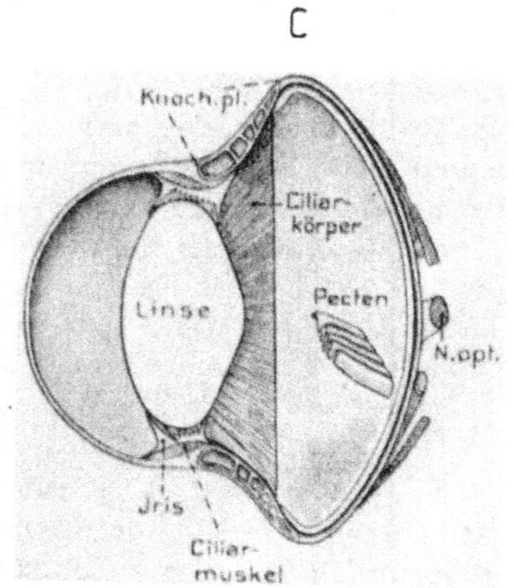

Abb. 614. Ventrale Hälfte eines Vogelauges (Athene noctua), von innen gesehen. (Nach FRANZ aus BÜTSCHLI.)

Morphologisch, doch nicht physiologisch, ist mit dem Proc. falciformis der Pisces zu vergleichen der Pecten (Kamm) im Auge der Aves (Abb. 614); er wird übrigens auch bei vielen Reptilia angetroffen, wenn auch viel schwächer entwickelt. Bei den Aves besteht der Pecten aus einem blutreichen, gefalteten und gewöhnlich pigmentierten Fortsatze der Chorioidea in das Auge hinein. Er dringt embryonal durch die Chorioidealspalte in den Glaskörper ein. Später wächst auch das Ectoderm des Augenbechers darum hin. Obwohl der Pecten gelegentlich die Linsenkaspel erreicht, ist es doch niemals an der Kapsel selbst befestigt; er hat also mit der Accommodation nichts zu tun. Wahrscheinlich spielt er eine Rolle bei der Ernährung des Glaskörpers. Nach einer anderen Auffassung (FRANZ) besitzt er jedoch Sinneszellen und soll ein Sinnesorgan sein, welches dazu dienen soll, den intraoculären Druck zu fühlen. Da dieser Druck bei der Accommodation des Auges sich verändert, so könnte dadurch eine Beurteilung des Abstandes zwischen Auge und Gegenstand möglich werden.

Rückgebildete Augen kommen in verschiedenen Stadien der Reduktion mehrfach vor. Sehr schwach entwickelt sind z. B. die Augen der Myxinidae: sie bleiben während des ganzen Lebens auf der Form des embryonalen Augenbechers stehen, ohne Linse oder Augenmuskeln. Weiterhin beobachtet man

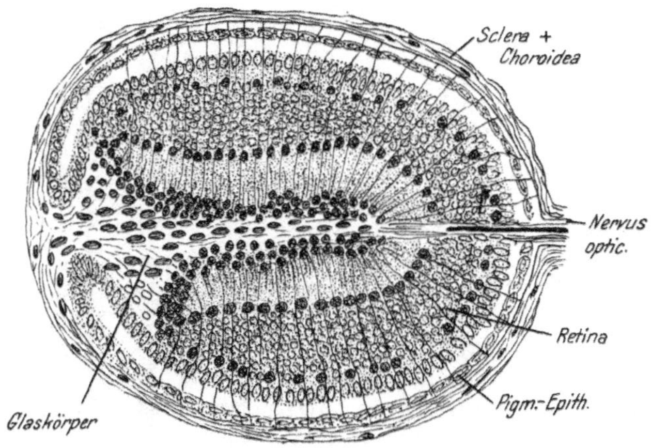

Abb. 615. Querschnitt durch das Auge von Proteus anguinus. (Nach KOHL.)

eine Zurückbildung bei den Augen mancher Vertebrata, welche im Dunkel der Tiefsee, in Höhlen oder unter dem Erdboden leben. Der Augenbulbus bleibt bei diesen Tieren klein und weniger ausgebildet. Dasselbe ist von der Linse zu sagen, die auch vollkommen verloren gehen kann (z. B. bei Proteus: Abb. 615).

Der Bulbus ist in der Regel ungefähr kugelrund. Die stärkste Abweichung dieser Form kommt bei den sogenannten Teleskopaugen vieler Aves und vieler Tiefseefische vor. Diese haben dann eine stark kovexe Cornea, welche durch ein konisches oder zylindrisches Stück von dem proximalen Teil des Auges getrennt ist; dieser proximale Teil hat dann eine mehr oder weniger halbkugelige Form.

Die Augen liegen in den Orbitae (Augenhöhlen) des Schädels. Sie können darin durch Muskeln bewegt werden (Abb. 616—617). Diese Muskeln entspringen an der Wand der Orbita und inserieren an der Sclera. Im allgemeinen finden wir vier rechte Augenmuskeln: Musculi recti und zwei schiefe: Musculi obliqui. Die M. recti entspringen in der Tiefe der Orbita dicht beieinander; sie weichen in ihrem Verlauf kegelförmig auseinander und inserieren an vier verschiedenen Stellen an der Peripherie des Augenbulbus: danach wurden sie M. rectus superior, inferior, externus und internus genannt. Die beiden ersten drehen das Auge um eine horizontale Achse, die beiden letzten um eine vertikale. Die beiden M. obliqui (superior und inferior) entspringen mehr vorn in der

Orbita; sie inserieren oben bzw. unten an der Sclera; sie drehen das Auge um eine horizontale Achse. Die Sehne des M. obliquus superior läuft bei den Mammalia durch einen Ring von faserigem Knorpel; daher trägt dieser Muskel auch den Namen M. trochlearis.

Bei den Tetrapoda inseriert noch ein andrer Muskel an dem Augenbulbus: der M. retractor bulbi; nur die Ophidia und die Primates machen hiervon eine Ausnahme. Diese Muskel umgibt den N. opticus; er kann also das Auge in die

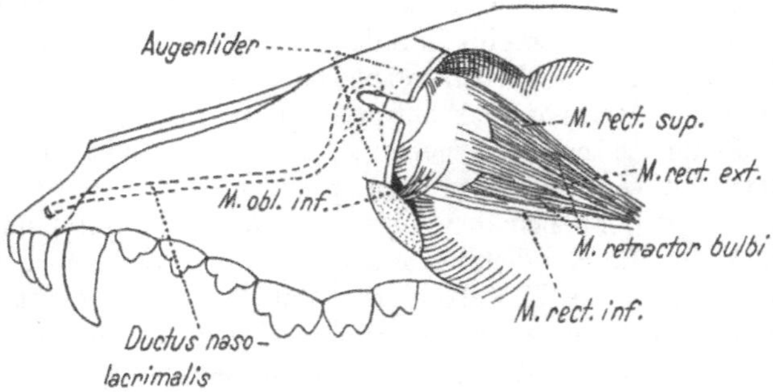

Abb. 616. Auge eines Hundes mit Augenmuskeln und Tränenkanal; die Orbita ist auf der Seite geöffnet und die laterale Hälfte der Augenlider abgeschnitten. (Nach M. WEBER.)

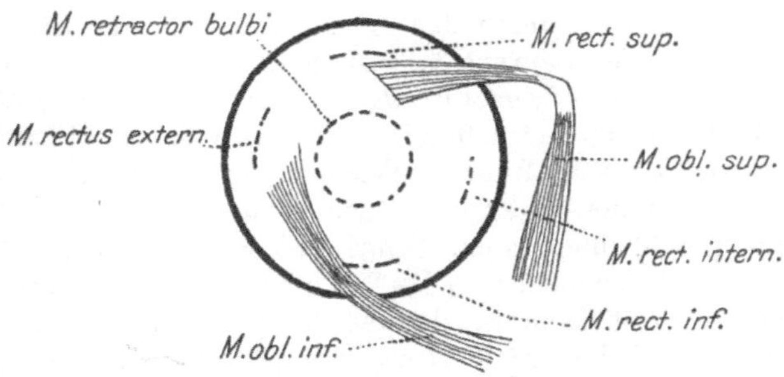

Abb. 617. Säugetierauge von hinten gesehen mit Musc. obliqui und den Haftstellen der übrigen Augenmuskeln. (Nach M. WEBER.)

Orbita hineinziehen. In einigen Fällen, u. a. bei den Mammalia, ist dieser Muskel in drei oder vier Stücke geteilt; das steht wahrscheinlich damit im Zusammenhang, daß er ursprünglich durch Abspaltung von den M. recti entstand.

Die Augenmuskeln entwickeln sich aus drei Paar Kopfsomiten, was sich u. a. aus ihrer Innervation beweisen läßt.

Die Cornea liegt dicht unter der Haut, welche an dieser Stelle ganz durchscheinend ist. Sie besteht hier meistens nur aus Epidermis: dem Corneaepithel. Dieses Epithel ist nicht verhornt, oder bei den Landtieren schwach verhornt. Ein Austrocknen dieses Epithels wird in erster Linie verhindert durch Drüsen, in zweiter Linie auch durch die Augenlider (Palpebrae); diese Lider können das Auge ganz oder teilweise bedecken (Abb. 612). Die Haut, welche die nach innen zu gekehrte Oberfläche die Augenlider bekleidet, wird Conjunctiva genannt; sie ist weniger stark verhornt als die äußere Haut. Bei den meisten Pisces und bei den Chamaeleontidae unter den Reptilia finden wir nur ein einziges, ringförmiges Augenlid. In der Regel sind jedoch zwei Lider zu unterscheiden: ein oberes und ein unteres. Oft ist noch ein drittes Lid ausgebildet: die Membrana nictitans (Nickhaut): dieses Lid liegt innerhalb der beiden anderen und kann von innen nach außen über das Auge gezogen werden. Wir finden diese Membrana unter den Pisces bei einigen Selachii; weiterhin bei vielen Sauropsida und Mammalia. Unter den Mammalia ist sie zurückgebildet bei den Cetacea und den Primates: bei den letzten finden wir nur eine kleine rudimentäre Falte an der inneren Augenecke: die Plica semilunaris. Die Membrana ist durchscheinend und beschützt also das Auge, ohne gleichzeitig das Licht abzuschließen. Bei den beiden anderen Augenlidern finden wir eine solche Transparenz nur dann, wenn sie beide miteinander verwachsen sind, also nicht geöffnet werden können: das ist nämlich der Fall bei den Geckonidae und den Amphisbaenidae unter den Lacertilia; ferner bei den Ophidia. Die Augenlider schließen in solchen Fällen eine vor dem Auge liegende Höhle ab. Bei den Anura ist das untere Augenlid größtenteils durchscheinend; es wird oft Membrana nictitans genannt, darf aber nicht mit der eben dargestellten Membran verwechselt werden.

Das Öffnen und Schließen der Augenlider geschieht durch besondere quergestreifte Muskeln. Für das Schließen sorgt bei den Sauropsida und den Mammalia ein Ringmuskel: der M. orbicularis. Für das Öffnen dient ein M. levator palpebrae superioris, welcher das obere Augenlid hebt; und ein M. depressor palpebrae inferioris, welcher das untere Augenlid nach unten zieht. Dieser letzte fehlt bei den Mammalia meist.

Die Membrana nictitans besitzt ihre eigenen Muskeln. Bei den Selachii wird diese Membran durch einen M. levator membranae nictitantis vor das Auge gezogen. Dieser Muskel wird durch den N. trigeminus innerviert. Die Muskeln, welche die Nickhaut der Sauropsida bewegen, werden jedoch im Gegensatz dazu durch den N. abducens versorgt; wir müssen sie betrachten als selbständig gewordene Teile des M. retractor bulbi. Meist wird bei den Sauropsida ein M. pyramidalis beobachtet: ein Muskel, welcher an der medialen Wand des Bulbus entspringt und darauf dorsal des N. opticus hinten an dem Augenbulbus längs verläuft; er endigt schließlich in eine Sehne, welche wiederum vor dem Auge mediad verläuft und sich schließlich an die Nickhaut anheftet. Kontrahiert sich der Muskel, so wird also die Membran laterad über das Auge gezogen. Bei den Lacertilia und Aves wird diese Leistung des M. pyramidalis noch unterstützt durch einen zweiten Muskel: den M. bursalis (M. quadratus bei den Aves). Auch dieser Muskel entspringt an dem Bulbus, bei den Lacertilia jedoch teilweise an der Wand der Orbita; die Endsehne dieses Muskels bildet eine Schlinge um diejenige des M. pyramidalis. Dieser Verlauf hat zur Folge, daß bei einer Kontraktion des M. bursalis die Sehne des M. pyramidalis nach oben oder nach hinten gezogen wird; dadurch wird also ihr Ende laterad verschoben: es wird also auf diese Weise dasselbe Resultat erreicht, welches durch Kontraktion des M. pyramidalis selbst erzielt wird.

Die Membrana nictitans der Mammalia besitzt keine eigene Muskulatur; sie schiebt sich vielmehr automatisch über das Auge, wenn dieses durch Kontraktion des M. retractor in die Orbita hineingezogen wird. Auch beim Schließen des unteren Augenlides der Anura spielt der Retractor bulbi eine Rolle, doch eine mehr direkte: bei seiner Kontraktion zieht er nämlich gleichzeitig das untere Augenlid nach oben durch eine Sehne, welche an diesem Lide befestigt ist.

Zwischen dem Auge und den Augenlidern münden Drüsen aus, deren Secret die Oberfläche des Auges feucht halten muß. Wie zu erwarten, fehlen solche Drüsen bei den Pisces. Bei den Urodela treten sie jedoch auf: sie sind hier unter dem unteren Augenlide über das ganze Auge hin verbreitet. Eine Lokalisation beobachten wir bei den übrigen Amphibia und in der Regel bei den Sauropsida und Mammalia. Hier findet man eine größere Drüse: die HARDERsche Drüse;

sie liegt an der Vorderecke (Innenecke) des Auges und mündet hinter dem unteren Augenlide durch einen oder mehrere Gänge aus. Wo eine Membrana nictitans vorkommt, dient das in der Regel fettige Sekret der Drüse im besonderen zum Anfeuchten dieser Haut. So ist es zu erklären, daß diese Drüse bei den Primates fehlt, da ihre Nickhaut zurückgebildet ist.

Eine zweite Drüse liegt bei den meisten Sauropsida und bei den Mammalia an der caudalen (lateralen) Augenecke: die Tränendrüse (Glandula lacrimalis). Sie mündet meist mit mehreren Gängen aus und scheidet in der Regel ein wässeriges Secret ab.

Das überflüssige Secret dieser Drüsen wird durch einen feinen Tränenkanal (Ductus naso-lacrimalis) aufgenommen und zur Nasenhöhle geleitet; bei den Reptilia kommt es vor, daß dieser Kanal in die Mundhöhle mündet. Er entsteht gewöhnlich aus einer Vereinigung zweier feiner Kanälchen; jedes dieser Kanälchen beginnt mit einer kleinen Öffnung, dem Punctum lacrimale, an der Innenecke des Auges (Abb. 616). Bei den Aves und den Mammalia findet man zu Beginn des Kanales eine sackähnliche Erweiterung: den Saccus lacrimalis.

Bei den Mammalia münden meist auch Drüsen am Rande der Augenlider aus: die MEIBOMschen Drüsen (Glandula tarsalis); wir können sie als veränderte Talgdrüsen ansehen. Dies ergibt sich schon daraus, daß sie in einigen Fällen mit Haaren in Verbindung stehen (Ornithorhynchus, Erinaceus) und bei Ornithorhynchus noch den Bau von Talgdrüsen besitzen.

Unpaare Augen. Bei einigen Vertebrata (Petromyzontidae, Anura) entwickelt sich an der Spitze der Epiphyse ein Bläschen: das sogenannte Pinealorgan; es trägt Kennzeichen eines einfachen Auges. Am besten entwickelt ist es bei den Petromyzontidae (Abb. 618). Es bleibt hier mit dem Dache des Diencephalon verbunden mittels eines Nerven (N. pinealis), welcher aus dem Stiele der Epiphyse entsteht. Die Fasern dieses Nerven verlaufen durch die Commissura posterior wahrscheinlich zum rechten Ganglion habenulae. Dieses Bläschen liegt dicht unter dem häutigen Schädeldach, während die Haut darüber durchscheinend ist (der sogenannte Scheitelfleck). Die distale Wand besteht aus einem einfachen Epithel, das in einigen Fällen etwas verdickt ist und dadurch einer Linse ähnelt; in der proximalen Wand, der Retina, liegen die Sinneszellen, Stütz- und Ganglienzellen; dazu tritt eine Schicht von Nervenfasern. Die Höhle dieses Bläschens wird erfüllt von einem Netzwerk feiner Fasern ohne Zellen, dem sogenannten Glaskörper.

Auch bei den Anura (Abb. 619 u. 520 auf S. 418) bildet sich ein N. pinealis, durch welchen dieses Organ mit dem Stiele der Epiphyse in Verbindung bleibt. Das Lumen des Bläschens geht hier verloren. Das Bläschen selbst liegt als sogenannte Scheiteldrüse (Corpus epitheliale) außerhalb des Schädels unter dem Corium. Ein Scheitelfleck ist auch hier anwesend.

Bei Petromyzon entsteht dicht vor der Epiphyse eine zweite ähnliche Ausstülpung des Daches des Diencephalon. Auch aus dieser Ausstülpung entwickelt sich ein Bläschen, welches durch einen Nerven mit der Gehirnwand in Verbindung bleibt. Die Fasern dieses Nerven begeben sich zum linken Ganglion habenulae. Dieses Bläschen wird das Parietalorgan oder Parapinealorgan genannt (Abb. 618). Es legt sich unter das Pinealorgan und zeigt ungefähr denselben Bau. Obgleich beide Organe in der Medianfläche liegen, so weist doch der Umstand, daß jedes von ihnen mit einem anderen Ganglion habenulae zusammenhängt, darauf hin, daß sie entstanden sind aus einem Paar symmetrischer, augenähnlicher Sinnesorgane. Von diesen Sinnesorganen würde dann das linke zum Parietalorgan geworden sein, das rechte zur Epiphyse und zum Pinealorgan.

Bei den anderen Vertebrata ist das Parietalorgan in der Regel nur embryonal nachweisbar. Aber eine hohe Entwicklung erreicht es bei den Lacertilia (Abb. 620) und den Rhynchocephalia. Hier liegt es als „Parietalauge" im Foramen parietale des Schädeldaches (Abb. 375 auf S. 271). Auch hier finden wir einen pigmentfreien Scheitelfleck. Obwohl im ganzen rudimentär, läßt dieses Organ die Tiere wahrscheinlich eine gewisse Lichtintensität wahrnehmen. Aus dem Vorkommen eines Foramen parietale bei den Stegocephala und vielen ausgestorbenen Reptilia kann man schließen, daß auch dort ein Parietalorgan vorkam.

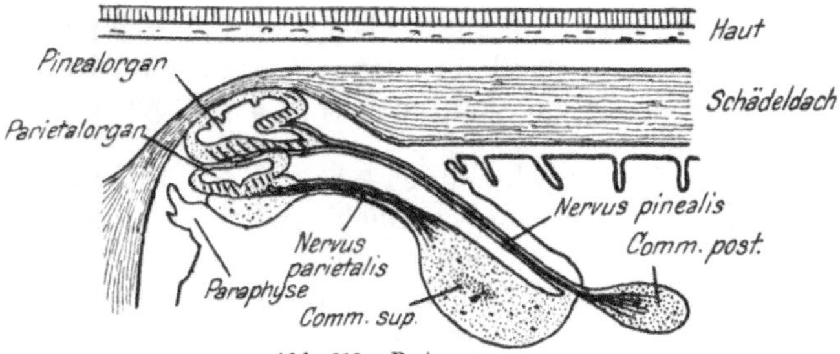

Abb. 618. Petromyzon.

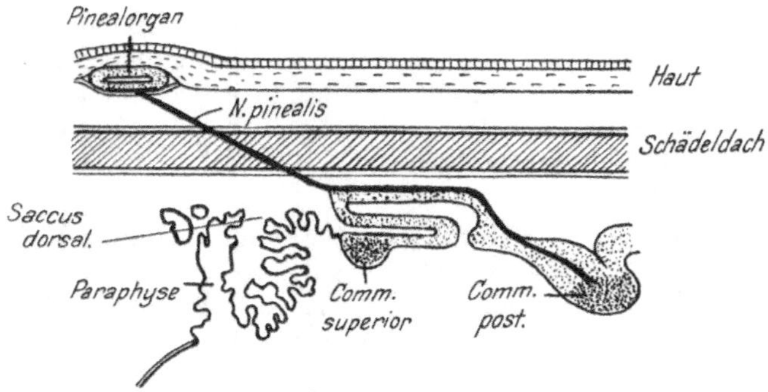

Abb. 619. Anura.

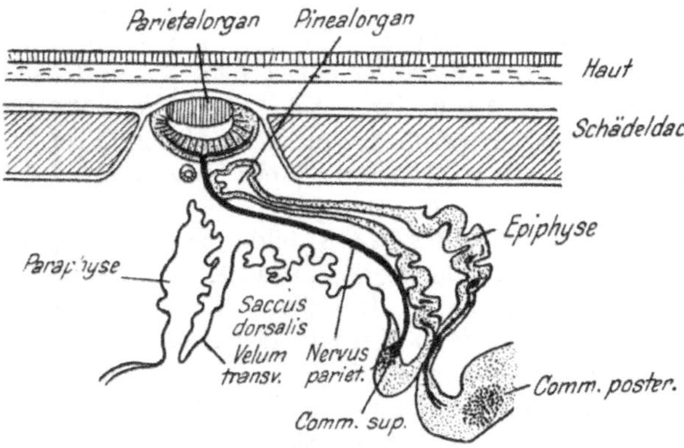

Abb. 620. Lacertilia.

Abb. 618—620. Schemata der Parietal- und Pinealorgane und ihrer Lage. (Nach STUDNICKA.)

Das Parietalauge der Reptilia entsteht ebenso wie das Organ der Petromyzontidae aus einer Ausstülpung des Daches vom Diencephalon, dicht vor der Epiphyse oder vielleicht sogar aus der cranialen Wand der Epiphyse. Es schnürt sich ab und sendet Nervenfasern aus, welche sich zu einem N. parietalis vereinigen und zur Commissura habenularis verlaufen. Bei den erwachsenen Tieren ist dieser Nerv in der Regel verloren gegangen. Auch bei den Reptilia ist die distale Wand des Organes gewöhnlich etwas linsenartig verdickt. Die proximale Wand ist pigmentiert und besteht aus Sinnes- und Stützzellen neben einer Schicht von Nervenfasern, welche an der Basis der Sinneszellen liegt und in welcher auch Ganglienzellen vorkommen. In dem Lumen liegt auch hier ein mit Fasern durchsetzter Glaskörper, in welchem auch Bindegewebszellen liegen, die offenbar erst sekundär eingedrungen sind.

Literatur zum Abschnitt Sinnesorgane.

ALLIS, E. PHELPS: The Anatomy and Development of the Lateral Line System in Amia Calva. Journ. of Morphol., Vol. 2. 1889.

BOVERI, TH.: Über die phylogenetische Bedeutung der Sehorgane des Amphioxus. Zool. Jahrb., Suppl. 7. 1904.

BROMAN, J.: Das Organon vomero-nasale Jacobsoni — ein Wassergeruchsorgan! Anat. Heft, Bd. 58. 1919.

DAMMERMAN, K. W.: Der Saccus vasculosus der Fische ein Tiefeorgan. Zeitschr. f. wiss. Zool., Bd. 96. 1910.

DENDY, A.: On the Development of the Parietal Eye and Adjacent Organs in Sphenodon (Hatteria). Quart. Journ. Microsc. Sc., Vol. 42. 1899. — Ders.: On the Parietal Sense Organs and associated Structures in the New Zealand Lamprey (Geotria australis). Chuart. Journ. Microsc. Sc., Vol. 51. 1907.

FRANZ, V.: Zur Anatomie, Histologie und funktionellen Gestaltung des Selachierauges. Jen. Zeitschr. f. Naturw., Bd. 40. 1905. — Ders.: Bau des Eulenauges und Theorie des Teleskopauges. Biol. Centralbl., Bd. 27. 1907. — Ders.: Das Pecten, der Fächer, im Auge der Vögel. Biol. Centralbl., Bd. 28. 1908.

FRORIEP, A.: Die Entwickelung des Auges der Wirbeltiere. Handb. der vergl. u. exp. Entwickelungslehre der Wirbeltiere. Herausgeg. von O. Hertwig. Bd. 2, Teil 2. Jena. 1906.

GAUPP, E.: Zirbel, Parietalorgan und Paraphysis. Ergebn. d. Anat. und Entw.-Gesch., Bd. 7. 1897.

GRAAF, H. W. de: Zur Anatomie und Entwicklung der Epiphyse bei Amphibien und Reptilien. Zool. Anz., Bd. 9. 1886. — Ders.: Bijdrage tot de Kennis van den Bouw en de Ontwikkeling der Epiphyse bij Amphibiën en Reptiliën. Proefschr. Leiden. 1886.

HESSE, R.: Die Sehorgane des Amphioxus. Zeitschr. f. wissensch. Zoologie, Bd. 63. 1898. — Ders.: Sinnesorgane (Anatomie), in: Handwörterbuch der Naturwissenschaften, Bd. 9. Jena. 1913.

KOHL, C.: Rudimentäre Wirbeltieraugen. Bibliotheca Zoolog. Herausgeg. v. Leuckart und Chun. Heft 13 (1892); Heft 14 (1893); Heft 14, Nachtrag (1895).

KRAUSE, R.: Entwickelungsgeschichte des Gehörorganes. Handb. der vergl. u. exper. Entwickelungslehre der Wirbeltiere. Herausgeg. von O. Hertwig. Bd. 2, Teil 2. Jena. 1906.

MAURER, F.: Die Epidermis und ihre Abkömmlinge. Leipzig. 1895.

NOWIKOFF, M.: Untersuchungen über den Bau, die Entwickelung und die Bedeutung des Parietalauges von Sauriern. Zeitschr. f. wiss. Zool., Bd. 96. 1910.

PAULLI, S.: Über die Pneumaticität des Schädels bei den Säugetieren. Morph. Jahrb., Bd. 28. 1900.

PETER, K.: Die Ohrtrompeten der Säugetiere und ihre Anhänge. Arch. f. mikrosk. Anat., Bd. 43. 1894. — Ders.: Die Entwickelung des Geruchsorgans und Jacobsonschen Organs in der Reihe der Wirbeltiere. Bildung der äußeren Nase und des Gaumens. Handb. der vergl. u. exper. Entwickelungslehre der Wirbeltiere. Herausgeg. v. O. Hertwig. Bd. 2, Teil 2. Jena. 1906.

PINKUS, F.: Über Hautsinnesorgane neben dem menschlichen Haar (Haarscheiben) und ihre vergleichend-anatomische Bedeutung. Arch. f. mikr. Anat., Bd. 65. 1904.

RETZIUS: Das Gehörorgan der Wirbeltiere. Stockholm. 1881.

SARASIN, P. und F.: Zur Entwicklungsgeschichte und Anatomie der ceylonesischen Blindwühle, Ichthyophis glutinosus (Epicrium glutinosum aut.). Wiesbaden. 1887–90.

SCHWALBE, G.: Das äußere Ohr. Handbuch der Anatomie des Menschen. Herausgeg. von K. v. Bardeleben. Bd. 5, Abt. 2. Jena. 1897.

SIEBENMANN, F.: Mittelohr und Labyrinth. Handbuch der Anatomie des Menschen. Herausgeg. von K. v. Bardeleben. Bd. 5, Abt. 2. Jena. 1897.

SPENCER, W. BALDWIN: On the Presence and Structure of the Pineal Eye in Lacertilia. Quart. Journ. of Microsc. Sc. (N. S.), Vol. 27. 1886.

STUDNICKA, F. K.: Die Parietalorgane. Lehrb. der vergl. mikrosk. Anat. der Wirbeltiere. Herausgeg. von A. Oppel. 5. Teil. Jena. 1905.

VERSLUYS. J.: Die mittlere und äußere Ohrsphäre der Lacertilia und Rhynchocephalia. Zool. Jahrb. (Anat. u. Ontog.), Bd. 12. 1899.

WEBER, M.: Die Nebenorgane des Auges der einheimischen Lacertidae. Arch. f. Naturgesch., 43. Jahrg., Bd. 1. 1877.

VII. Die Leibeshöhle.

Unter diesem Namen werden Höhlen im Tierkörper zusammengefaßt, welche verschiedener Herkunft sind: darum müssen wir unterscheiden zwischen primärer und sekundärer Leibeshöhle. Denken wir uns den Raum zwischen Haut und Darm angefüllt mit Bindegewebe; treten nun in diesem Füllgewebe unregelmäßige Räume auf, ohne eine deutliche epitheliale Wand: dann fassen wir diese verschiedenen Hohlräume miteinander unter dem Begriff der primären Leibeshöhle zusammen. Wenn nun solche Hohlräume zusammenfließen und gleichzeitig das anfüllende Gewebe zurückgebildet wird, so entsteht eine weite primäre Leibeshöhle. Diese kann sich, wenn stark ausgebildet, von der Haut (Ectoderm) bis zur Darmwand (Entoderm) erstrecken; in solchen Fällen liegt dann der Darm in der primären Leibeshöhle. Bei Embryonen kann dieser Raum vollkommen leer sein; er tritt dann meist schon auf in dem ersten Entwicklungsstadium als Blastocoel. Bei den Vertebrata dagegen ist diese primäre Leibeshöhle stets durch Bindegewebe, Skeletstücke, Muskeln usw. angefüllt.

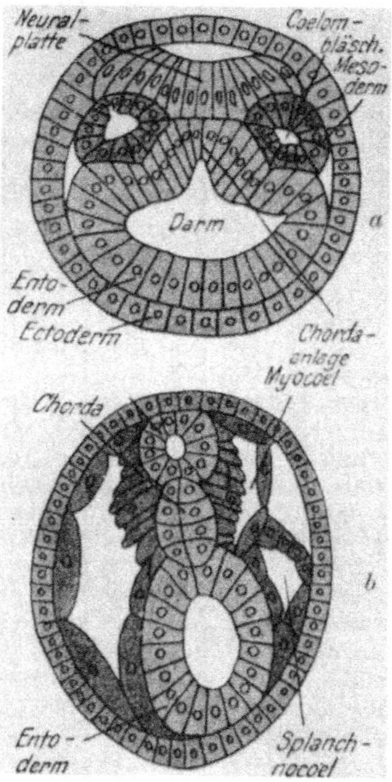

Abb. 621. Querschnitt durch einen Embryo *a* jüngeres, *b* älteres Stadium von Amphioxus. (Nach HATSCHEK.)

Die sekundäre Leibeshöhle wird auch Coelom genannt. Sie entsteht in dem Mesoderm, dem mittleren Keimblatte, und besitzt eine eigene epitheliale, mesodermale Wand. Aus dieser Wand entsteht das Peritoneum oder Bauchfell; das Peritoneum ist also eine Epithelschicht, welche die Leibeshöhle des erwachsenen Tieres tapetenförmig bekleidet.

Die Entwicklung dieser sekundären Leibeshöhle verläuft bei den Acrania und Craniota im wesentlichen gleich. Bei den Acrania finden wir embryonal das ganze Mesoderm segmentiert: das Mesoderm besteht nämlich hier aus einer Anzahl kleiner Coelombläschen, welche links und rechts des Darmkanales liegen. Ursprünglich finden wir sie latero-dorsal (Abb. 621a); aber sie breiten sich allmählich zwischen Darmwand und Ectoderm ventrad aus (Abb. 621 b). Diese ursprünglichen Bläschen entstehen nun durch Abschnürung aus dem Entoderm. Sie entwickeln sich von vorn nach hinten, so daß das vorderste Paar Bläschen das älteste ist. Die transversal verlaufenden Teile der Bläschenwand von zwei hintereinander gelegenen Blasen bilden zusammen Zwischenwände; durch diese werden die Höhlen der Blasen voneinander getrennt. Die ventralen Teile dieser Zwischenwände verschwinden nun im Laufe der Entwicklung: auf diese Weise entsteht eine Kommunikation zwischen den Höhlen der hintereinander gelegenen Bläschen. Gleichzeitig scheiden sich nun die ventralen Teile der Bläschen, die miteinander kommunizieren, durch ein horizontales Septum von den dorsalen Teilen. So kommt es, daß das Mesoderm auf diesem Stadium aus zwei Teilen besteht (Abb. 621 b, rechts). Die dorsal gelegenen Teile besitzen noch die deutliche Segmentation. Sie liefern die Bausteine für die Rumpfmuskulatur (bei den Craniota auch das Material für das knorpelige Achsenskelet); darum tragen diese dorsalen Teile den Namen Sclero-Myotome, oder kurz Myotome. Die innere Höhle dieser dorsalen Teile wird das Myocoel genannt.

Die ventralen Teile des Mesoderms, die sogenannten Seitenplatten, umschließen dagegen rechts und links eine durchlaufende Höhle: diese ist das sogenannte Splanchnocoel, die sekundäre Leibeshöhle oder das Coelom im engeren Sinne. Schließlich vereinigen sich rechts und links Splanchnocoel ventral des Darmkanales; dadurch entsteht dann eine durchlaufende Leibeshöhle.

Bei den Craniota ist von Anfang an nur das dorsale Mesoderm segmentiert. Das ventrale Mesoderm bleibt unsegmentiert. Wir dürfen annehmen, daß die Segmentation dieses Coelomteiles im Laufe der Phylogenie verloren gegangen ist.

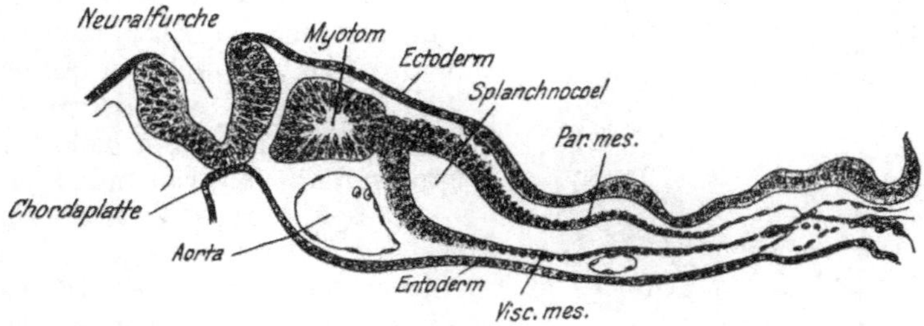

Abb. 622. Querschnitt durch einen jungen Hundeembryo. Das 6. Myotom ist auf dem Durchschnitt getroffen. (Nach BONNET.)

Durch Spaltung tritt rechts und links in dem anfänglich massiven, ventralen Mesoderm eine Höhle auf, welche auch hier Splanchnocoel genannt wird (Abb. 622). Rechter und linker Hohlraum vereinigen sich auch hier dadurch, daß die ventral des Darmes gelegene Scheidewand (ventrales Mesenterium; vgl. Abb. 627/8 auf S. 520/1) größtenteils verloren geht.

Bei Amphioxus und auch bei den Craniota kann man die Leibeshöhle in der Längsrichtung einteilen in ein Kopfcoelom und ein Rumpfcoelom. Das Kopfcoelom umfaßt die Höhle der Kopfmyotome (Myocoel) mit dem Splanchnocoel des Kopfes. Das Rumpfcoelom umfaßt die Höhle der Rumpfmyotome und das Splanchnocoel des Rumpfes. Wir müssen hier auf eine Besprechung des Kopfcoelomes bei Amphioxus verzichten; man vergleiche zu diesem Zwecke VAN WIJHE 1901, 1906. Das Splanchnocoel im Rumpfe der Acrania wird durch das Auftreten der peribranchialen Höhle stark eingeengt und wird durchbohrt von den Kiemenspalten (Abb. 709 auf S. 587). Dadurch wird diese Höhle in der Kiemenregion verteilt (Abb. 882 auf S. 710) erstens in ein paariges, dorsolateral gelegenes, subchordales Coelom; zweitens in Coelomröhren, welche durch die primären Kiemensepten verlaufen (Branchialcoelom); und drittens in ein unpaares Coelom, welches ventral unter dem Endostyl liegt (vgl. auch Abb. 739 auf S. 604). Die genannten Coelomröhren verbinden also den dorsal und ventral gelegenen Teil des Splanchnocoels miteinander. Hinter dem Kiemendarm liegt der Darm in einem engen Coelomraume, welcher die Fortsetzung jener Räume ist, welche den Kiemendarm umgeben.

Bei den Craniota ist das Kopfcoelom meist schon beim Embryo stark zurückgebildet; beim erwachsenen Tiere verschwindet es ganz. Bei den Embryonen der Selachii finden wir es z. B. gut entwickelt. Hier beobachtet man Mesodermröhren, welche in den Visceralbogen verlaufen (Abb. 623); sie verbinden die Höhlen der Kopfmyotome (soweit solche anwesend sind) mit der Pericardhöhle (der Höhle des Herzsäckchens). Diese Röhren bilden miteinander die Seitenplatten des Kopfes. Letztgenannte werden durch das Auftreten von Kiemensäcken auseinandergelegt in Teile, welche in den Visceralbogen verlaufen. Die Höhlen dieser Röhren bilden das Splanchnocoel des Kopfes.

Das Splanchnocoel des Rumpfes ist bei allen Craniota ein umfangreicher Raum, dessen cranialer Teil als Pericardhöhle selbständig wird. Nur bei den Selachii ist die Trennung keine vollständige. Die Pericardhöhle umgibt das Herz; ihre Wände bilden das Pericard, in welchem wir ein parietales und ein viscerales Blatt unterscheiden können (Abb. 623 u. 624). Dieses letzte Blatt liefert die Muskelschicht: das Myocard; ferner die äußere Bekleidung des Herzens: das Epicard. Dorsal des Herzens laufen das parietale und das viscerale Blatt ineinander über und bilden dadurch ein Aufhängeband für das Herz: das dorsale Mesocard (Abb. 624); in diesem befinden sich die großen Blutgefäße von und zu dem Herzen.

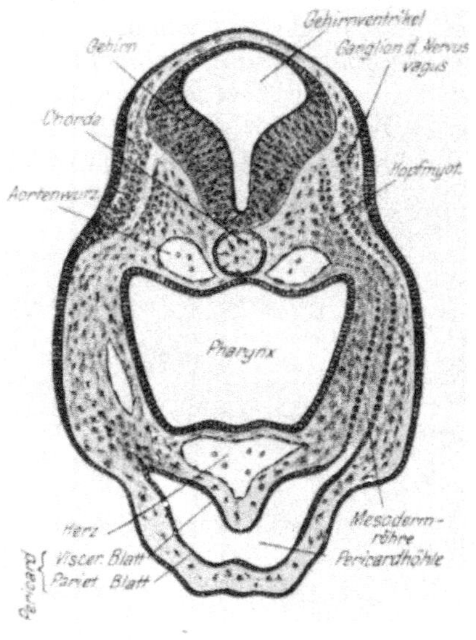

Abb. 623. Querschnitt durch einen Embryo von Torpedo in der Höhe des zweiten Kiemenbogens des vierten Visceralbogens.) (Nach ZIEGLER.)

In dem übrigen Teile des Splanchnocoels der Craniota liegen vor allem der Darmkanal mit seinen Derivaten und die Genitalorgane. Um es deutlich zu beschreiben, könnte man sagen, daß die Eingeweide in die Leibeshöhle hineinragen oder darin hineinsinken. Bei dem ersten Falle stoßen sie das Peritoneum, welches die Leibeshöhle auskleidet, vor sich her; in dem zweiten Falle werden sie ebenfalls durch das Peritoneum bekleidet, aber durch eine doppelte peritoneale Haut an der Wand der Leibeshöhle befestigt (Abb. 628). Solch eine doppelte Haut, welche also als Aufhängeband funktioniert, trägt den Namen „Meso“: die Aufhängebänder des Darmes heißen Mesenterium, des Herzens Mesocardium (Abb. 624) der Testes Mesorchium usw. Organe, welche unter dem Peritoneum liegen ohne selbst in die Leibeshöhle hineinzuragen, werden ihrer Lage nach als retroperitoneal bezeichnet.

Bei den Mammalia wird die Leibeshöhle dadurch noch verwickelter, daß sie durch eine besondere Zwischenwand in zwei hintereinander gelegene Teile aufgeteilt wurde: das Diaphragma (Zwerchfell) teilt die Leibeshöhle in die craniale Brusthöhle und die caudale Bauchhöhle. Die Brusthöhle enthält das Herz und das Pericard, die Luftwege, die Lungen und den Ösophagus. Die Bauchhöhle umfaßt die übrigen Teile des Darmkanales und die Urogenitalorgane. Das Peritoneum, welches die Brust- oder Pleuralhöhle auskleidet, trägt den Namen Pleura. Ihr Visceralblatt erstreckt sich auch über die Lungen (Abb. 624).

Das obengenannte Diaphragma entsteht auf eine sehr komplizierte Weise durch Vereinigung von zwei Teilen. Der ventrale dieser beiden Teile ist das unpaare Septum transversum, welches bei den Embryonen aller Vertebrata auftritt. Dieses Septum spielt auch eine Rolle bei der Abtrennung der Pericardhöhle von dem Reste der Leibeshöhle: es entsteht in Verbindung mit den Ductus Cuvieri, verbindet in schräger Richtung die Seitenwände des Rumpfes und hängt mit dem ventralen Mesenterium des Darmes zusammen. Es liegt zwischen dem Sinus venosus und dem Magen. Mit diesem Septum vereinigen sich nun ein Paar dorsale Falten zum endgültigen Diaphragma. Hier dringen Myoblasten ein und formen Muskelfasern.

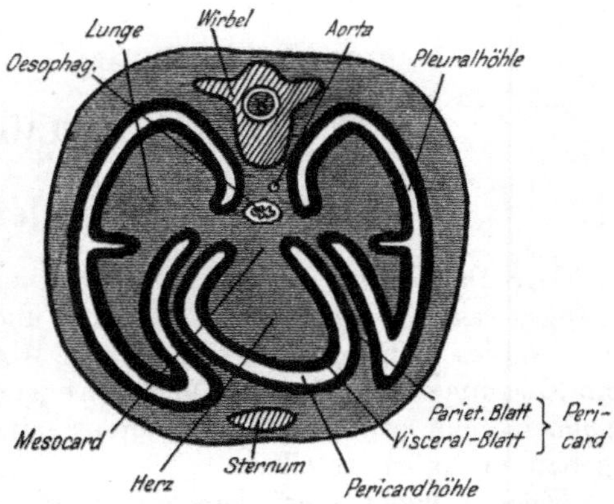

Abb. 624. Schematischer Querschnitt durch die Brust eines Menschen. (Nach ZIEGLER.)

Im Verbande mit der caudaden Verschiebung, die das Herz bei den Mammalia erfährt, wird auch das Septum transversum bei diesen Tieren caudad zurückgedrängt. Dadurch liegt auch das Diaphragma weiter von dem vorderen Ende der Leibeshöhle entfernt.

Bei den erwachsenen Mammalia bildet das Diaphragma eine Kuppel, die mit ihrer konvexen Seite zur Brusthöhle gerichtet ist (Abb. 691 auf S. 573 und Abb. 788 auf S. 638). Die Muskulatur des Diaphragma entspringt am Sternum, an den Rippen und Lendenwirbeln und verläuft zu einem zentral gelegenen, häutigen Centrum tendineum. Dadurch ist das Diaphragma imstande, bei dem Atmungsmechanismus mitzuwirken: durch seine Kontraktion wird die Brusthöhle erweitert.

VIII. Die Ernährungsorgane.

A. Einleitung.

Der Darmkanal der Vertebrata ist eine Röhre von oft sehr ansehnlicher Länge, welche mit dem Munde anfängt und mit dem Anus endigt. Stets können wir an diesem Darmkanal verschiedene Abteilungen unterscheiden. Diese stehen im Zusammenhang mit den Veränderungen, welche die aufgenommene Nahrung nacheinander erfährt. Und zweitens mit der allmählichen Resorption der abgebauten Nahrungsteile.

Ebenso wie wir bei dem Skelet einen gewissen Einfluß der Einteilung des Vertebratenkörpers in Kopf und Rumpf spüren, so können wir einen solchen Einfluß auch an dem Darmkanal beobachten: man kann danach Kopfdarm und Rumpfdarm voneinander unterscheiden. Der Kopfdarm liegt auf der Höhe des Schädels und des vorderen Teiles der Wirbelsäule; er ist umgeben von dem Visceralskelet und der visceralen Muskulatur. Seine Arbeit besteht erstens in der Aufnahme der Nahrung, welche gleitfähig gemacht wird und zweitens in deren Transport zum Magen. Man unterscheidet am Kopfdarm die Mundhöhle und den Kiemendarm, die jedoch ohne scharfe Grenze ineinander übergehen.

Die Mundhöhle beherbergt einige wichtige Organe: z. B. die Zähne und die Zunge; weiterhin münden in diese Höhle eine Anzahl Drüsen aus, deren Secret die aufgenommene Nahrung schlüpferig macht und auch teilweise die ersten Fermente zur Verdauung der Nahrung enthält. — Der Kiemendarm (Pharynx) bildet die Kiemensäcke und dient dadurch der Atmung; sein Bau und seine Derivate werden unten besprochen werden. Bei den Tetrapoda verschwinden diese Kiemensäcke; dadurch verliert der Kiemendarm seine kennzeichnenden Eigenschaften und wird zu einer einfachen Fortsetzung der Mundhöhle.

Der Rumpfdarm besitzt keine knöchernen Stützen. Er ist im allgemeinen röhrenförmig und liegt größtenteils in der Leibeshöhle. Im einfachsten Falle ist der Rumpfdarm eine von vorn nach hinten gerade durchlaufende Röhre; in den meisten Fällen aber wird er durch seine bedeutende Verlängerung gezwungen, in Schlingen zu verlaufen. Am Rumpfdarm kann man allgemein drei Teile unterscheiden: erstens den Vorderdarm; zweitens den Mittel- oder Dünndarm und drittens den End- oder Dickdarm.

Der Vorderdarm erstreckt sich vom Kiemendarm bis zum Ende des Magens: dem Pylorus, welcher durch eine ringförmige Falte in der Schleimhaut gekennzeichnet ist. Der Vorderdarm besteht aus dem Ösophagus (Speiseröhre) und dem Magen. Einige Forscher (Jacobshagen, Fahrenholz) rechnen den ganzen Vorderdarm zum Kopfdarm; der Vorderdarm ist nämlich nach Jacobshagen gekennzeichnet durch seine Innervation mittels des N. vagus, oft durch den Besitz quergestreifter Muskeln und einer bestimmten Längsfaltung der Schleimhaut. Der Rumpfdarm dagegen wird durch den N. sympathicus innerviert, besitzt eine glatte Muskulatur und netzförmige Schleimhautfalten. Uns scheint jedoch der Gegensatz zwischen dem Kiemendarm und dem Magen zu groß, um beide unter dem Begriff Kopfdarm vereinigen zu können.

Der Mitteldarm erstreckt sich vom Pylorus bis zu dem Ursprung des Blinddarmes, soweit dieser anwesend ist. Stets ist der Mitteldarm relativ lang. In seinen Vorderteil münden die Abfuhrgänge zweier großer Drüsen: der Leber und des Pancreas, welche beide für die Verdauung von der größten Bedeutung sind. Diesen vordersten Teil des Mitteldarmes unterscheidet man meist als Duodenum (Zwölffingerdarm).

Der Enddarm (oder das Rectum) ist meist nur kurz. In seinen Anfangsteil mündet oft ein längerer oder kürzerer Blindsack: das Coecum (Blinddarm). Ursprünglich setzt der Enddarm sich fort in die Cloaca: ein Hohlraum, in welchen auch die Ableitungswege der Genitalien und Nieren ausmünden. Durch die Cloacaöffnung mündet dieser Raum nach außen. Auch bei den Mammalia finden wir diesen Zustand embryonal; aber die embryonale Cloaca erfährt dann später eine vollständige Scheidung in eine dorsale und ventrale Abteilung: die dorsale Abteilung verlängert das Rectum, die ventrale Abteilung nimmt die Leitungsröhren der Nieren und Genitalien auf. Dadurch wird die ursprüngliche Cloacaöffnung verteilt in den dorsalen Anus und die ventrale Urogenitalöffnung.

Die Wand des Rumpfdarmes besteht aus drei Schichten: der Mucosa, Muscularis und Serosa. Die Mucosa (Schleimhaut) ist die innerste Schicht; sie besteht aus einem Epithel und einer Bindegewebsschicht. Das Epithel kleidet die innere Oberfläche des Darmkanales aus und ist mit Ausnahme des Ösophagusepithels einschichtig; es bildet den Mutterboden, aus welchem sich der epitheliale Teil jener Drüsen entwickelt, deren Secret die Auflösung der aufgenommenen Nahrung zuwege bringt. Um die Mucosa liegt die Muscularis: diese besteht im allgemeinen aus einer Innenschicht von ringförmig verlaufenden glatten Muskelfasern; zweitens aus einer Außenschicht von longitudinalen Muskeln. Die Kontraktion beider Muskelgruppen schiebt die aufgenommene Nahrung in dem Darm weiter durch sogenannte peristaltische Bewegungen. Soweit der Rumpfdarm in der Leibeshöhle liegt, besteht seine äußere Wand, die Serosa, aus Bindegewebe und einer äußeren Epithelschicht. Dieses Epithel ist nichts anderes als eine Fortsetzung des Peritoneum: umkleidet dieses doch, wie wir auf S. 516 sahen, den Darm und befestigt ihn an der Rückenwand der Leibeshöhle.

Über die Entwicklung des Darmkanales wollen wir nur einige Bemerkungen machen. Bei der Entwicklung holoblastischer, dotterarmer Eier wird der Darmkanal schon früh angelegt: es entsteht ein durch Entoderm (Hypoblast) bekleideter Raum, welcher anfänglich nicht mit der Außenwelt kommuniziert (Abb. 625). Am Vorderende des Embryo entsteht dann eine ectodermale Einsinkung: das Stomodaeum. Dieses legt sich gegen das vordere Ende des Darmkanales an, so daß beide Teile anfänglich durch eine Wand voneinander geschieden sind; diese Wand wird durch das Ectoderm und Entoderm gebildet und heißt die „pharyngeale Membran“. Die zuerst weite Öffnung, durch welche das Stomodaeum mit der Außenwelt kommuniziert, wird zur Mundöffnung; das Stomo-

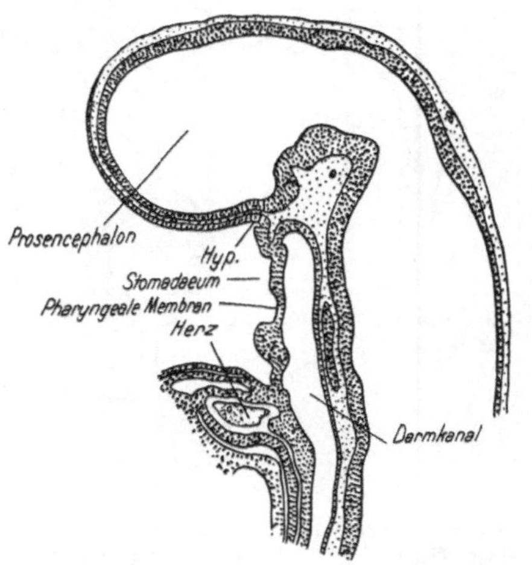

Abb. 625. Medianschnitt durch den Kopf eines Kaninchenembryos. (Nach BRACHET.)

daeum selbst wird zum vordersten Teile der Mundhöhle; durch Verschwinden der pharyngealen Membran entsteht dann eine Verbindung mit dem entodermalen Darmkanale. Die Mundhöhle ist also teilweise ectodermalen, teilweise entodermalen Ursprungs.

Auch caudal sehen wir, wie Ectoderm und Entoderm an einer bestimmten Stelle dicht gegeneinander anliegen (Abb. 626). Die hier ebenso gebildete cloa-

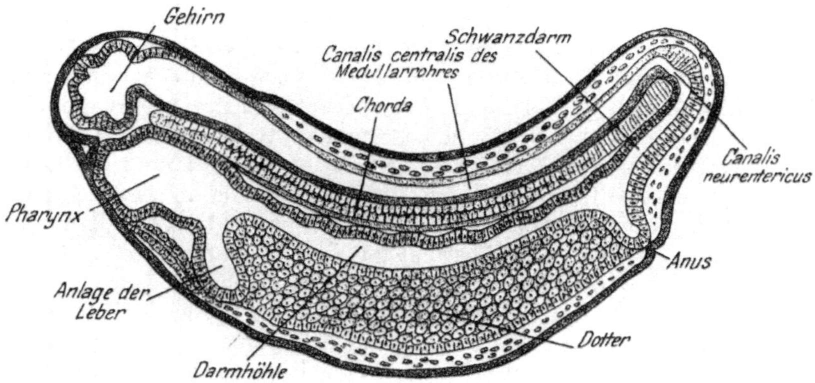

Abb. 626. Medianschnitt durch einen Krötenembryo (Bombinator). (Nach A. GÖTTE.)

cale Membran bricht auch durch: so entsteht die Cloacenöffnung bzw. der Anus. Caudal des Anus setzt sich in vielen Fällen das Entoderm fort als sogenannter Schwanzdarm: dieser kann durch den Canalis neurentericus mit dem Caudalende des Canalis centralis des Rückenmarkes kommunizieren (Abb. 626; vgl. Abb. 513 auf S. 415). Bei den erwachsenen Tieren verschwindet dann mit dem Schwanzdarm auch der Canalis neurentericus.

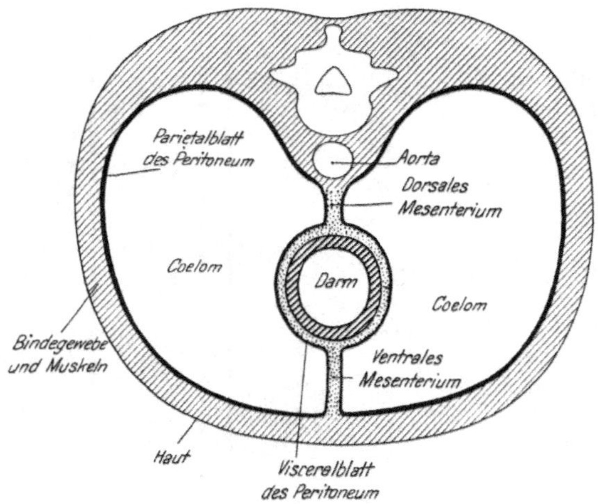

Abb. 627. Schematischer Querschnitt durch den Rumpf des Menschen mit Dorsal- und Ventralmesenterium. Das Peritoneum bekleidet mit seinem Parietalblatt die Innenwand des Körpers, mit seinem Visceralblatt den Darm. — (Nach V. D. BROEK.)

Bei anderen Tiergruppen mit meroblastischen, dotterreichen Eiern (Sauropsida) und bei den Mammalia wird der Dottersack, bzw. die Nabelblase, als eine Aussackung des Darmes angesehen. Bei den Sauropsida umwächst das Entoderm, entspringend von dem Embryoschilde langsam die Dottermasse; dadurch entsteht der Dottersack. In gleicher Weise breitet sich das Entoderm bei den Mammalia an der Innenseite der Embryoblase aus; dadurch kommt die Nabelblase zustande. Durch Bildung von Falten trennt sich nun der Darmkanal langsam vom Dottersack oder von dem Nabelbläschen ab. Dadurch wird die verbindende Öffnung (der Darmnabel) zwischen dem Darmlumen und der Höhle des Dottersackes oder Nabelbläschens immer kleiner. Mund und Anus entstehen in der gleichen Weise wie bei den Formen mit holoblastischen Eiern.

Wir sagten schon auf S. 515, daß das Splanchnocoel zuerst paarig angelegt wird. Wenn nun das rechte und linke Splanchnocoel sich dorsad und ventrad ausbreiten ohne zu verschmelzen, so werden ihre Wände sich median, dorsal und ventral des Darmkanales, gegeneinanderlegen und eine mediale Wand bilden: das dorsale und ventrale Mesenterium (Abb. 627).

Das dorsale Mesenterium dient als Aufhängeband für den Darm: es befestigt ihn an der Rückenseite der Bauchhöhle; es ist also eine doppelte Haut, die eine Fortsetzung des Peritoneum ist und den Darm einhüllt. Ursprünglich läuft der Darmkanal als eine gerade Röhre vom Munde zum Anus: das dorsale Mesenterium liegt dann also gerade in der Medianfläche. Legt sich aber bei den meisten Vertebrata der Darm in Schlingen, so wird das Mesenterium an dem Darmrande viel länger als an dem Rückenrande. Das Mesenterium muß sich also in Falten legen. — Physiologisch spielt das dorsale Mesenterium dadurch eine wichtige Rolle, daß es den Weg angibt, auf welchem Blutgefäße, Lymphgefäße und Nerven den Darm erreichen.

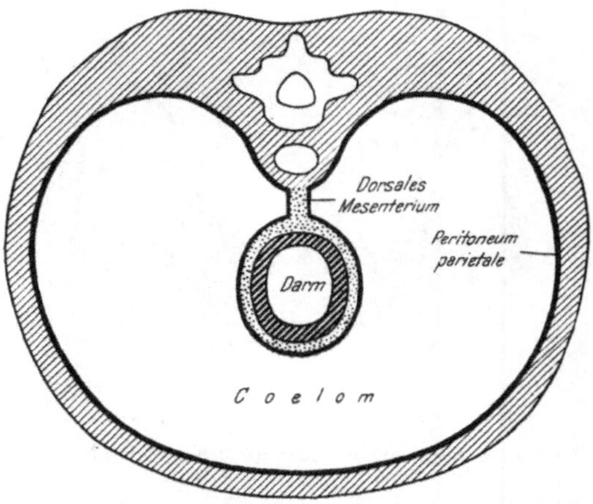

Abb. 628. Schematischer Querschnitt durch die Bauchhöhle des Menschen nach Verschwinden des ventralen Mesenterium. (Nach v. D. BROEK.)

Das ventrale Mesenterium bleibt nur im Vorderteil des Rumpfes im größeren Ausmaße und kurz vor dem Anus im kleineren Maße bestehen. Sonst verschwindet es dadurch, daß das linke und rechte Splanchnocoel des Darmes sich miteinander vereinigen (Abb. 628). Es verbindet die ventrale Seite des Darmes mit der ventralen Rumpfwand und beherbergt wichtige Organe, durch welche es an Dicke stark zunimmt: in seinem vorderen Teil der Rumpfabteilung umschließt es als Mesocard das Herz (Abb. 623 und 624); mehr caudal umschließt es die Leber und die ventrale Anlage des Pancreas. In dem caudalen Teile dieses Mesenterium, welcher vor dem Anus gelegen ist, entwickelt sich die Urinblase.

B. Die Mundhöhle und ihre Organe.

Die Mundhöhle.

Mund und Mundhöhle bilden den vordersten Teil des Darmkanales. Ihre Arbeit besteht in der Aufnahme der Nahrung, die meist ziemlich unverändert, aber gleitfähig gemacht durch das Secret der Munddrüsen, verschlungen wird. Bei den Pisces wird außerdem noch das Atmungswasser durch die Mundhöhle gespült.

Die Mundhöhle von Amphioxus (Abb. 704 auf S. 584) weicht stark von der der Craniota ab. Wir finden hier einen Raum mit weiter Öffnung, die an ihrem Rande mit 12 bis 20 Paar Tentakeln oder Cirri besetzt ist. Diese Tentakel tragen wieder Wimperhaare und Sinnesorgane. Am hinteren Ende dieses Hohlraumes liegt eine schräg gestellte Wand: das Velum. Dieses wird von einer Öffnung durchbohrt, welche in den Pharynx führt. Nach VAN WIJHE (1914) ist diese Öffnung (Tremostoma) der linke vorderste Kiemenspalt; er funktioniert bei der Larve als Mundöffnung.

Bei den Craniota ist der vordere Teil der Mundhöhle vom Stomodaeum herzuleiten. Caudal geht die Mundhöhle in den Kiemendarm über.

Bei den T e t r a p o d a verschwinden die Kiemensäcke im erwachsenen Zustande; hier bildet also der Kiemendarm einen Teil der endgültigen Mundhöhle, da keine Grenze mehr zwischen Mundhöhle und Kiemendarm besteht. Der Ort jedoch, wo die Tuba Eustachii als Derivat des ersten Kiemensackes in die endgültige Mundhöhle einmündet —: dieser Platz gehört embryologisch zum Kiemendarm (Abb. 629 a u. 631 a). Nach hinten zu geht also die endgültige Mundhöhle bei den Tetrapoda in den Ösophagus über (Abb. 765 auf S. 624). Auch die Atmungsorgane entstehen in dieser Gruppe aus dem Kiemendarm; so kommt es, daß der Larynx (Kehlkopf) bei dem erwachsenen Tiere am Boden des caudalen Teiles der endgültigen Mundhöhle ausmündet und aus dem Kiemendarm entsteht (Abbildung 629).

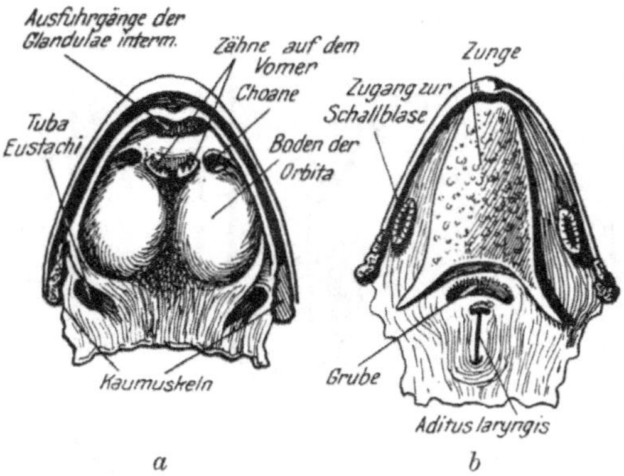

Abb. 629. *a* Dach und *b* Boden der definitiven Mundhöhle von Rana. (Nach WIEDERSHEIM.)

L i p p e n umsäumen den Mundspalt. In den meisten Fällen sind es unbewegliche Hautfalten, die jedoch bei den M a m m a l i a durch Hautmuskeln beweglich geworden sind (Abb. 496 auf S. 387), welche Muskeln wir von dem M. s p h i n c t e r c o l l i ableiten müssen. Dadurch werden in dieser Wirbeltiergruppe die Lippen zu sehr beweglichen Organen, geeignet, um in einigen Fällen auch die Nahrung zu ergreifen. Wenn jedoch die Kiefer eine Hornschicht tragen, so fehlen die Lippen ganz: z. B. bei den Chelonia (mit Ausnahme der Trionychidae), den Aves und den Monotremata.

Man kann sich schematisch vorstellen, daß bei den Mammalia durch seitliche Vereinigung der Ober- und Unterlippe der Mundspalt verengert wird, und daß dadurch die Wangen entstehen. Der Raum zwischen Lippen und Wangen einerseits und den Kiefern andererseits wird hier Vestibulum oris genannt. Ontogenetisch wächst von der Lippengrube, welche längs den primitiven Kieferrändern auftritt eine Epithelleiste in das Bindegewebe hinein. Dadurch wird dieser primitive Kieferrand aufgeteilt in die Lippe und den endgültigen Kieferrand (Abb. 656 auf S. 542). An den Mundwinkeln gehen obere und untere Lippengrube ineinander über; die Epithelleiste ist an diesen Stellen lateral gerichtet. Durch Aushöhlung der genannten Leiste entsteht das Vestibulum oris.

Bei den Rodentia und den katarrhinen Simiae zeigt dieses Vestibulum oris zu beiden Seiten eine Aussackung, den sogenannten W a n g e n s a c k. Dieser Sack ist ausgekleidet mit der Schleimhaut der Mundhöhle. Durch diese Einrichtung werden die Tiere befähigt, in möglichst kurzer Zeit eine große Menge Nahrung zu sammeln; verschiedene Rodentia stapeln später die Nahrung als Wintervorrat in ihren Wohnhöhlen auf. Die behaarte Haut der Mundecke kann sich bei dieser Säugetiergruppen ein Stück in das Vestibulum oris fortsetzen. Man kann diese Eigentümlichkeit übrigens auch bei Tieren beobachten, welche keine Wangensäcke besitzen: z. B. bei Lepus. Die „falschen Wangensäcke“ der Geomyidae sind Einstülpungen des Integumentes, welche von innen behaart sind und nicht im Zusammenhang mit der Mundöffnung stehen; aber auch hierin kann die Nahrung gesammelt werden.

Das Epithel der Mundhöhle besteht aus mehreren Schichten abgeplatteter Epithelzellen. Eine besondere Arbeit verrichtet die Mundschleimhaut bei den Amphibia: das Mundhöhlenepithel ist sehr reich mit Blutgefäßen versehen und dient dadurch der Atmung. Bei den Urodela ohne Lungen hat man sogar ein dichtes Netzwerk von Capillaren beobachtet (MAURER).

Das Dach der Mundhöhle.

Bei den Pisces und Amphibia bildet die Schädelbasis selbst das Dach der Mundhöhle (Abb. 629a). In der letztgenannten Gruppe münden die Nasenhöhlen durch die Choanen vorn an dem Mundhöhlendache aus; sie haben aber keinen Einfluß weiter auf den Bau dieses Daches.

Bei Sphenodon und bei den Lacertilia (Abb. 630) treten nun horizontale Falten auf, welche von den Rändern des Oberkiefers ausgehen; sie werden Gaumenfalten genannt. Diese Falten sind hier nur schwach entwickelt, können aber die Choanen teilweise verbergen. Da nun die Zunge und das Mundhöhlendach in der Form sich decken, also wie ein Positiv und ein Negativ aufeinander passen, so begrenzen Zunge und Gaumenfalten einen dorsalen Raum, welcher eigentlich zur primitiven Mundhöhle gehört: den Ductus naso-pharyngeus. In diesen Raum münden die Choanen aus und durch ihn strömt die Atemluft zum Larynx (E. GÖPPERT, 1903). Zunge und Gaumenfalten schließen diesen dorsalen Raum also nach der eigentlichen Mundhöhle zu ab.

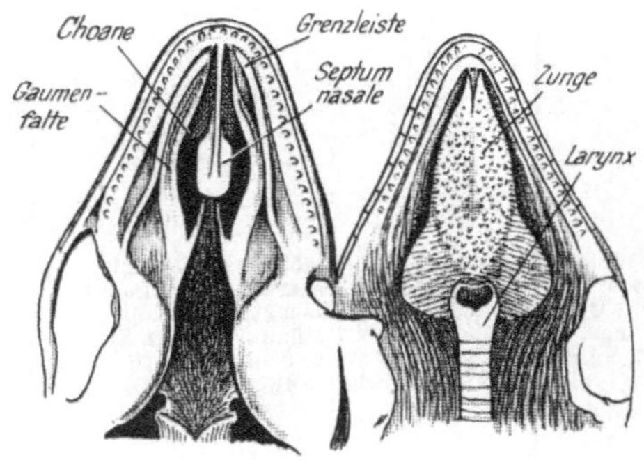

Abb. 630. Dach und Boden der Mundhöhle von Lacerta agilis. (Nach E. GÖPPERT.)

Bei den Crocodilia stoßen die Gaumenfalten median vollständig zusammen und verschmelzen miteinander: dadurch entsteht ein vollständiger sekundärer Gaumen (Abb. 394—396 auf S. 284).

Die Aves (Abb. 631, 632) schließen sich in diesem Punkte bei den Lacertilia an; sie unterscheiden sich aber dadurch, daß die Gaumenfalten stärker entwickelt sind, so daß sie meist median einen schmalen, sekundären Choanenspalt begrenzen (vgl. auch Abb. 400—401 auf S. 288). Physiologisch bildet auch hier die Zunge den ventralen Abschluß für den dorsal gelegenen Ductus nasopharyngeus. Eine Schleimhautfalte (Grenzleiste nach GÖPPERT) begrenzt an beiden Seiten ein langgestrecktes Feld an dem Mundhöhlendach, zu welchem auch die Gaumenfalten gehören (das Choanenfeld). Weiter caudal, hinter der gemeinschaftlichen Ausmündung beider Tubae Eustachii, bilden ein Paar Schleimhautblätter mit gezahnten Rändern die Grenze zwischen Mundhöhle und Ösophagus.

Bei den Mammalia beobachten wir einen ziemlich weit entwickelten sekundären Gaumen. Er entsteht auch hier durch die mediane Vereinigung einer rechten und linken Horizontalfalte. Dieser Gaumen wird nur in seinem Vorderteile durch Knochen gestützt: auf diese Weise kann man zwischen einem harten und weichen Gaumen unterscheiden.

Der harte Gaumen wird nach der Mundhöhle zu mit Schleimhaut umkleidet. Diese Schleimhaut läßt meisttransversale Epithelverdickungen erkennen: die Gaumenleisten; sie dienen als Reibplatte gegen die Zunge. Auch bei den

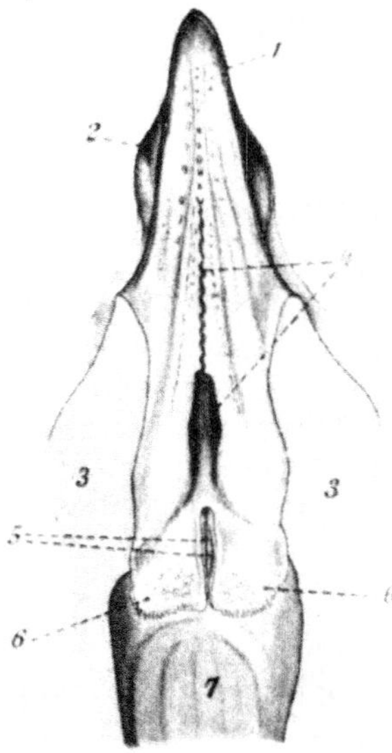

a

Abb. 631*a*. Decke der Mundhöhle von Columba (aus RÖSELER und LAMPRECHT). *1* Hornrand des Oberschnabels. — *2* Wachshaut. — *3* Schnittfläche. — *4* Choane. — *5* Mündungen der Eustachischen Röhren. — *6* Obere Schlundwülste. — 7 Dorsale Schlundwand.

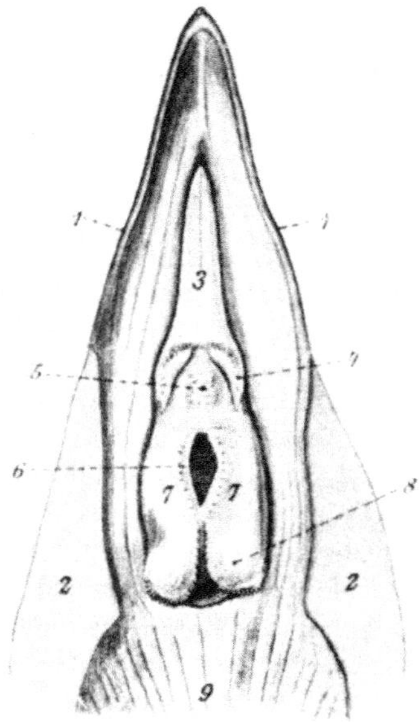

b

Abb. 631*b*. Boden der Mundhöhle von Columba (aus RÖSELER und LAMPRECHT). *1* Hornrand des Unterschnabels. — *2* Schnittfläche. — *3* Zunge. — *4* Zungenflügel mit Hornspitzen besetzt. — *5* Mündungen der Hinterzungendrüse. — *6* Stimmritze. — 7 Lage des Stimmritzenschließers. — *8* Untere Schlundwülste. — *9* Ventrale Wand des Schlundes.

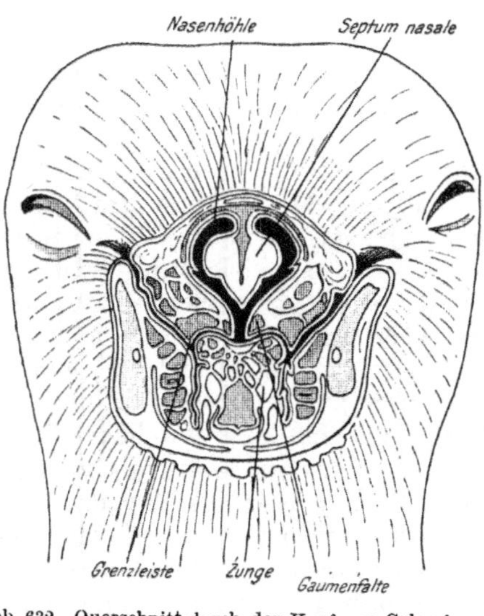

Abb. 632. Querschnitt durch den Kopf von Columba, in der Höhe des engen Teils der sekundären Gaumenspalte. (Nach E. GÖPPERT.)

menschlichen Embryonen findet man solche Gaumenleisten, die jedoch später verschwinden. Die Barten der Mystacoceti (Bartenwale) kann man als besondere Differenzierungen solcher Gaumenleisten betrachten.

Der weiche Gaumen (Velum) teilt den caudalen Teil der Mundhöhle (welchen man bei den Mammalia Pharynx nennt) in einen dorsalen und ventralen Teil: in ein Cavum naso-pharyngeum und ein Cavum oro-pharyngeum (Abb. 633). Der dorsale Raum kommuniziert nach vorn zu durch die sekundären Choanen mit den Nasenhöhlen; die Tubae Eustachii münden hier aus; wir haben es also bei diesem Raum mit einem Derivat des Kiemendarmes zu tun. Das Cavum oro-pharyngeum bildet die hintere Fortsetzung des Vorderteiles der Mundhöhle.

Diese Trennung des caudalen Teiles der Mundhöhle in zwei Teile hat zweifellos zunächst die physiologische Bedeutung, um den Nahrungsweg zu trennen vom Atmungsweg: dieser Effekt wird z. B. bei den Lacertilia dadurch erreicht, daß jener ebengenannte Dorsalraum, welcher durch die Gaumenfalten begrenzt wird, ventral durch die Zunge abgeschlossen werden kann. Bei den Mammalia und Crocodilia geht diese Trennung dann viel weiter durch eine dauernde Scheidewand, welche durch Verwachsung der Gaumenfalten gebildet wird.

Der weiche Gaumen setzt sich rechts und links fort in den Arcus palato-pharyngeus (A. pharyngo-palatinus): dieses sind Falten, welche an der Seitenwand des Pharynx liegen; sie entstehen dadurch, daß die Gaumenfalten an dieser Stelle median nicht verschmelzen. Die Kommunikationsöffnung zwischen dem Cavum naso- und oro-pharyngeum bildet den sogenannten Isthmus naso-pharyngeus. Diese Öffnung wird also vorn begrenzt durch den hinteren Rand des

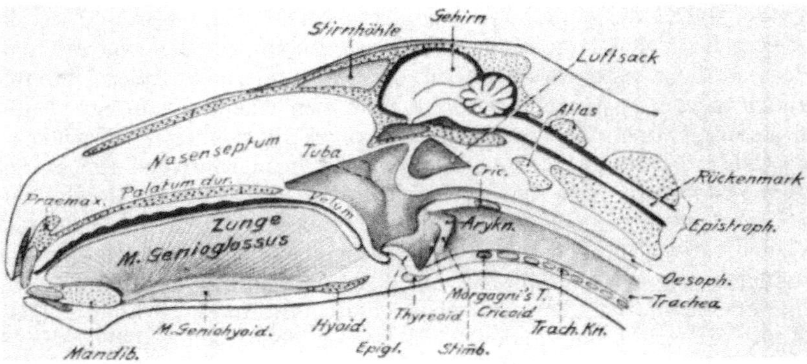

Abb. 633. Medianschnitt durch den Kopf eines Pferdes. (Aus BÜTSCHLI.)

weichen Gaumens; seitlich durch die Arcus palato-pharyngei; caudal durch die Hinterwand des Pharynx. Noch schärfer umschrieben wird dieser Isthmus, wenn auch die Hinterwand des Pharynx eine Falte bildet, welche in die Arcus palato-pharyngei übergeht. Dieses Cavum naso-pharyngeum ist denn als eine sogenannte Bursa naso-pharyngea durch den Isthmus scharf abgegrenzt gegen das Cavum oro-pharyngeum.

Vor dem Arcus palato-pharyngeus liegt oft zu beiden Seiten eine Schleimhautfalte, welche zur Zungenwurzel verläuft: der Arcus palato-glossus.

Rechts und links findet man zwischen dem Arcus palato-glossus und dem Arcus palato-pharyngeus bei den Menschen und den Anthropoidea die „Mandeln“: Tonsillae palatinae; das sind Anschwellungen in der Wand des Pharynx; sie besitzen zahlreiche, mit einer Schleimhaut umkleidete Gruben und beherbergen viel Adenoidgewebe, d. h. sie produzieren reichlich Leucocyten. Bei den übrigen Mammalia liegen die Tonsillen im weichen Gaumen. Außerdem finden wir an dem Dache des Cavum naso-pharyngeum noch eine Anhäufung lymphoiden Gewebes: die Tonsilla pharyngea.

Das Gebiß.

Ein aus echten Zähnen bestehendes Gebiß findet man bei allen Gnathostomata, es sei denn, daß eine Rückbildung der Zähne stattgefunden hat. Ein Gebiß fehlt dagegen nach der gewöhnlichen Auffassung bei den Cyclostomata: diese besitzen Hornzähne, ein Produkt der Epidermis. So trägt bei Petromyzon der trichterförmige Mundsaugnapf Hornzähne. Bei der Bildung dieser Zähne tritt auch eine Cutispapille auf; sie erinnern an die Hornzähne, die bei den Larven der Anura in der Umgebung des Mundes gefunden werden. Bei den Myxinoidea trägt vor allem die Zunge Hornzähne. Übrigens wird bei dieser Tiergruppe ein Stützapparat, welcher epidermalen Ursprungs in den Hornzähnen eingeschlossen ist, als ein verändertes Rudiment einer echten Zahnanlage angesehen; dieser Apparat wird der Pokalzellenhügel genannt; er bildet aber keine harten Produkte mehr (H. HANSEN, 1919). Man darf daraus schließen, daß bei den Cyclostomata das echte Gebiß phylogenetisch bis auf diesen unbedeutenden Rest verloren gegangen ist. (Vergleiche für solche Hornzähne bei den Larven der Amphibien auch Abb. 50 auf S. 47.)

Echte Zähne sind dadurch gekennzeichnet, daß sie grundsätzlich in Bau und Entwicklung mit den Placoidschuppen übereinstimmen (Abb. 54 auf S. 49): sie sind mit ihnen also homolog (O. HERTWIG, 1874). Wir können uns vorstellen, daß bei den primitiven Gnathostomata die Mundhöhle mit kleinen Zähnen überzogen war, soweit die Mundhöhle eine ectodermale Wand besaß. Diese kleinen Zähne gingen an den Mundrändern in Placoidschuppen über, wie wir das noch bei vielen Rajidae gegenwärtig finden. Dieses ectodermale Epithel breitete sich allmählich über die ganze Mundhöhle und den Kiemendarm aus; auf diese Weise konnten sich die Zähnchen bis an den Ösophagus erstrecken. Ein solches Gebiß der Mundschleimhaut finden wir noch heute bei einigen Selachii. Aus ihm entwickelte sich bei den Selachii das endgültige Gebiß auf dem knorpeligen Unter- und Oberkiefer (Abb. 333 auf S. 235); bei den anderen Vertebrata auch auf einer Anzahl anderer Knochen, welche die Mundhöhle und den Kiemendarm begrenzen (Abb. 342 auf S. 245; Abb. 344 auf S. 246). Ja, wir dürfen annehmen, daß diese Knochen gerade im Anschluß an die Bases der Zähne phylogenetisch entstanden sind: werden doch dadurch die Zähne besser gestützt und können mechanisch mehr leisten. Dieser Auffassung folgend, könnte man die Zähne als das Primäre, die tragenden Knochen als das Sekundäre ansehen.

Das obengenannte Gebiß der Mundschleimhaut kommt neben Kieferzähnen noch bei bestimmten Selachii vor: z. B. bei Chlamydoselachus, Galeus, Mustelus u. a. Hier trägt die Schleimhaut der Mundhöhle und des Kiemendarmes beinah überall kleine Zähne. Bei anderen Selachii ist dieses Gebiß weit weniger entwickelt (C. FAHRENHOLZ, 1915); in anderen Fällen ist es gar nicht gebildet. Die Schleimhaut des Mundes und des Kiemendarmes bewahrt aber bei den Vertebrata das Vermögen, Zähne zu formen, die dann durch sehr verschiedene Knochen gestützt werden können. So tragen nicht nur die Kieferknochen Zähne, sondern auch allerlei andere Knochen des Neuro- und Splanchnocranium.

Im allgemeinen nimmt man an, daß die Potenz, Zahnanlagen zu bilden, nur dem Ectoderm und nicht dem Entoderm zukommt. Man hat nämlich beobachtet, daß das ectodermale Epithel des Stomodaeum und das Ectoderm der Kiemenspalten sich nach innen ausbreiten können; dadurch können der Kiemendarm und vielleicht auch Teile des Ösophagus eine ectodermale Wand erhalten. Andere Untersucher (RYDER) meinen, daß die Potenz, Zahnanlagen zu bilden, auch dem Entoderm zukommt; uns erscheint das weniger wahrscheinlich.

Ein Zahn (Abb. 634) besteht aus Dentin, dem Zahnbein. Dieses ist ein besonders hartes, verkalktes Gewebe, welche aus dem Mesoderm entsteht und zum Bindegewebe gerechnet werden muß; es umschließt eine Höhle: die Pulpahöhle. Dieses Dentin wird von feinen Kanälen durchbohrt, welche sich verzweigen und mit der Pulpahöhle im Zusammenhang stehen. Die Pulpahöhle selbst wird von Bindegewebe erfüllt, welches reich ist an Blutgefäßen und Nerven.

Die oberflächlichsten dieser Bindegewebszellen, die Odontoblasten, entsenden in die ebengenannten Kanälchen sehr feine Verzweigungen. Diese Zellen scheiden nur an einer Seite das Dentin ab: eine mit Kalksalzen imprägnierte interzellulare Substanz, welche die Verzweigungen der Odontoblasten umhüllt. Nach anderer Auffassung (G. KERR) besteht das Dentin aus verändertem Cytoplasma.

Von dem typischen Dentin unterscheidet sich das sogenannte Trabeculodentin: dieses ist ein an allen Seiten wachsendes hartes Gewebe, das Balken in der Pulpahöhle bildet. Eine andere Abart des Dentins wächst auch an einer einzigen Seite, umschließt aber Blutgefäße: das Vasodentin.

Dieses Dentin bildet die Hauptmasse des Zahnes. Seine äußere Schicht kann von einer zweiten, besonders harten Lage überzogen sein: dem Schmelz. Dieser Schmelz besteht aus langen verkalkten Fasern, den Schmelzprismen, welche durch eine Zwischensubstanz fest miteinander verbunden sind. Die freie Oberfläche des Schmelzes wird durch ein sehr widerstandsfähiges Häutchen bedeckt: die Cuticula dentis.

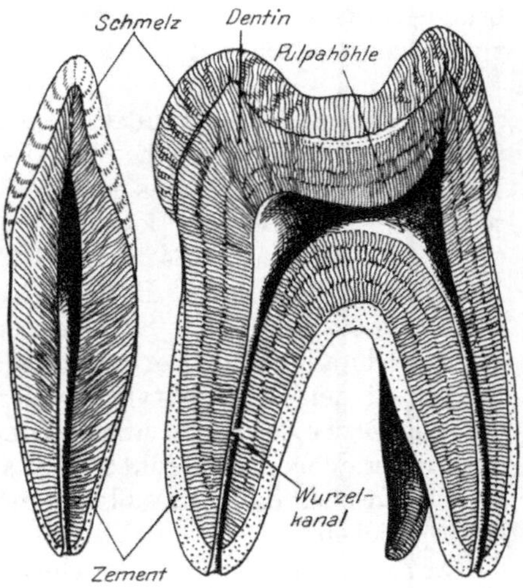

Abb. 634. Senkrechter Schnitt durch einen menschlichen Schneide- und Backenzahn. (Nach M. WEBER.)

Der basale Teil des Zahnes ist in primitiveren Fällen mittels Bindegewebe an einem darunterliegenden Knochen befestigt. Solche Zähne sind dann entweder an dem obersten Rande des knöchernen Kiefers eingepflanzt: der akrodonte Zustand; oder es kann bei einigen Lacertilia die Lateralseite des Zahnes verwachsen sein mit der Medialseite des Kiefers: der pleurodonte Zustand. Die höchstentwickelte dritte Form ist die thecodonte: die Zähne sind dann in besonderen Höhlen eingelassen, in Zahnalveolen.

Bei dem letztgenannten Typus kann sich der Zahn in Krone und Wurzel differenzieren: die Krone erhebt sich über die Mundschleimhaut, die Wurzel befindet sich in der Alveole (Abb. 634). Zwischen Krone und Wurzel liegt der Zahnhals, welcher von der Mundschleimhaut (Zahnfleisch) bedeckt ist. Ist der Zahn deutlich in Krone und Wurzel differenziert, so wird die Krone nur vom Schmelz überzogen; die Wurzel dagegen wird durch das sogenannte „Zement" umhüllt, d. h. von Knochengewebe umgeben. Die Wurzelhaut ist das Periost der Alveole; sie befestigt die Wurzel in der Höhlung. Ist die Wurzel gut differenziert, wie bei den Mammalia, so steht die Pulpa nur durch eine kleine Öffnung an der Spitze des Wurzelkanales mit ihrer Umgebung im Zusammenhang. Durch diesen Kanal treten Blutgefäße und Nerven in die Pulpa ein.

Die Entwicklung der Zähne stimmt also grundsätzlich mit der der Placoidschuppen überein. Wir werden von dieser Entwicklung noch besondere Beispiele kennen lernen. Hier wollen wir allein darauf aufmerksam machen, daß in den meisten Fällen vor der Entwicklung der eigentlichen Zähne eine Zahnleiste gebildet wird: eine Leiste, welche längs den Kieferrändern in das Bindegewebe hineinwächst (vgl. Abb. 643 auf S. 532).

In den meisten Fällen funktionieren die Teile des Gebisses nur kürzere oder längere Zeit, um dann schließlich durch jüngere Elemente ersetzt zu werden:

diese Erscheinung nennen wir den Zahnwechsel. Dieser Wechsel kann entweder während des ganzen individuellen Lebens sich abspielen (Polyphyodontie); oder der Zahnwechsel findet nur in der Jugend statt, und ist in extremen Fällen selbst ganz verloren gegangen. So beobachtet man z. B. bei den Mammalia einen nur einmaligen Wechsel (Diphyodontie).

Der Zahnwechsel ist durch L. Bolk und seine Schüler gründlich untersucht. Einige durch diese Untersuchungen eingeführten Begriffe mögen schon an dieser Stelle eine Erklärung finden. Das Zahnfeld umfaßt alle Teile der Mundschleimhaut, welche Zähne bilden können. Die besonderen Stellen jedoch, an denen Zähne entstehen, werden Zahnmatrices genannt. Jeder Zahn, welcher durch eine Matrix gebildet wurde, kann als eine Zahngeneration betrachtet werden. Alle Zähne, die aus ein und derselben Matrix entstehen, bilden eine sogenannte Zahnfamilie.

Wir beginnen unsere Besprechung des Gebisses in den verschiedenen Vertebratengruppen mit den Teleostomi, weil deren Gebiß in mancher Hinsicht primitive Eigenschaften zeigt.

Teleostomi. Den primitiven Charakter des Gebisses der Teleostomi erkennt man u. a. aus der Tatsache, daß die Zähne keineswegs beschränkt sind auf die Kieferränder, obgleich das Maxillare oft keine Zähne trägt. Außer des Prämaxillare und Dentale können auch noch folgende Knochen Zähne tragen (Abb. 337—338 auf S. 242; Abb. 342 auf S. 245: Abb. 344 auf S. 246): Vomer, Parabasale, Palatinum, Hyoid und die Kiemenbogen. Manchmal kommen außerdem starke und oft besonders spezialisierte Zähne vor auf den Ossa pharyngea superiora und inferiora. Vor allem in der Familie der Cyprinidae sind die Zähne auf den Ossa pharyngea inferiora besonders differenziert. Ihnen gegenüber am Dache des Kiemendarmes finden wir häufig auch eine hornige Kauplatte, die auf der Schädelbasis ruht; sie entsteht durch Differenzierung aus der Schleimhaut. Zwischen dieser Kauplatte und den genannten Zähnen wird die Nahrung klein gerieben.

Die Zähne der Teleostomi bestehen häufig aus Dentin und Trabeculodentin. In der Formbildung herrscht die Kegelform vor (Abb. 639). Außerdem beobachtet man oft einen Unterschied in der Größe und in der Form der Zähne in Beziehung zu ihrer Funktion; solch eine Differenzierung wird allgemein Heterodontie genannt. So sind z. B. diejenigen Zähne, welche an den Kieferrändern stehen, meist besonders groß: sie werden zum Greifen der Beute gebraucht; die caudad gekrümmten Zähne des Gaumens sollen verhindern, daß die angegriffene Beute wieder entschlüpfen kann; die an den Kieferbogen befestigten Zähne dienen wohl als Filtrierapparat: sie lassen das Wasser abfließen, halten aber die aufgenommene Nahrung fest. Eine solche Heterodontie tritt in verschiedenen Gruppen besonders stark auf: so z. B. bei Anarchias lupus, dem Seewolf, wo die vorderen Zähne groß und kegelförmig, die hinteren abgeplattet dem Kauen der aufgenommenen Muscheln dienen. — Es ist unmöglich, hier auf Besonderheiten des Gebisses im Verbande mit der Funktion näher einzugehen; es sei nur hingewiesen auf den merkwürdigen Schnabel, welcher durch Verwachsung besonderer Zähne gebildet wird bei Scarus, Diodon und Tetrodon.

In vielerlei Hinsicht ist die Entwicklung des Teleostomigebisses primitiver wie bei den Selachii: so kann z. B. die Bildung einer Zahnleiste ausbleiben. Da wir Placoidschuppen und Zähne miteinander vergleichen dürfen, so können wir annehmen, daß die Zähne ursprünglich selbständig und unmittelbar unter der Oberfläche der Mundschleimhaut angelegt wurden, so wie die Placoidschuppen unter der Epidermis entstehen. —

Verfolgen wir eben die Entwicklung des Gebisses bei Cyclopterus lumpus (BRUNO SCHMIDT, 1913). Von den Kieferknochen tragen hier Intermaxillare und Dentale Zähne. Vor der Geburt entstehen die Zähne auf eine

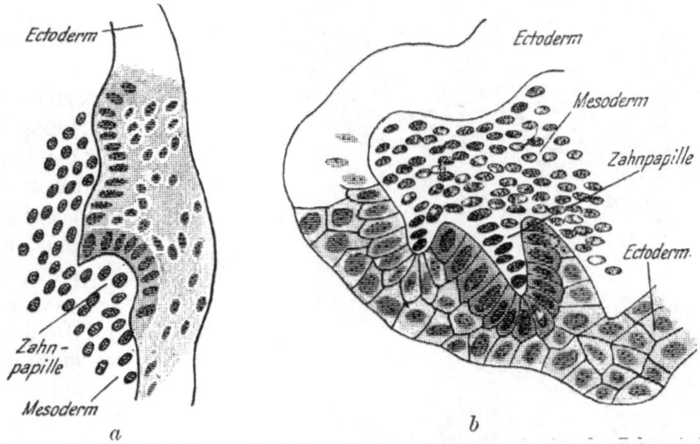

Abb. 635. Schnitte durch Kieferteile von Cyclopterus lumpus zur Demonstration der Zahnentwicklung nach dem placoiden Typus. (Nach BRUNO SCHMIDT.)

primitive Weise nach dem placoiden Typus (Abb. 635). Die junge Zahnanlage besteht aus einer Zahnpapille aus Mesoderm, welche durch das Ectoderm umkleidet wird. Diese Anlage entsteht also dadurch, daß in dem Ectoderm an dieser Stelle die basalen Epithelzellen höher werden; zweitens dadurch, daß in dem Mesoderm sich bestimmte Zellen anhäufen. Weiterhin wächst das Epithel am Rande der Papille in die Tiefe, wodurch sie mehr die Form einer Glocke bekommt.

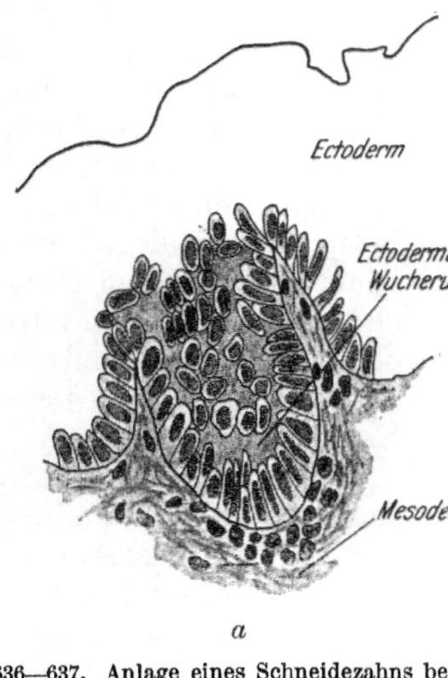

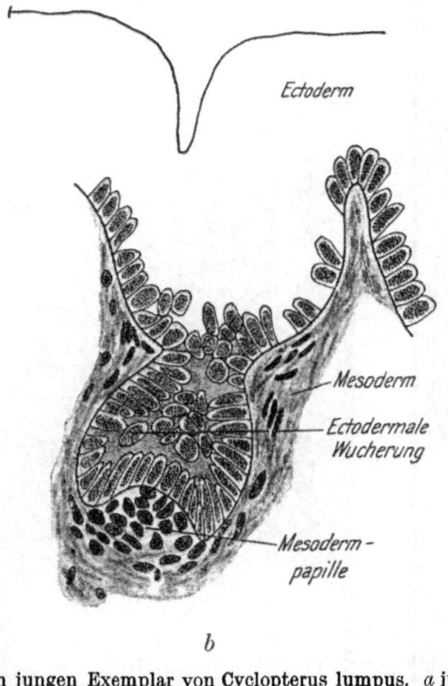

Abb. 636—637. Anlage eines Schneidezahns bei einem jungen Exemplar von Cyclopterus lumpus. *a* jüngeres, *b* älteres Stadium. (Nach BRUNO SCHMIDT.)

Nach der Geburt entstehen bei diesem Tiere Zahnanlagen dadurch, daß das Ectoderm zuerst eine Wucherung bildet, welche in die Tiefe hineinragt (Abb. 636). In denjenigen Teile der Wucherung, welcher am tiefsten in das Mesoderm eingedrungen ist, stößt eine Mesodermpapille ein, während das Epithel selbst weiter in die Tiefe sinkt (Abb. 637). Auf diese Weise wird eine glockenförmige Zahnanlage gebildet; diese liegt nicht mehr an der Oberfläche, sondern in der Tiefe an dem Ende einer Ectodermwucherung.

Durch oberflächliche Zellen der Mesodermpapille werden die Odontoblasten gebildet (Abb. 639); durch diese Zellen wird nun ein zwischenzelliger Stoff abgeschieden, welcher später verkalkt und das Dentin bildet. Der auf diese Weise entstandene Dentinkegel wird aber an seiner Spitze bedeckt von dem Ectoderm der Zahnanlage (Abb. 639). Diese besonders differenzierten Ectodermzellen werden Schmelzzellen (Schmelzorgan) genannt, weil sie den Schmelz des Zahnes abscheiden. Schließlich entsteht ein kegelförmiger Zahn, dessen Spitze die Schleimhaut durchbohrt. Seine Basis verbindet sich mit den darunterliegenden Knochen mittels eines verkalkenden fibrillären Bindegewebes. Die Höhle des Zahnes wird durch einen Rest der Mesodermpapille angefüllt und Pulpa genannt. Der fertige Zahn besteht nun von außen nach innen aus folgenden Schichten: aus der Cuticula dentis, dem Schmelzoberhäutchen; aus dem Schmelz an der Spitze; aus dem Vitrodentin ohne Dentinkanäle und schließlich aus dem normalen Dentin mit Kanälen.

Auf den Kieferrändern entstehen dann die jüngsten Zähne stets an der Innenseite des Knochens. Die ältesten Zähne finden wir am äußeren Knochenrande. Die jungen ersetzen die alten Zähne: wir haben es hier also mit einem horizontalen Zahnwechsel zu tun.

Ebenfalls nach dem placoiden

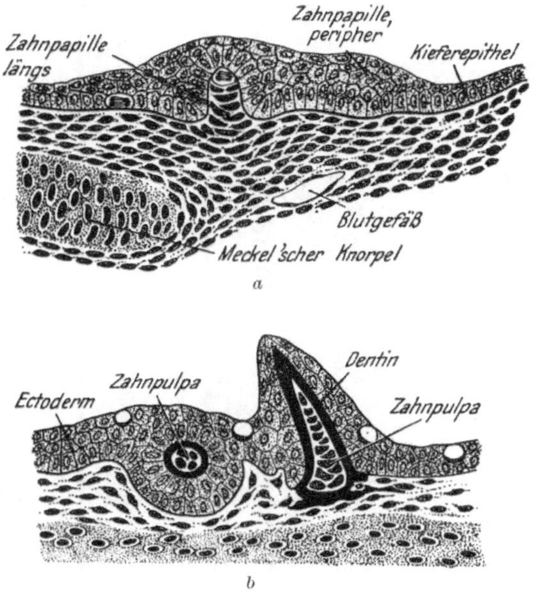

Abb. 638. Schnitte durch den Kiefer von Embryonen von Esox lucius. (Die eine Zahnpapille ist in der Länge, die andere peripher getroffen.) *a* Zahnanlage im Unterkiefer. *b* Älteres Stadium. Zwei Anlagen von Oberkieferzähnen sind getroffen, eine davon in der Länge, die andere schräg quer.

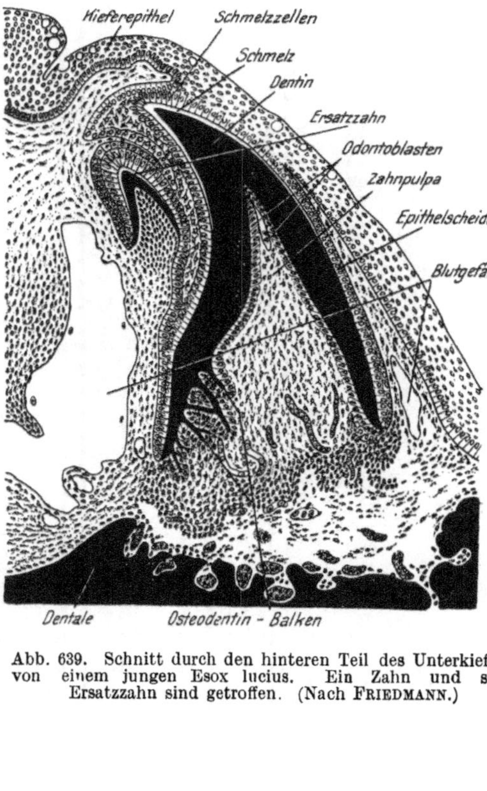

Abb. 639. Schnitt durch den hinteren Teil des Unterkiefers von einem jungen Esox lucius. Ein Zahn und sein Ersatzzahn sind getroffen. (Nach FRIEDMANN.)

Typus entstehen die Zähne am Oberkiefer von Esox lucius (Hecht) (E. FRIEDMANN, 1897; vgl. Abb. 638, 639). In dem Unterkiefer bildet jedoch jede nach innen eindringende Ectodermwucherung einen Zahn mit seinen Ersatzzähnen dabei (Abb. 639): bei Esox sind also deutlich besondere Zahnmatrices zu beobachten; wir müssen nämlich das Epithel, von welchem die Bildung eines Zahnes mit den Ersatzzähnen ausgeht, als eine Matrix betrachten.

Das Zahnfeld auf den Kiefern entwickelt sich bei Esox in cranio-caudaler und in labio-lingualer Richtung: die Zähne sind in Längsreihen angeordnet, in welchen die caudalen stets jünger sind als die cranialen; außerdem sind auch diejenigen Zähne älter, welche am meisten labial liegen. Schließlich sei darauf hingewiesen, daß die Elemente der aufeinanderfolgenden Reihen im allgemeinen alternieren; aber diese Anordnung ist sekundär; sie entsteht auf zwei Weisen: einmal dadurch, daß die Zahnfamilie schräg angeordnet ist hinsichtlich der Längsreihen; zweitens dadurch, daß die Zahnreihen nicht genau parallel den Kieferrändern verlaufen (A. G. VORSTMAN, 1922).

Elasmobranchii. Im allgemeinen sind die Zähne bei dieser Gruppe auf die Kieferränder beschränkt; außerdem können sie aber auch an der Mundschleimhaut vorkommen (S. 526). Ihre Form ist sehr verschieden: mal spitz und konisch, mal abgeplattet und

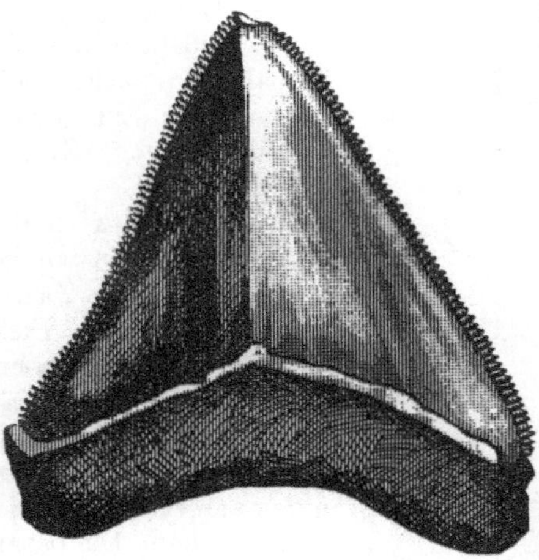

Abb. 640. Zahn von Carcharodon megalodon. Pliozän. (Nach ZITTEL.)

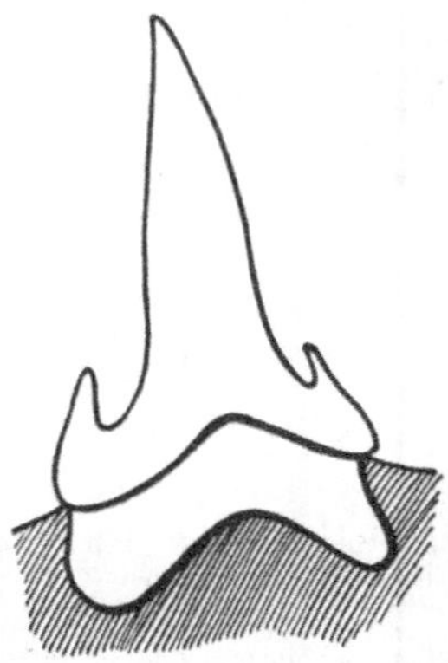

Abb. 641. Unterkieferzahn von Lamna cornubica. (Nach M. LERICHE.)

dreieckig (Abb. 640); in anderen Fällen beobachten wir eine Hauptspitze und dahinter und davor ein oder mehrere Nebenspitzen (Abb. 641, 642). Solche Zahnformen treffen wir hauptsächlich bei den Räubern an; im Gegensatz dazu besitzt z. B. Mustelus abgeplattete Zähne ohne Spitze, geeignet, um aufgenommene Mollusken und Crustaceen zu knacken. Auch Geschlechtsunterschiede hat man bei den Zähnen von Raja beobachtet, welche Tiere sich von Fischen, Crustaceen usw. ernähren: das Männchen besitzt spitze, das Weibchen stumpfe Zähne. Eine Heterodontie zeigt uns auch Heterodontus (Cestracion): die vorderen Zähne sind

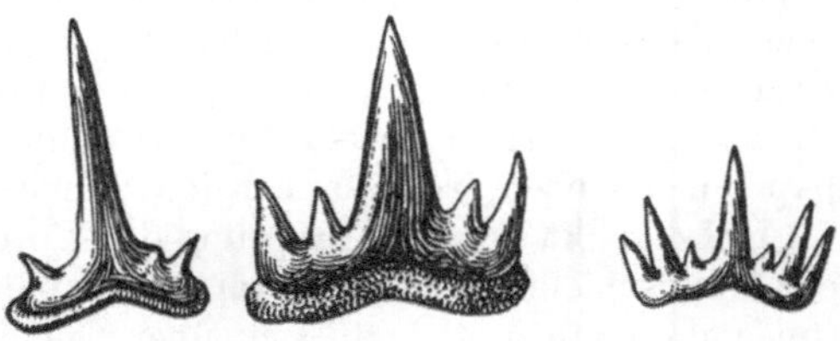

Abb. 642. Zähne aus verschiedenen Kieferteilen von Cladolus, Devon, Carbon. (Nach B. DEAN.)

spitze Greifzähne; mit den hinteren platten Zähnen werden die als Nahrung aufgenommenen Mollusken zertrümmert.

Wir weisen noch hin auf die eigentümlichen median angeordneten Anhänge der Edestidae: diese tragen Zähne, welche in einer gebogenen oder spiraligen Reihe miteinander verwachsen sind; diese Tiere werden im Carbon und Perm angetroffen. Es ist nicht sicher, ob diese Gebilde eigentümliche Flossenstrahlen sind; wahrscheinlich ist es, daß sie die craniale Fortsetzung des Ober- und Unterkiefers bilden.

Sehr abweichend sind die Zähne der Holocephali gebildet, wo die Kiefer große Zahnplatten tragen; sie entstehen jedoch nicht durch Verwachsung anfänglich geschiedener Elemente, wie man erwarten sollte (H. Schauinsland).

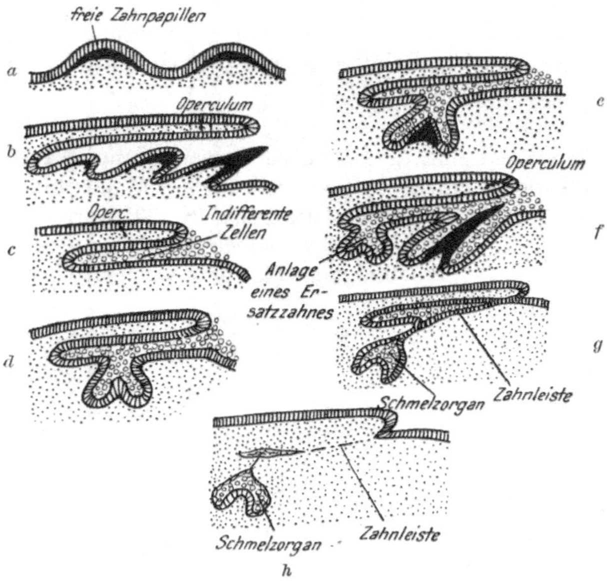

Abb. 643. Schemata der phylogenetischen Entwicklung der Zahnleiste. *a* Entwicklung von Placoidschuppen. — *b* Auftreten des Operculum bei Selachii. — *c, d, e, f* Zahnentwicklung bei Reptilien; die Grube zwischen Zahnfeld und Operculum ist durch intermediäre Zellen ausgefüllt. — *g* Reduktion der intermediären Zellen; das Schmelzorgan ist deutlich abgesetzt. — *h* Resorption der Zahnleiste. (Nach Bolk.)

Die Zähne der Selachii bestehen aus **Dentin**, wovon der äußerste Teil sehr hart ist und mit sehr feinen Kanälchen durchbohrt (Vitrodentin). Durch starke Entwicklung des Trabeculodentin kann die Pulpahöhle zurückgebildet werden zu einem ziemlich engen System von Kanälen.

Im Gegensatz zu den Teleostomi finden wir bei den Selachii eine **Zahnleiste** (Abb. 643). Diese entsteht an der Innenseite der Kieferränder als eine durchlaufende Epithelverdickung und wächst in das embryonale Bindegewebe hinein. Die basale Epidermisschicht setzt sich auch hier in die Zahnleiste fort in Form eines Zylinderepithels, welches an das Bindegewebe grenzt. Die Zahnleiste wächst tief in das Bindegewebe ein. Ihre linguale Seite bleibt glatt; aber an der anderen Seite, welche dem Kiefer zugekehrt ist, entwickeln sich Mesodermpapillen. An der Oberfläche dieser Mesodermpapillen entstehen dann die Dentinkegel, die jungen Zähne. Diejenigen Zahnanlagen, welche am freien Rande der Zahnleiste gelegen sind, sind also die jüngsten jeder Zahnfamilie. Hier entstehen fortgesetzt neue Anlagen. Die Zylinderepithelzellen, welche die Mesodermpapillen umgeben, scheinen bei den Selachii keinen Schmelz zu bilden.

Bolk denkt sich den Ursprung der Zahnleiste auf folgende Weise: eine Falte der Mundschleimhaut wuchs von der medialen (lingualen) Seite nach der lateralen (bucco-labialen) und legte sich über das Zahnfeld der Kiefer hin. Durch Verwachsung des Epithels dieser Falte (dem sogenannten Operculum) mit dem Epithel des Zahnfeldes entstand die Zahnleiste. Bei dem Embryo ist der Raum zwischen beiden Epithelblättern mit Zellen angefüllt (Abb. 643c). Wie man nach dieser Auffassung von Bolk erwarten kann, liefert nur das labiale Blatt (das ist das Zahnfeld) Zähne; das linguale Blatt (das ist das Operculumepithel) tut dies nicht. Sieht man also ontogenetisch die Zahnleiste in das Bindegewebe einwachsen, so wäre das als ein caenogenetischen Prozeß anzusehen, der also nicht mit der Phylogenie in Übereinstimmung ist. In der Bildung dieser Zahnleiste besitzt die Natur ein Hilfsmittel, um schnell Zähne zu produzieren und zwar in viel größerer Anzahl als das oberflächlich an den Kieferrändern geschehen könnte. Das lehrt uns die Zahnentwicklung bei den Selachii.

Das Studium der Zahnentwicklung bei den Pisces lehrt also, daß man verschiedene phylogenetische Stadien unterscheiden kann (Abb. 643): 1. im primitivsten Falle werden die Zähne unmittelbar unter der Mundschleimhaut gebildet als sogenannte freie Zahnpapillen, genau wie die Placoidschuppen unmittelbar unter der Epidermis entstehen. Der gebildete Zahn durchbohrt unmittelbar die Schleimhaut. 2. Es entsteht ein Epithelknopf, welcher in die Tiefe wächst und so in einigem Abstande von der Oberfläche eine Zahnanlage liefert. Der fertig gebildete Zahn durchbohrt dann den zylindrischen Epithelknopf und erreicht damit die Oberfläche. 3. Dasjenige Kieferepithel, welches die Zahnanlage trägt, wird durch eine Schleimhautfalte, das Operculum, bedeckt (Abb. 643b); das

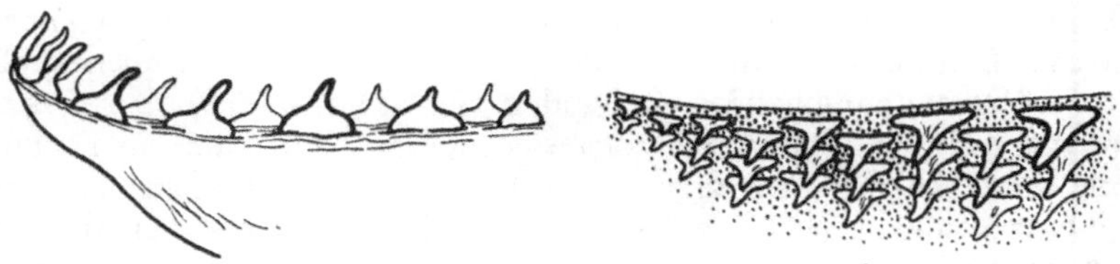

Abb. 644. Unterkiefer von Carcharias glaucus mit alternierender Reihenfolge der Zähne. *a* Von außen. — *b* Von innen nach Wegnahme des Operculums. (Nach Bolk.)

Kieferepithel verwächst mit dem Operculum zur Zahnleiste (operculisierte Papillen). Die jungen Zähne werden nach außen zum freien Rande des Operculum verschoben; sie durchbohren dann das intermediäre Gewebe, welches die linguale und buccale Platte der Zahnleiste verbindet (Abb. 643f). Wir werden später noch einen vierten Fall kennen lernen, in welchem sich die Papillen von der Zahnleiste mehr freimachen; auf diese Weise wird jede Papille zu einem Schmelzorgan mit einer Mesodermpapille (viele Reptilia und Mammalia; vgl. Abb. 643 g, h).

Die Zähne der Selachii sind in Längsreihen, in Stichi (Woerdeman), angeordnet. Diese Reihen bilden entweder mit dem Kieferrande einen Winkel, um cranial am Kieferrande zu enden; oder diese Reihen verlaufen parallel mit dem Kieferrande (A. G. Vorstman). Gleichzeitig sind die Zähne hintereinander angeordnet in Reihen, welche senkrecht zum Kieferrande stehen (Abb. 644b). Jede der zuletztgenannten Reihen bildet eine Zahnfamilie; die Elemente entwickeln sich in labio-lingualer Richtung, sodaß der am meisten außenstehende Zahn der älteste ist; er wird später ersetzt durch einen mehr nach innen zu stehenden Zahn derselben Zahnfamilie. Der Zahnwechsel geschieht häufig und während des ganzen Lebens.

Wenn die Längsreihen der Zähne parallel laufen zum Kieferrande, dann können die Elemente dieser Reihen miteinander alternieren (Abb. 644); in dieser Beobachtung sehen Bolk und Woerdeman ein wichtiges Kennzeichen, das auch beim Reptiliengebiß beobachtet wurde. In anderen Fällen besteht keine alternierende Anordnung.

Ebenso wie bei den Teleostei (S. 528) beobachtet man auch hier eine labiolinguale und in einigen Fällen auch eine cranio-caudale Entwicklung des Zahnfeldes. In dem ersten Falle wird die Schleimhaut überall mit derselben Schnelligkeit in linguo-labialer Richtung über den Kiefer geschoben; im zweiten Falle geschieht dies cranio-medial schneller als caudo-lateral: so kommt es, daß die Längsreihen der Zähne nicht parallel zum Kieferrande verlaufen, sondern vorn am Kieferrande enden.

Dipnoi. Scheinbar sehr abweichend ist das Gebiß der Dipnoi. Wir finden hier keine isolierten Zähne, sondern große Zahnplatten. Bei Neoceratodus tragen Pterygo-Palatinum, Vomer und Spleniale (Operculare) je eine Zahnplatte (Abb.346 auf S. 249). Bei Lepidosiren und Protopterus sind die Zahnplatten des Unterkiefers verloren gegangen. Diese Zahnplatten tragen bei den gegenwärtigen Dipnoi Leisten und bestehen aus einer dicken Schicht Dentin mit röhrenförmigen und verzweigten Pulpahöhlen. Bei den ausgestorbenen Formen, welche schon im unteren Devon auftreten, tragen diese Leisten noch Reihen von Höckern. Neoceratodus gebraucht dieses eigentümliche Gebiß zum Abschneiden und Zermahlen der Wasserpflanzen mit den Organismen, welche dazwischen leben (Muscheln).

Ontogenetisch entstehen bei Neoceratodus in der Mundschleimhaut zuerst zahlreiche Dentinzähne; diese werden später erst durch Knochenbalken in größeren Mengen miteinander verbunden (R. SEMON, 1899). In diesem Auftreten von Knochen an der Basis zuerst gebildeter Zähne kann man wahrscheinlich die Wiederholung eines phylogenetischen Prozesses erblicken: das Entstehen von zahntragenden Knochen wäre dann zurückzuführen auf das Auftreten von Knochengewebe an der Zahnbasis; dadurch würden die Zähne eine festere Grundlage erhalten haben, was sie für ihre Funktion geeigneter macht. Auf späteren Stadien verschmelzen dann die Zähne der Dipnoi zu Zahnplatten, ohne daß noch besondere Zähne sichtbar sind.

Abb. 645. Zahn von Rana, quer. (Nach O. HERTWIG.)

Amphibia. Auch bei den Amphibia können recht verschiedene Knochen der Mundhöhle Zähne tragen: Prämaxillare, Maxillare, Palatinum, Vomer, Parabasale (Abb. 362 auf S. 261 und Abb, 363 auf S. 262), Dentale und Spleniale (Abb. 354 und 355 auf S. 257). Vor allem bei den Anura tritt jedoch eine Rückbildung auf: so finden wir bei Rana (Abb. 350 auf S. 252) nur Zähne auf dem Prämaxillare, Maxillare und Vomer, nicht mehr auf dem Unterkiefer; bei Bufo und Pipa fehlen die Zähne ganz.

Die Zähne der Amphibia sind meist kegelförmig, bei vielen Urodela und Anura mit zwei Spitzen versehen, z. B. auch bei Rana, wo jeder Zahn aus einer Dentinkrone aufgebaut ist neben einem aus Zement bestehenden Basalstück (Abb. 645). Eigenartige Zähne findet man bei den Stegocephala: hier besitzt der Zahn longitudinale Leisten, mit denen Leisten der Pulpa übereinstimmen. Bei einigen Stegocephala, z. B. bei Mastodonsaurus, wird diese Bildung dadurch komplizierter, daß das Dentin (Plicidentin) sich stark faltet; mit diesen Faltungen stimmen Auswüchse der Pulpa überein, während von außen Zement zwischen die Falten des Dentins eindringt. Übrigens finden wir auch bei einigen ausgestorbenen Crossopterygii, z. B. bei Holoptychius, eine ähnliche Zahnstruktur.

Bei den Urodela entstehen die ersten Zähne in primitiver Weise direkt unter der Schleimhaut der Mundhöhle; darauf wird eine durchlaufende Zahnleiste gebildet. Diese Leiste wächst lingual der ursprünglichen, am Kieferrande stehenden Zähne in das Bindegewebe ein; sie bildet die Ersatzzähne (Abb. 646). Auch hier beobachtet man eine abwechselnde alternierende Anordnung der Zähne.

Solche Zahnleisten entstehen ebenso wie bei den Reptilia sowohl am Ober- und Unterkiefer als auch an den anderen zahntragenden Knochen: dem Parabasale, Vomer und Palatinum.

Bei den Anura (Rana) findet man eine durchlaufende Zahnleiste, welche die erste Zahngeneration, sowie alle anderen folgenden Zähne hervorbringt.

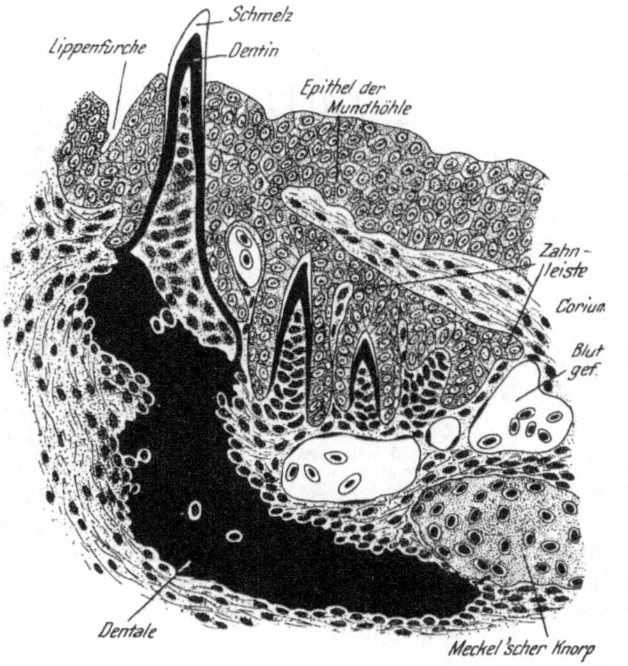

Abb. 646. Querschnitt durch die vordere Hälfte des Unterkiefers von Triton cristatus. 4 cm lang. Ein Zahn in Funktion ist getroffen; rechts von ihm entspringt die Zahnleiste dem Kieferepithel. (Nach C. Röse.)

Reptilia. Bei den Reptilia ist die Anzahl der zahntragenden Knochen im Vergleich mit den niedrigen Wirbeltiergruppen wesentlich kleiner. In vielen Fällen sind hier die Zähne auf das Prämaxillare, Maxillare (Abb. 370, 371, 373 auf S. 268 und Abb. 394—396 auf S. 284) und Dentale (Abb. 388 und 389 auf S. 279) beschränkt. In anderen Fällen können auch Palatinum, Pterygoid (Ophidia) (Abb. 392 auf S. 282) und Vomer Zähne tragen.

Die meisten Reptilia besitzen kegelförmige Zähne: man betrachtet diese Form meist als die primitive. Doch steht dieser Hypothese die Meinung von Bolk und Woerdeman gegenüber: diese Forscher halten den trikonodonten Zahn für primitiver, d. h. einen Zahn, welcher besteht aus einem Hauptkegel und aus einem Nebenkegel hinter und vor dem Hauptkegel. Solche Zähne werden z. B. bei Tupinambis angetroffen (Abb. 647, vgl. auch Abb. 371 auf S. 268 und Abb. 382 auf S. 276). Diese Meinung ist aus der Beobachtung entsprungen, daß die noch nicht durchgebrochenen Zähne bei bestimmten Lacertilia (Tupinambis, Calotes, Lacerta) oft drei Spitzen besitzen. Ferner, daß auch die hintersten Zähne bei den Reptilia oft trikonodont sind, während die vordersten kegelförmig sind. Bei Crocodilus hat WOERDEMAN trikonodonte abortive Zähne gefunden. BOLK und WOERDEMAN denken sich den kegelförmigen Zahn entstanden durch Verlust der Nebenspitzen. Die Meinung dieser Embryologen findet jedoch in der Paläontologie wenig Stütze. Darum verdient die alte Auffassung: der kegelförmige Zahn sei der primitive, noch immer Beachtung; dafür spricht auch, daß die Kegelform für einen Zahn, welcher als Greiforgan dient, die einfachste und zweckmäßigste ist.

Ebenso wie in verschiedenen anderen Gruppen können auch bei den Reptilia die Teile des Gebisses sich voneinander unterscheiden. Wir wollen von dieser Heterodontie nur ein einziges Beispiel geben: bei den ausgestorbenen Therocephalia des Perm und Trias, welche in mancher Hinsicht sich den Mammalia nähern, tragen die Kiefer vorn kleinere Greifzähne (Schneidezähne); dann folgten ein oder mehrere Eckzähne; schließlich ein- oder dreispitzige Zähne, welche jedoch bei Diademodon eine verbreiterte Krone besitzen. Bei D. platyrrhinus fand R. BROOM (1913), daß die vier Schneidezähne, der Eckzahn und die vier vorderen Backenzähne gewechselt werden; die acht hinteren Backenzähne dagegen werden nicht gewechselt. Man kann also hier von Prämolaren und Molaren sprechen. Wir hätten es demnach hier mit einem Zahnwechsel zu tun, welcher vollkommen mit dem der Mammalia übereinstimmt. In der Gruppe der Therocephalia kann man also die Zusammensetzung des Gebisses in einer Zahnformel wiedergeben, die etwa den Mammalia entspricht (S. 539): z. B. für Diademodon platyrrhinus $I\frac{4}{4}\ C\frac{1}{1}\ P\frac{4}{4}\ M\frac{8}{8}$, für Alopecodon I 8 C 2 P + M 8.

Abb. 647.

Abb. 648.

Abb. 647–648. Zähne mit drei Spitzen.

Abb. 647. Zähne aus dem Praemaxillare und weiter rückwärts gelegene Zähne von Tupinambis nigropunctatus. — Abb. 648. Schneidezähne von Canis lupus. (Nach L. BOLK.)

Weiterhin sind die Giftschlangen heterodont: die auf dem Maxillare sitzenden Giftzähne sind stark vergrößert. Jeder Giftzahn trägt an seiner konvexen Seite eine Rinne; in anderen Fällen schließt sich die Rinne zu einem Kanal. Der Ausfuhrgang der Giftdrüse dringt an der Basis des Zahnes in den Kanal ein und mündet nicht weit von der Spitze des Zahnes aus.

Die Befestigung der Zähne an dem darunterliegenden Knochen findet bei den Reptilia in allen drei bereits angegebenen Weisen statt (S. 537): acrodont, pleurodont und thecodont. Thecodont sind z. B. die Crocodilia (Abb. 394 auf S. 284) und die Therocephalia.

Weiter möchten wir noch hinweisen auf die Rückbildung des Gebisses bei den Chelonia. Die gegenwärtigen Formen besitzen höchstens embryonale Zahnanlagen (Trionyx); O. JAEKEL (1916) fand aber bei Triassochelys dux aus dem oberen Trias Zähne auf dem Vomer, dem Parabasale und dem Pterygoid; außerdem rudimentäre Zähne in dem Ober- und Unterkiefer.

Schließlich sei darauf hingewiesen, daß bei den Lacertilia und Ophidia ein bestimmter Zahn zum sogenannten Eizahn geworden ist: und zwar ein Zahn des Prämaxillare dicht bei der medianen Ebene (C. PH. SLUITER, 1893, M. W. WOERDEMAN, 1919). Dieser Eizahn gehört bei den verschiedenen Genera nicht zu derselben Zahnreihe; z. B. bei Mabuia ist der Eizahn der einzig übrigbleibende Zahn der 2. Längsreihe. Mit diesem Zahn wird die Eischale durchschnitten; später fällt er aus.

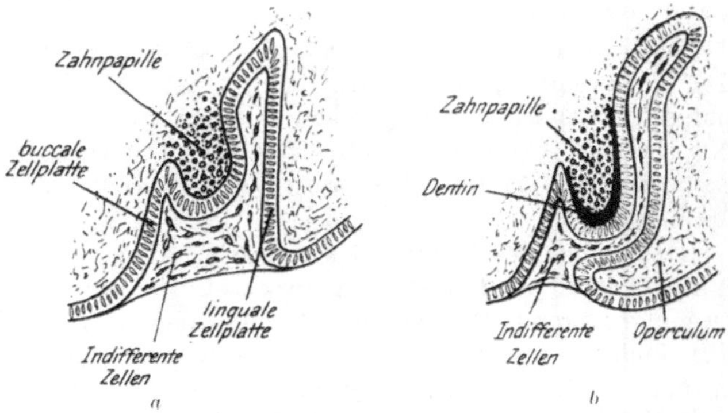

Abb. 649. Querschnitt durch den dritten Oberkieferzahn von Gongylus ocellatus. *a* Die Grube zwischen buccaler und lingualer Zellplatte ist durch indifferente Zellen ausgefüllt. Eine Zahnpapille ist angelegt. *b* Älteres Stadium. Das Operculum ist entwickelt. (Nach L. BOLK.)

Nach der Ansicht von BOLK und M. W. WOERDEMAN entsteht die Zahnleiste bei den Reptilia durch „Opercularisation" des Zahnfeldes in der Richtung von vorn nach hinten. Dabei wächst das Operculum in linguo-labialer Richtung. Noch bevor das Operculum sich gegen das Zahnfeld anlegt, entsteht eine Grube, welche teilweise durch oberflächliche indifferente Kieferepithelzellen angefüllt wird. Dies ergibt sich aus der Abb. 649a: an der buccalen Seite wächst die Anlage einer Zahnpapille aus in die durch Zellen angefüllte Grube (Abb. 649b) Durch Auswachsen des Operculum kommt schließlich eine Zahnleiste zustande, welche also aus einer buccalen und lingualen Zellplatte besteht; jede Zellplatte ist die Fortsetzung des basalen Zylinderepithels der Epidermis. Zwischen beiden Zellplatten liegt anfänglich eine dicke, später eine dünne Schicht indifferenter Zellen. Die buccale Zellplatte stellt das Zahnfeld dar; die linguale Platte das Epithel des Operculum. Nach ihrem Entstehen wächst die Zahnleiste in das Bindegewebe ein.

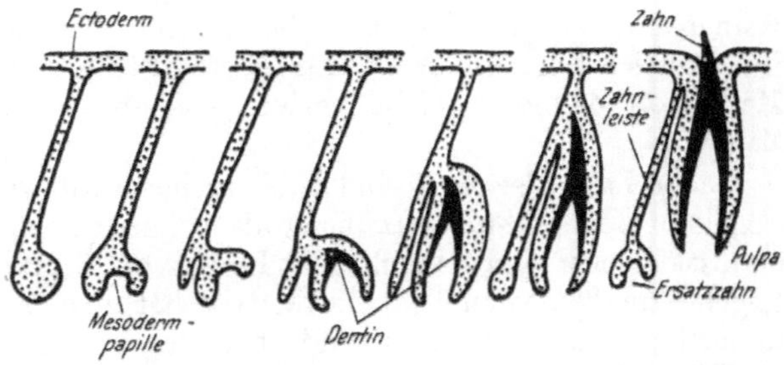

Abb. 650. Schema der Zahnentwicklung bei Reptilien. (Nach L. BOLK.)

Die ersten Zahnanlagen entstehen als freie Papillen, wenn sie auftreten, noch bevor das Operculum das Zahnfeld bedeckt. In anderen Fällen entstehen sie an der Zahnleiste. Diese Leiste wird dann in der eben beschriebenen Weise gebildet; sie wächst lingual der Zähne, welche eventuell noch vor der Zahnleiste gebildet sind, in die Tiefe.

Wir besprechen die Zahnbildung bei den Reptilia nur kurz, um später diesen Prozeß bei den Mammalia ausführlicher zu behandeln. Die Zahnanlagen treten nun im allgemeinen als Anschwellungen auf am freien Rande der Zahnleiste. Aber diese Anschwellungen sind etwas buccalwärts gerichtet (Abb. 650). In die epitheliale Anschwellung dringt nun eine Mesodermpapille ein, deren oberflächliche Zellen (die Odontoblasten) einen Dentinkegel abscheiden, während die Anschwellung zum Schmelzorgan wird, dessen Zellen, welche die Papille bekleiden, den Schmelz bilden. Das Schmelzorgan sieht nun aus wie ein Anhängsel der

Zahnleiste; die gesamte Zahnanlage wird längs der buccalen Seite der Zahnleiste zur Oberfläche verschoben. Schließlich erreicht die Spitze des größer gewordenen Zahnes die Oberfläche zwischen den beiden Platten der Zahnleiste. Inzwischen treten die Anlagen von Ersatzzähnen auf und zwar stets an dem freien Rande der Zahnleiste.

Die meisten Reptilia besitzen ein sogenanntes offenes Schmelzorgan: d. h., daß die reticulär gewordenen Zellen im Zentrum des Schmelzorganes (Schmelzpulpa) im Zusammenhang stehen mit den intermediären Zellen der Zahnleiste. Nur bei den Crocodilia (Abb. 643 g, h) kann sich das Schmelzorgan von der Zahnleiste freimachen; hier wird die Zahnleiste zurückgebildet wie bei den Mammalia.

Das Gebiß der Reptilia ist *polyphyodont*: es besteht ein mehrere Male hintereinander wiederholter Zahnwechsel. Am freien Rande der Zahnleiste liegen zwei alternierende Reihen von zahnbildenden Matrices (BOLK und WOERDEMAN): das Gebiß ist also distich, eine phylogenetisch vielleicht sehr ursprüngliche Anordnung, welche wir auch bei einigen Selachii antreffen (Abb. 644 auf S. 533). Jede Matrix bildet einen Zahn mit den Ersatzzähnen (Abb. 650). Die ersten Zahnanlagen der ersten Reihe (Exostichos) entstehen etwas eher als die der anderen Reihe (Endostichos). Die Zähne des Exostichos sollen nach BOLK an der buccalen Seite der Zahnleiste entstehen und werden deshalb parietale Zahnanlagen genannt. Die Anlagen des Endostichos entstehen dagegen an dem freien Rande der Zahnleiste als sogenannte terminale Zahnanlagen; sie sind allerdings etwas nach der buccalen Seite zu verschoben. Die Entwicklung beginnt in jeder Reihe vorn und verschiebt sich dann regelmäßig nach hinten weiter. Die Zähne beider Reihen ersetzen einander nicht, aber die endostichalen Zähne können sich zwischen die exostichalen schieben: auf diese Weise entsteht sekundär eine einzige Reihe von Zähnen, welche besteht aus abwechselnd exo- und endostichalen Zähnen.

Jeder Zahn des Exo- und Endostichos wird wieder durch einen Ersatzzahn abgelöst. Jede Zahnmatrix bildet also zuerst einen Zahn (einen exostichalen oder endostichalen); und danach eine Reihe von Ersatzzähnen. Man kann sich das folgendermaßen vorstellen: die Matrix hat eine Zahnanlage gebildet und geht daraufhin in einen Ruhezustand über; darauf folgt wieder eine Periode erneuter Tätigkeit, in welcher ein neuer Ersatzzahn gebildet wird. Wie wir sahen, bildet jede Matrix eine Zahnfamilie, so daß wir bei den Reptilia exo- und endostichale Zahnfamilien antreffen.

Wenn wir nun die Zähne des Exostichos mit Ziffern, die Zähne des Endostichos mit Buchstaben angeben, so können wir für die Anordnung der Zahnanlagen bei dem Embryo folgendes Schema entwerfen:

1		2		3		4		usw.	= Exostichos
	a		b		c		d	„	= Endostichos.

Wenn wir weiterhin die Ersatzzähne mit einem Akzent andeuten, so ergibt sich für das vollendete Gebiß im Falle einer sekundären Monostichie folgendes Schema:

1	a	2	b	3	c	4	d	usw.
1′		2′		3′		4′		„
	a′		b′		c′		d′	„
1″		2″		3″		4″		„
	a″		b″		c″		d″	„

Wenn nun mehrere Zahnreihen ausgefallen sind, so kann das funktionierende Gebiß in einem bestimmten Moment z. B. durch die folgende Formel wiedergegeben werden: 1″ a″ 2″ b″ 3″ c″ 4″ d″ usw.

Es sei schließlich darauf hingewiesen, daß man an einem funktionierenden Reptiliengebiß nicht mit Sicherheit feststellen kann, ob eine längsverlaufende Zahnreihe eine endostichale oder exostichale Reihe ist; und zwar aus dem einfachen Grunde, weil diejenigen Zähne, welche zu den ältesten Längsreihen gehören, schon ausgefallen sind. Außerdem gehen der ersten funktionierenden Zahnreihe (Exostichos) oft noch abortive Zähnchen voraus, welche resorbiert werden. Die Grenze zwischen dem abortiven Gebiß und dem funktionierenden Gebiß ist also nicht immer leicht festzustellen. So kommt es, daß WOERDEMAN mit 0I (1. Odontostichos) die erste Reihe von abortiven Zähnchen andeutet; mit 0(n + 1) oder 01 die älteste oder äußerste Zahnreihe des funktionierenden Gebisses.

Aves. Bei allen rezenten Aves ist das Gebiß verschwunden. Man hat auch in keinem Falle mit Sicherheit das Vorkommen einer Zahnleiste feststellen können. Bei den ausgestorbenen Aves sind dagegen Zähne wahrgenommen: so besaß Archaeopteryx aus dem Jura thecodonte Zähne in dem Ober- und Unterkiefer. Weiterhin kennt man Aves mit Zähnen aus der oberen Kreide: Hesperornis mit Zähnen, welche in einer alveolären Rinne stehen und Ichthyornis mit Zähnen in Alveolen.

Mit dem Gebisse ist bei den Aves auch der Eizahn verschwunden. Er wird funktionell ersetzt durch eine Epithelverdickung, welche an der Spitze des Oberschnabels liegt und stark verhornt.

Mammalia. Bei den Mammalia beobachten wir eine besonders starke Differenzierung des Gebisses: eine weitgehende Heterodontie. Die Einzelteile des Gebisses zeigen große Unterschiede, was wieder in Beziehung steht zu ihrer verschiedenen Funktion, welche sie zu erfüllen haben. Die mehr nach vorn gelegenen Schneide- und Eckzähne ergreifen die Nahrung und können sie in bestimmten Fällen abbeißen. Die mehr nach hinten gelegenen Zähne besitzen in der Regel Kaufunktion: es ist eine breite Kaufläche entstanden. Bei den niedrigen Vertebrata dagegen wird die Nahrung durchweg nicht gekaut, sondern als Ganzes hinuntergeschluckt.

An dem Gebisse der Mammalia unterscheidet man: die Schneidezähne oder Dentes incisivi im Prämaxillare (os incisivum) bzw. Dentale; die Eckzähne oder Dentes canini; die Prämolares, Backenzähne, welche gewechselt werden; und schließlich Molares, Backenzähne, welche nicht gewechselt werden. Die letzten drei Zahntypen stehen auf dem Maxillare, bzw. Dentale. Da jedoch die Anlage eines Zahnes unabhängig ist von dem Knochen, in welchem sich später die Alveole befindet, so ist es nicht zu verwundern, daß in einzelnen Fällen Abweichungen von dieser Regel beobachtet sind: so ist z. B. bei Talpa der Eckzahn des Oberkiefers in dem Prämaxillare befestigt; der Eckzahn des Milchgebisses dagegen in dem Maxillare.

Die Teile des bleibenden Gebisses werden der Einfachheit halber mit den Buchstaben I, C, P und M angedeutet; die Teile des Milchgebisses werden in folgender Weise angegeben: id, cd, pd; dabei kommt der Buchstabe d von deciduus (ausfallend) her.

In der Zahnformel kann man mit Buchstaben und einem Index in der Richtung von vorn nach hinten angeben, aus welchen Teilen das Gebiß besteht. Dabei wird stets nur eine einzige Hälfte des Gebisses in der Formel wiedergegeben.

Für die meisten Placentalia gilt die folgende Ausgangsformel mit 44 Zähnen:

$$\frac{I_1\ I_2\ I_3\ C\ P_1\ P_2\ P_3\ P_4\ M_1\ M_2\ M_3}{I_1\ I_2\ I_3\ C\ P_1\ P_2\ P_3\ P_4\ M_1\ M_2\ M_3} \text{ oder } I\frac{3}{3}\ C\frac{1}{1}\ P\frac{4}{4}\ M\frac{3}{3} \text{ oder kurz } \frac{3143}{3143}.$$

In dieser Formel ist also z. B. durch $\underline{P}_2$ der 2. Praemolar des Oberkiefers angedeutet; durch $\overline{M}_3$ der 3. Molar des Unterkiefers.

Es steigt jedoch z. B. bei Otocyon megalotis die Anzahl der Zähne im Gebiß über 44 an: hier sind vier Molaren im Ober- und Unterkiefer anwesend. Meist jedoch ist die Anzahl der Zähne durch Zurückbildung kleiner. Eine solche Zurückbildung der P beginnt mit P_1; die der M mit M_3. Eine geringe Zurückbildung findet z. B. statt bei dem Hunde durch Verlust von $\underline{M}_3$. Weiter geht die Zurückbildung schon z. B. bei der Katze mit der folgenden Formel:

$$\frac{I_1\ I_2\ I_3\ C\ P_2\ P_3\ P_4\ M_1}{I_1\ I_2\ I_3\ C\ \quad\ P_3\ P_4\ M_1} \text{ oder } \frac{3131}{3121}$$

und bei dem Rinde mit folgender Formel:

$$\frac{P_2\ P_3\ P_4\ M_1\ M_2\ M_3}{I_1\ J_2\ I_3\ C\ P_2\ P_3\ P_4\ M_1\ M_2\ M_3} \text{ oder } \frac{0033}{3133}.$$

Eine noch weitergehende Rückbildung beobachtet man dann schließlich bei einigen Mäusen (Hydromys, Xeromys) mit der Formel: $\frac{1002}{1002}$.

In anderen Fällen ist die Anzahl der Zähne sekundär vermehrt; z. B. bei den Odontoceti (Zahnwalfische) und den Sirenia (Seekühe).

Der Besitz von mehr als 44 Zähnen im Gebiß der Marsupialia und der mesozoischen Mammalia muß dagegen als eine primitive Eigenschaft betrachtet werden. So besitzt die polyprotodonte Didelphys die Zahnformel $\frac{5144}{5144}$. Auch bei den Pantotheria aus dem Jura, die gewöhnlich für primitive Placentalia gehalten werden, besteht das Gebiß aus zahlreichen Elementen; bei Amblotherium z. B. $\overline{4.\ 1.\ 4.\ 7.}$

Schließlich sei noch daran erinnert, daß bei verschiedenen Mammalia im Verbande mit einer speziellen Ernährungsweise das Gebiß gänzlich verschwinden kann. Das ist z. B. der Fall bei den Mystacoceti, welche sich von kleinen pelagischen Tieren ernähren und die Barten als Sieb gebrauchen. Ein Gleiches beobachtet man bei Manis und den Myrmecophagidae, welche mit einer wurmförmigen, kleberigen Zunge Insekten fangen.

Die Anordnung der Zähne bei den Mammalia geschieht in der Regel so, daß die Zähne des Unterkiefers stets etwas weiter nach vorn stehen als die übereinstimmenden Zähne des Oberkiefers. In einigen Fällen bilden die Zähne eine geschlossene Reihe. In anderen Fällen finden wir auch einen Zwischenraum (Diastema) auf der Höhe der Eckzähne. Ursprünglich stehen die Backenzähne des Oberkiefers in buccaler Richtung über die Backenzähne des Unterkiefers hinaus.

Die Form der Zähne ist sehr verschieden und steht im Zusammenhang mit der Ernährungsweise. Die Schneidezähne haben jedoch stets eine Kegel- oder Meißelform. Die Eckzähne sind meist länger als die Schneidezähne und kegelförmig; sie können sich aber der Form der Schneidezähne nähern: z. B. der $\overline{C}$ der Ruminantia. Die Prämolaren und Molaren besitzen meistens mehrere Höcker oder Spitzen, welche auf der Krone sitzen.

Wichtig ist es, daß die Heterodontie sekundär einer Homöodontie Platz machen kann. Diese Umbildung geht stets Hand in Hand mit einer Vermehrung der Zähne und einer Kegel- oder Säulenform jedes Zahnes. Dies lehren uns z. B. die Dasypodidae, in welcher Gruppe z. B. Priodontes 25 gleichförmige Zähne in jeder Kieferhälfte besitzt. Einen ähnlichen Vorgang beobachtet man bei den Odontoceti (Zahnwalfische).

Die Zähne der Mammalia sind meist in Krone und Wurzel differenziert. Die Krone ragt über das Zahnfleisch hinaus; die Wurzel ist in der Alveole befestigt (Abb. 634). In der Krone ist die Pulpa gut entwickelt; in der Wurzel dagegen ist sie eingeschnürt und wird umschlossen von einem engen Wurzelkanal. Wurzellos nennt man diejenigen Zähne, welche keine Differenzierung in Krone und Wurzel zeigen. Solche Zähne besitzen durchweg ein starkes Wachstum und eine starke Abnutzung: so kommt es, daß diejenigen Teile, welche sich zuerst in der Alveole befinden, später über das Zahnfleisch hinausragen. Bei solchen wurzellosen Zähnen fehlt der Schmelz, oder ist wenigstens zurückgebildet; die Pulpa ist nicht eingeschnürt, so daß das Basalende des Zahnes weit geöffnet bleibt für die Zahnernährung.

Schneide- und Eckzähne können wurzellos werden. Wurzellose Schneidezähne beobachtet man z. B. in den Nagezähnen der Rodentia und in den Stoßzähnen der Proboscidea. Wurzellose Eckzähne findet man u. a. bei den Suidae (Schweinen), bei Trichechus (Walroß) und bei dem männlichen Moschus.

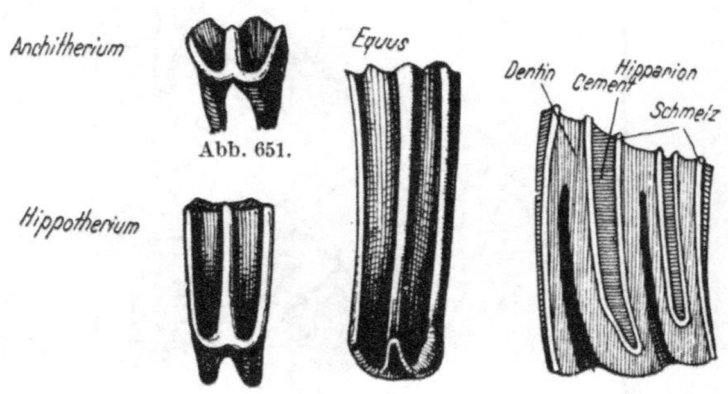

Abb. 651. Abb. 652. Abb. 653. Abb. 654.

Abb. 651. Brachyodonter Backenzahn von Anchitherium. — Abb. 652. Hypselodonter Backenzahn von Hippotherium. — Abb. 653. Prismatischer Backenzahn von Equus. — Abb. 654. Vertikalschnitt durch einen abgeschliffenen Mollaren von Hipparion. (Nach GAUDRY.)

Auch die Backenzähne können wurzellos werden. Bei den Pflanzenessern finden wir ursprünglich einen sogenannten brachyodonten Zustand (Abb. 651): das Wachstum ist beschränkt und der Zahn bildet schon früh vollständige Wurzeln mit zusammengeschnürter Pulpa. Phylogenetisch geht nun dieser Zustand über in den hypselodonten Typus, z. B. bei Equus und den Ruminantia (Abb. 652 u. 653): der Zahn besitzt dann ein sehr lange fortgesetztes Längenwachstum; erst spät wird an der Basis des Backenzahnes die Pulpa eingeschnürt, oder es werden noch vollständige Wurzeln gebildet. Man kann das Auftreten von solchen hypselodonten Zähnen in Verband bringen mit einer längeren Lebensdauer der herbivoren Tiere; sich stark abnutzende, brachyodonte Zähne würden bei älteren Tieren unbrauchbar werden, während die lange durchwachsenden hypselodonten Zähne auch im späteren Lebensalter noch brauchbar bleiben.

Die Mammalia sind im allgemeinen diphyodont: d. h. wir beobachten meist nur einen einzigen Zahnwechsel. Das Milchgebiß wird dann durch das Dauergebiß ersetzt (Abb. 655). Durchweg leitet man diesen Zustand von dem polyphyodonten Typus der Reptilia ab; man nimmt dabei an, daß die Anzahl der Zahngenerationen auf zwei beschränkt wurde. Man hat aber außerdem gewisse Anzeichen eines prälactalen Gebisses gefunden: einer Zahngeneration vor dem

Milchgebiß. Daneben wurden Anzeichen eines postpermanenten Gebisses entdeckt, welches auf die bleibenden Zahngenerationen folgt. Wir werden jedoch sehen, daß nach BOLK und seinen Schülern der Zahnwechsel der Mammalia von grundsätzlich anderer Art ist als der der Reptilia.

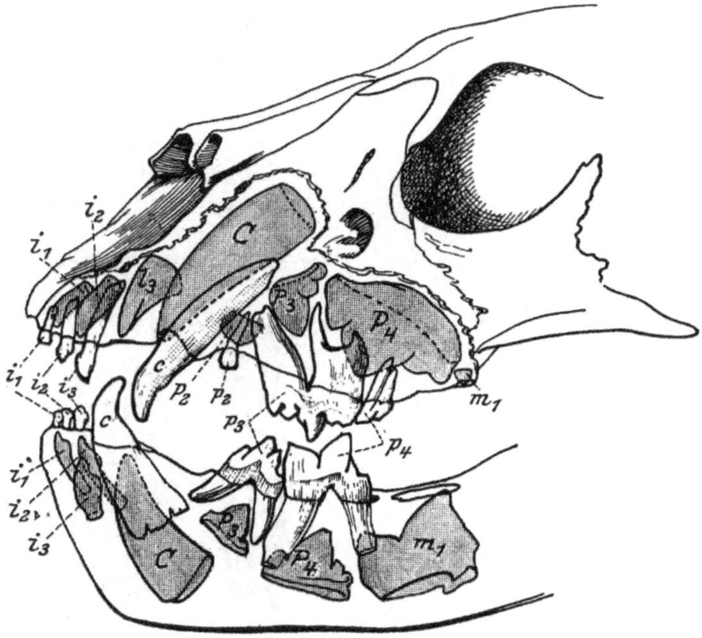

Abb. 655. Gebiß eines Löwen von $6^1/_2$ Monaten. Das Milchgebiß (weiß) arbeitet, die Anlagen zum bleibenden Gebiß (grau) liegen in den Kiefern. (Nach M. WEBER.)

Als Beispiel für die Zahnentwicklung beschreiben wir die Entwicklung bei den menschlichen Embryonen. Hier tritt eine Zahnleiste auf an der Lippenfurchenleiste, welche längs den Kieferrändern verläuft (Abb. 656). Die Zahnleiste dringt lingual von ihr in das Bindegewebe ein. Anfänglich hängen beide Leisten miteinander zusammen; später scheidet eine tiefe Lippenfurche die Lippe von

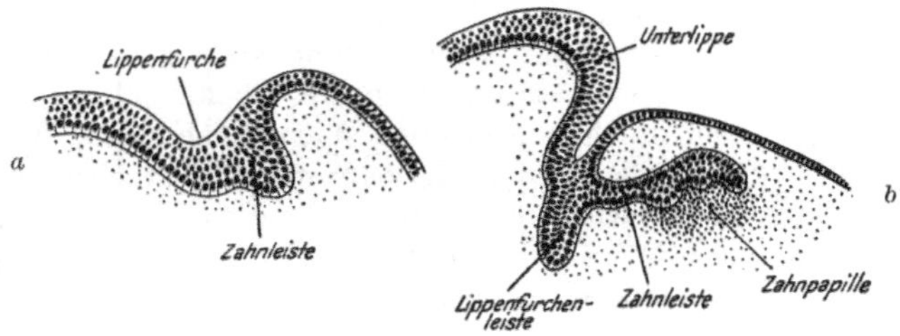

Abb. 656. Schnitte durch die Zahnleiste des Unterkiefers von menschlichen Embryonen. *a* Von einem 17 mm langen Embryo. *b* Von einem 40 mm langen Embryo. (Nach C. RÖSE.)

dem Kiefer. Nun treten am freien Rande der Zahnleiste knopfähnliche Zahnanlagen auf (Abb. 657, 658), die langsam sich gegen die Zahnleiste deutlich abgrenzen und kappenförmig werden. In der Höhle dieser Kappe befindet sich eine Bindegewebspapille. Dieses kappenähnliche Stadium geht dann über in ein glockenförmiges; dieses entsteht dadurch, daß die Zahnanlagen größer werden und sich labial größtenteils von der Zahnleiste freimachen. Die Zahnleiste selbst wächst in lingualer Richtung weiter (Abb. 658). Die Zahnanlage ist also nun an der labio-buccalen Seite der Zahnleiste befestigt. Auf diese Weise entsteht an der Zahnleiste die Anlage für das Milchgebiß. Caudal dieser Anlagen der Prämolaren verlängert sich die Zahnleiste und bildet später die Anlagen für die Molaren (Abb. 658).

Wenn sich die Zahnanlagen von der Zahnleiste abscheiden, wird die Zahnleiste zurückgebildet. Die Rückbildung geschieht dadurch, daß das Epithel der Zahnleiste auseinanderfällt in ein Netzwerk epithelialer Balken (Abb. 659). Diese Balken gehen schließlich zugrunde, während der freie, lingualwärts gerichtete Rand der Zahnleiste dagegen bestehen bleibt. In derselben Manier wie die Anlagen des Milchgebisses entstehen darauf aus diesem überbleibenden Reste der Zahnleiste die Anlagen für das bleibende Gebiß. Machen sich diese Anlagen dann auch frei, so verschwindet der letzte Rest dieser Zahnleiste.

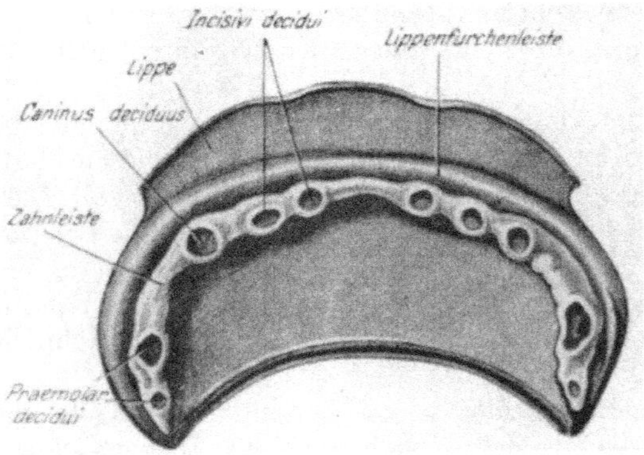

Abb. 657. Modell der ectodermalen Teile des Oberkiefers vom menschlichen Embryo, 4 cm lang. Das Mesoderm ist weggelassen. (Nach C. RÖSE.)

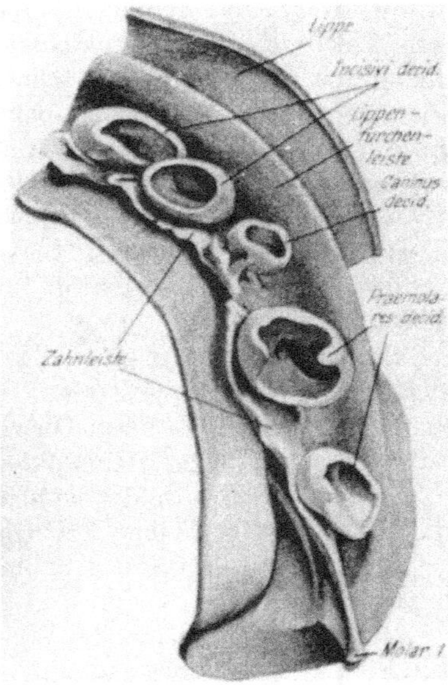

Abb 658. Modell der ectodermalen Teile des Unterkiefers von einem menschlichen Embryo von 18 cm Länge. Das Mesoderm ist weggelassen. (Nach C. RÖSE.)

Betrachten wir nun die Zahnbildung selbst etwas genauer. Auf dem obengenannten, glockenähnlichen Stadium besteht die Zahnanlage aus einer Epithelknospe, welches von der Zahnleiste herstammt. Diese glockenförmige Knospe umkleidet eine Bindegewebspapille und bildet das Schmelzorgan, welches aus zahlreichen Zellen besteht (Abb. 659). Die oberflächlichen Zellen der Bindegewebspapille dagegen werden zu Odontoblasten: d. h.

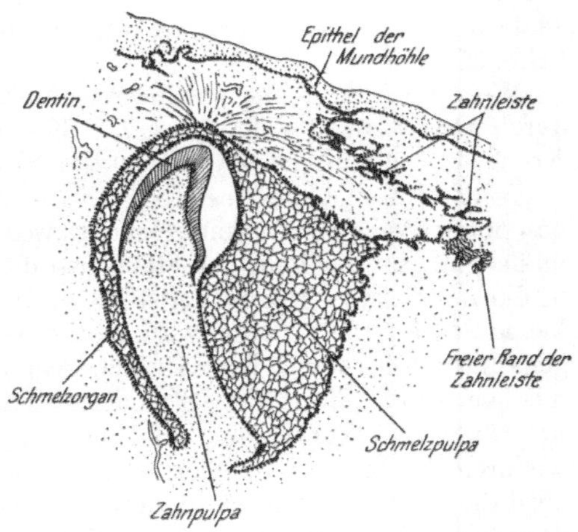

Abb. 659. Schnitt durch Id2 eines menschlichen Embryos von 30 cm Länge. Die Zahnleiste zeigt beginnende Resorptionserscheinungen. (Nach C. RÖSE.)

sie bilden das Dentin. Die inneren Zellen der Papille bilden die Pulpa, in welche später Nerven und Blutgefäße eindringen. An dem ansehnlichen Schmelzorgan können wir folgende Teile unterscheiden: das äußere Schmelzepithel; die aus sternförmigen Zellen bestehende Schmelzpulpa (Abb. 659); das Stratum intermedium und schließlich das innere Schmelzepithel (Abb. 661). Dieses innere Schmelzepithel umkleidet die Bindegewebspapille; ihre Zellen bilden an der Spitze der Papille eine Schicht prismatischer Säulen: den Schmelz. Dieser wird gegen die Oberfläche der zukünftigen Krone abgeschieden, welche aus Dentin besteht. Die Zellen, welche den Schmelz bilden, werden Ameloblasten genannt.

Nach E. RETTERER (1919) verändern die peripheren Enden derjenigen prismatischen Stränge, welche in dem Dentin vorkommen, zu den Prismen des Schmelzes. Wäre dies richtig, dann würde das innere Schmelzepithel nicht der Bildner des Schmelzes sein.

Das Schmelzorgan einer Backenzahnanlage, also auch die Zahnpapille, besitzt eine zusammengesetztere Form. Die Zahnpapille zeigt in diesem Falle mehrere Höcker, an deren Oberfläche die Zahnscherben gebildet werden. Diese Zahnscherben fließen dann später sekundär zur Krone zusammen. Der Basalteil des Schmelzorganes bildet keinen Schmelz; er umgibt vielmehr auf späteren Stadien die Wurzeln als eine Epithelscheide: an dieser Stelle fehlt die Schmelzpulpa.

Bevor die Bildung des Schmelzes ganz vollendet ist, beginnt das Schmelzorgan sich zurückzubilden.

Der Zement, welches die Wurzel umkleidet, ist ein Produkt des umgebenden Bindegewebes, welches das bindegewebige Zahnsäckchen bildet. Dieses Säckchen wird zur Wurzelhaut: das Periost der Alveole; es verbindet den Zement der Wurzel mit dem Knochengewebe der Alveole. Die Alveole entsteht auf späteren Stadien, wird jedoch ständig durch Resorption und Neubildung von Knochen in ihrer Form verändert. Sie umschließt den Milchzahn und den Dauerzahn.

Schließlich bricht der Milchzahn durch das Zahnfleisch hindurch, während seine Wurzel weiter auswächst. Da das Schmelzorgan sich schon lange von der Zahnleiste freigemacht hat und die Zahnleiste längst verschwunden ist, so ist es nicht mehr möglich, daß der Zahn die Oberfläche erreicht zwischen den beiden Platten der Zahnleiste (so wie wir das bei vielen Reptilia beobachtet haben) (Abb. 650).

Wenn die Milchzähne eine Zeitlang funktioniert haben, so werden ihre Wurzeln durch Osteoklasten aufgelöst. Die Krone wird schließlich durch die größere Krone des endgültigen Zahnes ausgestoßen.

In der Entwicklung des Milchgebisses bei den Primates hat nun BOLK einige besondere Wahrnehmungen gemacht, welche er später auch bei anderen Mammalia antraf. Dicht an der Stelle, wo die Zahnanlage (das Schmelzorgan) sich in die Zahnleiste fortsetzt, entsteht an der Vorderseite des Schmelzorganes eine kleine Grube. Diese Grube wird später tiefer; sie wird von BOLK Schmelznische genannt (Abb. 660). Die laterale Begrenzung heißt laterale Zahnleiste; ihre mediale Wand (die mediale Zahnleiste) tritt allmählich in die Verlängerung der ursprünglichen Zahnleiste. Schließlich kann sich diese Nische hinten öffnen, wodurch die laterale Zahnleiste einen freien Hinterrand bekommt. Daraufhin wird die laterale Zahnleiste dadurch zurückgebildet, daß Löcher darin auftreten. Die Zahnanlage (das Schmelzorgan) macht sich dann ganz von der Zahnleiste frei, während die Reste der lateralen Zahnleiste gänzlich aufgelöst werden. In jedem Schmelzorgan trifft man weiterhin zwei Zentra der Pulpabildung an, von welcher das eine buccal, das andere lingual liegt. Diejenigen Zellen, welche zwischen diesen Zentra liegen, bilden das Schmelzseptum (Abb. 661). BOLK sieht in diesem Schmelzseptum einen Beweis, daß das Schmelzorgan durch Vereinigung zweier Teile entstanden ist. Schließlich erblickt er in der Anwesenheit einer medialen und einer lateralen Zahnleiste einen Hinweis für die Doppelnatur der Mammalierzähne (s. die Dimer-Theorie auf S. 550).

Weiterhin müssen wir die Frage besprechen, zu welcher Zahngeneration die Molaren gehören. Heute betrachtet man die Molaren meist als zugehörig zum Milchgebiß; dafür spricht u. a. die Tatsache, daß der letzte Prämolar und in einigen Fällen auch der vorletzte Prämolar des Milchgebisses (pd) in der Form mehr mit den Molaren übereinstimmt als der endgültige Prämolar (Abb. 655, Unterkiefer). So kommt es, daß die Prämolaren des Milchgebisses oft als ausfallende Molaren (Molares decidui) gedeutet werden; dann muß der Name Prämolaren auf die P des bleibenden Gebisses beschränkt werden. — Man kann übrigens auch annehmen, daß die Molaren ontogenetisch sich darum später entwickeln als die pd, weil in dem noch kurzen Kiefer für sie anfänglich kein Platz ist (M. WEBER).

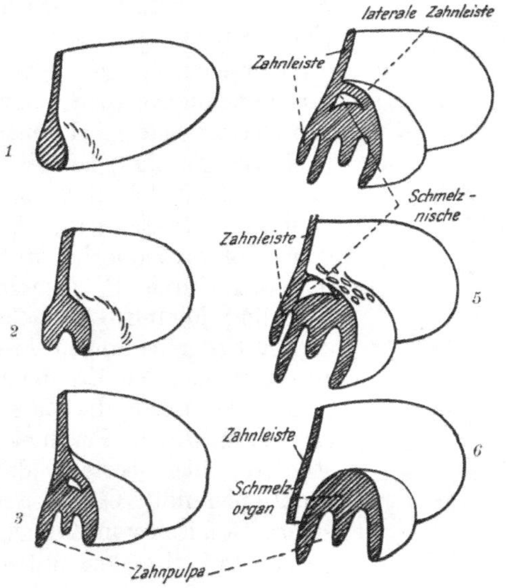

Abb 660. Entwicklungsschemata vom Schmelzorgan eines Säugetierbackenzahnes von der bukalen Seite. *1* Knopfförmiges Stadium. — *2* Glockenförmiges Stadium. — *3* Die Schmelznische und die laterale Zahnleiste haben sich entwickelt. — *4* Das Schmelzorgan beginnt selbständig zu werden. — *5* Die laterale Zahnleiste von Löchern durchbrochen. — *6* Das Schmelzorgan hat sich von der Zahnleiste gelöst. (Nach L. BOLK.)

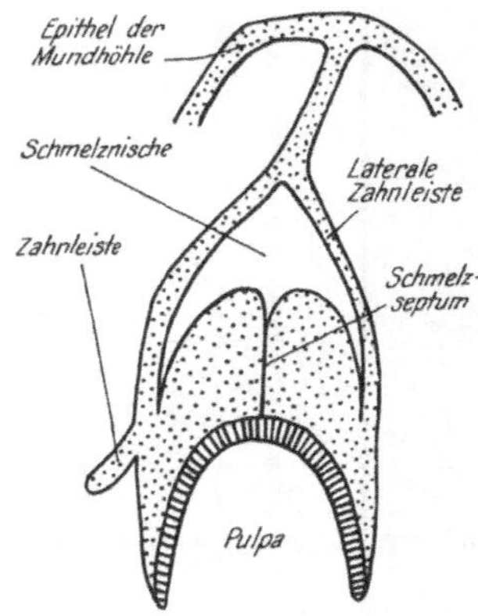

Abb. 661. Schematische Zusammenstellung der Backenzahnanlage bei Mammalia nach der Dimertheorie. (Nach L. BOLK.)

Für das Gebiß des Menschen und der katarrhinen Simiae kommt L. BOLK (1915) zu der Auffassung, daß M_1 zu dem Milchgebiß gehört und mit pd_3 der platyrrhinen Simiae homolog ist. M_2 und M_3 gehören nach dieser Auffassung zum bleibenden Gebiß. BOLK stützt seine Hypothese auf das Vorkommen von Paramolaren: überzählige, seitlich der Zahnreihe stehende Zähne. Diese Auffassung wird in Abb. 662 wiedergegeben, wo auch der alternierende Stand der Elemente des Milchgebisses und des bleibenden Gebisses angegeben sind.

Oben wurde gesagt, daß die Mammalia im allgemeinen zwei Zahngenerationen besitzen; sie sind also im allgemeinen diphyodont. Oft kann man aber die Zurückbildung einer der beiden Zahngenerationen beobachten: so sieht man z. B., daß bei Erinaceus einzelne Zähne des Milchgebisses keine Nachfolger im Dauergebiß besitzen, also bewahrt bleiben (LECHE). Hier kann das funktionierende Gebiß durch folgende Formel wiedergegeben werden:

$$\frac{I_1\ I_2\ id_3\ C\ pd_2\ P_3\ P_4\ M_1\ M_2\ M_3}{I_2\ id_3\ cd\quad pd_3\ P_4\ M_1\ M_2\ M_3}.$$

Eine noch weitergehende Rückbildung führt zur Unterdrückung einer der beiden Zahngenerationen; in diesem Falle ist meistens das Milchgebiß stark zurückgebildet oder ganz verschwunden: entweder findet überhaupt kein Zahnwechsel statt, oder der Zahnwechsel geschieht bereits während des intrauterinen Lebens. Solche Mammalia sind dann monophyodont: z. B. einige Insectivora, Pinnipedia, Chiroptera. Bei den Odontoceti dagegen funktioniert das Milchgebiß während des ganzen Lebens (KÜKENTHAL).

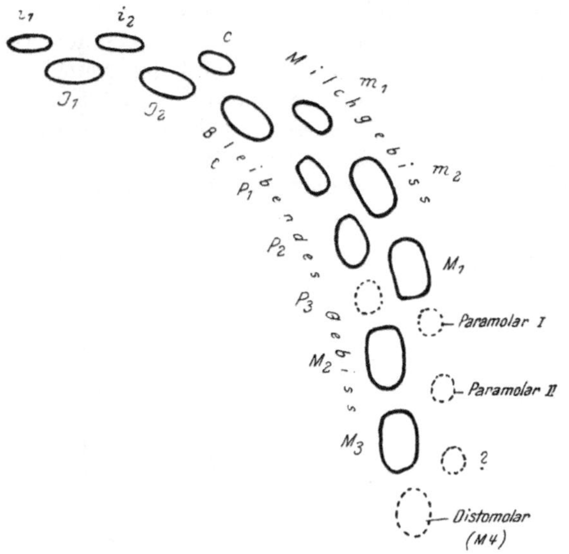

Abb. 662. Schematische Zusammenstellung des menschlichen Gebisses. (Nach L. BOLK.)

Weiterhin sei in diesem Zusammenhange auf die Marsupialia verwiesen, bei denen nach der gewöhnlichen Auffassung das Milchgebiß auch dauernd funktioniert; bei den Polyprotodontia wird nur pd_4 durch P_4 ersetzt. Allerdings kommt BOLK nach seinen Untersuchungen hier zu einem anderen Ergebnis; er hat vor allem die Zahnentwicklung bei Perameles studiert; hier besteht das funktionierende Gebiß aus einem Gemisch von Zähnen, welche teilweise dem Milchgebiß, teilweise dem Dauergebiß angehören. BOLK erblickt in dieser Tatsache eine Übereinstimmung mit den Reptilia. Die Zahnformel für Parameles ist nach Bolk folgende:

$$\frac{id_1\ I_2\ id_3\ I_4\ I_5\ cd\ P_1\ P_2\ pd_3\ P_4\ md_1\ md_2\ M_3}{I_1\ I_2\ id_3\qquad C\ P_1\ P_2\ pd_3\ P_4\ md_1\ md_2\ M_3}.$$

Bei dem Zahnwechsel wird nun pd_3 durch P_4 ersetzt. Diese Meinung von BOLK wird jedoch durch ADLOFF (1918) bestritten.

An Stelle des normalen vertikalen Zahnwechsels besitzen einige Mammalia einen horizontalen Wechsel: die vorderen Zähne werden durch Zähne ersetzt, welche mehr nach hinten zu liegen. Dies beobachtet man z. B. bei Proboscidea (Abb. 677): hier funktionieren in jeder Kieferhälfte nacheinander 6 Zähne: 3 Prämolaren des Milchgebisses und 3 Molaren. Stets aber ist nur ein einziger Zahn und ein Vorderstück des folgenden Zahnes im Gebrauch. Die Abnutzung der Zähne und der Zahnersatz geschehen außerordentlich langsam, so daß die Zähne lange brauchbar bleiben; das steht wohl in Verband mit dem hohen Alter, das diese Tiere erreichen können.

Bei Manatus ist der horizontale Zahnwechsel vereinigt mit einer Vermehrung in der Anzahl der Backenzähne. Hier wird am Ende der Zahnleiste fortgesetzt an neuen Zähnen gearbeitet, während die vorderen ausfallen. Die Anzahl der Backenzähne kann bis auf 30 steigen. Bei der craniaden Verschiebung der Backenzähne muß stets die vordere Alveolenwand aufgelöst werden, und später muß neuer Knochen gebildet werden.

Die Phylogenie des Mammaliergebisses. Für das Gebiß der Mammalia sind Kauzähne mit Höckern kennzeichnend. Darum müssen alle Theorien, welche das Entstehen der Mammalierzähne erklären wollen, in erster Linie die Backenzähne im Auge haben. Verschiedene Untersucher haben sehr verschiedene Gedanken über das Entstehen dieser Mammalierzähne geäußert. Wir möchten die wichtigsten Theorien hier nacheinander besprechen.

1. Differenzierungstheorie. E. COPE und H. F. OSBORN, zwei amerikanische Paläontologen, haben die Hypothese aufgestellt, daß die Molaren der Mammalia entstanden sind durch Differenzierung kegelförmiger Reptilienzähne. Die durch diese Untersucher eingeführten Bezeichnungen der Spitzen und Wülste und ihre theoretische Ableitung haben allgemein Eingang gefunden.

Diese Forscher gingen aus von einem Zahn, welcher mit einer einzigen Spitze versehen ist und nannten ihn den haplodonten Zahn (Abb. 663 A). Durch das Auftreten einer vorderen und hinteren Nebenspitze (Abb. 663B) entsteht hieraus der protodonte Backenzahn; wir finden einen solchen bei Dromatherium und verwandten Tieren aus dem Trias. Hieraus entwickelt sich der trikonodonte Zahn dadurch, daß die Nebenspitzen größer werden; auf diese Weise entsteht ein Backenzahn, welcher drei hintereinandergelegene, einigermaßen gleich große Spitzen trägt (Abb. 663B). Ein solcher Zahn ist außerdem umgeben von einem starken Wall: dem Cingulum, welcher die Basis der Krone umgibt. Solche trikonodonten Backenzähne finden wir z. B. bei den Triconodonta aus dem Jura, welche zu den Marsupialia gerechnet werden.

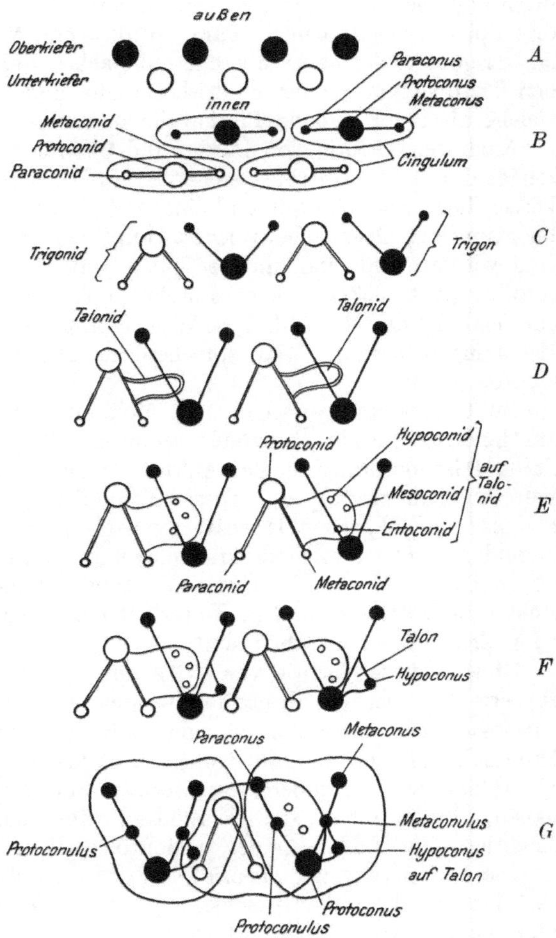

Abb. 663. Schema zur Erklärung von OSBORNS Differenzierungstheorie.

Werden nun diese Nebenspitzen größer, so ordnen sie sich in Form eines Dreieckes an (Abb. 663 C). Auf diese Weise entsteht der trituberculäre Backenzahn; dieser spielt in der Theorie von COPE und OSBORN eine wichtige Rolle. Ein solches Dreieck entsteht nach ihrer Auffassung dadurch, daß die vorderen und hinteren Nebenspitzen der $\underline{M}$ labialwärts sich verschieben; die Nebenspitzen der $\overline{M}$ dagegen lingualwärts. Darum ist diese Hypothese die *Hypothese der Transgression* genannt worden.

Diese drei so entstandenen Spitzen bekommen nun verschiedene Namen: an dem $\underline{M}$ heißen sie Para-, Proto- und Metaconus, wobei der Protoconus die ursprüngliche Hauptspitze ist. Zusammen bilden sie das Trigon (Abb. 663 C). Die drei Spitzen des $\overline{M}$ heißen Para-, Proto- und Metaconid; sie bilden zusammen das Trigonid. Solche trituberculären Backenzähne findet man hauptsächlich bei den Trituberculata oder Pantotheria aus dem Jura und der Kreide, Formen, welche als ursprüngliche Placentalia betrachtet werden.

Nach der Theorie von COPER und OSBORN werden die $\underline{M}$ daraufhin komplizierter durch das Auftreten eines vierten Tuberkels: des Hypoconus (Abb. 663 F). Dieser liegt nach hinten und lingual auf dem sogenannten Talon: einer Ausbuchtung zur Oberflächenvergrößerung. Außerdem kann noch auf dem Trigon eine vordere und eine hintere Spitze auftreten: der Protoconulus und Metaconulus (Abb. 663 G). Solches steht in Verband mit der bedeutenden Breitenentwicklung der $\underline{M}$. Auf diese Weise kommt ein Zahn zustande, welcher sechs Erhebungen besitzt. Wir sprechen in solchen Fällen von einem sextubercularen Typus.

Im Unterkiefer verlängern die Molaren sich durch Auftreten eines Talonid am hinteren Rande (tuberculo-sectorialer Typus) (Abb. 663 E). Ein solches Talonid ist ursprünglich der Antagonist zum Protoconus; das Trigonid drängt sich zwischen zwei $\underline{M}$ ein. Dieses Talonid trägt zunächst nur eine einzige Erhebung: den Hypoconid; später entstehen drei Erhebungen, welche in labiolingualer Richtung folgendermaßen genannt werden: Hypo-, Meso- und Entoconid (an Stelle von Mesoconid wird auch Hypoconulid gesagt). Auf diese Weise entstehen im Oberkiefer und im Unterkiefer Backenzähne, welche mit sechs Spitzen oder Erhebungen versehen sind. —

Obwohl diese Theorie von COPE und OSBORN in einigen Punkten schwierig zu verteidigen ist und abgeändert werden muß, so kann doch von seiten der Paläontologie nicht bestritten werden, daß in verschiedenen großen Gruppen der Mammalia (Primates, Carnivora, Ungulata) die $\underline{M}$ ein trituberculäres Stadium, die $\overline{M}$ dagegen ein tuberculo-sectoriales Stadium phylogenetisch durchgemacht haben. So kommt es, daß diese Theorie im Augenblick besser als alle anderen Theorien eine Erklärung der paläontologischen Tatsachen gibt.

Die Abänderung der Theorie, von der wir eben sprachen, bezieht sich hauptsächlich auf die Außenverschiebung von Para- und Metaconus und eine Innenverschiebung von Para- und Metaconid. In der Gruppe der Triconodonta ist zwar bei Menacodon und Spalacotherium eine Verschiebung des Para- und Metaconid zu beobachten. Aber allgemeine Beweise fehlen noch. — Zweitens darf man den Protoconus nicht als homolog mit dem haplodonten Reptilienzahn betrachten. Wohl ist der Protoconid damit homolog (W. K. GREGORY, 1916). Um dieses deutlich zu machen, wollen wir eben noch hinweisen auf die sogenannte *Analogietheorie der Prämolaren* (WORTMAN, GIDLEY). Diese besagt, daß die M in der Zeit vor dem Tertiär dieselben Entwicklungsreihen durchlaufen haben wie die P im Tertiär. Die P haben sich in ihrer Form den M genähert; diese Annäherung tritt bei den hintersten P stärker hervor als bei den vorderen (Abb. 664). Diese Beobachtung wird dadurch erklärt, daß funktionell der hinterste P mehr mit den M übereinstimmt, daß weiterhin der vorderste P funktionell mehr dem C ähnelt. Das hängt mit ihrer Entfernung von dem Kiefergelenk zusammen. Wenn wir nun die $\underline{P}$ und die $\underline{M}$ von verschiedenen primitiven Mammalia untersuchen, dann ergibt sich, daß die Hauptspitzen der P, welche ja mit den haplodonten Reptilierzähnen übereinstimmen, in einer von vorn nach hinten verlaufenden Linie liegen mit dem Paraconus (und dem Metaconus), nicht aber mit dem Protoconus (Abb. 664). Hieraus folgt, daß der Paraconus und nicht der Protoconus die ursprüngliche Hauptspitze darstellt. Protoconus und Metaconus müssen vielmehr betrachtet werden als Auswüchse der Kronenbasis. Der äußerste Teil der Krone der $\underline{P}$ und $\underline{M}$ ist also der älteste Teil; der innere Teil mit dem Protoconus ist also jünger. Auch von den $\overline{M}$ ist die äußerste Partie der Krone der älteste Teil: also der Protoconid. Para-, Meta- und Entoconid sind dagegen zu betrachten als Erhebungen am basalen Rande der Krone.

In Übereinstimmung mit dieser Auffassung stehen auch die Tatsachen der Embryologie, welche also ebenfalls gegen die Hypothese der Transgression sprechen. In verschiedenen Gruppen entwickelt sich nicht der Protoconus, sondern der Paraconus aus der primitiven Zahnanlage: das ist außer bei vielen anderen Formen auch bei Talpa wahrgenommen worden, wo der Protoconus als eine Leiste an der Medialseite der Zahnanlage entsteht; Metaconus und Hypoconus entwickeln sich hier durch caudade Ausbreitung der Zahnlanlage (M. F. Woodward). —

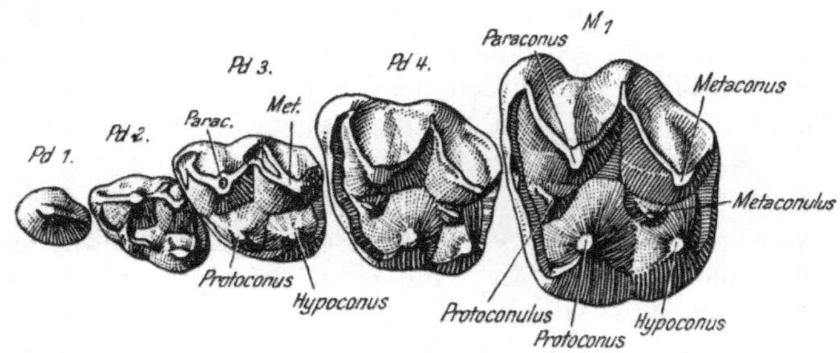

Abb. 664. Prämolaren des Milchgebisses und M_1 von Palaeosyops Leidyi, einer zu den Perissodactyla (Titanotheriidae) gehörenden Form aus dem Eozän. (Nach W. K. Gregory.)

Über die Phylogenie der Wurzel der P und M sei noch folgendes gesagt: die Backenzähne des Unter- und Oberkiefers besitzen bei den primitiven Mammalia zwei hintereinandergelegene Wurzeln. Sie gehören zu dem phylogenetisch ältesten Außenteile der Krone (Gregory, 1916). Selbst die C besitzen ursprünglich zwei Wurzeln, ein Zustand, der nur selten bei gegenwärtigen Formen vorkommt, z. B. bei Erinaceus. Außerdem kann sich an der Innenseite der Krone bei den Backenzähnen eine dritte Wurzel entwickeln.

Aus dem eben Gesagten ergibt sich, daß man unter den Mammalia des Mesozoicum zwei Typen der Molaren antrifft: den triconodonten und den trituberculäre Typus. Beide können phylogenetisch nicht voneinander abgeleitet werden, sind vielmehr unabhängig voneinander aus dem kegelförmigen Typus herzuleiten: und zwar der triconodonte via den protodonten Typus. Daneben findet man noch einen selbständigen dritten Typus: den multituberculären Backenzahn der Multituberculata (Allotheria); das sind Formen, die schon im Trias erscheinen. Die Backenzähne dieses dritten Typus besitzen zwei oder drei Längsreihen von Höckern. Wahrscheinlich kann man diesen Typus in Verbindung bringen mit den frühzeitig ausfallenden Backenzähnen von Ornithorhynchus, die außer zwei großen Höckern zahlreiche kleinere Erhebungen am Außen- und Innenrande besitzen (dieser Zahngeneration soll übrigens ontogenetisch noch eine Reihe von kleinen einfachen Zähnen vorhergehen, welche vielleicht reptilienartig sind; J. T. WILSON und J. P. HILL, 1907). Bei dem sehr eigentümlichen, ausgestorbenen Desmostylus besteht der Backenzahn aus zwei Längsreihen von lose aneinandergefügten Zylindern; diese Form ist wahrscheinlich hier anzuschließen (O. ABEL).

2. *Konkreszenztheorie.* Wir haben soeben eine Theorie kennen gelernt, welche den Backenzahn der Mammalia mit seinen vielen Erhebungen durch allmähliche Differenzierung aus dem haplodonten Reptilienzahn ableitete. Im Gegensatz dazu bemüht sich die Konkreszenztheorie zu beweisen, daß diese Zähne durch Verwachsung haplodonter Reptilienzähne entstanden seien. Diese Verwachsung soll stattgefunden haben einmal zwischen hintereinandergelegenen und zwischen nebeneinandergelegenen Zahnanlagen. Diese Theorie beruht erstens darauf, daß embryonal auch bei den Mammalia solche Verwachsungen beobachtet worden sind, was jedoch von anderer Seite bestritten wird. Zweitens beruft sie sich darauf, daß bei den niedrigen Vertebrata Zusammenwachsungen häufig beobachtet sind: z. B. bei den Dipnoi (S. 534). Einige Verteidiger dieser Theorie vergleichen jeden Höcker eines Backenzahnes der Mammalia mit einem Reptilienzahn; das ist jedoch bestimmt unrichtig. W. KÜKENTHAL dagegen meint, daß vor allem das Entstehen der triconodonten, tri- und multituberculären Backenzähne durch Konkreszenz zu erklären sei; daneben soll auch Differenzierung eine wichtige Rolle gespielt haben. Im allgemeinen gibt jedoch diese Theorie kein befriedigendes Bild vom Werden der Mammalierzähne. Außerdem weisen die Tatsachen der Ontogenie nicht auf das allgemeine Vorkommen einer Verschmelzung von Zahnanlagen.

3. *Konzentrations- oder Dimertheorie von* BOLK. Mit der eben geschilderten Theorie stimmt die Dimertheorie von BOLK in einigen Punkten überein. BOLK stellt sich vor, daß jede Zahnmatrix eine erste Zahngeneration produziert und direkt danach eine zweite. Beide Generationen sind von Anfang an vereinigt und formen zusammen einen einzigen Zahn (Abb. 661 auf S. 545). Ein einziger Mammalierzahn wäre demnach nicht homolog mit einem einzigen Reptilienzahn, sondern mit einer Zahnfamilie, welche aus zwei Generationen besteht. Ebenso wie die Reptilia besitzen die Mammalia zwei Reihen Zahnmatrices, welche miteinander abwechseln: die äußerste Reihe (Exostichos) liefert das Milchgebiß; die innere Reihe (Endostichos) bildet das Dauergebiß. Verwenden wir hierbei dieselbe Schreibweise wie auf S. 538, so kann man das Mammaliergebiß in folgender Weise nach der Theorie BOLKs darstellen:

$$\binom{1}{1'} \quad \binom{2}{2'} \quad \binom{3}{3'} \quad \binom{4}{4'} \quad \binom{5}{5'} \quad \text{usw.}$$

$$\binom{a}{a'} \quad \binom{b}{b'} \quad \binom{c}{c'} \quad \binom{d}{d'} \quad \text{usw.}$$

Nach dieser Theorie ist der triconodonte Zahn der Ausgangspunkt für das Entstehen eines Mammalierbackenzahnes mit sechs Höckern. BOLK betrachtet jedoch solch einen Backenzahn entstanden durch Konzentration der Anlagen zweier triconodonter Reptilienzähne: die drei äußersten (labio-buccale) Höcker, die erste Zahngeneration, bilden das Protomer; die drei inneren (linguale) Höcker formen die zweite Zahngeneration, oder das Deuteromer. Potenziell kann also jedes Element des Mammaliergebisses sechs Höcker zur Entwicklung bringen; in den meisten Fällen ist jedoch die Anzahl der Höcker geringer.

In einigen Fällen wird auch eine dritte Zahngeneration gebildet: das Tritomer. Für ein solches wird von Bolk z. B. angesehen der inkonstant auftretende Carabellische Höcker an der lingualen Seite der $\underline{M}$ bei den Primates. Dieser Höcker sieht aus als eine Differenzierung am lingualen Teile des Cingulum.

Bei den Backenzähnen wäre nach dieser Theorie das Deuteromer meist gut entwickelt, in anderen Fällen mehr oder weniger zurückgebildet. Bei den Schneide- und Eckzähnen finden wir dagegen eine starke Zurückbildung der zweiten Zahngeneration. Schneidezähne haben den triconodonten Charakter des Protomer oft bewahrt (Abb. 648 auf S. 536); aber die Nebenspitzen des Protomer können ganz verschwinden, hauptsächlich bei den Eckzähnen, welche dadurch konisch werden.

Zur schärferen Kennzeichnung der Unterschiede, welche nach Bolk (1917) zwischen dem Reptiliengebiß und dem Mammaliergebiß bestehen, hat dieser Untersucher eine Anzahl von Namen eingeführt, von denen wir hier nur diejenigen vermelden möchten, welche sich auf den Zahnwechsel beziehen. Bei den Reptilia ersetzen die Generationen einer einzigen Zahnfamilie einander: dies wird der merobolische Zahnwechsel genannt. Bei den Mammalia dagegen ersetzen die Glieder des Endostichos die Glieder des Exostichos, mit welchen sie abwechseln: Bolk nennt dies den stichobolischen Zahnwechsel.

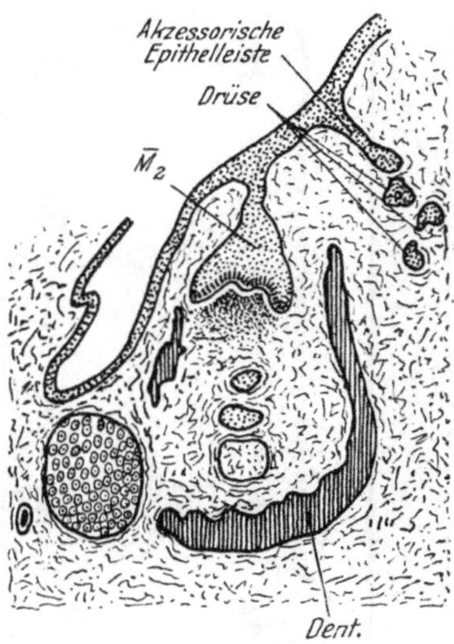

Abb. 665. Querschnitt durch den Unterkiefer eines Embryos von Talpa. (Nach L. Bolk.)

Aus dem Gesagten erhellt, daß nach der Theorie von Bolk bei den Mammalia nur ein einziger Zahnwechsel stattfinden kann; wird doch die exostichale Reihe, das Milchgebiß, ersetzt durch die endostichale Reihe, das Dauergebiß. Damit im Zusammenhang hat Bolk auch über die prälactale Zahngeneration eine besondere Meinung, welche abweicht von der gewöhnlichen Auffassung: er erblickt in ihr eine rudimentäre Drüsenleiste. Diese Leiste soll mit Zahndrüsen homolog sein, welche bei den Reptilia gefunden werden. Diese Auffassung wird gestützt durch die Wahrnehmung, daß bei Talpa in dem Unterkiefer eine akzessorische Epithelleiste vorkommt, welche labial der Zahnleiste liegt und die Anlage von Drüsen liefert (Abb. 665).

Nach der ebenso originellen wie gut durchdachten Theorie von Bolk besteht also eine große Kluft zwischen den Reptilia und den Mammalia hinsichtlich der Zusammensetzung des Gebisses und des Zahnwechsels. Diese Kluft ist nach der Bolkschen Theorie größer als nach der üblichen Meinung, welche die Polyphyodontie der Reptilia direkt übergehen läßt in die Diphyodontie der Mammalia. Bolks Theorie findet paläontologisch keine Stütze; es hat darum an Kritik nicht gefehlt (Adloff).

Die Molaren der verschiedenen Mammaliergruppen. Je nach der Funktion bei der Ernährung wird die ursprüngliche Form der Backenzähne in vielfacher Weise abgeändert. Insektenfresser und reine Fleischesser besitzen spitze Erhebungen an den Backenzähnen mit scharfen, schneidenden Rändern; ein solches Gebiß wird secodont genannt (Abb. 667). Die Bewegung des Unterkiefers verläuft hierbei in vertikaler Richtung. — Bei omnivoren Formen finden wir dagegen Höcker von stumpf-konischer Form: das bunodonte Gebiß (Abb. 666). — Endlich treten bei den reinen herbivoren Formen, z. B. vielen Ungulata und den Rodentia, an Stelle der Höcker Leisten auf, welche wieder in sehr verschiedener Weise ausgebildet sind. Solches Gebiß wird lophodont genannt (Abb. 676). Bei vielen Ungulata wird durch eine horizontale Kieferbewegung die Nahrung zwischen diesen Leisten der Backenzähne zerrieben. Dabei ragen die breiten Backenzähne des Oberkiefers lateral hinaus über die schmaleren Backenzähne des Unterkiefers.

Von diesen verschiedenen Typen möchten wir nun noch einige Beispiele geben und daran zeigen, welche Abänderungen die Molaren in verschiedenen Gruppen der Mammalia erfahren haben.

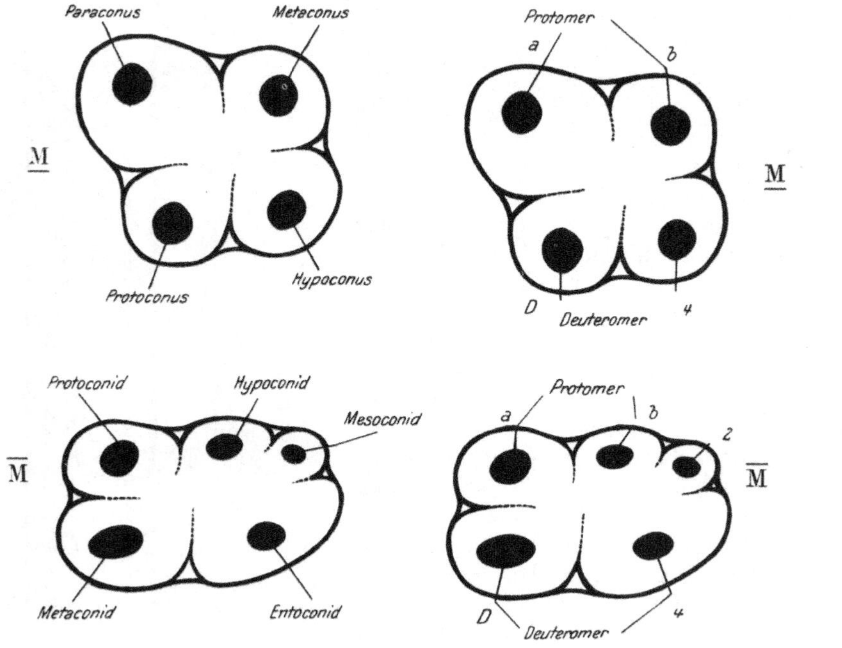

Abb. 666. $\underline{M}$ und $\overline{M}$ von Homo. Die Benennungen der Höcker links nach OSBORNE, rechts nach BOLK. (Nach V. D. BROEK.)

Sehr wenig abgeändert sind die Molaren der Primates (Abb. 666). Sie sind bunodont mit stumpfen Höcker. Im Laufe der Phylogenie werden die $\underline{M}$ länger; sie bekommen eine mehr oder weniger viereckige Krone. An den $\overline{M}$ wird dagegen das Talonid größer und das Paraconid verschwindet (GREGORY, 1916). Die $\underline{M}$ sind quadrituberculär: wir finden hier einen Para-, Meta-, Proto- und Hypoconus. Die $\overline{M}$ sind dagegen quinquetuberculär: sie besitzen ein Trigonid mit Protoconid und Metaconid; daran schließt sich an ein Talonid mit einem Hypo-, Meso- und Entoconid.

Bei den Carnivora sind die Höcker der Zähne spitz und mit schneidenden Rändern versehen (Abb. 667). Ferner tritt hier eine besondere Spezialisierung bestimmter Backenzähne auf: mit Ausnahme der Ursidae wird an beiden Seiten je ein Backenzahn des Oberkiefers und je einer des Unterkiefers zu Reißzähnen umgebildet. Das sind Zähne, welche bei vertikaler Kieferbewegung wie die Blätter einer Knochenschere aneinander vorbeigleiten. Merkwürdig ist es, daß bei den Carnivora phylogenetisch verschiedene Backenzähne zu Reißzähnen geworden sind; bei den ausgestorbenen Hyaenodontidae z. B. $\frac{M_2}{M_3}$; bei den ebenfalls ausgestorbenen Oxyaenidae $\frac{M_1}{M_2}$; bei den Eucreodi $\frac{P_4}{M_1}$. Diese Reißzähne werden den größten Arbeitseffekt haben, wenn sie nahe am Kiefergelenk, dem Drehpunkt des Hebels, stehen; andererseits haben sie Gelegenheit, sich besonders zu vergrößern, wenn sie nicht zu weit nach hinten liegen. So sehen wir denn auch, daß nur in der Gruppe der Eucreodi, zu denen die modernen Carnivora gehören, die Reißzähne $\frac{P_4}{M_1}$ zu besonders hoher Entwicklung gelangt sind (Abb. 667); sie haben sich vergrößert auf Kosten der hinter ihnen gelegenen Molaren. Die eben genannten zwei ausgestorbenen Gruppen (Pseudocreodi) aber sind ohne Nachkommen: mit zu weit nach hinten gelegenen Reißzähnen haben sie möglicherweise den Kampf gegen die Eucreodi nicht durchhalten können; O. ABEL (1912) nennt das Auftreten dieser Reißzähne bei diesen ausgestorbenen Gruppen eine mißglückte Anpassung.

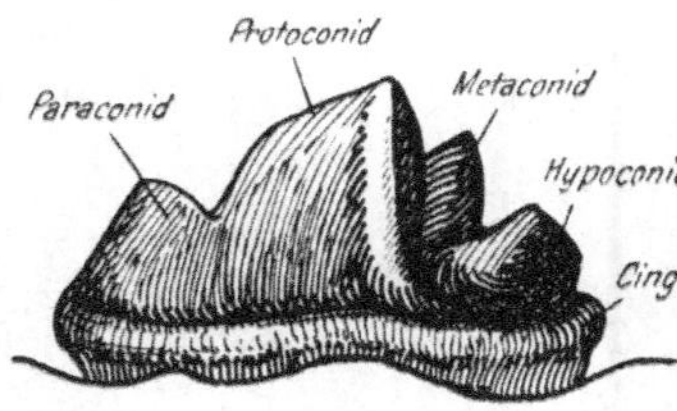

Abb. 667. M_1 vom Hunde, von außen gesehen.

Auch die Reißzähne der Eucreodi zeigen eine fortschreitende Spezialisierung: bei Canis z. B. besitzt $\overline{M}_1$ noch ein großes Para- und Protoconid, ein kleines Metaconid und einen gut entwickelten Talonid mit Hypoconid und Entoconid (Abb. 667). Bei Felis catus ist die Spezialisierung noch weiter gegangen: Talonid und Metaconid sind verschwunden; also besteht dieser Backenzahn nur aus dem Para- und Protoconid, welche mit schneidenden Rändern versehen sind.

Bei den Ruminantia bekommen nun die Erhebungen die Form halbmondförmiger Leisten. Der Ausgangspunkt ist ein $\underline{M}$, der fünf Höcker trägt. Von diesen nimmt der Metaconulus den Platz des fehlenden Hypoconus ein. Durch Verschmelzung des Protoconulus mit dem Protoconus erhält dieser Zahn vier Erhebungen. Daraufhin werden die Erhebungen halbmondförmig, mit laterad gerichteter Concavität. Weiterhin verbinden sie sich miteinander; so entsteht der selenodonte Zahn. Er besitzt zwei abgeschlossene Täler, welche durch Vereinigung der beiden vorderen Halbmonde und der beiden hinteren Halbmonde entstehen. Diese Halbmonde sind im Ober- und Unterkiefer in der Längsrichtung des Kiefers angeordnet: zweckmäßig für die stark seitliche Kaubewegung; wird doch bei den Ruminantia der Unterkiefer von rechts nach links und umgekehrt hin und her bewegt.

Die $\overline{M}$ werden abgeleitet von Zähnen mit sechs Höckern; Paraconid und Mesoconid verschwinden. Die vier anderen Erhebungen werden halbmondförmig; ihre Concavität ist aber mediad gerichtet. Auch hier entsteht durch Verbindungen der Halbmonde ein vorderes und ein hinteres Tal.

Die $\underline{M}$ und auch die $\overline{M}$ werden noch komplizierter durch das Auftreten vertikaler Pfeiler (Styli); weiterhin dadurch, daß die Krone eine Zementbekleidung erhält. Während dieses Zement nun auf den hervorragenden Teilen des Zahnes sich schnell abnutzt, bleibt es in den Tälern zwischen den Halbmonden bewahrt.

In der Gruppe der Perissodactyla kommen im Stammbaum der Equidae seleno-lophodonte M zur Entwicklung. Die $\underline{M}$ werden abgeleitet von einer Ausgangsform mit sechs Höckern (Abb. 668). Daraufhin beobachtet man eine Verschmelzung des Para- und Metaconus zu einer Außenleiste: dem sogenannten

Ectoloph. Protoconulus und Protoconus verschmelzen zu einer schrägen Leiste: dem Protoloph; Metaconulus und Hypoconus verschmelzen zum Metaloph (Abb. 669—670). Im weiteren Verlaufe krümmen sich diese transversalen Leisten und vereinigen sich mit dem Ectoloph (Abb. 671—672). Auf diese

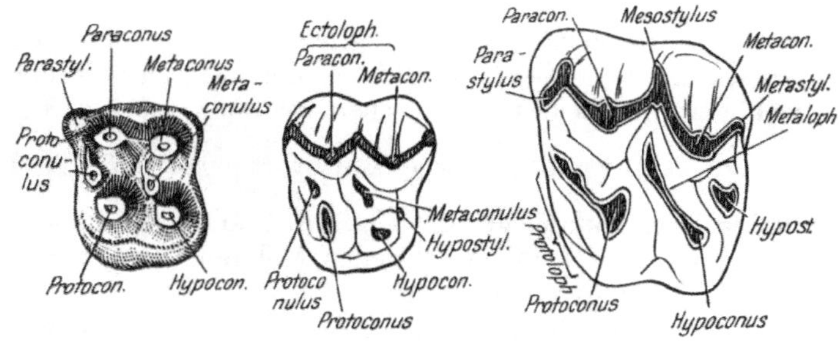

Abb. 668. Hyracotherium. Abb. 669. Anchilophus. Abb. 670. Anchitherium.

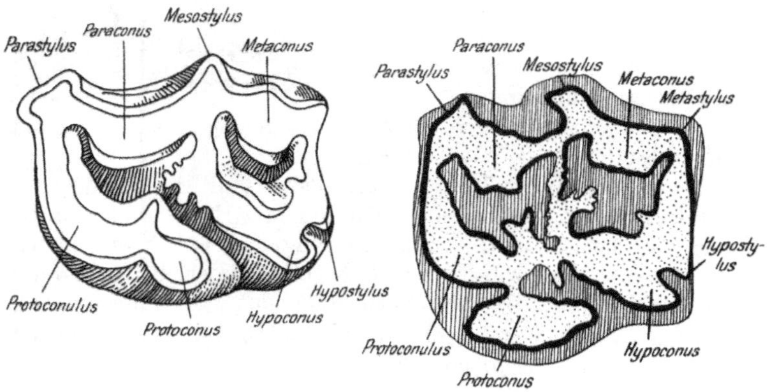

Abb. 671. Merychippus. Abb. 672. Equus.

Abb. 668—672. Molaren aus dem Oberkiefer von Equiden. (Nach OSBORNE. OWEN und WEBER.)

Weise vereinigen sich die Leisten zu einer ω-förmigen Figur. Ontogenetisch entsteht ein solcher Molar durch Vereinigung von fünf Zahnscherben: Paraconus, Protoconulus, Proto-, Meta-, Hypoconus (JOEST). — Eine fernere Differen-

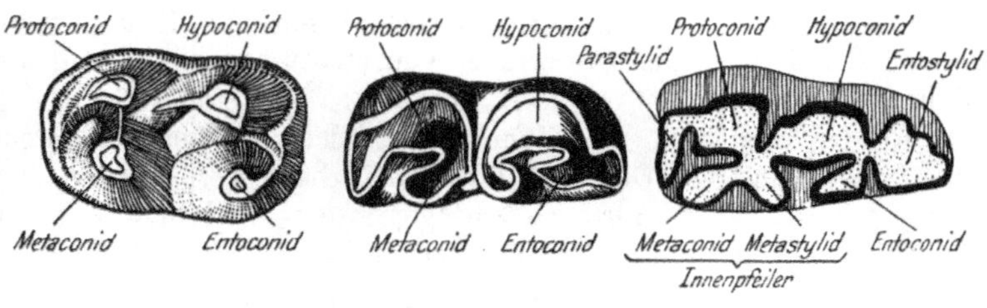

Abb. 673. Hyracotherium. Abb. 674. Merychippus. Abb. 675. Equus.

Abb. 673—675. Molaren aus dem Unterkiefer von Equiden. (Nach OWEN. LEIDY und M. WEBER.)

zierung kommt dadurch zustande, daß Styli auftreten (Abb. 668—672): Para-, Meso-, Meta- und Hypostylus. Weiterhin wird die Krone durch Zement bedeckt.

Die $\overline{M}$ der Equidae besaßen ursprünglich vier Höcker; es fehlte nämlich der Paraconid. Anwesend waren also Proto-, Hypo-, Meta- und Entoconid

(Abb. 673). Die buccalen Höcker (Proto- und Hypoconid) werden schwach halbmondförmig mit mediad gerichteter Konkavität; sie vereinigten sich im Laufe der Entwicklung. Mit ihnen verbinden sich der Meta- und Entoconid. Geschlossene Täler kommen jedoch nicht zustande (Abb. 674, 675). Auch hier kann eine weitere Differenzierung eintreten durch Auftreten von Para-, Meta- und Entostylid. Metaconid und ein Metastylid bilden zusammen den sogenannten Innenpfeiler.

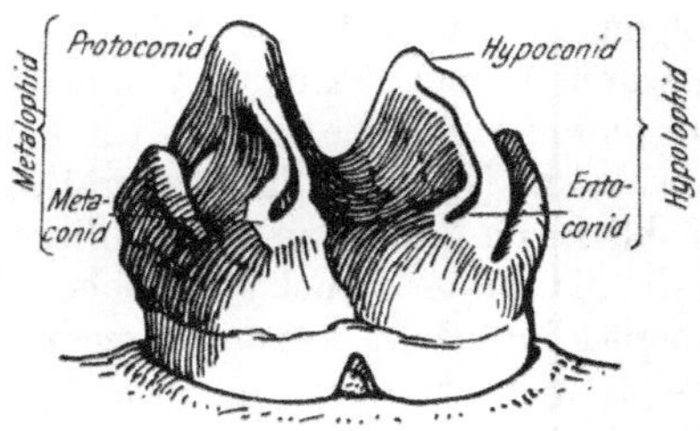

Abb. 676. M_2 von Tapirus. Lophodonter Typus (Nach M. Weber.)

Etwas einfacher sind die ortholophodonten M der Tapiridae. Der Ectoloph wird durch Para- und Metaconus gebildet; auf ihm steht ungefähr senkrecht der Protoloph (Protoconus) und der Metaloph (Hypoconus) der $\underline{M}$. Die $\overline{M}$ dagegen zeigen zwei Querleisten (Abb. 676): einen vorderen Metalophid (gebildet durch Proto- und Metaconid); und einen hinteren Hypolophid (gebildet durch den Hypo- und Entoconid). Das hintere Ende dieser Zähne kann durch den Mesoconid (Hypoconulid) gebildet sein.

Die Unterschiede zwischen den Backenzähnen der Ruminantia und Perissodactyla können wir übrigens in Beziehung bringen zu dem Unterschiede in ihrer Kaubewegung: die Perissodactyla besitzen nur eine schwache seitliche Bewegung des Unterkiefers; daher ist es zu begreifen, daß bei den Tapiridae Querleisten auf den Molaren die Hauptrolle spielen. Bei den Ruminantia dagegen finden wir mehr longitudinal gerichtete Leisten in Verbindung mit starken Horizontalbewegungen des Unterkiefers.

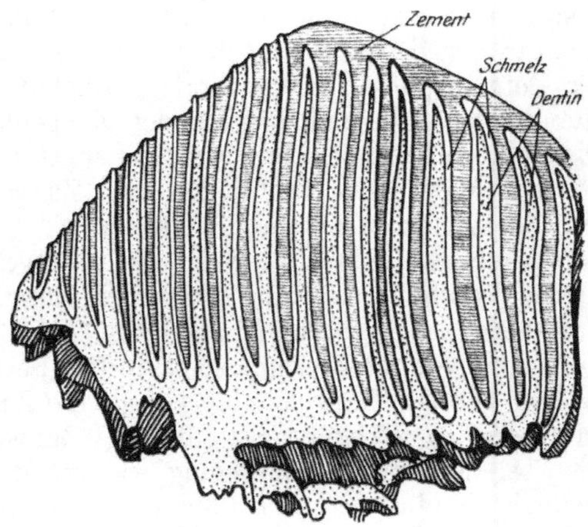

Abb. 677. Medianschnitt durch den Backenzahn von Elephas indicus. Der vordere Teil des Zahnes ist durch Abnutzung abgeschrägt. (Nach M. Weber.)

Die poly-lophodonten Backenzähne der **Proboscidea** (Elephas) sind paläontologisch durch Übergänge mit normalen Backenzähnen verbunden. Diese Backenzähne bestehen aus einer großen Anzahl querverlaufender Dentinlamellen, welche hintereinander liegen und mit Schmelz überzogen sind. Über und zwischen die Schmelzschichten wird dann Zement abgeschieden, welches also auf der Oberfläche der Krone liegt (Abb. 677). Die Anzahl solcher Dentinlamellen kann bis zu 27 ansteigen. Verwandte, ausgestorbene Formen besitzen eine viel geringere Anzahl von Lamellen: so fand man auf den Backenzähnen von Dinotherium nur zwei; sie erinnern darin an Tapirus.

Ontogenetisch entsteht nach der Auffassung von Bolk (1919) die Anlage des Backenzahnes bei Elephas dadurch, daß der freie Rand der Zahnleiste buccalwärts in horizontaler Richtung wellenförmig auswächst. Dieser freie Rand macht sich dann von der Zahnleiste los und wird zum Schmelzorgan. Dabei bildet jede Papille unter einer solchen Welle eine Dentinlamelle. Man müßte eigentlich erwarten, daß der ebengenannte Auswuchs in lingualer Richtung und nicht in buccaler Richtung wächst, weil doch bei anderen Formen die Zahnleiste nach der Produktion des Milchgebisses in lingualer Richtung auswächst. Bolk hat für die Backenzähne der Probosidea folgende Erklärung: er faßt den poly-lophodonten Zahn als polymer auf: die Matrix formt nach seiner Auffassung nicht zwei Zahngenerationen, wie das nach Bolks Auffassung bei den Mammalia allgemein geschieht (S. 544); die Matrix hat vielmehr das Vermögen wiedergewonnen, viele Zahngenerationen zu bilden. Die Anzahl dieser Generationen ist dieselbe wie die der Dentinlamellen. Nach der Theorie Bolks würde man erwarten, daß diese Zahngenerationen nebeneinander liegen, während doch tatsächlich die Dentinlamellen hintereinander liegen. Bolk hat jedoch beobachtet, daß die erste lamellenähnliche Papille der Zahnanlage anfänglich beinahe longitudinal steht erst später mehr transversal. Die folgende Papille steht dann gleich mehr transversal. Die Appositionszone der auswachsenden Zahnanlage verschiebt sich also von der buccalen Seite zur Hinterseite der Anlage. Es findet also eine Drehung der Längsachse in der Zahnanlage statt um etwa 90°.

Die Zunge.

Die Zunge zeigt bei den Vertebrata je nach ihrer Arbeitsleistung einen sehr verschiedenen Bau. Bei Amphioxus fehlt sie ganz. Bei den Cyclostomata besitzt sie eine so abweichende Struktur, daß sie nicht mit der Zunge der Gnathostomata verglichen werden kann. Bei Petromyzon entsteht die Zunge erst bei der Metamorphose: eine ventrale Verdickung mit Hornzähnen am Eingange der Mundhöhle. Ein dazu gehörender Zungenknorpel erstreckt sich weit caudad. Die Zunge funktioniert hier wie der Saugstempel einer Saugpumpe. Bei den parasitischen Myxinoidea funktioniert die Zunge mit ihren Hornzähnen als Raspel, um die Wirtshaut zu durchbohren.

Bei den übrigen Pisces ist die „Zunge" nur eine durch Schleimhaut umzogene Erhebung auf dem Boden der Mundhöhle. Sie wird gestützt durch den Vorderteil des Hyobranchialskeletes (Abb. 331 auf S. 234): Basihyale, Os entoglossum. Sie erhält keine selbständige Beweglichkeit und besitzt keine Drüsen.

Nur bei den Tetrapoda entwickelt die Zunge sich weiter, was wohl mit dem Landleben in Verbindung steht. Die Zunge steht hier übrigens nicht nur im Dienste der Nahrungsbewegung wie bei den gnathostomen Pisces; sie dient vielmehr häufig der unmittelbaren Aufnahme und Zerkleinerung der Nahrung, ferner zum Trinken und zum Abschluß des Atmungsweges (Abb. 633 auf S. 525). Hiermit wird die Zunge zum Sitz zahlreicher Drüsen und Sinnesorgane und erhält eine sehr verwickelte Muskulatur.

Die Entwicklung der Urodelenzunge lehrt, daß die Tetrapodenzunge aus zwei Teilen besteht: von diesen ist nur der hintere Teil mit der Zunge der Pisces zu vergleichen; der Vorderteil ist eine Neubildung. Der hintere, phylogenetisch primitive Teil, entsteht zuerst: der Vorderteil des Hyobranchialskeletes (Abb. 424 auf S. 306), welcher mit einer Schleimhaut umzogen ist, sinkt in die Tiefe ein; dadurch wird dieses Skelet gegen den Unterkiefer abgegrenzt. Das Bindegewebe des so umgrenzten Walles verdickt sich. Cranial und lateral dieser primitiven Zunge entwickelt sich aus dem Entoderm des Bodens der Mundhöhle ein hufeisenförmiges Drüsenfeld. Dieses Feld wächst empor, so daß schließlich die Grube zwischen dem Drüsenfeld und der primären Zunge verschwindet. Daraufhin wird die Grube, welche das Drüsenfeld lateral begrenzt, tiefer; dadurch kommt die endgültige Zunge zustande: ihr postero-medianer Teil ist also die primitive Zunge; ihr cranio-lateraler Teil muß von dem Drüsenfelde abgeleitet werden.

Eigentliche Zungenmuskeln fehlen bei den Pisces. Bei den Amphibia dringt hypobranchiale Muskulatur in die Zunge ein. Anfänglich hat diese Zungenmuskulatur die Aufgabe, das Secret der Zungendrüsen auszustoßen, jener Drüsen, welche sich aus dem Drüsenfelde entwickeln. Aber bei verschiedenen Amphibia wird die Zunge durch starke Entwicklung dieser Muskulatur zu einem sehr beweglichen Organ.

Bei einigen Amphibia jedoch hängt die Zunge beinah ganz mit dem Boden der Mundhöhle zusammen, so daß sie nur am Rande etwas beweglich ist (Gymnophiona, einige Urodela). Bei Spelerpes kann die Zunge für den Insektenfang ausgestoßen werden; aber dieses ist nur dadurch möglich, daß ein Teil des Hyoidskeletes dabei mit bewegt wird. In anderen Fällen ist die Zunge in ihren Bewegungen unabhängig geworden vom Hyoidskelet. Sie ist dann hinten frei und kann nach vorn umgeklappt werden: auf diese Weise fängt z. B. Rana Insekten, welche an der klebrigen Oberseite hängen bleiben (Abb. 629b auf S. 522). Unter Wasser hat die Zunge keine Bedeutung: bei ständig im Wasser lebenden Amphibia (Ichthyoden, Aglossa) wird die Zunge rudimentär oder verschwindet ganz; ebenso vollendet die Amphibienzunge ihre Entwicklung erst bei der Metamorphose.

Bei den Amniota entsteht die Zunge, ebenso wie bei den Amphibia aus zwei Teilen, welche durch die Anlage der Schilddrüse zeitweise voneinander geschieden werden. Der hintere Teil der Zunge (die Zungenwurzel) ist homolog mit der primitiven Zunge der Amphibia. Sie entsteht aus den ventralen Enden des II. und III. Visceralbogens und aus dem Copulagebiet, welches zwischen beiden liegt. Der vordere, präcopuläre Teil der Zungenanlage entsteht bei den Mammalia aus je einer Erhebung, welche rechts und links zwischen dem Kiefer- und den Hyoidbogen liegen. Diese Erhebungen verschmelzen median zum Zungenkörper. Schließlich vereinigt sich die vordere mit der hinteren Anlage.

Abweichend wird übrigens die Entwicklung der Zunge bei Mus geschildert (E. Gors, 1915): die vordere paarige Zungenanlage und die hintere unpaare Anlage sollen in dem Gebiete des I. Visceralbogens liegen.

Unter den Reptilia besitzen die Chelonia und Crocodilia eine wenig bewegliche Zunge; bei den Lacertilia (Abb. 630 auf S. 523) und Ophidia ist sie aber oft stark vorstoßbar. Bei den Ophidia kann die vorn gespaltene Zunge auch als Tastorgan dienen; sie ist an ihrer Basis in eine Scheide eingeschlossen. Bei den Chamaeleontidae dient die weit vorstoßbare und kleberige Zunge dem Insektenfang. Im übrigen ist die Zungenform bei den Lacertilia sehr verschieden; sie wurde früher als Grundlage zu einer Systematik gebraucht. Schließlich spielt die Reptilienzunge auch eine Rolle bei der Atmung: schließt sie doch den Atmungsweg gegen den Nahrungsweg ab.

Bei den Aves ist die Zunge mit verhorntem Epithel bedeckt. Ihre Form regelt sich nach dem im Schnabel vorhandenen Raume: sie ist also meist vorn schmal und hinten breit (Abb. 631 und 632 auf S. 524). Der caudale Zungenteil ist deutlicher abgegrenzt (was übrigens auch für die Zunge bei vielen Lacertilia gilt) und oft mit Hornpapillen besetzt. Die Zunge ist durchweg wenig beweglich, mit Ausnahme der breiten, musculösen Zunge der Papageien. Bei den Picidae und Kolibris kann die Zunge weit herausgestreckt werden, was jedoch nicht mit dem Bau der Zunge als solcher zusammenhängt, sondern mit dem Bau des Hyoid und seiner Muskeln (Abb. 433 auf S. 308). Aus der großen Fülle von Verschiedenheiten sei hier nur eins noch erwähnt: in der Gruppe der Lamellirostres tragen die Zungenränder Stacheln und Borsten; diese bilden mit den querstehenden Platten des Oberschnabels ein Sieb, durch welches die Nahrungsteile zurückgehalten werden, während das Wasser abfließt.

Bei den Mammalia wird die Zunge zu einem bedeutenden Muskelorgan, welches sich durch große Beweglichkeit auszeichnet. Die Zunge löst sich relativ weit von dem Zungenskelet los. Sie dient der Nahrungsaufnahme und dem Schlucken, als Geschmacksorgan und der Stimmbildung. Auch die Mammalierzunge besteht aus zwei Teilen. Bei dem menschlichen Embryo liegt die Grenze zwischen beiden Teilen auf der Dorsalseite der Zunge: sichtbar als eine V-förmige Furche (Sulcus terminalis). Die Spitze des V ist nach hinten gerichtet; hier entsteht die Schilddrüse. Die umwallten Papillen (Abb. 583 auf S. 483) der Zunge sind an der Vorderseite der beiden Schenkel dieses V angeordnet.

Vor allem bei den Prosimiae ist unter der Zunge eine selbständige Sublingua (Unterzunge) entwickelt. Diese wird durch Knorpel und Fett gestützt, besitzt aber keine eigenen Muskeln (Abb. 678). Meist ist diese Unterzunge stark zurückgebildet. Sie bildet z. B. bei den Menschen eine Schleimhautfalte (Plica fimbriata) an der Unterseite der Zunge. GEGENBAUR meinte, daß die Unterzunge der Mammalia homolog sei mit der Reptilienzunge; dann würde aus dem hinteren Teile der Reptilienzunge die Muskelzunge der Mammalia entstanden sein. Der Knorpel in der Unterzunge würde dann mit dem Os entoglossum der Sauropsida verglichen werden können.

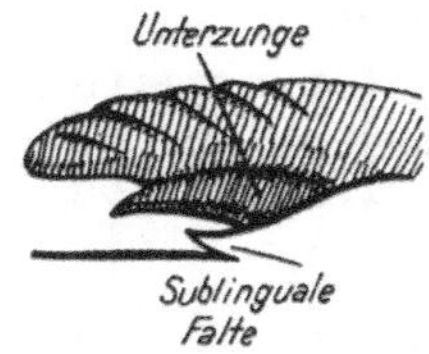

Abb. 678. Zunge von Stenops gracilis. (Nach C. GEGENBAUR).

Gegen diese Auffassung spricht aber, daß sie durch die Ontogenie nicht zu beweisen ist. Auch hat A. OPPEL dagegen bemerkt, daß die Reptilienzunge mit der ganzen Zunge der Mammalia aus folgenden Gründen verglichen werden muß: das Os entoglossum reicht niemals bis in das freie Ende der Reptilienzunge, während der Knorpel der Unterzunge bei Stenops sich bis an die vorderste Spitze Punkt dieses Organes erstreckt. OPPEL meint dann auch, daß die Unterzunge sich in einigen Gruppen der Mammalia entwickelt habe als ein Organ, um Skeletteile aufzunehmen, welche für die Zungenbewegung hinderlich sein sollen.

Die Schleimhaut der Zunge ist reich an Drüsen (Glandulae linguales), die wir schon bei den Amphibia kennengelernt haben. —

Die Zungenpapillen sind bei den Amphibia und Reptilia wohl zu beobachten, sie kommen aber erst bei den Mammalia zu hoher Entwicklung. Schon bei den Amphibia und Reptilia tragen viele dieser Papillen Geschmacksbecher (Abb. 582 auf S. 483). Andere haben nur mechanische Arbeit zu verrichten: z. B. die kegelförmigen Papillae filiformes und einige der keulenförmigen Papillae fungiformes der Mammalia. Die Papillae vallatae, foliatae und ein Teil der Papillae fungiformes sind Geschmacksorgane. Die Papillae vallatae findet man auf dem hintersten Teile des Zungenrückens (Abb. 583 auf S. 483); sie sind umgeben von einer ringförmigen Grube. Am Seitenrande der Zunge findet man hinten ein einziges Paar Papillae foliatae, von denen jede aus mehreren Schleimhautfalten besteht, die durch Gruben geschieden sind.

Die Drüsen der Mundhöhle.

Bei den Pisces fehlen Drüsen, welche in die Mundhöhle ausmünden. Solche Drüsen würden hier für die Verdauung keine Bedeutung haben, da ja fortgesetzt Atmungswasser die Mundhöhle durchspült. Wohl aber finden wir hier Schleimzellen in dem Epithel der Mundhöhle. Das Auftreten mehrzelliger Drüsen hängt jedoch zusammen mit dem Landleben, wie man aus ihrem Auftreten bei den landlebenden Amphibia sieht. Ontogenetisch entstehen diese Drüsen durch Wucherung des Epithels der Mundhöhle.

Die Amphibia besitzen außer den schon genannten Zungendrüsen eine Glandula intermaxillaris (oder Gl. internasalis) (Abb. 362 auf S. 261). Sie liegt vor den Nasenhöhlen zwischen den Intermaxillaria oder in einer Höhle des Septum nasale (Abb. 629a auf S. 521). Diese Drüse gehört zu dem Typus der tubulösen Schleimdrüsen. Sie mündet vorn am Dache der Mundhöhle aus und hält die Zunge schleimig. Auch bei den Stegocephala kam sie vor. Bei den Anura trifft man außerdem noch eine Drüse an, welche am Hinterrande der Choanen liegt.

Bei den Reptilia findet man außer den Zungendrüsen: den Gl. linguales, noch andere Drüsen, welche auf dem Boden der Mundhöhle liegen: Gl. sublinguales; und schließlich Drüsen, welche im Gaumen liegen: Gl. palatinae. Außerdem kommen ebenso wie bei den Gymnophiona außerhalb der Zahnreihe an den Rändern des Ober und Unterkiefers Lippendrüsen vor: Gl. labiales superiores und inferiores, welche bei den Crocodilia und Chelonia fehlen. BOLK und WOERDEMAN (1921) haben diese Drüsen untersucht: sie beschränken den Namen Lippendrüsen auf solche Drüsen, welche nicht aus einer durchlaufenden Epithelleiste entstehen und welche zweitens keine Beziehung zu Zähnen zeigen. Die Drüsen jedoch, welche aus einer durchlaufenden Epithelleiste entstehen (die labial von der Zahnleiste liegt, aber an derselben Stelle wie die Zahnleiste dem Epithel entspringt (Abb. 665 auf S. 551) —: solche Drüsen nennen diese Untersucher Zahndrüsen. Einige solche Drüsen münden in die Zahnscheide aus (eine Zahnscheide ist eine Schleimhautfalte rund um den Zahn); sie werden Gl. dentovaginales genannt. Auch bei den Formen mit Zähnen an dem Gaumen fand WOERDEMAN noch eine Epithelleiste, welche Drüsen bildet; sie liegt jedoch lingual der Gaumen-Zahnleiste.

Bei den giftigen Ophidia ist übrigens die Giftdrüse solch eine Zahndrüse; sie entsteht aus einer Drüsenleiste, labial der Zahnleiste gelegen. Der Ausfuhrgang dieser Giftdrüse läuft zum Kanal des Giftzahnes. Die Drüse wird durch Kaumuskeln bedeckt, deren Kontraktion das Gift ausstößt, wenn die Schlange beißt.

Bei den Aves treffen wir sehr verschiedene Zustände. Vögel, welche auf dem Morast und dem Wasser leben und glibberige Beute aufnehmen, besitzen nur schwach entwickelte Munddrüsen; in einzelnen Fällen können sie sogar ganz fehlen. Wird aber trockene Nahrung aufgenommen, so sind die Drüsen stark entwickelt (M. ANTONY, 1920). Mit den Lippen fehlen größtenteils auch die längs dem Mundrande gelegenen Drüsen. Nur an der Mundecke findet man die Mundwinkeldrüse. Gl. linguales, sublinguales und palatinae sind vorhanden.

Die Drüsen in der Mundhöhle niederer Vertebrata sind Schleimdrüsen; bei den Reptilia treten zum ersten Male seröse Abscheidungen auf. Das gilt auch für die Drüsen körneressender Aves (Fringillidae), wo man Schleim- und Eiweißzellen fand (M. ANTONY, 1920); in ihrem Speichel wurde eine Diastase beobachtet.

Bei den Reptilia bleiben alle Drüsen dicht bei der Mundhöhle liegen. Bei den Mammalia jedoch kann sich aus einer bestimmten Drüsengruppe ein Teil besonders vergrößern und sich während des embryonalen Lebens von seinem Ursprungsgebiet (dem Mundhöhlenepithel) entfernen. Dann münden solche Drüsen durch einen verlängerten Ausfuhrgang in die Mundhöhle. Ein Teil der Drüsen behält den Charakter der Schleimdrüsen wie bei den niederen Vertebrata. Ein anderer Teil scheidet dagegen ein Secret ab, das reich an Eiweißstoffen ist; eine dritte Gruppe umfaßt gemischte Drüsen.

Wir treffen bei den Mammalia Glandulae labiales superiores und inferiores und schließlich Glandulae buccales (Wangendrüsen) an. Diese letzten kann man ansehen als Differenzierungen der Lippendrüsen, welche gleichzeitig mit dem Auftreten von Wangen entstanden sind. Wahrscheinlich ist die seröse Gl. parotis, die größte Speicheldrüse, als eine stark entwickelte Buccaldrüse aufzufassen. Sie liegt hinter dem Kiefergelenk, ventral des Ohres. Ihr Ausfuhrgang (der Ductus parotideus) verläuft zwischen Kaumuskel und Wangenhaut und mündet gegenüber den Backenzähnen aus. Hinter der Anlage der (sekundären) Parotis, findet man embryonal das zurückgebildete CHIEVITZsche Organ. Dieses schnürt sich ganz vom Mundhöhlenepithel ab; es wird durch I. BROMAN (1916) angesehen als die Anlage einer primitiven Parotis; es kann verglichen werden mit der Mundeckendrüse der Aves. — Bei Hyrax kommen beide Parotiden zur Entwicklung.

Außer den Gl. palatinae und linguales finden wir in dieser Gruppe auch noch sublinguale Drüsen. Hierzu gehören: die gemischte Gl. sublingualis zu beiden Seiten des Bodens der Mundhöhle; die Gl. retrolingualis und die gemischte Gl. submaxillaris in der Nähe der Unterkieferecke. Die Gl. sublingualis mündet durch einen Ausfuhrgang (Ductus sublingualis oder Bartholinianus) am Boden der Mundhöhle aus; dasselbe gilt von der Gl. submaxillaris und retrolingualis durch den Ductus submaxillaris (Whartonianus).

Der Speichel, welcher durch diese Drüsen abgeschieden wird, enthält außer anorganischen Stoffen auch Muzin, Ptyalin und Maltase. Ptyalin baut Stärke ab zu Maltose. Maltose wird wieder aufgeteilt durch die Maltase zu Glucose. Bei starker Verdünnung der Magensalzsäure kann der Abbau der Stärke auch im Magen noch eine Zeitlang weiterlaufen.

C. Der Vorderdarm.

In den meisten Fällen differenziert sich der Vorderdarm in einen Ösophagus und einen Magen. Diese beiden Teile gehen besonders bei den Pisces ohne scharfe Grenze ineinander über; bei den höheren Vertebrata sind sie jedoch auch äußerlich gut zu unterscheiden.

Der Ösophagus besitzt die Form einer Röhre; er leitet die Nahrung, nachdem sie in ihn eingetreten ist, schnell zum Magen; somit ist er mit einer starken Muskelschicht versehen, während die Drüsen mehr in den Hintergrund treten. Inwendig wird das Lumen durch ein Epithel bekleidet, welches aus mehreren Schichten besteht. Ursprünglich bildet diese Schleimhaut longitudinale Falten.

Der Magen dagegen ist bei den höheren Vertebrata erweitert gegenüber dem Ösophagus. Seine Wand ist reich an Drüsen, deren Secret eine wichtige Rolle bei der Verdauung spielt. Das Magenepithel besteht aus einer einzigen Zellschicht. Einen gesonderten Mageneingang (Cardia) können wir, wie oben gezeigt wurde, nur bei den höheren Vertebrata äußerlich unterscheiden. Dagegen findet sich allgemein eine bestimmte Grenze zwischen dem Mitteldarm und dem Magen: der Pylorus; dieses ist eine muskulöse Ringfalte, welche in das Lumen einschneidet.

Bei langgestreckter Körperform liegt die Längsachse des Magens parallel der Körperachse. Bei Verbreiterung des Körpers jedoch wird die Längsachse des Magens häufig verschoben: sie liegt dann quer zur Körperachse. Dann kann ein mehr oder weniger deutlich gebildeter Blindsack am Magen entstehen: der Fundus; auf diese Weise bekommt die Vorderwand des Magens eine schwächere Krümmung (Curvatura minor) als die Hinterwand (Curvatura major). Die cardiale Abteilung, der Fundus und die pyloriale Abteilung des Magens sind oft nur undeutlich gegeneinander abgegrenzt; und doch unterscheiden sie sich durch den Besitz von typischen Drüsen, so daß man oft von einer Region der Cardiadrüsen, Fundusdrüsen und Pylorusdrüsen sprechen kann.

Acrania. Bei Amphioxus bildet der Rumpfdarm einen geraden Kanal, welcher vom Kiemendarm bis zum Anus verläuft (Abb. 704 auf S. 584). Dieser Kanal, an welchem man keine besonderen Abteilungen unterscheiden kann, ist inwendig durch ein Zylinderepithel bekleidet. Nur der hinter dem Kiemendarm gelegene Teil ist etwas erweitert: die später zu besprechende Leberausstülpung mündet hier aus.

Pisces. Bei der Larve von Petromyzon setzt sich der Kiemendarm in der normalen Weise in den Ösophagus fort (Abb. 714 auf S. 589); bei dem erwachsenen Tiere dagegen scheidet sich der Kiemendarm vom Ösophagus, so daß beide Hohlräume nur vorn miteinander kommunizieren und der Ösophagus dorsal des Kiemendarmes caudad verläuft (Abb. 715 auf S. 589).

Bei den übrigen Pisces ist der Ösophagus meist kurz und weit und außen nicht vom Magen geschieden. Histologisch unterscheidet sich aber der Magen durch die Art seines Epithels und durch den Besitz von Magendrüsen. Bei einigen Selachii trägt jedoch nur der Vorderteil des Ösophagus ein Pflasterepithel mit ectodermalen Sinnesorganen; der hintere Teil ist nur von einem Wimperepithel bekleidet. Auf der Grenze zwischen beiden Teilen soll nach FAHRENHOLZ die Grenze zwischen Ecto- und Entoderm liegen; dieser Beobachter hält es selbst für möglich, daß diese Grenze mit dem Pylorus zusammenfällt.

Merkwürdig ist es, daß die Muskelschicht des Ösophagus hauptsächlich quergestreifte Muskelfasern aufweist. Bei einigen Pisces breitet sich diese Muskulatur über die halbe Länge des Darmkanales hin (Cobitis); in anderen Fällen selbst über beinahe den gesamten Darmkanal (Tinca) (J. ALTZINGER, 1917); außerdem finden wir an diesen Stellen auch noch glatte Muskulatur.

Der Magen der Pisces verläuft oft gerade, z. B. bei den Dipnoi (Abb. 684 auf S. 567); in anderen Fällen ist er U-förmig gebogen (Abb. 686, 687 und 929 auf S. 749). In dem letzteren Falle besitzt er einen links gelegenen Teil, welcher die Fortsetzung des Ösophagus bildet und weiterhin einen rechts gelegenen Teil, welcher nach vorn verläuft und der pyloricale Teil genannt werden kann. Ist der Magen äußerlich nicht besonders zu unterscheiden, so gelingt das doch meist mikroskopisch durch den Nachweis von Magendrüsen und einer bestimmten Struktur der Schleimhaut: die Schleimhaut besitzt nämlich netzförmige Falten, welche Krypten einschließen, an deren Boden sich die tubulösen Fundusdrüsen entwickeln. In einigen Fällen, z. B. bei Esox, kann man neben diesen Fundusdrüsen auch Pylorusdrüsen unterscheiden. Der Magen kann jedoch äußerlich und histologisch ganz fehlen, z. B. bei den Cyprinidae (Abb. 758 auf S. 615). Der Ösophagus geht bei diesen Tieren direkt in den Mitteldarm über, an der Stelle, wo der Gallengang einmündet.

Amphibia. In dieser Gruppe ist der Ösophagus eine kurze, elastische und dünnwandige Röhre. Seine Schleimhaut zeigt bei Rana longitudinale Falten, welche sich in die Falten der Magenschleimhaut fortsetzen. Bei diesem Tiere ist der Ösophagus im Besitz besonderer Drüsen und spielt dadurch eine besondere Rolle bei der Verdauung. Der Magen ist eine dickwandige Röhre, deren Längsachse meist parallel zur Körperachse verläuft (Abb. 689 auf S. 569). Gewöhnlich ist er auch äußerlich deutlich abgegrenzt gegenüber dem Ösophagus und dem Duodenum. Er besitzt Fundus- und Pylorusdrüsen, welche einen sauer reagierenden Magensaft abscheiden.

Reptilia. Bei den Reptilia geht der Ösophagus meist ohne scharfe Grenze in den weiteren Magen über. Mit der Verlängerung des Halses in dieser Gruppe verlängort sich auch der Ösophagus. Bei vielen Chelonia sind Drüsen in der Wand des Ösophagus angetroffen. Bei Chelone und Dermochelys trägt die Schleimhaut stark verhornte Papillen, deren Spitzen gegen den Magen zu gerichtet sind.

Der Magen ist histologisch besonders differenziert, auch wenn die vermutlich ursprüngliche Röhrenform bestehen bleibt. wie das bei Tieren mit langgestreckter Körperform zu beobachten ist (Ophidia und Lacertilia; Abb. 932 auf S. 754). Fundus- und Pylorusdrüsen kann man hier deutlich unterscheiden. Eine besonders hohe Entwicklung erreicht der Magen bei den Crocodilia und den Ophidia: bei den ersten besitzt der Magen eine kleine, deutlich unterschiedene pyloricale Abteilung; aber der größte Teil des Magens ist mit einer sehr dicken Muskelschicht versehen, die stark an den Muskelmagen der Aves erinnert, jedoch mit einer normalen Drüsenschleimhaut bekleidet ist. Die Muskelfasern gehen von zwei aponeurotische Scheiben aus. Bei den Chelonia gleichen die Magendrüsen den Drüsen im Magen der Aves. Vor allem bei Thalassochelys caretta unterscheiden sich die reich verzweigten Fundusdrüsen nur wenig von den zusammengesetzten Drüsen im Drüsenmagen der Aves.

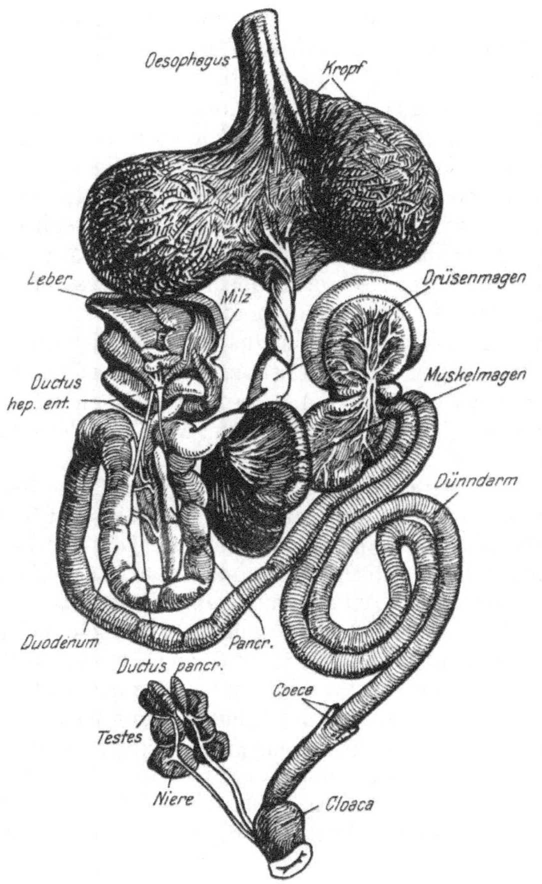

Abb. 679. Darmkanal von Columba. (Nach W. SCHIMKEWITSCH.)

Aves. In dieser Gruppe ist der lange Ösophagus auf längeren oder kürzeren Abstand erweitert; dadurch entsteht in dem ersten Falle der „unechte", im zweiten Falle der „echte" Kropf. Ein solcher „echter" Kropf ist im gefüllten Zustande eine deutlich umschriebene Aussackung, welche auf der Furcula ruht. Einen echten Kropf findet man bei den Körnerfressern, bei denen der Kropf den Speicher darstellt für die schnell aufgenommene Nahrung; vor allem bei den Columbidae ist er gut entwickelt (Abb. 679). Hier werden die Samen aufgeweicht und gequollen durch das Secret der Kropfdrüsen und durch Säuren, die als Folge der Gährung entstehen. Wenn die Columbidae Junge haben, gehen übrigens noch die Epithelzellen des Kropfes in fettige Degeneration über: die Zellen lösen sich dann von der Wand und bilden die Nahrung für die Jungen. Dieser Abscheidungsprozeß geschieht beim Männchen und beim Weibchen.

Der Magen der Aves zeigt eine hohe Differenzierung: der cardiale Teil ist zu dem Drüsenmagen, der pyloricale Teil zu dem Muskelmagen geworden; zwischen beiden liegt eine intermediäre Zone (Abb. 679). In einigen Fällen kann dort, wo der Muskelmagen übergeht in das Duodenum noch ein besonderer Pylorusmagen gebildet sein. Der Drüsenmagen ist reich an Drüsen, die röhrenförmig und zusammengesetzt sind; auch die Muskelschicht ist gut entwickelt. Der Muskelmagen ist mit der Region der Pylorusdrüsen bei höheren und niederen Vertebrata zu vergleichen; er ist einseitig spezialisiert, um mechanische Arbeit verrichten zu können: die Muskeln sind besonders stark entwickelt; das Secret der Drüsen dient nicht der Verdauung, sondern wird hart und arbeitet als Reibplatte. Bei den Körnerfressern wird die Nahrung durch diese Reibplatte und durch kleine Kieselsteine zermahlen.

Im allgemeinen besitzen die fleischfressenden Aves einen großen, sackförmigen Muskelmagen mit dünner Wand; die omnivoren Aves dagegen auch einen sehr muskulösen Muskelmagen. Die fischessenden Aves zeigen einen Drüsenmagen mit großer Oberfläche, die Körnerfresser einen kleinen Drüsenmagen.

Mammalia. Der Ösophagus ist eine Röhre von bedeutender Länge, welche den Hals und die Brusthöhle durchläuft und das Diaphragma durchbohrt. Ursprünglich besteht die Muskelschicht aus glatten Muskelfasern, wie ja auch bei den meisten Vertebrata. Diesen primitiven Zustand finden wir aber nur bei Ornithorhynchus bewahrt; bei allen anderen Mammalia breitet sich die quergestreifte Muskulatur des Pharynx in caudaler Richtung aus und verdrängt die ursprüngliche, glatte Muskulatur. In vielen Fällen sieht man denn auch, daß der vorderste Teil des Ösophagus quergestreifte Muskulatur besitzt, der hintere Teil glatte Muskeln. Die quergestreiften Muskeln können sich jedoch bis zur Cardia ausbreiten. Drüsen findet man durchweg nur im vorderen Teile des Ösophagus.

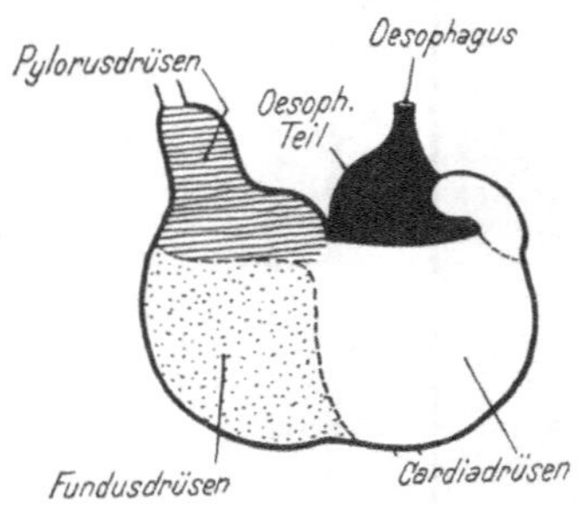

Abb. 680. Magenzonen bei Sus. (Nach ELLENBERGER-EDELMANN.)

Ebenso wie bei den niedrigen Formen ist das Lumen des Magens größtenteils mit einem Zylinderepithel bekleidet, welches nur aus einer einzigen Zellschicht besteht. Auch hier kann man eine Region der Cardia-, Fundus- und Pylorusdrüsen unterscheiden (Abb. 680). Die Fundusdrüsen sind einfache oder verzweigte tubulöse Drüsen mit zweierlei Zellen: den Hauptzellen und den Deckzellen. Die Hauptzellen besitzen eine kubische Form und bilden die größte Masse der Drüsen. Die Deckzellen sind größer als die Hauptzellen, abgerundet eckig und liegen unregelmäßig zwischen den Hauptzellen.

Diese Drüsen haben eine sehr verschiedene Arbeitsleistung. Die Cardiadrüsen fehlen oft, z. B. bei den Carnivora und den Primates: sie scheiden ein schleimiges, alkalisches Secret ab, welches vielleicht eine schwache Diastase enthält. Von den Fundusdrüsen scheiden die Hauptzellen Pepsinogen und Prochymosin ab; die Deckzellen Salzsäure. Durch Verbindung mit der freien Salzsäure gehen diese Profermente in die eigentlichen Fermente über: Pepsinogen in Pepsin, Prochymosin in das Labferment Chymosin. Pepsin baut Eiweiß bis zu den Peptonen ab. Chymosin läßt die Milch gerinnen, wobei das Casein in Paracasein verwandelt wird, welches in einer Calcium enthaltenden Lösung (Milch) ausfällt. Auch die Pylorusdrüsen scheiden Pepsinogen und Prochymosin ab. Außerdem sezernieren die Fundusdrüsen noch eine Lipase (Fettferment).

Außer dem typischen Teile des Magens, welcher durch das obengenannte Zylinderepithel gekennzeichnet ist, kann man oft noch einen kleinen ösophagealen Teil am Magen unterscheiden, welcher ebenso wie der Ösophagus mit einem mehrschichtigen Pflasterepithel bekleidet ist; ein solcher Teil besitzt dann keine

Drüsen und kann verhornen (Abb. 680). Merkwürdig ist es, daß der Magen der Monotremata ganz mit solchem Epithel bekleidet ist. Daß wir es hier jedoch sicher nicht mit einem primitiven Zustande zu tun haben erhellt schon daraus, daß der Magen der Embryonen bei den Monotremata ein normales Zylinderepithel besitzt. Man kann also annehmen, daß im allgemeinen die ösophageale Abteilung des Magens dadurch entstanden ist, daß das Ösophagusepithel sich bis in den Magen ausbreitete, oder dadurch, daß das Zylinderepithel des Magens sich umformte in ein Pflasterepithel.

Im ursprünglichsten Falle ist der Magen parallel der Körperachse gerichtet. Er besitzt dann die Form einer Retorte mit einer Aussackung an der linken Seite: dem Fundus. Dann liegt die Curvatura major links und die Curvatura minor rechts. Meist geht jedoch die ursprüngliche Retortenform des Magens dadurch in eine Sackform über, daß der ursprünglich linksseitige Fundus sich erweitert. Dabei erfährt der Magen eine Drehung. Das Pylorusende des Magens wird craniad verschoben und liegt dann an der rechten Seite. Der Fundus wird caudad gerichtet, während die Längsachse des Magens quer liegt.

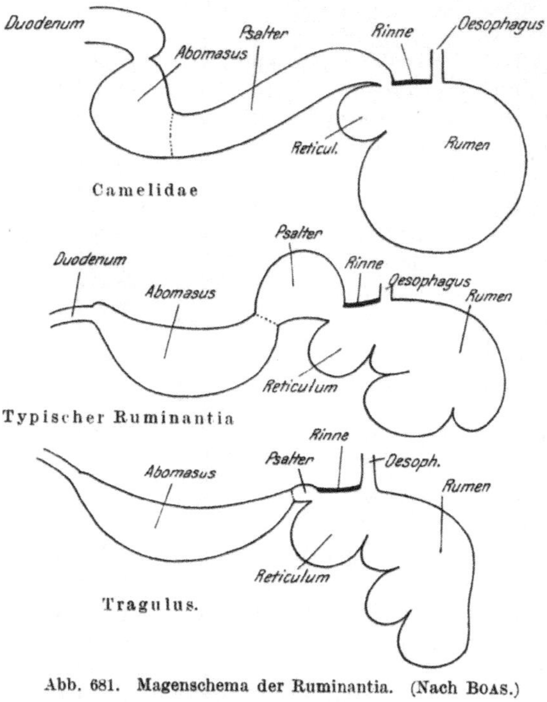

Abb. 681. Magenschema der Ruminantia. (Nach BOAS.)

Bei verschiedenen Mammalia wird der Magen dadurch komplizierter, daß Aussackungen auftreten, in deren Wand sich oft Drüsen befinden, aber auch fehlen können. Dies beobachtet man vor allem bei den Pflanzenfressern (bei einigen Rodentia, Dicotyles, Hippotamus, Ruminantia, Sirenia, Bradypodidae u.a.). Dasselbe wird aber auch bei den Cetacea beobachtet als Kompensation für den Verlust der Kaufunktion. Wir möchten hier von diesen Fällen nur den Magen der Ruminantia besprechen.

Von altersher unterscheidet man am Magen der Ruminantia in typischen Fällen vier Abteilungen: Rumen (Pansen), Reticulum (Netzmagen), Psalter (Omasus oder Blättermagen) und Abomasus (Abb. 681b). Von diesen vier Abteilungen stellt ausschließlich der Abomasus (Labmagen) den eigentlichen Magen dar, weil nur er durch den Besitz von Drüsen ausgezeichnet ist. Der Ösophagus mündet in das weite Rumen, an welchem das Reticulum als Aussackung hängt; beide Räume stehen mittels einer weiten Kommunikation in Verbindung. Die Schleimhaut des Rumen trägt zungenartige Papillen; die Schleimhaut des Reticulum bildet netzförmige Kojen. Beide Abteilungen besitzen keine Drüsen und sind mit Pflasterepithel bekleidet. Vergleichend-anatomisch sind sie zu betrachten als kropfähnliche Aussackungen des Ösophagus. Von der Einmündung des Ösophagus führt eine Rinne an der Wand des Reticulum zum Psalter. Der

Psalter ist auch mit Pflasterepithel bekleidet und besitzt hohe, longitudinale Schleimhautfalten, welche nur an der Seite nach dem Rumen zu fehlen. Der Psalter geht über in den Abomasus, welcher mit Zylinderepithel bekleidet ist und Drüsen besitzt; er stellt also den eigentlichen Verdauungsmagen dar. Wahrscheinlich kann man den Psalter von dem Abomasus ableiten, was wir noch näher besprechen werden.

Die nur flüchtig gekaute Nahrung wird zum Rumen und Reticulum befördert, wo sie gärt und maceriert. Darauf wird die Nahrung in sehr komplizierter Weise zum Munde zurückgebracht (J. WESTER, 1923), von neuem durchgekaut und wiederum geschluckt. Die Nahrung kehrt auch zunächst wieder in das Rumen und Reticulum zurück. Daraufhin wird die Nahrung in der obengenannten Ösophagusrinne zum Psalter und Abomasus transportiert. Im Psalter wird die Nahrung zwischen den Blättern feingerieben und ausgepreßt, wobei die Flüssigkeit zum Abomasus abfließt und hier resorbiert wird. Dann tritt die Nahrung in den Abomasus, wo der chemische Abbau durch den Magensaft beginnt. Bei jungen Tieren, die noch ausschließlich mit Milch gefüttert werden, sind Rumen, Reticulum und Psalter noch klein; der Abomasus spielt also die Hauptrolle.

Von den typischen Ruminantia weichen die Tylopoda (Kamele) dadurch ab, daß die Wand des Rumen eine Anzahl kleiner Aussackungen besitzt: die sogenannten Wasserzellen. Der Boden dieser Aussackungen ist mit Zylinderepithel bekleidet und besitzt cardiale Drüsen. Außerdem ist das Reticulum nicht mit dem der anderen Ruminantia zu vergleichen, da hier die Einmündung des Ösophagus weit vom Reticulum absteht (Abb. 681a) und ihre Wand ebenso wie das Rumen Wasserzellen mit Drüsen besitzt. Der röhrenförmige Teil des Magens, welcher auf das Reticulum folgt, zerfällt in zwei Teile: der vordere Teil besitzt Längsfalten, ist dünnwandig und wird als Psalter angesehen; hier findet man auch Drüsen, aber weniger zahlreich als im Abomasus. Der Psalter ist jedoch äußerlich nicht abgesetzt gegen den hinteren Teil, welchen man mit dem Abomasus vergleichen kann. BOAS (1890) hält den Magen der Tylopoda für primitiver als den typischen Magen der anderen Ruminantia: nach seiner Auffassung hat sich hier der Psalter noch nicht vom Abomasus vollkommen frei gemacht und sein Lumen ist noch mit Zylinderepithel bekleidet, die Drüsen sind noch nicht ganz verloren gegangen und die Blätter nicht stark entwickelt.

Bei den Tragulidae ist der Psalter rudimentär (Abb. 681c).

D. Mittel- und Enddarm.

Ursprünglich bilden Mittel- und Enddarm eine gerade durchlaufende Röhre, welche sich vom Pylorus bis zum Anus erstreckt. Beide Teile des Darmes sind an der Rückenseite der Leibeshöhle mittels des dorsalen Mesenterium aufgehängt (Abb. 627 und 628 auf S. 520); beide sind in den primitiveren Fällen gekennzeichnet durch den Besitz netzförmiger Schleimhautfalten.

In dem Mitteldarm findet die weitere Zersetzung der Nahrung statt. Es ist von Bedeutung, daß die größten Drüsen: Leber und Pankreas, embryologisch ihren Ursprung aus dem Mitteldarm nehmen, und daß sie damit in den Anfang des Mitteldarmes ausmünden. So können die Secrete dieser Drüsen längere Zeit auf den Darminhalt einwirken. Dies Resultat wird außerdem noch befördert durch eine Verlängerung des Mitteldarmes, dessen Wand selbst Drüsen enthält, deren Secret auch mit dazu dient, den Darminhalt abzubauen. Diese Verlängerung des Mitteldarmes ist im allgemeinen bei den Pflanzenfressern größer als bei den Fleischessern; doch bestehen viele Ausnahmen von dieser Regel (E. JACOBSHAGEN). Im Mitteldarm finden wir übrigens nicht allein eine Auflösung der

Nahrung, sondern auch Resorption. Die resorbierende Darmoberfläche wird dann nicht nur durch Verlängerung des Darmkanales, sondern auch durch zahlreiche Schleimhautfalten sehr stark vergrößert. Wir können annehmen, daß die ursprüngliche Bedeutung der Schleimhautfalten darin bestand, die nicht elastische Schleimhaut zu beschützen gegen zu starke Ausdehnung oder Kontraktion der Darmmuskeln (E. Jacobshagen, 1915); sehen wir doch z. B., daß bei den Gymnophiona die netzförmigen Falten bei starker Anfüllung des Darmes gänzlich verschwinden. Sonst wird das Netz wichtig für Secretion und Resorption. Bei den Tetrapoda besitzt der Mitteldarm sogenannte Lieberkühnsche Drüsen.

Die Verlängerung des Mitteldarmes hat eine mehr oder weniger starke Abänderung des dorsalen Mesenteriums zur Folge. Wir kommen auf die Frage S. 574 zurück.

Durchweg sind Mittel- und Enddarm durch eine deutliche ringförmige Falte voneinander geschieden. Diese Falte ragt in das Lumen hinein. Sie wird die Valvula ileo-colica genannt.

Der Enddarm leitet die Nahrungsreste zum Anus oder, in den primitivsten Fällen, zur Cloaca. Er ist durchweg sehr kurz. Nur bei den Mammalia wird er länger. Der Anfang des Enddarmes ist oft durch das Auftreten eines Blinddarmes (Coecum) gekennzeichnet. — Über die Cloaca vergleiche man Seite 763.

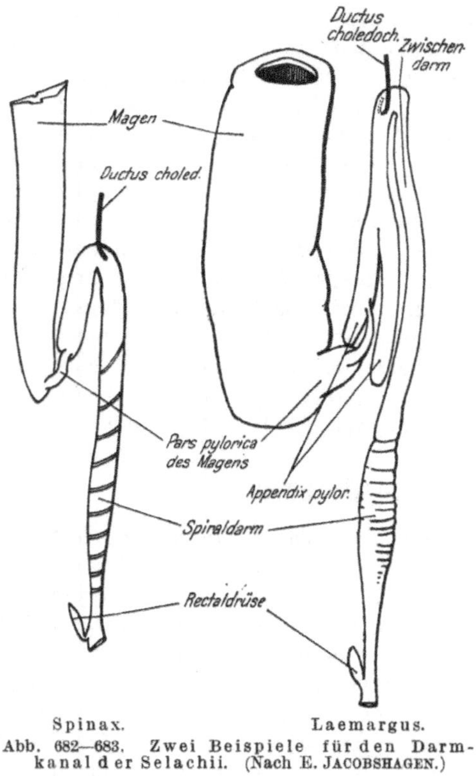

Abb. 682—683. Zwei Beispiele für den Darmkanal der Selachii. (Nach E. Jacobshagen.)

Acrania und Pisces. Bei Amphioxus finden wir keine Scheidung in einen Mittel- und Enddarm.

Bei den Cyclostomata bilden Mittel- und Enddarm eine gerade Röhre. Der Mitteldarm ist versehen mit einer Längsfalte, die sowohl durch die Schleimhaut als durch die Darmmuskulatur gebildet wird; sie beginnt an der ventralen Seite, um schließlich hinten an der Dorsalseite zu endigen. Diese Falte verläuft also in einer schwachen Spirale: das ist interessant mit Hinsicht auf andere Pisces, wo solche Spiralfalten zu hoher Entwicklung kommen. Der Enddarm mündet durch den Anus nach außen.

Bei den Selachii verläuft der Darm ohne große Buchten von vorn nach hinten (Abb. 682, 683). Der Mitteldarm ist gekennzeichnet durch die starke Entwicklung der Spiralfalte, welche ausschließlich durch die Mucosa gebildet wird; sie beschreibt im Gegensatz zu den Cyclostomata eine große Anzahl Windungen. Ontogenetisch entsteht diese Falte dadurch, daß das Entoderm in einer Spirallinie hineingestülpt wird in das Lumen des Darmes; das Mesoderm mit den Blutgefäßen und den Lymphbahnen dringt dabei in die Falte ein. Dieser Vorgang läßt sich zuerst beobachten bei der Einmündungsstelle des Pancreas. Anfänglich beschreibt die Spiralfalte nur eine langgestreckte halbe Windung: ein Zustand, der bei den Cyclostomata auch im erwachsenen Zustande bleibt. Aber später nimmt die Menge der Windungen durch ungleiches Wachstum des Darmepithels schnell zu (Oppel). Es ist deutlich, daß die innere Oberfläche des kurzen Darmkanales der Selachii sehr vergrößert wird durch die oft stark entwickelte Spiralfalte. Es ist jedoch merkwürdig, daß nicht nur bei Arten eines einzigen Genus, sondern auch bei Individuen einer einzigen Art die Spiralfalte sehr variabel ist. Man hat diese Spiralfalte abgeleitet von einem spiralig gewundenen Darm (E. Jacobshagen, 1915).

Abweichend von der eben beschriebenen „gedrehten" Spiralfalte finden wir die „aufgerollte" Spiralfalte einiger Selachii. Ihre Basis beschreibt eine gerade Linie oder sehr geringe Spirallinie längs der Darmwand; diese Falte ist sehr hoch und um die Längsachse des Darmes spiralig aufgerollt.

Am Anfang des Enddarmes mündet eine Rectaldrüse aus (Appendix digitiformis): eine Drüse unbekannter Funktion. Sie liegt im dorsalen Mesenterium (K. Kostanecki, 1913).

Wichtig ist es, daß die Selachii eine Cloaca besitzen, während bei den Holocephali der Anus selbständig nach außen mündet. —

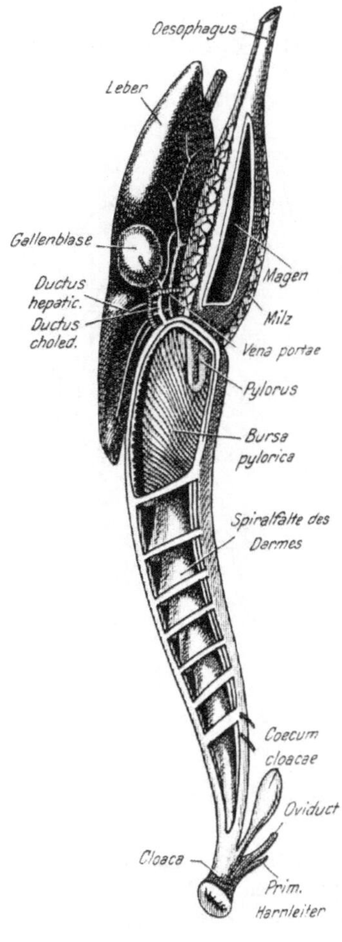

Abb. 684. Darmkanal und Leber von Protopterus, weibliches Exemplar. (Nach Newton Parker.)

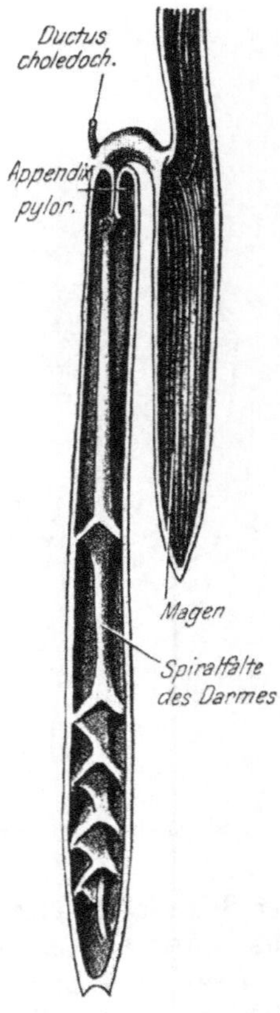

Abb. 685. Darmkanal von Polypterus. (Nach Gegenbaur.)

Bei den Dipnoi bewahren Mittel- und Enddarm einen primitiven Charakter: sie bilden einen gerade durchlaufenden Kanal (Abb. 684). Der Mitteldarm trägt eine gut entwickelte Spiralfalte. Diese Falte beginnt jedoch nicht unmittelbar am Pylorus; so kommt es, daß man den Vorderteil des Mitteldarmes in besonderer Weise unterscheiden kann als sogenannte Bursa pylorica (B. Entiana). Dies gilt übrigens auch für einige Elasmobranchii. Auch bei den Dipnoi finden wir einen Anhang, den wir mit der Rectaldrüse der Selachii vergleichen können; er mündet jedoch als Coecum cloacae in die Cloaca aus. —

Bei den Teleostomi wird dann der Mitteldarm hoch entwickelt. Der Darm kann entweder ebenfalls eine gerade durchlaufende Röhre sein (Abb. 685), meist aber ist er verlängert und damit in Windungen gelegt. Oft kann man einen nach hinten, dann nach vorn und dann wiederum nach hinten verlaufenden Teil unterscheiden (Abb. 686—688). Der Verlauf des Darmes und der Darmschlingen steht im Zusammenhang mit der Körperform und der Form der Bauchhöhle (JACOBSHAGEN, 1915).

Die Spiralfalte bleibt nur bei den primitiveren Teleostomi erhalten. So besitzen Polypterus (Abb. 685) und Acipenser eine gut entwickelte Spiralfalte; bei Amia und Lepidosteus dagegen ist die Falte stark verkürzt, bei den Teleostei gänzlich verschwunden. Möglicherweise wird in dieser Gruppe der Verlust

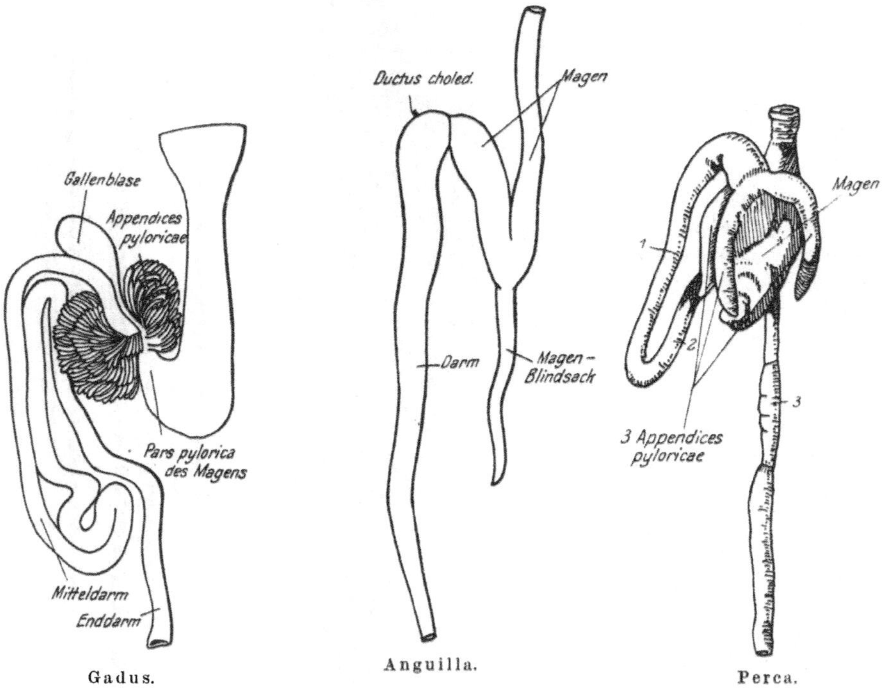

Abb. 686—688. Drei Beispiele für den Darmkanal der Teleostei. (Nah E. JACOBSHAGEN.)

der Spiralfalten ersetzt durch eine starke Verlängerung des Darmes und durch das Auftreten von Appendices pyloricae.

Diese Appendices sind ursprünglich als Ersatz des damals bei den Pisces noch nicht bekannten Pancreas angesehen worden (CUVIER). Sie entstehen als Ausstülpungen des vorderen Mitteldarmes, kurz hinter dem Pylorus. Wir finden sie bei den meisten Teleostomi und auch bei einigen Selachii (Laemargus, Abb. 683; Scymnus). Die Anzahl der Ausstülpungen schwankt: bei Polypterus beobachtet man nur einen einzigen Appendix (Abb. 685); bei Amia fehlen die Anhänge; sehr zahlreich dagegen sind sie wieder bei Lepidosteus und Acipenser; auch bei sehr vielen Teleostei sind sie stark entwickelt, wie z. B. bei Gadus (Abb. 686) und Scomber; nur drei Ausstülpungen dagegen beobachtet man bei Perca (Abb. 688); und in anderen Fällen können sie ganz fehlen, wie z. B. bei den Cyprinidae (Abb. 758 auf S. 615).

Über die Funktion der Appendices wissen wir wenig. Im allgemeinen scheinen es resorbierende und keine sezernierenden Organe zu sein, da nur bei den Gadidae sich im Epithel der Anhänge LIEBERKÜHNsche Drüsen befinden. Zwischen Darmlänge, Entwicklung der Schleimfalten und der Ernährung auf der einen Seite und dem Vorkommen und der Entwicklung der Appendices auf der anderen Seite ist keine Beziehung zu finden (E. JACOBSHAGEN, 1915). Die Bedeutung der Appendices liegt dann wohl in der Oberflächenvergrößerung, die sich richtet nach dem vorhandenen Raume in der Leibeshöhle: die Appendices dringen nämlich zwischen die Leberlappen, Darmwindungen und Magen ein, ohne daß dabei viel Raum in Anspruch genommen wird. So werden schnellschwimmende Tiere nicht durch eine allzu vergrößerte Leibeshöhle an der Bewegung gehindert.

Bei dieser Gelegenheit wollen wir noch erwähnen, daß bei dem Hering (Abb. 687) die Appendices pyloricae eine Protease enthalten, welche aber möglicherweise vom Magensafte stammt. Da nun beim Herausholen der Eingeweide des Herings diese Anhänge darin bleiben, der Magen dagegen herausgeholt wird, so spielt diese Protease eine wichtige Rolle beim Reifen des in der Salzlake liegenden Herings; die Protease bleibt nämlich in der konzentrierten Salzlösung wirksam (LIEBERT).

Hauptsächlich bei den Teleostomi werden feine Schleimhautfalten an der Wand des Mitteldarmes entwickelt. Sie verbinden sich allgemein miteinander zu einem Netzwerk. Zwischen dem Netzwerk liegen die Crypten, welche in die Darmschleimhaut eindringen. JACOBSHAGEN sieht in dem Besitz eines solchen Netzwerkes ein primitives Kennzeichen. Im allgemeinen fehlen bei den Pisces LIEBERKÜHNsche Drüsen (A. OPPEL); bei den Gadidae findet man sie jedoch im Mittel- und Enddarm.

Ein Coecum fehlt gewöhnlich bei den Teleostomi; aber einige Teleostei bilden im Anfang des Endarmes einen kleinen craniad gerichteten Blindsack. Sein Lumen ist abhängig von der Stellung und dem Kontraktionszustande des Enddarmes (KOSTANECKI, 1913). Bei vielen Teleostei deutet eine Valvula ileo-colica die Grenze an zwischen Mittel- und Enddarm. Der Enddarm besitzt meist ein weiteres Lumen als der Mitteldarm.

Bei den Teleostomi mündet der Enddarm durch den Anus nach außen. Eine Cloaca fehlt.

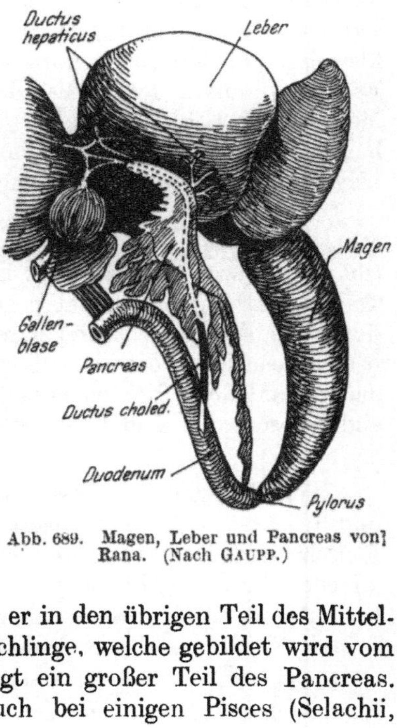

Abb. 689. Magen, Leber und Pancreas von Rana. (Nach GAUPP.)

Amphibia. In dieser Gruppe finden wir den Mitteldarm ansehnlich entwickelt; er legt sich in mehrere Windungen. Merkwürdig ist besonders seine starke Verlängerung bei den Anurenlarven: rollt sich doch hier der Darm in einer doppelten Spirale auf. Während der Metamorphose verkürzt sich der Darm wieder; die Spirale wird durch Schlingen des Darmes ersetzt. Bei Fütterung mit Fleisch bleibt die Darmlänge wesentlich kürzer als bei Pflanzenkost (BABÁK und YUNG).

Der vordere Mitteldarm, welcher sich dem Pylorus anschließt, wird hier Duodenum genannt (Abb. 689). Vom Pylorus wendet er sich direkt nach vorn, um daraufhin wieder caudad umzubiegen. Ohne scharfe Grenze geht er in den übrigen Teil des Mitteldarmes über. Auf diese Weise entsteht eine Schlinge, welche gebildet wird vom Magen und Duodenum; in dieser Schlinge liegt ein großer Teil des Pancreas. Eine solche Schlinge finden wir übrigens auch bei einigen Pisces (Selachii, Abb. 682 und 683).

Der Mitteldarm besitzt ursprünglich netzförmige Schleimhautfalten. Aus diesen kann sich ein System querverlaufender Falten entwickeln (E. JACOBSHAGEN, 1915). Aber auch Darmzotten können sich bilden als besondere erhöhte Teile des ursprünglichen Netzwerkes, welches dann teilweise verloren gehen kann. LIEBERKÜHNsche Drüsen kommen bei den Urodela vor, fehlen aber bei den Anura.

Der Enddarm ist kurz und dick; er mündet in die Cloaca. Ein schwach entwickeltes dorsales Coecum ist zu beobachten; es stimmt in seiner Lage mit der fingerförmigen Drüse der Selachii überein, ist aber äußerlich abhängig von der Füllung und dem Kontraktionszustande des Enddarmes. In anderen Fällen (Gymnophiona) fehlt die Differenzierung in einen Mittel- und Enddarm vollständig.

Reptilia. Bei den Reptilia ist der Mitteldarm (Abb. 932 auf S. 754 und Abb. 935 auf S. 756) im allgemeinen kurz und wird nur selten länger als das Tier selbst. Bei einigen Lacertilia jedoch, ferner bei den Crocodilia und vor allem bei den Chelonia nimmt die Länge jedoch stark zu. Ein Zusammenhang zwischen Darmlänge und Pflanzennahrung besteht nicht immer (E. JACOBSHAGEN, 1920). Bei den Chelonia legt sich der Darm in zahlreiche Schlingen, was wohl mit der auffallenden Breite dieser Tiere im Zusammenhang steht. Auch ein Duodenum ist mehr oder weniger deutlich zu unterscheiden, ebenso eine Schlinge gebildet aus Magen und Duodenum. Die Schleimhaut formt auch in dieser Gruppe ursprünglich ein Netzwerk von Falten; daraus entwickelt sich jedoch in den meisten Fällen ein System longitudinaler Falten, während der Rest des Netzwerkes verschwindet. Diese longitudinalen Falten können in Schlingen oder im Zickzack verlaufen. Nur selten treten im Netzwerke Querfalten in den Vordergrund. Auch Zotten sind selten zu beobachten (E. JACOBSHAGEN, 1920).

Bei einigen Reptilia finden wir ein Coecum, welches mit der fingerförmigen Drüse der Selachii zu vergleichen ist. Es besteht in primitivsten Fällen aus einer kleinen craniaden Aussackung der dorsalen Wand zu Beginn des Enddarmes. Es liegt dann in der Medianebene zwischen den beiden Platten des dorsalen Mesenterium (Abb. 935 auf S. 756). In vielen Fällen wird jedoch das Coecum länger: es entspringt dann asymmetrisch als Coecum laterale aus dem Enddarm, behält jedoch teilweise seine Lage in dem dorsalen Mesenterium.

Der Enddarm unterscheidet sich oft durch sein weiteres Lumen von dem Mitteldarm (Abb. 932). Meist ist er kurz wie bei den Amphibia; bei einigen Lacertilia jedoch wird er ansehnlich lang unter Bildung von Schleifen. Der hinterste Teil des Enddarmes kann als sogenanntes Coprodaeum (GADOW) vorn und hinten durch eine Ringfalte begrenzt sein. Der Enddarm mündet in die Cloaca; diese besteht bei den Crocodilia aus zwei hintereinander gelegenen Teilen: dem Urodaeum und dem Proctodaeum (GADOW), welche durch eine Ringfalte voneinander geschieden sind (Abb. 964 auf S. 778).

Aves. Bei den Aves besitzt der Mitteldarm eine bedeutende Länge; Früchte- und Insektenesser haben jedoch einen kürzeren Mitteldarm als Samen- und Fleischesser. Der vorderste Teil des Mitteldarmes kann als Duodenum unterschieden werden (Abb. 679 auf S. 562); er bildet stets eine Schlinge, welche besteht aus einem absteigenden und einem aufsteigenden Schenkel (gerechnet vom Pylorus). In dieser Schlinge liegt das Pancreas (Abb. 679).

Auch bei den Aves ist bewiesen, daß die Schleimhaut des Mitteldarmes ursprünglich netzförmige Falten besitzt (S. MÜLLER, 1922). Hieraus entwickeln sich im Zickzack verlaufende longitudinale Falten; der Rest des Netzwerkes verschwindet. Schließlich entstehen die bei den Aves stark entwickelten Zotten durch Auseinanderfallen dieser longitudinalen Falten.

Laterale Coeca finden wir bei den Aves meist zu zweien, selten nur eins (z. B. bei Ardea). Lange und weite Coeca, welche histologisch mit dem Darm übereinstimmen und mit Darminhalt gefüllt sind, finden wir bei Pflanzenessern und Omnivoren; Fleischesser dagegen besitzen kurze und drüsige Coeca (MAGNAN). Eine Ausnahme dieser Regel machen jedoch die langen Coeca der Nachtraubvögel und die kurzen Coeca der Columbidae (Abb. 679).

Der Enddarm bleibt im allgemeinen kurz (Abb. 679); bei Pflanzenessern jedoch wird er länger: ein Zeichen dafür, daß der Enddarm nicht ausschließlich mehr zur Ansammlung der Excremente dient. Sehr lang, bis zu 7 oder 8 Metern, finden wir den Enddarm nur bei Struthio. Er mündet in die Cloaca, welche wir unten näher besprechen werden.

Mammalia. Bei den Mammalia kommen Mittel- und Enddarm zu hoher Entwicklung. Der Mitteldarm wird auch Dünndarm genannt; er besitzt in der Regel eine bedeutende Länge und ist bei den Fleischessern meistens kürzer als bei den Pflanzenessern, was wieder mit der Aufschließbarkeit der Nahrung im Zusammenhang steht. Aber auch andere Faktoren spielen hierbei eine Rolle: so ist z. B. das Längenverhältnis des Mitteldarmes und Enddarmes zur Körperlänge bei dem Rinde 20 : 1, bei dem Pferde 12 : 1; hierbei ist zu bedenken, daß die relativ geringe Darmlänge des Pferdes durch die bedeutende Weite des Colon und den großen Umfang des Coecum ersetzt wird (Abb. 690).

Das Duodenum bildet eine gut entwickelte Duodenalschleife mit einem absteigenden, einem transversalen und einem aufsteigenden Schenkel. Der übrige, sehr lange Teil des Dünndarmes wird in der menschlichen Anatomie aufgeteilt in das Jejunum und das Ileum (die Namen sind daraus entstanden, daß bei der Sektion das Jejunum wenig angefüllt und der Inhalt ziemlich flüssig ist; das Ileum liegt in der Nähe des Os ilei). Da aber beide Teile nicht durch eine scharfe Grenze voneinander geschieden sind, brauchen wir sie bei den übrigen Mammalia auch nicht besonders zu kennzeichnen.

Die Schleimhaut des Mitteldarmes zeigt longitudinale und ringförmige Falten (Valvulae conniventes Kerkringii); dadurch wird die resorbierende Oberfläche vergrößert. Besonders gilt das für die zahlreichen durchweg zylindrischen Darmzotten (Villi), welche sich wenigstens bei den Primates als Anhänge des freien Randes der Schleimhautfalten entwickeln.

Allgemein finden wir tubulöse LIEBERKÜHNsche Drüsen oder Crypten. Außer schleimsezernierenden Becherzellen findet man auch in diesen Drüsen typische Eiweißzellen (PANETHsche Zellen). In der Wand des Duodenum treffen wir sogenannte BRUNNERsche Drüsen: verzweigte, tubulöse oder acino-tubulöse Organe.

Der Darmsaft wird größtenteils durch die Drüsen der Darmwand und das oberflächliche Epithel sezerniert; er reagiert alkalisch und enthält Eiweißstoffe von schleimigem Charakter, welche die Fortbewegung des Darminhaltes befördern. Außerdem finden wir in ihm das Erepsin, eine Protease, welche Peptone zu Aminosäuren aufteilt. Weiterhin eine Lipase, Amylase, Invertase, Maltase und Laktase; schließlich auch eine Enterokinase, welche das Trypsinogen des Pancreas in Trypsin aktiviert.

Der Enddarm oder Dickdarm ist bei den Mammalia weit differenzierter als bei allen anderen Vertebrata. Dies erhellt aus seiner größeren Länge und aus seiner Aufteilung in zwei Teile: das Colon, welches sich in Schleifen legt; und das Rectum, welches im Anus ausmündet. Die bei den Embryonen beobachtete Cloaca und die Cloaca der Monotremata werden unten besprochen werden.

Die Länge des Enddarmes ist in der Regel bei den Fleischessern relativ kurz, bei den Pflanzenessern relativ groß. Dies steht damit im Zusammenhang, daß hier erst die Aufteilung der Zellulose durch Bakterien stattfindet (bei den Ruminantia auch im Rumen); dabei entstehen Essigsäure, Isobuttersäure, Kohlensäure und Methan.

Das Coecum der Mammalia zeigt wichtige Unterschiede gegenüber den anderen Vertebrata: bei den Pisces, Amphibia und einigen Reptilia ist das Coecum ein dorsales Organ, das zwischen den Platten des Mesenterium liegt; bei den Mammalia dagegen liegt das Coecum ventral und entspringt von derjenigen Wand des Enddarmes, welche gegenüber dem Mesenterium liegt. Es ist jedoch möglich, daß das ventrale Coecum doch vom dorsalen Coecum abgeleitet werden kann; dann müßte ein lateral entspringendes Coecum vieler Reptilia eine Art Mittelstadium bilden (KOSTANECKI, 1913).

Während der Dünndarm meist in den Anfang des Dickdarmes mündet, aus welchem auch das Coecum entspringt, so kann doch in einigen Fällen der Dünndarm in einen Darmteil ausmünden, der seiner ganzen Struktur nach zum Coecum gerechnet werden muß; wir finden das z. B. bei Lepus.

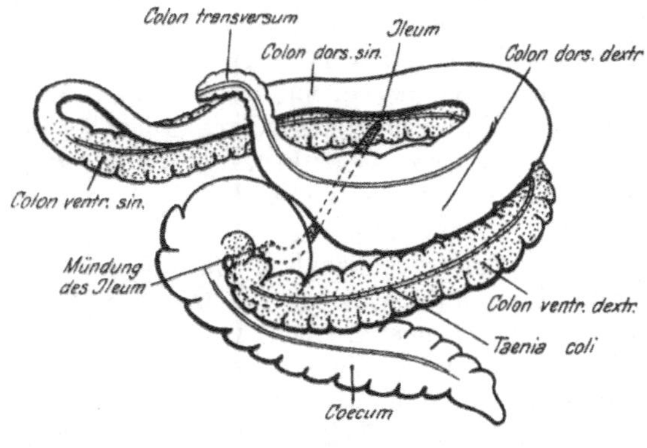

Abb. 690. Schema des Dickdarmes von Equus caballus. (Nach P. MARTIN.)

In der Gruppe der Mammalia ist das Coecum sehr variabel. Man kann im allgemeinen sagen, daß wir ein ansehnliches Coecum antreffen bei denjenigen Tieren, die eine schwer aufschließbare Nahrung zu sich nehmen; doch können bei solchen Tieren auch andere Einrichtungen getroffen sein, die zur leichteren Aufschließung der Nahrung dienen: so z. B. ein komplizierter Magen oder ein sehr langer Darm. Bei reinen Fleischessern ist das Coecum meist nicht lang; doch finden wir auch hier wieder Ausnahmen: so hat das Coecum bei den Caniden im Mittel 0,35 der Länge des kurzen Enddarmes (E. JACOBSHAGEN, 1922). Das Coecum fehlt ganz z. B. bei vielen Insectivora, weiterhin den Ursidae, den blätteressenden Bradypodidae, welche dafür einen sehr komplizierten Magen besitzen; und unter den Ungulata bei Hippopotamus, der auch einen komplizierten Magen hat.

Bei Formen mit einem besonders geräumigen Coecum kann die innere Oberfläche noch dadurch vergrößert werden, daß besondere Aussackungen wie im Colon auftreten, wie z. B. bei Equus (Abb. 690) und Sus; in anderen Fällen finden wir eine Spiralfalte, wie z. B. bei Lepus.

Ganz abweichend ist der Zustand bei Hyrax, wo der Darm zwei hintereinandergelegene Coeca zeigt. Das vordere Coecum ist abgerundet und mit Taeniae und Haustra versehen; dann folgt ein Verbindungsstück, welches etwa 40 cm lang ist; und darauf mündet ein zweites Coecum aus, welches in zwei lange dünne Spitzen ausläuft.

Bei verschiedenen, im Mammaliersystem zerstreuten Formen ist das blinde Ende des Coecum sehr dünn geworden: es bildet den Proc. vermiformis; einen solchen finden wir z. B. bei Phascolomys, Lepus, Loris, Anthropoidea, Homo (Abb. 691). Bekannt ist, daß bei dem Menschen dieser Processus oft durch eine Operation entfernt werden muß. Embryonal entsteht dieser Fortsatz bei dem Menschen dadurch, daß das Ende des blinden Darmes weniger stark auswächst als derjenige Teil, welcher mit dem Colon zusammenhängt. Im späteren Alter kann das Lumen des Fortsatzes bei dem Menschen ganz verschwinden.

Der Proc. vermiformis wird zu Unrecht als ein rudimentäres Organ angesehen. Vielmehr gibt der in ihm beobachtete Reichtum an adenoidem (d. h. Lymphocyten bildendem) Gewebe einen Hinweis: dieses Gewebe bildet hier kleinere Knoten oder größere Scheiben, welche die PEYERschen Platten genannt werden. Man findet diese vor allem in der zweiten Hälfte des Dünndarmes und beim Übergang des Dünndarmes in das Coecum. Im allgemeinen finden wir eine solche Platte am Ende des Coecum (Tonsilla coecalis) (E. MUTHMANN, 1913). Man kann nun annehmen, daß beim Entstehen des Proc. vermiformis ein Funktionswechsel stattgefunden hat (H. v. EGGELING, 1920); dabei wird die hoch entwickelte Tonsilla coecalis durch Verengerung des Lumens möglichst gegen mechanische Beschädigungen vom Darminhalt aus geschützt (E. MUTHMANN, 1913).

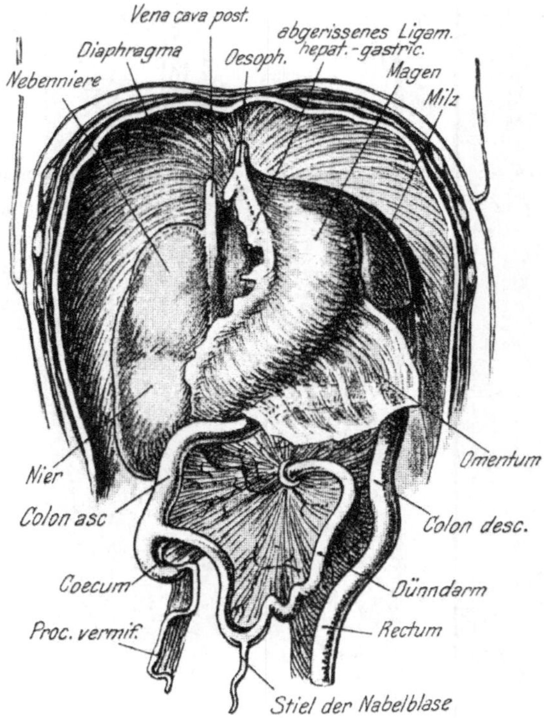

Abb. 691. Darmkanal eines menschlichen Embryos von vier Monaten. Der Deutlichkeit wegen ist der Darm zu kurz gezeichnet. (Nach BONNET.)

In vielen Fällen ist das Colon regelmäßig ausgesackt; es bildet dann die sogenannte Haustra, welche wieder voneinander geschieden sind durch längsverlaufende Bänder (Taeniae), auf welche die longitudinale Muskulatur beschränkt ist (Abb. 690). Hierdurch wird die innere Oberfläche vergrößert. Bei den Carnivora und auch bei den Ruminantia fehlen Haustra und Taeniae. Das Colon hat bei verschiedenen Formen im allgemeinen einen übereinstimmenden Verlauf. Im einfachsten Falle beginnt es in der Beckenhöhle an der rechten Seite, läuft nach vorn (Colon ascendens), biegt hier um (Flexura coli); läuft nach hinten (Colon descendens) und geht schließlich in das Rectum über. In anderen Fällen, z. B. bei den Primates, ist die Umbiegungsstelle in ein Colon transversum ausgezogen, das von rechts nach links läuft (Abb. 691). Bei den Ruminantia ist der aufsteigende Teil des Colon wie eine Spirale aufgerollt.

Das Colon geht langsam in das Rectum über, welches in gerader Linie zum Anus verläuft. Das Rectum ist gekennzeichnet durch eine starke Muskelschicht.

Wir bemerkten schon früher, daß die starke Verlängerung des Mittel- und Enddarmes es mit sich bringt, daß das dorsale Mesenterium sich in Falten legt. Muß doch der Rand des Mesenterium, welcher sich an dem Darm befestigt, sich

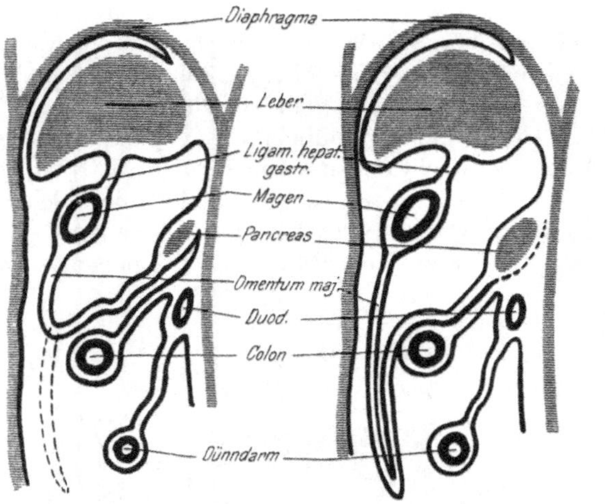

Abb. 692. Entwicklungsschemata vom Mesenterium und Omentum des Menschen. (Nach R. BONNET.)

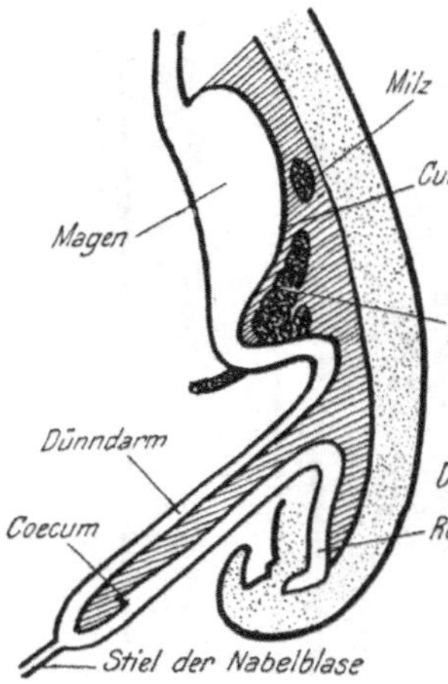

Abb. 693.

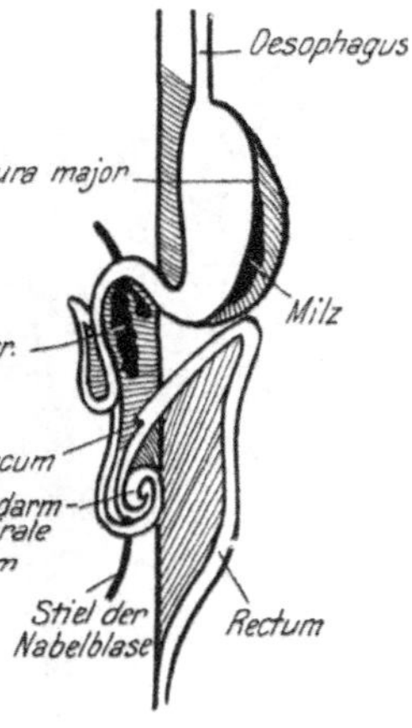

Abb. 694.

Abb. 693. Magen, Darm und Dorsalmesenterium eines menschlichen Embryos von vier Wochen. (Nach TOLDT.) — Abb. 694. Das Gleiche von einer Katze. (Nach R. BONNET.)

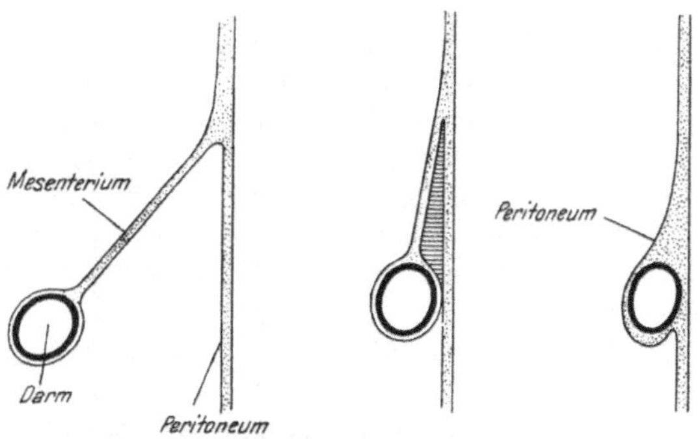

Abb. 695. Entstehen der sekundären, retroperitonealen Lage einer Darmschlinge. (Nach FRÉDET).

außerordentlich verlängern, während die Ursprungslinie an der Rückenseite der Bauchhöhle nicht im gleichen Maße an Länge zunimmt. Weiterhin wird der Magen in oben angegebener Weise gedreht, so daß seine anfänglich dorsal gerichtete Curvatur mehr nach links zu liegen kommt. Das dorsale Mesenterium, welches sich an der großen Curvatur anheftet, muß dieser Drehung folgen; es wird dadurch zu dem sogenannten Omentum majus (Abb. 692a). Dieses kann sich als eine Doppelplatte caudad ausbreiten und bedeckt dann einen Teil des Darmes (Abb. 692b). In diesem Omentum kann sich viel Fett ansammeln, wie das z. B. bei Sus allgemein bekannt ist. Durch die ebengenannte Drehung entsteht ein Raum, welcher von rechts zugänglich ist: die Bursa omentalis; sie wird begrenzt durch das Omentum und die dorsale Fläche des Magens. Das ventrale Mesenterium des Magens wird bei Vergrößerung der Leber zum sogenannten kleinen Netz (Omentum minus = Ligamentum hepato-gastricum + hepato-duodenale).

Der Mittel- und Enddarm des Embryo verläuft zuerst gerade, wächst dann stark in die Länge. Beide zusammen bilden eine mediane, ventral gerichtete Schlinge (Abb. 693). In der Nähe der Umbiegungsstelle der Schlinge entsteht das Coecum. Durch dessen Auftreten wird der hintere Schenkel der Schlinge zum Enddarm, der vordere Schenkel zum Mitteldarm. In den Mitteldarm mündet das sogenannte Nabelbläschen aus (Ductus omphalo-entericus). Dann werden Coecum und der Anfang des Colon nach der rechten Seite des Körpers verschoben. Auf diese Weise entsteht das Colon transversum, welches den Dünndarm ventral kreuzt (Abb. 691).

Auf allerlei Komplikationen, welche das Mesenterium bei den verschiedenen Formen der Mammalia erfährt, können wir hier nicht näher eingehen. Nur auf einen Punkt möchten wir weisen: der ursprüngliche Zustand verändert dadurch noch weiterhin, daß die ursprünglich geschiedenen mesenterialen Oberflächen miteinander verwachsen können. Auf diese Weise können Teile des Darmes zuzusammen mit ihrem Mesenterium verwachsen mit der Rückenseite der Leibeshöhle (Abb. 695).

E. Leber und Pancreas.

Alle Vertebrata besitzen am Anfange des Mitteldarmes zwei bedeutende Drüsen: die Leber (Hepar) und das Pancreas. Beide entstehen ontogenetisch aus dem Entoderm (Darmepithel); sie lassen diesen Ursprung auch noch bei dem erwachsenen Tiere durch die Stelle erkennen, an der sie in den Darm einmünden.

Die Leber besitzt unter vielen anderen Funktionen die Aufgabe, die Galle zu bereiten. Diese Galle fließt ab durch die Lebergänge (Ductus hepatici). In den meisten Fällen ist die Leber versehen mit einem besonderen Reservoir: der Gallenblase (Cystis fellea); der Abfuhrgang dieser Blase (Ductus cysticus) vereinigt sich mit dem Ductus hepatici zu einem gemeinschaftlichen Ductus choledochus; dieser Ductus mündet in das Duodenum ein, in der Regel dicht bei dem Pylorus.

Das Pancreas sezerniert einen noch besonders zu besprechenden Pancreassaft. Es ist eine mehrfache Drüse (dorsales und ventrales Pancreas), deren Ausführgänge in verschiedener Weise in das Duodenum ausmünden. Das Pancreas liegt stets in der Nähe des Duodenum.

Die erste Anlage der Leber und des Pancreas bei sehr jungen Embryonen von Amniota ist eine segmentale Anlage (A. Weber). Sie besteht aus mehreren Knospen des Entoderms, welche meist in drei bis vier Segmenten angetroffen werden (Abb. 696). Während nun ein Teil dieser Knospen verschwindet, verschmelzen die medio-dorsalen Knospen zur Anlage des dorsalen Pancreas, die medio-ventralen zur Anlage der primitiven Leberrinne; die lateralen schließlich zur Anlage des paarigen ventralen Pancreas, welche zu beiden Seiten der Leberrinne liegen. Dorsales und ventrales Pancreas bilden durch Vereinigung das definitive Pancreas. Aus der Leberrinne entwickeln sich Leber- und Gallenblase.

Die Leber.

Die beim Embryo auftretende Leberrinne ist eine medio-ventral gelegene Rinne am Vorderteile des zukünftigen Mitteldarmes. Der Vorderteil dieser Rinne wird zur Anlage der Leber; der Hinterteil der Rinne dagegen wird zur Anlage der Gallenblase (Abb. 696—697). Diese Rinne macht sich nun frei von dem Mitteldarm und zwar in der Richtung von vorn nach hinten und von hinten nach vorn. So wird die Verbindung der Leber- und Gallenblasenanlage mit dem Darmkanal zu einer anfangs kurzen Röhre: dem Ductus choledochus. Inzwischen wachsen nun von der Leberanlage aus bei den Cyclostomata und Selachii hohle, sich verzweigende Ausstülpungen in das umgebende Mesenchym des ventralen Mesenterium. In den anderen Vertebratengruppen dagegen wachsen sich verzweigende kompakte Zellstränge von der ersten Leberanlage aus; diese Stränge vereinigen sich miteinander zu einem Netzwerk und bilden die sezernierenden Leberzellen und die überall in der Leber verbreiteten Abfuhrgänge.

Auf diese Weise entsteht eine sehr umfangreiche, zusammengesetzte tubulöse Drüse. Sie wird durch die Venae omphalo-mesentericae reich mit Blut versehen.

Von diesem allgemeinen Schema weicht die Entwicklung der Leber bei Talpa in wichtigen Punkten ab (E. LUDWIG 1919). Hier wird nämlich die Leber angelegt als eine ventrale, bilateral-symmetrische Differenzierung des Entoderms, als das sogenannte Leberfeld. Dieses entsteht hinter der vorderen Darmpforte, also hinter der Kommunikationsöffnung des vorderen Darmteiles (der schon eine ventrale Wand besitzt) mit der Darmrinne, welche mit dem Nabelbläschen zusammenhängt. Von diesem Leberfelde wachsen zu beiden Seiten Zellbalken aus. Ein Teil dieses Leberfeldes wird zu einer rechten und linken Aussackung: den primitiven Lebergängen. Später bildet auch der medio-ventrale Teil des Leberfeldes Zellbalken; dadurch wird die Leberanlage zu einem einfachen Organ. Danach trennt sich der ventrale Teil des Darmes mit seiner Leberanlage von dem übrigen Darmteil ab. So kommt es, daß beide Lebergänge nicht mehr selbständig in den Darm ausmünden, sondern gemeinschaftlich mittels eines kurzen und unpaaren Ganges. Während nun beide Lebergänge sich schließen, wird der unpaare Gang zum Ductus choledochus. Das blinde Ende des unpaaren Ganges erweitert sich zur Gallenblase, welche anfänglich auch Zellbalken trägt, die sich aber später von der Gallenblase freimachen.

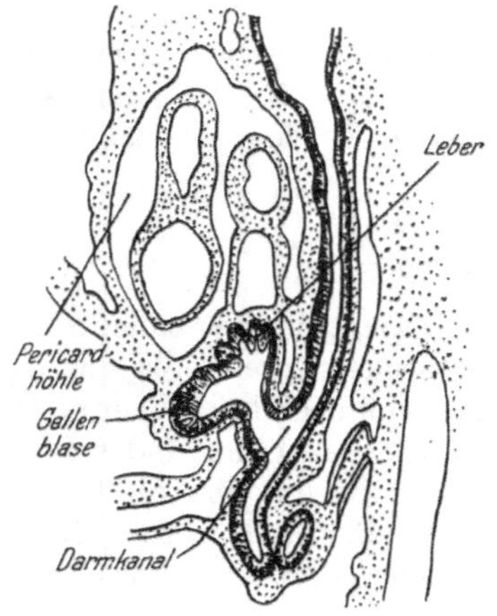

Abb. 696. Medianschnitt durch den Darmkanal eines Embryos von Acanthias mit der Anlage von Leber und Gallenblase. (Nach HOCHSTETTER.)

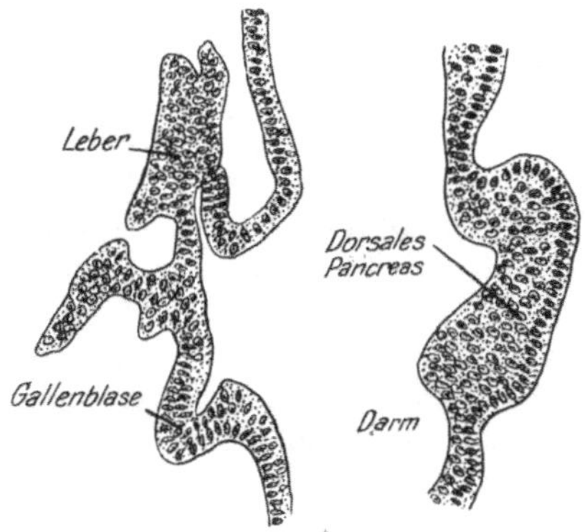

Abb. 697. Sagittalschnitt durch den Darm eines Kaninchenembryos mit der Anlage der Leber und des dorsalen Pancreas. (Nach BRACHET.)

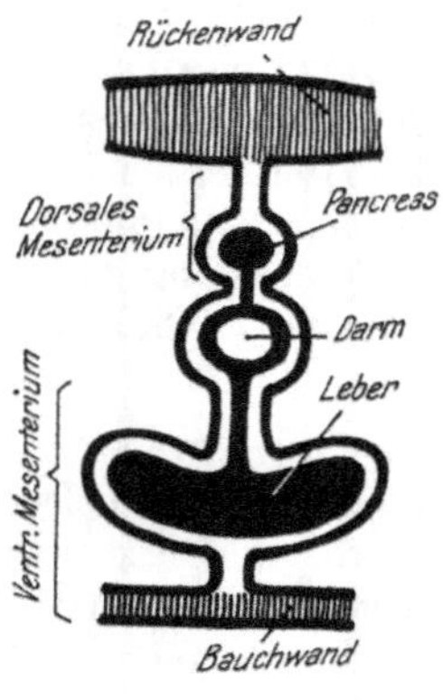

Abb. 698. Schematischer Querschnitt durch das Mesenterium mit Pancreas und Leber. (Nach BONNET.)

Wir haben schon früher darauf hingewiesen, daß das ventrale Mesenterium nicht vollkommen verschwindet. Man stelle sich nun vor, daß die Leber in das ventrale Mesenterium hineinwächst (Abb. 698). Dadurch wird dieses Mesenterium in drei Teile geteilt: in einen dorsalen Teil (Ligamentum hepato-gastricum und Lig. hepato-entericum), welcher sich an die kleine Curvatur des Magens und am Duodenum anheftet; zweitens in einen Teil, welcher die Leber umkleidet; drittens in einen ventralen Teil (Lig. falciforme hepatis = Lig. suspensorium hepatis), welcher die Leber verbindet mit der ventralen Coelomwand (Abb. 698).

Bei den Mammalia wird dieser Zustand noch besonders kompliziert durch das Auftreten eines Septum transversum; ein solches finden wir übrigens auch bei anderen Tiergruppen, aber es spielt gerade bei den Mammalia eine wichtige Rolle beim Entstehen des Diaphragmas. Das ventrale Mesenterium bildet mit dem Septum transversum eine kreuzförmige Falte, in welche die Leber hineinwächst. Ursprünglich hängt die Leber also auf einer langen Strecke mit dem Diaphragma zusammen; später aber scheidet sich die zum Diaphragma gekehrte Leberseite vom Diaphragma ab, indem das Coelom von beiden Seiten zwischen die craniale Leberfläche und das davor gelegene Diaphragma eindringt. Die Leber bleibt jedoch durch das sagittale Ligamentum falciforme verbunden mit der caudalen Seite des Diaphragma und der Bauchwand. Ebenso bleibt der Dorsalrand der Leber im Zusammenhang mit den Dorsalteilen des Diaphragma durch das querverlaufende Lig. coronarium. Obwohl in seinem endgültigen Zustande erst später entstanden, kann das Lig. falciforme doch als ein Teil des ventralen Mesenterium betrachtet werden; es erstreckt sich bis zum Nabel; sein freier Rand wird eingenommen durch das Lig. hepato-umbilicale oder teres: die zurückgebildete Vena umbilicalis (Abb. 867 auf S. 697).

Bei den Acrania weicht der Bau der Leber stark ab von den anderen Gruppen (Abb. 704 auf S. 584): hier entspringt aus dem Mitteldarm ein Darmblindsack, welcher unpaar nur an der rechten Seite gelegen und nach vorn gerichtet ist. Soweit wir dieses Organ Leber nennen können, bleibt es also auf einem solchen unverzweigten und röhrenförmigen Stadium stehen.

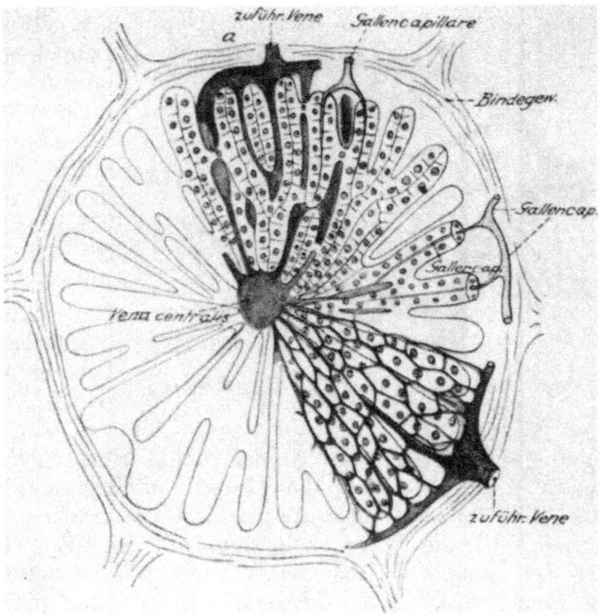

Abb. 699. Schema eines quergeschnittenen Leberläppchen eines Mammaliers. (Aus BÜTSCHLI-BLOCHMANN, 1924.)

Bei den Craniota dagegen ist die Leber allgemein eine kompakte und sehr umfangreiche Drüse von brauner oder rotbrauner Farbe. Sie liegt caudal des Herzens in der Nähe des Magens. Ihr Ausfuhrgang mündet in den Anfang des Mitteldarmes. In der Regel ist sie mehr oder weniger deutlich aufgeteilt in einen rechten und linken Lappen, welche wieder durch tiefe Einschnitte weiter geteilt sein können. Die Leberform ist in hohem Grade abhängig von der Form der Leibeshöhle, also von der allgemeinen Körperform: sie kann sehr langgestreckt sein (Abb. 932 auf S. 754), ist aber in anderen Fällen mehr in transversaler Richtung entwickelt.

Die Leber wird durchsetzt von Gallengängen (Abb. 699), welche die sezernierte Galle abführen; sie fließen zu größeren Kanälen zusammen. Die Ductus hepatici, welche direkt in das Duodenum münden, heißen Ductus hepato-enterici (Abb. 679 auf S. 562). Meist ist einer dieser Ductus (oder der einzig vorhandene) aufgeblasen zum Sammelbecken der Galle: die Gallenblase oder Cystis fellea. Solch ein Abfuhrgang heißt dann von der Leber bis zur Einmündung in die Gallenblase Ductus hepaticus; von der Gallenblase bis zur Einmündung in das Duodenum dagegen Ductus choledochus (Ductus cystico-entericus) (Abb. 679 auf S. 562).

Es ist nicht notwendig, den Einzelheiten des Leberbaues bei den verschiedenen Gruppen nachzugehen. Als Beispiel sei nur einiges gesagt über die Leber der Aves und der Mammalia. Bei den Aves besteht die Leber aus einem rechten und linken Lappen. Jeder Lappen besitzt einen Abfuhrgang. Beide Gänge münden gewöhnlich in das Vorderende des aufsteigenden Schenkels des Duodenum. Zum caudalen (rechten) Gang (Ductus cystico-entericus) gehört die Gallenblase. Bei den Columbidae mündet der eine Gang in den absteigenden Schenkel des Duodenum, der andere in den aufsteigenden Schenkel. Hier fehlt die Gallenblase (Abb. 679).

Bei den Mammalia liegt die Leber hauptsächlich an der rechten Seite des Körpers. Ihre craniale Seite schließt sich an das Diaphragma an. Man kann einen rechten und linken Lobus unterscheiden, oft auch einen Lobus centralis. Durch weitere Einschnitte können auch andere Lobi entstehen.

Der feinere Bau der Leber bei den Mammalia ist in kurzen Zügen folgender: man beobachtet eine große Anzahl kleiner, prismatischer Leberläppchen, die durch Bindegewebe meist deutlich voneinander getrennt sind (Abb. 699). Jedes Läppchen besteht wieder aus einer großen Anzahl radial angeordneter Leberzellen. Nach der Peripherie jedes Lappens gehen die durch Leberzellen begrenzten Gallenkanäle über in die interlobulären Gallengänge, welche wieder mit einer eigenen epithelialen Wand versehen sind. Die Achse jedes Lappens wird eingenommen durch eine Vena centralis; diese bringt das Blut aus den Capillaren der Leberlappen fort. Sie bilden die Wurzeln der Venae hepaticae. Diese Venae centrales münden dann in Sammelröhren aus, welche jede in der Achse eines Komplexes von Leberläppchen verlaufen (Pfuhl, 1922); diese Röhren münden dann in die größeren Lebervenen aus (Abb. 700). Von den zuführenden Gefäßen: der Arteria hepatica und der Vena portae, spielt die Pfortader die Hauptrolle. Ihre Verzweigungen verlaufen zwischen den Leberlappen als sogenannte Venae interlobulares; es entspringen Capillaren aus ihnen, welche in der Achse eines jeden Leberläppchens ausmünden in die Vena centralis.

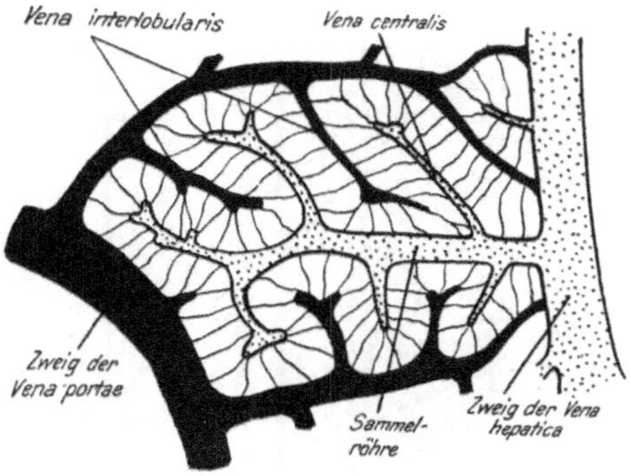

Abb. 700. Schema eines Komplexes von Leberlappen. (Nach Pfuhl.)

Über die weitere Stoffwechselaufgabe der Leber können wir hier nur noch einige Bemerkungen machen. Eine wichtige Rolle spielt sie bei dem Stoffwechsel der Kohlehydrate: die Leber baut aus Glucose und Eiweiß Glykogen auf: ein Polysacharid. Dieses Glykogen wird in Form von Körnern in den Leberzellen deponiert und als Reservestoff gebracht. Es kann dann später wieder in Glucose umgesetzt werden und im Stoffwechsel des Körpers eine Rolle spielen. — Weiterhin wird in der Leber aus den Eiweißstoffen Harnstoff bereitet, bei den Aves vor allem Harnsäure. — Die durch die Leber sezernierte, alkalische Galle beendigt mit die Wirksamkeit des Magensaftes; sie spielt weiterhin eine wichtige Rolle bei der Aufteilung der Fette, weil sie die Lipase des Pancreas mit aktiviert und auch in anderer Weise die Wirkung dieses Fermentes erhöht. Schließlich löst die Galle Fettsäure und Glyzerin, welche bei der Fettaufteilung entstehen; dadurch wird die Resorption der Fette befördert. Schließlich begünstigt die Galle die Peristaltik des Dickdarmes.

Das Pancreas.

Wir sagten schon oben, daß auf der Höhe der Leberanlage auch das dorsale und ventrale Pancreas sich aus dem Duodenum entwickelt (Abb. 701 und 702). Das dorsale Pancreas wird angelegt als eine dorsale Darmrinne, welche sich teilweise vom Darm abschnürt. Die Verbindung zwischen Darm und dorsaler Pancreasanlage wird zum dorsalen Abfuhrgang: dem Ductus Santorini (Abb. 703). Durch Wucherung entsteht das Pancreasgewebe: das eigentliche Drüsengewebe wie auch das endokrine Gewebe.

Die Anlage des ventralen Pancreas ist meist paarig. Sie entsteht rechts und links als Ausstülpung, dort wo der Ductus choledochus in den Darm ausmündet. Die beiden ventralen Anlagen verschmelzen oder auch eine von beiden verschwindet. Die beiden Abfuhrgänge vereinigen sich miteinander, oder einer der Gänge geht verloren (vor allem der linke). Der nun einfache Abfuhrgang ist der Ductus Wirsungianus (Abb. 703); er mündet durch sein Entstehen in das Duodenum aus nahe dem Ductus choledochus.

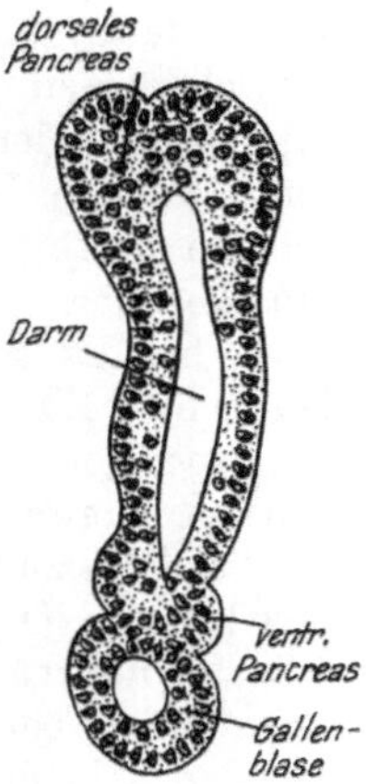

Abb. 701. Querschnitt durch den Mitteldarm eines Kaninchenembryos mit der Anlage vom Pancreas. (Nach BRACHET.)

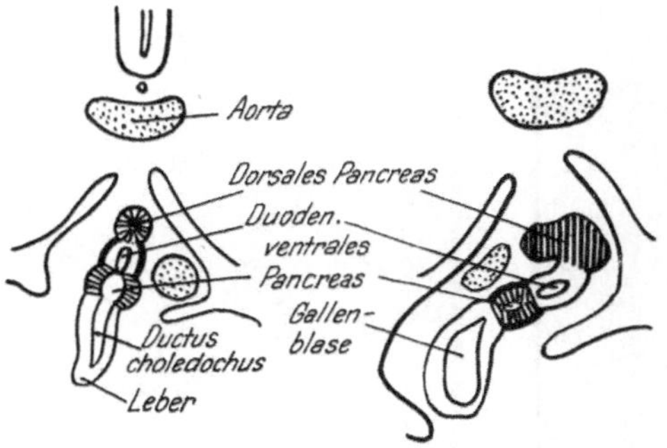

Abb. 702. Anlage von Leber und Pancreas bei Schafembryonen von 5 mm Länge. Querschnitt durch das Duodenum und Umgebung. (Nach STOSS.)

Die dorsale Pancreasanlage liegt im dorsalen Mesenterium (Mesoduodenum) (Abb. 698); die ventrale Anlage dagegen in dem ventralen Mesenterium, bzw. im Septum transversum.

Schließlich vereinigen sich die dorsale und ventrale Anlage zu einer einzigen Drüse. Dies geschieht z. B. bei den Mammalia dadurch, daß die ventrale Anlage um die Vena omphalo-mesenterica hin nach der dorsalen Anlage zu wächst, um schließlich mit dieser zu verschmelzen. Der Ductus Santorini und der Ductus Wirsiungianus können beide erhalten bleiben; in anderen Fällen geht einer von ihnen zugrunde. Im allgemeinen bleibt derjenige Abfuhrgang bestehen, welcher den kürzesten Weg für die Secrete bildet; dabei üben Nachbarorgane, wie die Leber und die Vena portae ihren Einfluß aus.

Die erste Anlage des Pancreas ist ebenso wie die der Leber eine Differenzierung des Entoderms, welche anfänglich in der Ebene des Darmepithels liegt (E. LUDWIG, 1919); diese Differenzierung vereinigt sich früh mit der flach ausgebreiteten Leberanlage zum sogenannten hepato-pancreatischen Ringe (A. WEBER); von diesem liefert der medio-dorsale Teil die dorsale Pancreasanlage; der medio-ventrale Teil dagegen bildet die Leber. Der erstgenannte Teil liegt weiter caudal als der zweitgenannte.

Histologisch ist das Pancreas eine größtenteils alveoläre Drüse. Zwischen den Acini liegen Zellgruppen, die mit weiten Capillaren versehen sind; sie werden intertubuläre Zellgruppen genannt oder LANGERHANSsche Inseln. Diese Zellen entstehen ontogenetisch aus den Pancreaszellen. Sie werden heute allgemein als endokrine Drüsen betrachtet, deren Secret an das Blut abgegeben wird (s. S. 581).

Über das Pancreas in den verschiedenen Vertebratengruppen mögen hier noch einige Bemerkungen folgen. Bei Amphioxus fehlt das Pancreas ganz. Bei den Cyclostomata und den Selachii finden wir nur die dorsale Anlage. Im erwachsenen Zustande kann das Pancreas bei den Pisces ein sehr verschiedenes Aussehen haben: so ist es bei den Selachii ein kompaktes Organ; bei einigen Teleostei dagegen besteht es aus langen, weitverzweigten Drüsenröhren, welche diffus zerstreut sind; sie umhüllen dann die Blutgefäße zwischen den Darmschlingen, insbesondere die Vena portae. Diese Drüsenröhren dringen mit ihren Blutgefäßen in die Leber ein und endigen erst bei den feineren Verzweigungen der Blutgefäße; sie können sogar in die Milz und in die Darmwand eindringen und sich bis zum Enddarm ausbreiten (O. KEIL, 1917). Der Abfuhrgang des Pancreas mündet bei dieser Gruppe in der Nähe des Ductus choledochus in den Vorderteil des Mitteldarmes.

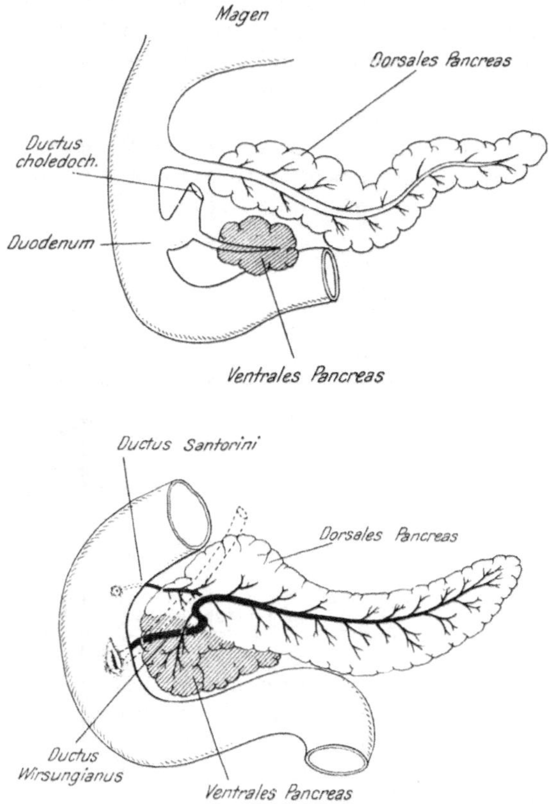

Abb. 703. Anlage des Pancreas vom Menschen. (Nach BROMAN.)

Bei den Amphibia und Reptilia (Abb. 932 auf S. 754 und Abb. 935 auf S. 756) liegt das Pancreas größtenteils in jener Schlinge, die durch Magen und Duodenum gebildet wird. Bei den Anura (Abb. 689) münden die Ausfuhrgänge des Pancreas in den Ductus choledochus, welcher größtenteils in dem Gewebe des Pancreas eingeschlossen ist.

Bei den Aves liegt das Pancreas als eine langgestreckte Drüse in der Schlinge des Duodenum. Seine Abfuhrgänge münden in den aufsteigenden Teil der Duodenalschlinge (Abb. 679 auf S. 562).

Bei den Mammalia (Abb. 703) besitzt das Pancreas eine dorsale Lage im Mesogastrium und Mesoduodenum. Meist ist es eine kompakte Drüse; aber z. B. bei Lepus ist das Pancreas dünn, verzweigt und liegt ausgebreitet in dem Mesenterium der Duodenalschlinge. Der Ductus Wirsungianus (D. pancreaticus major) mündet oft in den Ductus choledochus aus. Der Ductus Santorini (D. pancreaticus minor) kann bestehen bleiben; er mündet dann durchweg in der Nähe des Ductus choledochus in das Duodenum, z. B. bei Equus. In anderen Fällen, z. B. beim Rinde und bei Sus bleibt nur der Ductus Santorini bestehen, welcher dann in größerem Abstande vom Ductus choledochus in das Duodenum mündet.

Schließlich seien noch einige Bemerkungen über die Funktion des Pancreas gemacht. Der abgeschiedene Saft des Pancreas enthält verschiedene Fermente: u. a. Trypsinogen, welches durch die Enterokinase in Trypsin aktiviert wird; es teilt die Eiweiße in Aminosäuren. Wir finden weiter eine Ereptase, welche Albumosen und Peptone aufteilt; weiterhin ein Labferment, eine Diastase und eine Lipase (Steapsin). Die Lipase wird durch den Darmsaft (die Enterokinase) und die gallensauren Salze aktiviert; sie teilt die Fette in Fettsäuren und Glyzerin.

Die innere Sekretion der LANGERHANSschen Inseln spielt eine große Rolle beim Stoffwechsel der Kohlehydrate; man kann annehmen, daß an das Blut ein Hormon abgegeben wird, welches von großer Bedeutung ist für den Kohlehydratstoffwechsel.

Literatur zum Abschnitt Ernährungsorgane.

ALTZINGER, J.: Über die quergestreifte Darmmuskulatur der Fische. Anat. Anz. Bd. 50. 1917.

ANTONY, M.: Über die Speicheldrüsen der Vögel. Zool. Jahrb., Abt. f. Anat. Bd. 41. 1920.

BOAS, J. E. V.: Zur Morphologie des Magens der Cameliden und der Traguliden. Morph. Jahrb. Bd. 15. 1890.

BOLK, L.: Odontologische Studien. I, 1913; II, 1914; III, 1919. — Ders.: Welcher Gebißreihe gehören die Molaren an? Zeitschr. f. Morph. u. Antropol. Bd. 17. 1915. — Ders.: Die Beziehung zwischen Reptilien-, Beutler-, und Plazentaliergebiß. Zeitschr. f. Morph. u. Anthropol. Bd. 20. 1917. — Ders.: Tandwisseling en tandvorm bij Reptilien en Zoogdieren. Vakblad voor biologen. Jaargang 1. 1919. — Ders: Odontological essays. I. II. III. 1921. Journ. anat. Vol. 55; IV, 1922. Ibid. Vol. 56; V, 1922. Ibid. Vol. 57.

BROOM, R.: On evidence of a mammal-like dental succession in the Cynodont Reptiles. Bull. Amer. Mus. Nat. Hist. Vol. 32, art. 28. 1913.

BURCKHARDT, R.: Die Entwicklungsgeschichte der Verknöcherungen des Integuments und der Mundhöhle der Wirbeltiere. Hertwigs Handbuch der vergl. und exper. Entwicklungslehre. Bd. 2, Teil 1. 1902.

EGGELING, H. VON: Inwieweit ist der Wurmfortsatz am menschlichen Blinddarm ein rudimentäres Gebilde? Anat. Anz. Bd. 53. 1920.

FAHRENHOLZ, C.: Über die Verbreitung von Zahnbildungen und Sinnesorganen im Vorderdarm der Selachier und ihre phylogenetische Bedeutung. Jen. Zeitschr. Bd. 53. 1915.

FRIEDMANN, E.: Beiträge zur Zahnentwicklung der Knochenfische. Morphol. Arbeiten. Bd. 7. 1897.

GÖPPERT, E.: Die Entwicklung des Mundes und der Mundhöhle mit Drüsen und Zunge; die Entwicklung der Schwimmblase, der Lunge und des Kehlkopfes bei den Wirbeltieren. Hertwigs Handbuch der vergl. u. exper. Entwicklungslehre. Bd. 2, Teil 1. 1902. — Ders.: Die Bedeutung der Zunge für den sekundären Gaumen und den Ductus nasopharingeus. Beobachtungen an Reptilien und Vögeln. Morph. Jahrb. Bd. 31. 1993.

GÖRS, E.: Beiträge zur Entwicklung der Zunge. Anat. Hefte. 1. Abt. Bd. 52, Heft 3. 1915.

GREGORY, W. K.: The orders of mammals. Bull. Amer. Mus. Nat. Hist. Vol. 27. 1910. — Ders.: Studies on the evolution of the Primates. Bull. Amer. Mus. Nat. Hist. Vol. 35, art. 19. 1916.

HANSEN, H.: Anatomie und Entwicklung der Zyklostomenzähne unter Berücksichtigung ihrer phylogenetischen Stellung. Jen. Zeitschr. Bd. 56. 1919.

HERTWIG, O.: Über den Bau und die Entwicklung der Placoidschuppen und der Zähne der Selachier. Jen. Zeitschr. Bd. 8. 1874.

JACOBSHAGEN, E.: Untersuchungen über das Darmsystem der Fische und Dipnoer I, Jen. Zeitschr. Bd. 47, 1911; II, ibid. Bd. 49, 1913; III, ibid. Bd. 53, 1915. — Ders.: Zur Morphologie des Oberflächenreliefs der Rumpfdarmschleimhaut der Amphibien. Jen. Zeitschr. Bd. 53. 1915. — Ders.: Zur Morphologie des Oberflächenreliefs der Rumpfdarmschleimhaut der Reptilien. Jen. Zeitschr. Bd. 56. 1920.

JAEKEL, O.: Die Wirbeltierfunde aus dem Keuper von Halberstadt. Palaeont. Zeitschr. Bd. 2. 1916.

KEIL, O.: Zur Anatomie und Histologie des Cyprinidenpankreas. Anat. Anz. Bd. 50, 1917.

Kostanecki, K.: Zur vergleichenden Morphologie des Blinddarms unter Berücksichtigung seines Verhältnisses zum Bauchfell. Anat. Hefte. 1. Abt. Bd. 48, Heft 3. 1913.
Kükenthal, W.: Zähne. Handwörterbuch der Naturwissenschaften. Bd. 10. 1915.
Liebert, F.: Over de rol der enzymen bij de bereiding van pekelharing. Rapporten en Verhand. Rijksinstituut v. Visscherijonderzoek. Dl. I, Afl. 1. 1913.
Ludwig, E.: Zur Entwicklungsgeschichte der Leber, des Pankreas und des Vorderdarms bei der Ente und beim Maulwurf. Anat. Hefte, 1. Abt. Bd. 56, Heft 3. 1919.
Maurer, F.: Die Entwicklung des Darmsystems. Hertwigs Handbuch der vergl. und exper. Entwicklungslehre. Bd. 2, Teil 1. 1902.
Müller, S.: Zur Morphologie des Oberflächenreliefs der Rumpfdarmschleimhaut bei den Vögeln. Jen. Zeitschr. Bd. 58. 1922.
Muthmann, E.: Beiträge zur vergleichenden Anatomie des Blinddarmes und der lymphoiden Organe des Darmkanals bei Säugetieren und Vögeln. Anat. Hefte. 1. Abt. Bd. 48, Heft 1. 1913.
Oppel, A.: Lehrbuch der vergleichenden mikroskopischen Anatomie der Wirbeltiere. Teil 1. Der Magen, 1896; Teil 2. Schlund und Darm, 1897; Teil 3. Mundhöhle, Bauchspeicheldrüse und Leber, 1900.
Pfuhl: Über den Läppchenbau der menschlichen Leber. Verh. Anat. Gesellsch. 31. Versammlung. 1922.
Retterer, E.: Structure et origine de l'email dentaire. C. R. Soc. Biol. Vol. 82. 1919.
Schmidt, B.: Das Gebiß des Cyclopterus lumpus L. Jen. Zeitschr. Bd. 49. 1913.
Semon, R.: Die Zahnentwicklung von Ceratodus Forsteri. Jen. Denkschriften. Bd. 4. 1899.
Sluiter, C. Ph.: Über den Eizahn und die Eischwiele einiger Reptilien. Morph. Jahrb. Bd. 20. 1893.
Vorstman, A. G.: Über die Anordnung und Entwicklung der Zähne bei Teleostiern. Proefschrift Amsterdam en Verh. K. Akad. Wet. Amsterdam. 1922.
Wester, J.: Bijdrage tot de vergelijkende physiologie van het digestieapparaat. Proefschrift Universiteit Utrecht. 1923.
Wijhe, J. W. van: Studien über Amphioxus. I. Mund und Darmkanal während der Metamorphose. Verh. K. Akad. Wet. Amsterdam. (2) Dl. 18, Nr. 1. 1914.
Wilson, J. T. and Hill, J. P.: Observations on tooth-development in Ornithorhynchus. Quart. Journ. Micr. Sc. Vol. 51. 1907.
Woerdeman, M. W.: Beiträge zur Entwicklungsgeschichte von Zähnen und Gebiß der Reptilien. I, II, III. 1919. Arch. f. mikr. Anat. Bd. 92. IV, V. 1921. Ibid. Bd. 95.

IX. Die Atmungsorgane.

Die Atmung besteht in Aufnahme von Sauerstoff und Abgabe von Kohlendioxyd. Sie ist ursprünglich nicht an besondere Organe gebunden. Überall, wo der Körper mit der Außenwelt in Berührung kommt, wo die Haut genügend dünn und für Gase durchlässig ist und wo die Blutcapillaren sich erstrecken bis in die äußeren Zellagen —; überall da kann der Gaswechsel vor sich gehen, unter der Voraussetzung, daß die Oberfläche feucht bleibt. Auf diese Weise ist in erster Linie die Haut als Atmungsorgan anzusprechen; zweitens kann auch durch den Darm geatmet werden. Im undifferenzierten Zustand ist also die Atmung nicht lokalisiert, eine Form die man bei vielen Invertebrata und wohl auch bei Vertebrata antrifft. Sobald aber die Haut durch eine sie umringende Hülle abgeschlossen wird, z. B. durch Bildung einer Schale oder eines Chitinpanzers, werden bestimmte Atmungsorgane an bestimmten Plätzen auftreten müssen.

So muß es ebenfalls bei den Vertebrata geschehen; die Wassertiere unter ihnen mit ihrer beschuppten oder bepanzerten Haut atmen durch streng lokal auftretende Kiemen, welche natürlich so angeordnet sind, daß sie mit dem sauerstoffhaltigen Wasser vollauf in Berührung kommen. Bei den Landtieren hingegen, die in allererster Linie mit ihrer Haut einen so schweren Streit gegen das Austrocknen zu kämpfen haben, wären Kiemen unbrauchbar; bei ihnen sind die Atmungsorgane als Lungen denn auch inwendig zu finden, die so gegen das Austrocknen beschützt liegen. Da nun der allmähliche Entwicklungsgang der Vertebrata vom Wasser zum Lande vor sich gegangen ist, so werden wohl zuerst die Kiemen aufgetreten sein. Erst später haben sich die Lungen gebildet, so daß es Formen gegeben haben muß — und die bestehen übrigens noch — die beide Organe besaßen, auch wenn beide niemals gleichzeitig funktionierten. Die Kiemen bilden aber ein primäres, primitives Kennzeichen, die Lungen das sekundäre. Die Haut wird dabei als Atmungsorgan größtenteils ausgeschaltet, bei den Pisces durch die Entwicklung der Schuppen und Schilder, bei den Mammalia durch die Verhornung. Fallen indessen Schuppen, Schilder und Verhornung weg, dann erhält die Haut wieder ihre ursprüngliche Atemfunktion zurück, z. B. bei den unbeschuppten Pisces und den Amphibia.

Daß der Darm potentiell ebenso imstande ist zu atmen, beweist der Umstand, daß Kiemen und Lungen in der Anlage eng an bestimmte Plätze des Darmkanals gebunden sind. Im übrigen ist es begreiflich, daß der Darm als solcher nicht geeignet ist, um als Respirationsorgan aufzutreten; in besonderen Fällen kann das trotzdem geschehen.

Es ist selbstverständlich, daß die Atmungsorgane in der Weise mit dem Blutgefäßsystem zusammengeschaltet sein müssen, daß diese Organe sauerstoffarmes und kohlensäurereiches Blut empfangen. Es muß somit stets ein sehr inniger Verband zwischen Kiemen und Lungen einerseits und dem Verlauf der Blutbahn andererseits bestehen.

A. Die Kiemen.

Die Kiemen der Vertebrata gehören topographisch zum Gebiet des Vorderdarmes; sie entstehen in Wandspalten des Darmes: in den Kiemenspalten. Bei einigen Invertebrata kann dieser Verband zwischen Kiemen und Darm ebenfalls vorkommen, wie bei den Cephalochordata, Urochordata, Balanoglossus u. a. In dieser und noch anderer Hinsicht zeigen diese Tiere in ihrem Bauplan mancherlei Übereinstimmung mit den Vertebrata; man würde dieses ausdrücken können, indem man sie unter dem Namen der Pharyngotremata vereinigte, einem Namen, den VAN WYHE (1901) eingeführt hat, jedoch nur für einzelne dieser Formen.

Mehr oder weniger liegen diese Kiemen also inwendig, so daß man von inneren Kiemen spricht. In allen Gruppen der kiementragenden Vertebrata können nun auch daneben äußere Kiemen vorkommen, die nicht oder nur mittelbar mit den inneren in Verband stehen. Sie sind als besondere sekundäre Bildungen anzusehen; für den allgemeinen Bauplan haben sie denn auch keine besondere Bedeutung. Sie sollen nur dort, wo es nötig ist, besprochen werden. Unter Kiemen im allgemeinen wollen wir nur die inneren Kiemen verstehen.

Amphioxus.

In bezug auf den Bau der Atmungsorgane steht Amphioxus ganz allein; der Anschluß an die Vertebrata ist nur in sehr prinzipiellen Zügen zu finden. Diese beobachten wir zuerst in dem Umstande, daß die Atmung im Vorderdarm ge-

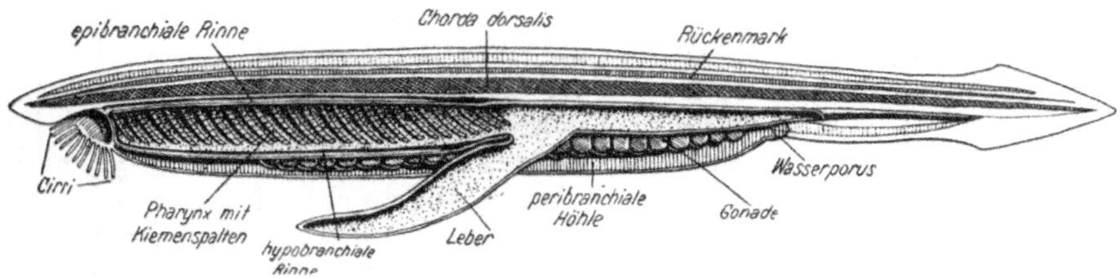

Abb. 704. Medianer Längsschnitt durch Amphioxus. (Nach DELAGE-HÉROUARD, verändert.)

schieht durch Aufnahme von Wasser, welches durch Spalten in der lateralen Pharynxwand wieder entfernt wird; dabei geschieht der Gaswechsel in Blutgefäßen, welche in den Wänden dieser Kiemenspalten liegen. In dieser Hinsicht schließt sich Amphioxus aber nicht allein an die Vertebrata, sondern auch an die Urochordata und einige andere Vertreter der Invertebrata an. Und zweitens findet die Blutversorgung der Atmungsorgane auf dieselbe Weise statt wie bei den Vertebrata, wenn auch die Unterschiede in der Blutversorgung der Kiemen selbst bei den Cephalochordata und Vertebrata sehr groß sind. Man muß indessen nicht aus den Augen verlieren, daß Amphioxus, der sich von kleinen organischen Partikeln nährt, die sich im Atemwasser befinden, seine Kiemen nicht allein zum Atmen, sondern auch zur Nahrungsaufnahme gebraucht, was natürlich großen Einfluß auf den Bau dieser Organe haben muß. In dieser Beziehung schließt sich Amphioxus wiederum an die Urochordata an; aber merkwürdigerweise findet man vollkommen dieselben Grundsätze in Bau und Funktion bei den Kiemen der Lamellibranchiata durchgeführt, also bei Tieren, die mit den Chordata ganz und gar nicht verwandt sind, aber die ebenso mit ihren Kiemen zur gleichen Zeit atmen und „essen“. Das ist wohl ein besonderer Fall von analoger Entwicklung bei zwei Tiergruppen, die im übrigen nichts miteinander gemein haben.

Der Pharynx von Amphioxus ist sehr groß und weit (Abb. 704); seine lateralen Wände sind von zahlreichen langen Spalten durchbohrt, die ein wenig schräg stehen. Durch diese Spalten entsteht also eine Kommunikation zwischen

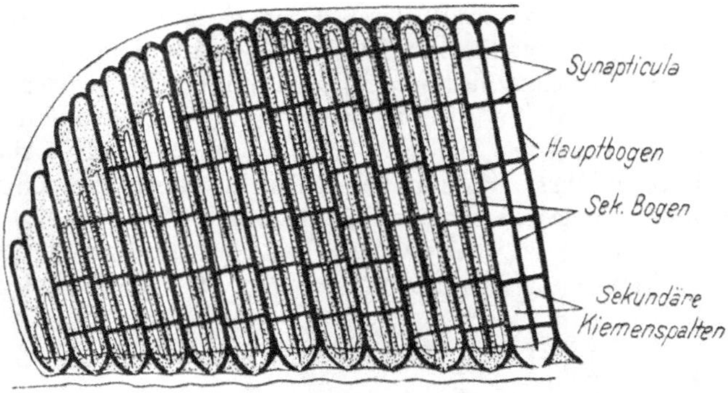

Abb. 705. Kiemenskelett von Amphioxus. (Nach WILLEY.)

dem Pharynx und dem peribranchialen Raum (über den später noch einiges mitgeteilt werden soll), der mit der Außenwelt kommuniziert. In den Wänden der Kiemenspalten liegt nun ein sehr komplizierter Stützapparat, der aus steifen, gelatinösen Stäben besteht. Da dieses System mit dem Kiemenskelet der Vertebrata nichts zu tun hat, möge eine ganz kurze Beschreibung genügen.

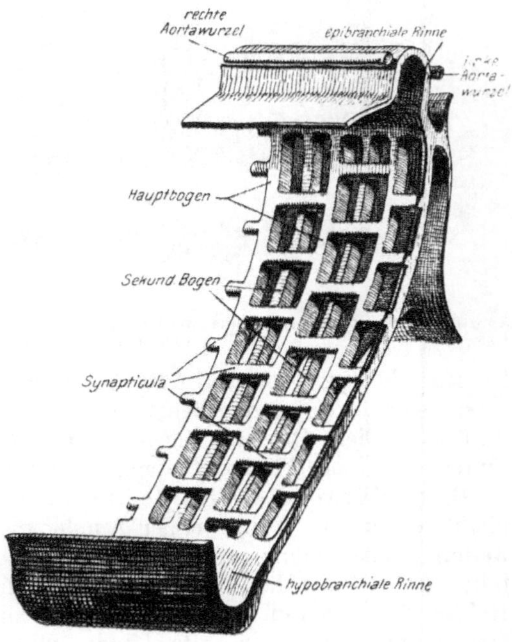

Abb. 706. Schematische Abbildung eines Teiles vom Kiemenkorb von Amphioxus. (Nach DELAGE-HÉROUARD, verändert.)

Zu beiden Seiten jeder Kiemenspalte befindet sich beim jungen Amphioxus ein primärer oder **Hauptbogen**, der durch einen primären Kiemenstab gestützt wird (Abb. 705 u. 707); diese beiden Kiemenstäbe vereinigen sich an der dorsalen Seite, bleiben aber ventral voneinander geschieden. Später entwickelt sich zwischen diesen primären Kiemenstäben ein **sekundärer Bogen** (oder Zungenstab) von der dorsalen Seite her; dieser wächst ventrad, aber endigt ventral frei. Er teilt die Kiemenspalte in zwei halbe Kiemenspalten. So entstehen aus den ursprünglichen primären Kiemenspalten (ungefähr 60 an Zahl) eine doppelte Anzahl definitiver sekundärer, schmalerer Kiemenspalten. Je zwei primäre oder Hauptstäbe werden ferner an verschiedenen Stellen durch Querstäbe (Synapticula) miteinander verbunden; aber diese Synapticula verbinden sich nicht mit den Zungenstäben, verlaufen vielmehr an deren Innenseite (Abb. 706 und 707).

Dieses Stützgewebe liegt natürlich im Gewebe der Kiemenstäbe, das die Wände der Kiemenspalten bildet und welches zu den lateralen Wänden des Pharynx gehört. Es besteht aus einem einschichtigen Cylinderepithel, das mit langen Wimpern versehen ist, die aber auf der Synapticula fehlen (Abb. 707). Auf diese Weise bildet sich ein äußerst feiner Kiemenkorb mit stark wimpernden Wänden. Das Atemwasser muß diesen Korb passieren; es geht zwischen den Bogen durch, die als Kiemen arbeiten (Abb. 707 B: Blutgefäße); aber die Partikel werden am inneren Eingang festgehalten und durch Schleim, der durch Schleimzellen abgesondert wird, zu Pfropfen vereinigt. Diese Pfropfen werden darauf durch die Wimpern auf der medialen Seite der Kiemenstäbe (Abb. 707) dorsad und ventrad weggeführt. So kommen sie in die dorsal gelegene epibranchiale und in die ventral gelegene hypobranchiale Rinne (Abb. 704, 706 und Abb. 739 auf S. 604). Die erste ist eine mediane Falte an der dorsalen Pharynxwand; sie zeigt zwei Reihen stark wimpernder Zellen. Der Bau der hypobranchialen

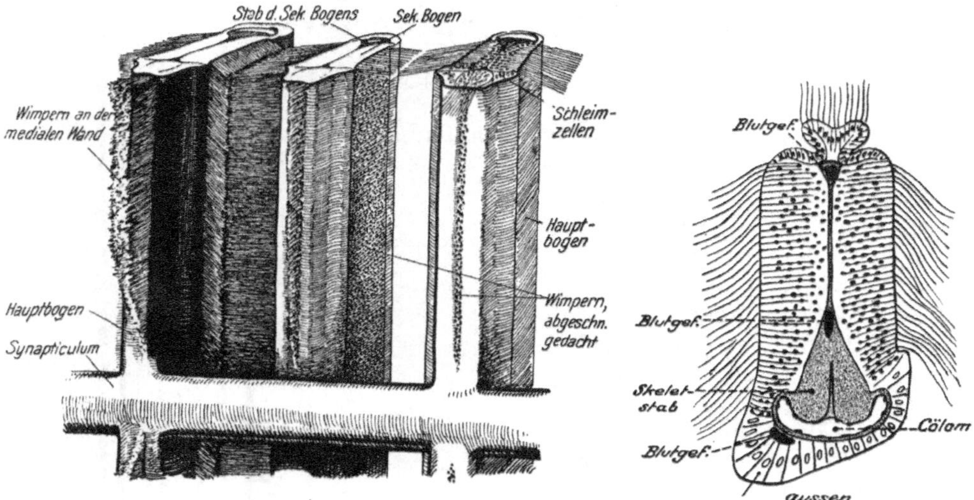

Abb. 707. *A* Schematische Abbildung zweier Hauptbögen und eines Zungenbogens von Amphioxus. (Original.) — *B* Hauptbogen im Querschnitt. (Aus BÜTSCHLI.)

Rinne ist komplizierter (auf Abb. 739, S. 604), da sie noch Schleimzellen enthält. Über beide wird bei der Behandlung der Schilddrüse noch näher gesprochen (S. 604). Diese Rinnen fangen die mit Schleim umhüllte Nahrung auf und führen sie durch Wimpern caudad zum Oesophagus.

Die peribranchiale Höhle ist ein Gebilde, das bei den anderen Vertebrata nicht vorkommt. Beim jungen Amphioxus fehlt sie. Es treten erst in der weiteren Entwicklung an der ventralen Seite zwei Falten auf: die Metapleuralfalten (Abb. 708); diese vereinigen sich miteinander und umschließen so eine Höhle: die peribranchiale Höhle (fälschlich auch das Atrium genannt). Nur am caudalen Ende der Falten findet diese Verwachsung nicht statt, so daß dort eine Öffnung bleibt: der Wasserporus, welcher den peribranchialen Raum mit der Außenwelt verbindet (Abb. 708). Die Wand dieser Höhle wächst nun stark dorsad aus und drückt hierbei die ventrale Körperwand vor sich her. Die Höhle liegt schließlich links und rechts vom Pharynx; ihre Wand verwächst mit ihm. Wenn sich nun in diesem Vorderdarm die Kiemenspalten bilden, dann brechen sie durch die Pharynxwand und durch die mit ihr verwachsene Wand der peribranchialen Höhle durch; auf diese Weise entsteht eine Kommunikation

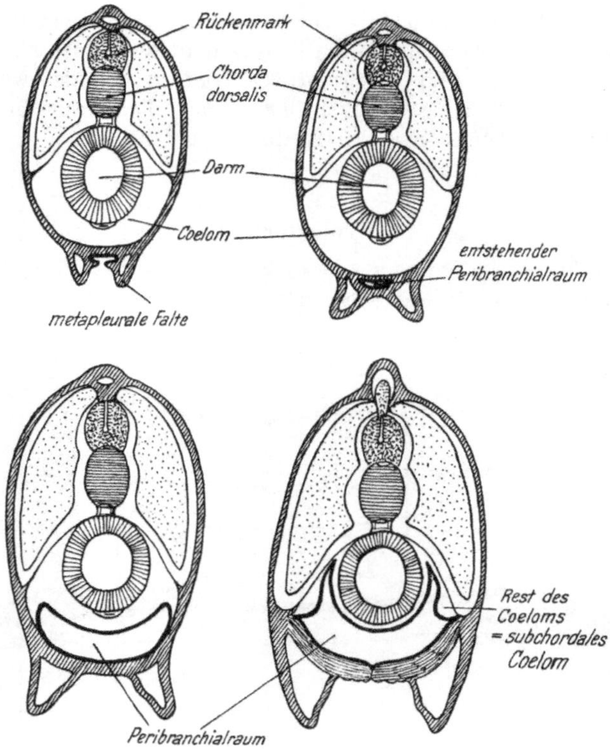

Abb. 708. Vier Entwicklungsstadien von Amphioxus im Querschnitt. (Nach FELIX in HERTWIGS Handbuch.)

zwischen dem peribranchialen Raum und dem Vorderdarm (Abb. 709). Das Atemwasser wird dann durch den Wasserporus entfernt.

Durch diese sehr komplizierte Einrichtung der Atmungsorgane steht Amphioxus außerhalb der Reihe der Vertebrata. Aber, wie bereits gesagt, müssen wir im Kiemenapparat eine Anpassung an eine doppelte Funktion sehen, die ein Organ von großem Umfange fordert. Deshalb gibt auch die große Anzahl der Kiemenspalten keine Andeutung für eine etwa ursprüngliche Zahl, die bei den Urvertebrata bestanden haben könnte; vielmehr muß man hier an eine sekundäre Vermehrung denken. Der analoge Fall bei

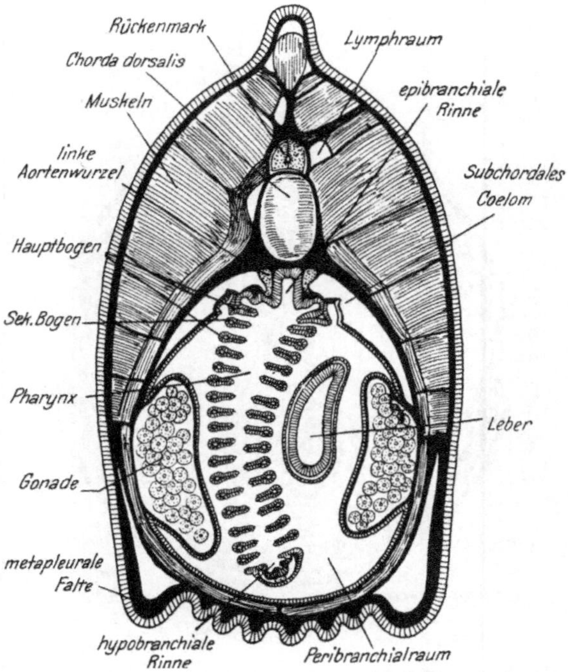

Abb. 709. Querschnitt durch einen erwachsenen Amphioxus. (Nach WILLEY, verändert.)

den Kiemen der Lamellibranchiata zeigt dasselbe; auch hier sind die Kiemen viel größer als wir sie bei andern Mollusken finden; auch hier hat die besondere Ernährung dazu geführt, daß solche großen Kiemen gebildet wurden, was um so einleuchtender ist, als die Muscheln Tiere sind, die durch ihre geringen Bewegungen nur ein geringes Sauerstoffbedürfnis haben.

Cyclostomata.

Bei den Cyclostomata finden wir sehr eigenartige Verhältnisse, die wohl darauf zurückzuführen sind, daß diese Tiere parasitisch leben und, wie alle Parasiten,

Abb. 710.
Abb. 711.
Abb. 712.

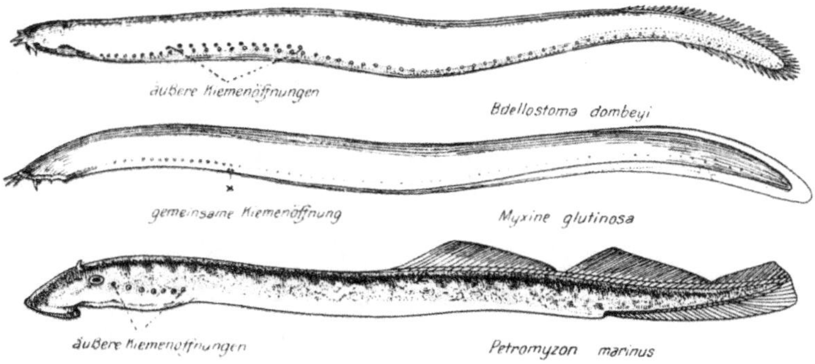

Abb. 710–712. Habitus dreier Cyclostomata. (Nach BASHFORD DEAN.)

dadurch sekundäre Anpassungen zeigen, die besonders im Bereich des Kopfes mit seinem starken Saugmund zum Ausdruck kommen müssen. Interessant ist indessen die Tatsache, daß mehr als fünf Kiemen vorkommen, namlich sieben bei Petromyzon, sechs bei Paramyxine (Abb. 719) und Myxine (Abbildung 720), sechs bis vierzehn bei Bdellostoma (Abb. 717–718). Bei Petromyzon stehen die sieben Kiemen mit der Außenwelt im Zusammenhang durch sieben kleine Öffnungen (Abbildung 712); mit dem Darm hingegen kommunizieren sie nicht direkt, da sie ventral vom Pharynx ausmünden in einen branchialen Blindsack, den Ductus branchialis (Abbildung 713). Bei der Larve Ammocoetes ist das nicht der Fall; die Kiemen öffnen sich vielmehr direkt in den Pharynx selbst (Abb. 714). Diese Larve lebt im Schlamm und nährt sich von dessen kleinen organischen

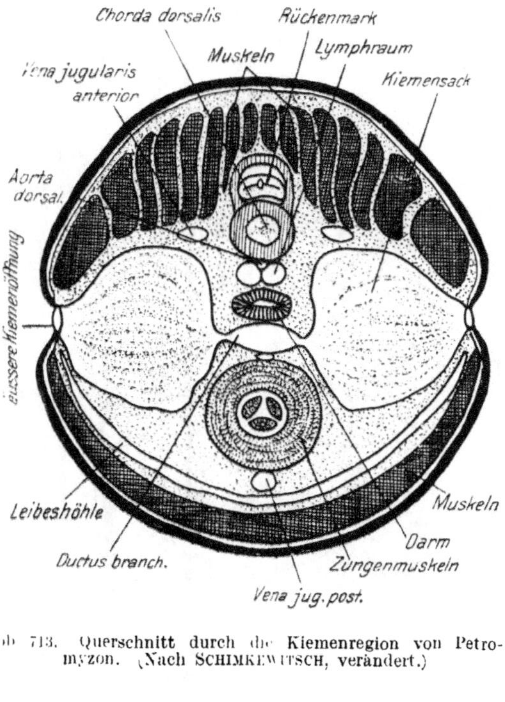

Abb. 713. Querschnitt durch die Kiemenregion von Petromyzon. (Nach SCHIMKEWITSCH, verändert.)

Partikeln. Erst später stülpt sich der Pharynx caudad unter dem Darm aus, wodurch der ebengenannte branchiale Blindsack geformt wird (Abb. 715). Ohne Zweifel steht dieser Vorgang in Verbindung mit der neuen Ernährungsweise und der damit zusammenhängenden Entwicklung des großen Saugmundes bei dem erwachsenen Tiere.

Die Kiemen liegen in Kiemensäcken (Abb. 713, 716); es sind blattförmige Lamellen in der Wand der Säcke. Diese Kiemensäcke sind wohl identisch mit den Kiemenspalten der Pisces; der erste von ihnen liegt wahrscheinlich zwischen dem sehr veränderten Hyoid- und ersten Kiemenbogen (Abb. 325 auf S. 228); es müssen dann sieben Kiemenbogen vorhanden sein. Die Kiemensäcke werden durch feste Bindegewebssepta geschieden: die interbranchialen Septa (Abb. 716).

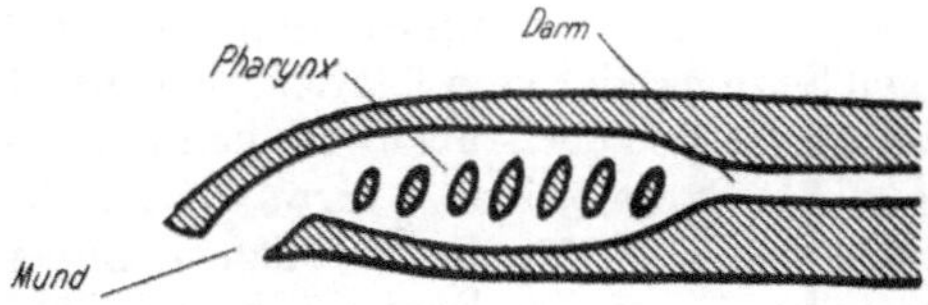

Abb. 714.

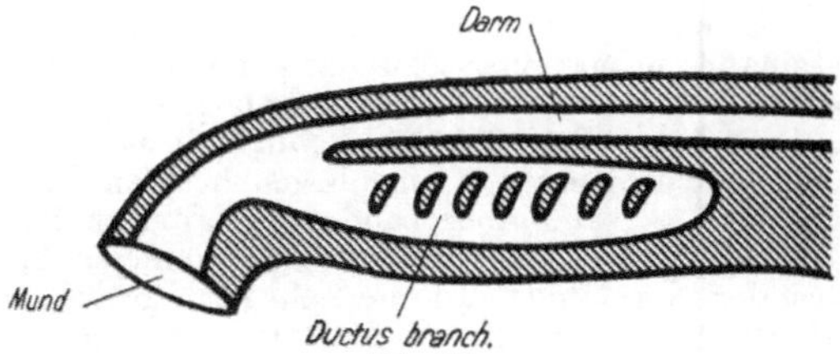

Abb. 715.

Abb. 714. Schema eines Längsschnittes durch das Vorderende von Ammocoetes. — Abb. 715. Dasselbe von Petromyzon. (Nach WIEDERSHEIM.)

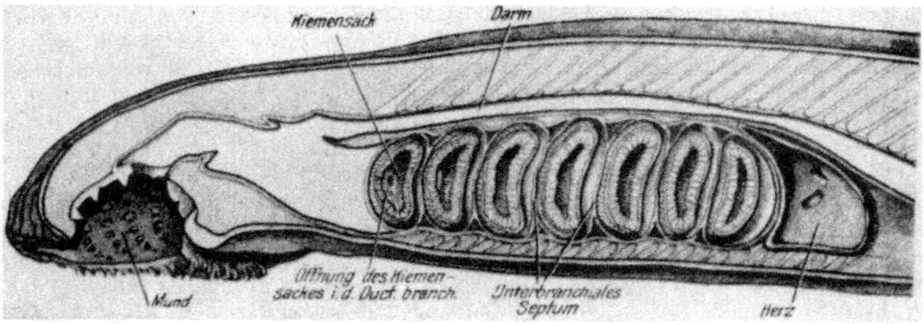

Abb. 716. Medianer Längsschnitt durch das Vorderende von Petromyzon. (Nach VIALLETON, verändert.)

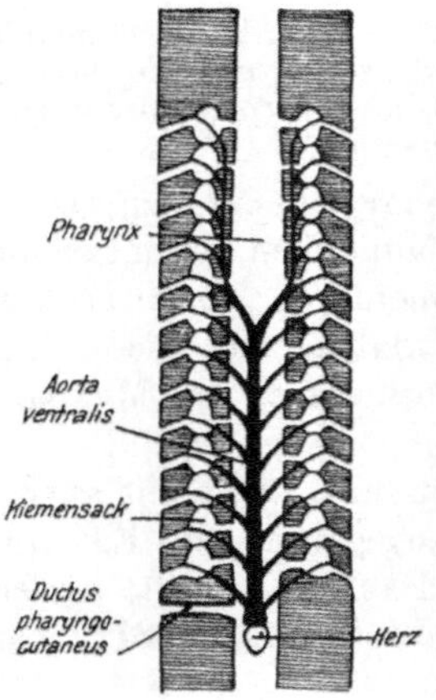

Abb. 717. Bdellostoma stouti.

Abb. 718. Bdellostoma Bürgeri.

Abb. 719. Paramyxine.

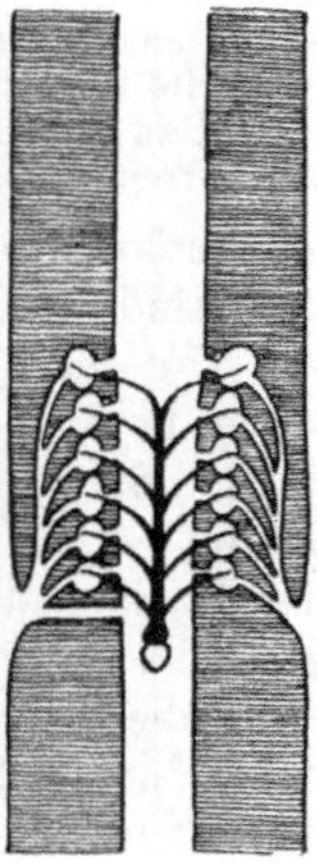

Abb. 720. Myxine.

Abb. 717—720. Schemata der Kiemensäcke bei den Cyclostomata. (Nach BASHFORD DEAN in BRONN.)

Bei den übrigen Cyclostomata fehlt der Ductus branchialis; dagegen münden die Kiemensäcke nicht direkt nach außen, sondern durch Kanäle (Abb. 717 bis 720). So sind bei Bdellostoma sechs bis vierzehn Kiemensäcke vorhanden (je nach den verschiedenen Arten); und zugleich findet man eine korrespondierende Anzahl von Kiemenkanälen und Kiemenöffnungen. Ferner findet man auf der linken Seite caudal vom letzten Kiemensack einen unpaaren Kanal, der den Pharynx direkt mit der Außenwelt kommunizieren läßt: den Ductus pharyngo-cutaneus. Bei Paramyxine — verwandt mit Myxine — konvergieren die sechs Seitenkanäle etwas; bei Myxine münden sie gemeinsam aus; links und rechts findet man somit nur eine einzige Kiemenöffnung (Abb. 719 u. 720), die links auch die Öffnung von dem eben genannten Ductus aufnimmt. Myxine weicht also am meisten ab.

Es entsteht nun die Frage, ob man die große Anzahl der Kiemensäcke bei Bdellostoma als primär oder sekundär auffassen muß. Diese Frage hängt natürlich mit der anderen zusammen, wieviel Kiemenbögen und Kiemenspalten die Craniota ursprünglich gehabt haben (vgl. S. 238); darauf läßt sich aber keine bestimmte Antwort geben. Die gewöhnliche Anzahl Kiemenbögen bei den Pisces beträgt nämlich fünf (Abb. 332 auf S. 234); es kann aber caudal des fünften Bogens bei den Elasmobranchii noch ein Rudiment eines sechsten Bogens vorkommen, z. B. bei der Familie der Heterodontidae; bei den Notidanidae ist die Zahl noch größer: nämlich sechs bei Hexanchus, sieben bei Heptanchus (Abb. 331 auf S. 234); bei Chlamydoselachus kommt ferner noch ein kleiner Rest eines siebenten Bogens vor. Auch bei Pliotrema — in der Familie der Pristiophoridae — sind sechs Bögen beobachtet. Dabei behalte man aber im Auge, daß bei Embryonen von Heptanchus caudal vom siebenten Bogen noch ein Rudiment des achten Bogens und Rudimente einer achten und neunten Kiemenspalte gesehen sind (Braus 1906). Die Kiemenbogenreihe ist also wohl sicher in caudo-cranialer Richtung vermindert. Hiermit ist aber nicht gesagt, daß diese Reduktion von Heptanchus über Hexanchus und Pliotrema bis zu den pentanchen Elasmobranchii fortgeschritten ist; mit anderen Worten: daß die fünf Kiemenbögen der Elasmobranchii den Kiemenbögen von Heptanchus homolog sind und daß somit die Bögen VI und VII von Heptanchus weggefallen wären. Es ist vielmehr ebensogut möglich, daß diese Verminderung mitten in den Reihen der Kiemenbögen selbst stattgefunden hat (Versluys 1922); eine solche Verkürzung der Zahl der Kiemenbögen muß wenigstens bei Amphibia angenommen werden (Drüner 1902) (vgl. S. 251). Es ist deshalb nicht zulässig, die Kiemenbögen der verschiedenen Formen ohne weiteres zu vergleichen.

Sicher sind mehr als sieben Kiemenbögen bei den Craniota verhanden gewesen, aber die wirkliche Anzahl ist unbekannt. Bdellostoma mit seiner großen Anzahl von Kiemensäcken würde in der Beziehung eine Andeutung geben können, aber unglücklicherweise ist das Skelet von dieser Kiemenreihe rudimentär. In der Entwicklung dieses Tieres legen sich sogar etwa 35 Kiemensäcke an, von welchen aber nur die caudalen 6—14 bestehen bleiben, während die cranial gelegenen Säcke verschwinden (Price 1896); hier ist also eine Verminderung der Kiemensäcke in cranio-caudaler Richtung wahrzunehmen. Aber diese Anzahl besagt nichts, da Skeletteile so ziemlich fehlen; außerdem muß man im Auge behalten, daß die Cyclostomata eine parasitäre Lebensweise führen, die ihren Stempel auf den ganzen Bau des Körpervorderendes drückt, so daß dieser Körperteil für vergleichend-anatomische Betrachtungen nur mit Vorsicht zu gebrauchen ist.

Die morphologische Bedeutung des Ductus pharyngo-cutaneus ist dunkel. Seine Wände sind glatt und tragen keine Kiemen; außerdem kommt er nur links vor. Einige Untersucher sehen ihn als einen rudimentären Kiemensack an, wofür aber alle Beweise fehlen. Eigenartig ist es dabei, daß dieser Gang bei Bdellostoma hinter dem letzten Kiemensack vorkommt, bei Myxine hinter dem siebenten.

Wie der Mechanismus der Atmung verläuft, ist noch nicht mit aller Sicherheit festgestellt; für Petromyzon wird einerseits angegeben, daß Ein- und Ausatmen durch die Kiemenöffnungen erfolgt (Chr. Bastert, 1919); andererseits aber, daß die Inspiration durch den Mundgeschieht (Babák, 1921); man wird wohl annehmen müssen, daß, wenn sich das Tier an seiner Beute festgesogen hat, die erstgenannte Art der Atmung die einzig mögliche ist. Bei Myxine soll das Riechorgan, das mit der Mundhöhle in Verbindung steht, den Inspirationsstrom zu den Kiemen führen; der Exspirationsstrom geht durch die Kiemengänge (BRIDGE 1904); hat das Tier sich aber mit seinem Vorderende in seine Beute eingegraben, dann kann kein Wasserstrom durch den Mund oder das Riechorgan geführt werden; dann müssen vielmehr In- und Exspiration durch die Kiemengänge erfolgen.

Pisces.

Bei den Craniota kommen im allgemeinen sieben viscerale Bogen vor; der vorderste ist der Kieferbogen, dann folgt der Hyoidbogen, danach kommen die fünf eigentlichen Kiemenbögen (Abb. 326 auf S. 230). Also gibt es sechs viscerale Spalten; von diesen können höchstens fünf als Kiemenspalten dienen. Der Spalt zwischen Kiefer- und Hyoidbogen funktioniert niemals als Kiemenspalte und kann hier außerhalb der Betrachtung bleiben. Über die Frage, ob er letzten Endes als Kiemenspalt aufgefaßt werden kann, soll bei der Behandlung der spiraculären Kieme noch einiges gesagt werden.

Die Kiemenspalten entstehen links und rechts aus Kiemensäcken, Ausstülpungen des Pharynx. Diese wachsen laterad; von der Haut kommen ihnen flache Falten entgegen: die Kiemengruben. Kiemensäcke und -gruben legen sich gegeneinander an; die dazwischenliegende Membran bricht darauf durch; wenigstens bei den Anamnia ist dies der Fall; bei den Amnotia kann dies Durchbrechen ganz oder zum Teil unterbleiben. Zwischen den Kiemenspalten liegen die Kiemenbogen; der erste Kiemenspalt liegt zwischen dem Hyoid- und ersten Kiemenbogen, der fünfte zwischen Kiemenbogen IV und V. In den Wänden der Kiemenspalten entwickeln sich die Kiemen; ob sie hervorsprossen aus der Wand der Kiemensäcke oder der Kiemengrube, oder aus beiden, ist nicht sicher. Es scheint indessen, daß die entodermale Herkunft besser begründet ist; die Kiemen wären dann Entobranchiae. Übrigens liegt die Wahrscheinlichkeit nahe, daß die Kiemen aus den Kiemensäcken entstehen, da diese stets viel größer und tiefer sind als die Kiemengruben. Wir können die Kiemen deshalb als Darmkiemen ansehen. Nach dieser Auffassung haben wir es bei der Atmung der Pisces morphologisch gesprochen mit Darmatmung zu tun. Bei der Behandlung der Kiemen der Amphibia wird übrigens noch einiges über diese Frage gesagt werden.

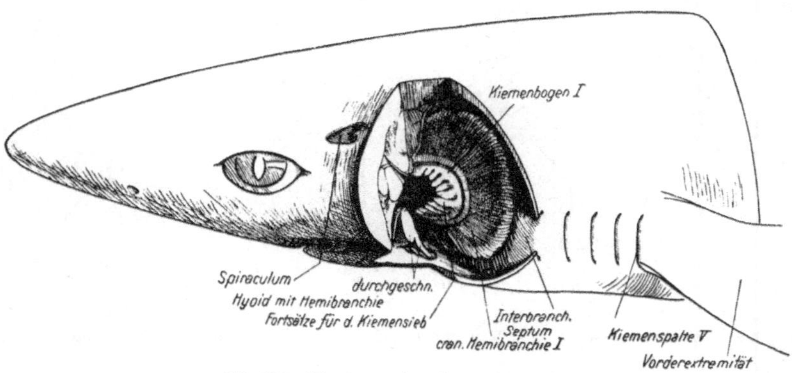

Abb. 721. Kopf von Acanthias (Original).

Bei den **Elasmobranchii** sind die Kiemen befestigt an der lateralen, konvexen Seite der Kiemenbögen. Jeder Kiemenbogen ist von einer Bindegewebsschicht umgeben, die sich laterad in ein festes Septum fortsetzt: das interbranchiale Septum (Abb. 721—726). An beiden Seiten sind diese Septa mit

Pharynxepithel bekleidet, das nun durch Faltung (Branchial-Lamellen) die Kiemen (Branchiae) formt. Diese Kiemenlamellen bekleiden die Septa bei den Selachii nur zum Teil, so daß das terminale Stück davon frei ist (Abb. 722). Dieses Endstück verwächst mit der Haut: so bilden sich enge Kiemenräume, die durch Hautlappen geschlossen werden (Abbildung 727). Jedes Kiemenseptum trägt also an der cranialen und caudalen Seite eine Reihe von Kiemenlamellen, die zu verschiedenen Kiemenräumen gehören; zusammen formen diese halben Kiemen jedes Septum (Hemibranchiae) eine einzelne ganze Kieme (Holobranchia). Holobranchiae kommen vor an den Kiemenbögen I—IV, bei Heptanchus I—VI; außerdem trägt die caudale Seite des Hyoid auch noch eine Hemibranchie; im ganzen sind also $4^1/_2$ bzw. $6^1/_2$ Kieme vorhanden (Abb. 727). Der fünfte Kiemenbogen trägt keine Kiemenlamellen. Dieser am meisten caudale Kiemenbogen spielt also für die Atmung keine Rolle; er ist übrigens kleiner als

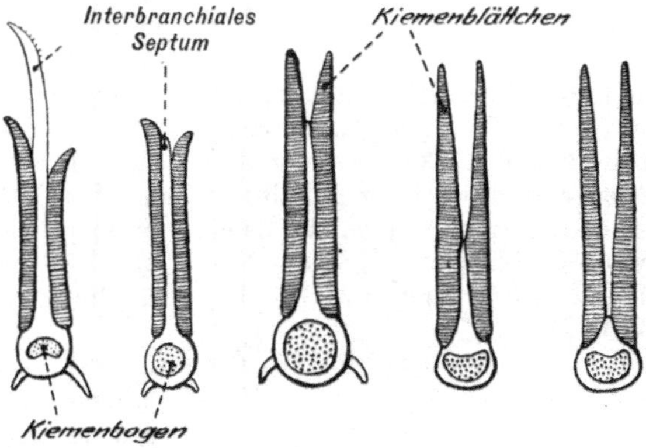

Abb. 722. Selachier. Abb. 723. Chimaera. Abb. 724. Acipenser. Abb. 725. Abb. 726. Teleostei.

Abb. 722—726. Kiemenschemata. (Nach BRIDGE.)

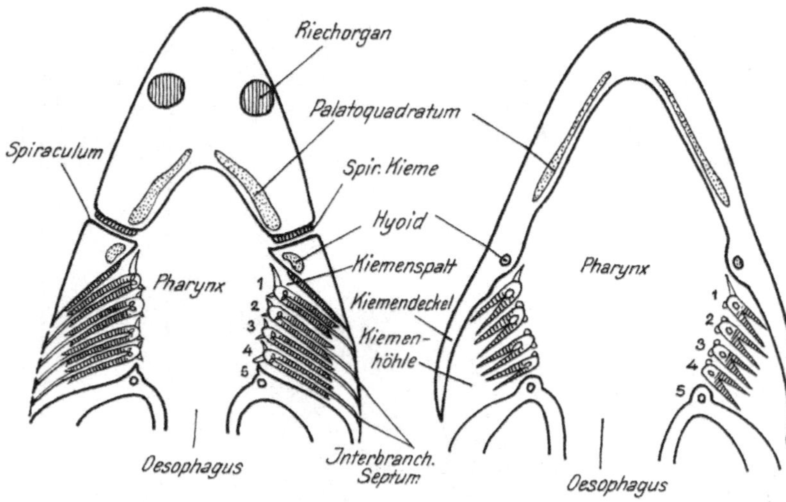

Abb. 727. Selachii. Abb. 728. Teleostei.

Abb. 727—728. Vergleich zwischen dem Kiemenbau bei Selachii und Teleostei. (Nach BRIDGE, verändert.)

die andern und zeigt Reduktion im Bau; ferner liegt er nicht frei, sondern in der caudalen Wand des letzten Kiemenraumes. Seine Funktion ist auch eine ganz andere: er dient nämlich dazu den caudal von ihm gelegenen Schultergürtel zu stützen. Bei Heptanchus geschieht das mit dem siebenten, bei Hexanchus mit dem sechsten Kiemenbogen. Die Kiemenreihe, die sich ursprünglich vielleicht vom Kieferbogen bis zum letzten Kiemenbogen ausstreckte, wird also sowohl an der cranialen als auch an der caudalen Seite reduziert.

Man kann also bei den Selachii ebenso wie bei den Cyclostomata von Kiemensäcken sprechen, da die Kiemen nicht frei zum Vorschein kommen, sondern in einzelnen Räumen geborgen sind, die durch die Kiemenspalten mit der Außenwelt in Verbindung stehen. — An der konkaven Seite der Kiemenbögen können Fortsätze vorkommen, die als Kiemensieb arbeiten (Abb. 721—727): d. h. sie lassen allein Wasser durch die Kiemensäcke abströmen, halten aber feste Bestandteile in dem Pharynx zurück.

In der cranialen Wand der ersten visceralen Spalte, nämlich im Spiraculum, kann eine sogenannte spiraculäre Kieme auftreten in Form von blutreichen Falten (Abb. 727). Dieses Organ ist indessen keine Kieme, sondern eine Pseudobranchie, da sie Oxyblut empfängt und deshalb nicht als Atmungsorgan fungiert (s. S. 659).

Noch etwas weiter geht die Reduktion der Kiemen bei den Holecephali, die nur drei Holobranchien besitzen, nämlich am Kiemenbogen I, II und III; außerdem kommt eine Hemibranchie am caudalen Rand des Hyoid und am cranialen des Kiemenbogens IV vor. Der Kiemenspalt zwischen dem vierten und fünften Kiemenbogen bleibt geschlossen. Mit dem Spiraculum ist die spiraculäre Pseudobranchie auch verschwunden. Das interbranchiale Septum (Abb. 723 Chimaera) ist viel kürzer als bei den Selachii, wodurch diese Formen sich anschließen bei den Dipnoi und Teleostei. In dieselbe Richtung führt ein zweiter Schritt: der Hyoidbogen trägt starke Strahlen zur Stütze einer großen Hautfalte, die wie eine Klappe über den inwendigen Kiemenöffnungen liegt und diese schließt. So findet man hier einen membranösen Kiemendeckel, das Operculum, welches auch bei den Teleostei gebildet wird, jedoch durch das Auftretungen von Hautverknöcherungen fest wird. Übrigens findet man unter den Selachii bei Chlamydoselachus auch ein kleines membranöses Operculum, das aber nur die erste Kiemenspalte bedeckt.

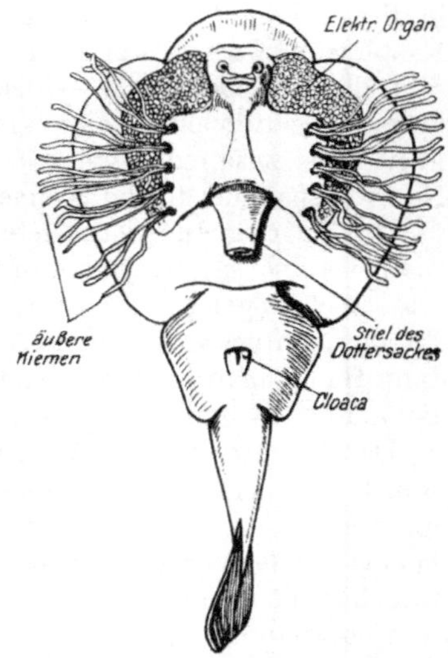

Abb. 729. Embryo von Torpedo mit äußeren Kiemen. (Nach BRIDGE.)

Bei Embryonen der Selachii entwickeln sich Bündel äußerer Kiemen, die aber im erwachsenen Zustand verschwinden (Abb. 729). Diese kommen am Hyoidbogen und am Kiemenbogen vor; man kann sie sogar auch in der Wand des Spiraculum antreffen. Sie entwickeln sich selbständig und sind deshalb nicht als Bildungen der Kiemen selbst anzusehen; es sind vielmehr Auswüchse der entodermalen Kiemenbogenbekleidung. Die Tatsache, daß diese akzessorischen Atmungsorgane auch in der spiraculären Wand auftreten können, ist deshalb kein Beweis dafür, daß das Spiraculum als alter Kiemenspalt aufzufassen sei; kann doch, wie bereits früher bemerkt, jede mit der Außenwelt in Berührung tretende Körperoberfläche unter bestimmten Bedingungen an der Respiration teilnehmen. Diese larvalen Kiemenfäden werden von Zweigen der Branchialarterien mit reduziertem Blut versehen, während das Oxyblut zu den Epibranchialarterien zurückströmt.

Bei den **Teleostomi** ist das interbranchiale Septum stark verkürzt, bei den Teleostei selbst beinahe ganz verschwunden (Abb. 724—726 und 728). Eine Folge hiervon ist, daß die Hemibranchien frei zum Vorschein kommen; zwei Hemibranchien an einem einzigen Kiemenbogen bilden zusammen eine einzelne Kieme (Holobranchie). Im allgemeinen kommen diese Holobranchien bei den Kiemenbögen I—IV vor; der fünfte Kiemenbogen trägt nämlich auch hier keine Kiemen, abgesehen von den Dipnoi, die später behandelt werden. Dieser Bogen kann übrigens in einigen Fällen als „Kehlknochen" in den Dienst der Nahrungsaufnahme treten. Eine Reduktion dieser Kiemenzahl ist immerhin häufig zu beobachten; ein Extrem wird bei Amphipnous aus Indien beobachtet, der nur am zweiten Kiemenbogen eine Kieme trägt. Die Kiemenreihe der Teleostei ist kürzer als die bei den Selachii; sie liegt unmittelbar hinter dem Kopf. Die Kiemensäcke sind also verschwunden; die Kiemen liegen frei nebeneinander in einer Kiemenhöhle. Diese wird durch ein knöchernes Operculum geschlossen, das an dem Hyomandibulare befestigt ist; es unterscheidet sich grundsätzlich nicht von dem der Holocephali. Dieses Operculum ist beweglich und spielt eine große Rolle im Atmungsmechanismus; außerdem beschützt es die Kiemen. Es kann jedoch zum Teil mit der Wand der Kiemenhöhle verwachsen; in diesem Falle bleibt dann nur ein Spalt oder eine Öffnung zum Durchlassen des Exspirationswassers übrig, die an verschiedenen Orten liegen können (Anguilla, Siluridae, Hippocampus). — Meistens trägt die mediale, konkave Seite der Kiemenbogen eine doppelte Reihe knorpeliger oder knöcherner Tuberkeln oder Filamente, die zusammen ein Kiemensieb bilden, durch welches das Eintreten der Nahrungspartikel in die Kiemen verhindert wird.

Das Spiraculum ist meistens verschwunden, kann aber noch vorhanden sein, wie bei Acipenser, Polyodon und Polypterus; embryonal wird es bei einigen Teleostei noch angelegt; bei Amia und Lepidosteus sind sogar im erwachsenen Zustande noch geschlossene Reste zu finden. Ist das Spiraculum noch vorhanden, dann findet man auch eine spiraculäre Pseudobranchie, z. B. bei Acipenser und Polyodon, aber nicht bei Polypterus.

Der Hyoidbogen kann übrigens auch noch eine Hemibranchie tragen und zwar bei Acipenser; diese empfängt dann reduziertes Blut aus der Aorta und dient auf diese Weise als Respirationsorgan. In den meisten Fällen herrscht aber über das eventuelle Vorkommen dieser Halbkieme und auch der spiraculären Pseudobranchien keine Sicherheit. — Lepidosteus zeigt an der Innenseite des Operculum zwei sogenannte operculäre Kiemen. Eines dieser Organe empfängt reduziertes Blut aus der ventralen Aorta und kann also als Kieme funktionieren; es wird als eine hyale Hemibranchie angesehen, die zum Operculum gewandert ist. Das andere Organ aber empfängt Oxyblut, wie die Pseudobranchie der Selachii; es wird darum als die spiraculäre Pseudobranchie angesehen, die ebenfalls nach der Innenfläche des Operculum gewandert sein soll, da Lepidosteus im erwachsenen Zustand kein Spiraculum mehr hat.

Bei den Teleostei kommt nur eine einzige „operculäre" Kieme vor, die auf verschiedene Weise gebaut ist: zuweilen als kiemenartiges Organ (Alosa, Barbus), manchmal als reduzierte Kieme (Pleuronectidae); in anderen Fällen beobachtete man dies Organ mehr oder weniger eingesunken in die Haut des Operculum, als ein augenscheinlich drüsenähnliches, sehr blutreiches Organ, reich an Wundernetzen, das dann selbst nicht mehr auf dem Operculum, sondern mehr an der Basis des Schädels liegt (Salmo, Esox, Gadus). Wie muß dieses Organ nun aufgefaßt werden: als spiraculäre Pseudobranchie oder als hyale Hemiebranchie? In allen Fällen strömt Oxyblut zu diesem Organ aus Zweigen der Aorta dorsalis (Abb. 816 auf S. 660): jedoch nicht immer, wie bei Selachii, aus der zweiten Arteria epibranchialis, sondern entweder aus dieser oder aus dem Circulus cephalicus oder aus beiden (MAURER 1884). In dieser Blutversorgung sehen wir also eine gewisse Übereinstimmung mit der Pseudobranchie der Selachii; das könnte darauf schließen lassen, daß wir es hier ebenfalls mit einer Pseudobranchie zu tun haben, die mit ihrer Wanderung nach dem Operculum eine etwas andere — aber prinzipiell dieselbe — Blutversorgung erhalten hat. Aber die Innervation steht hierzu im Gegensatz: wäre die operculäre Kieme der Teleostei wirklich homolog mit der Pseudobranchie der Selachii, dann würde man erwarten können, daß in beiden Fällen die Innervation dieselbe sei: nämlich durch den Nervus facialis, der das Spiraculum innerviert. Das ist aber nun durchaus nicht immer der Fall; die Innervation findet wohl erstens durch den genannten Nerv statt, dann aber zweitens durch den Nerv der ersten Kiemenspalte, den Nervus glossopharyngeus. Und das kann darauf weisen, daß wir es hier mit verschiedenen Typen der Pseudobranchien zu tun haben, die wir gegenwärtig unter dem Namen der operculären Kiemen zusammenfassen; ein Teil von diesen kann dann mit der spiraculären Pseudobranchie der Selachii verglichen werden, ein anderer Teil nicht.

Ist das richtig, dann müssen eigentlich drei verschiedene Formen unterschieden werden: Erstens die spiraculäre Pseudobranchie bei den Selachii im Spiraculum, bei Lepidosteus und einigen Teleostei auf dem Operculum; zweitens die operculäre Hemibranchie auf dem Kiemendeckel von Lepidosteus; und drittens ein Organ, das in der Blutversorgung übereinstimmt mit der spiraculären Kieme, aber eine andere Innervation besitzt und nicht immer auf dem Operculum liegt (Teleostei). Das letzte Wort in dieser Angelegenheit ist aber noch nicht gesprochen. Auch ist die Bedeutung dieser operculären Kiemen wie auch der Pseudobranchie der Selachii heute noch dunkel. Als echte Kiemen können sie jedoch bestimmt nicht funktionieren; verlieren sie doch auch, wie wir eben sahen, in vielen Fällen ganz den Charakter kiemenförmiger Organe. Es scheint die Möglichkeit zu bestehen, daß sie für die Regelung des Blutdruckes im Auge Bedeutung haben: die Arterie, welche die operculären Kiemen versorgt, verläuft nämlich als Arteria ophthalmica zum Auge. Etwas Sicheres darüber ist nicht bekannt; da die operculären Kiemen aber bei vielen Teleostei fehlen, scheinen sie keine physiologisch stets notwendigen Organe zu sein.

Ebenso wie bei den Selachii können auch bei den Teleostei l a r v a l e ä u ß e r e K i e m e n vorkommen. Aber solche Kiemenfilamente haben nicht immer den gleichen Ursprung. So findet man bei Salmo und Misgurnus fadenförmige Ver-

Abb. 730. Junger Polypterus mit äußeren Kiemen. (Nach GOODRICH.)

längerungen der gewöhnlichen inneren Kiemenblättchen; bei Polypterus (Abb. 730) und Calamoichthys dagegen federförmige Ausstülpungen des Kiemendeckelrandes, die also zur Haut gehören und nicht mit erstgenannten larvalen Kiemen homolog sind.

Auch bei den erwachsenen Teleostomi können a k z e s s o r i s c h e A t m u n g s o r g a n e vorkommen, von mehr oder weniger komplizierter Natur. Das Auftreten dieser Organe steht in engem Verband mit der Lebensweise und ist vom vergleichend-physiologischen und biologischen Standpunkt aus interessanter als vom vergleichend-anatomischen. Ihre Funktion kann eine ergänzende und eine vollkommene sein: erstens dienen sie als Hilfsorgan der Kiemen, wenn die äußeren Atmungsbedingungen ungünstig werden (z. B. bei den Schlammbewohnern); und zweitens können sie aus den Tieren Landbewohner machen. Bei Schlammbewohnern trifft man akzessorische Kiemen häufig an (Clupeidae, Characinidae, Siluridae), deren Bau verschieden ist, und zuweilen sehr kompliziert (RAUTHER 1910). So findet man bei einigen Siluridae verzweigte Ausstülpungen von einem oder zwei Kiemenbogen, eingeschlossen in eine Erweiterung der Kiemenhöhle (Clarias, Abb. 731). Diese Ausstülpungen sind mit sehr blutreichem Epithel bekleidet, das Blut aus den Arteriae branchiales empfängt und Blut an die Arteriae epibranchiales abgibt (vgl. Abb. 816 auf S. 660). Sie dienen wahrscheinlich der Luftatmung; die Tiere kommen nämlich an die Wasseroberfläche, schnappen Luft und füllen mit ihr die akzessorischen Atmungsorgane an; sie können dadurch im Schlamm am Leben bleiben, wo ja sonst die Funktion der echten Kiemen behindert wird. Bei starker Entwicklung dieser Organe können die Tiere selbst außerhalb des Wassers leben, wodurch sie zu Landtieren werden. Sehr bekannt ist in dieser Hinsicht der indische Kletterfisch (Anabas scandens), bei dem der erste Kiemenbogen einige gewellte, knöcherne Lamellen trägt, die eben-

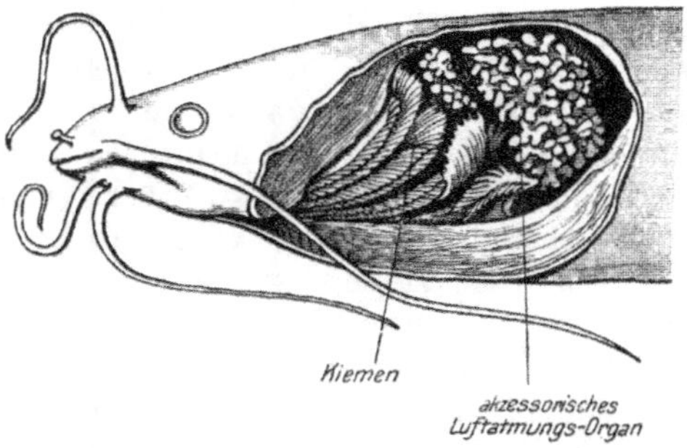

Abb. 731. Kopf von Clarias; linkes Operculum entfernt. (Nach BRIDGE.)

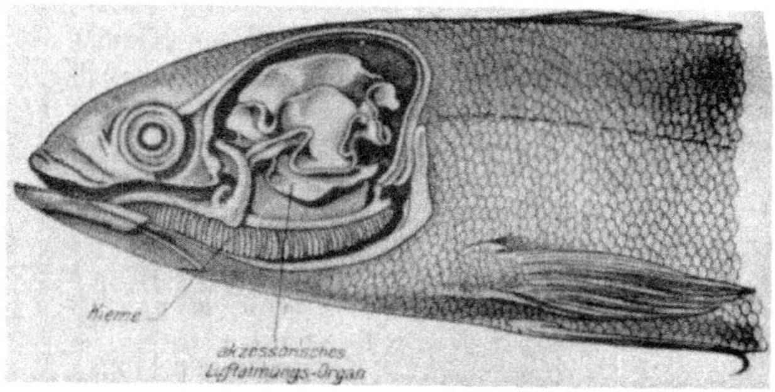

Abb. 732. Kopf von Anabas scandens. (Nach WINTERSTEIN, 1921.)

falls in der Kiemenhöhle liegen (Abb. 732). Von diesem Organ haben die Tiere den Namen „Labyrinthfische". Die Außenwand dieses oberflächenreichen „Labyrinthes" dient dem Gaswechsel. Mit Vorliebe halten sich die Tiere auf dem Lande auf. Ihre Kiemen sind schwach entwickelt und haben nur eine untergeordnete Rolle. — Solche Luftatmungsorgane können sogar in einigen Fällen lungenförmig werden. Dies finden wir z. B. bei Amphipnous aus Ost-Indien, der ein echt amphibiontisches Leben führt. Bei ihm kommen nur am zweiten Kiemenbogen Kiemen vor; die Wand des ersten Kiemenspaltes jedoch stülpt sich caudad nach links und rechts in je eine sackförmige Blase aus, die bis an den Schultergürtel reicht. Diese „Lungen" haben aber mit echten Lungen nichts zu tun: sie empfangen nämlich das Blut aus der dritten Arteria branchialis. — Viel stärker sind diese Luftsäcke bei der Siluride Saccobranchus aus Indien entwickelt (Abb. 733); sie liegen in den lateralen Muskeln in der Höhe der Wirbelsäule und erstrecken sich bis zum Schwanze. Dergleichen Einrichtungen kommen bei zahlreichen Formen vor; es hat wohl hier eine gewisse Parallelentwicklung mit den Lungen stattgefunden, ohne daß hier Perspektiven sich eröffnet hätten.

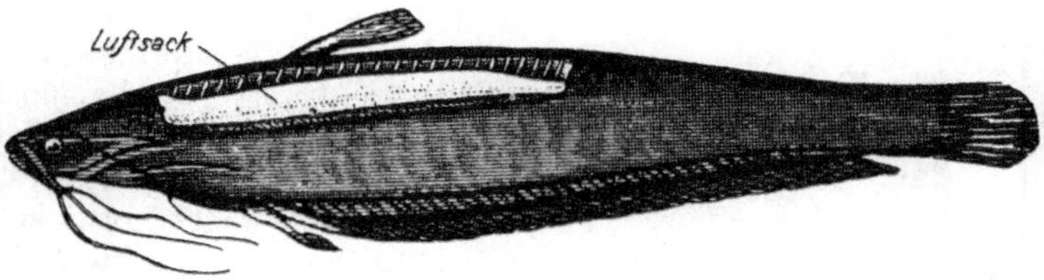

Abb. 733. Akzessorischer Atmungsapparat von Saccobranchus. (Aus SCHIMKEWITSCH.)

Aus all dem ergibt sich, wie ähnlich Wasser- und Luftatmung einander sind: kann doch das gleiche Organsystem, nämlich die Kiemenschleimhaut in der Kiemenhöhle, sich zu einem Organ der Luftatmung entwickeln, auch wenn das Organ ursprünglich der Wasseratmung diente. Dadurch wird die Auffassung gestützt, daß auch die echten Lungen und die Kiemen im Grunde zu demselben System gehören (vgl. S. 625).

Eine andere Art der Atmung zeigen die Cyprinide Misgurnus und verschiedene Siluridae, welche Luft in den Darm aufnehmen. Der Darm ist an diesen Stellen reich vascularisiert und kann dadurch wohl auch zur Atmung dienen; Falten und Ausbuchtungen in der Darmwand können das noch befördern. Bei der Siluride Otocinclus kommt sogar am Magen ein respiratorischer Blindsack vor. Die aufgenommene Luft wird durch Anus, Mund und Kiemen ausgestoßen.

Bei den **Dipnoi** ist das Spiraculum mit der spiraculären Kieme verschwunden. — Neoceratodus hat fünf Kiemenbogen, deren I.—IV. an beiden Seiten Hemibranchien tragen. Die interbranchialen Septen sind gut entwickelt. Außerdem kommt am hyalen Bogen noch eine Hemibranchie vor (Abb. 817 auf S. 661), die aber von der ersten Arteria epibranchialis Oxyblut empfängt und darum als Pseudobranchie aufgefaßt werden muß. Neoceratodus gehört also, was die Kiemen anbelangt, durchaus zum Typus der Pisces; er lebt ja auch stets im Wasser und geht nie auf das Land. Doch scheinen die Kiemen den Bedarf des Körpers an Sauerstoff nicht zu decken, da das Tier fortwährend Luft an der Wasseroberfläche schnappt, die für die Lungen bestimmt ist. In Zeiten der Wasserverunreinigung während der trockenen Jahreszeit spielt die Lungenatmung natürlich eine noch größere Rolle. Die Lunge ist aber nicht imstande, einem Mangel an Wasser-Sauerstoff abzuhelfen; ein außerhalb des Wassers gebrachtes Tier stirbt.

Bei den dipneumonen Dipnoi, Protopterus und Lepidosiren, tragen hingegen die ersten zwei Kiemenbogen keine Kiemenlamellen; dagegen kommen im fünften Kiemenbogen einige Kiemenlamellen vor. Dies Vorkommen ist eine Ausnahme unter den Pisces und kann als primitiv aufgefaßt werden. Ist das so, dann würden wir hier ein Beispiel dafür haben, daß bei sonst nicht primitiven Tieren ein altes Kennzeichen vorkommen kann, eine Wahrheit, die bei Invertebrata und Vertebrata oft beobachtet wird. — Die Kiemenatmung ist also hier beschränkt; die beiden Lungen funktionieren stets. Beim Austrocknen des Wassers dagegen graben sich die Tiere in den Schlamm ein; Protopterus rollt sich dabei auf und bildet selbst, mit Hilfe von Hautschleimdrüsen, einen Kokon von Schlamm und verhärtendem Schleim; vielleicht kann das Tier in dieser Zeit auch durch den breiten und blutreichen Schwanz atmen. — Bei Lepidosiren ist sogar der erste Kiemenspalt geschlossen; doch kommt eine Pseudobranchie am Hyoidbogen vor, die sich im zweiten Kiemenspalt nach außen erstreckt.

Im larvalen Zustand hat Protopterus vier Paar federförmige äußere Hautkiemen, die langsam bei der Entwicklung verschwinden; aber Reste sind bei erwachsenen Exemplaren doch beobachtet. Solche Larvenkiemen kommen auch bei Lepidosiren vor, aber verschwinden bei dieser Form viel früher. Bei Lepidosiren zeigt sich schließlich noch etwas sehr Besonderes: beim Männchen, welches die Eier in Höhlen des Flußbodens bewacht, entwickeln sich in der Brutzeit an den äußersten Gliedmaßen gefäßreiche Filamente (Abb. 734); diese müssen als akzessorische Atmungsorgane aufgefaßt werden; sie treten vicariierend mit der Lungenatmung auf, da das Tier in der Brutzeit keine Luft schnappen kann. Bei Protopterus, dessen Eier mehr an die Oberfläche gelegt werden, kommen diese Filamente denn auch nicht vor.

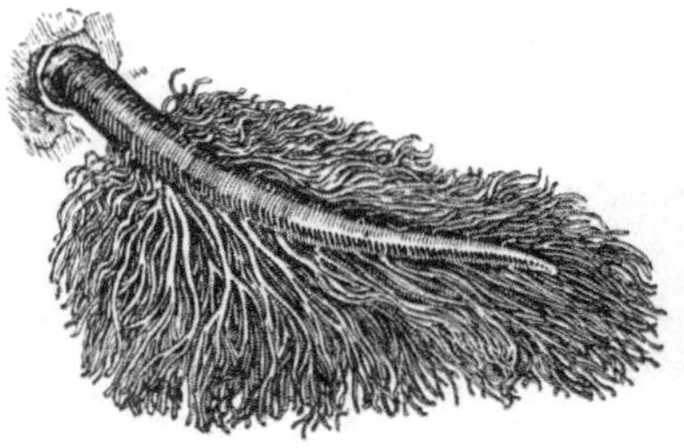

Abb. 734. Hinterflosse von Lepidosiren mit akzessorischen Atmungsfilamenten. (Nach WINTERSTEIN, 1921.)

Einige Bemerkungen über den Mechanismus der Atembewegungen mögen hier folgen. Der große Unterschied zwischen Kiemen- und Lungenatmung besteht darin, daß bei der Kiemenatmung der Atemstrom in der Richtung von der Mundöffnung nach den Kiemen und von dort zu den äußeren Kiemenöffnungen verläuft; es bestehen da also besondere Wege für die An- und Abfuhr des Wassers. Bei den Lungenatmern dagegen fehlt der letzte Weg, so daß Ein- und Ausströmen der Luft in derselben Bahn geschieht, der Atemstrom also nicht kontinuierlich sein kann. Die Kiemen werden also dauernd von frischem Sauerstoff umspült, im Gegensatz zu den Lungen.

Der Atemmechanismus der Selachii ist verschieden. Bei Formen mit kleinen Spiracula (Scyllium, Mustelus) wird das Wasser hauptsächlich mit dem Munde aufgenommen; zu gleicher Zeit schließen sich die äußeren Kiemenöffnungen. Danach schließen sich Mundöffnung und Spiracula und die Kiemenöffnungen werden durch den Überdruck im Munde automatisch geöffnet, wodurch das Wasser längs den Kiemen ausgestoßen wird. Werden bei Squatina der Mund und Spiracula geöffnet und die Kiemenöffnung geschlossen, so vergrößert sich die Kiemenhöhle in longitudinaler Richtung, wodurch das Wasser eingezogen wird; bei Exspiration wird das Wasser dann teils durch den Mund, teils durch den dann geöffneten Kiemenraum ausgestoßen. Bei benthonischen Formen wie den Rajidae tritt das Wasser allein durch die Spiracula nach innen, wobei die spiraculäre Klappe rhythmische Bewegungen macht; das Entfernen des Wassers geschieht durch die Kiemenöffnungen.

Bei den Teleostei ist der Zustand sehr verschieden, aber im allgemeinen verläuft der Mechanismus folgendermaßen (Abb. 735): Die Mundhöhle erweitert sich, vor allem durch ventrade Bewegung des Mundbodens und laterade Bewegung des Kiemendeckels, welcher die Kiemenhöhle abschließt; hierdurch füllt sich die Mundhöhle bei geöffnetem Munde mit Wasser. Schließt sich nun der Mund und ziehen sich die Wände der Mundhöhle zusammen, dann wird das Wasser caudolaterad in die Kiemenhöhle gestoßen; von hier aus wird das Wasser entfernt, indem die Kiemendeckel sich aufheben und die Kiemenhöhlen dadurch geöffnet werden.

Die Kiemen werden gebildet durch Reihen von parallel verlaufenden Kiemenblättchen, die nichts anderes sind als Auswüchse der Kiemenspaltenhaut. Auf jedem Kiemenbogen stehen somit zwei Reihen solcher Blättchen, von denen jede zu einer ursprünglichen Hemibranchie gehört und die zusammen eine Holobranchie formen. Abb. 736 gibt eine schematische Vorstellung vom Verlauf der Blutgefäße in solch einer Kieme. Der Kiemenbogen ist quer durchschnitten gedacht und ebenso zwei Kiemenblättchen. Zentral liegt die Arteria branchialis (Abb. 816 auf S. 660), die sich an der Innenseite der Kiemenblättchen nach der Spitze in zwei Bahnen fortsetzt, welche sich im Gewebe stark verzweigen; dieses Blutgefäß enthält reduziertes Blut. Die hieraus entstehenden Capillaren haben ein

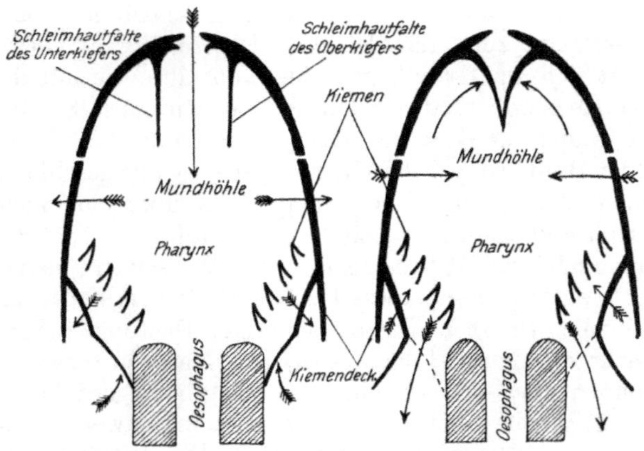

Abb. 735. Schemata vom Atmungsmechanismus der Teleostei. (Aus BABAK, 1921.)

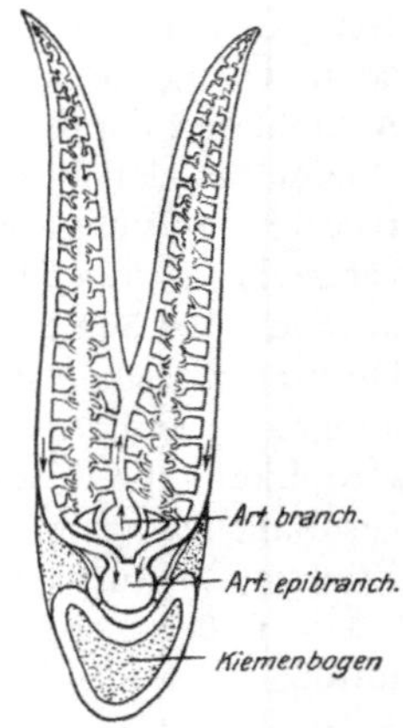

Abb. 736. Schema vom Bau eines Kiemenblättchens. (Aus SCHIMKEWITSCH.)

sehr weites Lumen, während das Gewebe der Blättchen selbst wenig entwickelt ist; dadurch wird die Atemoberfläche sehr groß. Die Abgabe von Kohlensäure und die Aufnahme von Sauerstoff in die Kiemenblättchen ist also intensiv. Das Capillarennetz vereinigt sich zu je einem Blutgefäß, das an der Außenseite eines jeden Kiemenblättchens verläuft; diese beiden Blutgefäße vereinigen sich zu einem zentralen, abführenden Gefäß, das Oxyblut enthält und die Arteria epibranchialis genannt wird (Abb. 816 auf S. 660). Da die Zahl der Kiemenblättchen sehr groß ist, so ist auch die Atmungsoberfläche der Kiemen sehr groß. Wird ein Fisch aus dem Wasser geholt, dann kleben alle Kiemenblättchen aneinander, wodurch die Atmungsfläche zu klein wird, um das Atembedürfnis zu befriedigen; so stirbt das Tier schnell, selbst wenn man die Kiemen feucht hält.

Amphibia.

Bei den Amphibia werden normal sechs Visceralbogen angelegt, zwischen denen sich fünf viscerale Säcke entwickeln (Abb. 765 auf S. 624). Ein siebenter visceraler Bogen ist wohl vorhanden; er hat aber nicht die Gestalt eines Kiemenbogens, sondern ist in Dienst der Lungen getreten als Cartilago lateralis (Abb. 789 auf S. 640). Somit fehlt auch die Entwicklung eines sechsten Visceralsackes mit Ausnahme einiger Gymnophiona, die sechs solcher Säcke besitzen. Der erste Sack zwischen Kiefer- und Hyoidbogen öffnet sich nicht mehr, außer bei einigen Gymnophiona, bei denen er durchbricht, um sich später wieder zu schließen. Nur die Kiemensäcke I—IV jedoch können durchbrechen, so daß dann vier Kiemenspalten auftreten. Oft aber wird während der Entwicklung die Anzahl der Kiemenbögen reduziert und somit auch die Anzahl der Kiemenspalten. So besitzt z. B. Amphiuma noch vier Kiemenbogen hinter dem Hyoidbogen, aber nur eine einzige Kiemenspalte zwischen den Kiemenbogen III und IV. Bei Necturus und Proteus dagegen findet man nur den ersten, zweiten und dritten Kiemenbogen und zwei Kiemenspalten, nämlich zwischen Kiemenbogen I und II und zwischen II und III. Die Larve von Molge zeigt drei Kiemenbögen und drei Kiemenspalten, nämlich zwischen dem Hyoidbogen und Kiemenbogen I, zwischen Kiemenbogen I und II und zwischen II und III. Typisch ist der Axolotl gebaut, die Larve von Amblystoma, mit vier Kiemenbögen und vier Kiemenspalten.

Bei allen Larven der **Urodela** entwickeln sich äußere Kiemen, meistens auf dem Kiemenbogen I—III, und zwar aus der Haut; diese verschwinden später beim Übergang vom Wasserleben zum Landleben. Gleichzeitig mit diesem Atrophieren der Kieme bildet sich am Hyoidbogen eine Hautfalte, die mit dem Operculum der Pisces zu vergleichen ist, aber niemals Knochen enthält. Diese Hautfalte wächst über die Öffnung der Kiemenspalten hinweg, und ihre Ränder verwachsen schließlich mit der Haut, so daß die Kiemenspalten ganz geschlossen werden. Bei einigen Formen (Amphiuma, Menopoma) bleibt aber eine kleine Öffnung zwischen dem dritten und vierten Kiemenbogen bestehen. — Bei denjenigen Urodela aber, die auch nach der Metamorphose noch Wassertiere bleiben, atrophieren die Kiemen nicht, weswegen man diese Formen als Perennibranchiata zusammengefaßt hat (vgl. S. 261). Da aber die dazu gehörigen Gattungen (Siren, Proteus, Necturus) keine natürliche Gruppe bilden, so ist dieser Name zu verwerfen.

Die äußeren Kiemen können eine sehr verschiedene Gestalt zeigen: kammförmig, federförmig, blattförmig, mit oder ohne Kiemenfäden, zuweilen auch baumförmig verzweigt. Die Bedeutung dieser Auswüchse liegt in der Vergrößerung der Atmungsoberfläche. In besonderen Fällen können sich die Kiemen außerordentlich entwickeln; so z. B. bei der viviparen Salamandra atra aus den Alpen; bei ihren Larven sind die federförmigen Kiemen außerordentlich groß (5 × 5 cm); sie legen sich gegen die Eileiterwand der Mutter an und ermöglichen so den für den Embryo notwendigen Gaswechsel. Coecilia compressicauda, aus Amerika, gehört zu den Gymnophiona, also zu Formen, die sich in bezug auf die Bildung von Kiemenspalten und äußeren Kiemen an die Urodela anschließen; bei ihren Larven (Abb. 737) kommt es zur Entwicklung von zwei großen, sehr blutreichen Kiemenlappen, die den Körper wie einen Mantel umhüllen; auch diese Form ist vivipar. Aber auch auf anderen Stellen können sich Atmungsorgane aus der Haut entwickeln, unabhängig von der Kiemenregion; so atmen die Embryonen von Hylodes martinicensis, einem Frosch aus den Antillen, durch den Schwanz, während sie ihre gesamte Embryonalentwicklung im Ei durchmachen; bei den Larven von Rana opisthodon der Salomoninseln, welche dieselbe Entwicklung durchmachen, kommen neun Querreihen von Hautkiemen vor, die an beiden Seiten der Bauchhaut liegen. Die Larven von Xenopus, einer Anure aus Afrika, besitzen verzweigte Bartfäden, die als Atmungsorgane dienen.

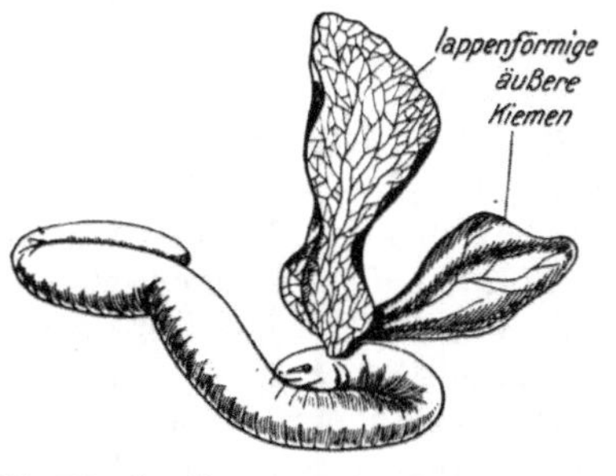

Abb. 737. Coecilia compressicauda mit äußeren Kiemen. (Aus WIEDERSHEIM.)

Diese Entwicklung von besonderen Atmungsorganen ist nicht verwunderlich, da die Haut — wie gesagt — außer anderen Funktionen ursprünglich auch der

Atmung dient. Bei den Amphibia ist dies um so mehr begreiflich, weil hier die Haut auch beim erwachsenen Tier in hohem Maße für die Atmung sorgt; Hautatmung ist für die Amphibien unentbehrlich; ja in vielen Fällen sind diese Tiere allein auf Hautatmung angewiesen. Dem Vorkommen solcher besonderer Atmungsorgane ist deshalb kein großer vergleichend-anatomischer Wert beizumessen; wohl aber sind diese Erscheinungen für die Biologie der Tiere von großem Interesse.

Die **Anura** schließen sich, was die äußeren Kiemen (Ectobranchiae) betrifft, an die Urodela an. Sie besitzen auch typisch fünf viscerale Säcke, von denen der erste (Spiraculum), zwischen Kiefer- und Hyoidbogen, nicht durchbricht, was wohl der Fall ist mit II, III, IV und V, so daß also vier Kiemenspalten entstehen. Auf den Kiemenbogen I—III entwickeln sich die Ectobranchiae, die aber nur

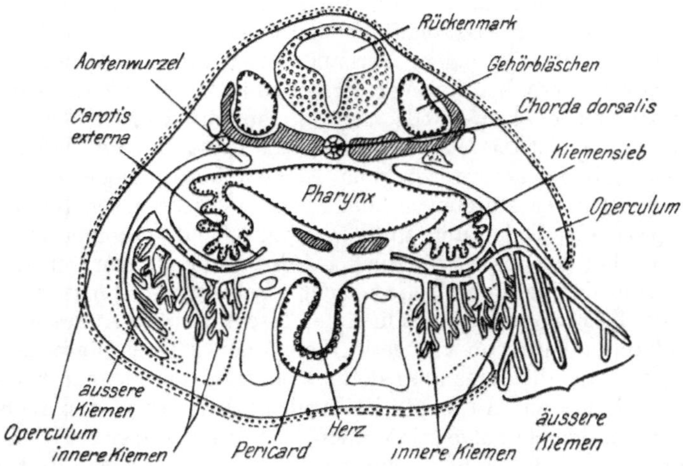

Abb. 738. Kombinierter Durchschnitt durch den Kopf der Larve von Rana; rechts mit inneren und äußeren Kiemen; links sind die Kiemen zum Teil verschwunden. (Nach MAURER aus SCHIMKEWITSCH.)

kurze Zeit funktionieren, bis sie dann von dem Operculum bedeckt werden und verschwinden (Abb. 738). An ihre Stelle treten dann an den Kiemenbögen baumförmig verzweigte innere Kiemen (Entobranchiae) auf und zwar in zwei Reihen auf den Kiemenbögen I—III und in einer einzigen Reihe am Kiemenbogen IV. An der konkaven Seite der Kiemenbögen bilden sich Ausstülpungen, die zusammen einen komplizierten Filtrierapparat, das Kiemensieb, formen, welches verhindert, daß Nahrungspartikel in die Kiemen gelangen. Einem solchen Apparat sind wir schon bei den Pisces begegnet; er kommt auch, freilich weniger entwickelt, den Urodela zu. Links und rechts wächst dann ein Operculum über die äußeren Kiemen hin, die dann verschwinden; diese Opercula verwachsen mit der Haut —: so kommt je eine Kiemenhöhle links und rechts zustande, in welcher die Kiemen liegen. Beide Kiemenhöhlen stehen miteinander durch ein ventral des Pericards verlaufenden Quergang in Verbindung. Obgleich die Ränder der Opercula mit der Haut verwachsen, so bleibt doch links eine unpaare Öffnung bestehen, durch welche beide Kiemenhöhlen mit der Außenwelt zusammenhängen; mit Unrecht wird diese Öffnung das „Spiraculum" genannt. Dieser Zustand, der nirgends sonst gefunden wird, muß als sekundär angesehen werden.

Hieraus erhellt, daß die Anura in ihrer Entwicklung einen vorübergehenden Zustand durchlaufen, welcher — abgesehen von dem sekundären Anwachsen der

Opercula — mit den Pisces übereinstimmt, wenigstens was den Besitz der Entobranchiae betrifft. In dieser Beziehung ist die Übereinstimmung zwischen den Anura und den Pisces größer als zwischen den Urodela und den Pisces, wenn auch die Urodela ohne Zweifel im allgemeinen als primitiver wie die Anura aufgefaßt werden müssen. Das ist auch begreiflich; werden doch — wie schon oben gesagt — keine Tiere mit nur primitiven Kennzeichen gefunden; bei allen trifft man sowohl primitive wie sekundäre Merkmale an. Es kommt vielmehr nur darauf an, welche primitiven und welche sekundären Eigenschaften vorkommen und in welchem Verhältnis sie zueinander stehen.

Hier haben wir es aber mit der Frage zu tun: welcher morphologische Wert muß in unserem Einzelfalle den inneren und äußeren Kiemen zugesprochen werden? Haben sie Beziehung zu dem Bauplan als Ganzem, so müssen sie höher bewertet werden als in dem Falle, wo sie mehr spezieller Natur sind? Da sich der Begriff Bauplan aber oft nicht scharf umschreiben läßt, ist eine deutliche Scheidung meist nicht zu machen. In diesem fraglichen Fall kann man das aber unseres Erachtens doch tun. Zum Bauplan der Vertebrata gehört sicher der Besitz von Kiemenspalten, der in engem Verband steht mit der Atmung. Das Vorkommen dieser Spalten bei den Vertebrata ohne Unterschied, auch wenn von einer Atmungsfunktion keine Rede mehr ist, spricht deutlich dafür. Aber mit den Kiemen selbst ist das etwas anderes. Es besagt nichts, daß die Kiemenspalten durch Oberflächenvergrößerung Kiemen bilden, ebenso wie die Haut als Uratmungsorgan Ausstülpungen bilden kann —: dergleichen Bildungen haben für den Bauplan keine Bedeutung, sind also vergleichend-anatomisch von geringem Wert. Sowohl bei den Pisces wie auch bei den Anura bilden sich solche innere Kiemen; warum das bei den Urodela nicht geschieht, weiß man nicht. Darum ist denn auch die Frage, ob die Kiemen der Pisces und der Anura homolog sind, vergleichend-anatomisch von viel geringerer Bedeutung als oft behauptet wird. Hierüber besteht nämlich eine ausgedehnte Literatur, in der man bis heute noch zu keinem Ergebnis kam. Auf S. 591 ist darüber schon gesagt, daß die Kiemen der Pisces als Entobranchiae aufgefaßt werden können (Brachet 1921). Die äußeren Kiemen der Pisces und Amphibia würden dann als Hautkiemen (Ectobranchiae) anzusehen sein, die an Stelle oder zur Unterstützung der Rolle der Entobranchiae entstanden sind (Gegenbaur). Dem steht aber die andere Meinung gegenüber, daß alle Kiemen, sowohl die Ecto- als die Entobranchiae, entodermalen Ursprungs sind und darum letzten Endes aus jenem Teil der Kiemenspaltenbekleidung entstanden sein sollen, das durch die Pharynxwand gebildet wird (Greil 1906); es wären alle diese Organe also Entobranchiae. In den letzten Jahren ist die dritte Meinung hervorgetreten, daß alle Kiemen der Anamnia als Hautbildungen anzusehen sind, also als Ectobranchiae (Jakobshagen 1920). Für Gegenbaur bestehen also zwei Arten von Kiemen: Darmkiemen bei den Pisces und den Anura und Hautkiemen bei Pisces und Amphibia; beide Gruppen sollen nicht miteinander homolog sein. Für Greil und Jakobshagen sind alle Kiemen homolog und entweder als Hautkiemen (Jakobshagen) oder als Darmkiemen (Greil) aufzufassen.

Es ist hier nicht der Ort, um diese Meinungen, die sich größtenteils auf embryologische Untersuchungen gründen, ausführlich zu besprechen. Hat doch auch dieses Problem meiner Meinung nach nicht die große Bedeutung, die ihm zugesprochen wird. Wie bereits gesagt: von primärer Bedeutung ist meines Erachtens nur die Tatsache, daß alle Anamnia — und auch alle Amniota — im Besitze von Kiemenspalten sind, die in enger Beziehung zur Atmung stehen, auch wenn diese Funktion nicht mehr bei den Amniota besteht. Diese Kiemenspalten entstehen zum großen Teile aus dem Pharynx, zum kleineren Teile aus der Haut. Ob sich nun dieses Spaltensystem in Verbindung mit der Atmung durch

Bildung von Falten vergrößert oder nicht —: das ist vergleichend-anatomisch von geringer Bedeutung. Und ebenso spielt die zweite Frage nur eine untergeordnete Rolle: ob nämlich an der Kiemenbildung Haut oder Darm oder beide teilnehmen. Können doch sowohl Haut als auch Pharynxwand potenziell als Atmungsorgane auftreten.

Amniota.

Bei den Amniota ist von Kiemenbildung keine Rede mehr. Die gesamte Entwicklung findet entweder im dotterreichen Ei statt (Sauropsida, Monotremata) oder im Uterus (Mammalia), so daß freilebende Larven nicht mehr vorkommen. Doch werden bei allen Amniota viscerale Säcke bzw. Spalten angelegt, sei es auch, daß diese Spalten niemals Kiemen tragen und nur ganz vorübergehend auftreten. Bei den Reptilia beobachten wir fünf Kiemensäcke, homolog mit denen der Amphibia, von denen sicher drei — vielleicht auch vier — durchbrechen, sich aber später bald wieder schließen; der fünfte Spalt verschwindet bald nach der Anlage. Bei den Aves findet man vier Visceralspalten; bei den Mammalia fünf, die oft noch durchbrechen können, worüber aber die Ansichten verschieden sind; beim Menschen scheint dieser Durchbruch jedoch nicht zustande zu kommen. Von morphologischer Bedeutung ist das aber nicht. Das grundsätzlich Wichtige ruht darin, daß viscerale Säcke auf genau die gleiche Art angelegt werden, wie bei den Anamnia. Daß der Durchbruch der Kiemenspalte ganz oder teilweise unterdrückt wird, ist begreiflich, da von Kiemenbildung doch keine Rede ist. Mit aufsteigender Organisation nimmt die Anzahl der durchbrechenden Kiemensäcke ab.

Kiemenbögen und Kiemensäcke verschwinden also niemals ganz. Bei allen höheren Vertebrata treten mehrere Bildungen auf, die entstehen aus der verschwindenden Kiemenregion. Von den Kiemenbogen, von den Kiemensäcken und von jenen Pharynxteilen, wo sie sich bilden, bleiben Reste übrig, die dann später eine ganz andere Funktion im Organismus erhalten. Im erwachsenen Zustande ist die Herkunft dieser Organe aus der Kiemenregion nicht mehr zu erkennen; das wird nur aus der Entwicklungsgeschichte klar. Zum Teil findet man diese Organe schon bei den Pisces. Aus den Kiemenbögen entwickeln sich dann später die Stützpunkte für die Zunge, für die Luftröhre und den Kehlkopf. Aus den Epithelien der visceralen Säcke und aus dem respiratorischen Teile des Pharynx entwickeln sich die Schilddrüse, der Thymus und der suprapericardiale Körper, der bei allen Vertebrata zu finden ist; und ferner bei den Landtieren die Epithelkörperchen und die Carotidendrüse, und zum Schluß die Kiemenreste, die nur bei den Anura vorkommen. Diese Organe sollen nun kurz besprochen werden.

B. Derivate der Kiemenregion.

Glandula thyreoidea (Schilddrüse).

Für alle Chordata ist der Besitz einer Schilddrüse typisch, ebensogut wie eine Chorda dorsalis und die Kiemenspalten. Aber nicht bei allen kommt sie in derselben Form vor; so finden wir dieses Organ bei den Urochordata und den Cephalochordata z. B. in Form des sogenannten „Endostyls“, während bei allen Vertebrata, wenigstens im erwachsenen Zustande, eine Schilddrüse (Glandula thyreoidea) vorkommt. Beide Organe sind wohl homolog, haben aber eine ganz verschiedene physiologische Bedeutung.

Bei Amphioxus — von den Tunicata, die in dieser Beziehung ganz mit Amphioxus übereinstimmen, kann füglich abgesehen werden — ist der Bau des Endostyls folgender. Medioventral in der Länge des Pharynx verläuft in seiner

Wand eine Rinne: die hypobranchiale Rinne (Abb. 706 auf S. 585 und Abb. 709 auf S. 587). Diese Furche ist bekleidet mit einer Schicht sehr hoher zylindrischer Epithelzellen (Abb. 739); links und rechts kommen weiterhin zwei Gruppen Drüsenzellen vor. Alle Zellen der hypobranchialen Rinne tragen kurze Wimpern, die aber in der Medianlinie sehr lang und stark sind. Diese hohen Zylinderzellen und die Drüsenbänder bilden nun zusammen den Endostyl. Die Drüsenbänder sondern Schleim ab; Amphioxus nährt sich von allerhand organischen Partikeln, die passiv mit dem Atemwasser aufgenommen werden; während aber das Wasser durch die Kiemenspalten abfließt, werden die Nahrungspartikel durch den Schleim des Endostyls festgehalten; die langen medianen Wimpern führen dann den mit Nahrung beladenen Schleimbrocken caudad zum Ösophagus. Der Endostyl ist also ein Organ, das im Dienste des Nahrungstransportes steht.

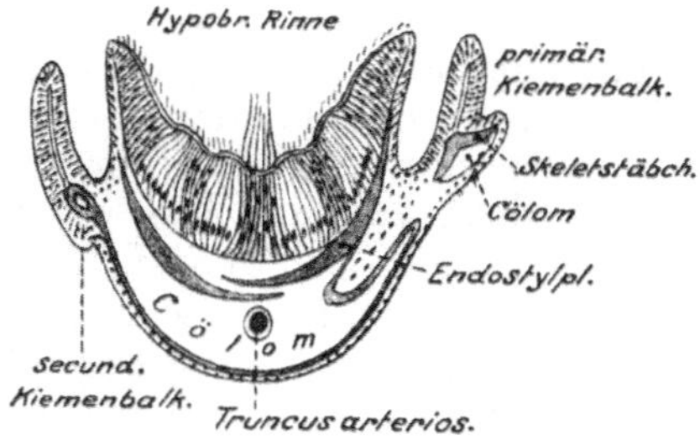

Abb. 739. Querschnitt durch das Endostyl von Amphioxus. (Aus BÜTSCHLI.)

Von gleicher Bedeutng ist die epibranchiale Rinne (Abb. 706 auf S. 585 und Abb. 709 auf S. 587), die in der medio-dorsalen Ausstülpung des Pharynx verläuft; die Wand dieser Rinne wird auch gebildet durch Epithelzellen, die aber viel kürzer sind als die des Endostyls; auch sie tragen lange Wimpern, während die Drüsenzellen fehlen. Morphologisch ist sie vielleicht insofern von Bedeutung als man sie möglicherweise mit der sogenannten Hypochorda vergleichen kann; das ist ein bei den Pisces (Abb. 74 und 75 auf S. 74) und Amphibia — bei Reptilia und Aves nur rudimentär — ventral der Chorda verlaufender Strang, der aus der dorsalen Darmwand entsteht; später verschwindet er wieder und spielt keine Rolle bei der Bildung der Wirbelsäule.

Hypo- und epibranchiale Rinne hängen übrigens miteinander zusammen (Abb. 704 auf S. 584). Cranial gabelt sich die epibranchiale Rinne; beide Schenkel umgreifen das Anfangsstück des Pharynx und vereinigen sich ventral des Pharynx mit dem cranialen Ende des Endostyls.

Ein solches Endostyl wird nun auch bei den Larven der Cyclostomata angelegt; bei den erwachsenen Formen aber bekommt es einen ganz anderen Bau und eine andere Bedeutung. Am meisten stimmt Ammocoetes, die Larve von Petromyzon, mit Amphioxus überein.

Bei Ammocoetes wird ein Organ angelegt, das in vieler Hinsicht mit dem Endostyl zu vergleichen ist, aber einen viel komplizierteren Bau besitzt. In der ventralen Wand des Pharynx wird median in der Höhe der Kiemenspalten II—IV eine Ausstülpung gebildet, die in einer weiten Öffung mit dem Pharynx kommuniziert (Abb. 740). In der weiteren Entwicklung aber verengt sich diese Kommunikation, so daß nur eine kleine Öffnung übrig bleibt, ungefähr in der Höhe der dritten Kiemenspalte gelegen. Die Wand dieses Blindsackes differenziert sich nun: links und rechts treten zwei Bänder von Drüsenzellen auf; zwischen diesen ist das Epithel bewimpert. Es besteht also eine auffallende Übereinstimmung mit dem Endostyl. Diese Übereinstimmung wird noch durch die Tatsache verstärkt, daß die Öffnung des Blindsackes in den Pharynx sich an eine craniad verlaufende bewimperte Rinne anschließt. Diese gabelt sich, cranial der ersten Kiemenspalte, in zwei Schenkel, die den Pharynx umgreifen und sich dorsal von ihm zu einer einzigen Rinne vereinigen, die in der doro-medianen Wand des

Pharynx und des Oesophagus verläuft und mit der epibranchialen Grube von Amphioxus zu vergleichen ist (REESE 1902). — Noch später in der Entwicklung schnürt sich der Blindsack vom Pharynx ab, so daß dann ventral von ihm ein geschlossenes Bläschen zu finden ist. Dieses teilt sich dann in eine große Anzahl kleiner Bläschen, deren Wand durch hohe Epithelzellen gebildet wird.

In diesen Bläschen werden eigentümliche eiweißhaltige Stoffe gebildet, die Jod enthalten und wie eingetrockneter Leim aussehen können (daher der verkehrte Name „kolloider"-Stoff) und dem abgeschiedene Stoffe der Gl. thyreoidea höherer Vertebrata gleiche. Somit sind diese Bläschen zusammen homolog der Glandula thyreoidea, der Schilddrüse, wie sie bei allen Vertebrata gefunden wird. — Die Übereinstimmung mit dem Endostyl andererseits wurde übrigens noch deutlicher als man fand, daß bei Bdellostoma die genannte Rinne über die ganze ventrale Wand des Pharynx hin angelegt wird, ebenso wie das Endostyl bei Amphioxus; von dieser Rinne lösen sich Zellklümpchen ab, die in geschlossene Bläschen übergehen (STOCKARD 1906); die „kolloide" Substanz scheint aber in diesen Bläschen zu fehlen.

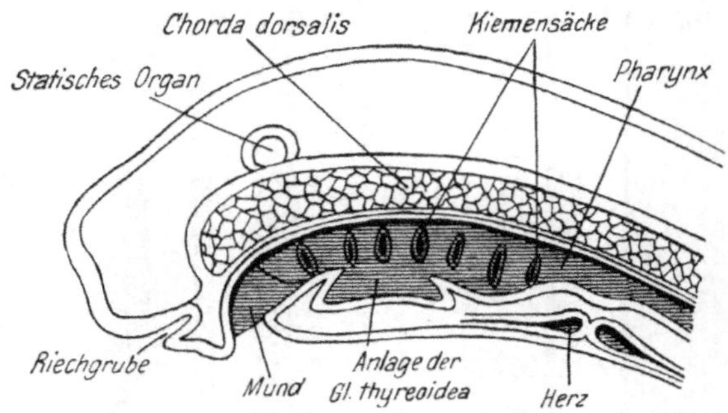

Abb. 740. Anlage der Schilddrüse bei Ammocoetes; medianer Längsschnitt. (Nach BRIDGE.)

Bei allen übrigen Vertebrata ist die Entwicklung der Glandula thyreoidea grundsätzlich die gleiche; überall entsteht sie aus der ventralen Pharynxwand in Form einer Ausstülpung oder einer massiven Zellwucherung, die später hohl wird. Aber stets bleibt die Drüse relativ klein und lokalisiert; niemals formt sie sich zu einer ventralen, medianen Rinne wie das Endostyl bei Amphioxus; ebensowenig stimmt sie in ihrem Bau mit diesem Endostyl überein. Der Blindsack löst sich später von der Pharynxwand und kann dann proliferieren, so daß dabei Verzweigungen entstehen, die mehr oder weniger sich von dem Sack abschnüren können. — Die Lage der Glandula thyreoidea ist stets median, zwischen dem ersten und zweiten Kiemensack (Abb. 741). Die Wand besteht aus einem kubischen Epithel. In späteren Entwicklungsstadien treten im Lumen die bereits genannten eigenartigen eiweißhaltigen Stoffe auf.

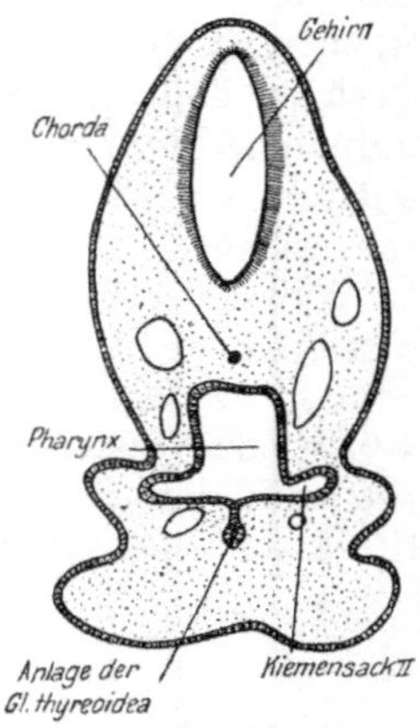

Abb. 741. Querschnitt durch das Vorderende eines Embryos von Talpa. (Nach MAURER in HERTWIGs Handbuch.)

Bei den Pisces findet man die Schilddrüse in allerlei Variationen: unpaar bei den Selachii; in der Form zahlreicher kleiner Bläschen bei der Forelle; unpaar, aber median schmaler bei den Dipnoi. Bei den Teleostei kann sie in zwei Hälften, in eine linke und eine rechte, auseinanderfallen. — Bei den Amphibia gegen ist sie stets paarig. Bei Rana findet man beide Glandulae an der Wurzel der caudalen und mittelsten Hörner des Corpus hyoideum als ovale Körperchen, die aus mehreren zusammengepreßten Bläschen bestehen. — Unpaar, wenn auch oft mit einer Neigung, sich zu teilen, bleibt die

Glandula thyreoidea bei den Reptilia; die Lage ist verschieden: an der Basis der großen Arterien, ventral von der Trachea (Lacerta, Abb. 742) usw. Bei den Aves dagegen ist das Organ paarig (Abb. 743); bei den Mammalia jedoch meist unpaar in zwei Lappen geteilt, die dann durch eine Brücke (Isthmus) verbunden sind (Abb. 744). Die Drüse liegt bei den Mammalia ventral der Trachea, meistens am caudalen Ende des Larynx.

Schilddrüse und ein Teil des Endostyls sind also homologe Organe; die Cyclostomata zeigen den Übergang von einem in das andere Organ deutlich an. Beide Organe haben aber physiologisch eine ganz andere Bedeutung. Amphioxus und

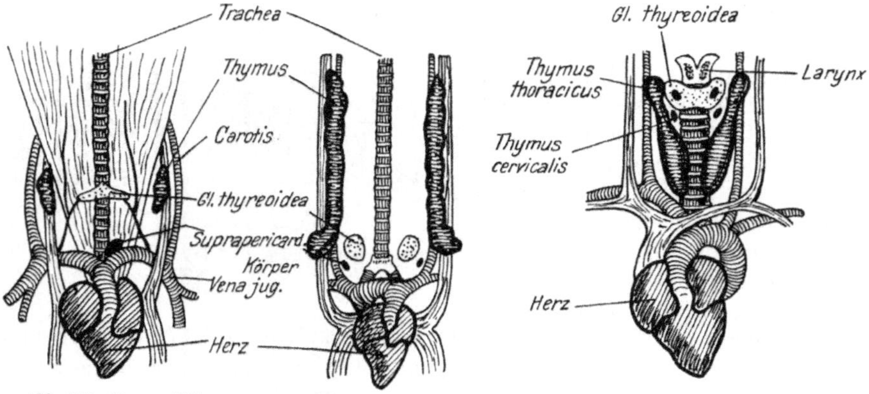

Abb. 742. Lacertilia. Abb. 743. Aves. Abb. 744. Mammalia.

Abb. 742—744. Lage von Schilddrüse, Thymus und Suprapericardialkörper. (Nach SCHIMKEWITSCH.)

Ammocoetes nehmen Nahrungspartikel mit dem Atemwasser auf; bei den erwachsenen Cyclostomata und den übrigen Vertebrata ist das bekanntlich kaum noch der Fall. Das Endostyl bekommt in Verbindung mit der anderen Nahrungsaufnahme hier eine ganz andere Funktion: zur Glandula thyreoidea umgeformt entsteht ein Organ der inneren Sekretion, das für das Leben unentbehrlich zu sein scheint.

Außer der Glandula thyreoidea können bei den Amniota noch **Glandulae parathyreoideae** (Nebenschilddrüsen) vorkommen, d. h. kleine Gruppen von Schilddrüsenbläschen, die sich von der Schilddrüse absondern und als besondere Körperchen bestehen bleiben. Mit Unrecht wird das Wort „Nebenschilddrüse" oft auch den sogenannten Epithelkörperchen zugelegt, über welche wir auf S. 613 sprechen werden.

Thymus.

Ist die Glandula thyreoidea ein Abkömmling der ventralen Pharynxwand, der bei allen Vertebrata und grundsätzlich auch bei den Cephalochordata und den Urochordata vorhanden ist, so ist es mit dem Thymus anders bestellt. Dieser entsteht an der lateralen Seite des Pharynx, und zwar an der Wand der Visceralsäcke bzw. Visceralspalten. Der Ursprung ist also paarig. Da ferner alle Visceralsäcke und -spalten für die Bildung in Betracht kommen können, ist die Anlage eine homodyname, in diesem Falle eine branchiomere. Der Thymus tritt als Knospen an den genannten lateralen Wänden auf in der Form eigenartiger Körperchen, die aus „Rinde" und „Mark" bestehen. Die Rinde ist netzförmig und wird von sternförmigen Epithelzellen gebildet; in den Maschen des Netzes liegen zahlreiche kleinere Epithelzellen. Das Mark zeigt isolierte oder zu Klumpen geballte Epithelzellen von etwas anderer Form und Größe.

Obwohl die Anlage der Thymusknospen bei fast allen Vertebrata grundsätzlich gewiß dieselbe ist, besteht doch eine große Verschiedenheit in Größe und Form des Organs. Die Knospen können sich links und rechts vereinigen oder getrennt bleiben; aber ebensogut können sich linker und rechter Thymus zu einem unpaaren Organ vereinigen. Bei allen Vertebrata reduziert sich der Thymus mehr oder weniger stark; bei den Mammalia verschwindet er schon in der Jugend.

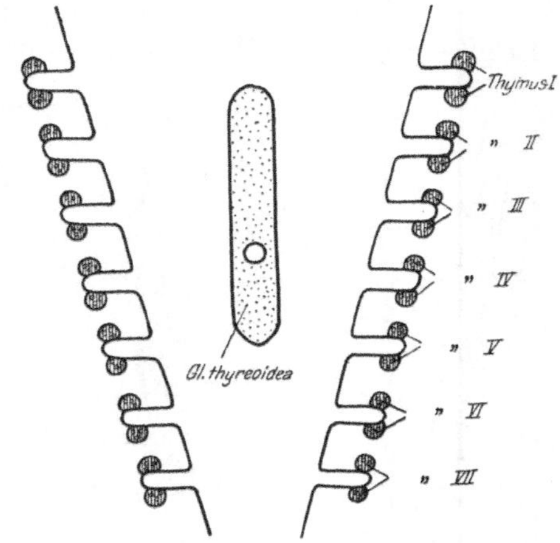

Abb. 745. Schema der Thymusanlage bei Cyclostomata. (Nach MAURER in HERTWIGS Handbuch.)

Der Thymus gehört zu den Drüsen mit innerer Sekretion, deren Funktion aber nicht in allen Punkten analysiert ist; man gibt an, daß er auch der Produktion von Leucocyten diene, vor allem aber besondere Stoffe hervorbringe, welche Einfluß auf das Wachstum der

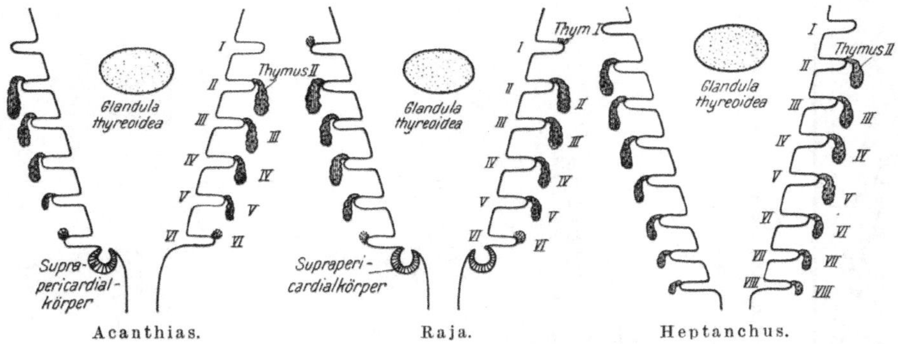

Abb. 746–748. Anlageschema von Thymus und Suprapericardialkörper. (Nach MAURER in HERTWIGS Handbuch, verändert.)

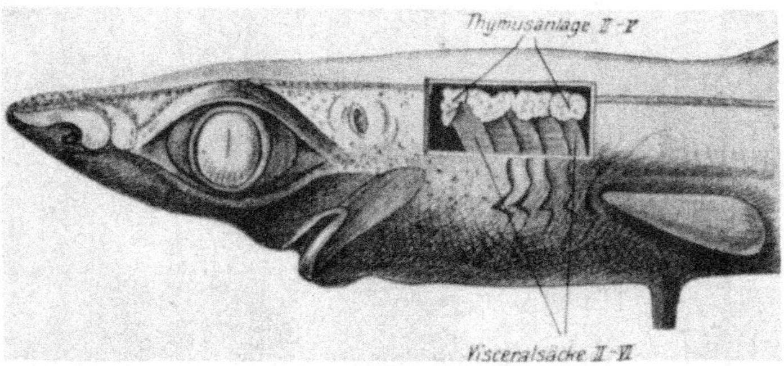

Abb. 749. Thymus bei Spinax (jung). (Nach FRITSCHE, 1910.)

Knochen und auf die Geschlechtsfunktion haben sollen. Bei Rana scheint der Thymus für das Leben unentbehrlich zu sein.

Unsicher ist es, ob ein Thymus bei den Cyclostomata vorkommt. Bei Bdellostoma ist er niemals nachgewiesen worden. Bei Ammocoetes dagegen findet man Wucherungen an der dorsalen und ventralen Wand aller sieben Kiemensäcke; es scheint aber noch sehr die Frage zu sein, ob diese Wucherungen mit Thymusknospen verglichen werden dürfen (Abb. 745).

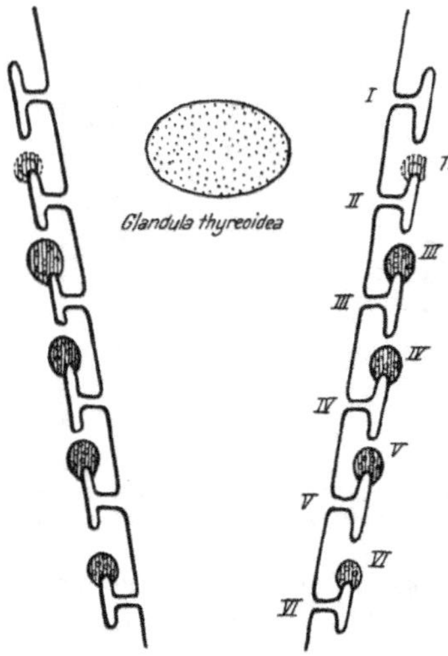

Abb. 750. Forelle.

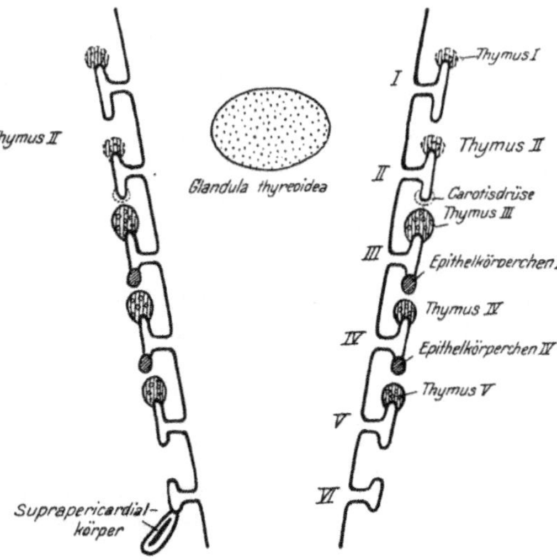

Abb. 751. Urodela.

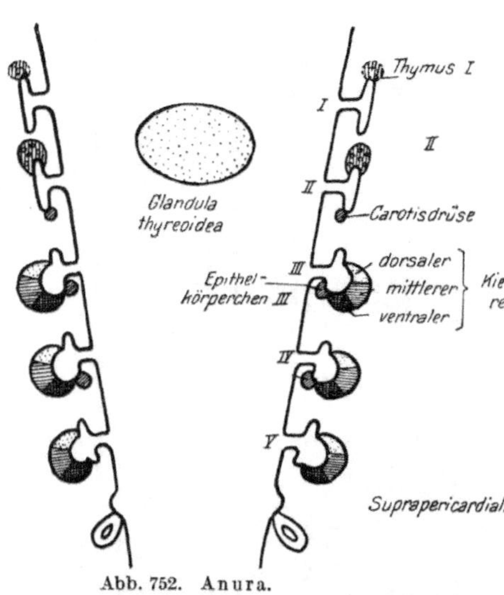

Abb. 752. Anura.

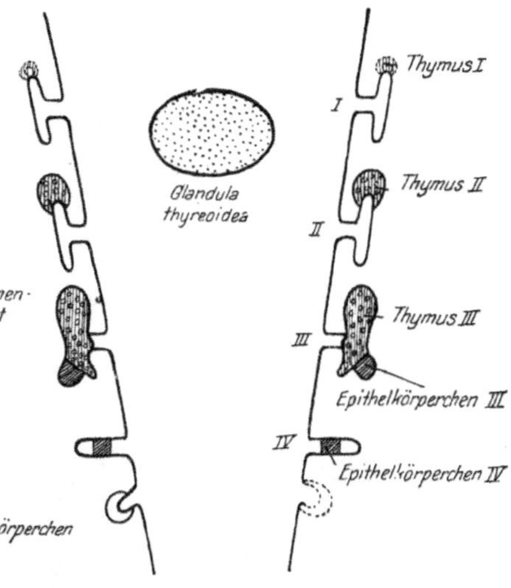

Abb. 753. Lacertilia.

Abb. 750–753. Anlageschemata von Thymus, Epithelkörperchen, Carotisdrüse und Suprapericardialkörper. (Nach MAURER in HERTWIGS Handbuch und GREIL, 1904.)

Mit Sicherheit jedoch ist das Vorkommen des Thymus bei den Pisces nachgewiesen. Bei den Selachii werden die Thymusknospen in der dorsalen Wand am Ende der Visceralsäcke angelegt, und zwar bei verschiedenen Gattungen an verschiedenen Stellen. So bei Heptanchus an allen Kiemensäcken hinter dem Spiraculum (Abb. 748), bei den pentanchen Selachii (Abb. 746) an den Visceralsäcken II—VI, zuweilen auch im Spiraculum (FRITSCHE 1910); bei den Rajidae (Abb. 747) aber an allen Visceralsäcken. Im Lauf der Entwicklung jedoch verschwinden bei pentanchen Selachii und Rajidae die Knospen I und VI, zuweilen auch IV; die übrigbleibenden werden größer, lösen sich vom Mutterboden und werden durch Bindegewebe miteinander verbunden; die Komponenten sind deutlich zu sehen (Abb. 749). Man erkennt daraus, daß potentiell alle Visceralsäcke die Möglichkeit haben, Thymusknospen hervorzubringen, was jedoch bei keiner einzigen Form verwirklicht wird[1]).

Grundsätzlich dasselbe finden wir bei den Teleostei; nur sind die Thymusknospen, die z. B. bei der Forelle an den Visceralsäcken II—VI vorkommen, weniger deutlich differenziert (Abb. 750); die II. verschwindet übrigens schnell. Später in der Entwicklung verschmelzen die Knospen zu einem Bande links und rechts, das an seiner Stelle verharrt, d. h. an der dorsalen Seite der Kiemenspalten. Der branchiomere Charakter kann aber selbst in der Anlage beinahe ganz verschwunden sein, da es vorkommen kann, daß sich der Thymus direkt als Band an der dorsalen Seite der Kiemenspalten anlegt mit nur sehr undeutlichen Zeichen des Besitzes von Thymusknospen. In dieser Beziehung stehen die Teleostei ziemlich isoliert da, da sonst überall der branchiomere Charakter stark in den Vordergrund tritt. Diese Branchiomerie ist übrigens auch bei den Dipnoi zu beobachten, welche sich in dieser Hinsicht ganz an die Amphibia anschließen.

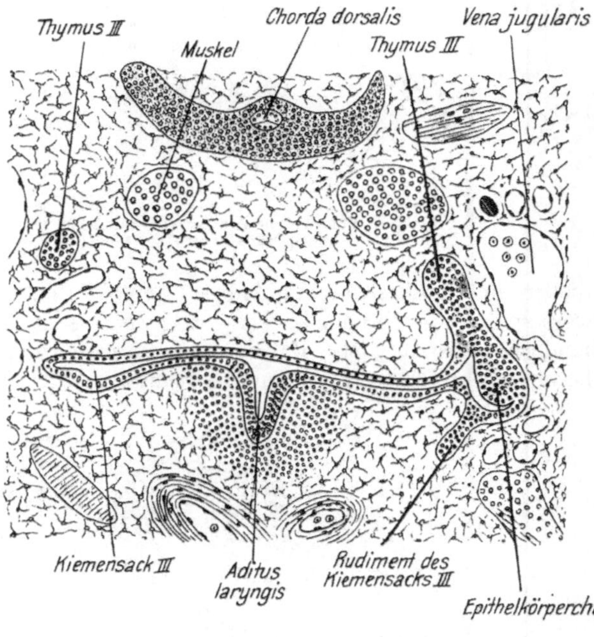

Abb. 754. Thymusanlage bei einem Embryo von Lacerta, Querschnitt. (Nach MAURER in HERTWIGS Handbuch.)

Bei den Amphibia treten ziemlich große Unterschiede auf. Den primitivsten Zustand zeigen uns die Gymnophiona, bei denen an allen Visceralspalten eine dorsale Thymusanlage sich findet, also sechs auf beiden Seiten; die erste und letzte Anlage gehen aber zugrunde. Die vier übrigbleibenden Knospen verschmelzen nicht miteinander, so daß im erwachsenen Zustand links und rechts je vier kleine Thymuskugeln vorkommen. Das ist wohl der primitivste Stand der Thymusentwicklung, den wir bei Vertebrata beobachten. — Bei den

[1]) Vergleiche hierzu J. W. VAN WIJHE: Thymus, spiraculair zintuig en fenestra vestibuli (ovalis) bij een 63 mm lang embryo van Heptanchus cinereus; Kon Acad. v. Wetensch. Amsterdam, Verslag Vergadering Wis- en Naturk. Afd. Deel 32, no. 7, pag. 791—807. Die hierin mitgeteilten Untersuchungen über den Thymus, den suprapericardialen Körper und die Epithelkörper konnten im Text nicht mehr verarbeitet werden.

Urodela (Abb. 751) beschränkt sich die Anzahl der Anlagen auf fünf, von denen jedoch die erste und zweite verschwinden; die übrigen drei verschmelzen links und rechts. Starke Rückentwicklung zeigt die Anlage bei den Salamandrina; hier findet man nur eine einzige Knospe im fünften Visceralspalt. Diese Tiere

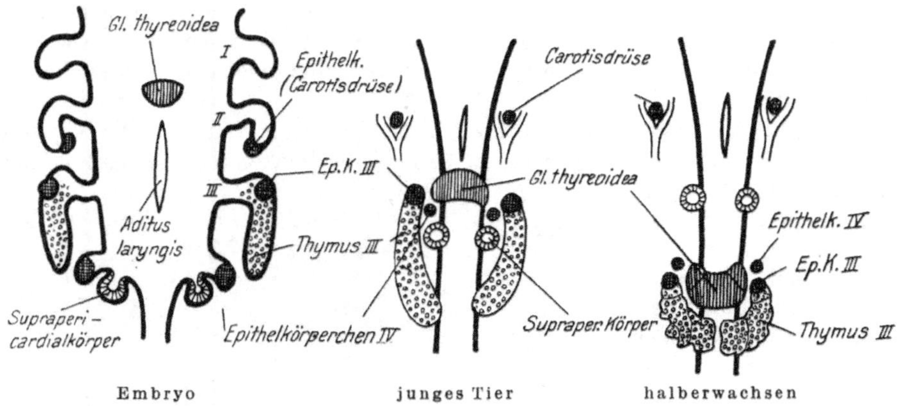

Abb. 755. Entwicklung der Derivate der Kiemenregion bei Echidna. (Nach MAURER in HERTWIGS Handbuch.)

schließen sich dadurch an die Anura (Abb. 752) an, bei denen allein die zweite Visceralspalte eine Thymusknospe zeigt, wenn auch in der ersten eine vorübergehende Knospe auftritt. Bei der erwachsenen Rana findet man den Thymus links und rechts hinter dem Annulus tympanicus.

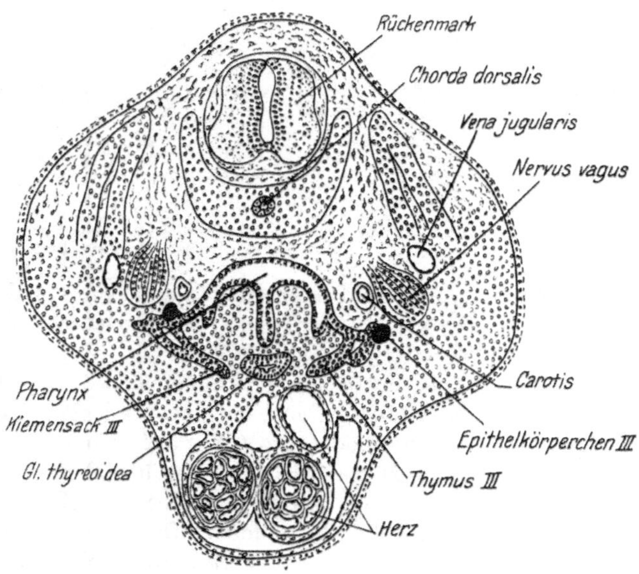

Abb. 756. Querschnitt durch das Vorderende eines Embryos von Echidna. (Nach MAURER in HERTWIGS Handbuch.)

Bei den Reptilia wird der Thymus an verschiedenen Stellen angelegt; bei Lacertilia (Abb. 753) an der dorsalen Seite der Visceralspalten II—III (Abb. 753 und 754), während an der ersten eine vorübergehende Knospe gebildet wird; die dritte Knospe ist viel größer als die zweite. Beide verschmelzen nicht. Im erwachsenen Zustand findet man links und rechts zwei Thymuslappen, von denen der caudale der größere ist, und zwar ventral des caudalen Teiles der Labyrinthkapsel. Bei den Ophidia hingegen werden sie an den Viscerasäckchen I—V angelegt; die vordersten drei Knospen verschwinden wieder, so daß der Thymus von der vierten und fünften Knospe gebildet wird. Man sieht also auch hier wieder, daß potentiell das Epithel aller Spalten imstande ist, Knospen zu liefern; in dieser Beziehung müssen die Ophidia als primitiv angesehen werden.

Bei den Aves beobachtete man die Anlage am dritten und vierten Spalt, zuweilen aber allein am dritten. Die zwei Thymusbildungen links und rechts findet man bei jungen Tieren, zum Teil verschmolzen, ventral gegen die Vena jugularis anliegend; bei erwachsenen Tieren verschwindet der Thymus größtenteils.

Abgesondert stehen in zweierlei Hinsicht die Mammalia. Erstens sind sie die einzigen Vertebrata, bei denen der Thymus an der ventralen Seite der Visceralspalten angelegt wird (Abb. 756); und zwar am dritten, zuweilen auch am zweiten und vierten Spalt (Abb. 755). Wir können daraus schließen, daß sich die Anlage bei den Vertebrata also typisch nicht auf die dorsale Wand der Visceralsäcke beschränkt, sondern auch an der ventralen Wand vorkommen kann. In dieser Hinsicht müssen wir noch eben auf die Cyclostomata weisen, bei denen sowohl dorsale wie ventrale Knospen gebildet werden, wenn es auch nicht sicher ist, daß diese Anlagen Thymusknospen sind.

Noch in einer zweiten Hinsicht ist der Thymus bei den Mammalia absonderlich gebaut, worüber hier einige Worte genügen mögen. Bei verschiedenen Gattungen, zu verschiedenen Ordnungen gehörend (Rodentia, Ungulata, Prosimiae, Marsupialia), kann man zwei verschiedene Thymi finden (Abb. 744 auf S. 606): erstens den gewöhnlichen Thymus (Thymus thoracicus) und zweitens eine Neubildung, die einen ganz anderen Ursprung hat; sie entsteht aus der Haut, und zwar aus der Wand der sogenannten Halsbucht (Sinus praecervicalis), einer tiefen Rinne an der caudalen Kopfseite des Embryos. Diese Neubildung wird der Thymus cervicalis genannt. Hieraus erhellt, daß die Thymusbildung nicht ausschließlich an der Wand des Pharynx vorkommt, sondern daß auch potentiell die Haut dazu imstande ist, Thymus zu bilden. Bei Talpa und einigen Marsupialia kommt sogar nur ein cervicaler Thymus vor. Die Mammalia verhalten sich also anders in der Entwicklung des Thymus als die übrigen Vertebrata. Beim erwachsenen Tier liegt der Thymus cranial vom Herzen und erstreckt sich mehr oder weniger bis zur Halsregion; der möglicherweise vorkommende Thymus cervicalis reicht dann in den Hals (Abb. 744). Beim Heranwachsen der jungen Tiere verschwindet der Thymus meistens; in einigen Fällen aber, und zwar speziell bei Wassertieren (Pinnepedia, Cetacea), scheint diese Drüse dauernd bewahrt zu bleiben.

Suprapericardialkörper (postbranchialer oder ultimobranchialer Körper).

Morphologisch ist dieser Körper am schwierigsten von allen Abkömmlingen der Kiemenregion zu definieren. Er kommt bei allen Vertebrata mit Ausnahme der Cyclostomata und der Teleostomi vor. Zuerst wurde er durch VAN BEMMELEN bei den Selachii nachgewiesen (1886); er tritt als laterale Ausstülpung des Pharynx auf, links und rechts (bei den Rajidae) oder nur links hinter der letzten Kiemenspalte (Abb. 746—747 auf S. 607). Vom Entdecker wird dies Organ als Rudiment einer sonst verschwundenen Kiemenspalte aufgefaßt, die hinter der letzten lag. Der Körper liegt auf der dorsalen Wand des Pericard, was ihm den Namen suprapericardialer Körper eingetragen hat. Bei den höheren Vertebrata ist die Lage eine andere, unabhängig vom Pericard; aus diesem Grunde nennt MAURER, der die Homologie mit einem rudimentären Kiemenspalte bezweifelt, diesen Körper den postbranchialen Körper (in HERTWIGS Handbuch). Später ist durch GREIL, der das Organ wiederum für eine branchiale Bildung hält und zwar eine Bildung aus der Wand des letzten rudimentären Kiemensackes, der Name „ultimobranchialer Körper“ eingeführt (1904). VAN BEMMELENS und MAURERS Benennungen rechnen also ausschließlich mit der Topographie des Organs; das Wort Ultimobranchialkörper dagegen drückt einen vergleichend-anatomischen Begriff aus. Aber der Ausdruck Suprapericardialkörper hat historische Rechte.

Genannte Ausstülpung schnürt sich von ihrem Mutterboden ab und bildet mehrere kleine von einander geschiedene Bläschen, gradeso wie wir es bei der Glandula thyreoidea beschrieben haben. Indessen ist der Suprapericardialkörper mit Sicherheit von der Schilddrüse zu unterscheiden, da der eigenartige „kolloide“ Inhalt dieser Drüse, der durch die speziellen Eiweiße verursacht wird, bei dem Suprapericardialkörper meistens fehlt.

Bei den Urodela ist das Organ meist unpaar (Abb. 751); paarig dagegen bei den Anura (Abb. 752). Stets liegt es hinter dem letzten Kiemensack, welcher es auch immer sein möge. Man findet es bei erwachsenen Formen in der Nähe der Larynxöffnung. — Unter den Reptilia scheint es bei den Ophidia zu fehlen; bei den Lacertilia (Abb. 753) aber ist es wieder vorhanden; so bei Lacerta zuweilen an beiden Seiten, zweilen nur links. Auch bei den Aves ist es zu finden, und zwar paarig, grade wie bei den Mammalia (Abb. 755). Merkwürdig ist die Tatsache, daß bei Echidna und vielen höheren Mammalia in den Bläschen doch „kolloide“ Stoffe gebildet werden; es kann sogar — aber nicht bei Echidna — Verbindung mit der Glandula thyreoidea eintreten; das letzte Wort hierüber ist aber noch nicht gesprochen.

Die Funktion des Suprapericardialkörpers ist unbekannt. — Die morphologische Frage, ob der Körper als ein rudimentärer Kiemensack anzusehen ist, kann noch nicht sicher entschieden werden. Die Lage spricht allerdings für diese Ansicht; ebenso die Tatsache, daß dieser Körper bei Heptanchus mit seinen neun Visceralspalten hinter dem Rudiment der neunten vorkommt (BRAUS 1906); noch mehr, daß GREIL (1905) bei den Amphibia beweisen konnte, daß dieses Organ sich entwickelt als Anhängsel eines sechsten Visceralsackes, so daß es sich wie eine Thymusknospe oder ein Epithelkörperchen verhält. Außerdem soll caudal dieser Aussackung noch eine Arteria branchialis vorkommen. In diesem Falle würde es also kein direkter Rest eines rudimentären Visceralsackes sein, aber doch das ursprüngliche Bestehen eines solchen anzeigen. Entschieden ist die Frage heute noch nicht. Vom vergleichend-anatomischen Standpunkt aus ist gegen diese Auffassung nichts einzuwenden, da ja die Anzahl der Kiemensäcke nicht feststeht.

Epithelkörperchen.

Diese Körperchen scheinen Bildungen zu sein, die auftreten im Verband mit dem Verschwinden der Kiemensäcke. Denn bei den Pisces kommen Epithelkörperchen nicht vor, wohl aber bei den Amphibia (Abb. 751 und 752), und zwar während des Larvenstadiums oder erst nach der Metamorphose. Es sind Wucherungen der ventralen Wand der Kiemensäcke III und IV, Klümpchen von Epithelzellen, keine Bläschen. Diese verlassen den Mutterboden und zeigen dann einen eigenartigen Bau von spiralförmig gewundenen Epithelsträngen. Bei Rana liegen sie vor der Arteria carotis communis. — Bei den Reptilia (Abb. 753 und 754) entstehen sie an den Kiemensäcken II—IV oder III und IV;

bei den Aves ebenfalls aus III und IV; bei der letzteren Tiergruppe bestehen sie aus Bläschen, aber ohne „kolloiden" Stoff.

Die Mammalia nehmen auch hierin eine besondere Stellung ein. Bei diesen Tieren werden die Epithelkörperchen nur aus der Wand des III. oder III. und IV. Kiemensackes gebildet, dorsal von der Anlage der Thymusdrüse, die hier ventral entsteht (Abb. 755 und 756). Wir sehen also, daß in der aufsteigenden Reihe der Vertebrata das Organ zurückgebildet wird; ja bei Talpa wird das Epithelkörperchen nur vom Kiemensack III gebildet, um schnell wieder zu verschwinden. Auch hier finden wir kompakte Epithelklümpchen, keine Bläschen, die später wieder die eigenartigen Stränge zeigen. Und eigenartig ist auch noch dies, daß Thymus III und Epithelkörperchen III (Abb. 755), die dicht beieinander angelegt werden, sich zusammen als ein Ganzes vom dritten Kiemensack abschnüren und dann auch zusammenbleiben können. Dasselbe ist auch der Fall mit den Derivaten des vierten Kiemensackes: Thymus IV und Epithelkörperchen IV; aber diese nehmen außerdem noch den dicht caudal liegenden Suprapericardialkörper (Abb. 755) in sich auf. Dieser ganze Komplex kann mit der Glandula thyreoidea verwachsen; das Gewebe des Epithelkörperchens kann sich dann innig mit dem der Glandula thyreoidea verbinden, was zu der Meinung Anlaß gegeben hat, daß es am Aufbau dieser Drüse teilnähme, eine Meinung, die aber noch bewiesen werden muß; so ist auch der Name „Nebenschilddrüse" (Glandula parathyreoidea) entstanden. — Die Funktion der Epithelkörperchen ist unbekannt.

Die Carotisdrüse.

Auch diese Drüse ist als ein Gebilde aufzufassen, das wahrscheinlich ebenfalls in Verbindung steht mit dem Verschwinden der Kiemensäcke: fehlt es doch bei den Pisces; dagegen findet man es bei den Amphibia und Amniota und zwar immer an der Stelle, wo die Arteria communis sich in eine Carotis interna und externa teilt. Ihr Ursprung ist noch nicht ganz aufgeklärt. Bei Amphibia (Abb. 751 und 752) findet man ventral vom Kiemensack II eine Wucherung, die sehr an ein Epithelkörperchen erinnert. Aber es ist möglich, daß diese Wucherung entsteht aus der caudal vom zweiten Sack verlaufenden dritten Arteria branchialis; in diesem Falle würde die Wucherung mit reduzierten Visceralsäcken nur indirekt zusammenhängen.

Die Carotisdrüse fehlt bei den Reptilia (Abb. 753); aber bei diesen Tieren liegt das Epithelkörperchen III der Carotis communis an, also eigentlich auf dem Platz der Carotisdrüse; faßt man sie wirklich als solche auf, dann ist sie jedenfalls nicht direkt mit der Carotisdrüse der Amphibia zu vergleichen. Bei den Aves steht ihr Vorkommen ebensowenig fest. Bei einigen Mammalia dagegen sind wir besser unterrichtet (Abb. 755 und 756); hier tritt das Epithelkörperchen II in enge Verbindung mit der Wand der dritten Arteria branchialis, aus der die Carotis entsteht. Vergleichend-anatomisch läßt sich über dieses Gebilde noch wenig Positives sagen.

Ebenso dunkel sind Bau und Funktion. Bei Rana bildet die Drüse ein ovales oder rundes Körperchen, schwarz gefärbt durch Pigment, und schwammig-cavernös; die Höhlen der Schwammasse stehen in Verbindung mit den Lumina der Carotis communis, interna und externa, deren Wände an zahlreichen Stellen durchbohrt sind. Der Bau der Drüsenwand stimmt ungefähr mit dem einer Arterie überein, was nicht für die Herkunft aus einem Epithelkörperchen spricht. Wahrscheinlich spielt die Carotisdrüse hier die Rolle eines sekundären Herzens: sie soll Blut aus der Carotis communis aufsaugen und das durch langsame Kontraktion an die Carotis interna und externa abgeben; der Name Carotis„drüse" wäre dann verkehrt. — Auch bei den Mammalia ist von einem drüsenartigen Charakter keine Rede, doch ist hier der Bau auch ganz anders als bei den Amphibia. Die Carotisdrüse wird von einer kleinen Arterie versorgt, die an der Stelle entspringt, wo die Carotis communis sich gabelt; diese Arterie verzweigt sich in dem Organ mehrmals und bildet so ein Capillarnetz, das wieder zu einer Vene führt. Rund um diese Capillaren findet man zahlreiche Zellen, die zum Sympathischen Nervensystem gehören. Auch hier ist die Funktion unbekannt.

Kiemenreste.

Zum Schlusse noch ein kurzes Wort über die sogenannten Kiemenreste, die nur bei den Anura vorkommen. Vergleichend-anatomisch sind sie interessant, weil sie die einzigen mit Sicherheit nachgewiesenen Reste von verschwindenden Kiemen sind. Die inneren Kiemen der Anura reduzieren, wie wir auf S. 601 darstellten; bei diesem Prozeß werden sie kürzer und durch Epithelwucherung

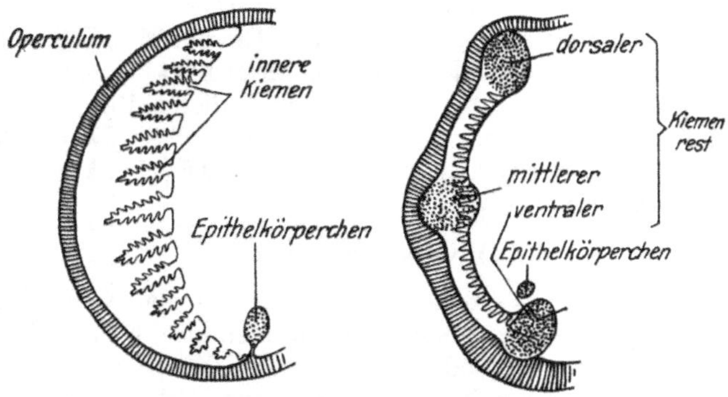

Abb. 757. Entwicklung der Kiemenreste bei den Anura, vor (links) und nach (rechts) der Metamorphose. (Nach MAURER in HERTWIGS Handbuch.)

dicker. Aus diesen zurückgebildeten Kiemen bildet sich schließlich ein Epithelstrang, der zugrunde gehend, aber doch bestimmte Reste zurückläßt: einen ventralen, einen mittleren und einen dorsalen Kiemenrest (Abb. 757). Dieses sind Klümpchen von unregelmäßigen Epithelzellen, die ein Netzwerk bilden, in dessen Maschen Blutcapillaren und Lymphzellen liegen. Möglicherweise dienen sie zur Produktion der Lymphzellen. Bei der erwachsenen Rana bleibt allein der ventrale Kiemenrest übrig; der mittlere und der dorsale gehen langsam zugrunde.

C. Die Schwimmblase.

Bei vielen Pisces kommt an der dorsalen Seite des Coeloms, d. h. dorsal des Darmkanales und ventral der Nieren und der Wirbelsäule, ein häutiger Sack vor (Abb. 758). Dieser Sack liegt retroperitoneal. Seine Wand ist innen von Epithel bekleidet; um dieses herum liegt eine Bindegewebsschicht, die oft sehr elastisch ist und glatte oder quergestreifte Muskelfasern enthält; selbst Verknöcherungen können darin vorkommen (COBITIS). Die Innenfläche ist glatt oder mit Trabekeln versehen, zuweilen sogar mehr oder weniger schwammartig. Dies ist die Schwimmblase. Sie ist ein sehr veränderliches Organ: verschieden in Größe und Form, selbst bei eng verwandten Arten. Sie kann röhrenförmig, unregelmäßig, herzförmig usw. sein. Nicht selten hat sie eine Einschnürung, wodurch gleichsam zwei miteinander kommunizierende Blasen entstehen (Cyprinidae, Abb. 758). Diese Vielgestaltigkeit ist begreiflich, wenn man bedenkt, daß die

Schwimmblase hauptsächlich eine hydrostatische Bedeutung besitzt und daß dabei die Form und Lage der inneren Organe und der Schwerpunkt des Tieres eine Rolle spielen. Oft streckt sich die Schwimmblase vom Kopf bis zum Schwanz aus, zuweilen ist sie viel kürzer. Sie kann auch bei sehr verschiedenen Pisces einfache oder verzweigte Blindsäcke tragen, vor allem bei den Formen, wo die Schwimmblase dem Hervorrufen von Tönen dient. Bei Vertretern verschiedener Familien teilt sich die Blase cranial in ein Paar Coeca, die bis in den Kopf vordringen können (vgl. S. 618); dasselbe kann auch caudal beim Schwanz auftreten. Bei komplizierteren Formen können innere Septa auftreten, so daß die Blase dann mehr oder weniger in Kammern eingeteilt ist. Kurzum — die Zahl der Variationen nach allen Richtungen ist sehr groß.

Die Schwimmblase fehlt bei den Cyclostomata und den Selachii, kommt aber vor bei den Crossopterygii, Chondrostei, Lepidostei, Amiodei und den meisten Teleostei. Was die letzten angeht, so fehlt die Blase bei verschiedenen Familien, z. B. den Pleuronectidae, Scopelidae und Cyclopteridae; in anderen Familien, so bei den Scombridae und Blenniidae ist sie bei den meisten Genera vorhanden, bei

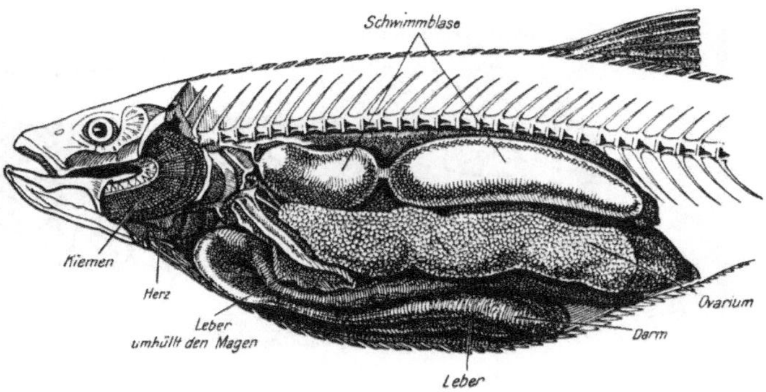

Abb. 758. Lage der Schwimmblase bei einem Cypriniden. (Nach VOGT und HOFER.)

anderen nicht; sie kann sogar bei verschiedenen Arten desselben Geschlechtes vorhanden sein oder fehlen (Scomber).

Die Schwimmblase entwickelt sich hinter der Kiemenregion aus dem caudalen Ende des Vorderdarmes, zuweilen sogar dicht an der Stelle, wo das Hepato-Pancreas auftritt. Sie entsteht beinahe immer median aus der dorsalen Wand, zuweilen etwas links, zuweilen etwas rechts. Die Stelle, wo die Blase angelegt wird, ist also der Oesophagus oder die Magengegend. Die Entwicklung beginnt spät. Die Anlage der Schwimmblase schnürt sich ganz oder zum Teil vom Mutterboden ab; im zweiten Falle bleibt das Organ mit ihm verbunden durch eine offene Röhre: den Ductus pneumaticus. Dieser mündet also beinahe immer dorsal in den Darm, wenn auch an verschiedenen Stellen, und zwar vom Beginn des Oesophagus bis an das Caudalende des Magens. Die Ausmündung in den cranialen Teil des Oesophagus kann als primitiver Zustand aufgefaßt werden; je caudaler die Anlage, desto sekundärer die Bildung (DE BEAUFORT 1909). Nur bei Erythrinus und Macrodon — Characinidae aus Amerika — liegt die Ausmündung des Ductus pneumaticus im Darm links vom Oesophagus. In der Regel ist der Ductus pneumaticus eine enge Röhre; aber in manchen Fällen ist er kurz und weit, z. B. bei Lepidosteus, Amia, Gymnarchus u. a.; im Zusammenhang mit der Entwicklung kann dieser Zustand als primitiv angesehen werden. Teleostei mit Ductus pneumaticus werden zusammengefaßt unter dem Namen von Physostomi. — In vielen Fällen jedoch wird der Zusammenhang mit dem Vorderdarm unterbrochen, wodurch der Ductus pneumaticus verschwindet; man nennt diesen Typus Physoclysti. Da aber alle Pisces mit Schwimmblase im Embryonalzustand natürlich physostom sind, ist der Unterschied zwischen Physostomi und Physoclysti nicht prinzipiell.

In einzelnen Fällen kann die Schwimmblase mit der Außenwelt sekundär kommunizieren; so bei der physostomen Clupea (Hering) durch eine Öffnung, die links von den Genitalorganen liegt; bei den Physoclysten Caranx trachurus durch einen speziellen Gang, der zur rechten Kiemenhöhle führt.

Die Schwimmblase ist ein sehr altes Organ; man findet sie schon bei den Pisces aus dem Cambrium, wie z. B. bei der Familie Coelacanthidae, bei denen sie verknöchert ist. Indessen können solche Verknöcherungen auch bei rezenten Pisces vorkommen, z. B. bei Cobitis und Saccobranchus (Siluride aus Indien: das Tier ist abgebildet S. 597); in diesen Fällen ist die Schwimmblase in eine ganz oder zum Teil verknöcherte Kapsel eingeschlossen.

Die Innervation der Schwimmblase geschieht durch den Nervus vagus; die Blutversorgung aus der Arteria coeliaca und den Arteriae intercostales: sie

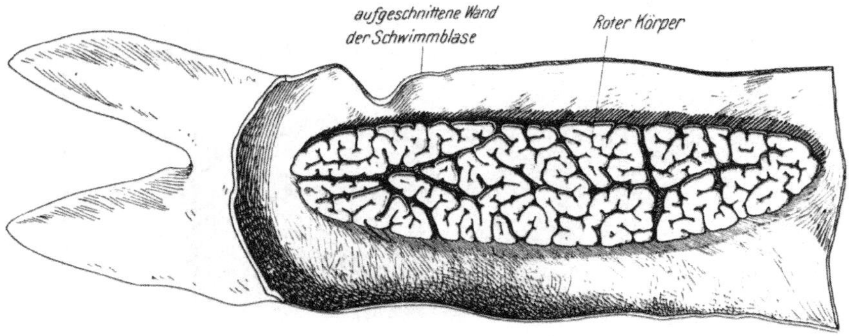

Abb. 759. Roter Körper in der Schwimmblase von Molva vulgaris. (Original.)

empfängt also gewöhnlich Oxyblut; außerdem gibt die Blase Venen ab, die in der Regel in die Vena portae münden. Sehr verschiedenartig ist das Verhalten der Blutgefäße in der Schwimmblasenwand: zuweilen ist die Verbreitung der Capillaren gleichmäßig, zuweilen lokalisieren sie sich auf bestimmte Plätze. Eine solche besondere Konzentration findet man bei einigen Physostomi an einer oder mehreren Stellen, die meistens an der ventralen Wand liegen. Dort werden dann „Wundernetze" gebildet, die als sogenannte „Rote Körper" in das Lumen der Blase hineinragen: sie können in allerlei Phasen vorkommen (Abb. 759). Bei den Physoclysti kommen übrigens dergleichen Blutkörper ebenfalls vor; oder man kann an ihrer Stelle zahlreich verbreitete kleinere „Blutdrüsen" antreffen, die jedoch nicht wesentlich von den roten Körpern verschieden sind.

Das Gas in der Schwimmblase besteht aus einem Gemisch von Sauerstoff, Stickstoff und Kohlendioxyd, aber in ganz anderen Verhältnissen wie in der atmosphärischen Luft und sehr wechselnd und verschieden: so ist im allgemeinen bei den Oberflächenfischen der Stickstoffgehalt der größte (bis 83 vH.), der Kohlensäuregehalt der geringste (2 vH.), während der Rest (15 vH.) Sauerstoff ist. Bei den in größerer Tiefe lebenden Tieren dagegen steigt der Sauerstoffgehalt sehr stark (bis 99 vH.). Der Druck der Gase ändert sich mit der Tiefe, in welcher der Fisch lebt, und kann sehr ansehnlich werden, z. B. bei Tiefseefischen. Diese Gase werden durch die genannten roten Blutkörper und -drüsen sezerniert. Der Ductus pneumaticus ist in der Regel für die Luft nach der Schwimmblase zu nicht durchlässig; durch ihn kann also keine Luft aus der Atmosphäre aufgenommen werden; dies geschieht aber wohl in den Fällen, in denen die Schwimmblase respiratorische Bedeutung hat (vgl. S. 619), wobei dann der Ductus pneumaticus kurz und weit ist und direkt caudal der Kiemenregion liegt. Wohl aber kann Gas aus der Schwimmblase durch den Ductus pneumaticus nach außen entfernt werden. Bei den Physoclisti ist aber auch das ausgeschlossen; bei diesen Formen kann Gas nur durch Resorption entfernt werden; dies geschieht durch das Oval (Abb. 760), eine scharf lokalisierte, ovale Verdünnung der Schwimmblasenwand, reich an Blutgefäßen und von einem Schließmuskel umgeben (Sphincter). Wenn sich dieser Muskel schließt, wird das Oval von der Schwimmblase abgeschlossen, wenn das Oval sich aber öffnet, kommt ein größerer oder kleinerer Teil des Ovals mit den Gasen der Schwimmblase in Berührung und kann sie resorbieren. Oval und Ductus pneumaticus sind also vicariierende Organe.

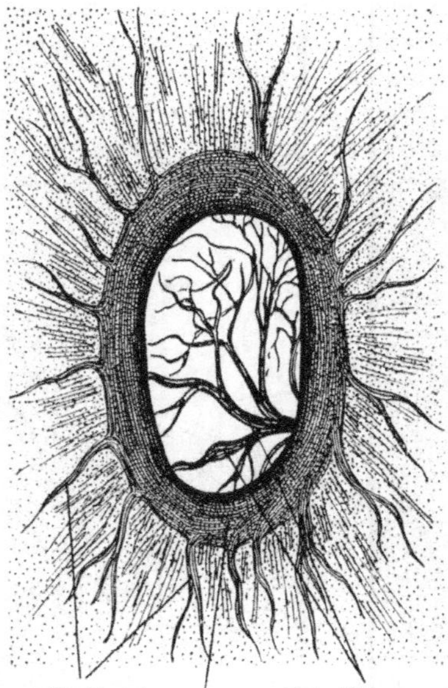

Abb. 760. Oval von Lucioperca sandra. (Nach WINTERSTEIN, 1921.)

Die Funktion von derartig gebauten Schwimmblasen ist in erster Linie eine hydrostatische: die Blase setzt den Fisch in Stand, durch Verminderung des specifischen Gewichtes leichter im Wasser schweben zu können. Bewegt sich ein Fisch in vertikaler Richtung, dann wird sich der Wasserdruck vermehren oder vermindern, womit Secretion und Resorption von Gasen in der Schwimmblase Hand in Hand gehen, so daß sich das specifische Gewicht auf jeder Höhe, in der das Tier sich aufhält, geregelt werden kann. Aber die Höhe des vertikalen Gebietes, in dem der Fisch leben kann, wird u. a. — denn auch das Zusammenziehen und Ausdehnen der Körperwand durch Muskelbewegung stehen dem Fisch zu Gebote, um sein Volumen schnell dem Wasserdruck anzupassen, dem er ausgesetzt ist — die Höhe dieses vertikalen Gebietes also wird u. a. bedingt durch die Fähigkeit der Schwimmblase, sich an die Druckveränderungen der Umgebung anpassen zu können. Da nun Gasresorption und -secretion sehr langsam verlaufen, wird die Höhe dieses Gebietes im allgemeinen beschränkt sein; für verschiedene Arten ist sie aber sehr verschieden; einige Pisces können große vertikale Strecken zurücklegen und können dann noch besondere Einrichtungen haben, durch welche die Schwimmblase großen Volumenveränderungen Widerstand bieten oder sie regulieren kann: z. B. eine dicke, elastische Wand oder sekundäre Ausmündungen der Schwimmblase, wie bei einigen Clupeidae hinten dem Anus, wodurch eventuell Gase entweichen können. Bei Grundfischen, z. B. bei den Pleuronectidae, die auf dem Boden ruhen oder sich nur in kurzem Abstand vom Boden bewegen, oder bei Pisces, die sich an Steinen festsaugen (Siluridae, Cyprinidae) fehlt denn auch die Schwimmblase; sie wird hier wohl embryonal angelegt, verschwindet aber später wieder. Immerhin kann auch bei guten Schwimmern die Schwimmblase fehlen, während vertikale Bewegungen doch sehr gut möglich sind, wie bei den Selachii und einem Teil der Teleostei.

Im Verband mit dieser statischen Funktion der Schwimmblase tritt die Blase bei einer großen Zahl von Süßwasser- und einigen Seewasserfischen in mehr oder weniger engen Kontakt mit dem statischen Organ im Schädel, dem Labyrinth. Im einfachsten Falle setzt sich die Blase craniad fort in ein Paar röhrenförmigen Blindsäcken, die sich gegen Membranen anlegen, welche in den Öffnungen der knöchernen Labyrinthkapsel ausgespannt sind (Gadidae). In anderen Fällen (Clupeidae) dringen diese cranialen Schwimmblasenhörner durch die genannten Öffnungen in die Labyrinthkapsel selbst ein und treten so mit dem statischen Organ in Verband.

Die komplizierteste Form aber ist diese, daß der Kontakt zwischen Schwimmblase und statischem Organ bewerkstelligt wird mit Hilfe dreier Knochen, der sogenannten WEBERschen Knöchelchen. Diese entstehen aus den vordersten drei Rumpfwirbeln. Abb. 761 gibt ein Bild des Zustandes, wie man ihn bei den Cyprinidae findet. Die Schwimmblase ist in zwei hintereinander gelegene Teile verteilt (vgl. auch Abb. 758); der craniale Teil steht durch die WEBERschen Knöchelchen in Verbindung mit einem kleinen beweglichen Knochenstükchen, das sich in der Wand der Wirbelsäule befindet. Der am meisten caudal gelegene, sichelförmige Knochen, der „Hebel“, ist beweglich an der Wirbelsäule befestigt; er stößt caudal an die Schwimmblasenwand, während sein craniales Ende den „Deckel“ trägt (zweites WEBERsches Knöchelchen). Dieser Deckel schließt sich cranial an das genannte bewegliche Knochenstück in der Wirbelsäule an. Das dritte WEBERsche Knöchelchen, der „Regulator“, ist einerseits an der Wirbelsäule, andererseits an dem Deckel befestigt. Ist nun die Schwimmblase gespannt, dann drückt ihre Wand den Hebel craniad, wodurch der „Deckel“ gegen das freie Knochenstückchen der Wirbelsäule gedrückt wird; der „Regulator“ verhindert dabei ein Ausweichen und sorgt für eine gute Bewegungsfähigkeit des Hebels und Deckels. Der Druck in der Schwimmblase wird auf diesem Wege der spinalen Flüssigkeit im Rückenmarkskanal mitgeteilt und dadurch auch an die cerebrale Flüssigkeit, die wieder im Kontakt steht mit dem statischen Organ. Im Hinterkopf befinden sich zwei durch Membranen verschlossene Fenster; steigt der Druck in der cerebro-spinalen Flüssigkeit stark, dann quellen diese Membranen nach außen und können so für Druckverminderung sorgen. Wird die Schwimmblase schlapper, so wird der Deckel aufgehoben und der Kontakt mit der cerebro-spinalen Flüssigkeit ausgeschaltet. — Ein solch komplizierter Apparat ist in den Familien der Cyprinidae, Characinidae, Siluridae und Gymnotidae zu finden, die auch unter dem Namen der Ostariophysi zusammengefaßt werden.

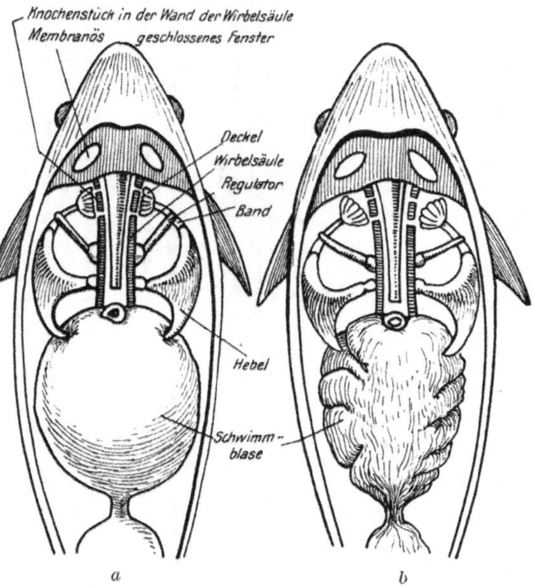

Abb. 761. Schema von der Wirkungsweise der WEBERschen Knochen bei den Cyprinoidae. *a* bei starkem Blasendruck, *b* bei schwachem. (Nach WIEDERSHEIM.)

Was hier besonders interessiert, ist die Frage: kann die Schwimmblase auch als Atmungsorgan dienen oder nicht? Für normal gebaute Schwimmblasen muß diese Frage verneint werden. Wohl kann die Schwimmblase eine große Menge Sauerstoff enthalten; dieser könnte in der Zeit von Atemnot, wenn die Kiemen nicht oder nur unvollkommen arbeiten, in das Blut aufgenommen werden, so daß der Fisch eine Zeitlang leben könnte; aber dies ist kein Atmen im eigentlichen Sinn des Wortes, sondern nur ein Gebrauchen von Sauerstoff in der Not, den das Tier selbst abgeschieden hat. Indessen zeigt in den meisten Fällen die Praxis, daß davon auch nicht viel Erfolg zu erwarten ist, da Fische außerhalb des Wassers durchweg sehr schnell sterben; die Resorption von Sauerstoff geschieht, wenn sie überhaupt möglich ist, viel zu langsam, um für die Atmung in Frage zu kommen. — Wohl aber kann die Schwimmblase als Atmungsorgan dienen, wenn sie einen anderen Bau erhält. Sie kann nämlich eine Struktur besitzen, die sehr an die Lungen der Dipnoi erinnert, über die wir später sprechen. Bei mehreren Pisces kommt etwas Ähnliches in mehr oder weniger starkem Maße vor, z. B. bei Gymnarchus, Erythrinus, Arapaima, ferner bei Lepidosteus und Amia.

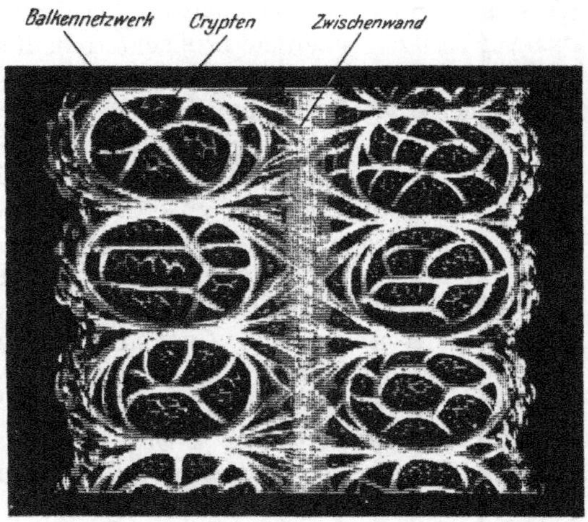

Abb. 762. Innenfläche der Schwimmblase von Lepidosteus. (Nach SCHIMKEWITSCH.)

Bei Lepidosteus ist die Schwimmblase mehr oder weniger durch eine vertikale bindegewebsartige Zwischenwand in zwei Hälften geteilt; von dieser Scheidewand gehen seitlich Balken ab, wodurch eine Anzahl Crypten entstehen und der Bau der Schwimmblasenwand mehr oder weniger schwammartig wird (Abb. 762). Diese Schwimmblase mündet im caudalen Teil der Kiemenhöhle medio-dorsal in den Pharynx durch eine Spalte; um diese Spalte liegt ein sehr kompliziertes System von Muskeln, welche durch den Vagus innerviert werden und zum Erweitern (Dilatatores) und zum Verengern (Constrictores) dienen. Diese Muskeln sind auf andere zurückzuführen, die zum Kiemenapparat gehören. Eine so gebaute Schwimmblase kann wahrscheinlich als Lunge arbeiten, da das Tier fortgesetzt an die Oberfläche kommt, um Luft zu schnappen; der Ductus pneumaticus ist denn auch weit und liegt cranial, so daß Luftzufuhr möglich ist. Es scheint also, daß die Kiemen das Blut nicht genügend mit Sauerstoff versehen und daß dieser Mangel durch die Schwimmblase ausgeglichen wird. Die Atmungsfunktion der Schwimmblase würde gerade dadurch möglich, daß die Kiemen ungenügend arbeiten: dadurch befindet sich in der Aorta dorsalis und darum auch in der Schwimmblasenarterie wenig Sauerstoff (vgl. Abb. 816 auf S. 660).

Etwas Ähnliches findet man bei Amia; nur fehlt hier die regelmäßige Anordnung der Crypten in der Schwimmblase. Vergleichend-anatomisch ist aber hier besonders interessant, daß die Schwimmblase von Amia Blut aus der sechsten Arteria epibranchialis empfängt, sich also in dieser Hinsicht ebenso verhält, wie die Lungen der meisten Dipnoi (Abb. 817 auf S. 661). Die Schwimmblasenvene geht jedoch durch die Vena hepatica direkt zum Herzen.

Bei Erythrinus, einer Characinide aus Amerika, kommt eine Schwimmblase vor, die in zwei hintereinander gelegene Abschnitte geteilt ist; in den caudal gelegenen mündet der Ductus pneumaticus, der sich links in den Oesophagus öffnet. Ein Teil dieser caudalen Hälfte zeigt eine zellige Struktur, grade so, wie sie bei Amia gefunden wird; der Rest ist glattwandig, grade so wie die vordere Abteilung: diese steht mit dem statischen Organ in Verbindung durch die WEBERschen Knöchelchen. Bei Erythrinus hat also die Schwimmblase vermutlich zwei Funktionen: eine gewöhnliche hydrostatische und eine respiratorische, beide lokalisiert. Unter normalen Verhältnissen lebt das Tier im Wasser und atmet durch die Kiemen; in trockenen Zeiten jedoch, wenn das Wasser knapp ist, schnappt das Tier Luft: dann arbeitet die Schwimmblase als Atmungsorgan. Auch bei Arapaima, einem Malacopterygier aus Südamerika, findet man etwas Ähnliches, aber die Balkenstruktur ist bei diesem Tier auf die dorsale Hälfte der ungeteilten Schwimmblase beschränkt.

Eigentümlich vor allem ist auch Gymnarchus, ein Mormyride aus dem Gambiafluß, der ebenso wie die dipneumonen Dipnoi die trockene Zeit außerhalb des Wassers zubringt und eine Schwimmblase mit unregelmäßig verbreiterter Balkenstruktur besitzt. Außerdem beobachtete man hier eine besondere Blutversorgung: die Schwimmblase wird an der linken Seite nicht, wie es eigentlich geschehen muß, von Zweigen der Aorta dorsalis versorgt, sondern direkt von der fünften und sechsten Arteria epibranchialis, die keine Verbindung mit der Aorta dorsalis haben (vgl. Abb. 817 auf S. 661; Neoceratodus); rechts dagegen ist die Blutversorgung normal, nämlich aus der Arteria coeliaca. Dazu kommt, daß die Schwimmblasenvene ausmündet direkt in den linken Ductus Cuvieri, daß auch noch eine schwache Scheidung der linken und rechten Herzhälfte vorhanden ist und daß der linke Ductus Cuvieri in die linke schwach angedeutete Herzhälfte mündet. Hier ist also ein Zustand vorhanden, der sich mit dem der Dipnoi direkt vergleichen läßt, wenn er auch weniger weit durchgeführt wurde.

Ebenso interessant ist auch Umbra, ein Genus der Esocidae, deren Arten in stehenden Gewässern von Ungarn und im Nordosten der Vereinigten Staaten und in Kanada leben; bei Wasserknappheit graben sie sich in den Schlamm ein und bleiben dann durch Luftatmung mittels der Schwimmblase am Leben. Die Schwimmblasenwand ist jedoch nicht schwammig, sondern glattwandig; in der Wand befindet sich aber ein ausgestrecktes „Wundernetz". Die Blutversorgung ist normal durch die Arteria coeliaca; die Schwimmblasenvenen gehen jedoch direkt nach dem rechten Ductus Cuiveri (RAUTHER 1914).

Polypterus endlich hat eine ventral vom Darmkanal gelegene Schwimmblase, die in zwei Teile geteilt ist (Abb. 763); der kleinere linke und der größere rechte Teil vereinigen sich zu einem unpaaren Stück, das sich in die ventrale Wand des Oesophagus durch einen Spalt öffnet. Dieser Spalt ist vom Bindegewebe umgeben und steht unter dem Einfluß eines starken Musculus dilatator und constrictor (WIEDERSHEIM 1903, 1904). Die Wand ist nicht schwammig oder zellig, sondern nur mit 20—30 longitudinal verlaufenden Epithelverdickungen versehen, in denen zahlreiche kleine Blutgefäße verlaufen. Die Schwimmblase empfängt Blut aus der sechsten Arteria epibranchialis; die Vene ergießt sich in die Vena hepatica in der Nähe des Sinus venosus. Sie dient wohl vornehmlich als akzessorisches Atmungsorgan, weniger als hydrostatischer Apparat, worauf auch die ventrale Lage der Schwimmblase deutet (RAUTHER 1922).

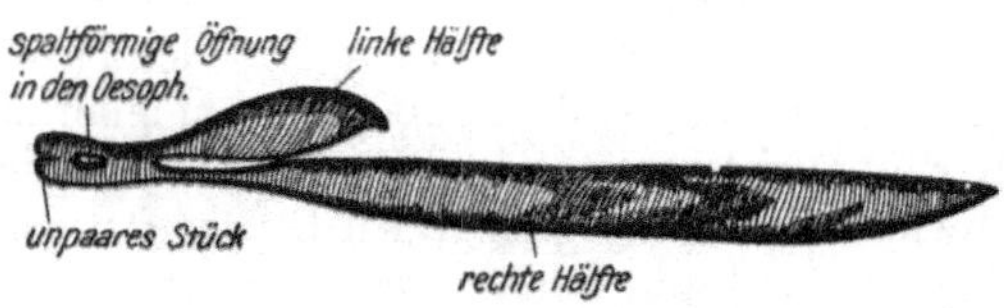

Abb. 763. Schwimmblase von Polypterus, gesehen von ventral. (Nach SCHIMKEWITSCH.)

Es sind noch andere Fälle einer derartig schwammig gebauten Schwimmblase bekannt, worauf hier indessen nicht näher eingegangen werden kann (DE BEAUFORT 1909). Aus allem Gesagten geht ja schon hervor, wie variabel die Schwimmblase in Bau und Blutversorgung ist. Ihre Funktion ist offenbar in erster Linie hydrostatisch, aber daneben anfüllend oder ersetzend respiratorisch. Das bringt uns von selbst auf die Frage, ob die Schwimmblase mit den Lungen der Dipnoi verglichen werden kann. Wir wollen zu diesem Zwecke den Bau dieser Lungen etwas näher betrachten.

Bei Neoceratodus ist die Lunge ein unpaar, dorsal gelegenes Organ, sie steht ventral mit dem Oesophagus in Verbindung gleich hinter den Kiemen, und zwar durch eine Röhre, die an der rechten Seite des Oesophagus verläuft. Die Lunge wird durch einen ventralen und dorsalen Bindegewebsstrang unvollkommen in zwei Hälften geteilt (Abb. 764). In beiden auf diese Weise angedeuteten Hälften findet man je eine Reihe von Kammern mit deutlichen Alveolen, die regelmäßig angeordnet sind. Wir beobachten also auffallende Übereinstimmung mit der Schwimmblase von Lepidosteus (Abb. 762), wenn auch der Bau bei Neoceratodus viel regelmäßiger ist. Daraus könnte man schließen, daß die Lunge durch Verwachsung zweier Organe entstanden sei; dies ist jedoch nicht so: es wird nur ein einziger Lungensack angelegt; die Teilung durch Septenbildung folgt in der Entwicklung erst später.

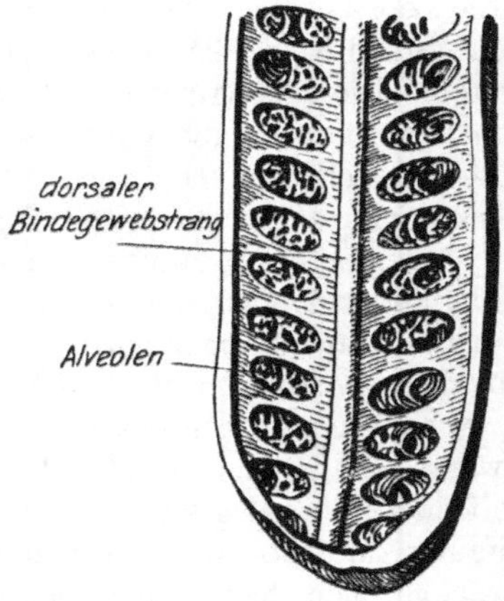

Abb. 764. Lunge von Neoceratodus, geöffnet. (Nach SCHIMKEWITSCH.)

Bei Protopterus und Lepidosiren dagegen sind paarige Lungen vorhanden; beide liegen lateral des Vorderdarmes. Sie vereinigen sich cranial zu einem unpaaren Vestibulum, das bei Protopterus median, bei Lepidosiren etwas links oder rechts sich in den Oesophagus öffnet, und zwar durch einen Spalt grade hinter dem letzten Paar Kiemenspalten. Diese Öffnung steht unter dem Einfluß eines Musculus dilatator und eines Musculus sphincter. In jeder Lunge findet man auch hier mehrere Kammern, die mit kleineren Alveolen in Verband stehen, die dann schließlich in ganz kleinen Endsäckchen endigen; der Bau stimmt hier überein mit den Lungen der höheren Landtiere. Protopterus und Lepidosiren sind also dipneumone, Neoceratodus ist ein monopneumoner Dipnoer.

Bei allen drei Gattungen sind die Lungen sehr blutreiche Organe; die Blutversorgung geschieht bei Neoceratodus und Lepidosiren durch die Arteriae pulmonales, die sich abzweigten von der sechsten Arteriae epibranchiales (Abb. 817 auf S. 661). Bei Protopterus dagegen entspringen die Arteriae pulmonales aus dem Anfang der Aorta dorsalis.

Neoceratodus ist nun ein typisches Wassertier und geht niemals auf das Land. In trockenen Zeiten, wenn das Wasser sehr verschmutzt ist, setzt die Lunge das Tier in Stand, durch Luftschnappen am Leben zu bleiben. Aber es scheint, daß auch unter normalen Verhältnissen die Lunge stets als akzessorisches Atmungsorgan funktioniert; durch Atmung mit den Kiemen allein kann das Tier offenbar nicht leben. Noch mehr ist dies der Fall bei Protopterus und Lepidosiren, die weniger Kiemen haben als Neoceratodus. Diese Tiere gehen auch nicht auf das Land, aber sie können die Zeit, in der die Flüsse austrocknen, im Schlamm eingegraben verbringen, wobei sie dann natürlich ausschließlich auf Atmung durch die Lungen angewiesen sind; dieser Atemweg tritt bei ihnen darum mehr in den Vordergrund als bei Neoceratodus.

Aus Obenstehendem erhellt, daß ein wesentlicher Unterschied zwischen der Schwimmblase der Pisces und den „Lungen“ der Dipnoi nicht anzugeben ist. Weder in der allgemeinen Lage und im Bau, noch in der feineren Struktur, weder in der Ausmündung in den Darm, noch in der Art der Blutversorgung sind scharfe Grenzen zu ziehen. Alle Übergänge sind zwischen beiden Organen vorhanden, so daß man den Eindruck bekommt, daß in der Wurzel Lungen und Schwimmblase homologe Organe sind, die sich aber verschiedenen Funktionen anpaßten. Das führt von selbst zu dem Gedanken, daß dieses ursprüngliche Organ zur Kiemenregion gehören könnte. Ebenso gut wie bei verschiedenen Pisces mit besonderer Lebensweise akzessorische, zum Kiemensystem gehörende Atmungsorgane vorkommen (s. S. 595), ebenso gehören diese Luft- und Gasapparate zum selben System. Die Pharynxwand, obwohl sie zum Darm gehört, hat die Atmungsfunktion übernommen und paßt sich den vielen Forderungen, welche diese stellt, in jeder Hinsicht an. Daß dieser Pharynxteil ebensogut die ihm ursprünglich zukommenden Potenzen behalten kann, darauf weisen die Scaridae, eine Familie der Teleostei, deren fünfter Kiemenspalt nicht durchbricht, sondern geschlossen bleibt und beiderseits zu einem mit Muskeln versehenen Sack auswächst, in den Nahrung aufgenommen wird, die später „wiedergekaut“ werden soll. Die Entwicklung dieses Vorderdarmteiles ist also nach verschiedenen Richtungen hin denkbar.

Nach einer annehmbaren Meinung sind die ältesten Fische Litoralformen gewesen, die in den untiefen Küstengebietswässern lebten. Aus diesen hat sich die freilebende pelagische Fischfauna entwickelt, während die ursprüngliche Litoralfauna zum großen Teil verschwunden ist, oder sich teilweise in das Süßwasser zurückgezogen hat, worin heute die ältesten Fischtypen leben (Polypterus, Lepidosteus, Amia, Dipnoi). Man wird darum bei Beantwortung der Frage, welches Verhältnis zwischen Lungen und Schwimmblase besteht, hiermit rechnen müssen. Nun fällt es wohl auf, daß bei diesen ältesten Pisces, deren Lebensweise mit dem Leben der ursprünglichen Pisces noch stark übereinstimmt, stets Lungen vorkommen oder wenigstens eine lungenartige (pulmonoide) Schwimmblase vorhanden ist. Es scheint, daß bei diesen Tieren die Lebensumstände derartig waren und zum Teil noch sind, daß die Tiere nicht ohne akzessorische Atmungsorgane auskommen konnten. Für die genannten Flußfische, die entweder eine trockene Periode oder eine solche von Wasserverschmutzung in der trockenen Zeit durchmachen müssen, ist das sehr begreiflich. Bei solchen Formen nun können sich grade so wie bei anderen, die sich dem Leben auf dem Lande angepaßt haben, akzessorische Atmungsorgane entwickelt haben, und zwar im caudalen Teil der Kiemenhöhle und als Anhängsel des letzten Kiemenspaltes, der fast ausnahmslos für die Kiemenatmung nur halbe Bedeutung hat. Hier treten zwei Säcke auf, die mit Luft gefüllt als Atmungsorgane dienen können, und deren Blutversorgung darum in das Bereich des Kiemenblutumlaufs gehört (Abb. 817 auf S. 661). Bedenken wir ferner, daß die jetzt herrschende Menge der pelagischen Pisces aus einer litoralen Untiefenfauna entstand; erinnern wir uns schließlich, daß zwischen den Luftsäcken dieser ursprünglichen Pisces und der Schwimmblase allerlei Zwischenformen von pulmonoiden Schwimmblasen zu finden sind —: dann können wir einen Verband zwischen beiden Organen annehmen. Wir kommen so zu der Auffassung, daß beide Organe ursprünglich Blasen waren, die mit Luft gefüllt werden konnten, und daß morphologisch dieses Organ sich in zwei verschiedenen Richtungen entwickelt hat: die eine Richtung führte zu den Lungen, die andere zur Schwimmblase. Ist die Auffassung richtig, dann ist die zellige Struktur ursprünglicher als die glatte, eine weite Verbindung zwischen Oesophagus und Schwimmblase primitiver als ein enger Ductus pneumaticus (DE BEAUFORT 1909). Die ursprünglichen, alveolären, luftführenden Blasen der „Grund“bewohner hätten dann ventral gelegen; sie werden bei den heutigen pelagischen Formen nur durch eine Blase repräsentiert und zwar durch die dorsal vom Darm gelegene, die als Gasblase funktioniert. Der eigenartige Zustand bei Erythrinus mit seinem links ausmündenden Ductus pneumaticus würde dann ein Hinweis sein auf diese Verlegung nach der dorsalen Seite. Daß eine solche Gasblase durch das Blut mit Gas versehen werden muß, ist natürlich, wenn sie ihre Funktion erfüllen, d. h. Gase unter verschiedenen Spannungen enthalten soll; müssen doch bei Fischen aus größeren Tiefen diese Spannungen sehr beträchtlich sein. Das Aufnehmen atmosphärischer Luft, wie bei den Lungen, würde natürlich niemals imstande sein, einen höheren Druck als den der Atmosphäre hervorzurufen; außerdem ist das Aufnehmen von Luft für alle Fische, die niemals an die Wasseroberfläche kommen, von selbst ausgeschlossen.

Die Blutversorgung geschieht bei der Lunge durch einen Ast der letzten Arteria epibranchialis, bei der Schwimmblase durch einen Ast der Aorta dorsalis; dieser Unterschied hat aber keine Bedeutung; in beiden Fällen empfängt die Blase Oxyblut, wenn die Kiemen arbeiten, und reduziertes Blut, wenn sie nicht funktionieren. So kann in einigen Fällen der pulmonoide Charakter bewahrt bleiben und damit auch unter besonderen oder normalen Umständen die respiratorische Funktion. Bei den Formen aber, die sich in der Richtung von Luftatmern entwickelten, haben sich aus diesen, als akzessorische Atmungsorgane funktionierenden Luftblasen die Lungen entwickelt. Diese Organe vereinigten sich an der cranialen Seite miteinander, um sich dann durch eine unpaare Öffnung in die ventrale Pharynxwand zu öffnen. Diese Öffnung ist mit Muskeln versehen, welche aus den Kiemenmuskeln abgeleitet werden können. Beide Organe: Lunge und Schwimmblase, können also auf denselben Mutterboden zurückgeführt werden, der zum ursprünglichen Atmungssystem gehört.

Diese Auffassung, die auf Angaben von SAGEMEHL (1885), SPENGEL (1904) und GOETTE (1905) beruht, und die durch GREIL (1905) weiter ausgearbeitet ist, wird von anderen Forschern bestritten, und zwar vor allem durch die Embryologen (BRACHET 1921); diese Gegner berufen sich auf die verschiedene Entwicklungsgeschichte von Lungen und Schwimmblase. Die paarigen Lungen treten früh auf als laterale oder ventrale Ausstülpungen des Pharynx (Abb. 765 auf S. 624) und in engem Verband mit dem Kiemenapparat, worüber bei der Besprechung der Lungen der Amphibia noch einiges gesagt wird; die unpaare Schwimmblase dagegen entwickelt sich als beinahe dorsale Ausstülpung an verschiedenen Stellen des Oesophagus. Die Entwicklung scheint also so verschieden zu sein, daß man den Schluß ziehen könnte, beide Organe hätten nichts miteinander zu tun. Die Schwimmblase würde dann ein specifisches, für die Vertebrata atypisches Organ sein, das nur bei den Teleostomi gefunden wird. Wir können diese Auffassung nicht teilen. Sie stützt sich allein auf embryonale Befunde und zieht nicht die zahlreichen vergleichend-anatomischen Beobachtungen als Kriterium heran. Hierbei tritt ein altes Problem wieder deutlich in den Vordergrund: wie weit kann der vergleichenden Entwicklungsgeschichte beim Lösen vergleichend-anatomischer Probleme Wert zugemessen werden? Eine allgemein gültige Antwort auf diese Frage zu geben ist nicht möglich, der Wert dieses Kriteriums ist niemals genau zu formulieren. Im Biogenetischen Grundgesetz von MÜLLER und HAECKEL wird der Wert sehr streng formuliert, und sicher sind hieraus fruchtbare Arbeitshypothesen entstanden. Aber eine so allgemeine Anwendung ist nicht möglich, weil die ontogenetische Entwicklung sich in relativ kurzer Zeit abspielt verglichen mit der phylogenetischen; die Ontogenie kann niemals ein vollkommenes Bild der Phylogenie geben, da der Entwicklungsprozeß notwendig verkürzt werden muß und hiermit durch eine Verschiebung der Anlage in Ort und Zeit verursacht wird. Eine allgemeine Regel läßt sich also nicht aufstellen; jeder Fall ist konkret und muß an sich eingehend untersucht werden; erst nach genauem Abwägen der Argumente, von allen Seiten beschaut, läßt sich ein Denkbild von der Geschichte eines Organs entwerfen. Im vorliegenden Fall nun muß unseres Erachtens dem hierbei entwickelten Gedankengang mehr Wert zugesprochen werden als dem einen ontogenetischen Argument.

D. Die Lungen.

Dipnoi.

Die Lungen sind stets paarige Ausstülpungen des Vorderdarmes, die caudal der Kiemenspalten liegen und sich mehr oder weniger weit caudad in den Körper erstrecken. Ihrer Natur nach sind es sehr blutreiche Organe. Nur bei den Dipnoi kommen sie gleichzeitig mit den Kiemen vor, auch wenn sie nicht zu gleicher Zeit mit ihnen funktionieren. Bei allen anderen Luftatmern treten sie auf mit oder nach dem Verschwinden der Kiemen oder deren Resten. Der wesentliche morphologische Unterschied zwischen Lungen und Kiemensäcken — beide entstehen als Aussackungen des Vorderdarmes — liegt eigentlich in der Blutversorgung; die Lungen haben ihre eigenen Blutgefäße, die Arteriae pulmonales, und ein venöses Blutgefäßsystem, das direkt zum Herzen führt; der Kiemenkreislauf dagegen ist eingeschaltet in das arterielle Blutgefäßsystem. Aber beide Blutläufe sind vergleichend-anatomisch miteinander verbunden, was die Dipnoi zeigen (vgl. Abb. 817 S. 661); das gilt wenigstens für das arterielle System.

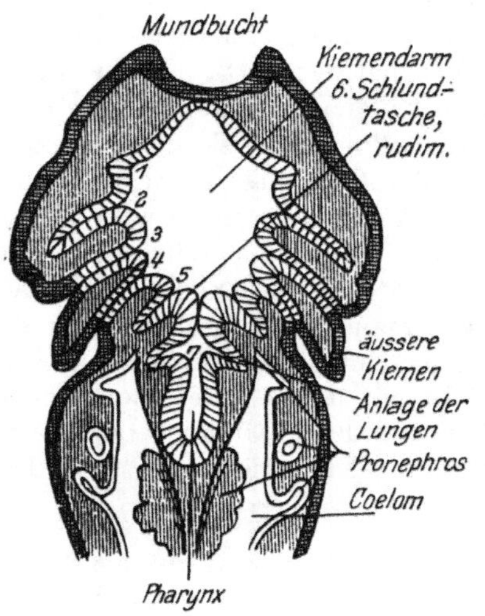

Abb. 765. Horizontalschnitt durch die Larve eines Amphibium. (Nach GOETTE.)

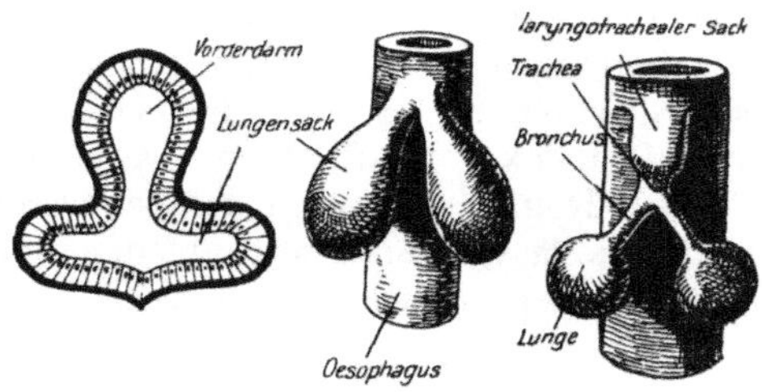

Abb. 766. Abb. 767.

Abb. 766–767. Anlage der Lungen.
Abb. 766. Schildkröte, junges Stadium im Querschnitt.
Abb. 767. Amphibien. (Nach WIEDERSHEIM.)

Der Lungenbau der Dipnoi ist bereits besprochen worden im Verband mit dem Auftreten der Schwimmblase bei den Pisces (S. 621); ebenso die Frage, wie weit Lungen und Schwimmblase als homologe Organe anzusehen sind (S. 622). Beide Organe sind zurückzuführen auf die zur Kiemenregion gehörenden Ausstülpungen des Vorderdarmes. Die Frage ergibt sich hierbei von selbst: kann das Schwimmblasen-Lungensystem in letzter Instanz mit den Kiemensäcken verglichen werden, d. h. sind diese beiden Systeme miteinander homolog? Eine Antwort auf diese Frage kann man nicht geben; man kann darüber nur eine Meinung haben.

Die Lungen werden stets angelegt als seitliche Ausstülpungen der Vorderdarmwand, unmittelbar hinter der Kiemenregion. Deutlich ist dies z. B. bei Rana (Abb. 765, in der die Anlage des suprapericardialen Körpers unbeachtet ist); hier bekommt man wohl den Eindruck, als ob diese Aussackungen ganz zu den Kiemensäcken gehörten.

Obwohl bei den Amniota das Bild der Lungenentwicklung nicht so stark übereinstimmt mit dem der Kiemensäcke, so ist doch grundsätzlich kein Unterschied vorhanden (Abb. 766, Chelonia). — Diese Aussackungen schnüren sich im Zusammenhang vom Vorderdarm ab, so daß sie durch ein unpaares Stück, den laryngo-trachealen Sack, mit dem Pharynx verbunden bleiben (Abb. 767, Rana).

Dieser Sack wird verengert und formt prinzipiell die Trachea. Je nachdem dies unpaare Stück kürzer oder länger ist, wird man mehr oder weniger von einer „Luftröhre" sprechen können. Bei Rana bleibt sie sehr kurz. Aber sobald sich bei Landtieren der Hals entwickelt, wird die Trachea länger; die Lungen bleiben im Brustkasten, aber die Öffnung der Trachea in den Vorderdarm wird naturgemäß mit der Nasen- und Mundöffnung weit craniad geschoben.

Diese Entwicklungsgeschichte der Lungen hat nun zu der Meinung geführt, daß die Säcke, aus denen die Lunge und die Schwimmblase entstanden sein sollen, als Kiemensäcke aufzufassen wären (SPENGEL, 1904, GOETTE, 1905, MAKUSCHOK, 1914). Letzten Endes würden dann die Lungen — und auch die Schwimmblase — das hinterste Paar Kiemensäcke repräsentieren und zwar das siebente (das sechste bildet die suprapericardialen Körper, vgl. Abb. 751 und 752, S. 608). Diese Meinung wird indessen auch bestritten, vornehmlich durch GREIL (1905, 1914—1915), der meint, daß keine Homologie zwischen Lungen und Kiemensäcken besteht; GREIL legt den Nachdruck auf die Unterschiede in der Anlage beider Systeme und u. a. auf die Tatsache, daß die Lungensäcke der Amphibia auftreten, nachdem die vier ersten Kiemensäcke, aber bevor der fünfte und sechste Kiemensack angelegt werden; darauf kann nicht näher eingegangen werden. Auch diese Meinung beruht allein auf Beobachtungen der Entwicklungsgeschichte; wie weit solche Kriterien anzuwenden sind, ist wiederum nicht allgemeingültig zu sagen, ebensowenig wie man eine allgemeingültige Antwort auf die gestellte Frage geben kann. Für uns hat der Gedanke viel Bestechendes, daß Kiemensäcke und Lungen- und Schwimmblasensäcke ursprünglich zu demselben System von Bildungen an derselben Stelle des Vorderdarmes gehören; Kiemensäcke, Suprapericardialkörper und das System von Schwimmblase und Lungen wären dann homodyname Gebilde, die übrigens in gewissem Sinne auch eine Einheit der Funktion zeigen, da sie meistens der Atmung (Kiemen und Lungen) dienen; die hydrostatische Funktion der Schwimmblase wäre dann sekundär wie so manche anderen oben geschilderten Gebilde.

Vergleichend-anatomisch läßt sich aber gegen diese Auffassung etwas einwenden, das nicht wegzuleugnen ist. Dieser Einwand betrifft die Blutversorgung der Lungen (von der der Schwimmblase wollen wir absehen). Wenn die Lungen wirklich ein hinterstes Paar Kiemensäcke repräsentierten, so müßte man erwarten, daß die Arteria pulmonalis entstünde aus der ventralen Aorta, und zwar durch eine eigene hinterste Arteria branchialis (vgl. Abb. 820 auf S. 665). Solch eine eigene Branchialarterie findet man wohl zuweilen beim suprapericardialen Körper, obgleich er im Bau und Funktion von den Kiemensäcken viel weiter absteht als die Lungen. Aber die Arteria pulmonalis tritt als Zweig der letzten Arteria epibranchialis auf! (Abb. 820 auf S. 665 und Abb. 827 auf S. 673). Nirgends ist eine Andeutung vorhanden, daß man die Arteria pulmonalis als hinterste Kiemenarterie auffassen könnte; man betrachtet sie darum auch meist als eine Neubildung, die natürlich aus dem der Atmung zugewiesenen Blutgefäßsystem entstand, aber doch wieder etwas Neues ist. — Eine Frage wie diese kann unseres Erachtens nicht endgültig gelöst werden.

Amphibia.

Unter diesen Tieren kommt der einfachste Lungentypus bei den Urodela vor und zwar bei Proteus und Menobranchus, in Form glattwandiger Säcke, deren linker länger ist als der rechte (Abb. 768). Aber in den meisten Fällen tritt auch bei den Urodela eine Vergrößerung der respiratorischen Innenoberfläche der Lungen auf, eine Vergrößerung, die bei höheren Landtieren stärker und stärker wird nud große Komplikationen bei ihnen hervorruft. Bei den Amphibia entsteht diese Vergrößerung da-

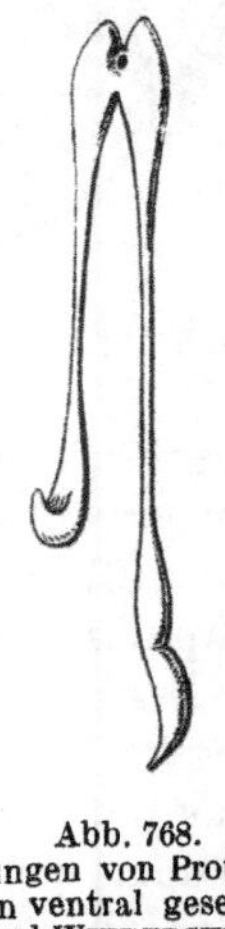

Abb. 768. Lungen von Proteus, von ventral gesehen. (Nach WIEDERSHEIM.)

durch, daß das Bindegewebe und die Blutgefäße in der Lungenwand stärker werden, wodurch ein relativ voluminöses Netzwerk entsteht; demnach muß die innere dünne Lungengewebeschicht an bestimmten Stellen in das Lumen vorgestoßen werden (Abb. 769—771). So entstehen Falten im Lungenepithel und damit große primäre und kleinere sekundäre Kammern — und durch Fortsetzung dieses Prozesses auch tertiäre und quartäre usw. Kammern. Mitten in der Lunge bleibt ein offener Raum, in dem die Luft herangeführt wird.

Salamandra
Abb. 769.

Rana
Abb. 770.

Abb. 769—770. Lungen einiger Amphibien von außen gesehen. (Aus WIEDERSHEIM.)

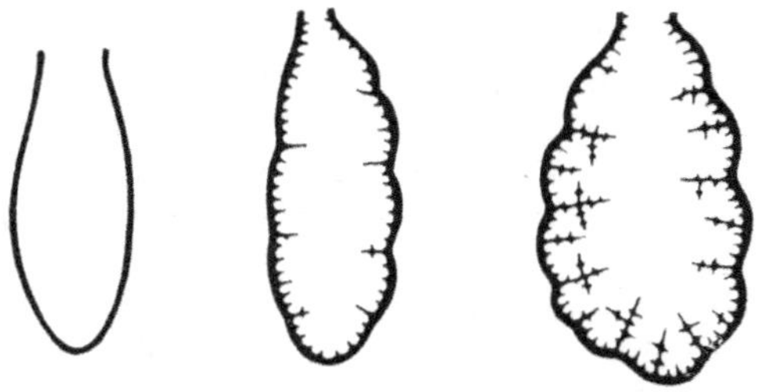

Abb. 771. Schemata der Lungenentwicklung bei den Amphibien auf einem Querschnitt. (Aus VIALLETON.)

In allerhand Variationen findet man diese Lungenentwicklung bei den Amphibien (Abb. 771); stark ist die Kammer-(Alveolen-)Bildung bei den Gymnophiona, bei denen nur die rechte Lunge entwickelt ist — die linke ist rudimentär —, eine Erscheinung, die auch bei den Ophidia auftritt und scheinbar mit der eigentümlichen Körpergestalt zusammenhängt. Sehr schön ist der alveoläre Bau bei Rana zu sehen (Abb. 772); die Lunge besitzt eine große zentrale Höhle und zahlreiche größere und auch kleinere Lungenkammern erster, zweiter und selbst dritter Ordnung. Beide Lungen entstehen aus einem unpaaren Anfangsstück, dem laryngo-trachealen Sack (Pars laryngo-trachealis pulmonum; Abb. 767, S. 624 und Abb. 794 auf S. 642), der mit der Kehlhöhle durch den Aditus laryngis (Abb. 629b auf S. 522) in Verbindung steht. Von einer Luftröhre (Trachea) können wir also bei Rana nicht sprechen; die Lungen stehen entwicklungsgeschichtlich nicht höher als das Stadium, das in der Abb. 767 wiedergegeben ist. Man kann also sagen, daß morphologisch die Amphibia den Dipnoi mit ihren stark gekammerten Lungen nachstehen.

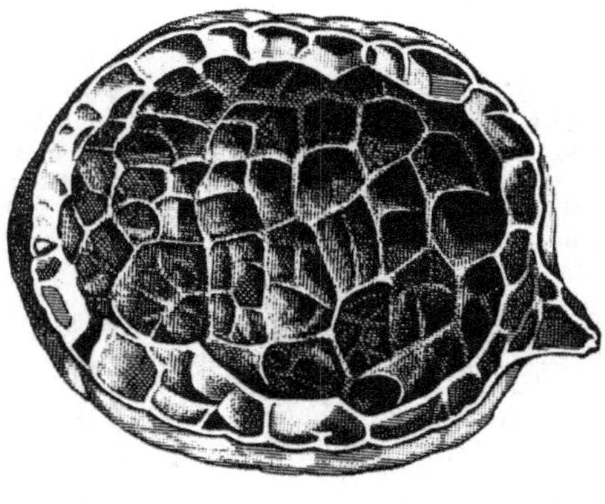

Abb. 772. Lunge von Rana, geöffnet. (Nach GAUPP.)

Bei den Urodela tritt mit dem Erscheinen des Halses eine kürzere oder längere Trachea auf. Diese ist aus dem ausgewachsenen laryngo-trachealen Sack entstanden. Sowohl in der Wand des laryngo-trachealen Sackes wie auch in dem der Trachea treten Knorpelstücke auf, die zusammen das laryngotracheale Skelet bilden, worüber auf S. 640 ausführlich gesprochen wird. Eine

Besonderheit zeigen die Aglossa unter den Amphibia: bei diesen Formen teilt sich die Trachea in zwei Teile an der distalen Seite; jeder der so geformten Kanäle (Bronchi) führt in eine der Lungen. Dies ist das erste Beispiel vom Auftreten der Bronchien, die bei höheren Landtieren so stark zum Vorschein kommen.

Der Atmungsmechanismus verläuft anders als bei höheren Landtieren. Da Rippen (Abb. 100 auf S. 91) und Diaphragma fehlen, kann die Luft nicht durch einen geschlossenen Brustkasten angesogen werden. Statt dessen wird die Luft in die Lungen gepreßt. Sie wird bei geschlossenem Munde und geschlossenem Aditus laryngis durch die Nasenlöcher aufgenommen, und zwar durch Erweiterung der Mund- und Rachenhöhle (Aspiration). Hierauf folgt eine teilweise Entleerung der Lungen; der Aditus laryngis öffnet sich (Abb. 794 auf S. 642) und die Luft strömt aus den Lungen durch einen Druck, der durch Kontraktion der Bauchmuskeln ausgeübt wird (Exspiration). Zum Schlusse kommt die Inspiration, welche sofort auf die Exspiration folgt: die Nasenlöcher schließen sich; und durch Verkleinerung der Mund- und Rachenhöhle wird die Luft durch den geöffneten Aditus laryngis in die Lungen gepreßt, so daß diese sich ganz mit Luft füllen; danach schließt der Aditus sich wieder. — In der Lungenwand befinden sich zahlreiche glatte Muskelfasern, die in der Ruheperiode der Lunge durch Kontraktion den Innenraum der Lunge verkleinern, wodurch die Luft bis in die äußersten Lungenkammern gepreßt wird. Im ganzen haben die Tiere relativ wenig Gaswechsel in der Lunge nötig; somit ist die Atemfrequenz sehr gering, da die relativ großen Lungen viel Luft fassen und als Luftreservoir dienen können.

Außer durch die Lungen atmen die Amphibia auch durch die Haut, die vor allem bei Wasserformen sehr blutreich ist und besonders zahlreiche Capillaren besitzt; auch die Schleimhaut von Mund und Kehle besitzt diese Funktion. Diese Art des Atmens tritt dann stark in den Vordergrund, wenn die Lungen reduziert werden (lungenlose Salamander); die Tiere sind dann natürlich ganz auf diese Art des Atmens angewiesen. Sind noch Lungen vorhanden, so können diese, wenn die Atmungsfunktion in den Hintergrund tritt, doch als hydrostatische Organe dienen. So funktionieren übrigens die Lungen von Rana mit ihrer großen Luftkapazität ebenfalls.

Reptilia.

Teilweise zeigen die Lungen der Reptilia primitive Zustände, teilweise jedoch auch solche, die einen guten Begriff von den Lungen der Mammalia geben. Eine Trachea ist stets vorhanden; sie mündet entweder durch zwei Öffnungen in die Lungen (Abb. 773), oder sie teilt sich in zwei kurze Hauptbronchien, die sich zu den Lungen begeben (Abb. 774); über deren Entstehen soll später noch gesprochen werden.

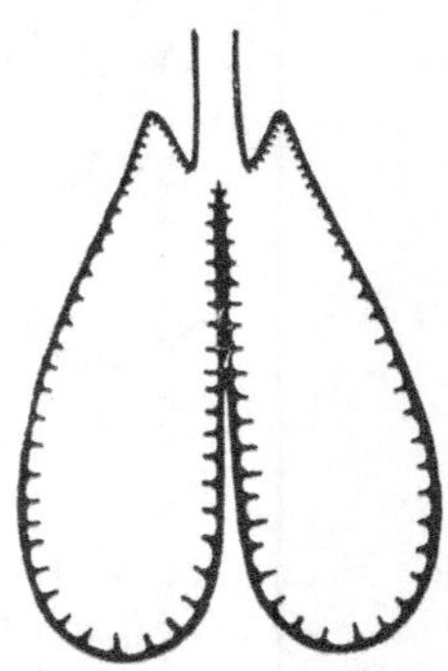

Abb. 773. Schema von Lungen und Trachea bei Sphenodon. (Nach MILANI, 1894.)

Bei den Lacertilia sind die Lungen weite Säcke, deren Wände alveolären Bau besitzen, ebenso wie das bei den Amphibia der Fall sein kann: gut ist dies bei Sphenodon (Abb. 773) und Eumeces zu sehen, welche Form zu den Scincidae gehört (Abb. 774). Schematisch kann man sich diesen Bau so vorstellen, wie er in Abb. 773 wiedergegeben ist. Im allgemeinen ist das alveoläre System stärker als bei den Amphibia entwickelt.

Bei den Varanidae, Chelonia und Crocodilia jedoch wird der Bau komplizierter (Abb. 775). Es treten größere

Hauptsepta auf, so daß das Lumen der Lungen aufgeteilt wird in größere Kammern an der Peripherie und einen ungeteilten Hohlraum im Centrum; die größeren Kammern zeigen dann wieder kleinere Septa zweiter und dritter Ordnung und durch sie alveolären Bau.

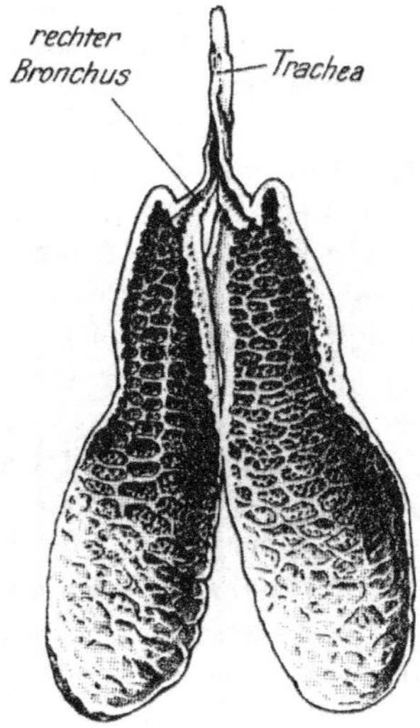

Abb. 774. Lunge von Eumeces, geöffnet. (Nach MILANI, 1894.)

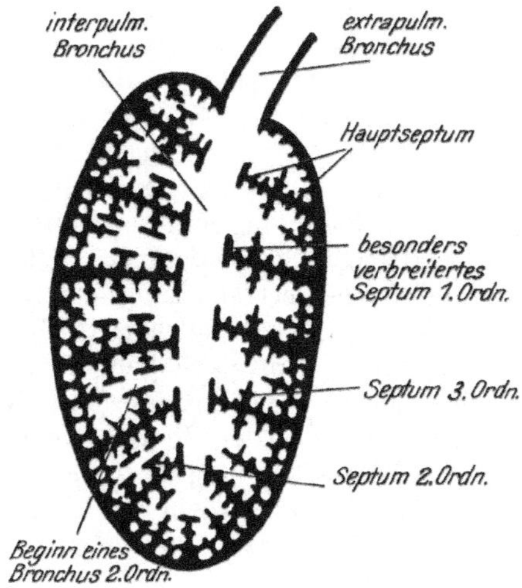

Abb. 775. Schema des Lungenbaues bei den Reptilien. (Nach VIALLETON.)

An den centralen Rändern der Hauptsepten bilden sich ferner besondere Verbreiterungen, die in der Richtung der Lungenachse verlaufen (Abb. 775). Wenn sich nun durch Größerwerden der Hauptsepten der centrale Hohlraum verengt, dann bilden diese verbreiterten Septen zweiter Ordnung eine durchlöcherte Röhre, die die Fortsetzung des extrapulmonären Bronchus ist. Außerdem wuchert das Bindegewebe, in dem zahlreiche Blutgefäße und glatte Muskelfasern liegen, in den Hauptsepten sehr stark, so daß schließlich der Zustand auftreten kann wie man ihn z. B. bei Emys findet (Abb. 776): bei dieser Form sieht man eine central in der Lunge verlaufende Fortsetzung des extrapulmonalen Bronchus: den Bronchus der ersten Ordnung (auch Haupt- oder Stammbronchus genannt oder intrapulmonaler Bronchus); dieser durchläuft die ganze Lunge und gibt Zugang zu den Seitenkammern, die durch stark gewuchertes Bindegewebe geschieden werden. Jede dieser Kammern ist also, was den Einzelbau betrifft, mit der ganzen Lunge der Amphibia zu vergleichen, jedoch nicht vergleichend-anatomisch. Die Wand des Bronchus verdickt sich, so daß eine feste innere Bekleidung gebildet wird, in der sich sogar die Knochenelemente des extrapulmonären Bronchus fortsetzen.

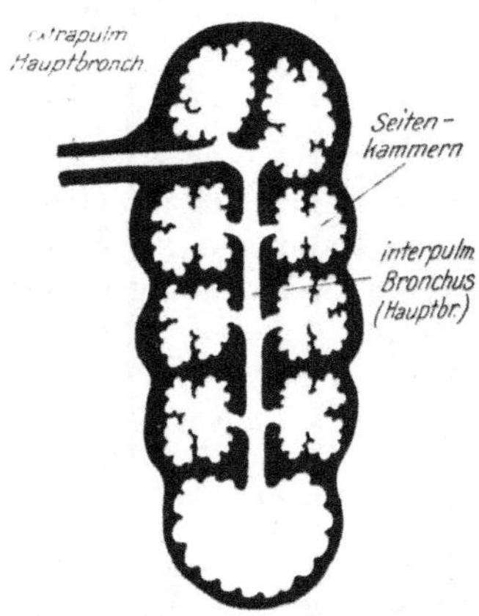

Abb. 776. Schema des Lungenbaues bei Emys. (Nach MOSER, 1902.)

Eine solche Bildung von Bronchien kann nun auch in den „Seitenkammern" auftreten; dann bilden die Septa zweiter Ordnung Verbreiterungen, die parallel zu den Hauptsepta verlaufen; so entstehen Bronchien zweiter Ordnung, die ungefähr senkrecht auf der Lungenachse stehen (Abb. 775). So können, wenn dieser Prozeß in dieser Weise weitergeht, auch Bronchien dritter Ordnung entstehen und selbst solche vierter Ordnung: dann bildet sich ein mehr oder weniger zusammengesetzter Bronchienbaum. Bei Varanus ist der Zustand noch einigermaßen einfach (Abb. 777): es besteht ein Hauptbronchus, der zur

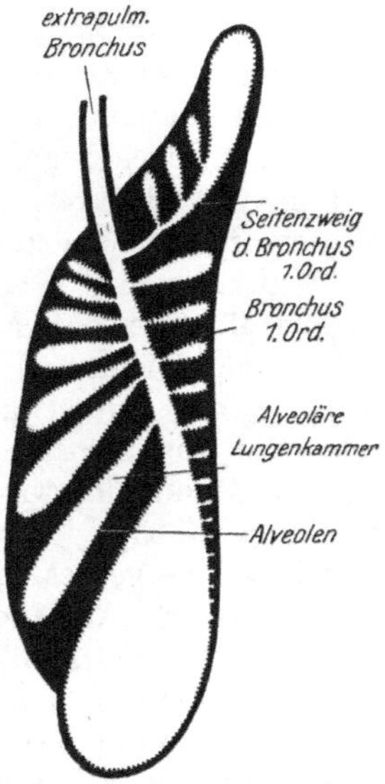

Abb. 777. Schema des Lungenbaues von Varanus. (Nach MILANI, 1894.)

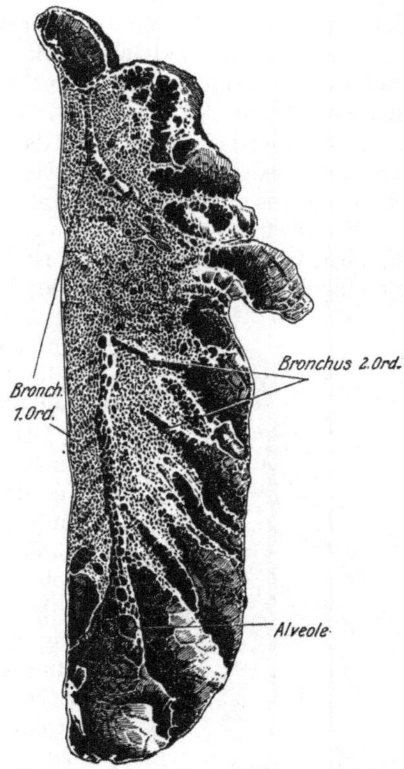

Abb. 778. Laterale Lungenhälfte von Varanus. (Nach MILANI, 1894.)

Lungenspitze einen Seitenzweig abgibt; vom Hauptbronchus gehen peripheriewärts Bronchien zweiter Ordnung ab, die nach der Peripherie zu weiter werden und in weiten alveolären Kammern endigen. In allen Bronchien befinden sich zahlreiche Öffnungen, die in das alveolär gebaute Lungengewebe führen. Abb. 778 gibt ein Bild des wirklichen Zustandes; man sieht die lateralen Hälften der Lunge im Durchschnitt; der Hauptbronchus ist zweimal getroffen, die Bronchien der zweiten Ordnung und die alveolären Kammern sind deutlich sichtbar.

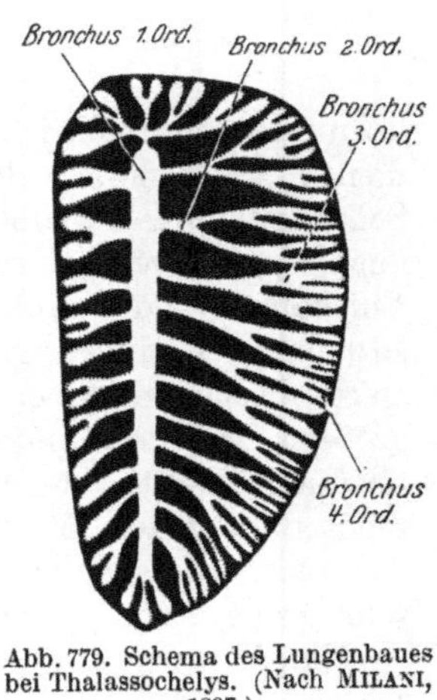

Abb. 779. Schema des Lungenbaues bei Thalassochelys. (Nach MILANI, 1897.)

In größerer oder geringerer Kompliziertheit ist dieses System bei den höheren Reptilia durchgeführt, so daß als Resultat sich eine sehr gewebereiche Lunge ergibt, in der sich ein Hauptbronchus verläuft, von welchem sich die Bronchien zweiter Ordnung abzweigen; entweder stehen diese in Verbindung mit dem alveolären Gewebe oder die Verbindung geschieht mittels Bronchien dritter und vierter Ordnung (Abb. 779).

Verschieden weit setzen sich die Knorpelstücke des Bronchus erster Ordnung fort, selbst bis um die Bronchien höherer Ordnung. Die Wand aller Bronchien ist fest mit dem Lungengewebe verbunden und bildet mit diesem ein Ganzes. Durch die starke Bindegewebswucherung ergibt sich für die Bronchien und mit ihnen für die Alveoli die Gelegenheit, sich besonders zu entwickeln; dadurch wird die Atmungsoberfläche stark vergrößert. Dies ist vor allem darum wichtig, weil die Hautatmung, die bei den Amphibia eine so bedeutende Rolle spielt, bei den Reptilia infolge der starken Verhornung der Haut ganz weggefallen ist.

Man findet bei den Reptilia das beschriebene System der Lungenentwicklung sehr verschieden entwickelt; doch ist es unnötig, die Lungen der einzelnen Gruppen in extenso zu behandeln (vgl. MILANI 1894, 1897, MOSER 1902). —

Wenn wir beim Lungenbau der Amphibia anfangen und bei den Reptilia die eben beschriebene Reihe aufstellen, so treffen wir eine ziemlich allmähliche, fortschreitende Komplikation des Lungenbaues an. Sie führt zur Vergrößerung der Atemoberfläche und zur Scheidung des Luft zuführenden Teiles der Lunge von dem respiratorischen Teile. Das hängt mit dem immer mehr zunehmenden Landleben der Reptilia zusammen.

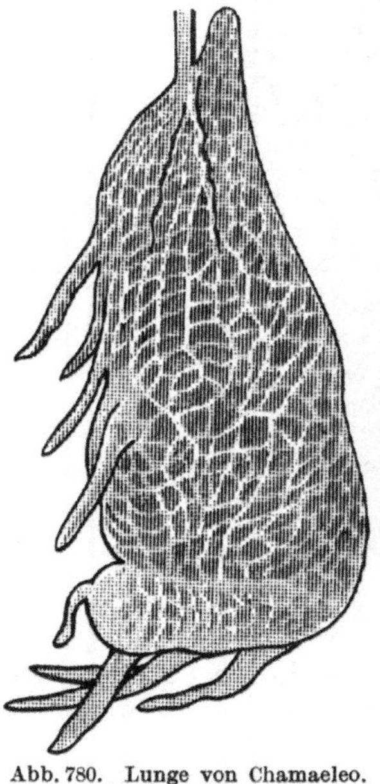

Abb. 780. Lunge von Chamaeleo. (Nach SCHIMKEWITSCH.)

Dieser Gedankengang gibt die Entwicklung der Lungen wieder in zentripetaler Richtung. Im Gegensatz dazu zeigt uns aber die Ontogenie, daß die Lungen sich entwickeln in zentrifugaler Richtung; bei der Behandlung der Mammalia wird darüber noch einiges gesagt werden (S. 636).

Bei den Formen, welche eine gewisse Schlangenform angenommen haben (starke Verlängerung des Rumpfes, Kleinerwerden der Extremitäten), wird eine der beiden Lungen mehr oder weniger zurückgebildet, gewöhnlich die linke, aber auch wohl die rechte (Scincus); bei den Ophidia führt das in der Regel zum Verschwinden der linken Lunge, wenn auch z. B. bei Boa die linke noch vorhanden ist, allerdings kleiner als die rechte. — Eine Eigentümlichkeit zeigen verschiedene Familien der Lacertilia: die Varanidae und Chamaeleontidae; hier besitzt die Lunge längere oder kürzere Anhängsel (Abb. 780); diese können einen geringfügigen alveolären Bau haben, sind aber meistens glattwandig. Die Funktion ist unbekannt; vielleicht dienen sie als Luftreservoir. Bei den Chamaeleontidae dienen sie jedenfalls dazu, um den Körper beim Annehmen der sogenannten Schreckstellung aufzublasen. Bei den übrigen Reptilia können solche Anhänge auch typisch vorkommen, z. B. bei den Chelonia, bei denen die terminalen Luftkammern des Bronchus erster Ordnung keine Alveolen zu tragen brauchen, so daß diese Kammern ganz glatt sind und nicht zur Respiration dienen; solche arespiratorischen Kammern können sich sogar zu einem schlanken Blindsack vergrößern. Bei den Ophidia ist solch Lungenluftsack außerordentlich groß; die terminale Hälfte oder ein Drittel zeigt kein typisches Lungengewebe, sondern dient als Luftsack. Morphologisch wichtig sind diese Säcke in bezug auf die Lunge der Aves, bei denen sie außerordentlich entwickelt sind und bei der Atmung eine sehr große Rolle spielen (s. S. 633).

Die Atmungsbewegungen kommen zustande durch die Rumpfmuskeln. Durch ihre Tätigkeit bekommen die horizontal liegenden Rippen eine mehr vertikale Haltung, wodurch sich die Körperhöhle vergrößert und Luft in die Lungen gesogen wird. Legen sich die Rippen wieder horizontal, dann wird die Luft herausgepreßt. Bei den Chelonia wird diese Erweiterung und Verengung durch die Arbeit der Bauchmuskeln und des Muskelsystems vom Schulter- und Beckengürtel ausgeführt. Außerdem kann noch eine Schluckbewegung stattfinden, gerade wie bei den Amphibia: bei geschlossenem Munde wird der Mundboden nach unten gezogen, wodurch Luft durch die geöffneten Nasenlöcher eingesogen wird, die danach durch Aufheben des Mundbodens bei geschlossenen Nasenlöchern in die Lungen gepreßt wird.

Aves.

Die Lungen der Aves besitzen den kompliziertesten Bau, was nicht weiter zu verwundern ist, da an die Lungen bei der sehr speziellen Lebensweise dieser Tiere so besonders große Anforderungen gestellt werden. Die Lungen sind klein, aber sehr blutreich und wenig elastisch.

Der Bau ist zwar ziemlich verschieden von dem der Reptilia, ist aber doch auf ihn zurückzuführen. Der große Unterschied besteht darin, daß bei den Reptilia die Bronchien mit ihren Verzweigungen fast stets endigen in abgeschlossenen Alveoli, in denen der Gaswechsel stattfindet; bei den Aves dagegen bestehen die Lungen allergrößtenteils aus einem sehr stark entwickelten Kanalnetz bronchialer Verzweigungen, die für die Atmung größtenteils selbst dienen; Alveoli fehlen fast ganz. Große Luftsäcke sind stets vorhanden. Dies hängt ganz mit der Art der Atmung zusammen. Bei den Reptilia wird die Luft in die Lungen gesogen und danach wieder aus diesen herausgepreßt, aber bei den Aves strömt die Luft durch die Lungen in die Luftsäcke und aus diesen wieder durch die Lungen nach außen, so daß die Lungen von beiden Seiten mit Luft durchströmt werden. Der Lungenbau der Aves ist auf den der Reptilia zurückzuführen, wenn man sich denkt, daß die Alveoli der Reptilia fast verschwunden sind und sich dagegen die feinsten Verzweigungen der bronchialen Ausläufer auf zahllosen Stellen miteinander in Verbindung gestellt haben, wodurch ein äußerst feines Netz von Luftröhrchen entsteht, das einerseits mit dem Hauptbronchus, andererseits mit den Luftsäcken zusammenhängt.

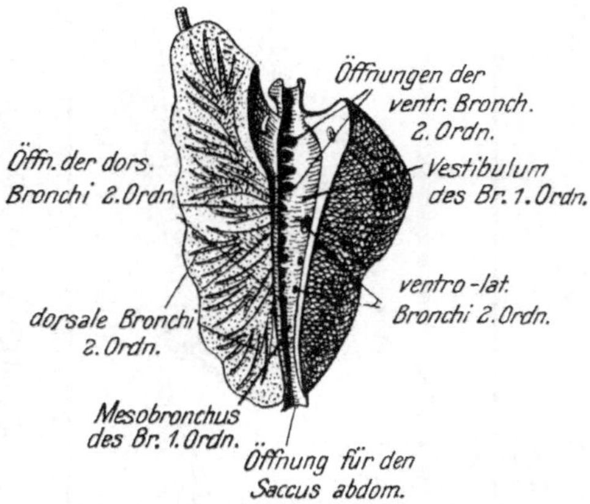

Abb. 781. Vogellunge, geöffnet von dorsal. (Aus SCHULZE, 1910.)

Der Hauptbronchus durchläuft die Lunge in ihrer ganzen Länge (Abb. 781, 782); er ist am Anfang erweitert (Vestibulum). Diese Erweiterung zeigt an der medialen Seite drei bis sechs Öffnungen (Abb. 781, 782, 783), die in vier bis sechs an der ventralen Seite der Lunge verlaufende ventralen Bronchien zweiter Ordnung führen (genannt Ventrobronchus cervicalis, medialis, lateralis und caudalis: vgl. Abb. 782). Der hierauf folgende Teil des Hauptbronchus wird caudad allmählich schmaler (Mesobronchus) und besitzt zwei Reihen Öffnungen: eine Reihe Öffnungen an der mediodorsalen Seite, die in sechs bis zehn zur dorsalen Seite verlaufende dorsale Bronchien zweiter Ordnung führen (Abb. 782); und eine andere Reihe von ungefähr zwei großen und caudal von diesen eine Reihe kleinerer

Öffnungen, welche zu den latero-ventral gelegenen Bronchien zweiter Ordnung Zugang geben (eine ist in Abb. 782 wiedergegeben). Außerdem ist noch eine Reihe dorso-lateral gelegener Öffnungen vorhanden, die zu den dorso-lateral verlaufenden Bronchien zweiter Ordnung Zugang geben (sie sind in Abb. 781 und 782 nicht sichtbar; F. E. SCHULTZE, 1910). Von all diesen sekundären Bronchien entspringen tertiäre, die Parabronchien genannt werden (Abb. 782, 1—8); diese gehen über in zahllose, sehr feine Röhrchen (Bronchioli), die nach allen Richtungen verlaufen und sich verzweigen. Da die Parabronchien und die Bronchioli überall miteinander zusammenhängen, so entsteht auf diese Weise ein äußerst

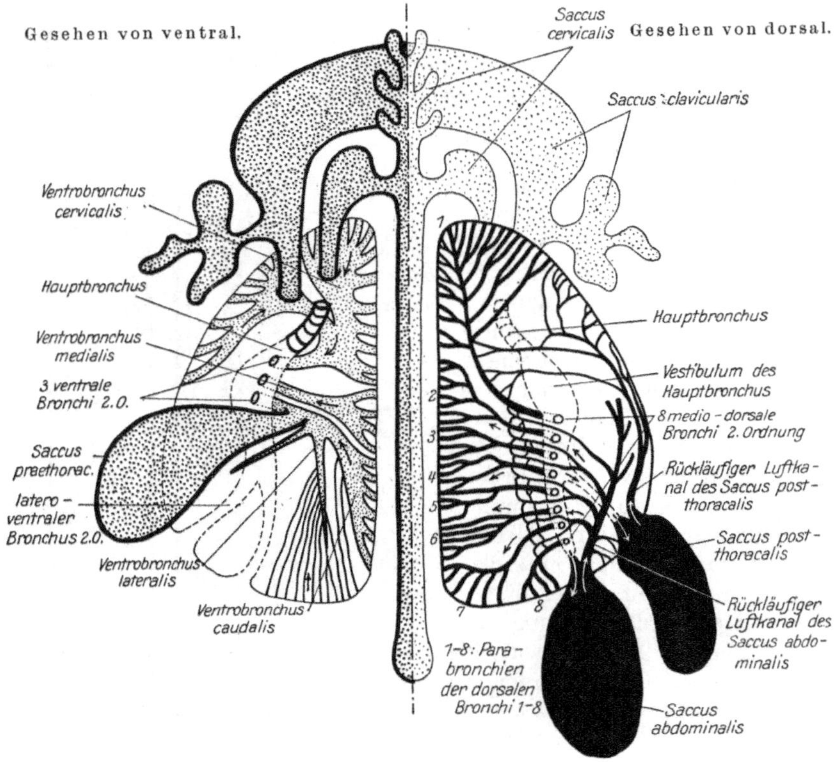

Abb. 782. Schema des Baues der Lungen und der Lungensäcke bei den Aves; sowie deren Zusammenhang und Zusammenarbeit. (Entworfen im Anschluß an BRANDES durch G. C. HIRSCH, 1926.)

feines System respiratorischer Luftcapillaren, das von den Blutcapillaren umsponnen wird. Je enger das Netzwerk und je feiner die Luftcapillaren, desto größer ist die Atmungsoberfläche; das findet man vor allem bei guten Fliegern; umgekehrt beobachtete man bei schlechten Fliegern grobe Bronchien in kleinerer Anzahl.

Die Parabronchien der medio-dorsalen Bronchi 2. Ordnung erstrecken sich — wie aus Abb. 782 rechte Hälfte hervorgeht — über den cranialen, medialen und caudalen Lungenrand hinweg. Hier münden sie darauf an den ventralen Seite in die Ventrobronchi ein (linke Seite der Abb. 782). Somit stehen die medio-dorsalen und ventralen Bronchi via die entsprechenden Parabronchi in Kommunikation (BRANDES 1924): und zwar 1 mit Ventrobronchus cervicalis, 2 mit Ventrobr. medialis, 3, 4, 5 und 6 mit Ventr. caudalis und 7 und 8 mit dem Ventrobr. lateralis.

Aus der Natur der Sache heraus ist es nicht möglich, ein Bild der Vogellunge zu entwerfen, das dieses ganze System von Röhren und Röhrchen deutlich wiedergäbe; Abb. 782 gibt eine neuere schematische Vorstellung und Abb. 783 ein Stück der geöffneten Lunge von Columba, in der das Vestibulum, die Bronchien der zweiten und dritten Ordnung mit ihren Öffnungen sichtbar sind. —

Die Vogellunge trägt typisch fünf Paar **Luftsäcke**, die durch zehn Ostien mit den Bronchien zweiter Ordnung zusammenhängen (Abbildung 782, 784). Diese Säcke sind folgende (von Einzelheiten wird abgesehen):

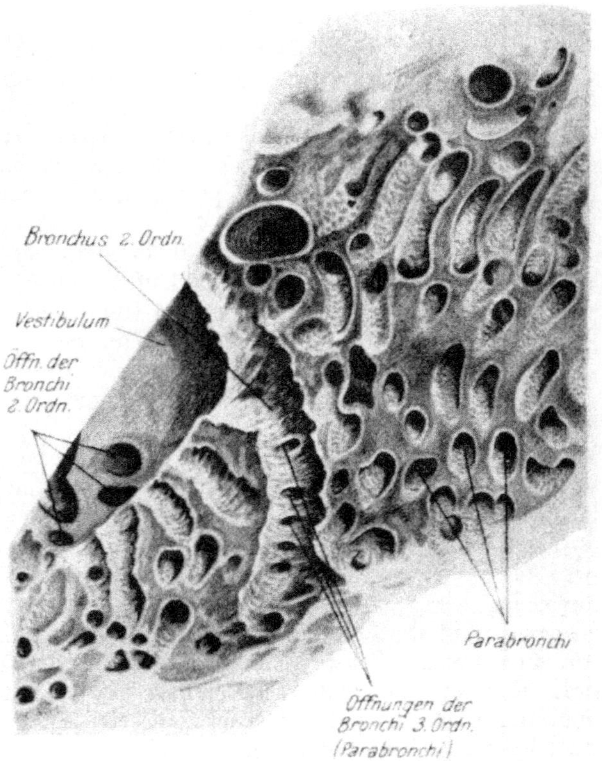

Abb. 783. Teil einer Lunge von Columba, geöffnet. (Nach KRAUSE, 1922.)

1. Die Halssäcke (Sacci cervicales), zusammenhängend mit den ersten der ventralen Bronchien zweiter Ordnung (Ventrobronchus cervicalis). Beide laufen lateral des Oesophagus craniad, erreichen aber den Schädel nicht. Jeder von ihnen gibt einen schmalen, röhrenförmigen Sack ab, der durch die Foramina transversaria der Halswirbel verläuft.

2. Die claviculären Säcke (Sacci claviculares). Der linke und der rechte Sack verschmelzen gewöhnlich zu einem unpaaren großen Sack, der in der Höhe des Schultergürtels liegt. Links und rechts gibt dieser Divertikel ab zwischen die Muskeln der Brust- und Schulterregion; einige dringen vor bis zum Sternum, zur Furcula, zum Coracoid und dem Humerus. Ein Zusammen-

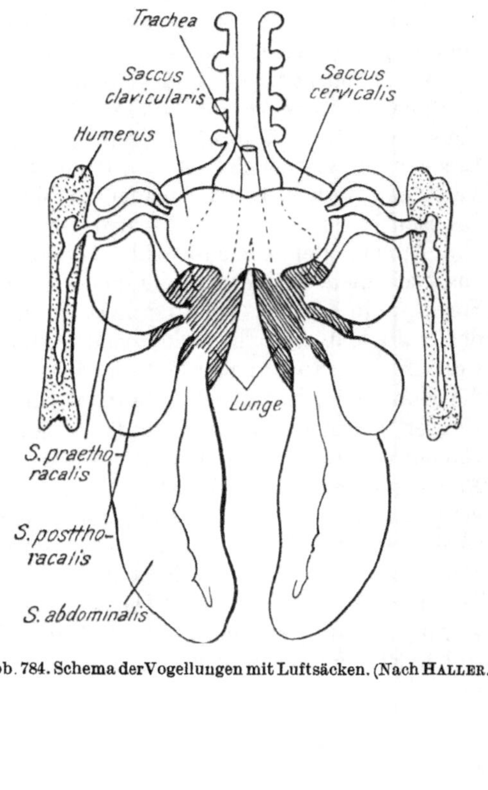

Abb. 784. Schema der Vogellungen mit Luftsäcken. (Nach HALLER.)

hang mit den Lungen wird gebildet durch die Ventrobronchi cervicales (oder III).

3. Die präthoracalen Säcke (Sacci praethoracales); sie kommunizieren mit dem ventralen Bronchus III, links und rechts lateral vom Pericardium, Oesophagus und von der Leber.

4. Die postthoracalen Säcke (Sacci postthoracales); beide Säcke füllen die lateralen Teile des hinteren Thoraxteiles aus und können sich caudad bis in die Beckenhöhle fortsetzen. Sie entspringen aus je einem der latero-ventralen Bronchien zweiter Ordnung.

5. Die abdominalen Säcke (Sacci abdominales) sind durchweg die größten Luftsäcke, aber stark variierend; sie verlaufen vom caudalen Lungenrande bis zum caudalen Ende der Beckenhöhle und umhüllen die Eingeweide. Seitensäcke können vorkommen, z. B. im Femur, wenn auch sehr verschieden in der Form. Die abdominalen Säcke kommunizieren mit den offenen, caudalen Enden der Mesobronchi (Bronchis erster Ordnung), sind also gleichsam eine Fortsetzung von ihnen.

Physiologisch wichtig ist es, daß aus den beiden letzten Luftsäcken selbständig Luftkanäle entspringen, die nach den Lungen laufen und in die Parabronchien der medio-dorsalen Bronchi ausmünden: die rückläufigen Luftkanäle (unzweckmäßig auch Saccobronchi genannt; Abb. 782). Die Verzweigungen werden im Netzwerk der Lungen aufgenommen. Wir haben es hier — auch im physiologischen Sinne — mit „zurücklaufenden Bronchien" zu tun. Beim Ausatmen strömt die Luft aus den Luftsäcken teilweise durch diese rückläufigen Bronchien in die Parabronchien und von hier in die ventralen Bronchi. Somit ist es möglich, daß die drei Paar vorderen Luftsäcke und die zwei Paar hinteren Säcke als antagonistische Blasebälge fungieren können.

Physiologisch beachtenswert ist es ferner, daß die Blutversorgung der Luftsäcke nicht durch die Arteriae und Venae pulmonales, sondern durch feine Blutgefäße geschieht, die entspringen aus der Aorta dorsalis, während sich die Venen in die Vena cava ergießen. Dieselbe Erscheinung findet man bereits bei den großen Lungensäcken der Ophidia (S. 630).

Wie schon bemerkt, sind verschiedene Knochen der Aves nicht mit Knochenmark gefüllt, sondern hohl; diese „Pneumaticität" erstreckt sich noch auf andere Knochen, selbst bis in die Zehenglieder und auch in die Schädelknochen. Diese Erscheinung steht nicht allein. „Pneumatische Knochen" treten auch bei anderen Vertebrata auf, z. B. im Schädel der Mammalia (S. 302); ferner kommen sie bei Dinosauria und anderen fossilen Reptilia vor; dagegen waren die Knochen von Archaeopteryx nicht hohl. Aber es gibt auch andere Vögel — und zwar ausgezeichnete Flieger —, die eine solche Pneumaticität nicht besitzen (Larus, Sterna); ein direkter Verband zwischen dem Besitz pneumatischer Knochen und der Fähigkeit des Fliegenkönnens besteht also nicht. Der Hauptvorteil wird wohl in dem Sparen von Material beruhen; doch werden bei den meisten Aves die Hohlknochen zugleich gebraucht, um Fortsätze der Luftsäcke zu bergen. —

Der Atemmechanismus der Vögel verläuft auf zweierlei Weise, und zwar verschieden in Ruhe und während des Fliegens. In der Ruhe vollzieht sich die Atmung folgendermaßen: Die Rippen werden durch einen dorsalen und einen ventralen Teil gebildet, die ungefähr einen Winkel von 90° miteinander bilden (Abb. 785 und 72 auf S. 72). Der ventrale Teil ist mit dem dorsalen und zugleich mit dem Sternum beweglich verbunden; in gleicher Weise der dorsale Teil mit der Wirbelsäule. Die Inspiration geschieht durch eine craniade Bewegung der Rippen; hierdurch wird der Winkel zwischen dem dorsalen und ventralen Rippenteile größer: aus dem rechten Winkel wird ein stumpfer, dadurch muß sich das Sternum von der Wirbelsäule entfernen. Hierdurch muß also der Inhalt des Brustkastens und damit — wenn auch in zweiter Linie — der Inhalt der kleinen Lungen, die dorsal mit der Wand des Brustkastens durch Bindegewebe verbunden sind, vergrößert werden; ihre Volumvergrößerung ist jedoch viel geringer als bei den Mammalia. Diese Ausdehnung des Brustkastens geschieht vor allem durch Kontraktion der äußeren Zwischenrippenmuskeln (Musculi intercostales externi); ferner durch Mitwirkung verschiedener anderer Muskeln. Die Verkleinerung des Brustkastens bei der Exspiration geschieht vor allem durch Bauchmuskeln (Musculus obliquus abdominis externus; M. rectus; M. transversus abdominis usw.); erst in zweiter Linie durch Zusammenziehung der inneren Zwischenrippenmuskeln (Musculi intercostales interni). — So entstehen rhythmische Bewegungen des Brustkastens, die sich auf die Luftsäcke fortpflanzen, welche also als Luftsauger und -presser fungieren; auf diese Weise werden die Lungen jedesmal in entgegengesetzter Richtung ventiliert. Die Luftsäcke spielen also die Rolle von Blasebälgen. Die Luft strömt durch die Bronchien und Parabronchien, aber wahrscheinlich nicht durch die Bronchioli und die feinsten respiratorischen Luftcapillaren; diese wechseln ihre Gase durch Diffusion.

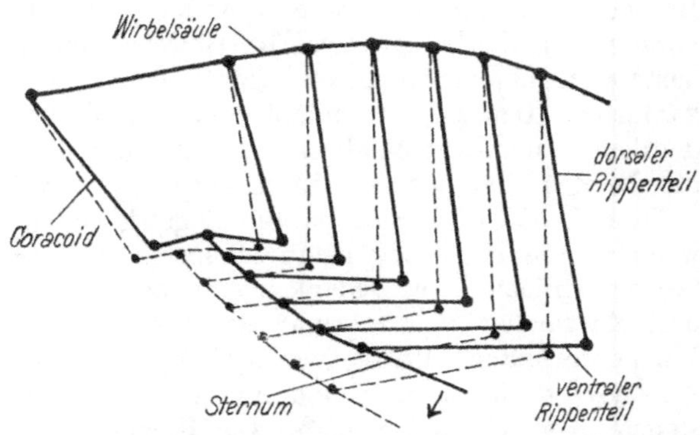

Abb. 785. Schematische Vorstellung des Atemmechanismus bei einem Vogel in Ruhe. (Nach BABÁK, 1921.)

Aber während des Fliegens geschieht wahrscheinlich etwas Anderes. Die aktiven Bewegungen des Brustkastens hören dann auf; Rippen und Sternum bilden mit der Wirbelsäule ein mehr oder weniger unbewegliches Ganzes, das den Flügeln als feste Stütze dient. Die Flugmuskeln erhalten nun die Aufgabe, die Atembewegungen hervorzurufen: durch das Schlagen der Flügel werden nämlich die zwischen den Brust- und Flügelmuskeln gelegenen Luftsäcke abwechselnd erweitert und zusammengedrückt, so daß auf diese Weise wiederum Luft — und zwar abwechselnd in zwei Richtungen — durch die Lungen gesogen und gedrückt wird. Je schneller ein Vogel fliegt, desto mehr Atembewegungen wird er jedesmal ausführen; aus diesem Grunde kommt er niemals „außer Atem". Ebenso wird ein Vogel zu sehr großer Höhe steigen können, wo die Sauerstoffspannung gering ist; durch Vermehrung der Flügelschläge wird dann eine schnellere Lungenventilation erreicht.

Die Luftsäcke spielen also bei der Atmung eine große Rolle; daneben jedoch haben sie noch eine andere Bedeutung: so umhüllen sie z. B. die inneren Organe mit einem Luftmantel, welcher der Abkühlung vorbeugt; ferner dienen sie, da die Aves Tiere mit „konstanter" Körperwärme sind, als Wärmeregulatoren; bei Schwimmvögeln spielen sie beim Tauchen eine Rolle, indem sie das specifische Gewicht durch Zusammenpressen verändern; auch können sie zum Verstärken der Stimme beitragen, usw.

Mammalia.

Der Lungenbau bei den Mammalia schließt sich grundsätzlich bei den Reptilia an, wenn auch Unterschiede vorhanden sind, auf die wir nicht näher einzugehen brauchen. Stellt man sich vor, daß nach jenem oben beschriebenen Prinzip, nach welchem man sich die Entwicklung der Reptilienlunge vorstellen kann, weitergebaut wird, dann ist auch die Lunge der Mammalia erklärt. Die Komplikation wird jedoch dadurch viel größer, daß bei den Mammalia die Zahl der Bronchienverzweigungen viel größer ist; die feinsten bronchialen Verzweigungen sind von viel höherer Ordnung als bei den Reptilia. Dadurch wird der Bau des Bronchienbaumes viel verästelter; außerdem verlaufen die Zweige regelmäßiger und die Bronchien verengen sich zu feineren Röhren, während sie bei den Reptilia unregelmäßiger von Form sind und sogar Erweiterungen zeigen können. Die Bronchien befreien sich auch viel stärker vom umgebenden Lungengewebe, sind damit nicht mehr so innig verbunden, sondern haben mehr eine eigene Wand. Zum Schluß beschränken sich die Alveoli auf die äußersten Verzweigungen der feinsten Bronchien im Gegensatz zu den Reptilia, wo überall in den Bronchien Öffnungen vorkommen, die in das alveoläre Gewebe führen. Schließlich fehlen auch bei den Mammalia die terminalen Erweiterungen der Bronchien zu größeren Lungenkammern. Das alles veranlaßt, daß der Bronchialbaum der Mammalia viel deutlicher und selbständiger ist; er trägt sozusagen Blätter (Infundibula) die besetzt sind mit sehr zahlreichen Alveolen (Abb. 786).

Auf S. 630 ist bereits darauf hingewiesen, daß bei den Reptilia die Entwicklungsgeschichte nicht zugunsten der vergleichend-anatomischen Auffassung spricht. Der Gedankengang, der bei der Besprechung der Reptilien- und Mammalierlunge zugrunde lag, war dieser: die einfachen, sackförmigen Lungen erhalten Oberflächenvergrößerung durch Einschnürung, die an der Außenoberfläche beginnt, und durch welche schließlich Lungenkammern entstehen (Abb. 771 auf S. 626). Die Fortsetzung dieses Prozesses, an den sich eine stets stärker auftretende Bindegewebswucherung anschließt, führt zur Bildung der Reptilienlunge. Hieraus folgt, daß die Entwicklung in centripetaler Richtung zu denken ist.

Die Entwicklungsgeschichte der Reptilien- und Mammalierlunge lehrt jedoch etwas ganz anderes. Die primären, aus dem Vorderdarm entstandenen Lungenbläschen (vgl. Abb. 767) wachsen nämlich ventrad und dorsal aus und verzweigen sich in dem dort befindlichen Mesenchym, so daß Bronchien von der ersten bis zur n-ten Ordnung auftreten. Dieses Wachstum ist also nicht centripetal, sondern centrifugal, ganz im Gegensatz zu obenstehendem Gedankengang. Auch hier besteht deshalb ein Konflikt zwischen vergleichender Anatomie und Ontogenie, ein Zwiespalt, der oft auftritt und natürlich nicht aufzulösen ist. Die Einheit der Vorstellung, beruhend auf der Einheit im Bau der erwachsenen Lunge, fordert aber, die Mammalierlunge anzusehen als Amphibienlunge, die allmählich zu dem komplizierten Organ geworden ist, das wir heute beobachten. Es besteht kein Zweifel an der Homologie zwischen den Lungen der Vertebrata; sowohl Bauplan wie Lage und erstes Entstehen weisen darauf. Die Differenzierung vom einfachen Lungensacktypus bis zu den sehr zusammengesetzten Lungen der Mammalia läßt sich ziemlich allmählich verfolgen; und darauf möge man mehr Wert legen als auf das, was die Ontogenie uns darüber lehrt. Man wird den ontogenetischen Wachstumsprozeß viel eher auf eine Beschleunigung dieses Prozesses zurückführen können. Würde dieses Wachstum dem Wege folgen, den die Vergleichende Anatomie lehrt, dann müßte erst eine sackförmige Lunge auftreten, die sich durch centripetal eindringendes Lungenbindegewebe in Lungenkammern teilt, aus denen erst dann die Bronchien entstehen müssen. Statt dessen werden die Bronchien direkt gebildet; es wird so ein viel kürzerer Weg eingeschlagen. Solche verkürzten Prozesse trifft man in der Ontogenie mehr an; sie warnen zugleich vor der Versuchung, ihnen zu großen Wert beizulegen.

Die Bronchien entstehen demnach direkt allmählich aus dem Hauptbronchus und zwar erst monopodial, später wahrscheinlich auch dichotomisch an der ventralen und dorsalen Seite. So entsteht der sehr stark entwickelte Bronchialbaum der Mammalia in dem umgebenden Bindegewebe. Die feinsten Bronchien (Bronchioli) endigen blind in Alveolensäckchen (Infundibula; Abb. 786), deren Wand zahlreiche Alveolen mit respiratorischem Epithel trägt. Diese Alveolensäckchen führen durch Alveolengänge, die ebenfalls mit Alveolen versehen sind, zu den Bronchioli (Abb. 786). Auf diese Weise wird die Atmungsoberfläche stark vergrößert; die Anzahl der Alveoli kann sehr groß werden (beim Menschen 3 bis 4 Millionen).

Meistens ist die Lunge durch tiefe Einschnitte in Lappen geteilt, doch kommen auch ungeteilte, glatte Lungen vor (Wassermammalia, Xenarthra, Rodentia, Ungulata usw.). Der Bronchienbaum beginnt mit dem Hauptbronchus, der teils außerhalb der Lunge verläuft (extrapulmonärer Bronchus; Abb. 787), teils in der Lunge als intrapulmonärer Bronchus. Aus diesem letzten entspringen dann eine Reihe stärkerer ventraler und schwächerer dorsaler Bronchien zweiter Ordnung (Abb. 786). Der erste craniale, dorsale Bronchus zweiter Ordnung kann jedoch aus dem extrapulmonären Hauptbronchus direkt caudal von der Bifurkation der Trachea entspringen, cranial der Arteria pulmonalis (ep-arterieller Bronchus), z. B. bei Bradypus, Camelus, Equus, Elephas usw. (Abb. 787); meistens verschwindet dann der linke ep-arterielle Bronchus und es bleibt allein der rechte übrig: so kann es geschehen, daß sich die Trachea dem Anschein nach in drei Teile teilt. Alle anderen Bronchien zweiter Ordnung liegen caudal der Arteria pulmonalis (hyp-arteriell).

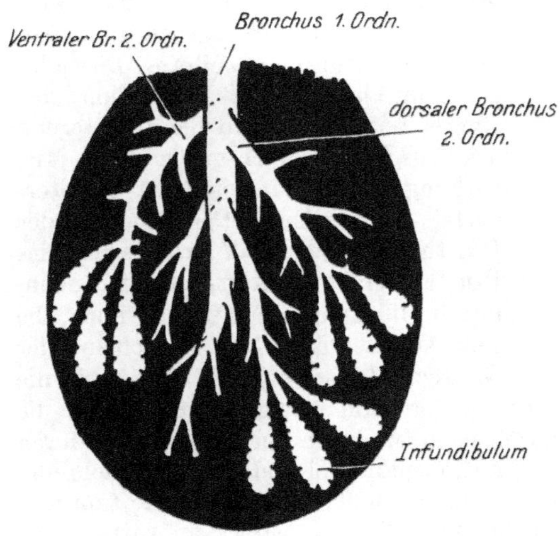

Abb. 786. Schema des Lungenbaues bei einem Mammalier. (Nach WIEDERSHEIM.)

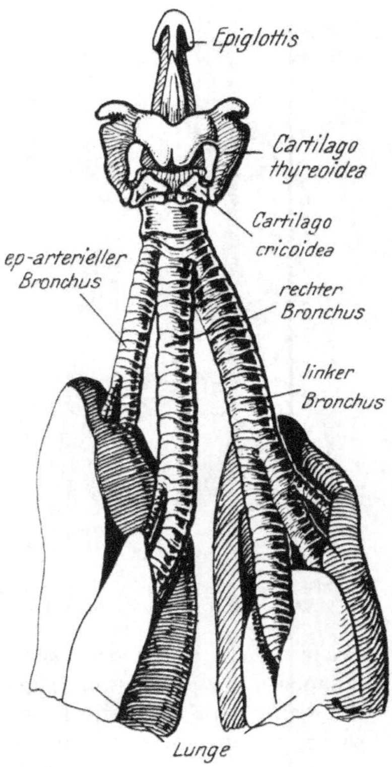

Abb. 787. Lungen und Bronchien von Pontoporia, einem Zahnwalfisch. (Nach WEBER.)

Die Wände aller Bronchien enthalten knorpelige Stützen, gerade wie die Trachea; doch bestehen hier große Unterschiede: so ist dieses Bronchienskelet schwach bei den Marsupialia, Rodentia und Simiae und fehlt ganz bei den Brüllaffen (Mycetes). — Die Lungen hängen in der Brusthöhle am Hauptbronchus und an den Arteriae und Venae pulmonales; zusammen treten alle diese bei dem Hilus in die Lungen ein (Abb. 788). Außen sind die Lungen vom visceralen Blatt der Pleura (Pleura pulmonalis) bedeckt, das beim Hilus in das mediastinale Blatt umschlägt, welches die Innenwand der Brusthöhle umkleidet als Pleura parietalis.

Der Atmungsmechanismus verläuft folgendermaßen. Durch ein vollkommen entwickeltes Diaphragma wird die Brusthöhle vollständig von der Bauchhöhle geschieden. Dies Diaphragma hat Kuppelform, die nach der Brusthöhle zu konvex ist. Ziehen sich die radienförmigen Muskeln des Diaphragma zusammen, dann plattet es sich ab, wodurch die Brusthöhle vergrößert wird in cranio-caudaler Richtung. Wenn nun gleichzeitig die Rippen aufgehoben werden, was hauptsächlich geschieht mit Hilfe der äußeren Intercostalmuskeln (Musculi intercostales externi) und der Musculi intercartilaginei —: dann wird sich die Brusthöhle zugleich in dorsoventraler Richtung erweitern. Dies alles geschieht bei ruhiger Inspiration; bei starker Inspiration wird die Erweiterung des Brustkastens noch größer durch Mitwirkung der Muskeln von Brust, Schultergürtel und Rücken. Der Druck in der Brusthöhle wird durch Erweiterung des Brustkastens erniedrigt, so daß Außenluft in die Lungen einströmen muß; die Luft strömt bis in die Bronchien; der Gaswechsel geschieht von hier aus in die Alveoli hinein durch Diffusion. — Die Exspiration erfolgt einmal durch die Ruhephase der genannten Inspirationsmuskeln, wodurch der Brustkasten durch seine Schwerkraft und die Elastizität der Rippenknorpel und durch Ausdehnung des Diaphragma wieder den normalen Umfang erhält; dabei hilft die Contraction der inneren Zwischenrippenmuskeln (Musculi intercostales interni).

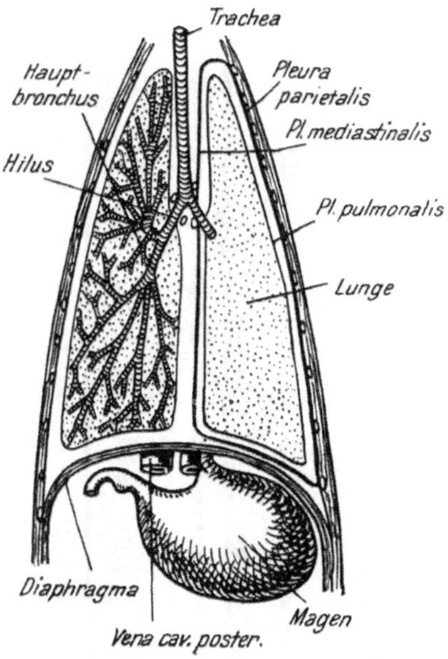

Abb. 788. Lage der Lungen in der Brusthöhle bei Mammaliern. (Nach WIEDERSHEIM)

E. Trachea und Larynx.

Pisces.

Bereits früher ist auf die Tatsache hingewiesen, daß durch das Auftreten eines Halses der Pharynx sich von den in dem Brustkasten liegenden Lungen entfernt und dadurch das Auftreten einer Trachea (Luftröhre) notwendig macht. Eine solche Trachea verbindet darum Lungen und Pharynx, sie mündet in den Pharynx durch die Glottis; (Stimmritze ist ein ganz unrichtiger Name, da diese Öffnung gar nicht immer mit dem Hervorbringen von Lauten in Verbindung steht). Rings um diese Glottis entwickeln sich Muskeln zum Öffnen und Schließen, die von Knorpelelementen gestützt werden; die Knorpel bilden den Larynx (Kehlkopf). Daraus ergibt sich, daß die Lungensäcke vermutlich das ältere Element sind; jünger sind die Bronchien, der Larynx und die Trachea; dieser Schluß aus der Vergleichenden Anatomie wird im allgemeinen durch die Entwicklungsgeschichte gestützt.

Es war demnach zu vermuten, daß dergleichen erweiternde und verengernde Muskeln an der Zugangsöffnung zu den Lungen schon bei den Dipnoi vorkommen, da deren Lungen ja homolog mit denen der übrigen Vertebrata sind. In der Tat ist dies der Fall; WIEDERSHEIM (1903, 1904) hat diesen Apparat ausführlich beschrieben. Am besten entwickelt findet man ihn bei Protopterus. Beide Lungen öffnen sich hier durch ein gemeinschaftliches, unpaares Vestibulum in die ventrale, mediale Wand des Vorderdarmes, direkt caudal der Kiemenregion. Die Öffnung dieses Vestibulum wird reguliert durch drei Muskeln: einen Schließmuskel (Sphincter), einen Erweiterer (Dilatator) und einen Verenger (Constrictor), welche die Öffnung gemeinsam beherrschen. Knorpelartige Stützelemente kommen jedoch hier nicht vor. Alle diese Muskeln sind auf Kiemenmuskeln zurückzuführen und werden denn auch genau wie der ganze Branchialapparat vom Nervus vagus innerviert. — Ungefähr dasselbe findet man bei Lepidosiren, bei welcher Form das Vestibulum etwas links oder rechts der Medianlinie im Vorderdarm auftritt. Ceratodus, bei dem das Letzte auch der Fall ist, zeigt einen einfacheren Zustand; hier kommt allein ein Constrictor vor. — Diese Tatsachen sind darum wichtig, weil sie die Auffassung stützen, daß die Lungen zum Gebiet der Kiemenregion zu rechnen sind.

Höchst merkwürdig ist ferner die Tatsache, daß man dergleichen aus den Kiemenmuskeln emanzipierte Muskeln auch findet bei der Schwimmblase von Polypterus, Lepidosteus und Amia. Bei Lepidosteus kommt ein sehr kompliziertes System dieser Muskeln beim Eingang des Ductus pneumaticus vor (Rima ductus pneumatici), unter der Herrschaft des Nervus vagus und herstammend von Bronchialmuskeln: ein Dilatator, mehrere Constrictores, ein Retractor und ein Protractor. In verändertem Zustand trifft man das auch bei Amia an. Polypterus dagegen hat eine ventrale Schwimmblase (Abb. 763 auf S. 620); aber auch hier steht die Rima ductus pneumatici unter dem Einfluß eines Dilatator und eines Constrictor. Bei all diesen Formen fehlen die knorpeligen Stützelemente.

Diese Tatsachen haben große vergleichend-anatomische Bedeutung, weil sich, wie bereits gesagt, bei allen Landtieren rund um den Eingang der Lungen ein Larynx bildet: das ist ein Knorpelskelet mit dazugehörenden Muskeln, die den Eingang zu den Lungen regulieren, die ebenfalls zurückzuführen sind auf Branchialmuskeln und ebenfalls durch den Nervus vagus innerviert werden. In dieser Beziehung stimmen also die eben behandelten Formen mit den Landtieren überein; aber bei den Landtieren geht die Bildung viel weiter. Dies ist insofern nicht verwunderlich, weil die Crossopterygii (Polypterus) als Ausgangsformen der Landtiere und der Dipnoi anzusehen sind und zugleich auch als Stammformen der Teleostomi, von welchen Lepidosteus und Amia primitive Formen repräsentieren. — Außerdem kann aus dem dargelegten Tatbestand ein Argument für die Ansicht geschöpft werden, daß die Schwimmblase dieser zwei letzten Formen, wenn sie auch dorsal liegt, sich doch morphologisch gut an ventralen Luftsäcke anschließt. — Bei den Teleostei mit ihrer dorsal gelegenen „echten" Schwimmblase fehlt jede Spur eines „Larynx" am Eingang zu dem Ductus pneumaticus.

Amphibia.

Bei diesen Tieren tritt ein echter Larynx auf: d. h. ein mehr oder weniger komplizierter Komplex von Knorpelstücken am Eingang der Lungen, der mit eigenen Muskeln versehen ist. Eine Trachea kann vorkommen, aber sie ist dann in der Regel kurz; bei „schlangenförmigen“ Amphibia (Siren, Amphiuma, Gymnophiona) kann sie sogar ziemlich lang werden. Bei Vorhandensein einer Trachea befindet sich der Larynx bei ihrer Ausmündung in die Mundhöhle.

Vergleichend-anatomisch wichtig ist nun die Tatsache, daß diese Skeletstücke in ihrer einfachsten Form auf einen Kiemenbogen zurückzuführen sind und zwar auf den am meisten caudal gelegenen. Welche Nummer dieser Kiemenbogen jedoch trägt, läßt sich nur negativ sicher sagen: nicht der fünfte (siebenter Visceralbogen), weil zwischen diesem und der Anlage der Larynxknorpel ein einziger, möglicherweise auch mehrere Kiemenbögen verloren gegangen sind ((Drüner 1902, 1904). Auch hier taucht die Frage wieder auf, wieviel Kiemenbogen vorhanden gewesen sind, eine Frage, welche noch nicht beantwortet ist (vgl. S. 590). Wie wichtig dies Problem sein möge: vom vergleichend-anatomischen Standpunkt aus gesehen ist dies das Wichtigste, daß der letzte Kiemenbogen seine ursprüngliche Funktion ganz verloren hat und in den Dienst der Luft-

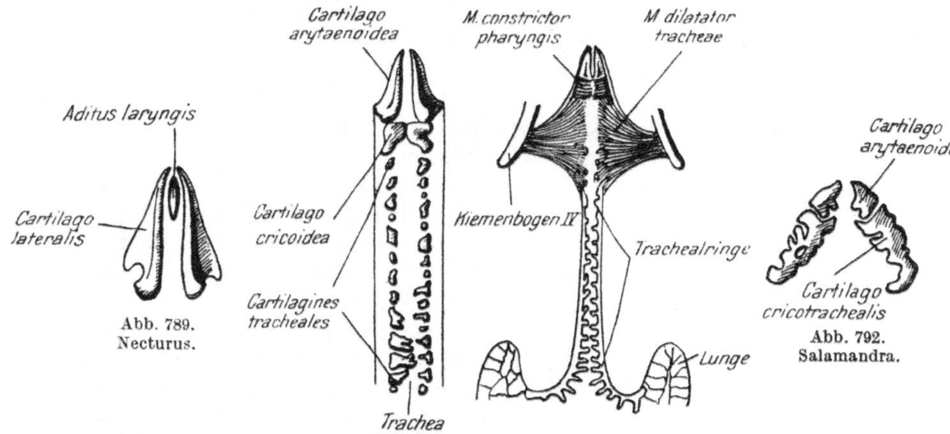

Abb. 789. Necturus.

Abb. 790. Siren.

Abb. 791. Amphiuma.

Abb. 792. Salamandra.

Abb. 789—792. Schema vom Kehlkopf bei den Urodela. (Nach Wiedersheim.)

atmung getreten ist. Er bleibt also beim Atmungssystem, aber er ist vom Träger der Atmungsorgane zu ihrem Stützapparat geworden. Und wenn die Auffassung richtig ist, daß die Lungen auf die letzten Kiemensäcke oder ihre Anhänge zurückzuführen sind, dann hat man eine gewisse Einheit bekommen, die eigentümlich ist. Hiermit stimmt in gewissem Sinne die Tatsache überein, daß bei den Pisces der letzte Kiemenbogen ebensowenig an der Atmung teilnimmt, weil er keine Kiemen trägt (mit Ausnahme der dipneumonen Dipnoi), und daß er dagegen andere Funktionen übernimmt, wie Stütze des Schultergürtels, Tragen von Zähnen (untere Kehlknochen). Man kommt in Versuchung, ihn mit dem letzten Kiemenbogen der Amphibia zu vergleichen, was jedoch, wie schon oben bemerkt, so ohne weiteres nicht erlaubt ist. Die Reihe der Kiemenbögen wird scheinbar durch Abbröckeln von der caudalen Seite her verringert oder durch Wegfallen der äußersten Enden, was nicht regelmäßig zu geschehen scheint und unter dem Einfluß unbekannter Faktoren steht.

In der einfachsten Form wird der letzte Kiemenbogen zu einem Knorpelstäbchen, das lateral am Zugang zu den Lungen liegt. Diese beiden Knorpelstückchen werden Cartilagines laterales genannt (Abb. 789); man findet sie unter den Urodela bei Formen wie Necturus, Proteus, Menopoma,

Cryptobranchus usw. Sie tragen je einen distalen, sich emanzipierenden Fortsatz, so daß dann links und rechts vom Zugang zu den Lungen je zwei Knorpelstückchen liegen (Abb. 790—792): die zwei cranialen werden Cartilagines arytaenoideae (auch kurz „Ary-Knorpel“) genannt, die beiden caudalen Cartilagines crico-tracheales. Bei Verlängerung der Trachea entwickeln sich aus den letzten ebenfalls ein Skelet: die beiden Cartilagines cricoideae und zahlreiche Cartilagines tracheales, die, unregelmäßig in Form, in der Tracheawand liegen.

Viel stärker differenziert finden wir die Cartilagines arytaenoideae und cricotracheales bei den Anura, wo ein Hals fehlt. Bei Rana sind die ersten dünne, dreieckige, convexe Knorpelplatten, die den Aditus laryngis den Zugang zum laryngo-trachealen Sack muschelförmig umschließen (Abb. 793, 794 und Abb. 629b auf S. 522). Caudal von diesen liegen die crico-trachealen Stücke, die sich miteinander zu einem merkwürdig gebauten, unpaaren Knorpel verbunden haben; der craniale Teil hiervon ist die Pars cricoidea, der caudale die Pars trachealis. Der Larynx ist also ziemlich kompliziert. Er liegt zwischen den hintersten

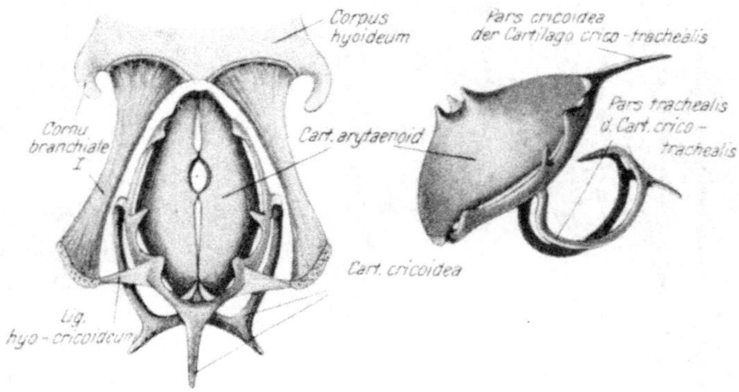

Abb. 793. Larynx von Rana. (Nach GAUPP.)

Hörnern des Corpus hyoideum (Abb. 428 auf S. 307) und ist mit diesem durch Bänder verbunden sowie durch Muskeln, welche die genannten Larynxknorpel teilweise bewegen.

Die Stellung der Knorpel des Amphibienlarynx steht nämlich unter der Regulation eines komplizierten Muskelsystems: eines Dilatator und eines oder mehrerer Constrictores — bei Rana drei —, die den Aditus laryngis öffnen und schließen. Diese Muskeln sind auf Pharynx- und branchiale Muskeln zurückzuführen und werden denn auch durch den Nervus vagus innerviert.

Dieses Knorpelskelet wird nun vor allem dadurch wichtig, daß es der Träger des Stimmorgans ist. Dieses wird durch die Stimmbänder (Ligamenta vocalia) gebildet, welche die Stimmritze (Rima glottidis) umschließen.

Die Fähigkeit, Laute hervorzubringen, findet man schon bei vielen Pisces; das wird auf verschiedenen Wegen erreicht: so durch Bewegen der Kiemendeckelteile oder der Flossenstrahlen, durch Reiben der Kehlknochenzähne, durch krampfartige Verkürzung der Muskeln — dies letzte kann durch Resonanz der Luft in der Schwimmblase verstärkt werden — usw. Mit einer „Stimme“ hat das alles nichts zu tun, da eine solche durch Schwingungen spezieller elastischer Bänder entsteht, die, ausgespannt im Luftwege, durch die Exspirationsluft in Bewegung versetzt werden.

In Abb. 794 ist der Bau des Stimmapparates von Rana abgebildet; man erkennt die aufgeschnittene linke Lunge und einen ungefähr medianen Durchschnitt durch den laryngo-trachealen Sack. Die Innenseite dieses Sackes (von zahlreichen Besonderheiten sehen wir ab) wird durch zwei Stimmlippen (Labia vocalia) in zwei Teile geteilt; auf der Abbildung ist also nur die linke sichtbar. Zwischen diesen beiden Stimmlippen befindet sich die Stimmritze. Jede Stimmlippe wird gebildet durch eine Verdickung der Schleimhaut an der Innenseite der Ary-Knorpel; sie ist ausgespannt zwischen den beiden Rändern dieser convexen Knorpelstücke. Der freie Rand jeder Stimmlippe ist glatt und wird durch eine Grube (Sulcus longitudinalis) in zwei Teile geteilt: eine Pars superior und inferior. Im Rande der Pars inferior nun liegt das Stimmband.

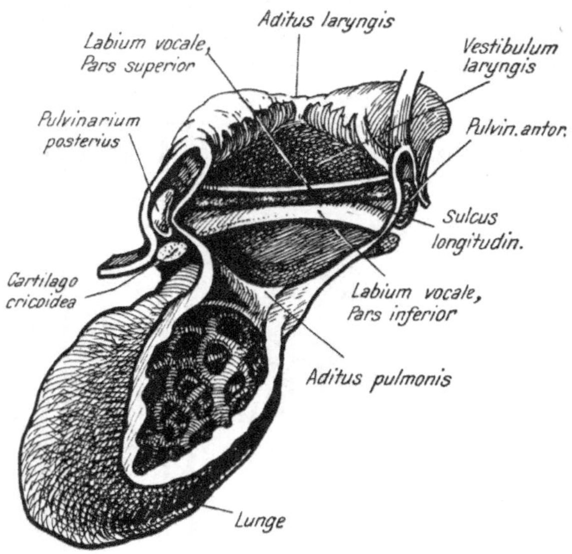

Abb. 794. Laryngo-trachealer Sack und Lunge von Rana, geöffnet. (Nach GAUPP und KRAUSE.)

Der Innenraum des laryngo-trachealen Sackes wird also durch die Stimmlippen in zwei Teile geteilt; beide Hälften kommunizieren miteinander durch die Stimmritze. Die craniale Hälfte heißt das Vestibulum laryngis und steht durch den Aditus laryngis in Kommunikation mit der Kehlhöhle; die caudale führt durch den Aditus pulmonis zur Lunge.

Die Stimmbänder bestehen aus elastischem Knorpel und enden in zwei ebenso gebauten Kissen: den Pulvinarium anterius und posterius (Abb. 794). Besser wäre es deswegen, vom „Stimmstäben“ zu sprechen. Das Hervorbringen der Stimme geschieht so: Nasenlöcher und Mund werden geschlossen; die Luft wird durch die Contraction der Bauchmuskeln aus den Lungen in die Mundhöhle gepreßt, worauf sich diese durch Nachuntenziehen des Kehlbodens vergrößert. Nun öffnen sich für einen Augenblick die Nasenlöcher, wodurch die Luft kraftvoll nach außen gepreßt wird; dann folgt eine Einatmung, wonach die Nasenlöcher sich wieder schließen. Auf diese Weise entstehen schnell aufeinander folgende Luftstöße, welche die Stimmstäbe zum Schwingen bringen und die Stimme verursachen. Schwach ist die Stimme bei den Weibchen von Rana, aber sie kann stark sein bei den Männchen, wenn sie nämlich verstärkt werden durch zwei als Resonatoren wirkende Kehlblasen (Sacci vocales), die aufgeblasen, als kuppelförmige Ausstülpungen des Mundhöhlenbodens links und rechts sichtbar sind (Abb. 629b auf S. 522). Sie sind reich an elastischem Bindegewebe und werden von einem der Unterkiefermuskeln umgeben (Musculus subhyoideus).

Reptilia.

Die Länge der Trachea bei den Reptilia ist sehr verschieden, was abhängt erstens von der Halslänge, und zweitens von dem Ort, an dem sich die beiden Hauptbronchien teilen; diese Gabelung kann schon im Hals geschehen, so daß die Hauptbronchien dann sehr lang sind und selbst die Trachea an Länge übertreffen können. Auch kann sich die lange Trachea krümmen, sogar in sehr starkem Maße. Beide Erscheinungen findet man bei verschiedenen Arten des Genus Testudo.

Bei allen Reptilia ist eine Cartilago cricoidea vorhanden (Abb. 795, 796); dieser Knorpel ist unpaar, weil er verschmolzen ist aus den ursprünglich paarigen Komponenten. Ferner findet man zwei Ary-Knorpel und mehr oder weniger regelmäßige Trachealringe; diese letzten sind teilweise frei und entweder geschlossen oder an der dorsalen Seite offen. Diese Ringe setzen sich auch auf den Hauptbronchi fort, selbst auf den intrapulmonären. Die Zusammengehörigkeit von Cricoid- und Trachealringen ist deutlich, da in den meisten Fällen die Scheidung zwischen beiden unscharf ist, so daß beide Knorpelteile ineinander übergehen (Abb. 795). Der Cricoidknorpel kann in der Medianlinie eine Ausstülpung tragen, die wohl Processus epiglotticus genannt wird (Abb. 796), zu Unrecht, weil dieser Processus mit der Epiglottis der Mammalia nichts zu tun hat. Auch kann eine ähnliche Ausstülpung an der dorsalen Seite vorkommen und sich sogar vom Cricoid absondern (Procricoid, Abb. 796). — Beinahe stets steht der Larynx in engem Verband mit dem großen Corpus hyoideum, dem Zungenbein (Abb. 796 und Abb. 430 auf S. 308); der Larynx ist craniad verschoben, ruht auf dem Corpus und ist mit ihm verbunden.

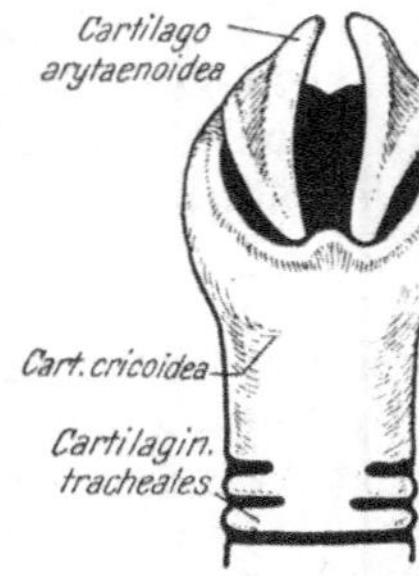

Abb. 795. Kehlkopf von Cinixys, einer Schildkröte. (Nach HALLER.)

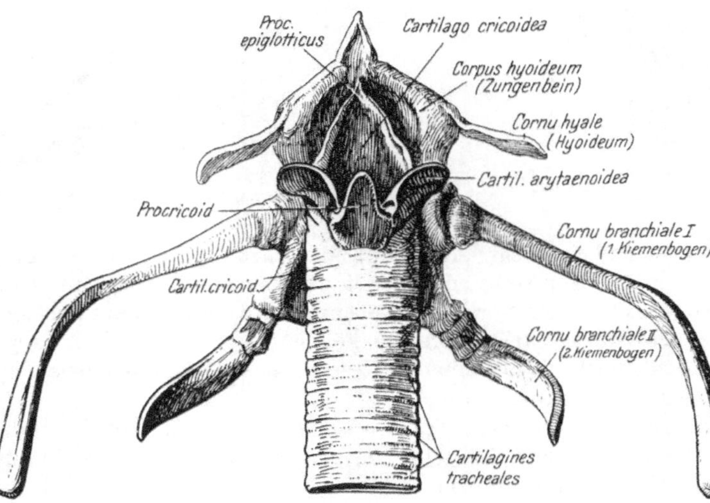

Abb. 796. Larynx von Chelone, von dorsal gesehen. (Original.)

Die Larynxmuskeln bestehen durchweg aus einem paarigen Sphincter und aus einem einzigen Dilatator. Diese Muskeln werden innerviert durch den Nervus vagus; und zwar durch zwei Äste von ihm: durch den Nervus laryngeus superior (= Ramus branchialis I nervi vagi) und inferior oder recurrens (= Ramus branchialis IV nervi vagi). Dieser letzte Ramus gehört bei den Pisces zum siebenten Visceralbogen (= V. Kiemenbogen) (vgl. Abb. 563 auf S. 461 und Abb. 326 auf S. 230). Das ist vergleichend-anatomisch bedeutungsvoll.

Stimmbänder sind nicht häufig; man findet sie vor allem bei Geckonidae und Chamaeleontidae. Es sind elastische Bänder, die ausgespannt sind entweder zwischen der dorsalen und ventralen Wand des Cricoids (Geckonidae) oder zwischen der Verbindungsstelle von Cricoid und Arytaenoid und einem Kamm, der sich median auf der Innenseite des Cricoids befindet (Chamaeleontidae); durch Bewegen der Ary-Knorpel werden sie gespannt. Die Crocodilia, die keine Stimmbänder haben, können doch starke Laute hervorbringen: die Schleimhaut an den medialen Rändern der Ary-Knorpel ist membranös und formt ein paar Stimmlippen ohne Stimmbänder, die sich einander durch Bewegen dieser Bänder nähern können, so daß ein enger Spalt entsteht; die Stimme entsteht dann durch Anblasen dieser Lippen.

Aves.

Eröffnet der Bau des Larynx hinsichtlich der Stimmentwicklung bei den Reptilia keine weiten Perspektiven, so ist das ebensowenig bei den Aves der Fall. Ist doch der Larynx hier nur schwach entwickelt, der caudal des Corpus

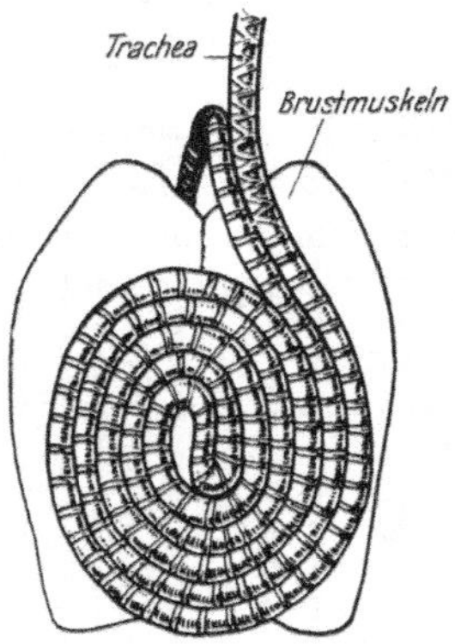

Abb. 797. Trachea von Baryta spec. (Laniidae). (Nach HILZHEIMER und HAEMPEL.)

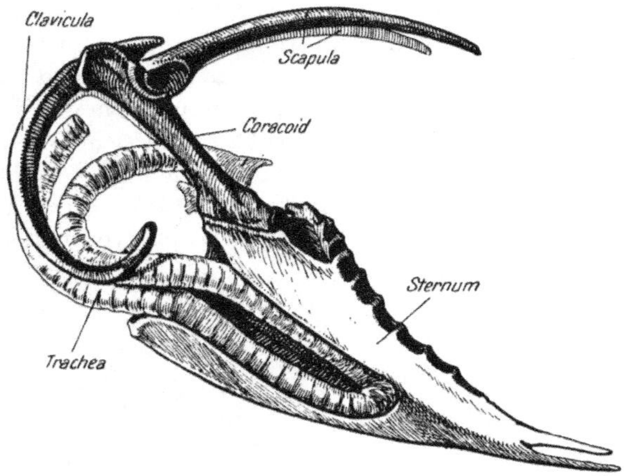

Abb. 798. Trachea von Cygnus. (Nach SCHIMKEWITSCH.)

hyoideum (Zungenbein) liegt (Abb. 800), aber nicht mit ihm durch Bänder verbunden ist; ja er kann selbst mehr oder weniger rudimentär sein. Cricoid und Ary-Knorpel sind freilich vorhanden, ebenso ein paar Kehlkopfmuskeln, welche die Weite des Aditus laryngis regeln können (Abb. 800). Der Larynx dient jedoch ausschließlich dazu, um die Respirationsluft durchströmen zu lassen: Stimmbänder fehlen ganz.

Die mit Knorpeln versehene Trachea ist, in Verbindung mit der Halsentwicklung, durchweg lang, zuweilen sehr lang; in einzelnen Fällen krümmt sie sich sogar stark; die Windungen können dann zwischen der Haut und den Brustmuskeln liegen (Abb. 797) oder in dem hohlen Sternum aufgenommen werden (Cygnus. Abb. 798). Zuweilen erweitert die Trachea sich etwas in der Mitte an zwei Stellen (Abb. 800); sie kann auch ganz (Aptenodytes), oder nur caudal, durch eine Scheidewand in zwei Teile geteilt werden (was übrigens auch bei den Reptilia [Chelonia, Crocodilia] gefunden wird, wenn auch in geringerem Maße).

Hingegen besitzen die Aves einen großen Syrinx (unteren Kehlkopf), der den übrigen Vertebrata fehlt; nur bei Cinixys (Chelonier aus Afrika) kommt an der Stelle, wo sich die Trachea in beide Hauptbronchien teilt, eine Bildung vor, die der einfachsten Form des Syrinx ähnelt. — Der Syrinx wird gebildet durch Ringe der Trachea (Syrinx trachealis) oder der Bronchien (S. bronchialis) oder aus beiden Ringen (S. broncho-trachealis); der letzte Typus kommt am häufigsten vor. Bei solchem broncho-trachealen Syrinx verschmelzen einige Ringe der Trachea am Spaltungspunkt der beiden Hauptbronchien mehr oder weniger, so daß sie zusammen eine knorpelige Trommel bilden (Anatidae, Abb. 799, 800). Abb. 801 gibt ein Bild des Durchschnittes vom broncho-trachealen Syrinx von Turdus (HAECKER 1898). Die Trommel ist wenig entwickelt und wird durch

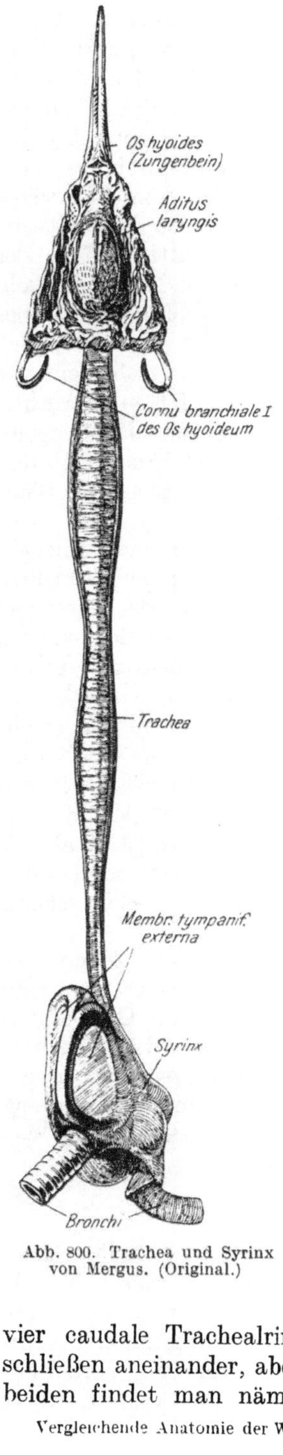

Abb. 800. Trachea und Syrinx von Mergus. (Original.)

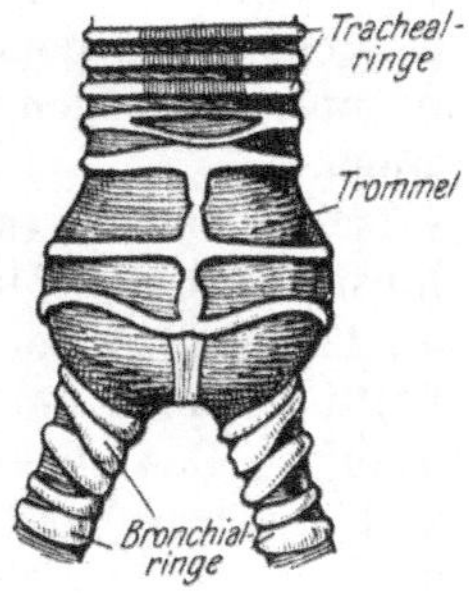

Abb. 799. Syrinx von Phlegoenas, einer Taube (Nach HALLER.)

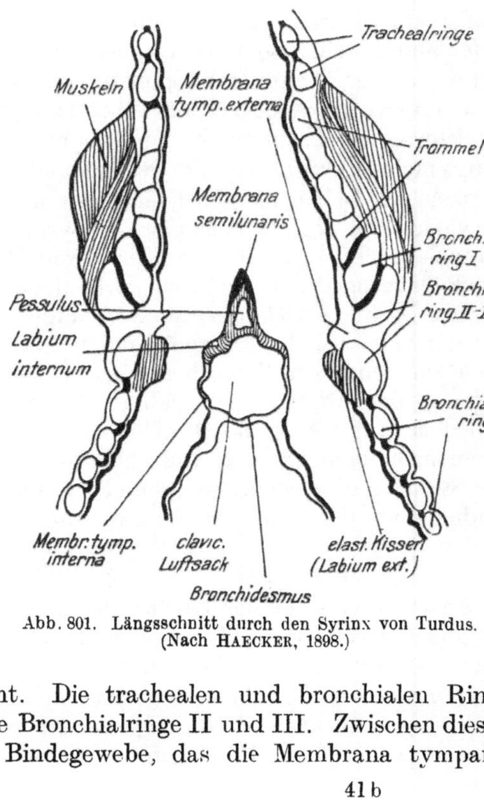

Abb. 801. Längsschnitt durch den Syrinx von Turdus. (Nach HAECKER, 1898.)

vier caudale Trachealringe geformt. Die trachealen und bronchialen Ringe schließen aneinander, aber nicht die Bronchialringe II und III. Zwischen diesen beiden findet man nämlich loses Bindegewebe, das die Membrana tympaniformis externa bildet. Caudal dieser Membran an der Innenseite der Bronchien liegt ein elastisches Kissen: die äußere Stimmlippe (Labium externum). An der Vereinigungsstelle beider Bronchien findet man eine knöcherne Platte: den Pessulus, der in das Lumen der Trachea hineinragt; diese Platte ist durch die an elastischem Bindegewebe reiche Membrana semilunaris bedeckt. An der Basis befindet sich die elastische innere Stimmlippe (Labium internum). Caudal hiervon beginnt die Membrana tympaniformis interna: diese bekleidet die medialen Wände der Bronchien, da an dieser Stelle die Bronchialringe unvollständig sind und an der medialen Seite fehlen. Beide inneren tympaniformen Membranen werden verbunden durch eine elastische Brücke: durch das Ligamentum interbronchiale oder den Bronchidesmus. In der Höhle zwischen Pessulus und Bronchidesmus, die an der ventralen Seite offen ist, befindet sich ein unpaarer Ausläufer des unpaaren Teiles des claviculären Luftsackes. — Der ganze Apparat steht unter dem Einfluß von Muskeln, die von Rumpfmuskeln abzuleiten sind und durch den Nervus hypoglossus und einige Nervi cervicales innerviert werden.

Bei den verschiedenen Aves ist der Bau des Syrinx sehr verschieden, vor allem auch hinsichtlich der Muskeln. Diese können häufig fehlen (Struthio, Lamellirostres, Gallinae). Bei anderen Vögeln (Ardea, Larus, Raubvögeln, Cuculus, Picus) findet man nur ein Paar Muskeln, die von der Trachea zu den Bronchien verlaufen. Das am besten entwickelte Muskelsystem zeigen die Singvögel, die drei bis sieben Paar Syrinxmuskeln besitzen.

Sehr kompliziert und verschiedenartig ist die Weise, in der diese Muskeln arbeiten. Die beiden „Stimmritzen" werden durch die Öffnungen der Bronchien in die Trachea gebildet; sie können durch Muskeln erweitert oder verengert werden, so daß die Stimmlippen sich voneinander entfernen oder sich nähern. Außerdem bewirken die Muskeln, daß die Tracheal- und Bronchialringe dichter aufeinander stehen oder weiter auseinander liegen. Durch dies alles werden die Öffnungen der Stimmritzen reguliert, wobei die tympaniformen Membranen mehr oder weniger gespannt werden. Die ausströmende Luft bringt diese Membranen in Schwingungen, wodurch die Stimme entsteht. Die Fähigkeit des Singens hängt nicht direkt ab von der größeren oder geringeren Entwicklung der Syrinxmuskeln: so haben die Turdidae einen weniger differenzierten Apparat als die Corvidae. Bei den Weibchen ist der Syrinx stets weniger entwickelt als bei den Männchen. Eine gewundene oder erweiterte Trachea (Abb. 797—800) scheint die Bedeutung des Resonators zu besitzen.

Der Syrinx als Ganzes ist also vergleichend-anatomisch etwas anderes als der Larynx; aber die Knorpelelemente, die beide Organe zusammensetzen, sind doch auf denselben Mutterboden zurückzuführen; nämlich auf die Cartilagines laterales der Amphibia, so daß in dieser Beziehung kein wesentlicher Unterschied besteht. Aber die Muskeln haben einen ganz anderen Ursprung: sie gehören nicht zum Larynx- und ebensowenig zum Pharynxsystem. Die Bildung des Syrinx muß deshalb als sekundär aufgefaßt werden, als entstanden in Verbindung mit der sehr eigenartigen Stimme der Aves.

Mammalia.

Anatomisch steht der Larynx der Mammalia viel höher als dasselbe Organ der anderen Vertebrata, da er aus zahlreichen Knorpelelementen besteht, die mit einer reich differenzierten Muskulatur versehen sind, und weil er viel komplizierter zusammengesetzt ist. Aber stellt man sich die Frage, wie sich die Mammalia in Beziehung auf das Kiemenbogenskelet vergleichend-anatomisch verhalten, dann muß gerade das Entgegengesetzte behauptet werden. Das kommt daher, daß bei den Mammalia vier Kiemenbögen erhalten sind: nämlich der erste (Cornu branchiale I = hintere Zungenbeinhörner) und der zweite, dritte und letzte (fünfte ?) Kiemenbogen, die zusammen das Laryngo-tracheale Skelet bilden; bei beinahe allen anderen Vertebrata dagegen ist außer dem ersten Kiemenbogen (ebenfalls Cornu branchiale I) nur der letzte Kiemenbogen erhalten geblieben, der den Larynx und die Trachea bildet.

Der Larynx zeigt zunächst die gewöhnlichen Komponenten, die auf die beiden Cartilagines laterales zurückzuführen sind (vgl. S. 641): die Cartilagines arytaenoideae und die Cartilago cricoidea, an welche sich die Knorpelringe der Trachea (Cartilagines tracheales) anschließen (Abb. 802 und Abb. 435 und Abb. 436 auf S. 310), Hierzu kommen dann neu die Teile, die bei niederen Vertebrata fehlen und abzuleiten sind von dem zweiten und dritten Kiemenbogen, nämlich die Cartilagines thyreoideae (Schildknorpel). Schließlich finden wir noch den Kehldeckel (Epiglottis), der aber nicht auf ein Kiemenbogenelement zurückgeführt werden kann.

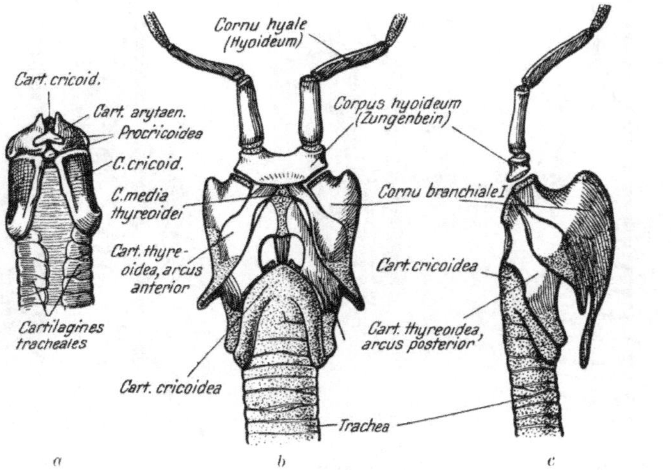

Abb. 802. Larynx von Ornitorhynchus; *a* von dorsal, *b* von ventral, *c* von lateral. (Nach DUBOIS.)

Den einfachsten Zustand zeigen die Monotremata, die in mancher Hinsicht im Kehlkopfbau noch ein getreues Bild eines Kiemenbogenskeletes wiedergeben (Abb. 802). Das Os hyoides (Zungenbein) besteht erstens aus dem Corpus hyoideum (Körper), zweitens aus den Cornua hyalia (den vorderen Hörnern, oder Cornua anteriora hyoidei), die aus dem Hyoid stammen, und drittens aus den Cornua branchialia I (hinteren Hörnern oder Cornua posteriora hyoidei), die auf den ersten Kiemenbogen zurückzuführen sind. Caudal von diesen Stücken liegen die Kiemenbögen II—III, die zusammen mit einer Copula (Cartilago media thyreoidei) einen Schildknorpel bilden. Die zu diesem Knorpel gehörenden vorderen Bogen (Arcus anteriores thyreoidei) sind entstanden aus dem zweiten Kiemenbogen und schließen sich noch ganz an die Cornua hyalia des Os hyoides an; ebenfalls zu dem Schildknorpel gehören die hinteren Bogen (Arcus posteriores thyreoidei), die dem dritten Kiemenbogen homolog sind; sie treten in engen Verband mit dem Cricoid, und dadurch mit dem Larynx.

Caudal hiervon liegen die Komponenten der Cartilagines laterales: die beiden Cartilagines arytaenoideae und das Cricoid, ein breiter, dorsal offener (Echidna) oder geschlossener (Ornithorhynchus) Ring, der mit den Cartilagines tracheales verbunden ist Vom Cricoid können sich an der dorsalen Seite eine oder zwei Procricoidea trennen, eine Bildung, die wir schon bei den Reptilia getroffen haben (S. 643).

Zum Schluß ist noch die Epiglottis (Kehldeckel) zu nennen, ein Knorpelblättchen, das in einer Schleimhautfalte am Eingang des Larynx liegt. Diese Epiglottis (die übrigens nichts mit dem Processus epiglotticus der Reptilia (S. 643) zu tun hat) läuft an der Basis in zwei Hörnern aus, was auf eine paarige Herkunft deuten könnte; von GEGENBAUR wurde sie darum als Derivat des vierten Kiemenbogens angesehen, so daß dann alle fünf Kiemenbogen noch im laryngealen Skelet vorhanden wären. Inzwischen haben spätere Untersuchungen gezeigt (SCHAFFER, 1907; SOULIÉ, 1909), daß diese Auffassung nicht richtig ist; die Epiglottis ist vielmehr als sekundäre Bildung aufzufassen und zwar als Knorpelbildung, die mit solchen Gebilden gleichzustellen ist, die unter

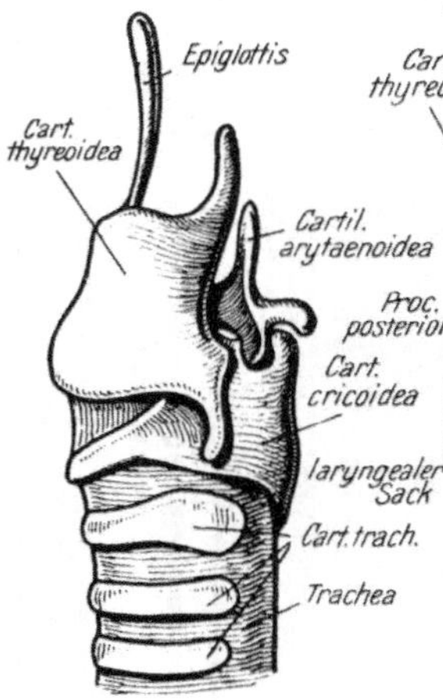

Abb. 803. Capreolus.

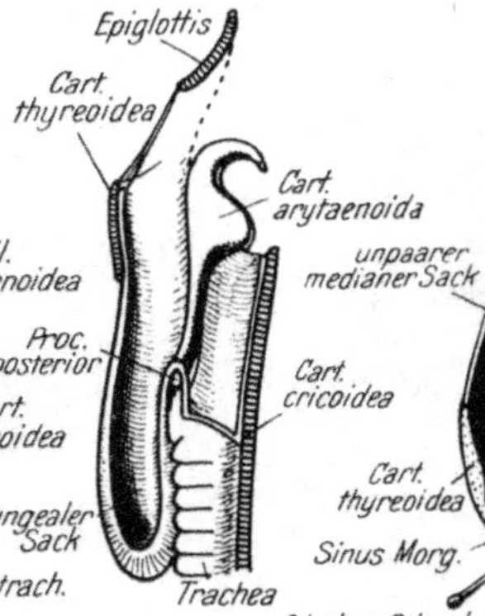

Abb. 804. Balaenoptera.

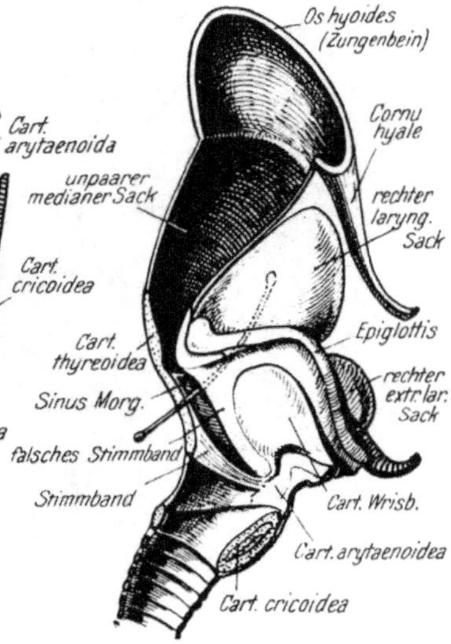

Abb. 805. Mycetes.

Abb. 803—805. Larynx bei den Mammalia. (Nach WIEDERSHEIM und WEBER.)

dem Namen „Sesamknochen" bekannt sind; diese bilden sich an den verschiedensten Stellen, z. B. an Extremitäten, Augenlidern usw., und haben eine stets besondere funktionelle Bedeutung. Mit einem Kiemenbogen hat die Epiglottis deshalb nichts zu tun; somit ist der vierte Kiemenbogen der einzige der visceralen Bogen, welcher in der Entwicklungsreihe der Vertebrata keine Prospectivität zeigt, sondern bei Landbewohnern allgemein verschwunden ist.

Bei allen übrigen Mammalia verschmelzen beide Arcus thyreoidei zu einer einzigen Cartilago thyreoidea (Schildknorpel), die dann paarige vordere und hintere Hörner trägt (Abb. 435, 436 auf S. 310 und Abb. 803 - 805). Die Verbindung der vorderen Hörner mit dem Os hyoides kann noch bestehen bleiben (Marsupialia, Prosimiae); aber gewöhnlich verbinden sich diese Hörner durch Bänder mit den Cornua branchialia I.

Die komplizierte Larynxmuskulatur mit Constrictor, Dilatatoren, Levator und Sphincter wird auch hier innerviert durch die Nervi laryngei superiores und inferiores (vgl. S. 643). Außerdem treten noch andere. nicht zur Kiemenregion gehörige Muskeln in Verbindung mit dem Larynx, die innerviert werden durch den Nervus hypoglossus und die Nervi cervicales.

Die Innenseite des Larynx ist mit einer Schleimhaut umkleidet, in der sich Duplikaturen bilden. Die wichtigste dieser Falten findet sich zwischen Thyreoid und den Ary-Knorpeln und enthält elastisches Bindegewebe; dadurch wird diese Falte elastisch und dient als Stimmband (Ligamentum vocale. Abb. 805). Dieses Ligamentum kann durch ausströmende Luft in Schwingungen gebracht werden. Beide Stimmbänder umschließen die Stimmritze (Rima glottidis) und stehen unter dem Einfluß eines Larynxmuskels: des Musculus thyreo-arytaenoideus: außerdem wird die Glottis reguliert durch die Beweglichkeit des Thyreoid- und der Ary-Knorpel. — Cranial des Stimmbandes kann das „falsche Stimmband" (Ligamentum vocale spurium) liegen (Abb. 805). Zwischen beiden Stimmbändern stülpt sich der Larynx aus und bildet links und rechts einen Sinus (oder Ventriculus) Morgagnii.

Die Entwicklung der Stimme ist durchaus nicht abhängig von der der Stimmbänder. Sind letztere nicht vorhanden, kann tatsächlich doch eine Stimme hervorgebracht werden; sie entsteht dann durch Schwingungen der Komponenten des Larynx (Cetacea). So hat Otaria nur wenig entwickelte Stimmbänder, aber eine starke Stimme; bei den Simiae fehlt der Musculus thyreo-arytaenoideus, und die Stimmbänder sind schwach entwickelt.

Die Stimme wird verstärkt und verändert durch Mitarbeit verschiedener als Resonatoren wirkender Höhlen: da ist zuerst die Mundhöhle zu nennen, aber außerdem bei vielen Mammalia Kehl- und Larynxsäcke. d. h. Aussackungen der Schleimhaut, zwischen den hinteren Fortsätzen der Ary-Knorpel (Bartenwale), worin ein großer laryngealer Sack gebildet wird (Abb. 804: Balaenoptera). Auch die Ventriculi Morgagnii können sich stark vergrößern (Perissodactyla); oder es kann zwischen Thyreoid und Epiglottis ein medianer Kehlsack auftreten (Artiodactyla). Stark entwickelt sind diese Säcke bei den Simiae in mannigfacher Weise. Bei den anthropomorphen Simiae vergrößern sich die Ventriculi Morgagnii, vor allem beim Orang-Utan, wo sie sich bis zur Achselhöhle fortsetzen und vielleicht mehr als Luftkissen zwischen dem schweren Unterkiefer und dem Hals dienen. Bei anderen Simiae finden wir einen medianen Kehlsack zwischen Thyreoid und Epiglottis. Bei den Brüllaffen (Mycetes) (Abb. 805) schwellen die Ventriclui Morgagnii an zu lateralen Larynxsäcken; diese liegen im Thyreoid; darüber stülpt sich, mit ihnen verbunden, ein großer unpaarer, medianer Sack aus, der in dem blasenförmig angeschwollenen Corpus hyoideum aufgenommen wird; zum Schluß finden sich noch ein paar außerhalb des Larynx gelegene Säcke: die extralaryngealen Säcke. Bei Ateles und einzelnen Prosimiae stülpt sich die Schleimhaut an der dorsalen Seite aus und zwar zwischen Cricoid und Trachea.

Die Bedeutung der Epiglottis beruht darin, daß Atmung und Nahrungsaufnahme unabhängig voneinander stattfinden können. Die Öffnung des Larynx liegt weit cranial im Pharynx, dicht hinter den sekundären Choanen, so daß die Luft, welche durch die Nasenlöcher aufgenommen wurde, direkt in die Trachea strömen kann. Die Verbindung der Mundhöhle mit dem dorsal der Trachea gelegenen Oesophagus geschieht ebenfalls durch den Pharynx; die aufgenommene Nahrung passiert beim Schlucken der Zugang zu der Trachea hauptsächlich links und rechts der Epiglottis. Dadurch, daß beim Schlucken die Epiglottis sich wie eine Kappe über den Aditus laryngis legt, wird verhindert, daß Nahrung in den Aditus gelangt. Bei niederen Vertebrata wird der Zugang zum Larynx gegen das Eindringen von Nahrung durch Constrictores beschützt, die den Aditus laryngis abschließen.

Nur bei wenigen Formen sind die Trachealringe vollkommen ringförmig (Rodentia, Phoca, Lemur, einzelne Marsupialia); in der Regel sind sie an der dorsalen Seite offen, zuweilen an der ventralen. Die Trachea verläuft ventral des Oesophagus, dorsal von den Verzweigungen der Aorta; nur bei Bradypus verläuft sie längs der Wirbelsäule bis zum Diaphragma, ehe sie sich in die beiden Hauptbronchien teilt; sie biegt also zweimal um. Die Trachealringe setzen sich auf den Bronchien fort, aber sind auf ihnen nur selten zu ganzen Ringen entwickelt.

Literatur zum Abschnitt Atmungsorgane.

Babak, E.: Die Mechanik und Innervation der Atmung. Wintersteins Handbuch der vergl. Physiol., Bd. I, Hälfte II., Fischer, Jena. 1921.

Bastert. Chr.: Eenige waarnemingen over de adembeweging bij Petromyzon fluviatilis. Verlag. Kon. Akad. Wet. Amsterdam. Vol. 27, p. 1—7. 25. Januari 1919.

Beaufort, L. F. de: Die Schwimmblase der Malacopterygii. Morphol. Jahrb., Bd. 39, S. 526—644. 1909.

Bemmelen, J. F. van: Über vermutliche rudimentäre Kiemenspalten bei Elasmobranchiern. Mitt. Zool. Stat. Neapel Bd. 6, S. 165—184. 1886.

Braus, H.: Über den embryonalen Kiemenapparat von Heptanchus. Anat. Anz., Bd. 29, S. 545—560. 1906.

Brandes, G.: Beobachtungen und Reflexionen über die Atmung der Vögel. Pflügers Arch. f. d. ges. Physiologie, Bd. 203, 492, 1924.

Bridge, T. W.: Fishes, in: The Cambridge Natural History. Bd. 7, Macmillan London. 1904.

Drüner, L.: Studien zur Anatomie der Zungenbein-, Kiemenbogen- und Kehlkopfmuskeln der Urodelen. I. Zool. Jahrb. Anat., Bd. 15. S. 435—622. 1902. — Ders.: II, ebenda, Bd. 19, S. 361—690. 1904.

Fritsche, E.: Die Entwickelung des Thymus bei Selachiern. Jenaische Zeitschr. für Naturwiss., Bd. 46, S. 77—112. 1910.

Göppert, E.: Der Kehlkopf der Amphibien und Reptilien, II. Teil, Reptilien. Morphol. Jahrb., Bd. 28, S. 1—27. 1900.

Goette, A.: Über den Ursprung der Lungen. Zool. Jahrb., Anat., Bd. 21, S. 141—160. 1905.

Greil, A.: Über die sechste Schlundtasche der Amphibien und deren Beziehungen zu den suprapericardialen (postbranchialen) Körpern. Verhandl. Anat. Ges. 18. Versamml., Jena, S. 136—137. 1904. — Ders.: Über die Anlage der Lungen, sowie der ultimobronchialen (postbronchialen, suprapericardialen) Körper bei anuren Amphibien. Anat. Hefte, Abt. I, Bd. 89, S. 445—506. 1905. — Ders.: Bemerkungen zur Frage nach dem Ursprunge der Lungen. Anat. Anz., Bd. 26, S. 625—632. 1905. — Ders.: Über die Homologie der Anammierkiemen. Anat. Anz., Bd. 28, S. 257—272. 1906. — Ders.: Zur Frage der Phylogenese der Lunge bei den Wirbeltieren. Anatom. Anz., Bd. 47, S. 202—206. 1914—1915.

Haecker, V.: Über den unteren Kehlkopf der Singvögel. Anatom. Anz., Bd. 14, S. 521 bis 532. 1898.

Heidrich, K.: Die Mund-Schlundkopfhöhle der Vögel und ihre Drüsen. Morphol. Jahrb., Bd. 37, S. 10—69. 1908.

Jacobshagen, E.: Die Homologie der Wirbeltierkiemen. Verhandl. Anatom. Ges., 29. Versamml., Jena, S. 84—92. 1920. — Ders.: Die Homologie der Wirbeltierkiemen. Jenaische Zeitschr. f. Naturwissensch., Bd. 57, S. 87—142. 1920—21.

Makuschok, M.: Zur Frage der phylogenetischen Entwicklung der Lungen bei den Wirbeltieren. Anatom. Anz., Bd. 46, S. 497—514. 1914.

Maurer, F.: Ein Beitrag zur Kenntnis der Pseudobranchien der Knochenfische. Morphol. Jahrb., Bd. 9, S. 239—252. 1884. — Ders.: Schilddrüse, Thymus und Kiemenreste der Amphibien. Morphol. Jahrb., Bd. 13, S. 296—382. 1888. — Ders.: Die Kiemen und ihre Gefäße bei anuren und urodelen Amphibien und die Umbildungen der beiden ersten Arterienbogen bei Teleostiern. Morphol. Jahrb., Bd. 14., S. 175 bis 222. 1888.

Milani, A.: Beiträge zur Kenntnis der Reptilienlunge. Zool. Jahrb., Anat., Bd. 7, S. 545 bis 592, 1894, und Bd. 10, S. 93—156. 1897.

Moser, F.: Beiträge zur vergleichenden Entwicklungsgeschichte der Wirbeltierlunge (Amphibien, Reptilien, Vögel, Säuger). Arch. f. mikrosk. Anat., Bd. 60, S. 587—668. 1902.

Price, G. C.: Some points in the Development of a Myxinoid (Bdellostoma Stouti Lockington). Verhandl. Anatom. Ges., 10. Versamml., Berlin, S. 81—86. 1896.

Rauther, M.: Die akzessorischen Atmungsorgane der Knochenfische. Ergebn. Fortschr. Zoologie, Bd. 2, S. 517—585. 1910. — Ders.: Über die respiratorische Schwimmblase von Umbra, Zool. Jahrb., Zool. u. Physiol., Bd. 34, S. 339—364. 1914. — Ders.: Zur vergleichenden Anatomie der Schwimmblase der Fische. Ergebn. Fortschr. Zool., Bd. 5, S. 1—66. 1922. — Ders.: Zur Kenntnis der Polypteridenlunge. Anatom. Anz., Bd. 55. S. 290—297. 1922.

Reese, A. M.: Structure and Development of the Thyroid Gland in Petromyzon. Proceed. Acad. Nat. Sc., Philadelphia, Bd. 54, S. 85—112. 1902.

Sagemehl, M., Beiträge zur vergleichenden Anatomie der Fische. III. Morphol. Jahrb., Bd. 10, S. 1—119. 1885.

Schaffer, J.: Zur Histologie, Histogenese und phylogenetischen Bedeutung der Epiglottis. Anatom. Hefte, Abt. 1, Bd. 33, S. 455—490. 1907.

Schulze. F. E.: Über die Luftsäcke der Vögel. Verhandl. VIII. Internat. Zool. Kongresses, Graz, S. 446—482. 1910.

Soulié, A.: Recherches sur le développement du larynx chez la Taupe (Talpa europaea). Journ. Anatom. Physiol., Bd. 45, S. 122—175. 1909.

Spengel, J. W.: Über Schwimmblasen, Lungen und Kiementaschen der Wirbeltiere. Zool. Jahrb. Suppl. 7, S. 727—749. 1904.

Stockard, Ch. R.: The Development of the Thyroid Gland in Bdellostoma Stouti, Anat. Anz., Bd. 29, S. 91—99. 1906.

Thilo, O.: Das Schwinden der Schwimmblase bei den Schollen. Zool. Anz., Bd. 31. S. 393—406. 1907. — Ders.: Die Bedeutung der Weberschen Knöchelchen. Zool. Anz., Bd. 32, S. 777—789. 1908.

Versluys, J.: Über die Rückbildung der Kiemenbogen bei den Selachii. Bijdragen tot de Dierkunde, Feestnummer Weber, S. 95—105. 1922.

Wiedersheim, R.: Das Kopfskelet der Urodelen. Morphol. Jahrb., Bd. 3, S. 352—448. 1877. — Ders.: Über den Kehlkopf der Ganoiden und Dipnoër. Anat. Anz., Bd. 22, S. 522—535. 1903. — Über das Vorkommen eines Kehlkopfes bei Ganoiden und Dipnoern, sowie über die Phylogenie der Lunge. Zool. Jahrb., Suppl. 7, S. 1—66. 1904.

Wijhe, W. J. van: Beiträge zur Anatomie der Kopfregion des Amphioxus lanceolatus. Petrus Camper, Bd. 1, S. 109—195. 1901.

Winterstein, H.: Die physikalisch-chemischen Erscheinungen der Atmung. Handb. d. vergl. Physiologie, Bd. 1, 2. Fischer, Jena 1921.

X. Das Blutgefäßsystem.

Einleitung.

Das Blutgefäßsystem der Vertebrata besteht aus einem geschlossenen System elastischer, größtenteils contractiler Röhren, in welche das Blut durch ein besonders muskulöses, pulsierendes Organ, das Herz, hineingestoßen wird, und zwar immer in derselben Richtung. Das Herz nimmt das Blut aus Blutgefäßen und stößt es durch Contraction wieder in andere, arbeitet also als Saug- und Druckpumpe. Alle Gefäße, in die das Blut von dem Herzen getrieben wird, heißen Arterien; diejenigen, aus denen das Blut vom Herzen aufgenommen wird, heißen Venen. Wenn man das Herz als das Centrum des Circulationssystems ansieht, so würde demnach der Blutstrom in den Arterien centrifugal, in den Venen centripetal sein; dabei ist es gleichgültig, von welcher Beschaffenheit das Blut ist. Die Arterien führen das Blut zu allen Organen des Körpers, verzweigen sich hier in einer für die verschiedenen Klassen je konstanten Weise, wobei die Verzweigungen stets dünner und dünner werden. Schließlich gehen die Arterien in zahlreiche Capillaren über: äußerst feine Röhrchen, die überall das Gewebe mit Blut versorgen. Nachdem sie die Gewebe durchströmt haben, vereinigen sich die Capillaren erst zu dünnen Venen, die mit anderen zusammen wieder dickere formen, so daß zum Schluß das Blut wieder durch die Hauptvenen zum Herzen zurückströmt.

Das Blut ist eine vielfach zusammengesetzte Flüssigkeit. Es hat die Aufgabe, die Nahrungsbestandteile, den Sauerstoff, die Salze und Hormone zu den Geweben zu transportieren; umgekehrt führt es die Abfallprodukte des Stoffwechsels, darunter auch CO_2, aus den Geweben weg. Wir unterscheiden im Blute die Blutflüssigkeit oder das Plasma neben den Blutzellen. Das Plasma ist beinahe farblos und enthält zahlreiche Stoffe, u. a. verschiedene Eiweiße (darunter das Fibrinogen). Die Zusammensetzung des Blutes ist an den verschiedenen Stellen des Körpers etwas verschieden, im ganzen aber auffallend konstant.

Das Blutgefäßsystem steht an wenigen Stellen in Verbindung mit dem Lymphgefäßsystem (s. S. 699); die Lymphe ergießt sich hier langsam in das Blut.

In dem Blutplasma finden sich die Blutzellen, nämlich rote Blutkörperchen (Erythrocyten oder Chromocyten), die weißen Blutkörperchen (Leucocyten) und die Blutplättchen (Thrombocyten). — Die Erythrocyten (Abb. 806) sind kleine Scheibchen, durch das in ihnen enthaltene Hämoglobin gelbrot gefärbt, ein Stoff, der den in den Atmungsorganen aufgenommenen Sauerstoff in loser Verbindung mitführt und diesen in den Capillaren an das Gewebe abgibt. Bei allen Vertebrata, außer bei den Mammalia, sind es ovale, bikonvexe Zellen, deren Kern nur schwer sichtbar ist, da sein Lichtbrechungsvermögen von dem des Plasmas nur wenig verschieden ist. Bei den Mammalia hingegen sind es runde Scheiben (nur selten, z. B. bei den Tylopoda, ovale); ein Kern fehlt; sie entstehen hier jedoch aus Zellen, den sogenannten Hämatoblasten, aber der

Kern geht zugrunde oder wird ausgestoßen, was noch nicht entschieden ist. Die Größe der Erythrocyten variiert von 2,5—10 μ bei den Mammalia, bis zu 75 μ bei Amphiuma. Die Anzahl schwankt zwischen 139 Tausend pro Quadratmillimeter bei Menopoma bis zu 3 oder 8 Millionen bei den Mammalia. Die Größe jede Erythrocyten ist also bei den Mammalia relativ klein; dagegen ist die Anzahl hier viel größer, wodurch zwar der Inhalt gleich bleibt, die Gesamtoberfläche aber erheblich steigt, was wahrscheinlich eine physiologische Bedeutung besitzt, trotzdem es bei der O-Bindung in erster Linie wohl auf die Menge des Hämoglobins ankommt.

Die Leucocyten sind farblos und besitzen eine amboide Bewegung. Beim Menschen kommen pro Quadratmillimeter 8—9 Tausend dieser Zellen vor; ihre Zahl ist stets viel kleiner als die der Erythrocyten, sie sind aber größer. Es sind verschiedene Formen bekannt, die meisten — bis zu 75 vH. — haben einen Durchmesser von 10—12 μ oder mehr; der Zellkern ist unregelmäßig von Form oder durch Zerfall in Stücke geteilt (multinucleäre Leucocyten) (Abb. 806).

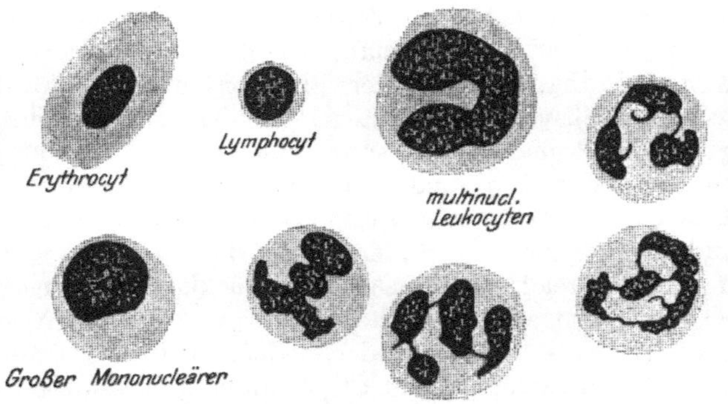

Abb. 806. Einige Blutkörperchen. (Nach PEKELHARING.)

Neben diesen Leucocyten stehen die uninucleären Zellen, und zwar in zwei Formen: erstens die Lymphocyten, 4,5—7,5 μ im Durchmesser, mit rundem Kern, 20—25 vH. der Gesamtzahl. Zweitens findet man die viel umfangreicheren „Großen Mononucleären“ mit rundem oder ovalem Kern, 5—10 vH. der Gesamtzahl. Die Lymphocyten bilden sich in den Lymphdrüsen und teilen sich auch im Blut; sie dienen u. a. auch zur Bekämpfung fremder Organismen, die in das Blut eindringen, also als Phagocyten.

Die Thrombocyten sind äußerst klein, 2—4 μ; es sind runde, farblose Zellchen, 200—300 Tausend pro Quadratmillimeter. Sie besitzen amöboide Bewegung und spielen bei der Blutgerinnung eine große Rolle. Die Art, wie sie entstehen, ist noch unbekannt; nach den letzten Untersuchungen von LAOH (1922) sollen sie — wenigstens beim Menschen — nicht eine eigentliche dritte Zellform sein, sondern durch Protoplasmateilung der multinucleären Leucocyten entstehen.

Die Blutgefäße sind an der Innenseite mit stark abgeplatteten Bindegewebszellen bekleidet (Endothelium, Intima); rings um diese beobachtet man eine Schicht glatter Muskeln und elastischen Bindegewebes (Media) und um diese wieder eine Bindegewebsschicht (Adventitia). Bei den Arterien ist vor allem die Media stärker entwickelt als bei den Venen. Bei kleineren Gefäßen treten Media und Adventitia mehr und mehr zurück; schließlich bleibt bei den Capillaren nur die Intima übrig, die durch eine sehr dünne ringförmige Schicht glatter Muskelfasern umgeben ist. Da das **Herz** eigentlich nichts anderes ist als eine lokale Umbildung der Blutbahnen selbst, so ist es zu verstehen, daß das Herz in seinem Bau dem der Blutgefäße in den Grundzügen gleich ist. Die Hauptmasse des Herzens wird durch ein dickes, leicht quergestreiftes Muskelgewebe eingenommen von eigenartigem Bau (Myocard). Die Innenseite des Myocard ist mit einem Endothelium ausgekleidet (Endocard), die Außenseite mit einer dünnen Bindegewebsschicht (Epicard).

In vieler Hinsicht zeigt der Bau des Blutgefäßsystems aller Vertebrata große Übereinstimmung, vor allem in dem ontogenetischen Stadium, wo sie Kiemen besitzen. Beim Auftreten des Landlebens jedoch ändert das System sich und zwar durch das Entstehen der für dieses Leben notwendigen Lungen. Jetzt wird ein eigens für diese Lungen bestimmter Blutkreislauf eingeschaltet, der bei den Kiementrägern fehlt, und der für den Bau des Herzens große Veränderungen mit sich bringt. Um also die Konstruktion des Blutgefäßsystems bei den verschiedenen Vertebratengruppen vergleichen zu können, ist es ratsam, zuerst den Bau des Herzens in Verbindung mit den Arterienbogen und den Atmungsorganen zu betrachten und erst danach den Verlauf der Arterien und Venen.

Es erscheint nun wichtig, daß man sich in erster Linie die Frage überlegt: In welchem Verhältnis steht der Blutkreislauf zum Ort der Atmungsorgane? Das Blutgefäßsystem spielt ja nur eine sekundäre Rolle, während die Atmungsorgane das Primäre sind, denn diese stehen in direkter Verbindung mit der Lebensweise der Tiere, und nach ihrem Bau und ihrer Lage regelt sich das Blutgefäßsystem. Da in den Atmungsorganen das Blut den Sauerstoff aufnimmt und CO_2 abgibt, so wird das Blut, das zu diesen Organen strömt, sauerstoffarm und CO_2-reich sein müssen, das zurückkehrende dagegen sauerstoffreich und CO_2-arm. Umgekehrt erhalten die Organe sauerstoffreiches Blut und geben sauerstoffarmes ab. In verschiedenen Gefäßen wird deshalb auch die Art des Blutes hinsichtlich seiner O- und CO_2-Spannung verschieden sein.

Bei den höheren Vertebrata führen Arterien meist sauerstoffreiches, die Venen aber sauerstoffarmes Blut; das ist jedoch keineswegs immer so und stimmt bei den niederen Vertebrata noch viel weniger. Darum gebrauche man nicht, wie das oft geschieht, die Namen „arteriell“ und „venös“ für sauerstoffreiches und -armes Blut. Arteriell und venös sind topographische Begriffe; sie drücken nur die Art der Blutgefäße aus, nach der Richtung, in der das Blut strömt. Besser spricht man von oxydiertem oder Oxyblut und andererseits von reduziertem Blut. Mischen sich diese Blutarten, was sehr häufig geschieht, so entsteht gemischtes Blut; ist das Blut mehr oxydiert, so spricht man von oxy-gemischtem Blut; ist das Umgekehrte der Fall, von reduziert-gemischtem Blut. Zwischen diesen beiden Gegensätzen findet man natürlich viele Übergänge, für die man keine Ausdrücke kennt; aus der Beschreibung muß dann der Grad des Gemischtseins hervorgehen. Das Verwenden von Farben — rot für oxydiertes, blau für reduziertes Blut, — kann nur den Wert für diejenigen Tierformen haben, bei denen wirklich eine vollkommene Scheidung dieser Blutarten besteht. Ist dies nicht der Fall, dann würde für das gemengte Blut violette Farbe gebraucht werden müssen, aber in Anbetracht der vielen verschiedenen Gemische, violett in sehr vielen Abstufungen. Das ist praktisch nicht ausführbar; deshalb werden in diesem Buche für die Figuren nur zwei Farben gebraucht und zwar: weiß für die Arterien, schwarz für die Venen; die Art des Blutes erhellt dann aus der Beschreibung.

Zuweilen kommt es vor, daß die allmähliche Verzweigung der Blutgefäße in kleinere Gefäße fehlt, daß die Gefäße vielmehr sich plötzlich in kleine, miteinander anastomosierende Gefäße auflösen. Man nennt dies ein Wundernetz (Rete mirabile). Solch ein Gefäßnetz kann dann wieder durch Zusammenfließen der Zweige in ein Blutgefäß übergehen, so daß es gleichsam in den Verlauf eines Blutgefäßes eingeschaltet ist, was bei Arterien und bei Venen vorkommen kann. Neben diesen „bipolaren" Wundernetzen können auch unipolare oder diffuse vorkommen; in diesem Falle lösen sich die Zweige eines Wundernetzes in Capillaren auf.

Man trifft diese Gefäßnetze an den verschiedensten Stellen bei allen Vertebrata an: in den Eingeweiden, im Kopf, in den Extremitäten, den Nieren, den Augen, der Pseudobranchie, der Schwimmblase usw. Vor allen bei den Mammalia können sie stark entwickelt sein; am auffallendsten bei den Cetacea, wo sie im hinteren Mediastinum, entlang der Wirbelsäule in großer Menge vorkommen. Sie scheinen hier eine Rolle beim Tauchen zu spielen: die Blutmenge wird nämlich durch diese Wundernetze viel größer, so daß, wenn beim Tauchen die Atmung stille steht und dadurch die Zirkulation verlangsamt wird, die innere Atmung doch eine geraume Zeit weiter geführt werden kann.

Der Blutkreislauf bei Amphioxus.

Wir wollen von dieser Tiergruppe das Blutgefäßsystem als Ganzes behandeln, da seine Konstruktion in vieler Hinsicht als typisch für die Vertebrata gelten kann. Haben wir es doch hier mit einem vielfach einfacheren System zu tun: so fehlt ein Herz vollkommen (Leptocardia, [HAECKEL]); die Fortbewegung des Blutes, stets in derselben Richtung, wird durch einige Blutgefäße selbst ausgeführt. Man kann also bei Amphioxus eigentlich nicht von Arterien und Venen sprechen. Aber doch kann im Vergleich mit den Vertebrata ein Zentrum ange-

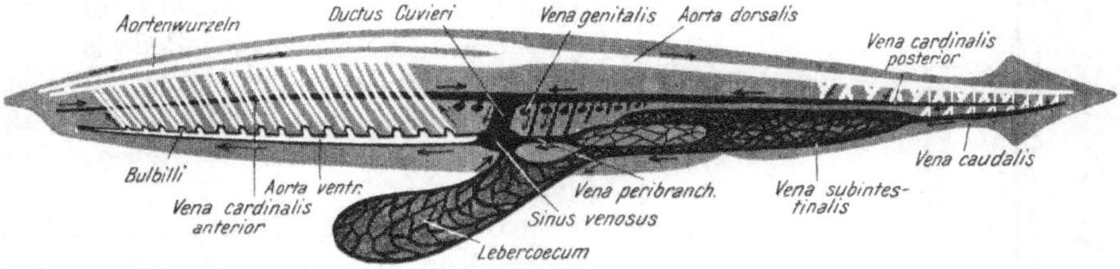

Abb. 807. Schema der Blutgefäße von Amphioxus. (Original.)

nommen werden, aus dem Arterien entspringen und welches Venen aufnimmt. Dies Zentrum (Abb. 807 und 808) befindet sich caudal der Kiemen und wird durch den Sinus venosus dargestellt. Sieht man dies Zentrum als „Herz" an — nur im topographischen Sinne — dann verläuft von hier aus craniad eine Arterie: die Aorta ventralis, die ventral der hypobranchialen Rinne (Abb. 709 auf S. 587 und Abb. 739 auf S. 604) verläuft, und reduziertes Blut führt. Sie besitzt contractile Anschwellungen: die Bulbilli, welche in der gleichen Anzahl wie die Hauptkiemenbögen (Abb. 706 auf S. 585) vorhanden sind. Die Bulbilli geben Gefäße nach den Kiemen zu ab, in denen das Blut mit Sauerstoff angereichert wird (Abb. 707 auf S. 586). Diese Kiemengefäße vereinigen sich dorsal der Kiemen zu zwei Längsstämmen, den beiden Aortenwurzeln (Abb. 706 auf S. 585 und Abb. 807), in denen das Blut craniad und caudad strömt, und die sich caudal der Kiemen zu einer einzigen Aorta dorsalis vereinigen, die bis zum Schwanze verläuft.

Die Seitenzweige dieser Aorta dorsalis versorgen auch den Darm; in der Darmwand bilden sie ein Netzwerk von Gefäßen, das sich wieder in einer großen, ventral vom Darm gelegenen Vena subintestinalis vereinigt und zugleich die Vena caudalis aufnimmt. Das reduzierte Blut strömt dann craniad zum Lebercoecum; die Vena subintestinalis läuft an der Außenseite von diesem Coecum und löst sich hier in ein zweites Capillarensystem auf: es kommt also hier auch ein sogenanntes Pfortadersystem vor, d. h. ein Capillarsystem, das in eine Vene eingeschaltet ist. — Aus der Leber tritt die Lebervene, die in den bereits genannten Sinus venosus mündet. Dieser entsteht durch Vereinigung zweier senkrecht zur Körperachse gerichteter Venen: dies sind die Ductus Cuvieri. Jeder Ductus Cuvieri wird gebildet erstens wieder durch Vereinigung zweier in der Körperwand gelegener Venen: einer Vena cardinalis anterior und einer Vena cardinalis posterior, die Blut aus den Geschlechtsorganen aufnehmen; zweitens aus metamer geordneten Körpervenen. In den Sinus venosus strömt auch schließlich noch das Blut aus der Wand des Peribranchialraumes durch die Vena peribranchialis. Wie man sieht, kann man den Sinus venosus topographisch als ein „Herz" ansehen, obgleich von Herzbildung als einem contractilen Zentrum keine Rede ist. Die Fortbewegung des Blutes kommt auf Rechnung der pulsierenden Bulbilli, der ventralen Aorta und einiger anderer Stellen in den Blutgefäßen.

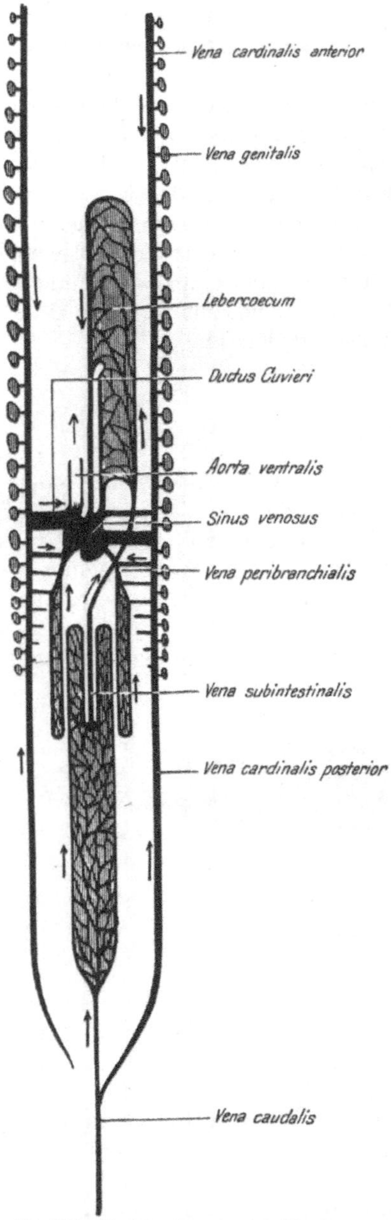

Abb. 808. Venensystem von Amphioxus, von dorsal. (Nach B. ZARNIK.)

Aus dieser Beschreibung erhellt zugleich, daß bei Amphioxus das oxydierte und reduzierte Blut ganz voneinander geschieden sind.

Das Herz und die Arterienbogen.

Ein Herz, in welches einerseits die Venen münden und aus dem andererseits die Arterien entspringen, kommt bei allen Vertebrata vor (Pachycardia nach HAECKEL; Cranita). So entsteht im Herzen eine Scheidung: und zwar in einen dünnwandigen venösen und einen dickwandigen arteriellen Teil, mit anderen Worten: in ein Atrium (Vorkammer) und in einen Ventriculus (Kammer). Beide Teile sind ursprünglich unpaar und bleiben es auch bei den meisten Wassertieren; bei einigen Wasser- und allen Landtieren tritt, in Verbindung mit dem eingeschalteten Blutkreislauf der Lungen, allmählich Paarigkeit auf: zuerst entsteht eine Wand im Atrium, wodurch eine linke und rechte Atriumhälfte gebildet wird (bei allen Landtieren); danach erst bildet sich auch eine Wand im Ventrikel, die zunächst unvollkommen ist (bei den meisten Reptilia) und schließlich vollkommen wird (bei den Crocodilia, Aves, Mammalia). Im einfachsten Zustand besteht das Herz also aus zwei Teilen, in den kompliziertesten Fällen aus vier Abschnitten.

Das zweiteilige Herz der Pisces liegt direkt caudal der Kiemen (Kiemenherz). Ursprünglich lag das Atrium caudal vom Ventrikel; das lehrt uns einmal die Entwicklungsgeschichte, und zweitens finden wir diesen Zustand noch bei den Jugendformen der Cyclostomata (Ammocoetes). Abb. 809 gibt ein Bild dieses Stadiums, das bei erwachsenen Tieren nie zu finden ist, das aber wohl als Ausgangspunkt für weitere Betrachtungen dienen kann. Man sieht das Atrium mit dünner Wand, das aus dem Sinus venosus Blut aufnimmt; dieser Sinus ist entstanden durch Vereinigung der beiden Hauptvenen: der Ductus Cuvieri, und gehört zum venösen System. Dieser Sinus öffnet sich in das Atrium durch eine Apertura sinu-atrialis, die durch zwei Valvulae sinuatriales bei Contraction des Atrium geschlossen werden kann. Das Atrium kommuniziert mit dem Ventrikel durch eine Apertura atrioventricularis, die ebenso mit zwei Valvulae atrio-ventriculares ausgestattet ist, welche genau so arbeiten wie die eben genannten Klappen. Der Ventrikel besitzt eine dicke Muskelwand, an der Innenseite netzförmig oder mit großen Muskelbalken (Trabeculae cordis) versehen. Der Ventrikel preßt das Blut craniad in einen muskulären Teil von gleichem Bau: dem Conus arteriosus (Bulbus cordis), welcher also auch zum Herzen gehört; auch in diesem befinden sich Klappen. Der Conus arteriosus geht über in den Truncus arteriosus, den Beginn der Aorta ventralis, die das Blut in die Kiemen führt. Die Basis des Truncus kann sich erweitern und stärker muskulös werden (glatte Muskeln); sie bildet dann den Bulbus arteriosus.

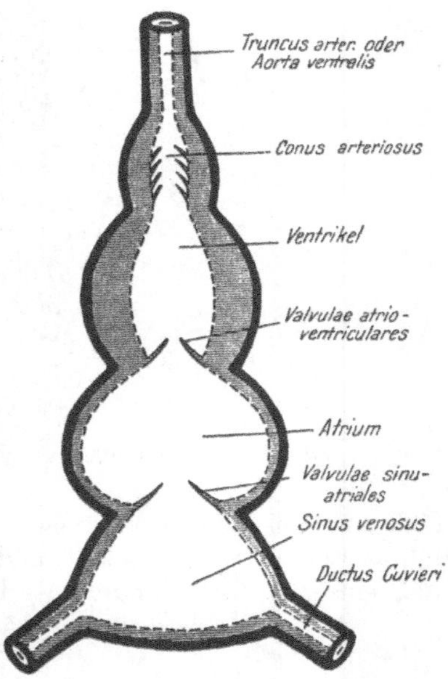

Abb. 809. Schema des Herzens. (Original.)

Pisces.

Wie bereits gesagt, kommt dies Stadium bei keinem einzigen Genus der Pisces vor; man findet es nur im embryonalen Zustand. Es tritt nämlich immer eine Krümmung des Herzens auf: das Atrium wird dorsad verschoben, so daß der Ventrikel ventral vom Atrium zu liegen kommt (Abb. 810 u. 814). Diese Drehung kann verschieden weit gehen; sie ist bei Ammocoetes noch gering, bei den Selachii und Teleostei jedoch vollkommen, so daß das Atrium dorsal vom Ventrikel liegt (Abb. 814).

Übrigens ist im allgemeinen der Bau des Herzens bei den Pisces sehr einförmig; es bestehen jedoch einige Besonderheiten. So kommen häufig am Atrium ein rechtes und linkes „Herzohr" vor (Auricula cordis), welche Ausstülpungen der Wand sind. — Große Verschiedenheiten findet man beim Conus und Truncus arteriosus. Bei den Selachii und Polypterus ist der Conus stark entwickelt (Abb. 810) mit zahlreichen — bis sieben — in Reihen geordneten Valvulae;

dagegen fehlt eine Anschwellung des Truncus zum Bulbus arteriosus. Tritt dieser Bulbus auf, dann geschieht das auf Kosten des Conus, der schließlich ganz von ihm vertreten wird. Bei Amia (Abb. 811) ist dieser Bulbus arteriosus entwickelt, aber noch gering von Umfang; der Conus ist viel kleiner geworden und

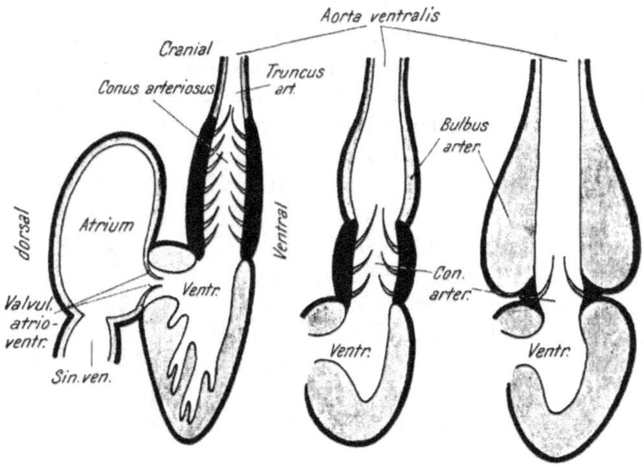

Abb. 810. Selachier. Abb. 811. Amia. Abb. 812. Teleostier.

Abb. 810–812. Schemata des Herzens einiger Pisces. (Nach WIEDERSHEIM.)

zeigt nur drei Reihen Valvulae. Bei den Teleostei (Abb. 812) jedoch ist der Bulbus sehr stark entwickelt und der Conus fast vollkommen reduziert, mit einer einzigen Reihe Valvulae. — Bei den Cyclostomata fehlen Conus und Bulbus.

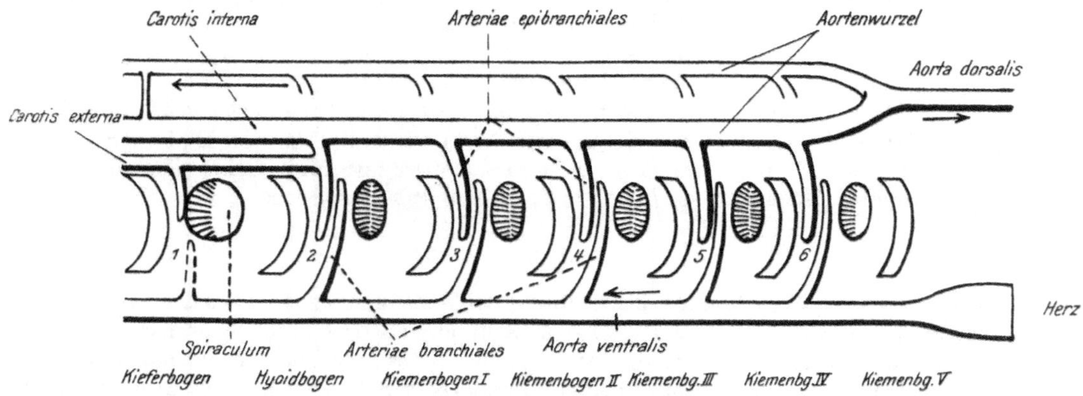

Abb. 813. Schema des Kiemenblutumlaufes bei den Selachii. (Original.)

Das Herz der Pisces empfängt reduziertes Blut aus dem Sinus venosus und enthält nur solches Blut.

Abb. 813 gibt eine sehr schematische Vorstellung vom Verlauf und den Verzweigungen der Aorta ventralis, der Fortsetzung des Truncus arteriosus bei den Selachii; sie verläuft medio-ventral und craniad über die Copulae der Kiemenbogen und enthält reduziertes Blut. Links und rechts entspringen aus ihr die Arteriae branchiales, blutzuführende Kiemenarterien. Entsprechend den sechs Kiemenspalten kommen auch ursprünglich sechs solcher Arteriae vor, abgesehen von den Cyclostomata, bei denen die Anzahl der Kiemenarterien ebenso groß ist wie die Anzahl der Kiemensäcke (Abb. 716—720 auf S. 589), aber der Zustand grundsätzlich doch derselbe ist wie bei den Selachii. Der erste Kiemenspalt zwischen Kiefer- und Hyoidbogen hat aber seinen ursprünglichen Charakter verloren und ist zum Spiraculum geworden (Abb. 721 auf S. 591); damit in Verbindung ist die craniale Kiemenarterie verschwunden; das Spiraculum trägt zwar eine „spiraculäre Kieme", aber diese funktioniert nicht mehr als solche, da sie oxydiertes Blut empfängt (siehe unten). Es bleiben deshalb nur fünf Arteriae branchiales über. Jede von ihnen läuft über einen Kiemenbogen, die craniale über das Hyoid, die folgenden über die Kiemenbogen I—IV; der letzte Kiemenbogen, der keine Kiemen trägt, hat auch keine Arterie. Die vordere Arteria branchialis versieht also die Kiemenlamellen am Hyoidbogen, die zweite die Kiemenlamellen am dritten Visceralbogen (dem ersten eigentlichen Kiemenbogen) usw. Die Arterien verzweigen sich in den Kiemen, und das reduzierte Blut wechselt seine Kohlensäure ein gegen Sauerstoff, wird also oxydiert. Daraufhin strömt das Blut dorsad aus den Kiemen heraus durch die fünf Arteriae epibranchiales (zuweilen verkehrt „Kiemenvenen" genannt). Diese Arteriae vereinigen sich an beiden Seiten zu je einem Blutgefäß, das in der Längsachse des Körpers verläuft: den beiden Aortawurzeln. Linke und rechte Aortawurzel vereinigen sich hinter den Kiemen zu der Aorta dorsalis, in der das oxydierte Blut caudad nach dem Rumpfe strömt.

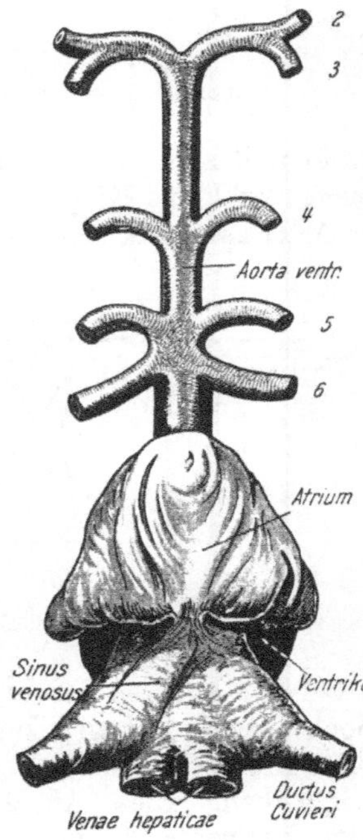

Abb. 814. Herz von Mustelus mit Aorta ventralis, gesehen von dorsal. (Original.)

Die erste Epibranchialarterie, die über den Kieferbogen verlaufen müßte, hat aber eine Abänderung erfahren. Da die erste Branchialarterie verschwunden ist (punktierte Linie in Abb. 813), so hat diese entsprechende Arteria epibranchialis keinen Zusammenhang mehr mit der Aorta ventralis; sie verbindet sich mit der zweiten Epibranchialarterie, die über den Hyoidbogen verläuft und versieht die spiraculäre Kieme mit Blut; diese empfängt deshalb Oxyblut und kann darum nicht als Kieme funktionieren; sie läuft dann weiter als Arteria carotis externa zum Kopf.

Die Aortawurzeln setzen sich craniad fort als Arteriae carotides internae; beide dringen in den Schädel ein und vereinigen sich miteinander, wodurch ein Ring geschlossen wird, der durch die Aortenwurzeln, die dorsale Aorta und die inneren Carotiden gebildet wird (Circulus cephalicus). Sie versehen Gehirn und Rückenmark mit Oxyblut.

Soweit das Schema. In Wirklichkeit jedoch kommen bei den Selachii große Verschiedenheiten im Laufe der Kiemengefäße vor und die Verhältnisse sind nicht so einfach wie das Schema. Abb. 814 zeigt das Herz von Mustelus, von dorsal gesehen; in den Sinus venosus münden beide Ductus Cuvieri und die zwei Venae hepaticae. Die Branchialarterien II und III entspringen einem gemeinschaftlichen Stamme. — Abb. 815 zeigt den tatsächlichen Verlauf der Branchial- und Epibranchialarterien; die Herzwand selbst wird versorgt von einem durch Anastomosen der Epibranchialarterien gebildeten Gefäßzweig. — Es muß noch bemerkt werden, daß bei Heptanchus, der sieben Kiemenbögen besitzt, auch sieben Arteriae branchiales vorhanden sind, nämlich eine für das

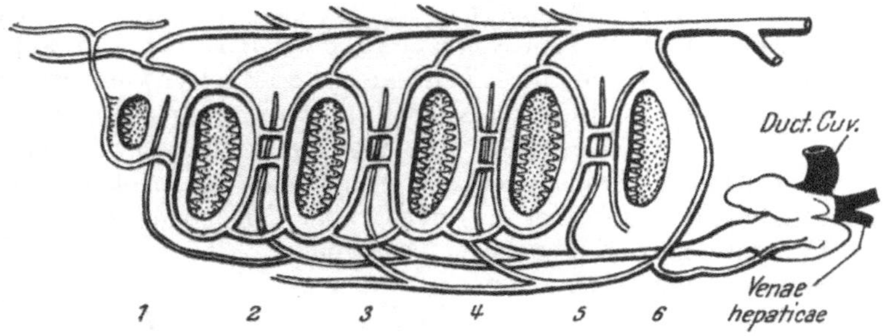

Abb. 815. Blutkreislauf in der Kiemenregion eines Selachiers. (Nach GOODRICH.)

Hyoid und sechs für die Kiemenbögen I—VI, während der siebente Kiemenbogen, der keine Kiemen trägt, auch keine Kiemenarterie besitzt; die Anzahl der Arteriae epibranchiales ist wahrscheinlich sechs.

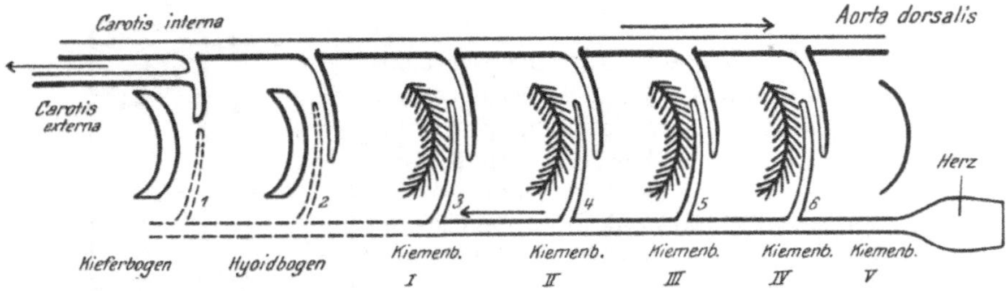

Abb. 816. Schema des Blutumlaufes in der Kiemenregion eines Teleostiers. (Original.)

Bei den anderen Pisces ist der Zustand prinzipiell derselbe (Abb. 816). Da jedoch der Hyoidbogen keine Kiemen trägt, verschwindet die morphologische zweite Arteria branchialis und epibranchialis, so daß nur vier dieser Arterien übrigbleiben. Diese Anzahl kann durch Beschränkung der Kiemen auf nur einige Kiemenbogen noch weiter abnehmen. Doch brauchen wir diese zahlreichen Variationen nicht ausführlich anzugeben.

Dipnoi.

Eingreifende Veränderungen treten bei den Dipnoi auf. Das ist nicht weiter verwunderlich, wenn man bedenkt, daß diese Tiere durch Kiemen und durch Lungen atmen. Die Lungen sind Neubildungen und schalten einen eigenen neuen Blutkreislauf ein. Es treten auf: beiderseits eine Arteria pulmonalis, die wenigstens während des Landlebens kohlensäurereiches Blut nach den Lungen führt, und außerdem beiderseits eine Vena pulmonalis von der Lunge zum Herzen, die immer Oxyblut führt. Die Lungenarterie ist ein Zweig der sechsten Epibranchialarterie (Abb. 817); die Lungenvene ist eine Neubildung. Das muß natürlich großen Einfluß auf den Bau des Herzens haben; denn hier vermengen sich nun das reduzierte Blut aus den Ductus Cuvieri und das Oxyblut aus den Lungenvenen, so daß in die Aorta ventralis gemengtes Blut einströmt; da nun während des Landlebens die Kiemen nicht arbeiten, so fließt durch alle Arterien ebenfalls gemengtes Blut. Dagegen würde nichts einzuwenden sein, wenn nicht besondere

Organe bestünden, für die eine Zufuhr von gemengtem Blut weniger praktisch ist: das gilt hauptsächlich für Gehirn und Lungen. Den Lungen muß reduziertes Blut zugeführt werden, sollen sie ihre volle Funktion ausüben können. Das Gehirn aber hat gerade Oxyblut nötig. Bei den Dipnoi beginnt die Reihe der Luftatmer, die man sich in ansteigender Linie folgendermaßen vorstellen kann: Dipnoi, Amphibia, Reptilia, Aves und Mammalia (diese Reihe drückt natürlich nicht eine phylogenetische Entwicklungsreihe aus). Nun stellt das Landleben an die Organismen viele andere und höhere Forderungen als das Wasserleben; eine dieser Forderungen ist, daß die Funktion der Kopfsinnesorgane viel größere Bedeutung erlangt und damit im Zusammenhang eine stufenweise Entwicklung des Zentralnervensystems stattfindet. Daher die Notwendigkeit, Oxyblut diesem Organ zuzuführen. So müssen zunächst beide Blutarten im Herzen getrennt werden, wenigstens soweit, daß genannten Forderungen genügt werden kann. Man kann diesen Unterschied denn auch schon bei den ersten „Landorganismen", den Dipnoi, wahrnehmen, und zwar merkwürdigerweise bereits weit durchgeführt. Bei allen anderen Landtieren geschieht dasselbe: so werden wir bei den

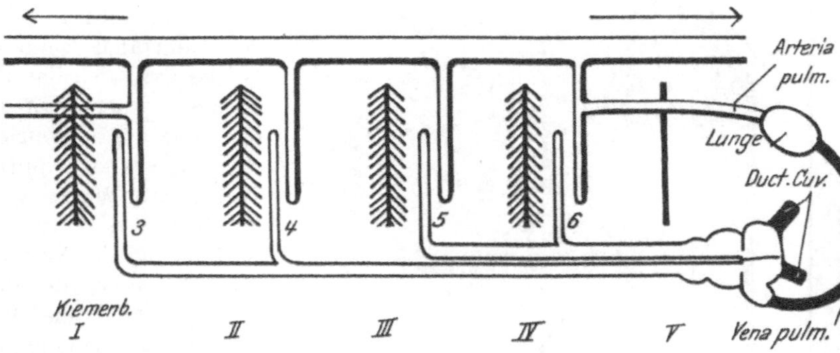

Abb. 817. Schema vom Blutkreislauf in der Kiemenregion bei Neoceratodus. (Original.)

Amphibia und Reptilia ähnliche Einrichtungen wiederfinden, wenn auch noch nicht vollständig durchgeführt; erst bei den Aves und Mammalia sehen wir ein Stadium, worin eine vollkommene Trennung des Oxyblutstroms zum Centralnervensystem von einem reduzierten Blute zu den Lungen stattfindet. Damit wird auch zu gleicher Zeit eine Einrichtung erworben, wodurch die Aorta, die alle übrigen Organe mit Blut versieht, Oxyblut enthalten kann. Mit der Entwicklung des Gehirnes findet die der Kopfsinnesorgane ihren Höhepunkt bei den Aves und Mammalia.

Von den Dipnoi bis zu den Reptilia findet man also stets die Einrichtung, die Carotis interna mit dem sauerstoffreichsten Blut zu versorgen, die Lungenarterie dagegen mit dem reduziertesten. Das wird, wie wir sehen werden, auf verschiedenen Wegen erreicht, die aber alle von demselben Ausgangspunkt ausgehen, nämlich von einer Scheidung des Herzens in zwei Teile: in einen Teil mit Oxyblut, aus dem die Arterien mit Ausnahme der Lungenarterien entspringen und damit die Carotiden; und zweitens in einen Teil mit reduziertem Blut, in welchen die Venen einmünden (außer den Lungenvenen, die immer oxydiertes Blut enthalten), und aus denen die Lungenarterien entspringen; mit anderen Worten: eine Scheidung in eine linke und rechte Herzhälfte.

Bei den Dipnoi (Boas, 1880) muß man unterscheiden zwischen den Monopneumones (Neoceratodus) und den Dipneumones (Protopterus und Lepidosiren). Bei Neoceratodus (Abb. 817—818) kommen Kiemen vor am Kiemenbogen I—IV, außerdem eine Pseudobranchie am Hyoid. Die Lungenarterie, welche hier zum ersten Male auftritt, ist ein Zweig der sechsten Epibranchialarterie. Im Prinzip ist das Herz (Abb. 818) wie das der anderen Pisces gebaut. Aber an der dorsalen Wand des kleinen Ventrikel und des großen Atrium befindet sich median ein Wall, der die ventrale Wand dieser beiden Räume nicht erreicht. Der Sinus venosus ist etwas nach rechts verlegt und mündet rechts des Walles in das Atrium aus, aber auch ein wenig nach links. Links des Walles strömen die zu einer unpaaren Vene verschmolzenen Venae pulmonales in das Atrium. Rechts vom Wall muß also im Atrium reduziertes Blut strömen, links ein wenig reduziertes Blut aus dem Sinus venosus, hauptsächlich aber Oxyblut aus den Lungenvenen: d. h. also oxygemischtes Blut. Unter dem ventralen Rand des Walles wird sich das Blut mischen; aber sowie sich das Herz zusammenzieht, wird die freie ventrale Wand des Walles gegen die ventrale Wand des Atrium und des Ventrikel gedrückt; so werden dann bei Systole beide Blutströme ganz voneinander geschieden sein.

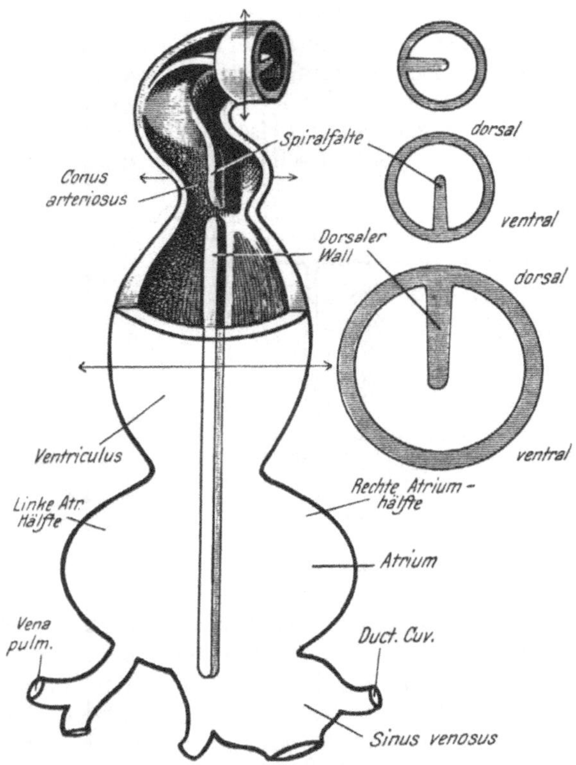

Abb. 818. Schema des Herzens von Neoceratodus, gesehen von der dorsalen Seite. (Original.)

Der Conus arteriosus ist spiralförmig gedreht. In ihm befinden sich auch hier Klappen und zwar in acht Querreihen; die ventro-medianen der hinteren sechs Reihen schließen sich aneinander und bilden zusammen eine Verdickung, eine longitudinale „Spiralfalte". Diese „Falte" sitzt also median an der ventralen Wand, aber nur am caudalen Teil des Conus; im cranialen Teil ist ihr Stand von vertikal aus horizontal geworden und zwar durch die Spiraldrehung des Conus. Die rechte caudale Abteilung des Conus korrespondiert mit der dorsalen cranialen, die linke caudale mit der ventralen cranialen. — Der dorsale Wall im Ventrikel und die Spiralfalte berühren einander beinahe (Abb. 818). Das Blut wird also aus dem Ventrikel rechts und links in den Conus fließen: links oxy-gemischt, rechts reduziert-gemischt. Über den Dorsalrand der Spiralfalte hinüber wird natürlich wiederum eine Vermischung stattfinden; aber auch der Conus kontrahiert sich und dann werden diese Conushälften ganz voneinander geschieden sein. Das Blut der rechten Atriumhälfte kommt also in den cranialen Teil des Conus dorsal und wird darum in die Arteriae branchiales 5 und 6 gestoßen, die hier entspringen und deshalb das am meisten reduzierte Blut empfangen (Abb. 817). Arbeiten nun die Kiemen nicht, dann bekommt also die Lungenarterie dieses reduzierte Blut! Dagegen begibt sich das am meisten oxydierte Blut aus der ventralen Abteilung des cranialen Conusteiles zu den Arteriae branchiales 3 und 4 und damit zu den Carotiden und zur Aorta dorsalis. — Funktionieren die Kiemen doch, dann muß in allen Epibranchialarterien Oxyblut strömen; die Lungenarterie empfängt also auch Oxyblut, so daß die Lunge dann nicht arbeitet. Auch die Carotis empfängt dann während des günstigen Wasserlebens rein oxydiertes Blut und damit auch das Gehirn; während des Schlammlebens dagegen weniger oxydiertes Blut, was mit dem aktiven Leben im Wasser und dem weniger aktiven im Schlamm Hand in Hand geht.

Bei den Dipneumones ist der Zustand etwas komplizierter und „höher". Die Conusklappen sind zum Teil zu einer wirklichen Spiralfalte zusammengewachsen (Abb. 819). Im cranialen Teil des Conus jedoch ist noch eine zweite Falte entstanden aus einzelnen Klappen der vierten Längsreihe. Diese verläuft in derselben Fläche wie die Spiralfalte, also horizontal. Ganz cranial verwachsen beide Falten, so daß der Conus tatsächlich in eine ventrale und dorsale Abteilung geschieden wird. Aber außerdem werden beide Falten, deren Ränder beinahe aneinanderschließen, diese beiden Abteilungen voneinander scheiden; in der Systole wird das sicher geschehen. — Der Sinus venosus mündet ganz rechts in das Atrium, so daß die linke Atriumhälfte nur Oxyblut empfängt. Eine Blutvermengung ist also bei Protopterus beinahe ganz ausgeschlossen; in der 5. und 6. Kiemenbogenarterie muß deshalb beinah reduziertes Blut strömen, in der 3. und 4. beinah Oxyblut, was um so wichtiger ist, als Kiemenbogen I und II keine Kiemen tragen. — Die Arteria pulmonalis ist übrigens bei Protopterus, als einzige Ausnahme, ein Zweig der dorsalen Aorta. — Noch etwas weiter geht Lepidosiren: von dem ventralen Rande des Walles im Atrium verläuft ein loses Gewebe zur ventralen atrialen Wand, so daß morphologisch das ganze Atrium in zwei Teile geteilt ist, wenn auch physiologisch durch dieses lose Gewebe hindurch ein Übertritt zwischen links und rechts ermöglicht wird. Aber anatomisch tritt hier tatsächlich ein Septum atriorum auf, das bei den Landtieren eine große Bedeutung erhält.

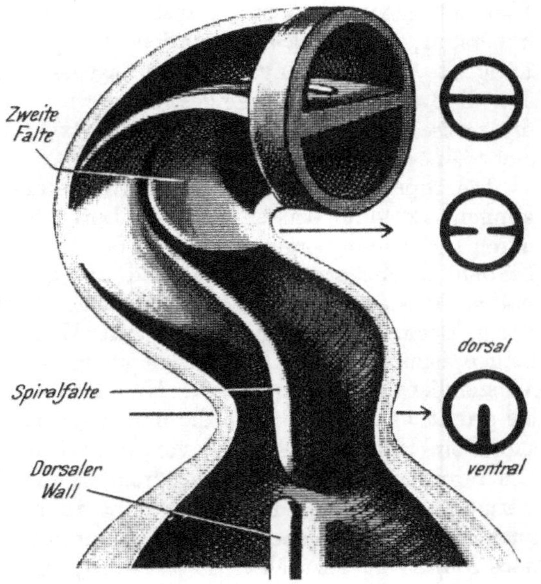

Abb. 819. Schema des Conus arteriosus von Protopterus. (Original.)

Protopterus und Lepidosiren haben also einen beinah ganzen getrennten Blutkreislauf und nähern sich dadurch den höheren Landtieren. Die Anpassung an das Landleben hat sich, was den Blutkreislauf anbetrifft, bei den Dipnoi sehr rasch abgespielt. Und doch ist ihr Landleben nur gering. Neoceratodus lebt eigentlich ganz als Fisch, wenn auch unter normalen Umständen die Lunge funktioniert (vgl. S. 621). Abnormale Verhältnisse treten erst auf, wenn in der heißen

Jahreszeit der Wasserstand der australischen Flüsse tief ist und das Tier in schmutzigem, schlammigem Wasser leben muß, oder, wenn das Wasser in der nassen Jahreszeit durch starken Regen verunreinigt ist; dann können die Kiemen nur mühsam arbeiten; die Lungenatmung tritt dann allein in Kraft, zu welchem Zwecke das Tier an die Oberfläche kommt, um Luft zu schnappen. Von einem „Landleben" ist also keine Rede; und doch ist der Blutkreislauf bei Neoceratodus anatomisch sehr differenziert und physiologisch noch mehr spezialisiert. — Noch stärker ist das bei den Dipneumones der Fall. Diese machen aber auch in der trockenen Zeit ein „Landleben" durch, da sie sich in den Schlamm eingraben; die Kiemen arbeiten dann nicht mehr. Die Blutverteilung ist also während des Wasserlebens so geordnet, daß in Carotiden, Aorta und Arteriae pulmonales Oxyblut strömt, so daß die Lungen nicht arbeiten müssen; während der Trockenperiode dagegen: in den Carotiden ziemlich viel Oxyblut; in der Aorta dagegen beinahe reduziertes Blut, nur ein wenig gemengt mit Oxyblut, welches aus der Kiemenbogenarterie 3 und 4 zuströmt. So empfängt der Körper ziemlich wenig Sauerstoff, welcher ja auch für den lethargischen Zustand dieser Periode weniger nötig ist. In den Lungenarterien dagegen strömt beinahe reduziertes Blut, so daß die Lungenfunktion eingeschaltet wird. In jedem Falle empfängt notwendigerweise die Carotis stets das meiste Oxyblut. In den Lungenvenen finden wir stets reines Oxyblut.

Die Dipnoi sind also im wahren Sinne des Wortes „amphibische" Tiere: sie können sowohl im Wasser wie in der Luft mit ihren primären Wasser- und sekundären Luftatmungsorganen atmen. Bei den Amphibia ist das wohl auch der Fall bei denjenigen Formen, die während ihres ganzen Lebens Kiemen und Lungen behalten. Meistens jedoch gehen die Kiemen verloren und nur die Lungen bleiben übrig. Doch können solche Formen unter Wasser leben, aber sie verdanken das Vermögen dazu neben den Lungen, die als große Luftspeicher für die Atmung unter Wasser dienen, vor allem auch der Hautatmung. Diese Letzte darf man gewiß nicht als primitiv auffassen; denn die ursprünglichen Amphibia, die Stegocephala, besaßen ein Hautskelet, so daß von Hautatmung keine Rede gewesen sein kann. Die rezenten Formen haben größtenteils ihr Hautskelet verloren, dagegen das Vermögen erworben, durch die Haut zu atmen, wodurch sie imstande sind, auch im Wasser zu leben. Bei den Amphibia ist das Wasserleben also als sekundäre Anpassung anzusehen, so daß auch, wenn man sie physiologisch unter die „amphibischen" Tiere rechnen muß, sie anatomisch eigentlich nicht zu diesen gehören. Später, bei der Behandlung des Arteriensystems, kommen wir noch näher auf diese Frage zurück (S. 679).

Das Herz der Pisces kann man ein K i e m e n h e r z nennen wegen des engen Zusammenhanges, der zwischen Kiemen und Herz besteht. Bei den Dipnoi ist das Herz ein Kiemen- und Lungenherz; bei den echten Landtieren wird das alte Erbstück der Kiemen ausgeschaltet: es bleiben also nur übrig die Lungen und damit das Lungenherz. Aber das Erbstück spielt bei den Dipnoi doch wohl die größte Rolle.

Amphibia.

In ihrer Jugend sind alle Amphibia Wassertiere, im erwachsenen Zustand großenteils Landtiere, wenn sie auch fähig sind, im Wasser zu leben. In der Jugend fungieren deshalb Kiemen, später Lungen; auch bei denjenigen Formen, die ihre Kiemen stets behalten (Proteus). Überall siegen die Lungen über die Kiemen, die nur eine zeitliche oder untergeordnete Rolle spielen.

Außerdem liegt das Herz mehr caudalwärts, was mit dem Verschwinden der Kiemen zusammenhängt, sowie mit dem Hervortreten der vorderen Extremitäten und eines Halses.

Die Drehung des Herzens ist vollkommen; das Atrium liegt nicht mehr dorsal, sondern cranial vom Ventrikel. Das Herz ist also um 180° aus seiner ursprünglichen Lage gedreht. — Der Sinus venosus ist vorhanden.

Ein Septum atriorum (Abb. 821) ist stets vorhanden, aber sehr verschieden entwickelt; in den meisten Fällen ist es von vielen Öffnungen durchbohrt (Urodela, Gymnophiona); bei den Anura dagegen (Abb. 821) ist es massiv, so daß bei diesen Tieren das Atrium in eine rechte (größere) Hälfte und eine linke, kleinere geschieden wird. — Der Rand dieses Septum atriorum kann das Ostium atrio-ventriculare entweder erreichen (Abb. 821) oder auch nicht, so daß das Ostium geteilt ist oder nicht. Dies Ostium kann durch Klappen geschlossen werden, die bei verschiedenen Gruppen verschieden angebracht sind.

Der Ventriculus bleibt stets ungeteilt (Abb. 821), aber die Wand ist sehr dick und cavernös durch die Entwicklung von Muskelbalken (Trabeculae), wodurch mehrere Crypten geformt werden. Ein etwas spiralig gebogener Conus arteriosus ist vorhanden; er besitzt an beiden Enden Klappen, die in einer Reihe

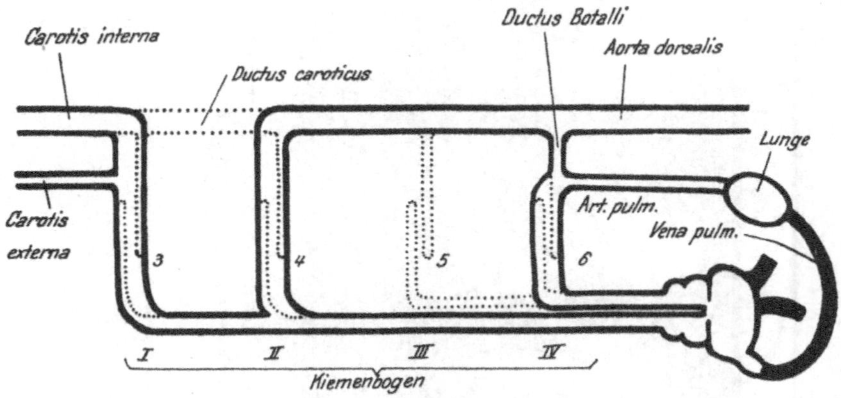

Abb. 820. Schema vom Blutkreislauf in der Kiemenregion eines Amphibium. (Original.)

liegen; außerdem hat er eine längs verlaufende Spiralklappe (Abb. 821), die ebenfalls wie bei den Dipnoi aus verschmolzenen Valvulae besteht.

Auf den Conus folgt ein kurzer, manchmal teilweise zweigeteilter Truncus arteriosus, von dem an beiden Seiten in der Jugend vier Arteriae branchiales (Abb. 820) ausgehen. Beide Trunci werden durch je eine horizontale Scheidewand zweigeteilt (Abb. 821); der dorsale Teil führt zur Arteria pulmonalis (längs der Sonde a), der ventrale zur Aorta (längs der Sonde b) und Carotis. Durch den Conus hat das Amphibienherz noch etwas den Charakter vom Kiemenherz der Pisces. Im Larvenzustand kommen vier Kiemenbogen vor (der fünfte ist Cartilago lateralis geworden [Abb. 789]) mit vier Kiemen, die tatsächlich fungieren, während die Lungen dann noch nicht im Dienste sind. Im allgemeinen ist die Blutversorgung nicht anders wie bei den Dipnoi; das Schema von Neoceratodus (Abb. 816) kann mutatis mutandis auch für die Amphibienlarven gelten.

Geht das Tier auf das Land, so fallen die Kiemen weg und damit auch die Arteriae branchiales, wenigstens teilweise (man vergleiche Abb. 820, in welcher dieser Zustand schematisch abgebildet ist).

Die Umbildungen sind dann folgende:

Arteria branchialis und epibranchialis 3, laufend über den Kiemenbogen I (Visceralbogen III), werden zur Carotis interna und externa und führen oxygemischtes Blut.

Arteria branchialis und epibranchialis 4 (auf Kiemenbogen II) bilden den Aortabogen (Abb. 832 auf S. 680), der caudad umbiegt; der linke und rechte Bogen bilden zusammen die Aorta dorsalis (Abb. 820), (oxygemischtes Blut).

Arteria branchialis und epibranchialis 5 (auf Kiemenbogen III) können zurückgebildet werden.

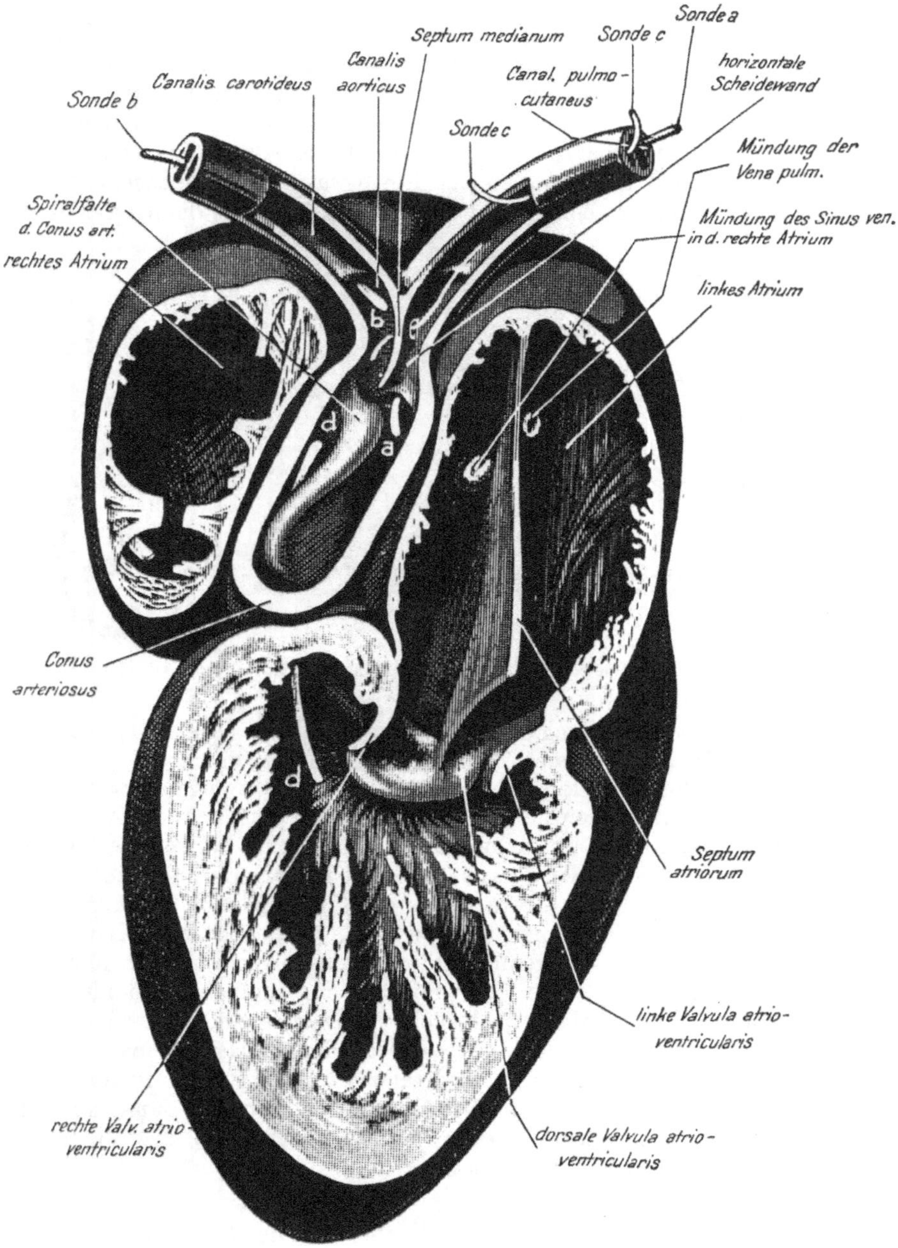

Abb. 821. Längsschnitt durch das Herz von Rana, gesehen von ventral. (Nach GRAHAM KERR, verändert.)

Arteria branchialis und epibranchialis 6 (auf Kiemenbogen IV) werden zur Arteria pulmonalis (reduziert-gemischtes Blut).

Die Verbindung zwischen 4 und 6, also zwischen Aorta dorsalis und Arteria pulmonalis, kann bestehen bleiben; dies ist der Ductus Botalli (Abb. 820), der (wenigstens theoretisch) gemischtes Blut enthalten müßte. Ebenso kann die Verbindung zwischen Aortabogen und Carotis interna (Ductus caroticus) bewahrt bleiben.

Nur die Vena pulmonalis muß unter allen Umständen, also auch hier, Oxyblut enthalten. — Es muß schließlich noch bemerkt werden, daß bei vielen Urodela auch nach dem Larvenstadium alle Kiemenbogen bestehen bleiben können, auch wenn von Kiemenatmung keine Rede mehr ist (Abb. 831 auf S. 679).

Eine schwierige Frage ist: wie arbeitet das Herz der Amphibia, d. h. wie kommt die dargelegte Blutverteilung in den Arterien zustande? Eigentlich ist diese Frage nur bei Rana einigermaßen untersucht. Der Mechanismus der Herzarbeit ist sehr kompliziert; hier kann nur in allgemeinen Zügen etwas darüber gesagt werden. Abb. 821 gibt eine Abbildung des Herzens von Rana, von ventral

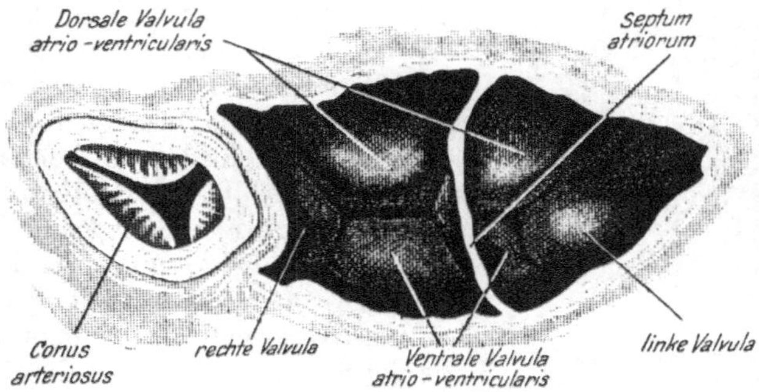

Abb. 822. Herzklappen von Rana, gesehen von cranial. (Nach GRAHAM KERR.)

gesehen. Man sieht das große rechte, und das kleinere linke Atrium, getrennt durch das Septum atriorum, das vollständig ist. In das rechte Atrium mündet der Sinus venosus aus; cranial und caudal dieser Öffnung befindet sich eine sinu-atriale Klappe. In das linke Atrium tritt die Vena pulmonalis. Beide Atria kommunizieren mit dem ungeteilten Ventrikel durch eine weite Öffnung. Diese Öffnung zeigt vier Valvulae atrio-ventriculares (Abb. 821 und 822), und zwar zwei große und zwei kleine. Von den beiden größeren liegt die eine dorsal und eine ventral (sie ist in der Abb. 821 nicht sichtbar, da sie beim Öffnen das Herz weggeschnitten hat, wohl aber in Abb. 822). Das Septum atriorum zweiteilt diese beiden Klappen gleichsam, so daß vier „halbe Klappen" vorhanden zu sein scheinen. Die zwei kleineren liegen als sogenannte rechte und linke Valvulae links und rechts der zwei größeren Klappen (Abb. 822); alle Klappen stehen senkrecht auf dem freien Rande des Septum atriorum. Bei Contraction des Ventrikels müssen diese Klappen sich schließen; Abb. 822 gibt ein Bild dieses geschlossenen Zustandes, gesehen von cranial.

Die Ventrikelwand ist dick und zeigt eine eigenartige Struktur: es sind in ihr nämlich durch die Muskeln große Crypten geformt. Die atrio-ventrikuläre Öffnung liegt, vom Ventrikel aus gesehen, etwas mehr nach links; rechts dagegen findet man den Zugang zum Conus arteriosus (Abb. 821 und 822; in Abb. 821 ist der Conus sondiert gedacht durch die Sonde d). Der Conus läuft craniad und ein wenig nach links.

Im Conus befindet sich an der dorsalen Wand ein dicker spiralig gedrehter Wall (Spiralfalte). Am Eingang des Conus liegen drei Klappen, die in der Abb. 821 nicht sichtbar sind, da der Conus an der Basis nicht geöffnet wurde. Aber in Abb. 823, welche die Basis des Conus aufgeschnitten zeigt, sieht man die Klappen deutlich; ebenfalls in Abb. 822.

Der Conus öffnet sich in den Truncus arteriosus, der in einen linken und rechten Truncus unvollständig geteilt wird durch eine Falte an der dorsalen Wand: das Septum medianum. Im gemeinschaftlichen Truncus liegt eine horizontale Scheidewand, welche einen dorsalen Teil des Truncus von einem ventralen scheidet. Der dorsale Teil führt links und rechts in den Canalis pulmo-cutaneus (sondiert durch die Sonde a), der sich in der Arteria pulmo-cutanea fortsetzt, die das Blut zu den Lungen und der Haut führt (s. Abbildung 832 auf S. 680). Der ventrale Teil ist in der Abb. 821 geöffnet dargestellt; er bildet das sogenannte Cavum aorticum; dieses führt in die beiden Canales aortici (sondiert durch Sonde b) und carotidei (sondiert durch Sonde c) und zwar nach links über den ventralen Rand des Septum medianum hin; diese Kanäle führen zu den beiden Aortenbögen und den beiden Arteriae carotides (Abb. 832 auf S. 680). Links und rechts sind Canalis aorticus und carotideus durch ein horizontales Septum geschieden; in beiden Trunci sieht man auf der Abb. 821 deutlich den caudalen Rand dieses horizontalen Septum. Canalis pulmocutaneus und Cavum aorticum kommunizieren durch eine Öffnung am Anfang der genannten horizontalen Scheidewand, links vom cranialen Ende der Spiralfalte (sondiert durch die Sonde a); diese Öffnung führt deshalb zu dem Canalis pulmo-cutaneus. — Im Septum medianum ist eine weitere Öffnung (sondiert durch die weiße Sonde ohne Buchstabe), die rechts im rechten Cavum aorticum herauskommt und links direkt in den linken Canalis carotideus führt. Von anderen Einzelheiten kann abgesehen werden.

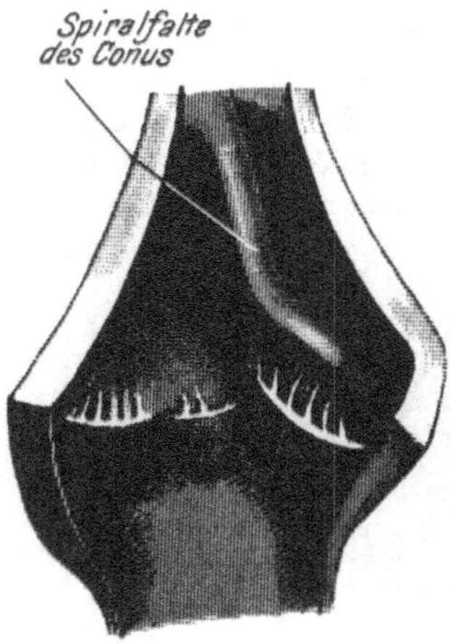

Abb. 823. Conus arteriosus von Rana, aufgeschnitten. (Nach GRAHAM KERR.)

Diese Einrichtungen des Herzens müssen es nun möglich machen, daß in den Arteriae pulmo-cutaneae das am stärksten reduzierte Blut strömt, in beiden Carotiden aber das am stärksten oxydierte Blut. In das rechte Atrium mündet der Sinus venosus, der gemischt-reduziertes Blut enthält (s. S. 671); im linken Atrium muß sich rein oxydiertes Blut aus der Venae pulmonales befinden. Kontrahieren nun die Atria, so wird in den rechten Teil des Ventrikels gemischt-reduziertes und in den linken Teil Oxyblut gepreßt. Diese Blutarten würden sich nun in einem glattwandigen Ventrikel mischen; dies geschieht hier aber nicht, weil die tiefen Crypten vorhanden sind. Die in der rechten Ventrikelhälfte vorhandenen Crypten fangen das gemischt-reduzierte Blut auf, die links gelegenen Crypten das Oxyblut. Dadurch wird die Vermengung teilweise verhindert werden, wenn natürlich auch nicht ganz. Diese Trennung wird dadurch noch vollständiger, daß die Systole des Ventrikels an der rechten Seite beginnt, wozu auch die Herzspitze gehört (erste Phase). Erst nach Ablauf dieser ersten Phase folgt die Systole der linken Herzhälfte (zweite Phase). Beide Blutarten werden also abwechselnd aus dem Ventrikel gestoßen; da es auch hier keine vollkommene Trennung gibt, so läßt sich auch hierbei wieder eine gewisse Vermengung nicht vermeiden. Man kann trotzdem annehmen, daß das Blut, welches bei der Systole den Ventrikel verläßt, etwa folgende Zusammensetzung haben wird: zuerst gemischt-reduziert, danach oxy-gemischt und schließlich ziemlich oxydiertes Blut.

Erste Phase: Der rechte Ventriculusteil kontrahiert; das gemischt-reduzierte Blut wird durch längs der Sonde d in den Conus gepreßt, der jetzt sich in Diastole befindet. Das Blut wird dann rechts von der Spiralfalte durchströmen und unter ihrem ventralen, freien Rande hinüber auch nach links in die linke Conusabteilung. Cavum aorticum und Canalis pulmo-cutaneus (längs der Sonde a) werden sich dann mit Blut füllen. Das Cavum aorticum wird, wie gesagt, durch eine horizontale Scheidewand in Canalis aorticus (Sonde b) und caroticus getrennt; im Diastolezustande des Conus ist auch diese Scheidewand erschlafft und, da sie elastisch ist, in ventraler Richtung gebogen, so daß sie gegen die ventrale Wand des Canalis carotideus angedrückt wird und dieser Kanal auf diese Weise geschlossen ist. Darum wird sich nur der Canalis aorticus längs der Sonde b mit Blut füllen, an beiden Seiten natürlich, und nicht der Canalis carotideus links und rechts. Nun liegt an beiden Canalis aortici dort, wo sie in den Aortabogen übergehen, eine Klappe, die so gestellt ist, daß sie sich mit dem aus dem Herzen kommenden Blut füllt. Diese gegen die Richtung des einströmenden Blutes gerichtete Klappe springt nun vor und schließt somit den Zugang zu den Aortabögen beiderseits ab. Der größte Teil des Blutes aus der ersten Phase muß also in die Canales pulmo-cutanei längs der Sonde a strömen, weil hier der Widerstand am geringsten ist, und von dort in die beiden Arteriae pulmo-cutaneae die deshalb das am meisten reduzierte Blut aus dem Herzen empfangen.

Zweite Phase: Langsam wird die Systole dse Ventrikels verschoben von rechts nach links. Im ersten Teil der zweiten Phase wird gemischtes Blut in den Conus gestoßen; danach das oxydierte Blut aus der linken Ventrikelhälfte. Der Conus beginnt nun auch zu kontrahieren, zuerst an seiner Basis, danach craniad und an den beiden Trunci. Die ventrale Wand des Conus wird dadurch an den ventralen Rand des Septum gedrückt, so daß der Conus links der Spiralfalte abgeschlossen wird und kein Blut empfangen kann: so kommt es, daß kein Blut in die Canales pulmo-cutanei (längs der Sonde a) zu strömen vermag. Das gemischte Blut begibt sich somit nur in die Canales aortici (längs der Sonde b) und stößt das Blut aus der ersten Phase vor sich her. Bei fortschreitender Contraction des Conus legt sich seine ventrale Wand gegen den ventralen Rand des Septum medianum, während gleichzeitig die horizontalen Scheidewände zwischen den Canales aortici und carotidei ihren natürlichen horizontalen Stand wieder einnehmen. Im linken Truncus wird sich also beinah ausschließlich Blut aus der ersten Phase befinden; nur wird sich durch die Öffnung im Septum medianum (weiße Sonde ohne Buchstabe) Blut von rechts nach links begeben und zwar zum linken Canalis carotideus. Aber da die beiden Trunci erst am Ende der Phase durch das Septum medianum geschlossen werden, so wird vorwiegend Oxyblut durch die genannte Öffnung strömen. Der rechte Truncus bekommt demnach das am meisten reduzierte Blut von rechts, danach etwas gemischtes und schließlich Oxyblut. Der rechte Canalis carotideus erhält vor allem Oxyblut, wenn auch darin etwas gemischtes Blut enthalten ist. Der rechte Canalis aorticus empfängt alle drei Blutarten, die zusammen ein ziemlich gemischtes Blut bilden. Der linke Truncus enthält demnach erst das am meisten reduzierte Blut von rechts und danach gemischtes Blut; dieses strömt vor allem in den Canalis aorticus, der jedoch kein oxydiertes Blut von links aufnimmt, weil, wenn dieses ankommt, das Septum medianum den linken Truncus abschließt. Der linke Canalis carotideus wird mit beinah oxydiertem Blut versorgt durch die Öffnung im Septum medianum. Es wird deshalb eine kleine Abweichung in der Blutzusammensetzung sein im linken und rechten Canalis carotideus, aber mehr noch in beiden Aortabögen: der rechte erhält mehr Blut und zwar gemischter Art; der linke weniger Blut und mehr reduziert. — Die Canales aortici und carotidei drücken ihr Blut in die Aortae und Carotides; die genannten Klappen am Ende der Canales aortici, die beim Übergang in die Aortabögen liegen, sollen bei Contraction der Zugänge der Trunci sich zusammenlegen und somit den Zugang zu den Aortae nicht mehr abschließen.

Die genannte Ungleichheit der Art und Menge des Blutes in den Aortenbogen ist begreiflich, wenn man bedenkt, daß beide Bögen teilweise verschiedene Gebiete versorgen (Abb. 832 auf S. 680). Der rechte versorgt den Kopf, die rechte vordere Extremität, ferner die inneren und caudalen Organe mit Ausnahme des Darmkanales; er bildet den Hauptstamm der Aorta dorsalis. Der linke führt zum Kopf, zur linken Vorderextremität, vor allem aber zum Darmkanal und seinen Adnexa durch die Arteria coeliaco-mesenterica, so daß nur ein kleiner Teil des Blutes sich mit dem Blute aus dem rechten Bogen vereinigen kann. Der Darm empfängt demnach stärker reduziertes Blut als die übrigen inneren Organe, ebenfalls die linke Extremität und die linke Hälfte des Kopfes stärker reduziertes Blut als die rechte. Abb. 832 gibt ein Bild der arteriellen Blutversorgung; man sieht zugleich, daß Anastomosen zwischen Zweigen der Carotiden und der Aortabögen den Zustand noch komplizierter machen; es ist sehr schwierig, ein zutreffendes Bild der Blutmischungen zu bekommen!

Im übrigen ist das „Überwiegen" von Rechts über Links in der Blutversorgung ein Zustand, den wir ebenfalls bei den Reptilia und Aves finden werden, der also gleichsam bei den Amphibia eingeleitet wird.

Diese Einrichtungen zur Blutverteilung sind viel komplizierter als bei den Dipnoi (s. S. 663); grundsätzlich aber kommen sie auf dasselbe hinaus. Doch haben die Amphibia direkt mit den Dipnoi nichts zu tun; die Dipnoi können sicher nicht als die Vorfahren der Amphibia angesehen werden (Dollo, 1895). Beide Gruppen sind viel eher auf die Crossopterygii zurückzuführen; es würde der Mühe wert sein, den Herzbau dieser Formen zu untersuchen. Es hat hier also eine Parallelentwicklung stattgefunden. Es ist ferner merkwürdig, daß in beiden Gruppen noch andere Punkte von Übereinstimmung zu finden sind, z. B. im venösen System (s. S. 689). Anatomisch stehen die dipneumonen Dipnoi höher als die Amphibia, weil sie einen beinahe ganz geteilten Conus besitzen. Physiologisch haben die Amphibia als Landtiere ein größeres Interesse an ungestörter Sauerstoffversorgung des Gehirnes wie die Dipneumones, die nicht auf dem Lande leben. Daher finden wir eine größere Komplikation bei den Amphibia, welche den anatomischen Nachteil gegenüber den Dipneumones aufhebt.

Hier mögen einige Bemerkungen über die Hautatmung der Amphibia folgen, die im Leben dieser Tiere eine so große Rolle spielt. Sie tritt bei allen Formen in Tätigkeit, aber sie ist sehr verschieden entwickelt. So dienen bei Triton folgende Gefäße dafür: Erstens Arteriae vertebrales collaterales, aus dem Aortabogen entspringend (Abb. 831 auf S. 679); sie geben beiderseits einen Zweig zur Mundschleimhaut ab, die Arteria palatina und weiterhin Zweige nach der Haut. Ferner die Arteriae sternales aus den Arteriae subclaviae entspringend; schließlich ein Zweig der Arteria pulmonalis, die Arteria cutanea. Das in der Haut oxydierte Blut wird durch Venen nach dem Herzen zurückgeführt, die sich erstens in die Venae subclaviae ergießen: die Venae cutaneae magnae: und zweitens durch Zweige der Venae jugulares externae.

Prinzipiell dasselbe geschieht bei Rana, aber auf einem etwas anderen Wege. Das Atmungsgebiet von Haut, Mund- und Kehlhöhle wird bei dieser Form durch die Arteriae cutaneae versorgt (Abb. 832 auf S. 680). Das an diesen Stellen oxydierte Blut fließt zurück durch die starken Venae cutaneae magnae, die sich mit den Venae brachiales zu den Venae subclaviae vereinigen, welche letzten also gemischtes Blut führen (Abb. 856 auf S. 690). Bei Rana tritt deshalb die Arteria cutanea, die bei Triton nur eine untergeordnete Rolle spielt, in den Vordergrund; das ist sicher eine „praktischere" Einrichtung, da sich die Hautatmung bei Rana auf diese Weise ganz nach der Lungenatmung richtet und in einen direkt vicariierenden Verband mit dieser getreten ist. — Daraus folgt, daß im rechten Atrium sich gemischtes Blut befinden wird. Die Hautatmung bei Rana ist so stark, daß nach Unterbinden der Lungen das Tier noch lange am Leben bleiben kann.

Besonders wichtig wird nun die Haut- und Kehlatmung bei den Formen, die sich mit Vorliebe im Wasser aufhalten, wie man das vielfach bei den Salamandrinae findet. Die Lungenatmung ist dann vielleicht ganz ausgeschaltet, was großen Einfluß auf den Blutkreislauf hat, da die nicht arbeitenden Lungen ihr Volumen nicht ändern und somit weniger Blut durchlassen, so daß der Blutstrom in den Arteriae pulmonales vermindert ist. Das Blut aus der rechten Herzhälfte wird darum nur teilweise durch die Arteriae pulmonales abfließen können; es muß dann in die Aortenbögen und die Carotiden aufgenommen werden; der Druck in der rechten Herzhälfte wird dadurch erhöht und ein Teil des Blutes wird durch die Öffnungen im Septum atriorum in das linke Atrium gestoßen, in welchem der Druck niedriger ist als normal, da hier zugleich weniger Blut aus den Venae pulmonales zufließt. Der Blutkreislauf kann auf diese Weise ungestört sich abspielen, aber er ist verändert. In beiden Atria ist gemischtes Blut; die Trennung des Herzens in eine physiologische linke und rechte Hälfte hat keine Bedeutung mehr. So kommt es, daß bei diesen Tieren das Septum atriorum perforiert ist, was den veränderten Blutstrom im Herzen gestattet; ferner verschwindet meistens der Cryptenbau der Ventrikelwand, der ja gerade ein Mittel war, um das reduzierte Blut vom Oxyblut zu scheiden. Schließlich wird auch die Spiralfalte im Conus arteriosus überflüssig und verschwindet ebenfalls. So kann die Hautatmung an die Stelle der Lungenatmung treten. Die Lungen selbst verlieren ihre Bedeutung als Atmungsorgane; sie können dafür andere Funktionen übernehmen, z. B. eine hydrostatische (man vergleiche die Schwimmblase der Pisces); ihre Form wird dann lang und schmal. In anderen Fällen verschwinden die Lungen vollkommen und mit ihnen die Venae, häufig auch die Arteriae pulmonales.

Tertiär können sich solche Formen dann wieder an das Landleben anpassen. Taten sie dieses, bevor die Lungen verschwunden waren, dann haben sie diese Organe noch; so können sie durch Lungen und Haut atmen. Fand aber diese neue Anpassung statt, nachdem die Lungen verloren gegangen und sie ausschließlich auf Hautatmung angewiesen waren: dann haben diese Landformen auch keine Lungen mehr und sind ausschließlich auf Hautatmung angewiesen (Spelerpes). In den Blutgefäßen dieser Tiere wird sich demnach ziemlich gemischtes Blut befinden, da von Trennung in reduziertes Blut und Oxyblut keine Rede mehr sein kann; das Herz hat dann allein die Aufgabe, die Blutzirkulation zu regeln und steht physiologisch auf gleicher Stufe mit dem Herzen der Pisces (Bethge 1898, Versluys 1909).

Reptilia.

Eine einfachere und gleichzeitig endgültige Auflösung des Problems der Blutscheidung ist bei den Reptilia zu finden, bei denen ein Septum im Ventrikel aufzutreten beginnt. Zugleich verschwindet der Conus, und der Truncus löst sich in zwei Arten von Komponenten auf: in Aorta und Lungenarterie (Abb. 932, S. 754). Das Stadium des Kiemenherzens, das bei den Amphibia eigentlich noch vorkommt, ist bei den Reptilia für immer überwunden. Man muß dabei aber nicht vergessen, daß diese Tiere echte Landtiere sind, die auch in ihrer Jugend nicht mehr im Wasser leben. Wohl kommen im embryonalen Leben — und das gilt auch für die Aves und Mammalia — noch Kiemenbogen und Kiemengefäße vor, ganz nach dem Schema der Pisces gebaut; wohl besteht embryonal noch ein Kiemenherz: alle diese Einrichtungen aber funktionieren für die Atmung nicht mehr, da der embryonale Zustand im Ei sich vollzieht — bei den Aves ebenso, bei den Mammalia im Uterus — und das freie Larvenstadium überschlagen wird. Anatomisch stehen die Reptilia wesentlich „höher" wie die Amphibia.

Das Herz ist noch mehr caudad verschoben als bei den Amphibia, was vor allem verursacht wird durch das Auftreten des Halses. Der Sinus venosus kann noch vorhanden sein (Rhynchocephala), ist aber meistens im Zusammenhang mit dem Verschwinden der Ductus Cuvieri in das rechte Atrium aufgenommen. Stets werden die Atria durch ein vollkommenes Septum atriorum getrennt. Aber auch in dem cryptenreichen Ventrikel ist ein Septum vorhanden, unvollkommen bei den Lacertilia, Chelonia und Ophidia, vollkommen bei den Crocodilia. So wird das Herz mehr oder weniger vollkommen in vier Teile geteilt: die physiologische Trennung in eine rechte Herzhälfte mit reduziertem Blut und eine linke Hälfte mit Oxyblut bei den Amphibia wird nun bei den Reptilia langsam ebenfalls zu einer anatomischen Scheidung. In das rechte Atrium münden die großen Körpervenen, in das linke die zu einem unpaaren Stamme vereinigten Lungenvenen. — Das Ostium atrio-ventriculare wird durch das Septum atriorum zweigeteilt. Bei den Amphibia reicht dies Septum (vgl. S. 665) ungefähr bis zu diesem Ostium; an seinem freien Rande liegen zwei an der Basis verwachsene Klappen, eine dorsale und eine ventrale, die durch das Septum gleichsam in zwei Teile geteilt werden (Abb. 822), so daß eigentlich vier halbe Klappen auftreten, zwei rechts und zwei links. Bei den Reptilia nun verlängert sich dies Septum, wodurch genannte zwei Klappen wirklich zweigeteilt werden, so daß links und rechts vom Septum zwei an der Basis verwachsene Klappen auftreten, membranös und an der Wand des Septum befestigt. Bei den Crocodilia tritt an der lateralen Wand des rechten Ostium atrio-ventriculare außerdem noch eine muskulöse Klappe auf.

Ein großer Schritt vorwärts in der Richtung auf eine Trennung des Blutstromes ist das Verschwinden des Conus arteriosus und das Auseinanderfallen des Truncus in drei Röhren (Abb. 827): erstens und zweitens die Aortabogen, und zwar in einen linken Aortabogen, der in der rechten Ventrikelhälfte entspringt und einen rechten Aortabogen, der aus der linken Ventrikelhälfte entspringt; drittens die Arteriae pulmonales, die in einem gemeinschaftlichen Stamme in den rechten Ventrikel beginnen. Die Carotiden entspringen mit einer gemeinschaftlichen Arteria carotis communis (Abb. 827) und stehen mit dem rechten Aortabogen in Verband. Hieraus folgt, daß der Zustand bei den Reptilia eher auf einen indifferenteren Typus zurückzuführen ist, z. B. wie bei Urodela und Dipnoi als auf Rana, bei welcher Form Carotis, Aorta und Arteriae pulmonales beiderseits ziemlich gleichwertige Komponenten von beiden Zweigen des Truncus sind.

Das S e p t u m v e n t r i c u l o r u m kann übrigens nicht als Fortsetzung des Septum atriorum angesehen werden (Abb. 824—826); es läuft an der ventralen Wand des Ventrikels in schräger Richtung dorsad nach rechts (Abb. 825—6), so daß eine linke dorso-laterale Abteilung von einer rechten ventro-lateralen geschieden wird; über den freien Rand des Septum hinüber stehen beide Abteilungen miteinander in Verbindung (s. die Pfeile der Abbildungen) (Goodrich 1916 und 1919).

Das Prinzip dieser Scheidung bei den Chelonia, Lacertilia und Ophidia ist also sehr einfach; und doch bieten die Verhältnisse im Bau und Verlauf dieses Septum im einzelnen Schwierigkeiten.

Um sich ein Bild vom Prinzip des Herzbaues bei den Reptilia zu machen, werden hier drei schematische Abbildungen (Abb. 827—829) gegeben. Dagegen würde es sehr schwierig sein, für ein Lehrbuch Abbildungen herzustellen, die den wirklichen Zustand wiedergeben. Wie man unmittelbar sieht, sind diese Abbildungen bewußt nach dem Schema eines in ursprünglicherweise vereinfachten Herzens (Abb. 809 auf S. 657) gezeichnet: Der Ventriculus ist cranial vom Atrium gedacht, die Komponenten des Conus sind so gezeichnet, als ob sie entsprängen an den cranialen Enden des Ventriculus, das Septum ventriculorum wurde als Fortsetzung des Septum atriorum wiedergegeben —: alles Verhältnisse, die der Wirklichkeit nicht entsprechen, uns aber die Übersicht über den Herzbau sehr erleichtern.

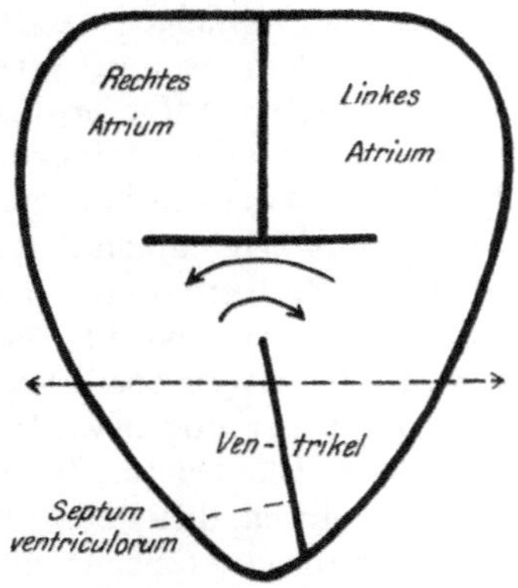

Abb. 824. Schema eines Reptilienherzens. (Original.)

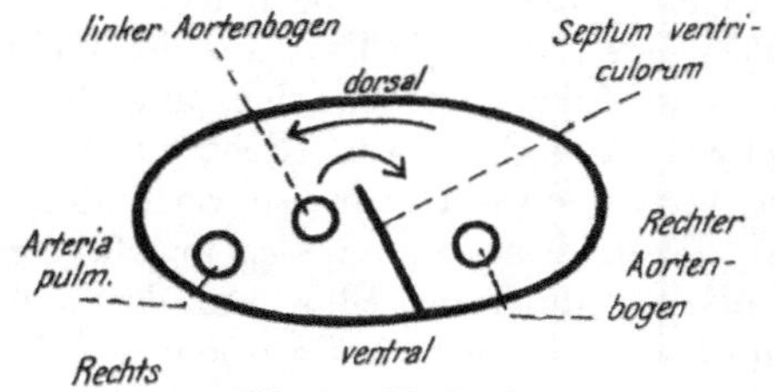

Abb 825. Chelonia.

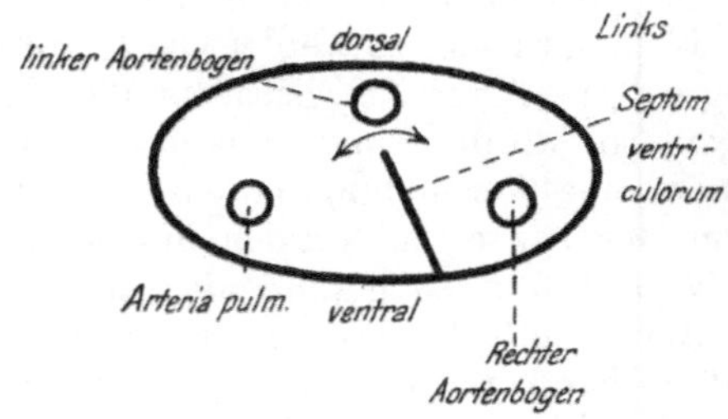

Abb. 826. Lacertilia.

Abb. 825—826. Schemata eines Längsschnittes durch den Ventrikel der Reptilia. (Original.)

Den Ausgangspunkt unserer Betrachtungen liefert Abb. 827, die für die Chelonia gilt. Im rechten Atrium münden die drei Venae cavae, in das linke der gemeinsame Stamm der Venae pulmonales. Das Septum ventriculorum ist unvollständig. Der

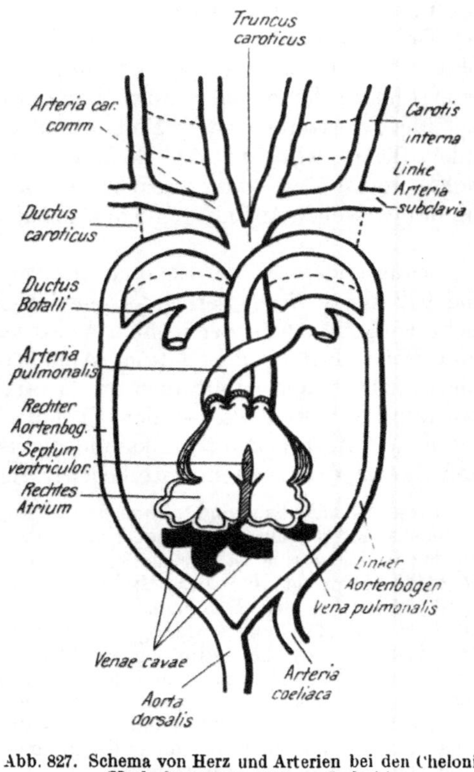

Abb. 827. Schema von Herz und Arterien bei den Chelonia. (Nach GOODRICH, 1916, verändert.)

Conus ist in drei Röhren geteilt und zwar von rechts nach links: die Arteria pulmonalis, den linken und rechten Aortabogen. Die Arteria pulmonalis kreuzt die Aortabögen ventral; die Aortabögen kreuzen sich ebenfalls. Arteria pulmonalis und linker Aortabogen liegen rechts vom Septum, der rechte Aortabogen links. Das reduzierte Blut aus der rechten Ventrikelabteilung und das oxydierte aus der linken werden sich natürlich über dem dorsalen Rande des Septum mengen (Abb. 825), was jedoch durch den mehr oder weniger cryptenartigen Bau der Ventrikelwand teilweise verhindert wird. Das Resultat wird natürlich sein, daß die Arteriae pulmonales ungefähr reduziertes Blut, der linke Aortabogen gemischt-reduziertes Blut und der rechte beinahe Oxyblut empfangen werden. Somit werden auch die Carotiden Oxyblut erhalten, da sie dem rechten Aortabogen entspringen; dies entspricht den auf S. 661 dargelegten Anforderungen an das Carotidenblut. Da die Arteriae subclaviae aus der Arteria carotis communis entspringen, so werden die Extremitäten ebenfalls beinahe Oxyblut empfangen. Die Arteria coeliaca für die Eingeweide entspringt dem linken Aortabogen, so daß die Eingeweide das am meisten reduzierte Blut erhalten. Wohl besteht eine Verbindung mit dem rechten Aortabogen, aber diese ist hier sehr dünn; das meiste Blut aus dem linken Bogen strömt durch die Arteria coeliaca ab, so daß sich nur wenig Blut mit dem aus dem rechten Bogen vereinigen wird; in die Aorta muß demnach stark oxydiertes Blut strömen. Die Ductus Botalli sind vorhanden, was auf einen alten Zustand hinweist; durch diese kann reduziertes Blut aus den Arteriae pulmonales in die Aortabogen fließen; aber bei normaler Lungenfunktion ist diese Menge nur gering. Bei langem Tauchen dagegen, was bei Wasserformen häufig vorkommt, wird die Lunge außer Betrieb gesetzt, so daß nur wenig Blut durch die Lungen fließt; das überflüssige Blut strömt dann durch die Ductus Botalli in die Aortabogen ab. Zugleich aber sinkt der Druck in der linken Ventrikelabteilung, da die Arteriae pulmonales wenig Blut zuführen, während rechts umgekehrt der Druck erhöht wird, weil sich mehr Blut in der dorsalen Aorta und darum auch in den Venae cavae befindet; die Folge davon ist, daß Blut aus der rechten Ventrikelabteilung nach der linken fließen wird über den Rand des Septum hin (Abb. 835), und daß damit der rechte Aortabogen stärker reduziertes Blut empfängt. — Die ursprüngliche Verbindung zwischen Aortabogen und Carotiden, der Ductus caroticus ist weggefallen.

Etwas anders ist der Zustand bei den Lacertilia und Ophidia (Abb. 828 und 932 auf S. 754). Der Unterschied besteht darin, daß der linke Aortabogen nicht vollkommen in der rechten Ventrikelabteilung entspringt, sondern dorsal vom freien Rande des Septum (Abb. 826). Er enthält deshalb ungefähr gemischtes Blut, und damit auch die Arteria coeliaca, so daß die Eingeweide mehr Sauerstoff erhalten als bei den Chelonia. Die Verbindung zwischen rechtem und linkem Aortabogen ist links und rechts gleich stark. Die Arteriae subclaviae sind Zweige des rechten Aortabogens: sie empfangen somit beinahe Oxyblut.

Diese Verhältnisse sind darum so wichtig, weil sich die Lage bei den Aves und Mammalia so gut auf sie zurückbringen läßt. Bei den Aves mit ihrem vollständigen Septum ventriculorum ist nur der rechte Aortabogen übrig geblieben, der aus dem linken Ventrikel entspringt; für diese Gruppe liegt also der Anschluß an die Reptilia auf der Hand. Aber bei den Mammalia, die ebenfalls ein vollständiges Septum ventriculorum haben, ist nur der linke Aortabogen vorhanden, der aus dem linken Ventrikel entspringt. Hier liegt scheinbar kein direkter Anschluß an die Reptilia vor, aber es läßt sich doch der Herztypus der Mammalia auf den der Reptilia zurückführen. Denkt man sich die Verlegung des linken Aortabogens von rechts nach links weiter nach links durchgeführt, als es bei den Lacertilia und Ophidia der Fall ist —: dann würde der linke Aortabogen links vom Septum ventriculorum zu liegen kommen. Wird dann das Septum vollständig, dann entspringt der linke Aortabogen tatsächlich dem linken Ventrikel. Die Verlagerung des linken Aortabogens bei den Lacertilia und den Ophidia nach links weist auf eine Entwicklungsrichtung, die zu den Mammalia führt. Damit ist natürlich durchaus nicht gesagt, daß die Lacertilia und Ophidia als die Vorfahren der Mammalia anzusehen sind; es handelt sich hier lediglich um eine gedankliche Reihe, welche den Anschluß der Mammalia an die Reptilia hinsichtlich des Bauplanes vom Blutgefäßsystem wiedergeben soll. Der Unterschied im Ursprung des linken Aortenbogens zwischen den Mammalia und den Lacertilia — Ophidia ist nicht größer als der Unterschied zwischen den Gruppen der Reptilia untereinander.

Der Ductus Botalli ist bei den Lacertilia verschwunden oder reduziert; der Ductus caroticus ist meistens vorhanden, kann aber auch reduzieren oder verschwinden. Bei den Ophidia können die Ductus Botalli noch vorhanden sein, aber in der Regel obliterieren sie zu Ligamenten; Ductus carotici fehlen dagegen hier stets. — Wichtig ist dabei die Beobachtung, daß bei Sphenodon, dem primitivsten der rezenten Reptilia, sowohl Ductus Botalli wie auch Ductus carotici vorkommen.

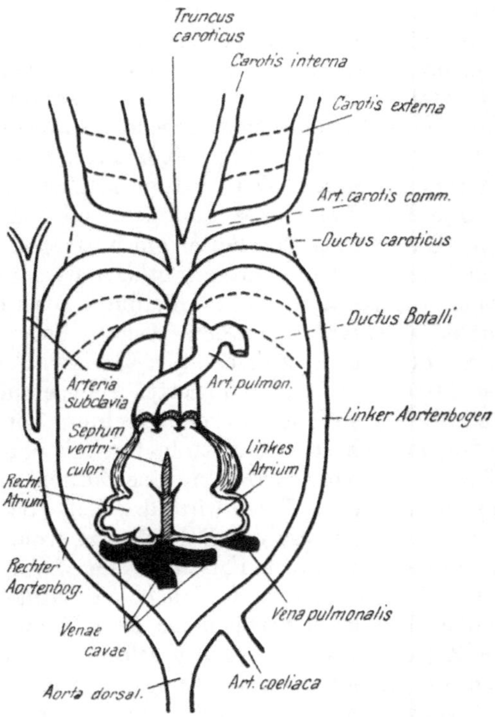

Abb. 828. Schema von Herz und Arterien bei den Lacertilia. (Nach GOODRICH, 1916, verändert.)

Anatomisch höher stehen die Crocodilia (Abb. 829): ist doch bei diesen Formen das Septum ventriculorum vollkommen, so daß linker und rechter Ventrikel gänzlich geschieden sind. Hieraus folgt, daß die Arteria pulmonalis und der linke Aortabogen völlig reduziertes Blut enthalten, die Carotis communis und der rechte Aortabogen reines Oxyblut. Anatomisch ist hier also das Herz eingerichtet wie bei den Aves und Mammalia, physiologisch dagegen nicht. Denn erstens strömt in der Aorta dorsalis kein reines Oxyblut, wie bei den Aves und Mammalia, sondern Oxyblut, das ein wenig gemengt ist durch die Zufuhr von etwas reduziertem Blut aus dem linken Aortabogen, da die Verbindung zwi-

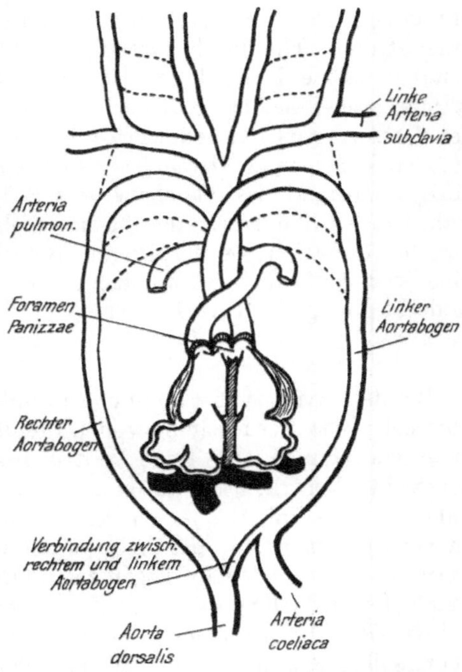

Abb. 829. Schema von Herz und Arterien bei den Crocodilia. (Nach GOODRICH, 1916, verändert.)

schen den beiden Bogen auch hier vorhanden ist. Aber noch ein zweiter Umstand macht die Verhältnisse bei den Crocodilia nicht so einfach, wie sie zu sein scheinen. Das hat seinen Grund darin, daß eine Kommunikation beider Aortenbögen in unmittelbarer Nähe des Herzens vorkommt; es befindet sich nämlich hier eine Öffnung, die nach dem Entdecker Foramen Panizzae genannt ist. Wahrscheinlich hat man es hier mit einer sekundären Bildung zu tun, die vergleichend-anatomisch keinen Wert hat, wohl aber physiologisch.

Die Funktion dieses Foramen, das sonst nirgends vorkommt, soll folgende sein (Greil 1903 A): Bei einem normal atmenden Tier passiert Oxyblut durch das Foramen Panizzae vermutlich aus dem rechten in den linken Aortabogen. also von links nach rechts; hierdurch wird das Blut im linken Bogen vermischet mit etwas Oxyblut aus dem rechten Bogen. Nun geht von dem linken Aortabogen die Arteria coeliaca ab. Wäre das Foramen nicht vorhanden, dann würde der Darmkanal rein reduziertes Blut empfangen. Wohl besteht die eben erwähnte Verbindung mit dem rechten Aortabogen, doch ist diese sehr dünn; außerdem geht der Blutstrom im linken Aortabogen caudad und wird darum diese Anastomose passieren; eine Zufuhr von oxydiertem Blut nach dem linken Bogen auf diesem Wege wird also keine Bedeutung haben. Dank dem Foramen Pinazzae erhält also der Darmtractus wohl Blut, das ein wenig oxydiert ist. — Aber dieses Foramen hat noch eine andere Funktion: nämlich beim Tauchen unter Wasser. Vor dem Tauchen füllt das Tier seine Lungen ganz mit Luft; muß es doch beim Tauchen eine lange Atempausen aushalten können, bei welcher der Zugang zu den Lungen geschlossen bleibt. Die Lungen sind also stillgelegt und die Blutgefäße in den Lungen kommen unter Druck; dadurch steht zugleich der ganze Lungenkreislauf unter höherer Spannung, vor allem die Arteriae pulmonales, deren basaler Teil, dünnwandig und federnd, sich durch diese Spannung erweitert. In den Venae pulmonales dagegen wird der Blutdruck sinken. Dadurch wird im rechten Ventrikel die Spannung erhöht, links dagegen erniedrigt mit dem Erfolg, daß dann Blut durch das Foramen Panizzae von rechts nach links strömt. Hierdurch wird die erhöhte Spannung im rechten Ventrikel aufgehoben. Eine Folge davon ist, daß im linken Aortabogen unter diesen Umständen ausschließlich reduziertes Blut strömt, so daß während des Tauchens der Darmtractus nur reduziertes Blut erhalten kann.

Das Foramen Panizzae ist also vermutlich eine Bildung, die das Tier befähigt, während des Tauchens seinen Blutstrom zu regeln, und zugleich um während des Landlebens der Arteria coeliaca Oxyblut zuzuführen. Es hat somit dieselbe Funktion wie der Ductus Botalli bei den Chelonia, die bei den Crocodilia vielleicht auch vorkommen, was aber nicht feststeht. Ductus carotici sind durchweg nicht vorhanden.

Aves.

Bei den Aves ist die Trennung in linke und rechte Herzhälfte ebenfalls vollkommen; eine Vermischung von Oxyblut mit gemengtem Blut kann also nicht mehr vorkommen. Die linke Ventrikelwand ist hier viel stärker als die rechte; der rechte Ventrikel ist auf dem Querschnitt halbmondförmig und umfaßt den linken. — Die Valvulae lassen sich mit denen der Reptilia vergleichen, was nicht zu verwundern ist, da die Aves ja mit ihnen nahe verwandt sind. Im linken Ostium atrio-ventriculare liegen zwei, zuweilen auch drei membranöse Klappen, welche durch Teilung der einen Klappe entstanden sind, die sich an dieser Stelle bei den Reptilia befindet. Rechts dagegen ist nur eine einzige muskulöse atrioventriculäre Klappe vorhanden, die auch bereits bei den Crocodilia vorkommt; die rechte membranöse Klappe der Reptilia ist jedoch verschwunden. An den

Rändern der Klappen sind Sehnen befestigt (Chordae tendineae), die an papillenförmigen Muskeln der Kammerwand inserieren (Musculi papillares).

Nur einer der Aortabögen bei den Reptilia ist bei den Aves erhalten geblieben, nämlich der rechte, welcher aus dem linken Ventrikel entspringt (Abb. 841 auf S. 683); am Eingange liegen Klappen (Reste der ursprünglichen Klappen des Conus arteriosus). Der linke Aortabogen ist verschwunden. Die Arteriae subclaviae entspringen auch hier wie bei den Chelonia und den Crocodilia aus dem Carotisstamm. Die Aorta muß demnach Oxyblut enthalten, die Arteria pulmonalis reduziertes. Die Ductus Botalli sind bei erwachsenen Aves verschwunden, ebenso die Ductus carotici.

Mammalia.

Bei den Mammalia dagegen bleibt der linke Aortabogen, der ebenfalls dem linken Ventrikel entspringt (Abb. 830). Der rechte wird hier als Anfangsstück der rechten Arteria subclavia bewahrt. Die Carotis entspringt demnach auf dem linken Aortenbogen, im Gegensatz zu den Aves und Reptilia. In dieser Hinsicht schließen sich die Mammalia nicht an die Reptilia an, sondern an ältere Formen, bei denen die Carotiden noch ein Teil eines ungeteilten Truncus waren; dies gilt übrigens auch für die Aortabögen selbst, die bei den Reptilia ganz voneinander geschieden sind, aber bei den Mammalia gemeinsam entspringen.

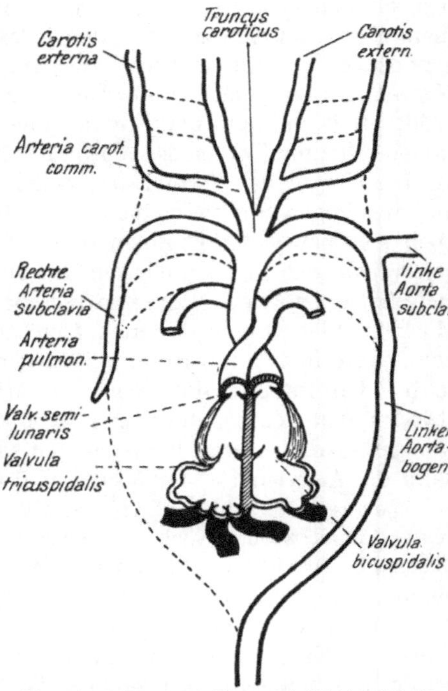

Abb. 830. Schema von Herz und Arterien bei den Mammalia. (Nach GOODRICH, 1916, verändert.)

Es gibt übrigens doch Punkte, in denen sich die Mammalia an die Reptilia anschließen. So findet man bei den Monotremata nur eine einzige Klappe im rechten Ostium atrio-ventriculare, und zwar eine muskulöse, die wir eben bei den Crocodilia beschrieben; Chordae tendineae und Musculi papillares fehlen hier; die mediale Klappe ist äußerst schwach entwickelt oder fehlt. Bei den Didelphia und Monodelphia dagegen kommen in diesem rechten Ostium zwei laterale und eine mediale Klappe vor, welche zusammen die Valvula tricuspidalis bilden; alle diese sind durch Chordae tendineae mit Musculi papillares der rechten Ventrikelwand verbunden. — Im linken Ostium venosum der Monotremata findet man drei membranöse Klappen: zwei laterale und eine mediale, gerade so, wie es bei den Aves vorkommen kann; sie stehen mit drei Papillarmuskeln in Verbindung. Bei den übrigen Mammalia verschmelzen die beiden lateralen Klappen zu einer einzigen, so daß ein zweilippiger Klappenapparat auftritt: die Valvula bicuspidalis oder mitralis.

Dem rechten Ventrikel entspringt die Arteria pulmonalis, die sich in einen rechten und linken Ast teilt. Aus dem linken Ventrikel entspringt die Aorta. Am Eingang dieser beiden Arterien (Ostia arteriosa) liegen drei halbmondförmige Klappen (Valvulae semilunares), die ein Zurückströmen des Blutes nach dem Herzen verhindern. Ductus carotici fehlen, ebenso Ductus Botalli, die jedoch bei einigen Cetacea und vielleicht auch bei Ursus maritimus persistieren können, also bei tauchenden Formen.

Bei einigen Ungulata (Perissodactyla, Artiodactyla) können sogenannte Herzknochen vorkommen, unregelmäßige Verknöcherungen, die bei den Ostia venosa oder arteriosa liegen.

Das Septum atriorum ist im erwachsenen Zustande immer massiv, im fötalen jedoch ist es siebartig durchlöchert (Monotremata und Marsupialia) oder von einer einzigen großen Öffnung (Foramen ovale) durchbohrt (s. S. 697).

Die Arterien.

Das übrige arterielle System ist vergleichend-anatomisch weniger wichtig, abgesehen von den Arterien, welche die Extremitäten versorgen. Man darf hierbei nicht aus den Augen verlieren, daß die Arterien zum ursprünglichen metameren Bauplan gehören, den jeder Vertebrat zeigt. Jedes Metamer besitzt grundsätzlich seine eigenen Muskeln, Excretions- und Fortpflanzungsorgane, Nerven und Blutgefäße; und zwar Arterien und Venen. Nun geht diese Metamerie größtenteils während der Entwicklung verloren, was begreiflich ist, da ein metamer gebauter Körper den Forderungen nicht genügen kann, welche das Leben an den Körper der Vertebraten stellt. Die Metameren fallen in der Regel weg; nur an einigen Stellen bleibt der regelmäßige Bau bewahrt, so daß man dann noch von metameren Organen sprechen kann. Das Zerbrechen der Regelmäßigkeit verursacht zugleich eine Veränderung des ursprünglichen, sehr regelmäßigen Bauplanes der Arterien, die sämtlich Zweige der Aorta dorsalis sind. Nur dort, wo Muskeln oder Organe (Nieren, Genitalorgane) noch mehr oder weniger deutliche Reste ihrer alten Metamerie zeigen, ist dies auch für die Arterien der Fall: so bei den Intercostalmuskeln, wo Arteriae intercostales in regelmäßigen Abständen der Aorta entspringen (Abb. 932, 17 auf S. 754); ferner — aber viel weniger — die Arteriae lumbales und sacrales in der Lenden- und Beckenregion; dann die Arterien für die Nieren und Geschlechtsorgane (Arteriae renales und ovo-spermaticae, Abb. 902 auf S. 727). Je mehr die Metamerie gestört wird, desto stärker werden auch die Arterien in ihrem Lauf von ihrem ursprünglichen Zustande abweichen. Darum ist die Regelmäßigkeit des Verlaufes bei Wassertieren viel größer (Abb. 462 auf S. 340), weil ihr Körper den metameren Charakter noch besser zeigt als der Körper der Landtiere; sind doch bei den Pisces die Extremitäten mit ihren Muskeln noch wenig entwickelt und spielen bei der Fortbewegung fast keine Rolle, während dies bei den Landtieren gerade umgekehrt ist. Die Konzentration der Rumpfmuskeln links und rechts auf zwei Stellen zu mehr oder weniger starken Gruppen von Rumpfmuskeln unterbricht die Metamerie an diesen Stellen vollkommen (Abb. 475 auf S. 354 und Abb. 484 auf S. 368), und damit den regelmäßigen Verlauf der Arterien. Dazu kommen noch sehr große Unterschiede der verschiedenen Extremitätenmuskeln, die begreiflich werden, wenn man bedenkt, welche verschiedenen mechanischen Bedingungen im Extremitätenbau der Landtiere erfüllt werden müssen. Deshalb muß man sich, um einen guten vergleichend-anatomischen Begriff vom Verlauf derjenigen Arterien zu bekommen, welche die Muskeln versorgen, erst einmal fragen: welche Entwicklung haben die Rumpfmuskeln durchgemacht, ehe die Muskeln der Extremitäten entstanden? Dies gilt ebenso, wenn auch nicht in so hohem Maße, für die Arterien, welche Nieren und Genitalorgane versorgen.

Es würde jedoch viel zu weit führen, auf diese Fragen hier näher einzugehen; nur einige Bemerkungen über den Verlauf der Aortaäste mögen hier folgen.

Die Arterien der inneren Organe zerfallen im allgemeinen in zwei Gruppen (Abb. 843 auf S. 685): eine von ihnen umfaßt die Arterien für die Nieren und Genitalorgane; die andere die Arterien für den Tractus intestinalis und seine Adnexa (Arteriae coeliacae und mesentericae; Abb. 932, 21 auf S. 754): in allerhand Variationen treten diese Systeme auf. In Abb. 832 sieht man erstere vereinigt zu den Arteriae urogenitales, in Abb. 843 und 902 auf S. 727 dagegen geschieden als Arteriae ovo-spermaticae und renales. Abb. 831 zeigt ebenfalls deutlich den metameren Charakter der Arteriae gastricae (Abb. 932, 16 auf S. 754) für den Magen und der Arteriae mesentericae für Darm, Leber und Mesenterien; in Abb. 832 sind alle diese Gefäße zusammengefaßt als Arteria coeliaca für Leber und Darm und eine Arteria mesenterica für Darm und Mesenterien.

Nach Abgabe dieser Gefäße und weiter nach Ursprung der Arteriae lumbales und sacrales und schließlich der Arteriae iliacae (Abb. 831, 832, 843) setzt sich die Aorta im Schwanz fort als Arteria caudalis (Abb. 831 und 843). Da viele Landtiere den Schwanz zurückbilden, so ist das Schicksal der Arteria caudalis verschieden; im allgemeinen geht sie — im Vergleich mit den Pisces — an Umfang zurück, während dagegen die Arterien für die Extremitäten sich viel stärker entwickeln. Deshalb scheint es bei den Landtieren so, als ob die Aorta sich in zwei Extremitätenarterien

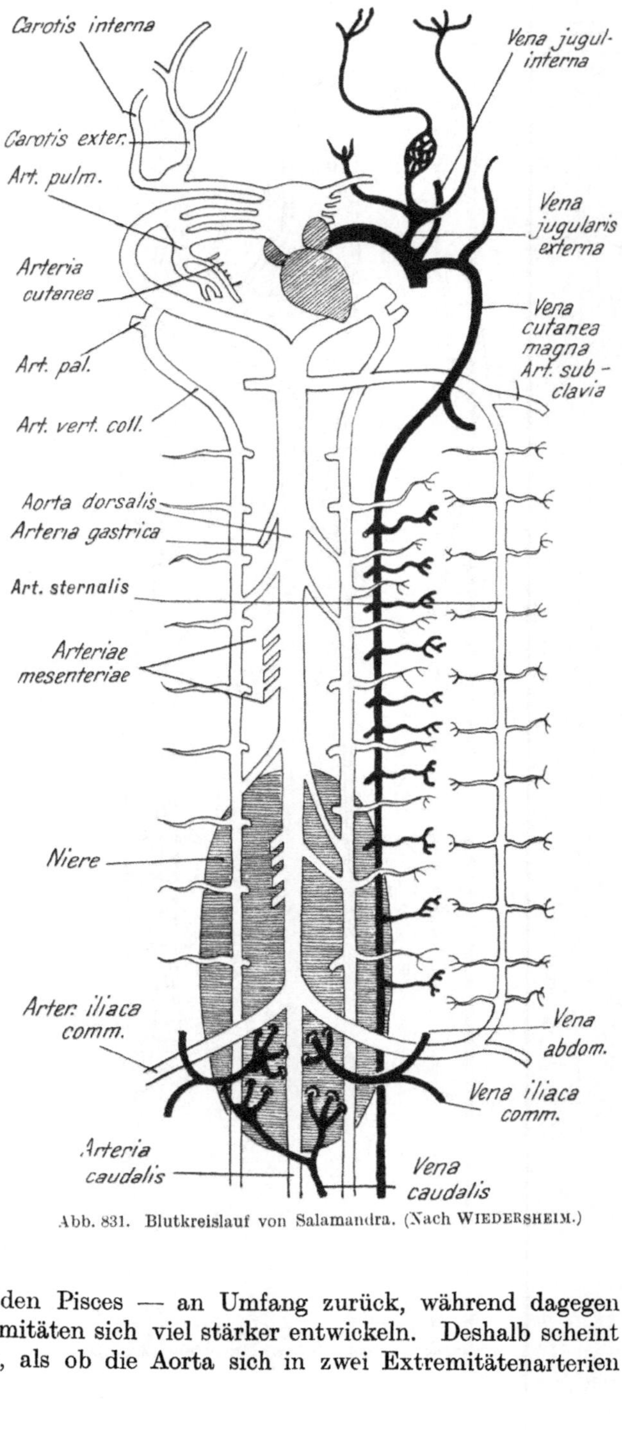

Abb. 831. Blutkreislauf von Salamandra. (Nach WIEDERSHEIM.)

teile und dann die Schwanzarterie nur ein Anhängsel an diese wäre (Abb. 831). Das ist aber unrichtig; die Schwanzarterie ist die ursprüngliche, natürliche Fortsetzung der Aorta. Fehlt der Schwanz, dann geht die Arteria caudalis bis auf einige bescheidene Reste verloren (Arteria sacralis des Menschen).

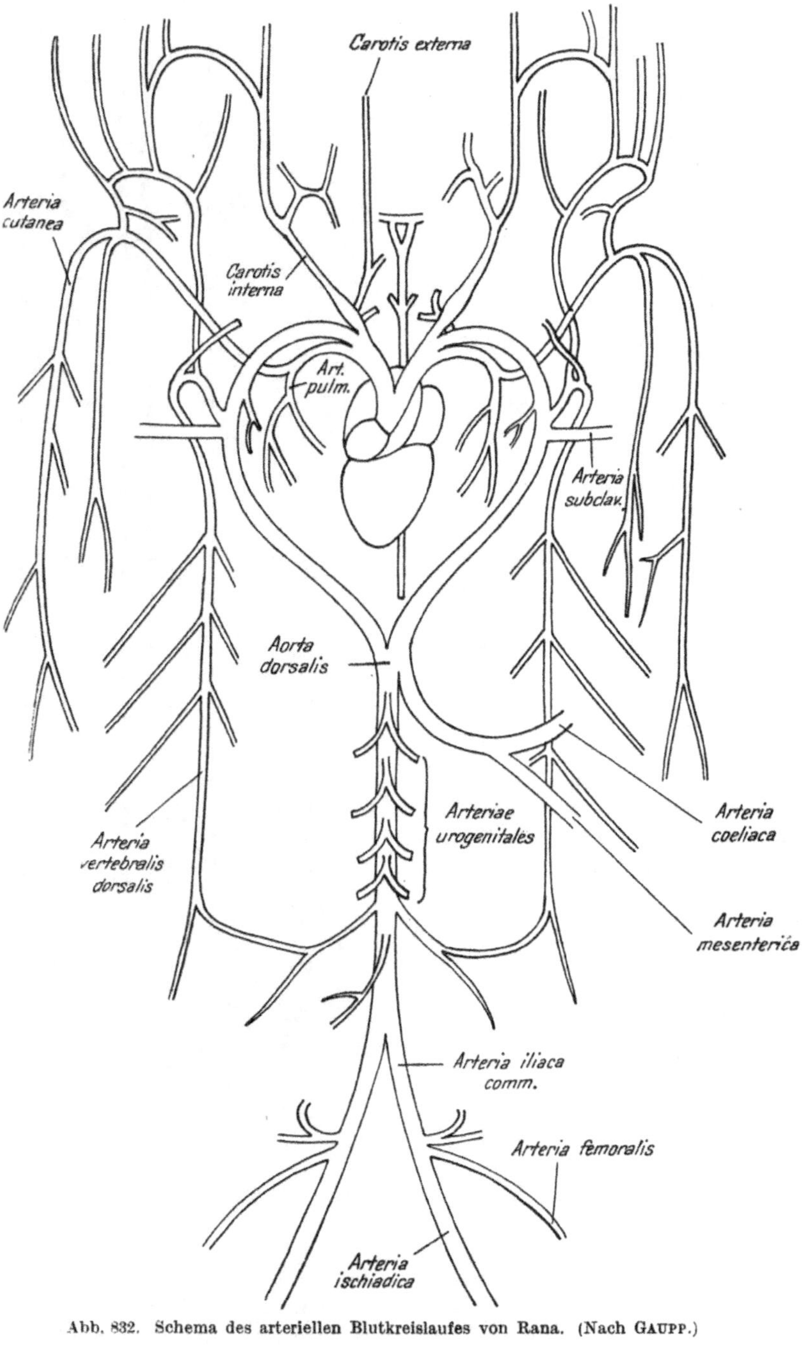

Abb. 832. Schema des arteriellen Blutkreislaufes von Rana. (Nach GAUPP.)

Was ferner die Carotiden anbelangt, so sind diese bei den Pisces und Amphibia ausführlich besprochen (S. 659 und 665). Bei den Reptilia entspringt links und rechts vom rechten Aortabogen eine Arteria carotis communis (Abb. 827—829; Abb. 932 auf S. 754) als gemeinschaftlicher Stamm für die Carotis interna und externa; in vielen Fällen entstehen diese beiden an der Basis aus einem Truncus caroticus. Bei den Aves sind gewöhnlich zwei Carotides communes vorhanden, öfter auch bei den Mammalia, bei denen aber viele Variationen bestehen, vor allem hinsichtlich des Ursprungs der Arteriae subclaviae.

Diese Arteriae subclaviae gehören zu den metameren Gefäßen, sind aber mit der verschiedenen Entwicklung der vorderen Extremitäten, die sie mit Blut versorgen, großen Variationen unterworfen. Bei den Pisces (Abb. 843) ist jede Arteria subclavia ein Zweig der Aorta dorsalis oder einer der Aortawurzeln. Bei diesen Tieren liegt das Herz cranial vom Schultergürtel; bei Landtieren jedoch liegt das Herz caudal von ihm, so daß die Subclavia mehr cranial entspringt. So ist es denn auch bei Rana, wo sie ein Zweig des Aortabogens ist (Abb. 832). Wechselnd ist der Zustand bei den Reptilia: bei Sphenodon entspringen die Subclaviae dem Aortabogen, und zwar eben cranial der Stelle, wo diese sich zur dorsalen Aorta vereinigen. Bei den Lacertilia (Abb. 828 und 932 auf S. 754) dagegen entspringen sie mit einem gemeinschaftlichen Stamm aus dem rechten Aortabogen, was jedoch ein sekundärer Zustand ist; auch bei diesen Formen gehören beide zu den Aortabögen, zu deren Gebiet sie gerechnet werden müssen. Ganz anders ist der Zustand bei den Chelonia (Abb. 827), Crocodilia (Abb. 829) und Aves: die Subclaviae gehören bei diesen Formen zum dritten Aortabogen, also zum Gebiet der Carotiden, und zwar entspringen sie den Carotides communes; (in Abb. 827 und 829 ist das nicht richtig abgebildet, aber das ist geschehen, um das Verhältnis zwischen Carotiden und Aortabögen deutlich wiederzugeben). Dieser gemeinschaftliche Stamm für Carotis interna und externa und Arteria subclavia wird Arteria anonyma (brachio-cephalica) genannt. Dieser Zustand ist jedoch sekundär; die Subclavia legt sich nämlich ursprünglich an beiden Seiten an als ein Zweig des Aortabogens; später aber bildet sich am dritten Bogen, dem Carotidenbogen, ein Gefäß, das mit der Subclavia in Verbindung tritt und allmählich deren Funktion übernimmt, wonach die primitive Subclavia selbst zugrunde geht. Man hat es also hier mit einer sekundären Subclavia zu tun, die nicht mit der der Amphibia oder Lacertilia zu vergleichen ist. — Bei den Mammalia (Abb. 830) ist die Subclavia beiderseits ein Zweig des Aortabogens: links stammt sie vom Aortabogen selbst, rechts dagegen besteht sie aus dem Anfangsstück des rechten Aortabogens und bildet dessen Fortsetzung. Beide Subclaviae und die Carotiden können, untereinander auf sehr verschiedene Weise verbunden, gemeinsam der Aorta entspringen. — Wenn auch demnach die Subclaviae eigentlich dem Gebiet der Aortabögen angehören, so ist diese Lage doch in vielen Fällen nicht bewahrt, sondern stark verändert; das steht im Zusammenhang mit Lage und Entwicklung der Vorderextremitäten. Aus dem Vorgehenden erhellt zugleich, daß es nicht richtig ist, den Namen „Arteria subclavia“ für alle Arterien zu gebrauchen, welche die vorderen Gliedmaßen mit Blut versorgen.

Die hinteren Gliedmaßen werden ursprünglich von den Arteriae iliacae versorgt, die aus der Aorta entspringen. Man findet sie zunächst bei den Pisces (Abb. 843 auf S. 685). Aber bei den Landtieren treten andere Verhältnisse auf, verursacht durch die besondere Entwicklung der hinteren Extremitäten. Die Muskeln werden hier von zwei metameren Aortazweigen versorgt, und zwar durch die Arteria iliaca externa (cruralis, femoralis) und die Arteria ischiadica (Abb. 832). Die Femoralis liegt cranial der Ischiadica; sie ist homolog mit der Iliaca der

Pisces, wird jedoch Iliaca externa genannt, weil es noch eine Iliaca interna gibt. ebenfalls eine metamere Arterie, die cranial gelegen die Beckeneingeweide versorgt. Erst sekundär vereinigen sich diese Iliacae, um gemeinschaftlich als Iliaca communis aus der Aorta zu entspringen, welche auch die Arteria ischiadica trägt (Abb. 831 und 832; Abb. 902 auf S. 727).

Die Ischiadica ist bei den Landtieren der wichtigste Blutversorger der hinteren Extremitäten, ausgenommen bei den Mammalia. Bei diesen und bei einigen Aves tritt die schwächere Femoralis in den Vordergrund; diese verbindet sich im Kniegelenk mit der Ischiadica, übernimmt deren Funktion und wird zum Hauptgefäß, während sich die Ischiadica selbst zurückbildet. — Solche Stellvertretungen findet man auch bei den übrigen Arterien der hinteren und der vorderen Extremitäten, worauf hier aber nicht eingegangen werden kann (ZUCKERKANDL 1894 und 1895).

Allgemeine Betrachtungen.

Vergleicht man den Herzbau mit dem Bau der Atmungsorgane bei den Vertebrata, so fällt folgendes auf: Nur die extremen Typen, nämlich die Pisces einerseits und die Aves und Mammalia andererseits sind vollkommen angepaßt an das Leben in einer einzigen bestimmten Umgebung; sie zeigen darum auch eine gewisse Übereinstimmung in der Art des Blutumlaufs: bei den echten Wasser- und bei den höchst entwickelten Landtieren ist eine vollkommene Trennung des reduzierten und Oxyblutes vorhanden. Bei den Pisces ist diese Scheidung leichter als bei den Landtieren. da bei ihnen die Atmungsorgane in Arterienbögen eingeschaltet sind, so daß alles Blut, was aus den Arterienbögen durch den Körper strömt, Oxyblut sein muß. Bei den Landtieren jedoch ist das anders. Die Einschaltung des Kiemenblutdurchlaufes gehört wohl zum Bauplan. wie die Ontogenie zeigt, aber Kiemen werden nicht mehr angelegt. Das Wiedergewinnen der getrennten Blutströme ist für die Landtiere mit großen Schwierigkeiten gepaart; bei den Amphibia und Reptilia kann man diese Schwierigkeiten gut verfolgen; mehr oder weniger werden sie hier überwunden und zwar auf verschiedenen Wegen, aber doch niemals ganz: bei den Amphibia mit ihren nur wenig geschiedenen Herzhälften durch einen komplizierten Mechanismus im Herzen und in Conus arteriosus, wodurch das Fehlen des Septum ventriculorum zum Teil ausgeglichen wird; bei den Reptilia jedoch mehr in der Richtung der Aves und Mammalia.

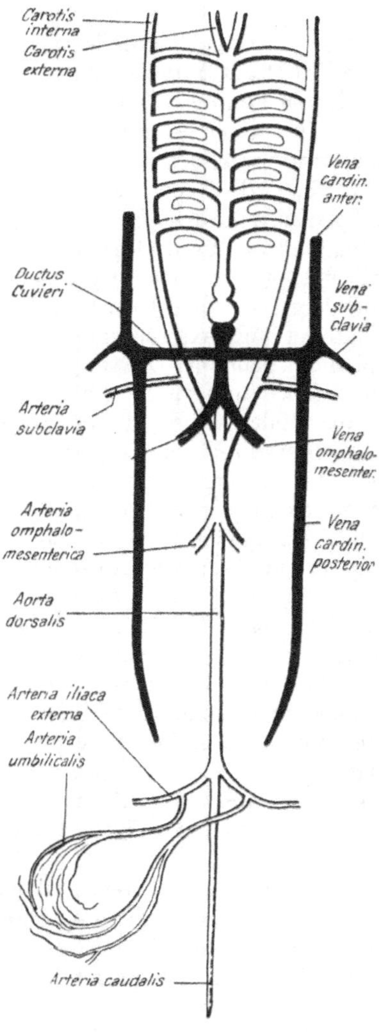

Abb. 833. Allgemeines Schema des embryonalen Blutkreislaufes. (Nach WIEDERSHEIM.)

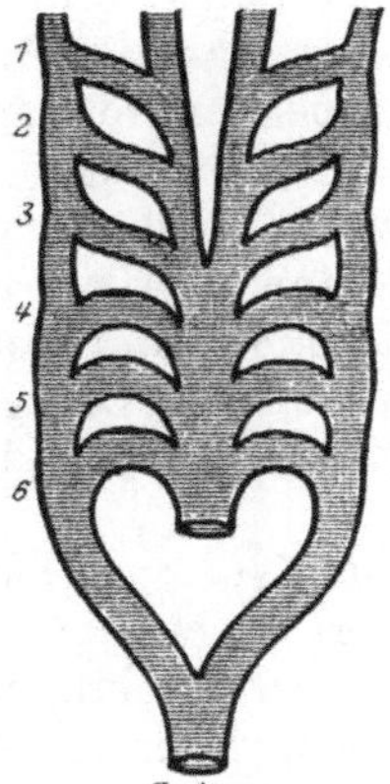

Embryo

Abb. 834.

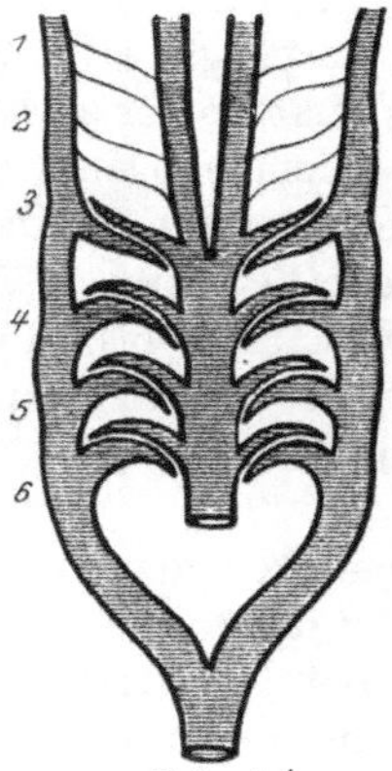

Teleostei

Abb. 835.

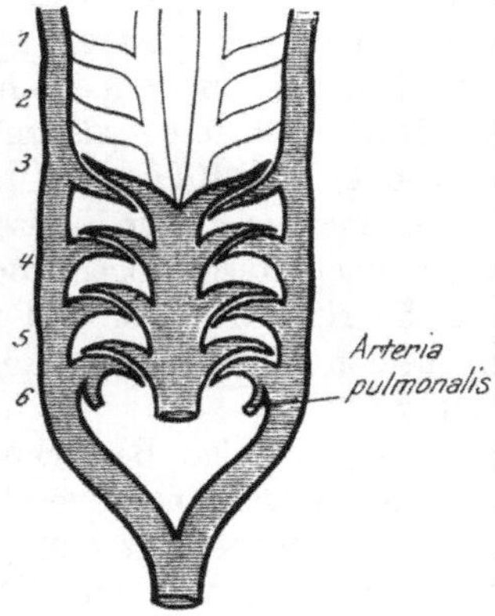

Dipnoi

Abb. 836.

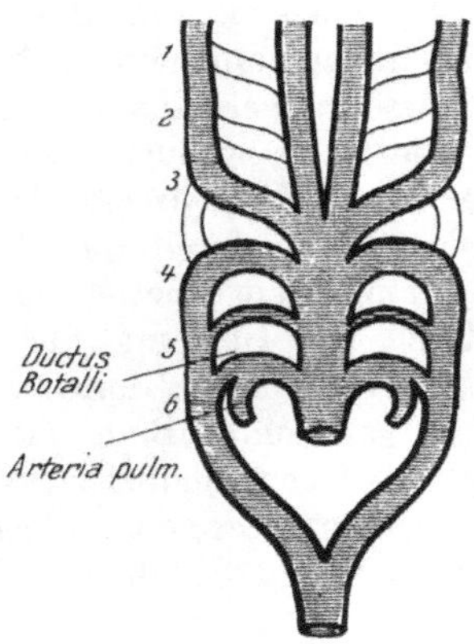

Salamandra

Abb. 837.

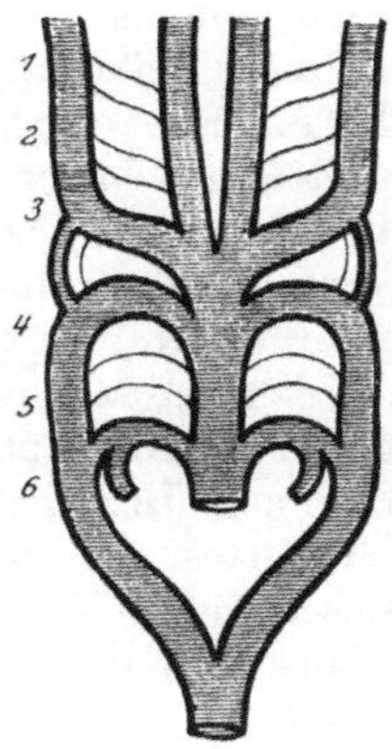

Triton

Abb. 838.

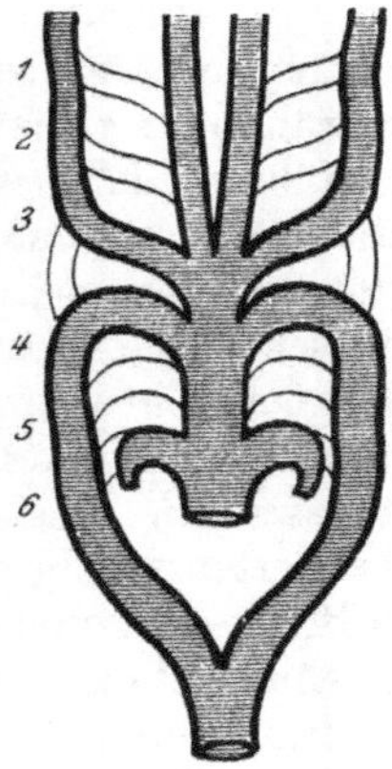

Rana

Abb. 839.

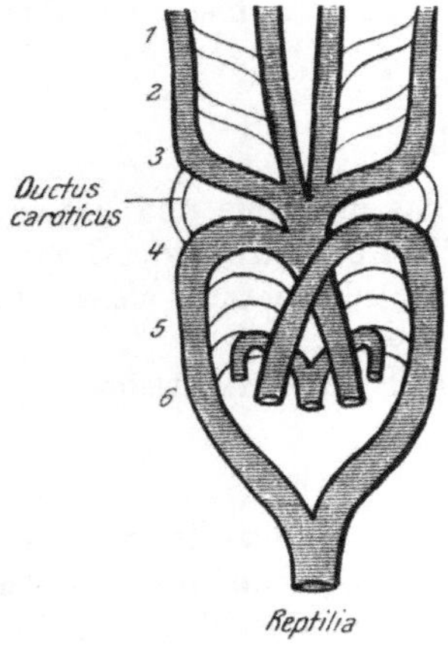

Reptilia

Abb. 840.

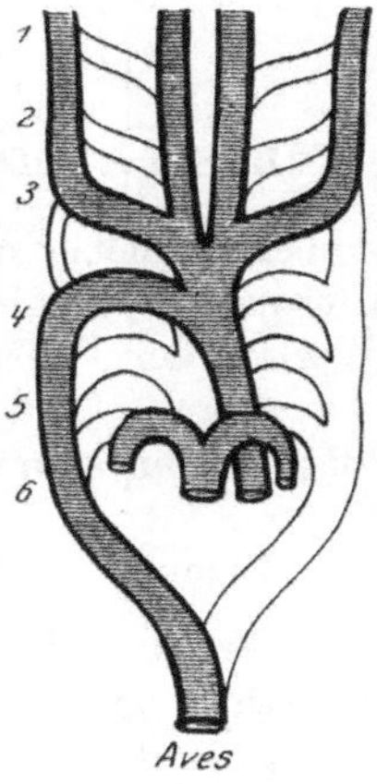

Aves

Abb. 841.

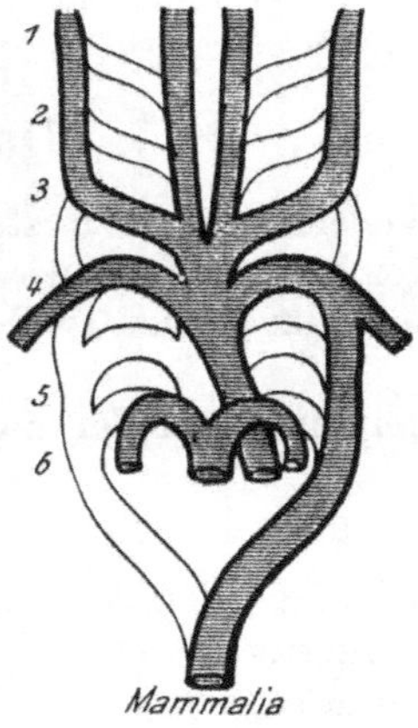

Mammalia

Abb. 842.

Abb. 834–842. Schemata des arteriellen Blutkreislaufs. (Nach BOAS, 1888.)

Aber noch mehr frappiert die Tatsache, daß nicht allein bei allen Vertebrata ein Blutdurchlauf der Kiemenbögen angelegt wird, sondern daß die Anzahl der Arterienbogen wie beim Ausgangspunkt immer sechs ist (bei den Notidanidae kann übrigens noch eine siebente Kiemenbogenarterie hinzukommen). Es herrscht also eine auffallende Übereinstimmung! Das weist wohl auf einen großen Zusammenhang aller Klassen der Vertebrata. Man kann die Umformung des Systems der Arterienbogen von den Pisces bis zu den Mammalia gleichsam Schritt für Schritt verfolgen, und den gleichen Umbau lehrt uns die Ontogenie; zwischen beiden Einzelwissenschaften herrscht also wenigstens hierin Übereinstimmung.

Darum mögen einige Bemerkungen über die ontogenetische Entwicklung hier noch folgen; man vergleiche dazu Abb. 833; dort ist ein stark verallgemeinerndes Schema des embryonalen Blutkreislaufes eines Vertebraten angegeben. Es sind fünf Kiemenspalten und sechs Arterienbogen, welche sich noch nicht in Arteriae branchiales und epibranchiales aufgelöst haben, da es noch nicht zur Bildung von Kiemen gekommen ist — und bei den Amniota kommt es niemals so weit. Hier betrachten wir nur das arterielle System, das venöse wird auf S. 691 behandelt. Nach dem bisher Besprochenen ist zum Arterienverlauf nichts Neues zu sagen; nur zwei paarige Arterien verdienen noch besondere Erwähnung: zuerst die Arteriae omphalo-mesentericae, die Blut zum Dottersack führen; da dieser Dottersack außer für die Nahrung auch noch zur Atmung dient, so muß das aus dem Dottersack nach dem Embryo zurückströmende Blut oxydiert sein. Dies Zurückströmen geschieht durch die Venae omphalo-mesentericae. Das so oxydierte Blut läuft zu den Ductus Cuvieri und vermengt sich in ihnen mit dem reduzierten Blut. Das Herz und die ventrale Aorta umfassen demnach gemischtes Blut, ebenso die Aorta dorsalis mit ihren Seitenzweigen. Das embryonale Herz hat also gemischtes Blut, das ursprüngliche Vertebratenherz reduziertes, das höchst entwickelte reduziertes und oxydiertes Blut. — Zweitens weisen wir noch auf die beiden Arteriae umbilicales, die in Beziehung stehen zur Entwicklung der Allantois und darum ebenfalls gemischtes Blut führen (s. S. 691).

Zum Schluß geben wir noch die Abb. 834—842: Schemata, die von Boas (1888) entworfen sind. In ihnen verfolgt man schematisch und darum unvollständig, ausgehend von dem im embryonalen Leben liegenden Anfangsstadium, die stufenweisen Veränderungen der Arterienbögen bei den verschiedenen Vertebratengruppen.

Das venöse System.

Das Venensystem liegt stets oberflächlicher als das arterielle und begleitet es im allgemeinen; jedoch wird von dieser Regel vor allem bei den inneren Organen abgewichen. Im ganzen ist der Verlauf der Venen viel inkonstanter als der der Arterien.

Bei Amphioxus ist der Bau des Venensystems auf S. 656 beschrieben.

Pisces.

Verglichen mit dem Venensystem bei Amphioxus zeigen die Vertebrata einen viel komplizierteren Zustand, der jedoch mehr oder weniger auf den bei Amphioxus zurückzuführen ist. Abb. 843 und 844 geben den Verlauf der venösen Blutbahnen wieder bei einem Selachier, in schematischer Form. Die Hauptbahnen, in denen das Blut das Herz wieder erreicht, sind die paarigen Venae cardinales anteriores und posteriores. Die ersten führen das Blut aus dem cranialen Körperteil zum Herzen und werden darin von den medial gelegenen Venae jugularis (Abb. 844) unterstützt. — Aus dem Schwanz kommt die Vena

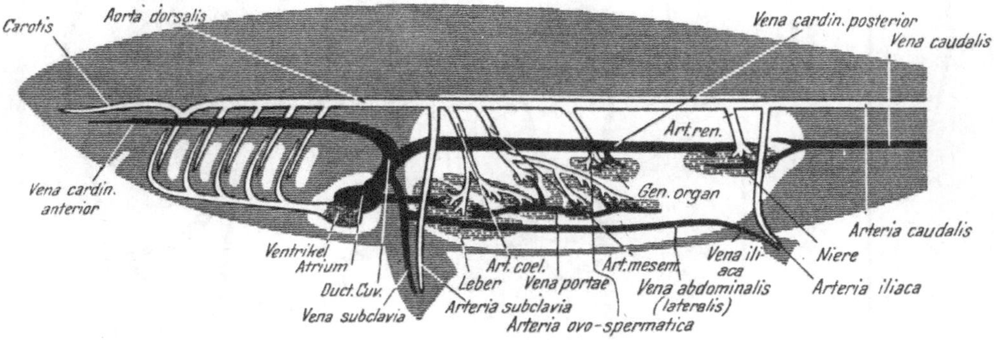

Abb. 843. Schema vom Blutkreislauf eines Selachiers. (Nach WIEDERSHEIM und BOAS.)

caudalis, die sich darauf in zwei Äste teilt, die beide an den lateralen Seiten der Nieren verlaufen und sich teilen in die Venae renales advehentes; diese lösen sich in den Nieren in Capillaren auf (Abb. 844). Dies Capillarnetz vereinigt sich wieder zu den abführenden Venae renales revehentes, die sich in die medial von den Nieren verlaufenden Venae cardinales posteriores ergießen (Nierenpfortadersystem). Diese Venae führen zu den Ductus Cuvieri, nachdem sie sich erst zu sackförmigen Erweiterungen umgeformt haben (die sogenannten Sinus cardinales, die in den Abbildungen nicht angegeben sind). Die Venae ovo-spermaticae führen Blut aus den Geschlechtsorganen zu den Venae cardinales posteriores.

Das Blut aus dem Darmtractus strömt durch die Vena portae zur Leber (Abb. 684 auf S. 567); hier löst sich diese Vene in Capillaren auf, die sich später wieder zu den beiden Venae hepaticae vereinigen (Leberpfortadersystem); auch diese erweitern sich wieder sackförmig (Sinus hepatici), ehe sie sich in die Ductus Cuvieri öffnen.

Drittens münden in den Ductus Cuvieri die Venae abdominales (laterales), welche in der ventralen Seitenwand verlaufen und caudal miteinander zusammenhängen; sie nehmen die Venae subclaviae aus den vorderen und die Venae iliacae aus den hinteren Extremitäten auf.

Von diesen eben genannten Venen verdienen im Vergleich mit den Landtieren besondere Beachtung die Venae cardinales und abdominales (laterales) sowie das Nierenpfortadersystem. Ein Leberpfortadersystem kommt bei allen Vertebrata vor.

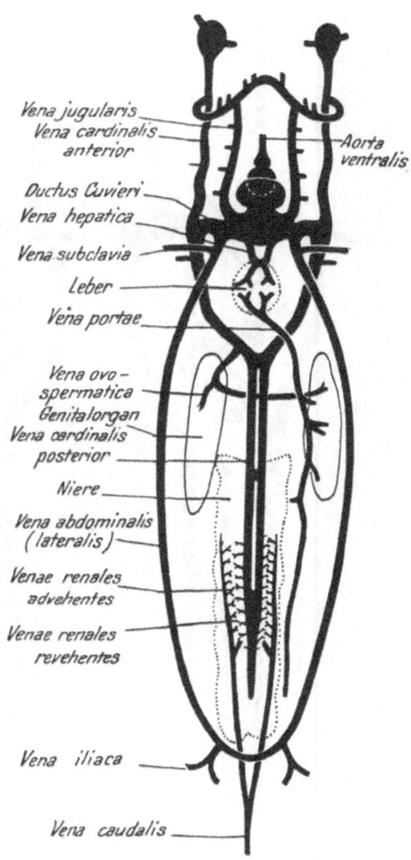

Abb. 844. Schema vom Venensystem eines Selachiers (Mustelus). (Nach BRIDGE, verändert.)

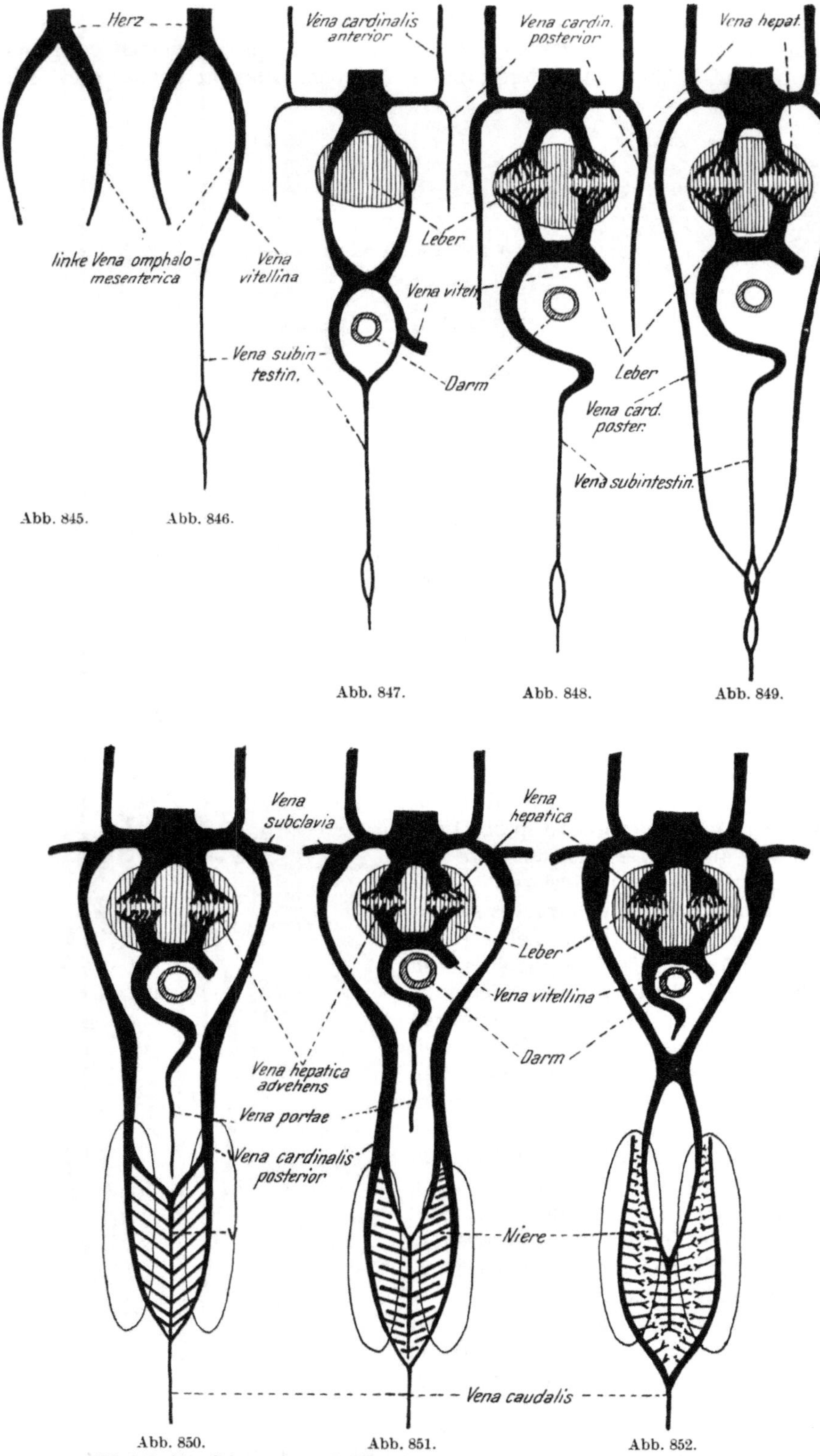

Abb. 845—852. Schemata von der Entwicklung des Venensystems bei den Selachiern. (Nach HOCHSTETTER.)

Der große Unterschied gegenüber Amphioxus liegt also darin, daß bei Amphioxus das Blut aus dem Darm durch die Vena subintestinalis (eine Fortsetzung der Caudalvene), zur Leber strömt und von dort craniad sich ergießt; bei den Selachii dagegen besteht eine Vena portae, während die Subintestinalvene fehlt. Großenteils wird aber dieser Unterschied verwischt, weil auch bei Embryonen der Selachii die Vena subintestinalis vorhanden ist. Eine kurze Übersicht über die embryonale Entwicklung soll darum hier folgen (Abb. 845—852).

Bei dem jungen Embryo, der auf dem Dottersack liegt, verlaufen unter dem Darm zwei Venen: die Venae omphalo-mesentericae, die sich vereinigen und zusammen das Blut aus der Darmwand in das embryonale Herz ergießen (Abb. 845). Die linke dieser Venen tritt bereits früh in Verbindung mit der starken Vena vitellina, einer Dottervene, welche dient zum Transport der Nahrungsbestandteile aus dem Dottersacke zum Embryo; dadurch wird die linke Vena omphalica-mesenterica viel voluminöser als die rechte (Abb. 846). Weiterhin setzt sich diese linke Vena omphalo-mesenterica in Verbindung mit zwei caudal von ihr unter dem Darm gelegenen Venae, die aber beide miteinander verschmelzen, so daß nur eine einzige Vene auftritt: die Vena subintestinalis; da jedoch beim Embryo der Darm sich bis in den Schwanz fortsetzt (Schwanzdarm), so erstreckt sich auch die Vena subintestinalis weit caudad aus. Der paarige Charakter wird nur am Ende des Darmes bewahrt, wo die Vene einen Ring um ihn bildet. Diese Vene kann wegen ihrer Lage mit der gleichnamigen bei Amphioxus verglichen werden, wenn auch der Zustand bei beiden nicht völlig identisch ist; dabei muß man aber bedenken, daß Amphioxus dotterarme Eier hat, die Selachii aber dotterreiche. Der Vergleich ist um so mehr zulässig, als in beiden Gruppen die Subintestinalvene eine innige Verbindung mit der Leber eingeht. Bei den Selachii geschieht dies auf folgende Weise: Beide Venae omphalo-mesentericae verbinden sich miteinander durch zwei Anastomosen, eine ventral vom Darm (die craniale) und eine dorsal (die caudale) von ihm gelegen, so daß ein Darmring entsteht, in den links die Dottervene mündet (Abb. 847). Vor diesem Darmring liegt also noch ein Ring, durch den die sich hier entwickelnde Leber läuft (Leberring). Das linke Stück vom Darmring obliteriert, so daß die Subintestinalvene und die rechte Seite des Darmringes eine einzige durchlaufende Vene bilden, die vom Schwanz bis zum Leberring läuft und links die Dottervene aufnimmt. Nun fällt der Leberring auseinander und zwar in Venae hepaticae advehentes und revehentes, die zusammen durch Capillaren verbunden sind: das Leberpfortadersystem (Abb. 848). Nächst diesem Venenpaar ist ein zweites aufgetreten, welches in das Herz mündet: nämlich die vordere und hintere Cardinalvene, die schnell auswachsen (Abb. 847). Zu gleicher Zeit obliteriert der Schwanzdarm, wodurch der caudale Teil der Subintestinalvene zur Vena caudalis wird (Abb. 850).

So bleibt von der Subintestinalvene nur der für den Darm bestimmte Teil bestehen, der sich in der Leber in ein Pfortadersystem auflöst und dort zur Vena portae wird (Abb. 850; Abb. 684, S. 567). Aber zugleich wächst die Vena caudalis selbständig craniad und zwar zwischen die sich an dieser Stelle entwickelnden Nieren (Vena interrenalis). Dieses Stück aber stellt sich durch verschiedene Anastomosen mit den Cardinales in Verbindung, während auch diese letzten in der Mitte verschmelzen (Abb. 851 und 852). Die am meisten craniale dieser so auftretenden Anastomosen zwischen Cardinales und Vena interrenalis wird stärker; ebenso die am meisten caudale zwischen den Cardinales und der Caudalvene, während die Vena interrenalis schwächer und schwächer wird, um schließlich ganz zu verschwinden; ebenso der unmittelbar cranial von der vorderen Anastomose gelegene Teil der Cardinales (Abb. 852). Hiermit ist der definitive Zustand so

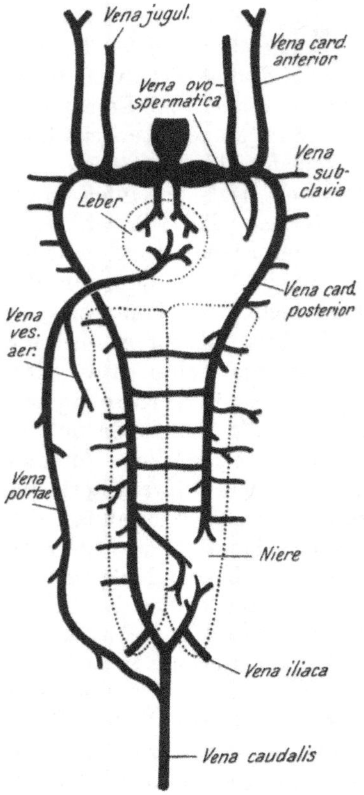

Abb. 853. Schema vom Venensystem der Teleostei. (Nach BRIDGE.)

ziemlich erreicht. Alles Blut aus dem Schwanz strömt nun durch die Nieren und zwar durch die Anastomosen zwischen Cardinales und Caudalvene; diese Anastomosen lösen sich in Capillaren auf und bilden das Nierenpfortadersystem. Hieraus erhellt einmal, daß während der Entwicklung der venöse Blutkreislauf in den Nieren sich umdreht; zweitens, daß weder die definitive Vena caudalis, noch die definitiven Venae cardinales posteriores morphologische Einheiten sind.

Prinzipiell kommt dieser Zustand auch bei den Teleostei vor, obwohl große Abweichungen bestehen, vor allem im Nierenpfortadersystem und im Verlauf der Vena portae, die eine sekundäre Verbindung mit der Caudalvene erhalten kann, wodurch das aus dem Schwanz kommende Blut zum Teil durch die Nieren, zum Teil durch die Leber strömt (Abb. 853). Die Caudalvene kann auch rechts direkt mit der rechten Cardinalis kommunizieren. Wichtig ist, daß die Venae abdominales (laterales) fehlen; die aus den hinteren Extremitäten kommenden Venae iliacae begeben sich zu den Nieren und deshalb zum Stromgebiet der Cardinales.

Dipnoi.

Eingreifend sind die Veränderungen, die bei Landtieren eintreten, abgesehen von der Einschaltung eines Lungenblutkreislaufes. Wir wollen mit den Dipnoi beginnen (Abb. 854). Zuerst werden die Venae cardinales posteriores durch eine unpaare Vena cava posterior ersetzt. Diese Vena entsteht zum Teil aus schon vorhandenen Venen, zum Teil als Neubildung. Dadurch werden die Cardinales postoriores als Hauptbahnen des venösen Systems ausgeschaltet und die Vena cava übernimmt ihre Rolle der Cardinales. Sie empfängt also Blut aus den Nieren und begibt sich sofort zum Sinus venosus.

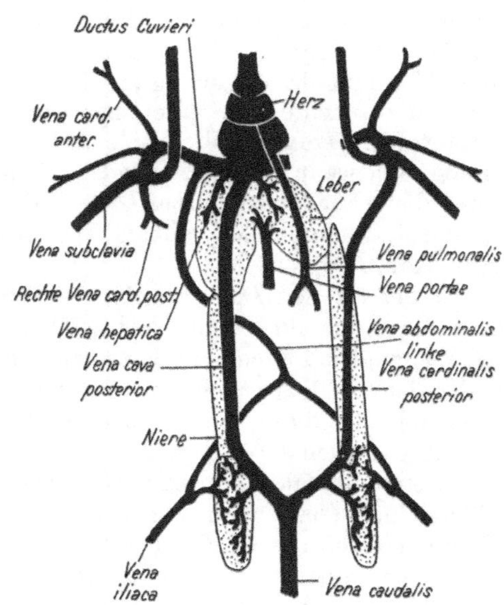

Abb. 854. Schema vom Venensystem bei den Dipnoi. (Nach GOODRICH.)

Zweitens tritt hier zum ersten Male auf eine unpaare Vena abdominalis. Bei den Selachii strömt das Blut der hinteren Extremitäten durch die beiden Venae abdominales (laterales) craniad. Als solche paarigen Gebilde fehlen sie bei den Dipnoi; sie verschmelzen nämlich zum Teil miteinander; dies verschmolzene unpaare Stück mündet dann als unpaare Vena abdominalis in den rechten Ductus Cuvieri. Sie hat vorher die Venae iliacae aufgenommen; diese erhalten aber zugleich eine neue Abfuhr nach den Nieren zu. Der Zustand bei den Dipnoi schließt sich besser an bei den Selachii als bei den Teleostei, bei welchen die Abdominalvenen fehlen.

Abb. 854 gibt ein Schema der venösen Blutbahnen von Neoceratodus, wenigstens in den Hauptzügen. Die linke Cardinalis posterior ist vorhanden, die rechte jedoch ist bis auf das craniale Teil verschwunden und durch die Vena cava posterior ersetzt, die sich im Nierengebiet mit der linken Cardinalis vereinigt. Sonderbarerweise läuft der so entstandene unpaare Stamm caudad weiter und vereinigt sich mit der Vena caudalis; dadurch entsteht ein gewisser Anschluß an das Stadium der Abb. 850, aber nicht an das höhere Stadium von Abb. 852.

Die beiden Venae abdominales (laterales) der Selachii sind also nicht mehr als solche vorhanden; sie haben ihren caudalen Zusammenhang verloren und sich miteinander teilweise vereinigt zu der unpaaren Vena abdominalis, die sich in den rechten Ductus Cuvieri öffnet. Der paarige Teil dieser Vene nimmt die beiden Venae iliacae aus den hinteren Extremitäten auf; diese erhalten zugleich eine Abfuhr nach den Nieren und beteiligen sich dadurch an der Bildung des Nierenpfortadersystems.

Amphibia.

Einen gleichen Zustand treffen wir auch bei den Amphibia an, was verwunderlich ist, da diese nicht direkt mit den Dipnoi verwandt sind. Beide Stämme sind unabhängig voneinander an die Luftatmung angepaßt (DOLLO 1895). In der Entwicklung der Lunge und des Blutumlaufs in den Lungen beider Gruppen muß man Parallelentwicklung sehen; auffallend jedoch ist es, daß dieses auch für den besprochenen Teil des venösen Systems gilt. Inwieweit eine Relation besteht zwischen der Lungenzirkulation und dem Venensystem, das caudal vom Herzen gelegen ist, ist uns nicht bekannt; vielleicht würde eine Untersuchung des Venensystems der Crossopterygii, welche an der Wurzel der Dipnoi und Amphibia stehen, Licht in diese Angelegenheit bringen können.

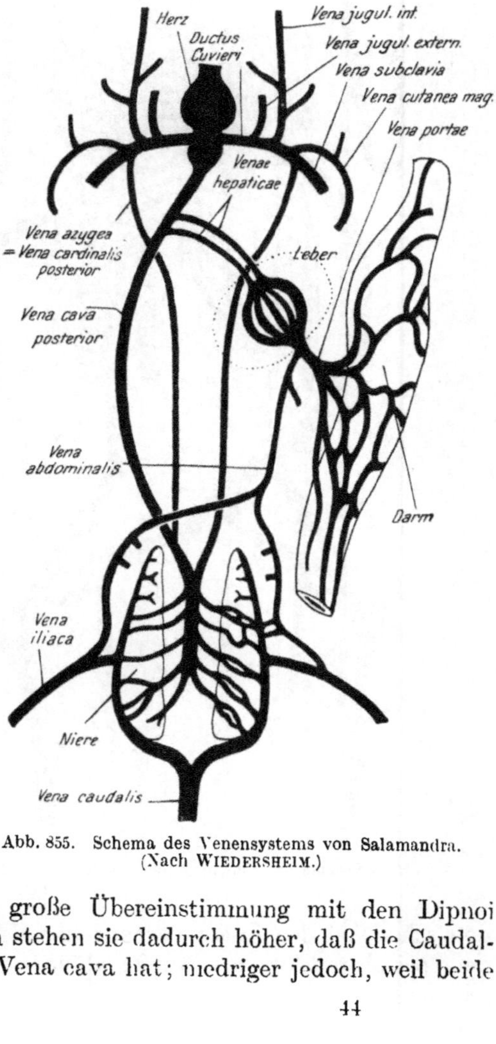

Abb. 855. Schema des Venensystems von Salamandra. (Nach WIEDERSHEIM.)

Vor allem die Urodela zeigen große Übereinstimmung mit den Dipnoi (Abb. 855). Vergleichend-anatomisch stehen sie dadurch höher, daß die Caudalvene keine Kommunikation mit der Vena cava hat; niedriger jedoch, weil beide

Venae cardinales gut entwickelt sind, abgesehen vom caudalen Teil; höher wie Neoceratodus dagegen wieder, weil die Venae hepaticae in die Vena cava münden und nicht in die Ductus Cuvieri; letztes kommt übrigens auch bei Protopterus vor. Der Vena cava gegenüber spielen indessen beide Cardinalvenen eine untergeordnete Rolle; sie tragen nun den Namen Venae azygeae. — Die Vena abdominalis, welche auch Blut aus den Beckenorganen aufnimmt, z. B. der Urinblase, kommuniziert mit der Vena portae, also nicht mehr direkt mit dem rechten Ductus Cuvieri wie bei den Dipnoi. — Die Venae iliacae bleiben Zweige der Vena abdominalis; da jedoch das Blut aus dieser Vena durch die Leber strömt, würde die Leber überlastet werden, was durch die direkte Kommunikation zwischen Venae iliacae und Vena caudalis verhindert wird, wodurch ein Teil des Blutes aus den hinteren Extremitäten durch die Nieren fließt und die Leber entlastet wird. — Erwähnung verdienen noch die beiden Venae cutaneae magnae, die bereits auf S. 679 genannt sind (vgl. Abb. 831).

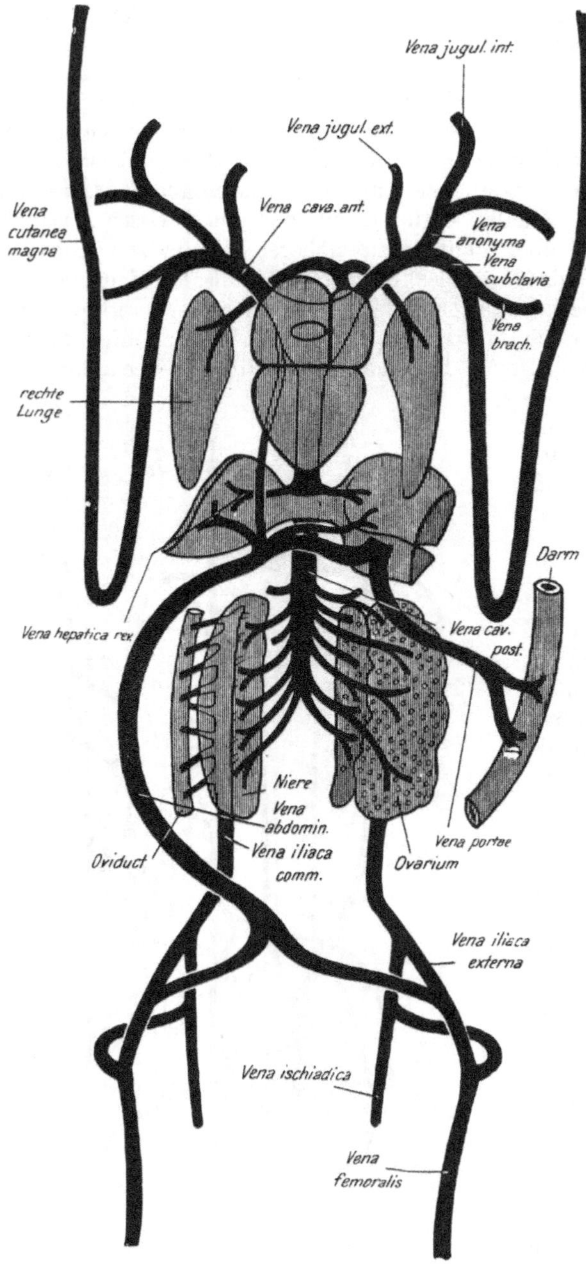

Abb. 856. Schema des Venensystems von Rana. (Nach Gaupp.)

Viel weniger eingreifend sind die Veränderungen des Venensystems im cranialen Teil des Körpers. Die Cardinales anteriores sind vorhanden, aber sie werden zum Teil neu gebildet, so daß die Hauptvenen aus dem Kopf jetzt Venae jugulares genannt werden, und zwar Venae jugulares internae, im Gegensatz zu den schon bei den Pisces vorhandenen Venae jugulares externae, die Blut aus dem peripheren Teil des Kopfes abführen.

Bei den Anura (Abb. 856) verändert sich auch das vordere Venengebiet stärker; die Venae jugulares und subclaviae vereinigen sich zu den Venae cavae anteriores, die getrennt in den sehr kleinen Sinus venosus münden; die Ductus Cuvieri sind nicht mehr vorhanden; man kann beide Venae cavae auteriores als ihre Reste ansehen. — Mit dem Schwanz ist auch die Vena caudalis verschwunden, ebenso die beiden Venae azygeae; das Nierenpfortadersystem wird darum allein gebildet von den Venae iliacae communes, welche das Blut aus den hinteren Extremitäten und dem Becken abführen.

Sauropsida.

Bei den Sauropsida wird der Zustand der caudal vom Herzen gelegenen Venen dadurch komplizierter, daß neben den Venae omphalo-mesentericae die beiden Venae umbilicales vorkommen. Dies steht im Zusammenhang mit dem Auftreten eines embryonalen Anhanges: der Allantois, die als eine stark ausgewachsene Urinblase aufgefaßt werden kann. Sie ist nämlich eine Ausstülpung des Enddarmes und als solche bereits bei den Amphibia vorhanden; aber hier wird sie niemals zu einem embryonalen Anhang. Bei den Amniota dagegen vergrößert sie sich und zwar aus folgenden Gründen. Alle Vertebrata haben einen Dottermaterial enthaltenden Dottersack, der dem sich entwickelnden Embryo als Nahrung dient. Bei den Anamnia liegen die Embryonen frei auf dem Dotter und können selbständig atmen, nämlich durch Kiemen und Schwanz. Der Dottersack enthält darum bei diesen Tieren Blutgefäße zum Transport der Nahrung, während durch die Wand des Dottersackes auch zugleich geatmet wird. Diese Gefäße gehören zum System der Venae omphalo-mesentericae.

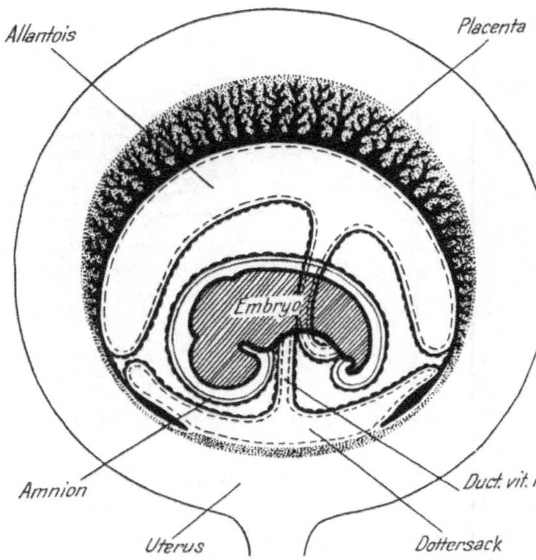

Abb. 857. Schema der Embryohäute bei einem Mammalier. (Nach JENKINSON.)

Bei den Amniota aber wird das anders (Abb. 857). Bei ihnen entstehen den Embryo bedeckende Eihäute: das Amnion und das Chorion. Durch die zentrale Lage des Embryos können die Atmungsorgane daher nicht mehr genügend funktionieren; an ihrer Stelle tritt ein neues Atmungsorgan auf: die Allantois, welche sich der Innenfläche des Chorion anlegt. Dieses Organ unterhält also die Verbindung mit der Außenwelt: bei den Sauropsida durch die Eiweißhülsen und die poröse Eierschale; bei den Mammalia durch Verbindung mit dem Uterus, an welcher Stelle sich dann eine Placenta entwickeln kann (Abb. 857). Dadurch entwickelt sich eine sehr starke Vaskularisierung der Allantoiswand; als Hauptgefäße treten auf die Arteriae und Venae umbilicales. Der Dottersack, der mit dem Darm des Embryo durch einen dünnen Stiel, den Ductus vitello-intestinalis zusammenhängt, wird also versorgt von den omphalo-mesenterischen Gefäßen; die Allantois, welche durch einen dünnen Gang (Allantoisgang oder

Urachus) mit dem Enddarm verbunden ist, durch die Umbilicalgefäße. Bei den Mammalia werden diese alle in einen Bindegewebsstrang aufgenommen, den Nabelstrang, welcher Embryo mit Placenta verbindet und am Nabel sich mit dem Embryo verbindet. Durch den Nabel gehen also der Ductus vitello-intestinalis, der Urachus und genannte Blutgefäße (Abb. 857 und 858).

Die Arteriae umbilicales sind ursprünglich Zweige der Aorta, später jedoch der Arteriae iliacae. Die Venae umbilicales sind zum Teil als Neubildungen anzusehen; zum anderen Teil sind sie aus Venen entstanden, die Blut vom hinteren Teil des Darmes und der Cloake abführen. Diesen letzten Teil findet man schon bei den Amphibia; er versorgt bei diesen Tieren dasselbe Gebiet und auch die Urinblase und gehört zum Stromgebiet der Vena abdominalis. Da nun die Urinblase der Amphibia und die Allantois der Sauropsida homolog sind, so hat man allen Grund, die Venen dieser beiden Gebilde miteinander zu vergleichen

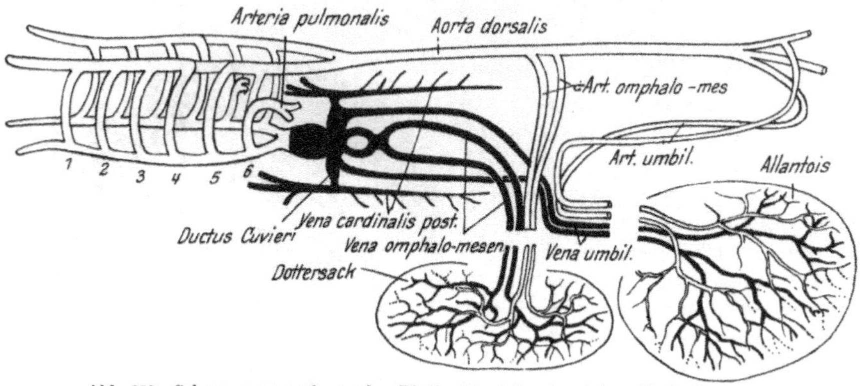

Abb. 858. Schema vom embryonalen Blutkreislauf der Amniota. (Nach WEBER.)

und das Anfangsstück der Umbilicalvenen homolog zu stellen mit einem Teil der Abdominalvene. Hieraus folgt, daß die Abdominalvenen der Elasmobranchii und Amphibia und ein Teil der Umbilicalvenen der Sauropsida miteinander homolog sind!

In den meisten Punkten schließen sich die Reptilia, was den Bau des Venensystems im erwachsenen Zustande anbelangt, an die Amphibia an (vgl. Abb. 932 auf S. 754). Vom Sinus venosus können noch Reste vorhanden sein, ebenso können noch Ductus Cuvieri auftreten. Die Vena abdominalis ist vorhanden und zuweilen paarig; sie ergießt sich in die Vena portae.

Bei den Aves reduziert mit dem Schwanz die Vena caudalis. Die Venae iliacae internae führen das Blut aus dem reduzierten Schwanze und den Beckenorganen ab und liefern möglicherweise die Venae advehentes eines Nierenpfortadersystems, während die Venae revehentes hiervon münden müßten in die Vena iliaca externa (für die Hinterextremität) oder in die Vena iliaca communis, die durch Vereinigung der Vena iliaca externa und interna entsteht. An Stelle einer einzigen sind verschiedene Venae portae für die Leber vorhanden.

Mammalia.

Bei den Mammalia wollen wir das Entstehen der Venae, vor allem im Hinblick auf das Auftreten der Venae umbilicales und der Vena cava posterior, etwas näher betrachten; dabei haben wir nur den Typus im Auge und besprechen nicht die zahlreichen Variationen. Die großen, caudal vom Herzen gelegenen Gefäße legen sich ganz symmetrisch an (Abb. 859). Es treten auf zwei Ductus

Cuvieri; in diese ergießen sich: zwei Venae cardinales anteriores und zwei anfänglich schwache Venae cardinales posteriores, ferner die beiden starken Venae omphalomesentericae und zwei Venae umbilicales. Die beiden Venae omphalo-mesentericae verbinden sich miteinander dorsal und ventral des Darmes, prinzipiell so wie bei den Selachii, obwohl sie von diesen abweichen, es werden nämlich zwei Ringe um den Darm geformt (Abb. 859). Durch Wegfallen von Teilen dieser Ringe bleibt eine einzige Vena übrig, welche den Darm in einer Spirale umgreift (Abb. 861). Das craniale Stück der Venae omphalo-mesentericae löst sich in der hier entstehenden Leber auf in Venae ad- und revehentes, wodurch das Leberpfortadersystem entwickelt wird. Nun bildet sich von der linken Vena omphalo-mesenterica zur rechten in schräger Richtung durch die Leber ein Blutgefäß: der Ductus Aranzii, welcher sich in den Sinus venosus ergießt, der sich nach rechts verlagert. Die linke Umbicalvene bildet einen Seitenzweig zum Ductus Aranzii (Abb, 860). Das Blut aus der linken Vena umbilicalis

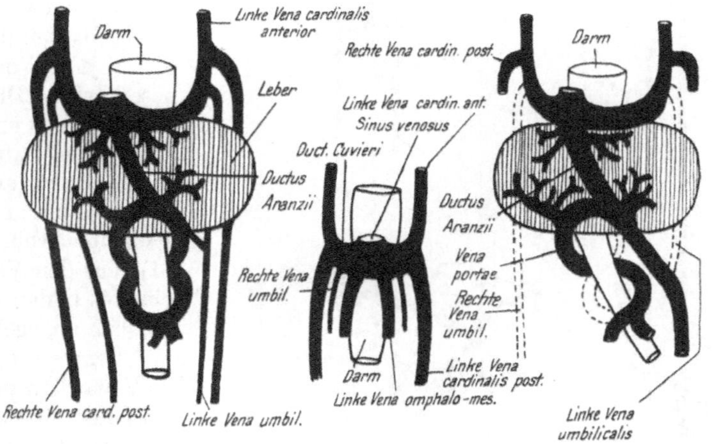

Abb. 859. Abb. 860. Abb. 861.

Abb. 859—861. Schemata zur Entwicklung des Venensystems bei den Mammaliern. (Nach VIALLETON.)

strömt deshalb auch durch die Leber in den Sinus venosus; die ursprüngliche Verbindung der linken Umbilicalvene mit dem Sinus venosus obliteriert jedoch (Abb. 861). Alles Blut aus der linken Umbilicalvene muß nun durch die Leber strömen. Schließlich nimmt der Ductus Aranzii die Venae revehentes der Leber auf, also die cranialen Teile der Venae omphalo-mesentericae, welche zu Venae hepaticae werden. Die rechte Vena umbilicalis wird viel schwächer und geht schließlich zugrunde, weil nur die linke die Aufgabe übernimmt, Blut aus der sich entwickelnden Placenta zum Embryo zu führen. So strömt alles placentäre Blut durch die Leber direkt zum Sinus venosus. Aus den vereinigten Venae omphalo-mesentericae entsteht die Vena portae, die somit Blut aus dem Darm zur Leber bringt. Aber ein großer Teil dieses Blutes wird nicht durch das Leberpfortadersystem, sondern durch den Ductus Aranzii zum Herzen gebracht. Mit der Geburt, wenn die Placenta mit dem Nabelstrang entfernt wird und der Nabel sich schließt, muß dann auch der placentäre Blutkreislauf ausfallen und damit der Ductus Aranzii obliterieren (s. S. 698).

Die Venae cardinales posteriores haben bei den Mammalia ungefähr denselben Verlauf wie bei den Reptilia (Abb. 862). Sie nehmen die Venae iliacae externae aus den hinteren Extremitäten auf und zugleich die Venae iliacae internae, welche Blut aus dem Becken abführen; beide gehören bei den Pisces zu einem System der Venae abdominales (laterales); bei den Amphibia münden sie teils in die Vena abdominalis, teils in die Vena caudalis. Da ein großer Teil der Vena abdominalis bei den Mammalia verschwindet und der Rest, der zu Umbilicalvenen wird, seine Funktion verändert, so geht die Verbindung der Venae iliacae mit diesen verloren. So kommt es, daß nur die sekundäre Verbindung mit der Nierencirculation übrigbleibt (Abbildung 862).

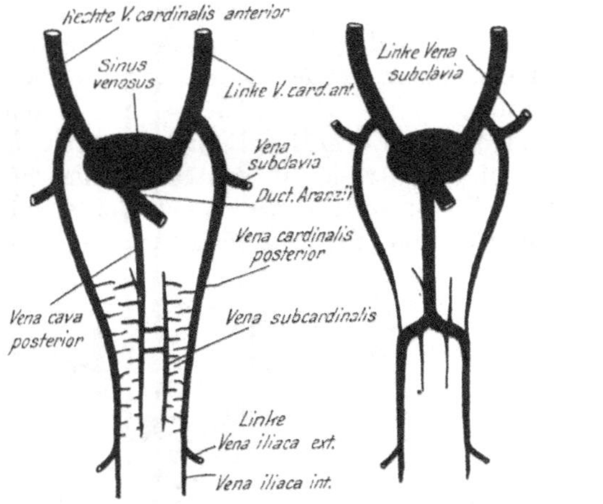

Abb 862. Abb. 863.

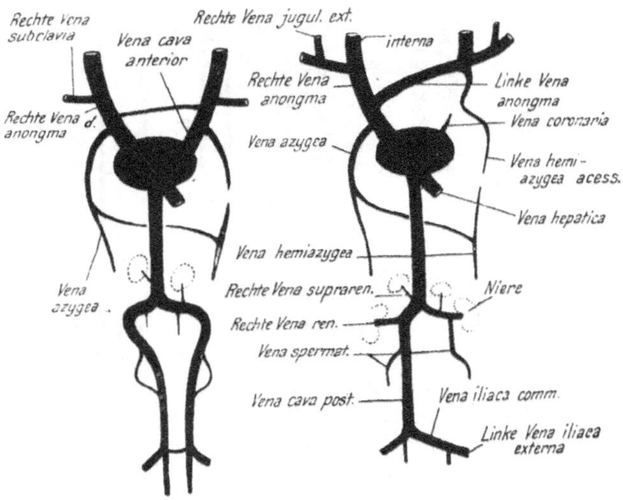

Abb. 864. Abb. 865.

Abb. 862–865. Schemata zur Entwicklung des Venensystems bei den Mammalia. (Nach BROMAN.)

Die hinteren Cardinalvenen werden ersetzt durch die Vena cava posterior, deren erster Teil sich entwickelt aus dem Endstück der rechten Vena omphalomesenterica. Diese und die linke Vena omphalomesenterica haben sich in der Leber aufgelöst in die Venae ad- und revehentes (Abb. 860 und 861); aus den Venae revehentes bilden sich, so wie oben angegeben ist, die Venae hepaticae. Die Vena cava posterior entwickelt sich aus diesem Grunde aus einem Teil der rechten Vena hepatica; sie nimmt auch im Laufe der Entwicklung die linke Vena hepatica auf. In der Folge formt sie sich weiter caudad selbständig und verläuft zwischen den beiden Mesonephros und zwar an deren rechten Seite (Abb. 862). An der linken Seite tritt ein besonders parallel verlaufendes Blutgefäß auf: die Vena subcardinalis, welche mit der Vena cava durch zwei Queranastomosen zusammenhängt. Es tritt nun ein Nierenpfortadersystem auf: die Venae cardinales, beginnend an beiden Seiten mit zwei Venen der Extremitäten und des Beckens (nämlich der Vena iliaca externa und interna), liefern die Venae advehentes; die Venae revehentes gehen zur Vena cava und zu der mit ihr parallel verlaufenden Vena subcardinalis. Bald tritt nun eine starke linke und rechte Anastomose zwischen Vena cava und Venae cardinales auf (Abb. 863). Die cranial von diesen Anastomosen gelegenen Teile der Cardinalis werden schwächer und verlieren den Zusammenhang mit den caudalen Teilen; hiermit ist der cranial der Anastomosen gelegene Teil des Nierenpfortadersystems ebenfalls verschwunden (Abb. 864). Alles Blut aus der caudalen Körperhälfte strömt demnach direkt durch den caudalen Teil der Cardinales zur Vena cava. Beim Auftreten der beiden endgültigen Metanephros entwickeln sich nun aus der Vena cava eine linke und eine rechte Nierenvene (Vena renalis, Abb. 865). Im caudalen Teile beider Cardinalvenen entwickelt sich noch ein Venenring (Abb. 864); beide Ringe werden zu den Venae spermaticae oder ovaricae, welche Testes und Ovaria sowie die Reste des Mesonephros mit Blut versorgen; rechts mündet diese schließlich in die Vena cava, links in die linke Nierenvene.

Eine gewisse Zeitlang bilden demnach die caudalen Teile der Venae cardinales posteriores die Hauptwurzeln der Vena cava. Aber auch dieses ändert sich. Im Becken vereinigen die Cardinalvenen sich mittels einer Anastomose; alle anderen Venen links treten darauf mit der rechten Cardinalis zusammen und die linke verschwindet (Abb. 864 und 865). Aus genannter Anastomose entsteht auf diese Weise die linke Vena iliaca communis. Der caudale Teil der Vena cava wird demnach allein gebildet durch den caudalen Teil der ursprünglich rechten Cardinalis. So entsteht also die Vena cava posterior aus vier Teilen: erstens aus dem Endstück der rechten Vena omphalo-mesenterica, zweitens aus einem Teile, welcher als eine Neubildung zu betrachten ist; drittens aus der rechten Anastomose dieses Stückes mit der rechten Vena cardinalis posterior und schließlich aus der caudalen Hälfte der zuletzt genannten Vena.

Die cranial gelegenen Teile der Cardinales, welche den Zusammenhang mit den caudal gelegenen Teilen verloren haben, führen das Blut aus dem Thorax zum Herzen; sie tragen nun den Namen Venae azygeae. Dadurch, daß die linke Vena arygeae sich durch eine Anastomose verbindet mit der rechten, wird die rechte die stärkere; außerdem verliert die schwächere linke den Zusammenhang mit dem Endstücke der linken Cava anterior und wird so zur Vena hemiazygea. Das isolierte Endstück heißt Vena hemiazygea accessoria (Abb. 865).

Die Venae cardinales anteriores, welche das Blut vom Kopfe abführen — und auch hier wegen Umbildung übergehen in die Venae jugularis — nehmen auch die Venae subclaviae aus den vorderen Extremitäten auf; das gemeinsame Stück beider nennt man Vena cava anterior. Auch hier kann eine Anastomose von links nach rechts auftreten; so kommt es, daß auch hier alles Blut von der linken Seite nach rechts überführt wird; diese Anastomose ist die Vena anonyma sinistra (Abb. 869 und 865). Rechts nennt man das Vereinigungsstück der Vena jugularis mit der Vena subclavia dextra ebenfalls Vena anonyma. Beide Venae anonymae haben also nicht denselben morphologischen Wert: sie vereinigen sich zur Vena cava anterior. Der hiermit übereinstimmende linke Teil verliert den Zusammenhang mit dem linken Ductus Cuvieri. Der übrigbleibende Rest wird zur Vena coronaria, welche zur Abfuhr des Blutes aus der Herzwand selbst dient.

Bei den verschiedenen Mammalia beobachtet man übrigens verschiedene Zustände: in einigen Fällen kommen zwei Venae cavae anteriores vor, in anderen Fällen nur eine einzige. Aus den eben Gesagten erhellt jedoch, daß die doppelte und die einfache Vena cava anterior eigentlich nicht vollständig miteinander zu vergleichen sind.

Der embryonale Blutkreislauf.

Es bleibt schließlich noch die wichtige Frage als Ganzes zu behandeln: wieweit unterscheidet sich die Verteilung des Blutes bei dem Embryo vom Blutkreislauf des erwachsenen Tieres? Solch ein Unterschied muß vorhanden sein, weil ja der Embryo durch die Placenta atmet, das erwachsene Tier aber durch Lungen. Um diesen Unterschied deutlich zu machen, haben wir zwei Schemata beigefügt: Abb. 866 soll ein Schema des embryonalen Blutkreislaufes sein, Abb. 867 dagegen den endgültigen Blutkreislauf darstellen.

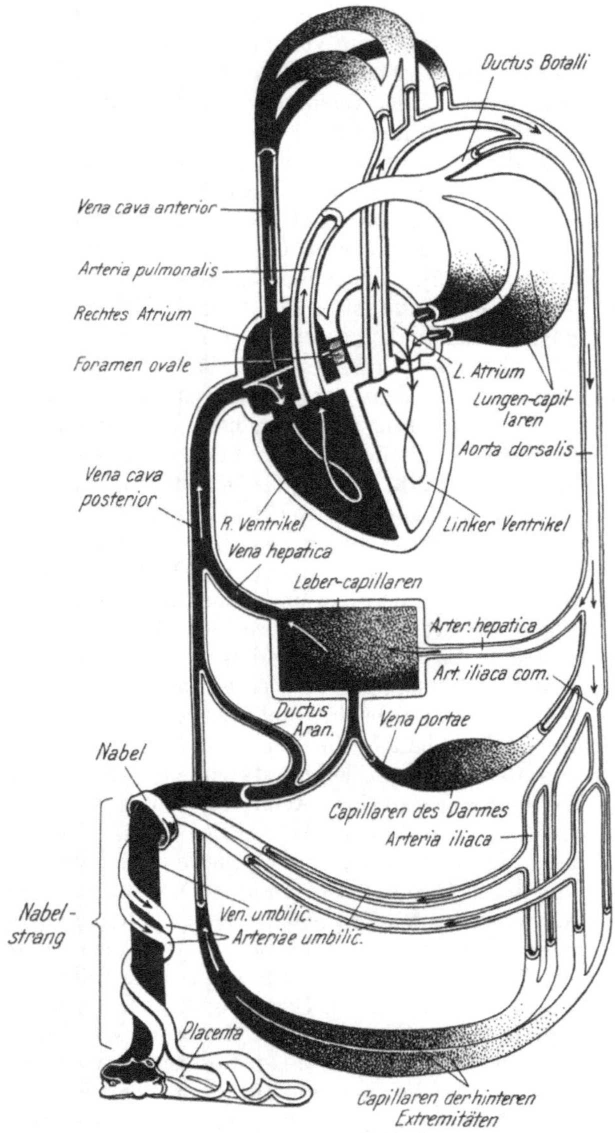

Abb. 866. Schema vom embryonalen Blutkreislauf des Menschen. (Nach BROMAN.)

Betrachten wir zunächst den embryonalen Blutkreislauf (Abb. 866). Durch die Vena umbilicalis (die Nabelvene) wird von der Placenta Oxyblut zum Körper strömen. Dieses Blut begibt sich zur Leber, und zwar auf folgenden zwei Wegen: ein Teil strömt direkt durch den Ductus Aranzii zum Endstücke der rechten Vena omphalo-mesenterica, aus welchen ein Teil der Vena cava posterior entsteht, also tatsächlich zu dieser Vena selbst. Ein anderer Teil durchströmt die Leber durch die Venae ad- und revehentes. Der Deutlichkeit halber ist in der schematischen Abb. 866 eine scharfe Trennung gemacht zwischen diesen zwei Blutströmen; es ist außerdem nur eine einzige Vena hepatica gezeichnet. Die Vena cava posterior enthält naturgemäß reduziertes Blut; da jedoch auch Blut aus der Vena umbilicalis hinzuströmt, so wird das Blut in der Vena cava also oxy-gemischt sein. Dieses Blut strömt dann in das rechte Atrium. Hier wird es sich vermengen mit dem Blute aus der Vena cava anterior, welche ebenfalls reduziertes Blut enthält. So kommt es, daß beinahe die ganze Blutmenge im rechten Atrium, also auch in den Lungen und (da die Lungen nicht arbeiten) auch in der Aorta und in der Carotis einen mehr reduzierten Charakter tragen muß. Um nun vor allem der Carotis das am meisten oxydierte Blut zukommen zu lassen, ist eine Einrichtung getroffen, um das oxy-gemischte Blut aus der Vena cava posterior in die Carotis zu führen. Diese Einrichtung besteht darin, daß eine Öffnung in dem Septum atriorum übrig bleibt, das Foramen ovale; durch dieses Loch besteht also eine Kommunikation zwischen dem linken und dem rechten Atrium. Die Mündungsstelle der Vena cava posterior in das rechte Atrium hinein ist nun so angeordnet, daß der Blutstrom teilweise direkt durch das rechte Atrium in das Foramen ovale und so in das linke Atrium sich ergießt.

Ein Teil dieser Blutmenge wird jedoch dem normalen Wege folgen, d. h. seitlich in die rechten Kammer abfließen. Das Blut aus der Vena cava anterior nimmt natürlich den normalen Weg zum rechten Ventrikel; so kommt es, daß in dem rechten Ventrikel der Blutdruck höher ist als beim erwachsenen Tiere. Der Blutdruck wird dagegen in der Arteria pulmonalis auch kleiner sein als beim Erwachsenen, denn während des intrauterinen Lebens arbeiten die Lungen nicht, so daß sie viel weniger blutreich sind als im erwachsenen Zustande. Rechts in dem Herzen wird sich also reduziertes Blut aus der Vena cava anterior befinden, gemengt mit einer kleinen Menge von oxy-gemischtem Blut aus der Vena cava posterior. So kommt es, daß die Arteria pulmonalis einigermaßen gemischt-reduziertes Blut empfängt und ebenso die Vena pulmonalis. Da aber die nicht arbeitenden Lungen nur eine kleine Blutmenge fassen können, so wird ein Teil des Blutes in den Lungenarterien durch den Ductus Botalli in die Aorta abfließen und so die Lungen entlasten.

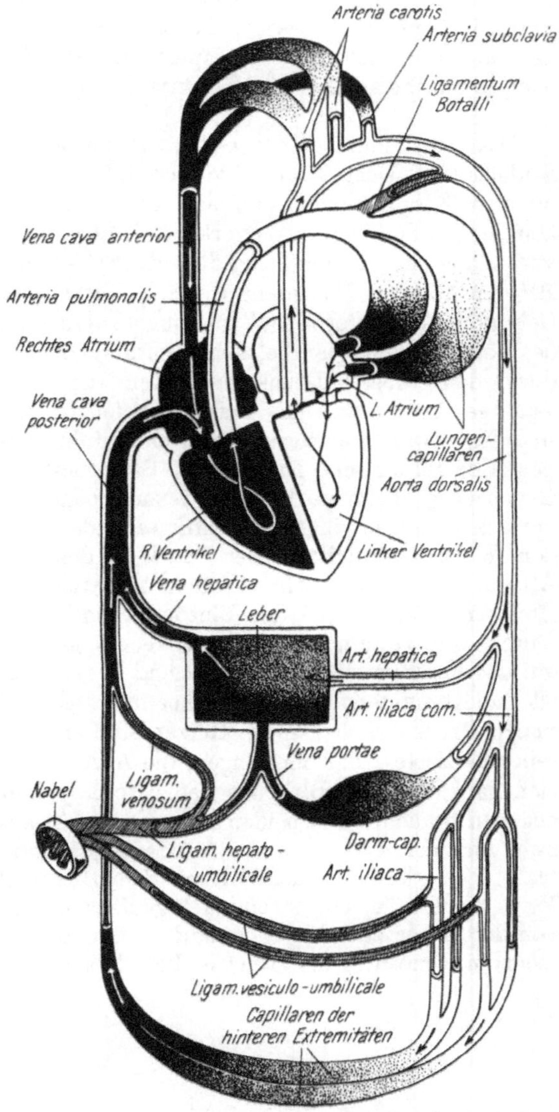

Abb. 867. Schema vom Blutkreislauf des Menschen nach der Geburt. (Nach BROMAN.)

In das linke Atrium kommt also durch das Foramen ovale das oxy-gemischte Blut aus der Vena cava posterior, jedoch etwas mehr reduziert, weil reduziertes Blut aus der Vena cava anterior beigemischt wurde. In dem linken Ventrikel wird sich also eine Blutmenge befinden, welche entstanden ist durch Mischung einer kleinen Menge gemischt-reduzierten Blutes aus den Venae pulmonales und einer viel größeren Menge oxy-gemischten Blutes, das aus dem rechten Atrium (via Foramen ovale) stammt. Wir finden also in dem linken Ventrikel etwa gemischtes Blut mit relativ viel Sauerstoff. Dieses Blut strömt dann durch den Aortabogen und aus diesem in die Carotiden. Weiterhin mengt sich dieses Blut mit dem Inhalte des Ductus Botalli, so daß das Blut in der Aorta dorsalis ziemlich gemischt sein wird. So sehen wir, daß auch hier wieder die Carotiden das sauerstoffreichste Blut empfangen. Die Arteriae umbilicales werden demnach gemischtes Blut zur Placenta bringen.

Was wird nun bei der Geburt geschehen? Schon vor der Geburt ist das Schließen der Ductus Botalli vorbereitet: sie werden enger. Dasselbe ist der Fall mit dem Foramen ovale. Bei den Aves, Monotremata und Marsupialia, bei denen kein großes Foramen ovale vorkommt, aber zahlreiche Perforationen des Septum vorhanden sind, können sich diese durch Wucherung des Endocardium schließen. Bei den höheren Mammalia (bekannt für Lepus und Mensch) entsteht vor der Geburt eine leistenförmige Wucherung (Valvula foraminis ovalis) an der linken Seite des Foramen etwa parallel dem Septum atriorum (in Abb. 866 nicht angegeben); durch den größeren Druck im rechten Atrium wird diese Valvula in eine schiefe Lage gesetzt, so daß das Foramen offen ist. Bei der Geburt werden Placenta und Nabelstrang entfernt, wodurch Zufuhr von Oxyblut nach der Vena cava posterior aufhört und zugleich der Blutdruck in diesem Gefäße vermindert wird. Gleichzeitig beginnen die Lungen zu arbeiten, wodurch eine starke Blutzufuhr nach den Lungen eingeleitet wird; es findet also eine große Blutabfuhr statt aus dem rechten Ventrikel. Der Druck in dem rechten Ventrikel und im rechten Atrium wird dadurch sehr abnehmen. Durch die Venae pulmonales wird nun mehr Blut strömen, so daß der Blutdruck im linken Atrium dadurch erhöht wird. Durch den verminderten Druck rechts kommt die Valvula foraminis ovalis auf das Foramen ovale zu liegen und verwächst mit seinen Rändern. Dadurch ist die Kommunikation von linker und rechter Herzhälfte aufgehoben; die normalen Druckverhältnisse im Herzen sind erreicht. Die Arteria pulmonalis wird rein reduziertes Blut empfangen, die Aorta Oxyblut. Der Ductus Botalli schließt sich ganz, da kein Blut aus der Arteria pulmonalis mehr in die Aorta übergehen braucht. Die beiden Arteriae umbilicales obliterieren, bleiben jedoch als zwei Ligamenta vesico-umbilicalia erhalten und verlaufen an der Seite der Urinblase. Das gleiche ist der Fall mit dem Ductus Aranzii und schließlich mit der Vena umbilicalis, die zu einem Ligamentum hepato-umbilicale (teres) wird und von der Leber zum Nabel verläuft. Der Ductus Aranzii bleibt übrig als Ligamentum venosum, der Ductus Botalli als Ligamentum Botalli.

XI. Das Lymphgefäßsystem.

Das Lymphgefäßsystem dient zum Transport der Lymphe, einer Flüssigkeit, die überall im Körper vorhanden ist. Sind doch alle Gewebe in hohem Maße wasserhaltig. Aus den Capillaren des Blutkreislaufes tritt Flüssigkeit, welche aufgelöste Nahrungsbestandteile enthält, durch die Wände nach außen; diese Feuchtigkeit sammelt sich in kleinen Spalten und Öffnungen zwischen den Geweben, so daß es alle Teile davon gleichsam umspült, Nahrung abgibt und außerdem die Bestandteile der regressiven Metamorphose aufnehmen kann. Andererseits kann die Flüssigkeit in den Geweben die Funktion besitzen, Nahrungsbestandteile aufzunehmen, und so in das Lymphsystem zu bringen (Darm). Wenn nicht dies Abfuhrsystem vorhanden wäre, dann würde sich diese Feuchtigkeit in den Geweben aufhäufen.

Das Lymphgefäßsystem wird durch eine Anzahl zusammenhängender Lymphgefäße gebildet, die sich sehr fein verbreiten und verzweigen. Am besten läßt es sich mit einem sich baumförmig verzweigenden Röhrensystem vergleichen, das überall in den Geweben mit dünnen, blind endenden Röhren beginnt, die sich langsam zu kleineren und größeren Kanälen vereinigen und schließlich die mehr oder weniger regelmäßig verlaufenden Hauptröhren formen. Die dünnsten Ausläufer haben eine Wand, die nur durch Endothelzellen gebildet wird; bei den Lymphröhren tritt rund um diese Endothellage eine dünnere oder dickere Bindegewebsschicht auf. Die Hauptbahnen führen die Lymphe aus bestimmten Gebieten ab und hängen schließlich an vielen oder wenigen Stellen mit dem Blutgefäßsystem zusammen, welches die Lymphe wieder aufnimmt. Sowohl Blutgefäß- wie Lymphgefäßsystem sind demnach geschlossen; nur nimmt das erste das andere in sich auf; außerdem hängt das Lymphgefäßsystem noch mit der Körperhöhle zusammen. Nur die größeren und die Hauptgefäße haben einen mehr oder weniger regelmäßigen Verlauf; im übrigen ist die Verbreitung sehr unregelmäßig.

In der Lymphe, die an verschiedenen Körperstellen eine sehr verschiedene Zusammensetzung haben kann, befinden sich stets sehr zahlreiche Lymphocyten. — Das Lymphgefäßsystem hat weiterhin noch einige Besonderheiten, die Beachtung verdienen: nämlich Sinus lymphatici, Lymphdrüsen und Lymphherzen. Die Sinus lymphatici sind kleine oder größere Erweiterungen in den Lymphbahnen, die an festen Plätzen vorkommen. Lymphdrüsen sind im allgemeinen bohnenförmige Organe, in denen bestimmte Lymphgefäße die Lymphe zu- und abführen. Die Lymphe aus den Lymphbahnen passiert auf ihrem Wege zu den Hauptbahnen diese Drüsen, was indessen nicht immer der Fall ist, da direkte Kommunikation mit den Hauptbahnen möglich ist, ebenso wie direkte Kommunikation der kleineren Bahnen mit Venen außerhalb der Hauptbahnen, wenigstens bei den Mammalia (Baum 1916—1917). Diese Drüsen — eigentlich keine Drüsen im gewöhnlichen Sinne — sind aus reticulärem Bindegewebe aufgebaut, gefüllt mit lymphoidem Gewebe, in dem die Lymphocyten entstehen. In den Hauptbahnen findet man vielfach solche lymphoiden oder adenoiden

Organe an festen oder auch wechselnden Plätzen; sie können großen Umfang erhalten, kommen jedoch nur bei den Aves und Mammalia vor.

Lymphherzen sind Erweiterungen der Lymphbahnen, die contractil sind, also mit dem Blutherzen in ihrer Funktion verglichen werden können. Der Bau ist jedoch im allgemeinen etwas anders: die Innenseite ist mit einem Endothelium ausgekleidet; darauf folgt eine fibro-elastische Schicht und zum Schluß eine Lage quergestreifter Muskeln. — Die Lymphe wird teilweise durch die Bewegung des Blutherzens fortbewegt, da das Lymphgefäßsystem in offener Kommunikation mit dem venösen System steht; weiterhin durch die Lymphherzen, durch Muskelcontraction bei Körperbewegungen und die Vis-a-tergo; in den Bahnen liegen bei den Aves und Mammalia Klappen, die das Zurückfließen verhindern.

Bei Amphioxus ist das Lymphgefäßsystem noch ungenügend bekannt. Rings um die Gefäße findet man Lymphräume, ferner in der dorsalen und ventralen Flossenfalte, in den Metapleuralfalten (Abb. 709 auf S. 587) und rings um das Rückenmark.

Bei den Vertebrata sind eigentlich zwei Systeme vorhanden: ein tief- und ein oberflächlich-liegendes, das aus kleineren Gefäßen und Lymphgefäßen besteht. Beide sollen sich getrennt anlegen; die tiefliegenden Bahnen entstehen aus dem Endothelium der Venen, welche zum System der Venae cardinales gehören, von denen sie sich abzweigen; das oberflächlichere System soll dagegen selbständig auftreten und erst später mit dem tieferliegenden verschmelzen. Aber nach einer anderen Meinung soll alles wieder zu einem einzigen System gehören, das aus dem Endothelium der Venen herauswächst. Wie dem auch sei, anatomisch läßt sich ein tiefliegendes von einem mehr oberflächlichen System in vielen Fällen ziemlich gut unterscheiden.

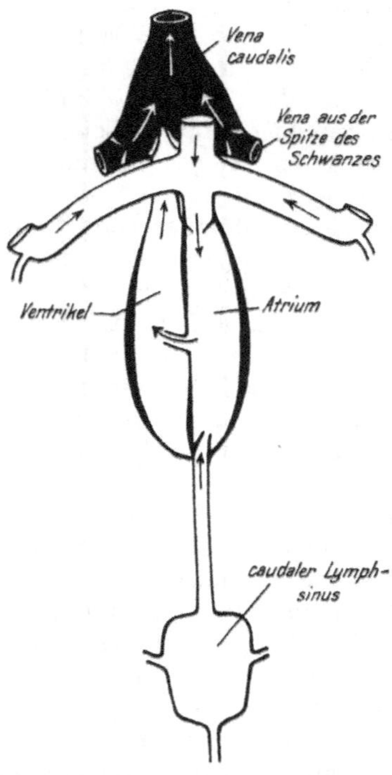

Abb. 868. Caudales Lymphherz der Teleostei. (Nach FAVARO, 1905—1906.)

Pisces.

Bei den Cyclostomata, den Elasmobranchii und Teleostei findet man bereits diese Lymphgefäßsysteme. Die Abscheidung der tiefen Bahnen von den Venen kann verschieden weit gehen; im einfachsten Falle umgibt die Lymphbahn die Vena, wie man es bei Elasmobranchii findet, aber meistens emanzipiert sich die Lymphbahn von der Vena und ist dann meistens neben ihr oder im eigenen Verlauf in ihrer Umgebung zu finden.

Über den Verlauf mögen einige Bemerkungen genügen. Bei den Teleostei erstrecken sich ein oder zwei Bahnen der Wirbelsäule entlang an der Seite der Aorta; sie empfangen Lymphe aus den inneren Organen und ferner aus dem oberflächlich liegenden System; dies besteht vornehmlich aus den Netzwerken in und unter der Haut und aus vier Hautgefäßen: einem dorsalen, einem ventralen und zwei lateralen. Die einfachen oder doppelten Hauptbahnen stehen ferner im Zusammenhang mit den Lymphräumen rund um das Rückenmark;

sind es zwei, so vereinigen sie sich weiter caudal vom Herzen und münden dann in den tiefer gelegenen Sinus ein, von denen verschiedene vorkommen und die wichtigsten in der Höhe des Herzens zu finden sind. Diese Sinus nehmen die Lymphe von allen Seiten auf aus den mehr oberflächlichen Bahnen von Rumpf und Kopf; der Hauptsinus beim Herzen (Sinus pericardialis) mündet an verschiedenen Stellen der Ductus Cuvieri oder Venae cardinales.

Eigenartig ist das Auftreten eines Lymphherzens, das bei verschiedenen Formen wie Anguilla, Tinca, Esox von FAVARO (1905—1906) beschrieben worden ist und prinzipiell denselben Bauplan zeigt wie das Herz (Abb. 868). Es liegt ventral vom letzten Caudalwirbel und kann sogar paarig sein. Die Lymphe aus dem Schwanz wird durch bestimmte Bahnen geführt zu einem caudalen Lymphsinus und von dort zum Lymphherzen, das aus einem Atrium und einem Ventriculus besteht. Wir finden hier eine einzige atrio-ventriculäre Öffnung, die durch Klappen geschlossen werden kann; auch kommen Klappen vor der Mündung des caudalen Sinus und des cranial in dies Herz mündenden Sinus vor. Der Wandbau eines solchen Lymphherzen ist jedoch ein wenig anders wie der des Herzens: die Innenfläche ist mit einem Endothel ausgekleidet; rundum liegt elastisches Bindegewebe und außen eine Muskelschicht. Aus dem Ventrikel läuft ein Blutgefäß zur Vena caudalis. Ein gleiches Prinzip wie beim Herzen liegt demnach hier zugrunde: ein aufsaugender Teil, das Atrium, und ein ausstoßender, der Ventrikel; man würde also hier von „Lymphvenen" und „-arterien" sprechen können. Dies Lymphherz führt Contractionen aus, deren Häufigkeit von verschiedenen Faktoren abhängig ist (Alter, Temperatur usw.). — Lymphdrüsen scheinen bei den Pisces zu fehlen.

Amphibia.

Bei den Amphibia ist das Lymphgefäßsystem gut entwickelt. Beide Systeme kommen bei den Urodela vor. Das tiefliegende System ist in der Form eines mit der Aorta parallellaufenden Hauptgefäßes vorhanden, das sich in Herzhöhe in zwei Zweige teilt, von denen jeder in eine Vena subclavia mündet. Das oberflächlichere System liegt unter der Haut; es zeigt zahlreiche Bahnen, deren wichtigste verschieden laufen: z. B. mediodorsal (Salamandra), lateral (Salamandra, Proteus), wechselnd in Lage und Bau (FAVARO, 1906). Bei den Salamanderlarven findet man außerdem ein zentrales Lymphherz, das in der Höhe des Truncus arteriosus liegt. Seine Wand wird durch glatte Muskelfasern gebildet, umgeben von einer Schicht quergestreifter Muskeln, die eine Fortsetzung darstellen von der Muskulatur des Herzens. Genanntes Lymphherz liegt nun zwischen beiden Schichten und ist deshalb in der Abb. 869 nicht sichtbar. Zwei große Lymphbahnen führen die Lymphe zum Herzen; zwei andere vom Herzen in die Venae cardinales posteriores (GREIL, 1903). — Außerdem findet man bei

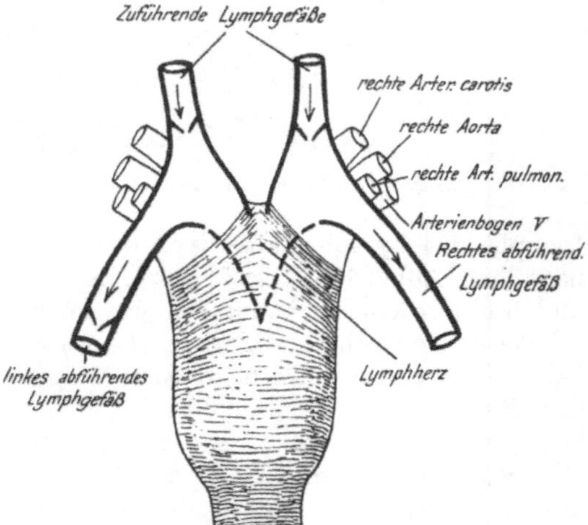

Abb. 869. Truncus arteriosus mit Lymphherz einer Salamanderlarve. (Nach GREIL, 1903.)

Salamandra beiderseits ein hinteres Lymphherz, caudal vom Becken, und zwei vordere unter der Scapula. WELIKY (1884) fand außerdem noch acht Herzen, an den Seiten des Tieres gelegen, direkt unter der Haut, also im Oberflächensystem; das gleiche ist der Fall bei Siredon. So kommen auch bei der Larve von Rana (WELIKY, 1886) an beiden Seiten des Schwanzes unter der Haut verschiedene Lymphherzen vor; FAVARO (1906) fand an der Schwanzwurzel von Triton beiderseits zwei bis fünf, an dem von Spelerpes ein bis zwei Herzen.

Am stärksten sind die Lymphherzen bei den Gymnophiona entwickelt, nach MARCUS (1908) hat Hypogeophis, welche außen mehr als 100 Körpersegmente zeigt, in jedem von diesen links und rechts ein Lymphherz, so daß mehr als 200 vorhanden sind; sie liegen flach unter der Haut, intersegmental, und ergießen die Lymphe in intersegmental verlaufende Venen; sie empfangen

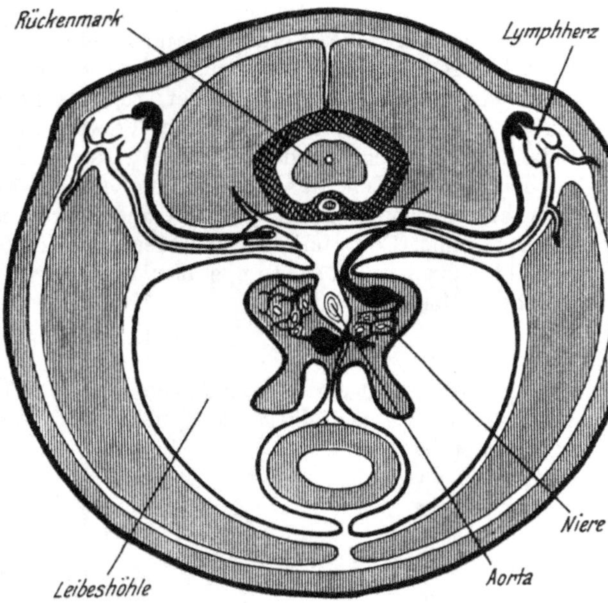

Abb. 870. Querschnitt durch ein Gymnophion zur Demonstration der Lymphherzen. (Nach MARCUS, 1908.)

Lymphe aus Lymphgefäßen, von denen eins Kommunikation mit der Körperhöhle hat (Abb. 870). Diese Herzen haben einfacheren Bau wie die der Teleostei und besitzen keine Trennung in Atrium und Ventrikel.

Bei den erwachsenen Anura (Rana) kommen zwei Paar Lymphherzen vor (Abb. 871): kleine runde oder ovale Körperchen, deren Bau einfacher ist als bei den Pisces. Der Innenraum ist ungeteilt, oder durch unregelmäßige, unvollkommene Scheidewände in Kämmerchen geschieden. Am Ostium venosum (der Ort, wo das Lymphherz mit der Vena kommuniziert), liegen zwei Klappen, die das Zurückströmen des Blutes verhindern. Die Wand besteht aus drei Schichten — dies ist auch der Fall bei den Urodela — innen ein Endothel, dann eine Muskellage (quergestreifte Muskelbündel), schließlich eine umhüllende Bindegewebsschicht; hierin besteht demnach ein Unterschied mit dem Lymphherzen der Pisces. Das vordere Paar (Cordia lymphatica anteriora) liegt an der Innenfläche der Processus transversi vertebrae III (Abb. 100, S. 91); beide Herzen münden in die Venae vertebrales, Zweige der Venae jugularis internae. Die Herzen erhalten Zufuhr aus den Lymphbahnen aus der Achselhöhle, dem vorderen Körperteil und dem Darme. Das hintere Paar Herzen (Cordia lymphatica posteriora) (Abb. 872) liegt nahe beim Anus, lateral vom caudalen Ende des Os coccygis, und mündet aus in die Vena iliaca transversa, einen Seitenzweig der Vena ischia-

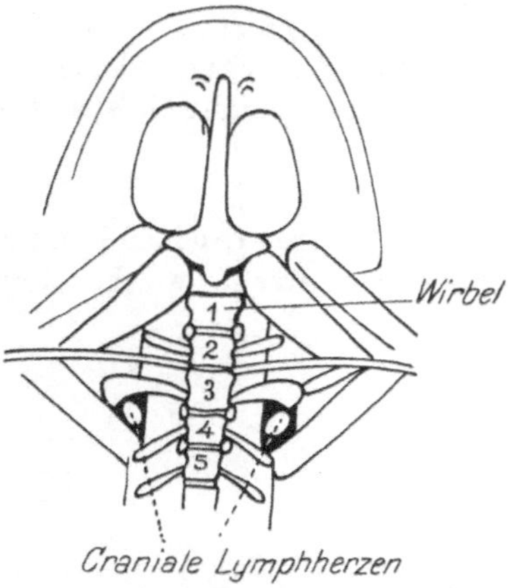

Abb. 871. Lage der vorderen Lymphherzen bei Rana. (Nach SCHIMKEWITSCH.)

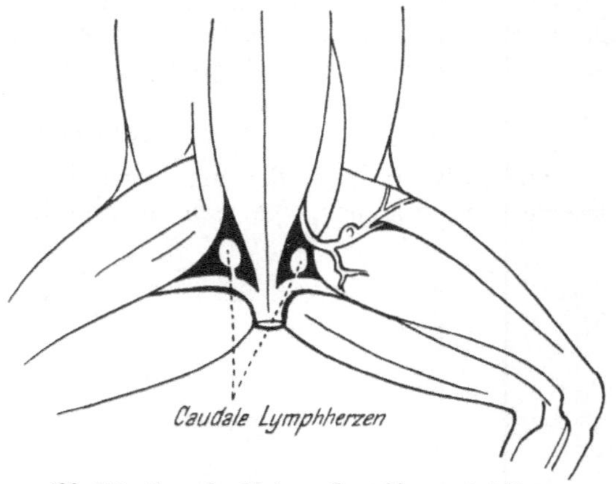

Abb. 872. Lage der hinteren Lymphherzen bei Rana. (Nach SCHIMKEWITSCH.)

dica. Verschiedene Lymphräume aus dem caudalen Teile des Körpers stehen mit diesem Herzen in Verbindung.

Bezeichnend für Rana ist das Vorkommen von sehr weiten Lymphräumen, teils oberflächlich, teils tiefer gelegen. Die oberflächlichen liegen direkt unter der Haut, so daß diese beinahe überall gleichsam lose um den Körper liegt und nur an bestimmten Stellen mit ihm verbunden ist. Die Lymphräume werden voneinander durch Septa getrennt, welche die Haut und den Körper miteinander verbinden und zum subcutanen Gewebe gehören. Die Innenfläche der Räume ist mit einem Endothel ausgekleidet. An verschiedenen Stellen können diese Lymphräume mit tieferen Lymphhöhlen im Körper zusammenhängen. In den Septa liegen Öffnungen, durch welche die Lymphräume miteinander zusammenhängen. Abb. 873 gibt ein Bild dieser Gebilde (Sacci lymphatici) von

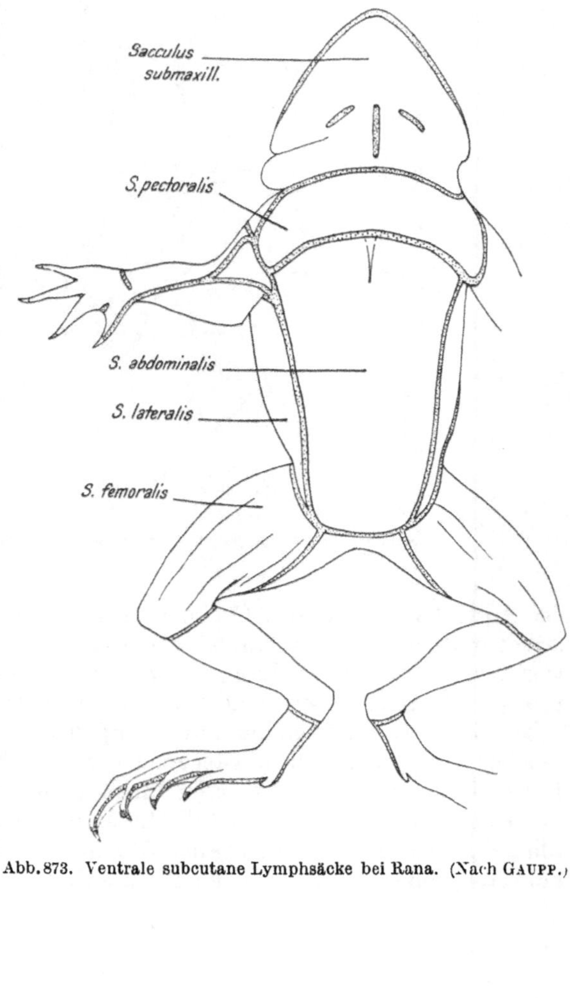

Abb. 873. Ventrale subcutane Lymphsäcke bei Rana. (Nach GAUPP.)

ventral gesehen; nur wenige der Haupträume sind mit Namen in der Abbildung angedeutet. — Lymphdrüsen fehlen bei Amphibia, außer in spezieller Form (Milz, Thymus, Tonsillen).

Die Bedeutung dieser oberflächlichen Lymphräume ist dunkel. Möglich ist es, daß sie mithelfen im Kampfe gegen das Austrocknen, indem sie das Tier gleichsam mit einem dicken Wasserkissen umgeben. In jedem Falle weichen die Anura in dieser Hinsicht ab vom allgemeinen Bauplan des Lymphgefäßsystems.

Sauropsida.

Bei den Reptilia findet man in der Haut und in den inneren Organen Lymphkanäle ohne Klappen, die sich in zwei Hauptbahnen sammeln, welche längs

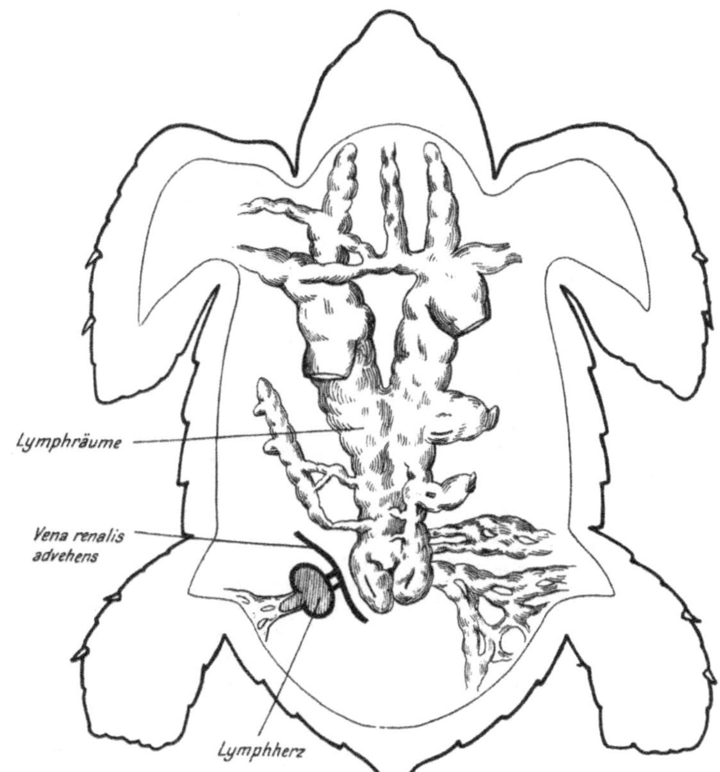

Abb. 874. Hauptlymphbahnen einer Seeschildkröte. (Nach VIALLETON.)

der Aorta liegen. Bei den Chelonia verschmelzen diese Hauptbahnen zum Teil miteinander und formen dadurch ein weites Netz von Lymphräumen (Abb. 874), worin von allen Seiten Lymphbahnen aufgenommen werden. Cranial ist der paarige Charakter noch deutlich. Jede Hauptbahn öffnet sich in eine Vena subclavia. — Es kommen hier zwei Lymphherzen vor, beim Sacrum gelegen, von welchen das rechte in Abb. 874 abgebildet ist; sie erhalten Lymphe aus den hinteren Extremitäten und ergießen ihren Inhalt in eine der Venae renales advehentes.

Bei den Aves dagegen sind die Lymphbahnen viel dünner wie bei den Reptilia; es sind schmale Röhren (Abb. 875), in denen hier und da Klappen auftreten. Zum Teil laufen sie den Venae entlang; aber die Hauptbahnen bilden ein Netz um die Aorta. Aus diesem Netz entspringen zwei unregelmäßige netzförmige Ductus thoracici, deren rechter dem Aortabogen folgt. Sie nehmen Lymphbahnen aus den dort gelegenen Organen und den vorderen Extremitäten auf und zugleich die Bahnen, die aus dem cranialen Teil des Körpers kommen. Rechts kommuniziert das aus Kopf und Hals kommende Gefäß außerdem mit der Vena jugularis dextra. — Hintere Lymphherzen können vorkommen, scheinen aber zu reduzieren; gut entwickelt findet man sie bei Struthio und Casuarius. Meistens aber wird die Muskelschicht schwächer (Ciconia, Larus); oft ist sie rudimentär (Cygnus, Anser). So werden bei den Aves die hinteren Lymphherzen zurückgebildet von einem muskelförmigen, pulsierenden Organ zu Bläschen ohne Muskeln, wie man sie bei Raubvögeln und Krähen findet; in diesem Falle haben sie nur noch die Funktion von Lymphspeichern.

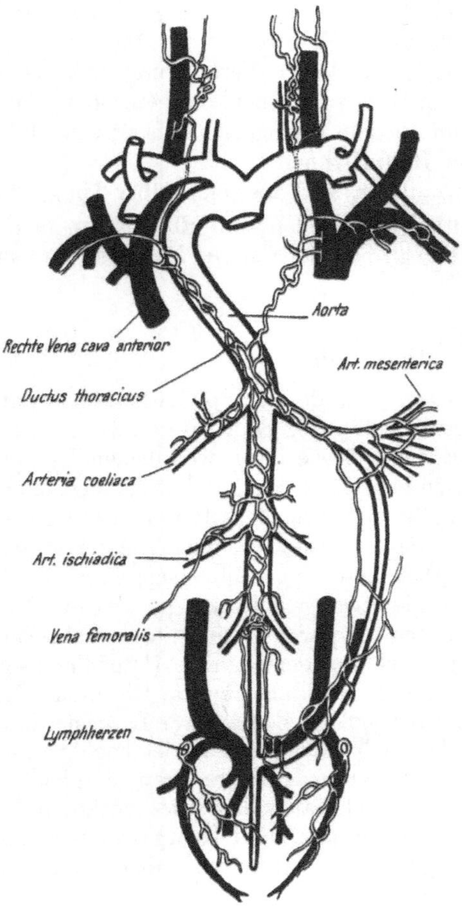

Abb. 875. Schema der Lymphbahnen bei den Aves. (Nach SCHIMKEWITSCH.)

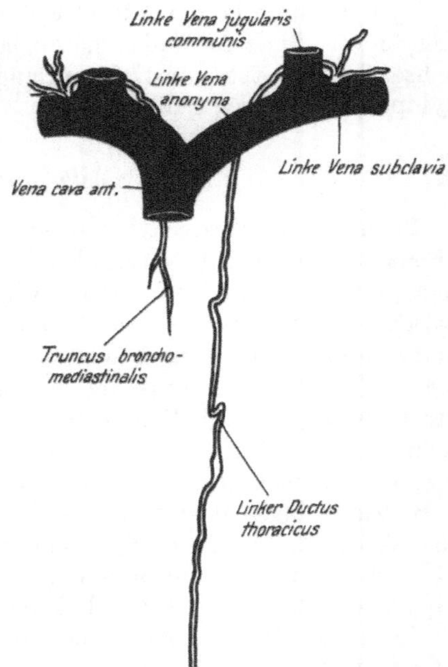

Abb. 876. Ductus thoracicus des Menschen. (Nach GEGENBAUR.)

Mammalia.

Bei den Mammalia sind die centralen Lymphbahnen gut entwickelt. Längs der Aorta findet man zwei Hauptbahnen, die Ductus thoracici, von denen jedoch gewöhnlich nur einer vollkommen entwickelt ist, während der andere viel kleiner bleibt. In einigen Fällen sind beide gut entwickelt. Abb. 876 gibt ein schematisches Bild von den Verhältnissen beim Menschen. Der Ductus thoracicus läuft links der Wirbelsäule; er bildet sich in der Bauchhöhle durch Vereinigung zweier kurzer Trunci lumbales, welche Lymphe aus den hinteren Extremitäten abführen, und eines unpaaren Truncus intestinalis für die Darmlymphe. Diese drei Trunci vereinigen sich zu einem Sinus, der Cisterna chyli, aus dem der Ductus thoracicus entspringt. Dieser mündet an der Stelle, wo die linke Vena jugularis communis sich mit der linken Vena subclavia vereinigt, nachdem sie unterwegs die Lymphgefäße aus den umgebenden Organen aufgenommen hat. Vor der Mündung in genannte Vena vereinigen sich mit dem Ductus thoracicus der linke Truncus jugularis, welcher Lymphe aus der linken Seite von Kopf und Hals führt, und der Truncus subclavius sinister aus der linken vorderen Extremität. Das rechte kleinere Hauptgefäß, der Truncus broncho-mediastinalis sammelt Blut aus dem rechten Teil der Brust und vereinigt sich mit dem Truncus jugularis dexter und dem Truncus subclavius dexter. Die oberflächlicher verlaufenden Lymphbahnen entstehen durch Vereinigung zahlreicher feinerer Lymphkanäle, die in Lymphdrüsen zusammenkommen, aus denen größere Lymphkanäle entspringen, wenn auch in geringerer Anzahl; schließlich führen diese alle zu den beschriebenen Hauptbahnen.

Lymphdrüsen kommen in großer Anzahl vor, sind aber nicht über den ganzen Körper verteilt; man findet sie an bestimmten Stellen: am Ellenbogen, in der Achsel, in der Leiste, am Hals, entlang den großen Gefäßen, im Mesenterium usw. Lymphherzen fehlen ganz.

Milz und Tonsillen.

Bei allen Vertebrata kommen eigenartige, mit den Lymphdrüsen verwandte Organe vor, die jedoch vergleichend-anatomisch wenig Bedeutung haben. So die Milz, die übrigens einen anderen Charakter hat wie die gewöhnlichen Lymphdrüsen; es fehlen zu- und abführende Lymphgefäße; dagegen hat sie eine reiche Blutversorgung; im Innern kommen ein Blutsinus und auch lymphoides Gewebe vor. In manchen Fällen ist die Milz ein Gebilde, das sich längs dem Darm ausstreckt (Cyclostomata, Neoceratodus). Aber diese lange Milzanlage kann sich in mehrere kleine Stücke teilen (Teleostei) oder sich verkürzen. Im letzten Falle liegt sie als mehr oder weniger kompakter Körper an verschiedenen Stellen, z. B. beim Magen oder mehr caudal, je nachdem der craniale (Urodela, Reptilia, Aves), der mittlere (Sphenodon), oder der caudale (Anura, Chelonia) Teil erhalten bleibt. Bei den Monotremata verzweigt sie sich in drei Lappen; diese Lappen verschwinden bei den höheren Mammalia, aber man findet noch Spuren bei Primates. Die Milz kann man zu den Blutlymphdrüsen rechnen; dergleichen Gebilde können bei den Mammalia und vielleicht auch bei Aves vorkommen; sie haben jedoch einen anderen Bau; ebenso sind allerhand Übergänge zwischen Blutlymphdrüsen und Milz bekannt. Vergleichend-anatomisch haben sie keinen Wert.

Lymphorgane können auch in der Mund- und Kehlhöhle auftreten. Bei den Mammalia sind sie gut entwickelt als Tonsillen: paarige Körper am Isthmus faucium (Übergang von Mund- in Kehlhöhle). In der Kehlhöhle selbst kann noch eine Pharynxtonsille vorkommen, die man auch bei den Aves und Reptilia antrifft. Bei den Amphibia können in der Mundhöhle ebenfalls tonsillenförmige Bildungen auftreten.

Erwähnte Arbeiten zum Abschnitt Blutgefäßsystem.

BETHGE, A.: Das Blutgefäßsystem von Salamandra maculata, Triton taeniatus und Spelerpes fuscus: mit Betrachtungen über den Ort der Atmung beim lungenlosen Spelerpes fuscus. Zeitschr. f. wiss. Zool., Bd. 63, S. 680–707. 1898.

Boas, J. E. V.: Über Herz- und Arterienbogen bei Ceratodus und Protopterus. Morphol. Jahrb., Bd. 6, S. 321—354. 1880. — Ders.: Über die Arterienbogen der Wirbeltiere. Morphol. Jahrb., Bd. 13, S. 115—118. 1888.

Dollo, L.: Sur la Phylogénie des Dipneustes. Bull. Soc. Belge de Géologie. Vol. 9, Mémoires, p. 79—128. 1895.

Goodrich, E. S.: On the Classification of the Reptilia. Proceed. Roy. Soc. London, B, Vol. 89, p. 261—276. 1916. — Ders.: Note on the Reptilian Heart. Journ. of Anat., Vol. 53, p. 298—304. 1919.

Greil, A.: A. Beiträge zur vergleichenden Anatomie und Entwicklungsgeschichte des Herzens und des Truncus arteriosus der Wirbeltiere. Morphol. Jahrb., Bd. 31, S. 123 bis 310. 1903. — Ders.: B. Über die Entwicklung des Truncus arteriosus der Anamnier. Verhandl. Anatom. Ges., 17. Versamml. Heidelberg, S. 91—105. 1903.

Laoh, Ph.: Iets over de herkomst en de beteekenis van bloedplaatjes bij den mensch. Meded. Burgerl. Geneesk. Dienst Nederl. Indië, Congresnummer, Vol. 4, p. 274—278. 1922.

O'Donoghue, Ch. H. A.: Note on the ductus caroticus and ductus arteriosus and their distribution in the Reptilia. Journ. of Anat., Vol. 51, p. 137—149. 1917. — Ders.: The Blood Vascular System of the Tuatara, Sphenodon punctatus. Philos. Transact. Roy. Soc. London, Ser. B, Vol. 210, S. 175—252. 1920.

Preyer, W.: Spezielle Physiologie des Embryos, Leipzig, 1885.

Versluys, J.: Die Salamander und die ursprünglichen vierbeinigen Landwirbeltiere. Naturwiss. Wochenschr., N. F., Bd. 8, S. 1—28. 1909.

Zuckerkandl, E.: Zur Anatomie und Entwicklungsgeschichte der Arterien des Vorderarmes, I. Anatom. Hefte, Abt. I, Bd. 4, S. 1—98. 1894. — Ders.: idem II Anatom. Hefte, Abt. I, Bd. 5, S. 157—205. 1895. — Ders.: Zur Anatomie und Entwicklungsgeschichte der Arterien des Unterschenkels und des Fußes. Anatom. Hefte, Abt. I, Bd. 5, S. 207—291. 1895.

Erwähnte Arbeiten zum Abschnitt Lymphgefäßsystem.

Baum: Können Lymphgefäße direkt in das Venensystem einmünden? Anatom. Anz., Bd. 49, S. 407—414. 1916—1917.

Favaro, G.: Ricerche intorno alla Morfologia ed allo sviluppo dei Vasi, Seni e Cuori caudali nei Ciclostomi e nei pesci. Atti R. Instit. Veneto, Vol. 65, Appendice, p. 1 bis 279. 1905—1906. — Ders.: Ricerche anatomo-embriologiche intorno alla circolazione caudale ed ai cuori linfatici posteriori degli Anfibi, con particolare riguardo agli Urodeli. Atti Accad. Scient. Veneto-Trentino-Istriana Nuov. Ser. Anno 3, p. 122 bis 166. 1906.

Greil, A.: Über die Entwicklung des Truncus arteriosus der Anamnier. Verhandl. Anatom. Ges., 17. Versamml., Heidelberg, S. 91—105. 1903.

Marcus, H.: Beiträge zur Kenntnis der Gymnophionen. II. Über intersegmentale Lymphherzen nebst Bemerkungen über das Lymphsystem. Morphol. Jahrb., Bd. 38, S. 590 bis 607. 1908.

Weliky, W.: Über vielzählige Lymphherzen bei Salamandra maculosa und Siredon pisciformis. Zool. Anz., Bd. 7, S. 672—673. 1884. — Ders.: Über die Anwesenheit vielzähliger Lymphherzen bei den Froschlarven. Zool. Anz., Bd. 9, S. 524—525. 1886.

XII. Die Urogenitalorgane.

Bei den meisten Invertebrata bilden die Excretionsorgane und die Genitalorgane selbständige Systeme, welche in keine nähere anatomische Verbindung treten. Das ist auch nicht weiter zu verwundern, da ja die Ausscheidung der Abbauprodukte des Stoffwechsels und die Bildung und Ausstoßung der Genitalprodukte zwei physiologische Vorgänge sind, die nicht notwendig miteinander im Verbande stehen müssen. Bei einigen Invertebrata und bei den meisten Vertebrata jedoch tritt ein Teil des Excretionsapparates in Verbindung mit dem Genitalorgan. So kann z. B. ein Teil des Excretionsapparates auch die Genitalprodukte nach außen abführen. Dann sind Excretions- und Genitalorgane verbunden zu einer morphologischen und physiologischen Einheit. Wir dürfen daher im besonderen bei den Vertebrata von einem „Urogenitalsystem" sprechen.

A. Die Excretionsorgane.

Einleitung.

Die physiologische Bedeutung der Excretionsorgane besteht darin, die Abbauprodukte des Stoffwechsels aus dem Blute oder anderen Körperflüssigkeiten aufzunehmen und nach außen zu leiten. Wenn wir das gesamte Tierreich überblicken, so ergibt sich, daß bei den Coelenterata solche Excretionsorgane fehlen, und daß sie bei den anderen Formen einen außerordentlich verschiedenen Bau besitzen können. Für unseren Zweck mögen eben noch folgende Typen bei den Invertebrata genannt werden.

Protonephridia. Bei den Plathelminthes, bei einem Teile der Annelida und bei den Larven der Mollusca kommen Organe vor, welche aus unverzweigten oder verzweigten Kanälen bestehen; jeder Kanal ist mit bestimmten Endzellen versehen. Solch eine Endzelle besteht aus einem Zellkörper mit Kern; im Plasma der Endzelle liegt eine (plasmatische) Capillare, welche in das Kanalsystem mündet (Abb. 877). Zellkörper und Capillare schließen einen Raum ein, in welchem sich ein Büschel von Wimpern bewegt, welche dem Zellkörper entspringen. Der Zellkörper nimmt aus der Umgebung die Secretstoffe auf. Die Wimpern treiben durch ihre fortstoßende Bewegung die Flüssigkeit in das Kanalsystem. Stets münden solche protonephridialen Kanäle nach außen, während sie nach dem Bindegewebe und der primären oder sekundären Leibeshöhle zu geschlossen sind.

Wo bei den Polychäten Protonephridia vorkommen, besitzen sie einen eigentümlichen Charakter: wir finden hier paarige, segmental wiederholte Kanäle, welche an den blinden Enden verzweigt sind; sie tragen an diesen Enden Bündel eigentümlicher Endzellen. Diese Endzellen werden Solenocyten (Abb. 878) genannt; sie sind jedoch mit den Endzellen bei den Plathelminthes homolog. Jeder Solenocyt besteht aus einem freien, im Coelom gelegenen Zellkörper und ist durchsetzt von einer sehr engen cylindrischen Capillare, welche die Wand des protonephridialen Kanales durchbohrt und in ihn ausmündet. An Stelle eines

Wimperbüschels finden wir hier nur eine einzige sehr lange Wimper, welche bis in den Kanal hineinragt.

Wenigstens in einigen Fällen ist das Protonephridium ectodermalen Ursprungs.

Metanephridia. In der Gruppe der Annelida haben sich aus den Protonephridien phylogenetisch segmentale Metanephridia entwickelt (Abb. 880): die Solenocyten verschwinden; jedes Nephridium tritt in eine direkte Kommunikation mit dem coelomatischen Hohlraum des vorangehenden Segmentes. Das Metanephridium kommuniziert also durch das Nephrostom, den Nierentrichter, mit der Leibeshöhle. Es mündet durch den Nephridioporus nach außen.

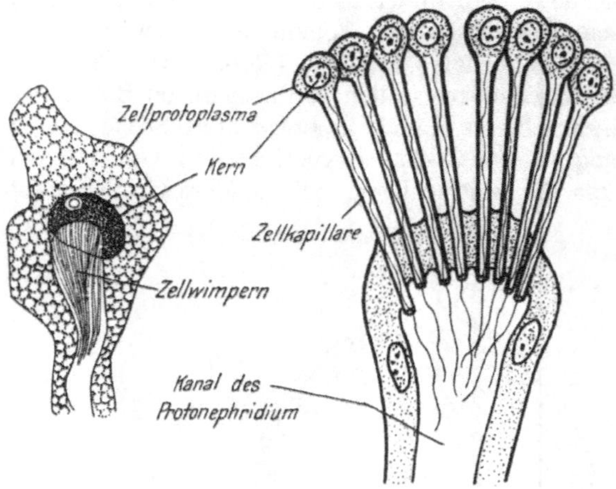

Abb. 877. Abb. 878.

Abb. 877. Endzelle eines Protonephridium von Tetracelis marmorosum. (Nach LUTHER.) – Abb. 878. Solenocytenbündel von Phyllodoce Paretti; das blinde Ende eines Protonephridialkanales ist longitudinal durchschnitten. (Nach GOODRICH.)

Coelomoducte. In verschiedenen Gruppen des Tierreiches entspringen aus der Leibeshöhle oft segmental angelegte Kanäle, welche von GOODRICH Coelomoducte, von FELIX Genitalkanälchen genannt werden. Sie entwickeln sich ontogenetisch aus dem Coelomepithel. Ihre Aufgabe besteht ursprünglich darin,

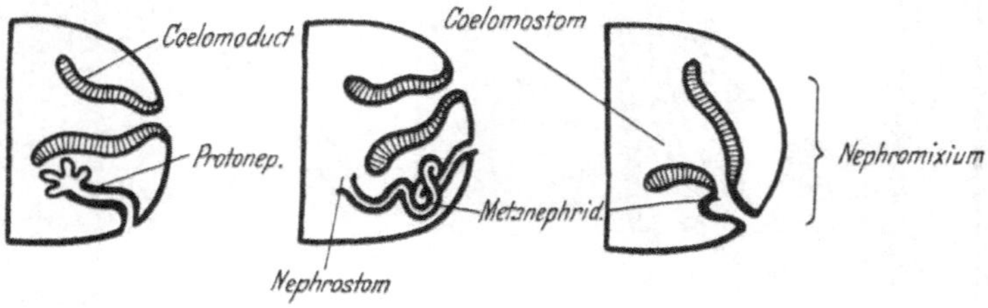

Abb. 879. Abb. 880. Abb. 881.

Abb. 879—881. Schemata, die das verschiedene Verhältnis der Nephridien zu den Coelomoducten verdeutlichen. (Nach GOODRICH.)

die Genitalprodukte aus dem Coelom fortzuschaffen (Abb. 879 und 880). Diese Coelomoducte können, z. B. bei den Mollusca, eine excretorische Bedeutung erhalten.

Nephromixia. Bei vielen Annelida treffen wir nun eine Vereinigung eines Metanephridium mit einem Coelomoduct: der Coelomoduct bildet einen Trichter, das sogenannte Coelomostoma; dieser führt die Genitalprodukte aus der Körperhöhle ab; dieser Trichter verbindet sich nun mit dem Metanephridium, welches nach außen mündet. Solche zusammengesetzten Organe werden Nephromixia genannt (Abb. 881). Sie dienen gleichzeitig der Excretion und der Abfuhr der Genitalprodukte.

Wir werden nun die Excretionsorgane der Acrania und Craniota getrennt besprechen und werden uns fragen, mit welchen Organen der Invertebrata diese Organe zu vergleichen sind.

Die Excretionsorgane der Acrania.

Die Excretionsorgane bei Amphioxus besitzen einen sehr eigentümlichen Bau und sind darum schwer zu vergleichen mit den betreffenden Organen der Craniota. Wir finden hier etwa 90 Paar Nierenkanälchen, welche an dem Dorsalende der sekundären Kiemenbogen liegen und zwar gegen die mediale Wand des subchordalen Coeloms (Abb. 883). Diese Kanäle münden durch je einen Excretionsporus in den peribranchialen Raum (vgl. Abb. 708/9 auf S. 587). Am Anfang dieser Kanäle liegen mehrere Säcke, die nach Boveri (1904) in der Richtung auf das Coelom zu geöffnet sind; Goodrich (1902, 1909) meint dagegen, daß diese Säcke geschlossen seien. Merkwürdigerweise und ohne allen Zweifel sind

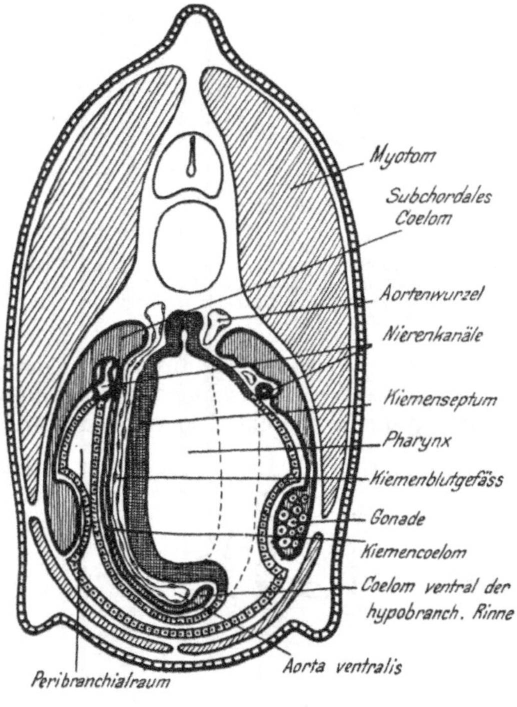

Abb. 882. Schematischer Querschnitt durch den Pharynx von Amphioxus. Links ist ein Kiemenseptum in seiner ganzen Länge, rechts ein Kiemenspalt getroffen. (Nach Boveri mit einer Verbesserung nach Goodrich.)

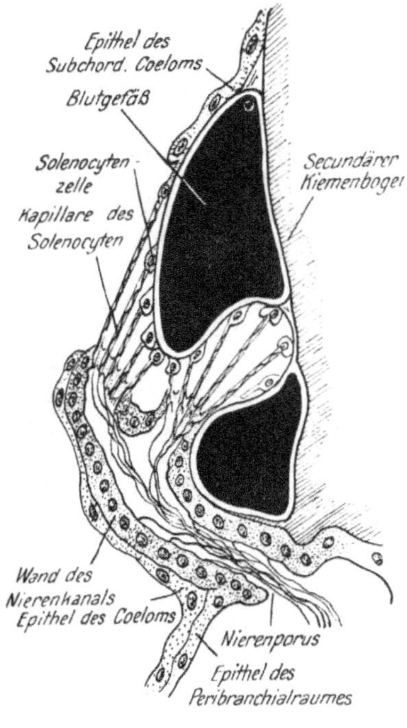

Abb. 883. Schematischer Querschnitt durch ein Protonephridium in der Richtung des Kiemenseptum. (Nach Goodrich.)

diese Säcke mit echten Solenocyten besetzt (Abb. 883), welche vollkommen mit denen der Polychäten übereinstimmen. Diese Solenocyten liegen in der medialen Wand des subchordalen Coeloms; sie werden von Boveri betrachtet als veränderte Coelomzellen. Goodrich nimmt jedoch an, daß dort, wo die Solenocyten liegen, das bedeckende Coelomepithel verschwunden ist.

Goodrich erblickt auch in dem sogenannten Hatschekschen „Nephridium“ einen Nierenkanal, obgleich dieses Organ unpaar ist: es ist nämlich eine kurze, vorn blind geschlossene Röhre, welche neben der linken Aorta nach hinten verläuft; es mündet direkt hinter dem Velum dorsal in den Pharynx aus. Dieses Organ besitzt ebenfalls kurze Blindsäcke mit zahlreichen Solenocyten.

Legros hat 1909 gefunden, daß sich die Nierenkanälchen als Ausstülpungen des Coeloms entwickeln; sie sind also mesodermalen Ursprungs. Während sie im Anfang mit dem Coelom kommunizieren, meint auch LEGROS auf Grund eines Studiums der Präparate von GOODRICH, daß sie später nach dem Coelom zu geschlossen sind. Außerdem konnte LEGROS überzeugend aufweisen, daß die Nierenkanäle ursprünglich in den äußersten Teil der entodermalen Kiemensäcke ausmünden; sind später die Kiemenspalten nach außen durchgebrochen und ist der peribranchiale Raum entwickelt (Abb. 709), so sind also die am meisten dorsal gelegenen Teile des peribranchialen Raumes entodermalen Ursprungs, während der Rest vom Ectoderm abzuleiten ist.

Mit welchen Excretionsorganen müssen wir nun diese Organe von Amphioxus homolog stellen? Wahrscheinlich dürfen wir sie als Protonephridien ansehen hauptsächlich darum, weil sie Solenocyten besitzen. Hiermit scheint jedoch der Ursprung aus dem Mesoderm im Widerspruch zu stehen, da Protonephridien meistens vom Ectoderm abstammen. Dabei müssen wir jedoch bedenken, daß nach K. HEIDER auch die Nephridien der Annelida vom Coelomepithel abgeleitet werden, und daß diese Organe als homolog mit den Protonephridien angesehen werden.

Die Excretionsorgane der Craniota im allgemeinen.

Wenn man die Entwicklung dieser Organe bei den Amniota studiert, so bekommt man den Eindruck, daß man es hier mit drei selbständigen Organen zu tun hat, welche nacheinander entstehen und einander ablösen. Wir werden jedoch später sehen, daß diese Auffassung nicht richtig ist. Hintereinander treten auf der Pronephros (Vorniere), Mesonephros (Urniere) und schließlich der Metanephros (Nachniere). Bei den Anamnia kommt stets ein Pronephros zur Entwicklung, worauf ein Mesonephros gebildet wird; ein typischer Metanephros fehlt, obgleich man beobachten kann, daß in vielen Fällen der hintere Teil des Mesonephros die Eigenschaften des Metanephros annehmen kann; in diesem Falle entsteht ein Organ, welches durch J. GRAHAM KERR Opisthonephros genannt worden ist. Ein selbständiger Metanephros kommt also bei den Anamnia nicht vor.

Der ganze Excretionsapparat entwickelt sich aus den Segmentstielen (Nephrotomen): dieses sind mesodermale Röhren oder Stränge, welche die Myotome mit den nicht segmentierten Seitenplatten verbinden. In anderen Fällen entwickelt sich der Excretionsapparat aus dem nephrogenen Strange: einem Gewebe, welches morphologisch besteht aus Segmentstielen, die miteinander verschmolzen sind.

1. Der Pronephros.

In den meisten Fällen besteht der Pronephros an jeder Körperseite aus einer kleinen Anzahl Kanäle, den Pronephroskanälchen. Diese liegen dorsal des Coeloms im Vorderteil des Rumpfes; sie stehen durch Nephrostomata mit dem Coelom im Zusammenhang und vereinigen sich zu einem Abfuhrgang: dem primären Harnleiter, welcher die Aufgabe hat, die Excretprodukte nach außen abzuführen.

Wie entwickeln sich nun diese Pronephroskanälchen? An den Somatopleura der Segmentstiele (d. h. an ihrer nach dem Ectoderm zu gekehrten Wand) entsteht ein massiver oder hohler Knopf, welcher caudad und gegen das Ectoderm zu gerichtet ist (Abb. 884a). Dieser Knopf wächst aus zum Hauptkanal: der laterale Teil des Segmentstieles dagegen bildet das sogenannte „Ergänzungskanälchen“ (in der Abb. 884 mit Strichen versehen). Dieses differenziert sich in eine innere Pronephroskammer und in einen Nephrostomkanal, welcher durch das Nephrostom in das Coelom ausmündet. Der mediale Teil des Segmentstieles fällt in Mesenchymzellen auseinander; dadurch wird der Zusammenhang zwischen dem Myocoel und dem Splanchnocoel aufgehoben (Abb. 884b). Die innere Pronephroskammer wird durch Gefäßschlingen umgeben oder in anderen Fällen wird die Wand dieser Kammer durch einen „inneren Glomerulus“ eingestülpt (Abb. 884c). Diese Einrichtung führt das überflüssige Wasser aus dem Blute ab, während der Pronephroskanal selbst eine excretorische Bedeutung hat.

Diese Pronephroskanäle können sich nun mehr oder weniger stark verlängern, nachdem ihre blinden Enden sich vereinigt haben zur Anlage des primären Harnleiters. Dieser Kanal wächst selbständig caudad, bis er die Cloaca erreicht. Im Anfang ist der primäre Harnleiter massiv, später erhält er ein Lumen.

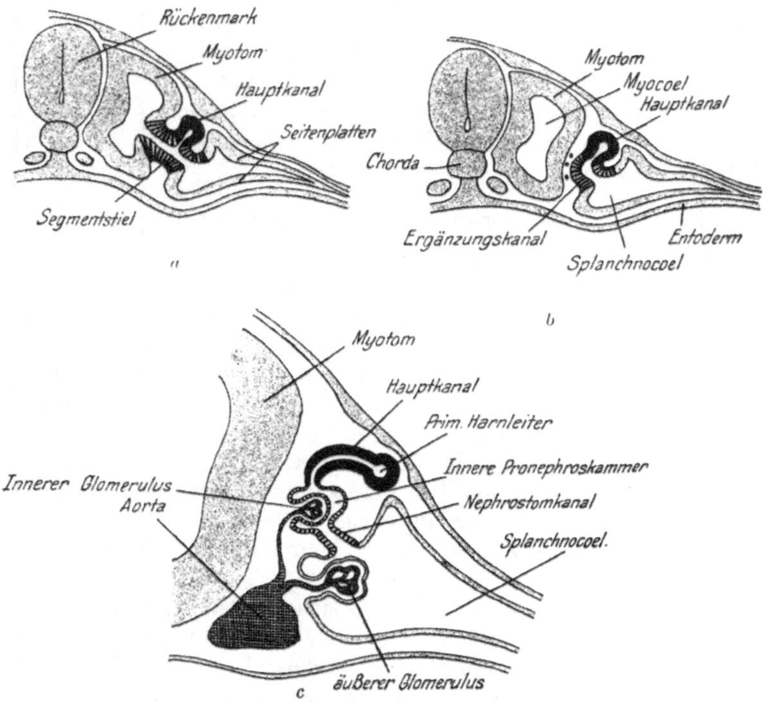

Abb. 884. Schematischer Querschnitt, um die Entwicklung des Pronephroskanales zu zeigen. (Nach FELIX.)

Außerdem kann es vorkommen, daß der dorsale Teil des Coeloms, in welchen die Nephrostomata ausmünden, sich teilweise vom Coelom abschnürt: so entsteht eine „äußere Pronephroskammer“. — Schließlich können sich in der Nähe des Pronephros Gefäßknäuel entwickeln: die äußeren Glomeruli (Abb. 884c). Diese können an jeder Seite zu einem Ganzen vereinigt sein. Sie ragen in das Coelom hinein auf der Höhe der Nephrostomata.

In der Reihe der Vertebrata sehen wir, wie der Pronephros während der Entwicklung eine sehr verschiedene Bedeutung hat: bei Formen mit dotterreichen Eiern, welche also in einem relativ vollkommenen Zustande frei werden, ist der Pronephros stark zurückgebildet; aber bei anderen Formen, deren embryonale Entwicklung kurz ist, deren freies Larvenstadium also lang ist, dort spielt der Pronephros eine große Rolle. Man kann sich vorstellen, daß bei diesen letzten Formen das selbständige Bestehen als Larve beginnt, noch bevor ein Mesonephros zur Entwicklung gekommen ist. Schließlich wird der Pronephros abgelöst durch den Mesonephros: im erwachsenen Zustande funktioniert der Pronephros nur in Ausnahmefällen.

2. Der Mesonephros.

Der Mesonephros wird caudal des Pronephros und in der Ontogenese später angelegt. In den Hauptzügen stimmen jedoch beide Erscheinungsformen überein. Die Kanäle, welche den Mesonephros bilden, tragen den Namen Mesonephroskanäle; sie entstehen so, daß der Segmentstiel sich von dem Myotom dadurch freimacht, daß der dorsale (mediale) Teil des Segmentstieles sich auflöst in Mesenchymzellen, während der Rest einen Kanal bildet, welcher in das Coelom mündet (Abb. 885—887). Hieraus entwickelt sich durch Ausstülpung der Somatopleura der Hauptkanal (Abb. 887). Auf diese Weise besteht jeder Mesonephroskanal aus zwei Teilen: der eine Teil mündet in das Coelom (Ergänzungskanal); er stammt vom Segmentstiel; sein blindes Ende wird zu

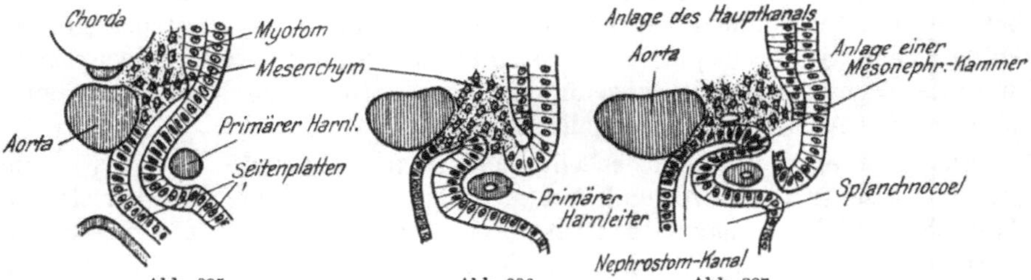

Abb. 885. Abb. 886. Abb. 887.

Abb. 885—887. Schematische Querschnitte, welche die Veränderungen des Segmentstieles in ein Mesonephroskanälchen zeigen. (Nach RABL.)

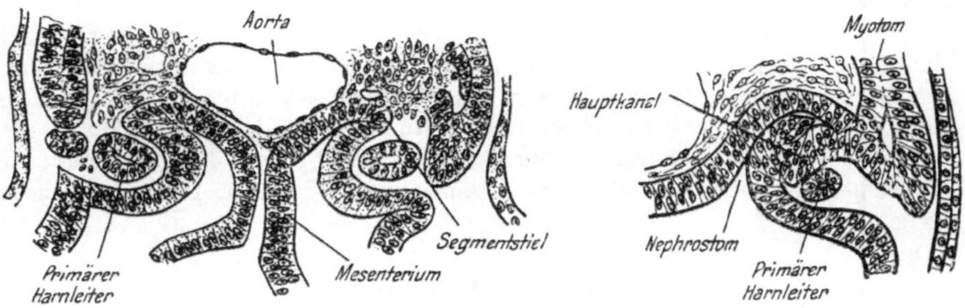

Abb. 888. Abb. 889.

Abb. 888. Querschnitt durch einen Embryo von Pristis, in der Höhe des zweiten Urnierensegmentes. Der Segmentstiel hat sich vom Myotom frei gemacht. (Nach RABL.) — Abb. 889. Querschnitt durch einen Embryo von Torpedo. Abweichend vom Normalfalle tritt hier die Anlage des Hauptkanälchens auf, ehe sich der Segmentstiel vom Myotom frei gemacht hat. (Nach RÜCKERT.)

einer Mesonephroskammer mit Glomerulus. Der zweite Teil ist der Hauptkanal, welcher sich verlängert und schließlich ausmündet in den primären Harnleiter. Der Mesonephroskanal besteht also aus denselben drei Teilen wie der Pronephroskanal: dem Nephrostomkanal, der Mesonephroskammer und dem Hauptkanal, der in den primären Harnleiter mündet.

Während der Mesonephros ursprünglich einen streng segmentalen Bau besitzt, wird dieser später weniger deutlich. Die Nephrostomata gehen oft verloren. Es entstehen aus Teilen des primären Mesonephroskanales Anlagen von sekundären Kanälen; diese bilden wieder tertiäre Kanäle usw. Alle diese neu entstandenen Kanäle bekommen eine Ausmündung in den primären Ureter oder in Kanäle höherer Ordnung. Dadurch, daß nun alle diese Kanäle sich verlängern und sich in Schlingen legen; ferner dadurch, daß Blutgefäße und das Bindegewebe sich hier stark entwickeln —: durch alle diese Vorgänge entsteht ein umfangreiches Organ, das rechts und links vom dorsalen Mesenterium (Abb. 888) in das Coelom hineinragt.

Wie wir sehen werden, kann die Entwicklung des Mesonephros stark abweichen von diesem Schema, das der Selachierontogenie entnommen ist: 1. dadurch, daß die Segmentstiele sich noch vor der Entwicklung der Mesonephroskanäle auch von den Seitenplatten freimachen (Abb. 896 auf S. 722); 2. dadurch, daß die Segmentstiele in der Region des Mesonephros nicht deutlich gegen die Umgebung abgegrenzt sind, vielmehr zu einem einzigen Strange verschmelzen; schließlich dadurch, daß die Segmentierung desjenigen Mesoderms, welches den Segmentstielen entspricht, in der Region des Mesonephros ganz ausbleibt, so daß man hier von Anfang an einen durchlaufenden Strang beobachten kann. Dieser Strang heißt der nephrogene Strang. Aus ihm entwickeln sich dann die Kanäle des Mesonephros als Zellhaufen, welche später hohl werden: aus jedem dieser Bläschen wächst ein Hauptkanal aus (Abb. 900 auf S. 725). In solchen Fällen hat also der Mesonephros den segmentalen Bau verloren; in den ursprünglicheren Fällen, wenn die Mesonephroskanäle sich aus den Segmentstielen entwickeln oder wenn die Segmentstiele sich abschnüren und in toto in Bläschen umwandeln —: dann ist die Anlage des Mesonephros segmental.

Aus dem eben Gesagten erhellt, daß eine auffallende Übereinstimmung besteht zwischen dem Pro- und dem Mesonephros. Sie unterscheiden sich aber dadurch, daß die Kanäle des Pronephros zusammenfließen zu dem primären Harnleiter; die Kanäle des Mesonephros dagegen treten erst nach Bildung dieses Harnleiters auf, münden also sekundär in ihn ein. Nur der Pronephros besitzt außerdem einen äußeren Glomerulus, welcher jedoch auch fehlen kann, wenn das ganze Organ schwach entwickelt ist.

Der Mesonephros besitzt übrigens nicht ausschließlich eine excretorische Funktion; er leitet vielmehr bei den männlichen Tieren gleichzeitig das Sperma aus den Testes ab. Solches finden wir bei den Selachii und bei den Amniota, wo der Mesonephros größtenteils zugrunde geht: dann bleibt gerade derjenige Teil des Mesonephros bestehen, welcher das Sperma abführen muß. Bei der Besprechung der Genitalorgane kommen wir auf diesen Punkt ausführlich zurück.

3. Der Metanephros.

Wir sahen eben, wie in vielen Fällen der Mesonephros ganz oder teilweise aus dem nephrogenen Strange entsteht. Dieses gilt nun auch für den Metanephros. Man kann dann an diesem Strange unterscheiden: 1. einen cranialen mesonephrogenen Teil, welcher das Gewebe für den Mesonephros liefert; 2. und mehr caudal einen metanephrogenen Teil, welcher den Metanephros bildet. Aus diesem letzten Gewebe entstehen die Kanäle des Metanephros, welche von Anfang an nicht segmental angeordnet sind und niemals Nephrostomata zeigen. Charakteristisch ist hauptsächlich, daß die Kanäle des Metanephros nicht unmittelbar in den primären Harnleiter ausmünden, sondern daß sie sich in allen Fällen verbinden mit einem Auswuchs dieses primären Harnleiters, welcher also einen Teil des Ausfuhrapparates des Metanephros bildet; dieser Auswuchs wird sekundärer Harnleiter genannt.

Der Metanephros ist die funktionierende Niere bei den Amniota, bei welchen er ein selbständiges Organ bildet. Er ist jedoch nicht auf die Amniota beschränkt; schon bei vielen Anamnia, z. B. bei den Gymnophiona, nimmt der hintere Teil des Mesonephros Eigenschaften des Metanephros an: er besitzt Mesonephros- und Metanephroskanäle. Meso- und Metanephros bilden hier also ein einziges zusammenhängendes Organ: den Opisthonephros (J. Graham Kerr).

Über die Physiologie der Niere sei hier nur folgendes angedeutet. Die meisten Stoffe des Urins werden nicht durch die Niere selbst gebildet, sondern durch das Blut herbeigebracht. Die Konzentration jedoch der exzernierten Stoffe ist im Urin wesentlich höher als im Blut. Die Abscheidung des Urines geschieht durch die lebenden Zellen der Nierenkanäle. In dem Urine sind sehr viele Stoffe aufgelöst: neben anorganischen Salzen vor allem verschiedene organische Stickstoffverbindungen wie Harnstoff, Harnsäure, Kreatinin, Hippursäure usw. Je nach der Nahrung ist die Zusammensetzung des Urines verschieden: so enthält der menschliche Urin und der der Carnivora relativ wenig Hippursäure, welche wir bei den Ruminantia und dem Pferde dagegen in größeren Mengen finden. Der weiße, breiige Urin der Reptilia und Aves besteht vor allem aus Harnsäure.

4. Die Ausmündung der Urinkanäle und der Urinblase.

In der Gruppe der Vertebrata kann man als den primitivsten Zustand diesen ansehen: die primären Harnleiter leiten den Urin direkt in die Cloaca; solches ist bei vielen Pisces und Amphibia wahrzunehmen. Bei den Amniota dagegen haben die Ureteren diese Aufgabe übernommen, jedoch münden auch sie ursprünglich in die Cloaca aus. Dieser Zustand wird, wie wir sehen werden, nur bei den Mammalia verändert.

Unabhängig davon, welche Kanäle den Urin aus der Niere fortführen, kann sich ein Behälter entwickeln, in welchem der Urin aufgespeichert wird. Eine solche Urinblase kann morphologisch von verschiedenen Stellen aus gebildet werden. Man kann dabei eine entodermale und eine mesodermale Blase unterscheiden (Felix). Die entodermale ist dann wieder entweder allantoidogen oder cloacogen. Die erste entsteht durch Erweiterung des Allantoisstieles; die zweite entsteht aus der Cloaca und zwar aus ihrem dorsalen oder dem ventralen Teil. Eine mesodermale Blase dagegen wird gebildet durch Vereinigung des rechten und linken primären Harnleiters zu einem unpaaren Kanal, der sich erweitert. In einigen Fällen ist ein gemischter Ursprung der Urinblase beobachtet.

Unabhängig von der morphologischen Art der Blase gebrauchen wir für den meist kurzen Blasenausfuhrgang den Namen Urethra, (welchen man nicht verwechseln darf mit dem später zu besprechenden Canalis urogenitalis). Diese Urethra mündet meist in die Cloaca, in einigen Fällen jedoch, z. B. bei den Teleostei, unmittelbar nach außen; bei den Mammalia dagegen in den Canalis urogenitalis.

Übersicht über die Entwicklung und den Bau des Excretionsapparates in den verschiedenen Gruppen der Craniota.

Wir verfolgen jetzt den Bau und, falls es notwendig ist, auch die Entwicklung des Excretionsapparates in den verschiedenen Gruppen der Craniota.

Cyclostomata. In beiden Gruppen der Cyclostomata unterscheidet sich der Bau des Excretionsapparates erheblich.

Bei den Myxinoidea besitzt das gesamte Organ die Bedeutung eines Pronephros (G. Price, 1897, 1904, 1910). Bei Bdellostoma werden im Durchschnitt vom 12. bis zum 80. Segmente Kanäle angelegt, welche in das Coelom ausmünden. Daraufhin tritt ein primärer Harnleiter auf, welcher durch diese Kanälchen gebildet wird, so daß sie als Pronephroskanäle angesehen werden müssen.

Bei dem jungen und dem erwachsenen Tiere kann man am Excretionsapparat zwei Teile unterscheiden: der vordere ist unter dem Namen Kopfniere (Abb. 885) bekannt, wird jedoch auch oft Vorniere genannt (Conel, 1917). Diese Kopfniere entsteht aus den vorderen Nierenkanälen, im Durchschnitt vor dem 31. Segmente; diese Kanäle bewahren ihre Ausmündung in das Coelom, d. h. in diesen

Fällen in die Pericardhöhle. Die Kopfniere besitzt viele Blutgefäße. Sie ragt im erwachsenen Zustande in den dorsalen Teil des Pericards hinein. Die Kopfniere besitzt dadurch eine verwickelte Struktur, daß von den ursprünglichen Kanälchen durch Verzweigung neue entstehen, welche in die Pericardhöhle ausmünden (Abb. 890). Außerdem scheidet sich die Kopfniere ganz von dem übrigen Teile der Niere ab.

Eigentümlich ist es ferner, daß in dem zur Kopfniere gehörigen Teile des primären Harnleiters Öffnungen auftreten (Abb. 890); dadurch entsteht nämlich eine Verbindung zwischen diesen Gängen und einem Divertikel der Vena cardinalis, mit welcher die Kopfniere zusammenhängt: auf diese Weise entsteht also eine Kommunikation zwischen dem Blutgefäßsystem und dem Pericardcoelom via die Nierenkanäle und ihre Nephrostomata. Da nun das Pericardcoelom selbst mit dem Coelom kommuniziert und das Coelom wieder via Genitalporus mit der Cloaca im Zusammenhang steht —: so finden wir also hier indirekt eine Kommunikation zwischen Blutgefäßsystem und Außenwelt.

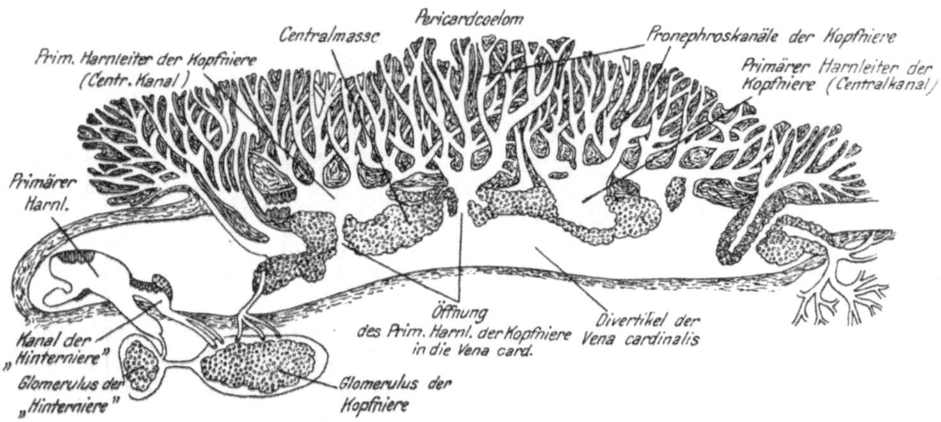

Abb. 890. Rekonstruktion der rechten Kopfniere von Bdellostoma. (Nach CONEL.)

In dem übrigen Teil der Niere (Hinterniere), hinter dem 31. Segmente (oft auch Urniere genannt; CONEL 1917), machen kleine Coelomteile, in welche die Nephrostomata ausmünden, sich frei von der Körperhöhle. Jeder dieser Coelomteile bildet den Anfang eines Nierenkanales, in welchem sich auch ein Glomerulus entwickelt. So erhält diese „Hinterniere", welche ihrer Entwicklung nach ein Teil des Pronephros ist, den Bau eines einfachen Mesonephros mit segmentalen Kanälen, welche in den primären Harnleiter ausmünden. Wir müssen jedoch bemerken, daß zwei oder drei der mit einem Glomerulus anfangenden Kanälchen aufgenommen werden in die Kopfniere; ihre Glomeruli bilden durch Verschmelzung den Glomerulus der Kopfniere (Abb. 890).

Die „Hinterniere" besitzt wohl zweifellos eine excretorische Funktion. Die Kopfniere dagegen kann diese Funktion nicht haben, weil keine nach außen mündenden Abfuhrgänge zu beobachten sind; man vermutet, daß die Kopfniere Lymphe von dem Coelom zu den Blutgefäßen bringt.

Bei den Petromyzontes kann man dagegen in der Entwicklung einen typischen Pro- und Mesonephros unterscheiden. Der Mesonephros ist ein paariges, langgestrecktes Organ, welches an der Rückenseite des Coeloms liegt. Seine Kanäle stehen nicht mehr mit dem Coelom im Zusammenhang; sie entspringen vielmehr an dem langgestreckten Glomerulus, welcher durch Vereinigung der einzelnen Glomeruli entstanden ist. Von dem Pronephros können übrigens Reste bestehen bleiben in Gestalt von Nephrostomata und Glomeruli.

Bei allen Cyclostomata vereinigen sich die primären Harnleiter caudal zu einem gemeinschaftlichen Gang: dem Sinus urogenitalis; dieser mündet an der Spitze einer Papille caudal des Anus aus (Abb. 919 auf S. 743). Bei den Larven von Petromyzon münden die primären Harnleiter dagegen in die Cloaca. Dieser ebengenannte Sinus urogenitalis entsteht übrigens teilweise durch Vereinigung der beiden Harnleiter, teilweise durch Abschnürung vom dorsalen Teile der Cloaca.

Die übrigen Pisces. Bei den übrigen Pisces ist die funktionierende Niere vermutlich stets ein Opisthonephros. Wir finden hier ein paariges, langgestrecktes Organ, welches rechts und links von der Medianlinie an der Rückenseite des Coeloms retroperitoneal gelegen ist. Der primäre Harnleiter dient als Abfuhrgang.

Bei den Selachii ist der Pronephros stark zurückgebildet und auf drei bis acht Segmente beschränkt. Das vorderste Rumpfsegment, welches einen Pronephroskanal bildet, ist meist das siebente. Die Hauptkanäle treten auf als Verdickungen der Somatopleura der Segmentstiele (Abb. 888). Sie vereinigen sich miteinander zur Anlage des primären Harnleiters. Innere Vornierenkammern werden nicht angelegt. Eine excretorische Funktion bekommt der Pronephros bei den Selachii nicht; eine filtratorische Funktion ist dadurch angedeutet, daß an der rechten Körperseite sich die Darmblutgefäße entwickeln, welche von der Aorta zur Vena subintestinalis verlaufen (Paul Mayer); diese Gefäße, welche in dorso-ventraler Richtung um den Darm verlaufen, sind beschränkt auf die Region des Pronephros; sie schwellen gegenüber den Nephrostomata des Pronephros an, so daß man hier eine Filtration aus den Arterien in das Coelom hinein vermuten kann. Schließlich werden die Hauptkanäle zurückgebildet, die Segmentstiele machen sich von den Myotomen los und fließen, sich erweiternd, zusammen mit dem Splanchnocoel. Der primäre Harnleiter hat sich inzwischen caudad verlängert; er schließt sich dabei oft eng an das Ectoderm an. Mit Sicherheit hat man nachweisen können, daß er durch Teilung seiner eigenen Zellen wächst, ohne Material vom Ectoderm zu empfangen (G. A. Bates, 1914).

Während also der Pronephros der Selachii nur in geringerem Maße oder vielleicht gar nicht funktioniert, so bildet der Opisthonephros in dieser Gruppe gerade die funktionierende Niere. Er erstreckt sich über etwa 35 Segmente und liegt caudal des Pronephros. Die Segmentstiele machen sich unter Bildung von Mesenchym von den Myotomen frei. Es sind gerade die Zellen der Splanchnopleura, welche sich verwandeln in Bindegewebe, während dagegen die der Somatopleura auswachsen und die durch Bindegewebebildung entstandene Lacune anfüllen (Abb. 889). Die Segmentstiele sind so zu Anlagen von Mesonephroskanälen geworden; sie münden durch Nephrostomata in das Splanchnocoel aus; von dort verlaufen sie dorso-laterad. Lateral von ihnen liegt der primäre Harnleiter (Abb. 886—890 und 891). Das blinde, durch die Somatopleura gebildete Ende des Kanales erweitert sich zur Mesonephroskammer und verbindet sich etwa medial des eigentlichen blinden Endes mit dem primären Harnleiter (Abb. 891 b). Diese Verbindung ist im Anfang eine kurze Brücke, welche jedoch zu einem Hauptkanal auswächst (Abb. 890 und 891 b). Nach den Untersuchungen von Borcea (1906) wächst auch der primäre Harnleiter an der Verbindungsstelle aus (Abb. 891a); so wird der Hauptkanal verlängert durch einen Sammelkanal, welcher vom primären Harnleiter abstammt (Abb. 891b). Der Mesonephroskanal verlängert sich daraufhin und legt sich in Schleifen (Abb. 891c). So entsteht zu beiden Seiten des Körpers ein durchaus segmental gebautes Organ, in welchem auf jedes Körpersegment ein Paar Mesonephroskanäle kommen.

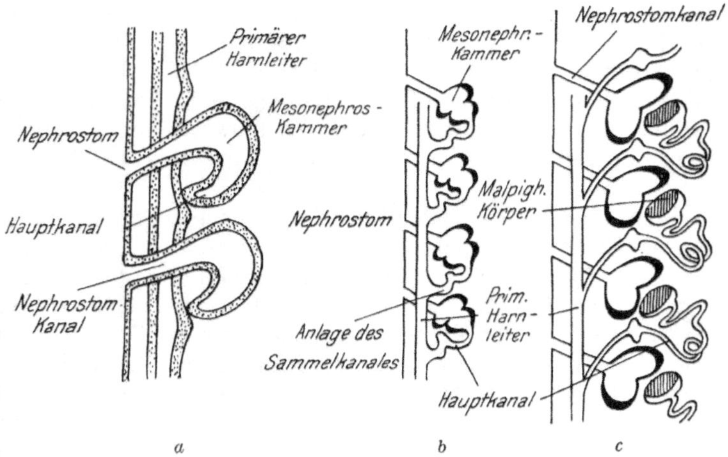

Abb. 891. Drei Entwicklungsschemata des Mesonephros von Acanthias. *a* Vier Mesonephroskanäle verbinden sich mit dem primären Harnleiter. *b* Die Scheidung der Mesonephroskammern in zwei Teile ist angedeutet. *c* Die Mesonephroskammern haben sich vollständig geteilt. (Nach J. BORCEA.)

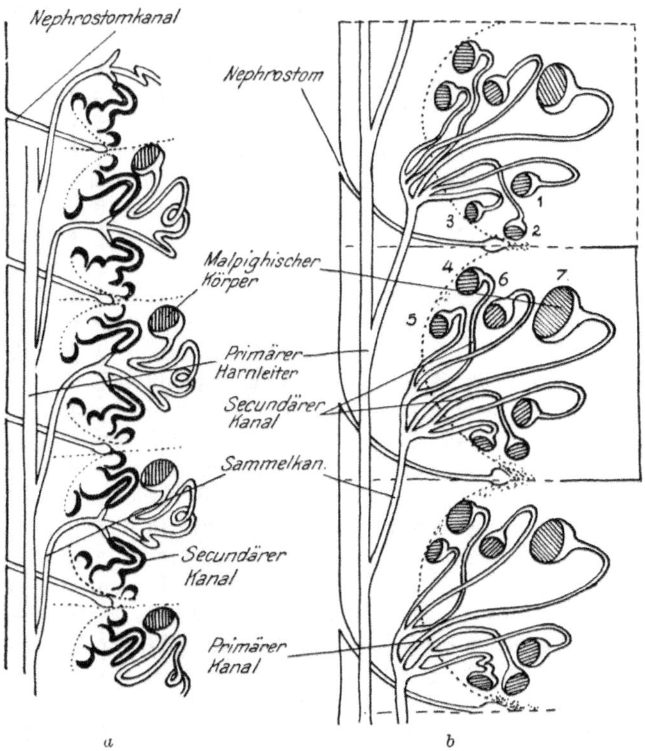

Abb. 892. Zwei Schemata von der weiteren Entwicklung des Mesonephros von Acanthias. *a* Sekundäre Kanäle werden angelegt. *b* Die sekundären Kanälchen haben sich mit den Ausstülpungen aus den Sammelkanälen verbunden. Drei Nierensegmente sind abgebildet. Die MALPIGHIschen Körper, von 1—7 numeriert, stammen von einer einzigen Mesonephroskammer ab. (Nach J. BORCEA.)

Bei Acanthias soll die Mesonephroskammer sich daraufhin aufteilen (BORCEA, Abb. 891c): 1. in einen Teil, welcher mit dem Nephrostomkanal zusammenhängt, 2. in einen Teil, welcher mit dem Hauptkanal im Zusammenhange bleibt, an welchem durch Wucherung eines Teiles der Epithelwand das sogenannte Malpighische Körperchen entsteht, und zwar am Anfange des Hauptkanales. Wenn dieser Körper auftritt, so hat der Hauptkanal den Zusammenhang mit dem Coelom bereits verloren. Der mit dem Nephrostomkanal zusammenhängende Blasenrest bekommt dann ein gelapptes Aussehen (Abb. 892a). Diese Lappen schnüren sich ab; jeder Lappen wird zu einem sekundären Malpighischen Körper (Abb. 892b). Von diesem wächst je ein sekundärer Mesonephroskanal aus, welcher sich mit einem anderen Auswuchse verbindet, der von dem terminalen Ende eines Sammelkanales auswächst (Abb. 892b). Auf dieselbe Weise wie diese sekundären Nierenkanäle entstehen auch die tertiären. — Wir können an dieser Stelle noch darauf hinweisen, daß bei mehreren Selachii die Nephrostomkanäle später verschwinden. —

Von diesem Entwicklungsgange bei Acanthias weichen die meisten Selachii ab. Bei Raja z. B. ist die Entwicklung der Niere mehr zusammengedrängt und erinnert an die Nierenentwicklung der Amniota durch das Auftreten eines nephrogenen Stranges (J. BORCEA).

In der angegebenen Weise entwickelt sich ein langgestrecktes Organ, dessen Caudalteil oft stärker entwickelt ist als der craniale Teil. Das Organ ist reich mit Blutgefäßen versehen; es besitzt zahlreiche, stark gewundene primäre, sekundäre usw. Kanäle. Es verdient noch hervorgehoben zu werden, daß in dem caudalen Teile der Niere die obengenannten Sammelkanäle, welche ja aus dem primären Harnleiter entstehen, sich von diesem Kanal freimachen und sich vereinigen können zu einem Abfuhrgang, welcher den Namen eines sekundären Harnleiters oder Ureters wohl verdient (Abb. 920 und 921 auf S. 744 und 745).

Aus dieser Beschreibung folgt, daß wir bei den Selachii von einem Opisthonephros sprechen dürfen: sind doch die sekundären usw. Mesonephroskanäle vergleichbar mit den Kanälen des Metanephros, weil sie sich aus dem nephrogenen Gewebe entwickeln können und ausmünden in Auswüchse des primären Harnleiters.

Bei den Selachii vereinigen sich die primären Harnleiter caudal und median zu einer Blase; diese Blase mündet aus auf einer Papille an der dorsalen Wand der Cloaca. Bei den Holocephali dagegen besteht dieser primitive Zustand nicht mehr; es vereinigen sich die primären Harnleiter und die Genitalgänge zu einem Uro-Genitalsinus; dieser mündet hier hinter dem Anus aus.

Die Dipnoi besitzen im Larvenstadium einen gut entwickelten und auch funktionierenden Pronephros. Die Urnieren sind langgestreckte Organe, deren Ausfuhrgänge in die Cloaca münden.

Auch bei den Larven der Crossopterygii beobachtet man einen gut entwickelten Pronephros. Der Mesonephros der erwachsenen Tiere besitzt ebenso wie bei den Chondrostei und den Holostei einen primären Harnleiter, welcher in eine unpaare Blase mündet (Abb. 922 auf S. 747). Diese Blase (auch Sinus genannt) entsteht bei Amia und Lepidosteus teilweise durch Vereinigung der caudalen Enden der primären Harnleiter, teilweise aus der Cloaca. Die Cloacenöffnung wird zum Excretionsporus, während der Anus neu gebildet werden muß.

Auch bei den Teleostei bildet der Pronephros den funktionierenden Apparat für die Embryonen und die jungen Tiere. Jeder solcher Pronephros besteht erstens aus einer ansehnlichen inneren Pronephroskammer, deren Filterapparat durch die Arteria mesenterica gebildet wird; zweitens aus einem Kanal, welcher die Pronephroskammer mit dem primären Harnleiter verbindet.

Bei Fierasfer und Zoarces soll übrigens der Pronephros während des ganzen Lebens funktionieren (EMMERY). Bei Lepidogaster soll der Filterapparat des Pronephros selbst der einzige Teil sein, welcher funktioniert, da der Mesonephros hier keine Malpighischen Körper besitzt (GUITEL); AUDIGÉ (1910) traf jedoch unter seinem großen Tiermaterial keine Formen an, bei denen der Pronephros bei erwachsenen Tieren noch als Excretionsapparat funktioniert.

Bei den erwachsenen Teleostei kann man in vielen Fällen (nach den Untersuchungen von J. AUDIGÉ [1910] u. a.) an der Niere drei Teile unterscheiden (Abb. 893 und 929 auf S. 749): einen Vorderteil: welcher die Kopfniere oder den Pronephros darstellt; einen Mittelteil: die Rumpfniere oder Mesonephros; und schließlich einen caudalen Teil: die Schwanzniere oder Metanephros. Diese Teile sind nicht scharf voneinander geschieden, sondern durch Übergangszonen miteinander verbunden.

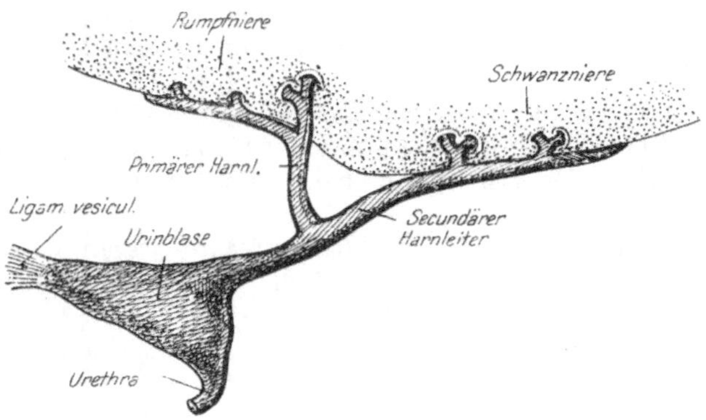

Abb. 893. Primärer und sekundärer Harnleiter von Anguilla vulgaris von links gesehen. (Nach AUDIGÉ.)

Die Kopfniere liegt dorsal der Pericardhöhle und ist nichts anderes als der Pronephros, welcher bei den erwachsenen Formen aus einem lymphoiden Gewebe besteht.

Die Rumpfniere liegt an der Rückenseite der Bauchhöhle zwischen der Wirbelsäule und der Schwimmblase. Sie ist lang und schmal und erstreckt sich über den größten Teil des Rumpfes; Nephrostomata fehlen. Merkwürdig ist es übrigens, daß bei jungen Cypriniden die Rumpfniere funktioniert, ohne Glomeruli zu besitzen. Bei Lophius piscatorius fehlen Glomeruli auch im erwachsenen Zustande; sie werden physiologisch ersetzt durch die gewundenen Anfangsstücke einiger Nierenkanälchen; diese Knäuel ragen in den venösen Sinus der Niere hinein.

Die Abfuhrgänge der Rumpfniere, die primären Harnleiter, stoßen in der Medianlinie zusammen, wo sie sich zu einer Urinblase erweitern (Abb. 893 und 929 auf S. 749). Diese Urinblase entsteht aus der embryonalen Cloaca. Sie mündet durch eine kurze Urethra meistens selbständig hinter der Genitalöffnung aus.

Die Schwanzniere liegt im caudalen Teile des Rumpfes oder in einer besonderen caudalen Aussackung des Coeloms. Ihre Kanäle münden in einen Auswuchs des primären Harnleiters aus; man kann diesen Auswuchs auch als (sekundären) Ureter ansehen, so daß diese Schwanzniere dann vergleichbar wäre mit dem Metanephros der Amniota (Abb. 893).

Amphibia. Bei den Amphibia besteht der Excretionsapparat aus einem Meso- oder Opisthonephros, dessen primäre Harnleiter stets in die Cloaca ausmünden.

Wir besprechen zuerst etwas ausführlicher die Entwicklung dieses Apparates bei den Gymnophiona, welche durch A. BRAUER 1902 bei Hypogeophis rostratus genau untersucht wurde und von großem theoretischen Interesse ist. In dem allgemeinen Teile kommen wir darauf zurück.

Bei den Embryonen dieser Tiere treten 110 Mesodermsegmente auf, wovon das 4.—100. Segment die Anlage für den Excretionsapparat liefert (Abb. 765 auf S. 624). Man unterscheidet jedoch eine Pronephroszone im 4.—15. Segment; 2. eine intermediäre Zone vom 16.—29. Segment, in welcher keine gut entwickelten Nierenkanäle entstehen; und schließlich eine Mesonephroszone vom 30.—100. Segment.

Die Kanäle des Pronephros entstehen in der typischen Weise dadurch, daß aus dem somatischen Blatte des Segmentstieles (Nephrotom) sich ein nach außen und hinten gerichteter Blindsack (Hauptkanal) entwickelt (Abb. 894). Die

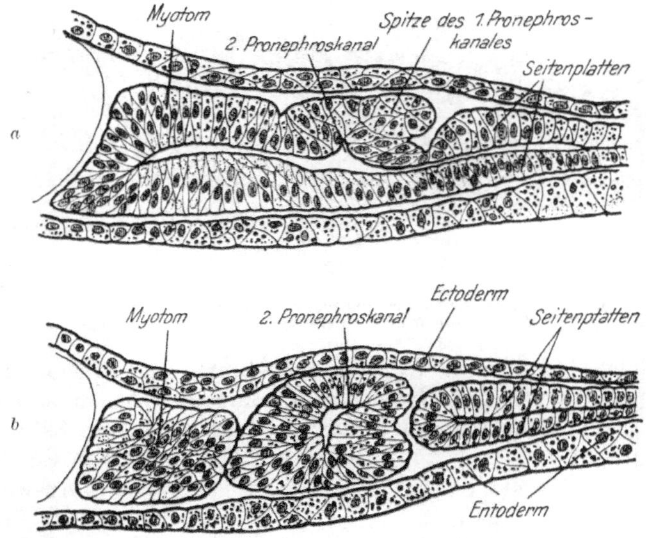

Abb. 894. Zwei Querschnitte durch die Umgebung des Pronephros eines Embryos von Hypogeophis rostratus. In *a* hängen Myotom, Segmentstiel und Seitenplatten miteinander zusammen, in *b* sind diese Teile des Mesoderms voneinander geschieden. (Nach BRAUER.)

drei vordersten Hauptkanäle bilden durch Vereinigung den primären Harnleiter, welcher selbständig caudad auswächst. Abweichend von unserem allgemeinen Beispiele (S. 711) bekommen die übrigen Hauptkanäle des Pronephros sekundär eine Ausmündung in den primären Harnleiter. Nun macht sich der Segmentstiel von dem Sclero-Myotom frei. Während nun der Segmentstiel sich zur Pronephroskammer erweitert, wird die Verbindung des Segmentstieles mit den Seitenplatten zum Nephrostomkanal (Abb. 895). Ein Zweig der Aorta drückt dann das splanchnische Blatt der stark erweiterten Pronephroskammer nach innen, wodurch ein Glomerulus entsteht. Inzwischen verlängert der Hauptkanal sich stark und legt sich in Schlingen. Er ist nun eingehüllt durch ein stark entwickeltes venöses Netzwerk von Capillaren und durch Stränge von lymphoidem Gewebe. Der Pronephros bleibt längere Zeit in Funktion; darauf wird er durch den Mesonephros abgelöst, wird zurückgebildet und verschwindet ganz.

In der Region des Mesonephros machen sich die Segmentstiele von dem Scleromyotom und auch von den Seitenplatten frei. Sie bilden darauf eine Serie geschlossener Blasen, versehen mit einer engen Höhle, dem Nephrocoel; sie liegen medial des primären Harnleiters und dorsal des Coeloms, welches sich mediad ausbreitet (Abb. 896). Von jedem dieser Nephrotome wächst dorso-laterad ein Hauptkanälchen aus, welches sich mit dem Harnleiter verbindet. Von der ventralen Wand dagegen wächst ein Kanälchen aus, welches sich mit dem Coelom-

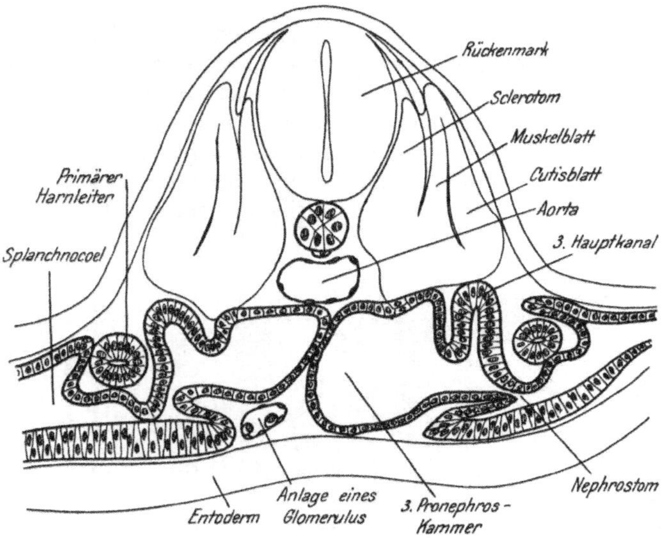

Abb. 895. Schematischer Querschnitt durch die Umgebung des Pronephros eines Embryos von Hypogeophis. Innere Pronephroskämmerchen sind entwickelt. (Nach BRAUER.)

epithel vereinigt. Dies letzte Kanälchen bekommt eine Ausmündung in das Coelom; es verdient also den Namen eines sekundären Nephrostomkanales, da es sekundär Nephrocoel und Splanchnocoel verbindet (Abb. 897). Was dann nach dem Entstehen dieser beiden Auswüchse vom Nephrotom übrig bleibt wird zur Pronephroskammer, in welcher sich ein Zweig der Aorta zu einem Glomerulus entwickelt.

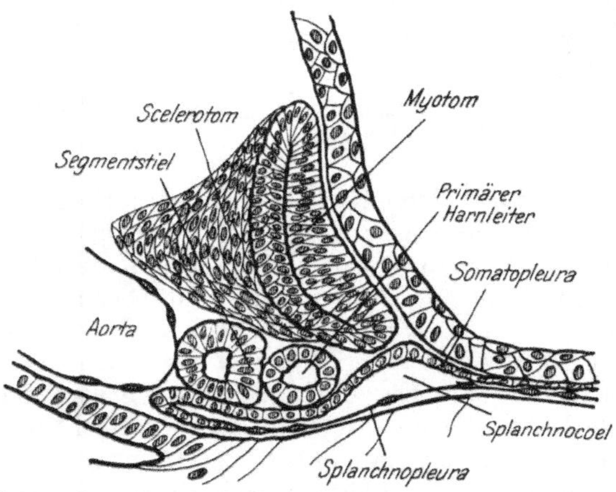

Abb. 896. Querschnitt durch das Mesonephrosgebiet eines Embryos von Hypogeophis rostratus. Der Segmentstiel hat sich vom Myotom losgemacht und bildet ein Bläschen. (Nach BRAUER.)

Auch in dem 50. bis 89. Segmente findet diese eben beschriebene Entwicklung statt. Aber hier wird der Zustand dadurch komplizierter, daß von der hinteren Wand des Nephrotom sich eine anfänglich kompakte Zellmasse losmacht. Diese Zellmasse läßt dann in sich einen Hohlraum entstehen und bekommt die Bedeutung eines sekundären Nephrotoms. Solch ein sekundäres Nephrotom bildet daraufhin von sich aus einen Hauptkanal, einen Nephrostomkanal, eine Mesonephroskammer mit Glomerulus und wieder eine Zellmasse, welche zum tertiären Nephrotom wird. Noch bei jungen Tieren läuft dieser Vorgang weiter, so daß schließlich acht Generationen von Kanälen in einem einzigen Segmente sich entwickeln können. Die sekundären Pronephroskanäle münden nun nicht direkt in den primären Harnleiter aus, sondern jeder dieser Kanäle verbindet sich mit einem Auswuchse des primären Harnleiters (Abb. 908 bis 909 auf S. 734). Dieser erste Auswuchs bildet dann einen zweiten; mit dessen erweitertem blinden Ende verbindet sich ein tertiäres Kanälchen usw. Die sekundären, tertiären usw. Pronephroskanäle stimmen durch ihre Ausmündung in einen Auswuchs des primären Harnleiters überein mit den Kanälen des Metanephros.

Im 90.—100. Segmente entstehen in der angegebenen Weise ebenfalls primäre, sekundäre usw. Kanäle. Hier verbindet sich in jedem Körpersegmente ein ein-

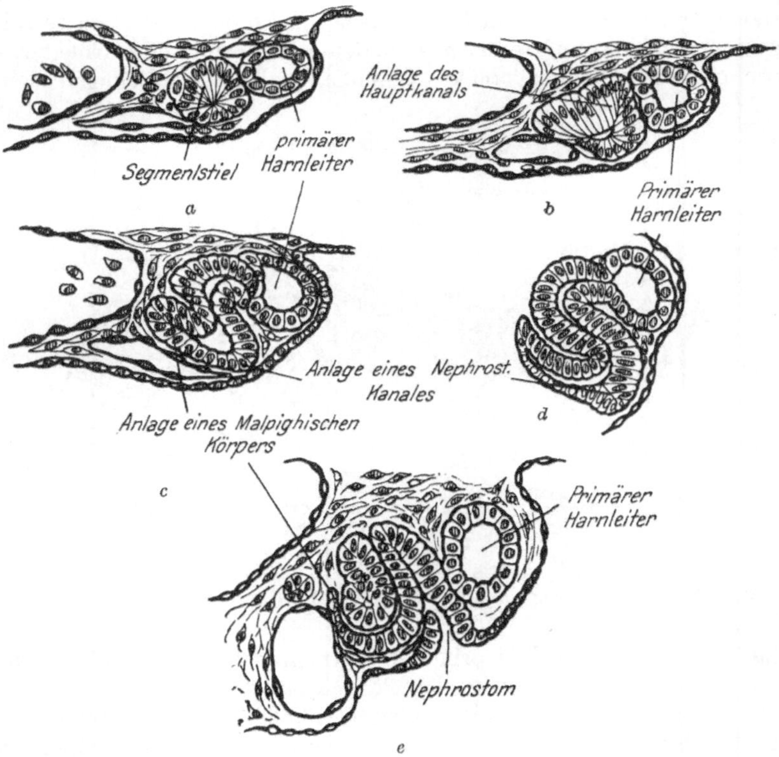

Abb. 897. Querschnitt durch 5 Mesonephroskanäle von Hypogeophis rostratus in aufeinander folgenden Entwicklungsstadien. Bei *a* bildet der Segmentstiel ein Bläschen. In *b* ist die erste Anlage eines Hauptkanales sichtbar. Bei *c* und *d* wird das Nephrostomkanälchen angelegt. Bei *e* ist der Hauptkanal bereits stark gekrümmt; seine Schlingen liegen zum Teil in der Höhle der BOWMANschen Kapsel in der Anlage der MALPIGHIschen Körperchen. (Nach BRAUER.)

ziger Auswuchs des primären Harnleiters (sekundärer Ureter) mit allen Kanälen (primären, sekundären usw.) dieses Segmentes. Auf diese Weise entsteht hier ein Zustand, der vollkommen vergleichbar ist mit dem Bau des Metanephros. An jedes Nierensegment mit seinen Kanälen und seinem Ureter könnte man den Namen eines Nierenlobulus geben.

In der beschriebenen Weise entsteht also ein langgestreckter, sehr komplizierter Opisthonephros. Die einzelnen Bestandteile dieses Organes liegen eingebettet in einem venösen Gefäßnetz mit lymphoidem Gewebe. —

Bei den Urodela und den Anura trifft man während des Larvenlebens einen funktionierenden, gut entwickelten Pronephros. Jeder Pronephros besteht aus zwei oder drei Pronephroskanälchen, welche zusammenhängen mit einem Coelomteil, der sich unvollständig von dem Reste des Splanchnocoels abgeschieden hat (äußere Pronephroskammer); in dieser Kammer befindet sich ein äußerer Glomerulus. Die Kanäle des Pronephros sind stark gewunden und eingehüllt in ein venöses Gefäßnetz (Abb. 898).

In der Zeit der Metamorphose beginnt der Pronephros sich zurückzubilden; er wird ersetzt durch den Mesonephros, oder besser gesagt: den Opisthonephros. Dieser behält die Nephrostomata, welche sich jedoch bei den Anura von den Nierenkanälen losmachen und ausmünden in die Nierenvenen: auf diese Weise entsteht eine Verbindung zwischen der Leibeshöhle (Lymphräume) und dem Blutgefäßsystem. Wir werden später sehen, wie in dem caudalen Teile dieses Opisthonephros bei den männlichen Urodela die Pronephroskanäle verschiedener Generationen nicht unmittelbar ausmünden in den primären Harnleiter, sondern sondern in wenige Sammelkanäle. Diese Sammelkanäle vereinigen sich erst in

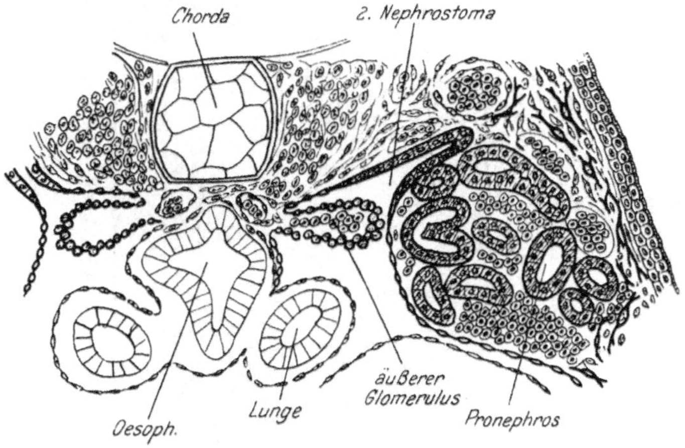

Abb. 898. Querschnitt durch den Pronephros einer Larve von Rana fusca von 12 mm Länge. (Nach FÜRBRINGER.)

der Nähe der Cloaca mit dem primären Harnleiter (Abb. 914 auf S. 738). Man kann annehmen, daß diese Sammelkanäle sich aus dem primären Harnleiter entwickeln; dann würden sie die morphologische Bedeutung von Ureteren besitzen.

Die Amphibia besitzen eine Blase, welche sich durch Ausstülpung aus der ventralen Wand der Cloaca entwickelt.

Obwohl die Harnleiter in die Cloaca ausmünden, funktioniert die Blase als Sammelbecken für den abgeschiedenen Urin, da ihre Öffnung in die Cloaca gerade gegenüber den Öffnungen der Harnleiter liegt. Cranial und caudal dieser Öffnungen liegen Schließmuskeln, mit denen die Cloaca abgeschlossen werden kann, so daß der Urin unmittelbar in die Blase geleitet wird.

Amniota. Die bleibende Niere der Amniota ist ein Metanephros. Im Laufe der Entwicklung wird der Pronephros frühzeitig rudimentär; der Mesonephros kann dagegen noch lange Zeit bei dem Embryo funktionieren.

Bei Lacerta z. B. machen die Segmentstiele (Nephrotome) der vorderen Rumpfsegmente sich als Segmentbläschen schon früh frei vom Myotom und den Seitenplatten. Die vorderen Nephrotome verschwinden mit den durch sie gebildeten Anlagen von Pronephroskanälen. Die Nephrotome des 5.—10. Rumpfsegmentes liefern je einen gut entwickelten Pronephroskanal. Diese Kanäle vereinigen sich zum primären Harnleiter, welcher caudad auswächst, bis er die Cloaca erreicht. Die ausgewachsenen Pronephroskanäle unterscheiden sich nicht von den Mesonephroskanälen. Unter den Mammalia besitzt z. B. der menschliche Embryo einen ziemlich gut entwickelten Pronephros, welcher aus sieben Pronephroskanälen besteht (Abb. 899). Von diesen liegt der 1. Kanal im Bereich des 9. Segmentes. Jeder Kanal besteht aus einer inneren Pronephroskammer ohne Glomerulus und aus einem Hauptkanal. Ein oder mehrere äußere Glomeruli kommen erst zur Entwicklung, wenn der Pronephros verschwindet.

Der **Mesonephros** der Amniota entsteht erst, nachdem die Segmentstiele sich von den Myotomen und Seitenplatten freigemacht haben. Bei den Reptilia werden diese isolierten Segmentstiele zu Bläschen, den sogenannten Segmentalbläschen; von jedem wächst ein Hauptkanal aus, während das Bläschen selbst zum Malpighischen Körper wird. — Wenn jedoch ein mesonephrogener Strang anwesend ist wie bei den Mammalia, so fällt dieser in cranio-caudaler Richtung auseinander in eine Reihe kugelförmiger Zellhaufen (Abb. 900a). Diese Haufen sind von Anfang an unabhängig von der Segmentierung des Rumpfes. Sie sind mit segmentalen Bläschen zu vergleichen, da sie hohl werden und auswachsen zu einem Hauptkanal (Abb. 900b); dieser Kanal verbindet sich dann mit dem primären Harnleiter (Abb. 899), während das andere Ende ein Malpighisches Körperchen bildet (Abb. 900e). Nephrostomata fehlen. Bei der weiteren Entwicklung werden die Mesonephroskanäle länger. Die Komplikation

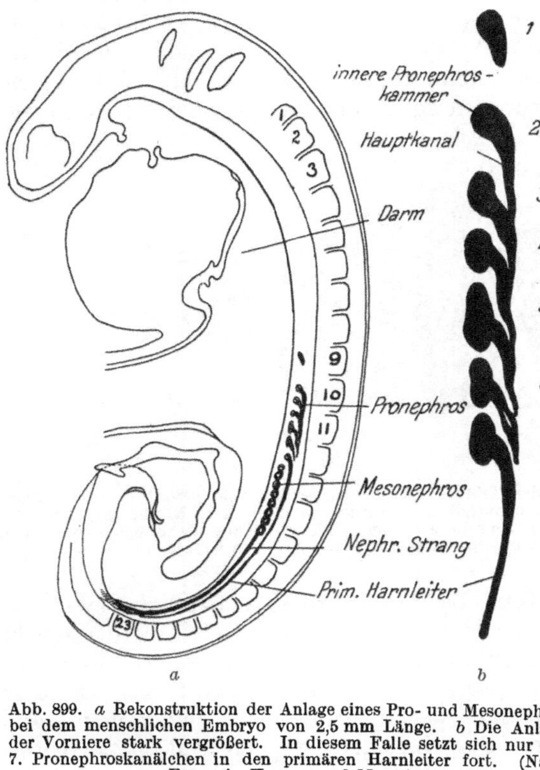

Abb. 899. *a* Rekonstruktion der Anlage eines Pro- und Mesonephros bei dem menschlichen Embryo von 2,5 mm Länge. *b* Die Anlage der Vorniere stark vergrößert. In diesem Falle setzt sich nur das 7. Pronephroskanälchen in den primären Harnleiter fort. (Nach FELIX in KEIBEL und MALL.)

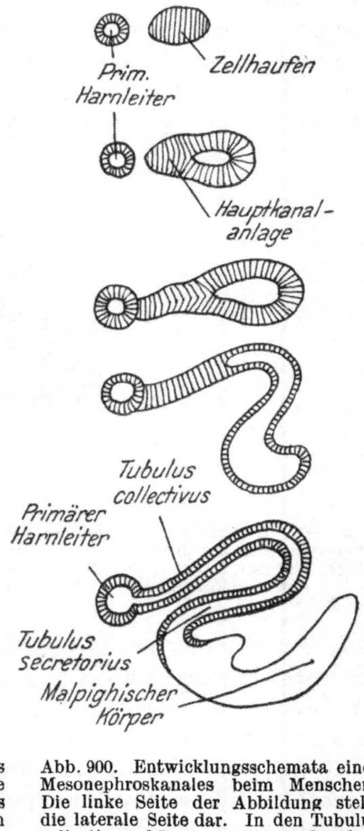

Abb. 900. Entwicklungsschemata eines Mesonephroskanales beim Menschen. Die linke Seite der Abbildung stellt die laterale Seite dar. In den Tubulus collectivus können später sekundäre Mesonephroskanäle ausmünden. (Nach FELIX in KEIBEL und MALL.)

wird dadurch noch größer, daß auch die Anzahl der Mesonephroskanäle zunimmt: es entstehen nämlich später sekundäre Kanäle aus Resten des nephrogenen Stranges; oder es werden auch neue Kanälchen gebildet durch Teilung oder Knospenbildung bereits vorhandener Kanäle. Auf diese Weise entsteht ein ansehnlicher Mesonephros, welcher an der Rückenseite der Bauchhöhle liegt; er ragt zu beiden Seiten des dorsalen Mesenterium in die Bauchhöhle hinein und erstreckt sich von der Anlage der Lunge bis zum Becken.

Der Metanephros hat einen doppelten Ursprung: einerseits ist sein System von Sammelröhren abzuleiten von einem sekundären Harnleiter: dem Ureter; andererseits entstehen die sekretorischen Kanäle aus dem meta-nephrogenen Gewebe: d. h. aus dem caudalen Teile des nephrogenen Stranges, welcher sich von dem Mesonephros abscheidet. Aus dem caudalen Teile des primären Harnleiters wächst eine Knospe hinein in das meta-nephrogene Gewebe: die sogenannte Ureterknospe (Abb. 943b auf S. 762). Durch Anschwellung bildet das blinde craniale Ende des Ureters das sogenannte primitive Nierenbecken. Von diesem Becken wachsen nun die Sammelröhren aus in das nephrogene Gewebe und ver-

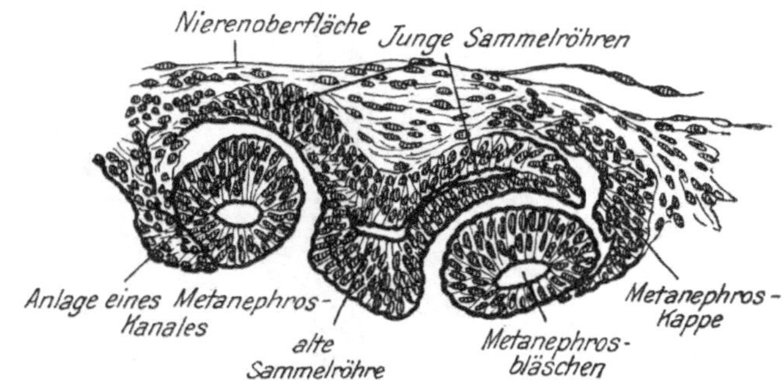

Abb. 901. Teil eines Durchschnittes durch den Metanephros eines menschlichen Embryos von 30 mm Länge. Von dem links gelegenen Metanephrosbläschen wächst die periphere Wand zu einem Kanale aus, der in die dabei gelegene Sammelröhre durchbricht, während die nach innen gekehrte Wand die BOWMANsche Kapsel formt (den epithelialen Teil der MALPIGHIschen Körper). (Nach FELIX in KEIBEL und MALL.)

zweigen sich hier vielfältig dichostom. Bei diesem Prozeß kann dieses Gewebe die sich stets verzweigenden Sammelkanäle nicht mehr einhüllen; es wird vielmehr in Stücke aufgeteilt, welche kappenförmig auf den Enden der Sammelröhren sitzen (Abb. 901: Metanephroskappen). Inzwischen entwickeln sich aus dem meta-nephrogenen Gewebe Zellhaufen, welche vergleichbar sind mit den segmentalen Blasen des Mesonephros. Diese Zellhaufen werden hohl (Metanephrosbläschen) und werden zu den Kanälen des Metanephros: sie liefern nämlich je ein Malpighisches Körperchen; und der nach der Oberfläche der Niere zugekehrte Teil wächst aus zu einem Kanälchen, welches durchbricht in eine Sammelröhre. —

Der Metanephros der *Reptilia* (Abb. 932 auf S. 754 und Abb. 935 auf S. 755) liegt meist ziemlich weit caudal an der Rückenseite der Leibeshöhle. Es sind abgerundete oder langgestreckte Organe, die auch gelappt sein können; langgestreckt sind sie vor allem bei den Ophidia, wo sie durch die eigentümliche Körperform voreinander liegen; die auftretenden Lappen werden angesehen als eine Anpassung an die besondere Beweglichkeit des Körpers.

Obwohl man an der Niere keine Rinden- und Markschicht unterscheiden kann, wie bei den Mammalia, so zeigen die Kanäle der bleibenden Niere doch ungefähr denselben Bau wie bei den Mammalia. Auch eine Henlesche Schleife ist zu beobachten. Die Kanäle des Metanephros vereinigen sich zu Sammelkanälen, die in den sekundären Harnleiter ausmünden.

Die Ureteren selbst münden in die Cloaca aus. Eine Urinblase ist oft zu beobachten und zwar findet man bei den meisten Sauria erstens eine dorsale, rudimentäre Blase, welche aus der Cloaca entsteht und zweitens eine ventrale, die durch Erweiterung der Allantois zustande kommt (Abb. 932 auf S. 754 und Abb. 935 auf S. 756). Die Blase der Chelonia (Abb. 961 auf S. 777) entsteht teilweise aus der Allantois, teilweise durch eine Aufteilung der Cloaca.

Die Nieren der *Aves* (Abb. 923 auf S. 747) bestehen meistens aus drei Lappen, die in bestimmten Aushöhlungen des Os ileum genau hineinpassen. Die Ureteren münden in die Cloaca aus (Abbildung 936 auf S. 757). Eine Urinblase findet man bei den erwachsenen Aves nicht. Embryonal tritt zeitweise eine Blase auf durch Erweiterung des Allantoisstieles. —

Die Nieren der *Mammalia* (Abb. 902) sind bohnenförmige Organe, welche in der Lendenregion an der Rückenseite der Bauchhöhle liegen, fast stets die eine etwas mehr cranial als die andere. Der Ureter entspringt an der medialen Seite der Niere. Die Mitte dieser Seite trägt den Namen Hilus; hier ver-

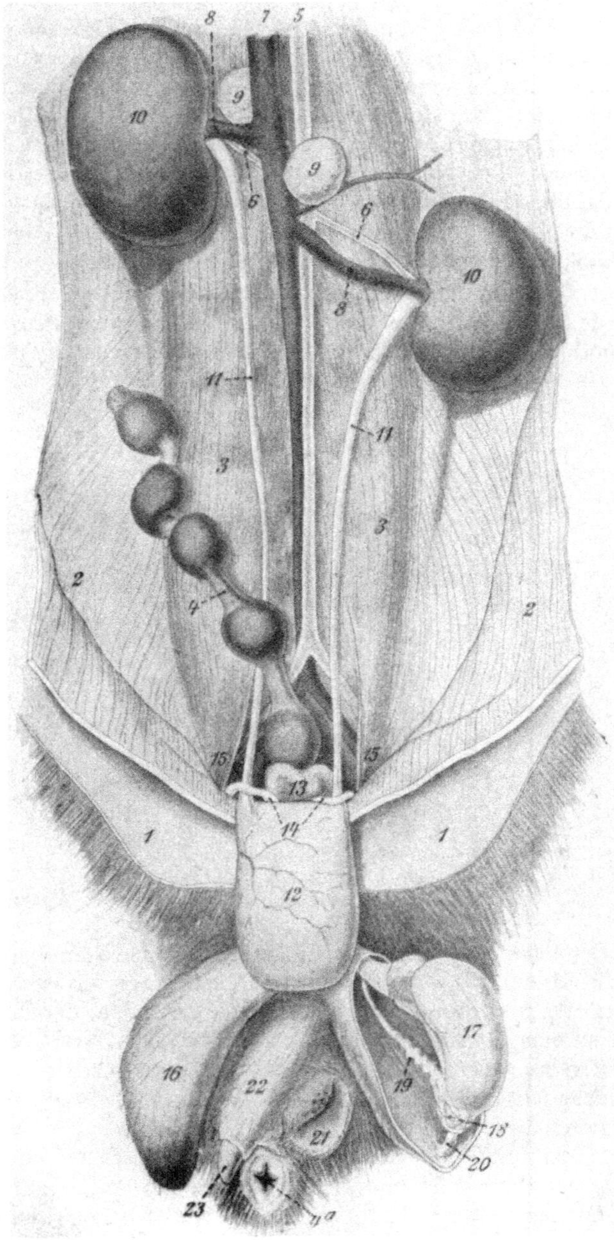

Abb. 902. Männliche Urogenitalorgane von Lepus. Aorta descendens und Vena cava inferior freipräpariert. Linker Scrotalsack der Länge nach geöffnet. Harnblase caudalwärts geklappt und ein wenig aus der Leibeshöhle herausgezogen. (Aus RÖSELER und LAMPRECHT.) — *1.* Innenfläche der Bauchhaut. — *2.* Reste der Bauchwand. — *3.* Beugemuskulatur des Rückens. — *4.* Endstück des Darmes (*4a.* Afteröffnung). — *5.* Aorta descendens. — *6.* Arteriae renales. — *7.* Vena cava posterior. — *8.* Venae renales. — *9.* Nebennieren. — *10.* Nieren. — *11.* Ureteren. — *12.* Harnblase. — *13.* Vesicula prostatica. — *14.* Ductus deferentes. — *15.* Venae spermaticae (nur teilweise erhalten). — *16.* Rechter Scrotalsack. — *17.* Linker Testis. — *18.* Dessen Epididymis. — *19.* Vas deferens. — *20.* Conus inguinalis. — *21.* Perinealtasche. — *22.* Penis. — *23.* Glans penis.

läßt der Ureter die Niere; hier tritt die Arteria renalis ein und die Vena renalis aus.

Schon makroskopisch kann man an der Niere eine Rinden- und Markschicht unterscheiden (Abb. 903). Im übrigen ist der Nierenbau bei den verschiedenen Mammalia sehr verschieden (GERHARDT, 1911). Im einfachsten Falle münden alle Sammelkanäle auf der Spitze einer einzigen Papille aus, welche in das Nierenbecken hineinragt (Abb. 903 a); dies finden wir z. B. bei Echidna, bei den Marsupialia, den Insectivora usw. In anderen Fällen findet man an Stelle einer Papille eine langgestreckte Leiste, welche in das Nierenbecken hineinragt; diese Leiste trägt dann auf ihrer ganzen Länge die Mündungen der Sammelkanäle (Abb. 903 b). Dies ist z. B. bei den Carnivora und Artiodactyla der Fall.

Denken wir uns nun diese Leiste in mehrere Papillen aufgeteilt, so können wir uns auf diese Weise den Nierentypus ableiten, den wir u. a. bei dem Menschen und bei Sus antreffen (Abb. 903 c); das Nierenbecken ist hier verzweigt in mehrere

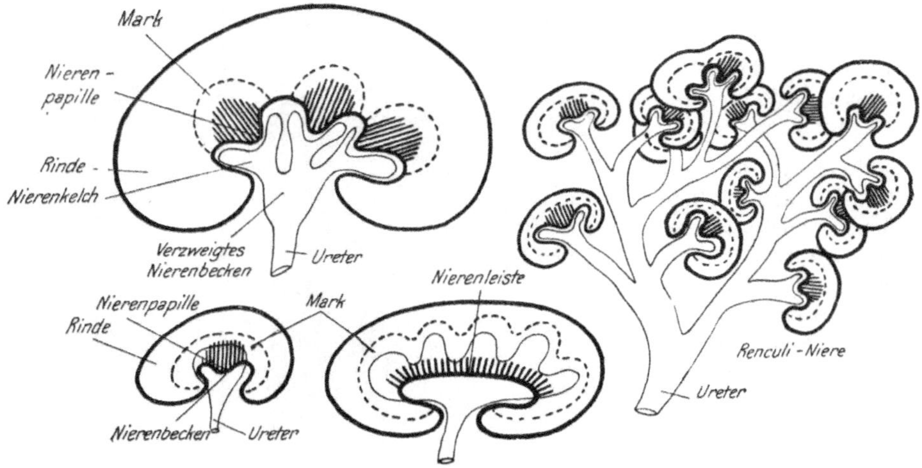

Abb. 903. Schemata des Baues der erschiedenen Nierentypen bei den Mammalia. (Nach U. GERHARDT.)

Nierenkelche; in jeden dieser Zweige ragt eine Nierenpapille hervor, an deren Spitze die Sammelkanäle ausmünden. Diese formen mit den geraden Teilen der Nierenkanäle zusammen (vgl. S. 26) die Pyramiden, deren Spitze mit der Spitze der Nierenpapille zusammenfällt. Die Pyramiden sind voneinander geschieden durch Gewebe, welches „Columnae Bertini" genannt wird. Entwicklungsgeschichtlich entspricht jede Pyramide mit ihrem Nierenkelch einem äußerlich sichtbaren Nierenlappen.

Bei einigen Formen, z. B. bei dem Menschen und bei Sus, verliert die Niere ihr gelapptes Aussehen wieder; bei anderen Formen, z. B. bei Bos, bei den Ursidae und den Cetacea, bleibt dieser Zustand bestehen, welcher Hand in Hand geht mit einer weiteren Differenzierung. Dadurch nämlich, daß die Verzweigungen des Ureter in Anzahl zunehmen und die Columnae Bertini sich bis an den Ureter fortsetzen, entsteht die Renculi-niere (Abb. 903 d). Ihre Lappen, die sogenannten Renculi, erinnern in ihrem Bau an eine Niere mit einer einzigen Papille. Von den weiteren noch vorkommenden Typen nennen wir nur noch die sogenannte Recessusniere der Perissodactyla. Von dem kleinen Nierenbecken geht ein craniad und ein caudad gerichteter Kanal aus. In diese Kanäle münden die Sammelkanäle, ohne daß Papillen gebildet werden.

Der mikroskopische Bau der Mammalierniere soll hier noch in kurzen Zügen wiedergegeben werden (Abb. 904). Jeder Nierenkanal ist differenziert in verschiedene Teile. Er beginnt mit einem Malpighischen Körper: der Bowmanschen Kapsel mit dem Glomerulus. Darauf folgt ein gewundener Kanal: der

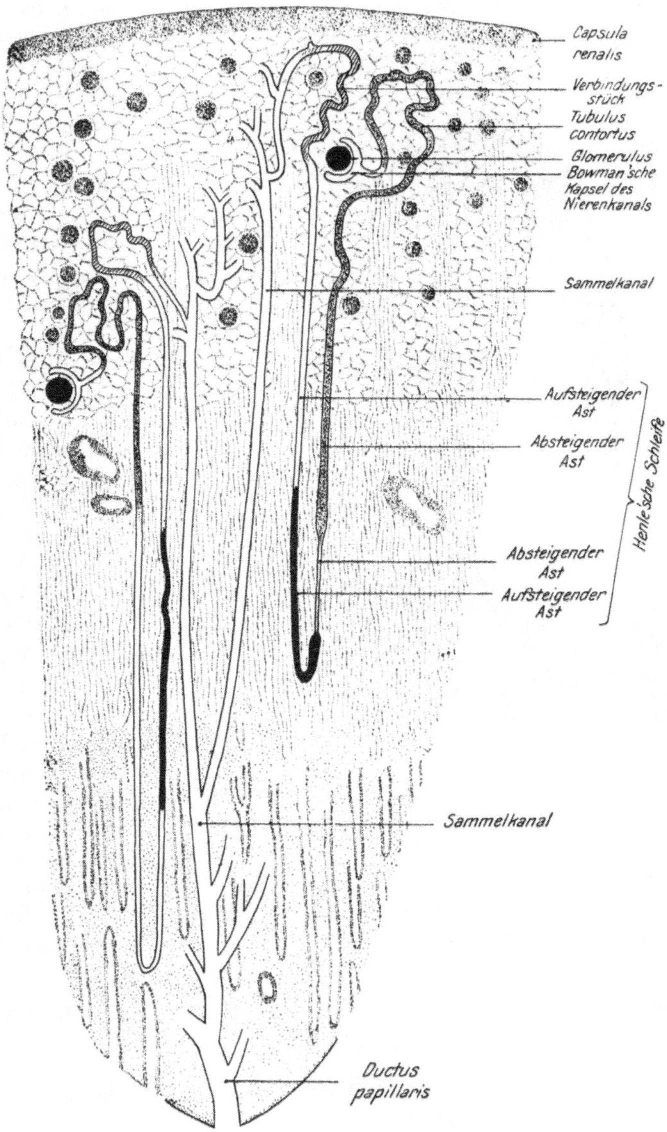

Abb. 904. Schema vom Bau eines Nierenkanales in der menschlichen Niere. (Nach PETER in V. D. BROEK.)

Tubulus contortus. Beide Teile liegen in der Rinde. Das letzte Stück (Pars recta) jedes Tubulus contortus gehört jedoch bereits zur Henleschen Schleife, welche in der Pyramide liegt. Diese Schleife setzt sich fort in dem Verbindungsstück, welches in das Anschlußstück übergeht. Dieses letzte verbindet sich mit einer terminalen Sammelröhre. Solche Sammelröhren vereinigen sich miteinander und mit anderen Sammelröhren, welche in der Pyramide verlaufen. Schließlich münden die Sammelröhren auf der Spitze einer Nierenpapille aus (als sogen. Ductus papillares).

Wichtig ist noch, daß die Teile eines jeden Kanales von dem Malpighischen Körper an bis einschließlich zum Anschlußstück aus dem meta-nephrogenen Gewebe entstehen. Im Gegensatz dazu entwickeln sich die Sammelröhren durch fortgesetzte Verzweigung als Auswüchse des Ureters. Eine scharfe Grenze zwischen beiden Systemen ist jedoch im erwachsenen Zustande nicht zu beobachten. —

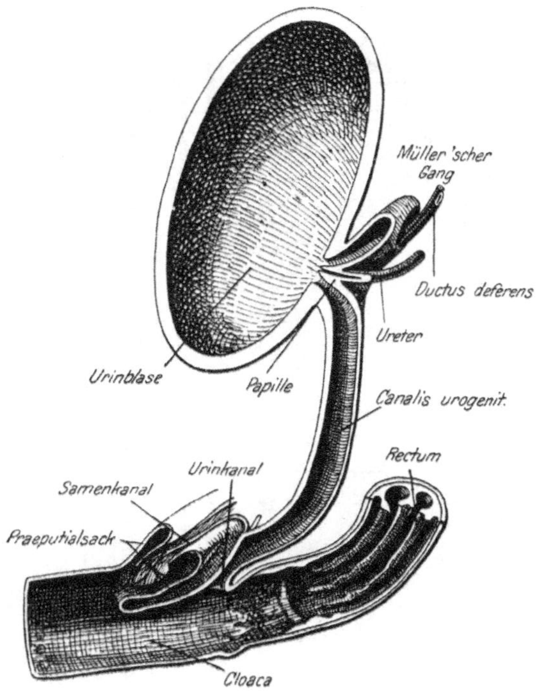

Abb. 905. Rechte Hälfte der Cloaca und ihrer Umgebung bei dem Männchen von Echidna aculeata. (Nach F. KEIBEL.)

Die Mammalia besitzen eine Urinblase, die aus dem ventralen Teile der embryonalen Cloaca entsteht. Bei den Monotremata sehen wir eine Übereinstimmung mit niederen Formen, weil hier die Ureteren nicht unmittelbar in die Blase, sondern in den später zu besprechenden Canalis uro-genitalis ausmünden; dieses geschieht auf einer Papille an der Wand dieses Kanales (Abb. 905). Diese Papille ragt in die Öffnung hinein, durch welche die Urinblase mit dem Canalis urogenitalis kommuniziert; so kommt es, daß der Urin aus den Ureteren direkt in die Blase fließen kann. Im Gegensatz zu den hypocystischen Monotremata sind die übrigen Mammalia endocystisch; das heißt: die Ureteren münden dorsal in den Caudalteil der Blase, dicht bei der Stelle, wo die Blase in den kurzen Ausfuhrgang (Urethra) übergeht (Abb. 902 und 944 auf S. 763). Die Urethra mündet aus in den Canalis uro-genitalis, welchen wir später besprechen werden.

Allgemeine Betrachtungen über den Excretionsapparat der Vertebrata.

Wir besprechen zuerst kurz die Phylogenie des Excretionsapparates. Da die Kanäle des Pronephros sich aus den Segmentstielen (s. S. 711), d. h. also aus der Wand des Coeloms entwickeln, so müssen wir sie als Coelomoducte bezeichnen (GOODRICH; „Genitalkanälchen“ nennt sie FELIX). Daraus könnte man den Schluß ziehen, daß diese Kanäle ursprünglich die Genitalprodukte aus der Leibeshöhle abgeführt haben und vielleicht erst später die excretorische Funktion erhalten haben. Möglich bleibt jedoch auch ein Vergleich dieser Kanäle mit den Nephromixia oder den Metanephridia der Annelida; sollen doch nach einigen Untersuchern die Nephridien der Annelida aus dem Coelomepithel entstehen;

in diesem Falle müßte man die excretorische Funktion der Kanäle für den primitiveren Zustand halten.

Wie es nun auch gewesen sein mag, man kann die Vertebrata zurückführen auf Formen, welche ein metamer segmentiertes Coelom besessen haben; bei solchen Formen braucht man nicht unbedingt an die Annelida zu denken. Von diesem Coelom entsprangen dann paarige, metamere, excretorische Kanäle (Pronephroskanäle); diese mündeten an der Oberfläche des Körpers aus. Man kann sich weiterhin vorstellen, daß diese Kanäle dazu übergingen, ihren Ausmündungsporus caudad zu verschieben, so daß dieser Porus in einem folgenden Kanälchen ausmündete (J. GRAHAM KERR). Wenn dieses nun mit allen Kanälen geschieht, so entsteht ein gemeinschaftlicher Abfuhrgang: der primäre Harnleiter (Archinephrosgang). Die Entwicklung des Vorderteiles dieses primären Harnleiters geschieht ja tatsächlich durch Vereinigung mehrerer Pronephroskanäle. Schließlich erhielt dieser Gang eine Ausmündung in den caudalen Teil des Darmes, wobei die embryonale Verbindung des Mesoderms mit dem Entoderm im caudalen Teile des Embryos mit benutzt wurde.

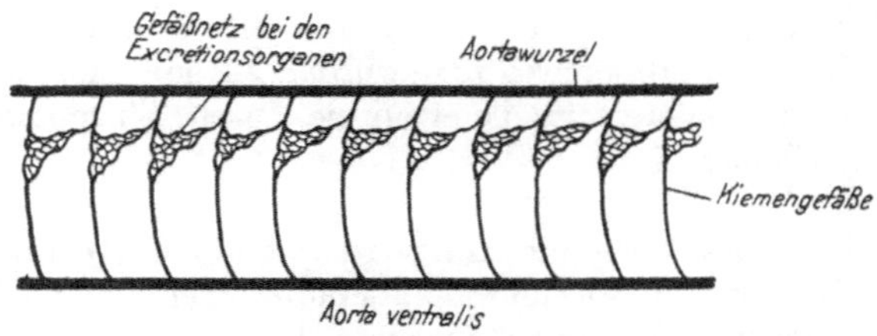

Abb. 906. Schema der viscero-ventralen Gefäßbogen von Amphioxus.

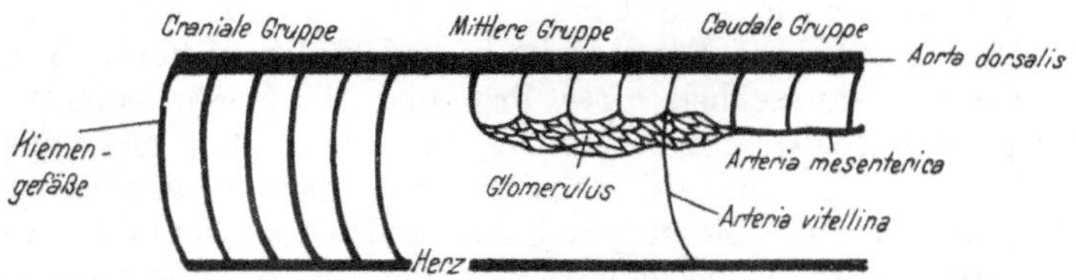

Abb. 907. Schema von den viscero-ventralen Gefäßbogen einer Forelle. 3 Gruppen von Gefäßbögen sind zu unterscheiden. Die caudale-Gruppe ist nur teilweise wiedergegeben. (Nach FELIX.)

Etwas ähnliches ist durch ROSA (1906) beschrieben bei den Lumbriciden Allolobophora antipae: die hinteren Nephridien münden nicht direkt an der Körperoberfläche aus, sondern in einem longitudinalen Gang; rechter und linker Gang treten dann caudal zusammen und münden dorsal in den letzten Teil des Darmes. Auch bei einigen Polychaeta (Loimia medusa, Lanice conchilega) bilden die Nephridien durch Vereinigung einen longitudinalen Kanal (E. MAYER). Auch Coelomoducte (Genitalkanäle) können zu einem longitudinalen Gange zusammenfließen: dem Gonoduct; so wird z. B. der Abfuhrgang der Testes bei den Oligochaeta und Hirudinea gebildet durch Vereinigung segmentaler, aus dem Coelom auswachsender Kanäle.

Im Anschluß an die Ontogenie kann man sich nun weiterhin einen ursprünglichen Vertebrat vorstellen, der wohl segmentierte Muskeln, aber ein nicht mehr segmentiertes Splanchnocoel besaß; daraus entsprangen über die ganze Länge des Rumpfes paarige Pronephroskanäle, die vollständig entwickelt waren und in den primären Harnleiter ausmündeten. Dieser ursprüngliche Excretionsapparat erstreckte sich also über die ganze Länge des Rumpfes.

Durch FELIX ist 1910 die Hypothese ausgesprochen worden, daß die Glomeruli des Pronephros ursprünglich nicht zum Excretionsapparat gehörten, sondern zu den Capillaren der Kiemen; sie wären dann also Atmungsorgane gewesen. FELIX geht aus von Amphioxus (Abb. 906), wo capilläre Netze (Glomeruli), in der Nähe der Excretionsorgane gelegen, eingeschaltet sind in den Verlauf der Kiemengefäße (viscero-ventrale Gefäßbogen) (vgl. auch Abb. 807 auf S. 655). Bei den Vertebrata (Abb. 907) behalten dann die cranialen dieser Gefäße ihre ursprüngliche Funktion als Kiemengefäße, mit ihren Gefäßnetzen; die Kiemenregion beschränkt sich dabei auf den vordersten Teil des Rumpfes. Caudal dieser cranialen Region tritt eine mittlere Gruppe solcher Gefäßbogen in den Dienst der Excretion; eine caudale Gruppe versorgt hingegen den Darmkanal mit Blut. Bei den Selachii sind im Bereiche des Prosnephros tatsächlich solche funktionell veränderten Kiemengefäße gefunden: sie verlaufen zwischen der Aorta dorsalis und der Vena subintestinalis (Abb. 846 bis 849 auf S. 686) (Darmgefäße nach P. MAYER); es sind jedoch hier mit der Rückbildung des Pronephros die Gefäßnetze verschwunden. Bei den anderen Pisces sind die ventralen Teile dieser Gefäße verschwunden, während die Gefäßnetze verschmelzen und den Glomerulus des Pronephros bilden (Abb. 907).

Man kann sich also vorstellen, daß nach Verkürzung der Kiemenregion medial der Nephrostomata Gefäßnetze gefunden werden, welche retroperitoneal liegen. Diese Gefäßnetze treten dann einerseits in eine dichte Verbindung mit den Kanälchen des Pronephros und wurden zu den Glomeruli der inneren Pronephroskammer; andererseits lieferten sie durch Einsinken in die Bauchhöhle die äußeren Glomeruli. —

Schließlich müssen wir eine Antwort auf die Frage finden: welches ist das Verhältnis der Pro-, Meso- und Metanephros zueinander. Man kann auf diese Frage zwei verschiedene Antworten geben, die wir in folgendem besprechen wollen.

RÜCKERT, VAN WIJHE und vor allem FELIX (1904) halten Pro- und Mesonephros für zwei verschiedene Organe, welche phylogenetisch nacheinander entstanden zu denken sind. FELIX weist besonders darauf hin, daß man in einzelnen Fällen die Anwesenheit eines Pro- und Mesonephroskanales in einem einzigen Segmente beobachtet hat; dabei war jedoch stets einer dieser beiden Kanäle rudimentär. Es soll also nach dieser Auffassung der Hauptkanal des Pronephros und auch des Mesonephros entstanden sein durch Auswachsen aus dem Segmentstiel (Ergänzungskanal); aber der Ort ihres Entstehens soll verschieden sein: der Hauptkanal des Pronephros entsteht mehr lateral, der Kanal des Mesonephros mehr medial; beide Kanäle münden also durch ein und denselben Ergänzungskanal aus in die Leibeshöhle. Hieraus ist zu schließen, daß ein einziges Segment zuerst den Kanal des Pronephros und daraufhin den Kanal des Mesonephros liefern kann. Daraus wieder kann man schließen, daß der Pronephroskanal eine erste Generation der Nierenkanäle darstellt, der Mesonephroskanal eine zweite Generation. Phylogenetisch muß der Pronephroskanal als ursprünglicher aufgefaßt werden, der Mesonephroskanal als sekundär; der Mesonephroskanal teilt sich also vom Pronephroskanal ab, aber nicht vollständig, da er durch den Ergänzungskanal des Pronephroskanales in die Leibeshöhle ausmündet. In denjenigen Segmenten, in denen die Pronephroskanäle verschwunden sind, muß also der Ergänzungskanal des Mesonephroskanales betrachtet werden als ein Teil des Pronephroskanales. Das ursprüngliche Excretionsorgan erstreckte sich durch den ganzen Rumpf. Der vordere Teil behielt seinen ursprünglichen Charakter und wurde zum Pronephros; im caudalen Teile wurden die Pronephroskanäle zurückgebildet und es entstanden neue Kanäle, die Mesonephroskanäle, wodurch dieser Organteil zum Mesonephros wurde. Der Mesonephros besitzt dann weiterhin die Potenz, sekundäre, tertiäre usw. Kanäle zu bilden; daher ist er besser geeignet für höhere funktionelle

Anforderungen, während bei dem Pronephros die Potenz, solche Kanäle zu formen, meistens fehlt.

Im Gegensatz zu dieser Theorie, welche also die Pro- und Mesonephroskanäle nicht als homodynam betrachtet, ist von anderer Seite (BALFOUR und SEDGWICK) die Holonephrostheorie verteidigt: Nach dieser Auffassung sollen Pronephros- und Mesonephroskanäle serial homolog sein. Diese Theorie gibt nach unserer Auffassung eine bessere Erklärung der Tatsachen; sie findet vor allem ihre Stütze in den Untersuchungen späterer Zeit (SCHREINER, 1902; BRAUER, 1902; PRICE, 1897, 1904; BERTHE KERENS, 1907; GRAHAM KERR; BRACHET). Nach dieser Auffassung besaßen die primitivsten Vertebrata ein Excretionsorgan, welches PRICE Holonephros, AUDIGÉ aber Mononephros nennt. Dieses Organ erstreckte sich über die ganze Länge des Rumpfes und hat sich später in zwei oder drei Teile differenziert: Pronephros und Mesonephros, Pronephros und Opisthonephros, oder schließlich Pro-, Meso- und Metanephros. Diese Teile liegen also hintereinander, gehen ohne scharfe Grenze ineinander über und zeigen hinsichtlich ihrer Kanäle keine grundsätzlichen Unterschiede.

Weiter stützt sich die Holonephrostheorie u. a. darauf, daß die korrespondierenden Teile des Excretionsapparates bei den Myxinoidea in der Anlage ein Pronephros sind, bei den Cyclostomata dagegen ein Mesonephros (PRICE).

Nach dieser Theorie sind dann Pro- und Mesonephroskanäle miteinander homolog, denn sie stimmen im Bau überein und ihre Entwicklung aus den Nephrotomen ist dieselbe (man vgl. die Untersuchungen BRAUERS über die Niere der Gymnophiona, dargestellt auf S. 721). Beide Kanäle sind also primäre Kanäle; ihre Homologie ist eine seriale. Die Anhänger der Holonephrostheorie verneinen also das Vorkommen von Pro- und Mesonephroskanälen in einem einzigen Segment. Sie erklären die Verschiedenheiten in der Entwicklung bei den Pro- und Mesonephroskanälen hinsichtlich des primären Harnleiters einfach als eine Folge des späteren Entstehens der Mesonephroskanäle. Folgt man dieser Theorie, dann darf man also den Pronephros einfach als den cranialen Teil des Mesonephros betrachten (B. KERENS). Der Mesonephros erreicht jedoch eine höhere Differenzierung und damit auch eine bessere Funktion.

Über die Auffassung des Metanephros kann wohl kein Zweifel mehr bestehen. Die Metanephroskanäle kann man betrachten als Mesonephroskanäle, welche durchweg später als die typischen Mesonephroskanäle entstehen; die zweitens im Gegensatz zu den Mesonephroskanälen nicht direkt in den primären Harnleiter ausmünden, sondern in einen Auswuchs von ihm: in den sekundären Harnleiter oder den Ureter. Bei den Gymnophiona (Abb. 908—909) z. B. münden die sekundären, tertiären usw. Mesonephroskanäle eines einzigen Segmentes in einen kleinen Ureter aus; so verdienen alle diese Kanäle den Namen von Metanephroskanälen. Hier hat sich also der caudale Teil des Holonephros differenziert zu einem Opisthonephros. Im Laufe der Phylogenie sinkt die Anzahl der ursprünglich sehr zahlreichen Ureteren. Bei den Aves (Abb. 910) wird der caudale Abschnitt des Mesonephros zum Opisthonephros; dies geschieht dadurch, daß sich hier mehrere Ureteren entwickeln, in welche die später gebildeten Kanäle ausmünden. Von diesen Ureteren, welche aus dem primären Harnleiter auswachsen, ist der am meisten caudal gelegene der stärkste und wird zum eigentlichen Ureter. Dieser verbindet sich dann mit denjenigen Kanälen, die aus dem meta-nephrogenen Gewebe entstehen; diese Kanäle sind außerordentlich zahlreich, stimmen aber sonst mit den später gebildeten Mesonephroskanälen vollständig überein. Während nun der Mesonephros (Opisthonephros) mit seinen Ureteren während der Entwicklung verschwindet, bleibt nur der Metanephros mit dem letzten caudalen Ureter übrig. Bei den Mammalia (Abb. 912) ist schließlich die Anzahl der Ureteren auf einen einzigen gesunken: der caudale (Metanephros-)Ureter bleibt erhalten; die mehr cranial gelegenen (Opisthonephros-) Ureteren verschwinden oder sind wenigstens nur noch in Ausnahmefällen zu beobachten.

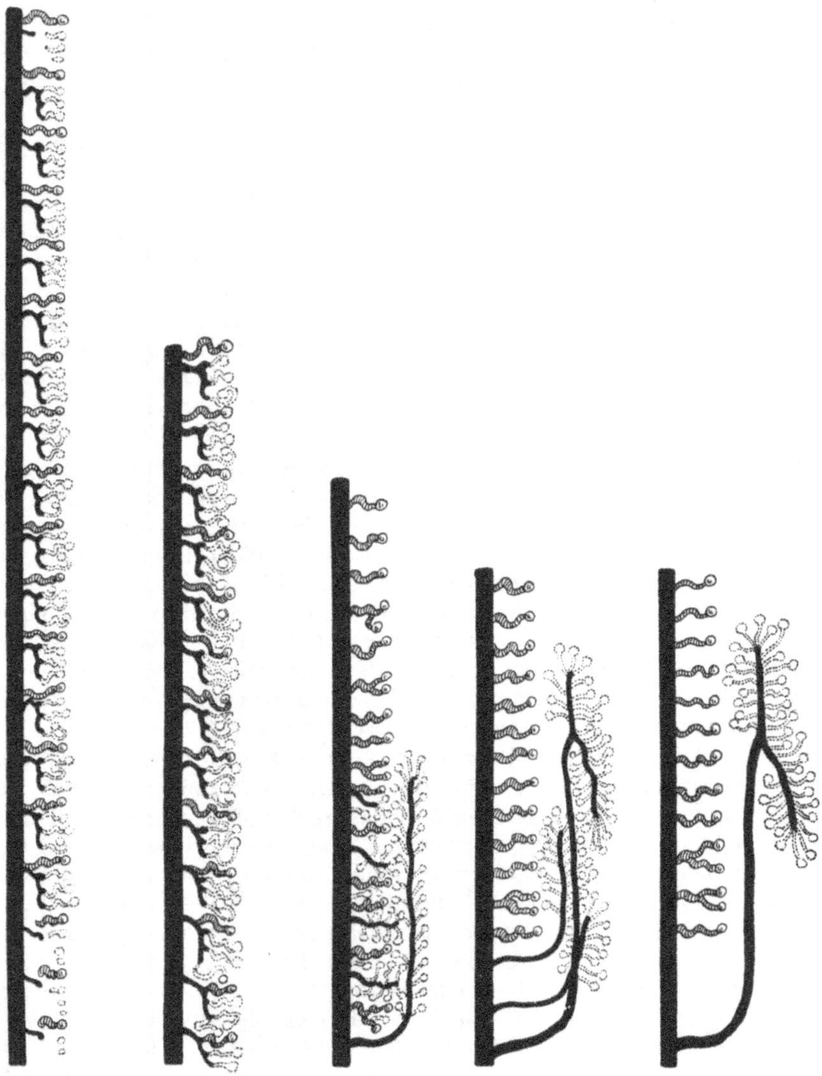

Abb. 908. Embryonen der Gymnophiona. Abb. 909. Erwachsene Gymnophiona. Abb. 910. Huhn. Abb. 911. Varietät beim Menschen. Abb. 912. Lepus.

Abb. 908–912. Schemata vom Bau der Opisthonephros. Primärer Harnleiter und Ureter (sekundärer Harnleiter) schwarz, Mesonephroskanäle gestrichelt, Metanephroskanäle punktiert. (Nach FELIX.)

Wir sehen also, daß diese Theorie eine befriedigende Erklärung der beobachteten Tatsachen gibt, da sie annimmt, daß das Excretionsorgan ursprünglich gleichartige Nierenkanäle besaß, sich zuerst über die ganze Rumpflänge erstreckte, dann cranial zurückgebildet wurde und sich caudal differenzierte. So konnten höhere funktionelle Anforderungen an dieses Organ gestellt werden.

B. Die Genitalorgane.

In der Reihe der Vertebrata unterscheiden wir an den Genitalorganen zwischen den Genitaldrüsen und den Abfuhrröhren: die ersten produzieren die Genitalzellen, d. h. die Spermatozoen und Eizellen; die letzten führen diese Genitalprodukte ab. In manchen Fällen treten zu beiden Organsystemen noch die äußeren Genitalorgane hinzu.

Die Genitaldrüsen.

Testes (Hoden) und Ovaria (Eierstöcke) sind bei allen Vertebrata paarige Organe, welche durch Falten des Peritoneum an der Rückenseite des Coelom oder an den Nachbarorganen befestigt sind. Diejenige Falte, welche den Testis trägt heißt Mesorchium (Abb. 955 auf S. 770); diejenige Falte, welche das Ovarium trägt, heißt Mesovarium.

Ontogenetisch legen sich die Genitaldrüsen an als eine Falte des Peritoneum, die sogenannte Genitalfalte; diese liegt rechts und links des dorsalen Mesenteriums medial von dem Mesonephros. Das umkleidende Peritonealepithel trägt den Namen Keimepithel. Die Falte selbst wird innen durch Bindegewebe angefüllt.

Früher war man der Meinung, daß die Zellen (Gonocyten), welche durch verschiedene Teilungen schließlich die endgültigen Genitalzellen liefern, herstammen von dem Keimepithel selbst. Spätere Untersuchungen haben aber gezeigt, daß diese Urentstehung der Gonocyten wesentlich verwickelter ist. Es ist heute sicher, daß bei vielen Invertebrata und Vertebrata ontogenetisch frühzeitig, selbst bei den ersten Zellteilungen schon, Zellen auftreten, welche als die Urgenitalzellen oder primäre Gonocyten betrachtet werden müssen. Bei den Vertebrata wandern diese Zellen quer durch das embryonale Bindegewebe einen langen Weg und landen schließlich in den inzwischen aufgetretenen Genitalfalten. Ein Teil der Gonocyten erreicht dieses Wegziel nicht, sondern geht zugrunde; andere dringen dagegen in die Genitalfalten ein. — Es ist übrigens auch möglich, daß auch diejenigen Gonocyten, welche in die Genitalfalte eindringen, zugrunde gehen und daß unter ihrem Einflusse mehrere Zellen des Keimepithels sich vermehren und auf diese Weise zu sekundären Gonocyten werden, die schließlich durch Teilung zu Genitalzellen werden.

So entstehen z. B. in dem Keimschilde der Aves die primären Gonocyten am Vorderrande der Area pellucida aus dem Entoderm (Ch. W. Swift, 1914). Diese Zellen dringen dann später durch ihre amöboide Bewegung in das Mesoderm ein und in die sich dort bildenden Blutgefäße. Durch den Blutstrom werden sie nach allen Teilen des Embryos und in die Area vasculosa mitgeschwemmt. Später findet man sie zahlreich in den Gefäßen des splanchnischen Mesoderms, worauf sie die Blutgefäße verlassen, so daß sie dann in dem Mesoderm neben der Wurzel des Mesenterium angetroffen werden. Später tritt hier die Genitalfalte auf, in welche sie eindringen.

Auch bei den Embryonen der Mammalia wurde gefunden, daß die Gonocyten zuerst in der caudalen Fortsetzung des Primitivstreifens zu finden sind, darauf im Darmentoderm, danach in der Wurzel des Mesenterium und schließlich erst in der Genitalfalte (Rubaschkin, 1908, 1909).

Der vordere (progonale) und der hintere (epigonale) Teil der Genitalfalte bleibt steril; der mittlere Teil aber schwillt an zur Genitaldrüse. Dieses Organ ist in seinen ersten Stadien indifferent und wird erst später entweder zum Testis oder zum Ovarium. Das Keimepithel bildet nun im allgemeinen Zellstränge, die sich von der Oberfläche losmachen und in das Bindegewebe der

Genitalfalte eindringen. Bei den männlichen Tieren werden diese Stränge zu den Samen-Kanälen und -Ampullen des Testis (Abb. 913). Bei den weiblichen Tieren gehen diese Stränge jedoch zugrunde und werden durch neue ersetzt, die sich ebenfalls von der Oberfläche des Ovarium freimachen; sie tragen bei den Mammalia den Namen Pflügersche Schläuche (S. 61). Diese Stränge enthalten 1. die definitiven Oogonien, aus denen wieder die endgültigen Genitalzellen entstehen; 2. die Follikelzellen: indifferente Zellen, welche in dem Ovarium die Eizellen umhüllen. Bei den Mammalia kann viel später noch eine

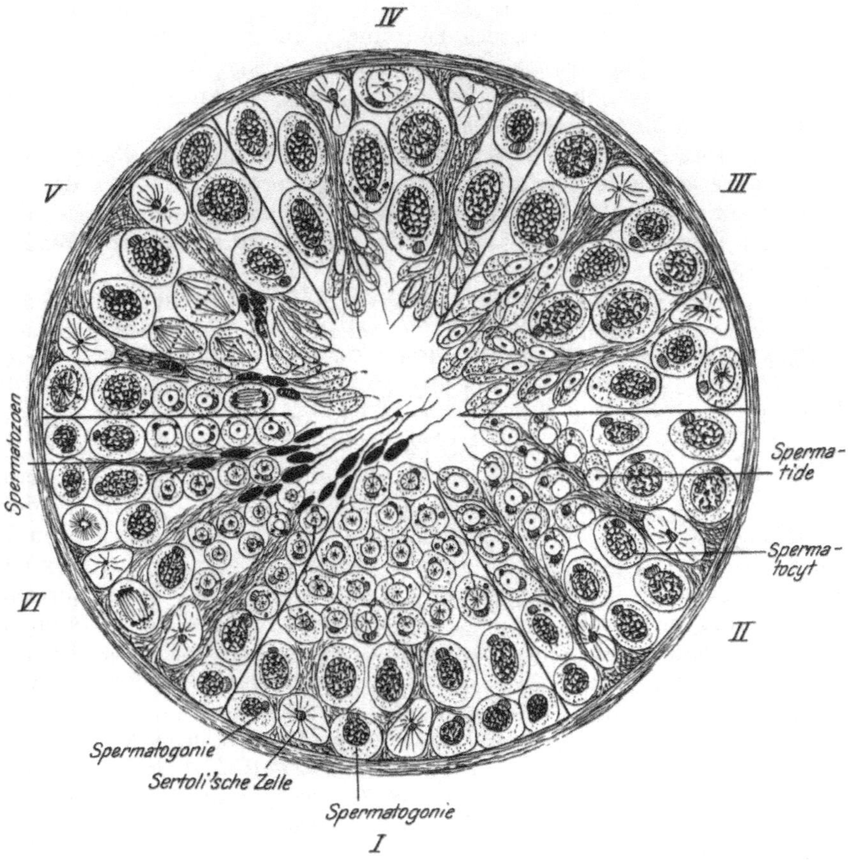

Abb. 913. Schema vom Verlauf der Spermatogenese Sektor I zeigt den Anfang, Sektor VI das Ende dieses Prozesses. (Nach WALDEYER in V. D. BROEK.)

dritte Reihe von Strängen entstehen, welche in den meisten Fällen steril bleiben, aber in einigen Fällen auch endgültige Genitalzellen liefern können. Wenn wir also die Entwicklung bei den männlichen und weiblichen Tieren vergleichen, so können wir wohl die männlichen Genitalstränge homolog setzen mit den drei Strangserien, die sich beim weiblichen Tiere entwickeln können.

Aus den sekundären Gonocyten, welche in den Zellsträngen des Keimepithels nach innen wandern, entstehen durch Zellteilungen bei den männlichen Tieren die Spermatogonien, welche in der Wand der Samenkanäle liegen (Abb. 913); bei den weiblichen Tieren entstehen entsprechend die Oogonien. Die Spermatogonien teilen sich weiter und liefern auf diese Weise die Spermatocyten, welche an Größe zunehmen und dann die Spermatocyten erster Ordnung genannt werden. Diese Zellen machen zwei Reifungsteilungen durch; auf diese Weise liefert jedes Spermatocyte erster Ordnung vier Zellen: die sogenannten Spermatiden; jeder Kern dieser vier Zellen besitzt dann nur die Hälfte der normalen Anzahl von Chromosomen. Diese Spermatiden werden durch eine Reihe von Veränderungen umgeformt zu den reifen Spermatozoen.

Die Oogonien teilen sich und liefern schließlich die Oocyten. Diese werden durch eine mehr oder weniger bedeutende Größenzunahme zu Oocyten erster Ordnung. Darauf finden zwei Reifungsteilungen statt wie bei den Spermatocyten erster Ordnung. Durch die erste Teilung entsteht eine einzige große Zelle: der Oocyt zweiter Ordnung und eine kleine Zelle: der erste Polocyt (Richtungskörper). Auch dieser Oocyt zweiter Ordnung teilt sich wiederum in eine einzige große Zelle: die reife Eizelle und in eine kleine Zelle: den zweiten Polocyten. Die Anzahl der Chromosomen im Kern der reifen Eizelle umfaßt nur die Hälfte der normalen Zahl. Wir finden also auch hier denselben Prozeß wie bei der reifen männlichen Genitalzelle.

Beinahe ohne Ausnahme sind die Vertebrata gonochoristisch. Es kann jedoch vorkommen, daß bei einigen Arten, welche sonst durch eine Trennung der Geschlechter charakterisiert sind, hermaphroditische Erscheinungen auftreten. Typisch hermaphrodit sind z. B. verschiedene Arten von Serranus und außerdem Chrysophrys auratus. Die Serranusarten haben Selbstbefruchtung; bei Chrysophrys werden dagegen die männlichen und weiblichen Genitalzellen nacheinander reif.

Wie allgemein bekannt ist, unterscheiden sich die männlichen und weiblichen Tiere auch bei den Vertebrata nicht nur durch den verschiedenen Bau des Genitalapparates, sondern auch durch viele andere Organe, welche nicht unmittelbar mit der Fortpflanzung in Verbindung stehen; bekanntlich werden solche Eigenschaften sekundäre Sexualcharaktere genannt. Als Beispiel nennen wir die in das Auge fallenden Farben vieler männlicher Tiere bei den Mammalia und den Aves; die Schwanzform vieler männlicher Aves; der Sporn am Laufbein vieler männlicher Hühnervögel (S. 28); das Hirschgeweih (S. 45); der Stoßzahn des männlichen Narwales usw.

Man nimmt an, daß Testis und Ovarium an das Blut bestimmte Hormone abgeben unter deren Einfluß diese sekundären Charaktere entstehen oder unterdrückt werden. Die Auffassungen über den Ort, wo diese Hormone gebildet werden, sind jedoch sehr verschieden: einige Untersucher (vor allem Steinach) nehmen an, daß die Hormone gebildet werden durch bestimmte Zellen (Leydigsche Zellen) des interstitiellen Bindegewebes, welches die Samenkanäle voneinander scheidet und andererseits durch nämliche Zellen im Ovarium. Steinach faßt alle diese Zellen unter dem Namen Pubertätsdrüse zusammen. Andere Untersucher (hauptsächlich Stieve, 1921) behaupten, daß die Hormone ausschließlich in den Genitalzellen produziert werden. Das interstitielle Bindegewebe zwischen den Samenkanälen und den Eifollikeln würde dann die Bedeutung haben von einem Vorratsgewebe, in welchem die für die Bildung der Genitalzellen nötigen Stoffe angehäuft werden. Die Hormone sollen dann durch die Leydigschen Zellen an das Blut abgegeben werden (Kitahara, 1923).

Die Urogenitalverbindung und die Abfuhrwege.

Bei sehr vielen Vertebrata, jedoch nicht bei allen, entsteht zur Abfuhr des Sperma eine Verbindung zwischen dem Testis und dem Mesonephros. Diese sogenannte Urogenitalverbindung entsteht dadurch, daß zwischen dem Orte, wo die Spermatozoen gebildet werden (Testisfollikel) und einigen Mesonephroskanälen verbindende Röhren entstehen, welche das Sperma wegleiten. Diese Urogenitalverbindung kann entstehen (in einem vollendeten Falle, wie z. B. bei den Selachii) teilweise aus dem Keimepithel (Genitalteil) und teilweise aus dem Mesonephros (Mesonephrosteil). Dieser letzte Teil besteht aus einer verschiedenen Anzahl Stränge, den Genitalsträngen des Mesonephros; diese wachsen aus den Malpighischen Körpern des Mesonephroskanales aus und verbinden sich mit dem Genitalteil. Diese Genitalstränge bilden dann die Vasa efferentia des erwachsenen Tieres (Abb. 914). Sehr häufig fehlt jedoch einer der beiden Teile in der Urogenitalverbindung: z. B. bei den Sauropsida (S. 53) fehlt der Genitalteil, bei den Mammalia (S. 59 und 60) der Mesonephrosteil.

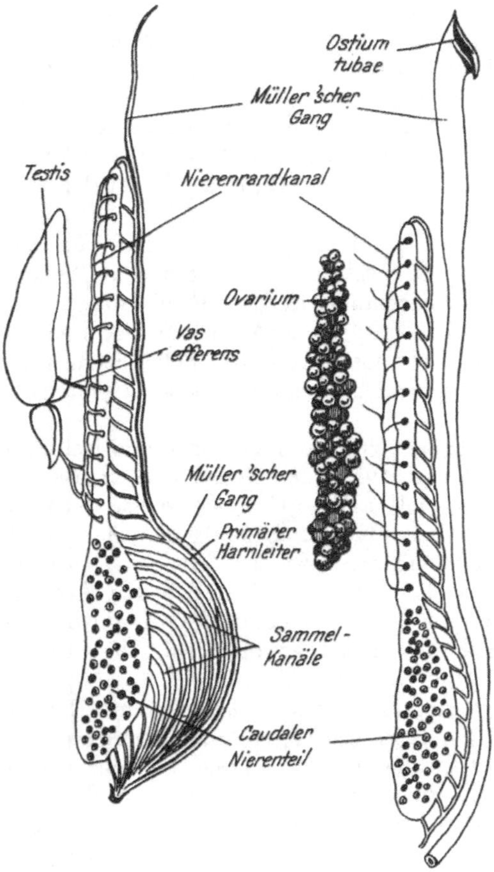

Abb. 914. Abb. 915.

Abb. 914. Schema des Urogenitalapparates eines männlichen, Abb. 915 eines weiblichen Triton taeniatus. (Nach SPENGEL)

Außerdem können die hintereinander gelegenen und querverlaufenden Vasa efferentia sich miteinander verbinden, wodurch zwei longitudinale Kanäle entstehen können: einem an der Basis der Genitalfalte gelegenen Nierenrandkanal, neben dem Mesonephros (Abb. 914); und zweitens ein Centralkanal des Testis, der in der Genitalfalte liegt.

Die Urogenitalverbindung vereinigt also den Testis mit mehreren Mesonephroskanälen. Diese Verbindung besitzt große funktionelle Bedeutung. Sie hat jedoch zur Folge, daß der vordere Teil des Mesonephros mehr oder weniger einschneidend in seiner Funktion verändert: er verliert nämlich teilweise oder ganz seine excretorische Funktion und dient dann dazu, das Sperma aus dem Testis abzuleiten zum primären Harnleiter. Auch die Funktion dieses Harnleiters wird durch die neue Aufgabe verändert: er leitet dann in den ursprünglichen Fällen Urin und zugleich Sperma ab. In vielen Fällen werden jedoch Einrichtungen getroffen, um diese Stoffe so lange als möglich voneinander zu trennen. Wenn nämlich die Sammelkanäle des Mesonephros, welche den Urin ableiten, sich mehr und mehr vom primären Harnleiter freimachen und schließlich erst in das caudale Ende dieses Ganges ausmünden, so hat das zur Folge, daß nur noch der caudale Teil des primären Harnleiters sowohl Sperma als Urin weiterleitet, der craniale Teil dieses Kanales aber ausschließlich Sperma (z. B. bei vielen Urodela; Abb. 914). Schließlich führt der primäre Harnleiter bei den Amniota nur noch das Sperma ab; er wird dann Ductus (Vas) deferens genannt. Das hängt damit zusammen, daß bei diesen Tieren der Mesonephros nicht mehr als

Excretionsapparat Dienst tut. Bei den Amniota bleibt also nur derjenige Teil des Mesonephros erhalten, welcher das Sperma ableitet; er wird Epididymis (Nebenboden) genannt. In diesem Funktionswechsel liegt offenbar die Ursache für die Erhaltung dieses Mesonephrosteiles.

Bei dem weiblichen Embryo tritt ebenfalls eine Urogenitalverbindung auf. Diese verschwindet jedoch wieder frühzeitig, so daß der primäre Harnleiter nicht zum Abfuhrgang der Genitalprodukte wird, sondern nur Urin abführt (Abb. 915). So ist es zu erklären, daß bei den weiblichen Tieren ein selbständiger Abfuhrgang für die Genitalprodukte auftritt, welcher nach dem bekannten Anatomen JOHANNES MÜLLER der Müllersche Gang genannt wird. Auch bei dem männlichen Embryo wird dieser Kanal angelegt, um jedoch später größtenteils wieder zu verschwinden.

Der Müllersche Gang wird auch Eileiter oder Oviduct genannt; er verläuft teilweise parallel mit dem primären Harnleiter. Dieser Gang beginnt mit einem Trichter: dem Ostium tubae, welcher in das Coelom ausmündet. In diesen Trichter werden die reifen Eier aus dem Coelom aufgenommen, nachdem sie aus dem Ovarium ausgetreten sind. Dieser Eileiter mündet schließlich in die Cloaca. Bei den Mammalia werden die Müllerschen Gänge im Verband mit der Viviparität weitgehend verändert; außerdem münden sie bei diesen Tieren in den später zu besprechenden Canalis urogenitalis.

Nach der Meinung der betreffenden Forscher ist das Ostium tubae abzuleiten von Nephrostomata, Trichtern des Pronephros. Über die Entstehung des Müllerschen Ganges laufen jedoch die Meinungen stark auseinander. Nach BALFOUR, RABL, BORCEA u. a. entsteht dieser Gang bei den Selachii durch eine Längsspaltung des primären Harnleiters in zwei Kanäle; diese Aufteilung soll von cranial nach caudal sich abspielen. Der so entstandene dorsale Kanal wird dann zum Urinleiter, welcher den Urin aus dem Mesonephros abführt; aus dem ventralen Kanale jedoch soll der Müllersche Gang entstehen.

Nach der Meinung anderer Untersucher, z. B. von BRACHET, 1921, verläuft die Entwicklung des Müllerschen Ganges bei den Selachii folgendermaßen: Wenn die Pronephroskanäle zugrunde gehen, so bleiben die Nephrostomata als Gruben übrig; nun kann sich eine einzige dieser Gruben trichterförmig vergrößern oder es können sich auch mehrere miteinander vereinigen —: in jedem Falle entsteht dadurch die Anlage des Ostium tubae. Das blinde Ende des Trichters verlängert sich selbständig caudad und bildet den übrigen Teil des Müllerschen Ganges, welcher schließlich die Cloaca erreicht. — Von einem solchen Zustande kann man auch die Entstehungsweise des Müllerschen Gang bei den Aves und Mammalia ableiten: entsteht doch bei diesen Tieren das Ostium tubae als eine Einstülpung des Coelomepithels in der Region des Pronephros und nicht aus bestimmten Trichtern des Pronephros. Außerdem wächst das blinde Ende des Ostium nicht selbständig weiter, sondern im Anschluß an dieses Ende tritt in der Richtung von vorn nach hinten eine Verdickung des Coelomepithels auf; diese Verdickung wird cranial rinnenförmig und schließt sich durch Verwachsung der Ränder zu einer Röhre. Nur der caudale Teil des Müllerschen Ganges entsteht durch selbständiges Auswachsen dieser Röhre, welche schließlich in die Cloaca mündet.

Schließlich wollen wir noch einige Bemerkungen über die Phylogenie dieser Abfuhrgänge machen: man kann mit FELIX annehmen, daß die Nierenkanäle der Vertebrata homolog sind mit Coelomoducten („Genitalkanälchen") (S. 730). Wenn wir uns nun weiterhin vorstellen, daß die primitiven Vertebrata ein vollständig segmentiertes Coelom besaßen, so können wir die Vermutung aussprechen, daß früher eine segmental wiederholte Genitaldrüse in der Wand dieser Coelomsäcke lag. Die reifen Genitalprodukte fielen in jedes dieser Coelomsäckchen hinein und wurden hieraus durch die Genitalkanäle nach außen abgeleitet. Eine Veränderung trat dann dadurch auf, daß die Genitalkanäle auch die Aufgabe erhielten, Excretionsstoffe aus dem Körper zu entfernen: so wurden sie zu Pro- bzw. Mesonephroskanälen. Außerdem entwickelte sich der primäre Harnleiter, der zu Beginn Urin und auch Sperma bzw. Eizellen ableitete. Eine weitere Veränderung kam dadurch zustande, daß die oben beschriebene Urogenitalverbindung entstand. Diese Verbindung machte es möglich, daß die Genitalprodukte nicht mehr in das Coelom traten, sondern in einer sicheren Weise direkt von der Gonade zu den Nierenkanälen geführt wurden.

Wie ist nun diese Urogenitalverbindung entstanden? FELIX leitet den Nierenrandkanal ab von einer Abschnürung des dorsalen Teiles der Leibeshöhle; hier sollen einerseits der Mesonephrosteil (Vasa efferentia) der Urogenitalverbindung ausmünden; andererseits aber auch der vom Keimepithel auswachsende Genitalteil. Dabei wird angenommen, daß der Nierenrandkanal entsteht auf der Grenze dieser beiden Teile der Urogenitalverbindung; dies ist jedoch nicht stets der Fall. In Übereinstimmung mit dieser Hypothese ist die deutliche Selbständigkeit der verschiedenen Teile der Urogenitalverbindung, nämlich des Urogenitalteiles, des Nierenrandkanales und des Mesonephrosteiles; sie sind unabhängig voneinander, da sie teilweise fehlen können. Auch wird die Hypothese von FELIX gestützt durch die Tatsache, daß der Nierenrandkanal entsteht durch eine rinnenförmige Abschnürung aus der Leibeshöhle; in anderen Fällen kann er auch entstehen durch Anastomosenbildung der Vasa efferentia, welche als Teile von Mesonephroskanälen in letzter Hinsicht aus Coelomteilen abzuleiten sind.

Weiterhin können wir mit FELIX annehmen, daß die langgestreckte Gonade ursprünglich verbunden war mit dem langgestreckten Excretionsapparat mittels einer großen Anzahl Vasa efferentia. Hiermit steht in Übereinstimmung das Vorkommen zahlreicher Vasa efferentia bei Lepidosteus (Abb. 924 auf S. 747); und zweitens spricht dafür die Tatsache, daß bei der stets vorkommenden phylogenetischen Verringerung der Zahl der Vasa meist nur die cranialen übrig bleiben (z. B. bei den Selachii, Abb. 920 auf S. 744); weiterhin, daß in einigen Fällen ausschließlich die caudalen Kanäle übrig bleiben (Dipnoi, Abb. 926, 927 auf S. 747.)

Bei den männlichen Tieren bleibt die Urogenitalverbindung bestehen; bei den weiblichen Tieren geht sie phylogenetisch wieder verloren: sahen wir doch, daß hier ein neuer Abfuhrgang für die Eizellen gebildet wird, der Müllersche Gang. Wir sagten ferner eben, daß das Ostium tubae ontogenetisch aus den Nephrostomata des Pronephros entsteht; das stützt die Auffassung, daß der Müllersche Gang sich phylogenetisch von dem Pronephros aus entwickelte als dieser seine Funktion, Genitalprodukte abzuleiten, verlor.

Abdominal- und Genitalporen.

In verschiedenen Gruppen der Craniota, nämlich bei den Pisces und den Reptilia, kommuniziert die Leibeshöhle mit der Außenwelt durch ein Paar Trichter: die peritonealen Kanäle. Diese Kanäle sind eine caudale Fortsetzung der Leibeshöhle und münden in der Nähe der Cloacenöffnung oder des Anus durch feine Öffnungen nach außen; diese Öffnungen werden Abdominalporen genannt. Diese Poren können nun an drei Stellen liegen: an der Oberfläche des Körpers oder in der Wand eines Raumes, der von der Haut herstammt, oder schließlich in der Cloacenwand. Die peritonealen Kanäle können lange Zeit blind geschlossen bleiben, so daß die Abdominalporen erst beim jungen oder sogar erwachsenen Tiere auftreten; in anderen Fällen können diese Kanäle auch stets geschlossen bleiben.

Bei den Cyclostomata (Abb. 919 auf S. 743) münden die Abdominalporen in eine Höhle aus, welche von der Cloaca abstammt. Dieses sind die einzigen Formen, bei welchen diese Poren auch zur Abfuhr der Genitalprodukte dienen; ein Zustand, den wir bestimmt als einen sekundären betrachten müssen.

Abdominalporen finden wir ferner bei vielen Pisces, nämlich bei den Selachii, Dipnoi, Crossopterygii, Chondrostei, Holostei, Salmonidae. Schließlich auch bei einigen Reptilia. So besitzen die Crocodilia (Abb. 964 und 965 auf S. 778) peritoneale Kanäle, die erst bei erwachsenen Formen auf dem Boden der Cloaca rechts und links des Penis an der Spitze einer Papille ausmünden. Die Chelonia (Abb. 961 und 962 auf S. 777) besitzen dagegen peritoneale Kanäle, welche caudal blind enden (N. L. WIEBAUT-ISEBREE MOENS, 1911).

Die Poren können dazu dienen, Flüssigkeit aus dem Coelom abzuleiten. In vielen Fällen scheint jedoch die Funktion keineswegs wichtig zu sein, da diese Poren in ein und derselben Tiergruppe fehlen und vorkommen können: so finden wir sie bei den meisten Elasmobranchii, während sie fehlen bei den Heterodontidae und den Rhinidae. Außerdem können die Poren bei einer einzigen Art inkonstant sein wie z. B. bei Scyllium canicula. Bei den Salmonidae sind die Abdominalporen rudimentär (M. WEBER).

Über die Phylogenie der Abdominalporen ist wenig zu sagen. Man hat die Hypothese ausgesprochen, daß sie homolog seien mit den Kanälen des Pronephros. Es spricht jedoch nicht für diese Hypothese, daß sie unabhängig von dem primären Harnleiter auftreten, daß sie ontogenetisch spät entstehen, und daß sie eine so eigentümliche Lage haben. Darum erblicken wir mit FELIX in diesen Poren lieber Neubildungen, durch welche sich der caudale Coelomteil mit der Außenwelt verband.

Unabhängig von den Abdominalporen ist der unpaar auftretende Porus genitalis; er ist beschränkt auf die Teleostei und kann betrachtet werden als die Ausmündung eines Derivates des dorso-caudalen Coelomteiles. Dieser Porus dient nur zur Abfuhr der Genitalprodukte; er soll darum bei den Genitalorganen der Teleostei besprochen werden.

Übersicht über den Bau der „Genitaldrüsen“ und ihrer Abfuhrgänge in den verschiedenen Gruppen der Vertebrata.

Acrania.

Die Genitalorgane der Acrania unterscheiden sich grundsätzlich von denen der Craniota. Ontogenetisch treten sie auf in den Segmenten 9 (10)—34 (35). Es sind segmental wiederholte Zellgruppen, welche an der ventralen Kante des Myotoms liegen (Abb. 918), dort, wo das laterale Blatt des Myotom (Cutisblatt) übergeht in das mediale Blatt des Sclerotom (sceletogenes Blatt). (Das Sclerotom bildet einen abgeplatteten Sack, welcher medial des Myotoms längs der Chorda und dem Rückenmark emporwächst aus dem unteren Rande des Myotoms) (Abb. 918). Diese Zellgruppen verändern dann ihre Lage, so daß jede Gruppe schließlich an der vorderen Wand des Myotoms, also an der Hinterwand des Myocomma liegt (Abb. 916b). Die zum n-ten Segment gehörende Zellgruppe schiebt sich nun am sceletogenen Blatte des (n—1)-ten Segments craniad entlang. Die Zellgruppe drückt dabei das Epithel dieses Blattes vor sich her und ragt schließlich in die Höhle des (n—1)-ten Segmentes hinein. Diese Zellgruppe ist anfänglich mit dem n-ten Segmente durch einen Stiel verbunden, welcher später verschwindet; dieser Stiel läßt sich bis an das Myocomma verfolgen (Abb. 917).

In jeder Zellgruppe, welche je zu einer jungen Geschlechtsdrüse wird, tritt eine Höhle auf, welche Gonadenhöhle genannt wird (Abb. 918). Diese Höhle

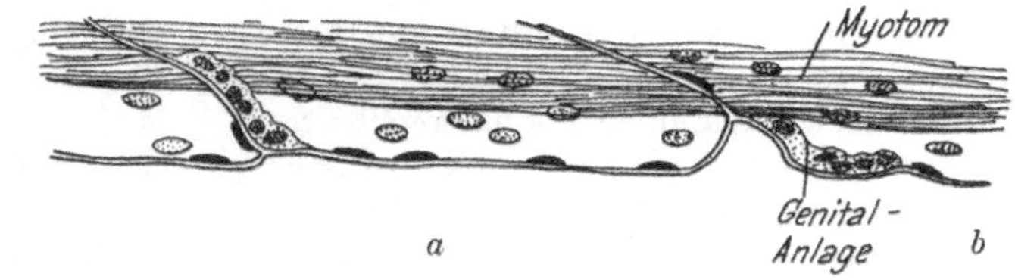

Abb. 916. Ventrale Seite einiger Segmente von Amphioxuslarven. Im Segment a liegt die Genitalanlage noch an der ventralen Seite des Myotom, im Segment b ist die Anlage nach der vorderen Wand des Myotom verlegt. (Nach BOVERI.)

ist letzten Endes auf die Höhle des Segmentes zurückzuführen, in welcher die Genitalanlage ursprünglich lag. Später differenziert sich das Genitalorgan weiter und wird zum Ovarium oder zum Testis. In dieser Zeit teilt ein laterad und ventrad wachsendes Septum, welches von dem sceletogenen Blatte auswächst, die Myotomhöhle in eine dorsale Muskelkammer und eine ventrale Genitalkammer (Abb. 918). In die Genitalkammer des (n—1)-ten Segmentes ragt also die Gonade hinein, welche abstammt vom n-ten Segment. Medial liegt das Epithel des Peribranchialraumes gegen die Genitalkammer und Gonade an (Abb. 708 auf S. 587). Wenn nun die Entwicklung weiter geht, so breitet sich die Gonade zuerst dorsad, später auch in die Länge aus; auf diese Weise füllt die Gonade die dreiseitige prismatische Genitalkammer schließlich ganz aus. Die reife Gonade ragt in den Peribranchialraum hinein, in welchen die Genitalprodukte ausgestoßen werden mittels einer Öffnung in der trennenden Wand, welche sich später wieder schließt. Die Genitalprodukte werden schließlich durch den Wasserporus abgeführt (Abb. 704, S. 584).

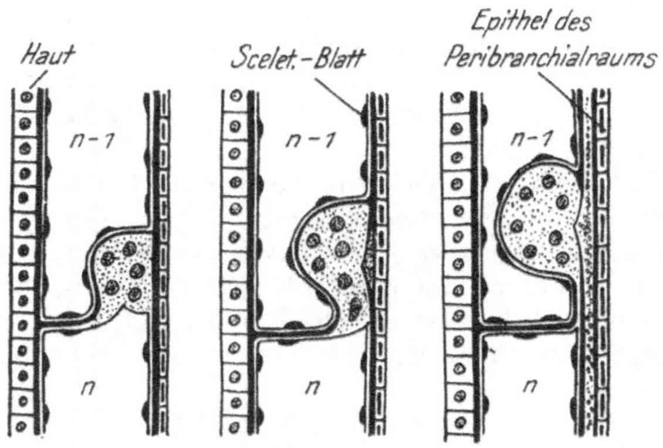

Abb. 917. Drei Schemata (Frontalschnitte) von Amphioxus um die craniade Verschiebung der Genitalanlage zu demonstrieren. (Nach ZARNIK).

FELIX hat versucht, diese Genitalorgane mit den so abweichenden Organen der Craniota in Übereinstimmung zu bringen. Entstehen diese Organe doch bei Amphioxus als Aussackungen von Mesodermteilen, welche FELIX mit den Segmentstielen vergleicht; erst später wachsen sie nach der Oberfläche der peribranchialen Höhle. Auch die Coelomoducte (Genitalkanäle) der Annelida

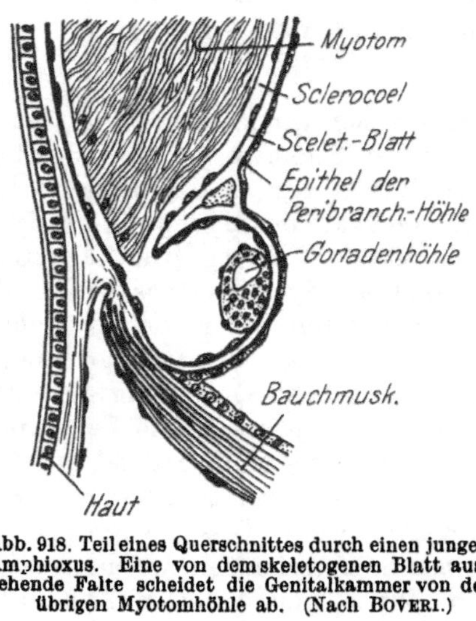

Abb. 918. Teil eines Querschnittes durch einen jungen Amphioxus. Eine von dem skeletogenen Blatt ausgehende Falte scheidet die Genitalkammer von der übrigen Myotomhöhle ab. (Nach BOVERI.)

entstehen als trichterförmige Ausstülpungen der segmentierten Leibeshöhle, welche zeitweise an der Oberfläche des Tieres ausmünden. In Übereinstimmung mit BOVERI betrachtet FELIX die Gonaden von Amphioxus als homolog mit den Genitalkanälen der Annelida und mit den Pronephroskanälen der Craniota; wachsen doch auch diese letzten Kanäle aus den Segmentstielen hervor.

Cyclostomata.

Bei den Cyclostomata ist die Genitaldrüse ein langgestrecktes unpaares Organ, welches an der Rückenwand der Leibeshöhle aufgehängt ist. Bei Myxine ist dieses Organ die rechte Gonade. Die Arten dieser Gattung sollen protandrische Hermaphroditen sein (CUNNINGHAM, NANSEN). Bdellostoma und Myxine sollen jedoch nach der Ansicht von CONNEL (1917) gonochoristisch sein. Obwohl bei Myxine junge Tiere ein hermaphroditisches Organ besitzen, so kommt noch nur eine einzige Art von Genitalzellen zur Reife (CONNEL). Bei Petromyzon ist die Anlage des Genitalorganes unpaar: sie besteht in einem Zellstrange, welcher dorsal des Darmes gelegen ist. Die Arten dieses Genus sind gonochoristisch.

Die reifen Genitalprodukte fallen in die Leibeshöhle, da Ausfuhrgänge und eine Urogenitalverbindung ganz fehlen. Bei Petromyzon werden die Genital-

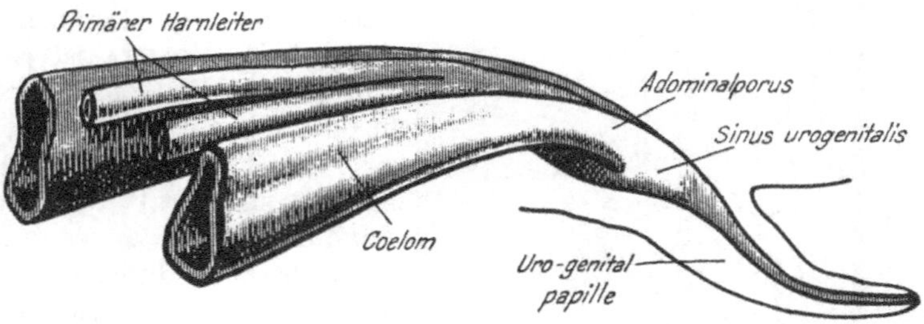

Abb. 919. Rekonstruktion des Sinus urogenitalis und ihrer Umgebung bei einem erwachsenen Petromyzon fluviatilis. (Nach A. LICKTEIG.)

produkte aus dem Coelom entfernt durch ein paar Abdominalporen, welche in der Wand des Sinus urogenitalis liegen (Abb. 919). Dieser Sinus mündet durch die Urogenitalöffnung nach außen, welche auf einer Papille hinter dem Anus liegt.

Bei der Larve von Petromyzon kommt eine Cloaca vor, in welche die primären Harnleiter ausmünden; außerdem endigt das Coelom blind rechts und links von der Cloaca. Der erwachsene Zustand entsteht nun wahrscheinlich dadurch, daß der dorsale Teil der Cloaca sich freimacht als Sinus urogenitalis. In diesen Sinus öffnen sich dann die anfänglich blinden Enden der Coelomhöhle; durch diesen Prozeß entstehen die Abdominalporen, welche als Genitalporen funktionieren (A. LICKTEIG, 1913).

Unter den Myxinidae findet man einen paarigen Abdominalporus bei Bdellostoma oder einen unpaaren Porus unter Zurückbildung des dorsalen Mesenterium bei Myxine. Dieser Porus liegt jedoch nicht in der Wand des Sinus, sondern mündet zwischen Anus und Excretionsporus aus in eine Grube, welche durch die Haut gebildet wird.

Wenn wir annehmen, daß die Nierenkanäle ursprünglich die Genitalprodukte abführten (S. 731), so haben sie diese Funktion bei den Cyclostomata genau so wie bei den übrigen Vertebrata verloren. Wir müssen die Frage offen lassen, ob bei diesen Tieren jemals eine Urogenitalverbindung vorhanden war; wir betrachten jedoch den Zustand, daß die Genitalprodukte ausgeführt werden durch die Abdominalporen, als einen sekundären. Es erscheint jedoch unnötig, anzunehmen, daß bei den Vorfahren der Cyclostomata ein Oviduct anwesend war.

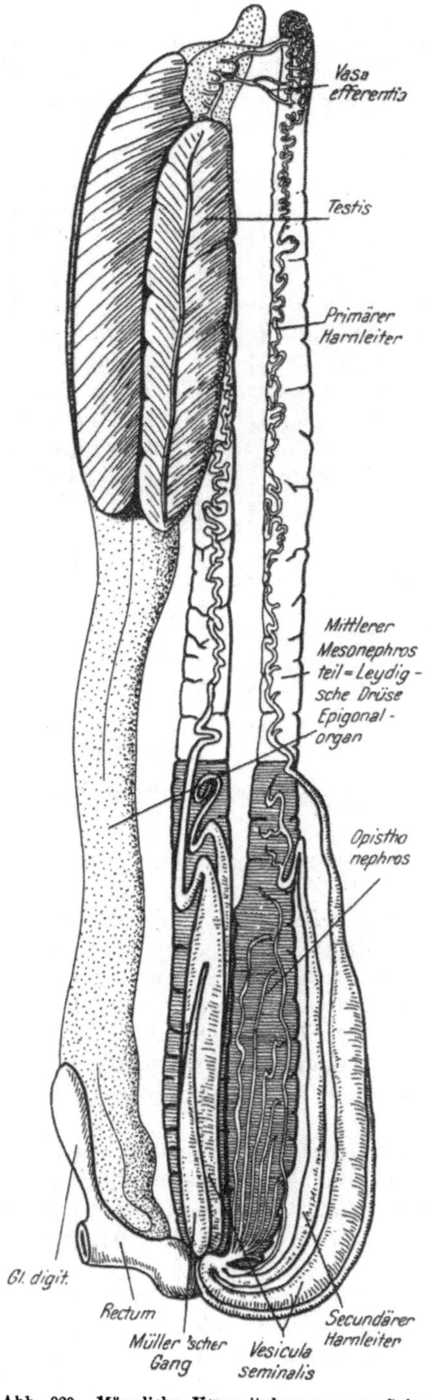

Abb. 920. Männliche Urogenitalorgane von Galeus canis. Links in der Abbildung sind die Testes, der Müllersche Gang, die Vesicula seminalis und der sekundäre Harnleiter in natürlicher Lage gezeichnet; rechts sind sie zur Seite gelegt, um die Niere zu zeigen. (Nach J. BORCEA.)

Die anderen Pisces.

Der Bau der Genitalorgane ist bei den verschiedenen Gruppen der anderen Pisces sehr verschieden.

Die **Selachii** stimmen in vielen Punkten mit den Amphibia überein. Der Testis liegt meist auf der Höhe des Vorderteiles des Mesonephros (Abb. 920). Bei den Notidanidae erstreckt er sich jedoch über die ganze Leibeshöhle, während in anderen Fällen der vordere Teil der Genitalfalte den Testis liefert, der Rest dieser Falte jedoch das sterile, sogenannte Epigonalorgan (REDEKE, 1898). Der Testis enthält zahlreiche Testisampullen, welche die Genitalzellen produzieren und sich fortsetzen in kleine Abfuhrkanäle; beide Teile stammen aus dem Keimepithel. (BORCEA ist jedoch der Meinung, daß die Kanäle herstammen vom Centralkanal des Testis, welcher durch Vereinigung der Nephrostomkanälchen entsteht.) Die Urogenitalverbindung kommt außer durch diese Kanäle zustande durch eine verschiedene Anzahl von Vasa efferentia; diese entstehen aus Nephrostomkanälen, welche sich von dem Coelomepithel freimachen. Es ist ein longitudinaler Centralkanal im Testis zu beobachten und ein Nierenrandkanal.

Bei den männlichen Tieren können wir an der Niere drei Teile unterscheiden (Abb. 920): einen Vorderteil, welcher durch die ebengenannten Vasa efferentia gekennzeichnet ist, das Mittelstück und das caudale Stück. Das vordere und mittlere Stück verlieren ganz ihre excretorische Funktion; alle Malpighischen Körper gehen hier zugrunde: diese Stücke treten als sogenannte Leydigsche Drüse ganz in den Dienst der Spermaabfuhr und der Produktion einer Flüssigkeit, in welcher die Spermatozoen sich bewegen. Die Kanäle des cranialen und des mittleren Teiles münden direkt in den primären Harnleiter aus; die Sammelkanäle des caudalen Teiles dagegen, also des urinabscheidenden Nierenteiles, machen sich von dem primären Harnleiter frei;

sie vereinigen sich teilweise oder alle zu einem sekundären Harnleiter. Dieser entsteht ontogenetisch aus dem primären Harnleiter, ist also mit dem sekundären Harnleiter oder Ureter der Amniota vergleichbar. Dieser sekundäre Harnleiter mündet in das caudale Ende des primären Urinleiters aus. Der primäre Harnleiter wird übrigens auch oft der Leydigsche Gang genannt; seine Funktion besteht darin, im größten Abschnitte seiner Länge nur Sperma abzuführen. Der caudale Teil dieses Ganges schwillt an zu einer Vesicula seminalis; diese vereinigen sich von links und rechts im Urogenitalsinus, welcher auf der Spitze einer Papille an der dorsalen Cloacawand ausmündet.

Vom Müllerschen Gange bleibt bei den männlichen Tieren ein rudimentäres Ostium tubae übrig; außerdem noch ein caudales Stück: der sogenannte Uterus masculinus.

Auch bei den weiblichen Selachii (Abb. 921) wird der vordere Teil der Niere zurückgebildet und der vordere Teil des primären Harnleiters verschwindet. Auch hier beobachtet man, wenn auch in geringerem Maße als bei den Männchen, daß die Sammelkanäle sich von dem primären Harnleiter freimachen und sich vereinigen zu einem sekundären Harnleiter. Die primären Harnleiter vereinigen sich zu einem Sinus, welcher in die Cloaca mündet.

Die Ovaria produzieren große und dotterreiche Eier. In einigen Fällen wird nur ein einziges Ovarium entwickelt. Meist sind beide Ostia zu einem einzigen unpaaren Ostium vereinigt, welches auffallend weit craniad vorgeschoben ist: es liegt ventral des Ösophagus, cranial der Leber. Ein paariges Ostium dagegen besitzt z. B. Trygon pastinaca (REDEKE, 1898). Die Oviducte sind stets zu beobachten, auch bei Laemargus (REDEKE, 1898), wo oft angegeben wurde, daß sie fehlen; sie münden durch selbständige Öffnungen in die Cloaca aus. An jedem Oviduct unterscheidet man: die Tuba, welche auf das Ostium folgt, die Nidamentaldrüse, das Oviduct im engeren Sinne und schließlich den Uterus. Die Nidamentaldrüse sezerniert das Eiweiß und die Eischale um das Ei hin. Der Uterus ist bei den lebend gebärenden Selachii besonders stark entwickelt. In solchen Fällen können sich Falten der Dottersackwand in Aushöhlungen der Uterusschleimhaut hineinlegen; dann sind beide Wände nur noch durch eine dünne Eischale voneinander geschieden. In anderen Fällen kann die Eischale fehlen: dann ist die Uterusschleimhaut bedeckt mit einer großen Anzahl langer Zotten (Tro-

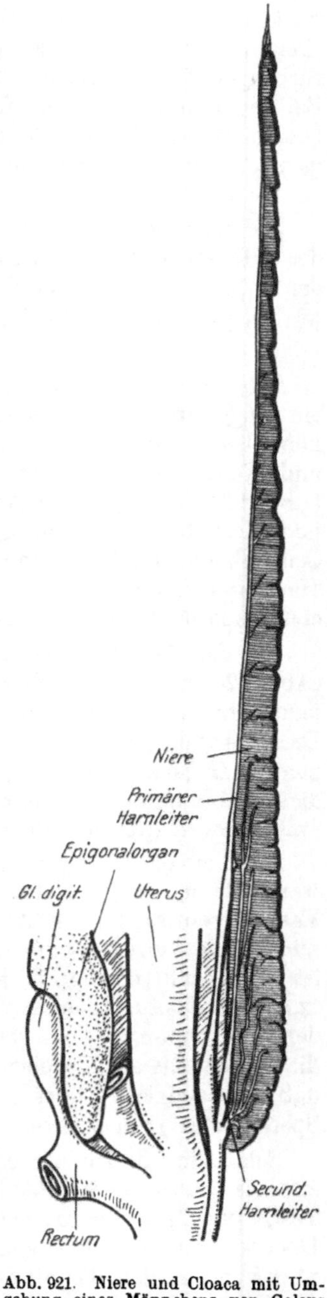

Abb. 921. Niere und Cloaca mit Umgebung eines Männchens von Galeus canis. (Nach J. BORCEA.)

phonemata), welche die Nahrung des Embryos in Form sogenannter „uteriner Milch“ abscheiden.

Die **Holocephali** stimmen in den Hauptzügen mit den Selachii überein. Es sei nur noch bemerkt, daß der caudale Teil der Niere klein ist. Seine Sammelkanäle münden rechts und links durch eine gemeinschaftliche Öffnung in den Sinus urogenitalis (REDEKE, 1898); dieser Sinus entsteht durch Vereinigung der primären Harnleiter und mündet selbständig nach außen. Der zurückgebildete Müllersche Gang bleibt in seiner ganzen Länge bestehen. — Bei den weiblichen Tieren findet man ebenso wie bei den Selachii ein einziges Ostium tubae. Die primären Harnleiter und die Oviducte kommen zusammen in einen selbständig ausmündenden Urogenitalsinus.

Die Genitalorgane der nicht zu den Elasmobranchii gehörenden Pisces, der **Teleostomi,** können wir zusammen abhandeln, da der Bau dieser Organe bei den Dipnoi und den Ganoiden eine Einsicht gibt in den abweichenden Zustand, wie wir ihn bei den Teleostei finden.

Männliche Genitalorgane. Bei den Dipnoi und Ganoiden ist der Testis ein langgestrecktes, gelapptes Organ, welches an der Rückenseite der Bauchhöhle liegt. Unter diesen Formen besitzen die Acipenseridae, Lepidosteus, Amia und Neoceratodus eine gewöhnliche Urogenitalverbindung. Bei Lepidosteus (Abb. 924) ist sogar die Anzahl der Vasa efferentia besonders groß (40—50) und diese Kanäle entspringen beinahe in der ganzen Länge des Testis. Ein Centralkanal des Testis und ein Nierenrandkanal sind anwesend. Die primären Harnleiter führen Urin und Sperma ab; beide vereinigen sich caudal. Der Excretionsporus (S. 14) wird also bei den männlichen Tieren zur Urogenitalöffnung.

Bei den Dipnoi sehen wir nun, daß der Testis einen Abfuhrgang besitzt (Abb. 926 und 927), welcher teilweise in den Testis eingeschlossen ist, teilweise jedoch frei (extratesticulär) liegt. Dieser freie Teil endigt blind bei der Cloaca. Diesen Abfuhrgang wollen wir nach FELIX den sekundären Ductus deferens nennen, da er ganz unabhängig vom primären Harnleiter ist. Der testiculäre Teil dieses Abfuhrganges nimmt dann die Spermakanäle auf; der extratesticuläre Teil dagegen gibt die Vasa efferentia ab.

Wir können bei der Betrachtung dieser Tatsachen ausgehen von einem Zustand wie er bei Lepidosteus zu beobachten ist (Abb. 924): hier sind zahlreiche Vasa efferentia gebildet (Abb. 925). Dann finden wir bei den Dipnoi eine fortschreitende Verminderung in der Anzahl dieser Vasa: bei Neoceratodus z. B. ist die Anzahl noch groß; bei Lepidosiren wird der extratesticuläre Teil des sekundären Ductus deferens mittels fünf oder sechs solcher Vasa verbunden mit dem Mesonephros (Abb. 926). Bei Protopterus (Abb. 927) sinkt die Anzahl dieser Vasa bis auf ein einziges, welches am meisten caudal liegt; so kommt es, daß der caudale Teil des primären Harnleiters, welcher in die Cloaca mündet, Sperma und Urin ableitet.

Schließlich finden wir bei den Crossopterygii auch das letzte deutliche Vas efferens verschwunden (Abb. 928); somit ist die letzte Verbindung zwischen Testis und Mesonephros aufgehoben. Der extratesticuläre Teil des sekundären Ductus deferens ist hier keine einfache Röhre, sondern besteht aus einem Netzwerk von Kanälen, die mit dem Testis im Zusammenhang stehen. Caudal mündet der Ductus in den Sinus aus; dieser Sinus entsteht wahrscheinlich durch Vereinigung der primären Harnleiter mit einem Teile der Cloaca.

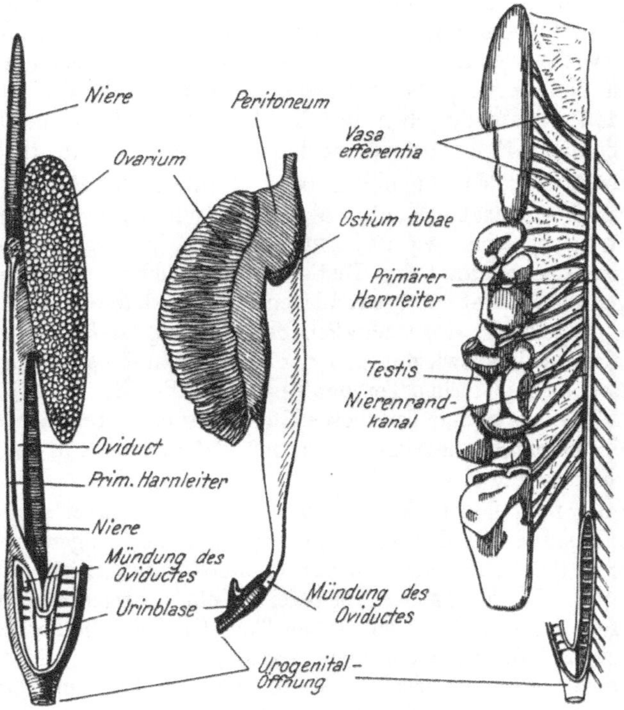

Abb. 922. Abb. 923. Abb. 924.

Abb. 922—924. Geschlechtsorgane einiger Holostei.

Abb. 922. Weibliche Geschlechtsorgane von Lepidosteus. — Abb. 923. Dasselbe von Amia. — Abb. 924. Männliche Geschlechtsorgane von Lepidosteus. (Nach Balfour, Parker und Huxley.)

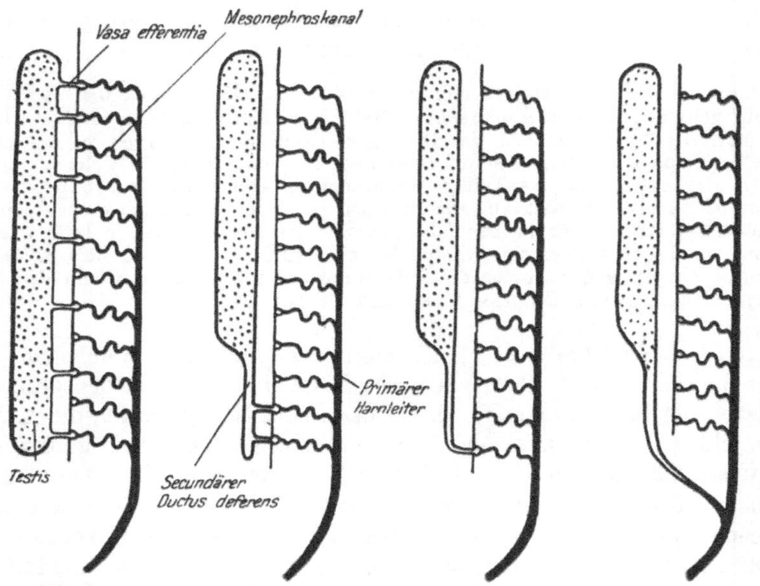

Abb. 925. Acipenser, Lepidosteus. Abb. 926. Lepidosiren. Abb. 927. Protopterus. Abb. 928. Polypterus.

Abb. 925—928. Schemata, welche die Phylogenie des Abfuhrganges des männlichen Geschlechtsapparates bei den Pisces zeigen. (Nach Graham J. Kerr.)

Welches ist nun die morphologische Bedeutung des sekundären Ductus deferens? Wir sind leider über die Entwicklung dieses Kanales nicht genügend unterrichtet; wir kennen auch nicht den Ursprung des eben bei den Crossopterygii geschilderten Netzwerkes, das übrigens auch bei Teleostei vorkommt. So kommt es, daß wir auf die eben gestellte Frage noch keine befriedigende Antwort geben können. FELIX betrachtet den sekundären Ductus deferens als einen Nierenrandkanal, welcher schließlich bei Polypterus caudal eine Ausmündung in den Excretionsapparat erlangte. Will man nun diesen Ductus ableiten von der Urogenitalverbindung, wie das FELIX also tut, so liegt es eigentlich näher, ihn mit einem Centralkanal des Testis zu vergleichen. GRAHAM KERR (1902, 1919) dagegen betrachtet den sekundären Ductus deferens als zugehörig zum Testis (Abb. 926—928); er ist nämlich der Meinung, daß auch der extratesticuläre Kanalteil sich entwickelt aus der Genitalfalte; es ist logisch, wenn er diesen Teil also als den sterilen Teil des Testis auffaßt. Bei Polypterus betrachtet GRAHAM KERR den caudalen Teil dieses Ductus als ein vereinfachtes Vas efferens mit einem Mesonephroskanal; dieses Vas mündet dann aus in den caudalen Teil des primären Harnleiters.

Der Bau der männlichen Genitalorgane bei den Teleostei schließt sich deutlich an den Zustand bei den Crossopterygii an: die Urogenitalverbindung ist verschwunden; der sekundäre Ductus deferens funktioniert als Abfuhrgang für das Sperma. Der Testis der Teleostei ist ein paariges ansehnliches Organ, welches im reifen Zustande einen großen Teil der Leibeshöhle anfüllt. In dem Testis entwickeln sich zahlreiche Samenkanäle, welche sich mit den sekundären Ductus deferens verbinden. Ebenso wie am Oviduct kann man auch an diesem Ductus einen testiculären und einen freien Teil unterscheiden, von denen der letzte (ebenso wie bei Polypterus) aus der Genitalfalte entsteht; bei seiner Entwicklung tritt ebenfalls ein Netzwerk von Kanälen auf. Caudal vereinigen sich die Ductus deferentes zu einem unpaaren Kanal, welcher in den Ausfuhrgang der Blase (Urethra) ausmündet. Die Urethra wird dadurch zum Urogenitalsinus.

Über die Genitalorgane der männlichen Salmonidae werden wir nach Abhandlung der weiblichen Organe noch einiges zu sagen haben.

Schließlich sei noch einiges angegeben über die Entwicklung des Testis bei dem lebendig gebärenden Fisch Xiphophorus Helleri (J. M. ESSENBERG, 1923). Bei diesem Tiere wird der testiculäre Teil des Ductus deferens gebildet durch peritoneale Zellen, welche nach innen gedrungen sind; diese bilden einen Strang, in welchem eine Höhle auftritt. Der extratesticuläre Teil dieses Ductus entsteht aus einer doppelten Anlage: eine craniale Anlage wächst aus dem testiculären Teile des Ductus aus; eine caudale Anlage nimmt ihren Ursprung ebenfalls aus dem Peritoneum. Beide Teile wachsen aufeinander zu und vereinigen sich (vgl. auch die Entwicklung des Oviductes, S. 751). Dieser peritoneale Ursprung des Ductus deferens stimmt also nicht überein mit den eben dargelegten Meinungen von GRAHAM KERR und FELIX.

Weibliche Genitalorgane. Betrachten wir nun die weiblichen Genitalorgane der Teleostomi. Die Organe der Dipnoi stimmen in den großen Zügen mit denen der Selachii überein: die Ovarien sind langgestreckt; die Müllerschen Gänge bilden Oviducte mit cranial gelegenen Ostien. Die Oviducte treten caudal zusammen und münden aus auf einer Papille, welche in die Cloaca hineinragt.

Auch bei den Crossopterygii findet man gut entwickelte und mit Ostia versehene Müllersche Gänge, welche caudal in den primären Harnleiter münden. Die Müllerschen Gänge entstehen an der lateralen Seite der Genitalfalte, wie das die Regel ist; später jedoch liegen sie an der medialen Seite.

Die Ovaria der meisten Ganoiden weichen auch nicht von diesem allgemeinen Typus ab, da die reifen Eier in das Coelom treten. Die Oviducte dagegen verhalten sich abweichend: sie sind kurz, so daß das Ostium in dem caudalen Teile des Coeloms liegt. Außerdem liegt das Ostium an der medialen Seite der Genitalfalte anstatt an der lateralen Seite (Abb. 923). Die Oviducte münden in denjenigen caudalen Teil der primären Harnleiter, welcher durch Vereinigung unpaar geworden ist (mesodermale Blase. Urogenitalsinus).

Viele Forscher betrachten diese kurzen Oviducte als Müllersche Gänge, z. B. E. S. GOODRICH und GRAHAM KERR. Der Letztgenannte weist jedoch darauf hin, daß auch bei Polypterus die mediale Lage des Ostium eine sekundäre Erscheinung ist, und daß auch bei den höheren Vertebrata das Ostium weit caudal liegt. Die Entwicklung dieser Oviducte ist jedoch noch unbekannt; somit ist es unsicher, ob man sie vergleichen kann mit den Müllerschen Gängen, oder ob man sie auffassen muß als Abkömmlinge des Coeloms. Im letzten Falle könnten sie mit dem Genitaltrichter homolog sein, oder mit den peritonealen Trichtern der Salmonidae (S. 48).

Von den anderen Ganoiden weicht Lepidosteus (Abb. 922) ab, der mancherlei Übereinstimmung mit den Teleostei zeigt: es fehlt nämlich der Müllersche Gang und das Ostium tubae. Der Oviduct beginnt unmittelbar in der lateralen Wand des sackförmigen Ovarium; das Lumen des Oviductes geht somit über in den parovarialen Kanal des Ovarium, welchen wir bei den Teleostei gleich näher besprechen werden.

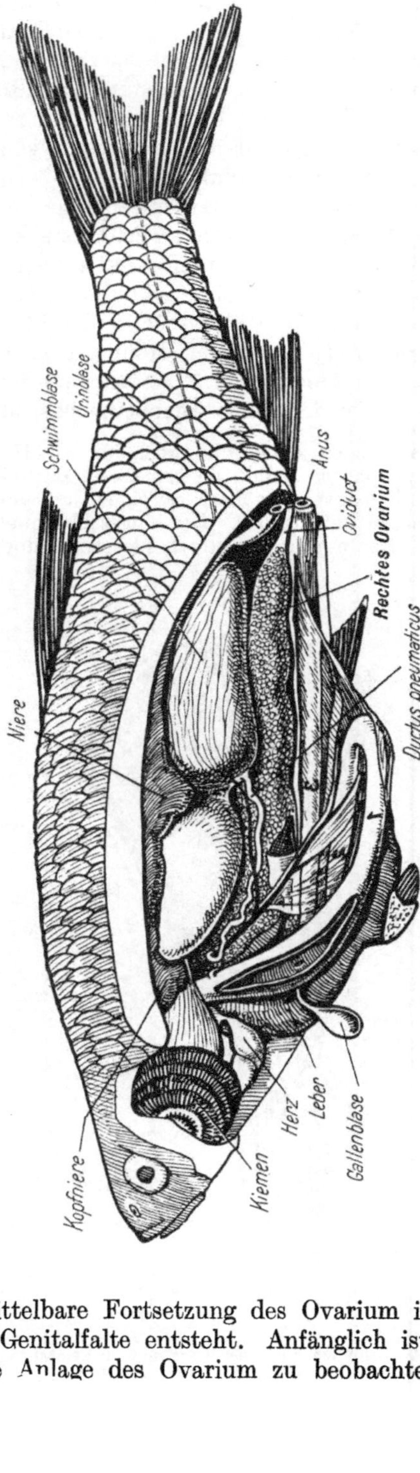

Abb. 929. Urogenitalorgane und Darmkanal von Leuciscus rutilus. Das linke Ovarium ist entfernt, die Leber ist median durchschnitten. Die drei Teile des Darmkanales sind mit Zahlen angedeutet. (Nach RÖSELER und LAMPRECHT.)

Die Mehrzahl der Teleostei schließt sich an diesen Zustand an: das Ovarium (Abb. 929) ist sehr ansehnlich entwickelt und füllt vor dem Ablegen der Eier einen Teil der Leibeshöhle an. Müllersche Gänge fehlen. Es ist jedoch ein kurzer Eileiter zu beobachten, der die unmittelbare Fortsetzung des Ovarium ist, da er ontogenetisch ebenfalls aus der Genitalfalte entsteht. Anfänglich ist auch bei den Teleostei eine bandförmige Anlage des Ovarium zu beobachten; an der dem Coelom zugekehrten lateralen Seite dieser Anlage bildet sich eine Rinne, die sich zur Röhre schließt. Das Lumen dieser Röhre ist dann die entovariale Höhle. Die Wand des größten Teiles dieser Röhre bekommt die Eigenschaften eines Ovarium; der caudale Teil, welcher ebenfalls von der Genitalfalte abstammt, bleibt aber steril und funktioniert nun als Oviduct. Bei einigen Teleostei sieht man übrigens, daß die Genitalfalte laterad umschlägt und daraufhin an ihrem freien Rande verwächst mit dem Coelomepithel der dorsalen Körperwand. An der so entstandenen Röhre bildet der caudale freie Teil auch hier keine Eier; sein Hohlraum wird die „parovariale Höhle“ genannt. Ent- und parovariale Höhle stammen beide vom Coelom ab; sie werden als „ovariale Höhlen“ zusammengefaßt.

Beide Oviducte treten miteinander median in Verbindung. Kurz vor der ersten Ablage von Eiern bricht dieses kurze Endstück nach außen durch und zwar auf einer Stelle, die schwankt zwischen der caudalen Wand des Anus und der cranialen Fläche der Blasenmündung. A. Lickteig (1913) hat es wahrscheinlich gemacht, daß dieses Endstück entsteht durch caudale Vereinigung beider Genitalfalten. Die ovarialen Höhlen sind anfänglich noch geschieden, vereinigen sich aber später caudal. Das unpaare Endstück stellt also einen Teil der ovarialen Säcke dar, ohne irgendeine besondere Selbständigkeit.

Es weichen jedoch die Ergebnisse der Untersuchungen über die Genitalentwicklung bei Xiphophorus Helleri ab von dieser Darstellung (J. M. Essenberg, 1923). Die Ovaria dieses Tieres verschmelzen zu einem unpaaren Organ; dorsale und ventrale Ränder verwachsen miteinander. Der eingeschlossene Raum wird auf diese Weise zur ovarialen Höhle. Der unpaare Eileiter besitzt einen doppelten Ursprung; die craniale Anlage wird gebildet durch einen Zellstrang, welcher aus Zellen peritonealer Herkunft besteht; dieser Zellstrang wächst an dem caudalen Ende des Ovarium caudad aus und ist im Querschnitt V-förmig. Der Raum zwischen den Schenkeln des V bekommt dorsal einen peritonealen Abschluß von dem Mesovarium aus; dadurch entsteht ein geschlossener Kanal. Die caudale Anlage entsteht als ein Strang von peritonealen Zellen, welcher vom caudalen Ende des Coeloms nahe dem Urogenitalsinus craniad wächst; dies geschieht dort, wo das Mesenterium sich verbindet mit der dorsalen, peritonealen Bekleidung des Coeloms. In diesem Strange tritt dann eine Höhle auf; und schließlich vereinigen sich beide Anlagen miteinander.

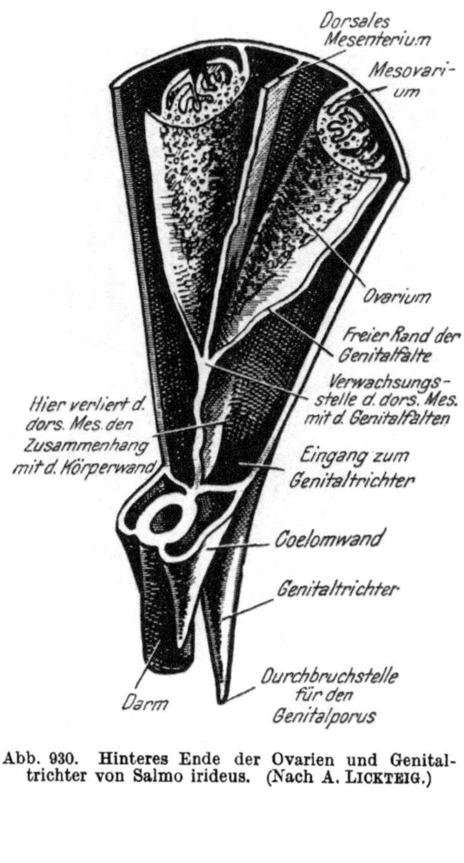

Abb. 930. Hinteres Ende der Ovarien und Genitaltrichter von Salmo irideus. (Nach A. Lickteig.)

Unter den Teleostei nehmen die **Salmonidae** eine besondere Stelle ein (Abb. 930). Ihr Ovarium ist bandförmig, hat also nicht die Form eines Sackes. Die reifen Eier fallen in das Coelom. Außer echten Abdominalporen ist ein median gelegener Genitalporus zu beobachten, durch welchen die Eier den Körper verlassen. Dieser besondere Porus liegt ebenso wie die Genitalöffnung der anderen weiblichen Teleostei zwischen dem Anus und dem kurzen

Ausfuhrgange der Blase. Der Porus entsteht erst, wenn die Eier reif sind; er bildet die Ausmündung eines dorsal gelegenen Genitaltrichters, welcher die Eier abführt. Es kann angenommen werden, daß dieser Trichter von der Leibeshöhle stammt (A. LICKTEIG, 1913); craniad mündet er in das Coelom. In anderen Fällen ist übrigens nicht ein einziger Genitaltrichter vorhanden, sondern es sind zwei peritoneale Trichter zu beobachten, welche sich caudal zu einem gemeinschaftlichen Raume vereinigen, der dorsal des Rectum gelegen ist; dieser gemeinschaftliche Raum mündet dann durch den Genitalporus nach außen (M. WEBER, 1887).

Bei den männlichen Salmonidae besteht im Gegensatz zu den anderen männlichen Teleostei ein selbständiger Genitalporus, welcher mit dem der weiblichen Tiere übereinstimmt (A. LICKTEIG, 1913). Auch bei den Männchen ist ein Genitaltrichter zu beobachten; er öffnet sich aber im Gegensatz zum weiblichen Apparate craniad nicht in das Coelom, sondern setzt sich in die hinteren Enden der beiden Testes fort. Die Testes sind mit einem Centralkanal versehen.

Wie können wir nun den Zustand bei den Salmonidae mit dem der anderen Teleostei vergleichen? Die Höhle des Genitaltrichters können wir wohl homologisieren mit der ovarialen Höhle der übrigen Teleostei: entstehen doch beide durch Abschnürung des Coeloms und dienen der Abfuhr der Genitalprodukte (A. LICKTEIG). Der Unterschied liegt aber darin, daß der Genitaltrichter mit dem Coelom in offener Verbindung bleibt, während sich die ovariale Höhle ganz frei macht vom Coelom. Auch der Genitalporus der weiblichen Teleostei ist mit dem gleichen Porus bei beiden Geschlechtern der Salmonidae zu vergleichen: bildet er doch in allen diesen Fällen die Ausmündung eines homologen Raumes, welcher vom Coelom abgeleitet werden muß. — Bei den weiblichen Muraenoidea werden die Genitalprodukte übrigens fortgeleitet durch ein paar Öffnungen, welche caudal des Anus liegen. Man hat diese Öffnungen stets mit Abdominalporen verglichen; A. LICKTEIG hat es aber wahrscheinlich gemacht, daß diese Öffnungen mit Genitalporen homolog sind, d. h. die Öffnungen gehören zu einem Paar zurückgebildeter peritonealer Trichter, wie sie durch M. WEBER bei den Salmonidae beschrieben worden sind.

Womit können wir nun den Oviduct der Teleostei homologisieren? Mit dem Müllerschen Gange ist dieser Kanal sicherlich nicht zu vergleichen, da er aus der Genitalfalte selbst entsteht. Da aber auch der sekundäre Ductus deferens einen solchen Ursprung nimmt (S. 45), so dürfen wir wohl beide Kanäle miteinander homolog setzen. Weiterhin stimmen beide darin überein, daß sie die caudale Fortsetzung der Genitaldrüse bilden. Eine Ableitung aus dem Lumen des Coeloms gilt jedoch wahrscheinlich nur für das Lumen des Oviductes.

Stimmt diese Auffassung, so kann man sich folgendes Bild machen von der Phylogenie des Oviductes bei den Teleostei. Die Stammformen dieser Gruppe besaßen normale Müllersche Gänge, welche jedoch verschwanden. Funktionell wurde die Arbeitsleistung der Müllerschen Gänge übernommen durch das Coelom: dieses geschah unabhängig voneinander in verschiedener Weise bei den Salmonidae und den übrigen Teleostei. Bei den Salmonidae wurde der caudale Teil des Coeloms zu einem unpaaren Genitaltrichter oder auch zu paarigen, peritonealen Trichtern, die dann eine unpaare, selbständige Öffnung nach außen erhielten: den Genitalporus. Durch diese Trichter wurden die Genitalprodukte abgeleitet, welche in normaler Weise nach ihrer Reife in das Coelom fielen. Komplizierter waren aber die Veränderungen bei den übrigen Teleostei: wurde doch hier das bandfömige Ovarium sackförmig durch Einschluß eines Raumes, der vom Coelom herstammte; und weiterhin vereinigten sich die caudalen, steril bleibenden Teile der Ovaria miteinander, um einen Abfuhrgang zu bilden. Dieser Kanal erhielt, ebenso wie der Genitaltrichter der Salmonidae, eine selbständige Öffnung nach außen; diese Öffnung ist mit dem Genitalporus der Salmonidae zu vergleichen, da in beiden Fällen ein coelomatischer Raum durch diesen Porus nach außen mündet.

Wir müssen jedoch darauf hinweisen, daß diese Betrachtung nicht übereinstimmt mit dem, was wir auf Seite 750 über die Oviductentwicklung bei Xiphophorus Helleri mitteilten. Da hier das Oviduct peritonealen Ursprungs ist, so kann man in diesem Falle an einen Zustand denken, der vergleichbar wäre mit den Verhältnissen bei den Salmonidae. Den Eileiter von Xiphophorus könnte man dann vergleichen mit dem Genitaltrichter der Salmonidae; doch mit dem wichtigen Unterschiede, daß der Eileiter bei Xiphophorus sich mit dem Ovarium verbindet, daß der Genitaltrichter der Salmonidae das aber nicht tut.

Amphibia.

Die Testes der Gymnophiona bestehen aus mehreren hintereinander gelegenen Körpern, welche durch einen longitudinalen Kanal verbunden sind. Bei den Urodela dagegen (Abb. 914 auf S. 738) sind die Testes langgestreckte, bei den Anura eiförmige Organe. In beiden Fällen sind die Testes mit dem cranialen Ende des Mesonephros verbunden durch Vasa efferentia, deren Anzahl z. B. bei Rana vier bis neun beträgt.

Die Entwicklung des Testis wurde ausführlich durch WITSCHI (1914) bei Rana fusca studiert. Es ergab sich, daß hier ein latenter Hermaphroditismus besteht (PFLÜGER): die junge Genitaldrüse besitzt zu Anfang stets den Charakter eines Ovarium; später behält es diese Form nur bei den weiblichen Tieren; bei den männlichen Tieren wird es zum Testis und zwar bei bestimmten Rassen zu einer ganz bestimmten Zeit, entweder vor oder nach der Metamorphose. Der Testis ist also ein verändertes Ovarium.

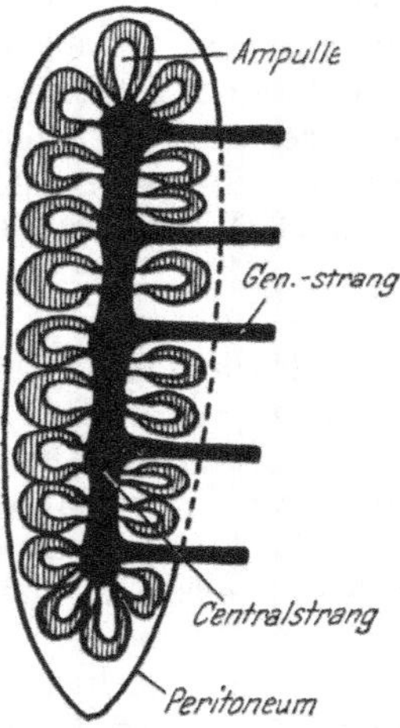

Abb. 931. Schema vom Bau des Testis eines jungen Exemplares von Rana fusca. (Nach E. WITSCHI.)

In dem Testis entwickeln sich die Testisampullen (Abb. 931). Zu derselben Zeit dringen von dem Blastem des Mesonephros die Genitalstränge in die Anlage der Gonade ein. Die Anzahl der Genitalstränge beträgt vier bis neun (Abb. 931); durch Vereinigung bilden sie in dem Testis einen centralen Strang, von welchem verzweigte Kanäle auswachsen (Rete testis); mit diesen Kanälen stehen die Ampullen in Kommunikation. Die Ampullen des Testis wachsen in die Länge und formen sich verzweigend und zur Peripherie wachsend die Samenkanälchen (G. J. VAN OORDT, 1922). Auch in der Richtung des Mesorchium verlängern sich die Genitalstränge; so werden sie zu den Vasa efferentia, welche am medialen Rande des Mesonephros miteinander in Verbindung treten und dadurch einen Nierenrandkanal bilden. So entsteht ein Abfuhrsystem, das gebildet wird aus Samenkanälchen, Retekanälchen und Vasa efferentia. Die letzten Kanäle münden in die Malpighischen Körperchen ein und zwar in diejenigen, welche am cranialen Teile des Mesonephros sich befinden.

Außer dem Testis, bzw. dem Ovarium, entwickeln sich noch zwei Organe aus der Genitalfalte: der Fettkörper und bei Bufo vulgaris das Biddersche Organ.

Der Fettkörper entsteht bei den Anura aus dem cranialen (progonealen) Teile der Genitalfalte. Es ist ein Organ, welches gegen das craniale Ende des Testis oder des Ovarium anliegt. Es bildet allerlei fingerförmige Fortsätze. Seine Bedeutung besteht darin, einen Reservestoff zu bilden, der dann später teilweise für den Aufbau der Genitalprodukte gebraucht wird.

Das Biddersche Organ finden wir bei beiden Geschlechtern von Bufo vulgaris. Es liegt zwischen dem Fettkörper und der Genitaldrüse. Wir können es bei beiden Geschlechtern als ein rudimentäres Ovarium auffassen: wächst es doch nach Kastration zu einem normalen Ovarium aus, auch bei dem kastrierten Männchen, wenn die Operation früh genug stattfindet. Gleichzeitig besitzt das Biddersche Organ eine wichtige innere Sekretion: periodisch verzehren die Follikelepithelzellen (Granulosazellen) die Eizellen; gleichzeitig scheiden sie ihre Increta an das Blut ab (W. Harms, 1921).

Der craniale Teil des Mesonephros, in welchen die Vasa efferentia ausmünden, dient bei den Urodela ganz als Abfuhrweg der Genitalprodukte (Abb. 914 auf S. 738). Der primäre Harnleiter funktioniert als Abfuhrgang des Sperma, da die Sammelkanäle, welche vom caudalen Teile des Mesonephros kommen, sich größtenteils vom primären Harnleiter freimachen und nur ganz hinten in ihn ausmünden: und zwar dicht vor der Ausmündung des primären Harnleiters in die Cloaca. So kommt es, daß nur ein sehr kurzer caudaler Teil dieses Abfuhrweges zum Transport von Urin und auch von Sperma dient.

Bei den Anura finden wir keine solche scharfe Scheidung der Niere in zwei Teile; der primäre Harnleiter führt demnach sowohl Urin als auch Sperma ab. Kurz vor seiner Mündung in die Cloaca schwillt er bei Rana fusca an zur sogenannten Vesicula seminalis.

Die männlichen Amphibia besitzen einen rudimentären Müllerschen Gang.

Bei den weiblichen Amphibia ist das Ovarium ein mehr oder weniger langgestrecktes, bei vielen sehr ansehnliches Organ. Es liegt an der dorsalen Wand der Leibeshöhle, ventral von dem Mesonephros. Der Müllersche Gang besitzt ein weit cranial gelegenes Ostium tubae, welches bei dem erwachsenen Tiere in eine stark aufgerollte Röhre führt, deren Wände eine gelatinöse Schicht um das hindurchtretende Ei abscheiden. Der terminale Teil ist bei den Anura zu einem sogenannten „Uterus" angeschwollen; dieser besitzt aber nur die Funktion, die Eier aufzuhäufen und zu einem Klumpen zu vereinigen.

Auch bei den weiblichen Tieren tritt eine Urogenitalverbindung auf. Sie geht teilweise wieder zugrunde, obwohl Rete ovarii, Vasa efferentia und Nierenrandkanal bestehen bleiben.

Sauropsida.

Männliche Genitalorgane. Die Testes liegen bei den Reptilia im caudalen Teile des Coeloms (Abb. 932). Es sind längliche oder ovale Körper, welche sich mit dem Genitalteile des Mesonephros derselben Körperseite verbinden; dieser Mesonephrosteil wird zur Epididymis, während der primäre Harnleiter den Ductus deferens liefert.

Die Epididymis ist oft größer als der Testis. Die Urogenitalverbindung besteht nur aus Teilen des Mesonephros: wachsen doch die Urogenitalstränge in den Testis hinein und zwar von denjenigen Malpighischen Körpern aus, welche zu benachbarten Mesonephroskanälen gehören. In diese Urogenitalstränge des Mesonephros scheinen dann die Keimzellen einzudringen. Von den Vasa efferentia bleiben nur die vorderen zwei oder drei übrig.

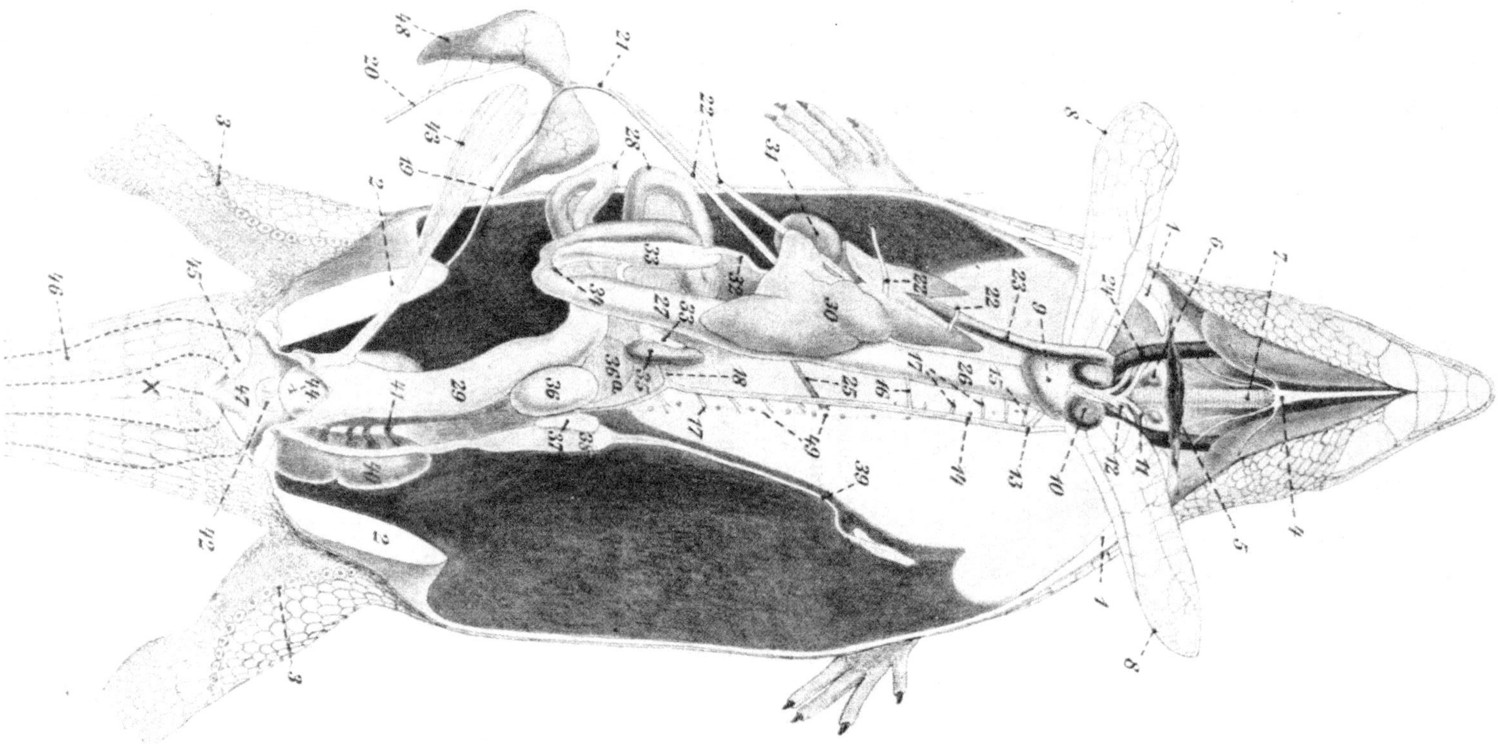

Abb. 932. Lacerta viridis ♂. Situs. Schultergürtel und Beckengürtel in der Mittellinie gespalten. Leber, Magen und Darm nach Lösung einiger Peritonealfalten nach links (im Bilde) gezogen, ebenso die Herzspitze; Lungen beiderseits herausgeklappt; Vereinigungsstelle (*13*) der beiden Aorten unter dem Herzen nach der rechten Hand des Beschauers vorgezogen; linker Hoden nach links (im Bilde) umgeklappt; Cloaca ventral gespalten, Mitte des Hinterrandes der Kloakenspalte (×) caudalwärts gezogen — *1*. Schnittfläche des Sternum. *2*. Schnittfläche der Pubissymphyse. *3*. Poren der Schenkeldrüsen. *4*. Os hyoides. *5*. Glandula thyreoidea. *6*. Thymus. *7*. Trachea. *8*. Lunge. *9*. Herzventrikel. *10*. Linkes Atrium. *11*. Arteria carotis comm. (links). *12*. Linker Aortenbogen. *13*. Vereinigungsstelle des linken und rechten Aortenbogens. *14*. Aorta descendens *15*. Oesophagealarterie. *16*. Arteria gastrica. *17*. Arteriae intercostales. *18*. Arteria splenica. *19*. Rechte Baucharterie. *20*. Linke Baucharterie. *21*. Arteria mesenterica externa. *22*. Zweige derselben in Aufhängebändern der Leber. *23*. Vena hepatica. *24*. Jugularvenen. *25*. Vene (von der Wirbelsäule kommend). *26*. Oesophagus. *27*. Magen. *28*. Darmschlingen. *29*. Rectum. *30*. Leber. *31*. Gallenblase. *32*. Gallengang. *33*. Pancreas. *34*. Mündung des D. cyst. und pancreaticus in den Dünndarm. *35*. Milz. *36*. Linker Testis. *36a*. Rechter Testis. *37*. Nebenniere. *38*. Nebenhoden. *39*. Müllerscher Gang. *40*. Niere. *41*. Abführende Nierenvene. *42*. Gemeinsame Mündung des Vas deferens und des Ureter. *43*. Harnblase. *44*. Afteröffnung. *45*. Vorderende des Penis. *46*. Rückziehmuskel des Penis (unter der Haut, Umriß punktiert). *47*. Dorsalwand der Cloaca. *48*. Fettkörper (umgeklappt, so daß seine Dorsalseite sichtbar ist). *49*. Sympathicus. (Aus RÖSELER und LAMPRECHT.)

Bei den Lacertilia (Abb. 932) mündet der Ductus deferens gemeinschaftlich mit dem Ureter an der dorsalen Wand der Cloaca aus. Bei den Chelonia (Abb. 961 und 962 auf S. 777) dagegen treffen wir einen Zustand an, der sich dann bei den Mammalia noch weiter entwickelt: der craniale Teil der Cloaca teilt sich auf in einen dorsalen und einen ventralen Teil; der dorsale Teil verlängert das Rectum, der ventrale Teil aber wird zum Sinus urogenitalis: ein Raum, in welchen Urinblase, Ductus deferentes und die Ureteren ausmünden.

Wieder einen anderen Typus treffen wir bei den Crocodilia (Abb. 964, 965 auf S. 778): hier schließt sich an das Ende des Rectum (Coprodaeum) eine Cloaca an, welche durch eine Querfalte in zwei hintereinander gelegene Teile getrennt ist: in den vorderen Teil (Urodaeum nach GADOW) münden die Ureteren; in den hinteren Teil (Proctodaeum) münden die Ductus deferentes.

Bei den **Aves** liegen die Testes auf der Höhe des vorderen Nierenendes (Abb. 933). Sie schwellen in der Brunstzeit sehr stark an. Auch hier werden die primären Harnleiter zu Ductus deferentes, welche lateral der Ureteren an der Rückenwand der Cloaca ausmünden.

In dieser Gruppe kann man außer einer terminalen Anschwellung des Rectum (Coprodaeum) an der Cloaca ebenfalls die genannten zwei Abteilungen mehr oder weniger deutlich unterscheiden: Urodaeum und Proctodaeum. In das Urodaeum münden jedoch die Ureteren und auch die Ductus deferentes. Das Urodaeum ist von FLEISCHMANN als der entodermale Teil der Cloaca betrachtet worden und das Proctodaeum als der ectodermale Abschnitt; wir müssen jedoch darauf hinweisen, daß diese Namen wohl ihr Recht haben mögen bei der Cloaca der Aves, jedoch nicht bei diesem Organ der Crocodilia.

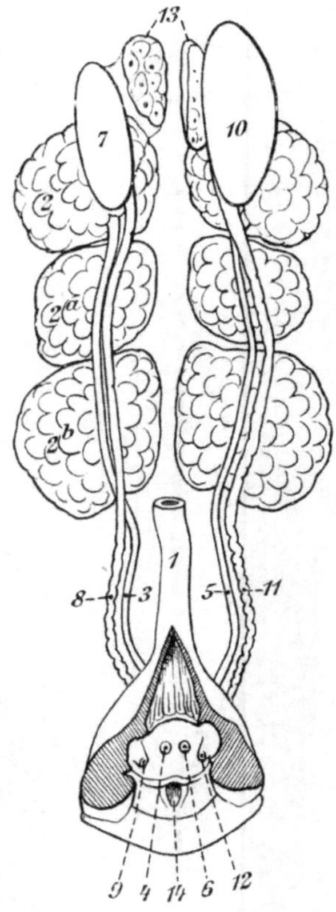

Abb. 933. Columba domestica. ♂ Situs der Urogenitalo gane. Cloaca ventralwärts gespalten. (Schnittfläche schraffiert.) *1*. Rectum. *2*. *2a*. *2b*. Vorderer, mittlerer, hinterer Nierenlappen rechts. *3*. Rechter Ureter. *4*. Seine Mündung. *5*. Linker Ureter *6*. Seine Mündung *7*. *8*. *9*. Testis, Vas deferens und Mündung desselben rechts. *10*. *11*. *12*. Entsprechend links. *13*. Nebennieren. *14*. Ostium Bursae Fabricii. (Aus RÖSELER und LAMPRECHT.)

An die Cloaca der Aves schließt sich weiterhin die sogenannte Bursa Fab.icii an: das ist eine Aussackung, die dorsal in den caudalen Teil der Cloaca ausmündet (Abb. 933); sie wurde durch HIERONYMUS FABRICIUS 1621 zuerst beschrieben. Im Querschnitt ist die Wand dieses Organes stark gefaltet, verdickt und besitzt mehrere Wucherungen (Noduli oder Follikel), welche aus lymphoidem Gewebe bestehen; teilweise stammen diese Wucherungen ab vom Epithel der Bursa, teilweise von dem umgebenden Bindegewebe. Das Epithel bildet ein Zellennetzwerk, zwischen welchem amöboide Zellen liegen; aus diesen entstehen durch Teilung zahlreiche kleine Lymphocyten (T. JOLLY, 1915). In diesen Noduli sollen auch rote Blutkörperchen entstehen; außerdem betrachtet man sie als eine Drüse mit innerer Secretion, deren Produkt in Beziehung stehen soll zum ersten Anfang von Sexualvorgängen (JOLLY): erreicht doch die Bursa ihre größte Entwicklung zum Beginn der Spermatogenesis, während auf der Höhe der Geschlechtsreife die Bursa bereits beginnt sich zurückzubilden.

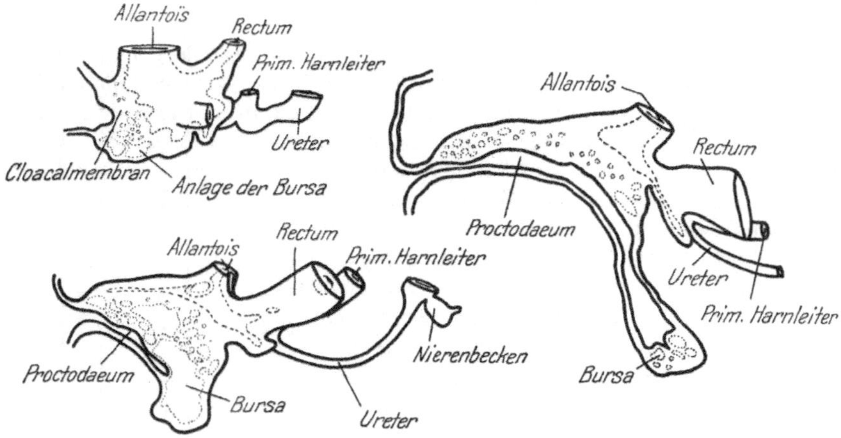

Abb. 934. Drei Rekonstruktionen der Cloaca von Hühnerembryonen, um die Entwicklung der Bursa Fabricii zu zeigen. (Nach E. A. BOYDEN.)

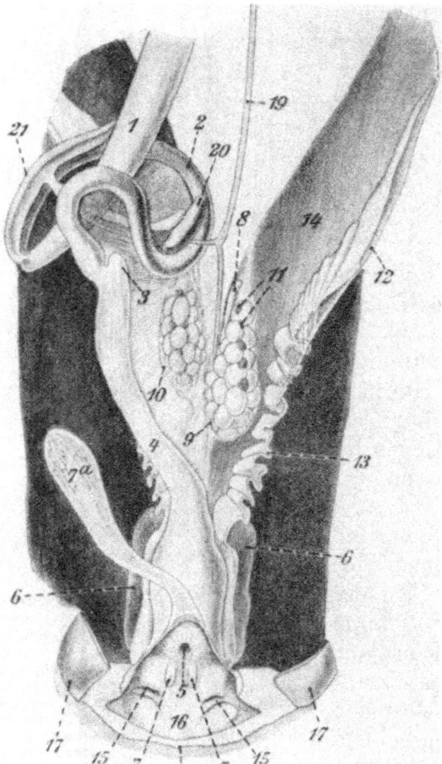

Abb. 935. Lacerta viridis ♀. Harn- und Geschlechtsorgane Afterschild und ventrale Kloakenwand in der Mittellinie gespalten. Cloaca nach den Seiten hin gedehnt, Hinterrand der Cloaca caudad gezogen. Darm nach links (vom Beschauer) geklappt. — *1.* Magen. *2.* Dünndarm. *3.* Blinddarmähnlicher Anhang *4.* Rectum *5.* Afteröffnung *6.* Niere *7.* Mündungen der Ureteren. *7a.* Harnblase *8.* Nebenniere (links). *9.* Linkes Ovarium *10.* Rechtes Ovarium (durchscheinend). *11.* Nebeneierstock. *12.* Tuba. *13.* Eileiter. *14.* Mesenterialfalte desselben (das schwarze Bauchfell durchscheinend). *15.* Mündungen der Eileiter. *16.* Dorsalwand der Cloaca. *17.* Afterschild (durchschnitten). *18.* Caudaler Hautrand der Cloaca. *19.* Aorta descendens. *20.* Milz. *21.* Pancreas. (Aus RÖSELER und LAMPRECHT.)

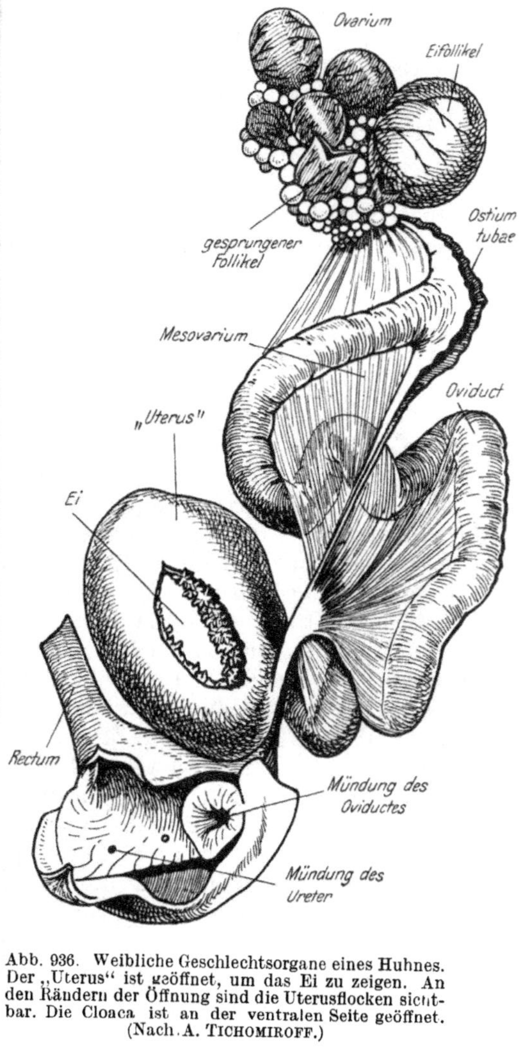

Abb. 936. Weibliche Geschlechtsorgane eines Huhnes. Der „Uterus“ ist geöffnet, um das Ei zu zeigen. An den Rändern der Öffnung sind die Uterusflocken sichtbar. Die Cloaca ist an der ventralen Seite geöffnet. (Nach A. TICHOMIROFF.)

Die Entwicklung der Bursa ist mehrfach untersucht (K. F. WENCKEBACH, 1888; C. POMAYER, 1902; E. A. BOYDEN, 1922). Ontogenetisch entsteht dieses Organ aus dem Entoderm und zwar als Wucherung der epithelialen, caudalen Cloacenwand, dort, wo diese Wand in die cloacale Membran übergeht (Abb. 934a). Diese Membran schließt die Cloaca anfänglich nach außen ab. In dem wuchernden Epithel treten dann Vacuolen auf, die sich zur Bursahöhle vereinigen. Die Bursa wächst nun selbständig aus, während ihre Höhle in das Proctodaeum durchbricht (Abb. 934c).

Weibliche Genitalorgane. Die Ovaria der Reptilia (Abb. 935) liegen ebenso wie die Testes im caudalen Teile des Coeloms. Dem reifen Organ verleihen die großen und dotterreichen Eier das Aussehen einer Traube. Bei den Ophidia liegt das rechte Ovarium weiter cranial als das linke. Bei den Aves (Abb. 936) wird das rechte Ovarium zwar angelegt, verschwindet aber früher oder später meist vollständig; auch der rechte Oviduct geht zugrunde.

Bei den Sauropsida münden die Oviducte lateral der Ureteren in die Cloaca: bei den Crocodilia in das „Proctodaeum", bei den Aves (Abb. 936) in das Urodaeum, bei den Chelonia jedoch in den kurzen Sinus urogenitalis. Die Wand des Oviductes sezerniert die Eiweißschicht um das eigentliche Ei (welches durch den „Dotter" dargestellt wird); am Ende des Eileiters wird das Ei dann umhüllt mit einer pergamentähnlichen Schale, welche in vielen Fällen bekanntlich mit Kalksalzen durchsetzt sein kann.

Mammalia.

Abweichend von unserer bisherigen Darstellungsweise möchten wir bei den Mammalia, welche eine etwas ausführlichere Behandlung nötig haben, die korrespondierenden Organe der männlichen und weiblichen Tiere vergleichend besprechen.

Der Testis der Mammalia (Abb. 937) ist ein ovaler Körper, dessen Lage später (S. 771) besprochen werden soll. Er wird außen bekleidet durch ein Oberflächenepithel, unter welchem eine Bindegewebshülle gelegen ist, die sogenannte Tunica albuginea. Im Inneren finden wir eine große Anzahl stark gewundener Kanäle (Tubuli contorti), welche durch Bindegewebssepta voneinander geschieden sind; diese Kanäle gehen über in kurze Tubuli recti, welche zu einem Netzwerke verschmelzen, dem sogenannten Rete testis. Mit dem Testis verbindet sich der Genitalteil des Mesonephros (Caput epididymidis). Dieses Caput besteht aus mehreren gewundenen Mesonephroskanälen (Ductuli efferentes testis), welche das Sperma zum primären Harnleiter führen. Diese Kanäle verbinden sich mit dem Rete testis. An das Caput schließen sich Corpus und Cauda epididymidis an, welche gebildet werden durch den stark gewundenen Ductus epididymidis, d. h. also vom vorderen Teile des primären Harnleiters. Der Ductus epididymidis geht dann

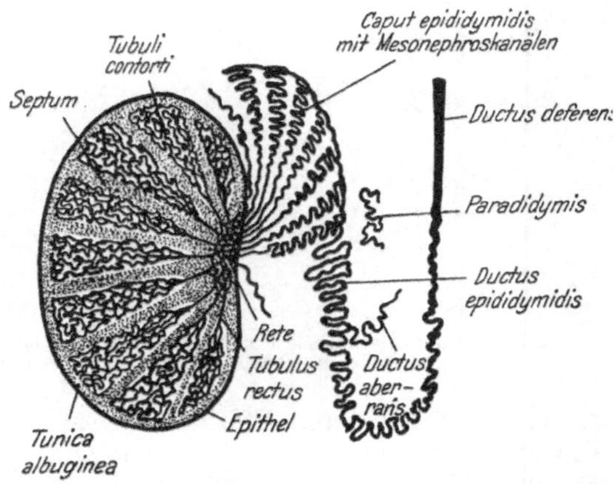

Abb. 937. Schema vom Bau des Testis und der Epididymis des Menschen. (Nach C. J. EBERTH.)

über in den Ductus deferens, das ist also der übrige Teil des primären Harnleiters.

Bei den Mammalia differenziert sich das Keimepithel aus dem Coelomepithel, welches einen Teil der medio-ventralen Seite des Mesonephros bekleidet; dieses Keimepithel überzieht später die Genitalfalte, aus welcher sich Testis bzw. Ovarium entwickeln.

Ontogenetisch wachsen von dem Keimepithel des Testis Zellstränge in die Genitalfalte ein; diese Zellen machen sich von der Oberfläche los und nehmen alle Gonocyten mit sich in die Tiefe; so kommt es, daß nur ein indifferentes Epithel den Testis bekleidet. Oder es kann auch vorkommen, daß das Keimepithel als eine massive Masse nach innen wuchert, worauf sich diese Masse teilt in das oberflächliche

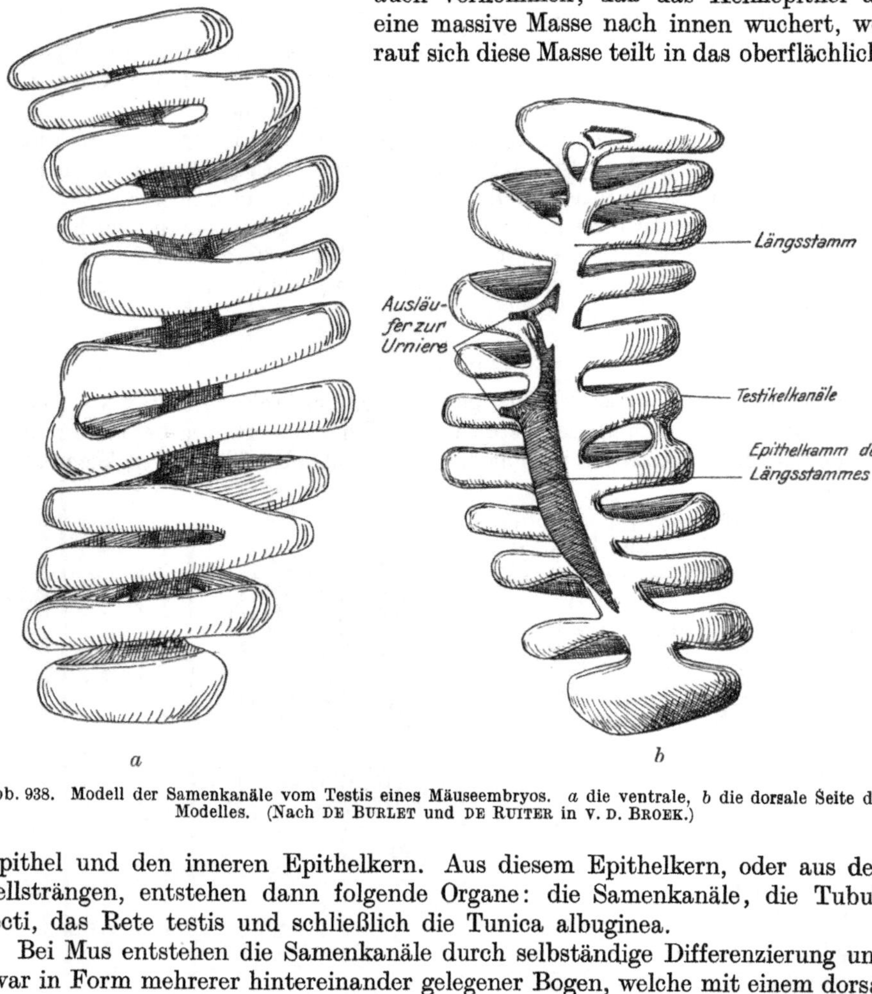

Abb. 938. Modell der Samenkanäle vom Testis eines Mäuseembryos. *a* die ventrale, *b* die dorsale Seite des Modelles. (Nach DE BURLET und DE RUITER in V. D. BROEK.)

Epithel und den inneren Epithelkern. Aus diesem Epithelkern, oder aus den Zellsträngen, entstehen dann folgende Organe: die Samenkanäle, die Tubuli recti, das Rete testis und schließlich die Tunica albuginea.

Bei Mus entstehen die Samenkanäle durch selbständige Differenzierung und zwar in Form mehrerer hintereinander gelegener Bogen, welche mit einem dorsal gelegenen Längsstamm zusammenhängen (Abb. 938) (M. DE BURLET und H. J. DE RUITER, 1920). Durch starkes Längenwachstum entstehen dann aus den Bogen die Tubuli contorti, während der Längsstamm das Rete testis bildet. Auch in dem erwachsenen Testis bilden die Samenkanäle Bogen, welche an beiden Enden zusammenhängen mit dem Rete testis (CURTIS, 1918). Bei dem menschlichen Embryo dagegen bilden die Samenkanäle anfänglich ein zusammenhängendes Netzwerk, welches in Stücke bricht; aus diesen Stücken entwickeln sich dann die endgültigen Tubuli, welche sich verzweigen können und miteinander anastomosieren (J. L. Bremer, 1911).

Die Urogenitalverbindung findet in folgender Weise statt. Diejenigen Kanäle des Mesonephros, welche mit dem Testis sich verbinden (Abb. 937), fallen in zwei Teile auseinander: den Tubulus secretorius und den Tubulus collectivus. Die Tubuli secretorii verschwinden; die blinden Enden der Tubuli collectivi legen sich gegen die Kanäle des Rete an und verbinden sich damit. Dadurch werden diese Tubuli collectivi zu den Ductuli efferentes testis, während sie sich stark winden. In anderen Fällen verbinden sich die Kanäle des Rete mit den Malpighischen Körpern derjenigen Mesonephroskanäle, welche zu Ductuli efferentes werden. Bei den Mammalia fehlen also die Vasa efferentia und die Urogenitalverbindung besteht nur aus einem Genitalteile.

Felix hat darauf hingewiesen, wie der craniale Teil des Mesonephros zugrunde geht, während der caudale Teil bestehen bleibt (Abb. 939). An diesem caudalen Teil kann man jedoch wieder einen vorderen und einen hinteren Teil unterscheiden: der vordere Teil (in der Abb. 939 weiß gelassen) verbindet sich mittels der Urogenitalverbindung mit dem Testis und wird zur Epididymis (Abb. 902, 18 auf S. 727); der hintere Teil liefert die sogenannte Paradidymis des erwachsenen Tieres (Abb. 937 und 941a). Bei dem Menschen entwickelt sich die Epididymis ungefähr aus dem 58.—69. Mesonephroskanal, die Paradidymis aus dem 70.—83. (Abb. 939.)

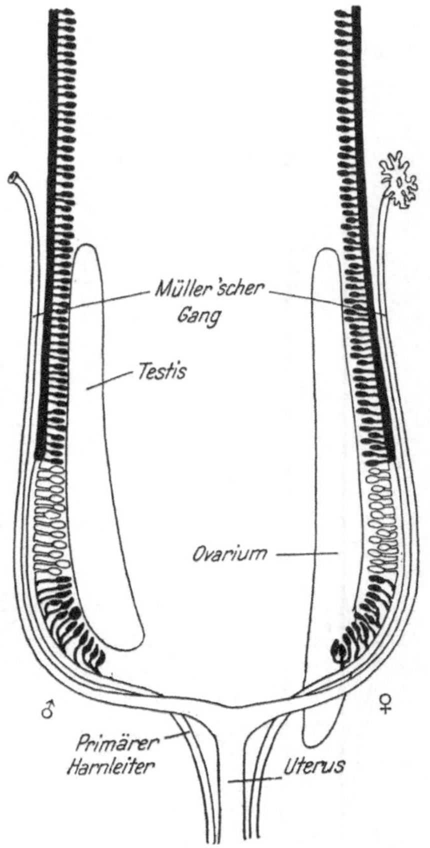

Abb. 939 Schema der Anlage des Mesonephros, der Geschlechtsdrüse und Abfuhrgänge eines menschlichen Embryos. (Nach Felix in Keibel und Mall.) Links ist der Zustand des männlichen, rechts des weiblichen Embryos abgebildet. Die Teile des Mesonephros, die verschwinden, sind schwarz.

Bei dem Menschen (Abb. 412a) verbindet sich der erste Kanal der Epididymis nicht mit dem Rete; er liefert vielmehr die sogenannte Hydatide der Epididymis (Appendix epididymis). Die Paradidymis besteht aus Resten von Tubuli secretorii und aus Resten von Tubuli collectivi, welche sich zu einem Kanal vereinigen können (Ductus aberrans Halleri, oder Ductus collectivus paradidymidis; vgl. Abb. 937).

Das Ovarium (Abb. 947 auf S. 766) ist bei den erwachsenen Mammalia ein bohnenförmiges Organ, welches im Zusammenhang mit der geringen Größe der Mammaliereier verhältnismäßig klein ist; sind die Eier doch nur 100—200 μ im Durchmesser groß. Eine Ausnahme macht jedoch das Ovarium der Monotremata, welches traubenförmig ist und ebenso wie das der Sauropsida große und dotterreiche Eier bildet. Nur die Eier des linken Ovarium werden bei den

Monotremata reif; sie erreichen bei Echidna im Ovarium einen Durchmesser von 3,5—4 mm. — Die Lage des Ovarium soll später auf S. 773 besprochen werden.

Über die Entwicklung des Ovarium haben wir bereits auf S. 737 gesprochen. Das Keimepithel liefert außer dem Rete ovarii (welches vergleichbar ist mit dem Rete testis) die „Pflügerschen Schläuche", in welchen die Oocyten auftreten. Solche Pflügerschen Schläuche können jedoch auch fehlen, z. B. bei dem Rinde (VAN BEEK, 1921) und bei dem Menschen, bei welchem ein Epithelkern vorkommt, welcher durch eindringendes Bindegewebe in Stücke aufgeteilt wird

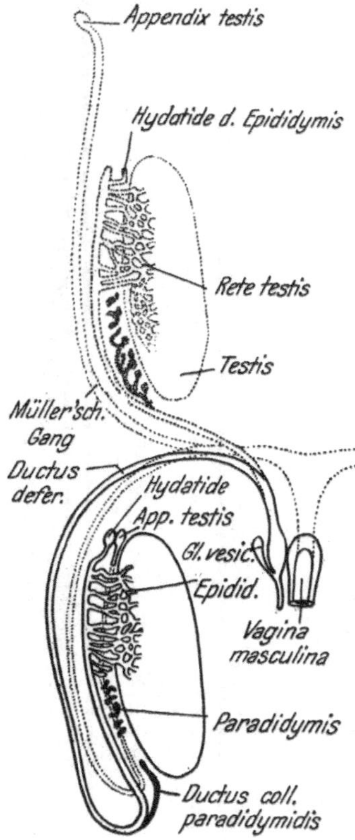

Abb. 940.

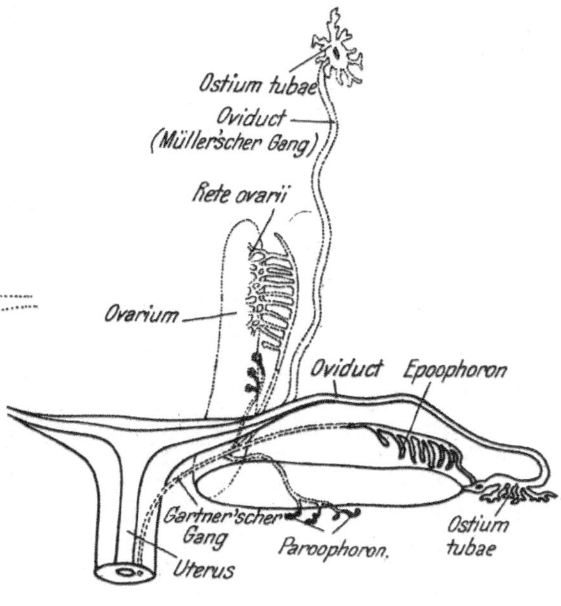

Abb. 941.

Abb. 940—941. Schemata der Urogenitalorgane des Menschen vor und nach dem Descensus (vgl. auch Abb. 939).

Abb. 940 Vom Manne. Abb. 941. Von der Frau. (Nach FELIX in KEIBEL und MALL.) Von den Organen, die ihren endgültigen Platz eingenommen haben, sind die, welche verschwinden, durch eine gestrichelte Linie angegeben.

und auch das Rete ovarii liefert. Ein Oocyt bildet zusammen mit der umgebenden Schicht der Follikelepithelzellen den sogenannten primären Follikel (Abb. 942). Nach innen vordringendes Bindegewebe scheidet diese primären Follikel voneinander.

Im allgemeinen hört die Neubildung der Oocyten schon beim älteren Embryo oder beim sehr jungen Tiere auf; in allen Fällen geht eine große Anzahl der sehr zahlreichen Genitalzellen wieder zugrunde. Nur in einigen Fällen ist die Bildung neuer Genitalzellen auch im erwachsenen Zustande beobachtet; so beschreibt z. B. P. GÉRARD (1920) bei einem erwachsenen Prosimier (Galago mosambicus) die Bildung von Oocyten in einer dritten Serie Zellstränge, welche vom Keimepithel in die Tiefe wuchern. Auch bei Mus ist im geschlechtsreifen Zustande die Bildung von Oocyten im Keimepithel beobachtet (E. Allen, 1923); diese Produktion soll periodisch sein und findet statt während der periodischen Hyperämie der Genitalorgane (Oestrus). Die Oocyten entstehen in diesem Falle durch Zellteilung aus dem Keimepithel; sie wandern zugleich mit Follikelepithelzellen zur Rindenschicht des Ovarium.

Kehren wir zurück zu dem Stadium des Embryos, auf welchem die primären Follikel entstanden sind. Nach der Geburt zeigt das Follikelepithel, welches anfangs aus einer einzigen Schicht besteht, zahlreiche Zellteilungen; so wird der größer werdende Oocyt durch sehr zahlreiche Follikelzellen umgeben (Abb. 942).

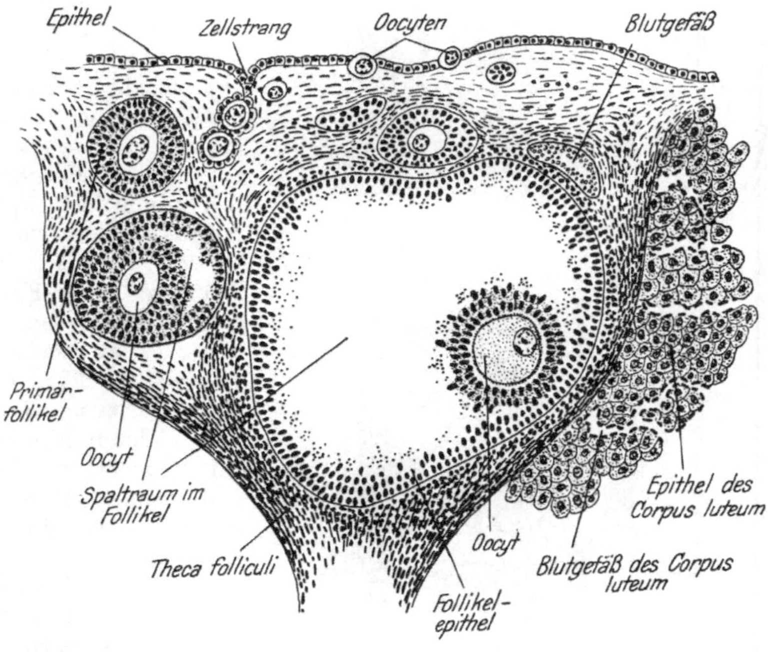

Abb. 942. Schematischer Durchschnitt durch das Ovarium eines Mammaliers. Das Schema läßt gleichzeitig sehen: junge Geschlechtszellen im Keimepithel; einen vom Keimpithel in die Tiefe wuchernden Zellstrang; primäre und definitive Follikel und ein Corpus luteum, d. i. eine Gewebsmasse, die den geborstenen Follikel auffüllt und herstammt von umgewandelten Follikelzellen. (Nach R. Bonnet.)

Durch Zusammenfließen von mit Lymphe gefüllten Spalten entsteht in dem immer größer werdenden Follikel schließlich ein großer Hohlraum, welcher mit Flüssigkeit (Liquor folliculi) gefüllt ist. Schließlich wird der Follikel zu einem Bläschen, welches diese Flüssigkeit enthält; in die Höhle dieses Bläschens springt eine Verdickung der Follikelwand hinein, in welcher der Oocyt gelegen ist (Abb. 942). Bindegewebe (Theca folliculi) hüllt den Follikel ein. Ist das Ei reif geworden, so bricht schließlich diejenige Wand des Follikels durch, welche nach der Oberfläche des Ovarium zu gelegen ist; zugleich wird die hier dünner gewordene Oberflächenschicht des Ovarium selbst gesprengt. So tritt also der Oocyt in das Coelom ein. Von hier wird er dann sogleich durch das Ostium tubae aufgenommen. Der 1. „Richtungskörper“ wird durchweg bereits im Follikel gebildet; der 2. dagegen wird in dem Oviduct nach dem Eindringen des Spermatozoon ausgestoßen.

Auch bei dem weiblichen Mammalierembryo ist eine Urogenitalverbindung zu beobachten. Die Verbindung zwischen dem Rete ovarii und den Kanälen des Mesonephros geht jedoch frühzeitig wieder verloren. Trotzdem bleibt bei diesen Tieren ein bestimmter Teil des Mesonephros bestehen; er ist vergleichbar mit der Epi- und Paradidymis und wird das Epoophoron und Paroophoron genannt (Abb. 941). Das Epoophoron besteht aus mehreren Mesonephroskanälen, welche ihre Malpighischen Körper verloren haben und ausmünden in den primären Harnleiter. Der craniale Teil dieses Kanales, welcher in Verbindung steht mit dem Epoophoron, bleibt erhalten; der Rest jedoch verschwindet, oder kann auch als rudimentärer sogenannter „Gartnerscher Gang" erhalten bleiben. Das Paroophoron besteht aus unbedeutenden Resten des Mesonephros und kann ebenfalls gänzlich verschwinden.

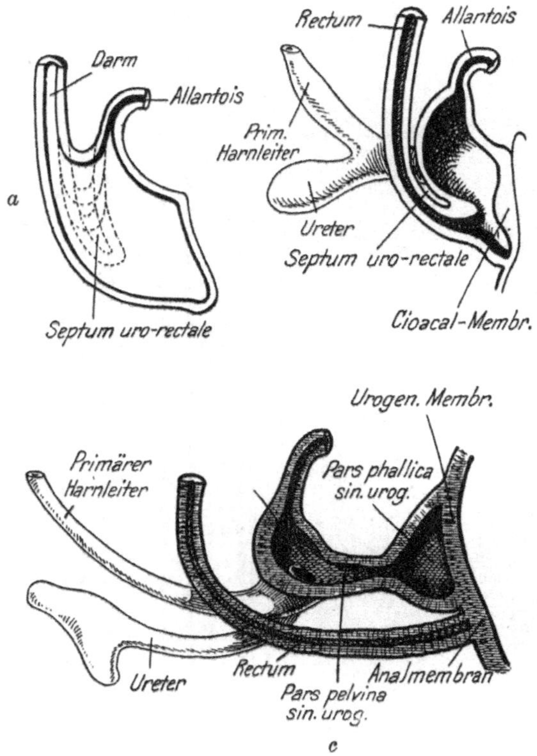

Abb. 943. Modelle der Cloaca und ihrer Umgebung von menschlichen Embryonen. Abb. *a* zeigt das Wachstum des Septum urorectale. In *c* ist die Trennung in zwei Teile vollendet. (Nach KEIBEL.)

Wir haben schon oben darauf hingewiesen, daß der primäre Harnleiter bei den männlichen Tieren zum Ductus deferens wird, ebenso wie bei den anderen Amniota. Dieser Kanal nun verhält sich in den verschiedenen Unterklassen der Mammalia nicht in derselben Weise. Bevor wir jedoch diesen Unterschieden nachgehen, wollen wir erst den embryonalen Zustand bei den männlichen Monodelphia schildern und sehen, wie dort der primäre Harnleiter in die Cloaca ausmündet und wie dieser Zustand sich bei dem erwachsenen Tiere verändert. In die embryonale, nach außen geschlossene Cloaca münden der Darm, der Stiel der Allantois und die beiden primären Harnleiter (Abb. 943a). Ein horizontales Septum, welches in cranio-caudaler Richtung auswächst, wird das Septum uro-rectale genannt; es scheidet nun die Cloaca in einen dorsalen und einen ventralen Teil; der dorsale Teil bildet die Verlängerung des Rectum (Abb. 943b, c). Der craniale Teil des ventralen Cloacenderivates liefert die Blase und die Urethra; der caudale Teil bildet den Canalis (Sinus) urogenitalis; also denjenigen Kanal, welcher anatomisch die Fortsetzung der Urethra bildet und in dessen Anfang die Ductus deferentes ausmünden. Dieser Kanal führt demnach den Urin und das Sperma ab. Im Anfang sind Rectum und Canalis urogenitalis blind geschlossen; sie bekommen erst später eine Mündung nach außen. Das Septum uro-rectale bildet die Anlage für das Perineum: das ist ein Gewebe, welches die Urogenitalöffnung und den Anus voneinander scheidet und sich mehr oder weniger stark entwickelt.

Wir haben schon früher gesehen, wie der (sekundäre) Ureter in der Nähe der Einmündung des primären Harnleiters in die Cloaca aus diesem Kanal hervorwächst. Wenn nun die Cloaca sich in zwei Abteilungen aufteilt, so mündet der primäre Harnleiter in die ventrale Abteilung, nämlich in die Blase aus. Der terminale Gangteil, welcher zwischen der Ausmündung in die Blase und dem Ursprung des Ureters liegt, erweitert sich nun und wird schließlich in die Blasenwand aufgenommen; dadurch erhält der Ureter eine selbständige Ausmündung in die Blase. Diese Ausmündung liegt zu Anfang direkt lateral der Ausmündung des primären Harnleiters, welcher zum Ductus deferens wird. Darauf findet ein starkes Wachstum statt an dem Teile der Blasenwand, welcher zwischen den Ausmündungen gelegen ist (Trigonum Lieutaudi);

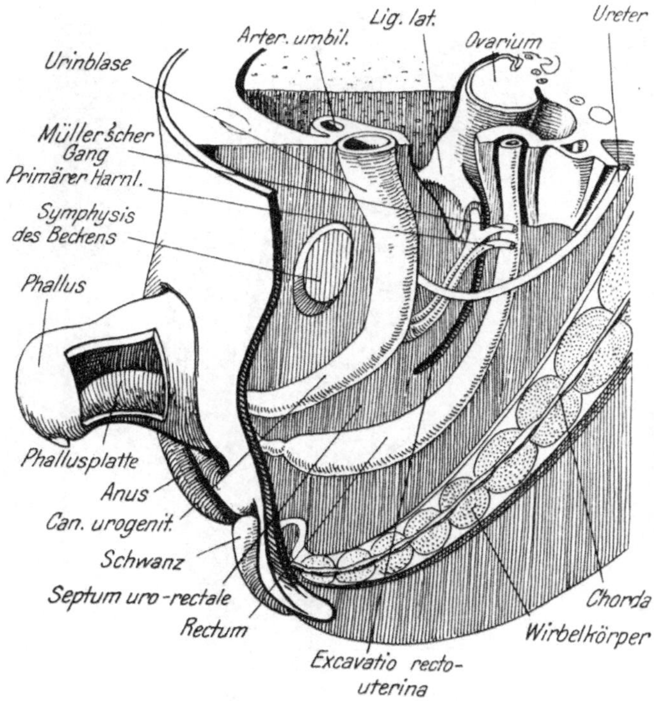

Abb. 944. Modell der Beckenorgane eines menschlichen Embryos von 2 Monaten. Die linke Hälfte ist größtenteils entfernt. (Nach KEIBEL.)

dadurch kommt die Ausmündung des Ureters cranial und lateral von der Ausmündung des Ductus deferens zu liegen (Abb. 944). Während nun die Blase sich erweitert, bleiben die Urethra und ihre Fortsetzung, der Canalis urogenitalis, eng. An der Stelle, wo beide ineinander übergehen, münden die Ductus deferentes aus. Bei der Besprechung der Copulationsorgane werden wir die Verlängerung des Canalis urogenitalis bei den männlichen Tieren weiter besprechen.

Merkwürdig ist nun ein Unterschied zwischen den Marsupialia und den Monodelphia in der Lage des Ureter und des Ductus deferens. Die Öffnungen dieser Kanäle bleiben nämlich bei den Marsupialia dicht beieinander; der Ureter aber wandert medial des Ductus deferens auf eine kurze Strecke craniad.

Die Monotremata (Abb. 905 auf S. 730 und Abb. 945) weichen in wichtigen Punkten von dem ab, was wir typisch bei den anderen Mammalia finden. Auch im erwachsenen Zustande ist hier eine Cloaca zu beobachten, in welche der

Canalis urogenitalis ausmündet, welcher auch hier Sperma und Urin ableitet. Cranial münden die Ductus deferentes in den Canalis urogenitalis aus; dahinter finden wir auf einer Papille die Mündung der Ureteren; diese Papille ragt in die Blase hinein, welche eine ventrale Aussackung des Canalis urogenitalis ist: so kommt es, daß der Urin in die Blase fließt, trotz der hypocystischen Ausmündung der Ureteren.

Dabei müssen wir übrigens noch bemerken, daß nach den Untersuchungen von F. KEIBEL (1904) die Cloaca der erwachsenen Monotremata entsteht durch Einsinken des Ectoderms an der Stelle des Anus und der Urogenitalöffnung

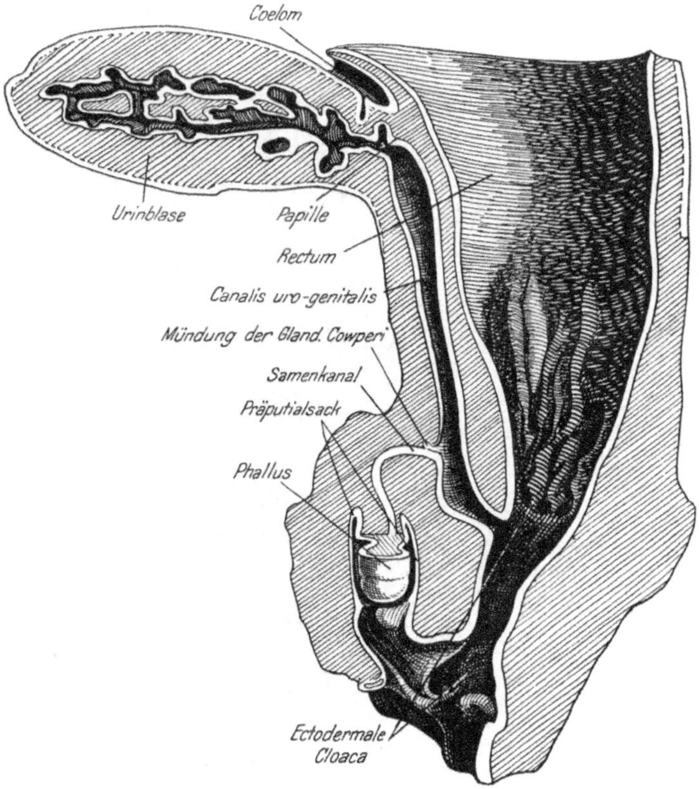

Abb. 945. Rechte Hälfte der Cloaca und ihrer Umgebung eines Beuteljungen von Echidna aculeata, nach einem Modell. Die Ureterpapille ist aus der zusammengezogenen Blase zurückgezogen. (Nach F. KEIBEL.)

(Abb. 945); dieser Befund steht im Gegensatz zu den Sauropsida. Außerdem findet man jedoch bei dem Embryo der Monotremata eine typische entodermale Cloaca, welche ebenso wie bei den anderen Mammalia durch ein frontales Septum aufgeteilt wird in eine ventrale und dorsale Abteilung. Aus der ventralen Abteilung entsteht die Blase und der Canalis urogenitalis; aus dem dorsalen Teile bildet sich das Ende des Rectum. Es kommt übrigens eine solche ectodermale Cloaca auch bei anderen Mammalia vor, z. B. bei den Marsupialia, wenn sie auch schwach entwickelt ist.

Bei den Mammalia treffen wir ganz allgemein akzessorische Genitaldrüsen an (Abb. 946), deren Sekret dem Sperma beigefügt wird. Von dem mesodermalen Ductus deferens aus entwickeln sich die Glandulae vasis deferentis (J. TH. OUDEMANS; auch Gl. ampullarum nach M. RAUTHER genannt); und zweitens die Glandulae vesiculares. Die erstgenannten Drüsen bilden eine Verdickung an der Wand des Ductus deferens und zwar kurz vor seiner Ausmündung in den Canalis urogenitalis; in vielen Fällen fehlen jedoch diese Drüsen; man findet sie jedoch z. B. bei den Rodentia und den Ruminantia. Die Gl. vesiculares (J. TH. OUDEMANS; von M. RAUTHER auch Vesiculae vasis deferentis genannt) sind sack- oder röhrenförmige Drüsen (der Name Vesiculae seminales ist falsch). Sie münden in das Ende des Ductus deferens (Abb. 946) oder in den Canalis urogenitalis aus. Bei den Monotremata und Marsupialia fehlen sie.

Aus der entodermalen Mucosa des Canalis urogenitalis (weniger richtig auch Urethra genannt) entwickeln sich die Glandulae urethrales, die Gl. prostaticae und die Gl. Cowperi. Die erstgenannten Drüsen liegen in der Wand des Canalis urogenitalis unter den glatten Urethralmuskeln; von diesen Drüsen sind phylogenetisch die Gl. prostaticae abzuleiten, weil ihre Drüsenröhren und Drüsenacini die Schicht der glatten Muskelfasern, ja selbst den quergestreiften M. urethralis durchbohren. Diese Gl. prostaticae (Abb. 946) bilden zu beiden Seiten ein bis zwei kompakte Körper; ihre Mündungen liegen auf dem Colliculus seminalis (S. 769) oder in seiner Nähe. In einigen Fällen, z. B. bei den Primates, bilden diese Drüsen einen einzigen unpaaren Körper, die Prostata. Ebenfalls von Urethraldrüsen herzuleiten sind die paarigen Gl. Cowperi (Abb. 946); diese münden an der Basis des Penis in den Canalis urogenitalis aus; ihr Muskelmantel ist von dem M. urethralis abzuleiten.

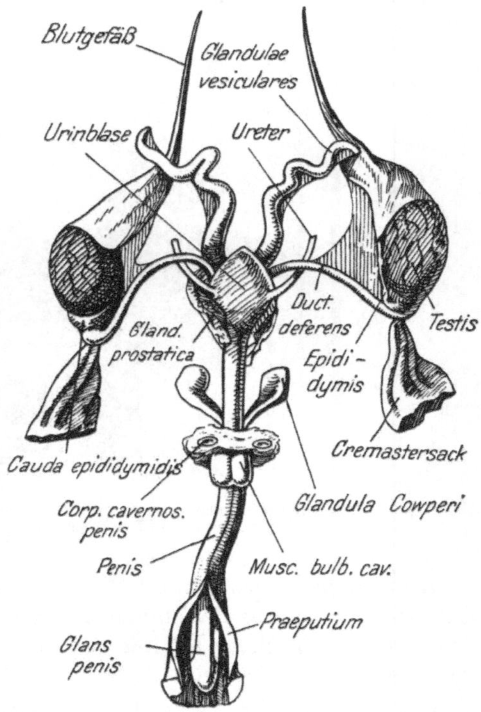

Abb. 946. Männliche Geschlechtsorgane einer jungen Cavia coboya. Der Cremastersack ist künstlich von innen nach außen gekehrt. (Nach MAX RAUTHER.)

Bei den weiblichen Mammalia findet man das Homologon für die Gl. Cowperi in den Bartholinischen Drüsen; diese münden in den Anfang des Canalis urogenitalis aus.

Es wurde schon oben darauf hingewiesen, daß das Secret dieser Drüsen sich bei den männlichen Tieren mit dem Sperma vermengt, wodurch das Ejaculat vergrößert wird und die Spermatozoen in die Vagina leichter übertragen werden können. In einigen Fällen besitzt jedoch das Secret dieser Drüsen eine besondere Bedeutung, wovon wir nur ein einziges Beispiel angeben wollen: so wird bei den Rodentia das Secret der Glandulae vesiculares unmittelbar nach der Ejaculation des Sperma ausgestoßen; dieses Secret treibt das Sperma vor sich her in den Uterus, gerinnt in der Vagina zu einem Pfropf (Bouchon vaginal), durch welchen das Abfließen des Sperma verhindert und die Befruchtung sichergestellt wird.

Über das Entstehen des Müllerschen Ganges haben wir bereits früher gesprochen. Bei dem Embryo liegt der craniale Teil dieses Kanales lateral vom primären Harnleiter; darauf kreuzt er diesen ventral, während der caudale Teil medial des primären Harnleiters liegt (Abb. 944). Links und rechts liegen beide Kanäle in einer peritonealen Falte. Bei den Monodelphia liegen ihre caudalen Teile in dem Genitalstrange.

Nur bei den weiblichen Tieren entwickeln sich die Müllerschen Gänge vollständig; sie zeigen jedoch in den drei Hauptgruppen der Mammalia wichtige Unterschiede. Über diese möchten wir eben noch sprechen.

Bei den oviparen Monotremata unterscheidet man an diesen Gängen einen dünnwandigen Teil: den Oviduct, und einen dickwandigen Teil: den „Uterus“. In dem „Uterus“ wird nach der Befruchtung die Eisschale um das große Ei gebildet, welches dotterreich und meroblastisch ist. Die Uteri münden cranial der Ureteren in den Canalis urogenitalis aus, welcher selbst wieder in die Cloaca mündet.

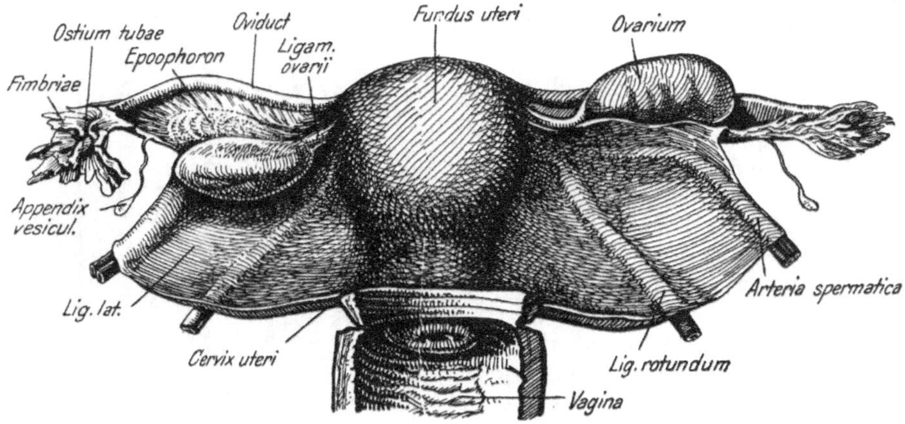

Abb. 947. Innere weibliche Geschlechtsorgane des Menschen. Die Vagina ist geöffnet, sodaß das Ostium externum uteri sichtbar ist. (Nach A. J. P. v. d. BROEK.)

Bei den Marsupialia und Monodelphia besitzt der Müllersche Gang einen anderen Bau, was in Beziehung steht zur Viviparität. Der gesamte Kanal läßt sich aufteilen in einen Eileiter (Oviduct oder Tuba Fallopii), den Uterus und die Vagina.

Der *Oviduct* (Abb. 947 und 948) beginnt mit einem Ostium tubae; dies ist eine trichterförmige Öffnung, deren Rand meist mit Fransen (den sogenannten Fimbriae) versehen ist. Von diesen Fransen können mehrere oder eine bis zu dem Ovarium reichen (Fimbria ovarica). Im allgemeinen legt sich nun bei den Amniota das Ostium tubae gegen das Ovarium an, um das Ei aufzunehmen, wenn es durch Aufspringen des Follikels das Ovarium verläßt. Bei mehreren Mammalia finden wir jedoch eine sogenannte Bursa ovarii: das ist ein Raum, welcher lateral durch den Oviduct und die Mesosalpinx (das „Meso“ des Oviductes) begrenzt wird, medial durch das Ovarium und das Mesovarium; dieser Raum schnürt sich mehr oder weniger vollständig vom Reste der Bauchhöhle ab; in diesen Raum mündet aus das Ostium tubae. Durch die Anwesenheit dieser Bursa wird für das Ei die Möglichkeit erhöht, in den Oviduct durch das Ostium hineinzuschlüpfen; sonst würde sich das Ei leicht in die Bauchhöhle hinein verirren können (U. GERHARDT, 1905).

Der *Uterus* ist dasjenige Organ, in welchem der Embryo zur Entwicklung kommt; es unterscheidet sich von den anderen Teilen durch den Besitz einer dicken Wand, welche viel glatte Muskeln besitzt. Wenn die Cloaca sich nun in zwei Teile teilt, münden die caudalen Teile der Müllerschen Gänge in die ventrale Abteilung der Cloaca aus, und zwar in den Anfang des Canalis urogenitalis. Dieser caudale Teil des Müllerschen Ganges wird zur Vagina (Abb. 947, 948 und 950).

Bei den Marsupialia (Abb. 948) verlaufen die Ureteren medial der Müllerschen Gänge; sie stehen auf diese Weise einer vollständigen Vereinigung der caudalen Teile dieser Gänge im Wege. So kommt es, daß zwei Vaginae vorhanden sind, die selbständig und getrennt in den Canalis urogenitalis ausmünden; im einfachsten Falle, z. B. bei den Didelphyidae, bleiben die Vaginae vollständig getrennt, aber sie besitzen einen Knick, so daß sich ihre cranialen Enden aneinander legen. An dieser Stelle kann nun eine Verschmelzung beider Vaginae auftreten. Weiterhin kann von diesem Platze der Verschmelzung aus sich ein Blindsack entwickeln, welcher caudad gerichtet ist (Vagina tertia); in diesem Blindsack deutet eine Scheidewand noch den ursprünglichen paarigen Charakter an. Bei den Macropodidae (Abb. 948) verbindet das Ende dieses Blindsackes sich durch Bindegewebe mit dem Canalis urogenitalis, so daß die Vagina tertia zum Geburtsweg wird: es brechen nämlich die vereinigten Wände der Vagina und des Canalis urogenitalis bei der Geburt des jungen Tieres durch.

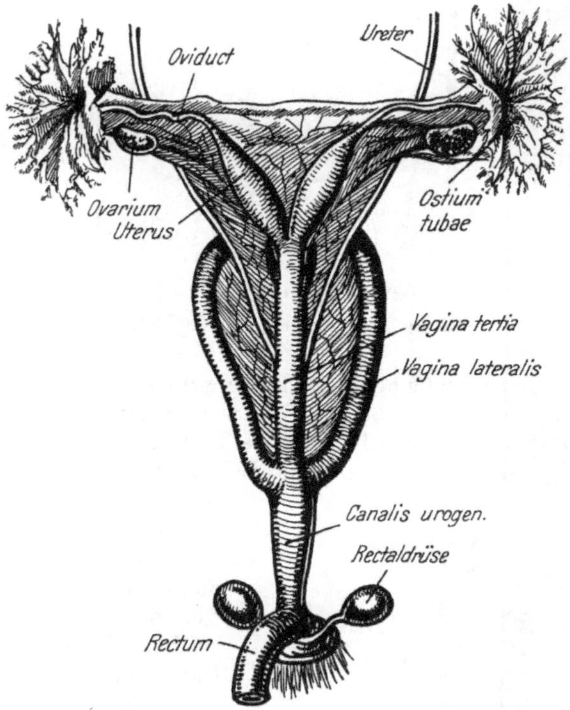

Abb. 948. Weibliche Geschlechtsorgane von Macropus Benetti. (Nach A. Brass.)

Bei den Monodelphia (Abb. 949) finden wir nun eine Verschmelzung der caudalen Teile der Müllerschen Gänge, und zwar derjenigen Teile, welche in dem Genitalstrang liegen. So kommt es, daß immer nur eine einzige Vagina zu beobachten ist (Abb. 949). Rechter und linker Uterus können ganz getrennt bleiben und je mit einer eigenen Öffnung in die Vagina münden: man nennt solchen Fall einen Uterus duplex; er kommt z. B. bei den Rodentia, bei Elephas und Orycteropus (Abb. 949a) vor. Die Verschmelzung der Müllerschen Gänge kann jedoch noch weiter gehen: ist sie beschränkt auf den caudalen Teil der Uteri, dann bleiben beide Uteri voneinander getrennt durch eine lange mediane Zwischenwand: solch ein Typus wird Uterus bipartitus genannt; wir finden ihn z. B. bei den Carnivora, bei Sus und Bos. Geht dann die Verschmelzung noch weiter, dann erscheinen die nicht verschmolzenen cranialen Teile der Uteri als

Hörner des unpaaren caudalen Uterus; man spricht in solchen Fällen von einem Uterus bicornis: Insectivora, kleine Ruminantia, Perissodactyla, Prosimiae. Endlich wird bei den Simiae der ganze Uterus unpaar durch vollständige Verschmelzung: der Uterus simplex (Abb. 947 und 949). Ein solcher Uterus ist birnförmig; der breite, craniale Teil heißt Fundus, der distale Teil Cervix uteri; der letzte besitzt dann eine cylindrische Form und ragt teilweise in die Höhle der Vagina hinein.

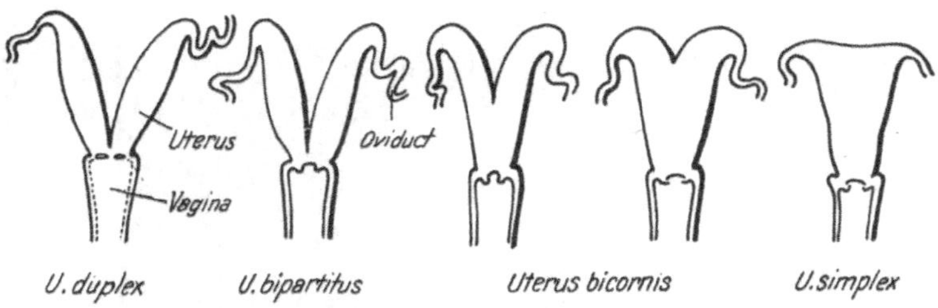

Abb. 949. Schemata vom Bau des Uterus bei den Monodelphia. (Nach GEGENBAUR.)

Der Canalis urogenitalis der weiblichen Tiere ist ein langer oder kurzer Kanal, in welchen cranial die Urethra und die Vagina ausmünden (Abb. 950). Durch diesen Kanal wird das junge Tier bei der Geburt ausgestoßen und in der übrigen Zeit des Lebens der Urin abgelassen. Die starke Verlängerung des Canalis urogenitalis, die wir bei den männlichen Tieren finden, ist bei den weiblichen Tieren nicht zu beobachten. Ist dieser Kanal sehr kurz, dann wird er, wie in der menschlichen Anatomie, Vestibulum vaginae genannt.

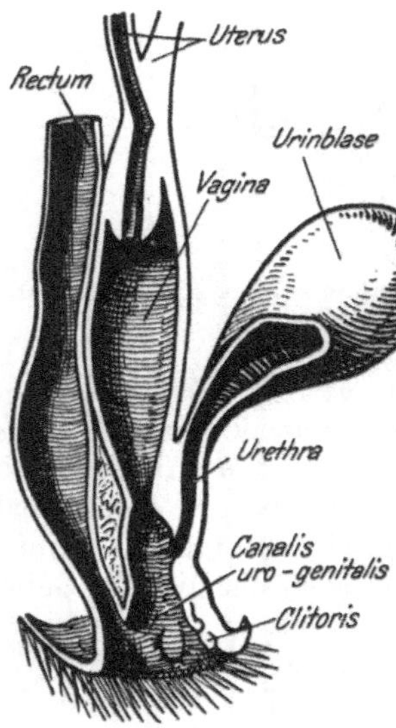

Abb. 950. Weibliche Urogenitalorgane und ihre Mündung bei Pedetes caffer. (Nach T. TULLBERG.)

In vielen Fällen finden wir auf der Grenze der Vagina und des Canalis urogenitalis eine Schleimhautfalte; z. B. bei den Ungulata, Rodentia und Simiae. Diese Falte wird Hymen oder Valvula vaginalis genannt.

Bei den männlichen Mammalia gehen die Müllerschen Gänge größtenteils zugrunde. Der craniale Teil liefert den Appendix testis (Abb. 940 auf S. 760) (ungestielte Hydatide). Vom caudalen Teile bleibt ein Rest übrig, welcher bei geringer Entwicklung den Namen Vagina masculina trägt (Vesicula prostatica); ist er jedoch stärker entwickelt, so daß man ihn mit dem Uterus der weiblichen Tiere vergleichen könnte, so trägt er den Namen Uterus masculinus. Die Vagina masculina oder der Uterus masculinus mündet zwischen den Ductus deferentes aus in den Anfang des Canalis urogenitalis. Diese Mündung liegt auf einer kleinen Erhebung, welche man bei dem Embryo den Müllerschen Hügel, später den Collicus seminalis nennt (Abb. 951).

Bevor wir die merkwürdige Ortsveränderung der Testes bei den Mammalia besprechen, müssen wir noch eben die peritoneale Umkleidung der Genitalorgane und des Mesonephros näher beleuchten.

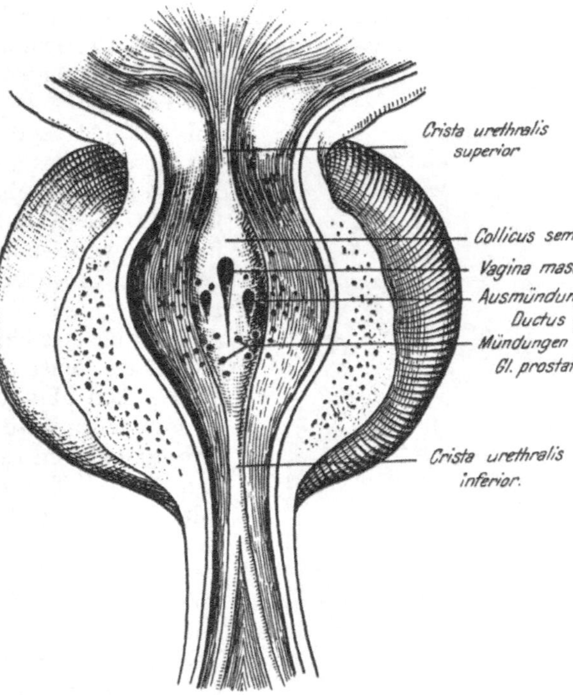

Abb. 951. Colliculus seminalis und seine Umgebung beim Menschen. (Nach V. D. BROEK.)

Bei den Mammalia besitzen Mesonephros und die Abfuhrwege eine äußere peritoneale Umkleidung; hierdurch sind diese Organe an der Rückenseite der Bauchhöhle befestigt und aufgehängt; weiterhin sind sie hierdurch mit den Keimdrüsen verbunden (Abb. 952). Diese peritoneale Hülle heißt im ganzen die Urogenitalfalte. Im Anfang ist der Mesonephros mit einer breiten Basis an der Rückenwand der Bauchhöhle befestigt; wird jedoch der Mesonephros zurückgebildet, dann wird er nur noch durch ein peritoneales Band getragen: die Mesonephrosfalte. Cranial setzt sich diese Falte fort in die Plica diaphragmatica (Abb. 952), caudal jedoch in denjenigen Teil der Urogenitalfalte, in welchem

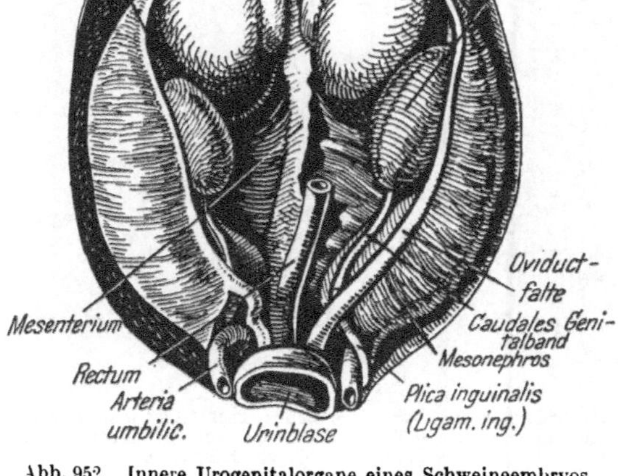

Abb. 952. Innere Urogenitalorgane eines Schweineembryos, 6,2 cm lang, in situ. (Nach BONNET.)

der primäre Harnleiter und der Müllersche Gang caudad verlaufen. Diese Teile der rechten und der linken Urogenitalfalte vereinigen sich in der Medianebene zum Genitalstrange: auf diese Weise entsteht eine frontal gerichtete Zwischenwand, welche im caudalen Teile der Leibeshöhle liegt (Abb. 944 auf S. 763). Über die Oberfläche des Mesonephros hin bildet der Müllersche Gang eine besondere Oviductfalte (Abb. 942), welche in den caudalen Teil der allgemeinen Urogenitalfalte übergeht.

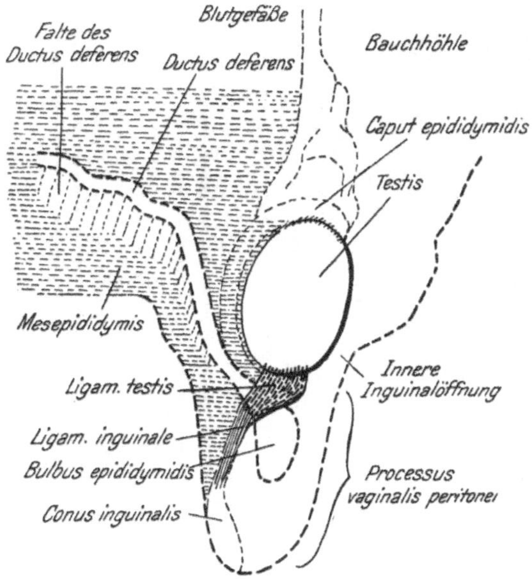

Abb. 953. Cremastersack im Zusammenhang mit der Bauchhöhle einer eben geborenen Ratte. Der Testis liegt noch in der Bauchhöhle, der Bulbus epididymidis liegt im Cremastersack. (Nach O. FRANKL.)

Auch die „Geschlechtsdrüse" hängt an einer peritonealen Falte: dem Mesorchium, bzw. Mesovarium; diese Falte setzt sich cranial und caudal fort in den sterilen Teil der Genitalfalte: der progonale Teil der Genitalfalte liefert das craniale Genitalband (Abb. 952); der epigonale Teil liefert das caudale Genitalband. Dieses caudale Band erstreckt sich vom caudalen Ende der Genitaldrüse bis zum Müllerschen Gange. Außerdem ist hier noch die Leistenfalte des Mesonephros zu nennen: die Plica inguinalis (Abb. 952); sie verläuft vom caudalen Ende des Mesonephros gegenüber dem Ende des caudalen Genitalbandes bis zur lateralen Bauchwand-Leistengegend.

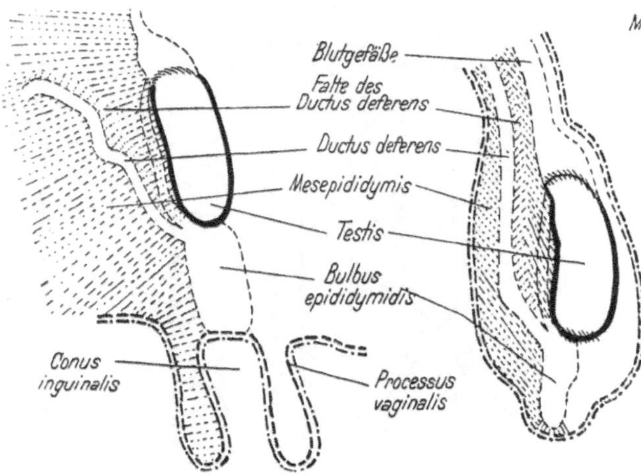

Abb. 954. Lage des Testis bei Lepus; rechts im Cremastersack, links in der Bauchhöhle. Man sieht die mediale Seite der Mesepididymis. (Nach O. FRANKL.)

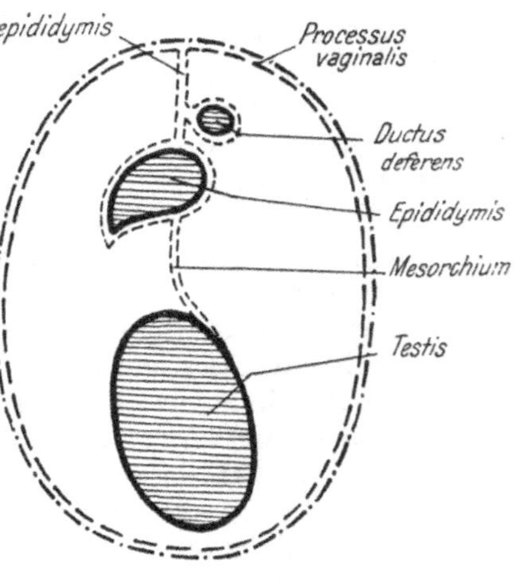

Abb. 955. Querschnitt durch den Cremastersack von Myodes lemmus in der Höhe des Testis. Die mediale Seite der Mesepididymis ist in der Abbildung nach rechts gerichtet. (Nach O. FRANKL.)

Bei den weiblichen Tieren wird derjenige Teil der Urogenitalfalte, durch welchen der Oviduct und der Uterus befestigt sind (Mesosalpinx bzw. Mesometrium) zum sogenannten Ligamentum latum (Abb. 944 auf S. 763 und Abb. 947 auf S. 766). In der Plica inguinalis tritt dann weiterhin eine strangförmige Verdickung auf, welche besteht aus Bindegewebe und glatten Muskelfasern: das ist das sogenannte Ligamentum uteri rotundum (teres) (Abb. 947). Auf dieselbe Weise entsteht aus der caudalen Genitalfalte das Ligamentum ovarii. Beide Ligamente heften sich an den Müllerschen Gang an; und zwar geschieht dies im Bereich des ursprünglichen caudalen Endes des Mesonephros: d. h. dort, wo Oviduct und Uterus ineinander übergehen.

Bei den männlichen Mammalia wird die Mesonephrosfalte zur oft langen Mesepididymis (Abb. 953—955): das ist eine Peritonealfalte, welche die Epididymis beweglich verbindet mit der Rückenwand der Bauchhöhle. Die caudale Genitalfalte wird dann zum Ligamentum testis (Abb. 953), welches vom caudalen Ende des Testis verläuft zum Ductus deferens. Dieses Ligamentum liegt am freien Rande des Mesorchium (Abb. 955); das Mesorchium liegt zwischen Testis und Epididymis und kann auch ganz verschwinden, wodurch dann Testis und Epididymis sich eng aneinander schließen. Am freien Rande der Plica inguinalis tritt weiterhin eine strangähnliche Verdickung auf: das Ligamentum inguinale (Abb. 952); dieses ist zu vergleichen mit dem Ligamentum rotundum bei den weiblichen Tieren. Dieses Ligamentum inguinale heftet sich cranial an den Ductus deferens an: und zwar dort, wo das Ligamentum testis endet (Abb. 953). Das caudale Ende des Ligamentum inguinale dagegen setzt sich fort in eine Aussackung des Peritoneum der Bauchwand, welche in der Inguinalregion gelegen ist. Diese Aussackung heißt Processus vaginalis peritonei (Abb. 953—954) oder Saccus vaginalis.

Nach dieser Übersicht über die Derivate des Peritoneum können wir den merkwürdigen Descensus testiculorum näher besprechen: d. h. jene Verlagerung der Testes, die wir allgemein bei den Mammalia finden.

Durch eine bestimmte Wanderung verlassen die Testes ihren ursprünglichen Platz in der Bauchhöhle nahe dem Mesonephros. Sie werden caudad und ventrad verlagert bis sie in die obengenannte rechte und linke Aussackung der Bauchhöhle zu liegen kommen: nämlich in den Proc. vaginalis (Abb. 902 auf S. 727; Abb. 953—955). Wir haben es hier mit einem biologisch nur schwer zu begreifenden Prozeß zu tun, mit einem Vorgang, den wir keineswegs durch irgendwelche „Zweckmäßigkeit“ erklären können, da die Testes ihren sicheren Ort in der Bauchhöhle aufgeben und einen anderen einnehmen, an welchem sie besonders Verwundungen ausgesetzt sind.

In primitiveren Fällen besitzt jeder Proc. vaginalis einen vollständigen Muskelmantel, welcher durch einen Teil der Bauchmuskulatur geliefert wird (Abb. 956): nämlich durch den Musc. obliquus abdominis internus und den Musc. transversus. Der Proc. vaginalis mit seinem Muskelmantel wird Cremastersack genannt (Abb. 902 auf S. 727; Abb. 953—956). In manchen Fällen ist jedoch diejenige Muskelschicht, welche den Proc. vaginalis einhüllt, zurückgebildet zu einem lateral gelegenen Musc. cremaster. — In die Höhle des Proc. vaginalis ragt ein Kegel hinein: der Conus inguinalis; an diesem endigt das Ligamentum inguinale; in diesen Kegel setzen sich die Muskelfasern des Cremastersackes fort. Der Muskelmantel dieses Cremastersackes wird umhüllt durch die Fascia Cooperi (Fascia cremasterica); diese ist ein Derivat der Aponeurose des Musc. obliquus abdominis externus. Die Haut, welche den Cremastersack umkleidet, kann als Scrotum (Abb. 957 und 958) besonders gekennzeichnet sein durch eine schwache

Behaarung und Pigmentierung; sie ist ferner reich an glatten Muskelfasern, die eine besondere Tunica dartos bilden. Von dem Conus inguinalis geht ein Bindegewebestrang (Ligamentum scroti) zur Haut der Scrotalregion, das ist derjenige Ort, wo der Testis, eingeschlossen in den Cremastersack, unter der Haut zu liegen kommt. Auf diese Weise entsteht ein durchlaufender Gewebestrang, der gebildet wird durch das Ligamentum testis, das Ligamentum inguinale (Abb. 953) und das Ligamentum scroti; dieser Gewebestrang wird auch Chorda gubernaculi s. ampl. genannt; er verläuft vom caudalen Ende des Testis und erstreckt sich bis zur Haut.

Wie verläuft nun der Descensus testiculorum? Zunächst findet an dem Mesonephros, dem Testis (und auch dem Ovarium) eine scheinbare caudade Verschiebung statt: es geht nämlich der craniale Teil des Mesonephros und der „Geschlechtsdrüse" zugrunde, wodurch der Eindruck hervorgerufen wird, als ob das craniale Ende dieser Organe caudad verschoben wäre (FELIX) (Abb. 939 auf S. 759). Zweitens ist zu bedenken, daß der Testis durch die Chorda gu-

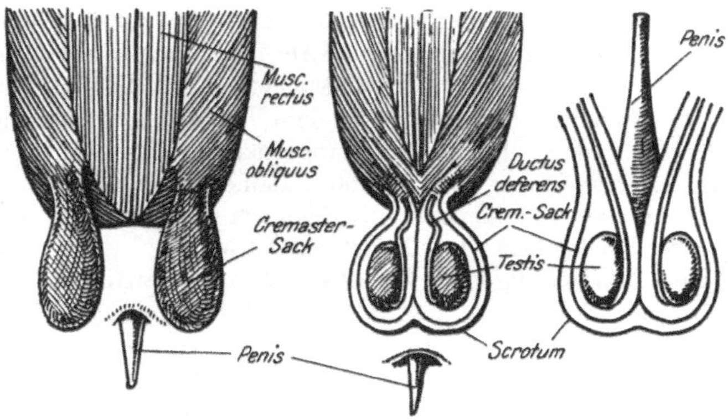

Abb. 956. Abb. 957. Abb. 958.

Abb. 956—958. Schemata der Lage der Cremastersäcke.

Abb. 956. Primitiver Zustand mit caudad gerichtetem kloakalem Penis. — Abb. 957. Präpeniales Scrotum der Marsupialia. — Abb. 958. Postpeniales Scrotum und craniad gerichteter Penis bei vielen Monodelphia. (Verändert nach M. WEBER.)

bernaculi s. ampl. verbunden ist mit der Scrotalregion. Der Proc. vaginalis wächst nun stark in die Länge und wird außerdem noch verlängert durch eine Umstülpung des Conus inguinalis (Abb. 954a). Wenn nun gleichzeitig mit dem Mesorchium auch das Ligamentum testis verschwindet und das Ligamentum inguinale sich durch Stillstand im Wachstum und durch Einschrumpfung verkürzt —: dann werden Testis und Epididymis in die Höhle des Proc. vaginalis hineingezogen. So wird schließlich das caudale Ende der Epididymis auf dem Boden dieses Processus befestigt (Abb. 954a). Die dorsale Seite der Epididymis ist mittels der Mesepididymis verbunden mit der Rückenwand des Proc. vaginalis, während diese peritoneale Falte craniad niedriger werdend sich in die Bauchhöhle fortsetzt. Der freie Rand der Mesepididymis trägt Arterien, welche den Testis mit Blut versehen und Venen, welche vom Testis wieder zur Bauchhöhle zurückkehren.

In den primitiveren Fällen liegen die Testes in den Cremastersäcken rechts und links des Penis (Abb. 956). Bei den Marsupialia (Abb. 957) aber bleiben diese Organe vor dem Penis liegen; die Cremastersäcke legen sich jedoch median aneinander und werden gemeinsam umschlossen von einem praepeniales Scrotum. Bei den meisten Monodelphia aber verlängern sich die Cremastersäcke, bis sie hinter den Penis zu liegen kommen; dann wird das unpaare Scrotum „postpenial" genannt (Abb. 958).

Meist kommuniziert die Höhle des Cremastersackes mit der Bauchhöhle durch die sogenannte innere Inguinalöffnung (Abb. 953). Testis und Epididymis nehmen natürlich bei ihrer Wanderung in den Cremastersack hinein den ursprünglich cranialen Teil des Ductus deferens mit; so kommt es, daß dieser Ductus als Fortsetzung der Epididymis bei dem erwachsenen Tiere zur Bauchhöhle zurückkehrt durch die innere Inguinalöffnung; er biegt dann ventral des Ureter caudad um und begibt sich mediad zum Canalis urogenitalis (Abb. 902 auf S. 727; Abb. 946 auf S. 765). Bei den Marsupialia bleibt der Ductus deferens lateral des Ureter liegen.

In einigen Fällen, z. B. bei den Insectivora und einigen Rodentia, kann der Testis außerhalb der Brunstzeit wieder in die Bauchhöhle zurückkehren; dies geschieht unter Einstülpung des sonst umgestülpten Conus inguinalis durch die innere Inguinalöffnung hindurch. Diese Rückkehr wird aber unmöglich, sobald der craniale Teil des Cremastersackes sich stark verengt, was sehr häufig der Fall ist. Endlich schließt sich dieser craniale Teil bei mehreren Primates und wird daraufhin resorbiert: so wird der caudale Teil des Proc. vaginalis ganz von der Bauchhöhle getrennt. In solchen Fällen trägt dieser caudale Teil den Namen Tunica vaginalis propria testis.

Bei den meisten weiblichen Mammalia finden wir nur eine geringe caudale Verschiebung der Ovaria; Ovaria und Ovidukte behalten ihre Lage parallel zur Längsachse des Körpers. Bei dem Menschen dagegen beobachtet man eine starke Verlagerung (Abb. 941 auf S. 760), wobei das Ovarium wohl in der Bauchhöhle verbleibt, aber um 90° dreht: so kommt sein cranialer Pol lateral des caudalen Poles zu liegen. Außerdem dreht die Urogenitalfalte um den Müllerschen Gang als Achse, so daß der Oviduct cranial des Ovarium zu liegen kommt. Ein Proc. vaginalis ist wohl bei dem weiblichen Embryo beobachtet; aber zu einem typischen Descensus kommt es nicht, mit aus dem Grunde, weil das Ligamentum ovarii an der Uteruswand befestigt ist (FELIX).

Nicht alle Mammalia besitzen einen solchen Descensus testiculorum. Solche Formen, bei welchen die Testes in der Bauchhöhle liegen bleiben, nennt man Testiconda (M. WEBER, 1898). Bei den meisten Mammalia bewahrt die Epididymis als Rest des Mesonephros ihre ursprüngliche Lage (dorso-lateral des Testis) auch beim Descensus testiculorum; bei den Testiconda aber kommt die Epididymis medial des Testis zu liegen (A. J. v. D. BROEK, 1908). Die Testiconda werden in „echte" und „unechte" eingeteilt (M. WEBER). Zu den „unechten" Testiconda werden die Dasypodidae, Myrmecophagidae, Bradypodidae und die Cetacea gerechnet; man kann bei diesen Tieren mit ziemlicher Sicherheit annehmen, daß der Descensus verloren gegangen ist: hier findet nämlich wohl eine caudade Verschiebung der Testes statt, aber keine Ortsveränderung in einen Cremestersack hinein. Das Ligamentum inguinale und ein rudimentärer Proc. vaginalis können noch anwesend sein (Dasypodidae), oder sind gänzlich verschwunden. — Bei den „echten" Testiconda dagegen (Elephas, Hyrax, einige Insectivora und die Monotremata) fehlt der Proc. vaginalis. Ein Ligamentum inguinale ist in einigen Fällen noch zu beobachten (A. J. P. v. D. BROEK, 1908); die Testes bewahren ihre primitive Lage in der Nähe der Niere. Es ist wahrscheinlich, daß mit Ausnahme der Monotremata der Descensus auch bei diesen echten Testiconden verloren gegangen ist, wofür spricht, daß diese Formen unregelmäßig in dem System der Monodelphia zerstreut sind; ein Beweis aber für diese Auffassung fehlt aber bisher noch.

Was ist nun die Ursache dieses Descensus in der Phylogenie? Man kann bei dieser Betrachtung ausgehen von den Milchdrüsen (KLAATSCH), die bei den Stammformen der Mammalia in der Inguinalregion lagen und periodisch anschwollen; dadurch würden die Bauchmuskeln eingestülpt werden, wodurch der Musc. compressor mammae entstand. Diese Einstülpung der Bauchmuskulatur trat dann in Verbindung mit der subperitonealen glatten Muskulatur, welche in der Umgebung des Uterus reichlich anwesend ist; so entstand das Ligamentum inguinale (M. WEBER). Das Ligamentum inguinale und die Einstülpung der Bauchwand würden dann von den weiblichen Tieren auf die männlichen Tiere übererbt sein, bei welchen sich diese Einstülpung zum Conus inguinalis entwickelte. Übrigens findet man bisweilen in der Scrotalhaut eine bestimmte scharf umschriebene Zone; die Area scroti; diese zeichnet sich aus u. a. durch den Besitz glatter Muskelfasern. Man hat nun versucht diese Area mit dem Drüsenfeld einer Milchdrüse zu homologisieren.

Ganz befriedigend ist aber diese Theorie von KLAATSCH nicht, da die Anwesenheit eines Proc. vaginalis dadurch nicht erklärt werden kann. Es kann vielmehr bei dem Entstehen des Descensus auch die Volumvergrößerung des Testis eine Rolle gespielt haben, die in der Brunstzeit zu bemerken ist. Es könnte schließlich der Fall sein, daß dieses Organ durch die Nachbarorgane verdrängt worden ist. Die Tatsache, daß diese periodische Anschwellung jedoch bei anderen Tieren, z. B. den Aves, nicht zu einem Descensus geführt hat, kann in Verband gebracht werden mit der Beobachtung, daß nur bei den Mammalia der Testis an der Rückenwand der Bauchhöhle beweglich befestigt ist mittels der Mesonephrosfalte (Mesepididymis) (O. FRANK). — Ein letztes wichtiges Moment bei dem Entstehen des Descensus ist noch zweifellos das Auftreten eines Ligamentum inguinale, durch welches Testis und Epididymis in Verbindung gebracht werden mit der Inguinalregion.

Die Copulationsorgane.

Bei den Vertebrata ist die Befruchtung entweder eine äußere oder eine innere. In dem ersten Falle werden die Eier durch das weibliche Tier und das Sperma durch das männliche Tier in das Wasser ausgestoßen, wo die Befruchtung stattfindet. Eine Copulation fehlt also, und damit fehlen die Copulationsorgane. Zweifellos ist dieses der für die Vertebrata primitivste Zustand, den wir auch bei mehreren im Wasser lebenden Evertebrata antreffen.

Erst mit dem Leben auf dem Lande treten die Copulationsorgane auf, da das Wasser kein Übertragungsmittel mehr für das Sperma sein kann. Die Befruchtung wird also zu einer inneren, da das Sperma durch das Copulationsorgan in die Genitalwege des weiblichen Tieres gebracht werden muß. Die Eier werden in diesem Falle stets in dem Oviduct befruchtet. Merkwürdig ist dabei, daß die Amphibia, welche doch mehr oder weniger Landtiere sind, keine Copulationsorgane besitzen; sie sind vielmehr gezwungen, zur Zeit ihrer Fortpflanzung zum Wasser zurückzukehren, in welches die Eier und das Sperma abgesondert werden. Erst bei den Amniota treten allgemeine Copulationsorgane auf, die typisch Derivate darstellen von der ventralen Wand der Cloaca. Es können übrigens die Copulationsorgane bei den Amniota auch wieder verloren gehen, während doch eine Copulation bestehen bleibt, z. B. bei vielen Aves.

Eine solche innere Befruchtung kommt jedoch keineswegs nur bei den Landtieren vor; auch bei verschiedenen Gruppen der Pisces, z. B. bei den Elasmobranchii und einigen Teleostei, finden wir die innere Befruchtung, womit sich dann auch morphologisch sehr verschiedene Copulationsorgane entwickelt haben. Dadurch entsteht die Möglichkeit, daß die Embryonen sich bereits in den Genitalwegen des weiblichen Tieres entwickeln, eine Erscheinung, die man Viviparität nennt und die auch bei Landtieren häufig vorkommt, z. B. bei Salamandra atra, bei Seps chalcides und bei den Mammalia.

Pisces.

Bei den Pisces werden, wie gesagt, die Genitalprodukte meist in das Wasser abgesetzt, so daß Copulationsorgane fehlen. Zur Zeit der Genitalreife kommen die männlichen und weiblichen Tiere zueinander: dabei wird das Sperma einfach in der Nähe der abgelegten Eier ausgestoßen. Bei den Elasmobranchii und einigen Teleostei finden wir dagegen eine Ausnahme, da bei ihnen eine Copulation und damit eine innere Befruchtung stattfindet.

Bei den Elasmobranchii finden wir einen Anhang am medialen Teile der Bauchflosse (Abb. 959), welcher bei dem männlichen Tiere als Copulationsorgan dient; dieser Anhang wird Pterygopodium oder Mixipterygium genannt. Jedes dieser Organe ist medial aufgerollt, so daß eine Rinne gebildet wird, deren Ränder übereinander schlagen. Die Rinne ist vorn und hinten geöffnet: die vordere Öffnung wird Apopyle, die hintere Hypopyle genannt. Bei den Selachii liegt die Apopyle dicht bei der Cloacenöffnung (Abb. 959). Das caudale Ende des Organes trägt bewegliche Anhänge, welche durch Knorpel gestützt werden und durch besondere Muskelwirkung auseinanderweichen können. Einer dieser Anhänge besitzt die Form eines Fächers und wird Rhipidion genannt; wir finden ihn in verschiedenem Maße entwickelt. Das aus der Cloacenöffnung austretende Sperma trifft nun dieses Rhipidion, durch welches Organ das Sperma fächerförmig verbreitet wird. Weiterhin findet man zu beiden Seiten des Mixipterygium unter der Bauchhaut einen Sack (Sipho), ausgezeichnet durch eine starke Muskelwand: dieser Sipho mündet aus in die Apopyle. In letzter Zeit ist die Funktion dieser Siphonen genauer untersucht (W. H. LEIGH-SHARPE, 1920, 1921, 1922): Die Spermatozoen treten aus der Cloacenöffnung (in Abb. 959 nicht wiedergegeben) durch die Apopyle in den Kanal des Mixipterygium. Wenn nun bei der Copulation ein einziger der beiden Mixipterygia in den Oviduct des weiblichen Tieres gebracht wird, so wird dieses Organ nach vorn umgebogen, wodurch die Apopyle nach außen zu geschlossen wird. Gleichzeitig wird das Seewasser, das sich in dem Sipho befindet, durch Kontraktion der Muskelwand des Sipho ausgestoßen und zwar durch den Kanal des Mixipterygium hindurch; so muß das Wasser aus der Hypopyle austreten. Das Wasser nimmt dabei das Sperma, welches sich in dem Kanal befindet, mit, das auf diese Weise in den Eileiter gebracht wird.

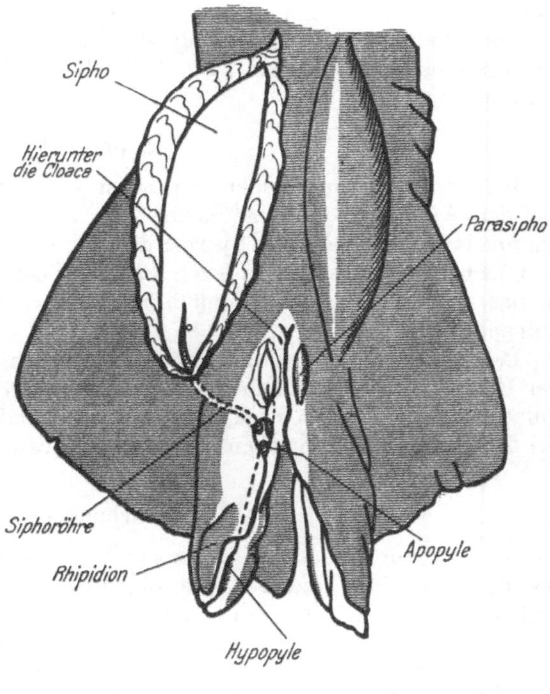

Abb. 959. Mixipterygia und Siphonen bei Scyllium catulus. (Nach LEIGH-SHARPE.)

Diese Beschreibung gilt nur für die Squaliformes; die Rajidae weichen hiervon in vielen Punkten ab: z. B. dadurch, daß hier in der Wand des Sipho eine umfangreiche Drüse liegt, deren Secret in die Höhle des Sipho sich ergießt; außerdem mündet der Sipho durch einen langen Kanal in der Nähe der Hypopyle aus. Die Funktion des Sipho ist hier also eine andere als bei den Selachii, da dieses Secret bei der Copulation mit in den Oviduct gebracht wird.

Bisher hat man allgemein angenommen, daß Cladoselache ans dem Devon bereits Mixipterygia besaß; durch eine neuere Untersuchung wird dies jedoch für C. KEPLERI bestritten und es wird angenommen, daß dieses fragliche Organ eine verkalkte Niere wäre (W. H. LEIGH-SHARPE 1922). Bei Pleuracanthus aus dem Carbon sind jedoch sicher Mixipterygia vorhanden.

Auch bei verschiedenen Teleostei finden wir eine innere Befruchtung: z.B. bei den viviparen Cyprinodontidae. Bei diesen Formen ist die Analflosse des männlichen Tieres zu einem Copulationsorgan umgebaut, welches Gonopodium genannt wird (E. PHILIPPI; W. FR. LANGER, 1913). Bei den meisten dieser Formen trägt das Gonopodium eine Rinne, welche das Sperma weiterleitet, wobei die Genitalöffnung direkt vor der Analflosse liegt. Bei Anableps dagegen ist das Gonopodium röhrenförmig gestaltet; der Urogenitalgang verlängert sich dann in diese Röhre hinein, so daß die Genitalöffnung an der Spitze des Gonopodium liegt.

Amphibia.

Bei den Amphibia finden wir meist eine äußere Befruchtung im Wasser. Bei den Anura sitzt das männliche Tier auf dem Rücken des weiblichen, umklammert es und spritzt das Sperma über die Eier aus, sobald sie gelegt werden. — Männliche Urodela dagegen legen Pakete (Spermatophoren) von Spermatozoen in das Wasser ab, welche dann durch das weibliche Tier aktiv in die Cloaca aufgenommen werden.

Bei den auf dem Lande lebenden Gymnophiona dagegen ist das Endstück der Cloaca bei dem männlichen Tiere stark verlängert; es funktioniert als Copulationsorgan. Dieses Endstück kann aus- und umgestülpt werden und wird bei der Copulation wahrscheinlich in die Cloaca des weiblichen Tieres eingeführt.

Sauropsida.

Bei den Sauropsida beobachten wir zwei verschiedene Typen von Copulationsorganen: den einen finden wir bei den Plagiotremata (Lacertilia, Ophidia); den anderen Typus besitzen die Chelonia, Crocodilia und Aves. Beide Typen haben es gemeinsam, das das Sperma durch eine offene Rinne des Penis abgeleitet wird; das cavernöse Schwellgewebe in der Wand kann jedoch diese Rinne zeitweise zu einem Kanal abschließen.

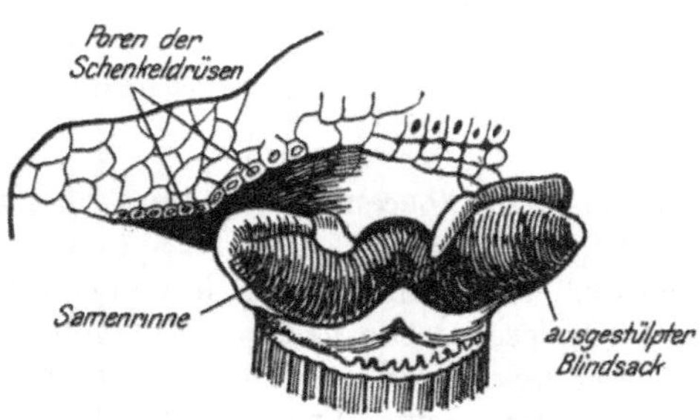

Abb. 960. Die Copulationsorgane von Lacerta agilis in ausgestülptem Zustand. (Nach F. LEYDIG.)

Bei den Plagiotremata finden wir zwei Blindsäcke (Abb. 960), die unter der Haut an der Schwanzwurzel liegen. Sie entspringen am hinteren Rande der spaltförmigen Cloacenöffnung. Beide Säcke können nach außen umgestülpt werden; beide tragen je eine Rinne für das Sperma. Obgleich die Säcke später caudal der Cloaca liegen, so entstehen sie doch embryonal aus der cranialen Cloacenlippe. Bei der Copulation wird nur ein einziger der ausgestülpten Säcke in die Cloaca des weiblichen Tieres gebracht. Übrigens besitzt auch das weibliche Tier ähnliche, aber kleinere Säcke.

Das Copulationsorgan der Chelonia (Abb. 961—963) und Crocodilia zeigt einen anderen Bau. Es ist unpaar und gehört zur ventralen Cloacenwand. Bei

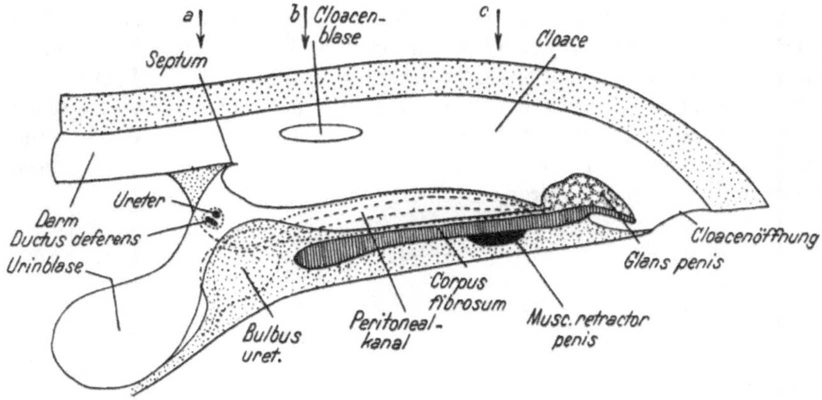

Abb. 961. **Medianschnitt durch die Cloaca und ihre Umgebung einer männlichen Testudo.** (Nach N. L. WIBAUT-ISEBREE MOENS.)

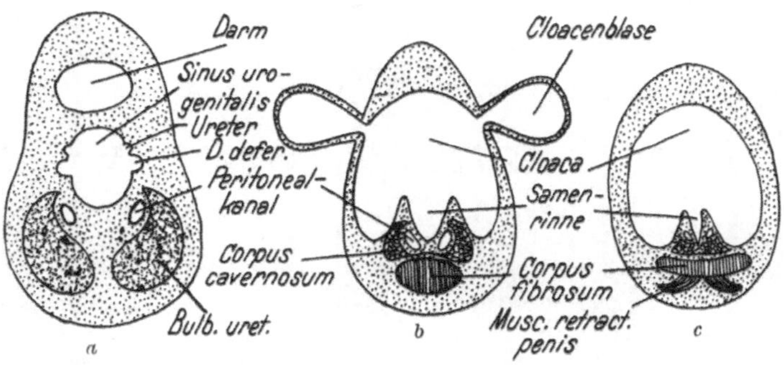

Abb. 962. **Drei Querschnitte durch die in Abb. 961 dargestellte Cloaca auf der Höhe der Pfeile.** (Nach N. L. WIBAUT-ISEBREE MOENS.)

den Chelonia verlaufen auf dem Boden der Cloaca zwei Wälle, welche die Spermarinne begrenzen (Abb. 961—962). In diesen Wällen befindet sich das cavernöse Gewebe, d. h. Gewebe, welches besonders mit Blutgefäßen versehen und dadurch anschwellbar ist. Dieses Gewebe erstreckt sich bis in den caudad gerichteten freien Teil des Penis (Glans penis). Ventral dieser Spermarinne liegt das Corpus fibrosum.

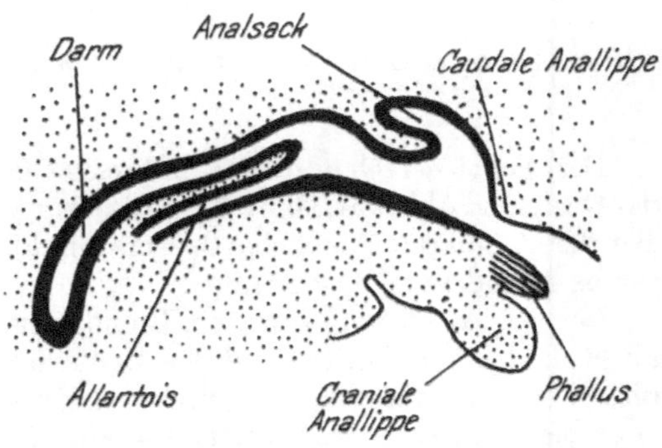

Abb. 963. **Medianschnitt durch das Urodaeum und das anale Ende eines jungen Embryo von Emys lutaria.** (Nach K. HELLMUTH.)

Die früher (S. 740) besprochenen Peritonealkanäle entspringen neben dem Stiele der Blase aus dem Coelom; sie begleiten das ebengenannte cavernöse Gewebe und die Spermarinne; sie enden vor der Glans penis blind. Diese Kanäle tragen übrigens dazu bei, um bei der Copulation die Spermarinne vollständiger abzuschließen gegenüber dem Reste der Cloaca (N. WIBAUT-ISEBREE

MOENS, 1911). Bei der Copulation fließt das Sperma aus dem Sinus urogenitalis durch die Spermarinne nach der Glans penis.

Bei den weiblichen Tieren kommt ein homologes Organ vor: die Clitoris.

Bezüglich der Entwicklung dieses Organes sei kurz mitgeteilt, daß die Anlage (Phallus) ebenso wie bei allen übrigen Amniota ursprünglich oberflächlich entsteht als ein Produkt der cranialen Anallippe (Abb. 963) (K. HELLMUTH, 1902). Durch Auswachsen der starken cranialen und der schwachen caudalen Anallippe verschwindet die Penisanlage von der Oberfläche; sie wird schließlich eingeschlossen in einen ectodermalen Raum (Proctodaeum), welcher an die eigentlich entodermale Cloaca (Urodaeum) angefügt wird.

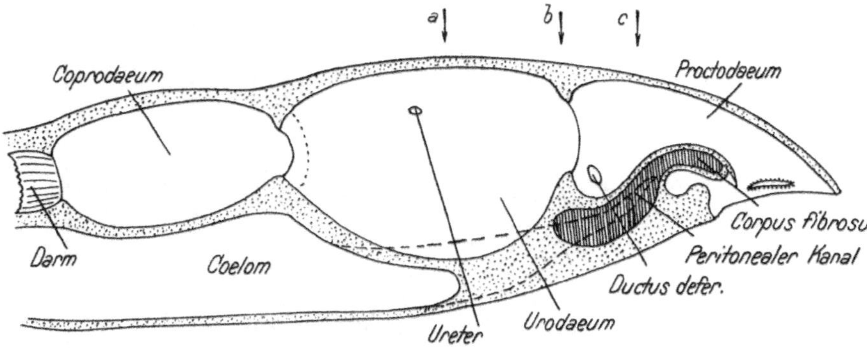

Abb. 964. Medianschnitt durch die Cloaca und ihre Umgebung von einem männlichen Krokodil. (Nach N. L. WIBAUT-ISEBREE MOENS.)

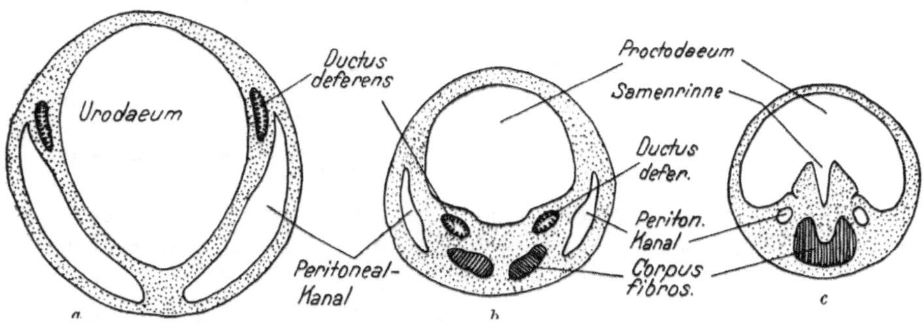

Abb. 965. Drei Querschnitte durch die Cloaca und ihre Umgebung von einem männlichen Krokodil auf der Höhe der Pfeile $a-c$ in Abb. 964. (Nach N. L. WIBAUT-ISEBREE MOENS.)

Der Penis der Crocodilia unterscheidet sich nicht grundsätzlich von dem der Chelonia (Abb. 964, 965). Er gehört zur ventralen Wand des „Proctodaeum". Bei der Copulation fließt das Sperma direkt aus der Mündung der Ductus deferentes in die tiefe Spermarinne.

Bei den Aves treffen wir ein Copulationsorgan nur in relativ wenigen Fällen an (z. B. bei den Ratitae und den Lamellirostres). Bei den meisten Formen ist dieses Organ wahrscheinlich phylogenetisch verloren gegangen. Treffen wir jedoch bei den Aves ein Copulationsorgan, so ist es durchweg mit dem der Chelonia und der Crocodilia zu vergleichen. Auch hier finden wir eine Spermarinne, die — wenigstens nach der gewöhnlichen Auffassung — begleitet wird durch ein cavernöses Gewebe und durch ein nicht erectiles Corpus fibrosum. In Abweichung von den Reptilia ist der Penis asymmetrisch mit einer stark entwickelten linken Seite.

Eine besondere Eigentümlichkeit zeigt übrigens das Copulationsorgan von Rhea (Abb. 966), Dromaeus und Casuarius: an der Spitze des Penis mündet ein Blindsack aus, an dessen Rückenseite sich die Spermarinne ein Stück fortsetzt. Dieser Blindsack kann nun ausgestülpt werden, wodurch die Spermarinne verlängert wird; das blinde Ende dieses Sackes, in welches sich die Spermarinne jedoch nicht fortsetzt, ist auch nicht ausstülpbar.

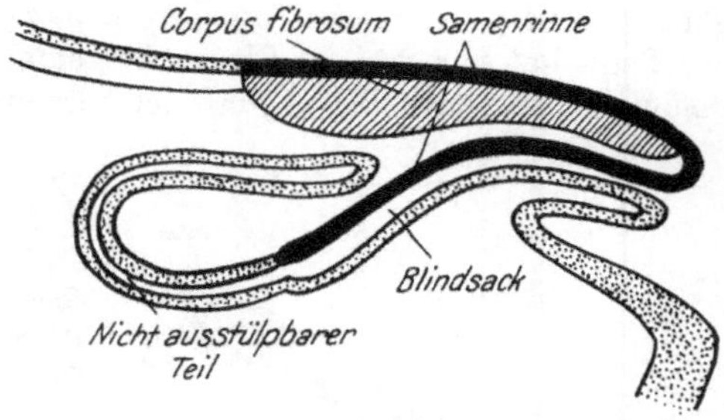

Abb. 966. Schematischer Medianschnitt durch die ventrale Wand einer Cloaca mit Penis bei Rhea. (Nach J. E. V. BOAS.)

Einen ähnlichen Bau, wie wir ihn bei Rhea antreffen, besitzt der Penis der Lamellirostres (Enten); auch er ist versehen mit einem blinden Sacke (Abb. 967). Hier wird die Basis des Penis gebildet durch zwei Wälle, von denen der linke der größte ist (W. LIEBE, 1914). Die beiden Wälle liegen an der ventralen Wand des Proctodaeum und sind voneinander getrennt durch den Spalt, welcher vom Uro- zum Proctodaeum führt. Caudal dieses Spaltes vereinigen sich die beiden Wälle; auf diesem unpaaren Teile setzt sich der Spalt als Samenrinne fort. An der Spitze dieses unpaaren Teiles mündet der oben genannte blinde Sack aus, welcher in die Leibeshöhle hineinragt. Dieser blinde Sack nun wird bei der Erektion ausgestülpt. Der Penis tritt dann als ein langgestreckter Körper mit spiralig gewundener Samenrinne aus der Cloaca aus. Merkwürdig ist es übrigens, daß (nach LIEBE) der Penis nicht durch Füllung von Schwellkörpern mit Blut erigiert wird, sondern dadurch, daß eigentümliche, paarige gefäßreiche Organe Lymphe abscheiden in besonders dafür eingerichtete Räume.

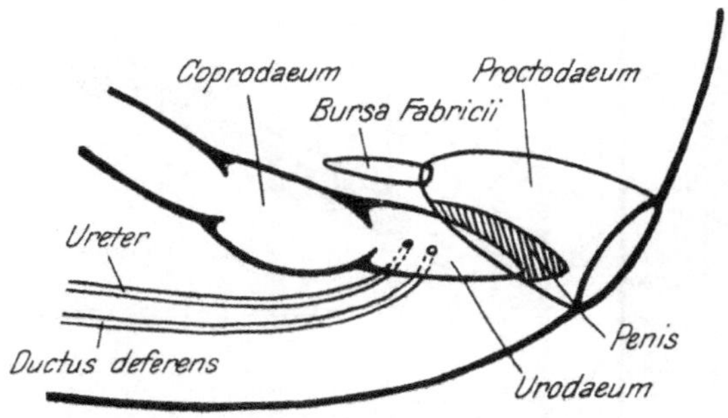

Abb. 967. Schematischer Medianschnitt durch die Cloaca einer männlichen Ente. An der Basis des Peniswalles ist der Communicationsspalt zwischen Urodaeum und Proctodaeum sichtbar. (Nach W. LIEBE.)

Auch bei den Aves besitzt der Penis embryonal eine oberflächliche Lage. Durch Wucherung eines von der analen Lippe ausgehenden Ringwalles wird er dann in die Tiefe des Proctodaeum gebracht.

Mammalia.

Der Bau des Mammalier-Penis ist abzuleiten von einem Bau, der übereinstimmt mit demjenigen der Chelonia (Abb. 961, 962). Ursprünglich ist der Penis caudad gerichtet und besitzt ein Corpus fibrosum (Corpora cavernosa penis), welches mehr oder weniger deutlich paarig ist; ferner ist dieses Corpus im Gegensatz zu den Reptilia durch besonderen Gefäßreichtum cavernös und erectil. Auch das eigentliche cavernöse Gewebe, welches die Samenrinne der Chelonia bekleidet, finden wir bei den Mammalia zurück: es ist das erectile Corpus spongiosum (= Corpus cavernosum urethrae); es liegt in dem caudad gerichteten Penis dorsal des Corpus fibrosum. Das Corpus spongiosum umgibt im Gegensatz zu den Reptilia hier zylinderförmig den Kanal, welcher als Verlängerung des Canalis urogenitalis Urin und Sperma abführt; man kann annehmen, daß dieser Kanal phylogenetisch durch Schließung der Samenrinne zu einer Röhre entstanden ist.

Bei den Monotremata (Abb. 905 auf S. 730; Abb. 945 auf S. 764; Abb. 969b) treffen wir einen Zustand an, der noch teilweise mit dem bei den Reptilia verglichen werden kann. Die Samenrinne hat sich zu einem Samenkanal geschlossen: der Penis hat sich von der Cloaca freigemacht und liegt nun ventral des Cloacenbodens. Merkwürdig ist es, daß der Samenkanal nahe bei seinem Ende sich verzweigt in mehrere Röhren, welche an der Spitze des Penis ausmünden. Dieses caudale Ende des Penis ist umgeben durch einen Präputialsack, welcher am Boden der Cloaca ausmündet und typisch für die Mammalia ist. Bei der Erection kommt der Penis aus der Cloacenöffnung zum Vorschein; dabei verschwindet der Präputialsack (Penisscheide) ganz oder teilweise, da die Teile dieses Sackes die nun vergrößerte Oberfläche des Penis bekleiden (Abb. 969a). In dieser Gruppe bleibt der ursprüngliche Zusammenhang des Canalis urogenitalis mit der Cloaca bestehen, und zwar am cranialen Ende des Penis als sogenannter Urinkanal. Nach der allgemeinen Auffassung wird durch diesen Kanal der Urin zur Cloaca fortgeleitet, währenddagegen der Samenkanal nur zum Abfluß des Sperma dient.

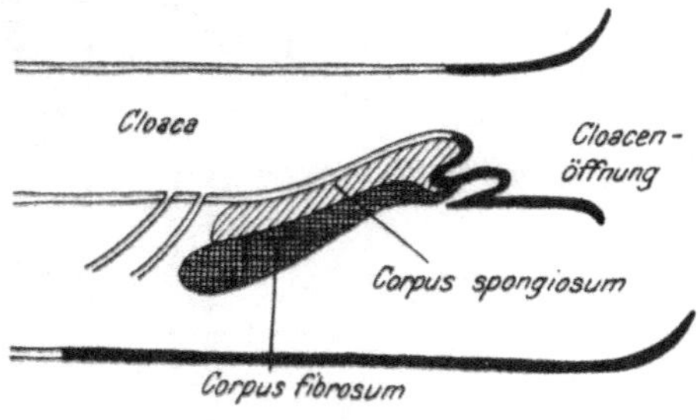

Abb. 968. Schematischer Medianschnitt durch die Cloaca und den Penis einer Testudo. (Nach v. d. Broek.)

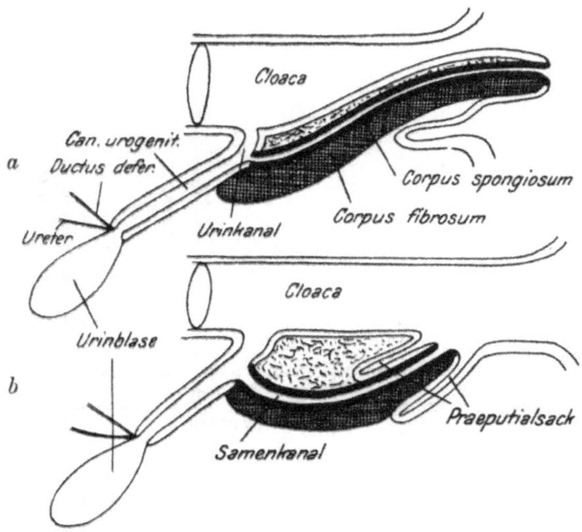

Abb. 969. Dasselbe von einem Monotremen. (Nach Boas.) Schema *a* stellt den Penis in Erection, Schema *b* den zurückgezogenen Penis dar.

Ebenso wie bei den anderen Amniota ist auch bei Echidna die Anlage des Penis eine äußere (F. Keibel, 1904). Sekundär kommen Penis und Anus in die endgültige Cloaca zu liegen, welche durch ectodermale Einstülpung entsteht und mit dem Proctodaeum einiger Sauropsida zu vergleichen ist. Übrigens ist nach Keibel der Samenkanal ectodermalen Ursprungs, nach v. d. Broek (1910) jedoch entodermalen Ursprungs. Der Urinkanal stammt (nach Keibel) ab von der ectodermalen Cloaca.

Bei den Marsupialia und Monodelphia ist mit der Zurückbildung der Cloaca der Penis selbständiger geworden. Im primitivsten Falle bleibt aber die Urogenitalöffnung kurz vor dem Anus liegen. Nach der Auffassung von Boas (1891), die allgemeine Zustimmung gefunden hat, ist der Urinkanal der Monotremata hier verschwunden; es führt also der Samenkanal Urin und auch Sperma ab und bildet die Verlängerung des Canalis urogenitalis.

In diesen Gruppen zeigt der Penis in den Hauptzügen denselben Bau, ist jedoch in den Einzelheiten sehr verschieden gebaut (Abb. 970—974). Bei sehr vielen Mammalia, jedoch nicht bei allen (Abb. 971), besitzt das Ende des Penis eine etwa eichelförmige, spongiöse Anschwellung: die Glans penis (Abb. 973 und 974).

Dieses Organ wird eingeschlossen in eine besondere Hautfalte: das Praeputium (oder Praeputialsack) Zwischen der Penisoberfläche und dem inneren Blatte des Praeputium liegt dann das Cavum praeputii; bei der Erection und damit bei Vergrößerung des Penis verschwindet die praeputiale Falte ganz oder teilweise; das innere Blatt kann also dazu beitragen, die vergrößerte Penisoberfläche zu bekleiden. Übrigens ist mit Sicherheit festgestellt, daß der Inhalt des Praeputialsackes bei den verschiedenen Mammalia sehr verschieden ist (U. Gerhardt, 1908). In einigen Fällen umgibt das Praeputium nur die Glans (Homo, Abb. 947); in anderen Fällen liegt nur ein Teil der sehr langen Glans in dem Praeputialsack (Canidae, Ursidae, Phocidae, Abb. 970); in wieder anderen Fällen bekleidet das Praeputium nicht allein die Glans, sondern auch den dabei anschließenden Teil des Penis (Abb. 972, 973).

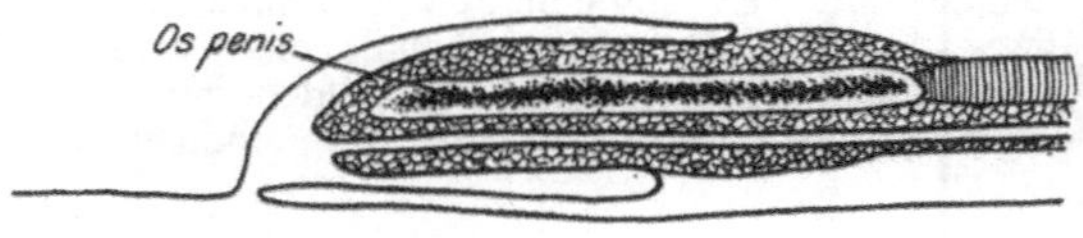

Abb. 970. Phoca.

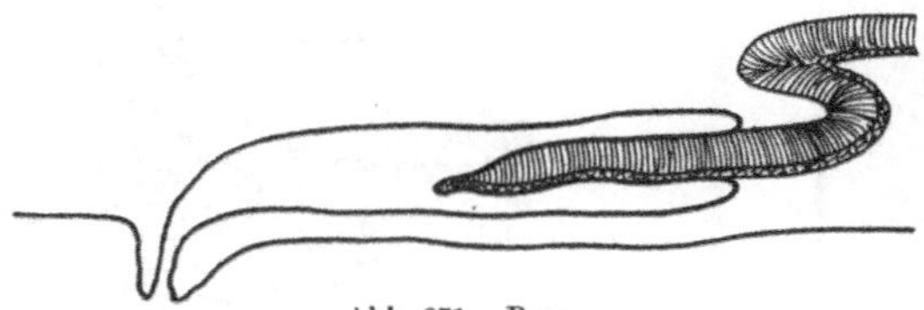

Abb. 971. Bos.

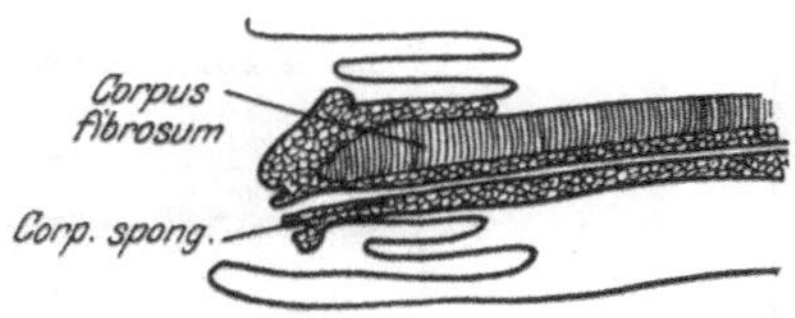

Abb. 972. Equus.

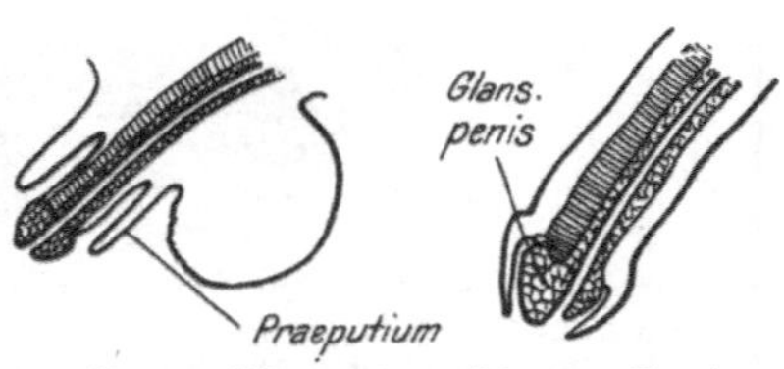

Abb. 973. Cercopithecus. Abb. 974. Homo.

Abb. 970—974. Schematischer Medianschnitt durch das Penisende, um den verschiedenen Inhalt des praeputialen Sackes zu zeigen. (Nach Gerhardt.)

Die früher schon genannten Schwellkörper werden stets in dem Penis angetroffen; unter ihnen ist der Corpus fibrosum (= Corpora cavernosa penis) in der Anlage paarig. Dieser paarige Charakter kann übrigens auch in der gesamten Länge des Corpus bestehen bleiben; in solchen Fällen ist dann ein medianes Septum corporis fibrosi anwesend. Der paarige Charakter bleibt proximal jedoch stets bestehen, wo die Enden dieser Corpora als Crura penis mit dem Becken verbunden sind. Das Corpus spongiosum (= Corpus cavernosum urethrae) hängt distal mit dem Corpus cavernosum glandis zusammen, welches in der Glans penis gelegen ist. Dieses ebengenannte Corpus ist übrigens unabhängig vom Corpus spongiosum und wird auch ontogenetisch selbständig angelegt; Gerhardt betrachtet es als einen akzessorischen Schwellkörper, entstanden durch starke Vascularisation der Haut am Ende des Penis. Wird ein Septum corporis fibrosi gebildet, so kann hierin auch ein Os penis entstehen (Abb. 970).

In den meisten Fällen wird bei der Copulation das Sperma in die Vagina ausgestoßen. Von dort aus finden die Spermatozoen durch eine eigene Bewegung den Weg bis in das Oviduct, wo die reifen Eier befruchtet werden (nähere Einzelheiten bei U. Gerhardt, 1905).

Bei den Marsupialia ist der Penis caudad gerichtet, genau so wie bei den Monotremata; doch wegen seiner besonderen Länge ist dieses Organ im Ruhezustand oft S-förmig gekrümmt. Die Öffnung des Praeputialsackes bleibt dicht vor dem Anus liegen. Ein Os penis fehlt. Merkwürdig ist es, daß der Penis bei den Marsupialia am Ende meist gegabelt ist: das hängt damit zusammen, daß bei der Copulation der größte Teil des Penis in den langen Canalis urogenitalis, das gegabelte Ende jedoch in die doppelte Vagina eingebracht wird (Abb. 948 auf S. 767).

Die Auffassung von v. D. Broek (1910) weicht übrigens von der oben wiedergegebenen Anffassung von Boas ab. Nach v. D. Broek bestehen Übergänge zwischen den Monotremata und den Marsupialia: so finden wir bei Perameles (Abb. 975) sowohl einen Urin- als auch einen Samenkanal; aber cranial haben beide Kanäle sich aneinander gelegt und sich vereinigt; sie bilden auf diese Weise eine Verlängerung des Urogenitalkanales. Von diesen Kanälen entsteht der Urinkanal dadurch, daß die ectoder-

Abb. 975. Perameles.

Abb. 976. Macropus.

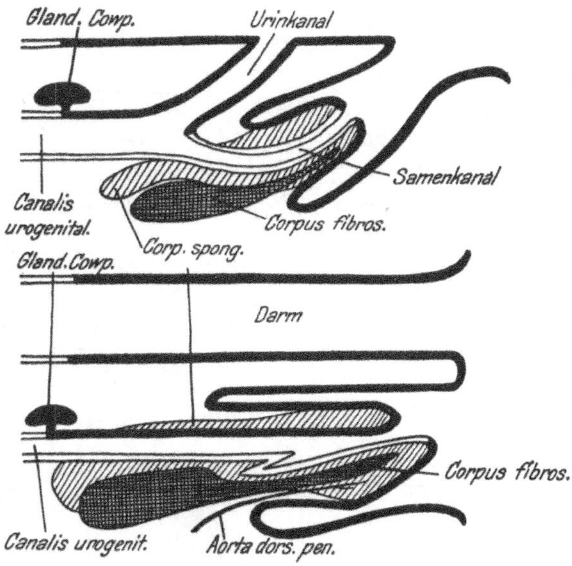

Abb. 975—976. Schematischer Medianschnitt durch den Penis zweier Marsupialia. In diesen Schemata ist das, was sich nach v. D. Broek aus dem Ectoderm entwickelt, schwarz dargestellt; das, was aus dem Entoderm entsteht, ist durch Doppellinie angegeben. (Nach v. D. Broek.)

male Cloaca sich durch Vereinigung zweier Falten in ihrer Seitenwand in zwei Kanäle aufteilt: in den ectodermalen Urinkanal und das Proctodaeum im engeren Sinne (v. D. Broek). Der Samenkanal dagegen entsteht aus der entodermalen Phallusleiste: das ist eine Fortsetzung der entodermalen Cloaca (Urodaeum) in Form einer doppelten Epithelplatte in der Penisanlage (Phallus). Bei Didelphys geht die Vereinigung des Urin- und des Samenkanales caudad weiter; bei Macropus (Abb. 976) haben Urin- und Samenkanal sich vereinigt zu einem Urinsamenkanal, die Verlängerung des Canalis urogenitalis.

In der Gruppe der Monodelphia herrscht im übrigen eine große Mannigfaltigkeit im Aufbau des Penis. Im besonderen ist die Glans penis recht variabel in ihrem Bau und kann selbst ganz fehlen (Abb. 970, 971). In das Cavum praeputii münden Drüsen aus, welche zum inneren Blatte des Praeputium gehören und das sogenannte Smegma praeputii abscheiden, wodurch die Oberfläche der Glans penis feucht gehalten wird. Sehr stark sind diese Drüsen z. B bei Castor (Biber) entwickelt, wo ihr Produkt das sogenannte Castoreum bildet.

Auch bei den Monodelphia ist der Penis ursprünglich caudad gerichtet, wobei seine Urogenitalöffnung kurz vor dem Anus liegt; dabei kann der

Penis im Ruhezustande geknickt sein, z B. bei den Rodentia (Abb. 977). Bei den meisten Monodelphia dagegen wird die Öffnung des präputialen Sackes mehr und mehr craniad geschoben; dabei bleibt dieser Sack im Zusammenhang mit der Bauchhaut (Abb. 978). So kommt es, daß der Penis in solchen Fällen craniad gerichtet ist und daß das Corpus fibrosum nun dorsal des Corpus spongiosum liegt. Offenbar hat der Stand des Körpers eine Rolle gespielt bei der Umwandlung des nach vorn gerichteten Penis in einen freien, caudad gerichteten Penis pendulus bei den Chiroptera und Primates. Diese Umwandlung geschah dadurch, daß erst der Präputialsack und daraufhin der ganze Penis sich von der Bauchhaut freimachte. Nur bei den Menschen (Abb. 979) und bei den Chiroptera ist dieser Prozeß vollständig abgelaufen; das steht wohl im Verbande mit dem stets aufrechten Gange, während selbst noch bei den Anthropoidea ein großer Teil des Penis an der Bauchhaut befestigt bleibt.

Gehen wir schließlich noch der Entwicklungsgeschichte des Penis nach, wie diese durch Felix für menschliche Embryonen skizziert ist (Keibel und Mall, Band II). An der Bauchseite des Embryo, caudal des Nabels und zwischen den beiden hinteren Extremitäten, entwickelt sich der Cloacenhügel. Die Membrana urogenitalis, welche die Cloaca nach außen hin abschließt (Abb. 943 auf S. 762), bildet einen Teil der caudad gerichteten Böschung dieses Hügels.

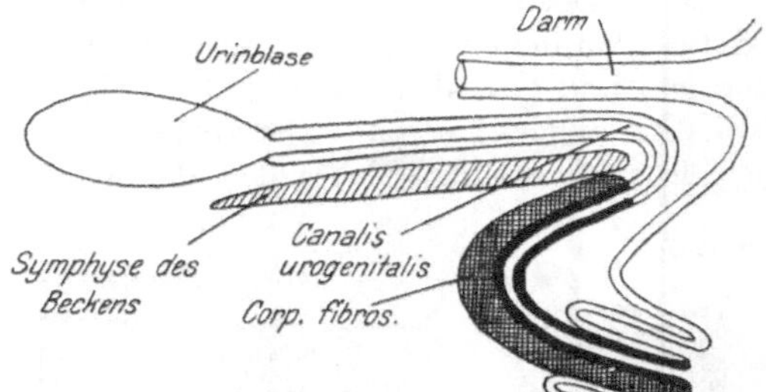

Abb. 977. Coelogenys.

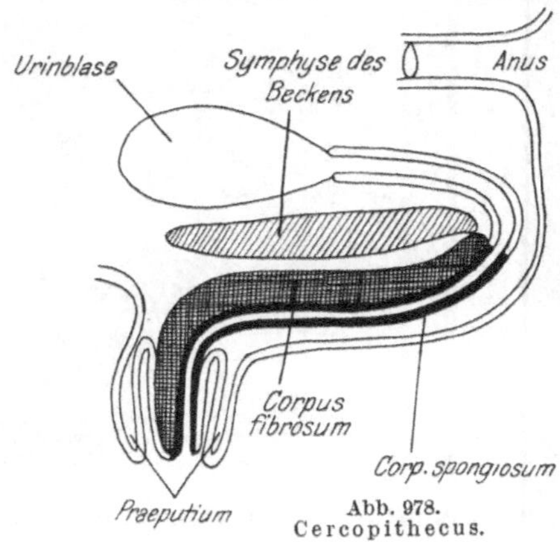

Abb. 978. Cercopithecus.

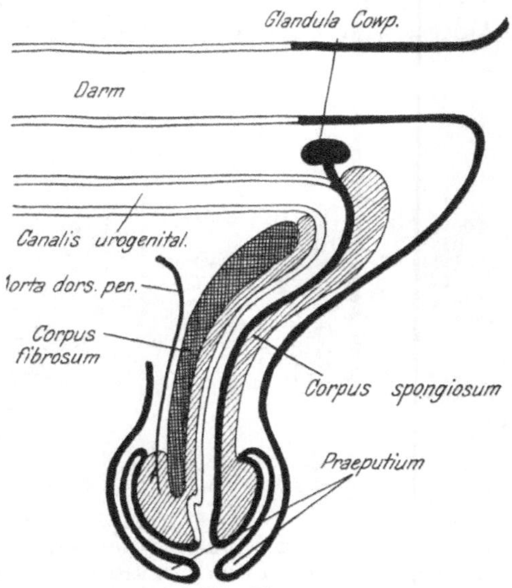

Abb. 979. Homo.

Abb. 977—979. Schematische Medianschnitte durch den Penis dreier Placentalia.

In Abb. 977 ist der Penis geknickt und das distale Ende noch caudad gerichtet. In Abb. 978 ist der Penis craniad gerichtet, aber im Gegensatz zu den meisten Placentalia nicht mehr in seiner ganzen Länge am Bauch befestigt. — Abb. 979 zeigt den Penis pendulus. Hier ist der Teil der Wand vom Canalis urogenitalis, der sich nach v. d. Broek aus dem Ectoderm entwickelt, schwarz wiedergegeben, der Teil, der sich aus dem Entoderm entwickelt, ist mit Doppellinien angegeben. (Abb. 977 und 978 nach Boas, Abb. 979 nach v. d. Broek.)

Hier entwickelt sich nun der Phallus (Penisanlage) (Abb. 980—983). An der Basis dieses Phallus tritt der sogenannte Genitalwall auf, welcher die Basis des Phallus cranial und lateral umgreift (Abb. 981). Ein Teil des Sinus urogenitalis ist im Phallus eingeschlossen. Derjenige Teil des Sinus, welcher sich an der Spitze (d. h. dem distalen Teile) des Phallus befindet (also an der Stelle, wo später die Glans penis entsteht) — dieser Teil wird massiv und liefert die Phallusplatte (Urethralplatte). Der andere Teil des Sinus, welcher im Phallus gelegen ist, bleibt hohl; durch Verschwinden der Urogenitalmembran mündet er nach außen (primitive Urogenitalöffnung: Abb. 980). Nun findet bei den männlichen Embryonen ein starkes Längenwachstum statt am proximalen Ende des Phallus mit dem darin gelegenen Teile des Sinus urogenitalis. So wird der Phallus zum Penis (Abb. 983). Durch dieses Längenwachstum wird der Abstand zwischen der primitiven Urogenitalöffnung (die proximal der Anlage der Glans liegt) und Anus stark vergrößert.

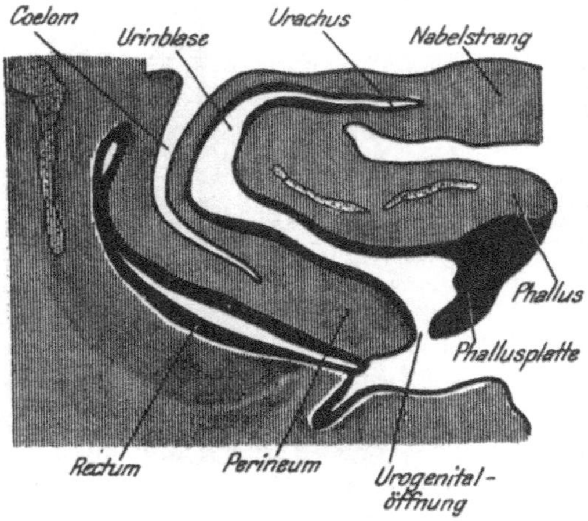

Abb. 980. Medianschnitt durch den Phallus und seine Umgebung eines menschlichen Embryos. Die Urogenitalöffnung ist geöffnet, der Anus ist noch geschlossen. (Nach BONNET.)

Die genannte Öffnung ist in sagittaler Richtung gestreckt (Abb. 983). Nun schließt sich diese Öffnung, wodurch der Sinus urogenitalis von Neuem verlängert wird; außerdem wird die Phallusplatte ausgehöhlt zu einer Rinne (der Phallusrinne oder Urethralrinne). Dann schließt sich diese Rinne zu einer Röhre in distaler Richtung; dadurch wird der Urogenitalsinus wiederum verlängert. Die an der Spitze des Penis übrigbleibende Öffnung dieser Röhre wird nun zur endgültigen Urogenitalöffnung.

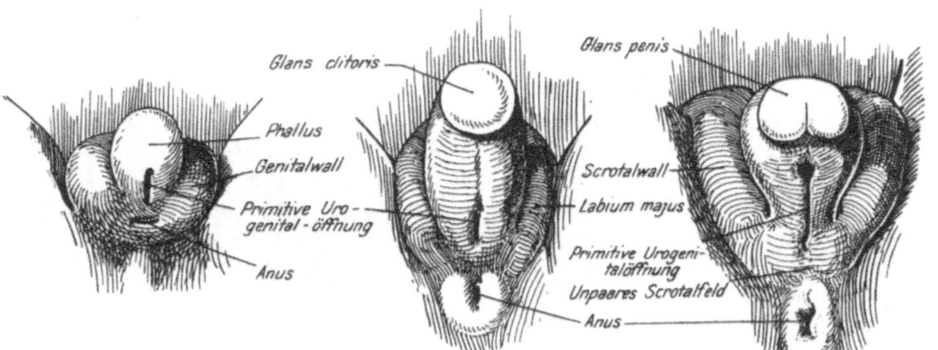

Abb. 981. Abb. 982. Abb. 983.

Abb. 981—983. Äußere Geschlechtsorgane von menschlichen Embryonen.

Abb. 981. Von einem indifferenten Embryo von 28 mm Länge. — Abb. 982. Von einem weiblichen Embryo von 32.5 mm Länge. — Abb. 983. Von einem männlichen Embryo von $3^1/_2$ Monat. (Nach FELIX in KEIBEL und MALL.)

Das Praeputium entsteht durch Aushöhlung einer Epithellamelle (Glandär-Lamelle), welche nach innen wächst, ungefähr parallel zur Oberfläche der Glansanlage. Nach HENNEBERG (1917) aber entsteht das Praeputiumaus der Haut, welche den Penis umkleidet, und zwar durch Auswachsen nach der Spitze zu um die Glans hin. Dabei bleibt diese Haut im Anfang mit dem Epithel verbunden, welches die Glans bedeckt. Dadurch entsteht dann die glandäre Lamelle, welche also (nach HENNEBERG) vor allem nach der Spitze zu wächst.

Durch starkes Wachstum an der Basis des Penis entsteht auch das unpaare Scrotalfeld (Abb. 983), welches zwischen der Basis des Penis und dem Anus gelegen ist; dieses wächst später zum Scrotum aus. Rechts und links der Penisbasis gelegene Genitalwälle (Scrotalwälle) verschwinden dagegen; sie nehmen also keinen Anteil an der Bildung des Scrotum wie man früher meinte. Bindegewebe verbindet dieses Scrotalfeld mit der Pars pelvina des Sinus urogenitalis. Wenn nun das Scrotalfeld auswächst zum Scrotum, so wird dieses Bindegewebe auseinandergezogen zu dem medianen Septum scroti, welches den im Scrotum zu findenden Hohlraum in eine rechte und linke Hälfte verteilt.

Aus dieser Übersicht über die Entwicklung des Penis bei dem Menschen ergibt sich, daß die Verlängerung des Sinus oder Canalis urogenitalis nicht durch Schließung einer Rinne[1]) an der analen Seite des Penis zustande kommt (wie man früher meinte); vielmehr ist die eben erwähnte Rinne, die sich dann zu einer Röhre schließt, sehr kurz und ist ausschließlich auf die Spitze (Glans) des Penis beschränkt. Diese neuere Auffassung stimmt überein mit den Untersuchungen von FLEISCHMANN und seinen Schülern bei verschiedenen Mammalia, wobei eine ähnliche Entwicklung beobachtet wurde.

Mit dem Penis des männlichen Tieres ist die Clitoris des weiblichen Tieres zu vergleichen. Der distale Teil dieses Organes wird als Glans clitoridis unterschieden. Die Clitoris bleibt aber stets viel kürzer als der Penis; sie liegt an dem vorderen Rande der Urogenitalöffnung (Abb. 982), von wo eine Rinne (Urethralrinne) an der caudalen Seite der Clitoris sich erstrecken kann bis zur Glans clitoridis. Ebenso wie der Penis ist auch die Clitoris versehen mit Schwellkörpern, und zwar mit einem Corpus cavernosum clitoridis und einem Corpus cavernosum glandis. Ein Corpus cavernosum urethrae fehlt, da ja der Sinus urogenitalis nicht in die Länge wächst. In einigen Fällen (Talpa, Sorex, viele Rodentia, Prosimiae) wird die Übereinstimmung zwischen Penis und Clitoris scheinbar noch größer, wenn nämlich die Urethra sich von dem Canalis urogenitalis freimacht und eine selbständige Öffnung an der Spitze der Clitoris bekommt.

Verfolgen wir schließlich noch die Entwicklung der Clitoris, dann ergibt sich, daß der Phallus die Clitoris und die Labia minora liefert (Abb. 982). Die Urogenitalöffnung, die sich im Anfang bis zur Glans clitoridis erstreckte (welche vergleichbar ist mit der Glans penis), bleibt bei den weiblichen Embryonen dicht am Anus liegen, während der distale Teil dieser Öffnung sich schließt (Abb. 982). Der sich schließende Teil liefert eine Rinne, die Urethralrinne, welche sich also vom

[1]) Nach der Beschreibung von v. D. BROEK (1909) entsteht bei dem Menschen der Urogenitalkanal caudal der COWPERschen Drüsen durch Verwachsen der Rinnenränder. Diese Rinne hat (nach v. D. BROEK) einen doppelten Ursprung über ihre gesamte Länge; ein Teil dieser Rinne soll entodermalen Ursprungs sein und entstehen durch Aushöhlung der Phallusleiste. Die Ränder dieser Rinne würden dann jedoch durch das Ectoderm an der Oberfläche des Penis gebildet werden, später sollen dann diese Ränder miteinander verwachsen. So entsteht der Canalis urogenitalis, dessen anale Seite also ectodermalen Ursprungs sein soll, dessen craniale Seite aber vom Entoderm abzuleiten wäre (Abb. 979). Diese Auffassung von v. D. BROEK stimmt also nicht überein mit dem was oben nach FELIX mitgeteilt wurde und wird auch bestritten durch B. HENNEBEG (1917).

cranialen Ende der endgültigen Urogenitalöffnung erstreckt bis zur Glans clitoridis. Die Ränder der Urethralrinne und die Ränder der endgültigen Urogenitalöffnung liefern die Labia minora (Labia vulvae): Lippen, welche die Urogenitalöffnung rechts und links begrenzen und bei einigen Mammalia stark entwickelt sind. Die auf S. 785 genannten Genitalwälle bilden dann die Labia majora: außerhalb der Labia minora gelegene Falten, die bei dem Menschen gut entwickelt sind, aber bei den übrigen Mammalia in der Regel fehlen (Abb. 982). Zu bemerken wäre noch schließlich, daß ein starkes Längenwachstum an der Phallusbasis bei den weiblichen Embryonen fehlt. Hierdurch bleibt die Clitoris kurz; und es findet auch keine starke Verlängerung des Sinus urogenitalis statt.

Literatur zum Abschnitt Urogenitalorgane.

Allen, E.: Ovogenesis during sexual maturity. Amer. Journ. Anat. Vol. 31. 1923.

Audigé, J.: Contribution à l'étude des reins des poissons Téleostéens. Arch. zool. expér. (5) T. 4. 1910.

Bates, G. A.: The pronephric duct in Elasmobranchs. Journ. of morphol. Vol. 25. 1914.

Boas, J. E. V.: Zur Morphologie der Begattungsorgane der amnioten Wirbeltiere. Morph. Jahrb., Bd. 17. 1891.

Borcea, J.: Recherches sur le système uro-génital des Elasmobranches. Arch. zool. exp. (4) T. 4. 1906.

Boveri, Th.: Bemerkungen über den Bau der Nierenkanälchen des Amphioxus. Anat. Anz., Bd. 25. 1904.

Boyden, E. A.: The development of the cloaca in birds with special reference to the origin of the bursa of Fabricius, the formation of a urodaeal sinus and the regular occurrence of a cloacal fenestra. Amer. Journ. Anat., Vol. 30. 1922.

Brauer, A.: Beiträge zur Kenntnis der Entwicklung und Anatomie der Gymnophionen. 3. Die Entwicklung der Excretionsorgane. Zool. Jahrb., Anat., Bd. 16. 1902.

Bremer, J. L.: Morphology of the tubules of the human testis and epididymis. Amer. Journ., Anat., Vol. 11. 1911.

Broek, A. J. P. v. d.: Über die gegenseitige Lagerung von Urniere und Keimdrüse, nebst einigen Betrachtungen über Testicondie. Anat. Anz., Bd. 32. 1908. — Ders.: Over de ontwikkelingsgeschiedenis van het urogenitaalkanaal (urethra) bij den man. Versl. Konink. Akad. Wetensch. Amsterdam. Wis- en nat. afd. Dl. 17. 2. ged. 1909. — Ders.: Entwicklung und Bau des Urogenitalapparates der Beutler und dessen Verhältnis zu diesen Organen andrer Säuger und niederer Wirbeltiere. Morph. Jahrb., Bd. 41. 1910.

Burlet, H. M. de und Ruiter, H. J. de: Zur Entwickelung und Morphologie des Säugerhodens. I. Der Hoden von Mus musculus. Anat. Hefte, Bd. 59. 1920.

Conel, J. le Roy: The urogenital system of Myxinoids. Journ. of morph., Vol. 29. 1917.

Essenberg, J. M.: Sex-differentiation in the viviparous Teleost Xiphophorus Helleri Heckel. Biol. Bull., Vol. 45. 1923.

Felix, W.: Zur Entwicklungsgeschichte der Rumpfarterien des menschlichen Embryo. Morphol. Jahrb., Bd. 41. 1910. — Ders. und Bühler: Die Entwicklung der Harn- und Geschlechtsorgane. In: O. Hertwig, Handbuch der Entwicklungslehre der Wirbeltiere., Bd. 3, Tl. 1. 1904—1906.

Fleischmann, A.: Morphologische Studien über Kloake und Phallus der Amnioten. XVI. Die Stilcharaktere am Urodäum und Phallus. Morph. Jahrb., Bd. 36. 1907.

Frankl, O.: Beiträge zur Lehre vom Descensus testiculorum. Sitzungsber. K. Akad. Wiss. Wien. math.-naturw. Kl., Bd. 109. 1900.

Gerhardt, U.: Morphologische und biologische Studien über die Copulationsorgane der Säugetiere. Jen. Zeitschr., Bd. 39. 1905. — Ders.: Studien über den Geschlechtsapparat der weiblichen Säugetiere. I. Ebenda, Bd. 39. 1905a. — Ders.: Der gegenwärtige Stand der Kenntnisse von den Copulationsorganen der Wirbeltiere, insbesondere der Amnioten. Ergebn. Fortschr. Zool., Bd. 1. 1908. — Ders.: Zur Morphologie der Säugetierniere. Verh. Deutsch. zool. Ges. 20. 21. Jahresvers. 1911.

Goodrich, E. S.: On the structure of the excretory organs of Amphioxus Part. I. Quart. Journ. micr. sc. Vol. 45, 1902; Part. 2—4, Vol. 54. 1909.

Harms, W.: Untersuchungen über das Biddersche Organ der männlichen und weiblichen Kröten. I. Die Morphologie des Bidderschen Organs. Zeitschr. f. Anat. u. Entwickl. Bd. 62. 1921.

Hellmuth, K., Morphologische Studien über Kloake und Phallus der Amnioten von A. Fleischmann. II. Die Schildkröten und Krokodile. Morph. Jahrb., Bd. 30. 1902.

HENNEBERG, B., Beitrag zur Entwickelung der äußeren Genitalorgane beim Säuger. Tl. 1, Anat. Hefte, Bd. 50; Tl. 2, ebenda. Bd. 55. 1914—1917.

KEIBEL, F.: Zur Entwicklungsgeschichte des Urogenitalapparates von Echidna aculeata. Jen. Denkschr., Bd. 6, Tl. 2. 1904.

KERENS, B.: Recherches sur les premières phases du développement de l'appareil excréteur des Amniotes. Arch. biol., T. 22. 1907.

KERR, J. GRAHAM: On the male genito-urinary organs of the Lepidosiren and Protopterus. Proc. zool. soc. London. Vol 2. 1901. 1902.

LANGER, W. F.: Beiträge zur Morphologie der viviparen Cyprinodontiden. Morph. Jahrb., Bd. 47. 1913.

LEGROS, R.: Sur le développement des fentes branchiales et des canalicules de Weiss-Boveri chez l'Amphioxus. Anat. Anz., Bd. 34 (anonym gepuliceerd). 1909.

LEIGH-SHARPE, W. H.: The comparative morphology of the secondary sexual characters of Holocephali and elasmobranch fishes. The claspers, clasper siphons and clasper glands. Journ. of morphology, Vol. 34, 35, 36. 1920—22.

LICKTEIG, A.: Beitrag zur Kenntnis der Geschlechtsorgane der Knochenfische. Zeitschr. f. Wiss. Zool., Bd. 106. 1913.

LIEBE, W.: Das männliche Begattungsorgan der Hausente. Jen. Zeitschr., Bd. 51. 1914.

MEISENHEIMER, J.: Die Exkretionsorgane der wirbellosen Tiere. I. Protonephridien und typische Segmentalorgane. Ergebn. Fortsch. d. Zool., Bd. 2. 1909.

MOENS, N. WIBAUT-ISEBREE: Die Peritonealkanäle der Schildkröten und Krokodile. Morph. Jahrb., Bd. 44. 1911.

OORDT, G. J. VAN: Over de morphologie van den testis van Rana fusca. Versl. K. Akad. wetensch. Amsterdam. Wis- en natuurk. afd. Dl. 31. 1922.

POMAYER, C.: Morphologische Studien über Kloake und Phallus der Amnioten von A. FLEISCHMANN. III. Die Vögel. Morph. Jahrb., Bd. 30. 1902.

PRICE, GEO. C.: Development of the excretory organs of a Myxinoid. Zool. Jahrb., Anat., Bd. 10. 1897. — Ders.: A further study of the development of the excretory organs in Bdellostoma stouti. Amer. Journ. Anat., Vol, 4. 1904. — Ders.: The structure and function of the adult head kidney of Bdellostoma Stouti. Journ. exper. zool., Vol. 9. 1910.

RAUTHER, M.: Über den Genitalapparat einiger Nager und Insektivoren, insbesondere die akzessorischen Genitaldrüsen derselben. Jen. Zeitschr., Bd. 38. 1904.

REDEKE, H. C.: Onderzoekingen betreffende het urogenitaalsysteem der Selachiers en Holocephalen. Proefschrift, Amsterdam. 1898.

SCHREINER, K. E.: Über die Entwicklung der Amniotenniere. Zeitschr. f. wiss. Zool., Bd. 71. 1902.

STIEVE, H.: Entwicklung, Bau und Bedeutung der Keimdrüsenzwischenzellen. Ergebn. Anat. Entwicklungsgesch., Bd. 23. 1921.

SWIFT, CH. W.: Origin and early history of the primordial germ-cells in the chick. Amer. Journ. Anat., Vol 15. 1915.

WEBER, M., Die Abdominalporen der Salmoniden nebst Bemerkungen über die Geschlechtsorgane der Fische. Morph. Jahrb., Bd. 12. 1887. — Ders.: Studien über Säugetiere. Tl. 2. Über den Descensus testiculorum der Säugetiere. Jena. 1898.

WENCKEBACH, K. F.: De ontwikkeling en de bouw der Bursa Fabricii. Proefschrift, Utrecht. 1888.

WITSCHI, E.: Experimentelle Untersuchungen über die Entwicklungsgeschichte der Keimdrüsen von Rana temporaria. Arch. mikr. Anat., Bd. 85, Abt. 2. 1914.

XIII. Die Nebennieren.

Die Nebennieren verdanken ihren Namen der Eigenschaft, daß sie bei den höheren Vertebrata in der Nähe der Nieren gelegen sind. Hier bestehen sie aus zwei innig zusammenhängenden Teilen, welche von sehr verschiedenem

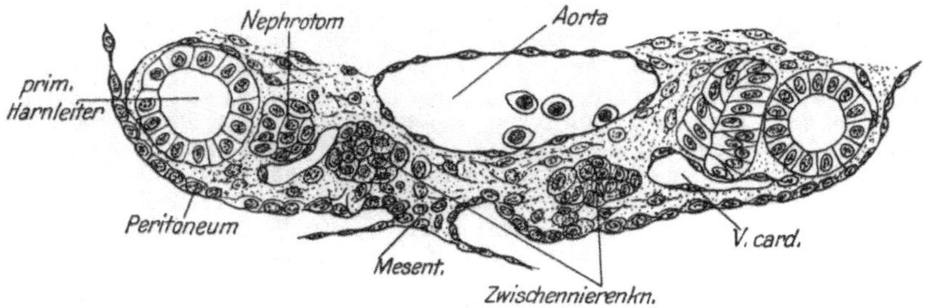

Abb. 984. Querschnitt durch einen Teil eines Embryo von Hypogeophis rostratus mit Zwischennierenknospen. Rechts hängt die Knospe noch mit dem Coelomepithel zusammen, links hat sie sich abgelöst. (Nach BRAUER.)

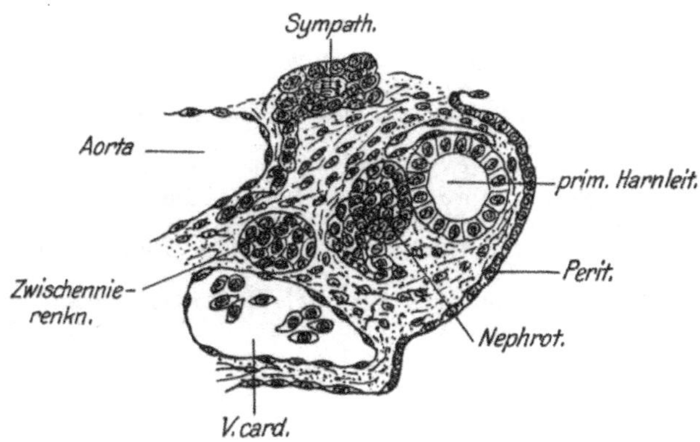

Abb. 985. Querschnitt durch einen Teil eines Embryo von Hypogeophis rostratus, etwas älter als der in Abb. 984 abgebildete. Die Zwischennierenknospe hat sich vom Coelomepithel entfernt, und der Sympathicus entsendet einen Strang, der chromaffines Gewebe bilden wird. (Nach BRAUER.)

Ursprung sind und verschiedenen Bau und verschiedene Funktion besitzen. Dagegen bleiben beide Teile bei den niederen Vertebrata zeitlebens voneinander getrennt.

Die beiden Teile, welche die Nebenniere aufbauen, sind das Interrenalsystem (Zwischenniere, Rinde) und das chromaffine (phäochrome) System (Adrenal- oder Suprarenalsystem, Mark).

Die Zellen des Interrenalsystems sind gekennzeichnet durch den Besitz von lipoiden Einschlüssen. Diese färben sich mit Sudan lebhaft rot und schwärzen sich mit Osmiumsäure. Da diese Einschlüsse in Alkohol, Äther, Xylol usw. lösbar sind, sind die Interrenalzellen in gewöhnlichen mikroskopischen Präparaten vacuolisiert. Die Menge der Lipoide unterliegt aber sehr großen Schwankungen. Ontogenetisch stammt das Interrenalorgan vom Peritonealepithel ab. In der Zwischennierenzone (der Region zwischen den beiden Urnieren jederseits vom dorsalen Mesenterium und ursprünglich vom Glomus der Vorniere bis zur Cloaca) entstehen durch Wucherung von Peritonealzellen die in das Bindegewebe eindringenden Zwischennierenknospen. Diese lösen sich vom Peritonealepithel ab, um in mehr oder weniger hohem Grade miteinander zu Zellsträngen und Zellenballen zu verschmelzen (Abb. 984, 985).

Das chromaffine System dagegen besteht aus Strängen oder Ballen von Zellen, welche durch ihre körnigen Einschlüsse charakterisiert sind. Letztgenannte färben sich mit den gewöhnlichen Kernfarbstoffen; vor allem aber nehmen sie bei Behandlung mit chromsauren Salzen oder mit Chromsäure allein eine intensive hellgelbe bis dunkelbraune Färbung an. Diese Zellen werden chromaffine (A. Kohn) oder phäochrome (H. Poll) Zellen genannt. Sie nehmen ihren Ursprung aus den Zellen der embryonalen Ganglien, welche Zellen teilweise zu definitiven sympathischen Ganglienzellen, teilweise zu Phäochromocyten werden. Letztgenannte können in den Ganglien verbleiben oder sich von denselben abtrennen, um das chromaffine System einer selbständigen Nebenniere zu liefern. Außerdem enthält das chromaffine Gewebe meistens zahlreiche Ganglienzellen vom sympathischen Typus.

Es sei noch hingewiesen auf den Reichtum der Nebenniere an Blutcapillaren und auf den engen Kontakt zwischen den Nebennierenzellen und der dünnen Gefäßwand. Dies steht mit der Funktion der Nebenniere in Zusammenhang, welche eine wichtige endocrine Drüse ist (siehe unten), die also ihre Sekretionsprodukte an die Blutgefäße abgibt.

Wenn wir das Verhältnis vom Interrenal- zum chromaffinen System in der ganzen Reihe der Vertebrata überblicken, müssen wir folgenden Zustand für den primitivsten halten: Das Peritonealepithel bildet in großer Ausdehnung Knospen, welche sich in Interrenalgewebe umwandeln. Diese Knospen verschmelzen nicht in ausgedehntem Maße und bleiben örtlich von den chromaffinen Zellgruppen getrennt. Nun besteht einerseits das Bestreben der Interrenalknospen, um miteinander zu einem zusammenhängenden Organ zu verschmelzen unter ontogenetischer und phylogenetischer Verringerung ihrer Zahl und Einschränkung des knospenbildenden Bezirks der Leibeshöhlenwand. Zweitens besteht das Bestreben des Interrenalgewebes, um sich mit chromaffinen Zellgruppen zu vereinigen. So vereinigt sich bei den Amniota der größte Teil des Interrenalgewebes mit dem größten Teil des chromaffinen Gewebes zu einer mehr oder weniger kompakten, paarigen Nebenniere. In dieser sind ursprünglich beide Gewebsarten durcheinander geflochten. In der Gruppe der Mammalia umgibt das Interrenalgewebe als „Rinde“ das chromaffine Gewebe, welches das „Mark“ bildet.

Es sei noch betont, daß nicht das ganze zu beiden Systemen gehörende Gewebe zur Bildung der Nebenniere benutzt wird. Einerseits kann das Interrenalgewebe in der Nähe der Nebenniere noch Beizwischennieren bilden. Anderseits findet man chromaffines Gewebe auch in den Paraganglien, Gebilden, welche aus den sympathischen Ganglien entstehen. Zu diesen Paraganglien gehört z. B. die Carotidendrüse an der Arteria carotis. (Auch das chromaffine System der Nebenniere wird wohl zu den Paraganglien gerechnet.)

Studieren wir jetzt sehr kurz den Bau der Nebenniere in den verschiedenen Gruppen.

Bei Amphioxus ist noch keine Nebenniere gefunden.

Bei den Cyclostomata und einem Teil der Pisces bleiben Interrenal- und chromaffines System örtlich getrennt. Bei den Cyclostomata besteht das Interrenalorgan nach GIACOMINI aus zahlreichen kleinen Gebilden, die von der Kopfnierengegend bis zum Schwanze vorkommen und in der Wand der Venae cardinales posteriores und anderen Venen gelegen sind. Sie ragen in das Venenlumen hinein. Die chromaffinen Körperchen begleiten als dünne Streifchen die Aorta mit ihren Ästen und sind nur durch die dünne Endothelwand vom Lumen der benachbarten Venen getrennt.

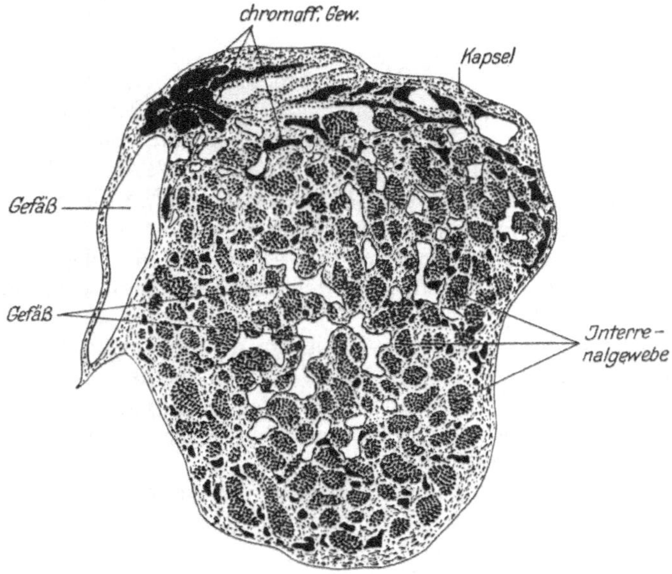

Abb. 986. Schnitt durch die Nebenniere von Boa constrictor. (Nach POLL.)

Unter den Selachii vereinigen sich die Interrenalknospen bei den Squaliformes zu einem unpaaren, bei den Rajidae zu einem oft paarigen Interrenalorgan. Dieses liegt zwischen den hinteren Enden der Nieren. Das von einer Bindegewebskapsel umschlossene Organ erhielt nach der Lage zwischen den Nieren seinen Namen von BALFOUR (1877), welcher Forscher zuerst beide Teile der Nebenniere klar voneinander unterschied. Es besteht aus netzförmig verbundenen Zellensträngen, welche von einem Netzwerk von Capillaren durchflochten sind. Die phäochromen Körperchen sind bei den Squaliformes metamer angeordnet und den Ganglien des sympathischen Grenzstranges mehr oder weniger innig angeschlossen. Sie liegen den Zweigen der Aorta descendens dicht an. Da sie im caudalen Rumpfabschnitt dorsal von den Nieren liegen, wurden sie von BALFOUR (1877) Suprarenalorgane genannt.

Auch bei den Ganoiden bleiben Interrenal- und chromaffines System getrennt. Das erstgenannte System besteht aus zahlreichen kleinen, in der Niere zerstreuten Körperchen, während chromaffine Elemente in der Wand der V. cardinales und V. renales revehentes liegen (GIACOMINI).

Während langer Zeit hat man die kleinen STANNIUSschen Körperchen der Teleostei, welche dorsal oder ventral von der Niere liegen, als Interrenalorgane betrachtet. GIACOMINI (1922) hat aber gezeigt, daß diese Körperchen aus einer Wucherung des Urnierenganges entstehen. Außerdem enthalten ihre Zellen keine mit Osmiumsäure schwärzbaren Einschlüsse. GIACOMINI hat das wahre Interrenalorgan der Teleostei als eine drüsige, den Venen eng angeschlossene Masse im vorderen Teil der Niere aufgefunden und nachgewiesen, daß es aus einer paaren Wucherung des Cölomepithels entsteht. Merkwürdig ist, daß dieses Organ das Merkmal einer echten Nebenniere bekommt, da sich mit ihm chromaffines Gewebe innig verbindet.

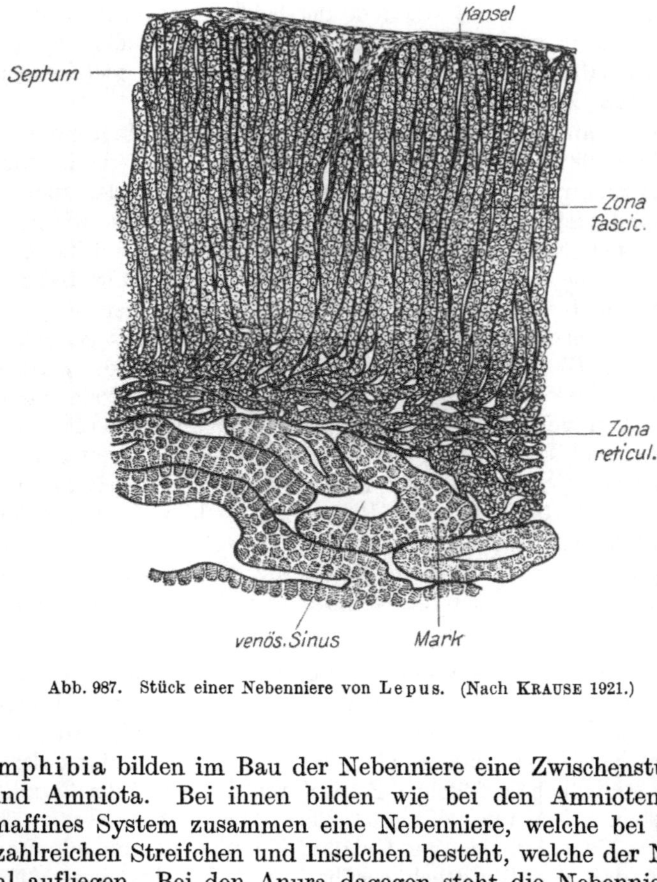

Abb. 987. Stück einer Nebenniere von Lepus. (Nach KRAUSE 1921.)

Die Amphibia bilden im Bau der Nebenniere eine Zwischenstufe zwischen Selachii und Amniota. Bei ihnen bilden wie bei den Amnioten Interrenal- und chromaffines System zusammen eine Nebenniere, welche bei den Urodela noch aus zahlreichen Streifchen und Inselchen besteht, welche der Niere ventral und medial aufliegen. Bei den Anura dagegen steht die Nebenniere auf einer höheren Stufe: sie bildet einen paarigen, gelbbraunen, bandartigen Körper an der ventralen Seite der Niere. Dieser längliche Körper hängt innig mit der Niere zusammen und ist von den Wurzeln der Venae renales revehentes durchsetzt. Er besteht aus Strängen von Interrenalzellen und einzelnen oder zu Ballen vereinigten chromaffinen Zellen.

Bei allen Amniota erlangt die Nebenniere größere Selbständigkeit. Es ist ein paariges, aus dem Interrenal- und chromaffinen System bestehendes Organ, welches von einer Bindegewebskapsel umgeben ist und in welchem das Interrenalgewebe überwiegt.

Bei den Reptilia liegt die Nebenniere als ein goldgelber oder gelbbrauner, langgestreckter Körper jederseits von der Medianlinie zwischen den Geschlechtsdrüsen (Abb. 932, 37 auf S. 754 und Abb. 935, 8 auf S. 756). Wie die Geschlechtsdrüsen so sind auch die Nebennieren asymmetrisch gelagert. Bei den Lacertilia und Ophidia sind Interrenal- und chromaffines Gewebe größtenteils getrennt. Hier liegt letztgenanntes Gewebe dorsal vom umfangreichen Interrenalgewebe, in welchem außerdem kleine Gruppen von chromaffinen Zellen zerstreut sind (Abb. 986). Bei den Crocodilia und Chelonia sind dagegen beide Gewebearten der Nebenniere durcheinander gemischt, so daß Stränge und Gruppen von chromaffinen Zellen im Interrenalgewebe eingebettet liegen.

Bei den Aves liegen die Nebennieren wie bei den Reptilia zwischen den Geschlechtsdrüsen und zwar an der ventralen Oberfläche der vorderen Nierenlappen (Abb. 933, 13 auf S. 755). Jede der beiden Gewebearten der Nebenniere bildet ein Netzwerk von Zellsträngen. Die Netzwerke sind innig durcheinander geflochten, so daß Interrenal- und chromaffines Gewebe viel inniger vermischt sind als bei den Crocodilia und Chelonia.

Wieder einen anderen Bau zeigen die Nebennieren der Mammalia (Abb. 902, 9 auf S. 727; Abb. 987). Sie sind in der Nähe des vorderen Teils der Nieren gelegen und zwar asymmetrisch, wenn die eine Niere cranial von der anderen liegt. In dieser Gruppe findet man ein eigentümliches Lageverhältnis zwischen Interrenal- und chromaffinem System: das Interrenalgewebe hüllt als Rindensubstanz der Nebenniere das chromaffine Gewebe (Marksubstanz) vollständig ein. Eine Bindegewebskapsel, von welchen Septen nach innen dringen, umgibt die Rinde, welche der Hauptsache nach aus radiär verlaufenden, leicht geschlängelten Zellsträngen besteht (Zona fasciculata), welche in der Nähe des Markes zu einem Netzwerk mit zahlreichen Blutkapillaren verbunden sind (Zona reticularis). Oft liegt nach außen von der Zona fasciculata eine aus Zellenballen bestehende Zona glomerulosa. Immer sind die Zellstränge als Säulen zwischen den Blutgefäßen angeordnet, wobei das Blut in ziemlich großer Oberfläche an den Zellen vorüberfließt. Die Gliederung der Rinde in Schichten fehlt den Monotremata (Kohno). Auch das Mark der Nebenniere besteht aus einem Netzwerk von Zellensträngen, deren Zellen durch den Besitz chromaffiner Körnchen charakterisiert sind. In den Maschen des Netzwerkes liegen sehr zahlreiche Blutgefäße.

Sagen wir schließlich noch einiges über die Physiologie der Nebenniere. Beide Teile dieses Organs sind endokrine Drüsen. Die Funktion des chromaffinen Gewebes (Adrenalsystem) ist am besten bekannt: es scheidet Adrenalin ab. Die chromaffinen Einschlüsse bilden eine Vorstufe in der Bildung des Adrenalins und werden schließlich in flüssiger Form durch die Wand der Capillaren an das Blut abgegeben. Das Adrenalin reizt die sympathischen Nerven und bewirkt dadurch u. a. Contractionen der Gefäßwände und Beschleunigung der Herztätigkeit, so daß der Blutdruck erhöht wird. Da das Adrenalin durch die von ihr verursachte Contraction der Gefäßwände Blutungen hemmt, wird es in der Chirurgie benutzt. Auch befördert das Adrenalin durch die Erregung sympathischer Nerven in der Leber die Spaltung von Glykogen in Zucker, welcher an das Blut abgegeben wird, so daß Adrenalin die Konzentration des Zuckers im Blut erhöht.

Die Funktion des Interrenalgewebes ist noch nicht vollständig bekannt. Sein Sekretionsprodukt soll im Blut circulierende Produkte des normalen Stoffwechsels entgiften und das Körperwachstum und die Pubertätsentfaltung beeinflussen.

Literatur zum Abschnitt Nebennieren.

BIEDL, A.: Innere Sekretion. Handwörterbuch der Naturwiss. Bd. 8. 1913.

KOHNO, S.: Zur vergleichenden Histologie und Embryologie der Nebenniere der Säuger und des Menschen. Zeitschr. f. d. ges. Anat. Abt. 1: Zeitschr. f. Anat. u. Entwicklungsgesch. Bd. 77. 1925.

KOLMER, W.: Zur vergleichenden Histologie, Zytologie und Entwicklungsgeschichte der Säugernebenniere. Arch. f. mikroskop. Anat. u. Entwicklungsmech. Bd. 91. Abt. 1. 1918.

POLL, H.: Die vergleichende Entwicklungsgeschichte der Nebennierensysteme der Wirbeltiere, in HERTWIG, O.: Handbuch der Entwicklungslehre der Wirbeltiere. Bd. 3, Teil 1. 1905.

RAMALHO, A.: Sur la morphologie de l'organe interrénal antérieur des Teleostéens. Cpt. rend. assoc. anatomistes. 18me réunion (Lyon). 1923.

Namenverzeichnis.

Alle Zahlen beziehen sich auf Seitenzahlen.
Die *kursiv* gesetzten Zahlen verweisen auf Abbildungsunterschriften,
die mit * versehenen Zahlen auf Literaturangaben.

Sachverzeichnis.

In diesem Verzeichnis sind nur die lateinischen Gattungsnamen verwendet.
Alle Zahlen beziehen sich auf Seitenzahlen.
Die *kursiv* gesetzten Zahlen verweisen auf Abbildungen.

GPSR Compliance

The European Union's (EU) General Product Safety Regulation (GPSR) is a set of rules that requires consumer products to be safe and our obligations to ensure this.

If you have any concerns about our products, you can contact us on ProductSafety@springernature.com

In case Publisher is established outside the EU, the EU authorized representative is:

Springer Nature Customer Service Center GmbH
Europaplatz 3
69115 Heidelberg, Germany

Batch number: 10704759

Printed by Printforce, the Netherlands